世界传世藏书

【图文珍藏版】

犹太人智慧全书

马博⊙主编

第六册

線装書局

口头上一定要盖过对手

1. 利益是最好的进攻武器

犹太商人几千年的经商经验表明，利益是最好的进攻武器。把商品给顾客带来的好处直接表达出来，有助于顾客认识他自身的利益，从而增强购买信心。

在英国工业革命方兴未艾时，以发明发电机而闻名的法拉第，为了能够得到政府的研究资助，他去拜访首相史多芬。

法拉第

法拉第带着一个发电机的雏形，非常热心并滔滔不绝地讲述着这个划时代的发明，但史多芬的反应始终很冷淡，一副漠不关心的样子。事实上，这也是无可奈何的事情，因为他只是一个了不起的政治家，要他看着这种周围缠着线圈的磁石模型心里想这将会带给后世产业结构的大转变，实在太困难了。

但是法拉第在说了下面这段话后，却使原本漠不关心的首相突然变得非常关心起来，他说道："首相，这个机械将来如果能普及的话，必定能增加税收。"史多芬首相听了法拉第所说的话后，态度突然有了强烈的转变。其原因就是因为这个发动机，将来一定会获得相当大的利润，而利润增加必能使政府得到一笔很大的税收，而首相关心的就在于此。

犹太人认为，在与顾客商谈中，应着重把商品给顾客带来的利益放在第一位考虑，要首先告诉顾客，从而使顾客对产品产生兴趣。

点明买主的利益是这种方法的主要技巧。这种技巧就是在见面之初直接向可能买主说明情况并提出问题，将他的思想引到可能为他提供的好处上。

通常情况下，只需要简单地提出一个问题或观点，让可能买主对此进行认真的思考。一个冰淇淋供应商向一个冷饮厅的经理推销时首先提出这样一个问题：

"您愿不愿意每销售2加仑的冰淇淋节省40%的投资?"不用说，这位经理很想听听到底是怎么回事，于是供应商就来详细解释，若能使用他出品的配料即可达到此目的。

再比如，一位文具推销员说："本厂出品的各类账册、簿记比其他厂家生产的同类产品便宜三成，量大还可优惠。"

"去年，高速公路上发生多起汽车事故，有28%的肇事原因是爆胎。"这是一位轮胎商行的推销员与顾客的开始谈话。他利用具体事实说明利弊以引起对方的注意。

某地一家涂料厂的推销员这样告诉客户："本厂生产涂料每公斤40元，可涂4平方米的墙面，一个20平方米的房间，只用5公斤就够了，还花不到200元。"

下面让我们看看一个精彩的推销实例吧。犹太人杰克是一家制桶公司的销售代表，最近他的公司生产出了一种新型的耐高温的塑料制桶，他打算把这种产品买给一家名叫炸鱼加炸土豆片店的老板艾文斯先生，他知道艾文斯先生很需要这种产品。

"你好，艾文斯先生，我是极品制桶公司的销售代表，我很乐意让你看看我们公司的最新产品——闪光2号桶。我注意到你们用了很多电镀铁桶，而我们这个闪光2号桶的最主要特点就是它完全是由高密度的塑料制成，这就意味着它很轻，易搬运。有了它，你们就会生活更方便，不是吗?"

"主保佑你，朋友。但是，不要了，谢谢你。搬东西都是我老婆的活，而她壮得像头牛。"

"那好吧，但你能不能告诉我，在使用你们的铁桶时有什么麻烦吗?"

"主保佑你，朋友，我的桶倒是问题不大，除了最明显的那一个。"

"最明显的一个?"

"是的，你知道，得想办法去给各个桶做上记号以把它们区分开来。由于这里蒸汽太大，标签什么的都贴不上去。这有时也可能会带来生命危险。今天早上我就把两加仑的醋倒进了热油里，用鳕鱼酱擦鞋，用消毒剂腌鸡蛋。这弄得我们时刻提

心吊胆。”

“你看，艾文斯先生，我很乐意再向你介绍我们公司的新产品：闪光2号桶，这种桶由高密度的塑料精制而成。这就意味着我们能够把它做成三十几种不同的颜色。那么，对你来说，就意味着你能够为每个不同的用途选择一个颜色。比如说，滚烫的东西用红色的桶，绿色的装安全的，黄色的装有毒的等等。那样就不会再有可怕的意外发生了，不是吗？”

“真的吗？杰克，如果是这样的话，那可太好了，好吧，让我看看你的闪光2号桶吧！”

杰克成功地推出去了自己的产品，因为他通过调查早就发现了艾文斯先生的特定麻烦，所以在推销时针对这个问题直接展开进攻，推销成功。

2. 抢先一步堵住顾客的反对意见

抢先一步堵住顾客的反对意见，是一种高明的进攻，能够达到先发制人的奇效。犹太商人认为，把客户担心的问题，事先想出来，然后在客户提出之前给自己提出问题，再一一解决，这会让客户感觉你的的确确是在为客户着想。

犹太人马祖兹早期从事日常家用品的推销工作，曾经成功地向家庭主妇推销出上万只压力锅。马祖兹事先知道客户会提出安全问题，他在向一位家庭主妇推销时，先介绍一下压力锅的简单情况，而后说：“现在你可能考虑压力是否过大了。请不要担心，这个安全阀门的作用正是防止压力过大的。”

马祖兹首先承认事实，然后消除人们的顾虑。他必须保证，推销不应该让顾客对一些根本不存在的东西感觉到担忧。

还有一次，马祖兹向一些家庭妇女推销一种切食物的机器。他在快速而轻易地切割三四种食物后，看着顾客说：“看过示范的人经常问我，他们买了这种机器后能不能像我这样处理食物？

“坦白说，不可能。你们绝对不可能像我这样巧妙使用，这不是吹牛，而是事实，因为我每天都要操作这玩意儿好几个小时，瞧我用来多轻松自如。说实话，我之所以熟练是因为我已成了专家。”

她们相信了马祖兹的话，马祖兹继续介绍："你若不能像我一样有效使用这机器，你或许想知道你应如何省时省钱又给家人带来更吸引人的食物。我们可以拿这位女士（通常挑选靠近前面的一位年轻女士）做试验，给她5分钟时间阅读使用须知，她切食物会比这里其他任何三位女士使用最锋利的菜刀切得更快更好。这并非因为她是机器专家，而是因为她有这种机器替她代劳——这不就是你们想要的吗?"

这时马祖兹再切两三种食物，把机器上的第一个刀片取下，然后示范说："这机器有5个刀片，我只用了一个就可切6种食物。我问你们，如果这种机器只有这一个刀片，你们有多少人已经决定要拥有这台机器?"

有很多的女士举起手来，或嘴上说出她会要一台。马祖兹明白他的顾客仍然会有异议，所以，这时他会再切两三种食物，然后应付另一种反对意见说："女士们经常问我，买了这种机器会不会切到手？我会笑着回答，是的，你可能会切到手，但我们不建议你这么做。女士们，你们若想用这机器切手，非常简单。你只要打开机器，把手指插到刀片和漏斗中间就行了！你们若不想把手切到，别把手放进去！还有什么问题?"

这个方法显然漂亮地应付了会切到手的反对意见。以后，马祖兹再也没听到异议了。

在推销活动中，如果你确信顾客会提出某种反对意见，可以抢先提出来，并把它作为你的论点，妥善处理好。

3. 自身的优势就是最大的筹码

犹太人汤姆·诺曼说："在说服客户时谈到自身的优势非常重要。因为在高度竞争的市场里，顾客要在众多的产品当中选择产品或服务，会比较不放心向新的公司购买。"

汤姆·诺曼认为，许多小公司，以及许多刚出道不久的销售人员失败的原因，就是因为他们很难了解到，要耗费多少时间才可能在当今市场上，建立起被视为合格供应商的客户信赖度。许多公司必须在市场经过两三年甚至四年以上的时间，才会开始被未来客户认真列入考虑。

“假如你的公司已经成立了好多年，这是一项你有能力满足客户要求的有利证明。有时候，公司的悠久历史本身就能够让你在销售访谈中更具胜利优势。”汤姆·诺曼说出了他的经验之谈。

汤姆·诺曼是一家服务公司的销售顾问，他在工作中常用这样的开场白：“我叫汤姆·诺曼，销售顾问，我可以肯定我的到来不是为你们添麻烦的，而是来与你们一起处理问题的，帮你们赚钱的。

“我们公司在这个市场区域内是规模最大的。我们在本区的经营已有22年的历史，而在过去10年里，我们的员工数由13人扩张到230人。我们占有30%的市场，其中大部分都是客户满意之后再度惠顾的。您有没有看到，查理经理采用我们的产品后公司营运状况已大有起色。”

汤姆·诺曼用这样一个精练的开场白，已给自己、他的公司，以及他的服务建立了从零到最大的信赖度，他已经回答了顾客的“它安全吗?”“它可靠吗?”这两个疑问。他用这一席话既打开了顾客的心，又降低了客户的抗拒，所以顾客马上就会很高兴地想知道他的过去客户得到了哪些利益，而客户也会从他的服务中得到哪些好处，客户也从开始的疑虑变成后来的开放与接受。

以色列实力雄厚的泰勒房地产开发公司，有一次看中了一家公司所拥有的一块极具升值潜力的地皮。而这家公司正想通过出卖这块地皮获得资金，以将其经营范围扩展到国外。于是双方精选了久经沙场的谈判老将，对土地转让问题展开磋商。

泰勒公司代表史密斯先生首先发言：“我们公司的情况你们可能也有一些了解，我们公司是文勒公司与安泰公司合资创办的，经济实力极其雄厚，近年来在房地产开发领域业绩突出。在我们去年开发的伊园别墅，收益相当不错，听说你们公司的阿斯特总经理也是我们的客户啊。几家公司正在谋求与我们合作，想把地皮转让给我们，但我们没有马上表态，你们这块地皮对我们很有吸引力。”

对方代表也不示弱说：“很高兴有机会与你们合作，我们之间虽从未打过交道，但对你们的情况还是有所了解的。我们遍布全国的办事处也有多家用的是你们开发的，这可能也是一种缘分吧。我们的确有出卖这块地皮的欲望，但我们并不是急于

脱手，因为除了你们公司外，还有其他一些公司也对这块地皮表示了浓厚的兴趣，正在积极地与我们接洽，当然，如果你们的条件比较合理，价钱也很合适，我们还是愿优先与你们合作的。”

双方的谈判代表都不愧是久经沙场的谈判行家，简单的自我介绍，就把己方的实力充分地显示出来，特别是泰勒公司代表史密斯的发言，简直就是该公司的“实力宣言”。“文勒公司、安泰公司合资创办的”背景已令人刮目相看，而“去年开发的伊园别墅”又把泰勒公司的实力立刻具体化，“几家公司正在谋求与我们合作，想把他们手里的地皮转让给我们”更是让对方感到迎面而来的压力，最后涉及的该公司业务人员的调查结果，也更不得不赞叹该公司工作的高效率和无孔不入。

面对如此实力强大的谈判对手，对方公司的代表表现得相当镇静，不卑也不亢，在对对方的合作愿望给以回答的同时，简短地介绍了己方不可小瞧的实力。“遍布全国的办事处”表明该公司并不是局限于某市的小角色，而是有着雄厚实力和广泛影响的全国性公司。而更可贵的是，一向看起来轻描淡写意在联络感情的客套话里却隐藏着意在显示实力的意图，足见其谈判技巧的熟练与高超。“我们并不是急于脱手，还有其他一些公司也对这块地皮表示了浓厚的兴趣”则是针对对方制造的压力，反将一军，增强己方谈判实力的同时让对方也有一种危机感，使己方不致在未来的讨价还价中处于下风。

以上例子中的谈判者通过简单的自我介绍，展示实力，使对方觉得彼此都能满足各自的需要，因而在针对双方最为焦点的价格问题时，也就能够各取所需，进一步细谈了。

4. 软硬兼施：石头绳子一起用

我们经常会在影视中看到这样的场景：当警察审讯犯罪嫌疑人时，首先由攻击型的警员来审问他，想用凌厉的攻势摧毁对方的意志，向他说明他的罪证确凿、他的同伙都招供了等等，把他逼到进退两难的边缘。接受了这样的审讯后，有的人会屈服，而顽固的犯罪嫌疑人则会死不认罪。

这种情况下，则派另一位温和型的警员审问他。警员完全站到犯罪嫌疑人的立

场上，真心地安慰他、鼓励他：“你的家人都希望你得到宽大处理，希望你为他们考虑。”对这种软招，犯罪嫌疑人往往会自惭形秽，坦白自己的一切犯罪行为。

这种手法是一种奇异的心理法则，犹太人称之为“石头绳子一起用”。因为石头可以给人硬的攻击，威力很大，但是绳子虽软，也能照样把对方捆起来。两个人配合使用这种手法时，一方首先把对方逼到心理的死胡同里去，令他一筹莫展；这时另一个人出来指点给他一条逃避的暗道。这种情况下的对方自然会奔向那条可以脱身的暗道了。

这种技巧并不仅仅适用于审讯等特殊的场合，在经商洽谈时也可以发挥巨大的作用。谈判时，订货一方并不首先把真正的条件摆出来。尤其在买方派出两人去参加谈判的场合，其中一位首先提出尽量苛刻的要求，令对方惊慌失措，不知如何应对，即在心理上把对方逼倒。这时由另一位提出一个折中的方案（即真正的方案），自然是给了对方一条出路。在这种阵势面前，就是客观上分析相当不利的条件，对方也会认为折中案好得多，表示接受。

据说美国富翁霍华·休斯性情古怪，脾气暴躁。有一次为了采购飞机，与飞机制造商的代表进行谈判。休斯要求在条约上写明他所提出的34项要求，并对其他竞争对手保密。但对方不同意，于是针锋相对，谈判中冲突激烈，硝烟四起，对方甚至把休斯赶出了谈判会场。

后来，休斯想到自己没有可能再和对方坐在同一个谈判桌上，也意识到是坏脾气把这场谈判弄僵了，于是就派了他的私人代表犹太人奥马尔出来继续同对方谈判。他告诉奥马尔：“你只要争取到34项中的那11项没有退让余地的条款就行了。”奥马尔态度谦和，通情达理，使飞机制造商的代表感到格外轻松。经过了一番谈判之后，争取到其中包括休斯所说的那非得不可的11项在内的30项。

休斯惊奇地问奥马尔怎样取得如此辉煌的胜利时，奥马尔回答说：“其实很简单，每当我同对方谈话不一致时，我就问对方：‘你到底是希望同我解决这个问题，还是要留着这个问题等待霍华·休斯同你解决？’结果，对方每次都接受了我的条件。”

这种技巧被犹太商人用得几近经典。他们先是作势虚张，气势十足，以“如果不接受此种条件，一切免谈”之语，先来个下马威。而如果此招不成，就开始以“退出谈判”要挟，最后目的难以得逞，就转为甜言蜜语，先硬后软。

显然，休斯的面孔及其私人代表的面孔分别看来并无奇异之处，合二为一则产生了奇特的妙用，这便是上面所讲的石头绳子一起用的奥妙所在。

在谈判中，利用石头绳子一起用的话术可以更好地刺激谈判对手。刺激对方的方法各种各样，但作用和效果都在于能够引起对方的忧患意识。在商务谈判中，许多场外行动都可能引起双方的注意，直接影响谈判桌上的形势，对商谈者起到刺激作用。例如：在商谈期间，还在继续和另外的商家接洽；在谈判过程中，突然有其他客商找上门来，暂时中断了正在进行的会谈；埋怨商谈时间拖得太久，自己的日程活动安排得很紧；直接和其他客商交换资料等等，这些是彼此非常敏感的举动，其实是在给对方暗示，使对方有紧迫感。

当然，这种场外刺激的方法不能乱用，因为它们很具冒险性，容易伤害对方的感情和诚意。另一方面，切忌小题大做，装腔作势，结果让“假”客商赶走了真正的合作者，鸡飞蛋打一场空。所以，刺激对方必须巧妙，至少要表现出自己的诚心诚意，着意在说：“我并不是嫁不出去的女儿，而是确实中意于你，就看你领情不领情了。”这样的刺激才会促进双方的理解与合作。

软硬兼施这种方法通常由两个人配合来使用，若是一个人使用这种话术时，一定要机动灵活，若发起强攻，声色俱厉的时间不宜过长，同时说出的“硬话”要给自己留有余地，不然反倒会把自己架住，万一冲动之下过了头会陷入被动。

5. 配合周围环境借势进攻

犹太人在生意场上很好地利用了“借势进攻”的引导驱迫威势。他们善于假借周围的人和物来辅助自己去说服，使对方降服。当取胜有余的时候，就会乘胜追击，使对方接受自己的建议。

通常借势推销可分为借物推销和借人推销两种。但无论是借势还是借人，目的都是一个：使你的客户做出决定。

犹太商人帕特有一次为推销一套可供一座40层办公大楼用的空调设备，与某公司周旋了几个月，但购买与否的最后决定权还在买方的董事会。

一天董事会通知帕特，要他再一次把空调系统的情况向董事会员们介绍。“热”天气使他忽生一计，他不再正面回答董事们的提问，而是很自然地改变了话题。他说：“今天天气很热，请允许我脱去外衣，好吗？”说罢，还掏出手帕认真地擦着前额上渗出的汗珠。他的话和他的动作立刻引起了董事会的条件反射，他们似乎一下子也感到了闷热难受，一个接一个脱外衣，又一个接一个拿出手帕擦汗。

“各位董事，我想贵公司是不想看到来公司洽谈业务的顾客热成像我这个样子，是吗？

“我公司安装的空调噪音小，而且运用了世界上最好的省电装置，它不仅可以为贵公司节省开支，更可以为来贵公司洽谈业务的顾客带来一个舒适愉快的感觉，以便成交更多的业务，您说这样好吗？假如贵公司所有的员工都因为没有空调而感觉天气闷热，穿着不整齐，影响公司的形象和顾客对您的感觉，您说这样合适吗？”

至此，这里起关键作用的，显然是帕特及时抓住了所处环境的特点，恰到好处地利用了环境提供给他的条件，采用了与周围环境极为适应的语言表达方式，化被动为主动，趁其不备，击其要害，达到了预定的目标。

还有一次，帕特去拜访一家公司的老板，目的是向该公司的办公室推销一套新打字机。

老板去了外地，帕特便主动请求与老板的秘书萨拉花几分钟的时间来讨论一下打字机的情况。在讨论中他诱使秘书说出了她对自己工作中使用的打字机的看法，喜欢它什么和不喜欢它什么。帕特抓住她提到的一个特点赶紧邀请她到下面的汽车上去看一看和试一试自己推荐的新型打字机。他成功地向秘书从头到尾地展示了一番。他离去时还特意为占用了秘书的时间向她表示了歉意。

几个星期之后，帕特赴约再次造访，女秘书萨拉安排他与老板见了面。

帕特开始介绍自己的产品。没等他说到一半老板便表示，生产打字机的公司应当把眼睛盯在各种打字机互相竞争的打字机商店，到那里去一显身手，因为打字机

商店才是他们的真正客户——这是典型的应酬话。

帕特听后立刻拿出手中的王牌："先生，您秘书告诉我，她现在使用的打字机械装置很完备，但是操作起来太费劲，她打2个小时的字就会感到疲劳。她说她下班前的3小时内出现的错误超出了前5小时的总和，是她的打字机影响了她的效率。我肯定，这对您来说是个巨大的损失。您说是吗？如果贵公司拥有了这种打字机，秘书小姐省力多了，公司的业绩自然会得到提升，先生您难道不愿意吗？"

老板按下蜂鸣器，女秘书萨拉进来了。老板指着帕特带进屋的样品问："这台打字机确实不错吗？它是不是比你现在用的那一台容易操作？"

"噢，是的，绝对没错！"萨拉回答。帕特站在一边，女秘书在另一边按照3周前帕特教她的方法重新将机器演示了一遍。老板看着操作速度确实快了很多，当下就做了决定，帕特得到了订单。

这便是"借势"推销所给帕特带来的成果。使用这种话术时，要注意善于发现对自己有利的人或物，辅以进攻。

6. 抓住对方的缺陷发起猛攻

犹太法典《塔木德》上说："进攻需要时机，最好的时机莫过于抓住对方的缺陷，狠狠地拿捏两下。"

犹太商人认为，谈判中给对方的商品挑剔毛病，就等于贬低商品的价值，如果商品的价值被贬低，商品价格在对方心目中就失去了应有的基础。

因此，谈判讨价还价时，如果能将对方的商品挑出一大堆毛病来，比如从商品的功能、质量到商品的款式、色泽等方面挑不足，这样，就等于向对方声明：瞧你的商品多次。对方的要价就会成为空中楼阁了。

做橙子批发生意的犹太水果商人德里恩就是一个很会挑别人毛病的人，有一次他去一家果园里采购，开始了他的精彩表演。

"多少钱？"

"90美分500克。"

"整筐卖多少钱？"

“零买不卖，整筐90美分500克。”

卖主仍然坚持不让。德里恩却不急于还价，而是不慌不忙地打开筐盖，拿起一个橙子在手里掂量着、端详着，不紧不慢地说：“个头还可以，但颜色不够红，这样上市卖不上价呀。”

接着伸手往筐着掏，摸了一会儿摸出一个块头小的橙子：“老板，您这一筐，表面是大的，筐底可藏着不少小的，这怎么算价呢?”

他边说边继续在筐里摸着，一会儿，又摸出一个带伤的橙子：“看！这里也许是雹伤。您这橙子既不够红，又不够大，有的还有伤，无论如何算不上一级，勉强算二级就不错了。”

这时，卖主沉不住气了，说话也和气了：

“您真的想要，那么，您开个价吧。”

“您一年到头也不容易，给您70美分吧。”

“那可太低了……”卖主有点着急，“您再添点吧，我就指望这些橙子过日子哩。”

“好吧，看您也是个老实人，交个朋友吧，75美分，我全要了。”

双方终于成交了。

在谈判中，每个精明的谈判者都不会放过这些对自己有利的攻势，但是在证明对方的缺点时则需要拿出铁一般的证据，让事实替你说话，这样就可以最大限度地获得成功，也可以防止因证据不足而被对方反咬一口。这种进攻话术在谈判中应用很广，每个聪明的谈判高手都不会放过这样的机会。中日汽车索赔案就是一个很成功的实例。

在一次中日汽车索赔案的谈判中，双方唇枪舌剑，你来我往各不相让。因为他们都知道，这是关键的一搏，结局怎么样，不是十万五万的小数目，而是几亿、几十亿巨额的得与失。

日方代表深知汽车质量问题无法回避，因而采取了避重就轻的办法。日方每讲一句话都非常谨慎，含糊其词：“有的车子轮胎炸裂，挡风玻璃炸碎，电路出现故

障，铆钉有的振断，有的车架偶有裂纹。”

中方代表马上予以回击：“贵公司的代表都到过现场，亲自察看过现状的。经商检部门和专家小组鉴定，铆钉非属振断，而是剪断的，车架出现的不仅仅是裂纹，而是断裂裂缝！所有损坏情况不能用‘有的’或‘偶有’推托，最好还是用事实数据说明更为精确。”

中方代表将问题汽车的质量检测证据一齐放在日方代表面前，这些验证材料除了使用中国国产检车设备得出的结论，还有日方刚出口给中国的最先进的检车设备做出的复核结果。

中方代表采取的攻其缺处的谈判策略，给日方来了个措手不及，让他们走进了死胡同。据此，中方依据科学的、精确的计算，清清楚楚地提出质量索赔要求，并提出了赔偿中方用户由此而造成的间接损失。日方代表在铁的事实面前百口莫辩，同意支付中方汽车加工费 7600 万日元，以及间接损失费 50 亿日元，并承担另外几项责任。

7. 用激烈的言行扰乱对方的思维

犹太人认为，在推销中，如果遇到了拒绝，采用激烈的言行激怒对方，可以引起对方的兴趣或重视，继而达到成功推销的目的。其实，这也可以称作为挑衅术或激将法。

斯库利最初从事寿险推销工作时，血气方刚，干劲十足，急于求成，但又不屑于向准客户低三下四，有一次，他去拜访一位十分孤傲的准客户。由于这位准客户特别固执，并且孤芳自赏，所以尽管这是斯库利第三次拜访，可准客户仍然毫无兴趣，反应也十分冷淡。

由于年轻气盛，斯库利有点不耐烦了，所以讲话速度快了起来，其中有一句很关键的话引起了准客户的反应，但又没听到，于是客户问：“你说什么?”斯库利回了他一句：“您好粗心！”

那位准客户本来面对着墙，听到这一句话后，立刻转过面来，面带怒色问：“什么? 你说我粗心，那你来拜访我这位粗心的人干什么呢?”“别生气！我只不过

跟您开个玩笑罢了，千万别当真啊！”斯库利笑着说。

“我并没有生气，但是你竟然骂我是个傻瓜。”“哎，我怎么敢骂你是傻瓜呢？只因为您一直不理我，所以我跟您开一个玩笑，说您粗心而已。”

“嘿嘿嘿，嘴怪巧的！”“哈哈哈。”

斯库利不失时机地刺激了一下那位傲慢的准客户，引起对方的注意后，又以微笑的方式调和，再次抓住谈话的主动权，进行下一个步骤。

在销售活动中，推销员可以用激烈的言辞对心不在焉或过于固执的客户进行激将。比如：在面对一个固执的准客户时，推销员可以这样说：“卡罗尔先生，想不到您是这么固执的人，真是无可救药。”

“邓肯先生，您是一个很自私的人，您根本不知道对家庭的真正责任是什么！”

有时也可以使用一些“温和”的挑衅话术，比如：“马克先生，想不到您的成见这么深呀，真是赶不上时代潮流喽！”

“坎菲尔先生，难怪您的员工们说您粗暴、蛮横，从不体恤他们、同情他们。您对这样一个可以改变您在员工心目中的形象、表现您对下属们关心和爱护的绝对可靠的投保计划都拒绝，真让人失望呀！您真的想成为员工所说的那种人吗？”利用这种话术，既达到了刺激的目的，又不致使顾客翻脸或恼羞成怒，拂袖而去。

伟大的犹太推销员乔治·盖莫斯就这样诡“在你被拒绝且没有什么损失的时候应当采取激烈的言行。为什么不呢？不试你就没有任何机会，采取激烈的言行可能会震动买主采取行动，而且你也没有任何损失。”几个月以来，乔治一直在拜访沃尔特·霍根。沃尔特需要乔治的产品，但他从来不会离开电话来长时间地谈论正事，他简直是个话务员。

有一天乔治走进去，沃尔特问他想做什么。“只占用您几分钟的时间。”乔治说。

“不行。”沃尔特说着伸手去拿电话，“我周围的事情已经忙不过来了。”沃尔特拨了一个电话，他的行动就表示拒绝。就这样吧！乔治想，现在成交或永远不再见面。

他等到沃尔特打完电话，然后抓起电话，拨到公司的总机，说："请挂断霍根先生的所有电话，直到下一次通知时。"

沃尔特很惊讶，乔治控制了局面。"沃尔特，3个月以来我们只进行这样的见面——我一直没有机会向您介绍这种产品，您买了另一种牌子的产品，可我碰巧知道它并不令人满意。那是您的一天，而今天是我的一天，您同意这样说吗？"

没有电话，沃尔特感觉不知所措，就答应了——但他还是看了看表。然后乔治以简短的介绍概括了产品的优点。"好吧！乔治，你赢了。"沃尔特说，"我们将要试试，现在我可以接我的电话了吗？"

乔治摇摇头。"直到您签了购买订单才可以，"他说，"我不敢再让您接触电话。"沃尔特签了订单。"这是一种很好的产品，"他说，"我希望以前听说过它。"那是一个评论，乔治决定不予回答。毕竟他拿到了订单，他已经挽救了一个失败的销售。

悄悄使用时间的无形压力

《塔木德》上说："时间分秒飞逝，是众所皆知的事实。不论我们做什么，对每个人来说，时间走动的脚步，都是一样的速度。因为无法控制时间的快慢，我们就必须分析时间对商战过程的影响。"

犹太商人认为，大部分的妥协都是在最后一分钟发生，一定要有耐性，强韧的耐力才是真正的本事。尽量控制情绪，冷静寻找有利的时机，忍耐总是有报酬的，等一等，忍一忍，事情或许应该这样做，当不知道如何做时，最好是什么都不做。

在犹太商人看来，交涉之中最好的策略就是测知对方的截止期限。无论对方的表现是怎么冷静、平稳，对所交涉的事情总有期限存在。常常在他们平稳的面具之后，隐藏着无比的压力。

在谈判中，一般而言，一蹴而就的交易，通常不是最好的交易。往往在交涉的最后一分钟，由于对方的改变才会尝到甜美的果实。谈判的对象不变，但随着期限的紧紧迫近，情况会改变。所以，在谈判中如果能够善加利用时机，往往会达到最好的说服效果。

对于一个谈判者来说，时间的要素非常重要，而其中的“时间限制”更是重要，像这样的实际例子实在不胜枚举。

一位年轻的美国人叫哈曼，第一次被公司派往东京和日本商人进行为期 14 天的会议谈判，哈曼兴奋不已。经过一个星期的准备，带着所有关于日本文化背景、理论的书籍出发了。他告诉自己：“我要好好大干一场，我要轻易地摆平日本人，向国际市场进军。”

飞机在东京着陆后，哈曼第一个冲出机场大厦，出关前，两位温文有礼的日本绅士鞠躬欢迎，并协助他通过检查，然后引他坐入一辆豪华的礼车。坐在舒适柔软的后座上，手肘靠着椅垫，哈曼对挤在前面的人说：“后面宽敞得很，为什么不一块儿坐在后面?”

他们答道：“噢，您是这样有地位的人，来参加这种重要会议显然必须好好休息。”日本人的态度和回答使哈曼感到非常满意，有点飘飘然起来。车子在行驶当中，一位接待员说：“先生懂不懂这儿的语言?”

“你是指日文?”

“是啊，就是我们国家的语言?”

“噢，不，不过我希望能学些日本用语，我带了字典。”日本接待员继续道：“先生回去的时间确定了吗？是否已经订好了回程的机票？到时我们可以先将车准备好送你到机场。”

真是善解人意。哈曼伸手到口袋中拿出机票并交给接待员，因而日本人得知他的截止时间，而他却不知道他们的用意，无意中亮了底牌。会议并未立即开始，日本人先安排哈曼参观并经历了日本礼仪及文化。不止一个星期，哈曼忙碌着参观了从皇宫到博物馆各地，甚至还安排了一项用英文讲的课程来说明日本人的信仰。

每天晚上有 4 个半小时，他们让哈曼跪坐在硬地板上的软垫上，享受着传统的晚宴。你想象得出在硬地板上跪坐 4 个半小时是什么滋味吗？每当哈曼提到会议时，日本人总是答道：“噢，还早嘛，有的是时间啊！”

会议终于在第十二天开始。但是必须提早结束才不会耽误哈曼 18 洞的高尔夫

球。第十三天，会议也必须提早结束，以便参加为哈曼预定举办的欢送会。最后，第十四天的早上，双方终于渐渐谈到重点。正当哈曼要提出意见时，接他去机场的车已经到达。大家挤在车内一路继续谈判，在车停下之前，双方终于订下协议。

你想这项交涉会有怎样的结果？许多年来当哈曼的老板提起这件事时总是说："这是日本人在珍珠港事件后最大的一次收获。"

为什么会有这样的失败？就因为接待员控制了哈曼的截止时间，而他却不知道他们的用意。他们延迟不做任何要挟，正确地击中哈曼不愿空手而回的心理。更甚者，哈曼不耐烦的心态让他们占了上风，以此轻易地被日本人掌握于股掌之间。

请相信，任何交涉的一方，永远有着他们被限制的期限。假设他们没有任何压力，你也不会和他们碰面了。可是每一次的谈判，对手似乎都在态度上无所谓谈得成谈不成，使自己永远占到上风，而你永远处在时间的压力下。

这种情形普遍存在于各种交涉事件中。因此，如果你有件困难的事需要谈判，不论是价格、成本或是利息，当对方投入了相对的时间与精力之后，你要将它放在谈判最后。

当最困难的事被对方当作主题先提出后，你应该转开话题，只有在对方已投下时间和精力之后，才转回这个话题，你会惊讶地发现对方在投放大量的时间和精力之后发生了多大的改变，在谈判的尾声，似乎有很大的弹性。

记住，只要在结束之前到达，永远不会太迟。当对方表现出毫不在乎或过分热情时，小心他们醉翁之意不在酒。

9. 抓住交易的关键准确利索地说服

抓住事情的关键是推销活动中说服客户的核心。在生意场上，获胜的核心是抓住交易的本质，不在小事上浪费精力。

在犹太商人看来，有很多推销员对自己的业务非常熟悉，他们常常想对此加以详细地说明，可问题在于详细地说明就会失去听众。最能烦死别人的方法，就是一位销售一款功能齐全自动售货机的犹太商人雅格布最近正在为公司里一个推销员头疼。

“唉，约翰从来没卖出去什么东西。”雅格布认为约翰的口才在公司是一流的，但问题出在哪里呢？

于是，雅格布跟着约翰一起出去推销，希望发现问题的答案。约翰正好要去见一个客户，他们来到客户的办公室。

这时，客户鲍尔曼先生进来了，他神色匆匆地解释说：“我忘了你们今天会来，而两分钟后我还有一个重要的会议，因此，你们能不能手脚麻利一点。”说完，他瞧了一眼售货机。

“就是这个吗？”

被挡在售货机后面的约翰气喘吁吁地说：“是呀。”

“嗯，看起来还不错，我现在赶时间，就要这个吧，接上插头，给我开张发票。”

约翰从售货机后面伸长了脖子，像个长颈鹿似的，一副惊恐万状的样子，简直像有人拿一根烧红了的铁棍从后面捅他一下：“那可不行，先生，您先得看我们演示一下呀。”

鲍尔曼叹了口气说：“噢，上帝。好吧，好吧，不过麻烦你快一点。”

约翰开始埋头苦干起来，丝毫不理会鲍尔曼刚才的郑重声明，也不顾他这会儿时而抱怨连天，时而唉声叹气，时而跺脚，时而瞄一眼手表，一副烦躁焦急、坐立不安的样子。再看看约翰，只见他正有条不紊地演示，如何让售货机送出咖啡来，不送出来，再送出来，多送点出来，少送点出来；接着又示范一番如何买到17种不同口味的茶，还配有日本茶道的电子录音，一按按钮就能听到；跟着，他又示范如何买到法国洋葱汤，还搭配有不同口味的新鲜烤面包，再佐以令人开胃的橙汁和清凉罗宋汤。

接着，他又得意扬扬地拉了两个暗藏的阀门。这时，整台售货机就像一朵巨型的金属花朵一样，绽放开来，露出里边嗡嗡作响、微微振动的部件。接着，他又亮出一双大号的石棉手套、一条同材质的围裙和一个面罩。雅格布简直被他弄得哑口无言，而鲍尔曼则质问他说：

“见鬼，这些东西是干什么用的?”

约翰带着一脸自作聪明的样子说：“啊，您知道，这台神奇的机器之所以能调配出各种天然口味，靠的就是超高温的沸水和流动的水蒸气。但这样一来，就会产生一些副作用。也就是说，这台售货机在使用过程中，会有些危险。嗯，老实说，危险还真不小呢。”

话音未落，鲍尔曼就吼起来：“滚出去！滚！滚！滚！”

几秒钟后，雅格布就被悻悻地赶下楼去，雅格布郑重其事地向约翰宣称：“你是个地地道道的白痴。”约翰激烈地为自己分辩说：“我必须做出个产品演示，至于客户不合作，那不是我的错。”雅格布尽可能耐心地向他指出：“实际上，鲍尔曼早在我们到达后的半盏茶工夫里，就答应要买下售货机了，而你倒好，花上一个小时的时间，让他发现售货机的缺陷，结果呢，不但买卖做不成，还被轰了出来。”

事实上，只要约翰事先有礼貌地询问一下，鲍尔曼对售货机有什么疑问或者特殊的要求，然后针对这些疑问和要求来演示产品就好了。约翰简简单单地说上一句：“我们不会耽误您开会的。鲍尔曼先生，请问一下，您最喜欢喝什么?”

“黑咖啡。”

“按一下这个蓝色按钮，黑咖啡出来了。怎么样，味道还好吧?”

如此一来，不用再多费口舌，鲍尔曼就会心悦诚服地买下售货机。干吗还要冒那么大的风险，再对他喋喋不休呢?说话如果抓不住关键点，结果将适得其反，反而会帮倒忙。

10. 后退一小步方能进一大步

以退为进的话术是犹太人在谈判中经常运用的一种方略。这种策略的含义就是，以貌似与本意相悖的言行，采取退下、让步之法，以期待时机，获得优势，最终取得更大的进展。

在许多情况下，以退为进要比只进不退好，因为在退的过程中可以积蓄更大的进的优势。运用以退为进的方略，要有度，应做到顺理成章，退得巧妙，进得有力。

你也许见过这样的场景：公司职员已对天天加班感到厌烦，但是公司希望职工能再加一天班，以便工作进展顺利。于是经理向职工们说："喂，大家都疲倦了，今天是不是早点结束回家休息，好明天再加一天班。"如此一说，职工们即使很累，也不会对"再加一天班"进行抵制了。这便是一个典型的以退为进的实例。

在销售中我们会经常遇到这种情景：对方对我们频频指责，又不给你解释的机会。这时我们可以先应承下来，尽量不予反驳，在退中求进。

犹太商人琼斯先生是一家啤酒厂的经营者，他就经常遇到这样的事，有一家公司的采购员克劳恩欠琼斯先生 1000 美元啤酒款长期未付。一次，克劳恩来到啤酒销售部，对琼斯先生大发脾气，抱怨他出售的啤酒质量越来越差，并说社会上骂声一片，人们不再会买他们的啤酒。最后竟说出自己欠的那 1000 美元钱也就免付了，原因是他出售的啤酒的质量一直就不怎么样，并表示他所在的公司及他本人不再购买对方的啤酒等。

琼斯先生压住火气，仔细听完克劳恩的唠叨后，却出乎意料地向克劳恩赔起不是，声称啤酒质量确有不尽人意之处，最后说："对你的意见，我会尽快向厂部反映的。至于你欠的那 1000 美元啤酒钱，你要不付，也就算了，谁让我的啤酒一直不争气呢！你说今后你们公司和你本人不再买我的啤酒，这是你们的自由，随你们的便。你说我的啤酒质量有问题，我现在给你介绍另外两家有名的啤酒厂……"

琼斯先生这一番话里有话的艺术性表述，确实出乎克劳恩所料。欠账还钱，这是不成文的一种自然法规。克劳恩本意不想付那所欠的 1000 美元，以啤酒一向质量不怎么样为借口试图堵琼斯先生的嘴。然而，琼斯先生没有单刀直入地正面反驳克劳恩，却用了巧妙的迂回战术，假装虚心承认并接受克劳恩的意见，待克劳恩发泄完后，即刻展开了攻势，用诚挚的话语，向对方表明啤酒厂的现状及未来的发展前景等。克劳恩最后被琼斯先生的诚意和坦率所征服了，自此不但继续到该啤酒店为其所在的公司购买啤酒，而且还动员了另外几家兄弟公司及几个单位常年向该啤酒店购买啤酒。在这里，琼斯先生使用的就是先退后进的话术。

无论是推销也好，谈判也好，暂时的退却是为了将来的进攻，这也是"退"与

“进”的辩证法在销售中的灵活运用。

善于摆脱对手的控制

1. 破解对方的数字陷阱

犹太商人在商业谈判中，特别是涉及重大利益的贸易洽谈，不但会表现出极大的耐心，而且还具备极大的细心，既不操之过急，也不粗心大意，而是时刻提防交易过程中对手设下陷阱。

我们知道，在商务谈判中，不可避免地要说到各种各样的数据，如价格、成本、利息或设备的各项技术指标等等，这些数据对谈判双方都有重大的意义。但是，一般来说，许多人都不善于迅速地处理数字，特别是在紧张的谈判气氛中，更容易犯错误。

在商务谈判过程中，当对方像连珠炮一样地抛出各种数据的时候，相信还是不相信？点头还是摇头？这时候，千万不可鲁莽行事，一定要慢慢来。

在犹太商人看来，承认自己对数字处理的能力不够，并非是一件丢脸的事，请对方一项一项地说，自己一项一项地算，斟酌一番，检查一遍，并请谈判助手再帮你重新算过。如当场算不过来，就拿回去仔细研究过后再表态，切不可盲目相信对方所提供的任何数字，不论这些数据出自什么权威之手。要知道，有的谈判对手特别喜欢钻对方不善于处理数据的空子，而在谈判中占便宜。

犹太商人认为，数据准确是一回事，这些数据的真实含义又是另一码事。因此，在商务谈判时，不但要对所有的数据“再算十遍”，而且要努力挖掘发现它的意义，要注意隐藏在数字里的可能是故意制造出来的事实、解释、假设、习惯以及个人的错误。可是，如果不多问几个“这是什么意思？”你就无法从表面轻易地看出这些陷阱，也就难免会上当受骗。

当无端的实惠突然而至时，我们更应保持头脑清醒。假如有人对你说，他的那批货物只以成本价让给你，你先别太高兴，应该马上来个打破砂锅问到底：“成本

价是怎样计算的?”特别是对外贸易中，由于国家之间会计规则的差异，买卖双方对各种数据意义的解释相差很大，所以一定要让对方解释清楚：“这项数据到底是什么意思?”千万不能自作聪明，以己度人，以防止跌入他人设下的数字陷阱无法自拔。

犹太商人一旦作为买方，自然也有破解这一招术的策略。他们通常注意做到以下几点：做好该项业务的调查研究，做到知己知彼；出价要经过深思熟虑；如有多个卖主，会货比三家；确认对方在运用筑高台策略时，提前点破其计谋。

这些措施只要运用得当，他们就可以有效地遏制“漫天要价”的策略。作为买主时，犹太商人时刻记住：杀价要狠，抬价要少。破解这种策略后，在以后的谈判中他们就可以选取有利时机给予反击。

2. 识破对方的假出价陷阱

在犹太商人看来，生意场上既有合作又伴随着竞争。商业竞争可分为三大类：买方之间的竞争、卖方之间的竞争，以及买方与卖方之间的竞争。在买方与卖方之间的竞争中，一方如果能首先击败同类竞争对手，就会占据主动地位。当对方觉得别无所求时，就会委曲求全。

犹太商人认为，在多角谈判中买卖双方为了在成交中获得最大限度的利益，通常会采取假出价的策略巧妙周旋，这种策略在各类经济业务谈判中经常被运用。

假出价格，即买主利用高价的手段（或卖主利用报低价的手段），排除交易中的其他竞争对手，优先取得交易的权力，可是一到最后成交的关键时刻，便大幅度压价（或卖主大幅度提价），洽谈的讨价还价才真正开始。在这种情况下，一般是假出价格的一方占便宜，而另一方只好忍痛割爱。假出价格，虽然是不甚道德的，但却是生意场屡见不鲜的陷阱。

休·蒙克是德国有名的犹太富翁，他想兴办一座高尔夫球场来作为他事业的开端。几经努力，他终于选中了一块场地，这块场地按市值2亿马克，竞争者很多。如果相互加价，价格就会相应抬高。怎样才能得到这块场地，并且使价格不至于提高呢？蒙克在思考。于是，他找到了地主的经纪人，表明了自己想购买这块场地的

意愿。经纪人知道蒙克是个有钱的主儿，便想敲他一笔，说："这块场地的优越性是无可比拟的，建造高尔夫球场保证赚钱，要买的人很多，如果蒙克先生肯出5亿马克的话，我将优先给予考虑。"经纪人首先来了个狮子大张口。

"5亿马克?"蒙克表现出对地价行情一无所知的样子，"不贵，不贵，我愿意购买。"这一招果然有效，经纪人喜滋滋地将这个情况向地主做了汇报。地主也大喜过望，觉得5亿马克的价格已高得过头了，所以回绝了其他的竞争者。所有想购买这块场地的人听说自己的竞争对手是大富翁蒙克，也就纷纷退出了竞争。

陷阱已经布好，就等有人掉入。蒙克再也没来找经纪人，经纪人多次找上门去，他不是避而不见，就是推三托四，说买地之事尚需斟酌斟酌。这可难坏了经纪人，不得不磨破嘴皮，希望蒙克将买地之事赶快定夺下来。

稳坐钓鱼台，你急我不急。蒙克还是不理不睬，最后才说："场地我当然要买的，不过价钱怎么样呢?""您不是答应过出价5亿马克的吗?"经纪人赶紧提醒道。

"这是你开的价钱，事实上地价最多只值2亿马克，你难道没听出我说'不贵，不贵'的讥讽意味吗?你怎么把一句笑话当真了呢?"蒙克笑着说。

经纪人这才发现已经中了蒙克的圈套，只好照实说："地价确实只值2亿马克，蒙克先生就按这个数目付款也行。"

"真是笑话，如果按这个价格付款，我就不需要犹豫了。"蒙克回答说。这可让经纪人进退两难，其他人已退出竞争，如果蒙克不买就无人来购买了，最后只好以1.5亿马克成交。

在商场，我们不可忘记的两个字是"冷静"。在任何时候，即使你所得到的高于你的期望值，你也不必欣喜若狂。无商不奸，我们何不冷静思考一下，丰厚的回报是否有潜在的不利因素。

为防止买主假出价，通常可以采取这些措施：要求对方先付大笔订金，使他不敢轻易反悔；或给对方最后取货期限，过时不候；或同时与几个买主接洽。作为买主，为了防止卖主假出价格，也可以采取一些措施；比如仔细询问对方价格的含义，提出各种疑难问题和对方纠缠，最后协议要反复推敲，如果万一发现上了对方

的当，不应忍气吞声，而应该因地制宜采取必要的措施，给对方以坚决的还击，使己方在商务谈判中的基本利益得到保障。

无论是对于买方的假出价还是卖方的假出价，最重要的一点是，洽谈者在谈判时不要低估了对手，不要有贪占便宜的心理，要知道占小便宜吃大亏的道理。

3. 灵活应变，扭转劣势

在经商活动中，生意人不仅要把握有利局势，积极发动进攻，而且还要善于转化对自己不利的时局，然后再进攻。

在生活中犹太人很会处理因失误而造成的被动局势，犹太法典《塔木德》上说：“如果不小心被对手指出错误而受到攻击，而当时又不容许出现这种局势，此时必须马上将对方的注意力引开，或者将问题巧妙地推回给发问者。”

有一名英语老师言语偏激，常常对犯错的学生冷嘲热讽，令那些自尊心强烈的学生难堪不已，所以在他执教的学校里，他算是一名不受学生欢迎的老师。

不巧的是，某天他讲授英文时，不小心在语法问题上犯下一个明显的常识性错误，并当场被一名昔日他嘲讽过并耿耿于怀的学生发觉。这名学生马上逮住报复的机会，毫不客气地指出错误，此时所有的学生都默默不语，想看看平时嚣张跋扈的老师会如何应付。

这位英文教师却很冷静地说：“噢，看你平时上课心不在焉，想不到居然这么细心，连这么不起眼的毛病都被你发现了，其他同学是怎么回事？为什么疏忽了这个错误呢？”

这位学生本来是以报复的心态向教师展开攻击，不料竟得到向来偏激的老师当众赞扬，心里刹那间一种自豪的满足感溢满胸怀，马上又觉得这位老师其实也有可爱之处，并不是那种人见人嫌的人物。

这位老师在这则案例中发挥他的语言长处，给这位企图让他难堪的学生戴了一顶高帽子，堵塞他急欲让对方当众出丑的思路，最后又补充说：“像这种不起眼的小毛病，必须要仔细认真才不会发生，如果不加以改正，时间一长便容易犯下更大的错误，所以大家要记取今天这个教训。”

这位老师所使用的说话术可谓高明之极，他接住别人射来的利箭，又反掷回去，并且丝毫不带杀气，以他的这番谈话来看，只会让人觉得他在赞扬那位发现小错误的学生，而不是承认自己失误，进而警戒学生谨慎勿犯，无形中将自己的失误淡化了，进而扭转了对自己不利的局势。

如果这位老师没有这种随机应变的说话技巧，便无法从容应付，只能恼恨成怒地大加斥责，或者竭尽所能地欲盖弥彰，这样犹如火上加油，使对方的逆反情绪更加激昂，造成下不了台的局面。

同样的言语技巧也可以运用于商业谈判中。

例如，你正在对顾客介绍某样商品，但对方却说："这东西太贵了，另外几种和它效果差不多的商品，却便宜许多。"此时你可点头说道："你说得很对。"先听取对方的意见，再运用语言的特殊性转移对方攻击的要害，接着再对他说："你的担心不是没有道理，但你要了解，我们的产品省油省电，又是高性能，在同类产品中，只有我们的售后服务方式是最先进可靠的。"对方会因你开始赞同他的观点而不再排斥你，听了你的介绍后，他会认真地和其他商品做一番比较，即使不买你的商品，也会对你留下诚恳的印象。

在推销过程中，并不是一帆风顺的，有时可能会因为客户的不满而遭到进攻，对于这些不利的形势，如何处理，直接关系到推销活动能否顺利摆脱僵局，走出低谷。这就要求推销员要沉着冷静、机智灵活地逐一处理，把不利的因素消解，甚至化为有利的因素，同时又绝不放过任何一个有利的突发因素为自己的推销增加筹码。

犹太青年瓦尔萨正当着一大群客户推销一种钢化玻璃酒杯，在他进行完商品说明之后，他就向客户做商品示范，就是把一只钢化玻璃杯扔在地上而不会破碎。可是他碰巧拿了一只质量没有过关的杯子，猛地一扔，酒杯摔碎了。

这样的事情在他整个推销酒杯的过程中还未发生过，大大出乎他的意料，他也感到十分吃惊。而客户呢，更是目瞪口呆，因为他们原先已十分相信了这个推销员的推销说明，只不过想亲眼看看得到一个证明罢了，结果却出现了如此尴尬的沉默

局面。

此时，如果瓦尔萨也不知所措，没了主意，让这种沉默继续下去，不到3秒钟，准会有客户拂袖而去，交易会因此遭到惨败，但是瓦尔萨却灵机一动，说了一句话，不仅引得哄堂大笑，化解了尴尬的局面，而且更加博得客户的信任，交易大获全胜。

那么，瓦尔萨是怎么说的呢？

原来，当杯子砸碎之后，他没有流露出惊慌的情绪，反而对客户们笑了笑，然后沉着而富有幽默地说："你们看，像这样的杯子，我就不会卖给你们。"大家一起禁不住笑起来，气氛一下子变得活跃起来。紧接着，瓦尔萨又接连扔了5只杯子都成功了，博得了客户们的信任，很快推销出几十打酒杯。

这个例子充分说明了随机应变的重要性。

4. 以毒攻毒拆穿对方的平台

高明的谈判家往往能够牵引对方像爬楼梯一样，随着台阶的升高而陷对方于进退两难的境地。当然也有破解的方法，俗话说："以牙还牙，以毒攻毒。"犹太商人将之用到了"拆台"上面。

这也可以说是一种揭破陷阱，使其自露马脚的办法。使用这种话术的前提是，对对方的阴谋有所觉察，然后见机行事，当觉得对手正要把自己往陷阱里推时，出其不意，来个主动攻击，拆穿对方的阴谋。这是犹太人惯用的方法，它的妙处在于选择了恰当的时机，既揭露了对手，又令其白忙一场，最后落个一场空。

有个名叫勒絮费的美国犹太商人想在斯腾塔岛购置一块地皮。与他打交道的卖主是个地产大王，此人精于讨价还价，只有在他认为再也榨不出更多的油水时才会成交。

在谈判中，地产大王善于施展一种叫作"平台"的手法。开始，这个刁钻的卖主会派一个代理人来同你见面，磋商价钱。在握手告别时，你会以为买卖的价格和条件已经谈妥了。然而当你同卖主本人会面后，你却发现那不过是你愿出的价而已，而不是他肯接受的卖价。接着，他自己又开出一些根本没磋商过的新要求，把

价钱抬得更高，使成交的条件对他更有利。他用这种办法把要价抬高到一个新的“平台”上迫使你要么接受，要么拉倒。由于当时斯腾塔岛上正兴起地产热，人们都疯狂地介入房地产，因而，他的办法在大多数情况下往往都能见效。人们在别无选择的情况下付给他更多的钱，他也因此而财富大增，财源滚滚而来。

除了“平台”策略外，他还有一种伎俩，那就是要你在成交后15天就过户，而根据习惯的做法，过户期一般都是在合同签订后45~100天之内。他用这一手段逼迫买主做出更多让步。他要这一套手法十分得心应手，而且善于掌握火候，不会把对方逼过了头，而使生意告吹，他要这套“平台”手法，往往还会拿起笔来准备在合同的最后文本上签字的当口儿，又把笔搁下，提出“最后一个条件”，再谈判下去。这种非凡的本领，奥妙在于掌握对方的忍耐能保持到什么程度。

可是，这位卖主刚想对勒絮费也来这一手时，就被勒絮费识破了。勒絮费自有对策，他的对策就是“拆台”。

当卖主想把他往第一个“平台”上推时，他却微微一笑，开始讲起故事来。他编造了一个叫做多尔夫的人物。他说：“我从来没能从这位多尔夫先生手中买成一块地皮，因为每当我认为双方已谈妥成交之时，多尔夫总是又提出更多的要求，对我步步紧逼。多尔夫从来不知道满足，非要把条件抬到我无法容忍、买卖就此告吹的地步不可。”

“拆台”确实是一项有力的对策。那位卖主刚想把勒絮费往“平台”上推，勒絮费就紧盯住对方的眼睛，笑着说：“您瞧，您瞧，您怎么做起事来也像多尔夫先生一样。”就这样，他把那位卖主弄得动弹不得，半点也施展不开他的“平台”惯伎。

这种以毒攻毒的应变对策贵在勒絮费预先发现谈判对手的攻击倾向。在谈判中，这就要求谈判者机警睿智，能够及时判断出谈判对手下一步所要玩弄的手段，抢先给对手设置拦路桩，使他所要施展的手法失去效力。

还有一次，勒絮费收到一个包裹，打开一看，是一盒乌鱼子，另外还附着一张划拨单和一封信：

敬启者：

兹附上本公司经销的高级乌鱼子一盒，产品具有高养分及热量。至于贷款 1500 元，就请以邮政划拨至本公司即可，划拨账号如所附之划拨单。

勒絮费气炸了，但是因为已经将外盒拆封，也不好退回去。过了几天，正为自己的推销奇招沾沾自喜的乌鱼子商人，也接到了一个包裹，他打开来一看，竟然是一包石灰，附着一封信上写着：

敬启者：

兹附上本公司经销的石灰一包，产品精良，一过水不但有高热量产生，还会像您接到这个产品时，一样地叽咕叽咕叫个不停。至于贷款 1505 元，和我欠您的贷款相抵，5 元就当小费，不用找了。

这就是犹太商人以毒攻毒的技巧，只不过口头语言已被书面语言所代替。这种方法的应用在我们中国也有一个很成功的实例。

香港著名的律师罗文锦曾为这样的一起经济纠纷做辩护。

20 世纪 30 年代中期，英国商人威尔斯向中方茂隆皮箱行订购 3000 只皮箱，价值 20 万港元，双方订下合同，一个月内交货，保质保量，否则由卖方赔偿损失 50%。一个月后，茂隆皮箱行经理冯灿如期交货时，威尔斯却说，皮箱内层中使用了木材，就不能算是皮箱，因此向法院起诉，要求赔偿损失。

开庭时，港英法院偏袒威尔斯，企图判冯灿诈骗罪，冯灿委托当时还不大出名的律师罗文锦出庭为其辩护。在法庭上，威尔斯信口雌黄，强词夺理，气焰嚣张，而庭上的气氛似乎也有向其倾倒的迹象，形势对被告不利。这时，罗文锦站在律师席上，从口袋取出一只大号金怀表，高声问法官："法官先生，请问这是什么表？"

法官答："这是英国伦敦出品的名牌金表，可是这与本案有什么关系呢？"

"有关系！"罗律师高举金表，面对庭上所有的人继续问道："这是金表，没有人怀疑了吧？请问这块金表除表壳是镀金之外，内部的机件都是金制的吗？"

法官显然已经感到中了"埋伏"。罗律师又说："既然没有人否定金表的内部机件可以不是金做的，那么，茂隆行的皮箱案，显然是原告无理取闹，存心敲诈

而已。”

这样的应变性论辩，简洁明快，一下子使对方无以对答，如果正面对话，说茂隆皮箱内层可以是木头做的，这就很难说服对方。律师把论题引开，摆出一个简单的事实，让法官承认这个事实，再进行类推。在这种辩护中，罗律师利用大家都承认的道理和事实，设置圈套，用不可辩驳和否认的性质，逼使对方“就范”。在皮箱案的例子里，皮箱和金表均取外层的意义，既然金有外层镀金，内部可以不是金，那么皮箱的内部当然也可以不是皮。这是两者之间的相同点，也是辩护的基点。

5. 不让对方乱了自己的方寸

犹太法典《塔木德》上说：“善于控制自己的情绪，更能无往而不胜，只有控制自己，才能控制别人。”这句话告诫犹太商人：谈判时要牢牢地把握好感情的阀门，控制好感情的流量，根据对方的反应和当时的氛围做相应的调节，就不会让对方乱了自己的方寸而陷入被动的局面。

一个成熟的商人，他的感情总能服从理智的需要，而不是为感情所驾驭。因此，他们不会在愤怒时语无伦次，在惊惧时瞠目结舌，在商业场合里有失礼之态，他们的感情总能得到极好控制。

在谈判交锋中，高明的商人都是尽力控制自己的情绪，以静制动，把握住主动权。在一家大公司受理顾客抱怨的柜台前，许多女士排着长龙争前向柜台后的接待员诉说她们受到的无礼态度，以及这家公司的不对之处。有此投诉的妇女十分愤怒且不讲理，讲出很难听的话。

接待员一一接待了这些愤怒而不满的顾客，她脸上带着微笑，态度优雅而镇静，自制修养令人大感惊讶，这让那些愤怒的妇女们产生了良好的印象。

尽管她们来时个个像咆哮怒吼的野狼，但在她们离开时个个如温顺的绵羊，有的人脸上甚至露出羞怯的神情。这就是控制自己才能控制别人的生动例子。

在商业谈判中，对方有时会设法激怒你，你很可能轻易上当。在愤怒的情况下失去自制，就会说出你在冷静的情况下不会说出的一些话语，这样你的防线就被击

破了，在不知不觉中对方实际上已经控制了你。

如果对方用话来扰乱你的心思时，你更要维持对自己的控制，保持冷静与沉着。这样，你就维持了你所有的正常情绪，因而可以由它们获得理智以保方寸不乱。

马休是一位棒球队教练，年轻时是位很优秀的投手，经常利用棒球技术和心理战术把对手淘汰出局。

一次，与他对阵的是位名气很大的全垒打高手，并且还是个喜欢吃醋的模范丈夫。眼看形势对自己不利，马休就附在那个高手耳边问了一句："坐在你太太旁边亲密谈话的人是谁?"然后他故意接连投三个坏球。每次都加重这种口气，对手一方面产生轻敌心理，另一方面对太太的信任也不由自主地产生动摇。然后，马休假装无奈地说："你大概对太太服务不够吧!"再全力投出三个好球，对手终于心理崩溃，被淘汰出局。

为了获胜，诱使对方无精打采是很重要的心理战术。例如，故意批评说："你怎么这么拿不定主意，谈了好长时间还是像刚开始一样一点进展都没有?"这种话可以打击对方的情绪，但有时也会使他的要强心加剧，超水平发挥。所以过于直接的话也不是很好。但如果讲"我办事很痛快"，或"在家里你和妻子谁说了算"等，虽然和谈判没有直接关系，可这种影响对方心理活动的话接二连三地说出来，对方不好意思马上发脾气，又不能装作听不见，如此下去情绪不好，精力不能集中，这样胜负已经很明显了。

一位著名的高尔夫球选手曾说："高尔夫球比赛不是靠手，而是靠嘴巴。"在一些影响情绪的谈话中，最有效的手段是表面上装得很亲切，提出一些所谓的"忠告"，实际是过分向对方强调比赛的禁止事项给对方暗暗施加压力，使其不能发挥正常水平。譬如，在高尔夫球场上故意温和地问对手说："要是打出去的球半路上向右边飞的话，会落进池塘"，或"这个球离洞这么近，千万不要打歪啊!"听了这些"好话"，对手打出去的球不可思议地不是向右飞，就是打歪了。

同样，为了防止讨厌的对手扰乱自己的心思，不和对方的视线接触是一种

良策。

经常有母亲一面责怪孩子，一面威胁他说："你看着妈妈的眼睛，说出实话来！""眼睛是心灵的窗户"，可以表现人类的心理状态。当我们有意从对方的口中探悉真相时，常常会逼迫对方的视线与自己互相接触，也正是这个道理。

高尔夫球

当彼此的视线要接触时，固然可以窥探对方的心理，但是，自己的心理也同样暴露在对方的眼底下，由此可见，视线是把双刃剑。因为彼此视线相碰，自己也极可能因受到对方的目视，思想容易被对方扰乱。这一点不可不加以防范。

所以，如果你不愿意让交谈的对方扰乱心思，最有效的方法，就是不要跟对方的视线相接触。

这样既可以防止对方知道自己的不安，又能通过这种行为，蔑视对方，进而使对方感到某种心理上的压力。

6. 控制住话语权和谈话场面

犹太法典《塔木德》上说："在交谈中，控制住谈话场面和话语权是一种攻守兼备的策略。"

假如你正在某个会场给一群人做演讲，正讲到兴头上，忽然一阵电话铃声响起，哪怕那声音很小很小，也会叫你一时语塞。这种声音还会影响会场的气氛，刚才一心听讲的思想也会分散。这样一时语塞之后，你就发现，要再回到刚才的氛围很难很难。

因意外的声音而造成一时的失措，思维分散，是一种防护性的反射性反应，就像小动物听到一点小响声就竖起双耳警惕地环视四周一样。注意力的分散，往往造成思路的中断。所以有时你在音乐茶座边饮茶边聊天时，服务员把你要的咖啡送来摆放饮具时发出的声音，令满座人都一时停止了交谈，出现一时冷场的局面。

犹太商人在经商过程中深刻体会到：在谈话中必须要控制住场面和话语权。比如打断对方的话，不失时机地把话题转到别的方面或转向另外的人。我们在会议桌旁时常会看到这类实践者，在对手讲话时插话说："是那么回事，不过……"巧妙地把劲敌的话头打断，你也不妨小试一次。

若对方滔滔不绝地发言，而整个会议都快成为他的天下时，采取何种对策好呢？"我有一点意见想说"，这种话太唐突；"我有异议"，太富挑战性；"移到下个议案吧"，又很容易被看穿。

既要使对方舒服，又要夺取发言权，你不如说："从您的话引出了我的感想……"这种移花接木的方法是最好的了。用"您的话使我想到"开头，接着便提出完全不同的话题。即使话题向着另一个方向行进，对方也毫无办法。

犹太商人认为，转换话题也要讲究策略。一是要注意时机。当事先预计的交谈目的已经达到，对方在原先这个话题上也再无话可说，或对方在交谈中又提出了新的观点或情况，都要及时转换话题。二是要讲究方式。一般是先总结前面的交谈情况，肯定对方的积极配合，然后提出尚需交谈的话题。也可以采用迂回引导法，即先暂时从正面避开话题，谈一些对方感兴趣的事情，边谈边分析。

面对复杂多变的交谈形势，交谈者还要善于控制交谈的场面，这样才有助于说服对方。

常用的一个技巧就是通过控制话题来控制谈话场面，也就是使话题不要偏离中心或使已经偏离中心的话题回到中心上来。常见的方法有两种：一是阻挡法，就是直接提醒对方，阻止对方再说下去，使双方的谈话重新回到中心话题上来。但提醒对方时应注意礼貌，决不可粗暴地强制对方中止谈话，这样会伤害对方的自尊心，影响交谈的进行。二是引导法或暗示法，即对符合题意的谈话，要用一些表示肯定的方式（如眼神、手势、简短的应答）引导或暗示对方可以继续讲下去；对不符合题意或有离题观象的发言，可以礼貌地插入一些话提醒对方注意。

交谈也会出现一些出乎意料的情况。这时应该临阵不慌，冷静思考，随机应变控制场景。常见的情景控制技巧有如下一些：

引申转移法，即用适当的话把尴尬情绪引申到别处，以消除僵局。例如高考前夜，一考生弄翻家中热水瓶，热水瓶落在地上摔得粉碎，家里人觉得这是不祥的预兆，认为他的高考今年又要泡汤。全家人因此被笼罩在一种不安的气氛中。这时考生的姐姐忽然说："这个水平（水瓶）早该打破了！这说明弟弟今年高考一定行！"一句话使大家都回过神来，破涕为笑，消除了心中的阴影。

模糊应答法，即努力寻找一些伸缩性较大、不甚精确的话语来回答一时难以说明的问题。此法在外交场合使用较多，如答复对方邀请时，说"将在适当的时候访问贵国"；涉及某些不便表态的问题时，说"对此，我们将注意研究"等等。

即兴回敬法，即当场使用对方所使用的讲话方法或语句，回敬对方，以诙谐的语言使谈话相映成趣，或使饶舌的对手知难而退。

7. 巧妙周旋避开对方的锋芒

犹太商人发现，巧妙周旋是避开对方锋芒的最妙的战术。具体说就是，给穷追不舍的对手，提一些与追击的话题毫无关联的问题。就像"打扰一下，请问几点了？"或"你的眼镜很好看，请问你戴得舒服吗？"这一类与话题相差甚远的问题。

首先对方会惊愕一下，停顿下来，在把问题接下去谈之前，他会觉得有必要回答一下这类不成话题的问题，或者还会因受到愚弄而激动起来。不管怎样，对方的注意力至少分散了，气势就会消退很多。

20 世纪 60 年代末，某国学运兴盛的时候，某大学教授受各方的委托，与学生团体进行交涉。面对学运积极分子们的唇枪舌剑，这位教授也不知如何应答是好。他是受各方面的委托而来的，从名分上说不可自由地叙述自己的见解，轻易开口是要不得的；另外，对这种长期相持不下，没有结果的争议，这位教授也感到很腻烦。

当某位学生代表言辞尖锐地提出他们的主张之后，教授反问了一句："对不起，我刚才没有听，请问你提的是什么问题？"那位巧言善辩的学生也一时呆住了。自然，接下来就不免招致学生方面更为尖锐的攻击乃至谩骂，可这一句话所起的作用仍是不可低估的，它在某一瞬间泄了对方的气。

以上所说都是以“合理”的干扰实现了“不合理”的目标。下面就介绍几种既能使你直接反驳对方意见，也不会引起对方反感的插话方式，你既反驳了对方，又可避开对方的锋芒。

提问是插话反驳的方式之一。一位犹太商人曾说起，他向客户每每发难，总是借用“我是否可以向您请教二三个问题”这个方式，使得他无法拒绝去听。因为提问是以向对方求教的方式提出的，会激起对方的自豪感，起码可以冲淡对方的反感，不致使对方认为你有意刁难。

搭腔是插话反驳的又一种方式。对付正在滔滔不绝讲演的人，最好的办法就是很频繁地随着对方的话茬搭腔，如“说得好”“有点道理”“是这样吗”，用来打岔，可以打断对方的思维逻辑，使其纰漏百出，给你提供反驳的机会。

无言干扰也是一种较有效的反驳方式。对方发言的时候，你可以故意注视别的东西，也可以不停地制造一些小的响动，如挪挪椅子，故意将硬币掉在地上……使对方的注意力很难集中而心有旁骛，当他一出现失误，你便可抓住机会反驳。

有一类杂志，专门介绍怎样以最便宜的价钱买衣服。杂志中写道：当你在商店里看见自己喜欢的衣服时要不动声色，不能让店员猜出你究竟喜欢哪一件，而应耐心地与店员讨论其他衣服的优缺点，反复试穿。等到店员产生了倦怠，而不知道客人是否真心想买，才拿出你喜欢的那件，这时对满脸不高兴的店员说：“我想买这件，不过你肯减价多少才卖呢?”这是一个很好的办法。

平常绝对不减价的商店，如果碰上这样花很长时间选择商品的顾客，店员随之花很大精力长时间地接待他，在店方看来，这位顾客不买什么东西就离去，仿佛商店就会损失很大。由于产生了强烈的销售欲望，因此很轻易地答应你开出的价。

将对方弄到灰心丧气的地步，从而削弱对方战斗能力的心理战，在社会的各方面常被人们使用。比方说妻子希望丈夫给她首饰，或小孩向母亲要零花钱买东西，就有意无意地采用了这类战术发动攻势。最初一定是丈夫对妻子或母亲对小孩说：“你为什么想要那个东西，换一样便宜的不行吗?”为了拒绝对方的要求，一定会摆出一套理论试图说服对方。提要求的一方在得不到答应时就两天一小吵，五天一大

吵，被要求方在怕麻烦的心理支配下就会随便说“好吧！你喜欢的话我就给你买。”

在与人交涉时，有耐心并能坚持自己意见的人，一般会取得最后胜利。尽管这种方法很单纯、原始，可采取这种战术会迫使对方心理动摇。心理动摇会导致心情焦躁，心情焦躁会降低理智和判断能力，从而做出让步。可见，这种心理战术具有相当的威力。

一般来讲，在对方处于比我方更优越有利的位置时，我方会感到缺乏攻击对手的有效手段，这时，使用上述战术往往能收到奇效。

8. 敢于撤退，该放手时就放手

犹太法典《塔木德》上有句圣言：“只知道胜而不知道败的人，终将一败涂地。”

当明知情形极度不利，损兵折将，死伤惨重，危机四伏，四面楚歌，还是三十六计走为上策为好。君子不吃眼前亏，识时务者为俊杰，该放手时就放手。

犹太商人约翰·贝尔说：“应该把一次失败的谈判与成功的谈判都看作是胜利，坦率地说，应将放手作为一条后路，没有这一条选择，最终会被对方套住，成为对方的囊中之物。如果对方提出的方案不合理，你还不知退却，终将会是损失惨重。双方即使以不平等为基础达成了协议，该协议持续时间也不会长。”

选择撤退，只能是最后的王牌。谈判中什么最为重要？最典型的答案是选择撤退。这种答案是对错兼而有之的。如果最后的王牌是撤退，就会令人想到谈判失败的后果。太多的谈判者只是在谈判处于崩溃的边缘时才想到撤退，而为时已晚了。

如果你发现你按对手出的条件成交，会让你损失惨重，你就要当机立断，退出竞争，免得做赔本的买卖。不过，让对手太轻易地取得竞争的胜利，有可能助长他的气焰，以后会变本加厉地玩弄种种恶劣手段。客户也会对你的能力和信誉、诚意产生怀疑，日后的合作将变得十分艰难。所以，金蝉脱壳、隐性退却是较好的选择。

隐性退却就是要做足表面文章，保留逼真假象。敢于放弃是使用隐性退却的先决条件，若是成交对你有害，不能迷恋，不能彷徨，当断则断，可喻之为“藕断”。

这个“藕断”应成为最高机密，不能让任何闲杂人员知道，甚至自己人也不用告知，除了最核心的人员之外，关键人物心知肚明即可。谈判原班人马、原有渠道、原来关系、原先联系，均原封不动，该谈的照谈，该争的照争，可谓“丝连”。而这种表面文章，就是金蝉脱壳。

这样做的好处是，对手无法轻而易举地尝到胜果。你让他付出点代价，让他知道你不是个好欺负的人。这样一来，你日后的生存环境将变得好一些。客户方面，也能感受到你的坚韧、你的诚意，留下日后进行合作的余地。

再者，万一事态发生对你有利的变化，就没有必要从头开始商谈，能够很自然地“继续”洽谈，以有利于自己的条件成交。

这种技巧富有柔性，但操作难度也大一些。最重要的是设好最后防线，不要受对手影响，一时冲动，把一场好戏演砸了。在恰当时刻公开收手，是非常重要的。

直的不通就拐个弯

1. 谈不下去干脆换个话题

犹太法典《塔木德》上说：“生意场上，有时走偏远的迂回道路，实际上是达到目的的最短途径。”

在商务交谈中，如果遇到不太顺畅的情况，就需要随机应变地转移话题。无论顾客以什么理由拒绝我们，如果我们能巧妙地适时、适地、适法转换话题，就可以改变这种状况。否则，一条道走到底、一个劲地在那里进攻，结果不是碰一鼻子灰，就是陷入僵局。

犹太青年吉尔拉大学毕业后去见一位企业家，试图向这位总经理推销他自己，到该企业工作。

这位总经理识多见广，比较固执，根本没把吉尔拉放在眼里，没搭上几句话，总经理便以不容商量的口吻说：“不行。”

聪明的吉尔拉眉头一皱计上心来，他决定转移话题来对付总经理的反驳。他若

无其事地轻轻问道：

“总经理的意思是，贵公司人才济济，已完全足以使公司得以成功，外人纵有天大本事，似乎也无须加以借用。再说像我这样的庸才能做什么也还是未知之数，与其冒险使用，不如拒之千里之外，是吗？”

吉尔拉说到这里故意突然中断，只是微笑着直视总经理。在一两分钟的时间里，彼此都保持沉默。总经理终于开口了：

“你能将你的经历、想法和计划告诉我吗？”

吉尔拉又将了他一军：“噢！抱歉，抱歉，刚才我太冒昧了，请多包涵，不过像我这样的人还值得一谈吗？”说完，吉尔拉又沉默了。

总经理诚恳地对他说：“请不要客气。”

于是吉尔拉便将自己的经历、学历及对该企业经营发展规划的看法等系统地告诉了总经理。

总经理听完他的话后，态度立刻就改变了，由严肃转到慈祥。临走时总经理对他说：“小伙子，我决定录用你，明天来上班，请保持过去的热情与毅力好好干吧！”

如果吉尔拉在直接推销自己不成功的时候不赶紧转换话题，怎么能转败为胜呢？

吉尔拉得到这份工作后，一天总经理让他去乡村推销电器。当他来到一所富有而整洁的家舍前叫门时，对方只将门打开一条小缝，户主太太从门内伸出头来。当她看见来人是一位行销员时，猛然把门关闭了。吉尔拉再次敲门，敲了很久，她才又将门打开，但仅仅是勉强地开了条小缝，而且，还没有等吉尔拉说话，她就不客气地开始说起难听话来。

虽然一开始十分不顺利，但吉尔拉却不罢休，决心转移话题，碰碰运气。他改变口气说：“太太，很对不起，我拜访你并非是来行销产品的，只是想向你买一点鸡蛋。”

听到这里，太太的态度稍微温和了一些，门也开大了一点。吉尔拉接着说：

“您家的鸡长得真好，看它们的羽毛长得多漂亮。这些鸡大概是多明尼克种吧？能不能卖给我一些鸡蛋？”

这时，门开得更大了。太太问吉尔拉：“你怎么知道这是多明尼克种鸡？”吉尔拉知道自己的话已经打动了太太，便接着说：“我家也养了一些鸡，可是像您所养的这么好的鸡，我还未见过呢！而且我饲养的来亨鸡，只会生白皮的蛋。夫人，你知道吧，做蛋糕时，用黄皮的蛋比白皮的蛋好。我家今天要做蛋糕，所以我便跑到你这里来了……”

老太太一听这话，顿时高兴起来，到屋里去给他取鸡蛋。

吉尔拉利用这短暂的时间，随便看了一下四周的环境，发现她家拥有整套的务农设备，于是见了老太太继续说道：“夫人，我可以这样说法，你养鸡赚的钱一定比你先生养奶牛赚的钱多。”

这句话说得太太心花怒放，因为长期以来，她丈夫虽不承认这件事，而她总想把自己的得意之处告诉别人。

于是她便把吉尔拉当作知己，带他参观鸡舍。参观时，吉尔拉不时感叹，他们还交流着养鸡方面的常识和经验。

这样，两人越来越亲近，可以畅所欲言。最后，太太谈到孵化小鸡的一些麻烦和保存鸡蛋的一些困难，吉尔拉不失时机地向老太太成功推销了一台孵化器和一台大冰柜。

当然，在使用这种方法时，要注意适时抓住时机，在对方心情舒畅时巧妙地亮出你的回马枪。

2. 东方不亮就让西方亮

对待商业上的难题，当从正面去做而无法解决时，不妨打破常规，从它的反面去着手，去宣传，这样也能收到意想不到的效果。

美国麦克公司董事长库里恰克，以前只是一个小商贩，靠做小生意起家。有一年，他把所有的本钱取出来，购进了一大批日本货，准备在美国出售。不料进货不到两天，还没来得及出售，日本偷袭珍珠港的事件发生了，美国人抵制日货，使库里恰

克濒临破产的境地。库里恰克有苦难言，辛辛苦苦赚来的钱眼看就要泡汤了，他整天坐在椅子上，面对堆积如山的日货长吁短叹，度日如年，几乎想要跳楼自杀。

这时库里恰克忽然想起了他的好朋友巴尼拉，一位移民美国的犹太商人，巴尼拉的生意做得很成功，他决定请这位朋友帮帮忙。

听完库里恰克的苦诉后，巴尼拉微笑着说："我的朋友，让我给你说个事吧！昨天我陪太太去书店买书，你知道她是一个肥胖者，她问有没有《如何减肥》这本书，售货员说：'对不起，只有《如何增胖》。''你拿我开玩笑？'我太太很不高兴地说。'绝非开玩笑，太太，你只要按书中的建议相反去做不就成了。我有一位朋友，她长得比您还要胖，有一次来我店里买《如何减肥》。当时没有，我就把《如何增肥》这本书推荐给她，想不到 2 个月后见到她时，居然瘦了 10 千克。太太，试一下吗？'结果，我太太就高高兴兴地买了那本《如何增肥》的书。"

"好吧，巴尼拉，我懂你的意思，具体我该怎样做呢？"

"下一次，你可以对来你商店的顾客这样说：'美利坚的同胞们，买日货是爱国的最好表现，有爱国心的人不可不买。为什么呢？现在跟日本打仗，如果每个人买了一批日货，就等于省下一批国内资源。这部分资源就能转用于军需品，就能增加美利坚的一分国力。'这样就会大不一样的，我的朋友，你可以试一下。"

奇迹真的出现了，库里恰克照着这样一说，美国人纷纷购买他的日货，这样他的日货很快就卖完了。本来濒临破产的库里恰克，把抵制日货改变成提倡购买日货，结果他不仅没有亏本，反而赚了一大笔。

正话反说，也是一种打破常规的方法。说出来的话，与所表达的字面意思完全相反，这就叫正话反说。如字面上肯定，而意义否定；或字面上否定，而意义上肯定。这种方法的妙处在于让顾客从逆向思维中寻找到答案。

有一则宣传戒烟的公益广告，上面完全没提到吸烟害处，相反地却列举了吸烟的四大好处：一省布料：因为吸烟易患肺痨，导致驼背，身体萎缩，所以做衣服就不用那么多布料；二可防贼：抽烟的人常患气管炎，通宵咳嗽不止，贼以为主人未睡，便不敢行窃；三可防蚊：浓烈的烟雾熏得蚊子受不了，只得远远地避开；四可

永葆青春：不等年老便可去世。

这里说的吸烟的四大好处，实际上是吸烟的害处，却显得很幽默，让人们从笑声中悟出其真正要说明的道理，即吸烟危害健康。

3. 让客户自己说服自己

犹太商人安东尼常常能把那些看来已经做不成的交易起死回生，许多人都不相信，询问他有什么秘诀。安东尼给他们讲了这样一个故事：

有位公主得了病，非要她的国王父亲给她弄到月亮，她的病才能好。国王请大臣们想办法，可大家都无计可施，因为谁也弄不到月亮，但又说服不了这位任性的公主。这时一位大臣对国王建议："我们为什么不去问问公主呢？"于是国王让他去问公主。

大臣先答应给公主搞到月亮，然后问公主月亮到底有多大，有多远，是用什么做成的。公主说了，月亮和她的手指甲一样大，最多也不过和窗前的树梢一样高，而且当然是拿金子做成的。这位大臣就让珠宝匠用金子给公主做了一个"月亮"，并串在项链上让公主戴在胸前。公主果然很高兴，病一下子就好了。

可是，国王回头一想又担心起来了，因为到了晚上月亮还会出来，公主不是觉得被骗了吗？他急忙又请来大臣们商议，众大臣们还是毫无办法。最后又是那位大臣说："既然大家都没有办法，那我们为什么不去再问问公主呢？"

于是，他又去找公主。正好已到晚上，公主正望着窗外，手里拿着大臣送给她的小月亮。大臣故作不解，问："公主，月亮不是挂在你胸前了吗？它怎么又在天上出现了呢？"

没想到公主笑了，说："这真是个傻问题。当我掉了一颗牙，在原先的地方不是还会长出一颗新牙来吗？"大臣立即显出恍然大悟的样子，答道："对啊！当一头鹿失去它的角，可不是还会长出新的角来吗？"公主于是十分得意地告诉大臣："月亮的情形也是这样。"

"其实，任何事情都是这样。"安东尼说，"在我们做交易时，有时面对客户的疑问和拒绝，我们不必正面解释，可以绕弯地反问几个问题让客户自己解答，让客

户的解答回应他以前所提的问题，这种方法叫作让客户自己说服自己，或是‘让客户自己踢球’。当客户的回答否定了他自己的疑问或拒绝时，就等于让他自己说服了自己，这不是很有意思吗?”

让顾客自己说服自己，的确是一个绝妙的办法。安东尼说：“在让顾客自己说服自己时，我们只需巧妙地提问几个问题让他回答就行了。”

有一次，安东尼试图说服一个客户买他的产品，但是，那位客户拒绝了。安东尼不动声色地说：“好吧，琼斯先生，我知道我失败了，尽管不情愿，我还是接受失败，我认为您应当拥有这件产品，但我已经知道您不想买了。”安东尼开始收拾东西，准备离开，客户也明显放松。“不过，在我离开之前，请您帮我一个忙，好吗?”

客户：“好说，让我试试看，什么忙?”

安东尼：“您知道当地有谁可能会对这种产品感兴趣吗?”

客户：“让我想想……隔壁有个人，他需要添置一个。”

安东尼：“太好了！（记下来）还有谁?”

客户：“鲍博有点兴趣，他需要一个，你还可以……”

安东尼：“请等一下，有个事我不太明白。”

客户：“什么事?”

安东尼：“您刚才说了5个人的名字和地址，他们都是您的朋友和邻居，他们都对我的产品感兴趣。这件产品对他们都有益处，但对您却没有用，我不相信，琼斯先生，请您说说，这到底是为什么?”

客户告诉了理由，还提出了最后的异议，这时局面发生变化，他们又开始重新讨价还价了。这就是安东尼的“让顾客自己说服自己”的起死回生术。

其实，安东尼的这招与我们常说的让客户自相矛盾话术有几分相似。在销售活动中，我们经常会面对一些傲慢自大，不把推销员当回事的客户。面对这样的顾客时，我们应表示抗议并表现出自己的铮铮气节。这时，我们不妨来个“以其人之道，还治其人之身”的突袭战术来攻破他们的心理防线，这也可以达到起死回生的

效果。

犹太人纳克德是一位资深的推销员，但是在他漫长的推销生涯中曾经也遇到过非常不利的局面。

有一次，他去访问一个非常傲慢的总经理。此人脾气很大，没什么嗜好。偶尔会去打高尔夫球，听说就连在打高尔夫球时都旁若无人，傲慢自大。这是最令推销员头痛的人物，不过对这一类人物，纳克德倒是胸有成竹，怀着轻松的心情去拜访。

纳克德先向传达小姐介绍道："您好！我是纳克德，已经跟贵公司的总经理约好了，麻烦您通报一声。"

"好的，请等一下。"

接着，纳克德被带进总经理室。总经理正背着纳克德坐在转椅上看公文。过一会儿，他才转过身，看了纳克德一眼，又转身处理他的公文，一副爱理不理的样子。

就在那一瞬间，纳克德想好了一个对付这位总经理的办法，他大声地说："总经理您好！我是纳克德，今天打扰您了，我改天再来拜访。"

纳克德一面说着，一面从椅子上站起来，总经理转身愣住了。

"您说什么?!"

"我告辞了，再见!"

纳克德转身向门口走去。

对方显得有点惊慌失措："喂！你这个人怎么回事，一来就走了，到底是来干什么的?"

"是这样的，刚才我在传达处听小姐说您非常忙，所以我特地请求传达小姐，哪怕给我一分钟也好，让我拜见总经理并向您问好。如今任务已经完成，所以向您告辞。谢谢您，改天再来拜访您，再见!"

走出总经理室，他面带笑容，向传达小姐道谢，然后急忙走出那家公司。

按常规，与客户见面，一来就走，这是一种很不礼貌的行为。可是，纳克德这

一举动对"傲慢自大"型的客户常有出人意料的效果。

他在匆匆告辞后几天，纳克德又去做第二次访问。

"嘿！你又来啦，前几天怎么一来就走了呢？你这个人蛮有趣的。"

"啊！那一天打扰您了，我早就该再来拜访……"

"请坐！请坐！不要客气。"

这次，这位傲慢的客户与上一次的态度就大不相同了。

4. 免费给客户一点甜头尝尝

《塔木德》上说："想从别人手里得到什么，就要先给他一些什么。"犹太商人把它的道理用在说服客户购买商品上面，这跟我们平常所说的欲取先予是同一回事。

赫伯特·波恩特只凭办公室、信笺和电话建立了华盛顿地区管理咨询服务公司。这种服务的潜在顾客很不集中，在公司刚成立时，没有任何客户上门，为了生存，赫伯特·波恩不得不为自己推销。"我给从前的大学同学打了3个电话，"波恩特说，"每个人都问我有什么事，我说我在联系咨询工作。"接着他们问："你现在在为谁咨询？"波恩特不得不说："我还没有客户。"

在同学那里一无所获之后，波恩特从马克·吐温那里学到了一招。吐温在内华达开发银矿失败后，身无分文来到了旧金山，去了最著名的一家报社应聘记者。

结果他被拒绝了，吐温告诉编辑他不要求薪水——他要提供免费报道，这样他马上获得了这份工作。不久他又提出辞职，提醒他的老板"我没有薪水"，报社付给了他薪金，并派他做一名驻外记者。

波恩特如法炮制。他拜访了该领域最具权威性的一家公司，为该公司提供了整体工作方案并告知经理该项服务不收费，他很诚恳地说明了原因，客户很高兴地接受了。

"我很卖力地为那家公司工作，举行会议，解决问题，做计划，并将每日的进展汇报存档。"波恩特说。

两星期之内，老板拜访了波恩特，他不仅为波恩特的工作所打动，更为其方法

所折服。他问波恩特需要什么费用，波恩特提出了一个价格，他们对此进行了磋商。

波恩特等待着购买信号并最终得到同意。当然这是个特例，并不是每个推销员都能免费提供他的产品，但你可免费提供服务和帮助以赢得购买信号，就会得到回报。当波恩特再与朋友通话，朋友问及他的客户时，波恩特已在该领域小有名气了。

犹太商人把准世人都爱贪小便宜的心理，免费给客户一点甜头尝尝，就很容易接近客户。如果这种推销是客户不可缺少的服务而且又好，很快就能获得客户的心。

在黎巴嫩有一家公司专门经销煤油和煤油炉。公司创始人费尔·普德在公司成立开始，大肆刊登广告，极力宣扬煤油炉的诸多好处，但收效甚微，其产品几乎无人问津，货物大量积压，公司濒临绝境。费尔·普德整日在家唉声叹气，一时间也没有办法。一天，他的儿子小费尔让他随自己一起去买小宠物，在宠物店里，小费尔想要一条小狗，但是他不敢做主，因为他的父亲一直沉默不语。这时店老板微笑着说："小朋友，你可以把它抱回家与你共度周末，如果你不喜欢，星期一你就把它送回来，行吗?"星期一过后，小费尔却怎么也不愿意把小狗送回去了，因为他已经离不开小狗了。

在20世纪80年代，电视对大多数人来说还是个新鲜玩意。费尔·普德夫人早就想买一台电视了，这天，他们俩来到了商场，费尔·普德先生犹豫不决，销售员走过来对他说："普德先生，我知道您可能还有许多顾虑，您今天很难下决定购买，要不这样，您先把电视抱回去，一个礼拜后，假如您觉得不满意就麻烦您通知我一声，我去取回就是了。这样又不花您一分钱，您说好吗?"当他们把电视抱回家后，邻居们看到他家屋顶竖起的天线，纷纷询问能不能过来看电视。邻居们看了一晚上电视之后，他们怎么也不能没有电视了！

费尔·普德先生从以上两件事中受到了很大的启发，当他再一次去公司上班时，立即招来手下职员，让他们登门向住户无偿赠送煤油炉。职员们大惑不解，还

以为老板愁疯了呢，但看着老板那诡秘的神情，只得依令而行。住户们得到无偿赠送的煤油炉，真是大喜过望，岂有拒收之理？一个个竞相给公司打电话，索要煤油炉。不久，公司的煤油炉就赠送一空。

当时，炉具还没有现代化，什么煤气、电饭锅、微波炉都没有，人们生火做饭只能用木柴和煤。这时，煤油炉的优越性明显地显现出来了，家庭主妇们简直一天也离不开它。很快她们便发现煤油烧完，这回只能自己到市场上去买，公司可一毛不拔了。当时煤油价格不低，但已离不开煤油炉的人们也只得掏腰包了。再后来，煤油炉也渐渐用旧用坏了，于是只好买新的。如此循环往复，费尔·普德公司的煤油和煤油炉便畅销不衰。

至于从前付出的那笔代价，自然是羊毛出在羊身上，就是真的白白送掉，也只是相当于一小笔广告费而已，而这样做的效果是远非那些干巴巴的广告效果所能比的。

5. 故意装作不在乎的样子

一位犹太商人说："推销员的目的就是卖掉手中的产品，但是有时表现得过于热情，反而会使顾客有一种强迫感，人都有自尊心，不喜欢被别人逼得太过分而就范。这时故意做出无所谓推销的姿态，往往能给客户制造出禁果分外香的效应，不会有太多压力。"

有一天，犹太商人阿吉休姆在温斯彼罗市兜售炊具。他敲了公路巡逻员安徒先生家的门，他的妻子开门请推销员进去。

安徒太太："我的先生和隔壁迪尔先生正在后院，不过，我和迪尔太太愿意看看你的炊具。"

阿吉休姆："请你们的丈夫也到屋子里来吧！我保证，他们也喜欢我对产品的介绍。"

于是，两位太太"硬逼"着她们的丈夫也进来了。

阿吉休姆做了一次极其认真的烹调表演。他拿他所推销的那套炊具用文火不加水地煮苹果，然后又用安徒太太家的炊具以传统方法加水煮，两种不同方法煮成的

苹果区别如此明显，给两对夫妇留下深刻的印象。但是男人们显然害怕他们会贸然买下什么，因而装作毫无兴趣的样子。

于是，阿吉休姆决定采用“欲擒故纵”的推销术。他洗净炊具，包装起来，放回到样品盒里，对两对夫妇说：“嗯，多谢你们让我做了这次表演，我实在希望能够在今天向你们提供炊具，但我只带了样品，也许你们将来才想买它吧。”

说着阿吉休姆起身准备离去，这时两位丈夫立刻对那套炊具感了兴趣，他们都站了起来，想要知道什么时候能买得到。

安徒先生：“请问，现在能向你购买吗？我现在确实有点喜欢那套炊具了。”

迪尔先生：“是啊，你现在能提供货品吗？”

阿吉休姆真诚地说：“两位先生，实在抱歉，我今天确实只带了样品，而且什么时候发货，我也无法知道确切的日期。不过请你们放心，等能发货时，我一定把你们的要求放在心里。”

安徒先生坚持说：“唷，也许你会把我们忘了，谁知道呀？”

这时，阿吉休姆感到时机已到，就自然而然地提到了订货事宜：“噢，为了保险起见，你们最好还是付定金买一套吧。一旦公司能发货就给你们，这可能等待一个月，甚至可能要二个月。”

两位太太赶紧掏口袋付了定金。大约六个星期以后，商品发货了。

人的天性似乎总是想要得到难以得到的东西。在这里，阿吉休姆只是利用了这个天性，达到巧妙地推销了自己的产品的目的。

犹太商人在运用这种“不在乎”语气时，很注意不要让对方看出破绽，并且摸清了对方的确有真的购买意图，这样做才不会前功尽弃。

“假如黄金能像煤炭一样，人们就不会将其视为贵重之物，并制成各种首饰佩戴以示豪富了；假如煤炭也像黄金一样稀少，人们怕是要揣起一块来以显尊贵了。”这是犹太人对“物以稀为贵”的看法。他们认为，有时巧妙地说出“物以稀为贵”的话语，也能收到意想不到的效果，与“买不买由你，我不在乎”有异曲同工之妙。

以色列的吉利尔市场是一个很有特色和朝气的市场，在这个市场上任何一种商品上市，总是会吸引众多消费者纷至沓来，争相抢购，呈现一派门庭若市、生意红火的兴旺景象。

原来这个吉利尔市场对所有进货的商品统统仅出售一次，即使是市场十分热销的产品也毫不例外地绝不再次进货经营。

这么一来，久而久之便给消费者留下了极其深刻的印象：吉尔利市场上出售的商品都是最好的，要买到最新的产品，在吉利尔市场上切不可犹豫。

"机不可失，时不再来哟！"这是吉利尔市场的销售员对那些本不打算购买商品的顾客最有用的一句话语。也正因为如此，吉利尔市场经营状况一向很好，而且在以色列很有名气。

6. 用幽默的谈吐打破僵局

幽默以它的机智、诙谐、风趣、含蓄给人以智慧的启迪、美的享受。在生活中，具有幽默感的人总是讨人喜欢，受人欢迎。

那么为什么幽默的谈吐能吸引别人呢？这便要从人的心理角度来分析。人是一种矛盾的动物，他一方面不堪忍受孤独寂寞，要与他人交流沟通，具有群居性；另一方面人们对陌生人，总有一种戒备心和恐惧感。所以，碰到陌生人的第一个反应便是关起心扉；然而又并不仅仅如此，他还想去了解探察别人。如果这个陌生人表现出爽朗善意、幽默的谈吐风度，对方便会慢慢了解你并不是"来者不善"，从而谨慎地打开心扉。

爽朗幽默的人很容易打开别人的心扉，不但容易打动异性的芳心，也容易打动客户的心。所以爽朗和幽默的个性能造就出情场高手也能造就出商场高手。

推销员对客户来说完全是陌生人，开始并不被客户了解。如果推销员在访问会谈时随时展现笑容，对人和蔼可亲、谈吐风趣，对于推销事业当然帮助很大。

在推销中，如果遇到僵局，适当讲一些幽默话语，能迅速降低客户对商品的不满，以至于消除对推销员的敌意，促使推销成功。这是犹太人惯用的一种打破僵局的手法。

在犹太商人阿布拉的商店里，有位顾客看中了一条有白头鸟的被面，但又犹豫。这鸟的姿势很美，就是嘴巴太尖了，怕买了它以后夫妻要吵架，便自言自语地说出了这种顾虑，老板阿布拉听了笑着说："这种图案其实很吉祥，您看这白头鸟头上的白发，表示夫妻白头偕老；它们的嘴巴伸得长，是在说悄悄话，是它们相爱的意思。"顾客禁不住哈哈大笑连说："有道理！有道理！"

顾客从不买到买的转变，是商人巧用幽默语言的结果。另外幽默的话语也可以用来对付顾客的刁难性要求。在一饭店，有位顾客为难女服务员说："服务员，我要一盘牡蛎！记住，不要那种太大的或是太小的，也不要太老的或太嫩的，而且，现在就给我拿上来，懂了吗？"

服务员机智地回答："听您的吩咐，顺便问一下，先生，您是要带珍珠的，还是不带珍珠的？"这一幽默的反问，使得顾客无言以对，反而佩服和尊重女服务员，不得不庄重地修改自己的要求。

在以色列，有一位名叫佛莱特的牙医先生，开了一家诊所。一天，诊所来了一位牙病患者，托着腮帮说牙痛得厉害，请佛莱特看看。佛莱特拿着手术器具，左弄弄右弄弄，说："是不是觉得很痛呢？"

"是的。"

"是不是应该要拔掉了？""是的，那要多少钱？"

"35美元。""什么，要35美元，太贵了。"

然后顾客又问："那要多久时间呢？""5分钟。"

"哇，有没有搞错，5分钟需要35美元。"佛莱特说："假如您觉得时间短，我可以用两个小时来拔掉您的牙齿，您看好吗？"

牙痛患者当然说不，长痛不如短痛。佛莱特用一些幽默的方式来问问题，很快地就解决了顾客的抗拒并成交。

犹太商人是这样评价幽默的：幽默能使紧张的气氛，一下子变得轻松，它能使谈话因为充满情趣而受人欢迎；它能使对立冲突，一触即发的态势转而和谐融洽；它能让对方心悦诚服地理解，接纳、叹服你的劝慰，接受你的观点。总之，幽默的

谈吐往往能在困难的局势下打开光明之窗。是否具有幽默感，还是人们评价优秀的推销人员的标准之一。

在生意场上，面对着强手如林、竞争激烈的局势，如何赢得顾客，这里面大有文章。如果运用机智，巧用幽默，将使你旗开得胜，生意兴隆。

这些年，美国航空公司之间竞争激烈，各种各样的机票减价消息常有所闻，但人们对此并不感兴趣。其中美国西部航空公司为了改变这种不利局面，在机票减价的条件下加了巧妙的幽默话语，结果就大不一样了。

一天，有位顾客走进西部航空公司的售票厅，对售票小姐说："我要两张旧金山的机票。"

"好的，先生。"

"有优惠吗？"

"有的，不过，先生，这种机票有多种优惠价格，不知您适合哪一种？"小姐开始了她幽默的优惠推销。

"您如果在星期一至星期五之间乘飞机，并且保证在盐湖城（美国西部城市，那里教徒很多，有不抽烟、不喝酒等许多清规戒律）上空不吸烟的话，我们可以给您优惠价格。"

"我从不吸烟，能给多少优惠？"

"你是美国印第安人吗？"

"不是。你问这干吗？"

"那太遗憾了，先生，因为如果您是印第安人并在清晨4点启程，又在次日清晨返回的话，我们可以给您30%的减价优惠，但现在只剩8%了。"

"哎，我的上帝，请问你们还有其他优惠条件吗？"

"嗯，如果您已结婚50年以上并没有离婚，并且是去参加您的结婚纪念活动的话，我们给您减价20%。"

"这对我不合适，还有吗？"

"如果您是个神经外科大夫，为了给病人做手术来买往返机票，您可以得到

10%的减价优惠。”

“哼，好事都少不了神经科大夫。我在政府机构做事，你们没有什么像我这种人可以享受的优惠吗？”

“有的，这里有一种票，如果您是一个国家度假的驻外使馆人员，那可以给予15%的优惠。”

“那我又错过了，我正和我太太一起旅行。”

“哎呀，先生您怎么不早说呢？您太太不到60岁吧？如果她不到60岁，且你们又不赶周末旅行，那可享受20%的优惠价。”

“可我们只有在周末才有空呀？”

“嗯，别灰心，请问您和您夫人中有当学生的吗？如果你们有上大学的，且又在星期五（星期五在美国虽属周末，却又因耶稣在星期五遇难而被视为不祥的日子）乘飞机，我们可给你们45%的减价优惠。”

“我的天，差不多便宜一半啊！可惜我已早两年念完大学。这样吧！小姐，您还是给我那8%的优惠吧，谢谢您的介绍。”

如果售票小姐一开始便说出8%的优惠机票，顾客也许觉得不满意而作罢。但是，利用幽默的话语，让顾客面对如此名目繁多而又富有幽默色彩的优惠条件，这位乘客最后虽没得到多少优惠，却也心满意足的买下了机票。不用说，只要有机会，他还会多多光顾这家航空公司。

7. 先否定自己再说服别人

在商业谈判中，不论是谈判中的何种僵局，其形成都是有一定原因的。其中，立场观点的争执是容易出现僵局的原因。纵观许多谈判实践，其产生僵局的首要原因就在于，双方所持立场观点的不同，因而产生争执，形成僵局。

洽谈过程中，如果对某一问题各持自己的看法和主张，并且谁也不愿做出让步时，往往容易产生分歧，争执不下。当双方越是坚持自己的立场，双方之间的分歧就会越大。这时，双方真正的利益被这种表面的立场所掩盖，而且为了维护各自的面子，非但不愿做出让步，反而会用顽强的意志来迫使对方改变立场。于是，谈判

变成了一种意志力的较量，谈判自然陷入僵局。

谈判双方在立场上关注越多，就越不能注意调和双方利益，也就越不可能达成协议。甚至谈判双方都不想做出让步，或以退出谈判相要挟，这就更增加了达成协议的难度。拖延了谈判时间，容易致使谈判一方或双方丧失信心与兴趣，最终使谈判以破裂而告终。

要想突破这种僵局，谈判双方需要冷静地分析一下原因，特别是自己立场上的原因分析。检查一下自己曾做出的坚持是否有不够恰当的地方，并进一步分析对方为什么在这些问题上不愿让步，原因何在。

有时不妨大度一些，先主动对自己所持的立场做出一定程度的否定，以此来赢得对方的好感，继而再讨论适合双方利益的方案。

先否定自己的立场并非是没有胆量的表现，而是一种巧妙的心理战术。当一个人有勇气自我否定时，他便距离成功不远了，反之，当一个人没有胆量自我否定时，虽然他平时说话做事意气风发，实际上也只是外强中干罢了。

如果你身为某次谈判发生争论的某一方成员，你坚持要按照你们提出的方案办事，但另一方则坚持要由他们做主。眼看争论要陷入僵局，此时你不妨马上站出来说："虽然我坚持要用我们的方案，但我发觉你们的方案也很有道理。"对方听到你这句话似乎是肯定他们的方案，也会放弃争论而谦虚地说："你们的也不错。"

此时你再趁机说："既然这样，我们也没有必要争论，不如大家一起制订新的方案。"由于你已经采取主动，对方也无从反对，因此在新方案中你所坚持的观点必定会比对方多一些。

运用先否定自己再说服别人的方法，不但可以缓和逐渐僵持的局面，也维持了两派间的和气，应该说是最好的结局。

有一次，美国钢铁公司寄给以色列钢铁公司一箱技术材料，清单上写明是 6 份，但开箱清点只有 5 份，其中 1 份不翼而飞。双方发生争执，美方坚持说："我方提供给贵方的材料，装箱时需要经过几次检查，不会漏装。"以色列人员则说："我们开箱时有很多人在场，开箱后又经过几次清点。是在确实判断材料缺少一份

后才向你们提出交涉的。”双方各执一词，相持不下。

后来，再一次与美方进行谈判时，以色列谈判代表采取了先否定自己，再说服别人的方法。以方谈判代表说：“材料丢失的原因，并不是百分百由于你们的失误所造成的，也许我们清点错了。”美方代表的态度也有了很大的改变，这时，以方谈判代表趁机说：“材料丢失的原因我们双方都有一定的责任，不如我们大家在一起分析一下！”这样，美方代表也很乐意接受这种建议。双方在一起又重新讨论了材料丢失的可能。以方代表说：“我们认为材料的丢失有 3 种可能：美国漏装；运输途中散失；我方开箱后丢失。如果是在运输途中散失的，那么木箱肯定有破损，但现在木箱完好无损，运输途中散失的可能性就被排除了；如果资料是我方开箱后丢失的，那样木箱上所印的净重量就会大于现有 5 份资料的重量，而木箱上现在所印净重量正好与 5 份资料的净重量相等，可见资料既不是途中散失的，也不可能是我方丢失的。既然所列 3 种可能已经排除了 2 种，那就可以肯定仅有 1 种可能，资料是贵方漏装了。”

美方对对方提出的假设分析没有理由反诉，只得同意发电报回去查询是否漏装，后来由美国钢铁公司补来了漏装的一份资料。

说“不”，还要对方全身舒服

1. 该说“不”时一定要说“不”

犹太商人最善于在谈生意时说“不”，因为他们深知，说“不”是一件无坚不摧的利器。在犹太商人的观念里，说“不”是自己应有的一项权利，放弃说“不”等于放弃应有的权利。说“不”需要的是勇气，但更需要技巧。谈生意时语言就是杀手，无论说“是”或者“不”都是谈生意者的态度和立场的表现。

在谈生意过程中，买卖双方不但要互相竞争，也需要彼此合作，过于争强好胜的人不懂得怎样与人合作。注重友谊和面子的人则尽可能逃避竞争，因为他们不知道怎样开口拒绝他人。当他们想拒绝别人时，心里总是想“不，不行，不能这样

做，不能答应!”等等，可是，嘴上却不敢明说，只能含糊不清地说：“这个……好吧……可是……”当然这种口不应心的做法，一方面是怕得罪人，另一方面，过于直率地拒绝每一个问题也不利于待人接物。

但是犹太商人却认为，在谈生意中有勇气说“不”，其实是一招以退为进的妙招。犹太人认为，说“不”是需要勇气的，尤其是在针锋相对、寸步不让的生意场上，就像士兵上战场一样，没有牺牲的勇气就不要上！为什么大多数人都没有勇气说“不”、拒绝别人呢？其中的道理颇令人玩味。

每个人都希望自己受人欢迎。实验证明，握有权势能够影响他人者，都希望受其影响者喜欢他们。换言之，他们希望别人在听命行事的同时，对他们表示爱意。如果一个人希望被人喜爱的需求非常强烈，这还能成为一个好的生意人吗？谈生意本来就涉及不同的利益关系，所以身为谈生意者，必须要有勇气做出一些惹人生厌的事。当然，这并不是说谈生意者一定要具备好战精神，过于好胜和希望受人喜爱一样糟糕。

在谈生意过程中，“面子”观念是一个很重要的因素。在亚洲的许多国家里，说“不”是很没有面子的事，非常尴尬。而西方商人则往往会说“是”或“不是”，从而做出非常果断的选择。这对于亚洲人来说还不是很习惯。由于拒绝会使对方难为情，没有面子，尤其是不高兴的“不”，更是令人无地自容。所以，没有人轻易说“不”，即使是自己再不情愿，也要语气委婉，七拐八折，直来直去的“不”一般不轻易出口。

因此，有人在谈生意时照搬这一套，不轻易说“不”，怕使双方感情隔阂，也怕生意谈崩。尤其对那些急于从谈生意中获得利益的商人来说，说“是”都来不及，哪里有说“不”的勇气！但小心谨慎的结果，往往是谈生意失败。因为谈判对手一旦发觉你不敢说“不”，就会马上勇气百倍，信心十足，此消彼长，得寸进尺，想不赢都不可能。

可以说，有些失败的生意人都忽视了这样一个基本的谈生意准则：说“不”是谈生意当中的一项权利，对谁都一样！记住，要想在生意场上赢得利益的筹码，就

绝对不要放弃说“不”的权利！

犹太商人做生意时秉持的一项重要原则就是：不该让步就绝不让步。一旦让步，自己就失去了主动优势。《塔木德》上有一则故事，说的就是这个道理。

古时候，有个大财主订了个规矩：村里人遇到他，都要敬礼，否则便要挨鞭子。一天，沙米尔在街上行走，碰上了大财主。

“你为什么不向我敬礼，穷小子？”大财主怒不可遏。

“我为什么要向你敬礼？”

“我最有钱。有钱就有势。穷小子，你得向我敬礼，否则我就打你。”

沙米尔站着不动。

围观的人越来越多，大财主有点心虚，便压低声对沙米尔说：“这样吧，我口袋里有100金币。我给你50金币，你就给我敬个礼吧！”

沙米尔慢慢悠悠地把钱装进兜里，说：“现在你有50金币，我也有50金币，凭什么非要向你行礼不可呢？”

周围的人大笑起来。大财主又气又急，一下子把剩下的50金币也抽了出来：“听着，如果你听我的，那我就把这50金币也送给你！”

沙米尔又把50金币收下，接着严肃地说：“好啦，现在我有100金币，你却一分钱也没有了，有钱就有势，向我行礼吧！”大财主目瞪口呆。

犹太商人认为，当你把自己口袋里所有的让步都施舍给了对方时，那时候你就没有资格再向对方提出要求了。在任何场合，你都不要给对方太大的让步，经验表明，你让步越大，对方对你的产品怀疑越多，而你就更处于被动地位。那个大财主就是一让再让，从而使自己处于被动地位，反被愚弄。我们在不该让步时，绝不可为求眼下一时平安而让步妥协，我们应绝不让步，站稳立场。

大财主被愚弄虽然大快人心，但我们也应从其失败中吸取一点教训——不可让步太大，不该让步时绝不让步。生意场中，在同别人讨价还价时，我们心中应有一把尺子，权衡得失，首先要坚定原则和立场，在这方面无让步可言；在其他方面我们也应有个让步的底线，不可一让再让，否则最终将会自食恶果。

一位犹太商人说过："谈生意是双方参与满足彼此需要的合作而利己的过程。在这个过程中，由于每个人的需要不同，因而会呈现出不同的行为表现。虽然我们每个人都希望双方能在谈判桌上默契配合，你一言，我一语，顺利结束谈生意，但是谈生意中毕竟是双方利益冲突居多，彼此不满意的情况时有发生，因此，对于对方提出的不合理条件，就要敢于拒绝它。"

但是，谈生意中的拒绝并不是一个简单的"不"字所解决得了的。你首先要考虑如何拒绝方能不影响谈生意的顺利进行。此外，在谈生意中知道如何说"不"，知道何时说"不"，还将会对你在谈生意中所处的地位起到调整作用。如果你善于运用此道，就能给对方一种深不可测的感觉，从而对你望而生"畏"，使你在谈生意桌上占尽"地利"。

2. 先赞同后表达自己的反对意见

犹太商人在拒绝客户时，通常注意采用客户比较愿意接受的方式。在拒绝对方之前，首先是冷静听取他的意见，这是拒绝对方的先决条件。认真听取之后，他们再以"正如您所说的那样，不过……"的方式陈述己见。此时，犹太商人的言行已使对方产生错觉，认为自己的意见已被接受了。因此，他对犹太商人的建议，也愿认真听取了。犹太商人博得了对方的好感和信赖，问题也便有可能圆满解决了。

犹太商人心里明白，如果不顾对方如何，只一味陈述自己的反对意见，要想说服对方几乎是不可能的。他们把这种方法称为"是，但是"方式。用这种方法对付那些刚愎自用的客户，尤其有效。向这种人提反对意见，你先采取完全赞同的态度："我认为正如您所说……"然后再提出意见。这样，肯定不会招致反感。

德国某电子公司的一次客户答谢会上，公司经理拿出一个他设计的商标征求代理商的意见。经理说："这个商标的主题是旭日，这个旭日很像日本的国旗，日本人一定乐于购买我们的产品。"

有很多代理商都极力恭维经理的构想，但一位犹太裔代理商戈德比说："我同意这个商标，但是我恐怕它太好了。"经理感到纳闷，脸上却带着笑说："你的话我难于理解，解释来听听。"

“这个设计与日本国旗很相似，日本人喜欢。然而，我们另一个重要市场——中国——的人民也会想到日本国旗，他们就不会引起好感，这不是同本公司要扩展对华贸易计划相抵触吗？这显然是顾此失彼了嘛。”“天哪，你的话高明极了！”经理叫了起来。

向有权威的客户表示反对或拒绝，一定要有充分的理由，还要注意技巧。先用一句“我恐怕它太好了”抚平了经理的不快，使他不失体面，后面以充分的理由，提出反对意见，经理也就不会感到下不了台了。

犹太商人的这种拒绝方式的确高明。一开始就明确表示赞同客户的看法，从而避免或减少抵触情绪。当客户说：“这东西价格太贵了！”犹太商人就在一旁附和道：“是啊，不少客户也是这么认为的。”随后话锋一转，接着解答：“不过，当他们仔细经过比较分析，最后认为还是买它划算。”

先赞同后否定的拒绝方式并不直截了当，它是先退后进，一般不会直接激怒客户，便于推销双方保持融洽的谈判气氛。然而，假若推销时运用不当，过分表现出“对，但是”这种模式，很可能引起客户的反感，比如你在开始赞同对方意见的时候，客户立即想到你接下去的话就要转而说“但是”，他就会觉得你过分地使用技巧，那么推销效果就可想而知了。

因此，当我们需要使用这种方式否定的时候，并不是在言语表述中出现明显的“不过”“但是”等词汇，而是在字里行间蕴含着“但是”的意思。

在重复客户意见的过程中，巧妙地转移话题阐明己方所持的观点，这样做比较容易为客户所接受，也避免直接地反驳客户异议而引起的双方对立。使用这一技巧的关键是如何不露声色地转移话题，如果推销意图过于明显，反会导致弄巧成拙，甚至前功尽弃。比如下面的例子，拒绝者说：

“在这个问题上你是完全正确的，机器重量轻就会减少振动阻力，但是，另一方面……”这样过分明显地转移话题，同样会使客户产生不满情绪。较为理想的是这样阐述：

“重量轻会减少振动阻力，这是不可否认的事实，问题是轻到什么程度呢？另

外，重量的减轻会对机器稳定性带来一些不利影响，你可能还不太清楚，我这里有一份权威部门的研究报告，不妨先拿去看看。”这里拒绝者并未使用“但是”一词，但否定客户异议的信息同样可以得到很好的表述。

人们在被对方拒绝时，或多或少都会因自尊心受损而感到不舒服。作为必须表示拒绝的一方，如果要把拒绝留给对方心灵上的阴影减少到最低限度，应尽量避免以直接否定、全盘拒绝的语气去表达，以防止对抗心理的发生。

我们应从人们通常所具备的期望得到自尊、理解的心理需求出发，先从对方的意见中找出双方均不反对的某些非实质内容，从某个适当的角度予以肯定与认可，摆出其中的共同点，表达对对方的理解与尊重；然后再对双方看法不一致的内容进行比较平静与客观的阐述，以启发和说服对方。

这样一来，由于对方先获得了被尊重、被理解的心理满足，双方心理上的距离拉近了，当后来被拒绝时，会感到我方比较通情达理，因而被拒绝而引发的心理不协调就会大大削弱。

3. 用含蓄委婉的语言暗示

拒绝的技巧有很多，但目的则是一个，就是既要说出“不”字，又使人觉得可以理解，尽可能减少对方因被拒绝而引起的不快。

犹太法典《塔木德》上说：“在生意谈判中，有时对一些明显不合情理或不妥的做法必须予以拒绝。但为了避免引起冲突，或由于某种原因不便明确表示，可采用含蓄委婉的语言向对方暗示，以达到拒绝的目的。”

请看一看以色列商人与美国商人在谈判中的委婉含蓄的拒绝手法：

美国商人：“我们的意图是使下次会议在纽约召开，不知贵公司以为如何？”

以色列商人：“贵国饭菜的味道不好，特别是上次去时住的那个旅馆更是糟糕。”

美国商人：“那么您觉得我用于招待您的法国小吃味道如何？”

以色列商人：“还算可以，不过我更喜欢吃英国的饭菜。”

以色列商人用“美国饭菜不好”“法国的饭菜还可以”“喜欢吃英国饭菜”，委

婉含蓄地拒绝了在美国、法国开会的建议，暗示了希望在英国举行会议的想法。

生意谈判桌上，难免会遇到对方在某件事情上情绪不好、措辞激烈的时候，你应该怎么办呢？一个老练的谈判者在这时候会说一句对方完全料想不到的话："我完全理解你的感情。"这句话巧妙之处在于，婉转地表达了一个信息：不赞成这么做。但使对方听了心悦诚服，并使对方产生好感。

对于谈判，马基雅维利有一句名言："以我所见，一个老谋深算的人应该对任何人都不说威胁之词或辱骂之言。因为两者都不能削弱敌手的力量。威胁会使他们更加谨慎，辱骂会使他们更加恨你，并使他更加耿耿于怀地设法伤害你。"

因此，谈判中不要用否定对方的字眼。即使由于对方的坚持，使谈判出现僵局，需要表明自己的立场时，也不要指责对方。

你可以说："在目前的情况下，我们最多只能做到这一步了。"

如果这时你可以就某点做出妥协，你可以这样说："我认为，如果我们能妥善解决那个问题，那么，这个问题就不会有多大的麻烦。"既维护了自己的立场，又暗示变通的可能。在这里用的词都是"我""我们"，而不用"你""你们"。

谈判中，遇到你必须拒绝的事情，而你又不愿伤害对方的感情，这时你就要寻找一些托词。

例如：

"对不起，我实在决定不了，我必须与其他人商量一下。"

"待我向领导汇报后再答复你吧。"

"让我们暂且把这个问题放一放，先讨论其他问题吧。"

在谈判中使用一些敬语，也可以表达你拒绝的愿望，传递你拒绝的信息。

有位长年从事房地产交易的人说，生意能否谈成，可以从客人看过土地房屋后打来的电话上得知一个大概。

大部分客人在看过房屋之后，会留下一句"我会用电话和你联系"，然后回去。不多久，他们就打来电话了。从电话的语气中，可以明了客人的心意。

若是有希望的回答，那语气一定有亲密感，然而一开始就想拒绝的客人，则多

半会使用敬语，说得彬彬有礼。根据多年的经验，这位房地产经营老手一下子就会判断出事情有没有希望。

据说在法院的离婚判决席上出现的夫妻，很多都会连连发出敬语，好像彼此都很陌生似的。这也是想用敬语来设置彼此间的心理距离，互相在拒绝着对方的表现。

所以，当你想拒绝对方时，可以连连发出敬语，使对方产生“可能被拒绝”的预感，形成应对“不”的心理准备。

4. 不马上答应尽量往后拖延

推托拖延也是犹太商人拒绝对方的一种妙法。他们常用的推托拖延的具体方法有两种。

一是借他人之口加以拒绝。

库辛在一家商店做销售。一天，一位顾客来店购买空调机，看遍了商店里陈列的空调机，都不满意，要求库辛领他到仓库里去看看。

库辛面对顾客，不能说出“不”字，于是他笑着说：“前几天经理刚宣布过，不准任何顾客进仓库。”

尽管顾客心中很不满意，但毕竟比直接听到库辛拒绝的回答减少了几分不快。

犹太商人常用的第二种方法是拖延时间。

多姆得知朋友萨迪的店里卖电影《侏罗纪公园》全套恐龙仿真玩具，他来到萨迪的店里说自己正想给儿子买一个。萨迪示意他看看排队的顾客，对多姆说：

“今天看来不行了，下次吧，到时候我再告诉你。”

在谈判陷入僵持阶段时，这么做能使对方保持冷静，自然也容易接受。假如当场即提出相反意见，对方因情绪正高亢，不但不接受意见，反会固执己见，一点也不让步，结果往往是不了了之。相信很多人都有类似的经验，而这种讨论不可能一次成功。因为彼此都不肯退一步，只有不断重复的话题，而达不到沟通的目的。

有家顾问公司向来采取“当场查证问题、当场回答”的政策，却常遭顾客不满。后来改变方式，要求顾客在隔一段时间再查询，效果的确不错，顾客都能

侏罗纪公园

满意。

人即使冷静时，也未必能听进别人的反对意见。尤其是气愤或不满时，更不可能接纳意见，无论花费多少时间表明，仍无法平息。因此，不妨先安抚，隔一段时间等对方冷静后再说。也就是说，先将要说的话放在脑海中，等对方心情平静后再提出反对意见，往往能收到事半功倍的效果。

比如，你可以这么回答："对你所提的问题，我没有第一手的资料来做答复，我想，你是希望我为你做详尽并圆满的答复的，但这需要时间，你说对吗?"

当然，拖延时间有时是缓兵之计，它并不意味着可以拒绝回答对方提出的问题。因此，你要进一步思考如何来回答问题。

遇到顾客有异议时，犹太商人往往会采用推迟处理的方法来表示拒绝之意。他们对顾客提出的异议，有时不马上答复，拖延时间，晚些时候再回答。以下几种情况可以采用推迟处理的策略：

若不能立即给顾客一个满意的回答，或者没有足够的资料做有说服性的回答，应说明情况，暂时搁下。待找到恰当的时机，有了满意的结论，再由合适的人予以答复。如此处理，说明你谨慎对待顾客异议，不会影响顾客对你的信任。

若顾客所提异议将随着业务洽谈的进行而逐渐转化、减少、消失或不答自解，则不必马上答复。

若立即答复异议，会妨碍你的推销说服工作，甚至影响整个推销计划，最好不

要马上答复。否则，就会让顾客掌握主动权，使自己受到顾客的盘问，而处于被动地位，打乱整个推销工作计划。但你要掌握好答复的时间，防止受到顾客的盘问，处于被动。

若你预计推迟回答顾客异议，可降低顾客内心的反对，或者顾客会替你回答时，可以不马上答复。

若顾客所提异议对整个推销洽谈的重要性不很明朗，或者若顾客所提异议无关紧要，而你又希望避开顾客的异议，可以不马上答复。

若顾客的异议离题太远，或者同以后将要说明的问题有关，则可以随着业务洽谈的深入，待正式涉及此问题时再加以回答。

因此，在使用推迟处理顾客异议策略时，要注意看准适用推迟处理的条件，对需要推迟处理的顾客异议，你应表现能够处理的信心，不要犹豫不决。否则，会使顾客产生你无法解决异议的误会。

5. 用转移话题避开不愿谈的问题

犹太商人在生意谈判中，当对方问及敏感话题或自己不愿意谈的问题时，常会用一句话结束这一问题，然后找一个谈判中的重要环节或对方的缺陷处发问。他们或者顺水推舟地说："这个问题比较复杂，要考虑当时的种种情况。"或者另起炉灶地转变话题，"这个问题对咱们双方都比较麻烦，咱们再考虑考虑，先谈另一个问题吧！"甚至采取换档术，另换一名己方谈判人员上场，然后从另一个问题谈起，自然就避开了原先的话题。

谈判偏题也是犹太商人巧妙拒绝对方的拿手好戏。他们在谈判中故意把话题脱离主题，转移对方的视线，为自己取得缓兵之机。如果遇到对方采用这种策略，他们就会尽早"悬崖勒马"，可怎样做得巧妙，有下面几种方法。

带回法：只要说一句"言归正传……"就可以轻松地带回主题，使双方谈论的不至于离题太远。

还原法："至于刚才的那件事……"这样一句，就很自然地将话题又转到了"那件事"上。

重复法："再讨论一下问题点吧！"一个"再"字，说明这个问题点仍需讨论，告诉对方自己紧扣着主题。

实际商谈中，偏离主题是一种策略，是为了在一些小议题上让步，而让对方做出更大牺牲。比如我方知道对方最注重的是价格，而我方最关心的是交货时间，那么我们的进攻方面可以是支付条件问题，这样，就可以把对方的注意力引开到次要问题上，以实现我们最终要达到的目标，避实就虚地进行谈论，尽管集中讨论的问题，对我方是次要的，但通过这种方式又表明了我方的重视，同时作为一种障眼法，转移对方的视线，作为缓兵之计，自己利用这点时间另找其他对策，延缓了对方所采取的行动。

比如，你关心的是运输问题，对方的兴趣可能在价格条款上，则这时你可以力求把双方的议题引到其他方面，例如对付款条件的问题上去，这样来分散对方对前述两个关键问题的注意力。

如果你的对手采取了这种战略，你必须非常警惕，随机应变，比如你可以说："请您把这个问题再说一遍。""我不明白您的问题。""那已经是另外主题了。""对于这种事情，我没有经验，但是我知道……""我回答这个问题以前，你必须先了解一下详细的程序。"这样一来，及时地把握了主题，巧妙地"揭露"了对方的"阴谋"。

转移重心，改变话头是拒绝的一种艺术。别人所托之事千奇百怪，对于违背原则之事，应在讲明道理之后，帮助想一些别的办法作为替补。因为一般的人都有一种补偿心理，如果你想的办法不很理想，但你已经尽力了，对方的情感便得到了满足，这在一定程度上减少了失望感；如果你的办法帮助别人圆满解决了，那别人会更满意。

6. 含糊其词敷衍拒绝

犹太商人认为，在商谈之中，有时需要掷地有声，一锤定音；但有时需要记住"难得糊涂"，回答时可以"含糊其辞"。对于有些不值得回答的问题，或一些不便回答的问题，最好也含糊其词，顾左右而言他。同时，也可用"资料数据不全"为

借口，拖延或拒答。尤其应该注意的是，对于没有清楚了解真正含义的问题，千万不要随意回答，最好含含糊糊，待了解之后，再给以明确的答复。

犹太商人说："那些擅长应答的谈判高手，其技巧往往在于给对方提供的是一些等于没有答复的答复。"

例如：

"在答复您的问题之前，我想先听听贵方的观点。"——利用对方再次叙述的时间来争取自己的思考时间。

"很抱歉，对所提及的问题，我并无第一手资料可做答复，但从我所了解的粗略印象是……"——巧妙地避开了难以回答的实质性问题，而去谈论别的内容。

"我不太清楚您所说的含义是什么，是否您把这个问题再说一下。"——这是针对一些不值得回答的问题，让对方澄清他的问题，也许当他再重复一次的时候，也就寻到了答案，你便免费唇舌了。

当对方问："贵公司的财力情况如何？"

你可以答："跟您做这笔生意富富有余。"你把财力状况告诉他了吗？没有，然而，却能让他很满意，认为你的财力很好。事实上，可能你没有那么多钱，或不具备与他做这笔生意的财力，或者你同时要做几笔生意。

再如，对方问："你们什么时候可以交货？"如果你感到交货时间较困难，需要延缓，那么你便可以回答："制成后即交货。""款到后不久交货。"这样是可以让对手产生歧义。"制成后"，究竟是什么时候。"款到后不久"，怎样才算"不久"，这样模模糊糊，便给你自己留下了周旋的余地。

有时，客户非常健谈，由于好奇心的驱使会问一些敏感的问题，比如：

"听说贵公司最近将有大幅度的高级干部的人事变动，是吗？"

"听说你们将有银行人员来担任高级干部？"

"你们经理要成为股东，有这回事吗？"

此时，面对客户热心的提问，冷漠地拒绝回答，显然不近情理，但事关公司机密，又不便回答，此时最好答"不知道"，但语气要委婉，还应该适当加一点儿

"反赘"，例如：

"我们普通职员是很难知道这种事情的。"

"没有人知道实际情形如何，可能是谣言吧。"

当你被问到不属于你经办的事时，如客户问："贵公司的工程师怎么都不来做售后的检查工作？而且我一再打电话，都没有答复我，这到底是怎么回事？"

这时，你如果回答："对不起，我替你转达。"或"我会和经办人联系。"这样回答都不理想。因为这样，你如果和经办人联系，却不知道具体状况，常使经办人徒增困扰，不知如何处理。这样无济于事的回答，会使客户恼火，认为你没有诚意而抱怨"每次都是这样的话却没见有什么改进"，会使公司丧失信用。

最正确的处理是当被问到这样的问题时，诚恳地追问对方的详细情况，如："何时开始的？"当经办人知道详情时，才能把握如何处理，不致延误时机。

由此可以看出，含糊其词要用得恰到好处，该含糊的地方含糊一下，能使你游刃有余，而该详尽之处，万万含糊不得，就是上面的各个含糊之词，也要见机而行之，否则会让人误解你没有诚意，弄巧成拙。

犹太商人说："对谈判对方的要求，给予笼统地答复，这也是拒绝对方的方法之一。"

有一位广告公司的负责人曾介绍经验说，对那些携带自己的画来应征的年轻人，如果他不满意他们的画，他就会用如下笼统的语言打发他走：

"唔——我不大看得懂你的画，请画一些我能看懂的画来吧……"

"我今天很累，也许是昨夜工作得太迟的关系……"

这种拒绝是很笼统的。

"我不大看得懂你的画"，那么，"我能看懂的画"又是什么？

对方不清楚他的意图，怎么画？

这样，对方失去了进攻的目标，只好悻悻退下。

犹太商人说，利用这种方法的好处是，可以不让对方感觉到拒绝，却巧妙地达到了拒绝的效果。

有时在购买东西时，往往要受到卖者的纠缠，许多人不知如何拒绝。

一位太太是这样拒绝卖者的："不知道这种颜色合不合我先生的意。"

还有一位年轻少妇是这样拒绝的："要是我母亲，我选我喜欢的就行了，但这是送给婆婆的呀，送她这个不知她会不会满意。"

显然，这些拒绝本身都是非常笼统的。用这种笼统的方法拒绝对方当然要比直接说出对方商品的不足要好得多。

总结一下，一般来说敷衍式的拒绝大致有以下几种：

一是推托其所。在不便明言拒绝的时候，推托其所是一种比较策略的方法。人处在一个大的社会背景中，互相制约的因素很多，为什么不选择一个盾牌挡一挡呢？如：有人托你办事儿，假如你是领导成员之一，你可以说："我们单位是集体领导，像你的事儿，需要大家讨论，才能决定，不过，这件事恐怕很难通过，最好还是别抱什么希望，如果你实在要坚持的话，我帮你问问吧。"这样把矛盾引向了另外的地方，意思是我不是不给你办，而是我办不了。听者听到这样的话，一般都要打退堂鼓，会说："那好吧，既然是这样，我也不难为你了，以后再说吧！"

二是答非所问。答非所问是装糊涂，给请托者以暗示。如："此事您能不能帮忙"，"我明天必须去参加会议"。答非所问，婉拒了对方，对方会从你的话语中感受到，他的请托不会得到你的帮助，因此也就收回了自己的请求。

三是含糊拒绝法。如："今晚我请客，请务必光临。""今天恐怕不行，下次一定来。"下次是什么时候，并没有说定，实际上给对方的是一个含糊不定的概念。对方若是聪明人，一定会听出其中的意思，而不会强人所难了。

7. 热情劝说让对方知趣而退

热情拒绝是以对方的某种感情关系为切入点，然后再进一步扩展思路，向对方由表及里、由此及彼地进行劝说，以感情感化对方，从而达到拒绝的目的。

有一位叫诺瑞丝的犹太钢琴教师在教一个叫贝贝蒂的学生练钢琴时，发现贝贝蒂的手指甲特别长。很显然，修长指甲对弹钢琴肯定有妨碍，这也是她所不允许的，所以诺瑞丝就得想办法首先"解除"贝贝蒂的长指甲。可是，贝贝蒂对自己的

长指甲却非常珍爱，要想拒绝她留长指甲并不是件容易的事。

于是诺瑞丝想了一下，对贝贝蒂说："蒂丝（贝贝蒂的爱称），你有一双很漂亮的手和美丽的指甲，真让人羡慕。"贝贝蒂得意地看着自己的指甲。"不过蒂丝，如果你想把钢琴弹得如你所期望的那么好，你的长指甲可能会跟你捣蛋。你要是能把它修得短一些，你就会发现弹钢琴对你来说真是太容易了。好好想一想，好吗?"

第二个星期贝贝蒂第二次来上钢琴课的时候，她的长指甲不见了。诺瑞丝想拒绝贝贝蒂留长指甲，却不直接提出，而是先表扬，再以建议口气，从对方的角度提出自己的建议，想得如此周到，终于成功地拒绝贝贝蒂留长指甲了。

在商品销售中，难免会碰到一些很不识趣的人，要不就是存心找碴，想从中敲诈一番。碰到这类人，你要怎么办呢？剑拔弩张、脸红脖子粗地争论不是办法，这样只会让事情越闹越坏。聪明的销售人员会笑脸相迎，热情招待这样的客户，然后再不失时机地给他们"温柔的一刀"。让其知"情"识趣而退。

美国一家生产乳制品的大工厂，某日来了一位气冲冲的顾客。他对厂里的总经理——犹太人克鲁特——说："先生，我在你们生产的乳制品中发现一只活的大苍蝇，我要求你们赔偿我的精神损失。"之后这位顾客提出一个天文数字的赔偿数目。

像这种乳制品生产线的生产管理是相当严格的，为了防止乳制品发生氧化反应，每次都要将罐内所有的空气抽去，然后灌入一些惰性气体后再予以密封。在这种严格条件下生产的乳制品，其内根本不可能有活的苍蝇存在。

由于关系到公司的声誉，克鲁特不好立即揭穿那人的骗局，只是很有礼貌地请他到远离员工的一间会客室里，那位顾客边走边骂。当这名顾客第三次提出抗议并要求赔偿时，克鲁特很有风度地为对方倒了杯水，然后慢条斯理地说："先生，看来真有你说的那么回事，这显然是我们的错误。你放心，你会得到合理的赔偿，由于这个问题事关重大，我们绝对不会忽视。这样吧，你稍等一下，我马上命令关闭所有的机器，以查清错误的来源。因为我们公司有项规定，哪一个生产环节出现失误就由谁来负责，待我把那位失职的主管叫出来，让他给你赔礼道歉。"说完后，克鲁特一脸严肃地命令一位工程师："你马上去关闭所有的机器，虽然我们的生产

流程中不应该会有这种失误，但这位先生既然发现了，我们有义务给顾客满意的答复。”

那位客户本来只是想骗取一些钱财，但他没有想到自己的话会引起如此严重的后果。顿时担心自己的花招若被点破，他会因此承担整个工厂因停工而造成的损失，那么即使他倾家荡产也赔不起。于是他开始感到害怕，并且嗫嚅地说：“既然这么复杂，我想就算了，只是希望你们以后不要再发生类似的事情。”他给自己找了一个台阶想拔腿便走。

克鲁特叫住他，并诚恳地对他说：“感谢你的支持，为了表示我们的感激，以后您购买我们的食品均享受八折优惠。”这位先生因而得到意外收获。从此他也成为这家公司的义务宣传员，使更多的人认同这家公司生产的食品。

高明的克鲁特不仅用柔中带刚的话术揭穿对方的骗局，拒绝了对方的无理要求，而且还顺水推舟地操纵那位顾客的情感，使他从此以后成为公司最有效的广告宣传员。

这就是以热情的话语使对方知情识趣而退的拒绝术。如果克鲁特在面对顾客的无理要求时，与其针锋相对直接回绝：“先生，这纯属诈骗，我们厂不可能生产出带活苍蝇的产品，所以我们也不能赔偿你任何损失。”试想，会有何后果呢？虽然不至于真的赔偿损失，要澄清事实，一定很麻烦。

大多数人在面对顾客的无理要求时，总是想当面回击对手，甚至还想给对方点教训，以证明自己的实力。这样做，即使达到了目的，有时也可能弄得两败俱伤。不妨采取一种“温柔”的拒绝办法，让对手、自己都不遭到损失，无形中又很好地回绝了对手的无理要求，这样才是最好的拒绝办法。

把争利与让利并为一手

1. 决不可赢了嘴巴丢了金钱

犹太法典《塔木德》上说：“顾客就是上帝，顾客永远是对的。这种观念应成

为全世界商人的共识。顾客的一切意见和建议都应该成为商业活动的行动指南，卖方为买方服务，交易随购买而变化。”

《塔木德》告诉犹太商人：顾客总是对的，对于顾客提出的抱怨，商人不能逃避，而应表示竭诚的欢迎。要记住顾客的抱怨是最佳的情报资料，即使花代价也值得。

在生意场上，可能会遇到各种各样的客户，难免会受到批评、指责、冷遇、刁难等不公正待遇，在这种情况下，犹太商人往往会抱着客户永远都是对的这种观念去对待。只要这个观念存在于胸，他们就能冷静地找出有针对性的解决办法。

成功的犹太商人都能够把握住这一点，因此他们不跟客户较劲。他们心里清楚，一旦让客户产生丝毫不快的感觉，要让他们购买自己的产品会比登天还难。当他们遇到将要引起争执的场合时，往往会巧妙地转移话题，促使整个交易过程朝向有利于自己的方向发展。

争执往往是因为客户对商人所代表的公司的种种缺点而引发的。大量的经验表明，在导致交易失败的诸多原因中，由买卖双方无谓争论而引起的失败率高居首位。争论是说服客户的大忌，针对这一点犹太人告诫说：“占争论的便宜越多，吃销售的亏越大。”然而在经商实践中，犯此大忌的事例非常多，许多商人不是不懂得这个道理，而是不懂得怎样有效地解决这类问题。

在商业活动中，对65%的客户异议可以听之任之，不加理会，而对相当一部分客户提出的反对意见，没有必要一本正经的答复，应设法回避各种无关的反对意见。

克制与回避是减少争论的最好办法，犹太商人常用的下列几种方法能有效地克制与客户的争论：

微笑着保持沉默，试着改善双方洽谈的气氛。

打断客户的话题，给他们展示一件与此时争论无关的物品，转移他们的视线。

趁机与对手谈论别的问题，表示某种歉意，扰乱对方希望争论的兴趣，有时候，可以转过身去做一件小事，以消除剑拔弩张的紧张气氛。

在犹太商人的观念中，顾客总是有理的，不等于承认自己没有理，作为商人完全没有必要感到自尊心受损而抬不起头来，或者千方百计地寻求反驳对方的机会，以证实顾客抱怨的谬误所在；同样，唯唯诺诺地听着或忍气吞声地低头认错，也会引起顾客更多的不满，反而把事情搞得更糟。

犹太商人抱着顾客总是有理的观念，并不是说在交易中顾客是正确的，这是两个不同的概念。在实际洽谈过程中，有些顾客的抱怨往往是错误的，但是并非说顾客不能抱怨，试想一下，在为了满足需求的前提下，谁最有理由抱怨需求没有得到充分满足呢？当然是顾客。犹太商人认为，作为购买者的顾客完全有理由提出抱怨，哪怕他们的抱怨并不那么正确。顾客总是有理的，这是对待和处理顾客抱怨的出发点。

顾客一旦有了抱怨，有时会要求给予退赔、退换或补偿，这些都是销售过程中比较棘手的问题。碰到此类顾客，犹太商人总是认真加以研究，及时妥善处理，极力避免因消极事态的更大发展而失去一位常客或一笔交易。

精明的犹太商人总是回避直接讨论退、赔等问题，而是从分析入手，逐步明了购销双方的责任，剔除其中抱怨夸大的因素，最后得出双方都能接受的条件，以此表明顾客提出的过分要求，绝大多数是因为对方不了解具体情况，而不是有意的敲诈。

有时，退换退赔的要求超出了实际界限，犹太商人尽管不愿接受这种过分的要求，但也不会当面表示断然拒绝，甚至流露出认为是对方有意敲自己的竹杠的语气，这样可以避免导致购销双方当事人的情绪对立，保持自己不受损失。

一般说来，顾客的要求并非像人们想象的那么苛刻，与已达成的协议或交易来说，退换退赔的数量与项目是十分有限的，不近情理的要赖型顾客毕竟属于极少数。犹太商人总是从大局出发，不妨自己吃一点小亏，退一步是为了进两步，接受顾客提出的合理要求。他们非常清楚，如果拒绝对方的某些合理要求，有时会给人以不通情理、吝啬小气的感觉，于自己不利。

2. 用补偿消费来化解顾客的成见

一位女士正开着一辆刚买了半年的车，突然车尾冒出一缕烟，竟在路边抛锚了。那位女士急得怨气满腹，向汽车公司服务部打了电话。

没过多久，一位男士开车在离她汽车的前轮不到一英尺的地方停下来，对她说："很抱歉发生这种事情，但请您回过头看一看，后边的一台运输机正朝您开过来，上面载着我们最新款的汽车。在我们把这一辆修好之前，您可以先开那一辆车。"

当这位女士傍晚回到家中时，她自己那辆车已经停在车棚里了，不仅修理得完好如初，还冲洗得焕然一新，当她透过车窗看进去时，还发现前座上有一大束鲜花，还有一张卡片，上面写着：

亲爱的詹姆斯太太，非常抱歉让您在路上抛锚了。请收下这束鲜花和这张电影票，以表示我们的敬意，请相信，您以后都将获得我们最好的服务。

这就是一个用补偿来处理顾客成见的成功例子，下面再看看犹太商人纳克·昌德处理顾客成见的高招吧！

有一次，一位来自英国的客人来到纳克·昌德的抽纱商店，他先是把柜台上摆着的丝毯认认真真地看了一刻多钟，看完之后，才回过头对售货员说："对不起，小姐您是否能为我介绍一下这些丝毯？"

"当然可以。"售货员爽快地答道，接着她就对客人介绍了丝毯的制作、风格、特色、分类等。客人专心致志地听着介绍，脸上挂着一丝微笑。当售货员介绍完丝毯之后，这位英国客人若有所思地沉默了一会儿，忽然很严肃地对售货员说："小姐，我对你们商场不满意，如果不圆满地帮我解决问题，我就向你们经理投诉了！"

突然的变化，使售货员有点莫名其妙，但她很快就镇定下来，说："先生，很对不起，您能告诉我，究竟是怎么一回事，我能帮您做点什么？"这时客人拿出一张丝毯，说："在上届交易会，我来这里帮朋友买了一张4×6米的丝毯，跟你们现在摆着的一样，价格也是相同的，但上面标明的道数就不一样了，经一些内行人鉴定，丝毯所标的道数和实际有差别，弄得我在朋友面前很难堪。所以我今天将它带来，希望退货。"

售货员知道这件事她处理不了，就请来了商场部经理纳克·昌德。纳克·昌德了解了事情经过之后，就对他说："先生，真是很对不起，给您添了这么多不便，因为您的丝毯是半年前买的，若要退货，手续上会给您添很多麻烦，会浪费您许多宝贵的时间。如果您对这里的丝毯有兴趣，而又想多买一张的话，我可以给您八五折做补偿，这是进货价，比起现价要便宜300多美元，不知您意下如何？"

客人想了好一会儿后自言自语地说："要花一年半的时间才能织成一张这样的丝毯，八五折划得来，反正我家也正需要，……好，我就把它买下了！"瞧，纳克·昌德做得多棒，不仅没有让顾客退货，而且还多卖出了一件，虽然少赚了点钱，但是平衡了顾客的心理。

3. 扬长避短化解顾客异议

犹太法典《塔木德》上说："世上没有一样十全十美的东西。当有人对物品的某一方面提出成见时，你就要用这种物品的十个长处去说服他。"

扬长避短是犹太人在商品推销中惯用的手法，他们认为这一方法的一大优点在于，生意人可以直接提示产品的优点，实施重点推销，抵消顾客的反对意见，使顾客从另一个角度去肯定产品。

比如：当顾客抱怨商品的质量不太好时，他们就从价格方面去劝慰他："是的，这是处理品，质量不大好，可是价格便宜多了，而且这种质量问题对它的使用影响不大，只是外观上有点碍眼。这一点点的小毛病相对这样低的价格来说，买它划算多了！"

在这种情况下，承认产品质量不佳，提示产品价格便宜，肯定顾客的反对意见，同时也抵消了顾客的意见。

又比如，当顾客埋怨商品配件不全时，商人可以这么说："先生你说对了，这种收录机是不带耳机，但是要买带耳机的就要多花些钱，其实耳机用的时间也不太多，你何必花这些钱呢？再说这种收录机上已经装有耳机插座，万一要用，你可以买一个称心如意的立体声的耳机呢！"

使用这种话术时要掌握对方真正的需求，多说多提该产品的优点攻其要处，对

该产品的缺点一掠而过，切忌对本产品的缺点做过多的解释，否则就会越描越黑。

如果商人没有针对顾客的需求提出一些产品的优点，而这些优点对顾客来说不能补偿你所承认的缺点，那么你就会失去成交的机会。

在使用这种推销术时，首先是同意顾客提出的意见，你可以说："是的……可是……"这样就可以阻止某些自以为是的顾客纠缠不放，甚至提出更多的意见。顾客对你的产品关注得越多，购买的可能性就越大，你成功的机会也就越多。

一家笔记本电脑公司的犹太推销员杰拉德去拜访一位工程师，这位工程师想买一批重量比较轻的电脑，好出差用，在与杰拉德面谈时，这位顾客提出了他的抱怨："我觉得你们的笔记本有点重。"

"哦？为什么您会觉得重呢？"杰拉德问。

"你看，有一家公司的笔记本重量只有 2 千克，你的笔记本却有 2. 6 千克。"

"为什么重量对您这么重要呢？"

"因为我们使用电脑的工程师总是在外面出差，他们希望重量能够轻一些，尺寸小一些。"

"我明白了。工程师在外面工作，笔记本电脑是他们的工作工具，非常重要。对于这些工程师来讲，您觉得还有什么指标比较重要呢？"

"除了重量，还有可靠性和耐用性，当然还有配置，例如 CPU 速度、内存和硬盘的容量。"

"您觉得哪一点最重要呢？"

"当然最重要的是配置，其次是可靠性和耐用性，再后来是重量。但是重量也是很重要的指标。"

"每个公司设计产品的时候，都会平衡性能的各个方面。如果重量轻了，一些可靠性设计可能就要牺牲掉。例如，如果装笔记本的皮包轻一些，皮包对电脑的保护性就会弱一些。根据我们对客户的研究，我们发现可靠性和配置是客户最关心的，这样不免牺牲了重量方面的指标。事实上，我们的笔记本电脑采用的是铝镁合金，虽然铝镁合金重一些，但是更坚固。而有的笔记本为了轻薄，采用飞行碳纤

维，但坚固性就差一些。”

“有道理。”

“基于这种设计思路，我们笔记本的配置和坚固性一直是业界最好的。您对于这一点有问题吗?”

“鱼与熊掌不能兼得了。”

“您的比喻非常形象。我们在设计产品的时候更重视可靠性和配置，这一点影响了重量。但这个初衷也符合您的要求，您也同意可靠性和配置的重要性。再说只是重0. 6千克而已，不是个大数字，是吗?”

“对，你说得很有道理。”

在杰拉德的劝说下，客户订购了15台手提电脑。

美国著名的犹太商人温克勒指出：“如果客户在价格上要挟你，就和他们谈质量；如果客户在质量上苛求你，就和他们谈服务；如果客户在服务上挑剔你，就和他们谈条件；如果客户在条件上逼迫你，就和他们谈价格。”温克勒说出了扬长避短化解顾客异议的真谛。

4. 有理必须让一步，才能办好事情

犹太商人说：“虽说顾客就是‘上帝’，但‘上帝’也有搞错的时候。”如果是由于顾客的责任而发生误会又该如何处置呢?

犹太商人认为，首先，仍是耐心听取顾客投诉，弄清责任，是顾客的错误，绝对不要正面批评顾客。当顾客郑重其事向我们投诉时，即使是他发生了某种误会，我们也绝不能直截了当地对他说：“不，先生，那是您误会了，绝不会有这种事!”

或者：“先生，您有没有搞错啊！我们公司怎么能让这样的产品出厂?”

这样的话，更会加深误会与不满，扩大顾客的愤怒情绪，如果顾客发生这样的对抗心理，就糟透了。

其次，即使你想纠正对方的错误，也需要在不伤害对方自尊的条件下以商讨的方式进行。因为人们都有一种好胜的心理，尤其是自己真的是有理由并且有能力占上风的时候，一般是不会放过表现的机会的，但这种做法对行销员却太不可取，这

样一来客户容易在妒忌心的驱使下故意与你辩论，结果反而与你不利。

最后，犹太商人建议推销厂家，对因误会而投诉的顾客应采取一种“有理更让人”的态度，他们说：“这是一种最好的化解冲突的办法。”

犹太人克洛里是纽约泰勒木材公司的行销人员。他说：“多年来，我总尖刻地指责那些大发脾气的木材检验人员的错误，结果我赢得了辩论，可这一点好处也没有，他们绝不更改自己的错误，而且也不再与我合作了。”

下面他讲述了他是如何转变自己的态度来化解冲突的：

“虽然我在口舌上获胜了，但却使公司损失了成千上万的金钱。因此，我决定不用这种方法了。

有一天早上，我办公室的电话响了，一位愤怒的主顾在电话那头抱怨，我们运去的一车木材完全不符合他们的要求。在木材卸下 1/4 后他们的木材检验员报告说，55%的木材不合规格。在这种情况下，他们拒绝接受。他们的公司已经下令停止卸货，请我们立刻把木材运回去。

听完电话，我立刻赶去对方的工厂。在途中，我一直思考着一个解决问题的最佳办法。通常在那种情形下，我会以我的工作经验和知识来说服检验员。然而，我又想，还是把有理更让人的处世原则运用一番看看。

到了工厂，我见购料主任和检验员正闷闷不乐，一副等着辩论的姿态。我走到卸货的卡车前面，要他们继续卸货，让我看看木材的情况。我请检验员继续把不合格的木料挑出来，把合格的放到另一堆。

看了一会儿，我才知道他们的检查太严格了，而且把检验规格也搞错了。那批木材是白松，虽然我知道那位检验员对硬木的知识很丰富，但检验白松却不够格，经验也不够，而白松碰巧是我最内行的。我能以此来指责对方检验员评定白松等级的方式吗？不行，绝对不能！我继续观看着，慢慢地开始问他某些木料不合格的理由是什么，我一点也没有暗示他检查错了。我强调，我请教他只希望以后送货时能更好地满足他们公司的要求。

以一种非常友好而合作的语气请教，并且坚持把他们不满意的部分挑出来，使

他们感到很高兴。于是，我们之间的紧张气氛消失了，我小心地提问几句，让他自己觉得有些不能接受的木料可能是合格的，但是，我非常小心不让他认为我是有意为难他。

渐渐地，他的整个态度改变了。他最后向我承认，他对白松木的经验不多，而且问我有关白松木板的问题。我就对他解释为什么那些白松木板都是合格的，但是我仍然坚持：如果他们认为不合格，我们不要他收下。他终于到了每挑出一块不合格的木材就有一种罪过感的地步。最后他终于明白，错误在于他们自己没有指明他们所需要的是什么等级的木材。

结果，在我走之后，他把卸下的木料又重新检验一遍，全部接受了，于是我们收到了一张全额支票。

就这件事来说，讲究一点技巧，尽量不要对客户指责，采取一种忍让的态度就可以使我们的公司少损失150万美元，而我们所获得的良好的人际关系，则非金钱所能衡量。”

5. 多谈价值，强调对方得到的实惠

犹太商人认为，在与顾客打交道中，价格是关系到利润的基数。价格问题直接涉及买卖双方的实际利益，是影响售销的重要因素。

犹太商人在处理价格异议时，通常采取以下原则：

以防为主，先发制人。根据事先掌握的顾客资料，对顾客可能提出的价格异议做出正确判断，不等顾客讲出来，就先把顾客提出的异议给予化解。

先价值，后价格。为防顾客提出价格异议，应先向顾客讲清产品的价值，即能给顾客带来哪些利益和实惠，使顾客认识了产品价值后，再谈及价格。顾客对产品的购买欲望越强，对价格考虑的就越少。

多谈价值，少谈价格。价格是个敏感的话题，提及价格易出现僵局。最好的方法就是多谈产品的价值，少谈产品的价格，多强调产品对顾客的实惠，能满足顾客的需求。

掌握好提出价格的时机。若不主动提出价格问题，当顾客提出价格问题时，尽

量拖延。

例如，顾客在购买皮件时，因对所用材料缺乏了解，产生价格异议。销售人员在解释时，就应说明材料上的差异，及其如何辨别真假。

顾客说："我在别的商店看到一模一样的手提包，只卖25元。"

营销人员："当然卖25元了，那是合成革的。皮件材料有真皮，也有合成革的，从表面上看两者极为相像。您用手摸摸，再仔细看看，比较一下，合成革提包哪能与真皮提包相提并论。"

犹太商人在处理价格异议时通常爱用一种叫作"缩小单价"的方法。他们将报价的基本单位缩至最小，以隐藏价格的昂贵性，使顾客认为所差不多，这样就有利于成交。例如，一箱饮料36美元（每箱20小瓶），可将报价缩小为每瓶1. 8美元，这是缩小了数量单位。

犹太商人齐格勒在应对顾客的价格异议时，有一套巧妙的分析法。齐格勒曾营销过厨房成套设备，主要是成套炊事用具，其中最主要的就是锅。这种锅是不锈钢的，为了导热均匀，锅的中央部分设计得较厚，它的结实程度是令人难以置信的，当然价格也比普通的锅要贵一些。所以在齐格勒销售过程中客户经常表示异议：

"价格太贵了。"

这时，他就会问："先生，您认为贵多少呢？"

"贵200美元吧"。

这时，齐格勒就在随身带的记录纸上写下："200美元"。然后就又问："先生，您认为这锅能使用多少年呢？"

"大概是永久性的吧。"

"那您确实想用10年、15年、20年、30年吧？"

"这口锅经久耐用是没有问题的吗？"

"那么，以最短的10年为例来说，作为客户来看，这种锅每年贵20美元，是这样的吗？"

"嗯，是这样的。"

“假定每年是20美元，那每个月是多少钱呢？”

齐格勒边说边在纸上写下了算式。

“如果那样的话，每月就约是1美元70美分。”

“是的，可您的夫人一天要做几顿饭呢？”

“1天要做两三回吧。”

“好，1天只按2回算，那您家中1月就要做60回饭！如果这样，即使这套极好的锅每月平均加上1美元70美分，和市场上卖的质量最好的套锅相比，做一次饭也贵不了3美分，这样算就不算太贵了。”

齐格勒总是一边说一边把数写在纸上，并让客户参与计算。在计算的过程中总能让客户不知不觉地摒弃“太贵了”这个理由，促成购买。

犹太商人在处理价格异议时还惯用一种“强调受益”的方法。他们对于顾客提出的价格异议，把着眼点放在使用价值上，比如：可以从节省费用、增加收入、对身体健康有好处等方面来劝说。

犹太商人马库斯在华盛顿开了一个家具店，一天，有一位客户到家具店想购买一把办公椅子。马库斯带客户看了一圈后，客户问：“那两把椅子价钱怎么算？”

马库斯说：“那个较大的是250美元，另外一把是600美元。”

客户说：“这一把为什么比较贵，我们外行看来觉得这一把应该更便宜才对！”

马库斯说：“先生，请您过来把两把椅子都坐一下比较比较。”

客户依着他的话，把两把椅子都坐了一下，一把较软一把稍微硬一些，坐起来都还蛮舒服的。

马库斯看客户试坐完两把椅子后，说：“250美元的这把椅子坐起来较软，觉得很舒服，反而600美元的椅子您坐起来觉得不是那么软，因为椅子内的弹簧数不一样，600美元的椅子由于弹簧数较多，绝对不会因变形而影响到坐姿。不良的坐姿会让人的脊椎骨侧弯，很多人腰痛就是因为长期不良坐姿引起的，光是多出弹簧的成本就要多出将近100美元。同时这把椅子旋转的支架是纯钢的，它比一般非纯钢椅子寿命要长一倍，不会因为过重的体重或长期的旋转而磨损、松脱，这一部分

坏了，椅子就报销了，因此，这把椅子的平均使用年限要比那把多一倍。

“另外，这把椅子，看起来不如那把那么豪华，但它完全是依人体科学设计的，坐起来虽然不是软绵绵的，但却能让您坐很长的时间都不会感到疲倦。一把好的椅子对经年累月坐在椅子上办公的人来说，实在是非常重要。这把椅子虽然不是那么显眼，但却是一把精心设计的椅子。老实说，那把250美元的椅子中看不中用，是卖给那些喜欢便宜的客户的。”

客户听了马库斯的说明后，说：“还好只贵350美元，为了保护我的脊椎，就是贵1000美元我也会购买这把较贵的椅子。”

6. 是自己的错就立即弥补改正

犹太商人这样看待在商业交往中自己所犯的过失：任何企业在与顾客接触的过程中，难免会出现失误，也难免会遇到一些不测之事，这时应首先考虑客户的利益，采取一切可行方案，把客户因此而遭到的损失降到最低点。

金无足赤，人无完人。人生在世，孰能无过。在销售中商人有时也会犯错：服务做得不到位；由于疏忽而导致的对顾客种种不利的后果；或是由于产品质量问题而引起的顾客的投诉等。对于这种种失误所引发的不良后果，销售厂家应勇于承担，而且还应做出完善的处理，只有这样，我们才能“将功赎罪”，再一次赢得顾客的信任。

在日本东京奥达克余百货公司，一天下午，售货员彬彬有礼地接待了一位来买唱机的女顾客。售货员为她挑了一台未启封的“索尼”牌唱机。事后，售货员清理商品时发现，原来是错将一个空心唱机货样卖给了那位女顾客。于是，立即向公司警卫做了报告。警卫四处寻找那位女顾客，但不见踪影。经理接到报告后，觉得事关顾客利益和公司信誉，非同小可，马上召集有关人员研究。当时只知道那位女顾客叫姬泰丝，是一位美国记者，还有她留下的一张“美国快递公司”的名片。据此仅有的线索，奥达克余公司公关部连夜开始了一连串接近于大海捞针的寻找。先是打电话，得知姬泰丝在东京的住址和电话号码。几个人忙了一夜，总共打了35个紧急电话。

第二天一早，奥达克余公司给姬泰丝打了道歉电话。几十分钟后，奥达克余公司的副经理和提着大皮箱的公关人员，乘着一辆小轿车赶到姬泰丝的住处。两人进了客厅，见到姬泰丝就深深鞠躬，表示歉意。除了送来一台新的合格的“索尼”唱机外，又加送著名唱片一张、蛋糕一盒和毛巾一套。接着副经理打开记事簿，宣读了怎样通宵达旦查询姬泰丝住址及电话号码，及时纠正这一失误的全部记录。

这时，姬泰丝深受感动，她坦率地陈述了买这台唱机，是准备作为见面礼，送给东京外婆家的。回到住所后，她打开唱机试用时发现，唱机没有装机心，根本不能用。当时，她火冒三丈，觉得自己上当受骗了，立即写了一篇题为《笑脸背后的真面目》的批评稿，并准备第二天一早就到奥达克余公司兴师问罪。没想到，奥达克余公司纠正失误如同救火，为了一台唱机，花费了这么多的精力。这些做法，使姬泰丝深为敬佩，她撕掉了批评稿，重写了一篇题为《35 次紧急电话》的特写稿。

《35 次紧急电话》稿件见报后，反响强烈，奥达克余公司因一心为顾客而声名鹊起，门庭若市。后来，这个故事被美国公共关系协会推荐为世界性公共关系的典范案例。

这就是一个典型的发现错误及时改正的最好事例。无独有偶，在 1994 年，美国可口可乐公司总部接到一位女士的投诉电话。这位女士怒气冲冲地说：“在我买的可口可乐里发现一支别针！如果你们不能给我一个令人信服的解释，我将向联邦法院起诉你们，并将这件事向媒体公布！”

可乐里面有别针？此事非同小可。可口可乐高层对此事非常重视，特别成立了一支调查组。

调查组根据那位女士的介绍，找到了生产可口可乐的分厂。结果发现这家工厂生产条件极佳，干净卫生，工人也极为负责，根本不可能将别针放进可乐里。问题出在哪里呢？查出来是不可能的了。调查组向那位女士道歉，请她原谅，并且真诚地说：

“您看，我们的生产条件极好，工作纪律非常严格。尤其是各位员工对顾客绝对负责，发生这样的事肯定是个意外。遗憾的是，我们不能查出其中的缘故。但

是，请您相信，我们将会进一步加强管理，保证类似的事绝不再发生。作为对您所受的惊吓的补偿，我们将赔偿您 1 万美元的精神损失费。同时，为了感谢您对可口可乐的信任和忠诚，我们邀请您到可口可乐公司总部免费参观旅游。如果您对我们还有什么不满意的地方，请您尽管说，我们一定竭力满足。”

那位女士见可口可乐公司如此真诚，怒意全消，最后高高兴兴地去可口可乐公司总部参观去了。

两天后，美国的一家大报纸刊登了一篇介绍可口可乐公司产品质量是如何的优良、服务是如何的人性化的文章。文章写得具体生动，在社会各界产生了很大的影响，给可口可乐做了一个非常有效的广告。原来，这篇文章是那位向可口可乐投诉的女士写的，她是该报的资深记者。

人们常说：“知错能改，善莫大焉。”如果说在销售活动中错误在所难免，那么错后的“将功补过”则需要我们做得更好、更到位。

7. 循序渐进消除顾客的偏见

在推销中，推销员也许会经常遇到这样一种情况：由于顾客对产品误解或操作失误，客户会对推销员大加训斥。这时我们不应该与他争辩，要用理智去战胜顾客的错误感觉。要避其锋芒，采取循序渐进的方法，一步步地将问题的答案展示在客户面前。

利用这种循序渐进的话术最好是先选择一个启发性的提问进行铺垫。如果发问者和回答者明显处于同一“交流波段”，并且让对方明白这一点，那么提问就会变得更有效。这样就建立了一种认同感和和谐的交流氛围，能营造出使接下来所提问题更加有效的环境。

犹太人阿里森普是美国一家电器公司的推销员，有一次他去拜访一家不久前才发展的新客户，打算向他推销一批新型电机。一到这家公司，总工程师劈头就问：“阿里森普，你还指望我们能多买你的电机吗？”一经了解，原来公司认为刚从阿里森普那里购买的电机发热超过正常标准。

阿里森普知道强行辩论只能越辩越僵，于是决定避其锋芒，采取循序渐进的方

法，进而一步步说服顾客。

他了解情况后，先故意说："好吧，总工程师先生，我的看法和你的相同，假如那电机发热过高，别说再买，就是买了的货也要退回，不是吗？"

"是的。"总工程师果然做出预料中的反应。

"自然，电机会发热的，但是你不希望它的热超过正常标准，是吗？"

"是的。"

然后，阿里森普开始讨论具体问题了，他问："标准电机的温度可比室温高33.5℃，是吗？"

"是的，"总工程师说："但你们的产品比这高出很多，简直叫人没法用手去摸，难道这不是事实吗？"

阿里森普也不与他争辩，反问说："你们车间的温度是多少？"

总工程师略一思索，回答说："大约25℃。"

阿里森普高兴起来，说："好极了！车间是25℃，加上有可能超出的33.5℃，一共是60℃左右，如果把你的手放进60℃的热水里，是否会把手烫伤呢？"

总工程师虽然不情愿，但也不得不点头称是。阿里森普接着说："那么，以后你就不要用手去摸电机了。放心！那完全是正常的。"

推销结果，阿里森普不仅弄清楚了情况和原因，而且还坚持了原则和标准。结果说服了对方，消除了对方的偏见，而且又做成了一笔生意。

不言而屈人之兵，才是大手笔

1. 不知对方底细不要轻易开口

犹太商人在不知道对方底细的情况下，一般不轻易说话。因为说话是表达情感、传递信息的，如果保持沉默，不但能揣摸对方意图，还可以以静制动，变被动为主动。如果冒失开口，可能会造成难以挽回的损失。

美国大发明家爱迪生发明了自动发报机之后，他想卖掉这项发明及制造技术然

后建造一个实验室。因为不熟悉市场行情，不知道能卖多少钱，爱迪生便与夫人米娜商量。

米娜不知道这项技术究竟能值多少钱，她一咬牙，发狠心地说：“要 2 万美元吧，你想想看，一个实验室建造下来，至少要 2 万美元。”

爱迪生笑道：“2 万美元，太多了吧?”米娜见爱迪生一副犹豫不决的样子，说：“我看能行，要不然，你卖时先套套商人的口气，让他先开价再说。”

当时，爱迪生已经是一位小有名气的发明家了。美国一位商人，听说这件事情后表示愿意买爱迪生的自动发报机制造技术。在商谈时，这位商人问到价钱。因为爱迪生一直认为要 2 万美元太高了。不好意思开口，于是只好沉默不语。

这位商人几次追问，爱迪生始终不好意思说出口，正好他的爱人米娜上班没有回来，爱迪生甚至想等到米娜回来再说。最后商人终于耐不住了，说：“那我先开个价吧，10 万美元怎么样?”

这个价格非常出乎爱迪生的意料，爱迪生大喜过望，当场不假思索地和商人拍板成交。后来爱迪生对他妻子米娜开玩笑说：“没想到晚说了一会儿就赚了 8 万美元。”

沉默是金，不少久经谈判考验的专家深谙此道，并且总是不厌其烦地告诉后生恪守此道。在谈判中，冷场气氛是任何人都难以忍受的，但却是十分重要的一幕。为此，精明的谈判高手对这种难堪的局面，谁也不去最先打破沉默。

在商业交往中，聪明的犹太商人常静懂得应当在合适的时候保持沉默或适当的沉默，这样可以使自己避免说出多余的话，并且能使对方说出比他打算要说的多得多的话。

美国有家汽车公司的汽车厂正在安排订一年中生产汽车所需用的坐垫布。这是一笔数目可观的生意，价值达 160 万美元。不少生产坐垫布的厂家都在力争拿到这笔订单，但只有其中的三家可能性最大。这三个厂家都已将自己的样品提供给了汽车厂。汽车厂检验过这些样品后非常满意，只需再了解一些有关细节，就可以决定把订单交给哪个厂家。于是汽车厂给这三个厂家发出通知，约定在某一天，由各厂

家派代表来做申请合同的面谈。各厂家都明白这次会议对于能否拿到订单非常重要，因此都做了充分准备。其中一个厂家，为了在会上夺标，安排了特殊对策。他们选派的代表犹太人培森先生举止文雅，气度不凡，但正患着严重的喉炎，几乎不能说话。然而就是这位几乎不能说话的培森先生，却出人意料地拿到全部订单，击败了所有对手。

约定面谈的那天到了，三个厂家的代表都准时到达汽车厂。他们被引进洽谈室，与该厂的总经理、采购经理、行销主任等人面谈。

在会上，另外两家的代表为了给汽车厂一种先入为主的印象，抢先发言，努力陈述他们产品的优点何在，以及各种生产服务的特点。与会者们听得点头称是，但默默无言。

轮到培森先生发言了。他站起来，向大家致意，但没说一句话，然后坐下来在纸上写着："诸位，实在对不起，我突然得了喉炎，说话不方便，恐怕影响大家的情绪，我已经准备好了贵厂所需要的有关我们厂情况的材料。如哪位能替我介绍一下，我将不胜感谢。"写完把纸条交给了总经理。

总经理看这纸条后，又把它向与会者读了一遍，然后说："那就让我替你介绍吧。"

总经理边看材料边介绍培森厂家的产品和有关其他情况，还不时地称赞他们所具有的优点和特色。这种做法立刻使在座其他人活跃和讨论起来，那位总经理在讨论中一直在替培森的厂家说话，而培森先生只限于谦虚地点头微笑和做一些必要的手势。

这次特殊会议的结果是培森所在的厂家订到了合同。为什么呢？因为总经理替培森发言的时候，就已经详细了解到培森厂家的产品了。这次取胜，与他们厂产品质高价廉有关，但总经理替培森发言起了重要作用。因为这样一来，就产生了把培森的厂家与汽车厂划为一家的效果。

在生活中我们总是不愿意在接受别人批评的时候保持沉默，不愿意让对方把要说的内容说完。事实上我们人生的很多关口，譬如面对一个自我赞扬的环境，面对

一个据理力争的争论，面对一个强词夺理的上司等情况下，沉默虽然不会创造爱迪生的 8 万美元，但它同样会让我们看到刹那间的前程和退路，沉默可以给对方和自己都留有余地，沉默甚至可以挽救我们。

2. 沉默是最好的反攻武器

犹太法典《塔木德》上说："在某些时候，沉默比什么话术都有效。沉默就是力量，滔滔不绝、口若悬河并不是谈判的全部，以变应变，立足现实，以异乎寻常的方法反其道而行，往往会成为商场上的最大赢家。"

我们有时会看到这样的现象：一位谈判者在和别人谈话中，当他感到乏味时，就默默不语，然后拿起桌上的报纸，随便翻阅起来，这是暗示对方，报纸虽然乏味，也比你的话有意思。这种做法，无疑是让对方终止谈话。

谈判的目的就是要获取自己的利益，双方的利益又不可能一致，那么，业务谈判的磋商首先就是在双方的利益分歧点上展开交锋。在交锋阶段，为了达成自己的目的，一定要勇往直前，不可退缩，而且一定要坚持自己的既定原则和立场。在谈判中，沉默不语也是一种反攻对方的武器，如果对方提出一个不合理的要求，或者你对他所说的东西感到厌烦，最好是坐在那里，一言不发。

三个犹太商人代表以色列航空公司来和美国一家公司谈判。会议从早上 8 点开始，进行了两个半小时。美国代表以压倒性的准备资料淹没了以色列代表。美国代表用图表解说，电脑计算，屏幕显示，以各种数据资料来回答对方提出的报价。而在整个过程中，以色列代表只是静静地坐在一旁，一句话也没说。

终于，美国代表关掉了机器，重新扭亮了灯光，充满信心地问以色列代表："意下如何?"其中一位以色列代表斯文有礼，面带微笑地说："我们看不懂。"美国代表的脸色忽地变得惨白，"你说看不懂是什么意思？什么地方看不懂?"另一位以色列代表也斯文有礼，面带微笑地说："都不懂。"美国代表惊恐万分地问道："从哪里开始不懂。"第三位以色列代表以同样的方式慢慢答道："当你将会议室的灯关了之后。"美国代表松开了领带，斜倚在墙旁，喘着气问："你们希望怎样做?"以色列代表同时回答："请您再重复一遍。"美国代表彻底丧失了信心。谁有

精力再将秩序混乱，而又长达两个半小时的介绍重新来过？美国公司终于不惜代价只求达成协议。

也许犹太商人确实不懂，但这种可能性极小，“我们不懂”的真正含义大概是，我们根本不同意你的计算方法。

心理学家告诉我们，在不同的场合环境中，人们对他人的话语有不同的感受、理解，并表现出不同的心理承受力。正因为受特殊场合心理的制约，有些话在某些特定环境中说比较好，但有些话说出来就未必佳。同样的一句话，在此说与在彼说的效果就不一样。因此，说什么，怎么说，一定要顾及说话的环境，如果环境不相宜，时机未到，最好的办法是保持沉默。

日本公司同美国公司正进行一场贸易谈判。

谈判一开始，美方代表滔滔不绝地向日商介绍情况，而日方代表则一言不发，埋头记录。

美方代表讲完后，征求日方代表的意见。日方代表恍若大梦初醒一般，说道：“我们完全不明白，请允许我们回去研究一下。”

于是，第一轮会谈结束。

几星期后，日本公司换了另一个代表团，谈判桌上日本新的代表团申明自己不了解情况。

美方代表没有办法，只好再次给他们介绍了一遍。

谁知，讲完后日本代表的态度仍然不明朗，仍是要求道：“我们完全不明白，请允许我们回去研究一下。”

于是，第二轮会谈又告休会。

过了几个星期后，日方再派代表团，在谈判桌上故伎重演。唯一不同的是，这次，他们告诉美国代表一旦有讨论结果立即通知美方。一晃半年过去，美方没有接到通知，认为日方缺乏诚意。就在此事几乎不了了之之际，日本人突然派了一个由董事长亲率的代表团飞抵美国开始谈判，抛出最后方案，以迅雷不及掩耳之势逼迫美方谈判全部细节，使人措手不及。

最后，谈判达成一项明显有利于日方的协议。这场谈判能成功的关键在于一句俗话“会说的不如会听的”，听出门道再开口，而开口便伤对方“元气”，不是很高明吗？

在生活中，我们有时故作“迟钝”未必不是聪明人，“迟钝”的背后隐藏着过人的精明。有人推崇一种“大智若愚”型的艺术——意即在商业活动中多听、少说甚至不说，显示出一种“迟钝”。其实这样做的目的是为了获得最大的利益。少开口不做无谓的争论，对方就无法了解你的真实想法；反之，你可以探测对方动机，逐步掌握主动权。

3. 用沉默来坐收渔人之利

1910 年经济衰退期间，通用汽车公司的创始人杜兰特遇到了无法解决的困难，因为公司债台高筑，为了渡过难关，需要向银行借钱，他被迫辞职。

1911 年，杜兰特同一个瑞士技师路易斯·雪佛兰搭伙合作，生产了一种廉价的汽车，开始同福特竞争。这种汽车非常畅销，杜兰特也为此大受鼓舞，因而想把通用汽车公司夺回来。他提出雪佛兰与通用以 5：1 做股票互换。但是银行家们仍坚持要另加 900 万美元现金。

杜兰特自己当然拿不出这笔现金，他想找一个能利用的对象——显然，这个被利用的对象必须具有极其强大的经济实力，他的一位朋友——约翰·J. 拉斯科布帮了他的忙，因为拉斯科布那时正受命于当时全美国经济实力数一数二的杜邦公司。当拉斯科布向他提到杜邦时，杜兰特仿佛感到也只有杜邦能帮他了。于是他便请拉斯科布把他的想法透露给皮埃尔·杜邦，皮埃尔显然对前景无限光明的汽车工业十分感兴趣，没有表示出什么拒绝的意思来。杜兰特便写了一张请柬送给皮埃尔，邀请他在杜兰特与银行家们谈判时能亲自光临，皮埃尔的回答很干脆：“我来。”

事实上，皮埃尔和拉斯科布早已对通用汽车公司垂涎已久，只是无法下手。当杜兰特遇到困难时，在拉斯科布的劝说下，皮埃尔买下了通用汽车公司的 3000 股股票。他们在等待着时机到来。

最后谈判这天，杜兰特信心十足地来到银行家们面前，皮埃尔和拉斯科布也如

约而至。谈判开始了，双方为了各自的利益而寸土不让，杜兰特精疲力竭，指望皮埃尔能在这关键时刻帮他一把，而皮埃尔却不动声色，傲然保持中立。双方僵持不下，最后按照协议规定，由最大的少数股持有人暂时代管通用汽车公司。

这个最大的少数股持有人便是杜邦，皮埃尔通过在谈判中保持中立而获得了他梦想中的收获，皮埃尔成了通用汽车的董事长，他在这个席位上呆了13年之久。

还有一个更精彩的实例，大家看看吧：

犹太商人琼斯先生经营一个俱乐部。最近他想修建一个游泳池，以扩大本俱乐部的影响。琼斯先生知道，在洛杉矶想要修建一个游泳池是不会困难的，而且他的要求也不是很高，只要大小规格按他自己所拥有的土地面积，不超过范围；再就是要有温水过滤设备，然后要求在5月30日以前完工并验收。没有其他特别的要求了。

究竟把这一项工程包给什么人呢？为了有一定的选择余地，琼斯先生首先打出了招标广告。结果，第二天就有3个承包商来投标，琼斯先生的目的，自然是想把这一工程项目包给最低的出价者。但是当他看过3个承包商的标单以后，发现3个承包商的标单所提供的都不尽相同，他们所提供的温水设备、过滤设备、抽水设备、设计、装饰和付款条件等都不一样。

承包商A先生报价虽低，只有9.5万美元，但他的温水设备、抽水设备都是低功率的老式机器设备，设计装饰也极其简单；而B先生的机器设备是当前最先进的，温水换水效率极高，一般也不会出什么故障，不过他的报价是10.2万美元；而C先生的报价高得出奇，他要15万美元，只是可以分期付款，分期付款的年限是3年，从当年6月1日起，每年6月1日付6万美元。极可观的是，他不仅提供的是最先进的温水、抽水设备和过滤网，而且完工后跟踪服务8年，另外他的设计装饰非常别致，游泳池四周的休息长椅制作成儿童们喜爱的各种动物模样。

突然间，选择变得如此复杂，要建这样一个游泳池是需要很审慎考虑的，最好的结果莫过于价格最低、设备最先进、设计最新颖、付款条件最优。

琼斯先生绞尽脑汁地思考了一阵，如何和这几位先生商谈？最后，他决定召开

一次竞卖会，让 3 个承包商直接见面，展开竞争。

他邀请 3 个竞争者到他家里来。琼斯首先在客厅里接待他们，跟他们谈各方面的条件，同时，也让他们彼此看来看去，互相比较而产生一种竞争很强的意识，并明白随时有可能发生失掉这笔生意的风险。然后，他分别约 3 位先生到书房里细谈，不动声色地听他们的计划。

A 先生告诉琼斯，C 先生手头目前还有许多未完的工程，他其实很有可能在 5 月 30 日以前是完不了工的，B 先生正处于破产的边缘。当然，他还是答应做一点让步，他同意换用最先进的过滤网，也打算把原来标单上说提供的塑胶管换成铜管，同样，也答应售后跟踪服务 8 年，分期付款可以考虑并做进一步商量，但有条件，分两年付款，每年 5 万美元，即总报价涨到 10 万美元。

B 先生和 C 先生后来也都做了一些让步，B 先生同意降价 2000 美元，以 10 万美元结算。C 先生也同意把价格降到 13. 5 万美元，仍然分 3 年付款，每年 4. 5 万美元。他们同样都宣传了自己公司的优势，强调并提醒琼斯，如果他接纳其他的承包商，会给自己带来什么风险。

无论如何，竞争者都做了让步，同时，琼斯也通过调查几个互相冲突的承包商，学到了一些有关游泳池的知识，了解到曾一度看来似乎很简单的游泳池，原来包含了这么多的微妙危险。现在，他需要进一步比较分析这 3 个承包商的优劣。

A 和 B 先生的要价都是 10 万美元，虽然 B 先生的温水设备、抽水设备要比 A 的先进，但是 B 公司最近财务状况不景气，的确有破产的危险，接受 B 公司就意味着要冒风险，何况 A 公司还能提供售后服务并可以分期付款。而 C 公司的要价实在太高，尽管他的设计装饰是比较新颖别致的，但这对于经营游泳场似乎显得并不十分重要。当然，他可以进一步争取让 A 公司这么做。

所以，第三轮商谈时，琼斯请来了 A 先生，谈了自己的想法，告诉了 A 先生 B 公司和 C 公司的优势，同样也表达了自己愿意与 A 公司合作的意愿，只是希望 A 公司在装饰设计时能有所改进，自己愿意多出 5000 美元的价款，即付款 10. 5 万美元，而且追加的 5000 美元是在第一年付款。

尽管A公司如果接受琼斯提的条件，在技术上有一定的困难，在经济上利润也很微薄，但是考虑到竞争是如此激烈，形势一直是对买主琼斯先生有利，所以最后还是同意与琼斯签订合同，正式成交。

竞卖会使得卖主轻易就让步，这无疑给买主琼斯先生带来了极大的利益。

好了，看完以上两个事例，你知道在谈判桌上保持沉默的厉害了吧！

4. 配合道具寓意于不言之中

犹太商人为了达到某一目的，常常需要做一些类似表演的假动作，逢场作戏。为了把戏演得真实、可信，必然要借助各种道具。

谈判道具种类繁多，五花八门，笔、笔记本、计算器、机票、打印的价目表、合同纸、电传、打火机、茶杯或饮料瓶、某个签字或打印的文件、演算纸等都可以成为谈判者做戏的好材料。优秀的谈判家善于利用道具，信手拈来，演技娴熟，表演得惟妙惟肖，使对方难辨真假和虚实。

谈判道具并无严格规定，任一物品都可以充当，着意在于谈判者灵活运用，相机行事，将道具的运用与神态紧密配合。

运用道具表示不满和愤怒是犹太商人常用的一个手段。突然停住记录中的笔或者突然合上笔记本，抬头，睁大眼睛盯住对方的脸或眼睛可以较好地表示出不满；突然停住笔，抬头注视对手，目光有神，将笔一扔或将记录纸一撕，即反映愤怒；将笔杆在头发上快速擦几下，猛地抽回在桌子上敲两下，双目圆瞪，注视对方，做深呼吸使胸部表现明显的起伏，也使对手感到自己的愤怒；将笔记本往一边或桌前一甩，闭紧嘴唇，咬着牙，睁眼正视对方，双手紧握，则凶相毕露。

有时犹太商人还会运用道具表示感兴趣。他们双目注视对手的眼睛，时而用笔点什么，即使因时间久而变换坐姿也是轻手轻脚，表示对对方的话感兴趣。埋头不停地做笔记也是感兴趣的表现。

犹太商人认为，运用道具还可以表示不感兴趣。拿着笔在空白纸上画圈圈或写数字、字母，说明已厌倦了；摘下眼镜，开始擦拭，说明不想让对方多说了；拿着打火机，打着火，观其火苗，也是一脸烦相；放下手中物品，双手撑着桌子，头向

两边瞧，暗示对方没有多少爱听的，随你讲吧，反正没有关系；将桌上的笔收起、本合上，女士则照照镜子或拢拢头发、整整衣裙，表明没有我的发言机会就算了，你爱讲就讲。

犹太商人运用道具还可以暗示对方该结束谈判。他会扫一眼室内的挂钟或手腕上的表，扣上笔帽或收进圆珠笔芯，合起笔记本，抬眼看着对手，似乎在问："可以结束了吧?"给助手使个眼色或做个手势。不收桌上的东西，起身离开会议室或在外面抽支烟，也表明所云无望，可以暂时中止谈判，以后再谈。

运用道具向对手施加压力是犹太商人的拿手好戏。比如他们以一份假合同书或价目单在对手面前晃动，或欲示欲隐地摆在桌上暗示对手快签约；将机票拿出来放在对手的面前，宣称："返程机票日期已定，条件能否达成一致的时间仅限出发之前"，给对方施加压力；从口袋里掏出一张纸片，装模作样地看一下，又按几下计算器，再以婉转的措辞否定对手建议，这种表演充分表示了关注之情，但无奈权力所限，不得已而拒绝。

5. 适时运用面部表情

在我们使用的非语言的交流工具中，首先一个就是我们的脸。我们的脸能够表达我们所有的情感——恐惧、悲伤、愤怒、兴奋、快乐——这一点是不言而喻的。但是，也有一些事实可能会令你有点吃惊。那就是学会如何表现自己的表情要比只会读懂别人的表情要有价值得多。

对于适时运用面部表情的功用，犹太人做了一个比喻："这就好比一个小孩子调皮或没礼貌，如果你向他大喊大叫地教训他，他通常不会怕，反而会笑起来；但是，如果你毫无表情，一动不动地盯着他，他却反而老实多了，这就是非语言的功效所在了。"

在销售活动中，使用非语言时，有一点是无疑的，你要通过你的面部表情取得对方的好感，那么，你首先要做的就是把微笑挂在脸上。

看看一位用微笑打动客户的实例吧：

有一位卖车的行销人员，经朋友介绍去拜访一位曾经买过他们公司汽车的商

人，一见面，照例先递上名片："我是××汽车行销人员，我姓……"才说几个字，就被对方以十分严厉的口吻打断，并开始抱怨当初自己买车不快乐的事，其中包含了报价不实、内装及配备不对、交车等待过久、服务态度不佳……讲了一大堆，结果这位行销人员，只是静静地在一旁微笑着倾听。

终于待到这位商人把之前所有的怨气一吐为快后，稍微喘息了一下，才发觉这个行销人员好像以前没见过，于是便有一点不好意思地回过头来向他说："年轻人，你贵姓呀，现在有没有好一点的，拿份目录来看看吧！"30分钟后，这个行销人员高高兴兴地吹着口哨离开，因为他已经拿到了2台汽车的订单。

在这个成交的案例中，行销人员从头到尾恐怕讲不到十句话，但是他却成功地完成了交易。原因就在于他用微笑加沉默的方式打动了对方，使对方认为："我是看你老实诚恳又很尊重我，才向你买车的哟！"

在洽谈中，倾听对方时应轻松自如，神情专注，随着对方情绪的变化做出自然的呼应，同时通过一些简短的插话和提问，暗示对方你确实对他的谈话感兴趣，或启发对方引出对你有利的问题。当对方讲到要点时，要点头表示赞同。点一点头，这实质上就是发出一种信号，让对方知道你在听他的讲话，对方这时当然会认真地讲下去。

当一个人说笑时，你的笑声会增添他的兴致；他说得紧张时，你屏住呼吸则能强化气氛。但在谈判桌上，行销人员的表情反映要自然坦率，不能故作姿态。否则，做出一些大惊小怪的表情后，会使对方觉得你太幼稚无知，乃至滑稽可笑。

在以色列有一家异军突起的巧克力商店，这家商店之所以生意红火的原因并不是因为有能言善辩的服务小姐，恰恰相反，店铺里除了一个两眼空洞地望着前方的家伙外，什么人都没有。还是让我们看看下边精彩的一幕吧。

一位顾客走了进来，内疚写满了这位顾客的脸，他准备买一盒心形巧克力送给太太。

"那一个多少钱？"

那个目光呆滞的家伙缓缓地把他的眼睛聚焦在一起说："25英镑。"

"什么？25英镑？你疯了吗？用25英镑买一盒该死的巧克力？有这些钱我都能买25盒薄荷巧克力了。我年轻的时候，这足够是一次出国度假的钱。我真不知道你们这些人怎么敢要那么高的价。真不明白。好吧，伙计，给我拿两盒吧。"

这样的场面你也许会很吃惊，怎么可能就这样成功了呢？那呆子什么也没有说啊。当然，这也许是这种巧克力是独一无二的，而且在别处都买不到；这位顾客也许觉得他是被敲诈勒索了，而且需要把这怨气发泄出来；你的任何解释都只会替他煽风点火，让他继续抱怨下去。像那个呆子所做的那样，等他逐渐泄了气就会买了。

在别的商店里，我们也可以看到一些顾客连喊带叫地提出抗议，但是他们还是买下了商品。从这里，你可能已经得出了这个结论：对付抱怨的第一道防线是合理运用我们面部的表情保持沉默，木讷的表情也可以，甚至只要我们静静地听，等到对方把他们激烈的演说发表完，没有力气抱怨的时候，你可能很容易地发现，问题已经自己解决了。

6. 让完美的售后服务替你再次推销

犹太法典《塔木德》上说："推销前的奉承，不如售后的周到服务，这是制造永久客户的不二法则。"

无论多么好的商品，如果服务不完善，客人便无法得到真正的满足，甚至于服务方面有缺陷时，会引起客户的不满，从而丧失商品自身的信誉，既而也就失去了市场。

许多公司称推销员为"承担机械修理工作的人员"。机械工与推销员为客户所做的每一次服务，都可以说是一种再推销行为。

对于售后服务的重要性，以色列一家销售主管阿尔戴甚至坦言："一个没有完美售后服务的商品，就意味着没有市场。"他还举了一个具体事例说明：一天，一位客户来到一家商店，立即被一张席梦思床吸引住了，想马上掏钱买下了这件新颖别致的家具。但是，由于客户住市郊，没有带运输工具，客户同营业员打听店里管不管送货，营业员冷冷地回答说："我们哪里还管这种事！"这位客户连声叹息，只

得打消了购买的念头。

上述事例在现实中并不少见，消费者在购买家具和家用电器等大件商品时，由于商品体积大，笨重难搬，携带很不方便。针对这种情况，推销厂家和经营商店就有必要提供送货上门这一服务项目，以方便消费者。如果缺少这一环节，像上述“望床兴叹”的现象就会越来越多，势必影响产品的销售业绩。

《塔木德》上说：“没有一样货品是十全十美的，当然，货品制造得愈好，其所需要的服务工作愈少；但是，如果需要服务的话，那么这种服务一定要是最优秀的。”

巴基斯坦一家机床厂出售给日本大阪一家机电制作所精密磨铣床，由于日方操作人员对该机床结构不够熟悉，致使磨床传动系统出了故障而不能及时排除。

当该厂销售部收到日本大阪的来电后，马上派出有关人员赴日调试，仅仅花了3天时间就排除了故障。随后又为该制作所培训了操作技术人员和维修人员，获得了用户的信任与好评。对方主动提出长期订货意向，还帮助厂方在当地物色了其他客户。

由于该厂重视售后服务，产品迅速跻身于欧美、日本、东南亚等地市场。

以上就是一个靠完美的售后服务来推销的很好实例。犹太商人认为，在现代推销活动中，需要树立一种加强售后服务的经营思想。犹太商人拿这一点做了一个很有趣的比喻，他们说“卖货要像嫁姑娘。作为一般的父母，把女儿辛勤培育成人，可一旦长大总要结婚嫁人。在女儿出嫁之后，父母也要随时关心她婚后的生活。对推销企业和推销员来说，也要把自己经手的商品看成是费尽心血养育成人的女儿，经常了解客户用后是不是觉得满意？有没有发生故障和其他不便？有时还要亲自上门倾听用户的意见，迅速反馈给有关部门，作为改进产品的参考和依据。只有重视和加强售后服务，才能更好地进行市场推广，提高自己在客户心目中的知名度，这样便犹如增添了一位无声的推销员，为企业和产品招来更多的‘回头客’。”

著名的奔驰汽车公司在这方面就是一个典范，他们仅在德国各地就设有大约100个分厂。1200多个维修点，约有6万多名员工从事维修和保养工作。据该厂统

计调查，车子出故障，用户不出 28 公里就可以找到公司设立的一个维修点，如果车子抛锚，只要给附近的汽车维修站打个电话，维修点就会马上派车来修理，随到随修。奔驰汽车公司在世界各地 180 多个国家和地区也设有 3800 多个维修点，负责销到海外市场的车辆维修，正如该公司在广告中所说："本公司在世界各地的维修人员闲得无聊。"

另外，完美的售后服务还是获得新顾客的一种重要途径。全世界的推销经验都证明，新生意的来源几乎全来自老客户。几乎每一种类型的生意都是如此。假如你买了一部新车，就会常觉得自己是二级代理商。因为对新车的热情，你会跟邻居、朋友、相关的人不断提买车的事，结果成了车商的最佳发言人。

想想看！你的新客户快乐又骄傲于他的收获，他会很热切地谈这件事，甚至吹起牛来也有可能，他们就是你的最佳公关！

要想得到永久性的顾客，打出品牌立足市场，完美的售后服务是必不可少的。

第九章　犹太人的生活与爱情智慧

尽管亡国给犹太人带来了灾难性的后果，但他们以超出常人的智慧和机智，加上勤勉忍耐的性格，完成了“资本原始积累”的阶段，把生活的根基打得牢牢的。有位智者被人问道：“为何你能成为智者?”智者闻言答道：“因为直到目前为止，我在灯油方面所花的钱，比起食用油方面还要多得多。”

犹太人的生活方式理性而科学，他们在生命的意义、人生哲学以及饮食、医疗方面的知识和理解，令人称赞和惊叹。

一、对生活哲理的思考

天下没有免费的午餐

《塔木德》说：“你没有破绽，就不会上当；骗人的人身上，也一定有漏洞。”“为人处世的时候不要贪婪，因为贪婪会给别人造成可乘之机；面对贪婪的人也不要害怕，只要你肯动脑筋，善于寻找对方的‘软肋’，是能够战胜他的。”

在犹太人中，乃至现在在全世界，流传着这样一个故事：

数百年前，一位聪明的老国王想留下一些真正能万世传家的东西。于是，他召集聪明的臣子，到各大城市贴出布告，征求有学问、有智慧的聪明人来完成一个重大任务：“我要你们编一本《各时代智慧录》，好流传给子孙。”

这些聪明人工作了很长一段时间，最后完成了一本洋洋12卷的巨作。老国王看了后说：“各位先生，我确信这是各时代的智慧结晶。然而，它太厚了，我恐怕人们不会去读完它，把它浓缩一下吧！”

这些聪明人又经过长期的努力工作，几经删减之后，完成了非常精辟的一卷书。然而，老国王还是认为太长了，又命令他们继续浓缩。

这些聪明人把一本书浓缩为一章，然后浓缩为一页，又浓缩为一段，最后浓缩成一句。老国王看到这句话时，显得很得意，说：“各位先生，这真是各时代的智慧结晶，并且各地的人一旦知道这个道理，我们担心的大部分问题就可以解决了。”

这句千锤百炼的话是：“天下没有免费的午餐。”

“天下没有免费的午餐”，这的确是放之四海而皆准的真理。在几千年后的现实社会依然如此。春天播种，秋天才有收获；在生活中付出的越多，得到的越多。《圣经·旧约》中说：“懒惰的人啊，你去观察蚂蚁的动作，便可得到智慧。”

能救你的只有你的奋斗

《塔木德》说：“凡是自己所能做的事情，都要自己动手去做，绝不可以求神帮忙。”

莱德认为自己的妈妈真是个了不起的女人。他的爸爸因心脏病去世时，他才21个月大，哥哥5岁。她虽无一技之长，也没有受过教育，却毅然负起抚育莱德和他哥哥的责任。

莱德9岁时找到了一份在街上卖《杰克逊—维尔日报》的工作。他需要这份工作是因为他们需要钱——虽然只有那么一点点钱——但是莱德感到害怕，因为他要到闹市区去取报、卖报，然后在天黑时坐公共汽车回家。他在第一天下午卖完报后回到家时，便对妈妈说自己决不再去卖报了。

“为什么？”她问道。

“你不会要我去的，妈妈。那儿的人粗手粗口非常不好。你不会要我在那种鬼

地方卖报的。”

“我不要你粗手粗口。”她说道，“人家粗手粗口，是人家的事。你去卖报，可以不必跟他们学。”

她并没吩咐莱德该回去卖报，可是，第二天下午，他照样去了，因为她自己就会这样做。那年稍晚的时候，莱德在圣约翰河上吹来的寒风中冻得要死，一位衣着考究的女士递给他一张5美元的钞票，说：“这足够付你剩下的那些报纸钱了，回家吧，你在这外面会冻死的。”结果，莱德做了他知道妈妈也会做的事——谢谢她的好心，然后继续待下去，把报纸全部卖掉后才回家。冬天挨冻是意料中的事，但不是罢手的理由。

等到莱德长大了以后，每次出门时，妈妈都会告诫他：“要学好，要做得对。”人生可能遇到的事，几乎全用得上这句话。

最重要的是，她教会了莱德一定要苦干。她会说：“要是牛陷在沟里，你非得拉它出来不可。哪怕是天冻得连眼珠都会裂开，或者下雨，不论你喜不喜欢，甚至你不舒服，总是要把牛拉上来。”

人生难免会遇到各种各样的障碍，在遇到困难的时候，不会总有人奇迹般出现前来救你，能救你的只有你的苦干决心和奋斗到底的决心。

下面的故事具有同样的启发意义：

一个乞丐来到一个庭院，向女主人乞讨。这个乞丐很可怜，他的右手连同整条手臂都断掉了，空空的袖子晃荡着，让人看了很难过。可是，女主人毫不客气地指着门前的一堆砖对乞丐说：“你帮我把这砖搬到屋后去吧。”

乞丐生气地说：“我只有一只手，你还忍心叫我搬砖，这不是捉弄人吗？”

女主人并不生气，俯身搬起砖来。她故意只用一只手搬了一趟说：“你看，并不是非要两只手才能干活。我能干，你为什么不能干呢？”乞丐怔住了，他用异样的目光看着妇人。终于，他俯下身子，用他唯一的一只手搬起砖来，一次只能搬两块。他整整搬了两个小时，才把砖搬完，累得气喘如牛，脸上还有很多灰尘。

妇人递给乞丐一条雪白的毛巾。乞丐用毛巾很仔细地把脸和脖子擦一遍，白毛

巾变成了黑毛巾。

妇人又递给乞丐 20 元。乞丐接过钱，很感激地说：“谢谢你!”

妇人说：“你不用谢我，这是你自己凭力气挣的工钱。”

乞丐说：“我不会忘记你的，这条毛巾也留给我做纪念吧。”说完那深深地鞠了一躬，就上路了。

过了很多天，又有一个乞丐来到这庭院。女主人把乞丐引到屋后，指着砖堆对他说：“把砖搬到屋前就给你 20 元。”这位双手健全的乞丐听了，鄙夷地走开了。

妇人的孩子不解地问母亲：“上次你叫乞丐把砖从屋前搬到屋后，这次你又叫乞丐把砖从屋后搬到屋前，你到底想把砖放在屋后，还是放在屋前?”

母亲对他说：“砖放在屋前和放在屋后都一样，可搬不搬对乞丐来说可就不一样了。”

此后还来过几个乞丐，那堆砖也就在屋前屋后来回了几趟。

若干年后，一个很体面的人来到这个庭院。他西装革履，气度不凡，跟那些自信、自重的成功人士一模一样，美中不足的是，这人只有一只左手，右边是一条空空的衣袖，一荡一荡的。

来人俯下身用一只手拉住已经有些老态的女主人，说：“如果没有你，我还是个乞丐，可是现在，我是一家公司的董事长。”

妇女已经记不起来是哪一位了，只是淡淡地说：“这是你自己干出来的。”

独臂的董事长在城里买了房子，要把妇人和她的家人都接到城里去住，过好日子。

妇人说：“我们不能接受你的照顾。”

“为什么?”

“因为我们一家人个个都有两只手。”

董事长伤心地坚持着：“你让我知道了什么叫人，什么是人格，那房子是你教育我应得的工钱!”

妇人终于笑了：“那你就把房子送给连一只手都没有的人吧。”

在现实生活中，有太多的人，不是浪费生命荒唐度日，就是愤恨消极怨天骂地，甚至有的人幻想依靠神；但这世上根本没有神，若有神，我们也不能靠他，只能靠自己拯救自己，这才是硬道理。

俗话说：靠山山会倒，靠人人会跑，只有自己最可靠。当我们愿意用生命体验真正的人生，我们渴望人们承认自己的价值，我们渴望成为自己的主人，我们渴望拥有一个新的生命、新的人生，那么，终有一天，我们将不再受生存的限制，靠自己彻底拯救自己，甚至成为一个伟人，以我们的生命启示后来者。

欲望好像野草

《塔木德》说："欲望好像野草，农田里只要留有空地它就生根滋长，繁殖下去。"欲望就是如此，只要你心里留有欲望，它也会生根繁殖。欲望是无穷无尽的，但是你能满足的却微乎其微。

下面的故事生动地诠释了"欲望好像野草"的道理。

有一天早上，木拉那斯鲁丁往市场的方向走，心情很悲伤，一个朋友问他道："到底是怎么一回事？"

木拉那斯鲁丁说："不要问我！我非常伤心、非常沮丧，我可能会哭。"

但是，那个朋友坚持要问："到底是怎么一回事？我从来没见过你那么悲伤，你曾经经历过很多困难，财务上的困难或其他困难，但是我从来没有见过你这么悲伤、这么沮丧，到底是怎么一回事？到底发生了什么？"

木拉那斯鲁丁说："两个星期以前，我的一个舅舅死了，他留给我100万。"

那个朋友说："木拉那斯鲁丁，你疯了吗?！如果你舅舅留100万给你，你应该高兴才对，而不是悲伤。"

木拉那斯鲁丁说："是的，的确应该如此，但是上个礼拜，我的另一个舅舅也过世了，他留了200万给我。"

那个朋友说："你真的是完全疯掉了，你应该跳舞、欣喜和庆祝，因为没有理

由不高兴！你是这个镇上最快乐的人！”

木拉那斯鲁丁说：“这我知道，但是我已经没有舅舅了，那使我悲伤。”

当一个人成功时，就会有类似的事发生：当你已经不再有舅舅了，突然间就没有希望了。一个失败的人仍然在希望，他还可以希望，因为还有舅舅，可能性仍然存在。当你越成功，你就会越焦虑，因为成功将会把你的神经症带出来，这就是为什么美国比其他任何国家有更多的精神分裂病患者和疯子，因为美国在很多方面都成功了。

要知道，幸福是无法用金钱买到的。即使你有钱，也无法买到别人对你的尊敬、无条件的爱情、天赐的健康。

金钱能够买到舒适，促进个人自由，但一旦钻到钱眼里，金钱就会束缚个人的自由。

如果你精打细算地安排自己的生活，那么很难相信，拥有 200 万英镑的人能够视自己为穷人，更不可能陷入无法支付开销的麻烦之中，但在富有者中，这并不罕见。

41 岁的房地产开发商德里克说：“虽然我拥有超过 200 万英镑的财产，但我感到压力很大，我不能在每年 15 万英镑的基本收入的基础上使收支相抵。我想也许我正在失控，我总是苦于奔波，但我还是错过了好多约会。当我不得不做决定时，我感到好像有人把他的拳头塞进了我的肠子里并不松手。午夜时，我会爬起床开始进行设计，我只是想让自己平静下来。我无法睡觉，我无法停下来，然而我还是不能取得进步。”

很明显，在德里克看来，他所取得的一切都没什么意义，他真的相信，当他达到自己的金融目标时，他将感觉像一位国王。金钱已成为他的自尊和支柱，一种对人的价值的替代之物。他意识到金钱本身绝不可能让他幸福，并且一直到他重新界定他的价值和他的优先考虑事项为止，他将继续在成功边缘摇摆不定，将他的家庭和他的健康置于危险之中。

迷恋金钱有多种表现方式，德里克只是体现出其中的一些。然而，有一条把所

有这些情况贯穿起来的共同的线索，即金钱作为美好生活的手段的价值消失了，金钱本身成了一种目的。当它被置于爱情、信任、家庭、健康和个人幸福之前时，它总是倾向于腐烂。金钱的价值越是超出它的实际市场价值，这种腐烂就能越深入地渗透。正如索尔·贝娄在《洪堡的礼物》一书中所写的："抓住金钱不放很难。这就像一块小冰块一样，你不可能刚刚成功获得它，然后就生活安逸……当你获得金钱时，你将经历一次质变。你不得不与内部的和外部的可怕的力量竞争，这些力量也许产生不信任、妒忌，甚至对拥有更多的任何人的憎恨及对任何阻碍你发财的人的敌意。"

一心只想着钱的人，始终只是一个非常可怜的生物。

因此，不要养成无限制地省钱存钱的坏习惯，这一点是每个聪明人都必须小心在意的。而且，对年轻人来说，生活过分节俭很可能养成贪婪的性格，在一个地方是美德的东西在另一个地方很可能变成邪恶。对金钱的崇拜——而不是金钱本身——是罪恶的渊源。对金钱的崇拜，禁锢和压迫着人的灵魂，它关闭了通向慷慨大方地生活和行动的大门。

绝对的公平并不存在

《塔木德》中有这样一个故事：

一位国王拥有一片葡萄园，雇用了许多工人做园丁。有一天，国王去葡萄园散步，选择了一位能力出众、技艺超群的园丁做向导。

按照犹太人的传统，每日工作完毕发放工资，即现在所谓的"日薪制"。

所有园丁的工资都相同，但当那位陪国王散步的园丁领取工资时，许多人群起而攻之，认为那个园丁只陪国王散步，怎么能领取和他们相同的工资呢？

国王说："这人在两小时内完成了你们一天多才能完成的工作，这是极其公平的。"

在这个世界上，许许多多的人都认为公平合理是生活中应有的现象。我们经常

听人说“这不公平!”或“因为我没有那样做，你也没有权利那样做。”我们整天要求公平合理，一旦发现公平不存在，心里便不高兴。应当说，要求公平并不是错误的心理，但是，如果因为不能获得公平，就产生一种消极的情绪，就需要注意了。

实际上，绝对的公平并不存在，寻找绝对的公平就如同寻找神话传说中的人物一样，是永远也找不到的。这个世界并不是根据公平的原则而创造的。譬如，鸟吃虫子，对虫子来说是不公平的；蜘蛛吃苍蝇，对苍蝇来说是不公平的；豹吃狼，狼吃獾、獾吃鼠、鼠又吃……只要看看大自然，我们就能够明白，这个世界并没有公平。飓风、海啸、地震等等都是不公平的。

公平是神话中的概念。人们每天都过着不公平的生活，快乐或不快乐，是与公平无关的。这并不是人类的悲哀，只是一种真实的情况。

我们在生活中受到要求公平的心理影响，当公平没有出现时，我们会感到愤怒、忧虑。但是，过去不曾有过绝对的公平合理，今后也不会有。

八分的紧张和二分的松弛

《塔木德》中有一个比较精彩的寓言故事：

上帝制造了驴子，对它说：“你是头驴子，要从早到晚不停地干活，在你的背上还需要驮着重物，你吃的是草而且缺乏智慧。你的寿命为50年。”

驴子就乞求上帝：“我的主啊！50年是不是太长了，求求你再给我减去30年吧!”

上帝答应了。

上帝制造了狗，对它说：“你呀，需要随时保持警惕，生活在你最好的伙伴——人类的身边，你吃的将是他们桌上的残食。你的寿命为25年。”

狗就乞求上帝：“我的主啊！25年是不是太长了，求求你再给我减去15吧!”

上帝答应了。

上帝制造了猴子，对它说："猴子啊，你将被悬挂在树上，像个白痴一样令人发笑。你的寿命是20年。"

猴子眨眨眼睛，问上帝："我的主啊！20年是不是太长了，求求你再给我减去10年吧!"

上帝也答应了它。

最后，上帝造了人，对他说："人，要有理性地生活在这个世界上，用你的智慧掌握一切，支配一切。你的寿命是20年。"

人听完是这样回答的："我的主啊1 20年是不是太短了，你能不能将驴子拒绝的30年，狗拒绝的15年和猴子拒绝的10年赐予我啊?"

上帝也同样答应了他的要求。

人的一生也就像上帝所安排的那样，先是好好地活了20年属于自己的舒服日子，接着成家立业，如同驴子驮重物般背着家庭包袱拼命地工作；然后像狗一样，守护自己的孩子，吃着他们的残食剩饭；最后老了的时候，又活得如猴子一般，扮演小丑去逗自己的子孙。

人的贪欲造就了人类颇为滑稽的一生，或许受这则故事的启示，犹太商人在做生意时，总能做到适可而止。

《塔木德》说："一张弓如果一直绷着，即使是钢做的，也会失去弹力。"同样，不管大脑多么聪慧，长时间地紧张，过度疲劳地思考，就会开始麻木。因而，犹太人通常用八分的紧张和二分的松弛来保持最好的工作状态。

首先，一周工作6天，星期六则作为休息日，停止一切工作。因为休息就是目的，所以这一天他们不会大老远去游山玩水，等到回家已经筋疲力尽。

根据《塔木德》的规定，休息日的活动范围原则上是从街口起一公里，也就是我们走15分钟的路程。当然，这个规则在现在的犹太人中已经没有什么约束力了。但是，作为一种思考方式，即以不疲劳为限，还是得到了广泛的认同。

休息的目的是为了缓解一周工作的疲劳，恢复原有的精力。所以，周末出去游玩，到第二天拖着疲惫的身体去上班，是得不偿失的。有的人利用周末休息的时间

进行工作，这种做法实在是本末倒置。要进行生产和创造性的活动，本来就应该学会养精蓄锐。

在古代，只有犹太人在每周都拿出一天时间来休息。这在当时的外国人看来是非常奇特的事情。其他民族都没有安排定期的休息日，即使偶尔有休息，也是在镇上的神殿举行祭礼或个人举行庆祝宴会的时候。

如果说犹太人在休息日什么也不干，也不尽然。他们只是在这一天停止一切的商业活动。从另一层意思上讲，休息日也是劳动日，就是使用大脑的劳动。他们早上 8 点出去做礼拜，一直到中午。他们用希伯来语诵读祈祷文，倾听《圣经》的教诲。拉比们会讲述那些平时接触不到的深邃的思想，让人们的心智一片光明。回到家后，犹太人一家其乐融融地吃过午饭，很快就午睡了。4 点左右，他们会在自家或犹太教会堂，和朋友或拉比们一起交流，研究《塔木德》和《圣经》。午睡和研究的顺序颠倒过来也没有关系，但一定要研究，因为这是犹太律法规定的义务。

犹太商人不论工作如何忙，对一日三餐从不马虎，总会留出时间，还要吃得像模像样，而且进餐时忌讳谈工作。他们嘲笑日本商人的人生格言：早睡早起，快吃快拉，得利三分。

“仅仅为得 3 文钱，就必须快吃快拉，这是何等贫穷的表现?”其实，岂止吃饭这点时间不谈工作，虔诚的犹太商人每周同样要过那整整 24 小时不谈工作甚至不想工作的安息日！可以说，犹太人是世界上最谙熟“平常心即智慧心”的民族：犹太教靠尊重信徒的自然生理、心理要求而保持住了他们的虔诚，犹太商人也同样靠“尊重”自身内在的自然要求而保持住了自己经商的心理平衡。常言道“利令智昏”，一个在利润（工作）问题上拿得起放得下的人，其智力才不会衰竭昏聩。

怎么进来怎么离去

《塔木德》里有一个狐狸偷吃葡萄的故事：

狐狸为了钻过一个小洞进入葡萄园，不得不斋戒 3 天，直到瘦得能够钻进去。它进入葡萄园后大吃大喝，变得大腹便便，结果怎么也出不来了。为了安然离去，它不得不再次斋戒 3 天，饿到与进来时一样瘦。

离开时它悻悻地说："美妙的葡萄园，你的葡萄是如此硕大，又如此甘甜，但是你却给了我什么？怎么进来怎么离去！"

犹太智者用它阐明一个深刻的真理：尘世生活是一座美妙的葡萄园，但是，无论自作聪明的人怎样积攒财富（包括物质和精神两方面），最终都将"怎么进来怎么离去"。

《塔木德》中还有一则《手》的寓言，也说明了类似的道理：

凡人诞生之时双拳紧握，去世之时两手松开，这是什么道理呢？因为凡人出生时想要掌握世上所有的东西，一旦撒手人寰就得抛下一切，空手而去。

《塔木德》又说："果实甜美自然虫多，财产庞大烦恼也多。"因此，聪明的犹太人特别推崇追求相对简单的生活，他们非常赞同爱琳·詹姆丝的观点。

爱琳·詹姆斯是美国倡导简单生活的专家。作为一个投资人、作家和地产投资顾问，在努力奋斗了十几年后，有一天，她坐在自己的写字桌旁，呆呆地望着写满密密麻麻事宜的日程安排表。突然，她意识到自己对这张令人发疯的日程表再也无法忍受下去了。生活已经变得太复杂了，用这么多乱七八糟的东西来塞满自己清醒的每一分钟，简直是一种疯狂愚蠢的尝试。就在这一刻，她做出了决定：她要开始简单的生活。

她开始着手列出一个清单，把需要从自己的生活中删除的事情都列出来。然后，她采取了一系列"大胆的"行动。首先，她取消了所有预约电话。其次，她停止了预订的杂志，并把堆积在桌子上的所有没有读过的杂志都清除掉。她注销了一些信用卡，以减少每个月收到的账单函件。

通过改变日常生活和工作习惯，使得她的房间和草坪变得更加整洁。她的整个简化清单包括 80 多项内容。

爱琳·詹姆斯说：

“我们的生活已经变得太复杂了。在我们这个世界的历史进程中，从来没有像我们今天这个时代拥有如此多的东西的现象。这些年来，我们一直被诱导着，使得我们误认为自己能够拥有所有这一切东西，我们已经使得自己对尝试新产品都感到厌倦。许多人认为，所有这些东西让他们沉溺其中并心烦意乱，已经使得自己失去了创造力。

“由于受习惯的生活方式的影响，你每天有多少活动是不得不勉强为之的？追求舒适的习惯和烦琐的例行公事是否让你的日常生活落入浪费时间、浪费精力的陷阱？其实，减少那些程式化的活动，并不会因此就减少机会。

“习惯驱使我们去做所有这些日常琐事。我们总是担心如果自己不去做，就会失去什么东西。我最后总算明白过来，是的，也许我的确会失去什么东西，但是这没什么不好，我还好好地活着。还不仅仅是活着，而是活得更潇洒了，因为我再也用不着总是试图去做所有的事情。看看那些对人类的艺术领域、音乐领域、科学领域做出过卓越贡献的人，毕加索、莫扎特、爱因斯坦这些人，都生活在极为简单的生活之中。他们全神贯注于自己的主要领域，挖掘内在的创造源泉，获得了丰富精彩的人生。”

一位犹太企业家最近指出：“摒弃那些多余的东西，不要让自己迷失方向，贪婪的占有只会占用大量的时间和精力，而这些时间和精力本来可以用于我们真正希望去做的事情。”

怀疑比盲目信仰更值得肯定

《塔木德》中引用了这样一个故事：

在乌斯地，有个人名叫约伯，他十分正直，敬畏上帝，远离恶事。为此，他一直得到上帝的赐福，生有 7 个儿子，3 个女儿。他的家产也十分丰饶，有 7000 只羊、3000 头骆驼、500 头牛、500 头母驴，还有许多男仆婢女。在东方人中，约伯是第一个大户人家。

约伯虽然十分谨慎地侍奉上帝，但有一天还是突遭横祸，而这无端之祸竟然还是来自上帝。

原来，上帝在魔鬼撒旦面前因为约伯的虔诚而自豪。撒旦却认为，约伯之所以侍奉上帝，只是因为上帝赐福于他，如果上帝毁了约伯的家产子女，约伯必当面弃掉上帝。

上帝一时争胜心起，便将约伯交到撒旦手里，随他处置，以便从无端遭祸的反应中，验看约伯是否真的虔诚。

于是，在一天之内，约伯的牛、羊、驴和骆驼被人抢去的抢去，被火烧死的烧死，全部子女也在吃饭时因狂风吹塌房屋而被压死。

约伯突然遭此大变故，仍没有改变自己的虔诚。

上帝为此在撒旦面前炫耀。撒旦却回答说，这些毁掉的都是身外之物，要是伤了约伯的身体，他一定会弃掉上帝。

好胜的上帝便又将约伯的身体交付撒旦处置。

于是，约伯从头到脚长出了毒疮，整天坐在炉灰中，拿瓦片刮身体。妻子劝他弃掉神，死了吧。约伯却认为，人可以从神手里得福，也可以从神手里得祸，坚持不改自己的虔诚。

后来来了3位朋友，想安慰他，看到他这副惨状，都不禁放声大哭，陪着约伯一声不吭地坐了7天7夜。

到此时，约伯终于开口抱怨，诅咒自己，而这3位朋友则轮番劝说他。

这些对话，占了整卷《约伯记》的主要篇幅，概括起来就是：约伯百思不得其解，自己没有行恶事，何以突然遭此惨祸？上帝降祸于他，究竟为了何事？为什么不给他说明，也不给他一个辩白的机会？恶人得福，义人遭祸，上帝行事究竟有没有道理？

而朋友们的劝解都是，上帝善恶必报，约伯必有罪恶，才会招致如此之祸，上帝不会不公道。

由于3个朋友没有一个说服得了约伯，故事中又突然插进了一个布西人以利

户，他滔滔不绝地批驳了约伯，意思无非是，作为一个人，约伯根本不可能知道全知全能的上帝的道理。

以利户的长篇大论刚说完，上帝就在旋风中出现，并对约伯痛加训斥。但上帝只字未提约伯遭祸的理由，只是大谈了一番自己的全知全能，以及对比之下约伯的无知无能。

约伯一见上帝显现，马上转过意来，虔诚忏悔，再无一点怨意。

有意思的是，接着，上帝却说，约伯的 3 位朋友所说的维护上帝公正形象的话，还不如约伯的抱怨正确，令他们到约伯那里献上燔祭，否则就要向他们发怒气。

最后，上帝重新赐福给约伯，让他重新生了 7 子 3 女，家产则增加了一倍。约伯自己又活了 140 年，直到年纪老迈，满足而死。

从这篇议论风生的《约伯记》中，可以明显地看出充分体现犹太民族智慧的若干独特的观念和思路。

约伯怀疑上帝的公正，而 3 个朋友维护上帝的公正，结果反倒是约伯的怀疑比 3 个朋友的维护来得正确。这决不能理解为上帝承认自己的非公正，而只能理解为约伯所怀疑和 3 个朋友所维护的“对象”有问题。

约伯怀疑的不是上帝本身，而是他所知晓的上帝的道理。3 个朋友维护的，也只是他们所知晓的上帝的道理。然而，以人类的这点智慧，怎么能保证他们所知晓的上帝的道理，便是上帝的真正道理呢？

既然不是真正的道理，那么对这种道理加以怀疑，当然要比对其加以维护来得正确。因为怀疑还可能引发出对真正道理的认识或接近之，而维护则只能永远停留在这一纯属误解甚或曲解的境地。

犹太人特别注重研习《托拉》（律法书），注重从“成文”的《托拉》中重新发现“子虚乌有”或至少已像声波消失在空气中一样的“口授”《托拉》，甚至主张人在来世所能享受的最大幸福，乃是和上帝本人一起研习《托拉》，其中所包含的，就是“怀疑比盲目信仰庸俗化道理来得正确”的道理。

可以说，那种庸俗化的道理，已接近于偶像，因为它已经成为某种刻板模式，其信奉者也迹近于偶像崇拜，而偶像崇拜正是犹太人最为反对的，“摩西十诫”中就有“不可造偶像”的律条。

犹太民族把“真正的道理”抬高到这般玄而又玄的高度，既从根本上否定了人僭越上帝的可能，同时也给予人根据现实需要而构想种种道理的“意志自由”和“思想自由”。这种“适度的开放性”，正是犹太民族在固守一本不变的《圣经》的同时，始终能跟上时代步伐甚至走在时代最前列的根本奥秘所在！

事实的真相并非黑白分明的

《塔木德》说：“有些争论连上帝都无法裁决。”生活中确实有很多事情是这样的。

以利泽拉比与同道们在一个复杂的律法问题上发生了激烈争论。以利泽拉比引用了各种论据，就是不能使同道们信服。最后，以利泽拉比只能要求神来干预，以证明自己的正确。

以利泽拉比大声说道：“如果律法和我的观点一致，就请这棵角豆树为我证明！”

于是，角豆树移动了100尺。

然而，同道们却说：“角豆树作不了证。”

以利泽拉比又大声说道：“要是律法和我的观点一致，就请这小溪之水为我证明！”

于是，小溪便离开原来的河道，往后退了一段。

然而，同道们却说：“河道作不了证。”

以利泽拉比又大声说道：“要是律法和我的观点一致，就请学院的围墙为我证明！”

于是，学院四周的墙开始崩裂，眼看着就要倒塌。

这时，约书亚拉比喝道：“研究《托拉》的学者们争论，与你围墙何干？”

出于对约书亚拉比的尊重，围墙没有倒塌，但出于对以利泽拉比的尊重，围墙也没有恢复原状，就一直这么倾斜着。

最后，以利泽拉比只好祷告：“要是律法和我的观点一致，就请上天为我证明！”

于是，天上传来了声音，宣告道：

“你们和以利泽拉比争论什么？律法和他的观点是一致的。”

约书亚拉比闻声站了起来，当即宣布：

“不是在天上。”

约书亚拉比的这句话，语出《圣经·申命记》：“我今日所吩咐你的诫命，不是你难行的，也不是离你远的。不是在天上，使你说，谁替我们上天取下来，使我们听见可以遵行呢？”

显然，此话的本意应是：上帝的诫命不是世人难以遵守的，不像天上之物不可企及。那么，这句话用在这儿又是什么意思呢？

杰勒米亚拉比解释道：“《托拉》早已在西奈山上给予了以色列人，我们对天上的声音已不再关心。因为上帝早在西奈山上就写下了必须赞同大多数人的意见。”

犹太人认为，很多时候，事实的真相往往并不是黑白分明的，不同人的观点可能存在分歧，这并不意味着其中一定有某个人的观点错了，必须做出某些改变——经常的情况是：每个人都可以坚持自己的看法。

适度享乐而不忘道德

《塔木德》写道：

“岁月为一切而存在，为世间的每一种经历而存在。

有生之时，有死之时。

有播种之时，有收割之时。

有颠覆之时，有建设之时。

有哭泣之时，有欢笑之时。

有哀号之时，有舞蹈之时。

有往外扔石之时，有收集石头之时。

有拥抱之时，有分离之时。

有寻获之时，有失落之时。

有保存之时，有丢弃之时。

有撕裂之时，有缝合之时。

有沉默之时，有言笑之时。

有爱恋之时，有憎恨之时。

有战争之时，有和平之时。”

聪明的犹太人认为，不论岁月如何发展，环境如何变迁，每个人都应该努力追求幸福。

人生的意义，就在于获得幸福。不论是禁欲主义者，还是快乐主义者，他们都不可能不是在追求幸福，他们都不可能不是在避免不幸。只不过由于他们对幸福的认识、感觉不同，因而似乎一些人在追求幸福，另一些人在追求不幸罢了。

道德之所以为道德，在于它告诉人们应该追求怎样的幸福，避免怎样的不幸。那么，幸福有哪些种类或层次呢？

按照道德的原则，人们活动的目的不外利他与利己两种。所以，人们的幸福也就不外两种：一是利他目的的实现，叫作“为他人的幸福”或“集体幸福”；一是利己目的的实现，叫作“为自己的幸福”或“个人幸福”。为他人的幸福符合道德最高标准“纯粹利他”，因而是最高的正当幸福。为自己的幸福，如果利用他的手段达到，便符合道德一般标准“利己与利他统一”，所以是一般的正当幸福；如果用无害于人的手段达到，就符合道德的最低标准“不损人”，所以是最低的正当幸福；如果用损人的手段达到，就不符合道德标准，就是不正当的幸福。

集体幸福和个人幸福并非彼此存在、互不相干的两种东西，而是融为一体，成为一个人活动的不可分割的双重目的，构成一个人全面幸福的不可分割的两个侧面。因为人类的天性是这样：人们只有为了同时代人的完善、为了他们的幸福而工作，他才能达到完善。

如果一个人只是为了自己而劳动，他也许能成为有名的学者、绝顶聪明的人、出色的诗人，但他绝不可能成为情操高尚的伟人。一位著名的学者说："那些为共同目标劳动从而使自己变得更加高尚的人，历史承认他们是伟人；那些为最大多数人带来幸福的人，则是最幸福的人。"因为"如果我们选择了最能为人类福利而劳动的职业……那时我们感到的将不是一点点自私而可怜的欢乐，我们的幸福将属于千万人。"

如果不以利他和利己而以物质和精神为根据，则幸福又分为物质幸福与精神幸福两个层次。物质幸福是物质方面目的的实现。它又分为创造性和享受性两种。创造性的物质幸福，也就是创造物质财富的目的的实现；享受性的物质幸福，也就是消费物质财富的目的的实现。

诚然，物质财富的创造是人们种种活动的目的，但是，当一个人使自己的创造物质财富的才能和天赋得到充分的社会利用和发展时，他会感到无限的幸福。这种幸福显然远远高于消费性的物质幸福。

精神幸福是精神方面的目的的实现，也分为创造性和消费性两种。创造性的精神幸福，指著书立说、作曲演唱、雕刻绘画等；消费性的精神幸福，指对文艺作品和表演的欣赏等。不言而喻，创造性的精神幸福远远高于享受性的精神幸福。

犹太人认为，物质幸福是低级的、基本的幸福，而精神幸福则是高级的、上乘的幸福。因此，《塔木德》指出："即使是罪犯的思想，也比天上的奇迹更灿烂辉煌。"

二、生活在感恩的世界

感恩知足才能快乐

《塔木德》说："聪明的人会随时心怀感恩，感谢上帝赐给自己的一切。"

但在现实生活中，并不是所有人都懂得感恩和知足。

以写《达到经济自由的9个步骤》一书而成名并致富的奥曼，自己买得起劳力士手表和名牌服饰，开得起豪华跑车，也能够到私人小岛度假，却坦白承认他没有满足感，甚至有好友在旁他仍然感到寂寞。

奥曼说："我已经比我梦想的还要富裕，可我还是感到悲伤、空虚和茫然。钱财居然不等于快乐！我真的不知道什么东西才能带来快乐。"

像奥曼这样为钱奋斗了大半辈子，才悟出"有钱不一定快乐"的道理的人不在少数。他如果肯在圣诞假期静下心来读读普拉格的《快乐是严肃的题目》这本书，他会感悟出，感恩之心是快乐的秘诀。

普拉格的书中引述了一个观点：人之所以不快乐，就是因为人本身出了问题，把有问题的部分修理好就行了。根据他的看法，不知感恩是造成人们不快乐的一大原因。特别是在布施礼物的"快乐假期"里，他提醒做父母的应该好好教导孩子知道感恩与满足。他认为："如果我们给孩子太多，让他们期望越来越大，就等于把他们快乐的能力给剥夺了。"他认为做父母、做长辈的有责任要求孩子学会从心里说"谢谢"。

犹太教和佛教都教人随时心怀感恩。犹太教徒凡事都要感谢上帝：为了盘中的食物、清晨醒来、休假，甚至见到美丽的彩虹，都有感激上帝的颂词。佛教徒"上报四重恩"（三宝恩、父母恩、国家恩和众生恩），其中的众生恩也类似犹太教的感恩范围，甚至更大。

各行各业的人努力工作，我们才有一切衣食器具与避风挡雨的屋宇；天下各种动物、植物、矿物的生存，才能提供我们维持生命和赏心悦目的资源。

世间缺点虽多，但仍是美好的。学会感恩和知足，我们的生活才会真正快乐起来。

乐于施舍，善于募捐

《塔木德》上记载了这样一则故事：

某个地方有一家很大的农户，户主被称为当地最慈善的农夫。每年拉比们都会到他家访问，而每次他都毫不吝啬地捐财献物。

这个农夫有一块很大的农田。有一年，这个农夫遭到了风暴和瘟疫的袭击，所有的农田和果园都遭到破坏，全部牲畜都死光了。债主蜂拥而至，把他所有的财产扣押起来，最后只剩下一小块土地。对此，他说：“既然是神赋予的东西，神又夺回去了，还有什么说的呢?”他泰然处之，丝毫没有怨天尤人之意。

这一年，拉比们像往年一样又来到农夫家中，见他家道中落，拉比们都对他表示了同情，也无意再请他捐献。这位农夫的太太说：“我们时常为教师建造学校、维持会堂，为穷人和老人捐款，今年拿不出钱来，实在遗憾。”

后来，夫妇俩觉得让拉比们空跑一趟，于心不安，便决定把最后剩下的那块地卖掉一半，捐献给拉比。拉比们非常惊讶，并且感激不尽。

有一天，农夫在剩下的半块土地上犁地，耕牛突然滑倒了。他手忙脚乱地扶起耕牛，却在牛蹄下发现了宝物。他把宝物卖掉后，又过上先前的富裕生活了。

次年，拉比们又来到这里，去了农夫原来的家，以为农夫还和原来一样贫穷。附近的人告诉他们：“农夫已搬入新居了，前面那所高大房子才是他的家。”

拉比们走进大房子，农夫高兴地向他们说明了近一年发生的事，并总结道：“只要乐于行善，它必定会倒过来，这就是捐献的利润。”

据一位拉比说，他常在募捐时向别人讲述这个故事，“每一次都获得成功”。

犹太民族确实是一个善于施舍的民族，他们并不把施舍当作一种“行善积德”，而认为是在履行一种“公共义务”。

犹太人不但乐于施舍，同时也善于募捐。

1967年的“六五战争”爆发那天，美国犹太组织在著名宾馆华尔道夫·奥斯特里尔旅馆举行的一次聚餐会开始的15分钟里，每分钟得到100万美元的捐款保证。在这一天，芝加哥募集到250万美元，亚特兰大募集到100万美元以上。

在这次战争爆发后的一个星期内，美国犹太人的以色列紧急基金募集到9000万美元。

1973年10月中东战争期间，美国犹太组织募集到1亿美元。这一年中，美国人购买以色列债券超过5亿美元。

以色列建国头10年中，仅从美国犹太人那里得到的捐款就达14亿美元之多。近年来数额更大，正常年份约为每年5亿美元。

犹太组织之所以能募集到那么多的捐款，当然有多方面的原因，但根本的一点是，犹太人把慈善捐献看作一种纽带，一个连接中心，一个散居共同体的会聚点。随着近年来纯粹宗教性质的热诚的下降，募捐越来越成为犹太人与犹太共同体归属关系的唯一媒介，对于以色列之外的犹太人来说更是如此。募捐作为一种犹太传统教育，可以有效地加强犹太人的民族认同感，靠着这种认同感，散居的犹太人自己就可以使犹太民族延存下去。

在这种思想的指导下，犹太机构在募捐时采取的方式，就很有自己的特色。美国犹太人联合募捐会的前任主席、以色列的犹太代办处的筹款机构负责人保罗·朱克曼曾有过一番经验之谈，很能体现犹太人募捐时的基本思路和方法：

“一个人永远不应该单枪匹马地去募集一大笔捐款，这是一个公认的原则。要拒绝一个人，特别是一个朋友或邻居，那再容易不过了。如果两个或更多的人一起去，这就不是一个犹太人向另一个犹太人索取礼物——这是整个共同体，是犹太民族在这样做。”

“如果一个全美犹太人的领导人、一个以色列的领导人和一个受人尊敬的当地

犹太人的领导人都去拜访他的活，完全可以理解为是全世界的犹太共同体去拜访他。”

因此，即使募捐时不能不谈到钱，但绝不会光是谈钱。犹太组织的代表常常谈及如何改变人的本性，并将捐款者看作共同体的宝贵财富。这里，我们又一次看到犹太人特有的那种将事物赋予超越意义的智慧。借助于这种方法，犹太民族获得的不只是捐款，还有真正意义上的“共同体的宝贵财富”：即使他原先不是“财富”，在捐出财富的同时，也成了“财富”，成了一个有民族认同感的犹太人。

犹太组织还常常采取一种更具共同体活动性质的募捐方法——按卡唱名法。这是一种规模较大的集中募捐方法。

按卡唱名法的一般形式是这样的：募捐机构专门组织一次表彰宴会或社区重要活动。在活动之前，有关组织已根据对可能捐款人的调查、以前的捐款情况和本次捐款的期望等，预先准备好一系列捐款保证。应邀出席的来宾对此都是有所准备的。

当宴会气氛正浓时或贵宾演讲结束后，活动主持人便按照已准备好的名卡，依次点名，当场要求捐款。

这种活动一般有100~500人出席，相互之间往往又彼此熟识，很容易给人造成一种“伙伴压力”。为了不显得自己小家子气，捐款人一般都会心甘情愿地竭其所能，慷慨捐赠，相互之间还会产生攀比效应。其结果每次都能让募捐人“喜出望外”。

这种方法可以说是犹太募捐组织所用方法中最招人非议的，甚至被人称之为“一种愚钝而极不得体的展示”。此话不无道理。

对一个本来不愿意捐献或者不愿意捐献那么多，但碍于朋友同行在场，为了不失面子而忍痛掏钱的人来说，确有强人所难的味道。而且，这种相互攀比，固然有助于提高捐款额，但无形中已成为一种比比谁更财大气粗的炫耀之举。

不过，考虑到炫耀本身也是人之常情，这儿不炫耀，那里也要炫耀，那么，一样在炫耀中花钱，与其花得不明不白让别人发财，还不如花得清清楚楚让犹太人自

己的事业获益。

有意思的是，人们公认这种“愚钝”的方法只有犹太人才用得好，其他人即使用了，也难以取得如此成功。其中的根本原因当然不会是犹太人的生性“愚钝”，而恐怕仍在于：只有犹太人，包括募捐的犹太人和捐献的犹太人，才真正懂得、体会到了人类最“愚钝”的本性可以获得最为升华的形式。

让金钱在回馈社会中散发温暖

《塔木德》说：“《圣经》发射光明，金钱散发温暖。”“如果赚的钱都揣进自己的腰包，你就不是一个真正的富翁。”许多在经济上成功的犹太人都愿意慷慨地回馈社会。

英国的牛津和剑桥这两所大学各有一个“伊沙克·沃夫森学院”，这来自一个犹太人的名字。

被誉为“当代最慷慨的慈善家”的伊沙克·沃夫森是一个苏格兰犹太人，英国最大的百货公司“大宇宙百货公司”的总裁。该公司拥有3000多家零售商店，同时涉及银行业、保险业、房地产，还有水陆路运输业等。

1955年，沃夫森设立了以自己名字命名的基金会，在以后的20年间，为各个方面，主要是教育机构提供了4500万美元的经济资助。许多大学和学院都向他颁发了荣誉学位证书。

沃夫森非常乐于向人讲这样一个故事：

曾经有一个人问他：“沃夫森这个家伙既是皇家外科医师学会会员和皇家内科医师学会会员，又是牛津大学的教会法规博士和剑桥大学的法学博士，而且还是这所大学的这个博士，那所大学的那个博士，他到底是干什么的?”

“他是个写东西的。”

“写东西？他写了些什么?”

“支票。”

赚钱的能力是犹太人评价一个商人成功与否的重要标准。但只有那些不仅仅为自己谋得利益，同时慷慨回馈社会的人，才能真正实现自我的价值，得到社会的认可。

对一个人来说，过多的财富是没有多少用的，除非他是为了社会在创造财富，并把多余的财富贡献给社会。

和许多美国人一样，富勒一直在为一个梦想奋斗，那就是从零开始，而后积累大量的财富和资产。到 30 岁时，富勒已挣到了百万美元，他雄心勃勃想成为千万富翁，而且他也有这个本事。他拥有一幢豪宅，一间湖上小木屋，2000 英亩地产，以及快艇和豪华汽车。

但问题也来了：他工作得很辛苦，常感到胸痛，而且他也疏远了妻子和两个孩子。他的财富在不断增加，但他的婚姻和家庭却岌岌可危。

有一天，富勒在办公室突发心脏病，而他的妻子在此之前刚刚宣布打算离开他。他开始意识到自己对财富的追求，已经耗费了所有自己真正珍惜的东西。他打电话给妻子，要求见她一面。当他们见面时，两人都热泪滚滚。他们决定消除掉破坏他们生活的东西——他的生意和物质财富。

他们卖掉了所有的东西，包括公司、房子、游艇，然后把所得收入捐给教堂、学校和慈善机构。他的朋友都认为他疯了，但富勒感到自己从未比现在更清醒过。

接下来，富勒和妻子开始投身于一桩伟大的事业——为美国和世界其他地方无家可归的贫民修建“人类家园”。他们的想法非常单纯：每个在晚上困乏的人至少应该有一个简单而体面，并且能支付得起的地方，用来休息。美国前总统卡特夫妇也热情地支持他们，穿上工装裤来为“人类家园”劳动。

富勒曾有的目标是拥有 1000 万美元家产，而现在，他的目标是为 1000 万人，甚至更多人建设家园。目前，“人类家园”已在全世界建造了 6 万多套房子，为超过 30 万人提供了住房。

富勒曾为财富所困，几乎成为财富的奴隶，差点被财富夺走他的妻子和健康；而现在，他是财富的主人，他和妻子自愿放弃了自己的财产，而去为人类的幸福工

作，他自认是世界上最富有的人。

珍惜眼前所拥有的

《塔木德》说："一宿虽然有哭泣，早晨便必欢呼。"

犹太人命运多舛，但他们也练就了调整心态的高超本领，非常善于调节情绪。他们强调，要调整好情绪，度过今天——不是一周、一月或是一年——只是 24 小时。早晨醒来时，你真正能掌握的，唯有今天而已。谁也无法将一只脚遗留在过去，也无法单靠一只脚便踏入未来。千万不要拘泥于过去与未来，而眼睁睁地任今日流逝。

查斯特的一个朋友刚开始创业时，曾雇用一位名叫约翰·斯本塞的高龄绅士为办公室的经理人。当时，约翰已经 70 多岁了，但是，每天早上他总是第一个到公司，永远保持愉快的心情，而查斯特的这个朋友却总是脸上阴霾密布。有一天，他不慎陷入犹如"鳄鱼出没、水深及膝的泥淖"情绪之中，这时的他渴望有人能对自己稍加安慰，于是将心中的所有心事一股脑全告诉了约翰，没想到，约翰只是简单地回了他这么一句："是啊，这种事常有的嘛！而且，往后还有更糟的呢！"

多少年后，这位朋友还经常想起这句意味深长的话，当作茶余饭后的笑谈。仔细想想，世事果真如此，总以为再也不会有比目前状况更糟的了，实际上并非如此。

在那段艰苦的日子里，约翰劝查斯特的朋友暂时留在自己的公司里，集中心力思考自己人生顺畅的一面，尽量想些有关健康、温馨的家庭、居住环境的优雅、好吃的食物、好朋友、种种美好的事物，以及生活在美丽、自由的国土上等琐碎的事。诚如约翰所言，人们总是不懂得珍惜眼前所拥有的，直到失去了，方才后悔不已。

无论有多少困难，事实上至多也不过堆积成一座山罢了。你要做的只是将问题理清，"一次一种"地予以解决，从而一波又一波、一日复一日地渡过难关。

当你怀着感恩的心对待生活，珍惜眼前所拥有的，生活就会充满快乐和幸福，具有真实的意义。

三、热爱并学会生活

不能脱离真正的生活

从前，有个优秀的拉比，受到大家的景仰。因为他的行为高尚，为人亲切而富于慈爱之心；他做事十分拘谨，很注意小节，同时对神又非常虔敬；生活谨慎得走路都不会踩上一只蚂蚁，对神所建造之物绝不加以破坏。所以，他理所当然地受到弟子们的衷心爱戴。

过了80岁生日后的某一天，他的身体突然一下子变得虚弱了，并很快地衰老下去。他知道自己的死期已经临近，便把所有弟子叫到床边。

弟子到齐了后，拉比却开始哭了。弟子十分奇怪，便问道："老师为什么要哭呢？难道你有过忘记读书的一天吗？有过因为疏忽而漏教学生的一天吗？有过没有行善的一天吗？您是这个国家中最受尊敬的人，最笃敬神的人也是您，并且您对那像政治一样肮脏的世界从来没有插过一次手，按道理老师您没有任何哭的理由才是。"

拉比却说："正是因为像你们说的这样，我才哭啊。我刚刚问了自己：'你读书了？你向神祈祷了？你是否行善？你是否做了正当行为？'对于这些问题，我都可以作肯定的回答。但当我问自己，你是否参加了一般人的生活时，我却只能回答：'没有。'所以我才哭了。"

以后的拉比们常用这则故事来劝说一些不在犹太人共同体活动中露面的人，以使他们一起"参加一般人的生活"。从这里不难看出，这个"一般人的生活"，不是指一般意义上的衣食住行，也不是指常人的其他感性生活，而是特指犹太民族的

集体生活。

《塔木德》明确宣布："如果一个犹太人完全与一切世事脱离，只是用功学习10年的话，10年后他就不能向神祈求宽恕了。"因为不管你把学问做得多好，把自己与社会隔开，这本身便是罪恶。

快乐是一种生活态度

《塔木德》说："生物中只有人会笑，而越贤明的人越会笑。"

笑是犹太人获得成功的关键之一。由于长期以来没有自己的国家，在他人国家中生活的犹太人，经常受到歧视，其登峰造极的表现就是纳粹对犹太人的残酷迫害。为了在逆境下生存，犹太人一直没有忘记作为心灵港湾的笑。

笑不仅能使心灵感到平静，还有其他效果。诱使人发笑的故事中必须要有出人意料的笑料，绞尽脑汁地制造这种意外性就使人的想法变得丰富起来，并成为产生新东西的原动力。甚至可以说："笑是智慧的磨刀石。"给犹太人带来笑的迫害史，同时也带来了使犹太人获得成功的机会。例如，现在犹太人拥有巨大势力的行业，就是因他们受到迫害而诞生的。由于受到迫害，犹太人无法从事农业和制造业，不得不远离各个时代的主要产业。为此，他们开始考虑从事其他人没有干过的新产业。他们就是所谓的夹缝产业的先驱者。在美国，犹太人在好莱坞的电影业中获得了成功，这是他们兴起的新产业。百货商店也是犹太人建立的。由于无法参加已有的商业，因此不得不开拓新的商业机会。

聪明的犹太人懂得，快乐只是一种生活态度，与外界环境的关系并不大。快乐纯粹是内在的，它不是由于客体，而是由于观念、思想和态度而产生的。不论环境如何，个人的活动能够发展和指导这些观念、思想和态度。亚伯拉罕·林肯则进一步指出："只要心里想快乐，绝大部分人都能如愿以偿。"

环境本身并不能使我们不快乐，我们的反应决定我们的感觉。

乔治五世挂在白金汉宫中的一句名言是："不要为月亮哭泣，也不要因事

后悔。”

那一天，伊丽莎白·康妮接到国防部的电报，说她的侄儿，她最爱的一个人在战场上失踪了。

康妮一下子心跳不止，寝食难安。过了不久，她又接到了侄儿的阵亡通知书。此时，她的心情无比悲伤。

在这件事发生以前，康妮一直觉得命运对自己很好。她说：“伟大的上帝赐给我一份喜欢的工作，又让我顺利地抚养大了相依为命的侄儿。在我看来，侄儿代表着年轻人美好的一切。我觉得我以前的努力，现在都应该有很好的收获……”

乔治五世

然而，现在却来了这样一份电报，她的整个世界都被粉碎了，她觉得再也没有什么值得她活下去，她找不到继续生存下去的理由。她开始忽视她的工作，忽视她的朋友，她抛开了生活的一切，对这个世界既冷淡又怨恨。“为什么我最爱的侄儿会死？为什么这么个好孩子——还没有开始他的生活就离开了这个世界？为什么他应该死在战场上！”

她没有办法接受这个事实。她悲伤过度，决定放弃工作，离开家乡，把自己藏在眼泪和悔恨之中。就在她清理桌子准备辞职的时候，突然看到一封她已经忘了的信——一封她的侄儿生前寄来的信，当时，她的母亲刚刚去世。侄儿在信上说：“当然我们都会想念她的，尤其是你。不过，我知道你会平静度过的，以你个人对人生的看法，就能让你坚强起来。我永远不会忘记那些你教给我的美丽的真理。不论我在哪里生活，不论我们分离得多么遥远，我永远都会记得你的教导，你教我要微笑面对生活，要像一个男子汉，要承受一切发生的事情。”

康妮把信读了一遍又一遍，觉得侄儿就在自己的身边，正在对自己说话。他好像在对自己说：“你为什么不照你教给我的办法去做呢？坚持下去，不论发生什么事情，把你个人的悲伤藏在微笑下面，继续生活下去。”

侄儿的信给康妮莫大的鼓舞，她觉得人生又充满了希望，她又回去工作了。她不再对人冷淡无礼。她一再对自己说："事情到了这个地步，我没有能力改变它，但我能够像他所希望的那样继续活下去。"

康妮把所有的思想和精力都用在工作上，她写信给前方的士兵——给别人的儿子们；晚上，她参加成人教育班，要找出新的兴趣，结交新的朋友。她几乎不敢相信发生在自己身上的种种变化。她说："我不再为已经过去的那些事悲伤，现在我每天的生活都充满了快乐，就像我的侄儿要我做到的那样。"

伊丽莎白·康妮学到了我们所有人迟早都要学会的事情，这就是我们必须深知覆水难收的道理，很显然，环境本身并不能使我们快乐或不快乐，我们对周围环境的反应才能决定我们的感觉。

著名伦理学家 R·W·爱默生说："心理健全的标志是到处都能看到光明的秉性。"

快乐或随时保持人的思想愉悦的观念，能够在漫不经心的练习中巧妙地、系统地培养出来。首先，快乐不是在你身上发生的事，而是你自己所做的、取决于你自己的事。如果你等着快乐主动降临，或者碰巧发生，或者由别人带来，那你可能要等很长时间。除了你自己以外，谁也无法决定你的思想。如果你等着环境来"验证"你所进行的快乐思维，你可能要等上一辈子。任何一天都有好与坏，没有哪一天、哪种环境是百分之百的"好"。这个世界上和我们的私人生活中，不断出现的各种因素和"事实"，不是体现出一种悲剧、抱怨的看法，就是一种乐观、快活的看法，这完全取决于我们的选择。在很大程度上，这是一个选择、注意和决定的问题，而不是思想上诚实不诚实的问题，好与坏同样"真实"。

能否快乐的关键问题，仅仅在于我们主要注意哪一方面，我们的思想集中在哪一方面。

为自己找一个快乐的借口

《塔木德》说："人死后，站在神的面前时，神讨厌那些规避他所赐予的快乐

的人。”

一个人要想生活得幸福，必须充分认识到快乐的巨大意义和巨大价值，有积极、正确地追求快乐的强烈意愿，培养强烈的快乐意识、快乐观念，把快乐作为日常生活的必修课。

快乐，一方面取决于客观实际，另一方面则取决于认知、思维方式。如果觉得不幸福，就会感到不幸；相反，只要心里想快乐，绝大部分人都能如愿以偿。很多时候，快乐并不取决于你是谁，你在哪儿，你在干什么，而取决于你当时的想法。两个人从同一个窗口往外看，一个人见到的是泥土，一个人见到的是星星。有一个囚犯，当法庭宣布判处他5年徒刑的时候，他竟高兴得跳了起来，因为他一直以为要被判8年。所以，莎士比亚说：“事情的好坏，多半是出自想法。古希腊哲学家伊壁鸠鲁也说：“人类不是被问题本身所困扰，而是被他们对问题的看法所困扰。”只要掌握了乐观思维法、光明思维法，人生万事万物都能够引起我们的快乐。

约瑟和曼代是一个小村庄酒铺的合伙人。这一天，他们卖完存货，便一起驱车去城里买了一桶威士忌。

在回家的路上，天气渐渐冷起来，还刮起了大风，两个人互相开玩笑说对方想喝威士忌。但要真那样做，可就是个严重的问题，因为事前他们装酒的时候就曾约定，谁也不能先喝一口，那是他们一周的生活来源。

约瑟是个聪明的家伙，他翻了翻口袋，找到了5毛钱，于是，他对曼代说：“给你5毛钱，从你那份酒里卖一点给我喝。”

曼代是个生意人，他回答道：“既然你付现金，我自然是要卖给你的。”

于是，他舀了一杯酒给约瑟。约瑟喝了酒以后，不久就暖和了起来，而且变得很兴奋，而曼代的鼻子则因为冷而变得更青了。

他真嫉妒该死的约瑟能那么幸运地找到5毛钱！但是，突然他碰到了口袋里的那枚5毛硬币。

“现在，这钱可是我的啦！”他自言自语道，“为什么我不能拿它买酒喝呢?”

于是，他对约瑟说：“约瑟，给你5毛钱，从你的那一份里给我倒点酒喝。”

约瑟应声道：“有现金就行。”

他给曼代舀了一杯酒，收回了他那5毛钱硬币。

就这样，约瑟和曼代用那唯一的5毛钱互相买酒，你一杯我一杯地喝了一路。等他们到酒铺时，两个人都喝得暖烘烘的了。

“真是个奇迹啊！”约瑟嚷道，“想想看，整整一桶威士忌才花了5毛钱！”

犹太人认为，赚钱是为了生活，但生活并不是为了赚钱。生活的终极目的就是为了追求快乐，不要把贫穷当成不快乐的理由，为了快乐，我们不妨也为自己找个借口。

生活中，性格好的人总能看到生活中好的东西，对这种人来说，根本就不存在什么令人伤心欲绝的痛苦，因为他们即使在灾难和痛苦中也能找到心灵的慰藉，正如在最黑暗的天空中，心灵总能或多或少地看见一丝亮光一样。尽管天上看不到太阳，重重乌云布满了天空，但他们还是知道太阳仍在乌云上，太阳的光线终究会照到大地上来。

这种使人愉悦的性格不会遭人妒忌。具有这种性格的人，他们的眼里总是闪烁着愉快的光芒，他们总显得欢快、达观、朝气蓬勃，他们的心中总是充满阳光。当然，他们也会有精神痛苦、心烦意躁的时候，但不同于别人的是，他们总是愉快地接受这种痛苦，没有抱怨，没有忧伤，更不会因此而浪费自己宝贵的精力，而是拾起生命旅途中的花朵，奋勇前行。

尽管这种愉快的性格主要是天生的，但正如其他生活习惯一样，它也可以通过训练和培养来获得或得到加强。每个人都可能充分地享受生活，也可能根本就无法懂得生活的乐趣，这在很大程度上取决于我们从生活中提炼出来的是快乐还是痛苦。我们究竟是经常看到生活中光明的一面还是黑暗的一面，在很大程度上决定着我们对生活的态度。我们完全可以运用自己的意志力量来做出正确的选择，养成乐观、豁达的性格，这有助于我们看到生活中光明的一面，即使在最黑暗的时候也能看到光明。

具有乐观、豁达性格的人，无论在什么时候，都感到光明、美丽和快乐的生活

就在身边。他们眼睛里流露出来的光彩，使整个世界都溢彩流光。在这种光彩下，寒冷会变成温暖，痛苦会变成舒适。这种性格使智慧更加熠熠生辉，使美丽更加迷人灿烂。快乐的心情像一股永不枯竭的清泉，使人的灵魂得以宁静，使人的精力得以恢复，使美德更加芬芳。人的精神、灵魂、美德都从这种愉悦的心情中得到滋润。

快乐来自活在当下，当你突然明白周遭微风拂过树梢、枝头弯折、山顶的薄雾和明亮的天空，全都是你的延伸之时，你就会感受到快乐。

尽量含着微笑生活

《塔木德》说："如果折断了一条腿，你就应该感谢上帝不曾折断你两条腿；如果折断了两条腿，你就应该感谢上帝不曾折断你的脖子。"

历经磨难的犹太人，不论面对怎样的处境，总是能够尽量以积极的心态去面对。

比尔在一家汽车公司上班。很不幸，一次机器故障导致他的右眼被击伤，抢救后还是没有保住，医生摘除了他的右眼球。

比尔原本是一个十分乐观的人，但现在却成了一个沉默寡言的人。他害怕上街，因为总是有那么多人看他的眼睛。

他的休假一次次被延长，妻子苔丝负担起了家庭的所有开支，而且她在晚上又兼了一个职，她很在乎这个家，她爱着自己的丈夫，想让全家过得和以前一样。她认为丈夫心中的阴影总会消除的，只是时间问题而已。

但糟糕的是，比尔另一只眼睛的视力也受到了影响。一个阳光灿烂的早晨，比尔问妻子谁在院子里踢球，苔丝惊讶地看着丈夫和正在踢球的儿子。在以前，儿子即使跑到更远的地方，他也能看到。

苔丝什么也没有说，只是走近丈夫，轻轻抱住他的头。

比尔说："亲爱的，我知道以后会发生什么，我已经意识到了。"

苔丝的泪就流下来了。其实，苔丝早就知道这种后果，只是担心丈夫受不了打击而要求医生不要告诉他。

比尔知道自己要失明后，反而镇静多了，连苔丝自己也感到奇怪。

苔丝知道比尔能见到光明的日子已经不多了，她想为丈夫留下点什么。她每天都把自己和儿子打扮得漂漂亮亮，还经常去美容院，在比尔面前，不论心里多么悲伤，她总是努力微笑。

几个月后，比尔说："苔丝，我发现你新买的套裙那么旧了！"

苔丝说："是吗？"

她奔到一个他看不到的角落，低声哭了起来。她那件套裙的颜色在太阳底下绚丽夺目。

苔丝想，还能为丈夫留下什么呢？

第二天，家里来了一个油漆匠，苔丝想把家具和墙壁粉刷一遍，让比尔的心中永远都是一个新家。

油漆匠工作很认真，一边干活还一边吹着口哨。干了一个星期，他终于把所有的家具和墙壁都刷好了，同时也知道了比尔的情况。

油漆匠对比尔说："对不起，我干得很慢。"

比尔说："你天天那么开心，我也为此感到高兴。"

算工钱的时候，油漆匠少算了100美元。

苔丝和比尔说："你少算了工钱。"

油漆匠说："我已经多拿了，一个等待失明的人还那么平静，你告诉了我什么叫勇气。"

但比尔却坚持要多给油漆匠100美元，他说："我也知道了原来残疾人也可以自食其力，生活得很快乐。"

原来，油漆匠只有一只手。

当我们感到不开心时，不妨分析一下自己认识上的偏颇，摆脱顾影自怜的思想，更客观、更全面地看待自己和别人，尽量含着微笑生活，那么，我们就会成为

情绪的主人，而不是受外界情况的支配。

快乐在于追求的过程

《塔木德》说："愉快的心境会让人保持活力，欢乐会使人益寿延年。"

莱格的爸爸是一位富商，但不幸患了绝症。临终前，富商见窗外的市民广场上有一群孩子在捉蜻蜓，就对 4 个未成年的儿子说："你们到那儿给我捉几只蜻蜓来吧，我许多年没见过蜻蜓了。"

不一会儿，莱格的大哥就带了一只蜻蜓回来。富商问："怎么这么快就捉了一只？"

大儿子说："我用你送给我的遥控赛车换的。"

富商点点头。又过了一会儿，莱格的二哥也回来了，他带来两只蜻蜓。富商问："你这么快就捉了两只蜻蜓？"二儿子说："我把你送给我的遥控赛车租给了一位小朋友，他给我 3 分钱；这两只是我用两分钱向另一位有蜻蜓的小朋友租来的。爸，你看这是那多出来的 1 分钱。"富商微笑着点点头。

不久，老三也回来了，他带来 10 只蜻蜓。富商问："你怎么捉这么多蜻蜓？"三儿子说："我把你送给我的遥控赛车在广场上举起来，问：'谁愿玩赛车，愿玩的只需交 1 只蜻蜓就可以了。'爸，要不是怕你着急，我至少可以收 20 只蜻蜓。"富商拍了拍三儿子的头。

最后到来的是莱格，他满头大汗，两手空空，衣服上沾满了尘土。富商问："孩子，你怎么搞的？"莱格说："我捉了半天，也没捉到一只，就在地上玩赛车，要不是见哥哥们都回来了，说不定我的赛车能撞上一只落在地上的蜻蜓。"富商笑了，笑得满眼是泪，他摸着莱格挂满汗珠的脸蛋，把他搂在怀里。

第二天，宫商死了，他的孩子们在床头发现一张小纸条，上面写着："孩子，我并不需要蜻蜓，我需要的是你们捉蜻蜓的乐趣。"

幸福快乐与否，不在于目的的达到，而在于追求本身及其过程。当你匆忙实现一个又一个目标的时候，是否偶尔停下来，享受一下生活的乐趣呢？

不为明天而忧虑

一般人所说的一天，一定是从早上到傍晚，但对犹太人来说则完全相反，这也许是犹太人在受到长年迫害后，仍能坚强站起来的真正原因！

犹太人的一天是从日没开始的，若以安息日为例，它是从星期五的日没开始，到星期六的日没为止，这种时间观念是犹太人所特有的。

《塔木德》中讨论过："为什么一天要始自日没呢?"他们得出的结论是：与其明亮地开始、黑暗地结束，倒不如黑暗地开始、明亮地结束，来得令人欣慰。人生不也是如此吗？由这件事可以看出犹太人是乐观的。

的确，犹太人是乐观的，几乎乐观到天不怕地不怕的地步，他们认为只要事过境迁，一切都会好转。当然，他们也很努力，无论遭遇何种逆境，他们绝不会放手不管，一定会坚持到底，永不放弃希望。

《塔木德》说："今天将要发生的事我们都还不知道，何必为明天而烦恼呢?"

在现实生活中，有些人一发现自己有快乐、幸福的感觉后就感到奇怪，想知道是不是什么地方出了毛病，并开始怀疑这种感觉能否持久。……拥有幸福的人感到的是一种强烈的恐惧，以致他们不能把握住幸福，所以，他们几乎是在获得了幸福的那一刹那就失去了它。

很大程度上，我们心灵平静的程度取决于我们能否生活在现在时。无论昨天或去年发生了什么，明天也许发生或不发生什么，你身处的都是现在时——永远如此！

毫无疑问，许多人都已精于将大部分时间花费在为各种各样的事焦虑的"神经焦虑"艺术上。

我们让过去的问题和未来的忧虑来控制我们的现在时刻，如此以至于以焦虑、受挫、沮丧和不抱希望而告终。另一方面，我们搁置了我们的满足感、我们固有的优势以及我们的幸福快乐，经常说服自己"有朝一日"会比今天更好。不幸的是，

这种指望将来的同一心理运动只会使我们重复过去，以至于“有朝一日”永远不会真的到来。约翰·列侬曾说：“生活是在我们忙于制定其他计划时所发生的一切。”当我们忙于制定“其他计划”时，我们的孩子在忙着成长，我们所爱的人在离去或死亡，我们的身材在走形，我们的梦想在逝去。简而言之，我们错过了生活。

许多人将生活过得如同是为了以后某一日的彩排。实际上，没人能够保证自己明天仍在这里。现在是我们所拥有的唯一时间，也是我们能够加以控制住的唯一时间。当我们的注意力处于现在时，我们就会将恐惧从头脑中排除出去。恐惧就是我们对于未来可能发生的事件的忧虑——我们将没有足够的钱，我们的孩子将会陷入麻烦，我们将会衰老并死亡，如此等等。

为了战胜恐惧，最好的策略是学会将你的注意力拉回到现在时。马克·吐温说：“在我的生活中，我经历了一些可怕的事，只有一些事真的发生了。”这表达得很明确：无须为将来而烦恼。实践一下将你的注意力保持在此地此时，你的努力将产生巨大的益处。

如果天上的星辰一生只出现一次，每个人一定都会出去仰望，而且看过的人一定会大谈特淡这次经验的庄严和壮观。传媒一定提前就大作宣传，而事后许久还大赞其美。星辰果真只出现一次，我们一定会早做准备，决不愿错过星辰之美。不幸的是，它们每晚都闪亮，所以我们好几个月都不去抬头望一眼天空。

正如罗丹所说：“生活中不是缺少美，而是缺少发现。”不会欣赏每日的生活是我们最大的悲哀。其实，我们不必费心地四处寻找，美本来是随处可见的。

可惜的是，生活中的此时此地总是被忽略，我们无意中预支了“此刻的生活”。想一想吧，早上还没起床时，你就开始担心起床后的寒冷而错失了被子里最后几分钟的温暖；吃早餐的时候你又在想着开车上班的路上可能会堵车；上班的时候就开始设计下班后怎么打发时间；参加派对又在烦恼着回家的路上得花多少时间。

我们总是生活在下一刻里。我们急着等周末来临、暑假来临、孩子长大、年老退休。等我们老时，我们真的也可以说是：“我真是等不及要去死了！”

我们一刻也不停地转着。我们对堵车的公路乱骂脏话；我们在超市中像没头的

苍蝇，毫无耐性；我们对着电视机不停地调换频道；我们一个劲地催促孩子快点。难道这是宇宙的报复吗？我们毁了宇宙，宇宙就用时间来控制我们。

梭罗说："我们可以杀死时间而毫无后遗症。"我们确实在"杀"时间。这曾经是无所事事的说法，但现在我们是真的在摧毁我们的时间。我们的时间花在杀死灵性、杀死享受愉悦的能力上。我们过于从自我中心，以为创立了人类有史以来一个最佳的文明，但我们根本没有时间享受。这就像是浮士德与魔鬼的交换条件。

弗莱特认为，现代人之所以不能拥有此刻的、美好的生活，是因为我们总是担心时间不够，就像我们总是觉得钱不够一样。学习享受已经拥有的时间、金钱与爱，是我们最重要的一课。

花钱应量力而行

《塔木德》说："当用则用，当省则省。""吝啬在有的时候和节约一样，是一种优秀的品质。""花一块钱，就要发挥一块钱的100%的功效。"

都说现在钱难赚，越来越多的人感到自己必须节衣缩食，但挥霍无度的人数也未见减少，甚至还有往上攀升的迹象，呈现两极化的奇特现象。

很多大型的百货公司在周年庆的时候，屡屡传出一出手就刷卡百万的顾客，更有香港艺人因理财不当、入不敷出，不得不宣布破产的消息，足见奢华浪费的人在一片哀鸿遍野的不景气声中，还是能交出令人瞠目结舌的亮丽成绩。

老实说，钱是拿来用的，而不是拿来浪费的。一个人可以用钱买心爱的物品、买安全感、买快乐的感觉，无论买的是什么，一个最重要的原则就是当用则用、当省则省，这才是用钱的最高境界。

学会花钱，是致富的一个必要条件。世界上最会赚钱的人，无不是最会花钱的人。小气，并不是讽刺，这是有钱人的看家本领。精打细算，不乱花钱，才是大富翁的真正风度。

如果你货币紧张，不妨推迟10天购买新上市的蔬菜（这并不会少了鲜度）；推

迟一个月购进应时服装（这并不影响你的漂亮）；推迟一年购买走俏用品（这并不改变你的风度）。粗制品并不比精制品少了营养，首饰并不是人的必需，名牌并不反映价值，这些都是消费中诱惑你手中货币的扒手。

成熟的犹太人绝不会为了面子而“装阔”。

然而，我们发现，现实中越是没钱的人，越爱装阔。这似乎是个心理问题。因为没钱的人容易产生抗拒心理，他们内心常在交战：“我只能买这种便宜货吗？”这时自怜便油然而生，更因顾虑到别人的眼光，而忐忑不安。所以，当他们面对一件商品时，往往考虑虚荣比考虑价格的时候多，没钱的自卑感像魔怪一样缠得他们犹豫不决，最终屈服于虚荣，勉强买下自己能力所不能及的东西。于是，社会上便有了一种怪现象，越穷的人，越不喜欢廉价品。

仔细想想，穷人的虚荣心比富人更强，他们因为乱花钱而永远无法存钱，富人则相反。

有一位管理着数家大公司的董事长，从来不在乎别人对他的称呼——“小气财神”。他和朋友去餐馆吃饭时，大都随便点一些菜，并不讲究非叫一级的好菜，以显示自己的财富。有些人则不行，本来没有别人有钱，却怎么也不敢潇洒地点那三级菜，担心招来轻蔑的眼光。

如果你再留心看那些成功的百万富翁，他们的穿着打扮都很随便、俭朴，有的真是近于邋遢，不认识他们的人很难相信他们拥有巨额的财富。

年轻人往往是最爱虚荣的。一个刚赚了一点钱的小伙子，非要请女友吃高级餐馆，入高级舞厅。有些只租得起3平方米小房间的年轻人，却非要倾其所有买一部汽车带着女友玩。试想，这样的人又怎能不穷呢？越装阔越穷，越穷越装阔，形成了一个跳不出去的贫穷的恶性循环。

许多习惯于挥霍的人，往往不是因为觉得这件物品非买不可，而是想要享受一掷千金的快感和让人羡慕的虚荣感。

这种人觉得没钱就代表丢脸，所以非要展现出富豪之家的气势，为的就是逞一时之快，却没想到当习惯变成瘾，而瘾又戒不掉时，就必须付出惨痛的代价了。于

是，之前辛辛苦苦建立的豪华排场、华丽形象，在一夜之间瓦解，那种从云端重重摔下的感觉，其实才是真正的丢脸。

有些人平时为了赚钱，像拼命三郎一样努力工作，上下班塞车要忍耐、被老板骂要忍耐、工作压力大要忍耐、薪水低要忍耐……一切的忍耐就是为了多赚一些钱，让自己拥有更好的生活品质。

可是，有时他们却因为一时的情绪不佳，或是遭受某些挫折，就拿辛苦的血汗钱来发泄，疯狂地酗酒、没有节制地刷卡、因冲动而买一堆用不到的东西……这些都是很不理智的行为，也可以被解释为当省不省的错误行为。

等到自己的存款数目不断下降后，才忽然发现自己可用的筹码所剩无几了，于是又开始缩衣节食，天天吃泡面，造成营养不良；该付的费用不付，造成循环利息，负债累累……这就是当用不用而造成的更大损失。

有些人永远都无法面对自己现在所站的位置，一心想把自己和不同阶层的人放在同一个天平上比较，之后只好用不健康的心态去面对残酷的事实。

当自己没钱的时候，喜欢和有钱人比较；当自己有钱的时候，喜欢和更有钱的富豪比较，一路比较下来，除了多了一层又一层的假面具外，还养成了打肿脸充胖子的习惯，得不偿失。

无法过优裕的生活、无法全身上下都是名牌、无法任意挥霍，这些都不应该是让一个人丢脸的理由，因为它们本来就只存在一小部分人的身上，完全可以漠然视之。

绝大多数人都过着必须精打细算的生活，在消费的时候必须量力而行，这是非常平常而大众化的现象，没有必要为了虚荣而做出超出自己经济能力的选择。

如果为了给自己争面子而铺张，最终吃亏和难受的只能是你自己。

赚钱不难，用钱不易

《塔木德》说：“金钱可能是个慈悲的主人，同时也是能干的庸人。”“赚钱不

难，用钱不易。”“有钱是好事，但是知道如何使用更好。”

有一位妇女老是向她的朋友抱怨自己的先生太会花钱，不懂得节制，以至于到现在还住在一幢破旧的房子里，一遇到雨天就碰上外面下大雨、里面下小雨的窘况，但也只能无可奈何。然而先生知道后，当然也有话要说。他认为自己每天已经很辛苦地在工作了，一个月少说也赚了三四千，弄不清楚为何家里的钱还是不够用。其实，归根结底，问题还是出在家庭理财上。

你可能听说过，有些有钱人不仅花费不多，而且能利用钱滚钱，赚取更多的财富。相对而言，多数人却让各种支出减少了不少收入，能用于投资的已经所剩无几。而且，这些投资也常常是听人提及或看了报章上相关报道后，一时兴起而做的投资，往往赚不了什么钱。

其间的差异是，有钱人会利用经验丰富的理财专家或顾问来替自己节支开源，一般人则无法负担大笔的顾问费用。不过，只要你愿意，花点时间好好规划一下自己的财务，不仅可以避免“外边大雨，里边小雨”的窘况，而且能使你活得更舒服。

理财要理得好，就需像请理财顾问一样，首先做好计划，然后持续不断地去执行并改进，才能从中受益。一般而言，理财应该能达成下列目的，才能算理得好。

（1）可以不断增加收入

每个人的收入来源可能都不相同，有人继承家产，靠家族企业获取收入，或不去生产坐收利息；有人做生意或自己开创事业；有人则受雇于人领取薪金；理财贵在能“开源节流”，在开源方面，就是通过理财，在现有的财富基础上增加或创造财富。投资获利算是这方面最典型的方式。

（2）能够减少不必要的支出

任何人都不可能在处理钱财时“只进不出”，只是，支出的方式与习惯也是因人而异。有些人挥霍无度，有些人过于吝啬。善于理财的人则在支出时让金钱发挥最大的效用。另外，在税收制度越来越健全的形势下，税收将是个人的一大笔开支，理财的原则是“能少则少”；对于各种意外遭遇的损失，则利用可能的救济途径（如买保险）来弥补。凡此种种，都是希望将支出减少至最低程度。

（3）可以提高个人或家庭的生活水平

通过开源节流，个人或家庭就可以有较宽裕的经济能力来改善、提高生活水平，丰富生活内容，甚至增加生活的享受。由租房到拥有自己的房子，由乘公车上班到开自己的汽车，或由蜗居国内到出国旅游等等，都是这方面的具体实例。

（4）可以储备未来的养老所需

任何人都不能工作一辈子，“鞠躬尽瘁”，严格说来并不值得鼓励。而除非是家财万贯，多数人在退休后，都会丧失固定收入，有些人虽有子女可以奉养，一般而言，还是需要有独立的经济能力，才不至于生活窘迫，晚景凄凉。所以，在自己还有工作能力时预做准备，储备退休后的养老所需，是很有必要的。好的理财计划，应该包括这个重要项目。

一位事业成功的美国女士把理财分为消极的理财和积极的理财。消极的理财是指各式各样的钱财处理，积极的理财则是把钱财及相关事务纳入有计划、有系统的管理。要达成上述的理财目的，需要积极的理财。

要实现积极的理财，首先应制定切合实际的目标，随着知识的不断积累和经验的日益丰富，不断改进和完善理财计划。记住，在参与马拉松比赛的开始阶段，最好采用慢跑。

通过实际行动，你才能设计出自己的方案。首先征求顾问的意见，再制定实际的目标，要知道目标会随着你实际经济情况的变化而变化，但要始终想办法支持你的计划。对大多数人而言，最终的目标是要实现财务自由，要从日复一日的繁重工作中解脱出来，不再为钱而工作。

不论你是为自己工作，还是为其他人工作，如果你想富有的话，就好好关注你自己的事业。在关注个人事业期间，有利于你的计划方案就会逐渐显现。因此，不要吝惜时间，千里之行，始于足下，只要你每天走一小步，日积月累，就会得到一生中梦想的所有的东西。

制订计划的过程非常有价值，因为在与不同的顾问打交道时，你能够学到很多东西。但是，如果你对自己的投资计划都很模糊，你的顾问也很难搞清楚该怎样来

帮助你。

许多人真的很难说出他想从现实生活中得到什么，因为生活中有那么多种选择摆在面前，并且其中的很多选择都令人激动。因此，那么多人换了一个又一个工作，从事这个业务又从事那个……但从来没有真正达到他们所期望的财务状况。所以，尽管他们投入了大量宝贵的时间和金钱，却毫无计划、碌碌无为地度过了一生。他们可能非常满意自己正在做的事，但却不知道他们正在失去更有价值的东西。

很多人都已习惯量入为出和未雨绸缪的生活，所以他们从来不会知道自己的生活可以变得有多好。他们照样度年假、买豪华轿车、挥霍金钱，甚至负债去支付这些花费，然后又产生负罪感，感到很不安。但他们从来没想过假如他们有个财务计划，他们可能的财务状况会是什么样，也从未想过他们这样的花费是在浪费。

保持年轻、精力旺盛的秘诀，就是在成长的过程中不断找到新的目标，然后不断地成长。最可悲的事，莫过于看到人们对生活中完全有可能实现的东西缺乏信心，自己贬低了自己。很多人过着俭朴的生活，节衣缩食，并认为这样做才叫有经济头脑。其实，这叫财务节制。随着年龄的增长，这种困境就会在他们的脸上和对生活的态度上表现出来。很多人把自己的一生囿于财务无知的笼子里，就像动物园中关在笼子里的野狮子一样，来来回回踱着步子，猜想着它们所熟悉的生活将会发生什么样的事情。在学会怎样制订计划的过程中，人们最重要的发现就是了解了他们生活中可能会发生的种种财务状况，这是最有价值的。

那些仅仅为了稳定的生活而制订计划，或者认为“退休后我的收入就会减少”的人，只是在计划拮据的生活，而不是在计划富足的生活。可是，既然造物主给我们创造了无限丰富的物质生活，为什么我们还要计划过一种拮据的生活呢？

积极跨过人生的三重门

犹太人认为，与疾病搏斗的最有效方法，不是消极地杀死细菌或毒素，而是积

极地设法使自己的身体强健起来。

因为，在犹太人眼中，当有充分的营养和休息后，身体自然而然就能抵抗疾病。

同样的道理，犹太人认为，生命的天平常在希望和绝望之间摇摆不定，只要增加希望的分量，便能保住生命，也就可以让天平的指针倾向有利于自己的方向。所以，犹太人坚信与其和绝望搏斗，不如维持希望。

“我们必须勇敢，并且运用自己所具备的优良本质，借以生存下去，更要发挥这一种能力来认识自己。经常有恐怖、谨慎、懦弱及胆怯等因素控制着我们的活动，所以，我们最大的敌人是妨碍自己的本能，也就是与生俱来的‘欲望’和‘个性’。”一位犹太拉比告诫人们时说。

《塔木德》中还有一句话：“今天将要发生的事我们都还不知道，何必为明天而烦恼呢?”

犹太人认为，人生有三道门，分别通往过去、现在和将来；不可关闭这三扇门中的任何一扇，同时还要对每一扇门都存着希望，借着过去的经验来把握现在、创造未来。这是人生的真正目的。

在犹太人心目中，人的一生并不只是由今天和过去两个因素构成，还应包括有很多“明天”的成分在内，而明天的那一部分，也就包括明天一定能好转的“希望”部分。所以，人不仅是能生存在过去和现在之中的动物，同时也是能够生存在未来之中的动物。

犹太人为什么尊敬年高德劭的长者？因为他们“过去”的那一扇门中有宝物。为什么年轻力壮的男女都很美？因为他们“现在”的门中有宝物。孩子为什么可爱？因为他们象征着“未来”。

犹太人很倔强、好强、不屈不挠，绝不甘心落在别人之后，他们认为谁灰心、谁气馁，谁就是失败者。

犹太人认为，有晴朗的日子，也会有阴暗的日子，事情既然已经成为过去，谁也无可奈何。神为了补偿人的过去，所以赐给人未来，只要不失去希望，人就一定

能随心所欲地创造未来。

因此，犹太人对困难和逆境既不灰心，也不气馁，总是保存着希望而顽强地生活着。

不要用短暂的满足换取长期的痛苦

《塔木德》说："宁可一辈子只吃洋葱，也不愿为了饱餐一顿鸡鸭鱼肉而让其他日子挨饿。"

精明的犹太人非常重视"量入为出"的原则。

犹太商人麦赛福坐在院子的回廊中，和一个朋友谈论生活。查尔斯递给他一根古巴雪茄，然后盯着看麦赛福吐出第一口烟的样子，显然，他是个懂得烟草的真正行家。

查尔斯是我们通常说的"够档次"的那种人。他在公司里担任高级主管，开着一部漂亮的车，加入了他那个层次的俱乐部，抽高级香烟，时常品尝高档酒，婚姻很幸福，3 个孩子也非常出色。

交谈一直让人觉得很愉快，后来他们谈到了工资收入和日常费用，慢慢地，查尔斯露出了忧郁的神情，原来他的收支不平衡，开销过大。比如高尔夫俱乐部、每月一次在高档酒店的晚餐、孩子上的私人学校等等。随后，他在每一项的后面都加上了"价码"。过了十几分钟，麦赛福发现中间有一段距离——工资与"必要花销"之间的差距。

麦赛福觉得自己脑袋后边的头发都竖起来了！"天呐，"他想，"他晚上还睡得着觉吗？"查尔斯每个月都有两三千美元的缺口！麦赛福想了想，继续问他："每个月 20 号左右你的工资就花光了，然后你怎么办呢？"

"然后我就用信用卡付账。我确实能感觉到生活的压力。"他深深地吸了一口雪茄，漠然看着远方。

实际上，查尔斯很早以前就"破产"了，他已经养成了那些嗜好，离不开前面

讲的那些让他感觉幸福舒适的东西了。

麦赛福简单算了一笔账，如果查尔斯再这样过上几年的话，他今后就是一直工作到死也无法还清以前欠下的债务。这笔债是他为了追求外表“看起来不错”而欠下的，其实也是为了给周围那些同样“看起来不错”的人看的。

事实上，很多人和查尔斯一样，为了与别人攀比，过着入不敷出的日子，他们看着别人开漂亮的跑车，经常享用每顿100美元的晚餐，也忍不住这样去做。在他们开车和在俱乐部里的时候，确实令人艳羡，但是他们中的大部分人都是通过透支才做到这一点的。

看看你周围的人，那些过着“高档”生活的人，结识他们并与之交谈，你会发现他们中有不少人都面临着与查尔斯同样的窘境。

我们每个人都或多或少地想纵容一下自己，给自己和周围的人留下深刻的印象。但是，你应该避免用短时间的满足，去换取长时间的痛苦，而应该用长时间的富足去换取没有任何负罪感的、支付得起的享受。

犹太人出门买东西，不论花费多少，不论东西便宜或是贵重，都一定要有账单。所以，许多犹太人到一些地方，看到餐厅中只报账而没有账单的情况，就会觉得有些不可思议。许多民族对待金钱的态度要比犹太人马虎得多。

据说有一位希腊人经常光顾某家餐厅，每次吃大致相同的饭菜，但每次结账价钱都不太相同，但相差不多。他的犹太朋友听说这件事后，十分惊讶，要追究所以然。希腊人说：“这么一点小钱，何必认真?”犹太人一边摇头，一边口呼上帝，仿佛犯了什么大罪过。

犹太人很吝啬吗？其实并非如此，他们只是不付没有道理的钱。犹太人认为这是他们绝大的优点，是重视金钱的表现。

大多数东方民族广泛赠送礼物的习惯，原因也在于此。

有一位犹太人在逛一家日本百货公司的时候，偶然和一位日本经理攀谈起来。那位日本经理很认真地问：“情人节、圣诞节、父亲节、母亲节等，我们都沿用了西方的习俗，可是还嫌不够，请问在你们的风俗之中，还有没有可以送礼物的节日

呢？如果有的话，请你赶快告诉我，因为我们日本人是很喜欢送礼的。”

这种说法在犹太人中成了笑谈。

犹太人虽然也会在某些值得庆祝的日子里交换礼物，但只限于和自己有血缘关系的亲戚，所送的东西也是很便宜的礼物。

休息比工作更重要

《塔木德》说：“会享受生活的人，才能够更好地去创造生活。”

犹太人自我解放的要诀是要让自己休息，并要懂得如何休息。犹太人的精明在于，他们懂得如何计算少休息几年和多休息几年的利弊。

犹太人多是商人，商人和普通人相比，几乎没有什么工作定时，随时都有事，只要他愿意，一辈子也干不完。工作耽搁了，钱就会减少，犹太人绝不浪费一分钟时间。但是，对犹太人来说，身体健康是根本，而身体健康需要休息。休息必将与工作相冲突，这时犹太人会毫不犹豫地放弃工作，选择休息。

假如你向犹太人提问：

“你们工作一小时可赚钱 50 美元以上，如果每天休息一小时，一天就少赚 50 美元，一年少赚 1. 8 万元以上，这值得吗？”

犹太人算得更快：

“假如一天工作 8 小时不休息，一天可赚 400 美元，我的寿命将减少 5 年，按每年收入 12 万元计算，5 年我将减少 60 万美元收入。假如我每天休息 1 小时，那我除损失每天 1 小时 50 美元外，将得到 5 年每天 7 小时工作所赚的钱！现在我 60 岁，假设我按时休息可再活 10 年，那么我将损失 18 万美元，18 万和 60 万谁多呢？”

现代社会竞争激烈，很多人常常为了努力工作，逐渐远离了自己本来应拥有的生活。犹太人认为，乍见之下，“忙碌”似乎是一种勤勉，其实不然，忙碌并不是一味地值得称赞。如果一个人在假日里还要为工作而烦恼，或把工作带回家去做，

是很不幸的。

为此，犹太人最大的生活特色之一，就是十分重视假日。

犹太人在假日里不谈论有关工作的事，不思考有关工作的问题，不阅读有关工作的书，也不从事有关工作的计算，全身心地娱乐、放松。

在犹太人心中，工作对人生是有益的，但是，如果一个人只知工作，而不知休息的话，他们会失去人性。因此，在假日里，他们是真正脱离所有工作的羁绊，全身心地休息。

四、享受家庭和爱情的幸福

需要工作，更需要家庭

《塔木德》说："温暖的家庭是上帝赐给我们的最好礼物。"而在生活中，很多人在走了许多弯路之后，才认识到这一格言的明智。

雷蒙总是忙，抽不出时间陪陪家人。女儿洁尔马上就要迎来她7岁的生日，好几个星期前，她就念叨着她的首次"成长"派对了。雷蒙的妻子塔米告诉他，这个派对他必须参加。但那天他在旧金山有一个不能错过的生意，他查到会面之后有班飞机能够在女儿生日派对前及时赶回西雅图，就订了票。

到了那天，会面顺利地结束了。即将做成一笔大生意，他兴奋不已。他赶到机场，飞机晚点了，而他必须赶回家。他试着订另一班飞机，但是没有成功，他赶不回去了。他坐在候机室，用手机拨通了办公室的电话，对他的搭档弗兰克说："会面很成功，但是我被困在飞机场，错过了洁尔的生日。"一阵失落的感觉袭击了他，他非常难过。

他回到家时，餐桌上的一束气球向他摇摆，他不胜悲哀。气球上贴着一张卡片，上面写着："对不起，我迟到了——爱你的爸爸！"他想，这肯定是弗兰克的主

意。这时，妻子塔米从后院走进来，疲惫却面带微笑的洁尔跟在后面，尖声叫道："爸爸！"

"生日快乐！"他说着走到女儿面前，给了她一个热烈地拥抱和一个吻。他不好意思地对妻子说："至少这些气球没有迟到。"

妻子说："雷蒙，你知道，这张生日卡片很有趣，一点也不像你的作风。"

"嗯，实际上……这不是我送来的，肯定是弗兰克的主意，他知道我会迟到的。"

他担心他的妻子会责备他，但没有，她只是握着卡片，说："雷蒙，你不明白这意味着什么吗？"

他看着卡片上的笔迹，这些话是送给妻子、女儿的，但却由一个根本不认识她们的人所写……他感到很惭愧。

第二天早晨，他把公司的所有员工都叫到会议室，宣布："从今天开始，公司将有一些改变。新的工作时间将从星期一到星期四，每天早晨9点到下午5点，最迟到6点。休息日时，我不接任何有关工作的电话。过去我花了太多时间守着你们工作；现在，我要让你们独立做自己的工作。"他看得出来，大家费了很大的劲才忍住要欢呼的冲动。

他想他的妻子和女儿也会高兴得欢呼起来。

是的，我们需要工作，更需要生活，需要家庭，千万不要因为工作而忽视家庭和亲情。

经营婚姻需要学会忍耐

一位喜欢研究《塔木德》的犹太籍婚姻问题专家，受邀到一所家政学校去讲课，他走进教室，随手把携带的一叠图表挂在黑板上，并在黑板上写上一行字——婚姻的经营和创意。

专家开始讲课了。他说："其实，在爱情和婚姻方面，是不存在老师和学生的。

年轻人可能爱得如痴如醉，老年人也可以过得和睦美满。目前有关婚姻的理论很多，然而，真正适用于现实生活的却很少，因此，有很多人被搞糊涂了。我研究婚姻几十年，起初也认为婚姻是世界上最复杂的一门学问，后来我才发现根本不是这么回事。婚姻其实很简单，它只不过是一个数学概念而已。”说着，专家掀开挂图，上面有这样一行字：

成功的婚姻取决于两点：找一个好人；自己做一个好人。

“其实婚姻成功的秘诀全部在此，至于其他的秘诀，我认为如果不是江湖偏方，也至多是些老生常谈。”专家说。

这时，一位30岁的女子站起来问道：“如果这两条都没有做到呢？”

专家翻开挂图的第二张，说：“那就变成4条了在容忍中帮助，帮助不好仍然得容忍；使容忍变成一种习惯；在习惯中养成傻瓜的品性；遇事糊涂一点，把傻瓜永远做下去。”

专家刚把这4条念完，台下就喧哗起来，有的说不行，有的说这根本做不到。

“如果做不到这4条，那你就得做到以下16条，”专家翻开第三张图，念道，“不同时发脾气；除非有紧急事件，否则不要大声吼叫；争执时，设法让对方赢；当天的争执当天化解；争吵后回娘家或外出不要超过8小时；批评时的话要出于爱；随时准备认错道歉；谣言传来时，把它当成笑话；每月给他或她一晚自由的时间；不要带着气上床；他或她回家时，你一定要在家；对方不希望你打扰时，坚持不要去打扰；电话铃响的时候，让对方去接；口袋里有多少钱要随时报账；坚决消灭没有钱的日子；给你父母的钱一定要比给对方父母的钱少。”

专家念完，有些人笑了，有些人则叹起气来，更有甚者开始整理书包。

停了一会儿，专家说：“如果大家对这16条还是感到失望的话，那你只有做好下面的256条了，总之，两人相处的理论是一个级数理论，它总是在前面那个数字的基础上进行二次乘方。”

接着专家翻开挂图的第四页，这一页上的文字很密，小得像蚂蚁。专家说：“到这一步，婚姻就已经很危险了。”这时，台下喧哗不已。

当专家宣布下课时，教室里爆发出了雷鸣般的掌声，经久不息。

美满的婚姻都是有共性的，当你开始婚姻生活时，已不再是好发脾气、任性的小姑娘了，遇事不要只想着自己，应随时准备做出让步；性生活是婚姻的基础，要设法改变不协调的情况；要经常找出时间来两人独处，结婚后依然是情侣；幽默有特殊的意义，要学会在遇到麻烦时也开个玩笑；想出解决矛盾的办法，要尽量忍耐，不要对骂及动武；学会处理家庭危机，双方互相支持。

《塔木德》强调，婚姻中男人要学会忍耐，女人要学会装聋作哑，这样才能避免矛盾，“成了家的人，可以说对命运之神付出了抵押品……美满的婚姻难得一遇。”

在犹太人中流传着这样一个故事：

有一次，一个年老的媒人来找一个年轻人，为他介绍一个长相难看的女孩。年轻人知道那个女孩，因此他一直盯着媒人看，就像他疯了似的。

“你干吗拿我开玩笑?”他生气地问道。

“你错了!”媒人说，“你知道我不喜欢开玩笑。我是认真的，她有什么地方你不中意的?”

“不中意？她可是个瞎子!”

“你认为这是缺点吗？在我看来，这倒是优点。你可以自由地做任何事情。”

“可她还是个哑巴。”

“对于女人来说，这是优点，你听不到她骂你的话。”

“她也是个聋子呀!”

“这难道不好吗？你可以尽情地骂她，而她却听不见。”

“她还是个跛子呢!”

“这也是缺点吗？你可以去追逐别的女人，而她不能老跟在你后面。”

“她还是个驼背!”

“我真弄不懂你!”媒人绝望地叫道，“你难道就不能容忍她有一个错误吗?”

故事固然是刁蛮的媒人为了糊弄年轻人，而故意给年轻人介绍所谓的残疾人，

但其寓意深刻，告诉我们婚姻中容易出现的问题以及婚姻双方应该相互宽容和忍耐，只有这样，才能获得幸福的婚姻。冰冻三尺，非一日之寒！一旦感情破裂，则悔之晚矣。

完美的婚姻和爱情给我们带来的欢愉是无与伦比的。不过，要获得爱情，就必须付出精力和行动。良好的爱情关系不是自然产生的，它需要我们有意识的努力和行动，仅仅怀有良好的愿望是不够的。为了发展丰富和充实的爱情关系，我们必须采取更为主动、更为积极的态度。爱情要求我们清楚地知道怎样才能使我们所爱的人幸福，这就需要我们怀有一颗忠诚的心，并能够真诚地奉献。最重要的是，爱情需要我们自觉自愿、轻松愉快地采取行动。没有行动而只有空谈，甚至是抱怨、责备，双方就会渐渐地产生反感，最终导致爱情关系的毁灭。

爱情关系的发展绝不取决于命运，而是由双方对爱情不断做出的承诺所控制的。在建立爱情关系初期，我们都能清醒地了解自己的所作所为。但是，尽管我们怀有良好的愿望，随着时间的推移，我们之中的不少人变得懒惰起来，他们对自己的行为给爱情关系产生的影响变得不敏感甚至麻木了。爱情关系不是一成不变的，它不是朝着加深的方向发展，就是朝着破灭的方向发展。

我们在爱情关系中所负的责任是不能间断的，因为爱情是一种感觉，一种连续不断的、温暖的、充满活力的感觉。你应该主动采取强有力的措施，以决定爱情的命运。这样，你就不再是一个爱情行为中的被动者，而是积极地追求爱情的人。

爱情关系处于低潮时，并不意味着爱情关系已经无法挽救，即使是最完美的爱情关系，也有困难的时期。爱情关系中的困难或低潮的出现，只是要求双方用灵活、积极的态度去对待变化！

像爱自己一样爱妻子

一般公认犹太民族所形成并持续下来的是父系社会，这种说法是正确的。在犹太家庭中，父亲的权威最大，但是，他们也从来没有轻视过女性。

在犹太社会中，男人必须娶妻，否则便不被视为是一个独立的人。通常一个最理想的男人，必须同时具备男人的力量和女人的温柔。《犹太法典》中有一句很美的话：“像爱你自己一样地爱你的妻子，好好保护她，不要让她哭泣，因为神将一滴一滴地计数着她的眼泪。”可见女性在犹太社会中是备受重视的。

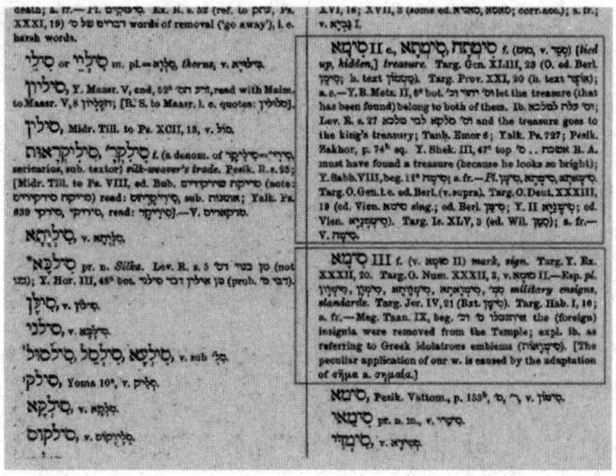

《犹太法典》书影

在犹太家庭中，每个星期五的安息日晚上，当全家人一起用餐时，丈夫们都要唱一首赞美妻子的诗歌：“你披着力量和温柔，你一张开口，就会说出智慧的话。愿神祝福你，并保护你的孩子。”说完，便由妻子点燃蜡烛。

在犹太社会中，殴打妻子是最可耻的行为，而在欧洲或其他中东民族中，这却犹如家常便饭。

只有犹太社会，自从订定古代法以来，就严惩殴妻者。当妻子被殴而提出诉讼时，通常都可以赢得离婚的判决，并可要求丈夫支付一笔可观的赡养费。

犹太民族的离婚率很低，这是传统观念所致，因为犹太男人都很爱护女人。譬如，犹太丈夫不但不可以强奸他的妻子，同时法律规定，当夫妇同房时，必须用相当长的一段时间从事前戏，并禁止自顾自地达到高潮。

在犹太传统中，男子优先的一面相当显著，尤其在教育方面更是如此——男子在6岁之前，一定要会念圣经，但是对女子却没有这种强制的规定。不过，犹太人并不禁止女性受教育。第二次世界大战结束后，以色列就出现了女首相——哥尔达·梅尔夫人，这在世界上实在是一件值得记载的事。

犹太人一向认为，女性应该帮助丈夫的学业和事业，但同时也认为女人应为育儿及家事而奉献力量。《犹太法典》上写着：

“神没有用男人的头部来做女人，因为女人是不可以支配男人的；同时，神也并没有用男人的脚来造女人，这是因为不可以让女人成为男人的奴隶；而为什么神

要用男人的肋骨来创造女人呢？因为她希望女人经常能够在男人的心中。”

总而言之，对男性而言，“女性”是一个永远的谜。自古以来，没有其他东西能够像女人这般令人伤透脑筋。

犹太人中流传这样一个故事：

亚历山大大帝来到了一个只住着女人的城市，想要夺取这个地方，但是，女人们走出来对他说：

“请大帝三思而后行，因为假如你把我们都杀光了，世界上的人一定会说：‘亚历山大大帝杀了女人。’反过来，如果我们杀了你，世界上的人就会说：‘他算是什么大王？竟然被女人给杀了！’”

如此一来，男人便难办了。所以，《犹太法典》里有许多告诫恶妻的句子：

“父母有两个大不幸，一是拥有愚蠢的儿子，二是儿子娶了恶妻。”

“大雨把男人关在家里，但恶妻却把男人推出屋外。”

《圣经》上也有这样的两句话：

“宁可住在房顶的角上，不在宽阔的房屋与争吵的妇人同住。”

“才德的妇人，是丈夫的冠冕；贻羞的妇人，如同朽烂在她丈夫的骨中。”

不过，《犹太法典》也有另一面的看法：

“对某些男人来说，恶妻如同石头，但正如石匠之酷爱石头一样，有些男人偏爱这种妻子。”

《塔木德》说：“男人应寻找性格温柔、委婉、谦逊和勤劳的妻子。”“世上无可替代的是——红颜成婚、白头偕老的糟糠之妻。”

善于把握嫉妒的分寸

女人善妒。有人说：“爱情是盲目的。”其实，嫉妒才是盲目的，所以犹太人有一句俗话：“嫉妒有一千双眼睛。”诚然，女人的嫉妒很难理解，但男人的嫉妒也是很令人头痛的。

不要一直板着面孔，现在让我们来谈一谈自古以来便流传在犹太社会中的一个谜题吧！

“拉比，你是无所不知、无所不能的，请你告诉我：如果天上乐园里的亚当彻夜不归，当他第二天早上回来时，夏娃会怎么做呢？”正确的谜底是：“夏娃会数一数亚当的肋骨。”

因为夏娃是用亚当的肋骨造出来的，所以，如果亚当又缺了一根肋骨，就表示另外有一个女人要出现了。不过，话说回来，如果一个人在嫉妒的同时，能保持如此冷静、合理的头脑，实在是非常的了不起。

还有一句俗语：“恋爱是盲目的，但嫉妒比盲目更坏，因为它连看不到的东面都要看。”

这个世界上恐怕没有比“嫉妒”更可怕的东西了，圣经上的“箴言”告诫我们：“愤怒为残忍，怒气为狂澜，唯有嫉妒，谁能敌得住呢?”

嫉妒使人梦想着去看那些看不见的东西，而陆陆续续地产生妄想。《圣经·旧约·创世纪》中记载着：自从人类吃了长在知识树上的恶果之后，不幸就开始了。这便是告诫人们，人是因“知”而陷入不幸的。

一知半解的知是非常可怕的，因为这种知法常常是妄想的源头，所以“因嫉妒而疯狂的心，是连骨头都要腐蚀的”。到了这个地步，则“愤怒无止境，如同洪水般地狂泻，以致无法控制”。因此，必须把握住“嫉妒”的分寸。

《犹太法典》中说：“不吃醋的情人，并不是真正的从心底里爱。”对心心相印的两个人来说，有时嫉妒也是一种爱情的尺度；当嫉妒的火焰全部熄灭之时，也就是该分手的时刻了。

记住妻子认为重要的日期

威尔斯本来不打算近几天给妻子科拉买任何礼物，但当他看见那个红色玻璃水果盘时，不由得心头一动，那几乎是他见过的最漂亮的水果盘。他心想，无缘无故

地给她买件礼物，肯定会让她大吃一惊，她太喜欢这一类东西了，不过，他自己对这些东西可是一窍不通。

“让我看一下这个吧。”威尔斯对售货员说。

“好的，先生，您要不要和水果盘配套的水果碟?”

他突然想起自己带的钱不够，连忙抱歉地说：“今天不买了，谢谢，以后再买吧。”几分钟后，他踏上了回家的路。

他们住在一间面积不太大的房子里。尽管这间房子相当古老，但位置很佳，离威尔斯工作的地方不远。在屋前拐弯处有一个车站，过两条横马路就是大商场，科拉在那儿几乎能买到她需要的所有东西。邻居们也非常友好，他们经常在一起度过一些美好的时光。总之，他俩在这儿生活得非常幸福。

第二天早上，当威尔斯离家上班时，发现科拉似乎心事重重。她是一个温柔多情的女人，每天她都要吻别他，说声“再见”，然后，有点不舍地目送他去上班。可今天她很少说话，只提醒他一定给弗兰克大伯送去生日卡片。

威尔斯问她是不是不舒服。

“不。”她答道。

但威尔斯明显感觉到肯定有什么事情搅乱着她的心。那么是什么事呢?

“晚上回来不要迷路。”她说。

她说这句话是什么意思?威尔斯问自己，算了，人一年四季不可能天天都高兴。

威尔斯倚坐窗前，眺望车外，心里还想着科拉那奇怪的举动：“是不是我说的什么话惹她生气了?不可能，如果她不喜欢我说的话，会给我指出来的。不咎既往，一切会好起来的……”

一到办公室，威尔斯就埋头工作，把科拉忘得一干二净。当他下班路过前一天去过的商店时，蓦地想起那个水果盘，它肯定能让她忘掉心中的烦闷。他非常爱她，不想让这个世界上的任何事情伤害她的心。对他来说，使妻子高兴是自己的首要责任。

这车为什么开得这么慢？威尔斯抱怨起来。他小心翼翼地打开裹着水果盘的纸包，放在膝盖上独自欣赏起来。他好像看见妻子双手捧着水果盘，像小孩似的，高兴地跳了起来。一位年轻的妇女羡慕地看了水果盘一眼，然后看了看威尔斯，最后又以责备的目光看着自己的丈夫。

威尔斯心想：对啊，让你丈夫也给你买个吧。

下车后，威尔斯兴奋地朝家里奔去。科拉打开门，接过纸包，高兴得几乎晕过去。他看她身着盛装，有点异常，良久才懵懂地说："你真漂亮！"科拉激动得说不出话来，好半天，才喃喃地说："我还以为你忘了。"

"忘了？"

"看来，你比我记得更清楚，你真沉着，早上走时对今天的日子不露声色，我不由得伤心起来。现在我才明白你是故意这样做，真会捉弄人。"趁着她打开纸包的间隙，威尔斯用手捶着头想，今天究竟是什么日子。

"噢，真好看，这是我见过的最漂亮的水果盘，哪位妻子在结婚周年能收到比这更好的礼物呢？"她欣喜若狂地吻着他。

他心有余悸地接受着她的亲吻，不免恨起自己来：今天是我们结婚5周年，我怎么这么大意……

丈夫的健忘是最令妻子讨厌的缺点之一。注意，记住妻子认为重要的日期乃至一切，这对幸福生活太重要了。

保持和谐的夫妻关系

在犹太人中流传着这样一个故事：

在犹太教堂里，斯坦因拉比算是一个比较新的教廷执事。当委员会聘请他主持事务室时，他不无得意地宣称自己在拉比神学院研究班学过家庭问题咨询课程，并且迫不及待地准备对本地教民提供这方面的服务。

此后不久，一个年轻的女教民来到他的事务室。她双眼红肿，一开口就止不住

要哭。“这人，拉比，”她开始述说，“他不要求别的，只知道要吻我，吻，吻，更多的吻，我怎样才能阻止他这样做呢？”

“注意，你得坚决拒绝他，坚强些，”拉比出主意说，“对他说不行，如果他再纠缠，命令他出去。”

两周后，这位年轻的太太又来到拉比的事务所。她看上去仍旧可怜兮兮、心烦意乱。“我真不明白怎样对你说才好，拉比，”她说，“他唯一想干的事情就是想触摸我。他用手将我的全身摸遍，我不知道要怎样对付他。”

拉比勃然大怒。“这个流氓，”他大喊着，“警告他管住自己的手，放规矩些，这样他就不会触摸你或吻你了。如果这不足以阻止他的话，你就叫警察。必要时我会赶过来，将这无赖扔到门外，这可是让他名誉扫地、大丢面子的事呢！”

两个星期过去了，这位年轻的教民又坐到了拉比的事务室里。她拘谨娴静，双手交叠放在一条湿透了的手绢上。“拉比，从上次我见到您以来，他所想干的事情就是要和我睡觉。”她说。

“这个无法无天的坏蛋！”拉比忍不住叫了起来。

“我当然说过不行——不要亲我，不许摸我，不要和我同床共枕。”年轻的妇人继续说，“可现在，现在他要和我离婚。”

保持和谐的夫妻关系，是避免婚姻的灾难最有效的手段之一。在生活中，要想尽一切办法来保持婚姻的完整。

一个富商娶了一个美貌的妻子，两人感情十分融洽。每年妻子生日那天，他都要当着众宾客的面送给她一串美丽的项链，并亲手为她戴在颈项上。

富商有一次外出进货，船触了礁，人财两亡。富商的妻子悲痛欲绝，变卖了为数不多的一点家产，独守空房。

10年过去了，20年过去了，她的容貌渐渐衰老凋残，仅存的一点资产也已告罄，几乎到了举步维艰的地步。亲友们想到她当年的那些珍玉宝翠，都劝她卖掉，用来安享晚年。有一次，她经不起他们的恳求，把项链从箱底的一个绸包里拿了出来，一一展现在他们眼前，那是当年富商送给她的一条条项链：珍珠的，翡翠的，

玛瑙的……琳琅满目，光彩照人。

亲友们围上前去，啧啧称奇，争着说些动听和感人的话。她的表情却木木的，不紧不慢地吐出一句："值不了多少钱的，它们都是假的。"

"我不会骗你们的。"她轻轻挥了下手，淡淡地又道，声音低沉得像从远古传来，"当初他曾想给我买那些价值昂贵的首饰，我拒绝了。因为我觉得，东西的真假并不重要，重要的是他心里是否有我、爱我。当他把这一串串项链戴在我的脖子上时，我觉得自己是世上最幸福的人。你们也许不知道，这些年来，我没有一天不打开这个红色绸包细细地端详，守着它们，我觉得自己是那么富有，就像他仍在我的眼前，陪伴着我，我一点也不寂寞，过得很好。"

屋子里静静的，谁也没有说话。走出屋子的时候，大家心里都明白：即使这些项链真的价值连城，她也不会卖掉的，那是她的所有，她真爱的全部，她生命的最后守望。

至真至纯的爱情是一种精神财富，它带给人的慰藉往往超过任何物质财富。

好女人是一所学校

妇女在犹太人心中的地位是很重要的，这从下面的故事中可窥见一斑：

一位罗马皇帝对拉比伽玛列说：

"你的上帝是贼，因为《圣经》上写着：'耶和华使他沉睡，他就睡了，于是取下他的一条肋骨。'"

拉比的女儿对父亲说："让我来回答他。"

她对皇帝说："给我派个官员来调查一桩案子。"

罗马皇帝问："出了什么事？"

她回答说："夜里贼闯进了房子，偷了我们的一只陶罐子，但是却留下了一只金罐子。"皇帝听后喊道："但愿这样的贼天天来光顾我。"

她于是反驳说："那么，一个男人只是失去了一根肋骨，却得到了一位侍奉他

的女人，这不是一件极好的事情吗？”

犹太社会生活的基础是家庭，因此，犹太人总是十分注意保持家庭的纯洁和稳定。由于意识到妇女在家庭生活中所扮演角色的重要性，她们具有极有尊严的地位。考虑到妇女在家庭中的责任，在犹太法律中，她们被免除了一种宗教义务。法律上规定：“妇女免予执行以‘你们要’行文的律法，如何遵行这一点要依具体的时间而定。譬如，在住棚节期间，应住在茅棚内或是应佩戴经卷护符匣的律令，对妇女来说，并不是必须履行的。”

但是，除了这个例外，《塔木德》并不承认在宗教责任上不同性别之间有任何差异：“你在百姓面前所要立的典章是这样的：在牵涉到《托拉》的一切律法时，《圣经》把男人和女人放在平等的地位上。”

犹太妇女终日忙碌的生活，妨碍她们研习更为高深的关于《托拉》的学问。但事实上，犹太人认为妇女利用其影响力让自己的丈夫和儿子致力于这些学问的获得，她也应该受到赞扬。

为此，犹太人中流行一句这样的话：“妇女如何获得荣誉呢？通过把儿子送到犹太圣堂去学习《托拉》，把丈夫送到拉比学院去进行研究。”

《创世纪》里的故事说明了妇女对于男人的生活具有何等举足轻重的作用。

有位虔诚的男人娶了一位虔诚的女人，因为没有孩子，他们离婚了。

然后，这个男人娶了一个邪恶的女人，这女人使他也成为恶人。

那位虔诚妇女嫁给了一个邪恶的男人，却使他变成了一位正直的人。

因此，在犹太人眼中，一切全取决于女人，在婚姻和爱情生活中，好的女人是一所学校。

尽力保持婚姻的完整

《塔木德》说：“凡教师不能没有妻子，凡拉比不能不结婚。”“性是一种创造性行为，少了它就无法成就自我。”

犹太人认为，性，是生命的河流，一旦干涸，就会带来灾难性的后果，多少对夫妻因此而各奔东西。保持和谐的夫妻关系，是避免婚姻的灾难最有效的手段之一。因此，在生活中，犹太人会想尽一切办法来保持性的和谐和婚姻的完整。

有一对住在西顿的夫妻结婚 10 年了，由于没有孩子，丈夫要求离婚。两人去见拉比西蒙。坚决反对离婚的拉比试图说服他们继续在一起生活，但是丈夫非常坚决。

“既然你们决定离婚，”拉比对他们说，“你们应该举行一场聚会纪念分手，就像你们举行婚礼那样。”

夫妻俩同意了，在聚会中，喝了很多酒的丈夫对妻子说：“亲爱的，在我们分手以前，看看我们家里有什么你认为最宝贵的，你回到你父亲那里住的时候可以带走。”

丈夫喝醉睡着了。妻子就叫仆人把丈夫抬到她的父亲家里，把他放在床上。

半夜里丈夫醒来了。“我在哪里？”他叫起来。

“在我父亲家里。”妻子说，“你说我可以带走任何我认为最宝贵的东西。在这个世界上，没有什么比你对我更宝贵。”

丈夫被妻子的爱深深打动了，他决定维持婚姻。从那以后，他们幸福地生活在一起。

犹太人会想尽一切办法来保持婚姻的完整，一旦离婚，尤其是和结发妻子离婚，圣坛也要流泪。一个聪明的女人应该用温柔的办法挽回丈夫的心，大吵大闹和不择手段都是愚蠢的。维持夫妻关系的是爱和感情，以情动人是最佳办法。

合乎情理地对待爱人的过失

《塔木德》说：“若夫妇互敬互爱，上帝就与他们同在；若夫妇不和睦，则是吞没自己的大火。”

从恋爱的时候起，一对恋人互相说过多少爱情的誓言是难以计数的。但结婚以

后，要真正实现“长相知”“永相守”，夫妻间还要经历多少感情的波折也是无法预料的。

心理学家曾对80例夫妻间的争吵进行分析，发现四分之三以上是由于一方的责怪引起的。这些责怪往往是发现了对方的某些过失，因疏忽而犯的错误，或无意间说的错话。在被责怪者不服而辩解或反过来责怪对方时，夫妻间的别扭就闹大了。这种由责怪引起争吵，由争吵引起感情破裂的事情，真是不胜枚举。

心理学家说，在受到别人的指责或责怪时，大多数人都会产生辩白心理，除非是做了明显的绝对无可推诿的错事。所谓“辩白”心理，就是想为自己辩解，说明自己错得无意，或者因情况复杂，错误难免等等，无非是想找点“情有可原”的依据，来减轻自己受责怪时的心理负担。值得注意的是，这种心理现象几乎是本能的，可以说是一种“自然防卫”心理，也可以说是人的自尊要求。在很多情况下，并不表示受责怪者想推卸责任。实际上，在辩解之后，他（她）的心理渐趋平衡，接着便开始自责，承担责任了。只有一向骄傲或虚荣心太重的人，才会一味地推卸责任。

了解了这一点后，当你发现爱人的过失而责备他（她）的时候，不妨听他（她）辩解几句，让他（她）心里好受些。千万不可一味地责备，将他（她）辩解的言辞一句句地反驳，让他（她）不能下台之处。否则必然会使他（她）更激动，声音高起来，强硬的、不理智的话也会冒出来。这时就会发生争吵。

也许对方的某一过失并不值得你加以责怪，因为那只是一个小过失，或者在那种情形下，换了谁都会照犯不误，即使对方的过失不小，这个道理也同样适用。因此，心理学家主张，为了减少过失进一步给双方带来不快，夫妻间在发现对方不算严重的过失时，最好不要去责备他（她）。如果你能够安静地听他（她）讲述事情的经过，听他（她）为自己辩白，然后用一种宽慰对方的语气说一声：“啊，今后注意一些就是了！”或者“罢了，算我们不走运吧。”这是最好的处理方式。此时有过失一方定能如释重负。虽然他（她）还在自责，但他（她）的心理压力减轻了，而且会深深地感激你。

事实上，过失是难以避免的，因为我们大多数人都不是谨小慎微的（谨小慎微有时也会成为一种过失）。很多时候，人免不了犯下过失，比如不留神打烂了玻璃、递茶时烫了对方的手等。且不说这些过失一般人并不会为此而生气，就是发生了更大些的过失，在对生活有着开朗豁达态度的夫妻中，也不会大惊小怪，互相指责吵架。因此，夫妻之间还是心胸宽广，能够互相体谅为佳。倘若彼此性情狭隘，斤斤计较，得失观念太重，家庭生活是难得太平的。

对婚姻生活思想准备不足、理想色彩很浓的新婚夫妻，因一方的小过失而引起双方不快，也是经常发生的事。

新婚夫妇还应该注意少犯或不犯有损对方自尊心或伤害双方感情的那些过失。这些过失不同于打碎物件或丢失东西，可以用几元几角来计算，伤害了感情就会在夫妻间微妙的关系中投下阴影。比如，妻子好几次嫌丈夫出门穿得不够整齐，衬衣扣子老不扣，今天丈夫还是老样子，就有点生气地说："你总是不像个样子，早知道就不跟你结婚了！"此话说得过头，很容易伤害丈夫的自尊心。碰上脾气差的，马上还一句："你后悔了？那我们就离婚吧！"这样就两败俱伤了。在相互的评价问题上，夫妻双方都是很敏感的。

一旦犯错，犯过失者应该大胆认错。认错态度诚恳，可以使对方不好意思再责怪下去。坦率地认错在一定程度上可弥补过失带来的损失。最好这样想：对方发现你的过失时，发出一两句怨言也是难免的；你为自己辩白，也是可以的，但话说完就算了，不要反复说个不停，好像你更有理，这样会使对方加重火气，以为你企图开脱自己。除非你的过失并没有发生，而是对方对你的误会，需要解释清楚，但即使是这种情况，也不一定要马上跟他分辩清楚，可以等对方冷静下来，再作解释。避免了激动时的争吵，效果当然要好得多。

因此，互相谅解和忍让是对待夫妻间的过失的良好精神。但这需要夫妻有共同的奋斗目标，共同的思想基础，融洽的感情关系，还要有较好的修养，包括自我克制能力，善于运用"合理化"方式进行心理调适。

记住，我们不是为了在一场争吵中分个高低胜负，而是要帮助对方认识并改正

过失，今后不再重犯或少犯类似的过失。只有这样，才能在一方有过失的时候，仍然保持夫妻关系的和谐，让爱情更长久。

爱情无法像婚姻那么持久

犹太人绝不称赞热恋，而是彻头彻尾地用冷静的眼光去审视男女关系。但是，犹太人并不否定恋爱，因为既然是人，就一定会有恋爱。

《塔木德》说："人不能隐藏三种东西：咳嗽、贫穷，以及恋情。"

但是，《塔木德》又同时告诫人们："即使因热恋而结婚，这种热情也不会像婚姻维持的那么久。"

恋情愈炽烈，恋爱的生命愈短，因为热情是无法持久的。《塔木德》中有许多这种警告人的句子，可谓字字珠玑——

"恋爱是果酱，但是必须沾在所谓'人生'的面包上吃，否则人绝对不可能活下去。"

"恋爱使得精神发狂。"

"轻率的恋爱将导致不幸的后果。"

"恋爱和憎恨常被夸张。"

"一个礼拜能结束蜜月旅行，但是绝不可能在一个礼拜之内结束一生。"

爱情给我们带来的欢愉是无与伦比的。不过，要维持爱情，必须付出精力和行动。良好的爱情关系不是自然产生的，它需要我们有意识的努力和行动。

把握已经拥有的幸福

克莱姆与女友戴安娜交往了一段时间，他感到自己已找到了一株能温馨生命的芳草，便郑重地向亲朋好友宣告自己要结婚了。

不料，这时许多人站了出来，严肃而庄重地对他说："婚姻可是关系一辈子的事，你怎么可以刚交第一个就仓促地下结论，应该进行多项选择，挑选最好的。你

呀……”那最后一声无限惋惜又无可奈何的长叹，似乎确认他这个执迷不悟的“情痴”日后定将后悔。

但是，克莱姆没有听信这些，他从一位朋友身上得到了一些启示，他认为，世界上不可能有最好的东西。因为人类的智慧是向前发展的，长江后浪推前浪，那浪会有止境吗？更何况感情，主观上的东西岂能用客观的尺码来丈量？

克莱姆的一位朋友，谈了不下一打的女朋友，至今仍在苦苦寻觅，说一定要找一个最好的。但是，5 年过去了，他至今仍是孑然一人。

因此，克莱姆决定，在婚恋问题上，自己“不求最好”！

他认为，不求最好，才能真心实意深爱一个人，如果成天向自己的恋人表白自己爱得如何深，而脑子里却时刻幻想着一天在某个地点与一个更美妙的女子邂逅，这种爱能称其为爱吗？不过是一粒干瘪的种子，永远不会得到爱的土壤的青睐。

不求最好，才能平静而坦然地接受所爱的人。这种爱，平淡但深沉，虽承认不是最好，但仍然去爱，这本身不就体现出爱的质朴与纯洁吗？

不求最好，也是一种淡泊宁静的心志，宁静方能致远，这种心志中包含的爱才能伴你走过一生的风雨。

人作为地球上最高等的动物，贪欲可能也是最大的，明明幸福就握在手上，却不着边际地遐想，可能还有更好的，于是便放弃已握在手的幸福，结果得到的只有失望。

我们必须要记住：最爱就是最好。

性是上帝赐予人类的礼物

犹太人认为，性是人生中最美好的，是上帝赐给人类的最高贵的礼物。即使在犹太哲学思想中禁欲主义盛行的时期，独身也被认为不够自然而受到否定，神秘主义者认为夫妻间的性关系是受圣灵眷顾的神圣结合。但性需适度，性冲动一旦失去控制而过分膨胀，性将被看作“恶的冲动”或“邪恶的欲望”，对人具有可怕的败

坏力量，它会毁坏个人甚至社会。只要正确地控制自己的情欲而不是受情欲的左右，性是值得肯定且美好的。

人类的神秘在于智慧、理解和知识。要知道，男人的神秘在于智慧，女人的神秘在于理解，而纯洁的性行为是知识的神秘。这样，正当的性行为是灵魂提升的手段，男人和女人的结合使神秘增强，超越了个体的存在。此外，男人和他妻子的结合是圣洁的，谁也不能认为这种结合是丑陋可憎的。

性欲开始时像蛛网一样脆弱，然而最后像绑大车的绳索一样坚韧。

犹太民族有这样一个传说：

以色列人曾经努力祈祷，希望能够抵制偶像崇拜的罪恶欲望。禁食三天三夜，他们终于收到了回报，得到了一个恶之偶像崇拜者，他们很快把他锁进铅壶里，从那天起以色列人从偶像崇拜中解放了出来。

“我们光荣的时刻到了，就让我们祈祷上帝把性欲也移交给我们吧。”

他们祈祷，上帝给了他们。

可是先知以利亚警告说：“明白吗？你们若杀了性欲，世界就会崩溃。”

不过，他们把性欲囚禁了三天。可是当他们寻找鲜鸡蛋的时候，在以色列的土地上竟然一个也找不到。

“我们怎么办呢？”人们互相询问，“我们该杀了他吗？可是没有性欲，世界就无法存活。我们应该让他活着并防止他诱惑我们？可是在天上不承认这样的仁慈。”

因此，他们弄瞎了他的眼，放他走了。

被胜利的喜悦所鼓舞，人们决心更进步。于是他们说：“切莫因热恋而结婚。”

在犹太人看来，因感情煽起的爱情危险极大，绝不可因过度的热情而引火焚身，以免毁灭自己。恋情愈炽烈，恋爱的生命愈短暂。因为过度的热情是无法持久的，就像大海的潮汐一样，涨一涨就要落一落。

因此，犹太人能够用冷静的眼光来注视恋爱。恋爱是果酱，但必须在所谓“人生”的面包上吃，否则婚姻绝对不会长久。爱情是浪漫的，婚姻是现实的。一个星期能够结束一生的蜜月旅行，但绝不能在一个星期内结束一生的婚姻。

光靠热情和恋爱的婚姻是不太可能承担巨大的苦难的，因为爱本身只追求幸福。只有爱和责任两者结合的婚姻才能背负起生活的苦难。

不要因热血翻腾而吃禁果

某男子与一位姑娘坠人爱河深恋不已，男子思慕成疾，遂找医生诊断，医生开了处方说："这是因为你的情欲无法达成，所以才会郁积成疾。心病必须心药医，只要你和所爱之人春风一度，必然能够不药而愈。"

对于医生的建议，男子感到犹豫不决，遂访拉比请求指点。拉比闻言坚决表示，绝对不可为了图谋一时之快，任意发生性关系。

男子又问："那么且让我俩隔墙相互倾诉，这样可以吗？"拉比还是不予赞同。

当这名男子以及其他人向拉比问起："为什么您要如此强硬反对一切做法呢？"

拉比回答："凡人必须遵守贞节，如果借口相思难耐，随意发生男女关系的话，社会规范就会难以维持。热恋的想法是难以长久的，冷静下来，你就会愈好。"

犹太人认为恋情愈炽烈，恋爱的生命愈短暂，因为由感情煽起的热情是无法持久的。莫因热恋而结婚，轻率的恋爱婚姻常导致不幸的后果。

男人的"家"是妻子

犹太人认为，不结婚的人生活中没有快乐、没有幸福、没有好事。因此，犹太拉比们强调这样一种观点："未婚的男人并不是完全意义上的人。"

犹太人认为结婚就意味着成家，而妻子意味着家，他们甚至说男人的家是他的妻子。拉比约西从不称自己的妻子为妻子，而是称她为我的家。因此，犹太人认为，缺乏女性的男人是不完美的。

因此，无论是犹太教还是拉比，都反对一个人去选择独身，他们认为独身的人是不完整的。主张人去结婚，这既是社会的要求，也是人性的要求。犹太人反对不结婚，把独身的人看作是不完整的，表明了犹太人对于人性理解的睿智，也是他们

对待婚姻家庭的高超智慧之处。

犹太民族对待爱情是非常理智的，在择偶时，犹太人没有忽视优生的原则。对于配偶的选择，犹太的圣典中有许多的规定，其中有这样的忠告：

“太高的男人不能和太高的女人结婚，免得他们的孩子又高又瘦。男侏儒不能和女侏儒结婚，以免生出更小的侏儒。”

犹太拉比还有另一条建议是：“选择妻子时向下迈一步。”

在选择妻子时，犹太人非常相信遗传学，他们不仅看重人的生物性的遗传，而且注重知识等社会内容方面的遗传，他们往往会产生强烈的愿望去娶一个学者的女儿为妻。

在挑选对象时，《塔木德》中有一段这样的话劝告男人：不要重美貌要重家庭，睁开眼睛挑选自己的新娘，不要只看外表，而是要看家庭背景，因为优雅风度是虚假，美貌是徒劳，敬畏上帝的女儿才值得赞美。

好女人是一所学校

妇女在犹太人心中的地位是很重要的，下面这则故事可窥见一斑：

一位罗马皇帝对拉比伽玛列说：

你的上帝是贼，因为《圣经》上写着：“耶和华使他沉睡，他就睡了，于是取下他的一条肋骨。”

拉比的女儿对父亲说：“让我来回答他。”

她于是对皇帝说：“给我派个官员来调查一桩案子。”

罗马皇帝问：“出了什么事?”

她回答说：“夜里有个盗贼闯进了房子，偷了我们的一只陶罐子，但是却留下了一只金罐子。”

皇帝听后喊道：“但愿这样的贼天天来光顾我。”

她于是反驳说：“那么，一个男人只是失去了一根肋骨，却得到了一位侍奉他

的女人，这不是一件极好的事情吗？”

犹太社会生活的基础是家庭，因此，犹太人总是十分注意保持家庭的纯洁和稳定。考虑到妇女在家庭中的责任，在犹太法律中，她们被免除了一种宗教义务。法律上规定：“妇女免予执行以‘你们要’行文的律法，如何遵行这一点要依具体的时间而定。譬如，在住棚节期间，应住在茅棚内或是应佩戴经卷护符匣的律令，对妇女来说，并不是必须履行的。”

但是，除了这个例外，《塔木德》并不承认在宗教责任上不同性别之间有任何差异。“你在百姓面前所要立的典章是这样的：在牵涉到《托拉》的一切律法时，《圣经》把男人和女人放在平等的地位上。”

在犹太家庭中，每一个安息日晚上，当全家人一起用餐时，丈夫们都要唱一首赞美妻子的诗歌：“你披着力量和温柔，你一张开口，就会说出有智慧的话。愿神祝福你，并保护你的孩子。”说完，便由妻子点燃蜡烛。

犹太妇女终日忙碌的生活虽然妨碍她们研习更为高深的关于《托拉》的学问，但事实上，犹太人认为妇女利用其影响力，让自己的丈夫和儿子致力于这些学问的获得，她也应该受到赞扬。

为此，在犹太人中流行一句这样的话：“妇女如何获得荣誉呢？通过把儿子送到犹太圣堂去学习《托拉》，把丈夫送到拉比学院去进行研究。”

《创世纪》里的故事说明了妇女对于男人的生活具有何等举足轻重的作用。

有位虔诚的男人娶了一位虔诚的女人，因为没有孩子，他们离婚了。

然后，这个男人娶了一个邪恶的女人，这女人使他也成为恶人。

那位虔诚妇女嫁给了一个邪恶的男人，却使他变成了一位正直的人。

因此，在犹太人眼中，一切全取决于女人，在婚姻和爱情生活中，好的女人是一所学校。

如果你的妻子矮小，你要俯首聆听她的话

由于犹太法律赋予丈夫在家庭中绝对的法律和财产权利，先贤特意提醒男人们

幸福婚姻的基础是爱和仁慈，而不是威严。同时，他们意识到，尽管妇女在法律方面受到限制，她们在婚姻和家庭生活中却有重大的影响。因此，犹太人认为，婚姻幸福的基础是爱护自己的妻子。

“如果你的妻子矮小，你要俯首聆听她的话。”

如果一个男人像爱自己那样爱妻子，比赞美自己更多地赞美妻子，引导儿女走正当的路，在他们长大后安排他们结婚，那么这个男人的“帐篷充满安宁”。

一个人应该时时注意不要冤枉妻子，因为她爱哭，她容易受伤害。一个人必须留心他对妻子的敬意，因为上帝降福给家庭全都为了她。

从前，有个人的妻子有一只手畸形，但是直到她去世时他才发现。

拉比说：“这个女人活得多么谦卑啊，她丈夫竟然从来没有发现她的残疾。”

拉比希亚对他说：“她把手藏起来是很正常的，但是这个男人多么谦卑啊，因为他从来没有检查过妻子的肢体。”

犹太人认为，好唠叨的女人犹如雨天里不停落下的水珠一样，没完没了。没有什么比坏妻子更糟糕了，只有邪恶才能制服她。

一个安静的丈夫和一个唠叨挑剔的妻子一起生活，幸福就像老年人爬上沙丘一样困难。

好的妻子造就快乐的丈夫，她使他的生命延长一倍。

坚定的妻子是丈夫的欢乐，他将在安宁中度日。

好妻子意味着好生活，她是上帝赐给敬神者的礼物。

妻子的魅力是丈夫的快乐，她用女性的技巧使他的骨头生长出血肉。

青春美丽的容颜就像圣坛上的灯光一样明亮，健美的腿和脚就像银座上的金柱。

不过，有时候恶妻是石头，丈夫是石匠。石匠最熟悉的仍然是石头，因为石匠可以把石头雕塑成一件艺术品。

好妻子能让男人站起来

拉比阿吉瓦的妻子拉结是犹太地区和欧洲小镇上犹太妇女的榜样。拉比阿吉瓦年轻时是耶路撒冷富人卡尔巴·沙乌的牧羊人，卡尔巴美丽端庄的女儿发现这个牧羊人非常高贵，于是对他说：

“如果我和你订婚，你愿意出去学习《律法书》吗？”

他回答说：“是的，我完全同意。”

他们秘密地结了婚，他走了，去学习《律法书》。可是当她的父亲听说这件事后，把她从家里赶了出去，发誓说只要他有一口气在，她就休想得到半点家产。

阿吉瓦在外面待了12年，他回家时带回来1.2万个学生。快到家的时候，他听见一个老人对他的妻子说：“这样的活寡你还要守多久？”

他的妻子回答说：“如果他听我的话，应该在外面再学12年。”

听到这些话，阿吉瓦就回到学院又学习了12年。第二次回家的时候他带来2.4万个学生。

得知阿吉瓦要回家了，他的妻子出门迎接。邻居对她说：

“我们借给你衣服穿吧，不要显得太寒酸。”可是她拒绝了。她来到他面前，埋下头去亲吻他的脚。他的学生们想把她推开，可是拉比阿吉瓦大叫起来：“不要动她，我和你们所有的一切都是她给予的。”

当拉结的父亲卡尔巴·沙乌听说镇上来了一个学者，就自言自语地说：“我要去找他，也许他能帮我解除誓言。”他已经开始为自己发那样的誓言而感到后悔了。

“如果你知道你的女婿是个学者，你还会那样发誓吗？”拉比阿吉瓦问他。

“如果他知道一章甚至一条法律，”卡尔巴说，“我也不会那样发誓。”

然后拉比阿吉瓦说：“我就是帮你放羊的那个人，我出去学习都是为了你的女儿。”

卡尔巴·沙乌听到这里，就匍匐在阿吉瓦的脚边，分了一半的财产给他。

犹太人认为，与一个女人结合，这个男人要么站起来，要么倒下。理想的妻子正是能让男人站起来的女人。

嫉妒有一千只眼睛

犹太俗语说："嫉妒有一千只眼睛。"一般地说，女人爱嫉妒。女人既嫉妒男人，也嫉妒女人。金钱、吃喝、穿戴，尤其是长相，女人都要嫉妒。

犹太社会中便流传着这样的一个谜题：

"拉比，你是无所不知、无所不能的，请你告诉我：如果天上乐园里的亚当彻夜不归，当他第二天早上回来时，夏娃会怎么做呢?"

正确的谜底是："夏娃会算一算亚当的肋骨。"

因为夏娃是用亚当的肋骨造成的，所以如果亚当又缺了一根肋骨，这就表示另外有一个女人要出现了。

犹太人有一句俗语："恋爱是盲目的，但嫉妒比盲目更坏，因为它连看不到的东西都要看。"

犹太人认为，如果一个人在嫉妒的同时能保持冷静、合理的头脑，那他实在是非常的了不起。但是一般人常常难以做到，尤其是在爱情中的人。

犹太人认为，因嫉妒而疯狂的心，是连骨头都要腐蚀的。如果一个人到了嫉妒的地步，就会如同洪水般地狂泻。因此在犹太人中有一种这样的说法："如果受到嫉妒，宁愿死去。"

五、健康是一种自由

自我解放的要诀是休息

犹太人自我解放的要诀是让自己休息，并要懂得如何休息。犹太人的精明在

于，他们懂得如何来计算少休息几年和多休息几年的利弊。

犹太人多是商人，商人同普通人相比，他们几乎没有什么工作定时，随时都有事，只要他愿意，干一辈子也干不完。工作耽搁了，钱就减少，犹太人绝不浪费每一分钟的时间。但是，对于犹太人来说，身体健康是根本，而为了身体健康就需要休息。休息必将和工作相冲突，这时犹太人会毫不犹豫地放弃工作，选择休息。

假如向犹太人提问："你们工作一小时可赚钱 50 美元以上，如果每天休息一小时，一天就少赚 50 美元，一年就少赚 1. 8 万美元以上，这值得吗？"

犹太人算得更快："假如一天工作 8 小时不休息，一天可以赚 400 美元，那我的寿命将减少 5 年。按每年收入 12 万元计算，5 年我将减少 60 万美元收入。假如我每天休息 1 小时，那我除了每天损失的 1 小时 50 美元外，将得到 5 年每天 7 小时工作所赚的钱。现在我 60 岁，假设我按时休息可再活 10 年，那么我将损失 18 万美元。18 万和 60 万谁大呢？"

生活很紧张，有很多人常常为了努力工作，而逐渐远离自己本来所应拥有的生活。犹太人认为，乍见之下，"忙碌"似乎是一种勤勉，其实不然，忙碌并不能一味地值得称赞。如果一个人在假日里还要为工作而烦恼，或把工作带回家去做，是很不幸的。

为此，犹太人最大的生活特色之一，就是他们十分重视假日。

在假日里，犹太人不谈论有关工作的事，不思考有关工作的问题，不阅读有关工作的书，也不从事有关工作的计算，全身心地娱乐、放松。

在犹太人心中，工作对人生是有益的，但是如果一个人只知工作，而不知休息的话，他就会失去了乐趣。因此在假日里，他们是真正脱离所有工作的羁绊，全身心地休息。

洁净的健康生存之道

犹太人特别注重保持洁净，讲究卫生，甚至把这上升到宗教信仰的高度。

拉比给学生授完课后，陪他们走了一段路。学生们问他：

“老师，你要去哪儿?”

“去履行一项宗教责任。”

“哪项宗教责任?”

“到浴室去洗澡。”

学生问：“这是宗教责任吗?”

拉比回答说：“如果有人被指派去擦洗在剧院和马戏场的国王的雕像，他做这活不仅得到了钱，并且还结识了贵族。那么，照着上帝的形象被创造出来的我，不更应该保养我的身体吗?”

在这一则犹太人轶事中，保持身体的清洁被称之为一种宗教责任，是因为犹太人认为人体是上帝的作品，而作为上帝作品的身体必须受到敬奉。

犹太人认为身体是上帝和父母给予的，出于对创造者的尊敬，每个人都应该坚持每天都洗脸、洗手和洗脚。

拉比雅基巴在被罗马人监禁时，卖粗面粉的拉比约书亚每天都去照料他，并给他带些水去。

一天，狱卒遇见约书亚时说：“你带来的水已经太多了，你是不是企图在监狱里用水打洞让囚犯逃跑?”

于是狱卒把水倒掉了一半，然后把剩余的还给了他。当拉比约书亚见到拉比雅基巴时，雅基巴说：“你难道不知我已经老了，我的生活离不开你所带的东西吗?”

约书亚告诉雅基巴所发生的事情。

雅基巴说：“给我水，我洗洗手。”

约书亚高声说：“那就不够喝了!”

雅基巴回答说：“既然法律规定不洗手的人都该死，我又能怎么办呢?我最好还是因自己的缘故而渴死，也不要违背了我同事们的观点。”

果然，在洗净手之前，他一滴水也没有喝。

毫无疑问，犹太人讲究卫生的生活观念，有助于人们保持和获得健康的身体。

而且，讲究卫生是科学生活、健康生存最起码的要求。

适度饮酒如得金

犹太人认为，酒既是坏东西，又是好东西，对于喝酒，他们的看法是："早晨的酒是石头，中午的酒是红铜，晚上的酒是白银，三天喝一次的酒则是黄金。"

犹太人对酒的态度是明智的，他们一面介绍饮酒的乐趣，一面告诫人们过量饮酒是有害的。

酒和犹太民族有着密不可分的关系，犹太人的小孩从小就清楚葡萄酒的味道，酒是安息日不可或缺的欢悦之一。此外，《圣经》上也反复说明了酒的功用。但是，相对于其他民族来说，犹太人酩酊大醉的概率要小得多。

犹太民族是个会享受的民族，他们会把酒当作生活一样慢慢品尝。

因此，很多犹太人能在适度饮酒之后，翻开书本来充实自己，或是倾听优美的音乐，来松弛一天紧张的生活。

犹太人并不主张禁欲，但却十分强调对欲望的节制。从饮酒这一点上，完全可以看出犹太人性格中崇尚节制的一面。

在《圣经》中有一个关于酒的故事和告诫：

当诺亚种植葡萄园的时候，撒旦出现在他面前。

"你在种什么呀?"撒旦问。

"葡萄。"诺亚回答说。

"葡萄是什么样子的?"撒旦问。

"它的果实总是很甜蜜，不论新鲜的还是晒成干的，可以用它来酿酒，使人心情愉快起来。"诺亚回答说。

"让我们在葡萄园里找个伴吧?"撒旦提议。

"很好。"诺亚说。

撒旦干了什么呢?

他牵来一只羊羔，在葡萄树下把它杀了。

然后他又带来狮子、猪和猴子各一只，都杀掉。它们的血滴落下来，渗进了葡萄园的土壤里。

在这则故事中，犹太人通过撒旦在人面前的做法，暗示出喝酒之前人就像绵羊一样简单，像羊羔一样安静；当他喝了适量的酒，他就感觉像狮子一样强大，认为世界上没有人能和他一样强大；当他喝得更多一些，他就像一头猪，在污泥里打滚；当他彻底喝醉，他就变成了猴子，四处乱蹿，散发着难闻的气息，一点儿也意识不到自己在干什么。

但是，犹太人并不因为这些就一味反对喝酒。在《塔木德》中有这样的教诲："如果饮酒适量，会有很多好处，可以使身体保持健康，治疗多种疾病。但是大多数人都不知道这一点，他们只想喝醉，醉酒导致损害。少量有用的酒须在胃里空了的时候喝，小孩子要远离酒，因为酒会对他们的肉体和灵魂带来损害。对于年龄大些的人，酒是有好处的，老年人最需要它。"

适度饮酒，坚持平衡适度，是犹太人对待酒的态度。

饮食的学问

犹太人把饮食的节制有度作为健康体格的先决条件，并把它看作是与清洁相辅相成的重要规则。

犹太人饮食"度"的基本原则是："吃（胃的容量的）1/3，喝 1/3，留下 1/3 的空。"平时，犹太人无论是出于贫穷，还是出于节俭，通常都是吃最简朴的饭。《塔木德》中提到"穷人"干完活回到家后吃的晚饭是"面包加盐"。然而，即使是吃得起佳肴美味的人，也是"早餐面包加盐，再加上一罐水"。犹太人把这样的饮食作为能除百病的饮食之道。

对于饮食，犹太人还有许多良言，如："40 岁之前吃饭有益，40 岁之后饮酒有益。"

犹太人认为，合理的进食时间是感觉到需要进食物的时候，“饥时食，渴时饮”。作为原则，犹太人是每日两餐，安息日例外，多加一餐。

晚餐是一天的活计干完之后回家吃的饭，而早餐是劳动者在工间吃的饭。

《塔木德》为不同阶层的人规定了一个进食时间表：

斗剑士在第1个小时用早餐，强盗在第2个小时，有钱人在第3个小时，干活的人在第4个小时，老百姓在第5个小时。

另一种观点认为：老百姓在第4个小时，干活的人在第5个小时，圣哲的门徒在第6个小时。

拉比阿基巴忠告他的儿子：“早起床，先吃饭，夏天是因为热，冬天是因为冷。谚语说得好，‘早饭吃得早，比谁都能跑’。”

犹太人是坐着吃饭的，因为犹太人认为，站着吃喝会毁坏身体。犹太人还认为，人吃饭的时候不应该讲话，以免食物进到气管里，危及生命。

犹太人在旅行时往往会减少饭量，旅行的人吃的饭不应超过正常的饭量，犹太人认为这可以避免肠胃不适。

节制饮食和讲究饮食之法，是犹太人身体健康、长盛不衰、事业成功的重要原因。

活到老，赚到老，享受到老

赚钱为了享受，这是犹太人赚钱的目的，也是他们对于商业目的的最好诠释。因此犹太民族在经商时劳逸有度，使工作与生活两不误，真正体会到了人生的真谛。

在犹太人看来，没有空闲，不会合理安排时间的人，是不会赚钱的人。犹太人认为，要赚钱，首先得有赚钱的时间，而且在赚钱过程中要合理使用时间，否则就等于白白浪费时间。人的一生是短暂而又漫长的，许多人成天忙忙碌碌却无所作为，许多人整日沉湎于酒桌牌局之间，日子被无端地浪费，这些人都不会合理安排

时间，注定成不了大器。

有的人之所以是“大忙人”，是因为他一直在辛苦地工作，为赚钱而忙碌。按照犹太生意经，该忙的时候就要忙，否则没有效率。但是，“忙”与“闲”是相对的，学会“忙里偷闲”，生活才是丰富多彩的，会生活的人才是真正的人。因此，犹太裔人又常常是“大闲人”。

犹太人视时间如金钱，他们在做生意时会客观而若无其事地谈论自己和别人的寿命：“先生，今年70岁了吧，大概还可以再活5到10年左右!”

对于其他任何民族来说，若初次见面就谈这种“不吉利”的话，一定会遭到对方的白眼。而犹太人却很坦然，他们认为人生下来以后就注定要死，不必对死畏之如虎。知道自己还能活多久，就意味着知道自己还能赚多少钱。犹太人活到老赚到老，他们对死的态度是客观而冷静的，一旦知道还能活几年，就会抓紧这几年享受和赚钱。

由于犹太小孩子从小就接受“自主”教育，所以犹太老人也不可能依靠子女赡养，只有自己赚到了钱，安逸的生活才会有保障。正是因为犹太人自知天命，他们便拼命抓紧时间赚钱。同时，他们又是世界上最懂得享受的人。

犹太人认为，一个人不思考事物本质时，绝对摸不清人生的方向；而一个人如果总是走捷径的话，他就不会得到真才实学，更不会赢得别人的尊敬。所以，为了解什么而去思索的人，才是有人情味儿的人。

因此，犹太人认为，应该松弛一下自己紧张的心情——放下一切工作，去思索一些问题，譬如：自己为什么会诞生到这个世界上？负有什么使命？何谓人生的目标……这是人们最基本的思索，即使永远无法求得答案，也会加强一个人的深度。

同时，人还应该学会放松自己，学会去休息。生活很紧张，有很多人常常为了努力工作，而逐渐远离自己本来所应拥有的生活。犹太人认为，乍见之下，“忙碌”似乎是一种勤勉，其实不然，忙碌并不能一味地值得称赞。

为此，犹太人最大的生活特色之一，就是他们十分重视假日。在以色列，犹太人有许多假日，遍布世界各地的犹太人也常常把度假作为自己生活的重要部分。

在假日里，犹太人不谈论有关工作的事，不思考有关工作的问题，不阅读有关工作的书，也不从事有关工作的计算，全身心地娱乐、放松。

在假日人们可以访问朋友，把工作抛诸脑后，可以彼此交谈，谈人生观、爱好以及艺术……父母与孩子相处，查看孩子们的作业，询问他们在学校中学到些什么，约好友或者带全家周游各地，既饱眼福又饱口福。

在犹太人心中，工作对人生是有益的，但是如果一个人只知工作，而不知休息的话，他们会失去人性。因此在假日里，犹太人能真正脱离所有工作的羁绊，全身心地休息。

犹太人知道“如何休息”，所以他们拥有一个丰硕的人生。

控制怒火有技巧

犹太传统有时认为某种愤怒是必要而且非常重要的——比如，对社会上不公正的愤怒，或先知们对所处的腐败时代的愤怒。但是，一个人如果不加控制地对别人表示愤怒，那么他将会受到谴责。

从一个人对待三种东西的方式中可以知道他的性格：他的酒，他的钱，他的愤怒。

犹太人认为人有四种性格：

轻易动怒，容易安慰——他的所得被失落抹杀了。

很难动怒，很难安慰——他的失落被所得补偿了。

很难动怒，容易安慰——圣人。

轻易动怒，极难安慰——小人。

在狂暴中扯破自己衣裳的人，或在狂怒中砸碎家具的人，最后将膜拜偶像。因为这就是邪恶冲动的伎俩：今天他说“扯破你的衣裳”，明天他说“膜拜你的偶像”。于是他走过去膜拜偶像。

但当人们不能驾驭自己的性情时，该怎么办呢？

有一个虔诚的人，脾气很坏，当人们和他争吵时，他不是应答，而是喊叫和诅咒。平静下来以后，他总是为自己的举动懊悔。

他去问一个先贤："我怎样才能在愤怒的时候不诅咒别人？"

先贤回答说："你可以在诅咒之后毅然对自己说：'我对他诅咒的一切都会发生在我的头上。'或在诅咒之前说：'我诅咒他的一切也许会落到我头上。'这样你就不会诅咒了。"

但是那人不愿听从这个建议。不过，他每次喊叫和诅咒的时候，都毅然决定要贡献一份施舍，一想到要拿出那么多钱，他就不敢再诅咒了。而且对他而言，施舍是对坏脾气的赔偿，但对施舍而言，坏脾气是利益之源。这是驾驭自己性情很有效的方式。

希莱尔出生在巴比伦尼亚，但两个闲人却针对此事而特意设计出一系列令人恼怒的问题，希莱尔是如何控制自己的愤怒的呢？

从前有两个人下了400祖兹的赌注。他们说："谁能惹希莱尔发怒，谁就能得到这400祖兹。"

其中的一个就去了。那天是安息日前夕，时近黄昏，希莱尔正在洗头，那人来敲门。

"希莱尔在哪儿？希莱尔在哪儿？"那人大声喊叫着。

希莱尔披上一件外套，出来迎接。

"孩子，"他说，"怎么啦？"

那人说："我需要问一些问题。"

"问吧。"希莱尔说。

那人问道："为什么塔德莫瑞特人的眼睛是模糊的？"

"因为，"希莱尔说，"他们把家安在沙漠里，风沙吹啊吹的，他们的眼睛就变得模糊了。"

那人离开了，等了一会儿，又回来敲门。

"希莱尔在哪儿？"他大声喊叫着，"希莱尔在哪儿？"

希莱尔又披上外套走出来。

“孩子，”他说，“怎么啦？”

那人回答说：“我需要问几个问题。”

“问吧！”希莱尔说。

那人问道：“为什么非洲人的脚是平的？”

“因为他们居住在潮湿的沼泽中，”希莱尔说，“任何时候他们都走在水里，所以他们的脚是平的。”

那人离开了，等了一会儿，又回来敲门。

“希莱尔在哪儿？”他大声喊叫着，“希莱尔在哪儿？”

希莱尔再一次披上外套走出来。

“你想问什么？”他问道。

“我要问一些问题。”那人说。

“问吧。”希莱尔对他说。他穿着外套，在那人面前坐了下来，说：“问什么？”

那人说：“这是王子回答问题的方式吗？整个以色列再没像你这样的人啦！”

“天哪！”希莱尔说，“驯服你的灵魂！你想要什么？”

那人问道：“为什么巴比伦尼亚人的头是长的？”

“孩子，”希莱尔回答说，“你提出了一个重要的问题。在巴比伦尼亚，由于没有熟练的接生婆，婴儿出生的时候，奴隶和妇女在他们的腿上照料孩子，所以巴比伦尼亚人的头是长的。可是在这里，有熟练的接生婆，婴儿出生的时候，在摇篮里得到很好的照料，他们的头受到摩擦，这就是为什么巴勒斯坦人的头是圆的。”

“你让我失去了400个祖兹！”那人大喊起来。

希莱尔对他说：“你因为希莱尔失去400个祖兹，也比希莱尔发脾气更好些。”

从上面的故事可知，在一个会令绝大多数人狂怒的情形下，希莱尔却以温和的方式控制自己，并最终驯服对方。

十个烦恼胜过一个烦恼

犹太民族一向是以苦中作乐而著称的。犹太人中有一句流传很广的谚语：“有十个烦恼比仅有一个烦恼好得多。”

犹太人认为，仅有一个烦恼时，这个烦恼一定是相当深刻的，所以一个人如果同时有很多烦恼，他就应该谢天谢地。我们常听说有人为一个烦恼而自杀身亡，但却很少听到有人为十个烦恼而自杀。

犹太人的这个观念十分有趣，但是其中体现出了犹太人面对苦难和折磨的从容姿态。

犹太人有一则“飞马腾空”的童话故事。

古时候，有一个人因惹怒国王而被判了死刑，这个人向国王请求饶恕一命，他说：“只要给我一年的时间，我就能使您最心爱的马飞上天空。如果过了一年，您的马不能在天空自如飞翔的话，我宁愿被处死刑，绝不会有半点怨言。”

国王想了想就答应了他。

在他回到牢房之后，另一位囚犯对他说：“你不要信口开河好不好，马怎么能飞上天空呢？”

这个人回答说：“在这一年之内，也许国王会死，也许我自己病死，说不定那匹马出了意外送了命。总之，在这一年之内，谁知道会发生什么事呢？所以只要有一年的时间，没准儿马真的能飞上天空！”

纵观犹太人颠沛流离的历史，到处都弥漫着这种乐观的精神。

可以说，犹太民族就是因为有了这种乐观的精神，心中充满希望，他们才能生存下来。

对于犹太人来说勇气和希望深深地埋藏在他们心底，任何人都无法夺去。所以，他们一直乐观向上，纵使在世间最罕见的苦难中也坚强无比。

侮辱性语言伤害了谁

许多犹太社区的拉比们对侮辱和嘲笑规定了严厉的惩罚。立陶宛学者、拉比所罗门·本·耶谢尔·路里亚在他的释疑书里，声言要把一个侮辱妇女的男人驱逐出教会，哪怕那个人是在私下里悄悄说了侮辱的话。

大师亚喀尔·巴·西蒙曾经做过这样的事情，他在拉乌以利扎的妻子拉哈娜夫人的耳边说了侮辱淫秽的话。

他是这么说的："我不给你 3 个圭登，你就不跟我跳舞，就像你收了一个男人的钱才跟他睡觉一样。"

这位夫人应当得到赞美，因为她出于尴尬和维护尊严而大叫起来，尽管大叫的应该是作恶的亚喀尔。

这个男人的话把这位夫人贬低到妓女的地位，虽然他一再争辩他所说的那个给钱的男人是她的丈夫，可是谁能这样说话呢——一个女人只有丈夫出钱才肯跟他睡觉！

经过审判，拉比命令大师亚喀尔要说这些话来请求原谅："我是有罪的，现在我请求上帝、拉哈娜夫人，以及她的丈夫以利扎原谅我的秽行……"

除了请求原谅之后，亚喀尔还哀悼了 4 个星期。因为如果他不服从这个命令，就要被逐出教会。

拉比本·摩西·以萨克·阿拉斯加认为："侮辱他人没必要受到身体惩罚，但须受到道德宣判。而且，暗示性的侮辱和直白的侮辱一样严重。"

有人问拉比阿拉斯加这样一个问题：

有个人和朋友发生了争吵，这个人吵着对朋友说："我可不是杂种！我可不是叛教的人！我可不是有罪的人！"难道他的话不是暗指他的朋友是一个杂种、叛教者、有罪的人——话外之意是："我不像你那样，是一个杂种或有罪的人。"

拉比回答说："看起来那个人的话好像暗示着我不是像你那样的某种人。毕竟，

他的朋友并没有先骂他是杂种或有罪的人。他没有必要否认那样的称呼，除非他有所暗示：‘我可不是你那样的人’。”

在这个故事中，这个人似乎公开地说：“我可不是某某，像你一样。”尽管这个人言语中没有这层意思，但是他侮辱了自己的朋友，应该受到谴责。

这个故事可以和另一个故事联系起来。据说拉比希思达问自己的老师拉比胡那：“老师需要弟子，就像弟子需要老师那样。那么弟子应该对老师表示什么样的敬意呢?”

拉比胡那把这个问题看作对自身暗示性的侮辱，大叫起来：“希思达，希思达，我不需要你，可是你一直到40岁之前都会需要我。”此后，他们一直生对方的气，很多年不来往。

也许拉比希思达的话并不是侮辱，却被拉比胡那理解为诽谤的意思，从他的观点来看似乎拉比希思达在有意公开地侵犯他。

快乐生活在于节制

“只有有节制的快乐，才是真正的快乐”，犹太人的这种观念，使得他们把对享乐的态度，看作一种衡量人的重要的尺度。

《塔木德》上写着：“有4种尺度可以用来测量人，那便是金钱、醇酒、女人以及对于时间的态度，这4种尺度标准有其共通之处——它们都有吸引人的地方，但是却不可以沉迷于其中。”

犹太人这种处事有度的态度，表现在他们对待金钱的态度上，就显得有些过分的节俭，甚至有些吝啬。

犹太人出门买东西，不管花费多少，不管东西便宜或是贵，都一定要有账单。所以许多犹太人到一些地方，看到一般餐厅中只报账而没有账单的情况，就会觉得有些不可思议。

许多民族对待金钱的态度要比犹太人马虎得多。据说有一位希腊人经常光顾某

家餐厅，每次吃大致相同的饭菜，但每次结账，价钱都不相同，却又相差不多。他的犹太朋友听到这件事，十分惊讶，要追究个所以然。希腊人说："这么一点儿小钱，何必认真？"犹太人一边摇头，一边口呼上帝，仿佛犯了什么大罪过。

犹太人很吝啬吗？其实并非如此，他们只是不付没有道理的钱。犹太人认为这是他们自己的独特的优点，是重视金钱的表现。

大多数犹太人不喜欢一些东方民族广泛赠送礼物的习惯，原因也在于此。

有一位犹太人在逛一家日本百货公司的时候，偶然和一位日本经理攀谈起来，那位日本经理很认真地问："情人节、圣诞节、父亲节、母亲节等，我们都沿用了西方的习俗，可是还嫌不够，请问在你们的风俗之中还有没有可以送礼物的节日呢？如果有的话，请你赶快告诉我，因为我们日本人是很喜欢送礼的。"

这种说法在犹太人中成了笑谈。

犹太人虽然也会在某些值得庆祝的日子里交换礼物，但只限于同自己有血缘关系的亲戚，所送的东西也都是很便宜的礼物。

礼轻情义重，收到礼物的人也都很高兴，这是犹太人送礼的法则和智慧。

因为犹太人在金钱方面的这种"节制"，在世界各地都流传着有关吝啬的犹太人的故事。在莎士比亚的戏剧《威尼斯商人》之中，犹太商人夏洛克贪婪、吝啬和狡诈，显然这也是欧洲社会长期对犹太人的偏见。

事实上，比较恰当的说法是："犹太人爱惜金钱，但是，他们整个民族并不是都吝啬得像铁公鸡。"犹太人讲究的是节制的生活。

六、平凡的人，不平凡的事

寻找"自我爱"的伴侣

犹太人认为，人自从降生以来，虚荣就开始与他相伴。年幼时，凡事都以自我

为中心，长大以后，也只是学会让步。即使人死了，虚荣也不会消失，墓碑也会向他人炫耀自己的“光荣”。

每个人多多少少都会有一点“自我爱”，而且虚荣在某种程度之内是被允许的。此外，犹太人认为虚荣也有好的一面，因为它能使人重视自己，自尊、自立、上进心都是从“自我爱”的土壤中长出来的。但是，爱是盲目的，当一个人过分沉溺于“自我爱”和虚荣中时，就看不见别人厌恶的眼光，并且很容易引起他人的反感。

“自我爱”可以成为人的力量，但也会给人性带来脆弱。没有一个人被夸奖时会不高兴，因为自古以来，人就是生活在虚荣海中的一条鱼。

士师参孙由于力大无穷，所以将非利士人打得落荒而逃。胜利后的参孙遇到了妓女大利拉，禁不起虚荣心的诱惑说出了自己力大无穷的原因，因此被非利士人活捉。

犹太人认为，犯了过错，得到别人的谅解后，常常还会有自己不能原谅自己的情形。有时在许久之后，每想起那一次过错，仍然会感觉刺痛，这种感情如此强烈，是因为伤到人的虚荣心，所以伤痕不容易治愈。为此，犹太教徒有一种很强的“自责”意识——他们可能不因犯罪而难过，但却因为觉得伤了他人的虚荣心而坐立不安。

“自我爱”是绝对健康的，以自我为中心也并没有错，因为人是唯一能说出“我”的动物。但是绝不可过分，因为一个人假如一味地溺爱自己，追求虚荣，就是对自己的残害。

每个人都希望别人眼中有自己，所以当别人夸奖自己时，每一个人都会很高兴。犹太人深谙这一点，因此，当他们想要操纵一个人时，常常就是激发对方的虚荣心，把人之所欲施于人。所以在日常生活中，犹太人随时恭维别人的为人、处世、衣着等等。恭维甚至成为犹太民族的一种处世手段和习惯了。

虚荣心必须有个尺度，特别是在与竞争对手或敌人相处时，更应该力戒虚荣，否则就会被别人利用。为此，《塔木德》告诫人们：“‘自我爱’的最佳伴侣是谦虚和对别人的关怀。”

跨过人生“三重门”

犹太人认为，和疾病搏斗最有效的方法，并不是消极地杀死细菌或毒素，而是积极地设法让自己的身体强健起来。

因为，在犹太人眼中，当有充分的营养和休息后，身体自然而然的就能抵抗疾病。

同样的道理，犹太人认为，生命的天秤常在希望和绝望之间摇摆不定，只要增加希望的分量，便能保住生命，也就可以让天秤的指针，倾向有利于自己的方向。所以，在处世智慧中，犹太人坚信与其同绝望搏斗，不如维持希望。

“我们必须勇敢，并且运用自己所具备的优良品质，借以生存下去，更要发挥这一能力来认识自己。经常有恐怖、谨慎、懦弱及胆怯等因素控制着我们的活动，所以我们最大的敌人就是自己的本能，也就是与生俱来的‘欲望’和‘个性’。”一位犹太拉比告诫人们时说。

《塔木德》中还有一句话：“今天将要发生的事我们都还不知道，又何必为明天而烦恼呢?”

犹太人认为，人生有三道门，分别通往过去、现在和将来。不可关闭这三扇门中的任何一扇，同时还要对每一扇门都存着希望，借着过去的经验，来把握现在、创造未来。这是人生的真正目的。

在犹太人心中，人的一生并不只是由过去和今天两个因素构成，还应包括有很多“明天”的成分在内，而明天的那一部分，也就包括明天一定能好转的“希望”部分。所以人不仅是能生存在过去和现在之中的动物，更是能够生存在未来之中的动物。

犹太人为什么尊敬年高德劭的长者？因为在他们“过去”的那一扇门有许多珍贵宝物。为什么年轻力壮的男女都很美？因为他们“现在”的门中有宝物。孩子为什么可爱？因为他们象征着“未来”。

犹太人很倔强、好强，并且不屈不挠，他们绝不甘心落在别人之后，他们认为谁灰心、谁气馁，谁就是失败者。

犹太人认为，有晴朗的日子，也会有阴暗的日子，所以事情既然已经成为过去，谁也无可奈何。神为了补偿人的过去，所以赐给人未来，只要不失去希望，人们就一定能随心所欲地创造未来。

因此，犹太人面对困难和逆境既不灰心、也不气馁，总是保存着希望，顽强地生活着。

只有处于不败之地，才能拯救别人

基督教宣扬博爱，而犹太教却教导人们首先要学会珍惜自己，一个人必须懂得如何珍惜自己，然后才会懂得如何珍惜别人，不爱自己的人绝不可能做到“爱你的邻居”之类的事情。

《塔木德》有云：

“客人和鱼一样，新鲜时是美味的，但超过三天便会发出恶臭。”

“道路的右侧冻成冰块，左侧是一片火海，如果走向右侧就会受冻，如果走左侧便会被烧成焦炭。唯有道路的中间保持不冷不热，这是一条恰当的前进道路。”

犹太人在两千多年的流浪漂泊中，受尽歧视、冷落甚至迫害。他们身在异地他乡，除了依靠自己，再别无所依。因此，他们养成了依靠自己，自己来拯救自己的信念。在他们看来，人活在世上，首先就要学会为自己谋福利，只有自己有了财富，才会真正具有帮助别人、善待众生的力量。一个有价值的人生，就是靠自己奋斗与拼搏，最终获得成功的人生。而那些一天到晚心忧天下，自己却潦倒穷困的人，固然值得尊敬，但他们实际上并没有做出任何贡献。犹太人相信，只有懂得珍惜和完善自己，才真正懂得和有能力去帮助、解救别人。

翻阅那些成功犹太人士的奋斗史，我们总会看到：他们都是将自己命运掌握在自己手中，从自我做起，不断超越自己，最终成就自己的强者。就犹太商人而言，

那些名震天下、威仪四方的富商巨贾们，更是从无到有，白手起家，不断积累，不断壮大自身实力，最终功成名就。

美国连锁店先驱卢宾，最早也是一个穷光蛋。他 16 岁时随着“西部大淘金”的浪潮去加利福尼亚，但淘金并没有为他挣来多少钱。

后来他做了一些小商小贩的买卖，才开始赚一些钱，而后，他越赚越多，并将自己的生意扩大到城市，直到发明连锁经营的方式。他的生意才越做越大，以致像滚雪球一样，历经数年的时间，终于成了大富翁。

麦耶·罗斯柴尔德

而金融世家罗斯柴尔德家族的第一代创始人麦耶·罗斯柴尔德最初也只是一个出生于德国法兰克福一条脏乱犹太街的穷小子。他开始时贩卖古钱币，并为之苦苦经营了 20 多年，终于因为世人对古钱币的喜好而命运陡转，成了富翁，并最终投身金融领域，一发不可收，最后成了威震欧洲乃至全球的金融舵手。另外，服装大王罗森沃德，牛仔裤的创始人利维·施特劳斯，美国电报大王萨尔诺夫，股票神人孔菲德等等都是以自己为起点，白手起家，从一无所有，而最终成为富翁大亨的犹太人。

请教的学问

犹太人如果有什么不知道的事情时，他就会毫不犹豫地向别人请教，但具体向谁请教却有自己的观点：

不要去请教怀疑你的人，或把你的想法告诉他；

不要向女人问她的对手，或向懦夫问战争；

不要向商人问合同，或向买主问交易；

不要向吝啬鬼问感激，或向硬心肠的人问善行；

不要向游手好闲的人问任何工作的事情；

不要向一个散漫的人问完成工作；

不要向懒惰的仆人问严格的任务。

尽管犹太人不害怕向他人请教，但是也要听从自己头脑的判断，因头脑是人们最可信赖的顾问。有时候头脑比高塔顶上7个看守人能告诉你更多的东西。

在犹太人看来，向别人请教并不代表自己无知，只是为了更好地解答疑难。因为一个人根本不可能精通一切。

举个例子，如果我们想有一只金杯，就去找金匠，我并不感到羞隗。对其他的东西也一样，如果需要的话，我就去找上帝赐予特殊技能的人们。

虚心地向他人请教，并懂得请教的学问是犹太人生活之中的高明之处。

父亲，《律法书》是这样规定的

人有三个伴：上帝、父亲、母亲。一个人应该尊敬父母，不仅仅因为他们把你带到这个世界上来，更因为他们给了你道德教训。每一个真正的人都要尊敬父母。

一头骡子在路上走，遇到了一只狐狸。狐狸从来没有见过它，于是观察，它脸上的庄严神气，它的眼睛很明亮，它的耳朵很长。狐狸心里说："我看到的这是谁呢？这个家伙怎么这样呢？我还从来没有看到像他这样的……"

狐狸问骡子是谁生的，骡子回答说："我的叔叔走起路来很骄傲，它是国王的坐骑。打仗的时候，它腾跳奔跃，猛烈地刨地。它的脖颈上披覆着鬃毛，它高贵的嘶鸣令人恐惧。它的蹄子像燧石，它们渴望鏖战和毁灭，它的眼睛像火焰、像闪电。它是主人的力量之塔，伸出脖颈向前……这就是骡子的家谱。"

这个寓言说的是把自己从头到脚华丽地装扮起来的人，他装作很伟大的样子。但是，当有人问他的名字和血缘，他怕说出自己的父母感到不光彩，就说出使他显得尊贵的亲戚，一点儿也不去说谁生了他……

在那些说自己的父母“我从来没有见过他们”的人中，没能找到一个正直的人。

要尊敬父母，重要的不是你做了什么，而是你要怎么做。

一个人可能给父亲吃肥鸡而下地狱，一个人可能让他的父亲在磨坊里做工而去伊甸园。

为什么给父亲吃肥鸡的人还要下地狱？

有一个人常常给父亲吃肥鸡。有一次父亲对他说：“孩子，你从哪里得到的这些鸡？”他回答说：“老东西，别出声，吃吧，就像狗那样吃东西的时候不出声。”这样的人虽然给父亲吃肥鸡但要下地狱。

一个人怎么可能让父亲在磨坊里做工还能去伊甸园？

有个人在磨坊里工作，国王下令每一户要出一个男人给自己干活。这个人对他的父亲说：“父亲，你待在这里，替我在磨坊工作，我要去给国王干活了。因为如果工人要受辱，我宁愿自己承受，不愿你承受。如果有责罚，希望挨打的是我而不是你。”这样的人让父亲在磨坊里工作，但还能去伊甸园。

一个人不能在言辞中不尊敬父亲，为什么？比如，如果父亲年纪大了，早晨想早点吃饭，就像一般的老人那样，他要求儿子早点弄吃的，儿子说：“太阳还没升起来呢，你就起床要吃的。”

或者父亲说：“孩子，你给我买这件衣服，买这些吃的花了多少钱啊？”儿子说：“我买了，已经付了钱，不关你的事，不要问了！”

或者他自己想着，说：“这个老家伙什么时候死？那时候我就解脱了。”

如果父亲不小心违反了《律法书》，孩子不能斥责他说：“父亲，你犯法了。”他也不能说：“父亲，《律法书》是那样规定的吗？”

之所以不能这样说，因为这两种说法都是对父亲的侮辱。

他应该这样说：“父亲，《律法书》是这样规定的。”然后他引用原文，让他的父亲自己得出结论——自己错了。

警惕乱嚼舌头

人之所以有两个耳朵、一张嘴巴，是为了让人多听少说，听的分量要有说的两倍。于是，那些懂得听话艺术的人总是让人尊敬，而那些只知喋喋不休说个不停的人只能让人更厌恶。

尽管舌头没有骨头，但也应该特别小心它的危害。

因为话一旦说出口，就像射出的箭，再也不能收回了。

有一个拉比对他的仆人说：

“到市场去给我买些好东西。”

仆人去了，带回来一个舌头。

拉比又对仆人说：“出去到市场上给我买些不好的东西。”

仆人去了，又带回来一个舌头。

拉比对他说：“为什么我说‘好东西’你带回来一个舌头，我说‘不好的东西’你还是带回来一个舌头？”

仆人回答说：“舌头是善恶之源。当它好的时候，没有比它再好的了，当它坏的时候，没有比它更坏的了。”

从这则犹太故事中可以看出警惕自己舌头的重要性。

犹太人认为，愚者常常暴露出自己的愚昧，贤者却总是隐藏自己的知性。基于这样，犹太人坚信：“假如你想活得更幸福、更快乐的话，就应该从鼻子里充分吸进新鲜空气，而始终关闭你的嘴巴。”

犹太人有一句俗话：“当傻瓜高声大笑时，聪明人只会微微一笑。”因为善于听话的人，易表露知性，而喜欢表现自我、喋喋不休的人，通常都是些傻瓜。

一个波斯国王快要病死了。他的医生告诉他，喝母狮子的奶是存活的唯一希望。国王转向仆人们：“谁去把母狮子的奶给我拿来？”他问道。

“我愿意去！”有个人回答说，“如果你愿意让我带上10只山羊。”

那人带着羊群上路了，找到一个狮子洞，那儿有一头母狮子正在给幼崽喂奶。第一天，这人远远站着，把一只山羊扔给母狮，它很快就把山羊吃掉了。第二天，他走近了一些，又扔过去一只山羊。这样他往前走着，到第 10 天，他和母狮子成了朋友，它让他抚摸，和它的幼崽玩耍，最后让他取了一些它的奶。

这个人于是就返回来了。

走到半路，这个人睡了一觉，梦见自己身体的各个部分吵了起来。他的腿说："身体的其他器官都不能和我们相比。要不是我们走近母狮，这个人就没办法取到奶给国王。"

手回答说："要不是我们挤奶，他也没有办法取到奶给国王。"

"但是，"眼睛说，"要不是我们指路，他什么也干不了。"

"我比你们都好！"心喊叫着，"要不是我想到这个办法，你们都没有用。"

"而我呢，"舌头回答说，"我是最好的！要是不能说话，你们还能干什么？"

"你怎么敢和我们比？"身体的各部分一起叫起来，"你整天在那个黑暗的地方待着，不像我们都有骨头，你甚至连一根骨头都没有。"

"早晚你们会知道的，"舌头说，"到那时你们就会说我是统治者了。"

这个人醒过来，继续赶路。当他走进国王的宫殿后，他宣布："这是我给你带回来的狗奶！"

"狗奶！"国王咆哮道，"我要的是狮子奶，把这人带走吊死。"

在去刑场的路上，这个人身体的各个部分都颤抖起来。这时舌头对它们说："我说过我比你们厉害，如果我救了你们，你们会不会承认我统治你们？"它们都忙不迭地同意了。

"把我送到国王那里去。"舌头冲着刽子手大喊，这人又被带到国王面前。

"为什么你下令把我绞死？"这人问道，"这奶能治好你的病，你不知道有时候母狮子也叫作母狗吗？"

国王的医生从这人手里接过奶，检查一番，发现真的是母狮子奶。国王喝了以后，病很快就好了。

这个人因自己的成就而获得了丰厚的奖赏。现在身体的各部分都转向舌头："我们向你鞠躬致礼，你是我们的统治者。"它们谦恭地说。

从这则犹太故事可知，话不可以随便乱说，应该一字一句地斟酌才对。适量的言语可以一针见血，但是用量过多就会有害。

警惕自己的舌头，如同慎重对待珍宝一样，使自己的舌头保持沉默，人生将会得到很大的好处。

生活中要保持淡泊的心境

追求成功自然无话可说，但对那些无法满足的渴望和难填的野心却应加倍重视。

一个人越能自律，就越不会受到好坏两种极端情况的影响，这样，当他得到了哲学家们所谓的"虚幻幸福"时，就不会得意忘形，也不会在自己眼中变得格外了不起。

如果遭遇了巨大的忧患，诸如世界上许多被哲学家称为"虚幻的恶"的苦难，他既不吃惊，也不害怕，只是忍受。

当人思考事物的真相，对现实的性质有所了解，就会获得智慧，明白世界上再好的东西也不能永远拥有，因为它们都比较低级，人死的时候就会腐朽毁坏。既然人和其他生物一样都难免一死，那些好东西对人又有什么用？

所以这是世界上最大的不幸。一想到无法逃脱的死亡，毫无疑问，任何不幸都显得不再重要了。所以变得不幸比死亡还算好些，死亡是我们无法逃脱的。

人们离世时，往往连自己一半的愿望都没有实现。

有100块钱的人，想把它变成200块，有200块钱的人，想把它变成400块。

强迫时间的人，被时间赶回来；向时间屈服的人，会发现时间一直站在他的身边。

伯蒂切的拉比看见一个人匆匆忙忙地在街上走，既不往左看，也不往右看。

“你为什么这么着急？”他问那人。

“我在追赶生计。”那人回答道。

“你怎么知道你的生计就一定在你前面跑着而你必须在后面追？它也许在你身后呢，你只需要安静地站着。”

当身外的装饰都消失时，你只剩下自己——你所成为的那个人。

从前有一只狮子，又老又病。它腰上有病，所以感到很痛苦，它的未来一片茫然，不知是死是活。

所有的野兽都来看这只病痛中的狮子。有的出于看望病人的爱心，有的为了看到它的痛苦，有的为了继承它的统治权，有的想知道它死后谁来统治。

它病得厉害极了，谁也不知道它是否还活着。公牛过来顶它，想知道狮子还有没有力气；小母牛用蹄子踩它；狐狸用牙咬它的耳朵……母羊用尾巴扫着它的胡须说：“它什么时候死，它的名字什么时候消失？”

狮子的灵魂回来了，它看到敌人们正兴高采烈，于是叫起来：“唉！我曾经信任的朋友轻视我，我的力量和光荣都反对我，我从前的仆人都对着我作威作福，曾经爱我的人都成了我的敌人。”

这个寓言说的是一个邻居们都来奉承的拥有财富和荣誉的人，但当他遇到不幸，当他被迫服从、受到贬抑时，那些曾经爱他的人们都会离开。

亲情之爱沁人心脾

在犹太人看来，对他人的爱源于家庭之内的爱，即对兄弟姐妹的爱。

有两个农民兄弟，一个和妻儿一起住在山的一边，另一个还没结婚，住在山另一边的一个小草屋里。

有一年兄弟俩的收成都特别好。已经结婚的哥哥查看自己的土地，想到：“上帝对我真好，我有妻子和孩子，庄稼多得超出我的需要。我比我的兄弟好多了，他一个人孤零零地过。今天晚上，趁我兄弟睡着的时候，我要把我的庄稼背儿捆放到

他地里。当他明天早上发现的时候，怎么也想不到是我放的。”

在山的另一边，没有结婚的弟弟看着自己的收获，想到：“上帝对我很仁慈，但是我希望他对我的哥哥也这样好。他的需要比我大多了，他必须养活妻子和孩子，可是我的果实和谷物与他一样多。今天晚上，当哥哥一家睡着的时候，我要背一些粮食放到我哥哥的地里。明天，当他发现的时候，怎么也不会知道我的少了，他的多了。”

所以兄弟俩都耐心地等到了半夜。然后各自肩上背着粮食，向山顶走去。正好在午夜的时候，兄弟俩在山顶相遇了，意识到他们都想到了帮助对方，兄弟俩拥抱在一起，高兴地哭了。

正确地侍奉父母

即使父母很坏——坏到“已经被判处死刑，走在去刑场的路上”，儿女们也不能诅咒他们，因为儿女们欠父母的实在太多了，但儿女们不必违背自己的良心盲目地服从父母。

父母不能阻止儿子的婚事以便他继续为他们干活，也不能让他娶妻之后仍然和他们在一起生活……

如果他能赡养和照顾父母，他就有权利找个妻子，到别的地方居住，只是他要知道父母在感情上并非不愿接受她。

如果他看中了出身良好的姑娘，可是他的父母希望他娶一个出身不好的，因为她的亲戚很有钱，那么他不必屈从父母的意愿，因为他们的做法应当受责备。

拉比以利则·本·海克努斯 22 岁了，还没有学过《律法书》。有一次他下定决心说：“我要去跟着拉班约翰拿·本·扎凯学习《律法书》。”他的父亲海克努斯对他说：“你不把整块地犁完，别想吃一点儿东西。”

他早早地起床，犁完了整块儿地，然后就出发去了耶路撒冷……

当他的父亲海克努斯听说儿子在跟着拉班约翰拿·本·扎凯学习《律法书》

后，他宣布：“我要去禁止我的儿子以利则使用我的财产。”

据说，那天拉班约翰拿·本·扎凯正在耶路撒冷演讲，以色列所有了不起的人都坐在他面前。当听说海克努斯来了，他召集了卫兵，对他们说：“如果海克努斯来了，不要让他坐下。”海克努斯来了，他们不让他坐。但是他往前挤，坐在富有的、高级的城市领导人中间。

“我不能说了。”拉比以利则恳求道。

拉班约翰拿催促他，同学们催促他，所以他站起来发表了人们从未听到过的演讲。当话语从他口中说出的时候，拉班约翰拿·本·扎凯站起来吻了他的头，大声说：“拉比以利则大师，你教给我真理了！”

休息的时间还没到，他的父亲海克努斯站起来说：“大师，我来这里是为了禁止让我的儿子以利则使用我的财产，现在，我所有的财产都应该给我的儿子以利则！”

但父母和孩子，谁更重要呢？

父亲的爱给了孩子，孩子的爱又给了他们自己的孩子。

从前有一只鸟，带着三只雏鸟，要飞过波涛汹涌的大海。大海太宽阔，风太猛烈，父亲不得不用爪子把小鸟一个一个地带过去。当他带着第一只小鸟飞到一半的时候，突然一阵大风刮来，他说：“孩子，看看我为了你这么拼命地努力，当你长大的时候，你能像我这样照顾我的晚年吗？”

小鸟回答说：“只要把我带到安全的地方，当你老了的时候，你要我做什么都可以。”

于是父亲把小鸟丢进大海里，小鸟淹在水里的时候，父亲说：“对你这样的骗子就应该这么做。”

然后父亲返回岸边，带着第二只小鸟，问了同样问题，听到了同样回答，就把第二只小鸟也淹死了，大叫着：“你也是个骗子！”

最后，他带着第三只小鸟过海，他又问到同样的问题，最后这只小鸟回答说：“我亲爱的父亲，你确实为了我冒着生命的危险，拼命地努力，如果你老了我不报

答，那是错误的。但是，我不能束缚自己。可是，我可以保证：如果我长大了，有了自己的孩子，我就要像你对待我这样对待他们。”

对此，父亲说：“说得好，孩子，你很有智慧，我要把你带到安全的地方。”

一天开始于日落

一般人们说的一天，就是从早晨太阳初升直到傍晚太阳下山为止，日出而作，日落而息。但是，犹太人的时间观念则恰恰相反，他们的一天是从日落开始的。以安息日为例，从星期五的日落开始，直到星期六的日落为止。

这种时间观是犹太人所独有的，为什么会这样呢？

犹太人的拉比们曾经专门讨论过这个问题。

他们的答案别具一格。为什么一天要始于日落呢？因为与其明亮地开始、黑暗地结束，倒不如黑暗地开始、明亮地结束。

基于这样的时间观，犹太人希望人生也是这样，从苦难和黑暗开始，最后达到幸福和光明的境地。

在这独特的时间观念之中，也浸透了犹太人深藏心中的乐观精神。他们认为希望是掌握将来的一条线索，在人类所拥有的一切力量之中，最强而有力的，就是希望。有了这种希望，就比较容易能够对生活中的种种磨难和烦恼采取一种豁达的态度。

虽然把一天的开始定于日落，但是人的生活还是按照白昼黑夜的划分而进行，日落而息，日出而作，并没有违背人的身体生理规律，然而却给人的内心注入了乐观和希望的成分。

因此，把一天的开始定于日落，这反映了犹太人对生活和人生的积极态度，是一种智慧的体现。

远东第一巨商的俭朴生活

犹太人哈同是旧中国上海滩的犹太商人，来自印度孟买，曾经寄身于沙逊洋行的门下，并为沙逊洋行经营烟土和房地产。在自立门户以后以经营房地产为主，同时也兼营烟土，经过多年的奋斗而成为远东的第一巨商。

哈同曾与孙中山、章太炎、蔡元培交往甚密。在社会活动方面，他兴办教育、发展慈善事业、资助和组织学术文化活动，对于旧中国的文化教育事业曾经发挥了一定的积极作用。在个人生活方面，他勤俭节约、洁身自好、不近嫖赌、不吸食大烟，成为上海滩商界的人格典范。

1902 年，哈同夫妇结识了曾留学日本、擅长诗画的僧人黄宗仰——乌月山僧。在爱妻的努力下，1903 年至 1904 年，他们请山僧帮忙设计策划，在静安寺一带自己的地皮上，建造了一座占地 50 亩的别墅花园。花园正式命名为爱俪园，以表哈同对夫人——罗迦陵（字俪蕤）的深深爱意。3 年之后，在罗迦陵的竭力坚持下，他们又把附近的土地圈进一百多亩。这次扩建后，哈同花园占地两百多亩，成为旧中国最大、最漂亮的私人花园别墅。花园内亭台楼阁、池湖水榭、曲径小屋、茂林修竹、奇花异草、小桥流水、珍禽异鸟一应俱全，园内还造了一座占地两三亩的佛寺，由乌月山僧率 10 余个僧尼住持。1910 年，花园又进一步扩建。扩建后花园中常住的人有 700 多个，其中半数为佣、仆、差和杂工。哈同花园成了名副其实的“大观园”，其奢华程度已经超过了清朝王公贵族的官邸，清末权倾朝野的李鸿章在上海的丁香园也只有 40 多亩。1931 年，上海滩黑社会老大黄金荣在上海南郊修建的黄家花园，是上海华人中最大的私家花园，也才占地 60 多亩。1904 年初，哈同夫妇正式入住哈同公馆——爱俪园，在这里，哈同夫妇共同指挥着上海滩最大的房地产王朝。

在哈同成为百万富翁、千万富翁乃至亿万富翁后，一直保持着勤俭持家的老习惯，从不讲究奢侈豪华，经常是深居简出。他本人的居室和饮食也都非常简单，几

片面包、一杯牛奶就是一顿早餐。午餐若在家吃，也不过两菜一汤。办公环境也非常简朴，寒冬腊月，办公室里既不升火，也不安暖气。在生活方面，他也有自己的清规戒律。虽然从事鸦片生意，但却从不抽一口大烟；虽然腰缠万贯，但他的身影从来没有在上海滩赌场出现过。此外，哈同还遵守犹太民族的家庭婚姻观念，终生没有纳妾娶小，也从不拈花惹草，或调戏、勾引家中的侍女。这在多妻制合法的旧中国，在灯红酒绿的十里洋场，是极其难能可贵的。

此外，哈同夫妇还热心于教育和慈善事业。他们一生膝下没有一个子女，但却前后收养过40多个孤儿，其中有20多个被立为义子义女。1902年，哈同夫妇通过黄宗仰的联系，兴办了附属于革命团体爱国学社的爱国女学，由罗迦陵任董事长，并一直维持到解放初。爱国女学是我国最早创办的女学堂之一，新中国成立后改名为爱国中学，成为上海的名牌中学。1938年，哈同洋行将国货大楼收回后，改为"慈淑大楼"，专门用于兴办慈善事业，对于各种募捐活动哈同都是慷慨解囊。

不要使我们的世界腐烂

为了使人们生活在清洁的环境中，《塔木德》还规定："禁止生活在一个没有一座绿色花园的城市里。"

犹太人认为，人应该居住在清洁的环境中，并且禁止任何人去做任何会对城镇的卫生有害的事。

犹太人为使最神圣的耶路撒冷清洁、美丽，实行了10个特殊的规定。

其中包括：在城里不得堆粪堆；不得建砖窑；除了早期先知们留下来的玫瑰园以外，不得耕种其他花园或果园；不得养鸡；死人不能在城里过夜。

城里不得堆粪堆——因为会有害虫在粪堆里繁殖。

不得建砖窑——因为它会带来滚滚浓烟。

不得养鸡——污染太大。

死人不能在城里过夜——人死了以后肉体易变质腐烂而引起污染。

不得耕种花园或果园——因为肥料和腐烂的花、水果会发出难闻的气味。

为了使人生活在洁净的环境中，犹太人可以说是世界上最有力的环境保护者。把人的生活环境作为生活文明的重要内容，这是犹太民族较其他民族更为先进的意识，也是他们保持身体健康的杰出智慧之处。

在犹太人的生活智慧中，还有一条就是要像爱惜生命一样爱惜大自然。

犹太人认为爱惜大自然，是敬重上帝的体现。

犹太人的这一观念是出自《圣经》的记载和教诲。《圣经》中说：上帝造出第一个人后，带着他看遍了伊甸园中所有的树木。上帝对人说：

“看啊，这些都是我的作品，它们多么美丽，多么值得赞美啊。我所创造的这一切都是为了你。想想这一点，不要使我的世界腐烂，也不要破坏它；因为如果你破坏它，就没有人在你身后修补它了。”

犹太人认为，这个世界只是上帝选择和被选择中的人创造的。

犹太人爱惜大自然的心情由此可见一斑。爱惜大自然，保护赖以生存的家园是犹太先民的最伟大之处。

犹太人的生活心态

犹太人不光注重吃，苦难的历史使他们同样注重精神文明的建设，如果不是这样，恐怕就难以出现灿烂的犹太文化了。

“二战”时，在上海的虹口，来到中国避难的犹太人高达30000人。在兵荒马乱的艰难岁月里，犹太人和上海人和谐相处，有的还学会了讲上海话。即使在异国他乡避难，犹太人也会保持从前那样的生活习惯，来维持精神上的信仰。他们甚至会在难民区里弄出一间维也纳式的咖啡屋，也曾把舟山路变成做生意打听消息的场所。

那些流落在上海的犹太人，在舟山路老人的印象里他们通常都很会过日子，聪明睿智，对赚钱都有自己的一套方法。在当时，1938年的虹口已经是破落不堪，偌

来到中国避难的犹太人

大个巷子不见炊烟，衰草败柳，残垣破垒，十分苍凉，只有那些犹太难民还据守在虹口，他们没有让这个受到战火侵袭的地方走向衰落，而是极具创造力地将虹口打造出一片欣欣向荣的景象。

在虹口这一难民聚居的地方，居然冒出了数百家商铺，生活家居、日用百货，一应俱全，很大程度上缓解了物资方面的问题，使犹太难民可以安下家来，像本地居民一样生活。一些有实力的犹太人还走向了创业之路，办起了小工厂，还把产品推向中国，并且很有市场。过了两三年，在犹太人居住地方有了繁荣的景象，提篮桥地区商人进出不断，至于舟山路更成了这一带的 CBD，从唐山路到霍山路不足 300 米的街道上，各大商铺鳞次栉比，热闹非凡，在那个年代里出现了极为少见的繁华。

时光一晃而过，上海的犹太难民们在认同中国文化的同时，他们也不遗余力地保持他们在欧洲大陆的生活习惯。这些犹太难民在面对生活的磨难时，仍旧不忘娱乐，只有这样才能忘却痛苦，继续生活下去。犹太人的娱乐休闲方式在异国他乡也很好地保留了下来，他们在虹口开了许多饭店，还有一些维也纳式的咖啡屋，人们在那里讨论战争和希望。有着消息秘径之称的舟山路常散发出许多或真或假的消

息，可供消遣。难民中甚至还组成了乐团，由歌唱家组成的歌剧团还到处演出，牌艺俱乐部和夜总会也在这里站稳了脚跟。物质缺乏的年代里，这样的娱乐场所一般只提供白开水，客人们须自带酒水，和现在的一些消费场所完全相反。

对生活有着深刻理解的犹太人并不将赚钱放在生活的首要位置，赚钱不过是为了享受，那么在生活中就应该过得精致一点儿，不能做只赚钱不享受的赔本买卖。

约翰·巴布森是一名美国商人，某个周末，天气甚好，他需要去以色列参加一项重要合同的谈判。在专机抵达以色列后，他惊奇地发现这里交通畅通，马路上交通工具少得可怜，甚至公交车都没见着，和他在美国所见到拥堵不堪的交通完全不一样，于是便问同行的合作商："贵国首都的车辆为何如此稀少？"

合作商是一个名叫谢利文的犹太人，他向约翰解释了这里的情况。原来这天是犹太人的安息日，在犹太人的法律里，这一天是用来休息和祈祷的，不得驾车出行，不能做买卖，禁酒、禁欲、禁烟，一般人都按照规定在家休息和祷告。因此，这天大街上的车流量必然比往日少了许多，这样的一天是犹太人享受的一天。

"你们犹太人真是会享受。"约翰听完，语气里充满羡慕。

谢利文笑着说："身体是革命的本钱嘛，这个道理我们早就懂了，并一直在这样做，只有身体健康才有机会去享受生活的美好，为了有一个好的身体，在饮食方面就不能亏待自己，生活方式也要有规律，即使我们亡国两千年，漂泊四海，受尽迫害和欺凌，却并没有从这个星球上消失，这得益于我们注重生活的品质和拥有良好的心态。"

世人围着金钱打转，无非是为了使物质生活更丰富、更安逸，可令人侧目的是，一旦人迷上了金钱，并为之忙碌时，就无法再过上舒服的生活了。很多商人毕生都在追求金钱，把一堆数字视作珍宝，到死都没有真正地享受过生活，至于犹太商人，他们是商人中最为洒脱的一群人，不仅会赚大钱，还最懂得享受生活。

或许全世界也只剩犹太人真正了解享乐主义，知道如何面对这惨淡的人生而不至于绝望。无论是一个人、一个家庭、一个团队，还是一个社会，只有懂得享受真谛的人才会把人生看得重要，才懂得去尊重他人，才会爱人如己，和他人和谐

相处。

而一味地追求金钱和权力的人，利欲熏心，丧失了奉献的精神，不愿平等地对待他人，只顾着自己享受，而不顾他人死活，把自己的财富建立在别人的贫困上，通过剥削、欺瞒、践踏他人来达到自己的目的，这样的人在生活中也有不少。由此产生的社会矛盾难以消除，贫富不均、为富不仁，以至劫富济贫，这样来看，有钱不全是有好处的，福祸相依，谁都无法背离这天道。

深知“舌头”是善恶之源的仆人塔拜

神赐给人们两只眼睛两只耳朵一张嘴，就是要人们多看多听少说话，观察和倾听比诉说更有分量。

犹太人很注重语言的艺术和杀伤力，在说话时一般有着比较强的自我控制能力，他们认为说出去的话如同泼出去的水，覆水难收，恶言亦如是。

有一位叫西蒙·本·噶玛尔的拉比，有一天，他吩咐仆人塔拜去市场买一些好的东西。

塔拜从市场回来后，只买了一个舌头。

西蒙拉比吩咐仆人塔拜说：“这次你再去市场上看看有哪些不好的东西，看好了买回来。”

塔拜回来后，依旧买的是一个舌头。

西蒙拉比生气地说：“你糊弄我吗？我让你去市场买好东西你就给我带一个舌头，我让你去买不好的东西你还是买个舌头，什么意思啊你？”

仆人塔拜恭敬地回答说：“祸从口出。舌头乃善恶之源，它要对你好，世上就没有比它更好的了；它要对你坏，世上也少有比它更坏的了。”

正因为这样，《犹太法典》便告诫人们说：“不要喋喋不休，更不要让你听过的话低于你说过的话的两倍。”

犹太人的生活经验是：蠢人总是把自己的智商暴露在嘴上，聪明贤达的人善于

把自己的知识隐藏起来。所以，犹太人有句话是这样说的："如果你想活得不那么蠢，那么就该用你的鼻子呼吸新鲜空气，而不要老张着嘴。"

大多数的犹太人都喜欢那些懂得倾听的人，厌恶那些爱说废话毫无内涵的人。人以群分，物以类聚，莫不如是，懂得倾听的人在一起总是比较舒服的。

善于倾听的人更容易受到犹太人的信任，他们会流露出自信和知性，相反的是那些废话连篇急于表现的人，更显得自己的无知和愚昧。犹太人俗语云："愚人欲扬云中声，智者不语眼中明。"

犹太教的教义里认为，要让自己的舌头适应沉默的力量，这对自己的人生很有帮助。《犹太法典》里更是直截了当地告诫人们要"必须像对待珍宝一样，时时看好自己的舌头，谨慎使用"。

犹太人认为舌头的力量巨大，胜似刀剑，无论你高低贵贱，都应该慎重使用。不然，不但伤人伤己，而且这种伤害还无法挽回，不到关键时候，绝不在言语上与人纠缠。

"沉默是金，雄辩是银。"犹太人认为雄辩不如沉默，多说无益，沉默是最好的语言。

在日常的工作和生活中，你我也讨厌那些只知道夸夸其谈、纸上谈兵的货色，他们还不如不说话，闷头苦干的好。犹太人的思想里，饭不可以乱吃，话更不可以乱说，说话前要仔细地斟酌语言，如果把话比作治病救人的药，那么多一分少一分都不行，只有合适的剂量才能达到治病的最好效果。

所以，犹太人成了一个高度重视言语的民族，相对于其他民族较为节约口舌，不打口水仗。关于言语，这些犹太人还有其他的告诫："没有骨头的舌头，应当特别小心。""舌头当听从心的指挥，不能让心听从舌头的指挥。"

有人开玩笑说，《犹太法典》之所以有如此多有关舌头的忠告，肯定是因为爱饶舌而栽跟头的犹太人太多了。无论如何，少说话学会倾听一定是没坏处的，这也是犹太人为人处世的一条重要秘诀。

尊重女性是犹太人的优秀传统

犹太人是一个尊重女性的民族，尊重女性是一种优良的传统。

尊重你的妻子，不需要什么理由，只因为她是你的亲人。尊重你的妻子，才能丰富你的生活。男人应该时刻注意对你的妻子抱有应有的尊敬，要知道，家庭的核心并不是男人而是妻子。试想一下，你所有的一切苦痛，真正能与你分担的只有你的妻子，妻子才是家庭幸福的源泉。

犹太人不存在性别歧视，没有什么男尊女卑抑或女尊男卑，所有的男女都是平等的。

《塔木德》中有关女性的忠告是："敬爱你的妻子，必须像你珍爱自己一样，保护她，爱护她，不要让她流泪，因为神在数着她的眼泪。"

《塔木德》又说："如果有一男一女两个孤儿需要帮助，你应该先帮助那个女孩，因为男孩还可以去做乞丐，可是女孩子却不能这样做。"

根据《圣经》里面的描述，上帝为了不让伊甸园的亚当过得太孤单，于是给亚当造了个女人，这个名叫夏娃的女人来自亚当胸前的一根肋骨，这表明了，世间男女本来就是一体的。男人在长大后总是要离开父母，去找一个女人做自己以后生活中的伴侣，这个女人就是妻子。在恋爱中，男人去追女人，是需要拿回属于自己的那根肋骨，而女人也想回到她原来安身的地方，那么，男人和女人生活在一起，才是最完美的结合。

《塔木德》上面如是说："上帝不用男人的头去创造女人，本就没有赋予女人支配男人的力量。同样，上帝也没有用男人的脚去创造女人，这是因为女人并非男人的奴隶，上帝仅仅是用一根肋骨创造了女人，是为了让女人在男人的心上有一定地位，与男人心相近，情相知。"

在欧洲大陆上广泛流传着这样一句谚语："如果一个犹太人忍受不了饥饿，那么他会开始唱歌；如果是一名基督徒在挨饿，那么他就会开始殴打自己的妻子。"

在犹太人的传统观念里，女人是不需要违反自己的意愿，接受男人意志的强制，成为男人的附庸。犹太人的离婚率是相当低的，男人都知道怎样去爱护自己的女人。关于如何保护女人，犹太的法律里甚至规定，在妻子没有欲望的时候，丈夫敢强行发生关系的话，将被视作强奸罪接受制裁。

在生活和工作中，犹太女人要尽到做妻子的责任，对于丈夫的学业要有促进作用，在事业上要给予鼓励和帮助，教儿育女更是本职工作。

《圣经》上说："贤德的妻子，是自己丈夫头上的光环，而败德的妻子，则会腐蚀丈夫的骨血。"

在犹太人的家庭中，丈夫虽然有着财产和法律上的绝对权利，却无不遵循先贤们的教导，用宽广的胸怀建立幸福的家庭，善待家人，治家有方。在一个家庭之中，女性有着很重要的地位，在犹太法律上规定女性就该受到尊重和照顾。犹太男人在保护女性方面有很强的意识，一段婚姻是否幸福，取决于丈夫如何对待自己的妻子。

爱人如己，男人爱自己的妻子当胜过爱自己，多多地赞美她，促进家庭的和谐。教育好子女，使子女走向彼此人生正轨，对于孩子们的婚姻大事要慎重，使家庭中安宁团结，与父母、妻儿共享天伦。

正因为女性在家庭生活中有着不可替代的地位，男人应当时刻提醒自己，不要妄自猜测女人的心思，避免出现误会。女人在男人面前通常是弱者，男人应该给妻子足够的尊重，这样相敬如宾的婚姻必然会使上帝降福。

"如果你的妻子需要仰头看你鼻孔说话，你应当知道该什么时候弯腰俯首。"

犹太人的故事里，对于家庭和爱情的注释有这样一段：

某人的妻子有一只手存在一些缺陷，共处一辈子，这个人一直没有发现，直到妻子去世时他才有所了解。

一位拉比听闻后评论道："这位妻子竟是如此的谦卑，连她的丈夫都不知道这个秘密。"

另一位拉比西亚却说道："这个女人把自己的缺陷隐藏起来并不是什么难以发

现的事，也是合情合理的，要说谦卑，你看她的丈夫，从来没有去检查过妻子的缺陷。”

在犹太人的世界里，拥有一位好妻子的男人，他将会有双倍的生命力，他的妻子也会因为他而感到骄傲。

妻子的支持是丈夫最强力的后盾，也是代替父母陪他度过后半生的人生伴侣，给予他安宁和幸福感。

娶到一个好妻子是人生中不可多得的好事之一，贤明的妻子是上帝赐予这苦难的人生最好的礼物。

犹太人尊重女性的传统由来已久，因为尊重自己的妻子，所以犹太人家庭的生活质量都很高。这种高质量的生活并不是指物质上的充实，而是在于家庭的和睦、幸福和美满。

每一个成功男人的背后都有一个优秀的女人。所以，有了稳定的大后方，犹太男人干起事业来就精力充沛，为了温馨的家庭而努力地工作，这才是人生中真正的幸福。

一个好女人就是一所学校，值得男人花一辈子的时间去学习的。

不断激发自己潜能的犹太人保罗

一个人的能量是不能以目前的现状来进行估量的，当日吴下阿蒙也有白衣渡江奇袭荆州的时候，所以，永远不要低估他人，也不要低看自己。只有不断超越自己，才能在人生的路上走得更稳更长。

保罗·纽曼是一名在美国俄亥俄州出生的犹太人，他的父亲是做体育器材生意的小商人，母亲热衷于音乐及艺术创造。受母亲的影响，保罗也喜欢表演，他在大学期间参加演出了十几部舞台剧。毕业后，他在父亲的店里帮忙，日子过得平淡普通。如果按照这样的生活轨迹，说不定以后他就成了一个成功的犹太商人，可是这样的生活对于保罗来说太过乏味，不想把一辈子时间就这么挥霍的保罗毅然而然地

把商店给卖了，一头扎进了演艺圈。摸爬滚打了一段时间后，在1986年，保罗凭借在《金钱本色》当中的出色表现，一举拿下了奥斯卡金像奖。从商人到艺人的转变，保罗点亮了人生的另一片天空，能在陌生的领域获得成功，也是因为他有这方面的实力，并毫无保留地表现出来了。

保罗·纽曼

在演艺界取得的骄人成绩并没有埋没保罗的潜能和雄心，在1982年的时候，保罗又搞起了食品。一次偶然的接触使保罗深深地喜欢上了一种拌面用的酱汁，这种新鲜的食品在曾经做过商人的保罗眼里具有巨大的商机，于是保罗便和朋友一起投资建立了公司，开发起这种新食品，又从一名艺人转变成企业家，最终越做越大，成了美国的食品大王。

保罗·纽曼的人生经历十分传奇，他从一名小商人转变成演员，然后做到了演员的极致，成了天王巨星，不甘寂寞的他又从天王巨星转变为企业家，又在这一领域达到了一个新的高度，成了一代“食品大王”。保罗的人生经历告诉人们，唯有不断挑战自我，超出自我的极限，去尝试新的事物，方可为生命提供源源不断的创造力，在有限的范围内挖掘出最大限度地潜力。

每个人来到世上，上帝都会赐予他一些生存的技巧和天赋，帮助他在人间走完美好的一遭。有的人通过努力学习将自己的才能挖掘出来，成就了一番事业；而大多数人却混沌度日，既不自信，又十分愈懒，以致荒废了才能，空叹岁月无情，一事无成。

知足常乐的犹太人

知足常乐是人生的一种境界，人的欲望是无止境的，能做到知足常乐，才能与

世无争，这也是一种大智慧的表现。

生活本无定义，但是人们会为其赋予自己的定义。生活的存在，即感知的存在，每一次经历，每一次记忆，每一次哭泣，每一次欣喜，每一次相聚，每一次分离，都是生活。

犹太民族有古语云：

颠覆之时兮，复有建设之日兮；

偶有哭泣之时，亦循欢笑之来时；

哀号之日衰，舞蹈之日盛；

投石之初，收石为终；

故有拥抱之时，亦有分离之时；

将有寻获之时，不患失落之时；

有守护之时，有遗弃之时；

赐降生于世，亦不免黄泉之旅；

莫失播种之春，便有收割之秋；

可夺杀戮之刀，造悬壶之刃；

纵有撕裂之时，亦有缝合之时；

徒羡沉默之眉眼，胜言笑之晏晏；

不以爱恋之衷，添憎恨之嫌；

惜战争之无常，识和平之有数。

生活中原本平淡无奇，这是大多数人生活的真实情况，不要抱怨上帝没有给予你富足的物质生活，生活的不公乃是人为造成的，每个人都有改变自己生活的能力，不要因为现状不理想而放弃自己的理想，也要适当抑制自己的欲望，在前行中保持心态的平衡。

阿卡马雅·本·玛哈拉雷尔是犹太人中有大智慧者，他流传下来这样一句话：“人生来一丝不挂，死的时候也是一样无所牵挂。”

当今社会里物欲横流，灯红酒绿，声色犬马，纸醉金迷，地位有高低，富贵有

等级，人比人气死人，每个人都该学会自足，把自己置于更广阔的背景下来接受自己目前的状况，这也算是一种自我安慰，不至于怨天尤人，自暴自弃。

夏天的时候，漫山遍野的绿色从脚下铺到天边，晴朗的阳光下，树木泛出耀眼的绿光，南风吹拂，草木的清香袭来，沁人心脾。

这样的日子里，一只吃饱了出来散步的狐狸，在这片绿野上偶然发现了一座葡萄园。

这座葡萄园被篱笆包围着，狐狸围着篱笆转了好几圈，终于发现了一个洞口。只是这个洞口太小了，明显不是为狐狸而设的，狐狸拼了命也只能钻进去一半，它的大肚子始终在篱笆外吹风。

狐狸十分沮丧地走了，它说："或许这里的葡萄还没熟，很酸吧。唉，最近运动有点儿少了，不适合做钻洞这种剧烈运动。"

回去后，同伴听了它的遭遇后，表示要钻进去并不难。

问清路线的同伴独自来到葡萄园，费尽力气也没能钻进去，还掉了许多毛。

累得半死的狐狸不甘心就这样回去，怕遭受耻笑，于是想了一个办法：瘦身！

它在洞口守了三天三夜，一点儿东西也不吃，饿得瘦了下来，头晕眼花地钻进了葡萄园。

进了葡萄园的狐狸开始大吃特吃，不枉它饿了三天三夜。园里的葡萄并不是同伴说的那样是酸的，而是甜的！

这样没过多久，它就把自己养得又肥又壮，想着回去向同伴炫耀。

它再次来到洞口时，顿时觉得自己智商太低了，于是这只狐狸又饿了三天三夜，又是一阵头晕眼花，才勉强爬出葡萄园。

临别时，看着这座让它沮丧、让它幸福、让它快乐、让它崩溃的葡萄园，狐狸感慨道："园兮园兮，中有葡萄兮；园兮园兮，其何美兮；葡萄之实，不可多得兮，三日之累，不敢再望兮；园兮园兮，其谁与享兮。"

狐狸的这种遭遇对于世界上其他人来说也是一样，人们希望能一直享受，但事实上这是无法满足的，没有谁能一直走大运，生命里总有些苦难在等着人承受。

这世间的欢乐如同广告，总是不停歇的，只是每次它都要换个频道，没有谁能一直拥有它。

所以，在满足欲望时要懂得适可而止，水满则溢，月盈则亏，知足为善。

热爱音乐的犹太人和大卫王

犹太民族是一个懂得生活的民族，也是一个懂得音乐的民族，自古以来，犹太人就以善于音律而闻名于世，音乐在犹太人生活中不可或缺。

犹太音乐有着浓厚的历史感和民族气息，自从这个饱受磨难的民族有历史以来，几乎就一直在躲避灾难，在漫长的流亡时光里，犹太民族并没有从历史上消失，驱逐也好，屠杀、迫害也罢，犹太民族经受住了非人的待遇，让自己的筋骨更强健，耳目更灵敏，头脑更发达，反而愈来愈强大、愈来愈昌盛。这是因为犹太人的宗教信仰和民族精神为这个民族提供了生存所需要的信心和智慧，而犹太音乐义与神密切相关，所以也是不可缺少的一部分。

摩西

摩西是犹太人伟大的先知。根据传说，上帝曾经让摩西写下一首歌来教导犹太人，这首歌将预言犹太人的不幸遭遇，必然要使他们信服，并世代传诵下去，永记不忘。据历史记载，犹太的大卫王就是一个很有音乐修养的诗人，他的作品字句优美、气势不凡，谱出来的乐章也是恢宏大气，值得一听。他还会制作乐器，兼有歌手和琴师的身份，可谓多才多艺。最广为流传的是他为扫罗王三位战死的王子所做的哀歌，真情实意，感人肺腑。在大卫王的时代里，推动了犹太音乐事业的发展，他聘请了许多音乐教士，大搞音乐活动，教化民众，音乐成了普及教育和扫盲教育，他更着重于培养犹太儿童的音乐

素养，使他们能够具有灵性，独立处事，学会感恩，提高修养，专注内涵，陶冶情操，继承传统。

音乐在犹太人的宗教里享有很高的地位，犹太人在读书之余，最重要的事就是学习音乐方面的知识。犹太人似乎特别钟爱小提琴，知名小提琴家辈出，以至小提琴成了犹太民族的一种符号，世界顶尖的小提琴家帕尔曼、明茨、祖克曼等都是犹太人。犹太人当中还出现过许多音乐家，为世人提供了精神补给，在音乐史上也有着深远的影响。

音乐的作用非常大，在很久以前人们就已经发现音乐可以用来调节情绪和帮助减轻病痛。这些年来，音乐疗法越来越普及，它的本质是心理治疗法，通过音乐疗法可以使高血压病人血压降低，可以代替麻醉剂帮助医生拔牙，甚至还可以提高鸡蛋和牛奶的产量。音乐之所以在这方面卓有功效，是因为它能对人的大脑皮层产生刺激，改变脑电波，以达到调节情绪的目的。

音乐也能锻炼记忆力，许多人早期接受的音乐教育到老了仍然记得，一段旋律一段往事，半句歌词半篇回忆，始终难以忘怀。国内外许多音乐家都推荐儿童尽早地接受音乐的洗礼，开发大脑，培养孩子的想象力。爱因斯坦小时候的表现十分笨拙，只是在他听到音乐的时候才会神情专注、一心一意地倾听，最后他成了科学界的泰斗。

犹太人的音乐里饱含着千年的辛酸和苦难，因而，他们的音乐作品多忧郁、伤感，而又不乏希望，既简约又不乏细腻和浪漫，独特的民族性使其音乐独树一帜。犹太人把宗教教义当成圣歌来传诵，民族音乐源远流长，又使之与犹太民族共存亡。

犹太音乐最大的特点就是有着极强的宗教性质，与其他民族的音乐相比较最为明显。犹太人认为音乐是上帝的神谕、是上帝在世间的声音、是犹太教教义精髓的所在、是与上帝对话的方式，因此，犹太人很在意自身与音乐的交流，当作是聆听上帝的教诲。

由于种种原因，犹太人对音乐十分重视。拉比曾告诫犹太家长，不要害怕孩子

痴迷音乐，学习音乐胜过死读书。事实上，学习音乐可以培养美感，增强对美的认识，发展出自己的个性，在欣赏音乐时完善自我。音乐作品所表现的情感和意境是需要极强的领悟力去创造的，在进行艺术再现的时候，更需要协调和统一，在倾听音乐时候能产生一系列的联想和感悟，对培养想象力和理解力很有帮助。音乐往往能给人很大的想象空间，可以让自己的思想四处翱翔，不受拘束。倾听音乐，热爱生活。

快乐生活的莱迪亚

生活不会是一帆风顺的，难免出现一些波折，面对困难时不抛弃不放弃，豁达如失马的塞翁，学会换个角度来看生活，也许会发现从来没见过的美丽风景。

快乐地生活也是犹太人生活的秘诀之一，保持良好的心态，宠辱不惊，笑傲人生。

犹太人莱迪亚学画多年，小有成就，她是一个快乐的文艺女青年，画风犀利，通过绘画来表达自己的内心世界。即使没人能看懂她的画，卖不出价钱，她依然在画自己的世界，并不沮丧。

一天，伙伴们一起去买彩票，在大家的怂恿下，莱迪亚也花两块钱买了一张。

到了开奖日期，这张彩票居然中奖了，奖金多达50万元。

伙伴们纷纷来祝贺，问道：“你这个走运的家伙，现在还画画吗?”

莱迪亚笑着说：“我呀，现在画支票的数字就够了。”

有了钱，莱迪亚就搬出了原来的画室，购置了一座漂亮的别墅，内部装饰极尽奢华，但又不失品位，古董吊灯照亮铺满阿富汗地毯的客厅，原木橱柜里装着精美的餐具，吧台上有陈酿，喝茶的杯子来自中国，窗户上雕着花，阳光静静斜照进来，屋子里的配置看起来很舒服、很协调。

莱迪亚瘫软在自己的新家里，享受这突如其来的舒适生活，她摸出一根香烟，娴熟地点燃，一阵吞云吐雾，一个人的房间里孤独感袭来，她感觉少了点儿人气，

便扔掉烟头，决定出门去找朋友玩，还像之前在那间石头画室一样的作风。

被抛弃的烟头比莱迪亚更孤独，在华丽的地毯上看着自己的生命伴随着缕缕青烟慢慢消散，不甘寂寞的它蛊惑身下的地毯陪它一起燃烧，不一会儿，桌椅沙发也加入了燃烧军团，不久之后，整个别墅都在狂欢。火光里，漂亮豪华的别墅化为一堆废墟。

得知这个消息，伙伴们都来安慰莱迪亚。

"莱迪亚，你这个倒霉蛋，对于你的不幸我们表示深切的同情。"伙伴们说。

"嗨，哪有什么不幸啊。"莱迪亚说。

"损失多惨重啊，莱迪亚，现在你什么都没有了。"

"损失什么！两块钱而已。"莱迪亚笑的很大声。

犹太人认为，金钱乃身外之物，不要将财产看得过分重要。有得有失才是自然法则，做一个快乐的人，切忌贪婪，这样，人生的境界将变得开阔，生活也就不那么艰难了。

犹太人在流亡的两千年里，生存不易，竭力追求财富的同时也强调心态的重要，不要为金钱所拖累，快乐的生活是自信的源泉，懂得如何快乐地生活才算是享受人生。

第十章　犹太人的生存与处世智慧

一个如此弱小的民族，何以具有如此伟大的力量，以至它在各种苦难的重压下仍能坚定地站立起来，并且迈过漫长的黑暗？在2000多年的历史长河中，它既没有罗马帝国武的强大武功，也没有中华民族般的强盛国力，有的只是不堪一击的弱小和备受歧视的卑贱。那么它靠的是什么呢？在基督教产生并传播给外族人之前，犹太民族区别于其他民族的根本地方就在于它的“一神教”信仰，生生不息的民族意志，还有非凡的处世智慧。

一、坚定的信仰与民族意志

坚贞不屈，绝不投降

公元73年，犹太小刀党领导的起义只剩下最后一个据点马萨达堡，960名义军被10万罗马士兵围困了整整3年。石块已阻挡不住罗马人的进攻，在4月15日犹太教逾越节，他们决定集体殉难。殉难前，起义领导人拉埃尔发表了“宁为自己而死，不为奴隶而生”的浩气长存的演说，这就是代表犹太人民族气节的“马萨达精神”。

公元135年，犹太人在抵抗罗马人的最后一次起义失败后，守卫贝塔尔要塞的守军亦全部自尽，绝不投降，再一次体现了犹太人大无畏的英雄气概。

不惧血与火的锤炼，坚贞不屈，这正是犹太人历尽浩劫而不灭的真谛之一。

犹太教是世界上最古老的宗教之一，基督教和伊斯兰教都发源于它，它有成文的经典和行为规范，是每一个犹太人的精神支柱，也是联系散居在世界各地的犹太人的精神纽带。每一个犹太教的教徒，都拥有坚定的信仰。

“巴比伦囚虏”时代，流浪的犹太人纷纷发誓：“耶路撒冷啊，我若忘记你，就让我的右手从此不会操作，舌头从根烂掉。”即使是在中世纪宗教迫害那么疯狂的年代，也只有少数人放弃犹太教，接受基督教洗礼。

15 世纪下半叶，西班牙宗教裁判所以死刑威胁犹太人改教，一批犹太人为了生存，表面上接受洗礼，实际上仍忠于自己的信仰。西班牙皇帝恼羞成怒，下令将 21 万犹太人全部驱逐。也正是犹太教和《圣经》，使犹太人自命为“上帝的特选子民”，《圣经》成了唤醒散居在世界各地的每一个犹太人民族意识的强大力量，这不仅阻碍了他们与其他民族的融合，同时也使他们心中永远装着上帝，一切苦难都是上帝为惩罚他们的罪行的特意安排，届时救世主自会拯救他们脱离苦海，回到“流奶”之地。于是，他们具有了忍受一切压迫的巨大忍耐力，这也是他们能够在任何恶劣环境下都能生存并保持民族同一性的内因。

在人生的道路上，会接受苦难，苦难就成了上帝赐下来的化装了的福庇；不会接受苦难，苦难就真的成了难以承受的重担。

人生总有迂回曲折，伴随着成长的过程，还会遭遇更多的挫折，这就是人生的现实。在这些人生的转折关头，应该如何去看待，进而如何去应付，就全看你自己了。你可以把它当作是一种“挑战”；或者，你也可以像大多数人一样，把它当成是时运不济、危机、灾难，而不去寻找更可靠的道路再尝试一次，并作为自己承认失败的借口。

很多人没到大难临头，往往不会发挥出自身潜在的实力。除非不幸的悲哀、丧家的痛苦及其他种种创伤足以打动其生命内核，不然，他内在的潜力是不会被唤起的。

许多年轻人在遇到障碍的时候，便对所追求的目标心灰意冷。他们退缩下来，

说命运是冷酷的，逐渐变成胆小之人，这实在是很遗憾的事。真正重要的，并不是我们人生中的偶发事件，而是我们如何面对这些偶发事件，并创造各种不同的人生，绝不能因为命运而阻碍了自己的前途。面临困境时，就是你向命运挑战的时候，要有拒绝失败的勇气。当然，打消念头，退缩放弃是很容易的，多数人在日常生活中也证实了这一点，但是，这些人恐怕不是你所希望成为的。拒绝失败的人，在一个地方吃了闭门羹，会敲另一扇门，一次又一次不断继续敲门，一直到被接受为止。年轻时能学习这样处世的人，最终应该没有不能获得大成功的。

因而，检验一个人的品格，也最好是在他失败的时候，看他失败了以后会怎么做。失败能唤起他更多的勇气吗？失败能使他做出更大的努力吗？失败能使他发现新力量，挖掘潜在力吗？失败了以后，他是决心加倍的坚强还是就此心灰意冷？

爱默生说："伟大、高贵人物最明显的标志，就是他坚忍的意志，不论环境如何恶劣，他的初衷与希望不会有丝毫的改变，并将最终克服阻力达到所企望的目的。"

跌倒以后，立刻站立起来，面向失败夺取胜利，这是自古以来伟大人物的成功秘诀。

接受上帝对灵魂和肉体的试炼

以色列犹太人是世界上经受磨难最多的民族，而他们正是在数千年的生存斗争中，经受了出生入死的折腾，灵魂和肉体都得到空前的锻炼，才成长为一个坚强不屈、生生不息和人才辈出的伟大民族。

在《圣经·旧约》的《出埃及记》中，上帝给以色列人安排走出埃及的"十灾"折腾，也有考验和锻炼以色列人的目的和用意；可以说是上帝预先考验以色列人是一个生存合格的民族，才让他们"渡过红海"获得新生的。

《圣经》诠释家考门夫人说："为了造就我们，主常常让我们落入试炼中，可是，人总错看主的谋算。"为什么会看错"主的谋算"呢？就是因为人们在遇到痛

苦和灾难的时候，常常怨天尤人、恼怒消沉，而不知道这是超人力量为了考验和锻炼人心的特意安排。考门夫人认为，并非世间每一个人都能得到“上帝”的青睐而受到特别考验；一个人得到锻炼的机会，是他的福气，因此应该感到高兴。“特别的苦难不一定是对特别的罪恶的刑罚，有时反而是特别的祝福。神有许多锐利的工具，是用以琢磨他心爱的宝石的；凡是他所特别心爱的，就常常加以琢磨，希望他们发出光亮来。”“你是神的无价之宝石，现在你既在他手中，他知道怎样锻炼你，若不是神的许可，没有一击能临到你。”

我们能得到苦难的考验，真的应该值得庆幸。如果你在自己的一生中“没有一击能临到你”，那才是真正的不幸。如果我们明白了苦难折腾是超人力量为了赋予我们人生意义和锻炼我们的特意安排，就应该从自己的性格中去掉退却和烦恼的因子，以积极快乐和自信昂扬的心态投入到人生的折腾中去。

信心、忍耐这种成功人士的重要素质，并非伴随人生而来，并非造物主造就人时所原创赋予，而是要依靠超人力量安排的苦难折腾来锻炼打造。《圣经》诠释家考门夫人做了一个形象的比喻，她说“信心”是上帝把人放进“试炼的火窑”中去提炼出来的，“为把他们纯粹的信心提炼出来，就把他们放进试炼的火窑中去，宝贵的信心的矿苗在经过冶炼之后清除了杂质，才成为无瑕的信德”。因此，人要获得信心，必须经受住“提炼”过程的考验；经受住了考验，人也同时获得了忍耐的素质。信心和忍耐虽然不是人的肉体和灵魂中原有的，但人的体魄中早已具备这个潜质，在痛苦的人生折腾到来之时，只要你经受住考验，信心和忍耐就自然显现出来了。

考门夫人在著名的《荒漠甘泉》一书中，讲了一个生动形象的例子。她说铁匠炼铁时，先把铁块放进火炉里烧红，然后用铁锤敲打，最后把它投到冷水桶里。这样反复几次，如果铁经得起锻炼，就变成钢；如果它经不起锻炼，裂成碎块，铁匠就把它丢在碎铁堆里，一分钱一斤卖给收破烂的人。“同样，主也是用锤、用火来锻炼我们信徒。如果我们没有信心和忍耐，就经不起锻炼，以致不可能符合主对我们的要求。那就不可避免地像铁渣一样被抛到废物堆里去了。”“主给我们种种试

炼，是要使我们的德行得到光大。”如果一个人经不起试炼，他的潜质得不到“光大”，最后就只能变成一堆铁渣而“被抛到废物堆里”。

《圣经·新约》的《雅各书》就告诫说：“我的兄弟们，你们在百般试炼中，都要以为大喜乐，因为知道你们的信心经过试验，就生忍耐。”亚伯拉罕所受的考验就很多很久，“神”用延迟应许的方法试验他，撒旦用诱惑试验他，世人用忌妒、怀疑、反对试验他，撒拉用她乖戾的性情试验他。但是他都能恒久忍耐，从而成为坚强、勇敢和有信心、信念的人，成为犹太人第一位杰出的领袖。

伟大的宗教改革家马丁·路德在重病缠身、卧床不起、非常痛苦的时候，仍然毫无怨言，并不断地感谢和赞美造物主对自己的考验。面对疾病的折磨，他说：“这些痛苦和困厄，现在看上去很像排字工人排的字板，是反的，读不出什么意义。可是，等到铅版印到纸上，我们就很容易读，也明白它的意义。今天我们所受的苦楚若是解释不通，到了将来，我们会明白的。”疾病的痛苦是超人力量对人的一种特别考验，经受住考验不仅使肉体生命得以存活，而且锻炼了人的信心、耐心和毅力，正如考门夫人所说，“试炼的意义，不单是试炼一件东西的价值，而且是增加这件东西的价值，正如风雨不单是击打橡树，而且增加橡树的坚韧。”

犹太民族就是这样一个经受了上帝对人灵魂和肉体的试炼的民族。

面对威胁也不放弃自己的信仰

《塔木德》中有这么一个自问自答的问题——“人的眼睛是由黑、白两部分组成的，可是，神为什么要让人只能通过黑的部分去看东西?”

这本书自己的回答是：“因为人生必须透过黑暗，才能看到光明。”

这段话对世世代代的犹太人产生了极大的激励作用。

第二次世界大战期间，在东欧某都市的犹太人街上，发生了一件事情。每当想起此事，都会令人感慨不已。当时，这个东欧国家已经被德国军队占领了。有一天，所有的居民都被叫到一个广场上去集合，训完话后，纳粹军官从犹太人群中拉

出一个学校老师模样的中年男子，以为只要这位教师肯放弃犹太教，其他犹太人一定会跟进。

“放弃犹太教吧！只要你肯改宗，保证一辈子吃香的喝辣的。”纳粹军官大声地宣布，唯恐大家听不到。

“我拒绝。”骨瘦如柴的教师这样回答。

“你的神可咒，只要诅咒你的神，那么，你和你的家人就能受到永远的保护。”

“我拒绝。”教师的声音很平静。

“放弃犹太教，让我们来保护你。”

“我绝对不能。”教师用更平静的声音回答。

“什么绝对，你知不知道你现在在说什么？假如你还这样嘴硬，我就先干掉你，杀鸡儆猴。再说一次，你到底放不放弃犹太教?”

广场上的人都紧张地屏住了气息，一动也不动，世界像是突然静止了。他们有人注视着军官，有人凝视着教师，有些女人甚至闭起眼睛，不敢观看，因为这一幕实在是太恐怖了。

“犹太神比你的生命重要吗？犹太神比你一生的命运重要吗？傻瓜，问一问你自己吧!”

“你不能改变我的信念。”

“你只要说一声放弃犹太神就好了。”

“我不要。”教师铁青着脸回答。这时，纳粹军官再也忍不住了，他从枪套中拔出手枪，伸直右手，瞄准教师，“砰”的一声枪响，射中了教师的肩膀，刹那之间，教师站立不稳，倒在地上，流血不止，但他仍不断地低吟：“神是神，只有神才是神。”

“猪，你这肮脏的犹太猪。”军官气得大声叫嚷，“你难道不知道我们比你的神伟大吗？你的生命不是由神决定，而是由我决定的。你只要说一句放弃犹太教，我马上送你去医院，治好你的伤，然后，你就可以和你的家人一起过着快乐、幸福的日子。”

“我不要。”教师一面喘着气，一面回答。

军官直立不动，好像有点发呆。转瞬间，大家都看到军官的脸上布满了恐怖的表情，只见他举起手枪，向躺在地上的教师开枪，一枪、二枪、三枪、四枪……在砰砰的枪声中，大家断断续续地听到教师“不要……不要……”的拒绝声，最后，教师终于死了。

无论处在哪一种逆境中，犹太人始终保持着强韧的抵抗力，这是承袭自犹太人的长远历史——自从圣经的时代以来，犹太人就处处遭受迫害，但是他们却从来没有放弃过犹太人的身份。

公元前2世纪时，希腊化时期，希腊政权的安提阿齐四世要犹太人希腊化，施行暴政，强迫他们去吃一向不吃的献祭猪肉。信仰坚定的老人利撤拒不服从，敌人撬开他的嘴，将猪肉强行塞入，他宁死不屈，吐出猪肉，自动奔赴刑场。管祭物的老祭司是他的老友，偷偷对他说：“我用羊肉代替猪肉，你假装吃了它，可以免死。”老人回答说：“这种手段与这偌大年纪的老人不配。何必因为多活几年而放弃信仰，留下屈辱和羞愧，为青年人做个坏榜样呢?”随后他英勇就义。

还有一位母亲和7个儿子，6个儿子先后死去，轮到小儿子时，敌人以为母亲会疼爱小儿子，便要她劝说小儿子吃猪肉。母亲思考了一下后，小声对儿子说：“跟你6个哥哥一样勇敢地死吧，将来复活时，我会把你们一起领回来。”小儿子死后，母亲也直赴刑场。

犹太人在几经迫害中，从没有放弃反抗和起义。《圣经》中摩西出埃及的故事，是犹太民族精神的第一个体现。公元前586年犹太王国亡于新巴比伦时，人们把竖琴挂在柳树上，宁可缄口，也不肯为敌人唱锡安之歌，并发誓说：“若为敌人弹琴，愿这手枯干；若忘了锡安，而为敌人歌唱，便愿喉舌僵硬，不能再唱。”这是犹太民族精神的又一个体现。

学会承受所发生的事情

犹太人获得成功的动力，来源于犹太人在近 2000 年里失去自己的国家，饱遭蹂躏的遭遇。犹太人在各个历史时期、不同的国家都受到迫害、歧视、劫掠和残杀。但犹太人流散于世界各地，也有利于犹太人吸收当地先进文化，发展本民族文化。

迫害犹太人的历史从公元 1 世纪罗马人的严酷统治开始，经过中世纪对犹太人的劫掠、欧洲各国对犹太人的歧视压迫，到二次大战期间这一民族的悲剧发展到了顶峰——纳粹集中营数百万的犹太人被残杀。这一事件公之于世后，全世界才对犹太人受迫害的遭遇产生了一致的同情。就受迫害的程度与历史之久而言，犹太人是世界各大民族中最悲惨的。但是，正是这一悲剧才赋予了犹太民族自强不息、超赶他人的最大动力。

犹太人在寄人篱下的处境中，一方面对自己的身份与地位产生了深深的自卑感；另一方面，又坚信犹太教的教诲：上帝出于对犹太人的爱，选中犹太人作为把人类争取到上帝一边的民族。他们内心深处对本民族的文化有强烈的优越感。为了生存，为了争得与他民族平等的地位，消除不安感和自卑感，他们一致对外，遵守法规，发奋自强。于是，一批批伟人相继出现了。

《塔木德》说："要承受发生的事情，要忍耐贫穷带来的变故。"这句话对生活中的每个人都有启示作用。

过去生命对于你，恐怕是一页页创痛深刻的伤心史！在检阅过去的一切时，你会觉得自己处处失败，碌碌无成！你热烈地期待着成功的事业竟不曾成功，你所爱的亲戚朋友甚至会离弃你！你会失掉职位，甚至会因不能维持家庭而失掉自己的家庭！你的前途，似乎十分惨淡和黑暗！然而，虽有上述各种不幸，只要你不甘心屈服，胜利就会向你招手并等待你的到来。

举大事者要善于检验自己人格的伟大力量，你应该常常扪心自问，除了自己的

生命以外，一切都已丧失了以后，你的生命中还剩余些什么？即在遭受失败以后，你还有多少勇气？假使你在失败之后，从此一蹶不振，放手不干而自甘屈服，那么别人就可以断定你根本算不上什么人物；但假如你能雄心不减、进步向前，不失望、不放弃，则别人可以知道，你的人格之高、勇气之大，是可以超过你的损失、灾祸与失败的。

或许你会说，你已经失败很多次，所以再试也是徒劳无益；你已经跌倒得次数过多，再站立起来也是无用。对于意志坚强永不屈服的人，决没有什么失败！不论失败的次数怎样多，时间怎样晚，胜利仍然是可期待的。

人格伟大的人，对于世间的成败荣辱，不甚介意。虽然灾祸和失望频频降临，但他总能超越和克服它们，并且从来不会失去镇静。在暴风雨的猛烈袭击下，心灵脆弱的人通常束手无策，而他的自信精神却依然存在；伟人可以克服外界的一切干扰，使之不为害于己。

“什么是失败？”一位犹太拉比说，“不是别的，失败只是走上较高地位的第一台阶。”

许多人之所以成功，就是受赐于先前的屡屡失败。假使他没有遭遇过失败，恐怕也不能得到大胜利。对于有骨气、有作为的人，失败反而会增加他的决心和勇气。

对于相信自己的能力，而不介意暂时成败的人，没有所谓失败！对于怀着百折不挠的意志、坚定目标的人，没有所谓失败！对于别人放手而仍然坚持，别人后退而仍然前进的人，没有所谓失败！对于每次跌倒立刻站起来，每次坠地反会像皮球一样跳得更高的人，没有所谓失败！

如果在连续 3 次跌倒之后你还能顽强不息地奋斗，你就不必怀疑自己在选定的领域内可能成为一位杰出人物。

依靠忍耐度过困难时期

《塔木德》中有一则名叫“飞马腾空”的童话故事。

古时候，有个人因惹怒国王而被判了死刑，他向国王请求饶他一命，他说：“只要给我一年的时间，我就能使您最心爱的马飞上天空。如果过了一年，您的马不能在天空自如飞翔的话，我宁愿被处死刑，绝不会有半点怨言。”

国王想了想，答应了他。

他回到牢房后，另一位囚犯对他说：“你不要信口开河好不好，马怎么能飞上天空呢?”

这个人回答说：“在这一年之内，也许国王会死，也许我自己病死，说不定那匹马出了意外送了命。总之，在这一年之内，谁知道会发生什么事呢？所以，只要有一年的时间，没准儿真的能飞上天空!”

纵观犹太人颠沛流离的历史，到处都充满这种乐观的精神。可以说，犹太民族就是因为有了这种乐观的精神，心中充满希望，才能生存下来。勇气和希望深深地埋藏在他们心底，任何人都无法夺去。所以，他们一直乐观向上，纵使在世间最罕见的苦难中也坚强无比。

《塔木德》说：“失去金钱，只是失掉半个人生；但是失去勇气，则一切都失掉了。”

有了勇气，才能做到坚忍。而坚忍是克服一切困难的保障，它可以帮助人们成就一切事情，实现理想。

1991年，伊拉克悍然侵略科威特，国际舆论一致谴责这种侵略行径，联合国做出决议，要其无条件撤兵，但伊拉克总统萨达姆独断专行，肆意妄为，拒不撤军，于是就发生了以美国为首的多国部队进攻伊拉克的战争。

萨达姆自知难以抵挡多国部队的进攻，便采取把水搅混、转移视线的策略。他声称，只要以色列撤出阿拉伯国家被占领土，他就准备从科威特撤走军队。其实，

这场危机完全是由伊拉克的侵略行为引起的，并不关以色列什么事。但以色列是阿拉伯国家的宿敌，所以，萨达姆打出为阿拉伯国家谋利的幌子，以达到为自己辩护的目的。这一招果然有效，一些阿拉伯国家对伊拉克的行动采取了容忍与克制的态度，反而对以色列施加压力。但是，以色列在4次中东战争中，做出了重大牺牲都没有向阿拉伯国家示弱，怎能凭萨达姆的一个花招，就拱手让出对其至关重要的那些占领的阿拉伯国家的战略要地呢？

随着战争不断升级，伊拉克面临的压力越来越大，萨达姆继续施用把水搅混、转移视线的策略，竟然置多国部队的进攻于不顾，而多次使用“飞毛腿”导弹攻击以色列的首都特拉维夫和其他城市，打死打伤以色列的百姓和摧毁城市建筑。

萨达姆这样做是要激起以色列还手，因为只要以色列动用战争机器，将会引起阿拉伯国家同仇敌忾地一起和以色列作战，使自己从孤立无援的处境中摆脱出来，得到许多“同盟者”，同时也使国际局势复杂化，迫使多国部队停止进攻。根据以往的情况，以色列肯定是要还手的。然而，这次以色列洞察了萨达姆的阴谋，采取了忍耐态度，一改往常桀骜不驯的特点，在其他国家的斡旋之下，居然没有还手。

正是以色列的忍耐，才使得萨达姆的计谋破产了。

有了坚忍，人们在遇到大灾祸、大困苦的时候，就不会无所适从；在各种困难和打击面前，仍能顽强地生活下去。世界上没有其他东西，可以代替坚忍。它是唯一的，不可缺少的。

坚忍，是所有成大事业者的共同特征。他们中有的人或许没有受过高等教育，或许有其他弱点和缺陷，但他们一定都是坚忍不拔的人。劳苦不足以让他们灰心，困难不能让他们丧志。不论遇到什么曲折，他们都会坚持、忍耐着。

以坚忍为资本去追求事业的人，所取得的成功，比以金钱为资本的人更大。许多人做事有始无终，就是因为没有充分的坚忍力，所以无法达到最终的目的。然而，一个伟大的人，一个有坚忍力的人却绝非这样。他不管情形如何，总是不肯放弃，不肯停止，在一次次失败后，会含笑而起，以更大的决心和勇气继续前进。他不知失败为何物。

做任何事，是否不达目的不罢休，是检验一个人品格的一种标准。许多人在事情顺利时肯随大众向前，也肯努力奋斗。但当大家都退出时，还能够孤军奋战的人，才是难能可贵的，这需要很强的坚忍力。

对于希望依靠智慧和努力获得成功的人，也许要始终不停地问自己：“你有耐性吗？你有坚忍力吗？你能在失败之后，仍然坚持吗？你能不顾任何阻碍，仍然前进吗？”

以上帝的“特选子民”自居

《塔木德》上有这样一个故事。

一位犹太教士看见一个年轻人在河边唉声叹气，便对他说：“傻孩子，你是一位百万富翁，叹什么气呢？”

年轻人不信自己是百万富翁。

教士说：“我出20万买你的健康，你愿意吗？”

年轻人说：“不愿意！”

教士说：“我出20万买你的青春，你愿意吗？”

年轻人说：“不愿意！”

教士说：“我出20万买你的美貌，你愿意吗？”

年轻人说：“不愿意！”

教士说：“我出20万买你的大脑，你愿意吗？”

年轻人说：“不愿意！”

教士说：“我出20万买你的良心，你愿意吗？”

年轻人说：“不愿意！”

教士说：“我已经出价100万，仍然买不走你身上的任何东西，你说你不是百万富翁，又是什么呢？”

这就是犹太人，他们坚信可以凭着自身实力来获得财富，改变自己的命运！

信奉犹太教的犹太人以上帝的"特选子民"自居，他们在潜意识里始终认为自己和其他民族的人不同，即使在历史上遭受无数磨难，犹太人的这个信仰也从未改变，反而更加坚定。如此自视的犹太人自然自信十足，这就难怪一般犹太小职员、小商人一脸自信，并不比洛克菲勒、索罗斯逊色多少。缺乏自信者办事时总是畏缩不前，结果许多易于完成的事都半途而废。

而信心充足者，做事时可令自身潜能得到超常发挥，结果时常变许多"看似不能"为"居然成功"。自信令其屡败屡战，直至成功；自信引发他信，他信助其成功。在变幻莫测、竞争激烈的商界，自信之重要尤甚。

犹太人懂得，积极的自我形象会赋予你一个直面前进路上的一切障碍的性格。有了高度的自尊，你就会怀着信心、希望和勇气来面对最令人沮丧、令人气馁的境遇。

那么，怎样才能建立健康、积极的自尊？喜欢研究《塔木德》的一些学者提出了下面的一些建议。

（1）首先要绝对确信上帝爱你

"慈爱的上帝是为我们着想的，天生我材必有用。"在生活中持这样观点的人，会把难题当作是成长的机会。

17 世纪法国哲学家和数学家布莱斯·帕斯卡说："我们每个人心中都有个上帝制作的空间。"

怎样充满这个空间是我们自己的选择。人们在这个问题上有两种重要的表现：

第一，有些人兴奋地寻求自己内心深深渴望的满足感、成就感和被认可，与生活搏斗，就好像生活是一个需要去征服的敌人。

第二，有些人把上帝放在他们生活的一个中心位置，寻求快乐、希望和心灵的平和，紧跟生活的步伐，把生活看作是一个受欢迎的朋友。

简而言之，就是你被上帝深爱着的这种强烈的意识，能够为你建立高度的自尊提供坚实的基础。

（2）完全地、无条件地接受自己，现在就开始

现在不是探讨你是怎样被塑造成现在的你的问题，而是你如何对待现在已经成形的你的问题。为了你不喜欢自己的地方，责怪你的父母、怪社会对你的不公、怪你的身体和智力的缺陷，或者怪其他任何方面，都于事无补。

真正的问题是：

你是谁？

你怎样对待自己？首先就是赶快建立起强烈的自尊。接受你自己，然后继续努力！

布莱斯·帕斯卡

（3）避免说自己低劣、丑陋的地方

你特别不喜欢别人贬低你，是不是？你尤其不喜欢虚假的或者在某种程度上真实的消极的评论，对不对？然而，一个破坏性的自我批评对你造成的伤害，却10倍于别人对你批评！那些总是说自己缺点的人，到后来真的相信自己有这么多的缺点。一旦他们相信了这些，他们的行动就处处受到自己想法的限制，真的变成他们自己所说的那样一无是处的人。

但是，这种现象还有另一面！当一个人拥有积极思维并且在内心这样评价自己时，他们就开始相信自己的这些优点，从而变成他们自己认定的那种令人兴奋的人。积极的评价——你对自己的赞扬——能够让你建立起自尊。

当然，你不能忽略自己或别人做出的所有批评。如果你一个星期不洗一次澡，身上发出一种狐臭气味，不理会自己的鼻子和朋友的掩鼻是愚蠢的！要学会区分一种评价是破坏性的还是建设性的。当别人对你有消极的评论时，想想你是否应该做点什么了。

最重要的一点是，不要养成以不适当的批评来贬低自己的习惯，而要养成欣赏自己优点的习惯。这样你会发现你更加喜欢自己了。

（4）去纠正你不喜欢、但能够改变的行为

列出你不喜欢自己的地方，内容可多可少，但一定要做到诚实。在你认为你能

改正的地方打一个对号。写两个短评：一个是接受声明，表示接受你不喜欢但你不能改变的地方；一个是保证书，保证改变你所有能改变的地方。接下来就是去改变它们。此外，还要努力剔除以下可能存在的不良习性：

①去除所有的褊狭和复仇情绪！这些倾向就好像是花园里的杂草，你不必去追究它们究竟来自何处，或者它们是怎么滋生的，只需将它们连根拔起，除掉它们就行了。要经常决定一下，某些事情是否值得心烦。有人曾问 19 世纪的英国首相迪斯雷利，为什么他会给一个对他批评最苛刻的人任以高职？他回答说："我从不把我的心思放在报复别人上。"

同样，亚伯拉罕·林肯的哲学是："我从不让任何人将我的灵魂降到仇恨的水平上。"

忌恨就像是一颗毒瘤，只有靠折磨你，才会生存、生长。

②向不诚实宣战！那些有自卑倾向的人，会用谎言来支撑自己的形象。但是，谎言起到了相反的效果：他们会更降低了自己的自尊，不论他们发现没有！

谎言和欺骗是掠夺你自尊的恶劣习性。有意思的是，相反的习性则是有益的。正直会赋予你高度的自尊，为你赢得更多的朋友。

③让你的习惯促进你的成功，而不是阻碍你！习惯无非就是一种成为必然的行动。某件事做得足够多了，就会变成习惯。我们能够像选择食物那样选择习惯，效果也是一样的，正如我们的身体由我们吃什么东西决定，我们的思想和情感则受我们所养成的习惯影响。

性格要像"萨布拉斯"

人们往往用"萨布拉斯"来形容犹太人。"萨布拉斯"即仙人掌果的意思，用这种外表坚硬带刺，但内心相当甜蜜的仙人掌果来形容犹太人的性格，可以说是再恰当不过了。

希伯来语中有两句话在日常生活中使用频率很高，在《塔木德》中也反复出

现，这就是“本来就是这样的”和“一切都会好起来的”。这两句话比较形象地反映了犹太人坚强向上的性格侧面。

犹太人在生活中面临着各种各样的压力，但他们绝不是生活的抱怨者，他们习惯利用一切可以利用的条件进行工作。每当遇到困难和意想不到的麻烦时，许多人也许会觉得无法忍受或暴跳怒吼：“怎么能这样？”“我无法相信这一事实。”然而，犹太人总是耸耸双肩，摇着头轻声说道：“本来就是这样。”然后用进一步的努力和昂扬的精神以及耐心去克服困难。以色列军队中流行着一种更明确的说法：“本来就是这样——但我们肯定会赢。”

“一切都会好起来的。”这句简明的表达乐观主义和充满希望的话，可以说已成为犹太人的座右铭。不论从日常高居不下的通货膨胀和日趋紧张的住房，还是海湾战争遭“飞毛腿”导弹袭击，在以色列政府和百姓中，你听到最多的不是无可奈何的“我们该怎么办”或者“上帝保佑我们”“何日是个尽头”的抱怨声，而是积极进取的“一切都会好起来的”。这句话反映了犹太民族的人格，即不论发生什么都有能力、有信心，保持乐观和充满希望的精神和信念。

据说在 1976 年以军到乌干达的坎帕拉机场营救人质的行动中，牺牲了一名军官。事后，人们在整理这名军官的书信时，发现了他的绝笔之作——写于他牺牲前 5 天的家信。他在信中第一次流露出对动荡的世界及不断的战争的忧心，但即便这样，在信的结尾他还是写了一句：“一切都会好起来的。”和“一切都会好起来的”类似，犹太人还信奉一句“一切都能应付过去”，下面的故事生动地诠释了这句格言的妙处。

辛·吉尼普的父亲生重病时已经 60 岁了，仗着他曾经是俄亥俄州的拳击冠军，有着硬朗的身子，才挺了过来。

那天吃罢晚饭，父亲把他们召到病榻前。他一阵接一阵地咳嗽，脸色苍白。他艰难地扫了每个人一眼，缓缓地说：“那是在一次全州冠军对抗赛上，对手是个人高马大的黑人拳击手，而我个子矮小，一次次被对方击倒，牙齿也出血了。休息时，教练鼓励我说，‘辛，你不痛，你能挺到第 12 局！’我也说，‘不痛！我能应付

过去!'我感到自己的身子像一块石头、一块钢板，对手的拳头击打在我身上发出空洞的声音。跌倒了又爬起来，爬起来又被击倒了，但我终于熬到了第12局。对手战栗了，我开始了反攻，我是用我的意志在击打，长拳、勾拳，又一记重拳，我的血和他的血混在一起。眼前有无数个影子在晃，我对准中间的那一个影子狠命地打去……他倒下了，而我终于挺过来了。哦，那是我唯一的一枚金牌。"

说话间，他又咳嗽起来，额上的汗珠滚滚而下。他紧握着吉尼普的手，苦涩地一笑："不要紧，才一点点痛，我能应付过去。"

第二天，父亲就咯血而亡了。那段日子，正碰上全美经济危机，吉尼普和妻子都先后失业了，经济拮据。父亲又患上了肺结核，因为没有钱，请不来大夫医治，只好一直拖到死。

父亲死后，家里的境况更加艰难。吉尼普和妻子天天跑出去找工作，晚上回来，总是面对面地摇头，但他们并不气馁，而是互相鼓励说："不要紧，我们会应付过去的。"

如今，吉尼普和妻子都重新找到了工作，当他们坐在餐桌旁静静地吃着晚餐的时候，他们总会想到父亲、想到父亲说的那句话。

所以，当我们感到生活艰苦难耐的时候，一定要咬牙坚持，学会在困境中对自己说："一切都会好起来的。瞧，我能应付过去!"

二、现实主义的处世哲学与价值观

只追求实实在在的东西

《塔木德》说："能够得到的东西，才有价值。"

犹太人遍布世界各个角落，在艰难的求生过程中，他们形成了许多高明而独特的处世观念，现实和利益是他们选择一切事物的标准。他们懂得在生活中不能好高

骛远，要追求实实在在的东西。

下面的故事正好诠释了他们的处世哲学。

奥地利的硝烟散尽之后，皇帝想要犒劳那些在战役中英勇无畏的不同民族的人们。

“说出你们的愿望来，我将以此奖赏你们，我的了不起的英雄们！”皇帝说。

“把波兰归还我们吧！”一个波兰人嚷道。

“它是你们的了！”皇帝应道。

“我是个农夫——给我土地！”一个可怜的人叫道。

“土地是你的了，我的孩子！”

“我想要个啤酒厂。”德国人说。

“给他一个啤酒厂！”皇帝下了命令。

最后轮到了一个犹太士兵。

“你呢，年轻人，你想要什么？”皇帝脸上带着鼓励的微笑问道。

“如果能够的话，陛下，我想得到一条非常漂亮的青鱼。”犹太人怯生生地嘀咕着。

“哎呀呀！”皇帝叫道，耸了耸肩，“给这个人一条青鱼！”

皇帝离开以后，那些英雄们围住了犹太人。

“你多傻啊！”他们责怪他说，“想想看，当一个人想要什么就能得到什么的时候，你却只要了一条青鱼！你也太辜负皇帝的美意了吧？”

“我倒要看看谁是傻瓜！”犹太人回敬道，“你们要波兰的独立，要农场，要啤酒厂——这些东西你们根本不可能从皇帝那里得到的。而我呢，你们看，我是一个现实主义者。我只要一条青鱼——也许我很快就能得到。”

犹太人是非常注重实际的，他们认为，空中楼阁就是空中楼阁，与其画饼充饥，不如吃点窝头。聪明的犹太人不会抱有不切实际的幻想，他们知道，只有根据自己的现实情况给自己找到一个合理的定位，才能成就伟大的人生。

人生态度决定你的处境

《塔木德》说："一个人应该寻找对自己最有利的角度来观察生活。"

只有不完美的存在，才有追求的存在；只有追求，才能体验幸福。因为不论在任何处境中，你都可以选择自己的人生态度。

维克托·弗兰克尔什么罪也没有，只因为他是犹太人，就被投入了纳粹德国某集中营。

他被转送到各个集中营，甚至被囚在奥斯维辛数月之久。弗兰克尔说他学会了生存之道，那就是每天刮胡子。不管身体多衰弱，就算必须用一片破玻璃当作剃刀，也得保持这个习惯。因为每天早晨当囚犯列队接受检查时，那些因生病而不能工作的人就会被挑出来，送入毒气房。假如你刮了胡子，看起来脸色红润，你逃过一劫的机会便大为增加。

他们的身体在每天只吃 2 片面包和 3 碗稀麦片粥的情况下日趋衰弱。9 个男人挤睡在宽 3 米的旧木板上，共盖两条毡子。半夜三点，尖锐的哨声便会叫醒他们起来工作。一天早上，他们列队出去在结冰的地上铺设铁路枕木，同行的卫兵不停地呵斥他们，更用枪托驱赶他们。脚痛的人就靠在同伴的手臂上。弗兰克尔身旁的男人在竖起的衣领后低声说："妻子若是看见我们的模样不晓得有何感想！我真希望她们在她们的营中过得好些，完全不知道我们的光景。"

后来，弗兰克尔写道："这使我想起自己的妻子。我们颠簸着前行，路程有数公里之遥，我们跌倒在冰上，彼此搀扶，手拉手往前走。我们没有交谈，但心里都明白，我们都惦记着自己的妻子。

"我偶尔抬头看天上，星光已逐渐稀微，淡红色的晨光开始从一片黑暗的云后乍现。我心中始终记挂着妻子的身影，刻骨铭心地想象着她。我几乎听到她的回答，看见她的微笑，那爽朗的笑声和鼓励的表情。

"忽然，有一个意念出现在我的脑海里，我一生中首次领悟到许多诗人在诗歌

中所表达的，也是许多思想家最终所陈述的真理——爱是人类所能热望的最终极目标。我抓住了人类诗歌、思想与信仰所传递的最大奥秘，人类的救恩乃在爱中，借着爱得以实现。”

每天他都在积极思考，用什么样的办法能逃出去。他请教同室的伙伴，伙伴嘲笑他：“来到这个地方，从来就没人想过能活着出去。还是老老实实干活吧，也许能多活几天。”但弗兰克尔不是这样想，他想到的是家有老母妻儿，自己一定要活着出去。积极的思考终于给他带来了机会。

一次，在野外干活，趁着黄昏收工时刻，他钻进大卡车底下，把衣服脱光，乘人不注意，悄悄地爬到附近不远处一堆赤裸的死尸上。刺鼻难闻的气味，蚊虫叮咬他，他全然不顾，一动不动地装死。直到深夜，他确信无人，才爬起来光着身子一口气跑了70公里。

这正是，世上没有绝望的处境，只有对处境绝望的人。这位幸存者后来对人们说：“在任何特定的环境中，人们还有一种最后的自由，就是选择自己的态度。”

我们的境况不是由周围环境造成的。说到底，如何看待人生、把握人生由我们自己决定。一个人能否成功，关键就看他的态度！成功人士始终用最积极的思考、最乐观的精神和最辉煌的经验支配和控制自己的人生；失败者则刚好相反，他们的人生是受过去的种种失败与疑虑所引导支配的。

善良的心是温暖的枕头

犹太人注重善恶的价值判断。他们认为，善恶之辩具有永恒性的人格魅力。如果一个人仅凭自己的好恶而活着，那么，他的自我感受也好，利害得失也好，都很难持久。一个人只有具有善的力量，才能吸引住别人。

善恶分明，这是犹太人诚实或信用的魔力所在。

犹太人不仅注重培养知识及能力，而且强调教育应该培养一个人辨别善恶的能力。他们认为生活的意义应该很广泛，否则人们会失去生气，不能生活得有声有

色。为人处世的目的不外乎两个，一为“过人的生活”，二为“增加人性之美”。

下面一则关于犹太人的故事很能说明犹太人是如何看待善恶问题的。

有个人终生都十分自私，他快要死的时候，他的家人催促他吃点东西。他说：“如果你们给我一个熟鸡蛋，我就吃。”

他正要吃鸡蛋时，一个穷人出现在门阶前乞求道：“给我点吃的吧！”将死之人便把头转向家人，命令他们把他的鸡蛋给乞丐。

临死时，他的儿子问他：“父亲，你所去的世界是什么样的？”

他的父亲回答道：“要以实际行动行善，那样，你就会在你将要去的世界里有一席之地。我终生所行过的善只是给了那个乞丐一个鸡蛋。但是我死了之后，那个鸡蛋却抵消了我犯下的所有罪过，并且我要被天堂接纳了。”

犹太人用这个故事说明，做善事可以抵消自己的罪恶。那么，如何去行善呢？

犹太人又有一则寓言来说明这个问题。

一个人想知道天空是从哪里开始的。他首先遇到一只蚂蚁，便问蚂蚁：“天空是从哪里开始的？”

蚂蚁回答说：“天空是从你鞋子那么高的地方开始的。”

他继续向前走，遇到了一只山羊，他问山羊：“天空是从哪里开始的？”

山羊回答说：“天空是从草原消失的地方开始的。”

最后，他遇到了一位白发老人：“天空是从什么地方开始的？”

老者说：“天空是从你的脚下开始的。”

天空开始于你的脚下，世界也是如此。

因此，犹太人认为，世界开始于每一个人，绝不可以说：

“我怎么会有改善世界的力量呢？我是完全无能为力的啊。”所以，犹太人强调要加强个人自身修养，培养起善恶的观念，并由此来影响周围的人和环境。

影响周围环境，就是要去阻止别人作恶。犹太人认为，无论是谁，如果他能够阻止家里人作恶而没有去阻止，他就要为家里人的罪恶而受罚；如果他能够阻止身边的人作恶而没有阻止，他就要为身边的人的罪恶而受罚；如果他能够阻止整个世

界作恶而没有阻止，他就要为整个世界的罪恶而受罚。

善恶的判断，要从自己开始。《塔木德》是这样教育犹太人的："凡能超越别人的人，都受过两种教育——一种来自教师，另一种就是自己。"

犹太人强调善恶之辨，但并不把善恶看成是绝对的，他们并不认为好人就会好到底，而坏人也会坏得不可救药。

他们认为每个人都有"光"和"影"两面，任何好人都会有"影（坏）"的一面，任何坏人也会有"光（好）"的一面，因此，有缺点不要抬不起头，只要让光的部分更光亮就好了。同样，即使有优点和长处，也不要自满，必须不断努力缩小影子的范围。

犹太人虽然认为每个人都应该以善来改造自己、改造世界，但并不单纯地认为个人活着就是为了他人和社会。《塔木德》上指明个人的处世目的是："人是为保存自己和帮助他人而生。"因此，犹太人认为，人不可只为自己，或只为他人而活着。光想着自己的人是卑贱的，而光想着怎样作自我牺牲的人，则有丧失理智的嫌疑。

因此，犹太人的善恶观是非常有分寸的，而且易于为人们所理解和接受。这正是犹太人绝妙的处世智慧。

人生的价值在于不断进取

《塔木德》说："有人未老先衰，有人老而弥坚。"犹太人的杰出代表人物之一马克思也曾说过："任何时候我也不会满足，越是多读书，就越深刻地感到不满足，越感到自己知识贫乏。科学是奥妙无穷的。"人生的价值在于不断进取，在这方面，无数成功者为我们树立了光辉的典范。

伟大的西班牙画家毕加索的艺术成就是举世瞩目的，尤其是他的立体主义画风，开创了整个艺术界的先河。他敏锐的感受力和变幻无穷的想象力贯彻了他的一生。

每一件旁人看来极其平常的东西，他都能赋予他们新的面貌和新的生命，因而他被同时代的人称为“魔术师”。法国总统称毕加索是“一座火山”，他确实是一座永远蓬勃旺盛的艺术创造的“火山”。

毕加索死的时候是91岁。在90岁高龄时，他拿起颜色和画笔开始画一幅新的画时，对世界上的事物好像还是第一次看到一样。年轻人总是在探索新鲜事物，探索解决新问题的方法。他们热心于试验，欢迎新鲜事物。他们不安于现状，朝气勃勃，从不满足。老年人总是怕变化，他们知道自己什么最拿手，宁愿把过去的成功之道如法炮制，也不冒失败的风险。毕加索90岁时，仍然像年轻人一样生活着，不安于现状，寻找新的思路和用新的表现手法来运用他的艺术材料。

大多数画家在创造了一种适合于自己的绘画风格后，就不再改变了，特别是当他们的作品受到人们的欣赏时，更是这样。随着艺术家的年岁增长，他们的绘画虽然也在变，可是变化不会很大了。而毕加索却像一位终生没有找到自己特殊艺术风格的画家，千方百计寻找完美的手法来表达他那不平静的心灵。

毕加索作画，不仅用眼睛，而且用思想。毕加索的画，有些色彩丰富、柔和、非常美丽，有些用黑色勾画出鲜明的轮廓，显得难看、凶狠、古怪，但是，这些画启发我们的想象力，使我们对世界的看法更深刻。面对这些画，我们不禁要问，毕加索看到了什么，使他画出这样的画来？我们开始观察在这些画的背后究竟隐藏着什么。

毕加索一生创作了成千上万种风格不同的画，有时他画事物的本来面貌，有时他似乎把所画的事物掰成一块块的，并把碎片朝你脸上扔来。他要求着一种权力，不仅把眼睛所能看到的东西表现出来，而且把我们的思想所感受到的也表现出来。他一生始终抱着对世界十分好奇的心情，就像年轻时一样。

假如你喜欢欣赏画，不妨找些毕加索的画册，看看从他的画中能得到什么启示。

超越从前的自我

《塔木德》说："超越别人的人，不能算是真正的超越；超越从前的自我，才是真正超越的人。"

生活中，有些人成就不大，不在于智力不够，而在于没有克服自己心理上的弱点和谬见；只有不断向自己挑战，认真对待自己的心理障碍，才能取得更大的成功。

许多人不敢超越自我，常常是因为自卑心理在作怪。自卑心理可能产生在任何年龄段和各种各样的人身上，比如说，德才平平，生命仍未闪现出"辉煌"与"亮丽"，往往容易产生"看破红尘"的感叹和"流水落花春去也"的无奈，以致把悲观失望当成人生的主调；经过奋力拼搏，工作有了成绩，事业上创造了"辉煌"，但总担心"风光"不再，容易产生前途渺茫、怨天尤人的哀叹；随着年龄的增长，青春一去不复返，往往容易哀怨岁月的无情并发出红日偏西的无奈……种种自卑心理是压抑自我的沉重精神枷锁，是一种消极、不良的心境。它消磨人的意志，软化人的信念，淡化人的追求，使人锐气钝化，畏缩不前，从自我怀疑、自我否定开始，以自我埋没、自我消沉告终，使人陷入悲观哀怨的深渊不能自拔，从而离成功的道路越来越远。

自卑的对立面是自信，自信就是自己信得过自己，自己看得起自己。别人看得起自己，不如自己看得起自己。美国作家爱默生说："自信是成功的第一秘诀。"又说："自信是英雄主义的本质。"人们常常把自信比作发挥主观能动性的闸门，启动聪明才智的马达，这是很有道理的。确立自信心，就要正确地评价自己，发现自己的长处，肯定自己的能力。人们常说人贵有自知之明，这个"明"，既表现为如实看到自己的短处，也表现为如实分析自己的长处。如果只看到自己的短处，表面上看似乎是谦虚，实际上是自卑心理在作怪。

"尺有所短，寸有所长。"每个人都有自己的优势和长处。如果我们能客观地评

价自己，在认识缺点和短处的基础上，找出自己的长处和优势，并以己之长比人之短，就能激发自信心。学会欣赏自己、表扬自己，把自己的优点、长处、成绩、满意的事情统统找出来，在心中“炫耀”一番，反复刺激和暗示自己“我可以”“我能行”“我真行”，就能逐步摆脱“事事不如人，处处难为己”阴影的困扰，就会感到生命有活力，生活有盼头，觉得太阳每天都是新的，从而保持奋发向上的劲头。

“天生我材必有用。”自己给自己鼓掌，自己给自己加油，自己给自己戴朵花，自己给自己发锦旗，便能撞击出生命的火花，培养出像阿基米德“给我一个支点，我将撬起整个地球”那种豪迈的自信来！

人生战场上的真正赢家通常目光远大，目标明确，他们追寻生命的真谛和超越自我。他们能够把生活的各个层面融合为一体。为了享受生活的乐趣，他们不仅剖析自我，而且懂得从大处着眼，展望生活的全貌。

三、内涵丰富的待人处世技巧

众人裸身时莫要着衣

《塔木德》说：“众人着衣时莫要裸身，众人裸身时莫要着衣；众人就座时莫要站立，众人站立时莫要坐下；众人哭时莫要笑，众人笑时莫要哭。”

犹太人懂得，在生活中“入乡随俗”是非常必要的。如果你穿着与对方同样的服装，表现出与对方类似的举止，就会让对方觉得你和他的思想与地位是相似的，对方也就会对你产生好感。

下述故事中的主人公温森特也是偶然发现这一处世原则的。

温森特曾在博里纳日做过一段时间的牧师。

博里纳日是个产煤的矿区。在这个地区，几乎所有的男人都下矿井。他们在不

断发生事故的危险中干活，但工资却低得难以糊口。他们住的是破烂的棚屋，他们的妻子儿女几乎一年到头都在里面忍受着寒冷、热病和饥饿的煎熬。

这里的人都是“煤黑子”，肥皂在博里纳日人的心目中简直是一种不可企及的奢侈品。

温森特被临时任命为该地的福音传教士时，他找了峡谷最下头一所挺大的房子，并和村民一起拿麻袋去装了很多煤渣，在房子里烧起了炉子，以免房子里太寒冷。

温森特登上讲坛，他的讲道是那样诚挚而又充满信心，竟使得这些博里纳日人脸上的忧郁神情渐渐消退了。从他此次布道所受的欢迎来看，博里纳日的人民对他的态度已经没有任何保留了，他们终于相信了他。他作为上帝的牧师，现在已经得到了这些满脸煤黑的人们的充分认可。

是什么原因引起这样的变化呢？不会是由于他有了一座新教堂，因为这对矿工们来讲压根不算什么。他们不会知道关于对他的传教士职务的任命，因为他并没有告诉他们在原先那个地方他是没有正式任命的。而且，虽然他刚才讲道时热情洋溢，措辞优美，但在原来那间简陋的小棚屋和那座弃置不用的马厩里，他也是这样讲的啊！

温森特百思不得其解，后来他回到自己的住处，准备用从布鲁塞尔带来的肥皂洗脸时，脑海中突然闪过一个念头。他跑到镜子前面端详着自己，看见自己前额的皱纹里、眼皮上、面颊两边和圆圆的大下巴上，都沾着万千石山上的黑煤灰。

“当然！”他大声说，“这就是他们对我认可的原因所在，我终于成了他们的自己人了！”

他把手在水里涮了涮，脸连碰都没碰就去睡了。

此后，留在博里纳日的日子里，他每天都往脸上涂煤灰，使自己看上去和其他人没有两样。

由此可见，在与陌生人交往的时候，首先应该使自己在某一方面与他们相似或相同，这样就有了达成更多一致的基础。

含蓄回避矛盾是美妙的答案

中世纪时，有个埃及国王接连打败了几个王国，但他连年用兵，国库快空了。此时，又急需一笔巨款，却再也拿不出钱。于是，他把主意打到了犹太富翁麦启士德的身上，但他知道犹太人决不会轻易出钱，得弄个圈套让他钻才行。国王思索了好久，总算想出了一个妙计。

他把麦启士德请进王宫，摆上山珍海味盛情款待。酒过三巡，国王喷着酒气向富翁请教道："麦启士德先生，听说您学识渊博，智慧过人，我想借此机会向您讨教一个问题。"

麦启士德见国王一副故作谦恭的表情，怀着戒备的心理说："不敢当，不敢当，我麦启士德不过是个酒囊饭袋而已。"

"不必谦虚。"国王继续说，"听说您对宗教很有研究，所以我想请教一下，在犹太教、伊斯兰教、天主教中，到底哪一种才算是正宗呢？"

聪明的麦启士德一听此话，就知道国王在要弄阴谋诡计，假如自己偏袒一方，而贬低另一方，说不定就会中他的圈套。这个问题不能直接回答，不妨和他兜个圈子再说。他想了一会儿，沉着地说："陛下所提的这个宗教问题，真是太有意义啦！这使我想起了一个有趣的故事，假如陛下允许我讲完这个故事的话，就一定能得到一个美妙的答案。"

国王点点头说："那您请讲。"

麦启士德讲的故事是这样的——

从前有个大富翁，家里有数不清的金银财宝，尤其有一件稀世珍宝，是一枚闪烁着异彩的戒指，价值连城，富翁特别珍爱。临终前，他在遗嘱上写道：得到这戒指的便是他的继承人，其余的子女都要尊他为一家之长。遗嘱要求后代永久保存好这个传家之宝，不能让它落到外人的手里。

得到这戒指的子子孙孙，都用同样的方法立遗嘱让后代们遵守，谁得到戒指谁

便是一家之长。后来，这戒指传到某个后代手里，他有 3 个儿子，个个受到他的宠爱。临终前，他拿不定主意，到底把戒指传给谁。

当时，三个儿子都向他请求得到戒指。他想不出好办法，只得私下请来一个身怀绝技的匠人，仿造两枚戒指。临终前，他把这三枚连匠人也难分真假的戒指，私下里分别传给了三个儿子。这下可好，待父亲一闭眼，三个儿子都拿出戒指作为凭证，要求以家长的名义继承产业，可是谁也分辨不出哪只是真品。于是，究竟由谁做家长的问题，直到现在仍无法解决。

麦启士德讲完故事后，微笑着对国王说："尊敬的陛下，天父所赐给三种民族的三种信仰，难道不是和这三种情形一样吗？你问我哪一种才算正宗，其实，大家都以为自己的信仰是正宗。他们都可以拾出自己的教义和戒律来，以为这才是真正的教义、真正的戒律，以为自己是天父的真正继承人。这个问题之难以解决，就像是那 3 枚戒指一样，实在叫人无从做出正确判断。陛下您说对吗？"

面对聪明机灵的麦启士德，国王一时无言以对。

在与人交往的时候，要懂得含蓄和回避矛盾。因此，《塔木德》说："知道什么问题最好不回答，也是一种智慧。"

礼貌和热情是人际交往的润滑剂

《塔木德》说："请保持你的礼貌和热情，不管对上帝，对你的朋友，还是对你的敌人。"奉行这一原则的犹太人常常会受益匪浅。

1930 年，传教士西蒙·史佩拉每日习惯于在乡村的田野之中漫步很长的时间。无论是谁，只要经过他的身边，他都会热情地向他们打招呼问好。

其中有个叫米勒的农夫，是他每天打招呼的对象之一。米勒的田庄位于小镇的边缘，史佩拉每天经过时都看到他在田里勤奋地工作，于是，这位传教士总会向他说："早安，米勒先生。"当传教士第一次向米勒道早安时，这个农夫只是转过身去，像一块石头般又臭又硬。

在这个小乡镇里，犹太人和当地居民处得并不太好，成为朋友的更绝无仅有。不过，这并没有妨碍或打消史佩拉的勇气和决心。日子一天又一天地过去，他持续以温暖的笑容和热情的声音向米勒打招呼。终于有一天，农夫向教士举举帽子示意，脸上也第一次露出了一丝笑容。

这样的习惯持续了好多年，每天早上，史佩拉会高声地说：“早安，米勒先生。”那位农夫也会举举帽子，高声地回道：“早安，西蒙先生。”这样的习惯一直延续到纳粹党上台为止。

史佩拉全家与村中所有的犹太人都被集合起来送往集中营。史佩拉被送往一个又一个集中营，直到他来到最后一个位于奥斯维辛的集中营。

从火车上被赶下来后，他就等在长长的行列之中，静待发落。在行列的尾端，史佩拉远远就看到营区的指挥官拿着指挥棒一会儿向左指，一会儿向右指。他知道发派到左边是死路一条，发配到右边的则有生还的机会。

他的心怦怦地跳动着，愈靠近那个指挥官就跳得愈快。很快就要轮到他了，什么样的判决会轮到他？左边还是右边？

他离那个掌握生死的独裁者还有一段距离，但是他清楚，这个指挥官有权将他送入焚化炉中。这个指挥官到底是个什么样的人？他怎么能在一天之中将千百人送入枉死城中？他的名字被叫到了，突然之间，血液涌上他的脸庞，恐惧消失得无影无踪了。那个指挥官转过身来，两人的目光相遇了。

史佩拉静静地朝指挥官说：“早安，米勒先生。”米勒的一双眼睛看起来依然冷酷无情，但听到这声招呼突然抽动了几秒钟，然后也静静地回道：“早安，西蒙先生。”接着，他举起指挥棒指了指说：“右!”他边喊还边不自觉地点了点头。“右!”——这意味着生还。

礼貌和热情是人际交往的润滑剂。有时，一句习惯性的真诚问候甚至可以感化刽子手。面对周围的人，尽情展示你的礼貌和热情，主动多 问候一些吧！

山峰永不遇，人却时相逢

《塔木德》说："山峰永不相遇，而人却时时相逢。"这是要求我们要重视人际关系。如果人们不喜欢你，他们会为你制造许多麻烦。

有一天，在飞机场，一位旅客见到一个衣冠楚楚的商人正大声责骂搬运员处理行李不当。商人骂得越凶，搬运员越显得若无其事。商人走后，这位旅客称赞搬运员有涵养。搬运员微笑着说："噢，没关系，你知道吗，那个人是到佛罗里达去的，可是，他的行李嘛，将会运到密歇根去。"

和你共事的人，即使是下属，只要受了你的气，都会跟你捣蛋。相反，如果你精于处世之道，即使犯了严重错误也没事。许多能力平庸的管理人员，都能安然度过公司的人事大变动，原因就在于他们在与人交往时，通情达理，讨人喜欢；一旦有错，支持他们的人总会帮他们补过。事实上，犯了一次错误后，如果老板觉得他们以负责的态度来处理这次错误，说不定他们的事业反而会更上一层楼。由此可见，交际本领可使你利用外界的无限能量。

美国普林斯顿大学曾对 1 万人的人事档案进行分析，结果发现，"专业技术""知识"、"经验"只占成功因素的 25%，其余 75%决定于良好的人际关系。哈佛大学就业指导小组对几千名被解雇的男女进行调查，发现人际关系不好的比不称职的人高出 2 倍。另一研究报告表明，在美国每年离职的人员中，因人际关系不好而导致无法施展所长的占 90%。可见人际关系的好坏何等重要，而人际关系的好坏，主要取决于交际本领的高低。

心理学家曾做过一项研究，研究对象均为学术智商很高的科学家，他们之中有的人出类拔萃，有的人成绩平平。研究结果表明，产生这一差别的原因，就在于那些获得大成就的人善于交际，拥有广大的交际网，因而可以随时从各个方面获得自己所需要的信息或数据；那些成绩平平的人则因不善交际而得不到别人的帮助。另一个有说服力的统计数字是，诺贝尔科学奖自 1901 年设立以来，到 1972 年为止的

美国普林斯顿大学

286 名获奖者中，有 2/3 的人是与别人合作进行研究而获奖的。而且，因协作研究获奖占总获奖数的比例逐渐上升，在诺贝尔奖奖金设立的头 25 年为 41%，中间的 20 年跃升至 65%，而现在则为 79%，可见交际、合作极为重要。与常人交际极为重要，与“巨人”交际更为重要。德国诺贝尔心理学和医学奖获得者瓦勃格指出：“一个年轻的科学家，一生中最重要的就是跟当代的科学巨人进行个人接触。”

成功学大师戴尔·卡耐基有一个基本观点：“一个人的成功，15%取决于专业本领，85%取决于人际关系与处世技巧。”这一观点得到了犹太人的高度重视和广泛推崇。无数事实证明，你的专业本领往往只能给你带来一种机会，而交际本领则可以给你带来成百上千种机会：专业本领只能利用自身能量，而交际本领则可使你利用外界的无限能量。

主动和优秀的人接触

《塔木德》主张，一个人要和那些优秀的人接触。或许，这也是保罗·艾伦取得如今这些成就的一个最重要因素。

保罗·艾伦是一位音乐爱好者，同时对天文学也充满特别的兴趣，他一有空不是沉浸在音乐里，就是对着天空发呆。因此，在同学中，他被视为一个不善交际

的人。

不过，他也不是没有朋友，比他低两个年级的一位金发男孩，就经常到班里来找他，因为艾伦的父亲是图书管理员，金发男孩想通过他借一些最新的电脑书籍。

在借书还书的过程中，艾伦喜欢上了那个金发男孩，于是经常和他出入于学校的计算机房，一起玩编程游戏。从“三连棋”一直玩到“登月”，临毕业时，他也成了一个仅次于金发男孩的计算机高手。

1971年春天，艾伦考入华盛顿州立大学，学习航天；次年，那位金发男孩进入哈佛，学习法律。两人虽然不在一个学校，但经常联系，金发男孩继续跟他借书，他也继续跟金发男孩探讨编程问题。

1974年寒假，艾伦在《流行电子》杂志上看到一篇文章，是介绍世界上第一台微型计算机的。他兴奋异常，因为在中学时，金发男孩就经常在他面前抱怨，计算机太笨重了，要是小到家里能放下就好了。

艾伦拿着那本杂志去哈佛，找到那位金发男孩，说：“能放在家里的计算机造出来了。”

金发男孩当时正为“是继续学法律，还是搞计算机”而苦恼，他看到《流行电子》杂志上那台所谓的家用电脑后，说：“你不要走了，我们一起干点正经事。”

于是，艾伦没有走，在哈佛所在的城市——波士顿住了下来，并且一住就是8个星期。在这8个星期里，他和金发男孩没日没夜地工作，用Basic语言编了一套程序，这套程序可以装进那台名为Alta8008的家用电脑里，并且能像汽车制造厂的大型计算机那样工作。

当他们带着这套程序走进那家微型计算机生产厂时，竟然得到一个意想不到的答复，给他们3000美元的基价，以后每出一份程序拷贝，付30美元的版税。

艾伦和金发男孩喜出望外，再也没有回到学校。3个月后，一家名为微软的计算机软件开发公司在波士顿注册，总经理是金发男孩——比尔·盖茨，副总经理是保罗·艾伦。

现在微软公司已成为世界上的一个“巨无霸”，总经理比尔·盖茨已成为人所

共知的世界首富。艾伦在总经理的巨大光环下，虽然有些黯淡，但在《福布斯》富豪榜上也名列前 5 位，个人资产达 210 亿美元。

前不久，有人写了一本书，称保罗·艾伦是一位“一不留神成了亿万富翁”的人。其实，这是一种误解。《塔木德》说：“和狼生活在一起，你只能学会嗥叫；和优秀的人接触，你就会受到良好的影响。”与一个注定要成为亿万富翁的人交往，自己怎么可能成为一个穷人呢？你与之交往的人就是你的未来！说的就是这个道理。

沉默不会使人后悔

《塔木德》说：“应该由心来操纵舌头，而不应该由舌头来操纵心。”“沉默不会使人后悔。”

犹太人认为，在商业和私人交际中，无言常常是最好的选择之一。

一个印刷业主得知另一家公司打算购买他的一台旧印刷机，非常高兴。经过仔细核算，他决定以 250 万美元的价格出售，并想好了理由。

当他坐下来谈判时，内心深处仿佛有个声音在说：“沉住气。”终于，买主按捺不住，开始滔滔不绝地对机器进行褒贬。

卖主依然一言不发。这时，买主说：“我们可以付给您 350 万美元，但一分钱也不能再多给了。”不到一个小时，买卖成交了。

在日常交往中，沉默往往会给你带来益处。在某些场合，沉默不语可以避免失言。许多人在缺乏自信或极力想表现得礼貌时，可能会不假思索地说出不恰当的话，给自己带来麻烦。

而说话不经思考，即使言者无心，也会产生严重后果。

一天深夜，哈罗德回家时误入了隔壁邻居家，他非常窘迫，便自我解嘲地说：“我好像听见里面在庆贺什么。”房间里顿时出现了尴尬的沉默。

事后，哈罗德的妻子告诉他，邻居家的主妇刚刚小产。哈罗德说：“现在，即

使情况万分紧急，我也要静思慎言。”

适时地保持沉默不仅是一种智慧，而且也有实际的好处。常言道：“沉默不会使人后悔。”

一位女士的经验证明了这一点，她告诉我们：

“当我们第一个孩子出世时，我丈夫由于工作繁忙，对我和孩子疏远了，这样过了几周以后，我感到筋疲力尽，并想大发雷霆。

“一天，我给他写了封充满怒气的信，然而不知为什么，我没把信给他。第二天，丈夫提出要给婴儿换尿布，并且说‘我想我现在应该学会做这些事了’。

“尽管我不知道他为什么会改变想法，但还是非常高兴地把信撕了，并暗自庆幸我给了他时间。一场争吵就这样避免了。此后，他一直对我很好。”

我们往往不善于等待，而等待往往是适用于各种情况的一种策略，故有时片刻的沉默还能产生奇特的效果。

圣诞节后大甩卖期间，玛丽安去退货。柜台前挤满了顾客，玛丽安要求退钱，售货员正忙得不可开交，告诉她衣服售出概不退换，然后就去为其他顾客服务了。玛丽安一声不响地拿着衣服在柜台前等候。

10 分钟后，售货员又走了过来，玛丽安面带微笑，依旧在等待。售货员仍只顾在柜台前忙碌，玛丽安还是沉默不语。又是几分钟过去了。这时，售货员什么也没说，拿起衣服走了。大约 3 分钟后，她回来了，而且还带着钱！玛丽安的耐心和温文尔雅的沉静得到了回报。如果她大吵大闹的话，也许什么也得不到。

当然，有时开口说话也很重要，如打抱不平、抚慰朋友、消除误解时，我们必须开口，但重要的是要找到恰当的话。这时，片刻的沉思将使你说出的话更准确、更有效。

米西尔的祖父母是犹太人，死在纳粹集中营里。去年，两位不了解米西尔身世的朋友抱怨他们的儿子和一个犹太人结婚了，这两位朋友拒绝见儿媳，这使他们的儿子感到非常痛苦。

米西尔非常珍惜与朋友的友谊，但他们明显的偏见又使她极不愉快。经过权

衡，米西尔直言不讳地告诉他们："我为我的犹太祖先感到自豪，而你们的做法使我感到遗憾。你们的议论使我非常不愉快。"

米西尔的朋友大吃一惊，向她道了歉，并把她的话记在心里。没过多久，他们就与儿媳和好了。

研究谈话节奏的学者们认识到，有张有弛的谈话在人际交往中至为重要。《谈话的艺术》作者、心理学教授格瑞德·古德曼解释说："沉默可以调节说话和听讲的节奏。沉默在谈话中的作用，就相当于'○'在数学中的作用。尽管是'○'，却很关键。没有沉默，一切交流都无法进行。"

正确的交流通常由两个方面构成：既被人关注，又关注别人。安静、专心地倾听会产生强大的魔力，使谈话者更加心平气和、呼吸舒畅，连面部和肩部都放松下来。反过来，谈话者也会对听众表现得更加温和。

当你发怒、焦虑或想大发雷霆时，不妨喝上一杯水或握着自己的双手，然后露出你的微笑。这种简单的方法或许可以帮助你控制住情绪。

在与别人的交往中，有时更需要忍耐和沉默。我们必须认识到，沉默与精心选择的话语具有同样的表现力，就好像音乐中的音符与休止符一样重要。沉默会产生更完美的和谐、更强烈的效果。

做一个愿意聆听的人

《塔木德》说："要用两倍于自己说话的时间去倾听对方讲话。"

和凡事不留心、注意力不集中的人相处，是一件令人非常不愉快的事情。如果你处在这样的境地，就等于是在遭受对方的侮辱。对任何人来说，被侮辱都是很难忍受的！无论你是谁，当你面对你认为值得注意的人时，都应该精神集中，全神贯注地去应对。同样，当别人以一种高度的热情和专注与你谈话时，你也一定要以同样的专注去面对他。当你和一个心不在焉的人在一起时，就好像他在暗示你，你是一个不值得注意的人。退一万步讲，你的漫不经心，也就是说，你的这种举动不会

造成对他人的伤害，但是，你注意力如此分散，对你个人仍然毫无益处。因为如果你是一个注意力集中的人，你本来可以仔细地观察别人的人格、态度，甚至当地的习俗，但由于你的分散，导致你一无所获。如此一来，即使你能够一辈子和许多伟人相处，也无法从这些伟人身上获得丝毫的教诲。一个无法集中精神、投入全部精力去做该做的事情的人，是无法圆满地完成一项工作的。

一位犹太学者说："要令人觉得有趣，就要对别人感兴趣。"提出别人喜欢回答的问题，鼓励他谈谈他自己和他的成就。

一个成功的商业性会谈的秘密是什么呢？根据一位犹太成功商人的说法："成功的商业性交谈，并没有什么神秘……专心地注视着对你说话的人，是非常重要的，再也没有什么比这么做更具恭维效果了。"

艾略特是个熟练的倾听艺术大师。美国数一数二的小说家亨利·詹姆士回忆说："艾略特的倾听并不是沉默的，而是以活动的形式。他直挺挺地坐着，手放在膝上，除了拇指或急或缓地绕来绕去，没有其他的动作。他面对着对方，似乎是用眼睛和耳朵一起听对方说话。他专心地听着，一边听一边用心地想对方所说的话。最后，这个对他说话的人会觉得，他已说了他要讲的话。"

浅显而易懂，你不必上 4 年的牛津或剑桥大学就能够发现这一点。但是，我们知道，有些商人会租借昂贵的地方，干练地采购他们的货品，商店装潢得漂漂亮亮的，花了大量的广告费，但却雇用一些不懂得听别人说话的店员——那些店员打断客人的话，跟客人争执，给客人难堪，只会把客人赶出去。

我们注意到，常发牢骚的人，甚至最不容易讨好的人，在一个有耐心、具有同情心的听者面前，都常常会软化而屈服下来。这样的听者，在被人家鸡蛋里挑骨头骂得狗血淋头的时候，都会保持沉默。下面就是一个极好的例子：

纽约电话公司在几年前发现，该公司碰上了一个对接线员口吐恶言的最凶恶的用户。这个用户怒火中烧，威胁要把电话连根拔起，拒绝缴付某些费用，说那些费用是无中生有。他写信给报社，到公共服务委员会做了无数次的申诉，也告了电话公司好几状。

最后，电话公司最干练的“调解员”之一，被派去会见这位惹是生非的用户。电话公司的“调解员”静静地听着，让暴怒的用户痛快地把他的不满全部吐出来。“调解员”耐心地听着，不断地说“是的”，同情他的不满。

“他滔滔不绝地说着，而我倾听着，几乎有三个小时。”“调解员”说，“然后，我又继续倾听下去。我见过他四次，在第四次会面结束之前，我已经成为一名他要成立的一个组织的会员，他把它叫作‘电话用户保障协会’。我现在仍然是这个组织的会员，而就我所知，除了那位老兄之外，我是这个组织的唯一会员。

“我倾听着，对这几次见面中他所发表的每一个论点都抱着同情的态度。他从来没见过一个电话公司的人跟他这样谈话，于是，他变得友善起来。在第一次会面的时候，我甚至没有提出我去找他的原因，第二次、第三次也没有。但是第四次的时候，这件事就完全解决了，他把所有的账单付了，而且撤销了对公共服务委员会的申诉。”

无疑的，这位用户自认是一位神圣的主持正义者，维护大众的权利，免得受到剥削。但事实上，他所要的是一种重要人物的感觉，他先以口出恶言和发牢骚的方式得到这种重要人物的感觉，但当他从一位电话公司的代表那儿得到这种感觉后，他那些无中生有的牢骚就化为乌有了。

辛格曼·弗洛伊德算是近代最伟大的倾听大师了。一位曾遇到过弗洛伊德的人，描述着他倾听别人讲话时的态度：“那简直太令我震惊了，我永远都不会忘记他。他的那种特质，我从没有在别人身上看到过，我也从没有见过这么专注的人，有这么敏锐的灵魂洞察和凝视事情的能力。他的眼光是那么谦逊和温和，他的声音低柔，姿势很少。但是，他对我的那份专注，他表现出的喜欢我说话的态度，即使我说得不好，还是一样，这些真的是非比寻常。你真的无法想象，别人像这样听你说话所代表的意义是什么。”

请记住，跟你谈话的人，对他自己、他的需求和他的问题，更感兴趣千百倍。他对自己颈部的疖痛，比对非洲的 40 次地震更感兴趣。当你下次开始跟别人交谈的时候，别忘了：“做一个好的听众，鼓励他人谈论他自己。”

己所不欲，勿施于人

中国的伟人孔子说过，“仁”就是“己欲立而立人，己欲达而达人”，“己所不欲，勿施于人”。同样，犹太历史上最著名的拉比之一，希雷尔拉比也曾对犹太文化的精髓做过类似的界定。

希雷尔拉比出身贫寒，靠自己的天赋和勤奋掌握了渊博的知识，2000 多年来，他的言论一直被人们广泛引用。据说，《圣经》上的许多言论，有许多其实就是希雷尔拉比所说的要言。

希雷尔拉比当了犹太教首席拉比后，有一次来了一个非犹太人，要希雷尔拉比在他“能以一只脚站立的时间里，把所有的犹太学问告诉他”。可是，他的脚还未提起来，希雷尔拉比已要言不烦地把全部犹太学问浓缩为一句话告诉了他：

“不要向别人要求自己也不愿意做的事情。”

两个古老民族的智者对各自文化做出了完全相同的界定，这并不奇怪。因为无论哪个民族，在人类生活的最本质特征上都是同一的，民族文化的成熟、集体智慧的发达必然带来对其中真谛的同样的把握。

人类的生活都是社会生活。这就意味着，人与人之间的最原始的关系，必定是一种互助互谅的关系，这种关系本身又必定建立在互相理解的基础之上。这种理解不管从理论上说会有多少环节、多少障碍，但在经验上，只要我们大家都是人，就可以从自身的趋利避害的基本要求上，找到理解他人的前提。“己所不欲，勿施于人”，便是一条极便于掌握应用的互相理解、互相体谅、互相谦让的与人相处原则。

不过，这条原则毕竟还只是一条一般的原则，在面对具体问题时，如何恰如其分地掌握好分寸，还需要当事人体察特定情境中人际交往的微妙之处。在这一点上，《塔木德》给出了一个极富教益的实例。

有一次，有位拉比要召集 6 个人开会商量一件事，便让人安排，去邀请 6 个人来。可是到了第二天，却来了 7 个人，其中肯定有 1 个人是不邀自来的，但拉比又

不知道这第7个人究竟是哪一位。于是，拉比只好对大家说：

“如果有不请而来的人，请赶快回去吧。”

结果，7个人中最有名望的人，那个大家都知道他是一定会受到邀请的人却站了起来，走了出去。

显而易见，这个人是在为他人背黑锅。他知道，7个人中必定有一个人没有受到邀请，但既然到了这里，再要自己承认资格不够，是一件令人难堪之事，尤其还当着这么多人的面。为了保护这个人的自尊心，最好的办法不是对质证明自己出席会议的资格，而是干脆让他“混迹其中”，来保全他的面子。所以，那位有名望者可谓用心良苦，能如此设身处地地为他人着想并采取相应行动，正体现了他的仁慈之心。就此而言，我们可以说，这则寓言首先弘扬的就是“己所不欲，勿施于人”的道德精神。

那么，在生活中，如何做到“己所不欲，勿施于人”呢？

（1）爱是无技巧的技巧

卡耐基在《交际成功奥秘》一书中写道：“不管是屠夫，或是面包师乃至宝座上的皇帝，统统都喜欢别人对他们表示好意。拿德国皇帝来说，当第一次世界大战结束时，他成了万恶不赦的罪人。在愤怒的人民中，有个寡妇的小孩子写了一封非常单纯的信给他。这个小孩说，不管别人怎样想，他都会爱戴他的皇上。德皇深受感动，便邀请这个孩子去做客。小孩去了，她的母亲也同行，不久德皇与孩子的母亲竟然成婚。”

俗话说：爱人者，人恒爱之。一个爱人的人，必能得到他人的爱。广施爱心，必能广得爱的回报，人际交往就会非常成功。法国画家夏尔丹说：“人类在探索太空，征服自然后，终将发现自己还有一股更大的力量，那就是爱的力量，当这天来临时，人类文明将迈向一个新纪元。”爱，是无技巧的技巧，是开发交际能力的根本技巧，其他的技巧都派生于“爱”这一根本技巧。

（2）人情是一张支票

每个人的成功，都是以帮助他人为基础建立起来的。养成乐助人、广助人的习

惯，会给自己带来更多的机会和发展的空间。偶然中帮助一个人，有时很可能会给你带来难以想象的回报。

美国有一本很畅销的小说《教父》，其中有这样一个故事：一位殡仪馆老板的女儿受到流氓欺侮和殴打，法庭的判决对流氓毫发无损。在求助无门的情况下，殡仪馆老板硬着头皮去请求黑社会老大“考利昂老头”的帮助。考利昂毫不犹豫地出面替他们出了气，而不求回报。在日后的紧要关头，殡仪馆老板帮了他的大忙。

由此可见，助人就是助己。人情是一张支票，储蓄越多，收获越大。要充分开发交际技能，就必须做到乐于助人。

(3) 对别人报以亲切、友善的态度

态度，是人对某事物的心理倾向，它是内心世界的核心。没有内在态度的改变，外在的改变是不可能发生的。就算外在可以改变，也不会改变得很理想。改变他人态度的奥秘，在于首先改变自己的态度。

态度是互动的。《塔木德》说：“你如何待人，人如何待你。”人们总是根据对方的态度来采取相应的态度。你对别人报以亲切、友善的态度，对方也会回敬你同样亲切、友善的态度。态度的体现不过是一个微笑、一个眼神、一个动作、一句话，然而，它却有着极大的魔力。

借钱是给自己买敌人

莎士比亚有句名言：“不要把钱借给别人，借出会使你人财两空；也不要向别人借钱，借进来会使你忘了勤俭。”这句话虽然有一定道理，但却和犹太人的生意经正好相反。

你可以用其他友善的方式接济你的朋友，但不要借钱给他。借钱给他人就是掏钱为自己买了一个敌人。

犹太人朋友之间很少涉及金钱，他们之间，朋友是朋友，金钱是金钱，分得十分清楚，一般不把友情掺入金钱，也不借钱给别人。

犹太人朋友之间进行交往，大家彼此都很不错，会在一起吃饭喝酒，这样的朋友关系就表示你是他喜欢的朋友，他愿意和你经常来往。但如果你要是借钱，他们却很少答应。这不是因为犹太人不喜欢自己的朋友，也不是因为彼此之间不信任，而是他们处世的一种精明。

犹太人是十分自尊的，他们一般是决不肯向人求助的，即使遇到困难，他们也是依靠自己的力量来解决，而很少向别人请求帮助。犹太人在生活上借钱，与他们在生意上的借贷是不一样的。假如一个人向自己的朋友借钱，说明他已经处于生活比较困难的时候了。有人借钱给他，他会感到忐忑不安，心里总想着怎么样把钱尽快还给朋友，见了朋友就感觉很不好意思，虽然朋友对他仍然很亲密，甚至浑然不觉借钱人的尴尬。而借钱人为了避免这种愧疚的心情，一般会回避朋友，希望自己尽快还钱，这样才会觉得在朋友面前坦然，有了这种心理，朋友之间就会因为金钱变得很不自在，让人感觉不舒服。

而朋友呢，如果恰好需要这笔资金，但是已经将钱借给了别人，而且为了让别人放心，一般不会说还钱的时间，通常朋友什么时间有了钱，就什么时间来还，而自己有许多事情却急切需要资金办理，但是话已经出口，就很不好意思去要钱，不得不去向别人借钱，这样大家的心里都不舒服。所以，犹太人之间就心照不宣地达成了默契：不借钱给自己的朋友。《塔木德》也说：“借钱给别人，将以失去友情作利息。”

犹太人开的餐馆里贴着这样一首歌谣：“我喜欢你，你要借钱，我不能借，怕你借了，以后不再上门。”说的就是这个意思。

犹太人喜欢放高利贷收取利息，这是几百年的传统了，他们如果有闲余的资金，就会把这些钱放出去收取利息，而需要钱的人，也自然可以去借贷了。所以，犹太人没有钱的时候，喜欢去借贷，来充实自己的资金或者暂借资金来渡过难关。向他人借贷资金是一种商业行为，与向朋友借钱的行为是不一样的。

有个故事是这样说的：

雅可夫借给亚瑟 500 美元，明天就要到期了，但是亚瑟根本没有钱可以还。雅

可夫 3 天前就已经提醒亚瑟，还有 3 天就该还钱了。

“到明天雅可夫一定会来要钱的。”想到这里，亚瑟坐卧不宁，烦躁地在房子里走来走去。“你为什么还不睡觉?”他的妻子问他。“我向雅可夫借了钱，明天早上非还他不可。”“你现在有钱了吗?”“我连一个子儿也没有呢!”

“既然这样，你就睡觉吧，着急的应该是雅可夫而不是你。”

亚瑟妻子的话代表了人们处理债务的一般态度，既然没有钱，干脆放心休息，反正着急也没用。事实上，雅可夫也确实没有办法，自己的朋友没有钱，如果逼朋友还钱，与朋友长久培养起来的感情就会因此而破裂。打官司更是浪费自己的钱财，对朋友之间的感情更是致命的打击。

还有一个故事是这样说的：

梅西克向罗扬借了 1200 马克，但梅西克一直没有钱还，每当遇到罗扬，梅西克都会溜掉，避而不见。罗扬对此束手无策，只能唉声叹气。

这时，他的一个朋友对他说：“你不妨写信给梅西克，叫他尽快归还 1800 马克的债，瞧瞧他的反应。”

罗扬因为十分需要这笔钱，不得已只好采纳了这个办法，就给梅西克写了一封信。

两天后，梅西克回信了，信中说：“罗扬，我记得很清楚，我只借了你 1200 马克，你怎么说我欠了你 1800 马克。随信附上 1200 马克，如果你要打官司的话，你准输。”

朋友之间到了这个地步，以后两人的关系可想而知。

因此，洞悉人情的犹太人说：借钱，是掏钱给自己买了个敌人。

憎恨罪，不憎恨人

拉比本来应当是犹太人的道德典范，但偶尔也有身为拉比的人作奸犯科的。以前纽约曾破获一起大走私案，结果查出一个拉比在牙膏中夹带钻石走私。

在其他民族中，“德高望重”之人做出这种勾当，一定会激起信徒们的“义愤填膺”，说不定会放火烧掉某所寺院。但犹太人对这类事件的反应却极为冷静，甚至可以说十分冷漠。因为他们认为，恶是无处不在的。拉比也是人，身上同样会有恶的存在。

犹太人历来主张把罪恶本身与作恶犯罪之人加以区分。一方面，犹太人认为，罪恶是人与生俱来的。《塔木德》说：“从胎儿开始，罪就在人心里萌芽，然后跟着人的发育而增强。”这就意味着，“任何人都会犯罪”，“就好像有能力射中靶心却没有射中一样，罪恶常常是在无意中犯下的”。但另一方面，犹太人又坚定不移地相信，人能够通过自己的努力，主要是学习（倘若你被恶的冲动驱使的话，为了驱逐它，应该开始学点什么才好），而去除罪恶，改邪归正。罪人一旦成为义人，同样可以得到神的赐福。

《圣经》中就有多处借耶和华上帝之口，劝说恶人“回头是岸”的训诫。

许多年来，吉姆·弗斯一直在违背戒律。他第一次违背“你不可偷窃”这条戒律时，还在大学读书。有一天，他偷了9274美元，乘飞机前往佛罗里达州。不久，他又持枪抢劫，被抓获投入监狱。不久他得到了大赦。此后他参加了军队，然而，即使在军队中，他仍没放弃作案。

事情就是这样在进行着。吉姆在人生的道路上不断地滑下去，但他行恶愈久，就愈感到内疚。开始吉姆还没有自觉地感到更多的内疚——因为他犯罪的自觉意识变得迟钝了。但是，他的下意识心理却在积累着内疚情绪。

吉姆从军事监狱里获释后，结了婚，搬到了加利福尼亚州。他在那儿开了一家电子咨询商店。一天，一个自称安地的人来找他，谈到一个想法，用一种电子装置去打击其他种族的人。在几个星期内，吉姆便深深地陷入黑社会中去了。为此，他有了一辆价值9000美元的汽车，并在郊区拥有一所漂亮的房子。他的业务多得使他忙不过来。

一天，吉姆和他的妻子爱丽丝发生了争吵。她要了解所有这些钱是从哪儿来的，他却不肯说，于是她哭了起来。吉姆不忍看见妻子哭泣，因为他爱她。为了安

慰妻子，吉姆提议开车到海滨去。在去海滨的途中，他们碰上了交通阻塞，几百辆汽车涌进了一个停车场。

“啊，看呀，吉姆，”爱丽丝说，“那是格拉汉！我们去听他讲演吧，这可能蛮有意思呢。”

吉姆想迁就她，就走了过去，但刚坐下不久，他就变得十分烦躁不安。他觉得格拉汉似乎是在直接对自己讲话，良心使他感到不安了。格拉汉的论点是：“如果一个人获得了整个世界，却失去了他的灵魂，这对他有什么好处呢?”

接着，格拉汉又说：“这儿有一个人，他听到这些话时，受到良心的谴责，他想要离开他的老路，却未做出决定，但这将是他最后的机会。”

他最后的机会？对吉姆说来，这个说法让他感到吃惊。这位教士的意思是什么呢?

吉姆想知道正在发生的事，为什么他总想哭呢？他突然对妻子说：“我们走吧，爱丽丝。”爱丽丝顺从地走向一边，但吉姆抓住她的一只胳膊，把她的身子转过来。

“不，亲爱的，”他说，“走这边……”

几年后，吉姆完全改变了他的生活。他在洛杉矶发表了一次演说，讲了他的经历，特别是他下决心的那天的情况。那天他被通知飞往圣·路易斯城去执行一次窃听任务。“我决不到圣·路易斯去，”他说，“我发现了勇气。”

所以，犹太人对罪人、恶人的态度，总体上不是将作恶看作恶人的劣根性所致，而是看作被罪恶玷污了的人的行为。这种污痕是可以擦拭或洗涤掉的。因此，犹太人与其说寄希望于恶人遭报应，毋宁说更寄希望于罪恶本身得到消除。

犹太人犯了罪，仍然是犹太人，一旦改悔了，就不许再把他看作罪人。

奉行诚实的原则

为了检验一个人是否诚实，犹太人有时会要求这个人把手放在《圣经》上。

有两个男人来找拉比，一个说：“我这个朋友忘恩负义，当初他有急用，我毫

不犹豫地借给他一大笔钱，没想到期限到了，他竟然说只向我借了20万元，而我明明借给他50万元。"

另一个人却说："我向他借了20万，他竟然一口咬定是50万，放高利贷也不是这种放法呀！"

双方各执己见，争执不下。

拉比先与他们分别谈话，然后3人面对面，拉比说：

"你们俩明天早晨再来一趟，听我裁决。"

在犹太社会里，借钱是不立借据的，双方口头商定的就是契约。要是有借据的话，什么问题都不会出现了。

两个男人走后，拉比翻看了许多书籍，想对这两个人的心理做深入的研究。因为只有从心理入手，才能解决问题。

拉比推测，如果那个说只借了20万的人是蓄意抵赖的话，他大可以说一分钱也没有借；另一个人如果没有借他50万的话，为什么一口咬定是50万，而不是70万或者80万呢？

拉比又想，假如借钱的人当初借了50万，可是还款期限到了，手边只有20万，所以一口咬定只借了20万，这可能是存在的；另一种可能是，债主一时糊涂，错把20万记成了50万。

拉比再次单独问借钱的人："你真的只借了20万元吗？"

借钱的人肯定地点点头作为回答。

拉比听了，沉思不语。

过了一会儿，拉比说："借给你50万元的人是个大富翁，他并不需要非分之财，也不会在乎这区区30万，但是，若有第三者因为某种原因，比如说要返回以色列，而去向他借钱周转时，只因为你的背信而使他不能再借钱给别人，你是否仍然坚持说只借了20万？"

借钱的人仍然坚持他的立场。

拉比就进一步逼问：

“你敢不敢到礼拜堂去，把手放在《旧约圣经》上发誓，说你只借了 20 万元？”

借钱的男人突然俯首承认，他的确是借了 50 万元。

把手放在《旧约圣经》上发誓，是再庄严不过的事。因为《塔木德》规定：“面对《圣经》仍不诚实地面对自己的人，应该下地狱。”

《塔木德》也说：“对于撒谎者最大的惩罚，就是当他说真话时也没人相信。”

犹太人认为，奉行诚实的原则，是踏上成功之途最重要的事情之一。

为自己的言语行为找借口而说谎的人，往往只是担心自己的名誉受到损伤，所以才编造谎言；这种人会因为自己的谎言感到不安，结果反而伤害自己的名誉，使自己感到可耻。

犹太人承认，“人难免要犯错误”。如果不幸犯下过失，与其以说谎的方法来隐瞒事实，倒不如老老实实地承认，这是要求改过的唯一机会，也是请求原谅的唯一方法。

将过错或者不顺利的情形隐瞒下来，并不是一种好的行为表现，而且，担心事实真相被揭发的心情，也会很自然地被别人看在眼里。所以，在这种情形下，你成功的机会一定很小，而且你最终不会成功也是理所当然的。

所以，如果你不想使自己的良心或名誉受到伤害，想在社会上做一个堂堂正正的人，你就不应该说谎。这么做是你的义务，也是为你的利益着想。

犹太人绝大多数一生下来就被告知：任何交易都要绝对诚实。如果你想达到成功的顶峰，绝不可欺骗和说谎。谎言，即使是善意的小谎言，也曾使得许多人从好不容易攀上的顶峰摔落，或使得他们追求的成功半途而废。这个跟斗能摔得多重？

在现实生活中，有很多因诚实而受益的例子。

国际函授学校丹弗分校经销商的办公室里，戴尔正在应聘销售员。

经理约翰·艾兰奇先生看着眼前这位身材瘦弱、脸色苍白的年轻人，忍不住先摇了摇头。从外表看，这个年轻人显示不出特别的销售魅力。他在问了姓名和学历后，又问道：“干过推销吗？”

"没有!"戴尔答道。

"那么，现在请回答几个有关销售的问题。"约翰·艾兰奇先生开始提问，"推销员的目的是什么?"

"让消费者了解产品，从而心甘情愿地购买。"戴尔不假思索地答道。

艾兰奇先生点点头，接着问：

"你打算对推销对象怎样开始谈话?"

"'今天天气真好'或者'你的生意真不错'。"

艾兰奇先生还是只点点头。

"你有什么办法把打字机推销给农场主?"

戴尔稍稍思索一番，不紧不慢地回答："抱歉，先生，我没办法把这种产品推销给农场主。"

"为什么?"

"因为农场主根本就不需要打字机。"

艾兰奇高兴地从椅子上站起来，拍拍戴尔的肩膀，兴奋地说："年轻人，很好，你通过了，我想你会出类拔萃!"

艾兰奇心中已认定戴尔将是一个出色的推销员，因为测试的最后一个问题，只有戴尔的答案令他满意，以前的应聘者总是胡乱编造一些办法，但实际上绝对行不通，因为谁愿意买自己根本不需要的东西呢?

戴尔意识到了这一点，据实回答，所以被雇用了。

许多求职的人在参加面试时所犯的最大错误，就是不保持本色。他们不以真面目示人，不能完全坦诚，而给招聘者一些自以为"正确"的回答。但这种做法一点用也没有，因为没有人愿意要伪君子，正如从未没有人愿意收假钞票一样。

《塔木德》告诉人们，一定要说实话。当你凝视着镜中的你，能够对自己说同样的话，你所说的也一定是真话。谁比你更有资格对自己说真话呢?就一个人及其成功的秘诀来说，在交易中保持绝对诚实，是踏上成功之途最重要的事情之一。

信守诺言的约束

《塔木德》指出，信守诺言的约束，重视集体的力量，永远怀有必胜的信念，等等，都有助于一个人获得成功。

下面的故事生动地诠释了这些使很多犹太人受益一生的原则。

丛林中走出了4个男人，他们蓬头垢面，衣衫褴褛，精疲力竭，步履艰难，简直像是刚从死牢中逃出的囚犯。

走在前面的两个，共同扛着一只沉重的木箱；后面的两个则拄着拐杖。他们原本素不相识，都是被探险家马格拉夫招聘来参加原始森林探险的。可是，不久前，马格拉夫被可怕的热病夺去了生命，只剩下这群龙无首的4个人。

他们无法理解马格拉夫探险的激情（如果是为了寻找金矿，则另当别论）。要不是他给的酬金高昂，他们是绝不会陪他进行这趟狂热的探险的。然而，马格拉夫总是热情洋溢地微笑着说："科学家发现的东西比金子的价值还要贵重。"

马格拉夫死了。他们原以为他的行动终于以失败告终，可是现在看来，事情并非如此。他临终前给他们留下了这个神秘、沉重的箱子。这是他在已知自己死期将近时，背着他们钉好并密封起来的。

"要把它送出去，必须由你们4人合作，两人一组轮流抬它，"他嘱咐道，"希望每个人都向我保证：在把它安全送到目的地之前，绝不离开它。地址就在箱盖上。如果你们能将它安全地送到我的好友麦克唐纳手里，你们将会获得无价之宝。他就住在丛林外的海边。你们答应我吗？"

他们都郑重地向他许了诺，因为这是一个他们共同尊重的人的遗言。他们怎能不敬重他呢？在这可怕的原始森林中，每当他们由于心灵受到单调乏味的腐蚀而几乎互相充满敌意时，总是马格拉夫把他们团结起来。他用自己的精神力量不断地感染他们、鼓舞他们，使得这支小小的探险队伍战胜了无数次意想不到的困难。而今，他与他们永别了，可是他留下的这个神秘的木箱以及他们对他作的承诺，却代

替他成了联结这4个人的精神纽带。

这是一个奇怪的组合。这4个人是：大学生巴里、大个子的爱尔兰厨师麦克里迪、水手吉姆·赛克斯和约翰逊，他们是马格拉夫从一间湖滨酒吧里找来的。

水手赛克斯有一张地图，每当他们停下休息时，他总要将它掏出来，仔细研究一番。他会用手指点着它说："这就是我们的目的地。"从地图上看，它并不遥远。可是，要走到那儿，真是谈何容易啊！

丛林越来越密了。危险和恐惧不断向他们袭来。此刻，他们是多么怀念马格拉夫啊！因为他总能在困难时，及时给他们以精神上的鼓舞。在任何情况下，他总能给他们以前进的动力。

起初，他们还互相交谈。对他们来说，能听到别人的声音似乎也是一种慰藉。但很快地，他们便发现，谈话似乎只会加重箱子的重量，增加身体的疲劳，于是，他们沉默了。继之而来的，则是比沉默更糟糕的东西：在各人的心中，反复交叠地出现了对亲人和家庭的渴念，对同伴的猜忌和对密林及死亡的恐惧。唯一能支撑这个集体的，是马格拉夫留下的箱子。尽管它显得越来越沉重，但在一切都几乎成为梦幻时，只有它是实实在在的。是它，促使着心力交瘁的他们继续前进；是它，在他们濒于分裂时，将大家联合起来。

他们对它怀着十分复杂的感情，既像囚徒憎恶自己的枷锁一样痛恨它，又像地狱里的人渴求光明天使一样敬仰它。

这个神秘的木箱里，到底装着什么宝贝呢？他们根据各自的想象力进行着各种猜测。不过有一点是共同的：高尚的马格拉夫绝不会欺骗他们。正因为如此，他们相互间也存有戒心：绝不能让某个人独吞了这批无价之宝。其实，担心是多余的，正如马格拉夫所说，非得4个人齐心协力，才能把这个沉重的箱子抬出去。

这一天终于来到了！大森林那堵严密的绿色高墙豁然打开了，他们来到了丛林的边缘。这时，他们已经精疲力竭。

历尽千辛万苦的他们，终于找到了麦克唐纳先生。这个穿着一件油迹斑斑的白大褂的老头，热情地接待了这4个从可怕的密林中死里逃生的人。

他们饱餐一顿之后，约翰逊舔了舔干燥的嘴唇，有点难为情地提起马格拉夫许诺的报酬问题。

老头听完却爱莫能助地把手一摊，歉然地说：“可是，朋友们，我一无所有。除了对你们表示感谢外，我没有什么可以酬答你们的。马格拉夫是我的好朋友，为了你们实践了对他的诺言，我万分感激你们，但我却无法酬答诸位。”

约翰逊指着箱子说：“在这里面。”

赛克斯也热切地重复道：“在箱子里面。”

“请把它打开吧。”4个人异口同声地要求道。

他们动手拆箱子，结果，一层一层全是木头。约翰逊说：“这是开的什么玩笑呀？”

这时，赛克斯说：“我听见声音了！我听见咔嗒声了。快来看！”4个人都围拢过来。然而，麦克唐纳从箱子里掏出来的，却是一块块毫无价值的普通石头！

麦克里迪失望地说：“我早就觉得那人有点疯，说什么箱子里有比金子还贵重的无价之宝！”

“不，”巴里迅速地说，“我记得他的原话是这样的：如果你们能将它安全地送到我的好友麦克唐纳手里，你们将会获得无价之宝。”

“那又怎么样呢？”麦克里迪恼怒地嚷道。

巴里将自己的同伴打量了一遍，脑海里重现了他们在原始森林中可怕的经历，仿佛又见到了路旁的堆堆白骨。他记起了人们在他们进入森林前的告诫：单枪匹马在森林里闯的人，没有一个能活着出来。

他终于明白了。他深沉地说：“朋友们，这难道还不清楚吗？马格拉夫让我们得到的，是我们的生命啊！如果没有这个箱子，没有那些诺言的约束，我们能活着走出丛林吗？”

“一言既出，驷马难追。”人生在世，贵在诚实守信。诚实守信是一种高尚的品德，也是一个人立身处世之本。守信践诺有时并不是一件容易的事情，它是心智成熟和人格完美的人才具备的处世德行。李嘉诚总结自己的成功经验时说：“人的一

生最重要的是守信，我现在就算有多10倍的资金，也不足以应付那么多的生意，而且很多是别人找我的，这些都是为人守信的结果。”一个诚信的人，一生将因此而受益无穷。

勇于接受别人的意见

《塔木德》说：“不要自以为是，直到死的那一天！”

在日常生活中，有太多的人想要迫使别人接受自己的意见，因为人们总认为自己是对的。这种想法，使我们没有改进自己的余地，也在通往成功的道路上设下了障碍。想象一下，10个当代最有名望的画家齐聚一堂，围绕着一张圆桌团团而坐，一起对摆在圆桌上的一个苹果进行素描。每个人画出来的苹果都不会一样，因为每个人看到的角度都不相同。

“意见”也是同样的道理。信念的异同，取决于身世、环境等各种因素，我们就是靠这些因素来决定我们的意见。固执己见的悲剧，在于它阻止了成长、进步和充实自己。它使我们自认为十全十美，事实上，世间没有人能够做到十全十美。固执己见者为了防卫自己的弱点，必然无法快乐而被孤立，这已是不争的结论。

如何才能避免固执己见？只要你肯听听别人的想法，你就可以做到。

固执己见是一种消极的癖性，心胸开阔才是应有的态度。前者会导致失败与孤立，后者则是获得成功与友谊的保证。

只要你肯向别人伸出友谊的手，只要你肯学习别人的长处，只要你了解别人和你一样有获得成功的权利，你就不会再坚持己见了。你内心的成功元素会再度展开活动，而失败元素自然会偃旗息鼓。

《塔木德》说：“只有蠢人和死人，永不改变他们的意见。”

严重的固执己见容易导致刚愎自用。

生命的意义，就是改变。你每天的想法都会改变，道理很简单，因为你每天都不一样，而且每天的情况也不同，生命就是这个样子。自然界也因四季的变换而依

序进展。想象一下，如果一棵树在春天时倔强地拒绝抽发新芽，如果一朵花倔强地拒绝开放，如果一棵蔬菜或一粒果实倔强地拒绝生长或成熟，世界会变成什么样子？

你是否刚愎自用？你是否拒绝身体的改变与成长？你是否抗拒创造性的生活，抗拒微笑、友谊、宽恕和四海之内皆兄弟的观念？

《塔木德》说："刚愎与冲动，就是愚蠢的明证。"

要想从有限的生命中求取更多的生活，就必须从小开始革除消极感。这种感觉是培育顽固、刚愎、忌妒与惰性的温床；这些习性能使你丧失抵抗力，而萎缩成微小的细菌。你是一个微小的细菌，还是一个完整的人？答案在自己的内心。只要你能宽恕自己、友爱自己，就能克服刚愎自用的心理。

但是，假如你经过周详的考虑后，发现你的信念对人类有价值，你就应该为这个信念而奋斗。这并不是冥顽不化，而是建设性的决定，对你自己、对全人类，都有所裨益。

给别人改过的机会

《圣经》上说，当年上帝发大水淹没不义之人时，曾预先告知义人诺亚，让他造好一只大船，全家避难于船上，并将所有动物按一公一母配齐，各带一对。当时，"善"闻讯后也急急忙忙跑来找诺亚，要求登舟避难，诺亚说："我只能让公母各成一对的上船。"

"善"只好跑回树林，寻找可以和自己成为一对的对象，结果找到"恶"，便成双成对地登上方舟。

从此以后，有善的地方就必有恶的存在，所以犹太人把恶看作很正常的事。《塔木德》上有句名言："如果人类没有恶的冲动，应该会不造房子、不娶妻子、不生孩子、不工作才对。"所以，犹太人认为：恶，只要正常疏导，就可以变为善举，这要比单纯压抑恶的冲动有效得多。当然，犹太人对恶的防治有时也特别紧。

不过，犹太人总的来说，还是相信对恶“防范不如疏导”。有句犹太谚语“1米高的墙胜过100米高的墙”，说的就是这个道理。

犹太人对高墙大院中的僧侣和不结婚的人不以为然，认为这种人的正常欲求得不到疏导，就会越来越强，墙越高则越容易坍塌，最终必使恶的冲动泛滥而出。所以，犹太人认为，一个人短时间里不做爱是办得到的，但一生不做爱是不可能的，除非他（她）生理上不能。因而犹太人只要求人们在一定的时间，比如月经期、安息日前夕等时间不做爱，更重要的是不发生婚外性行为。过不上正常性生活的人迟早会出问题，所谓“凡教师不能没有妻子，凡拉比不能不结婚”，真是智人快语。要是为人师表者只顾“高筑墙”，还如何教育学生？要是聪明人不传宗接代，人类岂不越来越蠢？

正因如此，犹太人历来主张把罪恶和犯罪之人区别对待。罪恶是人与生俱来的，即任何人也难免会犯错误，但犯罪的人是客观环境使然，经过学习和改造还可以改正。因此，犹太人与其说寄望于恶人遭报应，毋宁说更希望恶人消除罪恶。

在生活中，很少人会以衡量自己的天平来衡量别人。我们自己的过失和别人的过失相比，似乎算不了什么。当我们做了一件令自己觉得羞愧的事时，我们总会找到一个代罪羔羊，我们责备自己的良心。我们会说：“我的良心在折磨我。”然后，我们很快就宽恕了自己。

但是，当别人犯了错误或表示愤恨时，我们是多么快就把他贬得一文不值。更可笑的是，我们抓住了别人的一次谎言，而忘了自己曾经说过无数次的谎。要想具备做人的资格，必须记住每个人都会犯错，我们都是善良与邪恶、成功与失败、信心与失望、友情与孤独、勇气与恐惧的混合体。人之所以相同，在于人们一生中有伟大的时候，也有渺小的时候，因时而异；只有经由宽恕，我们才能发现，在我们的一生中，伟大的一面占了绝大部分的时光。

英国小说家理查德有本书名为《设身处地》。如果你能使这4个字成为你的生活习惯，进而成为你的第二天性，你一定会是快乐的人。光说无益，而要实际去做到这4个字，使自己更臻于成熟并找到自我。因为当你批评与自己意见相左的人

时，他也会像你支持自己一样，尽量维护他本身的权益，因此，你必须三思而后行。

当你被疑虑与缺乏自信所征服，被侵略与恐惧所征服，你就受到了压力。你要抨击他人时，不妨先自问："要是我在他的处境之下，我会怎么做?"如果必要的话，为你自己的权益而战，但是不要为仇恨、报复而战。

在现实生活中，我们都迫切地需要友情，而友情发射的第一道光和热，是在你失去理性时，犹能自问："要是我在他的处境，我会怎么做?"

最重要的是，你对自己也一定要退一步设身处地地想，不要因为一个错误而苛责自己，不要因此而成为一个流离失所者。在这种时刻，对着镜子扪心自问："我会对自己最好的朋友这样做吗?"

只有学会了宽恕，我们才能够幸福快乐地生活。

不与污秽者为伍

《塔木德》说："与污秽者为伍，自己也得污秽；与洁净者相伴，自己也得洁净。"这里说的是择友的重要性。如果一个人不会选择朋友，就等于不能把握自己的前途。

我们交朋友的目的，一是让生活充实、丰富，在工作之余能有人一起娱乐、一起聊天；二是有利于工作，希望在工作上能得到朋友的帮助。很显然，朋友太多就不可能有太多时间去了解、交流，也就不可能建立真正的友谊；朋友之间没一定的感情基础，就很难谈得上互相帮忙。所以，生意场上认识的人多就好办事，那是未必的。没有一定的交往基础，别人是不会帮你的，除非你自己有权有势，别人帮你是想得到回报。所以，要结识一些相互欣赏、有情有义的朋友。

滥交朋友的人会给人一种缺乏生活原则的感觉。如果你以认识的朋友多为荣，你肯定会主动去拉拢各种各样的人。而人际交往最忌讳大献殷勤，不卑不亢是交际的首要原则，因为自尊是交往中的首要吸引力，如果抛弃自尊去讨好别人，肯定得

不到别人的尊重，而且一般以交友多为荣的人都希望结识更多的有钱有势的风云人物，而这些人最看不起故意讨好的人，因为他们见得最多的就是这种人。所以，喜欢滥交朋友的人往往会失去自我，让人瞧不起。喜欢滥交朋友的人往往缺少真正的朋友。

与朋友建立深厚的友谊需要各种努力，首先是要花一定的时间，即使你们青梅竹马，几年不联系也可能形同陌路。因为社会在变，人也在变，不经常交流肯定会产生隔阂。而喜欢滥交朋友的人是肯定没有时间专门陪一些朋友的，他们也认识不到友谊需要细心栽培，他们把朋友当作稻穗，以为认识了就像把稻穗捡回家里一样，以后想用就可以随时用。朋友间的友谊就像爱情，是个空盒子，首先你得倾注关心、帮助、理解，然后才能得到关心、帮助、理解。滥交朋友的人是不可能不断地付出的，他没这么多时间和精力，所以他的朋友都只是一些点头朋友。而且，万一不幸交了个坏蛋无赖朋友，那就有的烦了，还会骗你点钱、占你点便宜。弄不好交个要钱不要命的家伙，就更危险了。

所以，交朋友宜精不宜多，要悉心结交一些志同道合的朋友，而不是建立在纯利益基础上的关系。对于有着共同经历、经过时间考验的知心朋友，要留一定的时间和精力不断加深彼此的友谊。这部分朋友是最可靠的，因为你们之间没有利益冲突，是一份最纯的友谊，任何时候，他们都能给你帮助。

当然，交友时要有一点戒心，有一定的识别能力。和一个人交往时，要学会判断对方和你交往的动机是什么，是看重你的人还是其他，如果纯粹看重你的钱和势或其他利益，那就不必深交，但如果双方能互利互惠，也不妨交往一下。

只有美德永存

《塔木德》说："人不因地位提升名誉，而是地位名誉因人提升。"

品格是世界上最强大的动力之一。高尚的品格，是人性的最高形式的体现，它能最大限度地展现出人的价值。每一种真正的美德，如勤劳、正直、自律、诚实，都自

然而然地得到人们的崇敬。具备这些美德的人值得信赖、信任和效仿，这也是自然的事情。在这个世界上，他们弘扬了正气，他们的出现使世界变得更美好、更可爱。

天才总是受人崇拜，但品格更能赢得人们的尊重。前者是超群智力的硕果，而后者是高尚灵魂的结晶。从长远来看，是灵魂主宰着人的生活。天才人物凭借自己的智力赢得社会地位，而具有高尚品格的人靠自己的良知获得声誉。前者受人崇拜，而后者被人视为楷模，加以效仿。

伟人往往是一些特殊人物，但伟大本身也不过是相比较而言的。事实上，大多数人的生活圈子非常狭小，他们很少有机会出人头地，成为伟人。但是，每个人都可以正直诚实、光明磊落地做好自己的本职工作，最大限度地发挥自己的能力。他可以淋漓尽致地展示自己的聪明才智，但是切不可滥用误用。他应该充分体现人生的价值。哪怕是在平凡的岗位上，他也可以做到真诚、公正、正直和忠厚。总而言之，他可以在上帝给他安排的岗位上做到尽心尽职。

对大多数人来说，当他作为一个普通人在自己平凡的生活中尽心尽责的时候，他最高尚的品格也就在这种持久的尽心尽责中表现出来了。他们或许没有金钱，没有财产，没有学问，没有权势，但是，他们依然拥有高尚的灵魂，拥有精神财富——诚实、正直、尽职尽责。无论是谁，只要他忠于职守，他就是在履行被创造出来的义务，也就是在锻造自己果敢的品格。在这个世界上，许多人尽管一无所有，但是，他们品格的荣耀和加冕的国王相比，可以说毫不逊色。

古代以色列经常遭受战乱，以色列人民过着流离失所的生活。有一个以色列人，临死前把两个孪生儿子叫到跟前，对他们说："我快死了，我有一大笔遗产要留给你们，希望你们能好好地生活，并为以色列留下能够永恒的东西。"说完，他就与世长辞了。

两兄弟得到父亲留下的遗产，成为富有的人。哥哥叶胡扎不忍看着本民族的同胞在水深火热中生活，便尽其所得的遗产接济穷人、灾民和无家可归的孤儿。没过多久，他就一贫如洗，也无家可归了。而弟弟从不向任何人提供帮助，他觉得要得到父亲所说的"永恒"，就要造一座坚固而又豪华的花园楼房。

花园楼房造好了，弟弟想："我老了，把房子传给我的儿子，儿子可以再传给孙子……子子孙孙是没有穷尽的，这样就有了'永恒'。"

正巧，成了贫民的哥哥从弟弟的门前走过，弟弟非但不帮助哥哥，反而讥讽道："你的钱呢？你的金银财宝呢？你帮助别人可自己却成了叫花子，什么也没有留下，怎么得到'永恒'，怎么对得起死去的父亲……而我虽然吝啬，但现在应有尽有，你看看我这座花园，看看我的楼房！我有了享用不尽的财富，一辈子快乐得像个小皇帝……"

哥哥说："我把钱财奉献给受苦受难的同胞，与他们同甘苦共患难，日子虽然过得苦一些，但互相帮助，共同去战胜贫穷，建立起一座友爱的'花园'，难道不比你的花园更美好吗？"

"你的花园再好，只能是祖国河山的沧海一粟；你的财富再多，也只能是高山大川的一颗小石子或是一滴水，总有一天，连我们的躯体也将化为乌有，到了那时，你还拥有什么？"

几年后，一场狂风暴雨席卷了他们的家乡，顷刻之间，弟弟的花园楼房被摧毁了，洪水还冲走了他所有的财产，弟弟成了流浪汉。

过了几年，花园楼房的废墟隐没在荒草之中，又过了好多年，连当地人都不知道那里曾有过一座豪华的花园楼房，当然也不知道那里住过一个想要得到"永恒"的富翁。

但是，在《塔木德》中却记载着一个人的美德，以色列人民会永远记住并传诵他的名字——叶胡扎。

四、善待他人，超越自我

与其超越别人，不如超越自己

懒惰是每一个人的大敌，也是人的天性。犹太人很早就意识到这个问题，并在

处世的过程中时刻提醒自己："与其超越别人，不如超越自己"。

超越自己，才能不断地鞭策自己前进，而不因为一时的懈怠或者暂时的成功而失去继续努力向前的动力。

知识如同银器，要经常擦拭，如果一天懒得动手，银器就会蒙上灰尘，失去亮光。犹太人认为，超越自己的事情一天都不能放松，尽量地学些不同的事物，将它们组合起来，才会有新的智慧和洞察力产生，这些不同的事物相互影响之后，往往会有许多新的创见。每个人都有与生俱来的创造力，只是有些人通过坚持不懈的学习，把它发挥了出来。更多的人则因为懈怠让这种才能荒废掉了。

犹太人坚信这一点，于是在自己的法典中写下了："超越别人的人，不能算是真正的超越；超越从前的自我，才是真正超越的人。"

在犹太人眼中，与其千方百计地想要超越别人，不如勤以自勉，借以超越自己，这种人才能最后走上成功的道路。

犹太人有一则故事教导人们要去超越自己。

有一对父子俩都是拉比。父亲性格温和，考虑周到；而儿子却孤僻、傲慢，所以他一直没有成功。

有一天，儿子对父亲抱怨这件事情，老人说："我的孩子，作为拉比我们之间的区别是：当有人向我请教律法上的困难问题时，我给他回答。他提的问题以及我的回答，我的提问人和我都满意；但是若有人问你问题，则双方都不满意——你的提问人不满意是因为你说他的问题不是问题；你不满意是因为你不能给他一个答案。所以，你不能怪别人而必须放下架子鼓励自己，才能成功。"

"父亲。你是说我必须超越自己?"

"是的"。父亲回答，"真正超越从前自我的人，才是真正成功的人。"

超越自己的历史传统融入了犹太人的血液之中，所以，犹太民族成为最勤奋的民族。在当今，大多数人的生活，是不断复制的照片，一张与另一张极其相似，变得平淡乏味。在这样一种生活之中，保持一种不断前进的动力则变得越来越重要了。犹太人更加珍视这种流传已久的传统，不断反省自己的生活，追求更新和

超越。

食品大王保罗·纽曼的故事更能说明犹太人如何打破旧有的生活状态。纽曼是美国著名的影星，他有杰出的表演才能和先天的强健体魄，他是银幕上的男性偶像。他主演了许多影片，如1956年的《上帝喜欢我》、1958年的《漫长的夏日》、1960年的《在阳台上》、1961年的《骗》等，均获观众的好评。他曾5次被提名为奥斯卡金像奖最佳男主角，到1987年他60岁时，终于在第6次提名时，荣膺奥斯卡最佳男主角，圆了自己40年的梦。此外，他还是出色的导演。他在电影上的成就，为他赢得了声誉和财富，他成了一位富有的艺术家。

保罗·纽曼是出生在美国的犹太人，他的父亲是一位小商人，母亲喜欢音乐、艺术。纽曼大学毕业后，留在父亲的商店工作。本来做一个老板，做一个犹太商人，他也可以成功，可他不满足于日复一日地平谈生意。于是，在不解和怀疑的目光中，他毅然卖掉了杂货店，一心一意投入到了演艺界。1987年，他因在《金钱本色》中的成功表演而获奥斯卡奖。

保罗·纽曼从商人到艺人的跨越，使其在新的领域内赢得了更大的成功，也发挥了自己在表演上的天赋。但是，保罗·纽曼的超越永远没有完结。1982年，一个偶然的机会使他接触到了一种新的食品。这种新玩意儿是拌面条用的酱汁，味道非常好。曾经作为商人的纽曼看到了其中蕴藏的商机，于是他与朋友合作，投资数十万美元开发这种食品，并成立了“保罗·纽曼食品公司”，就这样他又开始了从艺人到企业家的超越。最后，他被誉为美国的“食品大王”。

保罗·纽曼的从商人到演员直到天王巨星，又从天王巨星到企业家直到食品大王，他的人生之路告诉我们，要不断超越自我，不断让自己在新的生活和环境中去迎接挑战，我们才能保持住生命不灭的创造力，才能最大限度地发掘自己的潜力。

唯其如此，我们才能获得一个又一个的成功！

善，能增加人性之美

犹太人注重善恶的价值判断。他们认为，如果一个人仅凭着自己的好恶而活

着，那么他的自我感受也好，利害得失也好，都很难持久。一个人只有具有善的力量，才能吸引住别人。

善恶分明，这是犹太人诚实或信用的魔力所在。犹太人不仅注重培养知识及能力，而且，强调教育应该培养一个人辨别善恶的能力。他们认为生活的意义应该很广泛，否则人们会失去生气，不能生活得有声有色。因为人处世的目的不外乎两个，一为“过人的生活”，二为“增加人性之美”。

一则犹太故事很能说明犹太人是如何看待善恶问题的。

有一个人终生都十分自私。他快要死了的时候，他的家人催促他吃点东西。他说：“如果你们给我一个熟鸡蛋，我就吃。”

他正要吃鸡蛋，一个穷人出现在门阶前乞求道：“给我点施舍吧！”将死之人便把头转向家人，命令他们把他的鸡蛋给乞丐。

临死时，儿子问他：“父亲，你所去的世界是什么样的？”

他回答道：“要以实际行动行善，那样，你就会在你将要去的世界里有一席之地。我终生所行过的善只是给了那个乞丐一个鸡蛋。但是我死了之后，那个鸡蛋却抵消了我所犯下的所有罪过并且我要被天堂接纳了。”

犹太人用这个故事说明，做善事可以抵消自己的罪恶。那么如何去行善呢？

犹太人又有一则寓言说明这个问题。

一个人想知道天空是从哪里开始的。他首先遇到一只蚂蚁，问道：“天空是从哪里开始的？”

蚂蚁回答说：“天空是从你鞋子那么高的地方开始的。”

他继续向前走，遇到了一只山羊，他问山羊：“天空是从哪里开始的？”

山羊回答说：“天空是从草原消失的地方开始的。”

最后，他遇到了一位白发老人，问道：“天空是从什么地方开始的？”老者说：“天空是从你的脚下开始的。”

天空开始于你的脚下，世界也是如此。因此，犹太人认为，世界开始于每一个人，绝不可以说“我怎么能有改善世界的力量呢？我是完全无能为力的啊！”所以，

犹太人强调要加强个人自身修养，培养起善恶的观念，并由此来影响周围的人和环境。影响周围环境，就是要去阻止别人作恶。犹太人认为，无论谁，如果他能够阻止家里人作恶而没有去阻止，就要为家里人的罪恶而受罚；如果他能够阻止身边的人作恶而没有去阻止，就要为身边的人的罪恶而受罚；如果他能够阻止整个世界作恶而没有去阻止，就要为整个世界的罪恶而受罚。

善恶的判断，要从自己开始。《犹太法典》是这样教育犹太人的："凡能超越别人的人，都受过两种教育——一种受自教师，另外一种受自自己。"

犹太人强调善恶之辨，但并不把善恶看成是非常绝对的，他们并不认为好人就会好到底，而坏人也坏得不可救药。他们认为每个人都有"光"和"影"两面，任何好人都会有"影（坏）"的一面，任何坏人也都会有"光（好）"的一面，因此有缺点不要抬不起头，只要让光的部分更光亮就好了；同样，即使有优点和长处也不要自满，必须不断努力缩小影的范围。

犹太人虽然认为每个人都应该以善来改造自己、改造世界，但并不单纯地认为个人活着就是为了他人和社会。《犹太法典》上指明个人的处世目的是："人是为保存自己和帮助他人而生。"

犹太人认为，人不可只为自己，或只为他人而活着。光想着自己的人是卑贱的，而光想着怎样做自我牺牲的人，则有丧失了理智的嫌疑。因此，犹太人的善恶观，也是非常有分寸的，而且，易于为人们所理解和接受。这正是犹太人绝妙的处世智慧。

苦中作乐，处世中的智慧

犹太民族一向是以苦中作乐而著称的。犹太人中有一句流传很广的谚语："有10个烦恼比仅有一个烦恼好得多。"

犹太人认为，因为仅有一个烦恼时，这个烦恼一定是相当深刻的，所以一个人如果同时有很多烦恼，他就应该谢天谢地。我们常听说有人为一个烦恼而自杀身

亡，但却很少听到有人为10个烦恼而自杀。犹太人的这个观念十分有趣，但是其中体现出了犹太人面对苦难和折磨的从容姿态。

犹太人有一则名叫《飞马腾空》的童话故事。

古时候，有一个人因惹怒国王而被判死刑，这个人向国王请求饶恕一命，他说："只要给我一年的时间，我就能使您最心爱的马飞上天空。如果过了一年，您的马不能在天空自如飞翔的话，我宁愿被处死刑，绝不会有半点怨言。"

国王想了想就答应了他。在他回到牢房之后，另一位囚犯对他说："你不要信口开河好不好，马怎么能飞上天空呢?"

这个人回答说："在这一年之内，也许国王会死，也许我自己病死，说不定那匹马出意外送了命。总之，在这一年之内，谁知道会发生什么事呢？所以只要有一年的时间，没准儿马真的能飞上天空！"

纵观犹太人颠沛流离的历史，到处都弥漫着这种乐观的精神。可以说，犹太民族就是因为有了这种乐观的精神，心中充满希望，他们才能生存下来。对于犹太人来说勇气和希望深深地埋藏在他们心底，任何人都无法夺去。所以，他们一直乐观向上，纵使在世间最罕见的苦难中也坚强无比。

在犹太人眼中，幽默是只有强者才能拥有的特权。因此他们很重视幽默。因为幽默是人所具备的力量中之最强大者。犹太人常说："笑是百药中最佳的良药之一。"因为"笑"能在痛苦时安慰他们的心，能使快乐的犹太人更加充满活力，可是，犹太人认为笑所隐藏的力量绝不仅如此；只要更重视笑，它就会成为人类所有与生俱来的能力中，最强而有力的一种武器。犹太人认为幽默就是要使人笑起来。

尽管犹太人有着苦难的历史经历，但他们对生活一直充满坚定的信念，否则他们的民族就不可能经受住那么多折磨而幸存下来。事实上正是苦难造就了犹太人不可动摇的乐观精神。

欢乐和笑声是犹太人生活中必备的良药，这使他们总能保持一种乐观的生活态度。对犹太人来说，生活的压力太大了，他们无法用泪水和无休止的呻吟来化解它。迫害、痛苦和他们在潮湿的"贫民监狱"里的贫困生活都不能阻止他们的欢

笑。但是，犹太人的笑声不是一般的无聊取乐，也不仅仅是消遣，而是对严酷生活的一种顽强而具有反抗性的回答。因而在犹太人的幽默里存在一种独特的智慧，它不仅仅是一种对生活的尖锐批评，还是一种能帮助他们缓解痛苦，有效地调节、娱乐身心的好办法。这令人愉悦的幽默，有人把它叫作“犹太风趣”。

很多犹太传说和民间故事包含着深深的悲剧幽默情调。就像许多犹太民歌一样，它们的旋律中总是回荡着挥之不去的忧伤。但这种忧伤却没堕落为绝望或是自怜自叹。他们总是在净化之中保持着尊严，在坚定的信念中使痛苦也变得高贵，即使是在失败中他们也因为拥有正义而获得道义上的胜利。

犹太人性格中的“幽默”，是与他们的乐观精神以及向逆境挑战的勇气联系在一起的。犹太人认为，幽默是人们所能拥有的最强大的力量。它能使人放松心情，持宽和的心态。因此，每逢尴尬的场面，犹太人总喜欢借助笑话、幽默来使气氛、场面开朗起来。

尽管并不是所有的幽默都是成功的，有些幽默反而会使局面更加难堪。但是，犹太人也并不觉得这有什么不好，他们看重的是个人的心态，而不计较效果，因此，犹太人说：“只要是幽默就能使人放松心情，而唯有贤者才能在任何情况下，都永远保持着宽松的心情。”

犹太人认为只有那些强人，那些不屈不挠的人，才能在危机之中，瞬间离开自己所处的境地一步，站在客观的立场上，来观察自己、幽默自己。在犹太人眼里，幽默既代表了强人的韧性，也代表了强人的胆识。犹太人把幽默当作一种重要的精神食粮。在希伯来语中，智慧被称为“赫夫玛”，幽默也被称为“赫夫玛”，而幽默正好成了犹太民族苦中作乐的生存和处世智慧。

看重自我，拒绝自大

一个人来到小镇，他拦住集市上的一个犹太人问道：“先生，您能否告诉我，教堂的主持瑞伯·扬科住在哪里？”

“哦，”那人回答道，“你说的大概是那个结巴瑞伯·扬科吧，他的父亲是瑞伯·艾瑞莫，一个老湿疹……他住在离教堂稍远的地方。”

这个人到了教堂，他问一个过路人，“您能告诉我瑞伯·扬科住在哪里吗?”

“哦，你说的是瑞伯·扬科啊，那个疝气患者，爱打老婆的家伙?”过路人说道，“他已经埋掉了三个老婆了。你到那边能找到他。”

这个人继续往前走，他相信自己没走错，但为了确保无误，他还是停下来问了一个店铺老板。

“您能告诉我瑞伯·扬科住在哪里吗?”

“哦，瑞伯·扬科!”店主答道，“你是说瑞伯·扬科·高尼夫，每过一年就要破产一次的那位!他就在那里!”

这个人向瑞伯·扬科走去，向他问道，“请告诉我，瑞伯·扬科，您究竟为什么不愿做这个镇的主持呢?”

“因为不幸太多!”

“那么为什么您又要做呢?”

“问得好!我这样做是出于荣誉!”

犹太人非常重视个人的荣誉。因为在犹太人的心目中，真正能保持高度荣耀、重视荣誉的人，才能在社会上有地位，在人际交往中受到别人的信赖。但是，对于荣誉，犹太民族又有自己独到的看法。

在犹太人心中，只有靠自己才能决定什么是美。荣誉和荣耀都要发自个人的内心，绝对不是可以透过别人眼光来衡量的东西。因为一个人必须要有某种不可动摇的立场，才能证明人格的尊严。

因此，对于犹太人来说，一个人的精神支柱即在于信念，不具信念的人，同时也欠缺说服力。自信是犹太人荣誉的源泉。犹太人认为，一个人愿意信赖你时，他所想依靠的就是你的信誉。在犹太人眼中，一个人为了自己的信誉，即使必须付出生命，也应该紧紧地把守住它。虽然，“荣誉”是虚假的，但是，每一个人都必须要有荣誉心。

“神是神，只有神才是神。”这是犹太人在漫长历史中，长久流传的一句话。这是为什么呢？因为神有它的荣誉。“荣誉”代表着社会上的好评，“荣誉”也代表自己的信誉。所以，犹太人认为一个人是否能保存自己的荣誉，完全在于自己，和别人一点关系也没有。因此，荣誉也好，信誉也好，首先是个人内心的问题，其次它又是社会的。因此，既重视自我又重视别人的人，才是重视荣誉的人。

对于荣誉的独到理解，使犹太人能够辩证地处理好个人行为与他人看法的关系，这是一种成功的处世智慧。

世界上有很多不美丽的东西，但是其中最丑陋的便是“自大”。犹太人认为，当人自满自大时，就会失去一个人应有的谦虚以及改过向上的念头。自满自大的人很容易犯过错。因此，《犹太法典》虽不认为自大是一种罪过，却认为它是一种愚昧。

有很多人总以为自己是世界的中心，但是周围的任何人却绝不可能那么重视自己，因此他厌恶别人的漠不关心，同时更为自己没有达到更高的目标而生气，于是就会产生过度的自我嫌恶。在犹太人看来，这也算是自大的一种。因为这种自我嫌恶和虚荣心是互为表里的。犹太人说：“如果自己的内心已由自己占满时，就再也不会有留给神住的地方了。”因此，在夸奖别人之前，犹太人绝不会夸奖自己。

犹太人告诫孩子们不可自大时，常引用《圣经·创世纪》做比喻：在《创世纪》中，神首先分别光明与黑暗；再分割天空和地面，并将地面划分为水、陆；然后他开始创造生物；到了最后才创造人——亚当；因此，甚至跳蚤都比人早到这个世界，那么人有什么了不起呢？就是在动物面前，连耀武扬威的资格也都没有。

谦虚是美德，因此《犹太法典》中告诫人们说：“即使是一个贤人，只要他炫耀自己的知识，他就不如一个以无知为耻的愚者。”

犹太人有许多嘲笑不谦虚的人的故事。

有一位从事神圣工作的拉比好像在熟睡。他的旁边坐着信徒，他们正在讨论这位神圣的人无与伦比的美德。

“他是多么虔诚！”一个信徒陶醉般叫了出来，“在整个波兰也找不到第二个像

他的人！”

“谁能和他比仁慈？”另一个信徒狂热地呐喊，“他给人宽广无私的施舍。”

“还有多么温和的脾气！难道有谁见过他激动吗？”另一个信徒眼睛发光地低语。

“啊，他是多么的博学！”一个信徒用圣歌般的调子说，“他是一个伟大的拉比！”

信徒们陷入了沉默，这时这位拉比慢慢地睁开了一只眼睛，用一种受伤害的表情看着他们。

“怎么没有人说说我的谦虚？”他责备说。

这则故事的名字就叫《谦虚的拉比》，它嘲讽了一个毫不谦虚的拉比的愚蠢。

此外，法典还对自大的危险提出了警告：“金钱是自大的捷径，而自大是罪恶的捷径。”不把内在显现给别人看的人，才是最聪明的人。不自大，也是犹太民族处世技巧之一。

有进有出，才是快乐人生之道

在犹太人心目中，任何人都不可妄想占据所有的东西。因此，在犹太人看来，对于人们来说，分享是一个很重要的观念。但是，大多数的人总是希望分享别人的利益，而不希望别人与自己分享。对此，犹太拉比常常用以色列的两个内海——加利利海和死海给犹太人以这方面的教育。

死海在海平面下392米的低处，它的周围是一片无垠的沙漠，对岸则是约旦的领土。死海的水中含有很高的盐分，盐的比重很大，当人们掉进去时，身体会自然浮起而不会淹死。死海的水中无鱼，也没有其他任何生物。

加利利海是一个淡水湖，里面含有很多生物，因耶稣基督曾在此地渔猎，而享有盛名。海中盛产一种“圣彼得鱼”，这种鱼虽然外表丑陋，可是肉味鲜美，已成该地名产。加利利海边餐厅林立，都以售圣彼得鱼为主，来游览的旅客们常常因此

大饱口福。

加利利海的岸边的老树枝叶茂密，树上百鸟云集，啼声悦耳，真是一个充满生趣的美丽世界！相形之下，死海就没有这么活跃。死海没有任何生物生存在其中，周围也没有半棵树，更听不到鸟儿的歌声，连漂浮在死海上的空气，都让人觉得沉重而透不过气来，因为如此，人们才会名之为“死海”吧。

两者为什么有如此差别呢?

犹太拉比们的解释是：加利利海不像死海——只知收，而不知出。约旦河流入加利利海之后，又流了出来，最后到达死海。加利利海接受了多少东西，也会给别人多少东西，所以它经常是活生生的。而每一滴水，到了死海之后，都要被占有。死海把所有的东西都占为己有，只知进而不知出，所以生物都不愿意住在其中，造成死气沉沉的景象。

水不流，鱼不栖，没有任何生物饮水，只取而不予，这是非常不正常的现象。因为死海从来不分给别人什么，所以它才会“死”在那里。在人的一生中，也常常会遇到像死海这样只进不出的人。

因此，犹太人认为，人应该像加利利海那样活跃，经常给予，千万不能学死海，只进不出。有进有出，这才是聪明人的处世之道。而犹太民族在处世之中就常常注意这一点，既接受人家的给予，同时也很注意把自己的东西给予人家，把分享作为人生的信条。这是犹太人成为世界上最优秀民族的原因之一。

凡事从自己做起

任何人都希望别人给予帮助。在困难和危险面前，我们总在想：要是有人帮我一把有多好！于是，我们老寄希望于别人，特别是自己的朋友。但实际上，朋友再好也仅仅是朋友，他的心里想什么你只能去揣测，而绝对不会受你的左右，而至于那些不曾相交的一般人，就更别指望了。一般而言，人是有善心的，但是绝不是每个人都是菩萨。所以，自己不做事而寄希望于人，自己便是天生的寄生虫；与其将

希望寄托在别人身上，不如从自己开始，牢牢把握自己。

人人都希望有个好的家庭，在生活中获得成功与幸福；也希望自己有个好的工作条件和拥有一个好的祖国。这样的话，我们便不怎么努力也可衣食无忧。可是，我们知道如何来创造一个良好的家庭环境，好的工作条件和富裕的国家吗？我们羡慕那些显赫的家族，可我们必须知道，当他们的先辈创业时多半也是白手起家，靠自己的双手和智慧才赢得了一片天地，后继者也是勤耕不辍，兢兢业业，在先辈的基础上继续前进，而绝不是坐享其成，坐吃山空。我们梦想着有个优雅舒适的工作空间，做着令人艳羡的白领或金领贵族，可是我们必须知道，这样的工作空间是靠自己不断地学习和经验积累才有的。同样，我们希望自己降生在一个美丽富饶繁荣的国度，可是，正如肯尼迪说的那样：不要问你的国家能给予你什么，而要问自己能为自己的祖国做些什么。如果没有众多个体的奋斗与努力，一个国家又何来繁荣与富强呢？

总之，一个道理，一切都要从自己开始，与其指望别人，不如自己亲自动手。可是，人的天性就是对别人的过失总是很敏感，而对自己却异常的宽容，有时甚至还为自己强词夺理，巧言辩护。人很能严格地要求自己的妻子、儿女、同事、朋友、上司、下属，却唯独不能严格要求自己。因此，人最大的缺点就是不能以身作则，从我做起。中国有句俗话叫“正人先正己”，更告诫人们“其身正，不令而行；其身不正，虽令不从”。我们要时时反省自己，“吾日三省吾身也”，先自我批评，管好自己，然后才能推己及人。

《犹太法典》中这样告诫犹太人：“人们介意他人身上些微的皮肤病，却睁眼不见自己身上的重病。”同时，《犹太法典》中也这样来比喻领导者：“身体从头开始。”

“没有船长的船，就如同没有舵，全然不知方向。”

“能以微笑回答别人非难的人，是领袖之才。”

人首先要要求自己，然后才可以要求别人。路要真正自己去踩，才真正算走自己的路。自己不走，叫别人走，是毫无道理的；而踩着别人的脚后跟走，其实是替

别人走路。

在犹太人的经营管理活动中，他们从来都是以身作则，先自己做好表率，然后才以自己的行动去感化影响别人，而很少有自己都没有遵守却让别人遵守的情况。或许，遵守规章，履行契约，从我做起，这些只是犹太人从我做起的比较浅层次的表现。在内心的灵魂深处，犹太人有着可贵的“慎独”精神，也就是可贵的自我反省、自我批评的精神，他们总是去问自己做了什么，做对了什么，应该做什么，却很少去要求别人该怎样。

在公众面前受到社会的压力，遵守规范是比较容易的。而单居独处之时，外界压力完全消失，只剩下内心的良知抵御着蠢蠢欲动的恶念。唯有此时能把持得住自己，方算得上有道德根底的人，所以《塔木德》上有一句话，叫“在他人面前害羞的人，和在自己面前害羞的人之间，有很大的差别”。这个差别，就是所谓“罪感”和“耻感”的区别。

所谓“罪感”就是把罪之恶看作是由罪本身的属性决定的。无论何时何地，人知我知，犯罪就是为恶，就是一件应该激起愧疚之心的事情。而所谓“耻感”，则把罪之恶看作某种取决于外界状态的属性，为人知者方为恶，不为人知则无所谓恶小恶。所以，犯罪者的愧疚或者忏悔，不是为了作恶本身，而是为了作恶竟然被人发现。这种“愧”是为了“出丑”而愧，“丑”要是不出来，何愧之有？这种“悔”是为了搞错时机而悔，要是正逢无人发现的机会，何悔之有？

很明显，在“罪感”支配下的个体行为要比在“耻感”支配下的行为，在遵守规范时有着更大的自愿性、自觉性和自律性，这在犹太人的行为中表现得是十分明显的。

在拉比的教诲中，“独居闹市而不犯罪”，之所以能同“穷人拾遗不昧”和“富人暗中施舍十分之一的收入给穷人”同立为“神会夸奖的三件事”，其共同之处，尽在一个“独”字。犹太人所推崇的“慎独”，其实正是犹太民族延存的基本要求。

犹太民族弘扬“慎独精神”，但绝不必意味着一切以自我为中心，他们绝不提

倡“独善其身”式的“隐士”，而是教导人们要和普罗大众生活在一起。

有位拉比，行为高洁，为人亲切而仁慈；对神虔敬，做事审慎，因此他理所当然成为受人景仰爱戴的人。过了80岁后的某一天，他的身体突然一下子开始变得虚弱了，并很快地衰老下去，他知道，自己的死期已经临近，便把所有的弟子叫到床边。

弟子到齐了之后，拉比却开始哭了，弟子十分奇怪，便问道：“老师，您为什么要哭呢？难道您有忘记读书的一天吗？有过因为疏忽而漏教学生的一天吗？有过没有行善的一天吗？您是这个国家中最受尊敬的人，最笃敬神的人也是您；并且您对那像政治一样肮脏的世界从没有插过一次手，照理老师您没有任何哭的理由才是。”

拉比却说：“正是因为像你们说的这样，我才哭啊。我刚刚问了自己：你读书了？你向神祈祷了？你是否行善？你是否做了正当行为？对于这些问题，我都可以做出肯定的回答；但当我问自己，你是否参加了一般人的生活时，我却只能回答：没有。所以我才哭了。”

以后的拉比们常用这则故事来劝说一些不在犹太人共同体活动中露面的人，以使他们一起“参加一般人的生活”。从这里不难看出，这个“一般人的生活”不是指一般意义上的衣食住行，也不是指常人的其他感性生活，而是特指犹太民族的集体生活。

可见，犹太人“从我做起”的这种以自我为基点的人生观念，并不是与集体与别的个体相离移的，犹太人“从我做起”的意义在于提升了自己，却又影响感化了别人，这比单纯地要求别人要强得多。正如在犹太复国运动中体现出来的，犹太人不论贫富，地位悬殊，一律为着心中的以色列建国而积极努力，他们从没有想过要求别人为重建国家而做些什么，而只是想着我能为祖国的重建做些什么。正是这种先从自己做起的理念和精神升华了犹太民族的集体感和凝聚力，才使他们能够在四散各地的情况下紧密相连，并最终促成了以色列的再生。

自己的责任自己承担

犹太教是反对犹太人放弃自己的责任和义务的。古代的拉比们说过："好事可以分享，自己的责任一定要自己负。"

因为不管是把事情推给别人，还是归咎于环境，自己的责任仍然存在而无法消失，所以犹太人从不把责任推给别人，而是自己动手去做。因为人总是在世界的中心，不能完全抹消自己，当然也就不能抹消自己的全部责任，只要存在一天，人们就会有一天的责任，即使可以把其中的一半责任推给环境，但自己仍须负担另外的一半责任。

不朽的上帝对他的使者盖博瑞儿说："去！在那些正直人的前额上用墨水做个标记，这样破坏天使就不会伤害他们；在那些恶人的前额上用血做标记．破坏天使就会消灭他们。"

这时正义站在上帝面前说："宇宙之王，第一种人和第二种人有什么不同?"

"第一种人是彻底的好人，"上帝回答说，"第二种人是彻底的坏人。"

"宇宙之王，"正义争辩道，"正直的人有力量反抗其他人的行为，可是他们没有这么做。"

"你知道，"上帝回答说，"即使他们反抗过了，邪恶的人也不会听他们的话。"

"宇宙之王，"正义说，"你知道那些坏人不会改变，可是那些正直的人知道这一点吗?"

由于正直的人没有反抗，上帝改变了主意，没有把他们和邪恶的人分开。这是上帝对于一个放弃自己责任的人的处置。

放弃自己的责任是上帝不宽恕的事情，所以犹太人在现实的生活中，从不逃避自己的责任。为了负起自己的责任他们甚至可以倾家荡产，可以去牺牲性命。正是因为犹太人在任何时候不会放弃自己的责任，所以他们在别人心中讲究诚信，在商场注重契约。在犹太人眼中，人永远无法逃避责任。自瞒自欺容易，但却无法逃离

世人锐利的眼睛。因此，自己的责任一定要自己负。

有一个犹太商人，接到美国芝加哥某公司3万个刀叉餐具的订货单，双方商定的交货日期是9月1日。犹太商人必须在8月1日从本港运出货物，才能在9月1日如期交货。但是，由于一些意外事故，犹太商人没能在8月1日赶制出3万个刀叉餐具。这位犹太商人陷入了困境，但他丝毫没有想到要给对方写封情真意切的信，要求延期交货并表示歉意，因为这本身就是违背契约，不符合犹太商法，并且也是逃避责任的做法。结果，这位犹太商人后来花巨资租用飞机送货，3万个刀叉如期交货了，这位犹太商人损失了1万美元。

不逃避自己的责任，自己的责任自己负，这是犹太人处世为人的一个原则。也正是他们这样做了，才在世界赢得了良好的声誉。

做自己的主人，决不做情绪的奴隶

犹太人大多非常博学，知识领域非常广，堪称“杂学博士”。因此，犹太人在用餐时，谈话的内容非常丰富，从家常谈话，到娱乐、艺术、各地名胜古迹、动物、植物等天下大小奇闻趣事都纳入话题之列。但是会影响到用餐时愉快气氛的话题绝对不谈，例如有关政治及战争、宗教迫害的话题绝口不谈，因为这些话题往往会勾起犹太民族被迫害的痛苦回忆，而且又往往因为各人的看法不一致，引起争论，如此便破坏了融洽的用餐气氛，另外猥亵的话题也是避而不谈的，这些都是为了在用餐时可以充分享受人生的乐趣。

人的情绪都有一个周期，时好时坏，或是伤心——在失去友情、爱人或是自尊心的时候；或是焦虑——在恐怕受到伤害或是遭遇挫折的时候；或是愤怒——被人误解，被人得罪触怒，被人背叛的时候；或是内疚——对自己失望，害怕别人对自己失望，觉得自己无能的时候，等等。特别是人在盛怒之下，往往会失去理智，容易伤害他人，同时也伤害了自己。

做自己的主人，不要做自己情绪的奴隶。学会控制自己的情绪，是与他人友好

相处，保持自己的理智，从而使自己获得成功，享受快乐生活的要诀。犹太人认为，能够控制自己情绪的人，是人格完善的一个标志。能够从精神上驾驭自己的人，才能获得精神上的真正自由。

回顾自己的经历，或者是观察他人的行为，你会发现，没有任何东西比我们的情绪，即我们心理上的感受，更能影响我们的生活了。动不动就暴跳如雷，表面上看似乎你颇具有权威，其实并得不到别人对你的尊重，结果只能使别人憎恶你或者害怕你。

你可以采取一种延迟反应的方法来控制自己的情绪。你突然遇到了一个不能容忍的事件，你感觉到将无法克制自己，怒火像海潮般涌来，正常的心境将遭受无可挽回的破坏，你就要爆发了！这时你不妨试着在心里默默地数数，从1数到12，然后再决定采取什么行动。这时，你会发现，你的怒气已经大大缓解，你能够控制住自己，恢复了理智，这时你可以考虑采取什么行动了。

当你觉得自己就要被恶劣糟糕的情绪所控制的时候，就念一遍先辈传下来的那些话：

弱者被情绪控制行为，强者让行为控制情绪。

自负时，想想自己曾经是多么幼稚；

成功时，想想自己潜在的危机和面对的竞争对手；

志得意满，众人争捧，沾沾自喜时，想想自己那些失意孤寂的日子；

觉得自己无所不能时，那就试一试能否让自己变回少年；

想放纵自己的欲望时，想想自己的责任……

如果你连自己的情绪都控制不了，如果你成为自己恶劣情绪的俘虏，你又怎么能够控制即将开始的谈判局面？又怎么能够树立自己的权威，率领大家去实现你的计划？又怎么能够赢得合作伙伴的信任，死心塌地地和你一起去承担投资的风险？

做自己的主人，还要战胜各种诱惑。

古希腊有个神话，说在很久以前，世界本是安宁美好的乐园，有一天，天神交给潘多拉一个精美的盒子，叮嘱说："你千万不要打开它！"潘多拉特别想知道盒子

里面装了些什么，但是想到天神的嘱咐，她忍耐着，最后，她实在忍不住诱惑，把盒子打开了，结果，盒子里面装着的战争、瘟疫、罪恶……都飞了出来，安宁美好的乐园就此永远失去了。

我们每个人的心中也都有一个“潘多拉的盒子”，我们可以让我们的生活健康美好，也可以让它变得丑恶，其中的关键就是看我们自己能否战胜自己，打败诱惑。一个人能够战胜自己，才能成为自己真正的主人。控制了你自己的情绪，打败了各种诱惑，你就把握住了自己的命运，你就真正成了自己的主人。这时，你会看见，成功就在你的面前。

潜移默化，影响他人

在《塔木德》上写着：世界上的人们，不管具有什么样的信仰，反正好人都会得救，无须特别努力犹太化。

毫无疑问，犹太民族像大多数民族一样，愿意有归化他们的人。《塔木德》上就写有：神喜欢犹太化的非犹太人。

有个国王有一大群羊，他雇了一个牧羊人，每天出外放牧。有一天，牧羊人发现一头似羊非羊的动物，混在了羊群里，他便来向国王请示说：“有一只从未见过的动物混进了羊群，如何处理比较好？”

国王说：“你要特别照顾好那个动物。”牧羊人一听，十分不解地看着国王。

国王告诉他：“这些羊一向是我们一手养大的，所以没有什么好担忧，但这个动物在完全不同的环境中长大，却能和我的羊群一起行动，这不是令人高兴的吗？”

一个犹太人从出生之日起就在犹太人的传统文化下培育，而没有经历犹太传统文化培育的人，能够理解犹太文化，且因而犹太化，这比真正的犹太人更应受到尊敬。

在《塔木德》上写着：世界上的人们，不管具有什么样的信仰，反正好人都会得救，无须特别努力犹太化。

犹太人的比喻大多是很恰当的，这里也不例外。犹太人的这种情感也是完全可以理解的。而妙就妙在最后的那句话：好人总会得救，无须特别努力犹太化。其神态俨然学校招生办公室在人满为患时对热心的申请者的那种“极为理智”的态度：“你们愿意进来学习当然欢迎，但其实自学也能成才。”

所以，在塔木德时代，犹太人常和非犹太人一块儿工作，一块儿生活。犹太人遵守自己的613条戒律，但无意把它们强加给非犹太人，使他们成为犹太人。拉比们并不向非犹太人传教。但根据《塔木德》的规定，为了保证彼此和平共处，对非犹太人有7项约束：

1. 不吃刚杀死的动物的生肉。
2. 不可大声斥责别人。
3. 不可偷窃。
4. 要守法。
5. 勿杀人。
6. 不可近亲通奸。
7. 不可有乱伦的关系。

非常明显，这7条约束并没有多少“犹太味”，基本上属于各个民族共同遵守的道德、习俗或法规。尽管第一条让“茹毛饮血”的野蛮人有点为难；第二条有点小题大做，不过适用于民族关系时则另当别论；而第四条又会让有些习惯于无法无天的统治者恼火：“我大，还是法大？”但在绝大多数情况下，所有这些约束是可以指望得到人们共同遵守的。要求自己适用613条律法，对别人只要求适用7条！也许对一切人、一切民族来说，相处中真正重要的只是一条：相互尊重，彼此宽容。

五、掌控成功的金钥匙

1 加 1 大于 2

成功离不开超常的智慧，当别人只看到 1 加 1 等于 2 时，你应该敏锐地发现其实存在着使 1 加 1 大于 2 的办法。

多年以前，在奥斯维辛集中营里，一个犹太人对他的儿子说："现在，我们唯一的财富就是智慧了。当别人说 1 加 1 等于 2 的时候，你应该想到它也可以大于 2。"

纳粹在奥斯维辛集中营毒死了几十万人，这对父子却凭着智慧奇迹般地活了下来。1946 年，他们来到美国，在休斯敦做铜器生意。某日，父亲问儿子一磅铜的价值是多少，儿子回答说 35 美分。父亲却说："对，这里的人都知道每磅铜的价格是 35 美分，但作为犹太人的儿子，你应该说 3. 5 美元。不信，你就试着把铜做成门把手看看。"

20 年后，父亲死了，儿子独自经营那家铜器店。他始终牢记着父亲的话，做过铜鼓，做过瑞士钟表上的弹簧片，做过奥运会的奖牌。他甚至把一磅铜卖到了 3500 美元，这时他已经是麦考尔公司的董事长了。然而，真正让他扬名的却是纽约州的一堆垃圾。

1974 年，美国政府为清理给自由女神像翻新扔下的一大堆废料，向社会广泛招标，但几个月过去了却没人应标。当时正在法国旅行的他听到这个消息后，立即终止休假，飞往纽约。在看过自由女神像下堆积如山的铜块、铅丝和木料后，他毫不迟疑，当即与政府部门签下了协议。

纽约的许多运输公司对他的这一举动都暗自发笑，因为在纽约州，垃圾的处理有严格规定，弄不好就会受到环保组织的起诉。他的许多同僚也认为废料回收吃力

奥斯维辛集中营

不讨好，能回收的资源价值十分有限，都觉得他此举实在愚蠢至极。就在很多人都等着要看这个犹太人的笑话时，他已经开始组织工人对废料进行分类加工了。他让人把废铜熔化，然后做成一些小的自由女神像，把废铅、废铝做成纽约广场的钥匙，他甚至把从自由女神身上扫下的灰尘也包装起来，出售给那些花店。结果，自然就可想而知了：在不到3个月时间里，他就让那堆废料变成了350万美金。

生活中没有一成不变的等式。当你在抱怨生活时，也许别人正在享受成功的喜悦，其中的奥妙就在于：你只知道1加1等于2，而别人却明白1加1可以大于2的道理。没错，不单是犹太人，世上大多数人都知道任何东西都有价的，都能失而复得，只有智慧才是人生无价的财富。智慧可以提升，可以创造，可以化无为有，化不利为有利，可以最大限度地改变一个人甚至千千万万人的命运，可以这样说，正是智慧，引导我们一步步走向自由。

爱生智慧，智慧改变命运

当你的心中充满爱，就会主动热情地寻找各种办法帮助他人解决困难，而智慧由此产生，你在帮助他人的过程中也会获得丰厚的回报。

一天夜里，已经很晚了，一对年老的夫妻走进一家旅馆，他们想要一个房间。犹太侍者回答说："对不起，我们旅馆已经客满了，一间空房也没有剩下。"但是侍者不忍心深夜让这对老人出门另找住宿。而且在这样一个小城，恐怕其他的旅店也早已客满打烊了，这对疲惫不堪的老人岂不会在深夜流落街头？于是好心的侍者将这对老人引领到一个房间，说："也许它不是最好的，但现在我只能做到这样了。"老人见眼前其实是一间整洁又干净的屋子，就愉快地住了下来。

第二天，当他们来到前台结账时，侍者却对他们说："不用了，因为我只不过是把自己的屋子借给你们住了一晚——祝你们旅途愉快！"原来如此。侍者自己一晚没睡，他就在前台值了一个通宵的夜班。两位老人十分感动。老头儿说："孩子，你是我见到过的最好的旅店经营人。你会得到报答的。"侍者笑了笑，说这算不了什么。他送老人出了门，转身接着忙自己的事，把这件事情忘了个一干二净。没想到有一天，侍者接到了一封信函，打开看，里面有一张去纽约的单程机票并有简短附言，聘请他去做另一份工作。他乘飞机来到纽约，按信中所标明的路线来到一个地方，抬眼一看，一座金碧辉煌的大酒店耸立在他的眼前。原来，几个月前的那个深夜，他接待的是一个有着亿万资产的富翁和他的妻子。富翁为这个侍者买下了一座大酒店，深信他会经营管理好这个大酒店。

吃亏即是占便宜

有些事情，从常规的角度看，似乎是吃了大亏，但从另一个角度看，却是占了天大的便宜。这就是智慧。

一个犹太人走进纽约的一家银行，来到贷款部，大模大样地坐了下来。

"请问先生，我可以为你做点什么？"贷款部经理一边问，一边打量着这个西装革履满身名牌的来者。

"我想借些钱。"

"好啊，你要借多少？"

“1 美元。”

“只需要 1 美元?”

“不错，只借 1 美元，不可以吗!”

“噢，当然，不过只要你有足够的保险，再多点也无妨。”经理耸了耸肩，漫不经心地说。

“好吧，这些做担保可以吗?”犹太人接着从豪华的皮包里取出一堆股票、国债等等，放在经理的写字台上。

“总共 50 万美元，够了吧?”

“当然，当然！不过，你真的只要借 1 美元吗?”经理疑惑地看着眼前的怪人。

“是的。”说着，犹太人接过了 1 美元。

“年息为 6%，只要您付出 6%的利息，一年后归还，我们就可以把这些股票退还给您。”

“谢谢。”

犹太人说完准备离开银行。一直站在旁边冷眼观看的分行长，怎么也弄不明白，拥有 50 万美元的人，怎么会来银行借 1 美元，于是他慌慌张张地追上前去，对犹太人说：

“啊，这位先生……”

“有什么事吗?”

“我实在弄不清楚，你拥有 50 万美元，为什么只借 1 美元呢? 你不以为这样做你很吃亏吗? 要是你想借 30、40 万美元的话，我们也会很乐意……”

“请不必为我操心。在我来贵行之前，问过了几家金库，他们保险箱的租金都很昂贵。所以嘛，我就准备在贵行寄存这些东西，一年只需要花 6 美分，租金简直是太便宜了。”

看到这个题目的时候我是迷惑的，吃亏与占便宜怎么可能是一回事，看了这个故事后我就豁然开朗了。打破自己的思维定势，换个角度去想问题，往往会有意想不到的收获。家长从小培养孩子智力时，最重要的莫过于让他多角度思考问题。

财富与智慧

有财富而无智慧，财富是不能永久的，而有了智慧就不愁没有财富，因为智慧是财富的源泉。

在犹太人心中，学者是人们尊敬的中心。把学者置于一切人甚至国王之上，就可以看出犹太民族是多么注重智慧。这一点是犹太民族可引以为自豪的传统，因为其他民族都把贵族、王侯、军人或商人的地位放在学者之上。

犹太儿童中间流传着这样一则寓言：

在远古的耶路撒冷有一种精灵，他们干着仆役的事情，做家务，打扫房屋，有时还兼管花园。其中有一个精灵，给一个小康之家管理花园。他干活不声不响，相当熟练，热爱主人，还特别热爱那个花园。他工作非常卖力，主人对他也很满意。尽管他和他的同伴一样，生性非常轻盈，可以随时去各种地方，但为了更好地表明他是个忠实的仆役，他始终住在这家主人那里。但可怕的是，他的同行——其他精灵对他百般诽谤，以至于精灵的头目很快下令，把他调到北极去照料一所终年被雪覆盖的房屋。动身前，精灵对他的主人说："我不知道自己犯了什么错误，别人逼着我离开你们。在这里，我只能再待很短的一段时间，可能是一个月，也可能是一个星期。请你们抓紧时机说出三个愿望，我帮你们实现这三个愿望，但是只能三个，不能再多。"主人和夫人合计了一下，第一个愿望就是要求财富。果然，立即便有大堆大堆的金钱装满了他们的钱柜和大大小小的箱子，仓库里全是小麦，地窖里全是酒，一切都装得满满的。但究竟怎样来管理这些财物呢？该设立多少账本，耗费多少时间和心血？两人都感到十分为难，贼人要来算计他们，王公大人要来借贷，国王要来征税，这对可怜的夫妇因为太过富有而感到痛苦。"快来帮我们摆脱这些因钱财而引起的麻烦吧！"他们两人请求说，"穷人是多么幸福，他们无忧无虑！贫困远远胜过财富。财富，快走开！而贫穷女神，快回来吧！"说完这些话，所有的一切都消失了，他们又和原来一样了。他们重新获得了安宁和平静。精灵因

他们的觉悟而和他们同声大笑。最后他们请求精灵赐给他们智慧。他们明白，这才是一种从不引起麻烦的财富。

犹太人蔑视一般的学习，他们告诉孩子一般的学习只是一味模仿，而不是任何的创新。实际上，学习应该是思考的基础。正因为如此，《犹太法典》上说："学识及能力，都像是价值最昂贵的怀表。"

动脑的结果

事在人为，积极的人只为成功想办法，不为失败找借口。

佛瑞迪只有 16 岁。在暑假即将来临的时候，他对父亲说："爸爸，我不要整个夏天都向你伸手要钱，我要找个工作。"

父亲从震惊中恢复过来之后，对佛瑞迪说："好啊，佛瑞迪，我会想办法给你找工作，但是恐怕不容易。现在正是人浮于事的时候。"

"你没有弄清我的意思，我并不是要您给我找个工作。我要自己来找。还有，请不要那么消极。虽然现在人浮于事，我还是可以找到工作，毕竟有些人总是可以找到工作的。"

"哪些人？"父亲带着怀疑问。

"那些会动脑筋的人。"儿子回答说。

佛瑞迪在"事求人"广告栏上仔细寻找，找到了一个很适合他专长的工作，广告上说找工作的人要在第二天早上 8 点钟到达 42 街的一个地方。佛瑞迪并没有等到 8 点钟，而在 7 点 45 分钟就到了那儿。可他看到已有 20 个男孩排在那里，他只是队伍中的第 21 名。

怎样才能引起特别注意而竞争成功呢？这是他的问题，他应该怎样处理这个问题呢？根据佛瑞迪所说，只有一件事可做——动脑筋思考。因此他进入了那最令人痛苦也是令人快乐的程序——思考。在真正思考的时候，总是会想出办法的，佛瑞迪想出了一个办法。他拿出一张纸，在上面写了一些东西，然后折得整整齐齐，走

向秘书小姐，恭敬地对她说：“小姐，请你马上把这张纸条转交给你的老板，这非常重要。”

她是一名老手，如果他是个普通的男孩，她就可能会说：“算了吧，小伙子。你回到队伍的第21个位子上等吧。”但是他不是普通的男孩，她直觉感到，他散发出一种自信的气质。她把纸条收下。

“好啊！”她说，“让我来看看这张纸条。”她看了不禁微笑了起来。她立刻站起来，走进老板的办公室，把纸条放在老板的桌上。老板看了也大声笑了起来，因为纸条上写着：

“先生，我排在队伍中第21位，在你没有看到我之前，请不要做决定。”

他是不是得到了工作？他当然得到了工作，因为他很早就学会了动脑筋。一个会动脑筋思考的人总能掌握住问题，也能够解决它。

在激烈的竞争中，如何使自己脱颖而出，又如何体现自己与他人的不同，你不能只是傻傻地等着，等着别人来证明你或是等着时间来证明你。你需要的是自己积极主动的行动，而这个时候开动你的脑筋吧，它会告诉你最好的方法！

没有标准答案

任何问题都不止一种解决方案，也没有所谓必须如此的标准答案，要敢于打破权威，独辟蹊径，创造性地解决问题。

很久以前，以色列国立大学教授卡兰得拉接到他的同事的一个电话，他问卡兰得拉是否愿意为一个试题的评分做鉴定人。因为同事想给他的一个学生答的一道物理题打零分，而他的学生则声称应该得满分。这位学生认为这种测验制度不对，他一定要争取满分。因此老师和学生同意将这件事委托给一个公平无私的仲裁人，而卡兰得拉被选中了……

卡兰得拉到他同事的办公室，并阅读了这个试题。试题是：“试证明怎么能够用一个气压计测定一栋高楼的高度。”

学生的答案是："把气压计拿到高楼顶部，用一根长绳子系住气压计，然后把气压计从楼顶向楼下坠，直到坠到地面为止；然后把气压计拉上楼顶，测量绳子放下的长度。这长度即为楼的高度。"

这是一个有趣的答案，但是这学生应该获得称赞吗？卡兰得拉指出，这位学生应该得到高度评价，因为他的答案完全正确。另一方面，如果高度评价这个学生，就应该给他物理课程的考试打高分；而高分就证明这个学生知道一些物理学知识，但他的回答又不能证明这一点……

卡兰得拉让这个学生用 6 分钟回答同一个问题，但必须在回答中表现出他懂得一些物理学知识……在最后一分钟里，学生赶忙写出他的答案。答案是：把气压计拿到楼顶，让它斜靠在屋顶的边缘处。让气压计从屋顶落下，用秒表记下它落下的时间，根据落下的距离等于重力加速度乘下落时间的平方的一半，算出建筑物的高度。

看了这答案之后，卡兰得拉问他的同事是否让步。同事让步了，于是卡兰得拉给了这个学生几乎是最高的评价。正当卡兰得拉要离开他同事的办公室时，突然记得那位同学说他还有另外一个答案。于是卡兰得拉问是什么样的答案。学生回答说："啊，利用气压计测出一个建筑的高度有许多办法。例如，你可以在有太阳的日子在楼顶记下气压表的高度和它影子的长度，又测出建筑物影子的长度，就可以利用简单的比例关系，算出建筑物的高度。"

"很好，"卡兰得拉说，"还有什么答案？"

"有呀，"那个学生说，"还有一个你会喜欢的最基本的测量方法。你拿着气压表，从一楼登梯而上，当你登楼时，用符号标出气压表上的水银高度，这样你可以用气压表的单位得到这栋楼的高度。这个方法最直截了当。

"当然，如果你还想得到更精确的答案，你可以用一根弦的一端系住气压表，把它像一个摆那样摆动，然后测出街面和楼顶的 g 值（重力加速度）。从两个 g 值之差，在原则上就可以算出楼顶高度。"

最后他又说："如果不限制我用物理学方法回答这个问题，还有许多其他方法。

例如，你拿上气压表走到楼房底层，敲管理人员的门。当管理人员应声时，你对他说下面一句话‘亲爱的管理员先生，我有一个很漂亮的气压表。如果你告诉我这栋楼的高度，我将把这个气压表送给您……”

《塔木德》上说：问题的解决方法往往不止有一种，没有必要把自己的思维固定在某一点上。开放性的思维远比一些所谓的标准答案更值得我们的赞赏！因为你会发现，你原来并不需要待在狭小屋里，只要推开那扇门，你会发现，你的面前本有一片广袤的天地。

难忘的一课

不知并不可怕，最可怕的是不知道却要装作知道，欺骗自己，欺骗他人。

医学院三年级，我们开始临床实习，给病人看病了。

我们心情都有点紧张，口袋里装满了各种医疗手册和工具，显得鼓鼓囊囊的。但是我们没有带听诊器，我们的犹太老师让我们把自己的听诊器放在护士办公室了。

我们站在第一位病人的床头边。老师把我们上下打量了一番。“这位病人是沃特金斯先生，”他说，“我已把我们的实习安排向他做了解释，他不会介意的，只要你们需要，尽可以听听他的心脏。他患的是心脏僧帽瓣硬化症。简直太典型了，我不知道你们今后是否还能碰到这样的病例。”

“关于心脏僧帽瓣硬化症的病理知识，我们以前早就学过。我们知道这种病的心跳规律是先有一声清晰的强音，接着是两下微弱的杂音。”

指导老师把他的听诊器递给我们。“你们要仔细听听。沃特金斯先生的心跳强音很明显。”

我们一个接一个地拿过听诊器，集中精力听诊。“噢，没错，听得很清楚。”大家都点点头说。我们互相注视着，只见人人都是一脸轻松的表情。我们很感谢指导老师能把实习课安排得如此顺利。

这节实习课结束后，我们6个学生来到护士办公室，坐了下来。“你们都听清楚了吗?”指导老师问。我们点点头。老师并不多说，慢慢拆开我们刚用过的那个听诊器。只见他从口袋里取出一个小镊子，用它夹出塞在听诊器里的一团棉球。

原来这是一个失效的听诊器，仅仅一个摆设而已！根本不可能用它听清什么心脏杂音的。

“再也不要这么干了，”老师说，“如果你们听不到什么声音，就直说好了。如果你们不理解别人在讲什么，就告诉他你确实不明白。本来糊涂却假装清醒，也许能欺骗你们的同事，但对你们自己——还有你们的病人，一点好处也没有。”

一时间，我们都尴尬极了。现在，25年过去了，我想，这也许是我有生以来所上过的最好的一堂医学课。

我们不断地学习，就是因为有很多东西我们不懂，所以不懂并不可耻，最重要的是不能不懂装懂，不懂装懂往往比不懂更无知，因为它不但在欺骗别人，更是在欺骗自己。“知之为知之，不知为不知”，只有这样，我们才能不断学到新的知识，不断进步。而这种品质一定要从小培养。

扛着驴的父子

凡事要自己拿主见，别人的意见只能作为参考，而不能听凭别人的摆布。

在中世纪时期的耶路撒冷，有个父亲带儿子去市场卖驴子，驴子走在前头，父子俩随行在后，村里的人看了都觉得很可笑。“真傻啊！骑着驴子去多好，却在这沙尘滚滚的路上漫步。”“对啊！说得对啊！”父亲突然觉得很有道理。

“孩子，骑上驴子吧！我会跟在旁边，不会让你掉下来的！”父亲让孩子骑在驴子上，自己则跟在旁边走着。这时，对面走来两个父亲的朋友。“喂！喂！让孩子骑驴，自己却徒步，算什么！现在就这么宠孩子将来还得了！为了孩子的健康，应该叫他走路才对，让他走路，让他走路！”

“噢！对呀！有道理。”于是父亲让孩子下来，自己则骑上驴背。孩子跟在驴子

前面，蹒跚地走着。走着走着，碰见一个挤牛奶的女孩。女孩用责备的口吻说：“哎唷！世间竟有这么残酷的父亲，自己轻轻松松地骑在驴背上，却让那么小的孩子走路，真可怜。瞧，那孩子多痛苦，东倒西歪地跟在后头，实在可怜啊！”

“是啊！你说得有理！”父亲点头赞同。于是，父亲叫孩子也骑到驴背上，朝着市场的方向前进。驴子同时要载两个人，渐渐的举步非常吃力，呼吸急促，腿摇摇晃晃得发抖。可是父亲并没有发觉，还轻轻松松地哼着歌曲，一边在驴背上摇晃呢！驴子好不容易走到教堂前，喘了一大口气，休息、休息。

教堂前面正好站了一位牧师，叫住了他们。“喂！喂！请等一下，让那么弱小的动物载两个人，驴子太可怜了。你们要去哪里呢？”“我们正要带这匹驴子去市场卖呀！”“哦！这更有问题。我看你们还没走进市场，驴子就先累死了，恐怕还卖不出去呢！信不信由你。”“那么，该怎么办呢？”“把驴子扛着去吧！”

“好！有道理。”父子俩立刻从驴背上跳下来，然后把驴子的脚绑起来，再用棍子扛着驴子。这样扛着，当然非常重，所以父子俩涨红了脸，摇摇晃晃地喊着：“怎么这么重呢！”看见这情景的人都呆住了。“真是奇怪的人啊！”扛着驴子的父子不久走到一座桥上。“孩子，市场快到了，再忍耐一会儿吧！”父亲虽然这么说，可是自己和孩子都已经累得筋疲力尽了。

驴子毕竟是驴子，被倒吊着反而痛苦得不得了，不但口吐白沫，还粗暴地扭动起来。“嘿！乖一点啊！”父亲严厉地斥骂着，可是驴子不听，扭动地更厉害，结果，棍子啪的一声折断了。绳子也弄断了，驴子倒栽葱似的掉进河里。很不凑巧，雨后河水暴涨，驴子就在那瞬间，被急流吞没，看不见踪影了。“啊！怎么会这样呢？这都是一味听别人的意见，而产生最严重的后果啊！”父子俩只好垂头丧气地走回家。

父子俩由于自己不思考，盲目听从别人的意见，结果吃了大亏。凡事要动脑筋，不能随意采纳别人的意见。思维力是智力活动的核心，也是智力结构的核心，因而思维能力是成才最重要的智力因素。思维能力也是要从小就开始发展的，它会使人更聪明、更胜人一筹。犹太人从孩子小时候就开始培养孩子的思维能力。

学无止境

“生也有涯，而知也无涯”，知识的海洋无边无际，学习的道路永远没有止境。

耶鲁大学毕业考试的最后一天。在一座教学楼前的阶梯上，有一群大四的学生挤在一起，正在讨论几分钟后就要开始的考试。他们的脸上显示出很有信心的神情，这是最后一场考试，接着就是毕业典礼和找工作了。有几个说他们已经找到工作了。其他的人则在讨论他们想得到的工作。

怀着对4年大学教育的肯定，他们觉得心理上早有准备，能征服外面的世界。

即将进行的考试他们知道只是很轻易的事情——教授说他们可以带需要的教科书、参考书和笔记，只要求考试时不能彼此交头接耳。

他们喜气洋洋地鱼贯走进教室。

教授把考卷发下去，学生都眉开眼笑，因为看到试卷上只有5个论述题。

3个小时过去了，教授开始收考卷。学生们似乎不再有信心，他们的脸上出现可怕的表情。没有一个人说话。教授手里拿着考卷，面对着全班同学，端详着他们担忧的脸，问道：“有几个人把5个问题全答完了？”

没有人举手。

“有几个答完了4个题？”仍旧没有人举手。

“3个？2个？”

学生们在座位上不安起来。

“那么1个呢，一定有人做完了吧？”全班学生仍然保持沉默。

教授放下手中的考卷说：“这正是我预期的。我只是要加深你们的印象：即使你们已完成4年工程教育，但仍旧有许多有关工程的问题你们不知道。这些你们不能回答的问题，在今后的日常操作中是非常普遍的。”

教授微笑着说下去：“这个科目你们都会及格，但要记住：虽然你们是大学毕业生，但你们的教育才刚刚开始。”

时间消逝，这位教授的训诫清晰依旧，这位教授便是犹太著名学者列维·斯特劳斯。

学习知识就像在画圈。随着知识的日积月累，你的圈也就越画越大。当你洋洋自得时，不妨看看圈外的世界，你会发现这个圈所接触的空白也相应地在增加。真实的生活正在向我们展示它的博大精深。学无止境！

智慧的力量

智慧是世界上最强大的力量，学习知识必须转化为智慧才有意义。

世界著名的军事家拿破仑曾说过："在部队里面，勇敢的将军固然重要，但是善于动脑筋思考的将军更重要，一个士兵，更需要有一个智慧的将军。"其实，在生活的各个方面都是如此。

世界著名的"酒店大王"——希尔顿，觉得自己人生得到的最大一次启示，来自他 12 岁时的一段经历。当时在美国西部人人带枪，但他爸爸从来不带，他说："带枪的人必须依靠拔枪的速度，不带枪的人，需要的则是智慧，我相信智慧的力量会远远大过武器的力量。"

希尔顿很快领教了父亲这句话的含义：一天，他发现爸爸在一个酒馆里面，被一个醉汉用枪逼着，若没有回答出醉汉的任何一个问题，就会立即被枪打死。面对这生死存亡的一瞬间，他却吃惊地发现爸爸很平静，用一种非常感人的语调，慢慢地对那个拿枪的人说话，那人的态度逐渐软化，枪掉在了地上，最后，那人竟然抱着他的爸爸哭了起来！

"智慧的力量大于任何力量。"这一启示，指导了他后来的经商之道，最终成为闻名世界的"酒店大王"。

犹太民族非常重视学问，但是与智慧相比，学问也略低一筹，他们把仅有知识而没有智慧的人，比喻成"背着很多书本的驴子"。在犹太人看来，这种人即使有一肚子知识，也丝毫派不上用场。而且，知识必须为善，如果用知识做坏事，知识

反而有害了。为此，犹太人认为，知识是为磨炼智慧而存在的。假如只是单纯地收集很多知识而不消化，就同徒然堆积许多书本而不用一样，都是一种浪费。

杂草也有用处

生活中难免会遇到一些负面的事物，能化无用为有用，从失败中汲取前进的动力，才是真正的大智慧。

犹太人善于从别人轻视的东西中，寻找到它存在的价值和用途。所以有句犹太名言说“杂草亦有用处。”

据说，这句格言来自一则寓言故事：

有一天，一位农夫弯着腰在院子里锄草。天气很热，他满头大汗，汗珠不停地顺着脸颊流下来。

“可恶的杂草！假如没有这些杂草，我的院子一定很漂亮，神为什么要造这些讨厌的杂草来破坏我的院子呢?”农夫这样嘀咕着。

有一棵被拔起的小草正躺在院子里，它回答农夫说：“你说我们可恶，也许你从来就没有想到过，我们也是很有用的。现在，请你听我说一句吧。我们把根伸进土中，等于是在耕耘泥土，当你把我们拔掉时，泥土就已经是耕过的了；此外，下雨时，我们防止泥土被雨水冲掉；在干涸的时候，我们能阻止强风吹起沙尘；我们是替你守卫院子的卫兵，如果没有我们，你根本就不可能有种花、赏花的乐趣，因为雨水会冲走泥土，狂风会吹散泥土……所以希望你在看到花儿盛开之余，能够想起一些我们的好处。”

农夫听了这些话，不禁肃然起敬，站得直直地，从那天以后，他就再也不会瞧不起任何东西了。

犹太人这种观念同中国的“天生我材必有用”的古训有些类似。它强调每一件东西都有用处，每一个人也是这样。事物的好坏在相互转换、变化，好东西并不绝对的好，它也必定会有一种缺陷；坏东西也并不绝对地坏，它也有自身的特殊用

途，凡事就在于人的发掘了。

人也是这样，每一个人都有坚强的一面，同时也有脆弱的一面。可是，在人们视之为脆弱的一面当中，也往往包含着许多有用的因素。逆境和顺境、失败和胜利也都如此。每一个人都能有作为，关键在于自身的努力与否。

犹太民族是一个很奇特的民族，他们纪念胜利的日子，同时也纪念败北屈辱的日子。曾经有人嘲笑犹太人，说他们是“败北的天才”，但是，几乎所有的犹太人都相信一点：只要记住失败那一天，就会产生出强大的力量。

在犹太社会的纪念日中，最隆重的节日应该算是“逾越节”了。这一天，是犹太人纪念他们重返以色列的日子。

在返回以色列之前，犹太人曾在埃及为奴，过着很悲惨的日子。犹太人在摩西的率领之下，越过沙漠，千里迢迢地回到以色列，这已经是很久很久以前的事了。可是时至今日，犹太人仍然在纪念那段苦难的日子。每年到这一天，分散在各地的犹太人都召开盛大的聚会，来庆祝这个“获得解放”的日子。

在逾越节的晚餐上，犹太人要吃一种很粗的面包，这种面包是当时犹太人在埃及做奴隶时吃的，它代表屈辱；还有一种很苦的叶子，这种叶子很难吃，一般谁也不会把它摆在庆祝宴会上，犹太人吃它是为了回味当时败北的苦味。

犹太人认为，遇到的苦难愈艰深，败北的次数愈多，就会愈坚强。

人生有成功，也有失败，这是必然的，犹太人普遍地对失败持一种容忍、接受的态度。犹太人认为，如果一个人沉湎于成功的甜美之时，而忘掉了失败的苦涩，那么终有一天他会尝到失败的苦果。因为成功会使人松懈，使人自满；而失败却使人紧张，使人警戒，是一个很好的老师，人们可以从它那里学到一种本事，没有把它舍弃的道理。并且，人应该是透过自己的经验来学习的。

犹太人甚至还认为，失败比成功还要珍贵。自古至今，不可能有一个人从来没有失败过，失败是使人走向成功的必经之路。

失败不可怕，如果能振作起来，能够从失败中学习成功的经验，即便是杂草也一样有用处，有作为。犹太人能够在接踵而来的磨难中前进，就是因为他们坚信杂

草也有用处。为此，他们善于在困难和失败时发现自身存在的价值。这就是犹太人不寻常的智慧。

智慧重于门第

智慧是内在的，谁也夺不走，而门第出身是外在之物，不过是贴在自己身上的标签。所以，一个人值得自豪的是自己的智慧而不是出身。

在《犹太法典》中有一则小故事：有两个犹太人，一个是处处以自己家世为荣的青年，另一个则是一贫如洗的牧羊人。

当家世显赫的那个青年人夸耀完自己的祖先之后，牧羊人说："原来你是那样伟大祖先的后裔啊！不过，你要知道，我极有可能就是我们家族的祖先，而我的家族一定会像你的祖上一样的。"金钱和事业上的成功，对于"家"的荣誉并不是很重要的因素。

有一则这样的犹太故事：以色列某贵人有两个儿子。一个追求财富，一个研究学问。后来，一个成了大富翁，一个成为当代的博士。这富贵腾达的儿子很瞧不起他那有学问的兄弟。他说："我富可敌国，你却依然一无所有。"那博士回答说；"兄弟！我当感谢至尊至贵的上帝，给了我这样大的恩惠。因为，我得到的是先知的遗产——智慧。"

犹太人经常对孩子说，我们不能选择家庭出身，也没有必要重新选择，因为那不重要，不能代表我们的实力。应该做的事情是努力学习，掌握知识，并最终变为自己的智慧。

在人与人交往中，犹太人很少有趋炎附势之举，出身高贵的人也难以依靠出身攫取社会地位，或者取得其他什么优势，人们都是依靠智慧和勤劳获得个人地位。个人智慧重于门第出身是犹太人处世的重要理念，它激励了许多出身低贱的人去积极进取，也体现了社会公平竞争的原则。犹太人没有家园，四处流浪，没有生存和发展的权利保障。他们所到之处，唯一的支撑就是自己头脑中的知识，用知识创造

财富，从而由财富来为自己争得一条求生的道路，一方生存发展的空间。

在老师面前要谦虚

老师对我们有教育之恩，我们应该像尊重自己的父母那样尊重老师，在老师面前要永远保持谦虚礼让。

约瑟夫擅长摔跤。他的技术高明，浑身的解数足有290种，并且每次出手都各有不相同。徒弟里头，他最喜欢长得英俊的萨缪尔。他力大无比，本事高明，是所有弟子中最有建树的一个。萨缪尔名气很大，有一天，所罗门国王点名要看他的摔跤。赢得比赛后，萨缪尔跑到国王面前夸口，说他不愿摔赢师傅的原因，不是自己技术差，而是因为师傅的年龄已大。其实，自己的本领和力气，绝不比师傅差。

他这样不尊重师长、狂妄自大，所罗门很不高兴，叫人选了一处宽大的场地，把满朝文武百将都请了来。让师徒二人比赛。

萨缪尔耀武扬威地走进场地，像一只被激怒的狮子，仿佛他的敌人是一座铁山，也会被他推倒。

约瑟夫看他力气比自己大，所用技术又和自己如出一辙，于是就用一个谁也没见过的招数一把将他扭住。萨缪尔还不知怎样招架，已经被师傅举过头顶，摔在地上了。满场的人都欢呼起来。所罗门奖给师傅一件华丽的袍子，并斥责萨缪尔说："你太狂妄了，竟然妄想和你师傅较量，可是你失败了。"

萨缪尔说道："国王！他胜过我并不是凭力气，而是有一招没有传授给我。就凭这小小的一点本事，今天把我打败了。"

约瑟夫说道："我留下这一手就是为着今天。记得圣人说过：'不要把本事全部教给你的朋友，万一他将来变成敌人，你怎样抵挡得住？'从前有个吃过徒弟亏的人曾经说过，不知道是这世上本来就没有情义，还是如今人心变得太快，我向他们传授射箭技艺，最后他们却把我当作天上的鸽子。这些都让我不得不引以为戒啊！本来我看你基础不错，把我全部的技艺传授给你，但你目无尊长，实在是太令我失

望了。”

如果萨缪尔谦虚谨慎，尊敬传授给自己超人技艺的师傅，可以想象，不久的将来，约瑟夫一定会将这最后一招也传授给他，使他成为世界上最强大的摔跤手。

犹太人常常对孩子说：“要像尊重你的父母一样，尊重你的老师。”尊敬老师，尊重老师的劳动，不仅仅是师生和谐相处的基本前提，更是每一个有良知的人应该拥有的最起码的品德。老师把所有知识毫无保留地传授给学生，如果他们希望得到什么回报的话，就是希望看到学生长大成才，在知识的高峰上越攀越远。

智慧是财富之源

犹太人唯一的财富是智慧。(《塔木德》)

犹太人有则笑话，谈的是智慧与财富关系。

两位拉比在交谈：

“智慧与金钱，哪一样更重要?”

“当然是智慧更重要。”

“既然如此，有智慧的人为何要为富人做事呢？而富人却不为有智慧的人做事？大家都看到，学者、哲学家老是在讨好富人，而富人却对有智慧的人摆出狂态。”

“这很简单。有智慧的人知道金钱的价值，而富人却不知道智慧的重要。”

拉比即为犹太教教士，也是犹太人生活等方面的“教师”，经常被作为“智者”的同义词。所以，这则笑话实际上也就是“智者说智”。

拉比的说法不能说没有道理，知道金钱的价值，才会去为富人做事，而不知道智慧的价值，才会在智者面前露出狂态。笑话明显的调侃意味就体现在这个内在悖谬之上。

有智慧的人既然知道金钱的价值，为何不能运用自己的智慧去获得金钱呢？知道金钱的价值，但却只会靠为富人效力而获得一点带“嗟来之食”味道的酬劳，这样的智慧又有什么用，又称得上什么智慧呢?

所以，学者、哲学家的智慧或许也可以称作智慧，但不是真正的智慧。在金钱的狂态面前俯首帖耳的智慧，是不可能比金钱重要的。

相反，富人没有学者之类的智慧，但他却能驾驭金钱，却有聚敛金钱的智慧，却有通过金钱去役使学者智慧的智慧。这才是真正的智慧。

不过，这样一来，金钱又成了智慧的尺度。金钱又变得比智慧更为重要了。其实，两者并不矛盾，活的钱即能不断生利的钱，比死的智慧即不能生钱的智慧重要；但活的智慧即能够生钱的智慧，则比死的钱即单纯的财富——不能生钱的钱——重要。那么，活的智慧与活的钱相比哪一样重要呢？我们都只能得出一个回答：

智慧只有化入金钱之中，才是活的智慧。钱只有化入了智慧之后，才是活的钱；活的智慧和活的钱难分伯仲，因为它们本来就是一回事。它们同样都是智慧与钱的圆满结合。

智慧与金钱的同在与统一，使犹太商人成了最有智慧的商人，使犹太生意经成了智慧的生意经！

真正有智慧的人，懂得金钱的价值，懂得如何用自己的知识来获取金钱，用自己的知识来创造现实社会的财富。

如果知识不应用到实践中去，知识没有转化为金钱也是没有价值的。

犹太人对待那些整天只知道学习的人的看法是："有些人过度钻研学问，以至于无暇了解真相。"他们甚至这样看待死读书的人："学者中也有类似驴马之人，他们只会搬运书本。学者中有人被喻为载运昂贵丝绸的骆驼，但骆驼与昂贵的丝绸是毫不相干的。"如果这样说来，他们只是书籍的搬运工而已，根本算不上是有知识的人。真正有知识的人就应该把自己所学的知识和实践联系起来，在实际的生活中，创造出他所能创造的价值。

财富不光是钱，也不光是财产。财富是智慧，财富是力量，财富是智慧和魄力的结晶，财富是物质和精神的统一。

有些人的财富装在脑袋里，有些人的财富装在口袋里，财富装在脑袋里的才是

真正的富翁。财富的源头是智慧。有智慧的人，赤手空拳也可以创造财富。

很多年前，一则小消息在人们之间传播：皇宫的大殿需要重新装修，其中的石料因破损需要更换。这时，一位不起眼的珠宝店老板却没有等闲视之，他毅然买下了这些报废的石料。

没有人知道小老板的企图。他一定是疯了，人们都这样想。他关起店门，将那些石料重新打磨切制，变成一小块一小块的石块，然后装饰起来，作为纪念物出售。皇宫大殿的纪念物，还有比这更有价值的纪念品吗？

就这样，他轻松地发迹了。接着，他买下了宫廷中流传的皇后的一枚钻石。人们不禁问：他是自己珍藏还是抬出更高的价位转手？他不慌不忙地筹备了一个首饰展示会。人们当然是冲着皇后的钻石而来。可想而知，梦想一睹皇后钻石风采的参观者会怎样蜂拥着从世界各地接踵而至。他几乎坐享其成，毫不费力就赚了大笔的钱财。

许多人拥有智慧，但是他们的智慧都没有用来创造价值，所以他们始终是十分贫困的。学者应该运用自己的知识来获得智慧，而且应该学习那些真正的智慧，可以赚钱的智慧。

有位叫阿巴的外科医生非常著名，他给人看病是收费的。当时人们的观念是医生是救死扶伤的天使，收费是不应该的，医生们于是在大街上摆上一个箱子，向路人募捐。人们纷纷指责这位名医，但是阿巴告诉他们："不收费的医生是不值钱的医生。"

在商界，还流传着这么一个故事：

一次，美国福特汽车公司的一台大型电机发生故障，公司的技术人员都束手无策。于是公司请来德国电机专家斯坦门茨，他经过检查分析，用粉笔在电机上画了一条线，并说："在画线处把线圈减去16圈。"公司照此维修，电机果然恢复了正常。在谈到报酬时，斯坦门茨索价1万美元。一根线竟然价值1万美元！很多人表示不解。斯坦门茨则不以为然："画一条线只值1美元，然而，知道在哪里画值9999美元。"

美国福特汽车公司

这就是知识的价值。

有智慧的人敢于为自己的知识喊价，这也是他们善于把知识转化为金钱的聪明之处。

世界上各个民族中犹太人是最能够运用智慧的，因为他们知道怎样把自己头脑中的智慧变成他们手中的金钱，这就是犹太人的过人之处。他们对知识的崇拜和敬爱之情达到了疯狂的程度，因为这些知识不仅仅显示他们的博学，最关键的是这些知识教会了他们怎样赚钱。犹太人说："手艺者比宗教家更值得尊敬。"因为宗教家虽然有知识，但是他的知识没有运用出来，这样的知识等于没有知识。而手艺者虽然知识不多，但是他们把自己仅有的一点知识也贡献出来了，这样他的智慧虽然少，但却是有用的，所以更值得尊敬。

善待自己

每时每刻都要善待自己。（《塔木德》）

要享受自己的生活，这样才是有意义的人生。

犹太人不赞成过分节俭。《塔木德》说："当富人没有机会买东西的时候，他

会自认为是个贫穷的人。”如果自己拥有了金钱，却守着它们不松动，把它们紧紧地攥在自己的手里，是愚蠢的。

犹太人认为，即使追求神圣的精神生活也不应该让自己贫困。信仰上帝和追求享受是可以相提并论的。他们认为自己追求精神的崇高，也应该追求世俗生活的幸福。一味追求精神生活而忽略物质上的舒适是不可取的。

因此，犹太人对自己的生活要求有一种很高的品位。他们喜欢豪华的居所、精美的食物和名贵的车辆，因为这样才配得上自己所赚取的财富和自己高贵的士地位。犹太人的节俭精神与他们享受生活并不矛盾。犹太人认识到赚取财富是为了更好地生活。他们在日常生活中，也买自己喜欢的东西，并愿意为这样的昂贵的物品付出代价。在纽约这样的大城市，经常可以在晚上看到在装饰豪华的中国餐馆和意大利餐厅，坐着颇有绅士风度的犹太人，他们和家人、朋友一边吃着精美的食品，一边亲密地交谈，那惬意的神态让人羡慕不已。他们毫不吝啬地把白天赚来的钱花出去，通常可以为了一顿精美的晚餐而一掷千金——为了享受他们是愿意花钱的。

犹太人有个习惯，就是不在餐桌上谈论工作。

犹太人的工作简直就和打仗一样充满了战斗的气息，即使是一分钟也要尽量抓紧。

犹太人就是这样拼命赚钱的，在这种紧张的工作气氛下，倘若忙活了整天，到了晚上好好地吃顿可口的晚餐，那将是多么好的享受啊，而这顿喷香的饭菜就是对自己努力工作最好的奖赏。

犹太人说，人生就是为了吃饭而活着，要好好地享受吃饭的乐趣。他们还说，喷香的饭菜是上帝赐给自己的礼物，一定要好好享受，他们把吃饭当作是一种高级的享受。

尤其是晚上的那顿饭，在豪华的饭店里端上喷香精美的食物，犹太人就和朋友们一起开始海阔天空地聊天，但是他们也有三不谈：不谈政治、不谈战争、不谈女人。

犹太人享用晚餐的时间长达两个小时。在尽情享用美食的同时，他们还会聊很

多话题，例如娱乐、名胜古迹、花卉、动物等，但同时，他们绝不会谈到战争、宗教和工作。战争和宗教的话题，常常会勾起他们被迫害的痛苦回忆，破坏融洽的气氛；谈工作，则会影响就餐的情绪。总之，犹太人在吃饭时，一定是放松心情，慢慢地吃，把人生和工作的烦恼统统抛诸脑后。

这是他们一天最为幸福的时候，他们把白天赚来的钱大把大把地花出去，这样他们觉得自己的人生很有意义。

犹太商人的这种生活方式，令同为当今世界著名商人的日本商人叹为观止。其他不说，光犹太商人不管工作如何忙，对一日三餐从不马虎，总留出专门的进餐时间，还要吃得像模像样，而且进餐时忌讳谈工作，就让日本商人感慨万分。

岂止吃饭这点时间不谈工作，虔诚的犹太商人每周同样要过那整整 24 小时不谈工作甚至不想工作的安息日！因为犹太人是世界上最谙熟“平常心即智慧心”的民族。

每周星期五晚上一直到星期六的傍晚，是犹太人禁烟、禁酒、禁欲的时间。他们将一切杂念都抛到九霄云外，一心一意地休息和祈祷。事实上他们正是在运用这段时间养精蓄锐，准备投入下一场生意的搏斗。星期六的晚上，犹太人则开始尽情享受，过一个开心的周末，以一种动态的休息方式来排遣工作压力。这种动静兼顾的适度休息，保证了犹太商人在下一周有充沛的体能和精力去投入新一轮的商业竞争。

有人这样问一个犹太富翁：

“你们工作一小时可赚钱 50 美元以上，如果每天休息一小时，一月就少赚 1500 美元，一年少赚 1. 8 万美元以上，这值得吗?”

犹太人算得更快：

“假如一天工作 8 小时不休息，一天可赚 400 美元，那我的寿命将减少 5 年，按每年收入 12 万元计算，5 年我将减少 60 万美元收入。假如我每天休息一小时，那我虽然损失每天 1 小时 50 美元，但将得到 5 年每天 7 小时工作所赚的钱，现在我 60 岁，假设我按时休息可活 10 年，那么我将损失 15 万美元，15 万和 60 万谁

大呢?”

犹太人确实是很精明的!

不会休息的人是愚蠢的人。而那些为钱所束缚的人们为什么不保护一下自己的生命，在工作之余找点时间休息?

犹太人从周五日落到周六日落的时间是休息日，这是《圣经》上规定的休息日，《圣经·创世纪》上说，神造物用了6天时间，所以到了第七天就要停止一切工作。神赐福给第七日，意为圣日，在这一天，绝对不能从事工作，因为神停止了他的一切的工作，就安息了。

所以这一天是放假的日子。这一天不可谈论有关工作的事，不可思考有关工作的问题，不可阅读有关工作的书。当然，也不可从事有关工作的计算，甚至连煮饭做菜都在禁止之列。

休息的意义何在呢?

一张弓如果一直绷着，即使是钢做的，也会失去弹力。同样，不管大脑多么聪慧，长时间地紧张、过度疲劳地思考，就会开始麻木。犹太人就是用八分的紧张和二分的松弛来保持最佳的工作状态。

根据犹太律法，休息日的活动范围原则上是从街口起1公里，当然，这个规则在现在犹太人当中已经没有什么约束力了。但是，作为一个思考方式，即以不疲劳为限，还是得到了广泛的认同。

休息的目的就是缓解一周工作的疲劳，恢复原有精力。有的人利用周末休息的时间来工作，这种做法实在是本末倒置。要进行生产和创造性的活动，本来就应该学会养精蓄锐。

在古代，只有犹太人在每周都拿出一天时间来休息。这在当时的外国人看来是非常奇特的事情。美索不达米亚文明、希腊文明和罗马文明里都没有过休息日这样的事情。在那种环境中，犹太人还是遵守着他们一周休息一天的习惯。这种休息日的制度即使一个犹太人皈依了其他教派后仍会继续得到遵守。

如果说犹太人在休息日什么也不干，也不尽然。他们只是在这一天停止一切的

商业活动。从另一层意思上讲，休息日也是劳动日，就是说使用大脑的劳动。他们早上 8 点就出去做礼拜，一直到中午。他们用希伯来语诵读祈祷文，倾听《圣经》的教诲。拉比们会讲述那些平时接触不到的深邃思想，让人们心智一片光明。回到家后，犹太人一家其乐融融地吃过午饭，很快就午睡了。4 点左右，他们会在自家或是犹太教堂和朋友或是拉比们一起交流，研究《塔木德》和《圣经》。

俗话说："不会休息，就不会工作。"那些不重视休闲生活的人，总是以工作太忙，抽不出时间为由，来自欺欺人。实际上这些人总是浪费自己的休息时间，使自己一天到晚在紧张忙碌中度过。而这一切对身体健康、提高工作效率、个人生活都是有害的。

因为越是工作忙时，越应该合理地休息。俗话说："休息是为了更好地工作。"必须学会强迫自己休息。工作繁忙的公司总经理们，就非常注意休息，常常把自己的休息安排得适当合理。我们应该把休息列进作息时间表，与工作一样重要，坚持执行。

犹太人认为，活着就是为了享受，应该在条件容许的情况下尽量善待自己。

一位住在芝加哥的犹太人已经 70 岁了，却要买一套很豪华的公寓，别人觉得很奇怪，问他："你年纪这么大，估计也就只有几年的寿命了，还要这么大的房子干什么？"

这位犹太人反问道："难道只有几年就不可以享受了吗？"

来看看洛克菲勒的教训吧：

洛克菲勒在 33 岁时第一次赚到了 100 万美元。43 岁时，他建立了世界上前所未有的最大垄断企业——"标准石油公司"。但他在 53 岁时又怎么样呢？烦恼和高度紧张的生活已经破坏了他的健康，他的头发全部掉光，甚至连眼睫毛也一样，"看起来像个木乃伊"。

根据医生们的说法，他患的病是"脱毛症"。这种病通常是由过度紧张引起的。他的头部光秃秃的，模样很古怪，使他不得不戴上帽子。后来，他订制了一些假发——每顶 500 美元。从此他就一直戴着这些假发。

做不完的工作，无穷的烦恼，长期的不良生活习惯，经常失眠以及缺乏运动和休息，已夺去他的健康，使他挺不起腰来。

洛克菲勒早在23岁的时候就全心全意追求他的目标。当他做成一笔生意，赚到一大笔钱时，他就高兴得把帽子摔在地上，痛痛快快地跳起舞来。但如果失败了，那他也随之病倒。

“缺乏幽默感和安全感”，这是洛菲勒一生的特征。他说：“每天晚上，我一定要先提醒自己，我的成功也许只是暂时性的，然后才躺下来睡觉。”

他手上已有数百万美元可以任意支配，但他仍然担心失去一切财富。他没有时间游玩或娱乐，从未上过戏院，从没玩过纸牌，从来不参加宴会。诚如马克·汉纳所说：“在别的事务上他很正常，独独为金钱而疯狂。”

这些就是洛克菲勒前半生生活的真实写照。他为了金钱，为了事业，将自己彻底地搞垮了。美国一个著名企业家福特说过：“只知工作而不知休息的人，就像没有刹车的汽车，极为危险。”

53岁以前他一直沉溺于不择手段地赚钱，使得他的身体每况愈下。最终洛克菲勒选择了从事业上退休。他学习打高尔夫球、整理庭院、和邻居聊天、打牌、唱歌。总之，他是彻底地休息，开始善待自己。

甚至于后来洛克菲勒在吃饭的时候从不谈工作，只是尽情地享用他的美食。这种良好的习惯，让他在90高龄的时候还能精力充沛地工作。洛克菲勒是当时世界上最为富有的人，也是所有商业大亨中最为高寿的一位。

犹太民族是一个很会享受的民族，在日常的生活中，他们注重吃喝的享受，吃得好，身体自然就健康。健康是犹太人最大的本钱。

犹太人注重健康。还有和饮食一样对健康有相同功效的就是充分的休息，犹太人也是非常注重的。

善待自己，就要善待自己的身体。

吃乃是犹太人的人生目的

每片树叶都不相同，每个人都不一样，自然，每个人的人生目的都不相同。

如果要一个人犹太人说出他的人生目的，他将用一个字来回答你，那就是“吃”。

在犹太人看来，把吃当成人生的目的是很正常的，能痛快地吃遍天下美食才算得上人生完美。

他们工作的最根本目的也是围绕在这个“吃”字上面，吃是生存的必要条件，也是犹太人重视养生的结果。他们的体会是：如果不工作，那么就没有饭吃，所以必须工作，要想吃好的，那就必须努力工作，如果想让家人和更多的人吃好的，那就要赚大钱当老板。关于“人生的目的”这个哲学方面的终极难题，在犹太人的世界里用一顿饭就能解决了，吃饱了，活得舒服了，人生的目的就达到了，犹太人豁达洒脱如斯。

在犹太人的饭桌上，大家都喜欢用一种愉快的心情来分享美味，因而气氛愉悦，众人不得在饭桌上讨论一些乱七八糟、影响气氛的事情，影响食欲的事就更不要提了。

进餐时讨论最近的见闻是可以的，大多数犹太人都是饱学之士，在饭桌上讨论的东西都是一些娱乐大众、增长见识的话题，真是“谈笑有鸿儒，往来无白丁”。而有些东西却不允许在饭桌上讨论，比如政治和战争以及宗教迫害，这类话题常常会让人感到沉重压抑，打破了用餐的欢乐氛围。

犹太人的习惯是在进餐前把一切事端和烦恼都抛诸脑后，全身心地投入到美食当中，在这段闲暇的时间里要用心感谢当前生活的得来不易，平心静气地品尝生活的滋味。

以“吃”为人生要事的犹太人对一日三餐十分重视，早餐要吃饱，午餐要吃好，晚餐精而少。三餐中晚餐最为犹太人所重视，在经过一天的辛苦劳作后，一家

人聚在灯光下吃晚饭是值得珍惜和享受的，这样的一顿晚饭温馨而又漫长，时间上可超过两小时。犹太人对于"吃"毫不吝啬，愿意把辛勤劳作所得来的钱用在吃上面。

犹太人爱钱，赚钱的目的也就是实现人生的目的。为了保障能有东西吃，犹太人必然会努力工作赚钱去养活自己和家人，因为钱是必不可少的。

精明的犹太人有自己的一笔账，他们认为每天操劳过度不如少赚一点儿。如果一个人一天不休息，工作 8 小时去赚 400 块钱，那么这个人活得太累，将短命 5 年，假设此人一年能赚 15 万，那 5 年时间里这个人将损失 75 万。如果这个人换一种工作方式，每天多休息 1 小时，多活 10 年，那么只会损失 187500 块钱，此人的损失将大大减少，并且这 10 年的光阴是用钱买不到的。

犹太人也炫富，只不过方式和我们不同，他们通常会选择豪华的晚宴来展示自己的财力，为了向朋友和客人表示尊敬和友谊，他们也常常邀请朋友和客人一起共进晚餐。吃饭的地点会因客人的不同而不同，可以是在家里举办，当然，有钱的犹太人更愿意在高档的餐厅和朋友或是客户共餐。一顿丰盛的晚餐不单是为享受生活，也可以表达出犹太人对生活的热爱，这更说明了犹太人是世界上最懂得享受的民族。

六、勤奋是财富的种子

艰辛与磨砺是一种财富

"犹太钻石大王"彼得森和他的"特色戒指公司"几乎无人不知，无人不晓。彼得森从 16 岁给珠宝商当学徒开始，白手起家，经历了令人难以想象的艰辛，最后一跃而成为享誉世界的"钻石大王"。

1908 年，亨利·彼得森生于伦敦一个犹太人家庭。幼年时父亲便撒手人世，家

庭生活的重担落在了母亲柔弱的肩上。迫于生计的压方，母亲携彼得森移居纽约谋生。在他14岁时，作为他生活支撑的母亲也因劳累过度一病不起，亨利不得不结束半工半读的学习生涯，做工赚钱，肩负起家庭生活的沉重负担。

当亨利·彼得森16岁的时候，他来到纽约一家小有名气的珠宝店当学徒。这家珠宝店的老板犹太人卡辛，是纽约最好的珠宝工匠之一。作为一个珠宝商，他在纽约上层社会的达官贵人和公子小姐中颇有声誉，他们对卡辛的名字就像对好莱坞电影明星一样熟悉。卡辛手艺超群，凡经过他亲手镶嵌的首饰都能赢得人们的赞誉并卖到很高的价钱。

但是卡辛作为珠宝店的老板，又是一个目中无人、言语刻薄的暴君，他对学徒的严厉简直到了暴虐的程度，珠宝店的学徒在他面前无不蹑手蹑脚、谨慎从事，唯恐自己的疏忽和过错惹怒了这个六亲不认的老板。

对于珠宝尤其是钻石的生产而言，最艰苦、最难以掌握的基本功莫过于凿石头。亨利上班第一天，卡辛给他安排的任务就是练习凿石头，开始了他炼狱般的学徒生涯。根据卡辛的“教诲”，一块拳头大小的石头，要求用手锤和斧子打成10块尺寸相同的小石块，并规定不干完不许吃饭。亨利从没有干过这种活，看着这一块石头发呆良久，不知如何下手，唯恐一不小心招来老板的训斥和挖苦。但是他别无选择，只得硬着头皮干。他先把大石头劈成10小块，然后以10块中最小的那块为标准，慢慢雕凿其他9块。虽说石头质地不是特别坚硬，但是层次非常分明，稍不小心就会把石头凿下一大块而前功尽弃，并招来老板的呵斥。

后来据亨利·彼得森讲，尽管老板非常苛刻，但也是为了让他们早日掌握打造石头的要领，因为对于钻石生产而言，打造石头是来不得半点含糊的基本功。老板也是借此来考验学徒们的意志，过不了这一关，就意味着永远也不能成为成功的钻石商人。学徒第一天下来，亨利腰酸背痛，四肢发软，眼睛发胀，但依然没能完成老板的任务。以后的数天里，他简直变成了一台麻木的机器在那里机械地运转，整日挥汗如雨。多年以后成就了事业的亨利·彼得森对于卡辛还是充满了感激之情，如果没有卡辛的严厉要求，他绝对不会成为一个成功的“钻石大王”。

母亲看着孩子日渐消瘦的面容和血迹斑斑的双手，实在不忍心让孩子受这种委屈与折磨，但她知道对于穷人家的孩子，除了靠吃苦而谋生外别无选择。亨利别无选择，并且在心里燃烧起强烈的成功欲望，他相信自己受一些苦难与委屈，最终能够学到这门手艺。

终于有一天，亨利决定自立门户。万事开头难，自己做事也不是件容易的事。虽然要求不高，只要有一张工作台就可以了，但是在房租昂贵的纽约找一块地方又谈何容易？关键时刻，还是有着互助意识的犹太同胞帮了他的忙。他就是彼得森在珠宝店里当学徒时认识的犹太技工詹姆。詹姆与他人合资在纽约附近开了一个小珠宝店。彼得森去找他想办法，詹姆的小珠宝店很小，约有 12 平方米，已经摆放了两张工作台。詹姆很热心，看他处境艰难，允许他在这个小房间里再摆一张工作台，每月只收 10 美元租金。

工作台得到了解决，但是身无分文的彼得森无力预付房租，必须找到活儿干，否则仍然无法生存。到了第 23 天，他终于揽到了一笔生意，一个贵妇人有一只 2 克拉的钻石戒指松动了，需要加固一下，她在拿出戒指前郑重地问彼得森跟谁学的手艺，当得知面前这个首饰匠是卡辛的徒弟时，她就放心地把戒指交给了他。这对彼得森来说是一个重大发现，想不到卡辛的名字在这些有钱人中有如此分量，他马上想到借助卡辛的名气揽生意。也正是从此开始，他深刻地意识到了声誉的重要性。

尽管自己和师傅之间有一段无法说清的恩怨，但是他从心里还是对师傅心存感激。彼得森靠着“卡辛的徒弟”这块招牌干了两三个月，生意不错。这时，新泽西州的一家戒指厂的生产线出了问题，急需一个有经验的工匠做装配。在听说彼得森的名气后，这家戒指厂商慕名请他去负责，他愉快地接受了这一工作。有很多人慕名来找他加工首饰，他都一一热情接待，把业余时间都用在加工首饰上。当然，他每星期的收入也开始明显增多，有时可赚到 170 多美元。这样，他一边在工厂工作，一边加工首饰，终于在经济大萧条的年代里度过了失业难关，生活也得到了极大的改善。

人生也像一块宝石，磨砺的次数越多，磨砺得越精美，其价值就越高。

结果来自行动

犹太人有一句话：“结果来自行动。”

行动不一定有结果，但不行动就一定不会有结果。

有个落魄不得志的中年人，天天做白日梦，沉浸在“运气好、中彩票、发大财”的幻想中。于是，他每隔两三天就到教堂祈祷，而且他的祷告词几乎每次都一样。

第一次到教堂时，跪在圣坛前，他虔诚地自语：“上帝啊，请念在我多年来敬畏您的份上，让我中一次彩票吧！阿门！”

几天后，他又垂头丧气地来到教堂，同样跪着祈祷：“上帝啊，为何不让我中彩票？我愿意更谦卑地服从您，求您让我中一次彩票吧！阿门！”

又过了几天，他再次出现在教堂，同样重复他的祈祷。

如此周而复始，不间断地祈求着。

直到有一天，他跪着说：“我的上帝啊，为何您不曾聆听我的祈祷呢？就让我中彩票吧，只要一次，仅此一次，让我解决所有困难，我愿终身侍奉您……”

就在这时，圣坛的上空发出一阵庄严的声音：“我一直在聆听你的祷告，可是——最起码，你也该先去买一张彩票吧！”

事后，有人问他：“你为什么不买彩票啊？”

他说：“我买过，但是从来没中过奖。”

“那你为什么还要祈祷？”

“因为我要等上帝回答我！”

行动不一定有结果，但不行动一定不会有结果。无论你如何思考，无论你思考了什么，也无论你思考的水平有多高，都不可能通过思考获得结果。结果，永远只能从行动中获得，不可能通过思考获得。

执行最基本、最本质的东西，就是这么简单：想要结果，首先要行动。如果没有行动，上帝也帮不了你。

犹太人还有一句话："付出才有回报。"

有一家大型贸易公司正好赶上周期性的贸易淡季。从年初到7月份时，其贸易额连续下降了十几个百分点，业务员们都变得动力不足，老板想了很多激励办法，结果都是效果不佳。公司终日陷在现金流危机之中，老板每天都愁眉不展。

8月底，公司举办了一次国际性的大型贸易促销会，老板希望对公司有所帮助，但也是一次更艰巨的挑战，如果在这次贸易促销会上不能签订几个"救命"的大订单，公司到年末恐怕要面临破产的危机。

在促销会开幕前两天，老板决定在全公司开一次动员大会，做最后的鼓动。

在动员大会临近结尾的时候，老板请在座的经理和业务员们全都站起来，寻找一下，看自己的座椅下有什么东西。

于是，每个人都非常惊奇地在自己的椅子下面发现了一枚硬币。

在大家惊讶过后，这位老板对大家公布了一个出乎意料的统计结果——在场的每个人至少都捡到了一枚硬币，最多的，有人甚至拿到了100美元。

这时，老板说："这些钱都归你们，但你们知道这是为什么吗?"

大家面面相觑，没有人能猜出为什么，全场的人都在窃窃私语，摸不着头脑。

最后，老板严肃地说："我只想告诉大家一件事——坐着不动是永远也赚不到钱的，我需要你们擦亮眼睛，去发现隐藏在你们身边的商机!"

话音一落，全场立即发出了雷鸣般的掌声。

最终，在那次国际性的大型贸易促销会上，这家贸易公司的签单额遥遥领先。那天，公司里的业务员们几乎都挖尽了促销会上他们所能获得的商机。

行动不一定成功，但是不行动一定不会成功。有多少人就是因为行动不一定成功，所以就放弃了行动。

有一位在读的大学青年，向校长提出来了若干改进大学制度弊端的建议，但是最终，他的意见没有被校长接受。于是，他做了一个重要决定——自己办一所大

学，他要自己来当校长，以消除这些弊端。

在当时，办学校至少需要100万美元。

这可是笔不小的数目，上哪儿找这么多的钱呢？等到毕业以后再挣？那太遥远了。

他将自己封闭起来，每天都待在寝室里苦思冥想如何能得到100万美元的各种方法，坚信自己可以筹到这笔钱。面对他的妄想，同学们都认为他有神经病，劝说他天上不会白白掉钱下来。

终于有一天，他意识到，这样下去是永远也不会有答案的，决定结束思考，付出行动。于是，他采用一个在前些日子里想出的计划，决定给报社打电话，说他准备举行一个演讲会，题目是《如果我有100万美元》。

他给无数家报社打了电话，说明他的想法，但是没有一家报社理他，更有一些报社取笑他的“无知、天真”。最后，终于有一个报社的社长被他的诚意和精神打动，告诉他后天有一次慈善晚会，在晚会上，允许他发言，但时间只能是15分钟。

那是场盛大的慈善晚会，吸引了许多商界人士。

面对台下诸多成功人士，他鼓起勇气，走上讲台，发自内心、充满激情地说出了自己的构想。

最后，待他演讲完毕，一个叫菲利普·亚默的商人站了起来：“小伙子，你讲得非常好。我决定投资100万，就照你说的办。”

就这样，年轻人用这笔钱办了一所自己梦寐以求的大学，起名为亚默理工学院——也就是现在著名的伊利诺理工学院的前身，他实现了自己的梦想。而这个青年，就是后来备受人们爱戴的哲学家、教育家——冈索勒斯。

心态决定行动，行动决定结果。如果说敢想只是成功的第一步，那么剩下的就是去做。

首先，冈索勒斯不是想要一个结果，而是一定要实现这个结果，他坚信办学的梦想一定会实现，这已经是成功的第一步了。但是每天苦想如何筹备资金并不是解决之道，苦想出多少的好方法都无济于事，因为不行动，再多的思考也不能获得我

们想要的结果——筹集足够的金钱。但当他鼓足勇气，当他站出来，将自己的想法付诸行动，他获得了认可，他成功了。

有时，成功就如此简单，大胆行动，付出行动，过多地犹豫反而会成为你的阻碍，只有行动了你才能看到事情的结果。

从现在开始，立即行动，现在就去行动，并且要持续不断地行动，相信自己，你才会走向成功！

值得做的，就值得马上做

一个不能够及时处理文件的人，根本就谈不上什么能力，肯定是无能之辈。

犹太人常把积压文件的人视作无能之辈。因此，他们一到办公室后，首先就会瞅一眼办公桌上的文件，以此来断定那个人的能力如何。

在犹太人的办公桌上，你看不见“未决”的文件。犹太人有极强的时间观念，他们绝不浪费时间。在他们看来，办公桌上的待批文件如果积压，就会对重大事情造成影响。这些文件有商业往来的信件、商业函件等，它可能是提供商业信息，或是请求商业往来，或是有关商品交易等等。每个信件，都包含着一条信息，给商人提供赚钱的机会。如果把这些亟待回答的文件积压在办公桌上，过一段时间后再来处理，很可能为时已晚，因为对方的时间是宝贵的，当他迟迟等不到消息时，便断然放弃，另觅合作伙伴去了。所以，他们对自己手中的文件都极其重视。

在犹太人的上班时间里，专门安排了处理文件的时间。他们一般是把上班后大约 1 个小时的时间当作专门处理文件的时间。在这段时间里，将昨天下班到今天上班之间所接到商业函件的回信，用打字机打好发出去。在这段时间里，是不让外人打扰的。这样他们才能集中精力处理这些文件，以求高质量高效率。

“马上解决”是犹太人的座右铭，因此，他们非常注重处理文件的时间。他们认为，拖延工作，是最可耻的事。犹太人不管做什么事，尤其是处理自己的生意问题时，绝不把问题遗留到明天，绝不拖延，总是按照“每天都有每天的计划”

办事。

仅仅知道不停地干活显然是不够的

企业家不需要依靠个人的勤奋来争取企业的成功，关键在于他是否有能力让他的下属更加勤奋。所以，企业家的心思应主要放在如何将手上的资源最充分地加以利用，而不是对自己最充分地加以利用上。

犹太人的生存法之一是培养勤勉的习惯。在犹太人的家庭里，父母很注意培养他们子女的这种勤勉精神。犹太人认为对于勤劳的人，造物主总是给他最高的荣誉和奖赏，而那些懒惰的人，造物主不会给他们任何礼物。但是，犹太人同时还认同《塔木德》中这样的教诲："仅仅知道不停地干活显然是不够的。"

很多成功的犹太人，对成功要素的理解与我们普通人是不同的。他们认为，企业家不需要依靠个人的勤奋来争取企业的成功，关键在于他是否有能力让他的下属更加勤奋。所以，他们的心思主要是放在如何将手上的资源最充分地加以利用，而不是对自己最充分地加以利用上。

一位下属在喝醉的时候曾经这样自嘲地对犹太老板说："讲到勤奋，你不如我；论成功，我根本不敢和你比！这是为什么呢？"老板听了，露出一脸的愕然，然后说道："为什么你们会以为我应该比你们更加勤奋呢？为什么我非要比你们勤奋才能赚钱呢？我从来没有想过自己的钱是靠勤奋赚来的。尽管我也曾经勤奋过，那已经是在很多年以前的事了。那时候，我替自己的老板工作。在那个年代，我比你们要勤奋、刻苦得多，却没有你们现在所挣的多。在这个社会，大部分的人都勤奋，但不是大部分的人都能够发财，靠勤奋发不了财！"

下属诧异地问道："发财不是靠勤奋，那靠什么呢？"

老板调侃着说："既然大家都那么勤奋，难道缺我一个，地球就不转了吗？我的长处，是提供让别人有机会勤奋的工作职位，而不是我要比他们更加勤奋！"

我们有理由相信，勤奋只是成功的其中一个原因，甚至只是人的一种品德，却

肯定不是他们取得成功的首要条件。

人类智慧的进步，让我们有可能既过得舒适，同时又能够享受富足的生活，不再依靠沉重的劳动强度，这要归功于建立在这种智慧基础上的技术和效率。现实早已经证明了这个真理——我们并不比自己的祖先勤劳得多，但我们现在的生活水平却是他们远远不能相比的！这要归功于什么呢？显然，勤劳并不是唯一的原因，经营这种有别于一般性劳动的行为，为我们解开了其中的疑问，它也是我们要为经营歌功颂德的理由。

这正如《塔木德》中所说：与其默默无闻地埋头苦干，不如多动些脑子！

天下没有免费的午餐

拉比犹大在走进学习的房间时，总要在肩膀上顶着一个水罐，并说，劳动伟大，因为它使人光荣，也使人智慧。

从前，在犹太的一个城镇里住着一个人，这个人上无片瓦，下无立锥之地，自己又无一技之长，没有谋生的手段，每天只有靠在城里乞讨度日，生活十分困窘。那时的城市又不大，他天天走的都是那几条街巷，讨的总是那几户人家。开始，人们出于一种同情心，还给他一点残菜剩饭。时间长了以后，人们就觉得他来的次数太多了，令人生厌，于是谁也不愿意再给他一些食物了。为此，他只有忍饥挨饿的份儿了。

恰在此时，有个马医因活太多，忙不过来，需要找一个帮手。这个乞丐便主动找上门去，请求在马厩里给马医打打杂工，以此换取一日三餐。这样，他再也不用沿街乞讨，晚上也不必漂泊流浪了。安定的生活使他的日子变得充实起来，他干活也格外卖力。可是，又有人在一旁取笑他了：“马医本来就是一个被人瞧不起的职业，而你不过是为了混口饭吃，就去给马医打杂、当下手，这不是你的莫大的耻辱吗？”这个昔日的乞丐平静地回答：“依我看，天下最大的耻辱莫过于寄生虫，靠乞讨度日。过去，我为了活命，连讨饭都不感到羞耻；如今能帮马医干活，用自己的

劳动养活自己，这又怎么能说是耻辱呢？”

故事中这个人的生活态度是正确的。劳动没有高低贵贱之分，在任何情况下，都是自食其力好。

在犹太人中，流传着这样一个故事：

数百年以前，一位聪明的老国王把聪明的臣子们召集到近前，交代他们一个任务：

“我要你们编一本《各时代智慧录》，好流传给子孙。”

这些聪明臣子离开老国王以后，工作了很长一段时间，最后才完成了一本12卷的巨作。

老国王看了后说：“各位臣子，我确信这是各时代的智慧结晶。然而，它实在太厚了，我怕人们不会把它读完。所以，请你们把它浓缩一下吧！”

这些聪明的臣子又经过长期的努力工作，几经删减之后，才完成了一卷书。然而老国王还是认为太长了，又命令他们继续浓缩。

这些聪明的臣子把一本书浓缩为一章，然后浓缩为一页，又浓缩为一段，最后则浓缩成一句。老国王看到这句话时，显得很得意：

“各位臣子，这真是各时代的智慧结晶，并且各地的人一旦知道这个道理，我们担心的大部分问题就可以解决了。”

这句千锤百炼的话是：“天下没有免费的午餐。”

七、朋友之交

不要离群索居

《塔木德》中明确规定：如果一个犹太人完全与一切世事脱离，只是用功学习10年的话，10年后他就不能向神祈求宽恕了。因为不管你把学问做得多好，把自

己与社会隔开，这本身便是罪恶。

有个优秀的拉比，为人亲切而富于慈爱之心，做事十分严谨，对神又非常虔诚。所以，他理所当然地受到了弟子们的衷心爱戴。

过了 80 岁后，他的身体突然一下子开始变得虚弱了，并很快地就衰老下去。他知道，自己的死期已经临近，便把所有弟子叫到了床边。

弟子到齐了之后，拉比却开始哭了。弟子十分奇怪，便问道："老师为什么要哭呢？难道你有过忘记读书的一天吗？有过因为疏忽而漏教学生的一天吗？有过没有行善的一天吗？您是这个国家中最受尊敬的人，最笃信神的人也是您。并且，您对那像政治一样肮脏的世界，从来没有插过一次手，按道理说老师您没有任何哭的理由。"

拉比却说："正因为像你们说的这样，我才哭啊。我刚刚问了自己：你读书了？你向神祈祷了？你是否行善？你是否做了正当行为？对于这些问题，我都可以作肯定的回答。但当我问自己，你是否参与了一般人的生活时，我却只能回答：没有。所以我才哭了。"

以后，拉比们常用这则故事来劝说人们参与"一般人的生活"。当然，这个"一般人的生活"不是指一般意义上的衣食住行，也不是指常人的其他感性生活，而是特指犹太民族的集体生活。

人不应该在睡着的人群中清醒，也不应该在醒着的人群中睡着。

不要在欢笑的人群中哭泣，也不要在哭泣的人群中欢笑。

不要在别人站着的时候坐下，也不要在别人坐着的时候站着。

总而言之，人不应该从他身边人的行为状态中脱离出来。

任何一个有所作为的人，总是在团队中获得成就的。除非这个人是苦思冥想的思想家与哲学家，远离人群才让他感到精力充沛，才思敏锐。

人际网的威力

犹太人成功的一个重要法则就是人际网。散居在全世界的同胞之间的交流就是

获得诸多成功的基础，建立人际网的媒介就是犹太教的教义。按照犹太教的规定，安息日是不能工作的，也不能谈论工作，必须中断旅行安静地休息。如果旅行中的犹太人到了一个安息日中的社区，那里的人就会留他住宿，并且准备丰盛的饭菜。通过这样的行动，自然就建立了人际网，经过长年累月的积淀，就变得非常牢固了。

即使在现代，这种人际网对于商务活动照样发挥了巨大的威力。没有国家的犹太人要想保持民族的团结，只能积累经济力量。犹太人重视人与人的联系，建立了诚信度很高的商业网。如果朋友中有谁在某个领域非常活跃，大家都会积极提供援助。一个家族会团结在一起赚钱，利用这笔钱来支持有才能的人，将他培养成自己的领袖。如果用足球来打比方，可以说犹太民族是一个为球场上的球员建立了完整的赞助集团网络的民族。

没有朋友如同失去手臂

有个富翁生了10个儿子，他计划自己去世的时候给他们每人100第纳尔。

可是，随着时光流逝，他失去了一些钱，只剩下950第纳尔。所以他给前9个儿子每人100第纳尔。最后他对最小的儿子说：

“我只剩下50第纳尔了，我还得留出30第纳尔作丧葬费。我只能给你20第纳尔。不过，我有10个朋友，准备都给你，他们比100个第纳尔好多了。”

他把最小的儿子介绍给朋友们，不久就死去了。

前9个儿子各自谋生，最小的儿子也慢慢地花着父亲留给他的那点钱。当只剩最后一个第纳尔时，他决定用它请父亲的10个朋友美餐一顿。

父亲的朋友们一起吃啊喝啊，纷纷说：“在这么多兄弟中，他是唯一还记得我们的人。让我们对他仁慈一些，报答他对我们的好意。”

于是，父亲的朋友们每个人给他一只怀了牛犊的母牛和一些钱。母牛产下小牛，他卖了牛犊，开始用换回来的钱做生意。上帝保佑他，他比自己的父亲还

富有。

后来，他成为一名拉比。他说："我父亲说朋友比世上所有的钱都珍贵，这话一点都不假。"

正因如此珍重友情，犹太人交友时非常慎重，绝不滥交朋友。他们有一则最出名的交友格言就是："跟狗玩，就会有跳蚤上身。"

犹太人认为，没有朋友的人就如同失去手臂一般。他们将朋友分为三种：第一种是像面包一样的朋友，不可或缺；第二种是像酒一样的朋友，偶尔需要；第三种是像狗一样的朋友，不注意躲闪，就会引得跳蚤上身。

一位犹太哲人这样写道：

"亲切可爱的演讲获得热烈的掌声，和蔼可亲的神态受人欢迎。

许多人向你祝贺，但真正的朋友万里挑一。

如果你想要得到朋友，那需要患难见真心，切不可轻信。

一些人是阶段性的朋友，在你危难时他就会离你远去。

一些人是酒肉朋友，在你幸运时对你笑脸相迎，在你不幸时逃之夭夭。

某些朋友翻脸不认人，一有利益冲突，就会变成敌人。

一位忠实的朋友，就像一顶牢固的帐篷，会为你遮挡风雨。他是无价之宝，不要轻易忘掉。"

不要借钱给自己的朋友

一位犹太生意人说，你可以用其他友善的方式接济你的朋友，但不要借钱给他。借钱给他人就是掏钱为自己买了一个敌人。

犹太人在朋友之间很少涉及金钱，他们之间朋友是朋友，金钱是金钱，分得十分的清楚，一般不把友情掺杂金钱，也不借钱给别人。

犹太人之间的朋友，大家彼此都很不错，就在一起吃饭喝酒，这样的朋友关系就表示你是他喜欢的朋友，他愿意和你经常地来往。但是你要是借钱，他们很少

答应。

这不是因为犹太人不喜欢自己的朋友，也不是因为大家彼此之间不信任，而是他们处事的一种精明。

犹太人是十分自尊的，他们一般是轻易不肯向人求助的，即使遇到了困难他们也是依靠自己的力量来解决，而很少向别人请求帮助。犹太人在生活上借钱，与他们在生意上的借贷是不一样的。假如一个人向自己的朋友去借钱，那说明这个人已经处于生活比较困难的时候了。有人借钱给他，他就总是感到忐忑不安，心里总是想着怎么样把钱尽快还给自己的朋友，见了朋友就感觉很不好意思。而朋友呢，如果也恰好需要这笔资金，但也不好意思去要钱。这样一来，自己却不得不去向别人借钱，这样大家的心理都不舒服。所以，犹太人之间就心照不宣地达成默契，不借钱给自己的朋友。

犹太人开的餐馆贴着这样的一首歌谣："我喜欢你。但你要借钱，我不能借，怕你借了，以后不再上门。"这首歌谣说的就是这样的意思。

少交朋友一千，也不多树敌一个

朋友的对立面是敌人。因此，交朋友的同时，不要忘记如何警惕敌人。犹太人虽然"对朋友亲如兄弟，与敌人势不两立"，但是，在处理朋友与敌人的关系上，他们又独具慧眼，"好朋友是一笔巨大的财富"，"应当利用一切机会结交朋友，使朋友的数量成倍地多于敌人，应使朋友尽量多，敌人尽量少"，"人们可以利用多交朋友的方法来弥补缺陷，发挥特长"。这是卡布斯对儿子的教诲，也是一般犹太人的观念。

在现代人的视野中，朋友多称之为一个人的社会资源丰富，广泛的社会关系网络会使一个人获得比别人更为丰富、及时、准确的各种信息，具有一般人所没有的办事通道，从而办成一般人不能办或难办成的事。不用说，在犹太人的上述观念里，已隐含了这些意义。这与中国人"多栽花，少栽刺"，"多个朋友多条路"的

思维是一致的。

但是，当有人把一千个朋友和一个敌人摆在你面前，请你在两种条件下做出选择，或者舍弃一千个朋友同时也避免一个敌人，或者有一千个朋友同时也多一个敌人，你该如何呢？按上面的逻辑，人们似乎应该选择后者，即多一千个朋友同时也多一个敌人。然而，卡布斯教育他的儿孙作的选择正好相反，即“宁肯少交朋友一千，而不多树敌一个”。为何？“因为那一千个朋友对于护卫你也许并不尽心尽力，而那一个敌人却不会放松对你的骚扰。”

这就是犹太人选择前者的理由，也就是犹太人的智慧。

显然，犹太人的思维不是定位在朋友与敌人的绝对的数量上，而是定位在朋友与敌人的相对的作用与功能上。这种选择，是以对事物的发展态势以及对人性的深刻洞见为基础的。乍看，一千对一，似乎不该为少一个敌人而少掉一千个朋友，但只要转换视角，从仇敌的凶恶性与顽固性以及实际生活中挚友之少便可发现，这不失为一种明智的选择。

历史上犹太民族复仇的传统以及豪侠行为的遗风，常使仇敌的骚扰变得顽固而持久。著名的四大哈里发，竟有三任逃不过被仇敌谋杀的命运，就是一个血的教训。与其有一千个并不是挚友的朋友，倒不如少一个将对你穷追不舍，置你于死地而后快的仇敌，这就是犹太人的逻辑。犹太人思维的务实特色，在此又一次得以充分展现。

也许正是上述逻辑，使犹太人很重视防范敌人，由此引申出许多诸如此类的智慧来：“在你还没有准备就绪的时候，不要同敌人的矛盾激化。”“对于强敌，不要一开始就使矛盾激化；对于弱敌，不要轻视征战的艰难。”“应当尽力避开妒忌者，以免撩拨起他们的怒火，而对你行恶。”“尤其要警惕内部敌人，因为他们了解外部敌人不可能侦察到的秘密。由于他害怕你会加罪于他，无时不对你心怀叵测。”“应当在敌人的阴谋得逞之前，就把敌人击败。”

在犹太民间，甚至有这样一个故事流传：据说，在霍腊散地方有个著名的游侠，富有而性善，名字叫牟赫拉伯。一天，他在路上信步徜徉，不小心踩着一块甜

瓜皮，脚下一滑，他摔倒了。此时，他立刻掏出刀子，把那块瓜皮切得粉碎。仆人问他："少爷啊，像你这样有钱的堂堂侠士，拿瓜皮逞能，不觉得羞愧吗？"牟赫拉伯回答说："摔倒我的甜瓜皮，我不拿它开刀，拿谁开刀？不论谁把我摔倒，我都把它视为仇敌，以刀还击。不要轻视敌人，哪怕他十分弱小。"对一块甜瓜皮尚且如此，那么对一个仇敌的态度，就可想而知了。"对于较小的敌人也不轻视，要把弱敌当强敌来斗。"

这就是故事所要告诉我们的道理。防患于未然自然要比你死我活的断杀拼斗经济得多，这种"宁少交朋友一千，而不多树敌一个"的方略，没有经济头脑是决然想不出来的。犹太人的智慧，确是务实的。

八、自　律

自律保证效率

商人和国家是有规则的，国家提供了经营的条件和管理的服务，那商人就应该履行对国家和社会的责任——交纳赋税。如果大家都不遵守这样的规则，不能自律，那么这个国家就不会存在。

犹太人特别讲究规则和契约，他们认为契约是人能够存在的理由和根据。他们做事情也就形成了这样的习惯，无论是什么事情，有了契约，形成了规则，他们就觉得十分放心、保险，倘若没有形成合同，也没有规则，那样即使条件再优惠，他们也绝对不会做。

这就是犹太人的规则意识，他们严格自律，自已不违反规则，也不容许别人随意地践踏大家共同遵守的规则。

为什么非要有一个规则呢？

有一辆拥挤的公交车驶来，进了站台，车门打开，于是大家一窝蜂似的往上

涌。结果，年轻力壮的人挤在了前面，而年老体弱的被挤在了一边。车上的人们十分着急却由于上车的人挤得太厉害而无法下去，而下面的人因为车门被堵而无法上去，无数人的脚被踩，无数人的东西被挤坏，经过很长时间的喧闹，车才勉强开动。大家纷纷叫着、骂着，整个车站一片混乱。这是一个没有规则的车站通常出现的一幕。而一个有规则存在的车站，情况就大不一样，所有的人都在安静地等待，车来了，大家按照先下后上的规则就可以有序地上下车，而上车的人们可以排成队伍按先来后到的次序上车。大家为年老体衰的人让座，车厢里整洁有序。这就是规则带给人们的方便。

正是规则意味着井然有序的活动，保证了整个活动的高效率，因此才需要有高度地崇尚规则的意识。

犹太人在生活中讲究规则，在商务上，他们也同样地重视规则，典型的例子就是犹太人在经营的时候，决不偷税漏税，也极少做违法的事情。在犹太人看来，偷税漏税是可耻的行为，是一件让人痛恨的事情。犹太人说商人和国家是有规则的，国家提供了经营的条件和管理的服务，那商人就应该履行对国家和社会的责任——交纳赋税。如果大家都不遵守这样的规则，那么这个国家就不会存在。这个社会和国家之所以存在，是由于大家都遵守了这样的规则的缘故。

一切的违法活动，都是对规则的破坏和挑战，是决不可饶恕的错误。于是犹太人在经商的时候，极少发生这样那样的违法犯罪活动，他们的犯罪率之低是世界罕见的。

有节制的生活，才是真正的快乐

《犹太法典》上写着：有四种尺度可以用来衡量人，那便是金钱、醇酒、女人以及对时间的态度，这四种尺度标准有其共同之处——它们都有吸引人的地方，但是却不可以沉迷于其中。

“只有有节制的生活，才是真正的快乐”，犹太人的这种观念，使得他们把对享

受的态度，看成是衡量一个人的重要的尺度。犹太人这种处事有度的态度，表现在他们对待金钱的态度上，有时会显得有些过分地节俭，甚至有些吝啬。

犹太人出门买东西，不管花费多少，不管东西便宜或是贵，都一定要有账单。所以许多犹太人到一些地方，看到一般餐厅中只报账而没有账单的情况，就会觉得有些不可思议。

犹太人在漫长的历史中也分化成了不同的阶层，尽管他们中有许多人成了大实业家，成了赫赫有名的人物，但犹太人还是有他们共同的特点，就是他们低调的生活态度。他们的生活信条是决不会骄傲自满，永远是克制的，有节制的生活。正统的犹太人，他们恪尽职守，他们有坚定的信仰，而且生活俭朴，甚至简朴到过分的地步。

犹太人认为："金钱可能是个慈悲的主人，同时也是能干的庸人。""赚钱不难，用钱不易。""有钱是好事，但是知道如何使用更好。"

饮食有度

犹太人也把饮食的节制，作为健康体格的先决条件，并把它看作是与清洁相辅相成的。

拉比伽玛列说："我因三件事而羡慕波斯人：他们饮食有度，如厕有度，房事有度。"

犹太人饮食的"度"基本原则是："吃（胃的容量的）三分之一，喝三分之一，留下三分之一的空。"平时，犹太人无论是出于贫穷，还是出于节俭，通常都是吃最俭朴的饭。《塔木德》中提到"穷人"干完活回到家后吃的晚饭是"面包加盐"；然而，即使是吃得起佳肴美味的人，也是"早餐面包加盐，再加上一罐水"。

犹太人把这样的饮食作为能除百病的饮食之道。

对于饮食，犹太人还有许多良言：

"从需要祭献的白面包中吃得最少的人，身体健康并有福气，比他吃得多的人

是嘴馋的人，比他吃得更少的人得肠胃病。”

“40 岁之前吃饭有益，40 岁之后饮酒有益。”

犹太人认为，合理的进食时间是感觉到需要进餐的时候，“饥时食，渴时饮”。作为原则，犹太人是每日两餐，安息日例外，多加一餐。晚餐是一天的活干完之后回家吃，而早餐是劳动者在工间吃。

《塔木德》为不同阶层的人规定了一个进食时间表：

斗剑士在第 1 个小时用早餐，强盗在第 2 个小时，有钱人在第 3 个小时，干活的人在第 4 个小时，老百姓在第 5 个小时。

另一种观点认为：老百姓在第 4 个小时，干活的人在第 5 个小时，圣哲的门徒在第 6 个小时。

犹太人认为，吃早饭晚于这个时间就像把石头扔进酒囊中。

拉比阿基巴忠告他的儿子：“早起床，先吃饭，夏天是因为热，冬天是因为冷。谚语说得好，‘早饭吃得早，比谁都能跑。’”。

吃饭时犹太人是坐着，因为犹太人认为，站着吃喝毁坏身体。犹太人还认为，人吃饭的时候不应该讲话，以免把食物吃到气管里，危及生命。犹太人在旅行时，往往会减少饭量。旅行的人吃的饭不应超过在荒年正常的饭量，犹太人认为这可以避免肠胃不适。

节制饭食和讲究饮食之法，是犹太人身体健康、长盛不衰的重要原因，也是他们的生存智慧。

饮酒适量，可以促进头脑的灵活

《塔木德》上写着：“早晨的酒是石头，中午的酒是红铜，晚上的酒是白银，三天喝一次的酒则是黄金。”犹太人对饮酒都很有节制，因此我们很少看到喝得烂醉如泥的犹太人。

犹太人很少喝到醉得不省人事的程度，在犹太文学中，也几乎没有出现过这种

人。但是酒和犹太人之间，却有着密不可分的关系，小孩子从小就清楚葡萄酒的味道，安息日时，酒是不可或缺的欢悦之一。此外，《圣经》上也不断反复说明酒的功用，还时常用酒来比喻快乐的事情或丰饶的物产。

《塔木德》说："饮酒适量，可以促进头脑的灵活。"但是，这本书也同时告诫我们："饮酒过度会失去智慧。"长久以来，许多拉比们都承认，酒对人类而言，是一种美妙无比的药物，只要有酒的地方，就可以少用许多药物。

贤人们一面介绍酒的乐趣，同时也告诫过饮之害。

夜晚一到，有些民族的许多人都喝得醉醺醺，但是几乎所有的犹太人，都能在适度的饮酒之后，翻开书本来充实自己，或是倾听优美的音乐，来松弛一天紧张的生活。

犹太人认为，问题不在于不要享乐，也不是尽量少享乐。这样做不是美德而是忧伤，不是节制而是禁欲，不是适度而是无能。平息饥渴不是比消除悲哀更好一些吗？没有一个神，除了嫉妒者之外，没有一个人，会对我们的无能和痛苦感到快乐，没有人把我们的眼泪、呜咽、担心以及内心无能的其他标志当成美德。相反，我们感受的喜悦越是强烈，我们体验的完美越是理想，我们就更加必然地具有神性。因此，一个明智的人应该尽可能使用一切物品，并从中获得快乐；但是不要到厌倦的程度，那样就不是享乐了。

犹太人所主张的，不是要少享乐，而是要更好地享乐。节制在肉欲中是适度，它是确保一种更纯洁或更充分的享乐。这是一种经验丰富的、技巧熟练的、有教养的情趣。斯宾诺莎曾经写道："我认为一个明智的人为了恢复健康和体力，会吃数量适中的美味食物和鱼类，其他如香料、绿色植物、装饰、首饰、音乐、体育活动、演出等等都同样如此。每个人都能消费而不会给别人造成任何损害。"节制就是这种适度，通过它，我们才成为各种娱乐的主人，而不是它们的奴隶。这是自由的享乐，只会享受得更好，因为它也享受着它自身的自由。当人不是酒精的奴隶时，喝酒是多么快乐！当人不是肉欲的奴隶时，做爱是多么快乐！这些娱乐因为更自由而更显纯洁，因为控制得当而更愉快，因为少受支配而更从容。

这是否容易做到？当然不是。是否可能做到？当然如此。正因为如此，节制才是一种美德，也是一种优点。

延迟享受

石油巨富洛克菲勒虽然聚敛了巨额财富，但自己的生活却非常俭朴，而且时时刻刻都在给他的儿女们灌输他那一贫如洗的儿时的价值观，不让儿女成年前知道他是个富人。

防止他们挥金如土的第一步，就是不让他们知道父亲是个富人。洛克菲勒的几个孩子在长大成人之前，从没去过父亲的办公室和炼油厂。洛克菲勒在家里搞了一套虚拟的市场经济，称他的妻子为“总经理”，要求孩子们认真记账。孩子们靠做家务来挣零花钱：打苍蝇 2 分钱，削铅笔 1 角钱，练琴每小时 5 分钱，修复花瓶则能挣 1 元钱，一天不吃糖可得 2 分钱，第二天还不吃奖励 1 角钱，每拔出菜地里 10 根杂草可以挣到 1 分钱，唯一的男孩小约翰劈柴的报酬是每小时 1 角 5 分钱，保持院里小路干净每天是 1 角钱，洛克菲勒为自己能把孩子培养成小小的家务劳动力感到很得意。他曾指着 13 岁的女儿对别人说：“这个小姑娘已经开始挣钱了，你根本想象不到她是怎么挣的。我听说煤气用得仔细，费用就可以降下来，便告诉她，每月从目前的账单上节约下来的钱都归她。于是她每天晚上四处转悠，看到没有人在用的煤气灯，就去把它关小一点儿。”他不厌其烦地教育孩子们勤俭节约，每当家里收到包裹，他总是把包裹纸和绳子保存起来。为了让孩子们学会相互谦让，只买一辆自行车给 4 个孩子。小约翰长大后不好意思地承认说，自己在 8 岁以前穿的全是裙子，因为他在家里最小，前面 3 个都是女孩。

其实，犹太人财商教育最重要的一点，是培养孩子延后享受的理念。所谓延后享受，就是指延期满足自己的欲望，以追求自己未来更大的回报，这几乎是犹太人教育的核心，也是犹太人成功的核心秘密。

财商，简单地说就是一个人认识金钱和驾驭金钱的能力。它包括两方面的能

力：一是正确认识金钱及金钱规律的能力；二是正确应用金钱及金钱规律的能力。

财商教育是一种对孩子知识结构的完善，它的目标是培养孩子正确的金钱观念和基本的理财技巧，这种教育最务实、最实际，它能够解决孩子在实际生活中，面临的关于金钱与财富的问题。

财商是一个人判断金钱的敏锐性，以及对怎样才能形成财富的了解。它被越来越多的人认为是实现成功人生的关键。财商和智商、情商一起被教育学家们列入了青少年的“三商”教育。

犹太人对孩子的财商教育主要体现在以下几点：

首先要帮助孩子建立自尊心，要让孩子相信自己是独一无二的人才。父母从孩子小时候就要对孩子不断地鼓励，树立孩子的自信，同时要给孩子树立心目中追求的楷模或者典范。

其次，是培养孩子延迟享受的理念，也就是延期满足自己现在的欲望，以追求自己未来更大的回报。《犹太人赚钱的七大秘密》一书中写道：“如果你喜欢玩，就需要去赚取你的自由时间，这需要良好的教育和学业成绩。然后你可以找到很好的工作，赚到很多钱，等赚到钱以后，你可以玩更长的时间，玩更昂贵的玩具。如果你搞错了顺序，整个系统就不会正常工作，你就只能玩很短的时间，最后的结果是你拥有一些很快会坏掉的便宜玩具，然后你一辈子就得更努力地工作，没有玩具，没有快乐。”在现实世界里，玩具就是汽车、房屋、衣服、唱片、外出吃饭和度假。显然，如果你赚不到这些玩具，或者太早追求这些玩具，快乐很快就会变成不愉快的结果。

再次，是把钱投资在银行账户或者资本市场等有未来收益的地方。这其实也是延迟享受的表现，不要让孩子把钱花在立刻能获得享受的花费上，让他们自己管理自己的投资，让他们看着自己的投资逐渐增加。

还要尽可能地给孩子选择最好的教育。这方面的最终目的是让孩子成为专家，犹太人认为，父母亲可能犯的严重错误是，把孩子送去就读程度和能力比自己孩子差的大学，因为从同龄人身上获得知识和能力是教育的一部分，因此寻找能力高超

的同学很重要。

最后是父母也要养成两种习惯：一是发现趋势，紧跟趋势才会成功；二是养成不断学习的习惯。父母通过与时俱进的学习，一方面可以使自己跟上社会发展的趋势，另一方面也给自己的孩子树立了良好的榜样，使他们在长大以后，也能形成良好的习惯。

因而，犹太人在开创事业的时候就有了相当的经验，一旦进入了一个地方，遇到了一个良好的机会，当别人还在懵懵懂懂的时候，他们就可以捷足先登了，这是他们成就众多富豪的重要原因。因而，要想成为富有的人，最早的人生财富教育是不可缺少的。由于犹太民族自古就有经商的传统，具有了丰富的商业经验，而其他的民族则相对缺乏这种财富的教育，这大概是促使犹太人成为世界商人的重要原因。

忍耐是一种高素质的象征

忍耐是一种高素质的象征，善于等待的人最终得到他想得到的一切。

《塔木德》上说：等待的人，最终会得到一切。

据说，犹太史上最伟大的拉比希雷尔，是一个堪称忍耐典范的人。关于他，在犹太人中有一个广为流传的故事：一次，有两个人打赌，说如果谁能让希雷尔拉比发火，就可以赢400元钱。这天刚好是安息日前夜，希雷尔正在洗头。

这时，有个人来到门前，大声喊道："希雷尔在吗？希雷尔在吗？"

希雷尔赶忙用毛巾包好头，走出门问道："孩子，你有什么事？"

"我有个问题要请教。"

"那就请讲吧，孩子。"

"为什么有些巴比伦人的头不是圆的？"

"你提出了一个重要的问题，原因在于他们缺乏熟练的产婆。"

那个人听完，就走了。

过了一会儿，他又来了，大声喊道："希雷尔在吗？希雷尔在吗？"

希雷尔拉比连忙又包好头，走出门来问道："孩子，你有什么事？"

"我有个问题要请教。"

"那就请讲吧，孩子。"

"为什么帕尔米拉地方的居民都长烂眼睛？"

"你提出了一个重要的问题，原因在于他们生活在沙尘飞扬的地区。"

那个人听完，又走了。

过了一会，那个人又回来了，问：

"为什么非洲人长的都是宽脚板？"

"你提出了一个重要的问题。"希雷尔拉比说，"原因在于他们生活在沼泽地带。"

那个人听完了，没走，又说道："我还有许多问题要问，但我怕惹您生气。"

希雷尔干脆把身上都裹好了，坐下来说："有什么问题，你尽管问吧。"

"你就是那个被人们称为以色列亲王的希雷尔吗？"

"不错。"

"要真是这样的话，但愿以色列不要有许多像你这样的人。"

"为什么呢？"

"因为为了你，我输掉了400元钱。"

希雷尔问明情况后，对他说：

"记住了，希雷尔是值得你为他输掉400元钱的，即使再加400元也不算多，不过希雷尔是决不会发火的。"

在犹太人看来，忍耐是一种高素质的象征，善于等待的人最终得到他想得到的一切。

九、慎　言

只有傻瓜和小孩不能保守秘密

“能够守口如瓶的人才是善于处世的高手。”《塔木德》上如是说。

在处世智慧中，犹太人很强调为人保守秘密。保守秘密是一个人是否值得信赖的试金石。犹太人常常把人的价值用保守秘密到何种程度予以计量。同样，他们认为没有秘密就不算真正的儿童时代，秘密的存在可以帮助儿童的成长。但是，保密与撒谎之间的痛苦挣扎，始终会伴随着拥有秘密的儿童。

犹太人告诉孩子许多格言，说明保守秘密的重要性：

“听到秘密很容易，但要将之保存下来则是很困难的。”

“有三个以上的人知道的消息，就不能称之为‘秘密’了。”

“只有傻瓜和小孩不能保守秘密。”

在众多犹太人守秘的格言中，犹太人最喜欢的是：

“喝下秘密这种酒，舌头就会跳起舞来，所以应该特别小心。”

个人秘密会影响人际关系，人们通常会把秘密告诉自己信赖的人，围绕在秘密知晓者之间的是亲密关系，而被秘密排斥在外的，则有可能是排斥关系甚至敌对关系。

孩子们的秘密多种多样，有不让父母知道的秘密、有不让朋友知道的秘密、令人难以理解的幻觉秘密、藏身或脱身的秘密场所、被人出卖的秘密、被人信任的秘密以及与其他重要的人共同拥有的秘密。

一项心理研究发现，只有 6~9 岁的孩子才会经常去思考该不该把秘密泄露出去的问题。10 岁的孩子就会用友谊的标准来衡量自己的行为。12 岁的孩子就越来越能够感觉到自己有为他人保守秘密的责任，他们认为，泄露他人的秘密就意味着

自己失去一份友谊。如果他们泄密，会受到朋友的责备和良心上的谴责。

犹太人认为当一个人得知一个秘密时，都会沉不住气地想把那一份秘密透露出去，并且认为这是人之常情。因为一个人拥有某种秘密时，他希望可以借此引人注意。每一个人都喜欢打探别人的秘密，同时也希望吸引众人注目的眼光。说出秘密时，必定会受到大众的注目，而使人觉得高人一等。但是，犹太人又认为，当一个人从朋友甲处听来一件秘密，再将此秘密转告给乙时，表面上似乎非常信任乙，事实上却不是这样。他非但不信任乙，而且也已经辜负了朋友甲的信任。

为此，拉比教育学生说："只要秘密仍在你手中，你便是秘密的主人；但当你说出秘密后，便会成为它的奴隶。"

在日常生活中，犹太人保守秘密，为人守口如瓶，常常表现为对别人隐私的尊重。

有一次，占卜者巴拉姆去诅咒以色列人。可是，一看到他们的营地，他就开始为他们祈祷。原来，巴拉姆看到以色列人的帐篷并非彼此正对着，他认为他们尊重彼此的隐私，所以为他们祈祷。

犹太人把对隐私的高度尊重形成法律，防止对隐私做任何方式的探查。为了尊重别人的隐私，犹太拉比告诫人们说：

"在他宣誓的时候，不要向他提问。"

"当你的朋友愤怒的时候，不要试图安慰他。"

"尸体还停在他面前的时候，不要试图消弥他的悲伤。"

"在他不幸的时候，不要坚持去看他。"

《塔木德》规定，如果一个人的屋顶特别高，高到可以俯瞰邻居的庭院，他应该在屋顶周围修建足够高的栏杆，以拦住视线，使自己看不到人家的庭院。

拉比们是这样解释特殊规定的：

庭院的主人只在特定的时候使用自己的院子，可屋顶的主人却没在特定的时间使用他的屋顶。庭院的主人没法知道屋顶的主人什么时候到屋顶上来，这样庭院的主人就没法不让人看到自己在院子里，也没办法保护自己的隐私。

惜言如金

建立了巨大金融王国的罗斯柴尔德家族的家训就是“少说”，但却强调一定要“会说”，这样的“会说”成就了犹太人高超的谈判能力，赢得了无数商战中的胜利。

犹太人认为，谈判是没有硝烟的战争，三言两语说得好就会赢得人心，口若悬河说不好也会招来杀身之祸，一定说该说的话、恰当的话和有利于谈判结果的话。因此，犹太人在谈判时特别小心谨慎，从不信口开河，并在谈判前尽可能地做好准备工作，对谈判中所有可能出现的问题都要预测到，并拿出相应的对策，做到成竹在胸。因而，犹太人在谈判时气定神闲、幽默风趣，能够轻易地控制谈判气氛，并取得谈判的胜利。

美国西部一名牛仔闯入酒店喝酒，几杯黄汤下肚之后，便开始捣乱，把酒店整得一塌糊涂。这还不算，到后来，他居然又掏出手枪朝着天花板乱射，甚至对着酒店中的客人比画。就在大伙儿一筹莫展之际，酒店老板——一个瘦小而温和的犹太人，突然一步步地走到那牛仔身边，命令他道：“我给你五分钟，限你在五分钟之内离开此地。”而出乎意料的是，这名牛仔真的乖乖收起手枪，握着酒瓶，踏着醉步离开酒店，扬长而去了。惊魂未定，有人问老板，“那个流氓如果不肯走，那你该怎么办?”老板回答：“很简单，再延长期限，多给他一些时间不就好了。”

多说话并不表明有才智，控制你的口，守住你的言语，人的口中有财富，你要珍惜你的嘴唇。

柯立芝是美国第30任总统。他虽然政绩平平，却也极有特色。

1924年，柯立芝为自己竞选连任，以压倒优势击败民主党候选人。共和党的竞选口号是：“保持冷静，保持柯立芝。”自从入主白宫以后，他常把摇椅放在前门廊里，晚上坐在那里抽雪茄。比起其他任何一个总统来，他做的工作最少，做的决策也最少。门肯说：“他在五年又七个月的总统生涯中，所做出的最大功绩就是比其

他任何一个总统睡得都多——睡觉多，说话少。他把自己裹在高尚神圣的沉默中，双脚搭在桌子上，打发走一天天懒惰的日子。”人们给柯立芝起了一个“沉默的卡尔文”的绰号，这不是没有道理的。柯立芝真正能做到只说三言两语，甚或一言不发，如果他要这样做的话。1924 年大选时，心急的新闻记者找到柯立芝，问他：“关于这次竞选你有什么话要说吗?”“No（没有）。”柯立芝回答说。“你能就世界局势给我们谈点什么吗?”另一个记者问道。“No（不能）。”“能谈一下关于禁酒令的消息吗?”“No（不能）。”当失望的记者们要离开时，柯立芝严肃地说：“记住，不要引用我的话。”他在加利福尼亚州旅行结束就要返回华盛顿时，电台记者们采访了他，问他对美国人民有什么话要说，他愣了一会儿，说：“再见。”柯立芝知道自己该怎样应付这种场面。“如果你什么也不说，”他有一次这样解释道，“就不会有人要你去重复。”

据门肯回忆说：“柯立芝作为美国总统的有价值的记录几乎是个空白，没有什么人记得他做过什么事，或说过什么话。”但门肯错了，柯立芝说过的很多话后来都成了名言警句。

1919 年，他担任马萨诸塞州州长时，波士顿警察举行罢工，他对此评论道：“任何人，不论在任何地方、任何时候都没有权力举行罢工反对公共安全。”这话使他在全美国出了名，对日后当选副总统颇有效力。

“如果我们能坐下来，保持冷静，我们生活中五分之四的困难就会消失。”在你准备发表比较重要的言论的时候，是否也能够保持足够的冷静呢?

要以两倍于自己说话的时间倾听对方的话

“要以两倍于自己说话的时间倾听对方的话。”这是因为，人只有一张嘴，却有两个耳朵。建立了巨大金融王国的罗斯柴尔德家族的家训就是“少说”。首先应该倾听对方的话，建立信任关系，才能获得成功。

在美国的一个电视节目中，电视主持人向来宾提问，要来宾根据提问猜出他是

干什么的。这个节目连续播出了 25 年。开始时，阿琳觉得很难掌握住自己要回答问题的线索。后来，她丈夫马丁·加贝尔说："我从这个节目里得到的结论是，你应该仔细听别人说什么，要学会认真倾听。"阿琳采纳了他的忠告，结果非常有效。由于集中注意力听别人说话，她常常能很准确地回答问题。事实上，她的主要优势就在于她能注意倾听。

不过，倾听不仅仅是获取信息。一位 70 多岁的陌生妇女向阿琳表示，"注意倾听"也是爱邻居的一种方式。阿琳常在杂货店碰到这位妇女，这位妇女有着一双机敏又锐利的黑眼睛。每当她看到阿琳时，立即走过来跟阿琳滔滔不绝地聊天。有时阿琳忙得很，但也不得不耐着性子听下去。

"我不久要去堪萨斯一次，"有一天她对阿琳说，"那里的春天很暖和，这对我的关节炎有好处。但是，不等你想念我，我就会回来的。"阿琳这才第一次注意到她的手指既僵硬又弯曲。"你一个人去吗?"阿琳问。"哦，是的。"她说，"我丈夫去世很久了。但是我通过与人们交谈，发现了许多像你这样的人。"

阿琳立刻觉得非常惭愧。那位老妇人是那么高兴，通过与人交谈，她平静的生活变得有意义了。她所需要的，仅仅是能够倾听她讲话的人们的耳朵。从那以后，阿琳养成了尽量倾听别人谈话的习惯。

拥有一个善于倾听的好朋友是最好的礼物与喜悦。古希腊最早的哲人泰勒斯就说过："多说话并不表明有才智。"一位古罗马哲人从中揣摩出了造物主的意图：让我们多听少说。孔子主张"君子欲讷于言而敏于行"，这是众所周知的了。明朝的李笠翁也认为："智者拙于言谈，善谈罕为智者。"当然，沉默寡言未必是智慧的征兆，世上有的是故作深沉者或天性木讷者。但是，毋宁信其反命题是成立的：夸夸其谈者必无智慧。

曾经读到一则幽默，大意是某人参加会议，一言不发。事后，一位评论家对他说："如果你蠢，你做得很聪明；如果你聪明，你做得很蠢。"当时觉得这话说得很机智，意思也是明白的：蠢人因沉默而未暴露其蠢，所以聪明；聪明人因沉默而未表现其聪明，所以蠢。仔细琢磨，发现不然。聪明人必须表现自己的聪明吗？聪明

人非说话不可吗？聪明人一定有话可说吗？再也没有比听聪明人在无话可说时偏要连篇累牍地说聪明的废话更让人厌烦的了，此时他不但做得很蠢，而且他本人也成了天下最蠢的一个家伙。

公平地说，那种仅仅出于表现欲而夸夸其谈的人毕竟还不失为天真。今日之聪明人已经不满足于这无利可图的虚荣，他们要大张旗鼓地推销自己，力求卖个好价钱。在这一片叫卖声中，常常使人想起甘地的话："沉默是信奉真理人的精神训练之一。"吉辛则说过："人世愈来愈吵闹，我不愿在增长着的喧嚣中加上一份，单凭了我的沉默，我也向一切人奉献了一种好处。"这两位圣者都是不尚于言谈的人，看来绝非偶然。当然，沉默者未免寂寞，可那又有什么？说到底，一切伟大的诞生都是在沉默中孕育的。

种种热闹一时的吹嘘和喝彩，终是虚声浮名。在万象喧嚣的背后，在一切语言消失之处，隐藏着世界的秘密。世界无边无际，有声的世界只是其中很小一部分。只听见语言不会倾听沉默的人是被声音堵住了耳朵的聋子。懂得沉默的价值的人却有一双善于倾听沉默的耳朵，如同纪伯伦所说，他们"听见了寂静的唱诗班唱着世纪的歌，吟咏着空间的诗，解释着永恒的秘密"。一个听懂了千古历史的沉默的话语的人，他自己一定也是更懂得怎样说话的。

人在喧嚣和繁忙中要能闹中取静。这样，才能更好地沉思，才能显出你的睿智。

要学会认真倾听，用两倍于自己说话的时间倾听对方讲话。

十、世　故

怎样让一盏灯显得重要

一个技师在退休时反复告诫自己的小徒弟：不管在何时，你都要少说话，多做

事，凡是靠劳动吃饭的人，都得有一手过硬的本领。小徒弟听了连连点头。

十年后，小徒弟早已不再是徒弟了，他也成了技师。他找到师傅，苦着脸说："师傅，我一直都是按照您的方法做的，不管做什么事，从不多说一句话，只知道埋头苦干，不但为工厂干了许多实事，也学得了一身好本领。可是，令我不明白的是，那些比我技术差的，比我资历少的都升职了加薪了，可我还是拿着过去的工资。"

师傅说："你确信你在工厂的位置已经无人替代了吗？"他点了点头："是的。"师傅说："你是该到请一天假的时候了。"他不懂地问："请一天假？"师傅说："是的，不管你以什么理由都行，你一定得请一天假。因为一盏灯如果一直亮着，那么就没人会注意到它，只有熄上一次，才会引起别人的注意……"

他明白了师傅的意思，请了一天假。没想到，第二天上班时，厂长找到他，说要让他当全厂的总技师，还要给他加薪。原来，在他请假的那一天，厂长才发现，工厂是离不开他的，因为平时很多故障都是他去处理的，别人根本不会处理。

他很高兴，也暗暗在心里佩服师傅的高明。薪水提高了，他的日子也好过了，买车买房，娶妻生子。只要经济发生了危机，他便要请上一天假。每次请假后，厂长都会给他加薪。

究竟请了多少次假，他不记得了。就在他最后一次请假后准备去上班时，他被门卫拦在了门外。他去找厂长。厂长说："你不用来上班了！"他苦恼地去找师傅："师傅，我都是按您说的去做的啊。"

师傅说："那天，我的话还没有说完呢，你就迫不及待地去请了假。要知道，一盏灯如果一直亮着，确实没人会注意到它，只有熄灭一次才会引起别人的注意，可是如果它总是熄灭，那么就会有被取代的危险，谁会需要一盏时亮时熄的灯呢？"

用金钱交换方便

很久以前，一个住在耶路撒冷的犹太人外出旅行，途中病倒在旅馆里，当他知

道自己的病已经没有希望时，便将后事托给了旅馆主人，请求他说："我快要死了，如果我死后有从耶路撒冷赶来的家人，就请把我的这些东西转交给他。但是，不要告诉他我在哪家旅馆。"

说完，这个人就死了。旅馆主人按照犹太人的礼仪埋葬了他，同时向镇上的人发布这个旅人的死讯和遗言，让大家遵守这个犹太人的遗言，不要将他住的旅馆告诉来找他的人。

死者的儿子在耶路撒冷听到父亲的死讯后，立刻赶到父亲死亡的那个城镇。他不知道父亲死在哪一家旅馆里，也没有人愿意告诉他，所以，他只好自己寻找。

幸运的是，有个卖柴人挑着一担木柴经过，儿子便叫住卖柴人，买下木柴后，吩咐卖柴人直接送他到那家有个耶路撒冷来的旅人死在那里的旅馆去。然后，他便尾随着卖柴人，来到了那家旅馆。

旅馆主人对卖柴人说："我没有买你的木柴啊？"

卖柴人回答说："不，我身后的那个人买下了这木柴，他要我送到这里来。"

通过一笔木柴交易，旅人的儿子把回答这个问题作为成交的条件，让卖柴人为了自己的利益，帮助他解决了难题。

显然，只有他人的利益同你的利益紧紧地绑在一起的时候，他人才能像为自己谋利或避害一样，为你着想，因为这一着想以及由其产生的努力可以同时为他自己带去实际的利益。这就是犹太商人的聪明之处。

不要以貌取人

犹太人时常教育孩子与人交往时，要平等待人，而且他们时常给孩子讲梅尔拉比的故事，让孩子们知道人是没有尊卑之分的。

梅尔拉比在年轻时，曾经狂热地希望见到以利亚先知，因此他请求他的父亲带他去见以利亚先知。他父亲回答说："如果你能不间断地学习律法，你就会有资格见到他。"

为此，他就开始刻苦地学习，一连四个星期他都在日复一日地钻研神学书籍。然后他去见他的父亲，告诉他说："我已经按照你说的去做了，但是，我并没有见到以利亚先知。"

而父亲给他的回答却是："你太没有耐心了！只要你努力，以利亚先知肯定会显灵。"

一天晚上，他正坐在父亲书房里的椅子上，进来一个穷人。这个穷人浑身是灰尘，身上穿着有补丁的衣服，而且，还有一张丑陋的脸，在他背上有一个很重的袋子。当他想卸下袋子的时候，梅尔拉比制止了他："不要在这里干这个！"他生气地斥责他。"你把这么神圣的地方当成你的小旅馆？"

"我很累！"那个旅行者向他请求，"让我在这儿小歇一会儿，然后我会去找住宿的地方。"

"没有用。"他告诉那个旅行者，"你不能在这儿歇着！我父亲不喜欢流浪汉带着他们的脏袋子在这里休息。"

于是，那个穷人叹息着，背起袋子离开了。

等那个穷人刚走没多久，他父亲就进来了。问他："哦，你刚才见到以利亚先知了？"

"没有，还没有。"他沮丧地回答。

"今天没有人来过这里吗？"父亲进一步问。

他说，"一个穷苦的旅行者刚刚背着大袋子离开。"

"那你对他说您好了吗？"

"没有。"

"你为什么不说？你难道不知道他就是以利亚？现在我看是晚了！"

"从那以后，"梅尔拉比说，"我用我最神圣的感情，全心全意地对每个人说您好，不管他是谁，长什么样，或者在生活中有什么地位。"

在许多犹太人的学校里，都贴有一则标语：把好酒装在普通坛子里。

这则标语来源于一个故事。

有一位相貌丑陋而头脑聪明的拉比去见罗马公主，公主当面奚落他说：

“在如此丑陋的人的脑袋里，怎么可能有了不起的智慧？”

拉比受到如此羞辱，不但没有恼怒，反而笑容满面地问公主：

“王宫里有没有酒？”

公主点了点头。

拉比又问：

“装在什么容器里？”

公主说装在坛子里。

拉比惊讶地说：

“贵为罗马帝国的公主，为何不以富丽堂皇的金器、银器盛酒，反而以粗陋的坛子装酒呢？”

公主觉得拉比的话很有道理，便令宫中佣人将那些金器拿来装酒，而用那些坛子去装水。结果时隔不久，酒变得淡而无味了。

皇帝知道酒变味后，勃然大怒，下令追查是谁干的。公主连忙坦白说，是她让佣人干的，原以为这样会更好，没想到反而把事情弄糟了。

公主想到这是拉比唆使她干的，就去找拉比算账。

“拉比，你为什么让我这样做呢？”

拉比微微一笑，温和地说：

“我只是要让你明白，珍奇贵重的东西，有时候必须装在简陋普通的容器中，才能保存其价值。”

公主恍然大悟，从此以后再也不敢小看这位丑陋的拉比了。

尊重别人，不以貌取人，这是犹太人最重要的处世之道之一。

一切都会好起来的

人们往往用“萨布拉斯”来形容犹太人。“萨布拉斯”即仙人掌的意思，用这

种外表坚硬带刺，但内心相当甜蜜的仙人掌来形容犹太人的性格，可以说是再恰当不过了。希伯来语中有两句话在日常生活中使用频率很高，在《塔木德》中也反复出现，这就是“本来就是这样的”和“一切都会好起来的”。这两句话比较形象地反映了犹太人坚强向上的性格。

犹太人在生活中面临着各种各样的压力，但他们绝不是生活的抱怨者，他们习惯利用一切可以利用的条件进行工作。每当遇到困难和意想不到的麻烦时，许多人也许会觉得无法忍受或暴跳怒吼：“怎么能这样”，“我无法相信这一事实”。然而，犹太人总是耸耸双肩，摇着头轻声说道：“本来就是这样。”然后用进一步的努力和昂扬的精神以及耐心去克服困难。在以色列军队中流行一种更明确的说法：“本来就是这样——可我们肯定会赢”。

“一切都会好起来的”这句简明地表达乐观主义和充满希望的话，可以说已成为犹太人的座右铭。不论面对日常高居不下的通货膨胀和日趋紧张的住房，还是海湾战争遭到“飞毛腿”导弹袭击，在以色列政府和百姓中你听到最多的不是无可奈何的“我们该怎么办”或者“上帝保佑我们”“何日是个头”的抱怨声，而是积极进取的“一切都会好起来的”。这句话反映了以色列民族的人格，即不论发生什么，都有能力、有信心，保持乐观和充满希望的精神和信念。据说在 1976 年以军到乌干达的坎帕拉机场营救人质的行动中，牺牲了一名军官，事后在整理这名军官的书信时，发现了他的绝笔之作——写于他牺牲前五天的家信。在信中他第一次流露出对动荡的世界及不断的战争的忧心，但即便这样，在信的结尾他还是写上了“一切都会好起来的”。

和“一切都会好起来的”类似，犹太人还信奉一句“一切都能应付过去”。下面的这个故事生动地诠释了这句格言的妙处。

辛·吉尼普的父亲生重病的时候已经是 60 岁了，仗着他曾经是俄亥俄州的拳击冠军，有着硬朗的身子，才一直挺了过来。那天，吃罢晚饭，父亲把他们召到病榻前，他一阵接一阵地咳嗽，脸色苍白。他艰难地扫了每个人一眼，缓缓地说：“那是在一次全州冠军对抗赛上，对手是个人高马大的黑人拳击手，而我个子矮小，

一次次被对方击倒，牙齿也出血了。休息时，教练鼓励我说：‘辛，你不痛，你能挺到第12局！’我也说：‘不痛。我能应付过去！’我感到自己的身子像一块石头、像一块钢板，对手的拳头击打在我身上发出空洞的声音。跌倒了又爬起来，爬起来又被击倒了，但我终于熬到了第12局。对手战栗了，我开始了反攻，我是用我的意志在击打，长拳、勾拳，又一记重拳，我的血同他的血混在一起。眼前有无数个影子在晃，我对准中间的那一个狠命地打去……他倒下了，而我终于挺过来了。哦，那是我唯一的一枚金牌。”说话间，他又咳嗽起来，额上汗珠滚滚而下。他紧握着吉尼普的手，苦涩地一笑：“不要紧，才一点点痛，我能应付过去。”

第二天，父亲就咳血而亡了。那段日子，正碰上全美经济危机，吉尼普和妻子都先后失业了，经济拮据。父亲又患上了肺结核，因为没有钱，请不来大夫医治，只好一直拖到死。父亲死后，家里境况更加艰难。吉尼普和妻子天天跑出去找工作，晚上回来，总是面对面地摇头，但他们不气馁，互相鼓励说：“不要紧，我们会应付过去的。”如今，当吉尼普和妻子都重新找到了工作，坐在餐桌旁静静地吃着晚餐的时候，他们总要想到父亲，想到父亲的那句话。

犹太人在面临生死的时候都在保持着一种乐观的态度，难怪在经历了国家的灭亡之后，犹太民族还是能够在历史的长河中激起绚丽的浪花。

积极乐观的精神会产生正面能量

《塔木德》上记载着这样一个故事。

有三只青蛙掉进了鲜奶桶中，第一只青蛙说：“这是神的意志。”于是，它盘起后腿，一动不动，静静地等待着。

第二只青蛙说：“这桶太深，没有希望出去了。”于是，它在绝望中慢慢死去。

第三只青蛙说：“尽管掉到鲜奶桶里，可我的后腿还能动。”于是，它奋力地往上跳起来。它一边在奶里划，一边跳，慢慢地，它觉得自己的后腿碰上了硬硬的东西，原来是鲜奶在青蛙后腿的搅拌下，渐渐地变成奶油了。

凭着奶油的支撑，第三只青蛙跳出了奶桶。

第一只青蛙任由命运摆布，第二只青蛙是悲观主义者，而第三只青蛙乐观且充满希望，它便是犹太人的写照。

犹太人说："这世界上卖豆子的人应该是最快乐的，因为他们永远不必担心豆子卖不出去。因为卖豆人可以在豆子卖不出去的时候，拿回家磨成豆浆，向行人兜售，如果豆浆卖不成功，可以制成豆腐，豆腐卖不成功，变硬了，姑且当作豆腐干来卖。而豆腐干卖不出去的话，那么就把豆腐干腌起来，变成腐乳。第二种选择是，如果卖豆人把卖不出去的豆子拿回家，加入水让它发芽，那么更加妙极。几天后，卖豆人可以改卖豆芽。豆芽如果卖不动，那么干脆让它长大些，卖豆苗。而如果豆苗卖不动，再让它长大些，移植到花盆里，当作盆景来卖。如果盆景卖不出去，那么就再次移植到泥土里，让它生长，几个月后，它结了许多新豆子。你想想那是多么划算的一件事，一颗豆子现在变成了上百颗豆子。"

对待同一件事情，乐观的人和悲观的人看到的绝不相同。乐观的人善于从逆境中看到远处的希望，原因就在于他们的思维方式充满想象力。

犹太人中有一则名叫"飞马腾空"的童话故事。

古时候，有一个人因惹怒国王而被判了死刑，这个人向国王请求饶恕一命，他说："只要给我一年的时间，我就能使您最心爱的马飞上天空。如果过了一年，您的马不能在天空自如飞翔的话，我宁愿被处死刑，绝不会有半点怨言。"

国王想了想就答应了他。

在他回到牢房之后，另一位囚犯对他说："你不要信口开河好不好，马怎么能飞上天空呢?"

这个人回答说："在这一年之内，也许国王会死，也许我自己病死，说不定那匹马出了意外送了命。总之，在这一年之内，谁知道会发生什么事呢？所以只要有一年的时间，没准儿马真的能飞上天空！"

纵观犹太人颠沛流离的历史，到处都弥漫着这种乐观的精神。可以说，犹太民族就是因为有了这种乐观的精神，心中充满希望，他们才能生存下来。对于犹太人

来说勇气和希望是深深地埋藏在他们心底，任何人都无法夺去。所以，他们一直乐观向上，纵使在世间最罕见的苦难中也坚强无比。

苦难也是上帝的恩赐

“人的眼睛是由黑白两部分组成的，但是为什么只能透过其黑暗的部分看东西？因为人必须透过黑暗，才能看到光明。”

人生也是从苦难和黑暗开始，最后才到达幸福和光明的境地。这就是告诉自己，不要害怕痛苦。因为一个人只有痛苦到了极点，才能品尝到甜美的果实。

与幸福相比，人在苦难时更应该欢欣。因为，如果一个人终生幸福，这说明他也许犯过的罪尚未被宽恕。

犹太历史就是一部苦难史。生活的磨难，身体的疾病，生存的险恶，到处被排挤流离失所，人格歧视……无不折磨着犹太人。

在迦太基的一家著名博物馆有一幅画，题名为《将军》，画面上是一个人正在和魔鬼下棋，而且危在旦夕，魔鬼正在将军。这一盘棋正是人类命运的象征，苦难就是那个正在将军的魔鬼。那么，人类还有希望赢吗？每一个犹太人从小受到的就是“磨难教育”，要把磨难转化为生命的财富。人类正是在同魔鬼的战斗中，锻炼了自己。

有这样一则关于犹太人“磨难教育”的小故事：

一个研究《塔木德》的犹太学者，刚刚结束他的学习生涯，到艾黎扎拉比那里，请求给他写封推荐信。

艾黎扎拉比非常热情地接待了他。

“我的孩子”，拉比对他说，“你必须面对严酷的现实。如果你想写作充满知识的书，你就必须像小贩那样，带着坛坛罐罐，挨门挨户地兜售，忍饥挨饿直到40岁。”

“那我到40岁以后会怎样？”年轻的学者满怀希望地问。

艾黎扎拉比鼓励地笑了："到了40岁以后，你就会很习惯这一切了！"

"逾越节"就是犹太人关于"磨难教育"的最重要的节日。"逾越节"是专门纪念摩西带领犹太人逃出埃及而设立的，通过讲祖先的艰难历程和吃特殊的食品，来进行忆苦思甜和认识生命艰难的教育。

逾越节家宴桌上的食品主要有：三块无酵饼。当年犹太人逃离埃及时，来不及准备路上的干粮，只能吃不发酵的饼，三块的说法是指为了纪念犹太人的三位祖先。

一盘食品，五种食物。这五种食物指的是：烤羊腿、烤鸡蛋、哈罗塞斯、一碟苦菜、一碟盐渍芹菜。

烤羊腿是逾越节的祭品，犹太人失去圣殿后，无处献祭，在宴席上用烤羊腿（或烤肉）代替。

烤鸡蛋，犹太人习惯在正餐前吃鸡蛋，逾越节的鸡蛋是烤的，烤的蛋很坚韧，很难咬碎，犹太民族就像烤蛋，受苦难的时间越长越坚强，犹如蛋烤的时间越长越坚硬一样。

一碟哈罗塞斯，这是一种水果、香料和酒混合的食品，呈泥状。以色列人在出埃及前，法老为难他们，命他们做砖，又不给草料，从而责打他们，这一碟泥状的哈罗塞斯，使人想起做砖用的泥。

一碟苦菜，是纪念犹太人在埃及受的苦。

一碟盐渍芹菜，犹太人出埃及时，喝过红海带苦涩味的海水，吃盐渍芹菜，意思是要犹太人永远记住出埃及之苦难。

四杯酒。逾越节家宴的程序，由四杯酒串联：第一杯酒，一家之长举杯祝福，家宴开始。第二、第三杯酒在家宴中间，在讲"哈伽达"前后喝。第四杯酒，感谢上帝的保佑，宴会结束。所谓"哈伽达"的希伯来文原意为神话、故事，逾越节的"哈伽达"是家宴的主要活动，是一本有关犹太人出埃及的故事集。它不仅说明了逾越节所有食品的含义，还讲述了犹太人在埃及所受的主要苦难和出埃及的艰辛旅程。

著名哲学家斯宾诺莎从小家中宗教气氛特别浓厚，每逢重大节日，父亲总要给全家人讲述犹太人苦难的历史，这在斯宾诺莎幼小的心灵中留下了深刻的印象。童年的斯宾诺莎常常一个人站在犹太怀疑论先驱阿古斯塔的坟墓前凝神冥想，一种为真理而献身的热望在他心底萌生，这种热望紧紧伴随了他一生。

斯宾诺莎

《塔木德》说：

假如一个人看到痛苦的折磨已经降临自己，让他首先检讨自己过去的行为……假如没有发现任何过错，让他反思一下，他是否藐视过律法书……

假如他没有发现自己的罪过，那么他就可以确认：他所遭受的是爱之折磨，《圣经》上写道："上帝爱谁，上帝便改正他。"

与幸福相比，人在苦难时更应该欢欣。因为，如果一个人终生幸福，这说明他也许犯过的罪尚未被宽恕。但是通过受难所犯了的罪便被宽恕了。灾难是好事……

面对苦难不光是一种勇气，更是一种精神和心态，只有这样才能战胜苦难，并使苦难升华为人类的礼物。

逆境锻造灵魂

1939年，德国军队占领了波兰首都华沙，此时，卡亚和他的女友迪娜正在筹办婚礼。然而，卡亚做梦都没想到，他和其他犹太人一样，光天化日之下被纳粹推上卡车运走，关进了集中营。卡亚陷入了极度的恐惧和悲伤之中，在不断地遭到摧残和折磨中，他的情绪极不稳定，精神遭受着痛苦的煎熬。

同被关押的一位犹太老人对他说："孩子，你只有活下去，才能与你的未婚妻团聚。记住，要活下去。"卡亚冷静下来，他下决心，无论日子多么艰难，一定要

保持积极的精神和情绪。

所有关在集中营的犹太人，每天的食物只有一块面包和一碗汤，许多人在饥饿和严酷刑罚的双重折磨下精神失常，有的甚至被折磨致死。卡亚努力控制和调适着自己的情绪，把恐惧、愤怒、悲观、屈辱等抛之脑后，虽然身体骨瘦如柴，但精神状态却很好。

五年后，集中营里的人数由原来的4000人减少到不足400人。纳粹将剩余的犹太人用脚镣铁链连成一长串，在冰天雪地的隆冬季节，将他们赶往另一个集中营。许多人忍受不了长期的苦役和饥饿，最后横尸于茫茫雪原之上。在这人间炼狱中，卡亚奇迹般地活下来。他不断地鼓舞自己，靠着坚韧的意志力，维持着衰弱的生命。

1945年，盟军攻克了集中营，解救了这些饱经苦难、劫后余生的犹太人。卡亚活着离开了集中营，遗憾的是那位给他忠告的老人，却没有熬到这一天。

若干年后，卡亚将他在集中营的经历写成一本书，他在前言中写道："如果没有那位老者的忠告，如果放任恐惧、悲伤、绝望的情绪在我的心间弥漫，很难想象，我还能活着出来。"

其实，是卡亚自己救了自己，是他用积极乐观的情绪救了自己。

与卡亚不同的是，总有许多人不停地抱怨命运的不公，自己付出了辛劳的汗水，得到的却是失败和痛苦。究其原因，是因为他们不会调节自己的情绪。

一个犹太人的女儿对她的父亲抱怨，说她的生命是如何痛苦、无助，她是多么想要健康地走下去，但是她已失去方向，整个人惶惶然然，只想放弃。她已厌烦了抗拒、挣扎，但是问题似乎一个接着一个，让她毫无招架之力。

父亲二话不说，拉起心爱的女儿，走向厨房。他烧了三锅水，当水沸腾之后，他在第一个锅里放进萝卜，第二个锅里放了一颗蛋，第三个锅里则放进了咖啡。

女儿望着父亲，不明所以，而父亲只是温柔地握着她的手，示意她不要说话，静静地看着滚烫的水，以炽热的温度翻滚着锅里的萝卜、蛋和咖啡。一段时间过后，父亲把锅里的萝卜、蛋捞起来各放进碗中，把咖啡滤过倒进杯子，问："你看

到了什么?”

女儿说：“萝卜、蛋和咖啡。”

父亲把女儿拉近，要女儿摸摸经过沸水烧煮的萝卜，萝卜已被煮得软烂；他要女儿拿起这颗蛋，敲碎薄硬的蛋壳，她细心地观察着这颗水煮蛋；然后，他要女儿尝尝咖啡。女儿笑起来，喝着咖啡，闻到浓浓的香味。

女儿谦虚恭敬地问：“爸爸，这是什么意思?”

父亲解释道，这三样东西面对相同的环境，也就是滚烫的水，反应却各不相同：原本粗硬、坚实的萝卜，在滚水中却变软了；蛋原本非常脆弱，它那薄硬的外壳起初保护了它液体似的蛋黄和蛋清，但是经过滚水的沸腾之后，蛋黄和蛋清变硬了；而粉末状的咖啡却非常特别，在滚烫的热水中，它竟然改变了水。

“你呢？我的女儿，你是什么?”父亲慈爱地问虽已长大成人，却一时失去勇气的女儿，“当逆境来到你的面前，你有何反应呢？你是看似坚强的萝卜，痛苦与逆境到来时却变得软弱、失去了力量吗？或者你原本是一颗蛋，有着柔顺易变的心？你是否原是一个有弹性、有潜力的灵魂，但是在经历死亡、分离、困境之后，变得僵硬顽强？也许你的外表看来坚硬如旧，但是你的心灵是不是变得又苦又倔又固执？或者，你就像是咖啡，咖啡将那带来痛苦的沸水改变了，当它的温度高达100摄氏度时，水变成了美味的咖啡，当水沸腾到最高点时，它就越加美味。”

在犹太人的理念中自己就像咖啡，当逆境到来、一切不如意时，自己会变得更好，而且将外在的一切转变得更加令人欢喜，重要的是用心态来改变命运。积极的心态有助于自己在逆境到来时勇敢地面对，积极地改变，使自己在逆境的磨砺中变得更加出色、美好。

十一、节　俭

节俭和吝啬的区别

犹太经典《塔木德》指出："吝啬在有的时候和节约一样是一种优秀的品质。"

世界上曾经流行这样的说法——犹太人是吝啬鬼。犹太人对金钱十分吝啬，花钱时极为小气，他们为自己的吝啬感到高兴。在他们看来，作为商人，对物品的斤斤计较和对金钱分分毫毫的计算利用，是商人职业的本能反应，这种说法是对他们精明投资的一种褒扬。

"对钱财必须要有爱惜之情，它才会聚集到你身边。你越珍惜它，尊重它，它越心甘情愿地跑进你的口袋。"

犹太商人不管多么富有，绝不会随意挥霍钱财。在宴请宾客时，以吃饱吃好为主，不会讲排场乱开支。在生活中，以积蓄钱财为尚，不会用光吃光，手头空空。

犹太人测算过，依照世界的标准利率来算，如果一个人每天储蓄 1 美元，88 年后可以得到 100 万美元。这 88 年时间虽然长了一点，但每天储蓄 2 美元，在实行了 10 年、20 年后，很容易就可以达到 10 万美元。一旦这种有耐性的积蓄得到利用，就可以得到许多意想不到的赚钱机会。

"努力挣钱是行动，设法省钱是节流的反映。财富需要努力才能得到。需要杜绝漏洞才能积聚。"

紧紧地看住你的钱包，不要让你的金钱随意地出去，不要怕别人说你吝啬。你的钱每花出去一分都要有两分钱利润的时候，才可以花出去。

节约与利润成正比

犹太人巨富洛克菲勒是这个信条虔诚的遵守者，节约在他的一生里都是一

贯的。

洛克菲勒早年在一家大石油公司做焊接工，任务是焊接装石油的巨大油桶。要焊接就会有焊条的铁渣掉落，他细心地发现，他每焊接一个油桶要掉落的铁渣每次不多不少正好是509滴，他想要焊接那摞得像山一样的油桶要浪费多少焊条呀！于是他改进了焊接的工艺和焊接的方法，让每次滴落的铁渣正好是508滴。这样这家大石油公司全年仅此一项就节约资金5．7万美元！而洛克菲勒本人也因此获得了一次的晋升机会。

当他有了一些积蓄的时候，开始自己创业。刚开始步入商界时，经营步履维艰，很快就花完了他好不容易积攒的一点钱。于是他冥思苦想怎样发财，却苦于没有方法。一天晚上，他从报纸上看到一则广告，推销一种发财秘诀。他为此高兴极了，第二天急急忙忙到书店去买了一本。他迫不及待地把买来的书打开一看，只见书内仅有“勤俭”二字，就再没有任何内容了，这使他大为失望和生气。后来，他反复考虑这个“秘诀”在哪里？起初，他认为书店和作者在欺骗他，一本书只有这么简单的两个字，他想指控他们在欺骗读者。后来，他越想越觉得此书言之有理。确实，要想发财致富，除了勤俭之外，没有其他办法。这时，他才恍然大悟。此后，他将每天应用的钱加以节省储蓄，同时加倍努力工作，千方百计地增加一些收入。这样坚持了五年，积存下800美元，然后将这笔钱用于经营煤油。在经营中他精打细算，千方百计地节省开支，把赢利中的大部分储存起来，到一定时间再把它投入石油开发。照此循环发展，如滚雪球一般使其资本越来越多，生意也越做越大。经过30多年的“勤俭”经营，洛克菲勒成为北美最大的三个大财团之一。

努力挣钱是开源，设法省钱是节流。巨大的财富需要努力才能追求得到，同时也需要杜绝漏洞才能积聚。

洛克菲勒成为亿万富翁以后，他的经营管理也是以精于节约为特点的，他给部下的要求是提炼一加仑原油的成本要计算到小数点后的第三位。每天早上他一上班，就要求公司各部门将一份有关成本和利润的报表送上来。多年的商业经验让他熟稔了经理们报上来的成本开支、销售，以及损益等各项数字，他常常能从中发现

问题，并且以此指标考核每个部门的工作。1879 年的一天，他质问一个炼油厂的经理："为什么你们提炼一加仑原油要花 19. 8492 美元，而东部的一个炼油厂干同样的工作只要 19. 849 美元？"这正如后人对他的评价，洛克菲勒是统计分析、成本会计和单位计价的一名先驱，是今天大企业的"一块拱顶石"。

到了老年，有一天，他向他的秘书借了 5 美分，当洛克菲勒还钱给秘书的时候，秘书不好意思要，洛克菲勒当即大怒："记住，5 美分是 1 美元一年的利息！"由此可见他对于金钱的节俭和计算真是精明。

犹太人亚伯拉罕·拉姆五十多岁，是一个实业家。他在孩提时代就从俄罗斯移民到美国。和其他刚刚来美的犹太人一样，他的父母当时也是身无分文。但是他勤勉刻苦，最后拥有的财产可以让他一生衣食无忧。他在好莱坞有一所漂亮的公寓，在那里，他和妻子二人过着悠闲自得的生活。

"亚伯拉罕·拉姆，你是怎样赚到这么多钱的？"

"没怎么样啊！不浪费就可以做到了。"

犹太经典《塔木德》中说："凡成大业者，无不以节俭为要诀。"对于商人而言，更是要讲究节省开支，从而降低成本，增加利润，把生意做大做强。

犹太著名的船商银行家出身的斯图亚特曾经有一句名言，他说："在经营中，每节约一分钱，就会使利润增加一分，节约与利润是成正比的。"

斯图亚特努力提高旧船的操作等级以取得更高的租金，并降低燃油和人员的费用。

也许是银行家出身的缘故，他对于控制成本和费用开支特别重视。他一直坚持不让他的船长耗费公司一分钱，也不允许管理技术方面工作的负责人直接向船坞支付修理费用，原因是"他们没有钱财意识"。因此，水手们称他是一个"十分讨厌的吝啬的人"。直到他建立了庞大的商业王国，他的这种节约的习惯仍保留着。

一位在他身边服务多年的高级职员曾经回忆说："在我为他服务的日子里，他给我的办事指示都用手写的条子传达。他用来写这些条子的白纸，都是纸质粗劣的信纸，而且写一张一行的窄条子，他会把写的字撕成一张长条子送出。这样的话，

一张信纸大小的白纸也可以写三四张‘最高指示’。”一张只用了五分之一的白纸，不应把其余部分浪费掉，这就是他“能省则省”的原则。

节约每一分钱，把钱用在刀刃上，这是每个犹太商人对自己的基本要求。

收大于支

一般人认为犹太人十分小气，事实上并非那样。他们在应该花钱的地方从来不吝啬，比如在教育和慈善事业或是具有互助性质的公用事业上，他们出手往往十分大方。要做这些事，他们平时当然要节省一点了。吝啬鬼是对金钱吝啬，而犹太人是对奢侈的东西吝啬。

不要让自己的支出超过自己的收入，如果支出超过收入便是不正常的现象，更谈不上发财致富了。

犹太人亚凯德向一位自称卖蛋的节俭人说：“假使你每天早上收进十个蛋放到蛋篮里，每天晚上你从蛋篮里取出九个蛋，其结果是如何呢?”

“时间久了，蛋篮就要满溢啦。”

“这是什么道理?”

“因为我每天放进的蛋数比取出的蛋数多一个呀。”

“好啦，”亚凯德继续说，“现在我向你介绍发财的第一个秘诀，你们要照我告诉蛋商的发财秘诀去做。因为你把十块钱收进钱包里，但你只取出九块钱去花，这表示你的钱包已经开始膨胀，当你觉得手中钱包重量增加时，你的心中一定有满足感。”

“不要以为我说得太简单而嘲笑我，发财秘诀往往都很简单。开始，我的钱包也是空的，无法满足我的发财欲望，不过，当我开始放进十块钱只取出九块花用的时候，我的空钱包便开始膨胀。我想，如果如法炮制，各位的空钱包自然也会膨胀了。”

“现在让我来说一个奇妙的发财秘诀，它的道理我也说不清，事实是这样的：

当我的支出不超过全部收入的90%时，我就觉得生活过得很不错，不像以前那样穷困。不久，觉得赚钱也比往日容易。能保守而且只花费全部收入一部分的人，就很容易赚得金钱；反过来说，花尽钱包存款的人，他的钱包永远都是空空的。”

犹太人的用钱原则就是这样，只把钱用在该用的地方，他们认为不该用的地方，是一块钱也不会花出去的。以崇尚节俭、爱惜钱财著称的连锁商店大王克里奇，他的商店遍及全美50个州和国外很多地方，他的资产数以亿计，但他的午餐从来都是1美元左右。

克德石油公司老板波尔·克德有一天去参观一个展览，在购票处看到一块牌子写着：“5时以后入场半价收费。”克德一看手表是4时40分，于是他在入口处等了20分钟后，才购买了一张半价票入场，节省下0. 25美元。你可知道，克德公司每年收入上亿美元，他所以节省0. 25美元，完全是受他节俭的习惯和精神所支配，这也是他成为富豪的原因之一。

对金钱除了爱之外，还要惜。也就是说，除了想发财外，还要想办法保护已有的钱财。犹太富商亚凯德说：“犹太人普遍遵守的发财原则，那就是不要让自己的支出超过自己的收入，如果支出超过收入便是不正常的现象，更谈不上发财致富了。”

储蓄是一种美德

《塔木德》中说：有时候，把钱存起来比花掉更好。

“存钱是一个很好的美德。”这是犹太民族中每一个人都挂在嘴边的一句话。

犹太人的孩子必须把他们收入的一半存入银行，这是每一个犹太家庭对孩子的常见要求。

当孩子的积蓄达到一定数量时，父母就要替他们把钱取出来进行投资。孩子的投资是以家庭托管的方式进行的，每个孩子都拥有自己的股份，让他们明白投资给他们带来了机会。

如果一个孩子学会了存钱，他一生就会觉得是有着无限希望的，因为在存钱中他可以得到许多生活的真谛。如果一个孩子没有挣下钱，就已经把这点钱给花掉了，父母会告诉他们吃苦的日子一定还在后头。

做种子的小麦不可食用

《塔木德》中说：种子是用来交换金秋的，因此，种子是不可食用的。可以将小麦借给佃户做种子，但做种子的小麦不可食用。

这一箴言在犹太人中间已经流传了几千年。它的意思是说，本钱是用来赚更多的钱的，它的所有者必须小心经营，不可把它挥霍掉。更进一步说，这句话还包括“不可把钱转借给他人，指望它给人带来好处”等意思。

犹太人对这句话的理解非常深刻。他们认为，把小麦借给佃户做播种之用，至少还有归还的可能；把做种子的小麦磨成粉，做成面包果腹，就是纯粹的消费行为——吃完以后只好再去借，借麦者这样就会陷入越来越穷的境地，而出借者的利益也会受到损害，这种账就很可能成为呆死账。

十二、在现实与利益中寻找幸福

别让好奇入侵别人的领地

为了尊重别人的隐私，防止他人对隐私做任何方式的探查，犹太人把隐私置于法律的高度。

在日常生活中，犹太人为表现出对于别人隐私的尊重，非常注重守口如瓶，他们认为能够守口如瓶的人才是善于生活的高手。

保守秘密是一个人是否值得信赖的试金石，犹太人常常把人的价值用保守秘密

到何种程度来予以衡量。

犹太人认为，只要秘密仍在你手中，你便是秘密的主人，但当你说出秘密后，便会成为它的奴隶。当一个人得知一件秘密时，都会沉不住气地想把那一份秘密透露出来，并且认为这是人之常情。

因为一个人手中握有某种秘密时，他可以借此引人注意——每一个人都喜欢探知别人的秘密，同时也希望借此吸引他人注目的眼光。抖出秘密来时，必定会备受大众的注目，而使人自觉高人一等。

一次，占卜者巴拉姆去诅咒以色列人，可是，一看到他们的营地，他就为他们祈祷。

原来，巴拉姆看到以色列人的帐篷并非彼此正对。他认为他们尊重彼此的隐私，所以为他们祈祷。

在犹太民族中，基于对别人隐私的尊重，任何人不能没打招呼就到别人家里去。甚至，当一个人借债给邻居的时候，也不能闯入别人的家里去拿抵押。而要在外面等着，直到对方自己拿着抵押品出来。

尽管犹太拉比们意识到保守秘密多么困难，但无论是私人意义上，还是职业意义上的，他们都众口一词强调对信任的尊重。正如哈西德派拉比阿普塔所指出的，即使在熟知该秘密的人群中私下提起，也是品质低下的一种表现。

不论是朋友还是敌人，不要讲他们的故事。即使沉默压迫你，也千万不要泄漏别人的秘密。因为一旦他人知道秘密被泄漏，就不再信任你，而且他将抓住每个机会来憎恨你。

最好的诀窍就是，让它死在心里。不要恐惧，你不会因此而爆炸。否则的话，一个怀着秘密的傻瓜就像一个临产的妇女一样痛苦。

据说，拉比艾米的某个学生提前 24 年泄漏了一场课堂上的秘密讲座。

于是拉比艾米把他赶走了，谴责他“泄漏了秘密”。

假若一个走出法庭的法官这样说：“我主张犯人无罪，可是我的同事认为有罪。他们是多数，我能怎么办呢?”

针对这种人应该说："不要在人群中搬弄是非！"

曾有一位尊贵的妇女去寻求拉比阿普塔的建议，一看到她富有直觉洞察力的拉比就大叫起来："通奸！你刚刚犯了罪，现在你胆敢进入我的房子！"

这位妇女激动地说："上帝耐心对待有罪的人，他不立即惩罚他们，也不泄漏他们的秘密，免得他们面对他的时候感到羞愧，他也并不把脸掉转不让他们看见。然而这个坐在屋里的拉比一刻也不能忍耐，非揭露上帝隐藏的秘密不可。"

由于发生了这件事，拉比阿普塔常常说："除了一个女人，谁也没有打败过我。"

对于如何尊重别人的隐私，为他人保守秘密，犹太人有许多守秘的箴言：

"有 3 个以上的人知道的消息就不能称之为'秘密'了。"

"听到秘密很容易，但要将之保存下来则是很困难的。"

"傻瓜和小孩不能保守秘密。"

"喝下秘密这种酒，舌头就会跳起舞来，所以应该特别小心。"

助人即助己

犹太人被迫离开栖身之处，历经杀戮、驱逐、侮辱，四处流浪。犹太人之所以能在生活的恶风险浪中幸存下来，并且更加繁荣兴盛，这与他们乐于助人的观念是分不开的。可以说这种观念是犹太人生存的一个重要的法宝。

犹太民族助人助己的观念是根深蒂固的。

他们认为，提供帮助是"富人的责任"，获得帮助是"穷人的权利"。在长期流亡的艰苦岁月中，犹太富人往往自觉替穷人掏腰包，接济贫穷在犹太人中成为一种社会习惯。哪怕是家无三餐的穷苦犹太人，也都保存着一个攒钱的小盒子，准备施舍给比他们更穷的人家。

犹太社团里必定会有慈善机构，这些慈善机构都是靠着富裕犹太人的捐助来维持的。在每周不同的日子里，穷苦的犹太学生分别到不同的犹太人家庭中去吃饭，

以便使得这些学生能够安心读书。

犹太人认为助人即助己，自私自利是互助的最大障碍。

在新的移民社区中，犹太人虽然没有严密的组织，但是，在很多地方，犹太人自行做出两条不成文的规定：每周聚会一次，集体做礼拜或开研讨会、观看电影、欣赏音乐等；在住宅的选择上，也尽可能集中居住在一起，发生意外时，能够及时相互援助。这种集体特色也体现着助人助己的观念，犹太人也正是利用这一观念，获取生存的机会。

己所不欲，勿施于人

有一次，安东尼皇帝派使者到朱丹·哈·尼撒拉比那儿，问了这样一个问题："帝国的国库快要空了，你能给我一个补充国库的建议吗？"

朱丹拉比没有回答一句话，他把使者带到了他的菜园，然后安静地干起活来。他把大的甘蓝拔掉，种上小甘蓝，对甜菜和萝卜也是这样。

看到朱丹拉比无意回答问题，使者对他说，"请给我个回信。"

"你什么都不需要。"

于是，使者返回到安东尼那里。

"朱丹拉比给我回信了吗？"

"没有。"

"他给你说什么了吗？"

"也没有。"

"那他做了什么？"

"他只是把我领到他的菜园里，然后他把那些大蔬菜拔掉，种上小的。"

"那我明白他的建议是什么了！"皇帝兴奋地说。

于是，他立刻遣散了他所有的官员和税收大臣，换成少量的有能力、诚实的人。不久，国库就得到了补充。

犹太人运用这个故事说明国王要补充国库时，应该去想办法，而不能以不利的条件去强迫百姓多缴税。不去强迫别人做他们不愿意做的事情，这是犹太人的处世方法之一。在现实生活中，犹太人更反对以不利条件去强迫别人。

对于以不利条件去强迫别人，犹太人又有一个这样的故事：

有一天，拉比在路上碰到两个正在争辩的男孩。

两个男孩面红耳赤地争论到底谁的个子高，吵来吵去，还是没有结果。后来，一个男孩强迫另一个男孩站在水缸里，而他自己站在缸沿上。他终于证实了自己较高。

拉比看到这一情形，悲伤地对自己的弟子说："是否世上的人都常常这么做呢？为了证实别人劣于自己，就强迫别人下水缸。如果别人不愿意下去，他们就会自己爬到高处，以显示自己优于别人。"

在现实生活中，种种欺骗事件屡见不鲜，但是，犹太人认为坏事掩不住别人的耳目，终有一天人们会发现事情的真相。即使有人能幸运地瞒过别人，但是做了坏事之后，他的心里一定会觉得很不舒畅，而时时怀着恐惧之心。因此，以不利条件强迫他人的做法是不可取的。

犹太人在和别人进行竞争时，总是站在同等公平的立场上，而不是以不利的条件去强迫别人。

人与人之间的"微粒子"

在犹太人看来，每一种金属都是由许许多多的"微粒子"组成，它们遵循一定的法则不停地从事忙忙碌碌的运动。因此，犹太人认为金属也是活的。

用力挤压一块金属，隔一段时间后把手放开，从外表上看，这块金属也许并没有什么改变，但是这块金属的内部一定有过很剧烈的变化。

因此，一种东西和另一种东西接触时，一定会互相影响、互相渗透。

同样道理，当一个人和另一个人接触时，一定也会产生出同一种现象——甲的

一部分进入乙的心中，乙的一部分进入甲的心中，但两者都毫无察觉。分开后，也许连对方的面孔和名字都已忘记，但是两个人的内部却已经起了微妙的变化，不再是先前的人了。丑恶和善良都可能潜移默化地进入人的内心深处。

犹太人对于交友是非常慎重的，时时小心、处处提防。每当他们遇到一个人时，他们都会思索一个问题：应该花多少时间接触那个人？又该沾上多少他的习性呢？

但是，犹太人又认为没有朋友的人就如同失去手臂一样。因此，他们把朋友分成三种：第一种是像面包一样的朋友，这种朋友是经常需要的；第二种是像菜一样的朋友，这种朋友是偶尔需要的；最后一种是像病毒一样的朋友，这种朋友应尽量避开。

没有一个人能独自成长或独自堕落，所以在犹太人看来，寻求一个适合自己的朋友是人生中一件很重要的事。

正如犹太格言所说："走进香水店，就是什么都不买，也会沾上芳香的气味。"

幽默中的力量

犹太人把幽默当作一种重要的精神食粮。在希伯来语中，智慧被称为"赫夫玛"，幽默也被称为"赫夫玛"，而幽默正好成为犹太民族苦中作乐的生存和处世智慧。

在犹太人眼中，幽默是只有强者才能拥有的特权，因此他们很重视幽默。因为幽默是人所具备的力量中最强大者。

犹太人常说："笑是百药中最佳的良药之一。"

因为"笑"能在痛苦时安慰他们的内心，能使快乐的犹太人更加充满活力，可是，犹太人认为笑所隐藏的力量绝不仅此。只要更重视笑，它就会成为人类所有与生俱来的能力中，最强而有力的一种武器。犹太人认为幽默就是要使人笑起来。

尽管犹太人有着苦难的历史经历，但他们对生活一直充满坚定的信念，否则他

们的民族就不可能经受住那么多折磨而幸存下来，事实上也正是苦难造就了犹太人不可动摇的乐观精神。

欢乐和笑声是犹太人生活中必备的良药，这使他们总能保持一种乐观的生活态度。对犹太人来说，生活的压力太大了，他们无法用泪水和无休止的呻吟来化解它。迫害、痛苦和他们在潮湿的“贫民监狱”里的贫困生活，都不能阻止他们的欢笑。

但是，犹太人的笑声不是一般的无聊取乐，也不仅仅是消遣，而是对严酷生活的一种顽强而具有反抗性的回答。因而在犹太人的幽默里存在一种独特的智慧，它不仅仅是一种对生活的尖锐批评，还是一种能帮助他们缓解痛苦，有效地调节、娱乐身心的好办法。

这令人愉悦的幽默，有人把它叫作“犹太风趣”。

很多犹太传说和民间故事都包含着深深的悲剧幽默情调，就像许多犹太民歌一样，它们的旋律中总是回荡着挥之不去的忧伤。但这种忧伤却没堕落为绝望或是自怜自叹，他们总是在净化之中保持着尊严，在坚定的信念中使痛苦也变得高贵，即使是在失败中他们也因为拥有正义而获得道义上的胜利。

犹太人性格中的“幽默”，是与他们乐观的精神以及向逆境挑战的勇气联系在一起的。

犹太人认为，幽默是人们所能拥有的最强大的力量，它能使人放松心情。因此，每逢尴尬的场面，犹太人总喜欢借助笑话、幽默使气氛、场面活跃起来。

尽管并不是所有的幽默都是成功的，有些幽默反而会使局面更加难堪。但是，犹太人也并不觉得这有什么不好，他们看重的是个人的心态，而不计较效果。因此，犹太人说：“只要是幽默就能使人放松心情，而唯有贤者才能在任何情况下，都永远保持着宽松的心情。”

犹太人认为只有那些强人，那些不屈不挠的人，才能在危机之中，瞬间离开自己所处的境地，站在客观的立场上，来观察自己、幽默自己。在犹太人眼里，幽默既代表了强人的韧性，也代表了强人的胆量。

给自己找一个朋友

犹太人认为，人需要有朋友一起吃饭，一起喝酒，一起学习《圣经》，一起学习《塔木德》……给自己找个朋友，对他倾诉心底所有的秘密——关于《圣经》和世俗生活的秘密。

画圈者豪厄生活于公元前5世纪的罗马帝国早期。他不但是一位著名的学者，还被认为是魔法师，尤其擅长求雨。他的绰号“画圈者”大概来自他求雨时最壮观的技艺表演：他在地上画一个圈，和他的祈祷者一起站进去，雨不多不少正好满足庄稼的需要。当雨下够了，他就再次祈祷，然后雨就停了。

在路上走的时候，画圈者豪厄看到有个老人在栽豆荚树。他问那人需要多长时间这棵树才能结果子，那人回答说要70年。

豪厄坐下来吃东西，觉得昏昏欲睡，他躺下睡着了。在越睡越沉的时候，他周围的石头升起把他遮在里面，这样从外面就看不见他，他一口气睡了70年。

醒来的时候，他看见有个人正在摘树上的果子。

“你是栽这棵树的人吗?”豪厄问。

“不，我是他的孙子。”那人说。

“很显然，我睡了70年!”豪厄惊讶地叫起来。

然后他注意到自己的那头驴子已经繁殖成了一群，在田野里徜徉。

豪厄回到原本自己生活的地方。

“画圈者豪厄的儿子还活着吗?”他问那儿的人。

“他的儿子不在了，”人们说，“不过他的孙子还活着呢!”

“我是画圈者豪厄。”他说，但是没人相信他。

豪厄离开家，来到他学习的地方，看到很多学者正在一起学习。

“法律对于我们就像在画圈者豪厄的时代一样清楚，”他听见学者说，“因为不论什么时候，豪厄来到学习的地方，他总能澄清学者们阅读文本时遇到的问题。”

“我是豪厄。”他兴奋地对他们大声说。

但是学者们不相信他，他们也不愿意表示对他的敬意。

豪厄受到深深的伤害，他祈求死去。他的祈祷得到回应，他死了。

从这个悲剧可知，友谊犹如生命的阳光，缺少友谊，不如死去。犹太先贤对此认为，要么和朋友在一起，要么死去。

在犹太人看来，朋友比世上所有的钱都珍贵。为了朋友，可以牺牲生命。

有两个亲密的朋友，因为战争被分开而生活在不同的王国。

有一次，其中的一个去看望另一个，因为他来自敌对国，所以被当作间谍囚禁起来，判了死刑。

再多的恳求也救不了他的命，所以他乞求国王发一次善心。“陛下，”他说，“你让我回自己的国家待一个月料理好后事，这样我死了以后我的家庭还能得到照顾，月底我就回来接受死刑。”

“我怎么能相信你还会回来？”国王说，“你给我什么保证？”

“我的朋友可以保证，”这个人说，“如果我不回来，他可以替我死。”

国王把这个人的朋友带来，惊讶地发现他的朋友对这个条件表示同意。

到了这个月的最后一天，太阳落下去，那人还没有回来，国王下令把他的朋友处死。就在刀即将落下的时候，那个人飞快地赶回来了，把刀搁在自己的脖子上，可是他的朋友阻止了他。

“让我替你死吧！”他请求道。

国王被深深地感动了，他下令把刀拿开，两个人都得到了宽恕。

“既然你们有这么深的爱和友谊，”他说，“我恳求你们让我也加入进来吧。”从那一天起，他们都成了国王的朋友。

为自己找一个朋友，生命会多份精彩。忠诚的朋友是可靠的避难所，如果谁找到这样的朋友，就好比发现了宝藏。

由心来操纵舌头

犹太人认为："假如你想活得更幸福、更快乐，就应该从鼻子里充分吸进新鲜空气，而始终关闭你的嘴巴。"因此，犹太人总是尊敬那些懂得倾听艺术的人，而讨厌那些只是喋喋不休的人。

有一个犹太女人很喜欢东家长、西家短地道别人是非。

多嘴本来是女人的天性，但是她却太过火了，以至于连平常饶舌的三姑六婆们也都无法忍受，终于有一天大家一起到拉比那里去控诉她的行为。

拉比仔细倾听每一个女人的控诉之后，便要这些女人们先回去。然后拉比差人去找那个多嘴的女人来。

"你为什么无中生有，对邻居太太们品头论足？"

多嘴的女人笑着回答说："我并没有杜撰什么故事啊！也许我有一点夸张事实的习惯，不过我说的不是很接近事实吗？我只是把事实稍微修饰一下，使它更有声有色而已。但是或许我真的太多嘴了，连我丈夫都这么说呢。"

"你已经承认你的话太多了，好吧！让我们来想一想，有没有什么好的治疗方法呢？"拉比想了一会儿，走出房间，然后拿回一个大袋子，他对女人说："你把这个袋子拿去，到了广场之后，就打开袋子。之后，你便要掉过头来，把东西收齐以后，再回到广场上去。"

女人接过这个袋子，觉得很轻，她很纳闷，非常想知道里面装的是什么东西？于是加快脚步走到广场去，到了广场之后，她迫不及待地打开一看，里面装的竟然是一大堆羽毛。

那是一个万里无云的日子，微风轻吹，令人觉得非常舒服。女人照着拉比的吩咐，一面走，一面把羽毛摆在路边，当她走进家门时，袋子刚好空了。然后她又提着袋子，一边捡，一边回广场。

可是，凉爽的秋风却吹散了羽毛，以致所剩寥寥无几。女人只好回到拉比那

里，她向拉比说，一切都照拉比的吩咐去做了，但是，却只能收回几根羽毛。

“我想也是的。”拉比说，“所有的马路新闻，都像是大袋子里的羽毛一样，一旦从嘴里溜出去，就永无收回的希望。”

于是，拉比用机智矫正了这个女人的坏习惯。

犹太人认为，长舌远比三只手更令人头痛，假话传久了就会变成恶言，谣言足以离间亲近的朋友。因此，不要用嘴巴去发现看不见的东西。

同时，拉比们还告诫人们说：“遇到鬼的时候，你一定会拔腿就跑。同样的，遇到马路消息时，你也要快速地逃。”

犹太人认为，当所有人都不在背后道人长短时，一切纠纷的火焰就会熄灭。因此，犹太民族很讨厌多嘴的长舌妇，他们对谣言更是深恶痛绝。可以说，犹太人是一个寡言的民族。

犹太人相信善于听话的人，是聪明人；而喜欢表现自我、喋喋不休的人，通常都是些傻瓜。所以犹太人有一句俗话这样说：“当傻瓜高声大笑时，聪明人只会微微一笑。”

犹太人还认为，把沉默教给自己的舌头，这在人生中有很大的好处。为此，《塔木德》告诫犹太人要“如同对待珍宝一样，慎重地使用自己的舌头”。

犹太人认为舌头好似利剑，必须小心使用，否则不但会伤害别人，还会伤到自己。因此，犹太人学着古时的剑圣——除了真正需要外，绝对不拔剑伤人。

“沉默是金，雄辩是银”，犹太人常把沉默当作知性所披挂的黄金盔甲。

犹太人认为，话不可以随便乱说，应该一字一句地斟酌才对。为此犹太人常常用药来比喻言语，即适量的言语可以妙手回春，但是用量过多就会过犹不及，反而有害。

因此，犹太人是世界上较其他民族更为注重节舌少嘴的民族。他们还有一些警世良言：

“舌头表面没有骨头，所以应该特别小心。”

“应该由心来操纵舌头，而不应该由舌头来操纵心。”

有人戏说，一定是有鉴于因饶舌而绊倒的犹太人太多，《塔木德》才会有这么多关于“舌头”的告诫。不管这是不是事实，少说多听已成为犹太民族的处世智慧之一。

真诚款待陌生人

亚伯拉罕是传说中殷勤好客的典范，在妻子萨拉的协助下，他迅速为装成流浪者的上帝的3个使者准备了丰盛的晚餐。他的亲切尤其高贵，因为和上帝订约，他在99岁时实行了割礼，这时仍然处在恢复时期。以他为榜样，犹太人推崇好客的美德，尤其是对陌生人更为殷勤。尽管他们的许多规范是从身边的希腊人和罗马人那里借鉴来的，但比起单纯的礼节他们更强调真诚，既关注主人的举止，也重视客人的表现——甚至把对客人的要求引申到在外国旅行的人们。

巴尤哈尼亚是这样一个糟糕的主人。

巴尤哈尼亚决定举行一个宴会，招待罗马贵族。他向拉比以利则·本·尤斯·哈·戈利利咨询。

拉比以利则说：“如果你打算邀请20个人，就做好足够招待25个人的准备。如果你打算邀请25个人，就做好足够招待30个人的准备。”

但巴尤哈尼亚没有听从建议，只准备了招待24个人的饭菜，却邀请了25个人。

结果他差一道菜。

他把一只金盘子放在没有菜的客人面前。客人把盘子扔到他的面前，很愤怒地说：“你难道让我吃金子吗?”

巴尤哈尼亚走上前去对拉比以利则·本·尤斯·哈·戈利利说：“我真不该告诉你请客的事情，因为你教了我怎么做而我却没有听你的话。不过，我想知道，上帝对你们学者揭露了律法的秘密，难道也告诉了你们让客人高兴的秘密吗?”

拉比以利则回答说：“上帝告诉我们让客人高兴的秘密了。”

“你知道该做什么？”他问。

拉比以利则回答说：“从戴维那里学的。书上写着：‘当阿伯纳在12个人的陪伴下来到赫布伦的戴维家时，戴维用盛宴款待阿伯纳和跟随他的人。’并不简单地说‘他举行了盛宴’，而且还说了‘款待跟随他的人’。”

“一个好的客人该说什么呢？”

“我的主人为我费了多大的心啊。他在我面前放了多少肉啊！他给了我多少酒啊！他给了我多少蛋糕啊！所有的这一切，他都是为了让我高兴！”

“可是，一个坏客人会怎么说呢？”

“主人到底为我费了什么心呢？我只吃了一小片面包，我只吃了一小块肉，我只喝了一杯酒！无论主人做了什么，都只是为了让他的老婆孩子高兴罢了。”

受到殷勤款待的客人应当在盘子里留下一些食物，表明主人招待丰盛，超出了需要。如果他把所有的东西都吃光，人们也许会说主人招待不好。

可是，如果主人对他说：“请不要剩下，为什么把人吃的好东西喂狗呢？”他应当听从主人的意愿把食物都吃下去。但是，如果主人不得不把剩下的食物喂狗，他就犯了浪费食物的罪。

兰摩西率领众人来到以东，他们对国王说：“请允许我们从您的国土上通过……我们不会喝任何一口井里的水。”

库西对以东国王所说的意思是：“我们不会喝自己带的井里的水（传说中有一口井陪伴旅途中的犹太人），我们也不会吃天赐的水啊！你不必抱怨我们只给你带来麻烦，因为我们也给你带来了生意。”

一个人在国外计算旅行费用，即便随身携带了各种必需的用品，他也不该吃喝自己所带的东西。相反的，为了促进贸易，他应从当地的商店主手里购买所需的东西。

不揭人伤疤

我们知道，真正体贴的人甚至不会提及可能会让别人感到不快的话题，甚至不

能容忍那些念叨别人过错的人。瑞什·拉吉什是3世纪巴勒斯坦的著名学者，一个魁梧、强壮的人，曾经在年轻的时候做角斗士和野兽搏斗。拉比乔拿森劝服他放弃了角斗士生涯，改而求学。他成为一个信徒，后来和拉比乔拿森齐名。

一天，拉比乔拿森在约旦河里洗澡，这时瑞什·拉吉什看到他也跳进河里。

“你的力量应该贡献给《律法书》研究。”拉比乔拿森说。

“那么，你的美丽，”瑞什·拉吉什说，“应该贡献给妇女。

“如果你忏悔，”拉比乔拿森说，“我就让你娶我的妹妹，她比我还要美丽。”瑞什·拉吉什忏悔了，娶了拉比乔拿森的妹妹，和拉比乔拿森一起学习，后者教他《圣经》和《塔木德》，使他成为伟大的学者。

一天，在教室里发生了一场争论，问题是什么时候某些日常用具——剑、刀、匕首、矛、手锯、镰刀——会成为宗教仪式中的不洁之物。

拉比乔拿森认为：在熔炉中锻炼过的是不洁之物；

瑞什·拉吉什则坚持认为：浸过水的是不洁之物。

拉比乔拿森的自尊受到了伤害，说：“强盗懂得自己的营生。”拉比乔拿森的言外之意是指瑞什·拉吉什做角斗士的时候用过这些武器。

瑞什·拉吉什对此感到愤怒，说：“你对我有什么帮助呢？在罗马的竞技场上，我被称为大师，在这里我也被称为大师。”

拉比乔拿森受到很深的伤害，因为瑞什·拉吉什暗示自己没有帮功过他。拉比乔拿森拒绝原谅瑞什·拉吉什，结果，瑞什·拉吉什病倒了，然后就去世了。

拉比乔拿森陷入无比的沮丧之中……他撕烂了自己的衣服，哭泣着：“噢，拉其沙的儿子，你在哪里？噢，拉其沙的儿子，你在哪里？”直到他发了疯。

其他的拉比都为他祈祷，让他从悲惨中获得解脱，然后他也去世了。如果一个人知道悔罪，别人就不应该对他说：“记住你从前做的事。”

如果他是赎罪者的儿子，他不应受到奚落：“记住你的父亲做过的事。”

如果他是赎罪者，刚刚开始学习《圣经》律法，别人不应该对他说：“吃了不洁食物的嘴可以学习全能的上帝嘴里说出来的律法吗？”

爱你的敌人

为什么神在开始的时候，不一下子就造出许多人，却只造出一个人来，让全人类自一个人而繁衍成许多人呢?

拉比们对这个问题所提出来的答案是:“这是神为了告诉我们，谁夺取了一个人的生命，就等于杀害全人类。”相对地，如果谁能救一个人的生命，那么就等于他拯救了全世界人的生命。同样地，爱上一个人时，也就等于爱上整个世界的人。

因为人类都是同一个祖先繁衍下来的，所以同源同根。因此犹太人认为人要去爱整个人类。

《塔木德》中的解释是:

“神在开始时，为什么仅仅创造一个人呢?这是为了防止任何人说他自己的血统优于别人。因为最初只造出一个人，那么溯源而上，每个人都会发觉大家都来自同一个祖先，所以，也就不会有这一个民族比那一个民族更优越的说法了。而实际上，大家都是从同一个亚当繁衍下来的。”其中，亚当的头，是出自乐园的泥土;他的身体，是来自巴比伦的泥土;至于他的双腿，则是网罗了全世界的泥土所造成的。

“亚当”这两个字，在犹太人心中，就在证实一件事实，那就是人的存在是世界性的，即四海之内皆兄弟。

因为有这样一个大人类的观念，在历史的长河中，尽管犹太人受尽迫害、历尽坎坷，甚至整个人生几乎就是奔波亡命。但是，一旦犹太人有能力主宰异族命运的时候，他们却并不会像当年遭受迫害追杀时那样迫害侮辱其他民族。相反，他们能够以平常的心态去对待其他人，甚至用爱心去帮助他们。

为此，犹太人有句名言说:“谁是最强大的人?化敌为友的人。”

犹太人认为，谅解和接受曾经伤害过你的人，才是最好的待人之道，这样就能得到希望中的回报。为此犹太拉比高度赞美那些“受到侮辱却不侮辱别人，听到诽

谤却不反击”的人。在犹太人的《圣经》中有一则约瑟夫接纳他的哥哥的故事。

约瑟夫是雅各的第十一子，遭兄长嫉妒，在年少时他被卖往埃及为奴，后来做了宰相。

有一年因为饥荒，他的哥哥们到埃及来寻求食物，约瑟夫见到了兄长。

当约瑟夫发现自己的哥哥们时，在众多仆人面前终于控制不住自己，他大声叫起来：“所有的人都走吧！”

众仆人都离开了，这时约瑟夫对哥哥们说：“我是约瑟夫，我的父亲还好吗？”

他的哥哥们无法回答，一个个都目瞪口呆了。

接着，约瑟夫又对哥哥们说：“走近些。”

当他们走近，他说：“我是你们的兄弟约瑟夫，你们曾经把我卖到埃及。”

兄长们还是不敢相信。但是，当他们明白一切都是真的，他们看着眼前的弟弟如此威风，如此荣耀，更是吓得说不出话来了。

但是，这时他们听到约瑟夫说：

“现在，你们不要因为把我卖到这里而感到难过或谴责自己，那是上帝为了救我的命把我早些送来的。老家发生饥荒已经两年了，接下来还有5年时间所有的土地将颗粒无收。上帝把我早些送来，是为了让你们继续存活，以特殊的方式搭救你们的性命。所以是上帝而不是你们把我送到这儿来的，他使我成为法老的父亲，所有财产的主人，整个埃及的统治者。”

在约瑟夫的话中，他把自己的少年的苦难看成是上帝救自己生命的行为，其实是一种宽以待人、化敌为友的处世为人之道。

对整个人类充满爱心而去真诚爱护每一个人，这就是千百年来犹太人杰出的处世智慧。

千百年来，犹太人备受迫害和欺辱，但是他们能够从硬币的两面来看待福祸的关系，一切的错是为了明天的好，一切的好是因为曾经的错。所以犹太人对待敌人能用爱心去宽恕，对待朋友能用真诚去回报。

这是犹太民族的伟大和高尚之处。

善良的心是温柔的枕头

犹太人注重善恶的价值判断。

他们认为，善恶之辩具有永恒的人格魅力。如果一个人仅凭着自己的好恶而活着，那么他的自我感受也好，利害得失也好，都很难持久。一个人只有具有善的力量，才能吸引住别人。

善恶分明，这是犹太人诚实和信用的魔力所在。

犹太人不仅注重培养知识和能力，而且，强调教育应该培养一个人辨别善恶的能力。他们认为生活的意义应该很广泛，否则人们会失去活力，不能生活得有声有色。因为人处世的目的不外乎两个，一为“过人的生活”，二为“增加人性之美”。

一则犹太故事很能说明犹太人是如何看待善恶问题的。

有一个人终生都十分自私。在他快要死的时候，他的家人催促他吃点儿东西。他说：“如果你们给我一个熟鸡蛋，我就吃。”

他正要吃鸡蛋，一个穷人出现在门阶前乞求道：“给我点吃的吧！”将死之人便把头转向家人，命令他们把他的鸡蛋给乞丐。

临死时，他的儿子问他：“父亲，你所去的世界是什么样的？”

他的父亲回答道：“要以实际行动行善，那样，你就会在你将要去的世界里有一席之地。我终生所行过的善只是给了那个乞丐一个鸡蛋，但是我死去之后，那个鸡蛋却抵消了我所犯下的所有罪过，并且我要被天堂接纳了。”

犹太人用这个故事说明，做善事可以抵消自己的罪恶。那么如何去行善呢？

犹太人又有一则寓言说明这个问题。

一个人想知道天空是从哪里开始的。他首先遇到一只蚂蚁，于是问道：“天空是从哪里开始的？”

蚂蚁回答说：“天空是从你鞋子那么高的地方开始的。”

他继续向前走，遇到了一只山羊，他问山羊：“天空是从哪里开始的？”

山羊回答说："天空是从草原消失的地方开始的。"

最后，他遇到了一位白发老人："天空是从什么地方开始的？"

老者说："天空是从你的脚下开始的。"

天空开始于你的脚下，世界也是如此。

因此，犹太人认为，世界开始于每一个人，绝不可以说："我怎么能有改善世界的力量呢？我是完全无能为力的啊？"所以，犹太人强调要加强个人自身修养，培养起善恶的观念，并由此来影响周围的人和环境。

影响周围环境，就是要去阻止别人作恶。犹太人认为，无论谁，如果他能够阻止家里人作恶而没有去阻止，就要因为家里人的罪恶而受罚；如果他能够阻止身边的人作恶而没有阻止，就要因为身边人的罪恶而受罚；如果他能够阻止整个世界作恶而没有阻止，就要因为整个世界的罪恶而受罚。

善恶的判断，要从自己开始。《塔木德》是这样教育犹太人的："凡能超越别人的人，都受过两种教育——一种来自教师，另外一种就是自己。"

犹太人强调善恶之辨，但并不把善恶看成是绝对的，他们并不认为好人就会好到底，而坏人也坏得不可救药。

他们认为每个人都有"光"和"影"两面，任何好人都会有"影（坏）"的一面，任何坏人也都会有"光（好）"的一面。因此有缺点不要抬不起头，只要让光的部分更光亮就好了，同样，即使有优点和长处也不要自满，必须不断努力缩小影子的范围。

犹太人虽然认为每个人都应该以善来改造自己、改造世界，但并不单纯地认为个人活着就是为了他人和社会。

《塔木德》上指明个人的处世目的是："人是为保存自己和帮助他人而生。"

因此，犹太人认为，人不可以只为了自己，或只为他人而活着。光想着自己的人是卑贱的，而只想着怎样做自我牺牲的人，则有丧失了理智的嫌疑。

因此，犹太人的善恶观，也是非常有分寸的，而且，易于被人所理解和接受。这正是犹太人绝妙的处世智慧。

不要轻易对别人下结论

和别人相处的时候需要一定的精明，这样你才不会无意中和某些人发生矛盾，而你并不希望这样。《塔木德》对此训示道："如果不能设身处地去想，就不要轻易地论断别人。"

因为人们常用自己心中的天秤来衡量别人。

精明的耶路撒冷人有这样的规矩：

他们不会在文件上签自己的名字，除非知道另外签名的人是谁；他们不会坐在某法庭上，除非知道同他们坐在一起的人是谁；他们不会在某张桌子前就餐，除非知道同桌进餐的人是谁。

千万别武断地论断他人。

从前有个年轻姑娘遭到了掳掠，两个圣洁的人跟着去赎她回来。

其中一个人走进了妓院，因为姑娘就关在那里。出来之后，他问同伴："你怀疑我做了什么?"

另外一个人回答说："你肯定发现了需要多少钱才能救她出来。"

第一个人说："以上帝的名义，的确如此!"他又补充道："像你用我的标准来衡量我一样，上帝会以你的标准来衡量你。"

死海与加利利海的"分享观"

在犹太人心目中，任何人都不可妄想占据所有的东西。

因此，在犹太人看来，对于人们来说，分享是一个很重要的观念。但是，大多数的人总是希望分享别人的利益，而不希望别人分享自己的东西。对此，犹太拉比常常用以色列的两个内海——加利利海和死海给犹太人以这方面的教训。

死海在海平面以下 392 米的低处，它的周围是一片荒芜的沙漠，对岸则是约旦的领土。死海的水中含有很高的盐分，盐的密度很大，当人们掉进去时，身体会自

然浮起而不会淹死。死海的水中无鱼，也没有其他任何生物。

加利利海是一个淡水湖，里面含有很多生物，因耶稣基督曾在此地渔猎，而享有盛名。海中盛产一种“圣彼得鱼”，这种鱼虽然外观丑陋，可是肉味鲜美，已成为该地名产。加利利海边餐厅林立，都以售圣彼得鱼为主，来游览的旅客们常常因此大饱口福。

加利利海

加利利海岸边的老树枝叶茂密，树上百鸟云集，啼声悦耳，真是一个充满生趣的美丽世界！相比之下，死海周围就没有这么灵动了。死海没有任何生物生存在其中，周围也没有半棵树，更听不到鸟儿的歌声，连漂浮在死海上的空气，都让人觉得沉重而透不过气来，从来没有一只住在沙漠上的动物，到岸边去喝水，因为如此，人们才会称之为“死海”吧。

两者为什么形成如此差别呢？

犹太拉比们的解释是：加利利海不像死海——只知收，而不知出。

约旦河流入加利利海之后，又流了出来，最后归之死海。

加利利海接受了多少东西，也会给别人多少东西，所以它一直是活生生的。而每一滴水，到了死海之后，都要被占有。死海把所有的东西都占为己有，只知进而

不知出，所以生物都不愿意住在其中，成为死气沉沉的景象。

水不流，鱼不栖，没有任何生物只取而不予，这是非常不正常的现象。因为死海从来不分给别人什么，所以它才会“死”在那里。在人的一生中，也常常会遇到像死海这样只进不出的人。

因此，犹太人认为，人应该像加利利海那样活跃，经常给予，千万不能学死海，只进不出。

有进有出，这才是聪明人的处世之道。而犹太民族在处世之中就常常注意这一点，既接受人家的给予，同时也很注意把自己的东西给予别人，把分享作为人生的信条。这是犹太人成为世界上最优秀民族的原因之一。

不歧视穷人

在一些犹太人居住区里，每一个镇上或村子里，都会有一个或几个乞丐，他们被称为“修诺雷尔”。

犹太人并不歧视这些乞丐，按照犹太人的宗教习惯，乞丐也是一种正当职业，是获得了神的允许的，他们是人们施舍的对象。

犹太人对于贫穷的人不歧视，不会瞧不起他们。

在犹太民族中，一些“修诺雷尔”是非常喜欢读书的，其中还有不少人通晓《塔木德》，他们也是犹太教堂中的常客，经常以同仁的身份参加《塔木德》和《犹太教则》的讨论。犹太民族中流传着这样两句话：“不要看不起穷人，因为有很多穷人是非常有学问的。”“不要轻视穷人，他们的衬衫里面埋藏着智慧的珍珠。”

犹太人素有尊学、重学的传统，对于贫穷犹太人的智慧，他们也同样表现出尊重。

犹太人有一个这样的民间故事，教导人们不要看不起穷人。

一个虔诚的人继承了一笔财富，每到安息日前夜，他就开始为安息日日落前的

食物做准备。

有一次，由于急着办事，他在安息日前必须暂时离开家一段时间。在回家的路上，一个穷人向他乞讨买安息日所需食物的钱。

这位虔诚的人生气地斥责穷人：“你怎么能一直等到最后一刻才买你的安息日食物呢？没有人会像你这样的，你肯定是企图骗我给你钱！”

他回到家后，给妻子讲了遇到穷人的事。

“我得告诉你，是你错了。”他的妻子说，“在你的一生中，你从未体味到贫穷的滋味，对什么是贫穷没有概念。我在穷苦人家长大，我经常回忆过去，那时天几乎全黑了，安息日快来了，而我的父亲仍然为家人四处寻找哪怕一点点的面包，你对那个穷人有罪！”

虔诚的人听到这一席话，赶紧到街上寻找那个乞丐，乞丐仍然在寻找安息日食物。于是，这位富人给了穷人安息日所需的面包、鱼、肉，并请他宽恕自己。

在犹太社会里，尽管穷人和富人的差距有时是十分巨大的。但一直以来，犹太人是尊重穷人的，他们认为富人并不一定快乐，穷人也并不一定就要绝望。但是，一个靠别人施舍为生的穷人也应该有施善的行为。

这就是犹太人对于穷人的态度。

不嫌贫爱富，并且把尊重穷人，对穷人进行施舍作为自己的义务，这是犹太人团结友爱的处世智慧之一。

彼此宽容，相互尊重

作为一个自诩为“上帝的选民”的民族，犹太人具有强烈的优越感，常常宣称自己的神全知全能，凌驾于一切其他民族的神之上。有一则寓言是这么说的：

有一艘船载着来自各国的旅客，正在大海中行驶。突然，暴风雨来了。船上的人，除了犹太人之外，纷纷以各自的方法，向自己的神祈祷。可是，暴风雨不但没有平息，反而越来越厉害。大家束手无策之下，就问犹太人：“你为什么不祈祷？”

于是，犹太人开始祈祷，结果，暴风雨立刻停止了。

船终于平安驶入港湾，死里逃生的人们不约而同地问犹太人："我们拼命祈祷时，神却不理睬。你一祈祷，暴风雨为什么立刻就停止了呢?"

犹太人说："我也不怎么清楚。不过，各位是向各自土地上的神祈祷。巴比伦人向巴比伦的神祈求，罗马人向罗马的神祈求，可是海并不属于任何一个国家。也许我们的神是支配整个宇宙的神，所以，才会听到我在海上的祈愿吧。"

一个屡屡被征服的弱小民族面对着征服自己的强大民族，却侃侃而谈自己的神的至上性，在旁人看来，难免有滑稽之感。犹太人也许无意中也察觉到了这一点，所以才会在《圣经》中既宣扬"万军之耶和华"的战无不胜，同时又记下上帝同犹太人立约之证物——约柜被敌方掳去之事。两相对照，常使人感觉到犹太人独有的那种幽默感。

这种幽默感无疑有助于犹太民族的凝聚，有助于犹太人保持某种心理上的平衡。

不过，一个人如果总是在虚幻的白日梦中把自己想象成壮士而鼓足勇气，久而久之不但会变得连自己也不相信自己，还会为了那种莫名其妙的优越感，而激起真正有实力的对手的暴怒。这种危险可以说是始终存在的，而且多次出现过。

所幸的是，明智的犹太人大都把这种优越感表现在一些虚无缥缈的东西上面，而在许多同日常生活联系密切，也就是最易惹出矛盾、激起冲突的事物或行为上，却常抱有某种文化相对主义的观点。

比如说吧，犹太人很讲究饮食，按照他们的饮食律法，有许多东西是不能吃的。四足动物中，必须是有两个以上的胃，并且蹄分两半的才能吃，如牛、羊、马。猪虽蹄子分两半但只有一只胃，所以不能吃。鱼必须有鳍和鳞才能吃，像鳗鱼、鳝鱼之类的，不能吃。至于虾、蟹之类带甲壳的，也不能吃。还有吃肉的鸟也不能吃，像鹰、鹫，就不能食用。而且，即便能吃的牛、羊，也需要以犹太人独特宰杀方法，把血全都放净后，才能食用，这种肉即称为"人膳之肉"。

不过，对于种种食物禁忌，《塔木德》上只给出一个理由：犹太人之所以不吃

这些东西，是因为上帝有这样的训诫。犹太人并不对其他民族的食物指手画脚。

这是一种对其他文化不加褒贬的明智态度的最完美表现。毫无疑问，犹太民族像大多数民族一样，愿意有皈依她的人。《塔木德》上就写有：神喜欢犹太化的非犹太人。

有个国王有一大群羊，雇了一个牧羊人，每天出外放牧。

有一天，牧羊人发现一头似羊非羊的动物混在了羊群里，他便来向国王请示说："有一只从未见过的动物混进了羊群，如何处理比较好？"

国王说："你要特别照顾好那个动物。"

牧羊人一听，十分不解地看着国王。

国王告诉他："这些羊是我们一手养大的，所以没有什么好担忧的。但这个动物在完全不同的环境中长大，却能和我的羊群一起行动，这不是令人高兴的吗？"

一个犹太人从出生之日起就在犹太人的传统下培育，而没有经历犹太传统培育的人，能够理解犹太文化，喜爱犹太文化，这比真正的犹太人更应受到尊敬。

在《塔木德》上写着：世界上的人们，不管具有什么样的信仰，反正好人都会得救，无须特别努力犹太化。

犹太人的比喻大多是很恰当的，这里也不例外，而妙就妙在最后的那句话：好人总会得救，无须特别努力犹太化。其神态俨然学校招生办公室在人满为患时对热心申请者的那种"极为理智"的态度："你们愿意进来学习当然欢迎，但其实自学也能成才。"

所以，在塔木德时代，犹太人常和非犹太人一块儿工作，一块儿生活。犹太人遵守自己的613条戒律，但无意把它们强加给非犹太人，使他们也成为犹太人。拉比们并不向非犹太人传教，但根据《塔木德》的规定，为了保证彼此和平共处，对共事的非犹太人有7项约束：

1. 不吃刚杀死的动物的生肉。

2. 不可大声斥责别人。

3. 不可偷窃。

4. 要守法。

5. 勿杀人。

6. 不可近亲通奸。

7. 不可有乱伦的关系。

非常明显，这7条约束并没有多少“犹太味”，基本上属于各个民族共同遵守的道德、习俗或法规。尽管第一条让“茹毛饮血”的野蛮人有点为难；第二条有点小题大做，不过适用于民族关系时则另当别论；而第四条又会让有些习惯于无法无天的统治者大恼：“我大还是法大？”但在绝大多数情况下，所有这些约束是能够得到人们共同遵守的。

对自己使用613条律法，对别人只用7条！也许对一切人、一切民族来说，相处中真正重要的只有一条，那就是：彼此宽容，相互尊重。

夸奖别人之前，绝不夸奖自己

世界上有很多不美的东西，但是其中最丑陋的便是“自大”。

犹太古谚有一句讽刺自大的话：“没有你，太阳照样东升、西下。”

犹太人认为，当人自满自大时，就会失去一个人应有的谦虚和改过向上的念头。自满自大的人很容易犯过错，因此，《犹太法典》虽不认为自大是一种罪过，却认为它是一种愚昧。有很多人总以为自己是世界的中心，但是周围的任何人却绝不可能那么重视自己，因此他厌恶别人对他的漠不关心，同时更为自己没有达到更高的目标而生气，于是就会产生过度的自我嫌恶。在犹太人看来，这也算是自大的一种，因为这种自我嫌恶和虚荣心是互为表里的。

犹太人说：“如果自己的内心已由自己占满时，就再也不会有留给神住的地方了。”因此犹太人在夸奖别人之前，绝不会夸奖自己。

犹太人在告诫孩子们不可自大时，常引用《圣经·创世纪》做比喻：

在《创世纪》中，神首先分别了光明与黑暗，再分割天空和地面，并将地面划

分为水、陆，然后他开始创造生物，到了最后才创造人——亚当。因此，甚至跳蚤都比人早到这个世界，所以人有什么了不起的呢？就算是在动物面前，连耀武扬威的资格也都没有。

谦虚是美德，因此《塔木德》对谦虚有很严格的规定。告诫人们说："即使是一个贤人，只要他炫耀自己的知识，他就不如一个以无知为耻的愚者。"

犹太人有许多嘲笑不谦虚的人的故事。

有一位从事神圣工作的拉比好像在熟睡，他的旁边坐着信徒，他们正在讨论这位神圣的人无与伦比的美德。

"他是多么虔诚!"一个信徒带着陶醉叫了出来，"在整个波兰也找不到第二个像他这样的人!"

"谁能和他比仁慈?"另一个狂热者呐喊，"他给人们宽广无私的施舍。"

"还有多么温和的脾气！难道有谁见过他激动吗?"另一个信徒眼睛发光地低语。

"啊，这是多么的博学!"一个信徒用圣歆般的调子说。

信徒们陷入了沉默，这时这位拉比慢慢地睁开了一只眼睛，用一种受伤害的表情看着他们。

"怎么没有人说说我的谦虚?"他责备说。

这则故事的名字就叫《谦虚的拉比》，它嘲讽了一个毫不谦虚的拉比的愚蠢。此外，法典还对自大的危险提出了警告："金钱是自大的捷径，而自大是罪恶的捷径。"

不把内在显现给别人看的人，才是最聪明的人。不自大，也是犹太民族处世技巧之一。

十三、天生我材必有用

每个人都有权利享受生活

犹太人认为，生活中无论遭遇到什么样的困难，都要让自己享受生活中的快乐。犹太先知们鼓励人们从拥有的一切事物中寻找幸福美好的生活。

《传道书》中是这样赞美生活的：

“美丽、力量、财富、荣誉、智慧、年老、成熟和孩子气都是正当的，而且这就是世界。去吧，高高兴兴地吃面包，快快乐乐地喝酒，你的行为早已得到了上帝的恩准。把你的衣服洗得干干净净，头上永远不要缺了香油。和你钟情的女人共浴爱河吧，一生中飞驰而过的岁月都是在阳光下赋予你的——你所有飞驰而过的岁月。仅仅为此，凭着你在阳光下所获得的权利，你可以尽情发掘生活。”

“不管什么，只要在你权利许可的范围内，你就用最大的力量去做。因为在你即将进入的未来世界里，没有行动，没有思想，没有学问，没有智慧。”

“即使一个人已经活了很久，也要让他尽情享受，要记得将来黑暗的日子会多么漫长。那唯一的将来是一片虚空！”

犹太人认为，世间除了快乐之外，还有罪恶跟在后面，因此人们应防止过度贪婪。

比如，当一个人习惯了大吃大喝，一旦吃不上、喝不上了，他就会感到失望，他就会卷入最辛苦的事务，为了钱财奔波，只为了保有他已经用惯了的餐桌。这引发了狡诈和贪婪，随之而出的是伪誓和其他一切随之而来的罪恶……然而，如果他不受到快乐的引诱，他就不会堕入这些罪恶的深渊。

正如《塔木德》所言：

“肉越多，蛆越多。

财产越多，忧虑越多。

妻子越多，魔法越多。

婢女越多，不贞越多。

男仆越多，抢劫越多……”

一个人在杜绝贪婪、罪恶的前提下，可以力所能及地追求自己的幸福和快乐，这是造物主赐予人类的权利。

犹太人这种把自我满足和自我约束结合起来的生活方式正是其伟大高明之处。

人有两个生命

《塔木德》上记载：超越别人，不能算真正的超越，超越从前的自己，才是真正的超越。在犹太人看来，人有两个生命：一是父母给的，二是自己赋予自己生命的实质。赋予自己生命的实质，只能依靠创造力。而旧有习性却束缚创造力，要获取创造力只能自己凭意志和毅力超越这种旧有习性。

道理很简单，如果勤劳自勉，借以超越自己，那么总有一天，就会自然而然地超越别人。人一定要把握住自己的内在动力，超越自己，才能不断地鞭策自己前进，而不因为一时的懈怠或者暂时的成功而失去继续努力向前的动力。

若想超越自我，就要打破现有的状态，敢于向未知的领域挺进，具有冒险精神。正如犹太科学家爱因斯坦所说：“人必须经常思考新事物，否则和机器没什么两样。”

犹太人认为，超越自己的事情一天都不能放松，尽量地学些不同的事物，将它们组合起来，才会有新的智慧和洞察力产生，这些不同的事物相互影响之后，往往会有许多新的见解。每个人都有与生俱来的创造力，只是有些人通过坚持不懈地学习，把它发挥了出来。更多的人则因为懈怠让这种才能荒废掉了。

食品大王保罗·纽曼的故事，更能说明犹太人如何打破旧有的生活状态。纽曼是美国著名的影星，他有杰出的表演才能和先天的强健体魄，他是银幕上的男性偶

像。他演了许多影片，如 1956 年的《上帝喜欢我》，1958 年的《漫长的夏日》，1960 年的《在阳台上》，1961 年《骗》等，均获观众的好评。他曾 5 次被提名为奥斯卡金像奖最佳男主角候选人，到 1987 年他 60 岁，终于在第 6 次提名时，荣膺奥斯卡最佳男主角，圆了自己 40 年的梦。此外，他还是一个出色的导演。他在电影上的成就，为他赢得了声誉和财富，他成了一位富有的艺术家。

保罗·纽曼是出生在美国的犹太人，他的父亲是一个小商人，母亲喜欢音乐、艺术。纽曼大学毕业后，留在父亲的商店工作，他也喜欢表演。本来做一个老板，做一个犹太商人，他也可以成功，可他不满足于日复一日平淡的生意。于是，在不解和怀疑的目光中，他毅然卖掉了杂货店，一心一意投身到了演艺界。1987 年，他因在《金钱本色》中的成功表演而获奥斯卡奖。保罗·纽曼从商人到艺人的跨越，使其在新的领域内赢得了更大的成功，也发掘了自己在表演上的天赋。

但是，保罗·纽曼的超越永远没有完结。1982 年，一个偶然的机会使他接触到了一种新的食品。这种新玩意儿是拌面条用的酱汁，味道非常好。曾经作为商人的纽曼看到了其中蕴藏的商机。于是他与朋友合作，投资数十万美元开发这种食品，并成立了“保罗·纽曼食品公司”，就这样，他又开始了从艺人到企业家的超越。最后，他被誉为美国的“食品大王”。

保罗·纽曼从商人到演员直到天王巨星，再从天王巨星到企业家到食品大王，他的人生之路告诉人们，只有不断超越自我，不断让自己在新的生活和环境中去迎接挑战，才能保持住生命不灭的创造力，才能最大限度地发掘自己的潜力。

知足者常乐

生活为一切而存在，为世间的每一种经历而存在。

《塔木德》中说：

有颠覆之时，有建设之时；

有哭泣之时，有欢笑之时；

有哀号之时，有舞蹈之时；

有扔石之时，有收石之时；

有拥抱之时，有分离之时；

有寻获之时，有失落之时；

有保存之时，有丢弃之时；

有降生之时，有死亡之时；

有播种之时，有收割之时；

有杀戮之时，有救助之时；

有撕裂之时，有缝合之时；

有沉默之时，有言笑之时；

有爱恋之时，有憎恨之时；

有战争之时，有和平之时。

在生活中，每个人都莫因所获渺小而放弃，要知足常乐。在生活中为了保持平衡，应在更加广阔背景下接受自我的位置。

正如犹太传说中的先贤和智者阿卡马雅·本·玛哈拉雷尔所说：

“人正如来自母亲的子宫，终究还要离开，和来的时候一样赤条条。”

这好比一只狐狸，发现了一座葡萄园，到处围着篱笆，只有一个很小的洞口。

它试图进去，可是进不去。

它该怎么办？

它3天没有吃东西，变得瘦骨嶙峋，然后从洞里钻了进去。

它在葡萄园里大吃起来，变得肥胖了。

想离开的时候，它没法钻出那个洞。所以它又饿了3天，直到又变得瘦骨嶙峋。

然后它出去了。

走的时候，它回头看看这个地方，说：

“唉，葡萄园啊，葡萄园啊，你多么美，你的果子多么好吃，你的一切都值得

赞美。可是你给了我什么享受呢？谁进去了，都得离开。”

对任何一个世界来说，也都会是这样，就像一个结婚礼堂。

一个男人走到华沙的小酒馆，晚上，他听到音乐和跳舞的声音从隔壁的房子里传来。

“他们一定是在庆祝婚礼。”他想。

但是第二天晚上，他又听到了这样的声音，第3天晚上还是这样。

“一户人家怎么能有这么多的婚礼呢？”这个人问酒馆主人。

“那个房子是一个结婚礼堂，”酒馆主人说，“今天有人在那里举行婚礼，明天还会有别人。”

“对于世界来说也是这样，”一个哈西德派拉比说，“人们总是在享受，不过有时候是这些人，有时候是另外一些人，没有谁是永远快乐的。”

一条落入网中的小鱼对渔夫说：“我太小了，不值得你一吃。或煮或煎，我都不能保佑你的灵魂。你把我放了，让我再长长，满两年以后我一定来让你吃。到那时候，你就会在老地方找到我，发现我大多了，比从前胖了7倍。那时，如果你把我煮在水里，你全家一定像过节一样开心，那么我就能永远拥有你的心了。”

渔夫回答说：“与其因一个巨兽让我的邻居们管制一年，还不如有条小鱼就抓在我自己的手中。”

每个城市都知道这个寓言，每个人都能说出故事的含义：

别人手里一堆堆的希望也比不上你自己手中把握着的小小满足。

在篱笆上蹦蹦跳跳的两只鸟，还比不上关在笼子里面的一只鸟。

抓住好东西，无论它多么微不足道，伸手把它捉住，不要让它溜掉。

为了生活而勇敢

自从犹太民族诞生，灾难和痛苦便紧紧地追随着犹太人的脚步。在充满忧患的犹太民族历史中，每个犹太人心中都潜藏着一份浓得无法化解的忧患意识。

正是这种忧患意识塑造了犹太民族不可动摇的信念，他们相信明天，相信努力奋斗会带来光明的结局。

犹太民族具有罕见地向逆境挑战的勇气和毅力，这既是这个民族的独特性格，也是使其生存至今的一个重要因素。

犹太人喜欢对自己说：我们必须勇敢，并且要充分利用自己所具有的优良的素质；活下去，要生存，要认识自己，要行动；我们最大的敌人便是恐怖、谨慎、懦弱和胆怯。

这种生存意志正是犹太人苦难人生中生生不息、进取不断的智慧之源。

犹太女作家戈迪默无疑是犹太民族的骄傲，她是25年来第一位获诺贝尔奖的女作家（1991），也是诺贝尔文学奖设立以来的第7位女性获奖者。然而，这份荣誉是她用40年的心血和汗水浇铸的，这当中，她多次面临困厄与失败，但她从不沉沦，毫不气馁。

1991年10月3日，一个平淡无奇的日子，但是这一天对于南非犹太女作家戈迪默来说，却是非同寻常的一天。这一天，她获得了1991年度的诺贝尔文学奖，由此勾起她一段难忘的回忆……

戈迪默于1923年11月20日出生在约翰内斯堡附近的小镇——斯普林斯村，犹太移民的后裔。母亲是英国人，父亲是珠宝商，富裕的家庭生活造就了小戈迪默无限的憧憬和遐想。

6岁那年，她抚摸和凝视着自己纤细而柔软的躯体，做起了当一位芭蕾舞演员的梦。她从剧院里得知，舞蹈生涯最能淋漓尽致地表现人的修养和思想情感，也许这就是她追求的事业。于是，一个阴雨连绵的星期六，她报名加入了小芭蕾剧团的行列。但事与愿违，由于体质太弱，她对大活动量的舞蹈并不适应，时不时一些小病小灾纠缠着她，让她不能自拔。久而久之，小戈迪默被迫放弃了对这项事业的追求。

遗憾之余，这位倔强的女性暗暗发誓：条条大道通罗马，她终究要找到适合自己的成功之路。

然而，命运不但没有赐福给她，反而把她逼上越发痛苦的深渊。

8 岁时，她又因患病离开了学校，中断了童年时的学业。很多个夜晚，她常常流着无奈的泪盼着天明，她只好终日坐在床上与书为伴了。一个明媚的夏日，心烦意乱又十分孤独的戈迪默，偷偷地走上了大街，她想从车水马龙的街面上获取一点快乐。突然，她被一块不大不小的木牌所吸引，久久不愿离开："斯普林斯图书馆！"早已将课本读熟了的她，最渴望的莫过于书。

此后，她一头扎进了这家图书馆，整日泡在书堆里。图书馆下班铃响了，她却一头钻到桌子底下。等图书馆的大门确实锁上了，她才钻出来。在这自由自在的王国里，她尽情而贪婪地吸吮着知识的营养。无数个日夜，她对文学产生了浓厚的兴趣。终于她那嫩弱的小手拿起了笔，一股股似喷泉一样的情感流淌在了白纸上。那年，她刚刚 9 岁，文学生涯就此开头。出人意料的是，15 岁时，她的第一篇小说在当地一家文学杂志上发表了。

然而，谁也不知道小说竟出自一位未成年少女之手。

1953 年，戈迪默的第一部长篇小说《说谎的日子》问世。

优美的笔调、深刻的思想内涵，轰动了当时的文坛。戏剧界、文学界几乎同时将关注的目光投向了这位非同一般的女作家——内丁·戈迪默。

像一匹脱缰的野马，戈迪默的创作一发而不可收。漫长的创作生涯，她相继写出 10 部长篇小说和 200 篇短篇小说。多产伴着上等的质量使她连连获奖：1961 年，她的《星期五的足迹》获英国史密斯奖；1974 年，她又获得了英国的文学奖。

创作上的黄金季节，使戈迪默越发勤奋刻苦。她说："我要用心浸泡笔端，讴歌黑人的生活。"满腔的热忱很快就得到回报。

她的《对体面的追求》一出版，就成为成名之作，受到了瑞典文学院的注意。

接着，她创作的《没落的资产阶级世界》《陌生人的世界》和《上宾》等佳作，轻而易举地打入诺贝尔文学奖评选的角逐圈。然而，就在她春风得意，乘风扬帆之时，一个浪头伴一个旋涡使她又几经挫折——瑞典文学院几次将她提名为诺贝尔文学奖的候选人，但每次都因种种原因而未能如愿以偿。

面对打击，这位弱女性有所失望。她曾在自己的著作扉页上，庄重地写下："内丁·戈迪默，诺贝尔文学奖。"然后在括号内写上"失败"两字。然而，暂时的失败并没影响她对事业的追求，她一刻也没放松文学创作。终于，她从荆棘中闯出了一条成功的路。

承认自己是弱者

犹太民族对于自己弱小的承认，是建立在上帝是最强大和最有权威的基础之上的。在他们的心中，因为上帝的全能，所以人类是弱小的。

因为人的弱小，所以犹太人认为人会犯错、犯"罪"。

犹太教中没有基督教的"原罪"观念，也并不认为肉体是肮脏的东西。犹太教将罪细分为56种，而归纳为两大类：一类是对神的罪，另一类是对人的罪。

对神的罪必须请神原谅，犹太人认为，不必经过拉比的介绍，而直接在神前忏悔即可。同样的，对人的罪也要直接去向对方请求宽恕，即承认自己的错或"罪"，公开承认自己人性的不完美和弱小，请人谅恕。

"赎罪日"是犹太教的一个重大节日。其实，这一节日在本质上是犹太人承认人性脆弱的一种体现。

在这天，犹太人都要绝食，终日祈祷忏悔。他们汇集在犹太教堂里，由3个长老朗读《犹太教则》，并由代表们向神请求说："神啊！请原谅我们。"

长老们绝不会说："请原谅我。"

代表们为什么这样说呢？因为犹太人认为人是弱小的，每个人对"罪"都有连带的责任。因此一人有罪，众人担才能负担得起。

勇于承认自己的弱小，犹太民族中才没有恺撒和拿破仑，也正因为敢于承认自己的弱小，犹太民族中才涌现出爱因斯坦、弗兰克、尼尔斯·波尔、奥本海默、弗洛姆、马克思、毕加索、拉斐尔、海涅等等各个领域的巨匠。

因为承认自己的弱小，犹太人才既谦逊又进取，成为世界上群星璀璨的民族。

承认自己的弱小是犹太人杰出的生活智慧。

用勤勉锻造成功

犹太人认为，勤勉和成功是相辅相成的，常常有很多人因为勤勉而成功，但却很少因懒惰而成功的。虽然勤劳并不一定能获得成功，但人们只要辛勤工作，就能够获得个人最大限度地成功。

在犹太人心中，成功的背后定有辛苦。远古犹太人升火，要花很长的时间去摩擦木头或石头，要吃果实，就爬到很高的树上去摘。因此《圣经》中有两句话：

“流泪撒种的，必欢呼收割。”

“那流着泪出去的，必要欢欢乐乐地带禾捆回来。”

犹太人认为，勤勉或懒惰不是天生的，很少有人一生下来就是辛勤的工作者，也很少有人是天生的懒虫，大多数人的勤勉或懒惰都是后天生成的，是习性所致。此外，孩童时期的家庭环境以及所受的教育，对一个人的将来也都会有很大的影响。勤勉有两种：一种是外力强迫的勤勉，另一种是自己自愿的勤勉。

在贫穷的时代里，犹太人需要在劳动条件非常恶劣的环境中，从事长时间的劳动，否则，便无法维持生活。犹太人认为这是自愿的勤勉。

犹太人在埃及受奴役期间，曾经长时间从事田里的工作，劳动量之大得使许多人听了都会打寒战。但是，辛勤工作的结果并没有使他们的生活获得改善，因为这些辛勤是由于外力强迫之故。如果是外力所强迫的勤勉，是永远无法获得成功的。

外力强迫的勤勉对人自身绝不会有作用，因为一旦外力消失，这种勤勉就会荡然无存。自愿的辛勤较易产生出属于自己的东西，从而逐步培养壮大自己。久而久之，就能确立一个完完整整的自我。

有这样一个故事：

罗马皇帝哈德良看见一个老人正在努力工作，种植无花果树。他问老人道：“你是否期望自己能够享受果实？”

老人回答说："如果我不能活到吃无花果的时候，我的孩子们将会吃到，或许上帝会特赦我。"

"如果你能够得到上帝特赦而吃到这树的果实，"皇帝对他说，"那就请你告诉我。"

哈德良

时光流逝，果树果然在老人的有生之年结出了果实，老人装了满满一篮子无花果来见皇帝。见到皇帝时，他解释说："我就是你看见过的那个种无花果树的老人，这些无花果是我劳动的成果。"

皇帝命他坐在金椅子上，把他的篮子装满了黄金。

可皇帝的仆人却反对道："您想给一个老犹太人那么多荣誉吗？"

皇帝回答说："造物主给勤劳的他以荣誉，难道我就不能做同样的事吗？"

后来，老人有一个懒惰的邻居，他妻子听了老人的故事，就对丈夫说："皇帝爱吃无花果，给他点儿无花果，他就会给你金子。"

丈夫听从了妻子的话，也拿了满满一篮子无花果到皇宫，要求换取金子。

仆人报告皇帝，皇帝大怒："让这个人站在皇宫门口，每个进出的人都可以向他脸上扔一个无花果。"

黄昏时，这个可怜的人被送回了家，浑身又青又肿。"我要把我得的全给你！"他冲妻子喊道。

在犹太人看来，懒惰使人一事无成，上帝和人们都是奖赏勤勉的人的。犹太人有一句发人深省的谚语："成功和失败都是习惯。"

因此，犹太人的生存之法是培养勤勉的习惯，因为这才是成功的关键。

从磨难中获得人生真谛

从圣经记录的开始，犹太人就遭受着无尽的苦难，但这也练就了他们坚忍不拔

的性格。在犹太人看来，苦难同样也是一笔财富，只要一息尚存，就永不绝望，因为黑暗过后就是光明。

犹太民族在经历苦难时，他们顽强地承受着、忍耐着，他们怀抱希望，等待着机会，寻找着人生转变的突破口。

约瑟夫·贺希哈，这位股票世界常赢不输的超人，正是这样一个从贫民窟中走出来的人。让我们从约瑟夫·贺希哈苦难的童年开始，去追索他曾走过的苦难历程。贺希哈先生的故事将告诉人们该怎样去面对苦难，该如何去奋斗，又该怎样面对生活，怎样去回报社会。

1908年5月，熊熊大火烧傻了8岁的小约瑟夫，也把他烧成了一个小乞丐。与母亲和兄弟姊妹们赖以栖身的小房子只剩下断壁残垣，散发着缕缕青烟……

兄弟姊妹们被别人领养走了，当一对老年夫妇要领养小约瑟夫的时候，小约瑟夫仿佛才从梦中惊醒，“就是当乞丐我也要和妈妈在一起”。小约瑟夫从小失去了父亲，再不能离开母亲了。

小约瑟夫不懂，为什么有人享福，有人就要受苦。他也要去享福的世界，他要逾越那条低等和高等之间的鸿沟。

他来到纽约，回到了母亲的身边。新鲜的世界让从乡野里来的小约瑟夫目不暇接。他还没有看够这个世界，就被母亲带到了和刚才完全不同的世界——位于纽约布鲁克林区的杂乱肮脏的贫民窟。不久以后的一天下午，母亲不幸被大火烧伤，只好住进医院。她住的是乱哄哄的大病房，那些有鲜花有地毯有白衣天使特别护理的病房，母亲却无缘问津。饭店食品店比比皆是，而自己却只能饥一顿饱一顿在垃圾桶里找东西吃，这一切都是因为没有钱。那声鄙夷的“穷鬼”刺痛了小约瑟夫的自尊心，那块饼干不重却砸碎了小约瑟夫的心，他警醒了：没有钱永远会被人看不起！

小约瑟夫逐渐意识到金钱是旋转世界的魔方。金碧辉煌的摩天大楼，低矮潮湿的贫民窟；欢乐幸福，沉重悲哀；慷慨大方，尔虞我诈；脑满肠肥，瘦骨嶙峋……这一切，都和金钱有关。

小约瑟夫暗暗发誓，绝不再受金钱的奴役。

1911 年春暖花开的季节，位于曼哈顿区百老汇街的纽约证券交易市场熙熙攘攘。年仅 11 岁的约瑟夫也在这里穿梭着，看着听着想着，一无所有可以转眼拥有百万。他的血液在沸腾，他震惊了："这里才是我的天堂，我一定要加入这个行列!"

3 年以后，14 岁的约瑟夫，个子蹿得老高，腰宽背阔，从一个小男孩长成一个男子汉了。他没有征得母亲同意就毅然决然地辞掉了在当时看来很不错的珠宝店小伙计的工作，雄心勃勃要向纽约证券交易所的露天市场进攻。年轻幼稚的他怎么也没想到，当时正值第一次世界大战刚刚开始，纽约证券交易所冷冷清清，往日热闹非凡的景象荡然无存。

万般无奈之下只好重新找工作，但他决心要找一个与股票有关的工作。然而，没有一家公司的大门向他打开，他几乎要绝望了。就在他精神濒临崩溃准备回家接受母亲责骂的时候，爱默生留声机公司终于露出了天使般温柔的面庞，让他做办公室的收发员，中午还兼任接线生。

小约瑟夫满腔热情开始工作。不久，他发现虽然爱默生留声机公司发行股票，并且经营股票，但是他从事的工作却与之毫不沾边。终于，他在上班 6 个月后的一天上午，鼓起万分的勇气敲开了总经理办公室的门，从容镇定地走进去，大胆地迎着总经理惊愕的目光，镇静地说："我要做您的股票经纪人。"

胆量是股海冲浪的首要条件，小约瑟夫的胆量征服了总经理。两个星期后，他开始为总经理绘制股票行情图。

从不熟悉到熟悉，小约瑟夫兢兢业业绘制了 3 年的股票行情图。为了多挣些钱贴补家里，他开始为华尔街劳伦斯公司做同样的工作。耳濡目染再加上苦心钻研，使他的炒股知识和经验不断地增长着，他越来越成熟了，这个股市的门外汉踏进了股市的大门。1917 年，约瑟夫 17 岁，他不再受雇于人。虽然倾其所有也仅有 255 美元，但是他要开创自己的事业了。

在最初的一年里，小约瑟夫炒股一帆风顺，赚了 16. 8 万美元。然而，被胜利

冲昏了头脑的他由于买下了大量因战争结束而暴跌的钢铁公司的股票，转眼又赔得只剩下4000美元。实践证明，小约瑟夫自身的知识和经验还不足以控制变幻莫测的股市。为此他疯狂地学习并遍访各路股市高手，他没有被困难吓倒，他想，现在总比初涉股市时的本钱多，一定要再干下去。

1924年，小约瑟夫经过分析发现，未列入证券交易所买卖的某些股票实际上是有利可图的。这些股票利润虽然不算太大，但风险极小，他就把精力放在了这些股票上。开始时资金不够，他就和别人合资经营，不到一年，他就开设了自己的证券公司——贺希哈证券公司。到1928年，他就成为股票大经纪人了，每月收益达28万美元，那年他才28岁。在当时的金融业中，一个初出茅庐的小伙子能拥有这样一方领地，的确不多见。

经济危机迅速席卷了美国，又从美国蔓延到西欧，工农业生产下降了三分之一。美国的生意已经很难做了，今后的道路应该怎么走？

约瑟夫随之把眼光转向了矿产丰富的加拿大。1933年，他在多伦多开设了证券公司，成为当地屈指可数的大经纪商。4月，他与加拿大产业巨子拉班兄弟联袂开设戈纳尔黄金公司，以每股20美分的廉价取得该公司59．8万股的上市股票。在他们的参与下，股价扶摇直上，3个月后涨至每股25美元，他见股价涨得过热，料定会出现大的滑坡，因此他又悄悄地卖出。果然不出所料，一个月后股价大跌，为此他又因先见之明而赚了130万美元。从1933年到1963年的30年间，约瑟夫不仅拥有了金矿，而且还吞并了诸如铀矿、铁矿、铜矿、石油等矿产业。除此之外，房地产生意也做得很红火。他的事业蒸蒸日上，取得了辉煌的成就。

凭着对股票生意的天赋，凭着对股票事业的执着，更凭着他的智慧和胆量，他实现了自己的愿望，成为亿万富翁。

约瑟夫从衣衫褴褛的乞丐成为拥有亿万的富翁，但约瑟夫从未忘记与自己长期合作患难与共的伙伴，更没忘记生他养他受尽苦难的母亲。

他始终不能忘记自己曾经有过的那段生活。因此，他向学校捐款，使贫穷人家的孩子也有机会受教育；他向盲人医院、孤儿院捐款，使残疾人和无依无靠的孤儿

能活得更幸福。他特别喜欢资助那些贫穷而富有艺术才华的学生们，使他们能够全身心都投入到艺术之中。有人这样做是为了赢得公众的欢心，从而更有利于企业的发展。约瑟夫不是这样，他不准下属和捐赠单位张扬。

因为他在追寻着自己年轻时由于生活所迫而没有上成大学的美好的梦。

他的事业并不只是赚钱，并不只是股票投机生意，他的慷慨大方而又悄声无息的捐赠，他对艺术的热爱和对艺术人才的关爱，都是他人生价值的体现。人生价值的实现就是他的事业。做股票投机生意获取金钱只是他实现人生价值的经济基础，没有这个基础，就谈不上捐赠也谈不上追求艺术。他说做股票投机生意使他体会到生命的乐趣和生命火花的激荡，使他感觉自己还年轻，还有敏捷的思维，还能和年轻人搏一搏。他说，一时的输赢并不重要，重要的是自身个性的充分展现。

他有句很潇洒的话："不要问我能赢多少，而要问我能输得起多少。"

从约瑟夫的传奇经历中，不难发现，通向财富的道路就在脚下，只要执着地去追求，用心地去把握机会，果断地运用自己的胆识，财富会源源不断地滚来。

为自己的目标而努力

犹太人因其民族的特性、所处的环境，普遍都能从小怀志，确立自己人生的奋斗目标。正因为这样，许许多多的犹太人能集中人生有限的时间和力量去攻克一个目标，所以成功率比别的民族要高。确立自己的奋斗目标，也就有了动力之源。在不断求索和前进的人生历程中，促人前进的"马达"源自对既定目标的追求和向往。

爱因斯坦的一生所取得的成就是世界公认的，他被誉为20世纪最伟大的科学家。他的一生，更是典型的为目标奋斗的一生。

爱因斯坦出生在德国一个贫苦的犹太家庭，家庭经济条件不好，加上自己小学、中学的学习成绩平平。虽然有志往科学领域进军，但他有自知之明，知道必须量力而行。他进行自我分析：自己虽然总的成绩平平，但对物理和数学有兴趣，成

绩较好，自己只有在物理和数学方面确立目标才能有出路，其他方面是不及别人的。因而他读大学时选读瑞士苏黎世联邦理工学院物理学专业。

由于奋斗目标选得准确，爱因斯坦的个人潜能得以充分发挥。他在 26 岁时就发表了科研论文《分子尺度的新测定》，以后几年他又相继发表了 4 篇重要科学论文，发展了普朗克的量子概念，提出了光量子除了有波的特性外，还具有粒子的特性，圆满地解释了光电效应，宣告狭义相对论的建立和人类对宇宙认识的重大变革，取得了令前人刮目的显著成就。

爱因斯坦在物理学领域奋斗目标的实现，是与他能准确地选定学习目标分不开的。他在 16 岁时就明白，知识的海洋浩瀚无边，学者不宜在这个海洋里毫无方向地漂荡，想要避免耗费人生宝贵的时光，就应该选定一个对自己最有利的目标扬帆前进。爱因斯坦善于根据目标需要进行学习，使有限的精力得以充分利用。

他创造了高效率的定向选学法，即在学习中找出能把自己的知识引导到深处的东西，抛弃使自己头脑负担过重和会把自己诱离要点的东西，从而使他能够集中力量和智慧攻克选定的目标。

特别值得一提的是，爱因斯坦不但有可贵的自知之明，而且对自己确立的目标矢志不移。1952 年以色列第一任总统魏兹曼逝世，鉴于爱因斯坦科学成就伟大，声望巨大，加之他又是犹太人，以色列高层邀请他接受总统职位。他却婉言谢绝了，并坦承自己不适合担任这一职务。确实，爱因斯坦是一位伟大的科学家，这是他终生努力奋斗才实现了的目标。如果他当上总统，那他未必就会有多大建树，因为他在这方面从未显示出过人的才华。犹太人不管是从商从政或从事科学事业，都注重确立人生奋斗目标，先把目标确立，然后全力以赴而终至成功。犹太人在确立目标时注意切合个人实际和环境，不会把自己的奋斗目标确立在可望而不可即的位置上。就像爱因斯坦不会把自己的奋斗目标确立在总统的位置上，即使别人推荐他往此目标去发展，他也不接受。

敢对权威说“不”

在犹太人的心中没有绝对的权威，当然，在这种思想的指引下，他们从不盲从于权威。犹太人常常脱离常轨考虑问题，伽利略、喀布拉等人都曾向他们那一个时代的天文学提出挑战，爱因斯坦也正是因为敢于脱离常轨，才推动着人类历史一步一步地前进。

有一个故事，就是在说犹太人不盲从权威的。

一次，拉比以利扎·本·西蒙从老师家里出来，悠闲地骑着毛驴，感到很快活，因为他刚刚学习了不少《律法书》上的知识，心中充满了骄傲。突然，一个非常丑的人向他打招呼：“祝你平安，先生。”他不向人家打招呼而是说：“你可真丑陋啊！你周围的人都和你一样难看吗?”

那人回答说：“我不知道。但是你可以去跟我的造物主说：‘你造出来的东西多么丑陋啊！’”

拉比以利扎意识到是自己犯了错，他向这个人鞠躬，说：“我在您面前低头，请原谅。”

但是，那个愤怒的人说：“我不会原谅你，除非你去我的造物主那里说：‘你造出来的东西多么丑陋啊！’”

拉比以利扎跟在那人身后来到镇上，当镇上的人看到他们的拉比，都来致意，说：“祝你平安，老师！”

“你们这是在跟谁致意?”那个人问道。

“跟在你身后的那个人。”人们回答说。

“如果那人是一个拉比，”他大声说，“以色列再没有和他一样的人。”

人们很奇怪，都问他为什么这样说，他讲了刚刚发生的事情。

“可是你应该原谅他啊，”他们催促着说，“因为他是一个很好学的律法师。”

“为了你们，我会原谅他。”那人最后说，“但是他以后再也不许做这样的事

情了。”

靠理智来支撑热情

犹太人把人的热情分为两种。一种是因感情所煽起的热情，另一种则是由理智所支持的热情。

犹太人认为，感情所煽起的热情是很危险的，因为感情时而高昂、时而热烈，但却绝不能持久；而由理智产生的热情则可贯彻终生。

在犹太人看来，人的热情，要靠理性来支持。比如爱因斯坦对“相对论”研究，一直都充满着热情，以理智为基础，理智促进了热情，使热情向困难挑战，终于建造了伟大的科学金字塔。

同时，在犹太人心中，凡是经不起时间折磨，过了一段时间就会失去价值的东西，都不珍贵，感情便是这种不堪时间折磨的东西。

在犹太人心中，同情是一种感情煽动起来的热情。

犹太人称同情为“雷赫姆”，“雷赫姆”是“母亲的子宫”之意。

拉比们说母亲怀胎 10 月时，不管肚子里的孩子是男是女，她都一定会流露出深切的母爱，“同情”的语源就是这么来的。

《圣经》上说：神本来打算让这个世界成为只有正义才可以统治的地方，但是没有成功，在不得已的情况下，他把“同情”给了人，使人能继续生存于世上。

犹太拉比告诫人们：绝不可因过度的热情而引火焚身，毁灭自己。因为这种热情会使人生的齿轮狂转，恋爱就是其中的一项。犹太人很少有激烈的热恋，虽然他们也会恋爱，但是大多数人认为，恋爱只不过是在为建立家庭做准备而已。

犹太人很重视“中庸”的观念，而不喜欢偏激，这也是犹太人强调理性处世的原因之一。

虽然如此，但并不是所有的犹太人都不重视感情。

《塔木德》中有一句很美的话：“心满了的时候，就会从眼睛溢出来。”可见

《塔木德》是肯定感情的存在的。但是，当犹太小孩哭时，他们的父母就会以“笑是风力、哭是水力”这句谚语来耻笑孩子，教导他以理性的态度来停止对感情的泄放。

总之，在处世的智慧中，犹太人作为整体的民族来说，它是比较偏重于理性，而少感情的。

万事从我做起

人最爱犯的错误是认识和观念上的错误，一旦观念不正确，就必然导致行为跟着错。

任何人都希望别人给予自己帮助。在困难和危险面前，我们总在想：要是有人帮我一把有多好！于是，我们老寄希望于别人，特别是自己的朋友。但实际上，朋友再好也仅仅是朋友，他的心里想什么你只能去揣测，而绝对不会受你的左右，而那些不曾相交的一般人，就更别指望了。一般而言，人是有善心的，但是绝不是每个人都是菩萨。所以，自己不做事而寄希望于别人，自己便是天生的寄生虫。与其将希望寄托在别人身上，不如从自己开始，牢牢把握自己。

人人都希望有个好的家庭，在生活中获得成功与幸福，也希望自己有个好的工作，希望自己能拥有一个好的祖国。这样的话，我们便可以不怎么努力也能衣食无忧。可是，我们知道如何去创造一个良好的家庭环境，好的工作条件和富裕的国家吗？我们羡慕那些显赫的家族，可我们必须知道，当他们的先辈创业时多半也是白手起家，靠自己的双手和智慧才赢得了一片天地，而后继者也是勤耕不辍，兢兢业业，在先辈的基础上继续前进，而绝不是坐享其成，坐吃山空。我们梦想着能有一个优雅舒适的工作空间，做个令人艳羡的白领或金领贵族，可是我们必须知道，这样的工作空间是靠自己不断地学习和积累经验才有的。同样，我们希望自己降生在一个美丽富饶繁荣的国度，可是，正如肯尼迪说的那样：不要问你的国家能给予你什么，而要问自己能为自己的祖国做些什么。如果没有个体的奋斗与努力，一个国

家又何来繁荣与富强呢？

总之，一个道理，一切都要从自己开始，善断好坏远远不够，与其指望别人，不如自己亲自动手。

可是，人的天性就是对别人的过失总是很敏感，而对自己的错误却异常的宽容，有时甚至还为自己强词夺理，巧言辩护。人很能严格地要求自己的妻子、儿女、同事、朋友、上司、下属……却唯独不能严格要求自己。因此，人最大的缺点就是不能以身作则，从我做起。中国有句俗话叫“正人先正己”，更告诫人们“其身正，不令而行；其身不正，虽令不从”。我们要时时反省自己，“吾日三省吾身也”，先自我批评，管好自己，然后才能推己及人。

《塔木德》中这样告诫犹太人：

“最值得依赖的朋友在镜子里，那就是你自己。”

“人们介意他人身上的皮肤病，却睁眼不见自己身上的重病。”

“人有两个耳朵和一张嘴，就是要人凡事应多听少说。”

同时，《塔木德》也这样来比喻领导者：

“身体从头开始。”

“没有船长的船，就如同没有舵，全然不知方向。”

“能以微笑回答别人非难的人，是领袖之才。”

人首先要要求自己，然后才可以要求别人。路要自己去踩，才真正算走自己的路。自己不走，叫别人走，是毫无意义的，而踩着别人的脚后跟走，其实是替别人走路。

犹太人有着凡事从自己做起，善于自我反省，慎独自律的传统。作为上帝的“特选子民”，他们以信守合约、遵守法律著称于世。在商业活动中，犹太商人严格遵守契约合同，哪怕这种约定是口头上的。在他们看来，既然双方达成了某种一致，就应该一丝不苟地去执行。也就是说，不管如何，都要求自己遵照契约的约定来履行自己的义务和享用自己的权利。他们相信，只有从自己做起，从自己这方面

去执行合约，才符合上帝对“特选子民”的要求，而只有这样，才能真正体现合约的精神——按照合约规定来履行自己的义务。两方都按合约规定来要求自己，这样合约的价值才能真正体现，否则，一方不从自己做起，却只要求对方，那合约的执行就会遇到困难。如果双方都想着用合约去牵制别人，那么这个合同可能就要破产。在与犹太人的商业往来中，根本不存在犹太人不履行合约的情况，除非是合约本身有问题。正是这种先从自己做起，自己严格要求自己遵守约定的商业精神，使犹太人获得了“世界第一商人”的桂冠。

同样，在犹太人的经营管理活动中，他们从来都是以身作则，先自己做好表率，然后才以自己的行动去感化影响别人，而很少出现自己都没有遵守却让别人遵守的情况。或许，遵守规章、履行契约、从我做起，这些只是犹太人从我做起的比较浅层次的表现。在灵魂的深处，犹太人有着可贵的“慎独”精神，也就是可贵的自我反省、自我批评的精神，他们总是去问自己做了什么，做对了什么，应该做什么，却很少去要求别人该怎样。

在公众面前受到社会的压力，遵守规范是比较容易的。而单居独处之时，外界压力完全消失，只剩下内心的良知抵御着蠢蠢欲动的恶念。唯有此时能把持得住自己，方算得上有道德根底的人，所以《塔木德》上有一句话，叫“在他人面前害羞的人，和在自己面前害羞的人之间，有很大的差别”。

这个差别，就是所谓“罪感”和“耻感”的区别。

所谓“罪感”就是把罪之恶看作是由罪本身的属性决定的。无论何时何地，人知我知，犯罪就是为恶，是一件应该激起愧疚之心的事情。

而所谓“耻感”，则把罪之恶看作某种取决于外界状态的属性，为人知者方为恶，不为人知则无所谓恶不恶。所以，犯罪者的愧疚或者忏悔，不是为了作恶本身，而是为了作恶竟然被人发现。这种“愧”是为了“出丑”而愧，“丑”要是不出来，何愧之有？这种“悔”是为了搞错时机而悔，要是正逢无人发现的机会，何悔之有？

很明显，在“罪感”支配下的个体行为要比在“耻感”支配下的行为，在遵守规范时有着更大的自愿性、自觉性和自律性，这些在犹太人的行为中表现得是十分明显的。

犹太民族的大门始终敞开着，不能遵守上帝律法的人尽可以自己走出教门，何况连犹太共同体都长期处于某种“独居”状态，更不要说犹太人个体了，这样一个民族就要求其成员多多“慎独”，多多“知罪”。在拉比的教诲中，“独居闹市而不犯罪”，之所以能同“穷人拾遗不昧”和“富人暗中施舍十分之一的收入给穷人”同立为“神会夸奖的三件事”，其共通之处，尽在一个“独”字。犹太人的上帝所赞赏的“慎独”，其实正是犹太民族存续的根本。

犹太民族弘扬“慎独精神”，但绝不意味着一切以自我为中心，他们绝不提倡“独善其身”式的“隐士”，而是教导人们要和普通大众生活在一起。

犹太人“从我做起”的这种以自我为基点的人生观念，并不是集体与个体相区别的，犹太人“从我做起”的意义在于提升了自己，同时又影响感化了别人，这比单纯地要求别人要强得多。正如在犹太复国运动中体现出来的，犹太人不论贫富、地位悬殊，一律为了心中的以色列建国而积极努力，他们从没有想过要求别人为重建国家而做些什么，只是想着我能为祖国的重建做些什么。正是这种先从自己做起的理念和精神升华了犹太民族的集体感和凝聚力，才使他们能够在四散各地的情况下紧密相连，并最终促成了以色列的再生。

只愿等待三个月

关于忍耐，犹太人是这样讲的：

“人的细胞每时每刻都在变化，每天都会更新。因而，你昨天生气的细胞，已为今朝新的细胞所替代。酒足饭饱后所思考的内容，与饥肠辘辘时所考虑的也不一样。我仅仅在等你的细胞更替。”

犹太人在两千多年受迫害的历史中所积累的忍耐精神，绝不是没有用的，他们

在忍耐之中总结出犹太人的成功秘诀。

"人类要变化。人类发生变化，社会也随之变革，社会变革了，犹太人也一定会复苏。"

这是犹太人在两千多年忍耐过程中产生的乐观主义情绪，也是从犹太历史中诞生的民族精神。

一般在生意的交易中，犹太人会耐着性子，等待对方态度的改变。然而，当知道不合算时，不用说3年，哪怕半年，犹太人也不会等下去的。

犹太人一旦决定在某项事业上投资（人力、物力），他会制定投资一个月、两个月和三个月后的三套计划。一个月后，即便发现实际情况与事前预测有相当的出入，他也丝毫不感到吃惊或动摇，仍一个劲儿追加资本。两个月后，实际情况仍不理想，便进一步追加资本。关键问题是第三个月的实际情况，这时如果情况仍与计划不符，而又没有确切的事实证明将来会发生好转，那么犹太人会毅然决然地放弃这桩事业。放弃这桩事业，也就是放弃这以前的投资和努力。尽管如此，犹太人也泰然自若，生意虽然搞得不如意，但能够不留后患，不为一堆烂摊子而伤脑筋，这样反倒乐得自在。

换成日本人情况就不同了。

"好不容易才搞到这步田地，再苦一阵子就……"

"现在放弃的话，三个月的努力不就泡汤了吗?"

抱着留恋和犹豫的心情继续干下去，结果越陷越深，无力东山再起。

日本人常讲"桃三李四柿八年"，"达摩僧面壁九年"，"石上坐三年"等等，认为有耐心、不懈努力是成功的最大原因，而这就是其与犹太人的最大区别。忍受了两千多年迫害苦难历程的犹太人，比起动不动就剖腹自杀的日本人，是一个更具有忍耐精神的民族。但是他们有自己的原则，他们只愿等待三个月。

十四、掌握命运的钥匙

每一件事物都有正反两面

先看一则犹太寓言：

有一天，一位农夫弯着腰在院子里锄草。天气很热，他满头大汗，汗珠不停地顺着脸颊流下来。

“可恶的杂草！假如没有这些杂草，我的院子一定很漂亮，神为什么要造这些讨厌的杂草来破坏我的院子呢？”农夫这样唠叨着。

有一棵被拔起的小草正躺在院子里，它很平静地对农夫说：“你说我们可恶，也许你从来就没有想到过，我们也是很有用的。现在，请你听我说一句吧。我们把根伸进土里，等于是在耕耘泥土，当你把我们拔掉时，泥土就已经是耕过的了；此外，下雨时，我们防止泥土被雨水冲掉；在干涸的时候，我们能阻止强风吹起沙尘。我们是替你守卫院子的卫兵，如果没有我们，你根本就不可能享受种花、赏花的乐趣，因为雨水会冲走泥土，狂风会吹散泥土……所以希望你在看到花儿盛开之余，能够想起一些我们的好处。”

农夫听了这些话，不禁肃然起敬。从那天以后，他就再也不会瞧不起任何东西了。

犹太人强调每一件东西都有用处，事物的好坏在于人对其本身的发掘、转换、变化。好东西并不绝对的好，它也必定会有一些缺陷；坏东西也并不绝对地坏，它也有自身的特殊用途。

犹太人认为，人也是这样，每一个人都有坚强的一面，同时也有脆弱的一面。可是，在人们视之为脆弱的一面当中，也往往包含着许多有用的因素，逆境和顺

境、失败和胜利也都如此。每一个人都能有所作为，关键在于自身努力与否。

犹太人不但纪念胜利的日子，同时也纪念败亡屈辱的日子。

也许世人对这种行为会有不同的看法甚至嘲笑，但是几乎所有犹太人都相信一点：只要记住失败那一天，就会产生强大的力量。

在犹太社会的纪念日中，最隆重的节日应该算是“逾越节”了。这一天，是犹太人纪念他们重返以色列的日子。

逾越节是整个犹太民族缅怀祖先、倾诉苦难，庆祝在上帝的关照下逃出埃及，从而摆脱奴隶困境，走向自由的节日。《出埃及记》载，上帝耶和华命令摩西带领犹太人从埃及出逃前夕，决定惩治多次背信弃义的埃及法老，以杀死埃及所有头胎出生的人和牲畜的办法迫使法老屈服。为了防止错杀以色列人，耶和华让摩西吩咐以色列人在尼散月 13 日晚家家杀羊吃烤肉，然后把羊血涂抹在自己家的门楣和门

逾越节

框上。耶和华在尼散月 14 日拂晓走遍埃及，将所有头胎出生的人与牲畜都杀死，唯独见门框上有羊血的人家便“逾越”过去。以色列人全都安然无恙。法老摄于上帝的威胁，同意以色列人离开埃及。

此后，耶和华吩咐：“这一日将是你们的纪念日，要当作节日来庆祝，你们要世世代代过这节日，作为永远的法规。”以色列人为感谢上帝对他们的拯救，把每

年尼散月14日起的8天定为逾越节。

逾越节又称除酵节，根据习俗，犹太人在逾越节期间，不能吃面包和发酵的食品，这也与古代以色列人逃出埃及的历史传说有关。《出埃及记》载，以色列人逃离埃及时，由于过于匆忙，没有时间准备路上所需的面包，所以他们把未烘烤和未发酵的面团背在背上，靠太阳把它们烤成食品。后来《圣经》做出规定：犹太人在逾越节期间只能吃未经发酵的面饼，以此作为对古代以色列人逃出埃及的纪念。因此在逾越节除夕日，每个犹太人家里都要搜个天翻地覆，以确保没有任何发酵物留下来。在逾越节的8天里，犹太人不吃面包，只吃一种用面粉制成的、未经发酵的薄饼——“马扎”。最初，逾越节与除酵节是两个不同的节日，前者在尼散月14日晚庆祝，后者从尼散月15日开始庆祝，连续7天，后来二者合并在一起庆祝。

圣殿时期，犹太朝圣者从全国各地步行到耶路撒冷来庆祝这个节日。他们用刚满周岁且无残疾的羔羊（逾越节的羔羊）来献祭。腰束带子、手持棍杖的人们匆忙把烤熟羔羊的头、腿、五脏全部吃光，同时吃无酵饼和野菜。

现在依照习俗，犹太人在尼散月15日要全家聚在一起，吃一顿叫“西德尔”（意为“命令”）的逾越节家宴。这是逾越节最隆重的节日活动，正统犹太人家要使用一套专供逾越节使用的餐具。根据传统，桌上要留一个空盘子，并为先知以利亚单留出一个酒杯。这个酒杯通常用玻璃杯或金属杯，流行款式多为铜合金制成，其上刻有犹太传统图案。

家宴上每人喝四杯酒，开始和结束各一杯，席间两杯，纪念犹太祖先在埃及受的苦难以及在上帝的指引下，摆脱奴役，回到迦南的历史事件。家宴开始时，身着白袍的家长举杯为节日祝福。全家人喝第1杯酒，然后洗手。接着，家长把生苦菜和其他生菜蘸醋或盐水分给每一位用餐人，又将象征古代逾越节供品羔羊的羊胫骨和煮鸡蛋自特殊的逾越节家宴盘中取出。这些鸡蛋作为节日食品，象征着犹太民族历经苦难，被放在火上煮的时间越长，鸡蛋就越硬、越难破碎。接着人人唱歌，而后朗诵祷文。斟第二杯酒后，家中最小的孩子要提出下列问题：“为什么今晚与其

他夜晚不同？为什么只吃‘马扎’？为什么吃生菜时要蘸盐水？为什么今晚要倚着椅背吃？”然后，全家人依次诵读《哈加达》，复述《出埃及记》中有关犹太人摆脱奴役、获得自由的故事，作为对上述问题的回答。回答完毕后，喝第二杯酒。全家人再次洗手，分食“马扎”和蘸有酒酿果酱的苦菜，然后开始上主菜。主菜用毕，家中年幼者要找出事先藏起来的半块“马扎”，作为甜食全家人分食，这半块“马扎”象征古代在家宴时所食的逾越节羔羊肉。

这时，斟第三杯酒表示对上帝恩惠的感谢。全家人在齐诵《诵赞诗篇》声中，将这杯酒一饮而尽。接下来，斟第四杯酒，同时将桌上的以利亚杯斟满。打开家门，诵读一段欢迎先知以利亚光临的诗词。据传说，以利亚很可能突然出现在逾越节的家宴上，预报救世主弥赛亚降临的喜讯。在饮完第四杯酒后，所有盘子里的食物都要吃尽，家宴在“明年相聚在耶路撒冷”的祝词中结束。

犹太人认为，遇到的苦难愈艰深，败北的次数愈多，就会愈坚强。逾越节上吃苦菜和未发酵的面包是为了回味当时的苦难。

人生有成功，也有失败，这是必然的，犹太人普遍对失败持一种容忍、接受的态度。犹太人认为，如果一个人沉湎于成功的甜美，而忘掉了失败的苦涩，那么终有一天他会再次尝到失败的苦果。因为成功会使人松懈，使人自满，而失败却使人奋进。回味失败意味着不断攀登成功巅峰，舍弃失败即舍弃成功。

在犹太人看来，失败并不能证明自己的无能，只要能够自强不息，失败将是一次难得的契机。不敢面对和承认自己失败的人，才是真正的失败者。

犹太人面对失败、挫折，确立忍耐制胜的法则是：对“失败”持正确健康的态度，不要恐惧失败，要懂得失败乃是成功必经的过程。焦点不要对着过错与失败！应对准远大的目标，活用自己的过错或失败。遇到失败时，千万不能气馁，要坚忍不拔，矢志不移。发现此路不通时，要设法另谋出路，使自己顺应环境、适应潮流。要善于伺机借势，等待机遇。

施舍是一种义务

犹太民族是一个善于施舍的民族，他们并不把施舍当作一种“行善积德”，而认为这是在履行一种“公共义务”。

犹太人是非常重视施舍的。地主们在收割时常常留下一定量的庄稼让穷人来拿，在收获季节掉在地上的几捆小麦，或几堆玉米属于穷人，而长在地边上的庄稼也属于穷人。这样，并没有把落穗亲手递给穷人，那些穷人只是拿了被认为属于他们的东西。

《塔木德》上记载了这样一则故事：

在某个地方有一家很大的农户，这位农夫被称为当地最慈善的人。每年拉比都会到他家访问，而每次他都毫不吝啬地捐财献物。

这个农户有一块很大的农田，可是有一年，这个农夫遭到了风暴和瘟疫的袭击，所有的农田和果园都遭破坏，全部牲畜也都死光了。债主蜂拥而至，把他所有的财产都扣押了起来，最后只剩下一小块土地。他却说：“既然神赋予的东西，神又夺回去了，还有什么说的呢?”

他泰然处之，丝毫没有怨天尤人之意。

那一年，拉比像往年一样，又到农夫的家，见他家道中落，拉比们都对他表示了同情，无意再请他捐献。这位农夫的太太说：“我们时常为教师建造学校、维持会堂，为穷人和老人捐款，今年拿不出钱来，实在遗憾。”

永不逃避责任

犹太人认为，好事可以分享，自己的责任一定要自己负，放弃自己的责任和义务是可耻和罪恶的。

不管是把事情推给别人，还是归咎于环境，自己的责任仍然存在而无法消失，

所以犹太人不会把责任推给别人，而是自己去承担责任。

人既然生存在这个世界上，自己就不能被完全抹掉，当然也就不能抹消自己的全部责任。只要存在一天，人们就会有一天的责任，即使可以把其中的一半责任推给环境，但自己仍须负担另外的一半责任。

不朽的上帝对他的使者盖傅瑞儿说："去！在那些正直人的前额上用墨水做个标记，这样破坏天使就不会伤害他们；在那些恶人的前额上用血做标记，破坏天使就会消灭他们。"

这时正义站在上帝面前说：

"宇宙之王，第一种人和第二种人有什么不同？"

"第一种人是彻底的好人，"上帝回答说，"第二种人是彻底的坏人。"

"宇宙之王，"正义争辩道，"正直的人有力量反抗其他人的行为，可是他们没有这么做。"

"你知道，"上帝回答说，"即使他们反抗过了，邪恶的人也不会听他们的话。"

"宇宙之王，"正义说，"你知道那些坏人不会改变，可是那些正直的人知道这一点吗？"

由于正直的人没有反抗，上帝改变了主意，没有把他们和恶的人分开。

这是上帝对于一个放弃自己责任的人的处置。

在现实生活中，犹太人在任何时候都不逃避自己的责任，自己的责任一定要自己负。为了负起自己的责任他们甚至可以倾家荡产，可以去牺牲性命。所以他们在别人心中讲究诚信，注重契约。

有一个犹太人接到美国芝加哥一个公司购买3万套刀叉餐具的货单，双方商定的交货日期是9月1日。这个犹太人必须在8月1日从本港运出货物，才能在9月1日如期交货。

但是，由于一些意外事故，商人没能在8月1日前赶制出3万套刀叉餐具。这位犹太商人陷入了困境，但他丝毫没有想到给对方写封情真意切的信，要求延期交

货并表示歉意，因为这本就是违背契约，不符合犹太商法，并且也是逃避责任的做法。

结果，这位犹太商人花巨资租用飞机送货，3 万套刀叉如期交货，但这位犹太人却损失了 1 万元。

不逃避责任正是犹太人非凡成就的基石。

慎独自律的精神

犹太民族弘扬“慎独精神”，即可贵的自我反省、自我批评精神。他们总是要问自己做了什么，做对了什么，应该做什么，却很少要求别人该怎样做。但这绝不意味着一切以自我为中心，他们绝不提倡“独善其身”式的“隐士”，而是教导人们要同普通大众生活在一起。

有个拉比，行为高洁，为人亲切而仁慈，对神虔诚，做事审慎，因此他理所当然地成为受人景仰爱戴的人。

80 岁后的某一天，他的身体突然一下子开始变得虚弱了，并很快地衰老下去，他知道，自己的死期已经临近，便把所有的弟子叫到床边。

弟子到齐了之后，拉比却开始哭泣，弟子十分奇怪，便问道：

“老师，您为什么要哭呢？难道您有忘记读书的一天吗？有过因为疏忽而漏教学生的一天吗？有过没有行善的一天吗？您是这个国家中最受尊敬的人，最笃敬神的人，照理说老师您没有任何哭的理由才是！”

拉比却说：“正是因为像你们说的这样，我才哭啊！我刚刚问了自己：你读书了？你向神祈祷了？你是否行善？你是否做了正当行为？对于这些问题，我都可以做肯定的回答。但当我问自己，你是否参加了一般人的生活时，我却只能回答：没有。所以我才哭了。”

这则犹太故事除希望人们凡事从我做起，时刻自我反省，慎独自律外，同时也在劝说一些不在集体活动中露面的人，以使他们一起“参加一般人的生活”。从这

里不难看出，这个“一般人的生活”不是指一般意义上的衣食住行，也不是指常人的其他感性生活，而是特指犹太民族的集体生活。

可见，犹太人这种以自我为基点的“慎独自律”的处世观念，并不是与集体，或者说其他个体相脱离。犹太人“慎独自律”一方面在于提升了自己，另一方面却又影响感化了别人，这比单纯地要求别人要强得多。

正如在犹太复国运动中体现出来的，犹太人不论贫富、地位高低，一律为了心中的以色列建国而积极努力，他们从没有想过要求别人为重建国家而做些什么，而只是想着我能为祖国的重建做些什么。正是这种先从自己做起的理念和精神，升华了犹太民族的集体感和凝聚力，从而使他们能够在四散各地的情况下紧密相连，并最终促成了以色列的再生。

神是神，只有神才是神

一个陌生人来到小镇，他拦住集市上的每一个犹太人问道：“先生您能否告诉我，教堂的主持瑞伯·扬科住在哪里？”

“哦，”一人回答道，“你说的大概是那个结巴瑞伯·扬科吧，他的父亲是瑞伯·艾瑞莫，一个老湿疹……他住在离教堂稍远的地方。”

当陌生人到了教堂，他问一个过路人：“您能告诉我瑞伯·扬科住在哪里吗？”

“哦，你说的是瑞伯·扬科啊，那个疝气患者，爱打老婆的家伙？”过路人说道，“他已经埋掉了三个老婆了，你到那边能找到他。”

陌生人继续往前走，他相信自己没走错，但为了确保无误，他还是停下来问了一个店铺老板。

“您能告诉我瑞伯·扬科住在哪里吗？”

“哦，瑞伯·扬科！”店主答道，“你是说瑞伯·扬科·高尼夫，每过一年就要破产一次的那位！他就在那里！”

陌生人向瑞伯·扬科走去，向他问道，“请告诉我，瑞伯·扬科，您究竟为什

么不愿做这个镇的主持呢?”

“因不幸太多!”

“那么为什么你又要做呢?”

“问得好！我这样做是出于荣誉!”

犹太人非常重视个人的荣誉，因为在犹太人的心目中，真正能保持和重视荣誉的人，才能在社会上有地位，在人际交往中受到别人的信赖。

但是，对于荣誉，犹太民族又有自己独到的看法。

在犹太人心中，只有靠自己才能决定什么是美。荣誉和荣耀都是发自个人的内心，而不是透过别人的眼光来衡量的东西。因为一个人必须要有某种不可动摇的立场，才能证明人格的尊严。

因此，对于犹太人来说，一个人的精神支柱即在于信念，不具信念的人，同时也欠缺说服力，自信是犹太人荣誉的源泉。

犹太人认为，一个人愿意信赖你时，他所想依靠的就是你的信誉。在犹太人眼中，一个人为了自己的信誉，即使付出生命，也应该紧紧地把守住它。虽然，“荣誉”是虚假的，但是，每一个人都必须要有荣誉心。

“神是神，只有神才是神”这是犹太人在漫长历史中，屹立不倒的一句话。这是为什么呢？因为神有它的荣誉。

在社会里，“荣誉”代表着社会上的好评，“荣誉”也是代表自己的信誉。所以，犹太人认为一个人是否能保存自己的荣誉，完全在于自己，和别人一点关系也没有。因此，荣誉也好，信誉也好，首先是个人内心的问题，其次它才是社会的。

因此，既重视自我又重视别人的人，才是重视荣誉的人。

对于荣誉的独到理解，使犹太人能够辩证地处理好个人行为与别人看法的关系，这是一种成功的处世智慧。

与其超越别人，不如超越自己

懒惰是每一个人的大敌，也是人的天性。

犹太人很早就意识到这个问题，并在处世的过程中明确指出："与其超越别人，不如超越自己。"

超越自己，才能不断地鞭策自己前进，而不因为一时的懈怠或者暂时的成功而失去继续努力向前的动力。

知识如同银器，要经常擦拭，如果一天懒得动手，银器就会蒙上灰尘，失去亮光。犹太人认为，超越自己的事情一天都不能放松，尽量去学些不同的事物，将它们组合起来，才会有新的智慧和洞察力产生，这些不同的事物相互影响之后，往往会有许多新的创见。每个人都有与生俱来的创造力，只是有些人通过坚持不懈地学习，把它发挥了出来。更多的人则因为懈怠而让这种才能荒废掉了。

犹太人坚信这一点，于是在自己的法典上写下了："超越别人的人，不能算是真正的超越；超越从前的自我，才是真正获得超越的人。"

在犹太人眼中，与其千方百计地想要超越别人，不如勤以自勉，借以超越自己，这种人才能最终走上成功的道路。

犹太人有一则故事教导人们要去超越自己。

有一对父子都是拉比。父亲性格温和，考虑周到；儿子却孤僻、傲慢，所以他一直没有成功。

有一天，儿子对父亲抱怨这件事情。老人说：

"我的孩子，作为拉比，我们之间的区别是：当有人向我请教律法上的问题时，我给他回答。他提的问题以及我的回答，能让我的提问人和我都满意。但是若有人问你问题，则双方都不满意——你的提问人不满意是因为你说他的问题不是问题，你不满意是因为你不能给他一个答案。所以，你不能怪别人而必须放下架子鼓励自己，才能成功。"

“父亲，你是说我必须超越自己？”

“是的，”父亲回答，“真正超越从前自我的人，才是真正成功的人。”

超越自己的历史传统融入了犹太人的血液之中，所以，犹太民族成为最勤奋的民族。

在当今，大多数人的生活是不断复制的照片，一张与另一张极其相似，变得平淡乏味。

在这样的生活之中，保持一种不断前进的动力变得越来越重要了。犹太人更加珍视这种流传已久的传统，不断反省自己的生活，追求变化和超越。

正视金钱与性

犹太人做事讲求节制，但是如果把犹太民族看作是一个主张禁欲的民族，那就大错特错了。犹太人对人的基本需求采取的是一种相当宽容的客观态度。

犹太人正视人对于金钱和性的欲望，并不认为这是可耻的事情。在犹太人心中，这两者并不肮脏。相反，却是有益于人生的。

犹太教的拉比们认为，金钱和性有某种共同点，缺少了两者或其中之一，人们便会一股脑儿地想着这两件事，直到得到了之后，才会有心情去享受别的乐趣。所以，它们都是人生不可或缺的慰藉。

古代的犹太社会里，曾经有过很多隐士，他们为了摆脱世俗的烦恼，寻求神仙般的生活，就住进沙漠。一面向神祷告，一面苦修宗教，犹太人称这种人为“那吉尔人”。那吉尔人远离酒和女人，在沙漠地一住少则1年，多则10年。但是，一旦他们回到社会之中，就要请求神宽恕自己的罪。

因为在犹太教的观念之中，否定生存的喜悦是一种罪行。

这种观念犹太人保存至今。

对于犹太人来说，一时的脱离常规并不是不可饶恕的事情，比如时而酩酊大醉、口出呓语；时而引吭高歌、放松心情；有时甚至还要打架，疏散心中的郁闷，

这都是无可厚非的。但是，无论一个人如何摆脱常规，都应该让自己的行为有益于正常生活的维持。

犹太人并不害怕人生齿轮一时的混转，对于他们来说，可怕的是它终生地乱转。

犹太人并不以金钱和性为耻，但也绝不以此为荣。相反，对于金钱和性，犹太人认为要适当，不可过度沉迷其中。

对金钱和性，既不敌视，看若洪水猛兽，也不倡导放纵沉迷其中。主张对其应有一个正确客观的看法，这一点自古以来为许多民族所缺乏，而犹太人却独特地做到了。

掌握命运，开拓未来

犹太人的眼里只有个人的力量，其他的诸如家世显赫、门面堂皇之类的东西不过是与己无关的陪衬罢了。他们只相信自己的力量，认为自己的命运掌握在自己的手里，那种将个人的命运依靠在别人身上的人注定要过悲悯的一生。

《塔木德》中有这样一个故事：

有两个犹太人，一个是家世显赫的青年，另一个则是一贫如洗的牧羊人。家底殷实的青年非常神气，他为自己的祖先和自己的富有而自豪，并向牧羊人趾高气扬地吹嘘。牧羊人听后，毫不自卑地回应说："原来你是那样伟大祖先的后代啊！可是，你要知道，你或许是你们家族的最后一个人，而我却是我们家族的祖先。"

牧羊人的意思是说，尽管你很富有，但你不过是背靠着显赫的家势，并不能说明你自己有多大本事；我尽管贫穷，但我的一切都来自我自己的努力，而不是家族或祖先的给予，并且只要我努力去奋斗，我们的家族就可能因我而开始富裕，进而慢慢显赫起来，到若干年后，我就是我们这个显赫家族的祖先了。由此看来，在犹太社会当中，个体的存在是高于家庭，乃至家族的存在的。家族的存在不是不重要，但在个人的成功方面，家庭或家族并不是最重要的因素，最重要的因素是自

己，是个人的努力与奋斗。

正是基于此种认识，我们才有了马克思、爱因斯坦、弗洛伊德、奥本海默这样伟大的智慧头脑，而他们并没有来自一个个显赫的家族，他们唯一依靠的就是自己。

具体而言，怎样才能将命运握在自己的手心呢？在犹太人的思想和犹太商人的行动当中，可以体现出以下几点：

1. 要有顽强的独立意识；

2. 要具有自强不息的精神；

3. 要确立自己人生奋斗的远大目标；

4. 要在人生奋斗的历程中，积极进取，奋斗不已。

如果做到了这四点，估计你就找到了掌握自己命运的金钥匙。

十五、把逆境看作生活中不可缺少的磨炼

就一个人来说，判断他是否能有所作为不能只看其顺境时的志得意满，相反，面对逆境时的作为才能准确反映出他的人生态度和抗击打的能力，而正是这种态度和能力决定了其人生境界的高低。犹太人的成功不能不说与其视逆境为人生磨炼的态度大有关系。

人必须透过黑暗才能看到光明

犹太人不是指一个特定的人种，而是指所有信奉犹太教的人。在以色列，有白皮肤的犹太人，也有黑皮肤的犹太人，南也门犹太人是黑皮肤，而欧洲犹太人则是白皮肤的，他们的生活习惯也不尽相同，但他们的共同点就在于信仰相同，均信奉犹太教。犹太教有一种叫“加路特”和“苛拉”的信仰观念。“加路特”意即放

逐、苦行、赎罪；而“苛拉”意为从放逐中得到解救并赐予幸福。犹太人坚信，只要他们始终如一地相信上帝，不管受到怎样的苦难和流亡，最终他们都会得到幸福，回到上帝赐予的“应许之地”。正是这种“加路特”和“苛拉”的信仰观念，加上自认为是上帝“特选子民”的教义，使长期处于屈辱逆境中，历经战乱杀戮的犹太民族获得了永不枯竭的精神动力。虽历经沧桑却依然顽强生存，纵饱受苦难也决不绝望灰心，他们永远保持着坚韧的忍耐力和持久的积极进取精神。

德国纳粹占领东欧的时候，对犹太人极其残暴，意欲把他们赶尽杀绝。有个犹太家庭，全家4口躲在一间仓库的小阁楼上，全靠朋友接济度日。

每当纳粹巡逻队或不怀好意的市民走进仓库，他们全家人都得屏声敛气，一点声音都不敢弄出来。时间一长，他们学会了比手画脚，完全以动作来交换思想、传达感情。

为了生存，父母要轮流外出寻找食物和水。

3个月后的一天，母亲外出觅食未归，关心他们的市民说：“你们的母亲被德国兵抓住了。”半年后，父亲刚出门不久，两个孩子就听到一声枪响……

两个大人相继死后，寻找食物的重担就落在了姐姐的肩上。每当仓库附近有风吹草动，姐姐就掩住弟弟的嘴巴。姐弟俩相依为命，度过了一个多月的艰难时光。后来姐姐出去之后就再也没有回来了。从此以后，凡听到异样的声响，弟弟只有掩住嘴巴，不让自己发出声来。

世界上有许多犹太人就是这样生存下来的。他们永不绝望，只要一息尚存，就要为希望而忍耐。

犹太人认为彩虹是希望的象征，每经历一场暴风雨后，天空便架起桥一般美丽的彩虹。犹太人相信黑暗过后必是光明，这是他们存活下来的信念。

而反观世界上有些民族的人，却显得脆弱不堪一击。鸡毛蒜皮的小事，也使其陷入绝境。恋爱失败、高考落第便去自杀，实在是自暴自弃的做法。学术不被承认、工作得不到领导赏识便灰心丧气，消极悲观。

犹太人说，人的眼睛是由黑白两部分组成的，但为什么只让其透过黑的部分看到东西？答案是因为人必须透过黑暗才能看到光明。

这就是人类忍耐力和承受力的基础。

中国的孟子曾说过："天将降大任于是人也，必先苦其心志，劳其筋骨，饿其体肤，空乏其身，行拂乱其所为，所以动心忍性，增益其所不能。"孟子的意思是说：如果上天要让某人做大事、成就大业的话，就一定要让他经历一番苦难，比如贫穷、困厄、劳苦等，目的是以此来锻炼他坚韧不拔的毅力和忍耐力，增强他对未来、对前途的希望和进取心。对于大多数成就大业的犹太人而言，苦难都是他们挥之不去的记忆，而正是这种苦难的经历造就了他们日后的成功与辉煌。在无数艰难困苦的时刻，他们怀抱希望，积极进取，决不气馁，于是终于有一天，他们成功了，走到了世界经济舞台的前台。

罗斯柴尔德家族金融帝国的创始人——迈耶·罗斯柴尔德从小就生活在歧视和敌意之下。可以想象，在一浪高过一浪的反犹浪潮下，他们的日子有多么艰难。当他继承父业经营古旧钱币时，并没有人对这种古旧玩意儿感兴趣，但他没有心灰意冷，他相信凭着自己的执着就一定能赢得机会。他苦心经营，更苦心钻研"古旧钱币学"。后来，他有机会同一位贵族将军交易，尽管此人傲慢无礼，目中无人，但最终还是被迈耶的博学和幽默所感染。从此以后，迈耶开启了他成功事业的大门。不过，在他的前半生中，他只算是一个小有名气的钱币商，这显然填不饱他的胃口。但他不急不躁，平静地等待着，暗暗地集聚着力量。他为比海姆公爵服务了20年，对于心怀大志、想出人头地的迈耶而言，在别人的手下做事显然有违自己的性格，但他忍耐着。法国大革命的爆发促成了欧洲军火和金融市场的空前活跃，于是迈耶终于有了大展身手的机会。他非常活跃地从事着军火和金融交易，苦苦修炼了20年，巨龙终于从黑暗、寒冷的海底一跃而起，挟疾风劲雨之势，掀起了翻江倒海的波澜，并最终成为欧洲金融帝国的掌门人。

迈耶的生活历程向我们暗示了一个道理，苦难并不可怕，只要我们坚韧不拔，

怀抱希望，积极进取，漫长的苦难与忍耐之后，就是光明的曙光显现之时。

不怕失败才能征服失败

犹太人做生意虽然精明，但也不能保证 100%的成功率。他们的成功秘诀除了那一套生意经，还有就是依靠一股不怕失败、永不服输的精神。

罗森沃德是美国最大的百货公司西尔斯—娄巴克公司的最大股东，他也是美国 20 世纪商界的风云人物。然而，这个做服装生意起家的富翁却也经历了许多创业时的失败与艰辛。

罗森沃德 1862 年出生在德国的一个犹太人家庭，少年时随家人移居美国，定居在伊利诺伊州斯普林菲尔德市。

罗森沃德的家境不大好，为了维持生活，中学毕业后，他就到纽约的服装店当跑腿，做些杂工。罗森沃德从幼年时就受犹太人教育的影响，具有艰苦奋斗的精神。他确信凡人皆有出头之日，一个人只要选定了目标，然后坚持不懈地往目标迈进，百折不挠，胜利就一定会酬报有心人的。罗森沃德本着这种精神，十分卖力地赚了几百块钱。

“我要当一个服装老板。”这是罗森沃德的奋斗目标。为了实现这个目标，他除了在工作中留心学习和注意动态外，把全部的业余时间都用于学习商业知识，找有关的书刊阅读。到 1884 年，他自认为有些经验和小小的本金了，决定自己开设服装店。可是，他的商店门可罗雀，生意不佳，经营了一年多，把多年辛苦积蓄的一点点血汗钱全部赔光了，商店只好关门，罗森沃德垂头丧气地离开纽约，回伊利诺伊州去了。

痛定思痛，罗森沃德反复思考自己失败的原因。最后，他找出了原因：服装是人们的生活必需品，但又是一种装饰品，它既要实用，又要新颖，这才能满足各种用户的需求。而自己经营的服装店，没有自己的特色，也没有任何新意，再加上自己的商店尚未建立起商誉，没有销售渠道，是注定要失败的。针对自己出师不利的

原因，罗森沃德决心改进，他毫不气馁，继续学习和研究服装的经营办法。他一边到服装设计学校去学习，一边进行服装市场考察，特别是对世界各国时装进行专门研究。一年后，他对服装设计很有心得，对市场行情也看得较为清楚。于是，他决定重整旗鼓，向朋友借来几百美元，先在芝加哥开设一间只有10多平方米的服装加工店，他的服装店除了展出他亲自设计的新款服装图样外，还可以根据顾客的需求对已定型的款式加以改进，甚至完全按照顾客的口述要求重新设计。因为他的服装设计款式多，新颖精美，再加上其经营灵活，很快博得了客户的欣赏，生意十分兴旺。两年后，他把自己的服装加工店扩大了数十倍，改为服装公司，大批量生产各种时装。从此以后，他财源广进，声名鹊起。

在人生中，失败时常发生，失败了也别悲观，因为失败并不意味着没有希望，相反“失败”是成功之母，活用失败与错误，是自我教育和提高的有效途径。商场如战场，成功的背后可能有更多的失败和辛酸。作为商人，面对失败，就应该像爱迪生那样坦然面对而决不气馁。爱迪生一生有1000多项科技发明，当有人问他经过许多试验而失败时是否会感到心灰意冷，他回答说：“不，我抛弃了错误的试验，重新采取别的方法，决不沮丧!”的确，面对失败，一定要记住决不气馁！按现代管理学的概括就是：失败就是我们学习曲线和经验曲线的自变量，只有经历失败，才会吸取教训和积累经验，为下一次成功做准备。

什么情况下都对未来充满希望

或许再没有哪一个民族像犹太民族一样，经历过那么多不幸，经历过那么多压迫和杀戮。犹太人四处流浪，他们从血腥的屠杀中挣脱出来，他们从险象环生的黑暗丛林中突围出来，他们在无尽的偏见和仇视中默默地抗争着、奋斗着。面对不幸与欺辱，他们从未被击倒，身临困厄与逆境，他们从不畏缩和气馁；他们坚信自己是上帝的“特选子民”，只要自己不失去信念，不停止奋斗就最终会取得胜利；他们把逆境和打击看作检验自己信念与意志的机会，也把它们看成是下一次成功的垫

脚石。他们已经历了太多的不幸与风浪，习惯了不如意之事十之八九的人生，深知世上决不会一帆风顺。犹太人认为：人生就是一个挣扎与奋斗的过程，只受过一次打击就一蹶不振的人才是真正失败的人，而只要敢于从失败中重新认识自己，吸取经验和教训，就可以到达新的起点，最终取得成功。我们周围充满着困难与障碍，也充满着希望与绝望，我们要做的就是坚定信念，培植希望。《塔木德》上记载着这样一个故事：

有3只青蛙掉进了鲜奶桶中，第一只青蛙说："这是神的意志。"于是盘起后腿，一动不动，静静地等待着。

第二只青蛙说："这桶太深，没有希望出去了。"于是绝望地慢慢死去。

第三只青蛙说："糟糕，怎么掉到鲜奶桶里了，但只要我的后腿还能动，我就要奋力向上跳。"

这只青蛙一边划一边跳，慢慢地，青蛙的后腿碰到了硬硬的东西，于是它奋力一跃，跳出了奶桶。原来，鲜奶在它的搅拌下渐渐变成了奶油。

第一只青蛙相信宿命，第二只青蛙毫无信念可言，第三只青蛙坚守信念，顽强努力，充满希望，这便是犹太人的写照。

犹太人顽强而坚韧的精神意志和挑战风险、永不气馁的进取意识，恰恰构成了犹太人成功的又一重要精神积蕴，从而使他们在充满竞争的世界舞台上纵横捭阖、卓尔不群。犹太人不但敢于冒险，更能在逆境当中从容镇定、自由应付。他们不怕风险，更善于在风险中施展自己的智慧和生存技巧。他们面对失败，决不气馁，而是吸取教训，重新再来。

时刻具有危机意识

人们评价犹太人的危机感及忧患意识时说："每当幸运来临的时候，犹太人总是最后感知；而每当灾难来临的时候，犹太人总是最先感知。"

任何一个犹太人都知道他们是输不起的，他们只能成功。因为，失败了，就意

味着灭亡和永远没有机会再来，因而，他们都异常地努力。很多犹太人就是在处于别人看起来根本就不可能东山再起的绝境时，取得了成就。查看犹太名人的少年经历就会发现，在10个犹太名人里面，有八九个是从小在苦难、坎坷中长大的。犹太人的这种逆境成功的精神，永远为世人所敬佩。

有这样一个科学实验：

科学家烧开一锅油，把一只青蛙放在滚热的油锅旁边，那只青蛙在快到油面的时候，竟然跳离了油锅。然而，把这只青蛙放进注满水的锅里，下面放火去煮，这只青蛙开始还觉得温热，后来水越来越热，它却不愿意离开锅里，最后被开水煮死。

犹太人就像那只快触到油锅的青蛙，他们时刻充满了危机意识，在任何情况下都保持着警惕。许多犹太人的一生经历了许多痛苦和磨难，因此，当他们有了安定的生活的时候，他们是决不会忘记曾经受过的苦难的。在他们的心里，时刻充满了警惕，目的就是不让自己忘记过去。

一天，犹太教士胡里奥在河边遇见了忧郁的年轻人费列姆。

费列姆唉声叹气，愁眉苦脸。

“孩子，你为何如此郁郁不乐呢?”胡里奥关切地问。

费列姆看了一眼胡里奥，叹了口气：“我是一个名副其实的穷光蛋。我没有房子，没有工作，没有收入，整天饥一顿饱一顿地度日。像我这样一无所有的人，怎么能高兴得起来呢?”

“傻孩子，”胡里奥笑道，“其实，你应该开怀大笑才对!”

“开怀大笑？为什么?”费列姆不解地问。

“因为你其实是一个百万富翁呢!”胡里奥有点诡秘地说。

“百万富翁？你别拿我这穷光蛋寻开心了。”费列姆不高兴了，转身欲走。

“我怎敢拿你寻开心？孩子，现在能回答我几个问题吗?”

“什么问题?”费列姆有点好奇。

“假如现在我出 20 万金币买走你的健康，你愿意吗?”

“不愿意。”费列姆摇摇头。

“假如现在我再出 20 万金币买走你的青春，让你从此变成一个小老头，你愿意吗?”

“当然不愿意!”费列姆干脆地回答。

“假如我现在出 20 万金币买走你的美貌，让你从此变成一个丑八怪，你可愿意?”

“不愿意! 当然不愿意!”费列姆的头摇得像个拨浪鼓。

“假如我再出 20 万金币买走你的智慧，让你从此浑浑噩噩地度过一生，你可愿意?”

“傻瓜才愿意!”费列姆一扭头，又想走开。

“别慌，请回答完我最后一个问题——假如现在我再出 20 万金币，让你去杀人放火，让你从此失去良心，你可愿意?”

“天哪! 干这种缺德事，魔鬼才愿意!”费列姆愤愤地回答道。

“好了，刚才我已经开价 100 万金币了，仍然买不走你身上的任何东西，你说你不是百万富翁，又是什么?”胡里奥微笑着问。

费列姆恍然大悟。他谢过胡里奥的指点，向远方走去……从此，他不再叹息，不再忧郁，微笑着寻找他的新生活去了。

这就是犹太人，他们坚信可以凭借自身的实力来获得财富，改变自己的命运，外在的条件都是可以改变的。

一个人不可能一辈子一帆风顺，相反却会遭遇到许许多多的不幸、挫折和失败，所谓“人生不如意十有八九”，那么，面对失败，该怎么办? 应该像犹太人那样去探索未知的领域，去挖掘自我潜能的极限。但是，如果冒险失败怎么办? 很简单，像犹太人那样从失败中学习，再重新开始，失败挫折并不可怕，可怕的是从此一蹶不振。只要善于吸取教训、总结经验，终将到达成功的彼岸。当然，失败的滋

味是很不好受的，但痛苦之余，不要忘了从正面透视失败，彻底探索导致失败的因果关系及其暗藏的意义，从失败中学到的东西是无可比拟的宝贵财富。不妨这样说，只会一味品尝失败记忆的人实际上尚未成熟，只有坦然面对失败的人才是真正成熟的人。

犹太人在逆境中善于运用他们自己的智慧来改变命运，我们来看下面这个例子。

一对犹太父子在外经过多年的奋斗，终于挣了一大笔钱。他们把钱换成一些珍贵的珠宝、古董、字画，因为他们知道把这些运回家乡又可以挣一笔钱。他们小心翼翼地把这些贵重物品用箱子装好，并包租一艘船从海上回家。

但是，不幸的是，海员们发现了这些珍宝，并且密谋要抢劫和杀害这对犹太父子。得到消息后的父亲和儿子很紧张，考虑如何脱身，可是茫茫大海，海员们又人多势众，怎么办呢？

于是，父亲大骂儿子："你如此不孝顺，我这么辛苦为了什么？"说着，他打开箱子把珠宝、古董、字画通通丢到大海中。海员们看得目瞪口呆，但为时已晚，只能眼睁睁地看着珍宝葬身大海。于是海员们不得不放弃罪恶的计划，把犹太父子送到了目的地。

一上岸，犹太父子就把海员们告上法庭。法官认为一个人只有在生命受到侵害时，才会抛弃自己的财富，于是认定海员们有罪，判决海员们归还价值相等的金币给犹太父子。

从这个故事可以看出，犹太人面对危机却不慌张，他们善于从危机中寻找到希望，战胜一切困难，从而保护自己的利益。

自强不息才能把握自己的命运

世界连锁店先驱卢宾，是1849年出生于俄国的犹太人。他随父母生活在俄国，受到歧视，不得不迁居到英国，在那里生活了两年，由于温饱没有保障，又不得不

迁居到美国纽约。没有条件读书，他 16 岁那年跟随淘金潮流到了加州去淘金。黄金没有淘到，迫使他另谋生路，从卖小日用品开始，逐步发展成大商店，最后创造出连锁商店经营模式，成为大富豪。卢宾的成功，在于没有因为几经波折而气馁；在淘不着黄金的情况下，动脑筋、想办法，从千千万万的淘金者身上打主意。卢宾想到淘金者在矿场上需要各种日用必需品，就以这点作为突破口，走上规模经营和连锁销售的发迹之路。

自立当自强，自强促自立，两者相辅相成。“世上无难事，只怕有心人”，世间没有不能成功的事，只有不愿成功的人，他们渴望成功，但却受不了成功所要付出的代价。杰出的人物之所以能成功，一个重要的原因就是他们均能自强不息，并且具有必胜的信念。生活中总有许多人抱怨自己没本事，从而消极平庸度过一生，但实际上每个人都有成功的潜质，正如拿破仑所言：“世上没有废物，只是放错了地方。”只要选准一条适合自己的路，坚持下去，自强不息，积极进取，就一定能成功。

自强不息是犹太人的一个优良传统，在困难和挫折面前他们从不退缩，迫害和杀戮也封锁不了他们前进的道路。从罗马帝国时代起，犹太人便被迫离开故土，浪迹天涯。在漫长的流亡漂泊岁月中，犹太民族的特性、宗教、语言、文化、文学、传统、历法、习俗和智慧没有因为这 2000 多年的悲惨民族史而分崩离析，他们至今仍保持着自己民族的特色和凝聚力。千百年来，犹太人人才辈出，精英遍布世界。处境恶劣与成果卓著形成的强烈反差，是这个民族旺盛的生命力和自强不息的进取精神的反映。

巴拉尼是一个犹太人的儿子，年幼时患了骨结核病，由于家境不富裕，无法医治好，他的膝关节永久性地僵硬了。但是，他没有因此而丧失生活的信心，相反，却增加了生存和创业的决心。他立志学习医学，历尽艰难，终于学有所成，特别是对耳科绝症有独到的研究。他一生发表了 184 篇医学科研论文和两本很有研究价值的论著《半规管的生理学与病理学》《前庭器的机能试验》。由于科研成果卓著，

他获得了所在国奥地利皇家授予的爵位，并于1914年获得诺贝尔生理学及医学奖。可以说，这些荣誉和奖励是对他自强不息精神的一种报酬。

让我们再从以色列国来看犹太人的自强不息精神，这个国家中犹太民族占主导地位，犹太人占全国人口的83%以上。历尽沧桑的犹太人，于1948年才在亚洲西部、地中海东岸约2万平方公里面积上建立起以色列国，这是一个自然条件极其恶劣的国家。全国国土有80%~90%是沙漠和荒丘，几乎是“不毛之地”。全国资源贫乏，淡水奇缺。但以色列的犹太人自强不息，靠其民族的顽强生存意识和智慧，经过40多年的建国创业，使这块土地出现了举世闻名的奇迹。“不毛之地”长出了丰硕的庄稼，农业不仅使以色列国民自给自足，而且还成为该国出口创汇的重要组成部分。他们把荒丘和沙漠开发成良田，1949年到1984年间，共改造和开发出27.2万公顷可耕作土地。由于缺少农业用水，他们便采用远地引水技术和滴灌技术开源节流，不但解决了用水问题，还成了世界农业用水技术的榜样和先驱。今天，以色列人口是建国初期的8倍多，该国的农业产量却比建国初期增长了16倍多。

以色列不但在农业方面取得了巨大成就，工业和其他行业同样也取得了飞跃发展，现在，以色列的国民生产总值已人均年超10000美元了，进入了世界经济先进国的行列。

可见，自强不息精神是催人奋进和获取成功的法宝，是犹太人的一门制胜术。有了自强不息的精神，就会产生信心，有了成功的信心，就会设法发挥自己潜在的力量，把这种力量用在自己的奋斗目标上，就可以排除万难坚持下去，终会拥抱成功。这就是俗语所说的“精诚所至，金石为开”。相反，没有自强不息的精神，轻易地妄自菲薄，压抑自我发展的想法和潜力，成功就会敬而远之。

把苦难作为成功的最大动力

可以说，犹太人是世界上经历苦难最多的民族。但也许犹太人获得成功的动力，正是他们在2000多年里所遭受的蹂躏和苦难。这些苦难使得他们更加团结；

使得他们意识到家庭教育的重要性；使得他们不能从事工业、农业，只能选择商业或者艺术；赋予了他们赶超他人的最大动力；培养出了他们的很多优点，例如爱国、守约、节俭以及商业上的智慧等。

历史上的犹太人，尽管一再被异族统治者折磨、奴役，但他们每次都能凭借经济手段重新站起来。在许多统治者眼里，犹太商人成了他们摆脱困境的法宝。每当经济不景气时，他们就将犹太商人召来，而等犹太商人将经济发展起来时，君主们又会将他们的财产没收，并将他们赶走。

诸如此类的事情在法国、英国、德国、意大利等国频繁发生，犹太商人一次次被召回来，又一次次被赶出去。正是在这频繁的反复无常中，犹太商人随时都经受着血与火的考验，并对他们的商人素质进行了最为严格的锻炼与筛选，迫使他们不断提高经商才干。几经反复之后，使得犹太人“修成正果”，最终成了公认的“世界第一商人”。

也许，犹太人并不是天生就会做生意，完全是后天艰难环境造就了他们。如果不是国破家亡，犹太人的生意才能说不定会朝别的方面发展呢。

犹太人还有一个习惯——纪念战败的日子，也就是纪念屈辱的日子。世界上大部分民族的节日都含有庆祝的意味，而犹太人的节日大多是为了记取他们曾经遭受的苦难与失败。他们在每一年的节日中，回忆祖先的失败，借以警惕和自我激励。所以有人嘲笑犹太人，说他们是“败北的天才”。但这正是犹太人的可敬之处，他们深信：只有记住苦难的经历，才会产生出强大的力量。

在犹太民族的纪念日中，最隆重的节日是“逾越节”了，那是摩西率领犹太人越过沙漠千里迢迢地回到以色列的纪念日。就在这胜利的纪念日里，犹太人仍然没有忘掉那段苦难的日子，他们会在“逾越节”的晚上，吃一种叫作“玛索”的很粗糙的面包。这种面包正是当时犹太人在埃及做奴隶时吃的，它所代表的是屈辱。犹太人让后代子孙吃这种面包，就是让孩子品尝祖先们曾经受过的屈辱，并教育孩子如何在痛苦中坚强起来。

即使在结婚这样喜庆的事情上，犹太人也会提醒新人不要忘记苦难。婚礼规定新人喝完酒后，不能把酒杯放入盘中，而是把酒杯摔碎，这个动作表示两个人要同甘共苦，一起度过哪怕是苦难的一生。

人的精神力量是无限的，可以创造任何奇迹。犹太人就是犹太人，他们即使遭受再多、再痛苦的磨难，也会在艰难中顽强地生存下来。

犹太女作家戈迪默无疑是犹太民族这种精神的代表。她是第一位获诺贝尔奖的女作家，也是诺贝尔文学奖设立以来的第七位获奖者。当然，这份荣誉是她用40年的心血和汗水换来的。

戈迪默于1923年11月20日出生在南非约翰内斯堡附近的一个小镇。小的时候，她梦想着当一位芭蕾舞演员，但事与愿违，因为体质太弱，她经常被一些小病痛纠缠着。不得已，戈迪默只好放弃了这个理想。

命运的残酷不只是如此，8岁那年，戈迪默又因患病离开了学校，中断了学业，终日坐在床上与书为伴。

整天看书使得戈迪默对文学产生了浓厚的兴趣。于是，她从9岁就开始了文学生涯，经过努力，15岁的时候，她的第一篇小说在一家文学杂志上发表了。几年以后，戈迪默的第一部长篇小说《说谎的日子》问世。该书优美的笔调、深刻的思想内涵，轰动了当时的文坛。此后，戈迪默的创作一发而不可收，相继写出10部长篇小说和200多篇短篇小说。

惊人的产量，加上精致的品质使她连连获得各种文学奖。主要有W·H·史密斯文学奖、詹姆斯·台特黑人纪念奖、南非CNA文学奖、英国布克奖、法国埃格尔文学大奖、意大利普莱米欧·马拉帕特奖、德国奈莉·萨克斯奖、美国班奈特奖等。此外，她还是法国文学骑士勋章获得者、美国艺术科学院荣誉院士和国际笔会副主席。1991年，她在6次提名之后获得诺贝尔文学奖。

有谁能否认，在戈迪默的成就里有一份苦难的“功劳”呢？

勤奋是摆脱逆境的良方

勤奋是成功的必需条件，我们常常听说有很多人因为勤勉而成功，但却从未听说因为懒惰而成功的人。虽然勤勉并不一定能获得成功，但是无论如何，人们只有辛勤地工作才有成功的希望。人处逆境之中更是如此。

1926 年，爱因斯坦在加利福尼亚讲学的时候，拜访了当时红遍天下的滑稽大师卓别林。卓别林准备了丰盛的晚餐，以家宴的形式招待了这位伟大的科学家。

在家庭宴会上，卓别林不知怎么突然对相对论产生了深厚的兴趣，就问爱因斯坦："相对论是怎么在您的头脑里产生的?"为了回答这个问题，爱因斯坦回忆了发现相对论那天早晨的情况。

"那天早上，我和往日一样，穿着睡衣从楼上下来用早餐。突然间，我有了一个惊人的想法，就马上回到楼上的书房里。一待就是两个星期，每天叫人把饭菜送上楼来。终于有一天，我从书房里拿出了两张纸，这就是相对论。"

决没有什么天才，只是更为勤奋罢了。爱因斯坦在创立相对论时，深感自己的非欧几何知识不足，为了实现自己的奋斗目标，他立志专攻非欧几何。经过发奋努力，爱因斯坦补足了这方面的知识，最后才创立了闻名世界的相对论。这就是爱因斯坦成功的秘诀，也是犹太人成功的秘诀。

犹太人的父母很注意培养他们子女的勤勉精神。犹太人认为勤劳的人，造物主总是给他们最高的荣誉和奖赏；而那些懒惰的人，造物主不会给他们任何礼物。犹太人崇尚工作，他们讨厌整天清闲、无所事事、到处游走，他们认为那是最难受的事情，而整天勤勉甚至紧张地工作才是他们喜欢的。

可以说，犹太人是世界上最为努力的民族，他们似乎是一群从来不知疲倦的、辛苦工作的人，他们可以长期忍辱负重地工作而没有丝毫的怨言。正是这种勤勉的习惯成就了许许多多的犹太富翁。

犹太人哈同当年在上海，将洋行的房屋和地皮出租给他人。为了准时收到租

金，他经常亲自上门催讨。即使他成为大亨后，也乐此不疲，总是亲自出马收租，有时只为了区区的十几元，他也不辞辛劳、不怕麻烦，穿过小弄堂走进破旧的老式房子，踩着吱吱作响的狭窄楼梯，挨家挨户地敲开每家的房门。如果遇到租户不在家，他就会在杂乱、脏臭的破厨房里等上几小时，这同他的大亨形象形成明显反差。正因如此，他有了这样一个绰号——“终身致力于收租的人”。

以色列人杜伐夫，大学毕业后就进入电机公司做了管理员。以后一直在电机公司工作 20 多年，从管理员到经理，又从经理升到总经理。最后，他的电机公司成为当今以色列最有名的电机公司，在同行业中位居老大，拥有资产上亿美元。

是什么原因促使他成功的？还是勤勤恳恳、任劳任怨的工作态度。杜伐夫最初做管理员时，工作总是尽心尽力、认认真真，由此得到了老板的信任与赏识，他才有了出人头地的机会。

电报业巨子萨尔诺夫小的时候，家境十分清贫。在读小学的时候，他就利用放学时间及节假日做工，挣点钱贴补家用。父亲去世后，他只好辍学当童工，15 岁的他就挑起了全家生活的重担。

他在一家邮电局找到一份送电报的工作，工作异常辛苦，一天要送 20 份电报，为了一份电报，有时候要跑上几公里路。当他回到家里的时候，已经是深夜两三点了。为了多送几份电报，他又不得不在早晨五六点的时候赶到电报大楼。

但他始终在忙碌中坚持学习，他以惊人的毅力，居然学会了当时几乎没有几个人能懂的国际摩斯电码操作法，于是他被破格提升为发电报的报务员。

工作中，萨尔诺夫十分勤奋，可以连续 72 个小时守在电报机旁，不间断地收发信息。因此，30 岁那年，他被升任为无线电公司——一所超大型高科技公司的总经理。这样卓越的成绩，在当时是绝无仅有的。这是他勤勤恳恳的工作态度带给他的好运。

好运不会从天而降，犹太人从不会守株待兔地坐等好运，他们深知，让自己摆脱苦难的唯一方法就是勤奋工作。勤奋加智慧成就了无数犹太人的财富梦想。

十六、靠做人准则维护做人的尊严

一个人有一个人的做人准则，犹太人作为一个族群有着一些统一的准则，这些准则已经渗透到犹太人的身心内部，在与人交往过程中指导着他们的行为。正因为有了这些准则，犹太人在各种艰难的条件下都能维护自己基本的做人尊严。

从不逃避自己该负的责任

犹太人认为，因为人总是在世界的中心，不能完全抹掉自己，当然也就不能抹掉自己的全部责任，只要存在一天，人们就会有一天的责任，即使可以把其中的一半责任推给环境，但自己仍须负担另外的一半责任。

不朽的上帝对他的使者盖博瑞儿说："去！在那些正直人的前额上用墨水做个标记，这样破坏天使就不会伤害他们；在那些恶人的前额上用血做出标记，破坏天使就会消灭他们。"

这时正义站在上帝面前说："宇宙之王，第一种人和第二种人有什么不同?""第一种人是彻底的好人。"上帝回答说，"第二种人是彻底的坏人。"

"宇宙之王，"正义争辩道，"正直的人有力量反抗其他人的行为，可是他们没有这么做。"上帝回答说，"你知道，即使他们反抗过了，邪恶的人也不会听他们的话。""宇宙之王"正义说，"你知道那些坏人不会改变，可是那些正直的人知道这一点吗?"

由于正直的人没有反抗，上帝改变了主意，没有把他们和邪恶的人分开。

这是上帝对于一个放弃自己责任的人的处置。

放弃自己的责任是上帝不能宽恕的，所以犹太人在现实的生活中，从不逃避自己的责任。为了负起自己的责任，他们甚至可以倾家荡产，可以去牺牲性命。正是

因为犹太人在任何时候都不会放弃自己的责任，所以他们在别人心中是讲究诚信、注重契约的人。

在犹太人眼中，人永远无法逃避责任。自瞒自欺容易，但却无法逃离世人锐利的眼睛。因此，自己的责任一定要自己负。

不逃避自己的责任、自己的责任自己负，这是犹太人为人处世的一个原则。也正是由于他们这样做了，犹太人才在世界上赢得了尚好的声誉。

自大的人是最丑陋的人

世界上有很多不美丽的东西，但是其中最丑陋的便是“自大”。

犹太古谚有一句批评自大的话：“没有你，太阳照样东升西下。”

犹太人认为，当人自满自大时，就会失去一个人应有的谦虚以及改过向上的念头。自满自大的人很容易犯过错，因此，《犹太法典》虽不认为自大是一种罪过，却认为它是一种愚昧。

有很多人总以为自己是世界的中心，但是周围的任何人却绝不可能那么重视自己，因此他厌恶别人的漠不关心，同时更为自己没有达到更高的目标而生气，于是就会产生过度的自我嫌恶。在犹太人看来，这也算是自大的一种。

因为这种自我嫌恶和虚荣心是互为表里的。

犹太人说：“如果自己的内心已由自己占满时，就再也不会有留给神住的地方了。”因此在犹太人中，在夸奖别人之前，决不会夸奖自己。

犹太人告诫孩子们不可自大时，常引用《圣经·创世纪》的内容。

在《创世纪》中，神首先分别光明与黑暗；再分割天空和地面；并将地面划分为水、陆；然后他开始创造生物；到了最后才创造人——亚当；因此，甚至连跳蚤都比人早到这个世界，人有什么了不起呢？就是在动物面前，人连耀武扬威的资格也都没有。

谦虚是美德，因此《犹太法典》对谦虚有很严格的规定。《犹太法典》告诫人

们："即使是一个贤人，只要他炫耀自己的知识，他就不如一个以无知为耻的愚者。"

犹太人有许多嘲笑不谦虚的人的故事。

有一位从事神圣工作的拉比好像在熟睡。他的旁边坐着信徒，他们正在讨论这位神圣的人无与伦比的美德。

"他是多么虔诚！"一个信徒带着陶醉叫了出来，"在整个波兰也找不到第二个像他的人！"

"谁能和他比仁慈？"另一个狂热的呐喊，"他给人宽广无私的施舍。"

"他有多么温和的脾气！难道有谁见过他激动吗？"另一个信徒眼睛发光地低语。

"啊，他是多么的博学！"一个信徒用圣歌般的调子说，"他是第二个拉比！"

信徒们陷入了沉默，这时，这位拉比慢慢地睁开了一只眼睛，用一种受伤害的表情看着他们。

"怎么没有人说说我的谦虚？"他责备说。

这则故事的名字就叫《谦虚的拉比》，它嘲讽了一个毫不谦虚的拉比的愚蠢。

此外，法典还对自大的危险提出了警告："金钱是自大的捷径，而自大是罪恶的捷径。"

不把内在显现给别人看的人，才是最聪明的人。不自大，也是犹太民族处世技巧之一。

不能用任何方式侮辱别人

犹太教司本·阿拉斯加认为："侮辱别人没必要受到身体的惩罚，但必须受到道德的宣判。而且暗示性的侮辱和直露的侮辱一样严重。"

有人问犹太人拉比阿拉斯加这样一个问题：

有个人和朋友发生了争吵。这个人对朋友说："我可不是杂种！我可不是叛教

的人！我可不是有罪的人！”难道他的话不是暗指他的朋友是一个杂种、叛教、有罪的人——言外之意是：“我不像你那样，是一个杂种或有罪的人。”

拉比回答说：“看起来那个人的话好像暗示着我不是像你那样的某种人。毕竟，他的朋友并没有先骂他是一个杂种或有罪的人。他没有必要否认那样的称呼，除非他有所暗示：‘我可不是你那样的人。’”

在这个故事中，那个人似乎公开地说：“我可不是某某，像你一样。”尽管这个人言语中没有这层意思，但是他侮辱了自己的朋友，应该受到谴责。

这个故事可以和另外一个故事联系起来。据说拉比希思达问自己的老师拉比胡那：“老师需要弟子，就像弟子需要老师一样。那么弟子应该对老师表示什么样的敬意呢?”

拉比胡那把这个问题看作是对自己的暗示性的侮辱，便大叫起来：“希思达，希思达，我不需要你，可是你一直到40岁之前都会需要我。”此后，他们一直生对方的气，很多年不来往。

也许拉比希思达的话并不是侮辱，却被拉比胡那理解为诽谤的意思，从他的观点来看似乎拉比希思达在公开地侵犯他。

许多犹太社区的拉比们对侮辱和嘲笑规定了严厉的惩罚办法。犹太学者拉比所罗门·本耶谢尔·路里亚在他的释疑书里，声言要把一个侮辱妇女的男人驱逐出教会，哪怕那人是在私下里悄悄说了侮辱的话。

这是在犹太人中广为流传的故事，非常琐碎的小事足以反映犹太人是何等的信守不侮辱他人的这个准则。

有权威也不能随便使用

即使父母很坏，坏到“已经被判处死刑，走在去刑场的路上”，儿女们也不能诅咒他们，因为儿女们欠父母的实在太多了，但儿女们不必违背自己的良知，盲目地服从父母。

父母不能阻止儿子的婚事以便他继续为他们干活，也不能让他娶妻之后仍然和他们在一起生活……

如果他能赡养和照顾父母，他就有权利找个妻子，到别的地方居住，只是他要知道父母在感情上并非不愿接受她。

如果他看上了出身良好的姑娘，可是他父母希望他娶一个出身不好的，因为她的亲戚很有钱，那么他不必屈从父母的意愿，因为他们的做法应当受责备。

拉比以利则·本·海克努斯22岁了，还没有学过《律法书》。有一次他下定决心说："我要去跟着拉班约翰拿·本·扎凯学习《律法书》。"他的父亲海克努斯对他说："你不把整块地犁完，就别想吃一点东西。"

他早早地起床，犁完了整块地，然后就出发去了耶路撒冷……

当他的父亲海克努斯听说他在跟着拉班约翰拿·本·扎凯学习《律法书》，他宣布："我要去禁止我的儿子以利则使用我的财产。"

据说，那天拉班约翰拿·本·扎凯正在耶路撒冷演讲，以色列所有了不起的人都坐在他面前。当听说海克努斯来了，他召集了卫兵，对他们说："如果海克努斯来了，不要让他坐下。"海克努斯来了，他们不让他坐下。但是他往前挤，坐在富有的、高级城市领导人中间。

"我们不能说了。"拉比以利则恳求道。

拉班约翰拿催促他，同学们催促他，所以他站起来发表了人们从未听到过的演讲。当话语从他口中说出来的时候，拉班约翰拿·本·扎凯站起来吻了他的头，大声说："拉比以利则大师，你教给我真理了！"

休息的时间还没到，他的父亲海克努斯站起来说："大师，我来这里是为了禁止让我的儿子以利则使用我的财产，现在，我所有的财产都应该给我的儿子以利则！"

但父母和孩子，谁更重要呢？

父亲的爱给了孩子，孩子的爱又给了他们自己的孩子。

从前有一只鸟，带着3只雏鸟要飞过波涛汹涌的大海。大海太宽阔，风太猛烈，父亲不得不用爪子把小鸟一个一个地带过去。当他带着第一只小鸟飞到一半的时候，突然一阵大风刮来，他说："孩子，看看我为了你怎么拼命地努力。当你长大的时候，你能像我这样照顾我的晚年吗？"

小鸟回答说："只要把我带到安全的地方，当你老了的时候，你要我做什么都可以。"

于是父亲把小鸟丢进了大海里，小鸟淹死在水里的时候，父亲说："对你这样的骗子就应该这么做。"

然后父亲返回岸边，带着第二只小鸟，问了同样的问题，听到了同样的回答，把第二只小鸟也淹死了，大叫着："你也是个骗子！"

最后，他带着第三只小鸟过海，当他也问到同样的问题时，最后这只小鸟回答说："我亲爱的父亲，你确实为了我冒着生命危险，拼命地努力，如果你老了我不报答，那是错误的。但是，我不能束缚自己。可是，我可以保证：如果我长大了，有了自己的孩子，我就要像你对待我这样对待他们。"

对此，父亲说："说得好，孩子，你很有智慧；我要饶了你的命，把你带到安全的地方。"

上面讲的都是犹太人中流传的小故事，都揭示了父母不应该对子女滥用权威，同样也告诉我们在与人相处中也不应滥用自己的权威。

还有这样一个故事：

皇帝安冬尼有一次派使者到朱丹拉比那儿，问了这样一个问题："帝国的国库快要空了，你能给我一个增加的建议吗？"

朱丹拉比没有回答一句话，他把使者带到了他的花园，然后安静地干起活来。他把大的甘蓝拔掉，种上小甘蓝，对甜菜和萝卜也是这样。

看到朱丹拉比无意回答问题，使者对他说："请给我个回信。"

"你什么都不需要。"

于是，使者返回到安冬尼那儿。

“朱丹拉比给我回信了吗?”皇帝问。

“没有。”

“他跟你说什么了吗?”

“也没有。”

“那他做了什么?”

“是的，他把我领到他的花园里，把那些大蔬菜拔掉，种上小的。”

“那我明白他的建议是什么了!”皇帝兴奋地说。

于是，他立刻遣散了他所有的官员和税收大臣，换成少量的但更有能力、更诚实的人。不久，国库就得到了补充。

犹太人运用这个故事说明，国王要补充国库时，应该去想办法，而不能以不利的条件去强迫百姓多缴税，不去强迫别人做他们不愿意做的事情，这是犹太人的处世方法之一。在现实生活中，犹太人更反对以不利条件去强迫别人。

对于以不利条件去强迫别人，犹太人又有一个这样的故事:

有一天，拉比在路上碰到两个正在争辩的男孩。

两个男孩面红耳赤地争论到底谁的个子高，吵来吵去，还是没有结果。后来，其中一个男孩强迫另一个男孩站在水缸里，他终于证实了自己较高。

拉比看到这一幕情形很悲伤，对自己的弟子说:“是否世上的人都常这么做呢?为了证实别人劣于自己，就强迫别人下水缸;如果别人不愿意下去，他们就会自己爬到椅子上面，以显示自己优于别人。”

犹太人经常引用这个故事去告诫那些以不利条件去强迫别人的人，例如，赌场的老千们，以不正当的手段诈取人们的财富。这都是犹太人告诫的对象。

在现实生活中，人们进行种种欺骗的事件屡见不鲜，但是，犹太人认为，坏事掩不住别人的耳目，终有一天人们一定会发现事情的真相。即使有人能幸运地瞒过别人，但是做了坏事之后，自己的心里一定会觉得很不舒畅，而时时怀着恐惧之

心。因此，以不利条件强迫他人的做法是不可取的。

因此，犹太人在和别人进行竞争时，总是站在同等公平的立场上，而不是以不利的条件去强迫别人。

身边的人最值得珍惜

犹太人认为，若欲测知一个人是否真正敬爱神，只要看他是否爱他的朋友就知道了。

这是因为，在犹太人眼中，神创造人时，本来就是希望人能与盘踞在自己心中的邪恶作战。有些人和邪恶搏斗的结果是敬爱神、远离邪恶；但也有些人在这种苛刻而激烈的作战中一败涂地，成为邪恶的奴隶。

而敬爱神、远离邪恶，就会善待朋友、爱护朋友；一个人如果成了邪恶的奴隶，那他对朋友就不会有好心。

犹太人有一个这样的故事：

古时候，有一个国家连年战争，因为要征兵、运粮，所以老百姓的生活非常痛苦，这时前线却又传来失利的消息，国王听了非常生气，他不但解除了将军的职务，而且还把他驱逐出境，另派一位将军接掌军队。

国王怀疑第一个将军有卖国的行为，他很想知道这个将军到底是热爱国家还是憎恨祖国，想了很久以后，他终于找到一把可以用来测知将军忠诚与否的尺子。

国王的主意是："假如我所怀疑的人忠心庆贺继任者的胜利，他一定是一个值得信任的人；反之，如果他对继任者有扯后腿的言语或行动的话，那毫无疑问他一定是个卖国贼，到时我非定他的罪不可。"

这一则小故事，并不单指一个人对另一个人的态度，而是告诉人们什么是普遍的人性爱。

犹太人认为，衡量人的价值时，可以此人是否衷心庆贺邻人的幸福为标准。当自己充满幸福感时，假如有个邻人来共享他的喜悦，这是一件令人兴奋的事。同

时，作为一位敬爱神的人，他也应该是爱别人的。

正因为这样，犹太人在艰难困苦中，总有许多朋友，在潦倒和绝望时，友情的力量使他们燃起希望之火。

把别人的喜悦，当作自己的喜悦；而且也决不把自己的快乐建立在别人的痛苦上，这是犹太人敬神爱人的体现，也是他们杰出的处世智慧之一。

有一个人即将离开他居住多年的城镇，搬到另外一个陌生的地方去定居。临行前，他去拜访拉比，并请拉比给他一些忠告。

拉比给他讲了一个这样的故事：

"有个住在柏林的犹太人，时常梦见在一个碾房的地下，埋藏了许多等待他去挖掘的宝物。终于有一天，他抑制不住自己的好奇心，决定次日一早便去挖掘宝物。

"第二天天未破晓时，他就已经起床准备好了，到了碾房之后，他便仔仔细细、小心翼翼地开始挖了起来，他几乎挖遍了碾房，也没有掘出任何值钱的东西。

碾房的房主闻声而至，问他为什么在此地挖掘。当房主听完挖地者所叙述的理由后，突然高声大叫：

"'太奇妙了，我也经常梦见一个住在柏林的人，而他的院子里也埋着许多宝贝。'"

房主不但这么说，甚至还指出梦中那个人的名字，说来也真凑巧，这正是那个犹太人自己的名字啊！

"于是犹太人立刻马不停蹄地回到自己的家里，而且赶忙挖掘院子，没想到他真的挖出许多宝物来了。"

"你知道了吧！"拉比说完故事后，对这位即将移居的人说，"有时自己的院子里也埋藏了许多宝物，只是我们没有去挖掘而已！"

这个故事对准备移居的人有很大的启示，他不再移迁地方了。在许多人眼中，"外国的月亮比自己国家的圆"，但是犹太人却不一样，他们并不嫌弃自己独特的传

统和文化，也不一味地崇拜别人。

在犹太人的书中有一句这样的格言：

“请勿忘怀身边的宝物”。

犹太人还有一句类似的格言：

“不要老是妄想去坐在国王的餐桌前；你自己家里的餐桌更好，因为在那里你便是国王。”

看重自己，善于从自己身上找优势，致力于发掘自己的能力和潜力；同时珍惜身边的人和事，这就是犹太人较之其他民族的处世杰出之处。

今天的事情一定今天完成

犹太人都知道商场就是战场，工作就是战斗。要想在商场上立于不败之地，就必须拥有一支高效的、能战斗的团队。杰出的犹太人认为对那些做事拖延的人，是不可能抱以太高的期望的。

今天该做的事拖到明天完成，现在该打的电话等到一两个小时后才打，这个月该完成的报表拖到下一个月，这个季度该达到的进度要等到下一个季度……不知道喜欢拖延的人哪儿来的这么多的借口：工作太无聊、太辛苦，工作环境不好，老板脑筋有问题，完成期限太紧，等等。相信这样的员工肯定是不努力工作的员工，至少是没有良好工作态度的员工。

犹太人认为凡事都留待明天处理的态度就是拖延，这是一种很坏的工作习惯。工作拖沓的人每当要付出劳动或是做出抉择时，总会为自己找出一些借口来安慰自己，总想让自己轻松些、舒服些。奇怪的是，这些经常喊累的拖延者，却可以在健身房、酒吧或购物中心流连数个小时而毫无倦意。他们经常说：“天啊，真希望明天不用上班。”带着这样的念头从健身房、酒吧、购物中心回来，只会感觉工作压力越来越大。

为什么有的人如此善于找借口，却无法将工作做好，这的确是一件非常奇怪的

事。因为不论他们用多少方法来逃避责任，该做的事还是得做。而拖延是一种相当累人的折磨，随着完成期限的迫近，工作的压力反而与日俱增，这会让人更加疲惫不堪。

拖延的背后是人的惰性在作怪，而借口是对惰性的纵容。人们都有这样的经历，清晨闹钟将你从睡梦中惊醒，想着该起床上班了，同时却感受着被窝的温暖，一边不断地对自己说该起床了，一边又不断地给自己寻找借口“再等一会儿”，于是又躺了5分钟，甚至10分钟……

一位成功的犹太商人讲述了对他人生影响很大的一件事，这件事发生在他年幼时。

有一天，他外出玩耍，路经一棵大树的时候，突然有什么东西掉在他的头上。他伸手一抓，原来是个鸟巢。他怕鸟粪弄脏了衣服，于是赶紧用手拨开。

鸟巢掉在了地上，从里面滚出了一只嗷嗷待哺的小麻雀。他很喜欢它，决定把它带回去喂养，于是连鸟巢一起带回了家。

他回到家，走到门口，忽然想起妈妈不允许他在家里养小动物。所以，他轻轻地把小麻雀放在门后，匆忙走进室内，请求妈妈的允许。

在他的苦苦哀求下，妈妈破例答应了儿子的请求。他兴奋地跑到门后，不料，小麻雀已经不见了。一只黑猫正在那里意犹未尽地舔着嘴巴。他为此伤心了好久。

从这件事中，他得到了一个很大的教训：

只要是自己认为对的事情，决不可优柔寡断。必须马上付诸行动。不能做决定的人，固然没有做错事的机会，但也失去了成功的机运。

能保守秘密的人才值得信赖

为了尊重别人的隐私，防止他人对隐私做任何方式的探查，犹太人把隐私诉诸到法律的高度。

在日常生活中，犹太人为表现出对于别人隐私的尊重，非常注重守口如瓶，他

们认为能够守口如瓶的人才是善于生活的高手。

保守秘密是一个人是否值得信赖的试金石，犹太人常常把人的价值用保守秘密到何种程度来予以衡量。

犹太人认为，只要秘密仍在你手中，你便是秘密的主人；但当你说出秘密后，便会成为它的奴隶。当一个人得知一件秘密时，都会沉不住气地想把那一份秘密透露出来，并且认为这是人之常情。

因为一个人手中握有某种秘密时，他可以借此引人注意——每一个人都喜欢探知别人的秘密，同时也希望吸引他的目光。当秘密被抖出来时，必定会备受大众的注目，出尽风头。

一次，占卜者巴拉姆去诅咒以色列人，可是，一看到他们的营地，就为他们祈祷。

原来，巴拉姆看到以色列人的帐篷并非彼此正对，他认为他们尊重彼此的隐私，所以为他们祈祷。

在犹太民族中，基于对别人隐私的尊重，任何人不能没有打招呼就到别人家里去。甚至，当一个人借贷给邻居的时候，也不能闯到别人家里去拿抵押品。而要在外面等着，直到对方自己拿着抵押品出来。

尽管犹太拉比们意识到保守秘密多么困难，但无论是私人意义上的，还是职业上的，他们都众口一词强调对信任的尊重。正如哈西德派拉比阿普塔所指出的，即使在熟知该秘密的人群中私下提起，也是品质低下的一种表现。

不论是朋友还是敌人，不要讲他们的故事。即使沉默压迫你，也千万不要泄露别人的秘密。因为一旦他人知道秘密被泄露，就不再信任你，而且他将抓住每个机会来憎恨你。

最好的诀窍就是，让它死在心里。不要恐惧，你不会因此而爆炸。否则的话，一个怀着秘密的傻瓜就像一个临产的孕妇一样痛苦。

据说，拉比艾米的某个学生提前 24 天泄露了一场课堂上的秘密讲座。

于是拉比艾米把他赶走了，谴责他“泄露了秘密”。

假若一个走出法庭的法官这样说：“我主张犯人无罪，可是我的同事认为有罪。

他们是多数，我能怎么办呢?"

针对这种人应该说："不要在人群中搬弄是非!"

对于如何尊重别人的隐私，为他人保守秘密，犹太人有许多保守秘密的谏言：

"有3个以上的人知道的消息就不能称之为'秘密'了。"

"听到秘密很容易，但要将之保存下来则是很困难的。"

"傻瓜和小孩不能保守秘密。"

"喝下秘密这种酒，舌头就会跳起舞来，所以应该特别小心。"

保守秘密的另一种表现是不揭他人伤疤。我们知道，真正体贴人的人不会提及可能会让别人感到不快的话题，甚至不能容忍那些念叨别人过错的人。瑞什·拉吉什是3世纪巴勒斯坦的著名学者，一个魁梧、强壮的人，曾经在年轻的时候做过角斗士和野兽搏斗。

著名的犹太人拉比乔拿森劝服他放弃了角斗士生涯，改而求学。他成了一个信徒，后来和拉比乔拿森齐名。

一天，拉比乔拿森在约旦河里洗澡，这时瑞什·拉吉什看到他也跳进河里。

"你的力量应该贡献给《律法书》研究。"拉比乔拿森说。

"那么，你的美丽，应该贡献给妇女。"瑞什·拉吉什说。

拉比乔拿森说，"如果你忏悔，我就让你娶我的妹妹，她比我还美丽。"瑞什·拉吉什忏悔了，娶了拉比乔拿森的妹妹，和拉比乔拿森一起学习，后者教他《圣经》和《塔木德》，使他成为伟大的学者。

一天，在教堂里发生了一场争论，问题是什么时候某些日常用具——剑、刀、匕首、矛、手锯、镰刀会成为宗教仪式中的不洁之物。

拉比乔拿森认为：在熔炉中锻炼过的是不洁之物。

瑞什·拉吉什则坚持认为：浸过水的东西是不洁之物。

拉比乔拿森的自尊受到了伤害，说："强盗懂得自己的营生。"拉比乔拿森的言外之意是指瑞什·拉吉什做角斗士的时候用过这些武器。

瑞什·拉吉什对此感到愤怒，说："你对我有什么帮助呢?在罗马的竞技场上，我被称为大师，在这里我也被称为大师。"

拉比乔拿森受到很深的伤害，因为瑞什·拉吉什暗示自己没有帮助过他，拒绝原谅瑞什·拉吉什。结果，瑞什·拉吉什终于病倒了，然后就去世了。

拉比乔拿森陷入无比的沮丧之中……撕烂了自己的衣服，哭泣道："拉其沙的儿子，你在哪里？拉其沙的儿子，你在哪里？"直到他发了疯。

其他的拉比都为他祈祷，让他从悲伤中获得解脱，然而他也去世了。如果一个人知道悔罪，别人就不应该对他说："记住你从前做的事。"

如果他是赎罪者的儿子，他不应受到奚落："记住你的父亲做过的事情。"

如果他是赎罪者，刚刚开始学习圣经律法，别人不应该对他说："吃了不洁食物的嘴可以学习全能的上帝嘴里说出来的律法吗？"

这是犹太人的典故，后来不揭他人伤疤被犹太人视为神的戒律。

在社交中注重礼仪

成功的犹太人在社交和旅游、娱乐休闲等公共场合，十分注意礼仪风度和各项礼节，他们非常注意这些细节，以免发生尴尬、不愉快之事。

欧美国家的人都喜欢举行各种宴会，宴会形式有餐会、野餐，在参加宴会时犹太人都会穿得整洁大方。收到附有"RSVP"字样的邀请卡，也会尽快回复参加与否，决不会弃置不管。犹太人时间观念很强，答应参加赴约的宴会都会准时赴宴，有事耽误也会事先告知主人，以免失礼。他们在用餐时决不会狼吞虎咽，更忌讳打嗝，犹太人认为这是很不礼貌的行为。会后则会寄出谢卡或打电话向主人表示谢意，并感谢其安排一顿如此丰盛的宴会。

在赴宴时犹太人必会遵从以下原则：

首先要注意衣着整洁。纽扣一定要扣好，手要清洁，指甲要剪短，胡须应修剪好。和人交谈，要端庄和蔼、彬彬有礼。双方不可靠得太近，谈话声音不可太高；坐时忌翘"二郎腿"，更不能抖动腿部；谈话要专注，忌在大庭广众面前耳语。初次交谈切忌打听对方的收入、家产、年龄和婚姻；异性之间交谈时眼睛不能老是盯着对方；在路上与妇女交谈应当边走边谈，不能停下站着说话；与妇女同座时不要

吸烟；同相识的妇女打招呼，男方应起立，女的可以坐着回答。到别人家里做客，要先脱帽而后入室。雨天走访，雨具应放在室外，不可穿雨衣入室。夫妻同到别人家做客，告别时应当由妻子先起身告辞。

出行坐车，要让客人坐在驾驶座旁边的位置上，以此为上座。走在街上不可东张西望、左顾右盼，不可乱扔东西与随地吐痰。到餐馆就餐，如果与别人同桌，须征得先到客人的同意后方可入座，否则会被视为粗鲁。男女同行，男的应走在外侧，即靠车行道一边，使女的多一分安全感；开始行走时应让女士先行。出入商店等公共场所，男士应该为女士开门；年轻的应该为老年人开门。乘车坐船，男士应给女士让座；男女同座不要旁若无人地大声喧哗。

犹太人大多非常博学，知识面非常广，堪称“杂学博士”。因此，犹太人在用餐时，谈话的内容非常丰富，从家常谈话，到娱乐、艺术、各地名胜古迹、动物、植物等天下大小趣味趣事都纳入谈论之列。但是会影响到用餐时愉快气氛的话题绝对不谈。例如有关政治及战争、宗教迫害的话题绝口不谈，因为这些话题往往会勾起犹太民族被迫害的痛苦回忆，而且又往往因为各人的看法不一致而引起争议，如此便破坏了其乐融融的用餐气氛，另外庸俗低级的话题也是大家避而不谈的，这些都是为了在用餐时可以充分享受人生的乐趣。

他们在吃饭时尽量放松心情，慢慢地吃，优哉游哉地谈些轻松愉快的事情，一切恼人的问题都暂时置诸脑后。

世界传世藏书

【图文珍藏版】

犹太人智慧全书

马博⊙主编

第五册

書局

与客户面对面愉快地交流

1. 用漂亮的开场白打开访谈局面

在推销中，最常见的方法莫过于登门拜访，在拜访中当你作为一个陌生人第一次与客户谈话时，你想过怎样说第一句话吗？如果没有认真想过，你一定不是个好推销员。

犹太商人霍伊拉说“买卖有时不是在推销结束时达成的，精彩的开场白更容易抓住客户的心。开场白的好坏，差不多就决定了一次推销的成败。”

在犹太商人看来，在面对面的推销访问中，说好第一句话是十分重要的。可以说，好的开场白就是推销成功的一半。大部分顾客在听推销员第一句话的时候要比听后面的话认真得多，听完第一句问话，很多顾客就自觉或不自觉地决定了尽快打发推销员上路还是准备断续谈下去。因此，推销员要重视做好开场白，才能迅速抓住顾客的注意力，并保证推销访问顺利进行下去。犹太商人沙维尔在研究推销心理时发现，洽谈中的顾客在刚开始的 30 秒钟获得的刺激信号，一般比以后十分钟里所获得的要深刻得多。

在不少情况下，推销员对自己的第一句话处理得往往不够理想，有时废话太多，根本没有什么作用。比如：“先生，您需要……吗？”这是最常见的用于第一句话的方式，也是最错误的说话方式，因为推销时的商谈当然并不是一开始就完全切入正题。如果打一个招呼就开始介绍自己的商品，迫不及待地反复强调自己的商品是如何如何好以及购买该商品有什么好处，然后就请客户购买，这种方式的推销很难有好的结果。

又比如：人们习惯用的一些与推销无关的开场白，“很抱歉，打搅您了，我……”“您不买些什么回去吗？”“生意好不好？”在聆听第一句话时，顾客集中注意力而获得的只是一些杂乱琐碎的信息刺激，一旦开局失利，以下展开推销活动必然会困难重重。

好的开场白应一开始就抓住顾客的注意力。为了防止顾客走神或考虑其他问

题，在推销的开场白上要多动些脑筋，开始几句话必须是十分重要而非讲不可的，表述时必须生动有力、语言简练、声调略高、语速适中。讲话时要目视对方双眼，面带微笑，表现出自信而谦逊、热情而自然的态度，切不可拖泥带水、支支吾吾。

犹太商人认为，一开场就使顾客了解自己的利益所在是吸引对方注意力的一个有效方法。比如：有一位推销图书的女士，平时碰到顾客和读者总是从容不迫、平心静气地向对方提出这样 3 个问题："如果我们送给您一套关于经济管理的丛书，您打开之后发现十分有趣，您会读一读吗？""如果读后觉得很有收获，您会乐意买下吗？""如果您发现此书并不想看，会把书重新寄还给我吗？"

这位女士的开场白简单明了，连珠炮似的三个问题使对方无法回避，也使一般的顾客几乎找不出说"不"的理由，从而达到了接近顾客的目的。后来，这 3 个问题被许多出版社的图书推销员所采用，成为典型的接近客户的方法。

比如，还可以这样说："史密斯先生，您认为贵公司目前的产品质量问题是由于什么原因造成的？"

产品质量自然是经理最关心的问题，推销员一提问，无疑将引导对方逐步进入面谈。一位汽车推销员为推销新型节油汽车，找到了某公司老板，这样开头说："约翰先生，请教一个你所熟悉的问题，也就是增加贵店利润的三大原则是什么呢？"

老板对这种话题是十分乐意回答的，他会告推销员："第一，降低进价；第二，提高售价；第三，减少开销。"

推销员立即抓住第三条接下去说"你说得句句是真言。特别是开销，都是无形中的损失。比方汽油费，一天节约 20 元，你想过 1 年能节约多少钱吗？如果贵店有 3 辆车，一天节省 60 元，一个月就是 1800 元，发展下去，十年可省 21 万元。如果能够节约而不节约，就好像把金钱一张张撕掉，一共要撕掉多少张呀！换句话说，这么大的开支无形中从你的金库里被提出了，更何况这 21 万元不是从营业额开支，而是从盈利额中开支。如果放在银行，以五分利计算，那等于 240 万元本金存 1 年的利息。不知老板高见如何，有没有节油的必要呢？你可以精细地计算一下

吧，如何？”

上述三个事例中，推销员是直截了当地用问问题的方式来让顾客了解自己的利益所在。在开场白中，推销员也可以开门见山地告诉顾客，揭示你可以使对方获得哪些具体利益，比如：

“总经理先生，安装这部电脑，一年内，将使贵厂节约15万元开支。”

“史密斯先生，我能告诉您贵公司提高产品合格率的具体办法……”

当然，利用适当赞美做开场白，也很好。比如：“斯考特先生，您好！”“我是戴尔公司的杰夫，今天我到贵府，有两件事专程来请教您这位附近最有名的老板。”

“附近最有名的老板？”

“是啊！据我打听的结果，大伙都说这个问题最好请教您。”

“哦？大伙都这么说？真不敢当！到底什么问题呢？”

“实不相瞒，是……”

“站着不方便，请进来说吧。”

每个人都渴望别人的重视和赞美，只是大多数人把这种需要隐藏在内心深处罢了。因此，在开场白中只要你说“专程来请教您这位附近最有名的老板（专家、学者）”时，几乎可以百试不爽，没人会拒绝的。

优秀的推销员不仅懂得如何用好的开场白来打开话局，他们也可以灵活多变地谈论各个话题。比如一位推销员这样说：“温德尔先生，您早，今天的天气太好了！”

“是啊！空气很好，伦敦的冬天像这个样子不多见呀！”

每个推销员对访问时该谈些什么话题作为开场白会感到非常棘手；即使再老练的推销员，也很少有人认为自己对这个问题非常有把握，尤其是和从未见过面的人谈话，会感到更加紧张。

有些推销员，往往会因为过度慎重，而使自己太紧张，因为他们对商谈是否能顺利进行没有把握，而让开场白的话拖得太冗长。

其实，无论是第一次拜访客户还是与客户早已认识，开场白都要做到自然，不

要太慎重。例如，走进第一次访问的客户家的大门时，看见女主人的身材非常健美，也可以以此为话题作为开场白："对不起，冒昧地请教你平常都做什么运动呢？你一定是天天都跳韵律操吧！"

虽然这种讲话的口气对初次谋面的人而言稍嫌唐突，但是却可以给客户留下相当深刻的印象。

聪明的推销员懂得如何选用开场白来控制谈话场面，所以可以灵活地运用各种方式。经验比较少的推销员就不同了，比如上例，经验少的推销员一定不敢对初次谋面的客人用那样的谈话方式。

2. 用热情换取客户的信任和好感

犹太商人认为，任何事业，要想获得成功，首先需要的就是工作热情。推销事业尤其如此。因为推销人员在推销商品中，必须整日整月甚至整年地到处奔波，非常辛苦，其所遭遇的失败自不必说，就是推销工作所耗费的精力和体力，也不是一般人所能承受得了的，再加上失败甚至连连失败的打击，不难想象，推销人员是多么需要热情和活力。可以说，没有诚挚的热情和蓬勃的朝气，推销人员将一事无成，所以，推销人不仅要有健康的体魄，更重要的是具有诚挚热情的性格。热情就是推销成功与否的首要条件，只有诚挚的热情才能融化客户的冷漠拒绝，使推销人员"克敌制胜"，可见，热情的确是推销人员成功的一种天赋神力。

犹太商人说："热情的力量真的很大！当这股力量被释放出来，并不断用自己的信心补充能量时，它就会形成一股不可抗拒的力量，并足以克服一切困难。"

"热情可以传递给别人，当一群人都处在沉闷的气氛中，只需一位热情的人加入，立马就能使每个人笑逐颜开，并且大家能唱起歌，跳起舞，就如神助一般，推销也是一样。在推销中，推销员可以将这股力量传给每一位客户，并可以激发他们的想象力和购买欲。"

无论何种推销人员，小商小贩也好，在高级商场工作的人也好，或者是独自上门推销的人以及企业进行的大规模销售，都离不开热情。只有拥有热情、传递热情才能创造交易。

据犹太商人的一份调查表明，热情在推销中占的分量为95%，而产品知识只占5%。当你看到一名新雇员在不知道成交方法，而只掌握一点最基本的产品知识，却能不断将产品推销出去时，你就会认识到热情是多么的重要。

犹太商人克莉斯说："我们的客户也是有血有肉的人，也是一样有感情的，他也有种种需要，因此，你如果一心只想着增加销售额，赚取销售利润，冷淡地对待你的客户，那很抱歉，成交免谈了。因此，面对客户时，你应该首先用热情去打动客户，唤起客户对你的信任和好感，这样，交易才能顺利完成。"

有一位中年妇女走进了克莉斯的汽车展销室，说她只想在这儿看看车，打发一会儿时间。她说她想买一辆福特，可大街上那位推销员却让她一小时以后再去找他。另外，她告诉她已经打定主意买一辆白色的双门箱式福特汽车，就像她表姐的那辆。她还说："今天是我55岁的生日，这是给自己的生日礼物。"

"祝您生日快乐！夫人。"克莉斯说。然后，她向秘书交代了几句后，又对她热情地说："夫人，既然您有空，请允许我介绍一种我们的双门箱式轿车——也是白色的。"

不多久秘书走了进来，递给克莉斯一束玫瑰花。

"祝您福寿无疆！尊敬的夫人。"克莉斯说。

那位妇女很感动，眼眶都湿润了。"已经很久没有人给我送花了。"她告诉克莉斯。

闲谈中，她对克莉斯讲起她想买的福特。"那个推销员真是差劲！我猜想他一定是因为看到我开着一辆旧车，就以为我买不起新车。我正在看车的时候，那个推销员却突然说他要出去收一笔欠款，叫我等他回来。所以，我就上你这儿来了。"

结果，当然是克莉斯成功地向她推出了那辆双门箱式白色轿车了。

之后，克莉斯说："在销售中，任何一位顾客都讨厌受到冷遇。推销员把顾客晾在一边，那顾客当然会让他的生意泡汤。所以，在推销中，热情地对待每一位顾客，让顾客感受到这种热情的重视，这样顾客才会接受你。"

在推销中，发挥你的热情还要高度真诚，不要让顾客有媚俗的感觉。你的热情

要让客户觉得你是在帮助他，而不是仅仅想赚他的钱。你应该帮助他说出他的真正需要，然后做他的热心参谋，帮他算账，帮他决策，时时让他切身体会到你的热情，从而感到你非常值得信赖，可以与你签约成交。这样，你的销售额便会芝麻开花节节高。

人在灾难面前是脆弱的、感性的。在这种时候，推销员若能给予顾客热情的关爱，客户不仅仅是认可你，而且会感激你，使你获得更广泛的支持。

给客户实质意义上的热情帮助是表达关爱的最佳方式。作为一名推销员，你应当是坚信你的服务的意义，并在此基础上满足顾客，让他成为你忠实的朋友。

犹太人露丝是伊那特保险公司在纽约唯一的女性高级保险理财顾问。她的客户和销售对象大多数是因火灾遭到巨额财产损失的。

每当她做推销拜访时，她的第一个问题是："每一个人都没受伤吧?"这个热心的关怀式问题显示了对火灾户的真正的关切，有助于制造有利于访问的气氛，也容易将话题转到财产损失上。

一旦顾客向她表示没有人受伤，她简单地表示她的宽慰以及她对财产损失的遗憾。在建立友好关系后，她问第二个问题"你过去有过重大的财产损失吗?"（大多数都没有）"你曾要求对汽车损害的赔偿吗?"如果答案是肯定的，她会问道："结果如何?"如果答案是"令人满意"，她会说："通常说来，小的损失受到的待遇多半是公平的。"如果答案是否定的，她会说："那么你已经熟悉保险公司如何使理赔的金额减至最低程度的做法?"接着等候答复。

露丝接着提出许多问题，让顾客了解她必须雇用专业的代表为她索赔，因为保险公司会有专家来调整理赔的金额。这并非暗示保险公司想要欺骗任何人，或会不公平对待索赔者。实际上，房主多半不了解他的权利，事实上也忘不了大火毁的许多东西。

露丝接着以发问方式让顾客了解，她的公司平均可代表火灾户多争取到 30%的火险损失赔偿，而她的公司只收取 10%的费用，同时保证若得不到足够弥补客户损失的理赔金额，她的服务分文不取。

她接着问："你希望我们今天就开始为你工作，好让你尽早搬回家去，还是另选时间？"

客户："我们没有什么地方，所以我们能越早搬回去越好。"

露丝："你若同意这份合约，我们可以立刻着手，所以尽管对损失难过，你不会再有财务上的负担。这正是你所想要的，是吧？"

客户："是的。"

可见，热情是我们推销中最重要的礼仪和态度，热情能使我们推销成功。在推销中，找到自己的热情并燃烧它，把它传递给每一个客户。一旦你把热情传递给了客户，你便拥有了成功。

所以，要想成为一个成功的推销人员，必须先要具有这种热情的待客态度。

3. 找一个有趣的话题把谈话继续下去

在犹太商人看来，好的开场白是为了引发客户的继续商谈，但如果推销员说完了开场白，却并没有让客户对他的产品或服务产生好感或是兴趣，而客户仍然告诉推销员没有时间，或是没有兴趣，那就表示推销员的这个开场白是无效的，这时，应该赶快设计另外一个更好的话题来替代。

他们这样看待访问中话题的选择："在访问中选择一个好的话题，借以缩短与客户之间的距离，能使自己逐渐被客户接受，然后把话引向自己的商品，从而开始商谈，这样有利于推销成功。"

一位名叫杰比西的销售员看到一家小吃店生意很好，于是想向老板推销他的绞肉机。杰比西走入店中的时候，老板正在做包子，老板娘跑出来迎接杰比西并向他打了个招呼，但杰比西并没有表示要买什么东西，老板娘也就忙着去干她的活了。

杰比西被晾在那里好一会儿，为了打破这种局面，他决定向老板谈谈他的包子。他选购了10个包子并请老板代为包好，又买了两个放在盘子里，一边品尝，一边和老板聊了起来。

"老板，您做的包子很好吃，里面的馅一点都不粘牙！您是怎么做的？用的是什么蒸笼？还有您的豆沙馅甜而不腻，用的是砂糖吗？"这一连串的有关包子的问

题将老板的话头勾起来了。

“是啊，先生，您真有眼力。讲起包子，馅最重要，绝不能直接掺糖水，您说这包子皮很好，真是个行家!”

杰比西赶忙说道：“哪里，哪里，是您的包子做得好!”

老板接着继续说：“我这包子是我一个一个用手工做出来的，而不是用机器压出来的。你知道，机器压的虽然快，但是没有手工的有味道，顾客爱吃手工包子，为了让顾客满意我只有这么做了。”

说到这儿老板突然问道：“你刚才对我太太说的什么呀?”

“噢！我是食品加工机械厂的推销员。今天我是专程来买您的包子作为礼物送给朋友的，我看到你那么忙想给你介绍一个好帮手。喔！那里摆的那个盆景也是您的杰作吗？真看不出来，您也喜欢盆景!”

“先生，您刚才说给我介绍好帮手，是什么好帮手啊?”这位老板反而着急起来，想问个究竟了。

最后，杰比西终于如愿以偿，老板也觉得认识了一位知己，很高兴。杰比西面谈的成功，就在于他谈及了对方关心的话题，而且他所提的问题都是客户所最熟悉的事情，最得意的事情，以至于客户想不说都不行了。

在推销过程中，主角永远是买方，是客户。而卖方必须自始至终完全扮演配角才可以。如果推销员本末倒置，在商谈过程中以自己为中心。只是洋洋自得地反复谈论自己的事情，自己的爱好，只是自夸自己的商品，只管发表自己的看法，而不从买方的角度来考虑，这种谈论必定引起客户的反感情绪：“这家伙只会谈论自己”，“谁听你的”！照这种情形，推销的失败是可以预期的了。当推销员终于结束他的高论而向客户说出“请您购买好吗”时，得到的反应恐怕只会是冷冷的两个字：“不买。”

4. 多问几个问题寻找成功突破口

在犹太商人看来，第一次访问时被拒绝并不是一件值得大惊小怪的事，因为他们认为被客户拒绝的频率以第一次为最高。了解到这一点之后，他们采取了一些应

对措施。

在犹太商界有这样一句话“被拒绝并不表示完全没有希望，有时候反而是一种购买的信号。当有人告诉你他不想买某产品时，他是在表达一种意愿，希望知道他为什么应该买。”

在推销时我们应该认识到顾客的拒绝具有两面性：其一，它可能是达成交易的障碍，如果对方没有得到推销员满意的答复，那么他就不会采取购买行动。其二，顾客提出拒绝也为交易成功提供了机会，如果推销员能够恰当地解决顾客提出的问题，使其对推销产品及其交易条件有充分的了解，那么接下来的便是决定购买。这就要求一名推销员，不仅应当尊重来自顾客的各种拒绝理由，积极主动向顾客介绍宣传商品，还必须不断提出“为什么”，以引导顾客公开自己的不同意见，并有针对性地采取措施。

亨瑞·杰克生于美国旧金山城的一个犹太移民家庭，大学期间主修市场营销专业，毕业后即踏入保险推销行业。29 岁时正式成为美国百万圆桌协会会员，并是该协会历史上最年轻的推销员之一。在他的推销生涯中，他认为，面对客户拒绝的一个最有效的方法便是提问题。当客户对你提出一系列毫不相干的异议时，他们很

美国旧金山城

可能是在掩饰那些困扰他们的真正原因。如果你懂得“要是不想购买的话，没有人会提出如此之多的真正异议”，那你就可以提一些问题，以便能洞悉对方的内心世

界。只要客户能够给你几个理由说明他为什么不想买保险的时候，你便可以用这个办法逐个击破这些理由，但绝对不要强迫推销。

他的这个经验来自他的一位名叫保罗的机械推销员讲述的自己的经历：保罗在访问中向一位先生推销公司的一台机器，保罗告诉那位先生需 2700 美元，那位先生回答说太贵了。保罗接着问："为什么？"

"付不起这么多钱。"

"为什么呢？"

"因为本钱太高，赚不回本呀！"

"为什么？"

"难道你认为它值得？"

"为什么不值得？它一直是最划算的投资。"

每次客户拒绝或提出反对意见，保罗就问他为什么，并认真倾听他的回答。他说得愈多，保罗愈发现他的理由并不完全正确，后来那位客户还是决定买下那台机器。这笔交易完成得很快。

事后，保罗对亨瑞·杰克说："如果我已没耐心听他谈论原因，而扯出自己的长稿推销辞的话，这笔生意恐怕就泡汤了，所以，推销员要有锲而不舍的精神，打破砂锅问到底能够找到客户拒绝你的真实理由。推销员应该能从客户的众多推辞中找出真正的阻碍成交的原因。不要被客户的那些不是理由的理由而迷惑。然后再有针对性地去说服客户最后达成交易。"

这件事对亨瑞·杰克的启发很大，在以后的推销生涯中，面对类似的情况，他都试着用保罗教给他的方法去解决问题。

有一天，亨瑞·杰克打电话给某公司的总经理怀特先生，希望约个时间碰面，当亨瑞·杰克在约定的时间来到他的办公室时，怀特先生看了一眼亨瑞·杰克，说："我想你今天来访的主要目的，还是关于那份团体保险的事吧？"亨瑞·杰克以爽快的微笑做了肯定的回答。

"对不起，我们公司不准备买这份保险了。"

“先生，你是否可以告诉我到底为什么不买了呢?”

“因为公司现在赚不到钱，要是买了那份保险，公司一年要花掉1万美元，这怎么能受得了呢?”

“差不多是需要那个数目。”

“所以我们决定在情况没有好转以前必须减少支出，除非是一定要花的钱。”

“除了这个理由，还有没有什么其他让您觉得不适合购买的原因呢？可否把您心里的想法都告诉我呢?”

“当然，还有一些其他的原因……”

“我们是老朋友了，您能告诉我到底是什么原因吗?”

怀特先生开始陈述他的原因：“你知道我有两个儿子，他们都在工厂里做事。两个小家伙穿着工作服跟工人一起工作，每天从早上8点忙到下午5点，干得不亦乐乎。要是购买了你们的那种团体保险，如果有人不幸身故，那岂不要把我在公司里的股份都丢掉？那我还留什么给我儿子呢？工厂换了老板，两个小家伙不是要失业了吗?”

直到这时，真正的拒绝理由总算被挖出来了，原来所有的拒绝只不过是一些漂亮的掩饰，真正的原因是受益人的问题。可见，这笔生意还有商谈下去的希望。

亨瑞·杰克告诉怀特先生，因为他儿子的关系，他现在更应该做好计划，让儿子将来更好地生活。亨瑞·杰克把原来的计划做了修改，使他两个儿子变成最大的受益人。这样一来，无论父子谁先发生意外，另一方都可以享受到全部的好处。

形势发生了逆转，怀特先生最终接受了亨瑞·杰克的建议，当场签下了1万美元的保险契约。

后来，亨瑞·杰克多次研究分析了他所做的拜访记录，发现有62%的拒绝是对方开始时所提出的拒绝理由都不是他们真正的理由，只有38%的客户从一开始就老老实实地告诉了他，他们为什么不想购买人寿保险。亨瑞·杰克通过琢磨和实践，总结出推销工作中最美妙的一句话就是“为什么”。

他说：“要让客户买下你那份保险，你就要不停地问对方问题。虽然你第一次去拜访客户的时候，他的拒绝听起来理由相当充分。但是，不要跟客户争论人寿保

险到底重不重要，你只是问他为什么没有兴趣，等他向你解释了为什么没兴趣时，鼓励他继续讲下去，就这样，多问几个‘为什么’，让对方在回答‘为什么’时去思考、去说服自己。”

每个客户都有内在的防卫机制，当他们的空间或利益受到干扰时，就会出现条件发射。这种条件反射多数表现为轻微的拒绝，推销人员完全可以忽略。因为这没有深思熟虑，只是为了抵御推销员的进攻而采取的应付手段。专业推销员应当化解这些轻微的拒绝，在推销的过程中多问几个为什么。

5. 谨防在看似无关的小事上摔跟头

《塔木德》里说：“小小的一滴水也能折射出太阳的光辉，一个人的细微之处往往就可以反映出他的为人。”在犹太商人看来，推销中的细微之处并不细微，小中实际上能见大，因此在推销过程中，他们认为千万不可轻视了那些所谓的细微之处，它甚至可以左右着推销的成功。

“华泰”建筑公司准备购买一批建筑材料，经过对产品价格和质量的比较，该单位的负责人决定向一个名叫“泰勒”的建材公司购买。第二天，泰勒建材公司的销售人员打来电话，要来拜访这位建筑公司的负责人。当时，建筑公司的负责人心里想，对方一来就可以在订单上盖章了。

没想到销售人员提前来访，原来是因为销售人员打听到该单位职工宿舍楼即将动工兴建，因此希望职工宿舍需要的设备也能向他公司购买。于是，公司的推销员带来了一批资料，前来拜访，不巧的是，建筑公司的负责人刚好有事，便让秘书请那位销售人员等一下。那位推销员等了一会儿后还没有什么结果，就收起资料说：“那么我改天再来打扰吧。”

突然，建筑公司的负责人发现对方在收拾资料准备离去时，不小心把自己的名片掉在地上，并在走时又不小心踩了一脚。等那位推销员走后，那位负责人非常生气，对秘书说：“这样的推销员我以后不想再见了。我们的采购计划应该改变一下！”于是，泰勒公司的这笔到手的业务就这样丢了。

问题出在哪里？就因为一个看似微小的失误，使那位推销员永远失去了和建筑

公司做生意的机会。其实，这一小小的失误是一个巨大的、不可原谅的失误，因为名片是“自我的延伸”，它代表着名片的主人，对名片的不尊重，就是对主人的不尊重。要想推销给顾客东西，又不尊重顾客，天下哪有这么好的事。

有很多推销员失去客户的主要原因是因为，他们没有注意那些看起来似乎无关紧要的细节。如果你能够稍微认识到忽视细节有可能得罪客户的话，你就应该毫不犹豫地把那些小事情列入重点考虑范围。

世界上，人们最关心的莫过于与自己相关的事情，哪怕是微不足道的小事。对能百分之百满足自己愿望的推销员，客户总希望下次还能关心到自己。对于推销员来说，一旦在小事上摔跟头，就要背上沉重的包袱。

有一个名叫斯瓦提的计算机推销员，真是太粗心了，得罪了顾客竟然还一点儿不知道为什么。有一次，一位名叫塞尔尼的先生想买一台计算机。和斯瓦提约好下午1点半在斯瓦提的办公室里面谈。这位塞尔尼先生是准点到达的，而那位斯瓦提却在20分钟之后才趾高气扬地走了进来。

“对不起，我来晚了。”斯瓦提说，“我能为你做点什么?”

“你知道，如果你是到我的办公室做推销，即使迟到了我也不会因为这个而生气，我完全可以利用这段时间干我自己的事。但是，我上你这里来照顾你的生意，你自己却迟到了，这是不能原谅的。”塞尔尼先生直言不讳地说。

“我很抱歉，但你知道我正在街对面的餐馆吃午饭，那儿的服务太慢了。”斯瓦提急忙辩解道。

“我不能接受你的道歉。”这位先生说，“既然你和客户约好了时间，当你认识到可能迟到时，你应该抛开午餐赶来赴约。是我，你的客户，而不是你的胃口应该得到优先考虑。”

尽管那种计算机的价格极具竞争性，斯瓦提也毫无办法促成交易，因为自己的迟到激怒了客户。更可悲的是，他竟然根本想不通为什么会失去这笔生意。

很多推销员便是这样，往往由于不拘小节而导致失败，甚至还有多数人没有意识到是怎样失败的。推销员重要的是赢得顾客的信赖，然而不管采用何种方法达此

目的，都离不开从一些微不足道的小节开始。犹太商界有这样一句话："推销员比别人要更懂礼节。"作为推销员，他的行为举止对客户有着重妾的影响，因此推销员在推销中一定要有良好的礼节。这些礼仪细节要求很多，比如：推销员和客户在一起时，不要乱丢果皮纸屑，绝对不能随地吐痰，注意保持地毯、地板清洁；吸烟要把烟灰弹入烟灰缸，就餐时要把骨刺及用过的牙签、纸巾等放在盘中或桌上；个人用过的废弃物，应放入自己的手帕或口袋中，过后丢入垃圾桶；不要用脚蹬踏桌椅沙发；雨雪天进入室内，要注意踏擦鞋底，防止将雨水、雪水、泥巴等带入室内，等等、这些细节都要注意。

推销员在与客户商谈中，还要注意避免和克服各种不雅观的举止。握手作为一个"见面礼"，有助于大家的进一步交往。在握手时应注意以下问题：

推销员在登门拜访时，主人应先伸手，离别时，客方先伸手；主、客双方在别人引见或介绍时，一般是主方、身份等级高或年龄较大的长者先伸手；在异性之间，一般是女性先伸手。另外，握手的力度不要太大，尤其是与女士握手时。一般力度要适度。握手一般应走到对方的面前，彼此间的距离大约有半个手臂长，过近使人不舒服，过远则显得陌生。当你握手时，面部表情应为发自内心的喜悦和真心诚意的笑容，展现自信的精神面貌。握手不宜隔着桌子、椅子或其他什么东西，这样会给人一种应付了事的感觉。如果你戴着手套，握手前要先脱掉。女士的手不要握起来没完。

名片在日常交往中也经常用到，递名片时也应有适当的方法。当递名片时，身体前倾，走到客户容易接到的地方才出手。名片应该倒过来，把自己的名字向着客户，双手将名片送到对方的手中。同时要相应地做一些介绍，以免对方弄错你的名字。拿取名片时，动作要干净利落。名片不要放在里面衣服的口袋里，需要时用手去摸半天才拿出来，皱皱巴巴的很不体面。接收客户回赠名片时同样要双手接回名片，并同时将名片清晰地读一遍，这是对客户应有的尊重和礼貌。读完名片后，要小心地将名片放在包里或名片夹里，别在手中玩弄，也不可将它放置于下身裤兜里。

吸烟在商谈中有时也必不可少，对吸烟一事推销员要特别注意。假如顾客不吸烟，你最好也不要吸烟，尤其是初次见面的时候。如果不向顾客打声招呼，就径自吸烟是不礼貌的。有一位房产推销员坐在汽车里与一对夫妇谈生意，他悠然自得地点燃一根大雪茄，后来，他怀疑正是这根大雪茄使他失去了一笔价值5万美元的买卖。在他点燃雪茄后不到两分钟，女客户便突然说，她“忘记”了一个“约会”，现在必须马上赴约。结果，这一对夫妇在当天晚上从公司的另一个推销员手里买下了他那天下午准备领他去看的房子。当然，客户有时也是很好客的，有时会主动给你递上一支烟，这时要看他是否也抽出一根准备吸，如果不是，最好也不要吸。

谈生意一般是坐着的，所以坐的礼节也是很重要。一般来说，应把上座让给顾客。比如：在咖啡馆里与顾客谈生意，靠墙壁的一方应该是上座，靠走道的一方是下座。在火车上面对前进方向的是上座。背对前进方向的是下座。坐在轿车里的时候，后排司机身后的座位是上座。这些上下座的区分并不是谁硬性规定的，而是一种“礼节”上的习惯。上座给人以舒适、安全的感觉。把方便舒适让给对方，表示尊重。当然，如果客户待人非常热情，一定要你坐上座，你也不必过分推辞，过分的客气会让客户觉得你这个人过于呆板或是城府太深，与你交往时他会有戒备心理，不利于推销的进行。

坐下时要注意腰、背挺直坐好，不要弓腰驼背，显得懒散，没有精神。两膝不要开得太大，否则大张着两条腿，显得很不礼貌。适宜的距离不要超过肩膀的宽度。此外还有两个切忌的事项：一、忌跷起二郎腿，脚尖乱抖，这样不仅使别人认为你不懂礼貌，没有教养，还显得你没有诚意，态度不严肃；二、更不能脱下鞋子搔痒。“隔靴搔痒”，当然是办不到的。可是如果因为脚痒就脱下来搔，实在是太失礼了。且不说你的脚是不是臭气熏天，单是那形象就可以令人作呕三天了。“恶心”成这样，商谈就别再奢望有一丝成功的希望了。

交谈时推销员要保持正确得当的位置和姿势，最好是将手轻轻置于面前的桌上，或交叠放于膝上。以下各项都是不正确的举止：

用手指拨弄眼前的茶杯、钥匙、打火机等物品，这样做不仅显得你心不在焉，

没有礼貌，有经验的客户还可以通过小动作看出你的弱点，不利于你与他之间的商谈。

用手抓摸脖子、鼻子、头发、揪耳朵、摸下巴等。有经验的客户通过这些动作可判断出你此时的心理状态，从而把商谈引向对他有利的方向。

用手指弹纸上的不存在的灰尘，弄出很大的声响。做这样的动作尤其显出你没有教养，对商谈不重视，不感兴趣，的确令人非常恼火。

商谈中在纸上乱涂乱画。这个无意间的动作也会显得你心不在焉，还会泄露你的秘密。

在商谈中，还要小心留意客户的暗示。如果客户对谈话失去兴趣时，可能会利用“身体语言”或行为语言做出希望结束谈话的暗示。比如有意地看看手表，或频繁地改变坐姿，或游目四顾、心神不安。遇到这些情况，最好知趣地结束谈话。

所有上述这些不雅的举止都是有害于商谈进行的，推销员应该尽快避免并纠正。

6. 为下一次再访做点铺垫

犹太商人有一句推销俗语：“第一次访问的结果是第二次访问的开始。”

在犹太商人看来，推销访问一般来说都不会在第一次就达成交易，推销需要第二次、第三次接触。因而，他们认为创造再访的机会十分重要。

推销新手往往在遭受拒绝后，没有创造一个再访的机会就打道回府。顶尖推销员则总是会制造一个再次访问的机会，以便日后达成交易。

适当地运用再访技巧，并不是虚伪矫情的行为，这是现代社会的竞争使然，旧式的推销技巧已经失效，新一代的业绩创造者必须要有新的理念与新的技巧，才能在快速进步的市场中占有一席之地，因此学习各种不同的再访技巧与方法，将有助于自己推销业绩的提高。比如，下面一个对话：

顾客（孕妇）：我们目前不需要你推销的这种大冷冻室的冰箱，这里有个小的已经够用了。

推销员：没关系！等你们有了孩子，添了人口，需要换成大冷冻室的冰箱时打

电话找我，我再来为你们服务。这是我的名片和电话……

如此一番对话，很容易就创造了一个再次访问的机会。

许多推销员在好不容易得到拜访客户的机会后，却没有继续再访的行动，这样，一旦时间拖得太久，客户的需求意念降低，就算产品十分优良，想要再得到客户的认同也不会很容易。所以想要更有效率地达到销售目的，客户再访的技巧就非得好好研究不可，以下有一些不同的再访技巧，若能好好加以运用，相信一定可以增加许多再访的机会，提高销售成绩。

（1）利用名片做铺垫

第一次见面时推销员故意没有留下名片，为日后再见打下一个伏笔。或者故意忘记向客户索取名片，也是一种不错的方法。

客户有时也会借名片已用完或还没有印好为由，而不给名片，这时推销员可以顺水推舟，并将这种事当作是客户给自己的一次再访机会。

推销员还可以印制两种以上不同式样或是不同职称的名片，这就可以借更换名片或升职为理由再度登门造访。但最好是做好记录，免得下次又送了同一种名片，这就穿帮了。

（2）利用资料做铺垫

当客户不太能够接受但又不好意思拒绝时，通常会要求推销员留下资料，等他看完以后再联络。这常常只是一种逐客令的借口，他可能根本不会看，所以你可以婉转地推辞，故意不留下宣传资料，留下个再访的借口。或者也可以当场留下资料，并说明它的重要性，言明下次再见时，必须取回，这样，客户就算不看也不敢把它弄丢。

推销员还可以送给他一份“新”资料，这份资料必须是客户未曾见过的，当作新的给他送去。

如果发现报纸或杂志上刊登着与商品相关的消息或统计资料，并足以引起客户兴趣时，推销员都可以立即带给客户看看，或是请教他的看法。

（3）借口路过此地，看望一下

这种办法很常用：向客户说明自己恰巧在附近找朋友或是拜访客户，甚至是刚

完成一笔交易。

但不要说顺道过来拜访，以免让客户觉得不被尊重。如果再加上一份近期的资料，那当然会令客户感觉到你的用心良苦。

（4）在特别的日子送上一份特别的礼物

逢年过节或是客户的生日送上一份礼物，当然，礼物的大小要自己把握，非常有希望成交的客户才能送较重的礼，否则可能赔了夫人又折兵，这是需要事先判断清楚的。

（5）免费赠予资料

某些公司会出一些月刊、周刊或市场消息等。利用免费赠予公司刊物的机会，作为再访的借口。

（6）利用调查问卷

设计几份不同的客户调查资料让客户填写或是有奖调查问卷也行。

（7）利用产品说明会、讲座

如果有可以提供最新商品的资讯说明会，吸引客户对商品的认同，或是提供免费的奖品，相信会吸引很多人前来参加。推销员在送给客户邀请卡时，可以稍微解说讲座的内容，并在临告辞前请其务必光临指导。

（8）不用找借口，直接拜访

与其费尽心思为自己的行为找理由而踌躇不前，不如直截了当地登门拜访更加有效。虽然比较唐突并可能碰壁，但也是训练自己能力与胆量的一个机会。

总而言之，如何运用对客户再访的技巧和方法，要根据每位客户不同的情形而定，做到灵活运用。在销售技巧的领域中，推销方法可以说是变化无穷，没有一定的模式或是规定，只要稍加用心，相信任何人都可以创造出许多独具创意的销售模式。

用耳朵比用嘴巴得到的好处更多

1. 不仅能言善辩，更要洗耳恭听

推销是一种沟通。推销的过程就是沟通的过程，推销的成功就是沟通的成功。犹太商人认为：推销最难的地方不是如何把自己的意见、观念说出来，而是如何听出别人心里最想说的话。

有位经验丰富的推销高手说："推销之道，贵在先学少说话。"犹太商人几千年的经商经验表明：多听少说，做一位好听众，处处表现出聆听、愿意接纳对方的意见和想法的模样，你会慢慢发现对方也比较愿意接纳你，并且提供所需要的答案和讯息，甚至把他的真正想法告诉你，让你事事顺心。

成功的犹太商人经常花相当多的时间和他的客户做面对面的沟通，他们最常运用到两项能力：一是洗耳恭听；另一项能力则是能说善道。"洗耳恭听"是"聆听"的能力，这是迈向沟通成功的重要一步。"能说善道"是"说服"的能力。

当别人来跟你做面对面的沟通，或者你主动与别人进行面对面的会谈，争取别人支持你的计划并说服他们与你通力合作时，你是否善于运用"聆听"与"说话"的艺术来达成你的目的呢？政治家丘吉尔说："站起来发言需要勇气，而坐下来聆听，需要的也是勇气。"因此，做推销工作，不仅要善于说话，更要善于听话，听话有时会比说话获得的信息多。

在犹太商人看来，聆听是一门必须学会的经商技巧，它和与生俱来的听截然不同。聆听是有目的的听觉，这是一个相当积极的过程，人们必须专心聆听说话者所说的内容。

有效的聆听，是对听到的东西进行消化、综合、分析，并理解其中的真实意思，以及哪些东西没有说到。良好的聆听，意味着对说话人所说的内容获得了完整、准确的理解。

在犹太商人看来，聆听的目的不仅在于知道真相，而且在于听众能够自己理解出所有事实，并且评估事实之间的相互联系，进而努力寻找信息所传达的真正含义，这样的聆听才是富有意义的。

威廉·杰夫在《聆听管理》一书中提道：一天到晚我们都在聆听，但我们总是当不好听众。聆听是一项值得开发的技巧，推销人员可以通过聆听技巧获得以下几

个方面的好处：

与顾客建立良好的人际关系，增加今后再度见面的机会；

使自己更快、更准确地具备这些技巧；

更好地理解顾客的需求，以及他们对竞争者情况的看法；

减少误会，并以更好的方式解决顾客的问题与个人冲突；

改善推销方式，更好地将推销重点集中在顾客的实际需求上；

以更有效的方式处理顾客对推销产品或服务的抱怨；

察言观色，并细致地解读顾客的购买信号，更快地成交。

犹太商人席耶在谈及有效的聆听时说：“推销员从现有顾客和潜在顾客那里获取反馈的成效如何，依赖于他本人对这些反馈信息的接收质量。大多数人都认为自己是合格的听众，然而事实上听也有不同的效果，有用耳听，还有用头脑、用心去听之分。”我们大多数人能依靠耳朵接收外界声音，不过，用心去听不仅需要耳朵的简单参与，还涉及怎样去努力理解讲话者的真实含义，传达你对此的理解，以及如何鼓励对方进一步澄清其语义。无论你用耳朵听得多么认真，如果你不能用心去听，对方也会对你失去兴趣，结果你将什么也听不到。

为了和对方建立和睦友善的关系，你必须向你的潜在顾客表明你在认真地听他们的讲话。如果你是一位优秀听众，那么潜在顾客很可能因此喜欢上你，而且还会认为你也很喜欢他。如果你认真地听潜在顾客讲话，他们经常会告诉你，他们对产品或服务的关注之处是什么，有关潜在顾客需求的信息又提醒你，应在哪些方面予以格外强调。不掌握这些资料，你的推销基本上将是一事无成的，而且也几乎没有希望使你的提供物满足这一需求。在取得了这些资料后，你就可以进一步向潜在顾客表明，你的产品将如何满足其需求。

认真听的另一个好处，是你通常可以由此获得有关潜在顾客的个性特征的资料。人们一般喜欢向别人讲述自己的事，他们发现这种话题是令人感兴趣的。在推销拜访中较为亲善和友好的气氛下，比如共进午餐，或在一次社交聚会上，通过认真倾听，你就可能获知有关一位潜在顾客的大量信息，这些信息在确定该如何向你

的潜在顾客进行推销方面是极为有用的。

为什么要认真听的另一个重要原因是，你可以由此揭示出可能存在于潜在顾客心中的疑问。潜在顾客也许会告诉你，他们不买你产品的原因是因为他们不了解产品，或是对有关信息了解得不够全面。另一方面，如果你不认真倾听，你就会面临隐藏疑问的可能。因为你不知道该提供什么信息释疑，这些隐藏不露的疑问就很难得到解决。

一般的人总喜欢让别人听他们自己讲，因此，如果你是一位优秀的听众，可能会有助于潜在顾客实现自我推销。如果你能使潜在顾客发挥主动性，自行评估他们的需求状况，以及按照你为其解决需求的能力来设计自己的方案，那么这种潜在顾客自我推销的情况就非常可能出现。潜在顾客自我推销具有低压力的优点，如果潜在顾客能以这种方式做出购买决定，那将胜过你滔滔不绝的游说。

任何人都希望受人欢迎，也希望别人能了解自己，因此，不少人都想方设法训练自己的口才，让自己能言善道，成为雄辩的顶尖高手。这都是“会说话才能使沟通顺畅圆满”的心理所造成的。会说话是否就能使沟通顺利呢？以开会来说，无论是公司会议或公众会议，纵然主持人擅长说话技巧，但如果从头到尾都是他一人发表意见，那么这会议充其量只是报告会。只有出席者也发言，提出具有建设性的问题或意见，才能达到会议的沟通目的。“说”与“听”是沟通不可或缺的条件，而这两者相互平衡，才会产生理想的沟通。像这种情形也适用于一对一的交谈。由此可见，与其强求成为很会说话的人，不如先成为能倾听的人，如此有助于沟通。

听人说能获得对方的任何信息，这一点可从许多人身上证明。可以肯定，不听人说话的人，不可能受人欢迎。

从你周围的人身上可以发现，懂得说话艺术的人，也都了解听人说话的重要，由于他们不断吸纳别人的话题，于是更丰富了自己的话题。相反的，那些言语乏味的人，大都是从不听人说话的人，不但如此，反会炫耀自己或批评别人。

在犹太商人心中，说话技巧好坏与否并不重要，只要能用心学习听话技巧，就能受人欢迎，做事更容易成功。虽然能言善辩是一位优秀推销员必须具备的重要能

力之一，但是，成功的推销员不仅仅是一位口齿伶俐的说客，而且也是一位出色的听众。

2. 真诚聆听顾客心声更能说服顾客

许多推销员简单地认为：说服是一种单方面的程序，通常是推销员讲道理，而顾客听完后也被推销员说服了。在有关推销性演讲与示范的图书中，大多数都设有专门讲述推销员如何说服顾客的内容。因此，人们也就很自然地将说服与推销性演讲等同起来。事实上，这种纯粹的口齿伶俐、能说会道的推销员，已经难以满足当今复杂社会中那些高知识水平的顾客的需要了。

演说可以追溯到古希腊罗马时代，人们刻意营造一种进行辩论的环境，以说服听众赞成他们的言论。直到今天，许多推销员仍然会对顾客说："现在，让我来说明一下贵厂需要安装使用我们公司生产的新喷涂设备的建议。"当然，为了推销产品，实现交易，精心策划举办一场具有说服力的产品展示会是很有必要的。但是，聆听也是非常有说服力的。

说服，既是一门艺术，又是一门技巧。犹太商人认为，对推销员来说，说服主要是用以游说顾客，使他们赞同自己推销的产品是能够帮助他们解决问题的一种工具或能够满足他们的需要。尽管如此，除非自己的顾客具有可接受的心智结构、能够接受新思想和新观念，否则，再有说服力的产品展示演讲，或者能说会道的推销员说破了嘴，也难以对这种顾客产生效果，顾客未必愿意客观地分析推销员提出的建议。有一句犹太谚语说得好："说服并非观点相同。"这也就是为什么推销需要精心设计，按部就班地实施，顾客才会愿意考虑自己的建议，并与自己产生共鸣的缘故。

犹太商人认为，主动而又真诚地聆听顾客的心声，能够表明推销员愿意敞开自己的心扉，并且能够明智地对待顾客所言。如果推销员全神贯注地聆听顾客吐露心声，并适时对顾客所言做出回应，即尽可能地表示赞同，顾客会有受人尊重之感；反之，顾客也会有礼貌地聆听推销员说话，而且还会以心无偏见与合作的方式聆听推销员说话，甚至会对推销员产生认同感。

顾客一般都愿意聆听自己喜欢的推销员说话，并且很可能对专心聆听顾客心声的推销员做出有利的反应。在实际生活中，一般人都喜欢亲近那些自己看着顺眼的人，而尽量疏远那些自己看不顺眼的人。由聆听产生的可接受的心智结构，能够使推销员的说话或产品展示更有说服力。但是，即使是才华横溢的推销员，加上组织完美的产品展示会，如果顾客没有聆听的心情，这时，推销员深思熟虑的建议也会变得毫无意义。同样，如果推销员非常专注地聆听，并且与顾客建立了和谐的关系，那么，顾客便不会吹毛求疵，也不会用批评的眼光去审视推销员的建议。一旦顾客欣赏并尊重某位推销员，那么，他们往往能够接受这位推销员所提建议的小毛病。

聆听顾客的心声，并且给顾客一吐为快的机会，那么，顾客有时也会被说服，并确信推销员所推销的产品或服务非常好。

犹太商人马尔伯勒回忆他的一次愉快推销经历时说："我还记得，曾经同一位很健谈的顾客通电话。我竟然从头到尾一句话都插不上，我觉得他好像是在他说话中间始终没有停顿过。显然，他好像是很喜欢我，因为当时我正在专心练习聆听。但是，我毫无机会向他说明他们公司使用我们公司生产的计算机所能带来的好处，这样一来，我迫不得已，只好打断他的话，我插话说：'先生，你怎么知道使用我们的计算机能够具体帮助贵公司的运作呢?'我发现，我终于切中要害了！当我继续专心聆听时，顾客做了两件了不起的事情：一是他为我提供了大量的信息；二是他告诉我，他们公司安装使用我们公司生产的计算机后所带来的好处。只要顾客越能说服自己，我就越能通过专心聆听而更多地'奖励'他，之后，我就可以在尽可能短的时间内达成交易。"

心理医生、心理学家和心理顾问都是通过聆听来帮助自己找出解决问题的答案的。著名心理学家卡尔·罗杰斯曾经说过："如果我专心聆听顾客的倾诉，如果我能了解整个事件对顾客的意义，如果我能感觉这对顾客有多大的影响，那么，我会帮助释放出顾客内部变化的强大潜力。"

聆听还是一种结束交易过程的很有说服力的方式。顾客经常会为了采取拖延战

术而告诉推销员说："这听起来很好，但是，目前在我们公司好像还派不上用场。"或者"我想多参考几家公司的产品后，再做购买决定。"当顾客采取这种拖延战术或行为不确定时，专心聆听则能够明白地使顾客了解，推销员是不怕挫折的。一位优秀的、具有良好聆听技巧的推销员会表现出自信：只有本公司的产品，才能解决顾客的问题，最能满足顾客的需要。推销员这种坚如磐石的信心将会对顾客产生重大影响，并有可能说服顾客重新考虑购买意向。

卡尔·罗杰斯

犹太著名销售训练大师惠勒在向学员传授销售之道时说："在顾客采取拖延战术期间，推销员不应该立即向顾客多做解释，以试图挽回这笔交易。因为推销员这么一推，顾客也会顺势推回，结果毫无进展。相反，此时，推销员倒是应该做一些旁敲侧击的工作，试探顾客犹豫不决的原因，然后，再仔细聆听顾客到最后一刻还犹豫的缘由。这样一来，推销员隐约而又强烈地表现出非常关心，而且非常了解顾客的态度。最重要的是，推销员表现出丝毫不担心顾客犹豫的自信，因为他知道顾客将会做出购买决定。"推销员在顾客面前表现出紧张的心情，话说得很快，并且试图强迫顾客做出购买决定的话，最后的结果只能适得其反。因为那样会使顾客觉得现在做出购买决定毕竟不是一个最好的时机。

总之，改善自己的聆听技巧，不仅有助于推销员提高推销业绩，使推销生涯获得发展，而且还有助于推销员改善同顾客之间的人际关系和业务往来关系，改善推销员在各种社交场合的人际关系和家庭关系。良好的聆听技巧能够使每个人的生活都变得丰富多彩。

3. 不露痕迹地配合才显出最高明的聆听

犹太商人认为，商业交谈好比是趣味竞赛中的"同心协力"，两位配对的选手在配合中出现一点细小差错，都会造成失误而输掉比赛。同样，在倾听时，我们也

应注意配合说话者，哪怕是一些看似不起眼的细节，也不可忽视。

听人说话技巧高明的犹太商人，都能不露痕迹地配合对方的喜怒哀乐。对方说到伤心处就随着哀痛，对方高兴也随着欣喜，整个人的感情都专注于对方身上，几乎抹杀了自己的个性。有位心理医师曾说："我有 A、B 两种个性，而后者足以凌驾前者。"他由于工作上的关系，更需配合患者的情绪变化而变化，如果只是静静倾听，可能无法获得患者的信任，这会影响治疗工作。

那些有经验的推销员大都懂得"善于倾听"的秘诀。一般商场里有经验的职员在处理投诉时，都会默默不语地倾听顾客的满腹牢骚。在这种时候，顾客会把你的沉默理解为：你尊重我，你认为我的投诉是正确的，这样等顾客把不满倾泻之后，他的火气也就消了，那么问题也就迎刃而解了。

推销员学会倾听，是建立良好的人际关系的重要方法，不会倾听的人是不懂得沟通的。倾听别人的谈话是日常交往中最为常见的沟通方法，但倾听并不是静听，而是积极地把自己投入到角色中，在听的同时去激发说话者的热情。比如点点头、眨眨眼睛的动作，对于说者来说，都是莫大的鼓励。如果听者不会及时地给予说者以恰当的回馈，那么纵使你听的时间再长，也不会被当作知音。说话的人宁愿去对牛弹琴，也不愿面对着这样一个"莫测高深"的人。

犹太商人认为：要想成为一名合格的听者，必须达到心神合一的境界，光用耳朵是远远不够的。当你全身心地投入，满足了说者自我表现的欲望，那你就达到了无声赞美的目的。每个人都是一个独特的世界，都是一道美丽的风景，只是被深深的掩藏在心灵的帷幕之后。当一个人把他成功的喜悦、失败的痛苦、人生的惆怅表白给你的时候，你用你的倾听将阳光播撒于他内心的世界，给予他的是对他失败的同情、成功的赞美和生命能量的激发。

倾听时加入必要的身体语言，是非常有必要的。行动胜于语言，身体的每一部分都可以显示出激情、赞美的信息，可增强、减弱或躲避拒绝信息的传递。精于倾听的人，是不会做一部没有生气的"录音机"的，他会以一种积极投入的状态，向说话者传递"你的话我很喜欢听"的信息。

优秀的推销员都会使用身体语言来强化其聆听技巧，推销员恰当地使用身体语言的目的，在于营造一种轻松愉快和相互信任的气氛，以及与顾客建立良好的人际关系。这可以促使顾客侃侃而谈，继续与推销员分享信息。除了语言线索之外，推销员还可以利用身体语言来使顾客知道你在用心聆听他说话。

“眼睛是心灵的窗口”，适当的眼神交流可以增强听的效果。这种眼神是专注的，而不是游移不定的；是真诚的，而不是虚伪的。发自灵魂深处的眼神是动人心魄的。与顾客保持强烈的眼神交流，而又不是死死地盯着顾客。推销员在与顾客进行眼神交流时，要像你和朋友谈话一样友好与自然，千万不要脸转一边，而眼睛还看着顾客。在顾客办公室里，切不可东张西望，一会儿看窗户，一会儿又看走廊、看笔记或看其他有趣的地方。

保持眼神交流对于同顾客建立良好的关系来说是极端重要的，因为这样会使人觉得你既有诚意又贴心。如果无法做到这一点，不但会损害推销员与顾客的信任关系，引起相互之间的猜疑，还会导致双方之间的沟通失败。

在聆听时，推销员的脸部表情必须随着顾客谈话的心情和情绪的变化而变化。比如，在顾客开心时，推销员应该跟着顾客微笑；在顾客心情沮丧时，推销员也要表现出关切之情。同时，推销员适当地点头表示赞同顾客所说的话，这样简单的举动就能够促使顾客滔滔不绝地说个不停。当然，在聆听时，千万不要皱眉头或表现出任何批评顾客的表情。还需要注意的是，在抬头看顾客时，推销员不可以 45 度的角度看人，这样做，会给顾客以自己夸张而又自高自大的感觉，也不可以一味地缩下巴，搞得自己的眼神要向上扬，才能看得见顾客。

在聆听时要端正地坐在椅子上，并且要尽量靠近顾客的桌子。推销员应该坐得端正，但又要保持轻松自然，不可以像懒汉那样瘫坐在椅子上，或者像一根木头一样一动不动。同时，切不可将双手交叉放在胸前，摆出一副有所防备的架势。犹太商人认为：如果推销员摆出这种姿势会令顾客畏惧，从而使顾客再也无心继续谈下去了，或者使顾客无法继续进行评论。经验丰富的推销高手一般会坐姿端正，一条腿架在另一条腿上，手要自然地放在椅子的扶手上。推销员在进行第一次推销访问

时，千万不要坐在椅子的边缘上，不要倾身将自己的手肘顶在顾客的桌子上，因为许多顾客在推销员第一次访问时，离得太近会感到不舒服或者会感到这是一种威胁。除此之外，推销员在聆听时，坐在椅子的边缘也使顾客感到不舒服。不过，倾身的姿势有时用在顾客非常看重的事物，或者顾客正在发表个人看法比较敏感的话题时，也是很有效的。向前倾身是一种表现出推销员对话题具有浓厚兴趣的姿势，好像推销员正在努力聆听顾客所说的每一个字。

推销员在聆听时，要尽量避免一些奇特的姿势或动作，比如，玩铅笔或顾客桌子上的物品，转圈圈，咬指甲，用脚在地板上打抽等等。当然，打呵欠也是不合适的。还有一个需要注意的重点是：推销员绝对不可以公开看手表。顾客一般都不喜欢推销员的这种动作，因为这好像是在暗示推销员的时间比顾客更宝贵。推销员不断地看手表（特别是连续多次看手表）的动作，不仅容易分散顾客的注意力，也会损害彼此之间的关系，而且还可能导致讨论的话题因此而终止。如果推销员是为了估计一下还有多少时间可以用来讨论其他重要问题，或者是为了不要错过下一次约会，那么，最好是将戴表的手放在笔记本上，或是把手放在膝上，再巧妙地瞥一眼。这样做，比把手腕抬起来看时间要策略得多。

4. 在聆听中捕捉顾客的购买信息

犹太商人认为，如果顾客在交谈时发出了购买信息，仔细聆听的推销员往往能够获得这些关键信息。这是因为，如果推销员能够立即捕捉到这些信息，他就能够迅速做出反应，并尽快促成交易。

犹太商人在经商实践中发现：捕捉购买信息并适时做出反应，实际上能够使推销员提高10%~50%的工作效率和推销业绩。如果推销员错失购买信息，不但会不必要地延长销售时间，而且还会使整个交易过程复杂化，更糟糕的是，可能会使对手捷足先登。

当顾客说话或做事情表现出他对产品、服务或公司有所喜好时，或者顾客表现出渴望继续谈下去，想订购产品时，购买信息也就出现了。犹太商人麦格特认为：“当顾客经历心理决策过程并决定购买时（或者具有强烈的购买欲望时），顾客已

经假定‘心理拥有’这种产品。”当顾客对某项推销建议很满意时，他会开始有意无意地发出积极的信息，以帮助推销员加快推销过程，迅速达成交易。

犹太商人有一句谚语：如果你仔细聆听，买主自然会告诉你他什么时候下订单，有时，连他自己都不知道他已经下订单了。这句话深层的意思是：购买信息通常因顾客购买欲望的强弱而变化，或者提高提问的兴趣："我在哪里签字？"在推销循环的早期，一些购买信息很微弱；而在接近达成交易时，这种信息通常会越来越强烈，越来越直接，顾客也越有可能下订单。这时，推销员的主要任务就是仔细聆听而且要注意观察这类信息，然后，再进行试探性地下单或真正下单，以达成交易。

犹太商人考德威尔认为，有一种购买信息通常是一系列详细的、具体的关于产品或服务的问题。问题越详细，越涉及你的产品，顾客购买你的产品的意愿即购买信息就越强烈。这样的信息表明：顾客可能对你的产品非常了解，事先已经做了大量的准备工作，而且始终密切注意你的一举一动。同时也表明：顾客对你的产品或你的公司非常感兴趣。

下面是考德威尔在《成交》书中提到的，如果顾客感兴趣时可能会提出的一些问题：

"你认为，AB32型号的产品符合我公司的需要吗？为了掌握这种型号机器的操作，本公司需要派多少员工来接受培训呢？"

"如果需要维修的话，能否在一天内维修好？有这种可能性吗？"

"我可不可以具体指定颜色呢？"

"贵公司是否能够提供某种主要市场或促销帮助？"

"你打算怎么运输——是用汽车运输还是用火车运输？什么时候交货呢？交货期能否短一点呢？"

"如果我们购买的这种型号的机器不适用的话，能否在一周内退货？"

"我能否保留一份协议书给我的律师看呢？"

有的顾客虽然已经决定购买，但是，他还是会故意提出一些观点不明朗地问

题，让推销员误认为顾客尚未下定决心。这里的主要原因是，顾客这样做的目的在于避免推销员在一旁催个不停，或者是为了留下进一步讨价还价的余地。考德威尔列举出了下面这些“戏弄性”问题，都是顾客通常表明购买意愿的例子：

“如果我们公司决定购买你的产品，我想知道可否……？”

“我还有一个不重要的、纯粹是出于好奇的问题想向你请教，不知道是否……？”

“哦，顺便说一下，贵公司能否……？”

“到目前为止，我们公司尚未做出购买决定，但是，我可不可以向你请教这个……？”

考德威尔认为：另外一些观点不明朗的问题需视情况而定，而且这些问题的句子的开头一般都使用“假如”“如果”“是否”“可不可以”等之类的词。下面是他列举出的一些类似的例子：

“如果我们继续谈下去，并且订购贵公司的产品……”

“如果我们待会儿选择贵公司的建议案……”

“可不可以说，我们对贵公司提议的租约感兴趣……”

“假如我们对贵公司的建议书很感兴趣……”

对推销员来说，顾客的一种十分强烈而又非常乐观的陈述，是另一种需要聆听的最重要的购买信息，它表明顾客已经下定了购买决心。因此，推销员需要特别注意这类购买信息。这类信息的准确性高达99%，它的内容主要集中在产品上，并且暗示顾客已经下定了购买的决心，现在只需要注意一些购买程序之类的细节问题。因此，推销员需要注意顾客所表现出来的这类“心理拥有”了这种产品的言语：

“我需要赶快让公司的副总裁审阅这份建议书，他肯定会满意的！”

“我希望在星期五完成这项交易。我会尽快地请你同我们的合约人见面。”

“我肯定需要蓝色的座椅套，因为它们看上去与汽车淡蓝色的外观很般配。”

“这辆车的外观简直棒极了，我很喜欢这种外观，相信驾驶员也会有同样的感觉。”

推销员要切记，如果在推销访问中只出现上述情况中的一种情况，那还不能说明顾客具有强烈购买欲望，换句话说，顾客的购买愿望并不高，但是，当以上几种情况同时出现在推销访问中时，表明顾客的购买兴趣相当高。因此，它们就成为越来越有意义的反映顾客心情和态度变化的预测指标。

5. 善于排除聆听过程中的障碍

一个人具有良好的聆听技巧能给他带来许多好处，但是，要开发并保持主动的聆听技巧绝非是一件容易的事情。

聆听是一种包括身体、心智和情绪在内的经历，因此，多少会有某些听力障碍影响人们的听力。作为推销员，应该知道这些听力障碍是什么，并努力将这些障碍的影响减到最小。对于推销员来说，无论是从短期看，还是从长期看，努力排除这些听力障碍，能够提高自己的推销业绩，改善自己个人和事业上的人际关系。

著名的销售训练师、犹太人惠勒在训练课上传授了以下消除推销过程中聆听障碍的建议。

(1) 抛开自己的好恶情感去听客户说话

如果推销员对客户没有好感，就很难坦诚而又客观地聆听他所说的话。客户所表现出的某些特质也会在某种程度上影响其所说的内容而干扰推销员聆听的注意力。比如说，推销员可能因为过于注意客户的服装、饰物、手势或其外貌、身材等而分散自己的聆听的注意力。还有，客户的说话方式也会影响推销员听的注意力。客户说得太快或太慢，或者语音不悦耳（单调、急促，或者结结巴巴）或口音很重等都会分散推销员听的注意力。推销员也可能会从客户的说话风格来对他做出判断，以至于消极地对待他，认为他情绪过于紧张，用词枯燥乏味，语言具有挑衅性、讽刺人或骄傲自大等。

要想克服这些感觉上的障碍，推销员要在聆听对方说话时，不带个人情感色彩，即使不喜欢对方，也要克制自己，坚持听下去。

(2) 客户的话即使枯燥也要耐心听下去

有的顾客话语少，也有的顾客很健谈。如果遇到健谈的顾客说话漫无边际，即

使推销员主动而又努力去聆听顾客说话，但由于很难从顾客说的大量无关的信息中找到相关的有用信息，推销员也会感到顾客说的话枯燥乏味。最后，使推销员聆听时遗漏自认为对自己的推销活动不重要的信息。

要想排除这种障碍，推销员必须培养自己的忍耐性，在对方枯燥的话语中发现一些有利的信息，也可以耐心周旋，巧妙地把顾客的“废话”引导到你需要的话题上来。

（3）不受对方不友好的态度左右而影响情绪

客户说的任何含有威胁、恼人、沮丧、失望或挑衅意味的话——故意刁难，都会使推销员的聆听效果降到最低点。推销员自然会对此有所反抗，感到不高兴或因此而生气。所有这些情绪反应，实际上都会影响推销员的聆听效果。推销员的另一种情绪上的聆听障碍就是顾客提出一系列问题非难。这些问题也许是挑剔推销员推销的产品，也许是抱怨推销员所在公司的服务态度很差，或许是顾客根本听都没听推销员的说明就说不要其推销的产品或服务。

当听到某些令人失望，或者感到被人“戏弄”的事情时，一般人很自然地会反应过度而变得情绪激动，甚至采取一些只会使事情变得更加糟糕的行动。所以，推销员要以良好的心态去对待客户的不友好态度，控制住自己的情绪，冷静地寻找应答的方法，尽量让不愉快的事情过去。

（4）调节好自己的精神状态

推销员的身体、心情和情绪状态都会对其聆听效果产生影响。如果推销员身体相当疲乏——无论是因劳累过度、情感压力、睡眠不足等所引起，还是因时差所致——就会影响自己的听力，并且使自己难以集中精力去聆听。如果推销员身体不适或生病，则会使本来已经糟糕的情况变得更加糟糕。另外，午餐时大吃大喝，加上喝了一些含酒精的饮料，然后，再坐在办公室柔软舒服的椅子上，以至于使人昏昏欲睡而无法专心聆听。

推销员要想排除这种障碍，一定要注意自己的健康状况，平时还要培养自己集中精力做好一件事的习惯，专心致志地做事，不受其他因素的干扰。

(5) 不要过于坚持自己的观点

如果听者对于某个主题具有强烈的自我看法，而说话者又正好持有与听者相反的观点（而且他们彼此的信念都很坚定），这会使聆听很快终止。推销员试图说服顾客通过安装自己推销的某种机械设备，以实现公司运作自动化，但是，顾客却觉得自动化在他们的公司行不通。因此，顾客自身的偏见就会使彼此之间的谈话立即结束。

可见，每个人都基于自己坚定的信念，都认为自己的观点、感觉和行事方式才是正确的，所以，他们基本上不考虑对方的看法，更不愿采纳对方的意见，并且认为其他理论都是很幼稚的、错误的、不真实的、短视的、理想化的。要想说服对方，我们就要在推销自己的观念时，求大同存小异，不要过于固守自己的立场，要听取对方的想法。

(6) 选择适宜的环境与客户交谈

一种可能会影响聆听的环境条件就是室内温度与空气的流动情况。无论是任何人，只要坐在一间很热、很冷、通风不良、很潮湿或很干燥的房间里，特别是长时间坐在这样的房间里，就会感到不舒服。当然，感觉也会很糟糕，所以，很难认真听进别人说的活。

另一种可能影响聆听的因素是光线。如果房间里的光线太刺眼，太阳光会透过窗户直射室内，或者是整个房间里的光线暗得使人感到很不舒服的话，都会影响听者的聆听效果。

接下来的问题就是噪音和音响效果了。如果令人分心的噪音和说话者的声音交杂在一起时，也会耗费听者的精力；如果这一类噪音长时间持续下去的话，最后，就可能会使听者无心聆听说话者说的话了。

有些顾客的办公室设在摩天大楼的顶层，人们可以从室内的落地窗俯视窗外的整座城市，可以说整个城市的美景尽收眼底；而有的顾客的办公室则坐落在乡村田野中，人们可以从室内的落地窗眺望窗外美丽的田园风光，看到一片绿色世界。这类视觉诱惑令人难以抗拒，以至于使听者无暇聆听说话者说话了。因此，推销员最

好征求客户的意见，让双方在一个适宜的环境中进行商谈。

用提问得到你想知道的答案

1. 提问越多双方的误解就越少

作为一名推销员，你是否经常误解顾客说话的意思或要求呢？而顾客是否也经常误解你所说的内容或提出的问题呢？在犹太商人看来：对于大多数推销员来说，误解一般都是因为没有真正了解双方真正的意图而引起的。

而犹太商人就认为，提问对于减少误会大有益处。所以，推销员在推销前，要经常提醒自己千万不要做任何假设。推销员不能以自己的定义、思想、经验、价值观或知识等，把许多事情都认为是理所当然的。然而，通过提问，推销员可以了解顾客是否完全理解自己的意图，而利用反馈提问，又可以确认自己有没有听错顾客的意思，以保证自己与顾客之间进行良好的双向沟通，并使推销沟通过程中可能出现的问题降到最低程度。所以，在推销时，不真正清楚对方的意图，就要多提问。

当推销员和顾客谈商品的时候，当然不只推销员会问，顾客也会问。

所以事先推销员应该考虑好客户可能提出的任何疑问，这些疑问能让推销员更进一步了解顾客的需求，记住，除非你完全明白客户发问的动机，否则不要直接回答，以避免造成误会。

有一个汽车推销员就是在没有弄清顾客的发问动机后直接回答了顾客的疑问，结果造成了一场误解。

客户问："所有这种类型的汽车都有电动窗吗？"

这位汽车推销员便以为这位客户想要一个带有电动窗的汽车，于是把他带到装有电动窗的汽车跟前，大谈汽车电动窗有多么棒。结果客户却说："我不喜欢电动窗，假使汽车掉入水里，电线一定会短路，电动窗打不开，到时候我怎么出来？"

这真是一场糟糕的推销说明。如果这时听到客户的真正购买动机后，再向他推销不带电动窗的汽车，也有点不自然了，毕竟你误解了客户的意思。所以为了避免这样的误会，当客户问："所有这种类型的汽车都有电动窗吗"时，推销员不妨反

问一句："你想买有电动窗的汽车吗?"之后，就可以听到顾客的真正动机了，这样就可以向他推销不带电动窗的汽车，同时也避免了以上的误解。

所以，当面对顾客的疑问推销员仍无法把握他的真正发问动机时，推销员不妨反问一问，把问题丢给顾客，让他自己回答自己的疑问。

把问题丢回给客户，我们当然知道自己发问的动机。在无法明白客户的动机时，假如你大费唇舌，像刚才那位汽车推销员那样大谈电动窗有多棒，但他并不知道客户下面要说的是什么？没弄清楚客户问话动机就轻率深谈，而客户又无意多谈，反而让推销员陷入进退两难的窘境。而如果你像下面那样问他，可能就会得到一个对你有利的回答了。

有一个名叫安得的犹太电话推销员，曾经多次面对不同顾客提出的相同问题："你们的电话有来电显示装置吗?"聪明的安得并没有立即回答这些顾客提出的问题，而是把问题反问到顾客自己身上："来电显示装置对你而言很重要吗?"然后听他们自己回答自己的提问。

刚开始时，面对顾客的疑问："请问你们的话机有来电显示装置吗?"安得心里确实想过很多："我们没有。她会这么问，就表示她有这种需要，怎么办？我要不要告诉她，再过6个月，我们就会提供来电显示功能？也许我该建议她再等一阵子。"这就是他当初的种种猜想，后来他又想："算了，别让自己头痛了吧，也许他并不需要这种装置，只是随便问问罢了。"所以他就鼓起勇气反问客户："来电显示装置对你而言很重要吗?"

果然不出他所料，顾客回答："不，不重要，因为我听说有许多公司提供这套服务，老实说，没用的服务我可不想多付钱。"

当然，不同客户提出相同疑问的动机是不同的，但安得都能用相同的一句反问来弄明白对方的疑问。比如下面的一位顾客的不同动机。

客户："你们公司提供来电显示装置吗?"

安得："这种装置对你很重要吗?"

客户："听起来很不错，当然，价钱也是很重要。"

安得："你说你们最需要的是没有死角的100千米通讯范围，这一点我们绝对没有问题，而且我们还有转接和插拔装置；我们目前尚未提供来电显示功能，但是我们已经打算增加这项功能，6个月后就能上线。"

客户："没关系，这项装置不错，不过如果没有也无所谓。"

当然，换一个角度说，身为销售员，总会有客户提出你无法提供的另一种服务的疑问，如果对方确实想要那种服务，而你们没有，你也可以针对他的疑问而随机应变。

一位名叫瑞恩的服装推销员在面对客户对他提出的疑问后，总是会给客户以巧妙的回答。

客户："这些衣服还有其他颜色吗？还是只有你带来的桃色和粉色？"

瑞恩："颜色齐全对你很重要吗？"

客户："我希望多几种颜色，让我的顾客多一点选择。"

瑞恩："我了解，不过我们工厂只供应桃色和粉红，之所以只有这两种颜色，是因为我们做过市场调查，发现这两颜色是今年最受年轻人欢迎的颜色，我们认为应该把最热门的货色卖给顾客，而不是弄一堆货堆着，结果根本卖不出去。"

客户："你说的也很有道理，今年的确有很多顾客到我那儿挑选桃色和粉红色的衣服。这些颜色的衣服的确很畅销，好吧，我就先来点这些桃色和粉红色的衣服吧。"

瑞恩虽然没有顾客所要的其他产品，但是他站在顾客的立场上，说明了其原因，也得到了顾客的认可。

2. 用提问把握谈话的优势

犹太商人认为，在与顾客交流中，为了实现自己的推销目的，推销员必须要有能够控制讨论问题细节的能力，以及控制会谈发展总体方向的能力，但是，这并不意味着推销员应该努力去操纵讨论过程，也不意味着要随时提醒顾客应该谈些什么话题，或者突然控制会谈期间发生的情况。

一些推销员说起话来滔滔不绝，甚至会一个人说个没完，想以此来有效地控制

顾客，不给顾客说话的机会。但犹太商人则认为，这实质上是控制顾客参与推销访问。其实推销员可以通过先提出相关问题，然后再认真聆听顾客说话的方式，鼓励并吸引顾客参与推销讨论过程，这样，有利于激励顾客按照某种有助于推销员满足自身目标的方式完全参与到推销会谈与决策过程中来。

在一些推销访问过程中，顾客也许会清楚地留下这样一种印象：自己唱主角，控制整个会谈局面，因为自己一直在不停地说，并且一直在引导谈话，而推销员却一直在聆听自己说话，并且一直在按照自己的思路进行。但聪明的犹太商人明白，顾客的这种判断错了。他们认为事实上，在整个推销访问过程中，一直是推销员在引导谈话的方向与主题，而顾客则是在按照推销员的指示行事，顾客也许从来就没有想到这一点。

这是因为，推销员事先巧妙地提出了一些与顾客自身利益相关的问题，然后再仔细聆听顾客谈话，以引导顾客顺理成章地达成交易。这对于顾客来说似乎是自然而然的事情。顾客对此也许从来就没有想过要拒绝、再考虑考虑或提出异议。

原因很简单：因为推销员并没有对顾客施加压力，这完全是顾客自愿的事情。顾客也不会感到自己必须购买某些东西，而是自己想买这种产品。不仅如此，顾客还会感到这完全是自己自主做出的选择。因此，推销员恰当的提问是一种怎样使顾客自然而然地感到自己完全控制了谈话的局面，而推销员却不动声色地用一种神不知鬼不觉而大家又都能接受的推销方式。

在这里，还是让我们来看一则实例吧！著名的推销专家、犹太人维克多曾出席一个推销培训会，在会上，一位名叫比尔的学员突然对他提问说：“维克多博士，你被认为是全球最好的推销员，那么，现在，你就向我推销一些东西吧！”这种问话很突然，维克多却微笑着回答说：“你希望我卖什么东西给你呢？”

维克多的这一举动使比尔大吃一惊，有些人在听到上述的话后，可能会滔滔不绝地说一大堆，比如，开始说一些推销的行话，而维克多却紧接着就开始提问而非对自己的问题进行解释。

比尔想了一会儿回答说：“哦，就卖这个桌子给我吧。”

比尔话音刚落，维克多接着就提出了另一个看起来似乎很天真的问题“你为什么要买它呢?”

比尔再一次对这个内容感到吃惊，然后，看着桌子回答说：“哦，是的，它看上去很新，外形也美观，而且色彩也很鲜艳。除此之外，最近，我们刚刚搬到这个新摄影棚，暂时还不想处理掉。”

维克多对此不做说明，却利用提问让比尔自己说出购买的原因及其为什么看中这个桌子。于是，维克多接着说：“比尔，你愿意花多少钱买下这个桌子呢?”

比尔听后似乎显得有点迷惑不解，他说：“我最近还没有买过桌子，但是，这个桌子这么漂亮，体积又这么大，我想我会花 18 美元或 20 美元买下来。”

维克多听到这句话后，立刻接过话题说：“那么，比尔，我就以 18 美元的价格把这个桌子卖给你。”这样，交易就结束了。

上面的例子是一个利用提问来控制谈话局面并快速达成交易的典型范例。在这个例子中，顾客觉得自己控制了谈话的整个局面，而事实上却是推销员牢牢地掌握了局势的控制权。它证明了这样一种观点：提问比滔滔不绝地说一大堆推销行话以及草率地进行推销展示要强得多。因此，推销员要切记：说话并不等于推销!

提问不仅能使顾客积极参与推销过程，而且又能给顾客一种温暖而又安全的感觉——顾客会感到整个局势都在自己的控制之中，而不会有自己被推销员出卖之感。提问不仅仅有助于使顾客的想法公开化，而且还有助于顾客自己做出判断，什么事情是对的，什么事情是错的，都由顾客自己来判断，而不是由他人告诉顾客事情的对错。在问句中加入相关的利益说明，将会有助于使顾客说服自己，进而营造合作的交流气氛。

3. 问到点子上可以有效提高成交概率

在推销中，最令人伤脑筋的情况是：当推销员向顾客做了一番精彩的说明后，并认为一切都在朝着达成交易的目标接近时，却突然发现自己正在“唱独角戏”，顾客有着许多他不愿购买的反对意见。而推销中的恰当提问则可以避免这类事情的发生。

犹太商人说："巧妙地提问等于获得了一半的智慧。让客户回答你的问题比试图让他们遵照你的思维方式去考虑更有效。"

犹太商人认为，在推销过程的每个阶段，推销员都可能并且应该有针对性地提问。无论哪种形式的推销，为了实现其最终目标，在推销伊始，推销员都需要进行试探性提问与仔细聆听，以便顾客有积极参与推销或购买过程的机会。然而，问题是，大多数推销员总是喜欢自己说个不停，希望自己主导谈话，而且还希望顾客能够舒舒服服地坐在那里，被动地聆听，以了解自己的观点。但是，对于推销员来说，最重要的是，要尽可能地有针对性的提问，以便使自己更多更好地了解顾客的观点或者想法，而非一味地表达自己的观点。

在推销场合，顾客经常会对推销员推销的产品或服务及其公司，以及另一个与推销相关的因素提出问题，表示关切，提出保留意见或者公开表示拒绝等。作为一位推销员，如果不对顾客的冷漠或拒绝购买产品做出适当的反应，推销员就无法达到完成交易的目的。推销员通过巧妙地运用提问技巧，就能使顾客说出他们对购买推销员推销的产品或服务犹豫不决的真正原因是什么，以及他们最大的顾忌又是什么。一旦顾客向推销员敞开思想，说出自己的顾忌，推销员也就真正了解了顾客拒绝购买的潜在原因，也就知道该如何妥善解决这些问题。

当顾客被推销员认真地问到他的感受，并且推销员又在仔细地聆听时，顾客一般都会感到比较放松，这样一来，就会使问题更加容易地得到解决。顾客一般都比较欣赏推销员巧妙地运用提问技巧，以解决任何隐藏在推销背后的顾客对购买的担心与问题。然而，不幸的是，一些推销员只会花言巧语，说得很动听，想利用一些固定的答案来搪塞顾客提出的问题。因此，推销员必须首先学会善用发问的方式去了解顾客的心声，要让顾客有机会吐露自己心中的真情实感，这样，推销员不仅能够完全知道顾客的问题，而且能够消除顾客心中的疑虑，而不是自己在那里信口开河。

下面还是让我们来看一下两个截然不同的实例吧。

安雅公司是美国一家地区性的沙发工厂，拉尔森是他们的销售员。拉尔森跟伊

思尔家具店有约，他们新开张没多久，所以拉尔森想，生意上门了。

请看拉尔森下面的推销对话。拉尔森：“伊思尔，非常感谢您，给我这次机会让我为您介绍我们的产品。”

伊思尔：“欢迎您来。”拉尔森：“容我介绍安雅的最新系列产品——安逸，你也知道，现在顾客比较喜欢颜色亮一点的家具，老旧的款式已经不流行了。为了符合消费者的需求，我们的‘安逸’系列正式问世。顾客想要的任何颜色——深红、紫色、黄色、亮粉红色等等，应有尽有。而且，我们为零售商提供顾客订制的家具，你的顾客要粉红底座沙发，可以！订制不另加价，两天交货。价钱嘛，标准型只要350美元，很不错吧？”

伊思尔：“嗯，那么……”

拉尔森：“我的解说很清楚了吧？还有什么你想知道的吗？”

伊思尔：“你说得很清楚。只不过，嗯……我想年轻人会很喜欢你们的东西，可是你知道，这附近有不少退休老人公寓，我打算把我的目标顾客锁定在比较年长、有固定收入的人，进货也以典雅、价钱合理的款式为主。”

瞧，一个不小心，拉尔森唱了一出独角戏——因为他只顾介绍他的产品，而不知道顾客需要的是什么。

事实上，安雅公司也有适合这位顾客的产品——“高雅系列”，可拉尔森却自以为是地认为他要的是“安逸系列”。

拉尔森应该先做一些提问，然后让这位顾客多说，最后再做决定。所以作为推销员，你应该学会技巧性地发问，否则可能无法找出客户的真正需求。

好了，再看看另一位高明的推销员迈克·杰姆斯是怎样做成这批生意的。

迈克·杰姆斯：“谢谢你给我机会介绍我们的产品。”

伊思尔：“欢迎你来。”

迈克·杰姆斯：“我们先谈谈你的生意，好吗？你那天在电话里跟我说，你想买坚固且价钱合理的家具，不过，我不清楚你想要的是哪些款式，你的销售对象是哪些人？能否多谈谈你的构想？”

伊思尔："你大概知道，这附近的年轻人不少，他们喜欢往组合式家具连锁店跑。不过在离这不远的另一条公路附近，也住了许多退休老人，我亲戚就住在那里。一年前他们想买家具，可是组合式家具对他们而言太花哨了。她们虽有固定的收入，但也买不起那种高级家具，以她们的预算想买款式好的家具，还真是困难！她们告诉我许多朋友都有同样的困扰，这其实一点也不奇怪。我做了一些调查，发现我亲戚的话很对，所以我决心开店，顾客就锁定在这群人。"

迈克·杰姆斯："我明白了，你认为家具结实，是高龄客户最重要的考虑因素，是吧？"

伊思尔："对，我的客户生长的年代有别，他们希望用品长年如新，像我的祖母吧，她把家具盖上塑胶布，一用就是20年。我明白这种价廉物美的需求有点强人所难，但是我想，一定有厂商生产这类的家具。"

迈克·杰姆斯："那当然。我想再问你一个问题，你所谓的价钱不高是多少？你认为主顾愿意花多少钱买一张沙发？"

伊思尔："我可能没把话说清楚。我不打算进便宜货，不过我也不会采购一堆路易十四式的鸳鸯椅。我认为顾客只要确定东西能够长期使用，他们能接受的价位应该在450美元到600美元之间。"

迈克·杰姆斯："太好了，伊思尔，我们一定帮得上忙，我花几分钟跟你谈两件事，第一，我们的'高雅系列'，不论外形与品质，一定能符合你的客户的需要，至于你提到的价钱，也绝对没问题。第二，我倒想多谈谈我们的永久防污处理，此方法能让沙发不沾尘垢，你看如何？"

伊思尔："当然，没问题。"

就这样，迈克·杰姆斯做成了这批生意，而拉尔森却没有。

4. 聪明人会用最恰当的提问解决问题

犹太商人马吉德讲述了一个有关提问的幽默故事：

有一天，一名教士在做礼拜时，忽然忍不住烟瘾，便问他的上司："我祈祷时可以抽烟吗？"结果，遇到了上司的斥责。其后又有名教士，也犯了烟瘾，却换了

一种口气问道："我吸烟时可以祈祷吗？"上司竟莞尔一笑，答应了他的请求。可见，提问是很有讲究的。提问问得巧，才是好口才的标志。怎样问得巧，首先是选择恰当的提问方式。人与人进行谈话，必然有问有答。发问和应答，都有一定的艺术。问话首先是有一定的目的，然后通过一定的方式表达出来。推销也是如此。

犹太商人说："与人们在从事某种特定的工作时，必须使用某种特定的工具解决问题一样，在推销过程中，提问也是一种非常有用的工具。对于推销员来说，重要的是要知道使用何种提问方式以及何时使用这种方式来解决问题。"

犹太商人把人们提出的问题大致分为两种：开放型问题和封闭型问题。下面让我们来了解一下这两种分类及其特点。了解了这些分类及其特征后，推销员就能轻而易举地选择最有效的提问方式，帮助自己达到目的。

几乎所有提问的问题都可以分为开放型问题和封闭型问题。所谓开放型问题，就是不限定顾客回答问题的答案，而完全让顾客根据自己的喜好，围绕谈话主题自由发挥，它的特点是讲究自然。推销员提出开放型问题的目的，主要是为了使顾客感到没有约束，可以根据自己的需要进行选择，并且有自由表达个人观点与情绪的空间。这样，推销员就可以从顾客那里获得大量真实有用的信息。比如说，开放型问题可以给一个人回答问题提供自由发挥的余地，不妨想一想人们在进行私人谈话时提出的最基本的开放型问题："你能谈一谈你自己吗？"对于这个问题的回答有数以百计的答案，它是如此之开放，以至于说话的人可以花几天时间——甚至几周时间来回答这个问题。

推销员在与顾客初次见面时，最好提出开放型问题。一般地说，推销员需尽快与顾客建立良好的人际关系，解除顾客防卫心理，并且开始与顾客进行建设性的讨论。而开放型问题则会使顾客感到自己受到重视，受人尊重，因为推销员愿意聆听并重视感受。使用这种不设限制的问题强烈地意味着，推销员不仅尊重顾客的判断能力，而且还相信顾客选择的信息，以及所谈论的话题。此外，在许多谈话场合，顾客都觉得自己控制了谈话局面，引导了讨论的话题，与被动地聆听推销员大谈特谈其千篇一律的感觉是完全不同的。推销员提出开放型问题，不仅能够使自己从顾

客那里获得大量有用的信息，而且还能免除顾客的心理压力，因为顾客不必不断地考虑巧妙地运用一些事情来向推销员做说明，或者一直专注于推销员提出的一个接一个的封闭型问题。一般地说，成功的推销员都会仔细地选择好的开放型问题，然后，再悠闲自得地聆听着，偶尔也参与讨论。这样做可以利用剩余时间来考虑其他问题，考虑如何对顾客提出的问题做出反应或者下一步的行动计划。

具体来说，开放型问题也可以分为以下一些句式：商量式问题。比如："下个月我们有个商品展销会，你愿意去吗?""我们公司想搞一个产品技术革新，希望顾客对产品提出一些建议，你是我们的老客户，你愿意参加吗?"这类问题，一般和对方利益有关，属于征询对方意见的发问形式。

探索式问句。它是针对对方答复内容，继续进行引申的一种问句。例如："你谈到经济上存在困难，你能不能告诉我主要存在哪些困难?""你说另一家公司的同类产品不错，你能不能说得详细些?"探索式问句不但可以发掘比较充分的信息，而且可以显出发问者对对方所谈问题的兴趣和重视。

启发式问句。它是启发对方谈看法和意见的问句。例如："现在接近年末了，你对你今年工作的看法怎样?""你在报刊上发表了不少有关推销学方面的专题学术论文，对于学术研究有什么窍门?""我们估计明年的这个产品价格还要上涨，你对此有什么看法?"这类问句主要是启发对方谈出自己的看法，以便吸收新的意见和建议。

总之，在推销过程中，发问者要多听少说，多运用开放式问句，谨慎采用封闭式问句。发问者应事先了解对方情况，打好腹稿，注意发问的时机，取得对方同意后再进一步提问，由广泛的问题逐步缩小到特定的问题，避免含糊不清的措辞，避免使用威胁性、教训性、讽刺性的问句，避免盘问式或审问式的问句。

虽然用开放型问题提问有许多好处，但是，这类问题也存在一些不足。与封闭型问题相比，推销员提出开放型问题，将会对顾客回答问题的方式更加难以控制。因为开放型问题涉及的范围很广泛，而且还可能会使顾客的谈话偏离主题，甚至谈一些完全与主题不相关的问题。如果遇到一位过于爱说细节的顾客，则会使只需要

了解一些简单要点的推销员有点难堪。在这样的情况下，推销员将不得不想方设法再次使顾客的注意力集中到主题上来。因此，如果推销员希望在推销访问中投入较多的时间，那么推销员就应该提出开放型问题。

与开放型问题相对应的就是封闭型问题，就是答案很简单或很短的问题，其答案通常不是“是”，就是“不是”，或者其他简单的回答。当推销员需要获得准确或详细的信息，或者需要控制讨论问题的方向与讨论的时间时，一般可以采用这种封闭型问题。封闭型问题是一种弄清问题、确认事实的最佳方法。

封闭型问题虽然是一种非常有用的方式，但是，推销员使用这种提问方式时要小心注意。一般地说，经常地、大量地使用这种方式会使顾客感到推销员好像是在讯问自己。如果夸张地使用这类问题，顾客甚至会觉得自己被人操纵利用、受人摆布、灰心丧气或气愤，谈话也会出现唐突和不连贯的感觉。同时，顾客也会觉得，推销员对自己的观点与意见事实上并不感兴趣，而只希望自己简单地回答问题。这些问题可能是在会谈开始之前就准备好了，甚至还是某种固定的格式，就好像是推销员用来对顾客进行调查的千篇一律的调查问卷。顾客反复回答这类限制性问题，可能会感到推销员低估了自己，或者觉得推销员根本就没有充分利用自己提供的信息。

如果推销员发现时间不够或者只需要很具体的信息，而必须更多地控制讨论主题时，提出封闭型问题就是一种比较好的方法。

具体地说，封闭型问题也可以分为以下几种情况：

选择式问句，即给对方提出几种情况让对方从中选择的问句。比如：“你喜欢涤纶面料还是丝绸面料?”“你喜欢这套卡通书，还是那套童话书?”“要不要加鸡蛋?”“加一个鸡蛋还是两个?”等等。这都是提供两个或两个以上的条件，没有超出范围的选择。

澄清式问句，即针对对方答复重新让其证实或补充的一种问句。比如：“你说考虑，考虑好了吗?”“我这样的说明你理解了吗？需要我对此再做一些说明吗?”等等。这种问句在于让对方对自己说的话进一步表明态度。

暗示式问句，这种问句本身已强烈地暗示出预期的答案。比如：“一个明智的母亲应该在孩子小的时候就让他了解历史故事，你说是吗？”“照你的意思来说，不也是以产品质量为主考虑吗？”“我对你刚才所讲的话的理解，你的意思是……对吗？”等等。这类问句中已经包含了答案，无非是推销中敦促对方表态而已。

参照式问句，即把第三者意见作为参照系提出的问句。比如：“很多顾客认为红色是今年的流行色，你以为呢？”“你的朋友查理说你很需要这种产品对你的帮助，是吗？”这类含第三者意见的问句中，如果第三者是对方熟悉的人，对客户会产生重大影响，客户就可能会同意。

开放型问题与封闭型问题在程度上各有不同，也各有所长。介乎两种问题之间的非此即彼的问题的设计，可以引出既不短也不长的答案。下面的范例是推销员经常采用的问题类型，这些问题的回答可长可短。

比如：“你认为售后服务是不是需要考虑的最重要的因素呢？”“你是不是觉得同大公司做生意比较可靠呢？”“你认为，如果我们能再提前一些时间交货是不是对贵公司更有利呢？”“你对我的建议书还有什么看法？”

以上问题集中了开放型问题与封闭型问题两者的优点，这类问题不仅能够帮助推销员控制局面，而且还可以让顾客的谈话不至于偏离话题太远而又能说到点子上。由于这类问题能够先大致上划定谈话的范围，所以，有助于推销员决定下一个谈话主题。

当然，推销员也不光是只要懂得一些发问的技巧，有时顾客也会问到推销员一些问题，所以，推销员也要掌握一些回答问题的方式。回答问题和发问一样，也要讲究艺术、讲究方式。按应答问题的方式分，可以把回答分为正面回答、侧面回答；按应答问题的性质分，可以把回答分为肯定性回答、否定性回答和模棱两可的回答。

正面回答。当然是问什么，答什么，有问必有答。一般比较直截了当，这样有利于推销双方的互相沟通。

侧面回答。在推销交往中有些问题一时难以答复，应当回答说“让我考虑考

虑”或者“研究研究再说”。这种回答说是没有答复，也已经做了答复；说是做了答复，又等于没有答复。

肯定性回答。按肯定的程度可区分几种不同的情况，如完全同意对方的答复，加以补充的回答，附加条件的回答。

否定性回答。否定性回答要讲究方式，要委婉地把意思说清，说明难以同意的理由，使对方理解，不要生硬推回去，使发问者不好下台。

模棱两可的回答。既不表示同意，也不表示不同意，似乎是同意，又似乎是不同意。这种方式不宜多用，尤其是对熟识的客户或朋友推销，不要闪烁其词，令人不可捉摸。

无论是封闭型提问方式还是开放型提问方式都有其优点和局限性。在推销过程中，推销员要从实际需要出发灵活恰当地选择多种发问方式，以求得到最佳效果。

有道是“到什么山唱什么歌，见什么人说什么话”。提问也要考虑客户的年龄、身份、文化素养、性格特征等。在推销中，有的客户热情爽快，有的性格内向，有的大大咧咧，有的审慎多疑，性格不同，气质迥异。如果不顾这些特点，仅用一个腔调、一种方式提问，就会碰壁。

5. 提问要准、快、变，才能大奏奇效

在最初几次推销访问中，推销员访问的主要目的，就是为了尽可能多地从顾客那里获得信息，以便今后更加有效地开展产品示范和服务展示，并且有效地介绍产品或服务给顾客带来的直接好处。同时，推销员还必须在最短的时间内获得这些信息，以获得超过竞争者的优势，进而使自己的推销时间更加富有效率。为了达到这个目的，犹太商人认为可以运用有针对性的提问方式，既有目的，又具体，而又不会冒犯顾客。提问的艺术意在使双方之间营造与维持一种有益的、富有成效的沟通气氛。所以推销员要有能在适当的时机提出适当的问题的能力。然后，再专心聆听顾客说话，并适时做出反应，以从顾客那里获得自己需要的答案或信息，或者达到其他目的。为了帮助推销员有效地运用提问方式，下面我们介绍一些提问题的技巧。

犹太商人说："提问犹如音乐的定音，音定准了，乐曲演奏起来就顺畅、动听。因此成功的访谈、对话必须善于提问。"

如何巧妙地提问，是有许多技巧推销的。总的来说是要抓住要害，讲究逻辑，提问方式也要灵活多样，措辞也要恰当。

提问首先要抓住要害，问得明白具体。交谈提问应该化大为小，变笼统为具体，善于抓住关键进行提问。那些大而空泛的问题，往往让客户摸不着头脑，难以回答；相反，问题明白具体，就有助于打开对方的思路。

其次，提问要讲究逻辑，问得有条有理。这样既有助于自己从客户谈话中归纳总结出谈话的规律或要点，也有助于自己回答问题。

还要注意提问方式的多样性。不是所有客户一开始就愿意如实回答你所提的问题，他们往往不给予配合。因此，交谈应注意灵活运用多种提问方式。

提问也要讲究和运用一定的语言技巧。

要注意词语选择的恰当性。如柜台售货员问顾客："您要看点什么？"这里，用"看"就比用"买"或"要"更得体，要能体现出对顾客购物自由的尊重。

还要注意句式的选择。比如，有家咖啡店卖可可饮料可加鸡蛋。服务员通常问顾客："要加鸡蛋吗？"后来，一位人际关系专家建议他们改问："要加一个鸡蛋，还是两个鸡蛋？"结果，这家咖啡店的生意更好。因为这个选择问句会促使顾客做出必然选择。

最后还要注意词语顺序的调整。比如，一些缺少人手的商店，想减少送货任务。为了达到目的，同时又不违背文明服务的规则，有的商店就将"是您自己拿回去呢，还是给您送回去呢？"改为"是给您送回去呢，还是您自己带回去呢？"结果大奏奇效。

下面，让我们来研究一下具体的提问方式的运用。在做推销面谈时，推销高手首先要注意利用信息问题、开放性的问题或以下几种问题来提问。

如果推销员想从客户的话中了解相关信息，不妨针对某种特定事物或状况故意向客户提出一些启发性的问题，比如："你能否谈谈你对这类产品的大致看法？"

这类问题可以使推销员在客户的回答中收集到相当宝贵的信息，或者重要的细节，而推销员越能巧妙地利用现场提出的问题，就越能了解客户的特殊要求。因此，在上门拜访前，推销员一定要先准备几个这类的问题，并将它们白纸黑字地写下来，以供参考利用。等到这类问题给推销员带来了一些启示，他就可以在做产品介绍时，将重点或方向做出适当调整。

如果推销员想了解客户在一阵面谈后是否还在注意听，不妨问一些检验性的问题。比如："你对我说的话有何看法?"

"你是不是觉得我这个建议比较不错呢?"这样的问题能引起客户的反应，推销员可以根据客户的反应检验出他的吸收程度，或者他是否已经有了对立拒绝的心理。

如果推销员想要测知客户的心意或者促使他做决定，不妨问一些带沟通性的问题，比如："同你看到的其他公司的建议书相比，你觉得我们公司的建议书怎样?"

"就按刚才说的那样给你送货好吗?"

如果推销员在交谈中想确定客户听了半天后的感想，不妨问一些定位性的问题，比如："对这一点，你还有什么意见吗?"

"到目前为止，在这方面你的看法怎样?"从这种定位性的问题答案中，推销员可以测出客户的了解程度，或者对推销员的认同心理有几成。

诱使对方做出肯定答案的问题，是推销过程中最常被利用的问句。依照心理学家的研究发现，如果你能够持续向对方问六个问题而让对方连续回答六个"是"，那么当第七个问题或要求提出后，对方也会很自然地回答"是"。

一位做百科全书的推销员，为了让顾客做出肯定答复，一连问了顾客几个肯定的问题。

"这位先生，请问我可以问一下您对教育的看法吗?"

"可以。"

"请问您相信教育和知识的价值吗?"

"相信。"

“如果我们放一套百科全书在您家里，用来做展示，请问您能接受吗？”

“能。”

“请问我可以进来向您展示一下我们的这套百科全书吗？”

“可以。”

“我不是想把这套百科全书卖给您，我所想要做的只是希望把这套百科全书放在您的家里，当您的朋友来到您的家里看到这套百科全书时，如果他们有兴趣，您只要告诉他们我们的联系电话，他们就可以和我们联系。”

当然，在推销过程中，面对客户的反对意见或拒绝是常有的事，而聪明的推销高手则善于利用反射性的问题来扭转客户的反对意见或是拒绝。比如：“你们的计划还不够完整。”

“你的意思是，如果我们向你介绍你完全满意的项目计划，你就愿意与我们公司进一步谈判并订购我们公司的产品，是吗？”

这类带肯定意味的问题是推销员屡试不爽的法宝。因为对方最容易回答是。

另外，有一种问题是推销员比较少利用的，通常只有在他本身相当能掌握答案，或者当时状况极能配合他的策略时才会用到，比如暗示性的问题。

如果推销高手想从谈话中套出对方的意见，不妨使用一下诱导性的问题，比如：“你确实认为如果当一件产品的包装采用简易包装，那么它的价格也应降低吗？”

这种问题的目的是要挑起客户的意见，只有在想探求客户某种主张的真正含义时才会用上。

还有，在推销中，对所谓的万事通先生，推销员不妨使用针锋相对的反问，可以使对方哑口无言。比如：“那你认为怎样的说法才算对？”

“何种证据才能让你相信？”

“有没有你认为值得赞赏的优点呢？”

在推销中，如果谈话离题，将要陷入僵局时，推销员不妨利用导向性的问题使客户回到主题上，而又不使其恼火。比如：“先生，你前面提到的事情，能否再给

我说一遍？”

最后，推销员若想结束此次推销，不妨使用一下略带征求意见的反问技巧，比如：“你还有其他问题吗？”“在我们进行下一个项目的讨论及你填写订单之前，你还有问题需要讨论吗？”或者：“我很高兴，看起来我们对贵公司所有的需要和问题解决的都很令人满意，如果没有别的问题需要讨论而你也同意的话，我希望我们签署一下订单，然后，你对订单进行检查并批准，你同意吗？”

在这里，建议推销员在出去拜访客户前，最好事先为自己编写好一个提问方针，应该把那些重要的核心问题写下来，并做好应对准备，比如：

“我该如何开场？”

“我要如何提出理由与论辩？”

“对方可能会提出什么样的反对借口？”

“我要如何驳倒对方的论点？”

“我该准备什么样的终结说辞才能做成生意？”

这样做后，推销员在真正的拜访时，可以确立一个明确的方向，不至于盲目提问，而且还会提高推销的访问效率，同时也会使顾客知道你组织得井然有序，从而留下推销员专业水平高的好印象。

用准确的判断赢得好结局

1. 凭远见卓识永远走在他人前面

《塔木德》里有一段智语：“远见告诉我们，可能会得到什么东西。远见召唤我们去行动，心中有了一幅宏图，我们就从一个成就走向另一个成就。远见能带来巨大的利益，会打开不可思议的机会之门。远见增强一个人的潜力，人越有远见，就越有潜能。远见的人通过预测未来可能出现的情况而对现实进行调整，促进自我对前景进行预测性思考，帮助自己调整现实事物的发展方向，从而制订正确的计划，实施正确决策。

犹太人萨利赫父子从德国逃亡到美国后，在一家缝纫机厂做了推销员，刚开始

推销出去的缝纫机的数量还是可观的。可是自从第二次世界大战的战火在全球燃烧后，战争的硝烟四处弥漫，他们推销的缝纫机的数量也每况愈下。萨利赫已经看到：由于战争的影响，人们的思想也发生了改变，不用说缝纫机行业，其他任何一种行业都正处于半停滞半瘫痪状态。

萨利赫的儿子问："我们还要继续推销缝纫机吗？"

萨利赫回答："我们需要改行了。"

儿子问："那又去推销什么呢？"

萨利赫说："我们可以去推销残疾人用的轮椅。"

儿子虽然大惑不解，但还是遵照父亲的意思做起了轮椅推销工作，他深知父亲有过人的智慧。仿佛在意料之中，当世界大战将要结束时，那些受伤的官员和伤残的百姓，纷纷来购买轮椅，一时间轮椅供不应求了。在一年之内萨利赫父子推销出去5000多辆轮椅。

当儿子欣喜地看到一笔笔可观的收入进入口袋中，不禁又喜又忧地对父亲说"战争已经快结束了，小轮车恐怕不是那么好推销了。"萨利赫启发儿子说："战争结束了，那人们想的是什么呢？"

儿子回答："想的是美好的生活，因为他们已经厌倦了战争。"

萨利赫进一步说："美好的生活靠什么呢，要靠健康的身体，将来人们要把健康作为重要的追求目标，我们现在就开始推销健身器吧。"

当时萨利赫父子的推销业绩并不太好。不久年事已高的萨利赫去世了。但儿子坚信父亲的远见，依然推销健身器。结果战后10年多的时间，健身器开始走俏。由于萨利赫父子捷足先登，厚积薄发，很快，萨利赫的儿子就进入了百万富翁的行列。

《塔木德》上说："神奇的预言是神话，科学的预言却是事实。"具有远见，必须善于寻找事物的内在规律，而找规律要从客观事实出发，靠经验的积累和理论的指导。人不可能没有远见，否则将会成为一个"鼠目寸光"的人。

一个人要想成功，离不开远见卓识。因为很多要创造的事物，往往在现实世界

《塔木德》书影

中并无原形，但它的组成部分却是可能存在的，需要我们运用远见思维把它们链接起来，进行创造。凡事要多想几步，对不同的事，远见的含义不同，大事有大远见，比如社会的发展，未来趋势的分析，这是大的远见。小事也需要远见，比如武士西服店的销售情况。

1973 下 7 月，日本东京银座的武士西服店推出了从未见过的“一折销售法”。这种销售方法让东京人大吃一惊。以往不少商店为了处理存货，打七折或打六折进行大甩卖的事司空见惯，但打一折销售却是有史以来唯一的一次。武士西服店宣布打折销售时间为 15 天。第一天打九折，第二天打八折，第三天、第四天打七折……依此类推。顾客只要在这个期间选定自己喜欢的日子去商店，就可买到打相应折扣销售的商品。如果想以最便宜的价格去买，那么就必须在最后的两天去。但那时，想买的东西就不一定还有。

打折销售开始后的第一天和第二天，光顾的人并不多。来的人也只不过是到处看一看。第三天顾客开始多起来。到了第五天打六折时，顾客就像潮水般开始抢购，以后就日日爆满，很快就把商品抢购一空。武士西服店只是多想了几步，用打折的销售方法迎合顾客的心态，抓住他们爱观望的心理，一步一步地赢得了滚滚而来的财富。

世上的事，先要想得到，最终才做到，想都不敢去想，就更不用去做了。可以说；没有预测就没有目的，没有目的也就没有创造了。具备了预测能力，认清正确的方向，当然不失为抓住成功的一种好方法。只要你集中注意力去想，一步一步地演绎和推算，目标确定，把你想得出有利和不利的因素都加以关注，适当地考察其中的取舍，在你的目标之间拟出一条人生路线，目标便会触手可及，从而获取人生的成功。这就是预测能力的魅力所在。

2. 判断客户类型对号入座进行推销

推销员的一项基本工作原则就是因人制宜，灵活应变，根据不同的推销对象采取不同的推销对策。在推销工作中，每个推销人员都会遇到各种各样的推销对象，由于他们在性格、年龄、职业等一些方面的差别，推销人员如果采取一种固定不变的推销模式，这无疑是一种推销上的失败。对此，推销人员要懂得“知己知彼，百战不殆”的道理。推销人员要有效激发客户的购买欲望，就要对各类客户事先研究，迅速判断出客户属于何种类型，应该采取怎样的推销策略。

（1）结合性格分析选择推销方式

美国犹太商人布拉克斯登在多年经商的实践中研究发现，客户的性格不同，他们购买的方式和过程也大有区别，因此，销售要因人而异，区别对待。布拉克斯登从性格上将客户分为 6 种：

行动型，又称直情型。这种人的性格特征是：动作敏捷、性急、心直口快、心情浮躁，善于行动。常因性急判断错误而在事后后悔。希拉克斯登介绍，可以用这些方法应对这种类型的客户：不必介意其心浮气躁的态度，要平心静气地透视其心底，判断此种表现并非真心如此。不惜被拒绝、反复访问，终能使他改变初衷，在交谈时，避免。

沉着型，又称知识型。这种人的性格特征是：事事考虑周全，小心求稳，心情平静，沉着冷静，不慌不乱，专心倾听说明。布拉克斯登认为，可以用以下方法应付这种类型的客户：对商品要有深刻的认识，并能合乎标准地答复各种角度的质疑。这类客户并非优柔寡断而是谨慎周到，切勿催促，要耐心提供客观资料，以求助于理智判断为宜，一旦决定以后决不改变初衷。

犹豫型。这种人的性格特征是：精神和动作都飘忽不定，难以捉摸，往往在对商品彻底了解之后仍然疑念重重，拿不定主意。谈话时的时机不断移动，提出质疑的问题内容也没有秩序，往往在当面订货后通知取消。布拉克斯登认为，这类型的人难以吸收有秩序的商品知识，唯一的方法是在不损伤其自尊心的情况下帮助其做出决定。

果断型。这种人的性格特征是：动作机警、果断麻利、充满自信、眼神直射有光、声音洪亮清晰、走路稳健、表情丰富。布拉克斯登建议，这种类型的人喜欢自己决定事情，因为他有强烈的自尊心，喜欢别人来与他说话，对这种人你必须成为一个善良的对手，伺机将其注意力引入商品即可收到满意的效果。

社交型。这种人的性格特征是：风度大方、神情愉快、时常满面笑容、彬彬有礼而善于发令，表面上好像和你很合作，对你很欢迎，但其圆滑玲珑的个性却往往令你攻守无招。布拉克斯登认为，可以用这些方法应付这种顾客：这种类型人老于世故，你应该以其人之道，还治其人之身，要以亲切明朗的态度，和气地相处，不要中了他的拖延之计，寻找机会成交，最好的是速战速决。

排他型。这种人的性格特征是：沉默寡言、态度冷淡、表情单调、其内心所想令人难以揣测。布拉克斯登建议，切勿因其态度冷淡而失望。对他不要说过多不必要的话，尽可能附和他，一旦令他信任你，他就会听凭你安排他的一切。

（2）结合年龄分析选择推销方式

布拉克斯登还发现，不同年龄阶段的客户有不同的兴趣和爱好，在购买商品时也会表现出不同的购买特点。

一般来说，少年儿童天真活泼，好奇心很强，对新鲜事物怀有浓厚的兴趣，主要喜欢颜色鲜艳、造型别致有吸引力的商品，但往往不看重价格。

时尚青年大部分是未婚青年，他们紧跟时尚，常常站在时代流行的前沿，购买他们特别喜欢的比较时髦的产品。因此，在推销过程中，必须重点阐述产品的前沿性和时尚性，相信一定会成功。

年轻夫妇的生活态度很乐观，想改变现有的状况，因此，如果你表现出诚心交往的态度，他们是不会推辞的。对于这种客户，布拉克斯登建议，你应该表现出自己的热情、诚恳，在做商品说明时，可激发他们的购买欲望。同时，在交谈时，不妨谈一谈彼此的生活背景、未来、情感等问题，这种亲切的方式，十分有助于你推销的成功。

中年客户大多既拥有一个家庭，也有一份安定的职业，他们希望享受更好的生

活，特别看重自己的未来，努力地想让自己更随心所欲。他们希望家庭幸福美满，因此，他们十分愿意为家人奋斗。他们拥有自己主张、决定的能力，因此，只要商品确实符合他们的要求，他们便会很快买下来。布拉克斯登认为，对这种客户最好的办法就是：表现出对他的家人关心的意思，而对他本人也表示肯定和尊敬，同时说明商品与美好的生活有着非常密切的关系。这样一来，他在高兴之余，生意自然成交了。

老年客户共同的特点就是孤独，向老年客户推销时他们往往会跟家人和朋友一起商量来决定最后是否购买商品。在做购买决定时，他们比一般人要小心谨慎。你在进行商品说明时，你的言辞必须清晰、确定，态度要诚恳、亲切，同时要表现出关心同情他的孤独。商品说明结束后，必须记住，绝不可以施加压力，或者强迫推销，你不如花点时间与他交谈。总之，对这类客户，必须具有相当的耐心。布拉克斯登认为，向这种客户推销商品，最重要的也是最关键的问题是你必须让他相信你的为人，如此一来，不但生意能成功，而且你们还能做朋友。

（3）结合职业分析选择推销方式

布拉克斯登认为，客户的职业常常会影响客户的消费结构以及购买习惯。随着现代社会越来越复杂，人们的分工越来越细，职业对社会生活的影响越来越大，表现在商品选择意向上，职业特点直接影响人们对商品的喜欢与欣赏程度。

布拉克斯登按职业对客户进行如下分类：

白领员工。他们头脑精明，完全以当时的心情好坏来决定对商品的分析及选择，不喜欢承受外来压力，只希望能一帆风顺地做自己分内的事。虽然他表现出一种自信而专业的态度，但只要你能谦虚地进行商品说明，多半还是能成功的。

蓝领员工。他们希望自己及家人都能平平安安地过日子，而且不轻易地信任他人及浪费没必要的金钱，你只有让他了解了商品的真正好处后，才会产生购买动机。

金融工作者。他们多少有点保守并且疑心重。会思考而不会凭一时的冲动做事。会以握有权力者一样的态度，多方分析、选择商品。喜欢有系统的事物，讨厌压力。对于他们，如果一面展示充满自信的专家似的态度，一面展开保守一点的介

绍，即能围困他们。

教育工作者。他们由于工作的关系，善于说话，富有幽默感，思想专一，对于任何事情如果不能理解就绝不会全心投入。应该对做教师这种职业的人表示敬意，仔细听他谈论自己的得意门生。最好激发他的自尊心，展开虽然积极但不失稍微谨慎的商品介绍。

国家公务员。他们的戒备心很强，疑心较重，遇事经常要考虑很长时间，但不做决定。即使向他说明了商品的优点，他也不会随便购买。对他们开始时要带有敬意，用比较保守的介绍施加压力，然后慢慢地逼近，要多花时间及热情，要保持不断地与他交流拜访，才会成功。

企业家。他们心胸宽广、思想积极、逻辑性很强。因此，通常当场就能决定购买与否，而且他对交易的实际情形也十分熟悉。对这种人不如盛赞他在事业上的成绩，激起他的自负心态，然后，再热情地为他介绍商品，就比较容易达成交易了。

专家学者。他们心胸开阔，想法充满积极性，同时比较理智，很少让感情左右自己，对任何事都喜欢得到彻底解决，也很清楚交易的实际情况，很少一时冲动而购买东西。对这些人你必须热诚地介绍清楚商品的各项优点，除了积极且诚恳地介绍商品之外，也应该经常促使他们的自负心理发生作用。

医务工作者。他们对自己的职业有强烈的自负感，想象自己是黄金舞台的主角，是具有保守气质的知识分子。只要用热情的态度介绍商品，这些人就会买。对他们的职业表示敬意，运用热情和诚恳进行推销，感情的交流有助于推销成交。

总之，推销人员要从以上不同顾客的分类标准中，综合出你所面对的顾客的特性，然后在有针对性地进行推销，就一定增加成功的几率。

3. 巧妙回应客户的开放型身体语言信号

"开放型"身体语言是指人们表现出的身体语言，不论是在言谈上，还是在行动上，都是在"自由自在地谈话"，既实实在在，又生动形象。

客户的开放型身体语言给人以积极的思想与感受。犹太商人发现，当客户表现出开放型身体语言时，说明他的内心世界是平静的、从容的、愿意接收信息、值得

信任、愿意合作或者是快乐的。表现出开放型的身体位置与动作的人，通常表示其愿意聆听他们说的话，也比较能够与对方开展讨论，最有可能达成共识，也是一个很好合作的人。当客户表现出开放型的身体动作就是明白地告诉推销员，客户与他具有相同的推销理念，同时，也赞同推销员的谈话内容，他正在准备同推销员达成交易。如果顾客继续以这种积极的态度做出反应，那么，交易很有可能达成。

人们一般都会利用开放型的身体语言传达给他人一种完全开放的气氛，鼓励他人自然地与自己接近。在这种气氛中，人们几乎总是愿意接受他人的观点、建议与销售展示等。

推销员最高兴看到客户的身体语言，莫过于表明顾客友好的、了解的、信任的、有趣的、愿意认真思考购买产品或服务的、具有积极意义的身体语言信号。对于推销员来说，遇到一位心无偏见，而又愿意聆听自己的产品展示说明与建议的顾客，真是一件令人愉快的事情。

犹太商人在经商中得出一套行之有效的宝贵经验，巴尔德斯在《神奇的第二种语言》中介绍了，从下面的身体语言信号中，可以看出顾客发出的更多的购买信号及其他积极的身体语言：

顾客睁大双眼，就连双眼皮也是睁开的，他的目光望向推销员，说话的呼吸不疾不徐，声音透着温柔亲密，偶尔地把手搭在推销员肩上或臂上。这说明顾客很坦率、友好。

顾客的嘴角上扬时，表明他的兴趣被你调动起来；而半开嘴巴时，你要明白，他将会同你一起讨论某个话题。

顾客的双手自然地放在桌子上，或者手势自然、友好；双脚突然不再交叉；手臂也不再交叉放在胸前；其他动作也轻松自然，这表明他的观念已经在改变。

顾客频频眨眼表明他不耐烦，而眨眼次数减少，表明他已经被你的话题所吸引，大概没多余的时间眨眼了吧。至于突然睁大眼睛，是他已经明白了你的意思。

讨论期间，顾客解开外套的扣子，或者脱下外套，或直接卷起袖子，这种姿势显得比较轻松、随意，极有可能愿意接受你的看法与建议。

在许多推销场合中，顾客经常会做出一些发怒、想争吵、失望、防范、挑衅，或者其他怀有敌意的非语言的行为或信号。顾客这种挑衅性的行为或信号，也许与推销员的某些失误有关，也许与推销员一点关系都没有，不管怎样，面对这种情况，推销员要善于判断出来并及时采取措施加以处理。

下面是犹太商人巴尔德斯总结出来的一些典型的表现人们生气、回避、沮丧、欺骗、说谎或其他不愉快的身体语言信号：

顾客眼神戏剧性地以一种挑衅与摊牌的方式与你对视，瞳孔放大，表现出一副很气愤的样子。

顾客嘴时常半闭半开，很显然嘴角向下，这是一种轻视或者不以为然的表情；嘴唇紧闭，表明他对你的话题实在不想参与。

顾客不停地揉鼻子，抓后脑勺、脖子或脸颊，这些动作表现出一种不耐烦的情绪。

顾客目光闪烁，额头有垂直纹路，不时以指敲击桌面，或者是坐姿不太安稳，在椅上滑来动去，通常耸起双肩，说起话来声调会越来越高。

顾客眼神交流的结果出现了两极分化：如果不是突然两眼看着天花板、地板或桌子，就是很不自然地进行眼神交流；如果自己能够看穿对方的心思，那么，这种坚定的视线交流通常也会伴随着点头之类的身体动作，似乎是想强调自己解决问题的决心。

顾客身体突然挑衅性地摆动，手势忽动忽停，还有其他一些突然性动作，比如，上半身突然前倾，好像是要往推销员身上倒，手指不停地摇晃，似乎是在模仿空手道的招式，或者动作迅速地将手放在臀部上，而两腿张开得比以前要大一些。

有些顾客双手交叉放在胸前，而手指紧紧地抓住上臂（即另一种自我控制的姿势）。也有一些顾客常从旁偷眼望人，或从下方抛以审视的目光，眉毛通常下垂，笑得勉强，这表明他不信任对方。

没有耐心，不停地用手指敲敲打打，或者用钢笔或铅笔不停地敲打着。

顾客嘴角向外或向下撇，嘴角边纹路深陷，同时皱起额头，说话速度慢，呼吸

有声。

顾客挑衅性地玩弄物品，比如，不停地玩回形针，或不停地玩橡皮擦。

有些有攻击意念的顾客通常会眼睛微合，额间现出垂直的沟纹，鼻根处有横纹。身体和四肢会做急促的动作。此外，呼吸急促，说话速度特快，声音大等也是这种人的特征。

顾客紧绷绷的脸部表情表现出藐视、严肃或不耐烦的态度。既不笑也不做出反应地点头，整个下巴的肌肉都绷得紧紧的，双眉紧锁，有时眼睛还向别处张望。

声音的改变，比如，提高声调和声音，回答的问题很短而呼吸又很急促，说话的速度加快，似乎是在强调重点。一直重复一些不必要的话，在回答问题之间停顿很久，似乎是在试图捏造答案，而回答出来的答案却很短，甚至很不连贯，而且听起来好像是临时拼凑起来的。

犹太商人认为，以上种种顾客的反应都可以看成是具有消极思想情绪的身体语言信号，对此推销员在安慰生气、有怨气或沮丧的顾客前，需要先找出发生这种情绪的原因。通过关切地提出安慰性的问题，表现出自己真诚的关心顾客，以得到他的信任。如果顾客出现了某种退缩的迹象，推销员必须立即停止正在谈论的主题或正在做的事情，并且抓住这个机会，找出干扰顾客的原因。千万不要下意识地模仿顾客封闭型的身体语言或挑衅性的姿势。推销员可以运用开放型的身体语言，舒适地靠椅背坐，给顾客一种没有威胁的感觉。

无论何时，也无论发生什么事情，推销员都不能同顾客进行争吵或强烈地否定某些事物，也不能在谈判中不停地与顾客进行互不相让的拖延式的谈论，因为这样做会激怒顾客。如果时机恰当的话，推销员应该向顾客表明，自己愿意在某些方面做出让步，以形成共识，达成协议，但是，也希望顾客能够在某些方面做出让步，并且说明这样做的理由，以实现双赢。同时，要突出并强调彼此之间的共同点，而不要老是强调彼此之间的不同点。

如果推销员认为顾客是故意提出一些刁难性意见，或者提出一些似乎是不合理的要求，如果恰当的话，推销员可以证明他的观点。比如说，如果顾客对推销的产

品感兴趣，但是，又觉得价格太高，那么，推销员可以这样提出问题来证明顾客的观点："某某先生，你刚才提到我们公司的产品价格太高，是这个原因妨碍贵公司购买我们的产品。如果我们公司愿意提供一个合理的价格优惠给贵公司，那你是不是会认真考虑立即下订单呢？"

如果顾客因为听不懂你们讨论的重点而感到沮丧的话，记住，这时讨论一定要暂停一下，问问顾客是否有什么问题没有提出来。推销员可以这么说："某某先生，实在很抱歉，我是不是说得太快了呢？我觉得我也许是说得太快了，因为我对这些产品或服务本身太熟悉了，所以，有时候谈得非常投入，而忘记了你是头一次听这些信息。我们是不是需要回到前面谈的主题，再讲一讲产品的某些特征或者观点呢？这一次，我保证放慢一点说话的速度，好吗？"

有时候觉察到顾客在说谎，但绝对不可以暗示顾客你认为他在说谎，或者直接挑战顾客的观点。如果推销员把顾客逼得走投无路，那么顾客为了挽回自己的面子，他必然会进行防卫，最后，必然会损害或破坏双方之间业已建立起来的良好关系。推销员可以设计几个相关而表面方式又不同的问题，反复多次地来确认自己与顾客不一致的说话。

如果顾客感到烦恼的事情与推销员此次拜访无关的话，推销员就要仔细聆听顾客的问题。如果让顾客向你吐露心声，顾客会非常感谢你对他的关心、友好和理解。如果你在鼓励顾客敞开思想之后，顾客仍然不愿意谈论这方面的事情，这时，推销员可以策略性地建议顾客下次再约个时间面谈，到时候，也许顾客会比较容易切入主题，反应也会更加具有建设性。

5. 善于把握住有利的成交信号

犹太商人认为：客户的购买信号具有预见性，客户在已决定购买但尚未采取购买行动时，或已有购买意向但不十分确定时，常常会不自觉地在行为、语言、表情、姿态等方面表露出来。而这些动作语言的表露则要推销员有敏锐的观察力。这是推销员成功的一项秘密武器，能够洞悉客户的心意是完成交易的第一要诀。

犹太商人认为，要看出客户的购买信号，首先必须要了解客户对商品的反应如

何，一般的客户对产品认同的反应大致可从语言信号和非语言信号两方面表现出来。

在语言信号上，在推销时，如果客户向周围的人问："你们看如何?""怎么样，还可以吧?"犹太商人认为这是在寻找认同，很明显，他的心中已经认同了。

突然开始杀价或对商品提出毛病，这种看似反对论，其实也是想做最后的一搏，即使你不给他降价，不对商品的所谓"毛病"做更多的解释，他也会答应你的。

褒奖其他公司的产品，甚至列举产品的名称，这犹如此地无银三百两。既然别家产品那么好，他又为何与你费尽这些周折呢?

对方问及市场反应如何，制造厂商是哪一家，产品的普及率及市场占有率；或问及付款方法，商品的折旧率以及保证期限，售后服务或维修状况等，表明他购买的欲望很强烈。很简单的道理，如果他根本不想达成这项协议，又何必枉费如此多的口舌问这些问题呢?

当客户直叹"真说不过你""实在拿你没办法"，这已经在比较委婉但又心甘情愿地表示服输，你已经胜利了。或者客户说："现在马上就买，可能办不到。"或者说："每个月分期付款，我也没有办法。"其实这不是在反对推销员，或拒绝购买之意，实际上是想买或关心的另一种表现，在他的心里，还是希望推销员能多给他点建议。

在非语言的信号方面，最能够直接透露购买的讯息的就是客户的眼神。如果客户眼睛眯起变细，这是他思考的一种表现，此时他不但在仔细地听你讲话，而且大脑中也不停地在进行反馈。若是商品非常具有吸引力，客户的眼中就会显现出美丽而渴望的光彩。例如，当推销员说到使用这一项商品可以获得可观的利益，或是节省大额金钱时，客户的眼睛如果随之一亮，就代表客户的认同点是在获利上，此时客户正显露出他的购买讯息。

在动作方面，如果客户随着你讲话的动作或指示而转移他的视线，这说明他非常有兴趣而专注地在听。当你将有关资料交给客户看时，如果他只是随便地看两页

或很快地翻看后就把资料搁在一旁，这说明他对于你的资料缺乏认同，或是根本没有兴趣。相反，如果客户的表现十分积极，仿佛如获至宝一般地频频发问与探询，这是一个有利的购买讯号。

在姿态上，如果客户坐得离你很远，或是跷个二郎腿和你说话，甚至是双手抱胸，都是代表他的抗拒心态仍然十分强烈，要不就是斜靠在沙发上用慵懒的姿态和你谈话，或是根本不请你坐下来谈，只愿意站在门边说话，这些都是消极的姿态反应。相反，如果客户对你说的话频频点头应和，表情非常专注而认真，身体略向前倾，即表示客户的认同度高，两人洽谈的距离愈来愈近，客户购买的讯息也更加明显。

以上所列的客户的种种表现，仅供推销人员参考与判断，不能过于相信。

犹太商人巴尔德斯说："优秀的推销员不仅知道如何判断客户的购买信号，而且应该知道如何利用这些购买信号来促成客户的购买行动。"他举出下面一则推销案例，或许可以给我们提供一些有益的启示：

某家商场的推销员对产品进行现场示范后，一些客户问道："产品怎么卖?"对于客户的这个问题，不同的推销员给予了不同的回答方法，当然也得到了不同的结果。

有些推销员直接告诉价格："50 元。"报价后，有一部分顾客买了，但也有一部分顾客只是说："让我再考虑考虑。"

也有一些推销员说："您真的想买吗?"针对这种问话的回答，有一些顾客则说："我随便问问。"

还有一些推销员则说："你要多少数量，我们量大可以从优。"有一些顾客就说"我只想要一个"，也有一些顾客则问了量大从优的具体规定。

由此看来，前两个推销人员的答复不够完美，使一些本可以成交的生意失之交臂了。

客户主动询问价格高低，这是一个非常可喜的购买信号。这种举动至少表明客户已经对推销商品产生了兴趣，很可能是客户已打算购买而先权衡自己的支付能力

是不是能够承受。如果对方对推销员介绍的某种商品根本不感兴趣，一般人是不会主动前来询问价格的。这时，推销员及时把握机会，理解客户发出的购买信号，马上询问客户需要多少数量，会使“买与不买”的问题在不知不觉中被一笔带过，直接进入具体的成交磋商阶段。推销员利用这种巧妙的询问方式，使客户无论怎样回答都表明他已决定购买，接下来的事情就可以根据客户需要的数量，协商价格，达成交易。

当然，有些信号，并不等于事实，此时，推销员决不可掉以轻心。比如：

当客户褒奖其他公司的产品时，你如果说“他们的产品既然那么好，你怎么不买他们的”，那么，你的顾客一定会转身便走，尽管他不十分想或根本不想放弃成交的机会。人的尊严是不容触犯的，何况商谈不是求人，而是双方互有利益。你如果在此时，向他说明你的产品的突出优点，别家产品的不足之处，就迎合了顾客的需要，之所以这是一个获胜的信号，就因为你想说的这些他已经说过了，并且已经同意了。对于这类成交的宝贵信号，一定要看得明白，并且要看得准确，警惕“上当”。比如：对方在商谈的后期突然果真感觉产品有不足之处，而你却当成信号来轻易地处理就十分有害了。所以这时提醒你：看清信号，判断信号，完美地处理信号。

在生意场上，一位优秀的推销员应当在推销活动的始终都要注意观察客户，学会捕捉判断客户发出的各类购买信号，只要信号一出现，就要迅速转入有效的敦促成交的工作。

其实，客户对产品的具体要求不同，所以推销产品对其重要程度也有异，或者客户决定购买所需的时间也不同。推销员只有时刻注意，认真细致地观察，才不会失去成交机会。

灵活应变机智处理客户异议

1. 把成交阻碍转换为成交信号

在推销过程中，顾客常提出各种理由拒绝推销员。他们会对推销员说：“我不

需要你的产品”“我没钱”“质量太差”“价格太高了”“我们已有供应商”，等等。据统计，美国百科全书的推销员每达成一笔生意要受到179次拒绝。拒绝无疑给推销蒙上一层阴影，如果你无法克服拒绝、消除异议，势必导致推销的失败。所以，如何消除顾客的异议是推销员必须掌握的基本功。面对顾客异议，推销员必须正确对待和恰当处理。顾客的异议并非一件坏事，许多犹太商人认为，真正的推销是被拒绝之后才开始的。

在犹太商人看来，顾客异议的内涵其实非常简单。当推销员与顾客进行洽谈时，顾客看上去似乎平静的表面下却蕴藏着内心激烈的“思想斗争”，他的自我在买与不买之间徘徊不定，难以做出选择。这时，他就要借助于各种各样的理由来拒绝或反对推销员。就此缘由，犹太商人总结出了顾客的异议具有两面性：既是成交障碍，也是成交信号。异议表明顾客对产品的兴趣，包含着成交的希望，推销员通过对顾客异议的答复，可以达到说服顾客购买的目的。犹太人有一句经商格言，“褒贬是买主，喝彩是闲人”，就说明了这个道理。

犹太商人认为，对推销员来说，可怕的事情不是顾客在推销过程中提出各种各样的异议，而是顾客根本就没有异议。不提出任何意见的顾客常常是最令人担心的顾客。

在他们看来，要是顾客对自己的一个个建议无动于衷，没有表示一丝一毫的异议，往往也说明这位顾客没有一点购买欲望。

如果面对一个工薪家庭推销一种豪华型进口轿车上的节能装置，他不会有任何异议，因为有限的工资收入根本无力购买此类轿车；但是如果向他推销一种皮鞋，他也许会认真地跟推销员说：“这皮鞋光泽不够，款式也有点过时。”这实际上告诉推销员他有兴趣购买一双皮鞋，因而是一位尚待开发的潜在顾客。

在犹太商人的一项调查中表明：和气的、好说话的、几乎完全不拒绝的顾客只占上门推销成功者的15%。著名的犹太推销专家里尔奇说：“从事推销活动的人，可以说是与拒绝打交道的人，战胜拒绝的人，才是推销成功的人。”

当然，也有顾客提出的是无条件的拒绝性异议和明显的推托言辞，这表明这次

推销你和他确实无缘，或者说他不符合做你顾客的条件，那就不必打扰他并且浪费你的时间了，后会有期。

虽然顾客的异议有真有假，但大多数却是一种借口。比如："我想等到新的型号汽车上市再说。"

"不知我先生喜不喜欢，我得先问问他。"

这种异议不一定是真的，可能只是一种借口。

犹太商人认为，几乎所有的客户异议的背后，掩盖着一些别的什么东西。所以，在面对顾客的异议时，推销员要善于挖掘出异议的真正内涵。在推销中，大多数顾客的反对意见中都或多或少地潜藏着一些渴望了解更多信息的愿望。比如下面的一些例子：

当顾客说："我不觉得这价钱代表着'一分价钱一分货'。"

他的意思可能是说：你要证明你的产品是物有所值的。

当顾客说："这尺寸看起来对我不大合适。"

他的意思可能是说：除非你要证明我穿上大小、长短正合身。

当顾客说："我从未听过你的公司。"

他的意思可能是说：我愿意买你的货，但我想知道你的公司是否有信誉、值得信赖。

当顾客说："我正在减少开支，所以我不想买任何新产品。"

他的意思可能是说：除非你能使我确信你的产品真是我需要的东西，不然我是不会掏钱购买的。

当顾客说："我只想四处逛逛，看看有没有什么别的合适产品。"

他的意思可能是说：你要是能说服我，我就买；否则，我就当是在散步。

客户们表达出假的异议或许是出于各种不同的考虑。如果你找不出他们的真正用意，那你就会错过许多的生意。

当然，要了解顾客异议背后的真正动机并不是轻而易举的，这需要推销员要有经验，而且还要学习一些方法与技巧。

探知客户真正异议的最好方法也许就是观察了。当你为顾客的每一个异议提供肯定的答案的时候，留心观察对方的反应。

一般来说，他们要是对你的答案无动于衷的话，那就表明他们没有告诉你真正的异议。所以你在推销过程中要随时观察顾客的反应，不能一味地说个不停。

另一个探知客户真正异议的方法就是针对性地提问。当然，提问也有很多方式，比如反问。反问是一个比较高明探知客户真正异议的方法。针对客户的异议，用反问做一些督促和引导，借以试探出他的真正想法。比如下面的例子：

顾客：“过几天我再打电话给你吧。”

推销员：“为什么你想过几天再打电话呢?”

顾客：“我想再考虑考虑。”

推销员：“为什么您要考虑考虑呢?”

顾客：“是的，我在做任何决定之前，总是在事先要详加考虑的。”

推销员：“为什么你总是要详加考虑呢?”

顾客：“大约10年前，有一个人向我推销房屋的防风窗户，我不假思索地立刻签了合同，那是一次非常可悲的错误，我本来应该可以避免这种错误的。”

推销员：“我了解您的处境，为什么您认为10年前的惨痛经验，会使您如今不能立刻展开这一套计划呢?”

顾客：“嗯，那一次的经验使我变成了一个谨慎的人，我就是想慢慢来，以便确定我所做的是正确的决定。”

推销员：“我能够体会您的感受。除了这一点以外，还有没有其他任何原因，使您不能今天就展开这一套计划?”

顾客：“没有，就只有这一点。”

现在推销员知道真正的异议是什么了：由于以往曾经被不道德的推销员欺骗过，因而造成顾客过度谨慎的心理。

直接提问也是一种好方法，如是你没有办法知道他们真正的异议，就别拐弯抹角了，坦率发问，没什么大不了的。

"我相信我的回答已经令您比较满意了，但是我觉得您好像还有什么想法瞒着我，所以我很想知道您迟疑不决的真正原因是什么。"

"真的不为什么，我只是需要时间来想想。"

"不，您今天一定要告诉我究竟是什么原因让您感觉还有点不好。"

"……嗯，好吧，我说实话，是……"

终于他们说出了真正的异议。

当您获得这条信息后，您要立刻做出答复："我也正想着会不会是这样，我很欣赏您对我的坦率态度……"

这样，一桩很可能失去的生意又有希望缔结了。

在推销过程中，顾客一般会提出哪些异议呢？针对产品价格提出异议是最常见的一种情况，除此之外，针对产品质量的异议也较为常见，相当一部分顾客可能对价格不会过分挑剔，但是对产品质量却十分讲究。另外，针对购买时间、售后服务、货源、自身需求等方面的异议也是推销员经常会碰到的事情。

不管上面的何种异议，大体上我们都可以把它分为两种：实质性异议和感情性异议。

实质性异议是符合逻辑、实际存在的，因为顾客感觉到事实是这样的。比如，衣服的款式差一点，或者是产品的价格高一点。

而另一类异议，是感情上的异议。感情异议背后的原因是情绪方面的，不是理智或事实方面的。例如，顾客不怎么喜欢这位推销员，或者是顾客不喜欢推销员的公司，因为这个公司的一位推销员曾经得罪过他等等。这种感情性异议多为假异议。

不管是实性异议还是感情性异议，推销员处理起来都比较麻烦，还需要把握好一定的原则和方法，这一点将在下一节中介绍。

2. 想方设法把东西卖给"没有钱"的顾客

在犹太商人看来，无论推销员的产品价格是多少，总会有人说价格太高了。这是最常见的借口。客户可能会说："我可以以更便宜的价格在其他地方买到这种产

品”“我还是等价格下跌时再买这种产品吧”“我还是想买便宜点的”，等等。但有时客户说“自己没钱”或者“以后再说”，这反而可能不是客户的真心话。因此推销员应先将客户的反对意见区别开来。如果客户是因为担心你的产品的性能和售后服务，或者是想通过这种方式让你降低价格，对此千万不要轻易放过，因为客户可能已经对你的产品产生了兴趣，他只是想从你那儿获得更多的信息或用更便宜的价格买下来，只要你方法得当，说明生动，是很有可能取得成功的。

犹太商人认为，对于这类反对意见，如是推销员不能或不想降低价格的话，就应该向对方证明，他的产品价格是合理的，是产品价值的真实反映。推销员可以向客户说明，他的产品是经过严格的质量检验的，具有新颖的设计水平，完善的售后服务，以及其他客户的感受和反映等，以此证明价格的合理性。当客户明白了其中的道理之后，也许就不再坚持自己的异议，并接受推销员的产品价格。

当客户说“太贵”时，推销员可以把着眼点放在使用价值上，这也是一种化解异议的技巧。推销员可以从节省费用、增加收益等等入手。这需要推销员事先塑造好自己的产品优势，自己的产品能为对方带来什么好处。

当顾客认为太贵时，推销员不妨这样说：“是的，它的确是贵了点，琼斯先生，但是，在最后的分析里产品的价值在于它可以为您做什么，而非您付了多少钱。假如它只花您 100 元但为您做了 1000 元价值的工作，这样您根本没有损失，不是吗?”

“我知道这套安全系统是比较昂贵，但它能把您的保险费每月减少 80 美元。要是把这考虑进去的话，您就会觉得可以接受了，对吧?”

与同类产品比优势也是化解价格异议的一种技巧。拿自己产品的长处与同类产品的短处相比，使自己的优势突出。

顾客：“我在别的商店看到一模一样的提包，只卖 25 美元。”

推销员：“当然卖 25 美元了，那是合成革的。皮件材料有真皮，有合成革的，从表面看两者极为相像。您用手摸摸，再仔细看看，比较一下，合成革哪能与真皮提包相提并论?”

把费用分解、缩小，以每周、每天，甚至每小时计算也是一种化解价格异议的技巧。

“这件500美元的大衣，虽然比那件蓝色的贵一倍，但您很喜欢它，不是吗？这种大衣穿上10年，它的风格款式依然精美雅致。相反，要是那件蓝色大衣的话，您很快就会厌倦穿它的。500元的东西能用上10年，这绝对合算。”

一分价钱一分货，高价格代表产品的高品质和顾客的高身份。所以，价格高有时可作为有利条件利用起来。

一位小伙子买金首饰送给未婚妻，售货员向他推荐了一条高价金项链，小伙子说：“这条太贵了。”售货员说：“金银首饰起保值作用。这种商品高价与贵重是同义语。准备送新娘子的吧，贵重的首饰可以表示你真诚的爱情。”

一位售货员向一位女士推荐一种高级香水，她的顾客非常喜欢，但却说：“这太贵了！”这位售货员说：“这可是高级香水啊，您知道使用这种香水能表明人的身份，只有高收入、高品质的人家才买。”

有时，顾客认为价格贵，是还没有完全理解产品的内在价值，只是被表面的情形所迷惑。例如下面一位保险推销员遇到的情形。

客户：“太贵了！”

推销员：“那么，你认为多少才不算贵呢？”

客户：“反正太贵了！”

推销员：“您猜猜看，终身享有200万美元保障，保险费缴20年，1年应该缴多少保险费？”

客户：“200万，20年的话，1年至少也要缴个5万！”

推销员：“这个只要2. 4万美元！”

客户：“那有可能！”

推销员：“因为这一份是纯保障的，所以保险费特别便宜。以最少的费用买得最高的保险，应该是很划算的！”

客户：“这个还可以考虑一下。”

上例中的客户只是单从保费金额上看认为太贵了，或者是不理解可以用月缴、年缴的方式付款，一看保费数目不少，自忖负担不起才拒绝。经过推销员的分析，后来改变了看法。

如是顾客说“太贵了，要是这样我们就没法谈下去了”，而你也觉得可以适当地让一步的时候，不妨让他有一种满足感。

推销员可以这样说：“我干了这么多年的推销，我从没有开出过这么低的价格，您真是难为我。”

推销员还可以装出很棘手的样子说：“史密斯先生，你可真厉害，实在没办法，为了咱们长远的合作考虑。就打8折吧。”或者推销员也可以回敬一句：“如果你们订货量大，我们肯定会优惠的。”

另一种客户经常在支付能力上找借口的方式是“没钱”。

客户喜欢以“没钱”为借口来阻挡推销员的推销，大多是因为客户知道推销员永远无法证明客户说的是真的还是假的，正因为如此，推销员碰到这个异议时不应该有挫败感，推销员可以大胆地运用一些灵活应变的技巧突破这项异议，继续进行你的推销计划

首先推销员不要听到没钱二字转身就走，而要坐下来与客户充分沟通和交流，重点介绍产品的优越性能和低廉价格。当然，用“没钱”当作异议的客户也可分两种，一种为真正没钱，另一种为推托之意，而后一种在推销中占多数。

若客户连续多次都以没钱为理由而进行推托时，恐怕此时你必须另找他路，因为客户可能是真的没有能力负担得起你提供给他的产品或服务。但是买卖不成仁义在，不要因为客户不买你的商品，就马上收起笑脸，态度与以前来个大变样，气冲冲地调头就走，甚至还说些难听话。

若客户是推托之辞时，你可用一些技巧方式，继续进行你的推销活动。

推销员可以说：“查理先生，正因为没钱，所以你更需要保险，万一发生不幸变故，有些人是有能力应变的，没钱的人就必须要靠保险这种制度，使他渡过难关。”

还可以这样说："琼斯太太，正因为没钱，我才推荐您用这种必须产品，而且可以省钱。"

或者："林达先生，正因为没钱，所以你更需要购买这项能帮你赚钱的产品。"

甚至还可以利用当今各种金融工具，说"您不用担心钱的问题，我们有各种付款的方式，配合您的经济状况，绝对让您付得非常轻松、没有压力，若是您选择了我们的产品，将会有更多利益……"

另外，采用迂回战术避免与客户"没钱"的借口做正面交锋，也是上上之策。推销员可以找出一些证明客户有钱的迹象，然后见机行事。有一个推销员上门推销化妆品，女主人客气地拒绝了："不好意思，我们目前没有钱，等我有钱再买，你看行吗？"这时，推销员突然发现她家门厅里有一只女用高尔夫球袋，推销员立刻计上心头，便话锋一转说道："这球袋是您的吗？"

太太："是啊！"

推销员："呵，您的球袋真漂亮。"

太太："噢，这是我去年到欧洲旅游时在巴黎买的。"

推销员："您是高尔夫球的爱好者呀？"

太太："可不是，为此我可花了不少的钱呢。"

推销员："是啊，高尔夫球是富裕阶级的娱乐活动。"

太太："你说得不错，在国外，高尔夫球是上层社会人物喜爱的高级娱乐。"

当这位太太眉飞色舞地谈论时，推销员不失时机地说："是的，这种化妆品不是便宜货，的确贵了一点，所以用它的女士均是高收入者，而且，使用这种化妆品就如打高尔夫球一样，能显示您的身份！"

这句话正好说中这位太太的心意，为了使自己不失面子，她无法再说出"没钱"的借口了。

当然不一定每一个顾客门前都有一个高尔夫球袋，但你可以称赞顾客的大钻戒、美宝石、豪华的客厅或办公室、高档的穿着或皮鞋等。

在犹太商人看来，在推销中听到"没钱"，千万不要泄气。钱的确是成交与否

的关键性因素，但他们相信，“没钱”却是极富弹性的，很可能只是一种借口罢了。所以，在推销中，他们总是避免与“没钱”这个借口做正面交锋，取迂回战术，让客户掏出腰包。

3. 让只认品牌的顾客回心转意

犹太商人说：“在推销过程中，由于推销员的企业名气不大或信誉不佳，同行之间出现激烈竞争，销售服务跟不上等情况都可能导致顾客在货源方面的异议。”

“这种产品我用过了，并不好，我宁愿要别的厂家生产的！”

“很抱歉，我们和另一家商家有固定供应关系。”

“我不买你们企业的产品，我们只和知名企业打交道。”

这些都是客户对你表示货源异议的表现。

货源异议在别人看来似乎是不可克服的，甚至让人感到没面子。而犹太商人说：“从积极的方面看，货源异议本身说明了顾客对推销的产品是需要的，也就是说，你还有机会——推销并非到此结束，而有时货源异议并不都是真实的，只是顾客的一种借口，顾客可能只是想向你施加压力，使自己处于商谈中的有利地位，以达到杀价的目的。所以，在推销中，面对顾客的货源异议，我们要奋力一争。”

突出你的商品的独特优势是化解货源异议的一种技巧。如果客户说：“我们和某某商家有着固定货源关系”，或“我们正用着另一家的产品，而且很好，还不准备更换”。遇到这种情况，推销员可以更进一步地询问顾客目前使用的商品品牌和供应厂家，如果与你的产品类似，你就介绍你的产品的优点；若两种产品不同，成功的希望就更大了——因为这表明顾客的货源异议并不成立。这时你可以着重说明两种产品的不同点，详细向顾客分析你的产品会给他带来什么样的新利益。

下面是某机器公司一位名叫犹里拉的推销员和一个名叫杰里西的顾客之间的对话，我们可以看看这位犹里拉是如何让顾客改变以前的想法的。

犹里拉：“从种种实验的结果中显示，我们公司的产品比别家公司产品的使用寿命长15%以上，可是价格却和别家的一样。所以，光从这一点来看，购买本公司的产品是最划算的。不知道你认为怎样？”

杰里西："我们当然是想省钱的。不过，我们已经用惯了现在所使用的另一家公司的产品，而且不觉得有什么不满意的地方。"

犹里拉："你说没有不满意的地方，是不是它从来不会发生故障？"

杰里西："故障当然是有的，机器嘛，本来迟早就会发生故障的。不过，故障并不严重。"

犹里拉："你说的也没有错。不过，我们公司新设计的这种产品，很少会发生故障。你刚才说会发生一点点故障，是什么样的情形？"

杰里西："并不严重。"

犹里拉："可以用多久？"

杰里西："大概 3 个月。"

犹里拉："只有 3 个月？那太短了，我们公司的这一种产品可以用 4 个月。你真的不想使用较耐用一点的？"

杰里西："想是想过，不过，我的员工和部下都使用那一家公司的产品惯了，现在如果突然改用别家的，恐怕会用不惯。"

犹里拉："我了解你的顾虑。但是换了另外一家的产品，是不是一定会不习惯？你使用现在这一种厂家的产品，有多长的时间了？"

杰里西："大约 3 年吧！"

犹里拉："这样说来，你是在 3 年前从另外的厂家改用现在使用的厂家了？"

杰里西："没有错。"

犹里拉："改用之后，是不是感到用不习惯？有没有因操作不习惯而常发生故障？"

杰里西："很少，大概只有一两次。"

犹里拉："对了。那你就可以放心了。我们公司的产品比较耐用——别家的产品只能使用 3 个月，而我们公司的产品却可以使用 4 个月——而且价格和别家的一样。如果你购买我们公司的产品，在价钱方面就等于便宜了 25%，难道你还不认为那是很划算的吗？"

杰里西："好了，你说的一点也没有错。我应该试用你们公司的产品看看。下个礼拜，你就先送3部那样的产品到我这里来吧！"

犹里拉利用一连串迂回的问题，让杰里西知道他的想法不对，终于战胜了异议，从而达到了推销的目的。

在推销中，面对客户在货源上的异议，特别是顾客对他还在使用的产品比较满意时，推销员要想使其改变原来的思想，更换其他产品，实在很难。

每一个人都有他自己的思想，都有他对商品的认识，这一种思想认识是从平时的生活体验中累积而成的。这种由实际生活体验中累积而成的对某一商品的思想认识是很难改变的。它像是一套穿惯了的衣服一样，是很难予以更换的。

大多数的人都不愿意将穿惯了的衣服丢弃，而换上一件不合身的新衣服；同样地，在推销产品中，一些经常使用某一固定产品的顾客也不愿改变他们自己的思想认识，而去接受另一种"陌生"的产品，即使这种"陌生"的产品比他现在使用的产品优越。就由于这个缘故，我们每一个推销员很难改变客户的这种想法。

可是，是不是真的一点也没有办法了？

答案是：不见得。只不过需要推销员善于运用脑筋就是了。

如果你是一名优秀的成衣推销员，你应该知道：要使顾客购买你所推销的新成衣，你就必须让他们先试穿。他们试穿后觉得很舒适，自然会把它买下来。

同样的道理，如果想把你的"新"产品推销给顾客，就要让他"试穿"一下你的新产品，让他明白你的"新"产品比他以前的更好，更适合他，他自然就会抛弃他原有的想法，去接受你所推销的"新"的产品。

在推销中，顾客也可能会用"我从来没听说过你们公司和产品，我们只和知名企业打交道"来拒绝你。

这时，你不妨举例证实你的产品的优点和供货能力，以争取顾客的认可和信任；还可以提供你们与其他大企业合作的资料；可以劝说顾客赴本企业实地考察；可以要求顾客试用你的产品，承诺质量保证、赔偿担保等等。

你还应该用简练的语言向顾客讲清企业的情况，比如：引以为自豪的成绩、公

司美好的发展前景等等，尽量解除顾客因不了解你的公司而产生的疑虑与拒绝。

也可以尽量强调你的产品，转移顾客视线，以冲淡顾客对你公司的注意力。

有时客户会说："这种产品我用过了，并不好；虽然你们说是已经改善了，但你们出品的东西我很清楚，我宁愿要别的厂家生产的。"

这是一种比较过激的异议或借口，也许真的是产品厂家的责任，也许是顾客基于某种误解，由于日积月累的偏见所致。不管怎样，用"根本没那回事"作为反应，或是跟顾客面红耳赤地争辩，都不是明智之举。面对这种情况，推销员此刻务必寻找出"内幕"原因来，才能够适当地做一个处理，此时你可以试着询问顾客，征求客户意见。比如我们可以问：

"这是怎么回事呢?"

"您说的是关于产品还是售后服务呢?"

"关于哪几点是不理想的呢?"

"您说的是操作方面，设计、安装方面，还是售后服务方面?"

这些试探方式都可以发生功效。所以要尽量试探发问，收集顾客抱怨的原因。

如果顾客所给的答案不很清楚，这可显示出他并没有完全拒绝，你不妨进一步跟他谈。但如果真的是事实，我们不妨这样说：

"对不起！实在是抱歉，我诚心诚意代表公司向你表示歉意。但现在你可能还不了解，现在新总经理上任后，我们公司不仅采用了先进技术，提高了产品质量，而且还加大了服务力度，现在的公司已经是一番崭新的面貌了，这就是经过整顿的功效，我保证再不会发生从前那种事情。"

先表示诚恳的道歉，然后谈到跟以前不同了，让客户知道情况已经改进很多，又由于推销员礼貌地致歉，一定可以消除过去的偏见，让误解冰释。事实上此刻推销员负有一种处理善后的责任。这有收拾烂摊子的意味，但是一旦收拾干净，就可以使顾客回心转意，然后进一步展开游说。

对顾客而言，无论什么种类上的顾客货源异议，从积极的方面看，它本身证明了顾客对推销的产品是需要的。既然顾客愿意与推销员会面又能拿他的商品来瞧

瞧，再说些反对意见，这种行为就表示顾客对制造厂商、对推销员、对商品颇有好感，甚至有购买的意念。所以面对顾客货源上的异议，推销员要奋力一争。

4. 顾客越拖延越要促使他尽快做决定

在推销中，顾客会由于种种原因，拖延购买时间。如：

“我不能决定，与我家人研究以后再说吧！”

“让我考虑一下。”

“我们需要研究研究，有消息再通知你。”

“先把材料留下吧，以后答复你。”

这些都是顾客在购买时间上的异议，这些异议有的是由于顾客手头资金不足，有的是尚未酝酿成熟是否购买，有的是身边还有存货，有的也可能是因为价格、产品或其他方面不合适，有的则是一种推托的借口，对此，推销员要做具体分析，区别对待。

有些推销员一听到顾客的上述回答，很是配合，立马欢欣地告别，给顾客留下充分的考虑研究时间，自己却静等顾客佳音，可到最后，不是事情没有下文，就是过了几天再打电话确认时，客户告诉他“对不起，我们已与别人达成协议了”或是“经过考虑后，我不想要了”。这些都是顾客提出需要考虑研究所导致的结局。因此当推销人员听到这些话时，先不要急着离开，应该继续保持与客户接触，找出他的突破点。

在犹太商人看来，当客户在听了推销员的产品介绍，看了他的产品展示，在心中又估量了产品的价值及价格条件，同时考虑过自己的购买能力后，只做出了再考虑一下的决定，可能意味着推销员加的热能还不够，或他加热的方法有问题，导致客户的购买欲望没有达到顶点，客户心中恐怕仍有疑虑，在这个时候，推销员千万不要轻易地告诉客户，静等他的答复。

此时，推销员必须要很诚恳地询问客户，问他是否还有什么担心的地方或不满意的问题。

比如，推销员可以这样说：“很抱歉，一定是我说明的方式不好，使得您还要

考虑，请告诉我，您还要考虑的地方，我一定尽自己最大的能力，寻找、搜集更多、更全、更有效的相关资料，为您提供参考。”

或者也可以这样说：“您这么忙，您可能没有时间重新考虑这件事。与其往后决定，倒不如现在请您再考虑看看好吗？”

还可以这样说：“您说考虑看看，证明您对我的话有兴趣，这真让人兴奋。不关心我们的商品，不可能特地抽出时间听我说明，由此可知您有意思购买。现在您考虑的是，想弄清楚自己需要什么吧，考虑3分钟或3年应该都一样，这和时间无关，您需要的只是确认自己的判断是否正确。既然如此，我们何不重新再考虑看看，我认为结论还是一致的，这不就证明您的判断是正确的吗？”

这样一来，既让客户觉得推销员认真诚恳，还可以把话题继续下去，使客户愿意看看样品或操作说明。特别是在没有得到真正购买决策者明确答复前，推销员千万不要只听其他人员的三言两语就离去。客户最后没有提出考虑的地方，也许就是客户不购买的原因，因此，您一定要弄明白。在清楚了客户的问题点后，推销员要针对问题与客户共同解决，这样推销员就能与客户站在同一立场上，剩下的问题就只是如何共同将一些问题解决而拿到订单。

施瓦布还指出：“推销过程中，那些问题最后得到解决的成功例子，几乎都是由客户和推销员共同决定的，特别是最后的购买决定大都是在推销员与客户面对面地沟通中实现的。所以推销员要记住尽量避免把最后的决定交给客户独自完成，特别是您还不清楚他还要考虑些什么的时候。”

当然，在犹太商人看来，针对顾客在购买时间上的异议，处理起来也要看其中情形而定。如果客户确实因为有困难而不能马上决定，恐怕推销员真的必须耐心等些时间。但如果条件允许，推销员也可以试着和客户签订合同，先把货物送交买主，然后再约定收款时间。

推销员还可以先把商品的说明书交给客户，过几天之后，再去询问。不过临走时推销员需要说些话，让客户朋友先琢磨着。比如：“考虑？这是当然的。一台电脑几千元，再怎么样，也不能随随便便就决定买。不过，具一则调查资料显示，

85%的家庭都有电脑，这倒是相当惊人的。”这时客户可能会想：“85%的家庭都有电脑了，我还是赶快脱离那15%的行列吧！”这样就可以促使他早做决定了。

有时，顾客说考虑一下是对产品缺乏信心，怕上当受骗。这时，推销员可以再向他重申产品对他的益处，打消他的疑虑，坚定他的信心。推销员可以这样说：“我可以向您证明一下我多么信任我的产品，我愿意给您开一张90天的远期支票。也就是说，在30天左右您可以拿到货，然后还有60天的试用时间，如果您觉得不值，可以拿我的支票兑现，这样，您就不必比平常花的钱多了。”如果客户有意购买，却一时拿不定主意，推销员可以帮他算笔账，说明为什么现在就应该买，或给客户一点压力。

诺尔曼是一家房地产公司的推销员，面对顾客在购买时间上的异议时，他总是这样说：“您的想法，我十分了解，的确，只有少数有钱的人才能说买就买。但是，从我过去的经验来看，买房子要等存够钱是不行的，要从资金周转和贷款方式上想法子才行。您请看看这些图表……”

诺尔曼拿出的图表有经济增长率的预测、房价上涨的预测、工资上涨的预测、物价上涨的预测。然后他接着说：“从这些图表上，您可以看出存钱的速度无论如何是赶不上物价、房价等的上涨速度。因此，您的考虑是多余的，想买就买，越早越好。所以说，您这样子存钱，其结果，您所想要的东西，不但不会离您越来越近，反而会离您越来越远。”

当顾客说“我还要再研究研究”时，推销员如果判断出这只是他的一个借口，而真正的原因只是他的脑子有点乱，一时拿不定主意，那推销员就可以帮他理出头绪，下定决心。

一位名叫比克的寿险推销员就很擅长于帮顾客做决定每当顾客说“我需要考虑考虑”时，比克就紧接着问：“当然，先生，如果您还想再考虑，一定因为还有一些疑点您还不是很明白，我这样说对不对？”

这时顾客就会说：“是的，在我做出决定之前，还有一些问题我需要再想一想。”

比克就接着问："好的，我们不妨一起把这些问题列出来讨论一下。"

然后，比克拿出一张白纸，在纸上写下"1"到"10"个数字，"现在，先生，您最不放心的是哪一点？"比克说。

不管顾客说什么，比克把这一点写在数字"1"的那一行，然后再继续问，把下一问题写在第二点。有时比克可能会列出三到四点。当客户再也想不出问题之后，比克就："还有没有我们还没想到的呢？"

如果顾客说没有了，比克就说："先生，如果以上提出的问题，我都能一一给您满意的答复——我不敢说我一定做得到，但是如果我能，您会不会购买？"

如果顾客的回答是肯定的，比克就有希望了。

当然，如果顾客认为他还是不能马上决定购买，比克就还问："您一定还有不满意的地方。"然后他把这些新想到的考虑点再列出来。

在每解释完一道问题之后，比克就问客户："你对这点满意了吗？"或是"我们是不是已完全谈到每一个细节了？"或是"你是不是对这点完全没有疑惑了？"然后再开始解释下一点。

有时客户也许会肯定地说："无论如何，我就是要再研究一下，反正今天我是不会做出任何决定的。"这时比克就不去催他做决定了，比克认为，如果在这种情况下还去催促客户，一定会惹他发火。所以比克就说："好吧，请问您何时会做出决定？"

当客户说了日期之后，比克就立马回答："好的，先生，我会记住这个日子，到时候再打电话给您。"

以上方法都是比较有礼貌的正规做法，当然有时出其不意，给顾客来点奇招，也可以收到很好的效果。比如影印机推销员约翰逊对顾客的做法。

有一天，约翰逊到某商会推销影印机时，商会的总务部长说："我需要考虑考虑。"

约翰逊说声"谢谢，请考虑一下"后就离去了。部长松了口气，不一会儿，约翰逊又来了，部长以为他忘了什么东西，谁知他开口便问："你考虑好了吗？"

约翰逊望着目瞪口呆的部长说："好吧，下次我再来。"大约 30 分钟后，有人敲门，部长满脸困惑。约翰逊又出现在他面前："请问您考虑得怎么样了？"

部长用可怕的眼神瞪着约翰逊，这时他又说："好吧，我下次再来。"约翰逊离去后部长不安地想："那家伙会不会再来？"正想着约翰逊果真出现了："对不起，我又来了，不知道您研究过了没？"

部长有了一肚子火。傍晚将至，约翰逊已经来了 10 次了。部长最后终于精疲力尽地答应买了。

约翰逊问："部长您为什么决定购买呢？"部长没好气地回答："我是被你的热心跟超越常人的厚脸皮弄得身心疲惫。"

的确，在适当的时候表现出超越常人的厚脸皮，也能得到一份生意，不过我们可以把它说得好听点，叫作："坚持不懈，永不放弃。"

5. 帮助客户找到购买的理由

在推销中，顾客说："我不需要！"

"我已经买过了！"

"我的存货已经够多了！"

这些都是表示客户不需要购买的信号，但可能还有别的可能：或者是真的不需要，或许是顾客的偏见与成见，或许是出于一种借口。

在犹太商人看来，如果顾客确实不需要，那么就应该适时停止宣传介绍，把重点放在离开时的口才上。因为当别人不需要时你还滔滔不绝也没什么意思，还容易引起对方反感，还不如留下一个好印象，为下一次的访问埋下伏笔。

这时推销员要做到开朗自若，保持原来那副和蔼可亲的笑脸，一面收拾整理资料，一面说上几句恭维的话。告别时，对在座的诸位都应礼貌地告辞，不应只对领导告辞。走时可以说一句"在您百忙中打搅您这么长时间，真不好意思。下次拜访时还请您多费心"，或"即使不买，我们仍然祝您好运"。

但最重要的是，推销员要善于处理好顾客的这种异议和借口。

确实有的客户很会拒绝推销员。当推销员前往访问他时，他会先问一下产品的

名称和制造厂商，然后客气而毋庸置疑地说："谢谢你，辛苦了。不过很抱歉，前些时候我们已从别人那里买了跟你们同样的产品。"要不就这样说："很对不起，我不能向你买。因为我朋友的公司也有你们这种产品，不向我的朋友买好像说不过去。"在这种情况下，有的推销员转身就走了，这样一来，客户就轻易地摆脱了推销员。但对于推销员来说，则是相对地失败了，它表明推销员对这种情况的处理方法缺乏研究。

针对这种客户必须先摸清楚情况。首先，是要弄明白客户所说的是真的还是因为有先入为主的偏见或纯粹是一种拒绝语。推销员不妨先试探一下："是吗？很好，能够向自己的朋友买再好不过了。你们是认识多年的老朋友了吧？"或者："是吗？能不能问一下到底是哪家的产品？"

一般来说，经过以上两种提问后，基本上推销员就可以放心了，因为推销员可以知道客户的相反意见到底是托词还是事实。之后推销员就可以说："如果您了解这种商品，一定会喜欢它的"或"为了让大家都能享用，不妨再买一些吧"！一边拿出说明书、图样、样品给他看，或一面做操作示范，一面劝他买下来。

如果客户的确是个典型的顽固分子，应付起来就会比较麻烦。不过，从"我们从那个人或别的公司买"仍可以看出客户还是有购买的希望，所以还应该继续坚持。比如对于那些说"在某处有朋友"的顾客，推销员可以说："啊！你跟普尔公司的鲍勃是好朋友啊！普尔公司在咱们这一行知名度比较高，信誉也非常好。不过我们公司的产品也不比他们的差，请您也看看，提点意见，好吗？这种产品绝不会输于他们的新型产品，并且拥有自己独特的特点，我知道贵公司一向用高级产品，我的产品最适合不过了。"也可以说："您采用我们公司的产品试一试，也不算对不起朋友，是吧？"还可以说："您有朋友在保险公司，为什么到今天还没有找他买保险呢？是他没有找您，还是您没有找他呢？如果是他没有找您，那您这位朋友实在是对不起您了。因为他是做保险的，理应知道保险的重要性，他应该先为您办理保险事宜才对。我这有一份保险计划书，您不妨先看一看。"

对于那些说"已在别处买了"的客户，推销员也可以这样说："您不妨再买一

些我们的产品，您知道，每个商品都有其独特的优点，有比较才知道哪种最合适。为什么不买我们的试一试？”

推销员也可以这样说：“先生，您买过了是不错，但是，你买的不是我的商品，一分价钱一分货，我的商品让你满意，也喜欢，这样你就可以买下我们的商品。把原来买的那个当作一份礼物送给您的亲戚朋友，而我这个则留着您自己用，这不是挺好的吗，你感觉如何？”

或者还可以这样说：“您虽然有社会养老保险，但这还是不够的，我相信您一定希望您的家庭生活水平能永远不停地进步。比如说，您家里现在看的是29英寸彩色电视，您总不愿意有一天再回头看14寸的黑白电视吧！有很多像您这样的人把退休计划安排的就很周全，既有商业保险金、企业补充养老金，也有社会养老保险，还有定期存款。可依您现在的退休计划，您就可能永远没法退休了，而必须另外兼职工作。因为您的退休费太少了，而且无法跟上物价的上涨。我怀疑当您60岁退休时，您和您的家人能否依然像现在这样生活，享受家庭乐趣，您觉得您还欠缺哪些，我们一起规划一下。”

总之，顾客一开始就不认同的意见不一定就能把推销员拒之千里之外。如果以上种种处理方法的效果不大，推销员还可以再采取别的方法来劝顾客做长远打算。

有时，顾客的需求异议并不是不需要，而是不适合。比如顾客说：“这件衣服太时髦了，我这年纪怎么穿得出？不要！不要！”

这也是一种常见的顾客需求异议。一旦顾客已经了解自己真实的需求，而担心眼下这种产品不能满足自己的需求，必然会产生这种异议。这种异议也可以理解为顾客对你的产品的规格、品种、款式、包装等方面提出的不适合自己的反对意见。

产生这一异议的原因同样也是复杂的，它可能由于产品自身的不足，但大多数来自顾客的主观因素，如顾客的文化素质、认识水平、消费习俗、购买方式以及其他各种社会成见。

对于上面的异议，推销员可以尝试着这样说：“这件衣服颜色鲜艳，款式新颖，年轻人买的很多。不过，人到中年更需要打扮，人靠衣妆嘛，这件衣服您穿上绝对

合适，有不少您这个年纪的人买过，穿上起码年轻10岁。”这样一来，就很容易打动顾客的心了。

以上各种应对顾客需求异议的方法不仅可以独立单一使用，也可以同时合并运用，其目的都是要设法将谈话的重点带到推销员所想要达到的方向去。

还没见面就已经打动客户

1. 用最动听的声音接打电话

如今，对推销人员来讲，打电话联系业务已占有十分重要的地位，借助电话和未曾谋面的客户做沟通非常方便，既节省时间，又能与客户沟通。所以，如何打电话已成为推销员必须重视的问题。

犹太商人贝格特曾委托一家调查公司对“电话推销中的细节”进行调研。根据调查结果，其中有一条是：“在电话交谈中，一般人只注意到音调的抑扬顿挫和特殊的音质，而不是话语本身的内容。”为了防范客户对自己留下不良的印象或因此怀疑你的品性，推销人员必须注意自己在电话里的说话音调及表达技巧。

我们都有这样的感受：当我们在公司打电话时，若一接通听到对方亲切的招呼声，当然能心平气和地谈事情，直到挂了电话，心情仍旧会很愉悦，自然会对该公司及其个人抱持着极佳的印象。

可见，在电话交谈中，一点小事就会让对方产生极大的印象差异。举例来说，同样的一句话，清晰悦耳和低沉混浊的语调，自然会给人不相同的感受。如果是在自己家里，给人印象的好坏纯属私事，但若是商场上的推销电话，情形就不那么简单了。如果能在电话中给人好感的话，对方也会对你产生好印象，相反地，若在电话应对中给人恶劣的印象，对方的抱怨就会连带地影响到公司的声誉。

因此贝格特说：“你要让别人在电话中喜欢自己的声音，就赶快把自己的声音调整到最动听、最悦耳、最动人的程度，做到语不动人誓不休。”你为此做过什么努力吗？你曾经把自己的声音录下来，然后仔细倾听，找出毛病加以改进吗？你有没有这样做过？

一些有经验的推销员当初都这样练习过，如果你没有就赶快去做，现在就去做，看完书马上就去做。最迟也不能超过48小时，一旦超过48小时，你在心里刚刚产生的愿望就不那么强烈了。

在贝格特的公司，新职员在接受培训时，在接打电话的声音技巧方面，通常要从以下4个方面进行自问自答：

客户讲话的声音声调很高，既爽朗，又热情，而你却声调低沉，声音微弱，你会觉得你们之间很协调吗？

客户讲话很温和，很文雅，很有礼貌，而你讲话却简单生硬，显得粗俗不堪，你会觉得你们之间很协调吗？

客户讲话很快，思路很敏捷，而你却慢条斯理，反应迟钝，半天接不上对方的话茬，你会觉得你们之间很协调吗？

客户讲话很慢，属于那种触觉型思维，显得沉着、扎实而稳定，而你却是视觉型思维，说话快得像蹦豆一样，令人“耳”不暇接，你觉得你们之间会很协调吗？

贝格特强调：在电话里，说话的快慢、声调的强弱、急缓、舒展、高低、语速的节奏等等，都要与对方协调起来，才能收到好的效果。

贝格特认为：电话推销成功主要是依赖声音来完成，声音能够传递你的态度和热忱，它的整个影响比例占到了传播信息的45%。可见，改变你的声音对于打好电话来说是至关重要的，它是建立信赖感的依托所在。完善你的声音对于电话推销来说显得日趋重要。

怎么说话才能使你在电话中的声音充满魅力呢？贝格特认为，你至少要具备两个基本条件：第一，要在乎自己说话的声音。第二，每天不断地练习自己说话的声音。

依照贝格特的观点，一个得体的声音应该能够起到以下几个作用：

显示你的沉着，冷静；吸引他人的注意力，为你做点什么；让过于激动和正在生气的客户冷静下来；诱使他人支持你的观点；更加有力地说服他人；使你的决定深入对方心里。

为此，你必须注意自己在电话里的说话音调以及表达技巧。比如：

反复提到顾客的名字，借以吸引顾客的注意力。但是要注意，重复的次数不可过多。若你在60秒内连续不断地说“那么，史密斯先生”，会很明显地表现出你旨在销售，给顾客留下令人厌恶的印象。

说话的语气尽量缓和，用中性语气最好，然而也不要过度低沉。此外，讲话时应避免沉重的喘息声，或者兴奋的尖叫声。

讲话声音太大或太小，速度太快或太慢都不恰当，你可以录下自己讲电话的声音，作为改进的参考。这个办法很有效，你自己当一回自己的客户，听听自己说起话来是什么样。

让人听见你说话时带着微笑。这样说似乎很怪异，但是顾客能感觉得到，你说话时是否带着笑声，是否亲近友善。

说话的声音要响亮而满怀热忱。响亮而生机勃勃的声音给人以充满活力和生命力之感，它的影响力会带动和感染你的客户，促使推销成功。

说话要适时变化你的语调。语调能反映出你说话时的内心世界，表露出你的情感和态度。比如，激动、沮丧、惊愕、怀疑、胆怯、生气等状态。你应该让客户从你的语调中判断出你是一个令人信服、富有幽默、可亲可近、值得信赖的人。要做到这一点，就要保持说话的语调与谈话的内容相互配合，恰当地表明你对这一话题的态度。

说话时发音要准确清晰。说话哼哼嗯嗯，拖腔拉调，或者是用鼻音说话，这些都会使客户听起来不悦耳，从而产生一种本能的抵触情绪，这些细节都应避免。

在通电话时，声音不要装腔作势，要以平常见面说话的同一语调说出，且要调好嘴巴和话筒的距离。一般以对方能听清楚为最适当，但声音大的人要拿远些，声音小的人则近些。

声音高亢的人不妨说话轻柔些，相反的，声音低沉的人，若勉强把声音说得很大，反而使对方感到不自然、不舒服，声音冷冷淡淡的电话，会让客户以为你是迫不得已为了业绩才和他做生意。即使当事者都以平静的语气说话，只是声音低，话

筒又离得远，也会容易让人产生冷淡的感觉。另外，说话不带感情，语调没有抑扬顿挫的人，都会让客户产生不良的感觉。

一般地，电话铃响时，最初的应答会令人感到不愉快。除非公司特别训练，否则一些规模较小的公司，以及在住宅接电话时，都会先以冷淡的声音来回答，待得知对方姓名后，又立刻变得十分亲切，这种前后不同的对待，常会令对方觉得扫兴。身为推销人员，绝不能如此！即使在家里，客户或公司主管都可能打紧急电话找你，因此不仅是自己，还要请家人协助，大家一起学习良好的电话应对术。

在电话应对时，如果疏忽地以为对方看不见自己的姿势而随便、无礼，就容易发生意外的挫折。比如，你正用电话向客户推销时，若无其事地抽着烟。突然地谈话进行当中，听到对方打岔说：“对不起，能不能请你稍微忍耐一下？”这种情况，或许是因为打火机的点火声及不断吞云吐雾的鼻息，很快就让对方敏感地察觉之故。

不用说在电话中边谈边抽烟、喝茶，即使是懒散的姿态，对方也会“听”得出来。因为，假如你蜷曲着身子躺靠在椅子上，声调就会显得没精神，对方可能就会敏感地问“是不是身体不舒服啊”等等。

所以说，接电话时，即使看不见对方也要当作对方很快就会在眼前出现一样，尽可能注意自己的姿势，这是相当重要的。

或许贝格特在这方面的做法值得我们借鉴。有一天晚上，夜已经很深，贝格特突然从床上爬起来。

夫人问他：“半夜三更的，你起来干什么？”

贝格特说：“我还有一个重要的电话要打，我起来去打电话。”夫人问：“床头柜上不是有电话吗，你起来干什么？”

贝格特说：“不，我不能这样打。”说完，贝格特走到衣柜旁，穿好衬衫，打上领带，又把西装穿好，一个一个系上扣子，然后很认真地照镜子，调整了一番。他把放在衣兜里的兜盖掏了出来，很平地放好，又拉拉前襟，使前襟平展了一些。

当贝格特觉得一切都很满意了，才走到电话旁，把站立姿势摆好以后，才开始

拨打电话。

电话打完以后，贝格特脱西服，解领带，脱衬衫，然后才到床上睡觉。

夫人把一切都看到眼里，觉得很奇怪，对他说："你的朋友根本看不见你这身很正规的打扮，打一个电话，何必多此一举呢?"

贝格特很严肃地说："我的朋友是看不见，但是我看得见。我看见自己躺在床上那样很随便的打电话，我自己会在心里产生一种不尊敬他的感觉。我心里对他喜欢敬爱的那种感觉就打了折扣，这是不能允许的。我不在乎别人的感觉，我很在乎我自己的这份感觉。我不能让自己的这种感觉受到丝毫的破坏。所以，我必须这样做。"

贝格特半夜穿上西服打电话，就是在自己心里养了对对方喜欢、爱和尊敬的心理。他有了这种心理，他的事业发展得很快。

一些资深推销员在和生意伙伴或客户打电话时，每每会向看不见的对方行礼仪，并说一些感谢或客气的话。或许你会觉得这是多此一举的行为，但这却是电话交谈中非常重要的一种心理建设。

在彼此见不到的电话交谈中，若想了解对方的心情和心理状态，只能靠声音的传送。声音的表达是自然而直接的，不论如何掩饰，当时的心情和肢体语言都能微妙地显现在声调中，并很容易地传到对方耳中。

因此打电话时，即使对方看不见你，也要以愉悦的笑语使声音自然地轻快悦耳，进而给对方极佳的印象。相反地，如果你接电话时板着脸，一副心不甘、情不愿的样子，声音自然会沉闷凝重，无法留给对方好感。由于脸部表情会影响声音的变化，所以即使在电话中也要常抱着"对方看到我"的心态去应对。不管何时，只要笑容可掬地接听电话，声音仿佛会把明朗的表情传达给对方。

千万不要以为对方看不见，就舒舒服服地靠在椅背上，这种自尊自大会不知不觉反应在声音中，不小心就会给对方不愉快的感觉。因此，为了把诚意真心地传达给对方，在言语中虚伪掩饰并非良法，重要的是姿态自然蕴藏感情，把心意传给对方。

2. 每一个电话都要慎重对待

犹太商人施莱辛斯说："你所接听或拨出的每通电话都是最重要的。每一个商人都必须有这样的信念。"许多推销员认为，我拨打的电话中，只有少数是重要的，其他都是一般的；不那么重要。理论上讲这样的认识没有错。从每个电话本身对你的重要程度来说，你可以分成重要的和不重要的。这没有问题，但问题是，有些电话，你是无法知道它是重要的或是不重要的。有时候，你心里把它当成不重要的了，可是，它是重要的，你可能会丧失了一个大好的机会。

下面是施莱辛斯亲身经历的一件事。

有一天晚上，11 点多了，施莱辛斯接到一个电话。这个时候他已经工作一天了，又困又累，心情有些烦躁，心里想着，赶快结束工作，马上休息。打电话的是一位女士，她说她叫玛格丽特·尤瑟姆。施莱辛斯当时问她，这么晚了打电话有什么事，不能等到明天吗？

尤瑟姆说，不行，因为她看了施莱辛斯在报纸上登的广告，特别感动，所以不能等到明天。接着，她不等施莱辛斯说什么，马上给他念了一段施莱辛斯刊登在报纸上的广告词。听到这段广告词，施莱辛斯的神经像触电了一样，一下子来了精神，他仔细而耐心地听尤瑟姆讲述自己的感受，讲述自己的经历。

这一讲就用了一个多小时。施莱辛斯努力地克制着自己的困倦和劳累，尽力热情地与她相呼应，并认真回答她提出的每一个问题。从尤瑟姆的声音中，施莱辛斯感觉到，她对自己的回答非常满意。

放下电话，施莱辛斯看一下表，已经凌晨 1 点多了。突然，施莱辛斯好懊悔，忘记和她"成交"了。谈了那么多，都是为了"成交"这个目的，他却给忘了。好不容易接到这么一个重要的电话，而且谈得很好，她也很富有，她一定会帮助自己介绍很多客户。可是施莱辛斯却把最重要的"成交"动作给忘记了。他有些懊悔，竟然还忘记了询问她的电话号码，连补偿的可能性都没有了。

第二天中午快下班的时候，施莱辛斯又接到一个电话。这个电话正是尤瑟姆打来的。她又一次打电话来，施莱辛斯高兴极了。心想，这次可不要错过机会了，一

定要和她谈“成交”的事。施莱辛斯正要抓紧机会和她谈时，尤瑟姆说，她要带一个朋友到公司来。好哇，有门了，那就到公司再谈吧，到嘴边的话施莱辛斯又收住了。她来了。根本不用施莱辛斯谈什么了，她和她的朋友都报名参加了施莱辛斯的推销俱乐部。

就是这位在半夜11点多打电话的尤瑟姆女士，在以后的日子里，先后介绍了79位朋友成为施莱辛斯的会员。这是施莱辛斯怎么也想象不到的。他无法想象她能给自己介绍这么多会员，也无法想象一个普通的她能起这么大的作用。施莱辛斯感慨地说：“做业务过程中，你会接到很多电话，假如你不知道哪一个电话对你是最重要的，那么你就要相信：每一个电话都是最重要的。”

只有相信每一个电话都是重要的，你才不会错过生命中的每一通电话，每一个贵人。如果你相信每一个电话都是最重要的，你才做好了交谈之前最重要的心理准备。

你必须重视每一个电话，掌握接电话的技巧，尤其礼仪上的细节。电话打过来，如果许久对方仍迟迟未接时，任谁也会觉得沮丧、不耐烦，往往会对对方产生恶劣的印象。电话铃响一次约几秒，响10次就等于几十秒，即使是极短暂的时间，以电话来说，心理上的等待往往比外在的感觉更久。人等待电话的耐心通常不超过17秒，也会因此扩大等待的不快感。但如果电话一响就马上接起来则很可能给人一种不太沉稳的感觉，更重要的是电话响了之后，你需要一点时间来整理你的情绪和思绪，与此同时，对方也刚好利用这点时间最后准备一下将要和你商谈的要点。因此，接电话最好是在电话响过两声后去接听。

在铃响两声以后接电话，是一种礼貌，但情况的变化有时总无法尽如人意。假如，你正在接待客户时，电话铃声响了，即使去接，也不能不顾礼节慢待眼前的客人。如果电话铃响五声以上才接时，务必要礼貌地向对方致歉，表达一下让对方久等的歉意。若电话响了很久才接，拿起电话也只“喂”了一声，而不表示一点歉意的话，只会让对方心里感到不舒服。生意场上竞争激烈，留给人的印象的好坏，往往关系着市场利益，所以推销员对电话基本礼仪不能轻易忽视。

你在接听电话时，要提前在电话旁边准备一些纸笔，以方便记录来电内容，避免临时翻箱倒柜找纸笔。这虽然是小细节，但也可以让来电的人有被尊敬的感觉。你大可不必担心重复询问对方是失礼的事。有些推销员接到电话会不好意思问明白对方是谁或是对方所交代的事情，这是一种危险的习惯，因为如果不注意而传递错误的讯息，比重复发问还要可怕得多，因此，倘若无法理解对方所说的意思，再问一次有何妨。

当你在接完电话之后，一定要比对方晚挂上电话。这样做既可避免对方听到收线时“咔”的一声，又防止万一对方仍有事要说，也不至于被切断。如果确实要收线了，可以一手拿话筒，另一手按开关键，以避免让对方听到嘈杂的声音，绝对不能在听完话之后马上把话筒往电话机上一丢就算了，就算对方没有听到，这也是不礼貌的行为。

当你接到外线进来找其他人的电话，要轻声地传达自己的意思，千万不要大声喊叫，以免干扰到别人。如果是不确知要接电话的人是否在，不要随便就回答，应说：“他现在不在这里”

在商业电话中，对客户或交易对象等公司以外人的来电，一定要习惯性地答谢对方，即使是初次接触，应酬话也不可少。也许有人不理解，为什么对那些初次接触、未曾受惠的人也表示感谢？这是因为公司里部门众多，负责人也不少，我们并不了解他们是否曾受过别人的照顾，所以，拿起话筒时代表公司表达谢意，也是一种礼貌。从另一方面讲，很有可能这个陌生电话中的对方就成了你生命中的贵人，既然如此，你为什么不做好感谢别人的准备呢？

所以说，即使和对方是第一次接触，向其表示谢意，不会令人生厌，只会让其对公司产生好感，并增加彼此的亲切感。

新手推销员比较容易难为情，客套话总是迟迟难以启口，但久而久之就会习以为常，届时就自然而然地脱口而出了。

3. 准确无误地抓住对方电话交谈的内容

美国犹太商人乔·罗伯森在其著作《电话推销指南》一书中写道：“对于一向

讲求效率的商业电话而言，双方交易事项的传达和接受过程，经常要求话语简洁，且要尽可能的省事。如果在电话中不得要领，杂七杂八地说了一大堆，并对对方的话也逐句详细地回答，你这样浪费时间，不仅缺乏效率，也容易错误丛生。”一般刚从事推销的新手，常常很难在电话中简洁有力地把话讲完，这种情形往往是推销员还未熟悉商场上要求的高效率和随机应变的会话技巧的缘故。

罗伯森认为：电话应对要求内容既简洁又完备，完全有赖于5W、1H的技巧，也就是：

when（什么时候）；

who（对象是谁）；

where（在什么地点）；

what（什么事）；

why（为什么）；

how（如何进行）。

罗伯森在书中建议：“在你拨电话之前先做好备忘录，把说话内容依5W、1H列清楚，不仅可事先准备好说话的内容，也可避免不知从何说起的困扰。在你接电话时，也要备妥备忘录，摘要好对方的讲话内容，确认好5W、1H，可以避免内容有所遗漏或一大堆废话，而迅速确实地得到十分周全的资料。”这位精明的商人指出了如何准确抓住双方电话交流内容的细节，这对每一个推销员来说，具有深刻而实用的指导意义。

罗伯森介绍说：“要想达到通话的高效率，就必须准确抓住彼此交谈的内容。这有两个方面的要求，一个是自己要把自己的意图向对方表达清楚；另一个是要真正搞清楚对方说话的内容。”下面是罗伯森《电话推销指南》一书中介绍的“如何把对方的意图搞清楚”的细节技巧。

作为推销员，有技巧地、简明扼要地把想说的话传达给对方，让对方很快就能明白，是非常重要的。特别是当你有许多事情要谈时，如果一件事情讲完，再补上一句“之后，还有一件事……”如此去说，对方很容易会把事情混淆不清，甚至会

对不知何时才能结束谈话感到十分厌烦。有些推销员在电话中无法把商谈事项交代清楚时，问题就可能出在这种没有技巧的说话方式上。如果你有很多事情要向对方传达时，不妨在一开始就能点明："我有三件事情想和您商量一下……"然后逐一把内容详细地说出来，容易让对方明了事情的主旨。这样做，对方会认为你是一个精干推销人员，从而愿意和你打交道。

打电话时，干干脆脆地切入主题，是电话推销的原则。如果是打给较熟悉的朋友，多数人总会一开始就闲话家常，但商业电话却不可如此，简洁、利落是相当重要的推销电话技巧，因为对方没有耐心和义务听你 5 秒特别重要。如何在这 15 秒钟的时间里能抓住顾客的注意力，使他们对你所要提供的产品或服务发生兴趣，是所有推销人员必须要注意的。你除了一套良好的产品介绍的话术之外，开门见山也是相当重要的。对你和客户而言，第一次陌生拜访电话，你们谁都不会关注所说的寒暄之类的话，既然如此，还是把所有的繁文缛节都省掉，因为你和客户的时间都很宝贵。

要想在电话中让对方清楚领会你的意图，一定要注意说话内容的顺序。一些技巧较拙劣的推销员，可能会一开始就拉拉杂杂地扯一大堆，如此会让对方摸不着头绪，整个电话内容就会形成来回绕圈子、冗长的对话了。

有经验的推销员，为避免让对方产生误解而能顺利地理解谈话内容，即使不考虑说话技巧也应知道要注意说话内容的顺序。一般而言，正确的通话顺序是：先表明重要的事情，一边讲一边补充说明，最后重复一次重要事项。如此井然有序、平顺自然地表达，不仅可让对方一听即知，重要的是会在对方心中留下好印象。

打电话作为非面对面的沟通交流方式，自然会存在语言理解上的分歧。如果在交谈时对方听不懂你的意思或所指事物时，你就应该立刻换个角度或说法，重新把事情解释清楚，直到对方听懂为止。

为使资料的传达能够顺利进行，应该在容易使对方理解的表达方式上多下工夫。倘若你的表达令对方疑惑时，不仅对方难堪，自身也得不偿失。从生意眼光来看，商业电话也具有宣传价值，所以千万不要忽略了电话表达的明晰，要随时留意

对方是否有所困惑，接听电话时是大意不得的。

为了应对方便，有时也有必要把电话内容记录下来，留下一些记录供做参考。接电话时需做备忘录的情况相当多，此时，如果右手空着，就可以马上进行笔记作业；且即使在通话中需要看资料时，空着的右手就能迅速地取出资料来。像碰到这种需用到另一只手的情况时，就可以方便地马上配合对方。

电话对推销员来说，有“一线万金”的奇效，毕竟通电话往往会关系着一笔生意的成败。所以，说话者和听话者之间的正确讯息，是商业电话所严谨要求的。因此，当我们把一个重要讯息传给对方后，可以这么说：“为了确保内容正确无误，能否请您复述一次？”恭敬地向对方提出复述的要求，直至确定无误，才算真正达成此次谈话的目的。与其挂完电话后，再担忧是否传达无误，还不如当场请对方复述一次。

不仅对方需要复述，自己想确认所传述的内容正确与否时，也可向对方提出要求，再把要点约略概述一次。

最后，在推销电话中接受订货单时，请注意复述一次客人所要的商品，以免发生错误。推销员必须注意这一点。只用“是、是的”来回答容易产生疏忽，也会让对方觉得不安，无法确定你是否听对他的每一句话。尤其是如果我们没有清楚明白地把推销内容传达给对方，很有可能会失去这个客户。

为了避免错误，推销员在每一通电话将要结束的时候，都要和对方再确定一下所谈内容是否无误，要是有一方发生错误，就可借此检查出来。若由我们打电话给对方，则由对方复述，若不是这样，则视情况向对方提出复述的要求。总之，在电话中，相互确认所传达的内容是否正确，是不可忽视的大事。

4. 在最容易让人接受的时间打电话

犹太商人乔·罗伯森在《电话推销指南》一书中写道：“一个有经验的推销员，懂得在适当的时间给客户打电话，以便获得对方的接受。”罗伯森认为，电话交谈是双方的事情，并非一厢情愿，如果把握不住这个细节，打电话则会事与愿违。

很多人都有这样的经历：突然一个电话打过来，接电话后仿佛丧失了选择的权利，即使有急事，也不能不顾一切地挂断，因而有时不得不让人怀疑电话存在的价值。因此，罗伯森建议：打电话时，不仅要想到自己，也要站在对方的立场，考虑一下打电话在什么时间最合适再拨，这是很重要的细节。

罗伯森举例说：假期结束刚恢复上班时，如要打电话到客户的公司，如果没有急事，最好能避开上午的时间，选择下午的时间打较好。因为任何公司在假期刚结束时，由于商务会议和需要处理的事情很多，一般都非常忙碌。

罗伯森认为：在午饭时间也最好不要轻易打电话。此外，对那些到了晚上仍如战场般忙碌的公司而言，适不适合打电话，则视行业的不同而有所差别；若是比较熟悉的客户，则应适度地了解对方的情况。若非如此，拨电话前，也应稍微设想对方是否有空，及适不适合打电话等。

有重要事情要打电话找某些决策者时，由于对方非常忙碌，突然的电话拜访，未必找得到人，这时，就应事前以电话向其秘书探询，配合其行事，约好时间后再拨电话。这样做对打电话的人而言，就会避免“常找不到人”的挫折感，而对方也会对你的细心刮目相看，电话交谈的态度上，自然会有些好转，无形中增加商谈成功的筹码。

罗伯森建议，打电话时，应详加考虑对方的情况再选个适当的时间打去。若是打到私人家里时，就更需小心谨慎了。若不考虑客户家里的生活习性可能有所不同，而只考虑自己的情况利用自己的空闲时间打去时，很可能就会发生失礼、冒失的情形。

犹太商人往客户家里打电话时，如果没有对方特别说明，他们通常下午 4 点以后绝不会打。这个时间是家庭主妇最忙碌的时候，对方或许正忙着准备晚餐，电话铃声在这时响起很容易令人感到厌烦，况且厨房灶火正开着，一旦因接电话而一时疏忽，引起了事故，就事与愿违了。但如果对方曾经叮嘱过时，则另当别论，因此，打电话到私人家时，最好能选早上或下午早一点的时间打去。

犹太商人在打电话之前总是要考虑对方要不要接听电话的自由，多替别人着

想。晚间时候更不宜往客户家打电话，因为在人们的心中认为，晚上不是工作时间，而是休息时间。再者来说，晚上都是私人的时间，如因工作上的事情打电话到别人家里，是很冒失的行为。

总之，最重要的是要把握对方家里的情况，不要只凭自己的判断；要仔细考虑对方的情况，审慎选择拨电话的时间。

罗伯森认为，提前与客户预约时间，到时再通电话，双方都有准备，交谈的效果会更好，这也是对客户的一种尊重。但有时也会出现意外的情形，使得约定的时间被打乱，此时如果自己要另找时间去电联络客户时，需先征求对方的同意。

罗伯森举例说：一位推销员在客户打电话来时告知他："对不起，经理现在有事在等我，两个小时后我再打给你。"这位客户不高兴地说："我也很忙呀！你指定时间，我也不知道那时是否有空奉陪！"在这个例子中，推销员认为事先告知客户联络的时间，会显得较有亲切感，却因没有事先征求对方的意见，而造成漠视对方的误解。如果推销员在想到自己的情况前，就先考虑到对方，就不会造成对方的不愉快了。

如果你碰到这种情况，应先以试探的语气询问对方的意见，再配合其时间打电话。你可以这样对他说："我回头再打给您，不知您什么时候比较方便?"这样一说，就容易得到客户的谅解。可以看出，话不同，结果也不一样。

在电话中约定见面的时间时，最好不以自己为主，在配合自己的情况下约定时间，最好能先客气地探询对方的意见。在犹太商人看来，对电话推销这个需要大力发展人际关系的行业而言，凡事优先自我考虑，并不是适宜的待人处事态度。

打电话给对方，而对方却不在时，可留电话请对方回电话。但若是自己有事相托，而打电话找不到人时，应对上就有所差异了。由于对方完全不明就里，如以商业礼仪来看，就应由自己找时间再打。即使找了几次，因对方都不在，而留电话请对方回电，也是一种失礼的行为。最好能探知对方回来的时间，自己再视时间重打，方能使事情顺利进行。

在拨打电话开头等待对方去接的过程中，要有足够的耐心，这也是把握时间上

的细节之一。一位女士抱怨说，白天她独自在家里，经常被电话折腾得半死。当她忙着打扫庭院或清洁浴室时，常常电话铃声响了许久，她当时没有察觉；可是一旦发现了，不顾一切放下手边的工作，飞快地奔进客厅拿起话筒时，对方却已因不耐等待而挂断了电话。这时，她因不知对方是否会再打来，就守在电话旁等候，不敢离开，而手边的工作就这样搁着，搞得她心烦意乱。

通常情况下，如果电话打到公司，其内的职员总能在短时间内就拿起话筒；但若是私人住宅，总是较难尽如人意。许多推销员打电话时，听到铃声响了四五声还未有人来接，就开始不耐烦，等到铃响七声后就断然挂断电话。所以，有过类似前面那位女士的遭遇者，应该也不少。当你打过去的电话响了七声之后，不要武断地认为别人不在家，而是想一下：还有三声没响完全。尽可能等到电话响了十声左右，没人接听时再挂掉。

罗伯森的经验是：电话中的交谈，虽是一对一的商谈，却常迟迟不见进展，若能机灵地加以应对，仍可在短时间内使问题顺利解决。罗伯森在书中谈到这样的例子：当一位推销员在电话中暗自高兴生意快谈成时，电话却突然被对方切断了。原因是对方滔滔不绝时，不小心碰到了按钮；这时，这位推销员不等对方重拨，就径自打给对方。这么一来，就留给对方非常好的印象，继续谈话内容时，仿佛在无形中加了把劲儿，事情很快就顺顺当当地谈成了。

罗伯森认为：在碰到通话突然中断时，虽然不小心切断一方应该重新再拨，是一种应有的礼貌，但是如果你迅速拨打，自然会让对方产生好感，并抓住对方的心，因此不算是失礼。虽这只是一件小事，但若能体贴地为对方设想，生意就能顺利进行。

犹太商人非常珍视时间，如果和客户约好时间，即使临时有事，也要准时赴约，在商界，时间上的约定一定是“绝对”迟到不得的。然而有些推销员却偏偏不守时，对只要简单地拨几下电话号码就可达成通话的约定，往往忘得一干二净，但对客户的健忘却容不下一粒沙子。当然，大多数的人即使临时有事，也会牢记约定时间，不管身在何处，都会提早通知对方。

要想做到守约而不遗忘，要视个人的情况而定。一般在约好电话联络的时间后，就该随手记下对方公司的名称、对方姓名、约定时间及电话号码等，然后贴在容易看见的电话机上。若是经常跑外务的推销员，则会记在笔记本上。总之，下点功夫不要让自己太健忘不是一件很难的事情，只要是个有心人。

如果自己到了约定时间却不能分身赴约时，就要赶紧和对方联络。举个例子说：客户和一位推销员用电话联络时，问及该推销员："你什么时候有空来谈一谈？"推销员回答："4点我能来。"客户说："好吧，能不能请你回来时和我联络一下？""哦，我知道了，只要一办完事，我马上和您联络。"

在这个案例中，让我们稍微思考一下，倘若该推销员4点到不了客户那里时，该怎么办呢？

总而言之，如果你在约定的时间内不能到来时，事先和对方联络，也是一种礼貌和良好的应对方式。如果对方相信你一定会在4点到来，而苦等电话不至时，一定会焦急难安，工作进度必定大受影响。

因此，不能履行约定时，一到约定时间，就应以电话向对方详细说明情况，并真诚表示你的歉意。

5. 巧妙突破电话推销中的障碍

推销就是向客户兜售自己的产品或服务，它不像卖股票那样不需要看到客户本人就可以轻易完成交易。电话推销的确存在一定的难度，这需要推销员掌握突破电话推销中障碍的技巧。

犹太商人、著名的推销大师霍伊拉说过一句话，值得每一个推销员始终牢记："人们是那样讨厌别人向他们推销，但却总是那么喜爱自己去购买。"顾客接受你推销的东西是有原因的，并不是无缘无故的，更不是为了取悦我们而买。通常有四种情况会阻碍顾客去购买他们所需求的东西，即：不信任、无需求、无帮助、不急需。推销员必须掌握打破这些障碍的技巧。

电话推销时，要使客户对你感到信赖，你必须牢记你的销售目的。道理很浅显，当你的目的是真诚帮助他们时，人们是能够很快就觉察到的。例如，每次电话

访问客户时，都告诉他们你打算做些什么，还告之“我的目的”“销售过程”和“顾客收获”等等。

鉴于绝大多数客户都喜欢寻根问底，所以你所能期望的也就是他们希望听你继续谈下去，至于信任感那不是交谈几句就能获得的。不过，你又如何知道你已取得他们的信任了呢？我们可以从他们是否愿意让你了解他们的实际情况这一点看出来。解决了信任问题，我们就可以进入下一阶段，去克服另一障碍，那就是“顾客觉得不需要我们的帮助”这个障碍。

想一想，我们对顾客能够提供的最有价值的帮助是什么呢？那就是帮助他们认识真正的需要。因此我们要尽量提出一些有关的问题，并仔细听取他们的回答。

要想尽快了解客户的需求，我们可以先就顾客已有的物品提问，如：“在你所拥有的物品中，您最喜欢的是哪一样？”然后，再问他的“需要”。如：“在您还没有得到的物品中，您想要哪一样？”这样一来，就间接地弄清楚了在他所拥有的东西中，最不喜欢的是什么了。

在经过一番这样的提问后，你能得到一些有用的反馈信息。如果你认真倾听他们的回答，你就能发现他们对自己已有的物品和对自己想要的物品之间是否有区别，也就知道他们希望从购买中获得一种什么样的感受。然后，你再花三五分钟的时间归纳一下谈话的要点，并复述给对方，说明你认真听取并理解了他的意见。最重要的是，你非常清楚地指出他已有的物品和他想要的物品之间的区别。这样，他就可以认识到他需要解决的问题及想要获得的感受是什么。

你还可以在对方尚未感到某个问题的存在时，向对方提供解决该问题的答案。你不妨对顾客这样说：“先生，根据你刚才告诉我的这些情况（即他的需求），我建议你这么办（提出我的产品、服务或意见）。”这是一种将答案和问题连在一起的方法。请你将这种方法与前一种方法比较一下，你会有更深刻的体会。

当然你也会遇到这种情况：顾客已认识到对某种产品的需要，但知道生产该种产品并非你一家。这时你该如何去做？你是去贬低竞争对手呢，还是将其他产品与自己的产品做一个客观的比较呢？

一些有经验的推销高手采取的明智的做法是：介绍一些与他的情况相似的顾客，这些顾客购买了你的产品并感到满意。当然，介绍的这些情况必须属实。如有必要，也可进一步指出自己的产品或服务所特有的优点。这些独特的优点如何解决了其他顾客的类似问题。但有一点你必须做到的，那就是向你的顾客指出，他们所希望获得的特殊感受，已经在你的其他一些顾客身上体现出来了。例如，感到心满意足，减少了担心和忧虑，感到更加安全可靠，等等。你眼前的顾客想要购买的实际上就是这些，对此，你要心知肚明。

在你推销商品之前，你最好能先弄清楚顾客真正要购买的是什么。那么，顾客真正要购买的是什么呢？可把它描述为这样：人们并不是要买我们的服务、产品或主意，他们真正要购买的，是他们想象中使用了这些商品之后获得的“感受”。

因此，你不要一提起电话就向顾客宣传你的产品的优点，因为你重点宣传之处未必是用户所关心的。你宁可先花几分钟时间去了解客户最关心的是什么，然后你就可以有的放矢了。你要善于找出客户的真实需要。你只需做两件事：第一，要进一步问更多的问题，以及更加留心倾听；第二，在通常情况下，你再多花几分钟后，总会找出其真实需要的。在销售中最快的方法，就是真诚地帮助他人去发现他们最大的利益之所在。这样，他们才会有所行动，且会尽快行动。

你需要克服的最后一个障碍，通常就是顾客觉得并“不急需”购买。遇到这个情况，你可向客户提供一个试行方案。该方案可使客户承担小风险，却能获得最大利益。

实际上，这是推销人员的常规做法。例如，产品不合格保证退回货款，免费试用一段时间，完全成交之前先提供一个小样品，试试看效果如何，等等。当顾客意识到只需承担最小的风险就能获得最大的利益时，“不急需”就变成急需了。

在电话中交谈只是初步达成双方的意向，最终还是需要双方见面商谈的。然而，在实际运作中，客户通常都会在电话中一而再、再而三地不断拒绝见面，这是每一个推销员都会遇到的事情。客户的拒绝虽然让人感到沮丧，但是，只要推销员处理得当，说不定拒绝之中也能开出成功推销的瑰丽花朵来。

下面是犹太商人推销大师霍伊拉根据亲身的实践经验总结出的应对拒绝推销面谈的技巧。

遇到客户以“我没时间”来拒绝，那么推销员应该说：“我理解。我也老是时间不够用。不过，只要3分钟，你就会相信，这是个对你绝对重要的议题。”或者说：“麻烦你定个日子，选个你方便的时间！我星期一和星期二都会在贵公司附近，所以可以在星期一上午和星期二下午来拜访你一下！”

遇到客户以“我没兴趣”来拒绝，那么推销员就应该说：“是，我完全理解，对一个谈不上相信或者手上没有什么资料的事情，你当然不可能立刻产生兴趣，有疑虑有问题是十分合理自然的，让我为你解说一下吧。星期一或星期二过来看你，行吗？”

遇到客户以“我要先好好想想”来拒绝，那么推销员就应该说：“先生，其实相关的重点我们不是已经讨论过了吗？容我直率地问一句：你顾虑的是什么？”

遇到客户以“请你把资料寄给我怎么样”来婉拒，那么推销员就应该说：“先生，我们的资料都是精心设计的纲要和草案，必须配合人员的说明，而且要对每一位客户分别按个人情况再做修订，等于是量体裁衣。所以，最好是我星期一或星期二过来看你。你看是上午还是下午比较好？”

遇到客户以“抱歉，我没有钱”为借口，那么推销员就应该说：“先生，我知道只有你才最了解自己的财务情况。不过，现在先好好做全盘规划，对将来才会最有利！我可以在星期一或星期二过来拜访吗？”

遇到客户说：“目前我们还无法确定业务发展会如何。”那么推销员就应该说：“先生，我们先不要担心这种业务日后的发展，你先参考一下，看看我们的供货方案优点在哪里，是不是可行。我星期一来造访还是星期二比较好？”

遇到客户说：“要做决定的话，我得先跟合伙人谈谈！”那么推销员就应该说：“我完全理解，先生，我们什么时候可以跟你的合伙人一起谈？”

遇到客户以“我们会再跟你联络”来打发，那么推销员就应该说：“先生，也许你目前不会有什么太大的意愿，不过，我还是很乐意让你了解，要是能参与这项

业务，对你会大有裨益！”

遇到客户说：“说来说去，还是要推销东西！”那么推销员就应该说：“我当然是很想销售东西给你啦！不过，要是能带给你好处，让你觉得值得期望的，才会卖给你。有关这一点，我们要不要一起讨论研究看看？下星期一我来看你？还是你觉得我星期五过来比较好？”

总之，在电话推销中遇到类似的拒绝自然还有很多，我们肯定无法一一列举出来，但是，处理的方法其实还是一样的，那就是要把拒绝转化为肯定，让客户拒绝的意愿动摇，推销员就能够乘机跟进，诱使客户接受自己的建议。

一切都在自己的掌控下收局

1. 断绝准客户犹豫不决的最后一丝期待

犹太商人说：“每个人都想得到最好的东西，总会拼命购买他们担心可能买不到的东西。如果他们知道明天还能做成同样的交易，他们就没有今天做这笔交易的刺激。”

在犹太商人看来，如果顾客觉得不马上行动还不至于失去机会，如果你不能向他提出今天必须购买的一些有说服力的理由，他们今天大概就不会买。因此，犹太商人总是制造和利用这种心理，提醒顾客：“如果还不下定决心，就会失去一次好机会。”一部分顾客感到将会失去一个好机会时，会马上改变犹豫的态度，伸手去掏腰包；而另一些顾客虽然没有马上付诸行动，但一旦感受到后悔不迭的心情之后，在下一次推销中就会成为坚定的购买者。

期待是人类心理状态的一种，在人的潜在意识里，总认为还会有“更好”的东西存在。人在没有发现的意识深处，都藏着相当浓厚的欲望，而这种欲望就是造成期待的主要原因，如果以这种方式来观察人类，就可以了解人类存在期待的原因，是在于有“是否还有更好”的意识存在。

我们常会听到有人说“没有关系”“时间还没到”“还没有达到满意的程度”等等。一旦出现了“还没有……”这句话时，要让人采取决定性的态度就非常困难

了。虽然其人并不想期待，也不想犹豫不决，但是在旁人看来，就会觉得他优柔寡断，这是因为在他的心里有“还有一次”的意识存在。

与“还有”的意识相对的，就是“只有一次”的意识。如果让对方了解到“只有一次”时，他就会变得更为大胆，且大胆的程度异乎寻常。他会在没有丝毫抵抗的情况下采取行动，因为人类对于“只有一次”“最后一次”总是特别畏惧和没有抵抗力的。比如：

“您若再往后拖延，可能明天就买不到这么便宜的东西。”暗示顾客早做购买决定，有省钱的好处，今天的 100 美元与明天的 100 美元是不等值的。一般人听了会觉得，如果不去买就会错失良机，甚至有所损失。这种说辞对那些期待的顾客来说，功效实在很大。

在犹太商人看来，妨碍果断行动的潜在心理，往往都是因为有“还有更好的”意识存在，如果在限定时间之内，迫使对方做决定，就可以打破这种心理了。

大拍卖往往限定在一个很短的时间里，例如从下午 1 点开始到 1 点 30 分结束，这就是根据上述心理作用，在限定的时间内，引导消费者做出“只有这一次”的果断行动。

对于正在犹豫价钱是否合理、无法下决心购买的顾客，也可以暗示他说：“错过今天，明天就要涨价了。”

当然，“限定”的方法并不仅局限于时间，也可以运用在数量上。比如：

“我这里仅有最后一批货了，何时进货还说不上。”利用良机激励顾客，这些良机可以是产品短缺、特价优惠及其他优惠条件等。但这种良机必须确有其事，切不可进行欺骗。像下面的：

“只有购买现货才能享受售后服务。”“只限 300 辆可以打 7 折。”等等。这些在数量上设置一些限定条件，也是运用人类心理诱导术。利用上述方法，可促使对方由“期待”转变为果断。

“有限量的商品”也会使消费者产生不买就会吃亏的心理，但是，如果在其他地方也同样可以买得到，那么消费者会产生“还有”的意识，这会减少购买的

意愿。

所以，只要使消费者产生“只有一次”或“最后一次”的意识，就会有比别人占了更多便宜的感觉。人类除了这些以外，还有另一种潜在的心理，就是需要的愿望。

例如：最近高级手表的销售，都是采取量少品种多的策略。采用限定生产量，每一个种类只生产 100 个。因为现在一些既便宜、性能又好的手表冲击市场，所以，要使消费者愿意出以高 10 倍甚至 20 倍的价钱去买高级手表，就必须使消费者有“物以稀为贵”的感觉。有些汽车的销售就是这样：“此种车型只生产 2000 辆。”只要是这种推销的宣传法，那么，即使价钱非常昂贵的新车，也会有人去买。

推销中，顾客经常会犹豫不决，不知该买什么，还有许多顾客始终无法下定决心，来做一个决定。如果对这些有优柔寡断潜在心理的顾客进行探讨，就可以很容易地突破他们的心理防线，掌握住他们的判断，替他们做决定。

他们内心彷徨的最大原因，就是因为有“还有”的意识存在。只要存在这种意识，他们就会有所期待，无法下决心，显得优柔寡断。信息过多也是造成这种心理的原因。由于信息过多，往往给顾客想象还有许许多多的可能性。

因此，当顾客开始期待时，促使对方果断的操纵术，就是多少要限制一点信息量，或做某种限定，从他的潜在意识中除去“还有”的意识。

2. 抓大放小，以小处的让步换取成交

推销的最终目的在于成交，而不是说赢客户，但说赢客户却是实现这一目标的重要保证。犹太商人认为：对客户提出的所有问题、想法，都抱着要说赢客户才能说服客户的心理去对待是不正确的。有经验的推销员都懂得：要赢得胜利，不妨在小处进行忍让。

米开朗琪罗是一位伟大的艺术家，也是一位对人性了解得很透彻的哲学家。他有一次替当时一位权势显赫的买主雕塑一座巨大的石像，整个过程花了好几个月。当石像快要完成时，买主过来一面观看，一面提出了许多自己的看法，特别是对石像的鼻子部分，感到非常的不满意，他希望米开朗琪罗能依他的想法，考虑是否重

新修改将要完工的石像。

米开朗琪罗听后，当即爬上梯子，拿着锤子，在石像的鼻子部分，不停地敲打起来。下了梯子后，他来到买主旁，抬头看着修改后的石像，用充满感情的声音说道，“啊！依照您的想法修改后，实在觉得好多了，简直就像注入了生命一样！”米开朗琪罗的这番话，立即让买主的态度发生了180度的大转变，他立即开始赞美米开朗琪罗的手艺，能在一会儿的工夫内，就改变了石像的整个感觉，于是立刻买下了此作品，米开朗琪罗几个月来的努力终于没有白费。

上面这个故事，给了我们两个启示：

一是要赢得胜利，小处不妨忍让。米开朗琪罗几千年前就深深懂得要想赢得大的胜利，小处不妨忍让的道理，而之前我们也曾提过，客户购买东西，并不是非要所有的条件都完全达到才购买，往往只要是最重要的几项需求能得到满足就会决定购买。就如每一个人有他的优点及缺点，您绝不会因为他有一两样缺点就否定了他的一切，因此，您实在没有必要对客户提出的任何异议作答，如果想要说赢他，不妨在小的地方不管有无道理，都要顺从您的客户。

二是要让您的客户有面子。每个人都有自己的想法与立场，在推销说服的过程中，若您想要客户放弃所有的想法与立场，完全接受您的意见，会让客户觉得很没面子，特别是一些关系到个人主观喜好的方面。例如颜色、外观、样式，您千万不能将您的意志强加在别人身上。

要让客户既能接受您的意见又感到有面子的方法有两种，一是让客户觉得一些决定都是由自己提出的，另一个是在小的地方让步，让客户觉得他的意见及想法是正确的，也受到您的尊重，他会觉得很有面子。

已成为真正的推销专家的人从来就不会想到要谈赢客户，他们只会建议客户，他们都会在让客户觉得受到尊重的情况下，进行自己的推销工作。在推销的过程中，推销员始终要仔细观察，保持高度集中，寻找成交时机，一旦说服客户，就要趁热打铁，尽快成交。但是这应该是在客户已经基本了解产品的情况后，有很高的兴趣，这时就要进行试探性地发出成交信号，若是客户对试探回答积极，就应马上

成交。

犹太商人非常清楚自己的目标是成交，而不是完成推销介绍。因此，你在介绍过程中不要过于投入到推销之中而忽略了成交信号。在顾客已经透露成交信息的时候，你不闻不问，还在接着做推销介绍，就是画蛇添足。多一句话，结果可能会又多出个异议来。

请看下面的例子，这位老兄可能到现在还在抽自己的嘴巴呢。

推销员：看看我们的新型车吧。

顾客：哇，真漂亮。

推销员：才 8000 美元。

顾客：我能买到一辆黑色的吗？

推销员：当然。黑的、黄的、红的和紫红的都有。

顾客：好嘛！我今天带着现金。黑色的你有现货吗？我能不能今晚就开回家？

推销员：当然，那边就有一辆。下周我们还有四辆黑色的要到货。

顾客：真的？也许我还是等一等，看了那几辆再说。

推销员：不必了，它们全都一样。

顾客：可是，现在这辆车也许油漆不佳或还有什么毛病。

推销员：绝不可能。你看嘛，一点问题都没有，是吧？

顾客：嗯，看上去挺好的。

推销员：那我们到里边去签合同吧。

顾客：我还没有拿定主意，我想先看看那几辆再说。

推销员：可是这一辆一点问题都没有，你亲眼看见的。

顾客：是啊，不过我还得考虑考虑。我得走了，下周我再来，我肯定来。

当然，要倾听顾客的意见，鼓励他提出异议。但是要记住，你的目标是成交。如果潜在买主表示接受你的建议、条款和各种条件，就立即拍板。否则，机会就会失去。

在成交签约的时候，常免不了讨价还价的事情，顾客可能还会提出一些条件，

这是正常的。让步不仅是必需的，而且是十分有效的，你可以通过一定的让步去换取客户的某种妥协，最终打破僵局。但让步要有一定的策略和原则。

犹太商人经常采用以下策略：

先紧后松。这个敦促成交的办法很灵。通常是你先提高条件，然后慢慢降低；先紧逼不舍，再逐步松口。

追加补偿。在许多原则性的问题上，顾客提出的要求不切合实际，你也没有办法做出让步，这时就可以采取追加补偿的方法来处理。比如在价格上比较敏感，但你无意降价，可以提出诸如“买一送一”“多买优惠”“团体游客25人提供一人免费”等优惠。

有条件的优惠。故意将一两项优惠服务暂且不拿出来，待到需要做出让步时再告诉对方：“如果你购买50件以上，我可以九五折出售”“如果您签下这份长年供货合同，运输费用可由我方支付”。只要让步的时机选择得当，就能起到很好的催化作用，成交的希望就更大。

合理承诺。在让步时，常用的承诺内容有承担质量风险，明确保用期限，允许先用后购等。承诺的内容，一方面不能妨碍自己的推销工作，不增加过多开支；另一方面不能乱开空头支票，不考虑承诺的可行性。

注意，犹太商人的让步是以一定的目标为前提的，不能做无用的让步，也不要做出一次性的大幅度让步。通常到了成交的时候，顾客免不了嘀咕，他会说他确实喜欢你的产品或是服务，只是价钱稍贵了点。很多推销员，特别是新手，马上把价钱压低。但是你应该有所坚持，原因有二：第一，你降价表示你对产品缺乏信心。第二，会影响你的利润。降价求售是赚不到钱的。

相反，你应该找出顾客所说的“太贵了”背后有什么真正的含义，很可能是因为顾客认为你还没有帮他了解产品和服务的真正价值，不妨试着回到源头，再分析产品与客户实际需要的配合程度，帮对方了解商品的实际价值。

3. 趁热打铁，以最快的动作签约

犹太商人在签约时，总是在速度上求快，公文包内容务必整整齐齐、有条不

案。同时他们清楚记得契约书放在哪儿，印章摆在哪儿，以及各种目录文件放置的位置。只要对方有一点购买意愿，他们就会立即取出契约书，说道："谢谢您，请在这儿写上你的大名吧！"

这原是极普通的成交动作，但犹太商人认为动作一慢，情况就可能会完全改观。当你慢条斯理地翻阅公文包时，客户原来高昂的情绪会逐渐冷却下来，等你取出契约书要求对方签约的时候，对方可能会说："容我再考虑一下。"或是根本就打消主意不买了。

另外，你的拖拖拉拉对客户的信心也有微妙的影响。客户是因为对你个人的信赖感才同意签约的。当你好不容易将商谈推进到签约的阶段，却在这时暴露出杂乱无章的公文包，七手八脚地寻找那份契约，这对客户原先勾勒的意愿是一种打击。此时，客户对你的信赖感会下降至最低程度。

下面是一例推销面谈实例：

推销员："您好。我是卖书的，打扰您了。"

顾客："我已经跟您买过书了嘛！"

推销员："谢谢您的关照。今天我又来巡回推销，孩子多大啦？"

顾客："上幼儿园啦！"

推销员："哦！有没有买什么图鉴给他看呢？"

顾客："已经有两三本了。"

推销员："那最好买全集，看过这种没有？"

顾客："不用啦！我姐姐的孩子长大后，她要送我的。"

推销员："送您？"

顾客："侄儿长大后就不用了呀！"

推销员："她总不至于全套都送给您吧？她送您几本了？"

顾客："只有 3 本……她说过要全部送我，要我不用买了。"

推销员："可真是太好了！不过，大概需要百科辞典吧？听说过豪华百科辞典吗？现在也很畅销。"

顾客："真的吗？"

推销员："报刊杂志上的广告多得不得了，100 家出版社有 96 家出百科全书。但本公司的特别便宜，就是我现在推销的这一部，连 200 美元的书架一起免费奉送。我今天已卖 28 家了。这种书可以永久使用，全套 23 册，某甲公司也是 23 册，但他们卖 800 美元，某乙公司 22 册，卖 700 美元。总之至少得 650 美元才买得下。可是我们公司的这套却便宜得令您不敢相信，您猜猜需要多少钱？"

顾客："我搞不清楚。"

推销员："才 450 美元！"

顾客："大概内容有问题吧？"

推销员："怎么会呢！百科全书的内容全都一样啊！我们之所以卖得便宜，是因为怕积压造成亏损。而且本书有 37 万个条目，内容最丰富，我想您家最好还是买一套，肯定会有用处的。"

顾客："分期付款吗？"

推销员："对，每个月 35 美元，每个家庭都负担得起。我今天已卖出 28 套。您看看这些订购单，不骗您吧！大家都买得起。"

顾客："大概只有有钱人才买吧？"

推销员："没那回事，谁都买得起，再说我们还奉送书架呢！"

顾客："好吧，我什么时候能看到它？"

推销员："20 号前就能拿到书，这个区的电话是……"

事实证明，推销只要 10 分钟就足够了。而且 10 分钟是最大的极限，绝大部分只要 7 分钟就能做成生意，顺利的话，只要 3 分钟就可大功告成。

相反，若错过这个时限，商谈时间愈长，甚至每家都耗上一个多小时，其结果往往适得其反。因此原则上只能逗留 10 分钟以下。

也许有人会坚持，只要花上 40 分钟必能成功，但是我们不妨想想，如果利用剩下的 30 分钟到别处推销，说不定可以谈成更多生意呢。

对我们推销员来说，时间能节省就节省，且愈短愈有利。尤其是心理上决定购

买的那一瞬间——购买欲曲线的第一个波峰——决不能错过。

“既然没有什么问题，我看现在就把合同订下来……”

犹太商人经常用这种单刀直入要求成交的方法，使用起来较为自然，不拖泥带水，也容易表达，不带丝毫勉强之意。但要有个前提，就是必须看准成交时机确已成熟，有比较大的把握成交。这时你可以向顾客施加一点压力，敦促他立即决定，防止有的客户故意拖延成交时间。

注意，你不能一味地催促对方，对顾客产生高压，只有适度的压力才会成为交易的动力。

例如：“该说的我都说了，你应该同意购买了吧？”这话过分直率，不够婉转，可能会让顾客产生一种较大的压力。倒不如改成另一种说法：“请您告诉我，什么时候再确定购买合同？”

当然，这也不是一成不变的规律。有时还要看你的客户是个什么脾气，他爱吃的是哪一套，或者看你和他的熟悉程度。另外，这也和你个人的性格和推销风格有关。

下列几种情况下适于使用直接请求成交法：

关系不错的老顾客。关系很熟，彼此都很有信任度，这样的老顾客一般不会反感你的直接请求。你可以轻松地对老顾客说：“你好，约翰尼先生！近来生意不错吧！昨天刚有新货运到，您打算要多少？”

有明确购买意向的顾客。顾客对推销的产品确实觉得不错，也流露出了想买的意思，可一时又拿不定主意，或不愿主动提出成交要求，这时你就可以用请求成交法来让他做出购买决定。

需要提醒的顾客。有时候顾客对推销的产品表示出兴趣，但思想上还没有意识到成交的问题，这时你在回答了顾客的提问后，或详细介绍完推销产品之后，就接着问：“您看什么时候给您送货？”或者说：“请您填一下订单。”其实这样的请求并非一定要马上成交，而是集中顾客的注意力，让顾客意识到成交这个问题。

4. 化整为零，以局部交易推动整个交易

犹太商人在经商中发现一个秘密，那就是：客户总是对重大的成交问题比较慎重，比较犹豫，不轻易做出购买决定，而对较小的成交问题，就会比较果断下决定。于是他们就利用顾客这一心理，避开“大点”，从他容易下决定的“小点”入手，促进成交。

沙维尔到一个办公室推销纸张粉碎机。办公室主任在听完产品介绍后摆弄起样机，自言自语道：“东西倒很适用，只是办公室这些小青年毛手毛脚，只怕没用两天就坏了。”

沙维尔一听，马上接着说：“这样好了，明天我把货运来时，顺便把纸张粉碎机的使用方法和注意事项给大家讲讲。这是我的名片，如果使用中出现故障，请随时与我联系，我们负责修理。主任，如果没有其他问题，我们就这么定了?”

沙维尔没有直接提示决策本身的问题，而是从侧面渗透，提示纸张粉碎机的使用和修理问题。避开了重大的成交问题，使办公室主任轻松地接受了成交。

通常决定做一宗大的交易，客户要考虑很多方面的细节问题，却难以做出整体的全盘的“大”决定。推销员可以将这个“大”决定，拆成分散性的逐个的“小”决定，让顾客逐个逐段地拿定主意，最后水到渠成，让他做出最后的决定。在你推销介绍刚开始的时候，一开始就让客户做出一些小的决定。在引导顾客做出一些小决定的时候，这一技巧特别有用。

推销员：这个型号有红色、白色和蓝色的。你认为哪种颜色的和你家阳台的装饰最相宜?

顾客：我认为还是红色的。

推销员：基本型1000美元，只要加200美元，就可以买一台马力更大带电子点火器的。也就是说，使用寿命会更长些，你再也不必为用绳子牵引启动而恼火。你看怎么样？是要基本型的，还是多花一点钱买豪华型的更值得?

顾客：我不喜欢用绳子拉的。

推销员：我明白你的意思了。你是付现金还是支票?

有时你可以将隐藏同意的策略，视为一连串集合成大交易的小交易。如果你不

认为你的客户会主动说："好的。我要买这部车。"你就应该用一连串的小交易引导出最后主要的大交易，让客户觉得买这个商品是他自己的选择。

业务员："您比较喜欢大车还是小车？"

准客户："大车。"

业务员："哪一种颜色呢？"

准客户："白色。"

业务员："需不需要有冷气？"

准客户："需要。"

业务员："要不要电动窗呢？"

准客户："我比较喜欢用手把开关摇上摇下的窗户。"

一旦你的准客户可以清楚地想象坐在一部大的、新的、白色的车子里时，你就可以将他引到契约上："那么，您可以在这里签名了。"他所需要做的，就是签名，然后他就可以得到他想要的汽车。

犹太商人还有一种非常传统的方法，简单易行，其要点是：你提出的是重要问题，但问的却是客户购买该产品之外的次要问题，不管客户回答怎样，都不改变同意购买这个决定。这个次要问题总是可以选择的。例如：

"现在看来，唯一真正的问题是，你想什么时候送货，顺便问一下，你是想在这儿安装，还是在仓库里安装？"

"依我看，这件高档产品最适合你（稍停）。现在我们可以起草订单了，你是想喝点茶还是想喝点咖啡？"

"看来，我们的意见非常一致，这件产品最适合你。顺便问一下，你是想明天送货还是星期日送货？"

"依我看，你按月缴保费更好一些，也许你愿意按年缴？"

不管客户怎么回答，都不改变他要买这个决定。在做次要决定时，客户已经做出了重要决定。一旦客户回答说，他愿意成交，他决定购买，你所需要的一切就是说声"好的，我记一下"，然后开始填写订单。

总之，推销人员通过化整为零，以局部交易来促成整体交易实现，的确是一种有效的成交方法。推销人员运用这种成交法时，要注意顾客的购买意向，慎重选择小点，以利于创造和谐的气氛，保证以小点的成交促进整体交易的实现。

5. 顾客越是挑剔越要紧紧抓住他

犹太商人福洛姆曾经说："在推销的任何阶段，或对于商品的任何方面，顾客都可能提出异议。经验告诉我们，顾客没有提出任何一点异议就达成交易的情况是极少的。"

福洛姆认为："嫌货才是买货人。"顾客提出异议，就说明他对你的产品有点兴趣；顾客越有兴趣，就会越认真地思考，也就会提出更多的意见。要是他对你的一个个建议无动于衷，没有表示一丝一毫的异议，往往也说明这位顾客没有一点购买欲望。

通常，当人们变得吹毛求疵，狡猾又难对付，并且与你讨价还价的时候，他们已经是准备买你的东西了。也许这并不是放之四海而皆准的规律，但事实却大多如此。

请看下面福洛姆讲述的他自己的一个经历：

我走进了罗尔斯汽车展示厅，爬上其中一辆车。刚坐下，推销员就缓缓向我走来。

"早上好，先生，我发现您很中意这款新车。"

"是的，很可爱。多少钱?"

"这一款 14 万美元，包括皇家级蓝色座套和晶体倾析器在内。"

"噢，好极了。给我拿一本说明书好吗？回去给我太太看一下，我们可能还会来试车。"

我走之后，推销员在他的黑皮小本上写下了"有兴趣"的字样。

随后我在约翰的诚信二手汽车店时看到了一辆破旧迷你小汽车，只卖 300 美元。我马上回去告诉我妻子："那辆车肯定适合我们儿子。"

"我没有 300 美元。"

"那……我们各出一半吧。"

第二天一早，我带着300美元，慢悠悠地踱进约翰汽车店里。四处转了转，我又在几个轮胎上踢了几脚，不过时机还未到，我要等着他们到我这边来。

"早上好，先生。需要帮忙吗？"

"啊，没什么，请问那辆破旧的迷你车多少钱？"

"价格写在挡风玻璃上。"

"我能看得见那个300美元标价，我的意思是付现金的话实际多少钱。"

"您要是诚心想要的话，就250美元吧。"

"你看，那轮胎都磨秃了，怎么算？"

"只是有一点磨损而已，不过……"

"我都能在那个轮胎里看到自己的脸，跟一面镜子似的。而且这个刮痕怎么说？但愿你们没把收音机拆走。"

我为什么要表现成这样呢？在罗尔斯汽车店里，我可不是这样的。很明显，我想买这辆车。我已经下定决心要买了，所以我要锱铢必较，争取把价钱压到最低。

在你决定要购买之后，谈判才真正开始。如果你要买的是一块名贵的手表或价值不菲的相机，第一次去商场看样式的时候，你把目光投向琳琅满目的各式产品之上，欣赏的是它的外观和总体感觉；但是，当你真正要从口袋里掏钱的时候，会注意到那最微小的划痕或损伤，甚至是一个稍微弯曲的小刺。这是因为你现在已经决定要买了，而且你想要求完美。所以，要留神那些你给他们看每一件东西他们都说喜欢的顾客；他们的诚意值得怀疑。

总有一些顾客已经决定购买，但还想从你那里争取到最后一点让步。在他们身上，潜伏着重大的危险。在吉普赛人中间流传着一个传统，叫作"幸运钱"。无论什么时候，你与吉普赛人做生意，他们都会拼命杀价，跟你高谈阔论，争论不休，直到你被折磨得彻底绝望，以最低价卖给他们为止。协议达成了，钱也交接完毕，剩下你疲惫不堪地站在那里。这时，他们又回到你面前，向你要"一点幸运钱，只是一张5美元的纸币而已，它能把吉普赛人在生意上的幸运带给你。"如果你拒绝

的话，对他们有什么损失呢？他们已经从与你的这笔交易中得到足够的好处了，而如果你同意了他们的请求，这张幸运钱就是一笔额外的奖金。

一个商业性的买方也会像吉普赛人一样做的，尽管他们会稍微做得隐蔽一点。也许他们已经从你那里获得了一份非常有竞争力的计划书，而且他们的老板不但已经对此表示了同意，而且告诉他们这个项目的日程安排非常地紧张。带着这些指示，买方的代表把你“传唤”到他的办公室。你轻轻敲门，等候在外面。终于，这位买方代表叫了一声“请进”，当你走进去的时候，他抬起头，略显惊讶地看着你。

“对不起，我约了你见面吗？”

“是的，是关于最新的宣传计划的事。”

“啊，对了，我想起来了。你们提出的价钱是多少来着？”

“我们已经向您提交了一份计划书和报价单了。”

“噢？……是吗？看起来我似乎把它们遗忘在哪里了。能否再跟我说一下你们的报价？”

“好的，总共是4．8万美元。”

“天哪，太可怕了，这么高的价，我们老板肯定不会同意的。不过他现在抽不出身，我暂时能做决定。这样吧，你们如果能把价格降到4．5万我就冒一次险，现在就跟你们把协议签下来。”

你该怎么办？他可能是在虚张声势，但也可能不是，如果是后者的话，你不答应他，就可能失去这桩生意。这时，你最主要的是要像牧羊犬一样：控制局势。时刻把报价单和其他已经向顾客提交过的文件的复本带在身边；详细地做会谈记录，以便你能拿出过去会谈的报告，防止对方故意装傻、不认账。要知道，只要你的眼睛离开羊群一分钟，羊儿们就会向四面八方乱跑。

前面已经说过了，你不得不承认，一个已经打定主意要购买的顾客经常像是坐在驾驶席上一样，如果你要以一种“买还是不买”的态度去检验他们的决心，真的需要勇气。在每一次交易中，你需要判断你有多么想达成这个协议。如果你有很多顾客，也许你能够说出类似于“如果你不买，还有几千个人等着买呢”的话；但

是，除非真的有几千个人等着买，否则，切莫说这样的话。诚实会对你有所帮助，但是诚实也可能变得很危险。

十、管理财富，寻求未来的保障

理财，让你的财富增值

你会理财吗？你的闲钱都怎么处理的呢？

俗话说得好：你不理财，财不理你。不论你是经营企业的老板，还是在职场上冲锋陷阵的上班族，要想让自己的财富增值，就要学会理财。世界上既有有钱人也有没钱人，我们不否认那些富人是因为事业的成功才拥有更多的财富，但是他们的财富也来源于善于管理，也就是懂得理财。

对于金钱和财富相当敏感的犹太人，似乎天生就有理财的基因。犹太人认为理财和赚钱一样重要，甚至他们更加看重理财的重要性。他们认为，无论你赚多少钱，如果没有科学的管理财富的方式，那么，再多的财富也会被你挥霍一空；而科学的管理财富的方式，不仅可以为自己积累更多的财富，也为未来的生活打下良好的基础。因此，他们总是善于将财富进行科学的打理，使之实现增值的目的，而不会像我们有些人那样，乖乖地把钱放进银行存起来，或者胡乱消费，毫无节制。

扪心自问，你是不善理财人群中的一员吗？如果答案是肯定的，那么就学一下犹太人对待金钱和财富的观念吧。只有善于理财，你才能让财富最大化保值、增值，财富自然也就越来越爱“理”你了。

在《圣经》中记载着一个关于“马太效应”的故事。

从前有一个名叫马太的有钱人要出门远行，临出门之前，他想把自己的财产交给仆人打理。如果所有财产都交予一个人，那么风险会很大。于是，马太考虑再三，决定让3个仆人共同来打理。这样一来，既能让三人之间互相监督，又能促进

他们之间进行竞争，从而创造更多的财富。

马太将平日里自己最信任的3个忠实仆人叫到身边，分给他们每人1000金币，并且对他们说："你们一定要好好帮助我管理这些财产，一年之后，我回来的时候要看你们是怎样处理这些钱财的。"3个仆人都答应了马太会好好保管这些财产。

3个仆人是如何处理这些财产的呢？第一个仆人考虑的是做一些投资。同时，他也知道，不管做什么生意都避免不了风险，为了让风险降低一些，他准备将所有的钱分散在多个项目上。于是，他将自己的1000金币分成三份，一部分钱开了一家酒馆，一部分钱开了一家杂货铺，而将剩余的钱用来放高利贷。第二个仆人也准备用这些钱做投资，不过，他觉得开酒馆和杂货铺太费心，而且收益也慢；放高利贷虽然收益快，但风险太大。经过再三考虑，他决定开一家纺织工厂。因为他认为人们的生活离不开穿衣，所以，这样的生意一定会十分红火。于是，他把全部的钱都投入了开纺织工厂。

看起来，前两位仆人都是比较有经商头脑的，他们不但考虑到投资的风险和收益，还考虑到如何使二者实现平衡，以求利益最大化，风险最小化。

可是，第三个仆人对他们俩的做法都不赞同。他认为，做什么生意都有风险，万一都赔进去，自己没法向主人交代。于是，为了安全起见，他将自己保管的钱财找了一个安全的地方藏了起来，并且每天都检查钱财是否安全。

转眼一年的时间过去了，马太出外归来。他将3个仆人叫到了自己的身边，询问他们财产管理的状况。第一个仆人因为敢于冒险，善于做多种经营，所以在一年的时间内赚了很多的钱，原本的金币也翻了好几倍。第二个仆人采取的是稳扎稳打的经营策略，虽然没有第一个仆人赚的钱多，但是原本的金币也翻了一倍有余。只有第三个仆人没有任何收益，且并没有认识到自己的错误，他对马太说："主人，我是最忠于您的，为了避免投资出现风险，我将您的钱财都保存在安全的地方。现在我将它原封不动地归还给您。"

听了第三个仆人的话之后，马太十分生气，说道："你手里握着这么多钱，却不知道如何管理你的财富，钱在你手中简直就是浪费！"紧接着，马太将第一个和

第二个仆人所赚的钱都赏给了他们，并且将第三个仆人的金币拿回，赏给了第一个仆人。

同样是掌握着1000金币，前两个仆人都懂得利用手里的钱来赚钱，而第三个仆人因为害怕投资失利造成损失，以致让钱“躺”了一年，虽然没有损失，但也没有任何增值。这样的人，势必和财富无缘。

或许你会说：“我倒是不怎么担心投资失利，我最头痛的是，自己对数字不敏感，我这样的人怎么能做好理财呢?”其实，这不过是你“懒得理”的借口罢了，事实上，对数字不敏感，并不影响理财。理财也没有你想象的那么复杂和困难，你只要抛开恐惧逃避的心理，稍加用心，很快就能找到适合自己的理财之道。

可以说，理财不仅是一种生活方式的体现，更是一个人价值观的体现。犹太人之所以能够创造那么多的财富，是因为他们拥有自己独特的理财观。

在犹太人的理财观念中，还有一点值得我们学习，那就是要懂得取舍。他们认为，一个人如果每天都在关注那些小钱，被那些蝇头小利所吸引，那么，他将永远无法获得更大的财富。也就是说，要想获得更大的财富，就要懂得有取有舍，只有舍得小财才会获得更大的财富。

有个叫卡尔的年轻人非常羡慕他的一位富翁邻居。有一天，他来到富翁家里，讨教发财的秘诀。富翁听了卡尔的话，什么也没说，只是转过身将桌子上的西瓜分成了大小不等的三份。接着，他对卡尔说道：“这里有三块西瓜，假设它们代表着一定程度的利益你会选哪一块?”

卡尔看着桌子上的三块西瓜，直接指向最大的那一块，并说道：“当然是那块最大的西瓜了。”这时，富翁笑着对卡尔说：“好，那接下来就请你享用这块最大的西瓜吧!”然后，他将那块最大的西瓜拿给了卡尔，自己则选择了最小的一块。

可是，当卡尔正在享用最大的西瓜时，富翁已经吃完了最小的那块，并且拿起了剩下的另一块，故意在他眼前晃了晃，慢慢地享用起来。

这时，卡尔才明白了富翁的意思，虽然自己选择了最大的一块西瓜，但是富翁却得到了剩下的两块，远远多于自己。

从理财的角度来讲，这个故事告诉我们，如果你不舍得一些东西，比如像前面案例中的第三个仆人不舍得成本去投资，那么你将失去得到更多财富的机会。显然，这样的眼光是短浅的，也是不会吸引财富的。这样的人，即使手里有大把的钱财，也因为怕这怕那而不敢行动。如此，所有的钱只能安安静静地“躺”着，何谈财富管理！

因此，我们要学习犹太人的理财观念，懂得如何管理自己的财富，更要懂得如何进行投资，这样我们的财富才会越来越多。对于理财，犹太人还认为无关贫富，即使是一个穷人也要有理财的观念，而且理财的行动越早开始越好，只有及早做好理财的准备，才会为自己的未来做好积极的储备。

不为“面子”而花钱

犹太人很有钱，很会赚钱，但是他们却不乱花钱。他们的穿着打扮很简朴，有的甚至近似于邋遢，对他们不熟悉的人，根本想象不到他们拥有巨额财产。

其实，这都是因为犹太人厉行节约，不把眼光放在面子上。哪怕拥有再多的钱，他们也会将钱用在刀刃上，不挥霍，不乱花，而是注重如何用钱生钱。

可看看我们周围，很多人却恰好相反，自己明明没有多少钱，却非得在吃穿用度上追求“高端大气上档次”，根本就是在打肿脸充胖子，因为他们怕招来别人轻蔑的眼光。

这样的做法，在犹太人那里是万万行不通的。他们不管多富有，都绝不会随意挥霍自己的钱。在生活中，他们将积蓄钱财作为一种时尚。因为这种有耐心的积蓄会得到利用，也会因此而得到一些意想不到的赚钱的机会。

有人说，犹太人都是吝啬鬼。其实，这是他们生活上拥有节约习惯的体现，虽然他们也懂得如何享受自己的财富，但是他们从来不会做毫无必要的铺张浪费。他们觉得这样的行为是十分愚蠢的。

下面我们看一个案例分析：

波尔·克德是美国克德石油公司的创始人，同时他也是一位犹太人，并且是一

位出名的犹太大富豪，有着上千亿美元的资产。

有这么多钱，几辈子都花不完，他该很好地去享受吧？

很遗憾，事实出乎你的意料。波尔·克德在生活上十分简朴，在平时的生活和工作中，从不会浪费哪怕一分钱。

举个例子来说，波尔·克德对狗有着浓厚的兴趣，他不仅自己在家中养了很多狗，而且每次出差的时候都要寻找当地珍贵的狗。他的这个爱好被周围很多人熟知，所以每当他到某地出差的时候，主人都会招待他参加一些名贵狗的展览，或是为其寻找名贵的狗。

有一次，波尔·克德到加利福尼亚州参加一个商业性的会议，此时，加州正在举行一个名贵品种犬的展会。所以，在会议结束之后，波尔·克德赶紧赶到了展会地点。展会吸引了很多观众前来参观，但是每到下午的时候，人数就会逐渐减少。为了吸引更多的观众，主办方想出了一个好办法：下午5点以后参观展会，票价减半。这样，下午5点之后也能吸引不少的观众。

波尔·克德再一次去展会的时候，这一售票策略已经开始实施。可是当他到达展会的时候才4点20分，距离5点还有40分钟的时间。波尔·克德的助手想赶紧为他买票，却被波尔·克德阻止了。他说："还有40分钟就到5点了，票价可以减半，我们等到5点之后再买票吧。"

助手听了，感到很是不解，不禁问道："先生，您又不是缺少这么点钱，为什么要浪费时间在这里等这么长的时间呢？"

波尔·克德微笑着对助手说："5点之后展会的内容是一样的，我们晚进去40分钟，不会有任何的损失。为什么还要浪费一半的金钱呢？"

助手说："可是，您也没有必要在乎这么点钱啊！"

波尔·克德十分认真地说："你这种想法就是错误的，无论是什么人都要讲究节俭，不要把金钱浪费在没有必要的事情上。犹太人向来都主张节俭办大事，我们要养成节俭的生活习惯。"

助手仍然困惑，禁不住又问道："那我们在这里等待，不是浪费了很多的

时间。”

波尔·克德看了看四周的环境，对他说：“我们现在没有什么急事，利用这段时间好好欣赏周围的风景，不是很好吗？”

最终，波尔·克德的话让助手彻底信服，他也终于明白了波尔·克德为什么成了这么成功的大富翁。

不仅助手信服波尔·克德的理财观念，想必读到这个故事的每个人都会深感敬佩。现在有不少人张口闭口地说“钱不是省出来的，而是赚来的”，在这种意识支配下，他们根本不懂得节省的重要性和必要性。这些人不知道，如果你没有一个勤俭节约的好习惯，处处铺张浪费，又怎么会懂得如何赚取更多的财富呢？

显然，这就是一般人和犹太人的不同之处，也能够体现出犹太人的独特智慧。他们当然相信钱是赚来的，但是并不意味着拥有了金钱之后，就可以大手大脚地乱花钱。犹太人始终认为，只有养成了节俭的好习惯，才能真正体会到创造财富的乐趣。

有一位手艺很好的工匠，由于他做出的东西结实耐用而且精巧细致，所以很受人们的欢迎。这也让工匠赚取了不少钱财。有钱之后，工匠开始好吃好穿，非常讲究排场，虽然他赚的钱不少，但是始终不够花。

工匠的表哥是一位家产颇丰的富人，以前也非常穷，但不知道怎么回事，渐渐就富起来了。工匠带着好奇前去表哥那里讨教。

当时，表哥正在家里补一件很旧的衣服。见此情景，工匠很是不解地问道：“你这么有钱，为什么不给自己买些好衣服呢？这样你也比较有面子啊！”

这位有钱的表哥告诉工匠说：“面子能值几个钱呢？我才不会将钱用在装点面子上，我只把钱用在更合适的地方。”

听了表哥的话，工匠终于明白他会富有的原因了。

古今中外，勤俭节约都是一种美德，也是一种致富之道。讲究排场乱开销只会让自己的虚荣心越来越强，结果只会让自己的钱越来越少。如果你不想让自己沦落到工匠的下场，那么就像犹太人那样，时时处处学会厉行节约吧！

关于能不能做到这一点，以及二者所带来的区别有多大，下面这个案例是给你最好的回答。

鲁克迪和阿塞夫是十分要好的一对朋友，他们经常在一起谈论经商或是生活上的话题。鲁克迪经营着一家地产公司，由于效益不错，所以他也算得上当地小有名气的富人。作为犹太人的鲁克迪一直秉承着特有的理财观念。无论是在生活上还是在生意上，他从不显露自己的财富，反而过着十分简单的生活。而他的朋友阿塞夫则不然，阿塞夫在一家公司做高级主管，平常过的是品质很高的生活。他开着漂亮的高级跑车，抽着高级的古巴雪茄，而且还经常出入高级俱乐部。

周末的一天，两人相约在一家俱乐部见面，为的是好朋友在一起喝喝茶、聊聊天。慢慢地，他们都谈到了彼此的工资收入和日常费用等问题。这时，阿塞夫露出了不安的神情，在鲁克迪的询问下，他才说出了实情。原来，虽然阿塞夫是公司的高级主管，薪水也十分可观，但是由于他的开销太大，已经出现了收支不平衡的状况。为了能够让自己融入上流社会，他经常出入高尔夫俱乐部，在高档的酒店用餐，让孩子上昂贵的私人学校等等。

鲁克迪听了好朋友阿塞夫的一番话，不由得感到十分惊讶，他做了简单的计算，阿塞夫每个月都有两三千美元的缺口！他十分不解地问道："你每个月到20号左右就已经花光了工资，那么余下的时间，你怎么办呢？"

阿塞夫十分无奈地说："我只能利用信用卡付账，这样的生活确实让我感到了很大的压力，但是我无法改变了。"

其实，阿塞夫已经习惯了那些所谓的高级生活，虽然自己已经负债累累，但是为了面子，他不得不过着这样的生活。

你周围有没有阿塞夫这样的人呢？你自己是不是这样的人呢？其实，在生活中有不少像阿塞夫这样的人，他们为了所谓的面子，不惜负债也要讲究排场。他们为了自己"高大上"的生活，过着入不敷出的日子。

这样的生活除了表面的风光，让一个人的虚荣心得到些许满足之外，有什么实际的意义呢？更何况，这种做法所带来的问题，将会造成更多的压力，无论是身体

还是内心，都会受其折磨。这又是何苦呢？

所以，为了避免生活陷入困境，我们一定要杜绝这样的消费观念，不要随意挥霍自己的金钱，更不要为了“摆谱”而购买超出自己经济承受力的东西。

银行：穷人存钱富人借钱

你有存款吗？有了多余的钱，你会放进银行存起来吗？当拿到存款利息的时候，你的心情是不是如春日的阳光一般明媚？

对这几个问题，相信很多人的回答都会是“Yes！Yes！Yes！”现实生活中，很多人习惯将财产存到银行，这样不但可以保证财产安全，而且还能获得一定的利息。可是犹太人是绝不会这样做的。关于这一点，在本章第一节中提到过。只是那一节内容是围绕犹太人理财观念而展开的，本节则更侧重于理财方式和方法。所以，我们依然有必要了解一下，犹太人为什么不把钱放在银行，除了前面所说的用来投资之外，还有什么特殊的“秘密”呢？

简单来说，犹太人之所以不往银行里存钱，是因为他们太重视现金，力求将一切东西都“现金化”。要知道，在犹太人看来，银行是一个穷人存钱富人借钱的地方。

犹太人也清楚，将钱存入银行可以获得利息。但他们更清楚的是，物价也是随着时间不断上涨的，货币其实是在贬值的。如果存款人死亡或是出现意外，自己的子女继承遗产时必须要缴纳遗产继承税，自己的财产就会缩水，这是犹太人绝对不允许发生的。由此可见，即便在银行存钱会有利息，但穷人存钱还是会越存越穷。因此，善于理财的犹太人总是更重视投资，他们就算把钱放入保险柜来确保财产安全，也不会存入银行。

富商瑞比就是这样一位高明的崇尚“现金为王”的犹太人。瑞比有着上亿美元的资产，但令你想象不到的是，他却很少将钱存进银行里，只是将自己大部分现金都放在银行的保险柜中。对于瑞比的这种做法，很多和他有生意往来的非犹太朋友都表示不能理解。

有一次，瑞比和一位日本商人坐到了一起，对方早就得知瑞比不把钱存入银行的事，所以在时机合适的时候，表达了自己的好奇之心。这位日本朋友说道："瑞比先生，我有一个问题十分困扰，能否请教你一下？"

瑞比说："当然可以。"

日本商人继续问道："商界上流传说，你有一个特殊的嗜好，从来不把钱财存进银行，而是保存在银行的保险柜中，是否有这样的事情？"

瑞比点点头说："确实如此。"

日本商人十分惊讶地说："你也知道要是将大笔的钱财存在银行里，每年可以获得一笔可观的利息，你为什么会选择那样做呢？"

瑞比微笑着说："你说得没错，把钱存到银行里，确实会产生很多利息，可是不是还要缴利息税吗？另外，在取款的时候，还要接受银行的审查，这不是很不方便和不安全吗？"

日本商人这下更疑惑了，问道："将钱放进银行生钱，怎么会不安全呢？"

瑞比回答道："当然会存在很大的风险了，如果银行破产，那么我的财产就会缩水。另外，那样的话，我需要向银行提供详细的信息，如果被别人利用怎么办，我们犹太人相信，赚到手的钱才是自己的。也许你们认为，储蓄是生活的保障，储蓄越多，生活就会越有保障，但是你有没有想到，这样就限制了金钱的流通，也减少了自己赚钱的机会啊！"

日本商人仍旧不解，于是继续问道："钱财虽然存在了银行，可是它还是我自己的，我可以随时取用啊！"

瑞比不禁问道："那么，如果遇到了突发事件，比如战争、灾难等，你又如何保证自己的财产不贬值呢？"

日本商人说："那按照您的意思，就不应该储蓄了吗？"

瑞比摇摇头说："当然也不是绝对不能储蓄，我只是不想将储蓄变成自己的嗜好和习惯。一个人银行的存款越多，心里就越有保障，这样反而会使自己的赚钱欲望越来越小，不利于自己创造更多的财富。"

此时，日本商人终于点了点头，表示明白了。

通过瑞比的事例，我们不难看出犹太人所特有的经商智慧和理财观念。在犹太人眼里，只有将金钱用于流通，才能不断地创造财富，倘若放到银行生利息，只会让自己赚钱的欲望丧失。从这一点来看，犹太人对于现金的兴趣，不仅源于现金能给他安全感，更因为现金可以刺激他们赚钱的欲望。

现金至上，这是犹太人所崇尚的做生意时最简单、最实用的原则和方法，也是他们能够拥有大笔财富的关键。犹太人始终认为，不管和谁做生意，也不管做什么样的生意，用现金进行交易都会减少不必要的麻烦，从而确保自己的收益不会贬值。

关于这一点，还流传着这样一个有趣的笑话呢，不妨来看一看：

据说，有一位犹太人在临终前立下遗嘱，内容大概是这样的：请把我的财产全部兑换成现金，用这些钱买一床高级毛毯和一张高级床，然后把剩下的钱放在我的枕头里面，等我死后再将它们一同放进我的坟墓，我要带着这些钱到天国去。

富翁驾鹤西去之后，他的亲人们依照其遗嘱，正准备将他的所有财产换成现金一同埋进坟墓的时候，其生前的一位好友觉得这样做太可惜了，于是灵机一动，飞快地掏出支票和笔，签下了同等的金额，撕下支票，将其放入了棺材。他轻轻地对死去的富翁说："伙计，金额与现金相同，你会满意的。"

从这个笑话中，你是不是也会看到犹太人对于现金的偏爱？

珍惜你的每一分钱

"越有钱越爱钱"，这句话你是不是经常听说？这其中体现的，难道仅仅是有钱人精于算计且做事小气吗？

其实，从另一个角度来说并不尽然。这是因为有钱人或许更懂得金钱的来之不易，也更懂得金钱的作用，所以他们花钱的时候会格外谨慎。正如一位学者所言："对一个善于理财的商人来讲，财富的积累是从每一分钱开始的。一个成功的商人，无论他拥有多少财富，他也不会随意放弃哪怕一个硬币。"

可是，看看你的身边，是不是总有一些人这样认为：要成就大事就必须将眼光放在大钱上，不要盯着那些小钱。其实，这样的理财观念是不正确的。殊不知，一个人对于金钱的态度正是体现了他人生和事业的态度，如果不能珍惜每一分钱，那么在成功的道路上也会好高骛远，这样的人也很难实现创造财富的梦想。

有这样一个故事，一位犹太人和一位法国人是大学同学。他们大学毕业之后，都怀着美好的理想开始寻找适合自己的工作。这一天，他们俩一起出门找工作，路上，他们发现地上有一枚脏兮兮的硬币。法国人看了一眼，这是一枚1美分的硬币，于是，他毫不理睬地走了过去。而那位犹太人则激动地把硬币捡了起来，放进了口袋里。

法国人对于犹太同学捡硬币的行为，感到很是不屑，不由得笑着说道："只不过是个1美分的小硬币，你至于这么高兴吗？我也看到了，但我根本就没想着捡起来。"犹太人听了法国同学的话之后，并没有说什么，只是笑了笑。

巧合的是，在两周之后，这两个人同时被一家金融公司给录取了。这是一家刚创办不久的公司，创业之初，工作非常繁重，而且工资不高，不过发展前景却很乐观。一段时间过后，法国人开始无法忍受繁重的工作和微薄的工资，他选择了离开。而犹太人则十分看重这份前景不错的职业，并且积极努力地工作。

三年后，两人偶然间在街上遇到。这时候，当初的那家金融公司已经成为知名企业，而犹太人已升职为公司的主管，并且拥有了公司的一部分股份。这位法国同学则频繁地跳槽，一直处在找工作的状态。

法国人很是困惑，不解地问道："为什么在这么短的时间，你就能获得如此大的成就呢？"

犹太人意味深长地说："因为我懂得珍惜每一分钱，即使是一枚硬币也是财富，你连放在眼前的财富都不要，怎么会获得成功呢？"

没错，犹太人不会因为任何理由而错失哪怕一分钱，他们会抓住每一个赚钱的机会。这似乎也印证了开篇时我们讲到的"越有钱越爱钱"的理论。其实，一个成功的商人是最懂得如何精打细算的，他们会认真地对待每一分钱，把每一分钱的作

用都尽可能发挥到最大。

这一管理财富的哲学被另一位犹太人发挥到了极致，一起来看看他的故事。

这是一位犹太富商。一天，他身穿名贵的西服，手上戴着昂贵的手表，还佩戴着镶宝石的领带夹子，来到纽约市区最大的银行。他来到银行的柜台前，对银行的工作人员说："你好，我想借点钱。"

银行的工作人员十分恭敬地说："当然可以，您想借多少钱呢？"

这位富商说："1 美元。"

这时，银行的工作人员十分震惊地看着他，并且进行了多次的确认。这位犹太商人说："我只需要 1 美元，你们可以借给我吗？"

银行的工作人员对于犹太商人的行为十分不解，为什么穿戴如此阔绰的人，会只借 1 美元呢？但是，基于顾客至上的原则，工作人员只好为其办理借款事务，并且对犹太商人说："只要你有一定的担保，无论借多少钱，我们都会照常办理。请问，您有担保吗？"

这时，犹太商人从自己的皮包中拿出了一大堆股票、债券等有价证券，交给工作人员，并说："这些可以作为担保吗？"

银行的工作人员对这些股票、债券进行了清点，足足价值 50 万美元。工作人员对犹太商人说："先生，您的这些证券价值 50 万美元，可以借相应金额的贷款，你真的只借 1 美元吗？"

"是的，我只需要 1 美元。"犹太人给出了确定的答案。

银行工作人员只好说："好的。我现在就为您办理手续。现在年息为 6%，只要你在一年后归还贷款并且支付利息. 我们就会将担保的股票和证券还给您。"

这位犹太富商办理好手续之后，就要离开银行。这个时候，银行的经理已经在旁边观察了很长时间，他对于这位有钱人的行为感到十分不解。于是，他追上前来，并且十分恭敬地说："先生，我是这家银行的经理，我实在是不明白，您有 50 万美元的担保，为什么只借 1 美元呢？"

犹太富商看到了银行经理的诚恳，于是就告诉了他实情。他说："我来这里出

差，随身携带这些证券十分不方便。保险箱需要支付十分昂贵的租金，所以我才会将这些证券以担保的方式寄存在银行中，这样我每年只需付6美分利息就可以了。”

不得不说，这位犹太富商实在是太高明了！从他的行为中，不仅体现出了犹太人善于精打细算的理财观念，而且也充分表明了犹太人非同一般的经商智慧。

1美元看起来的确很少，但是如果善加利用，它则能够创造更多的财富。其实，一个人是否能创造更多的财富，关键在于是否具有正确的财富观。懂得珍惜每一分钱，才是积累、创造和管理财富的重要手段。

曾经有人将《福布斯》最新的全球400位富豪排行榜和20年前的排行榜进行过比较，结果令人们十分意外。原来，在这些超级富豪中，平均每五名中，只有一名能够保持在富豪榜单中。为此，人们感到困惑：为什么只有少数富豪能够在世界的富豪排行榜上屹立不倒呢？

实际上，之所以出现这样的结果，排除经济发展的影响和新富豪出现的原因，大部分富豪缺乏对于巨大财富的管理，自己不懂得节约开支，随意地挥霍财产，最后导致了破产。人所共知的著名拳王迈克尔·泰森曾经在20年的职业生涯中，拥有高达5亿美元的收入，然而由于他没能盯紧自己的钱包，最后沦落到不得不申请破产的结局。

所以说，不管是有钱人，还是穷苦人，都要看紧自己的钱包，不要让每一分钱无缘无故地从自己的手中溜走。只有这样，我们才会积累越来越多的财富。在本书中提到过多次的美国石油大王洛克菲勒就是能够看紧自己钱包的富人。人家尚且如此，我们又有何理由不这样做呢？

洛克菲勒曾经说过：“紧紧地看住你的钱包，不要让你的金钱随意地花出去，不要怕别人说你吝啬。你要确保，你的钱每花一分都有两分钱的利润的时候，才可以花出去。”

在洛克菲勒还是个年轻人的时候，他在一家石油公司做电焊工。当时，他所负责的工作就是焊接装石油的巨大油桶。工作虽然不复杂，但洛克菲勒做起来非常用心，细心的他发现在焊接油桶的时候，总会有焊条的铁渣儿掉下来。经过认真细致

地观察，洛克菲勒最后得出结论：每焊接一个油桶就要掉落509滴铁渣儿。与此同时，洛克菲勒发现这样的焊接方法每年要浪费很多的焊条，如果能够减少铁渣儿的掉落，或许可以节约不少焊条。而节约下来的焊条，也是一笔不小的成本，或者说收益。

为了实现节约焊条的目的，洛克菲勒经过了多次的研究，终于找到了改进焊接工艺的办法。他的新办法可以将每次滴落的铁渣儿减少到508滴。

仅仅是一滴铁渣儿，对一个石油公司来讲，实在算不得什么吧！但令你想不到的是，每次减少一滴铁渣儿，每年就能够为公司节约5.7亿美元。

通过这件事，洛克菲勒认识到了一个深刻的道理，即使是很少的金钱，积累下来也是一个巨大的数字。于是，他决定看好自己的钱包，不轻易让每一分钱从自己的口袋中流失。

这个习惯一直被洛克菲勒保持着，即使后来他成了亿万富翁，也仍然保持节约每一分钱的做法。他对自己的部下提出了近乎苛刻的要求，要他们把提炼每一加仑原油的成本精确到小数点后第三位数字。

洛克菲勒的严格和节约不仅体现在工作中，在生活中他同样也保持着这样的习惯。他平时习惯到一家餐厅用餐，结账的时候往往会付给服务生15美分的小费。但是，有一天他用完餐之后，却只付给服务生5美分的小费。

服务生看到自己的小费比平常要少很多，于是抱怨地说："如果我像您一样有钱，绝对不会吝啬10美分的小费。"

洛克菲勒笑着说："也许这就是你只能当服务生的原因吧。"

洛克菲勒

看完作为犹太人的超级富豪洛克菲勒的故事，我们还有什么理由不学会管理自己的金钱，不让它做无谓的浪费呢？我们始终要记住：财富的积累是从每一分钱开

始的，一个有着高财商的人，是不会因为它是1分钱的硬币就随意舍弃的。因为他知道，任何时候、任何人的成功，都是一点一滴积累起来的，财富的积累也同样如此。

管理财富是一项长期任务

人活着就要吃饭，但犹太人会告诉你：人活着就要理财。换句话说，他们把理财看作是一项伴随人一生的任务。只有做好理财这件事，他们才会认为自己的未来更有保障，自己的人生没有虚度。

在犹太商人看来，如果一个人缺乏理财的意识和行动，一生中没有一个明确的财富目标和达成这项明确目标的具体计划，那么不管他如何努力，都像是一艘失去方向的轮船，永远不可能到达财富的彼岸，也永远不会有较为圆满的人生。一位名叫达摩迪的犹太商人就说过："仅凭辛勤地做事和一颗善良的心，尚不足以让一个商人获得财富，因为，如果一个人并未在他心中确定他所希望的明确的财富目标，那么，他又怎能知道他已经获得了财富呢?"

可以看出，管理财富这件事在犹太人的心里多么重要。实事求是地讲，犹太人喜欢赚钱，善于赚钱，但是他们并不是为了赚钱而赚钱，他们把赚钱看成是自己人生的目标和事业，并且把赚到的钱进行合理地规划，以让它们创造更大的财富。

看看你我身边，想赚钱、想发财、想理财的人也不在少数，但是，真正成功的却很少。这是什么原因呢?

实际上，那是因为他们虽然有理财的理念，却缺少理财的技巧。管理财富就像一条小溪，只有长期规划，不断投资，才能汇集成一条大河。犹太人认为，管理财富并不是今天的事情，而是为未来做打算，最明智的选择就是要将财富管理看成是长远的目标，这样才会永远拥有财富。

犹太人杰斐逊原本是一个雕刻陶砖的工人，但是他希望自己能够成为一个有钱人。一天，当地的一名富商德拉尔向他订购一块刻有一些特殊符号的陶砖，并且要求必须第二天一早就做好。杰斐逊表示，自己可以连夜加班赶做出来，但是德拉尔

必须告诉他发财的秘诀。于是，德拉尔答应了他这个条件。

第二天，当德拉尔前来提货的时候，杰斐逊确实完成了陶砖的雕刻工作。德拉尔说："首先你要将自己所赚的钱中的一部分存起来，并且利用其中的十分之一做一些投资……"

一年过后，德拉尔再次来到了杰斐逊的家里，询问他是否按照自己说的将赚取的钱拿出十分之一做了投资。

杰斐逊十分骄傲地说："当然，我把存下来的钱给了砖匠，他要到外地购买一些珠宝，回来可以卖很高的价钱。我参加了一部分的投资。"

德拉尔听了之后，十分气愤地说："你为什么要把自己的钱给砖匠做珠宝生意呢？要记住千万不要和外行人做生意，如果你要做珠宝生意，必须要请教珠宝商，这样才会赚取更多的钱啊！"

果然，那个砖匠被别人骗了，买回来的只是一些廉价的玻璃，杰斐逊投资的钱也赔光了。杰斐逊只好继续按照德拉尔教授的办法，重新存下一部分钱做投资。

德拉尔再来的时候，他又询问了杰斐逊如何进行投资的。杰斐逊回答说："我把钱借给了附近的铁匠买原料，他每个月付给我一定的利息。"

德拉尔点点头说："嗯，不错。那么你又是怎么利用这些利息的呢？"杰斐逊十分高兴地说："我用这些钱给自己买了一些漂亮的衣服，好好地犒劳自己一顿，并且还计划买一头驴子来骑。"

这时，德拉尔摇摇头说："你把赚来的钱都用掉，那么又怎么能赚更多的钱呢？你必须有一个长远的计划，才能获得足够的财富。这时，你才能尽情地享受自己的财富。"

后来，过了一段时间，德拉尔又问杰斐逊："你现在找到致富的秘诀了吗？"

杰斐逊说："还没有，但是我已经存下了一笔钱，并且将它们用来投资，让钱生出更多的钱。"

德拉尔笑着说："其实，你已经学会了致富的秘诀了。首先你必须有一个长远的目标，把自己的钱存起来，然后向内行人请教投资的方法，并且懂得如何让钱继

续为你工作。这就是致富的秘诀。”

确立目标、找内行人请教、不断投资……所有这些都是德拉尔在理财中遵从的理念，也是犹太人理财过程中遵从的理念。其目的正是让钱为自己工作，让财富不断地积累。

然而，很多人却做不到这一点，有不少人虽然管理财富是为了赚取更多的钱，但在有了回报之后，他们就开始忘记了投资的目的。他们将投资获取的金钱用来购买生活用品或是奢侈品，最后，投资不仅没有积累更多的财富，反而花费了更多的金钱。

类似的情况是不会在犹太人身上出现的。他们深知，想要拥有大量的财富，不仅要有一个会赚钱的脑袋，更要有一个管理财富的头脑。对他们来说，管理财富是长期乃至一生的目标，只有开始，没有结束。

慈善让金钱的价值更大

富人做慈善，名人做慈善，各种关于慈善的话题经常响彻耳边。你是不是也曾想过，有朝一日自己成了有钱人，也做一把慈善事业。

慈善，指的是对人关怀而有同情心，仁慈而善良。现今社会，从慈善的具体体现上来说，大多离不开金钱，离不开财富。做慈善，自然是向需要帮助的人无偿地赠予、捐献金钱和财富。可是你知道吗，正因为慈善，金钱这个作为财富标志的东西，有了更广泛的意义和价值。正如一位西方学者所言：“金钱是一种巨大的力量，既可用在正道，也可用来犯罪，关键是你如何利用它，在它用来满足基本的生活消费后，还可用来做一些慈善事业，这是体现金钱价值与力量的最好方式。”

犹太人爱钱，但他们更爱科学地、合理合情地利用钱，充分发挥金钱的价值。可以说，做慈善也是犹太人管理财富的一部分。

1905 年，《世界主义者》杂志刊登了一篇名为“他将怎样安排它”的文章。在这篇文章中，作者这样写道：“约翰·戴维森·洛克菲勒先生即将留下的世界上最大的一笔财产引起了世人的关注。他的儿子小约翰·戴维森·洛克菲勒将在几年后

继承这笔财富。很显然，这样一笔巨额财富足以能够影响到整个世界……或者，把它用在干坏事上，那将使世界文明的发展推迟25年。”

老洛克菲勒有一位牧师好友，名叫盖茨。在老洛克菲勒晚年的时候，盖茨先生曾多次劝说他把钱捐给一些慈善机构。在他的建议下，老洛克菲勒将上亿美元的财产捐给了学校、医院、研究所等机构。在12年的时间里，老洛克菲勒把4亿多美元捐给了他的四大慈善机构：普通教育委员会、劳拉·斯皮尔曼·洛克菲勒纪念基金会、洛克菲勒基金会和医学研究所。在这些机构中，老洛克菲勒的儿子小洛克菲勒就成为具体负责人。

在经营这些慈善机构的同时，小洛克菲勒还从事着保护自然这一他终生热爱的事业。1910年，他买下了位于缅因州的一个风光秀丽的岛屿，为的是让这里的自然风光不遭到破坏。在保护自然和方便游人的前提下，他出资修建了路和桥。后来，这里被称作阿卡迪亚国公园；再后来，小洛克菲勒把这个岛屿捐献给了国家。1924年的时候，小洛克菲勒发现黄石公园的树木有一些东倒西歪，地上杂草丛生。询问之下，才知道，原来是政府不给清理路边的款项。知悉这一情况后，小洛克菲勒立马出资10万美元清理和修复了公园的破败之处。

有统计数据表明，仅在保护自然方面，小洛克菲勒就投入了几千万美元。

虽然可以从父亲那里继承几辈子也挥霍不完的财产，但是小洛克菲勒却始终坚持把钱用在对的地方。他说：“健康的生活奥秘就是无私地给予……金钱除了能做坏事外，还能用来建设社会生活。”在他所赞助的慈善机构和经济基金会中，所涉及的领域是广阔而深远的，而且，他对所有的投资都进行了慎重的考虑。因为他始终记着父亲说过的一句话：“我相信，人们并未因为有了钱就能得到幸福，幸福只能来自帮助别人而得到的一种感觉。”对他来说，生命的本质就是一种无偿的赠予。

纵观整个20世纪前50年，美国社会生活中的每一个新开辟的事业中，都能够找到洛克菲勒家族的烙印。他们这种行为，足以让人们感受到金钱的价值和力最在慈善的作用下，显得多么伟大。

可以说，财富是慈善的基础，幸福是慈善的果实。慈善事业对缓解社会矛盾、

增强社会凝聚力发挥着十分重要的作用。更重要的是，慈善让金钱和财富的价值得到了更好的发挥。很多获得巨大成就的犹太富人不忘饮水思源、回报社会，带动全社会积极参与慈善捐资事业。可以说，他们的行动，是人世间的一笔宝贵的精神财富，更多的人因为他们的财富而获得了关怀和幸福。

只要有钱就拿去做生意

多么聪明狡猾的犹太人，竟然空手套白狼！这可是他们的一贯作风。

有关犹太人工于心计的说法，世界上流传很多。有这么一个笑话：美国和苏联成功地发射了载人飞行的火箭，让世界感到震动。其他一些国家认为，这可是提升国力、扩大国际影响的极有效手段，也纷纷准备效仿。但任何别的国家都不具备单独发射火箭的实力，于是，德国、法国和以色列三国便商议要联合拟定一个载人飞船月球旅行计划。当火箭和太空舱都造好了的时候，他们便开始在这三个国家挑选飞行员。一名德国人首先应征。工作人员在考察了他的条件后问：

"你准备索要什么样的待遇作为报酬?"

德国人回答说："我要 3000 美元的报酬。"

工作人员又问："你要这么多钱，打算怎么花呢?"

德国人说："我打算把 1000 美元留着自己用；1000 美元送给妻子；1000 美元作为购房基金。"

接下来是法国人参加应征。法国人索要的报酬是 4000 美元。他说，除了德国人所想到的那些支出外。他还需要 1000 美元送给自己的情人。

最后轮到以色列人了。以色列的应征者开出的条件是 5000 美元。他对主持应聘的人说，拿到这笔钱后，1000 美元给你，1000 美元给自己，其余 3000 美元，我将雇那个德国人来开飞船!

看了这个笑话。人们总会会心一笑。

把小钱放在眼前

用没底的水桶去装水，水并不会完全漏空，至少桶壁上还可以剩下一些。用筒积存滴水一样的方法来存钱，同样有望变成富翁。

犹太商人爱用一个比喻：用没底的水桶去装水，水并不会完全漏空，至少桶壁上还可以剩下一些。用筒积存滴水一样的方法来存钱，同样有望变成富翁。

一个名叫丽莎的犹太理财专家在书中写道：

“很多人都会为自己的低收入而抱怨。断定自己是不能成为富翁的。一旦存在这种想法，即使这个人以后的收入很多，也永远不可能成为富翁。因为他们根本没把小钱放在眼里，也不懂得水滴石穿的道理。”、

“愈有钱的人越抠门，而穷人常会穷大方，可是我们应该想到，如果富翁没有吝啬的精神，也就不可能成为富翁了。抱有得过且过之心来对待自己的财富，是个人理财过程中最普遍的障碍，也是导致有些人退休时经济仍无法自立的主要原因。许多人对于理财抱着得过且过的态度，总认为随着年纪的增长，财富也会逐渐成长。等到他们意识到理财的重要性并开始想理财时，为时已晚了。

“很多年轻人总认为理财是中年人的事。或有钱人的事，到了老年再理财还不迟。其实，理财致富，与金钱的多寡关联性很小，而理财与时间长短之关联性却相当大。人到了中年面临退休，手中有点闲钱，才想到要为自己退休后的经济来源做准备，此时却为时已晚。原因是，时间不够长，无法让小钱变大钱，因为那至少需要二三十年以上的时间。10年的时间仍无法使小钱变大钱。可见理财只经过10年的时间是不够的，非得有更长的时间，才有显著的效果。既然知道投资理财致富，需要投资在高报酬率的资产，并经过漫长的时间作用，那么我们应该知道，除了充实投资知识与技能外，更重要的就是即时的理财行动。理财活动应越早开始越好，并培养持之以恒、长期等待的耐心。

“不要再以未来价格走势不明确为借口，而延后你的理财计划，又有谁能事前知道房地产与股票何时开始上涨呢？每次价格巨幅上涨。人们事后总是悔不当初。

价格开始起涨前，没有任何征兆，也没有人会敲锣打鼓来通知你。对于这种短期无法预测，长期具有高预期报酬率之投资，最安全的投资策略是——先投资后，再等待机会，而不是等待机会再投资。

“人人都说投资理财不容易，必须懂得掌握时机，还要具备财务知识，总之要万事俱全才能开始投资理财，这样的理财才能成功。事实上并不尽然，其实，许多平凡人都能够靠理财致富，投资理财与你的学问、智慧、技术、预测能力无关，也和你所下的功夫不相干。归根结底，完全看你是不是能做到投资理财该做的事。做对的人不一定很有学问，也不一定懂得技术，他可能很平凡，却能致富，这就是投资理财的特色。一个人只要做得对，则不但可以利用投资而成为富人，而且过程也会轻松愉快。因此，投资理财不需要天才，不需要什么专门知识，只要肯运用常识，并能身体力行，必有所成。因此投资人根本不需要依赖专家，只要拥有正确的理财观，你可能比专家赚得更多。”

这位犹太理财专家说得对。投资理财没什么技巧，最重要的是观念，观念正确就会赢。每一个理财致富的人，只不过是养成一般人不喜欢，且无法做到的习惯而已。

不光会赚钱还要会花钱

如果赚了钱不用来花，那赚钱对他们来说毫无意义，那样做只会降低自己对赚钱的兴趣。

卡恩站在百货公司的前面，目不暇接地看着形形色色的商品，他身旁有一位穿戴很体面的犹太绅士，站在那里抽着雪茄。

卡恩恭恭敬敬地对绅士说：

“您的雪茄很香，好像不便宜吧？”

“2 美元一支。”

“好家伙……您一天抽多少支呀？”

“10 支。”

“天哪！您抽多久了？”

“40年前就抽上了。”

“什么，您仔细算算，要是不抽烟的话，那些钱就足够买下这幢百货公司了。”

“那么说，您不抽烟？”

“我不抽烟。”

“那么。您买下这幢百货公司了吗？”

“没有。”

“告诉您，这一幢百货公司就是我的。”

谁也不能说卡恩不聪明，因为第一，他账算得很快，一下子就计算出每支2美元的雪茄每天抽10支，40年下来的钱就可以买一幢百货公司。第二，他很懂勤俭持家、由小到大积累的道理，并且身体力行，从来没有抽过2美元一支的雪茄。但谁也不能说卡恩有活的智慧，因为他不抽雪茄也没有省下可以买百货公司的钱。卡恩的智慧是死智慧，绅士的智慧才是活智慧，钱是靠钱生出来的。不是靠克扣自己攒下来的。

犹太人不赞成过分地节俭，《塔木德》说：“当富人没有机会买东西的时候，他会自认为是个贫穷的人。”如果自己拥有了金钱，却守着它们不松动，把它们紧紧地攥在自己的手里不花，是愚蠢的，更是贫穷的。有钱不能花，不正是穷人的表现吗？所以一个真正的富人，不光会赚钱，更会花钱。

因此，犹太人对自己的生活要求有一种很高的品位，他们喜欢豪华的居所。精美的食物和名贵的车辆，因为只有这样才配得上自己所赚取的财富和自己高贵的地位。

犹太人的节俭精神与他们享受生活并不矛盾。在犹太人看来，为了赚取更多的利润．就必须节约不必要的资金。但犹太人也同样认识到赚取财富是为了更好的生活。他们认为如果赚了钱不用来花，那赚钱对他们来说毫无意义。那样做只会降低自己对赚钱的兴趣。

犹太人在日常生活中，买自己喜欢的东西，并愿意为这样的享受付出金钱。在

纽约这样的大城市，经常可以在晚上看到在装饰豪华的中国餐馆和意大利餐厅。坐着颇有绅士风度的犹太人，他们和家人、朋友一边吃着精美的食品、一边亲密地交谈，那惬意的神态让人羡慕不已。他们毫不吝啬地把白天赚来的钱花出去。通常可以为了一顿精美的晚餐而一掷千金。为了享受他们是愿意花钱的。

为了钱，追求钱，犹太商人的人生目标简单直截，清晰明确。这对在赚钱上取得成功极有助益。

有钱赚就不要拒绝

由于对钱保持一种平常心，甚至把它视为一块石头、一张纸，犹太人才不会把它视若鬼神，也不把它分为干净或肮脏。

犹太人热衷于赚钱，这是由长期的生存环境决定的民族特性。但犹太人对钱却一直保持着一颗平常之心。

对于钱，犹太人既没有敬之如神，也没有恶之如鬼，更没有既想要钱又羞于碰钱的尴尬心理。钱干干净净、平平常常，赚钱大大方方、堂堂正正。

以钱为生，这只是犹太人朴素而又自然的生活方式。

一位无神论者来看拉比。

"您好！拉比。"无神论者说。

"您好。"拉比回礼。

无神论者拿出一个金币给他，拉比二话没说装进了口袋里。

"毫无疑问你想让我帮你做一些事情，"他说，"也许你的妻子不孕，你想让我帮她祈祷。"

"不是，拉比，我还没结婚。"无神论者回答。

于是他又给了拉比一个金币，拉比也二话没说又装进了口袋。

"但是你一定有些事情想问我，"他说，"也许你犯下了罪行，希望上帝能开脱你。"

"不是。拉比。我没有犯过任何罪行。"无神论者回答。

他又一次给拉比一个金币，拉比二话没说又一次装进了口袋。

“也许你的生意不好，希望我为你祈福?”拉比期待地问。

“不是，拉比，我今年是个丰收年。”无神论者回答。

他又给了拉比一个金币。

“那你到底想让我干什么?”拉比迷惑地问。

“什么都不干。真的什么都不干，”无神论者回答，“我只是想看看一个人什么都不干，光拿钱能撑多长时间!”

“钱就是钱，不是别的。”拉比回答说，“我拿着钱就像拿着一张纸，一块石头一样。”

由于对钱保持一种平常心，甚至把它视为一块石头、一张纸，犹太人才不会把它视若鬼神。也不把它分为干净或肮脏。在他们心中，钱就是钱，一件平常的物。因此他们孜孜以求地去获取它，当失去它的时候，也不痛不欲生。正是这种平常之心，犹太人在惊风骇浪的商海中驰骋自如，临乱不慌，取得了稳操胜券的效果。

视钱为平常物，是犹太人经商智慧之一。

犹太商人赚钱强调以智取胜。犹太人认为，金钱和智慧两者中，智慧较金钱重要，因为智慧是能赚到钱的智慧，也即是说，能赚钱方为真智慧。这样一来，金钱成了智慧的尺度，智慧只有化入金钱中，才是活的智慧，钱只有化人智慧之后，才是活的钱；活的钱和活的智慧难分伯仲。

基于这样的观念，在犹太人看来，即使是一个十分渊博的学者或哲学家，如果他赚不到钱，一贫如洗，那么学者的智慧只是死智慧、是假智慧；真正智慧的人是既有学识又有钱的人，所以犹太人很少赞美一个家徒四壁的饱学之士。

犹太人爱钱，但从来不隐瞒自己爱钱的天性。所以世人在指责其嗜钱如命、贪婪成性的同时，又深深折服于犹太人在钱面前的坦荡无邪。只要认为是可行的赚法，犹太人就一定要赚，赚钱天然合理，赚回钱才算真聪明。这就是犹太人的经商智慧的高超之处。

赚钱不难花钱不易

对于犹太人来说，未来是难以预料的，反犹迫害不知何时会发生，只有金钱可以给他们提供某种保护。

《塔木德》曾说：赚钱不难，花钱不易。

对于犹太人来说，赚钱和花钱只是同一规律的正反运用而已。在他们看来，积攒财富并不是件难事。许多人之所以做不到，乃是因为他们理财基础不健全，未得犹太人经商的精髓所致。

犹太商人在研究了社会最成功人士的致富之道后，发现了理财的五个基本法则，每个法则便是得知如何创造财富的法宝。据说. 这些法宝能使生意人所拥有的价值至少增加 10 倍。

犹太生意人理财的第一个法则是拥有理财的意识。比如：我如何能在这家公司里更有价值？我如何在更短时间内创造出更多的价值？有什么方法可以降低成本并提升品质，我能否想出新的系统或制度？有什么新的技术可使公司的竞争力提升？

犹太生意人理财的第二个法则是如何维持财富。唯一的方法便是支出不要超过收入，同时多方投资。

犹太生意人理财的第三个法则，就是要增加财富。要想加快致富的速度，就要把过去赚得的利润再投资——而不是花掉。要做到这一点。就是支出不要超过收入，并且多方投资，把赚得的钱再拿出投资，以求得“利滚利”，这样所赚得的钱往往能以倍数增长。

犹太生意人理财的第四个法则便是保护财富。处在今天这个诉讼漫天的社会里，许多人在有钱之后反而失去安全感，甚至于比没有钱时更没安全感，只因为他们知道现在比任何时刻都有可能被别人控诉。然而别担心，只要目前没有什么官司缠身。就有合法渠道保护你的财产。你是否把保护财产列入考虑范围呢？若是你目前还没有考虑，此刻似乎也应开始跟专家多商量些，并且多跟那些专家学习。就如同你人生中其他的学习一样。

犹太生意人理财的第五个法则是懂得享受财富。当你致富之后，不要舍不得去享受快乐。大部分人只知道拼命赚钱，等攒到一定的财富时才去享受，不过除非你能够把提升价值、赚取财富跟快乐串在一起，否则就无法长久这么做下去。因此有时候，你得给自己一个奖励。

对于犹太人来说，未来是难以预料的，反犹迫害不知何时会发生，只有金钱可以给他们提供某种保护。

把一块钱当两块钱来使用

要把一块钱当作两块钱来使用。如果在一个地方错用了一块钱，并不仅仅是损失了一块钱，而是花了两块钱。

犹太经典《塔木德》指出："吝啬在有的时候和节约一样是一种优秀的品质。"

世界上曾经流行这样的说法——犹太人是吝啬鬼。犹太人对金钱十分吝啬，花钱时极为小气。他们为自己的吝啬感到高兴。在他们看来，作为商人，对物品的斤斤计较和对金钱分分毫毫的计算利用是商人职业的本能反应，这种说法是对他们精明投资的一种褒扬。

"对钱财必须要有爱惜之情，它才会聚集到你身边。你越珍惜它，尊重它，它越心甘情愿地跑进你的口袋。"

犹太巨富洛克菲勒是这个信条虔诚的遵守者。洛克菲勒成为亿万富翁以后，他的经营管理也是以精于节约为特点的。节约在他的一生里都是很明显的。

很多犹太老板，对任何开支都是精打细算，为的就是尽量地降低成本，减少费用，他们总是说，要把一块钱当作两块钱来使用。如果在一个地方错用了一块钱，并不仅仅是损失了一块钱，而是花了两块钱。

犹太人的用钱原则就是这样，只把钱用在该用的地方。他们认为不该用的地方是一块钱也不该花出去的。

有钱不置半年闲

做生意要合理地使用资金，千方百计地加快资金周转速度，减少利息的支出，增加商品单位利润和总额利润。

犹太人在商场上，绝对容不得模棱两可，马马虎虎。特别是在商定价钱时，他们非常仔细。对于利润的一分一厘，他们都计算得极其清楚。

《犹太生意经》上有这样一个故事：一个旅行者的汽车在一个偏僻的小村庄抛锚了。他自己修不好，有村民建议旅行者找村里的白铁匠看看。白铁匠是个犹太人，他打开发动机护盖，朝里看一眼，用小榔头朝发动机敲了一下——汽车开动了！

"共20元。"白铁匠不动声色地说。

"这么贵?"旅行者惊讶至极。

"敲一下，1元，知道敲到哪儿，19元，合计20元。"

由此可见犹太人的精明。只要他们认为该赚钱的地方他们一定会脸不红心不跳，不卑不亢地赚回来。在长期的商场磨炼中，犹太人练就了闪电般迅速地心算能力。

犹太人因为心算快，所以经常能做出迅速的判断，这使他们在谈判中能镇定自如，步步紧逼，直至大获全胜。

不做存款是犹太人经商智慧不可忽视的部分。"不做存款"是一门资金管理科学。"有钱不置半年闲"是一句很有哲理的生意经：做生意要合理地使用资金，千方百计地加快资金周转速度，减少利息的支出，增加商品单位利润和总额利润。

所以，在犹太人眼里，衡量一个人是否具有经商智慧，关键看其能否靠不断滚动周转的有限资金把营业额做大。

永远不讲排场乱开支

金钱容易引发意外，任何人对待金钱都要谨慎，否则就要损失金钱。先要学会看管少数金钱，然后才可以管理更多金钱，这是最聪明的提防金钱损失的办法。

犹太经典《塔木德》说："金钱容易引发意外，任何人对待金钱都要谨慎。否则就要损失金钱。先要学会看管少数金钱，然后才可以管理更多金钱，这是最聪明的提防金钱损失的办法。"

犹太商人不管多么富有，绝不会随意挥霍钱财。在宴请宾客时，以吃饱吃好为主，不会讲排场乱开支。在生活中，以积蓄钱财为尚，不会用光吃光，手头空空的。

犹太人测算过，依照世界的标准利率来算，如果一个人每天储蓄 1 美元，88 年后可以得到 100 万美元。这 88 年时间虽然长了一点，但每天储蓄 2 美元，在实行了 10 年、20 年后，很容易就可以达到 10 万美元。一旦这种有耐性的积蓄得到利用，就可以得到许多意想不到的赚钱机会。

"努力挣钱是行动。设法省钱是节流的反映。财富需要努力才能得到，需要杜绝漏洞才能积聚。"

"对金钱除了爱之外，还要惜，也就是说，除了想发财外，还要想办法保护已有的钱财。"

犹太人的这些金钱观念是很有道理的，这就是犹太人经营致富的一个奥秘。

持有股票一定要比现金好

现金比一切都更安全，更直观。手上持有的股票一定要比现金好，否则它就不是一个好的投资。

众所周知，犹太人有一个著名的现金法则，意思是说"现金比一切都更安全，更直观"。然而，当社会进一步发展到证券和资讯时代时，犹太人却发展了自己的

现金法则。他们提出了另一个新鲜的口号，那就是“持有股票一定要比现金好”。提出这一口号并加以证实的，正是一度成为世界首富的犹太商人巴菲特。

世界股王沃伦，巴菲特从来都是从企业的营运成果中得到投资资讯的。暂且不论他领导的柏克夏的投资结果。他的这种卓有远见的目光就值得称道。他深信股票市场可能会暂时忽略了企业的财务成果，但随着时间的推移，公司提供持股人更多的股权价值后，市场价格终将证实一家公司经营的成败。华尔街著名投资人格兰姆告诉巴菲特：“短期来看市场是个投票机器，但长期来看则是个秤重器。”他乐于忍耐。事实上当柏克夏企业的股权价值以令人满意的速度上升时，他希望从股票市场慢一点知道消息，这样他才有足够的时间以便宜的价钱购买更多的股份。

当巴菲特判断某家公司会是很好的投资目标时，股市也会很快地加以正面回应。这种情况一旦发生，他不会因为股价短期上涨而强迫卖出手中的股票，而是认为华尔街的名言“只要有利润，你就不会破产”是个愚蠢的建议。

费歇曾经告诉他：“你手上持有的股票一定要比现金好，否则它就不是一个好的投资。”

巴菲特

巴菲特认为，只要企业的股东权益报酬率充满希望并令人满意，或管理者能胜任其职务而且诚实，同时市场价格也没有高估此企业。那么他就相当满足于长期持有任何证券。如果股票市场确实过分高估某家企业，他就会将其股票卖出。此外，如果他需要现金，以购买别家可能被过分低估的或是有同样的价值，但他更了解企业的股份，就会出售公认或被低估的证券以兑换现金。

即便在这种炒股的策略下，巴菲特在 1987 年也说有三个普通股，不管股票市场如何过分地高估它们的股价，他都不会卖出。它们分别是华盛顿邮报公司、GEICO 和首都/美国广播公司。1990 年，他将可口可乐的普通股也列为永久持股。

这种始终不渝的态度，使得这四个投资和柏克夏所控制的企业地位相等。巴菲特从不随意赋予这种永久性地位的。还有一点值得注意，一家公司不是在巴菲特购买它之后就自动地被认定为“永久性”持股。柏克夏·哈斯威已经拥有华盛顿邮报公司的股份20余年，也拥有GEICO的股份18年。巴菲特在1977年首次购买首都公司。他虽然在1988年就已经购买了可口可乐的股票，但到1990年它才被提升到永久持股的地位。

小钱就是大钱

如果将较大的款项用化小的方式换算成一项一项“款”，在使用时就会谨慎得多了。

犹太人认为金钱是属于自己的、可以任意由自己支配的财富。别把钱看得多么重要，更不要把“小钱”不当钱。

一位理财专家说：“尽管金额完全相等，但不同面值的钞票，在使用时的情形会不一样。在对待一些数额既不太大，也不太小的钱款时，一般说来人们都不会产生太强烈的心理震动，因此即使造成了浪费，也不至于心疼。”

如果将较大的款项用化小的方式换算成一项一项“款”，在使用时就会谨慎得多了。

实际上，往往是一些细枝末节的东西最能让人直观地、深刻地体会到金钱的。

当准备无谓地消耗一笔钱时，不妨想一想。用这笔钱能够购置多少日常的必需物品。通过这种‘化小’的换算方式，也可以避免很多浪费。

一些犹太商人在经营时，也利用这种“化小”术，“以其人之道还治其人之身”，诱使顾客掏腰包。比如，很多商品的广告在宣讲其价格时，喊出响亮的号召：

“你每天只需少抽一支香烟，就可……”

“你每个小时只需付出3角钱……”

“借10000元每天仅25元利息……”

……

通过如此的"化小"之后，给人的一种感觉就是：只不过这么一点点钱，小意思，买吧（借吧）……殊不料，这正中商家的下怀。

这种"化小"术之所以能如此有效地刺激顾客的购买欲，就是因为它具有极强的迷惑性，往往将相当昂贵的商品，鬼使神差地在购买者的心目中变成了廉价的商品。

看着这诱人的"送温情"大销售，本来不敢"轻举妄买"的顾客，也不免怦然心动了，于是购者如潮。许多人因此打破了节俭计划，等到发现自己开支超过计划时，已经晚了。

所以，生意人理财一定要盘算、有计划，千万别把"小钱"不当钱。

不要怕别人说自己吝啬

紧紧地看住你的钱包，不要让你的金钱随意地出去，不要怕别人说你吝啬。你的钱每花出去一分都要有两分钱利润的时候，才可以花出去。

"紧紧地看住你的钱包，不要让你的金钱随意地出去，不要怕别人说你吝啬。你每花出去一分钱都要有两分钱利润的时候，才可以花出去。"

犹太人巨富洛克菲勒是这个信条虔诚的遵守者，节约在他的一生里都是很明显的。

洛克菲勒早年在一家大石油公司做焊接工，任务是焊接装石油的巨大油桶。要焊接就会有焊条的铁渣掉落，他细心地发现，他每焊接一个油桶要掉落的铁渣每次不多不少正好是509滴，他想要焊接那摞得像山一样的油桶要浪费多少焊条呀！于是他改进了焊接的工艺和焊接的方法，让每次滴落的铁渣正好是508滴。这样这家大石油公司全年仅此一顶就节约资金5. 7万美元！而洛克菲勒本人也因此获得了一次极佳的晋升机会。

当他有了一些积蓄的时候，开始自己创业。由于刚开始步入商界时，经营步履维艰，很快就花完了他好不容易积攒的一点钱。于是他冥思苦想怎样发财，却苦于没有方法。一天晚上，他从报纸上看到一则广告，推销一种发财秘诀。他为此高兴

极了，第二天急急忙忙到书店去买了一本。他迫不及待地把买来的书打开一看，只见书内仅有“勤俭”二字，就再没有任何内容了，这使他大为失望和生气。后来，他反复考虑这个“秘诀”的“秘”在哪里？起初，他认为书店和作者在欺骗他，一本书只有这么简单的两个字，他想指控他们在欺骗读者。后来，他越想越觉得此书言之有理。确实，要想发财致富，除了勤俭之外，没有其他办法。这时，他才恍然大悟。此后，他将每天应用的钱加以节省储蓄，同时加倍努力工作，千方百计地增加一些收入。这样坚持了五年。积存下 800 美元，然后将这笔钱用于经营煤油。在经营中他精打细算，千方百计地将开支节省，把赢利中的大部分储存起来，到一定时间再把它投入石油开发。照此循环发展，如滚雪球一般使其资本越来越多，生意也越做越大。经过 30 多年的“勤俭”经营，洛克菲勒成为北美最大的三个大财团之一，其财团下属的石油公司。年营业额可达 1100 多亿美元。

努力挣钱是开源，设法省钱是节流。巨大的财富需要努力才能追求得到，同时也需要杜绝漏洞才能积聚。

洛克菲勒成为亿万富翁以后，他的经营管理也是以精于节约为特点的。他给部下的要求是提炼一加仑原油的成本要计算到小数点后的第三位。每天早上他一上班。就要求公司各部门将一份有关成本和利润的报表送上来。多年的商业经验让他熟稔了经理们报上来的成本开支、销售，以及损益等各项数字，他常常能从中发现问题，并且以此指标考核每个部门的工作。1879 年的一天，他质问一个炼油厂的经理：“为什么你们提炼一加仑原油要花 19. 8492 美元，而东部的一个炼油厂干同样的工作只要 19. 849 美元?”这正如后人对他的评价，洛克菲勒是统计分析、成本会计和单位计价的一名先驱，是今天大企业的“一块拱顶石”。

到了老年，有一天，他向他的秘书借了 5 美分，当洛克菲勒还钱给秘书的时候，秘书不好意思要，洛克菲勒当即大怒：“记住，5 美分是 1 美元一年的利息!”由此可见他对于金钱的节俭和计算真是精明。

经济自立与俭约精神

有很多犹太人拒绝政府的生活保障，过着十分贫苦的生活。即使这样，他们也决不向贫穷妥协，而是不断地尝试怎样重新站起来。

犹太人虽然是一个小的种族，但他们在各个领域都取得了令人瞩目的成绩。秘密之一就是他们在经济上的独立精神。犹太人在饭后唱的祈祷文中有这样的话："上帝啊，制止我们从别人那里借钱和领受礼物吧！让我们借助你那宽大神圣的双手吧！无论在哪里我们的行为都不会使您受辱。"

犹太人把寻求别人的帮助视为耻辱。不论多么贫困，不论怎样在低谷里挣扎，仍然保持这个意识，以鲜明的独立精神继续生活，这就是犹太人的面貌。否定对他人的依赖和顺从，独立地生存就是犹太人灵魂的根源。犹太人明白，要想取得独立和自由。必须学会忍受贫穷。所以，有很多犹太人拒绝政府的生活保障，过着十分贫苦的生活。即使这样，他们也决不向贫穷妥协，而是不断地尝试怎样重新站起来。这就是犹太人和其他小种族的区别。

犹太人亚伯拉罕·拉姆五十多岁，是一个实业家。他在孩提时代就从俄罗斯移民到美国。和其他刚刚来美的犹太人一样，他的父母当时也是身无分文。但是他勤勉刻苦，最后拥有的财产可以让他一生衣食无忧。他在好莱坞有一所漂亮的公寓，在那里，他和妻子二人过着悠闲自得的生活。有人拜访过他。

"亚伯拉罕·拉姆，你是怎样赚到这么多钱的?"

"没怎么样啊！不浪费就可以做到了。"

一般人认为犹太人十分小气，事实上并非那样。他们在应该花钱的地方从来不吝啬，比如在教育和慈善事业或是具有互助性质的公用事业上，他们出手往往十分大方。要做这些事，他们平时当然要节省一点了。吝啬鬼是对金钱吝啬，而犹太人是对奢侈的东西吝啬。

制定全面的理财计划

犹太人的理财规划是为了达成个人目标所做的一种财务管理，主要项目包括以下几种：

（1）现金流量管理与预算；

（2）风险管理与保险；

（3）税；

（4）投资；

（5）退休；

（6）遗产规划。

以上各项目都会互相影响，因而一个完整的财务规划必须结合这6个项目综合考虑。

比如，人寿保险上的钱就不能拿来作为退休金用。理财规划帮助你根据事情的轻重缓急决定金钱的运用方式。理财规划就像旅行，你首先要知道自己想去哪里，并按既定规划，以最顺利的方式到达目的地。

大部分人在做理财规划时，并非考虑全盘的情况。有一个理财规划专家说，他的客户通常来找他“治疗一个特定的毛病”，像要存多少钱以备退休之用，如何买房，做哪一类的投资可兼顾成长与安全等。

然而，如同身体的健康要靠适当均衡的饮食、运动及良好的物质与精神环境，定期的健康检查来配合一样，财务上的健康也需要你对这6个项目的规划投注心力。你的资源如何分配到每个项目中，取决于你的年龄、目标、生活方式、风险忍受程度、收入、财产以及个人欲望，理财的目的就在于将可用的资金导入那些最迫切需要的项目中，如此一来，你可以获得财务上的安全感，而且这个感觉是有事实依据的。

随着专业能力的改善，越来越多的人请理财规划专家帮忙。同时，低廉的电脑硬件与容易使用的软件，也使许多现在只有财务顾问使用的技术得以普及，因此，

你将可以轻易地执行财务计划中机械性的计算部分。

注意，非专业的亲戚朋友所提供的理财建议不一定可靠，即使他们是善意的，而且并未夸大其词，也不可以全部采纳。过去对他们行得通的投资，将来未必仍旧是好的投资。此外，你的财产是否与亲戚朋友的一样多？你们的年龄相仿吗？你们的目标是否类似？这些问题大概你都无法回答。你们可能从来没有讨论过这些问题。所以，对自己朋友有利的理财规划策略未必就适合自己。

不要相信社交场合中有关投资的“马路消息”，那类场合绝非是获得投资消息的好渠道，有潜力的投资必须是经过研究分析，并且是比较过风险、报酬率、经济与市场状况的。

有些客户常常打电话来向你询问听说到的某一个很赚钱的投资。经过调查后，你会发现这些公司多半不是上市公司，股票并不流通，或者公司接近停业状态，没有任何财务资料可提供，或者公司的财产、管理以及前景有问题。假如你不详细研究这些投资的话，最好还是不碰为妙。

即使对专业人员来说，研究一项新的投资都很不容易，何况对于没有主要研究渠道的个人投资者而言，判断它的价值就更困难了。除非你确信亲戚朋友有专业知识，或投资眼光特别敏锐，而且非常了解你的需要，否则不要随便听信亲戚朋友的话，不要勉强自己去做听起来不对劲的事情。

既然不能轻信别人的话，那么自己就必须有清醒的头脑去做好理财。

理财要有目标

犹太人说：既会花钱，又会赚钱的人是最幸福的人，因为他享受两种快乐。

其实，正确的理财观念并非以累积越来越多的财富为目的。在赚钱之前，应该有一个大致的目标。我赚钱用来干什么？这便是理财的目的，理财只是为达到这个目的的一种手段。

常有人整天眯着眼睛考虑：“有没有什么办法赚大钱。”越是这样的人，越不容易赚到钱。

有人去问一位著名的富翁："什么是生财之道。"那位富翁反问："我可以教给你，不过，你可否告诉我，你赚到钱之后，准备用来做什么？"一般情况下求教者会说："我也不知道，因为我从来没发过大财。"富翁说："那怎么行？发财之后要到墨西哥的哥阿卡普可港去玩一趟，赚了钱以后要买房子、买汽车……预先有个详细的目的，这就是赚钱的规则。"

要想赚大钱，成功的要诀是及早发现"赚钱并不是目的，而是一种手段。"预先定好一个目标，再谈赚钱的计划。如果只是糊里糊涂地为钱卖命，那又何谈赚钱的意义？

尤其是年轻人，必须给自己订立赚钱之后的计划，并学会用钱。

当然，赚钱之后不一定完全按计划行事，计划也不可能十全十美，但是，起码的计划是必要的。

理财有了一个总的目标之后，还要根据具体情况确立不同时期的目标，就一个人的一生而言，在不同阶段生活的重心和重要方面是不一样的，其理财目标也不一样，根据这个标准，我们可将人生分为以下几个阶段，各个阶段的理财目标也随之变化。

（1）独身期

从正式就业起至结婚前的一段时间，称为独身期。独身期大概从20岁左右开始。在独身期内，要进行的一项重要的投资就是：将收入的一部分存入银行。开始应存活期，因为该项存款流动性很强，可以帮助应急。当活期存款达到较大数额时，可着手存定期以获取较高的利息。储蓄不仅可保障未来的生活，而且也可为你进入其他获利较高的领域奠定基础。

如果有了一定积蓄后，近期又不想结婚，那么将多余的钱用于较高风险的投资，将是一件很有意义的事。因为青年时期是人一生中最冲动、最爱冒险的时期，思想、家庭负担都较小，从事有一定程度风险的投资，既可以考验自己的实力，又能给生活增添一份挑战，何乐而不为呢？许多成功的投资者都是从青年时期就开始写下辉煌的篇章的。

（2）家庭成长期

这是结婚后至孩子受完教育所历经的一段时期。在这个时期，一方面，家庭开支，尤其是孩子的抚养及教育费用将逐年增加，因而必须存一笔较多的钱用于应付日常各项开支，最好不要将之用于其他投资。另一方面，收入基本呈稳步上升的趋势，投资方面的知识也逐年丰富，因而这个时期是从事个人投资的黄金时期。此时，可对你偏好的一些投资做一番尝试，寻找出自己所擅长的投资工具。

（3）家庭成熟期

就是你的子女受完教育至自己退休的这段时期。在这一时期，你的职业收入基本稳定，不会有太多的增长，但固定开支也明显减少。你此时的投资可根据前半生的投资经验而定。

（4）退休期

这是退休后的时期。在这段时期，家庭的许多开支，尤其是医疗方面的开支将逐渐增多。由于生理的因素，应避免风险高、时间长的投资，而应投资在时间短且收益稳定的资产市场上，好好运用、安排过去积累的财富，过一个舒适的晚年。

在人生的不同阶段，理财的目标也不一样，各种目标有主有次，因此在设定理财目标时必须注意：

（1）此刻所处的阶段和具体情况；

（2）要达到的理财目标；

（3）如何达到理财目标。

只有将这三个问题弄清楚后，才能制定出切实可行的理财目标。

当然，目标只是一个假设可以达到的位置，因环境的变迁，有时就算是人生的目标也要随环境的变化而做出修订，理财目标当然不可能一成不变，也要随个人环境因素的变迁而随时体察实情做出合理的修改，这才是有弹性的、灵活的理财方式。不过在弹性之下，理财目标的修改也应有一个限度，如果今日打算在 52 岁退休时希望可以储蓄 15 万，明天却做出大幅修改，希望 32 岁退休，到时可储蓄 50 万。这种荒诞的修订，会远离合理理财所应有的弹性程度。那些被经常改得面目皆

非的理财目标如同儿戏，而不是理财方法。理财目标在今日改、明日又改的情况下之下，将永远无法达到。

成功地理财，就是制定合理可行的目标贯彻执行，而在相互适应的前提之下，做出合理的修订，最终达成目标。

改正错误的消费习惯

犹太人信奉这样一条关于金钱的箴言：在你养成消费的习惯之前，必须先知道怎么处理你的金钱。

通常在人们还没改变消费习惯之前，是不会开始储蓄的，除非你能增加所得，否则要多存一点儿，就必须少花一点儿。以下是 7 个错误的消费习惯：

（1）冲动的消费

你是不是一个冲动的消费者？如果是，必须先来算算这个习惯的成本。试想如果每一周都冲动地买个价值 15 美元的东西，一年下来得花 780 美元。当然，偶尔还是要慰劳一下自己，但也不要太过分。如果经常有别人陪着购物，并且还鼓励你去买超过预算的东西，那么，最好还是自己一个人去购物。

（2）用循环信用购物

大部分信用卡的循环利息为 14%~21%，所以信用卡是很昂贵的。一台 4000 元的电视机如果用利率 15%的贷款购买，3 年下来会值 4900 元，也就是说，总价会超过约用现金购买的 25%。如果一定要用信用卡，将消费的余额越快偿清越好。

（3）消费的时间不恰当

买刚刚才送到商店里的衣服或当季的货品，是很昂贵的。事实上不久后，商品的价钱就会降下来，特别是在销售情形不佳的季节里。其实可以等到新产品（如计算机、电脑和电子设备等）上市后开始降价时再买，可以替自己省下不少钱。

（4）安慰型消费

有些人以花钱作为武器，纾解自己的压力或沮丧的心情，譬如说，如果对另一半发脾气，他们就会跑到最近的购物中心去大肆消费，以作为对另一方的一种惩

罚。这是相当愚蠢的。

(5) 买“错”了东西

货比三家可以省钱，如果你想要买家用器具，参考一下《消费者导报》之类的刊物，其中有各种品牌、形式和等级的说明介绍。有些百货公司自营商品的品质，事实上和某些名牌是同质品，因为它们都是由同一家制造商所制造的。

(6) 买个方便

省时的速食代价不菲，譬如说，一个知名品牌的冷冻面条，要比同样分量的一般面条贵上2~5倍的价钱。另外，所谓便利商店的东西也是比较贵的，因为它们的货物加成费用要比超级市场里的高。如果经常在便利商店购物，一年下来，两者的消费金额相差会有千元以上。另外一个高成本的便利服务项目，就是很多旅馆饭店所提供的电话接线生的服务，应该尽量避免使用，不如通过长途电话公司自动拨接的方式打电话省钱。

(7) 买个身份地位

信用卡使用上的方便，常会使人立即当场就购买商品或服务。有些人在和朋友或亲戚比较物质生活时，会昏了头。在很多人的心目中，金钱和占有就等于成功。追求身份地位的人，会去买较贵、较好的东西，要靠家里住房的大小或者是衣服的品牌标签，来证明他们比别人更成功。这是种盲目虚荣的表现。

不要总犯理财错误

犹太人认为最常见的错误就是人们认为只有在富有之后才谈得上理财，实际上刚好相反：理财是致富的前奏，你不事先理财就永远不会富有。

理财规划常常被认为是必须要累积很多钱之后才去做的事，事实上每个人都需要一些理财计划，不论是自己定还是请人帮你准备。下面为你列出了33种常犯的理财错误，可以帮助你避免重蹈覆辙。

有些人不进行理财规划，是因为他们不知道如何找寻理财顾问帮忙，解决这个问题的方法就是去货比三家，多拜访一些理财专家，直到你认为找到了可胜任、诚

实、有经验和让你放心的人。很多理财顾问的初次咨询是免费的，如果投缘，你通常可以在电话上交谈。

当然最有效的是从现在就开始学习理财知识。

人们常犯的理财错误包括：

（1）没有目标与计划；

（2）太晚规划长期的目标；

（3）认为自己无法实现理财目标；

（4）不正确或不实际地估计生活费用或各项理财目标的期望值过高；

（5）不知道钱是怎么花掉的；

（6）紧急预备金不够甚至没有；

（7）粗劣的记账内容；

（8）没有去追踪储蓄或投资的表现如何；

（9）不知道所有的存款和投资将会有哪些风险；

（10）将钱放在跟不上税赋和通货膨胀率的低利率存款中；

（11）不适当的资产分散；

（12）进行不了解或不符合自己风险承担程度的投资；

（13）对投资过于感性或情绪化，而未能考虑所有的事实情况；

（14）从不运用借贷的钱于投资上；

（15）太过依赖理财专家；

（16）当有需要时却不寻求理财建议；

（17）挥霍一笔意外之财；

（18）对房屋或其他贵重物品投保不足；

（19）买不适当或不适合的保险；

（20）没有贷款、房贷、信用卡和买保险、买股票的概念；

（21）没有建立个人的信用；

（22）花钱混乱，有一点儿花一点儿，从不循环使用；

（23）所得收入必须用来偿还大量债务；

（24）未能合法地节省所得税；

（25）未能充分利用节税的投资；

（26）不正确地预缴所得税；

（27）没有为子女存钱；

（28）不正确地与人共同持有财产；

（29）有关钱的事情与家人缺乏沟通；

（30）空想有人将来会照顾你（例如家人或政府）；

（31）忽略了金钱的时间价值；

（32）未能在理财规划的专题上吸收新理念；

（33）有拖延的习性。

在这些问题中，拖延是最重要的一个问题。当没有财务危机发生，不需立刻采取行动时，一般人就会很容易地拖延，并且忽视理财规划的需要，等到要用钱时，就感到生活的重压几乎让人难以承受。

大部分人宁愿过着日复一日的生活，也不愿意去应付一个遥远而未知的将来。况且，理财计划也不都是好玩儿的，有时候它包括买辆新车或一次加勒比海旅游，但同时它也包括死亡、失踪和紧急事故在内的财务计划。

理财是一件严肃的事情，不慎重对待理财的人必不能慎重地对待生活。

最后一个抑制理财规划的态度是：纵使因为通货膨胀而逐渐丧失购买力，也不愿意把钱放在保障最低利息以外的投资工具上。有些人害怕犯错，他们拒绝学习有关个人理财的知识，宁愿继续以不懂为托词，或干脆以不行动来避免做决定的压力。这是错误的，生活将教育他们必须学会理财。

逐一列出收入和开销

一位成功的犹太商人说：收支的一分一毫都得记清楚，一笔糊涂账会让我一个晚上睡不好觉。

一定要正确且完整地计算你的所得，为了获得精确数字，因此需要查找各种单据。

可制作一个现金流动表记录收支项目。首先，需在纸上先分成两个部分，一部分是所得，另一部分则是开销。然后，在所得部分列出期初余额和收入来源、金额，为了简单（及避免计算错误）起见，所有数字皆四舍五入至元为单位。确定不要忽略了意外之财和不定期来源的收入，例如每季发放的利息或股利等，应该被列入现金流动表上的所有来源，项目包括：

（1）工资；

（2）赡养费；

（3）年金给付；

（4）红利；

（5）公司、农场经营所得；

（6）稿费与版税；

（7）投资资本所得（如基金）；

（8）现金礼物（如生日红包、圣诞节红包）；

（9）中奖奖金；

（10）父母赠予金；

（11）佣金；

（12）股利（来自投资和保险）；

（13）退回支付费用金；

（14）出售旧家具或旧货收入；

（15）谢礼；

（16）保险理赔；

（17）储蓄利息；

（18）一次性给付所得（如退休金）；

（19）出售财产收入；

（20）公共救助金；

（21）回馈及退佣；

（22）租赁所得；

（23）退休储蓄金提领和发放；

（24）专利权收入；

（25）奖学金；

（26）社会生活保障福利金；

（27）小费；

（28）失业救济金。

为获得正确的数据，你需要查找报税资料的影印本、薪水单、银行和券商的对账单及存折。你最好准备一本日志，这样不但可以帮助你追踪所得，并且能知道还有多少钱可供使用。

将收入汇总之后，再列出你的开销。追踪开销要比追踪所得来得复杂，因为有许多不同的开销要考虑，但却只有少数记录可供参考，因为很多人的开销项目，都是单纯的以现金支付的这就是为什么必须每天记载日志的原因。

请将你的开销分成如下三类：储蓄和投资、固定开销和可变动开销。

（一）储蓄和投资

储蓄和投资必须包括一些定期储存的钱，分别储存在：

（1）银行账户和金融商品上（如定期存款单）；

（2）罐子、糖果罐和存钱筒；

（3）信用合作社；

（4）退休储蓄计划；

（5）个人退休金账户；

（6）投资性金融商品（如股票）；

（7）自雇退休计划；

（8）货币市场基金和账户；

（9）节税年金；

（10）定期储蓄计划。

（二）固定开销

固定开销即使会变动，也应该至少维持 6 个月到 1 年不变。通常固定开销是无法减少或控制的，比如说，固定利率的房屋抵押贷款期付款，是根据利息摊还表算出的，而且可能每年会依照约定的条件而做调整。另外还有一些专项费用的成本和贷款的保险费，也需要事先准备。虽然大部分的固定开销长期内会有变动，但在短期内是容易预期的，举例如下：

（1）公用事业使用费用；

（2）分期付款；

（3）保险费；

（4）借贷期付款；

（5）房贷；

（6）定期薪资扣缴给付；

（7）房屋租金；

（8）定期给付使用公共设施款（如污水处理费、大厦管理费）。

（三）可变动开销

（1）烟酒类商品；

（2）零用钱和其他给小孩的花费；

（3）书籍、唱片和录音带购买费；

（4）事业开销；

（5）慈善捐款；

（6）小孩医药费；

（7）购买衣服和洗衣费（如干洗）；

（8）教育经费（如学杂费和书籍费）；

（9）会费（如高尔夫球俱乐部会员费）；

（10）食物；

（11）垃圾清运；

（12）礼品、礼金；

（14）个人保健；

（15）娱乐费（如观看演出）。

同样，你需要查找银行存折、薪水单和报税资料，还有最近支付账单的影印本、还款记录通知、自动扣缴记录、信用卡账单和收银机发票收据等。这些资料可以帮你重新组合你的花费，作为每次用钱之后的记录。而且也能确保你把该存的钱存进账户，或是确定为未来应付的款项，预备好一笔预算以支付（如汽车保险费）计划中的费用。每一笔支出，不论用现金或是信用卡，不管金额多小，都应该记录下来。

可变动开销里列出的杂项支出部分，不应超过约200美元，否则将很难确认造成过度花费的原因。最好每笔费用都以一个标题来确认，但注明标题，还不如确定到底花了多少钱来得重要。

当加总完你的开销之后，用总收入去减它，看结果是否为正数。如果是，恭喜你！你身处于一个良好的财务状况中，因为在月底能够保持现金结余，正可以为未来的目标而储蓄。

如果你的现金流动是负的，也不必失望，只是需要多一点儿努力。从详细检查现金流动表上开销的部分开始，列出将要停止的开销（例如一个即将清偿的汽车贷款）和那些你觉得可以削减的开销。你能够少花点钱在食物、衣服、饮食和公用事业费用如电话费上吗？每天花10元在一杯咖啡、一个蛋糕卷和一份报纸的钱加总起来，一年下来将超过3000元。直到你逐渐了解自己的消费习惯，找出可以储存下来的钱，为未来做出正确的估计。

收入要始终超过支出

一个中国留学生曾经给一个犹太富商家当佣人。他乘车花了14美元向雇主报

销，犹太人给了他15美元，硬要求他找1美元；一次家庭聚会后，留学生做卫生时，把抽剩的雪茄烟扔进垃圾桶。谁知老板回家后，又从垃圾桶里把雪茄拣出来继续抽；如果吃剩的牛肉被扔了，老板还要把它捡回来洗干净喂猫。这就是犹太人节俭甚至是吝啬的本性，但是，这并没有错。

雪茄烟

犹太人认为，“紧紧地看住你的钱包，不要让你的金钱随意地出去，不要怕别人说你吝啬。你的钱每花出去一分要有两分钱利润的时候，才可以花出去。”犹太富商亚凯德也这样说：“犹太人普遍遵守的发财原则，就是不要让自己的支出超过自己的收入，如果支出超过收入便是不正常的现象，更谈不上发财致富了。”

因此，世界上大多数富豪尤其是犹太富豪都是十分节俭的。如美国连锁商店大王克里奇，他的资产数以亿计，但他从来就是吃1美元的午餐；美国克德石油公司老板波尔·克德有一次去参观狗展，在购票处看到了一块牌子写着：“5时以后入场半价收费。”为节省下25美分，他在入口处等了12分钟后，才购半价票入场。

世界上流行这样的说法：犹太人是吝啬鬼。不错，节俭就是犹太人的特点，他们善于算计每一分钱，总是对物品斤斤两两计较，对金钱分分毫毫核算。犹太人不管多么富有，决不会随意挥霍钱财。犹太人的用钱原则是：只把钱用在该用的地方，花1美元，就要发挥1美元100%的功效。

犹太人弗兰西斯的父亲对他提出的忠告就是：“我衷心地希望你事事开心如意，但我不得不提醒你要节俭。节俭对任何人来说都是一个必不可少的德行。然而，浅薄的人可能会轻视它。其实，节俭是通向独立的大道，而独立则是每个精神高尚的人所追求的崇高目标。”

作为商人，对物品斤斤两两计较及对金钱分分毫毫核算是职业本能的反映。如果不精打细算，不节约节俭，怎能获得经营的盈利呢？所以，在犹太人有关金钱的

观念中，就有着“俭朴让人接近上帝，奢侈让人招致惩罚”“赚钱不难，用钱不易”这样一些教诲。

洛克菲勒早年在一家大石油公司做焊接工，任务是焊接装石油的巨大油桶。要焊接就会有焊条的铁渣掉落，他发现每焊接一个油桶要掉落的铁渣每次都是509滴，他想，要焊接那堆积如山的油桶要浪费多少焊条呀！

于是，他改进了焊接的技术和焊接的方法，让每次滴落的铁渣少1滴，变成508滴。这样，这家石油公司全年就可以省下高达5.7亿元的成本。而洛克菲勒本人也因此获得了一次极佳的晋升机会。

当他有了一些积蓄的时候，便开始自己创业。刚开始经营时步履维艰，他朝思暮想发财却苦于无方。有一天晚上，他从报纸上看到一则出售告诉人们发财秘诀的书的广告，他高兴至极，第二天急急忙忙到书店去买了一本。他迫不及待把买来的书打开一看，只见书内仅印有“勤俭”二字，结果大为失望。不过，他反复思考后，觉得此书言之有理。此后，他将每天应用的钱加以节省储蓄，同时加倍努力工作，千方百计增加一些收入。这样坚持了5年，积存下800美元，然后将这笔钱用于经营煤油，终于成为美国屈指可数的大富豪。

拥有几十亿美元的家产后，洛克菲勒还是非常节俭。他曾向秘书借5美分打公用电话，归还时秘书不好意思要，可他反而教训秘书：“5美分是1美元的年利呢！”更夸张的是，他向自己邀请来家的客人收取10美元的住宿费。他不仅自己生活非常俭朴，而且时时刻刻都在给儿女们灌输节约的价值观。他对女儿说如果煤气费用降下来节省的费用就都归她，于是他的女儿看到没有人在用的煤气灯，就去把它关了。

犹太人就是这样，既千方百计努力，同时也想尽各种办法节省不必要的开支，这样才使其生意获得更多的盈利。他们精打细算，成本能省一厘就省一厘，价格能高一分就是一分，其斤斤计较简直到了无以复加的地步。

由此我们可以看出，犹太人经商致富的最大秘诀就是，既“开源”——想尽一切办法赚钱，又“节流”——处处节省开支。

十一、明白细节决定成败的道理

犹太人之所以成为生意场上的英雄，是因为他们集许多优秀的商业素质于一身，这包括机遇面前雷厉风行的作风，也包括关注细节、从小事出发解决问题的行事风格。在竞争激烈的商场，细节决定成败的说法绝不是危言耸听，犹太人可谓深得其中真味。

在细节处分出高低

犹太人的经典著作《塔木德》中说："在财富面前，每个人都是平等的，没有任何高低贵贱之分。"

在一个又脏又乱的候车室里，靠门的座位上坐着一个满脸疲惫的老人，身上的尘土及鞋子上的污泥表明他走了很多路。列车进站，开始检票了，老人不紧不慢地站起来，准备往检票口走。忽然，候车室外走来一个胖太太，她提着一只很大的箱子，显然也要赶这班列车。可箱子太重，累得她呼呼直喘。胖太太看到了那个老人，冲他大喊："喂，老头，你给我提一下箱子，我一会儿给你小费。"那个老人想都没想，拎过箱子就和胖太太朝检票口走去。

检票上车，火车就开动了。胖太太抹了一把汗，庆幸地说："还真多亏了你，不然我非误车不可。"说着，她掏出1美元递给那个老人，老人微笑着接过。这时，列车长走了过来："洛克菲勒先生，你好，欢迎你乘坐本次列车，请问我能为你做点什么吗?"

"谢谢，不用了，我只是刚刚做了一个为期3天的徒步旅行，现在我要回纽约总部。"老人客气地回答。

"什么？洛克菲勒?"胖太太惊叫起来，"上帝，我竟让著名的石油大王洛克菲勒先生给我提箱子，居然还给了他1美元小费，我这是在干什么啊?"她忙向洛克

菲勒道歉，并诚惶诚恐地请洛克菲勒把那1美元小费退给她。

“太太，你不必道歉，你根本没有做错什么。”洛克菲勒微笑着说道，“这1美元，是我挣的，所以我收下了。”说着，洛克菲勒把那1美元郑重地放进了口袋里。

真正的大人物，是那种身居高位仍然懂得如何去做平常人的人；真正的大人物，从来都是和平常人站在一起的人。

在细节处节省金钱

世界上流行这样的说法：“犹太人是吝啬鬼。”也就是说犹太人对金钱十分吝啬，花钱的时候极为小气。犹太人为自己的吝啬感到高兴，因为作为商人，对物品的斤斤计较与对金钱分分毫毫的计算和利用是商人职业的本能反应。对犹太人来说，这简直是对他们精明投资的一种褒扬。

节俭是犹太人的特点。犹太人特别是犹太商人不管多么富有，决不会随意挥霍钱财。在宴请宾客时，以吃饱吃好为原则，不会讲排场乱开支；在生活中，以积蓄钱财为原则，不会用光吃光，手头空空的。犹太人测算过，依照世界的标准利率来算，如果一个人每天储蓄1美元，88年后他可以得到100万美元。这88年时间虽然长了一点，但是如果每天储蓄2美元，那么在10年、20年后，很容易就可以达到100万美元，因为这种有耐性的积蓄会得到利用，并由此得到许多意想不到的赚钱机会。我们再来看一下洛克菲勒的故事。

当洛克菲勒有了一些积蓄的时候，他开始自己创业。由于刚开始步入商界，经营步履维艰，他很快就花完了好不容易积攒的一点钱。后来他从一本书中的“勤俭”两字受到启发，将每天应用的钱加以节省储蓄，同时加倍努力工作，千方百计地增加一些收入。这样坚持了5年，他积存下800美元，然后将这笔钱用于经营煤油。在经营中他精打细算，千方百计地将开支节省，把盈利中的大部分储存起来，到一定时间再把它投入石油开发。照此循环发展，他如滚雪球一般使其资本越来越多，生意也越做越大。经过30多年的“勤俭”经营，洛克菲勒成为北美最大的三个财团之一，其财团下属的石油公司年营业额可达1100多亿美元。

努力挣钱是行动，设法省钱是节流的反映。巨大的财富需要努力才能追求得到，同时也需要杜绝漏洞才能积聚。

犹太人有句格言这样说：花 1 美元，就要发挥 1 美元 100%的功效，要把支出降到最低点。

洛克菲勒成为亿万富翁以后，他的经营管理也是以精于节约为特点的。洛克菲勒对部下的要求是提炼一加仑原油的成本要计算到小数点后的第 3 位。每天早上他一上班，就要求公司各部门将一份有关成本和利润的报表送上来。多年的商业经验让他熟稔了经理们报上来的成本、开支、销售以及损益等各项数字，他常常能从中发现问题，并且以此为指标考核每个部门的工作。

1879 年的一天，洛克菲勒质问一个炼油厂的经理："为什么你们提炼一加仑原油要花 19. 8492 美元，而东部的一个炼油厂干同样的工作只要 19. 849 美元?"

这正如后人对他的评价：洛克菲勒是统计分析、成本会计和单位计价的一名先驱，是今天大企业的"一块拱顶石"。

可见，对金钱除了爱之外，还要惜，也就是说，除了想发财外，还要想办法保护已有的钱财。犹太人的这些金钱观念是很有道理的，这是犹太人经营致富的一个奥秘。犹太富商亚凯德说："犹太人普遍遵守的发财原则就是不要让自己的支出超过自己的收入，如果支出超过收入，就是不正常的现象，更谈不上发财致富了。"

很多犹太老板对开支都是精打细算，为的就是尽量降低成本，减少费用。他们总是说："要把 1 美元当作 2 美元来使用。如果在一个地方错用了 1 美元，并不只是损失 1 美元，而是花了 2 美元。"

犹太人的用钱原则就是这样，只把钱用在该用的地方，他们认为不该用的地方，是 1 分钱也不会花出去的。洛克菲勒说过："对钱财必须具有爱惜之情，它才会聚集到你身边，你越尊重它、珍惜它，它越心甘情愿地跑进你的口袋。"

犹太人认为，不要把支出和各种欲望混为一谈。各人的家庭都有不同的欲望，可是这些欲望是各人的收入所不能满足的，因此，切不可把自己的收入花在不能满足的欲望上面，因为许多欲望是永远不能满足的。

欲望好像是野草，农田里只要有空地，它就生根滋长、繁殖下去。欲望也是如此，只要你心里有欲望，它就会生根繁殖。欲望是无穷无尽的，但是你能做到的却微乎其微。人们要仔细研究现在的生活习惯，因为即使有些支出是必要的，但是经过思考之后这些支出也是可以减少或者取消的。别以为亿万富翁有那么多的金钱，一定可以满足自己的每一个欲望，这种想法是不正确的。作为亿万富翁，他的时间有限，精力有限，能到达的路程有限，吃进胃里的食物有限，享乐范围当然也有限。

一个人的欲望是无穷无尽的，这些欲望是永远都不会完全满足的，如果把自己的收入花在不能满足的欲望上面，就会陷入欲望的无底洞中，永远不会积累资本并发财。

这就是犹太人，他们善于提防金钱的损失。《塔木德》说："金钱容易引发意外，任何人对待金钱都要谨慎，否则就要损失金钱。先要学会看管少数金钱，然后才可以管理更多金钱，这是最聪明的提防金钱损失的办法。"当似乎可以获得大批金钱的投资机会出现时，有些人被它所迷惑，蠢蠢欲动参加投资，那是可能导致金钱损失的。

把握了细节也就把握住了运气

犹太商人非常留意生意场上的每一个细节，这是他们把运气变成财气最有效的方法之一。曾经有一家犹太人经营的服装公司——"李维·施特劳斯公司"，靠运气促成一场服装革命——牛仔裤的风行全球。

"李维·施特劳斯"这个犹太人的名字现已被收入英国辞典，如今生活中牛仔服饰已经是很常见的了，然而这个服装文化的源头，几乎成了神话般的传说。

公司的创始人李维·施特劳斯本来并不是个服装商，虽然当时美国服装行业是犹太人占支配地位的行业，一度男装市场的85%、女装的95%，都是来自犹太人的服装厂。

19世纪中期，美国加利福尼亚一带曾出现过一次淘金热。为了赚钱，年轻的

李维·施特劳斯也跟着去了加利福尼亚，但为时已晚，从沙里淘金已到了尾声，淘金已是很难的生意，但他却“从斜纹布里淘出了黄金”。

施特劳斯去的时候随身带了一大卷斜纹布，想卖给制帐篷的商人，赚点钱做淘金资本。可是到了那里却发现，工地的人们不需要帐篷，却需要牢固耐穿的裤子，整天同泥和水打交道，裤子坏得特别快。于是，这一不经意的细节触动了施特劳斯的灵感，经过几次拼合剪裁，就诞生了施特劳斯的第一条牛仔裤。10年以后，他又发现牛仔裤的口袋最容易磨损，他又让设计人员特制了铜纽扣，以增强口袋的牢固度。此后，施特劳斯开始大批量生产这种新颖的裤子。这一个很小的细节的改变极大地拓宽了牛仔裤的市场，牛仔裤不仅成为做体力活的工人的工装，而且开始在城市中流行，销路极好，引得数以百计的其他服装商竞相仿效。但施特劳斯的企业一直独占鳌头，每年约售出100万条这种裤子，年营业额达5000万美元。

1902年，老施特劳斯去世后，4个外甥接下舅舅的公司，他们按舅舅说的去做，经营得不错，公司不断发展，业务范围也随之扩大，机会也不断地涌现出来。于是，他们又开始经营呢绒、裤子、毛巾、被里、床单和内衣。到第二次世界大战结束，这些商品的营业额已接近公司总营业额的一半。1946年，为了保持公司的传统项目，外甥的儿子瓦尔特·哈斯·耶尔决定将公司的全部资金用于生产高品质的牛仔布料。这种由10股3号棉纱织成的布料已获得国家专利，专门为李维·施特劳斯公司生产。

哈斯的决定也同样是来源于一次生活的体验。一天，他在一个酒店里喝香槟，邻座是一对热恋中的情侣，女的身穿施特劳斯公司生产的牛仔裤，男的不停地赞美她，“你穿牛仔裤很好看，如果这种裤子能把你那美妙修长的曲线凸显出来，那就是再好不过了。”哈斯留下了他们的通讯方式，飞一般地跑回公司，不到一个月时间，这种新型牛仔面料诞生了。后来他把用新布料生产出来的第一条牛仔裤免费送给了那对在酒店中偶遇的情侣。哈斯并不是有意识地想改变公众的品位或穿着习惯，也未曾预见到这一细节竟引发了一场服装革命。

当初，他只是做出了一项经营决策，更准确地说，他只是想通过此举“博”一

下，输赢在此一举，看新布料能否取胜。结果运气变成了财气，他赢了，而且是极大的成功。

用这种新布料生产的牛仔裤特别有助于显示出人的体形，充满青春气息，上市后就大受欢迎并且迅速占领了市场，进入 20 世纪 60 年代后更是大行其道。一则因为 60 年代正值“二战”结束后出生的一代踏上社会，人口出生高峰出现后成长的第一代，一时间给整个美国社会带来了一股青春文化的气息，年轻人成了消费市场的大头，洋溢着青春气息的牛仔裤自然独领风骚。二则 60 年代正好是个反叛的时代，传统规范和价值观念受到年轻人的怀疑、抨击甚至唾弃，而牛仔裤以其不拘形式这一明显的特点，成了最能体现时代潮流的服装。

这一变革之所以称为“服装革命”，有两方面的原因。

其一，使牛仔裤成了青年一代的制服，也成了一切想“混迹于”年轻人中的人所热衷的服装。

其二，使一切不想让自己显得保守古板的人穿上牛仔裤，终至被一位总统大摇大摆地穿进白宫去。

这场服装革命带来的直接后果是，它从不同方向使服装不再能显示穿着者的身份。如果说，原先批量生产的服装使一个公司的推销员穿得像总经理一样提升人的品位和形象，而牛仔裤却使总经理穿得像推销员一样。但人们并不轻贱穿牛仔的人，而且牛仔裤不分性别，男人女人穿得完全一样。牛仔裤也没有新旧之分，甚至旧的更好。这又是一个奇迹，服装史上第一次出现了“生产旧裤子，甚至破裤子”的工厂，那经过磨损、褪色和打过补丁的牛仔裤，却更好销，价格也更高。

本来，瓦尔特·哈斯·耶尔的这一改换布料的细节只不过是利用服装行业的一般冒险行为以扩大自己的营业额而已，结果却难得地抓住了一个延续半个世纪还方兴未艾的时尚机遇，如果从老李维·施特劳斯的第一条牛仔裤算起，这个产品已经走过一个半世纪了。在一个批量生产的时代能找到一个能为如此长的时间、如此大的范围、年龄差异如此之大的消费者所接受、所喜爱的商品，确实可以说是一个天机。

在李维·施特劳斯公司150年的发展历程中，几次重大的变革都是领导者善于发现细节，把握细节，这其中虽然有运气的成分，但这运气也只有精明的商人才能把握。绝大多数的犹太商人就是这样在不断地发现过程中赢得财富的。

施展“多做一点”的魅力

某著名犹太人投资专家通过大量的观察研究，得出一条很重要的原理：“多一盎司定律”。他指出，取得突出成就的人与取得中等成就的人几乎做了同样多的工作，他们所做出的努力差别很小——“多一盎司”。但其结果在所取得的成就及成就的实质内容方面，却经常有天壤之别。

他把这一定律也运用于他在耶鲁的求学经历。约翰·坦普尔顿决心使自己的作业不是95%而是99%的正确。结果呢？他在大学三年级就进入了美国大学生联谊会，并被选为耶鲁分会的主席，得到了罗兹奖学金。

在商业领域，约翰·尔顿把多一盎司定律进一步引申。他逐渐认识到只多那么一点儿就会得到更好的结果。那些更加努力的人就会得到更好的成绩，那些在一品脱基础上多加了1盎司变成17盎司而不是16盎司的人，得到的份额远大于一盎司应得的份额。

“多一盎司定律”可以运用到所有的领域。实际上，它是使你走向成功的普遍规律。

例如，把它运用到高中足球队，你就会发现，那些多做了一点努力、多练习了一点的小伙子成了球星，他们在赢得比赛中起到了关键性的作用，他们得到了球迷的支持和教练的青睐。而所有这些是因为他们比队友多做了那么一点。

在商业界，在艺术界，在体育界，在所有的领域，那些最知名的、最出类拔萃的犹太人与其他人的区别在哪里呢？回答是：就多那么一点儿。“多加一盎司”——谁能使自己多加一盎司，谁就能得到千倍的回报。

在工作中，有很多时候需要我们“多加一盎司”。多加一盎司，工作就可能大不一样。尽职尽责完成自己的工作的人，最多只能算是称职的员工。如果在自己的

工作中再“多加一盎司”，你就可能成为优秀的员工。

“多加一盎司”在所有的工作中都会产生好的效果。如果你多加一盎司，你的士气就会高涨，而你与同伴的合作就会取得非凡的成绩。要取得突出成就，你必须比那些取得中等成就的人多努一把力，学会再加一盎司，你会得到意想不到的收获。

“多加一盎司”其实并不难，我们已经付出了99%的努力，已经完成了绝大部分工作，再多增加“一盎司”又有什么困难呢？但是，我们往往缺少的却是“多加一盎司”所需要的那一点点责任感、一点点决心、一点点敬业的态度和自动自发的精神。

“多加一盎司”其实是一个简单的秘密。在工作中，有很多东西都是我们需要增加的那“一盎司”。大到对工作、公司的态度，小到你正在进行的工作。甚至是接听一个电话、整理一份报表，只要能“多加一盎司”，把它们做得更完美，你将会得到数倍于一盎司的回报。

犹太人获得成功的秘密就在于不遗余力——加上那一盎司。多一盎司的结果会使你最大限度地发挥自己的天赋。约翰·坦普尔顿发现了这个秘密，并把它运用到他的学习、工作和生活中，从而获得了巨大的成功。从现在起，你也掌握了这个秘密，好好运用它吧！

“我已经竭尽全力了吗？或许我还有一盎司可加？”经常这样提问自己，将让你受益匪浅。

切莫轻视日常小节和小事

成功的犹太人认为，好的习惯、好的品质要靠日积月累，成功的辉煌来自平常的学习和训练。切莫轻视小节和小事，因为什么东西都有一个由量变到质变的过程。要善于从小事做起，把它们一件件做好，这才能做成大事。

犹太人同时也特别相信伏尔泰的这句话：使人疲惫的不是远处的高山，而是鞋子里的一粒沙子。

在人生的道路上，我们很有必要随时倒出鞋子里的那粒沙子。生活中，将你击垮的不是那些巨大的挑战，而是一些非常琐碎的小事。不少人都有着这样的体验：当灾难突然降临时，人们常会因为恐惧、紧张，本能地产生一种巨大的抗争力量。然而，当困扰你的是一些鸡毛蒜皮的小事时，你可能就会束手无策，因为它们是生活的细梢末节，微不足道。然而，正是这些看似微不足道的小事，却能无休止地消耗人的精力。

成功的犹太人认为，一个人要建功立业，也需要从一件件平平常常、实实在在的小事做起。正所谓“千里之行，始于足下”。那种视善小而不为、认为做善小之事属于“表面化”与“低层次”的人无疑是眼高手低的人。犹太人经常教育他们的孩子，要想做一个年轻有为的人，必须自觉地从身边的“举手之劳”做起，即使做一件很微小的好事也比视善小而不为的人强，因为“天下难事必做于易，天下大事必做于细”。

美国标准石油公司曾经有一位犹太人小职员叫布朗，他在出差住旅馆的时候，总是在自己签名的下方，写上“每桶 4 美元的标准石油”字样，在书信及收据上也不例外，签了名，就一定写上那几个字。他因此被同事称作“每桶 4 美元”，而他的真名倒没有人叫了。

公司董事长洛克菲勒知道这件事后说：“竟有职员如此努力宣扬公司的声誉，我要见见他。”于是邀请布朗共进晚餐。

后来，洛克菲勒卸任，布朗成了第二任董事长。在签名的时候署上“每桶 4 美元的标准石油”，这算不算小事？严格说来，这件小事还不在布朗的工作范围之内，但布朗做了，并坚持把这件小事做到了极致。那些嘲笑他的人中，肯定有不少人才华、能力在他之上，可是最后只有他成了董事长。

还有一些人因为事小而不愿去做，或抱有一种轻视的态度。有这么一个故事，据说，在开学第一天，苏格拉底对他的学生们说：“今天咱们只做一件事，每个人尽量把胳臂往前甩，然后再往后甩。”说着，他做了一遍示范。

“从今天开始，每天做 300 下，大家能做到吗？”学生们都笑了，这么简单的

事，谁做不到？可是一年之后，苏格拉底再问的时候，全班却只有一个学生坚持下来了。这个人就是后来的大哲学家柏拉图。

“这么简单的事，谁做不到？”这正是许多人的心态。但是，请看看吧，那些成功的犹太人，他们与我们都做着同样简单的小事，唯一的区别就是，他们从不认为他们所做的事是简单的小事。

一个人的成功，有时纯属偶然，可是，谁又敢说那不是一种必然呢？

皮亚是犹太银行大王，每当他向年轻人回忆过去时，他的经历常会令闻者沉思起敬。人们在羡慕他的机遇的同时，也感受到了一个银行家身上散发出来的特有精神。

还在读书期间，皮亚就有志于在银行界谋事。一开始，他就去一家最好的银行求职。一个毛头小子的到来，对这家银行的官员来说并不起眼，皮亚的求职接二连三地碰壁。后来，他去了其他银行，结果也是令人沮丧。但皮亚要在银行里谋职的决心一点也没有受到影响，他一如既往地向银行求职。有一天，皮亚再一次来到那家最好的银行，“胆大妄为”地直接找到了董事长，希望董事长能雇用他。然而，他与董事长一见面就被拒绝了。对皮亚来说，这已经是第 52 次遭到拒绝了。当皮亚失魂落魄地走出银行时，看见银行大门前的地面有一根大头针，他弯腰把它捡了起来，以免伤到他人。

回到家里，皮亚仰卧在床上，望着天花板发愣，怨恨命运对自己如此不公平，连让他试一试的机会都不给。在伤心中，他睡着了。第二天，皮亚又准备出门求职，在关门的一刹那，他看见信箱里有一封信，拆开一看，皮亚欣喜若狂，甚至有些怀疑是否在做梦——他手里的那张纸是录用通知单。

原来，昨天就在皮亚蹲下身子去拾大头针时，被董事长看见了。董事长认为如此精明细心的人，很适合当银行职员，所以，改变主意决定录取他。皮亚在银行界平步青云，后来功成名就。

于细处可见不凡，于瞬间可见永恒，于滴水可见太阳，于小草可见春天，上面说的都是一些“举手之劳”的事情，但不一定所有人都愿“举手”，或者有人偶尔

为之却不能持之以恒，可见，“举手之劳”中足以折射出人的崇高与尊贵。难怪古人云“勿以善小而不为”。

成功的犹太人常常说，一个人一生只要干好一件事情就可以了。

要专心做一件事。由于人的时间、精力、脑力有限，老天对每一个人的时间是公平的，一天 24 小时大家都一样。所以当你在一生或一段时间内选择一两个目标时，就应该把所有时间、精力、脑力用在这方面。社会上有一些专才或专家，他们连一般的生活常识也不清楚，但他们对某些专业方面比一般人都在行。这就是因为他节约了其他付出的时间，专心做一两件事，他们在这一两个方面花的时间比其他人多得多，所以成功了，在这方面有了比人家更多的回报，这也是一种捷径。当你在谈论或与他讲一些与他无关的话题时，他的脸上没有一点反应，也不接一句话，好像根本没有听见一样，这种人非常知道节约时间、精力和脑力，少与他人讨论没有意义的事情，这也是一种节约。所以最好的方法就是在一个阶段专心做一件事，将其他不重要的事情放一放，完成以后再设定一个新目标。

很多时候，很多事情，都是说起来容易做起来难。不同的人，有着不同的人生轨迹，有着不同的人生追求，千万不要和别人攀比，永远要坚定自己的信念，犹太人在他们事业的道路上经常提醒自己，要牢牢把握住自己的人生目标，扎扎实实、一步一个脚印地走下去。

在以色列的一个小镇上，有一位年轻的犹太人，他是一个单位的看门人，也许是因为工作太轻闲，为了打发时间，他经常看一些历史方面的书籍，作为自己的业余爱好。就这样，他看门 60 多年，历史方面的书籍他竟然也看了 60 年。功夫不负有心人，凭着自己的这份毅力，他对历史有了非常深入的研究，随之声名远播，只有初中文化的他被授予院士头衔，成为世界上著名的历史学家。

这位犹太人成功的例子，给世人以这样的启示：一生干好一件事。宇宙无限，人生有限，每个人都应当把有限的时间、有限的精力集中起来，做一件应当做、可能做好的实实在在的事情。一个目标确定以后，必须凝聚自己的全部心力、体力，心无旁骛，坚守初衷，直到成功。

人脑不少于140亿个脑细胞，即使是成功的犹太人也是这样，他们大脑潜力的开发还不足10%。可见，一个人一生干好一件事并不难，关键是能否有坚持到底的毅力。有的人只图眼前，不计长远，风来随风，雨来随雨，今天干这，明天干那，见到什么都被吸引过去凑一凑热闹。结果到头来常常落得两手空空，一事无成。

十二、从最擅长的行业中谋利

三百六十行，只要做得好，行行能挣钱。但是犹太人对某些行业有特殊的偏好，比如银行、珠宝、石油以及与女性有关的行业等，这也正是犹太人的聪明之处：天下的钱赚不完，只拣利润最大、发展空间最大的行业来做。

打着犹太人印记的珠宝业

除了珠宝业，其他行业没有一个有如此明显的犹太特性，因为那些身穿全套18世纪波兰商人的黑色服装、穿梭般来往于曼哈顿第47号大街的切割匠、磨钻匠和抛光匠都是哈西德派的犹太教徒。谁也不知道纽约钻石中心的成交额，但据懂行的人推测，每年约在10亿美元左右。可资比较的是，由哈里·奥根海默控制的南非德比尔斯联合钻石矿产公司已售出2亿美元左右新生产的钻石，约占全球产量的89%。就大部分情况来看，珠宝钻石行业是一个高度保密的行业，不过世界上最大的钻石采掘公司之一——拉扎尔·卡普兰国际公司却是一家公营公司。这一行业的另一端是珠宝零售业，也是一个犹太特性很强的行业。最大的珠宝零售店是蔡勒，这是达拉斯一家有1700多家商店的联号，它在其他大城市中还有许多出售花色珠宝饰品的小商店。这家联号由莫里斯·蔡勒于20世纪20年代在威奇塔创立。后来，由之而来的生意超出了他的能力范围，因此，他改行从找黑金转为经营黄金。

说起珠宝行业的犹太人就不能不提到钻石大王易兹哈克。以色列钻石交易有限公司的总裁易兹哈克·佛里姆是一位犹太人，他是以色列乃至世界的钻石大王。在

他管辖下的这家国营公司，自1946年成立以来，业务迅速发展，1993年的交易额达100亿美元，其中精钻石出口超过30亿美元，是世界同行业中首屈一指的大户。坐落在拉玛特·甘的4座高大宏伟的大楼气魄十足，它们就是钻石交易中心的办公大楼。这4座大楼前面有宽阔的停车场，大楼之间的通道两旁，修剪得整整齐齐的绿色草坪如碧锦地毯，把路旁的簇簇鲜花映衬得格外妖艳。整个钻石交易中心周围的环境十分幽静，但里面却热闹非常，每天有数以千计的顾客与该公司的员工进行热烈的生意洽谈，一宗宗的钻石买卖、一份份的成交合同就是在这里洽谈成功并签订的。以色列钻石交易有限公司经过40多年的经营，从无到有，从小到大，从国内经营到跨国经营，成为世界著名的大企业，钻石加工生产占世界总加工量的60%左右。以色列是个资源匮乏的国家，没有钻石矿藏资源，但以色列钻石交易有限公司怎么会发展成一个世界最大的钻石加工企业呢？纵观其发展过程，主要有以下几招：

一是慧眼独具，善赚女性的钱。以色列钻石交易公司的决策者认识到，尽管当今世界绝大多数国家和地区的民族都是男性掌权掌家，但他们中有的把自己所赚的钱交由妻子管理；有的男士虽然自己掌管财权，但为了显示自己对妻子或女友的爱，不惜代价让她们随意花钱，以讨其欢心。所以，盯着女性赚钱是犹太人致富的一条行之有效的经验。这一点，我们在前文中已谈到过。钻石是华丽而名贵之物，博得了全世界女性的喜爱和仰慕。实践证实了该公司的眼光，其取得了巨大的经营成果，钻石加工成为以色列的重要经济支柱。

二是把握机遇，乘势迅速扩展业务。以色列钻石交易有限公司创业之初，几乎是一无所有，靠几个青年人在一间小房子里摆摊卖手工艺品。后来他们认识到钻石的前景后，即全力投入该项业务的经营。起初，他们是单纯经营已加工成品的钻石，后来他们自己开设加工厂进行加工，继而从国外大量进口粗钻石后，除了自己加工一部分以外，还供应本国其他钻石加工厂。这样，该公司很快发展成为一家加工、销售、进出口业务结合的综合性钻石交易企业。到目前为止，该公司已拥有2500个钻石加工厂客户，每年为大批客户提供各种进口的粗钻石。另外，随着业务

的发展，该公司建成了一座宏大的钻石交易中心，其内设有1200个办公室，随时为国内外客商提供洽谈钻石生意的服务；其内安装了现代化的通讯设备和办公设备，随时提供给客商使用。由于这里业务量大，设施先进和齐全，世界各地钻石客商纷纷前来洽谈业务，故这里已成为当今世界最大的钻石交易中心。

三是科技导向，采用最先进的加工技术。钻石是一种精巧的装饰品，如果没有精密的加工技术和设备，便无法把这种特别坚实刚脆的物品加工成为大如绿豆、小如芝麻的精品。以色列钻石交易有限公司研制出了最先进的钻石加工切割设备，同时对工人进行严格的技术培训，其加工生产出来的产品件件都按照规范，进行了严密的编号，品质绝对可靠，使国内外购买者产生一种安全感。

四是一业为主、多种经营、周到服务。该公司建成世界一流的钻石交易中心后，来自国内外成千上万的客商和购买者，每天将这里围成一个小天地。为了顾客的方便和本公司扩大营业，其内开设有银行、旅游代办、邮局、餐馆、娱乐、超级市场等服务项目和设施，顾客进入该中心内，不用出门就可得到各种称心如意的服务。

在保险和风险中豪赌

保险业存在巨大的风险，但是其利润也是惊人的，这正符合犹太人追求高回报的脾性。所以，在目前欧美大保险公司当中，不乏犹太人的身影。

我们从英国老牌保险公司——劳埃德保险公司的发展历程中可以窥见犹太人在保险行业打拼之一斑。

1680年，在英国伦敦泰晤士河畔，劳埃德开了一家咖啡馆。由于泰晤士河是英国河海航运的枢纽，劳埃德的咖啡馆就成了当地的信息中心，生意十分兴隆。

一天，咖啡馆里聚集着船主、海员、商人，大家纷纷谈论航海中的见闻。当说到伦巴底人因海盗猖獗而实行海运保险时，劳埃德心中一动。

原来，那时的航海条件还十分落后，人们对地球和海洋知之甚少。由于海船较小，很难抗拒大的风暴，海盗又经常出没，所以海船经常出事。

为什么我们就不能实行航海保险呢？劳埃德的这一突发奇想立刻得到大家的支持，不论是船主还是商贾，都希望自己每一次出海都能有所保障。

当然，仅凭劳埃德的储蓄还不足以建立起保险事业，好在朋友们慷慨解囊，给保险业这一新生儿注入了生命力。劳埃德在筹足资金后，又着手挑选办事人员和文字工作人员。他在创办保险公司的同时，还想创办一份报纸，以手抄本的形式把搜集到的航运、货物信息融为一体。

不久，劳埃德的保险公司成立了。公司设在伦敦市中心，建筑规模虽然不大，但却古色古香，宛如一个豪华的车站。劳埃德公司一直保持着以前的传统：大门口站着披红色斗篷的卫士，楼房里摆着19世纪的长椅子和大桌子，以及高高的书橱，休息室被称作“船长室”，卫兵也被叫作“侍者”。所有这一切突出体现着狄更斯时代的风格，但它的存在已并不仅仅是一种装饰或遗迹，而是一种象征，一种代表劳埃德保险公司的象征，就如同一件商品的品牌和商标一样。

劳埃德在刚创办公司的时候，采取面对面商谈保险业务的方式。面谈的气氛是严肃紧张的，身着红袍的传唤员依次叫着投保者的名字，被叫者听到自己的名字后马上进入小隔间，拿出自己需要保险的项目和保险金，并做出必要的解释。最后，双方意见统一后在保险单上签字，这笔生意就生效了。

劳埃德保险公司这种面对面商谈保险业务的传统，使保险公司和投保者建立起一种相互依赖和相互信任的关系。劳埃德公司的生意果然非常兴隆。

然而保险业又是充满风险的一项业务，劳埃德公司成立后，就不断接受着风险的挑战。

1906年，美国旧金山大地震引发了一场大火，使劳埃德公司损失了1亿美元的保险费；

1912年，英国“泰坦尼克号”巨型客轮在北大西洋触冰沉没，近2000人死亡，劳埃德公司付出了350万美元的赔偿金；

1937年，德国飞艇“兴登号”爆炸，劳埃德公司又付出了近千万美元的赔偿金。

英国“泰坦尼克号”巨型客轮

这几笔绝无仅有的大损失使劳埃德公司元气大伤。但是，劳埃德的全体人员毫不气馁，在风浪中闯过了一关又一关。20 世纪 70 年代后期，两笔大的损失就付出 64 亿美元。但他们经过不懈的努力，业务蒸蒸日上，每年的营业额达 2670 亿美元，利润达 60 亿美元。

在劳埃德的保险业务中，没有什么是不能投保的。影视明星玛莲·戴崔姬为自己的容颜和玉腿投保 100 万英镑，保险商当即拍板；一位美国导演要为自己的精力投保，也被接受。

1984 年，参加劳埃德保险的三颗美国通信卫星偏离了轨道，公司将负担 3 亿美元的赔付费。对此，劳埃德公司的成员并没有惊慌失措，而是积极调查情况，以最大限度减少损失。他们立即请专家分析，认为可通过航天飞机对卫星进行修理，最后挽回了 7000 万美元的损失，而且更重要的是挽回了公司的声誉。

两伊战争的升级，使行经波斯湾的油轮保险费日增，有谁敢保证伊朗或伊拉克的炮弹长了眼睛呢？当时为一艘价值 4000 万美元的货轮投保一周可得 400 万美元的保险金，就充分说明了保险和风险的关系。

300 年的沧桑，300 年的风险，劳埃德公司从一家咖啡店发迹，最终成为全世界最大的保险公司，足见其魄力和信誉。

投机与放债：犹太商人的拿手好戏

在莎士比亚的戏剧中，犹太放债者的形象令人生厌，尽管戏剧里有夸张的成分，但放债与投机确实是犹太人传统上最擅长的行业。在这一行业，他们的胆大妄为令人瞠目结舌。

犹太人放债致富者甚多，这里介绍一位叫亚伦的放债人。亚伦（AaronotLineoln）出生于公元 1123 年，是一位正统的犹太人。少年时期在法国生活、读书，青年时移居到英国，然后在英国开展他的放债经营业务。

亚伦刚移居到英国时是没有多少本钱的，他靠打工积蓄了一点钱后，开始自己独立做些小生意。由于生意的发展，他需要资金做周转，不得不向钱庄或银行借钱。在实践中他发现，向别人借钱的代价确实太高，往往和商业经营获得的利润相差无几。他想，自己开钱庄放债不是比经营商品更易获得利润，风险也更少吗？从此，他开始谋划自己的放债业务。

做放债业务，首先要有充足的资本，亚伦自有的资本十分微薄，怎么办呢？犹太人是善于靠头脑去解决难题的。亚伦在经营商业中，逐步抽出有限的资会放债给一些急需用钱的经营者和生产者，获得比单一商品经营更好的效益。有不少人急于等钱用，宁愿借贷 1 个月付 20%的利息。这样，等于 100 元放贷 1 年，可获得 240%的回报率，这比投资做买卖更为赚钱。亚伦就是盯准这样的机会，把他的有限资本大量投入到这种高利贷的经营中，他的资本如滚雪球一般，愈滚愈大，没几年时间，他成了伦敦有名的放债人，成为远近闻名的财主。

亚伦从放债经营起家，后来甚至以英国王室作为放债的主要对象，英国的贵族、教会也是他的主要客户。英国很多教堂是他放贷兴建的，如西多会教堂、林肯大教堂、彼得伯勒大教堂等是他出资兴建的。同时，他通过放贷在伦敦兴建了大批住宅，从中获取较高的利息回报。

亚伦活了 63 年，到 1186 年去世时，他的财产多得不计其数。英王亨利二世早就盯着亚伦的财产，在亚伦死后不久，便宣布他的财产全部归英王室所有。当时亚

伦的财产有一艘船那么多的黄金和珠宝，一批教堂、住宅建筑物，另有放债未收回的 15000 英镑。且不说黄金、珠宝和建筑物的价值，就是那 15000 英镑，在 800 多年前也是一笔巨额财富。当时英王室全年的收入也只不过 10000 英镑左右。可见，亚伦的财产比英王室还多。当时英王室为了收回亚伦这笔巨大的放债款，专门成立了一个亚伦资金特别委员会，组织大批人进行收债工作。1187 年，英王将亚伦的黄金、珠宝装满一艘轮船，以供在对法国查理王的战争中使用，但天有不测风云，这艘满载珠宝、黄金的轮船却在英吉利海峡沉没了，这笔遗产也随之失落。

尽管犹太人亚伦的财富没有世代传下去，但他通过放债经营，迅速成为 12 世纪英国最富有商人的故事，至今仍然流传着。

犹太人做投机生意和放债一样有名，这就不能不提到美国大财阀摩根。

美国南北战争时期，由于北方军队准备不足，前线的枪支弹药十分缺乏。在摩根的眼中，这又是赚钱的好机会。

“到哪才能弄到武器呢?”

摩根在宽大的办公室里，边踱步边沉思着。

“知道吗？摩根，听说在华盛顿陆军部的枪械库内，有一批报废的老式霍尔步枪，怎么样，买下来吗？大约 5000 支。”克查姆又为摩根提供生财的消息了。

“当然买!”

这是天赐良机。5000 支步枪！这对于北方军队来说是多么诱人的数字，当然使摩根垂涎三尺。枪终于被山区义勇军司令弗莱蒙特少将买走了，56050 美元的巨款也汇到了摩根的账下。

联邦政府为了稳定开始恶化的经济状况和进一步购买武器，必须发行 4 亿美元的国债。在当时，数额这么大的国债，一般只有伦敦金融市场才能消化掉，但在南北战争中，英国支持南方，这样，这 4 亿元国债便很难在伦敦消化了。如果不能发行这 4 亿元债券，美国经济就会再一次恶化，不利于北方对南方的军事行动。

当政府的代表问到摩根，是否有办法解决时，摩根自信地回答：“会有办法的。”

摩根巧妙地与新闻界合作，宣传美国经济和战争的未来变化，并到各州演讲，让人民起来支持政府，购买国债是爱国行动。结果4亿美元债券奇迹般地被消化了。

当国债销售一空时，摩根也理所当然、名正言顺地从政府手中拿到了一大笔酬金。

事情到这里还没有完，舆论界对于摩根，开始大肆吹捧。摩根现在成为美国的英雄，白宫也开始向他敞开大门，摩根现在可以以全胜者的姿态出现了。

1871年，普法战争以法国的失败而告终。法国因此陷入一片混乱中。给德国50亿法郎的赔款，恢复崩溃的经济，这一切都需要有巨额资金来融通。法国政府要维持下去，就必须发行2. 5亿法郎的巨债。

摩根经过与法国总统密使谈判，决定承揽推销这批国债的重任。那么如何办好这件事呢?

能不能把华尔街各行其是的所有大银行联合起来，形成一个规模宏大、资财雄厚的国债承购组织“辛迪加”? 这样就把需要一个金融机构承担的风险分摊到众多的金融组织头上，这5000万美元无论在数额上，还是所冒的风险上都是可以被消化的。

当他把这种想法告诉克查姆时，克查姆大吃一惊，连忙惊呼:

“我的上帝! 你不是要对华尔街的游戏规则与传统进行挑战吧?”

克查姆说的一点也不错，摩根的这套想法从根本上开始动摇和背离了华尔街的规则与传统。而且是对当时伦敦金融中心和世界所有的交易所投资银行的传统的背离与动摇。

当时流行的规则与传统是: 谁有机会，谁独吞; 自己吞不下去的，也不让别人染指。各金融机构之间，信息阻隔，相互猜忌，互相敌视。即使迫于形势联合起来，各方为了自己的最大利益，联合也会像春天的天气，说变就变。各投资商都是见钱眼开的，为一己私利不择手段，不顾信誉，尔虞我诈。闹得整个金融界人人自危，提心吊胆，各国经济乌烟瘴气。当时人们称这种经营叫海盗式经营。

而摩根的想法正是针对这一弊端的。各个金融机构联合起来，成为一个信息相互沟通、相互协调的稳定整体。对内，经营利益均沾；对外，以强大的财力为后盾，建立可靠的信誉。

其实摩根又何尝不知道这些呢？但他仍坚持要克查姆把这个消息透漏出去。

摩根凭借着过人的胆略和远见卓识看到：一场暴风雨是不可避免的，但事情也不会像克查姆想象得那么糟，机会会到来的。

如摩根所预料的那样，消息一传出，立刻如在平静的水面投下一颗重磅炸弹，引起一阵轩然大波。

“他太胆大包天了！”

“金融界的疯子！”

摩根一下子被卷入舆论争论的漩涡中心，成为众目所视的焦点人物。

摩根并没有被这种阵势吓倒，反而越来越镇定，因为他已想到这正是他所预期的，机会女神正向他走来。

在摩根周围，反对派与拥护者开始聚集，他们之间争得面红耳赤。而摩根却缄口不言，静待机会的成熟。

《伦敦经济报》对此猛烈地抨击道：“法国政府的国家公债由匹保提的接班人、发迹于美国的投资家承购。为了消化这些国债想出了所谓联合募购的方法，承购者声称此种方式能将以往集中于某家大投资者个人的风险，通过参与联合募购的多数投资金融家而分散给一般大众。乍看之下，危险性似乎因分散而减低。但若一旦发生经济恐慌，其引起的不良反应将犹如排山倒海般快速扩张，反而增加了投资的危险性。”

而摩根的拥护者则大声呼吁：“旧的金融规则，只能助长经济投机，这将非常有害于国民经济的发展，我们需要信誉。投资业是靠光明正大获取利润，而不是靠坑蒙拐骗。”

随着争论的逐步加深，华尔街的投资业也开始受到这一争论的影响，每个人都感到华尔街前途未卜，都不敢轻举妄动。

舆论真是一个奇妙的东西，每个人都会在它的脚下动摇。

软弱者在舆论面前，会对自己产生疑问。而只有强者才是舆论的主人，舆论是强者的声音。

在人人都感到华尔街前途未卜，在人人都感到华尔街不再需要喧闹时，华尔街的人们开始退却。

“现在华尔街需要的是安静，无论什么规则。”

这时，人们把平息这场争论的希望寄托于摩根，也就是在此时，人们不知不觉地把华尔街的指挥棒交给了摩根。摩根再次为机会女神所青睐了。

摩根的战略思想，敏锐的洞察力、决断力都是超乎寻常的。他能在山雨欲来风满楼的情形下，表现得泰然自若，最终取得胜利。这一切都表明，他的胜利是一个强者的胜利，而不仅仅是利用舆论所取得的胜利。

摩根作为开创华尔街新纪元的金融巨子，一生都在追求金钱中度过，他赚的钱不下百亿，但他死后其遗产只有1700万美元。

摩根从投机起家，并因此成功地针对华尔街的这一弊端加以改造，创造了符合时代精神的经营管理体制。他为聚敛财富不择手段，而他却又敬重并提拔待人忠诚的人。

摩根在他将度过76岁生日时逝去，他成功的经营战略至今仍影响着华尔街。

在银行业中如鱼得水

现代银行业是在19世纪随着罗斯柴尔德银行的崛起而开始的。他们并非欧洲仅有的重要的犹太银行家，有数量惊人的大批银行是由犹太人创立的。早先的宫廷犹太人的首要任务是为地方统治者筹措钱财以供其开支、个人外交和挥霍。新兴的银行家则发行国家债券以此为新兴的工业和铁路提供资金。罗斯柴尔德五兄弟在法兰克福、伦敦、巴黎、维也纳和那不勒斯都设有银行，而布莱铖罗德在柏林，瓦伯格在汉堡，奥本海姆在科隆，斯派尔在法兰克福都经营着自己的银行。

从伦敦到孟买、到圣彼得堡以及这些地方之间的许多地方，都有犹太人开设的

银行。除了这些私人银行（相当于今天的商业银行或投资银行）之外，犹太人还帮助建立了一些重要的合股银行或商业银行：德国银行和德累斯顿银行（德国3个最大银行中的两个）、信贷银行、巴黎和荷兰金融公司、意大利商业银行、意大利信托银行、信贷银行集团、布鲁塞尔银行以及其他银行。

在美国，犹太银行家也不少，如在金融业享有很高声望的海姆·萨洛蒙、同亚历山大·哈密尔顿一起在1784年创立纽约银行的伊沙克·摩西等。直到19世纪40年代，美国人才感觉到犹太银行在美国的存在。一些原已确立的德国银行向美国派出自己的代理人，但就大多数情况而言，德国犹太人银行家是来到美国后脱颖而出的。从1840年到1880年之间，有一批第一流的银行开业：巴赫、奥古斯特·贝蒙特、戈德曼·萨克斯、J·w·塞利格曼、库恩·洛布、拉顿伯格、萨尔曼、拉扎德·弗里尔斯、莱曼兄弟、斯派尔，还有霍特海姆。那些有权有势、生活方式保守但在金融业务上不因循守旧的犹太银行家，树立起一种集权的形象，因为他们经常协调行动，在金融业务上互相合作。

到19世纪末，犹太银行家在每个金融中心都有着显赫的地位。在布鲁塞尔有比朔夫夏姆的银行和埃尔的银行；奥本海姆和斯特恩同法兰克福的舒尔茨巴赫及迈在1871年建立了“布鲁基尔商业银行”；在瑞士，伊沙克·德累斯和索恩斯合伙建立了“巴塞尔商业银行”和“巴塞尔银行集团”；在荷兰，有韦特海默和贡佩尔茨，利沙和卡恩等人的银行；在匈牙利的布达佩斯，“匈牙利信贷银行”“匈牙利商业银行”“匈牙利劝业信贷银行”都是犹太人建立的；在圣彼得堡，冈茨伯格家族建立了“贴现信贷银行”和“圣彼得堡银行”；1871年，M·爱波斯坦建立了“华沙贴现银行”，利奥波德·克罗嫩伯格参加了“华沙贴现同盟”和“商业银行”的组建。不过，犹太金融业天才最大的集中地是第一次世界大战以前的世界金融中心伦敦。除了罗斯柴尔德家族成员以外，它还将哥本哈根的汉布罗家族、德国的斯派尔兄弟、埃米尔·埃尔兰格、欧内斯特·卡塞尔，以及其他地方的一些金融巨头，如孟买的萨松兄弟，以及赫希吸引到了那里。

在金融世界的塔尖，犹太人的势力是同投资银行联系在一起的。投资银行的业

务包罗万象，从提供出价咨询到承保证券都属于它的范围。投资银行的心脏是政府拨款和私人储蓄。银行由于要为创立新公司或扩展老公司筹措资金，因此就要以自己的钱，更多的时候是以别人的钱来承担风险。这是一个风险性的行业。而商业银行的银行家们则是想要避免风险，当他们处在产出曲线上方的时候，即收到的贷款利息大于所付出的存款利息的时候就是最优的了。

从房地产业中圈地圈钱

在2006年《福布斯》公布的世界华人财富榜中，上榜富豪们1/3从事房地产业，可见房地产对富豪们财富的贡献之大。在世界范围内，这样一个厚利行业里当然不可能缺少犹太人。

我们先来看一个犹太房地产商的个案。威廉·莱维特是独户家庭居室的重大发展者。莱维特创造了一种新的家居风格，他以最低的价格为青年夫妇家庭提供起码的栖息之处。这种住宅当然根本谈不上壮观或有魅力，但其多样性却足以吸引那些一心逃离内城圈的工薪阶层家庭。莱维特以一种特别的方式纺织出了那个美国梦：低廉的房价加上无限期的抵押借款就可以换来一所自己的房子。他的成功在商业社会中很快引起了人们的关注，并且备受赞颂——有人出价盘购他的建筑公司。1968年莱维特把公司卖给了国际电话电报公司，价格为9200万美元。不过莱维特仍为公司首要的经营管理者。莱维特卖掉公司成了一个大富翁，而这家公司在这之后就进入一个新的时期，并从此垮了下来。依靠国际电话电报公司的照顾和支持，公司开始建造高层公寓、耀眼的办公大楼、活动房屋和标准型的装配式房屋。建筑公司的利润逐渐下降，最后赤字累累，同时司法部援引反托拉斯法对国际电话电报公司提出控告，强制它放弃这家建筑公司。

莱维特终于离开了这家公司，着手建立一个在国外经营业务的新公司。他抱怨政府强加的种种限制给建筑业带来极大的困难。后来有消息说，莱维特正在伊朗的德黑兰经营一家大型的住宅建设联合体。

其他的犹太建筑商和不动产经营者也为建筑行业增加了色彩：已故的威廉·泽

肯道夫筹集了联合国大会会址的地产，尤里斯兄弟竖起了无数个玻璃外墙的大厦；已故的威廉·考夫曼在纽约建起了一座座充满魅力的未来主义风格的办公楼，并装饰了许多著名艺术家的作品，西海岸的考夫曼和布劳德组织目前居于最大的独户家庭住宅建造公司之列。而已故的亨利·F·费希巴哈则是一个出生于罗马尼亚的电气承包商，他的公司，费希巴哈和摩尔电气公司把荷兰隧道、莱弗商行、新的大都会歌剧院和芝加哥的咨询大厦照得通明。

要把建筑业中成功的犹太人一一列举出来，其中最后而不是最次的一个，就不能不是塞缪尔·J·勒弗拉克了。勒弗拉克是一个私营开发商，他把自己的“滩涂之地”——6层公寓发展为一个巨大的不动产帝国。他的父亲曾致力于在布鲁克林建造住宅，勒弗拉克继承父业，在郊区昆斯建起了自己的“造币机器”，并在布鲁克林登峰造极。勒弗拉克除了拥有几幢办公大楼之外，还拥有和经营着纽约的5.5万所公寓和美国其他地方的3万所公寓，单租金一项每年就超过上亿美元。勒弗拉克的组织由350家公司组成，他的直系亲属是这些公司的唯一所有人。据估计，他的财产在5亿美元至7亿美元之间。已经列入计划的将嵌入勒弗拉克头上的三重冕的最新一块宝石是贝特里的花园城。这是一个由办公楼、商店和公寓构成的地下开发项目，位置在曼哈顿的世界贸易大厦和哈德逊河之间。然而，贝特里花园城的存在目的极其诱人：勒弗拉克在绿化地带造了那么多的卧室之后，现在又想把这些人再引回城内，使他们能离工作地点近一些。能够想出这种诡计的，除了勒弗拉克之外，别无他人。

在房地产业的诸多财富传奇中，犹太人书写出独具魅力的一笔。

十三、具有契约精神

契约高于逻辑

犹太人对契约的信奉简直达到了崇拜的程度，所以一方面他们不可能做不履行

契约的事，而另一方面，由于对契约十分谙熟与精通，他们并不像别人所想象的，会被契约束缚手脚，反倒是常常利用自己的聪明智慧和娴熟老到，让契约成为自己的帮手。

犹太人对契约的信奉简直达到了崇拜的程度，所以一方面他们不可能做不履行契约的事，而另一方面，由于对契约十分谙熟与精通，他们并不像别人所想象的，会被契约束缚手脚，反倒是常常利用自己的聪明智慧和娴熟老到．让契约成为自己的帮手。

犹太人加利在一个犹太教区为贫困人口做服务工作。那个时候，世界经济还远没有发展到今天这种程度，因此有一些犹太人的生活还处于穷困当中。冬天到了，这个教区的居民却还没有足够的煤来过冬，因为他们没有足够的钱买煤。当然，加利本人也没有这么多钱来帮助人们解决困难，但他却想到了一个办法，一个绝对可靠而又有效的办法。

他找到一个经销煤炭的商人，和他洽谈买煤的事情。不过他首先表示，希望那个煤炭商人能够看在上帝的分上，捐助一批煤炭给穷困居民。那个商人说："我可不会白送东西给你们。不过，我可以半价卖给你 50 个车皮的煤炭。"

加利写信说，让煤炭商先运 25 个车皮的煤炭来。煤炭运来后，这个犹太教区的人却没有付钱，并说煤不用再运了。

煤炭商见此情况非常气愤，他发出了一份措辞强硬的催款书，说如果加利他们再不付款。他将起诉。

很快，这个商人收到一封回信，信上这样说："您的催款书我们无法理解。您答应卖给我们 50 车皮煤减掉一半，25 车皮正好等于您减去的价钱。这 25 车皮的煤我们要了，而那 25 车皮的煤我们不要了……"

煤炭商人自然气愤不已但又实在没有办法。

犹太人这样理解他们之间订立的契约。从逻辑的角度讲，这种理解是不能成立的。因为煤炭的一半价格并不等于一半煤炭的价格——二者仅仅在价格上没有区别，但是在事件本质上却有着根本的区别。由于这件事牵涉到"慈善"这样一个敏

感问题，煤炭商人只好不了了之。

契约甚至高于逻辑，这就是犹太人做生意的特点。

把合同当作商品出售

合同本身也是商品，同样可以自由买卖。当然，这种合同必须是合法的、可靠的，而且是有利可图的。

犹太民族极为重视立约与守约，并将其高度神圣化，因此，犹太民族被称为“契约民族”。但在商业活动中，犹太人却经常出卖合同。他们认为，合同本身也是商品，同样可以自由买卖。当然，这种合同必须是合法的、可靠的，而且是有利可图的。

卖合同的人相当于一个坐享其成的人，他不需要经营业务，也不需要履行合同中所指定的责任，不费吹灰之力就赚到了钱。

这对于会赚钱的犹太人来说，又何乐而不为呢？因此，只要他们觉得买卖双方的条件都能接受，就十分乐意把合同卖掉。当然，他们所收买的合同，仅限于他们的确认为有信用而且信得过的商人。

我们常说的“代理商”就是指这种靠买合同而稳赚利润的人。犹太人称“代理商”为“贩克特”，他们把别的公司企业已订立的合同买下来，代替卖方履行合同，从中获利。

犹太的“贩克特”生存于世界的每一个角落。他们一般会瞄准一些信得过的大公司或大厂商。银座犹太人藤田先生的公司就与“贩克特”常来往。

“您好，藤田先生，现在您做什么生意？”犹太“贩克特”常常会这样问。

“我刚好和纽约的一家高级女用皮鞋商签了个10万美元的合同。”

“太好了！您能不能把这个合同让给我？我给您两成的现金利润。”

双方有意，于是一桩合同买卖很快便成交了。藤田先生不费吹灰之力，取得两成利润，犹太“贩克特”也因此获得女用皮鞋输入权利，再从皮鞋销售中获取更大利润。交易的结果，双方都十分满意。这就是“贩克特”的快速生意，真可谓雷厉

风行。

当双方成交后，“贩克特”手持合同立刻飞往纽约那家皮鞋公司，称10万美元输入的权利是属于他的了。他们这么做所带来的好处是没必要直接参加合同签订，而是直接买来满足自己需求的合同。

当然，合同买卖需要步步小心，它要求“贩克特”们洞察力敏锐，以减少不必要的损失。犹太人惊人的心算度，渊博的知识面，深刻的理解力，使他们成为做“贩克特”的天才。

绝不许合同出现漏洞

很多因经济纠纷引起的案件很大一部分源于合同纠纷，要么是合同模糊，当事人双方的意思不清楚；要么就是合同的一方故意钻空子，因为合同不可能将一切情况都说清楚。

一天，有位美国律师请求预约“日本的犹太人”藤田先生。这时，藤田手头正忙，就没有答应对方。

“无论如何请您抽出一点时间。”对方恳求道。

“抱歉，我实在没空。”藤田婉言谢绝。

“那好吧，每谈一小时，给您奉上酬金200美元。”对方开了价，如此诚恳的态度使藤田很难为情，这说明定有要事。

“好吧，那就给你30分钟。”

律师是美国一家犹太人公司的法律顾问。该公司与日本一家商社达成了合作意向，现在需要一名监视日本公司是否守约的监督人，一月付1000美元，请藤田给推荐一名合适人选。律师拿出公司老板给藤田先生的信：“因为您是犹太人的朋友，所以您介绍的监督员一定可靠。”之后，律师又拿出了该公司同日本商社的合作协议。

藤田看完后，不觉笑了起来。从美国人眼里看来，这也许是一份完善的协议，而在日本人看来，则是一份漏洞百出、暗算人的合同。于是，藤田不仅给律师指出

了该合同的漏洞，而且介绍了一位可靠的监督员。这个人几乎不干什么工作，每月就可以轻而易举地获得1000美元的收入。尽管如此，律师却非常满意，因为他不仅及早发现了合同的漏洞，而且找到了一名合适的监督员。否则，一旦日本商社钻其漏洞，损失可能就不堪设想了。

聪明的犹太人在订立合同时谨小慎微，绞尽脑汁，绝不许出现任何漏洞。商场就是战场，实际商业操作中，即使和别人签一个很小的合同，也不能大意，否则很容易被对方钻空子。

很多因经济纠纷引起的案件很大一部分源于合同纠纷，要么是合同模糊，当事人双方的意思不清楚；要么就是合同的一方故意钻空子，因为合同不可能将一切情况都说清楚。犹太人经商时要把该防范的问题变成白纸黑字，从而尽可能地堵住漏洞，这种精神很值得生意人学习。

毁约就是亵渎上帝

世界每时每刻都在不断地变化，但契约的内容是一蹴而就的。遵守契约，维护契约可以保证双方的利益不受侵犯，是做生意能够赚钱的保障。

在犹太人的信仰中，违反契约必会遭上帝的严厉惩罚。相反，若信守约定，上帝则会垂青你，使你能够获得成功。

犹太人从小就接受《塔木德》的教育，他们深切了解恪守契约的重要性。很多商人都很乐意和犹太人订约，因为这份合约可以得到犹太人毋庸置疑的执行。

在全世界商界中，犹太商人的重信守约是有口皆碑的。犹太人认为“契约”是和上帝的约定。既然“契约”是和上帝的约定，那么每一次订立契约就意味着指天发誓、绝不反悔。若毁约. 就是亵渎了上帝的神圣。

“契约”是犹太人经商的秘诀。世界每时每刻都在不断地变化，但契约的内容是一蹴而就的。遵守契约，维护契约可以保证双方的利益不受侵犯，是做生意能够赚钱的保障。犹太人就是在这“契约”的保障下赚钱致富的。

犹太人一旦签订了契约就一定执行，即使有再大的困难和风险也要自己承担，

这是他们成功的一个重要原因。他们笃信契约，相信对方也是严格执行契约的商人。所以在犹太商人中，根本就不会有“不履行债务”这句话。

对于违约者，犹太人自然深恶痛绝，一定要严格追究责任，毫不客气地要求赔偿损失。对于不履行契约的犹太人，就会被认为违反了神意。犹太人是绝不会允许这样的，大家都会对他唾骂，并把他逐出犹太商界。

变通的最高境界是法律再造

在通常情况下，犹太人懂得变通法律。既能从形式上遵守，同时又不改变自己原有的活动方式。

犹太商人素以守约守法著称。在实际经营活动中，犹太商人同样也会遇到种种法律规则与经营目标发生冲突的时候。犹太商人的基本策略是化两难为两全。

有这么一个笑话，恰是犹太商人这一策略的幽默解说。以色列的住房问题很严重，几个德裔犹太人只好将一个报废的火车车厢作临时住舍。有一天晚上，几个德裔犹太人穿着睡衣，在寒风中颤抖不已地来回推着车厢。一个本地犹太人不解地问：“你们到底在干什么?”

“因为有人要上厕所，”推车人耐心地说明，“车厢里写着：停车时禁止使用厕所。所以，我们才不停地推动车厢。”

凡乘过长途火车的读者，想必都有机会看到这一条规定。其意图何在，大家也都清楚。现在既然车厢已经成为固定居所。此规定作为列车运行中的规定理当自然失效，虽然在保障“住宅”周围的环境卫生中还有必要遵守，可是这几个德裔犹太人却不知变通，死守规定，弄得两头不讨好：人冻得要命，环境卫生仍没搞好。

这是对笑话的一般理解。然而，要是换一个角度来看，事情就完全不是一个“迂腐”的问题，反倒是“变通”的表现了。

这几个犹太人是寄居在火车车厢之中的，就像犹太商人长期寄居在其他民族的社会中一样。这条规定是铁路主管部门制定的，无论其是否有效，应由列车车厢的所有人或铁路主管部门宣布，这几个犹太人没有立法的权力，自然也没有废除某项

法律的权力。

规定既然不能废除，用厕所又在情理之中，聪明的德裔犹太人就想出了让列车“动起来”的点子。只要车厢一动，规定便从其本意上不适用了，无须再由任何人来废除。既然铁路主管部门从未规定是否允许人力推车，他们当然可以自行决定。而就在他们几个人的瑟瑟发抖之中，规定没有违反，上厕所的要求也满足了，不是两全其美吗？

这则笑话表明：在通常情况下，犹太人懂得变通法律。既能从形式上遵守，同时又不改变自己原有的活动方式。

信守合同分厘必争

在商场上的关键问题不在于道德不道德，而在于合法不合法，守约不守约。

犹太人信守合同几乎达到令人吃惊的地步。在做生意时，犹太人分厘必争，丝毫不让。但在合同面前，纵然吃亏也绝对遵守。

有一位出口商与犹太商人签订了1万箱蘑菇罐头合同，合同规定为：“每箱20罐，每罐100克。”但出口商在出货时，却装运了1万箱150克的蘑菇罐头，货物的重量虽然比合同多了50%，但犹太商人拒绝收货。出口商甚至同意超出合同的重量不收钱，而犹太商人仍不同意，并要求索赔。出口商无可奈何，赔了犹太商人的全部损失，还要把货物另做处理。

犹太商人看似不通情理，但事实并非那么简单。首先因为犹太人极为注重合同，犹太人可以说是“契约之民”。犹太人生意经的精髓在于合同。他们一旦签订合同，不管发生任何困难，也绝不毁约。当然他们也要求签约对方严格履行合同，不容许对合同不严谨和宽容。相反，谁不履行合同，就会被认为违反了神意，犹太人绝不会允许的，一定会严格追究责任，毫不留情地提出索赔要求。

《圣经》分为旧约全书和新约全书，把《圣经》称为旧约，是因为犹太人把旧约视为上帝与以色列人签订的契约。认为人之所以存在，是因为与神签订了合约所致。因而，犹太人被称为“契约之民”。契约之民把合约引进了生意之中，并且认

为合约是生意的精髓，是神圣不可侵犯的。

所以，犹太人一旦与对方谈判成功，达成一致意见的协议，不管是口头协议还是文字协议，他们都认为这是与神签订的协议。在执行期间，无论发生任何困难，他们也不毁约。

谈判中签订合约，双方都要目标明确，语意表达准确无误，不允许有任何模棱两可的东西混藏其中。此后，双方必须遵照合同，绝对不可以毁约。

犹太人就是这样，在执行合同上严于律己，也严于律人。把别人和自己一样看待。若对方不严格履行合约，犹太人必会严加追究，毫不留情地要求赔偿损失。

在商业往来或发展中，其前提是彼此的安全感。要建立这种安全感，需要交往双方都信守所订的合同，谨守规则。但他们却常在不改变合同的前提下，巧妙地变通合同为自己所用。因为在犹太人看来，商场上的关键问题不在于道德不道德，而在于合法不合法，守约不守约。

违约就会遭到惩罚

想博得犹太人的信任，最重要的一件事情就是遵守契约。无论发生什么突变，无论在什么样的特殊环境之下，都要不遗余力地遵守契约。

《圣经》上记载了上帝耶和华和犹太人之间的契约关系：上帝要犹太人作为自己的“特选之民”，犹太男人出生的第八天就要在父母的带领下做“割礼”（即将男子的包皮割去），作为上帝和犹太人之间契约的证明。耶和华要求犹太人历尽流浪之苦最后等待救世主弥撒亚的到来。到时候，所有的人都必将得到救赎。他将降下彩虹作为和犹太人签约的见证。因此，犹太人极为注重契约，认为契约是和耶和华签订的，是无比神圣的事情。

想博得犹太人的信任，最重要的一件事情就是遵守契约。无论发生什么突变，无论在什么样的特殊环境之下，都要不遗余力地遵守契约。因为对于信奉犹太教的犹太人来说，他们绝对不会原谅一个对他们的神不尊敬的人。

《塔木德》里有一个故事说明了犹太人对违反契约的人的态度。在很久以前，

有一家人外出旅行。途中，这家的女儿出去散步却迷了路，正当她口渴的时候，她发现了一口水井。没有别的工具，她只好攀援吊桶，去井里喝水。喝完水后，却怎么也上不来。此时恰好有个男青年路过此地，听到哭喊的声音，便将姑娘救了上来。这个姑娘为了报答他的救命之恩，就与他私订了终身。两人订下婚约后，正找不到合适的证婚人，恰好见到一只黄鼠狼。于是，黄鼠狼和那口水井就成了他们的证婚人。

两人就此分别。

若干年以后，姑娘仍然痴心地等待自己未婚夫的归来。不料。那个负心人已在他乡结了婚，生了孩子，早把山盟海誓的婚约忘了。再说那个男人，他的妻子给他生了两个孩子，而他们的两个孩子一个一天在外玩耍被一只黄鼠狼咬死了；另一个在井边玩耍的时候掉进井里淹死了。这时候，男青年才想起了他和姑娘的婚约以及作证的黄鼠狼和水井。于是，他就和妻子离了婚，终于回到那个忠贞不渝的姑娘身旁。

这个故事就是犹太人告诉违约者应得的下场，任何人都不得违约，否则，就一定会遭受上帝的严厉惩罚。

不允许随便践踏规则

商人和国家是有规则的，国家提供了经营的条件和管理的责任，那商人就应该履行对国家和社会的责任——交纳赋税。如果大家都不遵守这样的规则，那么这个国家就不会存在。

犹太人特别讲究规则和契约，他们认为契约是人能够存在的理由和根据。他们做事情也就形成了这样的习惯，无论是什么事情，有了契约，形成了规则，他们就觉得十分放心、保险，倘若没有形成合同，也没有规则，那样即使条件再优惠，他们也绝对不会做。

一个寒冷的冬天，一大早牛奶店就排起了长龙一样的队伍，顾客都要购买热的鲜牛奶。当大家都在等候按次序购买的时候，迈克来了，他一来就挤进了队伍。排

在最后面的犹太青年约翰觉得不可容忍，于是想搞个小恶作剧。他跑过去，突然一把拉下迈克的帽子，然后又回到自己原来的位置，他把胳膊放在身后，高举起帽子，笑嘻嘻地对迈克喊："伙计，你的帽子都在排队，你还不来排队吗？"

这就是犹太人的规则意识，他们自己不违反规则，也不容许别人随意地践踏大家形成的规则。

为什么非要有一个规则呢？可以随便找出一个事例来说明。

有一辆拥挤的公交车驶来，进了站台，车门打开，于是大家一窝蜂似的往上涌。结果，年轻力壮的人挤在了前面，而年老体弱的被挤在了一边。车上的人们十分着急却由于上车的人挤得太厉害而无法下去，而下面的人因为车门被堵而无法上去，无数人的脚被踩，无数人的东西被挤坏，经过很长时间的喧闹，车才勉强开动。大家纷纷叫着、骂着，整个车站一片混乱。这是一个没有规则的车站通常出现的一幕。而一个有规则存在的车站，情况就大不一样，所有的人都在安静地等待，车来了，大家按照先下后上的规则就可以有序地上下车，而上车的人们可以排成队伍按先来后到的次序上车，大家为年老体衰的人让座，车厢里整洁有序。这就是规则带给人们的方便。

正是规则意味着井然有序的活动，保证了整个活动的高效率，因此才需要有高度地崇尚规则的意识。

犹太人在生活中讲究规则，在商务上，他们也同样地重视规则，典型的例子就是犹太人在经营的时候，决不偷税漏税，也极少做违法的事情。在犹太人看来，偷税漏税是可耻的行为，是一件让人痛恨的事情。犹太人说商人和国家是有规则的。国家提供了经营的条件和管理的责任，那商人就应该履行对国家和社会的责任——交纳赋税。如果大家都不遵守这样的规则，那么这个国家就不会存在。这个社会和国家之所以存在，是由于大家都遵守了这样的规则的缘故。

一切的违法活动，都是对规则的破坏和挑战，是决不可饶恕的错误。于是犹太人在经商的时候，极少发生这样那样的违法犯罪活动，他们的犯罪率之低是世界罕见的。

犹太人会搞投机，但违反他们的投机都是在国家许可范围内的，因为没有法律明文规定的条文就不算是违法。既然没有明文规定那就是默认与许可，犹太人就会抓这样的机会。而明目张胆地犯罪，就是直接地破坏，所以，尊重规则和契约的犹太人是不会这样做的。

在一个企业中，最有效的管理莫过于那些通行的规则和惯例，通常我们叫它制度。

有一个犹太人管理着一家很大的公司，但是大家看到他显得十分轻松，他经常出去考察，他不无自豪地说："我的公司即使我一年不回来，大家也会干自己的事情，公司不会出现任何问题。"

这就是规则的魅力。

对自己不利也不能违约

千金一诺是非常有意义的原则，它可以在你受挫的时候给你必要的支持，保证你有足以东山再起的人际关系，它可以给你带来可靠的机遇，因为你已经赢得了别人的信赖和承诺。

《塔木德》要求："立誓之事就是对自己有害也不能反悔。"谨守此道的犹太商人奥斯曼善于从长远考虑问题，为了信誉宁愿暂时赔钱，他目光远大的作风给世人留下了深刻的印象。

1940年。奥斯曼以优异的成绩毕业于开罗大学并获得了工学院学士学位，重新回到了伊斯梅利亚城。贫穷的大学毕业生想自谋出路，当一名建筑承包商，这在许多人看来简直是白日做梦。奥斯曼也陷入窘境："我身无分文，但我立志于从事建筑业。为了这种目的，我可以委曲求全，从零开始。"

奥斯曼的舅父是一名建筑承包商，他曾经开导奥斯曼：要有自己的思想，不要人云亦云。

奥斯曼为了筹集资金，学习承包业务，巩固大学所学的知识，便到了舅父的承包行当帮手。

在工作中奥斯曼注意积累工作经验，了解施工所需要的一切程序，了解提高工效、节省材料的方法。一年多的实践后，奥斯曼收获不小，但也有不少感慨："舅父是一个缺乏资金的建筑承包商。设备陈旧，技术落后，无力与欧洲承包公司竞争。我必须拥有自己的公司，成为一名有知识、有技术、能同欧洲人竞争的承包商。"

1942 年，奥斯曼离开舅父，开始实现自己成为建筑承包商的梦想，他手里仅有 180 埃镑，却筹办了自己的建筑承包行。

奥斯曼相信事在人为，人能改变环境，不能成为环境的奴隶。根据在舅父承包行所获得的工作经验，他确立了自己的经营原则："谋事以诚，平等相待，信誉为重。"创业初期，奥斯曼不管业务大小、盈利多少，都积极争取。他第一次承包的是一个极小的项目——为一个杂货店老板设计一个铺面，合同金只有 3 埃镑。但他没有拒绝这笔微不足道的买卖，仍是颇费苦心，毫不马虎。他设计的铺面满足了杂货店老板的心意，杂货店老板逢人便称赞奥斯曼，于是奥斯曼的信誉日益上升。奥斯曼的经营原则获得了顾客的信任，他的承包业务日渐发展。

1952 年，英国殖民者为了镇压埃及人民的抗英斗争，出动飞机轰炸苏伊士运河沿岸村庄，村民流离失所。奥斯曼承包公司开始了为村民重建家园的工作，用两个月时间，为 160 多户村民重建了房屋，他的公司获利 5. 4 万美金。20 世纪 50 年代后，海湾地区大量发现和开发石油，各国统治者相继加快本国的建设步伐。他们需要扩建皇宫，建造兵营，修筑公路。这给了奥斯曼一个历史性的机会，他以创业者的远见，率领自己的公司开进了海湾地区。他面见沙特阿拉伯国王，陈述自己的意图，并向国王保证：他将以低投标、高质量、讲信誉来承包工程。沙特阿拉伯国王答应了奥斯曼的请求。后来工程完工时，奥斯曼请来沙特国王主持仪式，沙特国王对此极为满意。

"人先信而后求能"。奥斯曼讲究信誉，保证质量的为人处世方法和经营原则，使他的影响不断扩大。随后几年，奥斯曼在科威特、约旦、苏丹、利比亚等国建立了自己的分公司，成了享誉中东地区的大建筑承包商。

奥斯曼讲究信誉的做法，在一定情况下会使自己吃亏。但在这种情况下，吃亏毕竟是暂时的，所谓有亏必有盈，某次吃亏或经济利益受损却会给自己长远的事业带来积极的影响甚至长远的影响。

和奥斯曼一样，精明的犹太人相信，千金一诺是非常有意义的原则，它可以在你受挫折的时候给你必要的支持，保证你有足以东山再起的人际关系，它可以给你带来可靠的机遇，因为你已经赢得了别人的信赖和承诺。

合约要考虑的是合法而不是道德

商场上，首要考虑的不在于道德不道德，而在于合法不合法。只要合约是在双方完全自愿的情况下达成并且符合有关法规。那结果即便不公正，也只能怪吃亏一方自己。

犹太商人很清楚，商场上，首要考虑的不在于道德不道德，而在于合法不合法。只要合约是在双方完全自愿的情况下达成并且符合有关法规，那结果即便不公正，也只能怪吃亏一方自己。

为什么事先不考虑周全？正因为这个道理，《圣经》上才堂而皇之地记下了关于雅各的一个典故。

相传以色列人是由12个部落构成的，这12个部落各自的祖先，原是同父异母的兄弟，他们的父亲叫雅各。早先的时候，雅各曾流浪在外，为其母舅即日后的岳父拉班牧羊。在报酬问题上，雅各主动提出，不需另外支付工钱，只要以后新生出的小羊中，凡是带斑点的、有花纹的或是黑色的，就归他所有，其他颜色的，都归拉班所有；而且，拉班可以把羊群中现有的这类羊全部先行带走。

拉班听了，对雅各开出的条件非常满意，同意照此办理。于是，雅各便继续给拉班牧羊。转眼到了羊交配的季节，雅各采了些嫩树枝，将皮剥成白纹，露出里面白色的枝干，然后，将这些树枝插入饮羊的水沟里或水槽里，羊来喝水的时候，对着树枝雌雄交配，就生下了带有斑点或花纹的羊。雅各把这些羊分出来，另行放牧。以后，每逢羊膘肥体壮之时，雅各就如法炮制，让它们产下有斑点或有花纹的

羊羔。而在羊只瘦弱的时候，则听任它们自然交配，生下无花纹、无斑点的都归拉班。

这样，没几年，雅各就“极其发达”。

雅各这样的办法，只有神话传说中才可见到，而且即使在神话故事中，也不是人人都知晓的，那个拉班就不知道。否则的话，他是不会同意雅各所出的工价，听凭他以如此简便有效的改变羊羔毛色的办法“掠夺”自己的羊羔的。

不管怎么样，雅各在这种表面上看非常公道，甚至公道得他自己明摆着吃亏的合约中，放进唯有他自己知道的“私货”，使对方自以为占了便宜而同意合约，结果反而大大吃了亏。

对于把研究律法看作人生义务或祖传手艺的犹太人来说，任何一种法律都有漏洞，而且有不少条例漏洞之大不亚于法院的大门。只要方法得当，手段干净，尽可以来去自由。尤其对于那些由歧视、迫害或对犹太人不友好的人所制定的法律，犹太人更要理直气壮地藐视它。

不过，从犹太人的习惯来看，与其破网而出，不如堂而皇之钻漏洞更为自然。神不知鬼不觉，既不引人注目，也不会于心不安，何乐而不为呢?

遵守合同不协商的犹太人约瑟夫

犹太人对合同的信守程度几乎令人吃惊。他们签订了合同后，只要合同生效，即使明摆着自己要吃亏他们也要遵守；只要合同上面明确规定的，纵使只有一分一厘，犹太人也会争取，毫不让步。或许，这些做法在其他人看来，认为犹太人有些不通情理，因循守旧，但是犹太人始终身体力行地坚持契约精神，把合约看成是神圣的约定。

犹太人作为生活规范的重要书籍《塔木德》上有一句话是这样说的：“契约与合同一旦签订，就没有协商的余地。”犹太人做生意十分注重合同，因此同犹太人做生意要认真对待，而跟他们签合同就更要打足十二分精神了。

约瑟夫是个信守合同的犹太商人。有一次，一家出口商与犹太商人约瑟夫签订

了1万箱沙丁鱼罐头的合同，当时的合同规定：每箱20罐，每罐100克。但是出口商在出货时，却装运了1万箱150克的沙丁鱼罐头。货物的重量虽然比合同多了50克，但犹太商人约瑟夫拒绝收货。这个时候出口商做出了让步，同意超出合同的那50克重量不收钱，而约瑟夫仍不同意，而且要求赔偿。最终出口商无可奈何，赔了约瑟夫10多万美元后，还得把这批货物运走另行处理。

在这件事中，看起来约瑟夫不通情达理，连明眼人都能看出来的好处都不要。可是大多数人都不知道的是，事情并没有那么简单，犹太人大都熟悉相关的法律，而且他们在合同中也明确规定：沙丁鱼罐头的商品规格是每罐100克，而最后到的货却是每罐150克，即使多出来了50克，但是卖方并没有按照合同的规定交货，是违反了当初他们约定的合同。按国际惯例，约瑟夫完全有权以对方违约为由拒绝收货并且索要赔偿，约瑟夫这一行为是合法的。

一方面，有供求的问题，如果这一商品适应消费者的爱好和习惯的规格是100克，那么150克的罐头就不适应消费习惯，造成产品销售出现问题，有可能造成更大的损失。

另一方面，还有可能给约瑟夫造成不必要的麻烦。如果他所在的国家是实行进口贸易管制比较严格的国家，就会造成实际重量与申请进口许可证的重量不一致的情况，遭到进口国有关部门的调查，甚至会被怀疑有意逃避进口管理和关税，这是要被追究责任和罚款的，到头来往往得不偿失。

因此，在和犹太人签订合同时，要目标明确，确保语意表达没有曲解的可能，杜绝模棱两可的条约出现。这样才能让双方遵照合同，绝对不可以毁约。犹太人认为，一旦签订了合同，就要严格遵守，这样在体现自己诚信的同时还避免了不必要的损失。

由于犹太人十分看重合约，他们的契约精神也不容许他们在合约上犯错误，而且也严于律人。如果对方不严格履行合约，存在毁约行为，犹太人一定会毫不留情地用法律的手段来维护自身的利益。

夏洛克的亡命契约

大多数犹太商人都非常看重合约，即使是《威尼斯商人》中的夏洛克也没有背弃祖先的契约精神。在剧中，一方面夏洛克的形象是一个精明、吝啬、残酷的犹太商人；另一方面，他也是一位守约守法的犹太人，这些都离不开他的契约情结。

夏洛克在同安东尼奥签订借款合同时，是慎重的，在签订借款合同前，他会先参考一下安东尼奥的人品，从别人评价“安东尼奥是个好人”这句话中确定了他的人品没问题。而且，安东尼奥还是个有财力的商人，具有偿还负债的能力。从而愿意同安东尼奥签这个合同。之后，夏洛克为了契约能有个合法的形式，还找了个公证人给合约做了公证。

合约生效后，夏洛克守约，在安东尼奥违约时，他坚决按照合约上的规定履行，而且面对着对方“加倍偿还”的补救措施，依旧坚持“即使这六千块钱中间的每一块钱都可以分作六份，每一份都可以变成一块钱，我也不要它们；我只要照约处罚”；“你倘若想推翻这一张契约，那还是请你免开尊口的好。我已经发过誓，非得照约实行不可”。从这些来看，不管夏洛克是出于什么目的，从这方面也看出夏洛克是守约的，而且也不让别人违约，之后由于鲍西亚的涉入，让夏洛克败诉，反而要被“割肉”，这时候他表现出了愿赌服输的气魄，接受了按照法律规定对自己财产的处理。即使他很有可能变成一个穷光蛋，他也没有违背法律的规定，表现出了最认真的守法态度。

夏洛克的契约情结建立在当时威尼斯相对公正严明的法律制度上。夏洛克非常清楚，当时的威尼斯在法律面前人人平等，即使是公爵也不能违反法律。于是当安东尼奥违约的时候，他就理所当然地认为威尼斯的法律会使他得到安东尼奥的一磅肉，威尼斯的法律不可能是一纸空文，为了一个安东尼奥就放弃相关合约的法律规定。

虽然，夏洛克的契约情结形式合法，但是实质上是为了报复安东尼奥。古罗马的法律对后世产生了巨大的影响，在他们的法典中，有一句话是这样说的：“法律

乃善良及公平之艺术。”这句话告诉我们，法律的内容不仅要体现善良，而且还要鼓励善良的做法、阻止邪恶的行为和动机。恶意、恶行都是法律制度所禁止和不容的。在《威尼斯商人》中，夏洛克之所以不惜一切要安东尼奥按照约定实施，是因为安东尼奥曾经羞辱过他，也夺取过他几十万块钱的生意，讥笑过他的亏蚀，挖苦着他的盈余，侮蔑犹太民族，破坏他的买卖，离间他的朋友，煽动他的仇敌。夏洛克对安东尼奥是有一种咬牙切齿的恨意，正是由于这些恨导致了他的恶意，要求坚决履约。夏洛克的失败就在于此时他处于与法律相冲突的地位，威尼斯公爵对安东尼奥说：“我很为你不快乐；你是来跟一个心如铁石的对手当庭对质，一个不懂得怜悯、没有一丝慈悲心的不近人情的恶汉。”说明此时无论从法律上还是道德上都偏离了夏洛克，他成为一个不折不扣的失败者。

而且，夏洛克也陷入了合同的漏洞中，最后自投罗网。他在契约中规定一定要从安东尼奥身上割一磅肉，安东尼奥的辩护律师鲍西亚抓住了空子，按照约定中说的，夏洛克只能割一磅肉但是不能带血；更有难以做到的是，从安东尼奥身上割下来的肉必须正好是一磅。在面对这个几乎不可能做到的情况时，夏洛克做出了让步，他不仅放弃了“割肉”的要求，而且也不用安东尼奥还那六千块钱，甚至还差点儿把自己弄得倾家荡产、锒铛入狱，夏洛克最后倒在了自己签订的契约之下。一前一后的转变，让夏洛克签订的契约从夺取安东尼奥性命的武器，变成了保全安东尼奥性命的保障。

精于钻合同空子的犹太人

犹太民族在几千年的漂泊中，仍然不忘《塔木德》的教诲，因此犹太商人大多数都是拥有良好法律素质的人。他们非常知法也守法，在平时的生活和工作中，他们都会一丝不苟地遵守法律的条款，不触犯一条法律规定。同时，他们也会煞费苦心地研究如何通过钻法律的漏洞来获得更多的利益。但从本质上来说，他们还是尊重法律的，钻漏洞也只是要要计谋，打法律的擦边球，还是合法的。

并不是每个人都能够成功地钻法律的漏洞去签订合同，这需要有敏锐的眼光和

机智的头脑，可以这样说，空子是留给那些聪明人钻的，很大一部分人只能在看起来严密无比的法律条文下，按照合同的规定，一条一条地去执行。这些，在犹太人看来是相对容易的。他们把研究《塔木德》看作是人生义务，从年少到年老，身边都离不开《塔木德》。他们可以悉心研究出那些法律漏洞，钻透那些漏洞，让财源滚滚而来。所以，犹太人心安理得地利用那些漏洞，为他们赚取巨额财富。

通常，犹太人认为，在经商中只要诚信经营就是遵纪守法，在法律的范畴下，只要能赚钱，做什么生意都可以。

犹太人不仅在具体金额上面精打细算，而且还有一般人学不到的思维上的精明。犹太商人在思维方式上用所谓的“逆向思维”，借助这种思维方式，犹太人“倒用法律”并因此大发横财，也让别人无可奈何，只能怪自己没有想到，错过发财良机。

下面这个真实事例就充分体现了犹太人的“逆向思维”。

在“二战”结束后，经过20多年的经济复苏，日本的经济高速增长，对外出口额远远大于进口额，产生了巨大的贸易顺差，使得日本的外汇储备飞速增长，这个时候，日元面临着升值压力，美元日益疲软。

在1970年年初的时候，日本的外汇储备只有35亿美元，可从10月份开始，情况有了很大的改变，日本的外汇储备像滚雪球一样越滚越大，到第二年的8月份达到了125亿美元，其中就8月份一个月的外汇收入就达到46亿美元，超过了战后25年的积累。前后不到一年的时间里，外汇储备增长到150亿美元。而当时日本举国上下还沉醉在自我感觉良好的状态中，认为是国人辛劳工作，才赚取了这么多的外汇储备。

殊不知，一场危机悄悄来临。犹太人在这个时候大量向日本抛售美元，想借日元升值来赚钱。日本虽然有看起来严密的外汇管理规定，但是犹太人发现了一个大漏洞，就是当时的“外汇预付制度”，这一个条例规定对于已签订出口合同的厂商，政府提前付给外汇，鼓励企业出口。这个制度有个缺陷，那就是必须允许退货。犹太人发现了“提前付外汇”和“退货”这两个关键点。

就这样，他们先与日本出口商签订了合同，而把美元卖给了日本，之后开始了耐心的等待，等到日元升值的时候，他们再以退货的方式将美元买回来。就是这样一卖一买，利用日元升值所造成的差价，就可以稳赚大钱。

终于有一天，日本政府再也顶不住外汇虚增的压力，向全世界宣布日元升值，由1美元兑换360日元变成了1美元兑换308日元。

就是这样，在短短几个月的时间内，通过差价，1美元就净赚52日元，而日本政府为此却总共损失了8亿美元，相当于每个日本人损失5000日元。事后，据有关部门了解，这些钱大部分被犹太人赚去了。日本人对此也束手无策，因为那些犹太人并没有触犯任何法律规定，他们精明地打着法律的擦边球，靠这种独特的智慧获得大量财富。

犹太人善于采用“倒用”的经营思路，将日本原来为了促进出口而允许通过预付款来解除合同的规定，逆向为可以争取预付款和解除合约来做一笔纸上谈兵的生意。到最后，连日本政府也只能眼睁睁地看着犹太人大摇大摆地以合法的方式把钱卷走。

他们在签订合同的时候，一方面，会反复修改，把能想到的情况都考虑进去，不让别人有空子可钻；另一方面，他们又会向律师咨询、了解相关的法律法规，看看这些规定有没有漏洞可钻，一旦发现有些模棱两可的法律条文，他们就发挥灵活的头脑，想尽办法去钻这些空子。

犹太人从不会违约，但是他们会通过钻合同的空子，机智地获得更多的利益，别人也就只能羡慕嫉妒恨了。

变通契约创造价值的犹太人

当我们的思维陷入死胡同，工作没有进展时，不妨换个角度，从原有的思维方式中彻底解放出来，形成一种新思维，就像一只蚂蚁爬到你的指尖，当你理所当然地认为它没有出路，或者回头，或者掉下去的时候，蚂蚁默默地顺着指尖爬到另一面去了。因此，学会在固定的环境下变通也是一种能力。

犹太人认为，契约一旦形成就不能改变，但是可以变通。可以说，经过《塔木德》的熏陶，犹太商人都具有良好的法律素质，他们不但严于守法守约，而且善于守法守约。他们能在不破坏约定的基础上，最大限度实现自己的目的，哪怕实质上不符合契约的原意，但是形式上他们还是守约守法的。

他们善于守约的例子比比皆是，大部分都是借履行契约的形式去取得另外的目的，在守法守约的形式下，取得违法或者毁约才能达到的效果。这不是说犹太人阴险狡诈，只是说犹太人的方法符合现代法治的本质和精神，值得那些精明的商人去学习。

说到变通契约，《塔木德》里有这样一个故事：

在很久以前，有一个聪明的犹太老商人，他是个虔诚的犹太教徒，当儿子长大后，让儿子去遥远的圣城——耶路撒冷学习。光阴如梭。有一天，他染上了重病，预感到很快就要不久于人世了，家里当时只有一个奴隶，儿子还在耶路撒冷，病床上的他留下了一份遗嘱，上面写着：家里的所有财产都传给奴隶，如果在这些财产中，儿子想要的话，可以让给儿子但是最多只能取一件。

不久，这位老人就去世了，他的奴隶得到了财产，很高兴，把他厚葬后日夜兼程赶到耶路撒冷，把这个悲痛的消息告诉他的儿子，并把遗嘱拿给他儿子看，儿子看后既伤心，又对父亲这一做法非常不理解。

儿子一直在盘算自己怎样才能得到这笔财产，但是按照遗嘱，只能得到一件。为此，他非常苦恼，就跑到老师那里去诉苦。老师是个睿智的犹太老人，了解情况后，老师对他说：“从遗书上就可以看出，你父亲智慧非凡，而且真心爱你。”

儿子却毫不理解地认为：父亲把所有的财产都给了奴隶，只留给自己一件，对自己一点儿都不关心，这种做法并不明智。

看来他还没有理解，老师就让他再好好想想，只要了解了遗嘱的弦外之音，就可以知道他的父亲是多么的用心良苦。老师告诉他：“如果遗嘱上你的父亲说财产不给奴隶，而你又不在身边，那个奴隶很有可能会带着财产逃走，你的父亲也得不到安息。而立了这么个遗嘱，奴隶就会愿意厚葬他，并且保管好财产跑到这来

见你。"

儿子听完老师这段话，还是没明白究竟遗嘱精妙在哪儿。老师见他还是不明白，就对他说："现在法律规定奴隶的所有财产属于他的主人，而你父亲留给你一样财产，你只要选那个奴隶就可以得到全部财产了。这足以说明你的父亲对你关爱有加。"

年轻人恍然大悟，最后他如愿以偿得到了财产。作为回报，还帮那个奴隶恢复了自由身。

这个故事中，犹太人定的遗嘱并没有毁约，而是运用了一个"空心汤圆"的计谋，让奴隶心甘情愿地去见自己的儿子，最终把财产安全地送到了儿子手中，这也体现了犹太人在订约守约上的独特智慧，让他们很少吃亏。

因此，在这个诚信时代，随着商业化步伐的加快，合同的订立越来越频繁，我们必须向犹太人那样既要守约，又要善于订立合适的契约，在订约的时候一定要考虑周到，不留漏洞。

在商场上，犹太人面对契约有另外一种理解，在他们看来，关键问题在于合不合法，而不在于道德不道德。

怀疑契约是丧失魄力的主因

犹太人把契约看得很重，订立契约后双方就是合作关系，不能怀疑对方会违约，否则会影响他们与你合作的兴趣。

有一个商人在和犹太人交往时，如果和他们有交流上的问题，或者不满意他们的行为举止，只要和他们订立契约之后，就不要怀疑犹太人会不守信用，怕他们会因为自己的态度问题而违约，或是带着负面情绪遵守合同，使合同进展缓慢，效率低下。犹太人有一个关于契约的公理：除了犹太人之外，不信任其他的人连自己的妻子也包括在内。这条公理已经在犹太人之间形成和运用了四千多年，并且屡试不爽。

在商场上，犹太人的做法是：如果对方是犹太人，无论有没有契约，只要他口

头答应了，就可以信任；反之，如果对方不是犹太人，纵然有契约约束，也不可信任。

商场如战场，事关钱的时候，犹太人对任何人都心有戒备，尤其是对非犹太人。

藤田是日本的“汉堡大王”，被人称为“东方犹太人”。犹太人跟他的关系很好。

有一次，一位好心的犹太朋友对藤田说：“藤田先生，我来告诉你一个我们犹太人用了四千多年的公理吧，这个公理都不需要用任何方法来证明它的正确与否。那就是我们犹太人在平时不相信任何人，但是只要订立了契约，就会百分之百地信任对方，不会对别人有一丝的怀疑，他们爱钱，但是更加尊重契约。”

其实，事实也是如此，当时的日本人在和别人订立契约后，老是怀疑对方会毁约，对另一方有各种不满意，犹太人就不会这样，他们重约守约，不会怀疑对方，因为在签订契约的时候，他们就考虑周到了各方面的可能性，他们不担心这一点，一旦对方违约，对方必然要赔偿损失，这样他们也不会亏本。

藤田对于这个朋友的批评建议也是受益匪浅，但是他终究不是犹太人，没有把这个犹太朋友的忠告记在心上。有一次，他在意大利的一个皮鞋店定做皮鞋，订单早就订好了，可是他仍然不放心，生怕他们不会像订单里要求的那样用小牛皮做材料，也怀疑他们的手工是否会马虎，他心里忐忑不安，不停地在店里踱着步，用一种怀疑的眼光盯着那个老板。这个时候，由于这个老板脾气暴躁，看出了他的心思，就指着他破口大骂：“你们这些塌鼻子的日本人开始穿鞋子的历史才不过百八十年光景，我们意大利人已经穿了两千年，你不放心的话，就请到别家店去做，我们不做你的生意！”

这时他才记起犹太朋友的话，于是羞愧难当，连哼都没哼一声，用沉默来表示他的歉意，化解矛盾。

犹太人碰到别人违约的时候，必定冷静地说：“你不必说理由，说也没用，快点儿赔偿损失！”犹太人也不必和对方争吵，就可以默默地捞一大笔赔偿金，各位

千万别忘了“沉默是金”！

契约的力量是犹太人的智慧箴言

如果一个人对犹太人违约了，那么犹太人就会怀疑这个人的道德素质也有问题。在犹太人看来，契约是衡量一个人道德品质的天平，重约、守约意味着天平倾向于高尚；违约、毁约则意味着离素质败坏越来越近。

《羊皮卷》书影

《羊皮卷》既教会了犹太人要重视契约，重视声誉，又让犹太人在做生意的时候处处都以契约为准绳。为了使生意做得更有效率和收益，他们往往用契约的信誉来构筑属于犹太人的商业奇迹。有了这守信守约的“金字招牌”，我们在和犹太人做生意时，就可以放下心，安心按照合同上的规定做就行了。《塔木德》中说，犹太人存在的理由就是因为上帝与他们签订了契约，如果不遵守契约就会惹怒上帝，上帝就会降临灾难给那些违约的人。因此，犹太人在经商的时候，把诚实当作是最高的商法，他们在经商时不欺诈，遵守合同，他们始终相信只要平等的交易和公证的执行，就能够得到更多的利益。

在历史上，古希伯来（犹太）民族本身是由许多游牧民族混合起来的一个部族，他们在开始的时候是被当地的一些首领雇佣的作战士兵，他们依附于主人，和拥有那片土地的主人是一种主仆关系，而且他们的关系还有历史依据。在对早期犹太人聚居地的一些考古中发现，在那个年代，他们的私人信件就提及了他们和主人立约是自愿为仆，主人在世期间契约一直生效，这些都说明了犹太人重约、守约是一种传统。他们的祖先在生产力水平极为低下、茹毛饮血的原始部落时期就产生了对后世有深远影响的契约意识。可见，当今的犹太人如此重视契约精神是有历史依据的。

后来，希伯来人经过很长时间的一段漂泊流浪，终于在迦南定居，当时这个地方已经是一些商人往来的商道，每天都有形形色色的商人和商队从这里浩浩荡荡地穿过。在这里，许多希伯来人已经充当了商人和雇工的角色，也会签订许多契约，希伯来人原始的契约观念的烙印也在这时深深刻下。

因此，犹太人极为重视契约。一方面，他们认为契约是和上帝签订的，是神圣和美好的；另一方面，他们在和别人订立契约的时候，会在谈判中千方百计地迷惑对手，为自己获得更多的收益。因为他们明白一旦在合作中签了合同就必须无条件履行，所以他们要在这之前，充分发挥自己的聪明才智，仔细推敲斟酌，小心谨慎地让合同看起来非常完美，没有缺陷。而且，由于各个国家对契约的态度不一样，作为世界商人的犹太人，他们在与别人有商业往来的时候，总会留心该国的法律法规，进一步了解对方是否会守约。他们不相信任何人，在开始的时候，他们往往是谨慎而怀疑的，他们忌讳的是对方违反约定，当一个人对犹太人毁约时，那么这个人终生都不会被犹太人再相信。他们还会在整个商业团体中广为传播，让这个毁约的人的生意走上绝路。因为对于信奉犹太教的犹太人来说，毁约相当于对他们神的一种亵渎。

十四、信息是有价的

比别人更早一步

只有动作迅速，行动敏捷，才有可能在激烈的竞争中获得胜利。这就像在拳击场上，不论你有多好的素质，多高的水准，多硬的功夫，只要你的动作不够敏捷，就会失去那稍纵即逝的机会。

一个优柔寡断的人，是很难赚到大钱的。只有动作迅速，行动敏捷，才有可能在激烈的竞争中获得胜利。这就像在拳击场上，不论你有多好的素质，多高的水

准，多硬的功夫，只要你的动作不够敏捷，就会失去那稍纵即逝的机会。犹太人在这方面，可以说是训练有素。

巴鲁克，著名的美国犹太实业家。他在30岁时，就成为让人羡慕的百万富翁。他知识丰富，聪明过人，曾被美国政府委以多项重任。他的发迹，不能不归功于他那迅速的行动能力。

1898年。年轻的巴鲁克和父母亲住在一起。当时，正在迅速崛起的美国和老牌帝国主义国家西班牙进行了一场战争。西班牙威名远扬的舰队远征美洲，却在圣地亚哥附近被美国海军一举战败。

这天晚上，巴鲁克从广播里面听到了这一消息，知道各地证券市场的美国股票将会大幅度上扬，于是连夜向自己的办公室赶去。

其实，第二天是星期一，按照美国证券交易市场的规矩，星期一是不开盘的，但英国的证券市场却会照常营业。他这么着急赶回去，就是要通过长途通信着手运作自己的股票资金。可是，时间实在是太晚了，通往纽约的客运火车已经没有班次。巴鲁克却毫不犹豫地租下一列专车，终于在黎明之前赶到自己的办公室。当伦敦股市开始交易的时候，他果断地卖出买进，做成了几笔“大生意”。他的财产就此大幅升值，而他从此也声名鹊起。

通过巴鲁克的行为，我们可以反省一下自己：

首先，你能从一条与经济没有任何直接关系的新闻中，获得自己致富的信息吗？

第二，你获得了这条信息，能够立刻做出相应的决策吗？

第三，你做出了决策，能够立即起身行动，而不是按照正常的作息规律行事吗？

第四，你开始行动了，但在行动受到阻碍时，能够有办法克服那些阻碍吗？

实际上，巴鲁克在面对第四个问题时，如果不是果断地租用专列的话，那么他就不可能及时赶回自己的办公地点；如果按照本地正常的交易时间，那他也就不可能在第一时间里完成自己的交易。现在回过头来看，巴鲁克采取的措施，似乎并没

有什么特别，但是在当时，正是这些措施使他完成了果决而迅速的决策。

巴鲁克的经商经历，最能说明犹太生意人的原则：如果能够比别人更早一步，便总是能够及时抢占制高点。

过时的信息也能帮人赚钱

商场上机会均等，在相同的条件下，谁能抢占先机，谁就能稳操胜券。而抢占先机最有效的途径就是获取并破译有关信息。

对于一个长期缺乏保障的民族来说，有时一个信息就可能决定生死存亡。从这样的传统出发，犹太商人形成了对信息的高度重视与敏感。

商场上机会均等，在相同的条件下，谁能抢占先机，谁就能稳操胜券。而抢占先机最有效的途径就是获取并破译有关信息。

事实上，犹太人的消息灵通是世界闻名的。

在这方面，罗斯柴尔德家族为我们提供了一个最好的实例。罗斯柴尔德家族遍布西欧各国，这种分布即使这个家族较易于获得信息，也使各种信息具有了特别重大的价值：在一地已经过时了的信息，在另一方可能仍具有巨大的价值。为此，罗斯柴尔德家族特地组织了一个专为其家族服务的信息快速传递网，在交通和通讯尚未快捷的时代，这个快件传递网发挥的作用决不容忽视。

19 世纪初，拿破仑和欧洲联军正艰苦作战，战局变化不定、扑朔迷离，谁胜谁负，一时很难判断。后来，联军统帅英国惠灵顿将军在比利时发起了新的攻势，一开始打得十分糟糕，为此，欧洲证券市场上的英国股票比较疲软。

伦敦的纳坦·罗斯柴尔德为了了解战局的走向，专程渡过英吉利海峡，来到法国打探战况。当战事终于发生逆转，法军已成败势之时，纳坦·罗斯柴尔德就在滑铁卢战地上。纳坦获悉确切消息后，立即动身，赶在政府急件传递员之前几个小时回到伦敦。罗斯柴尔德家族靠信息之便而占了先手，他们动用了大笔资金，乘英国股票尚未上涨之际大批吃进。短短几小时后，随着政府信息的公布，股价直线上升，转眼之间，罗斯柴尔德发了一笔大财。

这则轶事属于金融界的传说，犹太人把这种捕捉信息提前决策的金融技巧归之于罗斯柴尔德家族，显然是人们对他们信息方面“精明之处”的认可。

积累知识比积累金钱更重要

没有足够的知识储备，一个人难以在工作和事业中取得突破性进展，难以向更高的地位发展。在成功之前，一个人要积蓄足够的力量。

许多天赋很高的人，终生处在平庸的职位上。他们宁可把业余时间消磨在娱乐场所或闲聊中，也不愿意看书。他们对目前所掌握的职业技能倍感知足，意识不到新知识对自身发展的价值；他们心甘情愿陷于颓废的境地，尚未做任何努力就承认了人生的失败。

犹太人非常讨厌这种人，他们认为没有足够的知识储备，一个人难以在工作和事业中取得突破性进展，难以向更高的地位发展。

在成功之前，一个人要积蓄足够的力量。在这方面，托马斯·金曾受到加利福尼亚的一棵参天大树的启发：“在它的身体里蕴藏着积蓄力量的精神，这使我久久不能平静。崇山峻岭赐予它丰富的养料，山丘为它提供了肥沃的土壤，云朵给它带来充足的雨水，而无数次的四季轮回在它巨大的根系周围积累了丰富的养分，所有这些都为它的成长提供了能量。”

即使在商业领域也如此。那些学识渊博、经验丰富的人，比那些庸庸碌碌、不学无术的人成功的机会更大。

有位在商界赫赫有名的犹太人这样说：“我的所有职员都从最基层做起。对工作有利的，就是对自己有利的。任何人在开始工作时如果能记住这句话，前途一定不可限量。”

有一句格言说：“只因准备不足，导致失败。”这句话可以写在无数可怜失败者的墓志铭上。有些人虽然肯努力、肯牺牲，但由于在知识和经验上准备不足，做事大费周折，始终达不到目的，实现不了成功的梦想。

比如有一种人：在商店里工作多年，只会按顾客的要求拿东西，对商业一窍不

通。他只是在挣钱糊口，不思考，不关心商品的特点和顾客的需求，如果他不被淘汰的话，只能当一辈子售货员。那些精明强干、善于思考的年轻人，却能在短时间内发现一个行业的秘密，时机一旦成熟，就能独当一面。

犹太青年汉姆在一个律师事务所任职三年，尽管没有获得晋升，但他在这三年中，把律师事务所的门道都摸清了，还拿到了一个业余法律进修学院的毕业证书。最终。汉姆开办了自己的律师事务所。但也有不少在律师事务所的人，按从业时间来说，他们的资格够老的了，但他们仍然担任着平庸的职务，赚着低微的薪金。

两相比较，前者立志坚定、注意观察、勤于思考、善于学习，并能利用业余时间深造，他将获得成功；后者恰恰相反，不管他们是否满足于现状，他们这样庸庸碌碌地混日子，永无出头之日。

与外商接触不必通过翻译

犹太商人把掌握外语视作自己经营赚钱的资本。他们几乎都能熟练地掌握一种以上的外语。与外商接触不必通过翻译，这已成为犹太人经商成功的公开秘密了。

犹太人自从失去家园流散于世界各地后，千百年来他们中间涌现出许许多多出类拔萃的人才。这与他们能够很好地运用当地的语言，在此基础上了解和精通当地的文化和习俗，乃至各种法律和禁忌不无关系。

哈同 24 岁时来中国上海闯世界时，既没有专业知识，也不懂汉语，但他懂得生存和发展的道理。他知道，要在中国经商发财，首先要懂得中国语言，然后通过熟练的中国语言，了解中国的国情和市场情况，从而做出适应中国市场条件的决策。

哈同本着这样的卓识，从给别人看门做起，从这份最底层的工作中，广泛接触中国人，从中去了解中国国情。同时，他利用晚间自学中文。没几年时间，他不但会讲中国话，而且对中国市场有了较深的了解。当积蓄了一点资本后，他便迅速开始经营自己的事业了。由于他从别的国家来到中国，了解到那里有关的商品市场行情，及时把外国价廉款新的商品买来在中国出售，又适时地把中国物美价廉的特产

运到外国销售。这样一来两头都赚，他很快走上了发迹之路，成了富甲天下的巨贾。

从事科学和艺术事业的犹太人，就更注重掌握外语了。爱因斯坦是生长在德国的犹太人，他除了精通犹太民族的希伯来语、德语外，还精通英语，这样才使他能博采众长，成为20世纪最杰出的科学家之一。

聪明的犹太人很能体察语言的重要，特别是犹太商人，他们把掌握外语视作自己经营赚钱的资本。他们几乎都能熟练地掌握一种以上的外语。与外商接触不必通过翻译，这已成为犹太人经商成功的公开秘密了。

信息是有价的

商品离开了信息，便不能产生价值。通过信息（语言）描述商品，表达商业活动的构想，说明商品的价值，商品才有流通的可能。

犹太民族自古以来就异乎寻常地关注信息。但可以肯定的是，他们当初重视信息的收集、整理和运用与金钱无关。古时的犹太人称信息为“兆头”，专指与胜败、生存有关的消息。

《塔木德》一书中就说出了“信息是有价的”。

希伯来语中的“语言”一词，包含着“产品”“经营活动”和“信息”三个词的意思。

犹太人敏感于信息，也许是在不知不觉中受到这一词汇的暗示。

公元前1300年左右的约书亚，就开始从事“信息”活动了。约书亚开始为摩西从事间谍活动，在摩西去世后继承了摩西未竟的事业，统率以色列的12个部族征服了约地迦南。

也许是受约书亚的影响，犹太人中涉足信息业的特别多，而且这些人在犹太社会内部的地位都比较高。他们在信息的搜索、整理和运用活动中，逐步形成了如下理念：

①经济活动能不能顺利开展，与商业活动信息和产品信息皆息息相关。

②信息、产品、经营三位一体，构成完整的经济活动。

③商品离开了信息，便不能产生价值。通过信息（语言）描述商品，表达商业活动的构想，说明商品的价值，商品才有流通的可能。

④能够说明商品功能和表达服务内涵的信息（语言）是最大的商品，是创造价值的资源。

⑤不断积累零零散散的信息，再对其进行系统整理，也可作为可用的情报。

基于对信息重要性的清楚认识，罗斯柴尔德财团的创始人、犹太裔的罗斯柴尔德在创业之初，就十分重视信息工作。他们一家在世界范围内建立了一张巨大而又高效的情报网，快速而又准确的信息以及对整理、运用信息的擅长，是罗斯柴尔德财团长盛不衰、傲视世界的秘诀之一。

伯纳德·巴鲁克是美国著名的犹太裔实业家、政治家和哲人，20多岁就因拥有一双明亮而锐利的眼睛而成为百万富翁。在许多人看来是风马牛不相及的事情，巴鲁克都能发现它们之间的内在联系，并在这种联系中抓住属于自己的生意机会。

相信自己的预感

预感是以事实为基础的推论，对这些事实你的大脑已经进行过准确的观察、存储和加工处理，然而你却没有自觉地意识到它们。这是因为这些事实是在某种不自觉的形态下被储存起来的。

预感是以事实为基础的推论，对这些事实你的大脑已经进行过准确的观察、存储和加工处理。然而你却没有自觉地意识到它们。这是因为这些事实是在某种不自觉的形态下被储存起来的。

旅馆经理康拉德·希尔顿应当把自己的巨大成功部分地归功于一种灵活地调谐自己的敏锐预感的技能。有一次，他打算买一所芝加哥的老旅店，拍卖人决定卖给出价最高的投标人，而投标的数额将在指定的一天公布于众。就在到达这一期限的前几天，希尔顿提出了一份价值17.5万美元的投标。那天晚上。他睡觉时模糊地感到一种内心的烦乱，醒来时强烈地预感到他的投标将不会获胜。“这仅仅是感觉

不妙。”他后来说。由于服从了这一奇怪的直觉，他又提交了另一份投标数额，18万美元。这是最高的投标，比他少一点的第二号投标额是17.98万美元。

希尔顿的预感本来就是涌上心头的、原来储存在他心灵深处的那些事实。自从他年轻时在得克萨斯州买下了第一所旅馆，他一直在收集关于这一行的知识。不仅如此，在对芝加哥旅馆的投标中，他毫无疑问是知道很多竞争投标人的情况的，仅仅是知道，而并没有能专门的把它们清楚明晰地联系起来。当他有意识在大脑集合了已知的材料并且提出一个投标额时，他的潜意识正在一间巨大而隐秘的仓库里翻找着其他有关的信息，并且推论出那个投标额：太低了。他相信了这个预感，它竟是令人吃惊的准确。

怎样才能知道是否应当相信一种预感呢？一位成功的预言家、已经退休的证券经纪人说：“我问我自己，我在没有意识到的情况下已经收集了有关这一问题的材料，这点是否可信呢？对于这一问题我是否已经发现了我所能够发现的所有情况，做了我所能做的一切？如果回答是肯定的，而且预感是强烈的，那么我就打算照这样办。”

这里要提出两个警告：

第一，千万不要相信诸如买彩票和赌博这类事情上的预感，这样的预感绝不可能是出自隐藏在你内心深处的材料库，因为它没有事实可依。

第二，千万不要把预感和希望混为一谈。许多拙劣的预感只不过是经过伪装的强烈的愿望而已。

有速度才有优势

经商时，究竟鹿死谁手，很大程度上取决于速度。流水之所以能漂石，在速度；飞鸟之所以能捕杀鼠兔，在速度。有速度才有优势。搞不清这一点，经商就比较困难。

犹太巨富罗斯柴尔德有几个儿子，他的三儿子尼桑年轻时在意大利经营棉、毛、烟草、砂糖等商品，并且很快便成了大亨。这位传奇式的人物最令人称奇的

是，仅仅几个小时，他就在股票交易中赚了几百万英镑。

1815 年 6 月 19 日，英国和法国之间发生了滑铁卢战事。如果英国获胜，无疑英国政府的公债将会上扬；反之如果拿破仑获胜的话，必将锐减。因此，交易所里的每一位投资者都在焦急地等候着战场的消息，只要能比别人早知道一步，哪怕半小时、十分钟，也可趁机大捞一把。

战事发生在比利时首都布鲁塞尔南部，与伦敦相距非常遥远。因为当时既没有无线电，也没有铁路，除了某些地方使用蒸汽船外，主要靠快马传递信息。而在滑铁卢战役之前的几场战斗中，英国均吃了败仗，所以大家对英国获胜抱的希望不大。

这时，尼桑面无表情地靠在“罗斯柴尔德之柱”上开始卖出英国公债了。“尼桑卖了”的消息马上传遍了交易所。于是，所有的人毫不犹豫地跟进，瞬间英国公债暴跌，尼桑继续面无表情地抛出。正当公债的价格跌得不能再跌时，尼桑却突然开始大量买进。

滑铁卢战役的胜负决定英国公债的行情，这是每一个投资者都十分明白的，所以每一个人都渴望比别人抢先一步得到官方情报。唯独尼桑例外，他根本没有想依靠官方消息，他有自己的情报网，可以比英国政府更早了解到实际情况。正是因为有了这一高效率的情报通讯网，才使尼桑比英国政府抢先一步获得滑铁卢的战况。

果断是经商的重要素质，果断出击是取胜的天规。速度与力量成正比，有速度才有优势。

在强手林立、人才云集的商战中，机会一旦来临，许多人可能同时发现机会，几个竞争对手共同指向一个目标。这是力量的角逐、智慧的竞争，速度的较量更为重要。

犹太人的观念是：经商时，究竟鹿死谁手，很大程度上取决于速度。流水之所以能漂石，在速度；飞鸟之所以能捕杀鼠兔，在速度。有速度才有优势。搞不清这一点，经商就比较困难。而这一切都在于果断地出击。

成交值不单指价钱

生意谈判的协议是靠生意双方的信守来保证的，谈判者要同时兼顾自己与对方的利益。

在犹太商人看来，生意谈判的协议是靠生意双方的信守来保证的，谈判者要同时兼顾自己与对方的利益。

美国前国务卿、著名谈判家基辛格就说过："在外行人眼里，外交家是狡诈的。而明智的外交家相当清楚，决不能愚弄对方。从长远的观点看，可靠和公平是一笔重要的资产。"

基辛格

坦诚对于商人是绝对重要。如果你的谈判对手从心底不信任你，那么你不会从对方那里得到任何重要的信息。相反，当对方信任时，他就会告诉你一些无从得到的东西。

甲：瞧，我知道我们的出价是低了点，不过，我们确实对贵公司的产品很感兴趣。

乙：可是，你们在价格上的态度让人感到一点儿余地也没有。

甲：我知道这个。可是，如果贵公司稍微让步，我们的价码还会变化。

这段看似平常的对话可能会成为谈判成功的台阶。这并不是因为你用阴谋诡计控制了对方，而是因为你得到了对方的信赖。只有当人品正直无可置疑时，秘密的关键材料才会透露给你。如果你被对方认为值得信赖，你就要尽力维护这一形象，这对你下次谈生意有用处。要知道，经过接触和了解，相互尊敬和体谅，双方会形成一种良好的工作关系，从而使每次谈判变得顺利而有效。要把对手看成解决问题的伙伴，想方设法用坦诚的态度和诚恳的语言感化对方，把对手拉向共同解决问题的轨道。

犹太商人在谈判过程中，总是彬彬有礼，殷勤谦恭，尽管他们内心隐藏着一定

要赢的战略。犹太商人经常说说笑笑地讨价还价。为了与对方建立信赖关系，他们首先会向对方表示好感，然后进行一些有人情味的闲谈，以便建立起相互之间的亲密关系。他们或聊各自的家庭关系，或谈双方共同感兴趣的话题，或“坦诚”表示对将来合作的渴望。等对方的戒备逐渐放松了，他们便开始讨价还价。这样在不知不觉中，对方就已进入圈套，失去了利益。

只有在谈判中以诚为本、以诚待人，才能得到宝贵的信誉筹码。成交值不单指价钱，它还包括了交易中的其他利益。比如卖方的信用就隐含在买主所付的价钱里。从买方的角度来看，侦查、确认所见所闻，和购买商品、争取服务品质一样。都是交易的重要部分。为了更有效地与谈生意对手交涉，犹太商人认为有必要向他们提供一些有关自己的信息给他们参考，这样做对买卖双方并无坏处。

拥有一只捅破窗户纸的手指

挣钱的途径很多，只不过每个挣钱的途径都被蒙上了一层薄薄的窗户纸，关键在于你是否有能力看到这层窗户纸，以及你是否拥有一根捅破窗户纸的手指。

狄奥力·菲勒出生在一个贫民窟里，和所有出生在贫民窟的孩子一样，他争强好斗，也喜欢逃学。唯一不同的是，菲勒有一种天生会赚钱的眼光。他把一辆从街上捡来的玩具车修理好，让同学们玩，然后向每人收取10美分，他竟然在一个星期内赚回一辆新玩具车。菲勒的老师对他说：“如果你出生在富人家庭，你会成为一个出色的商人。但是。这对你来说已是不可能的，你能成为街头商贩就不错了。”

中学毕业后，菲勒真的成了一名商贩。正如他的老师所说的，与贫民窟的同龄人相比，他已是相当体面了。他卖过小五金、电池、柠檬水，每一次他都得心应手。

菲勒真正起家靠的是一堆丝绸。这些丝绸来自日本，因为在海轮运输当中遭遇风暴，这些丝绸被染料浸湿了，数量足足有一吨之多。这些被浸染的丝绸成了日本人头痛的东西，他们想处理掉，却无人问津，就想搬运到港口，扔进垃圾箱，又怕被环境部门处罚。于是，日本人打算在回程路上把丝绸抛到大海里。

港口的一个地下酒吧，是菲勒夜晚的乐园，他每天都来这里喝酒。那天，菲勒喝醉了。当他步履蹒跚地走到几位日本海员旁边时，海员们正在与酒吧的服务员说那些令人讨厌的丝绸。说者无心，听者有意，他感到机会来了。

第二天，菲勒来到海轮上，用手指着停在港口的一辆卡车对船长说："我可以帮助你们把这些没用的丝绸处理掉。"结果，他不花任何代价便拥有了这些被化学染料浸过的丝绸。然后，他把这些丝绸制成迷彩服、迷彩领带和迷彩帽子。几乎在一夜之间，他就靠这些丝绸拥有了10万美元的财富。

从此，菲勒不再是商贩，而成为一名商人。

商界大家之所以成为巨大财富的拥有者，就在于他们有一个善于思考的大脑。其实，挣钱的途径很多，只不过每个挣钱的途径都被蒙上了一层薄薄的窗户纸，关键在于你是否有能力看到这层窗户纸，以及你是否拥有一根捅破窗户纸的手指。

发迹于得知信息，迅速行动的犹太实业家巴鲁克

这个世界上到处充满了商机，但可惜的是人们不能很好地去发现潜在的商机。犹太拉比告诫人们："抓住好东西，无论它多么微不足道，伸手把它抓住，不要让它溜掉。"一个创业机会的发现是日后创业过程最关键的一步，只要能适时地把握住这个机会，就能达成一个创业愿望。所以，一个创业者最忌讳的就是坐等机会，而是要培养自己敏锐的嗅觉，既要勇于发现它，也要有勇气去捕捉它，这样才能把握和利用好机会，成就自己。

巴鲁克是美国最有名气的犹太实业家，他的知识非常丰富，又常年在外面做生意，见多识广，所以在他还不到30岁的时候，顺理成章地成了一个人人都羡慕的百万富翁。

他的成功，归功于他能够根据信息做出抉择的敏锐判断力。1898年，巴鲁克感到很久没和父亲会面了，于是就动身看望居住在外地的父亲。当时，美国和西班牙的气氛开始紧张了起来，没过多久就开始了一场战争。在一个星期天的晚上，他在听广播的时候，无意中听到西班牙那支战无不胜、攻无不克的舰队在远征美洲的时

候，却在圣地亚哥附近被美国海军一举歼灭的消息后，便断定美国各地证券交易市场的股票必定上涨，于是他当即决定动身返回纽约的办公室。尽管他知道，按照惯例，星期一美国证券交易市场是不会开盘的，但英国的证券市场却会正常运转，只要他能在星期一的早上赶回去的话，就可以亲自操作股票了。可是，这时已是夜里九点多了，已经没有通往纽约的火车了，巴鲁克果断地租下了一辆车，终于在天亮之前回到了纽约的办公室。当英国伦敦股市开始全面交易的时候，他果断地将手中的股票全部抛售，他一下子赚了一大笔钱，从此声名远扬。如果不是巴鲁克毫不犹豫地租下一辆车，那么就不可能在第一时间内赶回伦敦；如果他只把眼光放在更安全的本地交易，那么他就看不到英国伦敦股市中的机会，那么就不可能及时完成自己的交易。

巴鲁克

巴鲁克的致富经历，最能说明在经商过程中，如果能比别人抢先一步，就比别人多了更多的机会。犹太人的观点是：经商时，花落谁家，很大程度上取决于速度和比别人先行一步。

在一家大型的公司，急需一位营销部的主管。老板眼中有两个表现优秀的员工，意欲从中选拔出一个来担任主管一职。

通过一番详细的调查和了解，发现两人的业务水平和能力是棋逢对手，很难分出胜负，老板一时间不知道究竟该用哪个。

一天，老板在他那宽大的椅子上突然萌生了一个想法，他同时叫这两位员工到自己的办公室来。老板放下电话便开始计算时间，结果发现，第一个员工气喘吁吁地到了他的办公室只用了60秒，而另一个员工不紧不慢地走到他的办公室用了100秒。于是，老板当即就下达了任职命令，让第一个员工担任营销主管。仅仅40秒之差，第二位员工就失去了一个升迁的机会。

流水之所以能漂石，取决于水速豪迈澎湃；老鹰之所以能捕杀野兔，在于动作快如闪电，有速度才有机会。一个创业者对创业机会的把握中，速度显得至关重要。在转瞬即逝的商机中，一个对商业信息漠不关心的人，只会成为商海中的失败者，而思维敏捷、果断做出抉择的人，总会及时、准确地把握商机，从而获得成功。

消息灵通堪称先驱的罗斯柴尔德家族

远古时代，犹太人就懂得信息的重要性，他们深深知道信息的共有可以加强和巩固民族内部的团结。即使是一些支离破碎的信息，他们也能通过不断地积累，然后开始进行系统整理，可以成为一个最好的后备情报库。记录了犹太律法和众多言论的《塔木德》就是在这种情况下应运而生的。从 13 世纪开始，犹太人就开始勤奋工作、考证、列举先辈们留下的故事和言论，编纂成了《塔木德》。

更令人大为惊异的是，这样大部头的巨著，很多犹太学者竟然能全部诵读下来。因为他们认为要做到才思敏捷，施教于人，自己必须有大量的知识储备和信息储备。犹太的贤人圣者们，每个人都可以被称作信息库。

在生活中要是没有具体的、现实的思考也就不会有神学、法学。更进一步说，要是不能及时掌握不断变化的社会中的各种信息，也就不可能有具体的商业活动。对信息充满了感性的认知，并让这种认知开始左右商业活动，这便是犹太人的经商信条。

尼桑是犹太巨富罗斯柴尔德最小的儿子，他从小聪慧好学，在父亲的影响下，接受了最早的一系列的商业训练，并且爱上了做生意。为此，他和父亲一样重视信息，他认为一个重要的信息往往是一桩生意成败的关键。也正因为如此，尼桑竟然只用了几个小时的时间，不费吹灰之力便赚了几百万英镑。

1815 年 6 月 20 日清晨，伦敦证券交易所里的工作人员交头接耳、议论纷纷，空气中弥漫着浓烈的紧张气氛。这是因为昨天在比利时、英国和法国展开了一场命运之战——滑铁卢战役。毫无疑问，如果英国胜利了，英国政府的公债价格必然疯

长；反之如果法国胜利了，英国的公债价格肯定是一落千丈。此时，每一位商人心中十分清楚，只要是能比别人提前知道哪方获胜，哪怕只是几分钟的时间也能大赚一笔。当时，战事在布鲁塞尔展开，那时候还没有无线电，也没有铁路，信息只能靠快马传送。法国的将领是赫赫有名的拿破仑，在他面前，英国军队屡吃败仗，获胜的机会渺茫。

这时，大家都大眼瞪小眼地看着尼桑，看他如何抉择。然而，他还是像往常一样，望着窗外，眼神空洞似乎是陷入了某种回忆。这时，尼桑突然从沉浸中醒来，面无表情地开始卖英国公债。

“尼桑开始卖了！”整个证券交易所的人们跌跌撞撞地四处奔走，互相告知这个信息。所有的人便想也没想就跟进，转眼间英国公债暴跌，尼桑还是不停地抛售手中的公债。当公债的价格跌到不能再跌的时候，尼桑突然出人意料地开始疯狂买进公债。

“这到底怎么回事？尼桑到底在玩什么鬼把戏？”每个人既惶恐又大惑不解。

这时，官方开始宣布战事的结果，英国大获全胜，交易所一下子像炸了锅似的，叫骂声、哀号声不绝于耳。英国公债的价格又开始暴涨，而这时的尼桑，已经开始怡然自得地喝着茶，欣赏着人们亏损后的各种姿态，他借助这次机会大赚了一笔。

尼桑怎么有如此大的胆子？万一英国战败，那他不就是亏得血本无归了吗？

然而，人们都不知道，尼桑拥有自己强大的情报系统。

原来，犹太巨富罗斯柴尔德总共有五个儿子，他们在西欧各国做生意，他们都受了父亲的影响，认为信息是家族企业发展下去最重要的命脉，所以他们投入巨资建立了一个横跨整个欧洲的巨大情报网，并且花了很多钱买了当时最先进的电报系统来传递信息，有关一些商业的信息和当时最热门话题无一遗漏，而且信息的准确性和传递速度，都远远超过了英国政府的情报系统。

也正因为拥有如此高效率的情报网，尼桑才能比政府先得到滑铁卢的战况，而这个抢先则是让尼桑赚大钱的秘诀。

不仅犹太商人注重信息，犹太父母也很看重信息的采集，他们教育孩子要随时随地寻找有利于自己的信息，让他们明白一个有用的信息，即使再小的信息，往往也能成就一番事业。他们还会告诉孩子们，一个成功的商人在收集信息的时候，不仅要在自己身边的范围内进行收集，同时还要大量收集交易点的信息，关心交易的动向。要他们知道一个商人仅靠获得和别人相同的情报，那只会跟在别人身后跑，是永远不会获得成功的。

不盲目但又很充分地相信自己预感的希尔顿

人们常说的预感是心中对一件事情最直接的感受，也就是所谓的直觉，但是这种直觉并不十分准确。而真正的预感是以事实为基础的推论，对于这些存在的事实，你的大脑已经进行了一个全面地观察和分析、存储和加工处理的过程，然而你却对此毫无意识。这是因为这些事实是在某种毫无察觉的情况下分别存储起来的。

希尔顿是美国旅馆业的大亨，人们称之为“旅店帝王”。希尔顿经营旅馆的座右铭是：“今天你对客人微笑了吗?”这也是他所撰写的《宾至如归》一书中的核心内容。今天，希尔顿的旅馆已经遍布世界各地，资产高达数十亿美元。

希尔顿之所以能取得如此大的成就，一半的功劳应属他能灵活地运用自己敏锐的预感。有一次，他看中了一家芝加哥的老旅店，打算买下来，但是旅店的老板决定把旅店卖给投标最高的人，而所有的投标价格会在指定的一天公布出来。就在这一期限快要到的时候，希尔顿提交了一份16. 5万美元的投标。那天晚上，他翻来覆去怎么也睡不着，内心感到烦躁无比，他坐了起来，强烈的预感告诉他这次的投标肯定会失败。“这仅仅是一种不好的预感”，他后来回忆说。但是他还是听从了这种奇特的预感，又重新提交了一份投标数额为17万美元的标书。等所有的竞标价格公布出来的时候，希尔顿是最高的投标者，而比他仅仅少了一点儿的二号投标者的金额是16. 88万美元。

希尔顿奇特的预感是毫无预兆地涌现在心头，原来就储存在他内心深处存在的事实。自从他年轻时在另一座城市买下第一所旅馆后，他便开始长期收集这方面的

资料。不仅如此，在对芝加哥这家旅馆的报标中，他掌握了很多竞标者具体的情况，但是仅仅是一些了解，而并没有主动将它们联系起来。当他的大脑有意识地集合重组了一个新的投标额时，他的潜意识正在一个巨大的而且及其隐秘的信息库中寻找一些新的信息，并且推断出第一次的投标额：太低了。希尔顿相信了这个预感，结果却是令人惊奇而又准确。

那么，你用什么方法能知道该不该相信一种预感呢？一位成功的预言家、证券经纪人说："我不断问自己，我在毫无意识的情况下，已经收集了与之相关的这一问题的大量材料，这点是否可信呢？对于这个问题我是不是发现了我所能发现的所有问题，做了我应该做的一切。如果回答是肯定的，而且预感是十分强烈的，那么我就会按照预感去做。"

生活中，你要学会区别对待预感。不要相信诸如赌博等这样的预感，因为这绝对不可能出现在你内心深处的资料库中，因为它毫无事实可言。因为很多时候，许多拙劣的预感只不过是经过一番乔装打扮的强烈愿望而已。

主动出击，以帮人解决问题而创立信息公司的丹尼尔

犹太商人虽然很爱钱，但他们并不怕没有钱可挣，他们只担心没有一个积极进取的心态去赚钱。他们敢于面对惨淡人生中的各种困难，相信只要拼命去干了，就会有相应的回报。正是因为犹太人具备了这种积极进取的心态，他们在遇到困难的时候总能有办法去化解。

两千多年前，犹太民族只因为弱小，受尽了其他民族的迫害和欺凌，从此便离开家乡，浪迹于世界各地，但他们并没有因此而丧失了生存下去的希望，反而是更坚强地一代代繁衍下去，不屈不挠为复兴自己的国家而奋斗着，终于在 20 世纪 40 年代建立起他们的以色列国。

具有如此大义的民族精神，对于个人的事业必然也会雄心勃勃地进取，他们面对种种困难，有着向厄运挑战的勇气。正是凭借这种精神，犹太人在各个领域中做出了非凡的业绩。在商界中，犹太人之所以能纵横捭阖，就是靠着这种精神白手起

家的。

20世纪50年代，有个叫丹尼尔的年轻犹太小伙子，他是随着民族的迁徙大潮来到纽约的。他一个人走在繁华的大街上，使劲啃着一块又硬又冷的面包，他发誓就算是为了让自己吃饱也要闯出一番天地来。

然而，对于从未读过书的丹尼尔来说，要想在这座大都市中找一份适合自己的工作，简直是难于上青天，他几乎跑遍了所有的公司，参加各种面试，但可惜的是没有一家愿意聘用他。

就在他心灰意冷的时候，他意外地接到一家五金公司让他前去面试的通知。他高兴地前往那家五金公司去面试，但可惜的是的，当老板向他提问五金产品的种种性能和特点的时候，他却结结巴巴地一句也答不出来。说实话，摆在他面前的五金产品中，有很多是他从没见过的，有的虽然见过，但是叫不上名字。

眼看这次机会又要失去，丹尼尔在转身退出老板办公室的时候，不甘心地转身问道："您能告诉我公司究竟需要什么样的人才?"

老板和蔼地笑了笑说："其实很简单，我们需要一个能把仓库中的五金产品推销出去的人。"

回到家中，丹尼尔不断地思考老板的话，突然他脑海中冒出来一个大胆的想法：不管哪儿不管哪个公司招聘，其实是在寻找一个能解决实际问题的人。既然如此，我为什么不能主动出击，去寻找那些需要帮助的人呢？肯定有一种办法能帮助别人的。

过了几天，他就在当地的一家报纸上，刊登出来一条很吸引人眼球的广告。文中有这样一段话："……谨以本人的人格担保，如果你遇到了什么困难，需要别人来帮助，而且我正好有这个能力，我一定竭尽所能提供最好的服务……"

这则广告登出去不久，他收到了很多人的求助电话和信件，这是他怎么也没有想到的。

原本只想找一份工作能养活自己的丹尼尔，这时候却发现了一个有趣的现象：老安妮为了自己爱犬生下小狗顾不过来而发愁，而汉姆却为自己的儿子吵着要小狗

而找不到卖主……丹尼尔仔细将这些情况分类整理，一一记录下来，然后细心地告诉那些需要帮助的人。而他也在一家公司找了一份推销员的工作。不久，那些得到过他帮助的人就给他寄来一些钱，以表示谢意。

这时候，丹尼尔就想为什么不给自己干呢？于是，他果断地辞了职，建立了自己的信息公司，业务越来越多，很快就成了一个年轻的百万富翁。

成功不会是一成不变的固定模式。好运气永远不会主动光顾一个人的，要靠自己去努力寻找和争取。很多时候主动去帮助别人，其实在无形之中为自己创造了很多机会。

通过“打电话送尿片”的服务，使生意越做越旺的犹太商人

中国人做生意有一个习惯，就是看到做什么生意赚钱，就会一哄而上，结果不仅导致自己赚不了钱，甚至可能会致使整个行业陷入低迷。像当年盛极一时的呼啦圈迅速衰败一样，就是一个很好的例子。而犹太人则认为，一个精明的商人不是看别人做什么生意就跟着做什么生意，而是去做一些别人不愿意做的生意，这样才能赚到钱。

在美国的佛罗里达州有一个犹太小商人，他是一个很注意观察的人。一次，他发现左邻右舍的母亲们因为家务繁重，常常因为没有时间上街给婴儿买尿片而烦恼，于是，他就开动脑筋想到了一个绝妙的赚钱方法，那就是创建一家“打电话送尿片”的公司。送货上门的服务人们早就司空见惯、习以为常了，但送尿片的小生意则没有一家商店愿意做，因为利润实在是太小了。为了能做好这桩薄利的小生意，只能将开销控制到最低才行。这个小商人用极低的价格雇用了一些在校的大学生，让他们用自行车去送货。后来，他又增加了几项服务项目，兼送婴儿的感冒药、玩具、食物等。小商人还承诺：不论何时打电话，都会在第一时间将货送到，而且只收10%的服务费。结果，他的生意越做越大。

作为一个商人要想有一个长远的发展，想赚更多的钱，那么就不能看轻哪怕是赚1美元的机会。这就是犹太人所谓的财商，在他们看来，一个人若是能有一个高

美国的佛罗里达州

财商，不仅能懂得该用什么方法在什么时候去赚钱，同时还能在获得赚钱的机遇面前，应该用什么态度去把握住这个机遇。

19世纪中期，人们在美国加州发现了地下有一座还未开采的大型金矿。很多人认为这是一个最好的发财机会，于是不远千里，历经艰难险阻来到加州淘金。18岁的犹太人农夫亚默尔也在巨大的诱惑下奔赴了加州，加入了淘金的大军中。然而来淘金的人越来越多，而金子却不那么容易淘到，人们没有经济来源，生活很快就陷入了困境。由于当地不经常下雨，天气闷热，又极度缺水，很多淘金者不但没能发财致富，反而身患重病，客死他乡。

年纪小的亚默尔和很多人一样，不但没挖掘出黄金，反而深受饥渴的折磨。一天，他又坚持挖了一天金子，却还是像往常一样没有任何收获，疲惫地坐在地上，失神地望着水壶中仅剩的一点儿水，听着大家不断地咒骂因缺水带来的痛苦和折磨，亚默尔突然冒出一个想法：仅凭淘金发财的希望实在是太渺茫了，还不如在淘金现场卖水。于是亚默尔当即决定不再继续淘金了改为卖水，他将用来淘金的工具变成挖水的工具，挖了一条小渠将远方的水引到一个小水池中，然后仔细过滤一遍，原本污浊不堪的水便成了清凉可口的饮用水了。然后，他把水装到一个水桶中，挑到挖金的工地上一壶一壶卖给挖金子的人。当时，就有人嘲笑他说：“我说

你小子脑子肯定是进水了，千辛万苦跑这么远来，放着好好的金子不挖，却跑来卖水，这种生意哪儿不能做却非要在这儿做?”亚默尔却对这些讥讽的话毫不在意，也没影响到他的心情，还是一如既往地挖他的水。他认为，天底下哪里还能有这么好的买卖？把根本没有成本的水拿来卖，去哪又能找到这么好的市场？结果，这支淘金大军不得不以失败而告终，垂头丧气地返回家乡，而亚默尔却在几个月的时间中靠卖水赚了几千美元，这在当时已经是一笔不小的财富了。

无论在什么境遇下，有着高财商的人，他们对财富仿佛有一种最敏锐的感知，他们与财富天生有一种互相的吸引力，或迟或早会碰到一起；而财商低的人，当财富向他们不断招手的时候，他们的态度却是不理不睬，冷漠视之，毫无察觉地让财富从身边溜走。

在聊天中得知信息而翻身的哈默

聊天是人们在日常生活中最常见的交流方式，在工作时，在用餐时，在行走的路上，都可以随时随地聊天。人与人的交流和建立友谊也是以聊天为基础的。

聊天是不会拘泥于形式的，可以谈心，可以说说工作，也可以评论社会中的奇闻逸事。聊天往往是一种漫无目的的谈话形式，可是有人就能利用聊天达到自己的目的。闲聊中的一句说到别人心坎里的话，便寻找到了一个知己，或者是谈成了一笔大生意！这些人就是懂得聊天真义的人。

犹太人不仅在谈判桌上是谈判高手，在生活中和别人闲聊也是聊天高手，他们能在聊天中，捕捉到生意上的细枝末节，从而发现别人未曾发现的商机。这正是犹太人之所以在生意场中频频获利、取胜的秘密之一。

哈默的公司所经营的业务主要是生产、制造及销售各种酒，这家公司生产出来的酒可以说是几乎垄断了整个酒业市场，可见其实力不可小觑。自创业 10 年以来，通过不断地发展，拥有资产已高达 300 亿美元。当年，哈默在俄国初创公司的时候，研制出一种以他名字命名的酒，同时还制造了全套精美的酒具，专门盛装哈默品牌的酒。但是由于当时俄国爆发严重的经济危机，哈默的公司也受到了很大的冲

击，长期处于亏损的境地。

哈默是个绝顶聪明的人，他相信再严重的经济危机也有过去的那天，所以，他很重视对信息的收集，为了获取更多的信息，他几乎天天在市场中转悠。一天，一位来自美国的朋友来看望他，聊天中，朋友说美国正在进行总统竞选。而当时最有实力的罗斯福大有希望当选为总统，他在一次演讲中谈到如何面对美国的经济危机的时候，提出自己应对危机的“新政”，而且会把这个“新政”列入他的当政计划中。这个“新政”给了美国人民极大的憧憬和希望，很多人表示全力支持罗斯福，但也有一部分人对“新政”是否能顺利实施产生了怀疑，因此，在竞选的时候，罗斯福的票数最低。这一下子就激起了哈默对罗斯福“新政”的兴趣。而这个时候哈默也一直在寻找发财的方法，于是就搜集了大量有关“新政”的资料进行了仔细地研究分析，他发现“新政”一旦实施，必定会废除 1920 年颁布的禁酒令。他便开始暗自祈祷罗斯福能顺利竞选上总统，随即就开始实施“新政”。哈默的眼光可谓是很老辣，只要“新政”一出台，禁酒令就会自然废除，酒类市场也必将会得到空前的发展，人们对酒桶的需求量必然会大幅度地增加。

哈默深深地知道，美国人最喜欢喝啤酒和威士忌，而想要保存好这两类酒，就必须放在一种经过特殊处理后的用白橡木制成的酒桶中，单凭这一点，哈默就希望罗斯福能顺利上台。

没过多长时间，罗斯福果然顺利登上了总统的宝座，“新政”很快就要出台了。哈默在俄国生活了多年，知道俄国到处都生长着白橡木，可以作为原材料生产酒桶。当发现这一情况后，他立即筹集资金在美国建立了一个生产酒桶的工厂，并向俄国政府订购了几船白橡木，当前期工作做好后，哈默一声令下，工厂便日夜不停地生产、制造白橡木酒桶。当哈默的酒桶从工厂不断地生产出来的时候，罗斯福的“新政”便开始施行了，禁酒令的废除终于到了实现的一天，哈默这时更加有信心了。这时已停产多年的美国酒厂，为了满足人们对酒的大量需求，纷纷恢复了各种酒的生产，而这时的酒厂肯定需要大量的酒桶来盛放酒。哈默源源不断制造出的酒桶成了各大酒厂的抢手货，售价也不菲。同时，哈默品牌的酒和酒具也因此有了市

场，公司从此走上正轨，哈默也就是从这天起慢慢成了亿万富翁。

如果当时哈默并不在意对信息的收集，不对罗斯福的“新政”进行客观地研究和分析做最后的决策，那哈默的境况不言自明。也许哈默会随着命运走向另一条路，重辟道路，步履维艰地和困难战斗，真正发财的那天不知会是何时。

犹太人单凭信息赚得盆满钵满的例子，不胜枚举。在如今互联网极为发达的时候，各种信息也到处流通，到处都有犹商的身影。这说明犹太商人是与信息同步、与时俱进的，他们善于在信息时代中寻找发财的机会，他们个个都是庞大的信息库，随时从中找到一个新的发财机会，于是摇身一变成为赚钱的高手。犹太商人凭借着几乎是与生俱来的对信息的敏感，操纵着整个世界经济的形式，成为这个世界的主人翁。信息俯首皆是，在信息的世界中能否找到金钱，关键在于你有没有擦亮你的眼睛。

十五、生意就是生意

现金主义

世事多变，风雨无常，一旦发生天灾人祸，除了现金钞票外，别无他物可以让人立即东山再起。

犹太商人做生意，是以现金为标准的，不愿意赊账。他们在对贸易伙伴的信誉评估时，首先考虑的是他的公司值多少钱，他的财产可换成多少现金。然后在此基础上与其做生意或确定价格条款。

他们认为，世事多变，风雨无常，一旦发生天灾人祸，除了现金钞票外，别无他物可以让人立即东山再起。

对这一点，无论犹太商人自己，还是其他民族的商人都有觉察。我们先看一则关于犹太商人迷恋现金的笑话：

有一位犹太人，病危临终之际，立下遗嘱："请将我的财产全部兑换成现金，用这些钱买一张高级的毛毯和床，然后把余下的钱放在我的枕头里面，等我死后再将它们一同放进我的坟墓，我要带这些钱到天国去。"

富翁死后，亲人依遗嘱准备将死者所有财产换得的现金一同埋进他的坟墓，这时，他的一个朋友觉得这样太可惜，就灵机一动，飞快地掏出支票和笔，签下了同等的金额，撕下支票，放入棺材。他轻轻地对死者说："伙计，金额与现金相同，你会满意的。"

这则笑话说明了犹太人对现金的偏爱。

我们知道，自从罗马帝国沦亡以来，犹太人便开始受到驱逐，过着四处流浪的生活。政治风云变化莫测，当地对犹太人政策完全随其主观意识变动，这种不安定的生活，使犹太人为了免遭杀戮和迫害的命运而随时都得做好迁徙的准备。动荡的生活和社会环境，决定了犹太人在财产选择上与众不同。他们通常是持有现金，或把钱换成黄金及钻石，固定财产少之又少。因为土地、建筑物等固定财产是无法携带的，一旦时局紧张就得弃之而走，这对爱财的犹太人来说是非常巨大的损失。聪明的犹太人不会去购买土地营建奢侈豪华的别墅，尤其在兵荒马乱的年代。一看政治风向不对，他们就马上卷起家产而逃，能随身携带的财产是他们逃难时的生活依靠，有了它们，无论遇上什么天灾人祸他们都不会担心。现金是他们生活的保障和依靠，犹太人对现金的偏爱程度是无以复加的。

事实上，在当今的贸易活动中，现金仍是十分重要的，瞬息万变的市场，风险潜伏在各种买卖活动中，如果忽视了现金主义，往往会导致血本无归。所以，犹太商人的现金主义观念是很有道理的。

彻底采取现金主义，是犹大人的商法之一。他们只信任自己和现金，他们认为，唯有现金才能保障他们的生命及生活，以对抗天灾地变以及人祸。

正因为如此，犹太人对银行存款不感兴趣。他们认为银行存款虽然有利息，但利息是微乎其微的，而且利息的增长幅度还不如物价上涨速度快。现金虽然没有利息，但因没有银行存款之类的证据，也不需要交纳财产继承税，所以，现金虽然不

增加，但也不减少——对于犹太人来说，不减少就是不亏本的最起码条件。

生意就是生意

在生意场上，一切都是商品，而商品则只有一个属性，那就是增值、生钱，除了犯法的事不能干，违背合同的事不能干，其他的一切都应该服从这个最高目的。

在生意场上，一切都是商品，而商品则只有一个属性；那就是增值、生钱，除了犯法的事不能干，违背合同的事不能干，其他的一切都应该服从这个最高目的。

犹太人在进行商业操作之前，先排除了众多伦理道德规范的掣肘和情感的障碍，放下包袱，轻装上阵，眼界看得宽，手脚放得开，处处得心应手，无往而不胜。

在犹太人看来，创立公司无非是为了赚钱，只要能赚钱，出售自己的公司也是一种商业形式。同样的道理，犹太人在进行商业操作时，对于所借助的东西，也从来没有什么顾忌，只要是有利于赚钱，且不违反法律，就怎么好用怎么用，完全不必考虑过多。

犹太民族在生活上的禁忌之多、之严格，在世界各民族中是很少见的，并且这些禁忌历经 2000 多年而能坚持贯之，极少改变。但是在另一方面，犹太人在经营商品时的百无禁忌也是在各民族中不多见的。许多原先非商业性的领域大都是被犹太人打破禁区而纳入商业范围的。

苏联刚刚成立时，许多资本家把苏联看作洪水猛兽，只有犹太人哈默不受局限，独辟蹊径。结果在苏联发了大财。

成功使哈默信心大增，他想：我为什么不回美国一趟，联合机器和其他产品的生产企业，与苏联进行更多的贸易呢？他说服的第一个人是亨利·福特。

福特汽车早已闻名世界，其创始人亨利·福特不仅是个有名的倔老头，也是个有名的反苏派。哈默经人介绍与福特见了面，福特不否认在苏联市场上销售自己公司的产品可以赚钱，但是，“我绝不运一只螺丝钉给敌人，除非苏联换了政府”。

福特的态度非常坚决，但是哈默并没有气馁，他说：“您要是等苏联换了政府

亨利·福特

才去那里做生意，岂不是丢掉一个大市场吗？”哈默把自己在苏联的见闻、经商的经历以及列宁如何对自己开绿灯的事，一五一十地讲给福特听，哈默说：“我们是商人，只管做我们的生意，而生意就是生意。”

福特对哈默的话渐渐产生了兴趣，留哈默共进午餐。餐后，福特又陪哈默去参观自己的机械化农场，两人谈得非常投机，最后，福特终于同意哈默作为自己产品在苏联的独家代理人。哈默从福特这里首先打开了缺口，很快又成了美国橡胶公司、美国机床公司、美国机械公司等许多家企业在苏联的独家代理商。

不得从事买空卖空行为

卖方贩卖具有瑕疵的商品时，必须事先向买方具体说明该项瑕疵才行。只有这样，买方的权益方能获得保障，避免遭到伪劣商品、卖方疏忽乃至故意诈欺等侵害。

《圣经》时代，犹太人还处于农业社会，少有交易行为，所谓“商人”是一个陌生的词语。当时，犹太人几乎不做买卖，仅有简单的商业道德，譬如斤两公道，童叟无欺之类等等。但是，这些简单的商业道德也体现了犹太人重视公平和“讲道理”的交易准则。

随着社会上的商业兴盛、交易活跃，《塔木德》出现了，它对商业交易也做出了许多规定。拉比们基于在社会逐渐进步的前提下编纂《塔木德》，将进步的社会描写成商业极其鼎盛发达的社会。在法典中，拉比们花费了很多篇幅，谈论有关经商时应该遵守哪些道德的事情。

在《塔木德》中，商业交易成为一种特殊的原则，具有超乎一般生活领域的行为规范。这意味着即使是非常虔诚之人，也可根据“在商言商”的原则从事交易。

但是，《塔木德》里，拉比们探讨的多是如何成为有道德的商人，而不是教导世人成为唯利是图的大商贾。由此而来，犹太人形成了商人必须具备商业道德的传统。

在交易中，犹太人认为，纵使事先未获任何保证，也有权利要求购买的商品具有良好的品质。去购物，就是意味购买没有瑕疵的商品。就算商家在交易中，宣称“货物出门，概不退换”，一旦该商品确有瑕疵，买方仍然有权要求退货。并且，商人们也得同意退货。

在犹太社会里唯一的例外是，卖方预先告知该项商品有点儿瑕疵，譬如卖驴子时事先说明这条驴已有患病，这种情况下完成的交易，买方不得要求退货。

因此在《塔木德》规定，卖方贩卖具有瑕疵的商品时，必须事先向买方具体说明该项瑕疵才行。只有这样，买方的权益方能获得保障，避免遭到伪劣商品、卖方疏忽乃至故意诈欺等侵害。

犹太人在交易中买卖是由两项要件构成，一是支付货款，或者相当于货品的代价，二是移交货品。这表示卖方有义务将该项货品安全地移交买方手中，交易才算告成。此外作为商人必须确实持有该项货品，否则不得从事买空卖空的行为，犹太人从头至尾都在保护买方的权益。

在做生意过程中，犹太人很注意“交易要讲道理”这一从商诤言。可以说，犹太商人是世界上最讲道理的买卖人。其中所谓的道理，就是公平、不欺诈。

犹太人在全世界各民族中能够崛起，成为最会做生意最成功的商人，与他们的这一经商智慧取信于人大有关系。

只拿付过钱的东西

犹太人追求财富的前提是，他们要靠自己的头脑和双手光明正大地赚。在犹太人的眼中，拿不义之财就会受到神的惩罚。

金钱具有诱惑力，许多人因为金钱而锈蚀了灵魂。犹太人是如何看待金钱的呢？这与犹太人的赚钱观念有直接关系，即他们这些人只抓属于自己的钱，而不抓不属于自己的钱。

犹太人在追求财富方面没有止境，这一点世人皆知。然而，犹太人追求财富的前提是，他们要靠自己的头脑和双手光明正大地赚。在犹太人的眼中，拿不义之财就会受到神的惩罚。

有个犹太妇女购买东西，当她从百货公司回到家里从袋中取出东西时，忽然发现里面有一枚戒指。她并没有买这东西。她把此事告诉了小儿子，并带着孩子一并去找拉比，请教怎样处理此事。

拉比给他们讲了《塔木德》中的一则故事：有位拉比平日靠砍柴为生，每天要把砍的柴从山里背到城里去卖。拉比为了节省走路的时间，以便研究《塔木德》，决定买一头驴来代替。

拉比向阿拉伯人买了一头驴牵回家。徒弟们看到拉比买了头驴回来，非常高兴，就把驴牵到河边去洗澡，结果驴脖子上掉下来一颗光彩夺目的钻石。徒弟们高兴得欢呼雀跃，认为从此可以脱离贫穷的樵夫生活，专心致志地研读《塔木德》了。

可是出乎徒弟们意料的是，拉比领他们赶快去街上把钻石还给阿拉伯人，拉比说："我买的只是驴子，而没有买钻石，我只能拥有我所买的东西，这才是正当行为。"

阿拉伯人非常惊奇："你买了这头驴，钻石是在驴身上，你实在没有必要拿来还我，我不理解，你为什么要这样做呢?"

拉比回答："这是犹太人的传统，我们只能拿支付过金钱的东西，所以钻石必须归还给你。"

阿拉伯人听后肃然起敬，说："你们的神必定是宇宙最伟大的神。"

听罢这则故事，妇人立即决定回去把戒指还给百货公司，但不知如何解释，拉比告诉她："不知道戒指属不属于百货公司。如果对方问到你退还戒指的原因时，

你只需说一句话就行：‘因为我们是犹太人。’请带着孩子一块去，让他亲眼看见这件事。他一定会对自己母亲的正直与伟大永记不忘。”

从这个故事可以得到启示：金钱对灵魂很具有诱惑力，而要抵御这种诱惑又是非常需要原则的。如果民族的灵魂变肮脏了，民族就会彻底完蛋。犹太人的生存经历是一面明镜，值得人类学习和借鉴。灵魂的纯洁是最大的美德。经商者应当牢记，抓住属于自己的钱，而不抓不属于自己的钱！

面子一文钱不值

经常反对对方，持续引起对方的反对和不满。在不让对方产生敌意的情况下，有人情味地施加压力，同时辅以个人的关切和鼓励，对方就会慢慢地把自己的期待降到最低。

商人都重利，犹太人也不例外。他们会以“变脸术”去争利，从没有过半步退让。犹太人会慷慨大方地把笑容“赠送”给他人。可在金钱问题上，犹太人会擦亮眼睛，高度警惕地瞧着。一旦进入角色，多半是斤斤计较。

商定有关价钱问题时，紧盯金钱的犹太人，态度非常认真。犹太人对每个有关价钱的问题。都会深思熟虑。对于利润的一分一厘及契约书的形式等，也细致入微。在这些问题上，他们丝毫不含糊，即使谈得满嘴白沫也不罢休，发生激烈的争吵也在所难免。

犹太人绝对不可容忍的是敷衍了事，马虎大意。如果双方意见不一致，他们的一贯作风是必须深究到底，及时决定方罢休。犹太人在探讨问题、辩论是非之时是无“面子”之说的，他们不问对方是何人，对的就是对，错的就是错，丁是丁，卯是卯。有时辩论甚至会演变成相互谩骂而纠缠不清。

通常，犹太人在商谈时的第一天，很多时候都是不欢而散的，更不用说商谈出什么圆满的结果。在争吵后的第二天，犹太人一改昨天的态度，依旧笑容可掬地前来晤谈，这一点不能不令人感到惊讶。他们态度转变之快，实在令人叹服。不过，商谈中他们还是以利益为重，始终不会做出丝毫的让步。犹太人的“变脸术”，他

们的理智，足以战胜一切——在利益面前，"面子"算什么，值多少钱？

为了达到争取利益的目的，犹太人善于向对手施加压力。他们通常使用三种方法：

(1) 在进行交易时不断保持明显的竞争。你能得到的选择越多越好——直到某个限度为止。到了某一阶段时，为了向对方施加压力，代替方案越多越好。

(2) 经常反对对方，持续引起对方的反对和不满。在不让对方产生敌意的情况下，有人情味地施加压力，同时辅以个人的关切和鼓励，对方就会慢慢地把自己的期待降到最低。

(3) 削弱对方的地位。为了达到这个目的，必须谨慎从事，操纵对方。如果能占有优势的话，事情就更好办了。不要害怕向对手施压会触怒对手，因为对方也会压制你。当然，要连续不断地向对手施压，以达到控制对手，最后赢得谈判的目的。

敢向上帝讨价还价

企业一旦面临顾客的压价，就应不屈服于这种压价，不要将顾客拱手送给自己的竞争者，从而"失去顾客"。

犹太讨价还价的传统由来已久。在《旧约》中，就有犹太人与上帝讨价还价的故事。上帝欲降罪所多玛和俄摩拉城，以色列的先祖亚伯拉罕勇敢地站出来，依照约定和上帝谈判，与上帝"讨价还价"。这种做法在犹太民族中得到了传承——既然与上帝都敢谈价钱，那么，与一帮凡夫俗子讨价还价也就在情理之中了。

犹太人的精明，首当其冲就数杀价砍价了。他们认为：

首先，买东西都要杀价，而且要杀得狠，打它个四折，决不能心软或者不好意思，否则就可能因为不够精明而被狡猾之人骗了。

其次，杀价时得有理由，非得处处挑毛病，但这些毛病又不是实质性的或不可弥补的毛病。马小，就非得健壮，才能拉重物；脚跛，就必须是拔掉钉子就会跑。否则尺图少花几个钱，买回来后，尽是真毛病，派不上用场，那就犯下了讨价的

大忌。

最后，不要因讨价还价的顺利，乐昏了头。付钱时潜意识做主，杀下的价格在付款时可能又给加上了。拿错钞票、算错找头甚至忘记索回的找头比货款还多，都有可能。

同样，从卖方的角度来看，犹太人也有不少经验之谈。

首先，要准备应付别人还价，所以先得把价开上去，来个漫天要价，高达实际售价的200%。杀不到这个价的，是我白赚，杀到这个价以下的，一律不卖，主动权都在我手中。

其次，对于买方的每一次挑刺，都要给予积极的回答，使毛病不成其为毛病。如果所有批评都给驳回去了，说不定这个价格也就站住了。现实生活中，犹太商人确实特别善于说服。谈判之前，他们会预先准备好充分的资料和数据，用于说服对方。

最后，对买方的明显失误，不可掉以轻心，更不能被买方的失误弄得过于紧张，自以为得意而实际上连本都赚不回。

讨价还价不是贪小便宜。如果将这套原则放到企业的经营管理中，它所操纵的，就不是几角几分的问题了。哈佛大学商学院教授迈克尔·波特针对企业的竞争环境，提出了著名的“波特模型”。

波特认为，企业最关心是它所在产业的竞争强度，而竞争强度又取决于“潜在的竞争者”“现有的竞争者”“替代品的生产”“供应者的讨价还价的能力”及“购买者的讨价还价的能力”这五种基本的竞争力量。购买者之所以要讨价还价，背后的直接原因就是“竞争者”能够提供更高质量和更低价格的同类产品。因此顾客压价实际上间接地转化成了企业与“竞争者”之间的竞争。

所以，企业一旦面临顾客的压价，就应不屈服于这种压价，不要将顾客拱手送给自己的竞争者，从而“失去顾客”。

别怕没人买不起

有钱人都买得起奢侈品，这一部分人虽占全国人口的少数，却占有全国金钱的多数，赚这部分人的钱，效益必定很高。

一个日本的犹太商人受80/20法则的指引，在钻石生意获得了意想不到的成功。

钻石是一种高级奢侈品，它主要是高收入阶层的专用消费品，一般收入的人是购买不起的。而从一般国家统计数字来看，拥有巨大财富，居于高收入阶层的人数比一般人数要少得多。因此，人们都存在这么一个观念：消费者少，利润肯定不高。绝大多数人都不会想到，居于高收入阶层的少数人却持有多数的金钱。

日本犹太商人就看中了这一点，他把钻石生意的眼光投向占人口比例20%的有钱人身上。犹太商人抓住时机开始寻找钻石市场。他来到东京的某百货公司，要求借该公司的一席之地推销他的钻石，但是该公司根本不理他那套："这简直是乱来，现在正值年末，即使是财主，他们也不会来的，我们不冒这种不必要的风险。"断然拒绝了他的请求。

但他并不气馁，坚持以80/20这条万无一失的法则来说服百货公司，最后取得该公司一角：郊区分店。分店远离闹市，顾客很少，生意条件不利，但犹太商人对此并不过分忧虑。钻石毕竟是高级的奢侈品，是少数有钱人的消费品，生意的着眼点首先得抓住财主，不能让他们漏网，以赚取富人的钱。当时百货公司曾满不在意地说："钻石生意一天最多能卖2000万元。算不错了。"犹太商人立即反驳："不，我可以卖到2亿元给你们看。"这在商人看来，无疑是狂人的说法了。但犹太商人胸有成竹地说出这句话来，无疑是源于对80/20法则的信心。

事实上，80/20法则的魔力很快就显示出来了。首先。在地点不好的分店，取得了一天6000万的好利润，大大突破一般人认为的500万的效益估量。当时正值年关减价大拍卖，吸引了大量顾客，犹太商人就利用这个机会，和纽约的珠宝店联络，运寄来各式大小钻石，几乎都抢购一空。

接着，犹太商人又在东京郊区及四周，分别设立推销点推销钻石，生意极佳。任何商店都没有下过每天6000万元的记录。相反百货公司由于开始没有抓住机会，当全国各地销路大开时，才低头提供摊位，结果效益反而不如其他本来相对萧条的商点。

这样到了第二年春天，犹太钻石商的销售额突破了3亿日元，就连四周地区的买卖，也超过了2亿日元，犹太商人实现了曾许下的狂言。

钻石生意成功了，奥秘在哪里？

别怕没人买不起。

百货公司对此有过怀疑，他们认为钻石商品就好比美国卡迪拉克牌或林肯牌豪华小轿车，国人能够购买的很少，因此销路一定不好。而犹太商人却不这么想，他把钻石看成稍微高级的国产小轿车，是有钱人都买得起的奢侈品，这一部分人虽占全国人口的少数，却占有全国金钱的多数，赚这部分人的钱，效益必定很高。

市价未形成前不能贱卖产品

商品的市价尚未形成之前，不能贱卖商品。这并不是禁止投机，而是禁止个人控制市场的行为。

公正的经商之道在犹太人之中表现得十分彻底。我们如果看一个《塔木德》在买卖上的判例就能明白了。

比如，A和B之间要进行4斗小麦和1万日元现金的买卖。如果卖主A向买主B要求，如果不能现在支付1万日元而是延迟到几个月后小麦成熟的时候，就要支付12000日元。这种情况下，《塔木德》会判定A的要求无效。为什么呢？先不管这4斗小麦是不是在现在进行买卖，对同一商品设定双重的价格不但是破坏了买卖商品的价格公正原则，事实上还在延期付款的情况下收取了B的利息。

如果是在收取租金的场合就不一样了。也就是说，借用土地一年，总共费用是10万日元，如果每月还1万不算是违法。在最初契约建立的时候，如果“按月付款”和合同的条款有冲突，借方可以按照自己的支付能力任意选择付款的方式。

反过来说，以4斗小麦在收获期返还为条件，那就禁止现在就把小麦借出去。为什么呢？4斗小麦现在是1万日元，到了收获期，如果是丰产，那价格可能暴跌到8000日元。如果是减产，那可能暴涨到12000日元。所以，如果只是“在收获期归还等量的小麦”，很有可能给贷者带来不当损失或是额外的利益。鉴于此。这种情况下，首先要明确4斗小麦的时价，在这个基础上，等小麦收获的时候用等量的金钱或是小麦来归还。

物价的稳定对于流通经济十分必要。不正当地抬高物价自不必说，相反地，压低物价也是不可取的。特别是，如果谁先进入市场，将商品以低价出售，那这种商品的价格会在整个市场上暴跌。这种行为是《塔木德》最为禁止的。“商品的市价尚未形成之前，不能贱卖商品”。这并不是禁止投机，而是禁止个人控制市场的行为。

如果价格适中，生产者和消费者都会满意。但是，如果有人在别人的小麦还没有收获的时候就低价出售自己的小麦，那带来的影响会波及其余的全体农民。低价当然受一般的消费者欢迎，但结局是：由低价造成的损失会转嫁到别的商品上，这样对消费者和生产者都没有好处。

任何东西都不能掺假

即使酒吧知道并同意中间商的葡萄酒兑水也不能买卖。因为如果这个酒吧买了这些兑水的葡萄酒，就有可能将其伪装成没有兑水的酒，在顾客不明真相的情况下卖出去。

犹太教关于食物的戒律严格规定：任何东西都不能掺假。犹太人的食品加工业就受此严格地制约。美国的火腿香肠十分好吃，因为里面没有混入猪肉和马肉。一旦记住这种味道，就会觉得日本做的火腿香肠难以下咽，根本不能吃。日本做的香肠里面加了鱼肉和鸡肉，而且为了增加分量，还加了很多淀粉。这样做成的肉团子就没有了纯正的肉的味道。

库舍规定还适用于酒类。拉比们会通过监督并且亲自品尝来确定原料的纯正。

无论是加工食品还是酒类，如果符合库舍规定，都会由拉比在标牌的一角上签上自己的名字。

《塔木德》规定严格禁止将酒兑水买卖。允许兑水的场合只限于酒吧，并且是在客人知道已经兑水的情况下。但是，如果是对于酒吧和中间商。即使酒吧知道并同意中间商的葡萄酒兑水也不能买卖。因为如果这个酒吧买了这些兑水的葡萄酒，就有可能将其伪装成没有兑水的酒，在顾客不明真相的情况下卖出去。另外，这种兑水的酒有可能已经混入细菌，并在酒中腐败、发酵，不能够长期保存。不管怎么样，这种行为极大地损害了商业信用。最重要的是：在卖出之前就彻底地加强商品的质量管理，制止浑水摸鱼的行为。

纽约有一个犹太人开的旧书店，在卖给客人书之前，经常会确认有没有脱页的现象。因为是旧书，书皮和装订不结实也是没有办法的事，但如果把内容不全的书卖给顾客，那几个月后书店的信誉就会受到极大的损害。正是因为不卖有缺陷的商品，这家书店的顾客才会越来越多。

与之相反，犹太人还有别的得意之作。就是说，如果商品有破损，他们就会向人们以极其低廉的价格出售，而人们也是在知道商品有瑕疵的情况下买的。这也可以说是诚实正直的生意之道。

疏忽就要承担全部责任

无偿帮别人保管东西而造成丢失或损伤，保管人没有赔偿的义务。但如果是借别人的东西，无论是什么原因造成，都有义务赔偿原物。

大多数国家在借贷和做生意方面经常用赊欠的方式解决问题，而犹太人在这一点上有着明确的责任规定。

犹太人最初是由有利害冲突的部落联合而成，而后又分散在世界各地。所以，为了调整思维方式和习惯不同的犹太人的利益，制定严密的法律体系就变得很有必要了。《塔木德》就是由拉比们将日常生活中各种见解集合起来形成的，它收录了人们所能想到的各种各样的问题。

A 向 B 提出“帮我保管一下这个吧，我还要帮你保管你的东西呢。”B 很快答应了。这种情况下，A 和 B 都有保证对方东西安全的责任。A 向 B 说“帮我保管一下这个吧”，而作为回应，B 说“好的，放在这里吧”。这时，B 就应当对 A 负责。A 对 B 的这种善意的行为不一定有回报的义务。按照现在的说法，就是体现了双方责任和单方责任的区别。

那在实际中需要对对方的东西做多少赔偿呢？《塔木德》举了三个例子来给出基本的判断标准。

1、无偿帮别人保管东西而造成丢失或损伤，保管人没有赔偿的义务。但如果是借别人的东西，无论是什么原因造成，都有义务赔偿原物。

2、承租人或是被有偿雇佣的人。必须赔偿因自己的原因造成的损失。如果是由于偷盗或是其他无意行为或是不可抗力的天灾（如羊在放牧中被狼群或是狮子吃掉）造成的损失，不能被追究责任。

这里值得思考的是到底什么算是天灾什么算是人祸。关于这个区别也有详细的论述，也就是我们要说的第三个例子。

3、雇工在放牧家畜的时候遭到野兽的侵袭，无论是狮子、熊、豹或是毒蛇，只要出现一头，就被认为是不可抗拒的天灾。狼群（狼的数量在两匹以上）侵袭家畜的时候，如果不能击退，也是不可抗力的天灾。人有可能击退两匹土狼。但如果它们是从前后两个方向夹击，也可以断定家畜的损失是有不可抗力造成的。上面的例子只限于在安全的区域放牧时出现的事故。如果牧羊人故意把家畜引到危险的区域，引起的一切后果都由牧羊人承担。

总而言之，由于疏忽引起的事故就要承担全部的责任。所以，犹太人在做事情之前都做十分周密细致的准备，在做事的过程中对每个细节都予以充分的考虑。

把所有的账都收回来

生意人最要紧的问题是，在最短的时间内，以有限的资金获取最大的利润。不论资金是自己的还是别人的，都务必要争取到最大的回报率和增长率。

应收的账款不能及时兑现，公司与客户之间就形成了债务关系。这是最令所有公司老板头疼的问题。

在犹太商人眼中，做生意不管是赚钱还是赔钱，就是不能赊账。

在他们看来，生意人最要紧的问题是，在最短的时间内，以有限的资金获取最大的利润。不论资金是自己的还是别人的，都务必要争取到最大的回报率和增长率。

在生意的操作过程中，资金的回收率越高，就越能最大限度地获取利润。资金的回收比较慢，资金使用效率就会锐减。另外积压产品太多或固定资产过于庞大，也会影响资金有效地使用。

大部分生意人都认为生意越多越好。人们评价一个生意人是否成功，往往着眼于其营业额、增长率和利润。一家公司可以天天做生意，但是资金回收问题，却往往视而不见。这样的生意，结果订单蜂拥而至却并不意味着现金大量流入。假如10个客户中9个客户资金周转不灵，不能及时付清货款，那公司就会出现非常严重的资金流通问题。

每个生意人都应牢记犹太商人的忠告：做生意都不容易，要在收账时摸清债务人的情况与心理，不要硬收。

十六、数字在心中

数字精确利润才精确

在瞬息万变、波涛汹涌的商海中，经营不可有半点马虎。一个小数点的误差、一个四舍五入的省略都可能让你的航船被巨浪吞噬。

如果一位犹太人向你询问气温，你这样回答：“昨天二十几度，今天好像也差不多。”不，这可不是犹太人想要的答案。即使是对于天气，他们也总习惯于用准确的数字表达冷热程度：“今天是25℃，昨天是27℃。”

在犹太人的皮包里，总是备有计算尺，他们对数字绝对自信，对生意的成本和利润常常胸有成竹。

在瞬息万变、波涛汹涌的商海中，经营不可有半点马虎。一个小数点的误差、一个四舍五入的省略都可能让你的航船被巨浪吞噬。犹太商人正是看穿了其中的厉害，所以，他们成了一群狂热的数字爱好者。

犹太人是心算的天才。心算神速，是他们判断迅速地秘密之所在。

日本商人藤田，素来与犹太人交往密切。耳濡目染，他也习得了一套犹太人的经商手法。因此，藤田被人赠以“银座犹太人”的雅号。

有一次，藤田带一个犹太人到日本某生产晶体管收音机的工厂参观。一直聚精会神地注意女工作业的犹太人，开始向工厂的组长发问：“她们每个小时的平均工资是多少?”

那位组长翻着白眼珠计算：“嗯，她们平均月薪是 75000 日元，一个月工作 25 天，一天 3000 日元。一天工作 8 小时，3000 元除以 8，一小时就该是 375 日元。375 日元相当于美元……”

等结果出来，时间已经过了两三分钟。可是犹太人则不同，当那位组长说工资 75000 日元之后，犹太人立即答“每小时相当于 75 美元”。等组长得出答案时，犹太人已经从女工的数量、生产能力及原料费等，计算出自己从每台晶体管收音机中所赚的利润。

正因为这样精于数字和心算，犹太商人才能够迅速通过对方提供的微妙数字，计算出对方的实力及利润。对于抢手的生意，他们更具有很强的判断力。一旦觉得有利可图，马上拍板成交，从不失误。

的确，在商界，“大概”“左右”之类的字眼是没有意义的，精于数字就是精于商道的第一步。

没有数字就没有销售

三分灵感、七分盘算。经营者对于数字，对于各种百分比、指数等都要有清晰

的概念。否则，就像夜间开车不开灯一样，必然险象环生。

犹太商法的忠实信徒日本商人藤田，设计了一套“重回归法”。

所谓重回归法，就是根据几个要素用数字预测销售额的方法。有一次，藤田要在某地开设店铺，就让人把半径 500 米、1 千米、2 千米、3 千米……直到半径 16 千米的有关数据取来，把当地人的收入情况、男女人口、中小学及大专院校的数目和学生人数、城镇的发达程度等一切情况全部计算出来。比如在火车站，他调查每天有多少乘客上下车，往北方去的人有多少，往南方去的人又有多少。关于超级市场，则调查其一年中有几天休业日。然后，藤田以这些情报为依据，把在这一带开设店铺可望达到的销售额用电子计算机进行估算。

以前，也有人想在此开店，但他仅到这个城镇去看了一下，仅凭感觉就认为未必有多大发展前途，于是便取消了原来的计划。而藤田却用重回归法准确无误地预测出了销售额的数目，最后，当电子计算机输出“GO”（去）的答案之后，藤田就放心地在这里开张大吉了。

日本麦当劳公司后来引入了这种重回归法，并被认为是制定计划的最佳方法，得到了极高的评价，如今已被全世界的麦当劳公司所采用。例如，目前麦当劳公司在中国有几百家店铺。有了这些店铺的详细数据，用重回归法在一瞬间就可估算出新开店铺的销售额，预测的准确率高达 95%。

剩下的 5%则多半是以下情况：某些地区的住宅是简易公寓，房租较低，居民手头有较多的可自由支配的收入，因此实际销售额高于预测；相反，有些地区则是设备齐全的新建公寓，房租较高，居民手头可自由支配的收入较少，因此实际销售额就低于预测。

找出预测发生偏差的原因后，就可以及时修正预定计划。这样一来，准确率还能进一步提高。

一位犹太商人说：“赚钱与赔钱的具体分野在哪里？那就是加减乘除后的红黑数字。所谓“三分灵感、七分盘算”。经营者对于数字，对于各种百分比、指数等都要有清晰的概念。否则，就像夜间开车不开灯一样，必然险象环生。”

活用数字

账面反映了一切，你根本不需要去看你的库存、看你的规模，只要看数字就知道你工厂的一切经营状况了。

《羊皮卷》上说："如果店主算不清账，他的账就会找他算账。"

数字能精确反映企业的许多情况。你的账面反映了一切，你根本不需要去看你的库存、看你的规模，只要看数字就知道你工厂的一切经营状况了。

犹太人思维缜密，尤其对于数字。他们把这个特点应用在经商上，用数字来思考，来总结社会，让数字为自己服务，这是犹太人的精明之处。

注重数字，习惯数字，这是犹太人几千年流浪总结出来的经验。首先让数字渗透到生活的各个角落，然后从生活惯用的数字中找出一条经商原则，以此为基础，成为赚钱的根本。犹太人认为，假如想赚钱的话，就必须把数字运用到生活中去亲近它。

阿拉伯数字最初是由印度人发明的，但是如果你问问阿拉伯人："阿拉伯数字的1为什么代表1呢？同理，2、3、4……为什么分别表示2、3、4……呢？"

这个时候，无论是阿拉伯人还是其他民族的人都会哑口无言。即使数学知识渊博的人也很难回答。

但是犹太人会机智地回答："因为1有一个角，所以表示1，2有两个角，所以表示2，其余依此类推……"

如果再问："可以证明吗？"

犹太人会毫不犹豫地回答："这是犹太人的公理，公理是不必证明的，4000年的悠长岁月已经给它证明了！"

由此可见，犹太人比其他民族更注重数字，凭着对数字进行揣摩的几千年的经验，并且把这些经验应用到经商事业上来。

犹太人还可以把数字应用到生活中去。犹太人用准确的数字来描述生活的细节，他们说，今天25℃，不说"今天是个好天气"。

钟爱数字，使用数字，这是犹太人在几千年的经商生涯中总结出来的经验；注重数字，用数字来思维，这是犹太人经商才能冠绝于世的一个重要原因。

如果你是商人，你就一定要学会运用你的数学思维，对你的成本利润进行核算，这对于你经商是大有裨益的。

不要把应付货款留在第二天

不要把应付的报酬留到第二天早上。

犹太人坚持公正，反对欺诈的商业道德，不仅体现在商品生产和交易上，还体现在“劳资关系”上。

《塔木德》规定：不要把应付的报酬留到第二天早上。

在犹太人的习惯里，一个主人要雇用一个工人，必须明确地告诉他取得报酬的时间和方式，无论偿付工钱的时间是按日、按星期、按月还是按年，一旦确定下来，主仆双方互相同意，就必须坚决不打折扣地实行。这样的规则，当然主要是针对强势一方也即主人一方的，因为只有主人有可能拖延发工资的时间，而仆人一般是不可能强迫提前付给工资的。

有一位犹太商人在日本从事钻石生意，那么多年了，从没有拖延过一天员工工资，哪怕公司遇到暂时困难，资金周转临时有困难，他首先想到的是，员工的工资一定不能拖欠！他说：一个外地人，要想在日本这样一个商业竞争异常激烈的地方站住脚跟，保住阵地，立于不败之地，必须保持无懈可击的信誉。

他的这种理念正是古老的犹太教义所主张的。所以，这位犹太人在日本取得了成功，同时也赢得了日本朋友的尊敬。

捐出 1/10 的收入

捐献，即一定数量钱的转移是每个犹太人必须履行的“公共义务”。其强制性之大，足以构成法律效力。

在2000多年前，犹太民族就已把“捐献1/10的收入”列入上帝的律法，即使在大流散的岁月中也从未中断。

所谓的“慈善”不是犹太人的说法，在他们眼里，这样的行为只是一种“公义”：捐献，即一定数量钱的转移是每个犹太人必须履行的“公共义务”。其强制性之大，足以构成法律效力。

有一则这样的笑话：有一个乞丐去找施主。要求每月一次的施舍。他敲了几次门，才见神情黯淡的主人开了门。

“出了什么事了？”乞丐问。

“你不知道？我破产了。我欠了10万元的债务，而我的资产才1万元。”

“这我知道。”

“那你还来问我要什么？”

“按照你的资产，每1元给我1角。”

虽然长期以来，犹太人的慈善安排主要服务于犹太人内部，对他们寄居的社会大环境没有直接的作用，但这种安排可以即时发挥其作用，从而加速这一过程的运行。

80/20法则

财富不是平均地掌握在人们的手中，而是恰恰相反，拥有财富的大多数人，只占总人口中一个比较小的比例。

“钱在有钱人手里。赚钱就要赚有钱人的钱。”

财富不是平均地掌握在人们的手中，而是恰恰相反，拥有财富的大多数人，只占总人口中一个比较小的比例。

美国人的财富在犹太人的口袋里。占美国人口很小比例的犹太人，拥有美国大部分的财富。犹太人不仅在美国，还在亚洲的日本、欧洲的一些国家，独占金融界或商界鳌头，百万、千万、亿万富翁大有人在。

如果有人问他们何以生财有道，他们会漫不经心地说一句：“钱本来就在有钱

人手里。”你或许很不满意这个答案，但是请你千万别误会，犹太人是告诉你一个真理：钱在有钱人手里。所以，我们要赚那些有钱人的钱，这样就可以快赚钱、赚大钱了。这是犹太商人智慧的经商哲学，而这一哲学却源自他们对生活对世界的看法，这便是80/20法则。

在我们每个人的身体中，水分与其他物质成分的比例是80/20。80/20法则是客观的，它规定着宇宙中某些恒定的比例。

如此说来，80/20法则的确是一个超乎一切的“绝对真理”，它一直在冥冥之中规定着我们的世界，左右着我们的生活。这样一个具有绝对权威、千古不变的真理法则，犹太人理所当然地将它作为经商的基础，依靠这个不变法则的支持，获得世人皆慕的财富。

举一个例子来说，假如有人问，世界上放债的人多，还是借款的人多。一般人都回答说：“当然借款的人多。”但是经验丰富的犹太人的回答却恰恰相反，他们会一口咬定：“放债人占绝对多数。”实际上也正是如此，银行总的来说是个借贷机构，它把从很多人那借来的钱再转借给少数人，从中获取利润，而用犹太人的说法，放债人和借款人的比例是80/20，银行利用这个比例赚钱，绝不吃亏。否则，银行就有破产之虞。

不要让支出超过收入

不要让自己的支出超过自己的收入，如果支出超过收入便是不正常的现象，更谈不上发财致富了。

犹太人亚凯德转向一位自称卖蛋的节俭人说：“假使你每天早上收进十个蛋放到蛋篮里，每天晚上你从蛋篮里取出九个蛋，其结果是如何呢?”

“时间久了，蛋篮就要满溢啦。”

“这是什么道理?”

“因为我每天放进的蛋数比取出的蛋数多一个呀。”

“好啦，”亚凯德继续说，“现在我向你介绍发财的第一个秘诀，你们要照我告

诉蛋商的发财秘诀去做。因为你把十块钱收进钱包里，但你只取出九块钱去花，这表示你的钱包已经开始膨胀，当你觉得手中钱包重量增加时，你的心中一定有满足感。”

“不要以为我说得太简单而嘲笑我，发财秘诀往往都很简单。开始，我的钱包也是空的，无法满足我的发财欲望，不过，当我开始放进十块钱只取出九块花用的时候，我的空钱包便开始膨胀。我想，各位如果如法炮制，各位的空钱包自然也会膨胀了。”

“现在让我来说一个奇妙的发财秘诀，它的道理我也说不清，事实是这样的：当我的支出不超过全部收入的90%时，我就觉得生活过得很不错，不像以前那样穷困。不久，觉得赚钱也比往日容易。能保守而且只花费全部收入一部分的人，就很容易赚得金钱；反过来说，花尽钱包存款的人，他的钱包永远都是空空的。”

“每次当我把十块钱放进钱包的时候，我最多只花九块。”

犹太人的用钱原则就是这样，只把钱用在该用的地方，他们认为不该用的地方，是一块钱也不会花出去的。以崇尚节俭、爱惜钱财著称的连锁商店大王克里奇，他的商店遍及全美50个州和国外很多地方，他的资产数以亿计，但他的午餐从来都是1美元左右。

克德石油公司老板波尔·克德有一天去参观一个展览，在购票处看到一块牌子写着：“5时以后入场半价收费。”克德一看手表是4时40分，于是他在入口处等了20分钟后，才购买了一张半价票入场，节省下0. 25美元。你可知道，克德公司每年收入上亿美元，他所以节省0. 25美元，完全是受他节俭的习惯和精神所支配，这也是他成为富豪的原因之一。

对金钱除了爱之外，还要惜。也就是说，除了想发财外，还要想办法保护已有的钱财。犹太人的这些金钱观念是很有道理的，这就是犹太人经营致富的一个奥秘。犹太富商亚凯德说：“犹太人普遍遵守的发财原则，那就是不要让自己的支出超过自己的收入，如果支出超过收入便是不正常的现象，更谈不上发财致富了。”

想买的东西请等三日

想买的东西等三天，而将想要丢弃的东西，多留一天。如此，就会发现还有半数以上物品是可以再使用的。

犹太经典《塔木德》中说：想买的东西等三日。这个金玉良言到现在仍是很有效的。从古到今，经商的犹太人莫不身体力行。

犹太商人认为：如果想买的东西，先等三天，之后可能就变得没有兴趣。三个星期之后，可能就把它给忘了。再过个三个月后，新产品的出现使原先中意的东西变成了便宜货。结果，三年后原本再喜爱的家电也都变成垃圾，进了垃圾车，这样的话，节俭的目的就达到了。

所以，犹太人手上如果有钱，便立刻存到银行、邮局的保险柜。存进后认为再提出来比较麻烦，便不会冲动地购买东西，因此能仔细考虑有无需要购买，并且能够多比较几家。即使要买，也要好好选择以后再做决定。

事实上，世上的任何东西，绝对无法保证“一定会价值攀升”，而是有时升值，有时贬值。不知不觉中，有时还会变成资产价值为零的情形。正因如此，许多人总会在购物之后后悔。

“当时如果不那么冲动买下来就好了。”

许多人在搬家时，发现家中竟然有那么多无用的东西时，常常会说这句话。东西会随着时间而改变价值，最后变成垃圾。人死了之后，生前所有的东西不是留给子孙，就是变成垃圾让人给埋起来，甚至还会造成污染。

在犹太人看来，物质欲望再强的人，死后也没有办法把东西带进坟墓去。后人还会为处理遗物而大伤脑筋。倒不如留给他们银行的存折来得方便，更让他们高兴。再不然写个遗书，捐赠给慈善团体。

如果听从犹太人的劝告，买东西时会仔细考虑：“将来如要把这东西处理掉，它还会有多少价值呢?”

这时，你就不会买一些不需要的东西了。买进的东西，如果要再卖出去，大概

只剩下一半的价值了。

人们有时面对餐厅的美酒佳肴，就会食欲大动。其实美食是糖尿病的主因，对于营养补给是没有好处的。事实上，只要营养均衡，即使吃的尽是粗茶淡饭，也能够延年益寿。当然，除了“冲动购物”之外，还有“冲动丢弃”。在丢弃东西之前，应该冷静地好好考虑一下。还能够继续穿的衣服，修理后尚可使用的家电等等还是可以再利用的。

按照犹太人的观点，在成堆的垃圾中，有许多东西是可以回收继续使用的。这些尚可继续使用的东西，如果能运送到那些物资不足的地区，如非洲等地，其所发生的作用将会比丢到垃圾场大得多。

总之，我们花钱的时候，如果能够像犹太人所说的那样，想买的东西等三天，而将想要丢弃的东西，多留一天，如此，就会发现还有半数以上物品是可以再使用的。

十七、诚信是根本

无端欺骗别人就是害自己

无端地欺骗别人，就把自己的信誉丢了，最后害的其实是自己。

在塔诺普尔城住着一个叫费威尔的人。有一天，他正坐在屋子里认真地阅读《塔木德》，忽然听到外边一阵嘈杂声。他走到窗前，看到一大群孩子在玩耍。费威尔想把他们赶走，于是打开窗子对孩子们说：“孩子们，快到教堂那里去吧。你们在那儿会看见一只海怪。它有 5 只脚，3 只眼睛，还有像山羊一般的胡子，不过是绿色的！”

孩子们一听这话就都跑了，费威尔先生回到书房，一想到刚才对那些孩子编的瞎话，就不禁偷偷地发笑。可是不久他书房的宁静又被打破了，这回是一阵奔跑的

脚步声。他走到窗前，看见许多犹太人在跑。

“你们往哪里跑?”他大声地问。

“去教堂!”犹太人回答说，“你没听说吗? 那儿有只海怪，有5只脚，3只眼睛，还有像山羊一般的胡子，不过是绿色的!”

费威尔先生得意地笑了笑，又回去读自己的经书了。他才刚刚坐稳，又听到外面一阵喧闹声。他往窗外一望，不得了啦，一大群人，男男女女，老老少少，全往教堂的方向跑。

“出什么事了?”他大声问道。

“天哪! 怎么，你还不知道吗?”他们回答说，“就在教堂前面有一只海怪。它有5只脚，3只眼睛，还有像山羊一般的胡子，不过是绿色的!”

人们匆匆跑过。费威尔先生忽然注意到拉比本人也在人群当中。

“天哪!”他喊道，“要是拉比本人也和他们一块儿跑的话，一定是出什么事了，无风不起浪。”

费威尔先生不假思索地抓起帽子离开了家门，也跟着跑了起来。“出了什么事呢?”他一边自言自语地问，一边气喘吁吁地朝教堂跑去。

犹太人在做生意时，丁是丁，卯是卯，非常的认真和诚实。他们认为，无端地欺骗别人，就把自己的信誉丢了，最后害的其实是自己。

只征用那些讲信誉的人

被人信任的第一要素是：诚实。诚实是树木的根，没有根，树木也就没有了生命。

犹太经典《塔木德》中指出，金钱是山上的树木，诚信是山中的泉水。

在犹太人看来，被人信任的第一要素是：诚实。诚实是树木的根，没有根，树木也就没有了生命。

当人们问摩根用人方面最看重的是什么时，他明确回答道：“我们很注重应征者的信义程度。”他说，“一旦你在金钱的使用上有了不良的记录，我们公司就不会

雇用你。很多公司也跟我们一样，很注重一个人的品行，并且以此作为晋升任用的标准。即使那个人工作经验丰富、条件又好，我们也不任用。我们这样做的理由有四：第一点，我们认为一个人除了对家庭要有责任感外，对债权人守信用是最重要的。你在金钱上毁约背信，就表示你在人格上有缺陷。但是买东西必须付钱、欠债必须还钱这是天经地义的事。在金钱上不守信用，简直与偷窃无异。第二点，如果一个人在金钱上不守诺言，他对任何事都不会守信用。第三点，一个没有诚意信守诺言的人，他在工作岗位上必定也会玩忽职守。第四点，一个连本身的财务问题都无法解决的人，我们是不任用的。因为多次的财务困难很容易导致一个人去偷窃和挪用公款。在金钱方面有不良记录的人，犯罪率是一般人的 10 倍。当我们支出金钱时，要诚实守信，这一点也同样适用于我们做人处事。”

摩根的用人标准说明了这样一个问题：诚实是衡量生意人品行的一把尺子。这把尺子，无论在古今中外，它适用于对一切生意人的检验，诚实守信不仅是一个生意人品行的证明，同时，它还使生意人树立起对家庭、对社会的强烈责任感。

犹太先知曾经预言未来世界的审判首先要问 5 个问题，其中第一条就是：你在做生意的时候诚实吗？其他 4 条依次是：“你腾出时间学习了吗？”“你尽力工作了吗？”“你渴望得到神的救赎吗？”“你参与过智慧的争论吗？”

把做生意的诚实摆在学习、工作、信仰和智慧之前，可见犹太先知对诚信经商的重视程度。

每天清洗一次砝码

把商品的缺点给顾客暴露出来。既要把商品的缺陷说给顾客听，也要大声宣布“我的货是最好的”。

犹太民族的先知训示他们的后人说：

“你们不可行不义。要用公道天平、公道砝码，公道升斗、公道秤。”

他们的要求是具体的：

不可有一大一小两样的砝码和量器。

批发商每个月清洗一次量器，小生产商一年清洗一次。

小生产商要经常清洗砝码。以其不发粘为度。

店主每周要清洗一次量器，每天清洗一次砝码，每称完一样东西都擦拭一次天平。

诚信是犹太商法的灵魂，是商业活动的最高技巧。犹太商法不仅要求商人“把坏豆子从谷桶里清除出去，而不能放在消费者看不到的谷桶最下面”，还禁止在买卖中用颜料涂描衰老的奴隶以及病弱的牛羊、陈旧的器具。

这样做的目的就是把这些“商品”的缺点给顾客暴露出来。然而，他们既要把商品的缺陷说给顾客听，也要大声宣布“我的货是最好的”。

彻底的诚信并不意味着他们放弃了对世界的修饰。为了使世界看起来漂亮一些，犹太人的先知允许人们把好衣服洗得更光鲜，把麻布衣服拍打得更薄更精致，把窗子和篮子涂上艳丽的色彩。

犹太商人认为顾客欠债不还是商人的过错。

现代犹太人对诚信的阐述当然贴近现代的社会。诚信就是财路，就是商业活动中最高的技巧。无论在西方世界还是在东方世界，无论是对大商人而言还是对小商人而言，这条犹太商法无时无地不在得到证明。

他们明明白白地告诉顾客“我要赚钱”，他们让世界清清楚楚地看着他们怎样赚钱。

犹太商人绝不奸诈。在世界商业史上第一个提出“不满意可以退货”的，就是犹太商人。这人是朱利叶斯·罗森沃尔德。罗森沃尔德是美国希尔斯·罗马克百货公司的老板，这句闻名于世的口号提出于19世纪刚刚开始的时候。

有人愿意购买他人就不可争购

交易就是交易，而不是为交易而交易。它教导人们做一个有道德的商人，而不是做一个唯利是图的商人。

在农业社会，犹太人就已遵从简单的商业道德。这充分体现了犹太人重视公平

和讲道理的交易标准。

《塔木德》中指出，商业交易是一种特殊的行为原则：交易就是交易，而不是为交易而交易。它教导人们做一个有道德的商人，而不是做一个唯利是图的商人。

交易强调的是道德和善行。犹太人认为：买者的权利，即使没有明文规定所有保证，买者仍然有权要求他买的东西必须是品质优良，毫无缺陷的。即使卖者打出“货物出门，概不退换”的招牌，买方若事后发现东西有瑕疵，也有权要求退换。但是，卖方若事先声明货物有缺陷，而买者愿买，买后便不可退换，这是契约，双方必须要遵守。

自愿吃亏与上当受骗是两回事。《塔木德》坚持的原则是保护买方利益。

买方可在购买到东西一天到一星期之内，拿着所买的东西去请教别人。犹太人认为，买主不一定对所买的东西很内行，由懂行者作判断，然后决定是否退换，这都是允许的。在农业社会，犹太人就有监督买卖度量的官员，夏天和冬天丈量土地的绳子不一样长，随天气变化，绳子伸缩有度。如果店主出卖液体瓮底以前的残渣，便被视为不公平，官员有权过问。

《塔木德》时代，商品没有统一价格。价钱由卖方张口要，但若买主付出超过一般行情的1/6时，这次交易可以被视作无效。货、款各退回本人手中。这是《塔木德》所订的规律。它不光保护买方利益，同时也保护卖方利益。当买方没有购买诚意时，就不可以进行商谈；如有人表示愿意购买某商品，他人就不可争购。犹太商人是最具商业道德的买卖人，他们之所以能够摘取“世界第一商人”的桂冠，与此是分不开的。

以善为本以和为贵

人类的内心都有希望被人注目、受人重视、被人容纳的愿望。为了充分利用人类内心深处的欲望，要用善意的、亲切的、温和的态度与人交往。

众多犹太巨商在发财致富的过程中，都有一个共同举措——注重慈善事业和公益事业。

19 世纪中期至 20 世纪初，俄国银行家金兹堡家族，从 1840 年创立第一家银行起，经过几十年的经营，在俄国开设了多家分行，并与西欧金融界建立了广泛的业务关系，发展成为俄国最大的金融集团，其家族成为世界知名的大富豪。

金兹堡家族像其他犹太富豪一样，在其发迹过程中做了大量的慈善工作。他在获得俄国沙皇的同意下，在彼得堡建立了第二家犹太会堂；1863 年，他又出资建立俄国犹太人教育普及协会；他用在俄国南部的庄园收入建立了犹太农村定居点。金兹堡家族第二代继续把慈善工作做下去，曾把其拥有的欧洲最大的图书馆捐赠给耶路撒冷犹太公共图书馆。

美国犹太商人施特劳斯从商店记账员开始，步步升迁，最后成为美国最大百货公司之一的总经理。在 20 世纪 30 年代成为世界上首屈一指的巨富。他在事业成功的过程中，也做了大量的慈善活动。除了关心公司职工的福利外，他曾多次到纽约贫民窟察访，捐资兴建牛奶消毒站；并先后在美国 36 个城市给婴幼儿分发消毒牛奶；到 1920 年止，他捐资在美国和国外设立了 297 个施奶站；他还资助建设公共卫生事业，1909 年在美国新泽西州建立了第一个儿童结核病防治所；1911 年，他到巴勒斯坦访问，决定将他 1/3 的资产用于该地兴建牛奶站、医院、学校、工厂，为犹太移民提供各项服务。

归根到底来说，犹太人热心捐钱办公益事业是一种营销策略，这种营销策略为企业提高知名度，扩大影响，博取消费者的好感起到了重大的作用，对企业巩固已占有的市场及今后扩大市场占有率会产生作用。

犹太人认为，人类的内心都有希望被人注目、受人重视、被人容纳的愿望。所以，犹太商人为了充分利用人类内心深处的欲望，他们用善意的、亲切的、温和的态度与人交往。此外，犹太人还认为一个成功的商人必须能与人和谐相处，有容纳别人缺点和短处的雅量。

为他人着想就是为自己铺路

一个人考虑得再周密，如果没有同对方考虑到一个点上，还会造成某种误会式

的冲突。

在犹太商业文化中，“瞎子点灯”是那种主动使对方了解商业逻辑，是使彼此成为知己的哲学，其精彩之处在于让对方从自己的利益着想，从而最有力地调动对方。

一个人考虑得再周密，如果没有同对方考虑到一个点上，还会造成某种误会式的冲突。对于这种可能性，犹太人很快就有所体察，并将自己的感悟浓缩在一则极巧妙的寓言中。

在漆黑的道路上，有个瞎子提着灯笼在缓缓前行，对面来了个人，见他是个瞎子，就不解地问他：“你一个瞎子，干吗还提个灯笼呢?”瞎子不慌不忙地回答：“因为我打了灯笼，不瞎的人才能看到我啊。”

对瞎子来说，在漆黑的道路上行走，自己跌倒的可能性远远大于被行人撞倒的可能性。那些习惯于靠眼睛走路的人，对黑暗的熟悉度远不及永远眼前漆黑的瞎子。于是。瞎子亮起了灯笼，这灯光不是照向路面，而是照向自己，以便让每个相遇者都可以看到瞎子，及早避让，从而使瞎子顺利地行走。

犹太民族在走过了2000多年的“夜路”之后，摸索并炼出了“瞎子点灯”的商业智慧。作为一个长期寄居于其他民族之中的共同体，作为一个“软弱”而又“硬着颈项”的民族，武装起义、示威游行等反抗是极其愚蠢的，最理智的办法就是让所寄居社会的民主统治者明白犹太人对他们及整个社会的价值。

“瞎子点灯”的逻辑让人们彼此相互了解，从而能够得出双方共荣共生的结局，这是犹太人的高妙之处。

信用是无形的财富

一个没有信用的人，就好比墙上的芦苇，终究站不住脚跟。而一个有信用的人，不论你处在什么环境下，因为你有“重信守约”的好名声，别人自然会格外地相信你。这样，你在无形之中就为自己积累了一笔巨大的财富。

在这个世界上，有的财富是有形的，伸手可及，比如别墅、私车、存款等等，

有的财富却是无形的，比如名声、信用、口碑。犹太商人认为，要想成为一个富人，首先得遵守信用，因为，信用是一笔无形的财富，信用是口碑的体现。

可想而知，一个口碑不好、信用败坏的人，本身就不能赢得他人的好感，更别说博取他人的信任了。所以，对于商人来说，一定要注重自己的信用。

曾经有一个叫凯伦的犹太人。有一年，他向友人借了40万元，没有财产担保，也没有存单抵押，只有一句话："相信我，年底无论如何都还你。"

到了年底，他的资金周转非常困难，外债催不回来，欠款又催得紧。为了还朋友这40万元，他绞尽脑汁才筹足20万元，余下的20万元怎么也筹不到。最后他决定用自家的私房去抵押贷款，但银行评估房屋价值24万，只能抵押18万元。凯伦横下一条心，与老婆郑重商量后，把房子以20万元低价卖出去，终于筹齐了40万元。一家人再到市郊租了间房屋住。

曾经在商海里溺过水的凯伦再到商海里搏击，自然会小心谨慎，而又遇乱不惊。他又成功了，两年后不仅还清了债务，而且还赚了一大笔钱。每当有人问他怎样起死回生时，他便会郑重地告诉对方："是信用!"

做生意，不能没有信用。一个没有信用的人，就好比墙上的芦苇，终究站不住脚跟。而一个有信用的人，不论你处在什么环境下，因为你有"重信守约"的好名声，别人自然会格外地相信你。这样，你在无形之中就为自己积累了一笔巨大的财富。

只赚应该赚的钱

商业交易是在信任的基础上完成的，不论是达成的书面协议和规则，还是口头上对约定的承诺，只有不折不扣地履行，才会赢得重信守约的声誉。

犹太经典《塔木德》指出，倘若有人说犹太人欺骗了你，那么不要相信，因为犹太人天生不会欺骗。犹太商人提倡的是诚信第一，他们在遭受过无数精心安排的谎言与圈套后，并没有背弃上帝的教诲，仍遵守约法，以诚实取信于人，并且相信必定能得到回报。所以，犹太商人的商业交易是在信任的基础上完成的，不论是达

成的书面协议和规则，还是口头上对约定的承诺，犹太商人都会不折不扣地履行，因而他们才赢得了重信守约的声誉。

作为犹太人的经典著作，《塔木德》规定了商业法规的基本思想和原始做法。犹太民族的先哲们在其他民族还处于农耕时，就预测到将来社会的发展趋势，并做出种种规定，真可谓极具先见之明。这些法规在现代生活中，也已被证明为是合理和有效的规定，对于商业史和法律史都具有重大意义。这种基本思路和具体规范，对犹太商人形成其独特的经营风格，对现代商业世界的价值标准，都具有深远的影响。

美国有个犹太人开的“棕色浆果烤房”烤面包坊，女主人叫凯莎琳，有一手很好的烹调技术。店面小，不显眼，两个女儿做雇员。第一年，生意兴旺，买卖红火；又过了两年，小店变成了公司；没过多少年，凯莎琳就被尊称为“面包大王”，年营业额上升到了400万美元，成了大企业家。

办店之初，凯莎琳说：“做生意，没有一定的规矩可循，完全靠经营者的随机应变。但我抱定一个原则，就是‘诚实不欺’四个字，以不变应万变，强调只赚应该赚的钱。”为此，她首先精确地计算了面包成本，加上合理的利润，订出公平的价格，并标在包装上。

其次，她公开声明，“货逾三天卖不出，过期面包收回”，在面包上注明烘烤日期。她派出汽车，每天给经销商送去新鲜的面包，收回旧面包，常年如此，毫不马虎，也不吝惜。

一次，凯莎琳派出的汽车装载着收回的面包，途经一个火灾区。那里食品短缺，饥饿的人们发现了面包车，一哄而上，要买车里的面包。这可急坏了押车人员：不管他们多么同情饥饿的群众，也不敢把旧面包卖出去，不然要被老板开除的。一方要买，一方不敢卖，怎样处理这件事？这时，一个押运员向购买者说：“本公司不卖过期面包，但并没有规定不允许强买；大家可以强买货物，凭良心扔些钱就可以了。”他恳求在场的记者把他们劝阻及人们强买面包的情景拍下来，用这些照片去向老板做出说明。

这个消息传出后，凯莎琳面包公司的信誉陡然上升，赢得了更多的消费者，不到半年，赢利增加了五倍，产品遍销整个美国。

所以，遵守口头上的承诺，也能提高你的信誉，给你带来滚滚财富。

不讲诚信会受炼狱的惩罚

鱼离开水就会死亡，人没有礼仪便无法生存，而不讲诚信则会受炼狱的惩罚。

犹太经典《塔木德》中说："鱼离开水就会死亡，人没有礼仪便无法生存，而不讲诚信则会受炼狱的惩罚。"

尽管各民族皆有"经商应童叟无欺"的说法，但只有犹太人才是最严格执行这种正直交易的民族。"唯有诚实正直的经商之道，才是生存处世的最高法则。"这是犹太人从违反与上帝的契约而遭受的痛苦中深切体会到的一点。

犹太人的诚信当然也给他们带来了好的口碑，在这方面的事例举不胜举。零件与机器的关系想必大家都清楚，一般来说，零件便宜而机器昂贵，但拥有零件的目的是为了使用机器。所以，一些聪明的犹太商家就采用白送机器零件这样一种看似赔本的方法来促销自己公司的机器，并获得成功。

美国凯特皮纳勒公司，是世界性的生产推土机和铲车的大公司，它在广告中说："凡是买了我们产品的人，不管在世界哪一个地方，需要更换零配件，我们保证在48小时内送到你们手中，如果送不到，我们的产品白送你们。"

他们说到做到，有时为了将一个价值只有50美元的零件送到边远地区，不惜动用一架直升机。费用竟达2000美元。

有时无法按时在48小时内把零件送到用户手中，就真的按广告所说，把产品白送给用户。由于经营信誉高，这家公司历经50年而生意兴旺不衰。

靠欺骗赚钱总有倒霉的那一天

金钱固然有魔力，但还是应该通过正规的渠道去赚取，这样才能够心安理得。

靠欺骗手段赚钱?

不!!! 这是违法的——犹太商人从来就不赚违法的钱。

做生意要赚合法的钱，这是犹太商人们永远遵循的戒律。

他们认为——合法经营才是本事。一个靠欺骗做生意的人，终究会失败，自己也会丢掉名声。

无论是骗者也好，还是被骗的也好，都存有一个人性的阴暗面——贪心。结局通常是一个上当，一个得逞。

金钱固然有魔力，但还是应该通过正规的渠道去赚取，这样才能够心安理得。

欺骗行为是终究要失败的。所以，从这一方面来讲，诚实、没私心、不为利所动、维护自己的名誉、寻找价值才是最佳的赚钱术。

一位商人到银行去申请贷款，银行问他生意做得如何，他回答说蛮赚钱的。

这位经理想了一会，说:“既然赚钱，为什么又来贷款购买废铁? 你想再大赚一笔，这未免太贪心了，要是我就不会这么做!”

银行没有借给他钱，商人只好气冲冲地走了。

两个月后，这位商人去感谢银行，银行的人奇怪地问他:“我没借钱给你，你反而来感谢我。请问您是什么意思呢?”

“废铁跌价了，大约跌了30万美金，就因为你没借钱给我，所以我才没有受到任何损失。”这位商人回答。

赚钱原本为了改善生活品质，投机倒把、非法经营，于人于己，又有何好处?

请时刻记得《犹太生意经》上的话：诚实可以带来好运，靠欺骗赚钱总会有倒霉的那一天。

信任是顺利交易的前提

取得别人的信任，是交易顺利完成的基础。

在犹太人看来，取信于人是一生当中最重要的。在商业领域，他们更深刻地体会到：取得别人的信任是交易顺利完成的基础。犹太人遵守约定，但他们并非千篇

一律地签订书面的合同，他们往往只是口头上的承诺，非正式、非书面的协议，只要他们承认了约定，就会不折不扣地按照约定去行动，犹太人这种重信守约的美德为他们赢得了极高的声誉。

有一个顾客欠了迪特毛料公司15美元。一天，这位顾客愤怒地冲进了犹太人迪特先生的办公室，说他不但不付这笔钱，而且一辈子再也不花一分钱购买迪特公司的东西。迪特先生让他耐心地说了个痛快，然后对他说："我要谢谢你到芝加哥告诉我这件事，你帮了我一个大忙。因为如果我们的信托部门打扰了你，他们就可能也打扰了别的好顾客，那就太不幸了。相信我，我比你更想听到你所告诉我们的话。"

这个顾客做梦也没有想到会听到这些话。迪特先生还要他放心："我们的职员要照顾好几千个账目，比起他们来，你不太可能出错。既然你不能再向我们购买毛料，我就向你推荐一些其他的毛料公司。"

结果，这个顾客又签下了一笔比以往更大的订单。他的儿子出世后，他给他起名为迪特。后来他一直是迪特公司的朋友和顾客，直到去世为止。

由此可见，品德对于犹太商人来讲绝不是可有可无的东西。在具体的商业贸易领域中，《羊皮卷》规定了许多规则，严格禁止带有欺骗性的宣传或推销手段。

绝不做一锤子买卖

尽管各民族皆有"经商应童叟无欺"的说法，但只有犹太民族是最严格执行这种正直交易的民族。《羊皮卷》记载了许多关于诚实经商的实例，培养了犹太人诚实的商业原则。"唯有诚实正直的经商之道才是生存处世的最高法则"，这是犹太人从违反与上帝的契约而遭受的痛苦中深切体会到的一点。

在犹太商人作为"世界第一商人"的商旅生涯中，犹太民族与其他民族打交道最多。作为一个弱小的民族，在2000多年的流浪中，没有被其他民族同化或湮灭，并且还能不断地从他们的腰包中大把大把地赚钱，其中一个重要的原因就在于他们诚信经商、坦诚为人、尊重他人、彼此宽容的道德操守。因为严于律己，重信守

约，犹太商人才赢得了“世界第一商人”的口碑；而诚信经商，更使得犹太商人得到了世人的信任和尊敬，这在商业社会无疑是一笔最重要、最宝贵的无形资产。

《塔木德》中说：“一个人死后进入天国前，上帝会问，你生前做买卖时是否是诚实的？如果欺骗别人，会被打入地狱的。”它所记述的许多诚实经商的典型事例，让犹太商人相信，诚信守约的经商之道才是获利的最高原则，这便是犹太人在违反与上帝之约后的真切体会。

犹太人相信说谎的人死后要遭受炼狱的痛苦。无论是书面协议，还是口头承诺，他们都不折不扣地履行。

在农业社会，犹太人就已遵从简单的商业道德，体现犹太人重视公平和讲道理的交易标准。犹太人认为：买者的权利，即使没有明文规定所有保证，买者仍然有权要求他买的东西必须是品质优良，毫无缺陷。即使卖者打出“货物出门，概不退换”的招牌，买方若事席发现东西有疵，也有权要求退换。但是，卖方若事先声明货物有缺陷，而买者愿买，买后便不可退换。这是契约，双方必须要遵守。自愿吃亏与上当受骗是两回事。《塔木德》坚持的原则是保护买方利益。买方可在购买到东西一天到一星期之内，拿着所买东西去请教别人，因为买主不一定对所买东西很内行，由懂行者作判断，然后决定是否退换，这都是允许的。在那时，犹太人就有监督买卖度量的官员，夏天和冬天丈量土地的绳子不一样长，天气变化，绳子伸缩有度。出卖液体瓮底的以前的残渣，便被视为不公平，官员有权过问。

《塔木德》时代，商品没有统一价格。价钱由卖方张口要，但若买主付出超过一般行情的1/6时，这次交易可以被视作无效。货、款各退回本人手中。这是《塔木德》所订的规矩，它不光保护买方利益，同时也保护卖方利益。当买方没有购买诚意时，就不可以进行商谈；如有人表示愿意购买某商品，他人就不可争购。可以这样说，犹太商人是最具职业道德的买卖人，犹太人之所以能够摘取“世界第一商人”的桂冠，与此是分不开的。

在犹太人看来，诚实是支撑世界的三大支柱之一，另外两个是和平与公正。2000多年的流浪生涯中，犹太人遭受歧视和压迫，更遭受了无数的欺诈和恶意的诽

谤，他们饱尝了美丽的谎言背后的凶险和恶毒。因此，他们对说谎者极为反感，对欺诈深恶痛绝，他们绝不允许自己撒谎骗人，也不允许别人欺骗他们。但是，与众不同的是，对说谎者他们不会鄙视，也不会有置之于死地而后快的报复心理，他们想到的往往是宽容与救赎；他们会报以可怜与同情之心，因为他们认为撒谎者失去了人性中最为宝贵的东西，而且死后还要受炼狱之苦，这太可怜了。可见，犹太人可真是宽人严己、仁慈悲悯的大化之民。

在商业社会，人类制定了纷繁的法律和规章制度，目的就是要消除人性中恶的因素。

用人性化服务打造商誉

在《塔木德》中，商业交易成为一种特殊的行为原则：交易就是交易，而不是为交易而交易。教导人们做一个有道德的商人，而不是做一个唯利是图的商人。交易强调的是道德和善行。而一个有道德的商人，离不开高品质的服务。在这个感性的时代，所谓高品质服务，离不开"人性化"三个字。

英国的"马科斯一斯宾塞百货公司（Mark&Spencer）"就是追求信誉，讲求诚信经商的典范。这家公司是由蒙西夫兄弟创立的。他们将这家连锁店发展成为具有超市功能的连锁购物商场。这家商场不仅讲求价格低廉，而且注重商品质量，马科斯一斯宾塞百货公司就是以低廉的价格向社会提供考究的服装。现在该公司的"圣米歇尔"商标成了优质品牌，是可以让消费者以最低的价格买进最优质商品的商场。

公司还强调最优质的服务，挑选职员如同精选商品一样，如今那里成了购物者的天堂。作为企业主，不但要为顾客提供优质的商品及服务，同时也要为员工提供最好的工作条件，如：高薪待遇，设立保健和牙科医院。这些优越的条件让这家公司成了一个福利王国。因此，马科斯一斯宾塞百货公司被普遍认为是英国同行业中效率最高的企业。

此外，美国的希尔斯·罗巴克百货公司也采取了这种经营策略。该公司总裁朱

利叶斯·罗森沃尔德是位精明的犹太商人。在希尔斯·罗巴克公司融资时，他以37500美元投资该公司而进入董事会。1910年公司创始人理查德·希尔斯退休，公司的年收益达到5亿美元。罗森沃尔德出任总裁后，他制定了一条不满意可以退货的经营策略，可以说罗森沃尔德是第一个将商业信誉提升到更高程度的人。他经营的公司以其商品品质可靠、价格低廉、信誉卓著和市场变化的精确评估，而广受顾客好评。尤其公司的商品目录在他的任内发行量达4000万册，几乎遍布美国各个家庭，构成了美国社会的一部经济史。罗森沃尔德刚开始时投资的37500美元在30年后资产达到1.54亿美元。

在泰国有一家犹太人开的饭店，几乎天天客满，不提前一个月预定是很难有入住机会的，而且客人大都来自西方国家。泰国在亚洲算不上特别发达，但为什么会有如此诱人的饭店呢？也许有人认为泰国是一个旅游国家，而且又有世界上独有的人妖表演，是不是他们在这方面下了功夫。错了，他们靠的是真功夫，是人性化的顾客服务。他们的顾客服务到底是如何贯彻“人性化”的呢？

一位公司总裁因公务经常出差泰国，并下榻在该饭店，第一次入住时良好的饭店环境和服务就给他留下了深刻的印象，当他第二次入住时几个细节更使他对饭店的好感迅速升级。

那天早上，在他走出房门准备去餐厅的时候，楼层服务生恭敬地问道：“杰尔森先生是要用早餐吗？”

杰尔森很奇怪，反问：“你怎么知道我的姓？”

服务生说：“我们饭店规定，晚上要背熟所有客人的姓名。”这令杰尔森大吃一惊，因为他频繁往返于世界各地，入住过无数高级酒店，但这种情况还是第一次碰到。

杰尔森高兴地乘电梯下到餐厅所在的楼层，刚刚走出电梯门，餐厅的服务生就说：“杰尔森先生，里面请。”

杰尔森更加疑惑，因为服务生并没有看到他的房卡，就问：“你知道我姓杰尔森？”

服务生答："上面的电话刚刚打下来，说您已经下楼了。"如此高的效率让杰尔森再次大吃一惊。

杰尔森刚走进餐厅，服务小姐微笑着问："杰尔森先生还要老位子吗？"杰尔森的惊讶再次升级，心想尽管我不是第一次在这里吃饭，但最近的一次也有一年多了，难道这里的服务小姐记忆力那么好？

看到杰尔森惊讶的目光，服务小姐主动解释说："我刚刚查过电脑记录，您去年12月12日在靠近第二个窗口的位子上用过早餐。"

杰尔森听后兴奋地说："老位子！老位子！"

小姐接着问："老菜单？一个三明治，一杯咖啡，一个鸡蛋？"

"老菜单，就要老菜单！"杰尔森已经兴奋到了极点。

上餐时餐厅赠送了一碟小菜，由于这种小菜杰尔森是第一次看到，就问："这是什么？"

服务生后退两步说："这是我们饭店特有的一种小菜。"服务生为什么要先后退两步呢，他是怕自己说话时口水不小心落在客人的食品上。这种细致的服务不要说在一般的酒店，就是美国最好的饭店里杰尔森都没有见过。这一次早餐给杰尔森留下了终生难忘的印象。

后来，由于业务调整的原因，杰尔森有4年的时间没有再到泰国去。在杰尔森生日的时候，他突然收到了一封这家饭店发来的生日贺卡，里面还附了一封短信，内容是：亲爱的杰尔森先生，您已经4年没有来过我们这里了，我们全体人员都非常想念您，希望能再次见到您。今天是您的生日，祝您生日愉快。杰尔森当时激动得热泪盈眶，发誓如果再去泰国，绝对不会到其他任何饭店，而且要说服所有的朋友也像他一样选择。

这家饭店非常重视培养忠实的顾客，因此建立了一套完善的顾客关系管理体系，使客人入住后可以得到无微不至的人性化服务。迄今为止，世界各国约有20万人曾经入住过那里，用他们的话说，只要每年有十分之一的老顾客光顾饭店就会永远客满。这就是这家饭店成功的秘诀。

经商就是先“舍”后“得”

“赔本赚吆喝”是犹太人的经商俗语，说的就是先“舍”后“得”的道理。这其实是一种表面上亏损的促销方法，但它在打开产品销路的方面却能够起到良好的效果。

有一位犹太商人开发了一种保健饮料，其销售势头一直旺盛不衰，但你也许没有想到，这种饮料打开市场时用的竟是一种赔本赚吆喝的生意经。

他们不仅有一般性广告和产品咨询，还独出心裁想了一个新招。根据自己产品的特性，他们花钱登广告征寻1000个拿着医院体检单，已让儿科医生认可的厌食、瘦弱、体质差的孩子，免费供应这千名儿童一天两瓶。当然，这位犹太商人最终目的是打开产品的销路，但这种赔本赚吆喝的买卖经，却不失为一种有益的尝试。

如果说犹太商人“赔”的是数以千瓶的饮料，那么，花旗银行的一位犹太小职员“赔”的只是15分钟的小小耐心。而他们所取得的效果是一样的。

故事发生在美国花旗银行的一位小职员身上：有个陌生的顾客从街上走进这家银行。要换一张崭新的100美元钞票，准备那天下午作为奖品用。这个职员花了15分钟，打了两次电话，最后找到了这样一张钞票。把它放进一个小盒子里，并递上一张名片，上面写着：“谢谢您想到了我们银行。”那位偶然光顾为顾客又回来了，并开了一个账户。在以后的几个月中，他所工作的那个法律事务所在花旗银行存款25万美元。

由于那个职员无懈可击的优质服务，使偶然光顾的顾客特意回来开户存款，这样的服务魅力恐怕是难以抗拒的吧！

零件与机器的关系想必大家都清楚。一般来说，零件便宜而机器昂贵，但拥有零件的目的是为了使用机器，所以，一些聪明的犹太商人就采用白送机器零件这样一种看似赔本的方法来促销自己公司的机器。并最终获得成功。

美国凯特皮纳勒公司，是世界性的生产推土机和铲车的大公司，它在广告中说：“凡是买了我们产品的人，不管在世界哪一个地方，需要更换零配件，我们保

证在48小时内送到你们手中，如果送不到，我们的产品白送你们。”他们说到做到，有时为了一个价值只有50美元的零件送到边远地区，不惜动用一架直升机，费用竟达2000美元。有时无法按时在48小时内把零件送到用户手中，就真的按广告所说，把产品白送给用户。

有位中国留美学生讲了这样一件事，他刚到美国时，用500美元在一家犹太人经营的商店买了一台彩电，回去后发现质量有问题，于是给商店打了电话，电话刚挂断，商店就来人了，确认了质量有问题后，马上行礼，并说：“请原谅，马上换一台。”在零售店，经理随手一指：“请随意选一台，但一定请多关照。”这位留学生没有挑价值比原彩电高得过多的彩电，而是客气地选了一台800美元的彩电。

从这件事看，精明的犹太商人以一台彩电，也就300美元的代价，避免了企业声誉受损，所以最终赔也是赚。

拥有成功的个人魅力

在商人的个性中，有一种任何摄影师都无法捕捉、任何画家都无法再现、任何雕刻家都无法刻画的东西。这是一种人人都能感觉得到，然而却无人能够表达，能够加以形容的微妙的东西。这就是和一个商人一生的成功都相关的魅力。正是这种难以表现的品质，使商人与商人之间有了千差万别的不同。也正是这种品质，点燃了人们的激情。很多犹太人正是靠着这种魅力，获得了自己的成功。

的确，在成功的商人中，没有比这个特征能更引人注目的了。正如犹太人所说：“对你自己所做的事情充满了激情，它是一种发自内心的使命感，赋予你能量、动力和激情。这些极富有感染力，并且对于一个商人的前进来说是最基本的。”

在现实生活中，我们会在不知不觉中受到具有这种神奇力量的商人的感染和影响。当受到感染时，顿时会有一种豁然开朗的感觉。优秀商人的魅力能够把自己员工的最优秀的品质一下子激发了出来，就像是让你认识了一个更卓越、更优秀的自己。犹太人就经常具有这种魅力，他们会让人感觉到自己从来没有的灵感和渴望会突然涌入心间，在人体内回旋激荡，生活就像是被赋予了更加崇高的意义似的。这

就在人们胸中燃起了熊熊烈火，推动人们去尝试从未尝试过的东西，去体验人们从未体验过的生活，去做人们从未做成的事业。

这种被称为魅力的东西，是看不见、摸不着的，人们把这种品性称为个人磁力。犹太商人说："魅力在哪种情况下，都涉及了一种难以名状的强有力的感情纽带。"他们认为，如果把魅力看作是个人内在固有的东西，那它只能在你与他人交往的过程中显露出来。魅力首先是一种关系，在这种关系中，领导者和追随者的内在自我，是那样紧紧地交织在一起。

而魅力来源于自己杰出的实力。只有当自己有足够的实力了，自己说话能影响自己周围的一个大圈子了，自己在自己所从事的行业里跺一跺脚就能够引起很大的反响，自己有足够的实力去引导一个行业的发展，那么自己就具有很大的魅力了。魅力的绝对来源是自己的实力，犹太人对这点表现得深信不疑。他们在取得成功之前，从不外现自己，而是卧薪尝胆，耐心积蓄腾飞的力量。等待着自己有朝一日可以影响他人时，他们才会站出来。魅力是一种绝对可以让人信服的气质，它和商人的气质相结合表现为以下几点。

1. 优秀的品质

作为一个商人，往往要做的最大的投资就是让别人喜欢和你相处，自己掌握让别人与你愉悦相处的艺术。努力做到举止文雅，为人随和，宽宏大量。这种长期的投资所创造的价值，要远远超过任何可以用金钱衡量的货币资本。因为有了这种品质，无论沦你走到哪里都会畅行无阻，大受欢迎。事实正是如此，能让人快乐是一笔无价的财富。有什么比永远散发着魅力与光彩的性格更有价值呢？这种性格不仅仅在商业活动中让人受益无穷，在生活中的任何一个角落同样都会让人获益匪浅。正是因为这种性格，才使大批大批的商人赢得了全世界范围的拥戴，成了一个全面成功的人。为此，我们不要忘记去培养这种优雅的气质和品质，它会让我们吸引所有的人，打动所有的人。这些品质可以使我们成为众人关注的焦点和中心，帮助你不断进步，这通常比去做大量艰苦的工作都要有效。

如果让许多事业有成的商人仔细去分析一下自己成功的原因，他们可能会吃惊

地发现，原来成功的一大部分是归功于自己习惯性的礼节和许多其他受人欢迎的品质。相反的，如果一个商人不具备这些品质，那么纵然他具有聪明才智、深谋远虑和滚烫的学历文凭，这一切加起来都不会达到前所未有的成功。因为无论他多么强干，多么的才华横溢，他的粗俗的品质会让人对他敬而远之。

2. 良好的仪表

犹太人都认为，一个杰出的商人不是靠仪表来成就的，但是他们确实又得通过仪表来传递信息。参加商业谈判，你的仪表庄重而且大方，是对对方的尊重；参加周末晚宴，你的仪表是高贵而典雅；在工作时，你的仪表端正而笔挺，那么你在所有人的眼里都是一个实在的人。相反，你穿着休闲服去参加谈判，会让对方感觉到你没有诚意；你穿着牛仔服去参加晚宴，会让人感觉你不合时宜；你在工作中随意拖沓，别人认为你不够敬业。所有这一切，你的仪表都在传递着信息。

事实上，对于他人的仪表，我们是喜欢还是不喜欢，是想到了还是出乎意料，我们都会产生一些想法。如果一个人的仪表不得体，可能他就会被别人轻易地否定；一个人的不得体的打扮，也可能会在交往中坏事，别人也就很难再听他说什么。

有位犹太商人曾经接待过一位推销员。这个推销员初看上去还真是无可挑剔：头发梳得很好，衣服很正式，鞋子很光亮，佩戴着高级笔，挎着公文包，还真像那么一回事。可就在推销员跷起脚的时候，却露出了不协调的白袜子。这种不协调让这位犹太商人感到吃惊，以致推销员要说什么他都没有听到。最终，推销员的生意也没有做成。

3. 个人威信

魅力常常会给商人带来荣誉和地位，最终，真正显得重要的是你的人怎么样，而不是你干什么。按照犹太人的说法是："商人赢得追随者是靠努力争取来的。"即使一个人有很多的头衔，但是他仍需要个人的威信。这种威信是影响者从被影响者那里自然而然获得的。而且一提到这种威信，人们就会联想到那些深具魅力的人。地位能够产生对他人的权威，但个人威信却来自尊重和喜欢。一个真正有魅力的商

人，当他的威信积累到一定程度时，他自然就会脱颖而出。从另一个方面来说，地位权力和个人威信也是能够相得益彰的。如果能将两方面很好地结合起来，就会获得无坚不摧的力量。

4. 沟通的技巧

这是一个商人用来鼓励自己周围的人接受自己的领导或采纳自己意见的技巧。一个观点，无论它有多么伟大，倘若不被采纳，都将无济于事。犹太人历来都认为，不管你的想法有多么好，不管它在技术上会带来多大的进展，或者在经济上会创造多少收益，要是你不能让别人接受它，那一切都是枉然。人们需要做的就是去说服他们，让他们明白，他们真正需要做的事情，正是你提出来要做的事情。

5. 增长自己的见识

在犹太商人看来，不论自己是一个多么强有力的商人，不论自己在建立人际关系上有多大的能耐，也不论你在形象、聆听和利用天时、地利方面做得怎么好，自己总得有东西可说才好，否则自己就是一个空架子、一只纸老虎。一个商人如果其他的样样具备，只是缺少见识，那就像盛装打扮之后，却没有地方可以去一样。相反，如果商人凡事都有所见识，那就会把自己的魅力的其余因素带动起来，结合所有因素展现一个完整的人格。

魅力恰恰是一些领导者脱颖而出的原因。同时，这也是一个企业或群体不知道何去何从的时候，一些商人被推向事业巅峰的原因。如果你想事业有成，那么魅力便是你的入场券，商人必须要学会扩展自己的魅力因素，从而引领自己的成功。

一定要善于管理自己

犹太商经指出：一个人怎样赚钱、存钱和花钱，往往是他的才智高低的反映之一。金钱当然不是一个人生活的主要目的；但是，它也不是无关痛痒，也是不应该被蔑视的东西。现实生活中，金钱在很大程度上是获得感官快乐和社会地位的手段。实事求是地说，人性中的一些最优秀的品质无不与金钱的使用密切相关，例如慷慨、诚实、公平和自我牺牲精神，经济节俭的美德更是如此。之外，是它们的反

面，如贪婪、欺诈、说谎以及自私，就完全是一个爱财如命的人所特有的恶劣品性。有些人因为自己滥用和误用金钱，从而形成浪费、铺张、挥霍、奢侈等恶习。

犹太人弗兰西斯·霍拉在开始进入社会时。他的父亲就对他提出忠告说："我衷心地希望你诸事遂心，但我不得不劝导你要节俭。节俭应该是每一个人都具备的一个德行。然而，浅薄的人可能会轻视它。其实，节俭是通向独立的大道，而独立则是每个精神高尚的人所追求的崇高目标。"

亨利·泰勒在他经过深思熟虑写成的《生活备忘录》一书中指出："因此，在赚钱、储蓄、花销、送礼、收礼、借进、借出和遗赠等方面，正确的行为原则和方法几乎为一个人的完美无缺做出了论证。"

犹太商经指出：一个人如果展望未来，他会发现等待他的主要有三种世俗的可能性事件：失业、疾病和死亡。前二者他或许还可以逃避，但是最后一个却是在劫难逃的。然而，无论哪一种可能性发生，他都应该把生活的压力减轻到尽可能小的程度，这样生活和这样安排是一个精明人的职责，这样做，不仅是为了自己，而且是为了那些把安逸和生存都依附于自己的人们。这样来看问题，诚实挣钱和节俭使用是极为重要的。正当赚钱，是吃苦耐劳、不懈努力、不受诱惑和希望得到回报的表现；而合理使用，是精明能干、富有远见和自我克制的体现，而这些都是刚毅果敢性格的真正基础。虽然金钱可以代表一大堆毫无价值和实际用途的物品，但是，也可以代表许多有很大价值的东西；这不仅是食物、衣服和感官的满足，而且可以是个人的自尊和独立。因此，对于工人来说，储蓄是抵御欲望的防护栏，是他的地位的保证，也使他在快乐和希望中等待更美好的一天的到来。在这世界上，努力去获得一个较为牢固的地位。这其中包含了人的尊严，它使得一个人更为强壮，生活得更为美好。从长远来说，它赋予了他更大的行动自由，能使他有更多的力量留待将来的努力。

但是，如果一个人总是在欲望的世界里徜徉徘徊，那么他离奴隶状况也就只有一步之遥了。他绝不是自己的主人；而是时时处于沦为别人奴隶的危险之中，而且接受别人为他开具的各种条件。他免不了多少会有些奴颜婢膝，因为他不敢勇敢地

面对现实。一旦身处逆境，他要么靠别人的施舍恩典度日，要么靠给贫民的救济生存。如果情况再糟糕一点让他失去了工作，他无法去从事另一领域的工作。

有人在谈起一位犹太富豪时曾经说：他有很多的哲学十分受人喜欢。一次有人问他儿子，他父亲教了他一些怎样成功赚钱的秘诀。他儿子说，赚钱的方法什么也没有教，只教了做人处世的道理。父亲这样告诉他，假如他和别人合作，假如他拿七分的利合理，八分也可以，那拿六分就可以了。

这位犹太富豪这样做是什么意思呢？他让别人多赚二分利，是卖了个人情，多交朋友。这样每个人都知道，和他合作会占到便宜，因此有更多的人愿意和他合作。

长期以来，犹太商人和任何人合作，一定用这样的思考模式，因此他的合作伙伴越来越多。比如，有位犹太商人曾经说过这样一个故事："有一个经纪人，他有买房子还贷款的压力，而我没有什么压力，我换算，但给他的抽成不够，没有办法付贷款。为了帮他付清贷款，我给他额外的提成。我的另一个合伙人，他也有很多合伙人，他什么都不懂，我还得教，结果我和他对开分。为了帮助他消除他的生活压力，我愿意多牺牲 20 个点。"

犹太商人认为：天下没有卖不掉的产品，只有不会卖的人。假如今天所有的事情都只是利益因素，或只要产品好就卖得出去的话，那天下就不需要任何推销人员了。在任何产品的推销中，人是最大的差异。

比如迈克，他是一家信封公司的老板。有一次，他去拜访一个客户，那个客户一看他就说："迈克先生，你不要来了。我知道你很有名，我知道你很成功，很有钱，但我们公司绝对不可能给你下信封的订单，因为我们公司的老板和另一信封公司的老板是 25 年的深交，我们 25 年以前就和他交易。你也不用再来拜访我，因为有 43 家信封公司的老板曾拜访过我 3 年。所以，迈克先生，我建议你不要浪费时间。"

但迈克先生没有放弃，他有很多办法，独特的方法就是永远先为别人的利益着想。有一次，他发现这家公司采购经理的儿子很喜欢打冰上曲棍球，他又知道他儿

子的崇拜偶像是洛杉矶一个退休的伟大的球星。后来，他得知这个经理的儿子出车祸住在医院，这时，迈克觉得机会来了。他去买了一根曲棍球杆，让球星签名后送给这个人的儿子。他来到医院，孩子的父亲还没有到医院，孩子问他是谁，他说他是迈克，是给他送礼物的。孩子问为什么给他送礼物？他说因为他知道他喜欢曲棍球，也崇拜那个球星，这是一根球星亲自签名的曲棍球杆。这个小孩兴奋得脚也不疼了，要下床来运动。迈克见此，愉快地告辞了。

结果，他的父亲来医院发现他的儿子整个人都变了，本来垂头丧气，面无表情，现在好兴奋。他问儿子怎么回事，他说刚才有一个叫迈克的人送给他一根曲棍球杆，还有球星签名。

结果是可想而知，这个采购经理和迈克签了400万美元的订单。信封是便宜的东西，他竟下了这么大的订单。

显然，成功有不同的方法，有不同的思维模式。世界上没有卖不掉的产品，只有不会卖的人，关键看你会不会转变一下思想，先想想别人。

十八、商业谈判讲技巧

视野开阔的商人容易进入高境界

任何人都不是天才，知识来自学习，关键是充分做好谈判前的准备工作，以行动实现目标为主，以少说而精为辅。

在社交场合或谈判桌前，许多人随机应变，风度翩翩。一旦揭开了这个秘密，就会发现，任何人都不是天才，知识来自学习，关键是充分做好谈判前的准备工作，以行动实现目标为主，以少说而精为辅。

犹太人认为，说话是没有硝烟的战争，三言两语说得好能赢得人心，口若悬河说不好也会招来杀身之祸，所谓“祸从口出”，就是这个道理。所以犹太人在说话

时特别小心谨慎，并尽可能地做好大量的准备工作。在谈判时他们幽默风趣，从容不迫、应对自若，能随心所欲地控制谈判气氛。

这种充分做好谈判前的准备工作的方式，不仅在商界，而且在外交界也得到了普遍的重视。巧舌能敌百万兵，殊不知其背后倾注了多少心血。

和犹太人交谈越多，你就越会觉得犹太人学识渊博，每个人都好似博士一般。他们的话题涉及政治、经济、历史、体育、娱乐、军事、时事，古今中外，仿佛没有他们不知之事，没有他们不通晓的道理，但是他们所说的话绝对没有多余的话。

当犹太人向你讲起大西洋海域特有鱼群的名字，汽车的构造，植物的分类和品种……你会以为他们是这方面的专家。而此刻，你差不多快要被他们的渊博知识征服了。

广博的知识对犹太人而言，不光是用来作为谈话的资料和改变谈话的气氛。更重要的是，知识可以开阔他们的视野，可以帮助他们从更多的角度看待事物，以便选择解决问题的最佳途径。实质上就是利于他们决策和判断。

有两种情况差别太大。看见天很小的商人当然是井底之蛙，视野开阔的商人当然容易进入高境界。

从细部观察，犹太人一方面精于心算，另一方面又非常勤奋，时时动笔。只要是他们相中的东西，他们都要记录，这是他们动手的实践运用。

人们都说犹太人是谈判专家，每一次，哪怕是很小的谈判，都要事先做大量的准备，这种充分做好谈判前的准备工作的方法，无论是商界还是外交界，都在普遍应用。

谁掌握情报多谁就会胜利

谈判绝不仅仅是双方坐在谈判桌前面对面地交换意见或讨价还价，它更是一幕精心策划的戏剧，没有准备是不可能胜利的。

一位犹太商人说：谈判前，多搜集对手的重要情报，就可以在谈判过程中处于主动地位，凭借侧面谈判的方式向对方推销自己。

基辛格当年只是哈佛大学的教授和内阁顾问。基辛格的理想是要进入政界，而顾问显然不能满足他的愿望。

基辛格寻找的机会终于来临了。新一轮的总统竞选即将开始，而当时美国正陷在越战的泥沼之中。为了摆脱困境，美国政府已与越南在巴黎进行秘密和谈。谈判的内容是高度机密的，但和谈对下届总统竞选至关重要。许多人都想知道其中秘密，而总统候选人尼克松对此更是望眼欲穿。

基辛格

基辛格猜准了尼克松的心意，想到自己有位朋友可以获得和谈的内幕消息，他借此便与尼克松进行了秘密接触。

情报自然弄到手了。

第一，巴黎刚发生重大事件，基辛格劝尼克松不要对大众发表关于越战的新策略。

第二，现总统可能短期内下令停止轰炸北越。

第三，巴黎方面已协议停止轰炸北越。

凭着这些准确情报，尼克松大选前几日所发表的谈话没有犯下任何错误。基辛格提供情报的内容和时机，使尼克松获得极佳的选民反应和喝彩。

尼克松竞选成功，当选总统，自然对这位犹太人欣赏有加，最后，基辛格如愿以偿了。

在犹太人看来，谈判绝不仅仅是双方坐在谈判桌前面对面地交换意见或讨价还价，它更是一幕精心策划的戏剧，没有准备是不可能胜利的。

多备几套谈判方案

绝大多数的谈判都会按照特定的一种形式进行，并且时常受到迟迟无法达成协

议的困扰。如果你事先没有准备好其他的方案，你很可能被迫接受一桩远远低于你满意程度的交易。

制定不同的谈判方案，而且千万不要对谈判成功抱有100%信心。绝大多数的谈判都会按照一种特定的形式进行，并且时常受到迟迟无法达成协议的困扰。如果你事先没有准备好其他的方案，你很可能被迫接受一桩远远低于你满意程度的交易。你会在毫无退路可言的情况下，切实地感到那种“挥泪大甩卖”的心理压力。

有一位叫罗杰斯的推销员积极奔走，以极大的热忱投入推销工作。所到之处，他都热情地把空调从头到尾向买主介绍一通，乐此不疲。起初这一招也起点儿作用，但后来遇上一位顾客——帕克，情况就不一样了。

帕克静静地听完了罗杰斯的介绍，起初一言不发，但后来他针对空调的优点大谈起来：“这种空调确实有不少优点。但是，由于它是新产品，质量是否可靠、性能是否优越都很难说。虽说噪音低，但比名牌的噪声大多了，我家有老人，噪音大了会影响休息；虽然不用换电表，但我住的是旧房，线路负荷已经够大的了。若再用这么大功率的空调，会引起麻烦的。而且已经降温了，可能这个夏天不会再有高温了。如果买了不用，半年的保修期很快过去了，等于没有保修。”听了这番吹毛求疵的挑剔，一向善辩的罗杰斯竟一时哑然，在受到“突袭”的情况下只得降价求售。

针对这种情况，犹太商人提出了制定多种“杀伤力方案”的方法：

（1）决定采取什么目的。在准备方案之前，首先应当弄清楚所准备的方案是做什么用的：谈判失败时，你提供给对方的不同于现时谈判目标的新条款呢，还是开出另一些条件？很显然，前一种方案是全局性的，后一种方案是局部性的。

（2）决定采取什么方向。采取横向谈判的方式，你可以将准备洽谈的议题全面铺开来，并且规定好每轮要讨论多少个问题，按顺序一轮一轮地谈生意。采取纵向谈判的方式，你可以把要谈判的问题整理成一个序列，按问题的内在逻辑要求，按顺序进行谈判。一次只谈一个问题，这个问题不彻底解决则不进行下一问题的讨论。

（3）在谈判方案的制订当中，下面一些重要元素一定不能忽略：谈判主题和目标；谈判时间；谈判期限；谈判议程。

犹太商人认为，在谈判之前，需制定多个不同的谈判方案。这样做的好处在于：万一初次谈判宣告失败，你还可以提出那些准备好的不同方案由对方思考，而不至于接受一个你毫无思想准备的交易——虽然签约的一刻，你觉得那是你唯一可以做出的选择。

时机不对再好的生意也谈不成

有很多生意谈判之所以没成功，并不是因为它们不好，也不是因为执行不到位，而是执行的人没有选择适当时机。

不要不合时宜地谈判，而要选择最好的谈判时机。这对犹太人来说是最讲究的。

事实也是如此，有很多生意谈判之所以没成功，并不是因为它们不好，也不是因为执行不到位，而是执行的人没有选择适当时机。

选择时机在谈判中比其他任何的因素都更为重要，它在整个谈判过程中都发生作用：

我们应该何时与对方谈判？

我们在什么时候向对方提出这个要求最为合适？

在这个阶段能不能对方施加压力？

谈判到了现在可以结束吗？

谈判的每一进程都要在良好的时机下步步为营。时机把握不牢，你可能还没开始与对方谈判就已遭到失败；也许本来你很快就可以与对方达成协议了，但因为你没有把握住时机，你不得不再继续同他讨价还价，由此你的利益又受到了损失……所以，时机有可能帮助你赢得在生意，也可能让你把整个生意搞得很糟，一切就看你如何把握了。

谈判过程中你可以控制时机，你可以从对方那里得到行动的提示。显然，要达

到这个目的，你应该做的是倾听而非说话，而且要真正听取对方告诉你的话，并且善于理解它。只要你的问题提得恰当，就可以获得许多有关时机选择的线索。

谈判过程中选择适当的时机并不是一件容易的事。其实，每天都会有许多意想不到的时机出现在你面前，你并不一定要成为能预知这些良机的先知，但你却必须敏感地对这些良机的重要性做出及时的反应，引导事情朝着对你有利的方向发展。

那么，应该如何利用谈判的最好时机做事呢？

（1）利用别人愉快的时机。延长、续订或重新签订合同时，千万不要在这份合同即将期满的时候去做，就如同要与对方达成于己优惠的交易要趁对方高兴时一样，你应该选择对方愉快时去延长或者续订合同。如果对方得到某个好消息，即使它与你无关，你这时去向他提要求，大多也会畅通无阻。

（2）利用别人倒霉的时机。别人倒霉或不幸的时机，能为你创造各种各样的机会，正如你应该趁当事人最愉快的时候来续订合同一样，你应该在潜在客户对你的竞争对手最感不满时跟他达成一份合同。

（3）你最好的交易对象是刚上任或快下台的人。刚上任的人急于干些事，使自己出名，而他通常又被赋予充分的行动自由；即将离任的人，因为自己将不再为这样一些头痛的事四方奔走，也不再斤斤计较。

（4）运用非常时机的时机选择。在非上班时间、深夜或周末期间打电话，往往会有较大的效果。你一定要这样开头："这件事太重要了，所以，我要在周末告诉你。"

（5）花时间去缓和威胁。选择时机是缓和对方要求的最好办法。我们可能迫使对方做出答复，而又做得不那么使人听起来别无选择。

（6）利用忙人的注意力。比较繁忙的人，他的注意力不会长时间地停留在某个问题上，所以你必须直来直去，把机会让给对方说，否则你只会引起对方的抵触或心不在焉。

此外，还要对事情的轻重缓急有个清楚的认识。如果你讨论的问题很多，或者你要使对方接受的项目很多。那就一定要为最重要的问题留下充分的谈判时间。千

万不要把自己搞到“我能再占用几分钟吗”的境地。

有时机，却不会充分利用，仍然对谈生意不在行！这是犹太商人的忠告。

带着情绪谈判是愚蠢的

把情绪带到谈判桌上是非常愚蠢的行为。一旦把情绪带到谈判桌上，人就会表现出愤怒，一愤怒人就会把事情搞砸。

传说中亚伯拉罕的谈判对手是上帝，这样的对手够强大了吧？但亚伯拉罕并没有因为对手强大而放弃争辩，相反，他最终还争取到了对自己最有利的条件。

1809年1月，拿破仑从西班牙战事中抽出身来匆忙赶回巴黎。他的间谍证实外交大臣塔里兰密谋反对他。一抵达巴黎，他就立刻召集所有大臣开会。他坐立不安，含沙射影地点明塔里兰的密谋，但塔里兰却没有丝毫反应。

这时候，拿破仑无法控制自己的情绪，忽然逼近塔里兰说：“有些大臣希望我死掉!”但塔里兰依然不动声色，只是满脸疑惑地看着他，拿破仑终于忍无可忍了。

他对着塔里兰喊道：“我赏赐你无数的财富，你竟然如此伤害我。你这个忘恩负义的东西，你什么都不是，只不过是穿着丝袜的一团狗屎。”说完他转身离去。

其他大臣面面相觑，他们从来没有见过拿破仑如此失态。

塔里兰依然一副泰然自若的样子，他慢慢地站起来，转过身对其他大臣说：“真遗憾，各位绅士，如此伟大的人物竟然这样没礼貌。”

皇帝的失态和塔里兰的镇静自然像瘟疫一样在人们中间传播开来，拿破仑的威望降低了。

伟大的皇帝在压力下失去了冷静，人们感觉到他开始走下坡路了。如同塔里兰事后预言的那样：“这是结束的开端。”

故事中的拿破仑因为失态而失信于民，也失去了谈话的主动权，从中可见：言语最容易使人产生愤怒的情绪。而谈判是以言语为工具的，因此，把愤怒带到谈判桌上是一种经常性的行为。这一行为带来的结果只有一个——谈判破裂。这样的结果对谈判双方都是没有任何好处的。

因此，易感情用事者不宜谈判，一是情绪混乱会延缓谈判的进行，二是会导致谈判失败；更可怕的是，感情用事往往会使人上当。

商业谈判时，一定要用理智来控制感情。谈判直接和你的经济利益挂钩，不要因为贪图一时的痛快而使自己的经济利益受到损失。

在犹太人看来，把情绪带到谈判桌上是非常愚蠢的行为。他们认为，一旦把情绪带到谈判桌上，人就会表现出愤怒，一愤怒人就会把事情搞砸。

谈判各部分总和不等于全部

一份协议只有达成后才有效力。如果一个人在原则上同意，那么他不必对每一部分都同意；如果一个人同意一部分，那么他不必全部都同意。

如何才能做到信守签订的协议呢?

犹太人认为：

第一，如果一个商人对谈判协议、谅解备忘录和程序三者之间的差异并无了解，那么你将会处在糟糕的局面里。

谈判中，仅仅达成一项协议是远远不够的，甚至当双方都有意向时，协议也会因某些原因而终止。之所以会出现终止，是因为那些负责执行协议的人对当时协议签订时双方的共同观点、态度和背景一无所知。还有，因为任何一方都不知道如何使协议运转起来，或者不懂得怎样证明它在运转还是没有执行运转。

假设甲是一个美化环境的承包商，乙是一幢房子和那块土地的拥有者。双方商定由甲来做美化的具体工作，而乙为此付给甲 10000 元。在签订协议之前，双方就所预计的工作量、选用植物的种类和要使用的砖达成一项协议。双方还商定对以后发生的更改都要付费。一份好的协议不应该仅仅开列出工作量的价钱，它还应包括对书面文字含义的注释，以及当工作量出现增减时计费的程序。糟糕的合同会让人因质量标准是否满足了口头协议，费用是否按公平方式核计等问题发生争执。

第二、关于协议备忘录的警告。在提交备忘录之前，谈判人应让谈生意组的其他成员过目，这样就会避免遗漏及委托等方面的错误。同时，备忘录应该把重点放

在意向上而不是措辞上，要简明扼要而不是通篇充满法律术语。

谈判人员应记录所有达成的一致意见，并做到互相参照，以便让起草最终合同的人不致产生歧义和混淆。如有可能，对那些已经讨论过的工作、条件和规格做具体而详尽的描述，尤其是具有重要意义的价格、交货、保证和质量标准这类问题。经验表明，花几分钟时间写一份协议，可以减少日后的麻烦。书写协议备忘录需要良好的判断，也需要勇气。

谈判人员不要害怕将细节留给合同起草人。一份好的备忘录只是规定双方意向和协议的主要条件，但不是细节。如果协议备忘录是由对方拟就，你就必须特别小心，要不止一次地仔细阅读备忘录，努力去发现遗漏或委托方面的错误。因为，不指出它们就可能损害你的利益。

第三，“分块缔约”战术。当双方很难就所有问题达成一致意见时，有一种方案可以采纳，那就是“分块缔约”。双方可就低风险事情先达成协议，而把困难的问题留待以后慢慢商量。等过一段时间，条件成熟，双方均感满意时再处理难度较高的问题。

建立信任需要时间，互相不熟悉的买卖双方在对所有问题承担义务方面是心存疑虑的。这种情况下，就可以把问题分解成若干部分。然后让协议的内容只限于这些较小的事情上。例如，一个特权授予人可能希望找人来管理，有一个候选人似乎符合条件，那么可以同他达成一项协议，也可以按地理区域、产品系列或者服务中心的安排来分割。

买主在遇到新卖主时经常使用“分块缔约”协议，买主给他们一系列较小的订单而不是给一个大订单。如果一切进展顺利，买主可以扩大订货。当卖主在为一新客户提供信贷时也是这样做，如果一段时间以后新客户能付清账单，信贷限额可以增加。这样，每一次成功都扩大了未来协议的基础。

第四，零打碎敲的协议与一揽子协议。零打碎敲的讨价还价可逐步建立信任并能使双方对整个情况有种更好的印象，使双方能了解对方的需求和重点。一步一步地询问可以揭开各方都希望避开的风险区，当能拿到详细费用资料和双方分歧不太

大时，一步步讨价还价效果最佳。

一旦建立起条理性原则，就能把涉及具体事实和问题的矛盾冲突放在框架中，各种问题可以粗略地交换一下意见，这就是原则性协议的要义。

讨价还价的重点在于它与总的情况有关而与细节无关。应该把零碎和一揽子概念结合在一起细谈生意，其原因在于：人们需要通过零碎的协议结束那些令人满意的交易。零碎的协议揭示了更多的人性和需求强度。用心倾听可以揭示另一方权力结构中的薄弱区。一项项的讨论能使人得体地退出很虚假的立场，同时也满足自己所代表的那部分人的期望。

在犹太商人看来，一份协议只有达成后才有效力。如果一个人在原则上同意，那么他不必对每一部分都同意；如果一个人同意一部分，那么他不必全部都同意。有些人因觉得对某个问题的不诚实会小看自己。一旦在某一点上有了承诺如再后退便有些窘迫，这点大可不必。在谈判中各部分的总和并不等于全部。

攻心为上

谈判是人与人的较量。在谈判中，攻心为上至关重要。

犹太人认为，谈判是人与人的较量。在谈判中，攻心为上至关重要。

犹太商人最擅长的攻心术要属暗示。对于这种暗示战术，犹太人还有个笑话。

穷售货员费尔南多在星期五傍晚抵达一座小镇。他没钱吃饭，更住不起旅馆，只好到犹太教会找执事，请他介绍一个能提供安息日食宿的家庭。

执事打开记事本，查了一下，对他说："这个星期五，经过本镇的穷人特别多，每家都安排了客人，唯有开金银珠宝店的西梅尔家例外。只是他一向不肯收留客人。"

"他会接纳我的。"费尔南多十分自信地说。随后他来到西梅尔家门前。等西梅尔一开门，费尔南多神秘兮兮地把他拉到一旁，从大衣口袋里取出一个砖头大小的沉甸甸的小包，小声说："砖头大小的黄金能卖多少钱呢？"

珠宝店老板眼睛一亮，可是，这时已经到了安息日，按照犹太教的规定不能再

谈生意了。但老板又舍不得让这送上门的大交易落入别人的手中，便连忙挽留费尔南多在他家住宿，到明天日落后再谈。

于是，在整个安息日，费尔南多受到盛情的款待。到星期六夜晚，可以做生意时，西梅尔满面笑容地催促费尔南多把“货”拿出来看看。

“我哪有什么金子？”费尔南多故作惊讶地说，“我不过想知道一下，砖头大小的黄金值多少钱而已。”

在谈判中，犹太人常常运用一些心理暗示的方式，诱导对方进行“合理”推想，从而达到攻心的目的。

攻心为上，是犹太人谈判中的重要智慧。他们想尽办法去做。因为在他们看来。对方根据他们的暗示达成谈判后，即使意识到结果是自己上了犹太人的当，也不能怪他们，只能怪自己“误会”了犹太人。

有胜利的信心就有胜利的希望

在处于势弱时，重要的是有战胜自我、不畏强势的信心。只要有胜利的信心就有胜利的希望。

在几千年受欺压的历史中，犹太人总是处于劣势，但他们却拥有最高明的谈判战术。传说，亚伯拉罕是诺亚的第10代孙，被尊为“以色列信仰之父”。他与上帝经过了数次谈判，终于订立下了有利于犹太人的契约。

上帝耶和华洞察到所多玛和俄摩拉这两个地方的人作恶多端，罪孽深重，便决定毁灭这两座城。上帝要惩罚他们时，亚伯拉罕勇敢地站了出来，与上帝进行了一场精彩的谈判。

他谦恭地问上帝：“如果这两座城里有50名正直人，难道他们也应因其他人的恶行而被毁吗？为什么不能相反，因这50人的正直而宽恕其他的人呢？”

上帝做出了让步，答应如果城里有50名正直的人，就可以不予毁灭。

但亚伯拉罕继续谦恭地向上帝问道：“如果仅仅是为了缺少5人而凑不足50人，便也得毁灭两座城吗？”

结果上帝应允，如果有 45 名正直人，也可以不予毁灭。亚伯拉罕步步进逼地问："如果有 40 人呢?"

就这样，亚伯拉罕与上帝的谈判一直延续下去，毫不畏缩地不断进行讨价还价：30 人又怎样？20 人又如何？难道把拥有正直之人的城市全部毁灭才合乎正义吗？他谦恭而又凛然地问着上帝，说服着上帝。最后，上帝答应，如果能在这两城中找出 10 名正直的人，就不予毁灭。

不过使人遗憾的是，亚伯拉罕的努力化为泡影，在两座城市里居然找不出 10 位正直的人。于是上帝从天上降下大火与硫磺，把两座城完全毁灭了。这两座位于死海东南方的所多玛城和俄摩拉城如今已永沉海底。

从这则故事中可知，在面对强势时，谈判者应克服自己的恐惧和惊慌，更应该意识到，不管对手多么强大，只要他坐到了谈判桌上，就说明在某一方面他是不希望谈判破裂的，一旦失去合作，他自然也会遭受一定程度的损失。

因此，在处于势弱时，重要的是有战胜自我、不畏强势的信心。只要有胜利的信心就有胜利的希望。

谈判失败的最好方法是蛮横霸道

犹太人一坐到谈判桌上，总是摆出一副笑脸。无论是风和日丽的晴天，还是电闪雷鸣的雨天，都是如此。

犹太商人认为，谈判桌绝不是发泄情绪的地方。即使发生意外，对方故意激怒你，你也要以理智地控制情绪，冷静相待。

感情用事者不宜谈判。一是情绪混乱会延缓谈判的进行，二是会导致谈判失败。更可怕的是，感情用事往往会使人上当受骗。

在商业谈判中，犹太商人很懂得用理智来控制自己的情绪。他们善于用情绪左右对方，使对方感情用事。

犹太人为人处事一般都很温和。宁可以理服人，也不恐吓和威胁别人。他们常采用的是机智、果断而圆滑的方式。谈判时幽默而态度温和。万一吵起来，也会用

计谋让你上当。犹太人一坐到谈判桌上，总是摆出一副笑脸。无论是风和日丽的晴天，还是电闪雷鸣的雨天，都是如此。

在谈判中，如果采用直截了当、威胁、警告、施压等方式，则让人很难接受。当年美国总统福特访问日本时，曾因为电视转播问题发生了一件不愉快的事。

CBS 是全美三大电视网中历史最悠久的一家电视公司，而当时日本只有 NHK 拥有卫星转播系统，所以 CBS 若想把福特总统访日的活动直接传送到美国，就必须与 NHK 进行合作。

在总统预定访日的前两周，CBS 从纽约派了一个谈判小组。小组的负责人是一位青年人，他大模大样，以直不讳的态度向比他年长许多的 NHK 主管提出种种不合情理的要求，其中包括超出实际需要近两倍的人员、车辆及通讯设备等等。NHK 的主管暗想，这哪里是请别人帮忙，简直就像我们欠了对方什么似的。于是这次会谈也就没有取得任何结果。

一向以播送新闻全面迅速为傲的 CBS 这下可急坏了，眼看总统访日期限将近，但转播权问题仍未解决，无奈只得由最高主管亲自出马，到东京重新与 NHK 会谈。他们认真分析了上次失败的原因，向 NHK 提出道歉并以诚恳的语气提出了转播的请求，终于达成所愿。

时代在不断地变化和发展，人类进入了和平共处的时代，与犹太人的温和谈判法相比，美国人那种咄咄逼人的蛮横谈判方式显然是过时了。

成功的谈判永远不是谈出来的

成功的心理战术一般都是很具体并且很微妙的，它不是来自书本，也不是来自约定俗成的东西，而且被运用起来的智慧和策略，是最贴近对方心理又最能打败对方的手段。

有一次，一位美国商人前往以色列谈判，他带了一大堆分析犹太人精神及心理的书上路了。

飞机在以色列着陆，他马上受到两位专程前来的犹太职员彬彬有礼的接待。他

们替他办好一切手续，把他送上一辆豪华的轿车，让他一个人坐在宽大的后座。美国人问："为什么不一起坐?"

"您是重要人物，我们不应妨碍您休息。"犹太人毕恭毕敬地回答。

"先生。您会说阿拉伯语吗?"犹太人问。

"哦，不会，但我带了本字典，希望学学。"

"您是否非得准时乘机回国？我们可以安排专车送您到机场。"

"真周到!"美国人乐了，把回程机票掏出来让他们看——哦，准备逗留 14 天。

现在，犹太人已知对方的期限，而美国人还懵然不知犹太人的底细。

犹太人安排来客花一个多星期游览，从皇宫到神社全看遍了，甚至还安排他参加了一个用英语讲解"禅机"的短训班，据说这样可让美国人更好地了解宗教风谷。

每天晚上，犹太人让美国人跪在硬地板上，接受他们殷勤好客的晚宴款待。往往一跪就是 4 个半小时，叫他厌烦透顶却又不得不声声称谢，但只要提出谈判，他们就宽慰说："时间还多，不忙，不忙……"

第 12 天，谈判终于开始了，然而下午却安排了高尔夫球。第 13 天，谈判再度开始，但为了出席盛大的欢送宴会，谈判又提早结束。晚上，美国人急了。

第 14 天早上，谈判重新开始，当谈到紧要关头时，轿车开来了，往机场去的时间到了。这时，主人和客人只得在汽车开往机场途中商谈关键的条件，就在到达机场前，交易谈成了。

谈判的胜负如何？据这位美国财团的头头说："这次交易是犹太人的又一次大胜利!"

是谁真正做到了"知己知彼"呢？当然不是那位带着心理学书去谈判的美国人。

成功的心理战术一般都是很具体并且很微妙的，它不是来自书本，也不是来自约定俗成的东西，而且被运用起来的智慧和策略，是最贴近对方心理又最能打败对方的手段。要对付它，最好还是先认清自己的目标，再弄懂对方的意图，才能避之

而非趋之。

目标决定谈判的基调

犹太格言：“与其迷一次路，不如问十次路。”其意说明人在行动前要把目标和方向了解清楚，不可贸然行动。

商业谈判，与为人处事一样，首先要定下自己的目标，并以此为基础，展开一系列的辅助工作，以实现预期的目标。因此，明确了目标就可以迈出成功谈判的第一步。

如果大多数参加谈判的人都不知道自己的目标到底是什么，那么这次谈判的成功率就已经打了折扣。这话也许会使许多人感到不服气，但如果有人问你一句：“你谈判的最终目标是什么？”你能够立即回答吗？恐怕能立即回答的人不多。因为人们内心深处的目标往往是经济利益、名誉、感情等诸多因素的混合体。

这里要特别指出的是，人类是一种具有感情的动物，很容易受外界的影响而表现出喜怒哀乐的情绪，而这些情绪又往往左右了一个人参加谈判的态度。商业上的诉讼案一般要花三年时间才能完全解决，其原因主要就是当事人多变得复杂心态所致。所以，在谈判中取胜的要诀，最重要的便是时时不忘自己的目标，控制自己纷乱的情绪和心态，从而保持始终如一的坚定态度。

这就好比在制一把雨伞时，必须先把一支支零乱散置的伞骨束起，固定妥当。即只有先把你的目标明确，才能进而加入复杂的谈翔。如此才能保证在任何情况下都不自乱阵脚，也不会因一时的喜忧而影响判断，更不会在一时失去控制时，拍桌大骂谈判对手而坏了大事。

因此，谈判者必须首先明确自己真正追求的目标，并牢牢铭记在心里，再围绕它考虑采取哪些必要的措施和手段。

在这一点上，犹太商人做得很到位。他在商业谈判之前，总是要先确定谈判的目标，在谈判之前准备好与谈判目标相关的技术与价格资料，同时对对方的态度和可能发展的趋势有所把握。因此，犹太商人认为，准备阶段确定的目标是整个谈判

成败的关键所在。在你坐在谈判桌之前，那些你所该做而没做的工作，就已经决定了你谈判时如何表现。

1. 给自己制定一个理想目标

所谓理想目标，即达到了此目标，对己方的利益将大有好处；如果未达到，也不至于损害己方利益。

一位热气球探险专家计划从伦敦飞往巴黎。他对自己此次行动的目标做了以下详细划分：我希望能顺利抵达巴黎；能在法国着陆就已经不错了；其实只要不掉到英吉利海峡，我就心满意足了。

犹太商人认为谈判是从实际出发的，理想目标也固然要遵循“求乎其上，得乎其中”的原则，但是，理想目标绝不是漫天要价，你总不希望当你刚亮出报价牌时，就把对手吓跑了吧！

2. 你的终极目标最重要

一家位于苏格兰的小轮胎公司原来一周只开工4天，经理为加强产品在市场的竞争力，希望能将工作定为一周开工5天。但是，工会拒绝开会，工会的理想目标是周五不开工。在漫长的谈判过程中，公司一再声明，如果工会不肯合作的话，公司将可能被迫关闭。看来资方的决心很大，可工会的决心更大。最后谈判宣告失败，公司亦宣布关闭，工人们都失业了。

其实，工会就是因为要追求理想目标而牺牲了终极目标——保住饭碗。事实上，工人们事后都很后悔。

3. 最好设立一个目标区间

当犹太商人选择去一个社区居住，或选择参加一个团体，或选择去一个教堂时，犹太商人便会针对现况，制定目标。企业主也是这样，他们会向朋友、秘书、助理人员描述他们的目标，依据不断的反馈，逐步向上或向下修正目标。犹太商人认为，个人的期望值反映了他希望达到的目标，换言之，那是他对自己的一种期望。期望不单是愿望，而是一种包含了展现个人自我形象的肯定意图。万一表现不好，可能有损自我形象。当人们被问到“下次你想拿几分”时，他们设定目标的真

实度绝不如当他们被问到“下次你希望拿几分”时来得高，因为，后者牵涉到自我形象的自尊，而前者没有。期望值、敢不敢承担风险和成功是相关的。在选择目标时，个人就仿佛赌客下注一般，尽可能在所得、代价和成败之间保持平衡。当然，在成败、代价、所得三者之间，要想找到常胜不败的基础，并不是一件易事，所以，人们只能在过去经验的基础上，以此为出发点。成败会影响期望值。人们会根据自己的能力、表现，来决定期望值的高低，因为这场轮盘赌中，包含着个人最宝贵的资本——自尊。

犹太商人认为，谈判就是一个不断寻求反馈的一来一往的过程。买方、卖方各有自己的目标，然后寻求反馈。反馈中的每项要求、让步、威胁、迁延、最后期限、权限，甚至好人、坏人的评语，都将对双方的期望值造成影响，任何一句话、任何新动向都会成为左右“价钱”的起伏决定因素。因此，犹太商人认为在谈判过程中，设定一个高目标往往会比设定一个低目标要好得多。不过，期望愈高，失望的机会也就愈多，这当中承担风险在所难免。所谓“买卖交易”，当然要靠良好的判断力，做一个周密的评估。

摸清对方的底牌再谈判

犹太商人认为，要想在谈判中占主动地位，一方面，不能让对方窥探到自己的底牌；另一方面，自己要想尽一切办法摸清对手的底牌。

在风云诡谲谈判桌上，双方的底牌都捂得很紧，买方不可能真实地说出自己的最高出价是 70（他甚至在出价 50 时就已经“痛苦不已”了），卖方也不可能真实地说出自己的最低卖价是 60（他甚至在报价 80 时就“唉声叹气”了），然后双方取其平均数 65 达成协议，以此达到皆大欢喜、实现谈判的理想局面。

如何才能摸清买方或卖方的“底牌”呢？参与谈判的人都在挖空心思寻找这个答案，但是，即使他们发现这一方法，却又不一定能够接受。有些方法可以帮助人们测出对手的“底牌”。

1. 了解对手的真实实力

"与其迷一次路，不如问十次路"这句格言一直被犹太商人视若至宝。因此，无论在什么时候，犹太人在为人处事方面，都不会盲目冲动，也不打无准备之仗。在商业谈判中，事先了解对手，摸清对方的真实实力，是犹太商人一定要做的准备工作。犹太商人向来以对工作认真负责而著称于世，他们谈判前的工作做得非常充分。在与对方谈判以前不管你自称业务开展得如何顺利，经济实力如何雄厚，哪怕把木棍说得发芽开花，但是他们还会不厌其烦地向你索取公司的业务开展情况、银行信用情况、内部经营状况等一切他们感兴趣的资料。如果可能，他们还会从你的国内外用户那里去了解你的产品的使用情况和进行有关的市场调查，他们甚至还会直接或间接地同你的技术人员和工人座谈，从你的其他业务伙伴那里了解有关你的情况。这样，等材料都齐备了之后，他们才会约你一起坐到谈判桌前，而你立刻就会发现，他们的工作简直是细致极了，一点也不比查户口的差。

所以，作为谈判人要向犹太人学习，你可以向谈判对方提出参观工厂、企业，以了解情况，获取信息。如果你做了卖方，你的目的是了解你的谈判对方的加工条件、加工配套能力等；如果你是买方，那你就要仔细看看他的生产管理、成本控制、产品质量、产品包装、仓储条件、运输能力等；如果你打算和对方合资办厂或者合作运营，那你可要看得更加仔细，因为这不是一锤子的买卖，它关系到你的一大笔投资是否会血本无归。你要细致地了解企业的生产设备状况，连机器上的锈斑都不要放过；了解企业职工的素质，看是否有人敢在上班时间织毛衣、打扑克；你要看看企业的信誉，是否有大量的用户投诉；你要看看企业的原料库和成品库，如果前者空而后者满的话，你应该仔细询问一下产品积压的原因。

2. 收集有关对方的一切资料

在了解对方这一步骤中，你所做的调查必须客观，除了客观地取得证据，也要使自己对所汇集的资料产生信心。累积所得的资料，一定要有相当的准确性。这些累积的资料能使你应付谈判中任何变化的情况。对于即将谈判的对象，更应该尽其所能的搜集一切有关于他的资料。

身上流淌着犹太血统的基辛格在每一次与外国元首会谈时，他都要汇集对方所

有的演讲稿以及所有公开言论的有关纪录，甚至包括对方喜欢吃的早餐及爱好的音乐。对于如此广泛、积极的研究资料，一般的谈判是否有此必要，是值得讨论的，但是对于基辛格而言，他必须小心翼翼地做好各项准备，才能扮演好国务卿的角色。

对于调查过程中所汇集的资料，必须依靠个人的能力及经验加以适当的应用，尤其有必要研究对手过去的经验。例如：他过去任职的机构、团体；他完成的每一项工作、合约；以及所有他谈判失败的案子。通常从研究分析他失败的原因中，比研究如何成功更能了解到那人的个性。若能仔细分析他失败的原因，从中很可能知道他的想法、处理事情的方法以及心理的倾向。而这些都足以告诉你他所需要的是什么，使你在谈判中已先立于不败之地。

比如，你可以研究对手过去的房地产交易，他所缴纳的地价税可以告诉你这笔交易的成交金额，当然，或许还有暗盘交易。所以不能只靠一项来源，一定要多方求证，房地产商那儿或许可以透露点消息。

这样，你就可以了解你谈判的对手是个怎么样的人。从交易中可以知道这笔房地产在他手中有多长的时间，多少的利润可以满足他，这些因素都可以描绘出你即将遇上对手的个性。当然，想要很清楚地了解你的对手是不可能的。法兰西斯·培根在一篇评论文章中说道："如果你为某人工作，你必须知道他的个性习惯，因而顺着他，引导他；知道他的需求，说服他；知道他的弱点，使他有所畏惧；知道他的喜好，从而支配他。在与一个诡计多端的人交易时，不要相信他所说的；他想要得到的，是绝不轻易开口的。谈判不是一蹴而就的事。播种之后，必须等它成熟才能收割。及早做好一切准备，是谈判的必要工作。"

在研究一个谈判项目时，要详细审查有关的规则。但是很少有人能在了解规则之前先了解整个状况。就像很少有人会详细阅读自己刚买回来的药物或机器的使用说明书。这是一般人的通病。针对这点，有家玩具工厂在产品说明书一开头就说道："当所有的组合方法都不适用时，请参照这份说明。"事实就是这样，若是有人参加拍卖会而未事先阅读拍卖规则，一点也不觉得惊奇。一般人都是在吃亏之后，

才学到这个经验。

3. 知道此次谈判对对方的重要性

对于一个饥饿的人来说，一块面包、一瓶水的价值是多少？而一台显然贵重得多的冰箱的价值是多少？他会选择哪一个？同样的道理，卖主所卖的机器，如果能使买者的工厂自动化、效率化，赚取更多的利润，这些机器对买者便有价值，而有关购买机器的谈判对买者就会十分重要。

考察此次谈判对对方的重要性的目的，在于合理地调整你的作战方案。如果谈判对双方都很重要，那么，没什么说的，好好谈就是了。但如果对于双方的重要性不是那么同等重要时，你可就要注意了。

比如：如果一方对市场进行选择的余地比较大，而且市场上确实存在着多个供货渠道，那么这一方会更加吹毛求疵；而当商品缺乏时，或者商品处于垄断地位时，这一方的态度就会变得温和多了。所以，当一方处于吹毛求疵的地位时，尽可以控制谈判的形势和进程，软硬兼施，虚实结合、拖延期限等等，以迫使对方做出更大的让步；但环境和形势要求你不得不态度温和时，则应当不卑不亢，善于抛出诱饵引对方上钩。

多探求对方的需要，以此来分析对方对谈判的重视程度，比简单地埋头于成本资料中重要得多，它会有事半功倍的效果。

4、预测分析对方谈判目标

你应该站在对方的角度设身处地地去想他的谈判目标。“设身处地”十分重要。这正如有时我们总感觉自己老板态度凶神恶煞、方法专制，而不免心存不平之气。然而当你站在他那个角度去看问题时，很多事情变得很容易理解。谈判时你可以从对方的角度来思考下面几个简单的问题：

我希望对方做出怎样的决定？

我自己究竟怎样做才会促使他做出我希望的决定？

他在什么情况下不会做出我所希望的决定？

这些问题将会帮助你积极地思考。与你相同的是你的对手的目标也应有一、

二、三级，包含他最想得到的，他可以做出让步的，最大限度实现自己利益的几种方案等。而只有正确地判断出对方的谈判目标，我们才能在谈判中更有针对性地把握谈判的“火候”。如果我们了解到对方最想得到的东西是什么，那么我们就可以让对方得到他最想要的东西，同时使他付出更大的让步为代价；预测分析出对方的谈判目标，使我们能够把握对方实现目标最有利的因素和最不利的因素，从而避其主力、击其要害，争取好的效果。

在很多时候，如果双方都将文件摆在对方面前，一五一十地说清楚，那么谈判也就会变得十分容易了。但是，实际情况往往是这样的，也就是说，一切表面的东西也许都蕴含一种不为人知的、但却暗中起着决定性作用的因素。那么，在谈判前，对这些因素做一个深入的分析，是会有些好处的。

对对方谈判目标的分析，并不仅仅限于谈判之前的那些准备，一个具有清醒头脑的谈判者，会在谈判之中继续发挥他的判断分析能力，比如：他能分出性质不同的“拒绝”，是真的拒绝，还是策略性的或者犹豫性的拒绝，根据观察推理，进而判断和发现其内在本质。

5. 对方谈判代表是否有决定权

作为一名谈判代表，你愿意看到下面这样的场景吗？双方经过针锋相对的舌战，在双方都已筋疲力尽的时候，终于得以鸣金收兵，交易达成了。一方说了：“我还得就这件事向我的上级汇报一下，只要他能批准，那么一切就能定了。”此时，一方的热情恐怕马上就要冷却下去，作为另一方的你又得进行令人不安的等待，而等待的结局显然不会都令人满意，当对方很抱歉地对你说，他的上级不批准这个协议的时候，你前面所做过的所有努力就统统付之东流了。

不知道你是否意识到一旦你的谈判进入这样一种状况，这次谈判无疑就已经成了被踢的皮球，你不得不在不同的对手之间换过来又换过去，你必须经受一种身体上与心理上的双重折磨。一句话，你已经中了对方设计的圈套。

如果你在谈判之前，并不是十分清楚将要坐在你的对面的谈判对手是否有最后拍板的决定权的话，那么，你就很有可能要冒这样一种风险，在你起身与对方就协

议的初步达成而握手言欢的时候，你的笑容突然凝固在脸上，接下来，你被不可预知其结果的等待折磨得身心俱疲，后来，你发现自己竟然接受了一个最初你想都没有想过的条件。

你的对手抬高权威的目的，是想要将谈判中的问题一层一层地递上去，请求上级的批准，从而逼使对方一再谈判，或者至少每到一层都得重复陈述他的论点。这对你而言，将是一种身体和心理上的双重折磨。这个战略可以试验出谈判者的自信心，它能使对方的希望和要求因此破碎。

因此，在你准备谈判之前、先需要彻底研究与谈判对手有关的有价值的资料。最起码必须知道，对方组织内部决定做出的程序，以及与对方谈判的人员在谈判对方内部是否有决策的资格，即个人的地位、权威、力量等。了解谈判对方组织中拍板的决定是怎样做出的，谁具有决定权、谁审查他们，资金由何而来，最后仍决定由谁来做出，等等。有的时候，你甚至可以从下列方面剖析对手的个人情况，如：年龄、经历、家庭情况、性格、爱好、兴趣、现状等等。

虽然大多数的企业和公司很重视与客户之间长期的合作关系，但是，仍有一些公司对于与客户的长期关系不加重视，他们也许认为买卖没有什么真诚合作可言，对于他们来讲，每次谈判所要做的就是谈好这次的就可以了。

为了尽量避免这样的情况出现，你需要充实你的谈判计划，首先要使己方的谈判者引起注意，提醒他们对方可能会抬高权威，来降低自己的期望程度，并迫使我们让步；其次，你得准备一旦这样的事情发生，你的应对策略，即你不应失去你的风度，你不用亲自去找对手上级说什么，你只需悠闲地坐在那里，就让对方汇报去吧；第三，你也保留交由上级批准的权力，以其人之道，还治其人之身，以相同办法有力地反击对手。

营造和谐的谈判气氛

犹太商人在谈判时总是喜欢创造一种和谐的交流气氛。因为凡是商业谈判，双方都想通过沟通交流，实现自己一方的某种意图，是一种对立统一的关系。因此，

谈判双方更需要一个宽松祥和，轻松愉快的谈判气氛。因为人在轻松和谐的气氛中，多能耐心地听取不同意见，给人以更多的说话机会。

1972 年 2 月，美国总统尼克松访华，中美双方将要展开一场具有重大历史意义的国际谈判。为了创造一种融洽和谐的谈判环境和气氛，中国方面在周恩来总理的亲自领导下，对谈判过程中的各种环境都做了精心而又周密的准备和安排，甚至对宴会上要演奏的中关两国民间乐曲都进行了精心地挑选。在欢迎尼克松一行的国宴上，当军乐队熟练地演奏起由周总理亲自选定的《美丽的亚美利加》时，尼克松总统简直听呆了，他绝没有想到能在中国的北京听到他如此熟悉的乐曲，因为，这是他平生最喜爱的并且指定在他的就职典礼上演奏的家乡乐曲。敬酒时，他特地到乐队前表示感谢，此时，国宴达到了高潮，而一种融洽而热烈的气氛也同时感染了美国客人。一个小小的精心安排，赢得了和谐融洽的谈判气氛，这不能不说是一种高超的谈判艺术。美国总统杰弗逊曾经针对谈判环境说过这样一句意味深长的话：“在不舒适的环境下，人们可能会违背本意，言不由衷。”

尼克松

日本首相田中角荣上个世纪 70 年代为恢复中日邦交正常化到达北京，他怀着等待中日间最高首脑会谈的紧张心情，在迎宾馆休息。迎宾馆内气温舒适，田中角荣的心情也十分舒畅，与随从的陪同人员谈笑风生。他的秘书早饭茂三仔细看了一下房间的温度计，是“17. 8 度”。这一田中角荣习惯的“17. 8 度”使得他心情舒畅，也为谈判的顺利进行创造了条件。

《美丽的亚美利加》乐曲、“17. 8 度”的房间温度，都是人们针对特定的谈判对手，为了更好地实现谈判的目标营造了和谐的谈判气氛，有利于谈判的顺利进行。

此外，在谈判开始时，可以以一种协商的口吻来征求谈判对手的意见，然后对

其意见表示赞同和认可，并按照其意见开展工作。运用这种方式应该注意的是，拿来征求对手意见的问题应该是无关紧要的问题，对手对该问题的意见不会影响我方的利益。

另外，在赞成对方意见时，态度不要过于献媚，要让对方感觉到自己是出于尊重，而不是奉承。这些都是为了营造一个和谐的谈判气氛，给对方带来一份好心情。轻松和谐的谈判气氛，能够拉近了双方的距离，切入正题之后就容易找到共同的语言，化解双方的分歧或矛盾。

像绅士一样讲究穿着

犹太商人非常看重谈判时自己的着装讲究。他们希望外表一定跟绅士相仿，一方面表示尊重对手，另一方面也给对手留一个好的印象。这样可以在一定程度上辅助谈判成功。

犹太人从小就受到这样的教育：人在自己的故乡受到什么样的待遇与其风度有关，在别的城市则取决于服饰。这是说，对一个人的评价在故乡并不看重衣着，因为人们对他的言行比较了解。但一个人如果远在异乡，他的外貌特征、衣饰装束和言谈举止就成为评价一个人的主要依据。

在犹太人看来，正式谈判时，因为场合比较庄重，穿着也要有所讲究。衣服要干净合适，符合礼仪；坚决不能穿奇装异服，给对方以不够稳重的印象。

目前商界谈判很注意对手的穿着打扮，看对方穿的是什么品牌的西服、衬衣、领带、皮鞋、皮带等；戴的是不是宝石戒指或白金手表，以此来判断对方的财力。如果你穿得很寒酸，人家就对你失去了信心，谈都不要谈就打道回府了。所以，过于低档的衣服，最好不要穿着上谈判桌。但是，过于华贵的衣服也轻易不要穿着上谈判桌，以免显得过于虚浮和炫耀，你的穿着应给人一种稳重的含而不露的印象才好。

当然，也有人充分利用这一点，把自己收拾打扮得非常有派头，口袋却空空如也，然后以表面现象来骗人钱财。但这些人只能骗小钱，真的大钱光凭穿得好是骗

不去的。

我国的俗语说：佛要金装，人要衣装。犹太人认为，在谈判桌上唇枪舌剑，一定要给人一种权威和信赖感。这两种气质，除了有赖于本身的素养之外，完全有必要靠良好的穿着来烘托。

一般来说，深色的西装，尤其是深蓝色或暗灰色的成套西装，容易使穿着者带有一种权威的味道。而且对于谈判人员来说，衣服的式样绝对不宜过分时髦，否则会给人一种虚浮的感觉，因而降低了穿着者的身份。下面是一个谈判人员在衣着方面应该注意的四个问题。

1. 衣服颜色越深，越有权威感。谈判人员想表现出一种具有权威而可信赖的气质，就应该穿深蓝色或暗灰色的衣服。同时，谈判人员的衣服剪裁要合身，而且要选用高级面料，这样才能相得益彰。

2. 衬衣的颜色要与上衣及长裤成强烈的对比。比如说，穿深蓝色的上衣和长裤，最好穿纯白色的衬衫。

3. 不要购买流行不到半年以上的衣服。谈判人员不必在衣着上过分新潮，因为这样会招来轻浮的感觉。

4. 如果要和下属一起参加谈判，谈判人员必须先想好如何在衣着上与他们或其他人稍有不同。

至于其他细节，比如领带方面，谈判人员不能选择太花或太俗气的领带，应以条纹、圆点、花格子等式样的为佳，因为稍素一点的不但比较具有权威感，也不俗气。再如其搭配方法，如果谈判人员穿花格西装上衣，最好打一条素色领带缓和一下；而穿深色衬衫，则配以浅色领带。

衣着虽然只是一个人的外表，但在还没有机会把自己内在能力表达出去之前，它常会左右别人对你的第一印象。所以，如果你能带给别人初步的好印象，起码不会在尚未表现自己之前，就遭到对方的否定。否则，你即使有再好的能力也等于零。

事实上，绝大多数谈判人员都很注意自己的外在形象，都知道到穿着打扮的品

位对谈判很重要。因此，在步入谈判室前，总要对着镜子特意打扮一番，看领带是否平整，头发是否凌乱，化妆是否恰到好处，唯恐因衣着的粗俗和装饰的不雅，而令对方看不起或产生笑料，影响谈判。

但是谈判人员不可忽略仪表所能展现的另一种魅力作用，那就是面部表情。很少有人意识到表情将会对谈判产生影响。人的心理是藏不住的，七情六欲常常不经意地流露在面部这个晴雨表上。有时，在谈判桌上你的表情往往成了泄密的“叛徒”。所以，犹太商人在谈判前总是细心地注意调整自己的心境和表情。

谈判是口才的角逐

犹太人认为谈判很大程度上是口才的角逐。或言不由衷，或微言大义；或旁敲侧击，或循循暗示；或言必有中，一语破的；或快速激问；或絮语软磨……要想取得谈判的成功，必须善于鼓动如簧之舌，调动手中筹码，不战而屈人之兵。对于谈判用语的讲究，至少要做到以下四点。

1. 礼貌用词，以和为贵

在谈判过程中，注意满足对方“获得尊重的需要”，可以为未来的合作奠定基础。

比如一位先生打完电话后，忽然发现身边连一分零钱也没有，只好拿出一张百元大钞递给管理员，不耐烦地说：“找钱吧，快点。我还有急事！”谁知对方很不高兴：“对不起，找不开，别处换去！”这时，他的妻子走过来对管理员说：“先生，对不起，请你帮下忙吧，我们确实有急事，孩子还在家等着呢！”结果，对方很大度地挥了挥手：“几毛钱算什么，可以走了。”妻子的成功之处就在于她对对方的尊重与礼貌。

在谈判过程中，犹太商人即使受了对方不礼貌的过激言词的刺激，也会保持头脑冷静，尽量以柔和礼貌的语言来表达自己的意见，不仅语调要温和，而且用词都适合谈判场面的需要。他们尽量避免使用一些极端的用语，诸如：“行不行？不行拉倒！”“就这样定了，否则就算了！”等等。

2. 不轻易加以评判

在谈判过程中，即使犹太商人的意见是正确的，也不会轻易地对对手的行为、动机加以评判。因为如果评判失误，将会导致双方的对立，而难以实现合作。比如当你发现对方对某项指标的了解是非常陈旧的，这时你如果贸然指责："你了解的指标已经完全过时了！对方听了，显然无法马上接受，甚至会产生一些负面影响。如果改变一下陈述方式，则可能收到完全不同的效果。比如可以这样说："对这项指标我与你有不同的看法，我的资料来源是……"这样，就不会使对方产生反感，甚至会乐于接受你的观点。

3. 不轻易否定

在谈判时，经常会出现双方意见相反甚至激烈对抗的情况，这时尽量不要直接选用"不"等具有否定意义、带有强烈对抗色彩的字眼。这很容易造成无法收拾的局面，对双方都没有什么好处。

当对方不理智地以粗暴的态度对待犹太商人时，为了着眼于整个谈判的大局，犹太商人仍会和颜悦色地用肯定的句型来表示否定的意思。当对方情绪激动、措辞逆耳时，犹太商人并不是寸土不让、针锋相对，他们有时会委婉表示："我理解你的心情，但你的做法却值得推敲。"让对方在盛怒之中的拳头打在棉花团上，有火也不能发。等他冷静下来时，对你的好感就会油然而生。

另外，当谈判陷入僵局时，犹太商人也不轻易使用否定对方的任何字眼，而是不失风度地说："我已经尽了最大的努力，只能做到目前这一步了。"还可以适当运用"转折"技巧，以免使"僵局"变成"死局"。即先予肯定，宽慰，再转折委婉地表示否定的意思，而阐明自己不可动摇的立场。

如"我理解你的处境，但是……""你们的境况确实让人同情，不过……"。虽然并没有陈述什么实质性的内容，但"将心比心"的体谅，使对方很容易在感情上产生共鸣，从而将"僵局"激活。

4. 善于转换话题

犹太商人转换话题的目的在于：避开对己方不利的话题；避开无法立即解决的

争论焦点；拖延对某问题将做出的决定；把问题引向对己方有利的一面；通过转换阐述问题的角度来说服对方。

在谈判时，应将重点放在对己方有利的问题上，不要深入探讨或回答对己方不利的问题，可以绕着弯子解释或者“顾左右而言其他”。如果这一招仍无法激活僵局，可以建议暂时休会，让大家松弛一下，以进行冷静的思考。

把握时机很关键

商人不一定要有预知时机出现的能力，但一定要有敏感识别并抓住时机的能力。犹太商人认为要想在谈判中选择最好的时机出手，必须切记以下三条基本的原则。

1. 别轻易脱口而出

对于任何一项提议，应当先花时间去考虑一下，看看当时的形势是否需要某种时机的选择，或者你是否可以利用时机的选择得到好处。在没有考虑清楚时，不要轻易地做什么答复。任何一次谈判，它的实际情况——性质、复杂性以及在进行中所获知的某些信息，都能帮助你了解什么是时机，这个信息，要与常识一起应用。

假如你对你的对手一无所知，那么，进行一笔交易的谈判所要花的时间，显然会长一些。如果对方被你一开始所做的那段介绍词所打动，那你在再次介绍之前，最好同他交换一些意见。如果你知道对方接受交易的过程需要历时数月，就不要试图在几个星期之后迫使他做出承诺。

2. 别失去耐心

我们常常受着要求立刻得到满足这一欲望的驱使，公司的环境似乎更加强调了这种冲动。接着干下一件事吧，这会减少一件令人烦心的事，这也会令你在这件事上失去耐心。

然而，实际上即使我们能使别人照我们的意思行事，也难以做到让他们照我们的进度行事。人和事物总是按照他们自己的节拍运动，几乎从来不会照我们的时间表来行事。所以，我们劝告谈判者，延缓追求瞬间能力，调整你自己的时间表以配

合别人的时间表。对于谈判者而言，有关时机选择的各个方面，实在没有比耐心更为重要的东西了。坚持不懈，正如通常所理解的那样，谈判的数字游戏在于你向对方提出了多少个要求，又用多少耐心向他们重复要求。耐心和坚持不懈是你谈判的基本信条。

3. 不要懈怠

在得到对方承诺时，谈判的时机与何时应说什么话、做什么事同样重要。你有你的头脑为你做这项工作，它通过感官直觉计算出通过分析思维不可能得到的答案，时机的选择就是把这些感官直觉转换为有意识的行动或有意识的静默。如果你把这份时间表想象为一笔交易的“全部时间”，或者想象为独立于该项谈判之外，上述的转换过程就不费力了。

犹太人认为大多数交易似乎都有一个秘密的期限，它总是按照一种预定的程序和进度进行的。一次谈判需要花费的时间，可以是几小时，也可以是几天、几月甚至几年。每一个阶段的时机选择——什么时候和延续多久——通常是显而易见的，正确的时机选择就是依计行事，该做什么就做什么，该怎么做就怎么做。有些人在了解谈判的必需程序后，就想寻找捷径。因为急于成交，他们总想压缩时间，或删掉某些程序，他们看见了适当的时机却置若罔闻，没有对形势做适当的诱导，这样必然会给谈判写下不愉快的结局。

要在谈判过程中选择适当的时机并不是一件容易的事，其实，每天都会有许多意想不到的时机出现在你面前，你并不一定要成为能预知这些良机的先知，但你却必须敏感地对这些良机的重要性做出及时反应，引导事情朝着对你有利的方向发展，也就是说，你要会利用时机。那么，应该如何利用谈判的最好时机做好事呢？

第一，利用别人愉快的时机。

延长、续订或重新签订合同时，千万不要在这份合同即将期满的时候去做，就如同要与对方达成于己优惠的交易要趁对方高兴时一样，你应该选择对方愉快时去延长或者续订合同。如果对方得到某个好消息，即使它与你无关，但它也为你提供了一个良好的时机，这时去向他提要求，大多会畅通无阻。当然，你的要求不能

过分。

第二，利用别人倒霉的时机。

别人倒霉或不幸的时机，能为你创造各种各样的机会，正如你应该趁当事人最愉快的时候来续订合同一样，你就应该在这个可能成为买主的人对你的竞争对手最感不满时跟他达成一份合同。

第三，你最好的交易对象是刚上任或快下台的人。

新上任的人急于干些事，使自己出名，而他通常又被赋予充分的行动自由；即将离任的人，因为自己将不再为这样一些头痛的事四方奔走，也不再斤斤计较。

第四，运用非常的时机。

在非上班时间、深夜或周末期间打电话，往往会有较大的效用。你一定要这样开头："这件事太重要了，所以，我要在周末告诉你。"

第五，利用忙人的注意力。

比较繁忙的人，他注意力不会长时间地停留在某个问题上，所以你必须直来直去，你得有到他那里就是为了听他说话的思想准备。你应该少说几句，把机会让给别人，否则你只会引起别人的抵触情绪或心不在焉。

第六，对事情的轻重缓急必须有个清楚认识。

如果你讨论的问题很多，或者你要使对方接受的主意和项目很多，那就一定要为最重要的问题留下充分的谈判时间。千万不要把自己搞得相当紧张"我能再占用几分钟吗？我的主要意见还没说"的境地。有时机，却不会充分利用，仍然对谈判不在行！这是犹太商人的忠告。犹太人在某些特殊的时候，他们会玩一玩拖延时间这一花招，最终在谈判中稳占上风。

用理智来控制情绪

谈判桌上绝不是发泄情绪的地方。即使发生意外，或者对方故意激怒你，你也要强行以理智控制情绪，冷静以待。

犹太商人认为，感情用事者不宜谈判。一是情绪混乱会延缓谈判的进行；二是

会导致谈判失败。更可怕的是，感情用事往往会容易上当。商业谈判时，一定要用理智来控制感情。理智的第一要务是如何获取经济利益。但犹太人自己却常用情绪左右对方。

1. 理智地对待感情

在谈判过程中，有时双方会产生激烈的争执，此时“处理情绪”远比“说话”重要（情绪，包含谈判者的“感受”）。因为两位当事者都充满了激烈的情绪，根本没有共同协商来解决问题的心情，因此，才会抱着上战场一决胜负的心情进行谈判。一方的情绪，又很容易刺激对方，而恐惧则会导致愤怒，愤怒反过来又会引起恐惧。于是，情绪阻碍了谈判的继续进行，使谈判陷入僵局，甚至破裂。

谈判开始前，首先要认真观察自己是否变得神经质？胃有没有不舒服？对方是否感到愤怒？试着听一听对方说话，并感受一下对方的情绪，然后把自己的感觉，诸如恐惧、担心、愤怒，或者自信、镇定一一记下来，这对你将会有极大的帮助。接着，再对对方作相同的分析。

在与某一组织的代表人物谈判时，我们经常犯的错误，就是把对方看成是传达事件的传声筒，完全忽略了对方的情绪问题。事实上，他们也和你一样，也有恐惧和希望等各种感受。说不定谈判的结果会影响他的职业生涯，因此对于某些问题他会特别敏感，某些问题他会引以为荣。情绪问题不仅仅限于谈判者本身，甚至在他背后的团员或选民也同样有情绪，而且可能比谈判者还要单纯，说不定只看到事态的一面，他们就马上露出明显的敌意。

2. 用“我”代替“你”

在谈判时，一般人都习惯于责怪对方的企图或动机。但是在针对问题时，不宜以对方的意图与言行来说明问题，而要以你对问题的感受来描述问题才更具有说服力。

例如：犹太商人会把“你不遵守诺言！”改为“我感到很失望！”假如指责对方说：“你所相信的是错误的！”对方一定会生气，或者干脆忽视你的话，不留意你所关心的事。但是，假如你说：“我有这样的感觉！”对方便不能说你在撒谎；同时

也不至于引起他情绪性的反应，或遭到他的拒绝；而且，你也能够在平和的气氛中，把自己的观点传达给对方。

3. 功夫在桌外

“以私人身份”去了解谈判的对手，对于谈判的顺利进行有很大的帮助。“和陌生人谈判”与“和熟识的人谈判”，两者的情形是完全不同的。对你而言，“陌生人”只是一个抽象的名词，因此，你容易采取冷漠的态度。如果谈判的对象是同学、同事或朋友，情形就大不一样了。假如你能尽快使谈判的对方变成熟人，谈判就容易进行了。而且，这样做对了解对方的为人与背景资料也比较容易。即使再困难的谈判，若能在这种熟知的关系下互相培养信赖的心理，将能使双方意见的沟通更为顺利。

要形成这种友好关系，谈判开始之前就应该进行工作。尽早与对方认识，研究对方的好恶，积极地制造私下的见面机会。在谈判前，尽早和对方交谈；谈判结束后，也不要急着掉头就走，多谈一些题外话，让彼此都松懈下来。

4. 人、事要分家

如果谈判双方不能将人的问题和谈判的内容分开，而且认定彼此处于对立的状态，那么，有关实质内容的讨论，也会被视为在攻击对方。这时，双方都会一心一意地维护自己的利益，反驳对方，而不可能去注意对方的正常利益和所关心的事。

要想有效地进行谈判，双方都必须要认定对手是自己并肩作战的战友，是共同寻找对彼此有利和公正解决方法的伙伴。就好比发生沉船事故后，共同搭乘一条救生艇的水手，双方也许会为了争取有限的食物，而把对方看成敌人，是多余的一分子。可是，如果他们想要生存下去，就必须要把客观问题和个人问题分开。他们知道每个人对药品、饮水、粮食的迫切需要。并且，还会进一步把保存雨水、摇桨等视为求生的共同问题，而且同心协力，共渡难关。唯有把对方视为解决共同问题的同伴，才能够调整彼此对立的利害关系，从而增强共同的利益。

犹太人认为谈判中当事人之间的关系也是如此，应将双方的对立关系调整淡化为利害与共的合作关系，而且彼此要互相协助、研究，倘若有了这种共识，达成协

议也就不难了。

一定要做好谈判记录

对犹太人而言，广博的知识不只是用来作为谈资，更重要的是知识可以开阔他们的视野，帮助他们从多个角度看待问题，以便选择解决问题的最佳途径。

犹太人博闻强记并不是天生的，他们一方面精于心算，另一方面又非常勤奋，时时动笔。犹太人爱做记录，却并不随身携带笔记本，而是买到香烟抽完后，把烟盒里的锡箔纸抽出来，在背面做记录，给人很随意的感觉。回家后他们再重新整理。

在谈判中，犹太人也是用这种方法做记录，日期、金额、交货期限、地点，样样要清晰明白，不得有误。谈判中的这种记录实际上是犹太人生意交易的备忘录。

一次，犹太人与日本人洽谈了一笔合同。

“好像谈判时交易日期定的是某月某日，先生你记得有误吗?”时间一到，日本人有点想拖后耍赖。

犹太人根本不吃这一套，锡纸背面的记录就是他们的原则。他毫不客气地说：“不，是你记错了，应该是这一日，我谈判时的记录非常清楚和准确。”

犹太人在谈判中很少吃亏，而且使谈判更实际、更准确，这当然得益于博闻强记。

一般来说，凭空回忆谈判内容不太可能，因为在会议进行过程中，有许多细节需要记住，所以要一边谈一边做记录，在诸多记录中最理想的一份应该算是协议备忘录，它除了记载主要协议项目之外，还可以作为正式协议的基础。

起草备忘录的工作最好由己方来做，轻易勿让谈判对手去做。这当然不是存心要占对方的便宜，而是要将己方对于协议的了解，用自己的概念去表达。

在提交备忘录之前，最好每位组员都看过一遍，以避免不该发生的错误或者漏洞。如果对方要阅读备忘录，也应该为其提供充分的时间，并修正一些双方都同意更改的内容。

备忘录强调的重点应在于简明易懂的内容，而不是要标准的法律术语，这样才可避免双方认识上的混乱。如有可能，除价格、运送方式、保证期、品质规格等议题之外，最好把所有讨论的问题连同说明，一齐写入备忘录。

如果备忘录由对方书写，己方应该采取以下防范措施。

1. 备忘录起码要由两位以上组员看过，还要尽可能将“不妥”之处挑出来。

2. 遇到问题马上解决，即使是原先认为已经谈妥的问题，也不惜多花时间重新讨论。

3. 如果你有理由信任你的对手，则继续保持这种态度；如果你觉得没有安全感，则不妨针对各项细节，一一查问。

4. 若有你不喜欢的用词，就动笔修改。

5. 不管时间拖得多晚，只要你觉得不能接受，就不要签字。

6. 最后 1 分钟才改变心意，也用不着不好意思。

确定协议备忘录之后，别忘了在正式签订合同时，把备忘录拿出来对照一下。若发现与事实不符之处，务必即刻提出，甚至可以暂时中止签约而重新与对方商量。一定要有勇气做这件事，不然要吃亏。有些人甚至连合约内容看一遍都懒得看，更不想见到合约中“有异”的地方，怕破坏了签订协议的和谐气氛，而这正是对手想充分利用的最好机会。

利益是打动对方的法宝

犹太商人认为，谈判双方在立场上争执不休难以达到目的，因为不同立场给双方制造隔阂。要想使生意成功，双方必须着眼于利益之上——因为利益才是谈判双方的共同点。

要打动对方，首先只能考虑能够给对方什么。你得了解对方希望要什么？然后考虑自己能不能给对方这些东西。这也是犹太商人谈判的本领之一，找出自己和对方的共同利益，若无利可图，谁也不会和你谈判，和你合作。生意的本质就是公平地互相妥协，看到这一点，谈判才能进退自如。

这就告诉我们，谈判绝没有百分之百的胜利者。虽然说谁都想占别人的便宜，这是生意场上的铁律。但那样的结果是谁也占不了谁的便宜。谁都一无所获。谈判的目的是两个人都要占便宜。所以，打动对方的方法是：首先考虑自己获利，然后考虑在自己获利的范围内给对方什么好处。不给好处对方不予合作，你也无法获利。给的好处小了对方劲头不高，合作的可能性小，合作程度也小，你获利也就少。只有给你对方最大限度地好处，对方才能全力以赴。对双方也才能取得最大的利益。这是谈判者必须懂得的最深刻的辩证关系，并要在谈判中熟练地运用它。

谈判只能调和双方利益而不可能调和双方立场，这种方法行之有效，其原因有二：其一，任何一种利益，满足的方式有多种；其二，谈生意双方的共同性利益往往大于冲突性利益。基辛格和周恩来如果都只坚持本国利益，中美关系的和解恐怕只能是空中楼阁了。

很多时候，我们往往因为对方与我们的立场对立，就认为对方与我们存在利益上的冲突：如果我们防止对方侵犯利益，对方就一定想来侵犯；如果我们想降低房租，对方就想提高房租。但在许多谈判中，只要深入审视潜藏的利益，就可以发现，双方的共同性利益要比冲突性利益多得多。

以某房东与房客之间的共同利益为例：双方都需要稳定，房东需要稳定的房客，房客要找到时间长一点的居住地；双方都希望房间维护得很好，房客希望得到必要的维修，房东希望得到一定的爱护。

除此以外，双方还有些不同但不冲突的利益：房客不喜欢房里的涂料，房东则不愿花钱重新粉刷所有的房间；房东希望收取一定的押金以作保证，房客对何时付押金不同意。当考虑了上述共同利益和不同利益之后，双方在低房租与高收益方面的对立利益就容易解决得多了。双方的共同利益也许会促使他们签一份双方都满意的合同，比如订下长期合同，双方共同承担改善住房条件的费用。双方做一些努力，不同的利益就可以得到满足。

当然，不要把调和双方利益分歧的事想得太轻易——这就好像一个人一手要把向北去的驴子拉回来，另一手又想把向南去的驴子拉回来一样，有时费心费力，也

未必能大获成功。关键是要找到诀窍。

“协议”往往是基于“不一致”而达成的。假如股票购买人一定要说服售出人相信价格会上升然后才成交，那岂不是笑话。如果双方一致认为股价将上涨，售出人就可能不想出手了。股票交易之所以能达成，正是因为购入者认为会涨价，售出者认为会降价之故。想法的差异，是达成交易的基础。许多创造性的协议，都显示出“通过歧异达成协议”这一原则。

在利益和想法上的歧义，可以使得某一项目对你有很大的利益，而对另一方则损失不大。调和双方利益的第一个诀窍是：拟定一些你本身可以接受的选择方案，然后征询对方偏好哪一项。你希望知道的只是对方偏好哪一项，不必知道对方可接受哪一项。然后你再细分对方偏好的那项选择方案，将之分为两种以上的不同方式，再请对方选择。如果要用一句话来概括如何“契合”的话，那这句话就是：寻找对方损失有限而对你大为有利的方案；反之亦然。在利益上、次序上、信念上、预测上，以及对风险抱持的态度上有差异，正是双方可以“契合”之处。因此，谈判者的座右铭也可以是：“差异万岁！”

调和双方利益的第二个诀窍是：把双方的注意力都放在谈判的内容上。现在你正在设法寻找可以改变对方抉择的各种选择方案，以便对方做出令你满意的决定。你要给对方的不是问题而是答案，不是困难的决定而是容易的决定。在这一阶段中，你务必把注意力放在决定的内容上。

决定常常会受到不确定因素的羁绊。你往往希望得到的越多越好，但又不知道得到多少才够。你可能会说：“你说出来，我就知道够不够。”这在你自己看来，也许言之有理，但若是从对方的角度看，你就知道必须提出更令人信服的理由。因为不管对方做什么或说什么，你都会认为还不够——你还想要多一点。要求对方再往前多走一步，并不会产生你心中期望的结果。

许多谈判者都不能确切地知道自己向对方提出的要求是“形式上说说”还是“实际成效”，而这两者的区别却是至关重大。如果你希望的是“实际成效”，就不要给谈判空间增设障碍。如果你希望让一匹马跳越栅栏，就不要再加高栅栏。如果

你希望出售 3 角一杯的饮料，就不要为了自己有谈判余地而把价格定为 5 角。

多数的情形下，你想要的是一项承诺。你可以设法提供几项可能的协议。在谈生意中为了理清思绪而动笔，这是非常正确的。从最简单的可能方案入手，然后拟出几种可能性的选择。对方会同意哪些条件对双方都具有吸引力？可以在拍板时减少有发言权的人数吗？你能拿出一份对方容易履行的协议书吗？

一般而言，人们对尚未开始的事情打退堂鼓，对已经开始的事情则难以罢手；对已经进行了一阶段的事情可能罢手，而对刚刚着手的全部行动则会努力进行。如果工人希望工作的同时听听音乐，则公司容易同意让工人自行播放唱片，而不容易接受由公司播放音乐。由于大多数人都会受到“合法性”概念的强烈影响，所以，设法使解决方法具有合法性，是解决方法易被对方接受的有效方式之一。对方比较容易接受从公平、法律和荣誉角度出发自认为正确的事情。最后，犹太商人对调和双方的利益表现出乐于接受的态度，也认为公正是唯一的保证。

灵活运用精确的数字

犹太商人认为数字和专用名称是在谈判中说服对手最有效的武器。牢牢地记住那些平常记不住的详细数字和长长的专用名称，做到脱口而出，能给对方留下做过详细调查和有备而来的印象，起到立竿见影的效果。令对方感到你是内行后再说服对方就容易得多了。

日本田中角荣首相就常用这一手。他有着超群的记忆力，从来不用“大约不到 100 万”之类的表达方法，比如说，他可以毫不迟疑地一口说出一长串准确数字。对方听后对他十分佩服，同时也认为他值得信任。

准确记住过去事件的发生日期，也有助于增加说服力。举个例子，一位优秀的记者对采访的对象不会讲出“去年 10 月左右，你曾经见过某某局长”之类模糊的话，而是详细地指出“2008 年 10 月 8 日上午 11 点到 12 点，您在某某饭店见到了某某局长”。听起来仿佛当时他就在现场。如果用模糊的语言进攻，对方有逃脱的余地，说得精确无误会使对方大有陷入重围的感觉。

当然这不是毕业考试，无须把涉及的所有数字和固有名称都背得滚瓜烂熟。在这上边过于花费精力与时间也是一种浪费。作为说服人家的武器。记住几个关键的数字和名称就行了。

田中角荣

相反，对方提供了详细的数据，想要以此说服你时该怎么办呢？当对方提出的数据于你方不利时，你方往往哑口无言。此时，应在数据的出处上寻找突破口。“请问，这个数据是在哪里查到的?”对方往往没有掌握到这个程度，一时语塞，其攻势随遭遏制。于是。你方可以乘胜反击：“不知道在哪里查到的也没有关系。但我们却因为这个数据而受到牵连。”

如果对方把数据的出处掌握得一清二楚也还有空可钻。多种情况下数据的统计日期较早，于是可以把问题转到这个方向上来：“这是哪一年的数字？这个数字可有点过时了。”“和现在的情况不符呀!”

这种战术颇有点打游击的味道。但在现实的谈判中却是行之有效的。对方从细微之处冲进来，你方要从更加细微的地方攻回去。

必须指出的是，准确地记住那些枯燥的数字和专用名词，可以给对方留下“做过仔细调查”的印象。但是如果把什么都背得滚瓜烂熟，反而使对方感到烦琐尤其是在言及对方专业范围内的知识时，人家心里会非常别扭，认为你是一个故意在抢别人镜头的蹩脚演员。在这种情况下，你想套取自己需要的情报人家就会闭口不谈。因此，在谈判桌上不要表现得过于聪明。当然，对方也在观察你方的实力，所以又不能让人家把你当成傻瓜。要想从对方那里获得一些情报，在不受对方蔑视的前提下最好适当地装傻充愣。必要的时候还可以佯装不知地向对方请教。“本人才疏学浅，指教一下才能明白……”听你这么一说，对方会感觉很舒服，就如同收下了一个弟子一般。这么一来你就可以使对方放松警惕，你想知道什么，他就会对你

说什么，用不着再去特意求他。

在任何谈判中，尽可能地套取对方更多的情报对你方是非常有利的。自己掌握了制胜的情报以后要把它珍藏到谈判的后期。把手里的牌过早地全部打出去的人是注定要失败的。

谈判时既要想方设法引诱对方把牌打光。又要考虑自己在尽量不出牌的情况下把话题展开的防御措施。反过来，你要谨防那些口称“什么都不懂”的对手。如果你顺势说道：“这些我都知道。”泄露了你方的情报，那么战局可以在瞬息之间发生逆转。

总之，若想按照自己的步骤进行谈判。就必须放弃那种在感情上希望得到满足的欲望。如果在虚荣心得到一时的满足之后沾沾自喜的话，谈判的战略性目标就无法实现。

准确把握谈判全局

犹太人乔费尔是个谈判专家，我们以他的个案来探讨一下犹太人对谈判全盘的把握。

首先，重视对手的各种情报。

犹太人非常重视情报，特别喜欢提问，正是这种执着而认真的精神，使他们对自己的业务或某一项谈判前的准备工作都不是一知半解。打破砂锅问到底，是犹太商人谈判制胜的秘诀，尤其是在一些国际性的谈判中，犹太人更是非常重视情报。

荷兰犹太电器销售商乔费尔，打算从日本的一家钟表批发商三洋公司进口一批钟表。在谈判的前两周，乔费尔邀请了一位精通日本法律的律师做自己的谈判顾问，并委托该律师提前收集有关三洋公司的情报。

于是，日本律师一边为乔费尔预订房间，一边着手对三洋公司进行调查，通过简单的调查，日本律师发现了许多耐人寻味的情况。例如，三洋钟表公司近年来的财务状况不佳，正在力图改善；这次和犹太人交易的主要商品旅行用时钟和床头用时钟，是承包给台湾和另一个日本厂家生产制造的；三洋钟表公司属于家族型企

业，目前由其第二代掌管，总经理的作风稳重踏实……情报虽然不多，但很重要。例如，价格方面也许波动较大；如果有必要，也许乔费尔可以直接从台湾制造厂采购；总经理的为人信誉不错，一般还是遵守合同的。其中，关于该商品是由台湾生产的这一条情报非常重要，无异于在谈判中扣了一张底牌。

乔费尔到达日本后，立即开始和该日本律师磋商有关谈判的种种事项，讨论进行了十几个小时。该日本律师对乔费尔大加赞赏，因为许多请他当顾问的商人到日本后，往往匆匆交换一下情况，便急忙去游览或逛东京；要么像大多数美国人那样，心里早有主张，根本无心听别人的意见。

乔费尔的作风却大不相同，他坦言自己对日本几乎一无所知，所以希望先了解一下日本工商界的大致情况，然后又针对合同的几个细节提出法律上的疑问并分别加以研究。乔费尔在和律师谈话时，对日本的民族文化特别关注，并认真地做了研究，发现日本人在谈判中一旦遇到障碍，往往会陷入沉默，很少主动提出替代方案。

最后，乔费尔和律师商定，对于商品的单价、付款条件，以及其他细节都由乔费尔临场酌情判断。接下来，日本律师又和乔费尔从荷兰带来的律师一起研究两国的法律差异。

其次，巧妙设置谈判陷阱。

乔费尔与三洋公司的谈判即将开始，三洋公司草拟了一份合同，乔费尔和两位律师经过商谈后，决定围绕这份合同展开谈判策略。

在三洋公司提出的合同草案中，有一条是关于将来双方发生纠纷时的仲裁问题，三洋公司提议在大阪进行仲裁，解决纠纷。

这里需要提醒一下，代理销售这类合同发生纠纷的原因，一般是拒付货款或产品有质量问题两类。一旦出现纠纷，双方最好通过协商解决，打官司是万不得已的做法。当然，还有一种方式是事先在合同中明确约定双方都认可的仲裁机关。目前，世界上许多国家都设立了专门处理商业纠纷的仲裁机构，诉讼和仲裁的目的虽然相同，但结果却大不相同。仲裁无论在哪个国家进行，其结果在任何一个国家都

有效。而判决就不同了，因为各国的法律不同，其判决结果只适用于该判决国。也就是说，日本法院的判决在荷兰形同废纸，荷兰法院的判决在日本也毫无用处。

现在乔费尔的思考重点是，本合同是否可能发生纠纷？发生纠纷的原因会是什么？究竟是进行仲裁还是提出诉讼对自己有利？

对乔费尔来说，一般容易发生的麻烦是收到的货物与要求的质量不符，但由于草案中双方议定的是先发货后付款，因此，一旦货物有质量问题，乔费尔完全可以拒付货款。到时三洋公司就会以货物符合质量要求而发起诉讼。这样，如在日本仲裁对乔费尔会非常不利，但若将仲裁地改在荷兰，三洋公司自然会反对。因而双方出现的第一个争执的矛盾焦点将会是这个问题，对此乔费尔提出如下主张：

"我们都知道仲裁的麻烦，都不愿意涉及仲裁，但以防万一，不妨就请日本法院来判决。"

想必各位看出了乔费尔的圈套和策略，假如双方出现纠纷，日本法院的判决在荷兰形同废纸，即使打赢了官司，也根本执行不了。这样一来，出现纠纷时，乔费尔不出庭都可以，连诉讼费都省下了。若这一提议能通过，乔费尔自然占了上风。

设计好这一陷阱后，乔费尔和日本律师便轻松地游览去了。

再次，控制谈判进程。

谈判开始了，乔费尔首先做了简短的发言：

"虽然我曾去过许多国家，但来到美丽的日本更使我高兴。贵公司的产品质量可靠，很有发展潜力，若能打开欧洲市场，对我们双方都很有利，所以我很希望双方能够完成这项合作。"

致辞虽然简单，但让日本人听了非常高兴。其实，这正是乔费尔巧妙控制谈判程序的第一招。

日方的几位代表年纪都比乔费尔大，显得很稳健，只是礼貌性地寒暄了几句。接下来的谈判自然也很顺利，诸如钟表的种类、代理地区、合同期限等事项，几乎没有多大分歧。

事实上，这种情况正是乔费尔所希望的，并且也是他刻意先挑出这些小问题来

讨论的。

从容易解决的问题入手，这是谈判的基本技巧之一。因为谈判刚开始，彼此还比较陌生，存在戒心，直接谈焦点问题，如果分歧较大，谈判就很难进行下去。而由易渐进，既容易加深双方了解，又容易稳定双方情绪，一旦大部分条款达成共识，只是个别一两个问题有矛盾，双方都会共同努力解决，因为任何人都不愿意前功尽弃。

迷一次路，不如问十次路

犹太人认为，谈判是一场没有硝烟的战争，话说得好能赢得人心，三言两语说不好则招来杀身之祸。因此，犹太人在说话时特别小心谨慎，从不随便乱说。但在社交场合或谈判桌上，犹太人却能随机应变，对答如流，并能表现得异常幽默风趣，随心所欲地控制谈判气氛。事实上，他们并不是天才，关键是他们在谈判前已做好充分的准备工作。正如美国前国务卿基辛格所说："谈判的秘密在于知道一切，回答一切。"

犹太人认为，谈判绝不仅仅是双方坐在谈判桌前面对面地交换意见或讨价还价，它更是一幕精心策划的戏剧，需要积极的准备和非凡的艺术，是彼此间勇气的较量：通过调整和妥协，双方才能达成一致。并且，谈判与人息息相关。

犹太格言："与其迷一次路，不如问十次路。"其意也正说明人在行动前要把目标和方向想清楚，不要贸然行动。成功谈判的精髓是定下自己的目标，并且做好实行它的计划。人既是文化动物，也是感情动物，其情绪往往受经济利益、名利、情感等诸多因素影响，从而左右着一个人的态度和心态。在谈判中，应时刻牢记谈判的目标，控制住自己的情绪和心态，从而保持始终如一的坚定态度。

只有先明确目标，才能在对手面前保持冷静。

谈判取胜的基础在于周密的准备。周密的准备不仅包括弄清问题本身的有关内容，同时也包括知晓与之相关的种种微妙差异。为此，要事先调查谈判对手的心理状态和预期目标，以正确判断用何种方式才能找到双方的共同点。否则事到临头，

会给别人情况不熟或优柔寡断的印象，从而给对方造成可乘之机。

作为谈判专家，犹太人哪怕是进行很小的谈判，都要事先做大量的准备。这种充分做好谈判前的准备工作的方式，不仅在世界商界得到了普遍的重视，在外交界也如此。

调和利益而非立场

犹太商人认为，谈生意时，双方在立场上争执不休则难以达到目的，因为不同的立场给双方制造了隔阂。要想使生意成功，双方必须着眼于利益，因为利益才是双方的共同点。

只能调和双方利益而不可能调和双方立场，这种方法行之有效，其原因有二：其一，任何一种利益，满足的方式都有多种。其二，双方的共同性利益往往大于冲突性利益。

但在许多生意谈判中，只要我们深入审视潜藏的利益，就可以发现，双方的共同性利益要比冲突性利益更多些。

以房主与房客之间的共同利益为例：

①双方都需要稳定。房主需要稳定的房客，房客希望找到时间长一点的居住地。

②双方都希望房间维护得很好。房客要住在里面，房主想要增加房子的价值以及建筑的名气。

③双方都希望建立良好的友谊。房主想要房客按期付租金，房客希望房主做必要的房屋维修。

双方还有些不同但不冲突的利益：

①由于房客过敏，他不喜欢新刷的涂料。房主则不愿花钱重新粉刷所有的房间。

②房主可能希望第一个月的房租有所保证，因此想让房客提前预付。房客对房间很满意，他可能对何时付房租不太在意。

当考虑了上述共同利益和不同利益之后，双方在低房租与高收益方面的对立就容易解决了。双方的共同利益也许会促使他们签订一份让双方都满意的合同，比如订下长期合同，双方共同承担改善住房条件的费用。双方为了友谊做一些努力，不同的利益就可以得到满足。比如，第二天预付第一个月的房租，房客花钱买涂料，房主负担粉刷费用。

不要把调和双方利益分歧的事想得太轻易——这就好像一个人一手要把向北去的驴子拉回来，另一手又想把向南去的驴子拉回来一样，有时费心费力，也未必能获得成功，关键是要找到诀窍。

我们来看看姐妹俩争吃一个橘子的故事：两个人都要这个橘子，因此就一分为二。她们并未了解一位想吃果肉，另一位只想要橘皮做蛋糕用。

这个故事如同许多谈生意的案例一样，圆满的协议之所以有达成的可能，正是因为每一方所要求的是“不同”的东西。了解了这一点，你一定会感到惊异，人们一般都认为双方的差异只会造成困难。然而，“差异”有时却能导出解决问题的方法。

“协议”往往是基于“不一致”而达成的。假如股票购买人一定要说服售出人相信价格会上升然后才成交，那岂不是笑话。如果双方一致认为股价将上涨，售出人就可能不想干了。股票交易之所以能达成，正是因为购买者认为会涨价，售出者认为会降价之故。想法的差异，是达成交易的基础。许多创造性的协议，都显示出“通过歧异达成协议”这一原则。

在利益和想法上的不同，可以使得某一项目对你有很大的利益，而对另一方则损失不大。调和双方利益的第一个诀窍是：拟定一些你本身可以接受的选择方案，然后征询对方偏好哪一项。你希望知道的只是对方偏好哪一项，而不必知道对方可接受哪一项。然后，你再细分对方偏好的那项选择方案，将之分为两种以上的不同方式，再请对方选择。如果要用一句话来概括如何“契合”的话，那这句话就是：寻找对方损失有限而对你大为有利的方案；反之亦然。在利益上、次序上、信念上、预测上，以及对风险所持的态度上有差异，正是双方可以“契合”之处。因

此，谈判者的座右铭也可以是："差异万岁！"

调和双方利益的第二个诀窍是：把双方的注意力都放在谈判的内容上。现在你正在设法寻找可以改变对方抉择的各种选择方案，以便对方做出令你满意的决定。你要给对方的不是问题而是答案，不是困难的决定而是容易的决定。在这一阶段，务必把注意力放在决定的内容上。决定常常会受到不确定因素的羁绊。你往往希望得到的越多越好，但又不知道得到多少才够。你可能会说："你说出来，我就知道够不够。"这在你自己看来也许言之有理，但若是从对方的角度看，你就知道必须提出更令人信服的理由。因为不管对方做什么或说什么，你都会认为还不够——你还想要多一点。要求对方再往前多走一步，并不会产生你心中期望的结果。

许多谈生意者都不能确切地知道自己向对方提出的要求是"形式上说说"还是"实际成效"，而这两者之间的区别却是至关重要。如果你希望的是"实际成效"，就不要给谈生意空间增设障碍；如果你希望让一匹马跳越栅栏，就不要再加高栅栏；如果你希望出售 3 角一杯的饮料，就不要为了自己有谈判余地而把价格定为 5 角。

多数的情形下，你想要的是一个承诺。你可以设法提供几个可能的协议。在谈判中为了理清思绪而动笔，是非常正确的。从最简单的可能方案入手，然后拟出几种可能性的选择。对方会同意哪些条件对双方都具有吸引力？可以在拍板时减少有发言权的人数吗？你能拿出一份对方容易履行的协议书吗？

一般而言，人们容易对尚未开始的事情打退堂鼓，对已经开始的事情则难以罢手；对已经进行了一个阶段的事情可能罢手，而对刚刚着手的全新行动则会努力进行。如果工人希望工作时听听音乐，则公司容易同意让工人自行播放唱片，而不容易接受由公司播放音乐。由于大多数人都会受到"合法性"概念的强烈影响，所以，设法使解决方法具有合法性，是解决方法易被对方接受的有效方式之一。对方比较容易接受从公平、法律和荣誉角度出发自认为正确的事情。

最后，犹太商人对调和双方的利益表现出乐于接受的态度，也认为公正是唯一的保证。

谈判中的暗示战术

犹太人在谈判时常用到一种暗示战术，对于这种暗示战术，犹太人有个笑话很有典型性。

穷售货员费尔南多在星期五傍晚抵达了一座小镇。他没钱买饭吃，更住不起旅馆，只好到犹太教会堂找执事，请他介绍一个能提供安息日食宿的家庭。

执事打开记事本，查了一下，对他说：

“这个星期五，经过本镇的穷人特别多，每家都安排了客人，唯有开金银珠宝店的西梅尔家例外，只是他一向不肯收留客人。”

“他会接纳我的。”费尔南多十分自信地说，转身来到西梅尔家门前。等西梅尔一开门，费尔南多神秘兮兮地把他拉到一旁，从大衣口袋里取出一个砖头大小的沉甸甸的小包，小声说：

“砖头大小的黄金能卖多少钱呢?”

珠宝店老板眼睛一亮，似乎觉得生意上门了。不过，这时已经到了安息日，按照犹太教的规定，不能再谈生意了。但珠宝店老板又舍不得让这送上门的大生意落入别人的手中，便连忙挽留费尔南多在他家住宿，到明天日落后再谈。

于是，在整个安息日，费尔南多受到了盛情的款待。到星期六夜晚，可以做生意时，珠宝店老板满面笑容地催促费尔南多把“货”拿出来看看。

“我哪有什么金子?”费尔南多故作惊讶地说，“我不过想知道一下，砖头大小的黄金值多少钱而已。”

在谈判中，犹太人常常运用一些心理暗示的方式，诱导对方进行一些“合理”推想，从而达到攻心的目的。

攻心为上，是犹太人谈判中的重要智慧。他们想尽办法去做，因为在他们看来，对方根据他们的暗示达成谈判后，即使意识到结果是自己上了犹太人的当，也不能怪他们，只能怪自己“误会”了犹太人。

犹太人的智慧是众所周知的。商业上有一个原则，那就是只有在非谈不可时才

谈。无论你是买主还是卖主，都应记住：如果你是卖主，当对方迫切需要时，再与他讨价还价，尽量让自己摆出一种不会讨价还价的绅士态度；如果你是买主，你应让对方知道，目前唯一重要的问题莫过于价钱低廉。尽可能地保持这样一种态度是重要的，它是讨价还价的第一步。

另外，要做到在谈判中攻心为上，最好做到以下几点。

（1）保存详细记录，做到言之确凿

谈判是一种涉及双方利益的重大问题，一定要做到言之有据，此时保存详细记录是十分必要的。为了防止对方出尔反尔，必要时可将记录展示，以维持己方利益。因此，在与对方谈判时一定要注意：

①展示你们口头商谈时你记下的笔记；

②立即将商谈中的细节和结论以书面形式确定下来；

③不要害怕问问题，提出你的质疑；

④必要时，寄出一封证明信给对方总结一下所达成的协议；

⑤在没有满意之前，不要与该人或该公司进行新的业务往来；

⑥除非你的怀疑得到澄清，你要求掌握进一步信息的要求得到满足，否则永远不要过早付钱、告知对方你的信用卡号或口头确认任何交易；

⑦如果中间人的举止令人怀疑或不满，尽快找到真正的主管人。

（2）以适当的速度做出让步，不可太快

人们总是比较珍惜不容易得到的东西，在商场上也是这样。对方不欣赏很容易就得到的成功，太容易得到的东西他们不会太珍惜。所以，假如你真的想让对方快乐，就让他们努力去争取每样能得到的东西。当对方固执己见时，你应聪明地学习水流的抵抗方式：先后退，继而倾听、思考，然后再慢慢地向前移动。除了不要太快让步外，也不要太快就提供给对方额外的服务，允诺快速地送货，由己方负责运费，遵照对方的规格要求，提供有利的条件或减低价格。即使要做出让步，也不可做得太快；也不能单方面让步，你的让步要能换来对方的让步。

磋商过程中的让步原则如下：

①一方的让步必须与另一方的让步幅度相同；

②双方让步要同时进行；

③为了尽可能给对方满足，不惜做适当让步，但让步是为了己方的利益；

④必须让对方懂得，己方每次做出的让步都是重大的让步：

⑤要期望得高些；

⑥要以预定的速度向成交点推进。

（3）对手强悍时逐步退让

此项战术的先决条件是，谈判一方占有绝对优势，另一方却有求于或受控于人。这时，居劣势的一方只有抱“少输为赢”的谈判原则，采用拉锯战逐步退让，方能将让步控制在最低限度。

（4）唱做俱佳，主导战局

此种战术，主要是谈判技巧娴熟、圆滑老练的谈判者使用。不管己方理直理亏，拥有筹码多少，都能主导战局，赢得胜利。

谈判对手若为此种功力深厚的高手，己方必须做到旁观者清，不被对方牵着鼻子走，以免输得莫名其妙；对自己的明确立场及谈判原则，要始终坚守，不可在对手主导之下，乱了自己的阵脚。

以上都是犹太人常用的谈判技巧，而他们正是因为无限度地运用了这些技巧，才能在商场上叱咤风云。

虚张声势，先声夺人

在犹太人谈判的众多技巧中，先声夺人、虚张声势这一招，是很具威力的。先打一巴掌，再给颗糖吃，这是一种恩威并施、笼络人心的手段。谈判时也常见此种战术：先是虚张声势，“如果不接受此种条件，一切免谈”，来个下马威；如果此招不成，就开始以退出谈判相要挟，最后伎俩难以得逞，就转为甜言蜜语，嬉皮笑脸。这就是所谓的先硬后软。

那么，如何提高自己在谈判中的气势给对方增加压力呢？犹太人用过很多

办法。

（1）运用头衔

长久以来，“头衔”一直被认为是威信的象征。国王、女皇、公爵、大学校长、律师、医生等，无不显示了拥有这些称号的人的“特殊资格”以及权力，头衔具有使他人留下深刻印象的作用。因此，在谈判中，它便扮演了十分重要的角色。

犹太人在谈判中便时常运用头衔影响对方。

许多人不了解头衔可用来作为谈判的武器，即使知道，也不懂得到底应该如何使用，才能对谈判产生有利的影响。理事长、董事长、部长这些称号，表示其人拥有与此头衔相称的能力。当头衔与拥有者的能力、权力或威信具有相当关系时，即可在谈判中发挥作用。一般来说，大多数人总认为，只要是理事长、董事长，其谈判能力必然高人一筹。所以，即使头衔本身与谈判内容毫无关系，但只要亮出“董事长”“总经理”等头衔，对方必然心存敬畏。这就表示，你的头衔已经对谈判产生了某种程度的影响力。如果对方对你的头衔感到敬畏，那么，就设法让他继续保持这分敬畏之情，直到谈判结束。

仅仅凭着某一种头衔，就可使对方自以为比你矮上半截，这就是头衔的妙用。当谈判双方的能力旗鼓相当时，如果你多拥有一个令对方屈卑的头衔，谈判的形势很可能因此而改变。

不过，有些头衔虽然会使对方高估你的实力，有些则正好相反。如果某家公司的董事长要和另一家公司的总经理进行谈判，董事长必然会这么认为：对方不过是个总经理，地位比我低多了，和这种人谈判，有什么好准备的。事实上，“总经理”的谈判能力并不一定逊于“董事长”。然而，由于“头衔”的关系，对谈判者的心理产生了微妙的影响。管理者通常会以头衔作为评判一个人的能力和社会地位的标准，姑且不论其是否客观，这总是一个无法改变的事实，每个人不也有属于自己的标记吗？而一般人便以这种标记来评价他人。出身名门的，一定比出身寒微的人受重视；名牌学校毕业的，一定比三流学校毕业的有出息；乡下的医生，能力必然不及城里的医生……然而，若过分相信这种价值判断，有时便可能招致意外的失败，

一流大学毕业的律师反而栽在一个名不见经传的乡下律师手里，不就是很好的例证吗？

（2）适度让对方了解你的实力

犹太人认为，在谈判前，谈判者要预先评估本身的强弱与地位的优劣，并设法探察对方对自己的了解程度。完成了这两个谈判的初步准备，才能够在谈判时适时而有效地运用谈判技巧。

即使面对的是同一件事，每个人的反应也会有所不同，尤其是在事过境迁之后，其中的变化更是难以掌握。这种因人而异，说不出所以然来的观念差异和随时可能有所变化的反应，是谈判者不可忽略的一个事实。如果对方高估了你的实力，这还算好。把自己的实力让对方知道，更能让对方深刻地体会到你并不是在虚张声势，而是的确有这么一回事，从而再给对方加上一层心理压力。对于自己的优势，应该反复强调，促使对方与你达成一个好的协议。

需要说明的是，反复向谈判对手展示自己的力量，有时也会有“弄巧成拙”的危险。所以，在使用“反复强调法”以展现自身实力的同时，应特别注意不要让自己陷入不利的境地，也不要让对方对自己产生误解。

（3）身体语言的压力

人总是这样，当对手表现得悠然自得时，自己心里就开始发虚，开始担心自己的对手是不是比自己要强等很多相关的问题。

有个犹太商人非常精于此道，他与人谈判时，总是随身带一个烟斗。在谈判过程中，他会请求对方让他抽烟，然后以一种非常优雅的姿势一边抽烟一边谈判。在这种氛围下，他的优雅从容往往给对方一种很大的压力，因此他在谈判时经常获得比较好的条件。

（4）洞悉对方的思考模式

犹太人认为，在谈判前的准备阶段，应该通过各种方式了解谈判对手的自我评价如何。如果自己以前曾与该谈判对手接触过，不妨再翻阅一下当时的谈判记录。如果双方素昧平生，则可以从与对方谈判过的人那儿获得消息。另外，从图书馆或

对方所属的机关，也能找到若干基本资料，如年龄、经历、教育程度、特殊专长等，根据这些，一个人的轮廓便大致清楚了：事前的收集资料，加上从实际接触中的观察所得，对判断一个人来说应该是足够了。

谈判时，你可以适当根据对方的性格来施加压力，而且可以时或不经意地加入一些自己得知的关于对方的生活小事。这样对方会认为，你连他的生活小事都知道，肯定在他身上下过功夫，不容小觑。

谈判是沟通，也是一种智慧的较量。只要你善于把握，就一定能取得自己想要的结果。

学会婉转地拒绝

"情绪是魔鬼"这句话，你再熟悉不过了吧？在本章前面的内容中，我们也多次提到犹太人在商业谈判中保持温和、平静的特点。即使是某些地方让自己不满意，或者不能接受，他们也会婉转地给出拒绝理由，而不是带着情绪说"不"。在犹太人看来，将情绪带到谈判桌上是非常愚蠢的行为。因为一旦把情绪带到谈判桌上，人就会表现出愤怒，进而把事情搞砸。

那么，在需要说"不"的时候，犹太人是如何处理的呢？简单来说，他们会挑选委婉的语言、含蓄的方式、合适的时机，说出否定意愿。犹太人认为，这样会将对方的心理伤害降到最低，给彼此都留有余地。具体来说，犹太人会根据情况，运用下面几种拒绝对方的做法，我们不妨来借鉴一下吧！

1. 先扬后抑

每个人都有这样的感受：当自己的某些要求被别人拒绝时，心中会有些不舒服，如果对方拒绝得比较含蓄，我们的郁闷指数就会降低很多。谈判也是如此。因此，为了将对方心中的不爽因子数量减到最少，我们要尽量避免用直接拒绝、全盘否定的话语将对方"打入冷宫"，以免其产生不满心理。

犹太人认为，我们可以运用先扬后抑的方法，也就是人们常说的"给个甜枣，再打一巴掌"。比如，你可以先从对方的意见中找出一些可取之处，给予赞赏和肯

定，然后再陈述彼此的分歧点。这样一来，由于对方先获得了被肯定的心理需求，心中的敌对情绪就会减少很多。当你表达出拒绝之意时，对方就不会产生太多的抗拒心理了。

2. 抛出问题

抛出问题的拒绝方法，就是面对对方的不合理要求时，犹太人会向其抛出一系列的问题。这些问题会让对方明白，他的对手不是“任人宰割的羔羊”。而且，这些连珠炮似的问题会让对方意识到自己提出的要求确实有些过分。

比如，有一次，一家犹太人创办的企业与日本的一家工厂进行过一次关于某种农业加工机械的贸易谈判。谈判中，犹太人面对日本代表报出的高得离谱的价格，巧妙地采用了抛出问题法加以拒绝。他一共提出了 4 个问题：“不知贵国生产此类产品的公司一共有几家?”“不知贵公司的产品价格高于贵国某某牌的依据是什么?”“不知世界上生产此类产品的公司一共有几家?”“不知贵公司的产品价格高于某某牌（世界名牌）的依据又是什么?”

这些问题使日方代表非常吃惊，他们张大嘴巴，却不知如何作答。同时，他们也意识到自己报出的价格确实有些过分。最终，他们主动将价格降低了很多。

3. 自暴困难

犹太人不会打肿脸充胖子，在商务谈判中，如果对方提出的要求已经远远超过了自己的底线，而且，即便用尽晓之以理、动之以情的方法，对方还是穷追不舍时，为了使对方明白，再耗下去也是浪费时间，他们会采取自暴困难的方法。

比如，犹太人会告诉对方自己现在面临的棘手问题，表示自己实在有心无力，从而使对方主动放弃，并对拒绝表示理解。对于这一向对手吐苦水的谈判技巧，犹太人还将其分成了两点：一是自身不具备满足对方条件的一些硬件条件，如技术人员、资金等等；二是原则问题，如法律条文、公司制度等等。这两者可以单独使用，也可以合二为一地使用，他们会视具体情况而灵活运用。

4. 开个玩笑

幽默被认为是双方交流中的万能武器，犹太人却很善于将它运用于看似严肃认

真的商业谈判中。在谈判中他们通过运用幽默的方式来拒绝对方的某些条件，往往能收到很好的效果。

一位经营海鲜生意的犹太老板在与挪威的一家企业进行谈判，主要内容是购买挪威鲱鱼。在谈判中，熟悉贸易谈判技巧的挪威人，开出的价格非常之高。犹太老板几乎磨破了嘴皮，与挪威代表讨价还价，但挪威代表就是坚持原价，坚决不让步。谈判进行了几天几夜，还是没有一丝进展。

为了解决这个棘手的问题，犹太老板干脆对挪威代表报出的高价毫不客气地还了一个极低的价格，毫无意外，对方还是摇头，谈判像以往一样陷入了僵局。

挪威代表丝毫不担心谈判失败。因为不管怎样，对方要买鲱鱼，就得找他们买。而犹太老板却耗不起时间，而且还非成功不可。情急之下，他使用了幽默来拒绝挪威代表的高价。

这位犹太老板对挪威企业的代表说："好吧！我同意你们提出的价格。如果我的企业承担不了这个高价，我愿意用自己的工资来支付差额。但是，这需要分期付款。"挪威企业的谈判人员听后，忍不住大笑起来，谈判氛围有所好转。最终，对方同意将鲱鱼的价格降低一些，双方达成合作。就这样，犹太老板用开玩笑的方法解决了这个棘手的难题。

5. 额外补偿

在拒绝对方的意见时，犹太人是不会用"不行""不可以""没有商量"这些否定意味很浓的词汇的。如果必须用时，他们会给予对方一些额外的补偿，将对方心理上的不协调降到最低。

所谓额外补偿，就是在拒绝对方时，给予一定的补偿。这种补偿并不是金钱，可以是某种服务、某种信息等。再说几句暖心的话语，就可以给拒绝画上一个完美的句号。

有一段时间，市场上的煤炭供应非常紧缺，有个经营煤炭批发的犹太工厂的生意非常火爆。一天，厂长的一个老同学来找他，说急需两吨煤炭，而且希望价格能够便宜一些，要求比市场上的批发价还低5%。这个要求有些过分，但厂长因为过

去的同学情谊，不知如何拒绝。他想了很久，想到了一个很好的拒绝方法。

这位犹太老板怎么说的呢？他对老同学说："我们厂的煤炭都是以千吨为单位出售的，无法拆开两吨给你。不过，咱们这么多年的同学，我不能让你白跑一趟。我建议你去找这家工厂，是专门经营小额煤炭的。这家工厂和我们厂有业务往来。我可以跟这家工厂的老板打声招呼，以最优惠的价格卖给你两吨。"老同学虽然遭到了拒绝，但因为得到了额外的补偿，所以心情很好。

犹太人是很讲究和气生财的，哪怕是自己的谈判对手，他们也会考虑对方的情绪，顾及对方的颜面，不会把话说死，不会把事做绝。犹太人认为，为了自己的利益，对不能答应的事情不拒绝是对自己不负责任的表现，而且这对于谈判双方都没有好处。因为应该拒绝的要求，往往是谈判人员无法接受的要求，很难兑现。这样，不仅失信于对方，自己的公司也会有损失。所以，该拒绝时就不要犹豫。只是在拒绝对方的时候，不要让情绪掺和进来，而是要平心静气地采取一些巧妙的方式，让对方平静地接受"被拒绝"。

巧妙提问的艺术

犹太人的聪明是世界公认的。更令人羡慕和钦佩的是，他们将自己的聪明用在了方方面面，当然最终都是为自己赢得更多的利益，赚取更多的财富。

擅长做生意的犹太人，自是少不了商务谈判。对于这样一个纯"脑力活"，犹太人同样有其独具一格的地方。

在犹太人看来，进行商务谈判的时候，适时地向对方抛出有针对性的问题，是促成谈判成功的一种有效策略。对此，一位犹太商人曾这样表示，提问可以表明提问者比较关注和重视的问题，比如："贵公司对产品的畅销程度有多大把握？"这个问题表面是要对方回答对畅销程度的估算，但更深层的意思是向对方传达了提问者担心销路有问题的信息，如果再加重一点语气，就说明提问者非常重视这个问题。不仅如此，提问也可以缩短对方的思考分析时间，从而让自己了解对方更多有价值的信息。

听上去是不是挺简单的？所以，不要以为犹太人的聪明不可以“复制”，只要你想，同样也可以。既如此，那就从下面几个具体的提问技巧开始学习吧！

1. 选择恰当的提问方式

无论生意大小，犹太人都是毫不含糊的，他们会认认真真地对待每一次谈判。在多年的经商经历中，犹太人总结出谈判时向对方提问的几种技巧。比如，澄清式提问：“你刚才说的这个项目的弹性很大，条件可以再商谈，这么说，你这次还不能最终做决定？”诱导式提问：“也就是说，给我们的产品进价优惠20%，你们是可以接受的，是吗？”借助式提问：“对于此次合作，作为贵公司的老板，你是怎么认为的呢？”探索式提问：“这样运营这个项目，可行性高吗？”协商式提问：“如果一次性订购你们5000件产品，你方就给我方打个六折，怎么样？”……

总之，犹太人会根据不同的情况，选择合适的提问方式。但不管哪种提问方式，他们都会保持语气温和、态度友善，绝不将提问变成警察审讯犯人似的盘问。因为犹太人很清楚，哪怕一点不友善的提问，都容易让对方产生逆反心理，不利于谈判。既然谈判是为了生意，为了赚钱，那么就不要做那些和钱过不去的事情了。

2. 表明提问意图

犹太人对于谈判中的提问，有着很明确的认识，他们认为，自己抛出问题，目的就是希望对方提供自己不了解的信息。比如：“这个产品的一般售价是多少？你们准备针对什么样的人群销售产品？”提出这类问题时，如果自己不能清楚表明提问意图，很可能引起对方的不安与揣测。比如，双方谈判商品的进价问题时，如果在提出了自己对进价的要求后，再询问对方的看法，那么，对方心里就会很有底，他会根据自己提供的要求，做出谨慎地回答。但如果对方并没有说明自己的要求，直接就问对方要给出什么样的进价，那么，对方很可能心中感到不安，因为他不知道自己葫芦里到底卖的什么药，对进价的底线是什么，对方很可能会说出让自己不满意的回答，让谈判处于僵局。

这样的结局，显然不是犹太人想要的，当然也不是你想要的。所以，在谈判的时候，我们一定要表明自己提问的意图，让谈判顺利进行。

3. 注意提问时机

虽说犹太人很精明，很勤奋，但是他们也很善于讨巧。拿商务谈判来说，犹太人一直崇尚问得好不如问得巧的理念。他们认为，即使提的问题再好，但如果时机不对，也同样起不到理想的效果。犹太人在这方面又有哪些值得我们取的“经”呢？一般来说，犹太人会挑这样的时机提问：在对方陈述完毕后发问；在对方说话的间隙或停顿时发问；在自己发表意见的时候提问，当轮到自己说话时，可在讲述自己的意见之前，针对对方刚刚的发言进行提问。

4. 提问的频率不要太多

你在谈判的时候，是不是常希望一口气询问对方很多问题，恨不能把对方“肚子里的东西”都给“挖”出来？其实，这样的心情是可以理解的，但对于谈判的顺利进行没什么好处。这一点，也是犹太人颇为忌讳的。他们认为，向对方发问的时候，最好一次只提一个问题，而且，问题与问题之间应该相隔一段时间，尽量不要连续抛出多个问题。频率过高的发问会让对方有一种被审讯的感觉，会产生厌烦心理。

5. 提问语速要适中

你会想到提问过程中的语速问题吗？犹太人就想到了，可见他们是多么细致入微！对此，犹太人总结的经验是：提问时，如果一个发问者的语速太快，对方会有“他很急躁，有点不耐烦”的感觉，容易引起对方的不满；而语速太慢，容易使对方感到沉闷、昏昏欲睡，从而减弱了提问的功效，达不到最终的发问目的。所以，犹太人很注意提问过程中的语速问题，用不紧不慢的语速提问，以求达到最理想的效果。

6. 挑好问题再发问

在谈判中，犹太人对于每一个环节、每一句话都会谨慎对待。就拿发问来说，他们也会事先把问题考虑好，用合适的词汇，组织最清晰、最简洁又最能让对方听得进去的语言来向对方提问。这样一来，使问题既有代表性又不会令彼此尴尬。

一般来说，犹太人是不会在谈判中提下面一些问题的，比如：带有敌意、攻击

性的问题；有关对方的私生活的问题；质疑对方人品，有人身攻击性质的问题。如果万一自己不小心抛出不合适的问题，使对方处于难堪境地，犹太人也会立刻终止这个话题，说几句圆场话，然后迅速换下一话题。

7. 不要“逼”对方回答问题

如果你经常参与商务谈判，遇到对方“打太极”的情况应该不少吧？犹太人也常常遇到这种情况。当提出问题的时候，对方会因为某些原因而打太极，给出一个模棱两可的答案。每当这时候，犹太人就会自觉收拢，不会打破砂锅问到底，非要让对方给出一个明确答案。因为这样很可能会触发僵局或引起冲突。

难道聪明的犹太人就没有办法知道对方的信息了吗？非也。他们会通过旁敲侧击的方法来得到自己想要的答案，也可能会暂时将这个问题放一放，等时机合适的时候，再向对方发问。

仅仅是谈判过程中的提问，犹太人就有如此之多的“门道”，不得不说他们对于细节的把握实在是细致入微，值得我们学习。

慎重回答的学问

请回想一下，你在学生时代，是不是经常做这件事情：老师提问，自己举手回答。

谈判过程中，同样需要回答对方提出的一些疑问。那么，对待这些疑问，我们能像课堂上回答老师的提问那样知无不言、积极踊跃吗？

犹太人给出的答案是否定的。他们认为，谈判过程中的回答不是只说出答案那么简单，而是需要深思熟虑之后再做出答复。

一位成功的犹太商人就曾表示，在谈判中，回答问题的学问更加高深。因为谈判中的回答不是孤立的，而是和提问有联系的，谈判者答复的每一句话都带有一定的责任，都可能被对手当成一种许诺。而且，同样的问题，不同的回答，带来的效果也是大相径庭：回答得妙，也许会力挽狂澜，把即将吹掉的生意拉回来；回答得糟，可能会错失良机，眼睁睁地看着到嘴边的鸭子飞了。

那么，犹太人在谈判过程中，是如何巧妙答复对手问题的呢？

1. 三思而后说，回答问题不要太快

谈判过程中，有的谈判人员会在对方的话音刚落时，就迅速解答对方的疑问，以显示自己的实力。其实，这种做法是很不妥当的。在犹太人看来，谈判中的答复与普通的回答问题不同，并不是回答越快越好。谈判对手所提的许多问题都是尖锐的，甚至是另有企图的，如果回答者没想明白对方的提问意图，就照实回答，很可能就会掉入对方精心设计的陷阱中。因此，每回答一个问题，我们都要深思熟虑，特别是对一些可能会暴露自己底牌的问题，回答更要谨慎。即使是可以马上作答的问题，也不能立刻做出答复。

举个例子。甲方在谈判期间询问乙方以往的供货情况，这也许是甲方要大量订货，也许是想了解乙方的库存情况，还有可能是要估算进货的成本。在没有摸清甲方的真正用意前，乙方就不宜做出答复。

从另一个角度来说，谈判者对问题回答的好坏与考虑时间的长短成正比。所以，为了使答案对自己有利，在回答对方问题前，要三思而后说。有的提问者会不断地催促对方回答问题，想让对方在没有认真分析问题的情况下，亮出底牌。遇到这种情况，回答者不必顾忌对方的逼问，一定要沉着镇静，让自己的头脑处于清醒状态，可以坦诚地告诉对方："这个问题很有深度，我必须深入思考，才能给你满意的答复。"

2. 话到嘴边留一半，不做全面的解答

不做全面的解答就是指谈判人员将答复范围变小，或只给出一半的答案。比如，对方问："贵公司对我们给出的条件满意吗？"这时，如果立刻回答满意，就会让对方看出你的谈判底线，你可以说："对于前五项条件，我们没有太大的异议，但其余的几项，我们还得考虑一下。"

3. 不懂别装懂，对难解的问题不要乱给答案

谈判人员并不是百科全书，有时尽管准备工作做得很好，也不免遇到刁钻古怪的难题。面对这种情况，谈判人员一定不要为了保全自己的面子而胡乱给出答案。

这样不仅会让谈判人员的颜面尽失，还有可能给公司造成巨大的损失，可谓得不偿失。

因此，犹太人的做法是，面对不了解的问题，自己应坦诚地告诉对方，自己不清楚这方面的有关事宜，不能给出明确答案。这样，对方会很欣赏你的坦诚，也会避免给自己造成经济上的损害。

4. 一问三不知，适时地发挥“不知道”的功效

谈判是一个双向的交流活动，双方都在仔细地观察对方的情绪、言语变化，以随时思考应对方式。有的时候，谈判人员可以干脆不发表自己的意见，只用“不知道”作答，也会有很好的效果。因为“不知道”这个词包含多重含义，会让对方摸不透你的想法。一位著名的犹太谈判专家就曾用“不知道”三个字，为他的邻居争取到了很高的赔偿金额。

谈判是在这位犹太专家的房子中进行的，保险理赔员先开了口：“先生，我知道你是谈判专家，一向都是针对巨额款项谈判，恐怕我无法接受你的要价，我们公司若是只出 100 美元的赔偿金，你觉得怎么样?”

犹太专家表情严肃，没有说话。理赔员见状，有些沉不住气，说道：“对不起，请别介意我刚才的提议，我再加一点，200 美元如何?”犹太专家摇了摇头，说道：“只加一点？不好意思，我无法接受。”理赔员继续说：“好吧，那么 300 美元如何?”

犹太专家想了想，说道：“300 美元？嗯，我不知道。”理赔员有点惊慌，他说：“好吧，400 美元。”“400 美元？嗯，我不知道。”“你还不满意？那就赔 500 美元!”“500 美元？嗯，我不知道。”“算了，遇见你这个谈判高手，我自认倒霉，这样吧，600 美元，这是底线了。”犹太专家依然回答：“600 美元？嗯，我不知道。”

最终，谈判专家为邻居争取到 950 美元的赔偿款，而邻居原本只希望要 300 美元。事后，这位犹太专家也不无感慨地说：“用‘不知道’做回答的效力真是大!”

5. 反客为主用反问回答对方的问题

犹太人在谈判中，面对不好作答的问题，他们就不再直接回答对方了，而是用反问的方式，变被动为主动。比如，对方问："贵公司是否认真考虑过我们公司的意见呢?"他们就会避开对方的问题，反问道："贵公司可曾仔细想过我们的提议呢?"或探索式地问对方："您可以将贵公司的意见再讲一次吗?"通过这种方式，来了解对方提问的真正意图，然后给出比较保险的答复。

犹太人作为赚钱高手、智慧达人，其谈判本领自然也不在话下。所以，我们应该学习他们的谈判技能和巧妙的方法，在回答对方的疑问时，用一下上面的招数，说不定你就会既赢得利益，又赢得尊重，从而笑傲于谈判江湖。

在适当的时候闭紧嘴巴

谈判谈判，顾名思义，肯定是要先"谈"后"判"呀！的确，谈判是离不开说话的，可是你知道吗，犹太人在谈判的时候会故意沉默。我们也常说沉默是金，但你可能想象不到，在本该你来我往用语言交锋的谈判中，居然也可以用沉默来"淘到金"。

当然，犹太人的沉默并不是一句话不说，只听对方讲，而是运用的一种谈判的策略。他们给沉默策略还下了一个定义呢：是指在商务谈判中，适时地闭嘴，放弃主动权，让对方先尽情表演，或者是多向对方提问，并设法促使对方沿着正题继续谈论下去，以暴露其真实的动机和最低的谈判目标，然后再根据对方的动机和目标，并结合己方的意图，采取有针对性的回答。

犹太人的精明无处不在吧！表面上看着是不说话了，可人家心里明镜儿似的，清楚得很。这种本事是不是很值得我们学习？这就相当于让对方在明处，自己在"暗处"，自然是更容易知晓对方情况，同时又保密自身情况。

可看看我们身边，甚至一些影视剧中，经常会有谈判人员滔滔不绝、伶牙俐齿，总能在谈判的过程中占据上风，将对方辩得哑口无言。但是，谈判结束后却发现并没有获利多少，往往以失败告终，与谈判中"雄赳赳，气昂昂"的表现不成正比。可见，在谈判中说个不停并非有益。

这种说个不停、不知道适时沉默的谈判人员，最大弱点就是缺乏耐心，不等对方发表完意见，就迫不及待地说出自己的想法。他们认为，自己的谈判的目的就是说明自己的条件，发表自己的看法，然后驳倒对方的不同意见。因此，在谈判中，他们将主要精力都放在了下一步该说什么上，不仔细听对方的发言，错失了很多得到对方信息的机会。

犹太人绝不会这样做，他们会将一般的时间用在倾听上。认真听对方说的每一句话，从而慢慢摸清对方的底牌，为自己争得更多利益。日用品生产商米切尔就是一位在谈判场上经验丰富的犹太老板。

创办工厂十多年来，米切尔出色地谈成了很多合作项目，他的企业稳步发展，利润可观。对于谈判，米切尔的"绝技"之一就是适当沉默。对此，他的解释是：在谈判中，你把价格报出去以后，就什么都不要说了，等着对方的反应就可以。你不知道对手的价格底线是多少，也不知道他会不会接受。所以，闭嘴是最好的办法。

有一次，米切尔跟一家公司谈一个合作项目，寒暄几句后进入正题。对方的谈判代表提出了一个很苛刻的要求，他要米切尔给进货价格打个 8 折。这个时候，米切尔故意装沉默，没有理他。过了一会儿，对方沉不住气了，又说道："如果我们公司多订 2000 件产品，你能给 8 折吗？"米切尔继续沉默。最终，米切尔以 9 折的进价与对方签订了合同，进货量还比以前增加了一倍。对方非但没有不满，还很高兴，觉得米切尔人很好，和他合作很愉快。

米切尔认为，在对方要求你给优惠的时候，可以使用沉默策略。你把价格扔给对方，看对方什么态度。在对方还没有表态之前，千万不要说一句话，一说话你就输了。因为那样，会让对方感到你说这个价格是别有用心，是在试探他的价格底线，对方可能会死死咬住不放。

如果你有过谈判的经历，那么请好好回想一下，在谈判过程中，是不是先打破沉默说话的一方往往是让步的一方，甚至连说话的内容都很相像："好吧，我再让步 2%，这是最后的让步，如果你不同意，那么我们只好终止谈判。"所以，我们要

向犹太人学习，在谈判中，千万别快人快语，要有“咬破嘴唇也不开口”的耐心。再来看看犹太青年撒克齐的表现吧！

撒克齐是一家经营医疗器械的公司的老板。有一次，他约了一家小型医药公司的代表进行谈判。电话预约好时间后，撒克齐拿着样品和资料去了那家公司。

寒暄几句后，撒克齐便看出这家公司的谈判代表是个比较注重价格而不太重质量的人，他觉得可以适时地采取沉默策略来争取利益最大化。他简单地做了产品介绍演示后，对方也试用了产品，感觉还不错。产品的效果、质量都没问题，万事俱备，只差价格这场东风了。

撒克齐认为，自己应该少说多听，让对方主动说出异议和顾虑。于是，他先给出对方一个价格，让其去考虑分析。对方说：“近几天，有其他几家公司跟我们谈这个产品项目，他们的产品质量也是很不错的……”撒克齐仔细听着，分析着：“他的话中并没有提及这几家公司的价格比我们的有优势。”想到这里，撒克齐继续保持沉默。

对方继续发言，说出了一些条件：质量保证、售后服务等，这些都没有问题，合同条款上都有。随后，对方终于提及价格了，希望撒克齐能够给予一些优惠。对方表示：“你们的最低销售量比较高，我们也不知道销路会怎样。”撒克齐说道：“如果你们担心产品会积压，卖不出去，我们可以先给你们一些，你们可以试试，但价格是按批发价给你，你觉得怎么样？”对方不同意。

随后，对方又不断地在看产品，想找出产品的缺点，迫使撒克齐降低价格。但撒克齐对自己公司的产品有信心，不担心这个问题。谈了大概一个小时，撒克齐只说了三句话，其余都是在摇头或点头。最后，对方开出一个价格，撒克齐心里暗喜，正是自己希望的价格。但他没有表现出来，继续沉默。

半个小时后，对方又让步了：“我们多拿一些货吧，在原来的基础上加300个，价格还按刚才谈的来算，我们现在就签约吧，也希望你们早点发货。”撒克齐点点头，签下了合同。

在这场谈判中，撒克齐赢的法宝就是适时沉默，看对方表演。等到对方词穷

后，再出击，一举成功。

显然，撒克齐深谙沉默是金的谈判招数。

“谈”是主要作战手段，“听”则是辅助武器。适时沉默，倾听对方的意见，是我们应该掌握的重要谈判策略。犹太人始终认为，在谈判过程中，要尽量多给对方说的机会，然后在听的过程中，得到他们的“军情”，最终扬起胜利的旗帜。

如果你也想让谈判的胜算更大，那么就学一下撒克齐的沉默是金吧！适时的沉默不仅能让对方妥协，还能很好地隐藏你自己的底牌，何乐而不为呢？

谈判前的“演练”很重要

在社交场合或谈判桌前，许多人能够随机应变，显得风度翩翩。一旦揭开了这个秘密，就会发现，任何人都不是天才。知识来自学习，关键是充分做好谈判前的准备工作，以行动实现目标为主，以少说精简为辅。

福特总统访问日本的时候，曾随意地向导游小姐询问大政奉是哪一年？导游小姐一时答不上来，随行的基辛格却立即从旁边插嘴：“967 年。”他怎么能够对一般日本人都不清楚的日本历史这么熟悉？原因非常简单，作为犹太人后裔的基辛格深知事前准备的重要性，所以在访日以前，就早早阅读过有关日本的大量资料。这种认真严谨的态度对我们当今的生意人不无启示。

犹太人认为，说话是没有硝烟的战争，三言两语说得好能赢得人心，口若悬河说不好也很可能招来杀身之祸，所谓“祸从口出”，就是这个道理。因此犹太人在说话时特别小心谨慎，也不随便乱说，并尽可能地做好大量的准备工作。因而，犹太人在谈判时幽默风趣、从容不迫、应对自若，能随心所欲地控制谈判气氛。

这种充分做好谈判前准备工作的方式，不仅在世界商界，而且在外交界也得到了普遍的重视，巧舌能敌百万兵，殊不知其背后倾注了多少心血。

你和犹太人熟识以后，交谈越多，就越会觉得犹太人学识渊博，每个人都好似博士一般。

他们的话题涉及政治、经济、历史、体育、娱乐、军事、时事……古今中外，

仿佛没有他们不知之事，没有他们不通晓的道理，但是他们所说的绝对没有多余的话。

当犹太人向你讲起大西洋海域特有鱼群的名字，汽车的构造，植物的分类和品种……你也许会以为他们是这方面的专家。而此刻，你差不多快要被他们的渊博知识征服了。

广博的知识对犹太人而言，不光是用来作为交谈的资料和改变谈话的气氛。更重要的是，知识可以开阔他们的视野，可以帮助他们从更多的角度来看待事物，以便选择最佳解决问题的途径。实质上就是利于他们决策和判断。

有两种情况差别太大。看见天很小的人当然是井底之蛙，而视野开阔的人，从商当然容易进入高境界。

从细处观察，犹太人一方面精于心算，另一方面又非常勤奋、时时动笔。只要是他们看中的东西，他们都要记录，这是他们对动手的实践运用。

犹太人爱做记录，却并不随身携带笔记本。而是买到香烟抽完后，把烟盒里的锡箔纸抽出来，在背面做记录，给人一种很随意的感觉。回家后，他们会重新整理。

在谈判中，犹太人也是用这种方法做记录。日期、金额、交货期限地点，样样要清晰明白，不得有误。谈判中的这种记录实际上就是犹太人生意交易的备忘录。

犹太人做事，不存在含混不清，更不存在错误的记忆。这些当然都得益于博闻强记，多做少说的处世习惯。

谈判中的“狡兔三窟”

犹太商人认为，在谈生意之前，需制定多个不同的谈生意方案。这样做的好处在于：万一初次谈生意宣告失败，你还可以提出那些准备好的不同方案由对方思考，而不至于接受一个你毫无思想准备的交易，虽然签约的一刻，你觉得那是你唯一可以做出的选择。

制定不同的谈生意方案，而且千万不要自以为：“谈生意根本不会破裂，现在

想那么多问题干吗？”对一个试图逃避艰巨的谈生意准备工作的谈生意者而言，这确实可能是一个绝好的借口，但我们应该看到事情的另一面。在很多情形下，自认为谈生意不会失败，从而只抱定一种已经确定的谈生意目标不放，确实也不会带来什么损失。但是，绝大多数的谈判都会按照某种特定的形式进行，并且时常受到迟迟无法达成协议的困扰。而且，如果你事先没有准备好其他的方案，你很可能被迫接受一项远远低于你满意程度的交易。你会在毫无退路可言的情况下，切实地感到那种“挥泪大甩卖”的心理压力。

有一位叫罗杰斯的推销员积极奔走，以极大的热忱投入推销工作。所到之处，他都热情地把空调从头到尾向买主介绍一通，并乐此不疲。起初这一招也能起点作用，但后来遇上一位顾客——帕克，情况就不一样了。

帕克静静地听完罗杰斯的介绍，起初一言不发，但后来他针对空调的优点大谈起来：“这种空调确实有不少优点。但是，由于它是新产品，质量是否可靠、性能是否优越都很难说。虽说噪音低，但比名牌的噪声大多了，我家有老人，噪音大了会影响休息。虽然不用换电表，但我住的是旧房，线路负荷已经够大的了，若再用这么大功率的空调，会引起麻烦的。而且天气已经降温了，可能这个夏天不会再有高温了。如果买了不用，半年的保修期很快就过去了，等于没有保修。”听了这番吹毛求疵的挑剔，一向善辩的罗杰斯竟一时哑然，在受到“突袭”的情况下只得降价求售。

犹太商人提出了制定“杀伤力方案”的办法：

（1）你可以决定采取什么目的。在准备你的几套谈生意方案之前，你首先应当弄清楚你所准备的方案是做什么用的：是准备在谈生意可能失败之时，你提供给对方的不同于现时谈生意目标的新的条款呢，还是当对方不同意你所开列的条件时，你开出的另一些条件？很显然，前一种方案是全局性的，后一种方案是局部性的。

（2）你可以决定采取什么方向。谈生意采取横向谈生意的方式，你可以将准备洽谈的议题全面铺开来，并且规定好每轮要讨论多少个问题，按顺序一轮一轮地谈生意。采取纵向谈生意的方式，你可以把要谈生意的问题整理成一个序列，按问题的内在逻辑要求、顺序进行谈生意，一次只谈一个问题，这个问题不彻底解决则不

进行下一问题的讨论。

(3) 谈生意方案的制订过程中。下面一些重要元素一定不能忽略:“谈生意主题和目标,谈生意时间,谈生意期限,谈生意议程。”

两姐妹争吃一个橘子

犹太商人认为,谈生意双方在立场上争执不休难以达到目的,因为不同的立场给双方制造了隔阂。要想使生意成功,双方必须着眼于利益之上,因为利益才是谈生意双方的共同点。

只能调和双方利益而不可能调和双方立场,这种方法行之有效,其原因有二:其一,任何一种利益,满足的方式有很多种。其二,谈生意双方的共同性利益往往大于冲突性利益。

我们往往因为对方同我们的立场对立,就认为对方与我们存在利益上的冲突:如果我们防止对方侵犯利益,对方就一定想来侵犯;如果我们想降低房租,对方就想提高房租。但在许多谈生意过程中,只要深入审视潜藏的利益,就可以发现,双方的共同性利益要比冲突性利益多得多。

以房主与房客之间的共同利益为例:一、双方都需要稳定,房主需要稳定的房客,房客要找到时间长一点的居住地;二、双方都希望房间维护得很好,房客要住在里面,房主想要增加房子的价值以及建筑的名气;三、双方都希望建立良好的友谊,房主想要房客按期付租金,房客希望房主做必要的房屋维修。双方还有些不同但却并不冲突的利益:一、由于房客过敏,他不喜欢新刷的涂料,房主则不愿花钱重新粉刷所有的房间;二、房主可能希望第一个月的房租有所保证,因此想让房客提前预付。房客对房间很满意,他可能对何时付房租没太在意。当考虑了上述共同利益和不同利益之后,双方在低房租与高收益方面的对立利益就容易解决得多了。双方的共同利益也许会促使他们签一份双方都满意的合同,比如订下长期合同,双方共同承担改善住房条件的费用。双方为了友谊做一些努力,不同的利益就可以得到满足。比如第二天预付第一个月的房租,房客花钱买涂料,房主负担粉刷费用。

不要把调和双方利益分歧的事想得太容易——这就好像一个人一手要把向北去的驴子拉回来，另一手又想把向南去的驴子拉回来一样，有时费心费力，也未必能获得成功，关键是要找到诀窍。

我们来看看姐妹俩争吃一个橘子的故事。两个人都要这个橘子，因此就一分为二。但她们并未了解一位想吃果肉，另一位只想用橘皮烘烤蛋糕。

橘子

这个故事如同许多谈生意的案例一样，圆满的协议之所以有达成的可能，正是因为每一方所要求的是“不同”的东西。你了解了这一点，一定会感到惊异，人们一般都认为双方的差异只会造成困难。然而，“差异”有时却能引导出解决问题的方法。

“协议”往往是基于“不一致”而达成的。假如股票购买人一定要说服售出人相信价格会上升然后才成交，那岂不是笑话。如果双方一致认为股价将上涨，售出人就可能不想出手了。股票交易之所以能达成，正是因为购入者认为会涨价，售出者认为会降价之故。想法的差异，是达成交易的基础。许多创造性的协议，都显示出“透过歧异达成协议”这一原则。

在利益和想法上的企图，可以使得某一项目对你有很大的利益，而对另一方则损失不大。调和双方利益的第一个诀窍是：拟定一些你本身可以接受的选择方案，然后征询对方偏好哪一项。你希望知道的只是对方偏好哪一项，不必知道对方可接受哪一项。然后你再细分对方偏好的那项选择方案，将之分为两种以上的选择方式，再请对方选择。如果要用一句话来概括如何“契合”的话，那这句话就是：寻找对方损失有限而对你大为有利的方案，反之亦然。在利益上、次序上、信念上、预测上，以及对风险持有态度上的差异，正是双方可以“契合”之处。因此，谈生意者的座右铭也可以是：“差异万岁！”

调和双方利益的第二个诀窍是：把双方的注意力都放在谈判的内容上。现在你

正在设法寻找可以改变对方抉择的各种选择方案，以便对方做出令你满意的决定。你要给对方的不是问题而是答案，不是困难的决定而是容易的决定。在这一阶段中，你务必把注意力放在决定的内容上。决定常常会受到不确定因素的羁绊，你往往希望得到的越多越好，但又不知道得到多少才够。你可能会说："你说出来，我就知道够不够。"这在你自己看来，也许言之有理，但若是从对方的角度看，你就知道必须提出更令人信服的理由。因为不管对方做什么或说什么，你都会认为还不够——你还想要多知道一点。要求对方再往前多走一步，并不会产生你心中期望的结果。

许多谈生意者都不能确切地知道自己向对方提出的要求是"形式上说说"还是"实际成效"，而这两者的区别却是至关重大。如果你希望的是"实际成效"，就不要给谈生意空间增设障碍。如果你希望让一匹马跳越栅栏，就不要再加高栅栏。如果你希望出售三角一杯的饮料，就不要为了自己有谈判余地而把价格定为五角。

多数的情形下，你想要的是一项承诺，你可以设法提供几项可能的协议。在谈生意中为了理清思绪而动笔，这是非常正确的。从最简单的可能方案入手，然后拟出几种可能性的选择。对方会同意哪些条件对双方都具有吸引力？可以在拍板时减少有发言权的人数吗？你能拿出一份让对方容易履行的协议书吗？

一般而言，人们常常对尚未开始的事情打退堂鼓，对已经开始的事情则难以罢手，对已经进行了一阶段的事情可能罢手，而对刚刚着手的全新行动则会努力进行。如果工人希望工作同时听听音乐，则公司容易同意让工人自行播放唱片，而不容易接受由公司播放音乐。由于大多数人都会受到"合法性"概念的影响，所以，设法使解决方法具有合法性，是解决方法易被对方接受的有效方式之一。对方比较容易接受从公平、法律和荣誉角度出发并自认为正确的事情。最后，犹太商人对调和双方的利益表现出乐于接受的态度，也认为公正是唯一的保证。

9 种成功收账的要诀

怎样理顺债主与债务人的关系，解决债务问题呢？精明的犹太商人提供了 9 种

成功收账的要领：

（1）要与客户约好收款及付款时间。“定期造访”是经营者顺利回收货款的基本入门功夫，故把它列入收款的第一要诀。经营者与客户约定收款时间时，要推己及人。卖主安排何时收款，要选择顾客与自己双方都觉得方便和适当的时间。如果一味顺着客户的时间去拜访，容易让客户产生“随波逐流”的不良印象，但也不能强求客户配合自己的时间而开罪客户。

换句话说，要寻找对双方均有利的收款时间，才是高明的生意人的做法。

（2）收款前应将账目事先确认。传统的收款方式，都是由卖方到客户营业所在地提示有关的债权凭证，如订货单、送货单、签售单和统一发票等，供客户逐笔核对，等客户确认与其拥有的“副联”核对无误后，再签发票据或点交现金给卖方。这种当面结款的方式，最大的缺点就是对账时卖方必须陪同在侧，与客户逐笔核对，结果是浪费了卖方的不少宝贵时间。

为克服这一缺点，卖方可在约定的收款时间以前，先行编制客户的“账单清单明细表”，表内详细逐笔记载订货日期、数量、单价和总金额。

将统一发票号码等项目邮寄给客户，供其做核对付款之用。客户收到“账单清单明细表”，就可先行做核对工作，若内容所载正确无误，客户就可根据双方约定的付款期限，预先签发票据或准备现金，等卖方准时来收款时，双方就能在极短的时间内完成交款收款的工作。当然，客户对“账单清单明细表”所载内容持有疑问时，可立即打电话向卖主征求意见。这样，能节省双方当面对账的时间。

（3）收款时“先收后卖”。许多高明的卖主为有效地利用时间，常利用同一次拜访客户的机会做“一鱼两吃”——推销和收款同时展开。其优点是可节省专程收款的拜访时间，而缺点是脚踏两条船，经常会出现两头落空的结果。因此，要实施“一鱼两吃”的战略，必须坚持“先收后卖”的原则，先与客户结清积存款项，再进一步探求顾客的需要，这样才能顺利地进行货物推销。有句经商谚语“推销开始于收回货款”，正是对这个原则的最佳注脚。

（4）碰到客户抱怨困难时，实行化整为零的收款方式。卖方偶尔碰到一些经济情况较差的客户，这些客户会大念“赔钱经”，并且说：“等我情况好转一点儿的

时候，我会主动打电话通知你来收款……”没有确定付款日期，含糊其词。

面对这种情况，卖方需要特别谨慎，并加以提防，切莫上当中计，并且要拿出“全场紧逼盯人”的战术。根据客户的经济情况可考虑客户分期付款，但必须要求客户明确每期应付的金额及付款日期。这种“化整为零”的付款方式，对客户而言，也不至于发生太大的财务困扰。由于在契约中明确指出客户每期付款的金额和日期，并让客户在契约上签了字，这在无形中增加了客户的压力，对拖欠的货款的收回是较为有效的方法。

（5）对东折西扣型的客户先礼后兵。东折西扣型的客户最喜欢贪小便宜，在付款时，不是对于零头尾数拒绝给付，就是对于事先谈好的折扣要求降低。这类客户认为能多争取就不择手段地争取，为了自己的利益可以牺牲别人的利益，只要有利可图，必然在付款时设法将货款东折西扣。

对付这类“死不要脸”的客户，收款时不妨采取下列对策：一、以和蔼的语气，坚决的态度，向其解说按契约条件付款的长期利益。二、验证该客户过去是否有短付的“前科”。三、客户要求折扣的金额不多，且客户以往付款信用良好，不妨适当将就一些。四、客户信用不佳，且经常短付，最好不要接受客户折让的要求，以建立“买卖算分”的收款形象。对于这类客户，不妨“先礼后兵”“施以高压”，务必设法全数收回，绝对不可姑息养奸，给今后的收款增加更多的麻烦。

（6）对挖苦取乐型的客户应耐心争取。挖苦取乐型的客户经常在卖方收款时，说些利润微薄、销路不佳等等大吐苦水及挖苦人的话，他们想以此让收款人给予特别的优惠。

对于这类客户，实施收款的对策是：一、多加倾听，让其适度地抱怨、挖苦，以解除其心理上的郁闷。二、向客户提供增加销售的秘诀和说明“同心协力”的重要性。三、激发其“荣誉心”，使其了解按时依约付款是善待客户的重要表现。四、以亲切和悦的态度，赞扬客户提供的建议，并告诉客户今后将尽量采纳客户的意见，尽可能满足其要求。

（7）对自命清高型的客户多说些赞美的话。自命清高型的客户在处理结账事宜时，通常都会摆出“买主是王”的傲慢态度。这类客户之所以如此表现，往往是自

卑心理在作祟，故意装作冷酷无情，以免受害。应付这类自命清高、眼睛长在头顶上的客户，在实施收款时，不妨依照下列步骤来进行：

一、多说些赞美感谢的“奉承话”，设法化解其防御的心理。二、保持“若即若离”的距离，使其自觉“与众不同”。三、多向其请教成功经验，并做个良好的听众。四、多多提供具体有效的服务，使客户认识到己方的存在价值，并使其了解己方的重要性。

（8）让看样学样型的客户明白利害关系。看样学样型的客户付款时，一般会举棋不定、犹豫不决。其心理总是担心自己付款会吃亏，总想着在眼前拒绝付款，对付款所持的态度是谨慎保守，有人付款，再学样付款。

这种客户的收款对策是：一、针对其模仿心理，举证说明别的客户付款的实际情况。二、晓以利害，说明不按时付款将会面临什么样的不利后果。三、说明“信用第一”在商业往来中的无形价值，扶持他付款的信心和决心。四、把其他客户已经付清货款的现金、支票或凭证向客户展示，“看样学样”。

（9）尽量避免争辩收款，有时因收款不顺而引起争辩。买卖双方争辩时，所用的无情、尖刻字眼和证据，很容易使客户的自尊心受到伤害。为此，当客户无理地争论付款票期比同业来得短、不合行情，要求比照同业票期支付货款时，收款的卖方一定要保持冷静态度，避免和客户直接争辩，设法和其以“心平气和”的方式“讨论”解决之道，千万不能以“辩”制“辩”。否则，纵然赢了争辩，收款的良机也会失去。

犹太商人心里明白收账时不能始终唱一个调子，要见什么人唱什么歌，也就是说，对待不同的人要运用不同的方式。债务人面前也无不如此，也应“看人下菜”，因人而异制定讨债策略。

（1）要对“强硬型”债务人进行沉默策略。态度傲慢是这种债务人最突出的特点，对于这种债务人，希望对方主动还债是枉费心机，讨债要想取得理想效果，需在策略上想办法。总的指导思想是，避其锋芒，改变其认识，以尽量保护自己利益。具体操作如下：

①沉默策略。沉默是指在讨债时，观看对方态度而保持沉默，这种策略对待态

度“强硬型”对手算是可取的方法之一。上乘的沉默策略会从心理上打击对方、造成对方心理恐慌，使对方不知所措，甚至乱了方寸，从而达到削弱对方力量之目的。沉默策略要注意审时度势、灵活运用，运用不当，效果会适得其反。如一直沉默不语，债务人会认为你是慑服于他的恐吓，反而增添了债务人拖欠的欲望。

②软硬兼施策略。这个策略是指将清债班子分成两部分，其中一个成员扮演硬性角色即鹰派，鹰派在清债的初期起主导作用；另一个成员扮演温和的角色即鸽派，鸽派在清债的结尾扮演主角。这种策略是清债中最常见的策略，而且在多数情况下都能奏效。因为它利用了人们避免冲突的心理弱点。

如何运用此项策略呢？在与债务人刚接触并了解债务人心态后，担任强硬型角色的债权人员，毫不保留地果断提出还款要求，并坚持不放，必要时还可以带一点疯狂，酌量情势，表现出一点吓唬人的情绪行为。此时，承担温和角色的清债人员则保持沉默，观察债务人的反应，寻找解决问题的办法。等到空气十分紧张时，鸽派角色出台缓和局面，一面劝阻自己伙伴，另一方面平静而明确地指出，这种局面的形成与债务人也有关系，最后建议双方都做让步，促成还款协议或只要求债务人立即还清欠款、放弃利息、索款费用等要求。需要指出的是，在清债实践中，充当鹰派角色的人，在要威风时应紧扣“无理拖欠”这份理，切忌无中生有、胡搅蛮缠。此外，鹰鸽派角色配合要默契。

（2）对付“阴谋型”债务人采取“车轮式”策略。公司之间经济往来应以相互信任、相互协作为基础进行公平交易。但在实践中，有些人为了满足自身的利益与欲望，常利用一些诡计或借口拖欠一方债务，甚至是“要钱没有，要命一条”的无赖样子。下面介绍几种应付的策略：

①反“车轮战”的策略。此处的“车轮战术”是指债务人一方采用不断更换接待人员的方法，达到使债权人精疲力竭，从而迫使其做出某种让步目的。对付这种战术的策略是：A. 及时揭穿债务人的诡计，敦促其停止车轮战术的运用。B. 对更换的工作人员置之不理，可听其陈述而不做表述，这可挫其锐气。C. 对原经办人施加压力，采用各种手段使其不得安宁，以促其主动还款。D. 紧随债务公司的负责人，不给其躲避的机会。

②“兵临城下”策略。这种策略的意思是，对债务人采取大胆的胁迫，看对方如何反应。这一策略虽然具冒险性，但对于“阴谋型”的债务人时常有效。因为债务人本身想占用资金、无故拖欠，一旦被识破诡计，一般情况下会打击他们的士气，从而迫使其改变态度。

例如，对一笔数额较大的货款，债权人派出十多名清债人员到债务公司索款，使其办公室挤满了债权人公司的职工，这种做法必然会迫使债务人尽力还款。

③对“合作型”债务人的策略。“合作型”债务人是清债实践中人们最愿接受的，因为他们的最突出特点是合作意识强，能给双方带来皆大欢喜的局面。所以对付“合作型”债务人的策略思想是：互利互惠。

A. 假设条件策略。即在清债过程中，向债务人提出一些假设条件，用来探知对方的意向。由于这种做法比较灵活，索款能够在轻松的气氛中进行，有利于双方在互利互惠基础上达成协作协议。例如：“假如我方再供货一倍，你们前面的款还多少?”“每月还款10万元，再送货2吨棉纱怎样?”

需要指出的是，假设条件的提出要分清阶段，不能没听清债务人意见就过早提出假设，这会使债务人在没有商量之前就气馁或使其有机可乘。因此，假设条件的提出应在了解债务人的打算和意见的基础上。

B. 私下接触策略。它是债权公司的清债人员或业务员等有意识地利用空闲时间，主动与债务人一起聊天、娱乐，目的是增进了解、联络感情、建立友谊，从侧面促进清债的顺利进行。

④对待“感情型”债务人的策略。在公司中最常见的人是属于“感情型”，这种性格往往很容易被人接受。其实在某种程度上，“感情型”的债务人比“强硬型”债务人更难对付。“强硬型”债务人容易引起债权人警惕，而“感情型”债务人则容易被人忽视。因为“感情型”性格的人在谈话中十分随和，能迎合对手兴趣，能够在不知不觉中把人说服。为了有效地对付“感情型”性格的债务人，必须利用他们的特点及弱点制定相应策略。

“感情型”性格的人一般特点是与人友善、富有同情心，专注于单一的具体工作，不适应冲突气氛，对进攻和粗暴的态度一般是回避的。商谈时，柔弱胜于刚

强。因此，要训练自己培养成一种“谦虚”习惯，多说：“我们公司很困难，请你支持”“我们面临停产的可能”“拖欠货款时间太长了，请你考虑解决”“能不能照顾我们厂一些”等。由于“感情型”的人性格特点，会考虑还款。

A. 恭维策略。“感情型”的债务人有时为了顾及“人缘”而不惜代价，希望得到债权人的承认，受到外界的认可，同时也希望债权方了解自身公司的困难。因此，债权公司清债人员要说出一些让债务人高兴和赞美的话，这些对于具有“感情型”性格的人非常奏效。如“现在各公司资金都困难，你们厂能搞得这么好，全在你们这些领导。”“像你们这个行业垮掉不少了，你们还能挺过来，很不错。”“你们对我们厂的支持，在我们厂是公认的。”

B. 选择进攻策略。在不失礼节的前提下保持进攻态度：在索款一开始就创造出一种公事公办的气氛，不与对方打得火热，在感情方面保持适当的距离。与此同时，就对方的还款意见提出反问，以引起争论。如“拖欠这么长时间，利息由谁承担”等。这样就会使对方感到紧张，但不要激怒对方，因为债务人情绪不稳定，就会主动回击，他们一旦撕破脸面，很难再指望商谈取得结果。

⑤对待“固执型”债务人的策略。“固执型”的债务人在清债中也常会遇到，这些人最突出特点是坚持自己所认定的观点，有一种坚持到底的精神。这种人对新的主张、建议很是反感，需要不断得到上级的认可、指示，喜欢照章办事。

A. 试探策略。这一策略是用以摸清“敌情”的常用手段，其目的是用来观察对方反应，以此分析其虚实真假以及他们的真正意图。如提出对双方不利的还款计划，如果债务人反应尖锐，那就可以采取其他方式清债（如起诉），如果反应温和就说明有余地。运用这一策略，还可以试探固定接待或谈判人的权限范围。对权力有限的，可采取速战速决的方法。因为他是上司意图的忠实执行者，不会超越上级给予的权限。在清债商谈中，不要与这种人浪费时间，应越过他，直接找到其上级进行谈话。对权力较大的“固执型”公司负责人，则可以采取冷热战术。一方面以某种借口制造冲突，或是利用多种形式向对方施压力，另一方面想方设法恢复常态，适当时可以赞扬对手的审慎和细心。总之，通过软磨硬泡的方法达成让对方改变原来想法或观点的目的。

B. 先例策略。“固执型”债务人所坚持的观点不是不可改变，而是不易改变。认识不到这一点，你的提议就会被限制住。为了使债务人转向，不妨试一试用先例的力量影响他、触动他。例如，向债务人公司出示其他债务人早已成为事实的还款协议，法院为其执行完毕的判决、调解书等。

⑥对待“虚荣型”债务人的策略。虚荣，人皆有之，其特点是：自我意识较强，喜欢表现自己，对别人的暗示很敏感。

要善于利用其本身的弱点，以熟悉的事物展开话题：与“虚荣型”债务人谈索款，以他熟悉的东西为谈话内容，效果一般比较明显，这样做使对方有了自我表现的机会，同时对于对手的爱好和有关资料也得到了解，但要注意到虚荣者所表现出来的虚假言行，谨防上当。

A. 顾全面子策略。可事先从侧面提出索款要求，在人多或公共场合尽可能不说讨债的事情，从而满足其虚荣。不要相信激烈的人身攻击会使对方屈服，要多替对方想想，顾全对方的面子，同时把顾全面子的做法让债务人知道。当然，如果债务人躲债、赖债，则可利用其要面子的特点，针锋相对。

B. 制约策略。“虚荣型”债务人最大一个弱点是浮夸。因此债权人都存在戒心，为了免受浮夸之害，在清债的谈话中，对“虚荣型”债务人的承诺应该记录下来，最要让他本人以公司的名义书面承诺。对达成的还款协议当时就立字为据，要特别明确奖罚条款，预防他找借口否认。

乔费尔的经典一战

下面，我们就以犹太人乔费尔的谈判个案来探讨一下犹太人对谈判全盘的把握。

首先，重视对手的各种情报。

犹太人非常重视情报，特别喜欢提问，正是他们这种执着而认真的精神，使他们对自己的业务或某一项谈判前的准备工作都不会是一知半解。打破砂锅问到底，就是犹太商人谈判制胜的秘诀，尤其是在一些国际性的谈判中，犹太人更是非常重

视情报。

荷兰犹太电器销售商乔费尔，打算从日本的一家钟表批发商三洋公司进口一批钟表。在谈判的前两周，乔费尔邀请了一位精通日本法律的律师作自己的谈判顾问，并委托该律师提前收集有关三洋公司的情报。

于是，律师一边为乔费尔预订房间，一边着手对三洋公司进行调查，通过简单的调查，律师发现了许多耐人寻味的情况。例如，三洋钟表公司近年来的财务状况不佳，正在力图改善；这次和犹太人交易的主要商品是旅行用时钟和床头用时钟，是承包给中国台湾和另外一个日本厂家生产制造的；三洋钟表公司属于家族型企业，目前由其第二代掌管，总经理的作风稳重踏实……情报虽然不多，但很重要。例如，价格方面也许会波动较大；如果有必要，也许犹太人可以直接从台湾制造厂采购；总经理的为人信誉不错，一般还是遵守合同的。其中，关于该商品是由台湾生产这一条情报非常重要，这无异于在谈判中为自己增加了一张底牌。

乔费尔到达日本后，立即开始和日本律师磋商有关谈判的种种事项，讨论进行了十几个小时。日本律师对乔费尔大加赞赏，因为许多请他当顾问的商人到日本后，往往匆匆交换一下情况，便急忙去游览或逛东京。要么就像大多数美国人一样，心里早有主张，根本无心听别人的意见。

乔费尔的作风却大不相同，他坦言自己对日本几乎是一无所知，所以希望先了解一下日本工商界的大致情况，然后又针对合同的几个细节提出了法律上的疑问并分别加以研究。乔费尔在和律师谈话时，对日本的民族文化特别关注，并认真做了研究，在谈判中一旦遇到障碍，往往会陷入沉默，很少主动提出替代方案。

最后，乔费尔和律师商定，对于商品的单价、付款条件，以及其他细节都由乔费尔临场酌情判断。接下来，日本律师又和乔费尔从荷兰带来的律师研究两国的法律差异。

其次，巧妙设置谈判陷阱。

乔费尔与三洋公司的谈判即将开始，三洋公司草拟了一份合同，乔费尔和两位律师经过商谈后，决定围绕这份合同展开谈判策略。

在三洋公司提出的合同草案中，有一条是关于将来双方发生纠纷时的仲裁问

题，三洋公司提议在大阪进行仲裁，解决纠纷。

这里需要提醒一下，代理销售这一类的合同发生纠纷的原因，一般是拒付货款或产品有质量问题两类。一旦出现纠纷，双方最好通过协商解决，打官司是万不得已的办法。当然，还有一种方式是事先在合同中明确约定双方都认可的仲裁机关。目前，世界上许多国家都设立了专门处理商业纠纷的仲裁机构，诉讼和仲裁的目的虽然相同，但结果却明显不同。仲裁无论在哪个国家进行，其结果在任何一个国家都有效。而判决就不同了，因为各国的法律不同，其判决结果也只适用该判决国。也就是说，日本法院的判决在荷兰形同废纸，荷兰法院的判决在日本也形同废纸。

现在乔费尔的思考重点是，本合同是否可能发生纠纷？发生纠纷的原因会是什么？究竟是进行仲裁还是提出诉讼对己有利？

对乔费尔来说，一般容易发生的麻烦是收到对方的货物与要求质量不符，但由于草案中双方议定的是先发货后付款，那么一旦货物有质量问题，乔费尔完全可以拒付货款，那时三洋公司就会以货物符合质量要求而诉讼。这样，一旦出现此种状况，在日本仲裁对乔费尔就会非常不利，但若将仲裁地改在荷兰，三洋公司自然会反对。那双方出现的第一个争执的矛盾焦点将会是此问题，为此乔费尔提出如下主张：

“我们都知道仲裁的麻烦，都不愿意涉及仲裁，但为了以防万一，不妨就请日本法院来判决。”

这时想必各位看出了乔费尔的圈套和策略，假若双方一旦出现纠纷，日本法院的判决在荷兰形同废纸，即使是打赢了官司，也根本执行不了。这样，将来真的出现了纠纷，乔费尔干脆不出庭都可以，连诉讼费都省下了。若这一提议能通过，乔费尔自然占了上风。

设计好这一陷阱后，乔费尔和日本律师轻松地游览去了。

再次，控制谈判进程。

谈判开始了，乔费尔首先做了简短的发言：

“虽然我曾去过许多国家，但来到美丽的日本更使我高兴。”

“贵公司的产品质量可靠，很有发展潜力，若能打开欧洲市场，对我们双方都

很有利。所以我很希望双方能够完成这项合作。”

致辞虽然简单，但让日本人听了非常高兴。其实，这正是乔费尔巧妙控制谈判程序的第一招。

日方的几位代表年纪都比乔费尔大，显得很稳健，只是礼貌性地寒暄了几句问候语。接下来的谈判自然也很顺利，诸如钟表的种类、代理地区、合同期限等事项，几乎没有多大分歧。

事实上这种情况正是乔费尔所希望的，并且也是他刻意先挑出这些小问题来讨论的。先从容易解决的问题入手，这正是谈判的基本技巧之一。因为谈判刚开始，彼此尚比较陌生，存在一些戒心，一下子直接谈焦点问题，若分歧较大，谈判就很难进展下去。而由易渐难，既容易加深双方了解，又容易稳定双方情绪。一旦大部分条款达成共识，只是个别一两个问题有矛盾，双方都会共同努力，因为任何人都不愿意做前功尽弃的事。

(1) 虚晃一招，暗中刺剑。

谈判遇到了第一个波折。按照三洋公司的意见，一旦他们的钟表在欧洲销售时遇到侵犯第三者的造型设计、商标或专利纠纷时，他们将不承担责任。

乔费尔则不能接受对方的意见，因为某家公司控告其设计有相似或模仿之嫌的事很可能发生，倘若真的发生，完全由自己承担全部诉讼费和因无法销售而造成的损失，那也太苛刻了，尽管发生这种事的危险并不大。

这一点，三洋公司寸步不让，而乔费尔之所以提出此事，实际上是为了后面价格的讨价还价埋下伏笔。因为如果对方在这一点上不让步，其他地方不能总是不让步。

谈判时议程的安排对结果有很大影响，许多人总是被这种聪明人牵着鼻子走。这次谈判中，倘若一开始便讨论价格问题并定下来，那么乔费尔就会少掉一个牵制对方的筹码。

果然不出所料，日方公司可以保证他们的产品质量，但要保证其产品与其他厂家不相似，是无论如何也不答应。

于是双方僵持了很久，乔费尔提出了第一方案：

“一旦出现这种情况而又败诉的话，我方的损失有两部分，一部分是诉讼费，一部分是赔偿费。我方可以承担诉讼费，贵方能否承担赔偿费?”

“不行。”

“那么，双方各承担全部损失的一半如何?”

“不!”日本人仍然非常干脆，这时候谈判气氛开始有些紧张。

“既然如此，贵公司承担的部分以5000万日元为限，剩余部分无论多少，概由我方承担。”

三洋公司仍是一口拒绝。三洋公司的做法是典型的日本作风，即只是一味地不让步，从不提解决的办法，而对方一旦提出新方案，却又摇头拒绝。

乔费尔又失望地说：

“我方可保证每年最低1亿日元的销售量，贵方承担的限额降为最多4000万日元。”

日方代表的态度终于有所动摇，因为谈判中不可能总是摇头，岂不是没有诚意的表现?但经过思考后，答案仍然是“不”。

那么，乔费尔为何明知对方不让步，却偏要紧追不舍呢?

其意图如下：其一是故意为谈判铺设障碍，因为谈判若过于一帆风顺，对方会产生怀疑；其二，故意让对方在这个小问题上不让步，从而使其产生心理负担，也好让其在重要方面让步。这时，乔费尔毫无办法地勉强耸肩，说这回遇上了强劲敌手，语句中大有奉承之意。然后，突然话锋一转：

“本人对耗费大量精力的仲裁方式从来就没有好感，据我所知，日本的法院非常公正，因此我提议今后若有纠纷，就由日本法院来判决。”

这下，日方公司非常爽快地答应了。这正是乔费尔的陷阱，而日方之所以如此爽快，一是因日方不清楚有关法律，误以为在本国打官司对己有利；二也可能是出于对自己总是摇头的态度而不好意思。

既然对方已中计，乔费尔大功基本告成，没必要为前面的问题费更大的口舌，于是乔费尔便提出了折中的办法，即一旦将来发生纠纷，三洋公司也得承担部分责任，但具体负担金额届时再定。

对此，三洋公司当然欣然同意。

在这场谈判中，表面上乔费尔一再让步，显得被动，也显示了自己对谈判的诚意，实质上是一串虚招里藏着的一把利剑，最后对方终于中计。

（2）用“感情”和“利害关系”说服对方。

最后一个问题就是价格问题。起初，日方的要价是单价为2000日元，乔费尔的还价是1600日元，后日方降为1900日元，乔费尔增至1650日元，谈判再一次陷入僵局。

为此，乔费尔又提出种种方案，诸如，原订货到4个月付款可改为预付一部分定金，或将每年的最低购买量增至1.5亿日元，或拿出总销售额的2%作为广告费等。

但三洋公司的态度仍旧很强硬，表示绝不考虑1900日元以下的价格，谈判只好暂停。

下一轮谈判一开始，乔费尔首先发言：

“这份包括24项条款的合同书，是我们双方用半年多的时间草拟的，又经过诸位几天的讨价还价才达到了双方几乎全部同意的结果，现在仅仅为了最后的单价的几百元的差距，而将前功尽弃，实在是太可惜了。”

“大家很明白，价格高销售量就会减少，价格低销售量自然会增加，而我们的利益又是一致的，为什么不能找出一个双方都能接受的适当价格呢?”

接着他以非常温和的方式打出了早已准备好的王牌：

“对于我方来说，涉足新市场的风险很大，贵方的产品，对于欧洲人来说又是很陌生的，我方很难有击败竞争对手的把握。”

“经过几天的谈判，诸位可以看出我方的合作诚意，然而贵方开出的单价，实在是太高了。我相信，按我为对方开的价，一定能从台湾或香港买到同样质量的产品。当然，我并未想去别的地方采购，但最起码我们从贵方的进货价不能比别的地方高得太多。”

这番婉转的以“感情”和“利害关系”为手段的话，很具有说服力，并暗含着若对方再不答应，他便和其他厂商合作的威胁之意，日方不得不慎重考虑。

（3）适当的时候就用“最后通牒”法。

“现在，我方再做一个重大让步，那就是1720日元这个数。在价格上我这方面已完成了这份合同，以后就看贵公司的态度了。现在我们先回饭店准备回国事宜，请贵方认真考虑，两小时后我们静听贵方的佳音。”

说完，乔费尔和两位律师站了起来。日方公司的总经理赶忙打圆场，表示何必那么着急，但却被乔费尔以微笑而坚决的态度婉言拒绝了。显然，他下了不惜前功尽弃的赌注。

其实这又是一个基本谈判技巧，乔费尔正是以借回国名义发出“最后通牒”，以图打开僵局。当然，三洋公司是否同意，完全取决于自己，并无什么真正的威胁。但乔费尔的话表明了他绝不让步的态度，从而给对方造成压力，若再不答应，谈判就可能破裂，从而被迫让步。

结果，日方果然又中了计，两小时后，三洋公司的常务董事说：

“先生的价格我方基本接受了，但能不能再增加一点儿?”

乔费尔沉默许久，掏出计算器按了一会儿，终于又拿起合同，将先前的数字改为1740日元，然后微笑着说：

“这20日元算是我个人送给贵公司的优惠吧。”

（4）节外生枝依然大功告成。

在合同签订后的三年中，双方的交易似乎很顺利，但突然出现了一个意想不到的纠纷，美国的S公司声称三洋公司的产品与该公司的产品颇为相似，于是乔费尔迅速派律师做了调查。

原来，三洋公司曾为S公司制作过一批时钟，乔费尔的产品正是以那批产品为蓝本略做修改制造的，自然十分相似。因此，S公司一方面要求乔费尔立即停止钟表销售，另一方面又要求得到10万美元的赔偿。

但三洋公司对此事件的态度却十分消极，一直拖了4个月都未作明确答复。于是，乔费尔只好停止了钟表销售，并答复S公司，请他们直接与三洋公司协商处理此事。

这件事的麻烦自然在三洋公司，但由于三洋公司的态度，引发了乔费尔拒付拖

欠三洋公司的2亿日元的货款。

于是，三洋公司气势汹汹地来找乔费尔，他们认为盗用钟表款式是一回事，乔费尔的欠款又是另一回事。但乔费尔却认为，三洋公司的行为使他无论在经济上还是名誉上都蒙受了巨大损失，理应由三洋公司赔偿。乔费尔的话当然有其合理性，因为三洋公司毕竟是把稍加改动的同一产品卖给了两家公司，自然算是一种欺骗行为，并严重地损害了乔费尔的利益。

双方又扯皮一段时间，仍无实质性进展，直到某一天，三洋公司给乔费尔打去电话，声称他们决定向大阪法院提出诉讼。

乔费尔的律师做了回答：

“是吗？恐怕不久您就会明白这种诉讼毫无意义。”

“首先，在日本法院向荷兰公司提起诉讼必须经过繁杂的手续。您得先向日本法院提出起诉状，由日本法院呈到日本外务省，再由日本外务省转呈荷兰外交部，然后再送到荷兰法院，最后才由荷兰法院通知乔费尔应诉，单是中间传递起诉书就得至少半年时间，等打完了官司大概得好几年。即使是官司打完了，日本法院的判决在荷兰也形同废纸。”

其时，三洋公司还不明白其中的道理，不久带了一位律师去了乔费尔的日本律师处，扬言要去荷兰打官司。

乔费尔的律师不慌不忙地说：“合同书上规定了以大阪法院为唯一裁决所，所以即使您到了荷兰，恐怕荷兰的法院也不会受理。”

“这岂不太荒唐了吗?”三洋公司的总经理气急败坏地看了一眼自己的律师。

“这种可能性很大。”那位律师坦白地承认。

时间又过了三个月，法院丝毫没有动静，三洋公司的总经理这才明白中了乔费尔的圈套。但他仍不灰心，考虑只要能够诉诸法律，一定会对自己有利，因此一直不愿意私下和解，双方你来我往地频发电传，却毫无进展。见到这种情况，于是乔费尔的律师打出了最后一张王牌。

“总经理，就算我对法律条款的理解有错误，假设日本法院的判决在荷兰同样有效，贵公司依然无法在乔费尔那里得到一分钱。也许您也知道，欧洲大部分国家

的税收极重，所以许多人便到税收较轻的荷兰办起了‘皮包公司’。这些公司的一切都装在老板的皮包里，没有任何实际资产。乔费尔的公司也是荷兰的皮包公司，公司的钱放在哪里只有乔费尔知道。或许放在瑞士银行……”

这下可击败了三洋公司的总经理，毫无办法，只能听凭乔费尔的摆布。最后，双方商定由乔费尔付三洋公司4000万日元的欠款，其余1．6亿日元的欠款抵作赔偿金。无疑乔费尔取得了绝对胜利，三年前的圈套终于实现。

十九、管理不简单

当天的事情当天做

一个不能够及时处理文件的人，根本就谈不上什么能力，肯定是无能之辈。

犹太人常把积压“未决”文件的人视作无能之辈。因此，他们一到办公室后，首先就会瞅一眼办公桌上的文件，以此来断定那个人的能力如何。他们认为，一个不能够及时处理文件的人，根本就谈不上什么能力，肯定是无能之辈。

犹太人喜欢全面发展的人才，商人应不仅会经商，还应当知识渊博，并有较强的综合素质，如果缺少这些，是绝对成不了一名好商人，赚不到大钱的。

在犹太人的办公桌上，你看不见“未决”的文件。犹太人有极强的时间观念，他们绝不浪费时间。在他们看来，办公桌上的待批文件如果积压，就会对重大事情造成影响。这些文件有商业往来的信件、商业函件等，它可能是提供商业信息，或是请求商业往来或是有关商品交易等等。每个信件，都包含着一条信息，给商人提供赚钱的机会。如果把这些亟待回答的文件积压在办公桌上，过一段时间后再来处理，很可能为时已晚，因为对方的时间是宝贵的，当他迟迟等不到消息时，便断然放弃，另觅合作伙伴去了。所以，他们对自己手中的文件都极其重视。

在犹太人的上班时间里，专门安排了处理文件的时间。他们一般是把上班后大约1个小时的时间当作专门处理文件的时间。在这段时间里，将昨天下班到今天上

班之间所接到商业函件的回信，用打字机打好发出去。在这段时间里，是不让外人打扰的。这样他们才能集中精力处理这些文件，以求高质量高效率。

“马上解决”是犹太人的座右铭。因此，他们非常注重处理文件的时间。他们认为，拖延工作，是最可耻的事。犹太人不管做什么事，尤其是处理自己的生意问题时，绝不把问题遗留到明天，绝不拖延，总是按照“每天都有每天的计划”办事。

没有时间就没有效益

犹太老人不能让子女赡养，只有自己赚到钱，安逸的生活才会有保障。正因为犹太人自知天命，所以他们拼命抓紧时间赚钱。

犹太人认为时间就是金钱。他们常以一分钟多少钱的概念来工作。一个打字员，如果下班时间到了，即使只剩下十几个字就可完成的文件，他也会立刻放下工作回家。他们认为，浪费时间就等于浪费他们保险柜里的金钱。

犹太人把时间视作金钱，他们对时间如金钱一样是按分按时计算的。老板请员工做事，工薪是按时计算的。犹太人会见客人十分注意恪守时间，绝不拖延。客人来访，必须预约时间，否则就要吃闭门羹。犹太人对于突然来客是十分讨厌的，如果来合作生意，可能会导致失败。

犹太人把时间看得那么重，是有其道理的。时间是任何一宗交易必不可少的条件，是达到经营目的的前提。与对方签订合同时，要充分估计自己的交货能力，是否能按对方要求的质量、数量和交货期去履行合约。如可以办到，就与其签约，如办不到，切不可妄为。

时间的价值还显示在赶季节占领市场方面。在激烈的市场竞争中，谁能在一个市场上一马当先，以质优款新的产品问世，谁就必能获得较好的经济效益。如电子手表，刚上市时每块售价几十美元乃至几百美元。当许多竞争者推出同类产品时，其价值一落千丈，每块售价只有几美元。又如人们日常的必需品蔬菜，在反季节时售价高于盛产季节数倍。为什么会出现如此大的反差呢？这显然是“时间”的

价值。

时间的价值表现在生意的全过程中。一个企业经营效益的高低，与其费用水平的高低息息相关。根据众多的企业核算，其经营费用中有70%左右是花费在占用资金的利息上。如一个企业一年的营业额为10亿元，其资金年周转率为两次，言下之意，该企业每年占用资金为5亿元。若按银行利息为12%（年息）计算，一年共支付利息达6000万元。如果该企业能把握一切时间和进行有效管理，使资金周转达到一年4次，那么，其支付的利息就可节省3000万元。换句话说，该企业就可多盈利3000万元了。除此之外，加快货物购入和销出，加快货款的清收等，都体现出时间的价值。

犹太小孩子从小就接受“自主”教育，犹太老人不能让子女赡养，只有自己赚到钱，安逸的生活才会有保障。正因为犹太人自知天命，所以他们拼命抓紧时间赚钱。

把时间当作商品出售

有四种尺度可以测量人，那便是金钱、醇酒、女人，以及对时间的态度。这四种尺度有共同之处——它们都有吸引人的地方，但是却不可以沉迷其中。

《塔木德》中说：有四种尺度可以测量人，那便是金钱、醇酒、女人，以及对时间的态度。这四种尺度有共同之处——它们都有吸引人的地方，但是却不可以沉迷其中。

犹太钻石商巴奈·巴纳特能够成为南非首富之一，一个重要的因素就是他视时间为商品，把银行的时间“卖”了，并且“卖”出了好价钱。

初到南非，巴纳特是一个从事矿藏资源买卖的经纪人，每个星期六都是他赚钱最多的日子——因为这一天银行停业较早，他可以尽兴地开出空头支票购买钻石，然后在星期一银行开门之前售出钻石，以所得现金支付货款。

巴纳特就这样把银行星期天停业的时间给卖了。这一天，去银行要求兑付的人会被银行“暂缓付款”的一句话挡回，空头支票不会被打回来。

他要做的事情，就是在每个星期一的早上往自己的账号存入足够多的钱，以兑付他星期六所开出的支票。他这种拖延付款的办法，没有侵犯任何人的合法权利，调动了远比他实际拥有的资金多得多的资金。

让人尤其敬佩的是，巴纳特让持有空头支票的钻石卖主总是在星期一上午就收回了全部货款。创业初期如果没有这么一招，巴纳特永远只是一文不名的巴纳特，绝对不会跻身世界富翁排行榜。

犹太人认为，要赚钱，首先得有赚钱的时间，而且在赚钱中要合理使用时间，否则就等于白白浪费时间。

把重要的事情记在香烟纸上

当你和别人交谈的时候，没有广博的知识是不行的。知识要在日常生活中一点一点地积累，知识可以开阔你的视野，可以帮助你从更多的角度看待事物，以选择解决问题的最佳途径。把知识和一些重要的事记在你香烟的锡纸上，是一种不错的方法。

犹太人都有一个习惯，每次抽完烟后并不把烟盒扔掉，而是把烟盒里的锡箔纸抽出来，在背面做记录。

别小看这个小习惯，人常说“好记性不如烂笔头”。经常把一些重要的事记录在锡纸上，等到回家的时候再整理一下，就成了一个整齐的记事本。

对于犹太人的这一习惯，还有这样一个故事：

一个犹太人与一个日本人谈判做生意。交货日期定好了是7月1日，日本人交货，犹太人交钱。可是日本人没有按时交货，犹太人前去找他理论，日本人本想抵赖，说道：“好像谈判时交货日期定的是某月某日，先生你记得有误吧？”

可是犹太人从上衣兜里掏出香烟的锡纸，然后指着上面的字说：“你记错了！我这上面记得非常准确，就是今天！锡纸背面的记录就是我的原则。而且我们是有合同的，你不能按时交货，那么只能赔偿我的损失了。”日本人无可奈何，只好赔偿犹太人所有的损失。

犹太人虽然没有从日本人那里得到他想要的货，但是他从日本人那里得到了比那些货物价值更多的赔偿。

爱做记录是犹太人的特点，他们认为这样做有利于整理自己的思维，让自己的思维在谈判中更加严谨，更加有秩序在记录本上，日期、金额、交货期限、地点，样样记得清晰明白。谈判中的这种记录，成了他们生意交易的备忘录。

当你和别人交谈的时候，没有广博的知识是不行的。知识要在日常生活中一点一点地积累，知识可以开阔你的视野，可以帮助你从更多的角度看待事物，以选择解决问题的最佳途径。把知识和一些重要的事记在你香烟的锡纸上，是一种不错的方法。

时间远比金钱贵重

就价值而言，时间远比金钱贵重。金钱可以储蓄并生息，而时间却丝毫不停脚步，而且一去不复返。

在犹太人看来，时间也是商品。"勿浪费时间"是犹太生意经之一。

犹太人认为，时间是有限的，金钱是无限的，用有限的时间去追逐无限的金钱，结果只能受到时间和金钱的双重压迫。此外，钱可以再赚，商品可以再造，可是时间是不能重复的。因此，时间远比商品和金钱宝贵。

在美国纽约，有一位拉比戴了一块手表，背面刻着"爱惜光阴"四个字。另一位教师把这手表拿给学生们看，学生们不以为然，说是俗套子而已，根本没有什么新奇的。

拉比见学生们无动于衷，就戴回手表说："美国有一句俗话，叫'时间就是金钱'。我认为这种说法是不对的。因为这句话很容易使人误会。假如说时间就是金钱，那我们就只能想到两种情况：一种是不知如何运用时间的人，另一种则是不知如何运用金钱的人。其实，就价值而言，时间远比金钱贵重。金钱可以储蓄并生息，而时间却丝毫不停脚步，而且一去不复返。'时间就是金钱'这句话，应该改为'时间就是生命'，或者'时间就是人生'。"

拉比这么一解释，学生们都觉得很有道理。

乐观者总能得到更多

承担风险不是盲目蛮干，在果敢的行动背后应该有深谋远虑的计划，应该有细心的筹划和安排。只有智勇双全，精于计算，因利而动，才能获取最大利益。

犹太民族历经劫难，但在看待事物的发展趋势时，却常抱乐观的态度，并采取相应的行动。而事实是，无论经商还是做什么，乐观者总能得到更多机会，成功的次数也更多些。

纽约一个大美术商劳埃德就是这样一位犹太商人。

1938 年 3 月，德国军队越过了奥地利边境，劳埃德赶在希特勒到达维也纳之前，带着 10 美元辗转到伦敦，并于 1948 年创立了“马尔伯勒高雅艺术陈列室”。主要为英国许多显赫的家族出售其收藏的艺术珍品，后来经营现代派的绘画作品。短短 6 年的时间就成为现代派美术作品最大的出口代理商。在他的买主中，包括教皇保罗六世。

劳埃德对美术作品兴趣不大，只关心通过作品的买卖赚大钱。所以，他采取了纯商业式交易和职业化的处理，其作品大部分都是代销的，美术馆只在生意结束后收取佣金。但美术馆除了场地以外，还提供广告、推销、邮寄、保险和运输等全套服务。所以美术家对劳埃德的服务是满意的，他们的作品在这里不仅可以卖到最高价，而且不管销售情况如何，美术馆都给予他们稳定的生活津贴，乃至于各国的画家都愿意同他们来往。

不久，美术馆成为一个世界美术界的超级大国，它在苏黎世、罗马、东京、伦敦、多伦多、蒙特利尔都设有分馆，每年的销售总额为 2500 万美元，占世界美术品市场的 5%到 10%。

1963 年，俄国著名画家抽象印象派大师罗斯科卖给马尔伯勒美术馆 15 幅作品，价格 14. 76 万美元，全部画款在 4 年内结清。到 1969 年，罗斯科的作品上涨到每幅 2. 1 万美元，这时，劳埃德又同罗斯科签订了一个协议，商定以 105 万美元的价

格出售 87 幅作品，后又把价款总额提高到 144.6 万美元，议定出售 108 幅作品。同时商定，在以后的 14 年中，不管劳埃德或美术馆的经营状况如何，都由罗斯柴尔德银行每年向罗斯科支付 10 万美元，为此美术馆向该银行抵押了数量可观的财产。作为回报，美术馆取得了此后 8 年中罗斯科的独家代理商资格。

罗斯科

这种不顾艺术潮流和美术家创作状态变化的"赌注"，无疑是极具风险的，而实际情况是协议执行不到 1 年，罗斯科就抹颈自杀，劳埃德被罗斯科子女的诉讼送上了法庭。

但抛开别的，仅仅从劳埃德这种无所顾忌地将风险带到美术品市场的行为上，足以看出犹太美术商独具一格的眼光和魄力。

时代的进步，使犹太人的这种风险观愈发光辉夺目。现在，所有的企业经营管理者，都面临着预测问题，每一件商品的新问世，都是一次风险与机会的抉择。要生产就要冒风险，而不冒风险就难以抓住机会。但是，承担风险不是盲目蛮干，在果敢的行动背后应该有深谋远虑的计划，应该有细心的筹划和安排。只有智勇双全，精于计算，因利而动，才能获取最大利益。

融资的关键在于公司素质

如果公司经营素质比较好，利润比较高，具有较好的发展前景，就可以在银行取得长期贷款。增强公司素质是提高公司资金筹措能力的最基本的战略措施，是资金筹措战略的基础。

为了得到发展所需资金，商人不仅需要确立经济合理的筹资渠道，更需要具备很强的资金筹措能力，以达到较快的资本积累。通常，犹太商人办公司时特别看重制定提高资金筹措能力为中心的各种战略措施。他们的这些战略措施包括以下一些

主要方面：

首先，提高公司信誉，在较有利的条件下取得银行贷款。银行在向公司贷款时，主要是根据公司的收益性和流动性，公司产品的特点及其需要情况，公司贷款理由和偿还的可能性，企业的经营状况和经营能力等因素来判断是否向公司贷款以及贷款多少。如果公司经营素质比较好，利润比较高，具有较好的发展前景，就可以在银行取得长期贷款。

其次，扩大公司影响，提高知名度，开辟多种资金筹措渠道。公司经营得好，可以提高公司的知名度，使企业在社会上建立起良好的公司形象，使公司可以通过各种渠道来增资，发行公司债券，扩大公司信用等，从而有利于公司开辟多种资金供应渠道。增强公司素质是提高公司资金筹措能力的最基本的战略措施，是资金筹措战略的基础。因此，提高公司资金筹措能力的关键在于加强公司内部管理，增强公司素质。

第三，调整公司与金融机构的关系，确保长期稳定的贷款来源。小公司为了在有利条件下稳定地从银行取得贷款，更需要同银行建立起良好的关系。

第四，制定灵活的资产筹措政策，适应外部经济环境的变化。公司所处的经济环境是不断变化的，在这种变化中，受影响最大的是小公司。如小公司经常被当作金融的“调节阀”，在金融紧缩时减少对小公司的贷款，反之，增加对其贷款。在这种情况下，小公司就需要采取灵活的资金政策，适应外部环境的变化。

总之，小公司要想通过资金筹措战略来进行资本积累，就必须对公司内外环境进行分析，确定最佳的资金筹措方式和资金筹措渠道，以保证资本积累积聚的经济性、合理性、方便性和安全性。

通常，犹太商人筹措资金时特别注意“三忌”：

第一，不要弄虚作假。有些私营公司老板，为了及时地获得自己所需的资金，往往不择手段。弄虚作假，是他们常用的手段之一。弄虚作假很容易被别人识破。一旦识破之后，不仅借不到所需的资金，也影响了自己的声誉。对于以后的融资也极为不利。

第二，不要融而不投。融资是为了投资，扩大公司规模，增加利润，而绝不是

为了挥霍享受撑门面。作为老板应当记住，融资筹集的钱不能轻易乱花，更不能挥霍和浪费。老板要专款专用。如果总是东挪西补，还不如不去融资。

第三，不要贪而无厌。很多老板一心想筹集到更多的资金，盲目相信融资越多越好。事实上，这种想法很不正确。对于老板来说，融资时一定要遵循“需要多少，便融多少”的原则。只要能够满足自己投资需求，没必融更多的资金。

利益比说教力量大

只有他人的利益同你的利益紧紧地绑在一起的时候，他人才能像为自己谋利或避害一样为你着想，因为这一着想以及由其产生的努力可以同时为他自己带去实际的利益。

这里有一个故事，很能体现犹太人的智慧。

很久以前，一个住在耶路撒冷的犹太人外出旅行，途中病倒在旅馆里，当他知道自己的病已经没有希望时，便将后事托给了旅馆主人，请求他说：“我快要死了，如果我死后有从耶路撒冷赶来的人，就请把我的这些东西转交给他。但是，不要告诉他我在哪家旅馆。”

说完，这个人就死了。旅馆主人按照犹太人的礼仪埋葬了他，同时向镇上的人发布这个旅人的死讯和遗言，让大家遵守这个犹太人的遗言，不要将他住的旅馆告诉来找他的人。

死者的儿子在耶路撒冷听到父亲的死讯后，立刻赶到父亲死亡的那个城镇。他不知道父亲死在哪一家旅馆里，也没有人愿意告诉他，所以，他只好自己寻找。

幸运的是，有个卖柴人挑着一担木柴经过，儿子便叫住卖柴人，买下木柴后，吩咐卖柴人直接送他到那家有个耶路撒冷来的旅人死在那里的旅馆去。然后，他便尾随着卖柴人，来到了那家旅馆。

旅馆主人对卖柴人说：“我没有买你的木柴啊?”

卖柴人回答说：“不，我身后的那个人买下了这木柴，他要我送到这里来。”

通过一笔木柴交易，旅人的儿子把回答这个问题作为成交的条件，让卖柴人为

耶路撒冷

了自己的利益，帮助他解决了难题。

显然，利益当头比空口说教有力量得多。只有他人的利益同你的利益紧紧地绑在一起的时候，他人才能像为自己谋利或避害一样，为你着想，因为这一着想以及由其产生的努力可以同时为他自己带去实际的利益。

这就是犹太商人的聪明之处。

女职员更值得录用

女人有天生的交际才能，往往一句软语、一个眼神就能办成男人们累趴下也办不成的事情。

哈姆莱特一句“弱者，你的名字叫女人”道出了一条盘踞人类历史数千年的观念。不仅是战争让女人走开，许多工作也与女性绝缘。然而心理学家和社会学家则指出，女性具备经商所必需的特殊素质，包括诚实、纯洁、忠诚、可靠、热情和忍耐等，还有吸引力。

在女性的众多优点中，最重要的是直觉。直觉有助于准确做出决定，弄清对方，评估从商前景。除此之外，女性追求家庭舒适、安宁、繁荣的本能也会反映到生意场上。可以说，犹太人今日的商业成就，恰好与其出色的“女人经”有直接的

关联。

犹太商人凯富尔先生的公司里，大半都是女职员，而且又漂亮又能干的女人仍呈继续增多趋势。在解释自己为何喜爱录用女职员时。凯富尔列举出了女人的优点：

一、不贪杯。女人中很少有人一见酒就喜上眉梢的。

二、不会花钱去玩男人。其好处，一是工作不分心，二是不易误事。

三、对工作忠心耿耿。她们一般都忠于自己的老板，很少有背叛行为。

在此基础上，女人有天生的交际才能，往往一句软语、一个眼神就能办成男人们累趴下也办不成的事情。

凯富尔雇用女职员其实也是充满理性的。他认为一些女职员的确妨碍了老板行使领导权，但解决这一问题一点也不难。他的主要对策如下：

一、仔细研究对方。研究女人的特性，可以发现她们大多是感性的，很在意别人的眼光，经不起奉承，畏惧权威，易受环境的影响，忍耐力强。根据这些特性，就可以制定相应的方案了。

二、反省对女职员的管理方式。老板与男职员都有纵容女职员的倾向。如果不能根据自我反省来修正自己的想法或行动，管理就无法奏效。

三、褒奖她的小优点。由于褒奖，她的心会向老板开放，从而激起干劲。经不起奉承及好听的话是她们的弱点，不妨灵活利用她们的这一特性。

四、与她们聚会。要大家都动动脑筋，激发她继续做易受褒奖的事情，并由大家来决定该如何实行。

五、要求她善尽责任。详细聆听她们的意见，尽可能让她们负责她们想做的工作。

女职员和男职员一样，都有逃避责任的倾向，容易安于现状，不思进取。长期这样，她们身上蕴藏的潜能就不能得到充分的发掘，只能从事一些简单轻松的工作。

你的价值是脑袋而不是手

无知的人不能成为圣人，不能进入天堂，只关注世俗事务，喜爱钱财的人，只是平凡的人。

有这样一个故事，说的是财富和头脑的关系：

有一个百万富翁和一个穷人在一起，那个穷人见富人生活是那么的舒适和惬意，于是就对富人说："我愿意在您的家里给您干活三年，我不要一分钱，但是你要让我吃饱饭，并且有地方让我睡觉。"富人觉得这真是少有的好事，立即答应了这个穷人的请求。三年后，服务期满，穷人离开了富人的家，不知去向何方。

十年又过去了，昔日的那个穷人已经变得非常的富有了，而以前的那个富人相比之下，就显得很寒酸。于是富人向昔日的穷人请求：愿意出 10 万块钱买他这么富有的经验。昔日的那个穷人听了哈哈大笑："过去我是用从你那学到的经验赚取了金钱，而今你又用金钱买我的经验呀。"

原来的那个穷人用了三年时间学到了经验，于是他获取了很多财富，变得比那个富人还富有，那个富人也明白了这个穷人比他富有的原因是因为穷人的经验已经比他多了。为了自己拥有更多的财富，他只好掏钱购买原来的那个穷人的经验。

要想富有，就必须学习富人。只有学习他们，你才会得到他们富有的经验。

犹太人在经商的时候显得很轻松，他们其实都是在思考问题。财富是靠脑袋的，犹太人说，你的价值是脑袋，而不是手。

"钞票有的是，遗憾的是你的口袋太小了。如果你的思维足够开阔，那你的钱包就会随之增大了。"

犹太教士们也这样说："无知的人不能成为圣人，不能进入天堂，只关注世俗事务，喜爱钱财的人，只是平凡的人。"

这就是犹太人的商业原则：作为商人，他的任务就是想办法使自己的思维足够开阔。

餐桌上不谈工作

人生就是为了吃饭而活着，要好好地享受吃饭的乐趣。他们还说，喷香的饭菜是上帝赐给自己的礼物，一定要好好享受，绝不可以随便马马虎虎地吃饭。他们把吃饭当作是一种高级的享受。

犹太人有个习惯，就是不在餐桌上谈论工作。

犹太人的工作十分紧张，简直就和打仗一样充满了战斗的气息。即使是一分钟他们也要尽量抓紧。

犹太人就是这样拼命赚钱的。在这种紧张的工作气氛下，倘若忙活了一整天，到了吃饭的时候，好好地吃顿可口的餐饭，那将是多么好的享受啊，而这顿喷香的饭菜就是对自己努力工作最好的奖赏。

犹太人是喜欢美食的，他们说，人生就是为了吃饭而活着，要好好地享受吃饭的乐趣。他们还说，喷香的饭菜是上帝赐给自己的礼物，一定要好好享受，绝不可以随便马马虎虎地吃饭。他们把吃饭当作是一种高级的享受。

尤其是晚上的那顿饭，犹太人坐在豪华的饭店里，四周考究的装饰和他们的身份相符合。端上喷香精美的食物，犹太人就和朋友们一起开始海阔天空地聊天，但是他们也有三不谈：不谈政治、不谈战争、不谈女人。

这是他们一天最为幸福的时候，他们把白天赚来的钱大把大把地花出去，这样他们觉得自己的人生很有意义。吃完饭，他们又信心百倍地投入自己的工作。

在这样精美的餐饭面前，他们只会尽情地享受，而不会去谈自己的工作，让工作来干扰自己幸福的生活。而他们工作的时候就紧张工作，吃饭的时候，就完全忘记自己的工作，尽情地享用。于是工作的时候他们就可以有很好的体力去高效率地工作，让他们的事业一步步地高升，而休息的时候就彻底地休息一会儿。

犹太人特别注意休息，因为他们的工作极为紧张，稍微地休息很利于继续工作，而且他们注重生活的享受，绝不愿意因为工作而放弃吃饭的享受。犹太人注重饮食，更注重充分的休息，也注重享受。

其实对于犹太人来说，2000多年来，他们受到欺压和迫害，他们所希望的生活就是平平安安，可以好好地吃饭休息，现在这样的生活已经是很不错了，他们自然不愿意放弃这样的舒适和享受自己的生活。

他们注重自己的生活享受，美美地吃饭，使得他们的身体十分健康，可以让他们在繁忙的工作中保持旺盛的精力，不至于让紧张的工作压力把自己压倒。

连一向以工作狂著称的洛克菲勒也不在吃饭的时候谈工作，于是人们说："洛克菲勒只有在睡觉和吃饭的时候才不谈工作。"洛克菲勒在吃饭的时候从不谈工作，只是尽情地享用他的美食。这种良好的习惯，让他在90高龄的时候还能精力充沛地工作。洛克菲勒是当时世界上最为富有的人，也是所有商业大亨中最为高寿的一位。

让年轻人先发言

让年轻人去做事情，鼓励自己的新观点、新思维，拒绝僵化和保守，因为今天的世界是他们的。

"假如所有人都向同一个方向行走，这个世界必将倾覆。"一位犹太商人这样说。

在古代的犹太社区里，每到有事情商量时，大家就聚集起来讨论。但在讨论时，主持会议的老年拉比总是让一些年轻人先发言，接着再让那些有点资历和经验的人发言，然后大家自由地讨论和辩论，最后是年老的、富有权威的拉比根据大家的意见，进行公正的评价和总结，接着由他做出决定。

在《羊皮卷》里，也有这样的规定。在犹太法庭上，首先由年轻的法官发言，然后大家再依次发言。

这样在犹太人内部就形成了让年轻人首先发言的体制，这个体制让犹太人一直保持了新鲜的氛围。

如果年轻人发言感觉拘谨而羞涩的时候，他们的拉比就会热心地鼓励他们："真理面前是没有老少的，你和我都要听从真理的召唤。"结果有不少年轻人的发言

总是让大家感觉到新奇，他们朝气蓬勃的精神总是让在场的人感觉到火一般的热情。

为什么让年轻人首先讲话，《羊皮卷》有这样的讨论：

一个人对另一个人说："师从年轻人犹如什么呢？如同吃不成熟的葡萄，从酒瓮里喝酒；师从长者犹如什么呢？犹如吃成熟的葡萄，喝陈年的老酒。"而他的另一位同事则反驳说："不要看瓶子如何，而要看里面装的什么，新瓶可能装着陈酒，旧瓶也许连新酒也没有装。"

年轻人因为没有经过太多的世事，缺乏经验，因而显得幼稚，但他们绝少保守，相反，却富有对世界的美好憧憬和向往，尽管这些还显得过于浪漫和不现实。而老年人经历过了世事的一切已经变得十分现实，不会追求那些他们觉得不现实的事情。他们没有了激情，没有了奇特的想法，他们完全是靠自己的经验来判断。

著名的迪斯尼乐园是一个童话的世界，在那里诞生过许许多多可爱的小动物形象。如机智聪明的米老鼠、笨拙傻气的唐老鸭、活泼可爱的三只小猪、凶恶但是被捉弄的大灰狼。

迪斯尼原本在一家广告公司工作，后来辞去了该工作创办了一家动画制作公司，不久他们拍摄了动画片《艾丽斯漫游仙境》。这部片子吸引人的是里面既有一位天使般可爱的真人小姑娘，也有浪漫的、虚构的动画设计。这部片子一上市就引起了社会的轩然大波，电影公司的片约像雪片一样飞来。

接着，富有神奇想象力的迪斯尼又画出了一只名叫"沃丝娃尔托"的乖乖兔，一时间受到大家的热烈欢迎。

然后一个聪明淘气、粗心急躁的大耳鼠米奇被塑造了出来，借着当时一个叫查尔斯·林白的人乘坐飞机飞越大西洋的事件，迪斯尼让自己的童话人物米奇也在影片中乘坐着飞机，当老鼠米奇从飞机上向着蔚蓝的天空一跃的时候，各大剧场也场场爆满了。吝啬的电影评论家们也不得不对迪斯尼大加赞扬。

由于当时的电影还是无声的黑白片，动画片的设计者们设计的动画还是幼稚粗糙的，迪斯尼极为愤怒，他不能再让儿童生活在这样一个苍白的世界中，他决定给儿童们一个丰富的彩色世界。于是，《花儿与树》出来了，《三只小猪》出来了，

米老鼠、唐老鸭也走出来了，《白雪公主和七个小矮人》也出来了，这是世界上第一次可以让动画迷们过足瘾的长篇动画片。

几年之后，经过努力，他建成了迪斯尼乐园。这是一个童话般的世界，它不仅吸引孩子，也吸引了成年人，迪斯尼乐园成了西海岸所有游人必去的地方，后来还成了和金字塔、巴比伦空中花园等古代建筑并称的世界第九大奇迹。

让自己大胆地想象、让别人快乐地消费，成为迪斯尼一生的生活信条。正是他的想象和创意让他自己成为全美最富有的富豪之一。他的生命是辉煌的：20 岁的时候，他锋芒初露；当在他刚过 30 岁的时候，已经闻名全美了；在他 36 岁的时候，他已经闻名世界了。

这就是年轻人的力量，他们这样做就是保证了时常有新的招数和新的思维，可以在市场上总是让人有一种耳目一新的感觉。让年轻人去做事情，鼓励自己的新观点、新思维，拒绝僵化和保守，因为今天的世界是他们的。

没有个性就没有发展

不要把一种产品和其他产品混合，但为了提高品质，可以把度数高的葡萄酒倒入度数低的葡萄酒里。

没有个性，人家就会忘却你。个性化的策略、个性化的产品、个性化的管理，都是十分让人注意的东西。

《羊皮卷》是这样规定的："不要把一种产品和其他产品混合，但为了提高品质，可以把度数高的葡萄酒倒入度数低的葡萄酒里。"

看来，注重商品的品质，不仅是现在，早在远古时期，犹太人就意识到了。他们说，同一种作物会因为产地的不同、管理的差异而在品质上有所差别。因此，应对不同产地的同种作物进行区别，对各类商品进行分门别类，这样买卖才可以获得好的价格。

对于任何差别都应该注意，因为这些差别带来的是巨大的收益。要想尊重这些差别就要想办法推陈出新，以区别同类的物品，这样才能获利。

在这个竞争日益激烈的时代，唯有创新才能生存，才能在市场竞争中站稳脚跟，才能战胜对手。企业唯有创新，才能实现奇迹般地高速增长。否则，企业就会停滞不前，甚至亏损破产。在这一点上，犹太人是具有代表性的，他们总是出人意料、标新立异，在竞争中凭借新奇手段击败对手。

犹太巨富威尔逊在筹备他的旅馆的时候，就决定把自己的旅馆建成一流的旅馆。他在房间里使用了空调，这是当时世界上第一家有空调的旅馆。

每个房间都有电视。这样可以使外出旅游的一家人在饱览了沿途风光后，还能享受到有趣的电视节目，而不至于感到寂寞。他还为孩子们设计了一个游泳池，增加了不少照顾孩子的服务项目，甚至还设计了为旅客的小狗居住的免费狗舍……所有这些，在当时都是前所未见的。

房间里光线明亮、空气流通、色调柔和、温馨的居住环境让旅客充满了亲切的感觉。于是别人的旅馆冷冷清清，而他的旅馆却总是挤得满满当当。

威尔逊“假日客栈”的成功之处就在于突破当时一般的经营策略，勇敢地采用了最为先进的设备，针对“假日”这一项目，拥有了别人无法企及的特点和优势。

任何的东西都必须拥有个性，“个性才能生存”被各类企业一直验证为商界金律。

犹太人的观点是：商业的个性就是独有的经商理念、特殊的经营模式、因环境条件有异而不可相互简单模仿的销售品种和价格等要素的总和。

在犹太人看来，生意的成败往往取决于观念是否跟得上时代的潮流。在这个商品琳琅满目的时代，没有个性，就意味着面临被淘汰的命运。犹太人的矛盾就是他们外表很和善，但是他们灵魂是偏执和极端的，他们的思维方式是怪异的。

永不气馁

失败就是我们的学习曲线和经验曲线的自变量，只有经历失败，才会吸取教训和积累经验，为下一次成功做准备。

罗森沃德是全美最大的百货公司西尔斯——娄巴克公司最大的股东，他也是全

美20世纪商界风云人物。然而，这个做服装生意起家的富翁却也经历了许多创业时的失败与艰辛。

罗森沃德于1862年出生在德国的一个犹太人家庭里，少年时随家人移居北美，定居在伊利诺依州斯普林菲尔德市。

罗森沃德的家境不好，为了维持生活，中学毕业后，他就到纽约的服装店当跑腿，做些杂工。罗森沃德从年幼时就受犹太人的教育影响，这使他拥有了艰苦奋斗的精神。他确信凡人皆有出头日，一个人只要选定了目标，然后坚持不懈地往目标迈进，百折不挠，胜利一定会酬报有心人的。罗森沃德本着这种精神，十分卖力地赚了几百块钱。

"我要当一个服装老板。"这是罗森沃德的奋斗目标。为了实现这个目标，他除了在工作中留心学习和注意动态外，把全部的业余时间都用于学习商业知识，找有关的书刊阅读。到1884年，他自认为有些经验和小额本金了，决定自己开家服装店。可是，他的商店生意极为不佳，经营了一年多，把多年辛苦积蓄的一点点血汗钱全部赔光了，商店只好关门，罗森沃德垂头丧气地离开纽约，回伊利诺依州去。

痛定思痛，罗森沃德反复思考自己失败的原因。最后，他找出了缘由：服装是人们的生活必需品，但又是一种装饰品，它既要实用，又要新颖，这才能满足各种用户的需求。而自己经营的服装店，没有自己的特色，也没有任何新意，再加上自己的商店未建立起商誉，没有销售渠道，那是注定要失败的。针对自己出师不利的原因，罗森沃德决心改进。他毫不气馁，继续学习和研究服装的经营办法。他一边到服装设计学校去学习，一边进行服装市场调查，特别是对世界各国时装进行专门研究。一年后，他对服装设计很有心得，对市场行情也看得较为清楚。于是，决定重整旗鼓。他向朋友借来几百美元，先在芝加哥开设一间只有10多平方米的服装加工店。他的服装店除了展出他亲自设计的新款服式图样外，还可以根据顾客的需求对已定型的服饰改进，甚至完全按顾客的口述要求重新设计。因为他的服装设计款式多，新颖精美，再加上灵活经营，很快博得了客户的欣赏，生意十分兴旺。两年后，他把自己的服装加工店扩大了数十倍，并把服装店改为服装公司，大批量生产各种时装。从此以后，他的财源广进，声名鹊起。

作为商人，面对失败，就应该像爱迪生面对失败那样坦然而绝不气馁。爱迪生一生有上千项科技发明，当有人问他经过许多次试验却失败时是否会感到心灰意冷，他回答说："不，我抛弃了错误的试验，重新采取别的方法，绝不沮丧！"

的确，面对失败，一定要记住，不应气馁！现代管理学的说法就是：失败就是我们的学习曲线和经验曲线的自变量，只有经历失败，才会吸取教训和积累经验，为下一次成功做准备。

二十、崇尚节俭

惜爱硬币而成就事业的犹太小伙

老子有言："合抱之木，生于毫末。九层之台，起于累土。"这句话就是想告诉我们：任何事情的成功都是逐渐积累起来的。财富的概念，是有很多的金钱，但是这些金钱并不是凭空而生的，这就需要我们长期的积累。燕子在筑巢时，会四处找寻筑巢的树枝和泥土，然后逐渐地积累起来，方能建造一个舒适的窝。金钱的积累也是一样，只有慢慢地、锲而不舍的累积，才能够积攒成庞大的财富。

犹太民族是一个很聪明的民族，他们懂得如何去积攒财富。他们不会因为金钱少而不放在心上，他们有一个很好的金钱观念。少的金钱慢慢地积攒起来，就会变成很大的一笔钱。

有这样一个小故事：

有两个小伙子一起去找工作，他们一个是英国人，而另外一个是犹太人。他们走在街道上，看见前面的路上有一枚硬币。英国青年觉得因为一枚硬币而让自己弯腰，是一件很不值得的事情。而犹太青年却是激动地跑了过去，捡起这枚硬币，擦了擦放进了口袋里。英国青年看到犹太人去捡硬币，很看不起他，心想：连一枚硬币都捡，真是白痴！犹太青年望着远去的英国青年的背影，心里暗暗地说：让钱白白地从身边溜走，真是白痴！

这两个年轻人同时走进了一家公司。这家公司的规模很小，工资也很低，而且工作的任务量非常大。英国人很是看不起这一点儿工资，于是很不屑的就走了。而犹太人看见这家公司很高兴，他想，我终于可以赚钱了，于是就留了下来。过了两年，这两个年轻人又在街上相遇了。此时的犹太人已经有了自己的公司，成了一个老板，而英国青年还在苦苦地找寻着工作。

“像你这样连一枚硬币都捡的没出息的人，怎么会当上老板了呢?”英国人很不解。

犹太青年回答他说：“像你那样连一枚硬币都不要的人，怎么会得到大量的财富呢?”

这个英国青年并不是不要一枚钱币，他只是把眼光放得高了一些，想得到的是大钱而不是小钱。可是，他忘记了，大钱正是由这些一个个的小钱积累起来的。一个不懂得从小钱开始积累的人，是永远也不会拥有大的财富的。

“冰冻三尺非一日之寒”，我们的财富想要变得巨大，也需要我们坚持每日的积累。荀子曰：“不积跬步，无以至千里；不积小流，无以成江海。”若是不在乎那小小的一步，又怎会行遍大江南北呢？滴水穿石，也是靠日积月累得来的。水滴的力量固然微小，但是，它有每日坚持不懈的恒心，最终将石头击穿。我们积累财富亦是如此，也许一枚硬币是微小的，很多人都看不起它，但是每天存起一枚硬币，那一年之后也是一个庞大的数目。犹太人从消费、生活等各个方面进行节约，认为节约是生财之道，理财之方。

犹太人的富裕，在于他们有节约的生财之道。节约不代表吝啬，犹太人的理财方法就是尽量避免把金钱花在那些没有用的地方，每花一分钱，都要让这一分钱发挥100%的价值。犹太人正是因为有了积累财富的好习惯，才能成就非凡的事业。

每月存10000美元的哈罗德

犹太人爱惜金钱，他们会把自己的钱财一分一分地存起来，这样看似很简单，但是存钱也不是一件容易的事情，这就需要有恒心、有毅力并且有自我控制的

能力。

在犹太人中，有一个叫哈罗德的小伙子，他是一个经营小餐馆的商人。有一次，哈罗德经过麦当劳，看到里面人潮涌动的场面，心里就想：这里面要有多大的利润啊，若是我也代理一家这样的快餐店，那利润肯定很可观。

于是便去找麦当劳总部的负责人，向他说自己想代理一家麦当劳。可这位负责人告诉哈罗德，想要代理麦当劳必须要付 200 万美元才可以。

哈罗德没有那么多钱，于是他就想，若是我每个月都存下 10000 美元，那么 200 个月以后，我就可以开一家麦当劳了。从那天开始，哈罗德每个月都会将自己的收入存起来 10000 美元。他怕钱在自己的手中花掉，于是就在每个月的 1 号，将钱存起来，然后再规划自己的经营费用和日常的开销。

一转眼，六年过去了，哈罗德依旧坚持着每个月 1 号将 10000 美元存入银行，六年来从未间断过。银行小姐每个月 1 号都见他来存钱，甚至是下大雨也会如约而来，就很奇怪。哈罗德告诉这位银行小姐他想代理麦当劳，但是钱不够，所以才存钱。银行小姐被他的坚持与恒心打动了。

但是六年的时间他只存了 72 万美元，距离 200 万美元还差很多。于是他又去找麦当劳的负责人威尔逊先生，向威尔逊先生讲述了自己六年来的存钱经历，并希望威尔逊先生能够将麦当劳的代理给他做。威尔逊听完他讲述的一切，深深地被他的执着打动，但是他还是想去银行打听一下哈罗德说的是否是真实的。于是他到银行问银行小姐，认不认识一个叫哈罗德的人，银行小姐笑着告诉他："当然认识，这个人想代理麦当劳，每个月 1 号都会过来存 10000 美元呢，就连下大雨也没间断过，还真是不简单啊！"

威尔逊听完后，认为哈罗德是一个可造之才，当即就将麦当劳的代理权交给了他，哈罗德实现了自己的目标，开了一家麦当劳店。

正是哈罗德每月坚持不懈地存 10000 美元，六年后终于感动了威尔逊先生，成就了自己的梦想。

可见，存钱不一定要注重每次存多少，而是贵在坚持。若是只在第一个月存很多钱，但是不坚持下去，那么你的富有程度也仅限于第一个月存的金额数目。若是

每个月不存很多，但是长期坚持下来，那么你的富有程度每个月都会增加，直至你越来越富有。

人生就像是一场马拉松比赛，只有那些有恒心有毅力的人，才能冲刺到终点，得到最丰厚的奖赏。愚公每日移动一块石头，长久下去，也会将大山移平。精卫每日向大海里投一块石头，长此以往，大海也会变成陆地。我们每天攒下一分钱，很多年之后，也会有一笔不小的财富。顽强的毅力既然可以移山、可以填海，那么也可以从芸芸众生中筛出成功的人。

坚持不懈，仅仅有决心是不够的，同时也需要我们有自我控制的能力，这就需要我们有很好的自制力。当我们想存钱时，就一定要管好自己的腰包，若是无度的挥霍，那自己存的钱就一定会被取出来，到头来还是一分钱没有存到。既然要存钱，就要控制住自己，存的钱不可以轻易地再取出来，这样久了才能存到属于自己的财富。

不把车停在贵宾区的比尔·盖茨

从古到今，节俭一直是中华民族的传统美德，我们在生活中节俭，可以使生活变得更好。同理，在理财时若是也崇尚节俭，那么我们的财富会越来越多。

若是你想成为富人，那就要从小事做起，从小的数目节俭，即使是每天节省1块钱，那一个月就是30块钱，一年就是365块钱。不要看这个数额小，也许一年365块钱对很多人来说不算什么，但是，人的一生不仅仅是一年而已，我们要活好几十年，这样每天节省1块钱，到了老年时期，我们就会有一笔不小的财富。

比尔·盖茨

对于理财节俭这方面，比尔·盖茨就做得很好。他懂得如何制造财富，同时更懂得

如何保持这些财富。能节省的绝对不会浪费，这就是比尔·盖茨的理财之道。

比尔·盖茨虽然是世界首富，但是他的着装十分的简朴，外出乘飞机时，也从来不坐头等舱，只坐经济舱而已。有一次，比尔·盖茨约了朋友出来见面，但是他来晚了，饭店的停车场此时已经停满了车。服务生建议他把车停在贵宾区，比尔·盖茨听后就是不同意，因为贵宾区比普通区的价格要昂贵，他觉得把车停在贵宾区实在是一种浪费的行为。

不一会儿，比尔·盖茨的朋友来了，看见比尔·盖茨不肯将车停在贵宾区，就对他说："没关系，停车费我来付。"比尔·盖茨还是不同意。他说："我并不是缺这些钱，只是觉得把车停在那里没有必要，那是一种浪费。就算是你帮我付的停车费，但是浪费的本质却没有改变。我们为什么要白白地花费那些不需要花的钱呢?"

在现如今的社会中，节俭是一种高尚的品质，它不是吝啬，不是小气，而是我们理财的一种手段。没有财富的人需要节俭，因为它可以创造财富；拥有财富的人更需要节俭，它可以让你的财富更持久。节俭是一种美德，若是我们将它丢了，那就是丢掉了我们致富的法宝，永远也实现不了致富的梦想。

很多时候，我们不光是有钱就可以了，我们还要学会花钱。我们手里的钱就等于是我们的资本，若是一口气全花光了，那我们的资本就没有了，剩下的只有负债。若是我们很好地利用这些钱，让它们充分地发挥其所有的价值，那么资本就会再生资本，而我们也会变得越来越富裕。

我们的金钱是有限的，这就需要我们不乱花一分钱在那些没有价值的东西上。钱不是从天而降的，这需要我们去奋斗而得来。所以我们更应该节俭，不让自己的汗水付之东流。

比尔·盖茨在他50岁生日那天，对很多记者说："他名下的巨额的财产并不会留给自己的儿女。"很多年以前，比尔·盖茨在全世界掀起了计算机狂潮，而如今，他又和妻子梅琳达一起掀起了慈善事业的革命，他们夫妇把减少全球医疗和教育的不平等当作人生目标。

盖茨夫妇曾经向媒体表示，在他们的一生中，要将他们95%的财富都捐出来，为了能够让被捐助的人真正地受到帮助，比尔·盖茨与他的夫人认真地管理基金会

的每一笔外捐款。在比尔·盖茨夫妇的带领下，巴菲特也宣布将名下价值370亿美元的股份捐给5家慈善基金会，而其中有83%的财产是托付给了盖茨夫妇所管理的基金会。巴菲特曾说过这样一段话："我们不会培养出拥有巨富的子女。他们将来也许会变得富裕，但绝不是依靠这种世袭财富的方式。"

有一句名言说："克勤于邦，克俭于家。"这句话就是告诉我们，在生活中，我们要事事节俭，不要骄奢淫逸。理财之道亦是如此，若是不在小的事情上节俭，又怎会创造出大的财富呢？

辛尼加曾经说过："节俭本身就是一个大的财源。"事实也是如此，节俭可以为我们省下不少财富，更可以帮我们养成好的习惯。一个不懂得节俭的人，只会在致富的路上迷失方向，最终也不会走出来。所以，节俭是通往财富的必经之路。

爱惜钱财的犹太人

有这样一种说法："犹太人是吝啬鬼。"这个说法的由来是有一些依据的，但不得不说，这个说法存在着一定的曲解性。犹太人大部分都是经商的商人，而对于大多数商人来说，对物品的斤斤计较与对金钱的分分毫毫都有着敏锐的价值观，这也可以说是他们对金钱的职业本能。作为犹太商人，都有着爱惜钱财的天性。

因背景不同，所处的职业地位不同，所以犹太人对金钱也有着不一样的看法。

有些犹太人认为"赚钱不难，用钱不易"，这些人是只注重怎样花钱的人。赚钱有时候真的不难，但是要看你怎样将这些钱花掉，并且花的有价值。也有些犹太人认为"金钱可能是不慈悲的主义，同时也是能干的庸人"。这样的人就是实实在在的投资者，他们把金钱视作工具，用这些工具去创造另外一笔财富。还有一些犹太人认为："金钱虽非尽善尽美，但也不致事物腐败。"在这些人的心中，金钱并不是万能的，但也是生活的必需品。

犹太人的这些观点，确确实实反映出了他们对金钱独有的观念。他们并不是拜金主义者，只是爱惜钱财罢了。所以，有人说犹太人吝啬，有人说犹太人拜金，而犹太人自己却完全不管外人是如何评论的，只是一心一意地赚自己的钱财。

犹太人对金钱有着很深的喜爱之情，因为他们认为，只要你对金钱有爱惜之情，那么金钱就会爱惜你，会心甘情愿地跑进你的口袋。

他们除了爱惜钱财，更懂得如何妥善地保护自己的钱财。他们会很努力地赚钱，但是生活中却是很节俭，从不会乱花一分钱。这就是他们的保护措施，在现代我们叫它“开源节流”。“开源”，是开发水源的意思，而“节流”，是指节制水流。开发水源却要节制水的流出，这就与犹太人收入增多却要节省开支是一样的。

犹太人对金钱有着不同的观念，而这也是犹太人致富的奥妙之一。曾经有一个发生在美国洛克菲勒财团创始人身上的有趣故事：洛克菲勒在刚刚参加工作的时候，他的经验很少，所以收入也是很少。他想发财，但是却没有好的方法。直到有一天，他闲来无事看报纸，正巧看到报纸上发出一条出售《发财秘书》一书的广告。洛克菲勒非常的兴奋，马上就跑去书店，将这本书买回了家。可是当他打开一看，书内就只有两个字——“勤俭”。这使洛克菲勒非常失望。

在看完那本书后，洛克菲勒的思绪非常混乱，他甚至晚上睡不着觉，只是在思考那本书主要想说什么。他一开始只是认为自己受骗了，一本书内只有两个字，又怎么会说成是“发财秘书”呢？他越想越气愤，甚至想要去法院起诉他们。但是后来冷静地想了想，又觉得这本书说得十分有道理。的确，要是想发财，就要在平时勤俭节约。

就在这一刹那，洛克菲勒突然明白了书中的意思。从此，他把自己的钱存起来，并开始拼命地工作，只为了使自己的收入增加。就这样又过了五年，洛克菲勒将积攒的钱全部用于经营，最终，成了美国赫赫有名的大富豪。

犹太人爱惜钱财的方法就是勤俭，一方面他们拼命地工作，千方百计地想要赚钱；而另一方面是不去支付那些不必要的开支。

萨尔诺夫是一名在俄国出生的犹太人，在他9岁的时候，跟随着父母移居到美国。因为家境贫苦，他在上小学的时候，就利用假期的时间给人家当童工赚钱。在他小学毕业前，父亲因为积劳成疾而与世长辞，而只靠母亲挣钱是无法维持家用的，于是他只好辍学去打工，以补贴家用。

面对这样的陌生局面，萨尔若夫没有半句怨言，他非常勤奋地工作，尽自己最

大的努力去赚钱，用自己赚来的钱养活一家人，并且还会省下一些钱买书来看。很幸运的是，他在一家店面找到了一份送电报的工作，看着先进的电报技术，他发誓一定要掌握它，并且以后要当这个行业的老板。

正是这个决心，支持了萨尔诺夫10年。在这10年里，他努力地工作，并把自己的工资最大限度地节省下来。因为白天要工作，所以他报了一个晚上的电工夜校去学习。终于，他的努力获得了老板的认可。

1921年，老板将萨尔诺夫任命为“美国无线电公司”的总经理。此时，萨尔诺夫已经40岁了，他在这个行业开始大展拳脚，最终成了美国无线电行业的重要人物。

犹太人的爱惜金钱，并不仅仅是节俭，也在于他们从不会舍弃掉任何一个赚钱的机会，即使是一分钱，他们也会将它得到。也正是他们的这种对待金钱的态度，成就了他们的致富之路。

50美分都要节约的汽车大王福特

很多富人都想将自己的子女培养得独立自主，想让他们了解真正的致富之道，而不是一味地继承遗产，所以，富人们并不会将自己的财产留给后代，而是让后代们用自己的双手去创造属于自己的真正财富。

有时候，很多子女就会问这些富人：致富的秘方是什么？而这些富人回答的也很简单：节约就是富有。其实，富人与穷人最大的区别就在于富人的钱更多一些，然而这些多出来的钱是怎样来的呢？当然，这与平时的节俭是分不开的。

银行家斯图亚特曾经说过：“在经营中，每节约一分钱，就会使利润增加一分，节约与利润是成正比的。”很多富人之所以成为富人，就只因为他们有节俭的习惯；而很多穷人之所以是穷人，是因为他们花起钱来总是很慷慨大方，最终他们还是一贫如洗。就像斯图亚特，在他建立了庞大的商业帝国时，他的节俭习惯仍然持续着，把节俭当作是一种商业的智慧。因为他知道，仅仅富有是不够的，还要学会怎样让自己的富有长久持续下去。

世界上最富有的人群莫过于犹太人了，而犹太人也曾明确指出："不能珍视小钱的人必不能成就大业。"上帝是公平的，每个人都有致富的机会，主要看你会不会把握住机会。不要看不起小钱，没有最初的小钱，又怎么会去制造大的财富。

有一个报社的小记者，他非常敬佩汽车大王福特，并且很想采访福特，想了解他的成功经验。有一次，这个小记者在饭店与朋友一起吃饭，突然看见福特从一个包间里走出来，同时走出来的还有其他的企业家。

这个小记者很想上前打招呼，但却看见福特拿着账单向一位服务生走了过去，这个小记者便想看看福特要做什么。只见福特对这个服务生说："麻烦你再算一下，看看是不是出现了点儿误差。"这个服务生快速地浏览了一遍账单，很肯定地对福特说："福特先生，这个账单没有算错啊，您先别急，您再算一下。"

没想到，福特真的就站在柜台前算了起来。而此时福特的朋友已经走到门口了，但是福特却依旧算着账单。服务生看见福特如此认真，便对福特说："这个账单上多收了您50美分，因为我们今天的零钱太少了，所以便凑了个整数，但是我想，像您这样的有钱人应该是不会在意这50美分的。"

福特抬起头，很正经地说："我想你错了，我是非常在意的。"服务生很尴尬，但是他给自己找了一个理由："那福特先生，这50美分就算您给我的小费吧。"福特说："小费我已经付给您了，其中并不包括这50美分，所以，这些钱您应该找给我。"

小记者看着福特拿完钱走远了，并未上前去追赶，因为他已经从福特的一举一动中了解到了成功的经验。那就是财富是一点一滴积累起来的。

事情不论大小，都需要我们关注，金钱无论多少，也不应当随意挥霍。犹太商人就从来不会挥霍，他们往往并不在意自己是多么富有，但是他们很在意浪费的每一分钱。犹太人很注重节俭，就算是宴请宾客，也只是遵循吃饱吃好的原则，他们不会在意排场，更不会因为自己的面子而乱花钱。

每一个犹太人心中都有一本节俭的账。他们认为，每天节省一美元，那么当自己老了的时候，就是一个百万富翁。所以他们宁愿在年轻的时候崇尚节俭，努力省下一些钱，也不愿在年迈的时候还四处奔波。

犹太人崇尚节俭，但并不代表他们很吝啬。他们只是认为节俭是一种致富的方法，但也并不是在一切事情上都节俭，他们会把钱用在该花的地方，杜绝一切浪费金钱的行为。

犹太人就是在这些一点一滴的小事上积攒起自己的财富，也正是这一点一滴的小事，才能看出犹太人的致富之道。

因为节俭而富足的犹太人

很多人都会奇怪犹太人为什么这样富有，有些人认为是犹太人的智商太高，而自己的智商又太低了。其实不然，一个高智商的人的智商并不比正常人的智商高出多少，而犹太人之所以那样富有，并不只是单纯的智商关系。

犹太人之所以富有，是因为他们有自己的致富方法。同样是一分钱，也许我们花这一分钱只能得到半分钱的回报，而犹太人则不同，他们每花一分钱都会慎重考虑，花这一分钱能得到的利润是多少。他们不做亏本的买卖，若是花一分钱而得到的价值不够一分钱，那他们就会放弃，绝不会让这一分钱白白浪费，即使是浪费一毫一厘也不可以。这就是犹太人的等价交换原则。

有一个犹太人开了一家熟食店。有一天，一个法国人问这家熟食店的老板："为什么你们犹太人这么擅长理财呢?"这个犹太人老板说："这个答案很简单啊，因为犹太人喜欢吃鲱鱼。"法国人信以为真，于是每天都来这家熟食店买鲱鱼。过了几天，这个法国人怒气冲冲地来到这家熟食店，进门后就和犹太人老板吵了起来："别人家的鲱鱼才卖3法郎，你为什么要卖5法郎，你竟然欺骗我。"犹太人老板笑了笑，说："你现在不是已经会理财了吗?"

犹太人就是这样将自己的钱财管理好的，从不让钱财没有价值地从手里溜走。另外，犹太人还喜欢精打细算。在他们的观念中会有一个比较，买东西前也会先上网查一查，哪一家的性价比最高，绝不会无缘无故地花冤枉钱。而犹太人的这种习惯，就是平日的节俭，绝大部分犹太人的财富与节俭是分不开的。他们崇尚节俭，对他们来说，节俭是一种智慧，也是一种敛财的手段。我们称犹太人的这种致富方

法为节俭法。

有一天，犹太人哈德走进了一家银行，他来到贷款部，贷款部的经理连忙上前问道："先生，有什么要帮忙的吗?"

"我想借些钱。"哈德回答道。

"那么先生，您要借多少钱呢?"这个经理问哈德。

哈德想了想，说："1 美元，可以吗?"

这个经理有点儿不相信，就反问道："您只需要 1 美元吗?"

"是的。"哈德很有礼貌地回答。

经理说："其实，只要您有担保，多借点儿也是没有关系的。"

哈德从自己的包里掏出了很多珠宝，对这个经理说："这是价值 50 万美元的珠宝，这些担保够吗?"

"当然够了，先生。"经理把 1 美元交到哈德的手里，说："年息是 6%，只要您在一年后将利息和本金归还，我们就会将这些物品还给您。"

"谢谢。"哈德说完后便走出了银行。但是旁边的行长心里很纳闷，于是便追出去问哈德："先生，请您等一下，问您一下，您有价值 50 万美元的珠宝，为什么只借 1 美元呢?"

哈德对这个行长说："哦，是这样的。我之前也去过几家金库，但是他们的租金都太昂贵了，您这里的租金相对于那边的保险柜来说，实在是太便宜了，一年才 6 美分。"

也许对很多人来说，上面的故事只是一个笑话，但是我们深究起来，这就是犹太人的致富秘方，他们会想尽一切办法让自己花的钱有价值。在犹太人的理财观念中，一不等于一，而是大于一。他们会用自己原本的财富创造出大于自己的财富。

犹太人生活节俭，并不代表他们会让自己过得很不舒服。恰恰相反，他们会尽最大的努力让自己的生活变得舒适。他们偶尔也会奢侈，但这种奢侈永远会和精打细算相平衡。犹太人很注重享受，但是他们会选择花费最少但是又很舒适的享受。这就是犹太人，在他们的手中，一分钱往往能够体现出你意想不到的价值。

正因为犹太人有着"慎重花钱"的消费习惯，才令他们想尽办法将一分钱的作

用充分地展现出来，这也就变成了世人眼中的聪明举动。也可以说，犹太人的高智商，来自平时对金钱的爱惜与节俭的好习惯。

《塔木德》一书中说：“节约是生财之源，节约是理财之方。”犹太人的节俭也正是他们善于理财经验的精髓部分。

从小就培养孩子节约意识的犹太人

犹太人的理财观念并不是天生的，而是源于他们后天的教育。犹太人从小就对孩子们的教育很看重，在孩子很小的时候，父母就会告诉他们，什么钱该花，什么钱不该花，也就是从小建立起他们的节约意识。

犹太人的父母从小就会告诉他们的孩子，节俭并不是吝啬，只是花钱有道而已，他们会告诉自己的子女，不要在意别人的眼光，只要做自己认为正确的事情就好了。他们会从小培养孩子的价值取向，让他们学会思考，学会自己判断金钱的利用价值。这些，和别的国家的教育方式是不同的。

一个中国的孩子对妈妈说：“妈妈，我想要一架钢琴，可以买给我吗？”

妈妈回答说：“孩子，我们家没有那个闲钱啊，等以后再说吧。”

中国的孩子听了妈妈的话，就会理解为：我们家里现在没有钱，必须要省吃俭用，但是有了钱，就不必这样了。于是，等以后家里富裕了，这个孩子花钱就会大手大脚。

而犹太人的教育与中国人完全不同。

犹太人的孩子对妈妈说：“妈妈，我可不可以买一架钢琴？”

妈妈会说：“可以，但是你觉得买一架钢琴对你真的十分有用吗？钢琴是很贵的。买了你真的会弹吗？”

犹太人的孩子听了妈妈的话，就会思考，这架钢琴对我真的很重要吗？价格这样贵，我买它很值吗？结果分析完以后，就会发现，钢琴对他来说是可有可无的，可以暂时先不买。

除了让孩子自己思考以外，他们还会从健康方面灌输孩子省钱的方法，例如灌

输孩子坚决不吸烟的思想。他们会告诉自己的孩子，吸烟有害健康，并且烟的价格不是很便宜，若是每日都吸，那和吸钱没什么两样，等老了之后你们就会发现，这一生中因吸烟会花掉 40 多万美元，并且还会污染自己的肺。

此外，他们还会告诉自己的孩子，最好不要吃垃圾食品，因为那些食品没有营养，并且会浪费掉很多钱。他们会教自己的孩子积少成多的思想，并叫他们从 15 岁开始，每天节约 1 美元，等老了以后，就会看见一笔很大的财富。

犹太人的节约意识，就是从小时候开始一点一滴地灌输进他们的脑袋里的，等到他们长大之后，就自然而然地形成了节约的意识。

犹太人会从小教孩子怎样制造财富，告诉他们如何让金钱发挥大于金钱本身的价值。在犹太人中，有这样一则小故事：

有一天，一个犹太财主将他的财产托付给三位仆人保管与运用。他给了第一位仆人 5 个金币，第二位仆人 2 个金币，第三个仆人 1 个金币。犹太财主告诉他们，要好好珍惜并妥善管理自己的财富，等到一年后再看他们是如何管理钱财的。

第一位仆人拿到这笔钱后进行了各种投资；第二位仆人则买下原料，制造成商品出售；第三位仆人为了安全起见，将他的金币埋在树下。一年后，地主召回三位仆人检查成果，第一位及第二位仆人所管理的财富皆增加了一倍，财主甚感欣慰。唯有第三位仆人的金币丝毫没有增加，他向主人解释说："唯恐运用失当而遭到损失，所以将钱存在安全的地方，今天将它原封不动奉还。"

犹太财主听了大怒，并骂道："你这愚蠢的仆人，竟不好好利用你的财富。"

对于很多人来说，节俭不过是口头上的标识，而真正落实行动的又有几个人呢。就像犹太人这样，从小培养节俭的意识，以自身的行动作正确的向导，引导他们的孩子走向致富之路，这才是真正的教育。

犹太人会教育孩子要节俭，但不是教育孩子不享乐。他们会告诉自己的孩子，在什么情况下节俭，在什么情况下可以享受，享受的同时也要思考，享受用的金钱是否能够达到享受的目的，这样思考下来，可想而知，他们的头脑便会越来越灵活。

现金至上的犹太富商凯尔

犹太人在经商时，都钟爱现金主义。他们很少将金钱存进银行，而是存在自己的保险柜里。也许有些人不理解他们为什么这样做，甚至会笑话他们不懂得赚取银行的利息。但是犹太人依旧坚持自己的现金主义。

有一个犹太富商叫凯尔，他有上亿美元的资产，但是他却很少把钱存进银行里，他总是将自己的资产存进保险库。

有一个日本富商对他的这种做法很不解，于是就过来问他："凯尔先生，对于您不将金钱存进银行这种做法我很困惑，银行里有高额的利息，你为什么不去赚取那些利息呢？您不觉得把钱存进银行心里会踏实些吗？因为那是生活的保障啊！"

凯尔先生回答他说："若是把钱存进银行，就会觉得生活有了保障，但是，当储蓄的钱越来越多了，心理上的保障程度也会随之变高，这样，就永远都不会得到满足。把自己能够用到的钱永远束缚在银行内，那么自己赚钱的机会就会减少，自己的经商才能也会无用武之地，仔细地想想，若是只靠银行的利息使自己富有，那将是一个多么漫长的过程啊！"

日本商人觉得凯尔的话不正确，但是也没有纰漏，就对凯尔说："以您的意思，就是说您很不赞同储蓄了？"

"当然不是，"凯尔继续说道，"我并不是反对储蓄，只是反对把储蓄当成爱好。在需要用这些钱的时候，却不拿出来，这样就会白白流失挣取钱财机会，用自己的钱去投资，远远比银行利息赚得要多。我反对存死钱的行为，相对于将钱困在银行里，我更喜欢用这些钱去冒险。"

凯尔并不将钱放在银行里，而是让金钱流通出去，让金钱发挥应有的价值，这才是真正的用财有道。

犹太人经商，很注重自己的利润，存款对于他们来说无关紧要，重要的是能够用自己手中的现金去创造更多的财富。他们之所以不会将金钱存入银行，是因为他们并不看重银行的利息，他们用自己的头脑将钱财灵活地运用起来，而且他们有自

信能够用自己的钱财创造更多的财富。

我们做生意肯定要有本钱，但是本钱的金额是有一定限度的，若是一个企业只是将自己的本钱存入银行，靠利息来维持公司的运转，那这就是个失败的企业。企业的资金是靠它们不断地周转而得来的，只有这样的周转、投资，才能把营业额做大。

在犹太人看来，一个人会不会经商，只要看他们对自己钱财的做法就可以了，有智慧的人会把自己的钱财利用起来，以换取更多的财富；愚蠢的人才会将自己的钱存起来，用利息来换取金钱。

美国著名的汽车专家曾经说过："在私人公司里，追求利润并不是主要目的，重要的是如何把手中的钱用活。"很多小企业应该都会明白这个道理，但是他们却始终没有勇气去放手一搏，因为他们害怕投资失败了，所有的钱财都会随之而去，所以，他们选择将钱财存入银行，认为这样会更安全，最终这些钱也不会派上大的用场。而大企业的做法是，把自己的金钱妥善地管理起来，加快资金的流通，让自己的金钱在商业上发挥应有的作用。这也是为什么大企业会越发展越壮大的原因。

商业不是一成不变的，它是一个不断增值的过程。所以，在商业中的钱财也要不断地滚动起来。犹太人在经营方面也有他们自己的原则：没有的时候借，有的时候还。他们不会扭扭捏捏地向别人伸手借钱，他们认为不敢借钱的人永远也不会发大财。攒钱是他们最不认同的方法，他们认为只有穷人才会攒钱，而且会越攒越穷；富人的思维是将自己的钱滚动起来，这样才会越滚越富。

犹太人不让自己的资金作为存款的做法，也是他们管理资金的一种秘诀。他们能够很好地让自己的资金流出，再流入，而资金回来的同时，也会携带着不小的利润。

二十一、修炼自己的口才

用智语攻穿对方心理防线

1. 从对方最热心的话题切入

犹太商人认为，在谈生意时，要想与对方畅通无阻地交流，就必须找出对方的兴趣所在，从对方最热心的话题切入，因为共同的爱好能够让人走到一起。

在犹太商人看来，生意场上虽然有些交谈需要直截了当地切入正题。比如，对方已经知道你的来意，或者彼此已经约定了这次交谈的内容，那就不必要说很多题外话。但是，在很多场合，交谈进入正题前是需要进行一些准备工作的，特别是当你需要通过你的交谈对象达到一定目的，且需要你去说服对方时，如果突然地将交谈切入正题，很可能会遭到对方一口回绝。

在这样一些场合，如果你不急于将交谈转入正题，而是说一些有关对方感兴趣的题外话，然后再将对方引入正题的交谈，结果可能会完全不一样。

巴黎有一位叫巴哈尔的犹太商人，经营一家高级葡萄酒公司。他想把自己的葡萄酒推销到巴黎一家大饭店。于是，他一连 4 年都给该饭店的老板克莱恩打电话，还去参加了克莱恩出席的社交聚会。他甚至在该饭店住了下来，以便成交这笔生意。

巴哈尔的这些努力都是白费心机。克莱恩很难接触，他根本就没有把心思放在巴哈尔的葡萄酒上。巴哈尔苦苦思索，最后找到了症结所在。他立即改变策略，去寻找克莱恩感兴趣的东西，以便投其所好攻克难关。经过一番细致的调查，巴哈尔发现克莱恩是一个叫作“法国旅馆招待者”组织的骨干会员，最近还被选为主席，对这个组织极为热心。不论会员们在什么地方举行活动，他都一定到场，即使路途再远也并不影响他的出席。

第二天，巴哈尔再次见到克莱恩时，开始大谈特谈“法国旅馆招待者”组织，

这位老板马上做出令他吃惊的反应，当即滔滔不绝地跟巴哈尔热情交谈起来。当然，话题都是有关这个组织的。结束谈话时，巴哈尔得到了一张该组织的会员证。在这次会面中巴哈尔丝毫没提葡萄酒之事，但几天以后，那家饭店的采购经理就打来了电话，让巴哈尔赶快把葡萄酒样品和价格表送过去。

事后，巴哈尔不无感叹地说："在商业活动中，商人必须跟着客户的兴趣走，投其所好，对客户最热心的话题或事物表示真挚的热心，巧妙地引出话题后，应多多应和，表示钦佩，这对做生意非常有利。"

在犹太商人看来，谈话没有趣味性、共同性是无法进行下去的。对人说话，应该投其所好。能够投其所好，你的话才能在对方心中发生作用，反之，则不会产生效用。

犹太商人为了要和客户之间培养良好的人际关系，总是尽早找出共同的话题。最有效的方式就是询问，在不断的发问当中，他们很快就可以发现客户的兴趣。犹太商人经常拿高尔夫球具、溜冰鞋、钓竿、围棋或象棋、天气、季节、新闻、股票、体育、影视、文学、曲艺、商业等作为话题，靠长年的经验积累，他们对不同的人都有什么样的兴趣和话题多多少少知道一些。打过招呼之后，谈谈客户深感兴趣的话题，等气氛缓和一些后，再接着进入主题，往往会比一开始就立刻进入主题效果要好得多。

2. 在对方的虚荣心上下功夫犹太商人在谈生意时，总是习惯地逢迎对方的虚荣心去说一些奉承话。在他们看来，当人们听到他人对自己引以为荣的事情称赞时，往往会心情愉快，对所谈的话题感兴趣，愿意继续交谈，渐渐地放松戒备心和敌意，在自我陶醉中迷失自我。

下面是犹太商人如何让顾客满心欢喜而又不知不觉地促成生意成交的一个情景。

一位身材高挑的年轻女子在犹太人阿布巴卡的服装商店试衣服，试了几件衣服，不是这儿鼓起来，就是那儿紧巴巴的，都不合适。阿布巴卡凭经验觉得，问题出在她没有挺直身子。于是在一旁对她说："这些衣服看来不是有些大就是有些小，把您娇美的身材给遮住了。"

年轻女子一听，直起身来重新在试衣镜中打量自己。这时情形发生了变化：年轻女子发现自己挺立的身躯看起来那么令人赏心悦目，那些难看的鼓包和皱褶都不见了，线条和轮廓也显现出来了。

阿布巴卡看得出，她喜欢这件衣服。“真漂亮！”阿布巴卡赞许地说，“你喜欢这一件吗?”“是的，它使我苗条多了，啊，真的，我好像减轻了两三公斤体重。”年轻女子惊奇地说。

聪明的犹太商人与人谈生意的诀窍就是谈论他人最引以为荣的事情，他们对人的心理揣摩得非常透彻：恭维话人人爱听，对人说奉承话，如果恰如其分，他一定十分高兴。越是傲慢的人，越爱听奉承话，越喜欢受人奉承。说奉承话是商人的一门重要功课，艾特森就是凭着一张妙嘴赢得了一笔笔大生意。

美国大富翁伊斯特曼决定要在洛加斯达城捐造“伊斯特曼”音乐学校及“凯伯恩”剧院用以纪念他的母亲。纽约辛纳格座椅制造公司的老板，即后来成为著名犹太商人的艾特森，想谋取该剧院座椅的合同，于是他就和伊斯特曼约会见面。

见面自我介绍了之后，艾特森便一脸真诚极其自然地说道：“伊斯特曼先生，当我在外边等着见你的时候，我很羡慕你的办公室，假如我有这样的办公室，我一定也很高兴在里面工作，要知道我从来不曾见过这么漂亮的办公室。”

伊斯特曼高兴地说：“你使我想起一件几乎忘记了的事。这房子很漂亮是不是?当初才建好的时候我特别喜爱它，但是现在，因为有许多事忙得我甚至几个星期坐在这里也没空看它一眼。”

艾特森一边听着一边走过去用手摸摸壁板，说道：“这是英国橡木做的，对吗?和意大利橡木稍微有些不同。”

伊斯特曼回答：“是啊，那是从英国运来的橡木。我幸好也略懂一些木料的好坏，亲自挑选的。”

随后伊斯特曼领着艾特森参观他自己当初帮助装饰公司设计的房间配置、油漆颜色及雕刻图案等等。当他们在室内夸奖木工的技术时，伊斯特曼走到窗前站住了脚，然后亲切地表明要捐助洛加斯达大学及市立医院等机关一些钱，用以表达自己的心意。艾特森热诚地赞许他这种慈善义举的古道热肠，伊斯特曼随后又走过去打

开一个玻璃匣，取出他从前买的第一架摄影机。他告诉艾特森，这是从一位英国发明人手中买来的。

艾特森从上午10点1刻走进伊斯特曼的办公室，时至中午他们还在滔滔不绝地谈着。最后伊斯特曼对艾特森说："上次我去日本，在那里买了几张椅子回来，我把它们放在阳台上。日子一久阳光就把漆给晒褪了，我就到商店买了漆回家自己动手油漆那椅子，你想看我自己油漆的成绩吗？好极了，就同我到舍下去吃中饭吧，我给你看看。"

饭后，伊斯特曼把从日本带回来的椅子指给艾特森看。那椅子每把不过1.5美元，但是伊斯特曼虽然家财万贯，对那椅子却异常满意，因为那是他自己动手油漆的……结果不用说你也会想得到，艾特森拿到了10万美元的订单。

犹太商人艾特森从伊斯特曼最热心的话题切入，渐渐地说到对方值得引以为荣之处，尽管这些引以为荣之处有的不是伊斯特曼的一件什么大事，由于给予了恰如其分的赞美，同样收到了良好的效果。伊斯特曼心中一高兴，便在自我陶醉中迷失自我，生意于是顺利成交。

"人人都有虚荣心，虚荣招致奉承。没有人不喜欢被人奉承，世界上最美妙动听的语言就是奉承话。说奉承话，别人听了舒服，自己也不降低身份。"艾特森说出了他屡试不爽的秘密武器。

世人都爱奉承，但说奉承话需要把握相当的分寸，既不流于谄媚，又不损伤人格，这才是讨人欢心的法宝。只要自己愿意，总是能够在别人身上找到某些值得称道的东西。

戈尔滋年轻时离开以色列移民到美国，不久便与亚特兰大市本地一位女子结婚。后来他们夫妇开始做生意，创建了变色龙油漆公司。公司刚刚开发出一种新型油漆，具有色泽柔和、不易剥落、防水性能好、不褪色等等很多优点。虽然广告费花了不少钱，但收效甚微。戈尔滋决定以市内最大的英骄莱弗家具公司为突破口，来打开销路。

一天，戈尔滋直接来到英骄莱弗家具公司，找到总经理斯坦纳："斯坦纳先生，我听说，贵公司的家具质量相当好，特地来拜访一下。久仰您的大名，您又是本市

杰出企业家之一，您经过这么短的时间，就取得了这么辉煌的成就，真是让人羡慕!”

这么一说，斯坦纳自然非常高兴，就向他介绍本公司的产品、特点，并在交谈中谈到他怎么从一个贩卖家具的小贩走向生产家具的大公司的历程，还领戈尔滋参观了他的工厂。在上漆车间里，斯坦纳拉出几件家具，向戈尔滋炫耀那是他亲自上的漆。戈尔滋顺手将喝的饮料倒了一点在家具上，又用一把螺丝刀轻轻敲打。斯坦纳很快制止了他的行为，还没等斯坦纳开口，戈尔滋发话了：“这些家具造型、样式是一流的，但这漆的防水性不好，色泽不柔和，并且易剥落，影响了家具的质量，不知对不对?”

斯坦纳连连点头称是，并提到，听说变色龙油漆公司推出一种新型油漆，因为不了解而没有订购。戈尔滋从包里掏出了一块六面都刷了漆的木板，只见它泡在一个方形的瓶子里，还有另外几块上着各种颜色的漆的木板。戈尔滋声称，泡在水中的木板，已浸了一个小时，木板没有膨胀，说明漆的防水性好，用工具敲打，漆不脱落，放到火上烤，漆不褪色。于是英骄莱弗公司很快就成了变色龙公司的大客户，双方都有利益可图。

在这则事例中，戈尔滋一开始并没有直接称赞自己的油漆多好，而是从赞美英骄莱弗公司的产品入手，又赞美了斯坦纳的奋斗历程。受到赞美的斯坦纳心里乐滋滋的，戈尔滋在其心情愉快之后，点出了英骄莱弗家具公司的产品的油漆性能差，直接影响到了家具的质量，而在此时，展示了本公司最好的产品。相比之下，凸现了本公司的新型油漆。于是，斯坦纳很自然地接受了其建议，戈尔滋顺利地赢得了这家客户。

无论是谁，当他被人奉承时都是愉悦的。敬佩别人的话发自内心，对方埋藏于内心的虚荣心被人所承认，那他一定非常高兴。奉承必须“确有其事”，理由充分。毫无根据地奉承一个人，他不仅感到费解，还会莫名其妙，觉得你油嘴滑舌，有诡诈，进而引起他对你的防范。

3. 做到让对方同情你的处境

犹太商人在经商过程中得到一条经验：同情心是人们天生迷恋的东西，人类毕

竟是感情动物，即使有千百个理由，也比不上一个令人感动的事实。用感情或感觉来突破难关，可以使客户由反对者变成赞成者，这是潜在心理术的突破点。

有一次，犹太商人阿佩尔在推销产品时，遭到客户的拒绝，但过了一段时期之后，他再次来了。这时客户仍绝情地说："我并没有购买的意思，你再来几次也是枉费心机，因此，我劝你不要再浪费口舌、白费力气了。"

阿佩尔却不在乎，仍精神抖擞，面带笑容回答说："不，请不必为我担心，说话跑腿，是我的工作职责，只要你能给我一点时间，听我解释，我就心满意足了。"

客户看到他全身是汗，却还满脸笑容，不买就觉得再也不好意思了，于是就买了一点。

下雨下雪是阿佩尔上门的好日子。外面下着雨，别人都躲在家里，而阿佩尔站在门口，不能不使人产生同情心，因而难以出口拒绝。

阿佩尔这种推销方法，就是巧妙地利用人类的感情来做文章，本来不打算购买的人，此时也会产生"再也不能让他白跑了"的想法，有了心理负担和欠人情债的感觉。于是客户就会这样想："这位推销员若是多跑几处地方，也许他的产品早就卖完了，但是他却常来这里，使他花了不少宝贵时间，再不买他的产品，就有点对不起人了。"这就是加重人们心理负担的一种推销方法。

要使对方做大幅度的退让，就要尽量让对方多积累些细小的心理负担，当这种心理负担扩大到一定程度时，对方就肯定会让步了。

美国著名的剧团经理人犹太人尤洛克，在较长时间内和夏里亚宾、邓肯、巴芙洛丽这些名人打交道。有一次，尤洛克说，同这些明星打交道他领悟到的第一点就是，必须对他们的荒谬念头表示同情。

尤洛克为曾在纽约剧院演出过的最著名男低音夏里亚宾当了3年的剧团经理人。夏里亚宾是个令人难堪的人，比如，该他演唱的那天，他会给尤洛克先生打电话说："我感觉非常不舒服，今天不能演唱。"尤洛克没有和他争吵，而是马上就去夏里亚宾的住处，向其表示同情。

"多可惜，"尤洛克说，"你今天当然不能再演唱了。我这就吩咐他们取消这场演出。这样你总共要损失8000美元左右，但这对你能有什么影响呢？"

夏里亚宾吁出了一口长气说："你能否过一会儿再来？晚上5点钟来，我再看感觉怎样。"

晚上5点钟，尤洛克来到夏里亚宾的住处。他再次表示了自己的同情和惋惜，重申取消演出的建议。

夏里亚宾对他说："请你晚些时候再来，到那时我可能会觉得好一点儿。"

晚上8点30分，夏里亚宾同意了演唱，同时提出了一个条件，要尤洛克在演出之前宣布他患感冒，嗓子不好。尤洛克说一定照此去办，于是撒了这次谎，因为他知道这是促使夏里亚宾登场演出的唯一办法。

利用同情心打动别人，除了在生意场上外，在其他场所也能经常见到。

接下来说的是一件真实的事。日本有一位少年在地铁的站台上不小心掉到了铁轨上面，刚好有一辆电车飞驶而来，虽然他万幸地保全了性命，但是却受了重伤，失去了一对手腕。于是这个少年就对地下铁路公司提出控诉。但是不论是地方法院的审判还是最高法院的审判，都认为这完全是少年自己造成的，地下铁路公司没有过失。于是这个少年便每天心情沉重地过着郁郁寡欢的日子。

终于到了最后判决的日子。在当天的最后辩论中，少年的辩护律师说了这么一句话："昨天我看到他吃东西时，直接用舌头去舔盘子里的食物，使我不禁掉下了眼泪。"这句话使陪审团的判决峰回路转，全体陪审员一致认同地下铁路公司应向受伤少年赔偿。这表面上看起来是一个理性的意见或判决，但事实上却是依赖人的感情和五官的感觉来做判断的。

同情心是人类最根本的情感，哪怕是一个平常坚持理论立场的人，一旦触及同情心，他的立场也会发生不同的变化。在日本作家菊池宽冬著的《若杉法官的立场》一书中，若杉法官是一个非常有名的人道主义者，平时他在审案判决时，总是判得很轻且优柔寡断。直到有一天夜里，他自己家遭到强盗的袭击，他体验到强烈的恐惧感，开始同情受害者，从这以后他就变成了犯罪者的克星了，每次审案判决时，他总是给予罪犯最严厉的处罚。

4. 不妨在对方的自尊心上撒点胡椒面

人人都有自尊心，希望得到别人的高看和尊重。自尊心越强的人，越是希望自

己与众不同，不愿与一般人混为一谈。犹太商人在生意难以达成的情况下，有时会用适度的话来刺激对方的自尊心，从而俘虏对方。

巴黎的一家大商场的珠宝玉器柜台前，有一对穿着讲究的夫妇对一只标价10000法郎的翡翠戒指很感兴趣。营业员见他们犹豫的样子，知道他们嫌价格太贵。于是热心地说："这只戒指的确很精美，只是价格稍微有点贵。很多人都看上了，最终还是没有买下它。有个国家的总统夫人戴在手上舍不得取下，后来换了一个价格适中的戒指走了。要不您二位再看看别的有没有中意的？"

那位夫妇看了营业员一眼，女士说道："既然总统夫人给我留下了，那我就要它了。"于是当即付钱，瞧她那神情，简直比总统夫人还阔气。

说反话也可以刺激顾客的自尊心。犹太商人面对衣着非凡的顾客时，有时会故意先推荐档次低的商品："先生，这是最便宜的一款，很实惠。"结果却是顾客把中高档的一款买走了。

刺激对方的自尊心，其实就是"激将法"。日本推销女神柴田和子在面对一个做事拖拖拉拉、犹犹豫豫难以下决定的人时，也总是用这种方法。她常常对顾客说这些稍微逆耳的话：

"一个有主见的人，从不回家跟老婆商量。"

"只有能自我判断做出决定的人，才配称有魄力。"

"最近的男人好像都变得婆婆妈妈的，您不是这样的。"

因这种激将法生效而当场填妥投保书的人，几乎没有人会再打电话来取消保险契约。

说话最具刺激性的是说讥讽话，对于一些妄自尊大傲慢固执的人，说这样的话会起到一定的作用。

犹太商人韦森有一次和一位办公室经理谈打印机生意。那位办公室经理想买，但他害怕他的上司会批评他，于是这桩生意一拖再拖毫无进展。韦森再三与之联系，他们为那台愚蠢的过时的点式字模打印机争得面红耳赤，但这一切都是没有用的。

后来韦森弄清楚了，决定利用他的骄傲去消除他对上司的恐惧。于是当韦森又

一次拜访他时，故意拍了一下他的点式字模打印机，用全办公室的人都听得见的声音说道："'T 型福特！T 型的！'"

"你说 T 型是什么意思?"那位办公室经理问道。

"没什么，T 型福特是过去盛极一时的汽车，正如你的点式字模打印机。但今天，它只是一个怪物!"韦森说道。

这深深地触动了那位经理，他坐在那里陷入沉思。两天后他打电话给韦森说，他想用激光打印机代替他原来的那部。

虽说是为刺激对方的自尊心，但话也要说得巧妙含蓄一些为好。有的商人在顾客放弃购买离开前会说出"买不起就别买"的伤害感情的话，这是毫无意义的，顾客听了后肯定下次不会再来。

5. 要让对方产生惺惺相惜之感

有一位犹太商人说："为了让自己成为受人欢迎的人，我们必须抛开自己的立场置身于对方的立场上去说话。只要把话说到对方的心坎上，引发对方心理上的同感，就能与顾客建立和谐与信任关系，让顾客能够敞开心胸接受你的讯息。"

在犹太商人看来，生意场上如果有所谓成功的秘诀，那必定就是指要能了解别人的立场。一个生意人，除了站在自己立场考虑之外，也必须要有站在别人立场考虑的处世能力。

在谈生意时，要想说服顾客，如果能体恤对方的心情，设身处地，为对方着想，别人被你的话所感染，也会反过来考虑一下你的立场。这样，在不知不觉中，你们在感情上取得了共鸣，对方自然也就毫不费力地接受了你的意见。

日本有一位叫格森的犹太人经营一家清酒公司，有一次，公司开发出一种新品牌的清酒，在扩大市场过程中，遇到一个开了 10 家连锁饭店的潜在大客户龟田。格森想把新的清酒销售给这个客户，他去拜访龟田许多次，每一次都吃闭门羹，对方不是态度很冷淡，就是敷衍了事。

有一次，他再度尝试去拜访龟田。当他走进对方的办公室，还未来得及问候，龟田一见到他就很生气地一拍桌子说："你怎么又来了，我不是告诉过你我最近很忙，没有空吗？你怎么那么烦人，你赶快走吧，我没时间理你。"

如果一般人遇到这种情况，也许会心里不舒服，以至扭头就走人，但格森不仅没有心里不舒服，而且马上想到：龟田有什么烦心事吧。他立刻用和客户几乎一样的语气说："龟田君，你怎么搞的，我每次来，都发现你的情绪不好，你到底为了什么事情烦心？我们坐下来谈谈。"

格森说完之后，龟田马上平静下来，停止说刺耳的话，变得非常和气。格森见了之后，马上改变说话的口气，很和气地说："龟田君，怎么回事呢？我来拜访你四五次了，每一次都看到你的情绪不是很好，你是不是有什么烦心的事？我们一起聊聊。"

这时，龟田也用相类似的语气说："格森君，我最近实在是烦死了。为什么呢？你知道我是从事连锁餐饮行业的，我好不容易花了很多时间培养了3个分店经理，因为，我今年下半年计划开3家分店，什么东西都准备好了，结果上个月我新培养的3个分店经理却都让我的竞争者以高薪给挖走了。你说我能不生气吗，事情简直糟透了。"

格森听了拍拍他的肩膀，说："哎，龟田君啊，你以为只有你才有这么烦心的人事问题吗？我也跟你一样啊。你看看，我们最近不是有新的产品要上市吗，前几个月我好不容易用各种方法招来十几个新的行销人员，每天我早上加班，晚上也加班培养他们，想把我们的市场打开。结果才三个多月的时间，十几个新的行销人员走得只剩下五六个了。"

接下来的几分钟，他们互相抱怨，现在的员工是多么的难培养，人才是多么的难寻找……最后，格森站起来拍拍龟田的肩膀，说："龟田君，好了，既然我们俩对于人事的问题都比较头痛，咱们也先别谈这些烦心的事了。正好我车上带了一箱新的清酒，搬下来你先免费尝一尝，不管好喝不好喝，过两个星期，等我们两人都解决了人事问题后，我再来拜访你。"

龟田听了后就顺口说："好吧！那你就先搬下来再说吧。"搬下来后，两个人挥手互道再见离开了。结果可想而知，龟田成了格森的大客户。在谈话的整个过程中，格森从头到尾都没有讲他的产品，那他是怎么成功的呢？事实上他花了大部分时间与龟田聊天，触动龟田的同感，与之建立共鸣，这样就水到渠成地达成了

交易。

根据心理学的研究，双方刚开始接触的时候产生共鸣是最重要的，这时的所作所为，可以决定后面的沟通是否顺利成功。在游说别人的时候，你如果能够设身处地站在对方的立场上替对方说话，将会收到出人意料的效果。

6. 把对方的信心鼓动起来

犹太商人心里清楚，对于所有行业而言，使顾客树立起对生意人、公司或产品的信任感相当重要。曾经购买过同类商品却因某些因素留下不好印象的客户是最不好处理的，首先一定要先找出问题症结，将客户的怒气平息下来，才有可能让客户以正常的心态重新接纳商家。

下面是犹太商人杰姆斯与客户的对话：

客户：“上次那个卖割草机的，在没买之前天天来找我，买了之后就找不到人了！”

杰姆斯：“那真是太不应该了！不过，人嘛，总是有好有坏的，只是您运气不好碰上个恶劣的人！”

客户：“唉！你们都是这样的，张嘴就说好听话，我可不会再受骗了！”

杰姆斯：“请您仔细看看我，我是那种人吗？这是我的名片，如果您有任何问题，欢迎您随时打电话来……”

犹太商人杰姆斯经常利用他的好口才来赢得顾客信任。有一次杰姆斯向怀特律师推销几种西服。在杰姆斯告诉怀特律师价钱之前，他就说：“我要这件和那件。”想了一会儿，怀特问：“怎么卖的？”

当杰姆斯报了价钱后，怀特律师就不再说话了，杰姆斯看见他面红耳赤。杰姆斯知道，除非能赢得怀特律师的信任并能摆出理由让他相信，用比他以前所花的要多得多的钱来买这两套西服是个明智的选择，要不然买卖又要完了。

突然，杰姆斯注意到窗外停车坪上怀特律师开来的新凯迪拉克，于是他装出一副很神秘的样子问道：“怀特先生，我能问您一个问题吗？”

“可以。”怀特回答说。

“您开什么牌子的车？”

"哦，凯迪拉克。"

"在您开凯迪拉克前，您还开过什么车?"

"雪铁龙。"

"您记不记得，当您从雪铁龙换到凯迪拉克时对价钱是不是也很关心呢?"

"我明白了。"怀特很快就轻松了起来。那时，价钱已经不再是个问题了，通常顾客们都会花更多的钱来购买一些质量好的产品，怀特于是买下了两套西服。

在许多类似的情况下，杰姆斯都能从汽车开始引申到服装，从而说服顾客。当然，杰姆斯也会用办公家具和计算机等许多东西来打比喻。杰姆斯认为，说服顾客树立信心的另一种方法是，给他们讲一个特定的顾客买服装的例子。

"几年前，有位推销别墅的罗伯特先生从我这儿买服装。当时，他的业绩平凡，几年下来，他居然成为他们公司最出色的推销员。我问他的成功取决于什么，他说是自信，是开始穿我推荐的服装后的自信感觉，他觉得自己与那些拜访的人是平等的，他再不会为自己的衣着感到窘迫不安。

"另外一个可讲的是亚特兰大市商业协会主席本·温伯格。我第一次拜访他时，在我的推销演示过后一会儿，他爽快地让我为他挑两套西服。当我把他的服装给他时，温伯格试穿了一件，说：'不错，我喜欢您所做的，也喜欢这套西服。以后每个季节，我希望您能到我的办公室来，给我送两套您认为我可能喜欢的服装来。'现在温伯格先生已经将他的订单改为三套了。"

以上这些故事，杰姆斯讲过许多次，而且非常有效，因为它使许多犹豫不决的人产生信任之感。可以想象，这些例子增加了顾客的信念，也就是相信杰姆斯提供的服务是很公道的。

最后，如果一个时常在服装上花钱很少的顾客抱怨产品的价格，杰姆斯也会说："威廉先生，我知道您很关心比您平时多付 150 美金是不是值得，我知道您很担心，但我不。我相信，一旦您穿上我们生产的西服，您会觉得您的价值比以前高多了。我可以向您证明，我有多信任我的产品，我愿意给您开一张 90 天的远期支票。也就是说，30 天左右您可以拿到西服，然后您还有 60 天的试穿时间，如果您觉得不值，您可以把我的支票兑现，这样您就不必比您通常花的钱多了。"

这种做法给杰姆斯带来了不少成功的交易，但还从未有人接受过他的支票。他们的反应通常是："好，如果您这么自信……"或者别的相同意思的话。总之，杰姆斯经常利用他的好口才让顾客产生一种信任感，一旦人们拥有了这种信任，他们决策起来就简单多了。

7. 一点一点磨掉对方的逆反心

在犹太商人看来，顾客都是有逆反心的，要想让顾客买自己的商品，首先要消除他的反感心理，使自己和他之间不再有隔阂，拉近距离，而这往往只需一句话即可。

假如一位推销员初次见面时对顾客这样说："约翰先生，您是剑桥大学毕业的吧？真巧，我也是，那真是一所不错的学校。"

另一位推销员说："约翰先生，您要不要一瓶'钙王片'啊？很便宜又补身，本公司产品极棒……"

如果您是约翰先生，两位推销员您喜欢和哪位交谈呢？一位能挑起您的谈话瘾头，另一位只是一股劲地吹嘘自己的产品，相信明智的你，能很快做一抉择。

恰当的说话方式是至关重要的。同一种事情用不同的方式表达出来，其结果可能正好相反。生意人在与顾客说话时，应发挥才智找到一个令对方乐意接受的方式，这样开启了对方的金口之后，生意成交便大有希望了。

有一位名叫布拉德利的犹太人，刚开始向客户销售保险时，一见到客户便在谈保险的好处的同时，向对方大讲现代人不懂保险会有哪些不利的情形。最后往往会说："你应该买一份保险。"可是，却极少有人从他的手里买保险，整整一个月下来，他没有得到一份保险业务。后来经过一番思考后，他改变了策略，不再对客户夸夸其谈，而是换了一种交谈的角度。

布拉德利："您好！我是国民第一保险公司的推销员。"

客户："哦，推销保险的。"

布拉德利："您误会了，我的任务是宣传保险，如果您有兴趣的话，我可以义务为您介绍一些保险知识。"

客户："是这样，请进。"

于是布拉德利向客户迈进了第一步。在接下来的交谈中，他像是叙说家常一样，向客户详细介绍了有关保险的全部知识，并将参加保险的利益以及买保险的手续有机地穿插在介绍中。

最后，布拉德利说："希望通过我的介绍能让您对保险有所了解，如果您还有什么不明白的地方，可以随时和我联系。"此时布拉德利才递上自己的名片，直到告辞也只字未提动员客户买他的保险的话。可是第二天，客户便主动给布拉德利打电话，请他帮忙买一份保险。

布拉德利成功了，一个月卖出的保险单最多时达 150 份。布拉德利前后两次的经验表明，像第一次那样把客户看成什么也不懂的人进行一番说教，必然会引起客户的反感，而且客户对"推销保险"本身便怀有一种不合作的态度，所以成功的机会非常小。而第二次，布拉德利避开"推销保险"这一敏感的话题，以"义务宣传"员的身份接近客户，而且只字不提推销的事，从而使客户对他放松了敌对心理，在不知不觉中，让客户自己主动选择了"买"。布拉德利的成功在于他改变了第一次的那种说教方式，转化为一种宣传，而宣传本身便是一种说服。

我们在别人请求做自己事先没有想到的事情时，总会有这种心理，凭什么要我这样做？你越要这样做，我越偏偏不这样做。顾客买东西时，遇到生意人的主动推荐，往往也会持有这种心理。聪明的商人从来不会强行推销。

一位以色列中年妇女说了她亲历的这样一件事：

有一次我在家里，正在忙的时候，有人敲门，一个女孩子来推销一种冲洗地毯的水，一打开门，我一看她是来推销东西的。当时我很忙，对她确实不太感兴趣，而这个女孩子经过专业化的训练，她说："太太，你不买没有关系的，我只是告诉你，现在市场上已经有了这种洗地毯的水，你看一看，真的很好。你们家的房子那么大，地毯很漂亮呀，有没有什么地方有一点点脏，我帮你去清洗清洗。"我被她说得没话可说。

为什么我被她弄得无话可说呢？第一，她给我讲，我没有责任一定要买，所以我的逆反心理消失了。第二，她很和蔼的态度，很亲切的表情让我没有办法拒绝她，也不忍心，然后她再步步为营，她说我的地毯很漂亮，有些地方脏了，实在很

可惜，她来帮忙清洗一下吧！结果我只好打开了大门，让她进来。餐厅的地毯上有小孩洒的可乐水，我说："那么你看看能不能帮我清洗掉。"她就把一点清洁剂倒在上面，擦一擦，然后再拿毛巾一抹。啊！那里的污点就不见了，我也觉得很吃惊，我说这个真的很好，她就给我再进一步介绍产品优越的地方，结果我不仅买了，而且买了两瓶。

用巧语牵引对方的思维跟我走

1. 先让顾客进来参与，再慢慢谈生意

犹太商人在做生意时经常坚持这种观点：不管谈的生意是什么，最终的目的是让对方尽可能完整地接受自己的方案或商品。

一些人不明白其中的道理，经常要写计划书、建议书、可行性报告等等，他们为了给对方留下一个美好印象，把这些书面文件搞得尽善尽美，无可挑剔。遗憾的是，这类会让专家点头不已的文件，放到客户面前后，往往毫无效果。为什么呢？完美文件的制作者或许精通自己手中的商品或方案，却不懂得人性的特点之一是喜欢参与！

美国有一个名叫斯坦巴克的犹太人，在做销售安全玻璃的业务员时，他的业绩一直都维持北美整个区域的第一名。在一次顶尖业务员的颁奖大会上，主持人说："斯坦巴克先生，你有什么独特的方法来让你的业绩维持顶尖呢？"

斯坦巴克说："每当我去拜访一个客户的时候，我的皮箱里面总是放了许多截成15厘米见方的安全玻璃，我随身也带着一个铁锤子。每当我到客户那里后我会问他：'你相不相信安全玻璃？'当客户说不相信的时候，我就把玻璃放在他们面前，拿锤子往桌上一敲。每当这时候，许多的客户都会因此而吓一跳，同时他们会发现玻璃真的没有碎裂开来。然后客户就会说：'天啊，真不敢相信。'这时候我问他们：'您想买多少？'直接进行缔结成交的步骤，而整个过程花费的时间还不到1分钟。"

当斯坦巴克讲完这个故事不久，几乎所有销售安全玻璃公司的业务员出去拜访

客户的时候，都会随身携带安全玻璃样品以及一个小锤子。

但经过一段时间，他们发现斯坦巴克的业绩仍然维持第一名，他们觉得很奇怪。而在另一个颁奖大会上，主持人又问："我们现在也已经做了同你一样的事情了，那么为什么你的业绩仍然维持第一呢?"

斯坦巴克笑一笑说："我的秘诀很简单，我早就知道当我上次说完这个点子之后，你们会很快地模仿，所以自那时以后我到客户那里，唯一所做的事情是，当他们说不相信的时候，我把玻璃放到他们的面前，把锤子交给他们，让他们自己来砸这块玻璃。"

让顾客自己参与进来，自己说服自己购买，这确实又是另外一种销售境界。

先把顾客引诱进来再慢慢地谈生意，这是斯坦巴克从事推销生涯多年来的总结。他刚从事推销职业时，靠推销装帧图案给纺织公司为生。纽约有一家大纺织厂是他的目标客户，他每星期跑一次，整整跑了三年，始终没有谈成一笔生意。老板总是看一看草图，双手一摊，说："很抱歉，斯坦巴克，我看今天我们还是谈不成。"

后来，斯坦巴克学习了影响他人行为的心理学，就故意带着未完成的装帧草图，再次去见那位老板。

"我想请您帮个忙，如果您愿意的话。这里有一些未完成的草图，希望您能指点一下，以便让我们的艺术家们根据您的意思修改完成。"

这位老板答应看一看。三天后，斯坦巴克再次去见那位老板，老板中肯地提了意见。而且，根据老板的意见，艺术家们修改了图案。

结果，这批设计图案全部推销给了这位老板。从此，斯坦巴克用同样的方法，轻松地推销了许多图纸!

每一个人都希望自己为某些事物的发展和形成出一分力，特别是这些事物非常美好时，这就是"参与心理"。斯坦巴克总能利用"参与心理"在众多竞争中轻松获胜。

在一次颁奖大会上，斯坦巴克介绍了他的一些口才技巧。他讲了许多，总结起来意思是这样的:

每当我们接触客户的时候，时常会发现客户仍在忙着其他的事情，而在这个时候，如果我们不能在最短的时间内，用最有效的方法来突破客户的这些抗拒，说服他们参与进来共同“表演”，那么我们所做的任何事情都是无效的。唯有客户将所有的注意力放在我们身上的时候，我们才能够真正有效地开始我们的销售过程。

一般情况下，顾客虽然会持激烈的反对意见，但只要用话引导他参与进来，就比较容易接受你的决定，心理学上称之为“参与的效果”。

顾客即使原本没有什么反对意见，只因没有他参与，他便很难接受你的观点。因此，如果你想使自己的生意能够顺利成交，不妨也学会利用一下“参与的效果”。

表面上附和，暗地里诱导

犹太商人在与顾客谈话中，总是能随时插上一些附和语言，表示对顾客的赞同。大致说来，他们的附和主要有两种，一是重述对方所言；二是随声附和，其中还夹杂着某种赞同的表情、语言、情绪。

一位精明的犹太商人说：“当你重复对方所说的话，或随声附和，并配合一定的表情，就更能细致入微地窥视对方的心态。”

重复对方所说的话或随声附和，主要是让对方知道自己正专心一意地听他讲话，不但表示了对对方语言的重视，而且可以以此消除对方的心理防备，进而深入对方，探明对方真正的意图。

“对方说话的时候，如果我们能经常地在恰当的地方随声附和，将激发起他的讲话热情，使对方感到愉快。”犹太出版商布朗先生正在与他的部下讲述诱导心诀。“要想实现你的目的，你不妨先跟对方说些这样的话。比如——”

“啊！真有这样的事？”

“您说得很对。”

“完全正确。”

“这事儿倒新鲜。”

“啊，难怪。”

“我也深有同感。”

布朗告诫他的部下：附和的时机很重要，没有比呆板的附和更使人感到虚伪的

了。附和中，惊讶和共鸣是少不了的，没有这两点的附和就等于是开了盖的汽水瓶——跑了气了。

为了让部下清楚地领会这一要诀，布朗先生讲了自己亲历的一件事情。

“有一次，我急于赴一个作家那里商谈出版事宜，真见鬼，汽车在中途抛锚，我只好搭出租车。那个司机正在收听棒球比赛的实况，于是我和他也顺便聊些有关球队的问题。如：乙队如何，甲队又如何等等，当然在我尚未明了他心中的意向之前，我没有轻言附和，唯恐引起对方的不快而影响到自己乘车的安全。

“开始时，我只是适当地附和对方，当确知对方意向与自己不甚相符时，我就暂依其意，之后再以缓缓导向方式使其趋向于我。这么做更易为对方接受，而且能避免宾主间的不快。但这种方式只在对方无明确的主见，或其主张不理想时，方才适用。

“对方正发表高见时，你不妨频频点头以表同感，使对方感到你与他属同一道上的人。即使你提出或多或少的异议，他也不会在意，于是，你便可一步步将对方诱入自己的圈套，最后，对方已不知不觉地将自己整个看法推翻。若一开始便与对方唱反调，反而对自己不利。”

有一位推销员和一位太太对话时就使用了附和语言。

“太太，你的皮肤很适合用本公司化妆品。”

“可是，我已经有化妆品了呀！”

“哦，你已有化妆品了？”

“嗯，我用的是玫琳凯的化妆品，差不多该有的都有了。”

“都有了？”

“是啊！像我这种年纪的女人，平时不常出门。”

“哦，原来你很少出门。”

“是的，我的儿女都快要成家了，以后参加婚宴的机会会多一些。”

“噢，太太的人缘很不错。”

“还行吧。每个女人都希望自己更漂亮一些，尤其是我们这种年纪的女人……”

就这样顺势谈下去，那位推销员用这种语言技巧先取得她的好感继而逐渐摸准

她的心理。而这位太太也会觉得这名推销员善解人意因而愉快地买下他的化妆品，尽管她已经有足够的化妆品，仍然难以拒绝推销员的热情。

恰到好处的附和技巧也是需要学习的，犹太商人通常的做法是：

适时迎合对方的论点来表达善意的回应。

旁敲侧击，找出对方做法和自己相同之处，借此拉近彼此的距离。当看法一致，马上表明支持，以降低不能达成共识的比例。

顺势而为，为对方的论点补充说明，借机表明和对方站在同一立场。

特别加强谈论对方一向引以为荣的事情。

以幽默、清淡的语气说出好话，让人不起鸡皮疙瘩。

营造开心、欢乐的气氛，只有在轻松的场面下，才能把话说得圆融。

总之，附和的主要目的就是想要借这种方式，来寻求最佳的沟通切入时机，让双方产生共识，借由这种表达，可以激发对方的好感，使得良好的对话气氛得以延伸。

2. 启发顾客在两种方案中选择

“先生，您喜欢黄色的那一件，还是喜欢蓝色的那一件呢？”

“小姐，您看这两种护肤霜都是深受欢迎的化妆品，不知您更喜欢哪一种？”

“太太，您看什么时候给您送货最恰当？是今天下午，还是明天上午？

上面的三段话，看起来好像是来自商场中销售员的话语，其实它是在课堂上出自惠勒之口。他在向学员讲授“二选一”法则时讲出了上述案例。

二选一法则的秘诀最初是由犹太裔销售训练师艾米尔·惠勒最先提出的，因此也称为惠勒秘诀。还是让我们接着免费听一听这位大师每小时500美元的课吧。

“我们和客户约定见面拜访的时间时，恰当的方式是使用二选一法则。也就是：提出两个见面的时间来让客户选择，不问客户有没有空，而应该问他们哪个时间有空？你可以问客户：请问您是明天上午有空还是下午有空呢？”

“当你问完这个问题后，如果客户说这些时间都没有空，你必须一直持续地问下去：那您后天的上午什么时候有空？如果他说后天上午也没有空，那你继续问他：那么后天的下午您什么时候有空？每一次都给他两个时间去做选择，而不要只

问他有没有空，你应该问他什么时间有空，一直问下去，直到他告诉你什么时候可以去拜访他为止。

“在这个过程中，常常有人会碰到客户回答：你明天再打电话与我约时间。当客户提出这样的要求时，我们需要注意的是：绝对不可以答应客户到第二天再打电话约时间，因为第二天打电话约时间就等于约不到时间了。所以每当客户要求你明天再打电话联系时，你可以说：先生（小姐），我知道您的时间非常宝贵，而我也不希望浪费您的时间，因为刚好在我的面前有我的行程表，所以如果我们现在就把时间约好，可能会比明天再打电话麻烦您更能节省您的时间。

“依照经验，当你用这种方式回答客户时，几乎大多数的人都会马上同你约定好见面时间。”

有一位名叫赛姆的汽车推销员听了惠勒的训练课后，深受启发。“忽然间，我的脑袋像是开了窍，我知道该怎么做了。”他惊奇地说。以后在向客户推销汽车时他就经常使用这种方法。

在此之前他总是这样说：“彼特先生，只需付 35750 元，这辆车就归您了。您看怎么样？”结果客户并不能轻松地做出决策，他也许需要时间考虑考虑。

学了惠勒的“二选一”法则，赛姆通过和客户进行下面的一段对话，卖出汽车就顺理成章了。

赛姆：“您喜欢两个门的还是四个门的？”

约翰尼：“哦，我喜欢四个门的。”

赛姆：“您喜欢这两种颜色中的哪一种呢，是红的还是黑的？”

约翰尼：“我喜欢红色的。”

赛姆：“您要带调幅式还是调频式的收音机？”

约翰尼：“还是调幅的好。”

赛姆：“您要车底部有涂防锈层的还是不涂防锈层的？”

约翰尼：“当然是有防锈层的了。”

赛姆：“是要染色的玻璃还是不染色的？”

约翰尼：“那倒不一定，还是染色的吧。”

赛姆："汽车胎要白圈还是银圈？"

约翰尼："银圈的吧。"

赛姆："我们可以在10月1日上午8时到12时或下午3时到6时交货。"

约翰尼："10月1日8时到12时最好。"

赛姆运用这个方法的妙处在于，以咨询的方式将选择的自由委之于顾客，不管规格大小也好，颜色也好，数量也好，送货日期也好，让顾客任选一种。只要顾客答出其中一种，即可以认定他已经决定接受了，按完成交易的手续办理。

在提出了这些对客户并不难做的小决策后，赛姆递过来订单，轻松地说：

"好吧，约翰尼先生，请在这儿签字，现在您的车马上就可以为您工作了。"

在这里，赛姆所问的一切问题都假定了对方已经决定买了，只是尚未定下来买什么样的。

在使用"二选一"方法时，要注意所提的问题中最好不要用"买"字，这样顾客便有主动感或参与感，觉得这是自己的选择，而不是他们硬要卖给我的。另外所提出的选择最好不要多于两个，如提供的选择太多，致使顾客转眼看花花不定，这虽不至于完全丧失买意，也会在相当大的程度上影响成交，使生意转眼泡汤。

一步一步地诱"敌"深入

犹太商人在经商活动中，非常注意避免迫使顾客做出困难的全盘决定。在促使顾客做出购买决定之前，他们有步骤地向顾客提问一些问题，让他就交易的各个部分一一做出决定，诱其深入到购买的圈套内，或者就一些特殊要求、特殊条件等做出决定。特别是对一些部件多、结构复杂、配套材料多的商品来说，使用这种方法比较适合。

请看犹太商人格雷维尔是怎样卖汽车配件的。

格雷维尔："您喜欢哪一种颜色？"

顾客："我对蓝颜色较为感兴趣。"

格雷维尔："您需要一顶太阳篷吗？一些豪华轿车就配有这种太阳篷。尤其是夏天，轿车是很必要配备太阳篷的，您难道不这样认为吗？"

顾客："你说得对，但这种太阳篷太贵了。"

格雷维尔："要不了多少钱。"

顾客："是吗？"

格雷维尔："各种型号的汽车都装有雾灯。因为当你在冬天或者在春天比较寒冷的日子里行车的时候，雾灯是必不可少的。"

顾客："我个人认为配备雾灯是没有必要的。它只会抬高汽车的价格。另外，在天气不好的情况下，我肯定不会经常开车外出的。"

格雷维尔："把座位往后推到这个位置，你坐在里面感觉舒服吗？坐在这个位置上开车感到很方便吧？"

顾客："还可以，不过我想座位还是稍高一点好。"

格雷维尔："把座位调高一点很容易，你看还有哪些地方需要改进？"

格雷维尔的方法值得我们借鉴。如果你分段地、有步骤地向顾客介绍产品，顾客就不必马上做出是否正式购买的决定，这样就能诱使顾客深入。如果他对产品的供销做出否定的回答，比如上面例子中关于雾灯和座位高低的问题，它对于生意人来说并没有什么危险，因为它只否定了产品与顾客个人愿望有关的部分。尽管你和顾客之间有分歧，但只要这个分歧是涉及某个问题，那它就不会对达成交易产生危害。

犹太商人的这种做法，还可以在保证一个商品成交的前提下，再诱导出另一种商品的交谈，这些商品之间大多具有关联性，所以又称作"关联诱导"。

一位顾客选定一条价值 20 美元的领带，正当他掏出信用卡准备付款时，犹太商人梅勒问道：

"您打算穿什么样的西服来配这条领带？"

"我想穿我那件藏青色西服应该很合适吧。"

"先生，我这儿有一种漂亮的领带正好配您的藏青色西服。"说着，他就抽出了两条标价为 25 美元的领带。

"是的，我懂你的意思，它们确实很漂亮。"顾客点着头说，并且把领带收了起来。

"再看一看与这些领带相配的衬衣怎么样？"

"我想买一些白色衬衣，可我刚才在哪儿都没有找到。"

"那是因为您没有找对地方，您穿多大号的衬衣?"

还没有等顾客反应过来，梅勒已经拿出了4件白色衬衣，单价为50美元。

"先生，感觉一下这种质地，难道不是很棒吗?"

"是的，我是想买一些衬衣，但我只想买3件。"

你明白发生了什么事吗？梅勒把20美元的生意变成了190美元的交易，那可是这位顾客最初购买金额的9.5倍呀！他提出过异议吗？没有。他心满意足地离开了商场。梅勒用关联诱导一步步地激发起顾客的购买欲，双方皆大欢喜。

想象一下你自己是一个商场里的售货员，这时如果有人走进来要买领带，你最多只是把领带递过去，然后微笑着收下钱吧。这样做，你推销出去什么东西了没有？答案真让人沮丧，什么也没有。当然，也得承认，你倒没有什么不妥的地方，从而导致这位顾客最终没有买其他任何东西。这一点相对于大多数的售货员来说，已经难能可贵了。但是，你也并没有努力激发这位顾客的购买欲呀。

3. 一千句话不抵一次示范更具诱惑力

在犹太商界中广为流传这样一句话："一次示范胜过一千句话。"他们认为自己向顾客示范是一种非常好的方法，然而，如果能让顾客自己亲自示范，效果就更好了。让顾客自己做，把他们置身于具体的情景当中，让他们深刻感悟到产品带给自己的好处。这是最高明的推销法则。

《塔木德》里有一个犹太寓言很形象地说明了这个道理。

"早安，聪明的鹤！你今天好吗?"一只狐狸看见水滩边有一只鹤，连忙上前打招呼。

"很好，谢谢你。"

"我有一个问题想请教，聪明的鹤，如果风从南边吹来，你的头转向哪儿?"狐狸问完就把头转向北边。

"当然转向北边。"鹤跟着把头转向北边。

"如果风从东边吹来，你的头转向哪呢?"狐狸边说边把头转向西边。

"转向西边。"鹤也跟着把头转向西边。

“果然是只聪明的鹤。如果风从四面八方吹来呢，你怎么办?”狐狸说完，把头低下埋在自己的腹下。

“我把头藏在自己的翅膀下面——像这样。”鹤把头埋进了翅膀下。

狐狸趁机立刻跳到鹤的背上抓住了它。

犹太商人在经商过程中体验到，即使客户对某种商品产生了兴趣，他并不一定会自行采取购买决定，付诸购买行动。所以有必要在客户兴趣点上做些文章，动动脑筋。客户自发的兴趣往往具有很大的局限性，需要生意人运用多种方法去激发并引导顾客直至促成购买。

犹太商人认为，通过示范让客户亲眼看到商品的特性，就更容易使客户产生兴趣。可以说，促使客户产生兴趣的阶段就是向客户进行示范的阶段，在示范过程中，通过特定的动作和场景，运用各种各样的方法向客户展示某件商品的特性或某项服务的优点，对方的兴趣便会油然而生。

为了更直观地让顾客认同自己所卖商品的优点，一些犹太商人经常采用对比的示范手段。

西比尔羊毛衫批发商在推销羊毛衫时，总是附身携带一只放大镜。当顾客顾虑产品的品质以及产品的价格太高时，他就把放大镜给顾客说：“在你没决定购买之前，请用放大镜看看这羊毛衫的工艺和成分。”没多久，那些靠低档货和他竞争的同行被他远远抛在后面。西比尔说：“我再也不用不厌其烦地向顾客们解释为什么我的货价格要高了。顾客们居然那么容易就接受了这种鉴别方法，我的销售额直线上升了。”

商人的自我表演，并不是最高明的示范。精明的犹太商人认为体验示范才是示范的最高境界。在销售过程中让客户亲自接触，直接体会商品的利益与好处。激发客户兴趣的关键，在于首先使对方看到购买的利益所在。使客户看到好处，使客户产生好感，这就是体验示范激发客户兴趣的要点所在。

经销电动车的犹太商人葛西为了引起客户对新型号电动车的兴趣，总是现场安排一辆新车，让客户骑上兜几圈，亲自体验一下新车的灵巧、轻便和稳当。在让客户体验商品时，葛西有时给予一些指导性的提示。客户试骑新电动车时，一旁的葛

西提示道："踩快一点，看看这车子多轻快。""刹一把，瞧，多稳，连声音都没有。""买去吗？今天我已卖出30多辆这种车子了！"

只要条件许可，犹太商人总是尽量让客户参与体验示范，尤其是对于机械产品、电子产品的推销，满足客户亲手操作的愿望，让客户参加体验要比商人自己示范更能引起客户的兴趣。客户一经学会一定的使用操作技巧之后，使用愈熟练，愈想永久地使用它，就愈可能达成交易。

当然，体验示范不仅仅局限于让客户触摸，犹太商人还会让对方品尝、聆听、观赏等。

我们在日常生活中看到的销售例子也多种多样，书店开架卖书，目的在于激发客户的阅读兴趣；食品商场先尝后买，目的在于激发客户的口味兴趣；音响门市部试放唱片，目的在于激发听众的欣赏兴趣。在销售工作中，体验示范有着广泛的应用天地，值得每一个生意人重视。

总之，示范具有很大的说服力，让顾客亲眼看见实际结果，你就会很轻易地推销自己和你的产品。不要担心顾客不肯下水，因为每个人都有亲自操作的欲望。有很多人看到有趣的事情，都会心痒手痒。

4. 话中设置悬念吊起对方好奇心

犹太商人认为，好奇心是所有人类行为动机中最有力的一种，在实际推销工作中，可以用话先勾起客户的好奇心，引起对方的注意和兴趣，然后从中说出推销商品的好处，迅速转入面谈阶段。

人人都有好奇心，在你满足了他人的好奇心的同时，对方也就会自觉地接受了你的意见。

犹太商人鲍洛奇早年在美国一个叫杜鲁茨城的最为繁华的街道替老板看摊卖水果，周围有众多的水果摊。这里车水马龙，行人摩肩接踵，确实是一个经商的绝好地理位置，于是各家都展开看家本领，争抢顾客，竞争如火如荼。

鲍洛奇干得有声有色，把其他摊位上的顾客也拉过来了，摊位前的顾客多得让他有点忙不过来。不料，发生了一件事却差点使他刚刚红火起来的生意全败下去。正当鲍洛奇为自己的胜利而踌躇满志时，老板贮藏水果的冷冻厂发生了一场意料不

到的火灾。当消防人员赶来把大火扑灭时，16 箱香蕉已被大火烤得变成了土黄色，表面还出现不少小黑点。老板把这些香蕉送到鲍洛奇的摊位上，让他降价处理。

当时，普通香蕉每磅的售价是 4 美分，老板让鲍洛奇以每磅 2 美分，降价一半出售，老板交代他，香蕉只要能够卖出去，不至于浪费掉就行了，即使价格再低一点也可以卖。鲍洛奇接过这些黄黑黄黑的香蕉感到有苦说不出。他又无法开口拒绝老板交给他的任务，不得已，鲍洛奇只好把这些变质的香蕉，摆到了摊上。

尽管窝了一肚子闷气，鲍洛奇还是尽职尽责地大声吆喝起来，不少顾客走到他的摊前，见到这些丑陋不堪的香蕉，只好摇着头转到别的摊位前去了。鲍洛奇赶忙解释："各位先生女士，这些香蕉表面看起来不好看，但是吃起来味道还是很不错的，并且价格非常便宜，只是其他香蕉价格的一半。"任他说破了嘴皮，顾客还是不想买这些难看的香蕉。

鲍洛奇见水果不受顾客欢迎，生了一阵闷气之后，坐下来把那些变色的香蕉检查了一遍。他掰开一只香蕉，剥开那黄中带黑的皮，然后放进嘴里。"是的，这些香蕉一点都不变质，相反，由于火烤的原因，这些香蕉还别具一番风味。对了，我何不……"他在心里琢磨着，突然想到了一个绝好的主意，他不禁为此而微笑起来。

第二天一大早，鲍洛奇又开始叫开了："各位先生，各位女士，大家早上好！我刚批过来一些进口的阿根廷香蕉，正宗的南美风味，只此一家，数量有限，快来买呀！"很快，鲍洛奇的摊前就围了一大群人。众人目不转睛地盯着这些黄中带黑的"阿根廷香蕉"，有些犹豫，因为价格比较贵，不知道要不要买。

看到这么多人围到自己的摊位前，鲍洛奇兴奋极了，立刻鼓动三寸之舌："阿根廷香蕉，阿根廷香蕉！最新进口的，我们公司好不容易批到的。这种香蕉产在阿根廷靠海的地区，阳光充足，水分多，风味独特！"他把这些黑不溜秋的"阿根廷香蕉"吹得如何名气大，风味好，又费了多大的劲才搞到这么十几箱"最新品种"，说得天花乱坠。

在人们将信将疑之际，鲍洛奇不失时机地问一位穿着得体的小姐："小姐，请问您以前尝过这种'阿根廷香蕉'吗？"这位小姐在摊位前张望很久，鲍洛奇早已

注意到她了。她的眼睛好奇地盯着这些香蕉很久了，那样子很像打算买，只是还没有最后拿定主意。鲍洛奇决定从她身上打开突破口。

“哦，我可没有，从来没有尝过。这些香蕉蛮有意思的，只是有点黑。”小姐说。

“这正是它们的独特之处，否则的话，它们也就不叫阿根廷香蕉了。你见过鹌鹑蛋吗？鹌鹑蛋也是带有黑点，但是鹌鹑蛋却特别好吃，不是吗？”鲍洛奇唾沫飞溅地说，“请您尝尝，您从来没有尝过这种风味如此独特的香蕉，我敢打赌！”接着马上剥了一只香蕉递到小姐的手里，小姐接过吃了一口。

“味道怎么样，是不是非常独特？”鲍洛奇不失时机地问。

“嗯，味道确实与众不同。我买 8 磅。”小姐说。

“这样美味的阿根廷香蕉只卖 10 美分一磅，已经是最便宜的啦。我们公司好不容易弄到这么一点货，大家不尝尝？错过机会您想买就买不到了。”鲍洛奇大声吆喝起来。

既然那位小姐已经带头买了，而且说味道独特，再加上鲍洛奇的鼓动，大家不再犹豫，纷纷掏出钱来，想尝尝“进口的阿根廷香蕉”到底是什么样的独特味道。于是你来 5 磅，他来 3 磅，很快，16 箱被大火烤过的香蕉竟然以高出市价一倍的价钱卖得精光。有许多慕名来买“进口香蕉”的人因没有买到而失望而归，倍感遗憾。

凭暗语摸透对方的心理

1. 用问题作为探路的石子

谈判中，用提问的方式来揣摩对方的各种情况是犹太人常用的策略。作为买主，他由此可以从卖主那里得到卖主很少主动提供的资料，来分析商品的成本、价格等情况，以便做出自己的抉择。

犹太商人借助这种方式在谈判中常常可以摸索、了解对方的意图，以及某些实际情况。比如，如果他们要购买 3000 件产品，他们就先问如果购买 100 件、1000

件、3000 件、5000 件和 1 万件产品的单价分别是多少。一旦卖主给出了这些单价，敏锐的犹太商人就可能分析出卖主的生产成本、设备费用的分摊情形、生产的能力、价格政策、谈判经验丰富与否等，最后就能够得到购买 3000 件产品非常优惠的价格。

在谈判中，运用提问题来揣摩对手思路的策略，通常都能问出很有价值的资料，知道的资料越多，就越能把握主动权。一般来说，在用提问作为探路的石子时，可以提出下列问题：

"假如我们订货的数量加倍，或者减半呢？"

"假如我们和你们签订一年的合同，或者更长的时间的合同呢？"

"假如我们减少保证金，你有何想法？"

"假如我们自己提供材料呢？"

"假如我们自己提供工具呢？"

"假如我们采取分期付款的方式呢？"

"假如我们自己解决运输问题呢？"

当你想取得对方的情报，获取所需要的信息时，可以提出下列问题：

"请您告诉我，为什么半个月后才可以发货？"

"请问这批货物的出厂价是多少？"

"究竟什么时候才能到货？"

当你想引起对方的注意，并引导他的谈话方向时，可以这样提出问题：

"您能否说明一下，这种类型的商品的修理方法？"

"如果我们大批订货，你们公司能不能充分供应？"

"您有没有想过要增加生产，扩大一些交易额？"

"请您考虑签订一份三年的合同，好吗？"

当你希望对方做出结论时，可以这样提问：

"您想订多少货？"

"您对这种样式感到满意吗？"

"这个问题解决了，我们可以签订协议了吧？"

总之，每一个提问都是一颗问路的石子，可以通过对产品质量、购买数量、付款方式等提问，了解对方的虚实。

犹太商人沙米尔想购买5套西装，他正在用这种提问的话术来揣摩销售小姐的意图。

“我买100套，能打4折吗?”

“4折不可能，是赔本生意。这样好了，如果真的下订单的话，我试着帮您向上级争取，也许可以打到5折呢!”

太好了，资讯愈来愈详细，局面也对沙米尔愈来愈有利。看来，这位销售小姐的“权力”比沙米尔想象中的大，一定要把价格压下去。于是，沙米尔又说道：

“这样好了，我自己先买5套，4套送人，另一套我穿回公司给老板看看，如果老板满意，就立刻回头向你订购。我这样帮你做这笔生意，这5套西装可给我多少优惠?”

“5套就是原价，没有优惠。不过……这样好了，算您8. 5折。”

“才8. 5折，可你刚刚谈的是5折，怎么一下子落差这么大!”

“5折是大量订购100套的量才有的。现在，您只买5套，让我怎么再打折呢?再低的价格，您让我怎么写报表呢？老板会骂人啊……”

“小姐，我这套不穿回去，就别谈团体订购了，老板连看都没有看过的产品，让他怎么下订单？放心，我是个天生的衣架子，西装穿在我身上，老板保准对这套西装满意，没问题。”

“好吧，既然你这么说，那就7. 5折吧，这可是最低的价格了。”

2. 刺探出顾客的品位和购买需求

犹太商人认为，推销员在推销过程中，善于从语言交谈中判断客户的性格。客户的缺点可以从谈话中透露出来，客户的性格也是如此。

一家时装店新来一位店员，向一位打扮得雍容华贵，正在选购高级套装的女士建议道：

“小姐，这套服装既高贵又便宜，穿在你身上正好相得益彰！其他的服装又贵，又不见得适合你，你觉得怎么样?”

没想到，她的一番殷勤没有收到效果。那位女士听完话后。竟气势汹汹地嚷起来：

“什么叫作便宜？你以为我没钱买贵的衣服是不是？真是岂有此理，太瞧不起人!”

这位女士为什么发那么大的火？是因为女店员的话刺伤了她的虚荣心。

“价廉物美”，对于很多人来说，具有很大的吸引力。但对于另一些人，也许使他们感到有奚落之意。由于虚荣心作祟，有些人不愿说他“拣了个便宜货”。

很多推销人员在运用说服技巧时，常常由于没有考虑到对方的心理，所以不能成功。

因此，掌握顾客的心理需求也很重要。犹太商认为每一个购买行为的实质都是为了满足人的某些需求。人为什么会购买某种产品？许多人会以为原因是产品的价格低，或者是因为产品的品质好，所以才决定购买。事实上大部分购买行为的发生，并不仅仅只是因为产品的价格或者是产品的质量，任何人购买某种产品的目的都是为了满足他自己客观上的某些需求。而这些需求的满足大多数时候并不是由产品表面所提供的功能来实现的，实际上是因为这些产品能满足客户消费本质的某些价值观或感受。

犹太商人认为，客户的购买需要是多种多样的，在接受行销、使用和消费过程中，他们总会直接或间接地表现出来。这就需要行销人员要善于发现，既而采取适合的话术去行销。

犹太人凯尔莎是一家商场专柜的销售人员，她的销售业绩是全商场最好的，开经验交流会时，她向大家讲了一件她差点失去一位客户的故事：

有一天，一位年轻的女士来到服装柜台前，仔细观看着挂在衣架上的几款“亚历山大”牌羊毛衫。稍后，她从衣架上取下一款红黄相间几何图案的羊毛衫，端详了一会儿对我说：“请问这件多少钱。”“80美元。”我回答。“好，我要了!”那位女士把毛衣放在服务台上，边掏钱包边对我说。

为她包衣服的时候我恭维了她一句：“小姐真有眼力，很多人都喜欢这种款式。”谁知那位年轻的女士听了这句话，沉吟片刻，然后微笑着对我说：“抱歉，我

不要啦！”

没想到，一句恭维的话反倒使顾客中止了购买！我真心客气地问：“怎么，这样子您不喜欢吗?”“有点。”她也很客气地回答，然后准备离开。我立刻意识到刚才那句恭维可能是个错误，必须赶紧补救。

趁她还未走开，我赶紧问：“小姐，我们这几款羊毛衫是专门为像您这样气质高雅的年轻女士设计的，如果您不喜欢，请留下宝贵的意见，以便我们改进。”

听了这话，那位女士解释道：“其实，这几款都不错，我只是不太喜欢跟别人穿一样的衣服。”噢！原来这是位不追求时尚，却喜欢标新立异，与众不同的顾客。“小姐，请您原谅。我刚才说很多人喜欢看中的这种款式，但由于质量好，价格高一点，所以买的人并不多，您是这两天里第一位买这种款式的顾客。而且，这种款式我们总共才做了 10 件……”经过我的一番争取，那位女士终于买走了那件羊毛衫。

凯尔莎最后告诫大家说：“对待客户在态度上要一律热情，而方式方法上一定要因人而异。不同的客户，其性格、心理、气质也会不同，所以，在销售中，要善于从客户的言行、举止中发现这一点，然后针对不同的客户的品位，选择有针对性的试探用语，否则只会使生意泡汤。”

琢磨对方的弦外之音和未尽之言

犹太商人说：“一个精明的销售人员，要善于从顾客的潜台词里挖出对方的真正意图，毫不放过任何一个有利时机。”

在犹太商人看来，一个人内心的想法，除了通过文字表达外，更多的是从口头上流露出来的。顾客所表达出来的一些想法，推销员能否听明白、理解清楚，对于推销来说十分重要。如果推销员听话不听音，则必然领会不到顾客表达的意思，从而做出错误的判断。

听话听音还要注意倾听对方的潜台词，分析其言外之意或未尽之言。有些话顾客虽然没有明确说出，但意思却是十分清楚的，这就需要推销员认真领会了。

一位女士走进一家百货店，站在手套专柜观望了很久，这时一位细心的女店员走过来热情地问：“请问你要什么样的手套呢?”那位女士向女店员问道：“有没有

银灰色的手套?”这位女店员微笑答道:“很抱歉,刚刚卖光,再过几天才能进货。进货前,能不能用白色的代替呢?”

面对女店员的恳切之情,这位女士说:“买白色也行。不过,白手套容易脏。”

“对,白色确实容易脏。不过,白色手套更醒目,与你的时装更相衬,最近也比较流行这种白色手套,只要你勤洗,我想如果再有一副可替换的,那就方便多了。您可以选两双。”

这位女士听后立即露出了愉快的笑容,高高兴兴地买了两双。

这便是一个经典的善于听出顾客言外之意的例子。起初那位女店员用试探的语气询问,从顾客所说的一句“买白的也行”中揣摩出她并不是一个固执的人,既而再用“花言巧语”“软化”了女士的思想,导致她慷慨解囊。

以色列有位著名的谈判家名叫罗特,他惯用的谈判技巧就是善于听出对方的未尽之言。

有一次,这位谈判家的邻居,一位名叫舒兹的医生想请他帮忙,因为舒兹说他家的房子在遭到台风袭击后,损害得很厉害,希望罗特能帮他从保险公司那儿多获一些赔偿。

经过商议过后,罗特同意帮忙,并问舒兹:“你希望能得到多少赔偿呢?”

舒兹回答说:“我希望通过你的帮助,保险公司能赔偿我500美元。”

罗特点点头,然后又问道:“那么请你老实地告诉我,这场台风究竟使你损失了多少钱?”

舒兹回答道:“我房子的实际损失在500美元以上。”

几个小时以后,保险公司的理赔调查员到了,并对他说:“我知道,像您这样的专家,对于大数目的谈判是权威。但这次你恐怕无法发挥才能了,因为根据现场的调查情况,我们不可能赔得太多。请问,如果我们只赔你300美元,你觉得可以吗?”

罗特沉思了一下,然后对调查员说:“你的顾客受到这么大的损失,你居然还有心思开玩笑?任何人都不可能接受这样的条件。”

双方沉默了一会儿,调查员打破了僵局:“好吧,你别把刚才的价钱放在心上,

不过我们最多也就能赔 400 美元了。”

罗特严肃地回答：“看一看毁坏的现场，你就会知道这点钱是多么可怜。绝不可能！”

“好吧，好吧，500 美元总该行了吧？”

“小伙子，别随便说出结果，我们再一起去看看现场吧。”

在罗特的一再坚持下，这一桩房屋理赔案的谈判，最终竟以不可思议的 1500 美元的赔偿费了结，这简直太出乎舒兹的意料了。

罗特到底从理赔调查员的谈话里听出了什么呢？与对方讨价还价，甚至当对方已出到原先商议好的价格却仍不让步呢？

原来，聪明而富有经验的罗特从理赔员说话时的口气里，发现了事实的真相，找到了隐含在对方谈话中的重要信息。理赔调查员一开口就说：“如果我们只赔你 300 美元，你觉得怎样？”注意，关键就在于这个极易被忽视的“只”字上，它表现出了理赔调查员自己也觉得这个数目太小，不好意思张口。因此，他第一次出价后一定还有第二次，乃至第三次。在做出了这种判断后，罗特在和调查员谈判过程中紧紧地控制住了局面，不轻易松口，最后取得了意想不到的成果。

这便是罗特所运用的“善于听出对方未尽之言”的威力。

3. 挖掘出顾客的真正需求点

犹太商人说“在顾客还没告诉我们他的脑子里究竟想什么之前，我们必须先做一些敦促和引导，以便发现对方的真实意图。在我们遇到真正异议之前，最好全面分析一下情况，最好多问几个为什么，从对方的答语中去发现客户的真正需求，同时，还可以提出一点顾客没有想到的异议，以便在交谈的过程中套出他的实际想法来。”

犹太著名的推销商洛克先生，讲了一个他亲身经历的有趣故事。一位中年顾客和他谈了 15 分钟后，这位顾客向洛克订购了一个热水器和一个新式煤气灶、一台电子微波炉，并约定第二天早上 8 点来取货。可是第二天，这位顾客却挂电话给洛克先生说：“不要了。”洛克先生既没有作罢，也没有埋怨，他驱车前往顾客家，微笑地质问：“为什么呢？您昨天不是高高兴兴地和我闲聊这些炊具的好处吗？”

"我太太说免了罢，因为用热水在煤气灶上烧就可以了，旧的煤气灶还可以用……""那么电子微波炉呢?""我太太说家里有电炉，也有火锅，何必再花那么多钱。"他还接着说，"我太太说准备省一些钱给我买一部车。"洛克先生突然打断他，问道："对了，您不是刚买一套新楼房吗?""没错啊!"顾客回答。洛克先生继续问道："以先生的财力买一部车易如反掌，从前怎么不买呢?""那时我太太一直怕我开车有危险……""现在难道就不怕了吗?"说到这里，俩人都不禁哈哈大笑。洛克接着又说："先生，依您的财力和身份，买汽车的确和您的身份相配啊!德国的'奔驰'、美国的'福特'、日本的'丰田'，七八万就可买到八四或八五式。有了汽车，不但会提高您的身价，而且事业会取得更大的成功……您希望要大型的，还是小型的?"这位中年顾客支支吾吾地说："买汽车是我多年的愿望，就不知道买哪种好，您是生意内行人，是否能帮我……"

"我也只是略知一二，不过我乐于效劳，但是新房子、新汽车和旧炉灶是很不相称的啊!"听了洛克先生的谈话，那位顾客不禁说："是啊，我们还要热水器、煤气灶，还有微波电炉，请您马上派人给我送货，顺便也请几个人给我安装。""噢，您要慎重考虑，不要勉强自己，您太太的意思应该考虑考虑……""没关系，没关系，这事还是我说了算。其他就拜托您了……"

通过以上事例，我们可以从中了解到顾客退货并非是因为缺乏支付的经济能力，而是想买一辆车。为什么要买车呢?因为他觉得那样与自己的身份、地位更相称。于是洛克先生就抓住他这个想提高自己身份、地位的欲望作为突破口，劝他买汽车，燃烧起对方对高层次生活的欲望，然后话锋一转，使对方觉得原来的订货和他求得社会地位的欲望并不矛盾，于是便水到渠成地完成了原来的交易。

还有一次，洛克向一位名叫戴维的先生家里展示了一套炊具的功能，因为是在他们家中，洛克有机会察看他们的柜橱，正缺乏他所推销的这种炊具。洛克自然认为这个顾客家需要一套炊具。然而他足足花费了2个小时，仍未达成交易，戴维太太不断地说："没有钱，太贵了，买不起!"可是，当洛克无意中提及细瓷器的时候，戴维太太的眼睛像彩灯一样，闪出了亮光。

戴维太太："你有细瓷器吗?"

洛克："巧得很，我们正备有世界上质地最好的细瓷器!"

戴维太太："你带着没有?"

洛克："您真走运!"

几分钟后，洛克带着一份瓷器订单离开了戴维先生家，金额比他曾试图兜售的炊具要大得多。事实上，洛克并没有专做过兜售，他所做的，不过是顺着顾客的欲念，选出她比较喜欢的式样，并且商定付款办法而已。

既然戴维太太买的瓷器价格高于炊具，而她却嫌炊具"太贵"，说"买不起"，那她是不是撒了谎?是的，她撒了个谎。这的确是个有趣的问题!让我们分析一下：当戴维太太说她没有钱，买不起那炊具时，她真正的意思其实是：我没有钱买那套炊具，因为我不要那炊具。在这种情况下，关键在于查明她不想买炊具的原因，很明显，她此时并非缺钱，而是她根本没有拥有它的愿望。戴维太太后来买下瓷器的原因是：她真正想要。洛克殷勤地为她服务，起到了买主助手的作用，以至使她说出了她意欲拥有的是优质瓷器而不是炊具。

由此可见，当顾客拒绝你的时候，请不要再喋喋不休地叙述商品的好处了，而应该转移一下话题，谦虚地多问几个"为什么"，这样，你就可以听到顾客的真正意图了，这就说明你的推销还有希望。

4. 用假设性的话语进行试探

在推销中，顾客在没做购买决定之前，常常会找一些借口来拒绝推销。比如：

"我还要再考虑一下。"

"我想再逛逛。"

"我想看看市场上还有什么。"

在犹太商人看来，顾客的有些语虽然看似拒绝，但无非都在表示一种意思：顾客需要购买这种东西。作为推销员应该看到这一线希望，不放弃努力，坚持下去，找出顾客拒绝推销的原因，并且帮助他解决问题。

一位推销语言处理机的商人在听到顾客说出"我想再看看"时，这样说："我明白了，您所唯一担心的是这台机器不能像计算机一样收付应收账款。如果我能满足您的这个要求的话，您就会购买它的，是吗?"一旦顾客同意这是唯一的原因，

这位商人就进一步解释说："某些软件也可编程序，所以这台机器也能收付应收账款。"

很明显，商人用这种"如果……你会"假设性的话语，就轻易地堵住了这位顾客的退路，因为他刚才承认了这是他不愿购买语言处理机的唯一原因。

用这种"如果……你会"的话术的好处就是利用假设的语气来回答对方的疑虑，一旦疑虑消除时，假设就有可能会变成真的了。比如推销员在推销保险遭到拒绝时，就这么试问："您不要这张保险单的唯一原因是担心您在丧失劳动能力后还要付保险费，是吗?"

"是的，是这样。"顾客认真地回答。

"但是，如果有种方法可使您在丧失劳动能力后免付此项费用，您就会接受这张保险单的，是吗？哦，这个问题是唯一的原因，是吗?"

"是的。"顾客答道。

现在这位推销员使用这种语术使顾客别无退路了。因为推销员向顾客这样解释："只要多花几美元就可在您的保险单上加上丧失劳动能力后免缴保险费。——这正是您所希望的，所付的费用将会用来抵补您丧失劳动能力期间的保险费用。

"我负担不起。"也许顾客会这么说。但是推销员很明白地知道在推销约会之前就调查了他的情况，并且知道他能负担得起，那么推销员不妨这样说："我可以问您个问题吗？为什么您要同意这次约会安排？如果负担不起，您为什么要同意我来拜访您呢？好吧告诉我，真正的原因是什么?"

"我想跟妻子商量商量。"顾客只好承认。

"现代男人都希望成为有主见的人。如果能与不受别人左右自己拿主意的人坐下来洽谈真是太好了。"很显然，这样的鼓励顾客是乐意接受的。

犹太人艾本是一家装饰品公司的优秀销售员，当别人问到他成功的秘诀时，他总是这么说："当我遇到客户的拒绝时，我总爱这样问他们："如果……你愿意要多少"，结果他们总会不由自主地说出自己的想法。

有一次，艾本向一位商店经理推销他的产品，那位顾客并未打算买东西，但艾本丝毫不放弃，婉转地问："如果连赠品包括在内的话，每件您愿支付的买价是多

少呢?”

经理:“我打算拿出70美元来,但目前我仍未决定要购买你的物品。”

艾本:“这我明白,那如果您要购买本公司的产品,您会选购哪一种物品呢?我的意思是‘如果’。”

经理:“如果要我选择嘛,我可能会选购钻石别针或水晶袖扣,不然便是檀木衣架,大概是这三种中的一种吧!”

艾本:“谢谢您所提供的宝贵意见,如果您能确定您所要物品的需要量的话,那我们必定会减价优惠您。另外,如果您真的想购买本公司的产品,需要量是不是差不多9.5万个呢?”

经理:“别开完笑了,我们顶多要7万个。”

艾本:“既然如此,那何时交货较好呢?”

经理:“唉!我也不知道,不过我们大概在下个月的25日购进新的物品。”

艾本:“哦,这是没问题的,我能不能借用一下电话?”

艾本随后打了个电话。“谢谢,先生,我刚才打电话回公司,公司说没问题,至于衣架的颜色用贵公司以前常使用的颜色可以吗?”

结果艾本成功地拿到了7万个衣架的订单。

找出谁是真正的购买决定者

犹太商人说:“在推销过程中,能否准确掌握真正的购买决定者,是成交的一个关键。如果条件允许,就要事先做好调查;如果时间紧迫,就要从对方的言行举止中仔细观察、揣摩,以便少走弯路。”

有位名叫巴布森的电热毯推销员为了一笔很大的生意,三顾茅庐访客户,有时谈到深夜。最后一次谈到深夜,当从客户家的卫生间出来走到走廊上时,忽然听到一个老太婆用沉重的语气说:“说实在的,我不同意。前天他来时,看到我连声招呼都不打,根本没有把我放在眼里!为什么我非得掏腰包?我活了这么大把年纪,从未用过电热毯,不也过得很好吗?东西那么贵,我可没钱!”

巴布森听到这话大吃一惊,恍然大悟,原来这个他前天来时都未正眼瞧的老太太,却是真正的购买决策者。他做梦也没想到这个老太太就是问题的所在。

巴布森后悔不已，没想到不仅白费了自己一番苦心，还得罪了真正的买主。为了挽回这场交易，他决定送一个电热毯给老太太，因为他从客户的谈话中得知，还有20天就是老太太的古稀寿诞，便在电热毯上绣上“恭贺古稀寿辰”，赠给了这位一辈子未用过电热毯也活得好好的老太太。

不用说，老太太一定会惊喜一场。可对巴布森来说，他掏钱买人情，一是表达敬老之意，可更重要的是对他自己的惩罚，告诫自己今后再不能这么“有眼不识泰山”了。

在谈交易时，推销员一边说话一边看着客户，若客户点了头，就认为客户真正在听自己说话，这未免言之过早；说得明白一点，客户虽然脸对着推销员，可是他的视线可能随时注意着整个房间的某个角落。这时候，客户也许会这么想：

“假定现在我答应了买下来，我的部属会做何想法呢?”

“我的上司对于我的决定会不会赞成呢?”

种种推销员无法洞悉的心理状态，可以从对方的眼神或表情中流出一些痕迹。在客户犹豫不决时，就会边听着你的游说，一边用眼睛望着房间四周打转儿。

如果是客户的办公室中有其上司，那么当推销员前来兜售商品时，这客户的心念就更为复杂了：身为下属的客户虽然是负责采购的，但他并不具有最后裁夺权，决定权还是在旁边的上司那里，有时上司可能不太听得懂推销员与其属下（客户）所谈论的技术问题、品质问题、价格或价值问题等专门性服务，这个时候，推销员单是与客户（下属）交谈呢？或是把视线集中到上司身上呢？

倘若光对客户推销，客户心里一定会想：“你为什么不详细解释清楚，让我的上司也能够彻底明了?”客户多么希望推销员适时说一句：“经理先生，你认为如何呢？贵公司买这种品牌的机器绝对会使销售额蒸蒸日上。”

在上司这方面呢？其心理也相当复杂，心中也许嘀咕着：“他们两人到底在讲什么？也许他们谈妥了，可是我可不愿盖章，这件事情决定权在我，这个推销员应该对我谈才是。你也不能看不起我呀!”……聪明的推销员应能够立即剖析上司心里头所萦绕的种种想法。

所以在去团队做销售时，如果时间和情况允许，应事先调查，旁敲侧击，弄清

拍板人是谁，但要是时间紧迫，无法预先充分调查，则有必要开门见山一下子切进主题：

“我找你们的总经理有事要商谈！”

“我要和贵公司商谈一件生意，请安排能做主的那个人和我谈。”

“我要谈的是这样这样的一件事，请问你能做主吗？”

“我来谈这样这样的事情，请问哪位负责这方面的事务？”

以上这些话语，都是针对一个团队进行推销或交涉时所用的。找到拍板人后，就看你的商谈能力了。

有时候，你会发现表面上的拍板人并不是握有实权的人。这应当需要你既巧妙地照顾拍板人的面子，又要设法争取实权派的支持，让实权派为你说话。

犹太商人认为，对一个优秀的推销员来说，寻找具有影响力的人物一点也不难，只要你细心地从客户的言语中揣摩，从他的神色上观察，就一定会得出结果的。

在家庭中，究竟谁是购买决定者，一般来说，正常情形是夫妻共商，有时是妻子做主，有时是丈夫做主，有时是丈夫出面谈判，妻子在幕后指挥。但有时会出现伏兵四起、奇兵难料的情况。

那么，怎样看出谁是购买决定者呢？通常，出来谈判的多半是购买决定者，但为了防止伏兵，不要眼睛只盯着他一个人，必须注意他周围每个人都可能对他产生的影响力，即使别人没有丝毫决定权。

比如，在不知道谁掌管金钱的情况下，推销员可以这样试探问：“您要是在家里大小事情都管，您自个儿决定就行。像这类小事，不妨放手让您爱人去管，回去跟您爱人说一声，让他（她）来看看。”这样一说，从对方的回答中就能很容易搞清楚到底谁是购买决定者了，又为对方留足了面子，为进一步推销埋好了伏笔。

戴维一致被认为是最聪明的保险推销员，而戴维则认为自己只不过是能找到真正的决策人罢了。谈到“找到决策人”这一方法时，戴维说：“找到决策人的方法很简单，只要你多向客户提出几个略带挑衅性的问话，再从他的言语表情中观察就行了。”

有一次，他在与一个服装店老板谈论保险时，就发现了这位服装店老板并不是一个真正的购买决定者。

“克莱德，我想跟你谈谈万一你有什么不测，如何保护你的家庭的一些方法。”

“尽管说吧，戴维，我完全相信保险。我小的时候，父亲去世了，没有保险赔偿金，那种生活实在太可怕。”

克莱德显然是保险的支持者，看来会谈的结果可能会成交，但戴维发现他们谈得越多，克莱德就越是着急。他跟戴维更多地谈起他的妻子，戴维开始怀疑是不是自己找错人了。

“克莱德，”戴维问，“下周我来见你夫人怎么样？我们可以一块儿坐下来谈谈保险的事。”克莱德咕哝着说：“我想我们今晚就可以谈，我会向她解释的。”

“克莱德，我这有一份你满意的建议书，你看一看，如果没有问题你可以马上就签字了。”“哦，我想我还是应该再考虑一下，不用那么快吧！”

“好吧，克莱德。你的店真漂亮，你一定很忙吧，你是怎样找到这块地方的呢？”戴维开始转移了话题。

“是我的妻子找到的，她平时帮我进货。”克莱德老实回答。

“好吧，朋友，你妻子可真棒，我希望见她一面，你看周末行吗？”“好吧，我可以帮你问一下。”

就这样，戴维找到了真正的决策者。

给自己拉上一道帷幕

1. 巧妙制造立场上的错觉

犹太商人在与顾客说话时，不仅清楚自己的目的，还非常注意自己所站的立场，权衡哪一种说话方式更有利于自己。犹太商人认为，“我们”“大家”这类具有共同意识的字眼很容易造成对方的错觉，让对方分不清你的立场。

自古就有许多团体的首脑人物利用这些字词来混淆视听，当他举起手中的刀枪或拳头时，成千上万的听众也同样地举起拳头附和。例如西方国家的竞选者，一些

派别或团体的领袖人物都是如此。这些人物在台上一呼百应，往往轻而易举煽动起群众感情的火焰。为什么他们能够靠着演说将听众紧密地结合在一起呢？其秘诀在于所使用的言辞和所抱持的态度，他们表达所做的一切不是为个人，而是为了广大的群众，目的是使他们产生共同意识。

犹太商人在商谈中，频频使用“我们”“我们大家”等字眼，以表示与对方追求的目的、利益息息相关。简单的几句话即可笼络人心，使对方产生命运一致的感觉，从而达到休戚与共的效果。

由于每个人的内心或多或少都存有潜在的“自我意识”，谁也不愿意受别人的左右。如果他认为你是在说服他，那么他的反抗意识就会更激烈，而不易与你看法一致，即使你说得天花乱坠、头头是道，在他眼中也不过是为谋取私利而进行的表演。

经常使用“大家”“我们”等这类字眼，会使人感受到大家均是同路人、是生命共同体，于是原本坚固的防备堡垒会不攻自破，并在不知不觉中认同你的观点。自我意识愈强烈的人，愈容易被对方这种说话技巧所牵引。

有时，在商业谈判中，要想迷惑对方，言明双方立场相同时，也可以制造一个“第三者”的敌人。这样一来将双方的矛盾一起转向第三者，对手就可以觉得“我们”是站在同一战线上的了。在一部小说里，叙述美、苏二强在对峙后引发了战争，正欲动用核武器时，突然传来一则消息：火星人攻向地球了。此时，美、苏便打消了对战的意念，协力对付外来共同的敌人。这个故事启发人们，有时可以十分巧妙地利用心理学的技巧来拉近彼此间的距离。

有两家厂商为了生意上的竞争，搞得十分不痛快，此时，消费者突然对他们提出共同的指责，于是这两家厂商顿时停止竞争，共谋解决问题。

德国有一家建筑公司，因为生意不好，所以一直拖延一些工程款项。工程公司的经理辛尼加是犹太移民，他非常不高兴，因为收不到款项，已经严重影响到公司的财务调度。

当辛尼加怒气冲冲地开车去建筑公司的途中，竟然发生了连环车祸。幸好，他的车子是最后一辆，只是很轻微的擦撞，并无大碍。但是前面 4 辆车的车体都各有

损伤。

第二辆车的车主在发生事故之后，一直坐在车里，连下车看看都不肯，于是第一辆车的车主火了，跑过去理论，两人吵得不可开交。

而第四辆车的车主在发生事故之后，马上下车上前察看第三辆车的毁损情形，他的脸上充满歉意表情，并且关心地慰问第三辆车的车主是否受伤。辛尼加也下车来关心双方的谈话。

很快地，第四辆车主得到了第三辆车主的谅解，早早将车开走了，只剩下前面三辆车还在那里争执不休。

辛尼加看了这种场面，一路沉思，到了建筑公司之后，他将原先的一脸怒容换上了笑脸，在建筑公司老板的办公室坐了下来。

辛尼加温和地对建筑公司老板说："让我们来分析一下情况吧。以您的能力来说，不可能会出现周转上的问题，我猜应该是银行上作怪吧！现在的银行只有在晴天才会借伞哩!"

建筑公司老板有一肚子苦水，听到辛尼加这么说，就对着他大叹银行的无情。

于是，两人你来我往地批评银行政策。一时之间，两人同仇敌忾，仿佛站在了同一战线。

过了许久，谈话告一段落后，辛尼加坐直身体，诚恳地对建筑公司老板说："请您务必要帮忙，否则我们连薪水都发不出来了。"

晤谈结束之后，辛尼加摸摸口袋里的支票，满意地开车返回公司。握着方向盘，他自言自语："还好，让我碰上了那场车祸。"

他想起连环车祸中的第 4 辆车车主，与第三辆车车主一起指责前面车的情景，他的嘴角露出了一抹微笑。心想："我又学到了一招，将双方的矛头一起转向第三者，以此表明双方是站在同一条战线上，进而说服对方，真是很好使啊!"

2. 不知不觉与对方纠缠在一起

犹太商人在经商过程中深有体会，不怕难缠的顾客，就怕顾客不缠你。一个优秀的商人必须能说会道，才能吸引顾客、说服顾客，最终达到推销成功。这种能说会道当然不是口若悬河，泛泛而谈，而是要审时度势，利用口才技巧，真正做到能

说会道，把顾客引到自己的主题上来，不知不觉与自己纠缠在一起，让他想跑都跑不掉。

温德尔医生对付推销员有自己的一套手法，从不让任何人上门推销，有一位犹太推销员萨利赫和他的秘书电话交谈过几次，但都没有什么收获。好在萨利赫从秘书的言谈中收集到了一些宝贵的资料，那就是温德尔医生爱好美术，业余时间都花在了走访画廊上了，尤其不错过任何新开幕的画展。萨利赫侦探似的给每家画廊打电话，查出每一个新的展出时间和地址。当然，他到场的时候，温德尔医生也在。

跟温德尔医生搭讪之前，萨利赫细心观察了这位毫不知情的未来客户好一会儿：他怎么到场的，他言谈的方式，谈些什么，他的穿着打扮等等。在这一类的场合要想攀谈不难，轻描淡写来一句观感就能引起对方的谈兴。

萨利赫应声附和着医生的见解，对展出作品发表了几句得体的观点，又提出了几位其他画家的名字，然后问温德尔医生的看法——同为艺术爱好者的意见。萨利赫连商品的名字都没提，只是说了自己的名字。温德尔医生心情颇佳，难得这么个美好的晚上，和一位修养不错的人谈得如此愉快。

几天后，萨利赫用电话和温德尔医生搭上了线。“是那位在某某画廊见过的先生吗?”温德尔医生在接到秘书传话的时候问道。这个名字他记得，却感到惊讶：这位令人喜爱的聪明人是位业务顾问，也就是推销员喽?

温德尔医生斩钉截铁，毫不客气，想“诱使”他买什么都是白费力气。到后来忍不住断然回绝：“少跟我说些什么邪门歪道的节税投资了，你们这些推销员统统是骗子!”

没什么可谈的了，温德尔医生正要挂电话，却听到萨利赫的声音：“大夫，容我说最后一句，医生统统都是凶手!”

“什么话?”医生气愤地问。萨利赫不动声色，私底下早就料到温德尔医生会反应激烈，因为在推销圈子里，温德尔的名声早有定论，所以启用了事先备妥的第二招。

萨利赫讲了朋友由医疗失当而丧命的故事，为了强调其真实性，甚至详述了一些细节。温德尔医生了解这类医疗上的问题，生气地反驳：“你不能以偏概全啊!”

“说得也是，那你也不该把推销员一视同仁。你我都是明达之人，不必故弄玄虚，我登门拜访时你再亲身印证不迟。我相信，到时候你会有正面的看法。”萨利赫在电话那头笑着说。

温德尔医生气势稍退，他自己也在思忖是否太过分了。终于答应约见的时间。萨利赫不仅攻克了约会的第一道难关，而且还化解了危机。换成口才不佳的推销员，很可能就把关系弄僵了。

在温德尔医生家，萨利赫叹服他的高雅装潢、典雅的家具和墙上的现代版画等等，他表现出十足的欣赏、赞叹，立足于一盏维多利亚时代的灯具前说：“真够精巧的！古董！至少要值4万元，真是稀世珍品！”他兴奋地脱口而出。

温德尔医生上钩了：“猜猜我多少钱买的?”

萨利赫当然说了个高于温德尔医生出的价。

结果萨利赫免不了会问：“你怎么那么厉害，哪里买到的?”

温德尔医生据实相告这件古董的来龙去脉，夸说自己对古董多么在行，没有人能骗得了他等等。

萨利赫继续说道：“真是不可思议！你真是行家，好眼力，会挑东西。”边说边指着一张座椅，准确地说出它是属于什么风格的设计，再赞一句：“这张椅子一定也花费不少!”

“猜我花了多少钱?”温德尔大夫神气地讲了同样的台词。萨利赫又是惊讶又是赞叹，机灵地应对，又花了几分钟，尽量让医生与自己纠缠在一起。他很清楚：交谈的最初8分钟，是生意成功与否的关键。

“温德尔医生，你府上搜集的都是价值连城的珍品，你一天要工作多久啊?”温德尔医生承认时间不够用。萨利赫说：“如果能合法节税，辛苦赚来的钱少送一点给财政局，你就能够积累更多的财富了。”

温德尔医生有了兴趣，仔细地听萨利赫解说，讨论数字并进行计算。渐渐冷静下来之后，不免有点生气：这家伙打探什么，弄了半天还不是要推销东西，我才不上当!

萨利赫言谈间已经准备了一项详细建议，如果温德尔医生想在鸡蛋里找骨头，

那就听他说。最后温德尔训示：这样不行，这些数字得再好好核算，时间太紧，或许有更好的方法，真要考虑的话，这个方案得换一种方式处理，比如……

萨利赫心中另有盘算。正是所谓“权威转移法”，很多推销员就败在这上面，因为他们缺乏坚持到底的毅力，害怕丢掉眼看就要到手的订单，不敢施压。

温德尔医生正在考虑，该如何开口拒绝才好，萨利赫首先打破了沉默：“温德尔先生，你通常早上几点钟开始工作?”

“都是早上 8 点钟准时进手术房，问这做什么?”

“我会准时到场!”

温德尔医生一头雾水：“开刀是不准参观的。”

“不是去看，我要动手术。”萨利赫声调沉稳坚定，毫不妥协。

一阵沉寂。温德尔医生的脸部表情像是要发作，这个大胆无聊的家伙到底在搞什么?

“是啊!”萨利赫理解似的笑了，好似看穿了温德尔医生的心思：“如果我这个病人去找你，一定百分之百信任你。你受长期教育，经验丰富，十分清楚自己该做什么，难道会在动手术时听我的建议吗?我在自己的本行也是科班出身，经验不少，应该知道怎么做对客户最好。”

温德尔医生沉思不语，怒气渐消，这人说得对，他心里想，笑着想解除窘状：“请继续说，我听着哪。你说服了我，我就买你所推销的东西。”

这一晚，萨利赫不但拉到一个新客户，而且赢得了他的信服，因为温德尔不但自己签了合约，还把他推荐给医院同事。

当时若是话不投机，他的合约就飞了，好在萨利赫基础扎实，方法恰当，才扳回一局。看来好的口才确实能让推销员步步为营，让顾客步步陷入，但好的口才是建立在广博的知识上的，上例中萨利赫对艺术和古董精品就有相当水准的知识。

3. 说个故事给顾客听

犹太商人非常清楚，没有人喜欢枯燥无味的说教，也没有人喜欢平淡地说辞，正因为如此，他们发明了“故事推销法”。它的新奇、感性，往往是吸引顾客并获得顾客认可的重要原因。

以保险业为例，要对客户说明某个论点，可以用客户熟知的故事作为例证，这可以成为达成交易最为确切、短暂、安全的途径。双方无法沟通是破坏推销保险最为恶劣的潜在因素之一。以讲故事为例，这是简易有效沟通思想的方法。

以色列一家保险公司副总裁哈里森先生，在推销保险时有一套杀手锏，那就是他的“讲故事成交”推销话术。

哈里森能够向不同层次、不同年龄的人讲故事。他通过讲述一些保险用户的经历来完成推销。他讲述得很自然，很轻松，没有人能看穿他，因为他们已经被迷惑了。故事讲完以后，他们很受感动，以至于他们禁不住要买。

有一天，哈里森向科尔——一位粗暴的经理——进行推销。科尔不喜欢保险，也不喜欢哈里森，他有点傲慢无理。这次谈话似乎没有什么进展，科尔的反对使哈里森处处受阻。沉默了一会儿，哈里森发话了：“上个月在这个城市里发生的一件事情让我想到了你，科尔先生。”

科尔立刻被吸引了，他说：“什么事呢？”

“当时我正在一家饭店吃饭。起初，我并没注意柜台后面的妇女。后来我听到她喊：‘哈里森！’我看了看说：‘喂！海伦！’我很惊奇。‘海伦，你在干什么？’我问。‘哈里森，你没有听说？’‘听说？听说什么？’‘关于乔治？’‘不，不要告诉我他已经……’她开始哭。‘是的，’她说，‘乔治已经走了，他在6个星期以前去世了。’‘不！’‘他死得很突然，一天晚上他回到家中，仍然很健康，可两天后他就死了！’她哭得更厉害了，我不想追问他死得是否很安详，可她自己说了。”

哈里森继续给科尔讲：“乔治不相信学校捐赠给儿子彼尔的保险，他总是告诉我：‘我能比保险公司更有效地投资利用我的钱！’他是绝对认真的，也很相信这一点。但是他的投资并未见效，而后又发生了最近的股市风暴。他的妻子海伦是饭店的服务员，儿子彼尔已经退学了。

“科尔先生，当我告诉您这件事时，我的意思是：乔治看上去很像您，您总是让我想起他。当然，发生在他身上的事不可能会发生在您的身上。但没有人经历过那位可怜的寡妇所经受的痛苦和折磨，而我们真应该负起对家庭的责任。”

沉默片刻，这位有经验的推销员意识到是成交的时刻了。然后，科尔，这位在

5分钟前严厉地斥责哈里森的“暴君”说：“我已经重新考虑过了，那么我的保险检查需要多长的时间呢？”

“他已经把自己放在乔治的位置上了，他想到了妻子，他不想遭遇那种事，于是他买了保险。”签单过后哈里森这么说，“榜样的力量是无穷的。当一个鲜活的、具有强烈感情色彩的故事，让顾客深信不疑时，那么，它就是一个榜样，一种无穷的力量。”

其实，像这样说故事的实例是再普通不过的了，每一位与保险业务员有过接触的人可能都有过这种经历。

我有一位朋友，不久前干起了跑保险的业务。一天，他在与我闲谈时无意中他问我一句：“你听说过这样的一件稀罕事吗？”

“什么事？”我不禁被吸引进去了。

“有一个人，替10岁的儿子请了一位小保姆，他在雇佣合同里不要求小保姆干家务做饭，只让小保姆天天关注他家儿子的健康，他平均每个月给小保姆237美元工资。在小保姆服务期间，如果孩子得了大病，由保姆负责10万元以上的费用来替孩子治病，治病之后小保姆就要被解雇；如果孩子一直健康，小保姆的工资也只开20年，20年中工资不变，如果主人的儿子活到81岁仍然健康，保姆就可以退休，但在退休时要把主人给她的工资全部退回来，给主人的儿子留着养老。你听说过吗？”

“别瞎说，天底下哪有这么好的事呀！”我反问。

“假如有这么好的好事，你愿意为你的孩子请这位小保姆吗？”朋友试探着问。

“谁都愿意请，别说我了。”

“那好吧，请看我这有一份保险计划书，是为你的孩子设计的，我们有一个‘健康天使’的保险，正适合你10岁的孩子，我为你设计了一份10万美元的保险，平均每月交费大概237美元，至于保险责任就像刚才所说的小保姆的责任一样，怎么样，你把这位‘小保姆’请回家吗？”

结果我无话可说，成了他的投保户了。这就是讲故事推销保险的功效所在了。

4. 制造假象使对方麻痹松懈

利用言语或行动巧妙地制造一些假象，来迫使对方就范，也是犹太商人在经商中惯用的技巧。他们把这种利用假象迷惑对方的手段分为两种情况：一是制造不利于自己的假象迷惑对方；二是制造有利于自己的假象来迷惑对方。无论哪种情况，其目的只有一个：以虚攻实。

对付厉害的对手，故意暴露出自己的弱点，以此麻痹松懈对手，最后再用实力进攻，是一个最好的攻击办法。

有一位著名的拳击手在一次比赛中不幸失去了拳王的宝座，他决心在下回的比赛中夺回冠军，于是他宣布要向现任拳王挑战。

在比赛前夕召开的记者会上，这位拳击手全身裹着厚重大衣，戴着口罩还频频传出咳嗽的声音，精神显得十分异常，同时，他还发言："很不幸我染上了肺病，不过我会尽力一试的。"

他的对手看到这场景，就很自信，于是就放松了警戒。可比赛结果却出乎大家的预料，拳王的宝座被这位"有病"的拳击手夺回来了。原来，在赛前的记者招待会上，他不过是在做戏而已，其目的是要松懈对方。

这就是一个制造于自己不利的假象来迷惑对方的事例。这样的例子在商品销售中也比比皆是。

以色列一家家用电器批发商有一次与美国一家家用电器生产厂家，就一批家用电器的交易进行谈判。在谈判中，美方报盘价较高，经以方争取，美方虽然做出了让步，但以方仍觉得价格过高，而美方又不肯继续让步，以方又不忍心前功尽弃，左右为难。

这时，以方抛开这一主题，对美方谈判者说："我们还准备订购一些这批家用电器的装配零件，不知你们愿意供货吗？"

美方代表兴奋不已，因为他们也正想寻找合作伙伴。

以方谈判者继续说："我们准备订购 200 万美元的装配零件，搞批量组装，可以在价格方面提供一些优惠吗？"

美方代表觉得他们的订货数量可观，表示愿意就这一问题开始谈判，结果双方的谈判议题竟从成品交易转移到配件组装方面。以方趁机与美方进行来件组装方面

的讨价还价，美方感到其中利润可观，同意大幅度降低价格，最后双方在配件组装问题上终于达成初步协议。

之后，双方继续商谈成品电器的交易问题，美方仍坚持原来的立场不降价。这时以方代表先从美方同类产品配件的供给价格谈起，加上组装费用，算出该类电器的成本远低于他们的开价，美方坚持原来价格是毫无道理的。这时美方才发现中了对方的“以虚击实”之计，但又不能改变以前的配件价格，只好面对现实，做了让步，这样，以方在成品贸易上避免了损失，就是以后即将开始的配件组装交易也有利可图，真是一举两得。

5. 无中生有制造危机意识

犹太商人在经商实践中发现：有许多人对一件事总是迟迟下不了结论，其中“时机未到的意识”以及“等待更好机会的意识”占有很大的成分。也可以说，是“反正还有时间，再考虑考虑或许还有更好的结果”“还有时间再继续等待，应该会有更好的机会”等这类期待感，使他不愿现在就下决心。对这样的人，如果给他长时间的考虑简直是浪费时间，倒不如设法催他早做决定。

“无中生有，制造危机感”是犹太商人常用的说服那些自认为时机未到的准客户的一种策略。在生活中，有很多人看起来似乎不需要某种商品或服务，可是一经推销员的分析，却发现好像什么又都需要了。

一位名叫阿尔文的犹太人寿保险推销员，最喜欢对那些有着高收入而又未婚的青年人做推销。当然，他知道这些人最爱用的一句拒绝话语就是：“我还年轻，还不需要保险！”而这时，他也总有自己的一套话术，让他们心甘情愿地购买。阿尔文所用的这套话术，就是“无中生有，制造危机意识”。

有一次，他向一个有着5万美元年薪的年轻人推销保险，这位年轻人说：“我没有任何需要抚养的家眷，而且在短期内我也不想结婚，所以我不需要你的保险。”

阿尔文笑眯眯地说“我是一个保险专家，我可以坦白告诉您，您现在并不需要保任何险，可是请问，您计划结婚吗?”

“哦！也许过一两年吧！可是那是很久以后的事。”

“即使等您结了婚，您还是不需要保险，您知道为什么吗？因为万一您不幸发

生了什么意外，您太太仍然年轻，她可以工作，也可以再婚。所以在这段时间内您不需要投保人寿保险。那么再请问您，您将来计划要小孩吗?”

“当然我们都希望养个小孩，所以我想应该会有小孩吧!”

“当您太太怀孕的时候，我想您就应该投保了，现在让我们来看看人寿保险的基本原则，任何人要买人寿保险时都要考虑三个问题：第一个是职业，您的职业不属于危险性高的职业，所以我想没有问题。第二是健康，您现在身体健康，这也没有问题。不过三四年以后，我就不敢说了，但现在我们假定您的健康情况一直良好，所以也不成问题。第三个问题，就是您的年龄，您年龄愈大，买保险时保费就愈高，一般而言，每增加一岁，保费就增加3%。”

“不过再等3年实在也差不了多少。”

“老兄，那可有差别呢！假如在3年之内您太太怀孕了，那时您准备买人寿保险，您就要付比现在高出9%的保险费；如果您现在的所得税税率是37%，那也就是说您必须要多赚12%的年薪，才付得起那份保险费。这并不是说在第一年就得多付9%，这笔账您算算看怎样才划算。

“假如您现在投保，3年以后，您还是拥有同样价值的保险，可是每年就省下了12%以上的保费。我相信以您的努力，将来一定会飞黄腾达。而且我也希望多一位杰出的客户，这样我的业绩才能蒸蒸日上呢！所以我愿意现在为您设计一套保险计划，让您从现在开始节省12%的多余保费。”

“啊，让我考虑考虑……”

这就是阿尔文的“无中生有”推销话术，其实他说的也很对，只是当时有很多人还没有认识到这一点罢了。

阿尔文还善于运用一种叫作“制造危机感”的话术，他说：“不买保险的人，有的是自忖身体健康不需要买，有的是自认为银行里有存款，可以应付家中生计，也不需要买。这一类型的客户，本身已具经济基础，只是危机意识不很强，只要在这一方面多下功夫，一定能达到效果。”

所以，阿尔文遇到这样的客户时，他总是会说出一点带危机感的话，让客户心里颤抖。有一次，阿尔文就遇到了这样一个客户，还没等他开口讲保险，这位客户

就抢先开口说："我还年轻，身体健康，不需保险。"

阿尔文不动声色地说："先生，这正是我现在催促您投保的原因。您年轻，身体又健康，所付的保费较低，您相信'每个人都不能预测未来'这句话吗？还有这么一句话请您不要介意，'坟墓里装的死人不是老人'。并不是老年人才先我们一步而去，在这个高速运转的社会，每天都有那么多意外发生在我们周围，假如我们万一突遭不幸，我们还能宣称健康吗？没有健康的年轻最可怕，我们靠什么面对家庭的重担？"

这位先生还不服气，又说："我有钱存银行，不买保险。"

阿尔文又不慌不忙地说："先生，把钱存到银行的确方便，需要时就去取回。但恰恰因为需要钱用的时候，往往克制不了，因此很少有人做到利用银行存款来凑足养老金；但如果把钱存到保险公司，情况就不一样了，它要求我们做长期的规划，并且每年缴费都有保险公司的提醒和'约束'，所以肯定能够达到养老的目的。"

"再说我们并不能保证什么时候都有金钱，也许今天我们是百万富翁，明天却是穷光蛋，这类事现在太多了。而寿险的保值作用却不一样，只要您在保单上签上字，您就拥有一笔可观恒定的财富。哦！对了！我刚刚在外面看见您的车子，真漂亮！刚买的吧？不知道您有没有买安全保险？"

客户很自豪地说："买了，万一车子被偷了，被撞了，保险公司会赔！"

这时，阿尔文见机行事，说："您为了怕车被偷被撞，为车子买安全险，车子怎么说也只是个代步工具，只是资产的一部分，但是，您却忽略了创造资产的生产者——您自己，何不趁现在为家庭经济购买'备胎'？"

客户被说动了，问："那你说以我目前状况买哪种保险最好呢？"

就这样，阿尔文说动了一位自认为不必买保险的人成了他的保户。

6. 善用减压技巧让对方欣然应允

犹太人善用减压技巧说服别人，这种方法在商业活动中经常被用到。

在美国被誉为畅销书制作大王的犹太裔出版商布朗先生，策划了一本以《攻心术》为题的书，并约心理学家维纳格来写。对于从未有过写书经验的维纳格，这的

确是一件难以办到的苦差事。可是布朗先生不理会这种顾虑，语气轻松地说："怎么样？题目还不错吧?！马上动手写吧！300页左右就可以了，你一天写5页左右就行!"奇怪的是，经他这么一说，维纳格先生忽然感到肩上的负担轻多了，觉得2个月后交出底稿也并非不太现实。实际上动手起来，才觉得一天5页的定额是够高了，不过既然已经答应下来，就不能再往后拖了。

维纳格尽管是心理学专家，但还是被老谋深算的布朗给迷惑住了。布朗的话具有减压式的迷惑性，容易让人在感到轻松的同时产生错觉。仔细一想，这是一种叫人当时欣然应允的心理作用，心理学上称之为"减法技巧"，这种心理在我们的生活中用得相当广泛。

其实，犹太出版商布朗先生策划的《攻心术》一书的缘起，还是从他的一次商务旅行中受到启发的。维纳格在他的《攻心术》书中提到了事情的经过：

一次，布朗先生乘坐的西南航空公司的一架班机即将着陆，机上乘客忽然听到机务人员报告：由于机场地面拥挤，本机暂时无法降落，预定着陆时间推迟1小时。布朗先生发现，顿时机舱里一片喧嚷、抱怨之声，但乘客们也只得做好思想准备，在空中熬过这令人生厌的1小时。谁知几分钟后，机务人员宣布：晚点时间缩短到半小时。布朗先生又看到，乘客们听罢都如释重负地松了口气。又过了5分钟，乘客们再次听到广播说，最多再过5分钟，本机即可着陆。这一下，乘客个个都喜出望外，拍手相庆。布朗先生从这个例子的最终结局发现，飞机实际上虽然是晚点，但乘客们却反而感到庆幸和满意。

后来布朗先生在谈判中尝试运用这种减压技巧，先用苛刻的虚假条件使对方产生疑虑、压抑、无望等心态，然后逐步优惠或让步，使对方满意地签订合同，自己从中获得较大利益。

维纳格在《攻心术》一书中进一步举例说：比如，买方想要卖方在价格上多打些折扣，但同时也估计到如果自己不增加购买数量，卖方很难接受这个要求。于是，买方在价格、质量、包装、运输条件、交货期限、支付方式一系列条款上都提出了十分苛刻的条件，此所谓先给卖方点"苦"。在讨价还价的过程中，买方尽量让卖方感到，在绝大多数的交易项目上，买方都"忍痛"做了重大让步。这时，卖

方鉴于买方的慷慨表现，在比较满意的情况下往往会同意买方在价格上多打些折扣的要求。之所以如此，重要的一条，就是卖方产生了错觉：在价格上做减让之前，已经从买方那里占了不少便宜。

这就是维纳格的减压技巧，推销员不妨尝试着运用一下。

7. 施放烟雾诱使对方判断错误

在商务谈判中为迷惑对方，要善于借用谈判烟雾，让对方辨不清东西南北，做出错误判断。

谈判的成功常常需要借助两个因素：正确地判断对方；对方对你的判断失误。对方对你的判断失误，或者是归于他的判断能力差，或者是因为你有意识地引导对方进行错误的判断。

因此，有经验的犹太商人在谈判中常常采取故布疑阵的策略，有意向对方提供足以导致他错误判断的资料或信息，并且，有意施放一些烟雾来干扰对方，使对方的计划被打乱；或接受你的误导，使谈判对自己有利。

犹太商人施用故布疑阵的策略，通常做法是：

将一个本来很简单的问题复杂化，把水搅浑，好浑水摸鱼。提供一些详细琐碎的资料，使之成为对方的负担。

节外生枝，另辟战场，以此来分散对方的精力。

改变计划，突然提出一项新建议，使每件事情又得从头做起。

问东答西，答非所问，故意装糊涂。

故意打岔，插进一些和这次谈判不相关的谈话内容。

借口资料丢失，必须凭记忆把它们汇集起来，从而偷梁换柱，篡改数据或其他内容。

找替罪羊，把责任推到某一个人身上。

佯称身体不舒服，需要休息，使谈判中断。

这些做法，目的都在于干扰对方，打乱对方的阵脚，自己可以乘虚而入，达到目的。

犹太商人发现，一般情况下，由间接途径得到的信息，常常被认为比公开获得

的资料更可信赖。人们之所以宁愿相信小道消息，原因就在于此。因此，丢失的备忘录、遗忘的便条等，常被犹太商人认为是最佳提供对方确实情况、最有利用价值的依据。同样是这些资料，如果是在谈判桌上直接递交给对方，对方一定不会感兴趣。

以色列有位承包商得到了一个大型建筑项目的承包合同，他需要把其中的大部分工程转包给其他较小的承包商。当然，在转包的过程中他要设法压低承包价格，以保证自己获得尽可能多的利润。

按惯例他采取招标的方式。有意思的是，每当有投标者来拜访他时，都会很意外地发现在写字台边上有一张手写的竞价单。

对于这一“意外”的发现，投标者暗自庆幸。因为这张竞价单向他表明只要他出更低的价格，就有中标的可能。却不知这张竞价单是主人有意放在那里的，主人托词离开几分钟以便让那些精明的投标人来窥探虚实。

结果是，每个投标者都上了当，都“自觉”地按照那位狡黠的承包商的意图行事。

要实现故布疑阵的目标，最重要的一点是要做得一切都合乎情理。否则，被对方窥破真相，就会落个聪明反被聪明误的下场。

利用价格的悬殊让顾客“占便宜”

著名的犹太推销员杰德森，有一次他找到某公司的经理，带着一个正好符合对方利益目标的方案。杰德森说：“我们这里有个非常好的方案，它价值 50 万美元，而我们的转让费是 30 万美元。”不想那位经理说：“遗憾的是，你开价 30 万美元，你的价格是不合理的。”

杰德森附和着说：“您说得很对！这个价是不合理的。”然后，杰德森微笑着走了。

一个星期后杰德森又来拜访，“上次向您介绍的那个方案不用说正好满足您的要求，可是开价 30 万，实在太荒唐。为那件事我一直耿耿于怀，我一直想为您做点什么才好。一个礼拜来，我遍寻名家高手，终于发现了这个方案，它绝对物超所值 10 倍。如果我能向您提供一个价格仅为 75000 美元，而效果又相当于 30 万美元

的方案，您是不是觉得是件好事？”

那位经理当时见价格从30万美元降到7.5万美元，自然很感兴趣。他怎么能放弃一个以7.5万美元的代价获得价值30万美元服务的绝好机会呢？当下就签字答应了。杰德森轻易地完成了这笔交易。

这是典型的“价格悬念推销”，杰德森第一次推销只是个幌子，先要在对方心里安放一个价格太高的心锚，在对方心里设置悬念。第二次，以一个低得多的价格来铲除这个悬念，让对方尝到好处。对方在心里一比较，觉得很实惠，就很容易决定购买了。

推销的真谛是帮助别人得到他们想要的东西，同时实现自己的理想。以上面这样一种方式使人做出错误的判断、错误的决定，有人认为是一种低级的、没有道德的推销。任何事情都有两面性，看你是以什么样的方式去做，以什么样的角度去做。

利用价格的悬殊来推销是一个非常好的推销方法，但有人用这种方法去赚取不义之财，这是对推销的玷污。利用价格的悬殊来推销，正确的方法是：形式可以多种多样，可以故弄玄虚，可以设置悬念，但真正的意图却是帮助顾客做出正确的决定，为顾客带来好处。

三、犹太人的财商教育

让孩子真正懂得金钱的价值

《塔木德》中有这样一句话："手头没钱就是穷人。"犹太人在很小的时候，就被他们的父母灌输了这样的思想：上帝是看不见、摸不着的，而现实世界的金钱比精神世界的上帝更亲近些。对于注重现实生活、信奉金钱和价值的犹太人而言，金钱就是现实世界的上帝。

在犹太人看来，金钱得以使他们的肉体生存，而只有在现实世界的上帝保证他们肉体生存之后，他们才能膜拜精神上帝，追求高贵的精神生活。

牛豪斯是美国牛豪斯报馆的老板，也是美国盈利最多的出版商。他曾经为了挣到更多的钱而放弃了犹太教，但他仍然被公众看作是犹太人。

类似牛豪斯这样的人有很多，比如著名的伦敦银行家哈姆勒、柏林的布莱希罗德都皈依了基督教。在宗教和"钱"二者不可兼得的情况下，犹太人宁可舍弃宗教，也不舍弃钱！

一次偶然的机会让三名来自不同国度的神父聚到了一起，这三个神父分别来自英国、美国和犹太。他们三个人在参加了一个讲座之后，就开始彼此交流自己的工作情况。

来自美国的神父对其他两位说道："你们都是如何处理那些教堂奉献箱里信徒们所捐献钱的呢？"

保守的英国神父先开口了，他说："我觉得公平是最重要的，所以我在地上画了一条直线，然后把奉献箱里所有的钱往天上一丢，落在直线右边的是属于上帝的钱，作为教堂运作的经费；而落在直线左边的则算是我的薪水，留下来让自己生活。"

务实的美国神父，也严肃、认真地说："是的，我也跟你差不多，我是在地上画个圆圈，当然，圆圈不能画得太大啦！然后把奉献箱的钱往天上一丢，掉在圆圈里面的就奉献给上帝，而掉在圆圈外面的就当作是我的私房钱啦。"

最后终于轮到爱财如命的犹太人说了："你们的方法都太麻烦了，我根本不用画什么直线圆圈。我的方法很简单，只是直接把信徒奉献的钱往天上一丢，留在天上的，当然归上帝所有，至于掉在地上的，哈哈……就全归我了。"

上面这则小故事，幽默而又深刻地表明了犹太人对金钱的喜爱。有人说界定犹太人时不要看他们信奉的是什么教，而要看他们是不是喜欢钱。犹太人为了钱，甚至可以改变自己的信仰。可事实上，犹太人从来都没有改变过他们的信仰，因为他们的现实信仰就是钱。

在犹太人眼中，金钱是上帝给人类的美好祝福。他们对金钱的热爱不局限于现实生存的需要，而且是一种精神的寄托，认为金钱是美好人生必需的手段和工具。

有一位犹太人在一个公众场合演讲，为了证明人在任何时候都要看得起自己，他拿起了20美元，高举过头顶。

"看，这是20美元，崭新的20美元。有谁想要?"结果所有的人都举起了手。

然后，他把这张纸币在手里揉了揉，纸币变得皱巴巴的了，然后又问观众："现在有人想要这20美元吗?"所有的人举起了手。

他把这张纸币放在地下，用脚狠狠地踩了几下，钱币已经变得又脏又烂了。他拿起钱来，又问："现在还有人想要吗?"

结果还是所有的人都举起了手。于是他说："朋友们，钱在任何时候都是钱，它不会因为你揉了它，你把它踩烂，它的价值就会变化，它依然可以在商店里花出去。"

为什么那张钞票在那个演讲者的手里揉皱了，又被他踩脏弄破了，还是有人想要它呢？因为钞票就是钞票，钞票是没有高低贵贱的，它不会因为受到了什么"待遇"就有所差别，它的价值还是和以前一样，和其他等面值的钞票的价值是一样的，只要他们的价值一样，钞票都是平等的。

犹太人能正确地看待金钱，他们也教育孩子要正确看待金钱。犹太人会告诉孩子，金钱对于整个社会来说不仅是人们事业成功的重要标志，也是衡量人们工作价值的重要手段。当你拥有的财富越多，证明你创造的社会价值越大。

第二次世界大战期间，在驻日本的联合国某司令部里，犹太士兵总会无端惹来很多歧视，并且完全没有人尊重他们。只要有犹太士兵走过，就会听见其他士兵满怀憎恨而又轻蔑的辱骂声，每个人好像都有戏弄、挖苦犹太士兵的权力，为此犹太士兵都极为恼火却又无可奈何。

一个军衔低微的名叫威尔逊的军人，经常受到其他士兵和高级军官的歧视。大家都看不起他，背地里经常议论他，他也饱尝了人们对他的各种侮辱。

可威尔逊并未因此放弃，因为他拥有犹太人智慧的头脑。一开始威尔逊口袋里没有钱，他就省吃俭用，积攒了一小笔钱，然后他就把这笔钱借贷出去。其他士兵花钱大手大脚的现象很普遍，他们总是等不到发薪水的时候，就囊中羞涩了，他们看到威尔逊有钱，就迫不及待地向他借。威尔逊就借钱给他们，同时还要求他们在一个月内还清，且借贷的利息很高，但是那些士兵们早就管不了那么多了。

威尔逊收到这些利息之后总是继续攒起来再借贷给那些士兵们。对于没有钱可还的人，威尔逊就让他们把自己一些值钱的东西做抵押然后再高价卖出。没过多久，威尔逊就过上了富裕的生活，他还买了两部车和别墅，他变成了士兵里面的"大款"，这些待遇即使是高级军官也未必可以享受得到。那些经常过山穷水尽、灰头土脸的日子的其他士兵，对威尔逊趾高气扬的样子再也没有了，他们对威尔逊羡慕不已。

在这个故事中，威尔逊用财富为自己赢得了尊严。其实，无论从哪个角度来说，钱都是人生不可或缺的一部分。对于物质上的生存，它是必需的，对于精神上的追求，它可以是人们成功的标志。

一个明智的家长应该如何让孩子真正懂得金钱的价值呢？

第一，帮孩子树立正确的金钱观

在我们生活的社会中，金钱不仅是一种交易的凭证，也是保障我们日常生活的

工具。所以，我们要明确地告诉孩子金钱不是万能，但没有钱确实万万不能的道理。只有让孩子明确金钱的意义和价值，才能更好地树立孩子的财富观念。

第二，教育孩子如何正确使用钱

金钱能为我们带来快乐，但这种快乐是有限的，所以，不管我们有多少钱都不要忘了内心真正的需求。家长在教育孩子时，一定不要忘了给孩子树立正确的金钱观念。其实，这世界上很多富有的人，都在用他们的方式回馈社会。如全球首富比尔·盖茨捐出家产成立公益基金会来扶危济困，香港首富李嘉诚经常做善事，等等。

第三，教育孩子通过正确渠道赚钱

当孩子知道钱能带来的好处时，一定是渴望金钱的。这时就要让孩子知道正确获得钱的方式。古语有云："君子爱财，取之有道。"一定要让孩子知道，只有通过自己的努力和智慧获得的金钱，才能为他们带来真正的快乐。

让孩子切身感受到劳动挣钱的意义

《塔木德》中有这样的观点：允许向非犹太人放高利贷，这只是一种谋生手段，它可以使犹太人在没有别的谋生手段时挣得足以维持生活的钱。

犹太人认为赚钱是天经地义，是最自然不过的事情。他们总是教育自己的孩子如果能赚到的钱不去赚，那简直就是犯罪，会遭到上帝的惩罚。正如犹太精英之一的卡尔·马克思所言："钱是以色列人的妒忌之神；在他面前，一切神都要退位。"为了钱，追求钱，犹太商人的人生目标简单直接，清晰明确，这对在金钱上获得成功极有助益。

让孩子用劳动挣钱，是每个犹太人家庭中每个孩子的责任。在犹太人家庭中，如果一个孩子不干完他负责的杂务，父母就不会给他零花钱，或者是拿走他的零花钱作为惩罚。犹太家庭认为孩子们应该懂得劳动和工作的价值。当孩子们学习做各种家务时，他们就可以学习到独立生活的各种基本技能。

在家庭劳动中不要给孩子太多的工作或是责任，因为这有可能会引起孩子的不

平与怨愤。父母教孩子完成工作比自己亲自完成工作要费更多的时间。对于孩子们的努力和完成得非常出色的工作，父母要给予充分的肯定。

让孩子明白家务事和日常的例行事务是生活的一部分。在家庭杂务之中，父母要先把各种小的责任分派给年纪小的孩子们，然后，根据孩子的年龄，再派给他们一些难度相当的活。随着孩子们年龄的增大，他们希望得到更多的特权。

在家庭中自从有了为零花钱而劳动这个规定，就出现了把赚到零花钱的各种方法制作成图表在家庭中作为记录的方式。这种做法对于任何孩子都有很好的效果，特别是对于十几岁的孩子效果更为明显。

父母可以为家中的孩子列一个家庭杂务和日常例行事务的清单，每件工作价值一定数额的金钱，完成这项工作的孩子得到一定数额的零花钱。把各种工作公平地分给家中所有的孩子，不要给孩子一笔零花钱，然后又把这笔钱拿走。有了这个图表之后，你就会发现你的孩子个个都很能干，至少比你想象的要能干。许多家庭杂务都是孩子们能完成的，劳动让孩子明白：只要劳动每个人都会有收获。

正如一位犹太母亲说的："家庭劳动改变了孩子们的生活。"孩子们不再为家庭杂务而争辩不休。他们意识到，如果不按照父母所交代的任务工作，就得不到零花钱，从而让孩子切身感受到劳动挣钱的意义。

让孩子懂得劳动赚钱的意义，这对孩子的一生会产生极为重要的影响，孩子会以自己的整个生命来诠释劳动赚钱的价值。事实上，犹太人爱钱，尽管他们唯利是图，却不赞成不择手段的拜金主义。

金钱是上帝赐给他们最好的礼物，这就是犹太人的观念，所以犹太商人总是想尽一切办法去努力挣钱。他们从小就懂得赚钱的方法是多种多样的。

以色列有个小工厂主，从小就为追求金钱而努力。后来他创立了公司，公司的利润在他的带领下，每年以几何级数增长，经济效益出奇的好。但是他落下一个非常不好的骂名，说他"爱财如命"，说他"为了金钱可以不择手段"，甚至有人公开宣讲他是"一个赚钱的工具"。很少有人理解他，但他没有后悔，他知道，自己所做的一切都是在尽一个商人的本分。

在临死前，这位小工厂主把儿子叫到自己床边，摸摸他的头说："在所有人的眼里，我只是一个会赚钱的工具，但是他们不知道我内心的充实。人的一生可以有很多方式度过，在这短短的几十年里，如何把自己的生活填充得更加饱满，需要我们有明确的努力目标并坚强地为之拼搏奋斗。经过这么多年，我已经深深爱上了经商这份工作。其实，这也是一种生活，看着金钱越来越多，我充满了成就感，而为之付出的努力则让我的生活更加充实。这其中的酸甜苦辣都是生活的佐料，我喜欢它。经商赚钱是我们犹太人天经地义的事，但是如何把经商变成自己的生活则是一种高度。我为自己的一生感到骄傲，丝毫也不曾后悔过。"

他小小的儿子无法理解他的话，但是站在床前的亲友们都受到了极大的震撼。这不仅是一个临终老人的遗言，更是一位犹太商人生命的真谛：只要凭劳动赚钱，只要赚钱的时候都是你情我愿的，这样所赚的钱都是无愧的！

重约守信，犹太人教给孩子的经商诀窍

犹太人尤其是犹太商人十分讲诚信，他们把诚实看作是支撑世界的三大支柱之一，视诚信经商为成功的灵魂和商业活动的最高技巧。

犹太家庭教育经典《塔木德》中提到，"鱼离开水就会死亡，人没有礼仪便无法生存，而不讲诚信则会受到炼狱的惩罚"。犹太人更注意从小培养孩子的诚信品质，严格要求其讲究诚信。他们还身体力行主动与孩子建立相互信任的关系。

犹太人说："失去诚信，钱袋子就立不住；缺少谋算，钱箱子就永远装不满。"这是犹太人在早教中教给孩子的经商诀窍。

在这个精于算计的民族中，商人们从来都是分厘必争、丝毫不让的。可如果契约签订好之后，就算他们吃亏也绝不会毁约。在犹太商人眼中，契约一旦达成，就必须履行。因为他们深信自己的存在是和上帝签订的契约，如果不履行，就是打破了神与人之间的约定，而作为当事人就会有一定的灾难。恰恰就是这个原因，让犹太人在生意场上总是诚实守信。

从前，有一对犹太好朋友特立卡拉和劳伦斯基。两个人都很有学识，德行也受

到大家的称赞，分不出谁好一些，谁差一点。

有一年，洪水泛滥，淹没了许多村庄和大片的良田，百姓叫苦连天。特立卡拉和劳伦斯基的家乡也遭了灾，房子都被大水冲走了，盗贼也趁火打劫，四下作案，很不太平。

无奈，特立卡拉和劳伦斯基只得和几个邻居一起坐了船去逃难。船上的人都到齐了，物品也装妥了，马上就要解缆离岸出发。这时候，远处忽然过来一个人，他背着包袱跑得气喘中吁吁，大汗淋漓。

这个人也顾不得擦汗，一边朝这边挥手一边扯开嗓子大叫道："先别开船，等等我，等等我呀！"这人好不容易跑到船跟前，上气不接下气地说："船都被人叫完了，没有人肯收留我，我远远看到这边还有一条……船。就跑过来……求求你们……带上我……一起走吧……"

特立卡拉听了，皱起眉头想了想，对这个人说："对不起得很，我们的船也已经满了，你还是再去另想办法吧。"

劳伦斯基却很大方，责备特立卡拉说："特立卡拉兄弟，你怎么这样小气？船上还很宽裕嘛，见死不救可不是君子所为！带上人家吧。"特立卡拉见劳伦斯基这样说，就不再坚持自己的意见，略微沉思一下，答应了那人的请求。

特立卡拉和劳伦斯基的船平安地走了没几天，就碰上了盗贼。盗贼们划船追过来，眼看盗贼越追越近了，船上的人们都惊慌不已，不知该怎么办好，拼命地催促船家快些、再快些。

劳伦斯基也害怕得不行，他找特立卡拉商量说："现在我们遇上盗贼，情况紧急，船上人多了没有办法跑得更快。不如我们让后上船的那个人下去吧，也好减轻船的重量。"

特立卡拉听了，严肃地回答道："开始的时候，我考虑良久，犹豫再三，就是怕人多了行船不便，弄不好会误事，所以才拒绝人家。可是现在既然已经答应了人家，怎么能够又出尔反尔，因为情况紧急就把人家甩掉呢？"

劳伦斯基听了这番话，面红耳赤，羞愧得说不出话来。在特立卡拉的坚持下，

他们还是像当初一样，携带着那个后上船的人，始终没有抛弃他。而他们的船也终于在大家的共同努力下，摆脱了盗贼，安全地到达了目的地。

劳伦斯基表面上大方，实际上是在不涉及自己利益的情况下送人情，一旦与自己的利益发生矛盾，他就露出了极端自私、背信弃义的真面目。而特立卡拉则一诺千金，不轻易承诺，一旦承诺就一定要遵守。

我们应该向特立卡拉学习，守信用、讲道义，像劳伦斯基那样的德行，是应该被人们所鄙弃的。

人无信则不立，一个人不管有多少钱，也不管有多高的地位，没有了诚信的基础，也会逐渐失去他所拥有的一切。在犹太人的社会中，几乎每个商人都是遵守契约、诚实守信的。

犹太人这样做不仅因为《塔木德》中有许多关于贸易活动中诚信原则的规定，而且也是一种非常有远见的认识。对于这个磨难重重的民族来说，如果不守诚信，也许他们早就消失了。为此，犹太人在教育孩子时通常都会对他们说："人的一生，要做一个堂堂正正的人，要诚实守信!"

犹太人对孩子的诚信教育在他们很小的时候就已经开始了，他们会告诉孩子："诚实和信用是人们内心和外部行为合一的道德修养。"犹太人告诉孩子诚实就是忠诚老实、不讲假话、不歪曲事实、不隐瞒自己的观点、光明磊落、处事实在。

那么，在家庭教育中，犹太人是如何引导孩子做一个诚实守信的人呢?

第一，教育孩子承诺是责任

家长应教育孩子：承诺是一种责任，是一种积极做事的态度，一诺千金重。要让孩子们懂得，讲诚信并不是为了维护与增加自己的利益，而是要尽到做人的本分，帮助孩子们更好地理解不诚信、撒谎的心理过程，并找到克服这种心理过程的条件和方法，知道不管做什么事情，不管后果如何，一个人都要讲诚信，这是最基本的道德要求。

第二，教育孩子诚信是一种美德

告诉孩子诚实就是忠诚老实、不讲假话、不歪曲事实、不隐瞒自己的观点、光

明磊落、处事实在。守信就是遵守诺言、讲信誉、重信用、履行自己应承担的义务，从而取得信任。诚实守信是真、善、美的统一，是为人处世的一种美德。

第三，给孩子树立诚信的榜样

父母应积极引导孩子少计较一些眼前个人利益的得失，多注重诚信的社会实践。家长完全可以坦率地告诉孩子：有时候，诚信的人会吃点眼前的小亏，但从长远看，社会越来越需要有知识、有文化、有良好道德修养的人才，所以说坚守诚信的人，到最后并不会吃亏。

敢于冒险，犹太教育中风险创富的主旨

《塔木德》中有句名言：“在别人不敢去的地方，才能找到最美的钻石。”这句话的意思就是告诉我们只有在高风险的地方，才能得到高回报。当我们在面对风险时审慎前进从而练就过人的胆识，也就获得了最宝贵的精神财富。犹太人无疑是这种财富的拥有者，他们凭着出众的胆识，抱着乐观从容的风险意识知难而进、逆流而上，往往赢得了出人意料的成功。这种身临逆境、勇于冒险的进取精神成就了犹太人在各个领域的辉煌业绩。

犹太人注意培养孩子的冒险意识，他们认为风险中蕴藏着机会，风险越大，机会便越大，获得的回报也越大。他们教育孩子如何评估风险、把握机会，如何从风险中获利，他们深信当机会来临，不敢冒险的人永远不会有所作为。

在犹太人很小的时候，他们的父母就教育他们要有冒险精神，尤其是在对孩子的财富教育上。哈默成功的事例是犹太父母经常讲给他们孩子的故事，以此来教育孩子要有冒险精神：

阿曼德·哈默，1898 年 5 月 21 日生于美国，在上大学时，即开始经营父亲留给他的药厂，获得很大成功，成为当时美国唯一的大学生百万富翁。1921 年赴苏联，成为贸易代理人，获得巨额财富。1956 年 58 岁的哈默收购濒临倒闭的西方石油公司，逐步使其成为世界最大的石油公司之一。1974 年哈默的西方石油公司年收入高达 60 亿美元。哈默一生与东西方政界领导人建立了密切的联系，在全世界享

有盛誉。

阿曼德·哈默

经常有人向哈默请教致富的"魔法"。他们坚持认为：哈默发大财靠的不仅是勤奋、精明、机智、谨慎之类应有的才能，一定还有"秘密武器"。

在一次晚会上，有个人凑到哈默跟前请教"发家的秘诀"，哈默皱皱眉说："实际上，这没什么。你只要等待俄国爆发革命就行了。到时候打点好你的棉衣尽管去，一到了那儿，你就到政府各贸易部门转一圈，又买又卖，这些部门大概不少于二三百呢！"听到这里，请教者气愤地嘟哝了几句，转身走了。

其实，这正是20世纪20年代时哈默在苏联13次做生意的精辟概括，其中包含着他的生意的兴隆与衰落，成功与失败的种种经历。

1921年的苏联，经历了内战与灾荒，急需救援物资，特别是粮食。哈默本来可以拿着听诊器，坐在清洁的医院里，不愁吃穿地安稳度过一生。但他厌恶这种生活。在他眼里，似乎那些未被人们认识的地方，正是值得自己去冒险，去大干一番事业的战场。他做出一般人认为是发了疯的抉择，踏上了被西方描绘成地狱似的可怕的苏联。当时，苏联被内战、外国军事干涉和封锁弄得经济崩溃，人民生活十分困难；霍乱、斑疹伤寒等传染病和饥荒严重地威胁着人们的生命。列宁领导的苏维埃政权采取了重大的决策——新经济政策，鼓励吸引外资，重建苏联经济。但很多西方人士对苏联充满偏见和仇视，把苏维埃政权看作是可怕的怪物。到苏联经商、投资办企业，被称作是"到月球去探险"。

哈默心里当然也知道这一点，但风险大，利润必然也大，值得去冒险。于是哈默在饱尝大西洋中航行晕船之苦和英国秘密警察纠缠的烦恼之后，终于乘火车进入苏联。沿途景象惨不忍睹：霍乱、伤寒等传染病流行，城市和乡村到处有无人收殓的尸体，专吃腐尸烂肉的飞禽，在人的头顶上盘旋。哈默痛苦地闭上眼睛，但商人

精明的头脑告诉他：被灾荒困扰着的苏联目前最急需的是粮食。他又想到这时美国粮食大丰收，价格早已惨跌到每蒲式耳（约 27 千克）一美元。农民宁肯把粮食烧掉，也不愿以这样的低价送到市场出售。而苏联这里有的是美国需要的、可以交换粮食的毛皮、白金、绿宝石。如果让双方能够交换，岂不两全其美？从一次苏维埃紧急会议上哈默获悉苏联需要大约 2700 多万千克的小麦才能使乌拉尔山区的饥民度过灾荒。机不可失，哈默立刻向苏联官员建议，从美国运来粮食换取苏联的货物，双方很快达成协议。初战告捷。

没隔多久，哈默成了第一个在苏联经营租让企业的美国人。此后，列宁给了他更大的特权，让他负责苏联对美贸易的代理，哈默成为美国福特汽车公司、美国橡胶公司、艾利斯——查尔斯机械设备公司等三十几家公司在苏联的总代表。生意越做越大，他的收益也越来越多，他存在莫斯科银行里的卢布数额惊人。

第一次冒险使哈默尝到了巨大的甜头。于是，“只要值得，不惜血本也要冒险”，成了哈默做生意的最大特色。

1956 年，哈默已经 58 岁了，他感到他自己干实业已经干够了，便移居洛杉矶，准备用游泳、日光浴、捐赠珍藏等活动来消磨自己的余年。没料到财神又一次把他拖回来，把他投入到他一生最赚钱的生涯——冒险性很大的石油行业中去。

一个朋友告诉他：20 世纪 20 年代初期创立的西方石油公司，正处在风雨飘摇的困境之中，这家公司请求哈默给予帮助。对石油行业还是外行的哈默，同意借出 5 万美元作为尝试，让该公司钻两口油井，将来得到的利润各占一半。哈默的打算是：如果这两口井是干井，这笔钱可以根据当时的规定，作为亏损从应缴纳的税款当中扣除。

出乎哈默意料之外的是，两口井都出了油！西方石油公司的股票一下子上涨了。初次尝试的成功，引起哈默在石油行业进行冒险的极大兴趣。1957 年，他干脆把借给该公司的贷款转化为股票，成为西方石油公司最大的股东，当上该公司的总经理。

石油钻探事业毕竟是一项冒险性很大的行业。1961 年，西方石油公司几乎用完

了1000万美元勘探基金，但仍无所建树。哈默计划集中余力，攻克难点。这计划吸引了一个名叫鲍勃的青年地质学家。他向哈默建议：旧金山以东有一片被德士古石油公司放弃了的地区，这地区可能有天然气田，西方石油公司应该把它租下来。

哈默接受了意见，汇集了一大笔钱，投入这一冒险活动。这个地质学家挖井定位为离开那几口废井大约183米的一块空地上。当钻到2621米的深度时，终于钻出了加利福尼亚的第二大天然气田，价值2亿元。几个月以后，又在附近钻出了一个蕴藏量丰富的天然气田。

1966年，西方石油公司来到盛产石油的利比亚。正值利比亚政府准备进行第二轮出让租借地的谈判。来自9个国家的许多家公司参加了这次投标。哈默要同这些实力雄厚的大公司争夺，似乎有点不自量力，这些石油巨头一举手就可以把他打倒。但哈默依然乘坐一架由轰炸机改造的飞机赶来了。他采取了独特的投标方式。他独出心裁，用红、黄、绿三色彩绸做成投标书，正好和当时利比亚的国旗颜色一样。并且，他还在投标书中特别注出：如果西方石油公司中标，公司将为国王先祖所在地的绿洲造一个漂亮的大花园。这样，哈默成功地创造了开发利比亚石油的机会。他一举得到了两块租借地，使那些颇有名望的竞争对手大吃一惊。

但是，这两块地很快成了哈默烦恼的源泉，钻出的前3口井都是滴油不见的干井。每打一口井就要花费300万美元，另外还得花费200万美元用于地震探测和向利比亚政府的官员交纳不可告人的贿赂金。董事会里有些人开始把这项计划叫作“哈默的蠢事”，连公司里的第二大股东里德，也主张应该撤退。哈默是九头牛也拉不回的脾气，他大力支持公司的地质家采用电子计算机探测新技术，终于打出了9口油井，其中一口井年产7. 3万桶，是利比亚最大的一口井。

利润开始像石油一样源源不断地流进西方石油公司的账户，冒险又一次取得成功。

西方石油公司海外石油事业的另一个具有冒险性而获得成功的投资是对英国北海油田的开发。1972年，该公司在北海连钻3口井都是干井，每口井的代价为2.50万美元。幸而最终得到上帝垂青，钻出了石油，获得了成功。

哈默的冒险成功表明，高风险意味着高回报。当机会来临时，不敢冒险的人永远只能是平庸之辈，只有敢于冒险的人，才会赢得人生辉煌。而且，那种面临风险，仍临危不惧、审慎前进的人生体验更为我们练就了过人的胆识，这更是人生最宝贵的精神财富。犹太人无疑拥有这种财富，他们凭着过人的胆识，抱着乐观从容的风险意识逆流而上，迎难而进，往往能够赢得别人望尘莫及的成功。这种身临逆境，勇于冒险的拼搏进取精神是成就“世界第一商人”——犹太商人的又一重要因素。

犹太商人沃伦斯在童年时代就表现出与其年龄不相符的经商才能。只有5岁的时候，沃伦斯就已经对做买卖表现出出奇的热情，对于他来说，这世界上最好玩的游戏不是摆弄玩偶和玩具火车，也不是过家家、捉迷藏，而是做买卖。他经常把自己所有的东西都贴上价签，卖给邻居家的孩子，有的东西价格难以确定，他就自己想象一个价格标上。在别人看来，这孩子实在太离谱了，可更为离谱的是，他6岁时竟然将自己拥有的一块奇形怪状的石头标价1万美元。他的姐姐问他一块石头怎么会值这么多钱。他的回答是：“这么漂亮的东西别人都没有，只有我一个人有，所以价格我可以随便定，想卖多少钱就卖多少钱。”

沃伦斯自身对商业的热情乃至迷恋，再加上父母对其进行的犹太人传统的经商理念教育，使他在今后的生活中，处处盘算着生意经，并勇敢地付诸实践，拥有了同龄人望而却步的财富。沃伦斯的成功，显然与他幼年时所接受的家庭教育有关。

善于借势，告诉孩子借助外力成就自己

犹太人是这个世界上最精明的民族之一，他们的精明就在于会利用一切可利用的资源。在犹太人眼中所有的事物都是可以借用的，不管是资金，还是技术、人才。在这个世界上有很多资源早就为我们准备好了，关键就看你是否会利用。当你有能力运用这些资源的时候，你离成功也就越来越近了。

在犹太父母眼中，教会孩子懂得借势借力是一堂非常重要的课。他们会告诉孩子，那些取得成绩的成功人士都是能够合理利用资源、善于借力的人。不管是在科

学技术还是在文化艺术领域中，每个成功者都有着借势借力的本领。牛顿曾说过："我成功靠的是站在巨人的肩上。"在犹太人中有很多优秀的学者获得过诺贝尔奖，很多受人敬仰的大师们都是在前人的基础上做出的成绩。例如，在原子核磁场方面取得非凡成就的物理学家布洛赫，他的成功就是与著名物理学家、量子学奠基人海森堡的指导和影响分不开的。

善于借势、利用资源是犹太人的思维方式。在生意场上他们更是充分利用这种方式，来尽可能多地获得利润。贷款对犹太商人一点也不陌生，因为他们在做生意时非常喜欢用这种方法来筹集资金。聪明的犹太人懂得如何借用别人的资金来解决自己困难，这种方法也成就了很多犹太人由贫穷变富有的美梦。

犹太父母经常给孩子讲一个犹太出版商的故事，以此来教育孩子要善于借势成就自己：

有一位犹太出版商由于一批滞销的图书总是闷闷不乐。

就在他愁眉不展时，一个计谋涌上心头。出版商送给总统一本滞销的图书，并三番五次地跑去让总统对此书提意见。公务繁忙的总统根本没时间去看出版商送来的书，但又苦于他的纠缠，就随口说："这本书很好看。"出版商抓住总统的话大作宣传，于是这本"总统最爱看的书"，一下子就销售一空。

过了一段时间之后，这位出版商又有卖不出去的书，他便又送了一本给总统。总统鉴于上次经验，想奚落他，就说："这书糟糕透了。"出版商闻之，灵机一动，又开始新一轮的宣传。"总统最讨厌的书"又成了大家争相抢购的紧俏品。

在出版商第三次把书送给总统时，总统接受了前两次教训，便不予回答而将书弃之一旁，出版商却大做广告："有总统难以下结论的书。欲购从速。"居然又被一抢而空，总统哭笑不得，商人大发其财。

其实，在人类刚刚从荒蛮时代走向文明时，就已经开始寻求借势借力的方法了，著名的杠杆原理就是人类发明中最能体现"借"字原理的。后来随着时代的进步，人们又发现了滑轮的原理。如今，只要一个人坐在起重机的坐垫上，就可以挪动几十万公斤的钢架、货柜。人类依靠头脑的作用使人的力量发挥到了极限。

在我们的一切活动中，所从事的每一项成功的事业都离不开前人的智慧，这其实也是一种借助别人智慧来成就自己事业的最好诠释。钢铁大王卡耐基曾预先写下这样的墓志铭："睡在这里的人善于访求比他更聪明的人。"的确，卡耐基能够从一个铁道工人变成钢铁大王，是他能够发掘许多优秀人才为他工作，使他的工作效力增值成千上万倍的结果。

因此，犹太人认为，在这个世界上有很多资源早就为我们准备好了，关键就看你是否会利用。当你有能力运用这些资源的时候，你离成功也就越来越近了。一个善于思考的人就会知道，做任何事情都不能够一步登天，但要想取得"登天"的办法却是多种多样的。办法得当，则可快捷省劲，而善借力量，就是一种快捷省劲的方法。

珍惜时间，犹太母亲对孩子的谆谆教诲

犹太人的时间观念非常强，他们懂得"时间如金"，更明白"机遇不可求"的道理。"勿浪费时间"是犹太生意经的格言之一。犹太人在很小的时候，父母作为他们的第一任老师，就教育他们要懂得珍惜光阴。

母亲在教育她的孩子的时候，拿了一块刻着"爱惜光阴"四个字的手表给他的孩子看，并且谆谆教诲他们说："就价值而言，时间远比金钱贵重。有道是，一寸光阴一寸金，寸金难买寸光阴。金钱可以储蓄并生息，而时间却丝毫不停，而且一去不复返。""时间就是金钱这句话，应该改为时间就是生命，或者时间就是人生。""少年的成长，比父母的想象快三年，但他们却在自以为是成人之后的两年，才真正是个成人。人对于金钱、醇酒、女人和时间都不能看得太重，前三者人们是容易了解到的，但大多数人都忽略了时间的重要性，因此常常为了一些琐碎的小事而白费时间。"母亲让孩子记住这些话。

除此之外，父母还经常给他们的孩子讲这样一个小故事：

有两个男人被恶汉追杀，他们没命地往山上跑，结果跑到断崖旁，前面既没有路也没有桥，只有一条绳子通到对岸。两个逃命的人虽已筋疲力尽，但为了活命还

是打算沿着绳子走到对岸去。第一个男人像杂技高手一般走过去了。第二个男人也走到绳子边，他一看底下是很深的山谷，心中非常害怕，便向对岸的第一个男人喊着："你是怎么走过去的，有什么诀窍?"

已到达对岸的男子说："我生平第一次走这种绳子，所以也非常恐惧。你问我为什么能那么快到这边来，我只能告诉你，因为我知道我没有太多时间了，如果我不尽快到达对岸的话，等那个恶汉追来，那我只有死路一条!"也许这就是时间就是生命的道理，所以无论何时何地珍惜时间是至关重要的!

犹太人的攒钱是从攒时间开始的，他们对自己的时间，可谓是精打细算了！晤谈要预约日期和具体时间，甚至从某时某刻起到某时某刻结束都规定得一清二楚，晤谈时不许有迟到或超延时间之事，处理函件时一律谢绝会客，以便可以充分利用时间。甚至到年老时，他们便开始细细地估算自己还能活多久，以便确定自己还能赚多长时间的钱，还能享乐多久！

犹太人在工作中往往以秒计算，分秒必争，一旦规定了工作时间，就严格遵守。下班铃声一响，即使是打字员，他们只要再花几秒钟时间再打 10 个字就能完成的一件公文，他们也不再打而下班。强烈的时间观念提高了他们的工作效率，而他们把时间和商品对等，使盗窃时间就像偷取别人金柜内的金钱那样可耻。

因此，盗窃时间带来的金钱损失，在犹太人心中是算得很清楚的。有位月收入 20 万美元的犹太富商曾经算过这样一笔账：他每天工资为 8000 美元，那么每分钟约为 17 美元。假如他被人打扰，浪费了 5 分钟的时间，那就相当于被窃现款 85 美元。

因此，犹太人在工作时从来不作无聊的会客，不允许任何外人的打扰。而即便是业务上的联系，也必须事先有所约定，不速之客在犹太人的商务活动中，几乎等于不受欢迎的人。有这样一件事可以明白地反映犹太人的这种心态：

日本某著名百货公司宣传部的一位年轻职员，曾经为了进行市场调查，来到纽约市。当他想到自己应该有有效的运用自由时间，就直接跑到纽约某个著名犹太商的百货店，贸然叩开了该公司宣传部主任办公室的大门，向门房小姐说明来意。

门房小姐问："请问先生您事先预约好时间了吗？"这位青年微微一愣，但马上滔滔不绝地说："我是日本某百货店的职员，这次来纽约考察，因我对工作特别热心，特意利用空闲时间，来拜访贵公司的宣传部主任。""对不起，先生！"小姐打断了他的话说。就这样，这位职员被拒于冰冷的大门之外。

这位职员利用余暇，主动地访问同行，从某个角度看，接受拜访或许能够获得某些收获。但犹太人不假思索地拒绝了他，为什么呢？这仍然和"勿盗窃时间"之类的警言有关。

对于贯彻"时间就是金钱"的犹太人来说，在工作时间里，放弃几分钟而跟一个根本没有把握的"不速之客"去谈判，是行不通的。犹太人从来不做没有把握的生意，因此，"不速之客"在犹太人看来是妨碍他们工作的绊脚石，只有拒绝他，才能让自己的工作畅通无阻，直奔"时间就是金钱"的主题。因此，犹太人在商务活动中十分注意时间安排。公司每天上班开始的1小时内，是所谓的"发布命令时间"，把昨天下班后至今天上班前所接到的一切业务往来的材料或事务进行处理或做出具体安排。在这段时间里，禁止任何外人来打扰，而外人即使是商业上有往来的，也必须事先约定好。

在犹太人的思想观念里，预约不但意味着时间的约定，而且意味着时段的约定。例如：客人在上午10点至10点15分前来洽谈某一业务，时间一到，就请自动起身离开。犹太人为了把会谈时间尽量压缩，通常见面后，开头谈些"今天的天气真好，哈哈"之类的寒暄，随即直奔主题。一般的客套，在犹太商人看来都是毫无意义的，都是在浪费生命，除非他觉得和你客套能获得某种好处，他才会与你客套一番。

值得一提的是，表面的客套只是犹太商人对待时间的一般态度，当时间可以直接变成金钱时，犹太商人对时间的态度就会表现为与众不同的热爱。

哈同洋行出租房屋和地皮时，租户不但需要提前交租金，还要交纳巨额小租。所谓小租就是一次性的起租费，由哈同创设的这种收小租的做法，日后成为上海流行的计租方式。比如，1927年2月，华新公司向哈同租赁南京东路394号店面一

间，在合同上规定，在订立合同之日先交纳第一个月的租金为900两银子和6500两银子的小租，然后才能承租。而实际租期则从当年6月开始。这样，洋行提前四个月得到了7400两银子，可以用于再投资。

哈同非常重视收租金的日期，他要求租户必须如期交纳租金。他专门雇了10多个收租员收租。即便有了专人收租，一旦有租户没有如期交租的，他也会亲自坐上汽车上门催讨。甚至当他已经成为拥有百万资产的大富翁之后，如遇这类未如期交租的情况发生，他也会第二天就找上门去。有时，只为区区十几元钱的租金，他也会穿过小弄堂，走进破旧的老式房子，踩着吱吱作响的狭窄楼梯，敲开房门，亲自催讨。倘若他来的时候房客正好不在，那么他会在灶屋即厨房里等，哪怕是几个钟头。旧上海老房子灶屋的杂乱、邋遢和异臭，同哈同百万富翁的形象构成了极其鲜明的反差。而哈同因其如此执着的态度，而被人戏称为“终身致力于收租”的人。

犹太商人在收取别人的租金和贷款的时候，最好提前得越早越好，而在付给别人的贷款时，则想方设法给以拖延。不过以犹太人的重信守约习惯，在具体做法上还是有分寸的，很少叫别人抓住把柄。

伦敦夜景

由初到伦敦时一文不名的穷小子而成为日后南非首富之一的犹太钻石商巴奈·

巴纳特，最初是带着40箱雪茄烟作为原始资本来到南非的。他把这些雪茄抵押给探矿者，获得了一些钻石。从这开始，短短几年时间里，巴纳特成了一个富有的钻石商人和从事矿藏资源买卖的经纪人。

巴纳特的赢利呈周期性变化，每星期六是他获利最多的日子，因为这一天银行较早停止营业，巴纳特可以尽情地用支票购买钻石，然后在星期一银行重新开门之前将钻石售出，以所得款项支付货款。

这种办法差不多等于开空头支票。巴纳特借银行停止营业的一天多时间，“暂缓付款”且又不会让自己的空头支票给打回来，只要他有能力在每个星期一早上给自己的账号上存入足够兑付他星期六所开出的所有支票，那他就永远没有开“空头支票”。所以，巴纳特的这种拖延付款，纯粹利用了市场运行的时间表，在没有侵犯任何人的合法权利的前提下，调动了远比他实际拥有的多得多的资金。

巴纳特对时间的精打细算如此别出心裁，甚至让其他犹太人也感惊奇，当时南非的犹太商人大多对巴纳特的做法不甚赞同。不过平心而论，只要巴纳特没有让卖主在星期一上午收不回款，谁也不能对他说什么，而只能服膺于这个犹太商人的“精明”。

犹太人对时间的观点是如此，那么怎样合理利用时间也是犹太人同样关心的问题。

犹太人提出“勿盗窃时间”的口号！在犹太人看来，时间和商品一样，是赚钱的资本，可以生殖利润，因此盗窃了时间，就等于盗窃了商品，所以，换一个角度来说，“盗窃时间”不仅仅是关系到赚钱问题，还关系到经商礼貌问题。所谓“勿盗窃时间”也是年轻的父母教育孩子时经常说的一句话。

犹太人看重时间是有其道理的。时间是任何一宗交易必不可少的条件，是达到经营目的的前提。与对方签订合同时，要充分估计自己的交货能力，是否能按客户要求的质量、数量和交货期去履行合约。如可以办到，就与其签约，如办不到，切不可妄为。

时间的价值还显示在赶季节和抢在竞争对手前、获取好价格和占领市场方面。

在竞争激烈的市场中，谁能在一个市场中一马当先，以质优款新的产品问世，谁就必能获得较好的经济效益。如电子手表，刚上市时每块售价几十美元乃至几百美元。曾几何时，当许多竞争者推出同类产品时，其价值一落千丈，每块售价只有几美元。又如人们日常的必需品蔬菜，在反季节时售价数倍高于盛产季节。为什么会出现如此大的反差呢？这显然是“时间”的价值。

时间的价值还表现在生意的全过程。一个企业的经营效益的高低，与其费用水平的高低息息相关。根据众多的企业核算，其经营费用中有70%左右是花费在占用资金的利息上。如一个企业一年的营业额为10亿元，其资金年周转率为两次，这里所讲的意思就是，该企业每年占用资金为5亿元。按通常的银行利息为12%的年息计算，一年共支付利息达6000万元。如果该企业能把握一切时间和进行有效管理，使资金周转达到一年四次，那么，其支付的利息就可节省3000万元，换句话说，该企业就可多盈利3000万元了。除此之外，加快货物购入和销出，加快货款的清收等，都体现出时间的价值。

中国有句俗语叫：“好钢要用在刀刃上。”意思是说，要充分合理地使用各种东西，特别是贵重的东西。

对时间的极端重视，使犹太人在处理时间问题上有十分认真的态度。犹太人对时间的理解也是很有趣的。

有人讲过一段这样的事：

日本人藤田开了四间肉馅面包店铺，生意很好，为了扩大经营，他计划再开第五家卖肉馅面包的店铺。有一天，当他正忙着筹划此事时，来了一位犹太朋友。他以悠闲的神情问藤田先生：“藤田兄！我看你近来正闲得要命吧！”藤田先生有点不高兴地说：“别开玩笑，我哪来的空呢？”“不对！藤田兄！你确确实实有空！”“没有，根本没有！”藤田先生生气了。他的朋友却说：“噢？如果说真的没空，怎么能同时经营四家店铺，并且又计划开第五家店铺呢？当然是有空的结果了！”一番解释，使藤田先生哑口无言，一时找不到反驳的理由。

他的朋友说得的确没错！如果没有时间，当然不会经营这么多家的店铺。在犹

太人看来，要赚钱，首先得有赚钱的时间。犹太人的这一“空闲时间论”是够新颖独特的了！犹太人太聪明了，难怪藤田先生无言以对。

犹太人认为如果一个商人想要赚大钱，首先要考虑好怎样合理地利用时间。有的人认为时间很多，有的人却觉得时间很少，其实时间对每一个人来说都是平等的。一样长的时间，看你怎样去利用了。鲁迅先生曾经说过，时间如同海绵里的水，只要愿意挤，还是有的。商人的时间也是如此，要想赚钱，首先就得挤出一些“空闲”的时间，来集中精力于经商上。会赚钱的商人，是很能精打细算地安排时间的。

所以犹太人教育孩子说，要想赚钱，就要考虑时间的运用！别让空闲的时间浪费！

守法和用法，教给孩子化解两难的商业智慧

犹太商人在各个国家都堪称践约守法的典范。他们把守约当作不以对方行为为转移的分内事，他们中罕见偷税漏税之举，这为他们赢得了极大的商誉，带来了许多生意上的便利。另一方面，犹太商人多是投机钻营的高手，如节税避税的高手，炒股倒汇的高手，这直接为他们带来了巨大的财富。

犹太父母为了培养孩子遵纪守法的品德，经常会给孩子讲这样的故事：

上帝与犹太祖先亚伯拉罕等之间订有契约，上帝将犹太人当作他的“特选子民”，并将迦南之地赏赐之。作为回报，犹太人奉耶和华为其唯一的神并遵从他的诫命，履行敬他的礼仪。上帝出于神圣的爱，赋予犹太人特殊的使命，使整个人类顺从于他。这样，犹太商人素来守约守法，很为人称道。在实际经营活动中，犹太商人同样也会遇到种种法律规则与经营目标发生冲突形成两难的情境，但同一些偏执的他族商人不同，犹太商人的基本策略是化两难为两全。

事实上，对于把研究律法当作人生义务的犹太商人来说，用武之地其实很大。一是在订约上，他们常常凭借过人的律法智识，以公正的形式与对手签下一份份利益天平总是或多或少偏向自己的合同；二是在守法的背后，在他们智慧的眼里，总

有无数的法律漏洞可钻。

犹太人自己有这么一个笑话，也许可以作为犹太商人这一策略的幽默解说，虽则故事中并没有出现商人。

以色列的住房问题很严重。几个德裔犹太人只好将一个报废的火车车厢当作临时住舍。

有一个晚上，几个德裔犹太人穿着睡衣，在寒风中颤抖不已地来回推着车厢。

一个本地犹太人不解地问："你们到底在干吗?"

"因为有人要上厕所，"推车人耐心地说明："车厢里写着：停车时禁止使用厕所。所以，我们才不停地推动车厢。"

这则笑话表明：在通常情况下，犹太人有变通法律，从形式上遵守它，同时又不真正改变自己原有活动方式的智慧和能力。就秉性及其宗教信条来说，犹太人是人们所能够指望的最顺从的守法者。但是，在残酷的生存条件下，犹太人善于把笑话中的两难抉择移进生意场中去，从而创造出妙不可言的商业奇迹。

洛克菲勒当初想独占全美石油资源，泰特华德油管公司自然就成了他的眼中钉。尤其是泰特华德油管公司从石油产地铺了一条输油管直达安大略湖畔的威汤油库，这给洛克菲勒带来了很大威胁。

不搞掉这条油管，他寝食不安。洛克菲勒想铺设一条与之平行的油管，可是油管必须通过巴容县境，而巴容县是泰特华德公司的势力范围。而且泰特华德公司早就促使议会通过了一个议案，声明除了已经铺设好的油管外，不许其他油管路经该县县境。

这是一个不小的难题，洛克菲勒苦思了许久，才得一妙计。在一个没有月亮的夜晚，巴容县的东北角突然来了一群大汉，他们手拿铁铲只顾挖土掘沟，很快便掘出一条沟，接着又一个劲地把油管埋入沟内，并迅速填平……天还没亮，他们已经全部完工。

第二天，人们发现美孚石油公司已在巴容县安置了一条油管。当局政府准备控告洛克菲勒，这一事件也惊动了报界，记者们纷纷采访。洛克菲勒召开了记者招待

会，在会上他说："县议会的议案规定，除了已经铺设好的油管外，不准其他油管过境，希望大家到现场参观一下，以判定美孚石油公司的油管是否铺好。"

县议会自知议案不够严密，被钻了空子，但也无可奈何，官司只好不了了之。

联邦政府反托拉斯法通过以后，许多大企业被拆散，洛克菲勒财团的美孚石油公司虽然也被起诉，但是由于公司的努力，案子未能通过。

美孚石油公司是全美数一数二的大企业，自然引起众人的注目。迫于舆论的压力，国会又叫嚷对美孚石油公司进行起诉。这一次，洛克菲勒也认为是在劫难逃了，整天闷闷不乐，无精打采。

这时，公司的法律顾问中有一个青年律师，想出了一个绝妙的主意。他建议把各州的美孚石油公司均宣布为独立的公司，如纽约美孚石油公司、新泽西美孚石油公司、加利福尼亚美孚石油公司、印第安纳美孚石油公司等等，这些公司各自都有一名伪称独立的老板，但实际上还是由洛克菲勒操纵。

那位青年律师为了这件事，连续一周日夜工作，替各公司设立账目，供参议院审查。最后，参议院表示满意，不再提起诉一事。

犹太人如此"守法"，可真叫人拍案叫绝。

讲解谈判技巧，传授给孩子制胜的法宝

谈判是政治，外交或商业经营中的一种方式合作，促进共同的明确，解决争端和获取利益发挥了重要作用；同时，这是一场没有硝烟的战争。

在谈判之前，犹太人做了一切准备工作。犹太人相信，悠闲，冷静，可以任意控制谈判的气氛。犹太人这种谈判前的准备，已经得到商界和外交界的广泛关注和普遍的承认。

一个犹太父亲把一个橙子给了两个孩子。于是，这两个孩子便为了如何分这个橙子而争执起来。此时，那个犹太父亲就提出一个建议：有一个孩子负责切橙子，而另一个孩子先选橙子。结果，两个孩子各自取了一半橙子，高高兴兴回家了。第一个孩子回到家，就把果肉挖出扔掉，橙子皮留下来磨碎，混在面粉里烤蛋糕吃；

另一个孩子把果肉放到榨汁机中打果汁喝，把皮剥掉扔进垃圾桶。

看到这样的结果，犹太父亲很清楚，两个孩子在事先没有声明各自的利益所在，从而导致了盲目追求形式上和立场上的公平，结果双方的利益并未在谈判中达到最大化。

于是，犹太父亲建议两个孩子在这样做之前，充分交流各自所需，即便是其中一个孩子即要皮做蛋糕，又想喝橙子汁，也仅仅是创造新价值的问题。犹太父亲对想要整个橙子的孩子说："如果把整个橙子全给我，你上次欠我的棒棒糖就不用还了。"其实呢，他的牙齿蛀得一塌糊涂，父母上星期就不让他吃糖了。另一个孩子也很快就答应了，因为他刚从父母那里要了5元钱，准备买糖还他。在父亲的启发下，双方协商成功，两个孩子就再用5元钱继续玩新的游戏。这一次的结果与上次完全相反，取得了那位犹太父亲预期的效果。

犹太人的谈判技巧历来信奉攻心为上，他们形成了一套独特的谈判技巧，并将这些技巧教给孩子。当孩子对其中的某些技巧不懂的时候，犹太父母会耐心地进行讲解，尽可能让孩子领会其中的奥妙。

第一，只在非谈不可之时谈判

如果你是卖主，那么就在买主迫切需要时与他讨价还价，尽量表明决不二价的态度；如果你是买主，那么就要让卖主知道自己可买可不买，问题的关键在于价格是否公道。无论你是买方还卖方，切记"核心问题不可让步，枝节问题可以交涉"。

第二，没有充分准备就不上谈判桌

要事先了解对方的境况如何，问题在哪，决定者是谁，等等。

第三，有所求有所不求，以实现双赢

在谈判中假如仅仅考虑自己，只会使谈判陷入僵局，甚至逼迫对方撤退，使自己一无所获。因此，即使赔钱，也要在某一方面有所获益。

第四，保守自己的秘密，渐露锋芒

保守住自己的秘密，可以使对方不至于考虑周全自己的策略；渐露锋芒则易使对方接受自己的观念。

第五做谈判桌上的理性人

对于自己喜欢的东西，只表明喜欢即可，不可流露出非获取不可的倾向，否则你将为此付出代价。

第六，把握向对方施压的分寸

第一，保持竞争的势头，可替代方案越多越好；第二，视对方为合伙人而不视为敌人，在温和中使对方和自己趋同。

第七，以战取胜，打败对方

使对方的可期利益为“零”，使己方的可期利益达到最大值，这种“以战取胜”式的谈判适用于两种情况，一个是双方不会再相遇，再一个是买卖一方比另一方实力强大得多。

第八，最好让对方打破僵局

僵局需要打破，但率先打破僵局的一方一般都要以牺牲自己的利益为代价。

第九，提前确立谈判截止时间

谈判中单方面宣布截止时间，这常常被看作是一种威胁；双方共商截止时间，会和谐谈判的气氛。这一时间得到确定可以加快谈判节奏，振作参与人员的精神。

给孩子植根危机意识

犹太人的危机意识像是深深地扎根在了生命里，比起动辄喊着“天下太平”的人来说，他们更懂得这个社会的生存法则：社会看起来明亮耀眼，但实际上危机暗藏，任何时候都不要以为生活是安全的，生活随时会给你这样那样的“意外惊喜”。为了避免到时候措手不及，犹太人一直有一种危机意识，并且他们还会把这种意识从小植根于孩子的心里。

我们都知道犹太人非常有钱，几百年来犹太民族是世界上最富有的民族，但是却很少有人知道，犹太人之所以能达到这一目标，它的核心竞争力是什么。其实答案非常简单，就是犹太人一年 365 天都处于高度警觉和奋进的状态。

由于历史原因，犹太人总是充满着危机感，这使得他们掌握了许多抵御风险的

方式。其中，最典型的就是犹太人在刚从事商业时就会定下目标，去建立一个“商业帝国”。有人曾经这样总结犹太人的商业帝国所起到的作用：“犹太人对‘商业帝国’管理架构的铺设无与伦比，因为这种架构能使其抵抗来自政治、经济、法律甚至自然灾害的种种风险，因此也被戏称为‘抗八级地震’的管理模式。”犹太人的看家本领就是擅长于公司结构的治理，他们通常对企业进行通盘考虑，就像一盘棋，有帅、有车马炮、有卒子，各代表不同的功能。在不同情境下，这些功能有不同的行事方式，这样才能避险，才能立于不败之地。举个例子，在避税岛国进行公司注册就是犹太人的发明，同时，由于避税岛国可以申请豁免申报真正的股东，从而起到了很好的保护商业隐私的作用。

当然，犹太人会选择在多国多地进行注册，涉及几乎所有行业，有效地进行各袭资产、资源的整合。

犹太人不光在商业上具有极强的危机意识，在日常的生活中亦是如此。比如犹太人经常教育自己的孩子“黑暗着开始，明亮着结束”，意图就在于提醒孩子时刻牢记困难，从而时刻怀有危机意识。

人们曾这样评价犹太人的危机感及危机意识：“每当幸运来临的时候，犹太人总是最后感知；而每到灾难来临的时候，犹太人总是最先感知。”只有充满危机意识，才能有计划、有目的地制定各种目标和对策，这样即使到时候出现了困难、危机，也能够从容地应对。

犹太人以各种形式让自己充满危机意识，因而表现在教育上也是代代相传，使得每一代犹太人在出现危机时，总是能够从容地面对。

危机意识绝不是杞人忧天，人类只有充满了危机意识，在任何情况下都保持高度的警惕，才能更好地掌握自己的命运。我们在教育自己的子女的时候，也应该这样教育他们。

把赚钱当作一种游戏

虽然从孩子很小的时候，犹太人就开始了对孩子的金钱教育，让孩子掌握赚钱

的本领，但是同时他们也会告诉孩子金钱就同衣服一样，不过是一件有用的物品而已，应当对金钱持一种平常心。

有许多犹太大亨，他们手中掌握着数以百万、千万，甚至上亿的财富的时候，他们感觉手里拿的不过就是一堆纸张而已，并不觉得这就是可以时刻给人带来祸福安危的东西。如果他们把金钱看得很重，就不敢再那样心不跳、气不喘地赚钱了。

由此我们可以得出这样一个结论：要想赚钱，就绝对不能给自己增加心理负担，而是应该从容、冷静地对待。对金钱不感兴趣自然赚不到钱，然而倘若把金钱看得太重也就给自己背负了沉重的包袱。

犹太人注重金钱，认为金钱是现实中万能的上帝。金钱在他们眼中显得无比的神圣，但是在赚取金钱的时候，他们已经把金钱当作是一种十分普通的东西，就和纸张、石头一样，丝毫不觉得金钱有烫手的感觉。

犹太人只把金钱当作是一种很好玩的物品。它在刺激着每一个人的神经去高度地投入，人们投入资金的时候就是投入一次危险但是有趣的游戏中。如果不是把赚钱当作游戏，而是看作一项沉重的工作，甚至是在拿命运做赌注，人们的心理压力会十分大，以至于不敢去冒风险。

为此，犹太人常常这样形容自己：在赚钱的时候就像是在一个游戏的世界中，而作为游戏的参与者，我们要不停地和对手进行较量和角逐，采用一切办法和手段来胜过其他的人，超越所有的人才可以赢得最后的胜利。

著名的金融家摩根就持这样的赚钱观念，即决不让赚钱变成一种沉重的负担，而是一种新鲜刺激的游戏。他认为只有以这样游戏的心态去赚取金钱，才是最佳的赚钱心态。

摩根一直有一个习惯，每当黄昏的时候，他就到小报摊上买一份载有股市收盘情况的当地晚报回家阅读。当他的朋友都在忙着怎样娱乐的时候，他则说："有些人热衷于研究棒球或者足球的时候，我却喜欢研究怎么赚钱。"

在谈到投资的时候，摩根总是说："玩扑克的时候，你应当认真观察每一位玩家，你会看出一位冤大头。如果看不出，那这个冤大头就是你。"

摩根从来不乱花钱去做自己不喜欢的事情，而总是琢磨赚钱的办法。有的同事开玩笑说："摩根你已经是百万富翁了，感觉滋味如何？"而摩根回答则很是值得人们去玩味："凡是我想要的东西而又可以用钱买到的时候，我都能买到。至于其他人所梦想的东西，比如名车、名画、豪宅我都不为所动，因为我不想得到。"

摩根并不是一个为金钱而生活的人，甚至不需要金钱来装饰他的生活。他喜欢的仅仅是游戏的感觉，那种一次次投入资金，又一次次地通过自己的智慧把钱赚回来的感觉。这其中固然充满了风险和艰辛，但同时也是颇为刺激的，而他喜欢的就是刺激。他说："金钱对我来说并不重要，而赚钱的过程，即不断地接受挑战才是乐趣，不是要钱，而是赚钱，看着钱滚钱才是有意义的。"

视钱为平常物，视赚钱为游戏，这就是犹太商人的高明之处。正是这种教育环境和理念，才成就了那么多的犹太大亨。

在成功的路上敢于冒险

"列瓦伊·斯特劳斯公司"是一家犹太人创办的服装公司，公司曾经冒着很大的风险，孤注一掷，把资金全部押在了新型布料上面，进行了一场服装界的革命，使牛仔裤成了青年一代热爱的服装，并且一直经久不衰。他们也因此一炮而响。这虽然靠的是运气，但是如果没有冒险的勇气，他们也不可能取得这样的成就。

所以，犹太人在很小的时候，他们的父母就经常教育他们要有冒险精神，尤其是在对孩子的财富教育上。

阿曼德·哈默是一个犹太人，1898 年出生在美国。还上大学的时候，哈默就开始经营父亲留给他的药厂，并且还获得了很大的成功，成为当时美国唯一的大学生百万富翁。1921 年，哈默赴苏俄，成为贸易代理人，获得巨额财富。1956 年，58 岁的哈默收购濒临倒闭的西方石油公司，逐步使其成为世界最大的石油公司之一。1974 年，哈默的西方石油公司年收入高达 60 亿美元。哈默一生与东西方政界领导人建立了密切的联系，在全世界享有盛誉。

很多人都认为哈默之所以会这么成功，除了勤奋、精明、机智、谨慎等应有的

才能之外，肯定还有别的什么“秘密武器”。但事实上哈默根本就没有什么“秘密武器”，他只是比别人敢于冒险而已，就像一次他在回答别人请教他“发家的秘诀”时，他说的：“实际上，这没什么。你只要等待俄国爆发革命就行了。到时候打点好你的棉衣尽管去，一到了那儿，你就到政府各贸易部门转一圈，又买又卖，这些部门大概有二三百呢……”其实，哈默这句话的意思是说，要想得到巨大的财富，就要敢于冒险，去别人不敢去的地方或是做别人没有胆量做的事情，自己的冒险之旅正好说明了这一点。

1921年的苏俄，经历了内战与灾荒，急需救援物资，特别是粮食。哈默本来可以拿着听诊器，坐在清洁的医院里，不愁吃穿安稳地度过一生，但他厌恶这种生活。在他眼里，似乎那些未被人们认识的地方，正是值得自己去冒险、去大干一番事业的战场。于是，他便做出了一个被一般人认为是发了疯的选择，踏上了被西方描绘成地狱的可怕的苏俄。

当时，苏俄被内战、外国军事干涉和封锁弄得经济崩溃，人民生活十分困难；霍乱、斑疹伤寒等传染病和饥荒严重地威胁着人们的生命。为了改变这种困境，列宁领导的苏维埃政权制定出了“新经济政策”，并且同时鼓励外资，以此来重建经济。

可是当时很多西方人士对苏俄充满了偏见和仇视，所以他们把苏维埃政权看作是可怕的怪物，而去苏俄经商、投资办企业则成了“到月球去探险”。哈默心里当然也知道这一点，但他同时也认为风险大利润就大。在饱尝了大西洋航行中的晕船之苦和英国秘密警察纠缠的烦恼之后，哈默终于乘着火车进入了苏俄。

到了苏俄之后，他看到的沿途景象惨不忍睹：霍乱、伤寒等传染病流行，城市和乡村到处有无人收殓的尸体，专吃腐尸烂肉的飞禽在人的头顶上盘旋。看到此种情况，哈默痛苦地闭上了眼睛，但同时他那精明的商人头脑告诉他，被灾荒困扰着的苏俄目前最急需的是粮食。而这时美国粮食大丰收，价格早已惨跌到每蒲式耳一美元，农民宁肯把粮食烧掉，也不愿以这样的低价送到市场出售，同时，苏俄这里有的是美国需要的毛皮、白金、绿宝石，等等。如果让他们双方能够交换，岂不两

全其美？

就在这时，在苏维埃的一次紧急会议上，苏维埃政府说苏俄需要大约100万蒲式耳的小麦，才能使乌拉尔山区的饥民度过灾荒。机不可失，哈默立刻向苏俄官员建议，从美国运来粮食换取苏俄的货物。双方很快达成协议，哈默初战告捷。

没隔多久，哈默成了第一个在苏俄经营租让企业的美国人。此后，列宁给了他更大的特权，让他做苏俄对美贸易的代理商，哈默成了美国福特汽车公司、美国橡胶公司、艾利斯一查尔斯机械设备公司等三十几家公司在苏俄的总代表。生意越做越大，他的收益也越来越多，他存在莫斯可银行里的卢布数额惊人。

第一次冒险使哈默尝到了巨大的甜头。于是，“只要值得，不惜血本也要冒险”，成了哈默做生意的最大特色。后来，哈默也是靠着这种冒险精神买下了西方石油公司，创立了自己的石油帝国。

这就是啥默取得成功的故事，现在已经成了犹太父母教育孩子必讲的故事。这个故事可以让孩子们明白，要想取得成功，不要害怕冒险，因为在安乐窝里是永远也无法取得重大成就的。这样，孩子在很小的时候，心里就拥有了冒险的意识。

让孩子学会策略性竞争

“那么小的孩子，就教他们你争我抢的不好！”

“让他们知道有竞争这么回事就行了，那么费劲做什吗？”

相信很多父母都会这么想，这么反驳在教育中让孩子懂得拥有竞争意识。但是，竞争是现代社会的主旋律，孩子如果没有竞争意识和竞争能力，一旦走上社会就很容易被淘汰。所以，想让孩子不被这个社会淘汰掉，就得告诉他要竞争！

“孩子只要想着学习就行，不需要什么竞争！”很多家长心里会这样想。这种想法很不可取，看似关心孩子，让孩子远离纷争，其实这样反而会害了孩子。

国外一家森林公园曾养殖了几百只梅花鹿，令人奇怪的是，尽管环境幽静、水草丰美，又没有天敌，可是几年以后，鹿群非但没有发展壮大，反而病的病，死的死，最后竟然出现了负增长。为了改变这种糟糕的局面，他们买回几只狼放在公园

里。在狼的追赶捕食下，鹿群只得紧张地四处奔跑以逃命。谁也没想到，最后除了那些老弱病残者被狼捕食外，其他的鹿体质日益增强，数量也迅速增长。

这就是竞争的积极意义。之前，鹿群因为没有狼群的驱赶和威胁，从而使生活变得太过安逸，难以健康地成长；后来，狼群的到来，使鹿群在被驱赶中优胜劣汰，变得越来越强壮。

很多人不喜欢竞争，认为竞争就是优胜劣汰，过于残忍，让孩子置身于这样的环境中有碍孩子的身心成长。有人认为相互之间的赤裸裸的竞争和厮杀，会使人与人之间毫无温情可言，从而对孩子产生负面的影响，使孩子变得工具化，冷漠起来。

诚然，竞争带有一定的紧迫性，但竞争也带来了更新和发展。社会需要竞争，公司需要竞争，个人更需要竞争。退一步说，人总是具有惰性的，如果没有竞争，势必故步自封，长久下去，将得不到发展，终会被社会所淘汰！

所以，家长一定要从小给孩子灌输一种竞争意识，这也是为孩子的将来负责。但是，懂得了竞争的重要性，并不意味着家长的任务就完成了，还有很重要的一点，家长还要教会孩子学习怎样竞争。否则，傻乎乎地冲上去，竞争也难有什么实质性意义。因为竞争不是傻乎乎的冲杀，竞争要讲究策略，犹太人就非常善于此道。

早些年，有个犹太商人叫沙米尔，移民到澳大利亚经商。一到墨尔本，他就轻车熟路的干起了老本行，开了一家食品店。而他的店对面，此时已经有了一家食品店，店主是一个叫作安东尼的意大利人。可想而知，两家食品店展开了激烈的竞争。

两家都不动声色，一直暗暗较劲。为了战胜竞争对手，安东尼想了一个计策，他准备削价。

他在自家门前立了一块木板，上面写着："火腿，1 磅只卖 5 毛钱。"谁知，沙米尔见了，也立即在自家门前立起木板，上面写着："火腿，1 磅 4 毛钱。"见沙米尔如此，安东尼一赌气，随即在木板上又写上："火腿，1 磅只卖 3 毛 5 分钱。"此

时，价格已降到了成本以下。没想到，沙米尔又写上："1 磅只卖 3 毛钱。"

几天过去了，安东尼撑不住了，他生气地跑去找沙米尔，朝他大吼道："小子，有你这样卖火腿的吗？这样疯狂降价，知道会是什么结果吗？咱俩都得破产！"

沙米尔笑着说："什么'咱俩'呀！我看只有你会破产。我的食品店压根儿就没有什么火腿呀，板子上写的三毛钱一磅，连我都不知道是指什么东西哩！"听完，安东尼不禁叫苦连天，他知道这回他是遇上了真正的竞争对手。

沙米尔不费吹灰之力，就打赢了竞争对手，其中就体现了竞争策略。

每一个孩子最终都会走向社会，所以我们不妨告诉他真实的社会形态，并模拟社会的竞争模式在孩子求学时就向他灌输竞争意识，并进行有关竞争能力方面的训练，由此让孩子尽早地适应有竞争的生活，最大限度地掌握竞争之术。只有这样，才能为孩子将来的发展提供实质性的帮助！

在追求财富时懂得双赢

犹太人虽然比较喜欢竞争，但是在追求财富的时候也会遵循一定的原则，那就是不会一味地争斗，置对方于死地，而是会想办法双赢。因为在一笔生意中，让双方都能赢得利益，双方才有继续合作的可能，从而使自己获得长赢。

所以，犹太人会这样教育孩子：在和别人合作的时候，要坚持即使撤销合同，也要确保双赢的经商原则。

芝加哥有一位叫罗道夫的商人，他是个偏执的人。他过去刚刚接手经营公司的时候，常常我行我素，想做什么就做什么，想怎么做就怎么做。因此他时常违犯规则行商，意识之中一点也没有"一笔生意，双方赢利"这个概念。

有一次，公司开研讨会，罗道夫义正词严地发表着自己的论点，他认为竞争对手就是冤家，只有毁掉对手自己才能够生存。别人纠正他说做生意就应该和平竞争，互相帮助，互相推动，相互促进，共同提高，一起发展，从而产生双赢或多赢的效果，这才是做生意的原则。可是，当时的罗道夫却根本不这么看，他坚持认为市场竞争中的对手就是自己的敌手，与对手分享胜利的果实是不会有什么大成

就的。

有人追根究底地问他原因，他于是就坦白了自己固执己见的原因：其一，同行业中，虽然大家都是在进行公平的竞争，但同行之间却存在保密性，他根本不会与你分享；其二，同行之间彼此都在刺探对方的情报，然后神神秘秘地制定能够战胜对手的策略，给对手来一个突然的袭击；其三，在同行中，谁都想为自己的企业获取最大的利润，总是想方设法地占领较多的市场份额，与对手争抢同一块儿蛋糕；其四，市场发展到最后，终究会有饱和的一天，不可能容纳下更多的同行，因此，为了自己的生存和利润，同行都会在心中打着算盘，想着怎样吃掉对方，给自己争取更大的生存空间。所以，以强制弱、以强灭弱是市场竞争的必然趋势。

听了他的这一番解释，其他人对他的经营作风便有了一些理解，知道了他一向霸气十足，在市场竞争中奋力拼搏，与对手争先恐后，想尽办法不给对方留有余地，直至把他们摧垮为止。为达到自己的目的，他会不择手段，通常采用诋毁、攻击和欺骗的方法，来达到自己胜利的目的。

研讨会开了一个小时才结束，罗道夫始终坚持自己的见解及行事方法。结果，许多合作伙伴与他不欢而散，从此，罗道夫在生意场上开始屡屡失败。经过这样的打击之后，罗道夫终于清醒了过来。他重新理顺了头绪，改正了自己的观念，每做一笔生意，首先就考虑到怎样能够获取双赢和多赢的效果。结果，仅仅几年的时间，在罗道夫的经营管理之下，公司的产品就遍及到了世界各地。在全世界，有70%的人拥有他们公司的产品，从而使得他创造了奇迹。而这一切，都要归功于“一笔生意，双方赢利”的赚钱术，归功于“双赢才能长赢”的经营理念。

创办公司、经营公司的目的是为了赚钱，而赚的钱是国家、公司和员工所共同拥有的。所以，相互帮助，相互支持，互为朋友，采用正当的竞争手段，合法的经营策略，才是每个公司，也是全社会生存的最佳选择。同样，犹太父母还会把自己的理念传达给自己的孩子们，使他们在以后的经商活动中可以有一个能够长期生存、立足的基础。

犹太人的“精明”教育

在很多人的眼中，“精明”似乎是一个贬义词，说明一个人太过精于算计。但是犹太人却不这么认为，他们认为精明是一种自在之物，并没有什么过错。他们会告诉自己的孩子，精明不需要低头在宗教或道德法庭上受审或听训斥。这里有一个被传颂了千万遍的故事，犹太父母常常用这个故事来告诉自己的孩子要学会精明。

日本麦当劳快餐店的创办人藤田先生曾在东京盟运总部打过工，他发现有一位美国士兵每逢假日都是香车美人，到各处游玩。但是，这位美国士兵的收入显然不可能支付如此高档的消费。终于，藤田经过研究发现这位美国士兵是一位犹太人，他平时经常省吃俭用，将司令部配发的日用品转售他人获利，积累成一笔资金后再借贷给急于用钱的军队同袍；同时，为了避免造成呆账，这位犹太士兵常常在司令部发饷当天就收回贷款。如此周转循环下去，这位犹太士兵当然比一般寅吃卯粮的战友要富有。藤田从此对犹太商法大开眼界，1971 年，藤田在日本率先推出麦当劳汉堡，非假日时间每个汉堡降价为 65 元日币，假日则卖 80 元日币。精打细算的犹太商法为见贤思齐的藤田创造了巨大的财富。

使犹太商人得以精明并越来越精明的有诸多原因，其中有一个极为重要且独具犹太特性的因素，就是犹太人包括犹太商人对精明本身的心态。世界各国各民族中都不乏精明之人，这是毫无疑义的，虽然相互比较起来自然还有个程度的不同，但对精明本身的态度却大不一样。中国人不可谓不精明，能精明到发明“大智若愚”的程度，可以说这种精明已是臻于极境，然而，正是从“大智”需要存在于“若愚”之中，我们可以窥出在中国人的内心，精明是一种适宜在阴暗角落中生存的物种。因此，中国人在教育孩子的时候，常常会让孩子谨记“聪明反被聪明误”。但是犹太人则不同，他们不但自己极为欣赏和器重推崇精明，而且还会告诉孩子也要如此。这其中，他们所表现出来的是一种堂堂正正、光明正大的态度，一点儿也不觉得这是一种见不得人的事情。旧上海的犹太富商哈同的故事妇孺皆知，他在上海经商时所用的精明手段，一直被犹太人当作榜样来顶礼膜拜。

1901 年，哈同独立开办了洋行，专门从事房地产业，他当时在计算地租和房租上面精明至极。哈同一般出租住房和小块土地的租期都较短，通常三至五年。租期短，既便于在需要时及时收回，又可以在每次续约时增加租金金额。在哈同的地皮上，哪怕摆个小摊子，也得交租。有个皮匠在哈同所拥有的弄堂口摆了个皮匠担，每月也要付地租五元。哈同每次向他收地租时，虽然总是很和蔼地对他说“发财，发财”，但是租金却是一个子儿都不能少的。哈同计算收租的时间单位也与众不同。当时上海一般房地产业主按阳历月份收租，而哈同却以阴历月份计租。大家知道，阳历月份一般为 30 或 31 天，而阴历月份为 29 或 30 天，所以阴历大约每三年有一个闰月，每五年有闰两个月，19 年有七个闰月。所以，按阴历收租，哈同每三年可以多收一个月的租金。大约每五年可多收两个月的租金，每 19 年可多收七个目的租金了。

后来，哈同在发达之后，曾花了 70 万两银圆建造了当时上海滩最大的私家花园，名之为“爱俪园”。为了便于管理园内职工，哈同对职工的职责和等级做了明确的规定，并让账房制作相应的徽章。但即使这样一个表明工作职责的徽章也要职工自己掏钱购买。每个徽章的制作成本仅为五个铜板，“零售价”却为四毛！由此看来，哈同可谓精明到了极致，连每个月是 29 天还是 30 天都要计算一番。这种计算的方法不是别的商人想不到，而是他们对这种极致的精明采取不认同的态度所致。他们会觉得这样太过精明于自己声名不太好，所以犹豫不决或是将这个点子搁置一边。于是，他们同哈同之间的距离也就拉开了。

哈同的这种精明理念也是犹太全民族的理念，在这种理念环境下成长起来的孩子也就显得比别的民族的孩子要精明得多。这很值得让我们深思一下。

不要因为金钱而迷失自己

犹太民族是一个热爱金钱的民族，他们始终认为金钱可以为他们带来幸福，会祝福他们。但是，他们从来不会为了金钱而迷失自己。他们不但自己能够做到这一点，而且还这样要求自己的子女。为了让孩子明白这一道理，他们常常会给孩子讲

一些有意思的故事来听。

四个商人和一个为他们做杂活的犹太少年在穿越大沙漠的时候遇上了沙尘暴。沙尘暴过后，不幸的事情发生了，他们驮着水和食物的五匹马不见了踪影，而他们自己也可怕的迷失了方向。天上的烈日像在喷火，沙漠像炉子一样烤着他们。他们五个人都由于干渴和无比的痛苦而无力地躺在沙丘一下。他们嘴唇干裂，舌头成了一片干木板，身体仿佛正在一点点地消失。他们每个人的声音都沙哑了，只能单调地喊出一声："水！"

胖商人身上此时倒有一小壶井水，500 克的重量。在穿越沙漠前他灌了一小铁壶酒，同行的商人和他开了个玩笑，偷偷倒出酒给他装上了水。在这种情况下，这一小壶水不知要比一壶酒贵重多少倍。关键是 500 克水如果给一个人喝下去，这个人很有可能走出沙漠，脱离险境；如果五个人各喝一份，每人只能喝到 100 克水，还都会毫无疑问地倒在沙漠里。

三个商人都把目光盯向了胖商人身上的那一小壶井水，他们认为能让自己喝到那小壶井水的最有效办法，就是用金钱换取。于是，瘦商人抢先提出用 10 枚金币买那一小壶井水。另外两个商人也马上竞价买水。很快，买价上升到 100 枚金币，最后三个商人愿倾其身上所有的金币换水。那个做杂活的少年一声不响，绝望地闭着眼睛躺着听他们争吵着买水。只有他身上没有金币，因而那壶水一滴出不属于他。

然而，三个商人谁也没有买成那一小壶井水。拥有这一小壶井水的胖商人不为大把的金币所动，他头脑十分清醒地说："谁喝下这壶井水，谁就有可能走出沙漠。卖给你们这壶水，我只能倒在这里，得到再多的金币又有什么用？你们难道看不出来，金币的价值现在等于零吗？"

三个商人目瞪口呆。随即，争夺那一小壶水的殊死搏斗在四个商人中展开了。他们先是厮打叫骂，拳脚相加，接着很快用上了贴身的匕首、皮带。没过多久，搏杀平息了，四个商人都倒了下去。他们流出的黏稠的血，在烈日下干结。

四个商人都没有得到的那一小壶井水，却意外地属于了干杂活身无分文的少

年。这始料未及的突变竟使少年一时茫然不知所措，更让他心惊肉跳的是，散落在地上大把的金币映入了他的视线。这些金灿灿的金币从前一直与他无缘，但此时只要他肯弯下腰，他就可以成为它们的新主人。但是少年并没有弯腰，他的手中只捧着那一小壶井水。因为聪明的他非常清楚，拾一枚金币，就会想再拾第二枚，拾完第二枚，还会再想拾第三枚……直至拾完所有的金币。但是在沙漠中负重行走会加大干渴的程度，他虽然得到了这一小壶井水，但同样还可能倒下去。因此，少年头也不回地离开了那些金币，朝霞为他镀一身金光，他的生命之树开始复绿。他没有在金钱面前迷失自己。

在犹太人中间，还流传着这样一个故事：

一个拥有无数钱财的吝啬鬼去他的拉比那儿乞求祝福。拉比让他站在窗前看外面的大街，问他看到了什么，他说："人。"拉比又把一面镜子放在他面前，问他看到了什么，他说："我自己。"拉比解释说，窗户和镜子都是玻璃做的，但镜子上镀一层银。单纯的玻璃让我们能看到别人，而镀上银的玻璃都只能让我们看到自己。

从拉比的话中我们可以总结出这样一个道理：金钱就像是镜子上面的那一层银一样，如果太过迷恋金钱，金钱就会转移人的视线，从而迷失了自己，成为金钱的奴隶。正是从小受到这样的教育，犹太人才会在拥有大量的金钱、热爱金钱的情况下，仍然不会迷失自己。这很值得我们借鉴、学习。

对孩子的教育，要因材施教

爱迪生比较偏向于观察，所以他选择了发明。爱因斯坦的思考方式偏向直觉，所以他选择理论物理。只有用好了自己的长处，才能找到最适合自己学习和创造的领域。

所以在教育孩子的时候，不要对孩子进行拘束教育，要找对孩子的兴趣和爱好，这样的话才能使你的孩子更好地发挥自己的特长。

著名物理学家爱因斯坦在《自述》中说："我看到数学分成许多专门领域，每一个领域都能费去我们短暂的一生。因此，我觉得自己的处境就像布里丹的驴子一

样，它不能决定究竟该吃哪一捆干草。这显然是由于我在数学领域里的直觉能力不够强，以至于不能把握真正带有根本性的最重要的东西，如果那样也是可以把许多可有可无的广博知识可靠地区分开的。”

有一个叫作琼尼的小男孩，他的爸爸是一个木匠，他的妈妈是一个家庭主妇。这对夫妇准备送儿子上大学，所以他们开始节衣缩食，一点一点地存钱。

当琼尼读到高中二年级的时候，有一天，学校聘请的一位心理学家把这个 16 岁的少年叫到办公室，对他说：“琼尼，我看过了你各学科的成绩和各项体格检查，仔细研究了你各方面的情况。”

琼尼插嘴道：“我一直很用功的。”

“问题就在这里，”心理学家说，“你一直很用功，但进步不大，你的各科成绩都远远落后于其他同学，你对高中的课程有点力不从心，再这样学下去，恐怕你就是在浪费你的时间了。”

心理学家抚摸着琼尼的肩膀对他说：“人的才能是各种各样的，琼尼，工程师不识简谱，画家背不全九九乘法表，这都是可能的。但每个人都有自己的特长，你也不例外，终有一天，你会发现并发挥自己特长的。到那时，你的爸爸妈妈就会为你骄傲的。”

琼尼回到家后，把心理学家的话告诉了爸爸妈妈。他的爸爸说：“孩子，每个人都有自己的优点和缺点，关键是如何避免自己的缺点，发挥自己的优点。要相信自己，尽量发挥自己的长处。所以你就尽管去吧，我相信你一定能够取得成功。”琼尼从那个时候起就再也不上学了。

在那个时候，到城里面找工作是一件很难的事情，琼尼只找到了替人家的园圃修剪花坪的工作，但是他做得很认真很勤勉。不久，他的手艺开始受到雇主们的注意. 他们称他为“绿拇指”，凡是经他修剪过的花草都是出奇的美丽繁茂。

有一天，他又到城里来，凑巧来到市政厅后面，有一位市政参议员就在他眼前不远处，琼尼看到这是一块满是垃圾和污泥浊水的场地，便向参议员鲁莽地问道：“先生，你是否能答应我把这个垃圾场改为一个美丽的花园？”

“市政厅没有这笔钱。”参议员对他说。

“我不要钱，”琼尼说，“只要允许我去做就行了。”

参议员感到很凉异，他还是第一次碰到这种办事不要钱的人呢！于是他把这孩子带进了办公室。琼尼步出市政厅大门时，满面春风，因为他已经有权清理这块被长期搁置的垃圾场了。

从那一天下午开始，他就开始拿着几样工具，带上种子和肥料来到目的地。不久，这块泥泞的垃圾场就变成了一个美丽的公园：幽幽的小径，绿茸茸的草坪。因为琼尼也没有忘记给小鸟安家，所以人们在条椅上坐下来还能听到鸟儿在唱歌。全城的民众都在谈论，说有一个人办了一件了不起的事。人们通过这片草地认识了琼尼，看到了琼尼的才能，人们都公认他是一个天生的风景园艺家。

这件事情已经过去好几十年了，现在的琼尼已经是一位著名风景园艺家了。不错，琼尼到现在还没有学会说拉丁文，而且也不懂法国话，微积分对他更是个未知数，但园艺和色彩是他的特长。他使已年迈的双亲感到了骄傲，这不仅是因为他在事业上取得的成就，而且还因为他能把人们的住处变得无比舒适和漂亮——他工作到哪里，哪里就会变得漂亮！

有一个成语，叫作因材施教。犹太人就是很注意这一点的。当孩子还在很小的时候，他们就会根据每一个孩子的兴趣所在之处，对他们施以不同形式的教育。这样一来，便能确保孩子能够愉快地成长和成才。作为父母，要做到了解自己的孩子，做到对孩子因材施教。

给“白痴”和“怪异”找个理由

有一个男孩，非常讨厌课堂上老师教的那些枯燥的东西，他的眼睛总是盯着老师的挂钟，盼望那该死的指针能走快一些。

“先生，我要上厕所。”是他的声音。

“不是刚上课吗？”被打断讲课的老师不耐烦地说，“去吧！去吧！”

他走出教室，东瞅瞅、西看看，实在无处可去，便走回了教室。但没过一会

儿，他又坐不住了。

“先生，我能为你画像吗?”他脱口而出。

“什么?你给我画像!”老师气坏了，瞪着他说，“去吧，去吧，上厕所去吧。”

这个男孩不是别人，就是后来举世闻名的大画家毕加索。

巴勃罗·鲁伊斯·毕加索（1881—1973）出生在西班牙的一个犹太人家庭。父亲是位美术教师，曾做过美术馆长。

刚学会走路时，毕加索就经常随父亲到博物馆去，在父亲工作的画室里一待就是大半天。他常常站在父亲的身后，惊奇地看着父亲用画笔将五颜六色的颜料涂抹到画布上，变成了一幅幅美丽的图画。

慢慢地，他开始趁父亲不在，偷偷地抚摸父亲的画笔。再大一点，他就更不安分了，他不光玩画笔，还用它蘸上颜料，抹在纸上、墙上、地上甚至自己身上。总之，在一切他认为方便的地方“画”上自己的得意之作，然后兴高采烈地等着大人的表扬……

四岁的时候，小毕加索还迷上了剪纸，他充分地发挥自己的想象力，用一双灵巧的小手，剪出了各种各样的花朵和小动物。可是，出人意料的是，这么一个可以灵巧地画毛驴和狗的“小神童”却被认为是一个“白痴”，逃学和旷课是家常便饭，调皮捣蛋也成了他的强项。

但是他唯独对画画感兴趣，不管上什么课，他都画个不停，不管是课本，还是练习簿，只要有空白的地方，他都要画满各种各样的人和动物，他甚至还在课间在黑板上画了两头正在交配的毛驴，在旁边写了一首关于毛驴交配的“淫诗”。谁也想不明白，这个十岁男孩的脑子里究竟装了些什么。很快，毕加索做的“坏事”全让父亲知道了。父亲并没有批评他，而是问：“孩子，你真的想画像?”

毕加索点头说：“是的，我讨厌上课，只想画像!”

父亲说：“好吧，我送你去学画像，但是，你要答应我除了学画像，其他的科学文化知识也不要拒绝学习。”

果真，父亲把毕加索送到了当地有名的美术学校。进了美术学校，毕加索表现

出了惊人的耐力，他可以一连画几个小时不放画笔，与在课堂上的表现判若两人。看到儿子这么喜欢画画，父亲最后决定让他一直在美术学校学下去。

14 岁时，毕加索考入父亲任教的巴塞罗那美术学校高级班，16 岁毕业时画的《探望病人》参加全国美展，具有相当写实的造型水平。以后他又考取了马德里费尔南多皇家美术学院。

1904 年，毕加索来到西欧的艺术中心——巴黎。到巴黎的第二年，他就举办了个人画展。从此，毕加索进入了以他生性爱好的蓝色为主要色彩的“蓝色时期”。后来，他在巴黎定居，成为法国现代画派的主要代表。

毕加索

毕加索的作品不仅局限于绘画，还有为数极多的版画、雕刻、陶器等。直到 92 岁逝世，他始终没有停止过艺术创作。

其实，所谓的“白痴”和“怪异”，换一种角度看就是天赋，就是对某种事物狂热的兴趣。这是一种天性，说明孩子在某方面有着别人所没有的潜力和优势。只要抱着这样的态度来看待问题，即使孩子被称为“白痴”和“怪异”，也完全可以为这种“白痴”和“怪异”找一个可以接受的理由，正确地引导这些孩子完全朝正向发展。

这其实也揭示了一个问题，那就是我们的生活中并不缺少像毕加索这样的天才，而是缺少像毕加索父母那样理解孩子的家长。所以，不要因为孩子“不一样”“怪怪的”就给予否定，从而抑制了他天赋的发展。

因此，作为父母，我们正确的教育方法应该是尊重孩子的兴趣，为孩子找一个理由，让他自由地发展，这才是真正明智的做法！

精心培育孩子的特长和专业

纵然孩子的天赋再高，也离不开父母的精心教育，这就如同一粒优质种子，只有提供充足的水分、光照和养料，它才能出土发芽、开花结果。所以，不要认为孩子聪明，教育就无须费心。孩子平庸还是优秀，只在你的一念之间。

1809 年，费利克斯·门德尔松出生于一个犹太家庭，家世显赫。他的祖父是欧洲著名的哲学家，被誉为犹太人的苏格拉底。门德尔松继承了祖父的聪明才智，后来在音乐上得到了充分的发挥。他的父亲是成功的银行家，母亲出身于富裕的犹太家庭，受过高等教育，懂得艺术，又有音乐素养，是门德尔松的启蒙老师。

殷实而又极具文化修养的家庭环境为门德尔松成为多才多艺的音乐大师创造了极为有利的条件，更重要的是门德尔松的父母对儿子的教育极为重视。

他们搬到柏林后，小门德尔松就开始接受音乐教育。先由母亲教他弹奏钢琴，这为他以后的钢琴创作打下了基础。从五岁开始，为了让小门德尔松接受多学科、广泛的文化教育，父母不惜重金聘请最优秀的老师到家里为他授课，如著名的语言学家鲁德威格·黑斯教授他拉丁文、希腊文和历史，著名钢琴家路德维希·柏尔格教他钢琴，柏林皇家管弦乐队首席提琴手查理和海宁教他小提琴与大提琴，还有老师教他素描、绘画等。此外，小门德尔松还学习舞蹈、击剑、骑马、游泳等。为了让小门德尔松学会指挥乐队和合唱，他的父母就邀请专业管弦乐队和合唱队来家里演出，这时，小门德尔松则站在椅子上，挥动指挥棒来指挥乐队或是合唱队。

在父母的精心安排下，小门德尔松学到了很多。卡尔·采尔特是对他影响最大的一位老师，他是柏林声乐学院院长、柏林合唱团团长、著名学院派音乐家。采尔特教门德尔松作曲、和声、对位，使他很小就掌握了系统的创作技巧。

另外，从钢琴家柏尔格那里，小门德尔松又学会了一手钢琴弹奏技巧。后来，门德尔松又师从当时欧洲著名钢琴家莫舍列斯。精心的教育让门德尔松进步飞快，用莫舍列斯的话来说：“我无时无刻不意识到，我是在跟我的老师，而不是跟我的学生打交道……”

为了让门德尔松有更多的表演空间，得到更大的进步，几乎每个星期日，父母都在后院的音乐厅里为他举办家庭音乐会，会上宴请德国的许多文化界知名人士，如诗人海涅、哲学家黑格尔、科学家洪堡、音乐家韦伯及美术家史文德等。在家庭音乐会上，小门德尔松每次都是核心人物，他的表演总是会赢来赞叹。而小门德尔松也积极地接近这些知名人士，向他们请教各种问题。在这样的环境中，在新的进步思想的影响下，在各学科和各门类艺术的熏陶下，小门德尔松在思想、艺术上迅速成熟了。

这样精心细致的教育让门德尔松很早就显露出他的音乐天才，成为神童莫扎特式的人物。九岁，门德尔松就开始表演钢琴独奏，11 岁开始音乐创作。在 12 岁至 14 岁的三年中，他竟创作了 13 部弦乐交响曲。

不光如此，门德尔松还多才多艺，他是个业余画家，并且写作能力也很强。他的不少书信就是一篇篇散文，文字优美动人。

在父母的精心教育下，门德尔松终于取得了一个又一个成就。1833 年，门德尔松完成《意大利交响曲》，并在杜塞尔多夫就任音乐总监；1835 年，他又成为著名的布业大厅音乐会的指挥；1843 年，他与舒曼等人一起创办莱比锡音乐学院；1846 年，在伯明翰音乐节上，他指挥的清唱剧《以利亚》，取得了辉煌成功。

父母精心细致的教育最终成就了音乐诗人门德尔松。这对我们很多父母也是一个提醒，因为生活中，很多父母往往自恃孩子聪明，疏于教育，其实，这样反而是害了孩子。再聪明的孩子，如果没有正确而充分的教育，他的天赋又能发挥多少呢？在这个竞争激烈的社会，为什么不多用些心，给孩子的成长多一些筹码呢？

所以教育孩子也是一门艺术，这需要父母用心投入，帮助孩子们发展自己的特长，这样你的孩子才能变得优秀起来。

热爱自己的工作

犹太人大多非常勤劳，热爱工作。在他们看来，工作是人们生活幸福的保障。所以，他们对自己的工作都非常尽职尽责，无论这工作是大还是小。

闻名中外的希尔顿饭店有位保洁员，他在这家饭店工作了将近20年，并且一直在洗手间做清洁工作。洗手间总是被他打扫得干干净净，他甚至自己花钱在洗手间放上一瓶高级香水，客人进来后都能闻到一股芳香的味道。客人们对他的服务交口称赞，有的甚至冲着他的良好服务专门住进这家饭店。他的朋友都替他惋惜，劝他换份工作。他却骄傲地说："我为什么要换工作呢？我的工作就是最好的，看到客人们对我的赞扬，这就是我最大的幸福了，我又何必换工作呢？"

把自己的工作当成自己最喜欢的事并且乐在其中，我们就能发掘自身特有的能力。其中最重要的是能保持一种积极的心态，即使是辛苦枯燥的工作，也能从中感受到价值。当我们完成工作的一刹那，会发现成功之芽正在萌发。

我们每一个人的工作，就是自己给自己画的一幅画，是美丽是丑恶，是可爱还是可憎，都是由自己一手造成的。我们每一个人的细微表现，无论是上班赶时间，还是工作中的每一个协作，都在说明自己的美或丑，可爱或可憎。

所以，犹太人才会经常告诉孩子，如果想要自己在工作中变得美丽可爱起来，就要热爱自己的工作，要对自己的工作有热情。并且，这种热情对于我们工作能否取得成功是非常重要的。

美国哲学家、文学家及诗人爱默生说过："没有热情，任何伟大的业绩都不可能取得。"有些人在工作的过程中之所以会出现迷惑、失望、恐惧、消极、颓废、猜忌、犹豫等对成功不利的因素，都是因为对工作缺少热情引起的。而如果我们对工作怀有一种充沛的热情，我们就可以从中获得与困难搏斗的勇气和向目标迈进的力量。

热情可以给我们带来智慧。电脑巨人比尔·盖茨说："每天早晨醒来，一想到所从事的工作和所开发的技术将会给人类生活带来巨大的影响和变化，我就会无比兴奋和激动。"

热情可以给我们带来灵感。正是因为牛顿非常热爱科学事业，才从大家司空见惯的苹果落地的现象中得出了万有引力定律。

热情可以给我们带来力量。贝多芬能够在耳朵失聪的情况下奏响恢宏壮丽的

《命运交响曲》，也正是源于他对音乐充满了非凡的热情。

所以说，不管什么样的事业，要想获得成功，首先需要的就是对工作的热情。因为，如果没有恒久的激情和蓬勃的朝气，我们将一事无成。

洛克菲勒在写给儿子的信中也这么说："如果你视工作为一种乐趣，人生就是天堂；如果你视工作为一种义务，那么人生就是地狱。"那么，在这位石油大王心目中，工作到底是什么呢？

"我初进商界时，时常听说，一个人想爬到高峰需要很多牺牲。然而，岁月流逝，我开始了解到很多正爬向高峰的人并不是在'付出代价'。他们努力工作是因为他们真正喜爱工作。任何行业中往上爬的人都完全投入正在做的事情，且专心致志。衷心喜爱所从事的工作，自然也就成功了。

"热爱工作是一种信念。怀着这个信念，我们能把绝望的大山凿成一块希望的磐石。一位伟大的画家说得好：'痛苦终将过去，但是美丽永存。'

"热忱是工作的灵魂，甚至就是生活本身。事实上一个热忱的人，等于是有神在他的内心里。人本身就有绝对控制事件的能力——心神。"

正是怀着这样一种热情在里面，才使得犹太人的工作蒸蒸日上。并且，他们的这种热情还影响了自己的孩子，使他们的孩子在将来长大之后，也对自己的工作充满了热情。

即便是一分钱也不乱花

一滴水不算多，一滴一滴汇成河；一粒米不算多，一粒一粒堆成垛。

犹太人从小就培养孩子节约的习惯。

犹太拉比经常这样讲：

习惯是一种动力定型，是长期积累和强化的结果。孩子从小就应养成勤俭节约的好习惯，如在幼儿园时应自觉爱惜食品、玩具、图书和衣物。小学阶段应养成不乱花钱的习惯，爱惜粮食和学习、生活用品，爱护公物等。中学阶段应养成生活节俭，不摆阔气，不乱花钱，不向父母提出超越家庭经济条件的要求等。

犹太父母经常通过给孩子讲故事来教育他们养成勤俭的好习惯。

从前有个工匠手艺很好，做出来的东西不但精巧，而且耐用，所以生意很好，赚的钱也不少。可是工匠好吃、好穿、好玩，因而钱虽然赚得不少，却老是不够用。工匠有个邻居，是个大富翁。他听人说这个富翁原来很穷，后来不知怎么的，钱就渐渐多了起来。工匠便想去请教富翁，问他应该如何才能有钱？

到了富翁家，他先说明来意。富翁听了，微微一笑说："这个嘛！说来话长，却也很简单，你且等一等，让我先把灯熄了，再好好对你说。"说着，顺手就把灯关了。工匠原也是个聪明人，一看这个情形，马上便明白了，立刻高高兴兴地站起来，说："先生，谢谢你，我已经都明白了，原来致富之道就在于'勤俭'二字，是不是？"

勤俭节约是一种美德，也是一种致富之道。勤是勤劳，俭是节俭。卖力工作固然能增加收入，但还要懂得当用则用，当省则省，才能积聚财富。

犹太人在勤俭节约方面是这样教育孩子的：

一、利用各种机会，向孩子讲述勤俭节约是一种美德，讲述自己家庭勤俭节约的家史，让孩子从小就受到启发和教育。让他们知道古今中外，有多少仁人志士，以勤俭节约为荣，克己奉公，一心扑在事业上，取得了伟大的成就，并且在史册上写下了光辉的篇章。这些一直为人们所传诵和称道，是教育孩子的好教材。让孩子懂得一粒米、一滴水、一度电来之不易，都是人们辛勤劳动换来的。

二、要让孩子真正地认识到勤俭节约的意义。要使孩子懂得，今天的好生活、好日子是来之不易的。教育孩子懂得节约一分钱、一粒粮食、一度电、一滴水的作用。一滴水不算多，一滴一滴汇成河；一粒米不算多，一粒一粒堆成垛。教育孩子懂得浪费就是犯罪，节约就像是燕衔泥，浪费就好比是河决堤。如孩子从小不养成勤俭节约的习惯，将来危害社会不说，还会害父母、害自己。

三、从小事着手，在实践中锻炼，严格要求。在家里，父母应做好培养孩子勤俭节约的习惯，从小事做起，从眼前做起。不要让孩子乱花钱，该给的钱父母给，不该给的钱不给，即使小孩自己的压岁钱也不能让其乱花。使用学习用品要节约，

一张纸写错了字，擦掉还可以用；生活上也要讲节约，衣服破了个洞，补好了还可以穿，人离去灯要熄灭等等。同时，要让孩子学会利用废旧物品。比如可用易拉罐做个花篮，将旧凉鞋剪成拖鞋等等。这样既可培养孩子的节约习惯，又是一种手工劳动练习。

四、父母要做孩子的榜样，以实际行动感染孩子。家长要具有良好的勤俭节约的习惯，如不具备，就要自己与孩子一起来养成节约的好习惯，勤俭治家，只有在勤俭节约的家庭环境熏陶下，才能培养孩子节约的好习惯。

五、指导孩子如何用零花钱。首先，家长给孩子零花钱要有计划，要限制数额，不要有求必应。其次，家长要过问孩子把钱花在了什么地方，每次给钱时，可让孩子说说上次的零花钱用在哪里。用得不当，应予批评，甚至暂停“援助”。另外，家长要鼓励孩子该用的地方要大大方方地用，能少用的就不要多用，能不用的尽可能不用。

有钱不赚无异于犯罪

即使是一个知识十分渊博的哲学家或学者，如果赚不到钱，那么学者的智慧也只是假智慧、死智慧；真正有智慧的人是既有学识又会赚钱的人。

犹太民族是一个世界性的民族，不管什么国家，只要有利可图，他们都照样与之做生意。1921 年，23 岁的美籍犹太人哈默到苏联访问，他看到了苏联的饥荒和病疫，也看到了苏联的巨大财富。他以易货贸易的形式为苏联人购买了 100 万美元的小麦。因为此事，列宁特意接见了他，两人建立起良好的私人关系。随后，在列宁制定新经济政策时，哈默还为他提供了许多帮助。从此，哈默在苏联的生意一帆风顺。他在莫斯科度过了将近 10 年，成为亿万富翁，同时他也用自己的努力支持了年轻的苏维埃政权。

当时许多西方国家都将苏联视为洪水猛兽，只有哈默独辟蹊径、胆大包天。结果在苏联发了大财，这正是集中体现了犹太人的金钱观和生意观。

犹太人认为赚钱是天经地义，是最自然不过的事情。他们总是教育自己的孩子

如果能赚到的钱不去赚，那简直就是犯罪，会遭到上帝的惩罚。对于犹太人来说，表面上看，耶和华上帝是犹太人唯一的神，但实质正如犹太精英之一的卡尔·马克思所言："钱是以色列人的妒忌之神；在他面前，一切神都要退位。"为了钱，追求钱，犹太商人的人生目标简单直接，清晰明确，这对在金钱上获得成功极有助益。

犹太人爱钱，但从来不隐瞒自己爱钱的天性。所以人们在指责其嗜钱如命、贪婪成性的同时，又深深折服于犹太人在钱面前的坦荡无邪。犹太儿童从小就知道，只要认为是可行的赚法，犹太人就一定要赚，赚钱天然合理，赚到钱才算是聪明。这正是犹太人经商智慧的高明之处。

犹太商人赚钱强调以智取胜。犹太人教育孩子说，金钱和智慧两者中，智慧比金钱重要，因为智慧是能赚到钱的智慧，也就是说，能赚钱的智慧才是真智慧。这样一来，金钱成为智慧的尺度，智慧只有化入金钱中，才是活的智慧，钱只有化入智慧之后，才是活的钱。

基于这样的观点，在犹太人看来，即使是一个知识十分渊博的哲学家或学者，如果赚不到钱，那么学者的智慧也只是假智慧、死智慧；真正有智慧的人，是既有学识又会赚钱的人，所以犹太人不会赞美一个家徒四壁的饱学之士。

在别人看来无可借助的条件下，犹太商人也能顺顺当当地赚到钱。因为犹太商人在赚钱时，对于所借助的东西，是从不存在一点儿感情的。只要有利可图，且不违反法律，万物都是可以拿来用的。

犹太人爱钱，尽管他们唯利是图，却不赞成不择手段的拜金主义，所以在犹太商人中拜金主义极少，他们之中大部分人都遵守赚钱的游戏规则。只要是赚钱，他们不会与任何一次机会失之交臂。

犹太人认为，商人追逐利益，这是没有任何错误的。它是一个商人的天职，就像一个将军带领军队打仗，其目的就是要打垮对方的军队。商人把我们需要的一切东西提供给我们，并且通过这种交换行为得到自己所需要的金钱，这是一种利益交换的行为。如果经商不把赚钱放在第一位，就等于我们认同的勤劳、智慧和勇敢等一切美德毫无价值。

以色列有个小工厂主，一生为追求金钱奔波。公司利润在他的带领下，每年以几何倍数增长，经济效益出奇的好。但是他的身后落下一个非常不好的骂名，说他爱财如命，说他为了金钱可以不择手段，甚至有人公开宣讲他是一个赚钱的工具。很少有人理解他，但他没有后悔，他知道，自己所做的一切都足在尽一个商人的本分。商人的天职就是赚钱，没有任何疑问地赚钱。如果自己为了一点私欲或一些丝丝不忍而不能尽这个责任，那自己就愧对商人这个名号。

在临死前，他把儿子叫到自己床边，摸摸他的头说："在所有人的眼里，我只是一个会赚钱的工具，但是他们不知道我内心的充实。人的一生可以有很多方式度过，在这短短的几十年里，如何把自己的生活填充得更加饱满，需要我们有明确的努力目标并坚强地为之拼搏奋斗。经过这么多年，我已经深深爱上了经商这份工作。其实，这也是一种生活，看着金钱越来越多，我充满了成就感。而为之付出的努力则让我的生活更加充实，这其中的酸甜苦辣都是生活的佐料，我喜欢它。经商赚钱是我们犹太人天经地义的事，但是如何把经商变成自己的生活则是一种高度。我为自己的一生感到骄傲，丝毫也不曾后悔过。"

他小小的儿子无法理解他的话，但是站在床前的亲友们都受到了极大的震撼。这不仅是一个临终老人的遗言，更是一位犹太商人生命的真谛。

犹太人常对自己的孩子说：商场如战场。在战场上，从来都是以成败论英雄的，而在商场这个特殊的战场，成败的关键就是把对手的钱变成自己的钱，把大众的钱变成自己的钱。

赚钱就是为了享受

赚钱是至关重要的，但是一个人如果只知道赚钱和工作，而不知道休息的话，他就会失去人性。因此在假日里，人们应该真正脱离所有的工作羁绊，快乐地享受生活。

如果你问一个犹太人："人生最终的目的是什么？"

凭着我们对犹太人的认识，会认为他一定会回答："还不是为了赚钱?!"那就

大错特错了。

事实上，相当多的犹太人一定会这样回答：“人生的最终目的就是可以随心所欲地吃到美味可口的食物!”

如果你不服气，再进一步地追问：“那么，人到底为什么工作呢?”

犹太人会毫不犹豫地这样告诉你：“人就是为了吃到美味的食物而工作的呀!并不是为了储备做工的精力而吃东西!”

犹太人经常算这样一笔账：“如果一个人一天工作 8 小时不休息，那么一天可赚 400 美元，而那样的话我的寿命将减少 5 年，按每年收入 12 万美元计算，5 年我将减少 60 万美元收入。而如果我每天休息一小时，那我除损失每天 1 小时 50 美元外. 将得到 5 年每天 7 小时工作所赚的钱。现在我已经 60 岁了，假设我按时休息还可再活 10 年，那么我将损失 15 万美元，15 万和 60 万比，谁大呢?”

犹太人亡国两千多年，四海为家，备尝迫害虐待之苦，幸而他们自信为上帝的特选子民，手握世界的商业界及金融界的经济大权为武器，令全世界的人们只能望其项背。因此犹太人炫耀他们的雄厚财力，最理想的时刻就是在豪华的晚宴之时。犹太人为了对朋友表示最高的敬意和伟大的友谊，交易完成后一定会邀请客人共进丰富的晚餐。进餐的场所，可以在家中，但更多地选择高级的豪华餐厅。犹太人把吃当作人生的目的，而在一日三餐之中，又以晚餐为重点。

犹太父母总是这样对孩子说：人生的乐趣几乎完全集中在晚餐的饭桌上，因此绝不能够五分钟、十分钟就把所有的味道品尽，所以犹太人的晚餐至少花费两小时以上，他们绞尽脑汁，用尽一切方法把辛辛苦苦赚来的大笔金钱，毫不吝啬地花在丰盛的晚餐上，借此领略人生的乐趣，享受生活。

赚钱，是为了更好地休息和享受。所以，人应该在工作之余，学会好好休息。生活很紧张，有很多人常常为了努力工作赚钱达到自己的奋斗目标，而逐渐远离自己本来所拥有的生活。犹太人认为，乍见之下，忙碌似乎是一种努力工作、努力学习的精神，其实并不是这样，忙碌并不值得称赞，只有有效率的工作学习才值得大家赞扬。为此，犹太人喜欢穿上笔直挺拔的晚礼服，温文尔雅地步入豪华的餐厅，

享受一顿丰富的盛筵。

犹太人在工作时可以拼命地赚钱，但在闲暇时间则非常重视自己的度假。因为赚钱就是为了享受。犹太人恐怕是世界上拥有假日最多的民族，遍布世界各地的犹太人也很自然地把度假当成是自己的生活一部分。在享受假日时，犹太人从不谈论有关工作的事，不阅读有关工作的书，不思考有关工作的问题，也不从事有关工作的计划，他们唯一做的事就是全身心地放松和娱乐。

在犹太人心中，赚钱是至关重要的，但是一个人如果只知道赚钱和工作，而不知道休息的话，他就会失去人性。因此在假日里，人们应该真正脱离所有的工作羁绊，快乐地享受生活。

《塔木德》上写着："由人来安排假期，而不是由假期来控制人。"因为在犹太人的心中，解放自己的日子，才是真正的假日。如果一个人在8小时的工作之余还在为工作烦恼，或者把工作带回家来做，他是很不幸的，因为他牺牲了和家人团聚和自己休息的时间，这是得不偿失的。

所以我们也要告诉我们的孩子：

除了要努力工作，也要学会如何休息，才会拥有一个丰硕的人生。

要零花钱就必须好好干活

勤勉或懒惰很少来自一个人的本性，很少有人一生下来就是辛勤的工作者，也很少有人是天生的懒惰虫，而大多数人的勤勉或懒惰都是习惯所致。

犹太人认为，勤勉或懒惰很少来自一个人的本性，很少有人一生下来就是辛勤的工作者，也很少有人是天生的懒惰虫，而大多数人的勤勉或懒惰都是习惯所致。此外，孩童时期的家庭环境以及所受的教育，也都有很大的影响。

勤勉有两种：一种是外力强迫的勤勉，另一种是自愿的勤勉。

在贫穷时代里，犹太人为了生活，咬紧牙关辛勤工作，在非常恶劣的环境中，长时间地从事体力劳动，因为如果不这样的话，便无法维持生活。

这是一种很让人不情愿的勤勉，唯有自觉的勤勉才能真正长久地坚持下去，成

为一种良好的习惯。

因而在犹太人的家庭里，犹太人的父母很注意培养子女的这种勤勉，比如父母们经常会给他们的小孩一份清单：

“吉米拖地 15 美分，收拾好自己的床铺 10 美分，清除花园的杂草 20 美分。”

“玛丽插花 10 美分，洗碗 10 美分，收拾房间 30 美分。”

父母告诉孩子们这就是他们的零花钱。要零花钱就必须自己好好干活，不然就不能得到他想要的零花钱。如果他想得到更多的零花钱，那他就只有在家里干更多的活，父母不会随便地给他们钱，目的就是鼓励他们多干活。

犹太父母们这样做的意图很明显，就是要孩子们知道只有努力干活才可以得到收获，而懒惰的人是什么也得不到的。这样，等到这些孩子长大了，大多都能勤奋工作。

因而，犹太民族的勤勉和任劳任怨的程度是其他民族的人少见的，犹太人里有不少是“工作狂”，他们的敬业精神让其他民族的人敬服。

实际上，所有人要想获得成功，必须经过超人的顽强奋斗，一般性的奋斗是很难成功的。

犹太民族是世界最努力的民族，犹太人似乎是一群从来不知道疲倦的辛苦工作的人，他们可以在长期的工作中忍辱负重地工作而没有丝毫的怨言。在犹太巨富的身上人们可以看到，他们一般都可以长期默默地埋头工作而不为外人所知晓，人们似乎早已经忘记了他们，而他们也似乎和这个世界没有任何关系，然而有这么一天，他们却获得了意外的巨大成功。人们不能不为这些勤劳的人感到骄傲。

贫穷比苦难沉重

如果世界上所有的苦难都集中到天平的一端，而贫穷集中到天平的另一端，那么，贫穷将比所有苦难都沉重。

《塔木德》中说：如果世界上所有的苦难都集中到天平的一端，而贫穷集中到天平的另一端，那么，贫穷将比所有苦难都沉重。

犹太人除了自己理解并懂得金钱的价值之外，还把这些知识灌输给孩子，让他们认识到金钱对人生的重要性。

什么时候向孩子解释钱的价值与用途合适？

孩子在三岁的时候，父母就可以向孩子解释金钱的用处了。解释为什么和怎样购买商店里的各种商品。向孩子说明金钱是必要的。金钱来自劳动。钱不是通过魔术从自动取款机中变出来的。

需不需要向孩子说明储蓄？

在犹太人家庭中，90%以上的孩子在不到10岁就理解了储蓄的意义。父母鼓励孩子把他们的收入的一部分储存起来，父母还做同样的事情，为孩子树立一个榜样。

怎样向孩子解释支票？

孩子在15岁左右时，就可以拥有一个限额的支票账户和限额的信用卡了。父母在控制着孩子的金钱开支的时候，就可以教他们使用这些工具。

怎样教孩子自己赚钱？

对于孩子来说，让他们懂得金钱的最好方法是在他们到了打工的合法年龄之时，让他们通过自己去工作赚钱。父母可以帮助孩子找一份安全、时间合理、劳动强度不大、同事友善的事情做。让孩子明白拥有自己的收入，是建立他们自尊的巨大基石。

需不需要设立财政目标？

讨论支付孩子们上大学的费用与各种计划；讨论孩子们大学中的奖学金和资助项目；让孩子学会计算学费和生活费。

怎样给孩子进行商品消费和售后服务方面的教育？

带孩子逛商店时，让孩子们比较各种商品的不同价格，说明你为什么会选择一些商品，通过一些图书和报纸，让孩子们明白各种广告，明白什么叫通货膨胀。教孩子在购物时货比三家，这也是一个省钱的办法。

怎样教孩子做家庭预算？

父母向孩子解释一笔不多的钱怎样被分派到食物、穿着、公用事业、物业管理、汽车开支等方面。包括家中年龄较大的孩子的财政计划，让孩子写下每个月各种家庭开销及他们自己的各种开销。

不是每个提款机里都能取到钱

当你从一个经济危机滑向另一个经济危机后，会碰到更多危机，而且永远不得逃脱。你必须改变自己的思维和行为方式。

理财能力是一个人必须具备的重要能力。它关系到孩子一生的发展和幸福。

《塔木德》中说：节约是生财之源，节约是理财之方。

拉撒亚是个十分聪明的孩子。他手中的零花钱总是不断增加，他父亲总是很慷慨地买冰淇淋、糖果给孩子。拉撒亚的教师发现这个情况后，找到拉撒亚的父亲，劝他不要惯坏了孩子，希望不要给孩子太多的零花钱。父亲只好不给孩子那么多钱了，可孩子总是能从慷慨的父亲手中弄到钱，而且花钱越来越大方。渐渐地这位父亲才叫苦不迭，可孩子已经养成了习惯，一旦不给他钱，他就恨父亲。

在生活中，大多数父母进商场或超市之前，总要塞上几张大额的钞票，这样才觉得在孩子面前有面子。

如果这样想就完全错了。当你把这么多钱暴露在孩子面前时，孩子心里会想自己的父母有很多的钱，这时他就会有着很多的欲望，一到了超市或者是商场，见到那些五花八门的商品，就会大胆地采购。原因是，他认为父母的口袋中有不少的钱，购买东西时从不知道选择。在他们看来，立即得到一件东西满足自己是再正常不过的事情了。

父母的这种做法最容易弄巧成拙，这种摆阔气只能助长孩子的欲望。

孩子的这些费用不仅要由你来承担，而且金钱知识也是从你那里得到的。

听到过许多孩子都对他们的父母说：“从那个取款机中就能得到钱。”技术的进步让许多孩子在犯同一个错误，他们总是在认为取款机中的钱是取之不尽、用之不竭的。我们应该对孩子说，取款机里的钱是要先存进去后，才能取出来。要在银行

存钱，就得先挣钱。

在生活中我们常常会遇到这样一些很为苦恼的父母，他们总是在向人询问，怎样才能让孩子懂得节约、不乱花钱？

谁也没有绝招来解除你的苦恼，除非你在每一天中都用你的言行、奋斗、你的成就向孩子灌输着有关金钱的知识。

孩子就是生活中的一双眼睛，父母的一言一行都会在孩子心中留下一个印象，并成了他们学习的参照物。为了让孩子养成不乱花钱，懂得节约的好习惯，父母在生活中就得让孩子理解金钱是来之不易的。

如有机会，父母可以把孩子带到工作的地方，让孩子看自己是怎么工作的，理解自己工作的辛苦，慢慢地然后给他讲，自己就是这样工作才获得金钱。孩子在乱花钱时，就会想起父母工作的辛苦，他就会养成节约的好习惯，除非他自己能挣钱了，他才会心安理得地花着自己的钱，去享受着他真正的人生。

犹太圣贤比特拉赫说：当你从一个经济危机滑向另一个经济危机后，会碰到更多危机，而且永远不得逃脱。你必须改变自己的思维和行为方式。

把钱存起来比花掉更好

如果一个孩子学会了存钱，他一生就会觉得是有着无限希望的。因为在存钱中他可以得到许多生活的真谛。

《塔木德》中说：有时候，把钱存起来比花掉更好。

“存钱是一个很好的美德。”这是犹太民族中每一个人都挂在嘴边的一句话。

犹太人的孩子必须把他们收入的一半存入银行，这是每一个犹太家庭对孩子的最起码要求。

当孩子的积蓄达到一定数量时，父母就要替他们把钱取出来进行投资。孩子的投资是以家庭托管的方式进行的。他们的每个孩子都拥有自己的股份，并且都各自拥有一份地产，让他们明白投资给他们带来了机会。

如果一个孩子学会了存钱，他一生就会觉得是有着无限希望的。因为在存钱中

他可以得到许多生活的真谛。如果一个孩子没有挣下钱，就已经把这点钱给花掉了，父母会告诉他们吃苦的日子一定还在后头。

孩子是各不相同的，他们当中有些人天生就很勤俭，而另一些人则需要更多的鼓励和教诲。在犹太人中，很多父母都是用这种办法来对待孩子：当孩子花掉了所有的钱，作为父母就是先教训他一通，再来与孩子大谈理财的责任。

与孩子签订一份备忘录

洛克菲勒建立了他的金钱帝国，但他决不任意消费这些金钱，
也决不允许自己家族的成员躺在帝国的大厦里恣意挥霍。

洛克菲勒在教育子女方面非常严格，从小就锻炼子女吃苦耐劳和独立自主的能力。洛克菲勒建立了他的金钱帝国，但他决不任意消费这些金钱，也决不允许自己家族的成员躺在帝国的大厦里恣意挥霍。他仅仅把自己当作这个帝国全部财产的管理者，而不是拥有者。

他的儿子小约翰·D·洛克菲勒继承了父亲的优点，同样把勤勉和节俭视为整个家族不可丢弃的传统。不知是巧合还是故意的安排，1920年5月1日，在国际劳动节这一天，小约翰·D·洛克菲勒给自己14岁的儿子写下一封信，指定将来儿子要成为洛克菲勒基金会的主席，同时，与儿子签下了一份备忘录。

这份备忘录其实是一份关于教孩子约翰应当如何处理零花钱的，共计14项要求，现抄录如下：

1. 从5月1日起，零用钱起始标准每周1美元50美分。

2. 每周末核对账目，如果当周约翰的财政记录让父亲满意，下周的零用钱上浮10美分。

3. 每周末核对账目，如果当周约翰的财政记录不符合规定或无法让父亲满意，下周的零用钱下调10美分。

4. 在任何一周，如果没有可记录的收入或支出，下周的零用钱保持本周水平。

5. 每周末核对账目，如果当周约翰的财政记录合乎规定，但书写或计算不能

令爸爸满意，下周的零用钱保持本周水平。

6. 爸爸是零用钱水准调节的唯一评判人。

7. 双方同意至少20%的零用钱将用于公益事业。

8. 双方同意至少20%的零用钱将用于储蓄。

9. 双方同意每项支出都必须清楚、确切地被记录。

10. 双方同意在未经爸爸、妈妈或家庭教师的同意下，约翰不可以购买商品，并向爸爸、妈妈要钱。

11. 双方同意如果约翰需要购买零用钱使用范围以外的商品时，约翰必须征得爸爸、妈妈或家庭教师的同意。后者将给予约翰足够的资金。找回的零钱和标明的商品价格、找零的收据必须在商品购买的当天晚上交给资金的给予方。

12. 双方同意约翰不向任何家庭教师、爸爸的助手和他人要求垫付资金（车费除外）。

13. 对于约翰存进银行账户的零用钱，其超过20%的部分（见细则第八款），爸爸将向约翰的账户补加同等数量的存款。

14. 以上零用钱公约细则将长期有效，直到签字双方同时决定修改其内容。

最后，是小约翰·D·洛克菲勒和他儿子约翰的签名。

这样一份合约，大概会让我们大大出乎意外，大跌眼镜。可是，这正体现了犹太人对孩子进行财富教育的一项基本原则。

四、犹太人的生活教育

自己的事情自己做

自己的事情一定要亲自去做。哪怕你完成得没有别人好，那终归也是你自己的劳动成果。只有一次一次的不好，才能换来以后的完善。如果总是依赖别人，那么

你的一生将始终与贫穷和低声下气为伴。

“自己的事情一定要亲自去做。哪怕你完成得没有别人好，那终归也是你自己的劳动成果。只有一次一次的不好，才能换来以后的完善。如果总是依赖别人，那么你的一生将始终与贫穷和低声下气为伴。”犹太人常常这样教育孩子。在他们看来，孩子有了自己的能力和地位后，与家人和社会的沟通才会变得更容易，才更能适应周围环境的变化。

有一个犹太商人有两个儿子。父亲宠爱大儿子，他想把自己的全部财产都留给他。但是母亲很可怜小儿子，她请求丈夫先不要宣布分财产的事。她总想找个办法让两个儿子分得平均一些。商人听从了妻子的劝告，暂时没有宣布分财产的决定。

有一天，母亲坐在窗前哭泣，一位过路人看见了，就走上前来，问她为什么哭得这么伤心。她说：“我怎么能不伤心呢？对我来说，两个儿子都一样亲，可是我的丈夫却想把全部财产留给大儿子，而小儿子什么也得不到。在我还没想出帮助小儿子的办法以前，我请求丈夫先不要向儿子们宣布他的决定。但是我到现在也不知道怎样才能解决这个烦恼，过路人说：“你的烦恼其实很容易解决。你只管让丈夫向两个儿子宣布，大儿子将得到全部财产。小儿子什么也得不到。但以后他们将各得其所。”小儿子一听说自己什么也得不到，就离开家到耶路撒冷去谋生了。他在那里学会了许多手艺，增长了知识。而大儿子一直依赖父亲生活，什么也不学，因为他知道，他是富有的。父亲去世后，大儿子什么都不会干，最后把自己所有的财产都花光了；而小儿子却在外面学会了挣钱的本事，变得富裕起来。

实际上，在不少发达国家，对在校学习的孩子要求也是非常“刻薄”的。在日本，许多学生利用课余时间，在饭店端盘子，洗碗，做家教，在商店售货或照顾老人等，以此挣钱交学费及零用。美国人一贯教育孩子自主自立，七八岁的小孩就成了“小商人”，出售他们的“商品”来挣零用钱。美国中学生有个口号：“要花钱自己挣。”每逢假期，他们就成了打工族，自食其力。

现代家庭里的孩子大多是独生子女，物质生活相对优越，许多事情都由大人包办，衣来伸手，饭来张口，孩子在这样的环境中免不了失去独立生活的能力。这对

以后孩子参与社会竞争是十分不利的。为人父母者要从小就培养孩子的独立能力。家长应该让孩子成长为一棵独立支撑、独当一面的大树，而不是靠大树遮风挡雨的、经不起风吹雨打的脆弱小草。

有个一周岁左右的小男孩，被年轻的妈妈牵着小手来到公园的广场前，等到要上有十几个阶梯的台阶了，小男孩一下子挣脱开了妈妈的手，要自己爬上去。他用胖胖的小手向上爬。他的妈妈也没有抱他上去的意思。当他爬上两个台阶时，他就感到台阶很高，回头看一眼妈妈，妈妈没有伸手去扶他，只是眼睛里充满了慈爱和鼓励。小男孩又抬头向上看了看，他放弃了让妈妈抱的想法，还是手脚并用小心地向上爬。他爬得很吃力，小屁股抬得老高，小脸蛋也累得通红，那身娃娃服也被弄得都是土，小手也脏乎乎的，但他最终爬上去了。年轻的妈妈这才上前拍拍儿子身上的土，在他那通红的小脸蛋上亲了一口。

这个小男孩就是后来的美国第16届总统——林肯。他的母亲便是南希·汉克斯。

林肯

不言而喻，人的一生有无数级台阶——学习、工作和生活。父母如何教育孩子面对和攀登这些人生的台阶呢？是牵着手、搀扶着上，还是抱着上？不同的父母会有不同的答案。显而易见，如果家长牵着、搀扶着孩子，就会使孩子产生依赖性，常常把父母当成拐棍而难以自立。如果家长抱着孩子上台阶，把孩子揽在襁褓里，那么，孩子就会成为被抱大的一代”，不经风雨，不见世面，更难立足于社会。平时，孩子饭来张口，衣来伸手，上学接送，晚上陪读，甚至考上大学父母还要跟着做“保姆”。孩子大学毕业后找工作，又得父母跑单位，当“职介”……这样，孩子是很难自立大有作为的。

犹太父母认为，再富也不能富孩子。让孩子吃点苦，有“台阶”让他自己爬。

只有这样，孩子才能“一鼓作气”，攀上光辉的顶点。

劳动教育从两岁开始

无论孩子是聪明早慧还是大器晚成，他们所取得的成绩都和环境有直接的影响，他们所受的教育也与个人是否勤奋努力都有着密切的联系。因此，有意识地培养孩子的劳动习惯，对于今后的发展也是大有裨益的。

从前，在犹太的一个城镇里住着一个人。这个人上无片瓦，下无立锥之地，自己又无一技之长。没有谋生的手段，每天只有靠在城里乞讨度日，生活十分困窘。那时的城市又不大，他天天走的都是那几条街巷，讨的总是那几户人家。开始，人们出于一种同情心，还给他一点残菜剩饭。时间长了以后，人们就觉得他来的次数太多了，令人生厌，于是谁也不愿意再给他一些食物了。为此，他只有忍饥挨饿的份儿了。

恰在此时，有个马医因活太多，忙不过来，需要找一个帮手。这个乞丐便主动找上门去，请求在马厩里给马医打打杂工，以此换取一日三餐。这样，他再也不用沿街乞讨，晚上也不必漂泊流浪了。安定的生活使他的日子变得充实起来，他干活也格外卖力。可是，又有人在一旁取笑他了：“马医本来就是一个被人瞧不起的职业，而你不过是为了混口饭吃，就去给马医打杂、当下手，这不是你的莫大的耻辱吗?”这个昔日的乞丐平静地回答：“依我看，天下最大的耻辱莫过于寄生虫，靠乞讨度日。过去，我为了活命，连讨饭都不感到羞耻；如今能帮马医干活，用自己的劳动养活自己，这又怎么能说是耻辱呢?”

故事中这个人的生活态度是正确的。劳动没有高低贵贱之分，在任何情况下，都是自食其力好。

犹太人认为，只有精明和勤奋的人才能有所建树。因此他们把培养孩子爱劳动作为孩子全面发展的一种重要手段，当作早期幼儿教育的重要组成部分。他们利用幼儿期这个人类身心发展的重要阶段，对他们进行早期劳动教育，让他们在轻松愉快、多种多样的劳动中获得全面发展。他们让孩子从小就“自己能做的事情自己

做”，增强他们动手做事克服困难的信心和能力，培养他们的独立意识。随着孩子年龄的增长，犹太父母还会培养他们为大家做事的良好意识。

一个犹太家长这样讲道：

“我有七个孩子，家里条件很优越，但为了给孩子更多机会学习各种劳动技能，每年我都要在夏季带孩子到山里去住一段时间，让他们过山里人的生活：喂牛、砍柴、挖水渠、给牛建围栏、给马洗澡。我每天要给他们布置劳动任务，每个人分配不同的工作，让大一点的孩子挖水渠、建牛栏，让小一点的孩子照顾比他更小的孩子，这样做的目的是让他们在自己工作的范围内去发现问题，去解决问题，学会并懂得如何战胜困难。孩子们从山里回来多了许多生活经验，认识了各种植物，他们比其他孩子知道得多，还会把山里劳动学会的技巧和解决问题的方法用到学习中去。还有重要的一点就是孩子不怕吃苦了。我的七个孩子都已读完大学工作了，从他们的成长看，我认为我带他们在山里生活的经历对他们有着积极的影响。”

随着孩子年龄的增长，父母应该培养他们为大家做事的良好意识，这样既可以促使孩子神经系统、骨骼、肌肉及各部分器官都得到锻炼，同时也培养了良好的社会公德。所以，要利用幼儿期这个身心发展的重要阶段，对他们进行早期劳动教育，让他们在轻松愉快、多种多样的劳动中获得全面发展。

犹太父母重视早期劳动教育通常有以下三个层面：

首先，固定劳动岗位。给孩子确定一个长期固定的劳动岗位，如洗碗、铺自己的床等，并规定具体的标准。完成得好给予一定的奖励。有意逃避劳动的，与孩子交谈，了解其心理状况，视具体情况加以解决。

其次，随时教授孩子劳动技能。孩子做事常常会越帮越忙，比如洗碗反而打破了碗等，这时不应责备，更不要由此叫停，而应教给他一些技巧。

再次，选择劳动岗位应有的放矢。这里有两个原则值得借鉴：一是“推进”，孩子有哪方面的长处，可以为他选择相关联的劳动内容。如孩子喜欢看母亲做菜，家长可以让孩子试试手。二是“弥补”，孩子有哪方面弱点，则可以选择一些对他弱点进行锻炼的劳动内容。如孩子胆小羞涩，就可以安排让孩子上街购物等。

犹太人认为，无论孩子是聪明早慧还是大器晚成，他们所取得的成绩都和环境有直接的影响，他们所受的教育也与个人是否勤奋努力都有着密切的联系。因此，有意识地培养孩子的劳动习惯，对于今后的发展也是大有裨益的。

多思考更安全

做事情若靠蛮力，而不懂得运用技巧，效果就会大打折扣。这就好比打棒球，你本来具有能打出全垒打的力气，但假如你不用心选球、不晓得用正确的姿势来挥棒的话，往往就会失误。

犹太人认为，做任何事情，都要思考敏于行。他们就是这样教育其子女的。

孩子的年龄小，在这个充满迷惑的世界里容易由于无知而受到伤害，因此在他们成长过程中需要与一些敏感的、有责任感的、了解他们的身心发展的成人在一起，才能机智地逃避生活中遇到的灾难。如果父母对孩子的控制太多，孩子将很难有机会发展独立性，他们会更多地依靠父母告诉他们该做什么、如何做以及什么时候做、怎么做。我们在生活中常常会看到一些孩子不管做什么事之前，总是不能离开父母的眼神或指导，这样怎么能真正地敢于尝试，掌握做事的技能呢?

古埃及有一位将军，曾经降服了一个叫科西亚的山贼做他的侍卫。科西亚力大无穷，可惜生性粗心大意，不大用头脑。这一天，将军骑马，科西亚步行，两人来到一片树荫下休息。见树下有一群蚂蚁在爬，将军便对科西亚说：“科西亚，你打这些蚂蚁看看。”科西亚伸出拳头，第一次用力，地面凹进一块，蚂蚁却没事；再用力，痛得哇哇大叫，蚂蚁还是若无其事。科西亚眼见小小蚂蚁都打不死，急得满面通红。将军说：“看我的。”只见他伸出食指，轻轻一揉，蚂蚁一下死了好几只。科西亚看得目瞪口呆，将军便对他说：“有很大的勇气和力量，还要懂得运用谋略和智慧，只有这样才能做大事、成大器。”

做事情若靠蛮力，而不懂得运用技巧，效果就会大打折扣。这就好比打棒球.你本来具有能打出全垒打的力气，但假如你不用心选球、不晓得用正确的姿势来挥棒的话，往往就会失误。

通常，在婴幼儿时期，成人总是容易把自己放在发号施令的位置上，一会儿让孩子干这个，一会儿指使干那个。对孩子来说，玩什么、怎么玩似乎都被大人限制住了，孩子自身的主动性思考常常无从体现。因而父母在培养孩子做事能力之前最重要的在于训练孩子学会自己独立的思考。父母怎么在做事中培养孩子的自主思考呢？犹太家长的做法值得借鉴：

一、分享孩子做事的快乐。良好的情绪情感是促进孩子智能发展的重要因素。与孩子分享做事的快乐，能够使孩子经常处于正常的情绪中，并且增加他做事的热情和积极性。譬如当孩子即使做成一件很小的事时，爸爸妈妈都会真诚地邀请孩子展示一下，或者和孩子一起重新体验一遍他做事的过程。这种情绪将极大提高孩子做事的激情。

二、父母要学会平衡自己的权威和孩子自主之间的关系。比如妈妈在洗衣服的时候，孩子也想凑凑热闹，在旁边转来转去，试图“浑水摸鱼”，这时妈妈不要怕麻烦或担心孩子弄湿衣服，可以拿一块小手巾给孩子，问孩子，手巾该怎么洗啊？有意识地让孩子用行动或语言来展示一下，这样孩子就会细心观察、模仿学习、产生思考的兴趣。

三、多鼓励孩子的探究行为。孩子的探究行为是一种主动的适应性行为。由于孩子在很小的时候就表现出内在兴趣，随着孩子年龄的增长，用于探索的时间逐渐延长，在这种情形下，妈妈千万不要急于让孩子做自己认为有用的活动。其实孩子此时正是处于发挥想象力、思维能力和创造力的时候。

孩子在做事的过程中总是在无意识地深化自己对世界的认识，逐渐形成自己的一套经验和知识系统，并从中抽象出一定的规律和模式，进而增强自己的做事能力。所以，家长为了培养孩子学会做事，要像犹太家长那样，从锻炼孩子学会思考开始。

为孩子的谎言保守秘密

不要将大人的生气与自责，投射到孩子身上，打骂他们，这样会造成恶性循

坏，反而失去教育他们的机会。每个人都会说谎，因此不必太责备孩子的行为，给他们留一些空间，且适宜地给予关心和协助，相信孩子会成为你所期望的那种人。

孩子的成长，是一个不断犯错、不断改善的过程。父母要培养孩子能够反省自己错误的能力，这比父母或他人指出其错误再改正，效果更好。

孩子说谎常常令父母感到头痛，遇到孩子说谎时，有的家长是反应敏感，好像孩子犯下了滔天大罪；有的家长则会相当自责，认为自己的管教方式不对：也有的家长似乎不去注意这个问题，反而让孩子不知道说话的分寸。

精明的犹太家长是怎么做的呢？他们经常给孩子们讲述犹太拉比和世界各国成功人士诚实的故事，与孩子一起面对这样的问题，帮助孩子找到比说谎更好的方式，去解决遇到的困难。

孩子有时并不知道自己所认识的东西是错误的，也未必明白自己做错了事。他用他的眼光去看，用他的头脑去想，难免不受到限制。孩子说谎大多不含恶意，有些可能是因为自我保护意识，害怕被惩罚，或为了吸引大人的注意、分不明白现实与幻想等原因。所以父母应理清孩子说谎的原因，针对不同的原因采取具体的方法，这样一来，养成孩子诚实的习惯并不难。

以下列出的，是犹太人面对孩子说谎时所采取的原则：

一、父母对孩子及时进行教育。在进行教育时，必须“晓之以理”，使孩子明白所做的事情为什么不对。

二、父母对孩子的教育应前后、内外一致。切忌在自己心情好的时候，见孩子做了错事也不进行教育，心情不好时则进行责备、训斥。

三、父母应查清孩子不诚实的原因，并注意为孩子保密。先了解孩子说谎的原因，然后再做处理。另外，对孩子进行教育时能在家里进行教育的，不必拿到外面去。

四、父母对孩子的批评不应重复。对比较敏感的孩子应当特别注意。

五、父母以身作则，适时给予鼓励。当孩子愿意承认错误时，要给予适时的鼓励，让他能继续朝着正向行为发展。

六、就事论事，不要盲目责备孩子。如果大声责备，孩子受到惊吓，这样就无法清楚知道孩子说谎的目的和动机。要营造一个客观平静的气氛，亲子之间的互动关系才有正向的发展。

拉比告诫世人，不要将大人的生气与自责，投射到孩子身上，打骂他们。这样会造成恶性循环，反而失去教育他们的机会。每个人都会说谎，因此不必太责备孩子的行为，给他们留一些空间，且适宜地给予关心和协助，相信孩子会成为父母所期望的那种人。

节俭，不浪费钱财

犹太民族的吝啬在世界上是出了名的，他们非常节俭，能不花的钱，他们绝对不会乱花出去。他们的这种节俭在 20 世纪初的美国体现得尤为明显。

20 世纪初的时候，东欧有大量的人移民，来到美国的东欧人中就包含了不少犹太人。犹太人到达美国时，他们身上平均只有 9 美元，远远低于其他民族的平均 15 美元。他们大都在成衣厂工作，待遇非常低，所以他们必须努力改变贫困的状况，为此他们常常会采取一些极端的措施。

美国有一个研究犹太人的专家雅各·瑞斯，他在 1893 年曾经出版过一本名叫《另一半人如何生活》的书。他在书中这样描述犹太人节俭的情形："这些人成群结队地从东欧逃离迫害，节俭成了他们至高无上的准则，储蓄成了他们另一个更沉重的枷锁，比他们所逃离的枷锁更沉重。我一而再，再而三地碰到从波兰或俄罗斯移民来的犹太人，他们故意饿着肚子，在巨大的压力下日夜工作，甚至到了身体耗竭的程度，目的就是为了节省一点点钱。"

从上面的一段话中，我们可以看出当时犹太移民的勤俭甚至到了极端的程度。但正是这种行为，才造就了他们日后的财富。

瑞斯的观察很准确，也看到犹太人为未来所做的一切，但是他没有进一步了解这样做的意义和影响。

席尔伯曼在《一个特殊民族》这本书中指出："储蓄不是最终目的，而是达到

另一个目的的手段：例如为自己开创事业，或让小孩创业，或让小孩多读几年书，以便从事一种专门职业。”

在犹太移民史中，这种“厉行”储蓄的习惯有一定的地位，不但对他们的富有有着深远的影响，而且也影响到了他们的子女的花钱习惯，使他们的子女也养成了一种勤俭节约的好习惯。

而在经历过20世纪30年代大萧条的人身上，我们同样可以找到类似的节省习惯，这种习惯是很多犹太人创造庞大财富的基础。

日积月累的节省，很可能会产生深远的影响，我们可以算这样一笔账：假如你从21岁开始，只要每个月投资175美元，以保守的投资回报率8%计算，到67岁彻底退休时，你会变成百万富翁。而这种做法在犹太人中是非常普遍的。

并且，犹太人还有其他许多种办法来进行节俭投资，并且这些办法也影响到了他们的孩子。在20世纪30年代的美国的犹太人中，不管是木匠、画匠、杂货店老板，还是成衣厂老板，他们都会把自己小小的储蓄投资进去，购买了自己第一栋廉租公寓，然后再买另一栋，最后慢慢发展到自己盖房子。比如迪西曼不动产王国的创办人最初只拥有一间小小的干货店；而鲁丁家族的不动产财富刚开始时，也只是一间杂货店。

钱要花在刀刃上

在现实生活中，我们可以见到这两种极端的人。有的人认为钱很难赚，于是就一直节衣缩食，生活过得抠抠搜搜；另一种人则是挥霍无度，想怎么花钱就怎么花钱。其实，这两种消费态度都有问题，前一种太过吝啬，后一种太过浪费。

但是聪明的犹太人则不会这么做，他们认为钱是一种工具，是拿来用的，既不能拿来浪费，也不能做个守财奴，什么也不愿买；钱应该是用来买心爱的东西的，要“当买则用，花钱有道”才行。所以，面对生活中的种种花销，犹太人总是可以处理得游刃有余。在消费的时候，犹太人不仅自己这样做，而且还常常以此来要求自己的孩子，告诉他们花钱要花在刀刃上，不该买的东西不能买，该买的东西就不

能省。

首先，犹太人会告诉自己的孩子“钱尽其用”，让孩子知道钱不能随便使用，应该用到最需要的地方，不能因为种种欲望而胡乱花钱。他们认为，一个人应该控制住自己的欲望，否则，他就会浪费钱财或者徒增烦恼。

犹太人认为，支出和各种欲望不能混为一谈。不同的人都有不同的欲望，有些欲望是不能通过自己的收入来得到满足的。所以，不要把自己的钱财浪费在奢侈的欲望上，因为有些欲望是永远得不到满足的。有些人羡慕亿万富翁的奢侈与豪华，为自己的穷困而黯然神伤，为自己的欲望得不到满足而愁苦不堪。其实，虽然亿万富翁有很多钱，但他们也有满足不了的欲望。他们或许每天忙碌，致使没有足够的时间与精力和家人亲友一起享受生活的美好，没有足够的时间去娱乐与放松，他们的享乐范围受到了限制。所以，犹太人会对孩子说：要有自己适当的消费方式，花钱时要控制自己的欲望，不可冲动，要仔细研究目前的生活状况；花钱之前，要经过明智的思考之后再做出决断，这样就可以取消一些不必要的支出；对物品要斤斤两两地计较，对金钱要分分毫毫地核算，要懂得精打细算。

学会花钱，是致富的一个重要条件，世界上最会赚钱的人无不是最会花钱的人。会花钱，就要爱惜钱财，只有爱惜钱财，钱财才会聚集到你身边。因此，犹太人会对自己的孩子讲述应该爱惜钱的道理：不仅要爱钱，还要惜钱，要想办法保护好自己已有的钱财，懂得开源节流，把钱用在恰当的地方，以此来发挥其最大的功效。

生活中，有的人买东西并不是因为需要才去买，而是因为想要享受一掷千金的快感、享受让人羡慕的虚荣感才去消费。这种人觉得没钱就没有尊严，就代表丢脸，所以他们要逞一时之快，以展现富豪的气势。这种人在乎的不是钱的价值，而是自我虚荣心的满足。也有的人因为一时的情绪不佳，或是遭受某些挫折，就希望通过花钱发泄内心的苦闷。他们疯狂地血拼，没有节制地刷卡，买了一堆不必要的东西。这也是一种很不理智的表现。还有一些人永远无法面对自己所处的位置，总要把自己和不同阶层的人放在同一个天平上做比较。过分的攀比使他们迷失了自

己，他们总是找不到适合自己的位置。当自己没钱的时候，就与有钱的人比较；当自己有钱的时候，又要与更有钱的人比较。这种不健康的攀比使人身心疲惫，心力交瘁。这种人认为花钱是超越他人的一种表现，其实这是打肿脸充胖子的行为，结果落个得不偿失。还有的人花钱时毫不节省，等到自己的存款数目不断减少后，才突然发现，可供自己挥霍的钱已所剩无几，于是就开始节衣缩食，结果造成营养不良。这种人只顾享乐却忽视了金钱的有限性，他们不懂得节省，不明白自己的钱不是取之不尽的，总会有枯竭的时候。

聪明的犹太人会告诉自己的孩子，无法过宽裕的生活，无法穿名牌的服装，都不是一件令人丢脸的事情。因为财富是没有止境的，拥有多少也不够花。所以，犹太孩子大都非常懂得花钱之道，他们对待金钱时常保持一种平常的心态，量力而行，有一分钱就花一分钱，一分钱尽量发挥两分钱的价值。

犹太人的健康准则

保持健康绝非一件易事，即使在医学发达的当今社会，为了维护健康也要费尽心思。犹太人很早就有自己的健康之道，虽然他们曾经流离失所，但依旧具有顽强的生命力，这与他们独特的保养方法是分不开的。并且，他们还通过自己的言传身教，将自己健康生活的准则教给自己的孩子。

犹太人的健康准则也分得非常详细，主要包括以下几个方面：

一、保持清洁卫生。

在犹太人眼里，保持身体清洁是一种神圣的宗教责任。犹太人认为人是上帝创造的，上帝的作品就应该受到敬奉与保养。保养身体最重要的是保持身体的清洁与卫生，它是表示虔诚的最重要的组成部分。

犹太人非常注重饭前便后洗手的习惯，他们认为，如果吃面包前不洗手就如同吃不干净的面包一样，简直是一种犯罪。而且，如果一个人对洗手一事漫不经心，这个人将会被从世界上铲除。由此可见，饭前洗手在犹太人心目中的重要程度。

早上起床没有洗手之前，犹太人不会用手去触及身体的任何部位，因为他们认

为不干净的手会使眼睛瞎、耳朵聋，还可能招致息肉病。犹太人不仅注重手的清洁，也注重整个身体的清洁，他们把清洁全身作为一件非常神圣的事情。

二、多出汗有益健康。

犹太人认为，三种出汗有益身体健康：生病时出汗能使体内的部分代谢废物排出体外；洗澡时出汗可以促进血液循环，但是不要用热水洗完澡后紧跟着用冷水洗，因为这种做法对汗腺不利，容易造成暂时性的汗闭，也就是“汗水未干，冷水莫沾”；劳动时通过出汗能带走体内一部分热量，这样可以调节体温，使体温保持在一个相对稳定的水平，让人处于较舒适的状态，从而可以保持充沛的精力和健康的体魄。

三、饮食有度。

犹太人讲究饮食之法，懂得节制饮食，这是他们身体健康、经久不衰的重要原因。他们的饮食非常科学，讲究七分饱、不伤胃，因为暴饮暴食会使人生病。

四、适量运动，经常锻炼。

犹太人会告诉自己的孩子经常锻炼身体是保持健康、祛除疾病的主要方式。在他们眼里，锻炼包括强烈的运动与温和的运动。只要是有活力的、促进呼吸的运动就是有益的运动。锻炼身体会激发自然的热能，可以在体内形成超常的力量。当身体处于休息状态时，热能自然就被压抑下来，超常的力量便得到了保持。

不仅如此，犹太人认为锻炼身体可以消除日常一些坏习惯所造成的伤害，有利于健康，有利于缓解工作压力与疲劳。医生说，任何治疗都不及身体的运动好处多。所以，人在工作之余，应该加强体育锻炼，不要吝啬自己的时间，这样才可以培养一个睿智的头脑，当机会来临时，才有充沛的精力去为之拼搏。

虽然生命在于运动，但是锻炼身体也要适量，要依自己的体质与目前的身体状况进行。如果一项运动耗费太多的体力，就会影响人的正常呼吸，或者会使人过度疲乏。因此，犹太父母在鼓励孩子经常锻炼的同时，还会提醒孩子锻炼应当适量，以保持身体健康。

运动也是一个长期的过程，需要坚持下去，不要半途而废，否则将没有任何效

果。为此，犹太父母还会提醒孩子锻炼身体要持之以恒。

五、保证充足的睡眠。

犹太人在工作之余十分注重休息，他们也很注重睡眠的质量。他们认为，如果一千人说“我将三天不睡觉”，那么这个人应受到严惩并且必须立刻去睡觉。因为，充足的睡眠可以恢复人的体力，从而可以保证良好的工作状态。

六、保持良好的心态。

良好的心态有益于身体健康，不要过分悲痛，更不要庸人自扰。心情愉快会使人保持青春活力、延年益寿，而烦恼和愁苦会使人日益衰老，甚至缩短寿命。所以，一个人不要总是沉浸在过去的伤痛之中不能自拔，或者拒绝与他人交往，因为整天消沉度日或萎靡不振会使人走向毁灭。

拥有良好的心态不仅有益健康，而且可以使人找到生活的希望。犹太人虽然曾经遭受迫害，无家可归，四处漂泊，但他们依旧保持乐观积极的心态。而在父母的影响教育下，犹太孩子一般也比较乐观通达。

首先学会爱自己

你越让自己保持愉快，你也就越聪明。只要你接受自己便足够了，自爱与别人对你的看法如何毫不相干。

基督教宣扬博爱，而犹太教却教导人们首先要学会珍惜自己。犹太家长时常教育孩子：只有珍惜自己才懂得去珍惜别人。

一个 15 岁的女孩曾经问一位拉比：“我该怎么做才能过充实的生活?”拉比的答案很简单，只有 4 个字：“做你自己。”

在这个世界上，“我”是独一无二的个体。“我”有自己的幻想、希望、美梦以及恐惧。“我”是自己的主人。因为“我”是自己的主宰，所以我能深刻了解自己。由于“我”认识自己，所以“我”能喜欢自己，接纳自己的一切，进而将自己最好的一面呈现出来。

犹太人在 2000 多年的流浪漂泊中，受尽歧视、冷落甚至迫害。他们身在异地

他乡，除了依靠自己，再无别所依。因此，他们养成了依靠自己，靠自己来拯救自己的信念。

在他们看来，人活在世上，首先就要学会为自己谋福利，只有自己有了财富，才会真正具有帮助别人、普善众生的力量；一个有价值的人生。就是靠自己奋斗与拼搏，最终获得成功的人生，而那些一天到晚心忧天下，而自己却潦倒穷困的人，固然值得尊敬，但他们实际上并没有做出贡献。犹太人相信，只有懂得珍惜和完善自己，才真正懂得，也才真正有能力去帮助、去解救别人。

一个人爱自己的方式很多，你可以选择从喜欢自己的身体开始。也许你的某些身体特征确实令自己无法喜欢，你不停地羡慕别人。

对于自我形象，你也可以做出同样的选择。如在智力方面，你可以按照自己制定的标准来判断自己是否聪明。事实上，你越让自己保持愉快，你也就越聪明。如果你在数学、英语或者写作方面水平较差，这并不说明你智力很差，只不过是你到目前为止选择的一种结果，如果你多花些时间加以训练，一定可以大大提高自己的水平，因此，这与你聪明与否并无直接联系。

有些人认为，自爱行为是一种无异于极端利己主义的令人反感的行为，这实在是一种极大的误解。自爱与那种到处夸耀自己多么了不起的行为，毫无共同之处。后者并不是一种自爱行为，而是企图靠自吹自擂，来赢得他人的注意和赞许。它与自我轻蔑行为一样，都是病态行为。自负行为的目的在于赢得他人赞许，采取这些做法的人，是根据别人对他的看法来评价自己。如若不然，他便没有必要靠自吹自擂来说服别人。自爱则意味着你爱你自己，它并不要求别人爱你，因而也没有必要说服别人。只要你接受自己便足够了，自爱与别人对你的看法如何毫不相干。

犹太家长经常这样教育自己的孩子：

如果要自爱，就必须摒弃一个观点——人的自我形象要么是积极的，要么是消极的。实际上，你具有许多自我形象，而且它们经常在不断变化。如果要你回答：你喜欢自己吗？你可能倾向于将所有消极的自我形象汇集起来，说“不”。可是，如果你能具体分析自我嫌恶的表象的实质，你就可以明确努力的方向。

像爱惜生命一样爱惜大自然

人应该居住在清洁的环境中，并且禁止任何人去做任何对城镇的卫生有害的事。

犹太人认为，人应该居住在清洁的环境中，并且禁止任何人去做任何对城镇的卫生有害的事。

为了使人们生活在清洁的环境中，《塔木德》规定："禁止生活在一个没有一座绿色花园的城市里。"

犹太人为使最神圣的耶路撒冷清洁、美丽，实行10个特殊的规定。其中包括：在城里不得堆粪堆；不得建砖窑；除了早期先知们留下来的玫瑰园以外，不得耕种其他花园或果园；不得养鸡；死人不能在城里过夜。

城里不得堆粪堆——因为会有害虫在粪堆里繁殖。

不得建砖窑——因为它带来滚滚浓烟。

不得耕种花园或果园——因为肥料和腐烂的花、水果发出难闻的气味。

为了使人生活在洁净的环境中，犹太人可以说是世界上最有力的环境保护者。把人的生活环境作为生活文明的重要内容，这是犹太人较其他民族先进的意识，也是他们保持身体健康的生活智慧。

在犹太人的生活智慧中，还有一条就是犹太人像爱惜生命一样爱惜大自然。

犹太人认为爱惜大自然，是敬重上帝的体现。

犹太人的这一观念是出自《圣经》的记载和教诲。《圣经》中说：

上帝造出第一个人后，带着他看遍了伊甸园中所有的树木。

上帝对人说："看啊，这些都是我的作品，它们多么美丽，多么值得赞美啊。我所创造的这一切都是为了你。想想这一点，不要使我的世界腐烂，也不要破坏它；因为如果你破坏它，就没有人在你身后修补它了。"

犹太人认为，这个世界是上帝的选择和被选择中的人创造的。犹太人是上帝选中的人，因此，整个世界都是为他们创造的。为此，他们应该每时每刻地照料它、

满足它的需要。

犹太人对于上帝创造的世界的照料是如此悉心，如此认真。当亚述军队侵犯犹太王国时，犹太国王希西卡塞住了城外某处的泉源，使亚述人没有水喝。但是，犹太拉比们知道了国王的做法后，不赞同希西卡的行动，因为在他们看来，堵塞泉源是一种对大自然的破坏行为。

在《圣经》中，犹太人甚至禁止在作战时砍伐果树，他们把它视为破坏自然平衡——即造物秩序的恶行。

对于砍伐果树，犹太拉比们的看法是：

“你若长期围困、攻打一座城，就不可举斧子砍坏树木，因为你可以吃那树上的果子。田间的树木难道是人可以糟蹋的吗？无论是谁，只要砍伐结果子的树，就要受鞭刑。”

在犹太人眼中，不仅在围城时砍伐果树是被禁止的，无论何时，只要是恶意砍伐果树，都要惩之以鞭刑。但是，如果果树对其他的树木造成了破坏，或对别人的土地造成了破坏，或者它用于别的目的价值更大，那么，可以砍伐它。

犹太法律禁止对树木的恶意破坏是十分严格但又非常理性的。

犹太人对于爱惜大自然的心情略见一斑。爱惜大自然，保护我们的家园，是犹太人教育的成功之处。

饮食有度有时

我因三件事而羡慕波斯人：他们饮食有度，如厕有度，房事有度。

犹太人也把饮食的节制，作为健康体格的先决条件，并把它看作是与清洁相辅相成的。

拉比伽玛列说：“我因三件事而羡慕波斯人：他们饮食有度，如厕有度，房事有度。”

犹太人饮食的“度”基本原则是：“吃（胃的容量的）三分之一，喝三分之一，留下三分之一的空。”平时，犹太人无论是出于贫穷，还是出于节俭，通常都

是吃最俭朴的饭。《塔木德》中提到“穷人”干完活回到家后吃的晚饭是“面包加盐”；然而，即使是吃得起佳肴美味的人，也是“早餐面包加盐，再加上一罐水”。

犹太人把这样的饮食作为能除百病的饮食之道。

对于饮食，犹太人还有许多良言：

“从需要祭献的白面包中吃得最少的人，身体健康并有福气。比他吃得多的人是嘴馋的人，比他吃得更少的人得肠胃病。”

“40 岁之前吃饭有益，40 岁之后饮酒有益。”

犹太人认为，合理的进食时间是感觉到需要进食物的时候，“饥时食，渴时饮”。作为原则，犹太人是每日两餐，安息日例外，多加一餐。晚餐是一天的活干完之后回家吃，而早餐是劳动者在工间吃。

《塔木德》为不同阶层的人规定了一个进食时间表：

斗剑士在第 1 个小时用早餐，强盗在第 2 个小时，有钱人在第 3 个小时，干活的人在第 4 个小时，老百姓在第 5 个小时。

另一种观点认为：老百姓在第 4 个小时，干活的人在第 5 个小时，圣哲的门徒在第 6 个小时。

犹太人认为，吃早饭晚于这个时间就像把石头扔进酒囊中。

拉比阿基巴忠告他的儿子：“早起床，先吃饭，夏天是因为热，冬天是因为冷。谚语说得好，‘早饭吃得早，比谁都能跑。’”

吃饭时犹太人是坐着，因为犹太人认为，站着吃喝毁坏身体。犹太人还认为，人吃饭的时候不应该讲话，以免把食物吃到气管里，危及生命。犹太人在旅行时，往往会减少饭量。旅行的人吃的饭不应超过在荒年正常的饭量，犹太人认为这可以避免肠胃不适。

节制饭食和讲究饮食之法，是犹太人身体健康、长盛不衰的重要原因。也是他们的生存智慧。

凡不洁净的食物不能接触

事实上许多规定人类不可食之物，并不是真正人类不能吃的。但是，把食物分为可吃和不可吃，却是一种生活智慧的体现，这恰恰保持了宗教的纯洁和身心健康。

犹太学生常常因为乱吃东西，而遭到犹太拉比的批评。

按照《旧约圣经》中耶和华对犹太人的指示，犹太人把食物分成洁净与不洁净两种，凡不洁净的食物不能食用和接触。

犹太人的主食是饼，有用小麦面做的，也有用大麦面做的，后者一般为家境不好者食用。由于饼在食物中占头等地位，所以犹太人称饼为“生命线”，吃饼时他们一般不用刀切，而是用手掰，唯恐用刀割断了“生命线”。

犹太人对食物的洁净与否，是这样分类的：

走兽中，反刍的偶蹄类动物，如羊、牛等，是洁净可食的。而奇蹄类动物，如骆驼、兔子、猪等，均是不洁净的，不可食用。

水生动物中有鳞、有鳍的鱼类为洁净的可食物。无鳞、无鳍的如虾、贝类等，为不洁净的，不可食用。

鸡、鸭等多数禽类可以食用，而天上的雕、鹰等飞禽不可食。鼬鼠、蜥蜴、壁虎等地上爬物也是不洁净的，不可食用。

凡陆地、水中或空中靠食腐物为生的动物，因老、病而自亡的动物，都是不洁净的，不可食用。

鹰

但是，即便是洁净的动物，犹太人也要通过规定方式宰杀并加工后才能食用。由于犹太祖先雅各与天使角力而伤腿筋，所以在宰杀牛羊时他们要挑出腿筋不食。

根据《旧约·出埃及记》中耶和华告诫摩西“不可用山羊羔母亲的奶煮山羊羔”这句话，犹太人不同时食用肉类和乳类食品。

犹太人把食物分为可食和不可食之物，是出于宗教的目的。事实上许多规定人类不可食之物，并不是真正人类不能吃的。但是，把食物分为可吃和不可吃，却是一种生活智慧的体现，这恰恰保持了宗教的纯洁和身心健康。

在现代社会中，人们如果时刻能分清什么可以吃、什么不可以吃，这对于挽救快速灭绝的各种野生动、植物而言，无疑是一个福音。

食物营养搭配皆有说明

不是所有食物都适合每一个人，不是所有的人都喜欢同样的食物。别以为你非尝尽人间美味不可，别什么都贪吃。吃太多会生病的。长此以往，你的胃就受不了。

大多数犹太人以素食为主。他们特别推崇吃蔬菜，对蔬菜有益健康的论述也颇为详细。

关于蔬菜独特的好处，犹太人在书中说：

“甜菜汤对心脏和眼睛有好处，对肠道好处更大。然而，甜菜汤只有放在炉火上发出嘟嘟声响时才有此功效。”

“每30天吃一次小扁豆而形成习惯的人不得哮喘病；但天天吃却不行。它会使你口的气味不好。”

“马蚕豆对牙齿不好，却有益于肠道。”

“卷心菜有营养，甜菜能治病。”

“大蒜有五种作用：它可以充饥，它可以使身体保持温暖，它能使脸庞发亮，它能增强人的力量，它能杀死肠内的寄生虫。”

“小萝卜是生命的万应灵药。”

“但是人不得食用洋葱，因为它含有刺激性液体。”

同时，犹太人又认为生吃蔬菜是有害处的。

犹太教“不允许先哲的门徒居住在无法吃到蔬菜的城市，因为蔬菜有益健康”。然而，拉比却对教徒们还有另一种训示：“三件东西能够增加粪便，降低体能，并且夺走人眼睛光泽的五万分之一，即粗面包、新酿的酒，还有蔬菜!”其中的蔬菜是“生的蔬菜”。犹太人认为：“所有的生蔬菜都会使肤色苍白。”

为了消除食用某些蔬菜所带来的有害后果，犹太人又有自己的妙法，即要消除莴苣的危害就吃萝卜；要消除萝卜的危害就吃韭葱；要消除一切蔬菜的危害都应喝热水。

此外，在各种对人体有益的食物中，犹太人最推崇鱼、蛋、蜂蜜。

在犹太人眼中，常吃小鱼的人不会患消化不良。小鱼还能使人体生殖力强盛并且健壮。

但是，犹太人又认为，用盐腌制而保存起来的鱼并不好。因此，犹太人又有这样的说法：“腌制的小鱼有时会在每月的初七、十七致人死命。”有些人则说是在每月的二十三。

当然，犹太人认为这只是适用于没有烧透的鱼；如果烧透了，则不会有问题。如果鱼烧透了，吃鱼的人倘若吃过之后不喝点啤酒，可能还会发生这种情况；但如果喝了啤酒，则不会有问题。

按体积来说，犹太人认为，最有营养的食物是鸡蛋。

犹太人在书上说：“从营养上来说，鸡蛋超过任何与它同样大小的食物。一个烤得很熟的鸡蛋比6倍体积的精粉还有营养，也比四份奶酪强。”对于煮鸡蛋，犹太人有这样的说法：“从营养上说，煮鸡蛋比任何与之同样大小的食物都要好。”

但是，犹太人又认为吃鸡蛋太多，则可能有害。“凡吃上40个鸡蛋或40个坚果或二两半蜂蜜的人，他的心将被撕出来。”

在水果中，最令犹太人满意的是枣。

犹太人认为，“枣为身体增加热量，令人感到惬意，理顺大便，增强体质，并且不伤心脏。早晨和晚上食用对身体有益，下午食用对身体有害，中午吃枣好处无与伦比，这时枣能驱忧郁、助消化、愈痔疮。”

"蜂蜜及一切甜食有助于伤口的愈合。"

从现代科学来看，鱼、蛋、枣和蜂蜜确实是富含营养或含有对人体有益的多种元素的。犹太人从许多食物中能够挑选出这几种东西，如此崇尚，确实是独具慧眼，并且是很有科学见地。

不要吃对身体有害的东西

不要吃自己所不喜欢的食物，否则就违背了三条戒律：轻视自己，轻视食物，违背了祝福。

《塔木德》中说：孩子，在你的生活中，要节制食欲，不要吃对身体有害的东西。不是所有食物都适合每一个人，不是所有的人都喜欢同样的食物。别以为你非尝尽人间美味不可，别什么都贪吃。吃太多会生病的。长此以往，你的胃就受不了。

《圣经》中说：不要吃自己所不喜欢的食物，否则就违背了三条戒律：轻视自己，轻视食物. 同上违背了祝福。

犹太人认为孩子在成长发育中有以下需要：

维生素：维生素能增强日常饮食不佳者的智力。血液内维生素含量不够的儿童，可适当增加维生素添加剂。在今天，大多数的孩子身体的营养状况很好，正常饮食就可以使他们得到足够的维生素，不需要添加剂。

食物：包括谷物、面包以及橘子（促进铁的吸收）在内的早餐能为大脑提供良好的养料。

水：水分缺失有损思维。充气的饮料能引起血糖浓度激增，影响能量的稳定释放。茶和咖啡是利尿剂。

新鲜空气：新鲜的氧气有助于大脑正常的工作。儿童应当在凉爽、通风的环境之中活动，并多做深呼吸。

健脑操：儿童可以通过一些简单的锻炼——例如头部的按摩和胸部的按摩来激活大脑功能、缓解精神压力以及增强注意力。

阅读：在理解课文时，使用有色镜片的特殊眼镜，对一些儿童来说是大有裨益的。

交谈：父母应当在孩子四岁左右时从哲理角度和他们进行谈话，以此来加强孩子的思维能力与好奇心。

音乐：教授孩子古典音乐，能改进他们识别时空物质形态的方式。

电视：限制孩子看电视。电脑要求孩子进行更多的人机交流，看来更加可取。

睡眠：小孩子每晚应当保持在10个小时以上的睡眠，而且应该在晚上九点钟以前上床睡觉。

环境：把孩子的寝室粉刷成蓝色，这将促进孩子放松情绪。

抑郁：在生活中我们时常会碰上这样的孩子，任性、易怒。这样的孩子得了一种严重的抑郁症，将来弄不好会成为精神分裂症。不少国家认为孩子的任务就是学习，别的不关他们的事。殊不知，当今的学习和工作节奏要紧张得多，精神负担、各种复杂情况要比20年前增加数倍。孩子要碰上许多许多消极的社会问题与社会现象，而这些现象正是孩子们的家长所没有碰到过的。

人格障碍：精神病学家研究发现，孩子小时精神压抑，长大后会成为人格障碍患者。婴儿独自睡觉，爱抚、安慰不够，长大以后可能容易出现精神紧张性障碍和人格问题。婴儿需要身体上的接触，因此才不能把他们包裹在毯子中，任由他们啼哭几个小时。研究人员在美国科学促进协会年会上说，他们已经发现精神压抑所引起的婴儿脑内发生物理变化的证据。婴儿独自睡觉，精神是非常紧张的，我们可以从婴儿的哭泣中发现这一点。

不要给孩子盲目减肥：今天的孩子普遍肥胖。人的胖与瘦是人的基因决定的，如果说你硬要去违反一个孩子的基因功能，就会把事情弄得更糟。当然，这不排除你用饮食来达到为孩子减肥的目的。

三天喝一次的酒是黄金

早晨的酒是石头，中午的酒是红铜，晚上的酒是白银，三天喝一次的酒则是

黄金。

《塔木德》上写着："早晨的酒是石头，中午的酒是红铜，晚上的酒是白银，三天喝一次的酒则是黄金。"犹太人对饮酒都很有节制，因此我们很少看到喝得烂醉如泥的犹太人。

犹太人很少喝到醉得不省人事的程度。在犹太文学中，也几乎没有出现过这种人。但是酒和犹太人之间，却有着密不可分的关系，小孩子从小就清楚葡萄酒的味道，安息日时，酒是不可或缺的欢悦之一。此外，《圣经》上也不断反复说明酒的功用，还时常用酒来比喻快乐的事情或丰饶的物产。

《塔木德》说："饮酒适量，可以促进头脑的灵活。"但是，这本书也同时告诫我们："饮酒过度会失去智慧。"长久以来，许多拉比们都承认，酒对人类而言，是一种美妙无比的药物，只要有酒的地方，就可以少用许多药物。

拉比·以色列说："酒能开心，使人舒畅。"

贤人们一面介绍酒的乐趣，同时也告诫过饮之害。

夜晚一到，有些民族的许多人都喝得醉醺醺，但是几乎所有的犹太人，都能在适度的饮酒之后，翻开书本来充实自己，或是倾听优美的音乐，来松弛一天紧张的生活。

犹太人认为，问题不在于不要享乐，也不是尽量少享乐。这样做不是美德而是忧伤，不是节制而是禁欲，不是适度而是无能。平息饥渴不是比消除悲哀更好一些吗？没有一个神。除了嫉妒者之外，没有一个人，会对我们的无能和痛苦感到快乐，没有人把我们的眼泪、呜咽、担心以及内心无能的其他标志当成美德。相反，我们感受的喜悦越是强烈，我们体验的完美越是理想，我们就更加必然地具有神性。因此。一个明智的人应该尽可能使用一切物品，并从中获得快乐：但是不要到厌倦的程度，那样就不是享乐了。

犹太人所主张的，不是要少享乐，而是要更好地享乐。节制在肉欲中是适度，它是确保一种更纯洁或更充分的享乐。这是一种经验丰富的、技巧熟练的、有教养的情趣。斯宾诺莎曾经写道："我认为一个明智的人为了恢复健康和体力，会吃数

量适中的美味食物和鱼类，其他如香料、绿色植物、装饰、首饰、音乐、体育活动、演出等等都同样如此。每个人都能消费而不会给别人造成任何损害。”节制就是这种适度，通过它，我们才成为各种娱乐的主人，而不是它们的奴隶。这是自由的享乐，只会享受得更好，因为它也享受着它自身的自由。当人不是酒精的奴隶时，喝酒是多么快乐！当人不是肉欲的奴隶时，做爱是多么快乐！这些娱乐因为更自由而更显纯洁，因为控制得当而更愉快，因为少受支配而更从容。

这是否容易做到？当然不是。是否可能做到？并非如此，不是随便什么人都能做到的。正因为如此，节制才是一种美德，也就是一种优点。

一勤可以治百病

如果你的孩子具有“能躺着不坐着，能坐着不站着”这样懒惰的毛病，那么做家长的可就要注意了，要想方设法用勤劳赶走这些坏毛病，从而让孩子远离贫穷和无能。

从前，有一个农夫，养了一只羊、一头母驴和一头小驴。每天，他都要给羊喂一大堆东西，而给母驴和它的小驴只喂很少的一点吃的。

“我们的主人多蠢啊！妈妈，我们整天为他干活，他凭什么只给我们这么可怜的一点点东西吃？羊整天什么都不做，也就早晨叫几声，为什么还能吃得那么好？”

驴妈妈安慰它：“孩子，你肯定会看见羊的不幸下场的。要知道，农夫给它这么多好吃的，并不是爱它，而是在加速它的灾难。”

下一个节日来到的时候，农夫宰了羊。从此以后，小驴总是小心翼翼地吃东西，因为它总是记着羊的悲惨命运。

但驴妈妈纠正了它的想法：“羊的死并不是因为吃得太多才造成的，我的孩子。要是像羊那样，什么都不做，一定活不长的。”

这是很多犹太孩子耳熟能详的故事，他们是从父母、拉比或祖父母那里听来的。他们从中明白，人如果懒惰和不劳而获，最终只能获得和羊一样的下场。

犹太人认为只有精明和勤奋兼备的孩子，将来才能有所建树，所以他们就从孩

子小的时候，便开始培养孩子爱劳动的习惯。

一个犹太家庭有七个孩子，虽然家境富裕，但为了给孩子更多机会学习各种劳动技能，父亲每年都会抽出一个多月陪孩子一起到深山，过山里人的生活。他们每天都要在那里干活，喂牛、砍柴、挖水渠、给牛建围栏等。每个孩子每天都有不同的任务，孩子们总是忙得不亦乐乎。

山里的生活经历对这些孩子产生了深远的影响，他们不但学习到了很多的生活经验，而且还会把从劳动中学来的解决问题的方法灵活运用到学习上。另外，更重要的是，这些孩子养成了勤劳吃苦的好习惯。

在犹太人的眼中，懒惰等同于无能，所以他们不允许自己懒惰，更不能容忍孩子懒惰。他们总是在告诫自己的孩子："要养成勤奋的习惯，如此才能使自己拥有智慧和力量，从而摆脱贫困的命运。"

犹太父母并不是一味地说教，而是用一些有趣的方法来引导孩子成为一个勤劳的人。他们常常向孩子讲些热爱劳动的故事、寓言和童话，和孩子一起劳动。当孩子越帮越忙，把现场搞得乱七八糟的时候，他们并不会着急，而是耐住性子，教孩子改正及示范正确方法。而且，他们总是不失时机地给予孩子赞许和鼓励，让孩子知道，他所做的事对家里有着多么大的帮助。

聪明的犹太父母，还懂得不断调换孩子的"工作岗位"，让他尝试不同的劳动，如给小宠物洗澡，给家里购物等。他们还会针对孩子的一些弱点，给孩子选择不同的劳动。如果孩子胆小羞涩，他们就会让孩子做一些上街购物之类的事情，从而让他克服胆小羞涩的性格。

提高孩子的审美能力

这个世界上的事物是有丑有美的，会生活的人都应该有辨别美丑的能力。犹太人是这样认为的，也是这样来教育自己的子女的。他们认为，孩子的大部分时间都是在家庭中度过的，所以对孩子进行美感教育也要先从家庭教育开始。

在日常生活之中，只要我们对孩子进行细致的观察就能够发现：

刚出生几个月的孩子就很喜欢看色彩鲜艳的会动的物体，他们听到有韵律的乐曲会停止啼哭。

一两岁的孩子对颜色好看的新衣服会流露出愉快的表情，喜欢听别人夸奖他好看之类的话。

学龄前儿童则多半以新奇作为评判美与丑的标准。

儿童所表现出来的这种对某一种事物所特有的喜爱，也正是他们最初对美的一种最原始的反应。所以，犹太人常常对孩子进行的审美教育也是从孩子出生后不久就开始了。当孩子还处于婴儿阶段的时候，家长会有目的地在孩子视觉所能触及的范围内，悬挂一些色彩艳丽的气球、形象可爱的玩具、简洁明快的图片。这虽然对孩子的审美教育不可能有即时的效果，但是对他形成最初的对美的感受能力也是有着很重要作用的。当孩子长大一些的时候，他们在对孩子进行审美教育的时候，就会在生活的点点滴滴中去影响孩子。

德国法学家卡尔·威特的父亲很讲究住宅的布置，他会在墙上糊上能令人心情舒畅的壁纸，挂上经过自己精心挑选的有镜框的画；在摆设室内器具的时候，他也很有情趣，决不摆与周围环境不搭配的东西，如果人们赠送的礼品和家里的陈设不和谐，他也决不摆出来；在住宅的周围，父亲会砌上雅致的花坛，并且在里面种上四季常开不败的花卉，但同样决不种植没有情趣或是与周围环境不和谐的花卉。

他反对花哨的服装，他不但要求自己这样，还要求孩子也要穿着朴素、雅致，衣帽整齐。父亲还十分注意培养威特的文学爱好，使威特日后得以成为一位很了不起的文学通：他几乎可以背诵所有的名诗，并且还会自己写诗，甚至后来还成了研究但丁的权威。

除此之外，父亲还很注意对孩子感情的陶冶，他认为人的美更重要的还是心灵的美。

威特三岁时候的一天，他看到一条狗跑过，于是他就像其他孩子常常做的那样，一把拽住狗的尾巴，把狗拉到自己身边。他的这一举动正巧被父亲看见了，于是父亲便拽住威特的头发不放手，而且脸色还很吓人。

威特吃了一惊，把拽着狗尾巴的手放开了。这时父亲才把手放开了，然后对他说："威特，你喜不喜欢这样被人拽着头发?"威特红着脸说："不喜欢。"

"如果是这样，那么对狗也不应当那样。"

正是有父亲这样的教导，威特日后才得以成为一个感情丰富、心地善良、情趣高雅的人。

犹太人审美教育的方法

随着孩子的年龄不断增长，他们的知识也在逐渐地得到增加，他们的生活经验也在不断丰富，他们对美的感受能力也会有所提高，但是毕竟他们还不够成熟，在感知美的过程中还是存在一些表面性、情绪性和模仿性的特点。即他们对事物的认识往往还是停留在物体外表的形状、色彩上，不能理解美的内在含义。他们经常用是否认识感知对象或者用是否对它感兴趣作为评判的依据。

此外，儿童都是比较善于模仿的，所以他们在感受美的过程中会出现一些比较严重的从众心理。根据孩子的这些特点，家长在对孩子进行教育的过程中，必须要从孩子的生活实际出发，要比较具体地对孩子加以培养和指导。

犹太人认为，少年儿童思维的主要特征是通过具体形象来认识事物进行联想的。所以我们在培养孩子认识美的能力的时候，要从他们思维的特点出发，从生活中的一草一木，一山一水入手，采取由表及里、由浅入深的方法来对他们进行引导。

第一，让孩子认识到自然界外部特征的美。

拿颜色的美来说，自然界中的颜色可以说是五光十色，黄菊花、红玫瑰、粉杜鹃、白水仙……争奇斗艳，媚态百生。不同种类的动物也以特有的色彩装扮自己，金龟子金光闪烁，红蜻蜓通透鲜红，大熊猫黑白分明，孔雀开屏更是灿烂夺目……所以在节假日的时候，家长可以带孩子到公园或郊外去玩，以自然界提供的天然色彩为教材，给孩子讲解颜色的种类和特点以及相互的关系，让这些颜色构成的自然画面，给孩子留下美的享受，并且以此来提高孩子感受自然美的能力。

自然界形态美也极其丰富：挺拔的青松，巍峨的山峰，给人以不同的造型美；奔腾的江河，咆哮的大海，这些都能够给人留下一种锐不可当的力量，并且还可以表现出一种磅礴的气势美……所以当我们面对自然界的这些独具一格的形态美的时候，家长要学会正确引导，让孩子从中能够吸取到美的养料，学会审美。

第二，还要学会运用一定的知识来提高孩子的审美能力。

比如从建筑美的欣赏这一方面来说。建筑艺术历来被称作“凝固的音乐”，那些造型精巧、风格多样的建筑，以其巧夺天工而被世人赞叹，其中在我国就有很多建筑艺术是驰名世界的。在辽阔的国土之上，有数不胜数的宫殿、寺院、石碑、桥、塔、楼、台、亭、阁、轩、廊，像明珠一样灿烂夺目。平时，家长只要有机会的话就可进行审美的教育。在观赏的时候，还要先让孩子看到建筑物的全貌，给他们讲解一下建筑物的布局、功能、结构、色彩、造型上的特点，使孩子能够真正地感受到古代建筑物的宏伟和气势的美。

有的古代建筑和风景胜地还有动人的神话传说，让孩子了解这些故事和传说，这样的话既可增长知识，还能够激发孩子的想象力，并且能够使审美有一定的广度和深度。而家长们也要学会积极地利用并创造各种条件，用知识启迪孩子学会感受美、发现美、欣赏美，并且能够更全面地提高孩子的审美能力。

另外，很多人都有一个错误的认识，认为美是客观存在的，只要是有眼睛和耳朵的人，都能感受和理解美，但其实并不是这样的。

美学史上有一首题为《美盲》的诗，描写一农妇置身于枫林夕照、画眉清音、美丽如画的境界中，却视而不见，听而不闻，对此美景无动于衷。如果撇开诗中嘲讽劳动妇女的意思，家长对自然美的欣赏也是需要具备一定的能力和艺术修养的。因为只有这样，他们才能够使孩子有一双会审美的眼睛。

不言而教是最好的教育

生活中。父母的言语、行为和姿态会自然而然地传递给孩子，从而影响孩子的能力与性格的形成。父母日常的所作所为，就是对孩子的身教。

早期希伯来教育十分强调家庭环境及父母的言传身教对子女的影响。当儿童从学校教育中获取广博知识之后，能否把这些知识付诸实际并以此来约束自己的言行，家庭对此负有监督责任。

犹太人认为，父母的“不言而教”才是最好的教育。生活中，父母的言语、行为和姿态会自然而然地传递给孩子，从而影响孩子的能力与性格的形成。父母日常的所作所为，就是对孩子的身教。

没有什么比强制和压迫更能抑制孩子自觉性的了，父母的暗示教育是最为孩子所接受的教育方式。

犹太人很讲究教育的艺术。他们有句至理名言：“要按照孩子该走的路来充分地训练他。”他们认为，一个孩子能看懂《圣经》，却看不懂《塔木德》，那么就不能试图通过教他《塔木德》来促进他进步；如果他看得懂《塔术德》，就不要逼他学《圣经》，要在他可能懂得的事情上训练他。

在教育孩子时，犹太人们认为，如果教师教的课学生不理解，那么，教师不应该大发脾气或对学生们发火，而应该反复重复课程，直到学生们完全理解并掌握为止。

在学习过程中，犹太人还认为，一个学生在听了好几遍课之后才能掌握所学的，他不应该在那些只听一两遍课就能掌握的同学面前感到羞愧。

可见，从古代开始，犹太人就知道对孩子进行分级教育。

但是，这个学生的不理解只能是因为课程本身难或者是由于他们的智力不足的情况。如果学生在学习时粗心大意和懒惰，那么教师就应该斥责他们，并由怀此而激励他们。这就是教师的责任。

但是，教师不应态度粗暴地对待孩子们，因为指令只有在轻松愉悦地传达时才有效率。要给孩子们小小的奖励来让他们高兴。一个专心的学生会自己阅读，如果一个学生不专心，那么就把他安排在一个勤奋的学生旁边。

一个教师应该在他的学生面前露出“破绽”。通过提问，激发学生们的才智，并探知学生们是否记住了他所教的东西。

父母的职责就是观察孩子的好恶，给予孩子所需要的、积极的正面刺激。强迫孩子接受他不感兴趣的事物，只会起到负面的作用。自己的孩子能说本国国语，任何父母也不会认为是自己教了才会说的。事实上，这就是一种不言而教的教育。在生活中父母亲的言语、心态、动作会很敏感地传给孩子，形成孩子的能力与性格。母亲的日常生活状态，就是对孩子的身教。母亲教给孩子的某种事物，固然是教育的手段之一，但不是所有的教育方式。

教育家曾说过：没有什么比不用强制压迫，而给予正当动机的教育，更能收到良好的教育效果了。唯有父母亲用心给予孩子深切的理解，才是正确的教育。

帮孩子节约时间

时间就是生命，时间就是财富。在充满竞争的现代社会中，磨磨蹭蹭不讲效率的人就会被淘汰，就会生活艰难。

犹太父母是如何培养孩子的时间意识，帮孩子节约时间的呢？

首先，培养孩子良好的时间观念。

联系生活、学习实际，跟孩子讨论珍惜时间的好处和不珍惜时间的害处，使孩子认识到“时间就是生命，时间就是财富”的基本道理。在充满竞争的现代社会中，磨磨蹭蹭不讲效率的人就会被淘汰，就会生活艰难。让孩子懂得“少时不努力，老大徒伤悲”的道理。

其次，让孩子集中精力做好一件事。

做事拖拉是很多孩子的缺点之一，其根本原因是孩子不能一次完成一件，把需要短时间做完的作业无限期拖下去。加强专时专用、提高效率的训练可以增强孩子时间观念。帮助孩子确定每次学习的时间、任务、目标要求，到时完成，评价结果。每次学习，都把三者结合起来。要根据孩子的年龄特点和个性特点。对三者的要求有所区别。要让孩子尝到提高效率、增加玩乐时间的甜头。

第三，对孩子的每一项活动进行计时。

培养孩子的时间意识，要从孩子的点滴做起，不只在学习中表现出来，也反映

在生活的各个方面。如穿衣、吃饭、收拾书包文具、洗衣物等。因此，克服磨蹭的毛病，需从不同角度入手。从孩子的实际表现出发，增加计时性活动是可行的方法。做某件事情，需要多长时间，事先设定，然后以最快的速度保质保量地进行。事后家长与孩子一起评价，调整要求，下一次做得更好。对低龄的孩子，如果家长跟孩子一起进行计时阅读、计时记忆、计时答题、计时劳动的小竞赛，会有更好的效果。

第四，发挥孩子之间的影响作用。

让自己孩子跟讲效率的孩子一起学习、游戏，发挥孩子之间的影响作用。可以事先与讲效率孩子的家长联系，请家长给孩子提出更高的要求，在学习和游戏的过程中带动时间意识差的孩子。

最后，教孩子巧妙地利用时间。

比如，洗衣服、打扫房间卫生的同时可以听外语或音乐；一边看电视，一边做健身运动；帮父母做家务时，与父母聊天；去公园时，边跑边聊天。

只要开动脑筋，日常生活中总会有许多方法帮孩子节约时间。

选择妻子时向下迈一步

不结婚的人生活中没有快乐，没有幸福，没有好事。未婚的男人并不是完全的男人。缺乏女性的生活是残缺的，女人就意味着男人的家。

犹太人对婚姻关系是非常重视的。每个小孩从小就受到这方面的训练，因为他们认为这才是他一生幸福中关键的关键。

首先，犹太人强调每个人必须结婚，“不结婚的人生活中没有快乐，没有幸福，没有好事。未婚的男人并不是完全的男人，缺乏女性的生活是残缺的，女人就意味着男人的家。”犹太人最反对独身主义，婚姻既是宗教上的义务，也是人性的要求，是通向爱情和性满足的最理想的道路。

一个犹太人一旦成婚，就把爱献给了妻子。因为犹太人认为，一个没有妻子的男人生活中没有欢乐，没有祝福，没有仁慈。只有结婚了，他才能埋藏从前的罪

恶。犹太律法禁止儿子结婚后仍然和父母住在一起，这样既可以让年轻人独立成长，又可以减少婆媳矛盾，一举两得，真正体现了犹太人的婚姻智慧。

犹太拉比对婚姻的建议是："选择妻子时向下迈一步。"

这句话的意思是，娶一个社会地位比自己高的女人，可能会导致自己被她或者她的亲属看不起。在选择妻子时，犹太人对遗传学非常相信，他们不仅看重人的生物性的遗传，而且注重知识等社会内容方面的遗传。他们会以娶一个学者的女儿作为妻子为荣。

为此，拉比们的教诲是：为了能娶到博学之士的女儿，男人应该卖掉一切，这是因为将来万一他死了，或者被流放，他可能确信自己的孩子将会有学问；不要让他娶一个愚昧的人的女儿，因为一旦他死去或者被流放，他的孩子将会无知。为了能娶学者的女儿或者把女儿嫁给学者的儿子，男人应该卖掉他所拥有的一切，这就像把藤本的葡萄嫁接在一起，这样做是恰当的。

此外，犹太人还提倡在婚姻中不重视美貌，而要重家庭。《塔木德》说："年轻人，睁开眼睛挑选你自己的新娘吧。不要只看外表，而是要看家庭背景，因为优雅风度是虚假。美貌是徒劳……"

如果只重美貌，而不重品行，夫妻之间就容易出现不忠诚的事。

《塔木德》是这样规定的：

如果不能和学者的女儿结婚，就娶一个大人物的女儿。

如果娶不到大人物的女儿，就娶镇上犹太教领袖的女儿吧。

如果娶不到犹太教领袖的女儿，就娶镇上慈善家的女儿吧。

如果他娶不到慈善家的女儿，就娶教师的女儿吧。

但是千万不要让自己的儿子和不学无术人家的女儿结婚。

重视对方家庭背景，选择合适的配偶才有高质量的家庭生活。倡导高质量家庭生活才会使家平安幸福。而家庭的平安幸福，是人生的一种最大的幸福。

这种所谓的"门当户对"的观点虽然忽视男女双方的感情，却有其合理性。因为年轻人涉世未深，很容易感情冲动，只注重相貌或感觉，而忽视其品性。恋爱

时，感觉很重要，但真正维系婚姻幸福、美满、稳定的关键却是双方的性格和品性。一个善良的人会化解一切矛盾，而恶妻却会使矛盾升级，最终导致婚姻破裂。

教育者要向孩子敞开心扉

如何与生活在梦幻世界的孩子沟通？向孩子敞开心扉。

从前有一个国王，他的儿子幻想着自己是土耳其人，他认为自己应当赤裸着蹲在餐桌下面，捡饭渣吃。

焦急的国王请遍了国内的所有医生，没有一个能帮助他的儿子。一天，有个智者来到国王面前，主动要求帮助这个孩子。

那个人脱光衣服，和国王的儿子一起蹲在餐桌下面。当男孩问他为什么蹲在桌子下面，那个智慧的人回答说："因为我是一个土耳其人。"

"我也是一个土耳其人。"国王的儿子说。

这样两个人光着身子在餐桌下面蹲了几天，彼此熟识起来。

有一天，智者让人扔几件衬衫下来。

"你是不是觉得土耳其人不能穿衬衫？"他问男孩，"土耳其人当然能穿衬衫，一个土耳其人不能根据其是否穿衬衫来判断。"

几天以后，那个智者让人扔几条裤子下来。

"你是不是认为穿裤子的人不是土耳其人？"他问男孩。

于是两个人都穿上了裤子。

那个智者继续这么做，直到两人都穿得整整齐齐。

然后他让放些食物在餐桌上。

"你是否觉得，"他问男孩，"我如果吃好东西就不是土耳其人？"

"你当然还是土耳其人，可以吃好东西。"

于是他们一起吃起来。

最后，智者说："你认为一个土耳其人必须整天坐在桌子下面吗？你知道，坐在餐桌旁仍是一个土耳其人，这是完全可能的。"

这样，那个智者一步一步地把男孩带回到现实世界中来。

作为家长，如何与生活在梦幻世界的孩子沟通呢？向孩子敞开心扉。这就是犹太教育中的成功之处。

懒人像粪便一样令人讨厌

懒惰的人就像一堆粪便一样，令人讨厌，谁也不愿意接近这样的人。

拉比犹大在走进学习的房间时，总要在肩膀上顶着一个水罐，并说：劳动伟大。因为它使人光荣，也使人智慧。

一个孩子的动手能力强不强，不仅仅关系到孩子的智能水平，而且对孩子将来的生活能力和工作能力有着极大的影响。孩子从两岁开始，就有一种自己事情自己做的迫切欲望。这种欲望随着成长而不断提高，家长若能好好利用这种欲望让他成长、学习，就能培育出优秀的孩子。

让孩子自己洗手、系鞋带、扣纽扣。作为父母，就是多花一点时间，也要将方法教给孩子，努力让孩子学习着自己去做。父母现在花点时间，麻烦一点，要知道只要孩子掌握了这种方法，将来就会变得轻松起来。

学习对每个孩子都是极有吸引力的。当他做得足够好时，便满足了他的欲望，并对自己很有信心，孩子就会一步步地成长。

相反的，如果孩子养成了一直由母亲替自己做事的习惯，那么孩子会处于缺乏成长的停滞状态，进步就会显得极为缓慢。

《塔木德》中说：

懒惰的人就像一堆粪便一样，令人讨厌，谁也不愿意接近这样的人。

在家庭教育中，不要以为两三岁的孩子什么都不能做，什么都不让做只能让孩子养成懒惰的习惯。孩子从两岁左右起，母亲就得把一块擦桌布放在他手中，让他学着帮忙于家务。

好习惯从整理玩具开始

不要让孩子一次拿出很多玩具，要让他养成整理好一个再拿下一个的习惯。这样教育孩子，他最后的整理工作就会变得很轻松。

今天的孩子都有很多玩具。作为父母，在两岁以前，就要让孩子养成整理自己身边东西的习惯。

为了培养孩子养成这个习惯，父母要在孩子够得着的地方做一个整理架，让孩子自己把容易收藏的玩具放在架子上。在做整理架时. 还应该给架子贴上蓝、黄、红、绿等颜色的纸带，以规定孩子放置各种玩具。父母也可以在玩具上贴上颜色，比如贴有红色纸带的玩具，就让孩子收藏在有红色纸带的架子上。

这样的结果是，两岁左右的孩子即能将玩过的玩具好好整理一番。

不要让孩子一次拿出很多玩具，要让他养成整理好一个再拿下一个的习惯。这样教育孩子，他最后的整理工作就会变得很轻松。

这种习惯的养成，最初需要用命令的方式，父母要有一些强制性的指导，孩子才能养成这种习惯。

孩子如果养成了自己收拾玩具的习惯，他长大以后的生活就会井然有序。

小事学生存大事练能力

让孩子在小事上学着生存，在大事上才能有能力解决。

在很多家庭中，孩子们脱下衣服，自己从不收拾。

教育家们认为这样的习惯非常不好。针对孩子这个习惯。犹太母亲蕊切是这样让孩子改掉这个毛病的。她说：

“如果孩子自己不收拾好衣服，就让它一直放到第二天，我也不收拾，并且绝不拿新衣服给她穿。如果她晚上把衣服折叠好，我就时常给她换新的。如果不收拾好，就总得戴旧发带、穿旧衣服。如果她把玩具偶尔丢在床上不收拾好，她第二天

一定会找不着玩具了，几天之内也不能用这个玩具来做游戏。”

这位犹太母亲说，这样孩子就会认识到自己的事要自己做，不然就得不到自己想要的一切。

多数父母把孩子视为玩物，认为孩子这也不能做，那也不能干，一切都为孩子包办代替，结果是使得孩子对自己的能力缺乏信心。蕊切说：

“当我的孩子知道怎样扣衣服扣子后，我就让他给我扣衣扣，这样的目的是为了让她养成帮助他人，乐意助人的观念。我还教她自己穿鞋、穿衣服，即使我不忙也让她自己动手，因为这是对孩子的教育，一个母亲应该对孩子进行严格的教育。”

在生活中，有一种父母把孩子视为宝贝，孩子走路怕他摔倒，孩子游泳怕他溺水，这都是在害孩子。这显然是非常错误的，这种教育方法只能使孩子成为一个废物。

让孩子在小事上学着生存，在大事上才能有能力解决。

养育不等于教育

世界上没有比教育孩子更为重要的工作了。如果你没有时间教育孩子，那你为什么要生下他呢？

在家长会中，很多母亲都这样说：

每天照顾孩子的衣、食、起居，根本就有时间教育。

这些话很多母亲都在讲，这些话其实是一种托词。

当然. 有的母亲还有更为充分的理由，比如自己工作太忙，没时间照顾孩子，把孩子交给佣人或者是在家的父母照看。这种做法不科学，把养育与教育划分开来是教育中最致命的错误。如果做母亲的每天带孩子，她与孩子相处的态度与感情，都会对孩子的心灵产生潜移默化的影响。

在现实生活中有更为严峻的事实。有不少的家庭并不是很富裕，母亲为了生计出外工作。这时一个更为有力的借口诞生了，“挣钱糊口已经够累了，哪还有多余的时间去教育孩子。”

对于很多女性来说。她们最大的心愿就是养儿育女，这是她们的一件终身大事。当她们一心一意把孩子生下来时，就认为是完成了一件大事，可这些母亲却忽略了一件重要的事情，即教育孩子是一件更为重要的事情，等着她去完成。

可是，有些母亲同样在应付生活，却仍将孩子培养成为一个成功人士。原因是这些母亲能根据自己所处的环境和经济、工作条件，精心钻研一套与之相适应的教育方法，尽力去完成做母亲的责任。

犹太教育家曼德经常就这个问题在家庭教育交流会上与一些孩子的母亲进行交谈，他常常对这些母亲说：

世界上没有比教育孩子更为重要的工作了。如果你没有时间教育孩子，那你为什么要生下他呢？

这位教育家为了整个犹太民族的命运，总是四处奔走，四处呼吁，要那些母亲成为教育幼儿这一伟大的事业最高责任者。在他看来，能够永担这角色的，不是父亲，不是师长，也不是兄弟姐妹，而是生了这个孩子的母亲。

在犹太人中如果一个母亲说没有时间教育孩子，这个理由是不成立的，也不会得到人们的认可——身为母亲，没有任何理由逃避自己育儿的责任。

孩子是父母的翻版

孩子就是父母的翻版，父母对工作、对休闲时光的态度，不久将成为孩子对人生的态度。你希望孩子怎样，你就会怎样。

在犹太《律法书》中有这样一则对话：

有一次拉比芝摩和他的儿子在路上走，看到一个喝醉了的父亲和他喝醉了的儿子一起跌进沟里去了。

“我嫉妒那个父亲，”拉比对自己的儿子说，“他实现了有个儿子像自己的愿望。我还不知道你会不会像我。我只希望醉汉教育他的儿子不要比我教育你更成功。”

通常，孩子向父母学习不外乎两种方式：

通过遵循父母的教导而学习，或者是通过观察父母的行为而进行模仿。

在家庭中，父母的行为比他们的谆谆教导要更有说服力。比如生活中父母不让孩子喝酒，他们自己每天晚上却喝上两三杯酒，孩子可能就会把喝酒视为可以接受的行为。如果父母都吸烟，孩子自然而然也就接受了吸烟这一事实。

父母想要孩子养成什么样的生活习惯，并不需要天天挂在嘴边，只需自己做出榜样，让孩子模仿和感知。

这一经验同样适用于父母对待生活的态度。在家庭中如果父母只知道对工作无休止地抱怨个不停，从来不去改善工作环境，这样只能让孩子得到这样一个事实：只需要抱怨就够了。

如果父母带给孩子的是一些积极的东西，孩子所获得的可能也是积极的东西。如果父母只满足于毫无新意的行为方式，对人生规划抱着无所谓的态度，孩子肯定也会继承他的这一人生哲学。

父母所要注意的是：孩子就是父母的翻版，父母对工作、对休闲时光的态度，不久将成为孩子对人生的态度。

犹太《律法书》中还记录一个故事：

有个人在经常有妓女光顾的市场上为儿子开了一家香料店。

一次他到店里去，撞上孩子和妓女在一起鬼混，于是他大叫起来：“我要杀了你!”

他的朋友来了，对他说：“你使你的儿子迷了路，现在你又对他大喊大叫。你不做其他的生意而是教他卖香料，你不在其他的地方而在红灯区开商店。你希望他怎么样他就会怎么样。”

《律法书》上说得对。你希望孩子怎样。你就会怎样。每位父母都应记得这句话。

理解孩子的报复行为

孩子决定通过一次行为不端来报复父母，孩子向父母挑衅，父母发怒，再次惩

罚他，孩子再次报复，一种恶性循环就这样开始了。

《塔木德》中记载着这样一个故事。

有一个人向拉比托夫抱怨自己的儿子。那年轻人完全脱离了宗教，这对他父亲的打击很大。

“我该怎么办，拉比？”发狂的父亲问。

“你爱你的儿子吗？”

“当然爱”。

“那就更加地爱他。”

孩子也有心情不好的时候，孩子也有受了委屈或伤害的时候，孩子也有发怒的时候，孩子也有……当孩子在承受这一切之时，他也想使用报复。当然，父母是首当其冲的，因为父母在这中间是孩子的直接矛盾人之一。

报复对孩子来说是很重要的，因为他们在潜意识里有着强烈的平等意识。

孩子的报复通常主要表现在以下方面：

有些孩子在他人面前使父母感到窘迫。

有些孩子打破对父母来说非常心爱的物品。

有些孩子伤害年幼的弟弟妹妹。

有的孩子离家出走。

有的孩子打碎窗户或者是有价值的东西。

当父母因为某件事要惩罚孩子，但孩子认为父母的做法不公平的时候，他往往就会付诸报复行为。

孩子决定通过一次行为不端来报复父母，孩子向父母挑衅，父母发怒，再次罚惩他，孩子再次报复。一种恶性循环就这样开始了。

有些父母对于他们的教育方法缺乏自信。如果是一个聪明的孩子，他会很快明白父母的意图，并很快来利用父母的这一弱点对父母进行报复。

作为父母首先要坚信自己的能力。只有这样。才不会时时成为孩子报复的对象。

父母所要做到的是：

坚持原则。

当孩子戳到痛处时，要坚强一点。

相信自己是一个好父母。

在管教孩子之时，尽量聚焦于肯定性方面。

不要老是批评孩子。

确保每一项惩罚都是公正的，而且对你的孩子有意义。

你所实施的惩罚不应该使孩子感到羞辱和窘迫。

教会孩子做出更好的决定。

不要因为孩子做的某件事伤害了你或者是让你生气，而使你来惩罚与报复他。

生活中有许多父母是通过孩子的成功来衡量自己的价值的。失败的孩子的父母就会这样想：

如果我是成功的好父母，我的孩子恐怕就不这样糟糕了。

很多的父母们认为，如果他们的孩子不够完美，那么他们一定不是一个合格的父母。

一位犹太教育学家说：

如果父母们有这种想法，这就使自己处于一个很容易受到孩子攻击的境地。这样的父母就很容易戳到孩子痛处。

犯错误与改正错误一样珍贵

孩子就是再小，父母也要把他们当作成人一样对待——要像尊重成人一样尊重他们。年幼无知的弦子当然会经常犯错误。父母管教孩子是有必要的，但不能因为他们不懂事就不尊重他们。

《塔木德》中说：不论孩子对我们多么重要，他们最终也不属于我们。

犹太教育家切尼说：我决不为我的孩子做任何他自己能做的事情。

如果说对孩子放任不管的父母浪费了孩子宝贵的生命，那么过分呵护孩子的父

母却是给孩子的人生布下了充满诱惑的陷阱。有的父母已深深认识到这一点对孩子的重要性，于是就要求孩子从小学会自己洗衣服、洗碗、铺床叠被。

有的父母却不是这样，宁愿自己受苦也不让孩子帮着做一点事，孩子的事情总是不辞劳累统统代劳。这样的结果，只能让孩子在不知不觉中丧失了动手的能力，而这种能力丧失的后果，是直接损害了孩子的自信心。一个处处受到保护的孩子，一个永远也没有机会尝试成功与失败的孩子，也就永远无法体验到成功的喜悦。

孩子有犯错误的权力，也有改正错误的权力。作为父母，应该培养孩子敢于犯错误、敢于失败的精神。孩子与成人有一样的权力。对于孩子来说敢于犯错误与改正错误是一样珍贵。父母只有鼓励孩子、放手让孩子去自由的运动，这样才能培养出孩子的自信心和独立精神，所以父母应该尽量鼓励孩子去做力所能及的事情。

在家庭中，父母可以鼓励孩子帮助自己收拾桌子、清洗地板、收拾屋子、洗涮碗筷等，孩子自己可以料理自己的生活，比如穿衣服，洗衣服等，哪怕是孩子干得十分的糟糕，父母也要对孩子的劳动加以肯定与鼓励。

不要认为孩子还小，就可以对孩子的一些行为放任不管。孩子就是再小，父母也要把他们当作成人一样对待——要像尊重成人一样尊重他们。年幼无知的孩子当然会经常犯错误。父母管教孩子是有必要的，但不能因为他们不懂事就不尊重他们。

孩子需要一个空间去成长，他们需要一个空间去试验自己的能力，需要一个空间利用自己的能力应付社会。如果父母过多的帮助孩子，过多的为孩子分担事务，这样只能剥夺孩子自由发展的能力，剥夺孩子自立、自强的精神与信心。

犹太智者朱特比说的好：让孩子自己的事自己解决，过分呵护孩子反而害了孩子。

五、犹太人的励志教育

每个孩子都是出色的棒球手

那些积极向前，肯定自己有更大的价值的人，往往能得到很高的报酬。这种人相信自己能处理艰巨的任务，结果他们就真的能做到。这样的人所做的每一件事情，包括待人接物、个性、想法和见解等，都显示出他是专家，是一位不可或缺的重要人物。

玛丽生长在一个普通的犹太家庭中，从小的家庭教育培养了玛丽的高度自信。独立不羁的个性使她常常有一种心理优越感。玛丽所在的学校经常请人来校演讲，每次演讲结束，她总是第一个站起来大胆地提问。不管她的问题是否幼稚，是否尖锐，她总是充满好奇地脱口而出，而其他的女孩子则往往由于胆怯而不敢开口，她们只是面面相觑或抬眼望着天花板。

每次回家后玛丽向父亲汇报学校的情况时，父亲总是鼓励她："好孩子，你有这样的信心，我真的为你感到骄傲，你一定会成为一个出色的辩论家。"

父亲的不断鼓励使玛丽对自己的口才充满了自信。玛丽上中学时，她是学校辩论俱乐部的成员，演讲从不怯场。但老实说当时玛丽的演讲技巧一点也不高超，用她同学的话说就是根本不能振奋人心，这自然不受同学欢迎。但是，即使这样，玛丽也毫不顾忌，一有机会就滔滔不绝上台演讲。

有一次，因为她讲的内容大家不感兴趣，而且她又讲了很长时间，台下嘘声、讽刺声、嘲笑声随之而起，但是玛丽自信好强的个性却使她根本不把这些放在眼里，依然毫不脸红地演讲下去。到后来，听她演讲的人都跑光了，她却仍然坦然地把自己想讲的话讲完才停止。许多同学对她这种突出个性不理解，而她对别人的议论也毫不在乎，一直维持着独立自信、我行我素的个性。

当自己面临困境时，犹太人最先想到的是“我会赢”，而不是“我可能会输”。当自己与别人竞争时，犹太人最先想到的是“我跟他们一样好”，而不是“我无法跟他们相比”。当出现机会时，犹太人最先想到的是“我能做到”，而不是“我不能做到”。他们深知自信的重要性，并对他们的子女从小就灌输这种思想。

有个犹太小男孩，头戴球帽，手拿球棒和棒球，全副武装地走到自家后院，大声喊：“我是世上最伟大的棒球手。”他满怀自信地说完后，便将球往空中一扔，然后用力挥棒，虽然没打中，但是他毫不气馁，继续将球拾起，往空中一扔，然后大喊一声：“我是最厉害的棒球手。”他再次挥棒，可惜仍是落空。他愣了一下，然后仔仔细细地将球棒与棒球检查了一番。之后他又试了三次，这次他仍告诉自己：“我是最杰出的棒球手。”然而他这一次的尝试还是落空了。“哇!”他突然跳了起来，“我真是一流的投手。”

可见，信心的大小决定了成就的大小。庸庸碌碌，过一天算一天，总认为做不了什么事的人，仅能得到很少的报酬。这样的人认为自己不可能做出伟大的事情，结果他们就真的不能；如果认为自己很不重要，那么你所做的每一件事就真的无足轻重。久而久之，连你的言行举止也会表现得缺乏自信，如果你不能将自信抬高，你就只能在自我评估中萎缩，变得愈来愈渺小，而且一个人怎么看待自己，也会使别人怎么看待他，于是这种人在众人的眼光下又会变得更加渺小。

相反，那些积极向前，肯定自己有更大的价值的人，往往能得到很高的报酬。这种人相信自己能处理艰巨的任务，结果他们就真的能做到。这样的人所做的每一件事情。包括待人接物、个性、想法和见解等，都显示出他是专家，是一位不可或缺的重要人物。

每个父母都应该像犹太父母那样，教育孩子从小树立信心，相信自己。

大声说出孩子的优点

当着自己孩子的面．父母要公开、大声地赞扬孩子的优点。要让孩子从小知道，父母以他为荣。

犹太人培养孩子自信心的有效方法有：

发掘自己家族或亲戚方面取得杰出成绩的当代人或历史人物，经常用来鼓励孩子，以此增加孩子的自豪感。

发掘孩子的优点，抄写在一张大纸上，贴在家人和孩子容易看到的地方，例如同情心、正义感、歌唱、表演、绘画才能等。当孩子遇到困难和挑战显得退缩、信心不足或畏惧时，可以引导孩子回忆过去的光荣成功史。

当着自己孩子的面，父母要公开、大声地赞扬孩子的优点。要让孩子从小知道. 父母以他为荣。

对孩子没有过高要求，赞美孩子取得的最微小进步。

父母要用积极的言语评价孩子的一切行为。

让孩子做他自己会做的事情。

教孩子认识自己的缺点，认识到自己的力量。

家庭和睦的孩子更容易成功

家庭是一个神圣的地方，从和睦友爱的家庭中走出的孩子，更容易获得成功和接受丰厚的报酬。

有两个兄弟为了母亲的遗嘱而争吵起来，双方各执一词，互不相让。最终反目成仇. 互不来往，见面也形同陌路人。

这兄弟俩自幼形影不离，战争期间，相依为命。不料，现在却为母亲的遗嘱反目为仇。时间长了，二人都觉这样不妥，分别到拉比那里诉说情况，希望能言归于好，恢复手足之情。

拉比趁机给他们讲了一段《塔木德》上的故事：

在以色列某地，有两兄弟，哥哥已经结婚生子，弟弟还是单身汉。父亲死后，他俩平分了父亲的遗产。

苹果和玉米丰收之后。兄弟俩把它们公平地分成两份，储存在各自的仓库里。

弟弟想，哥哥是有妻室的人，开支较大，生活肯定有难处，而自己单身一个，

不应该平分收成，便在夜里把自己所分得的收成搬一些到哥哥的仓库里。

哥哥也在想，自己已有妻儿，年老之后有人侍奉，弟弟仍旧孤身一人，应该为他储备积蓄，以供结婚和养老之用。哥哥在这么想着的时候，也在夜里把自己所分得的收成装进麻袋，悄悄地往弟弟的仓库里搬。

第二天，两人去仓库时，惊讶地发现仓库里的东西跟前一天相比，并没有减少。虽然心中纳闷，但脸上并没有表现出来。

第二天晚上和第三天晚上，兄弟二人仍然重复着前一天晚上所做的事。

在第四天晚上，兄弟俩在搬运途中不期而遇，当他们发现彼此之间竟是如此关心对方时，连忙放下手中的东西，感动得相抱而泣。

这个故事使为了母亲遗产而闹纠纷的兄弟俩听后大受感动，他们当着拉比的面握手言和，欢快而去。

犹太人不仅重视兄弟之间的关系，更重视家庭的和睦。

拉比美雅是众所公认的天才演说家。每个周五晚上，他都要在礼拜堂里宣讲教义. 听者数以百计。其中有一位妇女对美雅的口才佩服得五体投地，为之着迷不已。

通常，周五晚上，犹太妇女都要在厨房准备安息日的饭菜，但是这位崇拜美雅的妇女，每次都到教堂听讲而耽误了家里的事。

美雅讲道时间很长，但听众却感觉不到，时间在不知不觉中过去。有一天，这位妇女听完讲演回到家时，发现丈夫怒气冲冲地在门口等她，看到她就暴跳如雷地骂道：

“明天就是安息日了，饭菜还没有准备好，你到哪里去了？”

妇女回答道：

“我到教堂去听拉比美雅讲道了。”

丈夫气急败坏地说：

“除非你往拉比的脸上吐一口痰，否则你休想再进这个家。”

这位妇女只得暂时借住在朋友家中。

消息传到拉比美雅的耳朵里，他深感不安，因为自己讲道时间过长而破坏了一个家庭的和睦。自责的同时，他邀请这位妇女到自己家中，对她说：

“我的眼睛很痛，用水洗一洗也许会好一些。请你替我洗一洗。”

这位妇人听后非常生气，以为美雅是在调戏她，就朝美雅的眼睛吐了一口痰。

这位妇女回家了，丈夫还能有什么话说呢？

弟子们问美雅：“您是一位尊贵的受人尊敬的拉比。怎能甘受侮辱而不声不响呢？”

美雅说：“只要能挽回一个家庭的和睦，任何牺牲都是值得的。”

《塔木德》说：

家庭是一个神圣的地方，从和睦友爱的家庭中走出的孩子，更容易获得成功和接受丰厚的报酬。

不要让孩子感到窘迫

对孩子进行简单而行之有效的惩罚，要比苛刻的惩罚更有立竿见影的效果。不要因为你的弦子不肯吃那些你认为对他身体有好处的东西，而对他实行一个星期的限制，拿走他的点心就可以了。

惩罚孩子时，不要让孩子感到羞辱或者说是被贬低，也不要让孩子感到窘迫。

父母惩罚孩子的目的是要让孩子认识到，不好的行为源于某种不好的决定，良好的行为取决于某种好的决定。当父母惩罚孩子让孩子感到窘迫时，这种惩罚所制造出的不健康的感情会让孩子受到某种程度上的伤害。

同时，这种窘迫只会导致孩子认为你卑鄙或者是不公平。

当这种情形出现时，你的孩子可能会以怒气相对抗，出现这样的情况只能让你与你的孩子形成一种恶性循环。

惩罚必须合理。对孩子进行简单而行之有效的惩罚，要比苛刻的惩罚更有立竿见影的效果。惩罚是依据孩子的不良行为的大小做出适当的处理。不要因为你的孩子不肯吃那些你认为对他身体有好处的东西，而对他实行一个星期的限制，拿走他

的点心就可以了。

合理的惩罚，会让孩子认识到恰当的行为对他们来说是重要的。

对于孩子反复发生的不良行为，只有在你尝试过几种积极的补救措施之后，实施惩罚才是应该的。例如你的两个孩子吵架，你可以对这两个吵架的孩子说：

“如果你们不停止打架，这个周末你们就不要出去玩。”

指出孩子的不良行为时，他们的影响比惩罚的效果更好。当孩子们相互协作和共享欢乐的时候，使用鼓励和肯定的态度，会有另一种效果。

对于孩子的不良行为，大多数成年人会首先想到用惩罚来处理这件事，如果你用肯定性的反馈来加强不良行为举止的对立面，就可以改善不良行为举止本身。肯定性反馈使用起来容易得多，也有趣得多，肯定性反馈创造孩子们的内在动力。它教孩子自律，并能促成一种健康、愉快的家庭氛围。

使用肯定性反馈，强化孩子某种良好行为举止，当他们试图用某种否定方式引起你的注意时，不要理睬他们。

回家迟到的孩子第二天不能外出。

没有完成分内家务活的孩子要丧失部分零花钱。

对孩子使用肯定性反馈有以下好处：

1. 让孩子愉快地接受。

2. 强调孩子良好的行为和举止，它教会孩子思考。

3. 增加动机。

4. 给孩子创造出成功感。

5. 增强孩子的自尊。

6. 给孩子自信。

7. 教会孩子相信他们的决定。

8. 激励孩子去寻找目标。

9. 当孩子做出好的决定时，他感到开心。

10. 鼓励孩子和父母们交谈。

11. 教会孩子看到其他人肯定性的方面。

成功的父母强调积极的方面。肯定性反馈、杜绝和惩罚总是有效的，无论你是否意识到了这一点。成功教育的关键是清醒地认识到这些原理，并根据你的需要加以使用。

把孩子的话听完再说

当孩子跟父母说话时，父母要尽可能放下手中的活，听孩子说话。只有这样，才能让孩子觉得父母很在意他说话，感到自己受到尊重和鼓励，也就更愿意向父母说出自己的内心感受了。

在家庭教育中，有一些孩子兴冲冲地想跟父母说一些事，但父母总是忙着手中的事，不顾孩子想说什么就武断地打断孩子的话。有的父母在惩罚孩子时，根本不想听孩子要说什么，也不想去了解事情的根源。

如果这样下去，亲子之间的沟通就会发生问题。

如何来克服这个问题呢？一位犹太家长认为，作为父母，首先要做到的是：当孩子跟父母说话时，父母要尽可能放下手中的活，听孩子说话。只有这样，才能让孩子觉得父母很在意他说话，感到自己受到尊重和鼓励，也就更愿意向父母说出自己的内心感受了。如果和孩子形成这样的良性循环，孩子也就不会向父母隐瞒什么了。

作为一个称职的父母，在听孩子的谈话中，不但要努力地听进去，而且还要思考，能从孩子的谈话中发现孩子谈话中的闪光点。对不好的加以指正，对好的加以真诚的赞扬。当然，在这个过程中要用平等与欣赏的态度与孩子讨论。

在与孩子的交谈中，如果孩子指出父母的缺点，父母应该谦虚地接受，并表示感谢：或者向孩子解释自己为什么会有这种缺点，甚至可以真诚请孩子帮助自己改正缺点。

在与孩子的交谈中，如果孩子主动把自己犯的错误、接受的批评告诉了父母，父母应该首先表扬孩子的勇敢精神和真诚态度，对孩子这种直面现实的行为表示肯

定。接下来可以和孩子一起进一步分析他面临的问题，包括原因、克服的措施，甚至于可以进一步讨论。如果不改正缺点和错误会造成什么样的后果，让孩子加深对问题的认识，增强改正缺点的决心。

在与孩子的交谈中，不少父母都认为孩子不会说出什么有意义的事情。这种认识是不对的，一个孩子有他的经历就会有他自己的思想。虽然孩子很小，可是他们也有得到尊重与爱的需要。因为孩子弱小，一切都要靠成人帮助，因此往往显得特别的无助，这也就更加需要父母的关心和爱护。

如果作为父母只顾自己感情的需要，不顾孩子的心理的需要，把自己的意志加在孩子的头上，强迫孩子按照自己的想法去做，这样只能让孩子更加孤独。如果父母仔细倾听孩子的诉说并回答孩子的问题，不但可以加深亲子关系，还可以加强孩子的信赖感和安全感。

孩子成功来源于父母夸奖

如果父母对孩子的成绩视而不见，只是一味地指责孩子，孩子可能会认为自己做什么都不行，在孩子心里父母的要求永远也达不到，这就会使孩子非常沮丧，以至于完全放弃努力。

犹太智者朱西蒙特认为：鼓励孩子的真正意义在于父母对孩子的宽容，而这类宽容的直接表现是多给孩子一次机会。

在我们周围，不是有很多人抱怨自己没有获得成功的机会吗？既然成年人都这样渴望机会，那么孩子也一定需要。

教育博士塞德兹认为，使孩子成为天才的办法就是对孩子说：你真棒！

塞德兹博士七岁的孩子学骑单车时，一开始怎么也学不会，而且摔得浑身是伤。连孩子的妈妈也不忍心孩子再学下去了。只有他坚持认为孩子可以学会，并不断地鼓励孩子说："爸爸相信你，你一定能学会，你是一个非常棒的孩子，只要再坚持就能学会。"果然，没过多久，孩子就学会了骑车。

有些父母常常忽视孩子自身的特点和心理感受，不问什么理由随意打骂孩子，

这样很容易挫伤孩子的自尊心。相反，如果父母对孩子不断进行鼓励，就会让孩子得到一种成就感。这是每一个做父母的应时刻关注的，也是时刻所要注意的。

在生活中有很多孩子在经过父母的无数次打击之后，便不再按照父母所希望的方向去努力，反而用反抗的心理逆向而行。这是为什么呢？

因为孩子从未得到过父母有效或恰当的鼓励，这样就导致了孩子自暴自弃。自贬自卑，认为自己做不出有价值的贡献，干脆就惹是生非弄出一些麻烦来，以期得到别人的注意。

孩子的自信，是在一次次成功的行动中培养起来的。因此，要尽量让孩子自己去探索，让孩子自己去搞懂自己不明白的事，让孩子自己去做自己想做的事，这样就能让孩子满足自己的成就，体验到成功的喜悦。

在很多家庭中，父母都希望自己的孩子是诗书满腹的才子，不停地向孩子灌输各种各样的知识，殊不知这种灌输对孩子的信心有很大的束缚作用。父母经常低估了孩子的学习与自我观察能力。只要父母们留心就可以发现，自己的孩子有时有出人意料的聪明之举，这是因为孩子的思路开阔，对事物有惊人的理解与洞察能力，没有任何观点的束缚，很多见解超过了成年人。

在生活中，父母忽略了孩子这一点，无心去思考孩子的意见。当他们迫使孩子接受自己观点的时候，孩子们积极去探索世界奥秘的信心遭受了粗暴的打击。

作为父母，应当细心观察自己的孩子在哪些地方取得了进步，并对孩子这种进步进行适当的表扬与肯定。有的父母见到孩子做了一件不错的事也缄口不言，从不夸奖孩子，怕助长孩子的傲气，其实不然。作为父母为什么不为孩子的进步而感到骄傲呢？

父母在表扬孩子时既要注意用温和平静的口吻，把话讲清楚，让孩子有一种亲切感，又要用充满鼓励的眼神，让孩子从你的眼中看出你对他的嘉许。

父母指出孩子的不足时，也要采用适当的方式。最好先肯定孩子的成绩，然后再进一步指导孩子怎么做。如果父母对孩子的成绩视而不见，只是一味地指责孩子，孩子可能会认为自己做什么都不行，在孩子心里父母的要求永远也达不到，这

就会使孩子非常沮丧，以至于完全放弃努力。

很多教育家的理论证明，每个人都有成就感与自尊感的需要，每个孩子也不例外地渴望获得他人的认可与肯定。对孩子进行鼓励之所以能够帮助孩子树立自信心，这是因为符合孩子喜欢成功、喜欢鼓励的心理特点，它可以成为一个孩子成功的动力。

孩子的成功来源于父母的夸奖。孩子需要成功，也需要夸奖与鼓励。父母如果希望孩子成才，首先要为孩子创造机会让孩子尝到成功的欢乐。在每个孩子身上都有某方面的成功或优点，如果父母善于发现和肯定，就会使孩子更加自信，更有热情，更加努力，这是一个良性的循环。

相信就能做到任何事

相信，能使人努力克服困难，排除障碍，去争取胜利。如果你对自己有充分的信心，你就能做到任何事情！

一个星期六的下午，斯帕克急匆匆地回到家，准备把院子里的一些必须做的工作处理掉。当他正在打扫院子里的落叶时，5 岁的儿子尼克走过来，拉了拉斯帕克的裤腿：“爸爸，我需要你帮我写一个牌子。我打算把我的一些石头卖掉。”

尼克一直对石头很着迷，他自己从各处搜集了许多。此外，别人也送给他一些，在他家的车库里放着满满一篮子的石头，他定期为它们清洗、分类和重新堆放。它们是他的珍宝。

过了一会儿，尼克拿着他的牌子，一只小篮子和四块最好的石头向车道尽头走去。在那里，他把石头一字儿排开，把篮子放在它们的后面，自己则在地上坐下来。斯帕克从远处注视着儿子，关注事情的发展。

大约过了半个小时，没有一个人从那里经过。斯帕克走过车道来到儿子面前，想看看他正在做什么。

“怎么样，尼克？”斯帕克问。

“很好。”他回答。

“这个篮子是做什么用的?”斯帕克问。

“放钱的。”他一本正经地回答。

“你给石头定价多少?”

“每块1美元。”尼克说。

“尼克，没有人会愿意出1美元买一块石头的。”

“不，有人愿意的!”

“尼克，我们这条街道一点也不繁华，没有什么人从这里经过，你为什么不把这些东西收起来，去玩一会儿呢?”

“不，有许多人从这里经过，爸爸。”他说，“人们在我们这条街道上散步，骑自行车锻炼，还有人开着他们的汽车到这里来看房子。这里有很多人。”尼克一直耐心地坚守着自己的岗位。又过了一小会儿，一辆小型货车沿着街道驶过来。当尼克精神抖擞地把他的牌子举起来使它正对着那辆小型货车的时候，斯帕克凝神注意观察着。当那辆小型货车从尼克面前慢慢经过的时候，他看见一对年轻夫妇正伸着脖子在看尼克的牌子上的字。他们继续沿着这条道路向前方的死胡同开去，不大一会儿，他们原路折回来了。当他们再次从尼克身边经过的时候，车上的女士摇下了玻璃窗，斯帕克听不见他们的谈话，但他看到她转过头对那个开车的男人说了些什么，然后那个男人递给她1美元。她下了车，走到尼克面前，在对那些石头做了一番仔细地的观察比较之后，她选中了其中的一块，递给尼克1美元，然后开着车离开了。

斯帕克坐在院子里，看着尼克向自己跑过来，他手里挥舞着那张1美元的钞票，嘴里大声嚷着:“我卖了1美元!”

故事中，这位犹太父亲并没有完全限制儿子，而是让他按照自己的想法做事。这正是犹太民族的教育智慧。

在学校里，犹太拉比们常教育孩子说:

相信，能使人努力克服困难，排除障碍，去争取胜利。如果你对自己有充分的信心，你就能做到任何事情!

先超越自己再超越别人

先天只是出身，后天才是生命的实质，生命的实质必然要由超越来维持和升华——超越自我——超越出身——超越局限。

两人各拥有一条长10米的绳子，怎么让对方的绳子变短？用剪刀剪短对方的？还是用绳子加长自己的？不同的人的选择是不同的。

《塔木德》上说：超越别人，不如超越自我。

在犹太人看来，人的生命由两部分组成，父母给予的以及自己赋予的，其实也就是先天和后天。先天只是出身，后天才是生命的实质，生命的实质必然要由超越来维持和升华——超越自我——超越出身——超越局限。

犹太人常常用一则故事来教导孩子。

有一对父子俩都是拉比。父亲性格温和，考虑周到；而儿子却孤僻、傲慢，所以他一直没有成功。

有一天，儿子对父亲抱怨。老拉比说："我的孩子，作为拉比，我们之间的区别是：当有人向我请教律法上的困难问题时，我给他回答。他提的问题以及我的回答，我的提问人和我都满意；但是若有人问你问题，则双方都不满意——你的提问人不满意，是因为你说他的问题不是问题；你不满意是因为你不能给他一个答案。所以，你不能怪别人而必须放下架子鼓励自己，才能成功。"

"父亲，你是说我必须超越自己？"

"是的，"父亲回答，"真正超越从前自我的人，才是真正成功的人。"

正因为犹太人把"超越自己"的历史传统融入了血液中，所以，犹太民族成了全世界最勤奋的民族。

一位犹太教育家说的好：

如果勤劳自勉，借以超越自己，那么总有一天，就会自然而然超越了别人。

不把牛拉出来就不能回家

人生难免会遇到各种各样的障碍。在遇到困难时，不会总是有人奇迹般出现前来救你。能救你的，只是你的苦干决心和奋斗出头的决心。

莱德认为自己的母亲是个了不起的女人。他爸爸因心脏病去世时。他才 21 个月大，哥哥 5 岁。母亲虽无一技之长，又没有受过教育，却毅然负起抚育莱德和他哥哥的责任。

莱德 9 岁时找到了一份在街上卖报纸的工作。他需要那份工作是因为他们需要钱——虽然是那么一点点钱——但是莱德害怕，因为他要到闹市区去取报卖报，然后在天黑时坐公共汽车回家。他在第一天下午卖完报回到家时，便对妈妈说自己决不再去卖报了。

“为什么?”母亲问道。

“你不会要我去的，妈。那儿的粗手粗口非常不好。你不会要我在那种鬼地方卖报的。”

“我不要你粗手粗口。”母亲说道，“人家粗手粗口，是人家的事。你卖报，可以不必跟他们学。”

母亲并没吩咐莱德该回去卖报，可是第二天下午，他照样去了，因为母亲自己就会这样做。那年稍晚时候，莱德在圣约翰河上吹来的寒风中冻得要死，一位衣着考究的女士递给他一张 5 美元的钞票，说道：“这足够付你剩下的那些报纸钱了。回家吧，你在这外面会冻死的。”结果，莱德做了他知道妈妈也会做的事——谢谢她的好心。然后继续待下去，把报纸全卖掉后才回家。冬天挨冻是意料中的事，不是罢手的理由。

等到莱德长大以后，每次出门时，母亲都会告诫他：“要学好，要做得对。”人生可能遇到的事，几乎全用得上这句话。

最重要的是，母亲教育莱德一定要苦干。母亲会说：“要是牛陷在沟里，你非得拉它出来不可。”哪怕是天冻得连眼珠都会裂开，或者下雨，再或不论你喜不喜

欢，甚至你不舒服，总是要把牛拉上来。

比起那些宠爱孩子的，犹太父母的教育意识值得我们学习。

人生难免会遇到各种各样的障碍。在遇到困难时，不会总是有人奇迹般出现前来救你。能救你的只是你的苦干决心和奋斗出头的决心。

每个父母都有责任让孩子明白这些道理。

等待的人最终会得到一切

忍耐是一种高素质的象征，善于等待的人最终得到他想得到的一切。

《塔木德》上说——

等待的人，最终会得到一切。

据说，犹太史上最伟大的拉比希雷尔，是一个堪称忍耐典范的人。

关于他，在犹太人中还有一个广为流传的故事：

一次，有两个人打赌，说如果谁能让希雷尔拉比发火，就可以赢 400 元钱。

这天刚好是安息日前夜。希雷尔正在洗头。

这时，有个人来到门前，大声喊道："希雷尔在吗？希雷尔在吗？"

希雷尔赶忙用毛巾包好头，走出门问道："孩子，你有什么事？"

"我有个问题要请教。"

"那就请讲吧，孩子。"

"为什么巴比伦人的头是圆的？"

"你提出了一个重要的问题，原因在于他们缺乏熟练的产婆。"

那个人听完，就走了。

过了一会儿，他又来了，大声喊道："希雷尔在吗？希雷尔在吗？"

希雷尔拉比连忙又包好头，走出门来问道："孩子，你有什么事？"

"我有个问题要请教。"

"那就请讲吧，孩子。"

"为什么帕尔米拉地方的居民都长烂眼睛？"

“你提出了一个重要的问题。原因在于他们生活在沙尘飞扬的地区。”

那个人听完，又走了。

过了一会，那个人又回来了，问：

“为什么非洲人长的都是宽脚板？”

“你提出了一个重要的问题。”希雷尔拉比说，“原因在于他们生活在沼泽地带。”

那个人听完了，没走，又说道：“我还有许多问题要问，但我怕惹您生气。”

希雷尔干脆把身上都裹好了，坐下来说：“有什么问题，你尽管问吧。”

“你就是那个被人们称为以色列亲王的希雷尔吗？”

“不错。”

“要真是这样的话，但愿以色列不要有许多像你这样的人。”

“为什么呢？”

“因为为了你，我输掉了400元钱。”

希雷尔问明情况后，对他说：

“记住了，希雷尔是值得你为他输掉400元钱的，即使再加400元也不算多，不过希雷尔是决不会发火的。”

在犹太人看来，忍耐是一种高素质的象征，善于等待的人最终得到他想得到的一切。

正如一位犹太拉比所说：

如果你的表现不尽如人意，首先要采取的行动是以退为进，而不是铤而走险。

只有尝试才能得到正确答案

孩子的成长过程也是认知的过程，大人的经验固然对孩子的成长有很大的帮助，但孩子的亲自尝试要比大人的教诲深刻得多。即使孩子在亲身体会的过程中犯错误，我们也要允许他们犯错误。

鼓励孩子勇于尝试，让孩子不断提升自我。犹太父母经常强调这一点。

父母是孩子最早的教师，父母的言传身教对孩子的影响非常大。但很多父母在教育孩子时，往往只是直接灌输自己的过往经验，代替孩子回答问题，而不是启发孩子，让孩子在亲身实践中得出自己的答案。

犹太拉比经常给孩子们讲这个故事。

18 世纪下半叶，本杰明·韦斯特在英国画坛的杰出表现被称为艺术奇才的“横空出世”。这位英国皇家学院的院长，一生的作品除少数宗教、神话题材的以外，绝大多数是描绘英国在殖民北美洲时期的一些历史题材。他被英王乔治三世奉为上宾，雷诺兹爵士称他为最值得尊敬的怪物。本杰明·韦斯特 1738 年 10 月出生于美国，不到 20 岁就已经是纽约市颇有名气的肖像画家了。

关于自己的成功，他宣称是母亲的一个吻才使他有了今天的成就。本杰明·韦斯特的母亲年轻时叫萨拉·皮尔森，是一个贵格会信徒的女儿，她嫁给了一个贵格会信徒韦斯特之后就一直定居在宾夕法尼亚州的印第安人居住地。他们共有十个孩子，本杰明·韦斯特是十个孩子中的老小。韦斯特的家庭很清贫，十个孩子的大家庭的重担几乎都压在了萨拉一个人的身上。

1745 年，本杰明·韦斯特 7 岁。这年夏天的一天，母亲让本杰明去照看亲戚家的一个婴儿。让他用扇子赶走婴儿脸上的苍蝇。那天中午，在本杰明的细心呵护下，婴儿慢慢地进入了梦乡。小本杰明·韦斯特被熟睡着的婴儿的异常美丽吸引住了。他用手在扇子上比画着，好像要画下婴儿美丽的脸庞。这一切被母亲萨拉捕捉到了。“你想画下宝宝的脸吗？”萨拉微笑着问本杰明。“我不会画画，我画不出。”本杰明说。“可是你不画怎么知道你画不出呢？”萨拉指着桌子上的一红一蓝两瓶墨水说，“你试试。”母亲说完便走了。本杰明拿出一张纸，打开墨水瓶，画了起来。过了好一会儿，画是画好了，可是他的脸上、衣服上都沾了很多的墨水，桌子上也是一片狼藉。他担心母亲看到这个脏乱的局面的话他可能会挨骂。哪知母亲走来后，用她特有的慈爱目光看了一眼那张画，声音颤抖着惊叫起来：“哦，天哪，这简直就是小萨莉的照片啊！”然后她搂着本杰明的脖子，亲吻了他一下，并且说，“总有一天你会成为一个伟大的艺术家。”

孩子的成长过程也是认知的过程，大人的经验固然对孩子的成长有很大的帮助，但孩子的亲自尝试要比大人的教诲深刻得多。即使孩子在亲身体会的过程中犯错误，我们也要允许他们犯错误。因为他们有能力去犯错误，也同样有能力改正自己的错误，在犯错误中得到正确的答案，那是最珍贵的。本杰明·苇斯特母亲的做法就很值得我们学习。

孩子在日常的学习和生活当中会有许许多多的疑问。做家长的要意识到疑问是孩子求知的动力。犹太家长在孩子有了疑问的时候，先不忙着给孩子正确的答案，他们会因势利导，让孩子在疑问中探求事情的真相，借此启发孩子的探求欲望，这样，孩子的分析问题能力和解决问题能力将会得到加强。

每位父母都应该像犹太家长那样，鼓励孩子勇于尝试，让孩子不断提升自我。

欣赏孩子，首先应该营建和睦家庭

犹太人的早教观念认为，家庭和睦的孩子更容易成功。他们认为，要想让孩子成为优秀的孩子，成为让人欣赏的孩子，首先应该营建和睦家庭。在流传了三千三四百年的羊皮卷、犹太人至死研读的仅次于《圣经》的典籍《塔木德》中有这样一段话："家庭是一个神圣的地方，从和睦友爱的家庭中走出的孩子，更容易获得成功和收获丰厚的报酬。"因此，为了培养孩子，犹太人把营建温馨快乐的家庭当作头等大事。

有两个兄弟自幼形影不离，战争期间，相依为命，不料现在却为母亲的遗嘱反目为仇。双方各执一词，互不相让，最终互不来往，见面也形同陌路人。

时间长了，二人都觉这样不妥，分别到犹太智者拉比那里诉说情况，希望能言归于好，恢复手足之情。

具有伟大智慧的拉比趁机给他们讲了一段《塔木德》上的故事：

在以色列某地，有俩兄弟，哥哥已经结婚生子，弟弟还是单身汉。父亲死后，他俩平分了父亲的遗产；苹果和玉米丰收之后，兄弟俩把它们公平地分成两份，储存在各自的仓库里。

弟弟想，哥哥是有妻室的人，开支较大，生活肯定有难处，而自己单身一个，吃饱了全家不饿，不应该平分收成。这样想着，弟弟便在夜里把自己所分得的收成搬一些到哥哥的仓库里。

哥哥也在想，自己已有妻儿，年老之后有人侍奉，弟弟仍旧孤身一人，应该为他储备积蓄，以供结婚和养老之用。哥哥这么想着，也在夜里把自己所分得的收成装进麻袋，悄悄地往弟弟的仓库里搬。

第二天，两人去仓库时，惊讶地发现仓库里的东西跟前一天相比，并没有减少。虽然心中纳闷，但脸上并没有表现出来。

第二天晚上和第三天晚上，兄弟二人仍然重复着前一天晚上所做的事。

在第四天晚上，兄弟俩在搬运途中不期而遇，当他们发现彼此之间竟是如此关心对方时，连忙放下手中的东西，感动得相抱而泣。

这个故事使得为了母亲遗产而闹纠纷的兄弟俩听后大受感动，他们当着拉比的面握手言和，欢快而去。

犹太人不仅重视兄弟之间的关系，更重视家庭的和睦。

美雅是一个被犹太人公认的天才演说。每个周五晚上，他都要在礼拜堂里宣讲教义，听者数以百计。其中有一位妇女对美雅的口才佩服得五体投地，为之着迷不已。

通常在周五晚上，犹太妇女都要在厨房准备安息日的饭菜，但是这位崇拜美雅的妇女，每次都到教堂听讲而耽误了家里的事。

美雅讲道的时间虽然很长，但听众却感觉不到，时间在不知不觉中过去了。有一天，这位妇女听完讲演回到家时，发现丈夫怒气冲冲地在门口等她，他看到她就暴跳如雷地骂道：“明天就是安息日了，饭菜还没有准备好，你到哪里去了？”

妇女回答道：“我到教堂去听拉比美雅讲道了。”

丈夫气急败坏地说：“除非你往拉比的脸上吐一口痰，否则你休想再进这个家。”

这位妇女只得暂时借住在朋友家中。

消息传到拉比美雅的耳朵里，他深感不安，因为自己讲道时间过长而破坏了一个家庭的和睦。自责的同时，他邀请这位妇女到自己家中，对她说："我的眼睛很痛，用水洗一洗也许会好一些。请你替我洗一洗。"

这位妇人听后非常生气，以为美雅是在调戏她，就朝美雅的眼睛吐了一口痰。

这位妇女回家了，丈夫还能有什么话说呢?

弟子们问美雅："您是一位尊贵的受人尊敬的拉比，怎能甘受侮辱而不声不响呢?"

美雅说："只要能挽回一个家庭的和睦，任何牺牲都是值得的。"

家庭和睦对孩子未来的事业会产生什么样的影响?答案是积极而肯定的。家庭是孩子成长的第一课堂，父母是孩子的第一任老师。在和睦温馨的家庭里，孩子过着无忧无虑、天真烂漫的幸福生活。父母常给孩子讲故事，带孩子郊游、逛公园、听音乐等，这些都有利于孩子接受多方面的知识，培养孩子的兴趣和爱好，使他们对周围的事物充满好奇心和求知欲。加之父母在生活上的悉心照料，这样氛围中的孩子一定健康又聪明。

快乐，对于孩子来说，就像新鲜空气对于人一样重要。在民主、宽容型的家庭中，孩子的个性表现得谦虚、有礼貌、自信、乐观，待人诚恳、亲切；在权威、专断型的家庭中，孩子的个性表现得怯懦、说谎、不信任别人、内向、孤僻、性情暴躁；在放纵、溺爱型的家庭中，孩子表现得自理能力差、好吃懒做、自私蛮横、不负责任、任性、没礼貌。

故事中的拉比给兄弟两人讲《塔木德》上的故事，演说天才美雅为了挽救一个家庭而甘受侮辱，足见犹太人在早教过程中，为了最大限度地增加孩子成功的概率，在营建充满爱和快乐的家庭方面所做出的种种努力。

接纳孩子，就意味着认同孩子

在犹太家庭中，父母很认同孩子的观点与主张，这一点是其他民族所无法相比的。在犹太人看来，不注重孩子的能力，就是扼杀孩子。

在一个专制家庭中长大的孩子，很难说出“不”字。试想一个这样的家庭，还能让孩子的性格得到健康成长吗？

专横的父母是不让孩子说“不”的。试想这样的父母，又怎能与孩子成为真诚的、平等的朋友呢？这样的父母又怎能把孩子放在最为重要的位置上呢？

成长中的孩子具有反抗行为。这是极为正常的事，也是自然的事。这表示孩子已经开始有自己的想法，而不仅仅只是接受。

在生活中，我们时常听到一些父母在说：“我的孩子理解能力很强，说了就能够理解，因此，他几乎没有什么反抗。”这样的话在教育学家们看来是危险的。

以色列学者瑞巴曾经将孩子分成反抗期现象与没有反抗期现象两种。就这个问题，瑞巴曾做过近20年的追踪调查，他专门调查这些孩子们的成长情形。结果发现，显示有反抗期现象的孩子们，后来多成为自主性较强的人格特质者，而未显示有反抗期现象的孩子，长大之后多成为缺乏自主性的人。

孩子没有表现反抗期现象其实有两种原因，一是孩子缺乏自己的主张与精神，二是由于父母施加太大的压力。这样就使孩子成为温顺、有固定形式的人格。

不少孩子之所以能成为活泼、有反抗精神的人，是因为在某一时期体验过自己的主张，能够以自身的实际体验为基础，通过进一步学习能表现自己的欲望或主张。

认同孩子最好的方式就是大声说出孩子的优点。当着自己孩子的面，父母要公开、大声地赞扬孩子的优点，要让孩子从小知道，父母以他为荣。犹太人努力发掘自己家族或亲戚方面取得杰出成绩的当代或历史人物，经常用他们来鼓励孩子，以此增加孩子的自豪感。

想要说出孩子的优点就要努力发掘孩子的优点。为此，犹太父母常常在一张大纸上，抄写同情心、正义感、歌唱、表演、绘画才能等，然后贴在家人和孩子容易看到的地方。当孩子遇到困难和挑战显得退缩、信心不足或畏惧时，可以引导孩子回忆过去的光荣成功史。

为了接纳和认同自己的孩子，犹太父母对孩子没有过高的要求，他们不放过赞

美孩子每一次取得的最微小进步，用积极的言语评价孩子的一切行为。同时，他们让孩子做自己会做的事情，教孩子认识在实践中的缺点，认识到自己的力量。

正是由于接纳、认同、发掘孩子的优点并大声说出来等方式，犹太人将早教技巧发挥到极致，成为犹太家教中最有效的激励法则。

让孩子在赞赏中不断实践、不断提升

犹太父母经常强调：鼓励孩子勇于实践，让孩子在赞赏中不断实践、不断提升自我。他们认为，孩子的成长过程也是认知的过程，大人的经验固然对孩子的成长有很大的帮助，但孩子的亲自尝试要比大人的教诲深刻得多。即使孩子在亲身体会的过程中犯错误，大人也要允许他们犯错误。

父母是孩子最早的教师，父母的言传身教对孩子的影响非常大。但很多父母在教育孩子时，往往只是直接灌输自己的经验，代替孩子回答问题，而不是启发孩子，让孩子在亲身实践中得出自己的答案。

犹太拉比经常给孩子们讲下面这个故事：

18 世纪下半叶，本杰明·韦斯特在英国画坛被称为艺术奇才的“横空出世”。这位英国皇家学院的院长，一生的作品除少数宗教、神话题材的以外，绝大多数是描绘英国在殖民北美洲时期的一些历史题材。他被英王乔治三世奉为上宾，雷诺兹爵士称他为最值得尊敬的怪物。本杰明 1738 年 10 月出生于美国，不到 20 岁就已经是纽约市颇有名气的肖像画家了。关于自己的成功，本杰明宣称是母亲的一个吻才使他有了今天的成就。

本杰明的母亲年轻时叫萨拉·皮尔森，是一个贵格会信徒的女儿，她嫁给了贵格会信徒韦斯特之后，就一直定居在宾夕法尼亚州的印第安人居住地。他们共有 10 个孩子，本杰明是 10 个孩子中的老小。韦斯特的家庭很清贫，10 个孩子的大家庭的重担几乎都压在了萨拉一个人的身上。

1745 年，本杰明 7 岁。这年夏天的一天，母亲让本杰明去照看亲戚家的一个婴儿，让他用扇子赶走婴儿脸上的苍蝇。那天中午，在本杰明的细心呵护下，婴儿慢

慢地进入了梦乡。小本杰明被熟睡着的婴儿的异常美丽吸引住了。他用手在扇子上比画着，好像要画下婴儿美丽的脸庞。

这一切被母亲萨拉捕捉到了。“你想画下宝宝的脸吗？”萨拉微笑着问本杰明。

“我不会画画，我画不出。”本杰明说。

“可是你不画怎么知道你画不出呢？”萨拉指着桌子上的一红一蓝两瓶墨水说，“你试试。”母亲说完便走了。

本杰明拿出一张纸，打开墨水瓶，画了起来。过了好一会儿，画是画好了，可是他的脸上、衣服上沾了很多的墨水，桌子上也是一片狼藉。他担心母亲看到这个脏乱的局面他可能会挨骂。

哪知母亲走来后，用她特有的慈爱目光看了一眼那张画，声音颤抖着惊叫起来：“哦，天哪，这简直就是小萨莉的照片啊！”然后她搂着本杰明的脖子，亲吻了他一下，并且说，“总有一天你会成为一个伟大的艺术家。”

这就是赞赏的力量，一种激励和温暖人心的力量！它也许并不华丽，但一定出自真心，在“赞美”之中包含着“欣赏”；它也许不具备点石成金的魔力，但一定拥有潜移默化、润物于无声的力量。

允许孩子犯错误，因为他们有能力去犯错误，也同样有能力改正自己的错误，在犯错误中得到正确的答案，那是最珍贵的。本杰明·韦斯特母亲的做法就很值得我们学习。

孩子在日常的学习和生活当中会有许许多多的疑问。做家长的要意识到疑问是孩子求知的动力。犹太家长在孩子有了疑问的时候，先不忙着给孩子正确的答案，他们会因势利导，让孩子在疑问中探求事情的真相，借此启发孩子的探求欲望，这样，孩子的分析问题能力和解决问题能力将会得到加强。

每位父母都应该像犹太家长那样去赞赏孩子，鼓励孩子勇于尝试，让孩子在赞赏中不断实践、不断提升自我。

激励孩子树立成功的自信心

犹太父母在培养孩子自信心时，经常会讲这样一个故事：

弗洛伦丝·查德威克是一个非常著名的游泳女将，她曾经横渡过英吉利海峡。1952年，她想从卡德林那岛游向加利福尼亚海滩，创造出一项新的纪录。

这天，当查德威克游近加利福尼亚海岸时，她的嘴唇已冻得发紫，全身一阵阵地寒战。此时她已经在海水里泡了16个小时。远方的雾霭茫茫，让她难以辨认伴随她的小艇。查德威克感到难以坚持，她向小艇上的朋友们请求说：“把我拖上来吧。”艇上的人们劝她不要向失败低头，要她再坚持一下。“只有一英里远了。”他们告诉她。浓雾使她难以看到海岸，她以为别人在骗她。“把我拖上来。”她再三请求着。于是，冷得发抖的查德威克被拉上了小艇。后来，当她跟别人谈起此事时说，如果当时她能看到陆地，她就一定能坚持游到终点，在那时，是大雾阻止了她夺取胜利。

但后来弗洛伦丝·查德威克逐渐认识到阻碍她成功的不是大雾，而是自己内心的那种疑惑。大雾只挡住了她的视线，然而失去自信却是她失败的真正原因。两个月后，查德威克再一次尝试着游向加利福尼亚海岸。浓雾还是笼罩在她的周围，海水冰凉刺骨，她同样望不见陆地。但这次她坚持着，她知道陆地就在前方；她奋力向前游，因为陆地在她的心中。最后，弗洛伦丝·查德威克终于成功了。

《圣经》中记载着这样一个故事：

有一个女人患了一种奇怪的血漏病，流血长达12年之久，拜访了各方名医，但都不见好转。她听说只要摸一下耶稣，便可百病全无。于是有一天她趁着耶稣给大家布道的时候，夹在人群中摸了摸耶稣的衣服，令人惊奇的是血漏的源头立即干了，血也不再流了，血漏病奇迹般地痊愈了。正在这时，耶稣发觉到了，于是问道：“刚才谁摸过我？”女人恐惧战兢，俯伏在地上将情况一五一十地告诉了耶稣。耶稣这时对这个女人说：“女儿，是你的自信救了你。平平安安回去吧，从此你的灾病痊愈了。”

在这个故事中，女人坚信自己的信仰，相信耶稣能够拯救自己，只要摸一下他就可以获得痊愈。正是有这种信心，女人重获了健康。

其实，每个孩子的潜力都是非常巨大的，但有时家长对孩子的期望和要求过高，远远超出孩子能力所及的范围，这也是家长对孩子不满、难以发现子女优点的一个重要原因。孩子达不到家长的要求和标准，自然得不到家长的表扬和鼓励。长此以往，在父母的训斥和批评中长大的孩子，会逐渐对自己的能力失去信心，变得消极、被动，对学习自然就毫无兴趣。特别是对年幼的儿童来讲，自我意识正在形成中，长期的失败感以及家长的批评，会使他形成一种消极的自卑意识。一旦形成自卑心理，那他就可能用低标准要求自己，甚至自暴自弃。因此，家长应努力发现孩子的长处，并通过鼓励和赞赏培养孩子的自信心。

自信是父母送给孩子最好的礼物，孩子只有拥有了自信，才能在漫漫人生中有所收获。一个自信的孩子，一定会处世乐观进取，做事主动积极，勇于尝试，乐于接受挑战；一个不自信的孩子，很可能在做任何事时都表现出柔弱、害羞、恐惧的心理，不敢面对新的事物，不敢主动与人交往，从而失去了很多学习和锻炼的机会。所以说拥有充分自信的孩子比一般孩子更易获得成功。加拿大有句谚语也说："自信意味着已成功了一半。"

一个成功的人一定是能力出众的，但一个失败的人却不一定是毫无能力的。因为在成功的天平上一端放着能力，另一端则放着自信。自信是对自我能力和自我价值的一种肯定。在影响成功的诸多要素中，自信是首要因素。有自信，才会有成功。伟大的喜剧作家莎士比亚就曾说过："自信是走向成功的第一步。"

自信是一个人成功的阶梯和不断进取的动力。我们经常可以在许多伟人的身上发现这种超凡的自信。正是在自信心的驱动下，他们敢于对自己提出更高的要求，并在失败中看到成功的希望，鼓励自己不断努力，从而获得最终的成功。正如法国教育家卢梭所说："自信对于事业简直是一个奇迹。有了它，你的才干就可以取之不尽，用之不竭；一个没有自信的人，无论他有多大的才能，也不会抓住一个机会。"

那么，该怎样树立孩子的自信心呢？犹太家长是这样来培养孩子信心的：

第一，尊重孩子，帮助孩子正确认识自己

一般来说，孩子由于年龄的原因，对自己的看法与评价都源自成人对他的看法与评价。所以说孩子自信心的建立与形成，与父母有着非常重要的关系。因此，父母需要尊重孩子，帮助孩子建立良好的自我认识。

尊重孩子，对孩子自信心的建立是非常重要的。这种对孩子的尊重是不分时间和地点，也不分孩子是优点多还是缺点多的。如果一位家长在孩子有成绩时就尊重他，在出现问题时就责怪他，任意褒贬，这就做错了。家长不妨用心理换位的方法想一想，自己有了缺点、错误时，希望别人怎样对待自己。

其实，任何人都有自尊和被人尊重的需要，孩子也不例外，而自尊、被人尊重是产生自信心的第一心理动力。孩子的自信首先来自自尊，一个没有自尊的孩子是不可能有自信的。

第二，做父母的一定要让孩子明白“天生我才必有用”的道理

要用恰当的方法告诉孩子每个人都有自己的特长，虽然自己在某些方面不如别人，但他在其他方面完全可能超过别人。

父母还可以教孩子运用积极的自我暗示法进行自我激励，如“我一定能行的”，“我画画能学好，其他的肯定也能学好！”

“我真是一个写作文高手呀！”这些积极的自我暗示可以让孩子从对某件事的良好感觉中扩散出去，从而形成良好的自我感觉。

第三，鼓励孩子多结交好朋友

可先让他与比较熟悉的孩子一起玩，然后再鼓励他与陌生的孩子交往。另外，让孩子多参加自己感兴趣的活动，比较容易使孩子摆脱羞怯情绪。幼儿园的各种兴趣班是害羞孩子的最佳选择，是他们走向自信与成功的第一步。作为家长，要有意识地培养孩子与伙伴们沟通交流的能力。学会与伙伴们沟通，可以让孩子们感受到童年的快乐，不但可以为孩子在将来的事业和生活中建立良好的人际关系，并且还能养成孩子善解人意的品性。

第四，教会孩子正确看待失败与挫折

当孩子遇到失败与挫折时，父母应该帮助孩子找出失败的原因，告诉孩子失败是正常的，并且鼓励孩子要敢于多尝试，这样才能让孩子保持信心不断尝试。例如，孩子因为不会刷碗而打破了碗，父母千万不要指责孩子，而是应该告诉他怎样刷才能刷干净而不摔破，紧接着鼓励他："你真行！刷得越来越干净了！""不要泄气，再努一把力就会成功！"

另外值得注意的一点是，父母在鼓励孩子时一定要发自内心，千万不要对孩子怀有不认可的态度。有一位家长说："我试着对孩子说鼓励性的话，可孩子却说我在欺骗他，根本不是在鼓励他。"这是因为这位家长平时经常否定孩子，即便是在鼓励的时候也没有忘记用否定的眼光看孩子，孩子自然能感觉到家长的不诚心。这样的鼓励其实是无效的。

犹太人在激励孩子树立成功的自信心方面的忠告是：做父母的应该告诉孩子，要真的相信自己，并且深信自己一定能实现梦想，只有这样才能步入坦途；自信是一个人成功的阶梯和不断进取的动力，每个父母都应该培养孩子的自信心。

欣赏和鼓励孩子发挥强项

犹太孩子经常鼓励孩子展示自己的强项，几乎没有几个家长有意识地损伤孩子们的自信心，或损伤他们独立解决问题的能力。

一项与众不同的才能可以帮助孩子增强自信心。所以，作为家长，犹太人能根据孩子的兴趣和爱好来培养孩子的一些特长，让他们通过发挥特长树立起信心。比如有些孩子虽然缺乏自信，但是却画得一手好画，父母就可以让孩子学习画画，只要孩子有兴趣去学，肯定会做得很好。父母可以抓住机会夸奖孩子，让孩子明白自己也是有能力的，从而培养起孩子的自信心。

当然，父母也可以通过展示孩子的特长，让其他人来认可孩子的能力，这样更能提高孩子的信心。

关于展示自己的强项，犹太父母经常给孩子讲述拉比送首饰的故事，并且用这

个故事来鼓励孩子展示自己的强项。故事是这样的：

一次，有一个拉比来到罗马，正好看到街上新贴出了一张布告，上面写着："王妃最近遗失了一副价值连城的首饰。如有人在30日内找到送还，将予重赏；30日后被发现持有此物者，将处以极刑。"

后来，这位拉比于无意中发现了这副首饰。不过，他没有立即送还王妃，而是一直等到第31日，才来到王宫当面送还。

王妃喜悦过后，问他："30天前贴出布告时，你有没有在这里?"

拉比回答说："我在这城里。"王妃脸色一变："过了30天才送来，你知道这么做会有什么后果吗?"

拉比坦然地回答道："我知道。"

王妃更觉奇怪："那你为什么要保管到第30天呢?如果昨天送来的话，还可以得到重赏，难道你不爱惜自己的生命?"

拉比凛然说道："如果有人在30天内送还的话，王妃会认为这个人是畏惧王妃呢，还是对王妃有敬意?我想告诉人们的是，我到今天才送还，绝不是畏惧王妃，我所畏惧的乃是神。"

王妃闻听，连忙改容，说道："那么，我应该对具有这种伟大的神的你，表示深深的敬意。"

看了这则故事，令人不能不有这样一种感觉，似乎拉比们完全不是读书人的斯文模样。即使不像高吟着"风萧萧兮易水寒，壮士一去兮不复返"的荆轲之辈，因为他们不动刀动枪的；那至少也像击鼓骂曹的那个狂士祢衡。不愿意领敌国王妃之赏，这可以理解，但公然到王妃面前以"强项"示威，似乎有点太不顾惜自己的那根"强项"了。不过，再仔细一想便可以发现，拉比不但确实"强项"，而且非常聪明地选择了一个非常适当的场合来展示自己的"强项"。

几乎没有几个家长是有意识地损伤自己孩子们的自信心，或损伤他们独立解决问题的能力的。但不幸的是这种无意识的伤害俯拾皆是。从幼儿的时候，孩子们就会表现出他们要干自己的事情的欲望，如自己去抓勺子是因为他想喂自己吃饭，而

这时家长常常害怕他们把衣服、桌子搞得一团糟而不许他自己试一试。这样的做法其实就是挫伤了孩子的积极性，使孩子产生了对自己的能力的怀疑。因此，作为家长，只要看到孩子显示出要为自己做事情的时候，就应该让他们自己去做，而且还要鼓励他们做自己能做的事情。

孩子能自己做的事情要比家长想象的多。他可能需要家长的帮助、监督、鼓励和训练，所以家长必须向他们提供这些服务。家长是没有权力为他们做所有的事情，也没权力制止他们做贡献的热心。在孩子的出生阶段，在婴儿的幼年时期，面对着大千世界，他们常常感到束手无策。但是，在他们长大以后，仍然是需要勇气进行各种尝试的，所以要教育他们学会展示自己，这样的话，才能让他们更适应这个社会，使他们更好地融入这个世界之中。

事实上，每一个孩子都有自己的强项，问题是怎样以赞赏的方式去培养。犹太家长在教育孩子的时候，特别注重让孩子更好地发挥自己的强项，这是足以借鉴的。

六、犹太人的社交教育

鼓励孩子走出家门

交往的技能只有在与人交往中才能学会。家长应该尽可能地为孩子打开生活空间，鼓励孩子走出家门，广交朋友，为他提供更多的交往机会。

社交能力是孩子所必需的一种能力。

好多父母对孩子关切过度，事事代为安排，往往令孩子失去发展集体观念的机会。例如当孩子学习自己玩的时候，父母常过分注意他，拿东西给他、抱他，令孩子不能自由、充分地发展自己的兴趣，这样的孩子很少向人打招呼。因为总是父母先开口，教他叫某叔叔或某姨姨。父母常喜欢拿他来向人炫耀，次数多了则令孩子

感到尴尬。孩子生病时，父母总是不眠不休的细心照顾，同样，当孩子顽皮时，父母也往往把事情看得太严重，以致小题大做。

凡此种种，使孩子太少练习说话能力，不懂如何合群与讨人喜欢。入学以后，这类孩子也很难适应学校生活，不容易结识朋友。与同龄的伙伴玩耍时，也不能相安无事，不是畏缩，便是争吵打架，最后被群体孤立。

正因为以上原因，当代独生子女的社会适应能力普遍发展较缓慢。如果不能及时辅导，孩子便逐渐养成内向、孤僻、沉默寡言、软弱怕事的性格，没有一般小朋友的天真活泼气息。另一方面，也会造成做事过分认真，追求完美，以至容易钻进“牛角尖”。

一个女孩走过一片草地，看见一只蝴蝶被荆棘弄伤了，她小心翼翼地为它拔掉刺，让它飞向大自然。后来蝴蝶为了报恩化作一位仙女，向小女孩说：“为了报答你的仁慈，请你许个愿，我将帮您实现。”小女孩想了一会说：“我希望永远快乐。”于是仙女弯下腰来在她耳边悄悄细语一番，然后消失无踪。小女孩果真很快乐地度过一生。当她年老时，邻人问她：“请告诉我们吧，仙女到底说了什么，让您的一生都这么快乐？”她只是笑着说：“仙女告诉我，快乐地与人交往，我周围的每个人，都需要我的关怀，需要我真心以待。”

让我们来看看犹太父母培养孩子社交能力常用的方法吧。

一、创造平等和谐的交往氛围。

家长不能摆出“长者尊严”的面孔训斥孩子。家庭中涉及孩子的问题，更应想到孩子，听听他们的意见。家庭中的大事，孩子可以知道的应该让孩子知道，适当地让孩子“参政议政”。

二、教给孩子基本的交往技能。

孩子的交往技能，如分享、协商、秩序、合作等，需要家长在潜移默化中传授给孩子。通过一个个生动的故事，教孩子学会关怀别人——这正是与他人积极相处、培养孩子的社交能力的根本。

三、鼓励孩子走出家门。

交往的技能只有在与人交往中才能学会，家长应该尽可能地为孩子打开生活空间，鼓励孩子走出家门，广交朋友，为孩子提供更多的交往机会。

如让孩子去找伙伴玩，邀请邻居家的小孩子、同班同学来家做客：适当地带孩子进入自己的社交圈，外出坐客时，尽可能带孩子参加，提醒孩子注意大人间的交往与谈话礼貌；家中有客来，把孩子介绍给大家，让孩子参与接待，倒茶、让座、谈话等等，不要一味地将孩子赶走。

让孩子在实践中学习交往，有利于消除孩子交往中的胆怯、恐惧心理。平时家长还可以有意识地让孩子去完成一些需要交往的任务，比如说去楼下小店买个日用品，帮忙把什么需要转交的东西送到哪里等等。

四、鼓励孩子的每一点进步。

随着孩子的成长，在与他人交往时一定会有明显的进步，一见陌生人就胆怯退缩、不敢说话等情况一定会有所改变。这时候，家长应及时去发现孩子的每一点变化——课堂上勇敢地举手发言；第一次主动与教师打招呼；热情邀请同学来自己家做客；向一个陌生人微笑致意；购物时学着讨价还价；同情弱者，帮助他人——所有这一切，你要随时看在眼里，记在心里，并持续不断地鼓励他。如此坚持下去，你一定能看到孩子的良好表现而备感欣慰。

人是有社会性的，每个人要想在社会上生存，就必须学会与他人沟通、交流，掌握一定的交往技巧。

父母要做的，就是让自己的孩子早日融入社会这个大家庭。

不要脱离集体

犹太雅波尼拉比有个很受欢迎的说法：

我是上帝的创造物，我的邻居也是上帝的创造物。我在城区工作，他在农村工作。我为我的工作而早起，他为他的工作而早起。正如他不擅长我的工作，我也不擅长他的工作。你会说我干的事情了不起，那么他干的事情就很渺小了吗？

在孩子漫长的一生中，团队精神直接影响着他的命运。父母从小就要让孩子学

会与他人相处合作。

孩子在三、四岁时，就愿意加入群体之中。到六七岁之时，孩子们就开始意识到，加入某一个群体使他有精神的归属感，可以增强信心，他们甚至会死心塌地忠诚于这个团体。

孩子在这个年龄段，最为痛苦的事是被同伴排斥。一个孩子如果得不到同伴或团体的接受，这对孩子来说是十分痛苦的事，自信心就会受到挫折。

一位犹太教育家认为，通常会有两类孩子遭到伙伴的排斥。

一是出于特殊原因暂时被拒绝。这种情况主要是由于迁居他处，人生地不熟。一般来说，经过一段时间后，孩子就会找到他的伙伴，很快被同伴们所接受。

另一种情况是孩子的性格所造成的。例如有的孩子性格内向，离群索居，极为害羞。有的孩子性格极为外向，富有侵略性，脾气暴躁。这两种孩子的情况比较让父母担心，如果不加以引导，他们就会变得非常孤僻，容易沉浸于暴力与报复性行为的幻想之中。如果父母不加约束与管教，就有可能走上犯罪之路。

为了避免以上这几种情况的出现，父母可以从多个方面来帮助孩子。

不要把孩子死死限制在家中，这样孩子可能会更加封闭。父母要鼓励孩子参加团体活动，让他们开眼界，长知识。孩子长到七八岁时，就要鼓励他们参加各种活动与团体。如果孩子是被某个团体所拒绝，可以让孩子参加一些以某项技能、兴趣爱好等为基础的特定的团队。在这些主题团队中，成员在个性、兴趣和社会技能方面更有可能处于同一水平，因而孩子们更容易相处。

如果孩子暂时没有朋友，父母就和孩子站在一起，给孩子一种心灵的安慰，不要让孩子有失败感与无能感。纵然这种安慰是暂时的，却是孩子需要的。

让孩子在家庭中成为主角，比如可以让孩子制定家庭旅游计划，成为旅游的计划者，让孩子安排家庭活动等，这样可以锻炼孩子在社交上的能力与技巧。

父母可以加入某个社团，这样会让孩子受到感染。深厚的家庭传统是重要的资源，它会让孩子受益无穷。

每个人都是你的教师

没有哪一个环境是所谓的好环境，也没有哪一个人是唯一的所谓好教师，只有不断变化的环境才是你最好的环境，也只有不断地向不同的人学习才是你最好的教师。

成功的方法不能复制，不同的人有不同的发展环境和机遇，但绝大多数真正的成功者都有共同的特点——善于寻找生活中的榜样，学习和借鉴他们的经验。

杰弗逊 17 岁时就开始到大学学习，且学习成绩非常优秀，特别是在历史和语言方面。此外，他对农艺、数学和建筑学等也有浓厚的兴趣。后来他自行设计的蒙蒂塞洛宅邸，既具有传统的古典式建筑风格，又有自己独特的特点，堪称当时美国第一流的建筑，至今仍是美国最值得赞赏的乡间府第之一。

杰弗逊出身贵族，他的父亲是军中的上将，母亲也是名门之后。当时的贵族除了发号施令以外，几乎不与平民百姓交往。但杰弗逊没有秉承贵族阶层的恶习，而是主动与各阶层人士交往。他的朋友中当然不乏社会名流，可更多的是普普通通的仆人、园丁、农民或者贫穷的手工业者。他的优点便是善于从各种人身上学习，因为他知道每一个人都有自己的长处，都有金子般发亮的东西。

杰弗逊仪表堂堂，谈吐生动，富于朝气，喜爱社交。他善于演奏小提琴，常有机会在总督府与一些比他年长很多的社会名流一同演奏古典乐曲。杰弗逊跻身于这些名流之中，经常同他们交谈，获益匪浅。

有一次，他还劝说法国贵族，曾任法国国民军司令的拉法耶特："你必须像我一样到普通民众家去走一走，尝一尝他们吃的面包，看一看他们的菜碗。只有你亲自这样做了，你才会了解到民众不满的原因，并会懂得正在酝酿的法国大革命的意义了。"

不耻下问，善于学习是杰弗逊的过人之处，他也因此比其他的领导者更清楚民众到底在想什么，到底最需要什么，这也是他成为一代伟人的原因所在。

不论是做学问，还是做人，都要善于向每个有专长的人学习，向含有真知灼见

的任何一本书、任何一种见解学习。那种“我比我周围的人都聪明，因此我完全不用理会别人说什么”的想法是错误的。学习是一个非常广泛、综合的过程，每个人都有自己的优点与弱点，你可以向每一个人学到很多东西，要看到每个人的长处、取人之长补己之短。

林肯是美国人心目中最有威望的总统。说起林肯，谁都知道他的父亲是一个庸碌无为而且目不识丁的木匠，他的母亲也是平庸的家庭主妇。那么林肯怎么会有那么卓越的领导和管理才能呢？人们一定会认为林肯受过良好的教育和训练。事实并非如此，不少美国人都知道，林肯所受的教育是极不完整和正规的，他一生中只上过几天的学校而已。在他被选为国会议员后，自己也曾对众人承认过这一点。那么谁是林肯的教师呢？答案就是在肯塔基州森林地带数位巡游的村儒学究，是他们在无意中帮助了林肯。

林肯的教师还包括伊利诺伊州第八司法区的许多人。他曾每天和许多农夫、律师、商人商讨着国家大事和世界上发生的事情，从他们身上学习知识和道理。林肯成功的秘诀就是：每个人都可能做自己的教师。

犹太父母教育孩子说，教师和同学，乃至周围的每一个人都可能成为请教的对象，对青年人而言，其实没有哪一个环境是所谓的好环境，也没有哪一个人是唯一的所谓好教师。只有不断变化的环境才是你最好的环境，也只有不断地向不同的人学习才是你最好的教师。

理解别人的痛苦

一个人能否成为受别人欢迎的人，很大程度上取决于他是否具有同情心，是否关心别人。

在犹太人中，父母从小就让孩子参与抚养小动物，通过这些经历培养孩子的同情心和责任感。很多的家长还带孩子去动物领养机构，让孩子领养无家可归的动物。

在他们看来，从关心小动物到关心他人，对孩子来说这二者没有太大的区别，

但孩子的同情心却可以在照顾小动物的过程中一点点的积累起来。

孩子在一到三岁之间，已经能分辨出自己和他人，同时也能分辨出自己的痛苦与他人的痛苦。在一岁之前的孩子是分不清自我和他人、分不清自己和世界的。自己的痛苦和世界之间有什么关系，他人的痛苦和自己有什么样的关系，对这个时期的孩子来说是混混沌沌的。所以我们只看到这个时期的孩子哭，当他看到别的孩子哭泣时，自己也会跟着哭。

孩子到了三岁左右时，就会对他人的痛苦表示出本能的同情了，如表露出关心的表情，同情的关注，甚至用充满同情的肢体接触，抚摸、轻拍，以示安慰。然而，在此阶段，孩子仍然不具备语言的安慰和更为高级的同情、关心行为。

孩子到了五到七岁时，他们就已经具有了对他人的同情认知的反馈能力。也就是说，已经超越了他人哭我也哭，或者说是他人哭我立即跑过去表示“安慰”的阶段，而是能够根据别人痛苦的情况，决定安慰的时间和关心的形式：是陪别人哭，还是语言安慰，或者说是去叫大人来处理等等。

孩子到十岁左右时，许多孩子已经能够用理智的态度来对待弱势或者是劣势的人和事，表现出恰当的同情心和关心。这个时期的孩子的同情心已不再局限于家庭或者是认识的人身上了，他们已经把同情心扩散到任何一个弱势或者是劣势的陌生人和事件上了。

从上面这些孩子的年龄段来分析，培养孩子同情心的最佳时机是从小时候开始。此时一方面孩子已经具备了形成同情心的心理基础，另一方面是孩子的模仿能力强，父母通过言传身教，就能增强孩子的同情心。

孩子具有天生的同情心，父母应该注意保护、培育，不要轻易扼杀。当孩子做了好事时，父母要多加鼓励。因为父母的信任感，外界的反馈会促进孩子有更多的行动，孩子与父母的互动会形成良性的循环。

《塔木德》中说：

如果一个人知道悔过，别人就不应该对他说：“记住你从前的所为。”

如果他是赎罪者的儿子，他不应该受到奚落：“记住你的父亲做过的事。”

关注孩子成长的父母，一定要警惕孩子冷漠心态的滋生与发展。要多带孩子到生活中去感受他人的苦难，理解什么是爱，让孩子多参加各种社会公益活动……

当孩子有热心行为时，父母要及时给予表扬、鼓励、奖励。孩子在你的鼓励下，会变得更加有爱心，终将成为播撒幸福的使者。

永远不要嘲笑别人

嘲讽给孩子以一种控制他人或控制局面的快感，大多数孩子都承认他们嘲笑同伴主要是为了寻找乐趣。

孩子喜欢嘲笑他人是有原因的。他们不再因为喜欢同一种颜色或同一首歌而交友，相反，他们喜欢与外表相似、行为也相似的孩子在一起。嘲笑他人能使这些孩子团结起来，孩子们也用嘲讽来表达他们的竞争意识。

在学校里，在运动与功课方面，孩子们经常要参加考试，以分出个上下，而嘲讽是显示自己占了上风的最简单方式。

孩子语言能力的增强也对嘲讽起了催化剂的作用，稍微大些的孩子不仅能够表达较为复杂的思想，而且还会把个人的价值观念附加到自己的观察上去。

一个幼童会天真地评论说另一个孩子超重了，而大些的孩子就会附加一个诸如“笨猪”之类的外号。

犹太家长在孩子小时候就教育他们，不要嘲笑别人。

有个看似题外的小故事可以警示那些喜欢嘲笑别人的人。美国第九届总统威廉·亨利·哈里逊出生在一个小镇上。他幼时怕羞而文静，被认为是一个小傻瓜。小镇上的人经常捉弄他，把一枚一角和一枚五分的硬币同时扔到他面前，让他任意捡一个，威廉总是捡那枚五分的硬币而引来大家的一阵嘲笑。一天，一位老妇人看到小威廉的样子很可怜，就把小威廉拽到一旁，问他：“你难道不知道一角比五分值钱吗”威廉慢条斯理地说：“我当然知道，不过，如果我捡了那个一角的硬币，他们恐怕就再没兴趣扔钱给我了。”

在这个故事中，嘲笑者让被嘲笑者嘲笑了，这大概不是嘲笑者的初衷。而嘲笑

者并不知道自己才是被嘲笑者，这是深层次的悲哀。这则小故事的流传，并不因为威廉是总统，只是依赖故事本身的幽默。

嘲讽给孩子以一种控制他人或控制局面的快感，大多数孩子都承认他们嘲笑同伴主要是为了寻找乐趣。但是，嘲讽比谩骂更加容易伤害别人，并且很难得到别人的原谅。

尽最大努力去帮助别人

人不自利，会变成寄生虫；但只自利，则会成为吸血鬼。完美的人生，是自利与利人的统一！

希望得到别人的关心和注意，是人的心理需要。当一个人感到周围的人对自己十分关心时，他心中便会有一种安全、温暖的感觉，就会充满自信和快乐。既然受了别人的关心，那么同样也会去关心别人。这样，人们互相间就容易有一种亲密友好的关系。

犹太拉比告诫世人：当别人有求于自己时，只要是正当的要求，就要尽己所能满足对方的要求；当看到别人有困难时，要主动地去帮助别人，这样能使别人懂得你的存在对他的价值，其结果必然是“爱人者人恒爱之”。

弗莱明是一个穷苦的苏格兰农夫。有一天，当他在田地里工作时，听到附近泥沼里有人发出哭喊声，于是急忙跑过去，发现一个小孩子掉到了粪池里，于是他把这个小孩从死亡边缘救了出来。

第二天，一辆崭新的马车停在农夫家门前，一位绅士优雅地走出来。自我介绍是那个被救小孩的父亲。绅士诚恳地说：“你救了我小孩的生命，我要报答你。”农夫说：“我救你的小孩是为了自己的良心和对于生命的呵护，我不能因救你的小孩而接受报酬。”就在这时，农夫的儿子从茅屋里走出来。绅士说：“让我们来个协议，让我带走他，并让他接受良好的教育。假如这小孩像他父亲一样，他将来一定会成为一位有用于社会的人。”

农夫答应了这个协议。后来农夫的小孩就读于圣玛利亚医学院，并以优异成绩

毕业，成为举世闻名的弗莱明·亚历山大爵士，也就是盘尼西林的发明者，并因此荣获诺贝尔奖。

多年后，绅士的儿子不幸染上肺炎。此前，这是一种不治之症，无药可救，但是，有了盘尼西林，他就得救了。绅士是谁呢？是上议院议员丘吉尔。他的儿子是谁呢？就是英国政治家丘吉尔爵士。

弗莱明·亚历山大

真诚地关心他人要无私。生活中这类情况屡见不鲜：有些人，一开始接触给人印象不错，但时间长了，人们却逐渐对他敬而远之，疏远他；有的人刚刚相处，似乎很难交往，但时间一长，人们却越来越喜欢他了。

是什么原因造成这种局面呢？原因就在于他们的“人品”不同。前一种人尽管表面上待人很热情，实际上却是冲着回报去的。他帮助别人，目的是希望放长线钓大鱼，想从别人那里捞取更多的好处。后一种人正好相反，他帮助别人不露声色，施人勿念，并不要求什么回报。但别人对他的帮助，他却受施勿忘，时刻铭记在心，一定找机会报答才能安心。

犹太父母告诉孩子们说，为人处事之道就是要真诚地对待每一个人，发自内心地去关怀他们。

互利改善了世界的品质。犹太民族之所以具有强大的生命力，就是因为人们之间的互相帮助，这不仅给当事人带来了益处，也给世界带来了进步与温馨。

团队精神，让孩子受益一生的理念

《塔木德》上说：“一个人的才智和力量总是有限的。”在生活中每个犹太父母都会对孩子进行团队教育，因为，犹太民族的遭遇让他们更加明白团结的力量。一根筷子会轻易被折断，而一把筷子却不会被轻易折断的道理，相信每人都清楚。团

队的力量就像一把筷子，总能给人带来无限的惊喜。

犹太民族在两千多年的流散中，明白了团结的重要性。在团结中，他们迎来了一个又一个奇迹般的荣誉。在团结中，犹太人从贫穷走向富有。团结就是力量，这绝不仅仅是一个口号，而是一个能让孩子受益一生的秘方。

在远古的时候，上帝创造了人类。随着人类的增多，上帝开始担忧，他怕人类不团结，会造成世界大乱，从而影响了他们稳定的生活。为了检验人类是否具备团结协作、互相帮助的意识，上帝做了一个试验：他把人类分为两批，在每批人的面前都放了一大堆可口美味的食物，但是，却给每个人发了一双细长的筷子，要求他们在规定的时间内，把桌上的食物全部吃完，不许有任何浪费。

比赛开始了，第一批人各自为战，只顾拼命地用筷子夹取食物往自己嘴里送，但因筷子太长，总是无法够到自己的嘴，而且因为你争我抢，造成食物极大的浪费。上帝看到此，摇了摇头。

轮到第二批人了，他们一上来并没有急着用筷子往自己的嘴里送食物，而是大家一起围坐成一个圆圈，用自己的筷子夹取食物送到坐在对面人的嘴里，然后，坐在对面的人用筷子夹取食物送到自己的嘴里，就这样，每个人都在规定的时间内吃到了整桌的食物，并没有造成丝毫浪费。第二批人不仅仅享受了美味，彼此之间还获得了更多的信任和好感。上帝看了，点了点头。

犹太父母是如何培养孩子团队协作精神的呢？

第一，在游戏中培养幼儿的团队精神

游戏是孩子的重要活动，它是一种对社会活动的模仿，深受孩子喜爱，能起到很好的教育效果。游戏中教师应有意识培养孩子团结协作、为了集体的荣誉而努力的精神。比如，将孩子分成几个小组，选择需要互助合作才能完成的游戏让孩子比赛，赛完后分析获胜和失败的原因，让孩子知道只要服从集体利益，即使自己吃亏也是光荣的。

第二，在交流中培养孩子的团队精神

孩子之间是一个特殊的群体关系，他们之间有自己的游戏规则，孩子只有通过

共同玩耍、共同学习、共同生活，他们才能走出封闭的心理，学会愉悦地接纳别人、了解别人，学会忍让与妥协，为他们以后步入社会打下基础。所以父母不要把孩子禁锢在自己的小天地里，孩子是属于社会的，迟早都要融入社会与集体。你千万不要觉得自己的孩子多么尊贵，千万不要怕他在和别的孩子玩耍时吃亏。

第三，爱心和诚信是团结协作的基础

父母要用宽广的胸怀和博大的爱去接纳别人的孩子，为孩子树立一个好榜样，让孩子学会接纳别人，尊重别人，用爱心和诚心去换别人的友谊和尊重。如果我们每一个人能够拿真心换取别人的爱心和诚心，我们的社会将是一个充满团结协作的社会，那么我们还有什么困难和挫折不能战胜？如果你有一个苹果，我有一个苹果，相互交换，那么我们每人只有一个苹果。但如果你有一种思想，我有一种思想，相互交换，我们每个人都有了两种思想，甚至多于两种思想。

第四，让孩子树立正确的竞争意识

在当今社会竞争日益激烈的形势下，可以适当让孩子树立争第一的意识，从而用较高标准要求自己。但同时也要让孩子明白，在竞争中要使用正当的手段，要有正确的心态。

教会孩子从真正的朋友身上吸收养分

在《塔木德》上有一句发人深省的话："与污秽者为伍，自己也得污秽；与洁净者相伴，自己也得洁净。"这句话简单明了地告诉孩子选择朋友的重要性。

犹太父母深知朋友对孩子的重要影响，所以，他们在教育孩子时，会告诉他们如何选择真正的朋友。

有个犹太哲学家在奄奄一息时，把儿子叫到身边，问他："孩子，在你的身边有多少人是你的朋友啊？"

犹太人的儿子想都没想就骄傲地说："我身边有 100 个朋友。"

听完儿子的话，犹太人语重心长地对儿子说："我的年纪比你大得多，可是回顾我这一生，却只找到了一个朋友。你的回答是不是太草率了一点？所以，我的儿

子，好好审视你的朋友，看看他们当中是否有一个是你真正的朋友。”

哲学家又对儿子说：“你把一头小牛剁成碎块放进一只麻袋里，再把麻袋在血里浸泡一下，最后再把它拿到你的一个朋友那儿去。”

儿子按照父亲的吩咐去做了。他带着麻袋去找第一个朋友，结果吃了闭门羹。于是他又见了第二个、第三个，直到最后一个即第100个朋友，可是每个人都把他赶走了。最后，他只能失望地回到父亲身边。

这时，犹太人对儿子说：“在一个人成功时，他有很多朋友，但当他陷入灾祸时，他们就像雾一样消失得无影无踪了。你可以去找我刚才跟你说过的我那一个朋友，听听他会怎么回答你。”

于是，儿子带着血淋淋的麻袋找到父亲的朋友，请求他帮助自己。

他父亲的朋友看到后二话没说就把他带进屋子里，以免让邻居看见。随后，父亲的朋友把妻儿都打发出去。只剩他们两人时，他开始在院子里挖墓穴。坟墓挖好了，他把麻袋里真正的东西掏了出来。

故事中的儿子在面对自己一百个朋友的拒绝后，一定非常伤心与失望。但他在看到父亲的朋友是如何帮助自己的时候，心中一定还是能感到温暖的。一群朋友也许会让你感觉不到寂寞，但却不能让你感觉温暖。所以，犹太人在教育孩子交朋友的时候，应该注重的是“质量”而非“数量”。

在很久以前，有两个从未谋面的商人，他们中一个住在埃及，另一个住在巴比伦。两个素不相识的商人都是从旅行者的口中了解到彼此的，后来这两个人也曾通过信使互送过礼物，以此来表达敬意。

有一次，住在巴比伦的商人为了一桩生意跟着一支商队来到了埃及。在埃及的商人知道自己这个朋友要来的消息后，就慌忙跑出来迎接。两个人一见面就热情地拥抱，最后，埃及商人把巴比伦商人带回了家。在埃及商人家中，巴比伦商人受到了极好的招待。

巴比伦商人在住到第八天的时候，突然生病了。埃及商人非常着急，请来了当地最好的医生为他的朋友治病。医生在经过仔细的诊察后，发现巴比伦商人没有任

何病症。最后，医生猜测他得的是相思病。

“告诉我，你喜欢上了哪个姑娘？”他的朋友说。

“把你家中所有的女子都叫来，我会告诉你我的心上人是哪一个。”巴比伦商人回答。

埃及商人叫来了家中所有的女佣，但病人却说：“不，她不在里面。”

最后，埃及商人带来一个年轻漂亮的姑娘，这个姑娘是埃及商人养大的孤女，他准备将来让姑娘做自己的妻子。

当巴比伦商人见到她时，他惊叫道：“看呀！就是这位姑娘，我的生死就掌握在她的手中。”

埃及商人在听了他朋友的话后说：“把她带走吧，她也许能成为你的好妻子。”

埃及商人决定给姑娘一份丰厚的嫁妆和许多礼品，很快巴比伦商人的病就好了，后来他把姑娘带回了巴比伦让她做了自己的妻子。

在那之后的几年里，埃及商人的生意失败了。他失去了所有的财产，变得一贫如洗。在绝望中的埃及商人想起了自己的朋友，对自己说：“我要去巴比伦找我的朋友，他肯定会帮助我的。”

经过了漫长的跋涉，埃及商人终于来到了巴比伦。他衣衫褴褛，靴子也破破烂烂，双脚又酸又痛。一想到他的朋友可能认不出他来，而佣人们也许会把他当成一个可怜的乞丐赶走，他就不禁害怕得发抖。

埃及商人在城镇外的一所破房子中度过了一个寒冷、痛苦的夜晚。第二天一早，他站在床前向外看，正巧看到两个人在争吵，其中一个拔出刀子，把另一个杀死后逃跑了。

很快附近就聚集了一大群人，开始追查凶手。当他们追到破屋子时，发现了埃及商人。

“你知道是谁杀死了那个人吗？”他们问他。

埃及商人感觉自己的生活已经没有任何希望了，可能死亡是他唯一的出路。于是他就对他们说：“我就是凶手。”

这个可怜人就这样被带走了，在囚禁了一个晚上之后，法官判了他绞刑。

城里所有的居民都来围观。就在他们当中，他的朋友就是那个巴比伦商人，认出了他。

“你们要吊死的是一个无辜的人！”他向法官喊道，“他不是凶手，我才是！”

于是，法官命令放了陌生的异乡人，而把巴比伦商人吊上了绞架。

在围观的人群中，站着真正的凶手，这对朋友的真情深深打动了他。他想：“如果让一个无辜的人为了我所犯的罪行而死，我一定会在地狱中受到可怕的惩罚。”

于是，他也对法官喊道：“放了他。他和他的朋友都不是凶手。第一个人认罪是因为他觉得生活失去了意义，第二个则是因为和朋友真正的友谊才把罪名揽到自己头上。要知道，我才是真正的凶手，绞死我吧。”

朋友在一个人的社会活动中无疑是非常重要的。朋友像一本书，通过他可以打开整个世界。犹太人认为，与真正的朋友交往，是为了从朋友身上吸取养分。但是朋友有好坏之分，良朋益友可以带来很多的帮助，恶朋佞友却会给你带来许多的麻烦，可能还会引你走上邪路。因此，选择朋友就显得非常重要。

美国有一位名叫阿瑟·华卡的农家少年，在杂志上读到了某些大实业家的故事，很想知道得更详细些，并希望能得到他们对年轻人的忠告。

有一天，他来到纽约，也不管几点开始办公，早上7点就到了威廉·亚斯达的事务所。

在第二间房子里，华卡立刻认出了面前那体格结实、长着浓眉的人是亚斯达。亚斯达刚开始觉得这少年有点讨厌，然而一听少年问他：“我很想知道，我怎样才能赚得百万美元?”他的表情便柔和并微笑起来，两个人竟谈了一个钟头。随后亚斯达还告诉了他其他该访问的实业家。

华卡照着亚斯达的指示，遍访了一流的商人、总编辑及银行家。在赚钱这方面，他所得到的忠告并一定对他有所帮助，但是成功者的指引给了他自信。他开始仿效他们成功的做法。

过了两年，这个20岁的青年拥有了他当学徒时所在的那家工厂。24岁时，他是一家农业机械厂的总经理，不到5年，他就如愿以偿地拥有百万美元的财富了。这个来自乡村粗陋木屋的少年，终于成为银行董事会的一员。

在活跃于实业界的数十年间，华卡一直实践着他年轻时在纽约学到的基本信条，即多结交有益的人、会见成功立业的前辈能转变一个人的机运。

大部分的朋友都是偶然得来的，我们或者和他们住得很近，因而相识，或者是以未曾预料的方式和他们相识了。结交朋友虽出于偶然，但朋友对于个人进步的影响却很大。“近朱者赤，近墨者黑”是古人的经验之谈，为我们生动说明了谨慎交友的重要性。世界潜能大师博恩·崔西指出：“不管在你的现实生活或是想象中，你习惯相处的那些人会对你的目标有极大的影响力。”一个人的朋友如何，对他自身的发展往往起很大作用，这是一种潜移默化、熏陶感染的力量。

保罗·艾伦在大家眼中是个不善于交际的人，因为他总是喜欢整天沉浸在自己的爱好中，艾伦喜欢音乐，他常常一个人听歌，不和别人交流。他还喜欢天文，整天对着天空发呆，而不去参加朋友聚会。

看似不善交际的艾伦，其实也有自己的好朋友，那是一个比他低两个年级的金发男孩，这个男孩经常到班里来找他，因为艾伦的父亲是图书管理员，金发男孩要通过他借一些最新的电脑书籍。在借书还书的过程中，艾伦喜欢上了那个金发男孩，于是经常跟他出入于学校的计算机房，与金发男孩一起玩编程游戏。从“三连棋”一直玩到“登月”，临毕业时，他成了一个仅次于金发男孩的计算机高手。

在1971年的春天，艾伦凭借自己优异的成绩考入华盛顿州立大学，学习航天；次年，那位金发男孩进入哈佛，学习法律。两人虽然不在一个学校，但经常联系，金发男孩继续跟他借书，继续跟他探讨编程问题。

1974年寒假，艾伦在《流行电子》杂志上看到一篇文章，介绍世界第一台微型计算机。他兴奋异常，因为在中学时，那个金发男孩就经常在他面前抱怨，计算机太笨重了！要是小到家里能放下就好了。

后来，艾伦拿着这本杂志找到了金发男孩，兴奋地对他说：“你说的可以放在

家里的计算机造出来了。”金发男孩听到这个消息十分开心，因为当时他正为“是继续学法律，还是搞计算机”而苦恼。

他看到《流行电子》杂志上的那台所谓的家用电脑后，说：“你不要走了，我们一起干点正经事。”

艾伦听了金发男孩的话，没有走，和他一起在波士顿住了下来，并且一住就是八个星期。在这八个星期里，他和金发男孩没日没夜地工作，用编程语言设计了一套程序，这套程序可以装进那台微型计算机里，并且能像汽车制造厂的大型计算机一样工作。

后来，当艾伦和金发男孩带着这套程序走进那家微型计算机生产厂家时，竟然得到了一个意想不到的答复，给他们 3000 美元的基价，以后每出一份程序拷贝，付 30 美元的版税。

艾伦和金发男孩喜出望外，再也没有回到学校。三个月后，一家名为微软的计算机软件开发公司在波士顿注册，总经理就是那金发男孩——比尔·盖茨，副总经理是保罗·艾伦。

现在微软公司已成为世界上的一个巨无霸，比尔·盖茨已成为人所共知的世界首富。艾伦在他的巨大光环下，虽然有些黯淡，但也取得了别人望尘莫及的成就和财富。

在一些人的眼中，保罗·艾伦只是一个“一不留神成了亿万富翁”的人，但这样的看法显然不客观，而且听起来也有吃不到葡萄就说葡萄酸的感觉。每个人的成功都不是凭空而来的，保罗·艾伦的成功就在于他懂得和优秀的人做朋友。在犹太人的《塔木德》上就有这样一段话：“和狼生活在一起，你只能学会嗥叫；和那些优秀的人接触，你就会受到良好的影响。”与一个注定要成为亿万富翁的人交往，自己怎么可能成为一个穷人呢？你与之交往的人就是你的未来！说的就是这个道理。

聪明的犹太人知道从优秀的朋友身上吸收养分，让自己变得强大。聪明的中国父母也应该向犹太人学习，教会孩子结交益友。让孩子和优秀的人成为朋友，不仅

可以让孩子吸收到更优秀的东西，还可以让孩子对自己要求更高。

教育孩子换位思考，不要强加于人

在犹太人的家教中，他们教育孩子在与人相处时换位思考，在任何时候和任何情况下都不要强加于人，否则会令人讨厌的。

《塔木德》中记载着这样一个故事：

皇帝安冬尼有一次派使者到朱丹拉比那里，问这样一个问题："帝国的国库马上就要空了，你能给我一个增加收支的建议吗？"

朱丹拉比一句话也没有回答，他把使者带到了自己的花园里，然后安静地干起活来。他把大的甘蓝拔掉，种上小甘蓝，对萝卜和甜菜也是这样。看到朱丹拉比无意回答问题，使者对他说："请您抽出宝贵的时间，给我个回信。"

"你什么都不需要，马上回到皇帝身边去吧！"

于是，使者返回到皇帝安冬尼那里。

"朱丹拉比给我什么回答了吗？"皇帝问。

"很遗憾，他没有。"

"那他给你说了什么吗？"

"也没有。"

"那他一定做了什么吧？"

"是的，他把我领到他的花园里，把那些大棵的蔬菜拔掉，种上小的。"

"那我明白他的建议是什么了！"皇帝兴奋地说。于是，他立刻遣散了他所有的税收大臣和官员，换成少量的更诚实、更有能力的人。不久，国库就充足起来。

犹太人运用这个故事说明：不要强迫别人去做他们不愿意做的事情，这正是犹太父母的教子智慧。

犹太人认为坏事掩不住别人的耳目，人们终会有一天发现事情的真相。即使能够侥幸地瞒过别人，但是做了坏事之后，自己的心里一定会觉得很不舒畅，并时时怀着恐惧之心。因此，以不利条件强迫他人的做法是不可取的，不能强迫别人。

犹太父母经常给孩子们讲这样一个故事：

有一天，拉比在路上碰到两个男孩正在争辩。两个男孩子正在面红耳赤地争论到底谁的个子比较高，吵来吵去，还是没有结果。后来，其中一个男孩强迫另一个男孩站在水缸里和自己比较，他终于证实了自己的个子高一些。

拉比看到了这一幕，很伤心地对自己的弟子说："是否世界上的人都经常这么做呢？为了证实别人不如自己，就强迫别人站到水缸里；如果别人不愿意下去，他们就会自己爬到椅子上面，以显示自己优越于别人。"

犹太父母在教育孩子时，应该告诉他们待人处世切勿心胸狭窄，而应宽宏大量，倘若将自己讨厌的事物硬推给他人，不仅会破坏与他人的关系，也会将事情弄得僵持而不可收拾。人与人之间是平等的，切勿将己所不欲施于人。同样，前文说到过的犹太历史上最著名的拉比之一希雷尔拉比，也曾对犹太文化的精髓做过类似的界定。希雷尔的言论在两千多年中，一直被人们广泛引用。根据史料记载，所谓《圣经》上的许多言论，其实就是希雷尔所说的。

希雷尔拉比在当了犹太教首席拉比之后，有一次一个外族人找到希雷尔，要他在能以一只脚站立的时间里，把所有的犹太学问告诉他。当希雷尔准备把脚提起时，他只说了一句话："不要向别人要求自己也不愿意做的事情。"

人与人的交往看起来繁杂而又麻烦，但事实上却不尽然。我们每一个人只要秉承相互理解、相互体谅、相互谦让的原则，不仅可以使人际交往变得顺畅，还能让你在这种交往中体会到无穷的乐趣。每个父母都希望孩子能恰如其分地掌握好处事分寸。当孩子能够在特定的环境中处理微妙的人际关系时，一定是孩子已经充分理解了如何站在别人的角度思考问题。

一次，有位拉比要召集六个人开会商量一件事，便让人安排，去邀请六个人来。可是到了第二天，却来了七个人，其中肯定有一个人是不邀自来的，但拉比又不知道这第七个人究竟是哪一位。于是，拉比只好对大家说："如果有不请自来的人，请赶快回去吧。"结果，七个人中最有名望的人，那个大家都知道他一定是受到邀请的人却站了起来，走了出去。

故事中站出来的那个人看起来很傻，明明不是自己为什么要替别人背黑锅。可事实上，他不仅很聪明，还很善良。

大家都知道他是被邀请的人，但他为了不让别人处境尴尬而离开，保全了别人的自尊心，这样，大家对他更敬重。他不仅用聪明与善良化解了一场令人难堪的局面，还用这个故事告诉我们，在关键时刻，多站在他人角度考虑问题，定会让你收获不一样的快乐。

因此，犹太人经常引用这个故事告诫那些以不利条件去强迫别人的人。犹太人在教育孩子和别人进行竞争时，总是站在平等公平的立场上，而不是以不利的条件去强迫别人。

犹太人告诉孩子泄露秘密意味着失去友谊

《塔木德》上说："能够守口如瓶的人才是善于处世的高手。"在处世智慧中，犹太人很强调为人保守秘密。保守秘密是一个人是否值得信赖的试金石。

犹太人常常把人的价值用保守秘密到何种程度予以计量。同样，他们认为没有秘密就不算真正的儿童时代。秘密的存在可以帮助儿童成长。但是，保密与撒谎之间的痛苦挣扎，始终会伴随着拥有秘密的儿童。

犹太人告诉孩子许多的格言，说明保守秘密的重要性，诸如："听到秘密很容易，但要将之保存下来则是很困难的。""有三个以上的人知道的消息，就不能称之为'秘密'了。""只有傻瓜和小孩不能保守秘密。""喝下秘密这种酒，舌头就会跳起舞来，所以应该特别小心。"等等。

个人秘密会影响人际关系，人们通常会把秘密告诉自己信赖的人。秘密的知晓者之间是亲密关系，而被秘密排斥在外的，则有可能是排斥关系甚至敌对关系。

孩子们的秘密多种多样，有不让父母知道的秘密、有不让朋友知道的秘密、令人难以理解的幻觉秘密、藏身或脱身的秘密场所、被人出卖的秘密、被人信任的秘密以及与其他重要的人共同保守的秘密。

犹太人认为当一个人得知一个秘密时，都会沉不住气地想把那一份秘密透露出

去，并且认为这是人之常情。因为一个人拥有某种秘密时，他希望可以借此引人注意。每一个人都喜欢打探别人的秘密，同时也希望吸引众人注目的眼光。说出秘密时，必定会受到大众的注目，而使人觉得高人一等。但是，犹太人又认为，当一个人从朋友甲处听来一个秘密，再将此秘密转告给乙时，表面上似乎非常信任乙，事实上却不是这样。他非但不会信任乙，而且也已经辜负了朋友甲的信任。

为此，拉比教育学生说："只要秘密仍在你手中，你便是秘密的主人；但当你说出秘密后，便会成为它的奴隶。"

在日常生活中，犹太人保守秘密，为人守口如瓶，常常表现为对别人隐私的尊重。

有一次，占卜者巴拉姆去咒骂以色列人，可是，一看到他们的营地，他就开始为他们祈祷。原来，巴拉姆看到以色列人的帐篷并非彼此正对着，他认为他们尊重彼此的隐私，这让巴拉姆一改成见并为他们祈祷。

犹太人把对隐私的高度尊重诉诸法律，防止对隐私做任何方式的探查。为了尊重别人的隐私，犹太拉比告诫人们说："在他宣誓的时候不要向他提问。""当你的朋友愤怒的时候，不要试图安慰他。""尸体还停在他面前的时候，不要试图消弭他的悲伤。""在他不幸的时候不要坚持去看他。"

《塔木德》规定，如果一个人的屋顶特别高，高到可以俯瞰邻居的庭院，他应该在屋顶周围修建足够高的栏杆，以拦住视线，使自己看不到别人家的庭院。拉比们是这样解释特殊规定的：庭院的主人只在特定的时候使用自己的院子，可屋顶的主人却没在特定的时间使用他的屋顶。庭院的主人没法知道屋顶的主人什么时候到屋顶上来，这样庭院的主人就没法不让人看到自己在院子里，也没办法保护自己的隐私。

所以，每一个犹太父母都会教育小孩要尊重别人，尊重他人不同的生活习惯。保守别人说给自己的秘密。只有这样，才能成为一个值得别人信赖的人，成为一个人人尊敬的人。

远离愚蠢的人，犹太父母对孩子交友的全程关照

一位犹太拉比这样教诲他的学生：“别交上愚蠢的朋友，因为殷勤过分的蠢材比任何敌人都要危险。”犹太人非常重视孩子交友的质量，因而对孩子在儿童及青少年时期的交友过程进行全程看护，让孩子择善而处。

为了让孩子彻底远离愚蠢的人，犹太父母经常给孩子讲这样的故事：

有一个农夫跟蛇交上了朋友。农夫经常夸赞蛇，并且永远把它捧到天上。然而，如今农夫的一切老朋友和亲戚，竟然没有一个上门来了。

“这是怎么回事呢?”农夫问他的一个昔日的朋友说，“请你告诉我，你们哪一个也不来看我，这是为什么呢？是我的老婆没有按照礼数款待你们呢，还是你们嫌弃我的食物粗劣呢?”

“不,”他的朋友回答，“问题不在这！我们很愿意和你在一起。你们夫妻俩人，谁也没有得罪我们，没有人会这样埋怨你们的，我可以保证！可是，如果跟你一块儿坐着，老要提防着你的朋友蛇会爬过来从背后咬我们一口，那又有什么乐趣呢!”

农夫交上了蛇这个朋友，因此失去了其他的好朋友，即使这条蛇不会对其他的朋友造成危害，别人在与农夫交往时也是战战兢兢，这对农夫来说是得不偿失的。所以在鼓励孩子交朋友时，要妥善选择自己的择友范围，交好的朋友。

孩子的人际关系首先开始于与父母的相处，同时也包括同龄人对他的影响。孩子到了七八岁时，开始脱离父母的影响，越来越看重同学和朋友对他的喜欢、支持和赞成。尽管他们的感情食粮理所当然地要从父母身上汲取，但从朋友身上也能得到额外的精神与情感的源泉。

孩子的交友技能在儿童期过后就很难再学会了，它有些像学习游泳，对蹒跚学步的幼儿来说极其容易，但如果在童年时代失去了机会，等到成年时再学就比较难了。当然，尽管孩提时代没有朋友并不注定成人后就会孤单，但应该承认，有些情商技能的发展是有时间性的。正常的时间一过去，一样的技能就会变得很难学会。

所以要鼓励孩子们多交朋友，但择友时一定要慎重。

紧急的时候得到帮助是宝贵的，然而并不是人人都会给予合适的帮助。我们要引导孩子别交上愚蠢的朋友，因为殷勤过分的蠢材比任何敌人都要危险。

在孩子交友的不同阶段，犹太父母建议我们，应给予不同的帮助与指导。

在孩子 0 至 7 岁的以自我为中心阶段，犹太父母经常为孩子设计一些活动，邀请有共同兴趣或性格相近的孩子参加。在活动中，孩子们如何相处并不是重要的，重要的是他们有机会在一起，这些共同的经历为日后的社交技能打下了基础。

在孩子 9 岁前的满足需要阶段，孩子喜欢和同伴相处，因此犹太父母强化孩子朋友的价值，鼓励他们交往。如果孩子对另一个孩子表示出正面的积极情感，即使你对对方表示怀疑和担忧，也千万不要否定和诋毁对方。

犹太父母还经常和孩子谈论自己的朋友，谈自己和朋友一起做过的事，谈为什么朋友对自己很重要等。让孩子参加父母和朋友的活动，让孩子亲眼看到大人是如何相处的，让孩子感受到友谊的重要性等。

在孩子 12 岁之前的互利互惠阶段，犹太父母会大力支持和积极参与，给孩子以安全感和满足感。当孩子们在交友相处的过程中，体会到酸甜苦辣咸五味俱全的感受时，大人的知识和经验就会使孩子大大受益。孩子与朋友相处出现危机时，大人过去或现在的经历会给孩子提供一些教益。

在这个过程中，犹太父母注重培养孩子容忍他人的品格，忍受亲密朋友的不可避免的伤害，由孩子自己决定如何处理这些负面感情和经历。父母们坚信，不管孩子最后如何决定，是保持还是放弃这份友谊，或是寻找新朋友，都是正确的。只要不是就此避开所有同伴就可以。

在孩子 15 岁前的亲密相处阶段，犹太父母会给孩子灌输适当的价值观，确定与孩子年龄适应的限制，鼓励孩子个人的成长和人际关系的发展。

在孩子交友过程中，犹太人就是这样在孩子不同年龄段，教育孩子避开与愚蠢的人交往的。他们的这一做法，很值得我们借鉴。

让孩子尝尝上当的滋味，犹太人的理性育人之道

3 岁的小约翰有一天和姐姐在客厅里玩得正高兴，这时，爸爸从外边回来，把约翰放到壁炉台上，然后松手道："约翰，跳到爸爸怀里来。"

约翰因爸爸也和自己玩，显得很高兴，笑着往爸爸怀里跳。一次、两次，可就在第三次当约翰快要落到爸爸怀里，爸爸却突然抽回了手。可怜的小约翰重重地摔在地上，哇哇大哭。

小约翰自己爬起来扑到坐在对面沙发上的妈妈怀里，妈妈也只是笑着说："爸爸真坏!"父亲则站在一旁，以嘲弄的眼光望着可怜的上当受骗的小约翰……

犹太人认为这不是残忍，而是正常的。他们说："像这样重复几次，孩子自然就认为，爸爸也不可相信，这样他们以后自然就不会轻信任何人。"

这样的训练，成为孩子们独立意识形成的基础。事实上，犹太人这种只信自己的思想，来源于他们的理性思考。

每个人在童年时期都有一颗纯洁的心，他们并不知道世界的真实面目，只觉得世界很美好，世界在他们心中就像一片蔚蓝的天空。他们不仅相信自己，而且信任周围所有的人。如此天真单纯的人，当然是无法应付复杂社会的。犹太人的习惯是不相信任何人，甚至连自己的父母和妻子也不相信。

《塔木德》上说："思考时请让感情离开，因为你需要的是理智。"犹太人从来不喜欢感情用事，他们认为感情用事只是犯愚蠢错误的开始，而理性思考的人才是真正明智的人。

一个犹太男孩和他的姐姐争夺玩具。他的姐姐不给他，于是他哭了。他的父母这样笑话他："笑是风力，哭是水力。"这句话是什么意思呢？是说笑就像风刮过去一样消失了，而哭就像水流过去一样没有了痕迹。

为什么孩子的父母不过去安慰他，而是笑话他呢？因为在他们的父母看来，小孩的哭泣是他自己一种不愉快的感情的宣泄。而感情的宣泄对小孩有什么好处呢？小孩子任意宣泄自己的感情只是他不肯动脑筋想办法的一种没有能力的表现而已。

犹太人是很不喜欢这样单纯的感情的需求的，他们需要的是事情的圆满解决，而事情的解决只能依靠他动脑筋，想办法。

那么笑呢，也是一样的。没有根据的笑，和不解决问题的哭都是一种短暂的感情排泄，都是没有多大意义的。犹太人始终认为，在任何时候运用理性的思考，想办法去解决摆在面前的问题，才是真正有用的。

而遇到问题就感情用事，开始发怒、生气，是一件很没有意义、让人觉得可笑的事情。

用理性看待这个世界，绝不要盲目。这是犹太人的思维方式。他们认为，在这个世界上，充斥着无知的偏激、盲目的躁动和人们的愚昧。

而理性摒弃了我们的愚昧和偏见，所以，人应该用理性去恢复这个世界的本来面目。

在犹太人看来，生活中有许多事情，是因为人们自己的盲目和冲动造成的。人们任意使用自己的感情，才造成了对世界的惶恐、惧怕。没有比对自己和别人说谎话更加有害的了。

犹太人列举了生活中由于人们感情的冲动而造成的偏见，诸如："我一点儿都不像自己的母亲""我忙得实在没有时间锻炼""我根本不需要治疗""我不想结婚"等。

再如大家讨厌"恶"的行为，但犹太人却说："恶的冲动有善吗？有。如果没有恶的冲动，相信就不会有人盖房子、娶太太、生孩子，或者拼命地赚钱了。""没有根据的憎恨，是最大的罪恶。"犹太人这样理智地告诉人们，不要轻易地喜欢和憎恨某个人。

有尊重才能有自信

世上没有废物，只是放错了地方。只要选准一条适合自己的路，坚持下去，自强不息，积极进取，就一定能成功。

犹太人培养孩子独立意识的做法，在我们看来虽有些残酷，但绝对理智。它正

是犹太民族长期流而不散的一个重要原因。

这种相信自己的思想，是孩子们独立意识形成的基础，它使犹太小孩从小便有独立生活的意识。他们相信，只有自己才能养活自己，靠别人来生活绝对是天真的幻想。

因此，他们在任何条件下，都能顽强地生存下去。他们凭借的是自己的能力，再加上强烈的生存意识，他们当然能找到赚钱的好办法去解决自己的生活问题。

而商业经营者作为独立掌握自己命运的分子，首先应具备的便是这种理智的独立意识与生存意识。

这种意识还构成了犹太商人自我保护的“防护膜”，使他们从不陷于别人的商业陷阱。

具有独立意识，只是你掌握自己命运的第一步，你还必须具有自强不息的精神。可以说，自立当自强，自强促自立，两者相辅相成。

杰出的人物之所以能成功，一个重要的原因就是他们具有必胜的信念，均能自强不息。生活中总有许多人抱怨自己没本事，从而消极平庸，但实际上每个人都有成功的潜质，正如拿破仑所言：

“世上没有废物，只是放错了地方。”只要选准一条适合自己的路，坚持下去，自强不息，积极进取，就一定能成功。

自强不息是犹太人的一个优良传统，在困难和挫折面前，他们从不退缩，迫害和杀戮也封锁不了他们前进的路。从罗马帝国时代起，犹太人便被迫离开故土，流散天涯。在漫长的流亡漂泊岁月中，犹太民族的特性、宗教、语言、文化、文学、传统、历法、习俗和智慧没有因这两千多年的悲惨民族史而分崩离析，他们至今仍保持着自己民族的特色和凝聚力。千百年来，犹太人人才辈出，精英遍布世界。处境恶劣与成果卓著形成的强烈反差，是这个民族旺盛的生命意识和自强不息的进取精神的反映。

教育孩子首先要培养孩子自信的优良品格，这一点十分重要。一个自信的孩子首先必须得到父母和他人的尊重。有自尊才能有自信，因此，对父母来说，要孩子

自尊，父母就要尊重孩子，让孩子处处感到父母的爱和因为他带给父母的自豪。

跟狗玩就会有跳蚤上身

一位忠实的朋友，就像一顶牢固的帐篷，会为你遮挡风雨。他是无价之宝，不要轻易忘掉。

有个富翁生了10个儿子，他计划自己去世的时候给他们每人100第纳尔。

可是，随着时光流逝，他失去了一些钱，只剩下950第纳。所以他给前9个儿子每人100第纳尔。最后他对最小的儿子说：

“我只剩下50第纳尔了，我还得留出30第纳尔作丧葬费。我只能给你20第纳。不过，我有10个朋友，准备都给你，他们比100个第纳尔好多了。”

他把最小的儿子介绍给朋友们，不久就死去了。

前9个儿子各自谋生，最小的儿子也慢慢地花着父亲留给他的那点钱。当只剩最后一个第纳尔时，他决定用它请父亲的10个朋友美餐一顿。

父亲的朋友们一起吃啊喝啊，纷纷说：“在这么多兄弟中，他是唯一还记得我们的人。让我们对他仁慈一些，报答他对我们的好意。”

于是，父亲的朋友们每个人给他一只怀了牛犊的母牛和一些钱。母牛产下小牛，他卖了牛犊，开始用换回来的钱做生意。上帝保佑他，他比自己的父亲还富有。

后来，他成为一名拉比。他说：“我父亲说朋友比世上所有的钱都珍贵，这话一点都不假。”

正因如此珍重友情，犹太人交友时非常慎重，绝不滥交朋友。他们有一则最出名的交友格言就是：“跟狗玩，就会有跳蚤上身。”

犹太人认为，没有朋友的人就如同失去手臂一般。他们将朋友分为三种：第一种是像面包一样的朋友，不可或缺；第二种是像酒一样的朋友，偶尔需要；第三种是像狗一样的朋友，不注意躲闪，就会引得跳蚤上身。

一位犹太哲人这样写道：

“亲切可爱的演讲获得热烈的掌声，和蔼可亲的神态受人欢迎。”

“许多人向你祝贺，但真正的朋友万里挑一。”

“如果你想要得到朋友，那需要患难见真心，切不可轻信。”

“一些人是阶段性的朋友，在你危难时他就会离你远去。”

“一些人是酒肉朋友，在你幸运时对你笑脸相迎，在你不幸时逃之夭夭。”

“某些朋友翻脸不认人，一有利益冲突，就会变成敌人。”

“一位忠实的朋友，就像一顶牢固的帐篷，会为你遮挡风雨。他是无价之宝，不要轻易忘掉。”

“走进香水店，就是什么都不买，也会沾上芳香的气味。”

不懂礼节就被瞧不起

不论一个人的思想多么超前、世界观多么先进，也不论一个人多么富有，如果他不懂得礼节，不善于在各种不同的场合保持大方的举止，他就会被人瞧不起。

在犹太人看来，不论一个人的思想多么超前、世界观多么先进，也不论一个人多么富有，如果他不懂得礼节，不善于在各种不同的场合保持大方的举止，他就会被人瞧不起。

一位犹太拉比说：一个人要保持良好的风度，表现出很好的修养，就不要忸怩作态，不要看不起别人。我们不要因为自以为自己具有某些长处，便以为应在别人面前占优势。我们应该谦虚本分地接受别人对我们的批评。

犹太教育家弥塞亚说：行为美是一种表现方式，要掌握好方法。有时帮助了人，却有可能因为不得体而使对方或旁观者不悦。

培养行为美，一直为犹太人所再视。早在犹太的远古时代，培养优美的行为举止就成了社会所关注的事。从两方到东方每个民族都有着他们一系列的举止仪式，他们通过一些专门学校和体育场所来训练人们的举止仪态。

在犹太民族的普通小学，都特别注重培养学生的举止和礼节。同时还有大量指导礼节的书籍。

犹太教师在接受礼仪培训的过程中首先要接受这样的培训：你们在生活中每时每刻都在教育孩子，即使你们不在家的时候，也如此。你们怎样穿着打扮，怎样同其他人谈话，如何议论别人，怎样对待朋友和敌人，怎样笑，如何看报——所有这些，无不对孩子具有再大意义。孩子能觉察到你们语气和脸色最细微的变化，通过各种无形的途径了解你们思想情绪的变化。

犹太拉比以利亚拉说：

不要忽略教育的任何一个方面，要教育孩子们讲究整洁，保持身体和服装的清洁，讲究举止风度和待人接物的尊严，同时要以普遍而永恒的本源来说明这一切的必要性——这种必要性不是来自社会身份等级地位的虚假要求，而是来自崇高的人类称号：也不是来自礼仪表面的虚假观念，而是来自人类尊严的永恒观念。

人类的尊严、人道主义、对周围人们的关心，同时也表现为对自己举止风度美的关心——这就是犹太人衡量行为美的标准。

一个孩子的行为美是社会进步的一大标志，是社会的一种需求，也是为人父母者所面临的挑战。

虽然他有着无穷的智慧和神秘的外表，却因他凡人的品性和粗俗的举止，使他陷在日常生活的琐碎问题之中。一个人的修养从哪里开始，就会沿着哪条线前进。

优秀的孩子不是孤独的

任何一个有所作为的人，总是在团队中获得成就的。除非这个人是苦思冥想的思想家与哲学家，远离人群才让他感到精力充沛，才思敏锐。

犹太雅波尼拉比有个很受欢迎的说法：

我是上帝的创造物，我的邻居也是上帝的创造物。我在城区工作，他在农村工作。我为我的工作而早起，他为他的工作而早起。正如他不擅长我的工作，我也不擅长他的工作。你会说我干的事情了不起，那么他干的事情就很渺小了吗？

不要鄙视任何人，没有什么不可能。因为任何人都有自己的事情，任何事情都有它的价值。

人不应该在睡着的人群中清醒，也不应该在醒着的人群中睡着。

不要在欢笑的人群中哭泣，也不要在哭泣的人群中欢笑。

不要在别人站着的时候坐下，也不要在别人坐着的时候站着。

总而言之，人不应该从他身边人的行为状态中脱离出来。

任何一个有所作为的人，总是在团队中获得成就的。除非这个人是苦思冥想的思想家与哲学家，远离人群才让他感到精力充沛，才思敏锐。

在孩子漫长的一生中，团队精神直接影响着他的命运。父母从小就要让孩子学会与他人相处合作。

孩子在三、四岁时，就愿意加入群体之中。到六、七岁之时，孩子们就开始意识到，加入某一个群体使他有精神的归属感，可以增强信心，他们甚至会死心塌地忠诚于这个团体。

孩子在这个年龄段，最为痛苦的事是被同伴排斥。一个孩子如果得不到同伴或得不到团体的接受，这对孩子来说是十分痛苦的事，自信心就会受到挫折。

一位犹太教育家认为，通常会有两类孩子遭到伙伴的排斥：

一是出于特殊原因暂时被拒绝。这种情况主要是由于迁居他处，人生地不熟。一般来说，经过一段时间后，孩子就会找到他的伙伴，很快被同伴们所接受。

另一种情况是孩子的性格所造成的。例如有的孩子性格内向，离群索居，极为害羞。有的孩子性格极为外向，富有侵略性，脾气暴躁。这两种孩子的情况比较让父母担心，如果不加以引导，他们就会变得非常孤僻，容易沉浸于暴力与报复性行为的幻想之中。如果父母不加约束与管教，就有可能走上犯罪之路。

为了避免以上这几种情况的出现，父母可以从多个方面来帮助孩子：

不要把孩子死死限制在家中，这样孩子可能会更加封闭。父母要鼓励孩子参加团体活动，让他们开眼界，长知识。孩子长到七八岁时，就要鼓励他们参加各种活动与团体。如果孩子是被某个团体所拒绝，可以让孩子参加一些以某项技能、兴趣爱好、交流指南等为基础的特定的团队。在这些主题团队中，成员在个性、兴趣和社会技能方面更有可能处于同一水平，因而孩子们更容易相处。

如果孩子暂时没有朋友，父母就和孩子站在一起，给孩子一种心灵的安慰，不要让孩子有失败感与无能感。纵然这种安慰是暂时的，却是孩子需要的。

让孩子在家庭中成为主角，比如可以让孩子制定家庭旅游计划，成为旅游的计划者，让孩子安排家庭活动等，这样可以锻炼孩子在社交上的能力与技巧。

父母可以加入某个社团，这样会让孩子受到感染。深厚的家庭传统是重要的资源，它会让孩子受益无穷。

站在别人立场上考虑问题

己所不欲，勿施于人。为了人际关系的和谐，就要教育孩子从别人的角度考虑问题。

有一家犹太人养了一只狗，全家人都喜欢这只狗，尤其是主人的儿子，对狗更是疼爱备至，整日同吃同住，难舍难分。

可是，有一天，狗突然死了，这使儿子伤心至极、痛不欲生。父亲认为狗迟早会死，只能把它扔出去了事，但儿子却一定要将狗埋在自己家的后院。

结果，父子两人为此而闹僵了。无奈，只好找拉比咨询。拉比尽管常常为别人提供各种咨询，但从来没有涉及狗的葬礼的。但他很了解此时那个小孩无比悲伤的心情。

于是，拉比就查找有关资料，结果正好在《塔木德》中找到了一个有关的故事。

古时候，有户人家发生了这样一件事——

一次，有条毒蛇爬进牛奶桶中，它的毒液溶进了牛奶，这件事只有家里的狗看到了。

晚上，全家人正要喝桶中的牛奶时，狗就叫了起来，并扑上来打翻了盛奶的杯子，自己喝了起来，正当大家生气时，狗已经死了。

这下子全家人才恍然大悟，原来牛奶里有毒，所以大家对狗感激不尽。

听完这则故事后，父亲同意儿子的做法。

犹太人被杀照片

这个故事表面上是讲有关狗的事情，但实际上是教诲人们，凡事多从他人的角度考虑和着想。当然，这件事能够圆满解决，和拉比的处世艺术也是分不开的。他没有把任何东西强加于父亲，只是讲了一个关于狗的故事，这就在尊重了儿子意愿的同时，也尊重了父亲的权威，那么，父亲何不顺水推舟呢。

己所不欲，勿施于人。为了人际关系的和谐，犹太父母常常教育孩子从别人的角度考虑问题。

与他人保持不同的立场

当你面对风险有些犹豫不决，又得不到亲人、朋友支持的时候，不妨大胆些，只要认准了自己的道路，充满信心，就可以放手一搏，及时迈出决定性的第一步。

《塔木德》说："不要害怕与他人保持不同的立场。"

许多犹太人正是在这句格言的鼓励下走向成功的。

黛比出生在一个有很多兄弟姐妹的大家庭。从小她就非常渴望得到父母亲的赞扬和鼓励，但是由于孩子多，她的父母根本就顾不上她。这种经历使得她长大成人后依然缺少自信心。她后来嫁给一个非常成功的高级管理人员，但美满的婚姻并没

有能改变她缺乏自信的心态。当她与朋友出去参加社交活动时总是显得很笨拙，唯一使她感到自信的地方和时间是在厨房里烤制面包的时候。她非常渴望成功，但是鼓起勇气从家务中走出去，做出决定去承担具有失败风险的羞辱，对她来说是想也不敢想的事情。随着时间的推移，她终于认识到自己要么停止成功的梦想，要么就鼓起勇气去冒一次险。黛比这样讲述自己的经历：

我决定进入烹饪行业。我对我的妈妈爸爸以及我的丈夫说："我准备去开一家食品店，因为你们总是告诉我说我的烹饪手艺有多么了不起。"

"噢，黛比，"他们一起呻吟道，"这是一个多么荒唐的主意。你肯定要失败的。这事太难了。快别胡思乱想了。"你知道，他们一直这样劝阻我，说实话，我几乎要相信他们说的了。

但是更重要的是我不愿意再倒退回去，再像以往那样犹犹豫豫地说："如果真的出现……"

她下决心要开一家食品店。她丈夫始终反对，但最后还是给了她开食品店的资金。食品店开张的那一天，竟然没有一个顾客光临。黛比几乎被冷酷的现实击垮了。她冒了一次险，并且使自己身陷其中。看起来她是必败无疑了。她甚至开始相信她的丈夫是对的。冒这么大的险是一个错误。但是人就是这样，在你已经冒了第一个很大的险以后，再去面对风险就容易得多。黛比决定继续走下去。

一反平时胆怯羞涩的窘态，黛比端着一盘刚烘制的热烘烘的食品在她居住的街区。请每一个过往的人品尝，所有尝过她食品的人都认为味道非常好。人们开始接受她的食品。今天，"黛比·菲尔茨"的名字在美国数以百计的食品商店的货架上出现。她的公司"菲尔茨太太原味食品公司"是食品行业最成功的连锁企业。今天的黛比·菲尔茨已经成了一个浑身到处都散发出自信的人！

一位犹太拉比教育学生：

当你面对风险有些犹豫不决，又得不到亲人、朋友支持的时候，不妨大胆些，只要认准了自己的道路，充满信心，就可以放手一搏，及时迈出决定性的第一步。

再好的东西也不要强加于人

再好的东西，如果不加节制地强加于人，也会令人讨厌。

《塔木德》中记载着这样一个故事：

皇帝安冬尼有一次派使者到朱丹拉比那里，问这样一个问题："帝国的国库马上就要空了，你能给我一个增加收支的建议吗?"

朱丹拉比一句话也没有回答，他把使者带到了自己的花园里，然后安静地干起活来。他把大的甘蓝拔掉，种上小甘蓝，对萝卜和甜菜也是这样。看到朱丹拉比无意回答问题，使者对他说："请您抽出宝贵的时间，给我个回信。"

"你什么都不需要，马上回到皇帝身边去吧!"

于是，使者返回到皇帝安冬尼那里。

"朱丹拉比给我什么回信了吗?"皇帝问。

"很遗憾，他没有。"

"那他给你说了什么吗?"

"也没有。"

"那他一定做了什么吧?"

"是的，他把我领到他的花园里，把那些大棵的蔬菜拔掉，种上小的。"

"那我明白他的建议是什么了!"皇帝兴奋地说。于是，他立刻遣散了他所有的税收大臣和官员，换成少量的更诚实、更有能力的人。不久，国库就充足起来。

犹太人运用这个故事说明：不要去强迫别人做他们不愿意做的事情。这正是犹太父母的一个教子智慧。

在现实生活中，人们进行种种欺骗的事情屡见不鲜。但是，犹太人认为坏事掩不住别人的耳目，人们终会有一天发现事情的真相。即使能够侥幸地瞒过别人，但是做了坏事之后。自己的心里一定会觉得很不舒畅，并时时怀着恐惧之心。因此，以不利条件强迫他人的做法是不可取的，不能强迫别人。

犹太父母经常给孩子们讲这样一个故事：

有一天，拉比在路上碰到两个男孩正在争辩。两个男孩子正在面红耳赤地争论到底谁的个子比较高，吵来吵去，还是没有结果。后来，其中一个男孩强迫另一个男孩站在水缸里和自己比较，他终于证实了自己的个子高一些。

拉比看到了这一幕，很伤心地对自己的弟子说："是否世界上的人都经常这么做呢？为了证实别人不如自己，就强迫别人站到水缸里；如果别人不愿意下去，他们就会自己爬到椅子上面，以显示自己优越于别人。"

犹太人经常引用这个故事告诫那些以不利条件去强迫别人的人。

再好的东西，如果不加节制地强加于人，也会令人讨厌。

因此，犹太人在教育孩子和别人进行竞争时，总是站在平等公平的立场上，而不是以不利的条件去强迫别人。

愚蠢的朋友比敌人更危险

交朋友要交聪明的朋友，愚蠢的朋友往往好心却做了坏事。

中世纪时期的中东犹太人中流行着这样一个故事：

一个没有亲属的孑然一身的犹太隐者，住在远离城市的荒僻的森林里。虽然隐士的生活在故事里描摹得天花乱坠，但适宜于离群索居的可绝不是寻常的人们。无论是处在安乐或是忧患之中，人类的同情总是甜蜜的。

穿过美丽的草原和茂盛的树林，越过山峰和溪流，躺在软绵绵的青草上，的确是赏心悦目，然而，如果没有人与你分享这些快乐，也还是十分寂寞无聊的。我们的隐士，不久也承认离群索居是并不愉快的。他到森林中的草地上去散步，到熟悉的邻居去走动，要想找个人谈谈话儿。然而，除了狼或熊以外，谁还到这种地方去溜达呢？

他看见几尺以外有一只健壮的大熊，他脱下帽子，向他漂亮的新朋友恭恭敬敬地鞠一躬。他的漂亮的新朋友伸出一只毛乎乎的爪子来，他们就开始谈起来，谈到了天气如何如何。他们不久就成了好朋友，谁都觉得不能分离，所以整天待在一起。两个朋友怎样谈话，他们谈些什么，说些什么笑话，玩些什么把戏，以及怎样

的互相取乐助兴，总而言之，我直到现在还不知道。隐士守口如瓶，熊天性不爱说话，所以局外人一点儿也不知道。不管怎么说，隐士找到这样一个宝贝做他的伴儿，心里十分高兴。他整天和熊形影不离，没有了它心里就要不痛快。他对熊的称赞，接连几个钟头也说不完。

在一个明朗的夏天，他们定了一个小小的计划，要到森林里草地上去散步，还要翻山越岭地去远足。可是，因为人的力气总比不上熊，我们的隐士在正午的炎热下跑得累了，熊回头看到它的朋友远远地落在后面，心里充满了关切。它停下脚步来喊道："躺下来歇一歇吧，老朋友，如果你想睡，何不打个瞌睡呢！我坐下来给你看守，以防有什么意外。"

隐士感到有睡觉的必要，就躺下来，深深地打了个呵欠，很快就睡熟了。熊忠实地守候在朋友身边。

一只苍蝇落在隐士的鼻子上，熊连忙驱赶。苍蝇又飞到隐士的脸颊上。"滚开，坏东西！"真荒唐！苍蝇又落到朋友的鼻子上去了，而且越发坚持要留在那时。你瞧熊，它一声不响，捧起一块笨重的石头，屏住气蹲在那儿。

"别吭气儿，别吭气儿！"它心里想道，"你这淘气的畜生，我这回可要收拾你！"它等着苍蝇歇在隐士的额角上，就使劲儿把石头向隐士的脑袋砸过去，这一下砸得好准，把脑袋砸成两半，熊的朋友就永远长眠不醒了。

犹太人都承认，友情是一笔无形的巨大的财富，越孤独的人越渴望朋友的陪伴。紧急的时候得到帮助是宝贵的，然而他们也用上面的故事教育子女并不是人人都会给予恰当的帮助；但愿老天爷让我们别交上愚蠢的朋友，因为殷勤过分的蠢材比任何敌人还要危险。

做我的朋友吧

一句温馨的祝福比得过大笔的资金，社交能力是孩子所必要的一种能力。

斯特娜夫人在女儿很小时，就教她学习世界各国的语言。同时，让她用世界语和世界各国的小朋友通信，这一方面当然是为了提高孩子的学习兴趣和学业水平，

但是，另一方面却是为了让女儿逐渐学习与人交往。

斯特娜夫人很注意培养女儿的社交能力。她让女儿经常和其他小朋友一起玩，也常常让女儿和男孩子们一同玩要，但是，绝对不允许她只跟一个孩子玩。她认为，女孩子敏捷并富于想象力，而男孩子则富于理解力。让他们在一起玩，可以互相取长补短，女孩子可以从男孩子身上学习勇敢果断等品德，男孩子可以从女孩子身上学习亲切柔和等品德，这样对双方都有益。两个孩子在一起玩的结果，很容易使一个居“主人”地位，另一位则处在“仆人”的地位。几个孩子在一起玩，就能有效地避免这种情况。当女儿长大一些后，母亲又鼓励她和其他小朋友一起组织开会等集体活动。当然，这类会应是有益而愉快的。在母亲的鼓励和支持下，女儿担任了“美国少年和平同盟”会长以及“少年慰问团”会员等职务。

斯特娜夫人从完善孩子性格的角度出发，鼓励女儿与同龄孩子一起游戏、组织活动。而更多的犹太人是出于经商的需要。犹太人以其卓越的经商才能闻名于世，在与人做生意的时候，他们善于把握对方心理，比其他民族的商人更懂得人际交往的技巧。有关人际交往中的技巧及注意原则，是犹太儿童从小就要接受的重要教育方面。

与人交往是人类特有的社会性需要，儿童也不例外。儿童在与成人的交往中，不仅能够得到关心和爱抚，而且通过成人的言行了解了初步的社会道德规范和行为准则，并逐步以成人的要求评价、判断和调节自己的行动。在与同龄伙伴的交往中，通过共同的游戏和共同的活动也能逐渐学会如何表达自己的愿望，如何彼此友好相处。

但好多父母对孩子的关切过度，事事代为安排，往往令孩子失去发展合群性的机会。例如当孩子学习自己玩的时候，父母常过分注意他，拿东西给他、抱他，令孩子不能自由、充分地发展自己的兴趣。这样的孩子很少向人打招呼，因为总是父母先开口，教他叫某叔叔或某姨姨。父母常喜欢拿他来向人炫耀，次数多了则令孩子感到尴尬。孩子生病时，父母总是不眠不休地细心照顾，同样，当孩子顽皮时，父母也往往把事情看得太严重，以致小题大做。凡此种种，使孩子太少练习出口的

其乐之道，不懂如何合群与讨人喜欢。入学以后，这类孩子也很难适应学校生活，不容易结识朋友。与同龄的伙伴玩耍时，也不能相安无事，不是畏缩，便是争吵打架，最后被群体孤立。

正因为以上原因，使当代独生子女的社会适应能力普遍发展较缓慢。如果不能及时辅导，孩子便逐渐养成内向、孤僻、沉默寡言、软弱怕事的性格，没有一般小朋友的天真活泼气息。另一方面，也会造成做事过分认真，追求完美，以至容易钻进“牛角尖”。

一个女孩走过一片草地，看见一只蝴蝶被荆棘弄伤了，她小心翼翼地为它拔掉刺，让它飞向大自然。后来蝴蝶为了报恩化作一位仙女，向小女孩说：“为了报答你的仁慈，请你许个愿，我将帮您实现。”小女孩想了一会说：“我希望永远快乐。”于是仙女弯下腰来在她耳边悄悄细语一番，然后消失无踪。小女孩果真很快乐地度过一生。当她年老时，邻人问她：“请告诉我们吧，仙女到底说了什么，让您的一生都这么快乐？”她只是笑着说：“仙女告诉我，我周围的每个人，都需要我的关怀，需要我真心以待。”

那么，如何培养孩子的交往能力呢？下面几点犹太父母常用的方法可供你参考：

1. 创造平等和谐的交往氛围。家长不能摆出“长道尊严”的面孔训斥孩子。家庭中涉及孩子的问题，更应想到孩子，听听他们的意见。家庭中的大事，孩子可以知道的应该让孩子知道，适当地让孩子“参政议政”。

2. 教给孩子基本的交往技能。孩子的交往技能，如分享、协商、轮流、合作等，需要家长在潜移默化中传授给孩子。通过一个个生动的故事，教孩子学会关怀别人——这正是与他人积极相处、培养孩子的社交能力的根本。

3. 鼓励孩子走出家门。交往的技能只有在与人交往中才能学会，家长应该尽可能地为孩子打开生活空间，鼓励孩子走出家门，广交朋友，要提供更多的交往机会。如：让孩子去找伙伴玩，邀请邻居家的小孩子、同班同学来家做客。心理学家指出，同伴对指导或训练儿童掌握社会交往技能，帮助孩子走出孤独具有特殊作

用，因为这种技能，儿童是无法在成年人那里学到的。还应适当地带孩子进入自己的社交圈，外出做客时，尽可能带孩子参加，提醒孩子注意大人间的交往与谈话礼貌；家中有客来，把孩子介绍给大家，让孩子参与接待，倒茶、让座、谈话等等，不要一味地将孩子赶走。让孩子在实践中学习交往，有利于消除孩子交往中的胆怯、恐惧心理。平时家长还可以有意识地让孩子去完成一些需要交往的任务，比如说去楼下小店买个日用品，帮忙把什么需要转交的东西送到哪里等等。总之，很多帮孩子学习交往的机会就在生活中，家长只要花点心思注意利用就可以了。

4. 鼓励孩子的每一点进步。随着孩子的成长，在与他人交往时一定会有明显的进步，一见陌生人就胆怯退缩不敢说话等情况一定会有所改变。但这时候，别忘了，为人父母者还有一件十分重要的事要做：及时去发现孩子的每一点变化——课堂上勇敢地举手发言；第一次主动与老师打招呼；热情邀请同学来自己家做客；向一个陌生人微笑致意；购物时学着讨价还价；同情弱者；帮助他人——所有这一切，你要随时看在眼里，记在心里，并持续不断地鼓励他。如此坚持下去，你一定能看到孩子的良好表现而倍感欣慰。

人是社会人，每个人要想在社会上生存就必须学会与他人沟通、交流，掌握一定的交往技巧有利于少走弯路、少得罪人，更快地融入团体。所以本篇列出了犹太人教育子女与人交往时应注意的事项，希望可以为中国的父母提供一个借鉴。

选准你的伙伴

如果孩子失去了朋友，或者不被同伴接受，那么即使日后取得了很大成功，也会终生有一种不满足感和不完全感。

从前有一个农夫跟蛇交上了朋友。我们都知道，蛇是很聪明的，它不久就设法使农夫跟它十分亲热。农夫只夸赞它一个，并且永远把它捧到天上。然而，如今农夫的一切老朋友和亲戚，竟然没有一个上门来了。

“这是怎么回事呢？”农夫问他的一个昔日的朋友说，“请你告诉我，你们一个也不来看我，这是为什么呢？是我的老婆没有按照礼数款待你们呢，还是你们嫌弃

我的食物粗劣呢?”

“不,”他的朋友回答道,“问题不在这!我们很愿意和你一起谈谈说说。你们夫妻两人,谁也没有在什么地方得罪我们或是叫我们不高兴,没有人会这样埋怨你们的,我可以保证!可是,如果跟你一块儿坐着,老是要东张西望、提心吊胆的,提防着你的朋友蛇会爬过来从背后咬我们一口,那又有什么乐趣呢!”交上了坏朋友的人,是难以得到世人的敬重的。

农夫交上了蛇这个朋友,因此失去了其他的好朋友,即使这条蛇不会对其他的朋友造成危害,别人在与农夫交往时也是战战兢兢,这对农夫来说是得不偿失的。所以在鼓励孩子交朋友时,要妥善选择自己的择友范围,交对朋友。

犹太人非常重视人际关系对孩子性格发育的重要性,认为孩子的性格发育和他的人际关系的总和是相等的。当然,孩子的人际关系首先开始于与父母的相处,同时也包括同龄人对他的影响。孩子到了7—8岁时,开始脱离父母的影响,越来越看重同学和朋友对他的喜欢、支持和赞成。尽管他们的感情食粮理所当然地要从父母身上汲取,但从朋友身上也能得到意外的精神与情感的源泉。儿时的友谊影响孩子的自尊心和交友习惯等,其程度几乎相当于父母的抚育和爱护。

孩子的交友技能在儿童期过后就很难再学会了,它有些像学习游泳,对蹒跚学步的幼儿来说极其容易,但如果在童年时代失去了机会,等到成年时再学就比较难了。当然,尽管孩提时代没有朋友并不注定成人后就会孤单,但应该承认,有些情商技能的发展是有时间性的,正常的时间一过去,一样的技能就会变得很难学会。所以要鼓励孩子们多交朋友,但择友时一定要慎重。

鸡蛋确实很好吃,可是对于老鼠来说偷运鸡蛋却是件不容易的事情。老鼠甲想出了一个绝妙的主意——它找来了朋友乙,在鸡窝里,让老鼠乙仰面朝天,四只脚紧紧抱住鸡蛋,老鼠甲咬紧乙的尾巴,拖着战利品和它的朋友上路了。

一路上,老鼠甲心中有说不出的骄傲和自豪:“不是吹牛,这绝对是鼠类的创举!”它为自己的主意哼起了小曲。老鼠乙却闷不作声地打起了小算盘:它悄悄地用牙齿叩开了蛋壳,在老鼠甲的歌声里品尝起美味来。

目的地终于到了。老鼠乙一翻身推开了已吃光只剩下的鸡蛋壳："倒霉！没挑准，弄了一只空的！再见吧，我亲爱的朋友。"说着，它一抹嘴巴，腆起大肚子，溜了。

看着老鼠乙的背影，老鼠甲一句话也说不出来，"哎，再妙的主意，也得选准伙伴哪!"

除此以外，犹太父母还经常给孩子们讲这个故事，说明交友要慎重的道理：

在孩子交友的不同阶段，父母应给予不同的帮助与指导。

1. 以自我为中心阶段（0~7 岁）

在这个阶段，父母应该设计一些活动，邀请有共同兴趣或性格相近的孩子参加。活动中，孩子们如何相处并不是重要的，重要的是他们有机会在一起，这些共同的经历为日后的社交技能打下了基础。当孩子上学以后，就会更愿意和同龄伙伴相处。如果父母这时仍然不断地出现在孩子的左右，对他们是有害的。

2. 满足需要阶段（4~9 岁）

孩子一旦喜欢和同伴相处，你就应该对他们强化朋友的价值，鼓励他们交往，看重孩子们之间的友谊。如果你的孩子对另一个孩子表示出正面的积极情感，即使你对对方表示怀疑和担忧，也千万不要否定和诋毁对方。并且，如果孩子被他人取笑或欺侮后，怀有一些负面的情绪，你也决不能火上浇油。不要鼓励孩子抱怨同学，否则就会强化他的孤僻，你只要当个好听众就可以了。

父母应起到表率和带头作用，经常和孩子谈谈自己的朋友，谈你们一起做过的事，为什么朋友对你很重要等等。让孩子参加你和朋友的活动，让他们亲眼看到你们如何相处，以及友谊对你们的重要性等等。

3. 互利互惠阶段（6~12 岁）

这个阶段父母的支持和参与，会给孩子以安全感和满足感。当孩子们在交友相处的过程中，体会到酸甜苦辣咸五味俱全的感受时，你的知识和经验就会使孩子大大受益。孩子与朋友相处出现危机时，为人父母者过去或现在的经历会给孩子提供一些教益，但请不要给他们任何劝告。应该让他们养成容忍他人的品格，忍受亲密

朋友的不可避免的伤害，由自己决定如何处理这些负面感情和经历。不管他们最后如何决定，是保持还是放弃这份友谊，或是寻找新朋友，都是正确的。只要不是就此避开同伴就可以。

4. 亲密相处阶段（8~15 岁）

当孩子有了亲密的朋友以后，父母的作用便是指导：灌输适当的价值观，确定与孩子年龄适应的限制，鼓励孩子个人的成长和人际关系的发展。同时，这时孩子对你的依赖日益减少，你一方面觉得解脱，而另一方面却又感到失落，这是很正常的。

父母在帮助孩子学会交友时应该牢记拉比的教诲：拥有一个“好朋友”是孩子成长过程中的重要任务，这会影响他日后的人际关系，要保证让孩子有机会掌握与年龄相适应的交往的技巧。

爱人者人恒爱之

希望得到别人的关心和注意是人的心理需要，世上每一个人都应当了解这一点。当一个人感到周围的人对自己十分关心时，他心中便会有一种安全、温暖的感觉，就会充满自信和快乐。既然受了别人的关心，那么同样也会去关心别人，这样，人们互相间就容易有一种亲密友好的关系。

犹太人中流传着这样一则寓言：狐狸跟鹤成了好朋友。有一天，狐狸突然想要鹤到自己家里做客，她邀请鹤来吃晚饭。“鹤，亲爱的，来吧，一定要来！真的，我要请你吃顿饭！”

鹤拗不过狐狸的邀请，只好去赴宴。此时的狐狸已经将碎麦米饭煮好，把饭平抹在盘子上。她端上盘子，对鹤说：“吃吧，亲爱的鹤！”

鹤用嘴笃笃地敲着盘子，但由于它尖尖的嘴，什么也没有吃着。而狐狸灵巧地舔着盘子上的饭粒，就这样她把饭全都吃掉了。她把饭吃光以后，说：“鹤，亲爱的。请别见怪！没有别的东西可以招待啦。”

鹤回答道：“狐狸，我怎么会怪你呢？为此我该谢谢你啦！明天请到我家里做

客吧。”

第二天，狐狸来到鹤的家里，鹤已经把冷杂拌汤做好，并且把汤倒入颈部细长的罐里，然后把罐放到桌上说：“狐狸，请吃吧！说实话，没有别的东西可以招待你。”狐狸围着罐打转转。它一会儿绕着罐走，一会儿又闻闻罐，一会儿舔舔罐，总之，任凭它怎样做，它也没法使它的嘴钻到罐里去。而鹤用它那尖尖的嘴啄汤喝，直到把汤全部喝光为止。“狐狸，请别见怪！没有别的东西可以招待你啦。”

狐狸懊恼极了。它原来想在鹤家吃上它整整一个星期，然后再跑回家里，可现在只得灰溜溜地回家了。

如果狐狸真心地对待鹤，考虑到鹤嘴尖而细长的特点准备饭食，让鹤饱餐一顿，那么在鹤回请它时，也一定不会如法炮制，使狐狸饿着肚子回家的。这就叫以其人之道，还治其人之身。

犹太拉比告诫世人：当别人有求于自己时，只要是正当的要求，就要尽己所能满足对方的要求；当看到别人有困难时，要主动地去帮助别人，这样能使别人懂得你的存在对他的价值，其结果必然是“爱人者人恒爱之”。

犹太父母告诫小孩子说：人不自利，会变成寄生虫；但只自利，则会成为吸血鬼。完美的人生，是自利与利人的统一！现在他们经常给幼小的孩子们讲述这个故事：

弗莱明是一个穷苦的苏格兰农夫。有一天，当他在田地里工作时，听到附近泥沼里有人发出哭喊声，于是急忙跑过去，发现一个小孩子掉到了粪池里，于是他把这个小孩从死亡边缘救了出来。

第二天，一辆崭新的马车停在农夫家门前，一位绅士优雅地走出来，自我介绍是那个被救小孩的父亲。绅士诚恳地说：“你救了我小孩的生命，我要报答你。”农夫说：“我救你的小孩是为了自己的良心和对于生命的呵护，我不能因救你的小孩而接受报酬。”就在这时，农夫的儿子从茅屋里走出来，绅士说：“让我们来个协议，让我带走他，并让他接受良好的教育。假如这小孩像他父亲一样，他将来一定会成为一位有用于社会的人。”

情不对，因此总只是在空中盘旋，而不肯落到他的船上。当青年准备伸手抓它们的时候，鸥鸟们就“呼”的一声全飞走了，青年只好干瞪眼。

这个故事告诉我们，彼此交往要想达到和谐友好的境界，必须以真诚为前提，要善待他人。如果你自以为聪明，想去算计朋友，那么朋友必然会弃你而去。

有一个在阿而特国出生，在土洼国长大，直至花甲之年还不曾回过家乡的阿而特国人，因为思乡心切，不顾年事已高，气血衰退，居然独自一人不辞劳苦，千里迢迢去寻故里。他在半路上遇到一个北上的人。两人自我介绍以后，很快结成了同伴。他们一路上谈天说地，起居时互相照应，因此赶起路来不觉得寂寞，时间仿佛过得很快。不知不觉，他们就到了尼尔国的地界。

可是这个阿而特国人没有想到与自己朝夕相处、一路风尘的同伴竟在这时使出了捉弄人的花招。他的那个同伴指着前面的尼尔国城郭说道：“你马上就要到家了。前面就是阿而特国的城镇。”这阿而特人一听，一股浓厚的乡情骤然涌上心头。他一时激动得说不出话来。他的两眼被泪水模糊了，脸上怆然失色。过了一会儿，那同伴指着路边的土神庙说：“这就是你家乡的土神庙。”阿而特人听了以后，马上叹息起来。家乡的土神庙可是保佑自己的先辈在这块阿而特国的土地上繁衍生息的圣地呵！他们再往前走，那同伴指着路边的一栋房屋说：“那就是你的先辈住过的房屋。”阿而特人听了这话，顿时热泪盈眶。滚滚的泪水把他的衣衫也弄湿了。祖居不仅是父母、祖辈生活过的城堡，而且是自己初生的摇篮。祖居该有多少动人的往事和令人怀念的、神圣而珍贵的东西呵！那同伴看到自己的谎话已经在阿而特人身上起了作用，心里暗暗为这种骗人的诡计自鸣得意。他为了进一步推波助澜，拿阿而特人取乐，没有等阿而特人的心情平静下来，又指着附近的一座土堆说道：“那就是你家的祖坟。”这阿而特人一听，更是悲从中来。自己的祖辈和生身的父母都安息在眼前的坟墓里。这座祖坟不就是自己的根吗？虽然说这个阿而特人已年至花甲，然而他站在阔别多年的先辈坟前，却感到自己像一个失去了爹娘的孤苦伶仃的孩子，再也忍不住强烈的心酸，一个劲地放声痛哭起来。到了这个地步，那同伴总算看够了笑话。他忍不住满腹的畅快，哈哈大笑起来。像个胜利者一样，那同伴对

阿而特人解嘲地说："算了，算了，别把身子哭坏了。我刚才是骗你的。这里只是尼尔国，离阿而特国还有几百里地哩。"听了同伴这么一说，阿而特人知道上了当。他怀乡念旧的虔诚心情顿时烟消云散。紧接着占据他心灵的情感是，他对因轻信别人而导致的过度冲动深感难堪。

这个阿而特国人真正到了阿而特国的时候，阿而特国的城镇和祠庙，先辈的房屋和坟墓，已不像他在尼尔国见到的城市、祠庙、房屋和坟墓那样具有感召力。回到了自己的家乡，他触景生情的伤感反而减弱了。在几十年里蓄积起来的一腔思乡激情提前在尼尔国爆发，随后又遭到了亵渎。因此，当他真的到了故乡，不仅再也无法重新积聚刚踏上归途时的那股强大的追求力量，而且神圣的信仰也被欺诈蒙上了一层暗淡的阴影。

其实，善待他人就是真诚地对人。这则寓言告诉我们，要用真诚的态度对待朋友。尔虞我诈到处泛滥的社会环境，很容易动摇人们高尚的信念。真诚有"听君一席话，胜读十年书"的作用，就像汪洋中有一艘轮船。真诚也有使一株枯草起死回生的作用，就像黑暗中有束阳光，生活中有个向导。无论在何时何地，我们都应该拥有真诚。用真诚的阳光支起一片丽日晴空。每个人的一生既有喜悦、欢乐与追求，也有忧愁、寂寞与失落，然而，我们不能只享受晴空丽日的温暖而忘了乌云翻滚的寒流，即使虎啸雷鸣，沧海横流，大地颤抖也不必失去生活的信心，因为人生有真诚相伴，人生有真诚相陪。

一天早晨，一个农人挑了一担菜进城去卖，在街上，农人拾到一叠钱，他点了一下，共有 15 张。回家后，农人把 15 张钱交给他母亲，他母亲说："孩子，人家丢了钱。一定很着急，我们怎么能要人家的钱呢？赶快送还失主，说不定人家正找得着急呢！"这位农人按照母亲的吩咐，赶回拾钱的地方，等待失主来领。在前面不远处，农人发现有一个人好像低着头在地上寻找什么东西，便连忙上前问他："老弟，你丢了钱吧？这，我拾到了，现在还给你吧。"不等那人回答，农人便将 15 张钱全都给了那人。这时，有一些人围了上来，见此情景，有人提出，失主应给些赏钱给农人。不料，这个人却十分吝啬地说："我丢失的原本是 30 张钱，现在才

只找回来一半，我怎么能再分一些赏给他呢？”

农人觉得那人太不讲理，自己如数将钱归还给他，他不但不谢，反而有诬蔑自己贪了一半的意思。农人实在气愤不过，便跟那人争吵起来，两人互相扭着来到县衙门的堂上，他们各自向县令叙说事情的缘由。县令听后，心里已有几分底了，他对那领钱人的行为颇为生气。县令派人将农人的母亲叫来，当面对质核实，证明农人说的情况属实。接着，县令让农人和那个领钱人各自具状。于是他们分别写道："拾钱人的确是拾到15张钱钞"，"丢钱人确实是丢失了30张钱钞"。县令将两张状纸捏在手上，对失主说："你丢的是30张钱钞，而他拾到的是15张钱钞，可见这钱不是你的钱，而是上天赐给这位贤良母亲的养老钱。假若他拾到的是30张，那就是你的了，你可以到别的地方去找你的钱吧！"那人知道自己撒谎，自觉理亏，便也不敢再作狡辩，灰溜溜地离开了县衙。于是，县令把15张钱钞交给农人的母亲，说："你是位贤德的母亲，这钱就归你了！"人们听说了，都拍手叫好。

那位贤良的母亲教儿子将拾来的钱交还失主，反遭讹诈；贤明的县令又机智地将钱判送贤母，而那靠讹诈欺骗的人却不得好下场。所以，为人都应有一颗善良的心才好。

孩子们生活的世界绚丽多彩、生动美好，但同时也存在着一些缺陷。这些缺陷往往不利于善良人的生存，因而善良人要活下去，经常需要依靠他人的关爱。犹太家长经常告诉孩子们不能总想着自己，也要多想想别人。应该以热情友好的态度，去尊重他人，关爱他人，帮助他人。

在人生的道路上，我们需要感情的理解、安全的庇护、精神的安慰、生活的照顾、行为的支持。苦恼的时候，希望别人能接受自己的倾诉；成功的时候，希望别人能赞赏自己的成绩；危难的时候，希望别人能伸出援助之手；困惑的时候，希望别人能给予指点……

无朋友，毋宁死

两个人总比一个人好。

人应交友以便能跟他一起读《圣经》，一起研习《密西拿》，一块吃饭，一同饮酒，并向他吐露心曲。(《塔木德》)

犹太人认为，人需要有朋友一起吃饭，一起喝酒，一起学习《圣经》，一起学习《塔木德》……给自己找个朋友，对他倾诉心底所有的秘密——关于《圣经》和世俗生活的秘密。

《塔木德》里有这样一个故事：画圈者豪厄生活于公元前5世纪的罗马帝国早期。他不但是位著名的学者，还被认为是魔法师，尤其擅长求雨。他的绰号“画圈者”大概来自他求雨时最壮观的技艺表演：他在地上画一个圈，和他的祈祷者一起站进去，雨不多不少正好满足庄稼的需要。当雨下够了，他就再祈祷，雨就停了。

有一天画圈者豪厄看到有个老人在栽豆荚树。他问那人需要多长时间这棵树才能结果子，那人回答说要70年。

豪厄坐下来吃东西，觉得昏昏欲睡，他躺下睡着了。他周围的石头升起把他遮在里面，他一口气睡了70年。

醒来的时候，他看见有个人正在摘树上的果子。

“你是栽这棵树的人吗?”豪厄问。

“不，我是他的孙子。”那人说。

“那么我睡了70年!”豪厄惊讶地叫起来。

豪厄回到原本自己生活的地方。

“画圈者豪厄的儿子还活着吗?”他问那个地方的人。

“他的儿子不在了，”人们说，“不过他的孙子还活着呢!”

“我是画圈者豪厄。”他说，但是没人相信他。

豪厄不得不离开家，来到他学习的地方，他看到很多学者正在一起学习。

“法律对于我们就像在画圈者豪厄的时代一样清楚，”他听见学者说，“因为不论什么时候豪厄来到学习的地方，他总能澄清学者们阅读文本时遇到的问题。”

“我是豪厄。”他兴奋地对他们大声说。

但是学者们不相信他。

豪厄受到深深的伤害，他祈求死去。他的祈祷很快得到回应，他死了。

于是便有了谚语："要么结成伙伴，要么死去"。从这个悲剧可知，友谊犹如生命的阳光，缺少友谊，不如死去。犹太先贤对此认为，要么和朋友在一起，要么去死。

《塔木德》中还记载了这样一则故事：

有个富翁生了10个儿子，他计划自己去世的时候给他们每人100第纳。

可是，随着时光流逝，他只剩下950第纳。所以他给前9个儿子每人100第纳，对最小的儿子说：

"我只剩下50第纳了，我还得留出30第纳作丧葬费。我只能给你20第纳。不过，我有10个朋友，准备都给你，他们比100个第纳好多了。"

他把最小的儿子介绍给朋友们，不久就死去了。

那9个儿子各自谋生，最小的儿子也慢慢地花父亲留给他的那点钱。当他只剩下最后一个第纳的时候，他决定用它请父亲的10个朋友美餐一顿。

他们一起吃啊喝啊，纷纷说："在这么多兄弟中他是唯一还记得我们的人。让我们报答他对我们的好意。"

于是，他们每个人给了他一只怀了牛犊的母牛和一些钱。母牛产下小牛，他卖了牛犊，开始用换回来的钱做生意。最后他比自己的父亲还富有。

然后他说："我父亲说朋友比世上所有的钱都珍贵，这话一点都不假。"

朋友的可贵之处在于，他总在你最需要帮助的时候出现，救你于水火。中国有句俗语说"患难见真情"，就是这个道理。

在犹太人看来，朋友比世上所有的金钱都珍贵，为了朋友，甚至可以牺牲生命。

有两个亲密的朋友，由于战争受阻，被分隔在两个敌对的国家。

有一次，其中的一个去看望另一个，结果被当作间谍囚禁起来，判了死刑。

他乞求国王发一次善心。

"陛下，"他说，"您让我回自己的国家用一个月时间料理好后事，月底我就回

来接受死刑。”

“我怎么能相信你还会回来？”国王说，“你给我什么保证？”

“我的朋友可以保证，”这个人说，“如果我不回来，他可以替我死。”

国王把这个人的朋友找来，他的朋友对这个条件表示同意。

到了一个月最后一天，太阳已经落下去了，那人还没有回来。国王下令把他的朋友处死。就在刀即将落下的时候，那个人飞快地赶回来了，把刀搁在了自己的脖子上。可是他的朋友阻止了他。

“让我替你死吧。”他请求道。

国王被深深地感动了。他下令把刀拿开。

“既然你们有这么深的爱和友谊，”他说，“我恳求你们让我也加入进来吧。”从那一天起，他们都成了国王的朋友。

忠诚的朋友是可靠的避难所。中国名言说得更妙：“人生得一知己，足矣！”

犹太人相信一种东西和另一种东西接触时，一定会互相影响、互相渗透。

同样道理，当一个人和另一个人接触时，一定也会产生出同一种现象——甲的一部分进入乙的心中，乙的一部分进入甲的心中，但两个都毫无感觉。丑恶和善良都可能潜移默化地进入人的内心深处。

犹太人对于交友是非常慎重的。每当他们遇到一个人时，他们都会思索一个问题：应该花多少时间接触那个人？又该沾上多少他的习性呢？

但是，犹太人又认为没有朋友的人就如同失去手臂一样。因此，他们把朋友分成三种：第一种是像面包的朋友，这种朋友是经常需要的；第二种是像菜的朋友，这种朋友是偶尔需要的；最后一种是像病的朋友，这种朋友应尽量避开。

没有一个人能独自成长或独自堕落，所以在犹太人看来，寻求一个适合自己的朋友是人生中一件很重要的事。

正如犹太格言所说：“走进香水店，就是什么都不买，也会沾上芳香的气味。”

七、犹太人的处世教育

遇到马路消息赶快逃跑

青蛙、蛤蟆日夜不停地叫，叫得口干舌燥也没人注意到它的存在，可是公鸡每天按时啼叫，一啼人们就知道是天亮了。话说多了并没有好处，只要说的是时候就行了。

犹太人认为话一旦说出口，就像射出的箭，再也不能收回了。他们教育孩子，话不可以随便乱说，应该一字一句地斟酌才对。

犹太人认为，长舌远比三只手更令人头痛，假话传久就会变恶言，谣言足以隔离亲近的朋友。因此，不要用嘴巴去发现看不见的东西。同时，犹太拉比们还告诫学生说："遇到鬼的时候，你一定会拔腿就跑；同样的，遇到马路消息时，你也要快速地逃。"因此，犹太人在自己的周围，总是尊敬那些懂得听话艺术的人，而讨厌那些只是喋喋不休地说个不停的人。

拉比西蒙·本·噶玛尔对他的仆人塔拜说："到市场去给我买些好东西。"仆人去了，带回来一个舌头。他又对仆人说："出去到市场上给我买些不好的东西。"仆人去了，又带回来一个舌头。拉比对他说："为什么我说'好东西'你带回来一个舌头。我说'不好的东西'，你还是带回来一个舌头？"仆人回答说："舌头是善恶之源。当它好的时候，没有比它再好的了；当它坏的时候，没有比它更坏的了。"

基于此《塔木德》告诫人们说："不要说得太多——要习惯倾听多过说话。"对此，《塔木德》又说："神为什么给人两个耳朵，却只给人一个嘴巴呢？这是因为神要告诫我们：听的分量要有说的两倍，因此才这么做的。"

犹太人认为，愚者常常暴露出自己的愚昧，贤者却总是隐藏自己的智慧。假如想活得更幸福、更快乐的话，就应该从鼻子里充分吸进新鲜空气，而始终关闭你的

嘴巴。

“青蛙、蛤蟆日夜不停地叫，叫得口干舌燥也没人注意到它的存在，可是公鸡每天按时啼叫，一啼人们就知道是天亮了。话说多了并没有好处，只要说的是时候就行了。话说多了不仅没有好处，甚至还有许多坏处；你在上课的时候老是不停地和邻座同学讲话，不但无法专心学习教师讲授的东西，也妨碍了别人的安宁。平时和朋友聊天，你若是滔滔不绝地讲个没完，就会给人“没修养”的感觉：况且话说得多了，出口不够慎重，难免又在无意间得罪了别人。”

“应该由心来操纵舌头；而不应该由舌头来操纵心。

少说多听已成为犹太民族的处世秘密之一。他们也是这样教育自己的子女的。他们告诉孩子舌头可比刀剑，必须小心使用，否则不但会伤害别人，而且还会伤到自己。

说大话者让人鄙视

只有凡事符合实际，才能令人信服，赢得他人的信任。盲目吹嘘只能引起别人的反感，久而久之，会失去原本相信自己的朋友。

虚张声势，从来是不可怕的。说大话者永远让人鄙视。

犹太人很早就认识到了这一点，他们也是这样教育孩子的。

犹太拉比经常给孩子们讲这两个故事。

从前，有一只山雀飞到海边，它夸下海口，说是要把大海烧枯！全世界都为山雀这一奇怪的举动而不安地议论纷纷。京城里挤满着吃惊的居民；森林里的野兽川流不息地跑过来：鸟儿也成群结队地往海边飞。大家都想看海水怎样燃烧，热量又有多大。

那些听到这轰动消息的人们都跑了过来，大家挤到一块，张大着嘴巴眺望这场奇观，他们默默地凝视着海洋，这时有人说话了：“快看！快看！海沸腾了！快看。海着火了！”

“不对头！海在燃烧吗？不，没有燃烧。海发烫了吗！一点没有呀！”

山雀吹牛夸口，结果如何呢？最后它羞惭地逃回了它的巢。山雀的大话闹得满城风雨，却不曾把海烧着。

有只老鹰总在村子上空飞翔，一心一意想要下来抓小鸡。可不幸的是它被猎人看见了，猎人瞄准他就是一枪。空中强盗给打中了，顿时掉在地上，然而，鹰毛仍在空中飘了很久……这时公鸡从矮树林里正往外走，一看，他最怕的家伙一动也不动，两眼没有了神，利嘴失去了劲。这时候公鸡一下子变得威武万分！它的那顶鸡冠简直跟血一样红。“喂，鸟儿们，都来瞧一瞧吧！”它发出胜利的呼声，几乎喊破了喉咙。鸟儿飞来看见老鹰在公鸡脚下。“好样的，大公鸡！好样的，智谋家！你的力气竟这么大！”这位吹牛大王越叫越威风，用战胜者的姿态向四面瞅。偏偏有位朋友过去把那老鹰翻个脸朝天，从毛里面一啄，啄出一颗子弹，接着又啄出一颗。于是，真相大白，吹牛大王灰溜溜地溜走了。

有的人很像这只公鸡，最擅长的就是吹牛。

犹太家长从孩子小时候就教育他们要实事求是，不说大话。只有凡事符合实际，才能令人信服，赢得他人的信任。盲目吹嘘只能引起别人的反感，久而久之，会失去原本相信自己的朋友。

在夸奖别人之前绝不夸奖自己

即使是一个贤人，只要他炫耀自己的知识，他就不如一个以无知为耻的愚者。

世界上有很多不美丽的东西，但是其中最丑陋的便是“自大”。

有一位从事神圣工作的拉比好像在熟睡。他的旁边坐着信徒，他们正在讨论这位神圣的人无与伦比的美德。

“他是多么虔诚！”一个信徒带着陶醉叫了出来，“在整个波兰也找不到第二个像他的人！”

“谁能和他比仁慈？”另一个狂热地呐喊，“他给人以宽广无私的施舍。”

“还有多么温和的脾气！难道有谁见过他激动吗？”另一个信徒眼睛发光地低语。

“啊，他是多么的博学！”一个信徒用圣歌般的调子说，“他是第二个伟大的拉比！”

信徒们陷入了沉默，这时这位拉比慢慢地睁开了一只眼睛，用一种受伤害的表情看着他们。“怎么没有人说说我的谦虚？”他责备说。

犹太家长经常给孩子讲的这则“谦虚的拉比”的故事，嘲讽了一个毫不谦虚、狂妄自大的拉比的愚蠢。

犹太人认为，当一个人自满自大时，就会失去一个人应有的谦虚以及改过向上的念头。自满自大的人很容易犯错。因此，《塔木德》虽不认为自大是一种罪过，但却认为它是一种愚昧。有很多人总以为自己是世界的中心，但是周围的任何人却不可能那么重视自己，因此他厌恶别人的漠不关心，同时更为自己没有达到更高的目标而生气，于是就会产生过度的自我厌恶。在犹太人看来，这也是自大的一种。这种自我厌恶和虚荣心是互为表里的。

犹太人常说：“如果自己的内心已由自己占满，就再也不会有留给神住的地方了。”因此在犹太人中，在夸奖别人之前，绝不会夸奖自己。

犹太人告诫孩子们不可自大时，常引用《圣经·创世纪》做比喻：在《创世纪》中，神首先分开了光明和黑暗；再分割天空和地面；并将地面划分为水和陆；然后他开始创造生物；到了最后才创造人——亚当；因此，甚至连跳蚤都比人早到这个世界，所以人有什么了不起呢？就是在动物面前，也没有耀武扬威的资格。

犹太人教育孩子要谦虚，《塔木德》对谦虚有很严格的规定。它告诫人们说：“即使是一个贤人，只要他炫耀自己的知识，他就不如一个以无知为耻的愚者。”

此外，法典还对自大的危险提出了警告：

“金钱是自大的捷径，而自大是罪恶的捷径。”

犹太家长时常告诫孩子：

不把内在显现给别人看的人，才是最聪明的人。

1+1+1>3

人与人只有彼此尊重和理解，各自发挥自己的长处，共同向着同一目标努力，才能产生 1+1+1 大于 3 的功能。如果互相都不信任，甚至相互攻击，相互推诿责任，那么 1+1+1 就小于 3。

犹太民族在其 5000 多年的发展历史中，有 2000 多年是过着颠沛流离的生活。在长期的流浪生涯中，每到一处，他们都十分注重与当地的居民合作，友好相处。因此，在孩子小时候，他们就教导孩子：为了更快的达成目标，必须懂得与人合作。

父母要通过学习情境以及日常生活，让孩子明白任何合作的有效性取决于选择合适的合作策略。例如要用最快速度完成家庭清洁工作，如果妈妈一个人做，要花 1 个多小时；如果爸爸、妈妈和儿子分工合作，则半个多小时就完成了。妈妈也可以同时提出几个合作分工方案，大家讨论，在讨论中教育孩子明白分工的合理性和可行性，则合作的有效性也就高。

卡耐基通过自己的成功经验发现了一个重要的规律：一个人的成功，15%靠专业知识，85%靠人际关系和处世技巧，而所谓处世技巧和人际关系就是学习合作。现在企业在招聘人员时特别强调：应聘人员要求具备有关的知识技能，爱岗敬业并具有团队精神。团队精神包含着诸如团结、合作、信任、诚实、奉献、敬业等很多道德品质的内容，其中主要的是善于合作。

在科技高度发展的 21 世纪。一个人的成功在某种意义上取决于他是否善于合作。父母要利用生活中、学习中、游戏中的有关情境，让孩子从具体事实中初步体会到：一个人再能干，也难以独自做完所有的事。有些事需要众多人的同心协力来做。人与人只有彼此尊重和理解，各自发挥自己的长处，共同向着同一目标努力，才能产生 1+1+1 大于 3 的功能。如果互相都不信任，甚至相互攻击，相互推诿责任，那么 1+1+1 就小于 3。

帮助别人是对的，但是要以尊重对方为前提。在现实生活中，人们总是带着良

好的愿望与人交往，但有时却达不到预期目的。究其原因，除了有些是双方缺乏真诚合作的意愿和有效的策略之外，还有一个很重要的原因就是在交往中人们缺乏认知的换位。人们在交往过程中经常需要站在对方的位置上，思考一下自己的言行对对方可能产生的影响和心理反应。例如，同情不等于施舍，当你同情人、帮助人的时候，特别要注意维护被帮助者的尊严。

让孩子懂得一个“合”字，也就是要培养孩子有与人合作的愿望。有一项调查显示，在六种儿童人格需要中，独生子女的亲和需要最强，孩子盼望能和同辈交往。有20%左右的独生子女感到孤独，认为“孤单寂寞”是最大的苦恼。但儿童还有另一种人格倾向就是富有攻击性，这是儿童向外界证实自己的存在和自己的力量的一种方式，但直接的结果却使儿童在行为上表现出不懂交往、不会交往，甚至破坏交往的情形。这两种人格体现在一个孩子身上是一种矛盾的心态。

家庭成员相互尊重本身就是一种无声教育。如果家中每个人都能为别人着想，多付出些，互相帮助，孩子就会从父母的言行中学会关心别人，与人合作，与人共处，学会做人。

除了家庭，家长还可以从犹太人对孩子的培养中学到一些在其他环境下团队精神的养成方式：

首先，在学校日常生活中培养孩子的爱心和责任心，消除孩子孤僻的心理障碍。比如，在吃饭和睡觉时要让孩子互相帮助，值日时要负责任，对有困难的小朋友要有同情心并及时给予帮助。对于孤僻的儿童，首先要消除他与其他孩子的疏远感，使他真正参加到孩子们中间去，然后才有可能进一步培养其团队精神。

其次，在游戏中培养儿童的团队精神。游戏可以说是孩子的重要科目。游戏中父母和教师可以有意识培养孩子团结协作，为了集体的荣誉而努力的精神。比如，将孩子分成几个小组，选择需要互助合作才能完成的游戏让孩子比赛，赛完后分析获胜和失败的原因，让孩子知道，只要服从集体利益，即使自己吃亏也是光荣的。

再次，树立孩子正确的竞争意识。在当今社会竞争日益激烈的形势下，对孩子进行教育时，适当让他树立争第一的意识，使每个小朋友用较高标准要求自己。但

同时也要让孩子明白，在争第一中要有正确的心态，要用正当的手段，各种教育活动对孩子起着潜移默化的影响。

未来的时代是一个需要团队精神的时代，所以，每位父母从小都应注重培养孩子的团队精神。

尽最大努力去帮助别人

人不自利，会变成寄生虫；但只自利，则会成为吸血鬼。完美的人生，是自利与利人的统一！

希望得到别人的关心和注意，是人的心理需要。当一个人感到周围的人对自己十分关心时，他心中便会有一种安全、温暖的感觉，就会充满自信和快乐。既然受了别人的关心，那么同样也会去关心别人。这样，人们互相间就容易有一种亲密友好的关系。

犹太拉比告诫世人：当别人有求于自己时，只要是正当的要求，就要尽己所能满足对方的要求；当看到别人有困难时，要主动地去帮助别人，这样能使别人懂得你的存在对他的价值，其结果必然是“爱人者人恒爱之”。

犹太父母告诫小孩子说：人不自利，会变成寄生虫；但只自利，则会成为吸血鬼。完美的人生，是自利与利人的统一！

弗莱明是一个穷苦的苏格兰农夫。有一天，当他在田地里工作时，听到附近泥沼里有人发出哭喊声，于是急忙跑过去，发现一个小孩子掉到了粪池里，于是他把这个小孩从死亡边缘救了出来。

第二天，一辆崭新的马车停在农夫家门前，一位绅士优雅地走出来，自我介绍是那个被救小孩的父亲。绅士诚恳地说：“你救了我小孩的生命，我要报答你。”农夫说：“我救你的小孩是为了自己的良心和对于生命的呵护，我不能因救你的小孩而接受报酬。”就在这时，农夫的儿子从茅屋里走出来，绅士说：“让我们来个协议，让我带走他，并让他接受良好的教育。假如这小孩像他父亲一样，他将来一定会成为一位有用于社会的人。”

农夫答应了这个协议。后来农夫的小孩就读于圣玛利亚医学院，并以优异成绩毕业，成为举世闻名的弗莱明·亚历山大爵士，也就是盘尼西林的发明者，并因此荣获诺贝尔奖。

数年后，绅士的儿子不幸染上肺炎。此前，这是一种不治之症，无药可救，但是，有了盘尼西林，他就得救了。绅士是谁呢？是上议院议员丘吉尔。他的儿子是谁呢？就是英国政治家丘吉尔爵士。

真诚地关心他人要无私。生活中这类情况屡见不鲜：有些人，一开始接触给人印象不错，但时间长了，人们却逐渐对他敬而远之，疏远他；有的人刚刚相处，似乎很难交往，但时间一长，人们却越来越喜欢他了。

是什么原因造成这种局面呢？原因就在于他们的“人品”不同。前一种人尽管表面上待人很热情，实际上却是冲着回报去的。他帮助别人，目的是希望放长线钓大鱼，想从别人那里捞取更多的好处。后一种人正好相反，他帮助别人不露声色，施人勿念，并不要求什么回报；但别人对他的帮助，他却受施勿忘，时刻铭记在心，一定找机会报答才能安心。

真诚地关心别人还要尽可能避免给对方出难题。有些人只顾自己的需要，丝毫不考虑别人的难处，常向别人提出一些使人难以达到的要求，例如同学之间，考试时要求同学将考卷给他抄袭等。这样做只会使同学之间产生隔阂，造成关系紧张。

犹太父母告诉孩子们说：

为人处事之道就是要真诚地对待每一个人，发自内心地去关怀他们。

互利改善了世界的品质。犹太民族之所以具有强大的生命力，就是因为人们之间的互相帮助，这不仅给当事人带来了益处，也给世界带来了进步与温馨。

愚蠢的伙伴比敌人还危险

紧急的时候得到帮助是宝贵的，然而并不是人人都会给予合适的帮助。别交上愚蠢的朋友，因为殷勤过分的蠢材比任何敌人都要危险。

如果孩子失去了朋友，或者不被同伴接受，那么即使日后取得了很大成功，也

会终生有一种不满足感和不完全感。

记得这个故事吧。有一个农夫跟蛇交上了朋友。农夫只夸赞它一个，并且永远把它捧到天上。然而，如今农夫的一切老朋友和亲戚，竟然没有一个上门来了。

“这是怎么回事呢？”农夫问他的一个昔日的朋友说，“请你告诉我，你们哪一个也不来看我，这是为什么呢？是我的老婆没有按照礼数款待你们呢，还是你们嫌弃我的食物粗劣呢？”

“不，”他的朋友回答，“问题不在这！我们很愿意和你在一起。你们夫妻两人，谁也没有得罪我们，没有人会这样埋怨你们的，我可以保证！可是，如果跟你一块儿坐着，老是提防着你的朋友蛇会爬过来从背后咬我们一口，那又有什么乐趣呢！”

农夫交上了蛇这个朋友，因此失去了其他的好朋友，即使这条蛇不会对其他的朋友造成危害，别人在与农夫交往时也是战战兢兢，这对农夫来说是得不偿失的。所以在鼓励孩子交朋友时，要妥善选择自己的择友范围，交对朋友。

犹太人非常重视人际关系对孩子性格发育的作用，他们认为孩子的性格发育和人际关系的总和是相等的。

孩子的人际关系首先开始于与父母的相处，同时也包括同龄人对他的影响。孩子到了7~8岁时，开始脱离父母的影响，越来越看重同学和朋友对他的喜欢、支持和赞成。尽管他们的感情食粮理所当然地要从父母身上汲取，但从朋友身上也能得到意外的精神与情感的源泉。

孩子的交友技能在儿童期过后就很难再学会了，它有些像学习游泳，对姗姗学步的幼儿来说极其容易，但如果在童年时代失去了机会，等到成年时再学就比较难了。当然，尽管孩提时代没有朋友并不注定成人后就会孤单，但应该承认，有些情商技能的发展是有时间性的，正常的时间一过去，一样的技能就会变得很难学会。所以要鼓励孩子们多交朋友，但择友时一定要慎重。

紧急的时候得到帮助是宝贵的，然而并不是人人都会给予合适的帮助。我们要引导孩子别交上愚蠢的朋友，因为殷勤过分的蠢材比任何敌人都要危险。

父母在帮助孩子学会交友时应该牢记一位犹太拉比的教诲：

拥有一个“好朋友”，是孩子成长过程中的重要任务，这会影响他日后的人际关系。

做孩子孝敬长者的楷模

帮老人做些家务，同老人共聚同乐，尽一份子女应尽的责任和义务。如此日长时久，孩子耳濡目染，潜移默化，也会逐步养成尊敬长辈，孝敬父母的好习惯。

尊重长者，是犹太人崇尚的美德。

根据调查，三代同堂的家庭，中间有一代孝敬长辈，孩子就会懂得孝敬父母和祖辈。在这样的家庭中不仅长幼有序，而且互相关心，互相宽容，呈现一种其乐融融的气氛，这对每个人的身心发展都是有利的。做家长的都深知这个道理，知道孝敬父母长辈是美德，因此每个为人父母者都希望自己的孩子长大成人后能够有孝心，然而在父母们教育孩子的时候，又往往忽略这方面的内容。

犹太拉比经常给幼小的孩子讲述下面这个故事。

一位老祖父和小孙子在后花园玩耍，小孙子过分好动顽皮，爬上爬下不听祖父的劝导，老祖父顾及小孙子的安全，禁不住用力打了他几下，小孙子受到突然而来的责打，痛得哇哇大声哭了起来。这时候站在旁边工作的父亲见到此情景，竟然一言不发地猛打自己的耳光。老祖父更是纳闷，百思不得其解，走上前去询问自己的儿子，干吗自己打自己呢？儿子赌气地答道：“你打我的儿子，我就打你的儿子。”

一个人如果都不知道孝敬父母，就很难想象他会爱他人和社会。孝敬父母是每一个人必须做到的，它可以促使家庭和睦、温馨幸福。一个连自己父母都不关心、不孝敬的人，又怎能为他人、为自己的社会献爱心呢？

培养孩子的孝心，必须从小抓起。以下是犹太人培养孩子孝心的几条原则。

一、要明理。让孩子从小知道，孝心是一种美德，没有孝心的孩子不是好孩子，还要让孩子们知道怎样做才算是有孝心。让他们知道妈妈十月怀胎的艰辛，知道父母的养育之恩。为了明理，做父母的可以多给孩子讲些古今故事，让孩子通过

形象去理解。

二、要建立合理的长幼有别的家庭关系。全体家庭成员之间首先是民主平等的，父母要尊重孩子的独立人格，尤其是在处理孩子自己的事情时，一定要充分听取他们的意见，尽可能按他们合理的意愿办事。同时，家庭又是一个整体，不能各自为政，总要有人当家“长”，来“领导”家庭，管理指导家庭全体成员的生活。父母是家庭生活的供养者，而且他们有丰富的生产经验，自然应当成为家庭的核心和主事人。孩子应当在父母的指导和帮助下生活、学习。

三、要让孩子了解父母为他和家庭所付出的辛苦。父母应当有意识地经常把自己在外工作和收入的情况告诉孩子，说得越具体越好，从而让孩子明白父母的钱得来不易。自然，孩子会逐渐珍惜自己的生活，也会从心底里产生对父母的感激和敬重。

四、父母要做出好样子。为人父母要对自己的孝心做一番反省，在自己身上求真。孝心的种子才会播撒到孩子心里去。

五、创造机会，从小事入手培养孩子孝敬父母的行为习惯。真正的孝心要通过实践去培养。平时，孩子应该分担家里的一些事情，让他们负起责任来。遇到有为难的事情，把事情的前因后果讲给孩子听，让他们一起出主意、想办法。如果有长辈身体不舒服或生了病，告诉孩子应该做哪些事情，并付诸行动。久而久之，孝心便会在孩子的身上扎根。

六、要以身作则。父母本人要做孝敬长辈的楷模。孩子对待父母的态度，直接受父母对待长辈态度的影响。我们不仅要管好自己的小家庭，还要时刻不忘照顾年迈的父母亲，决不能添了儿子就忘了老子。如果说平时因居住地较远，工作较忙不能和老人朝夕相处，那么在休假日要尽量抽时间带上孩子去看望老人，帮老人做些家务，同老人共聚同乐，尽一份子女应尽的责任和义务。如此日长时久，孩子耳濡目染，潜移默化，也会逐步养成尊敬长辈，孝敬父母的好习惯。

以自己需要的方式对待别人

倘若你想人家怎样待你，你就应以那样的方式对待人家。

农场主汤普森的小店里有很多寄宿的人。苏珊的妈妈每周都给他们代洗衣物，报酬仅5美元。一个周六晚上，苏珊像往常一样去那儿替妈妈领钱，她在马厩里遇到了这位农场主。

显然他正处于气头上。那些总和他讨价还价的马贩子激怒了他，令他火冒三丈。他手里的钱包打开了，被钞票塞得鼓鼓的。当苏珊向他要钱时，他没有像从前那样训斥她打扰了正在忙碌的他，而是马上将一张钞票递给了她。

苏珊暗暗高兴自己这次比往常轻易地逃过了这一关，她急忙走出马厩。到了路上，她停下来，拿针将钱小心翼翼地别在围巾的褶皱里。这时，她看到汤普森给了她两张钞票，而不是一张！她往四周望了望，发现附近没有人看到她。她的第一反应，是为得到了这笔飞来横财而兴奋不已。

"这全是我的了。"她心想，"我要买一件新的斗篷送给妈妈，妈妈就能把她那件旧的给玛丽姐姐了；这样，明年冬天玛丽就能同我一块儿去上学了；说不定还可以给弟弟汤姆买双新鞋呢。"

过了一会儿，她又认为这笔钱一定是汤普森在给她时拿错了，她没有权力使用它。正当她这样想时，一个充满诱惑的声音说："这是他给你的，你又怎么知道他不是想要把它作为实物送给你呢？拿去吧，他绝对不会知道的。就算是他弄错了，他那大钱包里有那么多张钞票，他也绝不会注意到的。"

她一边往家走，一边进行着激烈的思想斗争。她一路上都在思考着是拿这笔钱买享受重要呢，还是诚实重要。

当她经过家门前那座小桥时，她想起到了妈妈平时的教诲："你想要人家怎样对你，你就得怎样对人家。"

苏珊猛地转过身，向回跑去。她跑得很快，快得让她差点连气都喘不过来了，仿佛是在逃离什么无形的危险。就这样，她径直跑回了农场主汤普森的店门口。

汤普森注视着眼前这个小女孩，他从口袋里取出1先令递给了苏珊。

“不，谢谢你，先生。”苏珊说，“我不能仅仅因为做了件正确的事就得到报酬。我唯一希望的是，你不要把我看成是一个不诚实的人，因为那对我来说的确是个巨大的诱惑。先生，如果你曾看到过自己最爱的人连寻常的生活用品都买不起的话，你就能知道，要时刻做到对待别人就像希望别人如何对待自己一样，这对我来说是多么的困难。”

《塔木德》上说：

倘若你想人家怎样待你，你就应以那样的方式对待人家。

女孩之所以那样做，与父母的教育显然是分不开的。

犹太拉比赫塞拉说，要培养孩子的创造性，父母就要帮助孩子摆脱那些陈规陋习的束缚，培养孩子独立思考的能力，让孩子在此基础上自由发展。而提问和怀疑就是培养孩子独立思考能力的最好方法。提问和好的答案同样重要。问题提得出乎意料，答案也常常是深刻的。

没有好奇心的人，就不会发生怀疑，没有怀疑就没有思考，没有思考就没有答案。所以有领导才能的人其实就是知道如何怀疑的人。

人没有理由对什么事都确信无疑。怀疑一旦开始，疑点便越来越多，循着怀疑的线索去追寻答案，答案通常比较容易寻求。

所有的疑惑和怀疑，都可通过行动予以中止；所以，无论多大的迷惑和怀疑，最后都要寻求答案予以解答。

古代拉比认为，培养孩子怀疑一切的习惯，就是顺应孩子对世界事物的好奇心，而好奇心是孩子探究世界、求知事物的心理动因，满足了孩子的好奇心有助于对孩子想象力的培养。好奇心是创新的源泉。是孩子想象力的动力。

说过的话就一定要兑现

一诺千金，看来只是一种作风，一种实在，一种牢靠，可它的内涵却涉及对世界是否郑重。那种准则的含义已超出了本身，而带着光彩的人类理想、精神和正气

在其中。

一诺千金，看来只是一种作风，一种实在，一种牢靠，可它的内涵却涉及对世界是否郑重。诚挚、严谨的人，做人做事自然磊落、落地生根，一言既出，驷马难追。那种准则的含义已超出了本身，而带着光彩的人类理想、精神和正气在其中。

犹太人很早就意识到了这一点，他们常用“一诺千金”来形容一个人很讲信用，说话算数。在他们的学习和日常生活当中，也确实做到了无时无刻不信守诺言。而且他们还将这种优良品质灌输给孩子，告诉他们“君子一言，驷马难追”的道理。

犹太拉比常给学生讲下面这则故事。

从前，有一对好朋友陀力卡拉和劳伦司基。两个人都很有学识，德行也受到大家的称赞，分不出准好一些，谁差一点。

有一年，洪水泛滥，淹没了许多村庄和大片的良田，百姓叫苦连天。陀力卡拉和劳伦司基的家乡也遭了灾，房子都被大水冲走了，盗贼也趁火打劫，四下作案，很不太平。无奈，陀力卡拉和劳伦司基只得和别的几个邻居一起坐了船去逃难。船上的人都到齐了，物品也装妥了，马上就要解缆离岸出发。这时候，远处忽然过来一个人，他背着包袱跑得气喘吁吁，大汗淋漓。这个人也顾不得擦汗，一边朝这边挥手一边扯开嗓子大叫道：“先别开船，等等我，等等我呀！”这人好不容易跑到船跟前，上气不接下气地说：“船都被人叫完了，没有人肯收留我，我远远看到这边还有一条……船，就跑过来……求求你们……带上我……一起走吧……”陀力卡拉听了，皱起眉头想了想，对这个人说：“对不起得很，我们的船也已经满了，你还是再去另想办法吧。”劳伦司基却很大方，责备陀力卡拉说：“陀力卡拉兄。你怎么这样小气，船上还很宽裕嘛，见死不救可不是君子所为，带上人家吧。”陀力卡拉见劳伦司基这样说，就不再坚持自己的意见，略微沉思片刻，答应了那人的请求。

陀力卡拉和劳伦司基的船平安地走了没几天，就碰上了盗贼。盗贼们划船追过来．眼看盗贼越追越近了，船上的人们都惊慌不已，不知该怎么办好，拼命地催促船家快些、再快些。劳伦司基也害怕得不行，他找陀力卡拉商量说：“现在我们遇

上盗贼，情况紧急，船上人多了没有办法跑得更快。不如我们让后上船的那个人下去吧，也好减轻船的重量。”陀力卡拉听了，严肃地回答道：“开始的时候，我考虑良久，犹豫再三，就是怕人多了行船不便，弄不好会误事，所以才拒绝人家。可是现在既然已经答应了人家，怎么能够又出尔反尔。因为情况紧急就把人家甩掉吗?”劳伦司基听了这番话，面红耳赤，羞愧得说不出话来。在陀力卡拉的坚持下，他们还是像当初一样，携带着那个后上船的人，始终没有抛弃他。而他们的船也终于在大家的共同努力下，摆脱了盗贼，安全地到达了目的地。

劳伦司基表面上大方，实际上是在不涉及自己利益的情况下送人情。一旦与自己的利益发生矛盾，他就露出了极端自私、背信弃义的真面孔。而陀力卡拉则一诺千金，不轻易承诺，一旦承诺就一定要遵守。我们应该向陀力卡拉学习，守信用、讲道义，像劳伦司基那样的德行，是应该被人们所鄙弃的。

处在大千世界，有着太多随意许诺，却从不兑现的人。那种人较这种一诺千金的人似乎活得轻松。可惜，这种情景不会长久，一个人失信多了，他的诺言也就被当成戏言，大打折扣。人一沾上那种气味，做人的光彩就会大为逊色。

作为家长要像犹太家长那样，教育孩子注意自己的言行——说过的话定要兑现，这样的人才能有所作为。

感情用事是犯错误的开始

不要轻易地喜欢和憎恨一个人。感情用事是犯愚蠢错误的开始。而理性思考的人才是真正明智的人。

《塔木德》上说：

“思考时请感情离开，因为你需要的是理智。”

一个犹太孩子和他的姐姐争夺玩具，他的姐姐不给他，他于是哭了。他旁边的父母这样笑话他：“笑是风力，哭是水力。”这句话是什么意思呢？是说笑就像风刮过去一样消失了，而哭就像水流过去一样没有了痕迹。那为什么他的父母小过去安慰他，而是笑话他呢？因为在他们的父母看来，小孩的哭泣是他自己一种不愉快的

感情的宣泄。而感情的宣泄对小孩有什么好处呢？小孩子任意地宣泄自己的感情只是他不肯动脑筋想办法的一种没有能力的表现而已。犹太人是很不喜欢这样单纯的感情的需求的，他们需要的是事情的圆满地解决，而事情的解决只能依靠他动脑筋，想办法。

那么笑呢，也是一样的。没有根据的笑。和不解决问题的哭都是一种短暂的感情排泄，都是没有多大意义的。犹太人始终认为，在任何时候运用理性的思考，想办法去解决摆在面前的问题，才是真正有用的。而遇到问题就感情用事，开始发怒、生气，是一件很没有意义、让人觉得可笑的事情。

用理性看待这个世界，绝不要盲目。这是犹太人的思维方式。他们认为，在这个世界上，充斥着无知的偏激、盲目的躁动和人们的愚昧。而理性摒弃厂我们的愚昧和偏见，所以，人应该用理性去恢复这个世界的本来面目。

在他们看来，生活中有许多事情，是我们自己的盲目和冲动造成的。我们任意使用自己的感情才造成了对世界的惶恐、惧怕。没有比对自己和别人说谎话更加有害的了，犹太人为我们列举了生活中我们由于感情的冲动而造成的偏见，“我一点儿都不像自己的母亲”“我忙得实在没有时间锻炼”“我根本不需要治疗”“我不想结婚”等等。再如，大家讨厌“恶”的行为，但是犹太人却说：“恶的冲动有善吗？有。如果没有恶的冲动，相信就不会有人盖房子、娶太太，生孩子，或者拼命地赚钱了。”

“没有根据的憎恨，是最大的罪恶。”犹太人这样理智地告诉人们不要轻易地喜欢和憎恨一个人。犹太人从来不喜欢感情用事，他们认为感情用事是犯愚蠢错误的开始。而理性思考的人才是真正明智的人。

面对生活，选择永远乐观

詹姆斯是美国一家餐厅的经理，他总是有好心情。当别人问他最近过得如何时，他总是有好消息可以说。他总是回答说：“如果我再过得好一些，我就比双胞胎还幸运了！”

当他换工作的时候，许多服务生都跟着他从这家餐厅换到另一家，为什么呢？因为詹姆斯是个天生的激励者，如果有某位员工今天运气不好，詹姆斯总是适时地引导那位员工往好的方面想。这样的情景让约翰很好奇，于是他就去拜詹姆斯，说："没有人能够老是那样积极乐观，你是怎么办到的？"

詹姆斯回答说："每天早上我起来告诉自己，我今天有两种选择，我可以选择好心情，也可以选择坏心情，而我总是选择有好心情。即使有不好的事发生，我可以选择做个受害者，或是选择从中学习，我总是选择从中学习。每当有人跑来跟我抱怨，我可以选择接受抱怨，或者指出生命的光明面，我总是选择指出生命的光明面。"

"但并不是每件事都那么容易啊！"约翰抗议说。

"的确如此，"詹姆斯说，"生命就是一连串的选择，每个状况都是一个选择——你要选择如何回应，你要选择人们如何影响你的心情，你要选择处于好心情或是坏心情，你要选择如何过你的生活。"

数年以后，约翰听到詹姆斯意外遭遇一件不幸的事情。有一天他忘记关上餐厅的后门，结果早上三个武装歹徒闯入抢劫，他们要挟詹姆斯打开保险箱。由于过度紧张，詹姆斯弄错了一个号码，造成抢匪的惊慌，开枪射击詹姆斯。幸运的是，詹姆斯很快被邻居发现了，被送到医院紧急抢救。经过 18 个小时的外科手术以及长时间的休养生息，詹姆斯终于出院了，但还是有颗子弹留在了他身上。

事件发生六个月之后约翰遇到詹姆斯，问他最近怎么样。他回答："如果我再过得好一些，我就比双胞胎还幸运了。要看看我的伤痕吗？"约翰婉拒了，但约翰问他当劫匪闯入的时候，他的心路历程是怎样的。詹姆斯答道："我第一件想到的事情是我应该锁后门的。当他击中我之后，我躺在地板上，还记得我有两个选择：我可以选择生，或选择死。我选择活下去。"

"你不害怕吗？"约翰问他。

詹姆斯继续说："医护人员真了不起，他们一直告诉我没事，放心。但是在他们将我推入紧急手术间的路上，我看到医生跟护士脸上忧虑的神情，我真的被吓到

了，他们的脸上好像写着——他已经是个死人了！我知道我需要采取行动。”

“当时你做了什么？”约翰继续问他。

詹姆斯说：“当时有个护士用吼叫的音量问我一个问题，她问我是否会对什么东西过敏。

“我回答：‘有。’

“这时，医生跟护士都停下来等待我的回答。我深深地吸了一口气喊着：‘子弹！’

“等他们笑完之后，我告诉他们：‘我现在选择活下去，请把我当作一个活生生的人来开刀，不是个活死人。”

詹姆斯能活下来当然要归功于医生的精湛医术，但同时也由于他令人惊异的乐观的态度。所以，我们在教给孩子人生的道理时，不妨告诉孩子们：每天我们都能够选择享受自己的生命，或是憎恨生命，这是唯一一件真正属于我们自己的权利，我们是否快乐很大程度上取决于自己的选择。这样，孩子就会渐渐地懂得用乐观的心态去对待生活。

以微笑面对生活中的不幸

美国艾奥瓦州的一座山丘上，有一座不含任何合成材料、完全用自然物质搭建而成的房子。住在里面的人需要依靠人工灌注的氧气才能生存，并只能以传真的形式与外界联络。

房子的主人叫辛蒂。1985 年，当辛蒂还在医科大学念书的时候，一次她到山上散步，带回了一些蚜虫。回来以后，就在她拿起杀虫剂为蚜虫除去化学污染的时候，突然感觉到了一阵痉挛。她原以为那只是暂时性的症状，却没有料到自己的后半生从此变得悲惨至极。

原来，这种杀虫剂内所含的一种化学物质使辛蒂的免疫系统遭到破坏，使她对香水、洗发水以及日常生活中可接触的所有化学物质一律过敏，甚至连空气也可能使她的支气管发炎。这种“多重化学物质过敏症”是一种奇怪的慢性病，到目前为

止仍无药可医。

患病的前几年，辛蒂一直流口水，尿液变成绿色，有毒的汗水刺激背部形成了一块块疤痕。她甚至不能睡在经过防火处理的床垫上，否则就会引发心悸和四肢抽搐。所以，辛蒂所承受的痛苦是令人难以想象的。

1989 年，她的丈夫吉姆用钢和玻璃为她盖了一所无毒房子，一个足以逃避所有威胁的“世外桃源”。辛蒂所有吃的、喝的都得经过选择与处理，她平时只能喝蒸馏水，食物中不能含有任何化学成分。

多年来，辛蒂没有见到过一棵花草，听不见一声悠扬的歌声，阳光、流水和风等正常人毫不费力就可以拥有的美好东西，她都无法享有。她只能躲在没有任何饰物的小屋里，饱尝孤独之苦。更可悲的是，无论怎样难受，她都不能哭泣，因为她的眼泪跟汗液对她来说也是有毒的物质。

坚强的辛蒂并没有在痛苦中自暴自弃，她一直在为自己，同时更为所有化学污染物的牺牲者争取权益。辛蒂在生病后的第二年，就创立了“环境接触研究所”，以便为那些致力于此类病症研究的人士提供一个窗口。1994 年辛蒂又与另一组织合作，创建了“化学物质伤害资讯网”，保证人们免受化学物质威胁。目前这一资讯网已有 5000 多名来自 32 个国家的会员，不仅发行了刊物，还得到了美国参议院、欧盟及联合国的大力支持。

在最初的一段时间里，辛蒂每天都沉浸在痛苦之中，想哭却不能哭。随着时间的推移，她渐渐改变了生活的态度，她说：“在这寂静的世界里，我感到很充实。因为我不能流泪，所以我选择了微笑。”因为她知道每一种生命都有自身的价值，因为在绝境中她仍然能看到自己的价值所在。

犹太人在教孩子处世智慧的时候，总是教育他们要用微笑去面对生活中的各种不幸，因为只有这样，我们才不会放弃人生的希望。

卡特曾经是一个对一切都不满意的人，所以整天都不快乐。但是在 1934 年春天，当他在威培城道菲街散步的时候目睹了一件事，使他的一切烦恼从此消解。这件事发生在 10 秒钟内，而他自称在这 10 秒钟里所学到的东西，比从前 10 年还

要多。

当时卡特在威培城开了一家杂货店，经营了两年，不但把所有的积蓄都赔掉了，而且还负债累累。就在上一个星期六，他这家杂货店终于关门了。当时，他正在向银行贷款，准备回老家找工作。连他走路的样子看起来都像是一个毫无生气的人，因为他已经失去了信念和斗志。

这时，卡特突然瞧见一个没有腿的人迎面而来，坐在一块有轮子的木板上。只见他两只手各撑着一根木棒，沿街推进。卡特恰好在他过街之后碰见他，当时他正朝人行道滑去，这时他们两个人的视线正好相碰在一起。他微笑着，向卡特打了个招呼："早安，先生！天气很好，不是吗?"他的声音是那样富有感染力，那样有精神，好像根本就不是一个身体有缺陷的人。

面对那个坐在轮椅上的先生自信的目光，卡特觉得自己才是一个残疾者！他对自己说："他没有腿也能快乐高兴，我当然也可以。至少我还有腿!"

顿时，卡特感到心胸豁然开朗，他想："我本来只想向银行借 100 元钱，但是，我现在有勇气向银行借 200 元了。我本来想到的只是回老家求人帮忙，随便找一件事做，但是，现在我自信地宣布，我要到堪萨斯城获得一份好工作。"最后他钱也借到了’工作也找到了。

后来，卡特把这次经历中的感想写了下来，贴在自己浴室的镜子上，每天早晨刮脸的时候，他都要大声地朗读一遍："我苦恼，因为我没有鞋，直到在街上遇见一个人——他没有脚!"

人生在世，难免会有不幸。少年儿童也会遇到不幸，也许很大，也许很小。但是这不重要，重要的是应该在不幸面前保持微笑，永不放弃希望。如果我们像犹太人一样，能够引导孩子从小笑对生活，那么这将会对孩子的一生产生深远的影响。

最喜欢的就是世上最好的

每个人都希望自己的人生是快乐而幸福的，但是快乐和幸福的标准是什么。犹太人认为，无论是你拥有的，还是未曾拥有的；复杂的，还是简单的；便宜的，还

是昂贵的；实在的，还是虚无的，只要你喜欢，它就是最好的。聪明的犹太人总是按照这样的原则去追求自己的人生，并且他们还用这样的原则教育孩子。他们常常是用讲故事的方式来教育孩子的。

从前，有一个青年终日愁苦，不知道快乐为何物，于是就去拜见一位非常有名望的大师，以求得快乐的良方。

大师对他说："只有世界上你认为最好的东西才能使你快乐。"

为了寻找世界上最好的东西，青年辞别了妻儿，踏上了漫漫的寻找之旅。

第一天，他遇见了一位重病患者，他问："你知道世界上最好的东西是什么吗?"

病人恹恹地回答说："那还用问吗？是健康的体魄。"青年想了想说："健康？我每天都拥有，算不上世界上最好的东西。"

第二天，他遇见了一个正玩耍的孩童，他问："你知道世界上最好的东西是什么吗?"

孩童想了想，说："是一大堆玩具啊。"这个人摇了摇头，继续去寻找世界上最好的东西。

接着，他又先后遇到了一个画家、一个囚犯、一个母亲和一个女孩。

画家说："色彩是世界上最好的东西。"

囚犯说："自由是世界上最好的东西。"

母亲说："我的宝贝孩子是世界上最好的东西。"

女孩说："我爱过一个青年，他脸上那灿烂的笑容是世界上最好的东西。"

唉！没有一个回答令青年满意。

他失望地走啊走啊，最后，穿过熙熙攘攘的人群，带着五花八门的"答案"又回到了大师那里。

大师见他回来了，似乎知道了他的遭遇和失望，微笑着说："先不要去追究你的问题，它永远不会有确切而唯一的答案。你现在考虑这样一个问题——把你最喜欢的东西和情景找出来，告诉我。"

此时，青年饥寒交迫、蓬头垢面。他想了一会儿，对大师说："我出门很多天了'我想念我亲爱的妻子和可爱的孩子，想念一家人冬夜里围着火炉谈笑聊天的情景……"说到这里，他长叹一声："那是我现在最喜欢的东西啊！"

大师拍了拍他的肩，说："回去吧！你最好的东西在你的家里，这些东西可以使你快乐起来。"

青年疑惑地问："可我就是从那里走出来的啊！"

大师笑了，说："你出来之前，不知道自己喜欢什么东西；你出来之后——比如现在，你已经知道自己喜欢什么样的东西了。"

青年听了大师的这番话，恍然大悟。

其实，在上面的这个故事中，青年恍然大悟的是家庭是他最喜欢的东西，所以家庭可以为他带来快乐。

所以，我们在教育孩子的时候，也不妨帮助孩子找一下他们最喜欢的东西，使他们知道什么对自己才是最重要的，从而让他们以后的人生不至于越来越迷茫，而没有快乐可言。

保持自己的本色

我们都知道，自从大流散以后，在长达两千多年的历史长河中，犹太人一直在世界各地流浪，居无定所。为了生存下去，他们不得不和当地人打各种交道，甚至去改变自己的宗教信仰。但是在漫长的历史中，他们并没有销声匿迹，身上的独有特性也没有被外界的各种干扰打磨掉，而是依然在这个世界上熠熠生辉。这是因为他们无论生存在什么样的环境之中，都懂得保持自己的特色。

我们先来看这样一个故事：

一个银行家的儿子取得博士学位以后，改信了基督教，这件事深深刺伤了银行家的心，尽管两个孙子常来看他，但他仍旧闷闷不乐。

一天，银行家看见两个孙子在玩剪纸，便问他们在玩什么游戏。

"我们在玩银行家的钱！"孩子不假思索地回答。

老银行家一听，非常高兴：“小孙子身上仍然是我的血统！”

由于特别的历史原因，金钱是犹太人的人格和民族精神的镜子，他们对金钱达到了顶礼膜拜的程度。在上面的这个故事中，银行家的儿子虽然皈依了基督教，但是孙子却依然保持着犹太人热爱金钱的本色，这就是犹太人对自己本色坚持的体现，也是这个犹太银行家欣慰的原因。

同时，犹太人在教育孩子的时候，也常常会鼓励孩子保持特有的本色，而不是因为这些特性而心生苦恼和自卑，甚至去做不必要的改变。这样，很可能会弄巧成拙，不但无法变成想要成为的那种样子，而且还极有可能连自己独有的个性也失去了。

伊笛丝从小就特别敏感而腼腆，她的身体一直很胖，而她的脸使她看起来比实际还胖得多。伊笛丝有一个很古板的母亲，她认为把衣服弄得漂亮是一件很愚蠢的事情。她总是对伊笛丝说：“宽衣好穿，窄衣易破。”并且，母亲还经常遵循这句话来让伊笛丝来穿衣服。这样使得伊笛丝非常害羞而自卑，觉得自己和别人不一样，讨不到他人的喜欢。所以，伊笛丝从来不和其他的孩子一起进行室外活动，甚至不上体育课。

长大之后，伊笛丝嫁给一个比她大好几岁的男人，可是她并没有改变她的自卑和害羞。丈夫一家人都很好，也充满了自信。伊笛丝尽最大的努力要像他们一样，可是她做不到。他们为了使伊笛丝开朗而做的每一件事情，都只是令她更退缩到她的壳里去。伊笛丝开始变得紧张不安，躲开了所有的朋友，情形坏到她甚至怕听到门铃响。

伊笛丝知道自己是一个失败者，又怕她的丈夫会发现这一点，所以每次他们出现在公共场合的时候，她都会假装很开心，但结果总是做得太过分。每一次，事后伊笛丝都要为此难过好几天，最后她不开心到了觉得自己再也没有活下去的意思了，她开始想自杀。

后来，是什么改变了这个不快乐的女人的生活呢？只是一句随口说出的话。这虽然只是一句随口的话，却发挥了巨大的力量，改变了伊笛丝的整个生活，使她完

全变成了另外一个人。

有一天，她的婆婆正在谈自己怎么教养几个孩子，她说："不管事情怎么样，我总会要求他们保持本色。"

"保持本色！"听到这句话的一刹那间，伊笛丝好像突然被一声惊雷给打在了头顶，她顿时明白了之前她不懂的道理。伊笛丝发现自己之所以那么苦恼，就是因为她一直试着让自己适应一个并不适合自己的模式。

伊笛丝后来回忆道："在一夜之间我整个人都改变了。我开始保持本色。我试着研究我自己的个性、自己的优点，尽我所能去学习色彩和服饰知识，尽量以适合我的方式去穿衣服。我主动地去交朋友，我参加了一个社团组织——起先是一个很小的社团——他们让我参加活动，把我吓坏了。可是我每发一次言，就会增加一点勇气。今天我所拥有的快乐，是我从前不敢奢望的。"

这就是犹太人教育孩子的方式，保持自己的本色，接纳真正的自己。所以，父母在教育孩子的过程中，也要尊重自己孩子固有的个性，而不能随着自己的想法去改变其特色。比如，你的孩子比较活泼，而你希望他安静一些，于是你就大声呵斥他，让他安静下来；你的孩子比较害羞，而你希望他活泼一些，于是你就硬逼着他去学习交际。这样不但不会达到你理想的效果，反而会适得其反，挫败了孩子的自信心，让孩子变得敏感、自卑起来。

与他人分享自己的美丽

犹太民族是一个非常精明的民族，精明到了你甚至看不到他们的精明的地步，就如同中国武侠小说中说的那种"无招胜有招"的地步。比如，他们会在自己拥有美丽和高贵的时候，把美丽和高贵拿出来与邻人、朋友一起分享，这样就可以在无形中保持自己的美丽和高贵。

一个精明的犹太商人，千里迢迢从非洲引进了一种名贵的花卉，培育在自己的花圃里，准备到时候卖上个好价钱。面对这种花卉，商人爱护备至，许多亲朋好友向他索要，一向慷慨大方的他却连一粒种子也不给。他计划培植三年，等拥有上万

株后再开始出售和馈赠。

第一年的春天，他的花开了，花圃里万紫千红，那种名贵的花开得尤其漂亮，就像一缕缕明媚的阳光。第二年的春天，他的这种名贵的花已经有五六千株，但他和朋友们却发现，今年的花没有去年开得好，花朵变小了不说，还有一点点的杂色。到了第三年的春天，他的名贵的花已经培植出了上万株，可令这位商人沮丧的是，那些名贵的花的花朵已经变得更小，花色也差得多了，完全没有了它在非洲时的那种雍容和高贵。当然，他也没能靠这些花赚上一大笔。

难道这些花都退化了吗？可非洲人年年都种植这种花，并且是大面积、年复一年地种植，并没有见过这种花会退化啊。犹太商人百思不得其解，于是便去请教一位植物学家。植物学家拄着拐杖来到他的花圃看了看，问他："你这花圃隔壁是什么？"

商人回答道："隔壁是别人的花圃。"

植物学家又问他："他们种植的也是这种花吗？"

他摇摇头说："这种花在全荷兰，甚至整个欧洲也只有我一个人有，他们的花圃里都是郁金香、玫瑰、金盏菊之类的普通花卉。"

植物学家沉吟了半天说："我知道你这名贵之花不再名贵的致命秘密了。尽管你的花圃里种满了这种名贵之花，但和你的花圃毗邻的花圃却种植着其他花卉。你的这种名贵之花被风传播了花粉后，染上了毗邻花圃里的其他品种的花粉，就变得一年不如一年，越来越不雍容华贵了。"

商人问植物学家该怎么办，植物学家说："谁能阻挡住风传播花粉呢？要想使你的名贵之花不失本色，只有一种办法，那就是让你邻居的花圃里也都种上你的这种名贵花。"

听了植物学家的建议，商人于是把自己的花种分给了自己的邻居。次年春天花开的时候，商人和邻居的花圃几乎成了这种名贵之花的海洋——花朵又肥又大，花色典雅，朵朵流光溢彩，雍容华贵。这些花一上市，很快便被抢购一空，商人和他的邻居都发了大财。

这个犹太商人刚开始时为了自己独自享有名贵的鲜花，而不把自己的花种分享给他人，但是当他知道了分享的意义之后，就把花种分享给了邻居，和大家一起来分享这美丽与高贵。这是这个犹太人的聪明之处，也是很多犹太人的处世原则。

由此，我们可以明白一个道理：近朱者赤，近墨者黑；高贵也是这样，没有一种高贵可以遗世独立。要想保持自己的高贵，就必须拥有高贵的“邻居”；要想拥有一片高贵的花的海洋，就必须与人分享美丽，同大家一起种植美丽。只有这样，我们才能保持自身的纯洁和华贵。

作为家长的我们，在教育孩子的时候也不妨这样做，如果你有好的教育方法，不妨和你孩子的同学、伙伴的家长多交流，把自己好的教育方式与别的家长分享。别的孩子优秀了，你的孩子也就有了一群优秀的同学和伙伴。

不要把希望寄托在虚无的幻象之上

由于犹太民族长期苦难的历史，犹太人都非常务实，比起看不见、摸不着的虚无缥缈的事物，他们更加看重实际有意义的东西。在日常生活中，他们既把这个当作人生准则，也要求自己的孩子这样做。

这里有一个发生在犹太民族的故事。

所罗门的后妃们为他生了一群白白胖胖的儿子，后来，他最宠爱的妃子又生下了一位伶俐可爱的公主。国王非常疼爱小公主，视之为掌上明珠，一点也舍不得训斥责备。并且，凡是公主所要求的东西，国王从来不会拒绝，就是天上的星星，国王也恨不得亲自上天为公主摘下来，为其点缀彩衣。

公主在国王的呵护、纵容下，慢慢地成长为亭亭玉立的少女，渐渐懂得装扮自己。在一个春雨霏霏的午后，公主带着婢女徜徉在宫中花园，只见树枝上的花朵经过雨水的润泽，显得愈发的娇艳；蓊郁的树木，翠绿得直逼人眼。公主欣赏着雨后的美丽景致，忽然目光被荷花池中的奇观所吸引住了。原来池水在蒸发，正冒出一颗颗状如珍珠的水泡儿，浑圆晶莹，闪耀着夺目的光彩。面对此景，公主突发奇想：“如果把这些水泡儿穿成花环，戴在头发上，一定美丽极了！”

打定主意，公主叫婢女把这些水泡儿捞上来，但是婢女的手一触及水泡儿，水泡儿便会消灭无影。折腾了半天，公主在池边等得非常不悦，婢女也在池里捞得心急如焚。公主终于气愤难忍，一怒之下，便跑回宫中，把国王拉到池畔，对着一池闪闪发光的水泡儿说："父王！你一向是最疼爱我的，我要什么东西，你都依着我。女儿想要把池里的水泡儿穿成花环作为装饰，好不好？"

"傻孩子！水泡儿虽然好看，终究是虚幻不实的东西，怎么可能做成花环呢？父王另外给你找珍珠水晶，一定比水泡儿还要美丽！"国王无限怜爱地看着女儿。

"不要！不要！我只要水泡儿花环，我不要什么珍珠水晶。如果你不给我，我就不想活了。"公主骄纵地哭闹着。

束手无策的国王只好把朝中的大臣们集合于花园，忧心忡忡地商议道："各位大臣！你们号称是本国的能工巧匠，你们之中如果有人能够以奇异的技艺，用池中的水泡儿为公主编织成美丽的花环，我便重重奖赏。"

"报告陛下！水泡儿瞬间生灭，触摸即破，怎么能够拿来做花环呢？"大臣们面面相觑，不知如何是好。

"哼！这么简单的事，你们都无法办到，我平日里如何善待你们的？如果你们无法满足我女儿的心愿，将格杀勿论！"国王盛怒，大声地呵斥道。

"国王谎息怒，我有办法替公主做成花环，只是老臣我老眼昏花，实在看不清楚水池中的泡，哪一颗比较均匀圆润，能否请公主亲自挑选，交给我来编。"一位须发斑白的大臣神情笃定地出面请示。

公主听了，兴高采烈地拿起瓢，弯腰认真地舀取自己中意的水泡儿。可是水泡儿经公主轻轻一触摸，霎时变为泡沫。捞了老半天，公主一颗水泡儿也捞不起来，睿智的大臣于是和蔼地对一脸沮丧的公主说："水泡儿本来就是生灭无常、不能常驻久留之物，如果把人生的希望建立在这种虚假不实、瞬间即逝的现象上，到头来必然只是一场空。"

其实，生活中有很多事物都像这个故事中的水泡儿一样，看似美丽、晶莹剔透，但实则生灭无常、华而不实。如果我们过分地追求这些东西，到头来肯定是一

场空。犹太人正是看穿了这一点，所以他们才得以走出自己的天空。并且，他们还把这一真谛代代相传，传给自己的万世子孙。

在现实生活中，当你发现自己的孩子太过爱慕虚荣，或是沉迷于网络游戏等这些虚幻的东西上时，那你就要想想优秀的犹太父母是怎样教育孩子的了，然后再想出解决的办法来。

机会就在脚下

很多人都在寻找实现梦想的机会，因为这个机会可以改变我们的一生，但是究竟这些机会在哪里呢？看完下面的这个小故事，或许你可以找到答案。

上帝分别给两个犹太人一枚种子，并且许诺说："三年以后，谁能培育出人间最大的花朵，以至于我在天堂都能观赏，谁就能获得飞翔的机会。"

甲立即揣着种子出发。他发誓要找到世界上最肥沃的土壤，最优良的气候条件。

乙没有出发。因为他觉得脚下的土地蛮不错，随手将种子种入土中。

两年过去。甲走遍天涯海角，但始终没有找到合适的土地，因为再好的土地都有些可疑，似乎仍有更好的土地在遥远的地方召唤他。因此，他的那粒种子一直揣在怀中，无处发芽。

而此刻乙所在的地方，已是漫山遍野的花朵了。这些花朵形态各异，多姿多彩，虽然没有一朵堪称大花，但乙不感到失望，因为种花本身的乐趣令他欣喜不已，于是他就更加热情地投入这项工作了。

第三年春天，上帝站在天堂的大门边，看见人间有一朵硕大无朋的花，乙正在旁边忙忙碌碌；而甲则依然揣着种子到处奔波，像个投机分子。

这时候，乙感觉自己身轻如燕，飘飘欲仙。

他抬头看见上帝在微笑，赶忙说："上帝呀，请原谅，我不再想飞！"上帝感到惊诧："难道这不是你种花的初衷吗？"

乙说："当初，我的确是为了飞翔的欲望而种花，并为此漫天撒种。不料机会

的来临竟如此简单而主动，它也因此在我眼中失去原有的分量。现在，我更重视种花本身，因为它是飞翔之母，它高于一切机会和欲望!”

这个故事里面的乙虽然后来没有了之前种花的初衷，但是也在告诉我们，其实机会就像种花的土壤一样，就在自己的脚下，很容易被忽视。所以，当你在千方百计地寻找机会时，机会也许就在你脚下偷偷地溜走了。

犹太人对这个深以为然，所以他们在进行教育活动的时候，也特别注重这一点。

著名的亚历山大图书馆在一次火灾中被毁之后，人们在废墟中发现了残存的一本书。可惜这本书没有什么学术价值，于是政府打算把这本书拍卖掉。由于大家都知道这本书的学术价值不大，没有人愿意买它，最终，一个犹太学生购得了这本书。

这本书不但没有学术价值，内容也枯燥无味。那个犹太学生在没有其他的书读的情况下，还是经常把这本书拿出来翻阅。翻阅到后来，书被翻破了，书脊中掉出一张小纸条，上面写着试金石的秘密：试金石是能把任何金属变成纯金的一种小鹅卵石，他看起来和其他的鹅卵石没有什么区别，静静地躺在沙滩上，然而，一般的鹅卵石比较冷，只有试金石摸起来是温暖的。

犹太学生获知这个秘密后欣喜若狂，立刻赶到大海边寻找试金石。犹太学生满怀信心地挑选那些鹅卵石，可是那些石头摸起来都是凉凉的。犹太学生渐渐地有些失望了，他愤怒地把捡起来的鹅卵石朝大海深处扔去。他就这样日复一日，年复一年地在海边扔鹅卵石，同时扔鹅卵石的力气越来越大，那些鹅卵石也被越扔越远。

多年后的一天，犹太学生捡到一块温暖的鹅卵石。然而，他已经形成了到手就扔的习惯，当他意识到那是一块温暖的鹅卵石的时候，那块传说中的试金石已经被他扔到了深海中。他懊恼地潜入海底，寻找了许多天，还是找不到扔出的那块试金石。

犹太学生终于失望了，他一无所获地回到了首都。当时，国内正举行建国百年庆典，国王一时开心摆擂台寻找全国力气最大的人，冠军将被封为伯爵，并可获得

大量黄金和良田的赏赐。犹太学生想起这么多年来在海边扔鹅卵石的经历，觉得机会来了。犹太学生随着众人去看热闹，看来看去，觉得那些人的力气都没有自己的力气大。于是他上台去比试，结果把参赛者一个个打败了，获得了大力士冠军，得到了国王的赏赐。

犹太学生变成了富裕而体面的伯爵，他感谢那本给他带来好运的书，决定把那本书重新装订并保存起来。他拆开书脊以便重新装订，却在书脊里发现了夹藏的另外一张纸条，上面写着："世界上没有真正的试金石，你对人生的态度就是试金石。当你老是抱怨没有机会的时候，或许机会真的到了手边你也把握不了。"

第一次，这个犹太学生之所以没能成功，是因为他没有牢牢把握住试金石丧失了成功的机会；第二次他因为发现了手边的机会，所以才实现了自己的梦想。所以，在日常生活中犹太人经常用这个故事教育自己的子女：不要老是抱怨没有机会，其实机会就在手边，关键在于我们是否能好好把握。

最珍贵的就在最不起眼的地方

有个农夫拥有一块土地，生活过得很不错。但是，他听说要是能找到土地底下埋着的钻石的话，他就可以富得难以想象。于是，农夫就把自己的地卖了，离家出走，四处寻找可以发现钻石的地方。农夫走遍了遥远的异国他乡，然而却始终没发现钻石。最后，他囊空如洗，在走投无路的情况下，一天晚上在一个海滩自杀身亡。真是无巧不成书！那个买下这个农夫土地的人在散步时，无意中发现了一块异样的石头，他拾起来一看，这块石头晶莹剔透，反射出光芒。于是他便拿给别人鉴定，才发现这是一块钻石。这样，就在农夫卖掉的这块土地上，新主人发现了从未被人发现的最大的钻石宝藏。

犹太拉比们常说：最好的机会往往就像宝石一样，永远隐藏在其貌不扬的石块中，等着有心的人去发现、去珍惜。所以，犹太人大都会珍惜身边的一切，抓住自己身边那些看似平淡的东西，用自己的慧眼去发现蕴藏在璞石里面的无价之宝。

犹太人最著名的拉比希勒尔将自己年轻时冒险犯难的故事一一说给儿子听。老

父亲那段艰苦而又精彩的创业故事深深地感动了儿子，也鼓舞了孩子，成为他创造无价人生的目标。

他决定要离开温暖的家，出外寻找宝物。他特别造了一艘大船，在亲友们的祝福下，扬起梦想的风帆出发了。

历经了险恶的风浪，穿越了无数个岛屿，他终于在热带雨林中找到了一棵十几米高的奇异的树。于是他便将这棵树砍了下来，剥开树皮。这时，他发现木心是黑色的，而且这黑色的木心还飘出阵阵香气，清香的气味让人感到非常舒适。

而且更特别的是，他将这棵树放入水中时，它居然不像其他的树木那样浮在水面，而是沉入水底，年轻人开心地想："啊！我找到宝物了！"

虽然，他不知道这棵树到底是什么，也不知道它真正的用途，但他相信自己一定是找到"宝物"了！

随后，年轻人将芳香无比的树木运送到市场里贩卖，但是不管怎么叫卖也无人问津，这令他十分苦恼。尤其当他看见身旁卖木炭的生意相当好时，心里更不是滋味，忽然间，他对眼前的"宝物"失去了信心。

他暗自想着："既然木炭这么好卖，我何不把这个卖不出去的黑色木心，也烧成木炭来卖呢？"

不久，他将木材烧成了一般木炭，并挑到市场去卖，很快就卖光了。

年轻人对自己的改变与创举感到相当自豪，不久之后便得意地回家把这段经历告诉他的父亲。没想到，老父亲听完儿子的诉说后，反而难过得掉下泪水。

原来，青年烧成木炭的原木，是百年难得一见的沉香木。老父亲摇了摇头说："孩子，你知道吗？你只要切下木心的一小块，磨成粉末，它的价值就超过了你卖一整年的木炭价值啊！"

我们是否也曾像希勒尔的儿子那样，手中拥有了宝物，因为见它外观平平，而不去珍惜而轻易地放弃掉？所以，为了不再懊恼地说"我当时不知道其中的价值，真是有眼无珠"，我们就必须练就一双慧眼，在平凡中发现伟大的事物。这一点，在教育孩子的过程中尤其要注意，不要因为某一样东西平常，就觉得它一无是处。

也许，最珍贵的就藏在里面呢。

教育孩子要有自己的主见

犹太人在日常生活中处理各种大大小小的事隋时，从来都是有主见的。他们虽然也听取别人的意见，但是最终做决定的还是他们自己。他们不仅自己这样做，而且也要求孩子要具备这样的素质和能力。

在犹太民族，犹太孩子大都听父母讲过这样一个故事：

在中世纪时期的耶路撒冷，有个父亲带儿子去市场卖驴子，驴子走在前头，父子俩跟在后面。

村里的人看了看都觉得很可笑，于是就议论纷纷：“真傻啊！骑着驴子去多好，却在这沙尘滚滚的路上走路。”

“对啊！说得对啊！”父亲突然觉得他们说得很有道理，于是就对儿子说：“孩子，骑上驴子吧！我会跟在旁边，不会让你掉下来的！”于是孩子骑在了驴背上，父亲在旁边跟着。

这时，对面走来两个父亲的朋友，见到此状，就对父亲说：“喂！喂！让孩子骑驴，自己却徒步，算什么！现在就这么宠孩子，将来还得了！为了孩子的健康，应该叫他走路才对，让他走路，让他走路！”

“噢！对呀！有道理。”于是父亲让孩子下来，自己则骑上驴背。孩子跟在驴子后面，蹒跚地走着。

走着走着，他们又碰见了一个挤牛奶的女孩。女孩用责备的口吻说：“哎哟！世间竟有这么残酷的父亲，自己轻轻松松地骑在驴背上，却让那么小的孩子走路，真可怜。瞧，那孩子多痛苦，东倒西歪地跟在后头，实在可怜啊！”

“是啊！你说得有理！”父亲点头赞同，于是便叫孩子也骑到驴背上，朝着市场的方向前进。驴子同时要载两个人，就渐渐地举步非常吃力，呼吸急促，腿也摇摇晃晃地发起抖来。可是父亲并没有发觉，还一边轻轻松松地哼着歌曲，一边在驴背上摇晃着！驴子好不容易走到教堂前，喘了一大口气，做出想要休息的样子出来。

教堂前面正好站了一位牧师，他叫住了他们，说；“喂！喂！请等一下，让那么弱小的动物载两个人，驴子太可怜了。你们要去哪里呢？”

“我们正要带这匹驴子去市场卖呀！”父亲回答道。

“哦，这更有问题。我看你们还没走进市场，驴子就先累死了，恐怕还卖不出去呢！信不信由你。”

“那么，该怎么办呢？”

“把驴子扛着去吧！”牧师建议道。

“好！有道理。”父子俩立刻从驴背上跳下来，然后把驴子的脚绑起来，再用棍子扛着驴子。这样扛着，当然非常重，所以父子俩涨红了脸，摇摇晃晃地喊着：“怎么这么重呢？”

当他们扛着驴子走到一座桥上时，已是累得筋疲力尽。而驴子因为被吊着也是痛苦得不得了，口吐白沫，粗暴地扭动起来。

“嘿！乖一点啊！”父亲严厉地斥骂着，可是驴子不听，扭动得更厉害，结果，棍子“啪”的一声断了，而绳子也弄断了，驴子倒栽葱似的掉进河里。很不凑巧，当时正是雨后河水暴涨，于是驴子就在一瞬间被急流吞没，看不见踪影了。

“啊！怎么会这样呢？这都是一味听别人的意见而产生的最严重的后果啊！”父子俩只好垂头丧气地走回家。

这对父子自己不去思考怎样处理眼前的事情，而只是盲目地听从别人的意见，结果只能吃大亏。正因为这一点，犹太人就经常提醒自己的孩子，凡事都要自己想办法、动脑筋，别人的意见再好也是别人的意见，只能参考，而不能不假思索地拿过来用。因为，最终能够做决定的始终只有我们自己。

告诉孩子人生是不完美的

众所周知，犹太民族的历史是一部充满了苦难的历史。在过去漫长的两千多年的历史进程之中，犹太人历尽千辛万苦，被驱逐、被残杀、遭人污蔑和嘲笑……而逐渐地脱离苦难才只是第二次世界大战以后近几十年的事情，但是他们仍然乐观坚

强。这其中的原因就在于他们比较豁达，能够接受人生中的不完美。而他们正是因为见多了和历尽了生命中的缺陷，才能坦然面对不完美。

一名叫奥里森的人总觉得自己的生活不够完美，因而希望自己能有一个完美的人生。有一天，他有幸遇到了一位女士，她告诉奥里森她能帮他实现愿望，并把他带到了一所房子前让他选择他的命运。

奥里森谢过了她，向隔壁的房间走去。

里面的房间有两扇门，第一扇门上写着“终身的伴侣”，另一扇门上写的是“至死不变心”。奥里森忌讳那个“死”字，于是便迈进了第一扇门。接着，又看见两扇门，左边写着“美丽、年轻的姑娘”，右面则是“富有经验、成熟的妇女和寡妇”。

当然可想而知，左边的那扇门是更能吸引奥里森的。可是，进去以后，又有两扇门，上面分别写的是“苗条、标准的身材”和“略微肥胖、体形稍有缺陷者”。用不着多想，苗条的姑娘更中奥里森的意。

奥里森感到自己好像进了一个庞大的分拣器，在被不断地筛选着。下面分别看到的是他未来的伴侣操持家务的能力，一扇门上是“爱织毛衣、会做衣服、擅长烹调”，另一扇门上则是“爱打扑克、喜欢旅游、需要保姆”。当然爱织毛衣的姑娘又赢得了奥里森的心。

他推开了把手，岂料又遇到两扇门。这一次，令人高兴的是，介绍所把各位候选人的内在品质也都分了类。两扇门分别介绍了她们的精神修养和道德状态：“忠诚、多情、缺乏经验”和“天才、具有高度的智力”。

奥里森确信，他自己的才能已能够应付全家的生活，于是，便迈进了第一个房间。里面，右侧的门上写着“疼爱自己的丈夫”，左侧写的是“需要丈夫随时陪伴她”。当然奥里森需要一个疼爱他的妻子。

下面的两扇门对奥里森来说是一个极为重要的抉择：上面分别写的是“有遗产，生活富裕，有一幢漂亮的住宅”和“凭工资吃饭”。理所当然地，奥里森选择了前者。

奥里森推开了那扇门，天啊……已经上了马路啦！一位身穿浅蓝色制服的门卫向奥里森走来。他什么话也没有说，只是彬彬有礼地递给奥里森一个玫瑰色的信封。奥里森打开一看，里面有一张纸条，上面写着：“您已经挑花了眼。”

维纳斯虽然美丽却失去了两只手臂；贝多芬虽然谱写出了让听者为之震撼的世界名曲，但在晚年的时候却耳聋……所以，每一个人的人生都不可能是十全十美的，总会有缺陷。上面的奥里森的故事显然就告诉了我们这个道理。

面对这些缺陷时，有些不够坚强的孩子就会变得自卑、软弱起来，比如个子没别的小朋友高，学习成绩没有别的同学好，等等。面对这种情况，做家长的就要像犹太家长教育孩子那样，让孩子慢慢接受生命中的各种不完美，换个角度看问题。比如，我的个子虽然比较矮，但是口齿比别人伶俐；我的学习成绩不够好，但是我画画得很好，老师说我有当画家的天赋。这样，孩子就会发现，原来别的孩子也不是那么完美无缺。

活着就是幸福

苦痛、伤害、低迷等，一切的一切仅仅是生活中小小的注脚而已。活着，即意味着追求幸福的资本和契机。

有位青年，厌倦了生活的平淡，感到一切只是无聊和痛苦。

为寻求刺激，青年参加了挑战极限的活动。

活动规则是：一个人待在山洞里，无光无火亦无粮，每天只供应 5 千克的水，时间为整整 5 个昼夜。

第一天，青年颇觉刺激。

第二天，饥饿、孤独、恐惧一齐袭来，四周漆黑一片，听不到任何声响。于是他有点向往起平日里的无忧无虑来。

他想起了乡下的老母亲不远千里地赶来，只为送一坛韭菜花酱以及小孙子的一双虎头鞋。

他想起了终日相伴的妻子在寒夜里为自己掖好被子。

他想起了宝贝儿子为自己端的第一杯水。

他甚至想起了前天与他发生争执的同事曾经给自己买过的一份工作餐……

渐渐地，他后悔起平日里对生活的态度来：懒懒散散，敷衍了事，冷漠虚伪，无所作为。

到了第三天，他几乎要饿昏过去。可是一想到人世间的种种美好，便坚持了下来。第四天、第五天，他仍然在饥饿、孤独、极大的恐惧中反思过去，向往未来。

他责骂自己竟然忘记了母亲的生日；他遗憾妻子分娩之时未尽照料的义务；他后悔听信流言与好友分道扬镳……他这才觉出需要他努力弥补的事情竟是那么多。可是，连他自己也不知道，他能不能挺过最后一关。此时，泪流满面的他发现：洞门开了。

阳光照射进来，白云就在眼前，淡淡的花香，悦耳的鸟鸣——他又迎来了一个美好的人间。

青年扶着石壁蹒跚着走出山洞，脸上浮现出了一丝难得的笑容。5 天来，他一直用心在说一句话，那就是：活着，就是幸福。

放下死亡的包袱，敲开自己的心扉，积极地对待生活中的每一天，你才能好好地活着。

一位名人去世了，朋友们都来参加他的追悼会。昔日前呼后拥、香车宝马的名人躺在骨灰盒里，百万家财不再属于他，宽敞的楼房也不再属于他，他所拥有的只有一个骨灰盒大小的空间，山珍海味浇灌的肚子也化成了一把灰烬。

从名人的追悼会上回来，几乎每一个人都会产生看破红尘的念头，那么聪明的一个人，那么会算计的一个人，每一个曾经与他斗的人最终都败下阵来，可是他斗来斗去也斗不过命。撒手人寰以后，一切都是空。

人们想：趁现在好好活着吧，活着就是幸福，什么利、权、势，轰轰烈烈了一世，最后还不是一个人孤零零地上路？以前踩着那么多人的肩膀向上爬，得罪了那么多人，值得吗？

追悼会是一次洗礼。从死亡的身边经过以后，才知道活着是怎么回事。

明天还是要忙忙碌碌地奔波，钩心斗角地生活。

一边是死亡的震撼，一边是活着的琐碎，我们很容易被死亡所震撼，然而我们更容易被活着的琐碎所淹没。不要去在意那些繁杂的纠葛，活着就是幸福，让我们好好珍惜现在鲜活的生命。

态度决定人生的高度

人的一生中，要紧处只有几步，如何使自己的生命更有意义，态度至关重要。

一天，有位犹太拉比带弟子们出行。途中，他问弟子们："有一种东西，跑得比光速还快，瞬间能穿越银河系，到达遥远的地方……这是什么？"弟子们争着回答："我知道、我知道，是思想！"

拉比微笑着点点头："那么，有另外一种东西，跑得比乌龟慢，当春花怒放时，它还停留在冬天；当头发雪白时，它仍然是个小孩子的模样，那又是什么？"

弟子们不知如何回答。

"还有，不前进也不后退，没出生也不死亡，始终漂浮在一个定点。谁能告诉我，这又是什么？"

弟子们更加茫然，面面相觑。

"答案都是思想！它们是思想的三种表现，换个角度来看，也可比喻成三种人生。"

望着聚精会神的弟子们，哲学家解释说："第一种是积极奋斗的人生：当一个人不断力争上游，对明天永远充满希望和信心，这种人的心灵不受时空限制，他就好比一只射出的箭矢，总有一天会超越光速，驾驭万物之上。"

"第二种是懒惰的人生：他永远落在别人的屁股后面，捡拾他人丢弃的东西，这种人注定被遗忘。"

"第三种是醉生梦死的人生：当一个人放弃努力、苟且偷安时，他的命运是冰封的，没有任何机会来敲门，不快乐也无所谓痛苦。这是一个注定悲哀的人，像水母的空壳漂浮于海中，不存在于现实世界，也不在梦境里……"弟子们大悟。播种

怎样的人生态度，将收获怎样的生命高度和深度。

不要试图和自己过不去

人，就是一条河，河里的水流到哪里都还是水，这是无异议的。但是，河有狭、有宽、有平静、有清澈、有冰冷、有混浊、有温暖等现象，而人也一样。

有两个都有着亚洲血统的犹太孤儿，后来都被来自欧洲的外交官家庭所收养。两个人都上过世界各地有名的学校。但他们两个人之间存在着不小的差别：其中一位是40岁出头的成功商人，他实际上已经可以退休享受人生了；而另一个是学校教师，收入低，并且一直觉得自己很失败。

有一天，他们在一起吃晚饭。晚餐在烛光映照中开场了，不久话题进入了在国外的生活。因为在座的几个人都有过周游列国的经历，所以他们开始谈论在异国他乡的趣闻轶事。随着话题的一步步展开，那位学校教师开始越来越多地讲述自己的不幸：她是一个如何可怜的亚细亚孤儿，又如何被欧洲来的父母领养到遥远的瑞士，她觉得自己是如何的孤独。

开始的时候，大家都表现出同情。随着她的怨气越来越重，那位商人变得越来越不耐烦，终于忍不住在她面前把手一挥，制止了她的叙述："够了！你说完了没有?！你一直在讲自己有多么不幸。你有没有想过如果你的养父母当初在成百上千个孤儿中挑了别人又会怎样?"

学校教师直视着商人说："你不知道，我不开心的根源在于……"然后接着描述她所遭遇的不公正待遇。

最终，商人朋友说："我不敢相信你还在这么想！我记得自己25岁的时候无法忍受周围的世界，我恨周围的每一件事，我恨周围的每一个人，好像所有的人都在和我作对似的。我很伤心无奈，也很沮丧。我那时的想法和你现在的想法一样，我们都有足够的理由报怨。"他越说越激动。"我劝你不要再这样对待自己了！想一想你有多幸运，你不必像真正的孤儿那样度过悲惨的一生，实际上你接受了非常好的教育。你负有帮助别人脱离贫困漩涡的责任，而不是找一堆自怨自艾的借口把自己

围起来。在我摆脱了顾影自怜，同时意识到自己究竟有多幸运之后，我才获得了现在的成功！”

那位教师深受震动。这是第一次有人否定她的想法，打断了她的凄苦回忆，而这一切回忆曾是多么容易引起他人的同情。

商人朋友很清楚地说明他二人在同样的环境下历经挣扎，而不同的是他通过清醒的自我选择，让自己看到了有利的方面，而不是不利的阴影，“凡墙都是门”，即使你面前的墙将你封堵得密不透风，你也依然可以把它视作你的一种出路。

至少我还有腿

总有一些人觉得自己很不幸，这个不如意，那个不顺心，每天都在怨天尤人。而或许，在你面前的风景其实并没有想象中那么差，只是眼前的障碍物挡住了你的视线。

希望是苦难的唯一药方。

卡特曾经是一个对一切都不满意的人，所以整天都不快乐。但是在 1934 年春天，当他在威培城道菲街散步的时候，目睹了一件事，使他的一切烦恼从此消解。这件事发生在 10 秒钟内，而他自称在这 10 秒钟里所学到的东西，比从前 10 年还要多。

当时卡特在威培城开了一家杂货店，经营了两年，不但把所有的积蓄都赔掉了，而且还负债累累。就在上一个星期六，他这家杂货店终于关门了。当时，他正在向银行贷款，准备回老家找工作。连他走路的样子看起来都像是一个毫无生气的人，因为他已经失去了信念和斗志。

这时，卡特突然瞧见一个没有腿的人迎面而来，他坐在一个木制的有轮子的木板上，他两只手各撑着一根木棒，沿街推进。卡特恰好在他过街之后碰见他，他正朝人行道滑去，他俩的视线刚好相碰了。他微笑着，向卡特打了个招呼：“早安，先生！天气很好，不是吗?”他的声音是那样富有感染力，那样有精神，好像根本就不是一个身体有缺陷的人。

面对那个坐在轮椅上的先生自信的目光，卡特觉得自己才是一个残疾者！他对自己说："既然他没有腿也能快乐高兴，我当然也可以。至少我还有腿！"

顿时，卡特感到心胸豁然开朗，他想"我本来只想向银行借100元钱，但是，我现在有勇气向银行借200元了。我本来想到的只是回老家求人帮忙，随便找一件事做，但是，现在我自信地宣布，我要到堪萨斯城获得一份好工作。"最后他钱也借到了，工作也找到了。

后来，卡特把这次经历中的感想写了下来，贴在自己浴室的镜子上，每天早晨刮脸的时候。他都要大声地朗读一遍：

"我苦恼，因为我没有鞋。

直到在街上遇见一个人，

——他没有脚！"

人生光明面

心态是我们命运的控制塔，悲观是失败、疾病与痛苦的源流，而乐观是成功、健康、快乐的保证！

无论情况好坏都要抱着积极的心态，莫让沮丧取代热心，生命可以价值很高，也可以一无是处，随你怎么选择。

美国亿万富翁约翰·洛克菲勒曾说过这样一句话："心态是一把双刃剑，是人人都有的精神物质。"的确，心态这一看不见的法宝会产生两种惊人的力量：它可以让你获得财富、拥有幸福、健康长寿；也能让这些东西远离你，剥夺一切使你的生活富有意义的东西。在这两种力量中，前者——积极心态，可以使你达到人生的顶峰，尽享成功的快乐和美好；后者——消极心态，则可以使你整个一生都陷于困难与不幸中。

一位忧愁的人找到智者，向他不断地诉苦。

智者对他说："拿张纸来，把你剩余的资产一一记下来。"他叹息："我已经一无所有了。"

“没有关系，让我们试试看，你太太还在你身边吗?”……“你的孩子呢?”……“你的朋友呢?”……“你的诚信情况?”……“你的健康?”……“对于我们的政府?”

“现在，把你拥有的资产列举出来吧!”

· 了不起的妻子，结婚30年；

· 愿意帮助我的3个乖顺的孩子；

· 乐于帮助我，并尊敬我的好友；

· 诚实……没有做过可耻的事；

· 良好的健康状况；

· 居住在世界上优秀的国家里。

终于，忧愁者露出了笑容，对智者说：“我好像从没有想过这些事，甚至从来没有思考过。不过，现在我认为事态并不如我想象的那般严重。如果我能获得某些自信，或许我真的能够重新再来!”

请以合理、正确的态度对你所拥有的重新评估，将有助于你认清事实，进而了解，情况并没有你所想象的那般糟糕。

如何面对人生的得失？这其实取决于你的心态，平和、乐观、积极的心态会让丧失变为再度获取的基石，而悲观、消极的心态则会让丧失成为埋葬成功的坟墓。有人说，生活就像一面镜子，你用怎样的心态对待它，它就用怎样的态度对待你。的确，心态是世界上最神奇的力量，它常常栖息在你的心灵深处，悄无声息地左右你的思想和判断，控制你的情感与行动。

冷遇也是一种幸运

对冷遇说声感谢吧，它是另一种动力和幸运。

有时候，白眼、冷遇、嘲讽会让弱者低头走开，但对强者而言，这也是另一种幸运和动力。

美国人常开玩笑说，是一位布朗小姐的厚此薄彼，才刺激“造就”了一位美国

总统。

原来故事是这样的：

在读高中毕业班时，查理·罗斯是最受老师宠爱的学生。他的英文老师布朗小姐，年轻漂亮，富有吸引力，是校园里最受学生欢迎的老师。同学们都知道查理深得布朗小姐的青睐，他们在背后笑他说，查理将来若不成为一个人物，布朗小姐是不会原谅他的。

在毕业典礼上，当查理走上台去领取毕业证书时，受人爱戴的布朗小姐站起身来，当众吻了一下查理，给他来了个出人意料的祝贺。

当时，人们本以为会发生哄笑、骚动，结果却是一片静默和沮丧。

许多毕业生，尤其是男孩子们，对布朗小姐这样不怕难为情地公开表示自己的偏爱感到愤恨。不错，查理作为学生代表在毕业典礼上致告别词，也曾担任过学生年刊的主编，还曾是“老师的宝贝”，但这就足以使他获得如此之高的荣耀吗？典礼过后，有几个男生包围了布朗小姐，为首的一个质问她为什么如此明显地冷落别的学生。

“查理是靠自己的努力赢得了我的赏识，如果你们有出色的表现，我也会吻你们的。”布朗小姐微笑着说。

男孩们得到了些安慰，查理却感到了更大的压力。他已经引起了别人的嫉妒，并成为少数学生攻击的目标。他决心毕业后一定要用自己的行动证明自己值得布朗小姐报之一吻。毕业之后的几年内，他异常勤奋，先进入了报界，后来终于大有作为，被杜鲁门总统亲自任命为白宫负责出版事务的首席秘书。

当然，查理被挑选担任这一职务也并非偶然。原来，在毕业典礼后带领男生包围布朗小姐，并告诉她自己感到受冷落的那个男孩子正是杜鲁门本人。

查理就职后的第一件事，就是接通布朗小姐的电话，向她转述美国总统的问话：“您还记得我未曾获得的那个吻吗？我现在所做的能够得到您的吻吗？”

生活中，当我们遭到冷遇时，不必沮丧，不必愤恨，唯有尽全力赢得成功，才是最好的答复与反击。

不幸造就的天才

幸福可以转化为苦难，苦难也能演变成幸福，一切只看你的态度与行动。

上天常常如此捉弄世人，给了你这样礼物，再拿走那样。善待苦难、厄运，你才能在另一面寻觅到奇迹。

有这样一个不幸者，4 岁时，一场麻疹和强直性昏厥症，差点使他进入棺材。7 岁时患上了严重的肺炎，不得不进行大量的放血治疗。46 岁牙床突然长满脓疮，拔掉了几乎所有的牙齿。牙病才刚刚痊愈，又染上可怕的眼疾，视线不再清晰，只能靠人搀扶着走路，于是幼小的儿子成了他手中的拐杖。50 岁后，关节炎、肠道炎、喉结核等多种疾病吞噬着他的肌体。后来声带也坏了，靠儿子按口型翻译他的思想。他仅活到 57 岁，就口吐鲜血而亡。死后尸体也备受磨难，先后搬迁了 8 次。

上帝带给他的苦难实在太残酷无情了。

而这个人似乎觉得这还不够深重，又给生活设置了各种障碍和漩涡。他长期把自己囚禁起来，每天练琴 10~12 小时，忘记饥饿和死亡。13 岁起，他就周游各地，过着流浪生活。

但他另一面的人生足以让人瞠目结舌：12 岁他就举办首场音乐会，并一举成名，轰动舆论界。之后他的琴声遍及法、意、奥、德、英、捷等国。他的演奏使帕尔玛首席提琴家罗拉惊异得从病榻上跳下来，木然而立，无颜收他为徒。

听了他的琴声，卢卡观众欣喜若狂，宣布他为共和国首席小提琴家。在意大利巡回演出时，人们到处传说他一定有魔鬼暗授他妖术，要不怎么他的琴声会魔力无穷。维也纳一位盲人听他的琴声，以为是乐队演奏，当得知台上只有他一人时，大叫一声“他是个魔鬼”，然后竟然逃走了。巴黎人为他的琴声陶醉，早忘记了当时正在流行的严重霍乱，演奏会依然场场爆满……

凭借独特的指法、弓法和充满魔力的旋律，他征服了整个欧洲和世界，几乎欧洲所有文学艺术大师，如大仲马、巴尔扎克、司汤达等都听过他的演奏并为之震动。音乐评论家勃拉兹称他为“操琴弓的魔术师”；歌德评价他“在琴弦上展现了

火一样的灵魂”；李斯特大喊：“天啊，在这四根琴弦中包含着多少苦难、痛苦和受到残害的生灵啊！”

他就是文艺史上的三大怪杰之一、伟大的小提琴家帕格尼尼。

将苦难当作情人，予以悲壮、热烈的拥抱，命运之神终会向你微笑。

生命的恩赐

万事万物，世间的一切名誉、地位最终统统都会随风而逝，而个人的终极命运则是“荒冢一堆草没了”。生让所有人平等，而死亡则会使卓越的人凸显出来。

在生命的黎明时分，走来一位带着篮子的仁慈仙女，她对一个少年说：

“篮子里都是礼物，你挑一样吧，而且只能带走一样。小心些，做出明智的选择。哦，之所以要你做出明智的抉择，因为，这些礼物当中只有一样是宝贵的。”

礼物有5种：名望、爱情、财富、欢乐、死亡。少年人迫不及待地说：“这根本没有必要考虑，我选择欢乐。”

他踏进社会，寻欢作乐，沉湎其中。可是，到头来每一次欢乐都是短暂、沮丧、虚妄的。它们在行将消逝时都嘲笑他。最后，他颇为后悔地说“这些年我都白过了。假如我能重新挑选，我一定会做出明智的选择。”

话音未落，仙女出现了，说：“还剩4样礼物，再挑一次吧，哦，记住，光阴似箭，要做出明智的选择。这些礼物当中只有一样是宝贵的。”

这个男人这次很慎重，沉思良久，然后挑选了爱情。仙女见此，眼里涌出了泪花。但是，这个男人并没有觉察到。

很多年过去了，这个男人坐在一间空屋里，守着一口棺材。他神情沮丧，喃喃自语道：“她们一个个抛下我走了。如今，最后一个最亲密的人也躺在这儿了。一阵阵孤寂朝我袭来。爱情这个滑头的商人，每卖给我一小时的欢娱，我就需要付出一个小时的悲伤。我从心底里诅咒它呀。”

“重新挑吧，”仙女又出现了，说，“岁月无疑把你教聪明了。还剩3样礼物。记住，它们当中只有一样是有价值的，注意选择。”

这个男人沉吟良久，然后小心翼翼地挑了名望。仙女叹了口气，扬长而去。

很多很多年以后，仙女又回来了。此时，那个男人正独坐在暮色中冥想。她站在他的身后，她明白他的心思：

“我名扬全球，有口皆碑。我虽有一时之喜，但毕竟转瞬即逝！忌妒、诽谤、中伤、嫉恨、迫害却接踵而来，然后便是嘲笑，这是收场的开端；一切的末了，则是怜悯，它是名望的葬礼。哦，出名的辛酸和悲伤啊！声名卓著时，遭人唾骂；声名狼藉时，受人轻蔑和怜悯。”

“再挑吧。”仙女开口说，“别绝望，还剩两样礼物，记住我的礼物中只有一样是宝贵的，而且你很幸运，它还在这儿呢。”

“财富，它就是权力！我真瞎了眼呀！”那个男人疯狂地叫喊着，“现在，我终于挑选到生命中最有价值的礼物了。我要挥金如土，大肆炫耀。那些惯于嘲笑和蔑视的人将匍匐在我脚前的污泥中。我要用他们的忌妒来喂饱我饥饿的心魂。我要享受一切奢华，一切快乐，以及精神上的一切陶醉，肉体上的一切满足。我要买名望、买遵从、买崇敬——庸碌的人间商场所能提供的人生的种种虚荣享受。在这之前，那些糊涂的选择让我失去了许多时间。那时我懵然无知，尽挑那些貌似最好的东西。”

短暂的3年过去了。一天，那个男人坐在一间简陋的顶楼里瑟瑟发抖。他衣衫褴褛，身体憔悴，脸色苍白，双眼凹陷。他一边咀嚼一块干面包皮，一边愤愤地嘀咕道：

“为了那种种卑劣的事端和镀金的谎言，我要诅咒人间的一切礼物，以及一切徒有虚名的东西！它们根本不是礼物，只是些暂借的东西罢了。欢乐、爱情、名望、财富，都只是些暂时的伪装，它们永恒的真相是痛苦、悲伤、羞辱、贫穷。仙女说得一点不错，她的礼物之中只有一样是宝贵的，只有一样是有价值的。现在我知道，与那无价之宝相比，这些东西是多么可怜卑贱啊！那珍贵、甜蜜、仁厚的礼物呀！沉浸在无梦的永久酣睡之中，折磨肉体的痛苦和咬啮心灵的羞辱、悲伤便一了百了。给我吧！我疲倦了，我要安息。”

仙女又出现了，而且又带来了4样礼物，唯独没有死亡。她说：

“我把它给了一个母亲的爱儿——一个小孩子。他虽懵然无知，却信任我，求我代他挑选。你没要求我替你选择啊！”

“哦，我真惨啊！那么留给我的是什么呢？”

“侮辱，你只配遭受垂垂暮年的反复无常的侮辱。”

没有卖不出去的豆子

罗曼·罗兰说：“所谓内心的快乐，是一个人过着健全的、正常的、和谐的生活所感到的快乐。”对于一个乐观者而言，“倒霉”与他绝缘。

以智慧著称的犹太人说：“这个世界上卖豆子的人应该是最快乐的！因为他们永远不必担心豆子卖不出去。”假如他们的豆子卖不出去，可以拿回家磨成豆浆，然后拿出来卖给行人，如果豆浆卖不完，可以制成豆腐，如果豆腐卖不成，变硬了，就当作豆腐干来卖。如果豆腐干卖不出去的话，就把这些豆腐干腌制起来变成腐乳。

另外一种选择是：卖豆子的人把卖不出去的豆子拿回家，加上水，让豆子发芽，几天后就可以改卖豆芽了。豆芽如果卖不动，就让它长大些，变成豆苗。如果豆苗还是卖不动，就让它再长大些，移植到花盆，当作盆景来卖，如果盆景卖不出去的话，那么再把它移植到泥土里，让它生长，几个月后，它结出许多新豆子，一颗豆子变成上百颗豆子，想想是多划算的事！

原来，小小的豆子，也可以让人如此快乐。

生活中，我们经常看到许多人，成天乐呵呵的，自己十分羡慕，却又学不来。总觉得现实中烦人的事经常出现，哪能乐得起来呢？其实，诚如古语所说：“仁者乐山，智者乐水。”欧阳修说：“山水之乐，得之心而寓之酒也。”即是说，如果自己心中无乐，再好的山水也不会使你快乐。

永远保持乐观的精神状态，经常“笑一笑”，不仅可以“十年少”，而且对我们事业的成功也大有裨益。俄国伟大的诗人普希金，曾写诗劝慰他的一位对人生充

满失望与忧伤的朋友，希望这位朋友从痛苦的阴影中走出来，重新焕发对生活的乐观情绪。诗的结尾这样说：

啜饮欢乐到最后一滴吧！

潇洒地活着，不要忧心！

顺遂生命的瞬息过程吧！

在年轻的时候，你该年轻！

这最后一行饱含深情的嘱语，很值得人们永久地思忖。

快乐在于心灵的富有

快乐只在于心灵的富有，如果它可以用钱买到，大多数人都会因价格贵得离谱而不快乐。

快乐是一种心境，跟财富、环境和年龄无关。

梅纽因

50 多年前，美国知名小提琴家梅纽因到日本演出，听说有一个擦鞋童为了听他的音乐会，想方设法凑钱买了一张最便宜的票。谢幕后，梅纽因穿越了贵宾席上的社会名流的盛情簇拥，径直来到低档席，找到了那位擦鞋童，轻轻地问他需要什么帮助。孩子羞怯地说：“我什么都不需要，只想听听你的琴声。”

热泪盈眶的梅纽因，一把搂住衣衫褴褛的孩子，把心爱的小提琴送给了他。

转眼间，30 年过去了。当梅纽因再度访日演出时，回忆起了当年的情景，他想方设法找到了在一家贫民救济院工作的小知音。梅纽因得知，30 年来尽管小知音的生活清贫、坎坷，却多次决然地拒绝了想以高价购琴的人。

这次会面，他仍和第一次一样回答梅纽因：“我什么也不需要，只想听听你的

琴声。”梅纽因默默地接过那把阔别30年的旧琴，奏起当年的那支旧曲，所有在场的人无不落泪。

远隔时空，我们无法听到梅纽因的琴声，却能够用心演绎那支曲子，在人们共享的美好时光里，依然那么动人。

这个动人的故事验证了这样一句话：幸福的程度与金钱无关，心灵的富有才是最富有的。

拥有一颗爱的心

世界上最大的悲剧是一个人大言不惭地说："没人给过我任何东西！"这种人不论生活贫穷还是富有，他的灵魂一定是贫乏的。

以前，有一个犹太女孩名叫埃尔莎。她有一位年纪很大的老奶奶，头发都白了，脸上也布满了皱纹。

埃尔莎的父亲在山上有一栋大房子。

每天，太阳都从南边的窗户里射进来。房子里的每件东西都亮亮的，漂亮极了。

奶奶住在北边的屋子里。太阳从来照不进她的屋子。

一天，埃尔莎对她的父亲说："为什么太阳照不进奶奶的屋子呢？我想，她也是喜欢阳光的。"

"太阳公公的头探不进北边的窗户。"她父亲说。

"那么，我们把房子转个方向吧，爸爸。"

"房子太大了，不好转。"她爸爸说。

"那奶奶就照不到一点阳光了吗？"埃尔莎问。

"当然了，我的孩子，除非你给她带一点进去。"

从那以后，埃尔莎就想啊想啊，想着如何能带一点阳光给奶奶。

当她在田野里玩耍的时候，她看到小草和花儿都向她点头。鸟儿一边从这棵树跳到那棵树，一边唱着甜美的歌儿。

世间万物好像都在说：“我们热爱阳光，我们热爱明亮、温暖的阳光。”

“奶奶肯定也是喜欢阳光的，”孩子想，“我一定要带一点给她。”

一天早晨，她在花园里玩时，看到了太阳温暖的光线照到了她金色的头发上。然后，她低下头，看到衣摆上也有阳光。

“我要用衣服把阳光包住，”她想，“然后把它们带进奶奶的房子。”于是，她跳了起来，跑进了奶奶的屋子。

“看，奶奶，看！我给你带来了一些阳光！”她叫着。然后，她打开了她的衣服，可是看不到一丝阳光。

“孩子，阳光从你的双眼里照出来了，”奶奶说，“它们在你金色的头发里闪耀。有你在我身边，我就拥有阳光了。”

埃尔莎不懂为什么她的眼睛里可以照出阳光。但她很愿意让奶奶高兴。

每天早上，她都在花园里玩耍。然后，她跑进奶奶的房子里，用她的眼睛和头发，给奶奶带去阳光。

小埃尔莎为了能给奶奶带去阳光而每天早上用眼睛和头发把阳光带进奶奶的房里。行为虽然幼稚，却足以显露出她的心灵之高尚。这是小埃尔莎在心灵深处为了表达对奶奶的关爱而做出的可爱举动。

我们也拥有阳光，但我们是否也有这样的爱心，乐意把爱的阳光带进黑暗的屋子，温暖那冰冷、孤寂的心灵？

当我们在享受着生命生活中的美好时，让我们也乐意关爱、帮助那些有需要的人，与他们分享生活中的美好事物，当我们这样做时，我们就是别人的阳光了。

八、犹太人的生存教育

把好酒装在普通坛子里

珍奇贵重的东西，有时候必须装在简陋普通的容器中，才能保存其价值。

在许多犹太人的学校里，都贴有一则标语：把好酒装在普通坛子里。

这则标语来源于一个故事。

有一位相貌丑陋而头脑聪明的拉比去见罗马公主，公主当面奚落他说：

“在如此丑陋的人的脑袋里，怎么可能有了不起的智慧?”

拉比受到如此羞辱，不但没有恼怒，反而笑容满面地问公主：

“王宫里有没有酒?”

公主点了点头。

拉比又问：

“装在什么容器里?”

公主说装在坛子里。

拉比惊讶地说：

“贵为罗马帝国的公主，为何不以富丽堂皇的金器、银器盛酒，反而以粗陋的坛子装酒呢?”

公主觉得拉比的话很有道理，便令宫中佣人将那些金器拿来装酒，而用那些坛子去装水。结果时隔不久，酒变得淡而无味了。

皇帝知道酒变味后，勃然大怒，下令追查是谁干的。公主连忙坦白说，是她让佣人干的，原以为这样会更好，没想到反而把事情弄糟了。

公主想到这是拉比唆使她干的，就去找拉比算账。

“拉比，你为什么让我这样做呢?”

拉比微微一笑，温和地说：

“我只是要让你明白，珍奇贵重的东西，有时候必须装在简陋普通的容器中，才能保存其价值。”

公主恍然大悟，从此以后再也不敢小看这位丑陋的拉比了。

尊重别人，不以貌取人，这是犹太人最重要的处世之道之一。

按自己的意愿去读书

让孩子不要对书籍望而生畏，让孩子随着自己的意愿去读书，这就是读书最为重要的原则。只有这样，读书才能给孩子的日常生活带来无穷的喜悦。

犹太人家教中，有一个极为有意思的经验。他们引导孩子自由阅读，这就填补了他们学习时间中的一个空白。

在犹太父母看来，孩子的阅读方式并不重要。幼儿杂志、少儿杂志也能够成为孩子的主要读物，也能为孩子提供一个良好的学习习惯，尽管它们不具有小说一样的“实质性内容”。

能够让孩子轻松阅读的书籍有童话故事，探险之类的小说。这些书可能让孩子着迷。不过这些书仍旧需要父母来分析和判断。

以色列著名社会心理学家科治博士提出了孩子阅读的六种方法，这既可倍增孩子的学习能力，也能让孩子养成阅读习惯。这六种方法是：

不要让孩子长时间对着书本，每日温习一段时间，只要持之以恒，比长时间苦读更加有效。

吃饱后不要让孩子阅读，因为饭后血液会流向胃部帮助消化，脑部的血液便相对减少，如果此时勉强阅读，会让孩子头昏脑涨。

寻找孩子的“生物钟”，有些孩子早上特别精神，有的孩子晚上才能够集中精力，父母要帮助孩子选择这段时间全力学习。

孩子阅读时，不要靠近喧哗的地方，不要边听音乐边阅读，尽可能找一个宁静的地方阅读，不然就会心有杂念，学习起来事倍功半。

孩子学习新课题时，尽量用自己的文字演绎里面的知识或理论，先别理会一些专有名词，到完全理解和熟悉之后，再背熟这些名词。

尽量让孩子一次学习或是温习一个课题，例如要背熟一首诗，最好是全篇背诵，避免逐句逐段去记。

生活中有很多不会读书的人，这种人虽然有求知的欲望，却不能随心所欲地阅读，因为他们不了解读书的诀窍。一般不会读书的人，他们手中有一本书时，总是从第一页的第一行，一个字一个字地读下去。然而，有些书籍的前几页或者是前面的一部分，大多是枯燥乏味的，因此，这种阅读总是让人大失所望。

父母可以这样来辅导孩子阅读：

如果一本书的前几页不能让孩子感兴趣，就不要让孩子去从头到尾地阅读。因为阅读完全是因孩子自己内心有所企求才读的，即使这本书是自己所喜欢的，也未必从头到尾都合乎孩子的要求。当然有些必读书除外。

有些有深度的文章或者诗，必须要求孩子一字一句地去阅读。

讨论一个问题或是某篇评论类的文章，如果孩子没有兴趣，就不要让孩子硬着头皮逐字逐句去读。有些书籍厚达几百页，可真正所要说的东西只占几十页，如果读二三十页就可以了解作者的论点，就不需要去阅读那些冗长无味地叙述了。

有些书籍，只需要孩子阅读序言就可以了解该书的主题和作者的态度，那么就不必阅读全文。

有些书籍可以先浏览目录，选择有趣的部分来读。

真正的读书，并非按部就班地读那些铅字，而是把握自己所需要的部分，跳过自己所不需要的部分。不要让孩子认为“读书就得记忆，若不记忆，不能算是读书”，这种念头会让孩子视读书为畏途。凡是孩子专心阅读的书籍，即使未能记住，也能让孩子在精神上得到有益的汲取。对于读书感到索然无味的孩子，往往是未能找到他自己所需要的书，或者说是盲目地听从了社会的批评或是相信书店的广告。

让孩子不要对书籍望而生畏，让孩子随着自己的意愿去读书，这就是读书最为重要的原则。只有这样，读书才能给孩子的日常生活带来无穷的喜悦。

给孩子制定一个劳动时间表

家务的真正目的以及完成每一件家务所需要的时间，应该适合孩子的年龄，要留给孩子充分的自由度。如果事情太多，要想圆满地让孩子做好是非常困难的。

在犹太家庭中，每个孩子都要从事力所能及的劳动。通常，一个学龄儿童所做的事包括：

把玩具从房间地板上捡起来，整理桌子，倒垃圾，给家庭中的宠物喂食等等。这些都是孩子可以做到的。作为父母，他们是怎样来为孩子安排这些工作的呢？

很多教育学家都建议家长与孩子共同制定一个时间表。父母先与孩子提出自己最为民主的意见，把内容确定下来。内容是不同的时间孩子所要完成的不同的家务，而且还是必须按时间完成的任务。

制定这个表要相当的精确，既包括完成任务的天数，又包括准确的时间。然后贴在墙上，或者贴在一个大家都看得见的地方。你可以留白一些空格，这样孩子每完成一项工作就可以做个记号。有了这样一个最为有效的家庭工作计划表，就可以让孩子工作得有次序并持之以恒。

家务的真正目的以及完成每一件家务所需要的时间，应该适合孩子的年龄，要留给孩子充分的自由度。如果事情太多，要想圆满地让孩子做好是非常困难的。如果让孩子做得太少也是不合适的，因为劳动不会对孩子形成什么影响。

给孩子安排家务事，最为理想的是，在计划书中应该有一两项内容是孩子必须完成的. 父母中任何一位在时都可以对孩子的劳动进行监督。

给孩子安排家务劳动，其目的是为了让孩子获得锻炼，通过劳动获得对生活的理解。

永远不为孩子代劳

在孩子劳动过程中，父母不要为孩子代劳。父母代劳会增长孩子的惰性。

犹太拉比朱丹拉说：勤劳工作与学习《律法书》一样会收到相同的效果，因为辛勤工作和学习都会把邪念逐出头脑。

如果父母与孩子一同做家务，不但可以培养亲情，还可以与孩子在劳动之中进行交流，让情感的纽带更加牢固。

家长在给孩子安排家务时，要尽量安排孩子能独立完成的工作或一两件家长与孩子共同来完成的工作。

在给孩子安排家务事之前，要征求孩子意见。让孩子做愿意做的事。只要有可能，就对孩子的主动精神给予鼓励与夸奖。

如果你的孩子想做某件事，而你认为这件事超出了孩子的能力，你可以把这件事分成几部分，然后让孩子去完成其中某一部分。当孩子在劳动中的能力增强时，可以把这件事完整地交给孩子做。

在孩子劳动过程中，父母不要为孩子代劳。父母代劳会增长孩子的惰性。比如，如果孩子没有将垃圾袋子倒掉，那就让垃圾袋子待在垃圾筐中好了，直到孩子把这些垃圾收拾干净。

犹太拉比朱丹拉还说：

那些艺术工匠们，他们白天黑夜地雕刻那些宝石，小心翼翼地设计图样。他们通宵达旦创作出栩栩如生的雕像。这就是劳动。正是劳动创造了这个世界，让这个世界变得如此美丽。

众所周知，劳动可以分为脑力劳动与体力劳动，这两者是相互促进的。那么，如何让孩子在进行劳动训练的同时得到脑力训练，怎样让孩子成为一个全面发展的人呢？

这是许多父母面临的问题。在生活中有不少这样的孩子，他们什么都不怕，就是怕上学——这就是厌学，这就是没有让孩子养成脑力劳动的习惯。

造成孩子厌学的原因很多，其中最主要的原因是家庭原因。一个家庭如果没有给孩子提供一个能充分发挥潜能的环境，孩子爱学习是不可能的。

改变孩子厌学情绪的方法很多，比较常用的是培养孩子的兴趣。在肯定孩子的

优势、优点的基础上，要充分鼓励孩子发挥自己的优点、长处，突出优势，通过培养孩子的兴趣，使孩子看到自己的能力，进而树立学习的信心。

孩子有了强烈的学习兴趣，他才会主动、持久地进行学习。

兴趣是求知的动力，而且是发展孩子求知欲的基础。求知是一个复杂的心理过程，需要敏锐的观察、感知、丰富的想象能力与灵活和牢固的记忆能力，还需要坚韧的毅力等，这些都是需要从劳动中得到培养与发展的。

天才是个值得警惕的词语

鼓励孩子们能够长期保持感兴趣的早期活动和爱好，以便使它们能够成为孩子将来职业选择的基础。

天才的孩子兴趣广泛，对很多领域中的知识都有着无穷无尽、无止无终的追求欲望。

一位叫丹拉姆的天才孩子说：我并不聪明，也不伟大，我只是内心有一股熊熊燃烧的学习的渴望。

一位教育学家问一位小天才喜欢学校里的什么，这位只有四五岁的孩子给出的答案就是：

“我喜欢学习！”

天才儿童总是精力十分充沛的，他们有着强烈的求知欲望，他们对什么事情总是要弄个水落石出。只要有时间、有机会，他们就会学习各个领域中的课程。当然，他们也会阅读自己所能接触到的任何读物。

由于这样的孩子对他们所感兴趣的任何事物都能驾轻就熟、得心应手，长大后他们也就很难将注意力集中在某一个领域。因此他们中的许多人拥有两份职业，他们靠其中的一份职业来赚钱，靠另外一份职业来增加自己人生的乐趣。这样一群人：他们既是医生又是作家，既是教师也是专业艺术家，既是企业家又是教师，等等。

兴趣广泛是天才的一个宝贵特征，它能够帮助天才孩子理解与应对多种多样的

知识。出于某些实际的考虑，父母要谨慎对待这种现象。它很容易导致天才孩子们对许多感兴趣的活动蜻蜓点水、浅尝辄止。因此父母在对天才孩子的广泛兴趣持鼓励态度的同时，也要帮助他们专注于某一个或某两个能够成为他们终生事业的特定领域。

达到这一目的的最佳方式，就是鼓励孩子们能够长期保持感兴趣的早期活动和爱好，以便使它们能够成为孩子将来职业选择的基础。作为父母，如果发现孩子在某一特定学科很早表现出爱好的倾向，这种早期选择具有同样重要的价值。

许多著名人士的职业，就是以儿童时期的兴趣为基础的。还是个四岁小孩的贝多芬，就已经完成了四部奏鸣曲；毕加索儿童时期就表现出绘画的天才，他的父亲放弃自己的事业促进儿子绘画的进一步发展；爱迪生七岁那年，他那难以满足的好奇心让教师大发雷霆。他的母亲把他带离学校，自己在家里辅导。他的好奇心得到极大的发展空间，最终成为世界最著名的发明家。

正如犹太教育家所说，父母是孩子的摇篮，如何让孩子在这个摇篮中得到发展与认可是极为重要的。

游戏中去发现孩子的才能

父母有责任让孩子接触各种各样的事物，也有责任让孩子接触各种各样的活动，在活动中发现孩子的才能。

父母有责任让孩子接触各种各样的事物，也有责任让孩子接触各种各样的活动，在活动中发现孩子的才能，一个最简单也最有趣的办法就是：

让孩子参与大量的家庭游戏。

在犹太家庭中，许多受欢迎的游戏都可以吸引大人和孩子一起参加。大家都能从中享受到乐趣。

比如：

用动作表演的字谜游戏，可以为具有审美能力的“演员”提供机会。

那些擅长于战略管理的人才，可以从“跳棋”“战舰”或者是“智多星”等古

老游戏中寻找成功。

语言天才总是能够从“拼字游戏”和“大狂欢”等游戏中享受乐趣。

对于那些喜欢靠运气来获胜的人，他们可以玩“多米诺骨牌”或者是“侵略者”等游戏。

当然，这里所列举的一些简单的游戏只是其中的一部分，游戏的目的是要让孩子参与到游戏中去，并从游戏中受益，即使是在并非孩子所擅长的领域，胜利的机会也是存在的。

随着多媒体的全面发展，孩子的游戏从双手发展到了双眼的高度灵巧，有的需要战略策划或纯粹的智力，但目的是一致的：

让孩子在游戏中体验各种各样的感受，并在参与中增加自信。

给孩子自由的空间

不要把孩子限制在你的知识范围内，因为他诞生于另一个时代。

一位犹太人是这样描述如何抚育孩子的：

一个温暖的夏日，上天将一份珍贵的礼物——一个婴儿交到她手边。

那礼物看起来如此柔弱，让她激动，战栗不已。这是上天不同寻常的馈赠——这礼物终有一天会属于整个尘世，而在此之前，上天启谕她要细心照管和保护。母亲说自己明白了，然后就虔敬地把礼物带回家中。她决心遵守对上天的承诺。

最初，母亲密切关注，无比眷顾呵护，使他远离任何险境。她看着他从自己营造的隐秘天地中探头探脑，心中惶惑不安。但她开始认识到不能永远把它置于自己羽翼之下。若要茁壮成长，必须经受艰苦的环境。于是她谨慎地给他更多的空间，使之恣意自由地生长。

静夜之时，母亲躺在床上，有时会自感信心不足，会问自己有无能力负荷如此令人敬畏的抚育重任。这时神灵会在她耳畔低语，向她保证上天知道她做得很好，于是母亲就安然入眠。

时光流逝，母亲渐渐相安于她的责任。那件礼物使她的生命如此丰盈，以至于

在此之前的生命历程不堪回首，以至于没有了如此馈赠，生命的后半段将难以为继，难以想象。她差一点就把与上天的约定置之脑后。

有这么一天，母亲意识到那礼物发生了变化——不再柔弱，变得强壮、坚定、生气勃勃。一月月地，她看着他越来越有力量。于是母亲忆起她的约定，她从心底知道她与礼物在一起的时间已不多了。

那一天终于不可避免地到来。神仙们下凡来取走礼物，因为他已长大成人，要在天地间闯荡一番。母亲心内怅惋，因为他不能与她的生命相与长存。她深深感谢上苍的恩典，让她多年与如此心爱的礼物朝夕相伴。她挺起双肩，自豪地站起来，心想这真是一件非常特殊的礼物——他——她的爱子——会给这尘世、这众生增添美好与真义。于是母亲放飞了她的孩子，让他自由地飞翔。

故事中的母亲，用不同方式的爱，兑现了自己的责任和使命。这正印证了一位犹太法学博士的那句格言：

不要把孩子限制在你的知识范围内，因为他诞生于另一个时代。

天下没有免费的午餐

天下没有免费的午餐。春天播种，秋天才有收获；在生活中，付出得越多，得到的越多。

在犹太人中，流传着这样一个故事：

数百年以前，一位聪明的老国王把聪明的臣子们召集到近前，交代他们一个任务：

“我要你们编一本《各时代智慧录》，好流传给子孙。”

这些聪明臣子离开老国王以后，工作了很长一段时间，最后才完成了一本12卷的巨作。

老国王看了后说：“各位臣子，我确信这是各时代的智慧结晶。然而，它实在太厚了，我怕人们不会把它读完。所以，请你们把它浓缩一下吧！”

这些聪明的臣子又经过长期的努力工作，几经删减之后，才完成了一卷书。然

而老国王还是认为太长了，又命令他们继续浓缩。

这些聪明的臣子把一本书浓缩为一章，然后浓缩为一页，又浓缩为一段，最后则浓缩成一句。老国王看到这句话时，显得很得意，说：

“各位臣子，这真是各时代的智慧结晶，并且各地的人一旦知道这个道理，我们担心的大部分问题就可以解决了。”

这句千锤百炼的话是：“天下没有免费的午餐。”

天下没有免费的午餐。春天播种，秋天才有收获；在生活中，付出得越多，得到的越多。

命运掌握在自己手里

每个人的命运都掌握在自己手里。翻开那些成功犹太人士的奋斗史，我们总会看到：他们都是将自己命运掌握在自己手中，从自我做起，不断超越自己，而最终成就为强者。

在犹太社会中，个体的存在是高于家庭，乃至家族的存在的。但这并不是说家族的存在不重要。在个人的成功方面，家庭或家族并不是重要的因素，最重要的因素是自己，是个人的努力与奋斗。正是基于此种认识，我们才有马克思、弗洛伊德、奥本海姆、爱因斯坦等这样伟大的智慧头脑，而他们并没有来自一个显赫的家族，他们依靠的唯一的是自己。就犹太商人而言，那些威仪四方，名震天下的巨贾富商们，更是白手起家，从无到有，不断积累，不断壮大自身实力，最终成为功成名就的代表。

所谓“天生我材必有用”，人来世间，都有各自的使命，唯有尽量发挥自己的优点，为人们服务，才能展现生命的妙用。

从前有位哲人，有一天，这位哲人的朋友告诉他：“君主给了我一些大葫芦的种子，我把它们拿去种，长出来的葫芦果然很大，可以容纳五升的水，但是装满水后拿起来就破了。既然无法装水，我就把葫芦剖成两半当勺子，可是因为它太宽，深度又浅，所以也不方便使用。我一气之下就把它打破了。”这位哲人听了，惋惜

地说："哎呀！多可惜，既然不能用来装水，那你为何不编一个网把葫芦网住，然后系在腰间，这样不就可以在水上载浮载沉、悠哉游哉吗？多逍遥自在啊！若懂得使用它，它就是很好的东西，可惜你不会用，竟然把它毁坏了。"

这位哲人说的这番话，和人生的道理很相似，人各有优缺点，我们要了解自己的优点在哪里，尽量发挥它的妙用来为人们服务，这样的人生才有价值。所以，能够真正认识自己，才是最有用的人生。所谓"欲知人，先知己"，若不认识自己，只想了解别人，是本末倒置，也是很痛苦的事。想认识自己，就要反观自心，一定要多用心！

海伦·凯勒

海伦·凯勒女士在一岁多的时候，因为生病，从此眼睛看不见，并且又聋又哑了。由于这个原因，海伦的脾气变得非常暴躁，动不动就发脾气摔东西。她家里人看这样下去不是办法，便替她请来一位很有耐心的家庭教师沙莉文小姐。海伦在她的熏陶和教育下，逐渐改变了自己的看法。她了解每个人都很爱她，所以她不能辜负他们对她的期望。她利用仅有的触觉、味觉和嗅觉来体会周围的环境，努力充实自己，后来又进一步学习了写作。几年以后，当她的第一本著作《我的一生》出版时，立即轰动了全美国。海伦·凯勒虽然遭遇不幸，但是她能克服不幸，完成大学教育。以后更致力于教育残疾儿童的社会工作，这种努力上进的精神，实在值得孩子们效法，海伦·凯勒真可算是个残而不废的人。海伦·凯勒能够不因残废而自暴自弃，反而更加努力上进，所以最后才有卓绝的成就。小朋友既聪明又健康，如果能够明白命运掌握在自己手里这个道理，那么他的未来一定是光明的。

美国连锁店先驱卢宾，最早也是一个穷光蛋。他 17 岁时随着"西部大淘金"的浪潮去加利福尼亚，但淘金并没有为他挣来多少钱。后来他做一些小商小贩的买

卖，才开始赚一些钱。他的钱越赚越多，并且将自己的生意扩大到城市，直到发明连锁经营的方式。他的生意才越做越大，以致像滚雪球一样，历经数年的时间，终于成了大富翁。

金融世家罗思柴尔德家族的第一代创始人迈耶·罗思柴尔德也是一个出生于德国法兰克福一条脏乱犹太街的穷小子。开始时他贩卖古钱币，并苦苦经营了20多年，终于得到世人对古钱币的喜好而命运陡转，成了富翁，并最终涉身金融领域，一发不可收拾，最后成了威震欧洲乃至全球的金融大亨。

牛仔裤的创始人利维·施特劳斯，服装大王罗森沃德，美国电报大王萨尔诺夫，股票神人孔菲德等等都是以自己为起点，白手起家，从一无所有，而最终成为富翁大亨的犹太人。

法国名画家纪雷有一天参加一个宴会，宴会上有个身材矮小的人走到他面前，向他深深一鞠躬，请求他收为徒弟。纪雷朝那人看了一眼，发现他是个缺了两只手臂的残疾人，就婉转地拒绝他，并说："我想你画画恐怕不太方便吧？"可是那个人并不在意，立刻说："不，我虽然没有手，但是还有两只脚。"说着，便请主人拿来纸和笔，坐在地上，就用脚趾头夹着笔画了起来。他虽然是用脚画画儿，但是画得很好，足见是下过一番苦功的。在场的客人，包括纪雷在内，都被他的精神所感动。纪雷很高兴，马上便收他为徒弟。这个矮个子自从拜纪雷为师之后，更加用心学习，没几年的工夫便名闻天下，他就是有名的无臂画家杜兹纳。没有手竟然能成为画家，岂不是很不可思议吗？

这个故事告诉我们；每个人的命运都掌握在自己手里，只要有排除万难的毅力和恒心，你就能创造奇迹，做到别人所做不到的事情。

犹太家长也经常这样教育孩子。在他们的眼里只有自己的力量，其他的诸如家世显赫，门面堂皇之类的东西不过是与己无关的陪衬罢了。他们只相信自己的力量，认为自己的命运掌握在自己的手里，那种将个人的命运依靠在别人身上的人注定是要过悲悯的一生。那么具体而言，犹太家长普遍认为，要想让孩子们将命运握在自己的手心，要具备以下四点才行：首先，要确立自己人生奋斗的远大目标；其

次，要具有自强不息的精神；再次，要有顽强的独立意识；最后，要在人生奋斗的历程中，积极进取。如果孩子做到了这四点，那么他们就找到了掌握自己命运的金钥匙。

走一步是不需要勇气的

一个真正的决定必然是有行动的，并且还应该是立即的行动，此时你就要针对自己的目标拿出立即的行动。你先不要想要行动到什么程度，最重要的是要动起来，打一个电话或拟出一份行动方案都是可行的，只要在接下去的每一天都有持续的行动就可以。当你能这么做时，这十天小小的行动必然会形成习惯，最终把你带向成功。

犹太人很早就注意到了这一点，并经常用下面这些小故事来教育孩子。

1984 年，在东京国际马拉松邀请赛中，名不见经传的日本选手山田本一出人意外地夺得了世界冠军。当记者问他凭什么取得如此惊人的成绩时，他说了这么一句话——“凭智慧战胜对手”。当时许多人都认为这个偶然跑到前面的矮个子选手是在故弄玄虚，马拉松是依靠体力和耐力的运动，只要身体素质好又有耐性就有望夺冠，爆发力和速度都还在其次，说用智慧取胜确实有点勉强。两年后，意大利国际马拉松邀请赛在意大利北部城市米兰举行，山田本一代表日本参加比赛。这一次，他又获得了世界冠军。记者又请他谈经验，山田本一性情木讷，不善言谈，回答的仍是上次那句话：用智慧战胜对手。这回记者在报纸上没有再挖苦他，但对他所谓的智慧迷惑不解。10 年后，这个谜团终于被解开了，他在他的自传中是这么说的：每次比赛之前，我都要乘车把比赛的线路仔细地看一遍，并把沿途比较醒目的标志画下来，比如第一个标志是银行；第二个标志是一棵大树；第三个标志是一座红房子……这样一直画到赛程的终点。比赛开始后，我就以百米的速度奋力地向第一个目标冲去，等到达第一个目标后，我又以同样的速度向第二个目标冲去。40 多公里的赛程，就被我分解成这么几个小目标轻松地跑完了。起初，我并不懂这样的道理，我把我的目标定在 40 多公里外终点线的那面旗帜上，结果我跑到十几公里时

就疲惫不堪了，我被前面那段遥远的路程给吓倒了。

在现实生活中，许多人做事之所以会半途而废，这其中的原因往往不是因为事情的难度较大，而是这些人觉得成功离自己较远，确切地说，这些人不是因为失败而放弃，而是因为倦怠而失败。在人生的旅途中，我们稍微具有一点山田本一的智慧，一生中也许会少许多懊悔和惋惜。

戴尔在少年时期就已显出干劲十足、勤奋好学的优势。有一次，一位女推销员上门，说要和“迈克尔·戴尔先生”面谈他申请中等学历证书的事情。于是，当时才八岁的戴尔就向她解释说，他认为尽早把中学文凭解决掉可能是个好主意。几年后，戴尔有了另一个好主意：在集邮杂志上刊登广告，出售邮票。后来，他用赚来的 2000 美元买了他的第一台个人电脑。他把买来的电脑拆开，研究它怎样工作。

戴尔读高中时，找到了一份为报纸征集新订户的工作。他根据实际情况推想新婚的人最有可能成为订户，于是他雇请朋友为他抄录新近结婚的人的姓名和地址。他将这些资料输入电脑，然后向每一对新婚夫妻发出一封有他私人签名的信，并允诺赠阅报纸两星期。这次他赚了 1．8 万美元。他用这些钱买了一辆德国宝马牌汽车。

第二年，戴尔进了奥斯汀市的德克萨斯大学。像大多数大一学生那样，他需要自己想办法赚零用钱。那时候，大学里人人都谈论个人电脑，凡没有的人都想买一台，但由于售价太高，许多人买不起。一般人所想要的，是能满足他们的需要而又售价低廉的电脑，但市场上没有这种电脑。戴尔心想：“经销商的经营成本并不高，为什么要让他们赚那么厚的利润？为什么不由制造商直接卖给用户呢？”戴尔知道，IBM 公司规定经销商每月必须提取一定数额的个人电脑，而多数经销商都无法把货全部卖掉。而且如果存货积压太多，经销商损失会很大。于是，他按成本价购得经销商的货，然后在宿舍里加装配件，改进性能。这些经过改良的电脑十分受欢迎。戴尔见到市场的需求巨大，于是在当地刊登广告，以零售价的八五折推出他那些改装过的电脑。不久，许多商业机构、医生诊所和律师事务所都成了他的顾客。

有一次戴尔放假回家时，他的父母表示担心他的学习成绩。他父亲劝他说：

"如果你想创业，等你获得学位之后再说也不迟。"戴尔当时答应了父亲，可是他一回到奥斯汀，就觉得如果听父亲的话，就是在放弃一个一生难遇的机会。"我认为我绝不能错过这个机会。"一个月后，他又开始销售电脑，每月赚 5 万多美元。这次，戴尔坦白地告诉父母："我决定退学，自己开办公司。""你的目标到底是什么？"父亲问道。"我的目标就是和 IBM 公司竞争。"他的回答让父母大吃一惊，觉得他太好高骛远了。和 IBM 公司竞争？但无论他们怎样劝说，戴尔始终坚持己见。终于，他们达成了协议：他可以在暑假时试办一家电脑公司，如果办得不成功，到 9 月他就要回学校去读书。

戴尔回到奥斯汀后，拿出全部储蓄创办戴尔电脑公司。当时他 19 岁。他租了一个只有一间房的办事处，雇用了一名 28 岁的经理。他的这位雇员负责处理行政和财务工作。戴尔仍然专门直销经他改装的 IBM 公司个人电脑。在广告方面，他在一只空盒子底上画了戴尔电脑公司第一个广告的草图。朋友按草图重绘后拿到报馆去刊登。第一个月营业额便达到 18 万美元，第二个月 26. 5 万美元。这样不到一年的时间，他便每月售出个人电脑 1000 台。他积极推行直销、按客户要求装配电脑、提供退货还钱以及对失灵电脑"保证次日登门修理"的服务举措，这些为戴尔公司赢得了广阔的市场。到了戴尔本应大学毕业的时候，他的公司每年营业额已经达到 7000 万美元。戴尔停止出售改装电脑，转为自行设计、生产和销售自己的电脑。今天，戴尔电脑公司在全球 16 个国家设有附属公司，每年收入超过 20 亿美元。这无不归功于戴尔的努力奋斗。

任何一个专家都是由不会变成会的，而专家之所以能成为专家，就在于他比常人花下更多的时间去学习，学习的时间愈长，下的功夫愈深，所学来的也就愈精。我们不论学习什么，都应该具备这种继续走下去的勇气。

曾经有一位 63 岁的老人从纽约市步行到了佛罗里达州的迈阿密市。她克服了重重困难，经过长途跋涉，终于到达了迈阿密市。在那儿，有位记者采访了她。记者问她，她是否被这路途中的艰难吓倒过？她是如何鼓起勇气，克服这些困难的？老人答道："走一步路是不需要勇气的，我所做的就是这样。我先走了一步，接着

再走一步，然后再一步，我就到了这里。”

是的，每个人做任何事，只要你迈出了第一步，然后再一步步地走下去，你就会逐渐靠近你的目的地。犹太孩子经常听家长讲上面这些故事，他们知道，如果知道自己的具体的目的地，而且已经向它迈出了第一步，那么他们便走上了成功之路。

犹太家长告诉孩子，当他们拟妥一项目标后，首要的步骤就是把它写在纸上，这样才能使目标具体化，才能制定出切实可行的计划，才能最终达到自己的目标。

从我做起

一切都要从自己开始，寄希望于别人远远不够，与其指望别人，不如自己亲自动手。

人最爱犯的错误就是认识和观念错误，一旦观念不正确，就必然导致行为跟着错。任何人都希望别人给予帮助。在困难和危险面前，我们总在想：要是有人帮我一把有多好！于是，我们老寄希望于别人，特别是自己的朋友。但实际上，朋友再好也仅仅是朋友而已，他的心里想什么你只能去揣测，而绝对不会受你的左右，而至于那些不曾相交的一般人，就更别指望了。一般而言，人是有善心的，但是绝不是每个人都是菩萨。所以，自己不做事而寄希望于别人，自己便是天生的寄生虫；与其将希望寄托在别人身上，不如从自己开始，牢牢把握自己。这一点犹太人很早就认识到，他们也是这样教育他们的子女的。

人人都希望有一个好的家庭，在生活中获得成功与幸福；同时也希望自己有个好的工作条件和拥有一个好的祖国。这样的话，我们不怎么努力也可衣食无忧。可是，我们知道如何来创造一个良好的家庭环境、好的工作条件和富裕的国家吗？

那些显赫的家族确实令人羡慕，可我们必须知道的是，当他们的先辈创业时多半也是白手起家，靠自己的双手和智慧才赢得了这片天地。而后继者也是勤耕不辍，兢兢业业，在先辈的基础上继续前进，而绝不是坐享其成，坐吃山空。我们梦想着有个优雅舒适的工作空间，做着令人羡慕的白领或金领贵族，可是我们必须知

道，这样的工作空间是靠自己不断地学习和积累经验才可能有的。同样，我们希望自己降生在一个美丽富饶繁荣的国度，可是，正如肯尼迪说的那样：不要问你的国家能给予你什么，而要问自己能为自己的祖国做些什么。如果没有一个个个体的奋斗与努力，一个国家又怎么能够繁荣与富强呢？

可是，人的天性就是对别人的过失总是很敏感，而对自己却异常的宽容，有时甚至还会强词夺理，为自己巧言辩护。人总是严格地要求自己的妻子、儿女、朋友、上司、同事、下属，却唯独不能严格要求自己。因此，人最大的一个缺点就是不能够做到以身作则，从我做起。中国有句俗话叫“正人先正己”，更告诫人们“其身正，不令而行；其身不正，虽令不从”。我们要时时反省自己，“吾日三省吾身也”，先自我批评，管好自己，然后才能推己及人。

《犹太法典》中是这样告诫犹太人的：“最值得依赖的朋友在镜子里，那就是你自己”。“人们介意他人身上些微的皮肤病，却睁眼不见自己身上的重病”。“人有两片耳一张嘴，就是要人凡事应多做少说”。同时，《犹太法典》还这样来比喻领导者：“身体从头开始”。“没有船长的船，就如同没有舵，全然不知方向”。“能以微笑回答别人非难的人，是领袖之才”。

可见，人首先要严格要求自己，然后才可以要求别人。路要真正自己去踩，才算真正走自己的路。叫别人走，自己不走，是毫无道理的；而踩着别人的脚后跟走，实际上是替别人走路。

犹太人在经营管理活动中，他们从来都是以身作则，先自己做好表率，然后才以自己的行动去影响感化别人，而很少有自己都没有遵守却让别人遵守的情况。或许，履行契约、遵守规章，从我做起，这些只是犹太人从我做起的比较浅层次的表现。在商业活动中，犹太商人严格遵守契约合同，哪怕这种约定是口头上的。在他们看来，既然双方达成了某种一致，就应该一丝不苟地去执行。犹太人在内心的灵魂深处，有着可贵的“慎独”精神，也就是可贵的自我反省、自我批评的精神，他们总是去问自己做了什么，应该做什么，做对了什么，却很少去要求别人该怎样。

同样，犹太人有着凡事从自己做起，善于自我反省，慎独自律的传统。作为上

帝的“特选子民”，他们以信守合约，遵守法律著称于世。也就是说，不管如何，都要求自己遵照契约的约定来履行自己的义务和享用自己的权利。他们相信，只有从自己做起，从自己这方面去执行合约，才符合上帝对“特选子民”的要求，而只有这样，才能真正体现合约的精神——按照合约规定来履行自己的义务。两方都按合约来要求自己，这样合约的价值才能真正体现；否则，一方不从自己做起，却要求对方，那合约的执行就会遇到困难；如果双方都想着用合约去牵制别人，那么这个合同就可能要破产。在与犹太人的商业往来中，根本不存在犹太人不履行合约的情况，除非是合约本身有问题。正是这种先从自己做起，自己严格要求自己遵守约定的商业精神，使犹太人获得了“世界第一商人”的桂冠。

在公众面前受到社会的压力，遵守规范是比较容易的。而单居独处之时，外界压力完全消失，只剩下内心的良知抵御着蠢蠢欲动的恶念。唯有此时能把持得住自己，方算得上有道德根底的人，所以《塔木德》上有一句话，叫“在他人面前害羞的人，和在自己面前害羞的人之间，有很大的差别”。这个差别，就是所谓“罪感”和“耻感”的区别。

所谓“罪感”就是把罪之恶看作是由罪本身的属性决定的。无论何时何地，人知我知，犯罪就是为恶，就是一件应该激起愧疚之心的事情。

而所谓“耻感”，则把罪之恶看作某种取决于外界状态的属性，为人知者方为恶，不为人知则无所谓恶不恶。所以，犯罪者的愧疚或者忏悔，不是为了作恶本身，而是为了作恶竟然被人发现。这种“悔”是为了搞错时机而悔，要是正逢无人发现的机会，何悔之有？

很明显，在“罪感”支配下的个体行为要比在“耻感”支配下的行为，在遵守规范时有着更大的自愿性、自觉性和自律性，这在犹太人的行为中表现得是十分明显的。

犹太民族的大门始终敞开着，不能遵守上帝律法的人尽可以自己走出教门，何况连犹太共同体都长期处于某种“独居”状态，更不要说犹太人个体了，这样一个民族不能不要求其成员多多“慎独”，多多“知罪”。在拉比的教诲中，“独居闹市

而不犯罪”，之所以能同“穷人拾遗不昧”和“富人暗中施舍十分之一的收入给穷人”同立为“神会夸奖的三件事”，其共同之处，尽在一个“独”字。犹太人的上帝所赞赏的“慎独”，其实正是犹太民族延存的基本要求。

犹太民族弘扬“慎独精神”，但绝不必意味着一切以自我为中心，他们绝不提倡“独善其身”式的“隐士”，而是教导人们要和普通大众生活在一起。

有个拉比，行为高洁，为人亲切而仁慈；对神虔敬，做事审慎，因此他理所当然成为受人景仰爱戴的人。过了 80 岁后的某一天，他的身体突然一下子开始变得虚弱了，并很快地衰老下去，他知道，自己的死期已经临近，便把所有的弟子叫到床边。弟子到齐了之后，拉比却开始哭了，弟子十分奇怪，便问道：“老师为什么要哭呢？难道您有忘记读书的一天吗？有过因为疏忽而漏教学生的一天吗？有过没有行善的一天吗？您是这个国家中最受尊敬的人，最笃敬神的人也是您，照理老师您没有任何哭的理由才是。”

拉比却说：“正是因为像你们说的这样，我才哭啊。我刚刚问了自己：你读书了？你向神祈祷了？你是否行善？你是否做了正当行为？对于这些问题，我都可以作肯定的回答；但当我问自己，你是否参加了一般人的生活时，我却只能回答：没有。所以我才哭了。”

以后的拉比们常用这则故事来劝说一些不在犹太人共同体活动中露面的人，以使他们一起“参加一般人的生活”。从这里不难看出，这个“一般人的生活”不是指一般意义上的衣食住行，也不是指常人的其他感性生活，而是特指犹太民族的集体生活。

可见，犹太人“从我做起”的这种以自我为基点的人生观念，并不是与集体或者与别的个体相离移的，犹太人“从我做起”的意义在于提升了自己，却又影响感化了别人，这比单纯地求别人要强得多。

一分耕耘，一分收获

认真是做好任何事情的保证和前提。只有认真负责，通过艰苦细致的劳动才能

达到理想的效果。

犹太人十分强调这一点。犹太儿童经常听家长讲这样一个故事。

柯比是一位木匠，他擅长砍削木头制造一种乐器，那时人们称这种乐器为鐻。柯比做的鐻，看到的人都惊叹不已，认为是鬼斧神工。柯比的君主闻听此事后，召见柯比问："你是用什么方法制成鐻的？""我是个工匠，谈不上什么技法。"柯比回答说："我只有体会，在做鐻时，从来不分心，而且实行斋戒，洁身自好，摒除杂念。斋戒到第3天，不敢想到庆功、封官、俸禄；第5天，不把别人对自己的非议、褒贬放在心上；第7天，我已经进入了忘我的境界。此时，心中早已不存在晋见君主的奢望，给朝廷制鐻，既不希求赏赐，也不惧怕惩罚。"柯比在把外界的干扰全部排除之后，进入山林中，观察树木的质地，精心选取自然形态合乎制鐻的材料，直至一个完整的镓已经成竹在胸，这个时候才开始动手加工制作。"否则，我不会去做！"柯比向君主详细介绍制鐻过程后，继续说："以上的方法就是用我的天性和木材的天性相结合，我的鐻制成后之所以能被人誉为鬼斧神工，大概就是这个缘故。"

这个寓言教育人们，要想成就任何事情，都必须专一、执着、忘我。柯比制鐻虽然有些过分夸大精神作用，但是强调干事业精神专注、摒除杂念是非常重要的。

卡拉出任纽兰西镇的长官。有一天，他碰到他以前的学生奥莱，三句话不离本行，他与奥莱探讨治理地方、管理纽兰西的方法。卡拉和奥莱谈得很投机。卡拉讲到自己的治理经验，认为处理政务绝不能鲁莽从事，管理农民更不可简单粗暴。从治理之道又谈到种田之道，卡拉说自己曾种过庄稼。那时，耕地马马虎虎，无所用心，果实结出来稀稀拉拉；锄草粗心大意，锄断了苗根和枝叶，一年干下来，到了收获季节、收成无几。听了卡拉的讲述后，奥莱很关心地打听他以后的状况。卡拉吃一堑长一智，总结自己种田的教训，第二年便改变了粗枝大叶的态度。他告诉奥莱，从此他开始精耕细作，认真除草，细心护理庄稼，想不到当年获得好收成，一年下来丰衣足食。

有了种田的失败和成功，卡拉悟出一条道理，做任何事都贵在认真。现在他当

镇长，便守住这条做人的准则。奥莱常常拿卡拉的事教育他人。一分耕耘，一分收获。种庄稼是这样，干其他任何事都是这样。作家长的要培养孩子凡事认真的态度，只有这样孩子才能有所作为。

1100万美元的旧房

每一个天真无邪的儿童都是一缕纯洁的白丝，而环境则是一个大染缸，好的环境就像一个色彩明朗的染缸，染出来的丝明艳耀眼；不好的环境却像一个色彩混浊的染缸，染出来的丝黯淡无光。丝一经染过，再怎么洗也不能恢复本色了。想使自己品行端正，做一个有出息的人，就要远离那些容易使你变坏的朋友和环境。

从前，有一位老师率领他的学生经过一家染厂，看见主人把一缕一缕洁白的丝丢进染缸里，立即变了颜色。这位老师看了，非常感慨地说："丝本来是多么纯洁呀，可是丢到红色的染缸里，就变成红色；丢到蓝色的染缸里就变成蓝色；我们人在一出生的时候不也是很纯洁吗？可是却因为后天的影响，就变得形形色色，成为各种各样不同的人了。"

孩子们也是一样，一旦在不好的环境里学坏了，想要再改过来就很不容易了。

从前，有个叫沃伦的人，生性诚恳老实，又是饱学之士，待人忠实厚道，从不跟人家耍心眼。沃伦的家教极严，他对每一个晚辈都耐心教导、严格要求、注意监督，所以他家形成了优良的家风，家庭中的每一个成员都待人和气、品行端正。沃伦家的好名声远近闻名。

康而思州长法兰克是个正直的人，他为官清正耿直，秉公执法，从来不愿屈服于达官贵人的威胁利诱，为此他得罪了很多人，一些大官僚都视他为眼中钉、肉中刺，总想除去这块心病。终于，法兰克被革了职。

法兰克被罢官以后，一家人只好从壮丽的大府第搬了出来。到哪里去住呢？法兰克不愿随随便便地找个地方住下，他颇费了一番心思，离开住所，四处打听，看哪里的住所最符合他的心愿。很快，他就从别人口中得知，沃伦家是一个君子之家，家风极好，不禁大喜。法兰克来到沃伦家附近，发现沃伦家子弟个个温文尔

雅，知书达理，果然名不虚传。说来也巧，沃伦家隔壁的人家要搬到别的地方去，打算把房子卖掉。法兰克赶快去找这家要卖房子的主人，愿意出1100万美元的高价买房，那家人很是满意，二话不说就答应了。于是法兰克将家眷接来，就在这里住下了。沃伦过来拜访这家新邻居。两人寒暄一番，谈了一会儿话，沃伦问法兰克："先生买这幢宅院，花了多少钱呢?"法兰克据实回答，沃伦很吃惊："据我所知，这处宅院已不算新了，也不很大，怎么价钱如此之高呢?"法兰克笑了，回答说："我这钱里面，100万美元是用来买宅院的，1000万美元是用来买您这位道德高尚、治家严谨的好邻居的啊!"

法兰克宁肯出高得惊人的价钱，也要选一个好邻居，这是因为他知道好邻居会给他的家庭带来良好的影响。所谓"近墨者黑，近朱者赤"，环境对于一个人各方面的影响，是不容忽视的，孩子们应当万分珍惜身边的良师益友。

从前，有一个叫菲克兰的人，他是当时一位有名的哲学家。菲克兰和路易斯是好朋友，但在哲学上他们又是一对观点不同的对手。路易斯与菲克兰经常在一起讨论切磋学问。他们在互相争论研讨中不断深化、提高各自的学识。特别是路易斯，从菲克兰那里受到很多启发。后来菲克兰死了，路易斯再也找不到像他那样才智过人、博古通今，能与自己交心、驳难、使自己受益匪浅的朋友了。因此，路易斯感到十分痛惜。一天，路易斯给一个朋友送葬，路过菲克兰的墓地，伤感之情油然而生。为了缅怀这位曲高和寡不同凡响的朋友，他回过头去给同行的人讲了一个故事：

有这样一个泥水匠，有一次，他在自己的鼻尖上涂抹了一层像苍蝇翅膀一样又薄又小的白灰，然后请自己的朋友、一位姓石的木匠用斧子将鼻尖上的白灰砍下来。石木匠点头答应了。只见他毫不犹豫地飞快抡起斧头，一阵风似的向前挥去，一眨眼工夫就削掉了泥水匠鼻尖上的白灰。看起来，石木匠挥斧好像十分随意，但他却丝毫没有伤着泥水匠的鼻子；泥水匠呢，接受挥来的斧子也算是不要命的，可他却稳稳当当地站在那里，面不改色心不跳，泰然自若。倒是旁边的人为他们捏了一把冷汗。后来，这件事被其州长知道了。州长十分佩服这位木匠的高超技艺，便

派人把他找了去。州长对姓石的木匠说："你能不能再做一次给我看看?"木匠摇摇头说："小人的确曾经为朋友用斧头砍削过鼻尖上的白灰。但是现在不行了，因为我的这位好朋友现在已不在人世了，我再也找不到像他那样跟我配合默契的人了。"路易斯讲完了故事，十分伤感地看着菲克兰的坟墓，长叹了一口气，然后自言自语地说："自从菲克兰先生去世以后，我也失去了与我配合的人，直到现在，我再也没有能够找到一位与我进行辩论的人了!"

路易斯和石木匠的感受向我们表明，高深的学问和精湛技艺的产生，依赖于一定的外界环境；红花虽好，还要靠绿叶扶持。一个人如果不注意从周围的人和事中吸取营养，他的智慧和技巧是难以得到发挥和施展的。

家庭的心理氛围、家长的心理特征对孩子的心理发育有着更加至关重要的影响。要创造并保持良好的家庭心理氛围。犹太人在这方面是这样做的：

首先，创造平等的家庭氛围。平等是创造良好的家庭心理氛围的前提，父母、子女任何一方的优越感都会对其他家庭成员造成心理压力、产生心理隔阂。

其次，培养开放的家庭环境。这里所说的开放是指家庭成员能够坦率地平等地以其他成员可接受的方式，表达自己的想法，而不是毫无顾忌地发泄。另外，家长的教育能力和家长之间关系的好坏，也直接影响良好的家庭心理氛围的形成。总之，家长应根据时代的要求和孩子不同年龄段的心理特点，努力创造良好的家庭心理氛围，营造和保护良好的家庭环境。

最后，家长要理智。只有理智能够克制自己的心理冲动，并冷静地对待和处理问题，这样有利于保持良好的家庭心理氛围，而更重要的是有利于孩子形成稳定的心理特征。

九、犹太人的挫折教育

黑暗着开始，明亮着结束

与其明亮地开始，黑暗地结束，倒不如黑暗地开始，明亮地结束。

科学家烧开一锅油，把一只青蛙放在滚热的油锅旁边，那只青蛙在快到油里面的时候，竟然跳离了油锅。然而，把这只青蛙放进注满水的锅里，下面放火去煮，这只青蛙开始还觉得温热，后来水越来越热，它却不愿意离开锅里，最后被水煮死。

犹太人就像那只快到油锅的青蛙，他们时刻充满了危机意识，在任何情况下都保持着警惕。许多犹太人的一生经历了非常多的痛苦和苦难，因此，当他们有了安定的生活的时候，他们是决不会忘记曾经受过的苦难的。在他们的心里，时刻充满了警惕，目的就是不让自己忘记过去。

为了不让自己忘却苦难，犹太人制定了各种规则，在他们的日常生活、纪念节日、假日甚至婚礼上，都时刻提醒自己不要忘记痛苦。

他们每周的休息日是从星期五开始，直到星期六为止，星期天规定为一周的开始。为什么要把周五的黑夜定为全家幸福愉快节日的开始呢?

《塔木德》是这样解释的：

"因为与其明亮地开始，黑暗地结束，倒不如黑暗地开始，明亮地结束。"这就提示人应该先吃苦再享受。

他们不仅在休息日提示不要忘记痛苦，即使在犹太社会的纪念日中，最盛大、最隆重的节日"逾越节"也同样做了规定。"逾越节"这天是犹太人纪念他们重返以色列的日子。在这一天，他们早早准备好精美的食品、华丽的服饰，大家快乐地度过这个美好节日，但是在这个节日上，犹太人规定每个人必须要吃一种很粗的面

包，还有一种很苦的野菜的叶子，因为这些代表着屈辱和失败。

据犹太历史记载：犹太人早期的时候曾在埃及做奴隶，过着很悲惨的生活。公元前15世纪的时候，他们在自己的英雄摩西的率领之下，越过沙漠，由于来不及准备吃的，他们只有吃那些没有发酵的面饼和路途上的野菜，最终千里迢迢、千辛万苦地回到以色列。这件事距离现在已经有3500多年了，可是时至今日，犹太人仍然在纪念那段苦难的日子，让自己不要忘记苦难和屈辱。

即使在结婚这样喜庆、重大的事情上，他们也提醒新人不要忘记苦难。婚礼规定新人不能把酒喝完，把酒杯完整地放入盘中，而是喝完酒后把酒杯摔碎，这个动作表示两个人同甘共苦一起度过艰难的一生。希望两个人不要讲究享乐，并告诉他们一味享乐、忘记艰辛是败家的象征。

人们在评价犹太人的危机感及忧患意识时说："每当幸运来临的时候，犹太人总是最后感知；而每到灾难来临的时候，犹太人总是最先感知。"

任何一个犹太人都知道他们是输不起的，他们只有成功，失败了就意味着灭亡和永远没有机会再来，因而，他们都异常努力。很多犹太人就是在别人看起来根本就不可能东山再起的时候，取得了成就。打开犹太名人的少年经历，就会发现在10个犹太名人里面，有八九个是从小在苦难、坎坷中长大的。犹太人的这种逆境成功的精神，永远为世人所敬佩。成功对于他们来说，不是"我需要"，而是"我必须"。

这就是犹太人的危机教育——黑暗着开始，明亮着结束。

最好的礼物是放手

没有比既能做事又能做学问更好的了。没有劳动的学问结不出果实，相反可能导致罪恶。

犹太人的一位领袖撒曼以色三世曾经说：

"没有比既能做事又能做学问更好的了。没有劳动的学问结不出果实，相反可能导致罪恶。"

正因为有这样的教育，所以很多犹太学生很早就开始打工。他们有的在蔬菜店门口招揽生意，有的在印刷厂里干杂活，有些立志当教师的高中生还在夏天的时候参加夏令营，做中、小学生的领队。

犹太人从小就被灌输这样的思想：

如果要实现自己的理想，不学会自己赚钱，不在经济上独立是不行的。如果一直由家人或是朋友提供经济上的援助，一个人要实现真正的独立是不可能的。你能够得到别人的帮助固然是好，但一定要知道，人是绝对不可能靠别人来生活的。

有这样一个犹太人，他的名字叫来姆。他在16岁的时候考上了英国的一所大学，准备到那里去留学。临行之前，他的父亲只给了他100英镑的学费，并说，这些钱只算是借给他的，在他学成之后，必须归还。

要是在中国的父亲眼里，这样做简直是有辱斯文。父母对孩子所做的，应当是"无私"的奉献，哪怕做牛做马都应该，岂有借钱给孩子还要求他归还的！

而中国的孩子面对这样的情况，恐怕也会感到不悦和难堪。报上曾经有过这样的报道：

广东某重点学校有来自贫困家庭的一名女学生，父母一年的收入不过几千元，可她一进校门，就花数千元买了手机、随身听，还说将来要买手提电脑。

按照我们的观点，犹太人来姆父亲的做法无疑是荒唐的、绝情的，可按照犹太人的观点，这正体现了家长对孩子独特的关心和爱护。因为，正是这样带有压力性的要求，才能让孩子尽快成长、成熟并独立起来。

果然，来姆到英国后，一边学习，一边熟悉情况，很快就想到了很多赚钱的好点子。在伦敦读书的四年里，他实际上全部用自己赚的钱交纳了学费，在从伦敦大学经济系毕业的时候，他回到父亲身边，将100英镑交还给父亲。

放开手让孩子学会独立生存，是犹太人给孩子们最好的礼物！

有人或许会说，像来姆这样的例子也许是偶然的吧？天下哪有这样的父亲，连自己的子女读书还要死抠！多给他讲道理，让他心里明白不就行了吗，难道非要做得那么绝对吗？

按照我们的思维习惯，也许是这样的，但按照犹太人的思维就不是这样的了。犹太人深知“实践出真知”的道理。在商业领域，只有经历过亲身的实践和体验，才能够获得宝贵的经验。

灾难是好事

与幸福相比，人在苦难时更应该欢欣。因为，如果一个人终生幸福，这说明他也许犯过的罪尚未被宽恕。但是通过受难所犯了的罪便被宽恕了。灾难是好事……

有人类就有苦难。

犹太历史就是一部苦难史。生活的磨难，身体的疾病，生存的险恶，到处被排挤流离失所，人格歧视……无不折磨着犹太人。

在迦太基的一家著名博物馆，有一幅画，题名为《将军》，画面上是一个人正在和魔鬼下棋，而且危在旦夕，魔鬼正在将军。这一盘棋正是人类命运的象征，苦难就是那个正在将军的魔鬼。那么，人类还有希望赢吗？每一个犹太人从小受到的就是“磨难教育”，磨难转化为生命的财富。人类正是在同魔鬼的战斗中，锻炼了自己。

有这样一则关于犹太人“磨难教育”的小故事：

一个研究《塔木德》的犹太学者，刚刚结束他的学习生涯，到艾黎扎拉比那里，请求给他写封推荐信。

艾黎扎拉比非常热情地接待了他。

“我的孩子”，拉比对他说，“你必须面对严酷的现实。如果你想写作充满知识的书，你就必须像小贩那样，带着坛坛罐罐，挨门挨户地兜售，忍饥挨饿直到40岁。”

“那我到40岁以后会怎样？”年轻的学者满怀希望地问。

艾黎扎拉比鼓励地笑了：“到了40岁以后，你就会很习惯这一切了！”

“逾越节”就是犹太人关于“磨难教育”的最重要的节日。“逾越节”是专门纪念摩西带领犹太人逃出埃及而设立的，通过讲祖先的艰难历程和吃特殊的食品，

来进行忆苦思甜和认识生命艰难的教育。

逾越节家宴桌上的食品主要有：三块无酵饼。当年犹太人逃离埃及时，来不及准备路上的干粮，只能吃不发酵的饼，三块的说法是指为了纪念犹太人的三位祖先。

一盘食品，五种食物。这五种食物指的是：烤羊腿、烤鸡蛋、哈罗塞斯、一碟苦菜、一碟盐渍芹菜。

烤羊腿是逾越节的祭品，犹太人失去圣殿后，无处献祭，在宴席上用烤羊腿（或烤肉）代替。

烤鸡蛋，犹太人习惯在正餐前吃鸡蛋，逾越节的鸡蛋是烤的，烤的蛋很坚韧，很难咬碎，犹太民族就像烤的蛋，受苦难的时间越长越坚强，犹如蛋烤的时间越长越坚硬一样。

一碟哈罗塞斯，这是一种水果、香料和酒混合的食品，呈泥状。以色列人在出埃及前，法老为难他们，命他们做砖，又不给草料，从而责打他们，这一碟泥状的哈罗塞斯，使人想起做砖用的泥。

一碟苦菜，是纪念犹太人在埃及受的苦。

一碟盐渍芹菜，犹太人出埃及时，喝过红海带苦涩味的海水，吃盐渍芹菜，意思是要犹太人永远记住出埃及之苦难。

四杯酒。逾越节家宴的程序，由四杯酒串联：第一杯酒，一家之长举杯祝福，家宴开始。第二、第三杯酒在家宴中间，在讲“哈伽达”前后喝。第四杯酒，感谢上帝的保佑，宴会结束。所谓“哈伽达”的希伯来文原意为：神话、故事，逾越节的“哈伽达”是家宴的主要活动，是一本有关犹太人出埃及的故事集。它不仅说明了逾越节所有食品的含义，还讲述了犹太人在埃及所受的主要苦难和出埃及的艰辛旅程。

著名哲学家斯宾诺莎从小家中宗教气氛特别浓厚，每逢重大节日，父亲总要给全家人讲述犹太人苦难的历史，这在斯宾诺莎幼小的心灵中留下了深刻的印象。童年的斯宾诺莎常常一个人站在犹太怀疑论先驱阿古斯塔的坟墓前凝神冥想，一种为

真理而献身的热望在他心底萌生。这种热望紧紧伴随了他一生。

几乎每个犹太伟人的成功都是和苦难分不开的。1933 年 4 月，在德国纳粹党徒蓄意制造了国会纵火案之后两个月，希特勒发出了第一道排犹命令：凡是担任警察、军官、法官、政府公职和教师职务的犹太人，一律开除；两年后，又把犹太人宣布为“次等公民”，禁止德国人和犹太人通婚，又过了两三年又毁掉所有犹太教堂，还陆续将犹太人关进集中营，并掠夺和没收了犹太人的资产。

在那些黑暗而恐怖的岁月中，正是一种奋发图强的心理，使磨难转化为动力，不止一个犹太人在苦难中飞翔。

《塔木德》说：

假如一个人看到痛苦的折磨已经降临自己，让他首先检讨自己过去的行为……假如没有发现任何过错，让他反思一下，他是否藐视过律法书……

假如他没有发现自己的罪过，那么他就可以确认：他所遭受的是爱之折磨，《圣经》上写道：“上帝爱谁，上帝便改正他。”

与幸福相比，人在苦难时更应该欢欣。因为，如果一个人终生幸福，这说明他也许犯过的罪尚未被宽恕。但是通过受难所犯了的罪便被宽恕了。灾难是好事……

面对苦难不光是一种勇气，更是一种精神和心态，只有这样才能战胜苦难，并使苦难升华为人类的礼物。

让孩子自己说出答案

世界从来就是不公平的，你们要早早适应这种待遇。

一位犹太父亲一次带他的儿子去澡堂。当他们跳进池子，孩子冻得发抖，不由得大叫：“哎呀，爸爸，哎呀！”

父亲于是把他抱出来，用毛巾擦干了他身上的水，给他穿上衣服。

“啊哈，爸爸，啊哈！”小家伙愉快地叫着，身子暖洋洋地蜷缩在毛巾被里。

“艾什卡，”父亲深思着说道，“你知道冷水浴和犯罪之间的距离吗？”

“当你跳进冷水池的时候，你第一个发出的声音是‘哎呀’接着才是‘啊哈’。

但当你犯罪的时候，你第一个发出的声音是‘啊哈’，然后就是‘哎呀’了。”

犹太人对小孩的美德教育，从很小的时候就开始，他们寓道理于比喻中，形象、生活、活泼，给孩子幼小的心灵中留下深刻的印象，让他们记忆犹新。就像上述故事中的父亲。他没有直接告诉孩子不要犯罪，而是用冷水浴比喻犯罪，告诉孩子犯罪开始的感觉是“啊哈”——高兴坏了，而最后的感觉就是“哎呀”了——难受死了，从而启发孩子最好不要犯罪。另一方面用言传身教的办法，同样会给孩子留下深刻的印象。

犹太大作家托马斯·曼的女儿艾丽卡从小就爱撒谎，也许是为了好玩儿，也许是为了摆脱困境不得已而为之。一般来说，托马斯·曼家的教育是由妻子来承担，妻子对付不了孩子时，托马斯·曼才出面。

突然有一天，托马斯·曼把艾丽卡召到他的书房，语重心长地对女儿说：“孩子，你已经 7 岁了，不再是个孩子了，你自己也明白你做了些什么，整天都在说谎话。你看，如果大家都这样，将会是什么后果呢？大家根本不能互相信任，完全用不着互相倾听，一切都会变得无聊透顶，生活将不成其为生活了。我相信你会明白的，你今后再不要干这种蠢事了！”据艾丽卡回忆说，这次训话给她留下了不可磨灭的印象，此后，她再没撒过谎。

第一次世界大战期间，食品奇缺，托马斯·曼家的食品是按数学方法平分给四个孩子的，而且精确无比，连豌豆也要按粒分，任何人都不能多吃多占。有一天，风和日丽，家中仅剩下一个无花果，按托马斯·曼的妻子和四个孩子的想法，肯定是要平分这个无花果。结果呢，托马斯·曼把无花果只塞给艾丽卡一个人，并让她一个人吃。艾丽卡狼吞虎咽地吃掉了无花果，其他三个姊妹惊讶地瞪圆了眼睛。托马斯·曼郑重其事地说：“孩子们，世界从来就是不公平的，你们要早早适应这种待遇。”这句话给四个孩子的心中同样留下了深刻的印象，让他们在任何不公平的时候也能保持平衡的心态。

著名经济学家大卫·李嘉图也是一名犹太人，9 岁时，有一天他在商店的橱窗中看到了一双边缘有皮毛的皮鞋，他非常喜欢，吵着让大人给他买下。他父亲不同

意买，认为这双鞋不适合他穿。大卫·李嘉图哭闹着，执意要买，父亲同意了，但是有一个条件，买了就必须穿。穿上皮鞋后，大卫·李嘉图发现，这是一双木鞋，穿着在街上走起来咔嗒咔嗒直响，惹得所有的行人都回头盯着他瞧。本想穿一双独特的皮鞋，满足一下自己的虚荣心，结果却穿着木鞋每天去丢脸。为了摆脱这双鞋子，他真愿意付出一切代价，但他又没有别的鞋子可穿。任何人都无法想象他穿这双鞋有多痛苦，他每次走路都要小心翼翼，以免发出那丢人的咔嗒声。从此，大卫·李嘉图再也不敢任性和贪图虚荣了，这对他日后的成长起了重要的影响。

教子的方法很重要。让孩子自己说出答案，就可以收到奇妙的效果。

饥饿才能唱出动听的歌

苦难是人生的一位良师，它能教给孩子学会用感激的心情、积极的态度对待一切问题，养成坚强的意志，勇敢地参与社会竞争。

《圣经》中说：从没有人发现智慧存在于什么地方，或曾经进入过智慧的宝库。你想要得到智慧，就得用你的身躯去接受命运的考验。

人的一生中，遇到挫折是十分正常的。

苦难是人生的一大财富，不幸和挫折可能使人沉沦，也可能铸造成人的坚强品质，成就一个人充实的人生。苦难是人生的一位良师，它能教给孩子学会用感激的心情、积极的态度对待一切问题，养成坚强的意志，勇敢地参与社会竞争。

一个人的道德意志与他的品格完全是一致的：道德意志越是强大其品格的形成越快，越牢固。意志是一个与克服困难相联系的概念。一个人在达到自己目标的过程中，总会遇到这样那样的困难。克服困难的过程就是意志活动的过程，强大的意志正是在这个不断克服困难的过程中培养起来的。

一个人如果具备了坚强的意志力，那么他就能克服前进道路上的种种困难，百折不挠，坚持不懈，直到成功。因此，坚强的意志力是人行为的持久动力，是成功的关键因素。为此，父母应当有意识地培养孩子坚强的意志力，让孩子能吃苦。

今天的孩子生活在一个富有的年代，优越的生活条件已经使他们不知道什么是

贫穷与艰难。过分溺爱自己的孩子是今天不少父母的通病，也是今天的父母所面临的一个真正让他们感到无所适从的问题。

在许多国度，吃苦是孩子的必修课之一，尤其是在发达国家的家庭中，家长普遍重视从小培养孩子的自理能力和吃苦精神。因为发达的市场经济要求每一个社会成员必须具备这种能力和精神，只有具备了这种能力并拥有这种精神才能出人头地。

在今天不少的犹太家庭中，为了锻炼孩子，每逢冬天，幼儿都要赤身裸体地在冰雪中滚爬跌打一定时间。天寒地冻，孩子冻得嘴唇发紫，浑身发抖，但父母们硬起心肠，决不会提前抱起自己的孩子。他们明白，只有这样才能锻炼孩子的意志，使孩子身心健康地成长。

在一些富有的犹太家庭，还鼓励学生到车间去进行学工教育，并写出学工报告。在那里孩子们认识到诚实劳动、团结协作和坚强的意志的真正价值。

在以色列的国土中有一所“鲸鱼学校”，这所学校就是让孩子们乘上帆船在一年之内横渡两次大西洋，游遍三个岛，这期间除了要经受住大风大浪，还要忍饥挨饿。这所学校的孩子必须学会驾船、捕鱼、做饭，还要完成考察、读书、讨论等课程。同时他们还要与当地人打交道，熟悉当地风土人情。孩子们经过这样一番磨炼，大都会成为一个智勇双全的人。

爱孩子是父母的责任，也是父母的天性，但在爱之中要明白什么才是真正的爱，怎样才能爱得有意义、有价值。人生是不可能一帆风顺的，给孩子苦难的教育与适当的磨难，教导孩子正确对待失败、挫折，从失败和挫折中总结经验，吸取教训，培养孩子良好的心态和百折不挠的坚强意志，会使孩子终身受益。

生活中不可避免的是困难与挫折，每位父母都有责任让孩子明白失败并不可怕，可怕的是跌倒了爬不起来。

把惩罚的目的告诉孩子

惩罚的目的是减少孩子的不良行为和举止，如果这种不良行为和举止不改变，

那么这种惩罚就没有发挥作用。

每个孩子都有蛮横任性、不讲理、打架骂人、对长辈无礼、破坏公物的时候。这是因为孩子的感情很脆弱，容易被激怒，内心有种无法遏制的冲动。孩子发怒时什么都忘了，内心被任性所控制。

这时严格的教育是应该的。不过，父母尽量不要打骂、吓唬和体罚孩子。即便需要惩罚孩子时也要使用以下几种办法：

态度语言暗示。当孩子犯了错误时，他会从父母的语气、音调、表情、态度中觉察出父母对他行为的不满、伤心和失望。一个爱父母的孩子，会为了重新得到父母亲的欢心和爱，而改正自己的错误行为。

剥夺游戏的机会。如果孩子随便乱扔东西，乱砸玩具，不听劝阻，父母就应该把玩具藏起来，使他在一段时间内失去玩玩具的机会。又如在游戏时，孩子欺侮了同伴，父母可以禁止他与同伴游戏，直到他觉得寂寞并请求父母允许他和小朋友一起玩。如果孩子说脏话，屡教不改，父母可以通过不让他看电视、假日不带他出去玩、不和他游戏、不给他讲故事、不买已经答应好给他买的玩具和图书等，以示惩罚。

轻打孩子的屁股。在教育中孩子实在不听话，在万不得已的情况下，父母打孩子的屁股以示惩罚也是可以的。但是要注意不要打孩子的脸，或用棍子狠打孩子，这会使孩子感到屈辱而对父母怀恨在心。

打骂孩子很难使责罚真正奏效。责罚孩子时父母还要注意以下几点：

不要光听孩子口头认错，而要他用行动改正。

不要很快饶恕孩子。只要有一两次饶恕了他，他就会一件事还未了结，又大胆地去做另一件错事。因为孩子知道，他只要一求饶，父母就会轻易地宽恕他。

父母要认识到惩罚是一种否定性的后果，在使用得当的时候，惩罚能消除或减少孩子的不良行为。正确使用惩罚并不容易，它需要父母从一而终。父母首先要知道对孩子的惩罚是有害的，它会制造令人不快的感情，同时还耗费人的精力。

惩罚的目的是减少孩子的不良行为和举止，如果这种不良行为和举止不改变，

那么这种惩罚就没有发挥作用。

许多父母聚焦于惩罚，而不是孩子的不良行为、举止。如果你为孩子的不良行为、举止，一天惩罚他六七次，这种惩罚毫无意义。

大约10%的父母打孩子的屁股，而且看不出打屁股有什么不对。大约20%的父母从不打孩子的屁股。大约70%的父母打孩子的屁股，但他们并不愿意这样做。很多父母承认说："我打他们的屁股。尽管我知道那样做不对。我总是生气，然后又生自己的气，可我又有什么别的办法呢?"

许多父母希望找到一种别的更好的办法来惩罚孩子，并希望自己不发火、不打屁股地处理孩子这种不良行为举止。

一位犹太教育家认为，任何一种使用得频繁的惩罚都是不起任何作用的，孩子的不良行为、举止不会得到改善。孩子们对父母的吼叫充耳不闻，他们对打屁股也是习以为常，父母还有什么别的办法呢?

父母首先要认识到，对于孩子重要的不是惩罚，而是某种惩罚可以改变孩子这种不良行为、举止。如果它不能改变孩子的不良行为，父母可以尝试其他的惩罚方式。父母可能认为威胁、吼叫、责备、打屁股是好的方式，这些惩罚可以发泄父母的怒气，但不是最好的惩罚方式，对改正孩子的不良行为、举止没有长期的效果。

娇宠不是一件好事

孩子在一岁左右时是不是需要类型教育，能不能顺利进行，这是关系到母婴之间能否建立牢靠的心理纽带的问题。

著名的犹太拉比耶雷赫说：

藏身于宫殿深处的美人，在她的朋友或爱人经过时，才悄悄打开一扇隐蔽的窗子，让朋友或爱人看到她绝世的容颜，然后就闪身不见了，窗门紧闭，下一次的相见又不知何时了。知识就如这美人一样，只向她所选中的人展示，但又总是以不同的方式展示。

教育孩子也是这样，机会在任何时候都是一闪而过。

作为人，作为社会的一员，为了生存，就要在可能的时期里，通过类型教育培养一种求生的能力，一种生存与发展的能力。

犹太人特别重视孩子这方面的发展。也许是他们有着深重的历史与苦难的经历，他们总是认真对待家教问题。

一说到家庭教育，似乎会给人一种责怪和哄劝孩子的想法。只让孩子这样做，不许孩子那样做。其实，父母没有必要这么辛苦。如果父母早在孩子一岁左右时，就开始给他一种良好环境或让他不断地接触这种环境，那么孩子长大以后就会自然有家教。这样一来，家教的问题就变得简简单单了。

教育家们认为，孩子在一岁左右时是不是需要类型教育，能不能顺利进行，这是关系到母婴之间能否建立牢靠的心理纽带的问题。其实，母亲对孩子满怀爱心的接触，这本身就是一种良好的类型教育。

因此，教育家说，母亲对孩子的娇宠不是一件好事。

犹太人教育家弥塞亚说：

在家教方面，教育孩子什么事是不能做的，非常重要。因此，有时候也要对孩子严厉一些。

父母和孩子在一起的日常生活，本身便是“家教”。

批评前先说优点

批评前，先说说他的一些优点。这样，孩子对大人的批评会心悦诚服，更易于接受。

约瑟是个不到七岁的孩子，当父母亲对他要求一放松，他就会不好好吃饭，并损坏东西、说脏话、不讲卫生，总之是一副很不听话的样子。每当约瑟出现这种情况，父亲就带他出去玩，在他开心的时候再指出他的错误。小约瑟有一天明白了，不得不吐舌头，以示悔意。

在孩子成长过程中，批评是必不可少的。家长在批评孩子时，一定要注意：

批评自尊心强的孩子，最好是单独进行，不要让孩子当众丢脸，不要伤害孩子

幼小的心灵。

批评的重点只对事不对人，不要过分强调孩子的过失，重点应该放在如何帮助孩子改正上。

批评前，先说说他的一些优点。这样，孩子对大人的批评会心悦诚服，更易于接受。

父母批评孩子时，态度要和善，切勿居高临下，咄咄逼人，使孩子对父母产生逆反心理。

父母批评孩子时切不可啰唆，简明扼要，找准错误的要害，严肃认真进行教育。

孩子的同一错误，绝不可因为父母亲的情绪时而批评，时而放任，这样会使幼儿难辨是非。

孩子一旦有错，要立即批评纠正。如果错误发生已久，再进行批评，孩子会觉得莫名其妙。

不要以为一次批评，孩子就会彻底改正。如果孩子重犯错误，要坚持耐心说服教育。

只要孩子领会了批评的意思而又有悔改之意，就要原谅他，终止批评。每次批评都应该以爱护孩子、培养孩子良好行为为出发点，并充分相信孩子能改正错误。

利用业余爱好培养坚韧精神

在孩子沮丧泄气时，父母纵容他们，就等于损害了他原有的优点，再恢复就难了。

一本犹太教育书籍上说：利用业余爱好，可以教会孩子社会和情感技能。注意确定爱好的难度，尤其是孩子小的时候注意力不能持久或缺乏动力时，更应该如此。

首先要确保爱好与孩子的水平相适应。如果太难，孩子会失去兴趣。如果太简单，挑战性不强，那么就不能让孩子长久保持兴趣。

其次，父母要挤出一定时间与孩子一起从事孩子的业余爱好。如果你希望孩子具有持之以恒的品质，掌握其他与工作有关的技能，用你自己的兴趣、可依赖性及独特指导，为孩子树立榜样，这样做的效果最好。

比如，你正帮助孩子学习一种魔术，你自己应该先掌握，然后再去教孩子，进而鼓励他练习甚至表演。如果是年龄再大一些的孩子，那么你就应该带他去图书馆寻找关于魔术和魔术家的书籍，看这方面的电影和录像，帮助他造一个简易表演台。

最后，也是最重要的一点：不断地赞扬和鼓励孩子，以增强他的耐心和耐力。在他灰心时，可以让他休息 5 分钟，但其后要立即投入游戏。不能因为自己不感兴趣或疲劳就让孩子轻易结束。

心理学家认为，孩子天性顽强，有弹性。在孩子沮丧泄气时，父母纵容他们，就等于损害了他原有的优点，再恢复就难了。

爱与尊严并驾齐驱

仅有爱是不能培养和教育出优秀的孩子来的，只有把热爱和严格要求结合起来才能促进孩子茁壮成长。

有爱是不能培养和教育出优秀的孩子来的，只有把热爱和严格要求结合起来才能促进孩子茁壮成长。

美国第 32 届总统富兰克林·德拉诺·罗斯福是美国历史上唯一一位连任四届的总统。他的业绩在全美国民众中是有口皆碑的，人们在谈论他所受到的家教时也同样津津乐道。

罗斯福出身于富豪家庭，父亲学法律出身，是美国有名的商人，家里很有钱。罗斯福的父亲和母亲年龄相差 26 岁，当罗斯福出生时，父亲年纪已经很大。罗斯福有一个同父异母的哥哥，很早就离家在外。罗斯福的降生，给这个本来就十分幸福和睦的家庭带来了无比的欢乐。幼小的罗斯福自然成为父母关注的中心。然而，罗斯福的父母并不娇惯他，而是严格地管束他，特别是罗斯福的母亲。她为小罗斯

福安排了严格的作息时间表：7 点起床，8 点吃饭，然后跟家庭教师学习二三小时才可以休息，下午 1 点吃饭，午饭后再学到 4 点才能够自由活动。

富兰克林·德拉诺·罗斯福

小罗斯福玩游戏时总习惯于自己是赢家。为了教育他，有一次母子二人玩一种棋类游戏时，母亲故意不让着他，接连几次赢了儿子。小罗斯福生气了，母亲故意不理他，并坚持让儿子向自己道歉。结果，小罗斯福认输了。

正是父母从小对罗斯福的严格要求，才使他比同龄人更自立、更自律，促使他不断奋进，取得骄人的成就。

犹太人拉比认为，对孩子来说，严格要求是极其重要的。孩子往往缺乏经验，是非界限有时弄不清楚，对自己行为和情感往往不善于独立控制。如果家长不严格要求，他们就不能自觉、主动地学习和按行为道德标准来行动。因此，父母对他们的思想和行为只有严格要求，才能使他们养成良好的思想和行为习惯。

家长若不了解孩子的特点，具备基本的教育知识，盲目地严格要求只会造成教育失败。有的家长或宽或严都缺乏依据，凡事随心所欲，教育效果就更难保证。自己一高兴，对孩子百依百顺，该约束的也放任不管；自己心里一有气，一点小事就将孩子大加管束，严厉得可怕；有的父母平日一贯溺爱孩子，从来不提要求，学习、品德、锻炼放得很松，时间长了，孩子坏习惯养成了，父母感到问题严重，才想到要进行严格管教，不择时间、场合，方法粗暴，强迫孩子保证以后再也不犯错误。显而易见，这些方法对教育孩子都是无济于事的。

犹太人认为，做父母的不应该受盲目的爱所支配，要“严”中有“爱”，“爱”中有“严”。严格要求并不意味着对孩子的态度严厉、动辄打骂训斥，而是要做到以合情合理为前提。父母对子女一定要怀有严格要求的热爱，过分地宠爱孩子与迁就孩子都是不理智的。只有这样，才能把孩子培养成为有良好品行的优秀人才。

严格教育对生活在优裕环境中的儿童尤为重要。人生要经历许多磨难，如果只会享福，不能受苦，这样的人将不能立足于社会，为社会做贡献了。这样的人只能满足于自己的成功和幸福，心理永远不会成熟。

透过黑暗才能看见光明

人的眼睛是由黑白两部分组成的，但是为什么只能透过其黑暗的部分看东西？因为人必须透过黑暗，才能看到光明。

一部犹太人的历史简直就是他们遭受迫害的历史。正是苦难造就了他们坚忍不拔的性格。

在二战的时候，德国占领了东欧，对犹太人实施非人性的统治，目的就是把他们斩尽杀绝。在某个小镇上，有个犹太人家庭，一家五口为了躲避德国军队只好躲在一间仓库的小阁楼上，吃喝全靠朋友们接济。

每当纳粹巡逻队或者不怀好意的市民走近仓库时，他们就吓得屏声敛气，一点声音都不敢出。时间一长，他们完全学会了用动作来表达感情。

三个月后的一天，母亲外出觅食未归，关心他们的市民说："你们的母亲肯定是被德国人抓走了。"又过了两个月，父亲也一去不回。半年后，叔叔出门不久，孩子们就听到一声枪响。

三个大人相继死去，寻找食物的重担就落在了姐姐肩上。每当仓库附近有风吹草动的声音时，姐姐就赶紧掩住弟弟的嘴。

过了一个月，姐姐也永远地离开了。从此以后，凡听到同样的声音，弟弟只有自己掩住自己的嘴巴，不让自己发出一点声音。

这是一个犹太人经历的悲惨童年的一幕。

犹太拉比常常告诉学生：

"只要不断地保持希望的灯火，就不怕无法忍受黑暗。"

每经历一次暴风雨，天空就架起桥一般的美丽彩虹，这预示着不久的将来会有希望到来。黑暗过去就是光明，这是存活下来的希望。无论环境多么恶劣，只要还

有一息尚存，就要忍耐着生存下去。

“人的眼睛是由黑白两部分组成的，但是为什么只能透过其黑暗的部分看东西？因为人必须透过黑暗，才能看到光明。”

人生也是从苦难和黑暗开始，最后才到达幸福和光明的境地。这就是告诉自己，不要害怕痛苦。因为一个人只有痛苦到了极点，才能品尝到甜美的果实。

这些都是《羊皮卷》告诉他们的。

犹太人的意识里面永远充满了痛苦的观念和深深的忧患，他们一生都是这样，他们的思维、他们的灵魂都是这样看待和思考问题的。

当他们被生下来的时候，大家不是为他的降临人世而高兴，而是为他而哭泣。犹太的箴言是这样解释的：

“孩子出生时我们觉得高兴，有人去世时我们感到悲伤。其实应该反过来才对。因为孩子出生时不知今后的命运如何，而人死之时一切功业已盖棺论定。”

犹太的先知们认为人的一生分为 6 个阶段：

1 岁时是国王——家人围绕着他，像扶持国王一样扶持他，对他的关心无微不至；

2 岁的时候是头小猪——喜欢在泥巴里面玩耍；

18 岁的时候是小羊——无忧无虑地欢笑、跳跃；

结婚时是驴子——背负着家庭的重担，低头缓行；

中年时是狗——为了养家糊口，不得不摇尾奉承，乞求他人的善行；

老迈时是猴——行为和孩童无异，然而再没有人去关心他了。

纵观人的一生，犹太人认为不如意占十之七八，而幸福和快乐只占人生命运的十之二三。因此既然这样，也就不必惧怕痛苦和人生的种种烦恼了。相反，却是人生的痛苦和烦恼越多越好。

《羊皮卷》里说：“有 10 个烦恼比仅有 1 个烦恼好得多。”因为有 10 个烦恼的人不会再惧怕烦恼，而拥有 1 个烦恼的人会觉得整天都很烦恼。

这就是犹太人的人生观：痛苦，才是人生之路。人生是痛苦的，没有经历过痛

苦的人生是不存在的，人生的大部分时间要经受痛苦。人在这个世界上就是为了人生的某个目标而痛苦、努力地生活着，直到人死了，他的一生盖棺论定了，人生任务完成了，痛苦的努力才算结束。

征服苦难，犹太父母告诉孩子的抗压真经

犹太人的历史就是一部苦难史。生活的磨难、身体的疾病、生存的险恶、人格的歧视等都曾是犹太人的苦难，但他们却没有因这些苦难而放弃生活，反而越来越坚强。我国的名著《孟子》上记载着这样一段话："故天将降大任于斯人也，必先苦其心志，劳其筋骨，饿其体肤，空乏其身，行拂乱其所为，所以动心忍性，曾益其所不能。"犹太人的经历印证了这句话的含义。

罗曼·罗兰曾经说过："人生是艰苦的。对不甘于平庸凡俗的人那是一场无日无夜地斗争，往往是悲惨的、没有光华的、没有幸福的，在孤独与静寂中展开的斗争。……他们只能依靠自己，可是有时连最强的人都不免于在苦难中蹉跎。"人生就是这样，给你希望的同时必然给你考验，每个想成功的人都要经得起考验。每个父母都有责任让孩子知道，人生中的每一次考验都是一种阅历、一种财富、一种对人生意志的考验和锻炼。一个不愿向命运低头的人，才有勇气征服命运；一个不愿向苦难臣服的人，才有信心战胜苦难。勇敢地面对痛苦是人内心深处的一种精神体验。这种体验能使有限的人生得到无限的充实，让弱者的心灵变为豪迈、大度、豁达的性格。

犹太父母会告诉孩子，不要在痛苦中绝望、沉沦，也不要在痛苦中徘徊、停滞，要在痛苦之后获得人生的快乐、征服痛苦。这是犹太父母会告诉孩子的抗压真经。

一个研究《塔木德》的犹太学者，刚刚结束他的学习生涯，到艾黎扎拉比那里，请求给他写封推荐信。艾黎扎拉比非常热情地接待了他。

"我的孩子，"拉比对他说，"你必须面对残酷的现实，如果你想写充满知识的书，你就必须要像小贩那样，带着坛坛罐罐，挨门挨户地兜售，忍饥挨饿直到

40 岁。”

年轻的学者满怀希望地问：“那我到了 40 岁以后会怎么样呢”

艾黎扎拉比鼓励地笑笑说道：“到了 40 岁以后，你就会习惯这一切了。”

驾驭和摆脱痛苦是人生的必修课。每个人来到这个世界上，都不可能一帆风顺地走过人生的每一站。为此，每个父母都应该教会孩子勇敢面对挫折与痛苦。在这个世界上永远不会凋谢的花只出现在童话故事里，完美无缺的人生只出现在小说中。做父母的应该让孩子知道人不能活在虚幻的故事里，不要寄希望于幸运。面对苦难，需要的是勇气，而不是运气。

一天，一个犹太富翁带着自己的儿子去乡下旅游，富翁希望儿子能在这次旅途中了解一下穷人的生活。为此，他特意把儿子安排在一个最穷的人家过了一天一夜。当旅行结束后，父亲问自己的儿子：“感觉旅行怎么样啊？”

儿子开心不已地说：“非常好。”

富翁继续说道：“这次你看到穷人都是如何过日子的了吧，感觉怎么样啊？”

儿子回答：“我们家只有一条狗，而穷人家有四条；我们家只有一个水池通向花坛的中央，而穷人家旁边有一条清澈的小河；我们家的花园只有几盏灯，而穷人家院中却有满天的星星。”

人生中的痛苦就像世间的风雨一样自然而又必然，每个人都不应该畏惧风雨，而应该用乐观的心看待风雨，只有这样才会看到风雨过后的彩虹，才能迎来风雨后的阳光明媚。

犹太人反对因痛苦而烦恼，整天郁郁寡欢。他们认为，不良情绪对健康是十分有害的，所以，他们会想尽一切办法疏导和排解痛苦。

犹太人面对失败挫折时，确立忍耐制胜的法则是：

对失败持正确的态度，不要恐惧失败，要懂得失败乃是成功必经的过程；

焦点不要对着过错与失败！应对准远大的目标，活用自己的过错或失败；

遇到失败时，千万不能气馁，要坚忍不拔，矢志不移；

发现此路不通时，要设法另谋出路，使自己顺应环境，适应潮流；

要善于伺机，巧于乘势，等待机遇；

坚信，付出就有回报；

每当大风吹过，芦苇低头弯腰，风就从它的背上越了过去。

《塔木德》中说："每个人总是希望这个世界给自己多多的回报，却忽略了自己到底为这个世界为自己的单位付出了多少。天地间的那个无形的天平对每个人都是公平的，只要付出才会有回报。"

在实际生活中，当孩子面对挫折时，犹太父母会用以下办法来教育孩子减压排压：

第一，让孩子学会转移注意力

犹太人认为，想要很好地驾驭痛苦，就要学会情绪的积极转移，即通过自我疏导，主观上改变刺激的意义，从而变不良情绪为积极情绪。比如，当孩子遇到不开心的事情时，如果孩子爱好文艺，不妨让他去听听音乐、跳跳舞；如果孩子喜欢体育运动，可以让孩子去打球、游泳等，借以松弛一下绷紧的神经；或者观赏一场幽默的相声、哑剧、滑稽电影。如果孩子天生好静，那也可以让孩子读一读内容轻松愉快、饶有风趣的小说和刊物。总之，根据孩子的兴趣和爱好，分别让孩子做自己喜爱的活动。这种自娱自乐的活动可以舒体宽怀，消忧排愁，怡养心神，有益于孩子的身心健康。

第二，帮孩子树立坚定的意志力

犹太人认为，每个人来到这个世界上，都不可能一帆风顺地走过人生的每一站，这就要求我们学会面对挫折与痛苦。要想彻底摆脱不良情绪的影响，就要建立起良好而稳定的心态。因为，只有用坚定的意志力才能排除不良情绪的干扰，始终保持平和的心态。当孩子在生活或学习中遇到挫折与痛苦的时候，只有通过自我的心理调节，用理智战胜一切不幸才是最行之有效的办法。胸有大志、毅力坚强的人，能够有意识控制和调节自己的情绪，保持良好的精神状态。

第三，让孩子在宣泄中排解痛苦

犹太人也注重孩子对情绪的宣泄。宣泄情绪对于摆脱痛苦是十分有效的方法。

一个痛苦的人把自己的内心矛盾与痛苦情绪体验宣泄出来，减轻心理的压力，减轻或消除紧张的情绪，易使自己恢复平静的心情。

人生在给我们希望的同时必然给我们考验。当我们面对每一次考验时，都应该把它当作一种阅历、一种财富、一种对人生意志的考验和锻炼。

教育孩子用克制与忍耐接受生活中的挫折

在犹太人中流传着这样一句名言："善于等待的人最终得到他想得到的一切。"由此可见，克制与忍耐的力量都是超乎人们想象的。

在现实生活中，犹太人赚钱的方法就是从他们的耐性锻炼而来的。犹太人坚定的耐心达到了常人难以想象的程度。精明的犹太商人最长于计算，他们有极强的判断能力。如果他们认为自己的合作伙伴能够为自己带来利润，同时又可以在某一方面有利于自己，那么，在这个时候就要以克制来等待时机的到来。

要学会克制、培养自己的耐力，是犹太父母从小就灌输给子女的思想意识。在给孩子传达这种思想时，犹太父母常常会给他们讲一个关于詹姆士的故事：

詹姆士是个英国籍犹太人，在他年轻的时候沾染了很多恶习，所以他很快就花光了父亲给他的家产。最后，詹姆士在走投无路的时候，找了一份很苦的差事。在获得这份工作后，他把自己的工钱一点一点地攒了起来。在经过一段时间的积累后，他开了一家药厂。药厂规模越来越大，收益也越来越好。但灵敏的詹姆士经过市场调查和分析研究后，发现当时药物市场发展前景不大，而全世界有几十亿人口，每天要消耗大量各式各样的食物，如果说生产食品的话，那么前途一定会一片光明。

在经过一番深思熟虑后，詹姆士决定把自己的药厂转让出去，同时又向银行贷款，买下了"加云食品公司"的控股权。这家公司的规模不大，但经营类别不少，专门制造饼干、糖果及各种零食，同时又经营烟草。

詹姆士掌握了该公司的控股权后，在经营管理和行销策略上进行了一番改革。他首先将生产产品规格和样式进行延伸扩展，如饼干除了增加品种，细分儿童、成

人、老人饼干外，还向蛋卷、蛋糕等发展；把糖果延伸到香口胶、巧克力等品种，这样公司的销售额飞速增长。接着，詹姆士又在市场领域下功夫，他除了在法国巴黎经营外，还在法国其他大中城市设立分店，之后还在欧洲众多国家开设分店，形成广阔的连锁销售网。随着业务的增多，资金像雪球一样越滚越多，詹姆士又相机应变，收购了荷兰和英国等国的一些食品公司，成立了其他食品公司难以抗衡的大集团，声名鹊起。到了 1972 年，他的食品联销店已经达到了 2500 家，成了英国最大的食品公司。

家庭中的每个成员，想方设法地为孩子铺就平坦的人生，为孩子精心策划美好的未来生活，而现实社会并不会如每个家长所愿，孩子的人生之路必定还是坦途和坎坷相伴、顺境和逆境共存的。所以，让孩子学会面对苦难要坚强，这是最基本、最必要的。如果孩子受到伤害，即使他们大哭也绝不会在父母那里得到安慰和同情。明智的犹太人从小就重视培养孩子抗击苦难与挫折的能力，让孩子能够坚强地走好以后人生道路上的每个坑洼、每个陡坡。

培养孩子抗击挫折的能力，要学习犹太父母的做法：

第一，改变关怀的方式

不允许做的事，说好以后就绝不允许，不要时紧时松，让孩子说到做到，学会自我控制，这能增强他的意志力。例如孩子不该看的电视剧就不能看，几点钟独自睡觉就得按时去睡，父母与客人谈正事时，孩子不能打扰就不准打扰，规定的作息时间不能破坏就不许破坏等。

孩子害病、受伤、疼痛、吃药、打针等情况发生时，家人即使心里着急，表情上仍要平静，不可流露出慌张、害怕、担忧的神情。这样，孩子不知不觉也能忍受病痛和折磨，变得勇敢坚强。

第二，让孩子在困难中学会忍耐

孩子做了错事该批评就批评，该愤怒就愤怒，该冷淡就冷淡（当然这种愤怒或冷淡只是做给孩子看的，是一种教育手段而已），该惩罚就惩罚（但不能伤及孩子自尊心和自信心）。惩罚孩子手段如取消某次旅游，拒绝买孩子最喜爱的物品，罚

静坐半小时等，要让孩子体验到做错事的畏惧心理，这种畏惧心理也是健康的心理素质之一。

第三，加强教育

犹太人认为，把忍耐带在身上，它就可以为你带来机会、快乐和成功，父母应该从小培养孩子的忍耐力。一个家庭里不可能永远是平安、快乐、温馨、祥和的，不免会有困难、不幸、病痛、忧愁、灾祸、生离死别等事发生。当这些事件发生时，一般不要瞒着孩子。除了孩子心理承受不了的特殊刺激以外，一般都应让孩子自然知道，与家长共同感受不幸、忧虑和困难。苦难是人生的一笔重要财富。在困难而温馨的家庭中长大的孩子大多善良、坚强，这是古今中外历史证明的规律，所以要学会接受挫折和不幸。

磨难教育，将艰难困苦转化为生命的财富

有人类就有苦难。犹太历史就是一部苦难史。生活的磨难，身体的疾病，生存的险恶，到处被排挤，流离失所，人格歧视……无不折磨着犹太人。

《圣经》上写道："上帝爱谁，上帝便改正谁。"与幸福相比，人在苦难时更应该欢欣，因为那是上帝正在以苦难来改正你。在犹太人看来，如果一个人终生幸福，这说明他也许犯过的罪尚未被宽恕，但通过受难，他所犯了的罪便被宽恕了。面对苦难不光是一种勇气，更是一种精神和心态，只有这样才能战胜苦难，并使苦难升华为人类的礼物。

在迦太基的一家著名博物馆里，有一幅画，题名为《将军》，画面上是一个人正在和魔鬼下棋，而且危在旦夕，魔鬼正在将军。这一盘棋正是人类命运的象征，苦难就是那个正在将军的魔鬼。那么，人类还有希望赢吗？每一个犹太人从小受到的就是磨难教育，磨难能转化为生命中的财富。人类正是在同魔鬼的战斗中，锻炼了自己。

犹太人虽然苦难多多，但他们并不惧怕。多数民族都将胜利、喜庆作为节日，可是犹太人最盛大的节日"逾越节"，却是纪念在埃及当奴隶的日子。这天，他们

给孩子吃一种很难吃的没发酵的面包和很苦的叶子，然后讲祖先在埃及的屈辱故事。

逾越节就是犹太人关于磨难教育的最重要的节日。逾越节是专门纪念摩西带领犹太人逃出埃及而设立的，通过讲祖先的艰难历程和吃特殊的食品，来进行忆苦思甜和认识生命的艰难。

在逾越节家宴桌上有三块无酵饼。当年犹太人逃离埃及时，来不及准备路上的干粮，只能吃不发酵的饼，三块是为了纪念犹太人的三位祖先。

家宴桌上还有一盘食品，五种食物。这五种食物指的是烤羊腿、烤鸡蛋、哈罗塞斯、一碟苦菜、一碟盐渍芹菜。

烤羊腿是逾越节的祭品，犹太人失去圣殿后，无处献祭，在宴席上用烤羊腿（或烤肉）代替；

烤鸡蛋，犹太人习惯在正餐前吃鸡蛋，逾越节的鸡蛋是烤的，烤的蛋很坚韧，很难咬碎，犹太民族就像烤的蛋，受苦难的时间越长越坚强，犹如蛋烤的时间越长越坚硬一样；

一碟哈罗塞斯，这是一种水果、香料和酒混合的食品，呈泥状。以色列人在出埃及前，法老为难他们，命他们做砖，又不给草料，从而责打他们，这一碟泥状的哈罗塞斯，使人想起做砖用的泥；

一碟苦菜，是纪念犹太人在埃及受的苦；

一碟盐渍芹菜，犹太人出埃及时，喝过红海苦涩味的海水，吃盐渍芹菜，意思是要犹太人永远记住出埃及之苦难。

逾越节家宴的程序由四杯酒串联：第一杯酒，一家之长举杯祝福，家宴开始。第二、第三杯酒在家宴中间，在讲“哈伽达”前后喝。第四杯酒，感谢上帝的保佑，宴会结束。

“哈伽达”的希伯来文原意为：神话、故事，逾越节的“哈伽达”是家宴的主要活动，是一本有关犹太人出埃及的故事集。它不仅说明了逾越节所有食品的含义，还讲述了犹太人在埃及所受的主要苦难和出埃及的艰辛旅程。

著名哲学家斯宾诺莎从小家中宗教气氛特别浓厚，每逢重大节日，父亲总要给全家人讲述犹太人苦难的历史。这在斯宾诺莎幼小的心灵中留下了深刻的印象。童年的斯宾诺莎常常一个人站在犹太怀疑论先驱阿古斯塔的坟墓前凝神冥想，一种为真理而献身的热望在他心底萌生。这种热望紧紧伴随了他一生。

几乎每个犹太伟人的成功都是和苦难分不开的。1933 年 4 月，在德国纳粹党徒蓄意制造了国会纵火案之后两个月，希特勒发出了第一道“排犹”命令：凡是担任警察、军官、法官、政府公职和教师职务的犹太人，一律开除；两年后，又把犹太人宣布为“次等公民”，禁止德国人和犹太人通婚；再过了两三年又毁掉所有犹太教堂，还陆续将犹太人关进集中营，并掠夺和没收了犹太人的资产。

在那些黑暗而恐怖的岁月中，正是一种奋发图强的心理，使磨难转化为动力，不止一个犹太人在苦难中飞翔。

《塔木德》说：“假如一个人看到痛苦的折磨已经降临，让他首先检讨自己过去的行为……假如没有发现任何过错，让他反思一下，他是否藐视过律法书……假如他没有发现自己的罪过，那么他就可以确认：他所遭受的是爱之折磨。”

大屠杀教育，犹太人对孩子的善恶启蒙

犹太人常讲苦难是最好的锻炼生存能力方法，因此他们常给孩子讲本民族的苦难历史，让孩子从中受到启迪，分辨善恶。

几十年前，600 万犹太人的生命无辜逝去，纳粹德国对其进行迫害与种族灭绝的大屠杀，已经成为一段惨痛的历史烙印留存在犹太民族心中。战后，犹太民族通过大屠杀教育来认识、反思历史，求得了超越民族与国界的广泛同情与支持。

战争是残酷的，搜捕、逃亡、集中营、毒气室、死亡……每每谈及战争都难免让人不寒而栗。然而，对孩子进行教育也是大屠杀教育难以回避的问题。

由于大屠杀的残暴很容易让人感到恐惧，应不应该向 15 岁以下的孩子讲授大屠杀曾经引起过争议。但当今孩子成熟和面向社会的年龄提早，他们也更早地通过多媒体、网络等渠道更早地看到了暴力的存在。

如同曾经引起过争议的什么年龄对孩子进行性教育合适，以色列和世界其他大多数地方的大屠杀教育学者已经形成了一个普遍共识：在孩子们已经准备好了接受这样的教育的时候，教育就应该开始了。

犹太人说："我们不会直接让他们看到屠杀的血腥场面，而是把如同他们亲人一样曾经活生生的生命展现在孩子面前，让他们看到不同的人是如何成为屠杀者、受难者或者暴行中旁观者的。孩子在认识历史史实的基础上会自然形成善恶的判断。"

每个人都有选择的自由，知道了什么是善什么是恶，无论在什么样的社会，人们具备了判断和选择的能力才能够在抉择善恶道路之时做出选择，这就是大屠杀教育的目的。屠杀不是魔鬼造成的，人性要对大屠杀的悲剧负责。刚刚从民族灾难中走出的犹太民族在1948年建立了自己的国家以色列，建成了世界最大的大屠杀纪念馆——以色列大屠杀纪念馆，并用自己的方式来缅怀受难者、警醒后来者，进行有关大屠杀的教育。

犹太人关于大屠杀的思考是从儿童就开始的。虽然系统、正规的大屠杀教育是从中学之后才开始，但以色列的孩子从懂事时就看到在每年的大屠杀纪念日，大人们无论再忙，都会在鸣笛声中停下手头的工作，笔直站立为大屠杀受难者默哀。

在犹太人居住的较大的社区，特别是在大中城市的犹太社区，人们都可以找到大屠杀教育馆或教育中心。即使在最小的犹太社区，你也可在犹太会堂或社区中心发现一个大屠杀教育室。每个犹太孩子一懂事就会被带到这里接受教育。每年的大屠杀纪念日，人们都要汇聚在这里举行纪念活动。这里还经常举行学术讨论会和报告会，人们在活动中探讨大屠杀产生的原因、如何从这一大悲剧中吸取历史教训，以及防止悲剧重演的途径。

对受害者的正义首先要从了解受害者的苦难开始。聆听受害民族所遭受的非人待遇，才能不仅认识受害民族的历史，而且能让其他民族共同反思战争的罪恶。犹太民族的苦难历程积淀成内心的惊人原创力，正是在这种力量的支配下，犹太人的大屠杀教育，让孩子们能够深切体验苦难，并使他们变得更加坚强起来。

放手历练，让孩子在压力中学会独立生存

在犹太人的早教过程中，及早放手让孩子参加社会实践，让孩子在压力中学会独立生存，是犹太教育的重要理念之一。犹太人的一位领袖、亚述纳西拔的儿子撒曼以色三世曾经说："没有比既能做事又能做学问更好的了。没有劳动的学问结不出果实，相反可能导致罪恶。"

单纯拥有知识的人们会对自己过分自信，最终导致自身的毁灭。认为知识比实践重要的人们就像是一棵枝繁叶茂的大树，但是根基很浅，风一吹就会倒下。认为实践重于知识的人，和前种情形相比，根须充分扩张，即使是大风吹来也纹丝不动。对实践毫无用处的知识是空洞无物的，就像被风吹走的碎屑一样。

正是因为有这样的家庭教育，所以很多犹太人从学生时期就开始打工。他们有的在蔬菜店门口招揽生意，有的在印刷厂里干杂活，有些立志当教师的高中生还在夏天的时候参加夏令营，做小学生的领队。

犹太人从小就被灌注这样的思想：如果要实现自己的理想，不学会自己赚钱，不在经济上独立是不行的。如果一直由家人或是朋友提供经济上的援助，一个人要实现真正的独立是不可能的。你能够得到别人的帮助固然是好。但一定要知道，人是绝对不可能靠别人来生活的。

有这样一个犹太人，他的名字叫来姆。他在16岁的时候考上了英国的一所大学，准备到那里去留学。临行之前，他的父亲只给了他100英镑的学费，并说，这些钱只算是借给他的，在他学成之后，必须归还。

来姆到了英国后，一边学习，一边熟悉情况，很快就想到了很多赚钱的好点子。在伦敦读书的四年里，他实际上全部用自己赚的钱交纳学费，从伦敦大学经济系毕业后，他回到父亲身边，将100英镑交还给父亲。

教育的本质不仅限于知识这个层次，还有人和人的关系，个人和社会的关系，以及在这种关系上产生的敬畏和尊重的意识。这些就是犹太人对教育的认识。如果只是让孩子们学习，他们自己却只关注电视和高尔夫什么的，这样的父母是没有教

育子女的资格的。因为首先应该学习的是父母。

犹太人认为光有学问是不能生存的。所以，放手让孩子学会独立生存，这是犹太人给孩子们最好的礼物！犹太人的孩子就是在对生活不断体验的基础上，找到自己一生的方向的。

有人或许会说，像来姆这样的例子也许是偶然的吧？天下哪有这样的父亲，连自己的子女读书还要死抠！多给他讲道理，让他心里明白不就行了、难道一定要做得那么绝对吗？

按照我们的思维习惯，也许是这样的，但按照犹太人的思维就不是这样的了。犹太人深知“实践出真知”的道理。在商业领域，只有经历过亲身的实践和体验，才能够获得宝贵的经验。

失败了，重新再来

人生就是一种挣扎与奋斗，只有受过一次打击就一蹶不振的人才是真正失败的人，而只要敢于从失败中重新认识自己，汲取经验和教训，就可以达到新的起点，最终就会取得成功，我们周围充满着困难与障碍，也充满着希望与绝望，我们要做的就是坚定信念，培植希望。

雨后，一只蜘蛛艰难地向墙上一张已经支离破碎的网爬去，由于墙壁潮湿，它爬到一定的高度，就掉下来，它一次次地向上爬，一次次地又掉下来……第一个人看到了，他叹了一口气，自言自语：“我的一生不正如这只蜘蛛吗？忙忙碌碌而无所得。”于是，他日渐消沉。第二个人看到了，他说：“这只蜘蛛真愚蠢，为什么不从旁边干燥的地方绕一下爬上去？我以后可不能像它那样愚蠢。”于是，他变得聪明起来。第三个人看到了，他立刻被蜘蛛屡败屡战的精神感动了。于是，他变得坚强起来。

或许再没有哪一个民族像犹太民族一样，经历过那么多的不幸，经历过那么多的压迫和杀戮。犹太人四处流浪，他们从血腥的屠杀中挣脱出来，他们从险象环生的黑暗丛林中突围出来，他们在无尽的偏见和仇视中默默地抗争着、奋斗着。面对

不幸与欺辱，他们从未被击倒，身临困厄与逆境，他们从不畏缩和气馁；他们坚信自己是上帝的“特选子民”，只要自己不失去信念，不停止奋斗就最终会取得胜利；他们把逆境和打击看作是检验自己信念与意志的机会，也把它们看成是下一次成功的垫脚石。他们已经历了太多的不幸与风浪，习惯了十之八九都是不如意之事的人生，深知世上绝没有一帆风顺。

罗森沃德是美国最大的百货公司西尔斯——娄巴克公司的最大股东，他也是美国20世纪商界风云人物。然而，这个做服装生意起家的富翁却也经历了许多创业时的失败与艰辛。罗森沃德1862年出生在德国的一个犹太人家庭，少年时随家人移居美国，定居在伊利诺伊州斯普林菲尔德市。罗森沃德的家境不大好，为了维持生活，中学毕业后，他就到纽约的服装店当跑腿，做些杂工。罗森沃德从年幼时就受犹太人的教育影响，确立了艰苦奋斗的精神。他确信凡人皆有出头日，一个人只要选定了目标，然后坚持不懈地往目标迈进，百折不挠，胜利一定会酬报有心人的。罗森沃德本着这种精神，十分卖力地赚了几百块钱。

“我要当一个服装店老板。”这是罗森沃德的奋斗目标。为了实现这个目标，他除了在工作中留心学习和注意动态外，把全部的业余时间用于学习商业知识，找有关的书刊阅读。到1884年，他自认为有些经验和小小本金了，决定自己开设服装店。可是，他的商店门可罗雀，生意极不佳，经营了一年多，把多年辛苦积蓄的一点点血汗钱全部亏光了，商店只好关门，罗森沃德垂头丧气地离开纽约，回伊利诺伊州去。痛定思痛，罗森沃德反复思考自己失败的原因。最后，他找出了缘由：服装是人们的生活必需品，但又是一种装饰品，它既要实用，又要新颖，这才能满足各种用户的需求。而自己经营的服装店，没有自己的特色，也没有任何新意，再加上自己的商店未建立起商誉，没有销售渠道，那注定要失败的。针对自己出师不利的原因，罗森沃德决心改进，他毫不气馁继续学习和研究服装的经营办法。他一边到服装设计学校去学习，一边进行服装市场考察，特别是对世界各国时装进行专门研究。一年后，他对服装设计很有心得，对市场行情也看得较为清楚。于是，决定重整旗鼓，向朋友借来几百美元，先在芝加哥开设一间只有10多平方米的服装加

工店，他的服装店除了展出他亲自设计的新款服饰图样外，还可以根据顾客的需求对已定型的服饰改进，甚至完全按顾客的口述要求重新设计。因为他的服装设计款式多，新颖精美，再加其灵活经营，很快博得了客户的欣赏，生意十分兴旺。两年后，他把自己的服装加工店扩大了数十倍，改为服装公司，大批量生产各种时装。从此以后，他的财源广进，声名鹊起。

罗森沃德的成功经验告诉我们：相信信心是成功之父。犹太人历来相信这个观点。他们认为：胜利是一种习惯，失败也是一种习惯，如果想成功，就得取得持续性的胜利。不能贪图一时的胜利，要的是持续性胜利，只有这样才能成为强者。信心会激发人们成功的能力。信心会有伟大的结果，它是所有伟大的事业、书籍、剧本，以及科学新知背后的动力，信心会使人成功，是已经成功的人所拥有的一项基本而绝对必备的要素，但失败者丢掉了这些。失败者经常会说："老实说，我并不以为它会行得通。""我在开始进行之前就感到不安了。""事实上，我对这件事情的失败并不会太惊奇。"采取"我暂且试试看，但我想还是不会有什么结果"的态度。最后一定会导致失败。"不信"是消极的力量。当你心中不以为然或产生怀疑时，你就会想出各种理由来支持你的"不信"。怀疑、不信潜意识里有要失败的倾向，不是很想成功，这些都是失败的主因。心中存疑，就会失败；反之，相信会胜利，就必定成功。

1832 年，林肯失业了，这显然使他很伤心，但他下决心要当政治家，当州议员，糟糕的是他竞选失败了。在一年里遭受两次打击，这对他来说无疑是痛苦的。他着手自己开办企业，可一年不到，这家企业又倒闭了。在以后的 17 年间，他不得不为偿还企业倒闭时所欠的债务而到处奔波，历尽磨难。他再一次决定参加竞选州议员，这次他成功了。他内心萌发了一丝希望，认为自己的生活有了转机："可能我可以成功了！"第二年，即 1835 年，他订婚了，但离结婚还差几个月的时候，未婚妻不幸去世。这对他精神上的打击实在太大了，他心力交瘁，数月卧床不起。在 1836 年他还得过神经衰弱症。1838 年他觉得身体状况良好，于是决定竞选州议会议长，可他失败了。1843 年，他又参加竞选美国国会议员，但这次仍然没有

成功。

他虽然一次次地尝试，但却是一次次地遭受失败：企业倒闭、情人去世、竞选败北，他没有放弃，他也没有说：“要是失败会怎样?”1846 年，他又一次参加竞选国会议员，最后终于当选了。两年任期很快过去了，他决定要争取连任。他认为自己作为国会议员表现是出色的，相信选民会继续选举他、但结果很遗憾，他落选了。因为这次竞选他赔了一大笔钱，他申请当本州的土地官员。但州政府把他的申请退了回来，上面指出“做本州的土地官员要求有卓越的才能和超常的智力，你的申请未能满足这些要求”。接连又是两次失败。在这种情况下你会坚持继续努力吗?你会不会说“我失败了”？然而，他没有服输。1854 年，他竞选参议员，但失败两年后他竞选美国副总统提名，结果被对手击败；又过了两年他再一次又竞选参议员；还是失败了。

在林肯大半生的奋斗和进取中，有九次失败，只有三次成功，第三次成功就是当选为美国的第十六届总统。那屡次的失败并没有动摇他坚定的信念，而是起到了激励和鞭策的作用。每个人都难免要遇到挫折和失败。亚伯拉罕·林肯面对失败没有退却、没有逃跑，他坚持着、奋斗着。他始终有充分的信心向命运挑战，压根就没想过要放弃努力，他可以畏缩不前，不过他没有退却，所以迎来了辉煌的人生。

《塔木德》上记载着这样一个故事。有三只青蛙掉进了鲜奶桶中，第一只青蛙说：“这是神的意志”，于是盘起后腿，一动不动，静静地等待着。第二只青蛙说：“这桶太深，没有希望出去了”，于是绝望地慢慢死去。第三只青蛙说：“糟糕，怎么掉到鲜奶桶里了，但我的后腿只要还能动，我就要奋力上跳。”这只青蛙一边划一边跳，慢慢地，青蛙的后腿碰到了硬硬的东西，于是他奋力一跃，出了奶桶。原来，鲜奶在他的搅拌下渐渐变成了奶油。

第一只青蛙相信宿命，第二只青蛙毫无信念可言，第三只青蛙坚守信念，顽强努力，充满希望，他便是犹太人的写照。犹太人顽强而坚韧的精神意志和挑战风险、永不气馁的进取意识，恰恰构成了犹太人成功的又一重要精神积蕴，从而使他们在充满竞争的世界舞台上纵横捭阖，卓尔不群。犹太人不但敢于冒险，更能在逆

境当中从容镇定，自由应付。他们不怕风险，更善于在风险中施展自己的智慧和生存技巧。他们面对失败，决不气馁，而是吸取教训，重新再来。

在人生的游戏中，失败时常发生，每个人都不要悲观，因为失败并不意味着没有希望，相反"失败"是成功之母，活用失败与错误，是自我教育和提高的有效途径。商场如战场，成功的背后可能有更多的失败的辛酸。作为商人，面对失败，就应该像爱迪生那样坦然而决不气馁。爱迪生一生有1000项科技发明，当有人问他经过许多试验而失败时是否会感到心灰意冷，他回答说："不，我抛弃了错误的试验，重新采取别的方法，决不沮丧!"的确，面对失败一定要记住，决不气馁！现代管理学的说法就是：失败就是我们的学习曲线和经验曲线的自变量，只有经历失败，才会吸取教训和积累经验，为下一次做准备。总结起来，犹太人教育孩子面对失败和挫折时，遵循的法则就是：首先，遇到失败时，千万不能气馁，要坚忍不拔，矢志不移；其次，焦点不要对着过错与失败！应对准远大的目标，活用自己的过错或失败。再次，对"失败"持正确健康的态度，不要恐惧失败，要懂得失败乃是成功必经的过程。最后，要善于伺机，巧于乘势，等待机遇，发现此路不通时，要设法另谋出路，使自己顺应环境，适应潮流。

坚持就是胜利

孩子有毅力，才能学习好。要学好本领，必须苦练基本功，必须持之以恒。只有坚持不懈地练习，才能精通。

有一天，一只兔子嘲笑乌龟腿短，走起路来慢腾腾的。乌龟笑着回答说："虽然你跑起来快得像一阵风一样，但如果赛跑我一定能赢你。"兔子认为乌龟的话是在吹牛皮，便同意赛跑，它们商量一致，请狐狸选定跑道，定好终点。到了比赛那天，它们同时出发，兔子自信天生跑得快，就没把比赛放在心上，跑到中途它在路边躺下来竟呼呼大睡了。等到兔子一觉醒来，奋力快跑，来到终点，发现乌龟早已到达终点，正在那儿恭候呢！

这个故事告诉我们，虽然慢点，只要坚持不懈，最终会赢得胜利。孩子的意志

品质总体情况令人担忧。这首先是家庭教育失误造成的。对独生子女生活方面的溺爱和迁就，势必助长他们的任性和怕苦。过度保护和包办代替严重妨碍孩子意志品质的提高，因为意志本质上是自己管住自己，家长管得太多，他就没有机会学习自己管住自己了。家长对孩子学习上的过高要求也破坏孩子意志，因为意志品质只能在压力较大而不算太大的情境中才能提高，压力过大会导致放弃，意志无法发挥作用。

犹太家长尤其注重孩子非智力因素的培养。非智力因素包括许多方面，对于孩子来说，意志应该是一个重点。意志太重要了。意志薄弱对任何人来讲都是致命的弱点，意志薄弱不只影响孩子的学习成绩，它还会影响孩子一生的发展。杰出人物几乎都是意志非常坚强的人；而几乎所有违法犯罪者都是意志薄弱者，他们控制不了感情，抵挡不了诱惑。犹太家长经常给孩子讲下面的故事。

意大利著名小提琴家帕格尼尼，最擅长演奏旋律复杂多变的乐曲，他高深的琴技很受喜欢古典音乐者的欣赏。有一天晚上，帕格尼尼举行音乐演奏会，有位听众听了他出神入化的演奏之后，以为他的小提琴是具魔琴，便要求一看，帕格尼尼立即答应了。那人看看小提琴，跟一般的琴没什么两样，心里觉得很奇怪。帕格尼尼看出他的心事，便笑着说："你觉得奇怪是不？老实告诉你，随便什么东西，只要上面有弦，我都能拉出美妙的声音。"那人便问："皮鞋也可以吗？"帕格尼尼回答："当然可以。"于是那人立刻脱下皮鞋，递给帕格尼尼。帕格尼尼接过皮鞋，在上面钉了几根钉子，又装上几根弦，准备就绪，便拉了起来。说也奇怪，皮鞋在他手上，演奏起来竟跟小提琴差不多，不知情的人，在听了这个美妙的旋律之后，还以为是用小提琴拉的呢！

可见，钻研任何一种技艺，一定要长期坚持苦练，才能达到出神入化、随心所欲的境界，这是绝对没有偶然的。

从现实生活中的应试来说，孩子的意志品质更加重要。这道理很简单：考试的科目设置和题目安排是不考虑学生有没有兴趣的，考试不能从学生的兴趣出发，只能从选拔的需要出发。而绝大多数学生很难对所有的考试科目都感兴趣。不感兴趣

也要学下去，还要学好，这就只好靠意志了。我们会发现，那些考上重点中学和重点大学的学生，差不多都是在学习方面意志比较坚强的学生，他们能忍耐，能坚持，能控制自己的感情去做自己不感兴趣的事情。反之，我见过很多学生，十分聪明，学习成绩却不佳，或者严重偏科，他们的问题往往出在意志上。他们怕苦，他们任性，怕苦和任性是意志薄弱的典型表现。这就是人们通常说的“非智力因素”有问题，影响了孩子的学习成绩。

从前有两个和尚，一个很有钱，每天过着舒舒服服的日子；另一个很穷，每天除了念经时间之外，就得到外面去化缘，日子过得非常清苦。有一天，穷和尚对有钱的和尚说：“我很想到印度去拜佛，求取佛经，你看如何?”有钱的和尚说：“路途那么遥远，你要怎么去?”穷和尚说：“我只有一个钵、一个水瓶、两条腿就够了。”有钱的和尚听了哈哈大笑，说：“我想去印度也想了好几年，一直没成行的原因是旅费不够。我的条件比你好，我都去不成，你又怎么去得成?”过了一年，穷和尚从印度回来，他还从印度带了一本佛经送给有钱的和尚。有钱和尚看他果真达成愿望，惭愧得面红耳赤，一句话也说不出来。

俗话说：“天下无难事，只怕有心人。”只要下定决心，有恒心、有毅力，那么天底下再难的事也会变得容易了。穷和尚虽然没有钱，坐不起车船，但是因为他有坚强的毅力，能够长途跋涉，达成愿望。

杰克是一位射箭能手。他只要一拉弓射箭，将箭射向野兽，野兽就应声而倒；将箭射向天空飞翔着的飞鸟，飞鸟就会顷刻间从空中坠落下来。只要看到过杰克射箭的人，没有哪一个不称赞他是射箭能手，真是箭无虚发，百发百中。杰克的学生叫保罗，他跟着杰克学射箭非常刻苦，几年以后，保罗射箭的本领赶上了他的老师杰克，真是名师出高徒。后来，又有一个名叫汤姆的人，来拜保罗为师，跟着保罗学射箭。

保罗收下汤姆做徒弟后，对汤姆学习射箭可真叫严！刚开始学射箭时，保罗对汤姆说：“你是真的要跟我学射箭吗？要知道不下苦功夫是学不到真本领的。”汤姆说：“只要能学会射箭，我不怕吃苦，愿听老师指教。”于是，保罗很严肃地对汤姆

说："你要先学会不眨眼，做到了不眨眼后才可以谈得上学射箭。"

汤姆为了学会射箭，回到家里，仰面躺在他妻子的织布机下面，两眼一眨不眨地直盯着他妻子织布时不停地踩动着的踏脚板。天天如此，月月如此，心里想着保罗老师对他的要求和自己向保罗表示过的决心。要想学到真功夫，成为一名箭无虚发的神箭手，就要坚持不懈地刻苦练习。这样坚持练了两年，从不间断；即使锥子的尖端刺到了眼眶边，他的双眼也一眨不眨。汤姆于是整理行装，离别妻子到保罗那里去了。保罗听完汤姆的汇报后却对汤姆说："还没有学到家哩。要学好射箭，你还必须练好眼力才行，要练到看小的东西像看到大的一样，看隐约模糊的东西像明显的东西一样。你还要继续练，练到了那个时候，你再来告诉我。"

汤姆又一次回到家里，选一根最细的牦牛尾巴上的毛，一端系上一个小虱子，另一端悬挂在自家的窗口上，两眼注视着吊在窗口牦牛毛下端的小虱子。看着，看着，目不转睛地看着。10天不到，那虱子似乎渐渐地变大了。汤姆仍然坚持不懈地刻苦练习。他继续看着，看着，目不转睛地看着。三年过去了，眼中看着那个系在牦牛毛下端的小虱子又渐渐地变大了，大得仿佛像车轮一样大小了。汤姆再看其他的东西，简直全都变大了，大得竟像是巨大的山丘了。于是，汤姆马上找来用北方生长的牛角所装饰的强弓，用出产在北方的蓬竹所造的利箭，左手拿起弓，右手搭上箭，目不转睛地瞄准那仿佛车轮大小的虱子，将箭射过去，箭头恰好从虱子的中心穿过，而悬挂虱子的牦牛毛却没有被射断。这时，汤姆才深深体会到要学到真实本领非下苦功夫不可。他便把这一成绩告诉保罗。

保罗听了很为汤姆高兴，甚至高兴得跳了起来，并还用手拍着胸脯，走过去向汤姆表示祝贺说："你成功了。对射箭的奥妙，你已经掌握了啊！"

做家长的经常会因为孩子的下述表现而苦恼：孩子一会儿学这，一会儿学那，一天到晚忙忙碌碌，却不见成效，这是学习无目的、无计划的表现；孩子在做事前，前怕狼，后怕虎，怯懦胆小，犹豫不决，这是行为缺乏果断性的表现；孩子自制力差，上课经常开小差，学习时精力无法集中，或者是制订计划但不执行，一遇到困难就退缩，这是缺乏行为持久性的表现。以上行为的目的性、果断性、自制

性、坚韧性都是意志品质的体现，如果孩子长期存在这种问题，那么他们将来很难有所成。犹太家长在这方面是这样做的：

1. 从点滴小事上培养。有些孩子意志不够坚强，但又不肯从小事做起，以为一节课，一次作业，无多大关系，这些与意志无关。岂不知，就是这小小的一堂课，一次作业，滋长了意志薄弱，最后才导致学习上的“全线崩溃”。反之，学习上意志坚强的人，必定认真对待每一堂课，每一次作业，积小胜为大胜而获得学习上的成功。“不积跬步，无以至千里；不积小流，无以成江海。”这是中国古代学者在学习上的经验之谈。

2. 凡是孩子自己能做的事情，家长决不要插手，更不能包办。若一时搞不清孩子能不能做到，应该让他先试一试，家长再决定帮不帮、帮到什么程度。请家长注意，孩子经过自己的努力能做到的事情，家长哪怕只多帮一分，都是在阻碍孩子意志力的发展。这方面家长犯的错误太多了，而自己往往并不觉察。为什么？因为他们总怕孩子受委屈，他们心软。这“心软”其实是家长本人意志薄弱的表现，他们控制不了自己的感情。可见，要想使孩子意志坚强，家长自己先要做一个理智的人、能保证自己的“爱心”不泛滥的人。

3. 学会拒绝。对孩子的不合理要求，家长必须学会拒绝，否则就是在鼓励孩子放纵感情。这方面特别要注意的是各位家长要互相通气，保持一致，以免孩子钻空子。绝不可以认为谁满足孩子的一切要求谁就是爱孩子，那样会使孩子任性的，任性是学习成绩不好的最重要的原因之一。

4. 学会“撤退”。当孩子遇到确实解决不了的学习问题时，家长不要硬逼他完成什么指标，要“撤退”。“撤退”不等于“败退”，“撤退”之后要想办法找内行的人看看孩子问题到底出在哪里，加以解决。明明打不胜的仗硬要打，很容易摧毁孩子的意志。

5. 延迟满足。对孩子的合理要求，只要情况允许，最好也不要立刻满足，要让他等一些时日，让他学会忍耐，让他知道这个世界不是为他一个人准备的，他所要的东西不是立刻就可以到手的。要磨孩子的性子，磨他的脾气，使他变得更有弹

性，更有耐心，这对学习是非常重要的，因为学习是慢功，不能一蹴而就。

6. 帮助孩子制定学习目的和计划。对每章、每节的学习，要制定出学习的目的和计划，且要经常检查和监督。对日常生活中许多小事，也要有计划和目的。比如，为了培养自理能力，坚持让孩子自己洗衣服，自己打扫房间等，日积月累，就会养成干事有目的性的习惯。

7. 培养孩子分辨是非的能力。因为孩子意志的自觉性还不强，所以很容易受外界的影响。又由于不能分辨是非，常常不加选择地模仿别人的行为。比如电视、电影中反面人物的动作、语言，日常生活中许多低级下流的东西，应避免让孩子看，同时要教他分辨这些事情的好与坏，积极阻止不良行为的发生。

8. 对孩子进行适当的挫折教育。学习中的“失败”，是哪个孩子也不能避免的，关键是教他如何面对失败。遇到困难和挫折时，帮孩子冷静分析其原因，看看用什么办法才能克服困难，切忌动不动就给予帮助和呵护。这样容易使孩子的意志品质不断地被“软化”，无法经受住暴风雨的袭击。如果孩子始终成绩好而失败较少，没有经过这种“耐性”的磨炼，很可能细微的刺激都会扰乱情绪。所以对孩子不要娇生惯养得像“小皇帝”那样，这不利于培养其坚强的意志。

9. 要求孩子学习时要一心一意。有的孩子学习时，经常是削削铅笔，捅捅这个，摸摸那个，总不能集中精力去学习。有时慑于家长的威严，在那里磨时间，其实是他对学习不感兴趣。为了养成一心一意学习的习惯，可适当缩短其学习时间，要求在一定时间内完成一些作业，做完后，就可以痛痛快快地玩。不通过学习时间的长短来判断学习质量。如果常常在那里磨时间，容易在学习中形成一种惰性，一遇到困难就止步不前。

10. 形成良好的学习习惯。孩子意志水平的高低往往取决于是否有良好的学习习惯，独立思考、持之以恒、锲而不舍、循序渐进等都是些良好的学习习惯。而一曝十寒、半途而废、虎头蛇尾、知难而退等，都是些不良的学习习惯。

11. 给孩子找点需要长期坚持的事情做。例如天天扫地，坚持晨练，写日记，照顾邻居老人，为教室开门等等，至少要能坚持一个学期。这种事对培养孩子意志

作用很大。不过不要硬派，要和孩子商量，让孩子自己下决心。中间如果孩子半途而废，家长不要发火，要再给孩子机会。培养坚持性本身就需要家长有坚持性，不能急于求成，也不要讲什么大道理。培养意志靠的是行动，而不是说教。

总而言之，能否培养孩子毅力，这是对家长教育艺术的考验，更是对家长毅力的考验。意志坚强的家长才能培养出有毅力的孩子。

第 11 次敲门

困难，是动摇者和懦夫掉队回头的便桥，但也是勇敢者前进的垫脚石。面对困难掉头就走的人是懦夫，迎头痛击的是勇士。

瑞德公司的面试通知，像一缕阳光照亮了克里弗德焦急期待的心。

面试那天，克里弗德精心地梳洗打扮了一番，又换了一条新领带，以祝福自己好运。上午 10 点钟，他走进了瑞德公司人力资源部。

等秘书小姐向经理通报后，克里弗德静了静心，提着手提包来到经理办公室门前，轻轻地敲了两下门。

“是克里弗德先生吗？”屋里传出问询声。

“经理先生，你好！我是克里弗德。”克里弗德慢慢地推开门。

“抱歉，克里弗德先生。你能再敲一次门吗？”端坐在沙发转椅上的经理悠闲地注视着克里弗德，表情有些冷淡。

经理先生的话虽令克里弗德有些疑惑，但他并未多想，关上门，重新敲了两下，然后推门走进去。

“不，克里弗德先生，这次没有第一次好，你能再来一次吗？”经理示意他出去重来。

克里弗德重新敲门，又一次踏进房间。

“先生，这样可以吗？”

“这样说话不好……”

克里弗德又一次走进去：“我是克里弗德，见到你很高兴，经理先生。”

"请别这样。"经理依然淡淡地说道，"还得再来一次。"

克里弗德又做了一次尝试："抱歉，打扰你工作了。"

"这回差不多了，如果你能再来一次会更好，你能再试一次吗?"

当克里弗德第10次退出来时，他内心的喜悦和憧憬已消失殆尽，开始有些恼火。心想，进门打招呼哪有这么多讲究？这哪是招聘面试呀，分明是在刁难戏弄人。

克里弗德生气地转身离开，可刚走几步又停了下来。"不行，我不能就这样逃开，即使瑞德公司不打算录用我，也得听到他们当面对我说。"

于是，克里弗德稍稍地舒了一口气，第11次敲响了门。这次，他得到的不是拒绝，而是热烈欢迎的掌声。克里弗德没有想到，第11次敲门，叩开的竟是一扇成功之门。

原来，瑞德公司此次是打算招聘一名市场调查员。而一名优秀的市场调查员，不仅要具备学识素质，更要具备耐心和毅力等心理素质。这11次敲门和问候就是考察一个人心理素质的考题。

做好身边的小事

机遇在人人面前都是平等的，就如同玩具中柔软的胶泥一般，可以任由你做主将它捏成任何形状。因此，在平常的社会生活中，只要认真做好每件事情，哪怕只是一件小事情，那么机遇肯定会把成功主动送到你面前。

阿尔莱特是一家美国标准石油公司的普通职员，他在任何场合中签名时，都不忘附加上一句公司的宣传词——一桶4美元的标准石油。后来，客户、朋友们干脆就给他取了个绰号，叫"一桶4美元"。这样时间一长，大家都不习惯叫他的本名了。

公司董事长洛克菲勒听说这件事后，便叫来了阿尔莱特，并问遭"大家都用'一桶4美元'的绰号叫你，你怎么不生气呢?"

阿尔莱特笑了笑后回答道："我们公司的宣传词不正是'一桶4美元'吗？大

家叫我一次，就是为公司免费宣传了一次，我又为何要生他们的气呢？其实应该感谢他们才对呀！”

洛克菲勒听后深有感触地说道：“像你这样能时时记得为公司做宣传的人还真不多，我们公司就是需要像你这样的职员。”

几年后，当洛克菲勒退下董事长一职后，阿尔莱特接替了洛克菲勒的职位，他得到升迁最重要的原因就是他始终处处为公司着想，哪怕仅是一件极小的事情。洛克菲勒曾说：“我之所以能够成功，就是由于我注意到了别人常常容易忽略的小事情。因此，不要总为自己没能完成一件惊天动地的事情而感到沮丧，其实只要努力地做好你身边的每一件小事，你的成功都会因它而起。”

热情，事业成功的加油站

激情需要我们自己创造，这就像信心和机遇一样，等待和抱怨会使你失去仅存的激情，同时也使你的智慧和力量在不经意间消磨殆尽。

美国哲学家、散文家及诗人爱默生说过：“没有热情，任何伟大的业绩都不可能成功。”对成功不利的所有因素，如迷惑、失望、恐惧、消极、颓废、猜忌、犹豫等都是由缺少激情而引起的，这些因素的存在使我们未老先衰、止步不前；而由激情带来的希望、果断、积极、主动、兴奋等，则可以使我们获得与困难搏斗的勇气和向目标迈进的力量。

激情是我们事业成功和生活幸福的源泉。

激情给我们以智慧，电脑巨人比尔·盖茨说：“每天早晨醒来，一想到所从事的工作和所开发的技术将会给人类生活带来巨大的影响和变化，我就会无比兴奋和激动。”

激情给我们以灵感，牛顿从司空见惯的苹果落地现象发现了万有引力定律。

激情给我们以力量，贝多芬能够在耳朵失聪的情况下奏响恢宏壮丽的命运交响曲。

不管什么样的事业，要想获得成功，首先需要的就是工作的激情，而家庭的幸

福和生活的快乐也同样需要用激情来浇灌。可以说，没有恒久的激情和蓬勃的朝气，我们将一事无成。

洛克菲勒在写给儿子的信中说："如果你视工作为一种乐趣，人生就是天堂；如果你视工作为一种义务，那么人生就是地狱。"那么，在这位石油大王心目中，工作到底是什么呢？

我初进商界时，时常听说，一个人想爬到高峰需要很多牺牲。然而，岁月流逝，我开始了解到很多正爬向高峰的人，并不是在"付出代价"。他们努力工作是因为他们真正地喜爱工作。任何行业中往上爬的人都是完全投入正在做的事情，且专心致志，衷心喜爱从事的工作，自然也就成功了。

热爱工作是一种信念。怀着这个信念，我们能把绝望的大山凿成一块希望的磐石。一位伟大的画家说得好："痛苦终将过去，但是美丽永存。"

……

热忱是工作的灵魂，甚至就是生活本身。事实上一个热忱的人，等于是有神在他的内心里。人本身就有绝对控制事件的能力——心神。

如果时时保持一颗热忱的心，那么你的事业和生活就会蒸蒸日上。

锲而不舍才能成功

由平凡起步，才会超越平凡。幸福不是空中楼阁，它需要一步步地构建。

生活中，一般人的工作都是很平凡的。虽然是平凡的工作，但只要努力去做，和周围的人配合好，依然可以做出不平凡的成绩。

那种大事干不了、小事又不愿干的心理是要不得的。小至个人，大到一个公司、企业，它们的成功发展，正是来源于平凡工作的积累。

18 世纪时，瑞典化学家舍勒在化学领域做出了巨大的成就，然而瑞典国王毫不知情。有一次去欧洲旅行的旅途中，国王才了解到自己的国家有这么一位优秀的科学家，于是国王决定授予舍勒一枚勋章。可是负责发奖的官员孤陋寡闻，又敷衍了事，他竟然没有找到那位全欧知名的舍勒，却把勋章发给了一个与舍勒同姓

的人。

当时，舍勒就在瑞典一个小镇上当药剂师，他知道要给自己发一枚勋章，也知道发错了人，但他只是付诸一笑，只当没有那么一回事，仍然埋头于化学研究之中。

在业余时间，舍勒用极其简陋的自制设备，首先发现了氧，还发现了氯、氨、氯化氢，以及几十种新元素和化合物。他从酒石中提取酒石酸，并根据实验写成两篇论文，送到斯德哥尔摩科学院。科学院竟以“格式不合”为理由，拒绝发表他的论文。但是舍勒并不灰心，在他获得了大量研究成果以后，根据这个实验写成的著作终于与读者见面了。舍勒在 32 岁那年当选为瑞典科学院院士。

如果我们也有舍勒这种埋头苦干、锲而不舍的精神，有在平凡中求伟大的品性，那么成功也就离我们不远了。

许多年轻人，尤其是学历高的毕业生，他们来到工作单位后，总觉得自己比别人高一等，简单的工作不愿做，觉得自己大材小用了；繁杂一点的任务，又总是眼高手低，缺乏经验。可就算是遇到问题了，也不愿向人请教，觉得太丢面子了；出错了，还批评不得。俗话说：“山外有山，人外有人。”所以，初入社会，还是得放下架子，虚心求教！

毕竟，成功不会从天而降或一蹴而就。

做好每一个细节

工作中无小事。只有把小事、平凡的事做好了，才能做成大事，才能创造自己人生的非凡业绩。

在许多人眼中，大人物总是和大事件联系在一起，小人物总是和小事情联系在一起。有的人一辈子也不会做成一件大事，但是，无论大人物还是小人物，都会和一件又一件的小事发生关系。因此说，小事情是人一生中最基本的内容，只有做好小事，才能成就你的大事。

美国前国务卿鲍威尔是威望很高的将领和领导人，他就把“注重小事”当成人

生信条，而另一位美国人，世界上唯一依靠股市成为亿万富豪的沃伦·巴菲勒也认为一个人要取得成功必须要做好工作中的每一件小事。他认为无论在投资策略还是商务策略上，都必须谨记："细节决定成败。"

20世纪世界上4位最伟大的建筑师之一的密斯·凡·德罗，在被要求用一句最概括的话来描述他成功的原因时，他只说了5个字"魔鬼在细节"。他反复强调的是，不管你的建筑设计方案如何恢宏大气，如果对细节的把握不到位，就不能称之为一件好作品。细节的准确、生动可以成就一件伟大的作品，细节的疏忽会毁坏一个宏伟的规划。

看不到细节，或者不把细节当回事的人，无法把工作当作一种乐趣，而只是当作一种不得不受的苦役，因而在工作中缺乏工作热情。而考虑到细节、注重细节的人，不仅认真对待工作，将小事做细，而且注重在做事的细节中找到机会，从而使自己走上成功之路。

几十年前，格茨·维尔纳白手起家创建了DM连锁店。他有自己的一套注重细节的经营理念，有的地方还会为注重细节做出一些特别"古怪"的行为。一天，当维尔纳走进一家DM分店时，他要求分店经理拿扫帚来。这家分店的经理把扫帚递给维尔纳，非常疑惑地说："维尔纳先生，我不明白您要它做什么？"维尔纳指着地下的灯光说："您看，灯光的亮点聚在地上，什么用处也没有。"于是，维尔纳用扫帚柄拨了一下上面的灯，让灯光照在货架上。

这样的小事也要由大老板过问，并且亲自动手，岂不把他累死？可就是这样一个大老板现已拥有1370家连锁店、两万名员工，2002年的销售额高达26亿欧元。维尔纳也是同行业中最富有的，2003年年初时他的个人财产达到9. 5亿欧元。

工作中注重细节，就表明有一种强烈责任感的敬业精神。没有从细微处做起的敬业精神，眼高手低，小的不能干，大的不能做，岂能成就大事。

十、犹太人的智力教育

每个人都是你的教师

没有哪一个环境是所谓的好环境，也没有哪一个人是唯一的所谓好教师，只有不断变化的环境才是你最好的环境，也只有不断地向不同的人学习才是你最好的教师。

成功的方法不能复制，不同的人有不同的发展环境和机遇，但绝大多数真正的成功者都有共同的特点——善于寻找生活中的榜样，学习和借鉴他们的经验。一位犹太拉比如是说。

杰弗逊

杰弗逊 17 岁时就开始到大学学习，且学习成绩非常优秀，特别是在历史和语言方面。此外。他对农艺、数学和建筑学等也有浓厚的兴趣。后来他自行设计的蒙蒂塞洛宅邸，既具有传统的古典式建筑风格，又有自己独特的特点，堪称当时美国第一流的建筑，至今仍是美国最值得赞赏的乡间府第之一。

杰弗逊出身贵族，他的父亲是军中的上将，母亲也是名门之后。当时的贵族除了发号施令以外，几乎不与平民百姓交往。但杰弗逊没有秉承贵族阶层的恶习，而是主动与各阶层人士交往。他的朋友中当然不乏社会名流，可更多的是普普通通的仆人、园丁、农民或者贫穷的手工业者。他的优点便是善于从各种人身上学习，因为他知道每一个人都有自己的长处，都有金子般发亮的东西。

杰弗逊仪表堂堂，谈吐生动，富于朝气，喜爱社交。他善于演奏小提琴，常有机会在总督府与一些比他年长很多的社会名流一同演奏古典乐曲。杰弗逊跻身于这些名流之中，经常同他们交谈，获益匪浅。

有一次，他还劝说法国伟人拉法叶特："你必须像我一样到普通民众家去走一走，尝一尝他们吃的面包，看一看他们的菜碗。只有你亲自这样做了，你才会了解到民众不满的原因，并会懂得正在酝酿的法国大革命的意义了。"

不耻下问，善于学习是杰弗逊的过人之处，他也因此比其他的领导者更清楚民众到底在想什么，到底最需要什么，这也是他成为一代伟人的原因所在。

不论是做学问，还是做人，都要善于向每个有专长的人学习，向含有真知灼见的任何一本书、任何一种见解学习。那种"我比我周围的人都聪明，因此我完全不用理会别人说什么"的想法是错误的。学习是一个非常广泛、综合的内容，每个人都有自己的优点与弱点，你可以向每一个人学到很多东西，要看到每个人的长处、取人之长补己之短。

林肯是美国人心目中最有威望的总统。说起林肯，谁都知道他的父亲是一个庸碌无为而且目不识丁的木匠，他的母亲也是平庸的家庭主妇。那么林肯怎么会有那么卓越的领导和管理才能呢？人们一定会认为林肯受过良好的教育和训练。事实并非如此，不少美国人都知道，林肯所受的教育是极不完整和正规的，他一生中只上过几天的学校而已。在他被选为国会议员后，自己也曾对众人承认过这一点。那么谁是林肯的教师呢？答案就是在肯塔基州森林地带数位巡游的村儒学究，是他们在无意中帮助了林肯。

林肯的教师还包括伊里诺州第八司法区的许多人。他曾每天和许多农夫、律师、商人商讨着国家大事和世界上发生的事情，从他们身上学习多知识和道理。林肯成功的秘诀就是：每个人都可能做自己的教师。

犹太父母教育孩子说，教师和同学，乃至周围的每一个人都可能成为请教的对象，对青年人而言，其实没有哪一个环境是所谓的好环境，也没有哪一个人是唯一的所谓好教师。只有不断变化的环境才是你最好的环境，也只有不断地向不同的人

学习才是你最好的教师。

智慧重于门第出身

物质财富随时都可能失去，但知识和智慧永远在自己脑袋里，只要你拥有知识和智慧，就不怕没有财富。

有一艘船在海上航行，船上坐着多位腰缠万贯的大富翁和一位穷困潦倒的拉比。在聊天中，富翁们情不自禁地炫耀起自己的巨额财富，互相争执得不可开交。这时，贫穷的拉比说出了自己的意见：“要论财富？还是我最富有，只是现在我还无法证明这一点。”

冥冥之中果真有上帝在做安排，航行途中，一群海盗无情地打劫了这艘船，富翁们引以为自豪的财富被洗劫一空，每个都成了身无分文的穷光蛋。海盗离去之后，这艘船因为缺乏继续航行的资金而不得不停泊在一个港口。船上的乘客都下了船，自谋生路。这位拉比因为拥有智慧而被人们所器重，被当地的居民请去当了教师，在他们的眼里只有高尚的人才能从事这一职业。而那些昔日与拉比同行互相攀比的富翁却朝不保夕，艰难度日。

后来，富翁们由衷地告诉拉比说：“还是你说的话对，拥有财富的人会一时之间失去一切，而一个有学问的人会永远富有。你拥有智慧就等于拥有了一切。”

犹太父母经常给孩子讲这个故事说明智慧的重要性。他们非常重视学问，但与智慧相比，他们认为学问也略低一筹。他们把仅有知识而没智慧的人，比喻成“背着很多书本的驴子”。在犹太人看来，这种人即使有一肚子知识，也丝毫派不上用场。还有，知识必须为善，如果用知识做坏事，知识反而有害了。为此，犹太人认为，知识是为磨炼智慧而存在的。假如只是单纯地收集很多知识而不消化，就同堆积许多书本而不用一样。

犹太人只重视个人的智慧力量，而不看重出身门第的高低。出身贵族，或出身富贵的人，并不一定都有学问。因此犹太人当中，穷人遇到富豪子弟时不会自卑，更不会觉得有什么可怕，但是无论是穷人还是富人遇到有知识的人时，都会对他们

非常敬重，这是因为犹太人只重个人的智慧和才华，而不会看他的家庭出身。

有这样一则犹太故事：以色列某贵人有两个儿子。一个追求财富，一个研究学问。后来，一个成了大富翁，一个成为当代的博士。这富贵腾达的儿子很瞧不起他那有学问的兄弟。他说："我富可敌国，你却依然一无所有。"那博士回答说："兄弟！我当感谢至尊至贵的上帝，给了我这样大的恩惠。因为，我得到的是先知的遗产——智慧。"

犹太人经常对孩子说，我们不能选择家庭出身，也没有必要重新选择，因为那不重要，不能代表我们的实力。应该做的事情是努力学习，掌握知识，并最终变为自己的智慧。

事实上，很多著名的犹太人出身都很卑微，如石工、木匠或牧羊人等，比如希勒尔是木匠，亚基巴是牧羊人。他们之所以能够成为犹太人中的杰出人物，就是因为他们自身具有超强的能力，民族中"智慧重于门第出身"的观念为他们的脱颖而出，提供了一个大环境。

看重个人智慧，而不重门第出身。这一观念体现在人际交往中。犹太民族在日常生活中很少有门第观念。在人与人交往中，犹太人很少有趋炎附势之举，出身高贵的人也难以依靠出身攫取社会地位，或者取得其他什么优势，人们都是依靠智慧和勤劳获得个人地位。"个人智慧重于门第出身"是犹太人处世的重要理念，它激励了许多出身低贱的人去积极进取，也体现了社会公平竞争的原则。

犹太人没有家园，居无定所，四处流浪，没有生存和发展的权利保障。他们所到之处，唯一的支撑就是自己头脑中的知识。他们用知识创造财富，自己争得一条求生道路，一方生存发展空间。

物质财富随时都可能失去，但知识和智慧永远在自己脑袋里，只要你拥有知识和智慧，就不怕没有财富。这正是犹太人流浪数千年依然生生不息的原因所在。

外语学习越早越好

为了在生意场上更深一步了解对手，达到知己知彼的目的，犹太人特别强调用

外语思考。秉持着这个想法，他们在对孩子进行早期教育时，很注意孩子的语言能力。

随着社会的进步，科学技术的不断更新，人类生产力的高度发展，国与国之间的交往不断深入，人类对信息量的需求在不断加强。这种发展和变化将引发世界范围内人们的接触和流动加强，使地球变得越来越小。然而，使不同民族和国家的人们进行相互交往、相互接触成为可能的首要条件，便是语言。

犹太商人被认为是掌握语言的天才，他们普遍懂得两门以上的语言，在与外国人打交道时显得自信、从容而又反应准确。为了在生意场上更深一步了解对手，达到知己知彼的目的，犹太人特别强调用外语思考。秉持着这个想法，他们在对孩子进行早期教育时，很注意孩子的语言能力。

其实学好外语不仅是犹太人的要求，也是世界上许多有识之士对孩子教育的共识。

现代生理心理学、脑科学研究表明，0 到 6 岁不仅是儿童学习母语的关键期，更是儿童学习第二语言的最佳时期。如果过了这个最佳时期，那么学习第二语言就要相对困难得多。赖特和拉姆齐等人对接触第二语言的 6 岁组和 13 岁组儿童分别进行了实验研究。结果表明，年幼组儿童中，有 68%的孩子的口音被认为“酷似说本族语的人”，而在年龄较大一组中这样的儿童只占 7%。

那么，该如何对学前儿童进行语言教育呢？犹太父母多采用自然的方式，激发儿童学习外语的兴趣，创造语言氛围。他们采取以下三种方法，有意识地参与幼儿的双语学习。

1. 自然习得法

生活中有很多孩子感兴趣的东西，家长要有目的地选择日常事务，作为激发幼儿兴趣的素材。

如逛超市时，家长要时刻注意孩子的目光，适时地用双语来丰富他们的词汇量：在游玩时，家长要主动运用英语问候语向外国友人打招呼，使孩子在潜移默化中掌握问候语的使用。再比如，孩子喜欢看卡通片，家长可选择卡通和英语相融的

碟片，让孩子在放松看片中习得英语。

2. 游戏兴趣法

孩子的思维方式是直观行动思维，主要以行动的、直观的方式进行。这种思维的主要特点是在实际行动和直接感知中进行的。要结合幼儿思维发展的趋势，让孩子在游戏中记忆、在直观中感知的方法，潜移默化地产生学习英语的兴趣和积极性。

以英语为例，当孩子积累了若干个动物单词后，家长们可自编一个边讲边玩的儿歌：I can walk like duck；I can run like horse；I can swim like fish；Ican jump like frog。

3. 氛围营造法

设立学习外语的情景，与孩子形成一种亲切、良好的个人感情交往的氛围。多与他们玩游戏，多给他们讲故事，在玩玩讲讲中自然渗透已学会的外语内容，互动中给孩子把听到和看到的内容进行充分复述的机会。

比如：把孩子已学会的单词贴在家中相应的物体上，创设语言学习的氛围，增加孩子看、说、练的机会；孩子前几天刚学会小鸡这个单词，家长可以有意识地做小鸡的动作，讲有关小鸡的故事，看小鸡的图书等等。运用各种方法帮助孩子练习并运用已学会的英语。

好问题和好答案同样重要

人没有理由对什么事情都确信无疑。怀疑一旦开始，疑点便会愈来愈多，循着怀疑的线索去追寻答案，答案通常是比较正确的。

怀疑是学习的钥匙，它可以打开知识的大门，因此发问可以使人进步。

每个孩子天生都是一个发问家。对儿童而言，整个世界就是由一个个问号构成的。为人父母者要做的就是启发孩子敢于怀疑，敢于发问。人没有理由对什么事情都确信无疑。怀疑一旦开始，疑点便会愈来愈多，循着怀疑的线索去追寻答案，答案通常是比较正确的。

《塔木德》中有一句话："好的问题常会引出好的答案。"

好的问题和好的答案同样重要。问题提得出人意料，通常答案也是深刻的。思考就是由怀疑和答案共同组成的，没有好奇心的人，不会发生怀疑。所以有智慧的人其实就是知道如何怀疑和发问的人。

犹太人重视知识，更重视才能。他们教育孩子说，一般的学习只是一种模仿，没有任何的创新。学习应该以思考为基础，而思考恰恰就是由怀疑和问题所组成的。学习便是经常怀疑，随时发问。怀疑是智慧的大门，知道得越多，就越会发生怀疑，而问题也就随之增加。

所有的怀疑和迷惑，都可通过行动予以终止。所以，无论多大的怀疑和迷惑，最后都要寻求答案予以解答。每一个天才，都是真正的"问题猎手"，所以一定要养成凡事多问"为什么"的习惯。即使是一个貌似平常的小事，如果不断地将"为什么"问下去，说不定就能够找到一座"金矿"。

牛顿在学校成绩不太好，只喜欢动脑筋做各种模型。有一天，他模仿水车辗粉机做了一个小模型，拿到学校去炫耀，做实验给班上的同学看。实验很成功，可是，当班上的一个高材生让他说明，他所做的水车为什么能够这样把麦碾成粉时，他却无言以对。

那个高材生讽刺说："如果你不能说明的话，你不就是一个手指灵活的呆子么?"周围的同学也开始嘲笑他，受了羞辱的牛顿扑了过去，双方大打出手，牛顿被打得喘不过气来。但从此以后，不论面对任何事他都会想"为什么"，并最终成为一位伟大的科学家。

孩子爱提问题是求知欲的一种表现，但很多时候，孩子的问题在大人看来根本不是什么问题，因此他们会说："傻孩子，这算是什么问题?!"但为人父母者要认识到这一点：孩子的"问"表明了他在思考，如果能给予他巧妙的"答"，就会进一步激发他的求知欲望，点燃他智慧的火花。任何一项创新活动都是伴随着积极的思维活动，而思维总是从问题开始的。因此，父母不仅要鼓励孩子提问题，而且对孩子所提出的问题，要热情地、耐心地倾听。同时，对孩子提出的问题，不要急着

给出答案，而要给双方留出思考的时间和空间，让孩子自己也认真地想一想。不到最后，不给出简明、易于理解的答案。如果家长能在回答孩子问题后顺着孩子的问题再提出一些新的有关的问题，就会更有利于孩子思维能力的发展。

孩子积极思考，主动提出问题，这对孩子思维的发展极其重要。或许有些父母会问，怎样才能让孩子想问、会问？要让孩子想问题并提出问题，我们可以仿效犹太人的做法：

安排一个情境，以激发孩子想问的兴趣。

首先，让孩子感到好奇。如玩猜谜游戏，给一些暗示；故事说一半，让孩子好奇地想问结果等等，然后引导孩子问得清楚，而且有礼貌地问。

其次，鼓励孩子积极思考，主动提出问题。在孩子的天性中，有一种求知的欲望，他们心中原本装着无数个“为什么”，想了解这个奇妙世界的本来面目。是成人不以为然的态度和习以为常的姿态，逐渐扼杀了孩子的这种求知冲动。因此，父母如果能够有意识地引导、保护好孩子的好奇心，鼓励孩子积极思考，对孩子的提问表现出自己的兴趣，与孩子一起思考，去寻找未知的答案，孩子提出问题的欲望就会不断增强。

每个父母都要牢记：发问才能使人进步，鼓励孩子多问问题，开发他们的思维能力。

穷人和富人都要接受教育

在教育的园圃里，有早结果实的树，也有晚结果实的树。学习的目的，就是开启智慧和思想。

犹太人认为，智慧和知识是最甜蜜的。

在犹太教中，勤奋好学是敬神的一个组成部分。没有其他任何一种宗教能对学习如此重视。《塔木德》写道：“无论谁为钻研《托拉》而刻苦，均会受到种种褒奖。不仅如此，整个世界都受惠于他，他被称为一个朋友、一个可爱的人、一个爱神的人；他将变得公正、虔诚、正直，富有信仰，他将会远离罪恶，接近美德；通

过学习，他会享有全面认识世界的聪慧和智性的力量。”

12 世纪时，犹太大哲学家迈蒙尼德还宣布：“每个犹太人，不管年轻还是年老，强健还是羸弱，都必须钻研《托拉》。甚至一个乞丐也必须日夜钻研。”

犹太人认为，没有人是贫穷的，除非他没有知识。拥有知识的人拥有一切。《塔木德》里有这样一句格言：“一个人要是没有知识，那他还能有什么呢？一个人一旦拥有知识，那他还能缺什么呢？”正因如此，犹太人养成了全民好学、全民信仰知识的悠久文化历史传统，这自然是犹太人成功的第一黄金律。当然，从遗传学的角度来说，犹太人天生头脑聪慧，天才层出不穷。

典型的犹太人家庭有个风俗就是，在孩子识字始，把蜂蜜滴在《圣经》上，让他们尝到知识的“甜蜜”。后来，这成为犹太小学生的入学第一课。孩子上学的第一天，穿戴整齐，被父母或有学问的人领到教室。在那里，每位孩子都可以得到一块干净的石板，石板上有用蜂蜜写成的希伯来字母和简单的《圣经》文句，孩子们一边朗读，一边舔掉石板上的蜂蜜。随后，拉比们会分给孩子们蜜糕、苹果和核桃——让孩子们一开始就感受到学习的神圣和知识的“甜蜜”。

每一个人学完一卷《塔木德》，便被认为是生命中的一件大事，往往要请亲朋好友前来庆贺一番。《塔木德》中的许多格言，常常让人一生都记忆犹新：

教育是人人都必须接受的，愚蠢的人受教育，可以去掉他们本性中的愚蠢。

聪明的人更需要接受教育，因为聪明人如锋利的刀，不接受教育，砍到不该砍的地方，其破坏力更大。其活泼的心性，不去忙碌有益的事情，就会干出有害的事情。正如肥沃的田地，不种上庄稼，就会长出茂密的野草一样。

富人和穷人都要接受教育。

富有的人没有智慧，岂不像吃饱了糠麸的猪或者驴子一样无知之极。

贫穷的人不懂得学习，宛如一头负重的驴，只知道用自己愚昧浅薄的观点来挑战世界，结果只能是头破血流或弄出许多笑话。

美貌的人没有智慧，就仿佛开屏的孔雀或一把藏着钝刀的金鞘，中看不中用。

有权力的人更要学习，正如向导必须有眼睛，喇叭一定要出声，宝剑有锋刃

一样。

地位低的人更要努力学习，只有知识才能改变命运。

智力低能到无法教化的人，世上绝无仅有，仿佛一把筛子，如果你连续不断向它泼水，虽然留不住一滴水，然而它会愈来愈干净。笨拙和思考力贫乏的人，虽然不可能有独创，但在某种程度上会改变气质，脱离蒙昧和庸俗。

人的智力如同身体，有的人从小身强力壮，长大后反而体弱多病。总之，多锻炼一定有益健康。在教育的园圃里，有早结果实的树，也有晚结果实的树。学习的目的，就是开启智慧和思想。

教育越晚孩子智商越低

就算是普通的孩子，只要教育得法，也会成为不平凡的人。假如所有孩子都受到一样的教育，那么他们的命运决定于禀赋的多少。

一位犹太拉比曾说过这样的话："人刚生下来的时候没什么两样，但因为环境，特别是幼小时期所处的环境不同，有的人可能成为天才或英才，有的人则交成了凡夫俗子甚至蠢材。就算是普通的孩子，只要教育得法，也会成为不平凡的人。假如所有孩子都受到一样的教育，那么他们的命运决定于禀赋的多少。"

多数犹太教育家认为，婴幼儿具备着非同寻常的学习能力，这种能力比常人认为的要高得多，也要复杂得多。成人的全部的知识，0 到 3 岁占到了 70%以上，婴儿时期的学习是非常重要的。

教育家们还说，婴儿有辨别母亲面孔与声音的能力，而现代无论怎样高明的机器人却不能达到这一点。机器人尽管会潜水，会下国际象棋，却无法认识一个人的脸。婴儿的这种模式记忆能力，既是原始的又是极为高级的智能，而不正确的早期教育却偏偏无视婴儿的这些卓越的能力，致使孩子极为珍贵的能力白白浪费。

教育家们认识到每个儿童都是有潜能的，但不同的教育条件下，儿童的潜能发挥程度是不一样的。资深的犹太教育学家约瑟伯约说：一棵树，如果按照它理想的状态生长到 30 米高，那么我们可以说这棵树具有长到 30 米高的可能性。同样的道

理，一个儿童，如果按照理想状态成长，能够长成一个十分有能力的人，那么我们就可以说这个儿童具备很高的潜在能力。

这种潜在的能力就是天才。因此，天才并不是我们常人所认为的那种只有少数人才具有的禀赋，而是潜藏于每个人的内心。

如果教育得法，就算生下来禀赋只有 50 的一般孩子，他也会优于生下来禀赋为 100 而得不到有效教育的孩子。

教育的目标就是要使儿童的潜在能力达到最高，并得以充分发挥。只要充分发挥出这种潜在的能力，他们就能做出不平凡的事情来，他们的一生也就将是最为充分的、辉煌的一生。

在现实生活中令人遗憾的是，很多的孩子由于教育不得法，或者说没有接受教育，他们的这种潜力并没有得到充分发挥，这就是人们要问的为何天才如此之少的原因。

如何塑造天才，如何发掘天才？最为重要的就是在生活中，在我们的家庭中尽早挖掘出孩子的潜能。

生活中的天才是神秘的，事业上的天才更为神秘，这只是因为我们不了解天才是怎样出现的。天才并不神秘，也不是遥不可及，而是与生俱来的一种潜能。每个人身上都存在，只是后天的培养不当，潜能没有开发出来而已。

很多人说人人都是有潜能的，但人的潜能并不是恒定的、永存的，而是有一个潜能递减规律。这一规律是一位老教育学家发现的，这位犹太老教育家说：儿童虽然具备潜在能力，但这种潜能是有着递减法则的。初生下来的婴儿他们具备的潜能是 100 度，如果作为一个父母不对孩子进行早期的教育、利用和开发，孩子长到五岁时才接受教育，即使是最为出色的教育，那也只能成为具备 80 度能力的人。而如果从 10 岁开始教育的话，即使教育再好，也只能达到 60 度的能力了。以此类推，孩子的教育越晚对孩子的开发价值就越低。

送给孩子一包蜡笔

男孩儿与女孩子相比，触觉灵敏而色感迟钝。所以男孩子若不从小培养对色彩的感觉，那他们的色彩感觉将会非常迟钝。

在犹太家庭中，很多孩子都是幸福的，如果能在一个擅长绘画的母亲的培养下成长则更为幸福。一个能绘画的母亲能把与孩子交流的内容绘成图画，以此来增加孩子的知识。当然，在很多的报刊或杂志中也载有这样的漫画，但画风非常颓废，这不利于孩子的品德和兴趣培养，最好不要让孩子接触。如果要让孩子有所了解，家长要做到有所选择。

在犹太人的家庭中，为了发展孩子对色彩的感觉，主妇们总会为孩子买来检查色盲使用的“测验色系”作孩子的玩具。让孩子通过这个玩具开展各种游戏。这些主妇们还把这样的经验相互推荐并相互交流。

一位犹太教育家说：因为男孩儿与女孩子相比，触觉灵敏而色感迟钝。所以男孩子若不从小培养对色彩的感觉，那他们的色彩感觉将会非常迟钝。

在犹太人的家庭中，父母就是孩子的启蒙教师，他们总是能恰到好处地为孩子们挑选一些五彩缤纷的美丽的小球或小积木，这些成了孩子们所喜爱的玩具。这些玩具，加速发展了孩子的色彩感。

在犹太民族中，任何一个有孩子的家庭，总会为孩子藏有一包蜡笔。这包蜡笔便是孩子获得色彩的最好工具。家长可以用这种五颜六色的蜡笔同孩子进行“绘画游戏”。

这种游戏是先为孩子准备一张能随意涂鸦的大纸。在这张纸上，先让孩子从某点开始，再由母亲用红色的蜡笔画一个圆心，而后，让孩子跟着画，用同样的颜色画同样的圆心。母亲可以用很多种颜色来画圆心，让孩子也这样做，如果孩子用错了颜色，这种游戏就算是结束了。这样一来，如果孩子一直用与家长相同的颜色画相同的圆心，那么这个孩子就已经具有了颜色分辨能力。

除了这种游戏之外，家长还带着孩子去野外。在犹太人看来，那里有许多的颜

色需要孩子去认识与了解。比如：天空的颜色、云彩的颜色、树木的颜色、建筑物的颜色等都是孩子所要了解的对象，这些东西都能增添孩子的色彩感觉。

质量胜过数量

对教育的投资是有远见的投资。教育是创造以色列新民族的希望所在。

犹太人是根据《塔木德》的教导开展教育的。他们成功的第一个关键就是重视教育。

犹太男孩一到13岁，就要参加被称为“巴·米茨瓦赫”的成人礼仪式，自己选择《圣经》中的一节，在众人面前宣读。不仅是读，还必须阐述自己对这节经文的解释。虽然刚刚13岁，但已经被要求发表独立见解了。

被誉为“以色列之父”的本一古里安曾说过：“如果要让我用最简单的语言描述犹太史的基本内容，我就用这么几个字：质量胜过数量。”确实如此，以色列的富强是和犹太人的高素质、犹太移民带来的先进文化、犹太人重视教育的传统以及全世界犹太人的慷慨解囊分不开的。科学教育的目的就是提高人口素质，人口素质提高了，国家自然也就强大了。

早在以色列建国前，犹太复国主义就把教育作为复国的重要手段，当时的一个提法就是“文化犹太复国主义”，因此以色列建国前就出现了两所大学和若干中小学校。之后，以色列历届政府将教育立国和科技立国作为国家兴亡的根本。

本一古里安说：“没有教育，就没有未来。”

梅厄夫人说：“对教育的投资是有远见的投资。”

夏扎尔也曾说过：“教育是创造以色列新民族的希望所在”。

曾担任总统，退下来后去当教育部长的纳冯更直截了当地说：“教育上的投资就是经济上的投资。”

以色列的第一任总统是著名的物理学家魏兹曼。刚建国，还在炮火隆隆声中，以色列的首任教育部长盖尔，叫来了他的秘书艾德勒。

“艾德勒，我们一起来草拟教育法，必须强迫3岁到15岁的孩子们，让他们接

受免费教育。”

梅厄夫人

“免费!?”艾德勒惊愕不已，要知道，立国之初的以色列尚处在战火之中，战争的经费都是美国人提供的，而当时整个教育部只有盖尔和艾德勒两个人，唯一的财产是一架破打字机。“是的！免费!”盖尔坚定地回答，“我们处在敌人的包围之中，背靠地中海……我们必须培训高素质的人，只有这样才能对付几十倍于我们的敌人。”

盖尔激动地说：“我们要建立一个历史博物馆。让孩子们知道3000年前圣殿被罗马人毁掉的悲剧，让他们知道在二战中犹太人被屠杀的事实，知道那些毒气室、骷髅、鲜血和希特勒。”

当第一次中东战争结束后，盖尔和艾德勒拟出了以色列的义务教育法。

第二年，这部法律在以色列议会全票通过。

正是对教育的重视，使以色列在许多方面都处于世界前列。

让孩子懂得知识是永远的财富

犹太民族是一个对知识非常重视的民族。虽然他们在很长的一段时期里连最基本的生活来源都无法保证，但是只要有一段时间的安定生活，他们就能创造出惊人的财富。这是因为他们从小在父母和老师的教育下，拥有丰富的知识，而运用这些知识可以创造惊人的财富。

相传，在古时候，犹太人的墓园里常常放有书本。他们认为夜深人静时，死人会出来看书。当然这种做法有一种象征的意义：生命有结束的时候，求知却永无止境。

在犹太民族的典籍里有这么一段话：“生活困苦之余，不得不变卖物品以度日的时候，你应该先卖金子、宝石、房子和土地，就是到了最后一刻，仍然不可以出

售你的书籍。”他们认为，世间的金银珠宝、房屋土地，都是可以变化消逝的东西，而知识则是可以长久流传的财富。所以，他们非常注重对孩子的知识教育。

在每一个犹太人家里，当小孩稍微懂事时，母亲就会翻开《圣经》，点一滴蜂蜜在上面，然后叫小孩子去吻《圣经》上的蜂蜜。这个仪式的用意不言而喻，让孩子意识到书本是甜的，使孩子从小就养成与书接触的习惯。这样，就可以慢慢地让孩子喜欢上读书，学习到书中的知识，体会到知识的可贵——书是“甜”的，而知识是无价的财宝。从此，他们的心中便有了这样的意识：“知识不会被抢夺且可以随身带走，知识就是力量。”

每个犹太人小的时候，他们的母亲就会经常地问他们：“假如有一天，你的房子被火烧了，你的财产也被抢光了，你会带着什么逃跑呢?”

如果孩子们回答是“钱”或者是“钻石”的话，他们的母亲就会进一步地问：“有一种东西比钻石更重要，它没有形状、没有颜色、没有气味，你们知道是什么东西吗?”如果孩子回答不上来，母亲就会说：“孩子，你们带走的东西，不应该是钱，不应该是钻石，而应该是知识。因为知识是任何人也抢不走的，只要你还活着，知识就永远跟着你。”

犹太父母就是这样告诉他们的孩子：知识是一切财富的来源，是唯一可以永久打开财富之门的钥匙。犹太人的历史也一再验证了知识的价值。与其把那些有限的财富交给他，不如把打开财富之门的金钥匙——知识给他。因为在这个世界上，财富是可以随着境遇的改变而消失和增加的，而知识却是永恒的，它是不会随着时间和条件的变化而改变的。

《塔木德》记载了这样一个故事：

有一次，一艘大船出海航行。船上的乘客中除了一位拉比外，全是大亨。

大亨们互相炫耀自己的财富。正在他们争得面红耳赤时，拉比插话了：“我觉得还是我富有，只是我现在的财富无法拿给你们看。”

中途，海盗袭击了这艘船，并把大亨们的金银财宝抢劫一空。等海盗们离去后，这艘船好不容易抵达了一个港口，但已无法继续航行了。

这位拉比因其渊博的学识，很快受到当地居民的尊重，并被聘为当地的教师。

后来，这位拉比偶尔会遇到那些曾经同船旅行的大亨。这时，他们已身无分文，只好再一次白手起家。

大亨们深有体会地说："只有知识才是夺不走的财富啊！"

关于这个道理，所有的犹太人都知道。因此，他们非常热爱知识。在他们的眼里，知识是唯一的永远也夺不走的财富。他们认为，在这个世界上世俗的权威不重要，财富和金钱不重要，只有知识才是最重要的。权威没有了人们的拥戴和支持就不能形成，财富和金钱也会随着时间发生变化，而知识却是一个人生存和发展的可靠保证。

智慧比财富重要

犹太民族虽然非常重视学问，但是他们认为更胜一筹的是智慧。他们认为，一个人空有一肚子知识而没有智慧，即使拥有的知识再多，也是"背着很多书本的驴子"，这种人就是中国人所说的"书呆子"。在犹太人看来，这种人即使有一肚子知识，也丝毫派不上用场。所以，他们认为，知识是为磨炼智慧而存在的。假如只是单纯地收集很多知识而不消化，那就和徒然堆积许多书本而不用一样，成了一种浪费。

多年以前，在奥斯维辛集中营里，一个犹太人对他的儿子说："现在，我们唯一的财富就是智慧了。当别人说 1 加 1 等于 2 的时候，你应该想到它也可以大于 2。"

那个时候，纳粹在奥斯维辛集中营中毒死了几十万人，但是这对父子却奇迹般地活了下来，原因在于他们懂得运用智慧来拯救自己。

1946 年，他们来到了美国，在休斯敦做铜器生意。某日，父亲问儿子一磅铜的价值是多少。儿子回答说是 35 美分而父亲却说："对，这里的人都知道每磅铜的价格是 35 美分，但作为犹太人的儿子，你应该说 3. 5 美元。不信，你就试着把铜做成门把手看看。"

20 年后，父亲死了，儿子独自经营那家铜器店。他始终牢记着父亲的话，用智慧为自己赢得财富。他做过铜鼓，做过瑞士钟表上的弹簧片，做过奥运会的奖牌。他甚至把一磅铜卖到了 3500 美元，这时他已经是麦考尔公司的董事长了。然而，真正让他扬名的却是纽约州的一堆垃圾。

1974 年，美国政府为清理给自由女神像翻新扔下的一大堆废料，向社会广泛招标，但几个月过去了，都没人应标。当时正在法国旅行的他听到这个消息后，立刻终止休假，飞往纽约。在看过自由女神像下堆积如山的铜块、铅丝和木料后，他毫不迟疑，当即与政府部门签下了协议。

纽约的许多运输公司对他的这一举动都暗自发笑，因为在纽约州，垃圾的处理有严格的规定，弄不好就会受到环保组织的起诉。他的许多同行也认为废料回收吃力不讨好，能回收的资源价值十分有限，都觉得他此举实在愚蠢至极。就在很多人都等着要看这个犹太人的笑话时，他已经开始组织工人对废料进行分类加工了。他让人把废铜熔化，然后做成一些小的自由女神像，把废铅、废铝做成纽约广场的钥匙，他甚至把从自由女神像上扫下的灰尘也包装起来，出售给那些花店。结果自然就可想而知了：在不到三个月时间里，他就让那堆废料变成了 350 万美金，每磅铜的价格竟然翻了一万倍。

这就是智慧的作用。其中的奥妙在于当别人只知道 1 加 1 等于 2 的时候，拥有智慧的人却明白 1 加 1 也能大于 2。犹太人尤其明白这一点，他们知道世界上许多东西可以失而复得，唯有智慧才是人生的无价之宝。因为智慧可以提升，可以创造，可以化无为有，化不利为有利，乃至可以最大限度地改变个人甚至千千万万人的命运。难怪世界著名的军事家拿破仑会说："在部队里面，勇敢的将军固然重要，但是善于动脑筋思考的将军更重要，士兵更需要一个有智慧的将军。"其实，在生活的各个方面都是如此。

世界著名的"酒店大王"希尔顿，觉得自己人生得到的最大一次启示，来自他 12 岁时的一段经历。当时美国西部人人都带枪，但他爸爸从来不带，他说："带枪的人必须依靠拔枪的速度，不带枪的人，需要的则是智慧，我相信智慧的力量会远

远大过武器的力量。”希尔顿很快领教了父亲这句话的含意。一天，他发现爸爸在一个酒馆里面，被一个醉汉用枪逼着，若没有回答出醉汉的任何一个问题，就会立即被枪打死。面对这生死存亡的一刻，他却吃惊地发现爸爸很平静，用一种非常感人的语调，慢慢地对那个拿枪的人说话，那人的态度逐渐软化，枪掉在了地上。最后，那人竟然抱着他的爸爸哭了起来！

“智慧的力量大于任何力量。”这一启示，指导了他后来的经商之道，使他最终成了闻名世界的“酒店大王”。

让孩子养成爱阅读的习惯

犹太人是当今时代全世界公认的最聪明、最富有智慧的人之一。有人不禁想问：“犹太人为什么这么聪明呢？”其实，这与他们热爱读书有着很大的关系。犹太人非常喜欢读书，他们大都把书看作是精神的食粮，从来不焚书，即便是一本攻击自己的书。

犹太人爱书的传统由来已久，据联合国教科文组织 2005 年的一次调查表明，在以犹太人为主要人口的以色列，14 岁以上的以色列人平均每月读一本书；全国的公共图书馆和大学图书馆共有 1000 多所，平均每 4500 人就有一所图书馆；在有 450 万人口的以色列，办有借书证的就有 100 万人；在人均拥有图书和出版社及每年人均读书的比例上，以色列超过了世界上任何一个国家，为世界之最。

或许正是因为如此，犹太民族才培育出了爱因斯坦、弗洛伊德、柴门霍夫和门德尔松等许多杰出的科学家、思想家和艺术家。

那么，犹太人是怎样培养孩子爱书的习惯的呢？犹太父母是这样做的：

第一，培养每天晚上全家一起阅读的习惯，全家人静静地坐在一起，阅读一些孩子喜爱的书籍。

第二，给孩子订一份报纸，并督促孩子自己阅读。

第三，每周拿出一天时间来共同阅读报纸，就关心的话题进行讨论。

第四，每周抽出一两天，用一小时的时间同孩子一起玩，或让孩子参加能促进

语言能力发展的棋类运动。

第五，每周都带孩子去一次博物馆、图书馆或历史遗迹馆参观，让孩子在参观中学到知识。

然而，作为父母应该怎样激起孩子的读书欲望呢？犹太父母是这样做的：

首先，给孩子们看的书篇幅不要过长，几页就可以了，因为孩子的注意力只能集中一小段时间。另外，这些书应有较大的插图，细节少。孩子们比较喜欢那些有插图没文字的图书。

要确保书里的文字容易理解。一本书字印得很大，看起来也会简单，但是却有可能包含一些难字，所以事先要把它浏览一遍，看看里面的文字是否能被你的孩子理解接受。

在给孩子读书时，要尽可能把气氛搞得很轻松愉悦，他们就会从中体会到更多乐趣。朗读时，让手指在你读过的字下移动，但不要强迫孩子看这些字或者跟随你的手指读字。鼓励孩子注意图画中的事物或让他们猜测下一步将要发生什么。当他们这样做时，给予表扬。如果孩子要求的话，重复阅读某些书，一本他特别喜爱的书可以反复阅读。注意孩子是否常常谈到它，或看他有多少回自发地回头去看他最喜欢的书，这都是判断孩子是否对某个问题有兴趣的好方法。

如果孩子明显地提出他要读书时，父母可以给孩子一些他熟悉喜爱而又能“读”的书，即使他已经记住了书里的文字。以后当他在其他书里看到这些熟悉的词汇时，他就能读懂它们了。给孩子准备一些新书，这些书里的故事最好有一定的反复性，而且再三出现相同的词汇。即使孩子已经能够自己阅读也不要停止读书给他听。有你与他一起度过这段亲密时光，他会从中得到很多快乐。

另外，父母还应该教导孩子爱惜书籍，保持书的整洁、美观，不让他们乱涂乱画。把书放在孩子房间里低矮的书架上以便他们翻阅。

教孩子学外语，为孩子的将来打基础

犹太民族出现了许多杰出的商人，从罗斯柴尔德到索罗斯，从洛克菲勒到彼德

森，众多犹太商业巨子的功名事业令世人为之震惊。那么他们的成功之道是什么呢？犹太商人都普遍懂得两门以上的外语，从而使他们与外国商人打交道的时候沟通能方便一些，更加从容地应对生意场上的一切。

与此同时，整个犹太民族都乐于学习英语，他们认为："会说几门外语，你就具有几个人的价值。"而在以色列国内，不同犹太移民之间即使讲五花八门的外语，相互之间都能听得懂。有人做过一个统计，以色列犹太人使用的外语多达 86 种，不亚于联合国官方会议上使用的外语数量。

如今的社会正不断地进步，科学技术也不断更新，人类生产力也跟随着高度发展，国与国之间的交往不断深入，人类对信息量的需求在不断加强。这种发展和变化将引发世界范围内人们的接触和流动加强，使地球变得越来越小。在这种情况下，语言就成了不同国家民族的人相互交往、相互接触的首要条件。如果我们能够相互懂得对方的语言，那么我们的这种沟通就能变得相对方便得多。并且，这种全球化的趋势还在不断地加深，所以学习外语显得尤为重要。为了将来适应这种愈演愈烈的社会形势，孩子能否掌握一门或几门外语，则显得更为重要。

对于一个人的语言能力的形成来说，小时候的教育是非常重要的。所以在犹太民族，每个犹太家长都会在孩子很小的时候就教他们学习外语。

那么，我们的父母也不妨借鉴一下，对孩子的外语教育及早入手，打下坚实的基础。并且，我们还可以借鉴一下犹太父母教孩子有效学习外语的方法。犹太父母在教育自己的孩子时，通常是利用以下三种方法：

第一，自然习得法。

有很多孩子对于生活中的东西很感兴趣，家长要有目的地选择日常事务，作为激发幼儿兴趣的素材。比如，家长在领着孩子逛超市时，家长要时刻注意孩子的目光，适时地用双语来丰富他们的词汇量；在游玩时，家长要主动地运用英语问候语向外国友人打招呼，使孩子在潜移默化中掌握问候语的使用。再比如，孩子喜欢看卡通片，家长可选择卡通和英语相融合的碟片，让孩子在轻松看片中习得英语。

第二，游戏兴趣法。

由于孩子的思维方式主要以行动的、直观的方式进行，因此说，孩子的思维方式是一种直观行动思维。这种思维的主要特点是在实际行动和直接感知中进行的。要结合幼儿思维发展的趋势，让孩子在游戏中记忆、在直观中感知，潜移默化地产生学习英语的兴趣和积极性。还以英语为例，当孩子积累了若干个动物单词后，家长们可自编一个边讲边玩的儿歌：I can walk like a duck；I can run like a horse；I can swim likeafish；I can jump like a frog。

第三，氛围营造法。

为了与孩子形成一种亲切、良好的个人感情交往氛围，可以给孩子设立一个学习外语的情景。多与他们玩游戏，多给他们讲故事，在玩玩讲讲中自然渗透已学会的外语内容，互动中给孩子把听到和看到的内容进行充分复述的机会。比如：把孩子已学会的单词贴在家中相应的物体上，创设语言学习的氛围，增加孩子看、说、练的机会；孩子前几天刚学会小鸡这个单词，家长还可以有意识地做小鸡的动作，讲有关于小鸡的故事，还可以让孩子看小鸡的图书，等等。家长可以运用一切有利的方法帮助孩子练习并运用已学会的英语。

求知就是在为自己积累财富

犹太民族是一个多灾多难的民族，曾受尽迫害和歧视——金钱被抢走，房屋被烧毁，人民被屠杀。因此，犹太人选择了一种即使大难临头，也可以永远伴随自己、无法被人剥夺的财富，那就是智慧。

马克思也曾经说过：“求知可以改变人，甚至整个人类的命运；没有一个人是贫穷的，除非他不接受教育。”

海菲茨是一个著名的小提琴手，他出生于立陶宛首都维尔纽斯。他的父亲是一位职业小提琴手，3 岁起海菲茨就开始跟父亲学琴，4 岁入维尔纽斯音乐学校师从马尔金，6 岁即在音乐会上成功地演奏了门德尔松的 e 小调小提琴协奏曲。对于童年的这段学琴时光，海菲茨曾经回忆道：“父亲在家时，我练得最多，因为当时的规矩很严。我喜欢一个人单独在房间里练习，为此曾和我父亲有过冲突。即使是长

大成人后，我也不愿意别人在旁边看我练琴，我不能专心，我练琴时不能有人在场。”

8岁那年，海菲茨在维尔纽斯音乐学校为前来此地旅行的奥尔教授演奏。这位名师一眼就看出这个孩子非同小可，于是建议海菲茨的父亲把孩子送到圣彼得堡来跟他学习。当时，俄国的法律禁止犹太人在圣彼得堡定居，这可使一家人都是犹太血统的海菲茨的父亲伤透了脑筋。幸好，圣彼得堡音乐学院的院长、著名作曲家格拉祖诺夫为他们想出了一个绝妙的办法——把父子俩一并收为学生，这就是1911年奥尔班上的学生名册里有两个海菲茨的缘故。

他的父亲不仅在海菲茨小提琴的学习上费尽了心思，而且严格督促儿子其他文化课的学习，法语、德语、历史、地理、数学，这些都请了私人教师到家中来授课。海菲茨十分刻苦，出去看了一场戏或参观了一个博物馆回来，都要写一篇作文。这种勤奋刻苦、持之以恒的求知欲望，海菲茨保持终生。

1912年10月，在著名指挥家尼基什的邀请下，海菲茨与柏林爱乐乐团合作演出了柴可夫斯基的小提琴协奏曲，这个男孩极其精彩的演奏轰动了乐坛。观众席上的克莱斯勒听后深为赞叹，对身边的津巴利斯特说：“你我也许应该怀着更多满意的心情马上砸碎自己的小提琴！”海菲茨的名字开始不胫而走，人们都知道俄罗斯又出了一位了不起的男孩，而前不久埃尔曼童话般美妙的音质曾让听众怎样如痴如醉啊！近些年，陆续发现了一些海菲茨早年在俄国时期未做商业发行的录音，据说其中真挚的感情、纯正的风格和扎实的功底……这些海菲茨成熟时期演奏中的优点，已经鲜明地表现了出来。

雅沙·海菲茨如同俄罗斯民间传说中美丽神奇、造福人间的火鸟，他的横空出世使整个小提琴世界的面貌为之焕然一新。他的成功与他的父亲不断教育他求知是分不开的，如果没有了求知欲，也许成功的可能就不会那么大了。

犹太人在把智慧装进脑袋的同时，也把财富装进了自己的口袋。当其他弱小民族日渐衰落时，仅占全世界人口总数0.3%的犹太人却常常在世界学术界大放光彩，操纵着全球经济的杠杆，成了历史上最聪明、同时也是最富有的民族，这一切

的原因就在于犹太是一个尊师求知的民族。

每一位家长都应该像犹太家长一样，从小就培养孩子尊师求知的品格，让孩子在学习中不断地成长，为孩子将来打基础，从而积累下无数的财富。

学无止境

在犹太民族流传着这样一个传说：

如果一个人来到天国裁判所，并说"我很穷，整天被饥饿所困，没有时间学习"，那么，他就会被问以这样一个问题："你比希莱尔还穷吗？"

希莱尔是一个穷人，他每天都要辛苦地干活儿，却只能挣到很少的一点钱。他用收入的一半支付给学院的门卫，而用剩下的一半来维持自己和家人的生计。

一次，他没有挣到钱，自然也就被学院的门卫挡在门外。知识的吸引力是巨大的，在它的驱使下，希莱尔爬到了教室的房顶上，把头紧紧贴在冰冷的屋顶上，透过玻璃屏息倾听智者施玛和阿弗塔扬讲课。此时，外面正下着鹅毛般的大雪，不一会儿，就将他覆盖起来，但他听得非常入迷，整夜没有挪动一下位置。

第二天清晨，施玛对阿弗塔扬说："兄弟，你发现了没有，天已经亮了，但这间屋子还是有些暗，是不是外面阴天了？"

他们抬头向上看，发现屋顶有一个较大的物体，于是，他们爬到房顶，发现了希莱尔，他被大雪覆盖，冻得失去了知觉。他们把他背下来，给他洗澡并涂油，然后把他放到了火炉旁边。

两位圣人说："这个人的求知行为多么值得人敬佩啊，愿上帝保佑他。"

《塔木德》中有这样的话："对于像孩子那样学习的人，我们把他比做什么呢？就像用墨水在新鲜洁净的纸上书写。"所以，在犹太人看来，不论一个人的年龄有多么大，也不管他有多么贫穷，只要他是人，就应该学习，只要生命没有停息，就不应该停止学习。因为在犹太人看来，学习跟吃饭、睡觉一样重要，每天必不可少。

耶鲁大学毕业考试的最后一天。在一座教学楼前的阶梯上，有一群大四的学生

挤在一起，正在讨论几分钟后就要开始的考试。他们的脸上显示出很有信心的神情，这是最后一场考试，接着就是毕业典礼和找工作了。有几个学生在谈论他们已经找到的工作，其他的人则在讨论他们想得到的工作。怀着对四年大学教育的肯定，他们觉得心理上早有准备，能征服外面的世界。即将进行的考试他们知道只是很轻易的事隋——教授说他们可以带需要的教科书、参考书和笔记，只要求考试时不能彼此交头接耳。

学生喜气洋洋地鱼贯走进教室，当教授把考卷发下去，他们都高兴得眉开眼笑，因为试卷上只有五道论述题。

三个小时过去了，教授开始收考卷。学生们似乎不再有信心，他们的脸上都出现可怕的表情，没有一个人说话。教授手里拿着考卷，面对着全班同学，端详着他们担忧的脸，问道："有几个人把五道题全答完了？"

没有人举手。

"有几个答完了四道题？"仍旧没有人举手。

"三道？两道？"

学生们在座位上不安起来。

"那么一道呢，一定有人做完了吧？"全班学生仍然保持沉默。

教授放下手中的考卷说："这正是我预期的。我只是要加深你们的印象：即使你们已完成四年工程教育，但仍旧有许多有关工程的问题你们不知道。这些你们不能回答的问题，在今后的日常操作中是非常普通的。"教授微笑着继续说下去："这个科目你们都会及格，但要记住：虽然你们是大学毕业生，但你们的教育才刚刚开始。"

时间消逝，这位教授的训诫清晰依旧，这位教授便是犹太著名学者列维·斯特劳斯。

学习知识就像在画圈。随着知识的日积月累，你的圈也就越画越大。当你扬扬自得时，不妨看看圈外的世界，你会发现这个圈所接触的空白也在相应地增加。真实的生活正在向我们展示它的博大精深。所以说，学习是永远没有止境的。

让孩子忠于自己的兴趣

没有兴趣的学习就是机械式的学习，为了应付而学习；没有兴趣的工作，就是被动的工作，为了生存而工作。这不应该是每个人在做事情时正常的状态，因为这样只能让一切毫无趣味可言，那么，做这件事情本身也就失去了最根本的意义。所以，作为父母，要懂得以兴趣作为孩子行为的动力，这才是最巧妙而且最为有效的做法。

“宝贝，学小提琴吧，你看多高雅!”

“可是我不喜欢!”

“宝贝，这可是我和你爸爸一直的心愿，你看，我们给你买了最好的小提琴，又给你请了那么好的老师，你就学学吧！再说了，会拉小提琴显得你多有气质啊!”

苦口婆心之后，孩子勉强学了小提琴，可最后，父母的脸上仍然没有流露出什么高兴的神色，反而是一副“恨铁不成钢”的表情。为什么？孩子被逼着学，能学好吗？就算最后能弹奏乐曲，相信他的琴声里定然没有感情。人只有在做自己真正感兴趣的事情时，才能投入百分之百的热情。

犹太人就深知这一点。

美国大导演斯皮尔伯格是犹太人。在他 12 岁生日时，做电气工程师的父亲送了他一件非常珍贵的礼物——8 毫米的摄像机，以便使他能够用“电影记录往事”。显然，斯皮尔伯格被这神奇的玩意儿迷住了，爸爸的鼓励和引导让斯皮尔伯格爱上了摄影，从此，拍电影成了他最大的乐趣。

费曼是第二次世界大战后美国最天才的理论物理学家，他所创造的“费曼图”，被人们拿来和电子元件中的“硅片”相提并论，二者都大大提高了计算机的工作速度，在效果上千百倍地延长了科技人员的寿命。诺贝尔奖得主汉斯·贝特曾说天才有两种：普通的天才完成了伟大的工作，但人们觉得那工作别人也能完成，只要足够努力就行了，特殊的天才，他做的工作别人谁也不能做，而且完全无法设想。贝特认为费曼属于后一种天才。

为什么费曼能成为这种“特殊的天才”呢？据说，在费曼很小的时候，父亲就买了五颜六色的“马赛克”给他玩，让他摆出各种花样。等他稍大后，父亲又经常带他散步和做游戏，和他讨论为什么小鸟会不断地啄自己的羽毛之类的问题，借以激发他认识事物的兴趣和习惯。稍大一点，父亲不仅帮助他在家中建立了自己的实验室，还培养他成为修理收音机的能手。

父亲对儿子兴趣的培养和教育让费曼取得了优异的成绩：24 岁，费曼获得博士学位，28 岁担任康奈尔大学教授，47 岁获得了诺贝尔物理学奖。

兴趣对一个人的影响极为深远，除此之外还有以色列的第一位女总理梅厄夫人。

梅厄夫人从小就对政治活动感兴趣。小学毕业后，她到了姐姐家。因为当时姐姐家是犹太复国主义的大本营，常常有许多犹太复国主义者在此讨论至深夜，小小年纪的她被深深地吸引住了，这对她也产生了潜移默化的影响，促使她后来成为一名优秀的女政治家。很小的时候，她就积极地参加政治活动，或募捐或演讲。父亲虽然最初表示反对，但最后还是支持了女儿。

凭借着神圣的民族责任感和狂热的政治热情，她和姐姐放弃了在美国舒适的生活，返回了故土，并成为以色列出色的女外长和优秀的女总理。也正是她从小对募捐和演讲的天赋，使她在后来的中东战争中临危受命，一举在美国募捐了 5000 万美元，比原计划超出了一倍。正如“以色列之父”本·古里安所言：“有一天要写历史，将写上一位犹太妇女，她弄到了使这个国家能生存的钱。”

兴趣可以让一个人变得充满激情，兴趣可以让一个人全力以赴，兴趣可以让一个人取得意想不到的成就，这些都是强迫式教育所得不到的。家长们望子成龙的心情可以理解，但请家长务必注意，兴趣才是第一的，这是诸多犹太名人对教育的告诫！

教会孩子在学习中专注

不少家长会在孩子身上发现这样一种不好的毛病：孩子刚坐下来写作业，不到

五分钟，就跑去看电视了；刚拍了一会儿皮球，看见别人捉蜻蜓，又跟着跑去捉蜻蜓了；刚吃了两口饭，小伙伴一叫，就偷偷地跑出去玩了……这种孩子通常没有定力。这种缺点，如果孩子小时候不改正，会持续到孩子长大以后，甚至可能更加"东一榔头，西一棒槌"。对此，家长必须重视起来，想办法帮助孩子改掉这个坏毛病。

定力就是指专注。做任何事情都需要专注，专注才能投入，才能更容易解决问题。实践证明，很多伟人之所以成功，都与他们具备专注的品质息息相关。犹太人就非常注重这一点。

比尔·盖茨一出生就受到了家庭的精心教育，在这其中，他的父母尤其注重对他的专注能力的培养。所以，比尔·盖茨在关注他感兴趣的东西的时候，往往非常专注，对周围的事物一概不放在心上。

在还很小的时候，比尔·盖茨就喜欢看书。那个时候，他经常捧着书一看就是几个小时，而且一点都不觉得厌倦。

到了中学，比尔·盖茨接触到了计算机，这个神奇的家伙立即深深地吸引了他，他开始疯狂地迷上了计算机。很快，八年级学生比尔·盖茨便挤进了高年级学生的圈子，他们的老师所知道的所有计算机知识，比尔用一星期的时间就超过了。

在那个时代，计算机刚刚起步，上机编程很昂贵，但比尔还是不断地寻找和创造机会去上机编程序。那时，比尔常与伙伴们一起乘车到学校附近一家新办的计算机中心公司编写程序，经常到累得无法继续才回家。即使回到家，他的心思还在计算机上。在家里，他常常为了一个问题，费尽心机地苦苦思索。他的房间里到处是电传纸和计算机纸，成卷成沓的。

吃完晚饭后，比尔常常会先假装睡觉，然后趁父母不注意时偷偷溜出家门，坐十来分钟汽车去计算机中心公司继续他的编程工作。偶尔回来得太晚了，汽车已经停运，比尔只好走路回家。虽然这很累很劳心，但他始终乐此不疲。

进入哈佛大学后，学习计算机的条件优越得多了，比尔·盖茨更加是如鱼得水，他把极大的精力投入到计算机中。为了赶一个程序，比尔有时一干就是 36 个

小时以上，困了就趴在桌上睡一会儿，醒来后继续忙碌。忙完后，比尔一回宿舍就拉过毯子，倒头便睡。有时太投入了，以至于在盖着毯子熟睡时，还在一遍遍地说着关于编计算机程序的梦话："一个句号，一个句号，一个句号，一个句号……"

比尔的精力全部投入到计算机上，极大的专注力让他无法再顾及其他，尽管那时家里很富有，尽管他可以在大学与人约会，但比尔的注意力从没有在这些方面停留……

正是这种极大的专注力让比尔·盖茨在计算机方面有了非同寻常的成就，最终引导着他走向他心爱的计算机事业。

我们会发现，生活中孩子似乎对很多事情都非常感兴趣，但他们往往很难专注于某事。不专注，就不会全身心投入，就永远只能在目标的外围徘徊，难以取得很高的成就。这其实也就要求我们，在孩子小的时候，一定要把孩子的专注力激发出来。比如，让孩子做某事，让他在规定时间内完成并帮助他排除外界干扰；让孩子对感兴趣的问题不断刨根问底，积极思考；让孩子在兴趣广泛的基础上，选择最着迷的，并有意地强化……方法有很多，用心的父母会懂得去摸索。

三人行，必有我师

杰弗逊 17 岁时就读于威廉与玛丽学院，学习成绩非常优秀，特别是在历史和语言方面。此外，他对农艺、数学和建筑学等也有浓厚的兴趣。而后来他自行设计的蒙蒂塞洛宅邸，既有传统的古典式建筑风格，又有自己独特的特点，堪称当时美国第一流的建筑，至今仍是美国最值得赞赏的乡间府第之一。

杰弗逊出身上流社会，当时的上流社会的人除了发号施令以外，几乎不与平民百姓交往。但杰弗逊却没有秉承这样的恶习，而是主动与各阶层人士交往。他的朋友中当然不乏社会名流，可更多的是普普通通的仆人、园丁、农民或者贫穷的手工业者。他的优点便是善于从各种人身上学习，他知道每一个人都有自己的长处，都有金子般发亮的东西。

杰弗逊仪表堂堂，谈吐生动，富有朝气，喜爱社交。他善于演奏小提琴，常有

机会在总督府与一些比他年长很多的社会名流一同演奏古典乐曲。杰弗逊跻身于这些名流之中，经常同他们交谈，获益匪浅。

有一次，他还劝说法国伟人拉法耶特："你必须像我一样到普通民众家去走一走，尝一尝他们吃的面包，看一看他们的菜碗。只有你亲自这样做了，你才会了解到民众不满的原因，并会懂得正在酝酿的法国大革命的意义了。"

不耻下问，善于学习是杰弗逊的过人之处，他也因此比其他的领导者更清楚民众到底在想什么，到底最需要什么，这也是他成为一代伟人的原因所在。

不论是做学问，还是做人，都要善于向每个有专长的人学习，向含有真知灼见的任何一本书、任何一种见解学习。那种"我比我周围的人都聪明，因此我完全不用理会别人说什么"的想法是错误的。学习范围非常广泛，每个人都有自己的优点与弱点，向每一个人都可以学到很多东西，要看到每个人的长处、取人之长补己之短。

林肯是美国人心目中最有威望的总统。说起林肯，谁都知道他的父亲是一个庸碌无为而且目不识丁的鞋匠，他的母亲也是平庸的家庭主妇。那么林肯怎么会有那么卓越的领导和管理才能呢？人们一定会认为林肯受过良好的教育和训练。事实并非如此，不少美国人都知道，林肯所受的教育是极不完整和正规的，他一生中只去过几天的学校而已。在他被选为国会议员后，自己也曾对众人承认过这一点。那么谁是林肯的老师呢？答案就是在肯塔基州森林地带数位巡游的村儒学究，是他们在无意之中帮助了林肯得到长进。

林肯的老师还包括伊利诺伊州第八司法区的许多人。他曾每天和许多农夫、律师、商人商讨着国家大事和世界上发生的事情，从他们身上学习到很多知识和道理。林肯成功的秘诀就是：每个人都可能做他的老师。

中国古代的孔子说："三人行，必有我师焉。"意思是说三个人同行，其中必有人可以做我的老师。犹太父母在教育孩子的时候也说，老师和同学，乃至周围的每一个人都可能成为请教的对象，对一个人而言，其实没有哪一个环境是所谓的好环境，也没有哪一个人是唯一的所谓好老师，只有不断变化的环境才是你最好的环

境，也只有不断地向不同的人学习才是你选择老师的最好办法。

犹太人的高效学习法

学习是每个民族都会的事情，但是唯有犹太民族能够在学术、科学、研究等各个领域似乎很轻易地取得重大的成就。这或许会让许多人感到惊奇，但是只要看了犹太人独特的学习方法，你就知道其中的奥秘了。

在犹太人看来，学习是一件讲究方法的事情，并不是凭着蛮劲就可以学好的。为此，他们总结了很多独特的方法，这些家长们可以参考一下，用来指导自己的孩子。

第一，注重对阅读的培养。

婴儿六个月时就已经开始熟悉声音，并对纸上的东西发生兴趣，尽管他们不懂内容，但只要朗读给他们听，就能使他们熟悉并喜欢父母的声音，并为日后的教育打下基础。研究表明，孩子喜欢听故事，即使是重复的故事。通过听故事或者自己阅读，孩子可以自由发挥想象力，阅读也有助于孩子好奇心和专注力的培养。这些都可以为孩子日后的发展打下良好的基础。

第二，投入学习法，把书印到大脑里。

研究《塔木德》的学院的学生，很多都是从早到晚一直学习的，他们经常捧着书，并且还在口中不住地读着书上的内容。这种学习方法就是“投入学习法”，在学习的时候，可以动用全身的器官进行辅助。比起我们通常的做法如用彩笔标出需要背诵部分，这样的学习方法更有效。我们的做法是为了应付考试而进行的有效背诵，等考试结束了，记忆的东西就会被忘记一大半。而“投入式学习”则不同，是将眼睛看、口读、耳朵听等各种方式综合起来，而不是单纯阅读。阅读的时候，他们还会吟读或是抑扬顿挫地读。这个时候，他们会按照一定的节律左右摇摆，动用全身的各种器官，按照文章的意思，将自己完全投入。

在犹太人看来，一旦你的记忆容量变大了，你的大脑就有能力不断地储存新的信息。

第三，扮演老师，让学习突飞猛进。

一项脑力测试表明：学生只能吸收教师在课堂上所讲内容的10%左右。如果一个学生自己阅读材料，那么其吸收率将急速提高到70%左右。如果学生再将所学的内容教给别人，无论他是扮演一个教师的角色，还是在合作性的学习环境下讲授，他将掌握有关内容的90%。犹太人熟知这一点，所以在家庭中，他们经常创造环境，鼓励孩子通过扮演老师来提高学习效果。如家长扮成学生，虚心地向孩子请教各种问题，或者给孩子购买数个娃娃，让孩子给这些娃娃上课。渐渐地，有一天家长就会发现，孩子掌握的东西比自己所掌握的还要多。此外，通过这样的一个方法，孩子也会逐渐变得自信起来，并能认识到自己的价值。

第四，自教自学。

犹太人认为："孩子不可能永远接受学校教育，孩子长大了，就必须有自教自学的能力，才能不断丰富自己的学识。"所以犹太人鼓励自己的孩子自学成才。他们通常会让孩子使用下面这套自学方法来丰富自己的知识：

1. 从小养成良好的自学习惯，在固定的时间和地点进行自学。

2. 根据自身情况，制订相应的学习任务和计划，然后大量地阅读，以开阔视野，使知识日渐广博。

3. 广泛阅读，结合精读，精读的这部分内容要选取对自己有价值的领域，深入研究，使之真正转变为自己的知识。

4. 通过别人的"头脑"学习。在阅读时，发现难以理解的内容时，犹太人习惯将书借给周围有学识的人读，通过参考别人的读书心得，来对知识进行深化理解并吸收。

5. 多种形式、多种渠道自学，比如与人交谈等，这样可以在无形中增长自己的见识。

犹太孩子从小就在这些学习方法的指导下学习，所以一般他们的学习效率都比较高。这让他们掌握了大量的知识，从而使他们在各自所在的领域取得了重大的成就。由此可以看出，他们的这些高效学习法功不可没。

然而，在我们的现实生活中，有许许多多的孩子因为不懂得学习方法而难以取得良好的成绩，即使他们费尽了气力。所以如果你想让自己的孩子学习学得有效率，何不让孩子试试犹太人的学习方法？

犹太人的有效记忆法

人的一切活动，从简单的认识活动，到复杂的学习和劳动，都离不开记忆。记忆对一个人来说是非常重要的，没有记忆，人们的思考就失去了前提，因此记忆是人智力活动的仓库。

在智力发展最重要的幼儿时期，记忆则具有更重大的意义。苏联心理学家维果斯基认为：学龄前儿童心理活动的各个方面中，记忆占有优势地位，记忆处于意识的中心。如果没有记忆能力，那么幼儿每一次都要去重新认识那些已经见过的事物，那么他们不可能获得任何生活知识经验。有了记忆，先后的经验才能联系起来。通过记忆，人们才能丰富自己的知识，并形成各自的心理特征。而幼儿记忆的发展对学习文化科学知识有直接作用，因而从孩子的幼儿时代，家长就要对孩子的记忆力的锻炼重视起来。

鉴于以上原因，古希伯来最通用的教学方法就是背诵和记忆。在古希伯来人中，有读 101 遍要比读 100 遍好的说法。在学者们当中，最值得夸耀的事是能一字不差地背诵《圣经》。有一个希伯来拉比讲过：“一个成功的学者要手脑并用，并且通过熟读和记忆来引发思考。”

公元前 3 世纪，在古希伯来刚刚兴起的学校里，年轻人开始从学习古代律法转向了解民族衰败和兴旺的各种问题，探索人生的真谛，学习有关实际事物的知识。教师们常常要求学生先背熟内容，然后再逐段、逐句地讲解，其目的就是要让学生一点不落地掌握圣典的内容。除此之外，古希伯来人在强调机械性记忆的同时，还主张要勤于思考。当学生背下了所学的内容之后，老师常常引导学生提出各种问题，并对这些问题进行讨论。而在讨论的过程中，学生对所学的知识的认识又会上升到一定的高度。

大多数人躲避思考的理由是"费脑筋"。思考确实是一件苦差事，然而，天才们之所以能够成为天才，正是由于他们勇于完成这个"转换"——变逃避用脑为乐于用脑。

爱迪生仅有17岁的时候，就以发明二重发报机开始了科学发明生涯。尝到思维价值甜头的他，从此就在实验室的墙壁上，贴了一张条幅，上面是雷洛兹爵士的语录："人总是千方百计躲避真正艰苦的思考。"下面是他自己的一句话："不下决心艰苦思考的人，便失去了生活中的最大乐趣。"这种提法耐人寻味：一方面，承认思考是艰苦的，另一方面，思考又是"生活的最大乐趣"，也就是说：艰苦是可以超越的，要以艰苦被超越为"乐"。

爱迪生还有一句世人皆知的名言："天才就是百分之一的灵感加上百分之九十九的汗水。"但是，我们必须注意到的是，爱迪生所说的"汗水"真正的含义并不是从事机械的工作，而是从事动脑筋的发明工作。因此，他说的所谓"流汗"，就是指不断地用脑和思考。

正因为有这些勤于思考的意识，爱迪生一生之中的发明有2000多件，平均每15天就有一项发明，被人们称为"世界发明大王"。

犹太人认为，按记忆时的意识状态来分，记忆可以分为无意记忆和有意记忆。孩子越小，无意记忆就越占优势。当孩子年龄小的时候，常常忘记父母的吩咐，为人父母者不要轻易地说他"没记性"，那只是因为他不太感兴趣而已。随着孩子年龄的增长，有意记忆就逐渐发展起来，占主导地位。比如，六七岁的孩子常会自言自语地重复家长对自己说的事情，对一些一下子弄不太懂的事情还会再度"请示"。

有意记忆又分为机械记忆和意义记忆两种。孩子由于知识经验少，缺乏对事物内在联系的认识，年龄越小，就会越多地抓住事物的外部联系去机械记忆，而小学阶段的孩子在记忆某篇文章或某些事隋时，就不再逐字逐句地原文照背，已经能在理解的基础上记忆。对于孩子的学习而言，意义记忆的效果会更好。不过，机械记忆也是必不可少的，因为有一些知识内容，如字母的记忆等必须机械记忆。

讲到记忆就会讲到它的"孪生姐妹"——遗忘。人们记忆、背诵，总是希望永

远不忘。可是，现实生活中偏偏会出现遗忘。有人做过实验，测试人在学习半个月以后的遗忘情况，结果令人大吃一惊：大学生对物理知识忘了85%，中学生对生物知识忘了60%，小学生对地理知识忘了55%。

犹太人教育孩子说，遗忘并不可怕，关键在于你怎么去认识遗忘。

首先，遗忘是生活的常规，只要不超过一定的范围，就是很正常的。遗忘对一个人的认识起着过滤的作用，滤去那些不重要、不符合社会和个人需要的东西，保存下来的就是对个人很重要的东西。不要认为只要记住就是好事，有时记忆中有大量我们完全不需要的琐事，如果我们不把它们赶快遗忘的话，势必会拖累记忆，影响记忆的效果。在日常生活中，有的学生在听老师上课或听演讲的时候，把老师或演讲者的口头禅记住了，而忘记了主要内容，这对他的生活和学习都是不利的。

其次，要与遗忘做斗争，也就是让那些我们不希望遗忘的东西不遗忘或少遗忘。最主要的方法就是复习，通过复习，加强记忆就能减少遗忘。

中国有句古话，叫作“学而不思则罔，思而不学则殆”，所以家长们在教育孩子掌握知识时，必须将记忆与思考结合起来，提高学习效率，取得学习的最佳效果。

让孩子快乐学习的教育方法——寓教于乐

列宁的父母总是十分注意使孩子们对学习产生兴趣。因为兴趣是促使孩子主动、自觉地好好学习的一个非常重要的条件。

对于幼小的孩子，列宁的母亲在教他学习外语时总是边玩边把学习和游戏结合起来。空闲的时候，父母还会和孩子做答题游戏，玩猜字谜，以增强孩子的学习兴趣，促进他们的动脑能力。列宁的父亲还很注意培养孩子对学习的责任感和刻苦学习的精神。

当儿子过于轻松地就学会了所有的功课，他没有为之高兴，反而十分担心，担心这样会妨碍他刻苦学习的品德和应有的学习责任感的养成。于是父亲带他去参加一个小学的毕业典礼，给一个勤奋学习因而成绩优异的学生颁发奖状，让他看一看

毕业典礼的庄严场面，学习那位学生在学习和生活条件都很差的情况下勤奋顽强学习的精神。通过这些游戏和活动的参加，使孩子不仅学到了知识，还学会了做人的道理。

从列宁成为一代革命导师的事实来看，他后来取得的成就在很大程度上得益于他早期受到的正确家庭教育方式。正是因为如此，犹太父母在教育孩子时，十分注意将学习与游戏、生活结合起来，寓教于乐，让孩子在愉快的环境下学到知识，让学习不再枯燥。

威特这位近百年来德国少有的奇才，八九岁时能够运用德语、意大利语、拉丁语、法语、英语和希腊语等六种类语言，并且通晓植物学、动物学、化学、物理学，尤其擅长数学。他之所以能够取得这一切成就，在很大程度上得益于他父亲的教育方法。他的父亲认为与其填鸭式地灌输知识，还不如开阔他的眼界，他利用一切机会丰富威特的见识。在他三四岁时，父亲每天带他散步一两个小时。散步中，他一边与威特谈话，一边捉个小虫，或在路旁摘一朵野花解剖，用身边的昆虫和一草一木为素材，对他进行动物学和植物学中的有关知识的教育。

威特坐在书桌前读书的时间比大部分同龄人都少，但是他所学到的知识比任何一个同龄人都多。他的父亲用大量时间通过玩耍、散步、运动、旅行以及吃饭等，使他学到知识，懂得道理。如看到古城和建筑物，他就讲它们的名称和历史。从两岁以后，不论是探亲访友、参加音乐会或买东西，父亲到哪儿都带着他，有空就带他去参观所有的美术馆、博物馆、植物园、动物园、矿山、工厂、医院和保育院等开阔他的眼界。威特父亲的教育秘诀在于唤起孩子的兴趣。他鼓励孩子提出问题，对于孩子提出的问题，他都会耐心地加以解释和说明，绝不随便敷衍，他认为这样教授的知识最自然并且富有成效。参观中，威特总是用心观察各处景观，认真听导游或父亲的说明。三岁以后，父亲带他到全国各地周游，回来还要求他把看到的名胜古迹和古战场等写信告诉母亲或朋友，加深记忆。

威特的父亲没有给他买什么玩具，只是在院子里修了一个大游戏场，上面铺着厚厚的沙子，孩子可以自由地坐在上面玩。威特有一套炊事玩具，可以和母亲一起

学做菜。有时威特当主妇，妈妈当厨师，如果威特下达的命令不得要领，就失去了当主妇的资格，改由妈妈当主妇，那样威特就得听从妈妈的命令，去菜园取某种蔬菜等等。如果材料拿错，就连当厨师的资格都没有了。这种演剧式的游戏很多，妈妈是导演。除此之外，他们还经常演出某个历史事件的某些情节或重游周游过的地方等，这些都让威特得到了正确的历史和地理知识。

父亲还为他做了许多形状的木块，他可用这些木块盖房子、修塔、建教堂、造城、架桥，这些活动非常有利于孩子用脑创造。所以，虽然他只有很少的玩具，但即使在漫长的冬天，威特也不感到无聊，总是可以愉快地玩着，并且在游戏中学习知识、增长见闻。

威特父亲的教育没有什么学习时间和游戏时间的区分。在散步、游玩或吃饭的过程中，他都非常注意扩大威特的知识面。他每天为威特规定了平均只有 15 分钟的功课时间，用来学习外语等。在这个时间里，他要求威特专心致志地学习，如果不专心，就会受到父亲严厉的批评。在学习中，其他事情都一律停止，包括客人来访等，这就养成了威特学习时严肃认真的态度。

正如犹太拉比所说，学习不应该是枯燥的，父母有责任为孩子创造有利于学习的环境，这不单单指窗明几净的书房和温馨和睦的家庭气氛，更重要的是让每一件能够引起孩子兴趣的活动都含有知识的踪影，让孩子在潜移默化中学到知识，学到道理。

犹太人教育孩子追求知识的六个技巧

犹太孩子在学习知识的过程中，之所以学习成绩优秀，那是因为犹太人在教育孩子的过程中，懂得教授孩子追求知识的技巧。这些技巧主要包括以下六点：

一、帮助孩子建立自尊心。

不管出身和经济状况如何，要让你的孩子真正觉得自己是“上帝的选民”。因为如果孩子重视自己，认定自己是独一无二的人才，那么他就会主动去追求好的东西。你谈到与教育有关的教训，他们才会听你的，对他们才会具有意义。

二、培养延后享受新观念。

教育是一个漫长、循序渐进的过程，结果并不确定，而培养延后享受观念则需要一点一滴地进行经过长时间的培养才能获得。

父母必须在孩子很小的时候就开始为孩子的优良行为进行具体而实质的物质奖励。孩子做了简单的家务事，就可以给他们报酬，等孩子长大一些之后，可以给他们更有价值的报酬，以奖励良好的学业成就。

也许有人会说："噢，我不应该用钱买他们的成绩，他们应该希望自己有好成绩。"但是，这种观点虽然很崇高，但是小孩就像大人一样，对于物质奖励会有比较好的反应。

培养延后享受理念的另一个方法，是把钱投资在银行账户或股市中，不要让孩子把钱花在立刻能获得享受的花费上，让他们自己管理自己的投资，让他们看着自己的投资逐渐增加。

培养延后享受理念是教育孩子的重要技巧，会让孩子进入需要长时间学习的专门职业中。如果孩子不从很小的时候就学习这种"课程"，那么到他们成年之后，很可能只能勉强糊口。

三、尽可能选择最好的大学。

孩子的社会环境也由大学同学决定，因为这些同学会变成他们终生的朋友、事业伙伴，甚至还会变成配偶。另外，教师的素质也和学生的素质息息相关。所以，为孩子尽可能地选择一所好的大学尤为重要。

对很多人来说，大学教育的费用超出父母的预算和储蓄能力，然而最坏的情况是，学生不能归还助学贷款，但谁也抢不走在大学中学到的东西。家庭"牺牲"一点生活质量，让孩子获得高素质的教育，就长远来说，是绝对值得的。

四、培养孩子博学多闻的求知习惯。

父母应该鼓励小孩多看看电视新闻和报纸，和小孩多谈论一些适合他们年龄的时事。因为父亲博学多闻的良好习惯会影响到孩子，并且激发他们的想象力、理解力和求知欲。此外，还要鼓励小孩大量阅读，让孩子掌握庞大的词汇量和养成热爱

读书的良好习惯，以便在书中学到更多的知识。

五、用储蓄为孩子创造教育上的高期望。

在犹太家庭里，高等教育是读完高中之后的自然选择。不过一般来说，读大学的费用都比较高昂。但是在犹太家庭里面，一般都会为此早早做计划，在孩子很小的时候就开始实施储蓄计划，从而使大学教育的费用负担大大减轻。

六、使自己的技术“与时俱进”。

如果你希望在任何一个行业中成为专家，你就必须“与时俱进”，不断地学习，使你的技术能跟上形势发展的需要。不管你是医师、律师、会计师还是教师，甚至是送货员，都必须不断追求新知，更新自己的知识。当你让孩子看到你在成年之后仍继续学习，他们心目中教育很重要的观念也会得到强化，并且乐意与你一起分享教育的经验。

犹太人如是说

从同龄人身上获得知识和能力也是教育的一部分，所以寻找能力高超的同学非常重要，这事关一个人日后一生的发展。

没有教育，就没有未来

“没有教育，就没有未来”。

在建立教育体系的过程中，犹太人高度重视免费义务教育。在犹太历史上，多次记载着为穷苦孩子免去学费的事情。大拉比希雷尔年轻时享受的就是这种待遇。从希雷尔以后，在犹太人中间就有了一条不成文的规定：遇到像希雷尔那样贫穷而又渴求知识的学生，在条件许可的情况下可免交学费，享受免费义务教育。

“没有教育，就没有未来”，这是以色列开国元勋本·古里安的名言。在犹太人的传统中，文化教育和宗教始终占据着举足轻重的地位。每个犹太人都认为，人的一生有三大义务，而教育子女是第一位的。《圣经·箴言》中明确地告诫以色列人要把教育儿童作为毕生最重要的事情，如：“我儿，要听你父亲的训诲，不可背弃你母亲的教导。”“父亲要给子女的教诲，就是智慧之言”；《圣经·申命记》中也

多次提到"要告诉你的儿女们"。第六章中还说："听着，以色列耶和华，我们的上帝是唯一的主，你要尽心尽性，尽力爱耶和华——你的上帝。我今日所吩咐你的话，须铭记在心。也要殷勤教训你的儿女，无论你坐在家里，行在路上都要谈论它们"。犹太人之所以如此强调父母对子女的指导与教诲，是因为他们很早就意识到了平和、虔诚、优雅的个人性格是后天教育的结果。

根据犹太经典《密西拿》的规定，儿童从6岁开始就要学习《圣经》，10岁起学习《密西拿》，13岁开始学习犹太戒律，15岁要学习《革马拉》。19世纪，犹太教育的突出现象是，东欧不少地区形成了律法研究中心，兴办了大量的经学院。在这些经学院中开始划分年级，成绩优异者可以继续学习，终身研究，成为犹太经典的专家拉比。

俄国犹太人一直有热衷于教育的传统。在苏联，犹太人的教育水平超过了其他任何民族。据1920年的统计，当时俄国犹太人只有29. 6%处于文盲、半文盲状态，远远低于其他民族。而且，由于对高等教育的渴求和得天独厚的机遇，他们大量地进入大学和各类技术学院。到1929年，在俄罗斯的经济和医学学院中，犹太学生占学生总数的60%以上。在苏联解体前，即二十世纪七八十年代，犹太人接受大学教育占全部犹太人的2/3，而苏联其他民族中上大学的人口仅占全部人口的1/4。

在俄罗斯的许多犹太社团里，人们都把接受教育看成是最自豪且值得夸耀的事情。希伯来语启蒙作家亚伯拉罕·帕佩纳在他的自传体作品里，详细地记录了在尼古拉一世统治下的一个俄国小城市里犹太人重视教育的现象。科皮尔这座小城市缺少现代化学校，连一所国立或公立的世俗学校也没有。基督徒居民全部都是文盲，可是犹太人却办起了大量的学校。当时，科皮尔共有3000居民，其中包括白俄罗斯人、鞑靼人和犹太人。犹太人数量最少。所有4至30岁的犹太男子都在传统的男子小学校学习。虽然没有规定女孩子必须受教育，但她们大多数都能朗诵祷词，阅读《托拉》的意第绪文译本。在科皮尔，有位犹太父亲为了送自己的孩子上学，不惜倾家荡产。不少穷人为了缴纳学费卖掉自己仅有的枕头或最后一个枝形灯架。科皮尔的犹太人中没有一个文盲，即使那个为浴池烧火和担水的呆子梅尔克——一

个低能的水夫也懂些祷词，能够一字不差地背诵对《摩西五经》的祝词。

《塔木德》上指出：如果学习是最高的善，那么，创造有利于学习的机会与环境便是仅次于学习的善。因此，许多犹太社团都把教育投资看成一种责无旁贷的责任与义务。

美国犹太人人口中受过高等教育的人所占的比例，是整个美国社会平均水平的5倍。在现代社会中，这种重视教育、善于学习的回报就是知识和金钱。所以，每一位年轻的父母请重视对孩子的教育，这不仅是你对孩子的责任，更是你应尽的义务。

因材施教

对于年幼的孩子来说，最重要的是教育而不是天赋。孩子的天赋是有差异的，然而这差异是有限的。就是那些只有一般禀赋的孩子，只要教育得法，也都能成为非凡的人。

威特是近百年来德国少有的奇才。他8岁时能够自由运用德语、意大利语、拉丁语、法语、英语和希腊语等七国语言，并且通晓动物学、植物学、化学、物理学，尤其擅长数学。9岁考上莱比锡大学，14岁由于提交数学论文被授予哲学博士学位，16岁又获得法学博士学位，并被任命为柏林大学法学教授。

可是，这样聪明绝顶的一个奇才，婴幼儿时期却是极傻的，连母亲和邻居都认为他是一个白痴。他妈妈当时还曾说："这样的孩子，教育他也不会有什么出息，只是白费力气。"然而威特的爸爸老威特却不这样看，他认为：今天的孩子大都受的是非常不完全的教育，他们的禀赋连一半也没有发挥出来。比如禀赋为八十的只能发挥出三十，禀赋为六十的只能发挥出二十。如果实施能发挥禀赋八到九成的有效教育，那么，即使生下来禀赋只有五十的普通孩子，也会优于禀赋为八十的孩子。他坚持用自己的方法教育儿子，没有多久，这个"傻孩子"就轰动了整个街区乃至后来全德国。

正是老威特的因材施教，才使少年威特从一个别人眼中的"傻瓜"成为德国乃

至世界少有的奇才。他的理论及成功的实践，给千万望子成才的父母增添希望和信心。

犹太拉比认为，为人父母者应该按孩子的思维长项来寻找学习和研究的领域。爱迪生偏向观察，于是选择发明。爱因斯坦的思考方式偏向直觉，于是选择理论物理，唯有用好自己的长处，才能找到最适合自己学习与创造的领域。爱因斯坦在《自述》中说："我看到数学分成许多专门领域，每一个领域都能费去我们的短暂一生。因此，我觉得自己的处境就像布里丹的驴子一样，它不能决定究竟该吃哪一捆干草。这显然是由于我在数学领域里的直觉能力不够强，以致不能把真正带有根本性的最重要的东西，与其余那些多少是可有可无的广博知识可靠地区分开来。"

意大利著名的天文学家、物理学家伽利略是中世纪的一颗明星。他在物理学方面的发现，打破了 1700 多年以来人们对亚里士多德的迷信。牛顿说过："如果我能看得比别人远一点，是因为我站在巨人的肩上。"他所说的巨人，指的就是伽利略。

可是，有谁会想到伽利略年轻的时候曾一度想当修道士。这位科学界的天才差一点被埋没在修道院里。及时改变伽利略这个主意的，不是别人，正是他的父亲凡山佐。

那时候，欧洲的教育和科学都是神学的奴仆，许多学校都是附设在修道院下的。为了让伽利略做好进大学的准备，凡山佐把孩子送到修道院的学校去学习。伽利略在学校里受到宗教感情的激动，决心要当一个修道士，把一生都贡献给宗教。

凡山佐自己擅长数学。但是，那时人们并不了解数学的用处，连大学里都没有专职的数学教授。凡山佐又是一个作曲家和琵琶演奏员。但是，他也不能靠音乐来谋生，他只能开一个他不愿意开的小铺子养家糊口。在这种情况下，凡山佐当然不愿意儿子学音乐，也不愿意儿子学数学。他希望儿子成为一名医生。伽利略的名字伽利里奥，就是为了纪念他们的祖先——一位著名的医生而起的。

凡山佐当然不同意伽利略的这个错误决定。他知道这个孩子从小对任何事情都喜欢问一个"为什么"，这样的人是不会甘愿长期受宗教教条束缚的。而且，修道院中令人窒息的枯燥生活，也不是伽利略这样的人能够忍受得了的。他找了一个借

口，说伽利略一只眼睛有问题，不能看书，把伽利略从修道院带回家中。

后来，经过凡山佐的耐心劝说，伽利略接受了父亲的劝告，改变了想当修道士的念头，进比萨大学当了学生。虽然他始终没有成为一名好医生，可是，他毕竟摆脱了做一个枯燥的修道士的命运。而且，他在比萨大学读书期间结识了一些数学家，开始观察和研究了一些物理学的现象，走上了科学研究的道路。

“知子莫若父”，如果没有凡山佐果断、及时而正确的引导，伽利略这颗科学巨星很可能埋没在修道院里。

犹太人认为，孩子的不同爱好，或有益于身体的健康，或有益于智力的开发，有益于个性形成，或有益于情操的陶冶。只有尊重和发展孩子的正当爱好，方有遂愿的可能。

爱之深，责之切

只有爱不见得能培养和教育出优秀的孩子来，而应该把热爱和严格要求结合起来。

美国第三十二届总统富兰克林·德拉诺·罗斯福是美国历史上唯一一位连任四届的总统。他的业绩在全美国民众中是有口皆碑的，人们在谈论他所受到的家教时也同样津津乐道。

他出身于富豪家庭，父亲学法律出身，是美国有名的商人，家里很有钱。罗斯福的父亲和母亲年龄相差 26 岁，当罗斯福出生时，父亲的年纪已经很大了。罗斯福有一个同父异母的哥哥很早就离家在外，罗斯福的降生给这个本来就十分幸福和睦的家庭带来了无比的欢乐。幼小的罗斯福自然成为父母关注的中心。然而，罗斯福的父母并不是娇惯他，而是严格地管束他，特别是罗斯福的母亲。她为小罗斯福安排了严格的作息时间表：7 点起床，8 点吃饭，然后跟家庭教师学习二三小时才可以休息，下午 1 点吃饭，午饭后又学到 4 点才能够自由活动。

小罗斯福玩游戏时总习惯于自己是赢家，为了教育他，有一次母子二人玩一种棋类游戏，母亲故意不让着他，接连几次赢了儿子。小罗斯福生气了，母亲故意不

理他，并坚持让儿子向自己道歉。结果，小罗斯福认输了。

正是父母从小对罗斯福的严格要求，才使他比同龄人自立、自律，促使自己不断奋进，取得骄人的成就。

犹太人像世界上所有的父母一样很疼爱孩子，但在他们视为传统的教育问题上，对下一代的要求极为严格。拉比认为，对孩子来说，严格要求是很重要的。因为孩子们往往缺乏经验，是非界限有时弄不清楚，而且对自己行为和情感往往也不善于独立控制。如果家长对他们不严格要求，他们往往不能自觉、主动地学习和按行为道德标准来行动。因此，就更需要父母对他们的思想和行为有严格的要求，使他们养成良好的思想和行为习惯。

家长在对孩子进行严格教育时，若不能了解孩子的特点，具备基本的教育知识，盲目地严格要求会造成教育失败。家长的见解高低在把握分寸时起着关键的作用。不能对孩子的教育以“严”失误，但也绝不能溺爱孩子、放任孩子。还有的家长或宽或严都缺乏依据，凡事随心所欲，教育效果就更难保证。自己一高兴，对孩子百依百顺，该约束的也放任不管；自己心里有气，一点小事就将孩子大加管束，严厉得可怕；有的父母平日一贯溺爱孩子，从来不提要求，学习、品德、锻炼放得很松，时间长了，孩子的坏毛病出来了，父母感到问题严重，立即急刹车，进行严格管教，不择时间、场合，方法粗暴，强迫孩子保证以后再也不犯错误。然而多时积累起来的毛病是不可能因家长突然严格要求就立即消失的，所以这种严格也是无济于事的。

所谓“爱之深，责之切”，就是说，严格要求正是出于深切的爱。所以，做父母的不应该受盲目的爱所支配，要“严”中有“爱”，“爱”中有“严”。当然严格要求并不意味着对孩子的态度严厉、动辄打骂训斥，而是要做到以合情合理为前提。同时，态度应该是耐心的，循循善诱的。父母对子女一定要怀着带有严格要求的热爱，千万不要溺爱姑息孩子、过分地宠爱孩子与迁就孩子。一定要有分寸，有理智。只有这样，才能把孩子培养成为有良好个性品行的优秀人才。

严格教育对生活在优裕环境中的儿童尤为重要。人生要经过许多磨难，特别是

要成就大事业。如果只会享福，不能受苦，这样的人将不能立足于社会，更不能为社会献身，为他人造福了。因为这样的人只能满足于自己的成功和幸福，心理永远不会成熟。

无时无刻不在学习

成功需要成本，时间也是一种成本，对时间的珍惜就是对成本的节约，而时间最有效地利用就是在学习上。

居里夫人，作为一位杰出的女科学家，在仅隔8年的时间内就分别摘取了两门不同学科的最高科学桂冠——诺贝尔物理学奖与诺贝尔化学奖，并且在一生中获得了难以计数的其他科学殊荣，可谓是技艺超群、硕果累累。她的长女伊伦娜，核物理学家，与丈夫约里奥因合作发现人工放射性物质共同获得诺贝尔化学奖；次女艾芙，是一名音乐家和传记作家，她的丈夫曾于1965年以联合国儿童基金组织总干事的身份接受瑞典国王授予该组织的诺贝尔和平奖。作为一名普通的母亲，居里夫人十分注意充分利用一切时间与机会培养和教育自己的子女。

居里夫人

居里夫人一生科研工作都十分繁忙，然而她很善于抓紧时间对子女进行早期教育，并善于把握孩子智力发展的年龄优势。比如，居里夫人在女儿不到1岁时，就让她们开始所谓的“幼儿智力体操”训练，带她们到公园去看绿草、蓝天、白云，看色彩绚丽的各种植物和人群；让她们广泛接触生人，到动物园看动物，让她们与小猫玩；让她们到水中拍水，使她们感受大自然的美景。孩子大了一点后，居里夫人又开始了一种带艺术色彩的“智力体操”，给孩子讲童话，教孩子唱儿歌。再大些，就开始智力训练和手工制作，如数字的训练，字画的识别，还教她们作画、弹琴、做泥塑，让她们自己在

庭园栽花、种菜等，并抽出时间与她们散步，在散步时给她们讲许多关于动物和植物的趣事，如种子是怎样在花里长成的，小老鼠和鼹鼠是怎样打洞的，哪里能找到兔子窝等等。她还教孩子骑车和烹调等。

居里夫人的教育都力求从实物开始，并且每天更新，以提高孩子的兴趣。全方位幼儿早期“智力体操”的训练，抓住生活中每一分钟的时间，不仅使孩子智力得到了开发，同时也培养了孩子的各种能力，增强了孩子的自信心，锤炼了孩子的性格。

精明的犹太人不仅在经商时考虑投资、成本，在日常生活中更是教育孩子凡事都要考虑投入与产出。他们教育孩子珍惜时间，要善于利用零碎时间。他们从来不认为半小时是微不足道的一段时间。一个人如果认识到学习的重要，看到自己水平不高，感到时间的紧迫，就会自觉地去利用零碎时间。零碎时间最好用来学习自己最喜欢的学科，以吸引自己的注意力。

18 世纪俄国有一位杰出的科学家叫罗蒙诺索夫，他生长在俄国北方的一个渔村，是一个渔民的儿子。他 8 岁丧母，10 岁时父亲又娶了继母，从此他从早到晚在咒骂声中度过，整天干着繁重的家务活。凶狠的继母只要看见小罗蒙诺索夫手里拿着书本，就立即上前夺过来，撕个粉碎。可怜的小罗蒙诺索夫只好趁夜深人静的时候，悄悄一个人躲到屋后的一间板棚里，靠着一支蜡烛的微弱光亮，如饥似渴地读书。

有一次，罗蒙诺索夫和父亲一起出海打鱼。突然间，狂风怒吼，海上掀起了巨浪，帆船在海中颠簸起来。就在这千钧一发之际，小罗蒙诺索夫勇敢地爬上了摇摇晃晃的桅杆，迅速地扎起了吹脱的帆篷。帆船安全了，继续平稳地行进。父亲为了奖励他，要给他买一件鹿皮上衣，但是被他拒绝了，而是只要父亲给他买一本讲授自然知识的书。他要去探索天空、陆地和大海的奥秘所在。得到这本书后，他更是抓紧点点滴滴的时间阅读。

1730 年，罗蒙诺索夫从家乡来到莫斯科，想求学读书。但在沙俄时代，渔民的儿子是没有读书的权利的。一个偶然的机会，他遇见了同乡的已经做书记官的杜季

科夫。以后，他就在书记官家里当佣人，并教书记官的儿子识字。有一天，瓦尔索诺菲神父来到杜季科夫家里，听了罗蒙诺索夫不远千里、长途跋涉来求学的倾诉后，感到十分惊奇，深表同情。于是，瓦尔索诺菲决定隐瞒罗蒙索诺夫的出身，保举他上扎伊科罗帕斯基学校。

罗蒙诺索夫得到了读书的机会，就像鱼儿得水一样。他仅仅用三个月的时间就完成了别人要学一年的课程，一年内连跳三级。在俄国圣彼得堡科学院选拔学生的严格考试中，罗蒙诺索夫的总分名列第一。

但在这时，同为老乡的书记官杜季科夫告发了瓦尔索诺菲神父隐瞒罗蒙诺索夫的出身的真相。神父受到了严厉的谴责，而罗蒙诺索夫则要被发配到边远地区的修道院去服苦役。在宣布了对他的惩罚结果之后，官员们征求罗蒙诺索夫还有什么话要说，他用低沉有力的语调说："我的家乡是一个艰苦的地方。我是一个渔民的儿子，有勤劳的双手，艰苦的生活对我并不可怕。从记事起，我就习惯在冰天雪地上听着暴风的吼叫读书，我并不害怕那恶劣的天气。现在我怕的并不是那艰苦严峻的生活，而是不能再学习和认识自己迫切想要了解的世界。对我来说，如果不再学习的话，还不如让我死去。"

这一番感人肺腑的话，使全场的人都激动起来。

这时，科学院代表突然站起来，大声喊道："我代表圣彼得堡科学院宣布，科学院从你校录取的第一名学生就是罗蒙诺索夫！"

罗蒙诺言索夫在科学院认真学习了一年，又因成绩优异被送往德国留学。

他孜孜不倦的追求，终于使他成为伟大的哲学家、科学家和诗人。他的伟大业绩不仅为俄国人民所敬仰，同时，也给全世界的科学事业增添了光辉的一页，激励着全世界的人们。人们从他身上学到的不仅仅是顽强的意志，还有珍惜时间，抓住点点滴滴的时间，分秒必争的学习精神。

当代父母在教育孩子时，要注意将学习与游戏、生活相结合，抓紧每一分、每一秒的时间，寓教于乐，让学习变得生动有趣，不再枯燥。

兴趣是最好的老师

幼年阶段对周围事物发生浓厚的兴趣，可能是终生成就的能源。兴趣是最好的导师，兴趣正是儿童对某种事物的欲望，只要有了欲望，你就会从内心的深处去争取喜欢的事物，才会不知疲惫，感到快乐。

发明轮船的富尔顿，出生在一个贫苦的农民家庭。14 岁的时候，他对制炮很感兴趣，并和一个造炮工人结为朋友。他们时常同坐一条小船，到河里去钓鱼。河水流得很急，船在逆水行进的时候，只靠一根竹篙撑动，又缓慢，又费劲。一次一次的劳累使爱用脑子的富尔顿思索起来：能不能制造一样东西来帮人划船，既省了力气，又可节省时间？这个从生活需要所激发的创造火花，一天到晚都像影子一样跟随着他。父母时常看到他在发呆，其实他正在煞费苦心地捕捉创造的灵感，决心把这个既像是玩具又像是机器的东西设计出来。但只停留在想象阶段是没有用的，后来他又一头钻进舅舅家的工棚中——那里什么工具和材料都有，富尔顿可以随着兴趣施展自己的本领。富尔顿一鼓作气地干了 7 天，带回家一件新奇的玩意，所有人都不明白它的用处。富尔顿不慌不忙地又到那一条湍急的小河中，把那件东西装在小船上，先用手摇动几下，接着就听到突突突的声音响起来了，人们在船上也感觉到船的抖动，船尾有一股被搅动的浪花翻滚着。奇怪，今天再也不需要用竹篙划船了，它却走得比往日快那么多！伙伴们围着含笑的富尔顿欢呼起来。那一件使大家惊奇得喊不出名字的东西，就是现在汽船上的轮子！后来，富尔顿不断地设计创新，不断地摸索改进。终于使他成为有史以来第一个创造轮船的人。

富尔顿幼年时的兴趣，启发引导他创立了自己终生从事的奋斗目标，并艰苦卓绝地为之奋斗。可见，兴趣是最好的老师。

犹太人认为，世人往往对自己的兴趣不了解，大众的行为往往会误导个人去寻找不适合自己的事物。所以要做一个独立的人，不要随大流。

后来成为科普作家的法布尔原本是个教师，在长期的业余研究中，他积累了大量丰富的观察记录和心得体会，写成了闻名全球的《昆虫记》一书。法布尔觉得种

族众多的昆虫王国，是一个比人类社会还要有趣的世界。有史以来，这个神奇的领域几乎无人认真地探索过它的奥秘，但他想要做第一个！法布尔常常来到校园的一角，蹲在那里观看黄蚂蚁与黑蚂蚁打仗！他常常不知不觉地趴在草地上，静静地以一个观察员的身份，眼巴巴地盯着双方阵容的变化。蚂蚁是用接吻来传递信息的，它们带着互相厮斗的勇猛劲头，顽强拼杀直到援兵大队的匆匆赶来……真是趣味无穷！法布尔对昆虫的业余研究，有效地促进了他所教授的生物课，博得了师生的一致好评和钦佩。

还有苏联的生物学家米丘林，原本是个铁路职工，收入微薄。为了能够拥有一块种植果树的园地，就节衣缩食地过日子，日积月攒，好不容易租种了一块贫瘠的荒土，种上各种各样的果树，作为科研的基地。这时的米丘林才十七八岁。他顶着寒风翻地，培育了许多色美味香、果肉丰满的新品种，创立了自己的园艺学体系。兴趣的力量使他成为苏联和全世界的著名的园艺人才。

实践是检验真理的唯一标准。亲身经历是非常重要的，只有亲身经历过，我们才能够获得经验，而随着经验而来的则是价值非凡的知识。回忆自己的亲身经历，了解自己的成败得失，有助于我们了解自己的优点和弱点，在制定人生大目标的时候，知道自己的兴趣所在，扬长避短。如果你在全市音乐比赛中一举夺冠，或者在校园编程大赛中荣获第一名，那么你绝对有实力成为歌唱家或电脑奇才。

犹太父母还反复教育孩子：人们往往在失败时，过低估计自己的实力。其实失败的时候，你应该努力分析这件事你做成功了哪些部分，而这几部分正是实践的结果，你要相信自己的实力。当然，失败正说明你能力还不够，需要继续努力，但千万不要以成败论英雄。要由兴趣出发，设立远大目标。如果爱玩电脑，你可以追求成为下一个比尔·盖茨；如果喜欢游泳，你可以立志成为游泳运动员；如果看重金钱，你可以学习企业管理，成为一个犹太商人一样精明的企业家。

像凸透镜一样聚焦

注意力是通向知识世界的窗户，没有它，再多的知识也无法走入孩子的心灵。

贝索是爱因斯坦最好的朋友，被爱因斯坦称为“在全欧洲都找不到第二个的知音”。他在相对论的创立过程中曾经给予爱因斯坦很多启示，被誉为“相对论的助产士”。他鉴别能力强、思维敏捷、知识渊博，但是他一辈子也没有自己的建树。对此，爱因斯坦曾对他直言相劝：“我坚信，如果你具有专注的热情，你一定能够在科学领域中孕育出一些有价值的东西。”

生活中有太多的像贝索一样智商很高的人，但是却未能有多大的成就，原因是没有将精力聚焦在问题上，结果导致能量无端耗散。犹太人做任何事情都很认真，他们非常专注于手中的工作。犹太拉比说：注意力不集中，易分心，是所有孩子的共性。年龄越小，控制注意力的时间越短，小学一年级的学生一次集中注意力时间至多也只有 15 分钟，1-2 岁的孩子自然更短，最多不会超过 3 分钟。

历史上凡是事业真正有所成的人，在工作和学习时总是注意力高度集中，达到如痴如醉的程度。著名的化学家和物理学家居里夫人就有着非凡的注意力。她小时候读书很专心，完全不知道周围发生的一切，即使别的孩子跟她开玩笑，故意发出各种使人不堪忍受的喧哗之声，都不能把她的注意力从书本上转移走。有一次，她的几个姊妹搞恶作剧，用六把椅子在她身后搭了一座不稳定的三脚架。她由于在认真看书，一点也没有注意到头顶上的危险。“木塔”突然地轰然倒塌，引起周围的孩子们的哄笑。至于爱因斯坦看书入了迷，把一张价值一千五百美元的支票当书签丢掉了；大科学家牛顿把怀表当鸡蛋煮做午饭；黑格尔一次思考问题，在同一地方站了一天一夜等类轶事，都是这些伟大人物做事时注意力高度集中，事业上成功的奇闻趣事。

然而，有些孩子的情况却很糟，几乎片刻不停，忙忙碌碌，一丁点儿的事物也可以轻易把他们吸引过去。虽然他们也有兴趣爱好，但对感兴趣的事情也无法主动集中注意力。像这类孩子就具有注意力分散度较大的气质特点，应该及早给予帮助，否则到学龄时期就会出现多动症症状，影响纪律，影响学习。

有一次，一个青年苦恼地对昆虫学家法布尔说：“我不辞辛苦地把自己的全部精力都花在我喜爱的事业上，结果却收效甚微。”法布尔赞许说：“看来你是一位有

志于献身科学的有为青年。”这位青年说：“是啊！我爱科学，可我同时也爱文学，对音乐和美术我也很感兴趣。我把时间全都用上了。”法布尔从口袋里掏出一块放大镜对他说：“把你的精力集中到一个领域上试试，就像这块凸透镜一样！”

许多有一番成就的人物都是“聚焦”成功的。就拿法布尔来说，他为了观察昆虫的习性，常常达到废寝忘食的地步。有一天，他大清早就趴在一块石头旁，几个村妇去摘葡萄时看见法布尔，到黄昏收工时，她们看到他仍然伏在那儿，她们实在不明白：“他花了一天工夫，怎么就只盯一块石头看，简直中了邪！”其实，为了观察昆虫的习性，法布尔不知花去了多少宝贵的时间。

一个人在读书时，如果他的注意力高度集中，书的内容位于他的意识中心，兴奋区域高度兴奋，就会抑制各种外界干扰。反之，读书时注意力不集中，书的内容只位于他的意识边缘，那么他的学习效果肯定不好。苏联有个教育学家说过，“注意力是心灵的唯一门户，意识的一切都要经它进来。”排除外界干扰，也是提高注意力的一个重要方面。

有人曾经问爱迪生，“成功的第一要素是什么？”爱迪生答道：“我认为成功的第一要素就是，能够将你身体与心智能量锲而不舍地运用在同一个问题上而不会厌倦。你整天都在做事，不是吗？每个人都是一样。假如你早上 6 点起床，晚上 11 点睡觉，你做事就做了整整 17 个小时。对大多数人而言，他们肯定是一直在做一些事情，唯一的问题是，他们做了很多很多件事，而我只做一件。假如将这些时间运用在一个目的、一个方向上，那就会取得成功。”

是否高度专一，一天就有很大的差别，那么一个月、一年、十年呢？不言而喻，那差异就更大了。因此，卡莱尔说：“最弱的人，如果集中精力于单一目标，也能有所成就；反之，最强的人，如果分心于太多事务，很可能一无所成。”使注意力高度集中一个必要的条件就是：使刺激引起的兴奋强烈起来。

作为家长需要了解到，注意力是人的心理现象，分为无意注意和有意注意。一个人从无意注意到有意注意的形成需要有一个发展过程：人在出生后的最初一段时期内，只有无意注意；在教育培养下，随着语言的发展和生活经验的增长，有意注

意才逐渐形成和发展起来。学龄前和学龄初期的孩子无意注意占优势，注意力容易随外界事物的变化而转移。有些家长不了解孩子无意注意占优势的心理特点，要求孩子老老实实坐着，布置提前练字或做枯燥的计算题等等，孩子总是很难做到。应该说绝大部分孩子的注意力发展是正常的，家长大可不必过于担心。但是要遵循孩子心理发展规律，关心并培养孩子的有意注意，为今后健康的成长和有效的学习打好基础：

1. 注意孩子脑营养。活动要消耗大量的营养物质。在紧张的学习期间，家长应该让孩子多吃容易消化的食品和高蛋白的食物。每次吃饭以八分饱为宜。此外每天还要保证孩子的饮水量，最好每天维持在1. 5升以上，多喝矿泉水或温开水，少喝甚至不喝刺激或兴奋性的饮料。

2. 增强孩子的信心。孩子在家长的正面引导和鼓励下会渐渐对自己增强信心，认为自己是能够安静地坐下来集中注意力学习的。所以家长要经常用亲切的口吻，平和的态度对孩子说："我相信你再坚持一下，会比前些天做得更好"，"你做作业的速度一定会加快的"，"你注意力比以前集中了"。这样的心理暗示对加强孩子的信心很有好处。

3. 保证充足的睡眠。睡眠对保护神经细胞免于衰竭很重要，所以家长要关心孩子睡眠的质和量。学龄孩子每天晚上睡觉不宜晚于10点，这样孩子神经系统还没有彻底疲乏就开始休息，有助于尽快恢复精力。一般而言，孩子的睡眠时间不应少于9个小时。

4. 孩子不能过于疲劳。如果连续几个小时埋头做功课，学习效率就会下降。要使孩子能够有效地集中注意力，就要帮助孩子防止、克服和消除疲劳。注意孩子学习内容不要单一化，隔一段时间换一项活动，适当地给孩子中间休息的机会。

5. 排除干扰因素。一个好的学习环境能养成孩子一坐到书桌前就投入学习的习惯，集中注意力变得容易主动。学习环境的周围不要有噪音，避免阳光直晒刺激孩子的眼睛，书桌不宜太靠近窗口以免窗外的景物分散孩子的注意力。孩子刚放学回家，家长不妨让他先洗洗脸，吃些点心，和他聊聊学校里的趣事，这样让孩子兴

奋的神经先安静下来，把会让孩子分心的事先排除掉。

犹太父母以亲身实践的经验告诉大家：还有一点要记住！只要孩子有一点进步，立即给予鼓励赞美，不要对他心灰意冷或怒加斥责，让孩子在轻松的学习气氛下学习，这样容易集中注意力，学习效果也好。

热爱音乐吧

热爱音乐吧！因为它是最情真意切的艺术。

相传摩西曾经写过歌，并吩咐犹太人世代相传："现在你要写一首歌，教导以色列人，传给他们，使这歌见证他们的不是……那时，有许多祸患灾难临到他们，这歌必在他们面前作见证，他们后裔的口中必念诵不忘。"据说，大卫王本人就有很高的音乐天赋，他不仅写出了许多气势磅礴的优美诗句，而且还能谱写出悦耳动听的乐曲，除此之外，他还是一位优秀的歌手和竖琴师。他为扫罗王及其三个儿子的壮烈牺牲所谱写的哀歌，长期流传在民众中间，感人至深。在大卫王执政时期，雇佣了大批音乐老师，开展音乐活动，普及音乐教育，从小培养儿童的音乐天赋，以便使他们或者能独立接待朋友，或者能参与集体活动，或者通过赞美上帝的恩典感化人们的心灵，或者通过自我娱乐领悟美妙音乐的高雅情感。

自古以来，犹太人就以酷爱音乐而著称。音乐在犹太教中有非常重要的地位，犹太人除了普通的读书之外，如果有条件，音乐学习是最基本的。犹太人特别喜欢学习小提琴，所以出名的小提琴家也非常多。世界一流的就有帕尔曼、祖克曼、明茨等。除了小提琴之外，犹太民族还向世界贡献了众多优秀的音乐家，如波兰作家兼音乐家瓦迪斯瓦夫·希皮曼、奥地利音乐家、西方现代主义音乐代表人物安诺德·动伯格等等都是犹太人。

音乐可以调节人的情绪，也可以治疗病患，这早已为人们所发现。但许多人"知其然"而不知其"所以然"。近几十年来，人们已逐渐认识到音乐疗法其实是一门科学的心理治疗方法，高血压病人听完一首协奏曲，血压下降 1733. 186 ~ 2666. 44 巴；英国剑桥口腔治疗室，用音乐代替麻醉剂，成功拔牙 200 多例。此

外，各国科学家还发现音乐可以调节动物的情绪，促进母鸡多下蛋，奶牛多产奶。音乐可以治病，其主要原因就是音乐对大脑皮层的刺激，可以改变脑电波和调节情绪。

法国教育家卢梭在他刚出生时就失去了母亲，由他的姑姑将他抚养成人，姑姑对他从小进行的音乐教育给他留下了终生难忘的印象。他在《忏悔录》中写道：我对于音乐的爱好，确信是受了姑姑的影响。姑姑会唱无数美妙的歌曲和小调，她精细的嗓音，唱起来十分动听。她的爽朗心情，可以驱散她本人和她周围一切人的悲愁和怅惘。她的歌声对我的魅力是那么大，不仅她唱过的一些歌曲还一直留在我的记忆深处，甚至在我的记忆力已经衰退的今天，有些在我儿童时代就已经完全忘却的歌曲，随着年龄的增长，又浮现在我的脑海中，给了我一种难以言表的乐趣。

国外著名的音乐教育家都非常重视结合语言来培养儿童的音乐能力。德国音乐教育家奥尔夫强调从节奏入手进行音乐教育，其中一个重要的内容就是结合语言的节奏。匈牙利音乐教育家柯达伊认为，只有民间歌曲才最好地保留了本民族的语言和音乐传统，儿童音乐能力的培养必须从本国语言的韵律和音调入手，儿童歌曲应该表现出本国语言的韵律特征。日本音乐教育家铃木镇一发现，不管某种语言的发音和结构多么复杂，幼儿都能够熟练地掌握自己的母语。在这一发现的启示下，他致力于为儿童创造一个同学习本国语言一样的学习音乐的环境。

家长应有意识地为孩子提供学习和欣赏音乐的机会，为孩子创造家庭及社会等不同的环境，如听各种音乐会，利用电视、音像手段，购置各种音像带，让孩子多多接触音乐。如果条件允许的话，可学学唱歌、跳舞、演奏各种乐器，更直接地接触音乐。让孩子融入艺术世界，在艺术殿堂中发展个性、培养美感、完善自我。

小孩生下来就有不同程度的音乐才能——感知节奏、旋律或完美音调，而音乐在很大程度上是后天获得的技能。在音乐之家长大的小孩显然比那些没有同样环境的小孩更容易培养音乐上的技能。为了让你的小孩喜欢音乐，并不要求你必须是一

位训练有素的音乐家。比较不同技能的学音乐的学生表明：父母越喜欢音乐，或者父母只是常听音乐，小孩在音乐方面的成绩就越好。在家中放一些乐器也同样会有助于培养小孩的音乐才能。

听音乐、谈音乐，随音乐做一些充满乐趣的游戏，甚至哪怕仅仅让小孩触摸一些乐器，都是激发小孩形成长时间对音乐感兴趣的重要组成部分。如果能播放贝多芬的奏鸣曲，对小孩都是极好的开端与鼓励，但这并不是让小孩热爱音乐的必要条件。有时，正当你和孩子一起分享音乐并告诉他音乐是多么有意思时，他要求你停止唱歌，你千万不要惊讶或失望，有时小孩只希望音乐是他自己的一种经历，或者有时他希望你成为听众而不是参与者。

儿歌与歌曲有着密不可分的关系：好的儿童歌曲常常是在好的儿歌基础上谱曲而成的；可以歌唱的儿歌也就成了儿童歌曲。具有教育意义和充满儿童情趣的儿歌伴随着幼儿的成长，是幼儿喜爱的精神食粮。儿歌对于培养儿童的基本音乐能力具有重要意义，因为儿童音乐能力的培养可以从儿歌开始。

此外，犹太拉比还告诫家长朋友们对孩子的音乐学习不要有什么顾虑，不要怕影响学习。事实上，表现音乐作品时情感和意境的再现所做的艺术创造；综合性艺术表演时不同艺术门类之间的协调与融合；欣赏音乐作品时所产生的独特理解和丰富联想；对音乐的社会功能和艺术品位所做的价值判断和评论；即兴创造中应变与发展等等，都给予发展人的想象力，培养人的创造能力的广阔空间。在孩子年级较低时，作业负担不重的情况下，让孩子们广泛接触音乐不但不会影响学习，反而有助于发展孩子的想象力和理解力。

活到老，学到老

《托拉》应反复研读，因为它包罗一切；要对它反思，直到老去也要孜孜不倦；学习《托拉》不得心神不安。这是最好的准则。（《塔木德》）

《圣经》中有这样一个故事：

犹太人曾被多次召集起来学习上帝授予他们的律法。摩西这样命令各长老：

“把你们各支派的男人、女人、孩子都召集来，将这些律法说与他们听，让他们研读。”

摩西死后，约书亚成为犹太人的领袖。上帝第一次召谕他就说：“这《律法书》不能离开你的嘴，要日夜诵记，好使你谨守书上所写的每一句话。”

在犹太教中，勤奋好学不只是仅次于敬神的一种美德，而且也是敬神本身的一个组成部分。在世界上所有的宗教中，把学习和研究提到这样高度的，几乎绝无仅有。

《塔木德》中写道：“无论谁为钻研《托拉》而钻研《托拉》，均应受到种种褒奖；不仅如此，而且整个世界都受惠于他；他被称为一个朋友，一个可爱的人，一个爱神的人；他将变得温顺谦恭，他将变得公正、虔诚正直、富有信仰；他将能远离罪恶、接近美德；通过他，世界享有了聪慧、忠告、智性和力量。”

学习之为善，在于其本身。它是一切美德的本源。

12 世纪的犹太哲学家、犹太人的“亚里士多德”，精通医学、数学的迈蒙尼德明确把学习规定为一种义务：

“每个以色列人，不管年轻年迈，强健羸弱，都必须钻研《托拉》，甚至一个靠施舍度日和不得不沿街乞讨的乞丐，一个要养家糊口的人，也必须挤出一段时间来钻研。”

由这一原则所带来的结果是形成了一种全民学习的传统。尽管并非人人都有“研习”的能力，但确实人人都把各种程度的“研习”视作当然之事。

这样一种为学习而学习的传统，对长期流散的犹太人尤其是其中的青年人来说，在调节其心理、保持其民族认同方面所起的作用是十分巨大的。即使从现代的立场上看，作为一种卓有成效的培养、激发人们的学习积极性的价值观念来说，也深深浸透着犹太人的独特智慧。

在犹太人看来，不管一个人到了多大岁数，也不论他有多么贫穷，只要他是人，就可以学习。人们可以透过学习保持“青春”，保持年轻人的心态，还可以通过学习而获得“财富”，取得精神上的富足。

“忍冻学习的西勒尔”的故事，是一个为犹太人熟悉的故事：

名垂千古的西勒尔年轻的时候，抱着一个很大的希望，那就是专心致志研究《塔木德》。可是，他没有足够的时间，也没有充裕的金钱。因为他实在太穷了。

在左思右想之后，他终于发现了一个办法：拼命地工作，靠工钱的一半过活，把剩下的钱送给学校的看门人。

“这些钱给你，”西勒尔对看门人说，“不过，请你让我进学校去听课，我很想听听贤人们在说什么。”

西勒尔就靠着这种办法听了不少课，可是他的钱实在太少了，到最后他连一片面包也买不起。这时候，看门人坚决地拦住了他，不再让他走进学校一步。

怎么办呢？他终于找到了一个好办法。他沿着学校的墙壁慢慢爬上去，然后躺在天窗边。这时候，他就可以清楚地看见教室里面上课的情形，也可以听到教师讲课的声音。

安息日前夕，天寒地冻，冷风刺骨。第二天，学生们照常到学校去上课，屋外阳光灿烂，可是屋里却漆黑一片。

原来，西勒尔躺在天窗上，已经被冻得半死。他在天窗上已经躺了整整一夜了。

从此以后，凡是有犹太人以贫穷或者没有时间为借口不去求学，人们就会这样问：“你比西勒尔还穷吗？你比他还没有时间吗？”

《塔木德》中有这样一些话：

“对于像孩子那样学习的人，我们把他比做什么呢？就像用墨水在新鲜洁净的纸上书写。

“但对于像老人那样学习的人，我们把他比做什么呢？就像用墨水在破旧不堪的纸上书写。

“世界只为了学童们的呼吸而持久存在。”

拉比阿基瓦是一个贫苦的牧羊人，直到 40 岁才开始学习，但后来却成了最伟大的犹太学者之一。

拉比阿基瓦在40岁之前什么都没有学过。在他与富有的卡尔巴·撒弗阿的女儿结婚之后，新婚妻子催他到耶路撒冷学习《律法书》。

“我都40了，”他对妻子说，“他们都会嘲笑我的，因为我一无所知。”

“我来让你看点东西，”妻子说，“给我牵来一头背部受伤的驴子。”

驴子牵来后，她用灰土和草药敷在驴子的伤背上，于是，驴子看起来非常滑稽。

他们把驴子牵到市场上的第一天，人们都指着驴子大笑。第二天又是如此，但第三天就没有人再理那头驴子了。

“去学习《律法书》吧，”阿基瓦的妻子说，“今天人们会笑话你，明天他们就不会再笑话你了，而后天他们就会说：‘他就是那样。’”

阿基瓦妻子的意思就是他40岁去学习，即使别人会嘲笑他，但是第3天就不会嘲笑了，因为什么时候学习都不迟。

因此，犹太人常把西勒尔说过的一句名言挂在嘴边：“此时不学，更待何时?”以此激励自己或鼓励别人去学习知识。

只要是活着，犹太人总是不停地学习。因为对犹太人来说，学习是一种神圣的使命。犹太人认为到达天国以前，人必须不断地学习。学问的追求是永无止境的。所有的犹太人一向秉持着这样一种观念：肯学习的人比知识丰富的人更伟大。

在犹太人眼中，学问不只是学习，而是以本身所学为基础，自行再创造出新东西的一种过程。学习的目的，不在于培养另一个教师，也不是人的拷贝，而是在于创造一个新的人。

在犹太人看来学生有4种：海绵、漏斗、过滤器、筛子。

海绵把一切都吸收了；漏斗是这边耳朵进那边耳朵出；过滤器把美酒滤过，而留下渣滓；筛子把糠秕留在外面，而留下优质面粉。

因此，犹太人倡导：学习知识，应该去做筛子一样的人，只有学习才能使人更接近完美。

犹太人把学习称作“重复”。从字面上看，它的意思是亲自读、说、听，多遍

地练习，最终将文章全部内容记住。这种韧性在犹太人当中是普遍存在的。

这种韧性是在犹太人的生活方式中养成的。年复一年，犹太人在自己的节日到来之际，整整一周时间都会吃一种无味的面包，以体味辛劳的感觉。饭后，他们还要诵读经文，感谢上帝的恩赐。犹太人在漫长的历史中一直遵守着这种传统。

在这种环境中培养出的犹太子女，即使不聪明，也会不断地通过练习和复习来达到对某事物的理解。正是这种努力进取的热情使犹太人比别的民族明显高出一筹。

犹太人对教育的热情早就人所共知。在希伯来语中，教育是“hinukh”，有服务、奉献之意。就是说，教育不是知识的传授，而是培养能为上帝和社会做贡献的人才。

犹太人喜欢探索，敬畏事物背后隐藏的神秘。犹太人关心的问题不是人类掌握了多少知识，而是拥有了多深的造诣和洞察力。

犹太人在教育方面最大的特点应该是贯彻完全的幼儿教育和一生学习的生涯教育。对于犹太人来说，学习却是一生的课题。

犹太人实行的是“投入式”学习法。

在研究《塔木德》的学院里的学生中，很多都是从早到晚一直学习的。人们经常可以看到他们捧着书，口中不停地读着什么。这种学习热情真是让人感慨万分。

犹太人的学习方法可以称作“投入学习法”。他们在学习的时候，动用全身的器官进行辅助。

犹太人学习是将眼睛看、口读、耳朵听等各种方式综合起来，而不是单纯地阅读。课文虽然单调，但他们可以用一种旋律来吟读。这种旋律和他们以圣歌为原形改造的歌曲（做礼拜时吟唱）的风格一样。无论是《圣经》还是《塔木德》，他们都用这种旋律来吟读。

犹太人读书的时候，除了抑扬顿挫地朗读，还要按一定的节律左右摇摆。他们一边用右手按着课本，一边动用所有能想到的身体器官，按照文章的意思，将自己完全投入进去。这种同时使用看、读和听的学习方法，比单纯默读效果好多了。

犹太人早礼拜的祈祷文只有150页左右，如果每天早晨都反复朗读，谁都可以记住。

普通的犹太人很少能用希伯来语将《圣经·旧约》全部背诵出来。但《塔木德》的研究者却有人能记住经文的全部内容，他们就是用带有节律的吟读的方式将《塔木德》“印”到大脑里面去的。他们在记忆文章的线索时，经常先背诵某一提示性的句子，然后再反复诵读《圣经》和《塔木德》，直到眼前能出现所背文句的出处。

活到老、学到老的学习态度，视学习为终生使命，再加上自己特有的“投入式”学习法，犹太人由此获得比其他民族更胜一筹的处世智慧。

十一、犹太人的习惯教育

把书印到大脑里

一旦你的记忆容量变大了，你的大脑就有能力不断地储存新的信息。

在研究《塔木德》的学院的学生里，很多都是从早到晚一直学习的。经常可以看到他们捧着书，口中不住地读着什么。这种学习热情真让人感慨。

犹太人的学习方法可以称作“投入学习法”。他们在学习的时候，会动用全身的器官进行辅助。按照我们的做法，学习就是默读课文，重要的地方用红线和蓝线标出来或将其抄到笔记本上进行整理。虽然这样可以为了应付考试而有效地背诵，但考试结束后，记忆的东西大半都忘掉了。

像前面所述，犹太人学习是将眼睛看、口读、耳朵听等各种方式综合起来，而不是单纯地阅读。课文虽然单调，但他们可以用一种旋律来吟读。这种旋律和他们以圣歌为原形改造的歌曲（做礼拜时吟唱）的风格一样。无论是《圣经》还是《塔木德》，他们都用这种旋律来吟读。

犹太人读书的时候，除了抑扬顿挫地朗读，还要按一定的节律左右摇摆。他们一边用右手按着课本，一边动用所有能想到的身体器官，按照文章的意思，将自己完全投入进去。

犹太人早礼拜的祈祷文有150页左右，如果每天早晨都反复朗读，谁都可以记住。一旦你的记忆容量变大了，你的大脑就有能力不断地储存新的信息。

普通的犹太人当中很少有人能用希伯来语将《圣经·旧约》全部背诵出来。《塔木德》的研究者中有人能记住经文的全部内容，他们就是用带有节律的吟读的方式将《塔木德》“印”到大脑里面去的。他们在记忆文章的线索时，经常先背诵某一提示性的句子，然后再反复诵读《圣经》和《塔木德》，直到眼前能出现所背文句的出处。如果做到这样了，即使手中没有书，他们也可以被当作正确的《圣经》或是《塔木德》来请教。

每天抽出一小时陪孩子

不要吝啬你的赞美之词，纵然孩子只做了一件小事，即使是微不足道的事，只要是孩子做的，都应该给予鼓励。这样还可以培养孩子的自信心，让孩子得到力量。

一个人如果希望他的孩子尊重并执行他的命令，那他自己首先就要尊重他的孩子。

《塔木德》中说：

溺爱孩子的人对孩子无微不至。

不经管教的马难以驾驭，未经约束的孩子十分任性。

纵容孩子，他会让你震惊；和他一起玩耍，他会让你悲伤。

不要和他一起玩笑，以免和他一起痛，最后让你把牙磨碎。

不要在他年轻的时候就给他自由，或者是忽略他的错误。

管教你的孩子，耐心对待，他就不会做不光彩的事情让你难堪……

为人父母是一件劳神的事，教育孩子需要付出无数的牺牲和持续的努力。父母

感到欣喜的是，他们所付出的努力终会取得回报，从孩子身上可以感受到成功的自豪、成长和发展的奇迹、温暖和爱的感觉。可是也有许多孩子会让他们的父母享受不到这些回报。

父母们究竟怎样来与孩子相处并达到相互欣赏，这是一门值得认真学习的艺术。

在耶路撒冷一所大学的家庭教育会上，一位叫彼拉大克的父亲说："我每天都要花一个小时的时间陪孩子做功课，这不仅让孩子很快做完功课还能培养孩子专注的能力。"

许多父母总是认为孩子最喜欢的是玩具，其实，孩子真正喜欢的是父母每天能和他交流、沟通。

许多犹太教育学家们认为，孩子需要父母的关心、接纳和倾听，最为重要的是希望与父母进行感情上的交流。因此，父母应找出一些时间与孩子呆在一起。这是交流的最好方式。

利用饭后散步的这段时间，与孩子进行沟通或回答孩子的一些问题，是再好不过的，这个时候，孩子的接受能力特别强，因此这段时间可以说是教育孩子的黄金时间。

与孩子在一起时，作为父母你可能不知道与孩子进行怎样的交流，也不知道与孩子进行怎样的对话，下面让我们看看犹太父母是怎样做的：

倾听很重要。父母都可能有工作，而且还很忙碌，为了生存这是不可避免的。孩子上托儿所或是由他人看管，分开一天，孩子一定有许多的新鲜事想告诉爸爸、妈妈。父母应抽时间，听听孩子一天的经历。即使孩子不主动和父母谈，父母也应该主动找孩子谈，这也是培养孩子语言交往能力的好机会。

善于鼓励孩子。孩子渴望听到表扬或鼓励的话，这是人最基本的心理要求，作为父母不要吝啬你的赞美之辞，纵然孩子只做了一件小事，即使是微不足道的事，只要是孩子做的，都应该给予鼓励。这样还可以培养孩子的自信心，让孩子得到力量。

态度要冷静。许多父母工作一天后，劳累与烦躁使得心情很不好，容易把这种情绪波动发泄给孩子。当看到孩子做了一些让自己恼火的事，就对孩子大动肝火，这是不对的，也是不科学的，这样对孩子是一个打击。不要因一些小事就责备孩子，否则，孩子可能从此不再和父母交流。

表露你的怀疑。孩子如果倾诉了一些挫折、失意的事，在父母看来可能是不起眼的小事，如别人抢了他的东西；在托儿所吃饭时，教师把他喜欢的碗分发给了别人等等，父母都应表示出相应的理解、同情。这样就会使孩子不愉快的心情得到宣泄和抚慰，以后孩子就更愿意和父母交流了，心中有什么事都愿意和父母探讨。

培养孩子扮演教师的角色

让孩子在家庭中“扮演教师”这一角色，孩子就可以非常快速地吸收所学的知识。找到自信的方法，并发现自己的价值。

贝恩亚尼是一个不爱学习的孩子。为了把他引上学习之路，不识字的母亲也拿起了笔，并让儿子贝恩亚尼当她的教师。小贝恩亚尼很惊讶母亲这么大年龄还请他当教师，他很兴奋。为了当好母亲的教师，他不得不自己好好学习。每天傍晚，邻居总看到一个孩子在向一个中年妇女讲授功课。

在不知不觉中，贝恩亚尼的功课进步很大。后来他以第一名的成绩考入了以色列最好的中学。

智慧在哪里呢？一项脑力测验表明：

学生只能吸收教师在课堂上所讲内容的10%左右。如果一个学生自己阅读材料，那么其吸收率将急速提高到70%左右。如果学生再将所学的内容教给别人，无论他是扮演一个教师的角色，还是在合作性的学习环境下讲授，孩子将掌握有关内容的90%。

因此，这一理念就非常明显。如果在家庭中父母把孩子放在教师的位置上，他们所学会的东西就越多。

一位从教多年的犹太教师比尔拉兹说：“有人问我是如何将那些糟糕透顶的小

语法规则记住的？我回答说，那是我在教别人的过程中，更多更详细、更为深入地学会了这些东西。”

这位教师说，如果你刚刚从大学的哲学系毕业，你是不能把那么一大堆比如亚里士多德、康德、黑格尔等这些人的理论熟记于胸的。在你教学的过程中，你就不知不觉掌握了这些知识，并且了如指掌。

通过以上的事实说明，如果你注意培养孩子在家庭中“扮演教师”的角色。孩子就可能主动开发相关技能。这些技能以后将使他跃升到班里领袖人物的位置上，从而使他承担起指导性、领导性的责任。

很多教育家认为，让孩子在家庭中“扮演教师”这一角色，孩子就可以非常快速地吸收所学的知识。

在家庭中，父母可以这样让孩子来扮演教师：

让孩子把一些问题讲给父母，父母可以扮作学生，虚心向孩子请教各种孩子所要掌握的问题与知识。很多教育家认为，父母应该积极参与到孩子的教育中去。因为这种参与有着很大的价值，它要求父母与孩子一同度过一段高质量的时光。

这种活动很简单，其价值却是不可低估。这个活动要求孩子把家庭作业中不易理解的概念解释给父母听，或者学校当前正在发生的一件事也可以。

在孩子讲课时，父母要尽量装得“无知”一点，这样可能会让孩子讲得更为详细，又能把孩子放在讲述某一问题的幸运位置上，就像是教师在课堂提问学生一样。

当然，这种家庭游戏最初可能让父母与孩子都觉得无聊，只要坚持下来，很快就能发展成为一个良好的习惯。这种习惯一旦养成，晚餐时的谈话就会出现很多有价值的内容。这些谈话也就变得越来越成熟，直到有一天你会发现你的孩子所掌握的东西比你所掌握的东西还要多。

另一种情况是，孩子对以前所不能解决的问题，突然之间会找到答案，找到了解决的思路。

给孩子购买数个小娃娃，让孩子给这些小娃娃讲课。这在家庭中是最为有趣的

一件事。

综上所述，多鼓励孩子“扮演教师”是非常有效果的。在这样的游戏当中，孩子会找到自信的方法，并发现自己的价值。

想象力比知识更重要

想象力概括着世界上的一切，推动着进步，并且是知识进化的源泉。没有想象，就没有新的发明与创造，就无法解决生产和生活中的新的问题，人类社会就无法前进。

这是犹太家庭教育中一则很有代表性的故事：

一个孩子的父亲是一个极为刻板与严谨的人，每天的生活极有规律。儿子却是一个调皮的家伙，精力充沛，整天在不停地动，总是弄坏东西，总是在为不当的行为挨揍。

有一次，这个孩子把他父母的表拆开了，他只不过是想看看里面是什么东西，并试图想把这表修好，结果失败了。孩子的父亲发现这个情况之后，气得暴跳如雷，拿起木棒就打这个孩子，打得这个孩子皮开肉绽。这位粗暴的父亲在弄明白事情的真相之后，又碍于面子不愿意向孩子认错。

这个可怜的孩子才八九岁，每天却都生活在忧郁之中，他对自己的父亲充满了恨意。终于有一天，他跟着一个马戏团出走了。

自由固然不能脱离纪律的约束，但是纪律和制度也不能固定和过分限制孩子的行为。

犹太教育家塞宾尼思认为，纪律远远比不上孩子自由的天性、活泼的心灵。教育者不但不应该压制，相反还应当培育孩子的这些素质。纪律应当为孩子的自由发展、满足孩子的好奇心而服务，而不能让一些陈规压制了孩子的美好天性。

教育家认为，上面那个父亲对离家出走的孩子如果引导得法，那么孩子足可以在机械方面得到发展，完全可以成为一位发明家或者说是科学家。然而，在不合理的家庭教育中，他只能选择去当流浪汉过自由的生活。

这位父亲，如果他把这样充满好奇心的孩子领到钟表店让孩子看个够，或者说是把钟表的原理讲给孩子，那么什么事都解决了。

这个不称职的父亲的错误就在于，他缺乏对孩子好奇心的重视，他不知道如何洞察孩子自由的天性。

好奇心是每个孩子探究世界上未知因素的心理动因，好奇心有助于孩子想象力的培养。好奇心是创造精神的源泉，是孩子想象的动力。正因为孩子有了无数的好奇心，他才不停地提问、思考、想象。父母有责任保护好孩子的好奇心，让孩子的思维永远处于活跃的状态。每一个孩子都应该享受探究世界的权利。如果不是这样，孩子只能成为一个唯唯诺诺、机械模仿、缺乏创造性、没有主见、只在一定的框架中思考的人。

在不少的家庭中，孩子所得到的只是呆板的、墨守成规的教育。在这样的教育中成长起来的孩子，虽然说能按父母的意愿取得一定的成就，可多少也会受其家庭与父母的影响，也只是一个板着脸，只会啃书本，毫无乐趣可言的人。

犹太教育家塞宾尼思还认为，在游戏中培养孩子的想象力是一种行之有效的办法，也是一种不可多得的办法。因为大多数孩子都喜欢做游戏。特别是角色游戏和造型游戏，随着扮演角色和游戏情节的变化，孩子的想象异常活跃，游戏的内容也随之丰富起来，想象就更为活跃。

犹太人爱因斯坦说过：

想象力比知识更为重要，因为知识是有限的，而想象力概括着世界上的一切，推动着进步，并且是知识进化的源泉。严格地说，想象力是科学研究中的重要因素。在现实社会中，没有想象，就没有新的发明与创造，就无法解决生产和生活中的新的问题，人类社会就无法前进。

父母所要记住的是：

想象是孩子自由思维的表现，维护想象力是培养孩子热爱自由品格的重要方式，也是培养孩子创造力的有效的途径。要培养孩子的想象力，除了保护孩子的好奇心，让孩子多接触大自然、多接触生活，还要保持孩子独立的个性，让孩子尝到

想象的快乐。

犹太教育家不主张用清规戒律来束缚孩子，更不主张孩子因循守旧。他们反对人们硬把什么教义、信条以及上帝的惩罚、地狱的折磨等子虚乌有的事灌输给还不太明白是非的孩子，并毫无道理地要求孩子绝对服从。因为他们认为，这样一来，孩子的头脑就会被这些东西紧紧地缚住，不能自由地探求知识，终日生活在迷信和恐惧之中。

犹太教育家还反对对孩子的天真报以嘲笑和讽刺。父母应该非常注意保护孩子的探索精神，对孩子所提出的问题能耐心为孩子们解答。

好成绩来源于好习惯

那些在学习上废寝忘食的人，通常他们在人生中的所有领域中都很努力。孩子们玩乐的方式只不过是他们学习方式的反映，学习和玩乐中的成绩，都能给他们带来巨大的欢乐。

著名的犹太教师巴赫德塔说：

有不少的孩子在数学方面的天赋是很高的。如果给他一个公式，他就能解出任何数学的难题，可是作文水平却是平平。与他的能力应得的成绩相比，他没有付出多大的努力。可问题就出在家庭作业上，这样的学生只完成三分之二的家庭作业。而另一个学生却是另外一种情况，他能把教师所指定的作业完成到 95%，而且每天晚上至少能轻松阅读半个小时的书。

两个孩子的成绩问题关键在于他们的学习习惯，而不是天赋。

孩子从上学那天起，就有坚持做家庭作业的习惯。每个父母都有自己的一套教育方案，认为什么时候学习对孩子最为合适。有的父母愿意让孩子放学到家后马上学习，因为这个时候孩子的大脑还处于学习的思维之中。完成家庭作业后，剩余的时间就是孩子娱乐的时间，这是对孩子的一种奖赏。有的父母则愿意先让孩子休息一会儿后再来完成家庭作业，认为这样孩子可以把作业完成得更好更出色。

不论用哪种方式，只要是能够让孩子学习，这就是一个好方案。比如有的学生

一边在家中做作业，一边听音乐，而且还学得很好。有的孩子就必须要在绝对安静中才能坐下来读书。有的孩子非要等到吃完饭以后才能坐下来学习，有的孩子习惯边吃着东西边阅读。

无论怎样，父母都要注意，应把孩子的学习习惯和学习环境尽早建立起来。

孩子在小学时候养成的习惯，将决定他们将来是否取得巨大成功。

在家庭学习中，父母鼓励孩子掌握时间是很关键的。时间管理是一门重要的学习技能，其重要性丝毫不亚于数学几何定理的应用。学习需要自我意志，需要自我控制，所以在孩子幼小时期，父母要帮助他们将学习的习惯尽早建立起来。

当然，父母在鼓励孩子学习时，也不要忘了让孩子享受生活。因为很少有人属于真正的多重性格。那些在学习上废寝忘食的人，通常他们在人生中的所有领域中都很努力。父母们所要关注的是：孩子们玩乐的方式只不过是他们学习方式的反映，学习和玩乐中的成绩，都能给他们带来巨大的欢乐。

热爱知识从爱书开始

家长培养孩子的阅读习惯，最好的方法是将有形匿于无形之中，这是影响孩子开发孩子潜能的最好办法。

婴儿从六个月就已经开始熟悉声音，并对纸上的东西发生兴趣。尽管他们不懂得内容，但只要给他们朗读，就能使他们熟悉、喜欢父母的声音。这是一个不可多得的时机，可以为他日后的教育打下基础。

据很多教育学家发现，幼儿是很喜欢听童话故事的，即便是外婆讲过十几遍的老故事他们也一样爱听。教育心理学家认为，孩子们喜欢童话表明他们不愿意做旁观者，通过听大人讲故事和自己阅读，孩子可以发挥自己的想象力，按自己的方式参与、安排故事，并从中反映、分享他们的愿望和快乐。

一位犹太母亲在介绍自己的教育经验时说：

我的女儿出生后不久，我就开始念故事给女儿听。

初时，她咬书皮，滴口水在书上，但是我并不介意，甚至于让女儿抱着书睡。

女儿不到一岁就喜欢上了书本，她很爱依偎在我的怀中听我讲童话故事。女儿会走路之后，常常坐在家中的达拉布多狗旁边，倒拿书本，念书给狗听。当女儿后来进入幼儿园，教师发现她比别的孩子要早两年懂得阅读，而且是乐此不疲。

高声朗读是对婴儿表达感情的方式之一，随着婴儿的生长，婴儿把高声朗读看成是一种安宁和安全的声音，并把声音同受到爱护的美好形象联系起来。父母给孩子阅读时，应该注意根据故事情节的轻重缓急，掌握好阅读节奏，以便对孩子产生一种阅读的兴趣与气氛。

父母在给孩子阅读故事时要把故事念得生动活泼以唤起孩子的好奇心和兴趣。开始念新书前，你可以让孩子看看书的封皮，问他们看到了什么，猜想书中会写什么，下一步就让孩子看书中的图画等。

以色列前总统夫人芭芭拉在谈到她的教子之道时说：

我给孩子念故事时，并不让他们光坐在那里听。有时我会故意停下来，对孩子们说，现在你们猜猜又会发生什么样的事呢？如果是在阅读中遇上孩子们不熟悉的字，我就会一一解释给他们听。

在家庭教育之中不少的家长给孩子买了书，又怕孩子把书籍给搞坏了弄脏了，孩子读过书后，就赶快收起来，放到孩子拿不着的地方。更有甚者，有的家长当孩子在全神贯注看书之时，不停地叫孩子干这干那，这种做法是不可取的。家长培养孩子的阅读习惯，最好的方法是将有形匿于无形之中，这是影响孩子开发孩子潜能的最好办法。

犹太教育学家们认为，孩子需要的不是某种概念，他们所需要的是适合他们胃口与兴趣的书。当然，他们也需要换换胃口，父母可以利用不同的场合、物品来教导孩子，比如报纸、杂志、明信片，甚至物品包装纸上的说明文字等，处处让孩子得到学习，这样就可让孩子明白文字、知识在生活中的各个方面的重要性。

孩子一天天长大，当到一定的时间孩子学会了自己阅读后，家长不要太快就放弃自己对孩子阅读的责任，还要坚持念书给孩子听，直到孩子上中学为止。很多教育经验告诉我们，大多数的孩子的聆听能力比阅读能力高，从“听”书中孩子所获

得的效益是极为明显的。

不到万不得已不得卖书

唯有知识是任何人也抢夺不走的。只要你活着，知识就永远跟随着你，无论走到什么地方都不会丧失。

犹太人的习俗中有这样规定：当你处于穷困潦倒之际，不得不变卖余物以维生的时候，你首先应该卖的是金子、宝石、土地和房屋。而你家庭中所拥有的书籍，则不到万不得已不可变卖。

1736 年，犹太人制订了一项与书籍有关的法律：当有人借书的时候，如果书本的拥有者拒不出借，便是违法，应处以很重的罚金——这如果不是唯一的话，也是人类有史以来第一部关于书籍的立法。古代犹太人甚至还说，假如你有一本好书，即使你的敌人要借的话，你也必须借给他，否则你就会成为知识的敌人。

犹太人嗜书如命的特点由此得到证明。一直过着颠沛流离生活的犹太人，一切都可放弃，却绝对不肯放弃书籍，不肯放弃知识的源泉，不肯放弃读书的习惯，这在其他各民族当中，几乎是绝无仅有的。

犹太人爱书重教，目的当然是为了生存。因为，对一个时时处于流离状态的民族而言，一切都可能被掠夺，唯有脑海里的知识不会被掠夺；一切都可能丧失，唯有学到的本领不会丧失。有这样一位犹太母亲向自己的孩子提问：“假如有一天，你的房子被烧毁，财产被抢光，你将会带什么东西逃跑呢?”

孩子尚小，不懂得母亲的用意，他回答：“当然是钱和珠宝。”

母亲又问：“有一种没有形状，没有颜色，没有气味的东西，你知道是什么吗?”

孩子回答说：“空气。”

母亲再问：“空气固然重要，但是它无处不有，所以也并不需要你携带。孩子，万一到了那个时候，你需要带走的东西，既不是钱，也不是钻石珠宝，而是知识。因为唯有知识是任何人也抢夺不走的。只要你活着，知识就永远跟随着你，无论走

到什么地方都不会丧失。”

这就是犹太母亲对孩子所进行的一次启蒙教育。

兴趣是成功的第一任教师

太多的东西值得我们去探讨，不用担心有一天都被我们探讨完，而没有新的东西可以刺激我们。有刺激才会有反应，有时候越强的刺激会有越强的反应。

兴趣是成功的第一任教师。犹太人相当重视幼儿的兴趣教育，所以犹太人人口虽少，但涌现的天才却很多。

由于爱因斯坦父母、玻尔父亲、斯皮尔伯格父亲很早就认识到好奇心对孩子成才的巨大作用，所以他们在孩子很小时就注意启发孩子的好奇心，从而培养了他们的天才；而毕加索的父亲则是最早发现了儿子的兴趣，据此培养孩子，孩子也就真正成了天才。

想一想，刚生下来的婴儿，对于未知世界是多么好奇，他很想知道这个世界是什么样，他会一直接收新的信息进来。如果这时给他听一些音乐，给他看一些画，给他一些智力上的训练，他就像白纸一样，所有的色彩都会加进来。孩子的可塑性是最高的，及时加以训练，才可以培养出优秀的人才，等到10岁、20岁再培养，可能会太迟了。

小孩子生来具有好奇心，可是随着时间的推移，随着对周围事物和环境的熟悉之后，好奇心就不如以前强烈了，这时候智力的发展就会迟缓。我们知道，智力的发展主要就是有好奇心，哲学家拥有一颗敏锐的心，对于世间的万物都会去探讨。

其实有太多的东西值得我们去探讨，不用担心有一天都被我们探讨完，而没有新的东西可以刺激我们。有刺激才会有反应，有时候越强的刺激会有越强的反应。

软环境比硬环境有杀伤力

孩子的自我期望开始于家庭。

我们要给孩子创造一个学习的环境，让孩子在“耳濡目染”中懂得学习的重要性，不只是硬环境，还要给孩子创造“软环境”。

据犹太教育专家发现，孩子的自我期望开始于家庭。因此如果我们真的认为学习对孩子非常重要，我们就必须通过父母的言语表现出来，重复地向孩子宣扬智慧会带来成功，长此以往，孩子也会这样认为。

要让孩子养成良好的学习习惯，使孩子主动学习，犹太家长通常这样做：

养成每天晚上全家一起阅读的好习惯，全家人静静地坐在一起，阅读自己喜欢的书籍。

帮助孩子订一份报刊或杂志，并督促孩子自己阅读。

每周拿出一天时间来共同阅读报纸，就关心的话题展开讨论。

每周拿出两天，用1小时的时间同孩子一起玩，或让孩子参加能促进孩子语言能力发展的棋类运动。

晚上对孩子不懂的东西进行讨论并解决。

每周带孩子去一次博物馆、图书馆、历史遗迹参观。

读101遍就比读100遍好

大多数人躲避思考的理由是“费脑筋”，思考确实是一件苦差事。然而，天才们之所以能够成为天才，正是由于他们勇于完成这个“转换”——变逃避用脑为乐于用脑。

记忆对一个人来说是非常重要的。没有记忆，人们的思考就失去了前提。记忆是人智力活动的仓库。在智力发展最重要的幼儿时期，记忆则具有更重大的意义。

苏联心理学家维果斯基认为：学前儿童心理活动的各个方面以记忆占有优势地位，记忆处于意识的中心。如果没有记忆能力，那么幼儿每一次都要去重新认识那些已经见过的事物，那么他们不可能获得任何生活知识经验。有了记忆，先后的经验才能联系起来。通过记忆，人们丰富自己的知识，并形成各自的心理特征。所以说，幼儿记忆的发展对学习文化科学知识有直接作用。

因此，背诵和记忆是古希伯来教育最通用的教学方法。在古以色列人中有读101遍要比读100遍好的说法。在学者们当中，最值得夸耀的事是能一字不差地背诵完《圣经》。希伯来拉比讲过：一个成功的学者要手脑并用，并且通过熟读和记忆来引发思考。

公元前3世纪，在古希伯来刚刚兴起的学校里，年轻人开始从学习古代律法转向了解民族衰败和兴旺的各种问题，探索人生的真谛，学习有关实际事物的知识。教师们常常要求学生先背熟内容，然后再逐段、逐句地讲解，其目的就是要让学生一点不落地掌握圣典的内容。除此之外，希伯来人在强调机械性记忆的同时，还主张要勤于思考。当犹太学生背下了所学的内容之后，教师常常引导学生提出各种问题，并对这些问题进行讨论。而在讨论的过程中，学生对所学知识的认识又会上升到一定高度。

大多数人躲避思考的理由是“费脑筋”，思考确实是一件苦差事。然而，天才们之所以能够成为天才，正是由于他们勇于完成这个“转换”——变逃避用脑为乐于用脑。

犹太人认为，按记忆时的意识状态来分，记忆可以分为无意记忆和有意记忆。孩子越小，无意记忆就越占优势。当孩子年龄小的时候，常常忘记父母的吩咐，为人父母者不要轻易地说他“没记性”，那只是因为他不太感兴趣而已。随着孩子年龄的增长，有意记忆就逐渐发展起来，占主导地位。比如，6、7岁的孩子常会自言自语地重复家长对自己说的事情，对一些一下子不太懂的事情还会再度“请示”。

有意记忆又分为机械记忆和意义记忆两种。孩子由于知识经验少，缺乏对事物内在联系的认识，年龄越小，就越多地抓住事物的外部联系去机械记忆，而小学阶段的孩子在记忆某篇文章或某些事情时，就不再逐字逐句地原文照背，已经能在理解的基础上记忆。对于孩子的学习而言，意义记忆的效果会更好。不过，机械记忆也是必不可少的，因为有一些知识内容，如字母的记忆等必须是机械记忆。

讲到记忆就会讲到它的“孪生姐妹”——遗忘。人们记忆、背诵，总是希望永远不忘。可是，现实生活中偏偏会出现遗忘。有人做过实验，测试人在学习半个月

以后的遗忘情况，结果令人大吃一惊。大学生对物理知识忘了85%，中学生对生物知识忘了60%，小学生对地理知识忘了55%。

犹太人教育孩子说，遗忘并不可怕，关键在于你怎么去认识遗忘。

首先，遗忘是生活的常规，只要不超过一定的范围，是很正常的。遗忘对一个人的认识起着过滤的作用，滤去那些不重要，不符合社会和个人需要的东西，保存下来的就是对个人很重要的东西。不要认为只要能记住就是好事，有时记忆中有大量我们完全不需要的琐事，如果我们不把它们赶快遗忘的话，势必会拖累记忆，影响记忆的效果。在日常生活中，有的同学在听教师上课或听演讲的时候，把教师或演讲者的口头禅记住了，而忘记了主要内容，这对他的生活和学习都是不利的。

其次，要与遗忘做斗争。也就是让那些我们不希望遗忘的东西少遗忘或不遗忘，最主要的方法就是复习。通过复习，加强识记就能减少遗忘。

犹太父母的做法值得我们借鉴。在教育孩子掌握知识时，必须将记忆与思考结合起来，提高学习效率，取得学习的最佳效果。

天才始于注意力

注意力是通向知识世界的窗户，没有它，再多的知识也无法进入孩子的心灵。天才始于注意力。

犹太拉比说：天才始于注意力。注意力不集中，易分心，是所有孩子的共性。年龄越小，控制注意力的时间越短，小学一年级的学生一次集中注意力时间至多也只有15分钟，1~2岁的孩子自然更短，最多不会超过3分钟。

历史上凡是事业真正有所成的人，在工作和学习时总是注意力高度集中，达到如痴如醉的程度。著名的化学家和物理学家居里夫人就有着非凡的注意力。她小时候读书很专心，完全不知道周围发生的一切，即使别的孩子跟她开玩笑，故意发出各种使人不堪忍受的喧哗之声，都不能把她的注意力从书本上转移走。有一次，她的几个姊妹搞恶作剧，用六把椅子在她身后搭了一座不稳定的三脚架。她由于在认真看书，一点也没有注意到头顶上的危险。“木塔”突然地轰然倒塌，引起周围的

孩子们的哄笑。

爱因斯坦看书入了迷，把一张价值 1500 美元的支票当书签丢掉了；大科学家牛顿把怀表当鸡蛋煮做午饭；黑格尔一次思考问题，在同一地方站了一天一夜。这类轶事，都是这些伟大人物做事时注意力高度集中的表现。

然而，有些孩子的情况却很糟，几乎片刻不停，忙忙碌碌，一丁点儿的事物也可以轻易把他们吸引过去。虽然他们也有兴趣爱好，但对感兴趣的事情也无法主动集中注意力。像这类孩子就具有注意力分散度较大的气质特点，应该及早给予帮助，否则到学龄时期就会出现多动症症状，影响纪律，影响学习。

以色列有个教育学家说过，“注意力是心灵的唯一门户，意识的一切都要经它进来。”

排除外界干扰，是提高注意力的一个重要方面。

有人曾经问爱迪生：“成功的第一要素是什么？”

爱迪生答道：“我认为成功的第一要素就是，能够将你身体与心智能量锲而不舍地运用在同一个问题上而不会厌倦。你整天都在做事，不是吗？每个人都是一样。假如你早上 6 点起床，晚上 11 点睡觉，你做事就做了整整 17 个小时。对大多数人而言，他们肯定是一直在做一些事情，唯一的问题是，他们做了很多很多件事，而我只做一件。假如将这些时间运用在一个目的、一个方向上，那就会取得成功。”

是否高度专一，一天就有很大的差别，那么一个月、一年、十年呢？不言而喻，那差异就更大了。因此，卡莱尔说：“最弱的人，如果集中精力于单一目标，也能有所成就；反之，最强的人，如果分心于太多事务，很可能一无所成。”

使注意力高度集中一个必要的条件就是，使刺激引起的兴奋强烈起来。

作为家长需要了解到，注意力是人的心理现象，它分为无意注意和有意注意两种。一个人从无意注意到有意注意的形成需要有一个发展过程：人在出生后的最初一段时期内，只有无意注意；在教育培养下，随着语言的发展和生活经验的增长，有意注意才逐渐形成和发展起来。学龄前和学龄初期的孩子的无意注意占优势，注

意力容易随外界事物的变化而转移。有些家长不了解孩子无意注意占优势的心理特点，要求孩子老老实实坐着，布置提前练字或做枯燥的计算题等等，孩子总是很难做到。在犹太人看来，绝大部分孩子的注意力发展是正常的，家长大可不必过于担心。但家长一定要遵循孩子心理发展规律，关心并培养孩子的有意注意，为今后健康的成长和有效的学习打好基础：

（1）注意孩子脑营养。活动要消耗大量的营养物质。在紧张的学习期间，家长应该让孩子多吃容易消化的食品和高蛋白的食物。每次吃饭以八分饱为宜。此外每天还要保证孩子的饮水量，最好每天维持在1. 5升以上，多喝矿泉水或温开水，少喝甚至不喝刺激或兴奋性的饮料。

（2）增强孩子的信心。孩子在家长的正面引导和鼓励下会渐渐对自己增强信心，认为自己是能够安静地坐下来集中注意力学习的。所以家长要经常用亲切的口吻，平和的态度对孩子说：“我相信你再坚持一下，会比前些天做得更好。你的注意力比以前集中了。”这样的心理暗示对加强孩子的信心很有好处。

（3）保证充足的睡眠。睡眠对保护神经细胞免于衰竭很重要，所以家长要关心孩子睡眠的质和量。学龄孩子每天晚上睡觉不宜晚于10点。一般而言，孩子的睡眠时间不应少于9个小时。

（4）孩子不能过于疲劳。如果连续几个小时埋头做功课，学习效率就会下降。要使孩子能够有效地集中注意力，就要帮助孩子防止、克服和消除疲劳。注意孩子学习内容不要单一化，隔一段时间换一项活动。适当地给孩子中间休息的机会。

（5）排除干扰因素。一个好的学习环境能养成孩子一坐到书桌前就投入学习的习惯，集中注意力变得容易主动。学习环境的周围不要有噪音。避免阳光直晒刺激孩子的眼睛，书桌不宜太靠近窗口，以免窗外的景物分散孩子的注意力。孩子刚放学回家，家长不妨让他先洗洗脸，吃些点心，和他聊聊学校里的趣事。这样让孩子兴奋的神经先安静下来。把会让孩子分心的事先排除掉。

一位犹太母亲这样说：注意力是通向知识世界的窗户，没有它，再多的知识也无法进入孩子的心灵。

把最重要的事情放在前面

在安排时间时，要永远把重要的事情放在第一位，在没有完成重要的事情之前，决不着手做次要的事情。

萨缪尔森教授在给即将毕业的 MBA 班的学生上最后一次课。令学生们不解的是，讲桌上放着一个大铁桶，旁边还有一堆拳头大小的石块。“我能教给你们的都教了，今天我们只做一个小小的测验。”教授把石块一一放进铁桶里。

当铁桶里再也装不下一块石头时，教授停了下来。教授问：“现在铁桶里是不是再也装不下什么东西了?”“是。”学生们回答。“真的吗?”教授问。

随后，他不紧不慢地从桌子底下拿出了一小桶碎石。他抓起一把碎石，放在已装满石块的铁桶表面，然后慢慢摇晃，然后又抓起一把碎石……不一会儿，这一小桶碎石全装进了铁桶里。

“现在铁桶里是不是再也装不下什么东西了?”教授又问。“还……可以吧。”有了上一次的经验，学生们变得谨慎了。

“没错!”教授一边说，一边从桌子底下拿出一小桶细沙，倒在铁桶的表面。教授慢慢摇晃铁桶。大约半分钟后，铁桶的表面就看不到细沙了。“现在铁桶装满了吗?”“还……没有。”学生们虽然这样回答，但心里其实没底。

“没错!”教授看起来很兴奋。这一次，他从桌子底下拿出的是一罐水。他慢慢地把水往铁桶里倒。

水罐里的水倒完了，教授抬起头来，微笑着问：“这个小实验说明了什么?”

一个学生马上站起来说：“它说明，你的日程表排得再满，你都能挤出时间做更多的事。”

“有点道理。但你还是没有说到点子上。”

萨缪尔森教授顿了顿，说：“它告诉我们：如果你不是首先把石块装进铁桶里，那么你就再也没有机会把石块装进铁桶里了，因为铁桶里早已装满了碎石、沙子和水。而当你先把石块装进去，铁桶里会有很多你意想不到的空间来装剩下的东西。

在以后的职业生涯中，你们必须分清楚什么是石块，什么是碎石、沙子和水，并且总是把石块放在第一位。”

萨缪尔森

最没有效率的人就是那些以最高的效率做最没用的事的人。总是做重要且紧迫的事的人，常常有很多的剩余时间。做完“正事”之后，他们有相当多的时间去做“重要而不紧迫”“不重要且紧迫”甚至“不重要且不紧迫”的事，就像装石块的铁桶里有意想不到的剩余空间来装碎石、沙子和水。犹太人总是告诉自己的孩子：集中精力在能获得最大回报的事情上；别花费时间在对成功无益的事情上。

创新的作用

要从小教育孩子养成创新思维的习惯，一个人只有不断创新，才可能超越前人，有所成就。

1926 年，有着犹太血统的兰德才 17 岁，他还是哈佛大学一年级的学生。一天晚上，他走在繁华的百老汇大街，从他面前驶过的汽车车灯刺得他眼睛都睁不开。他突然灵机一动：有没有办法既让车灯照亮前面的路，又不刺激行人的眼睛呢？他觉得这是很有实用价值的课题。兰德说干就干，第二天便去学校办了休学手续，专心研究偏光车灯的创造发明。

1928 年，兰德的第一块偏光片终于制成了。他匆匆赶去申请专利，不料已有 4 个人申请此项专利。他辛辛苦苦做出的第一项成果就这样白费了。3 年后，经过改进的偏光片研制成功，专利局终于在 1934 年把偏光片的专利权给了兰德，这是他获得的第一项专利。

1937 年，兰德成立了拍立得公司。有人把他介绍给华尔街的一些大老板，他们对兰德的才能和工作效率十分赏识，向他提供了 37．5 万美元的信贷资金，希望他

把偏光片应用到美国所有汽车的前灯上，以减少车祸，保证乘车人的安全。

1939年，“拍立得”公司在纽约的世界博览会上推出的立体电影更是轰动一时。观众必须戴上该公司生产的眼镜才能入场，这又为“拍立得”赚了一大笔钱。

有一次，兰德给他的女儿照相。小姑娘不耐烦地问：“爸爸，我什么时候才能看到照片?”这句话触动了兰德，经过多年高效率的研究，他终于发明了瞬时显像照相机，取名为“拍立得”相机。这种相机能在60秒钟洗出照片，所以又称“60秒相机”。

“拍立得”公司1937年刚成立时，销售额为14.2万美元，1941年就达到100万美元，1947年则达到150万美元，为10年前的10倍。“拍立得”相机投入市场后，使公司销售额从1948年的150万美元猛增至1958年的6750万美元，10年里增长了40倍。

然而兰德并不就此停步，后来他又制造出一种价格便宜，能立即拍出彩色照片的新相机。兰德说：“一个企业，不仅要不断地推出新产品，改善人们的生活，给人们带来方便，而且要考虑下一步该怎么办。这样，企业就不会停滞不前，将永远充满活力。”

当人们问兰德有什么成功奥秘时，他只是笑笑说：“我相信人的创造力，它的潜力是无穷的，我们只要把它挖掘出来，就无事不成。”

《圣经》告诉我们：创造力是上天赐予我们的最珍贵的礼物，它能给我们带来许多意想不到的惊喜。但是怎样发掘你的创造力呢？兰德的经验告诉我们：创造并非遥不可及；只要你处处留心，你会发现在我们日常生活中处处充满创造的灵感，创造就在我们身边。

独木桥的走法

一个人的习惯性心态对其性格的形成有着决定性的作用，可以说习惯形成性格，性格决定命运。

曾有几个学生向弗洛伊德请教：心态对一个人会产生什么样的影响?

他微微一笑，什么也不说，就把他们带到一间黑暗的房子里。在他的引导下，学生们很快就穿过了这间伸手不见五指的神秘房间。接着，弗洛伊德打开房间里的一盏灯，在这昏黄如烛的灯光下，学生们才看清楚房间的布置，不禁吓出了一身冷汗。原来，这间房子的地面就是一个很深很大的水池，池子里蠕动着各种毒蛇，包括一条大蟒蛇和三条眼镜蛇，有好几只毒蛇正高高地昂着头，朝他们“滋滋”地吐着信子。就在这蛇池的上方，搭着一座很窄的木桥，他们刚才就是从这座木桥上走过来的。

弗洛伊德看着他们，问：“现在，你们还愿意再次走过这座桥吗？”大家你看看我，我看看你，都不作声。

过了片刻，终于有3个学生犹犹豫豫地站了出来。其中一个学生一上去，就异常小心地挪动着双脚，速度比第一次慢了很多；另一个学生战战兢兢地踩在小木桥上，身子不由自主地颤抖着，才走到一半，就挺不住了；第三个学生干脆弯下身来，慢慢地趴在小桥上爬了过去。

“啪”，弗洛伊德又打开了房内另外几盏灯，强烈的灯光一下子把整个房间照耀得如同白昼。学生们揉揉眼睛再仔细看，才发现在小木桥的下方装着一道安全网，只是因为网线的颜色极暗淡，他们刚才都没有看出来。弗洛伊德大声地问：“你们当中还有谁愿意现在就通过这座小桥？”

学生们没有作声，“你们为什么不愿意呢？”弗洛伊德问道。“这张安全网的质量可靠吗？”学生心有余悸地反问。

弗洛伊德笑了：“我可以解答你们的疑问了，这座桥本来不难走，可是桥下的毒蛇对你们造成了心理威慑，于是，你们就失去了平静的心态，乱了方寸，慌了手脚，表现出各种程度的胆怯——心态对行为当然是有影响的啊。”

其实人生又何尝不是如此呢？在面对各种挑战时，也许失败的原因不是因为势单力薄、不是因为智能低下，也不是没有把整个局势分析透彻，反而是把困难看得太清楚、分析得太透彻、考虑得太详尽，才会被困难吓倒，举步维艰。倒是那些没把困难完全看清楚的人，更能够勇往直前。如果我们在通过人生的独木桥时，能够

忘记背景，忽略险恶，专心走好自己脚下的路，我们也许能更快地到达目的地。

父亲和儿子

很多道理，我们每个人都懂，但却没有将其贯彻在我们日常的生活习惯之中，因此，我们也无法从这些道理中获得真实的人生收益。

哈西德运动时期，有个流浪的犹太艺人，虽然才四十几岁，但是骨瘦如柴，形容枯槁，医生诊断结果是肝癌末期，临终前，他把年仅 16 岁的独子找来，叮咛着："你要好好读书，不要像我少壮不努力，老来没成就。我年轻时好勇斗狠，日夜颠倒，烟酒都来，正值壮年就得了绝症。你要谨记在心，不要再走我的老路。我没读什么书，没什么大道理可以教你，但你要记住把'少壮不努力，老来没成就'这句话传下去。"

说完，他咽下最后一口气，16 岁的儿子却懵懵懂懂地站立一旁。

长大后，他儿子仍然在酒家、赌场闹事，有一次与客人起冲突，因出手过重而闹出人命，被捕坐牢。出狱后，人事全非，发觉不能再走老路，但是却无一技之长，无法找个正当的工作，只好下定决心，回到乡下，靠做一些杂工维生。

由于他年轻时无法体会父亲交代的遗言，耽误终身大事，年近半百才成婚。虽然年事渐长，逐渐能体会父亲临终前交代的话，但似乎为时已晚。他的体力一天不如一天，一年不如一年，面对着无法撑持起来的家，心里有着无限的忏悔与悲伤。

有个夜晚，他喝点酒，带着酒意，把 16 岁的儿子叫到跟前。他先是一愣，这不就是当年 16 岁的我吗！父亲临终前交代遗言的景象在脑海中显现。有些自责地喃喃自语：

"我怎么没把那句话听进去啊。"

说着，眼泪直滴脸颊，儿子站在面前，懂事地安慰着：

"爸爸，您喝醉了，早点休息吧！"

"我没有醉，我要把你爷爷交代我的话告诉你，你要牢牢记住。"

"爸爸！什么话这么慎重呀！"

"当年你爷爷临终时交代我不可以'少壮不努力，老来没成就'，我没听进去，也没听懂。结果我费尽一生才体会出这一句话的道理，但为时已晚。"

"这句话不是人人都知道吗?"

"是啊。但是，并不是每个人都愿意努力从年轻时就努力奋发向上。一定要年轻时就学好，不然老了就像我一无是处。你一定要认真对待这句话。希望你好好做人，将来儿孙都能成才，不必再把这句话当遗言交代了。"

懂道理的人很多，可是真正明白、并将其作为指导自己行为准则的人就太少了。所以，人在年轻时一定要懂得珍惜时间，懂得运用自己的时间多做一些有意义的事情。才不至于年老时悔恨，只能将自己的失败教训告诫给后辈。

勇于尝试

当孩子认为自己"不行""办不到"时，要鼓励孩子勇于尝试，或许你会由此发现孩子真正的天赋所在。

犹太人经常强调这一点：父母是孩子最早的老师，父母的言传身教对孩子的影响非常大。父母应当鼓励孩子勇于尝试，让孩子不断提升自我。

拉比还经常给孩子们讲这个故事：

18 世纪下半叶，本杰明·韦斯特在英国画坛被称为艺术奇才"横空出世"。这位英国皇家学院的院长，一生的作品除少数宗教、神话题材以外，绝大多数是描绘英国在殖民北美洲时期的一些历史题材。他被英王乔治三世奉为上宾，雷诺兹爵士称他为最值得尊敬的怪物。本杰明·韦斯特 1738 年 10 月出生于美国，不到 20 岁就已经是纽约市颇有名气的肖像画家了。关于自己的成功，他宣称是母亲的一个吻才使他有了今天的成就。

本杰明·韦斯特的母亲年轻时叫萨拉·皮尔森，是一个贵格会信徒的女儿，她嫁给了一个贵格会信徒韦斯特之后就一直定居在宾夕法尼亚州的印第安人居住地。他们共有 10 个孩子，本杰明·韦斯特是 10 个孩子中的老幺。韦斯特的家庭很清贫，10 个孩子的大家庭的重担几乎都压在了萨拉一个人的身上。

1745年，本杰明·韦斯特7岁。这年夏天的一天，母亲让本杰明去照看亲戚家的一个婴儿。让他用扇子赶走婴儿脸上的苍蝇。那天中午，在本杰明的细心呵护下，婴儿慢慢地进入了梦乡。小本杰明·韦斯特被熟睡着的婴儿的异常美丽吸引住了。他用手在扇子上比画着，好像要画下婴儿美丽的脸庞。这一切被母亲萨拉捕捉到了。“你想画下宝宝的脸吗?”萨拉微笑着问本杰明。“我不会画画，我画不出。”本杰明说。“可是你不画怎么知道你画不出呢?”萨拉指着桌子上的一红一蓝两瓶墨水说，“你试试。”母亲说完便走了。本杰明拿出一张纸，打开墨水瓶，画了起来。过了好一会儿，画是画好了，可是在他的脸上、衣服上都沾了很多的墨水，桌子上也是一片狼藉。他担心母亲看到这个脏乱的局面的话他可能会挨骂。哪知母亲走来后，用她特有的慈爱目光看了一眼那张画，声音颤抖着惊叫起来：“哦，天哪，这简直就是小萨莉的照片啊!”然后她搂着本杰明的脖子，亲吻了他一下，并且说，“总有一天你会成为一个伟大的艺术家。”

孩子的成长过程也是认知的过程，大人的经验固然对孩子的成长有很大的帮助，但孩子的亲身体会要比大人的“教诲”深刻得多，即使孩子在亲身体会的过程中犯错误，我们也要允许他们犯错误，因为他们有能力去犯错误，也同样有能力改正自己的错误，在犯错误中得到正确的答案，那是最珍贵的。

剪除规矩的网

生活中，养成将东西整齐摆放的习惯固然值得称赞，但如果过于整齐，事事苛求，容不得一点“乱”，也会作茧自缚，自寻烦恼。

成长过程中，有很多烦恼伴随着我们左右，可往往这些烦恼源于我们自己心灵条条框框的束缚，是自己囚禁了自己。

一天，女儿走到雅斯贝尔斯面前，问了一个问题：“爸爸，为什么东西总是很容易就弄乱了呢?”

雅斯贝尔斯便反问道：“乖女儿，你这个‘乱’字是什么意思?”

女儿说道：“你知道吗，那是指东西没有摆放整齐。看看我的书桌，东西都不

在一定的位置，这不叫作乱叫什么？昨天晚上我花了不少时间才把它重新摆放整齐，可是没法保持很久。所以，我说东西很容易便弄乱了。”

雅斯贝尔斯听完后就告诉女儿说：“什么叫作整齐，你摆给我看看。”于是女儿便开始动手整理，把书桌上的东西都重新归位，然后说道：“请看，现在它不是整齐了吗？可是它没法保持长久。”

雅斯贝尔斯又再问她：“如果我把你的水彩盒往这里移动一二英寸，你觉得怎么样呢？”

女儿回答说：“不好，这么做书桌又弄乱了，你最好让桌面维护‘规规矩矩’的，不要出现那些‘脱线’情形。”

随后雅斯贝尔斯又问道：“如果我把铅笔从这儿移到那儿呢？”

“你又把桌面弄乱了。”女儿回答道。

“如果我把这本书打开呢？”他继续问道。

“那也叫作乱。”女儿再回答道。

雅斯贝尔斯这时微笑着对女儿说道：“乖女儿，不是东西很容易弄乱，而是你心里对于乱的定义太多了，但对于整齐的定义却只有一个。”

无规矩不成方圆。可规矩太多，也是对心灵的束缚。生活中，我们的不少烦恼都是自找的，用自己的规矩捆住了自己，无怪乎一些人会被痛苦给缠得动弹不得。那就好像那些人给自己罩上了一张大网，越是想挣脱却越挣不脱，越是想逃避越逃避不了。犹太人不用过多的规矩束缚孩子的心灵，而是让他们的心灵自由飞翔。哲人雅斯贝尔斯的话定能让我们思考良久。

经验的障碍

每个人都有自己特殊的人生经验，由此形成自己对生活的看法。世界究竟是什么样的，需要自己亲身去体验，不可轻信所谓“过来人”的劝告。

麦立克要坐火车从佛勒斯诺去纽约旅行。临行前，他的老舅舅嘉乐来看他，告诉他一些旅行的经验。

“你上了火车后，先选一个位置坐下，不要东张西望，”嘉乐告诉他的外甥，“火车开动以后，会有两个穿制服的顺通道走来问你要车票，你不要理他们，他们是骗子。”

“是的，舅舅。”麦立克点了点头说。

“走不到 20 里，会有一个和颜悦色的青年来到你跟前，敬你一支烟。你就说不会。那烟卷是上了麻药的。”

“是的，舅舅。”麦立克微微一怔，但照例点了点头。

“你到餐车去，半路上会有一个漂亮的年轻女子故意和你撞个满怀，差点儿一把抱住你。但是，你要理智地走远些。那女子是个妓女。要是她逗你说话，你就装个聋子。这是唯一的摆脱之道。”

“是的，舅舅。”麦立克不禁有点惊讶，还是点了点头。

“我在外边走得很多了，以上并非我无中生有的胡说，就告诉你这些吧！”

“还有一件，”嘉乐好像又想起了什么，叮咛道：“晚上睡觉时，把钱从口袋里取出来放在鞋筒里，再把鞋放在枕头底下，头在枕上，别睡着了。”

“是的，舅舅，多谢您的指教！”麦立克向他的老舅舅深深地鞠了一躬。

第二天，麦立克坐上了火车，横贯美洲向纽约而去。

那两个穿制服的人不是骗子，那个带麻药烟卷的青年没有来，那个漂亮女子没碰上。第一晚麦立克把钱放在鞋筒里，把鞋放在枕头下，一夜未合眼。可是，到了第二晚他就不理会那一套了。

第二天，他自己请一个年轻人吸烟，那人竟高兴地接受了。在餐车里，他故意坐在一位年轻女子的对面。吸烟间里，他发起了一桌扑克。火车离纽约还很远，麦立克已认识车上的许多旅客了，而客人也都认识他了。

火车经过俄亥俄州时，麦立克与那个接受烟卷的青年，跟两个瓦沙尔女子大学的学生组成一个四人合唱队，大唱了一阵，获得了旅客们的好评。

那次旅行对麦立克来说是够快乐的了。麦立克从纽约回来了，他的老舅舅又来看他了。

"我看得出，你一路没有出什么岔子，你依我的话做了没有?"一见面嘉乐就高兴地问麦立克。

"是的，舅舅!"麦立克还是那样做了回答。

嘉乐很高兴地自言自语道："我很高兴有人因我的经验而得益!"

很多人总是积极地为别人提供意见，虽然出自好心，但他们从没想到意见仅仅是从他们自己的经历中获得的，然而别人有别人的经历，在这一点上谁也代替不了谁的。人们总是过于武断的在别人的事情上加上自己的判断，其实大可不必。如果你曾经被别人这样断言过，也不必过于在意。要紧的是让自己去经历一切，并且从这份经历中获得快乐、感受痛苦，这样人生才有意义。

莫忘致谢

教育孩子从小学会感恩，对别人的帮助、礼物，要及时表示谢意。

依琳娜、莎拉和德鲁还小的时候，每当他们要向人家致谢，就口述感谢词句，由他们的母亲——犹太教信徒贝德福德做笔记。但是到孩子长大一些，有能力自己写谢柬了，却必须三催四请才肯动笔。

贝德福德会问："你写了信给爷爷，谢谢他送你那本书没有?"或问："陶乐思阿姨送了你一件毛线衫，你可向她道谢了?"他们的回应总是含糊其词，或耸耸肩膀。

有一年，贝德福德在圣诞节过后催促了几天，儿女们竟一直毫无反应，她大为气脑，便宣布："谢柬写妥投寄之前，谁也不准玩新玩具或穿新衣。"

但他们依旧拖延，还出言抱怨。

贝德福德忽然灵机一动，说："大家上车。"

"要去哪里?"莎拉问，觉得好奇怪。

"去买圣诞礼物。"

"圣诞节已经过去了。"她反驳。

"不要啰唆。"贝德福德斩钉截铁地说。

待孩子都上了车，贝德福德说：“我要让你们知道，人家为了送你们礼物，要花多少时间。”

贝德福德对德鲁说：“麻烦你记下我们离家的时间。”

来到镇里，德鲁记下抵达的时间。3 个孩子随贝德福德走进一家商店，帮她选购礼物送给她的姊妹。然后贝德福德他们回家。

3 个孩子一下车便向雪橇走过去。贝德福德说：“不许玩，还要包礼物。”孩子们垂头丧气回到屋里。

“德鲁，记下到家的时间没有?”

德鲁点点头。

“好，请你记录包礼物的时间。”

孩子包礼物时，贝德福德替他们冲泡可可，终于最后一个蝶形结也系好了。

“一共花了多少时间?”贝德福德问德鲁。

他说：“到镇上去，用了 28 分钟，买礼物花了 15 分钟，回家用了 38 分钟。”

“包这几个盒子用了多少时间?”依琳娜问。

“你们俩都是两分钟包一个。”德鲁说。

“把礼物拿去邮寄，要花多少时间?”贝德福德问。德鲁计算了一下，答道：“一来一去 56 分钟，加上在邮局排队的时间，要 71 分钟。”

“那么，送别人一件礼物总共花多少时间?”德鲁又计算了一阵，“2 小时 34 分钟。”

贝德福德在每个孩子的可可杯旁放一页信纸、一个信封和一支笔。

现在请写谢柬。写明礼物是什么，说已经拿来用了，用得很开心。”

他们沉默构思，接着响起了笔尖在纸面上的声音。

“花了我们 3 分钟。”德鲁一面说一面把信封封好。

“人家选购一件情意浓厚的礼物，然后邮寄给你，所花时间也许超过两个半小时，我要你们花 3 分钟时间道谢，这难道是过分要求吗?”贝德福德问。

3 人低头望着桌面，摇摇头。

“你们最好现在就养成这习惯。早晚你们要为很多事情写谢柬的。”

故事里的孩子一定是因为偷懒而不想写谢柬的，母亲非要督促他们写是想教会他们感恩。感恩是我们对待周遭事物应该保持的一种心态。人们习惯索取，所以无法体会付出、给予的分量，心中还总是盘算没有得到的东西，却从没想过自己已经获得了多少。

写谢柬其实只是个形式，母亲真正想说的是对于很多事情我们应该学会感恩。

勤勉是生存的关键

勤勉和懒惰都源自习惯，养成什么样的习惯，就会拥有什么样的人生。

犹太人有一句发人深省的谚语：“成功和失败都是习惯！”

在犹太人心中，成功的背后定有辛苦。远古犹太人生火，要花很长的时间去摩擦木头或石头；要吃果实，就爬到很高的树上去摘。因此《圣经》中有两句话：“流泪撒种的，必欢呼收割。”“那流着泪出去的，必要欢欢乐乐地带禾捆回来。”犹太人认为，勤勉或懒惰很少来自一个人的本性，很少有人一生下来就是辛勤的工作者，也很少有人是天生的懒虫，大多数人的勤勉或懒惰都是后天的，是习性所致。此外，孩童时期的家庭环境，以及所受的教育，也都有很大的影响。勤勉有两种：一种是外力强迫的勤勉，另一种是自己自愿的勤勉。

在贫穷的时代里，犹太人在劳动条件非常恶劣的环境中，从事长时间的劳动，否则，便无法维持生活。犹太人认为这是自愿的勤勉。

犹太人在埃及受奴役期间，曾经长时间从事田里的工作，劳动量大得使人们听了都会打寒战。但是，辛勤工作的结果并没有使他们的生活获得改善，这是因为这些辛勤是由于外力强迫之故。如果是外力所强迫的勤勉，是永远无法获得成功的。

外力强迫的勤勉对人自身绝不会有作用，因为一旦外力消失，这种勤勉就会荡然无存。自愿的辛勤较易产生出自己的东西，从而逐步培养自己。久而久之，就能确立一个完完整整的自我。

有这样一个故事：埃及法老尼科看见一个犹太老人正在努力工作，种植无花果

树。他问老人道："你是否期望自己能够享受果实?" 老人回答说："如果我不能活到吃无花果的时候，我的孩子们将会吃到，或许上帝会特赦我。""如果你能够得到上帝特赦而吃到这树的果实，"法老对他说，"那就请你告诉我。"时光流逝，果树果然在老人的有生之年结出了果实，老人装了满满一篮子无花果来见法老。见到法老时，他解释说："我就是你看见过的那个种无花果树的老人，这些无花果是我劳动的成果。"法老命他坐在金椅子上，把他的篮子装满了黄金。

可法老的仆人反对道："您想给一个老犹太人那么多荣誉吗?"法老回答说："造物主给勤劳的他以荣誉，难道我就不能做同样的事吗?"后来，老人有一个懒惰的邻居，他妻子听了老人的故事，她对丈夫说："法老爱吃无花果，给他点无花果，他就会给你金子。"丈夫听从了妻子的话，也拿了满满一篮子无花果到皇宫，要求换取金子。

仆人报告法老，法老大怒："让这个人站在皇宫门口，每个进出的人都可以向他脸上扔一个无花果。"黄昏时，这个可怜的人被送回了家，浑身又青又肿。"我要把我得的全给你!"他冲妻子喊道。

在犹太人看来，懒惰使人一事无成，上帝和人们都是奖赏勤勉的人的。因此，犹太人的生存之法是培养勤勉的习惯，因为这才是成功的关键。永远不要让一个傻瓜看到一件做了一半的事。犹太人认为，勤勉和成功是互为表里的，常常有很多人因为勤勉而成功，但却很少因懒惰而成功的人。虽然勤劳并不一定能获成功，但是无论如何，人们都要辛勤工作，因为这是导致成功的最基本条件。

守时的康德

守时是一个人信誉的重要体现，也是一种值得称道的美德。我们要教育孩子从小养成守时的良好习惯。

1779 年，德国哲学家康德计划到一个名叫瑞芬的小镇去拜访朋友威廉·彼特斯。他动身前曾写信给彼特斯，说 3 月 2 日上午 11 点钟前到他家。

康德是 3 月 1 日到达瑞芬的，第二天早上便租了一辆马车前往彼特斯家。朋友

住在离小镇12英里远的一个农场里，小镇和农场中间隔了一条河。当马车来到河边时，车夫说“先生，不能再往前走了，因为桥坏了。”

康德下了马车，看了看桥，发现中间已经断裂。河虽然不宽，但很深而且结了冰。

“附近还有别的桥吗？”他焦虑地问。

“有，先生。”车夫回答说，“在上游6英里远的地方还有一座桥。”康德看了一眼怀表，已经10点钟了。

“如果走那座桥，我们什么时候可以到达农场？”

“我想要12：30才能到。”

“可如果我们经过面前这座桥最快能在什么时间到。”

“不用40分钟。”

“好！”康德跑到河边的一座农舍里，向主人打听道：“请问您的那间披屋要多少钱才肯出售？”

“您会要我简陋的披屋，这是为什么？”农夫大吃一惊。

“不要问为什么，你愿意还是不愿意？”

“给200法郎吧！”

康德付了钱，然后说：“如果您能马上从披屋上拆下几根长的木条，20分钟内把桥修好，我将把披屋还回给您。”

农夫把两个儿子叫来，按时完成了任务。

马车快速地过了桥，在乡间公路上飞奔着，10点50分赶到了农场。在门口迎候的彼特斯高兴地说：“亲爱的朋友，您真准时。”

可能有人会觉得康德过于迂腐，为了守时付出的代价太大。的确，每个人都有自己的价值观念，但守时、守约对于康德来讲无疑是最重要的。守时看似是小事，但它反映的是一个人的生活作风和行事方式。康德对这种小事都能做到一丝不苟，可见他在治学方面的严谨程度，在哲学方面能够创造出如此高的成就也就没什么意外了。很难想象一个小事都处理不好的人会有什么大作为。

伟大的称赞

养成随时随地对他人进行恰如其分地赞美的习惯，你将获得良好的人缘，处处受欢迎。

霍里斯和他的犹太人朋友在纽约搭计程车。下车时，朋友对司机说："谢谢，搭你的车十分舒适。"这司机听完愣了一愣，然后说："你是在嘲笑我吗？"

"不，司机先生，我不是在寻你开心，我很佩服你在交通混乱时还能沉住气。"

司机没再说什么，便驾车离开了。

"你为什么会这么说？"霍里斯不解地问。

"我想让纽约多点人情味。"他答道。

"靠你一个人的力量怎么办得到？"

"我只是起带头作用。我相信一句小小的赞美能让那位司机整日心情愉快。如果他今天载了20位乘客，他们受了司机的感染，也会对周围的人和颜悦色。这样算来，我的好意可间接传达给1000多人，不错吧？"

"但你怎能寄望计程车司机会照你的想法做呢？"

"我并没有寄望于他，"朋友回答，"我知道这种效果是可遇不可求的，所以我习惯多对人和气，多赞美他人，即使一天的成功率只有30%，但仍可连带影响到300人之多。"

"我承认这套理论很中听，但能有几分实际效果呢？"

"就算没效果我也毫无损失呀！开口称赞那司机花不了我几秒钟。如果那人无动于衷，那也无妨，明天我还可以再称赞另一个计程车司机呀！"

"我看你脑袋有点毛病了。"

"从这就可以看出你越来越冷漠。我曾调查过邮局的员工，他们最感沮丧的除了薪水微薄外，还有就是欠缺别人对他们工作的肯定。"

"但他们的服务真的很差劲呀！"

"那是因为他们觉得没人在意他们的服务品质。我们为何不多给他们一些鼓

励呢?”

他们边走边聊，途经一个建筑工地，有5个工人正在一旁吃午餐。朋友停下了脚步，“这栋大楼盖得真好，你们的工作一定很危险、很辛苦吧?”那群工人带着狐疑的眼光望着霍里斯的朋友。

“工程何时完工?”犹太人朋友继续问道。

“6月份。”一个工人回应了一声。

“这么出色的成绩，你们一定很引以为荣。”

离开工地后，朋友对霍里斯说：“这些人也许会因我这一句话而更起劲地工作，这对所有的人何尝不是一件好事呢?”

“但光靠你一个人有什么用呢?”

“我常告诉自己千万不能泄气，让这个社会更有人情味原本就不是一件简单的事，我能影响一个就一个，能两个就两个……”

“刚才走过的女子姿色平庸，你还对她微笑?”霍里斯插嘴问道!

“是呀!我知道，他答道，如果她是个老师，我想今天上她课的人一定如沐春风。”

犹太拉比认为，学会赞美他人的人，才会真正被他人称赞，世界上任何收获都需要付出。人类本质中最殷切的需求是：渴望被肯定。被人赞美是令人喜悦的事情，恰如其分的赞美，能使人感受到人际间的理解和温馨，并有效地增进赞美者与被赞美者之间的良性的心理交流，成功地缔结合作者之间的友谊。学会了赞美，能使人受益无穷。一句由衷的称赞虽然简单，却在不知不觉中改变了我们身边的人们，改变了我们的世界。

学会“照镜子”

认识自己，找回自信，是一个人走向成功的前提。

美国从事个性分析的犹太专家罗伯特·菲力浦有一次在办公室接待了一个因自己开办的企业倒闭而负债累累、离开妻女到处流浪的人。那人进门打招呼说：“我

来这儿，是想见见这本书的作者。”说着，他从口袋中拿出一本名为《自信心》的书，那是罗伯特许多年前写的。流浪者继续说：“一定是命运之神在昨天下午把这本书放入我的口袋中的，因为我当时决定跳到密西根湖，了此残生。我已经看破一切，认为一切已经绝望，所有的人（包括上帝在内）已经抛弃了我，但还好，我看到了这本书，使我产生新的看法，为我带来了勇气及希望，并支持我度过昨天晚上。我已下定决心，只要我能见到这本书的作者，他一定能协助我再度站起来。现在，我来了，我想知道你能替我这样的人做些什么。”

在他说话的时候，罗伯特从头到脚打量流浪者，发现他茫然的眼神、沮丧的皱纹、10来天未刮的胡须以及紧张的神态，这一切向罗伯特显示，他已经无可救药了。但罗伯特不忍心对他这样说。因此，请他坐下来，要他把他的故事完完整整地说出来。听完流浪汉的故事，罗伯特想了想，说：“虽然我没有办法帮助你，但如果你愿意的话，我可以介绍你去见本大楼的一个人，他可以帮助你赚回你所损失的钱，并且协助你东山再起。”罗伯特刚说完，他立刻跳了起来，抓住罗伯特的手，说道：“看在老天爷的份上，请带我去见这个人。”

他会为了“老天爷的份上”而做此要求，显示他心中仍然存在着一丝希望。所以，罗伯特拉着他的手，引导他来到从事个性分析的心理试验室里，和他一起站在一块看来像是挂在门口的窗帘布之前。罗伯特把窗帘布拉开，露出一面高大的镜子，他可以从镜子里看到他的全身。罗伯特指着镜子说：“就是这个人。在这世界上，只有一个人能够使你东山再起，除非你坐下来，彻底认识这个人，否则，你只能跳密西根湖里，因为在你对这个人作充分的认识之前，对于你自己或这个世界来说，你都将是一个没有任何价值的废物。”

他朝着镜子走了几步，用手摸摸他长满胡须的脸孔，对着镜子里的人从头到脚打量了几分钟，然后后退几步，低下头，开始哭泣起来。一会儿后，罗伯特领他走出电梯间，送他离去。几天后，罗伯特在街上碰到了这个人，而他不再是一个流浪汉形象，他西装革履，步伐轻快有力，头抬得高高的，原来那种衰老、不安、紧张的姿态已经消失不见。他说，他感谢罗伯特先生，让他找回了自己，并很快找到了

工作。后来，那个人真的东山再起，成为芝加哥的富翁。

如今，在每一场的成功训练里，都有这样一个“照镜子”的课程。我想，哪位失败的朋友和追求成功的朋友，进去“照一照”，定会与你以往出门前“一照”的效果大不一样。

依赖是一种束缚

依赖就像一根绳索，将你悬挂在半空，只有勇敢地剪断这根绳索，才能跌落到坚实的大地上，依靠自己行走。

以色列小学课本中有这样一个故事：

有一个登山者，一心一意想要登上世界第一高峰。在经过多年的准备之后，他开始了他的旅程。但是，由于他希望完全由自己独得全部的荣耀，所以他决定独自出发。他开始向上攀爬，但是时间已经开始变得有些晚了，然而，他非但没有停下来准备他露营的帐篷，反而继续向上攀登，直到四周变得非常黑暗。山上的夜晚显得格外的黑暗，这位登山者什么都看不见。到处都是黑漆漆的一片。能见度为零，因为，月亮和星星又刚好被云层给遮住了。即使如此，这位登山者仍然继续不断地向上攀爬着。就在离山顶只剩下几步的地方，他滑倒了，并且迅速地跌了下去。跌落的过程中，他仅仅能看见一些个黑色的阴影，以及一种因为被地心引力吸住而快速向下坠落的恐怖感觉。他不断地下坠着，而在这极其恐怖的时刻里，他的一生，不论好与坏，也一幕幕地显现在他的脑海中。当他一心一意地想着，此刻死亡是正在如何快速地接近他的时候，突然间，他感到系在腰间的绳子，重重地拉住了他。他整个人被吊在半空中……，而那根绳子是唯一拉住他的东西。

在这种上不着天，下不着地，求助无门的境况中，他一点办法也没有，只好大声呼叫：“上帝啊！救救我！”

突然间，天上有个低沉的声音回答他说：“你要我做什么？”

“上帝！救救我！”

“你真的相信我可以救你吗？”

“我当然相信！”

“那就把系在你腰间的绳子割断。”

在短暂的寂静之后：登山者决定继续全力抓住那根救命的绳子。

第二天，搜救队找到了他的遗体，已经冻得僵硬，他的尸体挂在一根绳子上。

他的手也紧紧地抓着那根绳子……在距离地面仅仅1米的地方。

当你在不断编织各种关系网的时候，你是否想过，这些网会把你围在中央。密封不透。你变成了茧中的幼虫，这就叫作作茧自缚。只有你鼓足勇气，破茧而出，才能化成美丽的蝴蝶。脐带被剪断，新生命才真正地诞生。而对于家长来说，你可以成为孩子的助手，但千万不要让孩子依赖你，这种依赖迟早会成为一种束缚。

犹太人和骆驼

帮助他人也必须把握好度，面对别人得寸进尺的不合理要求，要斩钉截铁地给予拒绝。

一个寒冬的夜晚，在穿越戈兰高地的旅途中，有位犹太人正坐在自己的帐篷中，梦见弥赛亚的来临，外面是呼啸的寒风，里面则比较暖和。一会儿，门帘轻轻地撩起来了，原来是他的那头骆驼，它在外面朝帐篷里看了看。

犹太人很和蔼地问它：“你有什么事吗？”

骆驼说：“主人啊，外面太冷，我冻得受不了了。我想把头伸到帐篷里暖和暖和，可以吗？”

仁慈的犹太人说：“没问题。”

骆驼就把它的头伸到帐篷里来了。过了不久，骆驼又恳求道：“能让我把脖子也伸进来吗？”犹太人想想反正也占不了多少地方，又答应了它的请求。骆驼于是把脖子也伸进了帐篷。它的身体在外面，头很不舒服地摇来摇去，很快它又说：“这样站着很不舒服，其实我把前腿放到帐篷里来也就是占用一点地方，我也可以舒服一些。”

犹太人说：“说得也对，那你就把前腿也放进来吧。”犹太人挪动一下身子为骆

驼腾出一点空间来，因为帐篷实在是很小。

一会儿，骆驼又摇晃着身体，接着说话了："其实我这样站在帐篷门口，外面的寒风引进来，你也和我一起受冻，我看倒不如我整个儿站到里面来，我们都可以暖和了！"可是帐篷实在是小得可怜，要容纳一人一驼是不可能的。但是，主人非常善良，保护骆驼就好像保护自己一样，说："虽然地方小了点，不过你可以整个站到里面来试试。"骆驼进来的时候说："看样子这帐篷是住不下我们两个的，你身材比较小，你最好站到外面去。那样这个帐篷我就住得下了，而且空间能被充分利用。"

骆驼说着，进来的时候挤到了主人，这位犹太人打了一个趔趄就退到了帐篷外面，主人就这样被骆驼挤了出去。

助人为乐本是一种美好的品质，但没有原则地答应别人的要求，是非常不明智的，有时候甚至会把自己搭进去。有时候我们也要学会拒绝。

勿盗窃时间

今天就是最后一天，永远不要等待明天，因为没有人知道明天会是什么样子。（《塔木德》）

在犹太人看来，时间和商品一样，是赚钱的资本，因此盗窃了时间，就等于盗窃了商品，也就是盗窃了金钱。

犹太人把时间看得十分重要，在工作中也往往以秒来计算时间。一旦规定了工作的时间，就严格遵守。下班的铃声一响，打字员即使只有几个字就可以打完，他们也会立即搁下工作回家。因为，他们的理由是"我在工作时间没有随便浪费一秒钟，因此我也不能浪费属于我的时间"。

瞧！这就是犹太人的时间观念。

他们把时间和金钱看得一样重要，无缘无故地浪费时间和盗窃别人金柜里的金钱一样是罪恶的事情。一个犹太富商曾经这样计算过：他每天的工资为 8000 美元，那么每分钟约合 17 美元，假如他被打扰而因此浪费了 5 分钟时间，这样就等于自

己被盗窃现款85美元。

犹太人的思想观念里，时间是如此重要，千万不可以随便浪费。即使一些看来是必要的活动，也被他们简单化了。比如客人和主人约定时间谈事情，说好在上午10：00~10：15的，那么时间一到，无论你的事情是否谈完，都请自动离开。犹太人为了把会谈的时间尽量压缩。通常见面后，他们便直奔主题："今天我们来谈谈什么事情……"而不像其他民族，见面就谈一些"今天的天气不错"之类的客套话。在犹太人看来那些是毫无意义的，纯粹是在浪费时间，除非他觉得和你客套能从中得到什么好处，才跟你客套几句。

约定时间，请务必准时到达，即使差一分钟也是不礼貌的；一进办公室，立即进行谈话，这样才是礼貌的商人。在规定的时间把话题说完，如果需要，请你来之前做好谈话的准备，但是既然来了，切勿拖延对方的时间，这就是礼貌。

钱可以再赚，商品可以再造，可是时间是不能重复的。因此，时间远比商品和金钱宝贵。

犹太人把时间看得那么重，是有其道理的。时间是任何一宗交易必不可少的条件，是达到经营目的的前提。与对方签订合同时，要充分估计自己的交货能力，是否能按客户要求的质量、数量和交货期去履行合约。如果可以办到，就与其签约；如果办不到，切不可妄为。

时间的价值还显示在赶季节和抢在竞争对手前获取好价格和占领市场方面。在竞争激烈的市场中，谁能在一个市场上一马当先，把质优款新的产品抢先推出，谁就一定能够获得较好的经济效益。

时间的价值还表现在生意的全过程。一个企业经营效益的高低，是与其经营费用水平的高低息息相关的。如一个企业一年的营业额为10亿美元，其资金年周转率为两次，言下之意，该企业每年占用资金为5亿美元。按通常的银行利息为12%（年息）计算，一年共支付利息达6000万美元。如果该企业能把握一切时间和进行有效管理，使资金周转达到一年4次，那么，其支付的利息就可节省3000万美元，换句话说，该企业就可多盈利3000万美元了。除此之外，加快货物购入和销出，

加快货款的清收等，都体现出时间的价值。

时间就像海绵里的水，只要善于挤，就总会找出来。商人的时间更是如此，要想赚钱，首先就得有赚钱的时间。有空闲才能集中精力经商。会赚钱的商人，就应该是一个管理时间的高手。

时间，是这个世界上最宝贵的东西。她不像金钱和宝物，丢失了可以再找到或者赚回来，而时间只要被浪费掉了，就永远不会回来了。

人最不该浪费的东西就是时间，对人而言，时间就是命运；对于商人而言，时间就是金钱。要经商，首先就要保证自己拥有充足的时间。

犹太人喜欢紧迫地工作，一分钟都不可以放弃。因为要经商就要有时间，必须有大量的时间可以让你支配，否则是不会轻易成功的。成功是经过大量艰苦的劳动得到的。他们善于利用和把握时间。

把每一天都当作最后一天吧。犹太人就是这样紧迫地看待时间，时间就是金钱，是绝对不可以随便浪费的。犹太人说“不要盗窃时间”。

一个商人要赚钱，首先就要考虑好如何合理地安排好时间。

正因为对时间有了这样一种认识，犹太商人在做生意也好，工作也好，对时间的使用极为精打细算。

所以，犹太人在商业活动中非常注意时间安排。公司每天上班开始的一小时内，是所谓的“发布命令时间”，将昨天下班后至今天上午上班前所接到的一切业务往来的材料或事务处理或做出具体安排。在这段时间里，不允许任何外人的打扰。而外人即使是商业上的联系，也必须事先约定。“不速之客”在犹太人的商务活动中，几乎等于“不受欢迎的人”。因为不速之客会打乱原先的时间安排，也会浪费大家的时间。

日本某著名百货公司宣传部的一位年轻职员，曾经为了进行市场调查，来到纽约市。当他想到自己应该有效地运用自由时间，就直接跑到纽约某个著名犹太商人的百货店，贸然叩开了该公司宣传部主任办公室的大门，向门房小姐说明来意。

门房小姐问：“请问先生您事先预约好时间了吗？”这位青年微微一愣，但马上

滔滔不绝地说："我是日本某百货店的职员，这次来纽约考察，特意利用空闲时间，来拜访贵公司的宣传部主任……"

"对不起，先生！"小姐打断了他的话说。

就这样，这位职员被拒之于冰冷的大门之外。

这位职员利用余暇，主动地访问同行人，从某个角度看，应该值得表扬。但犹太人不假思索地拒绝了他，为什么呢？这仍然和"盗窃时间"的警言有关。对于贯彻"时间就是金钱"的犹太人来说，在工作时间里，放弃几分钟而跟一个根本没有把握的"不速之客"去谈判，是根本不可想象的。犹太人从来不做没有把握的生意，因此，"不速之客"在犹太人看来是妨碍他们工作的绊脚石。只有拒绝他，才能让自己的工作畅通无阻，直奔"时间就是金钱"的主题。

时间足可以使财富"无中生有"。

巴奈·巴纳特是一个旧服装商的儿子，出生于佩蒂扣特港，以后就读于一所专为穷人孩子建立的犹太免费学校。成年后，巴纳特带着 40 箱雪茄烟作为创业资本来到南非。他把这些雪茄抵押给探矿者，获得了一些钻石，从而开始了钻石买卖。巴纳特的赢利呈周期性变化，每个星期六是他获利最多的日子，因为这一天银行较早停止营业，巴纳特可以放心大胆地用支票购买钻石，然后赶在星期一银行重新开门之前将钻石售出，以所得款项支付货款。

说到底，巴纳特其实是钻了银行停止营业一天多这个"时间"空子，然而只要他有能力在每星期一早上给自己的账号上存入足够兑付他星期六所开出的所有支票的钱，那他就永远没有开"空头支票"。所以，巴纳特的这种拖延付款，是在吃透了市场运行的时间表，没有侵犯任何人的合法权利的前提下进行的。

巴纳特靠打"时间差"生财，真可谓精明到了极点。在此，时间成了商人手中的"王牌"，"一寸光阴一寸金"已不再是一个隐性的比喻，而成了一种现实的陈说。

商业竞争就是时间的竞争。学会合理有效地安排时间，这是商人最大的智慧。

读书与亲近自然，对孩子学习习惯的培养

犹太教育专家发现，孩子的自我期望开始于家庭。因此如果我们真的认为学习对孩子非常重要，我们就必须通过父母的言语表现出来，重复地向孩子宣扬智慧带来成功，长此以往，孩子也会这样认为。

从前，有一个人织了一张很结实的网，他把网布在树杈上，然后躲在隐蔽处，不一会儿一只胖乎乎的小鸟撞入网眼。他想：抓住小鸟的是中间这个网眼，看来只有这个网眼有用。于是，他把其他的网眼全部剪掉，只留下这个网眼，然后把它布在树杈上，每天躲在一旁等待鸟儿入网，他还能不能再抓住小鸟呢？结果也就可想而知了。

学习就像织网一样，一环扣一环，远大的学习目标、良好的学习习惯、坚强的学习意志、灵活的学习方法等等这些因素织成了一张大而结实的网，只有布上这张网才能网住小鸟。如果愚蠢地认为只有直接网住小鸟的网眼才有用，那么最终只会一个小鸟也抓不住。

其实良好的学习习惯，在不同的学习阶段要求也不完全一样，细致地阅读、规范地书写、专心致志地听讲，以及善于从课堂以外的多种渠道获取有用的知识，等等，都是应该从小就养成的。

要让孩子养成良好的学习习惯，使孩子主动学习，犹太家长通常这样做：

养成每天晚上全家一起阅读的好习惯，全家人静静地坐在一起，阅读自己喜欢的书籍。

帮助孩子订一份报刊或杂志，并督促孩子自己阅读。

每周拿出一天时间来共同阅读报纸，就关心的话题展开讨论。

每周拿出两天，用一小时的时间同孩子一起玩，或让孩子参加能促进孩子语言能力发展的棋类运动。

晚上对孩子不懂的东西进行讨论并解决。

每周带孩子去一次博物馆、图书馆、历史遗迹参观。

带孩子与大自然亲密接触。因为大自然是人类的家园，是孩子的最好教师，大自然能教给孩子无穷无尽的知识。

犹太人认为自己是上帝的子民，因此对上帝创造的大自然充满敬畏之心。犹太父亲西蒙就是这样教育自己孩子的。他说："我认为森林对孩子来说是最好的教科书，也是最好的游玩场所。在这样一个广阔的天地里，孩子想怎么样玩就怎么样玩，在草地上，在阳光下，他会感到自在、自由。我经常带孩子到这样的地方去，告诉他各式各样的树木和鸟类的名称。"

"我们经常会摘一朵野花，共同研究花朵的构成；我们还会摘下一颗成熟的果子，与孩子一起剖析果子，我们经常砸下一块岩石进行观察；我们经常观察昆虫的生活习惯，窥视鸟类在树上做巢等。这些都启发了孩子的好奇心，锻炼了他们的注意力，孩子在游玩中获得了很多知识。在大自然中，孩子是无拘无束的，我们用相机拍摄我们过去未曾见过的花草和景色，拍摄孩子们喜欢的白云、蓝天与树木……有了大自然的种种启示，孩子们总会特别喜欢某些小动物，对饲养小动物充满兴趣，于是我们就鼓励他们饲养少量小动物，但要求他们自行喂养。这样不但可以培养孩子的仁爱之心，还可以培养孩子高度的注意力。"

"大自然是广阔的，有大山，有海洋，有草原，有河流，还有沙漠。因此，我还会带领孩子远足旅游，这样可以扩展孩子的地理知识，让他们知道地球的神秘性，激发他们求知的欲望。"

对孩子来说，这可是一件其乐无穷的好事。大自然的广阔和无私奉献，还能培养孩子的广阔胸怀和高尚心灵。同时，大自然还会让孩子得到有关动物、植物、矿物、地质学、天文学等方面的科学知识。

除了采取上述措施外，来到学校的犹太孩子在老师和家长的教导下，把在家养成的好习惯进行丰富和完善，进一步培养良好的学习习惯。

下面这些学习习惯应该成为每个孩子着力训练的好习惯：

记忆习惯。一分钟记忆，把记忆和时间联系起来，这里还含有注意的习惯。一分钟写多少字，读多少字，记多少字，时间明确的时候，注意力一定好。学生的智

力，注意力是最关键的。一定把学习任务和时间联系起来，通过一分钟注意、记忆来培养学习习惯。

演讲习惯。学会整理、表达自己的思想。

读的习惯。读中外名著或伟人传记，与高层次的思想对话，每天读一、两分钟，有好处，学生可塑性大，伟人的感染力、教育力，会使学生终身受益。

写的习惯。写日记，有话则长，无话则短，通过日记可以看出一个人的思想能力。坚持住，写下去，这就是决心。

定计划的习惯。凡事预则立、不预则废。所以要培养定计划的习惯。

预习习惯。课前想一想，预习预习。尽量让自己学进去，感受学习的快乐、探索的快乐、增长能力的快乐。

自己留作业的习惯。老师留的作业不一定同时适合所有的学生，如果都要求去做，就是反教育。学生自己给自己留作业更能激发学习的积极性。

整理错题集的习惯。找到可以接受的类型题、同等程度的知识点研究一下提高的办法。整理错题集是很多学生公认的好习惯。

良好学习习惯的养成不是一蹴而就的，但是我们相信，只要我们努力朝着这个目标奋斗，那么，我们是一定会到达成功的彼岸的。

不说大话，犹太人教给孩子的处世技巧之一

对于一个孩子来说，如果养成虚夸的说大话习惯是非常可怕的。在犹太，父母们在很早就教育孩子们，不要虚夸，不要说大话，因为这会招来灾祸。不说大话，是犹太父母教给孩子的处世主要技巧之一。

有一个这样的故事：

很久以前，有一个农夫在菜园里松土，这时，突然从土坷垃后面跳出一只很大的毒蜘蛛。“多么可怕的蜘蛛！”农夫吓得惊叫一声，跳到一边去。

“谁敢动动我，我就咬死谁！”毒蜘蛛发出嗞嗞怪叫，舞动着长爪子，威胁农夫。毒蜘蛛向前爬了几步，张开大嘴做出咬人的凶相，对农夫说：“蠢农夫，你要

听明白，只要被我咬一口，你就会有死的危险。你先是在痛苦中抽搐，接着在极度痛苦中咽气！走开，别靠近我，否则，你就要倒大霉了！”

农夫心里清楚，这个小东西是在装腔作势，而且过高地估计了自己。农夫向后退了一步，用足了力气，光着脚丫子狠命地踩着蜘蛛，一边说：“你嘴上讲得挺厉害，可你又能怎么样呢？我这个泥巴腿倒要领教领教，看你能不能咬死我！”

毒蜘蛛被踩死了。在它生命的最后一息，仍然狠命地在农夫的大脚掌上咬了一口。不知是农夫因为脚掌长满了厚厚的老茧，还是深信蜘蛛的威胁只不过是吹牛，农夫除了感到被毒蜘蛛轻轻地蜇一下之外，并没有任何别的感觉。

犹太父母经常会给孩子讲这个故事，告诉孩子：不要虚夸说大话。

说大话是一种自满自大的浮夸。要让孩子记住：当一个人说大话时，就会失去一个人应有的谦虚以及改过向上的念头了。说大话时别人会鄙视你，甚至会给你带来灾祸。每一个父母必须教育孩子不要说大话。

当一个人自满自大时，就会失去一个人应有的谦虚以及改过向上的念头。我们中国人都是教育孩子：“君子喻于义，小人喻于利”，“舍生取义”，而犹太人却是这样教育他们孩子的：“钱不是罪恶，也不是诅咒，钱会祝福人的”，“钱会给予我们向神购买礼物的机会”，“身体依心而生存，心则依靠钱包而生存”，“《圣经》发射光明，金钱散发温暖”。

犹太人一向都是鼓励不遮不掩，堂堂正正大大方方地向“钱”进军的，在全世界的民族之中当属绝无仅有。在这种文化背景下的犹太商人在赚钱的时候思想上是无挂无碍的，他们还是极讲实际的，只要形式上不逾矩，他们无所不为。在他们眼里，只要有利可图，钻石和棺材生意，都是一样的。所以，往往就在其他民族的思想上放不开的地方，犹太人就会很轻易地处于一种垄断的地位，而且还能够获得比较高额的利润。犹太人的这种做法是最为实际的一种做法，完全避开了浮夸说大话引来的灾祸。

犹太商人的人生目标是很实际，很简单，很清晰的，绝不浮夸说大话。此外，犹太人还教育孩子要学会谦虚这一美德。所以《犹太法典》对谦虚也有很严格的规

定。它告诫人们说："即便是一个贤人，如果他炫耀自己的知识的话，那么他就不如一个以无知为耻的愚者。"我们都知道谦虚使人进步的道理。所以，一个人要认清自己，不可骄傲自大，所以说，分析自己是人们能够做到谦虚思想的一个基础。

犹太家长还经常教育孩子：聪明的人是不会把内在的东西显现给别人看的。聪明的人是不会自大的，这种技巧也是犹太民族处世的主要技巧之一。

说大话会让别人鄙视你，有时说大话也会招来灾祸。犹太父母们在很早就认识到了这一点，他们也是这样教育孩子的。因此，犹太的孩子们也都熟悉下面的两个故事。

犹太父母经常给孩子讲的一个故事说：在许多年以前，有一只山雀飞到海边，它夸下海口，说是要把大海烧枯！全世界都为山雀这一奇怪的举动而不安地议论纷纷。京城里挤满着吃惊的居民，森林里的野兽川流不息地跑过来，鸟儿也成群结队地往海边飞。大家都想看海水怎样燃烧，热量又有多大。那些听到这轰动消息的人们都跑了过来，大家挤到一块，张大着嘴巴眺望这场奇观，他们默默地凝视着海洋。这时有人说话了："快看！快看！海沸腾了！快看，海着火了！""不对头！海在燃烧吗？不，没有燃烧。海发烫了吗！一点没有呀！"这只山雀曾吹牛夸下海口，可结果如何呢？我们的这只英雄也只好羞愧地逃回了它的鸟巢。山雀说的大话曾闹得满城风雨，但却不曾把海烧着。

犹太父母也经常讲一个这样的故事：有只老鹰总在村子上空飞翔，一心一意想要下来抓小鸡。可不幸的是它被猎人看见了，猎人瞄准它就是一枪。空中强盗给打中了，顿时掉在地上，然而，鹰毛仍在空中飘了很久。这时，公鸡从矮树林里正往外走，一看他最怕的家伙一动也不动，两眼没有了神，利嘴失去了劲。这时候公鸡一下子变得威武万分！它的那顶鸡冠简直跟血一样红。"喂，鸟儿们，都来瞧一瞧吧！"它发出胜利的呼声，几乎喊破了喉咙。鸟儿飞来，看见老鹰在公鸡脚下。"好样的，大公鸡！好样的，智谋家！你的力气竟这么大！"这位吹牛大王越叫越威风，用战胜者的姿态向四面瞅。偏偏有位朋友过去把那老鹰翻个脸朝天，从毛里面一啄啄出一颗子弹，接着又啄出一颗。由此，真相大白，这只吹牛大王公鸡只好灰溜溜

地走了。

对于生活中最擅长吹牛的家伙，犹太家长从孩子小时候就教育他们要实事求是，不说大话。只有凡事符合实际，才能令人信服，赢得他人的信任。那些盲目吹嘘的人只会引起别人的反感，长而久之，就会失去原本相信自己的许多朋友。

世上有许多并不美丽的东西，其中最丑陋的就是“自大”了。所以说每个父母都要教育孩子不要自大。

犹太人认为，当一个人自满自大时，就会失去一个人应有的谦虚以及改过向上的念头。自满自大的人很容易犯错。因此，《犹太法典》虽不认为自大是一种罪过，但却认为它是一种愚昧。有很多人总以为自己是世界的中心，但是周围的任何人却不可能那么重视自己，因此他厌恶别人的漠不关心，同时更为自己没有达到更高的目标而生气，于是就会产生过度的自我厌恶。在犹太人看来，这也是自大的一种。这种自我厌恶和虚荣心是互为表里的。犹太人常说：“如果自己的内心已由自己占满，就再也不会有留给神住的地方了。”所以，在犹太人当中，他们在夸奖别人之前，是绝不会夸奖自己的。这就说明了犹太人的谦虚。

犹太父母们在告诫孩子们不要自大时，经常引用《圣经·创世纪》来做比喻：在《创世纪》中，神首先分开了光明和黑暗；再分割天空和地面；并将地面划分为水和陆；然后他开始创造生物；到了最后才创造人——亚当；因此，甚至连跳蚤都比人早到这个世界，所以人有什么了不起呢？就是在动物面前，也没有耀武扬威的资格。

“夜郎自大”者好大喜功，属于功劳型。这里的功劳型并非真正的功劳型，是专指那种自以为对某个领导成员的上任等帮过“大忙”的人，例如说些好话，拉了选票等等。这种人视野很狭窄，闭口不讲受命者的功绩和才干，看不到组织的力量，无视群众的作用，常常在人们面前借夸夸其谈以炫耀自己。因他也曾说些好话，拉过选票，所以就“居功自傲”，甚至使领导受之驾驭。一旦被驾驭，就可能会在工作的协调中失去平衡，先是在部属中，继而在领导成员中形成积怨，经常导致新的矛盾。而那些功劳型的人就将自己应该享受的民主权利当成要挟领导的一种

资本，一旦达不到目的，就会散布不满的情绪，以此腐蚀领导班子的团结。

除此之外，《犹太法典》同时还对大在的危险提出了警告：“金钱是自大的捷径，而自大是罪恶的捷径。”犹太家长时常告诫孩子：不把内在显现给别人看的人，才是最聪明的人。不自大不仅是犹太民族处世技巧，也是犹太人对自己的基本要求。

中国有一句古老的成语：“满招损，谦受益。”意思是说，骄傲招来损失。谦虚受到益处。这句名言不但中国人视为珍宝，犹太人更是如此。犹太人是世界上最聪明的民族，他们知道谦虚是使人不断进步，获得成功的一个重要的内在因素。

那么，在犹太人的眼里，一个人应该怎样谦虚呢？他们是怎样教育自己孩子的呢？

第一，谦虚首先表现为实事求是地看待自己，有自知之明

谦虚的人总是既看到自己的优点和长处，又看到自己的缺点和短处；既看到已取得的成绩，又懂得不论成绩有多大，对于伟大的事业来说，只不过起到了一砖一瓦的作用。当人们称颂科学家牛顿的光辉成就时，他却认为自己好像是一个在海滨玩耍的孩子，只不过捡到了几片贝壳而已。谦虚的人总是努力不懈，积极进取，锐意奋进的，在很多犹太人的故事里这一点早就体现出来了。

第二，谦虚还表现为正确地看待别人，虚心地向别人学习

谦虚的人善于发现别人的优点和长处，随时向别人请教，并懂得尊重别人，有事和大家商量。所以，谦虚的人能够主动地取别人之长，补自己之短，不断地从集体和群众中汲取养料，充实自己，为自己的进步和成功创造良好的条件，这一点犹太人比任何其他的民族的人做得都好。

第三，谦虚的反面是骄傲

骄傲使人盲目自满，故步自封，自高自大，脱离群众，堵塞进步与成功的道路。谦虚绝不是自卑。自卑是不切实际地过低估计自己，觉得自己处处不如别人，对事业灰心丧气，这往往导致无所作为。骄傲和自卑从两个极端背离实事求是的精神，都是前进道路上的绊脚石。谦虚的人既不自高自大，也不妄自菲薄，总是满怀

信心地努力进取，谦虚的人生是伟大的人生，是不平凡的人生。犹太人对谦虚是这样理解的，也是这样做的，更是这样教育自己的孩子的。

自大是世上最丑陋的东西，每一个父母应像犹太父母那样，教育自己的孩子不要说大话。

培养孩子脚踏实地专心致志的好习惯

犹太人认为做任何事情都应该踏踏实实、循序渐进，只有这样才能认真、仔细地完成好每一项工作。如今很多人不管是在工作还是在生活中，都有着好高骛远、不脚踏实地的坏毛病。其实，这样做只能使我们离成功越来越远。因为只有在日常的工作中慢慢磨炼自己的情操，逐渐积累丰富的阅历，才能在更富有挑战性的工作面前，胸有成竹地完成工作。

假如你有机会到新奥尔良的码头去，那你一定会被这样的场面所震惊：一艘艘拖船拉住沿着密西西比河成排的货船。是什么样的力量让一艘不过 9 米的小拖船拉住一长排每艘重量超过一万吨的货船前行？其实道理很简单，拖船就是慢慢地一点一点拖动它，就能使它乖乖听话。如果它想以蛮力强迫一艘货船改变方向，那是不可能的事，无论它如何加足马力或撞击货船，都没办法做到。但如果这么一点一点来，然后在某一时机做适当的动作，它就能达成不可思议的事情。

这个故事对于我们的生活又有怎样的启示？毋庸置疑，它告诉我们只要在点滴中慢慢积累，循序渐进，就没有不可能完成的任务。

脚踏实地做事不仅是犹太人追求的品德，也是我们中国人推崇的处世之道。我们常常会用踏实来赞美人，也常常用踏实来要求人。但要真正做到脚踏实地、循序渐进并不是件容易的事。为此，父母应培养孩子踏实的性格，让他们从小就学会从点滴小事做起。

作为家长一定要充分认识到，专心的习惯对孩子踏实性格的养成非常重要，一个孩子只有做到专心才能变得踏实。

如果孩子总是三心二意，那就很难培养他踏实的性格。家长在培养孩子专心、

踏实习惯时，可以多给他讲一些古今中外伟人专心学习的故事。有条件的地方可以带孩子到大型图书馆阅览室去看书、阅报刊，让孩子感受那种人人专心读书的氛围。

训练方法主要是定时、定任务、定要求，让孩子力所能及且高效率地完成，从而亲自品尝专心读书的甜头。年龄小的孩子，家长应该给孩子示范。比如，一定时间里工工整整写多少个字、记多少个词语、背多长的课文，还可以用竞赛的方法进行训练。坚持一段时间，专心的习惯就能养成。

另外值得注意的一点是，家长不能每天只知道用简单的话催孩子、训孩子，而没有实际训练孩子，结果使他们养成马马虎虎、潦潦草草、应付差事的坏习惯，之后又埋怨孩子不争气、没出息。家长应想想自己是否应负部分责任。如果孩子不能专心、踏实，家长先得反省一下自己的做法有什么毛病，不能一味地说孩子不好。应改变自己的做法，帮助孩子改变不良习惯。

人们在做事情的时候不宜急于求成，这样做只会让你像饥饿的人乍看到食物，狼吞虎咽，引起消化不良。我们做任何事情不能光看速度，还要注重成效。这就好像赛跑，第一个抵达终点的人绝对不只步子迈得大，他的身体协调能力也一定非常好。曾经有位智者说："慢些，我们就会更快。"没错，有人为了显示效率，凡事草草了事，结果得不偿失，使得一件本需一次完成的事情，要回头重复多次。所以，做事情不要急于求成。

避免孩子养成急于求成的性格，这并不是一朝一夕就能做到的。当孩子出世后，必然受到各种环境的影响，并在一定教育和自身实践活动中逐渐形成自己的个性，因此，在日常生活中应告诉孩子"罗马不是一天建成的"，让孩子从点滴小事中学会踏实的好习惯。

最后，在生活中要多观察孩子的活动，适时地对孩子进行教育，使其逐步养成踏踏实实的作风。例如，如果孩子画画时不专一，画的小人儿或小动物不是丢了胳膊就是少了腿，家长就要对他说："做事要踏实，专心致志做好一件事。"在孩子搭积木时，告诉孩子，做事要一步步来，小心谨慎，不要急于求成；如果孩子看书时

走马观花，要向孩子提出要求："认真看，看完后给妈妈讲一讲。"如此等等。

犹太人认为，让孩子懂得生活的意义在于过程，要让孩子懂得细细体会和玩味这个过程中的每节，无论它是一节黄金或一节铁，都要孩子认识到每节的价值。同时，每个父母都应该告诉孩子，凡事都要脚踏实地去做，不痴于空想，不骛于虚声，而唯以求真的态度踏实做事。以此态度求学，则真理可明；以此态度做事，则功业可就。

事前准备，犹太父母对孩子细致习惯的培养

《塔木德》中这样要求："要以对待上帝一样谨慎的态度去对待你身边的人。"犹太人认为谨慎细致是成功人士必备的品格，具有这种品格的人，在待人接物时能温和有礼、平易近人、尊重他人，善于倾听他们的意见和建议，能虚心求教，取长补短。所以说，一个人要想获得成功必须要谨慎细致地对待每一件事。

犹太人在教育孩子时会告诉他们不管做人还是做事都要谨慎细致，因为他们认为，只有细致的品格才能让孩子看到自己的差距，永不自满，不断前进。谨慎细致从事，可以使人能冷静地倾听他人的意见和批评。否则，孩子就会骄傲自大，满足现状，停步不前，主观武断，这样的孩子必然会离成功越来越远。

有个日本商人邀请一位犹太画家吃饭。在落座之后，画家就取出了作画用的纸、笔。在等饭菜上桌的间隙，他为坐在边上谈笑风生的女主人画起了素描。

没过多久，犹太画家就把画画好了，于是他把画递给日本商人看。日本商人看后连连称赞："真是神形兼备，太好了，太好了。"

在听到称赞以后，犹太画家便侧转身来，面对着日本商人，又在纸上勾画起来，还不时向他伸出左手，竖起大拇指。通常画家在估计各部位比例时，都用这种简易方法。

日本商人看到这副架势，知道画家这次开始帮他画素描了。虽然由于位置的关系，他看不到画家画得如何，可还是摆好了姿势，给画家当模特。

日本商人就这样一动不动地坐了约有 10 分钟。

“好了，画完了。”画家说。

听到这话，日本商人才松了一口气，迫不及待地凑过去一看，不禁大吃一惊，画家画的根本不是日本商人，而是他自己左手大拇指的素描。

日本商人连羞带恼地说：“我特意摆好姿势，你却捉弄人……”

犹太画家这时只淡淡地笑道：“我听说你做生意很精明，所以才故意考验你一下。你也不问别人画什么，就以为是在画自己，还摆好了姿势。从这一点来看，你同犹太人相比，还差得远了。”

此时这位日本商人才明白自己错在什么地方：看见画家第一次画了女主人，第二次又面对着自己，就以为一定是在画他了。

在这则故事中，日本商人犯了一个犹太人不会犯的错误：认为有了第一次，就一定会有第二次。而实际上，在犹太人的生意经上，明确地写着一条：每次都是第一次交易。

犹太人在做生意时，从来不会因为上一次的成功，而放松对这次生意的各项条件、要求的审核，哪怕是与再熟悉的人做生意他们都不会犯这样的错误。因为，犹太人习惯于把每次生意都看作一次独立的生意，把每次接触的商务伙伴都看作第一次合作的伙伴。这样做，就不会因自己对对方的先入之见掉以轻心。犹太人在生意场上的谨慎、细致的态度是他们获得财富的法宝。

美国第三届总统托马斯·杰斐逊是个谨慎、细致的人，他曾提出：“每个人都是你的老师。”

杰斐逊出身贵族，他的父亲曾经是军中的上将，母亲是名门之后。当时的贵族除了发号施令以外，很少与平民百姓交往，他们看不起平民百姓。然而，杰斐逊没有坚持贵族阶层的恶习，主动与各阶层人士交往。他的朋友中当然不乏社会名流，但更多的是普通的园丁、仆人、农民或者是贫穷的工人。他善于向各种人学习，懂得每个人都有自己的长处。有一次，他对法国伟人拉法叶特说：“你必须像我一样到民众家去走一走，看一看他们的菜碗，尝一尝他们吃的面包，只有你这样做了，你才会了解到民众不满的原因，并会懂得正在酝酿的法国革命的意义了。”由于他

作风扎实，深入实际，他虽高居总统宝座，却很清楚民众究竟在想什么，他们到底需要什么。这样，在密切群众关系的基础上，他成了一代伟人。

托马斯·杰斐逊

谨慎细致的品质让人在面对成功和荣誉时不骄傲、不自满，所以，很多人都把这种品质视为自己不断进取的动力。当成功和荣誉摆在面前时，有人能洒脱自如，有人却无法自拔。洒脱的人能看清一切，可以继续获得成功与荣誉；无法自拔的人沾沾自喜，不思进取，只能停滞不前。所以，为了不断取得成就，一定要把谨慎、细致当作人生的第一美德来刻苦培养。

谨慎、细致是做人和做事的基本原则，可是，随着现代生活节奏的加快，谨慎、细致的态度已经离我们越来越远了。生活在这个快速发展的社会，很多孩子都大大咧咧，细致已成为孩子缺失的一种重要品质。其实，关爱孩子的家长们必须培养孩子严谨细致的习惯。

当孩子对新鲜事物产生好奇感，有意愿进行探究时；当孩子对别人的一些事情表示要热情帮助时；当孩子对自己感兴趣的事情，急忙去做时……父母要正确引导孩子做事的计划性。父母应教育孩子：一个人不管做什么事情，都应有一个周密的计划，先做什么，后做什么，事前做哪些准备、如何开始等。经过父母的引导后，父母还应辅导孩子自己去完成。

那么，培养孩子细致的习惯有什么方法呢？

第一，通过点滴小事培养孩子的细心

对于年幼孩子来说，由小到大、循序渐进才能培养出良好的习惯。由于孩子的心理还不成熟，给他灌输大道理孩子是不会听的，即便听了，也不会往心里去。所以，要从他身边的小事来要求他。为了能让他习惯成自然，一开始要求他每天整理

自己的房间。早晨起来洗漱过后，就叠被子、整理床单；用过的物品做到物归原处；学习资料摆放有序；做完作业就整理书包，且一样一样检查。在孩子做这些的同时，要不断地提醒、指导，并配以适时和恰当的鼓励。

第二，用奖惩的方法培养孩子的细心

孩子会在奖惩中培养自己的自制力，时刻用高标准来要求自己的行为，从而使细心的习惯在不断自我完善中得以养成。不过，家长不能急于求成，要看到孩子的一点点进步，只要有耐心、有恒心，孩子一定不会辜负我们的期望，这只是时间的问题。

第三，通过兴趣培养孩子的耐心

每个人都有这样的体会，当自己对某件事情有了浓厚的兴趣以后，就会以耐心细致的态度对待这件事情，而且有自主性，常能乐此不疲，流连忘返。因而，在培养孩子细心能力的时候，要特别注意提高孩子做事的兴趣。

第四，教育孩子做生活的有心人

引导孩子仔细观察生活，善于思考，明辨是非，家长可通过一些哲理故事告诉孩子怎样做生活的有心人，在培养孩子细心的同时也造就一颗懂得生活的心灵。

总之，培养孩子的细心不是一件小事，因为将来不管从事任何工作都少不了细心。有的孩子天生就心细，而更多的孩子存在不同程度的粗心。做家长的要坚信，粗心的毛病是能改掉的，但培养孩子的细心能力不是一朝一夕的事，讲究方法的同时，还要做到持之以恒。在这里，请记住犹太父母的忠告：要以对待上帝一样谨慎的态度去对待你身边的人，谨慎细致是成功人士必备的品格；细致的品格能够帮助我们看到自己的差距，做到永不自满，让我们在冷静地倾听他人的意见和批评中不断前进。所以，每个父母都应该从小培养孩子谨慎的品质。

节俭勿奢，犹太人教给孩子的花钱原则

“宁可一辈子只吃洋葱，也不愿为了饱餐一顿鸡鸭鱼肉而让其他日子挨饿。”这是出自《塔木德》上一句非常有名的格言。从这句话中我们可以非常清楚地看到精

明犹太人花钱的原则，即节俭勿奢。

众所周知，洛克菲勒是美国非常成功的商人，但不为人所知的是，当洛克菲勒刚刚步入商界时，也曾步履维艰。那时的他朝思暮想着发财，却苦于没有发财的良方。有一天晚上，他在报纸上看到一则出售发财秘笈的广告，高兴至极，第二天他急急忙忙跑到书店买了一本。他迫不及待地打开书，只见书内仅印有“勤俭”二字，使他大为失望和生气。

当洛克菲勒回到家中，他的思想越来越混乱，后来很长一段时间他都食不知味、寝不成眠。他反复考虑该秘笈的“秘”在哪里。

起初，他认为书店和作者在欺骗，一本书只有这么简单的两个字，他想指控他们在欺骗读者。后来，他越想越觉得此书言之有理。确实，要致富发财，除了勤俭以外，别无其他方法。这时，他才恍然大悟。此后，他将每天应用的钱加以节省储蓄，同时加倍努力工作，千方百计增加一些收入。这样坚持了五年，积存下 800 美元，然后将这笔钱用于经营煤油，终至成为美国屈指可数的大富豪。

如果你问世界上最吝啬的民族是哪一个，那答案很可能是犹太人。但事实并非如此，犹太人对金钱的计较、算计其实并非吝啬，而是一种节俭的表现。犹太人努力挣钱是开源的行动，设法节俭是节流的反映。巨大的财富需要努力才能得到，同时也需要杜绝漏洞才能积聚。

犹太人的节俭观念显得很精明。《塔木德》中说：“富人没有机会买东西的时候，也会自认为是个贫穷的人。”在犹太人看来，即使追求神圣的精神生活也不应该让自己贫困。相信上帝和追求享受是可以相提并论的，他们认为自己追求精神的崇高，也应该追求世俗生活的幸福，一味追求物质的富有，当然不是一种好的现象，然而一味追求精神生活而忽略物质上的舒适也是不可取的。

犹太人不会因为节俭而放弃对生活的要求，也不会盲目地为了高品质的生活而浪费。在犹太人看来，为了赚取更多的利润，就必须节约不必要的资金。但犹太人也同样认识到赚取财富是为了更好的生活。犹太人的花钱习惯是，在选择性的奢侈和精打细算的节约之间寻求平衡，这一点再一次证明了犹太人的节俭并不等于

吝啬。

节俭不等于吝啬。节俭，是在生活中节约财物、不讲排场的意思；吝啬，是舍不得钱财周济贫穷、不愿意救助急难的意思。节俭习惯的养成，是一个日积月累、循序渐进的过程。要把孩子培养成有志向、有出息的人，勤俭节约、艰苦朴素的教育是不可或缺的，这将成为孩子永久的财富。

第一，教会孩子合理消费

俗话说得好："不当家，不知柴米贵。"父母要给孩子机会，让他了解如何去花钱，他才能对金钱有清楚的概念，从而明白应更珍惜生活，珍惜付出后得来的成果，这一点对他们的成长必定会有深远的影响。

第二，让孩子体验"苦日子"

"有钱难买幼时贫"这句话主要意思是说：在小的时候受点苦对我们的一生都会有非常积极的意义。如今这个社会，让孩子受苦的日子已经越来越远了。但家长要给孩子找机会，让他们知道"苦日子"是什么样的。比如，带他们参加希望工程的体验活动。

第三，告诉孩子节俭是一种美德

在家里不能娇惯孩子，对孩子的要求不能盲目答应，合理的给予满足，不合理的一定不能迁就。不该浪费的小到一张纸、一滴水也不能浪费。要跟孩子讲道理，不要孩子一闹，大人就妥协，同时多跟孩子讲些勤俭节约的故事来激励他们。

第四，告诉孩子金钱的来之不易

父母应该给孩子机会，让他参与到劳动换取礼物的活动中。比如，孩子最近喜欢上某件玩具，不要直接买给他，而是让他用自己的劳动换取应有的报酬后，自己去把玩具买来。

这样做的目的在于让孩子明白金钱的来之不易，它是经过艰辛的汗水换来的，从而培养孩子自力更生、勤劳的好习惯。要把孩子培养成有志向、有出息的人，勤俭节约、艰苦朴素的品德教育是不可或缺的，这将成为孩子永久的财富。

培养孩子热爱自然保护自然的习惯

在茫茫的宇宙中，有一颗闪烁着蓝色光晕的行星，那就是我们赖以生存的家园——地球。我们生活在这个美丽的星球上，却在无意间让它失去了往昔的朝气，变得乌烟瘴气。在生态环境越来越恶劣的时候，人们想到了关注环境。在自然灾害越来越严重的情况下，人们知道了要保护环境。然而有谁知道，在这一切发生之前，犹太这个有智慧有远见的民族早就把保护环境当作自己的使命了。

犹太人认为爱惜大自然是敬重上帝的体现。所以，他们把人的生活环境比作生活文明的重要内容，这是所有民族中最先进的意识，也是他们保持身体健康的智慧之处。犹太人保护环境的理念来源于《圣经》的记载和教诲。

《圣经》上有这样的记载：

在上帝成功造出第一个人以后，带他来到伊甸园中看所有的树木。上帝对这个人说："你看，这就是我的作品，它们是如此的美丽，如此地值得赞美。我创造这么美丽的一切都是为了你。当你想到这一点时，千万不要让我的世界腐烂，也不要破坏它。因为如果你破坏了它，是没有人可以再为你修补的。"

犹太人认为自己是上帝选中的人，所以，他们有义务时时刻刻照顾它，满足它的需要。犹太人对上帝创造的世界照顾得极其悉心，这一点可以从这个小故事中看出。

当亚述军队侵犯犹太王国时，犹太国王希西卡塞住了城外某处的泉源，使亚述人没有水喝。但是，犹太拉比们知道国王的做法后，不赞同希西卡的行为，因为在他们看来，堵塞泉源是一种对大自然的破坏行为。

犹太人对大自然的爱惜心情可见一斑。在《圣经》中，甚至禁止犹太人在作战时砍伐果树，因为在他们看来这样做会破坏自然的平衡。对于砍果树一事，犹太拉比的看法是："你若长期围困、攻打一座城，就不可举斧子破坏树木，因为你可以吃树上的果子。田间的树木难道是可以糟蹋的吗？无论是谁，只要砍伐果树，就要受鞭刑。"

在犹太人看来，不光是在围城时砍伐果树要受惩罚，在平常的时候，那些恶意砍伐果树的也要受到鞭刑。但是，如果果树对其他树木造成了破坏，或对别人的土地造成了破坏，或用于别的目的价值更大，那么，可以砍伐它。犹太法律禁止对树木的恶意破坏是十分严格而又理性的。

几个长工在约克哈特的拉比犹瑟地里干活。

夜幕降临后，他们什么吃的都没有，于是，就向拉比犹瑟的儿子抱怨说他们很饿。这些人正坐在一棵无花果树下休息，犹瑟的儿子就对果树说："无花果树啊无花果树，长出你的果实来吧，好让我父亲的工人们充饥。"

果树果然长出了果实，长工们就吃了果子。

无花果树

拉比回来后，向长工们道歉："我因为在做一件施舍差事，所以回来晚了，请你们原谅。"

"愿上帝满足你，就像你的儿子满足我们一样。"长工们回答道。

接着，他们把无花果树的事告诉了他。

拉比一听，满腔怒火，转身对儿子说："我的儿子，你让无花果树在它的节令到来之前就结果，这给造物主带来了麻烦。你最好也在你的日子到来之前，就从这

个世界上消失吧！”

犹太人保护环境出于他们对地球的责任感，犹太人爱护环境源自他们智慧的头脑。有责任感且有智慧的人在我们的地球上很多，但能意识到环境重要性的却不多。每个做父母的都希望自己的孩子能像犹太人一样深谙成功之道，那么，为了拥有更好的生活，还是先教会孩子做个有责任心、有智慧头脑的环保先锋吧！

第一，让孩子爱护自然环境

父母在闲暇时应多带孩子去公园或儿童乐园，比如：春天到来的时候，让孩子观察树叶发芽、吐绿的现象；夏天到来的时候，让孩子记录小蝌蚪变成一只小青蛙的过程；秋天到来的时候，让孩子观察树叶由绿到黄、叶落归根的变化；冬天到来的时候，让孩子去查找冬眠的小动物。孩子只有不断接受大自然，体验大自然，热爱大自然的感情才会不断增长。

第二，让孩子爱护家庭环境

家庭环境的美化和保持能给人以幽雅、宁静和美的感受，应给孩子一个美的家庭环境，使其接受美的启蒙教育。孩子稍大一些时，父母可以让其参与家庭环境的美化工作，并要求孩子爱护和保持家庭的环境美。

第三，让孩子爱惜资源

爱惜资源是现代人必须学习的重要课题，且应该从小养成这种好习惯。建议父母在引导孩子时，可以从孩子喜欢的玩具着手，先学会爱惜玩具，再进一步拓展到生活层面。透过随手做环保的简单动作，让孩子具体了解爱惜资源的重要性。

犹太人认为，天空是温暖的摇篮，不要再向天空吐烟，让地球心酸；草地是美丽的地毯，不要再乱扔杂物，让地球难堪。每个做父母的都应该像犹太人一样深谙爱惜自然的道理，为了拥有更好的生活，应该先教会孩子做个有责任心、有智慧头脑的环保先锋。

培养孩子会工作也会休息的良好习惯

《塔木德》上曾这样告诫犹太人：“一张弓如果一直绷着，即使是钢做的，也

会失去弹力。”犹太人在紧张的工作之余，永远不会忘记给自己放松的时间，因为他们知道不管多聪明的大脑，在经过长时间的紧张，过度疲劳的思考后都会开始麻木。所以，犹太人为了保持最好的工作状态，总是在八分的紧张之余留下二分的松弛。他们在教育孩子时，也是告诉孩子要学会张弛有度，养成会工作也会休息的良好习惯。

在犹太人看来，每个人都应该学会放松自己，学会在工作之余享受休息的快乐。如今，很多人常常为了某些冠冕堂皇的理由，逐渐远离自己本应该拥有的生活。犹太人则不然，他们提倡勤勉的生活态度，但不会盲目地让自己变成“工作狂”。

为此，犹太人最大的生活特色之一就是他们十分重视假日。在以色列，犹太人有许多假日，遍布世界各地的犹太人也常常把度假作为自己生活的重要部分。在假日里，犹太人不谈论有关工作的事，不思考有关工作的问题，不阅读有关工作的书，也不从事有关工作的计算，全身心地娱乐、放松。在假日，人们可以访问朋友，把工作抛在脑后，彼此交谈人生观以及艺术，父母可以与孩子相处，查看他们的作业，询问他们在学校里学到了什么。

犹太人多是商人，商人同普通人相比，有一个特点就是忙，他们工作几乎没有什么定时，随时都有事，只要他们愿意，干一辈子也干不完。工作耽搁了，钱就减少，因此犹太人绝不浪费一分钟的时间。但是，对于犹太人来说身体健康是根本，而身体健康需要休息。休息必然和工作相冲突，怎么办？这时犹太人会毫不犹豫地放弃工作，选择休息。

在犹太人心中，工作对人生是有益的，但是如果一个人只工作而不知休息的话，他会失去了人性。假如你不理解，可以向犹太人提问：“你们工作一小时可赚钱 50 美元以上，如果每天休息一小时，一月就少赚 1500 美元，一年少赚 1. 8 万美元，这值得吗?”

犹太人会比你算得更快：“假如一天工作八小时不休息，一天可赚 400 美元，那我的寿命将减少五年，按每年收入 1 2 万元计算，五年我将减少 60 万美元收入，

假如我每天休息一小时，那我除损失每天一小时 50 美元外，将得到五年每天七小时工作所赚的钱，现在我 60 岁，假设我按时休息可活 10 年，那么我将损失 15 万美元，15 万和 60 万哪个多呢？”

你看看，犹太人是何等的精明！

有人曾经说过：“不会休息的人，就不会工作。”可如今很多人总是以没有时间为由，不注重休闲生活，甚至连最基本的休息，在工作面前都只能让步。其实，这样做只能让生活失去最基本的动力，让自己丢掉真正的快乐。功成名就的喜悦永远代替不了在大自然中获得的快乐；升官发财的快感，永远无法与家庭带来的幸福相比。浪费时间的人，不仅仅是那些不珍惜时间的人，还有那些无视时间真正价值的人。我们在教育孩子时，应该向犹太人学习，把紧张之余也要放松的思想传达给孩子。

饮食有度，培养孩子科学的膳食习惯

犹太人也把饮食的节制作为健康体格的先决条件，并把它看作是与清洁相辅相成的。拉比伽玛列说：“我因三件事而羡慕波斯人：他们饮食有度，如厕有度，房事有度。”

犹太人饮食“度”的基本原则是：“吃（胃的容量的）三分之一，喝三分之一，留下三分之一的空。”平时，犹太人无论是出于贫穷，还是出于节俭，通常都是吃最简单的饭。《塔木德》中提到“穷人”干完活回到家后吃的晚饭是“面包加盐”；然而，即使是吃得起佳肴美味的人，也是“早餐面包加盐，再加上一罐水”。

犹太人把这样的饮食作为能除百病的饮食之道。

对于饮食，犹太人还有许多良言：诸如“从需要祭献的白面包中吃得最少的人，身体健康并有福气，比他吃得多的人是嘴馋的人，比他吃得更少的人得肠胃病。”“不希望胃肠不适的人应该养成把面包在醋中蘸一蘸的习惯。把手从正吃得很香的食物上抽回来，不要延误大小便。”“40 岁之前吃饭有益，40 岁之后饮酒有益。”等等。

犹太人认为，合理的进食时间是感觉到需要进食物的时候，“饥时食，渴时饮”。作为原则，犹太人是每日两餐，安息日例外，多加一餐。晚餐是一天的活干完之后回家吃，而早餐是劳动者在工间吃。

《塔木德》为不同阶层的人规定了一个进食时间表：

斗剑士在第一个小时用早餐。强盗在第二个小时，有钱人在第三个小时。干活的人在第四个小时，老百姓在第五个小时。

另一种观点认为：老百姓在第四个小时，干活的人在第五个小时，圣哲的门徒在第六个小时。

犹太人认为，吃早饭晚于这个时间就像把石头扔进酒囊中。

拉比阿基巴忠告他的儿子：“早起床，先吃饭，夏天是因为热，冬天是因为冷。谚语说得好，‘早饭吃得早，比谁都能跑。’”

吃饭时犹太人坐着，因为犹太人认为，站着吃喝毁坏身体。犹太人还认为，人吃饭的时候不应该讲话，以免把食物吃到气管里，危及生命。犹太人在旅行时，往往会减少饭量。旅行的人吃的饭不应超过在荒年正常的饭量，犹太人认为这可以避免肠胃不适。节制饭食和讲究饮食之法，是犹太人身体健康、长盛不衰的重要原因，也是他们的生存智慧。

《塔木德》中说：“孩子，在你的生活中，要节制食欲，不要吃对身体有害的东西。不是所有食物都适合每一个人，不是所有的人都喜欢同样的食物。别以为你非尝尽人间美味不可，别什么都贪吃，吃太多会生病的。长此以往，你的胃就受不了。”

《圣经》中说：“不要吃自己所不喜欢的食物，否则就违背了三条戒律：轻视自己，轻视食物，不当地违背了祝福。”

犹太人认为孩子在成长发育中有以下需要：

维生素：维生素能增强日常饮食不佳者的智力。血液内维生素含量不够的儿童，可适当增加维生素添加剂。在今天，大多数的孩子身体的营养状况很好，正常饮食就可以使他们得到足够的维生素，不需要添加剂。

食物：包括谷物、面包以及橘子在内的早餐，能为大脑提供良好的养料。

水：水分缺失有损思维。充气的饮料能引起血糖浓度激增，影响能量的稳定释放。茶和咖啡是利尿剂。

新鲜空气：新鲜的氧气有助于大脑正常的工作。儿童应当在凉爽、通风的环境之中活动，并多做深呼吸。

健脑操：儿童可以通过一些简单的锻炼——例如头部的按摩和胸部的按摩来激活大脑功能、缓解精神压力以及增强注意力。

阅读：在理解课文时，使用有色镜片的特殊眼镜，对一些儿童来说是大有裨益的。

交谈：父母应当在孩子四岁左右时从哲理角度和他们进行谈话，询问诸如“我们是怎样存在的”这样的问题，以此来加强孩子的思维能力与好奇心。

针对孩子影响食欲的其他因素，犹太人也有自己的主张。

音乐：教授孩子古典音乐，不仅能改进他们识别时空物质形态的方式，也能促进孩子的食欲。

睡眠：小孩子每晚应当保持十个小时以上的睡眠，而且应该在晚上九点钟以前上床睡觉。睡眠是促进孩子增进食欲的有效途径。

环境：把孩子的寝室粉刷成蓝色，这将促进孩子放松情绪。情绪的放松，无疑会对孩子的食欲产生积极的影响。

抑郁：在生活中我们时常会碰上这样的孩子，任性、易怒。这样的孩子得了一种严重的抑郁症，将来弄不好会成为精神分裂症。不少国家认为孩子的任务就是学习，别的不关他们的事。殊不知，当今的学习和工作节奏要紧张得多，精神负担、各种复杂情况要比20年前增加数倍。孩子要碰上许多消极的社会问题与社会现象，而这些现象正是孩子们的家长所没有碰到过的。

人格障碍：精神科学家研究发现，孩子小时精神压抑，长大后会成为人格障碍。婴儿独自睡觉、爱抚、安慰不够，长大以后可能容易出现精神紧张性障碍和人格问题。婴儿需要身体上的接触，因此不能把他们包裹在毯子中，任由他们啼哭几

个小时。研究人员在美国科学促进协会年会上说，他们已经发现精神压抑所引起的婴儿脑内发生物理变化的证据。婴儿独自睡觉，精神是非常紧张的。我们可以从婴儿的哭泣中发现这一点。

犹太人不赞同给孩子盲目减肥。他们认为，人的胖与瘦是人的基因决定的，如果说你硬要去违反一个孩子身体的基因功能，就会把事情弄得更糟。当然，这不排除你用饮食来达到为孩子减肥的目的。

爱自己的邻人，培养孩子帮助别人的习惯

正所谓“远亲不如近邻”，能够经常帮助别人，邻里之间能够和谐相处，也是一种快乐。因此，每个父母都应该教育自己的孩子要爱邻人。

犹太人认为，爱你的邻人如同爱你自己一样，在孩子小的时候，犹太父母会对孩子们说对邻人的爱要无条件。这时，他们就会对孩子讲述在洛克菲勒的孙子戴维·洛克菲勒的传记中一段关于爱邻人的叙述。文章说：

“父亲最喜欢的《新约》故事之一是‘行善的人’的寓言。大多数人都熟悉这个故事：一个人在偏僻的路上遭到袭击，被殴打、洗劫、奄奄一息，但是过路的很多人都视而不见，直到一个行善的人——他所属的一帮人在圣经时期被认为是不可信的危险之徒——停下脚步施以援手，救了那个人的命。”

“你的邻居是谁？你对他负有什么义务？这是故事的要点。对于父亲来说，其中的道德观念十分清晰：所有人都是你的邻居。我们还是孩子的时候，在每天早晨早饭前的祈祷中，父亲总是一遍又一遍地强调这一点：你必须像爱你自己那样爱你的邻居。行善的人的故事——也就是夏加尔在波坎蒂克山的联合教堂为纪念父亲而为百叶窗选择的主题——是父亲一生的象征，在激励他做善事。对于他来说，作慈善事业就是当个好邻居。”

帮助别人，别人也会帮助你，正如爱邻人，邻人也会爱你一样，每个父母应该从孩子小时候起就教育自己的孩子要爱自己的邻人。

在人们的意念之中，犹太人以善于经商而闻名于世。但犹太人追求商业并不仅

是为赚了钱就好。犹太人之所以能够发展到今天，很大程度上是由于有一种流浪民族的智慧。在犹太人的教育中，曾有这样的一句话“因为你是个犹太人，所以要获得成功就必须付出别人一倍以上的努力”。因此，犹太父母经常教育自己的孩子付出更多才会有更多的回报，他们经常教育孩子要像爱自己那样爱自己的邻人。

“要像爱自己那样爱你的邻人”是犹太人做人处世的准则，它是教导人们要爱别人和对社会要有奉献的精神。他们认为，自己和邻人的样子都是上帝形象的具体存在，因此必须互相尊敬。在犹太教中，人的生命是上帝给予的，最终也由上帝来决定是否收回。如果在没有征得上帝的同意后，人是不能擅自选择死的，所以，在犹太人中的自杀率就很低。

虽然犹太人经历了长达 2000 多年的流浪生活，但他们还一直坚守着自己的民族的自觉性和主题性，并保存着民族整体的生命。因为民族这个共同体不灭，新一代就会继承和发展前辈的精神，实现精神的不灭。因为他们坚信，“命运就在脚下，人的双脚会导引着他走向他想要去的地方”，为了获得成功，你就必须要抱有坚定的信心。

要像爱自己那样爱自己的邻人，这可以说是犹太商人经商成功的秘诀，犹太人在教育自己的孩子时，也比较注重这方面的教育。

例如，犹太商人，全球零售商沃尔玛在这一方面做得就非常有准则。“当爱你的邻人”，这个古老的圣训是沃尔玛非常强调的一句必须遵循的工作准则。

某家公司的一位培训师，他也是一个犹太人，他经常对别人说：“我经常要给公司内外的客户做培训，讲解我设计的方案。我从来不会千篇一律地讲解方案，我想到的是客户的特征和感受。我认为，面对不同层级、不同经验背景、不同工作岗位、不同性情爱好的客户群，他们理解与接受培训内容的关注点与程度都不相同，因此尽管有时培训的场次多、内容多、客户的要求也多，但每次我都尽量将讲义做得不拘一格，无论是形式、内容还是逻辑结构，我想这是一名优秀咨询师必须考虑并且应该做到的。”由此看出，这位培训师就是一个充满着爱心的人，凭着自己的那颗爱心，从此他给客户提供服务也总是那么的周到、细致和无微不至。

每个父母都应该把孩子教育成一个充满爱心的人，爱邻人就像爱自己一样，因为那是一种发自内心的爱。如果一个人没有一种发自内心的爱，那么任何装模作样的服务态度是不会显示出你的热忱和仔细的。只有像爱你自己一样爱你的客户、你的同事、你的企业、你的社区，才能在工作中真正拥有一颗爱人的心，你才能发现工作原来如此美妙，你才能感到有必要为工作献出自己的一生。当你不断强化自己的爱心的时候，同样，你也会发现自己也沉浸在一种越来越幸福的爱之中。

谁都会爱自己，都会对自己宽容。如果是这样，那么，爱你的邻人，也就是也要宽容他人，爱自己的邻人，并不是一定要为邻人服务。邻人之爱是无条件的，每个父母应该培养孩子对邻人的爱，才会让他们在以后的道路上去帮助别人，从而培养出孩子博爱的精神。

帮助别人是一种快乐，也是一种美德，犹太父母经常教育自己的孩子要尽自己所能地帮助别人。犹太人经常讲玛蒂的故事来教育自己的孩子要尽自己所能地帮助别人。

普吉岛流传着一个犹太女孩玛蒂的故事：

当海啸来临之际，10 岁的犹太女孩蒂利首先发现了海天交汇之处的白色巨浪，她一下联想到地理课本上关于巨浪的知识。就在圣诞节前，她还在思考老师布置的关于巨浪的讨论题目。意识到灾难即将降临的她，立即说服了父母，并和他们一起动员海滩上游客撤离。当百余名游客刚刚抵达高地，海啸便无情吞没了这片海滩。

玛蒂的故事宛如一朵奇葩，为这场不幸的灾难增添了一丝亮色。从这个故事里我们看到了犹太帮助别人的美好品德，更感谢犹太女孩玛蒂，她让我们看到了什么是人间美好的东西；感谢玛蒂一家，当灾难来临之际，他们并不是只想着自己的安危，而是积极主动地帮助他人脱离危险。

每个犹太人的孩子，都接受着要尽其所能帮助别人的思想，的确，帮助别人就等于帮助了自己。一个人在帮助别人时，无形之中就已经投资了感情，别人对于你的帮助会永记在心，只要一有机会，他们也会主动帮助你的。

尽自己最大的努力来帮助别人，适时地付出自己点点滴滴的爱，去关怀他人、

帮助他人，如此才会有一个美好幸福的人生。一般人常常觉得自己所拥有的太少，永远不满足，也吝于布施。然而求助者也许所求不多，只需要微少的东西而已！若不肯及时帮助遇到困难、逆境的人，往往会造成无法弥补的悔恨。犹太儿童从小就常听父母“日行一善”“积善之家必有余庆”“施比受幸福”等家庭训导，对孩子来说每次都是在鼓舞其善良的民风，并能将其持之以恒并发扬光大。

十三、犹太人的性格教育

孩子为什么会自卑

父母在培养和教授孩子各方面技能的过程中，常常会遇到这么一个难题——自卑。

自卑感就是个体认为自己在某些方面不如他人而产生的消极情感。自卑感对人的思想和行为有消极影响，它严重地束缚了人的精神生活，并且使智力与创造力也无法正常发挥作用，有时候还会影响到人的身体健康。

一般来说，有自卑感的孩子主要表现在以下这几个方面：

1. 敌视别人，瞧不起任何人；
2. 不合群，缺乏荣誉感；
3. 性格脆弱，内向，对外界的刺激比较敏感；
4. 忧郁、悲观、孤僻；
5. 多愁善感，常常自惭形秽；
6. 遇事总是退缩，担心出丑，尽管事实上事情并没有他所想的那么糟糕；
7. 对伤害的痛苦体验比较深刻。

面对以上这些情况，父母千万不能太过担忧，或是用简单粗暴的方法对待孩子，而是要想办法找到孩子不自信的根源，按照具体情况对孩子制定一些教育方

针。一般来说，造成孩子自卑的原因有以下这几个方面：

一、社会与家庭方面导致孩子自卑。

教育家们认为，孩子心理发展的大敌是贫穷，很多孩子会因为家境贫寒而产生自卑感。贫穷家庭的孩子在平时不得不节衣缩食，遇事小心谨慎，如果遇到了同龄家境富有的孩子，那么贫穷家庭的孩子可能会显得自信心不足，容易胆怯。

另外一个就是家庭环境气氛的原因。如果家庭破裂，父母对孩子的关心不够，对孩子的态度简单粗暴，同样会容易使孩子产生自卑之感，感觉自己不值得一提。如果父母对孩子的活动过多地加以限制，或者说事事都替孩子包办，也会造成孩子消极与退缩的性格。

还有一个原因是孩子的生活环境过于沉闷、单调或者封闭，孩子与外面的人接触的机会很少或者是没有，也会造成孩子沉默、消极、不自信的性格。

二、身体与生理方面会导致孩子自卑。

经常生病的孩子往往比健康的孩子更容易产生自卑、怯懦的心理。在身高、相貌、体能方面的差别也会导致孩子产生自卑心理。特别是一些女孩子，对自己的容貌非常注意，她们在这方面比男孩子更脆弱。

三、孩子不恰当的比较与对自己不正确的认识也会产生自卑。

这种自卑是主观原因所造成的，一般在一些年龄较大的孩子中产生，其中最为显著的是在中学生身上。他们习惯拿自己的短处与别人相比较，当然是越比越觉得自己不如人，甚至干脆自暴自弃起来。再者，他们很在意别人对自己的看法，如果得不到别人的肯定，就会自己否定自己。过分注意他人对自己的看法和不合理的比较都会加速自卑的形成。

四、才智与能力也会让孩子自卑。

很多孩子会因为自己不够聪明，学习成绩不如人家好，或者说在某些特长方面不如人家突出而产生自卑感。在学校里，特别是有些孩子经过一段时间的努力以后，学习成绩依然没有什么进步，就会对自己的能力产生怀疑，导致对自己缺乏信心。在学校中得不到老师的关注，或是受到同学的冷落等都会导致孩子产生自

卑感。

五、自我的消极暗示也会影响与抑制自己的自信心。

孩子在交往中如果面临着一种新的局面，就会对自己的能力进行一番衡量。如果不能对自己有一个正确的认识，脑子里就会产生一种想法——“我不行”。这样消极的暗示就会降低自信心，在社交中就会放不开手脚，极大地限制了能力的发挥。而且越是这样，就越难与人交往，导致社交失败。这种结果会形成一种消极的反作用，使自卑者消极的自我认识更加深刻，形成一种固定的自我消极暗示。

六、对自己的要求过于严格或对自身了解不足也会自卑。

有一些孩子总喜欢反省自己的不足，于是力求自我完善，迫切地希望改正自己的缺点。这样就会忽略自己的优点而只看到自己的不足之处，这样下去只能形成消极的自我评价，天长日久自己就会越来越害怕与人交往。

七、不能正确对待挫折也会导致自卑。

当人受到挫折或打击以后，表现是各不相同的，有的会奋起反击，重新来选择他的事业、工作或者生活，有的人会因此丧失斗志，从此一蹶不振。这种情况最容易发生在性格内向、心理承受能力低的孩子身上。这种孩子即使受到很小的挫折与打击也会难以承受，从而变得自卑。

让孩子远离自卑，学会自信

表演家蒙西雷德出生在贫民窟，小时候几乎每个看到他的人都认为他将来不会有所作为，但他母亲却不这么看，母亲时常鼓励小蒙西雷德说：“千万不要忘记你是犹太人，凡是犹太人都一定要出人头地。”后来在回忆中，蒙西雷德说：“就是母亲的这句话，才让我有了今天的成就。”

人的成长过程是一个不断追求的过程，而追求会产生两种结果：达到或达不到。当达不到某个目标时，人的挫折感就会随之而生，这种挫折感朝着消极的方向发展就会变成自卑。孩子的学习也是一样，当孩子见到别的同学的成绩比自己的好，有时不是从方法、勤奋等方面找原因，而是进行简单的自我否定。自我否定之

后，就会慢慢变得消沉，他们往往根据局部的比较产生自我意识，认定自己是天生的差生。

其实，很多有自卑感的孩子并不差，孩子为自己选定追求目标和比较对象，在很大程度上依赖于他们所处的环境。如果说他们的父母不是对他们的要求很高，高得让孩子没有办法接受，孩子就不会自卑。

自卑是一个无形的杀手，它会扼杀孩子的才能，进而会对孩子的成长和发展造成不可估量的消极影响。所以，当你发现你的孩子有自卑心理的时候，一定要想办法帮助其消灭自卑。

那么，怎样消除孩子的自卑呢？这就需要父母来培养孩子的自信，自信是一剂良药，它能一举攻克自卑。

犹太教育学家切尼曾经做过这样一个实验：

将一个优秀的班级当作问题班级来对待，而将一个成绩较差的班级当作优秀班级来对待。一段时间之后，两个班级测验的成绩相差无几。为什么会出现这种结果呢？原因在于优秀班的学生受到了怀疑，自信心受挫，结果影响了学习成绩。而差班的学生与老师受到鼓励，积极性大增。

从这个事例就可以看出，自信心能够充分地调动起人的潜质，持久的自信心能够将人的各种功能保持到最佳状态。很多伟人身上就有着这种超凡的自信心，正是这种自信心支持着他们积极应对各种挑战，不向任何困难和失败低头，勇往直前，直至获得成功。

所以，自信对一个孩子，无论是在智力上，还是在体能上，或者是在处世上，乃至对一生的发展都有着至关重要的作用，从而成就孩子一生的事业。因此，在某种程度上，它比智力、知识更为重要。如果父母鼓励孩子始终以这种积极的心态去面对学习与生活，那么孩子将会取得不可估量的成就。

作为孩子的父母，在孩子的成长过程中，要担任多种角色，其中的一项就是要善于发现孩子身上的闪光点，努力将孩子身上的潜能开发出来，让孩子身上有着“我最好”的感觉，以此增强孩子的自信心。

但是，从现实中我们却看到，在很多家庭中，父母小到孩子的冷暖饥饱、人身安全，大到孩子升学、找工作甚至是结婚生子，都要大加干涉。因为在这些父母看来，孩子毕竟是孩子，永远也离不开他们的呵护。但是如果长期这样下去，孩子的自信心会慢慢消失掉，性格也会变得更加怯懦。

所以，要想孩子将来有所作为，首先就应该让孩子从小学会独立自主地生活，不能事事依靠父母。如果孩子养成了依赖的习惯，那么他们一旦离开了父母，经受几次挫折，信心就会完全丧失。而只有在孩子跌倒后，又鼓励他爬起来，才能培养他坚忍不拔的性格，才能让他在自己的无数次失败之中品尝到成功的甜蜜，才能让他觉得只有自信才是他的真正的精神支柱。

培养孩子信心的方法

在孩子的成长过程中，自信是孩子进步的一种强大的内驱力，如果孩子的自信心丧失了，那么就会造成孩子精神上的垮塌，从而变得一蹶不振起来。所以，帮助孩子树立自信心尤为重要。那如何才能使孩子有效地树立起自己的自信心呢？我们可以参考一下犹太家长的做法。

一、作为家长，在平时要善于发现并且开启孩子自信的“窗户”。

有句话说得好：“天生我材必有用。”事实上，人的才能是各种各样的，不可能存在“全才”，每个人都是“专才”“偏才”。有的人善于学习，有的人善于手艺，有的人善于组织，有的人善于文体。单单是在学习上，又有人擅长形象思维，有人擅长计算，有人擅长抽象思维，有人擅长语言。西方有句谚语说：“上帝为你关上了一道门，必然会为你打开一扇窗。”对于孩子，我们不可能也没有必要要求他们门门学科都要拔尖、总分领先。当今社会不只需要科学家和学者，还需要企业家、工人、农民、商人等各行各业的建设者。我们何不允许孩子各学科平平而优先发展某一领域？如果孩子在某一方面进步了，取得成绩了，当孩子听到的表扬、接受的鼓励多了，那么，孩子自信的“窗户”自然也就会打开了。

一次，学校举行表演比赛。庆庆报名参加表演《白雪公主》，该轮到她上场了。

这时，庆庆的妈妈在一旁鼓励庆庆说："庆庆是最棒的！"结果，在比赛结束后，虽然成绩不理想，但妈妈对庆庆说："这次就是你的进步，说明你能勇敢上台表演了。"

因此，作为家长，要想多鼓励孩子须注意：不要讽刺孩子，避免使他们受到不同程度的打击；同时也不要过分地赞扬他们，以免孩子产生一种骄傲的情绪。

二、作为家长，要注意将孩子自信的那扇"窗户"尽可能开到最大。

孩子在某一方面领先了，证明了自己并不笨，那为什么不能在其他方面也有所进步呢？已经开启了一扇自信的"窗户"，为什么不能开启更多的"窗户"呢？家长要密切关注孩子各个方面的点滴进步，及时给予表扬和鼓励，及时指出进一步提高的路径和方法。一个人的进步不可能是一帆风顺的，作为家长，要宽容地来对待孩子反复的倒退。要时刻留意孩子发展的一个总趋势，如此一来，便将孩子自信的"窗户"开大了。

比如，在20世纪的80年代，日本曾经创办一所"鼓气学校"，这个"鼓气学校"的宗旨就是要千方百计地来培养孩子的自信心。学校经常组织各种活动，让孩子们寻找自我的"闪光点"，组织他们在公共场合表现自己，甚至高呼口号："我是最优秀的！我能行！"这种做法家长们在家庭教育中也可借鉴。要经常鼓励孩子，让孩子在学习中有成就感，因为成就感是激励孩子认真学习的动力。如果孩子在学习中经常获得成功（如获奖、考试得高分等），他的自尊心就会得到满足，进而产生较强的自信心，对学习会更有兴趣，更有信心，从而不断地进步，形成良性循环。相反，如果孩子学习成绩总是上不去，考试分数总是落在后面，就会逐渐失去对学习的兴趣，甚至对自己失去信心，一旦形成恶性循环，孩子就很可能一步步地走向下坡路。因此，积极培养孩子对学习的兴趣，家长的鼓励和积极、肯定的评价显得尤为重要。比如从孩子读幼儿园开始，家长就可以把孩子获得的奖状贴在墙上，并以此来鼓励孩子继续努力学习，从而获得更多的奖状。

三、作为家长，应该鼓励孩子多交朋友，让孩子多参加一些有益的社会活动。

结交朋友是孩子社会化的一种表现，有利于孩子增强信心。可先让他与比较熟

悉的孩子一起玩，然后再鼓励他与陌生的孩子交往。另外，让孩子多参加自己感兴趣的活动，这样比较容易使孩子摆脱羞怯情绪。幼儿园的各种兴趣班是害羞孩子的最佳选择，是他们走向自信、走向成功的第一步。

小虎今年六岁了，总喜欢独处。每次妈妈让他和小朋友玩，但他不是说这个小朋友不让他玩球，就说别人太小气。小虎每次都愤愤不平地说："我以后再也不跟他们玩了。"

如此一来，小虎的伙伴越来越少了，而那些小朋友也不再愿意和小虎玩了，只剩下小虎孤单的身影。

因此，作为家长，要有意识地来培养孩子与伙伴们的沟通能力和交流的技能。学会与伙伴们沟通，可以让孩子们感受到童年的快乐，不但可以为孩子在将来的事业和生活中建立良好的人际关系，并且还能养成孩子善解人意的品性。

培养孩子积极乐观的精神

犹太人是非常乐观的，几乎到了天不怕地不怕的地步。他们认为只要时过境迁，一切都会好转。当然他们也很努力，无论他们遭遇到什么样的逆境，他们绝不会撒手不管，而且，一定会坚持到底，永不放弃希望。

同样，犹太人也特别注重对孩子积极乐观精神的培养。他们在教育孩子的时候，常常会讲这样一个故事：

有一个犹太父亲要对一对孪生兄弟作"性格改造"，因为其中一个过分积极乐观，而另一个则过分消极悲观。

一天，他买了许多色泽鲜艳的新玩具给消极的孩子，又把积极的孩子送进了一间堆满马粪的车房里。

第二天清晨，父亲看到消极的孩子正泣不成声，便问："为什么不玩那些玩具呢？"

"玩了就会坏的。"孩子仍在哭泣。

父亲叹了口气，走进车房，却发现那积极的孩子正兴高采烈地在马粪里掏着什

么。那孩子得意扬扬地向父亲宣称说："告诉你，爸爸，我想马粪堆里一定还藏着一匹小马呢"

从上面的故事中可以看出，积极乐观的人和消极悲观的人看待问题的差别是多么巨大啊！在两种截然不同的处世态度中，作为家长，应当帮助孩子选择积极乐观的人生态度。

积极乐观是一种希望，它是人们掌握将来的一条线索。在人类所拥有的一切力量中，它是最强有力的力量。只要存有一丝希望，人们就会抓着未来的尾巴，追寻未来。我们可以做一个比喻，假如未来是一口锅，希望就是它的柄，只要抓住锅柄不放松，就能掌握未来。

人们之所以如此恐惧死亡，就是因为死亡终将断绝希望之故。犹太人虽然常满怀着希望，但也难免有各种烦恼。《犹太法典》说："人死了以后，会被虫子吃掉，而活着的时候，也会被烦恼啃得体无完肤。"又说："有十个烦恼比仅有一个烦恼好得多。"他们认为，因为仅有一个烦恼时，这个烦恼一定是相当深刻的，所以一个人如果同时有很多烦恼，他就应该谢天谢地。我们常听说有人为一个烦恼而自杀身亡，但却很少听到有人为十个烦恼而自杀。

犹太人的这个观念听起来似乎十分有趣，但也从中体现了犹太人在面对折磨和苦难时的那种从容的姿态。《犹太法典》中还有一句话："将要发生的事我们都还不知道，何必为明天而烦恼呢?"只要冷静地反省一下，一定能够明白，自己并不只是由今天和过去两个因素构成的，还应包括很多"明天"的成分在内，而我们自己包括明天的那一部分，也就是明天一定能好转的"希望"部分。所以，人们不仅是生存在过去和现在之中，同时也是生存在未来之中。

犹太父母告诉自己的孩子：人的一生有三扇门，它们分别通往我们的过去、现在和将来。我们不可关闭这三扇门中的任何一扇，同时还要对每一扇门都存着希望，借着过去的经验，来把握现在，创造未来，这才是人生的真正目的。人们为什么尊敬年高德劭的长者？因为他们"过去"的那一扇门中有宝物。为什么年轻力壮的男女都很美？因为他们"现在"的门中有宝物。孩子为什么可爱？因为他们象征

着“未来”。

犹太人很倔强，很好强，有不屈不挠的精神，他们决不甘心落在别人之后。请听听这一则笑话：

这是一个升斗小民雅各的故事。雅各向朋友艾萨克借了一笔钱，眼看着明天就要到期了，可是雅各仍然囊空如洗，一毛钱也没有，明天怎么还债呢？但是雅各还是呼呼大睡起来，他的邻居看到了说：“你还在睡觉，明天怎么还艾萨克的钱呢？”雅各却说：“我现在是一分钱也没有，但是应该睡不着觉的，不是我，而是艾萨克。”

由此可以看出，故事中的雅各是一个非常乐观的人。所以说，有晴朗的日子，也会有阴暗的日子，事情既然已经成为过去，谁也无可奈何。神为了补偿人的过去，所以赐给我们未来，只要不失去力量，我们就一定能随心所欲地创造未来。不要灰心，也不要气馁，因为谁灰心，谁气馁，谁就是战败者。乐观代表了犹太人的坚韧，代表了一个犹太人的胆量。所以，犹太父母也教育自己的子女要具备这种胆量。

每一个做家长的都应教育自己的孩子要有积极乐观的精神，因为有了积极乐观的精神就还有一丝希望，有了积极乐观的精神，做起事来就会更有动力，同时，也不会轻易放弃每一件事。这是每一个家长应该做到的。

帮助孩子摆脱软弱和恐惧

软弱是勇敢的反面，是恐惧的外在表现。如果一个孩子胆小，对什么事物都感到害怕，其原因就是他有许多恐惧。在现实生活中，我们可以看到许多孩子具有软弱的性格缺点。其实，造成孩子软弱的原因主要来自家庭，主要表现在以下几个方面。

一、孩子犯错误时，喜欢说一些恐吓的话。

孩子犯错误了，很多父母都会说一些恐吓的话，认为这样会使孩子变得老实一些。虽然孩子可能会因为害怕而不敢犯错误，但这也只是暂时的，持续的时间不会

太长，而它所带来的不良后果将会影响孩子的一生。

二、孩子犯错误或是失败了一味地袒护。

孩子犯了错误，反复教育了多次，如果依然不改，就不能对孩子的错误置之不理，而要让孩子清醒地认识到自己犯了错误，并且帮助他逐步改正。

三、失败的经验也是令孩子软弱、不自信的一个原因。

孩子在失败面前，难免会感到难过或不安，这时父母就要想办法抚慰孩子。一方面让他明白失败是宝贵的经验，并且帮助孩子寻找失败的原因；另一方面多鼓励孩子，让孩子冷静面对困难与挫折。

四、孩子遇到比他强的孩子时，觉得自己不如别人，因此而丧失信心。

一个孩子如果失去了信心，那么他在别人面前就会变得胆怯，不敢表现自己，总觉得自己不如人，这样就形成了自卑心理。面对这种情况，父母要对孩子多加鼓励，肯定孩子做过的一些让他感到自豪的事情，并且让孩子充分发挥自己的长处，做出别人不能做到的事情。

五、如果孩子的胆子比较小，别人的有意刺激和责骂会让他（她）变得软弱起来，父母在气愤之中做出恶意的批评，也会使孩子变得消极。

所以，在孩子犯错误或表现不佳之时，父母不要在公共场合斥责孩子，这样会让孩子在众人面前抬不起头来，会摧毁孩子的信心与行动能力。

找出孩子软弱恐惧的原因以后，父母就要着手帮助孩子消除他们的恐惧，改掉软弱的缺点，进而帮助其做一个勇敢的孩子。在这一方面，我们可以借鉴一下犹太父母的做法。

一、注重父母的榜样力量。

孩子特别爱模仿自己父母的言行，因而，父母的榜样作用对孩子的影响非常大，所以，父母应该以自己无所畏惧的形象来影响孩子。此外，父母还应该坦率地承认自己也曾害怕过某些东西，但现在已经不再害怕它们了。这样，孩子就会明白，他并不是这个世界上唯一害怕这些事物的人，并且，这些事物并不那么可怕，是可以被征服的，这样孩子的恐惧心理便会得到克服。

二、按照孩子的方式消除他们的惧怕心理。

孩子们从小就从童话故事和书里知道了“鬼怪”的故事，因而他们惧怕“鬼怪”。但是这时给他们讲唯物论是没用的，最有效的办法是对孩子说他是勇敢的孩子，当他在屋里时“鬼怪”是不敢跑进来的，或者说“鬼怪”怕好孩子，等等。这样，孩子便能很容易地接受你的话，并消除惧怕心理。

三、了解孩子真正害怕的事。

有些时候，孩子们往往言行不一地掩盖他们真正所害怕的事情。比如一些孩子每当父母要外出时总是哭闹不止，不让父母出去，实际上他们是怕一个人待在屋子里。因此，要细心观察孩子的日常言行，了解他真正害怕的事情，然后对症下药加以解决。

四、从小就培养孩子的独立性，树立他们的自信心。

父母不要对孩子过分呵护，相信他们自己能够做到很多我们认为他们难以做到的事情。要经常鼓励孩子自己去面对困难，克服其依赖性，使他们感到自己有能力、有办法应付遇到的问题和困难。

五、不要强迫孩子否认令他们感到害怕的事物及掩盖他们的恐惧感。

做父母的要正确对待孩子所害怕的事物。心理学家认为只有当孩子感到你承认他们害怕的东西客观存在的时候，他才会相信你对解除他的恐惧所做的解释。一种非常有效的方法是教给孩子关于某些事物的知识。如有的孩子害怕猫、狗等小动物，父母就可以给孩子讲一些有关这些动物的小故事，并告诉他们这些动物一般不会伤害人，但要学会与它们相处的方法。这样，就可以帮孩子增强安全感。

从以上犹太家长教育孩子的方法上看，要培养出勇敢的孩子，父母就要从自身做起，经常与孩子进行沟通，了解他们的真实想法，有意识地锻炼他们的独立性。坚持下去，你就会发现自己的孩子正渐渐成为一个勇于面对困难的勇敢的孩子！

教育孩子做一个勇敢的人

如果你的孩子显得比别的孩子胆小，那么就不要一味地去迁就他，而是应该想

办法让他变得勇敢起来。比如，你可以人为地设置一些令他“害怕”的障碍，自己在一旁鼓励他冒险冲锋，克服障碍，让他的胆小和懦弱无处藏身。

“妈妈，我怕黑！我害怕坏人！”小男孩扯着妈妈的衣襟，不让妈妈离开，因为他不敢晚上一个人留在家里。

“宝宝，乖，妈妈哪儿也不去了。”妈妈温柔地说。

若干年过去了，曾经的小男孩仍旧怕黑，也依然不敢一个人在家。不仅如此，他还害怕失败，从来不敢尝试任何新事物。

于是，这时候的妈妈开始抱怨孩子了：“男子汉，怎么就这么胆小呢！”

但是，面对这种情况，这位妈妈可曾反省过自己，从孩子的童年找根源？很多孩子小时候都有一定的胆怯心理，如不敢和陌生人说话，不敢一个人在家，害怕一些人，等等。这些表现在孩子身上是正常的，但是如果父母在这个阶段没有及时纠正孩子的懦弱与胆小，那么很可能等到他长大以后，当他遇到这些事情时，还是会胆怯、畏缩不前。

那些敢于冒险、敢于创新的孩子，他们有过怎样的童年？他们的父母又是如何处理的呢？我们来看一个犹太家庭的胆量教育。

犹太姑娘尤利娅小的时候，非常活泼好动，但一见到陌生人就会害怕地躲到自己的卧室里去。等到上学以后，她仍然是如此，很害怕见那些陌生的小伙伴，总是一个人静静地待在角落里。

尤利娅的妈妈记得最清楚的是，有一次家里来了几个要好的朋友，女儿从来没见过他们，于是躲在房间里不敢出来。后来还是妈妈好不容易才把她拉出来的。

吃完饭后，大家和尤利娅开玩笑说：“小姑娘，给大家唱首歌吧？”然后其他朋友也应和着，满怀希望地看着她。可尤利娅一个劲地摇头，最后竟然吓得尿裤子。看到女儿如此胆小，妈妈决心锻炼一下她的胆量。

一个周末，尤利娅的爸爸在单位加班，尤利娅在家里简直玩疯了。忽然，妈妈灵机一动，捧着肚子叫道：“女儿，快过来，妈妈肚子疼死了！”

女儿非常慌张，扶着妈妈说：“快给爸爸打电话吧。让他回来啊！”

妈妈说："来不及了'等爸爸回来我就要疼死了。"

尤利娅急得团团转，她问妈妈到底该怎么办。

"宝贝，你去把邻居胖大婶叫来，让她过来帮我看看。她是医生。"妈妈说。

尤利娅平日最怕这个邻居了，听到妈妈的吩咐后，她犹犹豫豫，急得直哭。可妈妈硬着心肠说："宝贝乖，快去啊，否则妈妈很快就疼死了……"

女儿没有办法，只好一步三回头地去了胖大婶家。她真的把胖大婶叫了过来。妈妈向胖大婶使了个眼色，结束了对女儿的考验。胖大婶走后，妈妈对女儿说："妈妈现在好多了。宝贝，真是谢谢你了。"妈妈又问："宝贝，你不是怕胖大婶吗？怎么敢去她家呢？"

女儿说："我是很怕呀，但是一想到妈妈的情况，我就顾不上那么多了。"

经历了此事之后，女儿胆小的心理终于有所好转。接着，妈妈乘胜追击，经常开导女儿，并且常常带着女儿到公共场合去，以便锻炼她的胆量。大约半年之后，女儿彻底告别了胆怯。

一般来说，内向的孩子多半胆小怕事又怯场。对于这些孩子，父母最好多多鼓励他们，千万不要说"你这个胆小鬼""你这个没用的家伙""你也太懦弱了"之类的话。如果父母这么做了，会给孩子造成一定的心理阴影，使他更不敢向自己的懦弱和胆小挑战了。所以，犹太父母特别注重从生活小事中锻炼孩子的胆量。

在生活中，我们做父母的不妨也像以上故事中的那个妈妈一样，人为地设置一些障碍，鼓励孩子去勇敢地面对这些"害怕的东西"，继而帮助孩子慢慢练出胆量。

让孩子明白依赖是一种束缚

以色列小学课本中有这样一个故事：

有一个登山者，一心一意想要登上某座高峰。在经过多年的准备之后，他终于开始了他的旅程。由于他希望完全由自己独得全部的荣耀，所以他决定独自出发。当他开始向上攀爬的时候，时间已经开始变得有些晚了，但是他并没有停下来支帐篷露营，反而是继续向上攀登，直到天色完全暗下来。

山上的夜晚显得格外黑，这位登山者什么都看不见，到处都是黑漆漆的一片，能见度几乎为零。即使如此，这位登山者仍然继续向上攀爬着。就在离山顶只剩下几步的地方，他滑倒了，并且迅速地跌了下去。

在跌落的过程中，他仅仅能看见一些黑色的影子，以及感到一种因为被地心引力吸住而快速向下坠落的恐怖感觉。他不断地下坠着，下坠着……当他心里只想着死亡正在如何快速地接近他的时候，突然间他感到系在腰间的绳子重重地拉住了他。他整个人被吊在半空中，那根绳子是唯一拉住他的东西。

在这种上不着天、下不着地、求助无门的境况中，他一点办法也没有，只好大声呼叫："上帝啊！救救我！"

突然间，天上有个低沉的声音回答他说："你要我做什么？"

"上帝！救救我！"

"你真的相信我可以救你吗？"

"我当然相信！"

"那就把系在你腰间的绳子割断。"

在短暂的寂静之后，登山者决定继续全力抓住那根救命的绳子。

第二天，搜救队找到了他的遗体，他已经冻得全身僵硬，尸体挂在一根绳子上。同时，他的手正紧紧地抓着那根绳子，而他的脚离地面仅仅有一米的距离。

上面的那个登山者因为太过依赖那根绳子，从而使自己错过了逃脱困境的机会。因此从某种程度上来说，依赖其实是一种束缚，让你无法鼓足勇气去迎接和挑战困难。所以，作为父母，就要告诉孩子自己的事情自己做，千万不能指望着依靠他人，娇生惯养的独生子女更应该如此。

一个已经上高中的学生，还要他的妈妈为他去拉抽水马桶，不是不会拉，而是每次都懒得动手。后来，他去了美国，在信中抱怨妈妈以往多管"闲事"，几乎毁了他的前程。

像这样在"溺爱"的环境中长大，没有任何自理和自立能力的孩子，在成年之后，会遇到很多本该在青少年时遇到的问题，但在这个时候，适应能力明显又不如

青少年时期好。有鉴于此，犹太家庭教育就在孩子年幼时做好了预防工作。

有一个四岁的犹太儿童在弯腰费力地系皮鞋带时，别人想去帮助他，他拒绝了。这个孩子问："你知道我多大了吗?"

"不知道，但我想你还小。"

这个孩子回答说："我已经不小了，已经四岁了。"意思是他已经长大了，系鞋带这类事不需要别人帮助。

犹太孩子从懂事的时候开始，父母就告诉他们：自己的事情一定要亲自去做，没有人可以让你依赖。犹太父母还经常会给孩子讲这个故事，来说明这个道理。

有一个商人有两个儿子。父亲宠爱大儿子，想把自己的全部财产都留给他。但是母亲很可怜小儿子，她请求丈夫先不要宣布分财产的事。商人听从了妻子的劝告，暂时没有宣布分财产的决定。

有一天，母亲坐在窗前哭泣，一位过路人看见了，就走上前来，问她为什么哭得这么伤心。她说："我怎么能不伤心呢?我很疼爱两个儿子，可是我的丈夫却想把全部财产留给大儿子，小儿子什么也得不到。我请求丈夫先不要向儿子们宣布他的决定，但是我到现在也没有想出更好的办法。"

过路人说："这个问题很容易解决。你只管让丈夫向两个儿子宣布，大儿子将得到全部财产，小儿子什么也得不到。以后他们将各得其所。"

小儿子一听说自己什么也得不到，就离开家到耶路撒冷谋生去了。他在那里学会了许多手艺，增长了知识。大儿子一直依赖父亲生活，父亲去世后，大儿子什么都不会干，最后把自己所有的财产都花光了。小儿子在外面学会了挣钱的本事，变成了富翁。

犹太父母通过这个故事告诉孩子只有摆脱对别人的依赖，拥有智慧又能维持生计，他以后的人生才会走对路。同为父母的我们，是不是也应该从其中得到一点启示呢?

告诉孩子这个世界是不公平的

如果犹太人总是哀怨地说:“世界太不公平了,我太不幸了!”那么犹太人就不会创造出今天的诸多成就。命运再不公,如果不接受就意味着放弃,而如果能够忍一时之气,就有可能有机会自救,在困境中崛起。

有人讥笑刺猬和乌龟胆小,遇到一点事情就缩头缩脑,不知道这样的人是否羡慕螃蟹总是横冲直撞,一副要与人决一死战的模样?

面对生命中的不公平,这两类动物所表现出来的态度不一样,因而结果也是不一样的。刺猬和乌龟总能躲过危机,而螃蟹则落了个被人下锅做成入口美食的下场。

生活中难免会遇到各种各样的不幸,很多不幸是自己无法把握的,比如贫穷的命运,比如突如其来的灾难,比如不被尊重和认同,比如工作发展上受挫,别人总是戴有色眼镜看自己……这时,我们应该是像螃蟹一样冲上去与人一争高下,还是像刺猬和乌龟一样忍一时之气,通过努力来想办法拯救自己呢?

钢铁大王安德鲁·卡内基出身贫困,父亲威尔·卡内基以手工纺织亚麻格子布为生,母亲玛琪则以缝鞋为副业。1848 年,由于父亲失业,卡内基全家迁往美国,居住在匹兹堡附近。为了养家糊口,父亲不得不挨家挨户去推销自己织的桌布;母亲为一家鞋店辛苦地刷洗缝补鞋子,经常每天工作 16~18 小时;而卡内基自己则不得不白天去做童工,晚上才有时间去读夜校。据卡内基回忆,那时他只有一件衬衫,因此,每天晚上他的母亲总是要等到他睡下之后,赶紧把它洗净、晾干、熨平,以便第二天他能接着穿。

比起那些一出生就富有的人来说,命运对他的确很不公平,但卡内基没有抱怨,没有沉沦,相反他奋发进取,想通过自己的努力来为自己争取幸福的生活。他曾说过:“我从小就力求上进与发奋,决心到长大之后要亲手击败穷困。”

世界不公平,但卡内基懂得曲线自救,不是张牙舞爪地去朝别人叫嚣世界的不公,而是忍一时的贫穷,通过自己的努力取得重大的成功。到 19 世纪末 20 世纪

初，卡内基钢铁公司已成为世界上最大的钢铁企业，它拥有两万多员工以及世界上最先进的设备，年产量超过了英国全国的钢铁产量，年收益额达 4000 万美元。

安德鲁·卡内基

比尔·盖茨曾告诫年轻人：社会确实不公平，这种不公平遍布每个人个人发展的每一个阶段。在这一现实面前，任何急躁、抱怨都毫无益处，只有坦然地接受这一现实并忍受眼前的痛苦才能扭转这种不公平，使自己的事业有进一步发展的可能。

世界是不公平的，对此，每个犹太人都有着强烈的体验，可贵的是他们能够坦然地面对，并积极地寻求办法自救。他们深深地懂得曲线自救的道理，这也是犹太人生生不息的秘密，也为犹太民族的壮大和奋起提供了保证。

所以，在教育孩子的时候，我们不妨学习犹太人，告诉孩子“世界是不公平的”。一个愿意接受这种事实的人，要比与世界奋力对抗的人明智得多。因为只有接受了世界的不公平，才能将更多的精力集中在如何改变自己的境遇上，才能为成功提供可能。

培养孩子独立自主的性格

从前，犹太的一个城镇里有一个人非常贫穷，上无片瓦遮身，下无立锥之地。由于没有一技之长，又没有谋生的手段，他每天只能靠在城里乞讨度日，生活十分困窘。

那时的城市又不大，他天天走的都是那几条街巷，讨的总是那几户人家。刚开始的时候，人们出于一种同情心，或者说是可怜，都会给他一点剩饭菜。但时间一长，人们就觉得他来的次数太多了，令人生厌，于是便没有一个人愿意再给他一些食物了。那么，他也只有忍饥挨饿的份儿了。

碰巧的是，有个马医因活太多，忙不过来，正急需找一个帮手。于是，这个乞

丐就主动找上门去，请求在马厩里给马医打打杂，以此换取一日三餐。也就是这样，他再也不用沿街乞讨，晚上也不必漂泊流浪，安定的生活使他的日子变得充实起来，干活也格外卖力。

有一些人在一旁取笑他说：“马医本来就是一个被人瞧不起的职业，而你不过是为了混口饭吃，就去给马医打杂，这不是你的莫大耻辱吗?”这个昔日的乞丐只是平静地说：“对于我来说，天下最大的耻辱莫过于做寄生虫，靠乞讨度日。过去，我为了活命，连讨饭都不感到羞耻；如今能帮马医干活，用自己的劳动养活自己，又怎么能说成是莫大的耻辱呢?”

这就是自食其力、独立自主的道理。犹太人认为，在教育孩子的过程中也应该从小就重视培养孩子的独立性，提高孩子独立自主的意识和能力，使孩子成为一个有作为的人。

犹太人告诉我们从小培养孩子的独立自主性和能力，应做到以下几个方面：

一、尊重并培养孩子的独立自主意识。

一岁的孩子就有了独立自主意识的萌芽，他们什么都喜欢亲自动手，自己搬小凳子走路，自己拿小勺吃饭等。等到稍大一些的时候，他们不仅要独立地洗手洗脸、穿衣服、脱衣服，而且还要自己洗手绢，洗袜子，自己修理或者制作一些玩具，甚至还想自己上街买东西，自己洗碗。对于孩子正在增长的独立意识，家长千万不能泼冷水，不要说：“你还小，干不了!”一定要予以重视，并支持、鼓励他们：“好好学着做吧，你一定能做好的!”

二、为幼儿独立自主性的发展提供条件和机会。

为了培养孩子的独立自主性，必须解放孩子的手脚，让他们去尝试做一些他们能够做得到的事情。有些家长总怕孩子做不好，他们总是以担忧的目光注视和提醒孩子，或者干脆替孩子扫除障碍，铺平道路。这种态度和做法，使孩子的手脚受到了束缚，独立自主陛的发展受到了阻碍。

三、教给孩子独立自主做事的知识和技能。

孩子不仅要有独立自主的意识，而且还要有相应的知识和技能，即不仅愿意自

己做事，而且还会自己做事。例如，怎样洗手洗脸、穿衣服、脱衣服，怎样扫地、擦桌子，怎样择菜、洗菜这些事情，要使孩子在日常生活中自然而然地学会做。而且独立自主性还表现在孩子学习、交往等各个方面。家长要教孩子自己完成游戏和学习任务，自己去和同伴交往，当孩子和自己的伙伴发生矛盾时，教他们用各种有效的方式去自行解决。

四、让孩子自己决策。

自己决策是独立性和自主性发展的一个非常重要的方面，我们要从小培养孩子自己决策的能力。对于孩子的事，我们不应该多加干涉，而应该由孩子自己去思考，自己去决断。游戏角色怎样布置？和谁玩？玩什么？这些都是孩子的事，家长不要做决定，而应该让孩子自己去动脑筋，想办法，做出决策。家长可以帮助孩子分析，引导孩子决断，但不可横加干涉，代孩子做出决策。

培养孩子坚强的品性

《圣经》中说：从没有人发现智慧存在于什么地方，或曾经进入过智慧的宝库，而且那些做过尝试的人也都消失了。你想要得到智慧，只有用你的身躯去接受命运的考验。

人在这一生当中，难免会遇到挫折，遭受苦难。挫折和苦难可能使人不断消沉，也可能使人的意志更加坚强，继续向命运挑战。苦难是人生的一位良师，能教给孩子学会用积极的态度、感激的心情对待一切问题，养成坚强的意志，敢于面对困难、解决困难。

一个人的道德意志与他的品格是一致的，道德意志越是强大，其品格的形成就越快、越牢固。其中，意志是一个与克服困难相联系的概念。一个人在实现自己的目标的过程中，总会碰到许多难以预料的困难，克服困难的过程就是意志活动的过程。在不断克服困难的过程中，强大的意志就慢慢培养起来了。

如果一个人拥有了坚强的意志，那么他就会有克服困难的勇气。因此，坚强的意志是一个人成功的关键因素，是人行为的持久动力。为此，父母应当有意识地培

养孩子坚强的意志，让孩子多吃一些苦。

今天的孩子生活在一个富有的年代，优越的生活条件已经使他们不知道什么是贫穷与艰难。很多父母的通病就是过分溺爱自己的孩子，把他们当作“活菩萨”供在家里。过分溺爱孩子的后果是孩子变得懒惰、脆弱、娇气、依赖性强、不思进取……这是一个非常严峻的问题，值得每个家庭注意。

因此，不可过分溺爱孩子，从小就应该培养孩子坚强的品性，让他们学会正确面对挫折，要让孩子知道“失败是成功之母”，以此激励孩子奋进，取得成功。

一些人认为，要想孩子有所作为，并不一定非要孩子去吃苦，去经历艰难困苦。这种认识是不合理的，也是不科学的。苦难能增强孩子的意志，父母应该理性地去对待孩子，给孩子一个适合发展的环境，让孩子有足够的意志去面对未来复杂而竞争激烈的社会。

心理学家曾表明，一个人的智商与一个人的成就不一定是成正比的，成就高的人不一定智商过人，智商高的人并不一定成就高。但意志的强弱差异却与人的成就大小有着明显的关系。

在现今社会的一些国家，很多家长为了锻炼孩子，每逢冬天，都会让孩子光着身子在冰雪中摸爬滚打一定时间。寒风凛冽，孩子冻得浑身发抖，但父母还是会硬起心肠，决不会提前抱起自己的孩子。他们明白，只有让孩子经受了这样的考验，才能使他们更加坚强。

以色列有一所“鲸鱼学校”，这所学校就是让孩子们乘上帆船在一年之内横渡两次大西洋，游遍三个岛。在这期间每个学生必须经受风浪的考验，忍受饥饿的威胁。这所学校的孩子除了必须学会驾船、捕鱼、做饭以外，还要完成考察、读书、讨论等课程。同时，为了熟悉当地的风土人情，他们还要与当地人打交道。孩子们经过这样一番磨炼，大都锻炼成了智勇双全的人。

爱孩子是父母的天性，但在爱的过程中一定要清楚：什么才是真正的爱，怎样才能爱得有价值、有意义。人的一生不可能是一帆风顺的，给孩子苦难的教育与适当的磨难，教导孩子正确对待失败、挫折，从失败和挫折中总结经验，吸取教训，

培养孩子良好的心态和百折不挠的坚强意志，会使孩子终身受益。

培养孩子的责任感

在犹太民族，古代的拉比们曾经说过："好事可以分享，但是自己的责任一定要自己负。"因为不管是把事情推给别人，还是归咎于环境，自己的责任仍然存在而无法消失，所以，犹太人从不把责任推给别人。

关心和爱护孩子是所有父母的天性。可是，很多父母在关心、保护孩子的同时，却忽略了孩子是需要学会承担责任的。他们总是怕孩子为难，怕孩子辛苦。于是，就有了有的家长替孩子值日，有的替孩子洗衣服、洗袜子，更有甚者替孩子做家庭作业之类的现象。但是犹太人认为长期这样下去，孩子会因为从小受到过多的呵护，而会变得一方面自我意识过强，处处都以自我为中心；另一方面对周围的人和事经常表现出漠不关心的态度，缺乏基本的责任感。

从前，有一位 11 岁的美国男孩踢足球，一不小心踢碎了邻居家的玻璃，人家向他索赔 12. 5 美元。那个时候，12. 5 美元可不是个小数目。闯了大祸的美国男孩向父亲认错后，父亲让他对自己的过失负责。儿子为难地说："可是我没有钱赔人家。"父亲说："我先借给你 12. 5 美元，一年后你必须把钱还我。"从这以后，这位美国男孩开始了自己艰苦的打工生活。经过半年的努力，小男孩终于挣足了这 12. 5 美元，把钱还给了父亲。这位男孩就是已经故去的美国前总统里根。他在回忆这件事时说，通过自己的劳动来承担过失，使他懂得了什么叫责任。

犹太人认为，当孩子有了过失的时候，恰好是父母对其进行教育的最佳时机。因为内疚和不安使他急于求助，而此时明白的道理最有可能刻骨铭心。不论孩子有什么过失，只要他有一定的能力，就应当让他承担责任，这才是现代父母的真正爱心。同时，为了让自己的孩子牢记"我应该负责任"，犹太人还经常给孩子讲故事说明道理，告诉他们具有责任感是多么的重要。

从前，有个犹太人开设的公司在中国招聘员工，他们在面试的房间里故意把一个椅子放倒在地上，用以观察应聘人员的反应。是否能把椅子扶起，是应聘的人能

否进入复试的第一道题目。可见，缺乏责任感的人是不可能在现代社会立足的。也许有的家长会说："孩子还小，长大后他们就知道该怎么做了，不要对孩子要求太高。"然而，他们却忽略了孩子的责任感是在生活中一点一滴地形成的。平时把所有事情都为孩子安排好的家长，希望孩子能在某天突然变得有责任感，这无异于白日做梦。

放弃自己的责任是上帝所不宽恕的事情，所以犹太人在现实的生活中，从不逃避自己的责任。为了负起自己的责任他们甚至可以倾家荡产，可以牺牲性命。正是因为犹太人在任何时候都不会放弃自己的责任，所以他们在别人心中讲究诚信，在商场注重契约。

有一个犹太人，接到美国芝加哥一个食品公司三万套刀叉餐具的订货单，双方商定的交货日期是9月1日。这个商人必须在8月3日之前从本港运出货物，才能在9月1日如期交货。但是，由于发生一些意外，这个商人没能在8月3日之前赶制出三万套刀叉餐具。这位犹太商人陷入了困境，但他丝毫没有想到要给对方写封情真意切的信，要求延期交货并表示歉意，因为这本身就是违背契约，不符合犹太商法，并且也是逃避责任的做法。结果后来，这位犹太商人花巨资租用飞机送货，三万套刀叉如期交货了，这位犹太商人也因此损失了一万美元。

在犹太人眼中，人是永远无法逃避责任的。但是责任感不是天生的，孩子的"先天"不足，不应该责怪孩子，它应归咎于我们的家庭教育。许多父母对孩子在生活上呵护备至，而对责任感的教育却严重不足。他们认为孩子还小，长大会慢慢意识到的。有一位年轻的母亲对儿子的自私、不合群发愁，她去请教博物学家达尔文。达尔文问："你的孩子多大了？"她回答说："快四岁了！"达尔文马上严肃地说："对不起，你对孩子的教育已经晚了快四年了！"这则故事告诉我们，对孩子责任感的教育应从小抓起。

孩子是一张纯净的白纸，他一来到世界，就观察大人的一言一行、一举一动。家长们应像犹太父母那样，严格要求自己，做有责任感的好家长、好公民，时刻以身作则，并且注重对孩子责任感的培养。要求孩子办到的事，自己首先要做到，为

孩子树立一个好的榜样；从平时抓起，从点滴做起，让孩子们时时处处去体验；让他们学会去关心他人、热心公益、热爱集体、尊敬师长，使这些行为成为孩子们日常生活的一种习惯；父母应该让孩子学会为自己的行为负责，以培养他们的责任感。要让孩子懂得，如果是自己办错了的事，就该自己负责任，从而引以为戒，不犯或少犯类似错误。

培养孩子的团队意识

在犹太人很小的时候，他们的父母就会这样教育他们："心中要有团队意识。"所以，有许多犹太孩子从小就听了不少父母讲的有关团队意识的小故事。

曾经有一位科学家把一盘点燃的蚊香放进一个蚁巢。开始的时候，巢中的蚂蚁惊恐万状，但是过了约 20 秒之后，许多蚂蚁迎难而上，纷纷向火冲去，并喷射出蚁酸灭火。可一只蚂蚁喷射的蚁酸毕竟有限，所以一些"勇士"便葬身火海了。但它们前仆后继，不到一分钟，终于将火扑灭。存活者立即将"战友"的尸体移送到附近的一块"墓地"，盖上一层薄土，以示安葬。

一个月后，这位动物学家又把一支点燃的蜡烛放到原来的那个蚁巢进行观察。尽管这次"火灾"更大，但蚂蚁却有了经验，迅速调兵遣将，有条不紊地协同作战。只用了不到一分钟的时间，烛火便被扑灭了，而蚂蚁却无一遇难。

科学家认为蚂蚁创造了灭火的奇迹。蚂蚁面临灭顶之灾所表现出来的非凡的团队精神，尤其让人震惊。这里还有另外一个故事，讲的也是蚂蚁在灾难面前所表现出来的团队协作精神。

在洪水暴虐的时候，聚在堤坝上的人们凝望着凶猛的波涛。突然，有人指着远处惊呼："看，那是什么?"人们望去，看见一个好像人头的黑点顺着波浪漂了过来。

"那是蚁球，"一位老者说，"蚂蚁这东西，很有灵性。有一年发大水，我也见过一个蚁球，有篮球那么大。洪水到来时，蚂蚁迅速抱成团，随波漂流。蚁球外层的蚂蚁，有些会被波浪打入水中。但只要蚁球能上岸，或能碰到一个大的漂流物，

蚂蚁就能得救了。”

没过多长时间，蚁球靠岸了，蚂蚁就像靠岸登陆艇上的战士，一层一层地打开，迅速而井然有序地一排排冲上堤岸。岸边的水中留下了一团小的蚁球，那是蚁球里层的英勇牺牲者。它们再也爬不上岸了，但它们的尸体仍然紧紧地抱在一起，那么平静，那么悲壮。

蚂蚁团队的力量真是不可思议，令人感到震撼，它可以悄然瓦解各种庞然大物，撼动千里之堤，创造出不可思议的奇迹。而蚂蚁之所以会那么团结，就在于每只蚂蚁都有强烈的团队意识。

《塔木德》中教导犹太人民说，每个犹太人都要自觉地从他们会给犹太民族整体带来什么影响的角度，来衡量自己的所作所为、一言一行。正由于这个道理，犹太人在请求赦免罪过时，不说“我”怎样怎样，而一定说“我们”怎样怎样。因为哪怕是自己一个人犯罪，犹太人也必定认为是集体犯的。在他们看来，犹太人就像一个大家庭，自己犯了罪，也就等于全体犹太人犯了罪。所以，必须从“我们”的立场出发做出忏悔，请求赦免。反过来，自己虽然没有犯罪（比如说偷盗），但如果发现了某个犹太人的偷盗行为，发现者自己也必须向上帝谢罪。

“因为自己的慈善做得不够，所以别人才会去偷盗。”这不是犹太人习惯于自虐，而是强烈的民族意识和由这种意识生发出来的民族责任感，是一种比单纯的地域纽带坚韧千百倍的“道义”纽带，而这种“道义”纽带不是仅仅需要“十个人”就可以编就的，而是要靠千千万万的犹太人民编就的。在这里面，每一个人都有着坚定的团队意识。这也是犹太民族在流散两千多年的过程中，一直效率那么高，并且没有被历史的洪流冲散的原因。

从小就生长在这样的民族之中，每个犹太儿童都会从父母的教育中，懂得团结就是力量的道理。只有团结起来，才会产生巨大的力量和智慧去克服一切困难。

教育孩子首先学会珍惜自己

基督教宣扬博爱，而犹太教却教导人们首先要学会珍惜自己。因此，犹太家长

时常教育孩子：只有珍惜自己才懂得去珍惜别人。

美国幽默作家霍尔摩斯出席过一场会议，席间他是身材最为矮小的人。一天，一位朋友问霍尔摩斯先生："你站在我们中间，是否有鸡立鹤群的感觉?"霍尔摩斯反驳了他一句："我觉得我像一堆便士里的铸币。铸币面值十分，但比面值一分的便士体积小。"在这个故事中，霍尔摩斯虽然是在讽刺取笑他的朋友，但是我们从他的话语里可以看出他是非常爱护自己，珍惜自己的，而不是去妄自菲薄。

爱你自己，就是根据你的意愿将自己作为一个有价值的人而予以接受。接受，则意味着毫无抱怨。一个思维健全的人不会经常抱怨，小则不抱怨天气太冷、石头太硬、冰太凉之类的琐事，大则意味着不抱怨那些自己力不能及的事情。如果你太过喜欢抱怨，喜欢向别人诉说不喜欢自己的地方，只能使你继续对自己不满。并且，别人对这个也是几乎无能为力的，至多只能对你的抱怨加以否认，可你又不会相信他们的话，于是你又无休止地倾诉自我怜悯和痛苦，这样反而会招来他人的反感。

要结束这一无益而令人讨厌的行为，只需要问一个简单的问题："你为什么要给我讲这些问题?"然后你就会认识到，你的抱怨是非常荒唐可笑的，是在浪费时间，而你本可以用这些时间来进行自爱活动，比如帮助别人实现其愿望，或默默地自我赞扬。

一个15岁的女孩曾经问一个哲人："我该怎么做才能过充实的生活?"哲人的答案很简单，只有四个字："做你自己。"

在这个世界上，"我"是独一无二的个体。"我"有自己的幻想、希望、美梦以及恐惧，"我"是自己的主人。因为"我"是自己的主宰，所以我能深刻了解自己。由于"我"认识自己，所以"我"能喜欢自己，接纳自己的一切，进而将自己最好的一面呈现出来。

然而在生活中，有许多人会对自己产生疑惑，内心总有一块连自己也无法理解的角落；但只要"我"多支持和关爱自己，"我"必定能鼓起勇气和希望，为心中的疑问找到解答，并进一步了解自己。"我"必须接受自己的一言一行，所见所闻，

所思所想，因为这是自己的真实感受。之后自己可以回头检视这些发自内心的行为，若有不适宜之处，便加以纠正；若有可取之处，则应继续保持。“我”身心健全，能自食其力。“我”愿发挥自身潜能，并关怀他人，为创造一个更美好的世界贡献一份自己的力量。“我”能掌握自己，做自己的主宰。“我”就是“我”，世上不会有第二个“我”。

犹太人在两千多年的流浪漂泊中，受尽歧视、冷落甚至迫害。他们身在异乡，除了依靠自己，再无别的所依。因此，他们养成了依靠自己，靠自己来拯救自己的信念。在他们看来，人活在世上，首先就要学会为自己谋福利，只有自己有了财富，才会真正具有帮助别人、普济众生的力量；一个有价值的人生，就是靠自己奋斗与拼搏，最终获得成功的人生，而那些一天到晚心忧天下，而自己却潦倒穷困的人，固然值得尊敬，但他们实际上并没有做出贡献。所以，犹太人相信，只有懂得珍惜和完善自己的人，才真正懂得，也才真正有能力去帮助、去解救别人。

一个人爱自己的方式很多，你可以选择从喜欢自己的身体开始。也许你的某些身体特征确实不如他人的好，使你不停地羡慕别人。这个时候，你就要学着接受它们，换个角度去看问题，试着发现其中的亮点。

在智力方面，你可以按照自己制定的标准来判断自己是否聪明。事实上，你越让自己保持愉快，你也就越聪明。如果你在数学、英语或者写作方面水平较差，这并不说明你智力很差，只不过是你到目前为止选择的一种结果。如果你多花些时间加以训练，一定可以大大提高自己的水平，因此，这与你聪明与否并无直接联系。

有些人认为，自爱行为是一种无异于极端利己主义的令人反感的行为，这实在是一种极大的误解。自爱与那种到处夸耀自己多么了不起的行为毫无共同之处。后者并不是一种自爱行为，而是企图靠自吹自擂来赢得他人的注意和赞许。它与自我轻蔑行为一样都是病态行为。这种自负的行为的目的在于要赢得他人赞许，采取这些做法的人是根据别人对他的看法来评价自己。如若不然，他便没有

必要靠自吹自擂来说服别人。自爱则意味着你爱你自己，并不要求别人爱你，因而也没有必要说服别人。只要你接受自己便足够了，自爱与别人对你的看法如何毫不相干。

另外，我们还可以问自己这样的问题："你喜欢自己吗?"然后再从中寻找答案。如果答案是否定的，那就要想办法肯定自己，对自己好了。

正因为自爱对一个人是如此的重要，它可以让一个人变得对自己珍惜起来，爱护起来，从而达到爱护他人的目的，所以，犹太父母在教育孩子的过程中，常常对孩子说，在爱他人之前，得首先学会珍惜自己。

自尊与尊严

1914 年一个寒冷的冬天，美国加州沃尔逊小镇来了一群逃难的流亡者。长途的辗转流离，让他们每个人都面呈菜色，疲惫不堪。善良而朴实的沃尔逊人，家家都燃炊煮饭，友善地款待这群流浪者。

镇长杰克逊大叔一批又一批地给这些流亡者送去粥食。这些流亡者显然好多天没有吃到这么好的食物了，他们一接到食物就狼吞虎咽起来，连一句感谢的话也来不及说。但是只有一个年轻人例外，当杰克逊大叔把食物送到他面前时，这个骨瘦如柴、饥肠辘辘的年轻人问："先生，吃您这么多东西，您有什么活儿需要我做吗?"杰克逊大叔认为给一个流亡者一顿果腹的饭食，是每一个善良的人都应该做的，于是就说："不，我没有什么活儿需要您来做。"

这个年轻人的目光顿时黯淡了下来，硕大的喉结动了动说："先生，那我便不能随便吃您的东西，我不能没有经过劳动，便平白得到这些东西。"杰克逊想了想又说："我想起来了，我家确实有一点活儿需要你帮忙。不过，等你吃过饭后，我就给你派活儿。""不，我现在就做活儿，等做完您的活儿，我再吃这些东西。"那个青年站起来说道。

杰克逊大叔十分欣赏地望着这个年轻人，但他知道这个年轻人已经两天没有吃东西了，又走了这么远的路，可是不给他些活儿让他做，他是不会吃下这些东西

的。杰克逊大叔思忖片刻说："小伙子，你愿意为我捶背吗？"那个年轻人便十分认真地给他捶背。捶了几分钟，杰克逊便站起来说："好了，小伙子，你捶得棒极了。"说完就将食物递给了年轻人，年轻人这才狼吞虎咽地吃起来。杰克逊大叔面带微笑地注视着那个青年说："小伙子，我的庄园很需要人手，如果你愿意留下来的话，那我就太高兴了！"

那个年轻人留了下来，并很快成了杰克逊大叔庄园的一把好手。两年后，杰克逊把自己的女儿马格珍许配给了他，并且对女儿说："别看他现在一无所有，可他将来百分之百是个富翁，因为他有尊严！"

果然不出所料，20 多年后，那个年轻人真的成了亿万富翁，他就是赫赫有名的美国石油大王犹太人哈默。哈默穷困潦倒之际仍然有自尊、自立的精神，从而赢得了别人的尊敬和欣赏，也为自己带来了好运。

可见，当一个人在穷困潦倒时能够坚守自己的一份矜持，坚守自己的尊严，必然也会赢得他人的尊敬。因此，犹太父母在教育孩子的时候，常常对孩子讲要有做人的尊严和骨气。

布朗的母亲是他 7 岁那年去世的，父亲后来续娶了一个犹太人，继母来到他家的那一年，他 11 岁。刚开始的时候，布朗不喜欢她，长达两年的时间也不愿意喊她一声"妈"。然而，后来的一件事情却改变了他的态度。

一天中午，布朗偷摘人家院子里的葡萄时被主人给逮住了。主人的外号叫"大胡子"，布朗平时就特别畏惧他，如今在他的跟前犯了错，他吓得浑身直哆嗦。大胡子说："今天我不打你也不骂你，你只给我跪在这里，一直跪到你父母来领人。"

听说要自己跪下，布朗心里确实很不情愿。大胡子见他没反应，便大吼一声："还不给我跪下！"迫于对方的威慑，布朗战战兢兢地跪了下来。这一幕恰巧被他的继母给撞见了。她冲上前，一把将布朗提起来，然后对大胡子大叫道："你太过分了！"

继母平时是一个没有多少言语的性格内向之人，突然如此震怒，让大胡子不知

所措，而布朗也是第一次看到继母性情中另外的一面。

回家后，继母用枝条狠狠地抽打了两下布朗的屁股，边打边说："你偷摘葡萄我不会打你，哪有小孩不淘气的！但是，别人让你跪下你就真的跪下？你不觉得这样有失人格吗？不顾自己人格的尊严，将来怎么成人？将来怎么成事？"继母说到这里，突然抽泣起来。布朗尽管只有13岁，但继母的话在他的心中还是引起了震撼。他猛地抱住了继母的臂膀，哭喊道："妈，我以后不这样了。"

继母教授了布朗人生中的重要一课——人活着要有尊严。继母因为懂得这一点，所以从没有勉强小布朗叫她母亲，当然她同样不允许别人侮辱小布朗。

的确，人都会犯错，甚至有时会犯很严重的错误。可是，这并不意味着他要被剥夺改过自新的权利或者做人的尊严。一个人只要认识到这一点，对别人的要求也许就不会过于苛刻。对人自身而言，自尊使他对自己有了更高的要求，不再随波逐流，他便能追求、创造崇高的人生。

教育孩子要谦虚

犹太民族是一个非常谦虚的民族，《犹太法典》中对谦虚也有很严格的规定，告诫人们说："即便是一个贤人，如果他炫耀自己的知识的话，那么他就不如一个以无知为耻的愚者。"

自大会使一个人看不清楚而导致落败，但谦虚却能使人进步。犹太人对此不但深信不疑，而且还以此来要求自己的孩子。并且，犹太父母都会给孩子讲述这样的故事来让孩子明白自大的坏处。

所罗门国王是世上最聪明的人，他能听懂所有动物的语言，包括天上的鸟儿，树林里的野兽，农场里的家畜和海里的鱼。一天他坐在自己王宫的门前，欣赏着晴朗的天空和灿烂的阳光。在他面前，有两只小鸟正欢乐地喳喳叫着。

国王见雄鸟对自己的伴侣说："坐在那儿的人是谁啊？"

雌鸟回答道："这是全世界闻名的国王。"

那只雄鸟嘲笑着说："他们说他有力量吗？他有多少力量来应付这么多的宫殿

和堡垒？要是我愿意的话，我动一下翅膀就把它们全都推掉了。”

雌鸟鼓励它说：“那就试一下吧，让我见识一下你的力量，看你能不能说话算数。”所罗门吃惊地听了这一切，就打手势把雄鸟叫来问它为什么会如此骄傲。

雄鸟吓得浑身发抖，回答说：“请国王发发慈悲，饶了我吧。我是一只可怜的小鸟，一点本事也没有，只是有些淘气罢了。我刚说的话只是想让我妻子高兴一下，让它更看得起我。”所罗门心中暗笑，把鸟儿放了回去。

雌鸟站在屋顶上，正迫不及待地等它的配偶回来告诉它，国王找它的配偶干什么，当它的配偶回来时，它兴奋地问道：“国王跟你说了些什么？”

雄鸟骄傲地挺起胸脯，回答说：“国王听见了我的话，求我不要毁坏他的王宫。”

所罗门听到这话，对这只夸口的鸟生气了，他把它们都变成了石头，以告诫后人不要吹牛空谈。

如果今天你凝望俄马神庙的南墙，你就会看见一块镶有黑框的大理石板，上面有两只小鸟的形象，那就是被所罗门变成石头的小鸟。

犹太人深信谦虚可以使人不断地进步，是获得成功的一个重要的内在因素。

那么在犹太人的眼里，一个人应该怎样谦虚呢？他们是怎样教育自己孩子的呢？

第一，谦虚首先表现为实事求是地看待自己，有自知之明。

谦虚的人总是既看到自己的优点和长处，又看到自己的缺点和短处；既看到已取得的成绩，又懂得不论成绩有多大，对于伟大的事业来说，只不过起到了一砖一瓦的作用。当人们称颂科学家牛顿的光辉成就时，他却认为自己好像是一个在海滨玩耍的孩子，只不过捡到了几片贝壳而已。谦虚的人总是努力不懈、积极进取、锐意奋进的，在很多犹太人的故事里这一点早就体现出来了。

第二，谦虚还表现为正确地看待别人，虚心地向别人学习。

谦虚的人善于发现别人的优点和长处，随时向别人请教，并懂得尊重别人，有事和大家商量。所以，谦虚的人能够主动地取别人之长，补自己之短，不断地从集

体和群众中汲取养料，充实自己，为自己的进步和成功创造良好的条件，这一点犹太人比任何其他的民族的人做得都好。

第三，谦虚的反面是骄傲。

骄傲使人盲目自满，故步自封，自高自大，脱离群众，堵塞进步与成功的道路。谦虚绝不是自卑。自卑是指不切实际地过低估计自己，觉得自己处处不如别人，对事业灰心丧气，从而往往导致无所作为。骄傲和自卑从两个极端背离实事求是的精神，都是前进道路上的绊脚石。谦虚的人既不自高自大，也不妄自菲薄，他们总是满怀信心地努力进取。犹太人对谦虚是这样理解的，也是这样做的，更是这样教育自己的孩子的。

通过创造家庭氛围塑造孩子良好的性格

不同的生长环境和条件，会造成孩子性格很大的不同；家庭的心理氛围、家长的心理特征，对孩子性格的形成有着重要影响。尽管犹太民族在5000多年的发展历史中，大多过着颠沛流离的生活，但是他们竭尽全力给孩子营造出和谐、温馨的家庭氛围，以便培养孩子良好的性格。

犹太人认为，家庭气氛是家庭教育中发挥重要作用的一个因素，它包括家庭物质环境和家庭心理环境。其中，温馨、和睦的家庭心理环境对培养孩子的性格有着极其重要的作用。家庭的物质环境依每个家庭的富有程度不同而不同，但每个家长都要尽最大努力满足孩子在学习上的物质需要。犹太父母更注重的是家庭心理环境的营造。在他们看来，家长一定要创造良好的家庭气氛，这对孩子养成好的性格大有益处。

家长教育孩子在良好家庭智力气氛的影响下正常地学习，愉快地成长，又要不受家庭智力气氛的束缚，因而犹太父母帮助孩子广泛地吸收来自外界一切有益的“养料”。同时，家庭的心理氛围、家长的心理特征，对孩子的心理发育和性格的形成有着重要影响。

犹太父母在营造良好的家庭氛围时通常会注意以下几点：

十三、犹太人的进取教育

教育孩子正确地认识自己

在犹太人的意识之中，如果要想获得成功的话就一定要正确地认识自己。他们不但坚信“天生我材必有用”，还尽力地把自身的潜力发挥到极限。在希腊帕尔纳索斯山南坡上的神殿门上面，写着这样一句话：“认识你自己。”犹太的家长们在平日就是这样教育孩子的。

为了能让孩子逐渐体会到正确认识自己的重要性，犹太家长经常会给孩子讲述一些故事来说明这个道理。

阿西莫夫原来是一个科普作家的同时还是一个自然科学家。一天上午，他正在打字机前打字的时候，突然意识到一个问题：“我不能成为一个第一流的自然科学家，却能够成为一个第一流的科普作家。”于是，他几乎把全部精力都放在科普创作上，最后终于成了当代世界最著名的一位科普作家。

在刚开始的时候，伦琴学的是工程科学，但后来在一次影响下，他做了一些物理实验后，逐渐体会到，这就是最适合自己干的行业，于是他便转向学习物理。后来他成了一个很有成就的物理学家。

在大学的时候，爱因斯坦的老师佩尔内教授有一次对他说：“你在工作中不缺少热心和理想，但是缺乏能力。你为什么不学习医学、法律或哲学而要学习物理呢？”幸好那时爱因斯坦能够很正确地认识自己，他深知自己在理论物理学方面有足够的才能，所以才没有听那个教授的话。不然的话，他就不会在物理学这一方面取得这样非凡的成绩，而且现在的物理学也不会有这样的成绩了。

任何一个人，都要对自身的形象，自己的身体外观、优点和缺点、品德和才能、过去和现状、特长和不足，还有自身的价值和责任有一定的认识。而且，自己对自己的这些认识是不是符合自己的本来面目和实际情况，每个人都会出现许多差

爱因斯坦

异的。有些人看到自己很多问题，但却看不到自己的主要问题；有的人能够看到自己的优点和长处，但是却看不到自己的缺点和错误；也有很多人看到自己的弱点和不足，却看不到自己的一点长处。所以，一个人要能够对自己有正确的认识，也是和自己对客观世界的认识一样，需要有更多的了解和学习的过程。

有很多取得事业成功的人，之所以成绩非凡，就是因为他们认识到了自己和周围环境的关系，认识到了每天影响着自己生活的人和事。他们懂得“适应”是精神上和肉体上获得成功的钥匙。那么如何让孩子准确地为自己定位呢？犹太家长认为，下面这几点是孩子必须要遵从的几个规则。

第一，就是不要贪心。

有很多的人不能够取得成功，或者他们取得成功以后就突然破产了，这其中的原因主要就是他们太贪心了，当然贪心不是唯一的因素。有一个很快可以测试出你是否过于贪心的方法，要经常问自己这样一个问题：“如果我现在开始销售一些东西，我是不是会留下一些东西给其他人？”答案一定要是肯定的。如果你顺利地完成了某项计划，你应该总是留一些东西和其他人分享。一定要记住，今天你所需要或者是忽视的人，往往会变成你以后的盟友。

第二，要能够控制任何情况。

你对自己要负完全的责任，而且不要忽视了这项责任，这样的话不但自己没有办法达到目标，最后你更会变得没有能力帮助其他人。通常，当一种情形变得不可收拾，或者是计划即将失败的时候，我们就可能会失去了控制。

事实上，能够完全控制局面才是最为重要的。它可以让你在面临危机的时候，仍然能够从中获取经验，并且把危险化成机遇，这样才不至于被危机打倒。

第三，要确定你自己就是人生目标的一个发起人。

这里所说的意思不是要你必须打先锋，但是它意味着：你应该在所有事情的周期中，辨认出其中某个特别的机会，让你能够提供出和自己定位相关的信息或者是减轻所面临的问题；最重要的是你必须认同改变的益处，准备好要做的改变，让自己成为一个控制中心；建立起这种改变的模式，并且还要把它当成是生活中的一个部分。这样的话，你的人生目标才能够更好地定位。

最后，自我的定位。

这里面所必须要记住的是：在这个复杂多变的世界里，把自己定位在一个你想要运作的位置上，不要太过于怀疑或过度小心。因为这些因素会让你麻木，让你充满恐惧或疑虑。这个世界充满了机会。所以我们要遵循这个大的方向，并且还要给自己一个最完美的定位，这样的话就能够达到实现自己的人生目标的梦想。

教育孩子坚持自己的梦想

美国某个小学的作文课上，老师给小朋友的作文题目是“我的志愿”。一位犹太小朋友非常喜欢这个题目，于是便在自己的作文本上飞快地写下了自己的梦想。他希望将来自己能拥有一座占地十余公顷的庄园，在辽阔的土地上植满如茵的绿草。庄园中有无数的小木屋、烤肉区及一座休闲旅馆。除了自己住在那儿，还可以和前来参观的游客分享自己的庄园，有住处供他们歇息。

作文交上去以后，老师看了非但没有鼓励他，反而还在上面画了一个大大的红色的“×”，并且还要求他重写。小朋友仔细看了看自己所写的内容，觉得并无错误，便拿着作文本去请教老师。

老师告诉他说：“我要你们写下自己的志愿，而不是这些如梦呓般的空想，我要实际的愿望，而不是虚无的幻想，你知道吗？”

小朋友据理力争：“可是，老师，这真的是我的梦想啊！”

老师也坚持：“不，那不可能实现，那只是一堆空想，我要你重写。”

小朋友不肯妥协：“我很清楚，这才是我真正想要的，我不愿意改掉我梦想的内容。”

老师摇头：“如果你不重写，我就不让你及格了，你要想清楚！”

小朋友也跟着摇头，不愿重写，而那篇作文也就得到了大大的一个“E”。

时隔30年之后，这位老师带着一群小学生到一处风景优美的度假胜地旅行，在尽情享受无边的绿草，舒适的住宿及香味四溢的烤肉之余，他望见一名中年人向他走来，并自称曾是他的学生。这位中年^告诉他的老师，他正是当年那个作文不及格的犹太学生，而如今他真的拥有了这片广阔的度假庄园，真的实现了儿时的梦想。老师望着这位庄园的主人，想到自己几十年来不敢有梦想的教师生涯，不禁感叹：“几十年来以我认为正确的标准，不知道用成绩改掉了多少学生的梦想。而你，可能是唯一保留自己的梦想没有被我改掉的人。”

犹太经典《塔木德》中教育人们说，不要让任何人偷走我们的梦想，因为只有我们自己对自己的梦想才有发言权。你认为它值得追随，值得实现，它便具有了那份意义。并且，不要让现实的各种困难篡改了你的梦想。自己努力了，就算没有实现梦想，那也算不上失败，因为一个人心底的坚持会让他更值得别人尊敬。

所以，但凡懂得教育真谛的犹太家长和教师，都会鼓励自己的孩子和学生去勇于坚持自己的梦想。

有个叫布罗迪的犹太英国教师，在整理阁楼上的旧物时，发现了一摞作文本，它们是皮特金中学B（2）班31个孩子的春季作文，题目叫《未来我是××》。他本以为这些东西在德军空袭伦敦时就被炸飞了，没想到竟还安然地躺在自己家里，并且，一躺就是25年。

布罗迪随便翻了几本，很快被孩子们千奇百怪的自我设计迷住了。比如，有个叫彼得的学生说，未来的他是海军大臣，因为有一次他在海中游泳，喝了三升海水，都没被淹死；还有一个说，自己将来必定是法国的总统，因为他能背出25个法国城市的名字，而同班的其他同学最多的只能背出7个；最让人称奇的，是一个叫戴维的盲人学生，他认为自己将来必定是英国的一个内阁大臣，因为在英国还没有一个盲人进入过内阁。总之，31个孩子都在作文中描绘了自己的未来：有当驯狗师的，有当领航员的，有做王妃的……五花八门，应有尽有。

布罗迪读着这些作文，突然有了一种冲动——何不把这些本子重新发到同学们手中，让他们看看现在的自己是否实现了25年前的梦想。当地一家报纸得知他这

一想法，为他发了一则启事。没几天，书信纷纷向布罗迪寄来。他们中间有商人、学者及政府官员，更多的是普通的人。他们都表示，很想重温儿时的梦想，并且很想得到那本作文本，于是布罗迪按地址一一给他们寄去。

一年后，布罗迪身边仅剩下一个作文本没人索要。他想，这个叫戴维的人也许死了。毕竟时间已经过去25年了，25年间是什么事都会发生的。

就在布罗迪准备把这个本子送给一家私人收藏馆时，他收到内阁教育大臣布伦克特的一封信。他在信中说："那个叫戴维的就是我，感谢您还为我保存着儿时的梦想。不过我已经不需要那个本子了，因为从那时起，我的梦想就一直在我的脑子里，我没有一天放弃过。25年过去了，可以说我已经实现了那个梦想。今天，我还想通过这封信告诉我其他的30位同学，只要不让年轻时的梦想随着岁月飘逝，成功总有一天会出现在你的面前。"

布伦克特的这封信后来被发表在《太阳报》上，因为他作为英国第一位盲人大臣，用自己的行动证明了一个真理：假如谁能把15岁时想当内阁大臣的愿望保持25年，那么他现在一定已经是内阁大臣了。

培养孩子的忍耐力

我们在教育孩子的过程中，会发现这样一种现象，有的孩子极度缺乏忍耐力。这是一种特别不好的性格特征，因为在很多时候，缺乏忍耐力非但不能化解危机，还有可能带来更大的灾难。

所以对每个人来说，有良好的忍耐力是非常重要的，每个家长都应该培养孩子的忍耐力。

人们常说："忍一时风平浪静，退一步海阔天空。"犹太人也这样认为，他们说："人的细胞每时每刻都在变化，每天都会更新。昨天生气的细胞已为今天新的细胞所代替，酒足饭饱后所思考的内容与饥肠辘辘时所考虑的也不一样。我仅仅在等你的细胞的更替。"

在生活中，犹太人成功的理念也就是由犹太人的忍耐创造出来的。犹太人坚定的耐心和具有悠久历史的忍耐力是常人难以想象得到的，但是，犹太父母最常告诉

孩子们的是：他们的忍耐也是有“度”的，有先决条件的。精明的犹太商人最长于计算，他们有极强的判断能力。如果他们认为自己的合作伙伴能够为自己带来利润，同时又可以在某一方面有利于自己，那么，在这个时候就要以坚定的耐心来等待时机的到来。

犹太人有忍耐力，是因为他们从小就被父母灌输了这样的思想意识：要学会忍耐，培养自己的忍耐力。

闻名全球的罗斯柴尔德家族金融帝国的创始人——迈耶·罗斯柴尔德，小的时候就生活在一种敌意与歧视的环境之下，在一浪高过一浪的反犹排犹浪潮下，罗斯柴尔德一家人的日子非常艰难。但是他毫不气馁，总是想办法改变自己的命运。

后来，他开始经营古钱币。当时并没有人对这种古旧玩意儿感兴趣，但他并没有心灰意冷，他相信凭着自己的执着一定能获得机会。他苦心经营着自己惨淡的生意，挤出时间苦心钻研古钱币学。后来，他终于得到机会，同一位傲慢无礼、目中无人的贵族将军做交易。直到这时，迈耶才刚刚正式开始了他的成功事业。正像我们大家所知道的那样，在迈耶的前半生中，他只能算是一个小有名气的钱币商。虽然他并不满足于这一点，但他不急不躁，平静地等待着，暗暗地积聚着力量。

迈耶·罗斯柴尔德一直心怀远大志向，想出人头地，在比海姆公爵手下无偿地服务着，这实在是太委曲求全了。但是为了实现自己的梦想，他一直忍耐着，而且一忍就是 20 多年。终于功夫不负有心人，迈耶的机会来了。法国大革命的爆发促成了欧洲金融和军火市场的空前活跃，迈耶开始通过比海姆公爵的关系从事金融和军火的交易，掘到了发迹的第一桶金。后来，迈耶·罗斯柴尔德的买卖越做越大，成了欧洲金融帝国的掌门人。

迈耶·罗斯柴尔德的故事也正向我们说明了一个道理：“苦难并不可怕，只要我们怀抱希望，坚忍不拔，积极进取，经过漫长的苦难与忍耐，光明的曙光一定会绽放在我们前方。”

“彩虹是希望的象征，每经历一场暴风雨后，天空便架起像桥一般美丽的彩虹。”犹太人从小就会对孩子这样教育。所以每个犹太人都相信黑暗过后必是光明，这也是他们一生当中的信念。

让孩子在苦难中品味出甘甜来

在所有的成就面前，犹太人的苦难也是值得骄傲的。生活的磨难，身体的疾病，生存的险恶，到处被排挤，流离失所，人格歧视……这些苦难早已变成一种力量，随着历史的脚步，从容不迫地传递给每一个人，传到下一代身上。

在迦太基一家著名博物馆里面有一幅画，名为《将军》，画面上是一个人正在和魔鬼下棋，而且处境危在旦夕，魔鬼正在“将”那个人的“军”。这一盘棋正是人类命运的象征，而苦难就是那个正在将军的魔鬼。

犹太人在教育自己的孩子的时候，总是喜欢进行“磨难教育”，因为在他们看来，苦难是可以转化为生命的财富的，人类是可以在与魔鬼的战斗中锻炼自己的。曾经有这么一则关于“磨难教育”的小故事：

有一个研究《塔木德》的犹太学者，他刚刚结束他的学习生涯就到艾黎扎拉比那里，请求给他写封推荐信。“我的孩子，”拉比对他说，“你必须面对严酷的现实。如果你想写作充满知识的书，你就必须像小贩那样，带着坛坛罐罐，挨门挨户地兜售，忍饥挨饿直到40岁。”“那我到40岁以后会怎么样？”年轻的学者满怀希望地问。艾黎扎拉比鼓励地笑了：“到了40岁以后，你就会很习惯这一切了。”

犹太人的“磨难教育”由来已久，“逾越节”就是其中一个最重要的节日，是为了纪念摩西带领犹太人出逃埃及而设立的，通过讲祖先的艰难历程和吃特殊的食品，来进行忆苦思甜和认识生命的艰难。

在逾越节的时候，每家桌上都会摆着三块无酵饼、一盘食品、五种食物和四杯酒，当然，这些食物都具有各自的寓意。

先说三块无酵饼，当年犹太人逃离埃及时，来不及准备路上的干粮，只能吃不发酵的饼，还有一种说法：三块是为了纪念犹太人的三位祖先。

一盘食品、五种食物，五种食物分别是：烤羊腿、烤鸡蛋、哈罗塞斯、一碟苦菜、一碟盐渍芹菜。烤羊腿是“逾越节”的祭品，犹太人失去圣殿后，无处献祭，于是就在宴席上用烤羊腿（或烤肉）代替。烤鸡蛋，逾越节的鸡蛋是烤的，而且烤得很坚韧，很难咬碎；犹太民族就像烤鸡蛋，受的苦难时间越长越坚强，就像烤蛋

烤得越久越坚硬一样。哈罗塞斯是一种水果、香料和酒混合的呈泥状的食品，相传以色列人在出埃及之前，法老为了为难他们，于是就命他们做砖，但又不给他们草料，借此责打他们，因此哈罗塞斯是为了让犹太人想起做砖的泥。一碟苦菜，是为了纪念犹太人在埃及受的苦。一碟盐渍芹菜，犹太人出埃及时喝过红海带苦涩味的海水，盐渍芹菜意思是要犹太人永远记住出埃及之苦难。

再说四杯酒，逾越节家宴的程序由四杯酒串联，中间会讲一些有关犹太人出埃及的故事。这些故事不仅说明逾越节上所有食品的含义，还讲述了犹太人在埃及所受的主要苦难和出埃及的艰辛旅程。

事实上，几乎每个犹太人的成功都离不开苦难，比如为了逃避迫害，门德尔松被迫迁居柏林，基辛格一家被迫移居美国……

苦难教育对一个人的一生可以产生非常深远的影响，可是很多人总是想方设法逃避苦难，不愿意去品尝。但是，要知道只有经历过了苦难，才能从中汲取动力和能量；只有真正懂得苦难的含义，才能品出苦难赋予自己的甜。

然而，在现在的很多家庭里，家长不舍得孩子吃苦，把孩子当宝贝一般呵护着，恨不得为孩子做一切，生怕他们遇到什么困难。在这样的教育下，孩子就会变得好吃懒做、娇气任性，缺乏责任心、感恩心。我们不妨站在孩子的角度想一想，很多事情还没有经历过，不知道生活还有不如意的一面，很多东西从来都是像天上掉下来的一样容易，不需要费一点心力，那他怎么有机会、有能力去承担生活给他的各种考验呢？

所以，只有对孩子进行苦难教育，才能让他真正强大起来。

教育孩子在困难面前不退缩

那年，在以色列诞生了一个小天使。珍妮·布拉斯对于她的犹太家庭来说是个奇迹。因为早在几年前，医生就告诉她母亲萝莉，她不可能再有小孩了。可是她还是怀了孩子，并且还是双胞胎。其中一个在三个半月的时候死于腹中，另外一个得以生下来，她就是珍妮·布拉斯。

小珍妮打一出生，她的生命就充满了磨难。两岁半时，珍妮被诊断患了癌症。

她的医生说她活不了太久，但凭借着爱与决心，她还是活了更多年。

珍妮患的是生殖细胞癌，每年 7500 个患癌症的孩子中只有 75 个患的是生殖细胞癌。为了医治她的病症，医生们必须从她的骨盆中抽取骨髓。

珍妮在接受骨髓移植前经历了两年的化学疗法。那是一个威胁生命且不能预测结果的手术。骨髓移植和接近致命的化学疗法使她徘徊于生死之间。

医生说在化学疗法之后她会终生瘫痪不能走路。但她在重量仅 27 磅时竟能学会行走。萝莉说："孩子们的生存意志真是不可思议。"她的勇气自始至终都很惊人，她以顽强的斗志宣示她永不放弃。珍妮还因此在圣塔克拉拉得到一个奖杯，以鼓励她不屈不挠的勇气。

在珍妮最难熬的时期，她常在夜里惊醒，坐直了身子，紧抓着她的父母，要求母亲别让她到天堂去。萝莉只能以沙哑的声音回答："天哪！我多么希望我可以答应你。"

有时她甚至是个小讨厌。有天她跟她妈妈到杂货店去，有个友善的人对她们开玩笑："你把这个小男孩的头发剪太短了！"珍妮则不带攻击意味地回答："先生，你知道吗？我是一个患了癌症、快要死去的小女孩。"

有天早上，珍妮不断地咳嗽，妈妈说："我们必须再到斯坦福去。"

"不，我很好。"珍妮坚称。

"我认为我们必须去，珍妮。"

"不，我只是感冒而已。"

"珍妮，我们非去不可！"

"好吧，但只能去三天，否则我会搭便车回家！"

珍妮的不屈不挠和乐观精神让有幸在她周围的人觉得生命充满意义。

珍妮在意的并不是她自己和她的需要。当她病恹恹地躺在病床上的时候，她还会跳起来帮助她的室友，倾听他们的需求。

还有一天，她看见有个满面愁容的陌生人走过她家，她就冲出门外，递给他一朵花，祝他有快乐的一天。

珍妮的母亲对珍妮和其他患了绝症的孩子有如下看法："他们用心度过短暂的

人生。他们本身自然重要，但周围世界更重要。”

四岁时，小天使珍妮在生死线上挣扎，她的家人知道到了她该离去的时候了。聚在她床边的家人，鼓励她走向通往光的隧道。珍妮回答：“太亮了。”有人要她走向有天使的那条路，她回答：“他们唱歌唱得太大声了。”

如果你路过基尔罗伊看到小珍妮的墓碑，你会读到她家人写的话：“愿你和其他天使手牵手。这世上没有任何东西可以改变我们的爱。”

以色列的一个总统说过：“此路破败不堪又容易滑倒。我一只脚滑了一下，另一只脚也因而站不稳，但我回过神来告诉自己，这不过是滑了一跤，并没有死掉或因此爬不起来了。”正如恶劣的品质可以在幸运中暴露一样，最美好的品质也正是在厄运中被显示的。犹太拉比希勒尔也说过：“若欠缺有待克服的障碍，在多样的人生经验中将失去一些回馈的喜悦。若欠缺需要跋涉的黑谷，山顶的风光，只有不到一半的美妙。”

所以，我们在教育自己的孩子的时候，不妨也把这些名言和故事讲给他们听，让他们懂得在困难和挫折面前不退缩的道理。

激发孩子的荣誉感

不要以为孩子小，什么都不懂，如果你跟他说民族的屈辱历史和卓越成就，如果你跟他说他有得诺贝尔奖的潜质，是拿奥斯卡奖的料子，那么，这些微妙的感觉就会在他的心中聚集成一种强烈的荣誉感。这种强烈的荣誉感也会让你小瞧不得，因为，它将产生巨大的能量。我们从弗洛伊德的故事中就可以看到这一点。

西格蒙得·弗洛伊德（1856—1939），奥地利精神科、神经科医生，心理学家，精神分析学派的创始人。他的声誉之隆，影响之大，在心理学界极为罕见。作为一个治疗精神疾病的医生，他创立了一个涉及人类心理结构和功能的学说。他的观点不仅在精神病学，在艺术创造、教育及政治活动等方面也得到了广泛的运用。弗洛伊德卓绝的学说、治疗技术以及对人类内心隐藏的那一部分的深刻理解，开创了一个全新的心理学研究领域。可以说，他所创立的学说，从根本上改变了我们对人类本性的看法。

听完这些，钦佩震撼之余，我们是不是应该思考一下他成功背后的秘诀呢？事实证明，他的成功离不开父亲对他的教育，尤其是对他荣誉感的激发！

1856 年 5 月 6 日，弗洛伊德出生于一个犹太商人之家，父母都是虔诚的犹太教徒。自小，父亲就要求他严格地遵守犹太教法规。弗洛伊德的父亲虽然没念过大学，但他曾用大量时间研究过犹太教法典《塔木德》，并要求弗洛伊德忠于本民族的宗教教规。

不但如此，弗洛伊德的父亲还经常给儿子讲述民族的历史。还在六岁时，父亲就告诉他："多年以来，我们犹太人一直处于被驱赶、压迫、剥削、羞辱和屠杀的悲惨境遇下，但犹太人为什么还能长期生存下来？犹太人为什么操纵着社区的、国家的，甚至全世界的银行、货币供应、经济和商业？因为，犹太人勤勉、拼搏、明智和节制。"

父亲的讲述让小小的弗洛伊德既愤怒又震惊，同时也由衷地为自己的民族感到自豪。这种卧薪尝胆、发愤图强的犹太人式家教，激发起了弗洛伊德的荣誉感："我是一个犹太人，我永远不能理解为什么我得为我的祖先而感到羞耻，或如一般人所说的那样为自己的民族感到羞耻！于是，我义无反顾地采取了昂然不接受的态度，并始终都不为此后悔……"

他曾经说："我经常地感受到自己已经继承了我们的先辈为保卫他们的神殿所具备的那种蔑视一切的全部激情，因而，我可以为历史上的那个伟大时刻而心甘情愿地献出我的一生。"

在父母的支持和帮助下，弗洛伊德果然不负众望。17 岁时，他就考入了维也纳大学医学院，并于 1881 年获得了医学博士学位。后来他开业行医，担任临床神经专科医生，并终生从事精神病的临床治疗工作。

弗洛伊德创立了精神分析学说，认为精神病起源于心理内部动机的冲突。他抛弃了古老的催眠术，代之以自由联想，也就是让患者想起什么就说什么，由此发现隐藏的病因。在分析许多病例后他确信，性的问题对神经病症的发生起着重要作用。他还发现梦在精神分析中的重要性，认为"梦中概括了神经病症的心理学"。1900 年，他的著作《梦的解析》引起了广大读者的兴趣。随后，荷兰精神病学家

和神经学家协会以及英国心理学会都邀请他成为名誉会员。在1919~1939年间，他的声誉达到了最高峰。

所以，我们不要小瞧了“荣誉感”，它虽然看不见、摸不着，却能充分调动一个人的积极性、主动性，从而不断地进步！弗洛伊德的成功也是来自荣誉感的较量。

因此，在家庭教育中，我们不妨对这方面多一些关注。在孩子心里种下一份荣誉感，就多一些成功的可能。

让孩子把身上的潜能发挥出来

犹太人认为，每个人的身体内都埋藏着无限的潜能，只要充满自信，充分发挥潜能，就没有做不到的事情。

有个贫穷的犹太工人帮农场主人工作，在搬运东西的时候，不小心打破了一个花瓶。农场主人看见后，一定要他赔偿，但是连三餐都成问题的工人，哪里赔得起这么昂贵的花瓶？

苦恼的工人没有办法，只好去教堂向神父请教解决的办法。

神父听完工人的问题后，就对他说：“听说有一种能将碎花瓶粘好的技术，不如你去学习这种技术。只要能将这个花瓶修补、复原，事情不就解决了吗？”

工人听完后，摇了摇头说：“哪有这么神奇的技术？要把这个碎花瓶粘得完好如初，根本是不可能的事。”

神父指引他说：“这样吧，教堂后面有一个石壁，上帝就待在那里，只要你对着石壁大声说话，上帝便会答应你的要求，去吧！”

于是，工人来到石壁前，大声对着石壁说：“上帝，请您帮帮我，只要您愿意帮助我，我相信，我一定能将花瓶粘好！”

工人的话一说完，上帝便立即回应他：“一定能将花瓶粘好！”

工人真的听见了上帝的承诺，于是，他充满自信地向神父辞别，朝着“复原花瓶”的高超技术迈进。

一年以后，经过认真学习与不懈努力，他终于学会了粘贴碎花瓶的技术。然

后，他将农场主人的花瓶复原得天衣无缝，令人赞叹！

这天，他将花瓶送还给农场主人后，再次来到教堂，准备向上帝道谢，谢谢他给予的帮助与祝福。

神父将他再次带到教堂后面的石壁前，并笑着对诚恳的工人说：“其实，你不必感谢上帝。”

工人不解地看着神父：“为什么不必感谢？要不是上帝，我根本无法学会修补花瓶的技术啊！”

神父笑着说：“其实，你真正要感谢的人，是你自己啊！因为，这里根本就没有上帝，这块石壁具有回音的功能，当时你听到的‘上帝的声音’，其实就是你自己的声音啊！而你就是你自己的上帝。人要勇敢地做自己的上帝，因为真正能主宰自己命运的人，不是别人而是我们自己。当你相信自己能够改变命运时，步伐便会慢慢地移动，一步步地实现心中的愿望。你的潜能就在你的身上，你的未来也掌握在你的手中，一切都等待着你开始行动，实现每一项‘不可能的任务’。”

犹太人小说家菲茨杰拉德曾经写过一段值得我们深思的话：“在我们 18 岁的时候，信念是我们站在上面眺望的山头，但是到了 45 岁，我们的信念就成了藏身的山洞。”

这也是犹太民族千百年来智慧的结晶，所以，犹太人在教育孩子的时候，总是会告诉孩子，在自己的人生路上如果遇到了什么困难和挫折，不要等待着别人的帮助，或者是期望上帝赋予“神的力量”，因为只有人们自己才能把自己无限的潜能发挥出来。

试一试才能知道

我们小时候都学过一则叫《小马过河》的故事，说的是从前有一匹小马驹，它第一次过河，但是不知道河的深浅，于是就去请教正在河边的老水牛和小松鼠。老水牛对小马驹说这条河的水很浅，可以过去。而小松鼠却对小马驹说这条河的水很深，是过不去的。小马驹听这么一说就没了主意，于是就跑回去问妈妈，妈妈建议说：“你自己下水去试试，不就明白了吗？”小马驹听了妈妈的话，跑到河边小心地

蹚了过去。原来河水并不像老水牛说的那么浅，也没有小松鼠说的那么深。

这个故事中的小马妈妈教育小马的方法就很得当。小马妈妈不是直接告诉小马可不可以过河，而是让小马自己去“试一试”，让它在这个过程中自己得出结论。这种方法与我们很多父母的“训诫”教育相比，能使孩子更深刻地体验到实践的重要性。

犹太人经常强调这一点：父母是孩子最早的老师，父母的言传身教对孩子的影响非常大。但很多父母在教育孩子时，往往只是直接灌输自己的过往经验，代替孩子回答问题，而不是启发孩子，让孩子在亲身实践中得出自己的答案。

孩子的成长过程也是认知的过程，大人的经验固然对孩子的成长有很大的帮助，但孩子的亲身体会要比大人的教诲深刻得多。即使孩子在亲身体会的过程中会犯错误，我们也要允许他们犯错误，因为他们有能力去犯错误，也同样有能力改正自己的错误。在犯错误中得到正确的答案，那才是最珍贵的。

犹太儿童还经常听长辈们讲这样一个故事。

很久以前，森林中的动物，不论是足智多谋的，还是勇猛强悍的，谁也弄不清楚森林里到底发生了什么灾祸，搞不清楚在那棵粗壮繁茂的古树下面隐藏着什么可怕的动物。

这个消息传开之后，传闻变得越来越捉摸不定，大家议论纷纷。到最后，传闻竟变成了古树下出现了可怕的怪兽，森林动物的末日到了！动物们胆战心惊地聚在一起商量，一个个苦思冥想，也没有想出解决的办法来。最后，它们不得不求助于狐狸，它们对狐狸说：“狐狸老兄，你是森林动物中最善于思索最聪明的天才，请你发发善心，设法弄清楚到底发生了什么事，探听一下，古树下面到底藏着什么怪兽。”

在动物们苦苦的恳求之下，推辞了很久的狐狸终于答应它们去看看那边到底发生了什么事情。但是，狐狸根本不想为了别人的安危去冒生命危险，所以它迟迟不肯动身。狡猾的狐狸思索了半天，决定先派自己的好朋友、好奇心极强的喜鹊去看个究竟。

喜鹊在古树四周飞来飞去，观察了半天，才发现在茂密的古树树叶中有两个闪

闪发光的亮点，并且还听到了有翅膀不停扇动的声音。喜鹊吓得胆战心惊，于是急急忙忙地飞回来，把所见所闻告诉狐狸。狐狸立刻召集森林中的动物开会，说："朋友们，我们大难临头啦！森林要毁灭啦！古树下面出现了个大怪物。目前，我们还没办法看清怪兽的獠牙和脸，也无法听到它的鸣叫和怒吼。不过，我可不想拿自己的生命当儿戏，我也奉劝各位，别拿自己的生命开玩笑！"狐狸话音刚落，就夹起大尾巴，蹿入密林深处逃命去了，其他动物也一窝蜂似的跟着它逃进了森林深处。

其实，那棵古树下并没有什么怪兽，只不过是一只大眼睛的猫头鹰在茂密的树丛中栖息着。而此时的猫头鹰也是感到莫名其妙，不知为什么森林中的动物会如此惊慌失措，逃入森林的深处，使森林变得死一般的沉寂。动物们对于未知的事情不能自己亲自看个究竟，只是人云亦云，结果弄得自己惶惶不可终日。

孩子也是一样。孩子在日常的学习和生活当中会有许许多多的疑问，做家长的要意识到疑问是孩子求知的动力。如果是犹太家长，他们会在孩子有了疑问的时候，先不忙着给孩子正确的答案，而是因势利导，让孩子在疑问中探求事情的真相，借此启发孩子的探求欲望。这样，孩子的分析问题能力和解决问题能力将会得到加强。家长们都应该像犹太家长那样，鼓励孩子勇于尝试，不断地提升自我。

自己主动去搜索机会

也许一次不经意间的机会就可以改变一个人的命运，因此不少人都希望这个机会能够降临到自己身上来。可是有很多人总是习惯于等待机会，但是机会光靠等是等不来的，而要靠我们自己用心搜索。只要努力，机会就潜伏在我们的四周。所以家长们在教育孩子的过程中，不妨告诉孩子，等待机会不如去搜索机会。

该就业了！有的大学生坐在家里干等着，说是等机会；有的大学生走马观花，还没真刀真枪地战斗就纷纷落马；还有的干脆躲起来喝酒，哀叹时光流逝得太快，大学光阴虚度……当然，优秀的人才早已被一些大企业预先抢去了，为什么？答案就一个，成功的学生善于搜索机会。这些人从小就非常注意自我修炼，所以他们在找工作的时候，机会就像雨后的小笋芽一般，一个接一个地冒出来了。他们之所以

会这样，在很大程度上归功于他们从小所受到的教育。

犹太人就非常善于搜索机会，犹太父母常常讲述故事来教育孩子们，让他们懂得搜索机会。

犹太人萨尔诺夫九岁时随父母移居美国，家庭的贫困让他没有太多机会读书。读小学时，他不得不利用放学时间及假期做工以挣钱贴补家用。小学快毕业的时候，他的父亲去世了，他只好辍学去当童工。

然而，他并没有因此而抱怨父母，也从不哀叹自己的命运，相反他一直积极地充实着自己，寻找各种出人头地的机会。他工作很勤恳，在供给家用之后，还省下钱来买书自学。后来，他终于在一家邮电局找到了一份送电报的工作。

十多年里，他把收入最大限度地节省下来，白天卖力工作，晚上读夜校。渐渐地，他便获得了老板的赏识并得到提升。

1921 年，为了发展业务，他的老板分设了“美国无线电公司”，萨尔诺夫被委任为总经理。他终于可以大显身手了！最后，他如愿以偿地成为美国无线电工业巨头。

犹太人始终相信，只要肯努力，就一定有机会。然而现实生活中，我们却看到很多孩子不愿意付出，只想白白地得到机会。这样在无形中，比起那些一直努力付出的人，他们的机会就显然少了很多。人的一生，要想成功，就必须主动地为自己寻求机会，家长就应该从孩子小的时候这样教育孩子。

世界最大的制片中心好莱坞的老板高德温，是一位在波兰出生的犹太人，从他传奇的一生中我们可以学到很多。

1882 年，高德温出生于华沙。他 11 岁丧父，家庭生活非常困难。为了生计，他流浪到英国伦敦，曾在铁匠店里当童工。他没有机会进学校，就利用空闲时间自学。后来，他就到了美国，起初是打工，后来自己经营手套工厂，最后发展成为好莱坞制片中心的老板。在这个过程中，他从来都不怕苦和累，一直努力地付出。高德温的发展过程，可以说是众多犹太人生活的缩影。正是因为他们努力地学习和工作，机会才能降临到自己的头上。

犹太人坚信，在这个世界上，只要你有意搜索，只要你用心努力，到处都存在

机会。自叹找不到脚下金矿的人，是既可怜又可悲的。犹太人还认为，人生的机会，大量存在于本身的周围和本身所潜在的条件中，关键在于你是否练就了开发这些条件的眼光和意志。

犹太人的成功经验也是对我们教育孩子的启发，我们可以告诉孩子，与其仰头等待天上掉下机会，不如自己搜索，要会给自己创造机会。

让孩子刨根问底地探求问题

很多人都把成功想得很复杂，为了让孩子将来能够成材，真可谓挖空了心思。其实，这并不需要大费周折，更加用不着费尽力气地去求神拜佛，其实很简单，用爱因斯坦的话来说就是：“我没有什么特别的才能，不过是喜欢刨根问底地探求问题罢了。”所以，把你的孩子培养成一个“问题篓子”吧，这可是爱因斯坦的心经。

孩子的大脑就像一条畅快的小溪，溪水欢快地流淌，奔跑得越远，孩子懂得的也就越多。可是，在溪水奔跑的过程中，孩子难免会遇到这样那样的难题，就像水中忽然横着一段枯木，隔断了水流，减缓了流速，使孩子的思维受到了阻碍。在这个时候，家长就必须给予疏导，这样，孩子的难题才能得以解答。孩子的提问为自己继续认识世界提供了可能，可是很多家长却往往忽视了这个问题，致使孩子的思维受到了阻碍。

我们不妨回忆一下，每当孩子提问题时，做父母的都是以什么样的态度对待这些事情的。大家都知道，好奇是孩子的天性，孩子好奇，自然就爱提问。相信很多家长也一定会有这样的体验：孩子总是喜欢缠着自己叽叽喳喳地问个不停。起初，很多家长还能够耐心地回答，可渐渐地，就变得不耐烦起来了，总是敷衍了事，回答也是模棱两可，直至最后是不理不睬，或是粗暴地打断孩子的提问。

家长这样做，诚然是摆脱了孩子无休无止的烦扰，可是否想过，这样的态度对孩子将产生怎样的影响？

孩子小的时候，正处于认识世界、感知世界的阶段，他们渴望了解这个世界，而父母的这种态度对孩子的积极性无疑造成了打击。久而久之，提问总是得不到解

决，他们就会慢慢丧失求知欲，因而也就丧失了一个成长的最好时机。

犹太父母就意识到了这个问题，他们不但鼓励孩子提问，甚至规定孩子每天必须问多少个问题。通过这样做，孩子可以在提问和解答中激发思维能力，学习更多的知识。犹太父母会告诉孩子，只要有不懂的地方和觉得不对的地方，就应该指出来，向老师请教，或是自己想办法找出答案，这样才能进步得更快。

很多犹太父母还喜欢用比赛的形式激发孩子的提问能力。

有一个叫拉摩西的犹太人，他告诉孩子们，每天上学都必须向老师提问，而且还要在课堂上积极回答老师提出的问题。他要他们用笔把这些问题记下来，一周进行一次比赛，谁提出的问题和回答的问题最多，谁就会受到奖励。

在这样的氛围中，孩子们更加爱提问了。渐渐地，拉摩西的孩子们的成绩也优于同龄孩子，尤其是一些科技类、自然类知识比同龄孩子都要丰富很多。

在平常的生活中，拉摩西也非常乐于回答孩子们的提问，虽然有五个孩子的轮番攻击，拉摩西和妻子也从来不觉得烦。如果孩子们的问题他们也解答不出，他们就鼓励孩子去问老师。

可想而知，这种鼓励孩子提问题的教育方法是非常有效用的，不但让孩子们增长了见识，思维得以锻炼，而且还提高了他们解决问题的能力。

犹太人说："创造始于问题，有了问题才会思考，有了思考才有解决问题的办法。"也正是处于有这样的教育理念的环境之中，犹太孩子在父母和老师的教育下，逐渐地与智慧靠近，与创新结缘，从而将来成为一个充满才能的人，在自己的人生道路上展示自己的非凡才能。

诺贝尔奖获得者赫伯特·布朗是一个美籍犹太人，他曾经说过："我的祖父经常会问我，为什么今天与其他日子不同呢？他也总让我自己提出问题，自己找出理由，然后让我自己知道为什么。我的整个童年时代，父母都鼓励我提出疑问，从不教育我依靠信仰去接受一件事物，而是一切都求之于理。可能这一点是犹太人的教育比其他民族略胜一筹的地方吧。"

让孩子学会展示自己

在现实生活中，当有些家长看到别人家的孩子表现杰出的时候，就会埋怨自己的孩子一无是处。其实，每一个孩子都有自己潜藏的才能，只不过有些孩子很少有展示自己的机会而已，家长需要做的就是让孩子学会展示自己的强项。很久以来，犹太人在这一方面就做得很好。

有个安息日的下午，罗马皇帝去拜访一位亲密的拉比。皇帝虽然事先没有同拉比打招呼，但在拉比家里还是过得很愉快。吃晚饭时餐桌边上还有人唱圣歌，或谈些《塔木德》上的事。皇帝十分高兴，主动表示星期二还要来访问。

等到星期二皇帝来时，人们事先已经做好了准备。最好的食具摆了出来，安息日时休息的仆人现在也出来侍候，上次因厨师休息只好吃冷菜，这次却有很多热的菜肴点心。尽管如此，皇帝觉得还是安息日那天吃的东西有味道，便问拉比："上次菜里用的到底是什么香料?"

拉比回答说："罗马皇帝没有办法拿到的那种香料。"

皇帝却自负地说："不可能，罗马的皇帝不管什么香料都可以弄到手。"

拉比说："只有'犹太安息日'这种调味料是不管罗马皇帝您怎样使劲也弄不到手的。"

每一个犹太父母都会给孩子讲述上面这个故事，以此来鼓励自己的孩子积极地展示自己的强项。

在我们身边，几乎没有几个家长会意识到，自己会在有意识或无意识之间伤了孩子的自信心，或是损伤了他们独立解决问题的能力。但不幸的是这种伤害比比皆是。从幼儿的时候，孩子们就会表现出他们要干自己的事情的欲望，婴儿会自己去抓勺子来喂自己吃饭。但每当这个时候家长就会害怕他们把衣服、桌子搞得一团糟而不许他们自己试一试。这样一来，反而挫伤了孩子的积极性，从而使孩子对自己的能力产生怀疑。

所以，做家长的如果看到孩子想要显示出自己的能力的时候，就应该让他们自己去做，而且还要鼓励他们做自己能做的事情。其实，孩子能自己做的事情要比家

长想象到的多，他们需要的只是家长的帮助、监督、鼓励和训练。所以，家长要做的就是给他们提供这些服务，而无权为他们做所有的事情和制止他们的热情。

孩子在婴幼儿时期的时候，虽然会对大千世界感到束手无策，但是，在他们长大之后，需要的是各种去尝试的勇气。所以，我们就要教育他们学会展示自己，从而使他们能更好地适应这个社会，更好地融入这个世界之中去。

家长在教育孩子的时候，一定要多鼓励孩子，培养他们的自信心，这样才能够让孩子更好地发挥自己的强项。但是有的家长在教育孩子的时候不相信他们的能力，因为他们的意识中已形成一定的偏见，认为孩子太小是做不了任何事情的。当一个只有两岁的孩子拿起一个盘子，想帮我们收拾桌子的时候，妈妈就会赶紧阻止，并且还会对他说道："不要动它，你会打碎它的。"这样，也许你可以保存好那个盘子，但却在孩子的心里投下了阴影，挫伤了他的积极性，从而推迟了他某种能力的发展。更可能的是，这样一来就阻止了一个小天才的形成。

家长在很多时候还会在不经意间向孩子们展示自己多么有能力、有魄力、有气力。我们的每一句话，像"你怎么把房间搞得这么甜""你怎么把衣服穿反了"等等，都会让孩子们觉得他们是多么无能，多么缺乏经验。这样，孩子就会慢慢地失去信心，失去了努力去探索、去追求、去锻炼自己的自觉性，并且会忘记通过各种锻炼和闯荡使自己成为一个有用的人。

所以，作为家长就要适当地鼓励孩子勇于展示自己，这样孩子才有可能成为一个有用之才，在今后的社会中立足。

成功就是只简单地做一件事

大卫王统治时期，犹太国有个叫奈哈松的人，他一心想成为一个富翁。他觉得成为富翁的捷径便是学会炼金之术。于是他就把全部的时间、金钱和精力都用在了炼金术的试验中了。

不久之后，他就花光了自己的全部积蓄，家中变得一贫如洗，连饭都没得吃了。妻子无奈，只好跑到父亲那里诉苦，于是父亲决定帮女婿改掉恶习。他让奈哈松前来见自己，并对他说："我已经掌握了炼金之术，只是现在还缺少一样炼金的

东西……”

“快告诉我还缺少什么？”奈哈松急切地问道。

“那好吧，我可以让你知道这个秘密。我需要三公斤香蕉叶的白色茸毛。这些茸毛必须是你自己种的香蕉树上的。等到收齐茸毛后，我便告诉你炼金的方法。”

大卫王

奈哈松回家后立刻将已荒废多年的田地种上了香蕉。为了尽快凑齐茸毛，他除了种以前就有的自家的田地外，还开垦了大量的荒地。香蕉成熟以后，他便小心地从每张香蕉叶上刮下白茸毛，而他的妻子和儿女则抬着一串串香蕉去市场上卖。就这样，十年过去了，终于收集够了三公斤茸毛。这天，他一脸兴奋地拿着茸毛来到岳父的家里，向岳父讨要炼金之术。

岳父指着院中的一间房子说：“现在你把那边的房门打开看看。”

奈哈松打开了那扇门，立即看到满屋金光，竟全是黄金，他的妻子儿女都站在屋中。妻子告诉他这些金子都是用他这十年所种的香蕉换来的。面对着满屋实实在在的黄金，奈哈松恍然大悟。

我们再来看另外一个故事：

一位著名的推销大师即将告别他的职业生涯，应行业协会和社会各界的邀请，他将在该城中最大的体育馆作告别职业生涯的演说。

演讲那天，会场座无虚席，人们都在热切而又焦急地等待着这位当代最伟大的推销员做精彩的演讲。当大幕徐徐拉开时，人们看见舞台的正中央吊着一个巨大的铁球，而为了这个铁球，台上搭起了高大的铁架。

一位老者在人们热烈的掌声中走了出来，站在铁架的一边。每个人都把目光聚集到他身上，不知他要做出什么举动。这时两位工作人员抬着一个大铁锤放在老者的面前。主持人对观众讲：“请两位身体强壮的人到台上来。”

等两名动作快的年轻人跑到台上，老人开口和他们讲规则，请他们用这个大铁锤去敲打那个吊着的铁球，直到把它荡起来。

一个年轻人抢着拿起铁锤，拉开架势，全力向那吊着的铁球砸去，铁球传来了一阵震耳的响声，可那铁球动也没动。他用大铁锤接二连三地砸向铁球，很快他就气喘吁吁了。

另一个人也不示弱，接过大铁锤把铁球打得叮当响，可是铁球仍旧一动不动。

台下逐渐没了呐喊声，观众好像认定那是没用的，就等着老人做出什么解释。

会场恢复了平静，老人从上衣口袋里掏出一个小锤，然后认真地面对着那个巨大的铁球“咚”地敲了一下，然后停顿一下，再一次用小锤“咚”地敲了一下……一直如此反复地做着。

10分钟过去了，20分钟过去了，会场早已开始骚动，有的人干脆叫骂起来，用各种声音和动作发泄着他们的不满。可老人不为所动，仍然做着自己简单而单调的工作。人们开始陆续地愤然离去，会场上出现了大块大块的空缺。留下来的人们好像也喊累了，会场渐渐地安静下来。

大概在老人进行到40分钟的时候，坐在前面的一个妇女突然尖叫一声：“球动了！”会场立即鸦雀无声，人们聚精会神地看着那个铁球。那球以很小的幅度动了起来，不仔细看很难察觉。老人仍旧一小锤一小锤地敲着，铁球在老人一锤一锤的敲打中越荡越高，拉动着铁珠的那个铁架子“哐哐”作响，巨大的威力强烈地震撼着在场的每一个人。会场上也爆发出一阵阵热烈的掌声。

在掌声中，老人转过身来，慢慢地把那把小锤揣进兜里。他用自己的行动给大家解释了成功的奥秘。

上面的两个故事都是在告诉我们，成功是没有捷径可以走的，如果真的有捷径的话，那只能是脚踏实地地去奋斗，扎扎实实地去做好每一件事。所以，父母在教育孩子的过程中，要告诉孩子，想要取得好成绩，就要将简单的事情重复地做。

教育孩子要注重生活中的细节

在许多人眼中，大人物总是和大事件联系在一起，小人物总是和小事情联系在

一起。

正是因为世人都有这样的想法，才致使生活中不断地有“眼高手低”的情况出现。比如现在有许多年轻人，特别是名牌大学的学高历毕业生来到工作单位后，总觉得自己高人一等，简单的工作不愿做，觉得自己是大材小用，繁杂一点的任务又因为缺乏经验而做不了。

但是，无论你是大人物，还是小人物，都会和一件又一件的小事发生关系。而小事则是一个人一生中最基本的内容，是大事中的每一个小细节，只有做好小事，才能成就大事。这就像中国古话中所说的“一屋不扫何以扫天下”一样。

美国前国务卿鲍威尔是威望很高的将领和领导人，他就把“注重小事”当成人生信条，而另一位美国人，依靠股市成为亿万富豪的沃伦·巴菲特也认为一个人要取得成功，必须做好工作中的每一件小事。他认为无论在投资策略还是商务策略上，都必须谨记：“细节决定成败。”

20 世纪世界上四位最伟大的建筑师之一密斯·凡·德罗，在被要求用一句最精练的话来概括他成功的原因时，他只说了五个字“魔鬼在细节”。他反复强调，不管你的建筑设计方案如何恢宏大气，如果对细节的把握不到位，就不能称之为一件好作品。细节的准确可以成就一件伟大的作品，而细节的疏忽则会毁坏一个宏伟的规划。

看不到细节，或者不把细节当回事的人，无法把工作当作一种乐趣，而只是当作一种不得不受的苦役，因而在工作中缺乏工作热情。而考虑到细节、注重细节的人，不仅认真对待工作，将小事做细，而且注重在做事的细节中找到机会，从而使自己走上成功之路。

几十年前，格茨·维尔纳白手起家创建了 DM 连锁店。他有自己的一套注重细节的经营理念，有些时候还因会为注重细节做出一些特别“古怪”的行为。

一天，当维尔纳走进一家 DM 分店时，他要求分店经理拿扫帚来。这家分店的经理把扫帚递给维尔纳，非常疑惑地说：“维尔纳先生，我不明白您要它做什么?”维尔纳指着地下的灯光说：“您看，灯光的亮点聚在地上，什么用处也没有。”于是，维尔纳用扫帚柄拨了一下上面的灯，让灯光照在货架上。

这样的小事也要由大老板过问，并且亲自动手，岂不把他累死？可就是这样一个大老板，却拥有了1370家连锁店、两万名员工，2002年的销售额高达26亿欧元。维尔纳也是同行业最富有的，2003年年初时他的个人财产达到9.5亿欧元。

工作中注重细节，就表明有一种责任感强烈的敬业精神。没有从细微处做起的敬业精神，眼高手低，小的不能干，大的不能做，岂能成就大事！

所以，我们在教育自己的孩子时，当发现孩子出现眼高手低，或是在生活和学习上总是爱忽略细节的现象时，做家长的可就要注意了，要正确引导他们对细节重视起来，把每一个细节做好。

自己爬台阶

自己的事情一定要亲自去做。哪怕你完成得没有别人好，那终归也是你自己的劳动成果。只有一次一次的不好，才能换来以后的完善。如果总是依赖别人，那么你的一生将始终与贫穷和低声下气为伴。孩子有了自己的能力和地位后，与家人和社会的沟通才会变得更容易，才更能适应周围环境的变化。

洛克菲勒家族仅在1974年资产总额就已经达到3305亿美元。纵观创始人约翰·戴维森·洛克菲勒的成长历程，他所取得的成就无不归功于其父母的严格要求和其自身的独立。洛克菲勒从小家教严厉，平时靠给父亲做“雇工”挣零花钱。清晨他便到田里干农活，有时还帮着母亲挤牛奶。他有一个专门用于记账的小本子，将自己的工作按每小时0.37美元记入账，然后再与父亲结算。他做这件事做得很认真，因为感到既神圣又趣味无穷。更有意味的是，洛克菲勒的第二代、第三代乃至第四代，都严格照此方法办理，而且还要定期接受检查，否则，谁也别想得到一分钱的零花钱。

洛克菲勒的家长让孩子这样做并非家中一贫如洗，也不是父母有意苛待孩子，而是为了从小培养孩子艰苦自立的品格和勤劳节俭的美德。那小账本上记载的不仅仅是孩子打工的流水账，更是孩子接受考验和磨难的经历！

犹太父母从小便教育孩子，自己的事情自己做，只有这样才能适应环境变化，使自己不断成熟起来，从而走向成功。

从前有一个犹太商人有两个儿子。父亲宠爱大儿子，他想把自己的全部财产都留给他。但是母亲很可怜小儿子，她请求丈夫先不要宣布分财产的事。她总想找个办法让两个儿子分得平均一些。商人听从了妻子的劝告，暂时没有宣布分财产的决定。

有一天，母亲坐在窗前哭泣，一位过路人看见了，就走上前来，问她为什么哭得这么伤心。她说："我怎么能不伤心呢？对我来说，两个儿子都一样亲，可是我的丈夫却想把全部财产留给大儿子，而小儿子什么也得不到。在我还没想出帮助小儿子的办法以前，我请求丈夫先不要向儿子们宣布他的决定。但是我到现在也不知道怎样才能解决这个烦恼。"过路人说："你的烦恼其实很容易解决。你只管让丈夫向两个儿子宣布，大儿子将得到全部财产，小儿子什么也得不到。但以后他们将各得其所。"小儿子一听说自己什么也得不到，就离开家到耶路撒冷去谋生了。他在那里学会了许多手艺，增长了知识。而大儿子一直依赖父亲生活，什么也不学，因为他知道，他是富有的。父亲去世后，大儿子什么都不会干，最后把自己所有的财产都花光了；而小儿子却在外面学会了挣钱的本事，变得富裕起来。

实际上，在不少发达国家，对在校学习的孩子要求也是非常"刻薄"的。在日本，许多学生利用课余时间，在饭店端盘子，洗碗，做家教，在商店售货或照顾老人等，以此挣钱交学费及零用。美国人一贯教育孩子自主自立，七八岁的小孩就成了"小商人"，出售他们的"商品"来挣零用钱。美国中学生有个口号："要花钱自己挣。"每逢假期，他们就成了打工族，自食其力。

今天的孩子是 21 世纪的主人。在这个充满竞争、复杂多变的快节奏的现代社会，要求每一位社会成员都要具备较强的应变能力。而现代家庭里的孩子大多是独生子女，物质生活相对优越，许多事情都由大人包办，衣来伸手，饭来张口，孩子在这样的环境中免不了失去独立生活的能力。这对以后孩子参与社会竞争是十分不利的。因此为人父母者要从小就培养孩子的独立能力。家长应该让孩子成长为一棵独立支撑、独当一面的大树，而不是靠大树遮风挡雨的、经不起风吹雨打的脆弱小草。

有一个 1 周岁左右的小男孩，被年轻的妈妈牵着小手来到公园的广场前，等到

要上有十几个阶梯的台阶了，小男孩一下子挣脱开了妈妈的手，要自己爬上去。他用胖胖的小手向上爬，他的妈妈也没有抱他上去的意思。当他爬上两个台阶时，他就感到台阶很高，回头看一眼妈妈，妈妈没有伸手去扶他，只是眼睛里充满了慈爱和鼓励。小男孩又抬头向上看了看，他放弃了让妈妈抱的想法，还是手脚并用小心地向上爬。他爬得很吃力，小屁股抬得老高，小脸蛋也累得通红，那身娃娃服也被弄得都是土，小手也脏乎乎的，但他最终爬上去了。年轻的妈妈这才上前拍拍儿子身上的土，在他那通红的小脸蛋上亲了一口。这个小男孩就是后来的美国第16届总统——林肯。他的母亲便是南希·汉克斯。

不言而喻，人的一生有无数级台阶——学习、工作和生活。可是如何面对和攀登这些人生的台阶呢？对于孩子，是牵着手、搀扶着上，还是抱着上？不同的父母会有不同的答案。显而易见，如果家长牵着、搀扶着孩子，就会使孩子产生依赖性，常常把父母当成拐棍而难以自立。如果家长抱着孩子上台阶，把孩子揽在襁褓里，那么，孩子就会成为“被抱大的一代”，不经风雨，不见世面，更难立足于社会。平时，孩子饭来张口，衣来伸手，上学接送，晚上陪读，甚至考上大学父母还要跟着做“保姆”。孩子大学毕业后找工作，又得父母跑单位，当“职介”……这样，孩子是很难自立，大有作为的。

犹太父母认为，再富也不能富孩子，我们也不妨让孩子吃点苦，有“台阶”让他自己爬。这样，孩子才能“一鼓作气”，攀上光辉的顶点。

我要负责任

责任感，是一个人日后能够立足于社会、获得事业成功与家庭幸福至关重要的人格品质。不论孩子有什么过失，只要他有一定的能力，就应当让他承担责任。自瞒自欺其实很容易，但是却无法逃离世人锐利的眼睛。因此，自己的责任一定要自己负。

古代的拉比们说过：“好事可以分享，但是自己的责任一定要自己负。”因为不管是把事情推给别人，还是归咎于环境；自己的责任仍然存在而无法消失，所以犹太人从不把责任推给别人，而是自己动手去做。

关心和爱护孩子是所有父母的天性。可是，很多父母在关心、保护孩子的同时，却忽略了孩子是需要学会承担责任的。他们总是怕孩子为难，怕孩子辛苦。于是，有的家长替孩子做值日，有的替孩子洗衣服、洗袜子，更有甚者替孩子做家庭作业……长期这样，孩子不知道怎样自己照顾自己，更谈不上对他人、对社会的责任感了。犹太人认为在这种家庭环境中长大的孩子，由于从小就受到过多的呵护，不会动脑筋，一方面他们会变得自我意识很强，处处都以自我为中心；而另一方面，他们对周围的人和事经常表现出漠不关心的态度，缺乏基本的责任感。

70 多年以前，有一位 11 岁的美国男孩踢足球，一不小心踢碎了邻居家的玻璃，人家向他索赔 12. 5 美元。那个时候，12. 5 美元可不是个小数目，可以买 125 只鸡蛋。闯了大祸的美国男孩向父亲认错后，父亲让他对自己的过失负责。儿子为难地说："可是我没有钱赔人家。"父亲说："我先借给你 12. 5 美元，一年后你必须把钱还我。"从这以后，这位美国男孩开始了自己艰苦的打工生活。经过半年的努力，小男孩终于挣足了这 12. 5 美元，把钱还给了父亲。这位男孩就是已经故去的美国前总统里根。他在回忆这件事时说，通过自己的劳动来承担过失，使我懂得了什么叫责任。

犹太人认为，孩子有了过失的时候，恰好是父母对其进行教育的良机。因为内疚和不安使他急于救助，而此时明白的道理有可能刻骨铭心。不论孩子有什么过失，只要他有一定的能力，就应当让他承担责任，这才是现代父母的真正爱心。同时，犹太父母还经常给孩子们讲这个故事，以告诉他们具有责任感能为别人，同时也能为自己带来幸福。他们让自己的孩子切记："我应该负责任。"

从前，有个犹太人开设的公司在中国招聘员工，他们在面试的房间里故意把一个椅子倒放在地上，用以观察应聘人员的反应，是否能把椅子扶起来成了能否进入复试的第一道题目。可见，缺乏责任感的人是不可能在现代社会立足的。也许有的家长会说："孩子还小，长大后他们就知道该怎么做了，不要对孩子要求太高"。然而，他们却忽略了孩子的责任感是在生活中一点一滴地形成的。平时把所有事情都为孩子安排好的家长，希望孩子能在某一天突然变得有责任感，这无异于白日做梦。

放弃自己的责任是上帝所不宽恕的事情，所以犹太人在现实的生活中，从不逃避自己的责任。为了负起自己的责任他们甚至可以倾家荡产，可以牺牲性命。正是因为犹太人在任何时候都不会放弃自己的责任，所以他们在别人心中讲究诚信，在商场注重契约。

有一个犹太人，接到美国芝加哥一个食品公司3万个刀叉餐具的订货单，双方商定的交货日期是9月1日。这个商人必须在8月3日从本港运出货物，才能在9月1日如期交货。但是，由于发生一些意外，这个商人没能在8月3日赶制出3万个刀叉餐具。这位犹太商人陷入了困境，但他丝毫没有想到要给对方写封情真意切的信，要求延期交货并表示歉意，因为这本身就是违背契约，不符合犹太商法，并且也是逃避责任的做法。结果后来，这位犹太商人花巨资租用飞机送货，3万个刀叉如期交货了，这位犹太商人也因此损失了1万美元。

在犹太人眼中，人是永远无法逃避责任的。但是责任感不是天生的，孩子的“先天”不足，不应该责怪孩子，它应归咎于我们的家庭教育。许多父母对孩子在生活上呵护倍加，而对责任感的教育却严重不足。他们认为孩子还小，长大会慢慢意识到的。有一位年轻的母亲对儿子自私、不合群发愁，她去请教生物学家达尔文。达尔文问：“你的孩子多大啦?”她回答说：“快4岁了!”达尔文马上严肃地说：“对不起，你对孩子的教育已经晚了快4年了!”这则故事告诉我们，对孩子责任感的教育应从小抓起。

不逃避责任，自己的责任自己负，这是犹太人为人处世的一个原则。也正是因为他们这样做了，犹太人才在世界赢得了良好的声誉。孩子是一张纯净的白纸，他一来到世界，就观察大人的一言一行、一举一动。家长们应像犹太父母那样，严格要求自己，做有责任感的好家长，好公民，并时刻以身作则。要求孩子办到的事，自己首先要做到，为孩子树立一个好的榜样。从平时抓起，从点滴做起，让孩子们时时处处去体验。让他们学会去关心他人、热心公益、热爱集体、尊敬师长，使这些行为成为孩子们日常生活的一种习惯，把这些教育作为责任感培养过程中，由浅入深，由低到高，由表及里的阶梯。父母应该让孩子学会为自己的行为负责，以培养他们的责任感。要让孩子懂得，如果是自己办错了的事，就该自己负责任，从而

引以为戒，不犯或少犯类似错误。

思考敏于行

想要事情做得好，就必须善用你的头脑。人的一生，难免会经历许多困难和危险，假如在事前能有周密的思虑，想出万全的办法来加以防范，就可以化解很多麻烦。

犹太人认为，做任何事情，都要思考敏于行。他们也是这样教育其子女的。孩子们经常听家长讲下面这个故事。

有一户人家住着婆媳两人，儿子经常外出，很长时间才能回家一次。这个婆婆在家专横跋扈，经常对媳妇横挑鼻子竖挑眼，媳妇不能申辩，更不敢反抗，总是偷偷地伤心。幸亏隔壁有位好心的大妈，十分同情这位媳妇，常常安慰这位媳妇并暗中帮助她。一次，婆婆外出走亲戚，下午回到家里，忽然发现家里的肉少了。婆婆心里顿时来了气，她怎么想也觉得是媳妇偷吃了。于是不问青红皂白就劈头盖脸地骂起来："你这个好吃懒做的贱女人，我不在家你就无法无天了，竟敢在家偷吃东西！"媳妇觉得实在冤枉，忍不住说："老天爷在上，我偷没偷吃东西，他看得最清楚。"还没等媳妇说完，婆婆就气得要跳起来，她指着媳妇大声喊道："这还了得，敢顶撞我！算是我冤枉了你，我瞎了眼睛！我家养不起你这个媳妇了，你马上给我滚回你娘家去，我家不要你了！"就这样，婆婆把媳妇给休弃了。

媳妇无可奈何，只得服从婆婆的命令。她在回娘家之前，去向隔壁的大妈告别，哭着向大妈讲了这件事。大妈听了，很替这位媳妇难过，但大妈也知道那位婆婆的为人，如果现在马上去替媳妇解释，恐怕婆婆是不会听的。于是大妈安慰了媳妇一阵后，对她说："你先慢慢地走，我这就去想办法让你婆婆把你叫回来。"媳妇擦了擦眼泪，慢慢朝村外走去。

大妈待媳妇一走，马上在家里搜寻了一把乱麻，她将乱麻扎在一个小棍上做了一个火引子，然后到这个媳妇家里去找婆婆借火。婆婆问："现在不是做饭的时候，借火做什么？"大妈对婆婆说："我家的狗不知从哪里叼来一块肉，几条狗为争这块肉，互相咬得很凶，我想借个火回去治治它们。"婆婆一听，恍然大悟，肉原来是

被狗叼走了。她心里感到有几分愧疚。因此赶紧找来一个人，让他马上去追赶媳妇，把她接回来。

这则故事告诉我们，一个有心计的人，在解决人与人之间的矛盾纠纷时，必须讲究策略。要想弄明真相、息事宁人，既要抓住问题的症结，又不可急于求成。

从前，有一个人要过河，他穿了一套新衣服，腰上佩着一把宝剑，来到渡口，找到一个船夫替他撑船过河。船夫看他穿着新衣，以为他腰包里一定装了不少金银财宝，便想等船到河中央时，谋财害命。这个人坐在船尾，看船夫不住飘过来不怀好意的眼光，知道他心中有邪念，便故意叫着说："哎呀！好热哟！要不要我来帮你撑一会儿船？"说着，当着船夫的面，把身上的衣服一件件脱下来放在船板上。船夫看他放下衣服时，并没有钱币的声音，知道他身上没有财宝，便打消抢劫的坏主意了。

孩子的年龄小，在这个充满迷惑的世界里容易由于无知而受到伤害，因此在他们成长过程中需要与一些敏感的、有责任感的、了解他们的身心发展的成人在一起以获得安全，逐渐地一步一步学会做事。他们才能像故事中的这个人一样，机智地逃避生活中遇到的灾难。如果父母对孩子的控制太多，孩子将很难有机会发展独立性，他们会更多地依靠父母告诉他们该做什么、如何做以及什么时候做、怎么做。我们在生活中常常会看到一些孩子不管做什么事之前总是不能离开父母的眼神或指导，这样如何才能真正地敢于去尝试，掌握做事的技能呢？

古埃及有一位将军，曾经降服了一个叫科西亚的山贼做他的侍卫。科西亚力大无穷，可惜生性粗心大意，不大用头脑。这一天，将军骑马，科西亚步行，两人来到一片树荫下休息。见树下有一群蚂蚁在爬，将军便对科西亚说："科西亚，你打这些蚂蚁看看。"科西亚伸出拳头，第一次用力，地面凹进一块，蚂蚁却没事；再用力，痛得哇哇大叫，蚂蚁还是若无其事。科西亚眼见小小蚂蚁都打不死，急得满面通红。将军说："看我的。"只见他伸出食指，轻轻一揉，蚂蚁一下死了好几只。科西亚看得目瞪口呆，将军便对他说："有很大的勇气和力量，还要懂得运用谋略和智慧，只有这样才能做大事、成大器。"

这则故事告诉我们：做事情若靠蛮力，而不懂得运用技巧，效果就会大打折

扣。这就好比打棒球，你本来具有能打出全垒打的力气，但假如你不用心选球、不晓得用正确的姿势来挥棒的话，往往就会失误。

犹太人认为，人做事是需要勇气的，但在勇气之前更需要思考的智慧。通常，在婴幼儿时期，成人总是容易把自己放在发号施令的位置上，一会儿让孩子干这个，一会儿指使干那个。对孩子来说，玩什么、怎么玩似乎都被大人限制住了，孩子自身的主动性思考常常无从体现。因而父母在培养孩子做事能力之前最重要的在于训练孩子学会自己独立的思考。别看孩子年纪小，可是他们也有自己的思维能力和计划性。父母怎么在做事中培养孩子的自主思考呢？犹太家长是这样做的：

1. 分享孩子做事的快乐。良好的情绪情感是促进孩子智能发展的重要因素。与孩子分享做事的快乐能够使孩子经常处于正向的情绪中，并且增加他的做事热情和积极性。譬如当孩子即使做成一件很小的事时，爸爸妈妈都会真诚地邀请孩子展示一下，或者和孩子一起重新体验一遍他做事的过程，这种情绪将极大丰盈孩子做事的激情。

2. 父母要学会平衡自己的权威和孩子自主之间的关系。比如妈妈在洗衣服的时候，孩子也想凑凑热闹，在旁边转来转去，试图“浑水摸鱼”，这时妈妈不要怕麻烦或担心孩子弄湿衣服，可以拿一块小手巾给孩子，问孩子“手巾该怎么洗啊？”有意识地让孩子用行动或语言来展示一下，这样孩子就会细心观察、模仿学习、产生思考的兴趣。

3. 多鼓励孩子的探究行为。孩子的探究行为是一种主动的适应性行为。由于孩子在很小的时候就表现出内在兴趣，随着孩子年龄的增长，用于探索的时间逐渐延长，在这种情形下，妈妈千万不要急躁，急于让孩子做自己认为有用的活动，其实孩子此时正是处于发挥想象力、思维能力和创造力的时候。

可以说孩子在做事的过程中总是在无意识地深化自己对世界的认识，逐渐形成自己的一套经验和知识系统，并从中抽象出一定的规律和模式，进而增强自己的做事能力。所以，家长要培养孩子学会做事，还是要像犹太家长那样，从锻炼孩子学会思考开始吧！

积极进取，永不停留

“世间没有不能成功的事，只有不愿意走向成功的人。”不管是一个国家、一个民族、一个企业，或是个人，都应该具有积极进取，永不停留的精神，这样才能在时代发展的潮流中不被大浪淘沙，衰退落伍。

犹太人是颇具积极进取的精神的，他们无论在任何场合、任何环境、任何时间都能保持着寻求积极面的意识，这是犹太人成功的秘诀。他们对自己的子女也从小就灌输这种思想。当然，他们在正视积极面的过程中，并不是忽视否定面。恰恰相反，他们敢于面对现实，无所畏惧或自我陶醉。正因为犹太人具有的这种积极进取的精神，使他们遇到困难时总能设法把它转变为积极面，帮助自己克服困难。

有句名言：“人若不知足，既得陇复望蜀。”此话讲明人不是没有知足的极限，而是不断谋求更大的发展。确实，在人类发展的进程中，如果知足不前，那会有今天的高度文明的社会吗？

大财团罗思柴尔德是犹太商人的典型。罗思柴尔德的始祖名为梅耶·亚莫夏，少年当学徒的时候，由于积极进取、刻苦好学，自己开始经营古董商店，逐步积累资本。他利用欧洲工业革命的时机，把资金、情报及自己的智慧融合，纵横于英国、法国等欧洲各地进行紧俏货物的买卖，不惜斥下巨资开设银行，开展股票业务，投资矿业、铁路，甚至把自己5个儿子分散在法兰克福、巴黎、伦敦等5大城市开设公司，很快把罗思柴尔德家族办成一个跨国大财团。

类似罗思柴尔德的发财致富成功的犹太商人不胜枚举，在世界许多地方都有，如连锁先驱卢宾，报业奇才奥克斯，好莱坞老板高德温，沙逊跨国集团，金兹堡金融家，地产大王里治曼等等，均是凭着一双空手，靠积极进取精神，创立他们的企业的。

在科学技术方面，犹太人的伟大发明，也是举世闻名的。据历史记载，飞船的发明人是都柏林，但有人证实是犹太人大卫·舒华滋发明的。大卫·舒华滋自己建造飞船，经过数次试飞，在接近成功时，不幸猝死，因此，都柏林伯爵向舒华滋的未亡人买到了这一飞船的技术，完成了具体的飞行而一举成名。

发明飞机的莱特兄弟能够名扬世界，在其背后也是有一位犹太人奥多·利安达替他们开飞机促成的。发明直升机的，是犹太人亨利·斐纳。

据历史记载，发明有线电话者为葛拉汉·贝尔。但在贝尔发明成功的 1876 年之前 16 年，已经有犹太人试制成电话机，该电话机现在被收存在史密苏尼安博物馆。

此外，有近百名犹太人获得诺贝尔科学文艺奖，如前面讲的 20 世纪最伟大的科学家爱因斯坦，原子结构理论权威波尔，著名化学家赫维西，免疫学奠基人埃尔利希，“氢弹之父”特勒，化学名家赖希施泰因等等，举不胜举。

又如杰出文艺专家有：世界著名画师毕加索，音乐大师马勒，文学巨匠比亚利克，杰出女作家米林，魔术大师霍迪尼，还有众多的政坛上的大将名人等等。

犹太人中有那么多的出类拔萃的人物，很关键的一个原因，是他们形成一种积极进取的民族精神，自幼接受了“我一定要有所作为”的积极观念。由于犹太人从小就被培养了成功的信心，所以他们能够努力学习，应用本身所具有的潜力，把自己升高壮大。这种精神成为他们前进路上的“马达”，加速了他们的速度，增强了面对现实和排除困难的信心和力量。他们永远相信“世上无难事，只怕有心人。”

天生我材必有用

每个人都要树立正确的自我观念，正确对待自己、正确对待别人。摆正自己在集体中的位置，能在复杂变化的社会环境中，适时变换自己的角色，按照不同角色的不同要求，适时调整自己的行动。树立远大的理想和抱负、优良的敬业精神和事业心，努力建立良好的道德风范。从自己的实际出发，确定自己的奋斗目标。

在选美竞赛上，众人瞩目的总是亮丽鲜艳的面孔，婀娜多姿的体态。外表总是评选的主要决定因素，可是也有人相信内在气质的焕发才是选美最重要的条件，而且这样的理念也得到证实了，至少在美国小姐唐娜·亚松真身上，世人见识到内在美获得认同的实例。

唐娜出生在阿肯色斯的一个小镇上，她的青春期就像大多数的青少年一样，生涩、害羞，对自己的将来无所适从。那个时候她把自己想象成是只丑小鸭，而并不

是选美的皇后。可是唐娜有一些远比外在的美丽更要紧的特质，她的气质清新，风度稳健。从审美的角度来看，她是一块璞玉，稍加琢磨就能大放异彩。至少她相信是这样的。她决定要把自己的内在美表现出来。她去练习健美，学习仪态，然后报名参加一场选美比赛。虽然那一场比赛她没进入决赛，可是唐娜并没有灰心，接着她又参加了好几场比赛，直到参加第 16 场选美比赛的时候，她最终当选了阿肯色斯小姐，然后又成为美国小姐。以后她带着那一份同样自然芬芳的内在气质以及辛勤努力的工作踏入娱乐界。现在，她已经是一个相当出色的艺人了，并且拥有了自己的节目。

犹太人认为，要获得成功就必须正确认识自己。他们坚信“天生我材必有用”，并尽力把自身的潜力发挥到极限。在希腊帕尔纳索斯山南坡上的神殿门上面，写着这样一句话：“认识你自己。”古希腊哲学家苏格拉底最爱引用这句格言来教育别人。因此后世人们往往错误地认为这是他讲的话。当时，人们都认为这句格言是阿波罗神的神谕。犹太家长在平时的日常学习和生活当中也是这样教育孩子的。

自我意识，是人的个性心理结构中的核心成分，是对自己的认识、看法和态度。孩子的青春期，是自我意识发展较明显的时期。我们不能将青年的自我意识看成是个人主义，是“以我为中心”，必须正确地分析青年自我意况发展的问题。

爱因斯坦大学时的老师佩尔内教授有一次严肃地对他说：“你在工作中不缺少热心和好意，但是缺乏能力。你为什么不学习医学、不学习法律或哲学而要学习物理呢?”幸亏爱因斯坦能够正确认识自己，深知自己在理论物理学方面有足够的才能，没有听那个教授的话。否则，也许他就不会在物理科学方面取得这样非凡的成绩了，也许我们的物理科学就不会像今天这样了。

伦琴原来学的是工程科学，他在老师孔特的影响下，做了一些物理实验，逐渐体会到，这就是最适合自己干的行业，后来他果然就成了一个有成就的物理学家。

阿西莫夫是一个科普作家的同时也是一个自然科学家。一天上午，他坐在打字机前打字的时候，突然意识到“我不能成为一个第一流的科学家，却能够成为一个第一流的科普作家。”于是，他几乎把全部精力放在科普创作上，终于成了当代世界最著名的科普作家。

达尔文从小就对数学、医学呆头呆脑，但是一摸到动植物就灵光焕发。

英格兰最伟大的法学家厄斯金勋爵，在最初走上社会的时候，他先是在海军中服役四年，因为没有很快得到提升，后来他便转到了陆军部队。有一次，他所在的部队驻扎在某个小城镇，他无意间走进了一间审判室，在那里巡回审判正在开庭审判。审判长正好是他的一个熟人，叫他在后面的座位上就座。他听完了那些律师们的演讲，审判长告诉他，这些律师是法律界的佼佼者。厄斯金立刻意识到他也可以做得同样漂亮。从此以后，他就开始研究法律。后来，厄斯金爵士成为他那个时代最雄辩的律师，也是英国的首席司法官。

作为一个正常人，对自己做人的形象，对自己的身体外观、优点和缺点、品德和才能、过去和现状、特长和不足以至自己的价值和责任，总会有一定的认识。然而，自己对自己的这些认识是否符合自己的本来面目和实际情况，每个人都会出现许多差异。有些人看到自己很多问题，但却看不到自己的主要问题；有些人容易看到自己的优点和长处，而看不到自己的缺点和错误；也有些人看到自己的弱点和不足，却看不到自己的一点长处。可见人对自己的认识，也和自己对客观世界的认识一样，需要有一个了解和学习的过程，并不像镜子那样简单。

成功者有着非凡的能力去认识他们自己与周围环境的关系，去认识每天影响着自己生活的人和事。他们懂得“适应”是精神上和肉体上获得成功的钥匙。上面是犹太儿童常听家长讲的几个故事，孩子们从这些故事中能够逐渐体会到正确认识自己的重要性。那么如何让孩子准确地为自己定位呢？犹太家长认为，必须让孩子遵从以下几个规则。

首先，不能贪心。有很多人不能成功，或是在成功之后突然破产，原因都是因为太贪心。当然贪心不是唯一的因素，有一个很快可以测试出你是否过于贪心的方法。你只要问自己一个问题：假如我现在开始销售某些东西，我是不是不会留下任何东西给其他人？你应该要有肯定的答案。假如你顺利完成某项计划，你应该总是留一些东西与其他人分享。一定要记住，今日你需要或忽视的人，往往可能变成你明日的盟友。

其次，要能完全控制任何情况。你对自己要负完全的责任，而忽视这项责任，

不但自己无法达成目标，最后你更会变得没有能力帮助其他人。通常，当某个情形变得不可收拾，或计划即将失败时，我们就可能失去控制。其实，能完全控制局面是最重要的！它可以让你面临危机时，仍能从中获取经验，将危险化为机遇，而不是被危机所打倒。

再次，确认你自己就是人生目标的发起人。这不是说你必须要打先锋，但是，它的确意味着：你应该在所有事情的周期中，辨认出其中某个特别的机会，让你能够提供出与自己定位相关的信息或减轻所面临的问题。最重要的是，你必须认同改变的益处，准备好要做的改变，让自己成为一个控制中心。建立这个连作模式，并且将它当成是生活的一部分。只有这样，你的人生目标才可能正确定位。

最后，关于自我定位。必须切记的是：在这个复杂多变的世界上，将自己定位在一个你想要运作的位置上，不要太过于怀疑或过度小心——因为这些因素会让你麻木，让你充满恐惧或疑虑。这个世界充满了机会。所以我们只要遵循这个大方向，并给自己一个最完美的定位，那么就一定能够达到自己的人生目标。

你不比别人差

自卑，就是自己轻视自己，自己看不起自己。自卑是缺乏魅力的根源，也是衰老的催化剂。许多心理问题来自自卑情结。“通往成功的道路上，完全不必为‘自卑’而彷徨，只要把握好自己，成功的路就在脚下。”让孩子排除自卑心理，战胜自我、超越自我对孩子的成长发育也是至关重要的。

拿破仑的父亲是一个极其高傲但又很穷困的科西嘉贵族。但是他却把拿破仑送进了一个在布列讷的贵族学校。在这里与拿破仑往来的都是一些在他面前讥讽他穷苦，而极力夸耀自己富有的同学。这种讥讽行为，虽然引起了他的愤怒，但是他却无从选择，只能一筹莫展，屈服在威势之下。后来拿破仑实在受不了了，他写信给父亲，说道：“为了忍受这些外国孩子的嘲笑，我实在疲于解释我的贫困了，他们唯一高于我的便是金钱，而至于说到高尚的思想，他们是远在我之下的。难道我应当在这些富有高傲的人面前谦卑下去吗？”

“虽然我们没有钱，但是你必须在那里读书。”这是他父亲的回答。这使他在这

所学校忍受了5年的痛苦。但是每一种欺侮，每一种嘲笑，每一种轻视的态度，都使他增加了决心，他发誓要做给他们看看，他要告诉这些人，自己确实是高于他们的。他是如何做的呢？这当然不是一件容易的事。他一点也不空口自夸，他只在心里暗暗计划，决定利用这些没有头脑但却傲慢的人作为桥梁，去使自己得到富有、得到技能、得到名誉的地位。

等他到了部队的时候，他看见他的同伴们正在利用多余的时间赌博和追求女人。而他那不受人喜欢的身材使他决定改变方针，用埋头读书的方法，去努力跟这些人竞争。对他来讲，读书是和呼吸一样自由的。因为他可以不花钱在图书馆里借书读，这使他得到了很大的收获。他并不是以读书来消遣自己的烦恼，也不是读些没有意义的书，他读书是为了自己的理想和将来做准备。他下定决心要让全天下的人知道自己的才华。因此，在他选择图书时，也就是以这种决心作为选择的范围。平时他住在一个既小又闷的房间内。在这里，他脸无血色，而且沉闷、孤寂，但是他一点也不在乎这些，只是不停地读书。他经常将自己想象成是一个总司令。他将科西嘉岛的地图画出来，在地图上清楚地指出哪些地方应当布置防范，这些都是用数学的方法精确地计算出来的。因此，他的数学才能也因此获得了提高，这使他第一次有机会表现自己能做什么。

拿破仑的长官看见拿破仑的学问很好，便派他在操练场上执行一些工作，这是需要极其复杂的计算能力的。他的工作做得极好，于是长官又给了他新的机会，拿破仑慢慢地开始走上有权势的道路了。这时，一切情形都改变了。以前嘲笑他的人，现在都涌到他面前来，想分享一点他得的奖励金；从前轻视他的，现在都希望成为他的朋友；从前讽刺他的人，现在也都改为尊重他。现在，这些人都变成了拿破仑的忠心拥戴者。

可见，自卑的心理就是促使一个人在人生道路上常走下坡路，加速自身衰老的催化剂。因此，希望健康的人如果想要防止早衰，就应像拿破仑那样，摒弃自卑心理，客观地分析自我，认识自我，热爱自我，树立起生活的勇气。

犹太人认为，自卑心理严重的人，并不一定就是他本人具有某种缺陷或短处，而是常把自己放在一个低人一等的位置，不能容纳自己，自惭形秽，不被别人喜

欢，进而演绎成被别人看不起的位置，并由此陷入不可自拔的境地。他们经常给孩子们讲下面这个例子来教育他们不要自卑。

美国总统罗斯福是一个有缺陷的人，小时候是一个脆弱且胆小的学生。他在学校课堂上动不动就显露出一种惊惧的表情。他呼吸就好像喘大气一样。如果被喊起来背诵，他的嘴唇立即会颤动不已，双腿发抖，回答问题含含糊糊，吞吞吐吐，然后会颓然地坐下来。由于牙齿的暴露，难堪的境地使他更没有一个好的姿态。

虽然罗斯福有这方面的缺陷，但他却有一种积极奋斗的精神。事实上，正是这些缺陷才促使他更加努力奋斗。他没有因为同伴对他的嘲笑而气馁。他喘气的习惯变成了一种坚定的嘶声。他咬紧自己的牙床，用坚强的意志，使嘴唇不颤动而克服心里的惧怕。没有一个人能比罗斯福更了解自己，他清楚地知道自己身体上的种种缺陷。他从来不欺骗自己，也从不认为自己是勇敢、强壮的。但是他能用自己的行动来证明自己是可以克服先天的障碍而得到成功的。凡是他能够克服的缺点他便克服，不能克服的他便加以利用。通过演讲，他学会了如何利用一种假声，掩饰他不被人喜欢的姿态，以及他那无人不知的龅牙。虽然他的演讲中并不具有任何惊人之处，但他不因自己的姿态和声音而认为自己是失败的。他没有洪亮的声音或是威严的姿态，他也不像有些人那样具有惊人的辞令，然而在当时，他却是最有震撼力的演说家之一。

由于罗斯福没有在自己的缺陷面前消沉和退缩，而是全面、充分地认识自己。在意识到自我缺陷的同时，能做到不气馁，能正确地评价自己，在顽强之中抗争，甚至将它加以利用，将这些缺憾变为资本，变为扶梯而登上名誉巅峰。后来，到了罗斯福晚年的时候，很少有人知道他曾经有过这些严重的缺憾。

故事中的罗斯福克服了自身的困难及自卑心理，最终取得了成功。我们知道，自卑的人做事缺乏信心，没有自信，优柔寡断，毫无竞争意识，享受不到成功的喜悦和欢乐，因而感到疲劳，心灰意冷。他们终日郁郁寡欢，心情低沉，常常因害怕别人瞧不起自己而不愿与别人来往，只想与人疏远。他们缺少朋友，甚至内疚、自责和自罪。因此要时刻提醒自己：我能行！

曾长期担任菲律宾外长的罗慕洛穿上鞋时身高只有 1. 63 米。原先，他与其他

人一样，为自己的身高而自惭形秽。年轻时，他也穿过高跟鞋，但这种方法终令他不舒服，主要是精神上的不舒服。他感到自欺欺人，于是便把高跟鞋扔了。后来，在他的一生中，他的许多成就却与他的“矮”有关，也就是说，矮促使他成功。以至他说出这样的话：“但愿我生生世世都做矮子。”1935 年，大多数的美国人都不晓得罗慕洛是什么人。那时，他应邀到圣母大学接受荣誉学位，并且发表演讲。那天，高大的罗斯福总统也是演讲人，演讲结束后，罗斯福笑吟吟地怪罗慕洛“抢了美国总统的风头”。

更值得回味的是，1945 年，联合国在旧金山举行创立会议。罗慕洛以无足轻重的菲律宾代表团团长身份，应邀发表演说。讲台差不多和他一般高。等大家静下来，罗慕洛庄严地说出一句：“我们就把这个会场当作最后的战场吧。”这时，全场顿时寂然，接着爆发出一阵掌声。最后，他以“言辞和思想比枪炮更有力量、维护尊严……唯一牢不可破的防线是互助互谅的防线”结束演讲时，全场响起了雷鸣般的掌声。后来，他分析道：如果大个子说这番话，听众可能客客气气地鼓一下掌，但是菲律宾那时离独立还有一年，自己又是矮子，由他来讲，就有意想不到的效果。从那天开始，小小的菲律宾在联合国中就被各国当作资格十足的国家了。

罗慕洛

这件事以后，罗慕洛认为矮个子比高个子有着天赋的优势。矮子起初总被人轻视，等到后来有了表现，别人就觉得出乎意料，不由得佩服起来。在人们的心目中，平常的事一经他手，也就有了惊天破石的效果。身为“矮子”的罗慕洛的成功之处，就在于承认缺点，却又超越缺点，把它化为发展自己的机会。

罗慕洛由于不自卑，而且能够充分利用自己的缺点，使其转化为优点，取得了成功。我们知道，由于自卑的人大脑皮层长期处于抑制状态，中枢神经系统处于麻木状态，导致体内各器官的生理功能也不能得到充分的调动，不能发挥各自应有的作用；与此同时，他们的分泌系统的功能也因此失去常态，有害激素随之分泌增

多；免疫系统失去灵性，抗病能力下降，从而使人的生理过程发生改变，出现各种病症，如头痛、乏力、反应迟钝，记忆力减退，食欲不振，焦虑，性功能低下等等，这些表现也都是身体衰老的征兆。因此，要像罗慕洛那样，勇于战胜自卑心理。犹太人在这方面是这样教育孩子的。他们认为要让孩子克服自卑感，要做到如下几点：

1. 观察自己的自卑感是由什么原因造成的。你会发现原来自己的自我主义、胆怯心、忧虑及自认比不上他人的感觉小时候就已存在，而自己和家人、同学、朋友之间的摩擦往往是由自卑的消极心态造成的。若对此能有所了解，则你就等于已经踏出克服自卑感的第一步了。为了证明你不再是小孩，若能将小时候不愉快的记忆从内心清除，即表示你向前迈进了一步。通过辩证、全面地看待自身情况和外部评价，认识到人并不是神，不可能十全十美，也不可能全知全能这一现实。人的价值追求，主要体现在通过自身的努力达到力所能及的目标，而不是片面地追求完美无缺。对自己所遇到的挫折，无论什么时候都应该持理智的态度，既不能自欺欺人，也不能将其视为天塌地陷，而应该以积极的方式面对这些挫折，这样才会有效地消除自卑。

2. 用自己的行动证明自身的能力与价值。要看一个人有没有价值，用不着进行什么深奥的思考，也用不着问别人。原则就是，有人需要你，你就有价值；你能做事，你就有价值；你能做成多大的事，你就有多大的价值。因此，你可先选择一件自己较有把握也较有意义的事情去做，做成之后，再去找一个目标。这样，你就可以不断取得成功的喜悦，又在成功的喜悦中不断走向更高的目标。每一次成功都将弱化你的自卑感，强化你的自信心，一连串的成功则会使你的自信心趋于巩固。当你切切实实地感觉到自己能干成一些事情时，你还有什么理由怀疑自己的价值呢？

3. 全面了解自己，正确评价自己。不妨将自己的兴趣、嗜好、能力和特长全部列出来，哪怕是很细微的东西也不要忽略。然后再和其他同龄人做一比较。通过全面、辩证地看待自身情况和外部世界，认识到凡人都不可能十全十美，人的价值主要体现在通过自己的努力，达到力所能及的目标，对自己的弱项和遭到失败持理

智态度。既不能自欺欺人，又不看得过于严重，而是以积极态度应对现实，这样自卑便失去了温床。

4. 对自己的自卑进行心理分析。这种方法可在心理医生的帮助下进行。具体做法就是通过自由联想和对早期经历的回忆，分析找出导致自卑心态的深层原因。并让自己明白自卑情结是因为某些早期经历而形成的，并深入潜意识，一直影响着自己的心态，而实际上目前的自卑感是建立在虚幻的基础上的，与自己的现实情况无关，因而是没有必要的。这样就可以从根本上瓦解自卑情结。

5. 从另一个方面弥补自己的弱点。一个人有着多方面的才能，社会的需要和分工更是万象纷呈。一个人这方面有缺陷，便可从另一方面谋求发展。一个身材矮小或过于肥胖的人，可能当不成模特和仪仗队员，可是这世界上对身材没有苛刻要求的工作多的是。一个人只要有了积极心态，对自己扬长避短，将自己的某种缺陷转化为自强不息的推动力量，也许你的缺陷不但不会成为你的障碍，反而会成为你的福音。因为它会促使你更加专心地关注自己选择的发展方向，往往能促成你获得超出常人的发展，最终成为超越缺陷的卓越人士。这方面的著名事例数不胜数，如身短耳聋的贝多芬、下肢瘫痪的罗斯福、身材矮小的拿破仑、少年坎坷艰辛的巨商松下幸之助、王永庆、霍英东、曾宪梓，这些人要么有自身缺陷，要么有家庭缺陷，但他们都成了卓越人士，都从某个方面改变了世界。

6. 要勇敢地面对自己的恐惧。一定要记住，对自己绝不可放纵，应该正视自己的问题，从正面去试着解决问题。譬如你害怕在众人面前发表意见，就应多在大庭广众前与人交谈；如果你为了加薪问题想找上司谈判，但因心生胆怯，事情一拖再拖无法获得解决。那么你不妨一鼓作气走到上司面前，开门见山地要求加薪，相信结果一定比你想象的还好。因此，如果你现在心里有尚未完成而需要完成的事，切勿迟疑，赶快展开行动吧！

7. 转移注意力。一个人既不可能十全十美也不可能一无是处。不要老关注自己的弱项和失败，而应将注意力和精力转移到自己最感兴趣，也最擅长的事情上去，从中获得的乐趣与成就感将强化你的自信，驱散你自卑的阴影，缓解你的心理压力和紧张。

8. 投入各项活动。将注意力转移到自己感兴趣也最能体现自己价值的活动中去。可通过致力于书法、绘画、写作、制作、收藏等活动，从而淡化和缩小弱项在心理上的自卑阴影，缓解心理的压力和紧张。每当做好一件工作，你便能获得进一步的信心；而有了信心，又可为你带来物质上的报酬，使你获得别人的赞美，进而得到心理上的满足。这些连续美好的反应，是让你走上成功的推进器，使你爬得更高，看得更远，彻底发挥所长，并获得自己想要的事物。

9. 悦纳自己。每个人的成长经历不同，表现的风格也不一样，不可能存在唯一“好”的模式。在你身上的一些“问题”，其实可能就是你的特点，是构成你独特风格的一部分。学会接受自己，悦纳自己。因为这些特点是由许多方面的因素所形成的，它是难以完全改变的，也是没有必要改变的。相反，能保持整个个性协调，展示个人的风采，你的人生会变得更加美丽。

最后，通过自己的努力奋斗，用某一方面的突出成就来补偿自身生理上的缺陷或心理上的自卑感。有自卑感就是意识到了自己的弱点，就要设法予以补偿。强烈的自卑感，往往会促使人们在其他方面有超常的发展，这就是心理学上的“补偿作用”。通过补偿的方式扬长避短，把自卑感转化为自强不息的推动力量。家长们都应该有这个意识，像犹太家长那样让孩子克服自卑。

最丑陋的是自大

世界上有很多不美丽的东西，但是其中最丑陋的便是“自大”。

犹太人认为，当一个人自满自大时，就会失去一个人应有的谦虚以及改过向上的念头。自满自大的人很容易犯错。因此，《犹太法典》虽不认为自大是一种罪过，但却认为它是一种愚昧。有很多人总以为自己是世界的中心，但是周围的任何人却不可能那么重视自己，因此他厌恶别人的漠不关心，同时更为自己没有达到更高的目标而生气，于是就会产生过度的自我厌恶。在犹太人看来，这也是自大的一种。这种自我厌恶和虚荣心是互为表里的。

犹太人常说：“如果自己的内心已由自己占满，就再也不会有留给神住的地方了。”因此在犹太人中，在夸奖别人之前，绝不会夸奖自己。

犹太人告诫孩子们不可自大时，常引用《圣经·创世纪》做比喻：在《创世纪》中，神首先分开了光明和黑暗；再分割天空和地面；并将地面划分为水和陆；然后他开始创造生物；到了最后才创造人——亚当；因此，甚至连跳蚤都比人早到这个世界，所以人有什么了不起呢？就是在动物面前，也没有耀武扬威的资格。

同时，犹太人教育孩子要谦虚，谦虚是一种美德。因此《犹太法典》对谦虚有很严格的规定。告诫人们说："即使是一个贤人，只要他炫耀自己的知识，他就不如一个以无知为耻的愚者。"

中国古代也流传着一个有关做人要谦虚，不要狂妄自大的故事，相信很多人都知道。

从前，有个小国，国土面积极小，人口稀少、土地贫瘠，物产也极少。可是那个国家的国王却非常骄傲、自以为他所统治的国家是天下唯一的大国。有一次，一个国土面积大概是该国 10 倍的大国使臣访问该国。这位国王在和使臣谈话的时候，竟不知高低地说道："你国与我的国家比起来，究竟哪个大?"所以这个故事广为流传，用来比喻妄自尊大的人。

如上文中国王，自大者不知天多高，地多厚，也不知道山外有山，天外有天，盲目自高自大。

人的某种盲目性的产生，往往是因为他们对某种事物缺乏深刻的了解。人的高傲或者自卑，也是由于他们对自身缺乏一定的了解所致。实践证明，人们只有对自己有了透彻的了解，那他才会将自己置于恰当的位置，做到有自知之明。这里，如何认识自己的角色是很重要的。

不论是上司还是下属，既然都是人，那么他们都会有许多相同的地方。以男性为例，他们对爷奶来说是孙子，对爸妈来说是儿子，对妻子来说是丈夫，对儿女来说是爸爸，对哥姐来说是弟弟，对弟妹来说是哥哥等等。再以上司乘专车外出开会为例，此时上司和司机，一个是前去参加会议，一个是为了保证参加会议者能够及时到会，二人志同道合，可谓同志；第二天饭后，二人同逛商店，相互出主意购买各自喜欢的东西，彼此可互为参谋；晚上有文艺节目，司机非常想看，可上司却想和他下象棋，司机便成全了上司的意愿，二人可谓是朋友；上司在街上遇到歹徒的

纠缠，司机挺身而出，为其解除了麻烦，此时的司机可谓是上司的保镖，如此等等。类似以上角色，决不会以人的职务来划分。

上述事实说明，一个人的角色多种多样的，职务的角色仅是一个人众多角色中的一种。角色会随着时间、地点、条件的变化而变化，绝不可能固定在一种方式上。一个人，尤其是做上司的人，如果他能够认清这个问题的话，那么他就能够做到从事的事业也一定会顺利和成功。可以说，分析自己的多种角色是人们能够做到有自知之明的思想基础，离开了这个基础要想做到自知之明是不可能的。

“夜郎自大”者好大喜功，属于功劳型。这里的功劳型并非真正的功劳型，是专指那种自以为对某个领导成员的任命等帮过“大忙”的人，例如说些好话，拉了选票等等。这种人视野很狭窄，闭口不讲受命者的功绩和才干，看不到组织的力量，无视群众的作用，常常在人们面前借夸夸其谈以炫耀自己。因他也曾说些好话，拉过选票，所以就“居功自傲”，甚至使领导受之驾驭。一旦被驾驭，就可能会在工作的协调中失去平衡，先是在部属中，继而在领导成员中形成积怨，经常导致新的矛盾。功劳型的人将自己应享受的民主权利当作要挟领导的资本，一旦目的达不到，就会散布不满情绪，腐蚀领导班子的团结。

此外，法典还对自大的危险提出了警告：“金钱是自大的捷径，而自大是罪恶的捷径。”

犹太家长时常告诫孩子：不把内在显现给别人看的人，才是最聪明的人。不自大，也是犹太民族处世技巧之一。

不断地自我挑战

每个人成长的道路都不可能是一帆风顺的，但为什么有的人在不平一坦的人生道路上摘取了迷人的桂冠，而有的人却碌碌无为呢？成功者之所以取得了成功，就在于他们在人生的旅程中，选择了努力作为人生和生命的支点，直到登上了理想的高峰。

海伦刚出生的时候，是个正常的婴孩，能看、能听，也会咿呀学语。可是，一场疾病使她变成既盲又聋的小聋哑人，那时，小海伦刚刚 1 岁半。

这样的打击，对于小海伦来说无疑是巨大的。每当遇到稍不顺心的事，她便会乱敲乱打，野蛮地用双手抓食物塞入口里。若试图去纠正她，她就会在地上打滚，乱嚷乱叫，简直是个十恶不赦的“小暴君”。父母在绝望之余，只好将她送至波士顿的一所盲人学校，特别聘请沙莉文老师照顾她。

在老师的教导和关怀下，小海伦渐渐地变得坚强起来，在学习上十分努力。

一次，老师对她说：希腊诗人荷马也是一个盲人，但他没有对自己丧失信心，而是以刻苦努力的精神战胜了厄运，成为世界上最伟大的诗人。如果你想实现自己的追求，就要在你的心中牢牢地记住“努力”这个可以改变你一生的词，因为只要你选对了方向，而且努力地去拼搏，那么在这个世界上就没有比脚更高的山。

老师的话，犹如黑夜中的明灯，照亮了小海伦的心，她牢牢地记住了老师的话。

从那以后，小海伦在所有的事情上都比别人多付出了10倍的努力。

在她刚刚10岁的时候，名字就已传遍全美国，成为残疾人士的模范，一位真正的强者。

1893年5月8日，是海伦最开心的一天，这也是电话发明者贝尔博士值得纪念的一日。贝尔在这一日建立了著名的国际聋人教育基金会，而为会址奠基的正是13岁的小海伦。

若说小海伦没有自卑感，那是不正确的，也是不公正的。幸运的是她自小就在心底里树起了颠扑不灭的信心，完成了对自卑的超越。

小海伦成名后，并未因此而自满，她继续孜孜不倦地努力学习。1900年，这个年仅20岁，学习了指语法、凸字及发声，并通过这些方法获得超过常人知识的姑娘，进入了哈佛大学拉德克利夫学院学习。

她说出的第一句话是：“我已经不是哑巴了！”她发觉自己的努力没有白费，兴奋异常，不断地重复说：“我已经不是哑巴了！”

在她24岁的时候，作为世界上第一个受到大学教育的盲聋哑人，她以优异的成绩毕业于世界著名的哈佛大学。

海伦不仅学会了说话，还学会了用打字机著书和写稿。她虽然是位盲人，但读

过的书却比视力正常的人还多。而且，她写了7册书，她比正常人更会鉴赏音乐。

海伦的触觉极为敏锐，只需用手指头轻轻地放在对方的嘴唇上，就能知道对方在说什么；她把手放在钢琴、小提琴的木质部分，就能“鉴赏”音乐；她能以收音机和音箱的振动来辨明声音，还能够利用手指轻轻地碰触对方的喉咙来“听歌”。

如果你和海伦·凯勒握过手，5年后你们再见面握手时，她也能凭着握手认出你来，知道你是美丽的、强壮的、幽默的，或者是满腹牢骚的人。

这个克服了常人“无法克服”的残疾的人，其事迹在全世界引起了轰动。她大学毕业那年，人们在圣路易博览会上设立了“海伦·凯勒日”。

她始终对生命充满了信心，充满了热爱。

在第二次世界大战后，海伦·凯勒以一颗爱心在欧洲、亚洲、非洲各地巡回演讲，唤起了社会大众对身体残疾者的注意，被《大英百科全书》称颂为有史以来残疾人士最有成就的由弱而强者。

美国作家马克·吐温评价说：“19世纪中，最值得一提的人物是拿破仑和海伦·凯勒。”身受盲聋哑三重痛苦，却能克服残疾并向全世界投射出光明的海伦·凯勒，以及她的老师沙莉文女士的成功事迹，说明了什么问题呢？答案是很简单的：如果你在人生的道路上，选择信心与热爱以及努力作为支点，再高的山峰也会被踩在脚下，你就会攀登上生命之巅。

人生总有路可走

命运并非机遇，而是一种选择；我们不该期待命运的安排，必须凭自己的努力创造命运。

1967年夏天，美国跳水运动员乔妮·埃里克森在一次跳水事故中，身负重伤，除脖子以上，全身瘫痪。

乔妮哭了，她躺在病床上夜不能眠。她怎么也摆脱不了那场噩梦，为什么跳板会滑？为什么她会恰好在那时跳下？不论家里人怎样劝慰她、亲戚朋友们如何安慰她，她总认为命运对她实在不公。出院后，她叫家人把她推到跳水池旁。她注视着那蓝盈盈的水波，仰望那高高的跳台。她，再也不能站立在那洁白的跳板上了，那

蓝盈盈的水波再也不会溅起朵朵美丽的水花拥抱她了，她又掩面哭了起来。从此她被迫结束了自己的跳水生涯，离开了那条通向跳水冠军领奖台的路。

她曾经绝望过。但是，她拒绝了死神的召唤，开始冷静思索人生意义和生命的价值。

她借来许多介绍前人如何成才的书籍，一本一本认真地读了起来。她虽然双目健全，但读书也是很艰难的，只能靠嘴衔根小竹片去翻书，劳累、伤痛常常迫使她停下来。休息片刻后，她又坚持读下去。通过大量的阅读，她终于领悟到："我是残了，但许多人残了后，却在另外一条道路上获得了成功，他们有的成了作家，有的创造了盲文，有的创造出美妙的音乐，我为什么不能？"于是，她想到了自己中学时代曾喜欢画画。"我为什么不能在画画上有所成就呢？"这位纤弱的姑娘变得坚强起来了，变得自信起来了。她捡起了中学时代曾经用过的画笔，用嘴衔着，练习画画。

这是一个多么艰辛的过程啊。用嘴画画，她的家人连听也未曾听说过。

他们怕她不成功而伤心，纷纷劝阻她："乔妮，别那么死心眼了，哪有用嘴画画的，我们会养活你的。"可是，他们的话反而激起了她学画的决心，"我怎么能让家人养活我一辈子呢？"她更加刻苦了，常常累得头晕目眩，汗水把双眼弄得咸咸的，而且辣痛，有时委屈的泪水把画纸也弄湿了。为了积累素材，她还常常乘车外出，拜访艺术大师。多年过后，她的辛勤劳动没有白费，她的一幅风景油画在一次画展上展出后，得到了美术界的好评。

不知为什么，乔妮又想到要学文学。她的家人及朋友们又劝她了："乔妮，你绘画已经很不错了，还学什么文学，那会更苦了你自己的。"她是那么倔强、自信，她没有说话，她想起一家刊物曾向她约稿，要她谈谈自己学绘画的经过和感受，她用了很大力气，可稿子还是没有写成，这件事对她刺激太大了，她深感自己写作水平差，必须一步一个脚印地去学习。

这是一条满是荆棘的路，可是她仿佛看到艺术的桂冠在前面熠熠闪光，等待她去摘取。

是的，这是一个很美的梦，乔妮要圆这个梦。终于，这个美丽的梦成了现实。

1976年，她的自传《乔妮》出版了，轰动了文坛，她收到了数以万计的热情洋溢的信。两年后，她的《再前进一步》一书又问世了，该书以作者的亲身经历，告诉残疾人，应该怎样战胜病痛、立志成才。后来，这本书被搬上了银幕，影片的主角由她自己扮演，她成了千千万万个青年自强不息、奋斗不止的榜样。

坚持自己的选择

美丽的梦，不可因为小小的风浪而随意搁浅。许多时候，放下多余的东西，坚持自己的梦想，幸福都有希望完满。

每一个人都有各种各样的梦，但并非谁都能圆梦。

科尔和马克一起去医院看病，他们都是鼻子不舒服。在等待化验结果期间，科尔说如果是癌，立即去旅行。马克也表达了相同的意愿。

结果出来了，科尔得的是鼻癌，马克长的是鼻息肉，科尔留下了一张告别人生的计划表离开了医院，马克却住了下来，科尔的计划是：去一趟埃及和希腊，以金字塔为背影拍一张照片，在希腊参观一下苏格拉底雕像；读完莎士比亚的所有作品……

他在这生命的清单后面这样写道："我的一生有很多梦想，有的实现了，有的由于种种原因，没有实现。现在上帝给我的时间不多了，为了不遗憾地离开这个世界，我打算用生命的最后几年去实现剩下的愿望。"那一年，科尔辞掉了公司的职务，去了埃及和希腊。现在科尔正在实现他出一本书的夙愿。

一天，马克在报上看到科尔写的一篇有关生命的文章，于是打电话去问科尔的病情。科尔说："我真的无法想象，要不是这场病，我的生命该是多么的糟糕。是它提醒了我，去做自己想做的事，去实现自己想去实现的梦想。现在我才体味到什么是真正的生命和人生。你生活得也挺好吧？"

马克没有回答。他早把自己亲口说的去埃及和希腊的事放在脑后了。

人生在世，每个人最后都不可避免地走向生命的尽头，有的人走得快，有的人走得慢。而走得快的人，为了把自己未完的事情做完，不再让生命留下遗憾，反而活出了精彩的人生。而走得慢的人，总是想着自己还有足够的时间去实现自己的人

生目标，一拖再拖，直到最后仍然没有完成，碌碌无为地度过了自己平庸的一生。

想到更要做到

古希腊哲学家德谟克利特说：“一切都靠一张嘴来谈理想而丝毫不实干的人，是虚伪和假仁假义的。”唯有做到理想与行动二者合一，才有可能让梦境全部实现。

安妮是大学里艺术团的歌剧演员。在一次校际演讲比赛中，她向人们展示了一个最为璀璨的梦想：大学毕业后，先去欧洲旅游一年，然后要在纽约百老汇中成为一名优秀的主角。

当天下午，安妮的心理学老师找到她，尖锐地问了一句：“你今天去百老汇跟毕业后去有什么差别？”安妮仔细一想：“是呀，大学生活并不能帮我争取到去百老汇工作的机会。”于是，安妮决定一年以后就去百老汇闯荡。

这时，老师又冷不丁地问她：“你现在去跟一年以后去有什么不同？”安妮苦思冥想了一会儿，对老师说，她决定下学期就出发。老师紧追不舍地问：“你下学期去跟今天去，有什么不一样？”安妮有些晕眩了，想想那个金碧辉煌的舞台和那双在睡梦中萦绕不绝的红舞鞋，她终于决定下个月就前往百老汇。

老师乘胜追击地问：“一个月以后去跟今天去有什么不同？”安妮激动不已，她情不自禁地说：“好，给我一个星期的时间准备一下，我就出发。”老师步步紧逼：“所有的生活用品在百老汇都能买到，你一个星期以后去和今天去有什么差别？”

安妮终于双眼盈泪地说：“好，我明天就去。”老师赞许地点点头，说：“我已经帮你订好明天的机票了。”第二天，安妮就飞赴到全世界最巅峰的艺术殿堂——美国百老汇。当时，百老汇的制片人正在酝酿一部经典剧目，几百名各国艺术家前去应征主角。按当时的应聘步骤，是先挑出 10 个左右的候选人，然后，让他们每人按剧本的要求演绎一段主角的对白。这意味着要经过百里挑一的两轮艰苦角逐才能胜出。安妮到了纽约后，并没有急着去漂染头发、买靓衫，而是费尽周折从一个化妆师手里要到了将排的剧本。这以后的两天中，安妮闭门苦读，悄悄演练。正式面试那天，安妮是第 48 个出场的，当制片人要她说说自己的表演经历时，安妮粲然一笑，说：“我可以给您表演一段原来在学校排演的剧目吗？就一分钟。”制片人

首肯了，他不愿让这个热爱艺术的青年失望。而当制片人听到传进自己鼓膜里的声音，竟然是将要排演的剧目对白，而且，面前的这个姑娘感情如此真挚，表演如此惟妙惟肖时，他惊呆了！他马上通知工作人员结束面试，主角非安妮莫属。就这样，安妮来到纽约的第一天就顺利地进入了百老汇，穿上了她人生中的第一双红舞鞋。

开动你的脑筋

要相信自己的大脑，要信任你的智慧。任何问题都不会有山穷水尽之时，在能补救之前不必绝望，而要冷静寻找对策。

詹妮芙·帕克小姐是美国鼎鼎有名的女律师。她曾被自己的同行——老资格的律师马格雷先生愚弄过一次，但是，恰恰是这次愚弄使詹妮芙小姐名扬美国。

故事是这样的：

一位名叫康妮的小姐被美国“全国汽车公司”制造的一辆卡车撞倒，司机踩了刹车，卡车把康妮小姐卷入车下，导致康妮小姐被迫截去了四肢，骨盆也被碾碎。康妮小姐说不清楚自己是在冰上滑倒跌入车下还是被卡车卷入车下，马格雷先生则巧妙地利用了各种证据，推翻了当时几名目击者的证词，康妮小姐因此败诉。

伤心、绝望的康妮小姐向詹妮芙·帕克小姐求援。詹妮芙通过调查掌握了该汽车公司的产品近年来的 15 次车祸——原因完全相同，该汽车的制动系统有问题，急刹车时，车子后部会打转，把受害者卷入车底。

詹妮芙对马格雷说：“卡车制动装置有问题，你隐瞒了它。我希望汽车公司拿出 200 万美元来给那位姑娘，否则，我们将会提出控告。”

马格雷回答道：“好吧，不过我明天要去伦敦，1 个星期后回来，届时我们研究一下，做出适当安排。”

一个星期后，马格雷却没有露面。詹妮芙感到自己是上当了，但又不知道上了什么当，她的目光扫到了日历上——詹妮芙恍然大悟，诉讼时效已经到期了。詹妮芙怒气冲冲地给马格雷打了个电话，马格雷在电话中得意扬扬地放声大笑：“小姐，诉讼时效今天到期了，谁也不能控告我们了！希望你下一次变得聪明些！”

詹妮芙几乎要给气疯了，她问秘书："准备好这份案卷要多少时间？"

秘书回答："需要三四个小时。现在是下午 1 点钟，即使我们用最快的速度草拟好文件，再找到一家律师事务所，由他们草拟出一份新文件交到法院，那也来不及了。"

"时间！时间！该死的时间！"詹妮芙急得在屋中团团转。突然，一道灵光在她的脑海中闪现——"全国汽车公司" 在美国各地都有分公司，为什么不把起诉地点往西移呢？隔 1 个时区就差 1 个小时啊！

位于太平洋上的夏威夷在西十区，与纽约时间相差整整 5 个小时！对，就在夏威夷起诉！

詹妮芙赢得了至关重要的几个小时，她以雄辩的事实、催人泪下的语言，使陪审团的成员们大为感动。陪审团一致裁决：詹妮芙胜诉，"全国汽车公司" 赔偿康妮小姐 600 万美元损失费！

超越自我

超越别人的人，不能算真正的超越；超越从前的自己，才是真正的超越。（《塔木德》）

《塔木德》上记载：超越别人，不能算真正的超越；超越从前的自己，才是真正的超越。在犹太人看来，人有两个生命，一是父母给的，二是自己赋予自己生命的实质。赋予自己生命的实质，只能依靠创造力，而旧有习性却束缚创造力。要获取创造力只能自己凭意志和毅力超越这种旧习性。

犹太人有一则故事教导人们要去超越自己。

有一对父子俩都是拉比。父亲性格温和，考虑周到；而儿子却孤僻、傲慢，所以他一直没有成功。

有一天，儿子对父亲抱怨。老拉比说：

"我的孩子，作为拉比我们之间的区别是：当有人向我请教律法上的问题时，我给他回答。他提的问题以及我的回答，我的提问人和我都满意。但是若有人问你问题，则双方都不满意——你的提问人不满意是因为你说他的问题不是问题；你不

满意是因为你不能给他一个答案。所以，你不能怪别人而必须放下架子鼓励自己，才能成功。”

“父亲，你是说我必须超越自己？”

“是的，”父亲回答，“超越从前自我的人，才是真正成功的人。”

道理很简单，如果勤劳自勉，借以超越自己，那么总有一天，就会自然而然地超越别人。人一定要把握住自己的内在动力，超越自己，才能不断地鞭策自己前进。

若想超越自我，就要打破现有的状态，敢于向未知的领域挺进，具有冒险精神，正如犹太科学家爱因斯坦所说：“人必经常思考新事物，否则和机器没什么两样。”

犹太人认为，超越自己的事情一天都不能放松，尽量地学不同的事物，将它们组合起来，才会有新的智慧和洞察力，这些不同的事物相互影响之后，往往会有许多新的创见。每个人都有与生俱来的创造力，只是有些人通过坚持不懈地学习，把它发挥了出来，更多的人则因为懈怠让这种才能荒废掉了。

美国著名影星保罗·纽曼是一位犹太人。因为善于适应环境，活用自己身上的天赋，不断超越自我，在演员和商人两重身份间出入自如，从而“财”“艺”双收。

保罗·纽曼有杰出的演艺才能和先天的强健体魄，在银幕上成为男性美的化身。他拍摄了许多影片，如1956年的《上帝喜欢我》，1958年的《漫长炎热的夏季》《热铁皮屋顶上的猫》，1960年的《阳台上》《成功》等，其中有不少影片获得好评，他曾先后5次被提名为奥斯卡金像奖最佳男主角。在他60岁那年第六次被提名时，终于摘取了奥斯卡金像奖最佳男主角的桂冠。保罗·纽曼除了有高超的演技外，还是一个出色的导演，他曾导演拍摄过5部电影，也执导过电视剧。他导演的《雷切尔》获得了很大的成功。

这位出生于美国俄亥俄州克利夫兰的犹太人，父亲是一家体育用品商店的小老板，小时候喜欢运动，故长得一副好身材。他的母亲是位音乐戏剧爱好者，小保罗受母亲的影响，也喜欢音乐戏剧。当他上大学时，常参加学生的娱乐活动，有时还

登台演出自编自演的小剧目。这样，无形中练就了他的表演技能。

1982 年，保罗·纽曼向一位作家朋友提出自己想开发一种拌面条用的酱汁，这种酱汁是保罗自己在厨房做菜时调配的。

两人一谈即合，同意各出资 50 万美元开发这种产品，取名为“保罗·纽曼面汁”，生产这种面汁的企业亦取名为“保罗·纽曼公司”。公司创办之初，使用最便宜的家具和工具，但他们却使用最好的原料和最佳的配方，以确保面汁质量。产品推向市场后，各地超级市场不断要求补充货源，他们不得不雇请工人扩大生产，仅仅经营了一个月，就纯赚 4 万美元。

第一炮打响以后，“保罗·纽曼面汁”的销量开始月月增加，合伙投资的 100 万美元本金，在开业的几个月就收回了。到开业一周年时，公司的纯利润达 1200 万美元，到第六年，该公司已成为一个大企业，被喻为“食品王国”。

保罗·纽曼无论在台前演戏，还是在幕后经商，都显示出了超凡的能力。不断超越自己使他在演艺界和商界齐头并进，成了一个名利双收的富豪明星。

保罗·纽曼从商人到演员直到天王巨星，再从天王巨星到企业家，再到食品大王，他的人生之路告诉人们，只有不断超越自我，不断让自己在新的生活和环境中去迎接挑战，才能保持住不灭的创造力，才能最大限度地发掘自己的潜力。

十四、犹太人的创新教育

创造力所带来的成果

表面上看来，在玩具行业工作很有趣，但实际并不是那么回事。因为这里面的竞争非常激烈，要想用好玩而又新颖的玩具吸引孩子的目光很困难。而且，就算你有了什么绝妙的点子，也会被别的厂家盯上、模仿。所以，在这里面要不断有创意和创新。

而美泰公司就是一家不断推陈出新的玩具公司，我们可以从其品牌的发展上看

出这一点。

美泰公司是美国玩具最大的厂商，年销售量占市场销售总额的 19%，于 1939 年由汉德勒夫妇创立。后来，为了扩大产品范围，汉德勒夫妇与原来生产木框、洋娃娃和其他玩具的梅森联合了起来。

1955 年，美泰公司推出一种大受欢迎的产品——冲锋枪，公司业务开始突飞猛进。1956 年，汉德勒太太在瑞士商店的橱窗里，看到一个叫莉莉的洋娃娃后，就提出一个构想——销售有明显胸部曲线的洋娃娃。在当时的美国，小孩子的洋娃娃没有明显的胸部曲线。在 20 世纪 50 年代末期的保守风气中，汉德勒夫妇推出强大的营销攻势，宣传芭比可以让小女孩做好准备，成为真正的淑女，教导她们如何穿衣服和化妆。否则的话，芭比一定会被视为伤风败俗的玩意儿。芭比是根据汉德勒夫妇的女儿命名的，后来又增加了芭比的朋友肯恩，是根据他们的儿子命名的。芭比娃娃就此诞生。

美泰继续努力，开发出“幸运轮”，也为迪斯尼公司开发新玩具。1963 年美泰公司买下费舍尔-普莱斯公司。美泰一位首席执行官说，基本型玩具是世界各地小孩普遍欢迎的东西，小女生喜欢梳头发，喜欢换衣服；小男生喜欢看着汽车在桌上跑，喜欢好人和坏人之间的战斗。

1966 年，美泰公司又把注意力放在了孩之宝公司身上。孩之宝公司是在美国仅次于美泰的另一家玩具公司，其营业额仅在美泰公司之下，而其创意也不容忽视。起初双方的并购谈判很友好，孩之宝公司的董事长哈辛菲尔德非常赞同。他说，这样会成立一家营业额 60 亿到 70 亿美元的“巨无霸”，而且再也不会互挖墙脚，而是共同对付其他公司。然而，孩之宝公司因为财务和反托拉斯方面的疑虑，拒绝了美泰公司强势作为的收购建议，并购案很快变成恶意收购。美泰公司在意识到不能赢得收购案之后，决心放弃，但是在整个收购过程中，美泰也有一定的收获。1997 年，他们买下当时的第三大玩具厂商泰可玩具公司，因为这家公司拥有火柴盒和芝麻街玩具。

1997 年，犹太后裔巴拉德成了美泰公司董事长兼首席执行官。她是 1998 年“财富五百强公司”中仅有的两位女性公司领袖之一。事实上，“《财富》美国 1000

大公司”中的七位女性首席执行官中，有三位犹太人。

巴拉德从皇后学院毕业后，在化妆品工业中担任过一些重要职务。1981 年被美泰公司聘请，负责芭比娃娃品牌。公司内部人士认为，她的决心和精力可以与公司创始人汉德勒太太媲美。由于她大胆泼辣、积极进取的作风，一位老板曾经告诉她，说她不应该“假装什么都知道”，断言她“应该晋升不了多高的职务”。然而，他的预言显然错了，巴拉德一路晋升，在她的领导下，芭比娃娃的业务从两亿美元，提高到了 17 亿美元。

虽然在 1999 年，为了扩大美泰公司的业务，巴拉德开始涉足教育电脑软件，并购学习公司，以至于造成了巨大的经济损失，同时巴拉德也不得不引咎辞职，但是这并不妨碍美泰成了当今世界最大的玩具厂商。

培养孩子的创造力

如果一个人没有创新意识，就没有创新的行动力，没有创新的行动力，就没有知识和智慧的爆发，那么这个人就只能平凡和平庸。

所以，不妨像给电脑上安装软件一样，给大脑也安装一个创新程序。只要安装完毕，就可以自主地按照指令运行。这无异于一次彻头彻尾的创新洗脑运动，又何愁没有创新的意识和本领？

犹太人的确很有钱，他们是用事实证明了这一点。在全球最有钱的企业家中，犹太人所占据的比例竟达到了一半。在《福布斯》富豪榜前 40 名中，犹太人有 8 名。而从 20 世纪起，犹太人包揽了诺贝尔奖的 1/5。

这是为什么呢？

下面的犹太家教场景可以反映出这个问题：

孩子放学了，犹太父母问：“你又提问了吗？”因为提问可以引发一个人思考，为创新提供出路，所以犹太父母在教育孩子时特别注重孩子的提问问题。不仅如此，他们还会让孩子自己提问，自己解决。

如果一个孩子上课注意力不集中，犹太父母首先会观察，最后很可能去认同并鼓励孩子的“异样”行为，他们认为这是孩子好奇并富有想象力的表现。

犹太父母认为一般的学习仅仅是一种模仿，而没有任何的创新，当一个人能够提问时，才说明他能思考，能质疑。

犹太人注重创新，在他们看来，创造力是人一生中最重要的能力。正是基于这样的认识，犹太人创新思维发展得尤其好，所以，诺贝尔奖也纷至沓来。正如美籍犹太人赫伯特·布朗在回答为什么犹太人获诺贝尔奖比例这么高的问题时所说的："这些完全得益于对孩子的良好教育，特别是对创新意识的培养。"

其实，强调学习，本身不是什么坏事，但强调学习并不意味着要让学习抢了风头，完全成为机械式学习，否则，得到的是漂亮分数，牺牲的是孩子的创新潜质！

犹太人中之所以有很多诺贝尔奖的好苗子，就在于成人把孩子从压抑、机械的状态中解放出来，给孩子的大脑里安装了一个创新程序。一个人只有脑袋里想着创新，支配自己的行动去创新，才能为自己的人生创造出很多意料之外的东西。

那么，这个创新程序究竟要怎样来安装呢？我们不妨学习一下犹太人的做法：

首先，激发孩子的好奇心。犹太父母经常给孩子出谜语，让孩子猜，并给予适当的暗示；故事讲了一半，故意停下来，孩子自然很想知道答案，并询问结果，这时犹太父母就会跟孩子一起讨论大概会出现的结果，让孩子的思维能力和想象力得到锻炼。

其次，鼓励孩子多思考，提出问题。每个孩子都会对世界充满好奇，喜欢问"为什么"，想了解这个奇妙世界的本来面目。如果成人对孩子的各种疑问表现出一种不以为然的姿态，那么就会逐渐扼杀孩子的这种求知的冲动。因此，父母如果能够有意识地引导、保护好孩子的好奇心，鼓励孩子积极思考，对孩子的提问表现出自己的兴趣，与孩子一起思考，去寻找未知的答案，那么孩子提出问题的这个欲望就会不断地增强。

再次，鼓励孩子动手创新，让孩子根据自己的想法做出新颖的东西来。犹太人认为，创造力要落实到实践上，让孩子根据自己的想法，尝试着动手，就可以让孩子的创造力得到很好的发挥。

孩子的想象力是非常重要的

如果你的孩子的头脑里总是有一些奇思妙想，那么你就要为你的孩子感到高兴了！因为这表明你的孩子是一个想象力非常丰富的孩子。因此，千万不要简单粗暴地阻止他“胡思乱想”，否则，会扼杀他的想象力。

有一个经常潜心研读《犹太法典》的女孩子，她除了有着丰富的想象力之外，与别人相比，并没有什么不同，平常的父母，平常的相貌，上的也是平常的大学。

大学的宽松环境让她有了更多的时间去想象，她的脑海中常会出现童话中的情景：穿着白衣裙的美丽姑娘、蔚蓝的天空、绿绿的草地，当然，还有巫婆和魔鬼……这些情景之间有着许多离奇的故事，她常常动手把这些想法写下来，并且乐此不疲。

在大学里，她爱上了一个男孩，他的举止和言谈真的和童话里一样。他是她想象中的“白马王子”，她很爱他。但是，他却受不了她脑海中那些荒唐不切实际的想法。她会在约会的时候，突然讲述一个刚刚想到的童话。但是他却烦透了这样的远离人间烟火的故事，于是就对她说：“你已经 23 岁了，但你看来永远都长不大。”他弃她而去。

失恋的打击并没有停止她的梦想和写作。25 岁那年，她带着一些淡淡的忧伤和改变生活环境的想法，来到了她向往的具有浪漫色彩的葡萄牙。在那里，她很快找到了一份英语教师的工作，业余时间她继续写她的童话。

一位青年记者很快走进了她的生活，青年记者幽默、风趣而且才华横溢。她爱上了他，并且很快步入了婚姻的殿堂。

但她的奇思异想还是让他苦不堪言，他开始和其他姑娘来往。不久，他们的婚姻走到了尽头，他留给她一个女儿。

于是，她又经受了生命中最沉重的一击。祸不单行的是离婚不久，她又被学校解聘了，无法在葡萄牙立足的她只得回到了自己的故乡，靠领取社会救济金和亲友的资助生活。

但她还是没有停止她的写作，现在她的要求很低，只是把这些童话故事讲给女

儿听。

有一次，她在英格兰乘地铁，她坐在冰冷的椅子上等晚点的地铁到来，一个人物造型突然涌上心头。回到家，她铺开稿纸，多年的生活阅历让她的灵感和创作热情一发不可收拾。

她的长篇童话《哈利·波特》问世了，并不看好这本书的出版商出版了这本书。没想到，这本书一上市就畅销全国，销量达到了数百万之巨，所有人都为此感到吃惊。

她叫乔安妮·凯瑟琳·罗琳，居“英国在职妇女收入榜”之首，2010 年被英国著名杂志编辑评为英国最有影响力的女性，她的影响力甚至比英国女王伊丽莎白二世还要大。

由此可见，想象力的作用是非常巨大的，其价值不仅在于让人插上想象的翅膀在天空中遨游。所以，当孩子的脑海里出现一些奇思妙想的时候，家长们不可再简单地斥之为荒唐，而应该加以鼓励才是。

给想象力以自由的空间呼吸

抱怨孩子的作文总是像一潭死水，毫无声色？抱怨孩子的想象力像沙漠上的庄稼一般不争气？抱怨孩子的思维总是循规蹈矩？

先停止抱怨，看一下我们对孩子的教育吧！面对孩子丰富而天马行空的想象力，我们常常会把它们扼杀在狭窄的空间里。如果没有了空间，自然就没有了呼吸，没有了呼吸，想象力自然也就没了生命力！

“妈妈，你说手表里什么能转呢？它那么小，肚子里还能装东西吗？”

“什么乱七八糟的东西，想这些你能多考几分吗？快去学习！”

……

“弯弯的月亮像什么？”

“像扁豆！”

……

“你这孩子，脑袋里想的不知道都是什么东西！弯弯的月亮当然像小船了！”

“来，我教你画画，先画一条线，这是地平线，然后再画长方形，这是高楼……”

很多家长都对孩子的想象力匮乏忧心忡忡，殊不知主要原因来源于家长。因为家长的脑袋里总是拴着“分数”和“标准答案”这两根绳子，而只要这两根绳子系着，孩子的想象力就很难发展。

任何时候，学习都是关系人生的大事，所以，所有的时间都应该拿来为学习服务，除了升学、考试，是不可以有其他乱七八糟的想法的。为了答题，为了得分不管是家长还是孩子，一定得追求标准答案。如果家长带着这样的教育理念，用这种标准化答案的教育方式教育孩子，就会剥夺孩子畅想的机会和时间，以及孩子的想象空间，最后将孩子的想象力残忍地扼杀掉。

家长们没有意识到，短期目标达成了，却以摧毁孩子身上最重要的东西——想象力为代价！没有想象力的人是一个体会不到乐趣的人，没有想象力的民族是一个没有创造力的、可悲的民族！

家长们没有意识到对想象力的扼杀其实就是在我们的教育中进行的！父母的教育实际上成了孩子想象力和创造力发展的隐形杀手，只有家长彻底地根除这样的意识，进而在行为上严格注意，才能真正地培养起孩子的创造力！

爱因斯坦曾说过：“想象力比知识更重要，因为知识是有限的，而想象力概括着世界上的一切，推动着社会进步。”严格地说，想象力是科学研究中的重要因素，在现实社会中，没有想象力，就没有新的发明与创造，就无法解决生产和生活中的新问题，人类社会就无法前进。

犹太教育家向来都不主张用要求、标准等来束缚孩子，因为这样孩子的头脑就会被这些无形的东西紧紧地捆住，不能自由地想象，不能自主地探求知识。犹太教育家还反对家长对于孩子在想象力上的嘲笑和讽刺，希望那些认为孩子幼稚的家长尽可能地保护孩子的想象力，这也是对他们创新精神的培养！

让孩子学会独立思考

为什么诺贝尔奖只有少数人能够获得？其实，答案很简单，当所有人的脑袋想

的都是一个方向，所有人都想着常规，最后又怎能突破呢？道理大家都明白，可还是有很多人照样进了大众思考的圈子。

但犹太人就并非如此，他们懂得独立思考。

大家都知道“希伯来”这个词，在犹太人的语言中，它的原义是“站在对岸”，也就是站在隔一条河的地方，或是与别人不同的地方。每一个人都要去找这么一个地方站着，才能立足于社会。这种理念不但使犹太人亮出了独立思考的姿势，也成了犹太人智慧和财富的法宝。

犹太人倡导独立思考，著名的科学家爱因斯坦就是这方面的典型。在他看来，搞科学要敢于蔑视权威，敢于提出自己的创见，具有“独立精神”和“创新精神”。

纵观犹太人的历史，我们可以从中看到许多成就显赫的名人、伟人，而恰巧这些人都是善于独立思考的人。他们这些人都能从司空见惯的现象中发现问题，并大胆地追求，直至最终有所建树。

犹太人思维的独立性表现为善于独立地提出问题、分析问题、解决问题，还有不迷信权威，不人云亦云。

19 至 20 世纪，德国物理学家普朗克在攻克热力学研究的难题——黑体辐射问题的过程中，遭遇了多次失败。他的老师劝他说：“物理学是一门已完成了的科学，因此继续研究是不会有多大成果的。”虽然内心非常敬爱老师，但普朗克还是坚持自己的想法，也不甘心受“终止”观点的束缚。他认为，物理学远没有完成，于是继续研究，终于在 1900 年发表了能用量子概念导出黑体辐射的公式的论文。

不但普朗克具有独立思考的精神和品质，很多犹太科学家都是如此，比如爱因斯坦。

一次，爱因斯坦的老师海因里希·韦贝尔对他说：“你是一个十分聪明的小伙子，可是你有一个毛病，就是你什么都不愿让人告诉。”

海因里希·韦贝尔老师说的“毛病”正是爱因斯坦可贵的优点——思维品质的独立性。也正是由于他的这个“缺点”，使得他后来敢于突破牛顿力学，建立相对论，对世界做出了划时代意义的卓越贡献。

独立思考，并不是为了标新立异，也不是为了哗众取宠，而是为了形成独特的思想体系和在平凡中发现并解决问题。如果一个人总是附和他人，没有独立思考的能力，那么他的一生注定是平庸的。

因此，父母们在教育自己孩子的过程中，要创造各种条件，以此来鼓励自己的孩子学会独立思考。如果你的孩子独立思考的能力差，那就要想办法提高他的这个意识和能力了。

培养孩子怀疑一切的习惯

凯瑞是以色列人，凯瑞的丈夫是美国一家公司驻以色列的代表，经常在以色列与美国之间往来。凯瑞自己带着儿子拉米尔在美国生活，独立承担了抚育孩子的重任。

一天，拉米尔从幼儿园放学刚回到家，凯瑞就问拉米尔：“今天你提问了吗？”拉米尔连连点头。

“那么，你都问了什么呢？”凯瑞继续问他。

拉米尔开始复述他今天一天中所提的问题，经计算，竟然有二三十个之多。

凯瑞满意地点了点头。

原来，几乎每个犹太人在他们很小的时候，都被自己的长辈提问过。凯瑞在小的时候，她的爸爸就这样问过她：“为什么今天与其他的日子有所不同？”刚开始时，她认为今天和昨天、明天没有什么不同。爸爸没有责备她，而是让她每天都问别人十个她不懂的问题，假如没有一个人能够回答她，也就只好自己去找出答案。

“这没什么，”凯瑞说，“几乎每个犹太家庭的孩子都是在提问中长大的。”

现实中，犹太人崇尚创新，认为学习应该以思考为基础。他们在学习的过程中敢于怀疑，并有不耻发问的精神，如此一来，自己所积累的知识自然而然也就越来越多了。这些全都在于他们小时候父母的培养，这是每一个家长值得学习的地方。

孩子的创造性就如一粒种子一样，它需要有一定的环境，包括土壤、气候、灌溉、施肥培养，才能发芽、生根、开花、结果。因此，父母要为培养孩子的创造性提供良好环境。犹太人拉赫塞比拉说，要培养孩子的创造性，父母就要帮助孩子摆

脱那些陈规陋习的束缚，培养孩子的独立思考能力，让孩子在此基础上自由发展。而提问和怀疑就是培养孩子独立思考能力的最好方法。提问和好的答案同样重要。如果你的问题提得出人意料，那么，通常答案也是非常深刻的。

如果人没有好奇心，他就不会发生什么怀疑；同样没有怀疑也就没有思考，没有思考就没有答案。所有的疑惑和怀疑，都可通过行动予以终止。所以，无论多大的迷惑和怀疑，最后都要寻求答案予以解答。

古代拉比认为，培养孩子怀疑一切的习惯，就是顺应孩子对世界事物的好奇心，而好奇心是孩子探究世界的心理动因，满足了孩子的好奇心有助于对孩子想象力的培养。好奇心是创新的源泉，是孩子想象力的动力。伟大的科学家爱因斯坦说："想象力比知识更重要，因为知识是有限的，而想象力包括世界的一切，是无限的，想象力是科学研究中的最重要因素。"

所以，在提问中长大的孩子，他们的创造力也就比较强。这是为什么呢？

或许，我们可以从下面这个故事中找到答案。

英国著名物理学家瑞利小的时候很爱琢磨。一天家里来了客人，母亲端茶出来招待客人，由于碟子很光滑，茶杯在上面滑动了一下，使茶泼出来一点洒在了碟子上，于是茶杯就不再滑动了。

这本来是一件很平常的小事，但却引起了瑞利的思考："为什么开始时茶杯很容易滑动，而当母亲洒了点热茶在碟子上后，却纹丝不动了呢？这太有趣了，我一定要弄清楚这到底是为什么。"经过反复的试验和分析，他得出了这样的结论：茶杯和碟子表面总有一些油腻，使它们之间的摩擦力减小，所以容易滑动，等洒上热茶之后，油腻就被溶解，摩擦加大，所以不容易滑动了。接着，他又开始研究油在固体摩擦中的作用，提出了润滑油能够减小摩擦力的理论。后来，润滑油被广泛应用于汽车制造等各个行业，而瑞利也因此获得了诺贝尔奖。

其实，每个孩子天生就是一个发问家。对于一个儿童来说，整个世界就是由一个个问号构成的。因此，为人父母者要做的就是启发孩子敢于怀疑，敢于发问。人没有理由对什么事情都确信无疑。怀疑一旦开始，疑点便会愈来愈多，循着怀疑的线索去追寻答案，进而就会找出答案来。每一个真正的天才，都是"问题猎手"。

因为即便是一个貌似平常的小事，如果不断将“为什么”问下去，说不定就能找到一座“金矿”。

所以，父母不仅要鼓励孩子提问题，而且对孩子所提出的问题，首先要做的就是热情、耐心地倾听；其次，对孩子提出的问题，不要急着给出答案，而要给双方留出思考的时间和空间，让孩子自己也认真地想一想，最后给出简明、易于理解的答案。如果作为家长能够在回答孩子的问题之后，顺着孩子的问题再提出一些新的相关问题，那么，这就会更有利于孩子的思维能力的发展。

解决问题不能只用常规办法

想打开一扇锁着的门，用什么最好呢？相信很多人会不假思索地回答：“当然用钥匙了！”

但是如果没有钥匙怎么办？相信除了一些爱思索、爱动脑的人，很多人也会脱口而出这么一句话：“没有钥匙怎么开门？”并且，再也想不出办法来了。

当一个人把自己套在没有钥匙就不能开门这样的思维里时，那么他就永远只知道拿着钥匙开门了。

在日新月异的社会中，墨守成规要不得，否则，面临的也许不仅仅是将机会和利益拱手相让，也是一次又一次的失败……

很多父母总是把自己套在常规思维里，教育也变得常规，使孩子也变成了只知道抱着老办法解决问题的一群人！

“说一说春天是什么样子？”

“春天来了，草变绿了，河里的冰融化了，燕子飞回来了……”

为什么不能打破常规思维，换一种方式来描写呢？比如下面的描写方式就非常新颖。

“春天踮着脚尖轻盈盈、静悄悄地来了，你看，水中映着湛蓝的天，小草跑到了画纸上，美美地都是绿哩！人们的眼睛里闪过燕子的翅膀，天地的乐章上还有青蛙快乐饱满的鸣叫声，它在呼唤它的宝贝吧……”

孩子遇到难题，来问家长：“爸爸，这道题我不会！”

“翻翻书看看例题，不是有公式吗？”

但是为什么只想着用书上的公式来套住孩子？为什么不跟孩子说：“书上的解法也不是固定的，只要你觉得这个方法合理，有据可依，就可以采用，不需要受公式的约束。”

教给孩子固有的东西，不如训练他有一个特别的脑袋。这个特别的脑袋可以打破常规思维，可以创新，这才是取之不尽的法宝！犹太人就深谙此理。

《塔木德》上有一句著名的话是：“开锁不能总用钥匙，解决问题不能总靠常规的方法。”

有一个犹太富翁，他有两个儿子。儿子渐渐大了，他开始苦苦思考让哪个儿子继承遗产的问题。

想起自己白手起家的青年时代，富翁忽然灵机一动，找到了考验他们的好办法。他锁上宅门，把两个儿子带到一百里外的一座城市里，然后给他们出了个难题，谁答得好，就让谁继承遗产。

富翁交给他们一人一串钥匙、一匹快马，看他们谁先回到家，并且把宅门打开。

兄弟两个几乎同时回到家，但面对紧锁的大门，两个人都犯了难。

哥哥左试右试，始终无法从那一大串钥匙中找到最合适的那把；而弟弟则苦于没有钥匙，因为他刚才光顾着赶路，钥匙不知什么时候掉在了路上。因此，兄弟两个都急得团团转，满头大汗。

突然，弟弟灵光一闪，他捡来一块石头，几下子就把锁砸开，并且顺利地进去了。

最后，继承权自然落在了弟弟手里。

在犹太人看来，人生的大门往往是没有钥匙的，在命运的关键时刻，人最需要的不是墨守成规的钥匙，而是一块砸碎障碍的石头！

这就是犹太人的智慧，他们懂得打破常规思维，而不是固守传统。这对于我们教育孩子，也是一个极大的启发。

教育孩子学会转换思维

人的大脑是需要经常性地更换角度进行思考的。因为这样可以让你在你自认为走进一条死胡同的时候，有“柳暗花明”的机会。

犹太经典《塔木德》里记录了这样一个故事：

一个人在一个漆黑的夜晚独自外出，忽然看见前方有一线光亮。走近一看，对面原来是一个提着灯笼的人。但仔细一看，那人却是一个盲人。

这个人心里非常疑惑，于是就问盲人：“你提着灯也看不见东西，这不是多此一举吗？”

盲人说：“我点灯是为了让你们看到我！”

多聪明的犹太人！对他而言，不管是黑夜还是白天，走路都是一样的，但是对于常人而言，却有很大的差别，他们无法像白天那样在黑夜里看清东西。盲人黑夜点灯其实是为了让每一个相遇者都能看清自己，从而减少自己挨撞的可能性。

这就体现了思维的转换，正是犹太人智慧的一大体现。这种智慧是犹太人从两千多年的流散经历中提炼出来的，其价值和意义从犹太人的发展史上能得到淋漓尽致的展现！

作为一个弱小的民族，这种智慧显然为犹太人提供了保护。正是靠着“盲人点灯”的智慧，犹太人才得以让别人看到自己的价值，从而在艰难中求得生存。这种智慧看似多此一举，实际上有着丰富的内涵。在犹太教育中，犹太父母就经常用“盲人点灯”的故事来告诉孩子转换思维的重要性。

但是，现实生活中却有很多人对此不屑一顾，认为没有必要对此进行教育，这其实是错误而又狭隘的做法。我们的教育也要懂得转换思维，这样才能为孩子自己解决问题提供方法，为创造性思维的发展提供帮助。

举一个例子，你的孩子参加智力抢答，考官给出了这样三道题：

1. 如果说4是8的一半，还有谁是8的一半？

2. 国王为挑选继承人，给两个儿子出了道难题：“给你们两匹马，白马给老大，黄马给老二，你们骑马去清泉边饮水，后到者胜。”怎样才能取胜？

3. 一位商人想寻求代理人，而前来应试的人都不能令他满意，他听说民间有位经商奇才，就亲自去拜访，结果却让他失望。他找到那位奇才时，那人正对着对面一家商店叫骂，原因是同样的商品，对方的价格更低，因而抢了他的生意。商人摇摇头，遗憾地走了。可是不过三天，商人又回来了，并带来了聘书。为什么？

答案很简单：

1. 0是8的一半，因为8是由两个“0”上下相叠而成的；3是8的一半，因为将8竖着分为两半，就变成了正反相对的两个“3”。

2. 只要骑着对方的马冲到前面就可以了。

3. 道理很简单，两家商店都是那“奇才”开的。

这些问题的答案里面就运用了转换思维法。

我们都知道，摆脱固有的思维模式是创造性思维的起点。在日常的生活和学习中，只有当孩子学会转换思维的角度，才能更好地看到问题情境之间的关系，才能更有效地发现创造性的问题解决之道。

所以，我们不妨教会孩子用新的眼光来重新认识身边一些习以为常的事物。孩子一旦习惯于这种思维过程，当再次遇到不熟悉的问题时，他就会想到用不同的思维方式来为自己遇到的新挑战、新情境或新问题寻找解决方案。

告诉孩子没有标准的答案

很久以前，以色列国立大学教授卡兰得拉接到他的同事的一个电话，问卡兰得拉是否愿意为一个试题的评分做鉴定人。因为同事想给他的一个学生答的一道物理题打零分，而他的学生则声称应该得满分。这位学生认为这种测验制度不对，他一定要争取满分。为此，老师和学生都同意将这件事委托给一个公平无私的仲裁人，而卡兰得拉被选中了……

卡兰得拉来到他同事的办公室，并阅读了这道试题。试题是：“试说明怎么能够用一个气压计测定一栋高楼的高度。”

学生的答案是：“把气压计拿到高楼顶部，用一根长绳子系住气压计，然后把气压计从楼顶向楼下坠，一直坠到地面为止。然后把气压计拉上楼顶，测量绳子放

下的长度。而绳子的长度即为楼的高度。”

这是一个有趣的答案，但是这学生应该获得称赞吗？卡兰得拉指出，这位学生应该得到高度评价，因为他的答案完全正确。另一方面，如果高度评价这个学生，就应该给他物理课程的考试打高分；而高分就证明这个学生知道一些物理学知识，但他的回答又不能证明这一点……

为了解决这个难题，卡兰得拉让这个学生用六分钟时间回答同一个问题，但必须在回答中表现出他懂得的一些物理学知识。学生思索了一下，在最后一分钟里赶忙写出了他的答案。答案是：“把气压计拿到楼顶，让它斜靠在屋顶的边缘处。让气压计从屋顶落下，用秒表记下它落下的时间，根据落下的距离等于重力加速度乘下落时间的平方的一半，算出建筑物的高度。”

看了这答案之后，卡兰得拉问他的同事是否让步。同事让步了，于是卡兰得拉给了这个学生几乎是最高的评价。正当卡兰得拉要离开他同事的办公室时，突然想起那位同学说他还有另外一个答案。于是卡兰得拉问是什么样的答案。

学生回答说：“利用气压计测出一个建筑的高度有许多办法。例如，你可以在有太阳的日子在楼顶记下气压计的高度和它影子的长度，再测出建筑物影子的长度，就可以利用简单的比例关系，算出建筑物的高度。”

“很好，”卡兰得拉说，“还有什么答案？”

“有呀，”那个学生说，“还有一个你会喜欢的最基本的测量方法。你拿着气压计，从一楼登梯而上，当你登楼时，记下气压计上的水银高度，登上楼顶，再记录一次，这样你可以用气压计显示的气压变化得到这栋楼的高度。这个方法最直截了当。

“当然，如果你还想得到更精确的答案，你可以用一根线的一端系住气压计，让它像一个摆那样摆动，然后测出街面和楼顶的 g 值（重力加速度）。通过两个 g 值之差，在原则上就可以算出楼顶高度。”

最后他又说：“如果不限制我用物理学方法回答这个问题，还有许多其他方法。例如，你拿上气压计走到楼房底层，敲管理人员的门。当管理人员应声时，你对他说下面一句话：‘亲爱的管理员先生，我有一个很漂亮的气压计。如果您能告诉我

这栋楼的高度，我将把这个气压计送给您……’”

《塔木德》上说：“问题的解决方法往往不止一种，没有必要把自己的思维固定在某一点上。”开放性的思维远比一些所谓的标准答案更值得我们的赞赏！因为你会发现，你原来并不需要待在狭小的屋里，只要推开那扇门，你的面前本有一片广袤的天地。

所以，在孩子解答学习和生活中的问题时，作为家长，不妨提醒孩子一下，可以用多种方法寻找答案。这样，孩子就会发现，答案不是只有一种。

十五、犹太人的启蒙教育

劳动教育从两岁开始

无论孩子是聪明早慧还是大器晚成，他们所取得的成绩都和环境有直接的关系，他们所受的教育也与个人今后是否勤奋努力有着密切的联系。因此，有意识地培养孩子的劳动习惯，对于今后的发展也是大有裨益的。

犹太人认为，只有精明和勤奋的人才能有所建树，因此他们把培养孩子爱劳动作为孩子全面发展的一种重要手段，当作早期幼儿教育的重要组成部分。他们利用幼儿期这个人类身心发展的重要阶段，对他们进行早期劳动教育，让他们在轻松愉快、多种多样的劳动中获得全面发展。他们让孩子从小就“自己能做的事情自己做”，增强他们动手做事克服困难的信心和能力，培养他们的独立意识。随着孩子年龄的增长，犹太父母还会培养他们为大家做事的良好意识。

一个犹太家长这样讲道：

“我有七个孩子，家里条件很优越，但为了给孩子更多机会学习各种劳动技能，每年我都要在夏季带孩子到山里去住一段时间，让他们过山里人的生活：喂牛、砍柴、挖水渠、给牛建围栏、给马洗澡。我每天要给他们布置劳动任务，每个人分配不同的工作，让大一点的孩子挖水渠、建牛栏，让小一点的孩子照顾比他更小的孩

子，这样做的目的是让他们在自己工作的范围内去发现问题，去解决问题，学会并懂得如何战胜困难。孩子们从山里回来多了许多生活经验，认识了各种植物，他们比其他孩子知道得多，还会把山里劳动学会的技巧和解决问题的方法用到学习中去。还有重要的一点就是孩子不怕吃苦了。我的七个孩子都已读完大学工作了，从他们的成长看，我认为我带他们在山里生活的经历对他们有着积极的影响。”

随着孩子年龄的增长，父母应该培养他们为大家做事的良好意识，这样既可以促使孩子神经系统、骨骼、肌肉及各部分器官都得到锻炼，同时也培养了良好的社会公德。所以，要利用幼儿期这个身心发展的重要阶段，对他们进行早期劳动教育，让他们在轻松愉快、多种多样的劳动中获得全面发展。

犹太父母重视早期劳动教育通常有以下三个层面：

首先，固定劳动岗位。给孩子确定一个长期固定的劳动岗位，如洗碗、铺自己的床等，并规定具体的标准，完成得好给予一定的奖励。有意逃避劳动的，与孩子交谈，了解其心理状况，视具体情况加以解决。

其次，随时教授孩子劳动技能。孩子做事常常会越帮越忙，比如洗碗反而打破了碗等，这时不应责备，更不要由此叫停，而应教给他一些技巧。

再次，选择劳动岗位应有的放矢。这里有两个原则值得借鉴：一是“推进”，孩子有哪方面的长处，可以为他选择相关联的劳动内容。如孩子喜欢看母亲做菜，家长可以让孩子试试手。二是“弥补”，孩子有哪方面弱点，则可以选择一些对他弱点进行锻炼的劳动内容。如孩子胆小羞涩，就可以安排让孩子上街购物等。

犹太人认为，无论孩子是聪明早慧还是大器晚成，他们所取得的成绩都和环境有直接的影响，他们所受的教育也与个人是否勤奋努力都有着密切的联系。因此，有意识地培养孩子的劳动习惯，对于今后的发展也是大有裨益的。

不要为孩子代劳

在孩子劳动过程中，父母不要为孩子代劳。父母代劳会增长孩子的惰性。

犹太拉比朱丹拉说，勤劳工作与学习《律法书》一样会收到相同的效果，因为辛勤工作和学习都会把邪念逐出头脑。

如果父母与孩子一同做家务，不但可以培养技能，还可以与孩子在劳动之中进行交流，让情感的纽带更加牢固。

家长在给孩子安排家务时，要尽量安排孩子能独立完成的工作，或一两件家长与孩子共同来完成的工作。

在给孩子安排家务事之前，要征求孩子意见，让孩子做愿意做的事。只要有可能，就对孩子的主动精神给予鼓励与夸奖。

如果你的孩子想做某件事，而你认为这件事超出了孩子的能力，你可以把这件事分成几部分，然后让孩子去完成其中某一部分。当孩子在劳动中的能力增强时，可以把这件事完整地交给孩子做。

在孩子劳动过程中，父母不要为孩子代劳，父母代劳会增长孩子的惰性。比如，如果孩子没有将垃圾袋子倒掉，那就让垃圾袋子待在垃圾筐中好了，直到孩子把这些垃圾收拾干净。

犹太拉比朱丹拉还说，那些艺术工匠们，他们白天黑夜地雕刻那些宝石，小心翼翼地设计图样，通宵达旦创作出栩栩如生的雕像，这就是劳动。正是劳动创造了这个世界，让这个世界变得如此美丽。

众所周知，劳动可以分为脑力劳动与体力劳动，这两者是相互促进的。那么，如何让孩子在进行劳动训练的同时得到脑力训练。怎样让孩子成为一个全面发展的人呢？

这是许多父母面临的问题。在生活中有不少这样的孩子，他们什么都不怕，就是怕上学——这就是厌学，这就是没有让孩子养成脑力劳动的习惯。

造成孩子厌学的原因很多，其中最主要的原因是家庭原因，家庭应该给孩子提供一个能充分发挥潜能的环境。

改变孩子厌学情绪的方法很多，比较常用的是培养孩子的兴趣。在肯定孩子的优势、优点的基础上，要充分鼓励孩子发挥自己的优点、长处，突出优势，通过培养孩子的兴趣，使孩子看到自己的能力，进而树立学习的信心。孩子有了学习兴趣，他才会主动、持久地进行学习。

兴趣是求知的动力，而且是发展孩子求知欲的基础。求知是一个复杂的心理过

程，需要敏锐的观察、感知，丰富的想象能力与灵活和牢固的记忆能力，还需要坚韧的毅力等，这些都是需要从劳动中得到培养与发展的。

让孩子亲手尝试

孩子的成长过程也是认知的过程，大人的经验固然对孩子的成长有很大的帮助，但孩子的亲自尝试要比大人的教诲深刻得多。即使孩子在亲身体会的过程中犯错误，我们也要允许他们犯错误。

鼓励孩子勇于尝试，让孩子不断提升自我，犹太父母经常强调这一点。

父母是孩子最早的教师，父母的言传身教对孩子的影响非常大。但很多父母在教育孩子时，往往只是直接灌输自己的过往经验，代替孩子回答问题，而不是启发孩子，让孩子在亲身实践中得出自己的答案。

犹太人经常给孩子们讲这个故事。

18 世纪下半叶，本杰明·韦斯特在英国画坛的杰出表现被称为艺术奇才的“横空出世”。这位英国皇家学院的院长，一生的作品除少数宗教、神话题材的以外，绝大多数是描绘英国在殖民北美洲时期的一些历史题材。他被英王乔治三世奉为上宾，雷诺兹爵士称他为最值得尊敬的怪物。本杰明·韦斯特 1738 年 10 月出生于美国，不到 20 岁就已经是纽约市颇有名气的肖像画家了。

关于自己的成功，韦斯特宣称是母亲的一个吻才使他有了后来的成就。本杰明·韦斯特的母亲年轻时叫萨拉·皮尔森，是一个贵格会信徒的女儿，她嫁给了一个贵格会信徒韦斯特之后就一直定居在宾夕法尼亚州的印第安人居住地。他们共有十个孩子，本杰明·韦斯特是十个孩子中的老小。韦斯特的家庭很清贫，十个孩子的大家庭的重担几乎都压在了萨拉一个人的身上。

1745 年，本杰明·韦斯特 7 岁。这年夏天的一天，母亲让本杰明去照看亲戚家的一个婴儿，让他用扇子赶走婴儿脸上的苍蝇。那天中午，在本杰明的细心呵护下，婴儿慢慢地进入了梦乡。小本杰明·韦斯特被熟睡着的婴儿的异常美丽吸引住了。他用手在扇子上比画着，好像要画下婴儿美丽的脸庞，这一切被母亲萨拉捕捉到了。“你想画下宝宝的脸吗？”萨拉微笑着问本杰明。

“我不会画画，我画不出。”本杰明说。

“可是你不画怎么知道你画不出呢？”萨拉指着桌子上的一红一蓝两瓶墨水说，“你试试。”母亲说完便走了。

本杰明拿出一张纸，打开墨水瓶，画了起来。过了好一会儿，画是画好了。可是他的脸上、衣服上都沾了很多的墨水，桌子上也是一片狼藉。他担心母亲看到这个脏乱的局面的话他可能会挨骂。哪知母亲走来后，用她特有的慈爱目光看了一眼那张画，声音颤抖着惊叫起来：“哦，天哪，这简直就是小萨莉的照片啊！”然后她搂着本杰明的脖子，亲吻了他一下，并且说，“总有一天你会成为一个伟大的艺术家。”

孩子的成长过程也是认知的过程，大人的经验固然对孩子的成长有很大的帮助，但孩子的亲自尝试要比大人的教诲深刻得多。即使孩子在亲身体会的过程中犯错误，我们也要允许他们犯错误。因为他们有能力去犯错误，也同样有能力改正自己的错误，在犯错误中得到正确的答案，那是最珍贵的。本杰明·韦斯特母亲的做法就很值得我们学习。

孩子在日常的学习和生活当中会有许许多多的疑问。做家长的要意识到疑问是孩子求知的动力。犹太家长在孩子有了疑问的时候，先不忙着给孩子正确的答案，他们会因势利导，让孩子在疑问中探求事情的真相，借此启发孩子的探求欲望，这样，孩子的分析问题能力和解决问题能力将会得到加强。

每位父母都应该像犹太家长那样，鼓励孩子勇于尝试，让孩子不断提升自我。

让孩子按自己的意愿去读书

让孩子不要对书籍望而生畏，让孩子随着自己的意愿去读书，这是读书最为重要的原则。只有这样，读书才能给孩子的日常生活带来无穷的喜悦。

犹太人家教中，有一个极为有意思的经验。他们引导孩子自由阅读，这就填补了他们学习时间中的一个空白。

在犹太父母看来，孩子的阅读方式并不重要。幼儿杂志、少儿杂志也能够成为孩子的主要读物，也能为孩子提供一个良好的学习习惯，尽管它们不具有小说一样

的“实质性内容”。

能够让孩子轻松阅读的书籍有童话故事、探险之类的小说，这些书可能让孩子着迷。不过这些书仍旧需要父母来分析和判断。

以色列著名社会心理学家科治博士提出了孩子阅读的六种方法，这既可倍增孩子的学习能力，也能让孩子养成阅读习惯。这六种方法是：

不要让孩子长时间对着书本，每日温习一段时间，只要持之以恒，比长时间苦读更加有效。

吃饱后不要让孩子阅读，因为饭后血液会流向胃部帮助消化，脑部的血液便相对减少，如果此时勉强阅读，会让孩子头昏脑涨。

寻找孩子的“生物钟”，有些孩子早上特别精神，有的孩子晚上才能够集中精力，父母要帮助孩子选择这段时间全力学习。

孩子阅读时，不要靠近喧哗的地方，不要边听音乐边阅读，尽可能找一个宁静的地方阅读，不然就会心有杂念，学习起来事倍功半。

孩子学习新课题时，尽量用自己的文字演绎里面的知识或理论，先别理会一些专有名词，到完全理解和熟悉之后，再背熟这些名词。

尽量让孩子一次学习或是温习一个课题，例如要背熟一首诗，最好是全篇背诵，避免逐句逐段去记。

生活中有很多不会读书的人，这种人虽然有求知的欲望，却不能随心所欲地阅读，因为他们不了解读书的诀窍。一般不会读书的人，他们手中有一本书时，总是从第一页的第一行，一个字一个字地读下去。然而，有些书籍的前几页或者是前面的一部分，大多是枯燥乏味的，因此，这种阅读总是让人大失所望。

父母可以这样来辅导孩子阅读：

如果一本书的前几页不能让孩子感兴趣，就不要让孩子去从头到尾地阅读。因为阅读完全是因孩子自己内心有所企求才读的，即使这本书是自己所喜欢的，也未必从头到尾都合乎孩子的要求。当然有些必读书除外。

有些有深度的文章或者诗，必须要求孩子一字一句地去阅读。

讨论一个问题或是某篇评论类的文章，如果孩子没有兴趣，就不要让孩子硬着

头皮逐字逐句去读。有些书籍厚达几百页，可真正所要说的东西只占几十页，如果读二三十页就可以了解作者的论点，就不需要去阅读那些冗长无味地叙述了。

有些书籍，只需要孩子阅读序言就可以了解该书的主题和作者的态度，那么就不必阅读全文。

有些书籍可以先浏览目录，选择有趣的部分来读。

真正的读书，并非按部就班地读那些铅字，而是把握自己所需要的部分，跳过自己所不需要的部分。不要让孩子认为“读书就得记忆，若不记忆，不能算是读书”，这种念头会让孩子视读书为畏途。凡是孩子专心阅读的书籍，即使未能记住，也能让孩子在精神上得到有益的汲取。对于读书感到索然无味的孩子，往往是未能找到他自己所需要的书，或者说是盲目地听从了社会的批评或是相信书店的广告。

让孩子不要对书籍望而生畏，让孩子随着自己的意愿去读书，这就是读书最为重要的原则。只有这样，读书才能给孩子的日常生活带来无穷的喜悦。

外语学习越早越好

为了在生意场上更深一步了解对手，达到知己知彼的目的，犹太人特别强调用外语思考。秉持着这个想法，他们在对孩子进行早期教育时，很注意培养孩子的语言能力。

随着社会的进步，科学技术的不断更新，人类生产力的高度发展，国与国之间的交往不断深入，人类对信息量的需求在不断加强。这种发展和变化将引发世界范围内人们的接触和流动加强，使地球变得越来越小。然而，使不同民族和国家的人们进行相互交往、相互接触成为可能的首要条件，便是语言。

犹太商人被认为是掌握语言的天才，他们普遍懂得两门以上的语言，在与外国人打交道时显得自信、从容而又反应准确。为了在生意场上更深一步了解对手，达到知己知彼的目的，犹太人特别强调用外语思考。秉持着这个想法，他们在对孩子进行早期教育时，很注意孩子的语言能力。

其实学好外语不仅是犹太人的要求，也是世界上许多有识之士对孩子教育的共识。

现代生理心理学、脑科学研究表明，0 到 6 岁不仅是儿童学习母语的关键期，更是儿童学习第二语言的最佳时期。如果过了这个最佳时期，那么学习第二语言就要相对困难得多。赖特和拉姆齐等人对接触第二语言的 6 岁组和 13 岁组儿童分别进行了实验研究，结果表明，年幼组儿童中，有 68%的孩子的口音被认为“酷似说本族语的人”，而在年龄较大一组中这样的儿童只占 7%。

多思考更安全

孩子的年龄小，在这个充满迷惑的世界里容易由于无知而受到伤害，因此在他们成长过程中需要与一些敏感的、有责任感的、了解他们的身心发展的成人在一起，才能机智地逃避生活中遇到的灾难。如果父母对孩子的控制太多，孩子将很难有机会发展独立性，他们会更多地依靠父母告诉他们该做什么、如何做以及什么时候做、怎么做。我们在生活中常常会看到一些孩子不管做什么事之前，总是不能离开父母的眼神或指导，这样怎么能真正地敢于尝试，掌握做事的技能呢？

通常，在婴幼儿时期，成人总是容易把自己放在发号施令的位置上，一会儿让孩子干这个，一会儿指使干那个。对孩子来说，玩什么、怎么玩似乎都被大人限制住了，孩子自身的主动性思考常常无从体现。因而父母在培养孩子做事能力之前，最重要的在于训练孩子学会自己独立地思考。父母怎样在做事中培养孩子的自主思考呢？犹太家长的做法值得借鉴：

一、分享孩子做事的快乐。良好的情绪情感是促进孩子智能发展的重要因素，与孩子分享做事的快乐，能够使孩子经常处于正常的情绪中，并且增加他做事的热情和积极性。譬如当孩子即使做成一件很小的事时，爸爸妈妈都会真诚地邀请孩子展示一下，或者和孩子一起重新体验一遍他做事的过程，这种情绪将极大提高孩子做事的激情。

二、父母要学会平衡自己的权威和孩子自主之间的关系。比如妈妈在洗衣服的时候，孩子也想凑凑热闹，在旁边转来转去，试图“浑水摸鱼”，这时妈妈不要怕麻烦或担心孩子弄湿衣服，可以拿一块小手巾给孩子，问孩子，手巾该怎么洗啊？有意识地让孩子用行动或语言来展示一下，这样孩子就会细心观察、模仿学习、产

生思考的兴趣。

三、多鼓励孩子的探究行为。孩子的探究行为是一种主动的适应性行为。由于孩子在很小的时候就表现出内在兴趣，随着孩子年龄的增长，用于探索的时间逐渐延长，在这种情形下，妈妈千万不要急于让孩子做家长自己认为有用的活动。其实孩子此时正是处于发挥想象力、思维能力和创造力的时候。

孩子在做事的过程中总是在无意识地深化自己对世界的认识，逐渐形成自己的一套经验和知识系统，并从中抽象出一定的规律和模式，进而增强自己的做事能力。所以，家长为了培养孩子学会做事，要像犹太家长那样，从锻炼孩子学会思考开始。

好习惯从整理玩具开始

不要让孩子一次拿出很多玩具，要让他养成整理好一个再拿下一个的习惯。这样教育孩子，他最后的整理工作就会变得很轻松。

今天的孩子都有很多玩具。作为父母，在两岁以前，就要让孩子养成整理自己身边东西的习惯。

为了培养孩子养成这个习惯，父母要在孩子够得着的地方做一个整理架，让孩子自己把容易收藏的玩具放在架子上。在做整理架时，还应该给架子贴上蓝、黄、红、绿等颜色的纸带，以规定孩子放置各种玩具。父母也可以在玩具上贴上颜色，比如贴有红色纸带的玩具，就让孩子收藏在有红色纸带的架子上。

这样的结果是，两岁左右的孩子即能将玩过的玩具好好整理一番。

不要让孩子一次拿出很多玩具，要让他养成整理好一个再拿下一个的习惯。这样教育孩子，他最后的整理工作就会变得很轻松。

这种习惯的养成，最初需要用命令的方式，父母要有一些强制性的指导，孩子才能养成这种习惯。

孩子如果养成了自己收拾玩具的习惯，他长大以后的生活就会井然有序。

小事学生存　大事练能力

让孩子在小事上学习生存，在大事上才能有能力解决。

在很多家庭中，孩子们脱下衣服，自己从不收拾。

教育家们认为这样的习惯非常不好。针对孩子这个习惯，犹太母亲蕊切是这样让孩子改掉这个毛病的。

她说："如果孩子自己不收拾好衣服，就让它一直放到第二天，我也不收拾，并且绝不拿新衣服给她穿。如果她晚上把衣服折叠好，我就时常给她换新的。如果不收拾好，就总得戴旧发带、穿旧衣服。如果她把玩具偶尔丢在床上不收拾好，她第二天一定会找不着玩具了，几天之内也不能用这个玩具来做游戏。"

这位犹太母亲说，这样孩子就会认识到自己的事要自己做，不然就得不到自己想要的一切。

多数父母把孩子视为玩物，认为孩子这也不能做，那也不能干，一切都为孩子包办代替，结果是使得孩子对自己的能力缺乏信心。

蕊切说："当我的孩子知道怎样扣衣服扣子后，我就让他给我扣衣扣，这样的目的是为了让她养成帮助他人，乐意助人的观念。我还教她自己穿鞋、穿衣服，即使我不忙也让她自己动手，因为这是对孩子的教育，一个母亲应该对孩子进行严格的教育。"

在生活中，有一种父母把孩子视为宝贝，孩子走路怕他摔倒，孩子游泳怕他溺水。这显然是非常错误的，这种教育方法只能使孩子成为一个废物。

让孩子在小事上学着生存，在大事上才能有能力解决。

犯错误与改正错误一样珍贵

孩子就是再小，父母也要把他们当作成人一样对待——要像尊重成人一样尊重他们。年幼无知的孩子当然会经常犯错误，父母管教孩子是有必要的，但不能因为他们不懂事就不尊重他们。

《塔木德》中说，不论孩子对我们多么重要，他们最终也不属于我们。

犹太教育家切尼说，我决不为我的孩子做任何他自己能做的事情。

如果说对孩子放任不管的父母浪费了孩子宝贵的生命，那么过分呵护孩子的父母却是给孩子的人生布下了充满诱惑的陷阱。有的父母已深深认识到这一点对孩子的重要性，于是就要求孩子从小学会自己洗衣服、洗碗、铺床叠被。

有的父母却不是这样，宁愿自己受苦也不让孩子帮着做一点事，孩子的事情总是不辞劳累统统代劳。这样的结果，只能让孩子在不知不觉中丧失了动手的能力，而这种能力丧失的后果，是直接损害了孩子的自信心。一个处处受到保护的孩子，一个永远也没有机会尝试成功与失败的孩子，也就永远无法体验到成功的喜悦。

孩子有犯错误的权力，也有改正错误的权力。作为父母，应该培养孩子不怕犯错误、敢于失败的精神。孩子与成人有一样的权力。对于孩子来说不怕犯错误与改正错误是一样珍贵。父母只有鼓励孩子、放手让孩子去自由的运动，这样才能培养出孩子的自信心和独立精神，所以父母应该尽量鼓励孩子去做力所能及的事情。

在家庭中，父母可以鼓励孩子帮助自己收拾桌子、清洗地板、收拾屋子、洗涮碗筷等，孩子自己可以料理自己的生活，比如穿衣服，洗衣服等，哪怕是孩子干得十分糟糕，父母也要对孩子的劳动加以肯定与鼓励。

不要认为孩子还小，就可以对孩子的一些行为放任不管。孩子就是再小，父母也要把他们当作成人一样对待——要像尊重成人一样尊重他们。年幼无知的孩子当然会经常犯错误，父母管教孩子是有必要的，但不能因为他们不懂事就不尊重他们。

孩子需要一个空间去成长，他们需要一个空间去试验自己的能力，需要一个空间利用自己的能力应付社会。如果父母过多的帮助孩子，过多的为孩子分担事务，这样只能剥夺孩子自由发展的能力，剥夺孩子自立、自强的精神与信心。

犹太智者朱特比说的好，让孩子自己的事自己解决。

孩子一出生，就把知识与空气一同给他

教育必须由出生那天开始进行，因为婴儿从生下来那天开始就像吸入空气一样

在吸收着知识，这个时候就应该把知识与空气一同给他。只有这样，他才能拥有智慧，他的成长才是健全与完善的。

婴儿的早期教育是一种追随教育。在幼儿初学的关键期，一旦丧失了适当的教育，其损失将是无法弥补的。婴儿在出生时，其大脑皮质的以下部分与成人已经相差不大了，但大脑皮质还需要继续发育。

在耶路撒冷有一个叫艾尼克斯的孩子，他在几个月大的时候就大病了一场，昏迷了24小时之久。医生断言可怜的艾尼克斯的脑子已经受到了严重的损害。可他的父母没有被医生的话所吓倒，他们坚信，只要不让孩子智力消失，孩子还是有希望的。他们所要做的是如何让有病的孩子具有学到知识的能力，如何让孩子拥有想象的能力。

艾尼克斯的父母通过种种努力以及对孩子的永不放弃，使艾尼克斯在16岁时成了一个才华出众、反应敏锐、成绩优异的乐队指挥。

婴儿时期的孩子犹如一张白纸，又如同是瓷器，小的时候就形成了他一生的雏形。幼儿时期就好比是制造瓷器的黏土，给予什么样的教育就会形成什么样的雏形。

一个人在成长过程中，是有某个智能发展最佳时期的。这个时期对孩子的将来起着关键性作用，作为父母千万不能错过孩子的这一时期。抓住了这个时机就是为孩子抓住了成功。

重复具有不可低估的效果，重复能让孩子很快吸收知识。这是很多教育家都认为十分有效的一种教育方式。事实上。家长讲什么孩子就记住什么。如果让一个孩子反复听本国的希伯来语，孩子就对本国的语言具有非凡的记忆能力。每天反复听优美的音乐，任何一个孩子在此环境之中都会熟练地弹奏优美的曲子。

孩子对被重复的“材料”具有非凡的“记忆能力”。这一点是很多父母所希望的，也是父母们所望尘莫及的。父母所要知道的是，任何事物对两三岁的孩子而言都没有难易之分。这对幼儿太难啦，还没有必要让他去记，这完全是大人的错觉。其实对幼儿而言，根本不存在一件因为难而记不住的事情。

犹太教育家昆兹曾经有这样一个实验：

一个孩子练习钢琴，邻居家的孩子在一旁倾听。当邻居家的孩子长大后也会弹钢琴之后，他很快就超过了其他孩子。这是为什么呢？这是因为，对邻居家的孩子而言，那个孩子所弹奏的钢琴为他学习钢琴提供了良好的环境。而对于说希伯来语，所有的犹太人都不会觉得困难，因为他们在听大人的重复交谈中，自然而然地就把它给掌握了。

学习对于幼儿来说，是没有好坏之分的。孩子不会知道，记住这些东西有没有用处，或者说是因为这事不好就赶快把它忘掉。因此，如果光给幼儿讲坏的事情，他就会不断地记住坏的事情。

通过读书增长知识，是犹太教育的核心

犹太人教育孩子世界上最重要的就是知识，注重孩子通过读书来增长知识。《圣经》里说："我的民因无知识而灭亡"。所以《圣经》也教导人们要"在知识和各种见识上多而又多，使你们能分辨是非，作诚实无过的人"。《圣经》还告诉人们："直到末时，必有多人来往奔跑，知识就必增长。"

《圣经》里曾记载这样一个故事：上帝让所罗门从金钱、权力、智慧中选择一样，所罗门毫不犹豫地选择了智慧。他凭着智慧生产、经商，使自己家的财产富可敌国。同时他又乐善好施，因而深得民心。当老国王因病去世时，国内的百姓都推举所罗门做希伯来人的国王。他凭着智慧使人民安居乐业，征战四方，使得他在位的时期成了希伯来历史上最辉煌的时期。

犹太民族是一个聪明的民族，他们的智慧是神奇、举世绝伦的。他们的智慧教育是成功的教育。在犹太家庭里有一个代代相传的传统，书橱必须放在床头，不可放在床尾，对书本的不敬是绝不允许的。在犹太社会中，每个人都认为学者远比国王伟大，学者才是人们尊敬的中心，可见犹太人多么注重知识。其他民族往往把王侯、贵族、军人或商人的地位放在学者之上。

犹太人如此注重知识，但他们更看重智慧。所以，他们又把仅有知识而没有智慧的人视为"背着很多书本的驴子"，这种驴子很难派上大用场。

有许多极具智慧的人，却并没有读太多的书，没有积攒太多的知识，但他们照

样受人尊敬。当一个年轻的学生通过学习书本逐渐积累知识，发挥知识，培养洞察力，并且开始了解到一个人必须谦虚时，他就可以被犹太人称为“赫里姆”，即能使用智慧的人。

一个人如果认为自己是幸福的，那他一定就是幸福的，但一个人如果认为自己是聪明的，那么他一定是个愚蠢的人。因为葡萄长得愈丰硕，就愈会低下头来。同样，愈有智慧的人，便会愈谦虚。

犹太人认为一个人很有智慧时，便称他为“他尔米德·赫里姆”，即精通犹太法律的人。这种人不必缴税，因为大家认为他已付出许多心力，对社会有了莫大的贡献。犹太人说：“赫里姆和有钱的人谁伟大？当然是赫里姆了，因为赫里姆知道金钱的可贵，但有钱人却不知道赫里姆的可贵。”

犹太商人相信“知识就是力量”，犹太商人绝大部分学识渊博、头脑灵敏。他们认为，没有知识的商人不算真正的商人，所以他们教育自己的孩子要做一个真正的商人。而且，如果对方不是一个真正的商人，那么就没有必要和他做生意。他们相信知识就是致富的力量！犹太人经常这样对孩子说：“只有自己胸中有墨，才能有黄金万两。”

犹太人在这么一种宗教影响和文化氛围熏陶下，对教学和学习的重视蔚然成风，形成了一种几乎全民学习、全民都有文化的传统。尽管早期的犹太民族的学习主要以神学研究为主，而且涉及的知识面十分狭窄，但后来随着犹太民族受迫害流散于世界各地，他们的学习很快扩展到吸纳世界各国的文明成果了。同时，他们的勤学苦研的传统从未中断，犹太人还特别重视对孩子的教育，并且很重视调节他们的心理，增强他们的民族凝聚力和激发求生存谋发展的创造力，使他们具有更大的智慧的能量。也正是因为这种传统的继承，才使得犹太人不管是流散到哪里，他们民族的整体文化素质都比别的民族要高。

犹太人深明大义，不但自己不断学习，更新知识，更着力培养后代，让他们成为文化素质较高的人才。的确，犹太商人教育孩子的观念就是：把知识看作致富的力量，也正是因为这个原因才使世界诞生了这些一流的犹太商人。

希雷尔是著名的犹太拉比，曾经为了生活而做过打工仔。某一天，希雷尔由于

未找到工作而断了收入，但他无论如何都想到学校听课。于是他爬上学校的屋顶，把耳朵贴近烟囱，整晚就这样听着下面教室里的讲课，不知不觉便在屋顶上睡着了。其时正值寒冷的冬夜，天空下起雪来，将他覆盖起来。次日，学校又开始上课，但教室却非常昏暗，学生们抬头一看，只见天窗被一个人遮住了。希雷尔早已冻僵了，很久才苏醒过来，从此以后，他成了免费学生，犹太学校也成了免费学校。再加上他的勤奋好学，终于成为犹太拉比中的泰斗。希雷尔的故事广为传播，甚至连耶稣基督的训示也有许多引用希雷尔关于知识和学习的故事。

在各类杰出的犹太人之中，他们所取得的事业成功都是和他们勤于读书和善于学习有很大的关系。犹太人由于民族遭受过两千多年的迫害，流散在世界各地，受尽歧视和排挤，迫使他们要掌握一门或更多的科学技术本领作为谋生资本，这样就形成一种勤劳好学的风气和传统。而且他们的这种好的传统一直都传授给他们的下一代，这也是造就了犹太人成就人才的摇篮和温床。

“知识就是力量”，谁掌握了知识，谁就有力量。知识来自实践和别人的经验。个人的实践由于受时间、范围和条件的制约，总是极有限的，更多的是来自别人的经验。书本是一些经验和新知识、新技术的“仓库”，它汇集了各种知识和经验，或起码汇集着指导学习、启迪思路的方法。所以，俗语有言：“开卷有益，一字千金”，“读书能求理，越读越有味”，“一日读书一日功，一日不读十日空”等。

犹太人读书的方法和途径，可以通过学校的正规教育，也可以通过自学。犹太民族十分注重正规的学校学习，他们不论家庭条件好坏，都设法让自己的孩子进学校读书，有些家庭经济不允许，则待孩子读大学的时候，实行半工半读。所以，犹太人的文化素质普遍较高。

在犹太人之中一直有这样的一个说法，犹太人的一生有三大义务，其中的第一个义务就是教育子女。他们教育子女，目的在于让后代能在竞争的社会中得到生存和发展，壮大本民族的力量。犹太人深深明白，现代社会经济生活处于越来越迅速地发展变化之中，如果跟不上时代发展的步伐，就会落伍，在激烈的竞争中被淘汰，经商做买卖如此，从事其他事业也是这样的。

犹太人不但教育孩子注重学校的正规教育，而且还要注重自教自学。我们都知

道，学校的教育是获取基础知识的一个重要的场所，很多专业知识以及实际的操作技术都要通过实践或者是专业的学习才能够得到。除此以外，由于各人条件不同，他们所受到正规教育的情况也是不相同的。所以，犹太人都是强调自己具有独立获取知识的技能，而且还要能够从中指导一下自己的实践工作。

犹太民族能在科学技术、文化艺术和经商等各行各业出现众多的佼佼者，秘诀在于从小就勤于读书，善于学习。犹太人在对孩子的早教过程中，有一套高效的读书方法，他们就是通过这种读书方法来增加自己的知识的：

一是善于收集学习资料。犹太人教育孩子根据学习的目标要求，收集所要学习的资料，包括书籍、杂志、报纸、文献、录音带、录像带、电子计算机贮存的资料、电脑软件等。

二是帮助孩子确定精读的资料，下功夫读懂、读透。如自己需要攻克某个方面技术或项目而缺乏相关知识，即选定相关的书籍、资料阅读和学习。比如爱因斯坦想要创立相对论，但他的非欧几何知识缺乏，于是选学这个学科的有关书籍，效果立竿见影。此外，犹太人还教育孩子按学习所划定的范围泛读，以取广采博收之效。

三是犹太人教育孩子要善于借用别人的头脑“读书”。犹太孩子不仅从书本、资料获取相关知识，还可以通过与人交往来学习。因为人所要学习的内容很多，而时间又极有限，解决这个矛盾，除了自身努力外，还可借助别人的力量。比如把一些需要学习和了解的书、资料让大家在一起讨论学习，把核心内容和要领归纳后互相交流。

犹太人教育孩子高效读书的方法，确实是非常科学有效的；而犹太人通过这种方法来发掘孩子的智慧潜能，可谓抓住了家教中的要点，成为犹太人智慧教育的核心。

尽量挖掘孩子身上的智慧潜能

在犹太人看来，只有发掘和利用人的智慧潜能，才可以帮助人们走出忧愁和苦闷的泥潭，扫清人生道路上的困难和阻力，做父母的应该尽量挖掘孩子身上的智慧

潜能。犹太人强调，外人难以相信一堆貌不惊人的石头有何特别之处，但眼光独到的珠宝商人一眼就能看出它们是价值百万的珠宝。因此，我们需要像珠宝商人认识他们的宝石一样了解我们的孩子。

事实上，每个人都有一座尚待开发的宝藏，蕴藏着无限的价值与能量。这座宝藏就是藏在我们大脑中的潜能，但可惜的是很多人意识不到它的存在。其实，在每个人身上最有价值的就是未知的潜能。如果你不相信潜能的力量，只是着眼于地表的柴草，当然会感觉资源贫瘠，而且柴草会越砍越少。相反，如果坚信自己大脑深处潜藏着巨大的资源并且决心向深处开采，那就会有不尽潜能滚滚来的感觉。

让孩子读书学知识是一扇通往成功的门，但在门内还有好多的台阶等着孩子去攀登。要攀登成功的阶梯，就要靠自身的智慧与潜能了。犹太人曾说过："一个善于激发士兵潜能的将军，才是英明的将军；一个善于调动孩子积极性、发挥出孩子潜能的家长，才是一个优秀的家长。"

毕加索

毕加索是 20 世纪最具影响力的天才画家。在他很小的时候表现出就很有艺术的天赋了，他不仅可以做很多惟妙惟肖的剪纸，还创作了许多栩栩如生的绘画作品。在毕加索生活的小镇上，大家都把他称为天才。可遗憾的是，这个艺术上的"天才"却不是一个学习上的"天才"。

在毕加索的学习生涯中，上课对他来说就是一种折磨。他在上课时从不专心听讲，不是喜欢漫无边际地幻想，就是看着窗外的大树和鸟儿，而且他似乎永远都学不会枯燥无味的算术。他无奈地对父亲说："一加一等于二，二加一等于几，我脑子里根本就没去想。不是我不努力，我拼命想集中自己的注意力，可就是办不到。"而且他为此成了同学们捉弄的对象，他们喜欢跑到毕加索的课桌前，逗他说："毕加索，二加一等于几？"然后看着毕加索呆呆的样子哈哈大笑。就连老师也认为这孩子智力低下，根本没法教，他经常在毕加索父母面前，绘声绘色地描绘毕加索的"痴呆"症状，毕加索的

母亲听了又羞又恼，觉得无脸见人。左邻右舍也不再为他的绘画天赋叫绝，而私下议论说："瞧那呆头呆脑的样儿，只会画几幅画有什么用。"在那个时候，几乎所有的人都这样认为：毕加索真是一个大傻瓜。

当所有人都在嘲笑和讥讽毕加索的时候，有一个人却不这么想，这个人就是毕加索的父亲。他始终都坚信自己的儿子虽然读书不行，但绘画是极有天赋的。他对孩子有真正的理解和赏识，他对儿子说："不会算术并不代表你一无是处，你依然是个绘画天才。"小毕加索看着父亲坚毅的面孔，找回了一些自信。果然，毕加索似乎总能毫不费力地绘出漂亮的图画，也渐渐忘记了自己功课方面的"无能"。但是，嘲讽并没有就此停息，反而愈加猛烈。小毕加索脆弱的心灵蒙上了阴影，他变得不爱说话了，更不爱和小伙伴们一起玩耍。这个时候，父亲每天坚持送儿子去上学，一到教室，父亲便把画笔和用作模特的鸽子标本放在课桌上。父亲成了儿子强有力的心理依靠，似乎离开了父亲，毕加索根本没有勇气去面对生活。以至每天上学，必须得到父亲会来接他回家的承诺后，毕加索才会松开父亲那温暖的手。

从上面的故事中我们看到，毕加索的父亲在关键时刻拯救了孩子。其实，做父母的遇到孩子犯错误时，不要只顾着一味地批评孩子。有时多给孩子一些鼓励才能更好地发挥孩子的潜能。这就是犹太人所说的"我们需要像珠宝商人认识他们的宝石一样了解我们的孩子。"毕加索的父亲看到了儿子身上的闪光点，给他以肯定的目光，让他在充满自信与快乐的环境下健康成长起来。

随着社会的发展和素质教育的普及，如今越来越多的家长为自己孩子报名参加各类兴趣班，甚至强迫孩子学习自己不感兴趣的科目。然而，这样做对发掘孩子的潜能有弊无利。其实，家长在开发孩子潜能的时候，首先应从客观事实出发，认识到每个孩子都有各自不同的特长。但是有的家长不顾孩子的爱好，让孩子课余上许多补习班，常常使孩子疲惫不堪，影响兴趣的发挥。因此，父母应该在孩子感兴趣的基础上，适当引导，让孩子在娱乐中学习，寻找到他们的潜能与天赋。

那么，怎样发掘孩子的智慧潜能呢？根据犹太家教给我们的启示，结合中国家庭教育的现状，我们提出以下建议：

第一，观察孩子的生活，发现孩子的特长

在日常生活之中，要多注意孩子的行为举止、喜好恨恶，在他和别人玩耍、交谈或自己阅读时，你可以观察到孩子的许多特点。比如，他虽不爱弹琴却喜欢绘画，虽没有耐性却有创意，虽不善言辞却很热心，家长若把这些细节记录下来，认真分析，就能归纳出孩子的性格趋向，或者说擅长的一面，从而诱导和激发他。

第二，耐心守候，给弦子肯定与认可

任何事情都有一个储备的阶段，只有积累到一定“量”的时候才可能发生“质”的飞跃。孩子的成长、成才也不例外，不可能一蹴而就，需要一定的积累与储备。所以父母千万不要急于求成，给孩子成长的时间。如孩子弹琴一遍两遍不成，三遍四遍进展不大，请不要急躁地用“笨”“不是这块料”等给孩子定性，给他们时间去感觉，去领会。我们不要因为嫌孩子学得慢、动作慢等，就干脆亲力亲为，使孩子从此只会“拄着拐杖走路”，这样都不利于孩子潜能的发挥。

当孩子自己动手做、开口说时，家长应该给予肯定、赞美和鼓励，因为即使是天才，也需要通过肯定来增强信心，而后才能越来越顺。其实，从生命科学的角度来说，每一个孩子都具有无限的潜能。因此，作为家长，就应该相信孩子的潜能，在孩子的背后默默地支持他们，从而赋予孩子完全发挥自己潜能的力量。

第三，为孩子创造机会

了解孩子的性格趋向与喜好，发现孩子的特长后，就尽可能给孩子机会多加练习。比如，家人过生日时，鼓励每个人表演一个节目；每周用一个晚上时间轮流朗读短文，并发表心得；让孩子把当天经历的、有趣的事叙述一遍或记录下来，等等。更重要的是，随时给孩子机会让他帮你的忙，只要是他力所能及的事，如洗碗、拖地、收衣服等，这样越做越熟练，越有信心，孩子才不会退缩在自卑自闭的角落里。

第四，让孩子有自己的成长空间

不论你的孩子表现有多糟糕，他的成长来自自己摸索的空间，也就是他自主学习的机会，这些都不应该被任何人任意剥夺。孩子是独立的个体生命，如果我们要真正关心孩子的学习与发展，必须花时间与孩子一起，进入孩子的世界，了解他们真正的想法，明白他们行为背后所表达的意思，陪孩子一起摸索、成长和学习，而

不是随便干预介入。

鼓励孩子尝试，增长智慧的有效途径

根据《塔木德》，犹太人在让孩子学习知识之前，都会让他们获得一些做事情的基本能力。他们认为一个连做饭都不会的人是没有资格做学问的。在犹太人看来，单纯拥有知识的人会对自己过分自信，最终导致自身的毁灭。因此，犹太人鼓励孩子勇于实践，将实践看成是增长智慧的有效途径。

犹太人认为，对实践毫无用处的知识是空洞的，就像被风吹走的碎屑一样，每个父母都应该让孩子知道如何更有效利用知识并让它服务于实践。做父母的应该明确地告诉孩子，没有比既能做事又能做学问更好的了。因为，没有劳动的学问结不出果实，相反可能导致罪恶。

来姆是一个拥有许多财富的犹太商人，在他 16 岁去英国留学的时候，他的父亲只给了他 100 英镑作为学费。临行前来姆的父亲还说："留学回来后，把这 100 英镑还给我。"就这样他来到了伦敦，很快来姆就用自己的好点子赚到了学费，并且他还以非常优异的成绩成为伦敦经济学院的毕业生。毋庸置疑，来姆也按照父亲的话还上了那 100 英镑。

犹太人认为那些把知识看得比实践重要的人，就好比一棵枝繁叶茂但根基很浅的大树，当遇到大风大浪时很容易就倒下了。相反，认为实践重于知识的人就不一样了。他们一定能根须深固，哪怕遇到再大的风浪也能纹丝不动。所以说，对实践毫无用处的知识是空洞的，就像被风吹走的碎屑一样。

对所有人来说光有学问都是不能生存的。所以，要想让孩子拥有独立生存的能力，就应放手给他自由。这种自由正是犹太人给自己孩子的最好礼物。犹太人的孩子就是在对生活不断体验的基础上，找到自己人生方向的。

每个父母都应该让孩子知道在学习和应用的同时，应该积极将所学知识运用到实践中去，并勇敢地向书本提出挑战，否则他们会在不知不觉中成为书本的奴隶。那么，如何培养孩子实践的能力？

第一，让孩子有机会探索兴趣

传统的单向学习方式，让大部分孩子习惯于接受，而无法从学习中发觉自己的兴趣所在。培养孩子的个人的兴趣，可以为生活带来许多乐趣。所以，成人应为孩子提供多样的环境，允许他们依照自己的方式和步调去学习与探索，避免孩子带来压力从而造成反效果。

第二，激发孩子潜在的天赋

为孩子提供接触各种不同类型活动的机会，如：音乐的欣赏、艺术的欣赏、动植物的照顾、天文地理的探索、身体律动的练习等。不要规定孩子该学到多少，家长可以从旁观察孩子在不同领域的学习活动，从中发觉孩子的潜在能力。

第三，为孩子提供感官刺激

在孩子感官发展敏锐阶段，需要各种感官刺激来帮助其对抽象概念的理解。因此，家长可以提供孩子各种运用感官探索环境的机会，如引起视觉探索的图形，可供触摸的不同材质的地板或墙面，能够动手操作的各种玩具、教具及日常用具，各种不同的声音刺激，这些丰富的感官刺激经验是孩子发展抽象概念非常重要且不可或缺的依据。

第四，与孩子谈话并学习倾听

每天花点时间与孩子聊天是很重要的，聊天可以帮助父母了解孩子的想法及需要。在这一过程中，家长需要学习倾听的技巧，许多家长没等孩子把话说完就急着要纠正他们错误的观念。这种举动会让孩子不愿再与家长分享他们的想法，造成亲子之间的隔阂。

第五，允许孩子犯错

孩子由于拥有的知识不够丰富，加上逻辑思维能力不成熟，因此常常无法做出正确判断。但随着身心成长及知识增加，孩子也将拥有做出正确决定的能力。在这个过程中，经验的积累很重要，也就是孩子必须有机会练习如何做决定。在练习的过程中有时会做出错误判断，这些错误的经验将是孩子将来做出正确决定的基础。

第六，全家外出游览

放假时，全家一起外出旅游，除了可以增进亲子关系，旅途中的所见所闻也能扩大孩子的视野，丰富他们的知识。为了让每一次旅行都能让孩子有所收获，建议

家长让孩子参与旅行的筹划过程，全家人一起收集资料，讨论行程路线。在行程中，家长也应鼓励孩子运用感官观察、比较，并发现异同，以培养孩子的逻辑思维能力。

通过熟读和记忆引发思考，培养智商

在犹太人中，背诵和记忆是最常用的教学方法。在古代以色列中就有“读101遍比读100遍好”的说法。能一字不差地背诵《圣经》是学者们最引以为傲的事情。犹太人中聪明的智者拉比曾经说过：“一个成功的学者要手脑并用，并且通过熟读和记忆来引发思考。”勤于思考对开发人的智商是非常有帮助的。

为了培养孩子独立思考的能力，每个犹太父母在教育自己孩子时，总会讲一些故事告诉孩子要勤于思考。

狄奥力·菲勒出生在一个贫民窟里，和所有出生在贫民窟的孩子一样，他争强好斗，也喜欢逃学。唯一不同的是，菲勒有一种天生会赚钱的眼光。他把一辆街上捡来的玩具车修理好，让同学们玩，然后向每人收取10美分。用这个方法，他竟在一个星期内赚回了一辆新玩具车。菲勒的老师对他说：“如果你出生在富人家庭，你会成为一个出色的商人。但是，这对你来说已是不可能的了，你能成为街头商贩就不错了。”

中学毕业后，菲勒真的成了一名商贩。正如他的老师所说，与贫民窟的同龄人相比，他已是相当体面了。他卖过小五金、电池、柠檬水，每一次他都得心应手。

菲勒真正起家靠的是一堆丝绸。这些丝绸来自日本，因为在海轮运输当中遭遇风暴，这些丝绸被染料浸湿了，数量足足有一吨之多。这些被浸染的丝绸成了日本人头痛的东西，他们想低价处理掉，却无人问津，就想搬运到港口，扔进垃圾箱，又怕被环境部门处罚。于是，日本人打算在回程路上把丝绸抛到大海里。

港口的一个地下酒吧是菲勒夜晚的乐园，他每天都来这里喝酒。那天，菲勒喝醉了。当他步履蹒跚地走到几位日本海员旁边时，海员们正在与酒吧的服务员说那些令人讨厌的丝绸。说者无心，听者有意，他感到机会来了。

第二天，菲勒来到海轮上，用手指着停在港口的一辆卡车对船长说：“我可以

帮助你们把这些没用的丝绸处理掉。”结果，他不花任何代价便拥有了这些被化学染料浸过的丝绸。然后，他把这些丝绸制成迷彩服、迷彩领带和迷彩帽子。几乎在一夜之间，他靠这些丝绸拥有了10万美元的财富。

从此，菲勒不再是商贩，而成为一名商人。商界大家之所以能成为巨大财富的拥有者，就在于他们有一个善于思考的大脑。

犹太人在孩子刚会说话时，就教他背《圣经》。这是世代不变的教育方法，通过给孩子灌输代表民族最高智慧的经典，为其一生的发展，打下坚实的人文基础。盖茨7岁时已能熟背3万多字的《圣经·马太福音》，其字数相当于六本《老子》字数的总和。

一再重复的念唱，即使没有刻意去理解，所读唱之内容，也会烙印在潜意识里，而潜意识的妙用，就是无须经过意志的运作，能直接地、默默地、自然地影响着人类的思维与行为。盖茨就说，背经，在他后来的生活中，让他深受启发。

我国古人也重视儿童读经，选择古圣贤的智慧精华，如《大学》《中庸》《论语》《孝经》《三字经》《千字文》等，并认为，假以时日，读经的人，多少会受到经典的潜移默化、陶冶性情。现在幼教读的是小猫叫，小狗叫；开学了，老师好，这样培养出来的人，有多少文化根基？这实在是值得深思的！

犹太人的父母，每天不是经常跟婴儿说话，就是播放音乐给婴儿欣赏，或由父母轮流唱歌给婴儿听。他们还时常在婴儿的摇篮或床边四周挂许多图画，使婴儿能够经常观看，并且常常更换这些图画，以便刺激他们的认知能力。

正是通过这样的方式，孩子在熟读和记忆的基础上引发了思考。而学会独立思考，对每个人的成长都是极为重要的一件事。美国伟大的科学家爱因斯坦曾说过：“学习知识要善于思考、思考、再思考。”中国的文学巨匠鲁迅也强调读书要认真思考，“自己思索，自己做主”，不要人云亦云。这就告诉我们，读书一定要在认真思考的基础上，判断知识的准确性和结论的可靠性。

教育学家把知识结构划分为三种不同的层次，即外壳性知识、中介性知识和内核性知识。要获得深层次的东西，实质上是一个借助前两种知识“引渡”从而掌握内核性知识的过程。因此，读懂书、读通书不是轻而易举的事，而是需要一种持久

的思考精神，才能做到追根究底，解疑破难，统领全书。

事实也证明，“学而不思则罔，思而不学则殆”。所以，每个父母都应该让孩子在思考中学习，在学习中思考。因为，只有这样他们才能获取和掌握更多的知识。

一天，在课堂上，哲学家苏格拉底拿出一个苹果，站在讲台上对同学们说：“请大家闻闻现在的空气中有什么气味。”

一位学生举手回答：“我闻到了，是苹果的香味。”苏格拉底走下讲台，举着苹果慢慢地从每一个同学面前走过，并叮嘱道：“大家再仔细闻一闻，空气中有没有苹果的香味?”

这时，已有半数的学生举起了手。苏格拉底回到讲台，又重复了刚才的问题。这一次，除了一名学生没有举手外，其他人全部举起了手。苏格拉底走到这名没举手的学生面前问：“难道你真的什么气味也没有闻到?”那个学生肯定地说：“我真的什么也没有闻到!”这时，苏格拉底郑重地对大家宣布：“他是对的，因为这是一个假苹果。”

这个学生就是后来大名鼎鼎的哲学家，被称为“哲学王”的柏拉图。如果没有独立的思考，柏拉图不会在真理的探究之路上走得那么远。

简单地说，独立思考就是遇事能运用自己的眼睛去观察事情，用自己的头脑去思考问题，能创造性地去认识和探索解决问题的途径。孩子如果能养成这样的习惯，将不仅有利于现在的学习，也能为将来的学习乃至终生的事业奠定基础。

在青少年时代，孩子们的大脑中有太多等待解决的问题，充满了一个又一个的问号。每解决一个问题，他们都会有一分惊喜，一个问号就会变为一个叹号。父母应该让孩子用眼睛观察现实生活，用耳朵聆听时代声音，用头脑思考面临的问题。因为，只有在深入思考之后产生的信仰才是最坚定的信仰，只有经过自己的思索、探讨得到的结论才真正属于自己!

那么，如何培养孩子独立思考的能力呢?

第一，多参加体育活动

体育运动是促进左右脑共同发展的重要方法。当孩子运动时，我们可以有意识地让孩子的左手、右手多重复几个动作。孩子全身都在活动，不仅促进了身体的协

调性和平衡性，更重要的是，右脑在运动中随之而来的鲜明形象和细胞激发比静止时来得快。由于右脑的活动，左半球的活动受到某种抑制，人的思想或多或少地摆脱了现成的逻辑思维方法，灵感经常会脱颖而出。

第二，让孩子独立思考

很多家长习惯于事事为孩子指路，而不习惯于征求孩子的意见。一旦孩子不遵从，还要大加责备。其实孩子有孩子的想法，家长在任何时候都要注意让孩子充分表达自己的意愿，给他自主思考的机会。家长不妨将命令式语气改为启发式语气，如："这件事怎样做更好呢？""你能想出比这更好的办法吗？"这种表达方式会让孩子感觉到家长对孩子的尊重，从而引发孩子的独立思考意识。

第三，让孩子亲自体验

平常应多给孩子创造些亲身体验的机会，比如，孩子好画，家长就应当创造条件让孩子尽情地画，可以为孩子买些绘画用的铅笔、蜡笔等，并在作画的过程给以必要的指导。孩子比较喜欢拆自己的玩具，这是出于他的好奇心，要鼓励他从中探索奥妙所在。孩子如果喜欢玩水，则可以启发他了解水的来源、用途和对人类的重要性。

第四，培养孩子的想象力

培养孩子的想象力，比如故事、音乐、画展、儿童剧、阅读都可以让孩子更有想象力。我们在给孩子讲故事的同时，也可以引导孩子讲故事给我们听。帮孩子选择一些儿童节目，看过之后，让他们发表自己的见解，不能看完就了事了。多让孩子用画画、捏玩具、拼图、组合玩具、堆陶土、说话等方式去表达自己的感受。

犹太人爱因斯坦说："学习在于思考、思考、再思考。"因此，父母应该鼓励孩子要爱思考，多思考。

通过对左右脑不同方式的训练开发大脑

大脑分左右脑，左脑追求记忆和理解，右脑则被称为图像脑。0 至 5 岁是大脑发育最快的时期，这个阶段孩子需要大量地接受各种信息，让散乱的神经细胞，组成神经网络。因此，对这个阶段的孩子来讲，读书识字不是负担，而是生理需要，

而儿童巨大的记忆潜能，也正是大脑快速发育的特征。

研究表明，3 岁是整体识别和自然记忆能力最强的时期，这时的儿童擅长记复杂的东西，擅长不加理解地死记硬背。3 岁后形象记忆的效率逐渐降低，错过这一时期就会错过人生的最佳记忆期。

对孩子左脑潜能的开发，现在世界上普遍的教育方法是先记简单的，再记难的、先理解，再记忆，这种模式是分析性的、成人式的，是把成人的思考方法强加给儿童。因为 0 至 6 岁是大脑快速发育期，所以学龄一般定在 7 岁。因此，犹太父母反对生搬硬套地将小学的教育模式拉到幼儿期，就像让小孩挑成人的担子，可能有损大脑发育。

对孩子右脑潜能的开发，犹太人认为教育开始得越早越好，一般从 1 岁半开始让孩子背诵，即开始有意识地接受记忆训练。

背诵，并非是强记硬背，而是像唱歌那样，背诵朗朗上口的音律感强的经典文章。因为经典浓缩了人文科学和自然科学等多方面的知识结晶，孩子在背诵的过程中，在潜意识中贮存了丰富的智慧。

到了三四岁时，开始在私塾里面学习，继续进行记忆学习，即指经读书，在朗诵过程中，让文字像图画那样，整体性地，自然而然地刻进脑海，轻松地识文断字。

事实上，大量背诵的方法，是培养天才的真实方法。巴金小时候背熟了《古文观止》等 200 多篇散文的选集，他说，当时只能说是似懂非懂，只是将文章储蓄在脑子里面了，慢慢地体会到了它们的好处，慢慢地摸到了文章的调子，明白所谓文章究竟是怎么一回事。

右脑记忆力惊人，因此背诵记忆，是儿童最自然的学习方式。犹太小朋友的指字读，类似念唱。眼睛看文字，是透过视觉作用来刺激右脑；而念唱的旋律，也启动了右脑。右脑的认知方式是照相似的接收信息，是把信息作为图画整体识别和记忆，这种不求理解的记忆方法，就是右脑教育法。

犹太人认为，智慧来自提问。请看下面这个故事：

利娅是有两个孩子的犹太母亲，她见小儿子拉米尔从幼儿园回到家，立刻问：

“今天你提问了吗？”拉米尔连连点头。

“那么，你都问了些什么呢？”妈妈接着问道。

拉米尔复述他一天中所提的问题：“为什么树叶有红的也有绿的？为什么有的蚂蚁会有翅膀？为什么牛奶不能换你的饼干……”小家伙一天问了几十个问题。利娅满意地点了点头。

犹太人家的孩子 4 岁时就要开始完全的思考行为。那时候，大人会告诉孩子们，世上没有所谓的正确答案，不要拘泥于一个想法，因为还有很多其他的思考方式。

双语学习，犹太父母对孩子语言训练的方式

为了在生意场上更进一步了解对手，达到知己知彼的目的，犹太人特别强调用外语思考。秉持着这个想法，他们在对孩子进行早期教育时，很注意孩子的语言能力。母语加外语，成为犹太父母培养孩子语言能力的特殊的训练方式。

不同民族和国家的人们进行相互交往、相互接触成为可能的首要条件，便是语言。而犹太商人被认为是掌握语言的天才，他们普遍懂得两门以上的语言，在与外国人打交道时显得自信、从容而又反应准确。

其实学好外语不仅是犹太人的要求，也是世界上各位有识之士对孩子教育的重要方面。

现代生理心理学、脑科学研究表明，0 到 6 岁不仅是儿童学习母语的关键期，更是儿童学习第二语言的最佳时期。如果过了这个最佳时期，那么学习第二语言就要相对困难得多。赖特和拉姆齐等人对接触第二语言的 6 岁组和 13 岁组儿童分别进行了实验研究。结果表明，年幼组儿童中，有 68%的孩子的口音被认为“酷似说本族语的人”，而在年龄较大一组中这样的儿童只占 7%。

那么，该如何对学龄前儿童进行语言教育呢？犹太父母多采用自然的方式，激发儿童学习外语的兴趣，创造语言氛围。他们采取以下三种方法，有意识地参与幼儿的双语学习。

第一，自然学习法

生活中有很多孩子感兴趣的东西，家长要有目的地选择日常事务，作为激发幼儿兴趣的素材。

如逛超市时，家长要时刻注意孩子的目光，适时地用双语来丰富他们的词汇量；在游玩时，家长要主动运用英语问候语向外国友人打招呼，使孩子在潜移默化中掌握问候语的使用。再比如，孩子喜欢看卡通片，家长可选择卡通和英语相融的碟片，让孩子在放松的看片中习得英语。

第二，游戏兴趣法

孩子的思维方式是直观行动思维，主要以行动的、直观的方式进行。这种思维的主要特点是在实际行动和直接感知中进行的。要结合幼儿思维发展的趋势，让孩子在游戏中记忆、在直观中感知，潜移默化地产生学习英语的兴趣和积极性。

以英语为例，当孩子积累了若干个动物单词后，家长们可自编一个边讲边玩的儿歌：l can walk like duck；l can run like horse；l like fish l can jump like frog（我可以走起路来像鸭子；我可以跑得像马；我喜欢鱼；我能跳得像青蛙）。

第三，氛围营造法

设立学习外语的情景，与孩子形成一种亲切、良好的个人感情交往的氛围。多与他们玩游戏，多给他们讲故事，在玩玩讲讲中自然渗透已学会的外语内容，在互动中，给予孩子把听到和看到的内容进行充分复述的机会。

比如把孩子已学会的单词贴在家中相应的物体上，创设语言学习的氛围，增加孩子看、说、练的机会；孩子前几天刚学会小鸡这个单词，家长可以有意识地做小鸡的动作，讲有关小鸡的故事，看小鸡的图书等。总之，运用各种方法帮助孩子练习并运用已学会的英语。

培养孩子创造性，犹太父母运用发问式教育

犹太人拉赫塞比拉认为："要培养孩子的创造性，父母就要帮助孩子摆脱那些陈规陋习的束缚，培养孩子的独立思考能力，让孩子在此基础上自由发展。而提问和怀疑就是培养孩子独立思考能力的最好方法。"创造性是智慧的集中体现。

对于一个父母来说，从小培养孩子的创造性是非常重要的。犹太父母就非常注

重这方面的培养，他们在培养孩子创造性时，经常鼓励孩子多怀疑多发问。

凯瑞是以色列人，凯瑞的丈夫是美国一家公司驻以色列的代表，经常在以色列与美国之间往来；凯瑞自己带着拉米尔在美国生活，独立承担了抚育孩子的重任。一天，拉米尔下了幼儿园的接送车回到家，凯瑞马上迎了出去，陪着他一起走进了房间。进门之后，凯瑞问拉米尔："今天你提问了吗？"拉米尔连连点头。

"那么，你都问了什么呢？"凯瑞继续问他。

拉米尔开始复述他今天一天中所提的问题。这小家伙一天问了二三十个问题。凯瑞满意地点了点头。

原来，每个犹太人在他们很小的时候，几乎经常被自己的长辈提问。在凯瑞小时候，她爸爸就常问她，为什么今天与其他日子不同？刚开始时，她认为今天和昨天、明天没有什么不同。爸爸没有责备她，而是让她每天都问别人 10 个她不懂的问题；假如没有一个人能够回答她，也就只好自己去找出答案。所以凯瑞认为，几乎每个犹太家庭的孩子，都是在提问中长大的。

现实中，犹太人崇尚创新，认为学习应该以思考为基础，他们敢于怀疑，并有不耻发问的精神，如此一来，自己所积累的知识自然也就越来越多。这些全都在于他们小时候父母的培养，这是每一个父母值得学习的地方。

孩子的创造性就如一粒种子一样，它需要有一定的环境，包括土壤、气候、灌溉、施肥培养，才能发芽、生根、开花、结果。父母也要为培养孩子的创造性提供良好环境。事实上，提问和好的答案同样重要。如果你的问题提得出人意料，那么，通常答案也是非常深刻的。

如果没有好奇心的人，他就不会发生什么怀疑；同样，没有怀疑也就没有思考，没有思考就没有答案。所有的疑惑和怀疑，都可通过行动予以中止。所以，无论多大的迷惑和怀疑，最后都要寻求答案予以解答。古代犹太族的老师认为，培养孩子的怀疑一切的习惯，就是顺应孩子对世界事物的好奇心，而好奇心是孩子探究世界上求知事物的心理动因，满足了孩子的好奇心有助于对孩子想象力的培养。

好奇心是创新的源泉，是孩子想象力的动力。伟大的科学家爱因斯坦说："想象力比知识更重要，因为知识是有限的，而想象力包括世界的一切，是无限的，想

象力是科学研究中的最重要因素。”在提问中长大的孩子，相应地，他们的创造能力比较强。

人们常说，怀疑是学习的钥匙，它可以帮助你打开知识的大门，所以说，发问可以使人进步。犹太父母经常会给孩子讲物理学家瑞利小时候的故事，让孩子学会多发问。

英国著名物理学家瑞利小的时候很爱琢磨。一天家里来了客人，母亲端茶出来的时候，由于碟子很光滑，所以茶杯在上面滑动了一下，结果茶洒出来一点在碟子上，但这时茶杯却不再滑动了。这本来是一件很平常的小事，但却引起了瑞利的思考：为什么开始时茶杯很容易滑动，当母亲洒了点热茶在碟子上后，却纹丝不动了呢？瑞利想：这太有趣了，我一定要弄清楚这到底是为什么。

瑞利经过反复的试验和分析，他得出这样的结论：茶杯和碟子表面总有一些油腻，使它们之间的摩擦力减少，所以容易滑动，等洒上热茶之后，油腻就被溶解，摩擦加大，所以不容易滑动了。接着，他又开始研究油在固体摩擦中的作用，提出了润滑油能够减少摩擦力的理论。后来，润滑油被广泛应用于汽车制造等各个行业。因此，瑞利也获得了一个诺贝尔奖。

其实，每个孩子天生就是一个发问家。对于一个儿童来说，整个世界就是由一个个问号构成的，所以他的问题很多，为人父母者要做的就是启发孩子敢于怀疑，敢于发问。

人没有理由对什么事情都确信无疑。怀疑一旦开始，疑点便会愈来愈多，循着怀疑的线索去追寻答案，答案通常是比较正确的。每一个天才，都是真正的“问题猎手”，所以一定要养成凡事多问“为什么”的习惯。即使是一个貌似平常的小事，如果不断将“为什么”问下去，说不定就能够找到一座“金矿”。

因此，父母不仅要鼓励孩子提问题，而且对孩子所提出的问题，首先要做的就是热情地、耐心地倾听；其次，对孩子提出的问题，不要急着给出答案，而要给双方留出思考的时间和空间，让孩子自己也认真地想一想；最后，给出简明、易于理解的答案。如果作为家长能够在回答孩子问题之后，再顺着孩子的问题再提出一些新的相关问题，那么，这就会更有利于孩子的思维能力的发展。

一般来说，孩子能够积极思考，主动提出问题，这对孩子的思维发展是非常重要的。或许有些父母会问，怎样才能让孩子想问、会问？要让孩子想问题并提出问题，这时你可以仿效犹太人的做法，即安排一个情景，以激发孩子想问的兴趣。

所谓的安排“情景”，犹太父母会依循这样一些技巧：

第一，要让孩子首先感到一种好奇

比如玩猜谜游戏，给一些暗示；故事说一半，让孩子好奇地想问结果等等，然后引导孩子问得清楚，同时要注意有礼貌地问。

第二，就是要多鼓励孩子进行积极的思考，主动提出问题

在孩子的天性中，有一种求知的欲望，他们心中原本装着无数个“为什么”，想了解这个奇妙世界的本来面目，是成人不以为然的态度和习以为常的姿态，逐渐扼杀了孩子的这种求知冲动。因此，父母如果能够有意识地引导、保护好孩子的好奇心，鼓励孩子积极思考，对孩子的提问表现出自己的兴趣，与孩子一起思考，去寻找未知的答案。如此一来，孩子提出问题的这个欲望就会不断地增强。

总而言之，作为父母要牢记：发问才能使人进步，鼓励孩子多问问题，开发他们的思维能力，以此来培养孩子的创造能力。每一位父母都应该像犹太父母那样，鼓励自己的孩子多怀疑多发问，因为多疑多问也是培养孩子创造性的最好方法。

因材施教，切实采取不同方式开发智力

《犹太人的家教圣经——诺未门》中说：“不要在孩子不感兴趣、还没有能力理解的时候，让他做任何不感兴趣的事情。”

爱迪生比较偏向于观察，所以他选择了发明。爱因斯坦的思考方式偏向直觉，所以他选择理论物理，也只有用好了自己的长处，所以才能找到一些最适合自己学习和创造的领域。所以在教育孩子的时候，不要对孩子进行拘束教育，要找对孩子的兴趣和爱好，这样的话才能使你的孩子更好地发挥自己的特长。因此，对孩子的特长教育要切合实际。

望子成龙是每一个做家长的正常心态，这也是无可厚非的事情。但是更重要的问题在于，有很多的家长都是把自己没有实现的理想强加给自己的孩子，但是他们

却不针对孩子的特点，也不征求孩子的意愿，就给孩子报上了各种各样的特长教育兴趣班、提高班，这样一来家长就剥夺了孩子们玩耍的时间，而且还淹没了孩子的个性。

如果从孩子自身的发展来说，学龄前的孩子不适宜上各种各样的特长教育兴趣班，上特长教育兴趣班就是上课，这不符合学龄前儿童身心发展的需要。对于学龄前儿童来说，培养其技能是教育工作的一个方面，但是这不是最重要的，最重要的应该是对孩子非智力性方面的发展进行培养、教育，即现在所说的情商。一些幼儿园办收费的兴趣班，无形中就给孩子的心里面造成了很大的压力，也给家长带来了一定的经济负担，有能力上课的孩子有种骄傲感，没能上课的孩子就有可能产生自卑心理，而这种心理对于孩子将来的发展显然是不利的。同时做家长的要弄清楚到底什么是“特长”。一般来说，我们所讲的特长指的就是特别需要培养的长处，比如音乐、美术、体育等等。可是，我们所认定的“特长”，在许多发达国家已被认为是适应社会发展所必备的素质。比如哈佛大学要求自己的学生必须具有健康的体质，也必须会在钢琴上演奏一首世界名曲。从这些方面来看来，我们所谓的“特长”不应是为了适应社会的一种生存技能，而是孩子提高其他能力的一种基本素质，所以必须要能够根据孩子的兴趣特长，来加以指导。这样的话家长才不会根据自己的愿望盲目地发展孩子的所谓“特长”。

与此同时，孩子还是很需要大自然的，大自然对于孩子来说是一个最好的课堂，因为它可以启发孩子的好奇心，还可以促进孩子的探索精神，这样一来对孩子的身心发展都有极大好处。大自然对孩子来说是不可缺少的，特别是那些在城市里面成长的孩子更是需要接近大自然。孩子成才是多方面的，家长还要根据孩子的特点，尊重孩子的意愿，这样一来重点就在于培养孩子的性格以及创新的精神。与此同时要善于发现和引导孩子的特长，做到因势利导，这样还可以扬长避短地对孩子进行教育和培养。

所以，那些年轻的家长们不要和孩子的特长去较劲，不要煞费苦心地教他学这学那，那样的做法还不如激发孩子的内心的需要，给他们一个独立学习和一个获得经验的机会。这样一来也可以让他们在长大以后回忆起他们自己童年的时候，不会

都像是一节课连着一节课在“赶场”一样的奔波。

理性教育还要重视娱乐、重平等、重兴趣、重培养孩子的独立思考和良好的人格，重身体的健康和发展，还要能够充分地发展孩子的特长，这样来促使孩子得到更全面的发展。

所以，家长在教育孩子的时候，不能把孩子看成是自己的私有财产，不要对他们实施约束教育，也不要要求孩子百分百听家长的话，那样孩子就会失去自信、失去平等、失去个人的兴趣，埋没了他的特长。如果是孩子对家长绝对服从的话，那样的孩子就没有自由的空间了。

“听话”这个词是家长在教育孩子的时候所使用次数最多的一个，而“听话”的孩子最大缺点就是“独立性差”和“胆小”。所以，就不要教育孩子“听话”，要教育孩子发挥自己的特长。

犹太人也是和世界上所有的父母一样都是很疼爱孩子的。但是他们却在传统的教育问题上，对下一代的要求非常的严格。拉比认为，对孩子来说，严格要求是很重要的。因为孩子们往往缺乏经验，是非界限有时弄不清楚，而且对自己行为和情感往往也不善于进行独立的控制。如果家长对他们不严格要求的话，他们往往就不能自觉、主动地学习和按行为道德标准来行动。所以，孩子需要父母对他们的思想和行为进行严格的要求，这样才能够使他们养成良好的思想和行为习惯。

但是，家长在对孩子进行严格教育的同时，还要了解孩子的特点，了解孩子所具备的最基本的教育知识，不要盲目地严格要求，这样会造成教育失败的。家长的见解高低在把握分寸的时候，也是能够起着关键的作用的。所以不要约束孩子，但是也不要溺爱孩子、放任孩子。要成为一个成功的家长，就要做到因材施教。

对于那些年幼的孩子来说，对他们最重要的教育并不是只有天赋。因为孩子的天赋是有差异的，然而这差异是有限的，就是那些只有一般禀赋的孩子。只要家长对孩子的教育得法，那么他们就能够成为一个非凡的人。

威特就是一个近百年来德国少有的奇才，他 8 岁时能够自由运用德语、意大利语、拉丁语、法语、英语和希腊语等 7 种语言，并且通晓动物学、植物学、化学、物理学，尤其擅长数学。9 岁考上莱比锡大学，14 岁由于提交论文被授予哲学博士

学位，16 岁又获得法学博士学位，并被任命为柏林大学法学教授。可是，像他这样一个聪明绝顶的奇才，在他幼儿的时候却是极傻的，就连他的母亲和邻居都认为他是一个白痴。他妈妈当时还曾说：“这样的孩子，教育他也不会有什么出息，只是白费力气。”然而威特的爸爸老威特却不这样看。他认为：在现在的孩子中有很多人都是受着非常不完全的教育，他们的禀赋就连自身的一半都没有发挥出来。比如说禀赋有 80 的只能够发挥出自己的 30，而禀赋为 60 的也只能发挥出他的 20。

所以要实施能够发挥禀赋的八到九成的有效教育，这样一来，即使是生下来禀赋只有 50 的那些普通的孩子，也会优于禀赋为 80 的孩子。他坚持用自己的方法教育儿子，没有多久，这个“傻孩子”就轰动了整个街区乃至全德国。正是因为老威特的那种因材施教的方法，才使得少年威特从一个别人眼中的“傻瓜”成为德国乃至世界少有的奇才。所以说他的理论和他所取得的成功的实践，给千千万万个望子成龙的父母们增添了很大的希望和信心。

犹太拉比认为：“做父母的应该按照孩子的思维长项来寻找学习和研究的领域。”著名科学家爱因斯坦在《自述》中说：“我看到数学分成许多专门领域，每一个领域都能费去我们的短暂一生。因此，我觉得自己的处境就像布里丹的驴子一样，它不能决定究竟该吃哪一捆干草。这显然是由于我在数学领域里的直觉能力不够强，以至于不能把真正带有根本性的最重要的东西，与那些可有可无的广博知识进行可靠的区分开的。”

有一个叫作琼尼的小男孩，他的爸爸是一个木匠，他的妈妈是一个家庭主妇。这对夫妇准备送儿子上大学，所以他们开始节衣缩食，一点一点地存钱。当琼尼读到高中二年级的时候，有一天，学校聘请的一位心理学家把这个 16 岁的少年叫到办公室，对他说：“琼尼，我看过了你各学科的成绩和各项体格检查，仔细研究了你各方面的情况。”

琼尼插嘴道：“我一直很用功的。”

“问题就在这里，”心理学家说，“你一直很用功，但进步不大，你的各科成绩都远远落后于其他同学，你对高中的课程有点力不从心，再这样学下去，恐怕你就是在浪费你的时间了。”

心理学家抚摸着琼尼的肩膀对他说："人的才能是各种各样的，琼尼，工程师不认识简谱。画家背不全九九乘法表，这都是可能的。但每个人都有自己的特长——你也不例外。终有一天，你会发现并发挥自己特长的。到那时，你的爸爸妈妈就会为你骄傲的。"琼尼回到家后，告诉了爸爸妈妈。他的爸爸说："孩子，每个人都有自己的优点和缺点，关键是如何避免自己的缺点，发挥自己的优点了。要相信自己，尽量发挥自己的长处。所以你就尽管去吧，我相信你一定能够取得成功的。"琼尼从那个时候起就再也不去上学了。

在那个时候到城里面找工作是一件很难的事情，琼尼替人修建园圃修剪花坪。因为他很勤勉，所以很忙碌。不久，他的手艺开始受到雇主们的注意，他们称他为"绿拇指"——所以凡是在经他修剪的花草都是出奇的美丽繁茂。

有一天，他又到城里来，凑巧来到市政厅后面，有一位市政参议员就在他眼前不远处，琼尼看到这是一块满是垃圾、污泥浊水的场地，便向参议员鲁莽地问道："先生，你是否能答应我把这个垃圾场改为一个美丽的花园？"

"市政厅没有这笔钱。"参议员对他说。

"我不要钱，"琼尼说，"只要允许我去做就行了。"

参议员感到很惊异，他还是第一次碰到这种办事不要钱人呢！于是他把这孩子带进了办公室。琼尼步出市政厅大门时，满面春风，因为他已经有权清理这块被长期搁置的垃圾场地了。从那一天下午开始，他就开始拿着几样工具，带上种子和肥料来到目的地。不久，这块泥泞的垃圾场就变成了一个美丽的公园：曲幽幽的小径，绿茸茸的草坪。因为琼尼也没有忘记给小鸟安家，所以人们在条椅上坐下来还能听到鸟儿在唱歌。全城的民众都在谈论，说有一个人办了一件了不起的事。人们通过这片草地发现到了琼尼，看到了琼尼的才能，人们都公认他是一个天生的风景园艺家。

这件事情已经过去好几十年了，现在的琼尼已经是一名风景园艺家了。不错，琼尼到现在还没有学会说拉丁文，而且也不懂法国话，微积分对他更是个未知数，但园艺和色彩是他的特长。他使已年迈的双亲感到了骄傲，这不仅是因为他在事业上取得的成就，而且他还因为他能把人们的住处变得无比舒适和漂亮。他工作到哪

里，哪里就会变得漂亮！

有一个成语叫作“因材施教”。犹太人就是很注意这一点的。当孩子还在很小的时候，他们就会根据每一个孩子的兴趣的所在，对他们施以不同形式的教育，这样一来确保孩子能够愉快的成长和成才，他们是从来不去约束孩子的发展的，作为每一个父母都要做到了解自己的孩子，做到对孩子因材施教。

选择学校，犹太父母在孩子入学时慎之又慎

孩子从5岁到7岁左右，开始倾向于独立，开始接触外部世界。学校成为社会化的媒介。孩子在学校中可以锻炼自己的独立精神，开始接受旨在为成人的责任感做准备的正规教育。

耶路撒冷大学的杰瑞尼思伯教授说：“一旦孩子到了入学年龄，父母就得为孩子选择一所适合自己孩子的学校。”至于如何选择，有哪些标准，他有如下阐述：

耶路撒冷大学

学校是否重视对特长儿童的教育？如果不重视，那么教育就是失败的。

学校是否制定了针对特长儿童的政策？

为特长儿童上课的教师是如何挑选出来的？他们的资历怎么样？为特长儿童上课的教师必须懂得超常孩子的心理、需要和个性本质。

他们必须理解孩子，对孩子的超常行为与能力不嫉妒。因为这些特长儿童需要经验丰富、能够理解和同情他们的教师。

针对特长儿童的课是怎样安排与组织的？针对特长儿童的教育每一星期进行多少小时？研究发现，全日制的教学计划是最令人满意和成功的。

专门适用于特长儿童的资料和书籍有哪些？针对特长儿童的课堂，应该有比普通课堂更为专业涵盖更广泛的特长领域的教学资料。

特长儿童教育计划是否具有连续性？在孩子的整个求学过程中，能有一个专门针对特长儿童的、协调发展的教育计划是非常重要的。

特长儿童教育计划中的孩子们是如何选定的？这是一个技术要求很高的程序，需要受过训练的人员具有专业的技术。所使用的方法必须是公平的，以便孩子们每年都能够按照实际情况进入或退出这些教育计划。

以上这些情况，都是父母必须要知道的，这一切与孩子的发展是密切相关的，需要父母们时常与学校保持联系。从这些情况我们可以看出，犹太父母在孩子入学选择学校时之所以慎之又慎，目的只有一个，那就是有利于孩子的健康成长。

父母送孩子进学校的目的是为了让孩子获得三种技能，即阅读、写作和数学。现在以色列的学校是从生活技能到美容美发，从电器修理到烧饭做菜再到天体物理，总之是无所不教。因为他们明白无论孩子是特长儿童还是白痴孩子，都必须让他们获得一定的生存技能。只有让孩子掌握了这些技能，才能让他们从事更为尖端的工作。他们必须尽可能早地获得这些技能。作为一个特长儿童，通常要比他们同龄的孩子早几个月甚至是几年的时间去学习某种技能。

父母为了孩子的成功必须对孩子做出许多限制，以便帮助孩子通向事业的成功，让他们有所作为。所以犹太父母总是让孩子在玩耍与学习之间保持着谨慎的平衡。在他们看来，真正具有天赋的孩子是由追求成功的欲望驱动的，他们不需要父母或教师的不断督促。

在犹太学校每天的上课时间大约是 6 个小时，大致从上午 9 点到下午 3 点。根据孩子的年级和学校的位置，还要加上 2 个小时以上的时间让孩子用来玩耍和进行社交，另外还要花不少的时间用来吃饭、家庭活动、洗澡和做家务等。因此，无论

孩子是不是喜欢，他们都得学习这些与他们日后生活密切相关的技能。当然，还必须掌握加减法的运算与拼写单词，必须学会运用语法和标点符号的规则。这些都是学校所教授的，同样也是每个犹太家庭所教给孩子的技能。

每天读书给孩子听

即使孩子已经能够自己阅读，也还要读书给他听。有家长与他一起度过这段亲密时光，他们仍然会从中得到很多快乐。

犹太人重视学问、重视智慧、重视教育，在这些文化传统的影响下，以“书的民族”著称的犹太人对读书有一种特殊的爱好。

古时候，犹太人的墓园常常放有书本，他们认为，在夜深人静时死者会出来看书。生命有结束的时候，求知却无止境。犹太人家庭有一个世代相传的习俗，那就是书要放在床头。谁要是把书放在床尾，就会被人们认为是对书不敬。犹太人教导孩子读书的同时，还经常把世界上成功人物的爱书故事讲给孩子们听。

流散各地的犹太人，不仅因为对宗教的狂热而研读圣书经文，还把掌握知识视作谋生的手段与资本。即使是一本攻击犹太人的书，犹太人也不禁读。犹太人爱书的传统由来已久，深入人心。在现在的以色列，处处都体现了犹太人嗜书如命的特点。

在犹太人看来，如果孩子发现读书是一种有趣而且顺利的体验，那家长就更应当在他心中植入读书的欲望。家长应该每天读书给孩子听，并形成定时读书的习惯。家长应选择有趣味性的书给孩子看，比如那些惹人喜爱的有漂亮插图的图书。孩子们喜欢有人物、场景以及他们熟悉的事物的图画和照片。同样，他们也喜欢动物图片。童话故事对孩子们来说是很有魅力的。它能促进孩子们的抽象思维和创造性思维能力。这些书一定要多读给孩子。

在给孩子挑选图书时，犹太人通常注意以下几点：

首先，给孩子们看的书篇幅必须简短，几页而已。因为孩子的注意力只能集中一小段时间。另外，这些书应有较多的插图，文字部分较少。孩子们大多喜欢那些有插图但是没有文字的图书。

要确保书中的文字部分容易理解。一本字号印得很大的书看起来简单，但却有可能包含难字、僻字，所以做父母的事先要把它浏览一遍，看看你的孩子能否理解接受里面的文字。

在读书给孩子听时，尽量把气氛搞得很轻松愉悦，这样他们会从中体会到更多乐趣。朗读时，让手指在你读过的字下移动，但不要强迫孩子跟随你的手指读字或者看这些字。

让他们猜测下一步将要发生什么，鼓励孩子注意图画中的事物。并且当他们这样做时，给予表扬。如果孩子要求的话，重复阅读某些书，一本他特别喜爱的书可以反复读给他听。

即使孩子已经能够自己阅读，也还要读书给他听。有家长与他一起度过这段亲密时光，他们仍然会从中得到很多快乐。此外，父母还要教导孩子爱惜书籍，保持书的整洁、美观，把书放在孩子房间里低矮的书架上以便于他们翻阅。

发现比天赋更重要

对于年幼的孩子来说，最重要的是教育而不是天赋。孩子的天赋是有差异的，然而这差异是有限的。即便是那些只有一般禀赋的孩子，只要教育得法，也都能成为非凡的人。

对于年幼的孩子来说，最重要的是教育而不是天赋。孩子的天赋是有差异的，然而这差异是有限的。即便是那些只有一般禀赋的孩子，只要教育得法，也都能成为非凡的人。

威特是近百年来德国少有的奇才。他8岁时能够自由运用德语、意大利语、拉丁语、法语、英语和希腊语等七国语言，并且通晓动物学、植物学、化学、物理学，尤其擅长数学。9岁考上莱比锡大学，14岁由于提交论文被授予哲学博士学位，16岁又获得法学博士学位，并被聘为柏林大学法学教授。

可是，这样聪明绝顶的一个奇才，婴幼儿时期却是极傻的，连母亲和邻居都认为他是一个白痴。他妈妈当时还曾说："这样的孩子，教育他也不会有什么出息，只是白费力气。"然而威特的爸爸老威特却不这样看，他认为：今天的孩子大都受

的是非常不完全的教育，他们的禀赋连一半也没有发挥出来。如果实施能发挥禀赋八到九成的有效教育，那么，即使生下来禀赋只有50的普通孩子，也会优于禀赋为80的孩子。他坚持用自己的方法教育儿子，没有多久，这个“傻孩子”就轰动了整个街区乃至后来整个德国。

正是老威特的教育方法，才使少年威特从一个别人眼中的“傻瓜”成为德国乃至世界少有的奇才。他的理论及成功的实践，给千万望子成才的父母增添希望和信心。

犹太拉比认为，家长应按孩子思维长项来寻找孩子学习和研究的领域。爱迪生偏向观察，于是选择发明；爱因斯坦的思考方式偏向直觉，于是选择理论物理。唯有用好自己的长处，才能找到最适合自己学习与创造的领域。

爱因斯坦在《自述》中说：“我看到数学分成许多专门领域，每一个领域都能费去我们的短暂一生。因此，我觉得自己的处境就像布里丹的驴子一样。它不能决定究竟该吃哪一捆干草。”

意大利著名的天文学家、物理学家伽利略是中世纪的一颗明星。他在物理学方面的发现，打破了1700多年以来人们对亚里士多德的迷信。牛顿说过：“如果说我能看得比别人远一点，是因为我站在巨人的肩上。”他所说的巨人，就是指的伽利略。

伽利略

可是，有谁会想到伽利略年轻的时候曾一度想当修道士？这位科学界的天才差一点被埋没在修道院里。及时改变伽利略这个主意的，不是别人，正是他的父亲凡山佐。

那时候，欧洲的教育和科学都是神学的奴仆，许多学校都是附设在修道院下的。为了让伽利略做好进大学的准备，凡山佐把孩子送到修道院的学校去学习。伽利略在学校里受到宗

教的鼓动，决心要当一个修道士，把一生都贡献给宗教。

凡山佐自己擅长数学。但是，那时人们并不了解数学的用处，连大学里都没有专职的数学教授。凡山佐又是一个作曲家和琵琶演奏员。但是，他也不能靠音乐来谋生，他只能开一个他不愿意开的小铺子养家糊口。在这种情况下，凡山佐当然不愿意儿子学音乐，也不愿意儿子学数学。他希望儿子成为一名医生。伽利略的名字“伽利里奥”，就是为了纪念他们的祖先——一位著名的医生而起的。

凡山佐当然不同意伽利略的这个错误决定。他知道这个孩子从小对任何事情都喜欢问一个“为什么”，这样的人是不会甘愿长期受宗教教条束缚的。而且，修道院中令人窒息的枯燥生活，也不是伽利略这样的人能够忍受得了的。他找了一个借口，说伽利略一只眼睛有问题，不能看书，把伽利略从修道院带回家中。

后来，经过凡山佐的耐心劝说，伽利略接受了父亲的劝告，改变了想当修道士的念头，进比萨大学当了学生。虽然他始终没有成为一名好医生，可是，他毕竟摆脱了做一个枯燥的修道士的命运。而且，他在比萨大学读书期间结识了一些数学家，开始观察和研究了一些物理学的现象，走上了科学研究的道路。

“知子莫若父”，如果没有凡山佐果断、及时而正确的引导，伽利略这颗科学巨星很可能埋没在修道院里。

同老威特、凡山佐一样，犹太人认为，孩子的不同爱好，或有益于身心健康，或有益于智力开发，或有益于个性形成，或有益于情操的陶冶。只有尊重和发展孩子的正当爱好，方有遂愿的可能。

每个孩子都有音乐才能

每个家长都应有意识地为孩子提供学习和欣赏音乐的机会，让孩子多多接触音乐。让孩子融入艺术世界，在艺术殿堂中发展个性、培养美感、完善自我。

相传摩西曾经写过歌，并吩咐犹太人世代相传：“现在你要写一首歌，教导以色列人，传给他们，使这歌见证他们的不是……那时，有许多祸患灾难降临到他们身上，这歌必在他们面前作见证，他们后裔的口中必念诵不忘。”

据说，大卫王本人就有很高的音乐天赋，他不仅写出了许多气势磅礴的优美诗

句，而且还能谱写出悦耳动听的乐曲。除此之外，他还是一位优秀的歌手和竖琴师。他为扫罗王及其三个儿子的壮烈牺牲所谱写的哀歌，长期流传在民众中间，感人至深。在大卫王执政时期，雇佣了大批音乐教师，开展音乐活动，普及音乐教育，从小培养儿童的音乐天赋，以便使他们或者能独立接待朋友，或者能参与集体活动，或者通过赞美上帝的恩典感化人们的心灵，或者通过自我娱乐领悟美妙音乐的高雅情感。

自古以来，犹太人就以酷爱音乐而著称。音乐在犹太教中有非常重要的地位，犹太人除了普通的读书之外，如果有条件，音乐学习是最基本的。犹太人特别喜欢学习小提琴，所以出名的小提琴家也非常多。世界一流的就有帕尔曼、祖克曼、明茨等。除了小提琴之外，犹太民族还向世界贡献了众多优秀的音乐家，如波兰作家兼音乐家瓦迪斯瓦夫·希皮曼、西方现代主义音乐代表人物安诺德·动伯格等等都是犹太人。

每个家长都应有意识地为孩子提供学习和欣赏音乐的机会，为孩子创造家庭及社会等不同的环境，如听各种音乐会，利用电视、音像手段，购置各种音乐像带，让孩子多多接触音乐。如果条件允许的话，可学学唱歌、跳舞、演奏各种乐器，更直接地接触音乐。让孩子融入艺术世界，在艺术殿堂中发展个性、培养美感、完善自我。

小孩一生下来就有不同程度的音乐才能——感知节奏、旋律或完美音调，而音乐在很大程度上是后天获得的技能。在音乐之家长大的小孩显然比那些没有同样环境的小孩更容易培养音乐上的技能。为了让你的小孩喜欢音乐，并不要求你必须是一位训练有素的音乐家。比较不同技能的学音乐的学生表明：父母越喜欢音乐，或者父母只是常听音乐，小孩在音乐方面的成绩就越好。在家中放一些乐器也同样会有助于培养小孩的音乐才能。

听音乐、谈音乐，随音乐做一些充满乐趣的游戏，甚至哪怕仅仅让小孩触摸一些乐器，都是激发小孩形成长时间对音乐感兴趣的重要组成部分。如果能播放贝多芬的奏鸣曲，对小孩都是极好的开端与鼓励，但这并不是让小孩热爱音乐的必要条件。有时，正当你和孩子一起分享音乐并告诉他音乐是多么有意思时，他要求你停

止唱歌，你千万不要惊讶或失望，有时小孩只希望你成为听众而不是参与者。他希望自己表演。

儿歌与歌曲有着密不可分的关系。好的儿童歌曲常常是在好的儿歌基础上谱曲而成的，可以歌唱的儿歌也就成了儿童歌曲。具有教育意义和充满儿童情趣的儿歌伴随幼儿的成长，是幼儿喜爱的精神食粮。儿歌对于培养儿童的基本音乐能力具有重要意义，因为儿童音乐能力的培养可以从儿歌开始。

一位犹太教育家告诫家长对孩子的音乐学习不要有什么顾虑，不要怕影响学习。在孩子年级较低时，作业负担不重的情况下，让孩子们广泛接触音乐不但不会影响学习，反而有助于发展孩子的想象力和理解力。

早期教育不容忽视

品德培养胜于传授知识，尤为注意儿童敬畏上帝，养成谦逊、节制、仁慈、诚实等品质。教育的直接目的是培养孩子对上帝的敬畏心理以及身为犹太人的使命感与优越感，启发他们对正义与信念的献身精神。

古代犹太人极度重视对孩子进行早期教育，当然，那时的早期教育实际上是宗教教育。

古代犹太人的“先知”以赛亚主张婴儿断奶时就应开始受教育。另一位伟大先知斐诺也主张孩子在襁褓中就应该知道上帝是宇宙的唯一的神和创造者，让他从小“感受上帝的灵气”。

犹太人一般认为，儿童刚学会说话，就应该教他说“西玛”，并开始教孩子说：“听着，以色列人啊，耶和华是我们的牧者，是唯一的神。”然后逐渐教孩子背诵祈祷文、箴言，学唱赞美诗。

早期希伯来教育和其他原始民族的教育一样，尚处在萌芽阶段，当时没有正规的学校和教师，家庭便成为孩子们接受教育的场所。

早期希伯来人家庭教育的主要内容是宗教神学，注重品德培养胜于传授知识，尤为注意儿童敬畏上帝，养成谦逊、节制、仁慈、诚实等品质。教育的直接目的是培养孩子对上帝的敬畏心理以及身为犹太人的使命感与优越感，启发他们对正义与

信念的献身精神。

尽管当时的家庭教育还比较原始，比较狭隘，远未形成完备的教育体系，但它却在犹太民族的发展史和世界教育史上占有一定的地位。

“正是这种浸沉着浓厚宗教气氛的家庭教育，使得每个犹太人家庭都是一个牢不可破的堡垒。正是这种把一切统摄在笃信上帝、充当上帝的子女的教育之下，使得犹太人尽管此后散居各地、被掳往异乡，仍能继续生存、发展，保持其传统习惯、宗教信仰。”一名著名学者这样说。

在“巴比伦之囚”时期，犹太人接触先进的异族文化，在国破家亡的惨痛中追忆和反省历史，同时整理和修订上帝的律法诫命。与此相应，在祭司之外，一个文士阶层开始形成。文士是经典的抄写员、律法的解释者和传统的捍卫者。至波斯统治时期，他们与祭司共同领导重建圣殿和复兴犹太教的工作。以斯拉规定每周一和周四公共诵读经典的制度，使文士的地位有所提高，诵读必然伴随着讲解和传授。至公元前 4 世纪，犹太人放弃希伯来语改说阿拉米语，学习语言和翻译经文成为教育的重要内容。圣殿被毁后，各地出现的会堂逐渐成为人们学习和礼拜的中心，精通律法的文士自然取得会堂的领导权，被尊称为“拉比”（教师）。会堂也成为他们传授律法的场所。

公元前 3 世纪，一些会堂开始招收儿童，办班讲学。这时的律法也把青少年教育看成是保持民族传统的重要环节，要求父母亲尽可能早地开始对孩子的宗教教育，甚至要求孩子刚学会说话，就应该学会背诵这样的诗句：“摩西将律法传给我们作为雅各会众的产业。”尔后要逐步学习背诵祷词、圣诗、格言、谚语及圣典上的一些简单内容。如果父母有能力的话，幼儿时就应该教孩子识字，并学习书写。

公元前 1 世纪，在会堂之外出现一些学校，主要向儿童传授读书识字的基本技能。大一些的孩子则进专门学校，系统学习犹太教经典。

公元前 75 年，耶路撒冷犹太教公会族长西姆昂—本—舍塔赫颁布法令，规定犹太社区必须资助公共教育，十六七岁的青年都要接受正式的教育，教师由耶路撒冷任命。一个世纪后，第二圣殿最后一任大祭司耶霍舒阿—本—加姆拉重申前述法令，规定每一个犹太社团都必须设立学校，6 岁至 10 岁的儿童必须入学，在教师监

督下学习，并规定在各地任命教师的制度。这一法令标志犹太教初级教育体制的建立。在此之前，儿童可在父亲的耳提面命下学习，但是失去父亲的儿童却无人教育。现在律法规定每个社团都必须出资聘请教师，以保障所有的儿童都能受教育。这一传统以后一直为犹太人所继承，并逐步为世界其他民族所接受，成为现代义务教育体制的先声。

《塔木德》说：“愿拉比耶霍舒阿一本一加姆拉因此善行而被怀念，如果不是他，《托拉》就会在以色列被遗忘。”

当时教学的目的就是学习律法，教材就是犹太教经典。

在《阿伯特》中，拉比耶胡达一本一提玛有一段指导意见：5岁开始学习《圣经》，10岁诵读《密西拿》，13岁接受诫命，15岁研读《塔木德》。通用的教学方法是背诵，先熟记后理解，有所谓“读101遍比读100遍好”的说法。教师在学生熟记后逐段讲解，有时也采用讨论的方法，巩固所学的知识。鞭挞和体罚是允许的，认为是获取知识和增长才智的有效方法。

对儿童早期教育的高度重视，是古希伯来人重视教育的一个重要方面。

训练眼睛是开发智力的第一步

婴儿稚嫩的眼睛对颜色极为敏感，有效地训练孩子的眼睛，是开发孩子智力的第一步。

犹太教育家利维坦的独生子是一名“天才”，在谈到他的育儿经时，他说：

“婴儿稚嫩的眼睛对颜色极为敏感，有效地训练孩子的眼睛，是开发孩子智力的第一步。我第一次抱起我的儿子时，我发现他没有看我，而是很费力地向侧面看，我感到非常奇怪，我顺着他目光看过去，才发现他看的是我们刚买的婴儿车，是彩色的，我才明白孩子对颜色的敏感。从此以后，我提醒太太，让孩子首先认识色彩。我们让他首先看那些彩色的物品，如气球、布娃娃、闹钟。我们还引导他看电视画面，经常抱他出去接触大自然，接触五颜六色的大千世界。我们给他喂奶的奶瓶有很多种颜色，每一次喂奶用的奶瓶的颜色也不同。我们发现了一个非常有趣的现象：儿子还偏爱某种颜色，当用他喜欢颜色的奶瓶喂奶时，他总是表现出很快

乐的样子，他会用两只小手紧紧地抓住奶瓶，而且食欲也特别好，因此我们就经常用他喜欢的奶瓶给他喂奶。我们还为他买来各种颜色的小铃铛，用细绳子拴在他的手腕上，随着手的运动而产生声音，孩子又表现出很高兴的样子。为了让孩子分辨这些颜色，我们每周给他换一种颜色的小铃铛，并反复告诉他这种颜色。后来，他伸手试图抓这些铃铛，于是，我们帮他拿到这些铃铛。通过这种方式，在不长的时间里，他记住了各种颜色。孩子稍大一点儿，我们买来画报、助学卡片等给他看，现在，我开始盼望他能学到些什么，想让这些色彩进入他的心灵，开发他的智力。儿子最初只是注意物品的颜色，渐渐地，他开始懂得些什么，我们非常高兴，逐渐加大了图片的难度，我发现，他的进步非常快。我的儿子就是这样一点点进入这个世界，并与这个世界进行交流。通过眼睛，这个世界在他的心目中一点一点丰富起来。这种教育方式最为直观，最有效。”

犹太家庭的孩子是幸福的。作为孩子的启蒙教师，他们的父母总是能为自己的孩子挑选一些五彩缤纷的小球或者小积木，这些都是孩子们喜爱的玩具。通过这些玩具，就能加速发展孩子的色彩感。

为了发展孩子对色彩的感觉，很多妈妈还会为孩子买来检查色盲所用的“检测色系”作为孩子的玩具。用这种玩具可以让孩子玩各种游戏，从而提高孩子尤其是男孩的颜色感觉。因为男孩与女孩相比，触觉灵敏而色感迟钝。所以如果不从小培养男孩的颜色的感觉，那么他们成人后的色彩感将会非常迟钝。

犹太民族的每一个家庭，总会为他们的孩子准备一盒蜡笔，这包蜡笔便是孩子们获得色彩感的最好工具。他们的家长既可以用它教会孩子认识颜色，还可以教孩子绘画，加深父母与孩子的感情，促进孩子智力的发展。

尽早教会孩子说话

千方百计让孩子的头脑和身体得到充分而全面的开发。语言是思维的工具，如果不能尽早开始教孩子语言，孩子的头脑就得不到很好的开发。

犹太教育专家认为，尽早教会孩子说话，是发展孩子头脑灵活的有效手段。因此，父母必须早日发展幼儿的语言能力，因为语言能力乃是一切学习的基础和工

具，语言能力的高低与智力测验的成绩关系极为密切，语言能力愈高将来大都能够学得更多、更快，而且不管做什么事都比较容易成功，因此父母应该与儿童多讲话、让他多听、多说、多学外文，而且买大量的故事书或卡片给他看，并教他认字，以便奠定未来成功的基础，但不必教他写字。因为许多专家都认为应该等到入小学以后，肌肉控制能力较成熟时才开始学写字比较适当。

犹太教育学家巴维总结自己对孩子的早期教育时说："人一生的教育再也没有比婴儿期更为重要的时期了。我们应该千方百计地让孩子的头脑和身体得到充分而全面的开发。所谓孩子头脑的开发就是指尽早地开始教孩子学习语言，因为语言是思维的工具，如果不能尽早开始教孩子语言，孩子的头脑就得不到很好的开发。我们若是在孩子 6 岁前加紧准确的语言训练，那么这个孩子的智能一定发展得很好。"

孩子从婴儿期起就开始注意人的声音和物品发出的声响，从这一点可以看出，对孩子进行早期语言教育是十分必要的。

科学实验证明，婴儿从 6 周开始就已经懂得声音，并对纸上的东西产生兴趣，尽管他们不懂内容，但是只要同他们说话或给他们朗读，他们就会做出反应。在犹太人家庭中，孩子从婴儿时起，大人就认为他们能听懂话，非常有耐心地同他们讲话。

很多犹太教育研究人员认为，多与幼儿谈话，即使他们因为太小还不会回答，仍然有助于启发他们的智力，使他们变得更加聪明。

耶路撒冷希伯来语言中心的华德博士说，为人父母者每天至少要花半个小时，与他们谈一些有趣味性的事情。父母在和幼儿谈话时最好消除所有背景杂音，以免幼儿分心。

犹太教育专家曾做过这方面的研究：对满 2 岁的儿童做智能测验，过了 3 年之后孩子满 5 岁时，对他们再做同样的智力测验，以便比较他们的智力差异。结果发现他们的智力发生了分化。于是，研究人员对智力上升和下降的孩子进行综合性调查。他们发现，在父母的职业、收入、居住环境等条件大体相同的情况下，孩子的智力发展的快慢，主要取决于父母与子女谈话次数的多少及语言的准确程度。那些

说话相对“唠叨”的母亲的孩子的智力较高。也就是说，幼儿的丰富的语言刺激，是提高孩子智力的主要手段之一。

对孩子们来说，最初的人际关系，大多是母子关系。母亲在孩子的语言发展过程中，扮演着重要而且不可缺少的角色。

那些“唠叨”的母亲，没想到会获得犹太教育专家的赏识，当然她们有的是有意识的，也有本身如此。

专家们建议妈妈们经常对着幼小的孩子自言自语地说：“我的小宝贝，快看，太阳出来了，多温暖呀！”“小宝贝，时候不早了，该起床了！”类似的一些琐碎话语，往往成为刺激孩子语言发展的重要因素。

母亲们都喜欢抱着或背着孩子，由于身体紧紧贴着妈妈的身体，因此他们会获得一种安全感。这时，孩子的视线与母亲几乎一样高，比坐在婴儿车中，更有机会与母亲沟通。这对孩子的语言发展具有积极的意义。虽然孩子常常词汇贫乏，甚至幼稚笨拙，做父母要有耐心，要不厌其烦地与孩子交谈，聆听孩子的牙牙之语，并且随时加以指导。

我们知道孩子大都喜欢说话，有时候话还很多。这是因为他有一种强烈的求知欲与沟通欲望，它们促使他想得到或明白更多的东西。作为父母也要有强烈的愿望，让孩子多学一些动作。我们如何来教育孩子尽快掌握语言并且自如地驾驭语言，这是初为人父母应学的第一课。

一位成功的犹太人母亲高塔曼说：“我们在教孩子语言时，语法并不是特别重要。在教孩子说话时，我只是把一些单词反反复复地说给孩子听，同时还把孩子所能理解的、有趣的故事用精选的词句组成短文，让孩子记住，孩子不仅能够记住，并总是高兴地复述这些短文。”

在游戏中学会生存本领

游戏是动物的本能，所有动物都会做游戏，小动物在游戏中学会生存的本领，孩子也有同样的需要。

游戏是动物的本能，所有动物都会做游戏，小动物在游戏中学会生存的本领，

孩子也有同样的需要。

小猫拿自己的尾巴和老猫的尾巴玩，主要目的是娱乐，间接可以发展捕捉老鼠的能力。小狮子也会追逐老狮子翻滚，也可以间接锻炼自己将来与其他动物搏斗的能力。

我们的孩子也是一样，为了他的生活不至于单调，为了发展他将来的生存能力，我们必须让孩子进行游戏。

因此，对于孩子的自发游戏，父母应该给以关注，善于引导，通过游戏，可以促进孩子身体、智能、品德的综合发展。

下面是一个犹太教育专家与孩子的游戏实录：

他在房间的四壁大约 60 厘米高的位置贴上用红色和其他颜色纸剪成的字母、文字和数字的纸片，做成很多美术字，五彩缤纷，非常吸引孩子的目光。

然后，教师鼓励孩子爬向这些纸片，对那些准确行动者给予奖励。然后将这些纸片上的内容读给孩子听。

孩子满两岁时，他们便开始教他们玩黏土，用苹果、香蕉等日常孩子常见的水果做样品，让他们仔细观察后，按照它们原来的形状学着做，对做的水平要求不高，只要大体上成形即可。

这种方式既可以锻炼孩子的观察能力，还可以训练孩子的手的灵活和灵巧性，从而训练他们的右脑。

积木对两岁左右的孩子来说也是很好的玩具，因为它可以锻炼孩子的平衡能力。

组合房屋、组合汽车、拼图等玩具还可以培养孩子的思考能力，是犹太教育专家最愿意采取的启发孩子的智力的最有效方法。

犹太家庭中最为古老，也最为家长所常采用的方法就是让孩子玩圆豆。这种方法是拿小豆、黄豆、大豆或其他圆形的体积小的、颜色不同的农产品，将它们混合：在一起放在一个盘子中，再取四至五个不同颜色的杯子，要求孩子用大拇指和食指抓住豆子，将豆子分类后，分别放进各自不同的杯子里。

这种游戏的好处是训练孩子用大拇指和食指夹住东西的能力，而这种能力只有

人类才会有。

向胎儿传递爱的信息

父母应该把自己对孩子的强烈企盼变成语言，如“我们非常盼望你的出世”“你将是我们的自豪”等，时常传递给孩子。

犹太人注重教育是世界所公认的，他们认为教育孩子并不只是停留在早期，在早期教育前还应该把握更为良好的教育时机，那就是胎教。

世界上第一所“胎教大学”诞生在以色列。这所“胎教大学”于1968年由一名叫雅伯尼的妇产科专家创办。这是一个具有时代意识的实验，它改变了人类的未来。

这所大学对五个月大小的胎儿进行胎教，课程包括语言、音乐、体育等，每天3次，每次5分钟。“学生们”在出生前，就可以得到一份校方颁发的毕业证。

这所著名大学毕业的第一名“学生”名叫施拉特，他是一个工人的儿子。小施拉特出生后4个月就会讲话，比一般孩子提前了6个月以上。到4岁时，他已能流利地讲英语和希伯来语。小施拉特喜欢同比自己大4岁以上的孩子玩，而且表现出少有的成熟。

“胎教大学”的其他“毕业生”，其表现也大都与众不同。这些孩子明显地更为聪明、伶俐，更容易理解数学和语言，并能更早地认识他们的父母。在听、讲、使用语言方面，均有上佳表现。

犹太教育家得出如下结论：胎教对孩子智能的发育非常有利。

通常，犹太民族的胎教包括以下三个部分：

第一，向胎儿传递积极的情感信息。

犹太教育专家认为，孕妇的情绪对胎儿的成长发育起着极其重大的作用，因此，他们设置的胎教方案首先调节孕妇的情绪，其次让孕妇把自己的积极情绪传递给胎儿，从而促进胎儿的综合发展。

有的犹太父母会给自己未来的“宝贝”先起好名字，这样在进行母子沟通时，母亲一边抚摸着自己的肚子，一边轻声呼唤自己孩子的名字，这种方式产生

了非常好的效果。有一位母亲说："当我生产时，本来是难产，但那时我在心里呼唤我的女儿，是她给了我力量，结果孩子很容易地生下来，智力没有受到任何影响。"

犹太教育专家建议，父母应该把自己对孩子的强烈企盼变成语言，如"我们非常盼望你的出世""你将是我们的自豪"等，时常传递给孩子。

孕妇还可以购买一张漂亮男孩或女孩的大幅照片，贴在自己可以经常看到的地方，在自己头脑中形成一个清晰的印象，想象自己可以同化腹内的胎儿。

心想事成，你所希望的东西将潜移默化，你就一定会造就一个优秀孩子。

第二，向胎儿传递音乐信息。

妊娠末期，胎儿的神经系统的发育已经基本完善，在这一阶段，如果父母给胎儿听音乐或有意识地唱歌给他听，会收到意想不到的效果。

这时候可以放一些优美的古典音乐、儿歌、儿童故事、催眠曲等等，这对促进胎儿脑细胞的树突和轴突增长、增多，对宝宝出生后具有更加敏锐的接受、消化能力很有好处。

在唱歌时，一方面母亲可以陶冶自己的情操，获得愉快的心情：另一方面，母亲歌唱时的愉快心情会传递给胎儿，这一点是任何形式的音乐所不能替代的。

如果不会唱，母亲可以买磁带或其他有声材料，一边听，一边跟着哼唱。每天要多进行几次。

第三，向胎儿传递运动信息。

到 17 周时，胎儿就开始懂得自己运动了。这个时候的胎儿在母亲腹中会做一些动作。当妊娠 18 周时，母亲就能感觉到胎动了。

犹太教育专家这时开始对胎儿进行运动的刺激。实验结果表明，在宫内受过运动训练的胎儿，出生后翻身、爬行、坐起及行走等动作明显早于一般孩子，他们后来所表现出的智力也明显高于其他孩子。可见，运动训练直接影响孩子的智力和身心的综合全面发展。

胎儿的运动训练从妊娠的三四个月开始，训练时孕妇仰卧，全身放松，先用手在腹部来回抚摸，然后用手指轻轻按腹部的不同部位，并观察胎儿的反应。此时的

动作一定要轻柔，时间要短。

几周后，胎儿就能适应这种训练，会积极地做出一些响应，如踢腿等动作。

妊娠六个月时，胎儿的头部和肢体已经可以触摸得到。从这个时候开始，母亲可以轻轻地拍抚腹部，配合胎教音乐用双手轻轻地推摸胎儿，帮助他在宫内运动。这时候运动的时间也不宜太长，以2~5分钟为宜。

为孩子选择一所合适的学校

无论孩子是不是喜欢，他们都得学习这些与他们日后生活极为相关的技能，必须掌握加减法的运算与拼写单词，必须学会运用语法和标点符号的规则。这些都是学校所教给的，也是每一个犹太家庭所教给孩子的技能。

孩子从五岁到七岁左右，开始倾向于独立，开始接触外部世界。学校成为社会化的媒介。孩子在学校中可以考验自己的独立精神，开始接受旨在为成人的责任感做准备的正规教育。

耶路撒冷大学的杰瑞尼思伯教授说：

一旦孩子到了入学年龄，父母就得为孩子选择一所适合自己孩子的学校。至于如何选择。有哪些标准，他有如下阐述：

学校是否重视对特长儿童的教育？如果不重视，那么教育就是失败的。

学校是否制定了针对特长儿童的政策？

为特长儿童上课的教师是如何挑选出来的？他们的资历怎么样？为特长儿童上课的教师必须懂得超常孩子的心理、需要和个性本质。他们必须理解孩子，对孩子的超常行为与能力不嫉妒。因为，这些特长儿童需要经验丰富、能够理解和同情他们的教师。

针对特长儿童的课是怎样安排与组织的？针对特长儿童的教育每一星期进行多少小时？研究发现，全日制的教学计划是最令人满意和成功的。

专门适用于特长儿童的资料和书籍有哪些？针对特长儿童的课堂，应该有比普通课堂更为专业涵盖广泛的特长领域的教学资料。

特长儿童教育计划是否具有连续性？在孩子的整个求学过程中，能有一个专门

针对特长儿童的、协调发展的教育计划是非常重要的。

特长儿童教育计划中的孩子们是如何选定的？这是一个技术要求很高的程序，需要受过训练的人员具有专门的技术。所使用的方法必须是公平的，以便孩子们每年都能够保证以实际情况进入或退出这些教育计划。

以上这些情况都是父母必须要知道的，这一切与孩子的发展是密切相关的，需要父母们时常与学校保持联系。

父母送孩子进学校的目的是为了让孩子获得三种技能，即阅读、写作和数学。现在以色列的学校是从生活技能到美容美发，从电器修理到烧饭做菜再到天体物理，总之是无所不教。因为他们明白无论孩子是特长儿童还是白痴孩子，都必须让他获得一定的生存技能。只有让孩子掌握了这些技能，才能让他们从事更为尖端的工作。他们必须尽可能早的获得这些技能。作为一个特长儿童，通常要比他们同龄的孩子早几个月甚至是几年的时间，去学习某种技能。

无论孩子是不是喜欢，他们都得学习这些与他们日后生活极为相关的技能，必须掌握加减法的运算与拼写单词，必须学会运用语法和标点符号的规则。这些都是学校所教给的，也是每个犹太家庭所教给孩子的技能。

父母为了孩子的成功必须对孩子做出许多限制，以便帮助孩子度过通向事业的顶峰，让他们有所作为。所以犹太父母总是让孩子在玩耍与学习之间保持着谨慎的平衡。在他们看来，真正具有天赋的孩子是由追求成功的欲望驱动的，因为他们不需要父母或教师的不断督促。

在犹太学校每天的上课时间大约是 6 小时，大致从上午 9 点到下午的 3 点钟。另外根据孩子的年级和学校的位置，还要加上 2 个小时以上的时间让孩子用来玩耍和进行社交，另外还要用不少的时间用来吃饭、进行家庭活动、洗澡和做家务等。

给予什么就形成什么

婴儿从生下来那天开始就像吸入空气一样在吸收着知识，这个时候就应该把知识与空气一同给予他。只有这样，他的成长才是健全与完善的。

婴儿的早期教育是一种追随教育。在幼儿初学的关键期，一旦丧失了适当的教育，其损失将是无法弥补的。婴儿在出生时，其大脑皮质的以下部分与成人已经相差不大了，但大脑皮层还需要继续发育。

在耶路撒冷有一个叫艾尼克斯的孩子，他在几个月大的时候就大病了一场，昏迷了 24 小时之久。医生断言可怜的艾尼克斯的脑子已经受到了严重的损害。可他的父母没有被医生的话所吓倒，他们所要做的是如何让有病的孩子具有学到知识的能力，如何让孩子拥有想象的能力。

只要不让孩子这种智力消失还是有希望的。

艾尼克斯父母通过种种努力以及对孩子的永不放弃，使艾尼克斯在 16 岁时成了一个才华出众、反应敏锐、成绩优异的乐队指挥。

很多犹太教育家都有这样的看法：一个人的事业、社会地位、婚姻和财富，并不取决于某种单一的因素，智商高的人不一定成功。同样，智商不高的人不一定不成功。但可以肯定的是，智商低的人肯定不幸福、不快乐，智商高的人则比较自由与快乐，而智商的高低恰恰与早教有着极大的关系。

家庭是孩子学习与教育的起点。

婴儿时期的孩子犹如一张白纸，又如同是瓷器，小的时候就形成了他一生的雏形。幼儿时期就好比是制造瓷器的黏土，给予什么样的教育就会形成什么样的雏形。

教育必须由出生那天开始进行，闪为婴儿从生下来那天开始就像吸入空气一样在吸收着知识，这个时候就应该把知识与空气一同给予他。只有这样，他的成长才是健全与完善的。

一个人在成长过程中，是具有某种智能发展最佳时期的。这个时期对孩子的将来起着关键性作用，作为父母，千万不能错过孩子的这一时期。如果抓住了时机，就是为孩子抓住了成功。

爬行阶段不可超越

爬行是孩子手脚并用的一个最好锻炼时机。

爬行是孩子手脚并用的一个最好锻炼时机。今天的孩子很少爬行，有多种原因。第一是很多父母认为孩子爬行是不文明的举动，父母限止孩子的爬行；第二个原因是公寓的住宅面积狭小，孩子练习爬行的场所极为有限。在今天没有经历过爬行的孩子越来越多。同时，五六岁仍旧不会说话的孩子也多了起来。

事实上，孩子的爬行、语言能力的迟缓及智能的发展，这三者之间有着极为密切的关系。

孩子的成长必经以下几个方面，如果不按部就班，跳过了某个阶段，就会成为孩子成长的极大障碍。

婴儿从零岁到一岁的这个时期，也必须经过下面这几个阶段：

孩子出生三个月，只能躺着，手脚乱动。此时的孩子处于脊髓上方延髓发育阶段。

孩子出生六个月，趴着爬行。此时的孩子处于再上方的脑桥发育阶段。

孩子出生十个月，会用四肢爬行。此时的孩子处于上方的中脑发育阶段。

孩子出生一年以后，会用手扶着东西走路。此时的孩子处于最上方的大脑皮质发育阶段。

上面这几个阶段与孩子的身体发育阶段是一致的。假如孩子跳过四脚爬行的阶段，而直接开始用手扶东西走路，这表示孩子第三个阶段的中脑没有发育完成，便进入了大脑皮质发育阶段。这种结果是在中脑未发育成熟时，就已经五六岁了，于是，在语言学习上就会发生问题。

要治疗这种孩子，其方法就是让他重新练习婴儿时期所省略掉的那一个阶段，让孩子充分爬行三个月，则原来尚未发育完成的中脑部分就会慢慢成熟。这对语言方面的能力极有助益。

孩子有一段时间喜欢手脚并用，就由他好了。不要认为这是一种返祖现象，父母切不可加以阻拦。

零岁到两岁的孩子，在家庭中最好建立一个爬行区，任由孩子折腾。千万不要设立围栏，这样只会阻碍活泼好动的孩子发展运动。

两岁前打手两岁后握手

没有什么比不用强制压迫，而给予正当动机的教育，更能收到良好的教育效果了。唯有以父母亲用心给予孩子深切的理解，才是正确的教育。

在犹太家庭中，“教育”一词在很多人看来多少有一种强制性的味道。在他们看来，婴儿乐于接受什么，厌恶什么，母亲应该知道，这才是作为母亲理应知道的事情。

比尔勒是一个让母亲感到失望的孩子，但这个孩子有一个最大的优点——当母亲给他讲故事时，他就一动不动地趴在母亲的腿上，听得十分认真。比尔勒的母亲为了使孩子能安静一会儿，每天总是用故事来引诱他。天长日久，母亲的故事激发了比尔勒求知的欲望，他的学习成绩不知不觉好了起来。后来他顺利地进入了大学，并成了全校的优等生。

比尔勒后来回忆他的成才经历时说：“母亲的故事拯救了我！”

母亲的职责就是观察孩子的好恶，给予孩子所要求的刺，如果母亲强迫孩子接受他不感兴趣的事物，只会起到负面的作用。

在生活中母亲的言语、心态、动作会很敏感地传给孩子，形成孩子的能力与性格。母亲的日常生活状态，就是对孩子的身教。母亲教给孩子的某种事物，固然是教育的手段之一，但不是所有的教育方式。

教育家曾说过：没有什么比不用强制压迫，而给予正当动机的教育，更能收到，良好的教育效果了。唯有父母用心给予孩子深切的理解，才是正确的教育。

采取强制或勉为其难的方法教育孩子是最有害的。在童年期的儿童，特别容易受到暗示教育的影响。这个时期正是父母悄悄用自己的意志激发孩子意志，使他们发生变化的关键时期。

两岁前要打孩子的手，两岁后就得握住孩子的手。

东西方的教育方式有着一定的差异。在犹太教育中如果一个孩子，年轻的妈妈是绝对不会迁就他的，先是叱骂小孩，继而打他的屁股，然后，也不管孩子是哭是闹，夫妻俩竟自己吃起来，不再去理会孩子。这同时也是西方的一大教育特色。

这件事如果发生在东方，母亲的这种行为一定会被理解为冷漠，一定会被谴责。可是在犹太民族中这是一种极为正确的教育行为。在他们看来，孩子在两岁以前，脑组织尚未成熟与定型，大人对他施以动物性的反复管教，深具意义，而能做好这件事的却只有“管教严格的妈妈”。

在教育孩子中，作为父母必须知道，孩子不会拒绝大人施予的各种方式。在动物性管教期间，孩子大约在两岁之后就会有他自己的意志。这时候，也就是母亲停止做“严于教养的妈妈”的时刻。如果到了这时，仍然无视孩子的意愿，一味要他照着母亲的意思去做，势必引起孩子的反抗心理，一番热心教育的功夫都属白费。

孩子到了自我意识形成之后，也就是孩子两岁以后，严厉的妈妈就当是一个温和慈祥的母亲，这才是理想的妈妈形象。当然，以后，随着孩子长大，教育的方式也要随之改变。

第八章　犹太人的经商智慧

犹太民族是世界历史上最会经商的民族。尽管他们四处流散，备受迫害，却一次又一次地以“富人”的形象出现。历史上，这个忐忑不安地穿行在驱逐令和火刑柱中的民族，却好像是天然优良的造币机器。历代统治者排斥它、剥夺它，但在经济困境中又不得不依赖它。这是为什么？这个长期以来没有土地、没有国家的边缘民族，崛起在世界民族之林，成为一股不可忽视的经济力量，它的影响无处不在，而这一切都源于犹太人的经商智慧。

一、犹太人经商法则

钱没有高低贵贱之分

2000多年前，犹太教的拉比们就已经开始教育他们的同胞：“钱不是罪恶，钱是神对人的祝福。”“《圣经》发射光明，金钱散发温暖。”“身体依心而生存，心则依靠钱包而生存。”金钱是成功的标志，是实现人生价值的工具，所以，“金钱是给美好人生的祝福，是人给上帝的礼物”。

《塔木德》说：“金钱平等，因此，人格平等，于是怀有赚大钱的欲望才好。金钱对任何人来说都是平等的，它没有高低贵贱的差别。”这是犹太人的经商法则。

有一位犹太人在一个公众场合演讲，为了证明人在任何时候都要看得起自己，他拿起20美元，高举过头顶。

“看，这是20美元，崭新的20美元。有谁想要？”结果所有人都举起了手。

这时，他把这张纸币在手里揉了揉，纸币变得皱巴巴的，然后又问听众：“现在有人想要这20美元吗？”所有人都举起了手。

他把这张纸币放在地下，用脚狠狠地踩了几下，钱币已经变得又脏又烂了。他拿起钱来，又问：“现在还有人想要吗？”

结果还是所有人都举起了手。于是他说：“朋友们，钱在任何时候都是钱，不会因为你揉了它，把它踩烂，它的价值就会有任何的变化，它依然可以在商店里花出去。”

为什么那张钞票在演讲者的手里揉皱了，又被他踩脏弄破了，还是有人想要它呢？因为钞票就是钞票，钞票是没有高低贵贱之分的，它不会因为受到了什么“待遇”就有所差别，它的价值还是和以前一样，和其他等面值的钞票的价值是一样的，只要它们的价值一样，钞票便是平等的。

犹太人就是这样的观念，所以他们总是不怕生意细微，即使小生意也不会放弃，在他们的经商历史中，他们喜欢把“钞票不问出处”这句话挂在嘴上，实际上是在教人们创造和积累财富必须处心积虑，必须巧捕商机，必须妙用手腕。

钱是货币，是一个人拥有的物质财富多少的标志，它本身不存在贵贱问题。犹太人的赚钱观念和传统观念不一样，他们丝毫不认为拉三轮、扛麻袋就低贱，而当老板、做经理就高贵，钱在谁的口袋里都一样是钱，不会到了另一个人的口袋中就不是钱了。

因此，他们在赚钱的时候，不会觉得钱是低贱或高贵的，他们不会因为自己目前所从事的职业不好而感到自愧不如，他们在从事所谓的低贱职业的时候，心态也表现得十分平和。

犹太人对钱的观念自有所持，特别是犹太商人，他们认为“金钱无姓氏，更无履历表”。他们不像有些国家和民族那样，把钱分为“干净的钱”或“不干净的钱”。他们自信，通过经营来赚钱是心安理得的。因此，他们通过千方百计地经营，尽量赚取更多的钱，不管这些钱是农夫出卖了产品得来的，还是赌徒赢来的，抑或是知识分子脑力劳动得来的，都是收之无愧，泰然处之。

赚钱有术的犹太人数不胜数，以放债发迹的亚伦就是典型的一例。

这位移居英国的犹太人从打工开始，用积蓄的一点小钱做些小生意。由于生意扩大，他需要资金周转，不得不向钱庄或银行借钱。他在实践中发现，向别人借钱的代价确实太高，往往与商业经营获得的利润相差无几。他想，自己辛辛苦苦经营全为银行打工，而且风险比银行还大，倒不如自己从事放债业务合算。

几年后，他开始了放债业务。他一边维持小生意经营，一边抽出部分资本贷给急需用钱的人。另外，他又从银行贷来利率相对较低的钱，以较高的利率转贷给别人，从中赚取差额利润。有些等钱应急的生产者或其他人，宁愿以月息20%借贷，这样，等于100美元放贷1年，可获得240%的回报率，比投资做买卖更能赚钱。亚伦就是盯着这个赚钱的路子，迅速走上发迹之路。当他63岁逝世时，留下的钱财在当时的英国首屈一指。

犹太人的经商活动，有一个看似简单却很难做到的特点，他们对顾客总是一视同仁，不带一丝成见。他们认为，因为成见而坏了可以赚钱的生意，简直是太不值得了。

犹太人散居世界各地，他们对各国人都视为同胞。无论是住在华盛顿、莫斯科还是伦敦等地，犹太人之间都经常保持密切的联系。

要想赚钱，就得打破原有的成见，这是犹太人经商得出的启示。就像金钱没有肮脏和干净之分一样，犹太人对赚钱的对象也是不加区分的。只要能赚钱，达成生意协议，能从你的手中得到钱，这种生意就可以做。在犹太人的脑海里，在进行贸易往来时，无论你是美国人还是俄国人，无论你是欧洲人还是非洲人，只要你和他的这笔交易能给他带来利润，他就可以和你交易。

要赚钱，就不要顾虑太多，不能被原来的传统习惯和观念所束缚，要敢于打破旧传统，接受新观念。也就是说，要想赚钱，就要打破成见。试想一下，如果因为和对方的思想意识不同，主动放弃一次赚大钱的机会，岂不是太可惜、太不值得了！我们知道，金钱是没有国籍的，所以，赚钱也不应当区分国籍，为自己设置赚钱的种种限制。聪明的犹太人很早就认识到这一点，所以他们很团结，结合在一起共同赚外国人的钱，这就是他们成功的原因所在！

由于犹太人对金钱不问出处，保证了他们的思想是完全自由的，丝毫不受世俗观念的拘束。在他们眼里，什么生意都可以做，什么钱都可以赚，即使“卖棺材的也可以赚钱”。

穷，也要站在富人堆里

《塔木德》说：“生而贫穷并无过错，死而贫穷才是遗憾。尤其是终其一生，无力消除贫穷创造财富，更是无可宽恕的。”

在每个犹太人家里，当孩子稍稍懂事时，母亲就会翻开圣典，点一滴蜂蜜在上面，然后叫孩子去吻经书上的那滴蜂蜜。

犹太人的孩子几乎都要回答母亲同一个问题：“假如有一天，你的房子突然起火，你会带什么东西逃跑？”如果孩子回答是钱或钻石，母亲会进一步问：“有一种无形、无色也无气味的宝贝，你知道是什么吗？”要是孩子答不出来，母亲就会说：“孩子，你应带走的不是别的，而是这个宝贝，这个宝贝就是智慧。智慧是任何人都抢不走的。只要你活着，智慧就永远跟随着你。”

有个日本学者名叫千岛佑郎，先后在以色列和美国专门研究犹太商法达 30 余年。千岛佑郎不愧是个博士，他的观点很有意思。他说：“有一种穷人算是穷到了家，他们宁愿位列一支穷人的队伍之首做一辈子穷人，也不愿跑到一支富人的队伍之尾去做一会儿富人。”他讲的题目是《穷，也要站在富人堆里》。他借助讲述犹太史和犹太圣典《塔木德》，来阐述这些典籍与《穷，也要站在富人堆里》的关系，并一一列举了犹太商法的 32 种智慧。这时，一个迟到的听众递上一张纸条，问什么是犹太人经商法则。

千岛佑郎大声说：“我在解释之前，先向你提三个问题吧。”

第一个问题，如果有两个犹太人掉进了一个大烟囱，其中一个身上满是烟灰，而另一个却很干净，那么他们谁会去洗澡？

“当然是那个身上脏的人！”

“错！那个被弄脏的人看到身上干净的人，认为自己一定也是干净的，而干净的人看到脏人，认为自己可能和他一样脏，所以是干净的人要去洗澡。”

第二个问题，他们后来又掉进了那个大烟囱，情况和上次一样，哪一个会去澡堂？

“这还用说吗，是那个干净的人！”

“又错了！干净的人上一次洗澡时发现自己并不脏，而那个脏人则明白了干净的人为什么要去洗澡，所以这次脏人去了。”

第三个问题，他们再一次掉进大烟囱，去洗澡的是哪一个？

“这？是那个脏人。不，是那个干净的人！”

“你还是错了！你见过两个人一起掉进同一个烟囱，结果一个干净而另一个脏的事情吗？”

黑压压的听众一时寂静无语，只有千岛佑郎的声音在回响着：“这就是犹太商法，这就是《穷，也要站在富人堆里》的灵魂！穷是一种切肤没齿的感受，富是一种矜持倨傲的状态。穷人赞羡富人积累财富的结果，却忽略了富人通达财路的智慧。”

穷到富的转变是大多数人憧憬的，但没有致富的思想和手段，富有殷实只能是聊以自慰的幻想。穷人不能只是慨叹命运不济。穷人只有站在富人堆里，汲取他们致富的思想，具有他们成功的状态，才能真正实现致富的目标。

迈耶·罗斯柴尔德出生在一个备受歧视的犹太人居住区，但他仅仅花了几年的时间，便建立起了世界上最大的金融王国。

迈耶大约10岁的时候，父亲便开始传授他做生意的方法，迈耶不但从父亲那里学到了赚钱的技巧，而且培养了对古钱币和其他古董的兴趣，他十分起劲地收集中东、俄国以及欧洲的古旧钱币，加以整体出售。

有一天，迈耶得到了向一位将军兜售的机会。他把自己收集到的古钱币统统拿出来，给将军和将军的朋友观赏，并侃侃而谈每一枚钱币的来历和典故，尽管他当时只是个刚满20岁的年轻人，但他那丰富的古钱币知识和幽默风趣的谈吐却深深吸引了所有的人。

此外，迈耶还别出心裁地利用犹太人的音乐作为讲解时的配乐，更取悦了在场的人们。他知道这是个千载难逢的好机会，于是针对他的顾客都属于上流社会的这

一特点，为其古钱币生意找到了一条独特的途径，并下功夫搞了一个一般商人无法模仿的噱头——他将古钱币以邮购的方式，有计划地推销给各地的皇亲贵族。他还把稀有珍奇或来历不凡的古币编印成精美的目录册，并一一附上亲笔信，寄给那些希望购买的顾客。

某天，他得到当地的领主比海姆公爵的召见。一直在等候着这一机会的迈耶，便以几乎赠送的价格，不惜血本地向公爵卖出了他收藏的珍贵古代徽章和钱币。

迈耶十分清楚地意识到，要在这个犹太人备受歧视的社会中脱颖而出，接近手握巨大权势的领主并博得其欢心，这是最有效的手段。

他借这次受公爵召见的机会，不但把花了很多心血用高价收集的古钱币以低得离谱的价格卖给公爵，同时还极力帮助公爵收集古币，经常为他介绍一些能够使其获得数倍利润的顾客，不遗余力地帮助公爵赚钱。

这种把金钱、心血和精力彻底投注于某个人的做法，日后便成为罗斯柴尔德家族的一种基本战略。如若遇到贵族、领主、大金融家等具有巨大潜在利益的人物，他们就甘愿做出巨大的牺牲与其打交道，为之提供情报，献上热情的服务。等双方建立起无法动摇的深厚关系后，再从这类强势者身上获得更大的利益。

迈耶 25 岁时，获得了“宫廷御用商人”的头衔。他 45 岁那年，法国爆发了大革命，比海姆公爵作为欧洲最大的金融家之一，自然不会错过这一良机，他大规模从事军火买卖，并把他庞大的资金借给缺少军费的君主和贵族，以赚取高额利息。

趁着纷乱的时世，借着公爵提供的巨大威望和便利，迈耶为自己谋取了暴利，为罗斯柴尔德家族奠定了不可动摇的根基。后来，他的家族在 100 多年之中积累了 4 亿英镑的惊人财富。

“78：22”法则

在自然界中，有一个 78：22 法则，空气中氮与氧的比例是 78：22；人体的比重中，也是由 78%的水及 22%的其他物质所构成；正方形和其正方形内切圆的关系，也再次证明了这一法则。从这个角度看，78：22 可以说是大自然作用于世界的一个规律。

犹太人认为，宇宙与生活是相依而在，相容无悖的。因此，他们把这一看法视为自己生活的法则，并把它活用到谋生、做生意中，使自己有了前进的精神支柱。

严格地说，“78：22 法则”应是“78. 5：21. 5”，由于小数拗口，故称做“78：22”。这个比数很有哲理，它是以一个正方形的内切圆关系计算出来的。假设一个正方形面积是 100，那么，它的内切圆面积为 78. 5，剩下的面积即 21. 5。以整数计算表达，便是 78：22。

犹太人本着这样的法则指导自己的生活，获得了常胜不败的结果。

例如，犹太人普遍注重学习文化知识，他们认为“书中自有黄金屋”，所以，不论条件怎样恶劣，他们都出资让自己的子女读书。有的犹太人因家庭经济条件不允，则半工半读坚持读完大学。更有突出者，利用一切业余时间学习科学和技术。为什么犹太人这么注重学习呢？这是因为，他们坚信知识就是力量，知识不是人类天生就有的，只有付出努力才能得到，这就是法则，正如“78：22”一样，没有妥协的余地。这种法则驱使着犹太人辛勤地学习，使他们的知识文化高人一筹，使他们获得比例最多的诺贝尔奖奖金，使他们在各行各业的竞争中处于优势。

在漫长的经商生涯中，犹太人发现这个自然法则与一些商业经营活动有着天然的内在联系，犹太人做生意，同样本着“78：22”法则去经营运作。经商是为了赚钱，这是法则。他们认为，不赚钱的经商活动，是不符合“78：22”法则的，因而不能生存下去。若要赚钱，在经营中就必须懂得核算，正如一个正方形的内切圆一样，投入的资本起码要达到一定的利润回报率才合算，如达不到这个比率，就不合算乃至亏本，这样的生意就不能做。放贷赚钱是犹太人起家的一招，他们在英国和欧洲产业革命时，瞄准了企业发展急需资金的状况，以高利率把钱借给那些企业，得到的回报率比自己办企业赚钱的还多，而风险相应减少，这便是运用“78：22”法则的一种表现。

假如有人问，世界上存款的人多还是借款的人多？犹太人会告诉你，存款人与借款人的比例是 78：22，银行按这个比例赚钱最好，而当这个比例被破坏，借款人多于存款人时，银行必将破产。经过广泛的人群调查也发现，一般大众和高收入人数的比例，同样为 78：22，但他们拥有财富的比例却要倒过来是 22：78。如果是

一家公司，其投入与收益的最佳状态似乎也是78：22，利润过低将难以保持稳定增长，而利润过高又会吸引竞争对手，面临过大的经营风险。

这个“78：22”法则经过犹太人千百次运用，几乎百发百中以后，世界上一些具有聪明头脑的工商界人士也开始感觉到这个法则的魔力，并把它运用到自己的生意中。

犹太人又注意到各国经济在不断发展，需要更多的资金发展大项目，而以分散地放高利债形成不了足够的力量。于是，他们又想出办法，把犹太人分散的财富积聚起来，设立正式的金融机构，集中力量投资耗资多、回报率高的大项目。这样做既满足了企业发展的需求，又解决了当地政府发展经济的难题，自己也可从中获利。正是这样，犹太人在美国、法国等欧美国家成为金融寡头，华尔街的银行家中不少是犹太人。18世纪末办起中欧大金融市场的就是犹太人约瑟夫·门德壮。拥有上百亿美元资产的罗斯柴尔德金融世界，也是犹太人的。

犹太人把这条法则作为从事一切商业活动的基础，作为一个总的指导原则。正是因为有了这个根本法则，犹太商人做起生意来总是左右逢源，得心应手。

合理避税，绝不漏税

《塔木德》说：“人性间潜伏着恶的根源。不过只要遵守法律，就能有效遏止恶性事件发生。”

在这个世界上，不是所有的钱都能挣的，因此一定要守法挣钱。犹太商人既信守“绝不漏税”，又善于“合理避税”。这就是犹太人的挣钱之道。提起世界上的富人，犹太人位居榜首。犹太人在欧洲、美洲、亚洲……到处都有庞大的财产，按这些财产来收税必然也是一笔不小的数目。对此，好奇的读者一定会问：“犹太人是否也偷税漏税？”犹太人会认为这句话是对他们的侮辱。“绝不漏税”，这是犹太人的一句经商格言，体现了他们强烈的纳税意识，并以能够纳税为荣。

世界上最多的财富掌握在犹太人的手里，而他们比世界上任何一个国家的商人交税都表现积极。犹太人有一套属于他们自己的观点，他们认为，纳税是和国家订的无形的“契约”，不论发生什么问题，自己也要履行契约。谁漏税、偷税、逃税，

谁就是违反了和国家所签的契约。违反“神圣”的契约，对犹太人来说是不可原谅的。

一个瑞士人到海外旅行，回来时将一颗宝石藏在鞋里，企图不通过纳税入境，结果被当地海关查出扣留。一位同行的犹太人看到这种情况，十分奇怪，问道：“为何不依法纳税，堂堂正正地入境？”按照国际惯例，像宝石之类装饰品的输入费，最多不会超过8%，如果照纳输入费，就可堂堂正正地进入国境，若想在国内再把宝石出卖，只要设法提价8%就行了。这样简单的计算方法，小学生都会。因此说，犹太人的依法纳税实在是一个明智之举。

许多事实表明，犹太人依法纳税并不只是明智。他们也清楚，依法纳税而不漏税，需要一笔较大的费用。如果可能，谁不愿意自己多赚点钱，少交点税呢？为了合理地交出税金，犹太人不像一般的“聪明”人那样去漏税、偷税、逃税，而是想出其他绝妙的办法来赚钱。1000多年来，犹太人之所以能在异国他乡长期定居下来，且赚的钱比本土国民还要多，其中也有“绝不漏税”的功劳。

当然，犹太人“绝不漏税”并不表明他们轻易就交出不合理的税款，他们讨厌被人随意征税。犹太商人在做一笔生意前，首先会认真计算这笔生意是否能挣钱，先粗略算出除去税款以外，有多少钱能装入自己的口袋。

一般商人在计算利润时，总是把税钱算在里面。例如，中国人说获利20万，其中一定包括税钱在内。而犹太人的利润则是除掉税钱的净利。“我想在这场交易中赚10万美元的利润。”当犹太人这样说时，他所讲的10万美元利润中，绝对不包括税钱。因此，如果税钱为利润的50%，犹太人就必须赚取中国人所说的20万美元的利润。

如果说在“绝不漏税”方面，犹太人表现得非常“傻”，那么他们计算除去税钱的利润，确实表现出犹太人精打细算的一贯风格。外国的董事长们的薪俸相当高，一般标准都在该公司职员平均月薪的50倍以上。假如公司职员平均工资为2000美元，则董事长的薪俸是10万美元。但是，这么高的薪俸，向国家上缴的税额也是相当可观的。比如在日本，一个有1000万日元薪俸的董事长，交税后所剩余的薪俸，仅可糊口而已。所以，犹太人在未入“列支敦士登”国籍前，总是想办

法让自己当一个廉价的“董事长”，以少征税。

犹太人傻吗？想一想后读者一定会说：“呀！这个不漏税的犹太商人实在是太精明了！”

犹太人信守“绝不漏税”，但又灵活地“合理避税”。这也是一条不可更改的犹太商法。

契约是和上帝的约定

《塔木德》说：“律法是相对的，政治是相对的，国界是相对的，甚至道德也是相对的，只有你承诺过的合同是永恒的。”

犹太人从小就接受《塔木德》的教育，深切地了解恪守契约的重要性。犹太人是“契约之民”，他们在经商时最注重“契约”。在全世界商界中，犹太商人重信守约是有口皆碑的。一经签订契约，不论发生任何问题，犹太人决不毁约。

犹太人认为，契约是和上帝的约定，犹太人由于普遍重信守约，相互之间做生意时经常连合同也不需要。口头的允诺也有足够的约束力，因为“神听得见”。

犹太人信守合约几乎可以达到令人吃惊的地步。在做生意时，犹太人从来都是丝毫不让、分厘必赚，但在契约面前，他们纵使吃大亏，也会绝对遵守。

《塔木德》要求：“立誓之事就是对自己有害也不能反悔。”谨守此道的犹太商人奥斯曼善于从长远考虑问题，为了信誉宁愿暂时赔钱，他目光远大的作风给世人留下了深刻的印象。

1940年，奥斯曼以优异的成绩毕业于开罗大学，并获得了工学院学士学位，重新回到了伊斯梅利亚城。一个贫穷的大学毕业生想自谋出路，当一名建筑承包商，这在很多人看来简直是白日做梦。

奥斯曼陷入了窘境：“我身无分文，但我立志从事建筑业。为了达到这种目的，我可以委曲求全，从零开始。”

奥斯曼的舅父是一名建筑承包商，他曾经教导奥斯曼：要有自己的思想，不要人云亦云。

奥斯曼为了筹集资金，学习承包业务，巩固大学所学的知识，便到舅父的承包

行当帮手。

在工作中，奥斯曼注意积累经验，了解施工所需要的一切程序，了解提高工效、节省材料的方法。经过一年多的实践，奥斯曼收获不小，但也有不少感慨：“舅父是一个缺乏资金的建筑承包商，设备陈旧，技术落后，无力与欧洲承包公司竞争。我必须拥有自己的公司，成为一名有知识、有技术，能与欧洲人竞争的承包商。”

1942年，奥斯曼离开舅父，开始实现自己成为建筑承包商的梦想，他手里仅有180埃镑，却筹办了自己的建筑承包行。

奥斯曼相信事在人为，人能改变环境，不能成为环境的奴隶。根据在舅父的承包行所获得的工作经验，他确立了自己的经营原则：“谋事以诚，平等相待，信誉为重。”创业初期，不论业务大小、盈利多少，他都积极争取。他第一次承包的是一个极小的项目——为一个杂货店老板设计一个铺面，合同金只有3埃镑。但他没有拒绝这笔微不足道的买卖，仍然颇费苦心，毫不马虎。他设计的铺面满足了杂货店老板的要求，此后，杂货店老板逢人便称赞奥斯曼，使得奥斯曼的信誉日益上升。他的经营原则赢得了顾客的信任，承包业务日渐发展。

1952年，英国殖民者为了镇压埃及人民的抗英斗争，出动飞机轰炸苏伊士运河沿岸村庄，村民流离失所。奥斯曼承包公司开始了为村民重建家园的工作，用两个月时间，为160多户村民重建了房屋，奥斯曼从中获利5. 4万美元。

20世纪50年代后，海湾地区大量开发石油，各国统治者相继加快本国建设步伐。他们需要扩建皇宫，建造兵营，修筑公路。这给了奥斯曼一个机遇，他以创业者的远见，率领自己的公司开进了海湾地区。他面见沙特阿拉伯国王，陈述自己的意图，并向国王保证：他将以低投标、高质量、讲信誉来承包工程。沙特阿拉伯国王答应了奥斯曼的请求。后来工程完工时，奥斯曼请来沙特国王主持仪式，沙特国王对此极为满意。

“人先信而后求能”。奥斯曼讲究信誉、保证质量的为人处世方法和经营原则，使他的影响不断扩大。随后几年，奥斯曼在科威特、约旦、苏丹、利比亚等国都建立了自己的分公司，成了享誉中东地区的大建筑承包商。

奥斯曼讲究信誉的做法，在一定的情况下会让自己吃亏。但吃亏是暂时的，所谓有亏必有盈，某次吃亏或经济利益受损却会给自己长远的事业带来积极的影响甚至长远的影响。

1960 年，奥斯曼承包了世界上著名的阿斯旺高坝工程。地质构造复杂、气温高、机械老化等不利因素，给建筑者带来了重重困难，从所获利润来说，承包阿斯旺高坝工程还不如在国外承包一个大建筑。为了国家和人民的利益，奥斯曼克服一切困难，完成了阿斯旺高坝工程第一期的合同工程。但随后发生了一件令奥斯曼意料不到的事情，让他吃了大亏。

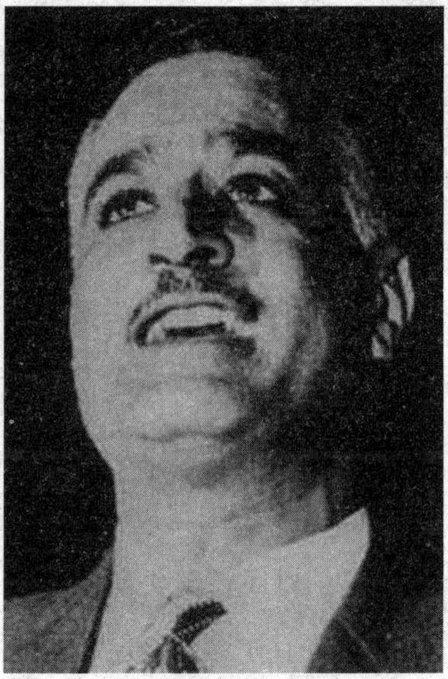
纳赛尔

纳赛尔总统于 1961 年宣布国有化法令，私人大企业被收归国有。奥斯曼公司在劫难逃。国有化后，奥斯曼公司每年只能收取利润的 4%，奥斯曼本人的年薪仅为 3. 5 万美元。这对奥斯曼和他的公司都是一个沉重的打击。但奥斯曼没有忘记自己的诺言，他委曲求全，丝毫不记恨，继续修建阿斯旺高坝。

纳赛尔总统看到了奥斯曼对阿斯旺高坝工程所做出的卓越贡献，于 1964 年授予奥斯曼一级共和国勋章。奥斯曼保全了自己的形象和自己的处事原则。他并没有白吃亏，1970 年萨达特执政后，发还了被国有化的私人资本。奥斯曼公司影响扩大，单独承包了埃及许多大工程。奥斯曼本人到 1981 年拥有 40 亿美元，成为驰名中东的亿万富翁。

精明的犹太人相信，千金一诺是非常有意义的原则，它可以在你受挫折的时候给你必要的支持，保证你有足以东山再起的人际关系，给你带来可靠的机遇，因为你已经赢得了别人的信赖和承诺。

合约的关键是合法而不是道德

《塔木德》说："遵守契约，尊重契约，你获得的将不只是尊重。"

犹太人从来都不毁约，但他们常常在不改变契约的前提下，巧妙地变通契约，为己所用。因为在商场上，用犹太人法则看来，关键问题不在于是否道德，而在于是否合法。

犹太商人很清楚，只要合约是在双方完全自愿的情况下达成，并且符合有关法规，即使结果再不公正，也只能怪吃亏一方事先不考虑周全。

正因为如此，《圣经》上才堂而皇之地记下了关于雅各的一个典故。

相传以色列人是由 12 个部落构成的，这 12 个部落各自的祖先，原是同父异母的兄弟，他们的父亲叫雅各。早先的时候，雅各曾流浪在外，为其母舅及日后的岳父拉班牧羊。在报酬问题上，雅各主动提出，不需另外支付工价，只要以后新出生的小羊中，凡是带斑点的、有花纹的或是黑色的，就归他所有，其他颜色的都归拉班所有；而且，拉班可以把羊群中现有的这类羊全部先行带走。拉班听了，对雅各开出的条件非常满意，同意照此办理。

于是，雅各便继续给拉班牧羊。转眼到了羊交配的季节，雅各采了些嫩树枝，将皮剥成白纹，露出里面白色的枝干，然后将这些树枝对着羊群插入羊饮水的沟里或水槽里，羊来喝水的时候，对着树枝雌雄交配，就生下了带有斑点或花纹的羊。雅各把这些羊分出来，另行放牧。以后，每逢羊膘肥体壮之时，雅各就如法炮制，让它们产下有斑点或有花纹的羊羔。而在羊只瘦弱的时候，则听任它们自然交配，生下无花纹、无斑点的都归拉班。这样，没几年，雅各就"极其发达"了。

雅各采用的办法，只有神话传说中才可见到，而且即使在神话故事中，也不是人人都知晓的，那个拉班就不知道。否则，他是不会同意雅各所出的工价，听凭他以如此简便有效的改变羊羔毛色的办法"掠夺"自己的羊羔的。

不管怎样，雅各在这种表面看来非常公道，甚至公道得他自己明摆着吃亏的合约中，放进只有他自己知道的"私货"，使对方自以为占了便宜而同意合约，结果反而大大吃了亏。

根据《圣经》的记载，不仅雅各善于钻空子，连上帝本人也非常精于此道。

犹太人不吃牛羊的腿筋的习俗，也与雅各的经历有关。

雅各娶了两个表妹为妻，并攒了一大笔钱后，偕妻子返回迦南。路途中的一个晚上，有个人要跟雅各摔跤。两人苦战一个晚上，不分胜负。黎明时，对方为了战胜雅各，在雅各的大腿窝摸了一下，当时雅各的大腿就扭了。

后来，那人说："天亮了，让我走吧。"

雅各不同意，说："你不给我祝福，我就不让你走。"

那人便问他："你叫什么名字？"

雅各便把名字告诉了他。

那人说："你的名字不再叫雅各了，要叫以色列。因为你与神与人角斗，都获得了胜利。"

雅各问他："那你叫什么名字呢？"

那人说："人何必问我的名字。"

于是，他在那里给雅各祝福，而雅各的腿从此也就瘸了。

堂堂正正的上帝在和人摔跤时，也使用不规范的小动作，这对于总是责备犹太人不守约的上帝来说，显然是一件不光彩的举动，故而他羞于告诉雅各自己的名字。也许古代犹太人摔跤时，并没有"明文"规定不可摸对方的大腿窝，那么上帝岂不是钻规则的漏洞吗？而对作为上帝子民的犹太人来说，为何偏偏把这么一个上帝钻漏洞的典故记下来呢？大概就是出于将"钻漏洞"这种合法的违法之举或者非法的违法之举故意神圣化的需要吧？对于把研究律法看作人生义务或祖传手艺的犹太人来说，任何一种法律都有漏洞，而且有不少条例漏洞之大不亚于法院的大门。只要方法得当，手段干净，尽可以来去自由。尤其对于那些由歧视、迫害或对犹太人不友好的人所制定的法律，犹太人更要理直气壮地藐视之。

不过，从犹太人的习惯来看，与其破网而出，不如堂而皇之钻漏洞更为自然。神不知鬼不觉，既不引人注目，也不会于心不安，何乐而不为呢？

堂堂正正的精明

犹太人的精明众所周知，这使他们在生意场上占尽了便宜。与中国人的中庸之道不同，他们丝毫不愿掩饰自己的精明，在他们看来运用自己的精明才智赚钱是能力的体现，也是再正常不过的事了。

在犹太人心中，商人就应该精明，应该干练，不够精明的人是不会做生意的。但是精明也要堂堂正正，不能要心机，不能在背地里暗算别人，否则只会令人所不齿。

犹太人的精明众所周知，这使他们在生意场上占尽了便宜。与中国人的中庸之道不同，他们丝毫不愿掩饰自己的精明，在他们看来运用自己的精明才智赚钱是能力的体现，也是再正常不过的事了。

有一个犹太富翁，他活到90岁。临死前，他让秘书在报纸上发布一个消息，说他即将去天堂，愿意给逝去亲人的人带口信，每人收费100美元。这一看似荒唐的消息，却引起了人们的好奇心，还真有人让他给逝去的亲人带信。结果他就这样在临死前还赚了10万美元。当然，如果他能在病床上多坚持几天，可能还会赚得更多些。

此外，这位富翁的遗嘱也十分特别，他让秘书再登一则广告，说他是一位礼貌的绅士，愿意和一位有教养的女士共居一个墓穴。结果，真有一位贵妇人愿意出5万美元和他一起长眠。这就是“爱财如命”的犹太人，他们即使是在生命的最后一刻甚至是生命结束后也不肯放过赚钱的机会。在犹太人的眼睛里，上帝是万能的神，而金钱则是上帝的宠物。崇拜上帝，敬慕上帝是他们生命中不可缺少的。那么金钱也就是上帝赐予的礼物，没有必要遮遮掩掩的。

犹太人理直气壮地告诉大家：就是要堂堂正正的精明，精明没有什么错误。其他民族的人经常对精明的人怀有敌意，认为那是不好对付、奸险狡诈的人，其实抱有这种想法的人只是因为他的心智不如别人聪明，由佩服别人的机智转为嫉妒别人精明。精明，既没有违反法律，也不会妨碍自己的道德。犹太人只是用灵活巧妙的办法，解决了别人看起来很麻烦的事情，这就是犹太人的精明观。他们会明明白白

地告诉所有人“我要赚钱”，然后再让别人清清楚楚地看着他们怎样赚钱。

一个犹太职员在一家保险公司里干得十分出色，公司的老板打算提拔他担任一个重要的职务，但这个老板信奉天主教，他因此希望这个犹太职员能够放弃犹太教而改信天主教。

于是，他请当地一个最著名的天主教神父去劝说这位犹太职员，会晤安排在老板的办公室。

几个小时过去了，两个人终于走出了办公室。老板高兴地迎上前去，问道：“尊敬的神父，在您的感召下，我想我们又增加了一名天主教徒，您是怎么说服他的?”“很遗憾，我们没能得到一位天主教徒，相反，他劝说我买下了8万元的保险。”

这就是犹太人，他们的精明简直让人叹为观止。

在商务活动中，犹太人总是小心地应付着每一笔生意，他们把每一笔生意看得都十分重要，他们不会因为任何原因而忽略生意所能带来的利润。他们在生意场上的名言就是“每次生意都是初交”，绝不会放弃自己的精明，掉以轻心。

一次，一个赫赫有名的法国商人请一位犹太画家吃饭。宾主坐定，在等菜的时候，画家觉得无聊，就随手练练笔。于是，就给坐在旁边的饭馆女主人画起像来。不一会儿，速写就画好了，他把自己的画递给法国人看。法国人赞不绝口，画上的饭馆女主人被他画得形神兼备。听到法国人的称赞，犹太画家面对着他，开始在纸上勾勾画画起来，还不停地向他伸出大拇指。法国商人一看犹太画家的这个架势，知道这回是给他画了，于是他迅速摆好姿势，好让犹太画家给他画像。

法国人坚持着一动不动地坐着，眼看着画家一会在纸上勾画，一会又向他竖起大拇指，就这样，足足画了10多分钟，“好了，画好了。”画家停下笔来说道。

听到这话，法国人松了一口气，迫不及待地走过去看。结果不禁大吃一惊：原来画家画的根本不是自己，而是他的左手大拇指!

法国商人有点恼怒地说，“我特意摆好姿势，你却捉弄人。”

犹太画家却笑着说道：“我听说你做生意很精明，所以才故意考验考验你。你怎么会那么肯定我第二次一定画的就是你呢？要知道在生意场上，只有小心、精明

的人才能收获更多利益。”

一席话说得法国商人连连点头，不仅没有憎恶犹太人的“奸诈”，反而暗暗佩服这个大画家。

真正的精明是一种心态，更是一种无须太多算计便可掌控一切的谋略。而将这一切做到极致的民族正是犹太民族。不管在任何时候，他们都会显现出精明的头脑，而且每当有了精明的点子，他们也都会理直气壮地付诸实施，而不顾别人会怎样想。他们作风严谨，思维缜密，行动丝丝入扣，几乎到了无懈可击的地步。也正是因此，他们才会取得令人望而兴叹的财富。

现代的商海竞争愈演愈烈，没有鲜明风格和精明头脑的商人，生存尚且是个问题，又怎能发展壮大呢？并且，从社会交往的能力和适应力的角度看，为人适当的圆滑，有心机，并敢于将自己的谋算光明真大地展现出来，无畏别人的目光，也是一种能力的体现。

精明不属于性格的范畴，而是处理具体事务时的智慧和胆略。犹太商人作为一个具有相同文化背景的群体，在不同的环境之中表现出相同的智慧品格，这与民族性格有着密切相关的联系。而若将这种性格追溯到底，那就是他们总能将自己的精明，不局限于一时一地而是贯穿于商务活动的始终，就像审时度势，寻找财源，运筹帷幄。

总之，只有精明如犹太人，才能在极其细微、极难觉察的地方，抓住事情的关键，并且总能理直气壮地向别人证明自己的精明和能力。而这也正是一条保持内心平衡、不被他人策动的精明捷径。

生意无禁区

作为商人，犹太人天生的精明与灵活可以使他们嗅到任何可以生财、赚钱的东西。在他们眼里，生意根本没有禁区，所以他们很少会受到非理性的前人之见或是纯粹的意识形态的干扰，让自己降低商品交易的自由度。

在很多人眼中钱是如此难赚，生意是如此难做，而在犹太人的眼中，却遍地都是黄金。在别人意想不到的地方，他们都能挖掘出金灿灿的黄金。在他们看来，任

何东西都能作为商品出售，换来金钱，包括时间、知识、信息甚至新鲜的空气、干净的天然水。

可见，在犹太人的世界里，商品就是可以通过交易为他们带来利润的任何东西，就连国籍也不例外。

国籍，这个对大多数人而言多少带有历史和民族认同的东西，可在犹太人看来，不过是一个特殊的商品罢了。通过购买对他们赚钱有利的国籍，他们就可以合法的，堂而皇之地多赚钱。

犹太商人罗恩斯坦就是一个典型的靠国籍致富的人。

罗恩斯坦的国籍是列支敦士登，但他并非生来就是列支敦士登的国民，他的列支敦士登同籍是用钱买来的。那他为什么要买这个国家的国籍呢？

列支敦士登是处于奥地利和瑞士交界处的一个极小的国家，人口只有1．9万，面积157平方公里，这个小国与众不同的地方，就在于它的税金特别低。这一特征对外国商人有极大的吸引力，引来各国商人们的注意。为了赚钱，该国出售国籍，定价7000万元，获取该国国籍后，无论有多少收入，只要每年缴纳10万元税款就行了。

因而，列支敦士登便成了世界各国有钱人向往的国家，他们极想购买该国的国籍，然而，一个小国容纳不下太多的人，所以想买到该国国籍也并不容易。

但是，这难不倒精明的犹太商人。罗恩斯坦就是众多购买到列支敦士登国籍的犹太商人之一。他把总公司设在列支敦士登，办公室却设在纽约。在美国赚钱，却不用交纳美国的各种名目繁杂的税款，只要一年向列支敦士登交纳10万元就足够了。他是个合法逃税者，美国政府根本拿他没办法。

罗恩斯坦经营的是收据公司，靠收据的买卖，可赚取10%的利润，在他们办公室里，只有他和他的女打字员两人，打字员每天的工作，是打好发给世界各地服饰用具厂商的申请书和收据，他的公司实质上是斯瓦罗斯基公司的代销公司，他本人也可以说是一个代销商。提及斯瓦罗斯基公司，便不得不说罗恩斯坦致富的本钱——美国国籍。

达尼尔·斯瓦罗斯基家是奥国的名门，他们的公司世世代代都生产玻璃制假钻

石的服饰用品。精明的罗恩斯坦最初便看准了这家公司。只是时机未到，他只好静静地耐心等候。

第二次世界大战后，斯瓦罗斯基的公司，因为在大战期间迫于德军的威力而为其制造望远镜，所以法军决定将其接收。当时还是美国人的罗恩斯担，悉知情况后，立即与达尼尔·斯瓦罗斯基家进行交涉：

“我可以和法军交涉，不接收你的公司，交涉成功后，请将贵公司公司的代销权让给我，收取卖项的10%好处，直到我死为止，阁下意思如何？”

斯瓦罗斯基家，对于眼前的犹太人如此精明的条件十分反感，大发雷霆。但经冷静考虑后，为了自身的利益，只好委曲求全，以保住公司的巨大利益而全部接受了他的条件。

面对法国军方，他充分利用美国是个强国的威力，震住了法军。在斯瓦罗斯基斯接受他的条件后，他马上前往法军司令部，郑重提出申请：

“我是美国人罗恩斯坦，从今天起斯瓦罗斯基的公司，已变成我的财产，法军无权接收。”

法军哑然，因为罗恩斯坦已经是斯瓦罗斯基的公司主人，即此公司的财产属于美国人。法军无可奈何，不得不接受罗恩斯坦的申请，放弃了接收的念头。美国人的公司法国是不敢接受的，因为他们惹不起美国。

就这样，罗恩斯坦未花一分钱，便设立了斯瓦罗斯基公司的代销公司，轻松地赚取了销售额10%的利润。

以美国国籍作为发家的本钱，再靠列支敦士登国的国籍逃避大量税收，赚取大钱。翻来覆去，都是国籍在起作用。足以见得，在犹太人眼里，没有什么是不能成为商品的。

犹太人巧用国籍赚钱的本领与他们2000多年来饱受歧视、屡遭迫害的流浪漂泊生活不无关系，他们没有自己的家园，没有属于自己的真正情感和文化意义上的国家。所谓的居住国国籍，在他们眼里，也不过是他们借以获取一国公民正常拥有的权利的手段之一罢了。因此，国家不过是一个外在化的手段和工具，那么，利用这个工具来为自己谋取更好的生活，来为自己赚取更多的钞票就成了理所当然的事

情了。

作为商人，犹太人天生的精明与灵活可以使他们嗅到任何可以生财、赚钱的东西。在他们眼里，生意根本没有禁区，所以他们很少会受到非理性的前人之见或是纯粹的意识形态的干扰，让自己降低商品交易的自由度。这也不可不说是他们发财的生意经。

舍小利获大利

为了获取长期的利益，就必须在开始的时候让对方尝到他一辈子也忘不掉的甜头。放长线钓大鱼，舍小利获大利，这就是成功的犹太商人的生意经。

有这样一个捕猴方法：在一个坚固的小铁笼子里，装着猴子最爱吃的核桃，笼子上面开了一个小口，大小刚好够猴子的爪子伸进去。但是猴子一旦抓住了核桃，爪子也就抽不出来了。这种方法看似愚蠢，但每每都很奏效。因为捕猴人知道猴子有一种习性：从来不肯放弃已经到手的东西。

当我们嘲笑猴子冥顽不灵时，或许犹太人正在嘲笑着我们。回想一下，我们曾经有多少次是因自己不愿放下眼前的蝇头小利而最终因小失大呢？不管是人生也好，生意场上也好，要想获取更大的利益，必须首先放弃眼前的小利益。如果总想着兼得“鱼和熊掌”，那恐怕连鱼也得不到了。

二战过后，法国的军队迅速从莫斯科撤走。有一个商人和一个农民在街上寻找遗留下来的财物。他们走到牧场附近发现了一堆没有被烧焦的羊毛，于是，两个人就各自分了一半捆在自己的背上。回去的路上，二人又发现了一些布匹。农夫将身上沉重的羊毛丢弃了，扛了更多的布匹准备回去卖钱。而贪婪的商人却捡起了农夫丢掉的羊毛以及所有剩下的布匹，统统抗起来想要拿回家。沉重的包袱令他大汗淋漓，那他也舍不得丢弃任何一样东西，仍气喘吁吁地缓慢前行。二人走了不远又发现了一些金器。这次农夫丢掉了布匹，捡起了更多的金器，而商人却因为沉重的羊毛和布匹使得他弯不下腰，腾不出手，因此也便作罢。没走几步，天公不作美，忽然降下一场大雨。被淋湿的羊毛和布匹变得更加沉重了，商人实在支撑不住，狼狈地摔倒在了泥泞当中，而这时的农夫带着他的金器一身轻松地回家去了。后来，商

人的羊毛和布匹因沾染了泥水，只能以很低的价格卖出去，而农夫金器又精致，又漂亮，卖了一大笔钱，之后就过上了富足的生活。

商人因为背负了太多财富，不肯将最初获取的小利舍弃，最终使他放慢了脚步，且无暇顾及周围其他的财富，因此失去那些本应轻松易得的财富。而农夫之所以获得更多财富，过上富足生活，是因为他懂得“两弊相衡取其轻，两利相权取其重”的道理。

不是每个商机都能带来巨大的财富，也不是每个机遇都能结出诱人的果实。所以，不必执着于最终的结果以及自己所得到的多少。现实要求我们必须学会舍弃，正如算盘若想拥有它的价值能就必须舍弃多余的算珠；人若向往清幽恬淡的居住环境就必须舍弃繁华热闹的都市。而你若想获得更大的财富，就不要对眼前的蝇头小利耿耿于怀。只有学会了舍弃，你才能有更大的所得。

在商场上奋斗多年的罗斯柴尔德，十分清楚地意识到，要想在这个犹太人备受歧视的社会里脱颖而出，接近拥有权势的领主并博得其欢心是最有效的手段。于是，他借与当地领主比海姆公爵召见的机会，把花了很多心血和高价收集的古钱币以低得离奇的价格卖给公爵。在与公爵相识之后，还极力帮助公爵收古币，经常为他介绍一些能够使其获得数倍利润的顾客，不遗余力地帮公爵赚钱。

如此一来，公爵不但从买卖中尝到了甜头，对古钱币的兴趣也越来越浓。就这样罗斯柴尔德和公爵的关系逐渐演变为带伙伴意味的长期关系，远非只是普通的几笔买卖关系。如果说一两次的“舍本大减价”一般人也可能做得到的话，罗斯柴尔德这种一直“舍本”帮助别人赚钱的做法的确是少见的。虽然他在经济上相当拮据，但是为了实现长期战略，他认为眼前的利益是必须要舍的。后来，这种把金钱、心血和精力彻底投注于某个特定人物的做法，也成了罗斯柴尔德家庭的一种基本战略。如若遇到了诸如贵族，领主，大金融家等具有巨大潜在利益的人物，就甘愿做出巨大的牺牲与之打交道，为之提供情报，献上热忱的服务；等到双方建立起无法动摇的深厚关系之后，再从这类强权者身上获得更大的收益。事实证明这种方法的确是十分奏效的，在罗斯柴尔德 25 岁那年，他就已获得了“宫廷御用商人”的头衔。

无本经营是不可能的，但一本万利却是完全可以做到的。让出了小利，收获了大利，犹太商人的精明在这个过程中体现得淋漓尽致。为了获取长期的利益，就必须在开始的时候让对方尝到他一辈子也忘不掉的甜头。放长线钓大鱼，舍小利获大利，这就是成功的犹太商人的生意经。

从“女人”和“嘴巴”入手

犹太人经商，只将商品分为两种：“女人”和“嘴巴”。

“犹太人的历史，从《圣经·旧约》到1972年，正是5732年，在犹太人的月历上，印有‘5732年’的字样。犹太人5000多年的历史告诉我们，男人工作赚钱，女人使用男人赚的钱，以此维持生活。所谓经商法，就是要席卷别人的钱。所以，不论古今中外，要想赚钱，就必须攻击女人，来夺取她所持有的钱。这就是犹太人经商的公理。所以，‘瞄准女人’就成为犹太人经商法的格言。”

犹太人深知，女人是金钱的实际拥有者，金钱总是围绕着女人在花，这是人类社会永远通行的规则。所以，要想赚钱，就必须先赚取女人手里的钱。做生意一定要掌握一点，即只有打动女人的心，才能使生意成功。

在伦敦，有一个叫埃默德的人开了一家百货商店，商店的地理位置相当好，每天来往的人也很多，但埃默德的生意却一直好不起来。开业两三年，店里总是冷冷清清的。看着来来往往的行人，埃默德十分郁闷。经过长时间的观察，埃默德发现了一个规律：平时光顾商店的人中女性居多，几乎占到80%，偶尔有男人来商店，也多是陪妻子来购物，很少单独来买东西的。他越想越觉得自己的经营方向有问题。想起以前看到的犹太人喜欢做女人的生意这一法则，他不禁自责起来：女人才是真正的消费主体，自己却把目光瞄在不赚钱的生意上，这样不是偏离赚钱的道路越来越远了吗？于是，埃默德果断决定将百货商店的营业对象限定在女性身上。

这次，他把所有的营业面积全部用上，全都摆上女性用品。不过，精明的埃默德这次想出了高招：把正常的营业时间一分为二，白天摆设家庭主妇感兴趣的衣料、内裤、实用衣着、手工艺品、厨房用品等实用类商品；晚上则改成一家时髦用品商店，将朝气蓬勃的气息带到商店，以便迎合那些年轻的女性。这样，最有消费

实力的女人被他的经营方针所覆盖了。

为迎合年轻时髦的女性消费者的需要，埃默德可以说是费尽了心机，光是女人喜欢的袜子就陈列了许多种，内衣、迷你裙、迷你用品、香水等都选年轻人喜欢的样式和花样进货。凡是年轻女性喜欢的、需要的，能够引起她们购买欲望的商品，他都尽量满足，并把它们摆在柜台显眼的位置上。他甚至对别人自吹："在这里，年轻女孩喜欢的东西，我是应有尽有啦。"

最绝的是，他从美国进口了最流行的内衣样式，并且进行巧妙的宣传："本店有世界最风行的新款女士内衣，包您穿了青春靓丽。"没过多久，埃默德商店有世界上最流行的内衣的消息不胫而走，许多女性如风一般地赶来，争相购买。人们不解，纷纷求教其中的奥妙，埃默德大笑道："其实，我只是让这些内衣更加性感而已！"

埃默德的商店成了女性常常光顾的地方，不久，其分销点便达到100多家，狠狠地赚了女人一大笔钱。

女性用品虽然容易赚钱，但是仍需要某种程度的经营才能成功，由商品的选择到推销，都需要经商才能。

然而，犹太人经商法中的第二个目标——"嘴巴"，是庸俗的凡人或比凡人更低才能的人，也可以做的生意。所谓"嘴巴"生意，就是"经营用嘴巴的生意"。

善于观察的犹太人发现：凡是入嘴的东西，通常当天就会被消费掉。因此，食品的突出优点就是，它的获利是经常的，也是长久的，因为满足口腹之欲是人生存的最基本条件。所以，犹太人认为"嘴巴"生意绝对赚钱。

例如，蔬菜店、鱼店、酒店、杂货店、米店、点心铺及水果店等皆属之，就连加工这些食品进行销售的饮食店、餐厅、酒吧、夜总会等亦属之。

经营"嘴巴"的生意，一定会赚钱，这可由下述科学的解释加以说明。

入嘴的东西，必被消化而排出。一个50块钱的冰淇淋，或一块1000日元的牛排，经数小时后，变成废物而排出。换言之，入口的商品在不断地消费，数小时后又需要新的商品。卖出的商品，当天就被消费而变成废物，如此商品，除嘴巴外决不存在。连周末或礼拜天也不休息而成为我们赚钱的生意的，只有银行存款的利息

及这些“入口的商品”，所以它确实能赚钱。

不过，入口的商品，仍不像女性用品那样易赚，故犹太人经商时将女性用品列为“第一商品”，将入口商品列为“第二商品”，其理由就在于此。

时间重于金钱

人们通常说的时间就是金钱、时间就是生命，已经把时间看得很重了。对于犹太人来说，时间甚至重于金钱。

《塔木德》说：“金钱能够储蓄，而时间不能储蓄。金钱可以从别人那里借，而时间不能借。人生这个银行里还剩下多少时间也无从知道。因此，时间更重要。”正因为有此认识，犹太人不管做生意也好，上班也罢，对时间的运用都极为精打细算。

商人要赚钱，首先要考虑如何合理地安排好时间，这样才能集中精力经商。犹太人把时间看得十分重要，在工作中往往以秒来计算时间，分秒必争。

他们认为，人生就像从火场里抢东西，从里面抢出的东西越多，人生才越有价值。因此犹太人做生意的名言就是：要在两列火车对面错过时做交易。用金钱买时间，用智慧换效率。有位月收入 20 万美元的犹太大亨曾算过一笔账：他每天工资近 8000 美元，那么每分钟为 17 美元。假如他被别人打扰，占用了 5 分钟的时间，就等于被窃现款 85 美元。这就是犹太人对“时间就是金钱”最直观的诠释！

一个人对生意的投资也不能简单地用金钱来衡量，而要用时间来计算。而且在时间和金钱这两项资产中，时间是更宝贵的。从你认识到时间的宝贵和时间亦有价格的那一刻开始，你将变得更富有。许多人努力工作，并想通过节俭来储蓄更多的钱，但他们却浪费了很多时间。比如，很多在百货商店里购物的人，花了很多个小时仅仅是为了节约几块钱。他们可能节约了一点钱，但却浪费了很多的时间。

你能够通过节俭来变富，你也可以通过吝啬来变富，但这要花很长的时间。比如，花 2 个小时、320 美元坐飞机或花 2 天时间、48 美元乘火车都可以从美国东海

岸到达加州。穷人用金钱衡量价值，而富人则用时间衡量价值所在。这就是为什么那么多的穷人选择乘火车的原因。

生活中有许多很有钱的穷人，他们之所以有钱，是因为他们把钱看得太重，而且紧紧抓住不放，就像金钱有什么神奇的价值一样。所以，他们虽然有很多钱，但还是像没钱时一样穷。

聪明的犹太人仅仅把钱看作是一种交易的媒介。在现实生活中，钱本身没有多大的价值。所以，精明的犹太人一有钱，就想用它去换点有价值的东西。可笑的是，把钱看得越重的人，花钱买的东西越是没有价值。这也许是他们为什么变穷的原因。他们说这些东西就跟存在银行里的钱一样安全，其实，当他们花掉自己的血汗钱买这些东西时，自己是在糟蹋自己的钱。

在很多情况下，穷人和中产阶级之所以整天要为生活苦苦奋斗，就是因为他们把金钱看得太重了。他们紧紧握住手中的钱，为钱努力工作着，勤俭地过着日子，他们不惜花费大量时间到处寻找购买打折商品，尽可能地省钱。他们想通过吝啬变得富有，终有一天，他们有可能会变得很有钱，但他们依然很吝啬。

当然，节约和勤俭应该提倡，但变富计划的关键是价值。很多人认为价值是用金钱来计算的，实际上，价值要用时间来计算，因为时间比金钱更重要。很多人都想致富或去做富人进行的投资，但他们都不愿意投资在时间上。这就是为什么 100 个美国人中只有 3 个富人的原因，而这 3 个人中还有 1 个人是因为继承遗产而富有的。

你可以用一种自动的体系或投资计划来实现安全和舒适的生活。很多人只需要工作，然后把钱交给专业经纪人或机构去管理，由他们代为进行长期投资。以这种方式投资的人，可能要比自认为是华尔街高手的人强。遵循一个计划，有步骤地用钱投资，对大多数人来说是最好的投资方式。

但是，如果想获得财富，就必须投资于比金钱更有价值的东西，那就是时间。大多数人想变得富有，但他们不愿意首先投资时间。他们宁愿去经营一些当前的热点投资项目或热衷于迅速致富的计划，或者他们想匆忙地开始一项业务，但又没有任何的基本业务知识。现在，你不会奇怪为什么 95%的小企业会在 5~10 年中以失

败告终了吧？他们匆匆忙忙地去挣钱，最后反而失去了金钱和时间。他们只想靠自己去干一番事业，却从未想过先投资学一些东西，或者按照一个简单的长期计划进行。如果能简单地遵循一个长期计划，几乎每个人都很容易成为百万富翁，但还是有很多人不愿投资于时间，他们只想一夜暴富。

相反，他们会说“投资是有风险的”，“要先有钱才能赚到钱”或“我没时间去学投资，我太忙了，我要工作，还要付账单”。

这些常见的观点和借口，就是为什么只有少数人能抵达充满财富的世界的原因。这些观念，也可以用来解释为什么90%的人都有缺钱的财务问题，而不是钱太多的财务问题。正是这些关于金钱和投资的有偏差的观念，导致了他们的财务问题。他们要做的就是改变一些说法、改变一些观念，这样他们的财务状况才会像变戏法一样发生变化。只是大多数人工作太忙了，根本没有时间去思考自己究竟在忙些什么。他们经常说：“我对学习投资不感兴趣，这个题目也不吸引我。”他们这样说着，同时也失去了实现富有的机会。他们成了金钱的奴隶，整日为金钱所累，钱控制着他们的生活，他们勤俭节约，过着量入为出的生活。他们宁可这样做，也不愿投入一点时间，去制订一个计划，让钱为自己工作。

一个人没有一个基本计划，而致力于富有这个计划，真的是很危险的事。当然，也会有极少数人取得成功，但大多数人不会。你可以看到他们晚年穷困潦倒，储蓄耗尽，只能沉溺于过去的辉煌中，谈论他们曾经几乎要成功的交易和曾经拥有的金钱。当他们的一生结束时，既没有金钱，也没有时间。

时间的价值就像金钱的价值一样，完全体现在如何使用上。舍不得花费时间去获取更多的幸福和让更多的人幸福的人，将会虚度年华。

每一次生意都是初交

生意就是生意，这句话的意思是，在生意场上只能遵守商业规则，除此而外，日常生活中的亲情、友情、尊老爱幼、礼让、助人等其他的伦理道德规范都必须服从商业规则。在生意场上，一切都是商品，而商品只有一个属性，那就是增值、生钱，一切都应该服从这个最高目的。一句话，为了赚钱，一切都可以放弃，只要能

赚到钱，除了犯法的事不能干，违背合同的事不能干，其他的都可以干。

正是基于“生意就是生意”这种观念，犹太人的先祖在生意法则中列入了这么一条：“每次都是初交。”

《塔木德》要求：“把每次生意都看作一次独立的生意，把每次接触的商务伙伴都看作第一次合作的伙伴。”

有个日本商人请一位犹太画家去饭馆吃饭。坐定之后，画家便取出画笔和纸张，乘等菜之际，给坐在边上谈笑风生的女主人画起速写来。

不一会儿，速写画好了。画家递给日本商人看，果然不错，画得形神兼备。日本商人连声赞美道：“太棒了，太棒了。”

听到朋友的奉承，犹太画家便转过身来，面对着他，又在纸上勾画起来，还不时向他伸出左手，竖起大拇指。通常画家在估计各部位比例时，都采用这种简易方法。

日本商人一见画家这副架势，知道这回是在给自己画速写了。虽然因为位置关系，看不见对方画得如何，但他还是一本正经摆好姿势，让对方画。

日本人一动不动地坐了约 10 分钟。

“好了，画完了。”画家说。

听到这话，日本人松了一口气，迫不及待地凑过去一看，不禁大吃一惊，犹太画家画的根本不是他，而是自己左手的大拇指。

日本商人连羞带恼地说：“我特意摆好姿势，你却捉弄人……”

犹太画家却笑着对他说：“我听说你做生意很精明，所以才故意考察一下你。你也不问别人画什么，就以为是在画自己，还摆好了姿势。从这一点来看，你和犹太商人相比，还差得远了。”

日本商人听了才明白自己错在什么地方：看见画家第一次画了女主人，第二次又面对着自己，就以为一定是在画自己了。

日本商人犯了一个犹太人不会犯的毛病：以为有了第一次，便会有第二次。

实际上，在犹太人的生意法则中，明确地写着一条，叫作：“每次都是初交。”

哪怕和再熟的人做生意，犹太人也绝不会因为上次的成功合作，而放松对这次

生意的各项条件、要求的审视。他们习惯于把每次生意都看作一次独立的生意，把每次接触的商务伙伴都看作第一次合作的伙伴。这样做，就不会因自己对对方的先入之见而掉以轻心。

犹太人认为，在生意场上，守信是一种基本道德，而谨慎则能避免因对方的失信给自己造成巨大的损失。

奉行公平，不欺不诈

《塔木德》规定："商品的市价尚未形成之前，不能贱卖商品。"

公正的经商之道在犹太人中表现得十分彻底。我们看一个《塔木德》在买卖上的判例就能明白了。

比如，A 和 B 之间要进行 4 斗小麦和 10 两银子的买卖。假使卖主 A 向买主 B 要求，如果不能现在支付 10 两银子而是延迟到几个月后小麦成熟的时候，就要支付 12 两。这种情况下，《塔木德》会判定 A 的要求无效。为什么呢？先不管这 4 斗小麦是不是现在进行买卖，对同一商品设定双重价格不仅破坏了买卖商品的价格公正原则，而且还在延期付款的情况下收取了 B 的利息。

如果是在收取租金的场合就不一样了。也就是说，借用土地一年，总共费用是 10 两银子，如果每月还 1 两不算是违法。在最初契约建立的时候，如果"按月付款"和合同的条款有冲突，借方可以按照自己的支付能力任意选择付款的方式。

反过来说，以 4 斗小麦在收获期返还为条件，那就禁止现在就把小麦借出去。为什么呢？4 斗小麦现在是 10 两银子，到了收获期，如果是丰产，价格可能暴跌到 8 两；如果是减产，可能暴涨到 12 两。所以，如果只是"在收获期归还等量的小麦"，很有可能给贷者带来不当损失或是额外的利益。鉴于此，在这种情况下，首先要明确 4 斗小麦的时价，在这个基础上，等小麦收获的时候用等量的金钱或是小麦来归还。

物价的稳定对于流通经济十分必要。不正当地抬高物价自不必说，相反，压低物价也是不可取的。特别是，如果谁先进入市场，将商品以低价出售，那么这种商品的价格会在整个市场上暴跌。这种行为是《塔木德》最为禁止的。"商品的市价

尚未形成之前，不能贱卖商品。”这并不是禁止投机，而是禁止个人控制市场的行为。

如果价格适中，生产者和消费者都会满意。但是，如果有人在别人的小麦还没有收获的时候就低价出售自己的小麦，带来的影响会波及其余的全体农民。低价当然会受到一般消费者的欢迎，但结局是：由低价造成的损失会转嫁到别的商品上，对消费者和生产者都没有好处。

犹太人认为，公正的经商之道对买方和卖方都有利。如果只向一方倾斜，交易就很难持久。

在交易中，犹太人认为，即使事先未获任何保证，也有权要求购买的商品具有良好的品质。购物行为，就意味着购买没有瑕疵的商品。就算商家在交易中宣称“货物出门，概不退换”，一旦该商品确有瑕疵，买方仍然有权要求退货。并且，商人也得同意退货。

犹太人很注重“交易要讲道理”这一从商诤言，可以说，犹太商人是讲道理的买卖人，所谓的道理，就是公平、不欺诈。

犹太人能够在全世界各民族中崛起，成为最会做生意、最成功的商人，与他们的这一经商法则取信于人大有关系。

小聪明中藏有大智慧

不要瞧不起小聪明，别出心裁的小聪明有时候也是人生的大智慧，尤其是在商场上。

“小聪明”一般会被人理解为贬义词，觉得要小聪明就是投机取巧，不按正常的规则办事，上不了大雅之堂。其实，要小聪明未必就是一件坏事，要知道有些时候，小聪明也会变成大智慧。一些别具匠心的小聪明，在关键的时候，甚至能为你带来巨大的财富。犹太人之所以精明，就是在于他们总能在生活中的细节上运用自己的小聪明，并最终使其变成了发财的大智慧。

著名的休斯顿公司，总是能别出心裁地想出很多巧妙的招数去满足客户的需求。后来董事长休得曼将这种别具匠心的小聪明也用在了消费者买东西的习惯上，

他总是能在大千世界里找到发挥他聪明的地方。

我们都知道商家卖东西的习惯是“买一送一”，这是十分常见的商品促销形式。休得曼有一家生产清洁剂的公司，他们刚生产的产品是能清洗机动车机件上的油污的一种清洗剂，生产后就用箱式车拉到各个机动车修理店去销售，但是销售的结果却十分不理想。后来休得曼想到一种十分聪明的销售方法，就是将以往商家的买一送一反过来用，买一件很小的东西，赠送一件很大的东西。于是他将清洗剂和机件清洗机一起卖，买一瓶清洗剂送一台机件清洗机，结果清洗机的多功能性逐渐得到使用厂家的赏识，最终手段收到了很好的效果，创造了全州500多个机动车修理厂家都安上了这样的机件清洗机的纪录。

表面看来，休得曼的公司亏损了500多台清洗机的钱，其实不然，因为仅仅三年后，清洗剂的销售价格就超过了500多台清洗机的价格。后来，休得曼又想到将废旧的清洗机回收，将其加工成新的清洗机之后，再推向市场。这个小聪明又为公司赚取了大量的利润。就这样，短短的10年间，休得曼利用自己的小聪明为公司赢得了上亿美元的利润，给休得曼家族创造了高达百亿美元的资产。

休得曼成功的秘诀就在于将自己的小聪明经过独具匠心的运用后变成积聚财富的大智慧。有些人对这种小聪明不屑一顾，他们追求的永远是能够一下子就赚大钱的大智慧。可是，今天休得曼用自己的成功经验为这些人上了一课：小聪明用得好，一样会成为赚钱的大智慧。

虽然有些时候小聪明上不了大台面，但是小聪明却总能如润滑剂一般，经常能在名不见经传的地方发挥其意想不到的功效。所以说，千万不要忽视小聪明的作用。犹太人就从不会将小聪明和大智慧区分得那么清楚，在他们看来，只要能让自己赚到钱，运用的是什么招数，他们才不会去计较呢！

一位犹太出版商手里有一批滞销书，他在想尽办法后，决定送给总统一本，并屡次去征求意见。可是总统忙于政事，根本就没有时间看，于是随口说了句“很好呀”，于是这个商家做广告说“现有总统爱不释手的书出售”，结果书全部售罄。后来，他又出了一本书，于是他故伎重施，这次总统准备看他的笑话，就说“这本书不好看”，出版商做广告的时候就说“现有总统讨厌的书出售”，结果书又全部

售罄。他第三次这样做的时候，总统有了前两次的经验，一句话也没说就将其扔在了桌上，于是出版商做广告时就说“现有总统难以下结论的书，欲购从速”，结果书又一次销售一空。

出版商就是凭借自己的小聪明将滞销书一下子变成畅销书的，他并没有运用什么大智慧，可是却赢得了意想不到的成功。所以说，这世界上的事情随时在变，大智慧有大智慧的长处，小聪明有小聪明的优点，小聪明未必就是要手段，它只是特殊场合下的一种小智慧。不少犹太富翁就是凭借这种小智慧不断积累大量财富的。所以，不要瞧不起小聪明，别出心裁的小聪明有时候也是人生的大智慧，尤其是在商场上。

不借钱给朋友

这便是犹太人观念，在他们看来，你可以用任何友善的方式接济朋友，但就是不要借钱给他。借钱给他人就等于掏钱为自己买了一个敌人。

在《羊皮卷》里有这样一句话：“借钱给朋友，将以失去友情作为利息。”对此，莎士比亚也曾说过：“不要把钱借给别人，借出去会使你人财两空；也不要向别人借钱，借进来会使你忘了勤俭。”

这便是犹太人观念，在他们看来，你可以用任何友善的方式接济朋友，但就是不要借钱给他。借钱给他人就等于掏钱为自己买了一个敌人。

莎士比亚

犹太人朋友之间很少涉及金钱，在他们之间朋友是朋友，金钱是金钱，分得十分清楚，一般不把友情掺入金钱。

犹太人之间的朋友相处，大多是吃饭喝酒，这表示了他喜欢你，愿意和你来往。但你要是借钱，他们就很少答应了，不过这并不表示他不信

任你，而是他们处事的一种精明。

犹太人十分重视尊严，他们在一般情况下绝不肯向人求助，每当遇到困难，他们总是千方百计地试图用自己的力量解决。所以，当他们开口借钱，就表示他们的确走投无路了。可是如果你借给他，他便会一直忐忑不安，心里总是想着怎么样把钱尽快还给自己的朋友，见了朋友就感觉很不好意思，虽然朋友对他仍然很亲密，可他还是会觉得尴尬，为了避免这种愧疚的心情，一般就会回避自己的朋友，希望自己尽快地还钱，那样在朋友面前才会坦然。有了这种心理，两个人在一起相处自然就会觉得不自在。而朋友呢，如果也恰好需要这笔资金，但是已经将钱借给别人，又不好意思去要，就会陷入进退两难的境地。所以，犹太人之间就心照不宣地达成默契：不借钱给自己的朋友。

在犹太人开的餐馆贴着这样的一首歌谣："我喜欢你，你要借钱，我不能借，怕你借了，以后不再上门。"说的就是这个的意思。

不能借钱给朋友，那如果遇到紧急的情况怎么办呢？精明的犹太人自然有办法。犹太人喜欢放高利贷收取利息，这是他们几百年的传统了，他们如果自己有闲余的资金，就会把这些钱放出去收取利息，而有人需要钱自然就可以去借贷了。所以，犹太人没有钱的时候，喜欢去借贷，来充实自己的资金或是暂借资金来渡过难关。向他人借贷资金是一种商业行为，这与向朋友借钱的行为是不一样的。

雅可夫借给了亚瑟500美元，明天就要到期了，可亚瑟根本没有钱可以还。雅可夫三天前就已经提醒亚瑟，还有三天就该还钱了。"到了明天雅可夫一定会来要钱的。"想到这里，亚瑟坐卧不宁，烦躁地在房子里走来走去。"你为什么还不睡觉？"他的妻子问他。"我向雅可夫借了钱了，明天早上非还他不可！""你现在有钱了吗？""我连一个子也没有呢！"

"既然这样，你就睡觉吧，着急的应该是雅可夫而不是你。"

亚瑟妻子的话代表了我们处理债务的一般态度，既然没有钱就干脆放心休息吧，反正着急也没用。而事实上，雅可夫确实没有办法，自己的朋友没有钱，如果逼朋友还钱，那与朋友长久培养起来的感情必然会因此而崩溃了。打官司不仅浪费

钱，还摧毁了自己与朋友的感情。

梅西克向罗扬借了1200马克，但是梅西克一直没有钱还，每当遇到罗扬，梅西克都会想办法溜掉，避而不见。可罗扬又束手无策，只能唉声叹气。

一天，罗扬的另一个朋友对他说："你不妨写信给梅西克，叫他尽快归还1800马克的债，瞧瞧他的反映。"

罗扬也十分需要这笔钱，不得已只好采纳了这个办法，就给梅西克去了一封信。

两天后，梅西克果然回了信，信中说："罗扬，我记得很清楚我只跟你借了1200马克，你怎么说我欠了你1800马克，随信附上1200马克，如果你要打官司的话，你准输。"

如果朋友之间真的到了这个地步，以后也很难相处了。因此，洞悉人情世故的犹太人才会说：借钱，即是掏钱给自己买了个敌人。

二、财商比财富更重要

本钱只做本钱

种子是用来换取秋收的，绝不可食用。

《塔木德》上说，可以将小麦借给佃户做种子，但做种子的小麦绝不可食用。这一箴言在犹太人中间已经盛传了几千年。在犹太人看来，把小麦借给佃户做播种之用，至少还有归还的可能；把做种子的小麦磨成粉，做成面包来果腹，就是纯粹的消费行为。吃完以后只能再去借，如此一来，借麦者就会陷入越来越窘迫的境地，而出借者的利益也会受到损害，这种账就极可能成为呆死账。

有这样一个故事，一个富人送给穷人一头牛，穷人满怀盼望地开始奋斗，可牛要吃草，人要吃饭，日子过得非常艰难。穷人一狠心就把牛卖了，买了三只羊，吃了一只，剩下两只希望能生出小羊，可小羊迟迟没有生下来，日子更加艰难了，穷

人又把羊卖了，买了鸡，想让鸡生蛋赚钱，可是还没等鸡下蛋呢，穷人就把鸡也杀了，就这样穷人致富的梦想彻底破灭了。

食用种子必然会失去来年的金秋。所以说，在生意场上本钱只能作本钱，必须小心经营，决不能肆意挥霍。任何成就都是积累起来的，没有最初的那一分硬币，也不会有日后的大笔财富。犹太人会做生意，不仅体现在他们在生意场上的挥洒自如，也表现在他们不错过任何一分微不足道的本钱。

犹太人麦恩最初靠摆地摊为生，但他始终坚信自己的路不在这里，他希望有一天自己能开一家超市，成为这个城镇上最大的超市老板。

虽然眼前麦恩连租一家店面的钱都没有，但是他并不气馁，最起码现在还有一个地摊。就这样，麦恩总是风雨无阻地摆着他的地摊，积攒着每一分钱。

麦恩已经很久没吃到过肉了，衣服也是残破不堪，屋顶还漏了一个大洞，可是就这样他也仍不舍得花费任何一分钱来缓解一下自己窘迫的生活。

一次，自己心爱的姑娘突然邀请他去参加一个家庭聚会，麦恩兴奋不已，可是高兴过后他才想到自己别说礼服，连一件没有打过补丁的衣服都没有。沉思了良久之后，麦恩还是拒绝了姑娘的邀请。

麦恩当然也很想过光鲜的生活，可是，一旦他动用了自己辛苦存下的钱，那他就离自己的梦想又远了一步，他的梦想就会越来越遥不可及了。就是在这样的信念支撑下，麦恩最终存够了第一笔钱，这笔钱虽然远不能开一家大型超市，但也足以让麦恩租下一间小的店面了。就这样，麦恩努力地经营着自己的小超市，并积攒下每一分钱作为打造最大超市的本钱。两年后，麦恩终于实现了自己的梦想，他终于成了这个城镇上最大超市的老板。

很多身价过亿的犹太富商，在最初的时候，都只不过是一个普普通通的小员工，或者是一个无人注意的小杂工，唯一不同的是，他们从不轻易花掉用来做本钱的金钱，而这也正是他们的成功之处。

“种子是用来换取秋收的，绝不可食用。”犹太人始终信奉着这一点，因为从商者充分考虑好顺利回收资本（贷款或货款）的环境和条件，考虑好如何制定合理的价格，考虑好如何提供合乎消费者要求的商品和令消费者满意的服务，是使经济活

动中贷款或货款顺利支付的基础。

事物是会增值的，但增值的前提是必须要有可增值的东西，这个东西就是本钱。很多人认为，一分钱一分钱地积攒，要攒到什么时候去呢？既然目标遥不可及，还不如现在花掉的好。而这也正是他们经商的梦想没有实现的原因。

只有100%才算合格

在犹太人看来只有100%才算合格，即使是99%也是失败的，因为1%的细微差别就会使他们在事业上很难取得突破和成功。

水温升到99℃，还不是开水，价值也有限。只有再添一把火，在99℃的基础上再升高1℃，才会使水沸腾，产生大量水蒸气来开动机器，从而获得巨大的经济效益。

其实，不止水如此，世间的任何事都是这样。100件事情，如果99件事情做好了，一件事情未做好，而这一件事就有可能对某一整体有百分之百的影响。所以说，不管做什么事都只有做到100%才算合格。

人们在工作中，总会忽略细节上的一些小事，但事实上，往往就是因为这些小事影响了整个大局。

对于很多事情来说，执行上的一点点差距，就有可能会导致结果上出现很大的差别。很多人都不会把工作做到圆满，在他们眼里90%就已经是非常好的了，然而在犹太人看来只有100%才算合格，即使是99%也是失败的，因为1%的细微差别就会使他们在事业上很难取得突破和成功。

从手中溜走1%的不合格，到客户手中就是100%的不合格。所以只有把问题解决在萌芽中，才能保证自己的无形资产。对此，国内某房地产公司的老总曾回忆说："1988年，一个与我们公司合作的外资公司的犹太工程师，为了拍项目的全景，本来在楼上就可以拍到，但他硬是徒步走了几公里爬到一座山上，连周围的景观都拍得很到位。当时我问他为什么要这么做，他只回答了一句：'这是我的工作，也是我的生活态度。'"后来这位犹太工程师还告知他的人生信条就是："我要做的事情，不会让任何人担忧。任何事情，只有做到100%才是合格，99分都是不合

格。60分就是次品、半次品。”

要想把事情做到最好，首先必须在心中设定一个很高的标准，不能是一般的标准。在决定事情之前，要进行周密的调查论证，广泛征求意见，尽量把可能发生的情况考虑进去，以尽可能避免出现1%的漏洞，直至达到预期效果。

生命中的大事皆由小事积累而成，没有小事的积累，也就成就不了大事。人们只有了解了这一点，才会开始关注那些以往认为无关紧要的小事，开始培养自己做事一丝不苟的美德，力争成为深具影响力的人。

做事一丝不苟，意味着对待小事和对待大事一样谨慎。生命中的许多小事都蕴涵着令人不容忽视的道理，那种认为小事可以被忽略、置之不理的想法，正是我们做事不能善始善终的根源，它不仅使工作不完美，生活也不会快乐。

每一个商人，每一位老板都知道一丝不苟的美德是多么难得，不良的工作作风总是会在公司四处蔓延，要想找到愿意为工作尽心尽力、一丝不苟的员工，是很困难的一件事，因为无论大事、小事都尽心尽力、善始善终的员工十分少见。

有一位犹太父亲，在临终的时候给孩子了这样一番告诫：“无论未来从事何种工作，一定要全力以赴、一丝不苟。能做到这一点，就不会为自己的前途操心。世界上到处都有散漫粗心的人，只有那些尽善尽美者是供不应求的。”

很多商人，多年来费尽心机地在寻找能够帮自己打拼事业的人，他们并不需要这些帮手有多么出众的技巧，而是需要谨慎、尽职尽责的工作。他们聘请了一个又一个自称能为他们带来利润的人，然而结果却总是不尽人意。与此同时，社会上众多失业者却在抱怨现行的法律、社会福利和命运对自己的不公。

而这一切，在犹太人眼中都是不负责任，好逸恶劳，背弃了工作原则的行为。犹太人之所以较其他民族更容易成功，就是因为他们无论做什么都要求做到最好，能完成100%，就决不只做99%。在他们看来，只要你把工作做得比别人更完美、更快、更准确、更专注，动用你的全部智能，就能引起他人的关注，实现你心中的愿望。

超越老板的期待

今日的“勤奋”不仅是要完成老板的任务，更是要“超越”老板的任务，将老板交代的事情提高一个层次去完成，只有这样才有成为老板的那一天，这也是犹太人的成功的宝贵经验。

现在社会日新月异，“勤奋”的内涵也随着时代的变化而被赋予了新的内容。如果你还认为“勤奋”就是“奉命行事”，老板吩咐你做什么就照命令办事，那就大错特错了。要知道今日的“勤奋”不仅是要完成老板的任务，更是要“超越”老板的任务，将老板交代的事情提高一个层次去完成，只有这样才有成为老板的那一天，这也是犹太人的成功的宝贵经验。

犹太人认为，勤奋和成功是相互依存、互为表里的，一般来说，勤奋能造就成功，而懒惰却足以毁掉一个资质非凡的人。一个人只有积极主动地做事，毫不懈怠，将工作当成作品，而非任务，超越老板的期待，才能有所成就。

每个老板都希望自己的员工能够主动工作，带着思考工作。对于发道命令，下个通知，才会动一动的员工，没有人会欣赏。在职场中，这类只知机械完成工作的“应声虫”，早晚会被老板剔除掉。在老板心中，只有那些能准确掌握自己的指令，并主动加上本身的智慧和才干，把指令内容做得比预期还要好的人，才是他们真正要找的员工。

犹太人和德国人同时受雇于一家超级市场，开始时大家都一样，从最底层干起。两个人也都同样勤奋地工作，拿着同样的薪水。可不久之后，情况就发生了变化，犹太人受到老板的重用，担任了更重要的工作，而德国人仍在原地踏步。

德国人感到非常的失望。终于有一天，他忍无可忍，向老板提出辞呈，并质问老板：“我和那个犹太人一样地辛勤工作，为什么他得到提升，而我却仍然没有什么变化呢?”

老板耐心地听着，他了解这个小伙子，工作肯吃苦，但总是缺了点儿什么。究竟缺什么呢？三言两语还说不清楚，说清楚了他也不服，看来……他忽然有了个主意。

“嗨，德国人，”老板说，“你马上到集市上去，看看今天有什么卖的。”

德国人很快从集市上回来说，刚才集市上只有一个农民拉了车土豆在卖。

“一车大约有多少袋？多少斤？”老板问。

德国人赶快戴上帽子又跑到集市上，然后回来告诉老板说一共有30袋。

“价格是多少？”

他再次跑到集上问来了价格。

“好吧，”老板望着跑得气喘吁吁的他说：“请休息一会儿吧，我们来看看你的朋友是怎么做的。”说完，他叫来犹太人，并对他说：“你马上到集市上去，看看今天有什么卖的。”

犹太人很快从集市上回来了，向老板汇报说，到现在为止只有一个农民在卖土豆，有30袋，价格适中，质量很好，他还带回几个让老板看. 犹太人接着说，这个农民一会儿还将弄几箱西红柿上市，据他看价格还公道，可以进一些货。昨天他们店里的西红柿卖得很快，库存已经不多了。犹太人想这种价格的西红柿老板大约会要，所以他不仅带回来几个西红柿做样品，而且把那个农民也带来了，他现在正在外面等回话呢。

此时老板转向德国人，说：“现在你知道为什么犹太人的薪水比你高了吧？”

不能说德国人不勤奋，他的确也是忠实地执行了老板的命令，毫无怨言地跑了三次，只不过他永远只是照章办事，从没想过把事情办得更好。而犹太人却不同，他只跑了一次，就把所有问题弄清楚了，将老板交代的任务超额完成，这也是他能够受到重用的原因。

因为态度的不同，同样的工作，会干出不一样的效果；而干同样工作的人，也会有不同的体验和收获。如果想登上成功之峰，纵使面对缺乏挑战或毫无乐趣的工作，你也要保持主动率先的精神，只有这样才能得到自己想要的回报。勤奋最严格的表现标准应该是自己设定的，而不是由别人要求的。如果你对自己的期望比老板对你的期许更高，那么你就无须担心没有机会，不被重用。而当你养成这种自动自发地习惯时，你就有可能成为领导者。

所谓的勤奋，指的是随时准备抓住眼前的机会，展现超乎他人要求的工作表

现，以及拥有“将一切工作都当成体现自己能力的作品”的敬业精神。

成功有一千条途径，最短的一条是自动自发地工作；失败有一万种原因，最可悲的原因是被动地接受工作。

著名成功学家卡耐基曾聘用两名年轻女孩儿当助手，帮他拆阅、分类信件，薪水与相关工作的人相同。两个女孩儿都十分踏实，任劳任怨。但其中一个虽忠心有余，但却多少有些懒惰，只能将自己手头的工作勉强地做完。

而另外一个女孩儿却常不计报酬地干一些并非自己分内的工作——譬如，替卡耐基给读者回信等。她认真研究成功学家的语言风格，以至于这些回信和卡耐基自己写得一样好，有时甚至更好。她一直坚持这样做，并不在意卡耐基是否注意到自己的努力。终于有一天，成功学家的秘书因故辞职，在挑选合适人选时，卡耐基自然而然地想到了这个女孩儿。

可见，我们不应该仅仅抱着“老板让我做什么”的想法，而应该再进一步，想一想“我能为老板做什么。”一般人认为，忠实可靠，尽职尽责地完成老板交代给的工作就可以了，尽量避免犯错，凡事只求忠实公司的规则，老板没让做的事，决不插手。殊不知这些远远不够，尤其是那些渴望在工作中获得成功的人更是如此，必须做得更多更好，要勇于负责，要有独立思考能力，必要时要发挥创意，积极主动地完成任务。

我们在刚开始参加工作时，也许从事的只是端茶倒水、接打电话这类的琐碎的工作，或者从事秘书、会计和出纳之类的事务性工作。因此，不免有人会这问自己：“做这种平凡乏味的工作，有什么希望呢？”然而，真正的机会往往就藏匿在这极其平凡的职业中，这极其低微的位置上。所以，只要把自己的工作做得比别人更完美、更专注，便能获取别人所得不到的机遇。

所以，主动地去做好一切吧，千万不要等到你的老板来催促你。不要做一个墨守成规的员工，也不要害怕犯错，事实证明你只有超越老板的期待，才能算完满地完成任务。

不义之财不取

商人言利固然天经地义，但重利不能忘义。犹太商人把坦荡作为自己的人生信条，不义之财绝不取，可以说这也是他们成功的关键。

犹太商人热衷于运用聪明的头脑，最大限度地占有财富。因此，在世界级亿万富翁中，有许多都是犹太商人。在生意场上，犹太商人喜欢依靠自己的头脑和勤劳的双手，光明正大地去赚钱，绝不贪占不义之财。他们认为，灵魂的纯洁是最大的美德，贪占不义之财定会受到神的惩罚。这就是犹太民族，即使一无所有，也绝不做违背道义的事。

有位拉比以砍柴为生，经常把砍好的木柴从山上运往城里卖。为了缩短往返路程，以便节省时间来研读《犹太法典》，他决定购买一头驴子帮忙驮货。

于是，拉比向城里的阿拉伯人买了一头驴子。

有了驴子之后，拉比便可以加快行程往返于村子和城镇之间，弟子也为此感到高兴，帮忙用河水来洗刷驴身。就在洗刷之际，突然从驴子的颈项间掉落下来一颗钻石。

弟子们庆幸说道，这下子拉比可以脱离贫苦的砍柴生活，拥有更多的时间来进修和教导我们了。

可是，拉比却令弟子立即返回城里，将钻石归还阿拉伯商人。弟子不解其意，便问："这不是您买的驴子吗？"

拉比回答："我买了驴子，但是不曾买过钻石。我只取自己应得之物，这才是正当的行为。"

然后，拉比带着钻石亲自送往城里归还给阿拉伯人。

阿拉伯人反问道："你买了这头驴子，而钻石就附在驴子身上，你何必送来归还呢？"

拉比答道："根据犹太人传统，我们只能获取所买之物。钻石并非我所购买的东西，因此特地送来归还给你。"

阿拉伯人听后，不禁赞赏道："你们的神，一定是位伟大的神啊！"

在犹太人看来，灵魂的纯正才是最大的财富，若是灵魂变得肮脏了，人也就完蛋了。因此，虽然犹太人没有止境地追求财富，但是，他们的手段从来都是光明正大，在他们心中，贪占不义之财就会受到神的惩罚。

经商不能贪得不义之财，不能做欺骗性的宣传。商人言利固然天经地义，但重利不能忘义。犹太商人把坦荡作为自己的人生信条，不义之财绝不取，可以说这也是他们成功的关键。

利己是人的本性，人们在一生中都在追求着更多更大的利益，把握好度的是奋斗，而无节制无底线的也就成了欲望。要满足欲望不可避免的就是要积聚大量的财富，其实追求财富本无可厚非，但是，当追求财富变成一种攫取，将手伸向别人的口袋，窃取不义之财时，你的朋友就会远离你，你的合作伙伴更会离弃你，结果只能是得不偿失。

生意不成，也要笑脸相送

和气生财，虽然有些时候我们没能做成生意，但也要切记与对方保持良好的关系，多个朋友就会多条路，如果能在这次谈判中，与对方建立一个长久的关系，那自然就为以后的合作做好了铺垫。

犹太人在做生意的时候，十分注重一个原则，那就是：生意不成，也要笑脸相送。因为生意场上，瞬息万变，没有永远的敌人，只有永远的朋友。这一次虽然没能做成生意，但谁能保证不会存在着下一次商机。如果这一次情感交流得很好，那么自然会为下一次合作埋下了伏笔，有时候这甚至比做成一笔生意还要重要，因为生意永远做不完。

犹太人正是明白这个道理，所以才非常重视合作伙伴的关系，十分强调和气生财。因此，有时候即便双方在洽谈的过程中，分歧很大，甚至发生争执，在送对方离开的时候他们也已然会微笑着说再见，因为他们明白，再见就意味着下一次相见。

犹太人卡尔是一位卖砖的商人，在和一位建筑商合作过程中，由于砖的型号问题，两人进行了一场激烈的口水战，最终建筑商没有用卡尔公司的砖，而是选择了

其他公司的产品，这让卡尔十分生气。回到家，他将这件事情告诉了妻子，妻子对他说："就算生意做不成，你也不能和对方闹翻啊！不然下一次你们怎么见面呢！"妻子的话让卡尔觉得醍醐灌顶，自己被气昏了头，竟然和建筑商大吵了一架。就这样，一整晚他都在想如何弥补自己的错误。

第二天，他又找到那个建筑商，很真诚地向对方道歉，同时表示愿意和对方继续合作。建筑商对卡尔的这种转变非常惊讶，他没想到卡尔对自己这么客气，于是双方握手言和，还相约一起去喝酒。两个月后，卡尔再次接到了建筑商的订单。

犹太商人对所有合作伙伴都笑脸相送的策略，可以说，为他们广纳四方之财提供了非常有利的条件。很多世界级的企业都是这方面的典范。现在很多商家都打出微笑服务的招牌，这样有亲和力的服务，既能够吸引新顾客光顾，又能不断地拉来回头客。

和气生财，虽然有些时候我们没能做成生意，但也要切记与对方保持良好的关系，多个朋友就会多条路，如果能在这次谈判中，与对方建立一个长久的关系，那自然就为以后的合作做好了铺垫。不管谈没谈成，都对对方笑脸相送，那对方必然会记得你，这样下次再有生意的话，自然也就会关照你了。

先交朋友，再做生意

不少精明的犹太商人更愿意把顾客看成自己的朋友，并拥有这样一种意识：先交朋友，再做生意。

在这个世界上，到处可以看见很多有才华的"穷人"。他们才华横溢，能力超群，有的甚至有着上天入地的本领，但为何最终却落了个颗粒无收，一事无成的下场，那究竟是为什么呢？原因就是，他们不懂得为商之道。

提到商人，不少人会有一种错觉：商人唯利是图，斤斤计较。商场中的确存在着这样的人，然而真正有成就的商人都是注重商业道德的，且有情有义的。不少精明的犹太商人更愿意把顾客看成自己的朋友，并拥有这样一种意识：先交朋友，再做生意。

先交朋友，无疑是犹太商道的交往模式。在某种意义上说，它已经成为犹太生

意人心照不宣的成功潜规则。一个不懂游戏规则的人会被视为“傻子”，只有洞悉这一成功潜规则，为自己赢得更多的朋友，才能在生意场上立于不败之地。

在美国加利福尼亚州萨克门多有一位青年犹太商人，专门销售家庭用品。开始的时候，他的生意十分清淡，几乎谈不上盈利。但是这位精明的犹太商人并不气馁，他想办法摆脱困境。冥思苦想之后，他决定先广交朋友，扩大商品的知名度，然后再获得利益。

于是，这位青年在一家一流的妇女杂志上刊载了他的“1美元商品”广告，出售的产品种类齐全，且物美价廉。而且所刊登的供货商都是有名的大厂商，广告中80%的商品价格刚好是一美元，仅有20%商品价格高出1美元。杂志广告刊登出来后，马上引起了消费者的积极响应，来自全国各地的订购单如同雪片般纷纷而至。

虽然收到了不少汇款单，发出的货物也很多，但这位犹太青年并没有赚到什么钱，有时甚至入不敷出，还在困境中挣扎。犹太青年见局面已经打开，在众多的顾客心目中树立了值得信赖的形象。以后他每次给顾客寄商品汇单时，都顺便寄去20种3美元以上100美元以下的商品及商品说明，并另附一张空白汇款单。

由于价格低廉、质量良好的小金额的商品赢得了顾客的信任，顾客开始把他看作自己的朋友，所以也愿意购买其他价格昂贵的商品。这样，昂贵的商品同样可以大量销售出去，这不仅弥补了1美元商品造成的亏损，还大大地赚了一笔。如此良性循环使犹太商人的生意越做越红火。

一年后，犹太商人成立了一家通信销售公司。在他“先交朋友，再做生意”的经营方针的指导下，公司的规模不断地扩大。昔日困窘的小商人一下子变成了年轻有为的大老板。1974年通信销售公司的销售额高达5000万美元。谁又能想到，这家公司的经理仅是一个29岁的年轻人。

凡是成功的商人，几乎无人不知朋友的重要性。不管你是商界的领军人物，还是一名普通的小生意人，都与这个商业信条息息相关。试想一下，商人与商人之间，多会因为利益的原因产生诸多的不信任，而朋友与朋友之间就少有这种情况了，所以要想真正的与对方长期合作下去，那必须要先拉近两个人之间的感情，减少一些不必要的猜测和怀疑。若你真能做到如此，那也就没有做不成的生意了。

在当今世界，市场竞争尤为激烈，许多胸怀大志的人都有可能会受到资金、设备、人才、技术等客观因素的限制，不可能一步到位，寻找到成功的捷径。那么请不要着急，不妨在人际关系上多下一些工夫，先交朋友，再做生意，用犹太商道来改变自己的经营理念。

总之，一个成功的生意人，不仅需要过人的智慧、高人一等的生意手腕、精明的用人方法，更需要超人的魄力和长远的目光，不要为了眼前的利益斤斤计较，而是应把自己的合作伙伴或是顾客当成朋友一样对待，只有这样才能在感情上拉近彼此的距离，产生足够的信任，以至于生意能够长久且圆满地进行下去。

钱是赚来的，不是攒来的

钱是赚来的不是攒来的，一个懂得花钱的人才是会赚钱的人，头脑灵活的人，永远是最有钱的人。

谁都想要挂上富人的头衔，于是，很多人拼了命地想往富人堆里挤，那么，怎样算是挤进去了？无非就是不断地增长自己银行卡上的数字。

对于拼命想“富”起来，犹太人是十分赞同的，他们认为，生而贫穷并无过错，死而贫穷才是遗憾，尤其是终其一生，无力消除贫穷、创造财富，更是不可宽恕的。

但是，对于常人所选择的富起来的方式，他们却并不赞同。在一般人的理念中，要让手中的钱多起来，最为简单也是最为直接的方法就是“攒”，不要乱花钱，能省则省，把省出来的钱全部攒起来。那么，日复一日，年复一年，手里的钱袋总会长大。而在犹太人的眼睛里，这种方法却十分愚蠢，要富起来，靠的不是使劲地攒，而是使劲地赚。钱是赚出来的，而不是攒出来的。

一位70多岁的穷人领到100美元的失业救济金，按惯例到银行存了20美元。走出银行大门时，他看到一位年纪相仿的犹太绅士正在抽雪茄。

“您的雪茄很香，”戒烟已有50年的穷人主动上前与那人搭讪问，“这样的雪茄应该不便宜吧？”

“20美元一支。”

“嗬，您一天抽多少呀?”

“15支。”

“唷，您抽多久了?”

“50年了。”

“一天：300美元，一年10万多美元，50年，哎呀，您算算，您抽雪茄的钱不算利息已有500多万，这大概可以买下这家银行了吧?”

“……哦！您好像不抽雪茄吧?”

“是的，我不抽。”

“那你能买下这家银行吗?”

“老实说，不能。”

“告诉您，这样的银行我有10家!”

穷人的确很精明。首先，他账算得很快，一下子就计算出每支20美元每天15支，50年的雪茄烟钱可以买一家银行；其次，他很懂得勤俭持家由小发大的道理，并身体力行，很久都没有抽过一支20美元的雪茄。不过，谁也不能说穷人的方式就是对的，因为他雪茄没抽上，百货公司也没攒下。所以，我们不得不对犹太绅士表示恭敬。穷人的智慧是死智慧，绅士的智慧才是活智慧；钱是靠钱生出来的，不是靠克扣自己攒下来的。

犹太人为了快速成为富翁，常规做法就是投资金融行业和其他资金回收较快的行业，把78%的注意力和精力集中倾注到“钱生钱”上。努力攒小钱的人是不具备从事这些行业所要求的素质的。缺乏冒险气质，他们就不能通过其他途径快捷致富。不过话又说回来，不赞成攒小钱，并不代表在商务活动中不精打细算。

莫里茨·赫希有句口头禅：“上帝把钱作为礼物送给我们，目的在于让我们购买这世间的快乐，而不是让我们攒起来还给他。”犹太商人大都有白手起家的传统，不过，他们却没有靠攒小钱致富的传统。这其中有两个原因：

第一，在文化背景上，犹太商人从没有受到禁欲主义束缚。犹太教也从来没有这方面的要求，犹太生活也从未分化成宗教与世俗两大部分。虽然犹太人在宗教节期间有苦修的功课，但功课完毕之后，就是丰盛的宴席。因此，犹太商人的典型生

活方式，并不是那种形同苦行僧般的不抽雪茄的生活方式。

第二，从犹太商人多集中于金融行业和投资回收较快的行业来看，他们把注意力集中在“钱生钱”，而不是“人省钱”上面。犹太商人身上常见的冒险气质，在那种靠辛辛苦苦攒小钱的人身上是体现不出来。

这两个因素的结合，使犹太商人的经营方式和生活方式形成了鲜明对照。在业务方面，犹太商人精打细算可以说到了无以复加的地步，成本能省一分就省一分，价格能高一点就高一点，利润则一定要算税后利润，以免白为税务署做贡献。但类似于每天吸 20 美元一支的雪茄 15 支，在犹太人的日常生活中实在是一种常见的现象。这么说来，有人就会问了，他们的节俭精神和他们享受生活起不起冲突了？其实，犹太人的节俭精神与他们享受生活并不矛盾。在犹太人看来，为了赚取更多的利润就必须节约不必要的支出。同时，他们也深知赚取财富是为了更好的生活。所以，他们在日常生活中愿意为自己喜欢的高价的物品付出代价，他们认为只有把钱花掉了才能有更多赚钱的动力。

利令智昏，一个在利益问题上拿得起放得下的商人，其智力才不会衰竭昏愦。白手起家的早期好莱坞巨头之一刘易斯·塞尔兹尼克告诫其子大卫，曾说：“过奢侈的生活！大手大脚地花钱！始终记住不要按你的收入过日子，这样能使一个人获得自信！”此后，好莱坞也把这当作经营原则。

的确，对商人而言，没有什么比自信更为重要的了，而这份自信也包括花钱方面。总而言之，每个商人都应该明白，钱是赚来的不是攒来的，一个懂得花钱的人才是会赚钱的人，头脑灵活的人，永远是最有钱的人。

智慧，你唯一能完全拥有的

犹太人的智慧可谓无处不在，在他们看来，智慧的价值要远比金钱重要得多。任何东西都是有价的，都能失而复得，只有智慧才是人生无价的财富，它引导人通向成功，且永不会贫穷。

生在犹太家庭里的孩子在他们的成长过程中，负责启蒙教育的母亲们几乎都会问他们同一个问题：“假如有一天你的房子被烧了，你的财产就要被人抢光，那么

你要带着什么东西逃命?”孩子们少不经事，天真无知，自然会想到钱这个好东西，因为没有钱也就买不了吃的用的玩的了。当然，也许孩子们还会嚷着说带钻石、珍宝什么的，可这些显然不是母亲们所要的答案。她们会进一步问：“有一种没有形状、没有颜色、没有气味的宝贝，你知道是什么吗?”要是孩子们回答不出来，母亲就会告诉他们：“孩子，你要带走的不是钱，也不是钻石和珍宝，而是智慧。因为智慧是任何人都抢不走的。你只要活着，智慧就永远跟着你。”

犹太人热爱赚钱，但并不认同一味地蛮干，以过度的辛勤劳动来换取金钱。他们认为应当用智慧来赚钱。既追求智慧，又追求金钱，这使犹太商人成为世界上最有智慧的商人族群，也使得犹太人的生意经总是闪烁着智慧的光芒。

犹太商人之所以能够纵横于世界经济的大舞台，主要源于他们做事灵活，善用智慧的民族性格，就如下面这则笑话：

在美国和苏联成功地进行载人火箭飞行后，法国、德国和以色列也相继制定了月球旅行的计划。现在，一切设备都已经制造完成，下一步该是挑选宇航员了。招考人员考询问应征者，在什么待遇下才肯参加太空飞行。德国人回答：“我需要3000美元，1000美元给妻子，1000美元作购房基金，1000美元自用。”法国人回答：“给我4000美元我才干，1000美元给我妻子，1000美元归还购房贷款，1000美元给我的情人，还有1000美元留着自己用。”犹太人应征者说：“给我5000美元我才干，1000美元给你，1000美元归我，其余的3000美元雇德国人开太空船。”

犹太人的智慧可谓无处不在，在他们看来，智慧的价值要远比金钱重要得多。任何东西都是有价的，都能失而复得，只有智慧才是人生无价的财富，它引导人通向成功，且永不会贫穷。因此，他们相信：闪光的智慧能带来财富；有了智慧就有了财富。在致富的路上绝不能盲目行事，一定要靠智慧加适当的变通。

多年以前，在奥斯维辛集中营里，一个犹太人对他的儿子说：“现在我们唯一的财富就是智慧，当别人说一加一等于二的时候，你应该想到大于二。”纳粹在奥斯维辛毒死了几十万人，幸运的是父子俩都活了下来。

1946年，父子俩来到美国，在休斯敦做铜器生意。一天，父亲问儿子：“一磅铜的价格是多少?”儿子答道：“35美分。”父亲说：“对，整个得克萨斯州都知道

每磅铜的价格是35美分，但作为犹太人的儿子，应该说3. 5美元。你试着把一磅铜做成门把看看。”20年后，父亲死了，儿子独自经营铜器店。他做过铜鼓，做过瑞士钟表上的簧片，做过奥运会的奖牌。他曾把一磅铜卖到3500美元，这时他已是麦考尔公司的董事长。然而，真正使他扬名的，却是纽约州的一堆垃圾。

1974年，美国政府为清理给自由女神像翻新扔下的废料，向社会广泛招标。但几个月过去了，仍没人应标。正在法国旅行的他听说后，立即飞往纽约，看过自由女神下堆积如山的铜块、螺丝和木料后，未提任何条件，当即就签了字。纽约许多运输公司对他的这一愚蠢举动暗自发笑。因为在纽约州，垃圾处理有严格规定，弄不好就会受到环保组织的起诉。就在一些人要看这个犹太人的笑话时，他已经开始组织工人对废料进行分类了。他让人把废铜熔化，铸成小自由女神；把水泥块和木头加工成底座；把废铅、废铝做成纽约广场的钥匙。最后，他甚至把从自由女神身上扫下的灰包装起来，出售给花店。就这样，在不到3个月的时间，他让这堆废料变成了350万美元现金，每磅铜的价格整整翻了1万倍。

商业化的社会永无等式可言，当你抱怨生意不好做时，或许有人正在气喘吁吁地数钱。这里的奥妙就是这位犹太父亲告诉儿子的话：当别人说一加一等于二的时候，你应该想到大于二。

捐出十分之一的收入

赚钱的能力是犹太人评价一个商人成功与否的重要标准。但只有那些却是远远不够的，在他们看来，只有同时把多余的财富捐出去慷慨回馈社会的人，才能真正实现自我的价值，得到社会的认可。

摩西曾这样向以色列人宣布：“地上所有的，无论是地上的种子，是树上的果子，十分之一是耶和华的，是归给耶和华为圣的。”犹太民族是一个慈善的民族，这也是世人所认可的。他们坚信主人就是助己，并始终把这一原则贯彻到自己的生活和工作的每一个角落。正如一位哲人所言：如果一个富人不肯把它的财富用来布施，那财富就不会给他带来任何荣耀。

犹太人是这个世界上最为慷慨、最善布施的民族，这并不是因为犹太人爱把

“慈善”这个词挂在嘴上，相反，希伯来语中连“慈善”这个词都没有，而只有一个与其意思接近的词“tzedaka”，翻译过来就是“公义”的意思。可见在他们的民族中，一个人在施舍的时候，绝非“行善积德”，也不算在做“分外”的好事，而纯粹是在履行“公共义务”。

向来节俭的股神巴菲特，仍住着上世纪六十年代合25万人民币买的白色老屋，却于2006年6月宣布向5个慈善基金会捐出其财富的85%，约375亿美元，震惊全球，因为这是有史以来全世界范围内最大的一笔捐款。当时，他站在比尔·盖茨夫妇身边说出“我不是对王朝财富的热衷者，特别是当世界上60亿人还比我们穷得多的时候”，不禁令人肃然起敬。

人生在世，能够在自己能力所逮的时候，对社会有所贡献，同时为无助的人提供了帮助，又何乐不为呢?

在某个地方有一家很大的农户，户主被称为当地最慈善的农夫。每年拉比都会到他家访问，每次他也都会毫不吝啬地捐财献物。

可是有一年，这个农夫突然遭到了风暴和瘟疫的袭击，所有的农田和果园都被破坏得十分严重，全部牲畜都死光了。债主蜂拥而至，把他所有的财产都扣押了起来，最后只剩下一小块土地。可是，他却说：“既然本来就是神赐予我的东西，那他拿回去了，还有什么好说的呢?”就这样，他泰然处之，丝毫没有怨天尤人之意。

那一年，拉比像往年一样，又到农夫的家，见他家道中落，对他十分同情，也无意再请他捐献。这时农夫的太太说道：“我们时常为教师建造学校、维持会堂，为穷人和老人捐款，今年拿不出钱来，实在遗憾。”不过，夫妇俩觉得让拉比空跑一趟，于心不安。便决定把最后剩下的那块地卖掉一半，捐献给拉比。拉比十分惊讶，感激不尽。

一天，农夫在剩下的半块土地上犁地，耕牛突然滑倒了。他手忙脚乱地扶起耕牛时，却在牛蹄下发现了件宝物。他把宝物卖掉后，又过上了先前的富裕生活。

次年，拉比又来到这里，发现农夫的家和原来一样贫穷，可这时附近的人们却告诉他，农夫已搬入新居了，前面那所高大房子，才是他的家。

拉比走进大房子，农夫高兴地向他们说明了近一年发生的事，并总结道：“只

要乐于行善，一切定有转机，这就是捐献的利润。”

耕牛

作为一个散居的民族，犹太人不能不以某种律法来消除贫富差距造成的内部应力；作为一个常被人赶来赶去的民族，犹太人不能不互相照应，互相扶持；作为一个生性敏感的民族，犹太人谙熟施舍过程中双方心理的微妙之处；作为一个睿智达观的民族，犹太人更知道慈善从来不是单纯的施舍。正因为有了这种理所当然的心态，犹太人才能把慈善事业安排得如此入情入理。

至今，住在美国的有两百万犹太人，仅占美国人口的百分之三，但是他们在美国成立的无息贷款协会却有上百家，那是无息、无抵押的贷款，作为创业基金和急难救助之用。美国前一百的大善人中，犹太人就占了百分之三十五，每年捐款达五十亿美元，是捐款最多的民族。此外，全美还有一万家慈善机构是犹太人设立的，为世界各民族之冠。

可见，绝大部分的犹太富翁都是乐于慷慨回馈社会的。著名的英国的牛津和剑桥这两所大学各有一个“伊沙克·沃夫森学院”，这个学院的名字来自一个犹太人。

被誉为当代最慷慨的慈善家伊沙克·沃夫森是一个苏格兰犹太人，他也是英国最大的百货公司“大宇宙百货公司”的总裁。该公司拥有3000多家零售商店，同时涉及银行业、保险业、房地产，还有水陆路运输业等。

1955年，沃夫森设立了以自己名字命名的基金会，在以后的20年里，他为以教育机构为主的各个方面，提供了4500万美元的经济资助。许多大学和学院都向他颁发了荣誉学位证书。沃夫森非常乐于对人讲这样一个故事：

曾经有一个人问他：“沃夫森这个家伙既是皇家外科医师学会会员和皇家内科医师学会会员，又是牛津大学的教会法规博士和剑桥大学的法学博士，而且还是这所大学的这个博士，那个大学的那个博士，他到底是干什么的？”

"他是个写东西的。"

"写东西？他写了些什么？"

"支票。"

赚钱的能力是犹太人评价一个商人成功与否的重要标准。但只有那些却是远远不够的，在他们看来，只有同时把多余的财富捐出去慷慨回馈社会的人，才能真正实现自我的价值，得到社会的认可。

保全借贷人的饭碗

《塔木德》说："借贷人的外衣如果是仅剩的财物，那么作为抵押品的这件外衣，必须在日落时分归还。"

犹太人认为，保全借贷人的饭碗，也就是保全自己的饭碗；借贷人的饭碗碎了，自己的饭碗也就危险了。为了限制出借人的蛮横，并使借贷人的经济行为得到健康发展，《塔木德》又向犹太人做出这样的明确规定："出借人不可无偿居住于借贷人的家里，也不可用偏低的价格从借贷人手中租借房屋。"

在现实生活中，拥有一幢大厦却资金不足的人随处可见。假如他准备利用这幢大厦来开办旅馆，那么他必须向银行或向私人借钱。在争取借款的过程中，他极有可能表示愿意将大厦的某一层租给银行，而价格比市价低许多；也极有可能表示愿意将旅馆的某一间或几间屋子租给私人，房租也基本上是象征性的，甚至干脆不收钱。

这种承诺在《塔木德》中是被禁止的，因为低租金或者数额为零的租金在《塔木德》中被视为贷款的利息，而收取利息在犹太人中是被禁止的。

《塔木德》要求贷款给开办旅馆的人不要企图占便宜，而要让开办旅馆的人尽可能地发挥他的每一份资产（每一层楼或每一间屋子）的作用，在尽可能短的时间里归还全部贷款。

借贷人手中尚有房屋向社会出租这一经济手段，可以如此作为，如果借贷人仅仅剩下一件外衣，而他乐意将这件外衣作为抵押物，那该怎么办呢？

道理是一样的。这个极度贫穷的借贷人不会连一点劳动能力都没有，他可以在

休息权得到保障、健康权得到保障的前提下，把这点劳动能力维持下去，发挥这种能力，以尽快归还贷款。

所以，如果仅仅剩下一件外衣的穷人向我们借贷，我们可以在他乐意的前提下，把他的外衣作为一种对信用的认可而妥善保管起来，同时记住：在日落时分一定把外衣归还。

在夜里，这个贫穷的借贷人如果连一件覆体的衣物都没有，他就会因最低限度的休息权被你剥夺而使健康受损。

我们难道还能指望一个又病又穷的人归还贷款吗？

如果我们就是这仅剩一件外衣的借贷人，必须牢记，这唯一的外衣不可用来抵押。保证身体的健康，是我们恪守信用的明证。健康是每一个人的饭碗，它可以经历受损再经历恢复，但一旦失去便不再来。

《塔木德》明令禁止向借贷者收取利息，这种禁令的目的在于保护弱者，更在于促进市场的成熟，并不是否定营利活动。

也许是源于在长期流浪中形成的应对危机的传统，犹太人擅长经商的秘密在于他们的经营策略，更在于他们能够全过程地监控资产的流动，每每能够尽快地回收资金。

不盲目涉足不熟悉的领域

《塔木德》中有这样一个故事：

有个农夫，由于庄稼种得好，生活过得很惬意。村子里的人都夸他聪明，并且有人断言只要他做生意，肯定能发大财。

农夫的心就痒痒了，和妻子商量要做生意。他的妻子是个明白人，知道他不是做生意的料，就劝他打消这个念头。

但农夫主意已定，妻子怎么说都不行。妻子见劝说无用，就说做生意总得有本钱吧，你明天就把家中的一只山羊和一头毛驴牵进城去卖了吧。妻子说完就回娘家了，找来 3 个人，对他们如此这般叮嘱了一番。

第二天，农夫兴冲冲地上路了。他妻子找来帮忙的人偷偷地跟在他的身后。

农夫贪睡，第一个人乘农夫骑在驴背上打盹之际，把山羊脖子上的铃铛解下来系在驴尾巴上，把山羊牵走了。

不久，农夫偶一回头，发现山羊不见了，连忙寻找。这时，第二个人走过来，热心地问他找什么。

农夫说山羊被人偷走了，问他看见没有。第二个人随便一指，说看见一个人牵着一只山羊从林子中刚走过去，准是那个人，快去追吧。

农夫急着去追山羊，便把驴子交给这位“好心人”看管。等他两手空空地回来时，驴子与“好心人”自然都没了踪影。

农夫伤心极了，一边走一边哭。当他来到一个水池边时，发现一个人坐在水池边，哭得比他还伤心。

农夫挺奇怪：还有比我更倒霉的人吗？于是就问那个人哭什么。

那人告诉农夫，他带着一袋金币去城里买东西，走到水边歇歇脚，洗把脸，却不小心把袋子掉进水里了。农夫说：“那你赶快下去捞呀。”那人说自己不会游泳，如果农夫给他捞上来，愿意送给他 20 个金币。

农夫一听喜出望外，心想：这下子可好了，羊和驴子虽然丢了，可是能到手 20 个金币，损失全补回来还有富余啊。他连忙脱光衣服，跳下水去捞金币。当他空着手从水里爬上岸时，发现自己的衣服、干粮也不见了，仅剩下的一点钱还在衣服口袋里装着呢。

农夫一脸沮丧地回了家，惊奇地发现山羊和毛驴竟然还在家中，他的妻子说：“没出事时麻痹大意，出现意外后惊慌失措，造成损失后急于弥补，你连这些基本的风险都预料不到，又怎么能在商海里征战呢，还是老老实实地在家中种地吧！”

犹太商人尽管精于商道，但对于自己不熟悉的领域，如果没有足够的本领与能力，是不会轻易涉足的。他们认为，那样做，除了失败，没有第二个结局。

三、合作走向卓越

合作是犹太人生存的基础

俗话说“天时不如地利，地利不如人和”。自古以来，合作一直是通向成功的必经之路。歌德曾经说过：“不管努力的目标是什么，不管干什么，单枪匹马总是没有力量的。合群永远是一切善良思想的人的最高需要。”可见，在我们的工作中，合作是多么重要。

作为最富裕的民族，犹太人之间也有很强烈的合作意识，他们的合作意识要属“二战”时期最强了。在“二战”期间，大多数犹太人都被屠杀了，就在犹太民族濒临灭绝的时刻，他们变得异常地团结，于是逃过了重重磨难，建立起了属于自己的犹太王国，他们凭借着自己的头脑，创造了巨额的财富。正是犹太人有很强的合作意识，才奠定了他们的财富根基。

在犹太人的思想里，小的成功可以靠个人，而大的成功必须靠团队。在犹太人当中，一直流传着这样一个小故事：

从前有一个国王，他有三个儿子，每一个儿子都很有本事，难分伯仲。但是这三个儿子都很自负，从来不把别人放在眼里。这三个儿子还经常暗中争斗，见面也不和睦，不是出言讥讽就是在背后互相说坏话。

国王看他们这样不合非常地担心，因为不和睦很容易让敌人钻了空子，挑拨他们之间的关系，等自己死了后，那国家就会灭亡，他的儿子们也终究会成为别人的俘虏。可是，他要怎么办才能让儿子们团结起来呢？

终于，国王想到了一个办法。一天，他把三个儿子叫到面前，交给他们每个人一支箭，让他们折断它。三个儿子都是很轻松地就将箭折断了。国王又将三支捆在一起的箭交给他们，让他们折断。这一次，无论三个儿子怎样折，就是折不断。

这时，国王语重心长地对他们说：“你们三个就好比这三支箭，当你们不团结

时，就是单放着的箭，任你们本事再强，也会轻易地就折断了。但是若你们团结起来，就好比那三支捆在一起的箭，无论怎样折都是折不断的。治理国家不是靠一个人的力量，而是在于你们三个齐心协力，只要你们三个联合起来，就能够战胜一切。”

三个儿子终于明白了国王的良苦用心。在国王去世以后，他的儿子们和睦团结，国家也一直相安无事。

古人有言“三个臭皮匠，顶个诸葛亮。”而犹太人的合作往往是成千上万人的合作，这种集体意识不得不说真的很强烈。也正是他们强烈的合作精神，才能够使他们在世界上创造出一个又一个奇迹。

在犹太人的生意经中，财富的获得不仅仅只有节俭一条，他们的致富之路还会加上团结，团结可以带来财富。犹太人认为，不知道团结的人，永远都会和财富擦肩而过。他们坚信每个人都有一双可以致富的手，只有这些手相互扶持，才能创造出更大的财富。孤身独战的人，只能是商战中的败将。

犹太人可以将金钱和智慧完美地结合在一起，不会使它们矛盾。但是，一个人的智慧终究没有集体的智慧强大，只有团结合作，才能迸发出不可思议的力量。

在现今的社会里，致富光有头脑是远远不够的，团队合作已经深深地刻在人们的脑海中。每一个成功企业的背后都有一支优秀的团队，正是这些人的团结与合作，才能够将企业带领到事业的最高峰。

善于合作的犹太兄弟莱曼

在犹太人的生意经中，“合作”是一个很重要的词。他们认为，伸出手合作可以达到一个共赢的目的。既然是双赢，那么大家都是可以赚到钱的，这样何乐而不为呢？合作可以减轻自己的资金压力，同时也是最快的获利方法，使用这样的方法，生意也将会越做越大。

莱曼兄弟就很重视合作，并且善于创造双赢的收益。

美国一家有着近150年历史的犹太人银行，叫作莱曼兄弟公司。这是一个颇有传奇性的公司，它也是美国知名的老字号银行。

在1844年，有一个叫亨利的犹太人移居到了美国。他起初在美国的南方待了一段时间，后来他的两个弟弟也来到了美国，他们就一起移居到亚拉巴马州。他的两个弟弟一个叫伊曼纽尔，另一个叫迈耶。于是，他们在亚拉巴马做起了杂货生意。

亚拉巴马州是美国一个产棉区，农民们每年都会收获很多的棉花，所以，莱曼兄弟三人就告诉农民可以用棉花来换取日常用品。

莱曼兄弟就是用这种方法，吸引了很多人的眼球，扩大了自己的销量。同时，他们手里的棉花越来越多，这样就可以操纵棉花的交换价格。他们在进货的时候，将收来的棉花捎出去卖掉，这样还可以省掉一部分的运输费。莱曼兄弟就是用这样的方式来制造双赢的。

商场如同战场，就像一场无硝烟的战争。两军相争必有一伤，所以，力量越强大，赢的概率就会越高。那么怎样才能让自己的力量变得强大呢？当然，只有合作。

艾思曾说过一句话："一个人就像一块砖，若是砌在大礼堂的墙角，谁也动不得；若是仍在马路上，那挡了谁的路谁就会将它一脚踢开。"企业之间的合作也是如此，团结起来，共同努力，那这个企业就会根基扎实，若是不团结，内部总是纠纷不断，那也终究只是一盘散沙。

莱曼兄弟的犹太银行，在传到第二代莱曼的手里时，它的商行的势力已经得以扩大，在运输、汽车和橡胶轮胎等行业，都可以看到它的影子。这都是在莱曼公司同萨克斯公司联合之后产生的。

20世纪60年代，美国的经济进入空前绝后的繁荣高潮时期，而莱曼兄弟公司把它们全部的资产都投向了联合大企业。就这样，莱曼公司的名声越来越壮大，并成了企业和盘购狂潮的带头人。而莱曼公司为了稳固自己的地位，还与多家犹太富豪进行"联姻"。

在1977年，莱曼公司与洛布公司合并，进一步扩大了莱曼公司的势力。

库恩·洛布公司最初只是一个卖干货的小公司，它们用仅有的50万美元干起了银行生意，一开始并未得到很多人的关注。直到后来同莱曼公司合并，它的势力

也逐渐扩大起来。因为这次合并，彻底稳固了两家银行在华尔街的地位，也让别的银行没有了可乘之机。

莱曼公司自己的力量是有限的，但是它懂得合作的重要性，这样才能够得到长久的发展。

上帝对每个人都是公平的，他在每一个人身上都安插了不同的优点。有时候我们需要一个完美的人，但是又无处可寻，这时候，就需要我们有合作的观念。每个人身上的优点不同，但是，将这些人的优点放在一起，那就会变得完美了。

成功也不仅仅只是依靠自己的力量而已，很多时候我们也会需要别人的帮助。只有一个懂得合作、善于合作的人，才有可能实现自己的成功之梦。

合作的最高境界是拉第三方入伙

犹太人在经商方面喜欢合作，他们认为，多了一个合作人就多了一份保障，自己的事业就会更加稳固。他们经商的时候善于运用“借势乘力，善假万物”的方法，这也是犹太人独有的理念。洛克菲勒就是一个“善假万物”的高手。

洛克菲勒的事业刚刚开始的时候，他的财力、物力、人力都是非常有限的，但是他有一个很大的梦想，想垄断炼油和销售。可是，那时候的他根本就不是其他石油公司的对手，这让洛克菲勒很是头痛，但是他有一个很有心计的伙伴叫佛拉格勒。佛拉格勒就向洛克菲勒提议：“原料产地的石油公司只有在需要的时候才会用铁路，而在不需要的时候，他们就不会理会。所以，铁路上并没有很多的生意可以做，如果我们和铁路公司定下合约，每天都运固定数量的油，我想他们会给我们打折扣，而且打折扣的事情也不会让外人知晓。这样做的话，别的公司就无法在运价竞争中获得高额的利润，我们就能够控制石油产业了。”

于是洛克菲勒听了佛拉格勒的建议，将铁路霸主之一的凡德毕特加入自己的合作之列，最后双方达成一个协议：洛克菲勒以每天订 60 辆车的合同条件换取每桶让 7 分钱的利润。运费是很低的，这样售价就往下调了一部分，因此价格比其他家的便宜，销路十分好。这样使洛克菲勒的石油销量飞速上升，最后成了海内外知名的“石油大王”。

面对这样强大的竞争，洛克菲勒显然是明智的，他把铁路公司拉入自己的合作行列，成为合作伙伴，才会有垄断美国石油产业的奇迹。

在犹太人的合作观念里，只要对自己的企业有好处，他们往往不会介意有多少人合作，只要是旗鼓相当的企业，都可以作为合作伙伴。他们善于吸收其他企业中的长处，来弥补自己的短处，因此建立了一层牢固的合作关系。

也许有的企业会认为，拉第三方入伙会分掉企业里的一部分利润，这只是狭隘的看法。拉第三方入伙，是分掉了很多的利润，但是同时，第三方进入后也会创造很多的利润。也许在第三方没有进入以前，企业的利润并没有什么太大的波动，但是当第三方进入后，企业的利润会突飞猛进，在扣掉分给第三方的分红以后，所剩下的利润依旧比以前的要多，那就是第三方带来的好处。所以说，合作是企业与企业之间互惠互利的过程。

人们常常会说："一个好汉三个帮，一个篱笆三根桩。"只有人多了，才会有稳定的根基。合作，就是帮我们稳定未稳定的局势，助我们完成未完成的程序，解决我们没有能力解决的事情，这也是合作的真谛。

在商场上的战斗，不亚于古代战场的战争，也是讲究策略的。三国时期，刘备能够与孙权合作，共同抗曹，才有了不被吞噬的命运。商场也是如此，我们要讲究合作，这样面对强敌时才能够有把握胜出，保住自己的公司。

犹太人非常重视合作，他们觉得，找到了合作的另一半，那么自己的事业就成功了一半。因为他们认为，合作不仅可以扬长避短，而且还降低了投资风险，同时也壮大了自己的实力。综合衡量下来就会发现，合作的"利"远远超出了"弊"。既然合作有这样的好处，那为什么不合作呢?

成功的关键在于合作，一个懂得合作的人，那么他的事业之路也将会走得很顺畅。

善于合作共事

竞争是浪费时间，联合与合作才是繁荣稳定之道。

动物学家研究发现，大雁飞行的队形为"一"字或"人"字，这种与生俱来

的飞行方式可以使雁群整体减少约30%的飞行阻力，而且带头的往往就是那几只体格健壮，善于飞翔的大雁。它们交替承担着全队的迁徙重任，最后全部按期到达目的地，繁衍生息。这即是合作的好处。人心齐，泰山移，在波谲云诡的生意场上，如果能建立起一个团结合作的模式，必然能更好地躲避风险，创造利益。

在芝加哥，有一个叫罗道夫的商人。据说，这位偏执疯人，在刚刚接手经营公司时，是个比较独树一帜的人，想做什么就做什么，从不理会别人的意见，非常不合群。与人合作的经营理念，在他意识似乎并不存在。

一直以来，罗道夫都是以“我”为自居的。一次，公司开研讨会，罗道夫义愤言词地发表着自己的论点，他认为只有消灭对手自己才能够生存，对手即等于冤家。当时，有人纠正他：做生意的原则是能够互利互惠，一起发展，从而产生双赢或多赢的效果。但罗道夫坚持认为市场竞争中的对手就是自己的敌手，你死我活是不变的结果，与对手分享胜利的果实是不会有什么大成就的。以强制弱，以强灭弱是市场竞争的必然趋势。

众人在听了罗道夫的一番解释后，对他的经营作风便有了理解，知道了他为达到自己的目的，会不择手段霸占鳌头，想尽办法不给对方留有余地，直至把他们摧垮为止。结果研讨会不欢而散。也是从这以后，他开始在生意场上屡屡失败。

就这样，在经过一连番的打击之后，罗道夫终于清醒了过来。他重新理顺了头绪，归正了自己的观念，每做一笔生意，首先就考虑到怎样与自己的对手合作，怎样才能获取双赢和多赢的效果。最后，在他的经营管理之下，只用了几年的时间，其公司的产品遍及世界各地，在全世界，有70%的人拥有他们公司的产品。

罗道夫最后的成功，归根到底还是要源于“与人合作，取得双赢”的合作理念。俗话说得好：“一个篱笆三个桩，一个好汉三个帮。”一个人不管做什么事都需要集体的力量，不可能单枪匹马打天下。对此，犹太人早有见地，所以他们才会非常重视在商战中的合作。

在他们看来找一个好的合作伙伴是成功的一半。他们愿意和知识渊博、精明能干有雄厚实力的人合作。合作宛如寻找伴侣一般，各自有不同的标准和需要，不能一概而论。但最基本的几个条件是：不学无术，无特长的不能合作；对人持怀疑态

度、不以诚相待者不能合作；善于巴结逢迎、见风使舵者不能合作；思想上僵化保守、不能跟上时代节奏者又一意孤行的人，同样也不能合作。

在犹太人中流传着这样一则幽默的故事：

一天，在五官大会上，耳目口鼻发布宣言："我们的位置最高，地位最为尊贵。脚的位置最低。我们要约法三章，不能与他过于密切，称兄道弟。"其他器官都表示没有意见。连脚自己也没有理会他们的蔑视。

几天后，有人请吃饭，口很想一饱口福，但脚却不肯走。口无奈，只好忍了下来。又过了几天，耳朵想出去听听鸟叫，眼睛想看看风景，而脚也不肯走，耳目也没有办法。

于是，大家就商量改变原先的决议，但鼻子却不肯，还说："脚虽然能制服你们，可他却制服不了我，它能拿我怎么办呢？"脚听了鼻子这么说，便一直走到肮脏的厕所前，长久地站着不动。恶臭的气味，直扑鼻孔，令人恶心。

就在这时候，肠和胃大声埋怨道："他们在那里闹意见，为什么要让我们遭罪，我们招谁惹谁了！"

团队的协作精神在犹太人的商业理念中，犹如企业利润一样重要。在犹太人看来，团队里面的每一个成员都发挥着不可取代的作用，都应该互相尊重，互相合作。

著名文学家摩根曾说："竞争是浪费时间，联合与合作才是繁荣稳定之道"。他组织了世界上第一个金融"辛迪加"。至于洛克菲勒，则更胜一筹，他兼并近百家石油企业成立的"托拉斯"，曾经一度彻底垄断了美国的石油工业。而这一切，都离不开合作。

其实，犹太人民族早就有了商人合作的传统观念。事实上，他们的合作范围非常广泛，只要能带来利益，他们就会愿意跟任何民族的商人合作，甚至是曾经的敌人，看在利益的份上他们愿意坐下来谈合作。比如洛克菲勒的合作伙伴，大多与他都是你死我活的劲敌。然而，他们却总能看在利益的份上，亲吻彼此的面颊。

此外，把合作看成是头等大事的司达克，也常常说："找一个旗鼓相当的合作伙伴是成功的一半。合作不仅可以让人扬长避短，共同承担风险，而且可以增大双

方的力量。”在创业初期，司达克就希望能够找到和他合作的伙伴。司达克认为，对于找合作伙伴需必须要谨慎又谨慎，不可以随便找一个人，首先要了解对方情况，然后考虑能否合作得愉快，能否给公司带来利润，只有符合了这些标准，才能做出选择。

他的意见绝对是经过经验总结得。在他刚起步时，寻找合作伙伴时，只要愿意出资金，他就与之合作，最后往往出现了很多纠纷，合作得十分不愉快。所以，他才得出了谨慎的答案。对此，他还说：与有实力的伙伴合作，看似好像能够为你创造出一片阴凉，但是到处都有竞争。不过，既然双方已合作，就要有其合作的必然性，双方各取所需，不必彼此迁就，一味迁就，只会被人利用，对方一旦发现条件成熟，就会丢开你不管，这时，你可能会被别人吞掉。能够找到好的合作伙伴是你运气好。总之，重视合作不是盲目合作，而是要理智选择合作伙伴，只有这样，才能取得成功。

在犹太人看来，创办公司、经营公司的目的是为了要赚钱，而赚钱是为国家、公司和员工共同拥有的。因此，互相帮助、互相扶持，互为朋友，才是赢的最高境界，社会生存的最佳选择。而且，犹太人的这种“大家同吃一块蛋糕”的赢钱方式非常有智慧的，也是适合市场发展规律的，同时也是犹太人经商才能的重要体现。

帮人即是帮己

在生意场上，没有任何人是独立的，他的失败早晚会牵连到你，因此你今日帮他，也就是在帮日后的自己。

犹太民族的互助观念是很强的，对于自己的同胞，他们会倾其全力来帮忙。在他们看来，每个人都会有陷入低谷的时候，如果你在此时帮助了别人，那别人也会在你落魄的时候帮助你，也就是说帮人就是帮己。

这是犹太商人常讲的一个故事：有一对姐妹争抢一个柠檬，她们的父母为了公平对待，决定把柠檬一分为二。姐妹两人各得一半，彼此都还算满意。妹妹拿到自己的一半后，把皮剥下扔掉，用果肉榨了果汁；而姐姐却把果肉去掉，把柠檬皮留下去烘蛋糕。

他们的父母看到上述情况，就对姐妹俩说：“你们两个争论一番，却只得到了你们本能够得到的一半，实在是太可惜了。”

为什么大家获得的都比原本能得到的少了呢？其根源在于双方没有沟通各自利益的所在，被表面相抵触的利益所迷惑，进行了无谓的竞争，使双方都受到了损失。其实，每个人的角度不同，利益和想法必有差异，这可以使某一件对你有很大利益的事情，对另一方也有同样的效果。找到并利用利益上的差异而消除对立变为互助，是一个行之有效的办法。

犹太商人认为，在人生的旅途中，对财富的争夺，实际上也就是对利益的争夺。如果在利益场中，不顾及他人，也不权衡得失，那么就很难平息纷争所以说，一旦发生利益冲突时，一定要尽快进行协调与沟通，减少双方的差异，力争既不损人也不损己。

第二次世界大战后不久，战胜国决定成立一个处理世界事务的联合国。可是联合国设在什么地方，一时间成了一个颇费周折的问题。按道理说，联合国的地点应设在一座繁华的城市。可是，在任何一座繁华的城市建立联合国的总部都必须有大量的土地来建造楼房，这批土地必须花费大量的资金。可是刚刚起步的联合国总部却无力支付这样一大笔巨款。

正当各国的首脑们颇费踌躇的时候，美国的洛克菲勒家族知道了这个消息，立即出870万美元的巨资在世界级的大城市纽约买下了一块土地，无偿捐给了联合国，并且同时买下了这块土地周围的全部土地。

联合国大厦建起来之后，左右周围的土地价格立即飙升上去。没有人能够计算出洛克菲勒家族经营这片土地到底赚回来多少个870万美元。

洛克菲勒家族之所以能够收获这丰厚的回报，就是因为他懂得双赢，懂得帮人即是帮己的道理。事实上，的确如此，要想收获就必须先给予，要想在深陷险境的时候，有人扶持，就必须在别人深陷险境的时候，施以援手，尤其是在生意场上，没有任何人是独立的，他的失败早晚会牵连到你，因此你今日帮他，也就是在帮日后的自己。

把敌人变成朋友

在敌人还未击垮你之前，快步上前，站到他的身边，把他变成自己的朋友，这也是通往成功的捷径。

为什么神在造人的时候，不是一下子就造出许多人，而只是造出一个来，再让全人类自一个人而繁衍成许多人呢？对此，拉比们的答案是这样的：这是神为了告诉我们，谁夺取了一个人的生命，就等于杀害全人类。相对的，如果谁能拯救一个人的生命也就等于拯救了全人类。

因为人类都是由一个祖先繁衍下来的，同根同源，所以根本就不存在敌人，只有朋友。

正是因为有了这样的一个大人类的观念，在历史的长河中，尽管犹太人受尽压迫、欺辱，在他们翻身并有能力主宰异族命运的时候，也没有采取打击报复。相反，他们仍能以平常心对待那些昔日所谓的“敌人”，并最终用爱化敌为友。为此，犹太人有句名言“谁是最强大的人？化敌为友的人。”

犹太人认为，谅解和接受曾经伤害过你的人，才是最好的待人之道，这样以怨报德，才能赢得人心，才能为自己此后的成功之路，打下良好的基础。因此，犹太拉比都十分赞赏那些“受到侮辱，却不侮辱别人，听到诽谤却不反击”的人。而这种智慧正是我们要学习和推崇的。无论是人还是动物之间，都存在竞争，而有竞争就必然会有输赢，有伤害。在现今残酷的竞争下，有些人认为只会不择手段地消灭敌人才会走向最后的成功，而有些人则认为，以宽容的心态接受敌人，感化敌人，最终将敌人变成朋友才是高明之举。究竟哪种方式更合理呢？参考犹太人的智慧，显然是后者。

约瑟夫是雅各的第11子，遭兄长嫉妒，在年少时就被卖往埃及为奴，后来做了宰相。

一年因为饥荒，他的哥哥们到埃及来寻求食物，约瑟夫见到了兄长。

当约瑟夫发现自己的哥哥们时，在众多仆人面前终于控制不住自己，他大声叫起来：“所有的人都走吧！”

众仆人都离开了，这时约瑟夫对哥哥们说："我是约瑟夫，我的父亲还好吗?"

他的哥哥们无法回答，一个个都目瞪口呆了。

接着，约瑟夫难又对哥哥们说："走近些。"

当他们走近，他说："我是你们的兄弟约瑟夫，你们曾经把我卖到埃及。"

兄长们还是不敢相信。但是，当他们明白一切都是真的时，他们看着眼前的弟弟如此威风、如此荣耀，更是吓得说不出话来了。

但是，这时他们听到约瑟夫说："现在，你不要因为把我卖到这里而感到难过，或谴责自己，那是上帝为了救我的命把我早些送来的。老家发生饥荒已经两年了，接下来，是为了让你们继续存活，以特殊的方式搭救你们的性命。所以是上帝而不是你们把我送到这儿来的，他使我成为法老的父亲，所有财产的主人，整个埃及的统治者。"

兄长们听到约瑟夫这样说，感激不已。

在约瑟夫的话中，他把自己的少年所经受过的苦难看作是上帝解救自己的行为。对于那些曾经伤害过自己的人，也毫无怨言。因为他明白，如果你用心去爱每一个人，那这个世界就是你的。无论是敌是友，只要你对整个人类充满爱心，你就是成功的。

1957 年，当时还默默无名的约翰·列侬在一次小型演出中认识了 15 岁的保罗·麦卡特尼。演出结束后，保罗批评约翰唱得不好，吉他也弹得也不好，约翰十分不服气。于是保罗用左手弹了一段漂亮的吉他，向约翰展示了他自己的天才，而且他能记住所有的歌词，这让约翰大为惊讶。约翰想，与其让这小子成为自己将来的敌人，还不如现在就邀他入团。就在这天，二十世纪最成功的音乐搭档诞生了，约翰和保罗携手合作，组建了"披头士"乐队。这支乐队后来风靡全球，成为历史上影响最为深远的乐队。

在敌人还未击垮你之前，快步上前，站到他的身边，把他变成自己的朋友，这也是通往成功的捷径。

犹太商人亚瑟是一位卖砖的商人，由于另一位对手的恶性竞争使他陷入困难之中。对方在他的经销区域内定期走访建筑题与承包商，并告诉他们：亚瑟的公司十

分不可靠，他的砖块不好，生意也面临即将停业的境地。

亚瑟虽然不认为对手会严重伤害到他的生意，但是这件麻烦事却也使他心中生出无名之火，真想“用一块砖头敲碎那人肥胖的脑袋”作为发泄。

在一个星期天的早晨，亚瑟听了一位牧师的讲道。

主题是：要施恩给那些故意跟你为难的人，让他成为你的朋友，助你一臂之力。亚瑟把每一个字都记下来。

亚瑟告诉牧师，就在上个星期四，他的竞争者使他失去了一份25万块砖的订单。但是，牧师却教他要以德报怨、化敌为友，而且举了很多例子来证明自己的理论。

当天下午，当亚瑟在安排下周的日程表时，发现住在弗吉尼亚州的一位顾客，要为新盖一间办公大楼购买一批砖。可是他所指定的砖却不是亚瑟他们公司所能制造供应的那种型号，而与亚瑟的竞争对手出售的产品很相似。

同时亚瑟也确信那位满嘴胡言的竞争者完全不知道有这个生意机会。这使亚瑟感到为难。

如果尊遵从牧师的忠告，自己就应该告诉对手这项生意的机会，并且祝他好运。但是，如果按照自己的本意，他但愿对手永远也得不到这笔生意。

亚瑟在内心挣扎了一段时间。牧师的忠告一直盘踞在他的心田，最后，也许是因为很想证实牧师是错的，亚瑟拿起电话拨到竞争者的家里。

当时，那位对手难堪得说不出一句话来。亚瑟就很有礼貌地直接告诉他，有关弗吉尼亚州的那笔生意机会。

当亚瑟说完后，电话中，有一阵子那位对手结结巴巴地说不出话来，但是很明显，他非常感激亚瑟的帮忙。

亚瑟又答应打电话给那位住在弗吉尼亚州的承包商，并且推荐由对手来承揽这笔订单。

后来，亚瑟得到非常惊人的结果，对手不但停止散布有关他的谎言，甚至还把他无法处理的一些生意转给亚瑟做。现在，除了他们之间的一些阴霾已经获得澄清以外，亚瑟心里也比以前好受多了。

商场如战场，时时充满血腥味，将生意转让给对手做需要何等的宽容与心胸，常人一般都很难做到，但当你做的时候，你就会发现自己有很多意外的收获。因此，要懂得要施恩给那些故意跟你为难的人，以德报怨、化敌为友，给对方出路，也就是给自己出路。

生活中难免会遇到各种对手或敌人，有些人对待敌人就像严冬一样残酷无情，不把对方赶到绝路誓不罢休，其实又是何必呢？对于敌人我们其实有很多种方法，如果只是一味地争个你死我活的，到头来终会弄得两败俱伤，所以这也是最失败的方法。而最成功的方法就像我们之前所说，将对方变为自己的朋友，要知道多一个朋友多条路，多一个敌人多堵墙，如果你能用你的宽容与谅解，感化你的敌人，那在未来的道路上必定会多个帮手，少个绊脚石。

与他人互相协助，实现双赢

犹太人的成功可以说与“双赢”的思维方式，不可分割。他们在每一笔生意中，都会顾及全局利益，而非只考虑自己，在他们看来这才是真正的生意之道。

通常情况下，人们将人际交往分为六种模式：利人利己，损人利己，舍己为人，两败俱伤，独善其身，好聚好散。如果人们在处理任何事情上都能够大公无私、舍己为人，那么这个世界一定是最美好的地方。但这显然不可能实现，只能是人们幻想中的伊甸园。而如果每个人都做出损人利己的行为，那么这个世界未免有些太黑暗了。因此，我们必须寻求一种更为巧妙的方法来使得这个世界平衡，那就是利人利己——双赢。

所谓双赢，顾名思义就是双方有利同享，皆大欢喜。这种结果是所有人都能够接受，同时也是非常乐意接受的结果。而将这种思维方式运用得最为巧妙的莫过于犹太人，犹太人的成功可以说与“双赢”的思维方式，不可分割。他们在每一笔生意中，都会顾及全局利益，而非只考虑自己，在他们看来这才是真正的生意之道。

一位商人赶着一头驴子和一匹马在沙漠中行走。驴子和马都驮着同样分量的货物，而个头矮小的驴子显然更吃力一些。走了一段路后，驴子对马说：“你帮我分担一点吧，我已经累了。”马不理睬，继续走它的路。又走了一段路后，驴子又对

马说："你帮我分担一点吧，我真得累得不能再多走一步了。"马还是不予理睬，继续前行。马在心中想：大家都是同样分量的货物，为什么我要多分担一些。

扑腾一声，驴子突然倒地，它累死了。这时主人把驴子身上所有的货物都卸到马身上。那匹刚才还在自鸣得意的马现在已经意识到自己的错误了——为什么当初不帮驴子分担些呢？否则自己也不用驮其全部的货物。

马的教训给我们什么启示呢？那就是学会与他人互相协助。个人是小，合作是金。一个人的本领再大，能力再强，也不可能及时而全面的掌握各种知识或信息，拥有各种技能，而只有与他人合作，才能弥补自己的不足和缺失，最终皆大欢喜。

在美国波士顿一座纪念被屠杀的犹太人的纪念碑上，刻着一个叫马丁的犹太神父写下的一段悔恨的话："起初他们追杀共产主义者的时候，我不是共产主义者，所以我没有说话。当他们追杀犹太人的时候，我也没有说话。当他们追杀公会成员的时候，我依然没有说话。最后他们奔我而来的时候，再也没有人站起来为我说话了。"

这就是马丁的悲哀，他在别人需要帮助的时候见死不救，到自己大祸临头的时候自然也就没有人来帮助他。其实，犹太人流传下来的很多故事都意在告诫后代：帮助别人就是帮助自己。的确如此，任何人都需要与别人的协作，才可以取得较大的成功，否则只会玉石俱焚，尤其是在生意场上，一定要持有长远的目光，不要把对方视为对手，而是要看做激励自己的朋友，一切以合作、双赢为前提。因为说不定哪天自己就会遇到一些棘手的问题，或是陷入窘境，这样看来，在自己有能力的时候帮助别人，无形之中也就等于为自己的未来铺好了路。

有一次，卡耐基的朋友朗格尔先生找到了他，希望他能为自己的员工做一场演说，好解决员工们工作效率低的问题。刚一见面，朗格尔就急切地对他说："怎么办，我的员工都很优秀，不过我总觉得他们身上缺少一种对工作的激情，要不然他们的工作效率不会怎么低。请你做一场演说，激励他们吧！"看着面带愁云的朗格尔，卡耐基笑着对他说："先不急，我们要看看问题到底出在哪？是员工自身问题还是工作模式上……"朗格尔打断卡纳基的话，说："那请你观察一下他们工作情况和状态吧！"看得出来，员工们工作效率低问题困扰了朗格尔很久。

卡耐基随后在朗格尔的公司待了两天，发现这里的员工的确很自私，抵制命令、拒绝合作、沟通保守的现象时有发生。于是，他找到朗格尔，说：“作为一个旁观者，我发现你和你的员工都不懂得双赢的道理。”朗格尔显然不同意卡耐基的说法，他辩解道：“我当然知道双赢的道理！”然后朗格尔先生指了指墙上一幅马奔图，继续说道：“每个跑到上的赛马就好比部门经理，跑到终点的奖品就是风光旖旎的夏威夷之旅。我每周都会给部门经理召开会议，一边训示提高工作效率，一边拿夏威夷之旅做诱饵。我要的是工作效率，而他们得到的是夏威夷之旅，难道这不是双赢吗?”

卡耐基摇摇头，否定了他的说法。然后望着墙上的图，说道：“你看似双赢的策略，实际上是在鼓励彼此竞争。因为只有第一名可以品尝胜利的果实。要知道这种竞争往往会破坏员工之间或是部门之间的合作，而没有合作，他们的工作效率自然低，同时你的收益也会减少。这样看来你双赢的策略，其实更像一种双失的计划。”

之后，卡耐基并没有为员工做演说，因为问题在于公司的奖励模式有误。不过他建议了朗格尔建立一种能够突出个人合作价值的奖励机制，从而更好地激励个人和部门间的合作，达到双赢的效果。半年后，朗格尔先生打电话给卡耐基，说他的问题已经解决了，而且员工们的互相协作让他的公司获得了更大的利益。

在犹太人看来，双赢不仅是人际交往的哲学，也是能为双方带来最大利益的智慧。拥有双赢智慧的人总是会把人生看成是合作的舞台，而不是竞技场，所以他们总能比常人更容易接近成功。

一笔生意，两头盈利

商战中，既少不了“硝烟”，但也离不开双赢。正所谓“一笔生意，两头赢利”，买卖双方都有得赚，才是盈利的最高境界，也才是企业的长存之本。

对于现代社会的企业关系，人们通常有两种看法，第一种是买家与卖家之间就好像两军相争，不是你死我活，就是两败俱伤；第二种是把市场看作一个合作的舞台，而不是一个角斗场，在这里虽然也提倡竞争，但竞争的目的是为了相互推动，

相互促进，共同进步。聪明的犹太商人在商务往来时，往往会选择第二种方法。

他们认为在这个市场上，每个人都有足够的立足空间，他人之得不必视为为一己之失。商战中，既少不了“硝烟”，但也离不开双赢。正所谓“一笔生意，两头赢利”，买卖双方都有得赚，才是盈利的最高境界，也才是企业的长存之本。

《塔木德》中说：“如果真正给别人提供了方便，你也一定会从中受益。”

著名的美国犹太银行莱曼兄弟公司，是一家历史悠久的老字号，一度年的利润可达到3500万美元。而其创造人却是一个牛贩子的儿子。

亨利·莱曼，是从欧洲移民到美国来的莱曼家庭的第一代。他在美国南方做了一段时间的行商之后，跟他的两个弟弟伊曼纽尔和迈那一起在亚拉巴马的蒙哥马利定居下来，成了一家杂货店的老板。

该地本是一个产棉区，农民手里多的是棉花，但却没有现钱去买日用杂货，于是就产生了用杂货去交换棉花的方式，结果双方都十分满意，农民得到了需要的商品，他也卖掉了杂货。

这种方式不仅吸引了所有没有钱买日用品的顾客，扩大了销售，还有利于莱曼兄弟压低棉花价格，提高日用品的价格。同时，杂货店在进货的时候，原来都是空车去的，这回可以顺便把棉花捎去，避免了单项进货，岂不省下一笔运输费？

没过多久，莱曼兄弟便由杂货店小老板发展成经营大宗棉花生意的商人，棉花典当成了他们的主要业务。美国南北战争期间，莱曼家庭在伦敦推销邦联的商务，在欧洲大陆推销棉花。战后，他们还在纽约开办了一个事务所，并于1887年在纽约交易所中取得了一个席位，成为一个“果菜类农产品、棉花、油料代办商”，从此走上了规模化发展的道路。

就这样，莱曼不仅给别人提供了方便，也为自己获得了更多的经济利益。

莱曼兄弟的这种经营方式正是所谓的“一笔生意，两头赢利”，买卖双方都有利可图，何乐而不为？可以说把握双赢的技巧与灵活，是大多数犹太商人经常采用的手段，这也使得他们的生意越做越大。

在市场竞争中，大部分公司都想着独霸市场，挤垮同行，依靠垄断来赚大钱。所以，他们与同行之间总是互相诋毁、攻击、欺骗。“同行是冤家”，是他们一贯信

奉的，殊不知这才大错特错。

同行业之间的竞争虽然激烈，但是竞争对手应该在竞争中提升自己，不应有冤家路窄的感觉。这就像两个拳师比武，一方面既要分出个高低胜负，另一方面又要互相学习，胜不骄败不馁，通过相互间切磋技艺共同提高。

许多时候，对手不仅仅是对手，正如矛盾双方可以在一定条件下相互转化一样，对手也可以变为盟友，商场中并不存在永远的敌人。作为竞争的参与者，企业要分析清楚自己处于博弈中的哪一个地位，并据此选择最合适自己的策略，而不是置对方于死地。要知道，有对手才会有竞争，有竞争才会有发展的可能，才能实现利益的最大化。

人的一生其实只做了两件事情，即等待与决策。事实上，人的生命就是一个永不间断的决策过程，因为等待本身就是思考并得出决策的过程。犹太人之所以在商战中更容易胜出，就是因为他们懂得如何审时度势，如何在合作的基础上取得共赢。这也无疑是取得成功、利己利人的所必须要思考的。

四、有思路，才有财富

财富从思考开始

思考能带来财富，这是真的吗？动脑筋想问题不就是思考吗？

没错，思考确实是动脑筋想问题，并且也能够给你带来财富。但是，这里所说的思考，是以积极的态度为前提，也就是正向的、对事物的发展有利的思考。你想过没有，很多时候你的思考是没有实际意义的，或者说你用了很多时间在胡思乱想！

在这一点上，犹太人却大为不同。他们的思考是以追求财富为目标的。在这种意识支配下，他们会在现实基础上，用积极的态度去思考，最终实现追求财富的目的。

先来看一个故事：

鲍勃尔是一名退伍军人，在伊利诺伊州的一家医院疗养时，他除了读书和思考之外，也没什么其他的事情可做。当然，鲍勃尔一直知道思考的价值，因此即使在此疗养，他也没有放弃学习和思考。

当鲍勃尔了解到很多洗衣店在把衣服烫好之后，会在衣领的位置放一张硬纸板，目的是保持衣领挺括、不变形，于是他给厂商写信进行咨询。几封信寄出去之后，终于得到了厂商的答复，他从厂商那里得知这种纸板的价格是每千张 4 美元。鲍勃尔开始对此有了构想，他认为在硬纸板上加印广告，然后再以每千张 1 美元的低价卖给洗衣店，一方面可以争取到更多的洗衣店的合作，另一方面还可以通过广告获取不菲的收入。

想到就要做到，犹太人身上这种明显的特质同样在鲍勃尔身上体现出来。他出院后，立即着手行动。

待到广告推出之后，鲍勃尔又发现了新的问题，原来，客户取回干净的衬衫后，就将衣领部位的硬纸板丢弃了。为此，他开始琢磨："怎么才能让客户保留这些纸板和上面的广告呢?"很快，他的脑子里便出现了答案。他在纸板的正面印上双彩色或黑白的广告，背面则加进一些有趣的东西，比如孩子们喜欢玩的着色游戏、主妇们喜欢的美味食谱，或者可以供一家人一起消遣的笑话等。

事实证明，这真是个好点子。据说，有一位丈夫抱怨妻子洗衣的费用激增，后来他发现妻子为了搜集鲍勃尔的食谱，常常把只穿一天的衬衫拿到洗衣店去洗。

此时的鲍勃尔，尽管实现了最初的构想，也赚到了钱财，但是他并未因此满足。他野心勃勃，要让自己的事业更上一层楼。随后，他将每千张 1 美元的纸板寄给了美国洗衣工会，最终工会向所有会员推荐他的纸板。这样一来，鲍勃尔的生意更加火爆。也正是通过这一点，鲍勃尔有了另外一项重要发现，那就是送给别人所喜欢的以及美好的东西，自己会得到更多。

可以说，缜密的思考和合理的规划为鲍勃尔带来了可观的财富。鲍勃尔这样说道：不管你是谁，不管你年龄大小，不管你境遇如何，也不管你教育程度高低，只要你善于积极地思考，就能够招徕财富，走出贫穷。

看，这就是犹太人的与众不同之处！你如果具备这样的思考能力，财富同样会青睐于你。所以，放下那些无谓的思考，多一些积极的有价值的思考吧！你不要觉得，自己不是犹太人，没有人家那种“赚钱”基因，就无论如何都没那种善于思考的头脑。如果你真这么想，那么你就错了，说明你的态度并没有回归到积极层面，仍然是消极的思考模式。这样怎么会产生有价值的思考呢？在犹太人的世界里，这种消极思维模式是不存在的，就像前面鲍勃尔所说的，无论何种境地，他们都认为积极的思考是必不可少的，而且相信一定能够赚取财富。

下面这个事例能更好地说明这一点，我们一起来看一下：

犹太人罗迪斯出生在一个贫民窟里，和其他同样出生在贫民窟的孩子们一样，他喜欢打架斗殴，经常逃学。但和别人不同的是，他天生具备赚钱的眼光。而这，都得益于罗迪斯善于积极地思考问题。比如，当他发现街上有别人丢弃的玩具时，就捡回来修理一下，然后让周围的伙伴们玩，不过不能白玩，要花钱的，价格是10美分一次。

通过这种方式，罗迪斯竟然在一个星期内就赚回来一辆新的玩具车。罗迪斯的老师知道这件事后，对他说：“如果你生于一个有钱人家，你会成为一名出色的商人，但是这对你来说似乎是不可能的，你能成为一名街头商贩就很不错了。”

几年后。罗迪斯果真成了一名商贩，和贫民窟的同龄人相比，他已经是非常体面的了。这时候的罗迪斯，经营着各种各样的产品，包括小五金、电池、玩具车、柠檬水等，每一种商品他都做得得心应手。

其实，真正让罗迪斯发家的，还是一堆差点被人丢弃的丝绸。一批来自日本的丝绸，由于在运输途中遭遇暴风雪而被化学染料浸染，这也就意味着不能正常销售了。为此，日本人很是头痛，他们想赶快处理掉废丝绸，却苦于无人问津。他们想把它们搬运到港口，扔进垃圾箱，可又怕遭到环境部门的处罚。于是，日本人打算在回程中把废丝绸抛到大海里。

这一天，罗迪斯在常去的一个酒吧里喝醉了，就在他摇摇晃晃走到几位日本海员身边时，正听到他们谈论丝绸的事。说者无心，听者有意，罗迪斯立时感到机会来了。

第二天，罗迪斯来到海轮上，用手指着停在港口的一辆卡车对船长说："我可以帮助你们把这些没用的丝绸处理掉。"结果，他不花任何代价便拥有了这些被化学染料浸过的丝绸。然后，他把这些丝绸制成迷彩服、迷彩领带和迷彩帽子。几乎在一夜之间，他靠这些丝绸拥有了10万美元的财富。

从此，罗迪斯不再是一个小商贩，而成了一名大商人。

这看似是一个偶然的机会降临到了罗迪斯的身上，但深层次挖掘，不难悟出，这正是他善于思考所得到的回报。其实，所有的商界大家之所以成为巨大财富的拥有者，就在于他们有一个善于思考的大脑。就像一位犹太商人所说，赚钱的途径有很多，只不过每个赚钱的途径都被蒙上了一层薄薄的纸，关键在于你能否看到这层纸以及你是否拥有一个捅破这层纸的"金手指"。

当你能够像诸如鲍勃尔和罗迪斯这样的犹太人一样去思考的时候，相信你会将想法快速地付诸行动，并实现你所有正当的目标。请告诉自己：只要用心去找，敢于实践，你迟早会迎来成功改变命运的那一天！

沉得下心，低得下头

你知道穷人和富人的差别在哪儿吗？

"穷人和富人的差别就是，穷人不善于寻找财富，而富人之所以能够创造财富，就在于他们终身都在孜孜不倦地寻找财富。穷人之所以贫穷，不是因为所有的财富已被瓜分完毕，而是因为他们坚信这个世界上没有任何发财致富的机会。"这是美国演讲家鲁塞·康维尔先生关于穷人和富人的一段精辟阐述。

你会根据这段话对号入座吗？那么结论又是什么呢？你是倾向于富人的思维，还是倾向于穷人的思维呢？想必答案已经在你心中了。

其实在大多数人的心中，都曾经或者至今仍然藏着一个"富翁梦"，可到头来有几个成为富翁了呢？结果当然是寥寥无几。这时候，你才恍然大悟：哦，原来富翁不是那么容易做的。

可是人家犹太人不这么看，他们从不认为做富翁永远只能是个"梦"。起初他们和别人一样，也会怀有成为富翁的梦，但他们与大多数人不同的是，他们会开拓

思维，然后想方设法去实现目标，让梦成为现实。其中很有必要指出的一点是，犹太人并不像大多数人那样把发财致富的目标盯向远方，而是积极开拓思路，认真而积极地从身边着眼。因为他们觉得，有时候低头看看，说不定就能发现“钻石宝藏”呢！

据说有一位名叫阿里的犹太人，他自己拥有农场，是当地有名的农场主。有一天，一位老者前来拜访阿里，他跟阿里聊了很多，最终讲到了钻石的形成。老者对阿里说，如果他拥有一块拇指大小的钻石，他就可以买下整个国家。

听了这番话，阿里知道了，钻石应该是价值连城的宝贝。就在当晚睡觉的时候，他忽然感觉自己好贫穷。为此，他暗暗发誓，要让自己拥有一座“钻石矿”，摆脱“贫穷”。第二天早上，阿里摇醒了尚在睡梦中的老者，询问他去哪里可以找到钻石。老者告诉他：“如果你看到一条河，河水从白色的沙子上流过，两边是巍峨耸立的高山，你就能在这些白沙子中找到钻石。”

阿里一听，便急切地卖掉农场，并拜托一位邻居照看家，然后就去寻找钻石了。接下来很长的一段时间里，阿里辗转奔波了好多地方，却始终没能找到钻石。由于长期的奔波和劳累，他饱受苦难，在到达巴塞罗那海岸的时候，他已经奄奄一息了。此时，阿里抵抗不了一种可怕的冲动，一下子跳进了海水中，淹没在巨大的浪涛里……

后来所发生的事，绝对出乎你的意料。一天，当初购买阿里农场的人牵着骆驼到花园里饮水。此人发现，花园小溪底部的白沙子里闪着一道奇异的光芒。顺着这道光芒，他挖出一块黑色的石头，这块石头熠熠闪光，就像彩虹一般绚烂。几天后，那位老者又出现了。当他看到那块黑色石头的时候，肯定地说：这是钻石！

接着，农场的主人和老者一起冲进花园挖了起来。天啊！他们竟然挖出了一块更美丽、更有价值的钻石！

这真是“踏破铁鞋无觅处，得来全不费工夫”！

当然，我们不排除这个故事有一定的传说色彩，但其中反映出来的道理却是实实在在的。很多时候，并非你所期待的远方就能成就梦想，也并非你的脚下就一定不存在成功的宝藏，关键是你是否能拓展思路，有超乎常人的胆识和魄力。犹太人

之所以在财富领域取胜，与其大胆开拓思维是密不可分的。下面这个故事，可以更好地说明这一点。

做心理咨询工作的约翰森和做辩护律师工作的安娜是一对犹太夫妻。由于两人工作都比较出色，所以他们的收入也比较可观。但是，他们的身体里一直涌动着开创一番新天地的想法。他们希望能拥有自己的事业，能赚更多的钱。

虽然除了本职工作，他们没有其他特长，但是约翰森并没有就此放弃，他想，只要自己多想想，肯定能想出赚钱的点子。经过一番思索，约翰森想到了自己这个电影“发烧友”的身份，想以自己的兴趣为出发点来开一家录像带出租店。

接下来，约翰森就开始和妻子寻找开店的地方，最终他们看中了一个比较繁华的商业区。可是，那块区域已经有好几家商店开展出租录像带的业务了。虽然如此，约翰森还是认为自己能够从中挖到商机。于是，他们就特意去查找电影目录，好知道什么样的录像带才是顾客所需要的。结果他们发现，很多商店都在出租奥斯卡获奖影片及世界各地的优秀影片。当然，其中还有一部分是“非同寻常”的电影，也就是不受观众欢迎、不够卖座的影片。这些影片的录像带都被同行们放在最不显眼的角落，很多都蒙上一层尘土，一看就是许久都无人问津的东西。约翰森和安娜心想，何不开辟出一个柜台，专门陈列这些“特殊”的录像带，或许也可以吸引顾客呢？

很快，他们的录像带出租店开张了，除了那些奥斯卡获奖电影和世界各地的优秀电影录像带之外，他们还特意开辟出一个柜台，专门展示那些稀奇古怪的电影录像带，并打出了一个让人忍俊不禁的招牌：保证供应城内最糟糕电影录像带。

正是这个小小的不同之处，让约翰森的录像带出租店一年的利润达到了30万美元。约翰森认为，他们之所以在竞争中获胜，主要是因为善于从眼皮子底下入手，同时又敢于大胆想象和思考，最终才成就了这一开创事业的梦想。

换作你，你会像约翰森这样去做吗？你能想到出租那些别的店都不重视的糟糕电影录像带，并专门设置一个柜台出租吗？我想绝大多数人都不会这样做，人们会觉得那根本不是寻找致富之路，而是堵死自己的致富之路。可是，犹太人约翰森却有着不一样的想法，并且事实证明，人家成功了。这就很能说明问题，也让我们从

中看到犹太人非同寻常的思维和关于致富的思路。这个案例也从侧面表明，我们与其努力去远方寻求财富，倒不如从眼下、从近处着眼，说不定财富就在我们的脚下呢！

说到底，就是我们要开动脑筋，只有这样才能发现发财致富的机遇。当然，在不同的阶段、不同的时期，机会的浪潮会向不同的方向涌动，如果你能够顺应时代潮流的发展，沉得下心，低得下头，你就会发现，致富的机会无处不在。

想他人所不敢想

明星们穿衣戴帽，最尴尬的事情莫过于“撞衫”。因为谁都不想让别人认为自己是“大众品味”，没有自己独特的地方。换句话说，谁都希望自己是别具一格的，是独一无二的。其实，你想想看，生活中人们也是这样。你穿一件新衣服去上班，结果同事和你穿了同样的衣服，你尴尬不尴尬？

穿衣服是这样，做生意其实也有类似的特点。这在犹太人身上体现得非常明显。用他们自己的话来说，就是必须善于跳出常规，有与众不同的思维，才能赢得成功。犹太民族实际上是一个世界性的民族，不管当时世界共产主义和资本主义如何势不两立，他们照样做他们的生意。当年，苏俄刚刚成立时，别的资本家都把苏俄看作洪水猛兽，只有一位叫哈默的犹太人独辟蹊径、胆大包天，结果在苏俄赚了个盆满钵满。

在苏俄做生意的过程中，哈默先后经营过医疗器械，用小麦兑换皮毛、皮革等物品，还曾把100万双美国的军用皮鞋销往苏俄，把1亿支“哈默”牌铅笔卖给苏俄的中小学生。因为卖铅笔这件事，列宁还高度赞扬了哈默的人道主义精神，为此给了他一顶“红色商人”的美誉帽子。

哈默的想法总是不断更新，思维也与时俱进。后来，他又开始涉足古玩和文物收藏业，还有威士忌制酒业、养牛业等各个领域都有哈默的身影，他也因此获得了巨额的回报。

不得不感叹，哈默多有胆识和魄力啊！换作一般的生意人，估计早被当时的情况给镇住了，怎么也不会大胆到去和苏俄做生意。

后来，哈默还到利比亚冒险开采石油，由此闯入了石油开采业，并且在他的石油公司在世界石油公司排名中位居前列。中美关系改善之后，哈默还乘专机来到中国，开始在中国进行投资。

除了勇气、胆识、魄力，我们还能找到哪些词来夸赞哈默呢？从他身上，不难看出犹太人何等智慧，做生意的能耐何等强大。别人想不到的，我想到了；别人不敢的，我敢；别人做不了的，我做。爱美的女士们穿衣服不就是希望达到这种效果吗？这样才能有更高的回头率，才能满足自己的虚荣心。只不过在犹太人那里，“回头率”成了赚更多的钱，“虚荣心”成了赢得更多的财富。

说白了，要赚钱是离不开活络的头脑的。聪明用对了地方，你就能大赚一笔；善于运用你的聪明智慧，才能让思维更开阔、更发散，也就容易在竞争中走出自己的路子，找到别人找不到或者不敢找的赚钱方法。其实，这一点在大多数犹太人身上都能发现，像前面章节中我们提到的通过修玩具来赚钱的贫民小孩罗迪斯，还有做录像带出租生意的约翰森，他们的特点都是能想别人所想不到的地方。这样的人不赚钱，什么人赚钱！

和这几位一样有着善于独辟蹊径头脑的，还有被誉为“钻石之王”的查尔斯·刘易斯·蒂凡尼。

蒂凡尼是一位天才生意人。之所以这么说，就是因为他有着与众不同的生意头脑。当年，蒂凡尼来到纽约的百老汇，开了一间小小的店铺，不怎么惹眼。一个偶然的机会，他听到一个消息，内容是穿越大西洋底的一条电报电缆发生了破损，美国电报局需要把它替换下来。

你听到这样的消息，会在意吗？是不是觉得这和自己不相干呢？于是就左耳朵进右耳朵出，当个与自己八竿子打不着的新闻来听听好了。也许，这就是一般人和犹太人的不同。同样面对这个消息，蒂凡尼把它当成了赚钱的商机，他迅速将这段报废的电缆给买了下来。对于蒂凡尼的举动，周围的人都惊呆了，觉得他简直是疯了。

任你怎么想，怎么看，我自有主张。蒂凡尼就是这样认为并这样做的。他先是将这根电缆切割成无数的金属段，然后用漂亮的装饰把它们包装起来，作为纪念品

在自己的店里出售。让人们没想到的是，这一具有纪念价值的商品很快就受到了人们的热烈欢迎。大家纷纷掏钱购买，蒂凡尼不赚钱才怪！

除了这件事，另一件能体现蒂凡尼独辟蹊径的事情是，他曾经花很大一笔钱购买了欧仁皇后的一枚十分漂亮的钻石。这枚钻石闪烁着少见的绚丽光芒，显得雍容华贵。蒂凡尼给这枚奢华无比的钻石举办了一个展示会，吸引了来自世界各地的参观者，大家都希望亲眼看见欧仁皇后戴过的钻石的别样风采。通过这一次活动，蒂凡尼又从参观者身上赚取了几十亿美元的财富。

由于蒂凡尼的钻石都是世界上最新奇、最别具一格的，而他用自己的非凡思维更是创造出了钻石永恒的魅力和惊世之美，人们将“钻石之王”的美誉戴在了蒂凡尼的头上。

听起来像是神话传说吧？那是因为你离蒂凡尼这样的人物太遥远，往深层次说，那是你的思维距离人家的思维太遥远。所以，我们才要学这些了不起的犹太人，哪怕从他们身上汲取一点做生意的头脑和智慧，也会让我们的人生更加绚丽多彩一些。

总的来说，财富不光是金钱和物质，在现今这个高度发达的社会，它更是心智，是魄力，是智慧和力量的综合体现。开启财富之门的钥匙不止一把，独辟蹊径，你就能走上别人不曾走过的路，发掘别人没能发掘的财富。

打破权威的束缚

思考对于每个人、每个民族而言都是必不可少的，甚至是决定其生死存亡的因素。关于思考，人与人之间有差别，民族与民族之间也存在差异。犹太人和很多人不同，他们虽然会尊重权威，但绝不会迷信权威，唯权威是从。在犹太人的骨子里，超越权威、控制权威是根深蒂固的精神基因。也就是说，犹太人崇尚的是独立思考，用自己的头脑和智慧去琢磨，不在传统的思考模式中沉浸，不被权威的认识和观点所束缚。

关于这一点，从下面《塔木德》里记载的这个故事中就可以看出来。

教士问一个年轻人：“有两个犹太人从高大的烟囱上掉下去，一个满身是灰，

而另一个非常干净，谁会去洗身子呢？”

年轻人回答道：“当然是满身是灰的人！”

教士说道：“你错了！满身是灰的人看着非常干净的人想：我身上一定也非常干净；身上非常干净的人看着满身是灰的人想：我身上一定也是满身灰。所以，结果是非常干净的人去洗身子！”接着，教士又问道：“两个人后来又掉进了高大的烟囱里，谁会去洗身子呢？”

年轻人回答说：“当然是那个非常干净的人！”没想到，教士说：“你又错了！非常干净的人在洗澡时，发现自己并不脏；而那个满身是灰的人则明白了那位非常干净的人为什么要洗澡，所以这次他跑去洗澡了。”

随后，教士又问：“第三次从烟囱上掉下去，谁又会去洗澡呢？”

年轻人说：“当然还是那个满身是灰的人。”

教士回答道：“你又错了！你见过两个人从同一个烟囱掉下去，其中一个满身是灰，一个却是干净的吗？”

这就是犹太文化的真谛，它鼓励人们主动思考，不给人们任何权威性的解释。在犹太人看来，只有独立发表自己的见解，才能增强人的智慧，才能让每一个人进步，进而推动整个民族向前迈进。

犹太人中，为什么有那么多诺贝尔奖获得者？比如获得物理学奖的爱因斯坦、发现原子和电子碰撞定律的弗兰克·赫兹、在量子力学方面做出贡献的海森堡等等。正是因为他们从来不迷信权威，习惯于独立思考，坚持己见，才能如此出类拔萃。这就是犹太民族的伟大之处。

相传，大英图书馆的老馆因为年久失修，又在别处建了个新的。新的图书馆建成以后，老馆里的书就要被搬运过去。按说，这不过是一个搬家公司即可完成的活，把书装上车，然后运到新馆再搬进去就是了，没什么好费周章的。可问题是，这样做需要花费的成本远远超过预算。但若是不搬的话，眼看着雨季就要到来，很可能造成更大的损失。

馆长一筹莫展，不知道如何是好。就在这时，一位在图书馆工作的犹太人告诉馆长，说他有一个解决方案，需要的成本是150万英镑。馆长一听，费用恰好在预

算之内，便让这位工作人员快点说出来，到底是什么好点子。

然而，只听这位犹太人说："好主意也是商品，我有一个条件。"

馆长问道："什么条件？"

这位犹太人说："如果150万不够，那额外的钱就当作我给图书馆做贡献了；如果没用完，图书馆要把多出来的钱给我。"

馆长立马说道："没问题！我都准备花350万呢，你说只需150万，我马上就能做主，多的钱都归你。"

这位犹太人意识到自己发财的机会来了，他立马要求和馆长签合同。合同签好了，不久便按照他的方案实施了。结果150万英镑连零头都没有用完就把图书馆的书搬完了。

这到底是怎么一个方案呢？原来，图书馆在报纸上刊登了一条惊人消息："从即日起，大英图书馆免费无限量让市民借阅图书，条件是从老馆借出，还到新馆去。"

大英图书馆

是不是很惊人？这样的点子恐怕不是一般人能想出来的吧！当我们知道了答案，才会恍然大悟：好聪明的点子啊！

其实，思考就是这样，总是让那些富有智慧的、善于思考的人尝到别人尝不到的甜头。所以，学学人家犹太人吧，当你也具备了这样的思维模式和思考能力的时候，还何愁赚不到钱呢？

有一幅漫画也能形象地表明这一道理，漫画的内容是：两只乌鸦各落在一个写有"改革"和"守旧"字样的瓶子上，每瓶均有一半的水，"守旧"乌鸦正满头大

汗地向瓶内丢石子，而“改革”乌鸦则口衔吸管，在悠然地喝水。面对此景，“守旧”乌鸦满脑疑问：“这家伙怎么不按套路来呢？”

不难看出，当普通人因为拘泥于一种思维模式而没有任何创新的时候，那些有头脑的优秀人才早已表现出了独特的思维方式，足以让人们感到惊讶。而正是这种独特的思维方式给犹太人带来了无数的成功机遇。

其实，每个人在生活中总会遇到各种各样的难题，想要解决这些难题，就需要主动去思考。在思考面前，所有的问题都会豁然开朗，迎刃而解。从这个角度看，思考也是一种乐趣，不是吗？

难能可贵的想象力

无想象，无创意。艺术离不开想象，美好的人生离不开想象，同样地，做生意也需要富有想象力。

当然，想象力并不是说胡思乱想瞎琢磨，而是要长于思索，善于发现，只有这样，才能不断地抢占商机。这可是犹太人在经商过程中总结出来的智慧。

在他们看来，只有善于思考，才能在解决问题的过程中发现突破口，才能用创新思维来处理所遇到的麻烦。接下来，我们看一个用这种创新思维模式致富的例子。

20世纪五六十年代，在日本川崎市有一家名为“冈田屋”的百货商店。在经济不甚景气的年代里，绝大多数商店都勉强维持运营，而冈田屋却持续保持利润增长、业务不断扩展、销售额年年创新高的趋势。

这实在令人匪夷所思，他们是靠什么成为众多商店中的翘楚的呢？

原来，出现这一局面的原因，是这家商店的老板是一个善于在经营活动中不断思考、不断摸索与众不同的经营策略和营销战术的人。

举个例子来说，在商业零售中，因为零钱不足而找不开钱是常见的现象。但早在20世纪60年代初期，冈田屋商店的老板就想出一个解决问题的办法，既解决了零钱不足的问题，又招徕了顾客。

是什么好办法呢？这家商店老板想到的办法是：在百货公司营业厅的收款台设

立一个抽奖处，顾客每支付一日元就可获得一次抽奖的机会。顾客购物时往往要求不用找零，而用零钱抽奖。

这种做法不可谓不新奇，换作你，是不是也要尝试一下？因为我们都有投机心理，都希望用小钱赚大奖。可这对冈田屋商店来说，却是个一石二鸟的好做法，不但满足了顾客用小钱赚大奖的投机心理，而且还为商店增加了一笔收入。

看得出，冈田屋商店的老板正是抓对了顾客的心理，使得自己的商店天天顾客盈门，其他的商店也只有眼馋的份儿了。

不得不说，这是一种富有想象力的创新致富路径，也可以说，人家是靠头脑、靠智力来致富的。由此也可以看出，要想在经营生意中赚钱，获取比同行更丰厚的利润，就得多让自己的脑子转转弯。

你可能会说：我有时候也会产生一些奇思妙想啊！可问题的关键是，你将这种奇思妙想付诸实施了吗？你可能又会说：时机不合适呀，怎么实施？那么你有没有把这些奇妙的想法记下来呢，说不定哪一天就可以用到。如果你想过之后没有记录，那么忘掉的可能性就很大，到时候再用都想不起来了。这绝对是一种巨大的浪费。

所以，当你的大脑中有些奇妙想法的时候，你不要小看这些东西。不妨随身携带一个小小的记事本，将每一次思想的火花都做一个记录，或许在未来的某一天，它会为你带来声望或者可观的财富呢！

下面，再看看大名鼎鼎的可口可乐公司是怎么通过奇妙的想象力来赚钱的吧！

可口可乐现在是全世界最流行的饮料，无论是年轻人还是中年人，甚至是老人和孩子，都喜欢它。可口可乐创造了一个庞大的饮料帝国，然而，并不是所有人都知晓，这个庞大的帝国竟起源于一个单一的理念，也就是阿萨·甘德勒无限的想象力。

在很多年前，阿萨·甘德勒只是一名小小的售货员，依靠微薄的薪水维持生计，然而，一个偶然的机会改变了他的命运，也改变了世界。

有一天，阿萨·甘德勒从一位乡下的老医生那里买到了一把旧式的大茶壶和一把木制的大搅拌桨。这两样东西价值500美元，花掉了他全部的积蓄。

同时，阿萨·甘德勒从老医生那里还得到了一个神秘的配方，据说，这个秘方可以保住一位国王的性命。然而，让这位老医生和阿萨·甘德勒都没有想到的是，这一切竟然创造出了惊人的财富。

旧茶壶和木制搅拌桨，以及纸片上的神秘秘方，所有的巧合凑在一起，阿萨·甘德勒为这个秘方添加了一种特殊的成分，从此，一种神奇的糖类饮料——可口可乐诞生了。不仅如此，它还为成千上万名栽植甘蔗、提炼糖和贩售糖的人创造了就业机会，使一座名不见经传的小城市变成一座繁华都市。

阿萨·甘德勒花费自己全部的家当购买了一把旧茶壶和一把搅拌浆，可以说冒了很大的风险，然而也正是因为他的想象力，才创造了一个伟大的可口可乐帝国。

这就是犹太人与众不同的思维模式，他们把想象力看作是人类智慧的一部分，它是散发着自由和灵性的光辉。确实，别说商业领域，就整个人类社会来讲，很多新生事物、发明创造都源自奇妙的想象，甚至可以说，人类社会的前行发展离不开想象力。火车、轮船、汽车、飞机等哪一个不是在实物没出现之前早就有人想象出了它们的样子？正是因为想象力，世界上的一切才有了更快、更好的进步，人类所掌握的知识也才有了更有力的进化源泉。

应该说，奇妙的思想是我们最好的光环，不仅免费，还可以随身携带。它有时隐藏，有时闪现，当它闪现的时候，你一定要及时抓住它，让它也给你一个实现财富神话、成功梦想的“神秘配方”。

尝试逆向思维

开锁用什么？你肯定回答说：钥匙啊！

你知道犹太人怎么说吗？他们说：“开锁不能总是用钥匙。”同时，犹太人还说：“解决问题也不能总靠常规方法。”

难道不是吗？很多时候，一个问题的解决办法有很多种，这种不行，完全可以尝试其他的方法。这也是犹太人强大而坚忍的地方。面对问题，犹太人从来都不会退缩，他们会马上冷静下来想尽办法去解决问题。另外，犹太人还有这样一个特点，那就是当他们想出一个哪怕并不能解决问题的办法，但是这个办法又比较新颖

的时候，他们也会非常高兴。因为这在他们看来，是一种积极的、充满希望的象征，他们觉得，只要你能想出一个新办法，那么就能想出更多的新办法，这么多办法里，总有一个可以帮助自己把问题解决掉。

当然，光有这样良好的心态不行，还需要有灵活的思维，这样才能想出更多的、有利于问题解决的办法。在这一点上，犹太人有一个比较明显的特质，就是他们不喜欢按照常规思维方式来考虑问题，而是喜欢用逆向思维考虑问题。这应该是犹太人获取成功的因素中不可忽略的一点。

一位农妇去集市上售卖刚丰收的桃子。她的桃子是集市上质量最好的，但遗憾的是半天过去了，依然无人问津。原来，这个农妇认为自己的桃子既然是最好的，那么自然就有人来买。可到头来事实并非她所想象的那样。

眼看着天都要黑了，集市也要散场了，农妇还没有卖出一个桃子。这时候，一位拉比，也就是在社会上受尊敬的宗教知识分子走了过来，农妇对拉比说道："充满智慧的拉比啊，今天我一个桃子都没有卖出去，明天不能过安息日了，我该怎么办呢？"

听完农妇的话，拉比俯下身子，仔细看了看她的桃子。拉比发现她的桃子是集市上质量最好的，于是就走到一块比较高的石头上，对集市上的人们喊道："有没有人想要最好的桃子？"就在他连续喊了三遍之后，只见集市上的人们纷纷涌向这边，瞬间农妇便被包围在一个小圈子里。

由于来买的人太多了，一时出现了桃子供不应求的局面。在这种情况下，拉比让农妇把桃子价格涨一些，再涨一些，最终，桃子以高于一开始 3 倍的价格销售一空。

这时候，只听拉比又对周围的人们说道："善良的人啊，如果你们从商，你们的商品若是有什么缺陷，你一定要说出来。这样人们就不会觉得你们是缺乏诚信的人；如果你们的商品是最好的，那也要说出来，因为如果你们不说出来，顾客又怎么会知道你们的商品好在哪里呢？"

拉比说完，只见一位年轻人问道："好就是好，为什么还要说出来呢？这样不就让人觉得是在自夸吗？"拉比笑了笑，回答道："如果你不说出来，顾客就会把质

量差的商品买回家，你这就是在帮助奸商欺骗顾客，这样你的商品也会因此受到影响卖不出去啊！”

从拉比的逻辑中，不难看出，这种反其道而行之的做法，的确是很有道理的。也正是这种战略，成为犹太人能够赚取大量利润的因素之一。

不得不承认，有时候这种反弹琵琶的做法会收到意想不到的结果，只是大多数人没有这种反其道而行之的想法罢了。你可能不服气，会说自己也有这样的想法啊！可是你实施了吗？很多人或许和你一样，有好的想法，却没有实施，到头来还不是照样等于“零”吗？

这样的做法多数时候并不会让你感到有什么不妥，因为这是一条多数人都会走的路。因为没有先例，自己又实在没有尝试的勇气，于是只好跟着别人走，别人向东自己也跟着向东，别人向西自己也跟着向西。这样一来，即使走进死胡同也不会太过伤心，因为大家都是这样的。换句话说，这似乎是一种更“安全”的做法。

但是，犹太人不会被这种安全感束缚住，他们要的是不断地突破。所以，当此种方法行不通的时候，他们就会想另一种，这一种还不行，那么就再换一种。正向思维不行就换反向思维，也就是逆向思维，经过各方面的尝试，终会找到解决问题的最佳路径。

一位名叫亚伯拉罕的犹太富翁，年事已高的他准备选择两个儿子中的一个来继承家产。可是，在到底选哪个儿子的问题上，老富翁有些犹疑不定。

这一天，他在自己家的花园里喝茶，不远处有几个小孩在欢快地玩耍。突然，他发现有一只老鼠从小孩的身边窜过，然后就进地下管道去了。这一情景让亚伯拉罕想起了曾经听过的一个故事。故事的内容是这样的：

在一个建筑工地上，几个工人正在为一栋新建的大楼安装电梯，有一个问题把他们给难住了。原来，他们需要将一根电线穿过长 10 米但直径只有 3 厘米的管道。更棘手的是，管道砌在墙里面，而且还转了几个弯。一时间，几个人无计可施，不知如何是好。

承揽电梯安装工作的工头是一位年轻的犹太人。他得知这件事之后，叫手下的工人找来一雄一雌两只小老鼠，然后把电线绑在雄性小老鼠身上，把雌性小老鼠放

在管道的另一边，并用力捏，使它发出“吱吱”的叫声。管道这头的雄性小老鼠一听雌性小老鼠的叫声，就奋不顾身地向管道的那一头爬过去，绑在它身上的电线也就跟着穿过去了。

正是这个故事，给了亚伯拉罕灵感，让他立马有了主意。于是，他回到家中，将大门锁上，并让两个儿子到百里之外的一座城市，然后给他们出了道题目，并告诉他们谁回答得好，就让谁继承家产。这道题目居然是：两个人一人一串钥匙、一匹快马，看他们谁先回到家把门打开。

兄弟二人都希望得到继承权，于是都非常卖力，以最快的速度几乎同时赶回了家。但是一看门是锁着的，哥俩儿犯愁了。哥哥左试右试，始终没能打开家门；弟弟没有钥匙，因为他在路上不小心把钥匙给弄丢了。弟弟看着哥哥无论如何也打不开大门，忽然间脑袋里灵光一闪，从马背上赶紧跳下来。他走到墙角处，从地上捡起一块砖头，朝锁头砸去，几下就把锁给砸开了。于是，他顺利地打开了大门，进入家中。

答案已经明了，显然，小儿子得到了富翁父亲的家产。

这个故事似乎印证了本节开头时提到的犹太人崇尚的那句“开锁不能总是用钥匙”的格言。这个故事中的老富翁亚伯拉罕是聪明的，也是崇尚用逆向思维思考问题的。他知道，在人的一生中，很多问题并不是按照常规的方法和套路就能够解决的，只有突破常规，试着从另一个角度去思考，才能想出解决问题的办法。这也是他最后把家产交给小儿子的原因所在。

这种逆向思维的模式，会让我们进行新的探索和尝试，而不会被多数人所谓的经验给牵绊和束缚住。事实上，如今社会发展日新月异，摆在我们面前的问题越来越复杂，前人给我们留下的解决问题的经验所起到的作用会越来越少，甚至还可能把我们带入无望的境地。要想实现人生的目标，我们要多学一学犹太人的逆向思维。因此，你应告诉自己：只有不断地改变思维，发散思维，敢于打破常规，才会取得成功！

多一条思路就多一条道路

有位年轻人听说某大师能够徒手移动一座山，很是好奇。于是，他想办法找到了这位大师，并央求大师当众表演一下。可是，大师“移山”的过程却让他大惑不解。原来，大师只是在一座山的对面坐了一会儿，然后又起身跑到山的另一面，此时大师宣布自己表演完毕。

见年轻人困惑，大师说道：“在这个世界上，根本就没有移山大法，唯一能够将山移动的办法就是山不过来，我过去。”

如果大师也像年轻人一样，认为所谓的移山大法就是通过某种法力将山移走，那么这一辈子他也做不到。可大师就是大师，人家不纠结于死理，而是懂得换个思路，山不过来我过去，不就相当于“移山”了嘛！

这种思路在犹太人的思维中被运用得很广泛。他们在面对一些看似棘手的问题时，不会纠结于某个环节、某种情况，而是换种想法和思路，最终找到解决问题的办法。即使是制度规则成了解决问题的障碍，他们也会想方设法改变制度规则上的缺陷。因为他们认为，制度规则是死的，人是活的，人不可能一辈子活在已僵化的制度中。

罗波尔是一个犹太商人，经营着布匹生意。为了周转资金，他借了高利贷。但因为经营不善，他的生意亏损严重，以至于资不抵债。在当时，商人借钱还不上是要入狱的。

罗波尔有个漂亮的女儿，一次债主来家催债时看到了，便喜欢上了她。于是，债主要求罗波尔，答应把女儿嫁给她，这样就可以不用还钱了。女儿一看这位债主长得又老又丑，当然不乐意。

债主仍不死心，说来玩个游戏，算是赌一把。他拿来两块石头放入一个布袋子里，并对罗波尔的女儿说，里面一块石头是白色的，一块是黑色的，如果她摸到了白色的石头，那么她父亲所欠的钱就不用还了；如果她摸到的是黑色的石头，那她就要嫁给他，她父亲的欠债同样一笔勾销。实际上，这个债主在把石头往口袋里放的时候，玩了点花招：他故意将一块黑色的石头放在了袖口处，在放石头进去之

前，他展示给大家的的确是一块白的一块黑的，但是就在放入的过程中，他用手攥住了白色的石头，把事先藏在袖口处的黑色石头给抖搂到了口袋中。这样，罗波尔的女儿不管摸到哪块石头就都是黑色的。

听债主这么一说，罗波尔的女儿表示同意。这个女孩非常聪明，她怀疑商人放入的两块石头有“猫腻”，心中不禁思忖：他放入的石头很可能都是黑色的，这样我不管摸哪一块都必输无疑。如果按照一般方法来处理这件事，肯定不行，但如果换一种方式，则一定能赢。

这个女孩想出了什么必胜计谋呢？原来，她摸到一块石头后，就在刚拿出来的当口，故意将手一松，使石头落到地上，和其他很多相同的小石头混在一起，再也不见踪迹。于是，女孩说道：“既然我摸出的那块已经找不到了，那么看看里面那块是什么颜色的就知道我摸出的是什么颜色了。”果然不出女孩所料，口袋里的石头正是黑色的。债主的如意算盘落空了，如此一来，罗波尔的债务一笔勾销，他的女儿也不用嫁给这位债主了。

罗波尔的女儿正是利用自己的机智，转换了思路，既替父亲免除了欠债，又让自己摆脱了债主的纠缠，可谓一举两得，一箭双雕。

我们从中要学习的，正是人家这种不在一条道上走到黑的灵活态度，只有这样，在处理生活、事业中各种事情的时候，我们才能避免让自己走入死胡同。

换一种思路来对待同一件事，你就会发现山穷水尽之时，居然出现了柳暗花明。犹太人将这种思路充分应用于自己的生活及经商活动中。比如，他们会在投资一个项目之前制订一个计划，假如计划在实行三个月以后还是不理想，他们就会毫不客气地将其舍弃，果断地重新投资。犹太人认为，只有这样，才不会因陷入泥淖而无法自拔，也不会让自己因投入太多成本而焦躁不安，更不会让自己的路越走越窄，最终没有出口。既然如此，你为什么不学习一下犹太人呢？

看得远才能走得远

致富的学问中包含着基本的定律和法则，一旦掌握并遵循了这些法则，就能掌握致富的窍门，金钱和财富就离你更近了。其中，把眼光放长远，具有一定的超前

意识，而不是仅仅盯着眼前的利益，就是犹太人赚取财富的学问之一。

看看你的周围，能做到这一点的有几个呢？想必大多数人由于对金钱和富裕的生活充满向往，所以会比较急功近利，盯着每一分可赚取的金钱不放松。这些人或许一开始收获了很多，但到头来往往难以实现发财致富的目标。也有一些人秉承“欲做事，先做人”的原则，让自己的眼光看得长远，能够有比常人超前的意识，而不在乎一时的名利。犹太人所具备的，正是后者的思维模式和行为准则，因此到头来，他们更容易取得真正的成功。

克多尔是一位具有传奇色彩的犹太商人。19 世纪 70 年代，20 岁的克多尔来到香港谋生，但最终没能得偿所愿。时隔一年，他又辗转来到上海滩。起初，克多尔只是希望能在某洋行做一名普通职员，维持自己的温饱就行了。但是慢慢地，克多尔觉得，自己不能让目标停留在此，而应该获取更大的发展，赚取更多的金钱。

或许这是犹太人基因里所特有的赚钱意识吧！就这样，在工作过程中，克多尔充分运用自己的聪明才智，他根本不管老板是否给自己加薪水，也不顾其他同事们是否因为自己诚挚的帮助而收益更多，他唯一考虑的就是自己要努力，努力了才会让老板看到不一般的自己。

就这样，克多尔不断努力，为洋行做出越来越多的贡献，老板也开始注意这个毛头小伙子。5 年后，克多尔升到了洋行的管理层。

这时候，克多尔心想：自己现在收入不错，职位不错，但是，即使自己再在洋行做下去，也没有多大升职空间了，做得再好自己也不可能成为洋行老板。于是，他就琢磨着，要想再寻求更大的发展，就要在其他行业找突破口。当时，房地产业有发展的苗头，很多人并没有注意，克多尔却注意到了。他认为房地产在以后肯定会大有前途，于是他准备在房地产业发展。经过几年时间的打拼，克多尔渐渐地变成了上海房地产界的领军人物。尽管地产行情有起有落，但由于实力和影响力的不断壮大，克多尔并不会受到市场低潮时的影响，而在地产业高潮期则每每大捞一笔。曾经有媒体报道说，克多尔手段敏捷，一会儿卖地，一会儿买地，一会儿要租房子，一会儿又出租房子……就在这买进卖出、出租和租用之间，克多尔用自己的长远眼光，赚取了不菲的财富。

换作是其他人，可能会满足于洋行管理者的职务和体面的收入，但是作为犹太人的克多尔却没有停留在这一层面上。他眼光长远，用超前的意识为自己赢得了成功的桂冠。做到这一点的还有一位美国人，他就是拥有数亿美元财富的威尔逊假日旅店的老板——科尔斯·威尔逊。

在威尔逊创业之初，他所有的家当只有一台分期付款得来的、价格不到100美元的缝纫机。后来，威尔逊通过做生意赚了点钱，他想用这点钱把生意做得大一些。于是，威尔逊开始调查了解市场情况，然后做出了预测和分析。他决定从事地皮生意。当时，美国的地皮生意很清淡，买地皮建房子的人并不太多，周围的亲朋好友听说威尔逊的这个决定后，都持反对态度。

但是，威尔逊却和他们想的不一样，他认为他们目光短浅。他想到的是，虽然当时美国经济不景气，但是日后肯定会进入大发展阶段，城市会飞快地发展，那个时候买地皮的人肯定会暴增，地皮的价格也就会跟着暴涨。

不过，由于资金有限，威尔逊也只能把目光锁定在那些远郊的荒地，因为这样的地块价格便宜。一次，威尔逊看中了市郊的一块荒地，那里不适合耕种，地势不好，交通也一般，所以没人问津。经过一番观察，威尔逊决定买下这片荒地。他的想法是，随着经济的很快繁荣，城市人口会日益增多，市区将会向外延伸，几年后，这里很可能成为黄金地段。

果然不出威尔逊所料，短短3年的时间，美国城市人口剧增，市区面积迅速扩大，笔直的柏油路一直延伸到威尔逊购买的这块地皮附近。

很快，周围渐渐变得繁华起来。此时，人们都发现，这里风景宜人，很适合夏日避暑。这样一来，这片土地价格增长迅猛，很多地产商竞相提出高价购买。不过威尔逊并没有为眼前的利益所惑，因为他还有更长远的打算。

不久之后，他在这片土地上盖了一座汽车旅馆，名字就叫“威尔逊假日旅店”。由于地理位置好，并且舒适方便，自从开业，假日旅馆就顾客盈门，生意兴隆。

从那之后，威尔逊的生意越做越大，以至发展到后来世界各地都可以看到假日旅馆。

如果不是长远的眼光，不是超乎常人的超前思维模式，也就不会有今天的威尔

逊假日旅馆。对任何人来说，超前意识都是很宝贵的精神财富，一个拥有超前意识的人，会对未来某个行业在现有条件下发生什么转变做出预测，从而进行合理的资金和资源的配置，为自己赚取更大的利润而做好准备。这与我们的古话“凡事预则立，不预则废”意思相通。作为金融界的翘楚，犹太人更是将其视为赚钱不可或缺的技能之一。如果你也拥有这种长远的眼光，具备超前的意识，那么你就能在时机或者危机到来之前做好准备，让自己审时度势，避开危机，并抓住机遇赚取金钱。

因此，身处当今时代中的你，一定不要让自己成为走在大街上的“古董”，更不能让自己成为人间的“活化石”，而要努力成为这个时代最有预见力的、最具智慧的人。所以，你要有开阔的心胸，要有长远的眼光，要有超前的意识和行动力。心怀财富，放眼八方，把握现在，前瞻未来，让自己的人生不断迈向更高的阶梯。

不做跟风者，只做领路人

走在大街上，哪些人最容易吸引你的眼球？一定是那些穿着有个性、看上去和别人不同的人。因为这是人之常情，大家都会不由自主地被新奇的、特别的东西所吸引。

由此可以想到，世上没有完全相同的两件事情，就像没有两片完全相同的树叶一样。你要想获得财富，就要做得跟别人有所不同。也就是说，你得有自己拿得出手的东西，而不是嚼别人嚼过的馒头，走别人走过的路，只有这样，别人才会真正重视你，你才有更多获取财富的机会。

亨利·彼得森出生于伦敦的一个犹太家庭，幼年时期父亲便离开了这个世界，养家的重担全部落在了母亲的肩上。迫于生计的压力，母亲带着彼得森移居纽约谋生。在彼得森14岁时，由于母亲劳累过度病例了，他不得不结束半工半读的生活，到社会上打工赚钱。

两年后，彼得森来到一个珠宝店当学徒。由于心灵手巧，认真刻苦，他的手艺越来越好，找他的人也越来越多。后来，他辞职了，自己创业，专门生产戒指。为了突出自己的产品跟其他首饰厂家的不同，他把公司的名字取为“特色戒指公司”。那么如何才能让自己的戒指有特色呢？经过多方面的考察，他决定在订婚戒指图案

的表现手法上动脑筋。

他心里清楚，要想让自己的戒指充满创意，那么就必须着力打造自己的特色，否则便是哗众取宠。经过一番考察，彼得森在订婚戒指图案的表现方法上动了一番脑筋。彼得森想到，象征着爱情的首饰多数以心形构图，这已经被广大消费者接受，所以，他依然沿用此传统。然而在构图的表现方法上面，彼得森却独具匠心。他将宝石雕成两颗心互相拥抱的形状，以此表现出“心心相连”的浪漫。接着，为了表现爱情的纯洁，他又用白金穗铸成两朵花托住宝石。这样的一个创意，真是惊倒众生，几乎没有人对此不满意。

尽管如此，彼得森并没有因此而自我膨胀，他远未满足。随后，他在两个白金穗中，又设计出了一个男婴和一个女婴。女婴手里，牵着挂在宝石上的银丝线，以此来祝福新郎新娘未来美满幸福的家庭。那条男女婴儿牵的银丝线更是独具特色，那银丝线上有很多手工镂刻出的皱纹，皱纹的数目能够随意增减。之所以这样设计，彼得森考虑到的是，可以让顾客利用皱纹来做记号，比如男女双方的生日、订婚日期、结婚年龄及其他私人秘密。

这款戒指投放市场之后，受到了消费者的认可，几乎每对新婚夫妇都会对它赞不绝口，甚至人们都为拥有一枚这样的戒指而感到骄傲。如此一来，彼得森公司的生意越来越兴隆，很快从市场上脱颖而出。虽然取得了累累硕果，但彼得森力图让戒指标新立异的想法，永远不会停止。在掘到第一桶金后，彼得森仍然不断地探索戒指新的生产工艺，并在 1948 年发明了镶嵌戒指的“内锁法”。这一独树一帜的工艺对戒指本身来说，是具有里程碑意义的。

你一定好奇，这个创意是如何得来的呢？事实是有一天，一位富商慕名而来，他拿出一颗硕大的漂亮蓝宝石，要彼得森镶嵌出一个与众不同的戒指，并且最好能使蓝宝石得到很好的体现，商人想将这枚特殊的戒指送给自己的女友。正是这颗宝石，让彼得森出现了新的灵感。实际上，他在图案上没什么惊人的举动，只是在宝石的镶嵌方式上进行了创新。他用金属将宝石包托起来，这样原本有近一半被遮盖的宝石，在这种镶嵌方式的作用下立刻凸显了出来，而商人的要求就是尽量体现出宝石来。

就是这一次小小的创意，使得内锁法这种钻戒行业中的经典加工方式，被彼得森创造了出来。利用这种方法制造的钻戒，其宝石的90%暴露在外，只是掩盖了底部的一点面积。当富商高价购买了这种戒指后，彼得森再次名气远扬了。此款戒指一经上市，立刻得到了消费者的喜爱。这一项发明很快便获得了专利，珠宝商们竞相购买，彼得森赚到了一笔可观的技术转让费。到这里该停下了吧？没有，彼得森仍旧没有止步，后来，他又发明了一种“联钻镶嵌法”，采用这种方法将两块宝石合二为一做成的首饰，能够使一克拉的钻石看起来像两克拉那样大。这种轰动效应，使人们到处抢购这种戒指，而珠宝商们纷纷购买这项专利。

彼得森似乎一直是与标新立异的创造力相伴而生的，他利用自己聪明的头脑与大胆的设想，创造出了很多透着无限创意的戒指，因此人们尊称他为“钻石大王”。

这就是标新立异的力量！彼得森靠这种绝佳的创造力，让自己的戒指得到了广泛的认可，因此他也达到了凝聚财富、取得成功的目的。

墨守成规的人不容易犯大错误，但是也很难有很大的作为。这个世界属于那些敢想敢做的人，也只有那些能跟随着时代步伐的人，才能赢得财富。

也许你会说，这样风险是不是太大了，万一得不到别人的认可呢，还不如采取“随大流”的做法，只在生产工艺上更精细些，价格上更低廉点，不是照样可以得到市场的认可吗？

这种想法不是一点道理没有，更精细的工艺、更低廉的价格确实更容易得到市场认可。但是，你不要忽略了，这样的做法每一个戒指厂商都可以做到，也就是说这样的招数没有什么明显的优势，没有特别强的竞争力。再者说，即使真的比其他戒指更容易得到市场认可，但毕竟差异度不大，再加上价格低廉的话，成本自然就高出一些，利润是不是就低了呢？

所以，要想真正获得令人满意的财富，就不能做跟风者，要做领路人，把自己的创意付诸产品，这样才能吸引越来越多的人，才能赚取越来越多的财富。

让头脑灵活起来

在犹太商人看来，要赚钱，是离不开灵活的头脑的。事实上确实如此。想想

看，前面我们在案例中提到的犹太商人，哪一个不是运用灵敏、机智的头脑，才让自己获取大量财富的？所以，犹太人虽然爱钱，能赚钱，但他们最爱的还是智慧，是头脑。因为只有具备灵活的头脑和超人的智慧，才能赚取更多的钱。

正是依仗头脑的灵活，犹太人才能不惧眼前的困难。他们始终相信：机智是渡过难关、反败为胜、绝处逢生的利器，也只有机智才会让自己赢得胜利。

丹尼尔所在的犹太工厂，主要生产一种呢子布。有一次，因为工作失误，导致生产出来的几匹呢子布都染上了白色的点。这可是非常严重的问题，按照厂里的规定，这样的呢子布只能作废，不能投放市场进行销售了。

工厂的领导派丹尼尔拿这些呢子布去销毁。可丹尼尔却对领导说，自己愿意贱价买下这些布。工厂领导一看，原本准备丢弃的呢子布居然有人愿意买，那就卖掉好了，还能为厂里减少些损失呢！

丹尼尔拿到布后，为这些呢子布起了一个十分动听的名字——“雪花呢”，然后开始以高出普通呢子布一倍的价格在市场上销售。结果，这种新款的呢子布引起了人们的注意，短时间内，几匹呢子布就被人们抢购一空。过了没多久，“雪花呢”居然成为市场流行时尚的宠儿，丹尼尔从此专门生产这种“坏的”呢子布，结果大发横财。

谁能想到一些生产的有问题的呢子布，竟然有如此好的销量呢？其实，并非是这些布有多么神奇，而是丹尼尔灵活的头脑使然。

看到这里，当你遇到类似情况的时候，是不是知道该怎么做了呢？至少可以借鉴下人家的思路吧？

这种凭借头脑的机智赚取财富的犹太人比比皆是。下面再来看看犹太人爱德华·包克的故事。

从小时候开始，包克就确立了将来要创办一本杂志的目标。多年来他一直朝这个方向努力，为此，他对每一个机会都非常留心。有一次，当他看到一个人打开一包烟后，将里面的一张纸条随手丢在了地上。包克走过去将纸条捡了起来，只见上面印着一位著名女演员的照片，下面还配有一行字：这是一套照片中的一幅。看完正面，包克又把纸片反过来，背面却是空的，什么东西都没有。

看到这种情况，包克心想：如果把这些纸片的空白处利用起来，写上照片人物的简介，价值就可以大大提高。紧接着，包克便去找印刷这种纸烟附件的公司，找到公司老板说出了自己的想法。那位老板听了之后也觉得很可行，认为这是个好点子，于是他立马说道："如果你给我写 100 位美国名人小传，每篇 100 字，我将每篇付给你 10 美元。"

如此一来，包克便有了写作任务，而这也是他最早的写作任务。之后的日子，包克的人物简介需求量越来越多，这让他更加忙碌，不得不请人来帮忙。于是他聘用自己的弟弟，给他每篇 5 美元的稿费。后来，包克又聘请了 5 个新闻记者。

就这样，包克的业务量越来越大，而且写作范围也越来越广泛，所需要的人手也就越来越多。后来，经过不懈的奋斗，包克终于成了著名的编辑。

只是烟盒里的一个小纸片，确切点说是小纸片的空白处，竟然让包克的头脑里生出了以此来赚钱的妙招。头脑不灵活的话，是万万想不到的，这就是犹太人的高明所在。只要发现了机会，就会快速抓住，让心底的愿望变为现实。

从这点来看，你是不是不该抱怨机会不好找，也不该怨天尤人地说自己是因没家世、没背景，所以才缺乏机会？这些东西犹太人也不具备啊，人家的成功靠的恰恰不是这些，而是灵活的头脑。

接下来，再来看一个故事：

犹太人费尔南多在一家商店做售货员。有一天，他来到一个小镇上，可由于身上没有钱而无法吃饭和住宿。为了解决自己的食宿问题，费尔南多就找到犹太教堂的执事，执事告诉他，当天是周五，每当到周五来这里的穷人就特别多，只有金银店老板西梅尔家没住人，因为他们家从来不接纳客人。

听执事这么一说，费尔南多说道："他肯定会接纳我的。"说完，他就去了西梅尔家，伸手敲门。等了会儿，西梅尔来开了门，随后，费尔南多神秘兮兮地把西梅尔拉到一旁，从大衣兜里取了一个砖头大小的沉甸甸的包，小声地说："请问您一下，砖头大小的黄金值多少钱？"

一听这句话，西梅尔顿时眼前一亮，可是这时候已经是安息日，不能继续谈生意了。但西梅尔又不想放弃这笔大生意，所以他就赶紧挽留费尔南多在自己家里住

宿，等到明天日落之后再谈。

如此一来，整个安息日，费尔南多都受到了热情的款待。好容易等到了周六的晚上，西梅尔赶紧笑容满面地催促费尔南多把东西拿出来看看。此时，费尔南多故作惊讶地说："我哪里有什么金子，我不过是想问问你一块砖头大小的黄金值多少钱。"

不得不说，费尔南多够狡猾的！可是，这种狡猾又实在没有任何破绽，要怪只能怪那个金银店老板"贪得无厌"。虽说这个故事不直接涉及赚钱、做生意，但不能不说，作为犹太人的费尔南多脑瓜实在灵光得很！他的机智之处就在于巧妙地用了西梅尔求财心切的心理，并以错误的暗示让他主动上当。

做生意的人大都有过被骗、被赖账或者被偷的经历，对于这样的问题，犹太人又是如何机智灵活地处理的呢？

一位犹太商人得知某市场的所有商品都将大甩卖，立马决定留下来等待，想借这个机会赚一笔钱。可是需要等待几天的时间，他想想自己身上带的金币，又有点担心。因为当时没有银行，他带的金币数量又太多，万一住旅店被人偷了可就惨了。

但这个商人又不想放弃赚钱的机会，于是他就反复思考。终于，他想出来一个办法，他把金币埋在了一个没人的地方。可是不幸的是，当他再次回到藏金币的地方时，发现金币不见了。

顿时，这位商人就愣住了，他反复回想自己当时藏金币的情景，没有人在附近啊，钱到底是怎么丢的呢？

想着想着，他无意间一抬头，发现远处有间屋子。于是他心想：可能是这间屋子的主人正好看见自己埋金币了，然后趁自己离开就将金币给挖走了。可是，怎么才能把金币要回来呢？这位商人又经过一番考虑，他决定去找那间屋子的主人。到了之后，商人客气地对屋子主人说道："您住在城市里，一定有着聪明的头脑，现在我有一件事想请教您，不知是不是可以呢？"

那个人听了之后，热情地回应商人说："当然可以了！"

只听犹太商人接着说道："我是来这里做生意的外地人，身上带了两个钱袋，

其中一个装了 800 个金币，另一个装了 500 个金币，我把那个装了 500 个金币的袋子埋在了没人的地方，可是那个大钱袋我不知道该怎么处置，是也埋起来呢，还是找个比较信任的给帮忙保管一下呢?”

只听屋子的主人说道：“我建议你还是把大钱袋和小钱袋一起埋起来比较好，因为你初来乍到，不该相信任何人的。”随后，犹太商人便表示听从屋子主人的建议，准备去“埋”那 800 个金币的袋子。他刚一离开，那个人马上把之前偷来的钱袋，埋在了原来的地方。躲藏起来的犹太商人把这一幕看了个真真切切，待那人离开后，他马上把钱袋给挖了出来，迅速跑掉了。

一个聪明的主意，一番巧妙的说辞，就让自己丢失的金币重新回到自己的腰包。倘若是你，你会用这么机巧的方法应对吗？犹太商人的成功之处，在于他知道人人都有贪财之心，而且往往贪欲无度，自己可以利用这一点，从而使其落入圈套。

如果商人直接去要小偷偷走的金币，那么事情解决起来可能就困难多了，说不定到时候一个子儿都得不到呢！

思维智慧——寻找对自己最有利的角度

《塔木德》说：“只要你活着，智慧就永远跟着你。”

犹太人坚信，经商要靠脑子，需要思维智慧。我们来看下面的两个例子。

二战期间，在奥斯维辛集中营里，一个犹太人对他的儿子说：“现在我们唯一的财富就是智慧，当别人说一加一等于二的时候，你应该想到大于二。”纳粹在奥斯维辛毒死了几十万人，父子俩却侥幸活了下来。

1946 年，他们来到美国，在休斯敦做铜器生意。一天，父亲问儿子：“一磅铜的价格是多少?”儿子答道：“35 美分。”父亲说：“对，整个得克萨斯州都知道每磅铜的价格是 35 美分，但作为犹太人的儿子，应该说 35 美元。你试着把一磅铜做成门把看看。”

20 年后，父亲死了，儿子独自经营铜器店。他做过铜鼓，做过瑞士钟表上的簧片，做过奥运会的奖牌。他曾把一磅铜卖到 3500 美元，这时他已是麦考尔公司的

董事长。然而，真正使他扬名的，是纽约州的一堆垃圾。1974 年，美国政府为清理给自由女神像翻新扔下的废料，向社会广泛招标，但好几个月过去了，仍没人应标。正在法国旅行的他听说此事后，立即飞往纽约，看过自由女神下堆积如山的铜块、螺丝和木料后，他未提任何条件，当即就签了字。

纽约许多运输公司对他这一愚蠢举动暗自发笑。因为在纽约，垃圾处理有严格规定，弄不好会遭到环保组织的起诉。就在一些人要看这个犹太人的笑话时，他开始组织工人对废料进行分类。他让人把废铜熔化，铸成小自由女神像；把水泥块和木头加工成底座；把废铅、废铝做成纽约广场的钥匙。最后，他甚至把从自由女神身上扫下的灰包装起来，出售给花店。不到 3 个月的时间，他把这堆废料变成了 350 万美元现金，每磅铜的价格整整翻了 1 万倍。

在聪颖、精明的犹太人眼里，任何东西都是有价的，都能失而复得，只有智慧才是人生无价的财富，它引导人通向成功，而且永远不会贫穷。

犹太人有个规矩，安息日不能工作，只能在家休息，学习典籍。不过，有个别商店的老板却照常营业，亵渎了安息日。一次讲道时，拉比对这样的店主大加挞伐。礼拜结束后，亵渎安息日最甚的一个老板，送给拉比一大笔钱。拉比非常高兴。

到第二周礼拜时，拉比对安息日营业的老板指责得就不那么厉害了，因为他指望这样一来，那个老板给的钱会更多一些。谁知他一个子儿都没拿到。

拉比犹豫了好一阵子，鼓足勇气来到这个老板家里，问他到底是怎么回事。

“事情十分简单。当你严厉谴责我的时候，我的竞争对手都害怕了，所以，安息日只有我一个人开店，生意兴隆。而你这次说话一客气，恐怕下周大家都会在安息日营业了。”

消除一切竞争对手，彻底垄断市场，这始终是商人理想的经营环境。

垄断可以通过政治手段来实现，也可以通过经济手段来实现，但对犹太商人来说，政治手段是不现实的。在犹太商人看来，最有利的垄断局面是在是别人都囿于种种非理性的成见或因害怕冒险等而不肯或不敢介入之时。这种时候，市场回报很高，而垄断局面的维持却不需要多大的成本。

努力把你的梦翻译出来

《塔木德》说："一个没有翻译出来的梦，就像一封没有拆开的信。"不同的人对这句话的理解是不同的。犹太人的后裔迈克尔·戴尔对此的理解是：不大胆地去实现你的梦想，你的梦想就毫无价值。如今，迈克尔·戴尔已成为一位神奇的成功者，美国企业家的光辉典范。

1977年，迈克尔·戴尔刚满12岁。一个午后，他的父母和兄弟都到墨西哥湾钓鱼，而他却坐在沙滩上，费劲地摆弄着钓具，打算将几个钓钩拴到一根线上。家人都认为他在浪费时间，说道："拿根竿子跟我们一块钓吧，凑个热闹，别白费劲了。"

然而，迈克尔继续干着，直到晚饭时刻，大家都准备结束一天的活动的时候，他才安好了那副奇特的钓竿，并把鱼线远远地抛出去，末端系在一根深插于沙土中的竿子上。

饭罢，大家都戏弄迈克尔，说他会空手而归的。但是，当迈克尔把钓线拉起来时，上钩的鱼比全家人钓的所有鱼都多。

迈克尔总喜欢说："如果你认为你的办法不错，就不妨试试。"29岁的迈克尔深知一个好主意的真正价值。正是这些好主意，使他从一文不名一跃成为拥有亿万资产的企业巨头，成为全美第四大私人电脑制造商，他的公司曾名列由《幸福》杂志评出的全美500家联合企业的前茅。

上高中时，迈克尔通过为休斯敦《邮报》做预付款征订工作，挣了2000美元，他用赚得的钱买了他的第一台私人电脑。买回来后，他把它拆开，揣测它是如何工作的。

这以后，他又找了一份卖报纸的工作。他认为新婚夫妇是买报纸的最佳对象，于是雇了几个朋友将最近登记的新人的姓名和住址记下，然后全部存入电脑，再亲自写信给每对夫妇，同时免费赠送两周的报纸。这个办法果然奏效，不久，他赚了18000美元，买了一辆"宝马"，看到这个17岁的孩子支付现金，车商大吃一惊。

第二年，他报名到休斯敦的得克萨斯大学就读，和其他新生一样，他得自己去

挣学费。此刻校园里的人都在谈论私人电脑，人人都想弄一台，但经销商们将价格抬得很高，人们需要的是价格低廉、根据专业特点灵活设置的电脑。迈克尔敏锐地发现了这一点。“经销商将价格提得这么高，又能赚多大利润呢?”他沉思着，“为什么不能将产品从制造商那里直接送到最终用户手中呢?”由于电脑经销商那些价格昂贵的机器无法一下子售完，同时还要付出一笔可观的机器存放费，迈克尔终于以成本价买下经销商们的库存电脑，并给它们增设了附件来提高性能。这种性能更优越，价格却便宜得多的电脑一上市便供不应求，市场十分看好。

感恩节放假时，迈克尔的父母说他们很担心他的学习受到影响。父亲恳切地说:“如果你想经商，可以在你拿到学位以后再干。”

迈克尔同意了，但回到休斯敦后，他感到千载难逢的机会就要擦肩而过了。一个月后，他又开始推销机器，这一次他干得更起劲了。

春季休假时，迈克尔向父母坦承自己仍在做计算机生意，而父母更想知道他的学业怎样了。

“我不得不放弃学业了，”他答道，“我想开办自己的公司。”

“你到底想干什么?”父亲问。

“跟 IBM 竞争。”他耸耸肩，轻松地回答。

“跟 IBM 竞争?”现在他的父母真的为儿子担心了。但是，迈克尔不管父母怎么说，坚持不改变主意，他还是那句话：这主意不错，为什么不去试试。于是，他和父母达成协议：暑假时他可以开办自己的计算机公司，如果不成功，9 月份新学期他必须回到学校去。

回到休斯敦，迈克尔用所有的存款开办了“戴尔计算机公司”。此时是 1984 年 5 月 3 日，他刚满 19 岁。

随着新学期日益临近，他的节奏快得简直近乎疯狂。他租了一间房子作为办公室，并雇用了第一名雇员——28 岁的经理来负责财务和经营管理。

戴尔的推销工作进展顺利。他将 IBM 的 PC 机都加上自制的附件供应市场。一接到订单，他就拼命组装机器，并以最快的速度送到客户手中。第一个月的销售额达到 18 万美元，第二个月升到 26. 5 万美元，连新学年的到来，他也没有注意到。

一年中，他平均每月销售 PC 机 1000 台，为了保持这种节奏，他搬到更大的房间，并雇用了更多的人员。一旦客户的订单达到 800 份，雇员们便开始组装电脑。为减少库存和通常开支，零部件仅在急需时才订购。送货卡车每天都送货上门，使迈克尔的公司一直保持着较高的利润率。

迈克尔・戴尔

迈克尔坚信，质量是企业的生命。他给他的客户提供绝对的质量保证。用户若不满意，保证退回款项。他开设了一条 24 小时免费服务热线，使用户可以直接与技术人员联系，大约有 90%的用户技术问题可通过电话来解决。

跟客户频繁的电话接触使公司更能贴近市场。用户可直接让公司知道他们喜欢或不喜欢哪种型号或式样。“我的竞争对手是先发展产品，然后告诉客户他们应该需要什么。而我则相反，我们是市场需要什么，就发展什么。”迈克尔自豪地说。

到迈克尔的同学大学毕业的时候，他的公司年营业额已达到 7 亿美元。迈克尔停止了原来在 PC 机上添设部件的方式，开始自行设计、装配、寻找自己的市场。

今天，戴尔公司在包括日本在内的 16 个国家设立了分支机构，公司收入达 20 多亿美元，雇有职员 5500 多名。戴尔的私人财产已达数亿美元。为鼓励扩大生产，戴尔公司给提出好建议的雇员以丰厚的奖励，即使有些做法没有取得成功。戴尔说：“我们的成功迫使这些大公司间的竞争更加激烈，而这更能让客户得到利益。”

迈克尔・戴尔不止一次地回忆起这个情景：他曾告诉他的朋友，他的梦想就是成为世界上最大的私人电脑制造商，而朋友当时则认为戴尔是个十足的幻想家，梦想是不会实现的。

“为什么大家都甘做第二、第三或第十呢?”迈克尔常说。

从迈克尔身上，我们可以得到这样的启示：为什么不去努力争取，去实现自己的梦想?

善用你的头脑，思考致富

《塔木德》说："独特的眼光比知识更重要。"

美国一所著名学院的院长，继承了一大块贫瘠的土地。这块土地，既没有具有商业价值的木材，也没有矿产或其他贵重的附属物，因此，这块土地不但不能给他带来任何收入，反而成为支出的一项来源，因为他必须支付土地税。

州政府建造了一条从这块土地上经过的公路。一位"未受教育"的人刚好开车经过，看到这块贫瘠的土地正好位于一处山顶，可以观赏四周连绵几公里的美丽景色。他同时还注意到，这块土地上长了一片小松树及其他树苗。于是，他以每亩10美元的价格，买下了这块50亩的荒地。在靠近公路的地方，他盖了一间独特的木屋，并附设一间很大的餐厅，在房子附近又建了一处加油站。他又在公路沿线建造了十几间单人木头房屋，以每人每晚3元的价格出租给游客。餐厅、加油站及木头房屋，使他在第一年净赚15万美元。

第二年，他又大事扩张，增建了50栋木屋，每一栋木屋有3间房间。他把这些房子出租给附近城市的居民，作为避暑别墅，租金为每季度150美元。而这些木屋的建筑材料根本不必花他一分钱，因为这些木材就长在他的土地上（那位学院院长却认为这块土地毫无价值）。

还有，这些木屋独特的外表正好成为他的最佳广告。一般人如果用如此原始的材料建造房屋，很可能被认为是疯子。

故事还没有结束，在距离这些木屋不到5公里处，这个人又买下了一个占地150亩的荒废的农场，每亩的价格是25美元，而卖主则相信这个价格是最高的了。

这个人马上建造了一座100米长的水坝，把一条小溪的流水引进一个占地15亩的湖泊，在湖中放养许多鱼，然后把这个农场以建房的价格出售给那些想在湖边避暑的人。这样简单的一转手，使他共赚进2. 5万美元，而且只花了一个夏季的时间。

而这个有远见及想象力的人，从未接受过正规的"教育"。

且让我们牢记这个事实：一个人只要能运用各种知识，立即可以变得有教养及

有权势。

在提到上述的那个故事时，那位以500美元的价格售出50亩“没有价值”土地的学院院长说：“想想看，我们大部分人也许都会认为那个人没有知识，但他把他的“无知”和50亩荒地混合在一起之后，所获得的年收益，却远超过我靠所谓的教育方式赚取的5年的总收入。”

犹太人认为，知识固然重要，但是，如果没有胆识和魄力，你的知识就不能发挥最大的作用。犹太人还认为，赚钱是天经地义，最自然不过的事，如果能赚到的钱不赚，简直是对钱犯罪，要遭上帝惩罚的。犹太商人赚钱强调以智取胜。他们认为，金钱和智慧两者中，智慧比金钱重要，因为智慧是能赚到钱的智慧，也就是说，能赚钱方为真智慧。这样一来，金钱成了智慧的尺度，智慧只有化入金钱中，才是活的智慧；钱只有化入智慧之后，才是活的钱，活的钱和活的智慧难以分开。

亿万富翁亨利·福特说：“思考是世上最艰苦的工作，所以很少有人愿意从事它。”

“你的头脑是你最有用的资产，但如果使用不当，它会是你最大的负债。”

世界著名的成功学大师拿破仑·希尔曾著过《思考致富》一书。为什么是“思考”致富，而不是“努力工作”致富？最成功的人士强调，最努力工作的人最终绝不会富有。如果你想变富，你需要“思考”，独立思考而不是盲从他人。富人最大的一项资产就是他们的思考方式与别人不同。如果你做别人所做的事，你最终只会拥有别人所拥有的东西。而对大部分人来说，他们拥有的是多年的辛苦工作、高额的税收和终生的债务。

思考致富是一条捷径。捷径的定义是，比一般的途径更直接且更快完成某件事情。

走捷径的人一定知道自己的目的地。他必须走出去，不论中途遇到何种障碍，都必须继续走下去，否则永远到达不了目的地。致富的捷径只有简单的一句话：“用积极的态度去追求财富。”

当你确实以积极的态度思考，自然会有所行动，达成你所有正当的目标。

乔治·哈姆雷特曾在伊利诺伊州的退伍军人医院疗养，他的时间很多，但除了

读书和思考外，能做的事情并不多。他懂得思考的价值，并对自己充满信心。

乔治知道很多洗衣店会在烫好的衬衣领加上一张硬纸板，以防止变形。他写了几封信向厂商洽询，得知这种硬纸板的价格是每千张 4 美元。他的构想是，在硬纸板上加印广告，再以每千张 1 美元的低价卖给洗衣店，从中赚取广告利润。

乔治出院后，立刻着手进行此事，并持续每天研究、思考、规划的习惯。

广告推出后，乔治发现客户取回干净的衬衫后，都将衣领的纸板丢弃不用。

他问自己："如何让客户保留这些纸板和上面的广告？"答案闪过他的脑际。他在纸卡的正面印上彩色或黑白的广告，背面则加进一些新的东西——孩子的着色游戏、主妇的美味食谱或全家一起玩的游戏。有一位丈夫抱怨洗衣的费用激增，他发现妻子为了搜集乔治的食谱，竟然把可以再穿一天的衬衫送洗！

乔治并未以此自满。他野心勃勃，要让自己的事业更上一层楼。他把每千张 1 美元的纸板寄给美国洗衣工会，工会便推荐所有的会员采用他的纸板。由此，乔治有了另一个重要的发现，给别人你所喜欢及美好的事物，你会得到更多！

缜密的思考和规划为乔治带来了可观的财富，他认为一段独处的时间，是招徕财富必要的投资。

犹太人相信，致富的捷径是：以积极的思考致富并有积极的心，相信你能，你就做得到！

不论你是谁，不论你年龄大小、教育程度高低，都能够招徕财富，走出贫穷。各行各业的人士，都不要低估思考的价值。即使躺在床上也能思考！即使你是躺在医院的病床上，研究、思考及规划，也能致富。

靠自己的判断对市场做出分析

《塔木德》说："要相信你自己的判断，任何人的意见都不十分可靠。"犹太商人指出，靠自己的判断对市场做出分析，赚钱就相对容易多了。

许多人以为，投资是一个充满戏剧性、激动人心的过程。还有人认为，投资包含风险、运气、时机和热点投资消息等诸多因素。有些人自认为对投资这个神秘课题知之甚少，于是，他们找到内行一些的投资者，把资金连同信赖一并交给他们。

这些所谓的投资者为了显示他们比其他人懂得多，因此，他们进行投资，以此证明他们智胜一筹，这就是许多人眼中的投资。而真正的犹太富翁眼中的投资却不是这样的。他们认为，投资是一个枯燥无味的计划，是一个通过机械操作而达到富裕的过程。或者说，投资仅仅是一个由固定程序、策略和一系列能使人变富的措施组合而成的计划，这一切几乎能保证你成为富翁。

既然投资和发财就像照食谱烤面包这样简单，为什么有那么多人不愿意遵循这个投资程序呢？

每100个美国人中只有3个人是富翁，这是什么原因呢？在这样一个致富机会人人平等的国度里，只有少数人成为富翁，这又是怎么回事？为什么对大多数人而言，遵循一个简单的计划难如登天？这是因为遵循一个简单的计划是一件单调而乏味的事情。人性是很容易对总是重复做一件事感到厌倦无聊的，因此他们总要寻求刺激和有趣的事情去做。正是这个原因，导致100个人中只有3个人是富翁。他们起先照计划去做，没过多久，就感到这种日子索然无味。于是，他们抛开计划，寻找一种能迅速致富的魔法。他们的一生都在单调和趣味往返交错的过程中度过，所以他们没有成为富翁。他们不能忍受日复一日地遵循一个简单而枯燥的致富计划。许多人认为，投资致富的过程很神奇，同时他们还认为，如果计划不够复杂，就不算是个好方案。

许多犹太富翁认为，只有傻瓜才会去迷恋那些快速赚钱、过眼财富的童话，这种故事只能吸引失败者。如果一种股票为众人熟知并能赚很多的钱，这就意味着好事已过去或马上就要过去。

在投资理念方面，犹太富翁和一般人常常不同。一般的人往往也能够尽可能利用机会，但他们习惯进行“一揽子”投资。他们联系一家从事经营个人投资业务的中介机构，如房地产公司、股票经纪人或财务筹划顾问等，然后买下一些东西。这些东西可能是共同基金、房地产信托投资、股票或债券等。这是一个较好的、清楚简单的投资方式，就好像一位商店老板到电脑商店去购买一台组装好的电脑。犹太富翁常常是那种创造投资机会的投资者。

这种投资者通常会组织一项交易，如同一个人去买来电脑零部件，然后将其组

装成一台电脑。虽然他们连用部件组装电脑的第一步工序都不知道，但他们却清楚应该如何将一个个机会组织起来，也知道谁正在这样做。

据调查统计，美国近约11%的百万富翁认定“具有优秀的证券投资顾问”是解释他们在经济上成功的非常重要因素。与此形成鲜明对照的是，35%的百万富翁相信“进行明智的投资”是非常重要的因素。这比相信证券投资顾问的人多出两倍还多。为什么不那么相信“证券投资顾问”呢？尽管多数百万富翁都至少在一家服务性经纪公司开立账户，但绝大多数还是自己做投资决定。

许多成功的百万富翁对证券经纪人提出的许多建议并不放在眼里，至少要“打折扣”。他们认为，证券经纪人擅长买进卖出，但是，如果他们花了大部分的时间在买进卖出上，就几乎没时间去研究投资机会。正如一位百万富翁所说：“如果证券投资经纪人真的能够预测未来，他们就用不着老当证券经纪人。他们不可能是预测家，他们只是用钱买进卖出。”

人们运用自己客观的分析得出的结论，与人们从所谓新闻以及从其他人那里得到的结论往往存在差异，这似乎带给投资者一个近乎永恒的矛盾心理：相信自己还是相信别人。无论投资人信奉何种投资理论，采用何种投资方法和投资技术，他都应该充满信心地相信自己的判断是正确的，这是成功投资者的必备特征。无论何时，人们对市场总是存在两种截然相反的判断，如果所有投资人对市场的判断一致，这个市场将因为没有买者或没有卖者而无法存在下去。当投资人依据自己的分析做出某一判断时，不可否认，市场上必然存在与之相反的判断，并且这种判断可能通过不同的途径和不同的媒介传到投资人那里。这时，投资人即面临是相信自己还是相信别人的抉择。唯一正确的答案是：相信自己。

投资人往往缺乏好的信息来源和投资参谋，而他日常接触的其他投资人在多数情况下是坏主意的来源，从他们那里只能得到廉价的观点以及夸夸其谈的评论，这些观点和评论的唯一作用在于干扰投资人的独立思考，将其引入歧途。

多射几箭就能中靶

《塔木德》说：“箭法再差，多射几箭也可能碰在靶子上。”这句看似平常的

话，却启发了很多人赚钱的思维。

有一天，乔治在删除垃圾电子邮件的时候，看到这样一个标题：令人吃惊的足总杯比赛预测。他好奇地点开了它，里面写着：

“亲爱的球迷，我们知道你是个怀疑论者，凡事不会轻易相信，可我们确实已经设计出了绝对准确地预测足球比赛结果的奇妙方法，今天下午，英国足总杯将进行第 3 轮比赛，对垒的是考文垂队和谢菲尔德联队，我们预测考文垂队将会取得胜利。”

乔治看过后，轻蔑地一笑，没有当回事，晚上，他收看电视里的比赛结果，考文垂队果然势如破竹地赢了。

3 个星期后，乔治又收到了那个人的电子邮件：

“亲爱的球迷，你是否还记得，在上一轮足总杯比赛中，我们曾事先准确地预测了考文垂队获胜？今天考文垂队要和米德尔斯堡队交手了，我们的预测是，米德尔斯堡队获胜。同时我们强烈地奉劝你不要和别人去赌输赢，但请你密切关注比赛结果，看看我们的预测结果是否准确。”

那天下午，双方打成了 1 比 1 平局。考文垂队本来很强，却完全没有发挥出来。而在次日加赛时，米德尔斯堡队却以 2 比 0 的比分胜出，这回乔治有点惊讶了。

过了几天，那个人的电子邮件又来了，预测米德尔斯堡队将在第 5 轮比赛中失利，特伦密尔队将会打败它，结果果然如此。

而在四分之一决赛之前，那封电子邮件又告诉乔治：特伦密尔队将老老实实地输给陶顿亨队。事实果然如此，4 次预测，4 次全都说中了。

接着，那个人在电子邮件中对乔治说：

“我们买断了一个数学家最新的研究成果。现在你大概相信，我们确实很有把握，能够料事如神。在半决赛中，阿森纳队将会打败伊普斯维奇队。”

乔治是个不服气的人，他通知了许多朋友，下午一起看球赛直播，并且计划在阿森纳输掉后，大肆羞辱那个信口开河的家伙。但是，在落后的情况下，阿森纳队奋起直追，最后竟以 2 比 1 获得了胜利。太不可思议了！

第二天，那个不可思议的邮件又来了，它这次说：

“亲爱的球迷，你已经体验了我们神奇的足球预测，现在你信服了吧？我们已经做出了5次正确的预测，五发五中，你一定会同意它绝非运气，尤其是所有的冷门我们都猜中了。现在我们和你做一笔特殊的交易：在一个月的时间内，我们向你提供比赛预测，你只需支付200美元的订金，然后发一封电子邮件，把参赛的两个队告诉我们，我们就会将预测结果通知你。我们殷切地盼望收到你的订单。”

200美元的要价确实不低，但如果事先能知道哪一个队会赢，就完全可以从彩票商的手中赢来20万美元。

当然，乔治也怀疑过，他们是暗地里操控球赛的财团，或者是黑社会，但是这一切都与乔治没关系，只要预测结果准确就行了。于是，他掏出了200美元。

事实上，这些人不过是一群想赚钱的“奸商”，他们只是懂得一些数学知识，知道经多次试验，小概率事件也会频频出现，这和“箭法再差，多射几箭也可能碰在靶子上”的意思是一样的。

一开始，他们向球迷发了6400封邮件，一半是预测甲队获胜，另一半是预测乙队获胜，于是，有3200人得到的预测是准确的，另一半人则会把它当成一个笑话忘掉。

下一次，他们只给得到“正确预测”的3200人发送邮件，一半是预测丙方获胜，另一半是预测丁方获胜……依此类推。所谓的“预测者”，总是继续给得到“正确预测”的一部分人发送新邮件，最后，剩下200人收到的预测结果便全部是正确的，他们当然会认为这个预测绝对灵验。假如其中有50人掏出200美元，对骗局的策划者来说，就是一笔很可观的收入了。因为他们除了发电子邮件，不需要任何本钱。

五、善于抓住机会

看准机会才能赢

《塔木德》说：“我见日光之下，快跑的未必能赢，力战的未必得胜，智慧的

未必得粮食，明哲的未必得资财，灵巧的未必得喜悦，所临到众人的，是在乎当时的机会。”

犹太人中广为流传的一句格言是：“正确判断时机和正直经营，这样做生意就不会太难了。”

一说起“参孙办公”，大家都会想到商用公事包和皮箱。这个“参孙办公”的创始者史韦达也是犹太人。

1900 年初，史韦达跟随父亲从东欧移居到美国。最初，他的父亲在纽约开了一家杂货店，但是经营得很不好，于是又搬到芝加哥从事别的买卖，结果又失败了。他的父亲因为借了很多钱，已经没法回头了，只好全国各地跑。最后，他在科罗拉多州的迪邦市开了一家蔬菜店，还是没有赚到什么钱。看样子，他又要重新尝试了。史韦达看到因日夜奔波而面容憔悴的父亲，就说：“让我来经营吧。”

当时，迪邦是有名的疗养胜地，每年到这里的客人络绎不绝。在蔬菜店的门口就能看到客人们拎着手提箱从停车场出来，走向疗养地。如果再仔细看，多半回来的客人的手提箱都坏了，只有一根拎带绑着。他观察到这一点后，就把父亲的蔬菜店改成了皮包店。真是近水楼台先得月，这个店因为临近停车场而卖了很多皮包。

最初供货的是纽约的皮包制造商。很快，全国的皮包制造商就争相向史韦达的店供货。仅仅两年时间，史韦达店的皮包销量就在全美首屈一指，店铺的规模也变得越来越大。如果你去看史韦达的总店，会发现它只是一个盖在农村的平房，但里面有纽约最新潮的、由名家设计的皮包。就这样，他的店越来越有名。

有一次，大生产商们决定在纽约宴请史韦达。史韦达到达的那一天，各个公司的代表或总经理都来到纽约火车站来接站，那景象好像是纽约经济团体的大聚会。当大家看到从列车上下来的史韦达，都吃了一惊。这位史韦达商会的总经理竟然是一位 16 岁的少年！

后来，史韦达决定自己制造皮包。他致力于制作即使遭受碰撞也不易破损的坚固皮包。他把自己制作的皮包称作“参孙”。为什么呢？他小时候一直被《圣经》中的一个故事感动着，主人公是一个具有超凡能力的英雄，名字叫“参孙”。他一直不能忘怀这个名字，所以就用它给自己的产品命名，以此纪念自己儿时的梦。而

在他的店前驻足的客人都非常挑剔，正是这个原因，成了催生“参孙”这个品牌的契机。

犹太人认为，正确的经商法则是：抓住会要正视和把握现实，并对现实进行合理的判断，最后靠个人的努力取得成功。

机遇只偏爱有准备的头脑

《塔木德》说：“每个人的机会都一样多，但是，每个人对机会的识别和把握能力是不同的。”

犹太人的杰出代表爱因斯坦曾说过：“机遇只偏爱有准备的头脑。”这里所说的“准备”主要有两方面的内容：

一是知识的积累。没有广博而精深的知识，要发现和捕捉机遇是不可能的。

二是思维方法的准备，只具备知识，而没有现代思维方式，就看不到机遇，只能任凭它默默地从你身边溜走。

人们常常引用苹果落在牛顿脚前，导致他发现万有引力定律这一例子，来说明所谓纯粹偶然事件在发现中的巨大作用。但人们却忽视了，多年来，牛顿一直在为重力问题苦苦思索、研究。在这一漫长的过程中，牛顿思考了该领域内的许多问题，及其相互之间的联系，可以说，关于重力问题的一些极为复杂深刻的问题他都反复思考推敲过。苹果落地这一常见的日常生活现象，之所以为常人所不在意，却能激起牛顿对重力问题的理解，能激起他灵感的火花并进一步做出异常深刻的解释，很显然，这是因为牛顿对重力问题已有了深刻理解的结果。因此，成千上万个苹果从树上掉下来，却很少有人能像牛顿那样研究出深刻的定律来。

有许多发现和发明看起来纯属偶然，其实仔细探究，我们会发现，这些发现和发明绝不是什么偶然得来的，也不是什么天才灵机一动或凭运气得来的。在大多数情形下，这些在常人看来纯属偶然的事件，不过是从事该项研究的人长期苦思冥想的结果，也就是说，纯粹的偶然性虽以偶然事件的形式表现出来，但它其实也是在不断的实验和思考之后必然出现的一种形式。

虽然时机是一种不以人们意志为转移的客观因素，有一定的神秘性，但也不是

无法捉摸和预料的。聪明的人总是一方面从事手头的工作，一方面注意捕捉取得突破或成功的时机，当时机没有成熟的时候，他积蓄力量或者寻找出路，一旦时机成熟就顺应形势或潮流，促成自己的事业达到高峰。

常常听到有些人抱怨命运女神忽略了他，总认为自己碰不上好机遇，总以为能够利用的机遇太少，因而把工作和生活中一切不顺心的事，都归结于机遇很少光临自己。

其实，机遇对每个人都是公平的，不存在厚此薄彼的问题，这就像阳光雨露会播撒到大地上的每一个地方一样，关键是你面对机遇时能不能真正把握住。

对于能够把握机遇并且充分地利用机遇的人，机会时刻都存在着，对待机遇就像有经验的船夫利用风一样，两者之间似乎有一种默契；而对于那些对机遇毫无知觉也不会很好地利用的人，即使机遇来到眼前，他们也不能及时抓住，而是常常让机会白白地溜走。

100 多年前，有位叫莱维・施特劳斯的德国犹太人到美国旧金山去经商。除了别的商品，他还带了些帆布，以供淘金者做帐篷之用，但他还没有来得及下船，除了帆布，货物都一售而空。一针一线都需从外面进口的旧金山人需求之旺，给莱维留下深刻印象。下船后，莱维带着帆布开始了他的“淘金”历程。他和一位挖金的矿工迎面相遇，那人抱怨道，他们需要的并不是帐篷，而是挖金时经磨耐穿的裤子。头脑灵活的莱维一点也不含糊，随即和那位矿工一起到裁缝店，用随身携带的帆布给他做了一条裤子，这就是世界上第一条工装裤，亦即今日十分时髦的牛仔裤的鼻祖。那位矿工回去之后，消息不胫而走，大量订货随之而来。

矿工需要的是耐磨的裤子，而莱维手头只有做帐篷的帆布。如果莱维的头脑不灵活，只会后悔自己带错了商品，而失去这次绝好的赚钱机会。这正表明了犹太人经商方面的精明果然是名不虚传。

由此可见，经营者应尽量利用一切可以利用的机会，采取行动，以达到预期的目的。一旦发现机会，就要深入挖掘，锲而不舍。

眼光要盯着未来

《塔木德》说："最昂贵的钻石总是埋藏在不易被发现的地方。"因此，犹太商人不仅懂得冒险，还懂得眼光要盯着未来的道理。

19世纪80年代，约翰·洛克菲勒已经以他独有的魄力和手段，控制了美国的石油资源，这一成就不仅取决于他从父亲那里学到的经商哲学，从母亲那里学到的精细、守信、一丝不苟和笃信宗教的品德，更主要的是受益于他从创业中锻炼出来的预见能力和冒险胆略。

1859年，当美国宾夕法尼亚州泰特斯维尔打出了第一口油井后，洛克菲勒这位精明的青年商人就从当时的石油热潮中看到了这项风险事业是有利可图的。他在与合伙人争购安德鲁斯一克拉克公司的股权中表现出了非凡的冒险精神。

石油公司的胶权拍卖从500美元开始，洛克菲勒每次都比对手出价高，当标价达到5万美元时，双方都知道，此价已经大大超出石油公司的实际价值，但洛克菲勒满怀信心，决意要买下这家公司。当对方最后出价7.2万美元时，洛克菲勒毫不迟疑地出价7.25万美元，最后终于战胜对手。

年仅26岁的洛克菲勒经营起了当时风险很大的石油生意，当他所经营的标准石油公司在激烈的市场竞争中控制了美国出售全部炼制石油的90%时，他并没有停止冒险行动。

到19世纪80年代，利马发现了一个大油田，因为含碳量高，人们称之为"酸油"，当时没有人能找到一种有效的办法提炼它，因此一桶只卖15美分。洛克菲勒预见到这种石油总有一天能找到一种方法提炼它，坚信它的潜在价值是巨大的，所以执意要买下这个油田。当时他的建议遭到董事会多数人的坚决反对，事后他只得说："我将冒个人风险，自己拿出钱去投资这一产品。如果必要，拿出200万、300万。"洛克菲勒的决心终于迫使董事们同意了他的决策。结果，不过两年多时间，洛克菲勒就找到了炼制这种酸油的方法，油价一下由15美分涨到1美元，标准石油公司在那里建造了全世界最大的炼油厂，盈利猛增到几亿美元。董事会的成员最后不得不承认，洛克菲勒比他们所有人都看得远，比他们所有人都有更加强烈的冒

险意识。

大凡成功的企业家都是战略家，他们有极强的预见能力，他们的眼光盯着未来；只要认准一个目标，他们就锲而不舍地干下去，直到成功为止。

能多赚钱的时候就不必客气

《塔木德》说："生而贫穷并无过错，死而贫穷才是遗憾。尤其是终其一生，无力消除贫穷创造财富，更是无可宽恕的。"直到现在，许多犹太人仍把追求财富当作人生的第一要务，只要有机会赚取更多的钱，他们便不会轻易罢手。下面是犹太人为了多赚钱采用过的几种手段。

（1）"一笔生意，两头赢利"

《塔木德》上说："如果真正给别人提供了方便，你也一定会从中受益。"

著名的美国犹太银行莱曼兄弟公司，是一家历史悠久的老字号，其年利润一度达到 3500 万美元，而其创造人却是一个牛贩子的儿子。

亨利·莱曼是从欧洲到美国来的莱曼家庭的第一代。他在美国南方做了一段时间的行商后，和他的两个弟弟伊曼纽尔和迈那一起在亚拉巴马的蒙哥马利定居下来，当上了杂货店的老板。

该地本是一个产棉区，农民手里多的是棉花，但却没有现钱去买日用杂货，于是他采取了用杂货去交换棉花的方式，双方皆大欢喜，农民得到了需要的商品，他也卖掉了杂货。

这种方式不仅吸引了所有没有钱买日用品的顾客，扩大了销售，而且有利于莱曼兄弟降低棉花价格，提高日用品的价格，并且使杂货店本来应去进货之际，顺便把棉花捎去，避免了单项进货，省下一笔运输费用。

没过多久，莱曼兄弟便由杂货店小老板发展成经营大宗棉花生意的商人，棉花典当成了他们的主要业务。美国南北战争期间，莱曼家庭在伦敦推销邦联的商务，在欧洲大陆推销棉花。

战后，他们在纽约开办了一个事务所，并于 1887 年在纽约交易所中取得了一个席位，成为一个"果菜类农产品、棉花、油料代办商"，从此走上了规模化发展

的道路。

在此案例中，莱曼正是因为给别人提供了方便，才获得了更多的经济利益。

（2）狡诈和欺骗赚钱

莫里茨·赫希男爵是历史悠久的巴伐利亚犹太金融集团的成员，他在自己继承的遗产和太太的巨额陪嫁共计二三百万资金的基础上，开始了银行家的生涯。1826年，他和他的内弟斐迪南德·比朔夫夏姆一起，在比利时布鲁塞尔开设了自己的银行。

赫希对日复一日的商业银行业务兴趣不大，他的主要热情是建设铁路及为建设欧洲铁路支线投资，然后在有利可图的情况下，将这些支线的产权卖给干线的所有者，以此获取厚利。

1868 年，奥斯曼土耳其政府准备建设一条从维也纳到君士坦丁堡的铁路。这项工程需要铺设一条从君士坦丁堡经阿德里安堡、索非亚、萨拉耶夫到萨拉热窝等地的干线，期间还需要建设许多支线，全长共计 2500 多公里。铁路所经过的地方，大多崎岖不平，山峦重叠。据估计，在较平坦的地区每公里的造价为 4 万美元，而在山区，每公里的造价高达 5 万美元。

土耳其政府原先建造这条铁路的特许权授予了一家比利时公司，但该公司承担不了，才一年就破产了。到第二次招标时，赫希提出了一个周密的计划，并借助他曾帮助土耳其人建立几家重要银行这层关系，一举中标。

赫希与土耳其政府签下协议，土耳其政府同意在 99 年的租借期内，由国家借贷，每年支付每公里铁路 2800 美元租金，加上铁路经营者每年为每公里铁路支付 1600 美元，合计每年可以收回投资 11%。同时，赫希还获得了铁路沿线开采矿藏森林资源的权利。铁路一经投入运营，超出这每公里 4400 元租金的收益将由经营者、政府和赫希三方分成：经营者得 50%，政府得 30%，赫希得 20%。不过，在铁路建成之前，赫希就已经开始“收回投资”了。

赫希说服土耳其政府为建造铁路发行债券，支付期为 99 年，每年偿还本金的 3%。债券由赫希经营，共发行了 200 万张面值为 80 美元的债券。赫希以 20 美元的价格买下，转手以 30 美元的价格抛售给公众，大大赚了一笔。

铁路建设工程基本上如期展开，两年中建成了500公里干线，其中400公里投入了营运，另外还有600公里已动工兴建。

就在此时，由于铁路伸入了俄国的势力范围，遭到俄国政府的强烈反对。土耳其政府不得不将铁路长度缩短到1200公里。这一变更对赫希来说正是求之不得。它为赫希去除了整条铁路线中耗资最大、风险最大的部分，而原来土耳其在与赫希的协议中之所以给予他如此优厚的条件，本来是把这段铁路看作一揽子交易的一部分。现在最难、最费力的部分去掉了，而优厚的条件依然照旧，不是明摆着让赫希发财吗？

对此，不少观察家认为，这一变更，包括俄国政府的反对，首先是赫希挑唆出来的；而且，土耳其政府之所以会同意缩短铁路，可能也有赫希的暗中使力。有证据表明，这一变更做出后，土耳其主管铁路的大臣便因获得200万美元而一夜暴富。

维也纳到君士坦丁堡的铁路最终于1888年建成。同年，经过无数次的讨价还价，土耳其政府向赫希买下了这条铁路。

据估计，赫希在整个东方铁路的建设中，共获利3200万~3400万美元。不过，其中可能有一半用于行贿各方面的官员。

事后，一个土耳其历史学家把赫希参与这条铁路建设描绘成一个“狡诈、胁迫、掠夺、欺骗”的故事，但同时，他也承认，要是没有赫希，这条铁路可能根本无法建成。

其实，不管俄国的反对是否是由赫希挑唆出来的，作为一个冒险家，他应该敏感地意识到，在当时的世界政治格局下，一条铁路伸入另一大国的势力范围，会引起什么样的反应。完全有可能，正是这种一时无法克服的麻烦被他当作了“雅各的树枝”，藏进了铁路建设的协议书里。

以犹太人动态思考的习惯、以犹太商人谙熟政治经济因素的相互转化的敏感，将大国间的政治抗衡引入合同书中，成为一个“定时炸弹”，是一件十分自然的事。

（3）设法拖延付给别人的贷款

犹太商人在收取别人的租金和贷款时，提得越早越好，而在付给别人的贷款

时，则想方设法进行拖延。不过，以犹太人重信守约的习惯，他们在具体实施时还是有分寸的，可以说，有时还做到了不落把柄的地步。

由初抵伦敦时一文不名的穷小子，到成为日后南非首富之一的犹太钻石商巴奈·巴纳特，最初是带着40箱雪茄烟作为创始资本来到南非的。他把这些雪茄押给探矿者，获得了一些钻石。从这开始，短短几年时间里，巴奈特成了一个富有的钻石商人和从事矿藏资源买卖的经纪人。

巴纳特的赢利呈周期性变化，每星期六是他获利最多的日子，因为这一天银行较早停止营业，巴纳特可以尽兴地用支票购买钻石，然后在星期一银行重新开门之前将钻石售出，以所得款项支付货款。

这种办法说穿了，差不多等于开空头支票。巴纳特借银行停止营业的一天多时间“暂缓付款”，且又不会让自己的空头支票给打回来，只要他有能力在每个星期一早上给自己的账号存入足够兑付他星期六开出的所有支票，他就永远没有开“空头支票”。所以，这种拖延付款，纯粹是利用了市场运行的时间表，在没有侵犯任何人合法权益的前提下，调动了远比他实际拥有的资金多的资金。

巴纳特对时间的精打细算如此别出心裁，甚至让其他犹太人也感到惊奇，当时南非的犹太商人大多对巴纳特的做法不甚赞同。不过平心而论，只要巴纳特没有让卖主在星期一上午收不回款，谁也不能对他说什么，而只能佩服这个犹太商人的“精明”。

不为没把握的事情而等待

《塔木德》上说：“仅仅知道等待和忍耐，不是真正的聪明。”

别人手里的大把希望也比不上你自己手中把握的小小满足。聪明的犹太人懂得，不能总是等待更大的利益。下面的故事就是对这一智慧的生动诠释。

一天，靠炒卖股票发家的犹太巨富列宛，看着他8岁的儿子在院子里捕雀。

捕雀的工具很简单，是一只不大的网子，边沿是用铁丝圈成的，整个网子呈圆形，用木棍支起一端。木棍上系着一根长长的绳子，孩子在立起的圆网下撒完米粒后，就牵着绳子躲在屋内。

不一会儿就飞来了几只雀儿，孩子数了数，竟有10只之多！它们大概是饿久了，很快就有8只雀儿走进了网子底下。列宛示意孩子可以拉绳子了，但孩子没有，他悄悄告诉列宛，他要等另外两只进去后再拉，再等等吧。

等了一会儿，那两只非但没进去，反而走出来4只。列宛再次示意孩子快拉，但孩子却说，别忙，再有一只走进去就拉绳子。

可是，很快又有3只雀儿走了出来。列宛对孩子说，如果现在拉绳子还能套住1只雀儿。但孩子好像对失去的好运并不甘心，他说，总该有些会回去吧，再等等吧。

终于，连最后1只雀儿也吃饱走出去了。孩子很伤心。列宛抚摸着孩子的头，慈爱地说：

"欲望无穷无尽，而机会却稍纵即逝，很多时候，为了得到更多而一味等待，不采取果断的行动，不但不能满足我们的欲望，反而会使我们原先拥有的东西也失去。"

尽管犹太民族最善于等待和忍耐，但他们的等待和忍耐是有原则的。他们最善于计算，如果认为某项生意确实有利可图，就会耐着性子静候时机；但是，犹太商人从来不做没把握的事情，一旦他们发现某项生意不合算，即使投资再大，也要想方设法收拾败局，不用说3年，哪怕是半年也不会等，他们会断然放弃"赚大钱的机会"。

犹太人在决定某项投资后，一般会制订投资1个月后、2个月后和3个月后3套计划。1个月后，即使发现实际情况与事前预测有相当的出入，他们也丝毫不会感到吃惊，仍会一个劲地追加资本；2个月后，实际情况仍不大理想，便进一步追加资本；3个月后，若情况仍与计划不符，而又没有确切的事实证明将来会发生好转，犹太人会毅然决定放弃。所谓放弃，也就是放弃迄今为止全部投入的资金和人力，甘心认赔。即使这样，他们也不会唉声叹气，尽管生意不尽如人意，但也比在一堆烂摊子中大伤脑筋、进退两难要强得多，而且是及时悬崖勒马，否则情况也许会更糟。犹太人这种适可而止、见到大事不妙便掉头的做法，正是受了《塔木德》的影响，也和他们民族的经历是分不开的。

犹太民族曾忍受了2000多年的迫害和苦难，培养起顽强的毅力和耐力，之所以超过3个月便不愿忍耐，正是其在生意中精明的体现。这就启发我们，在商场中要学会随机应变，否则便会导致失败。

除了自己，任何人都不可信

犹太人的现实生活，几乎都是处于动荡与逆境之中。如何在逆境中求得生存和发展，把握住自己的命运，是每个犹太人都在思考和关心的问题。长期的流浪和居无定所，加上所料不及的歧视和压迫，使他们在艰苦恶劣的环境中树立了一种独立的生命意识。而对于后代，在他们还是孩提时就被灌以独立自救的意识，以期能在未来的坎坷人生路上自如应付。这种独立意识的培养，主要得自于父母对孩子“只相信自己，不相信别人，任何人都不可靠”的知性教育。

每个人在童年时都有一颗纯洁的心，他们并不知道世界的真实面目，只觉得世界很美好。他们不仅相信自己，而且信任周围所有的人。如此天真单纯的人，是无法应付复杂的人类社会的。由于犹太人生来就处于逆境之中，生存的环境对他们来说更可谓是充满荆棘。要适应这个环境，首先就必须懂得怎样对待自己和他人。因此，犹太人教育自己的孩子要相信自己，除了自己以外，任何人都是信不得的。

为了达到让孩子们不信任别人的目的，父母时常担任坏角色，不断地骗自己的孩子，同时让孩子清楚地意识到自己的双亲在骗自己。每次的上当受骗，使孩子们意识到，双亲是信不得的，自己至亲的人都信不得，还能去相信谁呢？

一则小故事很能说明这个问题，它讲述的是父亲和儿子之间的事。

3岁的迈克有一天在客厅里和姐姐玩游戏。当他们玩得正高兴的时候，父亲抱住小迈克，把他放在壁橱的上面，并伸出双手做出接住他的样子。迈克为父亲参加他们的游戏而感到十分高兴，他望着父亲，毫不犹豫就往下跳。在跳下来的瞬间，父亲却缩回双手，迈克重重地摔在地板上，号啕大哭。他向坐在沙发上的妈妈呼唤。可是，妈妈却若无其事地坐着，并不去扶他，而是微笑地说：“啊，好坏的爸爸！”父亲则在一旁站着，用嘲弄的眼光望着可怜的迈克……

在中国人看来，这样做未免残忍了些，可是，犹太人认为这是很正常的、合情

合理的。他们说："像这样重复五六次以后他们就不敢相信别人了，这样做的目的无非是让他们知道：世界上没有一个人是可以相信的，连亲生的父母也不例外，唯一可以信任的就是自己。"《犹太法典》中这样告诫犹太人："最值得依赖的朋友在镜子里，那就是你自己。"

这种只相信自己的思想，是孩子们独立意识形成的基础，它使犹太小孩从小便有独立生计的意识存在。他们相信，只有自己才能养活自己，靠别人来过活绝对是天真的幻想。因此，他们在任何条件下，都能顽强地生活下去。

这种"唯我可信"的做法，也使他们在处理所有事务时，小心谨慎，认真思考后再做出抉择，所以他们很少上当受骗。这种培养孩子独立意识的做法，在我们看来虽有些残酷，但绝对理智！它正是犹太民族长期流而不散不亡的一个重要原因。在长期的流浪生涯和被人排挤中顽强生存下来的犹太民族自然会对他人疑窦丛生。而商业经营者作为独立掌握自己命运的市场经济一分子，首先应具备的便是这种理智的独立意识与生存意识。这种意识还构成了犹太商人自我保护的防护膜，使他们从不陷于别人的商业陷阱。

犹太人正因为不轻信别人，不被许多事物的表象所迷惑，所以才能在生意场上纵横捭阖，成就卓然。当然，犹太人这种不轻信别人的思想也几乎到了偏执的程度，他们不相信父母也就罢了，但对自己最爱的妻子也不相信就有些让人匪夷所思了。按照中国的传统，这种思想是可怕的，不相信自己身边最亲近的人，家庭岂不破裂？可换一个角度，那些腰缠万贯的大亨巨富，又有几个真正拥有一位只爱他并愿与之终生为伴的妻子？

正如一位犹太人律师的幽默自嘲："娶了老婆，她必会觊觎我的财产。为了我的财产，说不定什么时候她还会将我杀掉，我何必冒生命和财产的双重危险而去结婚呢？"怪不得有那么多的犹太富翁独身，原来如此。

商机靠你自己去捕捉

一条废旧的电缆，可以直接变成商品吗？很多人会认为不可能，但是有一位犹太人却做到了。

有一天，一位犹太人在报纸上看到了这样一条消息：美国铺设在大西洋底的一条越洋电缆，因为使用年限已久，需要更换。这条不会被众人联想到商机的消息，却让眼光独到的他看到了创业的希望。

他花钱买下了这条电缆，将它截成一小段一小段，然后将里面的金属芯抽出，经过精心修饰后，加工成纪念品。这来自海洋深处的东西立刻身价倍增，人们觉得它很有收藏价值，纷纷掏钱购买。就这样，并没有花费太多的力气和成本，废品升值了，完成了从废品到商品的直接跨越。

但他并没有就此满意，他用那条电缆挣的钱买下一位皇后的钻石。他买下钻石并不是为了收藏或转手卖出赚取差价。他筹备了一个以门票为主要收益的首饰展览会。这块钻石早已是闻名欧洲的稀世珍宝，所以在展览期间，许多愿意一睹昔日皇后风采的人纷纷赶来，展览会上人头攒动，摩肩接踵，热闹非凡。自然，这位犹太人又有了一大笔进账。

机会是一种可能性，它的一个显著特征就是具有很大的隐蔽性。创业机会正是如此。创业者如果抓住了机会，就可以在很短的时间里不费力气地获得成功。

创业机会是你自己找到的，而不是它来找你的。世界上并不缺少机会，缺乏的是对机会的发现。犹太拉比告诫人们："抓住好东西，无论它多么微不足道；伸手把它抓住，不要让它溜掉。"创业机会的发现是创业过程中最重要的一步，它意味着创业者发现现实存在着的创业机会并使之成为自己所理解、认识的创业机会。

创业者要记住，寻找创业机会不能光凭等待。偶然的机会，只要被把握住了，就能使一个创业愿望成为现实。所以创业者要努力培养自己对时机的敏锐嗅觉，要勇于发现它，也要敢于捕捉它，方能利用机会，获取成功。

通常情况下，你可以从以下几方面人手发现创业机会。

1. 市场需求就是机会

创业的根本目的是满足顾客需求，而顾客需求在没有满足前就是创业机会。菲利普科特勒教授提出市场营销的一个根本前提就是说要分析市场的需求，然后基于市场的需求去生产制造自己的产品。如果你能满足消费者现在还未得到满足的需求，你也就找到了创业机会。

2. 变化就是机会

在市场上，唯一不变的规律就是变化。而发现、辨认与把握创业机会则是创业的第一步。所以你要随时关注市场中的变化，结合自己的优势寻找创业机会。

3. 竞争成就机会

如果你能弥补竞争对手的缺陷和不足，这也将成为你的创业机会。看看你周围的公司，你能比他们更快、更可靠、更便宜地提供产品或服务吗？你能做得更好吗？若能，你也许就找到了机会。

4. 新知识、新技术催生机会

我们生活在一个动荡的变化飞速的世界。一夜之间，新的技术就可能改变我们进行商业活动的方法。随着世界朝着全球市场的演进，世界经济也越来越进入一种互相依赖的状态。这种快速发展的社会经济结构给创业者提供了好的机会，尤其是高科技创业者。

其实，赚钱之道很多，但是找不到赚钱的种子，便成不了事。是否发现了别人尚未看到的商机将决定你的事业前景。我们常说见多识广，识多路广。我们每个人的知识、经验、思维以及对市场的了解不可能做到面面俱到，只有平时多看、多听、多想才能使我们广泛获取信息，及时从别人的知识、经验、想法中汲取有益的东西，从而增强发现机会的可能性和概率。

在我们的创业路上，机会就像流星一样一闪而逝。它燃烧的时间虽然很短，却往往能带来巨大的能量，也许只有那么一次小小的机会，如果能够把握住，它就能让你创业成功，成为巨富。

犹太拉比告诫人们："抓住好东西，无论它多么微不足道；伸手把它抓住，不要让它溜掉。"

快速行动是把握商机的保障

兵贵神速。犹太人做生意时最讲究以速度取胜，认为一个商人能否成功，至少有 80%是与出击速度相关，因为速度可以先人一步、先拔头筹。美国哈佛大学有一门成功学，叫"行动成功学"，其最主要的精神就是告诉人们：该出手时就出手，

一旦看准，就大胆行动。

巴鲁克

巴鲁克，著名的美国犹太实业家。他在30岁时，就已成为让人羡慕的百万富翁。他知识丰富，聪明过人，曾被美国政府委以多项重任。他的发迹.不能不归功于他那迅速的行动能力。

1898年，年轻的巴鲁克去看望居住在外地的父亲。当时，正在迅速崛起的美国和老牌帝国主义国家西班牙进行了一场战争。有一个星期日的晚上，他在广播中得知西班牙威名远扬的舰队远征美洲，却在圣地亚哥附近被美国海军一举战败的消息后，便断定各地证券市场的美国股票将会大幅度上扬，于是他打算连夜返回自己在纽约的办公室。虽然他知道按照惯例星期一美国证券交易市场是不开盘的，但英国的证券市场却会照常营业。只要他在周一早晨前赶回去，就可以通过长途通信运作自己的股票资金。

可是，时间实在是太晚了，通往纽约的客运火车已经没有班次。巴鲁克就毫不犹豫地租下一列专车，终于在黎明之前赶回自己的办公室。当伦敦股市开始交易的时候，他果断地卖出买进，做成了几笔大生意。他的财产就此大幅升值，而他从此赫赫有名。

如果不是果断地租用专列的话，那么巴鲁克就不可能及时赶回自己的办公地点；如果只想到本地正常的交易时间而不是将眼光放得更远，看到英国伦敦股市的机会，那他也就不可能在第一时间里完成自己的交易。

巴鲁克的经商经历，最能说明犹太生意人的原则：如果能够比别人更早一步，便总能够及时抢占制高点。

犹太人的观点是：经商时，究竟鹿死谁手，很大程度上取决于速度。流水之所以能漂石，在速度；飞鸟之所以能捕杀鼠兔，在速度。有速度才有优势。从这一点就可以看出，创业者在创业机会的把握中，速度显得更为重要。商机千变万化，对商业信息不闻不问或麻木不仁的人，只会成为商海竞争中的失败者；而头脑敏捷、

行动果断的商人，总会及时地掌握准确信息并马上出击，从而取得成功。

犹太人马克·奥哈德林仅仅花了6年的时间就由一名穷困潦倒的失业青年变成了一个小有名气的百万富翁。他能如此神速地获取财富就因他善于把握时机。其中一个典型的案例是这样的。

哈德林在他25岁的时候，就为自己定下目标：在30岁时成为百万富翁。于是，他尽可能地了解有关投资和不动产的知识。有一天，他从一个房地产中间商那里得知：一座坐落在中产阶级住宅区的现代式房子，维护良好，房况极佳，属一流建筑。房主出价1.45万美元，由于某些原因，他必须在一个月之内把房子卖掉。哈德林觉得这是一个不容错过的机会。尽管他当时银行存款不足500美元，但他还是极力要做成这桩生意。经过讨价还价，买卖双方约定1万美元成交。

哈德林在城里最大的银行以借款的形式得到1万美元付给了房主。他又来到另一家银行，以新购的房产作为抵押，贷款1万美元还清了第一家银行的借款。没几年，他的租户就帮他还清了第二家银行的贷款。这样，哈德林很快成了百万富翁。

快速行动是创业成功的保障，因为机会总是稍纵即逝，没有哪个机会在等待某人来抓住自己。犹太商人的经营要诀就是该出手时绝不拖泥带水，一旦看准就如猛虎扑食，勇敢地大胆出击。

创业虽然有一定的风险，但冒险与收获常常是结伴而行的，险中有夷，危中有利。果断是创业者的重要素质，果断出击是取胜的天规。速度与力量成正比，有速度才有优势。冒险是表现在一个人身上的一种勇气和魄力，当别人看不见希望的时候，你却看见了成功的机会。幸运总是喜欢光临这样勇敢的人。进行创业你就必须学会正视行动的正面意义，并把它作为走向成功的唯一条件。

机遇常在不经意间得到

机遇是什么？恐怕没有人能说清楚，但犹太人用自己的方式证明，机遇会以各种形式、在各种时候大驾光临，比如，你给别人的一次不经意的帮助。

柏年在美国的律师事务所刚开业时，连一台复印机都买不起。移民潮一浪接一浪涌进美国的丰田沃土时，他接了许多移民的案子，常常深更半夜被唤到移民局的

拘留所领人，还不时地在黑白两道之间周旋。他开着一辆掉了漆的福特车，在小镇间奔波，兢兢业业地做律师。终于媳妇熬成了婆，电话线换成了4条，扩大了办公室，又雇佣了专职秘书。办案人员气派地开起了“奔驰”，处处受到礼遇。

然而，天有不测风云，一念之差，他的资产投资股票几乎亏尽，更不巧的是，岁末年初，移民法又被再次修改，职业移民名额削减，顿时门庭冷落。他想不到从辉煌到倒闭几乎是在一夜之间。

这时，他收到了一封信，是一家公司总裁写的：愿意将公司30%的股权转让给他，并聘他为公司和其他两家分公司的终身法人代理。他不敢相信自己的眼睛。

他找上门去，总裁是个只有40岁开外的犹太裔中年人。“还记得我吗？”总裁问。

他摇摇头，总裁微微一笑，从硕大的办公桌抽屉里拿出一张皱巴巴的5美元汇票，上面夹的名片印着柏年律师的地址、电话，他实在想不起还有这一桩事情。

“10年前，在移民局……”总裁开口了，“我在排队办工卡，排到我时，移民局已经快关门了。当时，我不知道工卡的申请费用涨了5美元，移民局不收个人支票，我又没有多余的现金，如果我那天拿不到工卡，雇主就会另雇他人了。这时，是你从身后递了5美元上来，我要你留下地址，好把钱还给你，你就给了我这张名片。”

他也渐渐回忆起来了，但是仍将信将疑地问：“后来呢？”

“后来我就在这家公司工作，很快我就发明了两个专利。我到公司上班后的第一天就想把这张汇票寄出，但是一直没有。我单枪匹马来到美国闯天下，经历了许多冷遇和磨难。这5美元改变了我对人生的态度，所以，我不能随随便便就寄出这张汇票……”

世间自有公道，付出总有回报。尽管你在帮助别人时并没有预料到有一天会得到回报，但正是这种没有任何附加条件的付出会得到意想不到的收获。

竭尽全力去追赶机会

《塔木德》里有一句话：哪怕只有1%的可能，只要你经过周密安排把握住了，

你赚钱的机会就是 100%。

仅仅花了 6 年时间，犹太人马克·奥·哈德林先生就由一名穷困潦倒的失业青年变成一个小有名气的百万富翁。

是什么使他如此神速地获得了成功？答案是他善于把握时机。

哈德林先生描述说，在他 25 岁的时候，看了一本名叫《我是怎样在业余时间把 1000 美元变成 300 万的》的书，好像看到了一个辉煌的世界，于是，他尽可能地了解有关投资和不动产的知识，一有机会便和从事房地产的朋友、亲戚聊天，暗暗为自己定下目标：在 30 岁时成为百万富翁。有一天，一个房地产中间商激动地告诉他一个投资少、收益惊人的买卖：一所坐落在中产阶级住宅区的现代式房子，维护良好，房况极佳，数一流建筑。房主出价 14500 美元，由于某些原因，她必须在一个月之内把房子卖掉。哈德林听后很是动心。经过还价，买卖双方谈定购买价为 10000 美元，尽管哈德林当时银行存款不足 500 美元，但他觉得这是一个不容错过的机会，即使万一筹不到这笔钱，也不过要付给中间商 100 美元酬金而已。

他毫不迟疑地和房主签了约，返身直奔城里最大的银行，以借款的形式得到了 10000 美元，付给了房主。

他又来到另一家银行，以新购的房产做抵押，贷款 10000 美元还清了第一家银行的借款。没几年，他的住户又帮他还清了第二家银行的贷款，就这样，马克·奥·哈德林先生很快成了百万富翁。

在面对挑战时，你不能半梦半醒地等待着机会的自动降临，希望机会拿着一个大棒槌到你的面前，把你敲醒，然后对你说：“啊，朋友，快抓住我吧！”如果你能一碰到机缘就好好地加以利用，以后，你就会对于别的良机具有灵敏的感觉，你决不会让它们从你面前溜走；如果一个很好的机会从你面前经过，似乎马上就要溜掉了，只要你能马上去追赶它，或许还有可能把它捉回来。

抓住一次机会就能改变一生

机会对于每个人来说都是公平的，只是有的人没有留意，让机会悄然跟自己擦肩而过。犹太人中之所以有那么多富豪，这与他们善于捕捉机会、把握机会是有关

的，有时一次机会就能彻底改变一个人的一生。

在追逐财富的路上，机遇会随时闪现在你面前，当你面临一次新机会，在斟酌得失之间，你或许惊喜，或许恐怖，惊喜的是这一机遇又让你看到成功的希望，恐惧的是担心自己能否把握住机遇，是否在这一机遇面前再次成为失败者。太多的思考只能让机会白白地流失，因此犹太商人在这方面又有其独到之处，那就是：只要认定眼前是一次机遇，就决不放过，纵有千难万险，也要尽最大努力去试一试。

因此，犹太商人的经验是：不仅要善于发现机遇，同时还要在机遇面前知道该如何去抓住它，把稍纵即逝的机遇变成财气。

天上掉馅饼的事情可能会有，但它不一定偏偏就掉在我们头上。要想获得成功，只有辛勤地去耕耘、去工作。

机遇是自己播种的，不是天上掉下来的。

蜘蛛为了捕获猎物，总是先织好网，等待猎物到来，这是把成功的机会掌握在自己的手上，这就是“蜘蛛精神”。

常有人发如此感慨：“如果给我一个机会，我也能成功。”他们把自己的命运放在一个等来的机会上，他们成天地抱怨自己的命运不济，当然总也不会成功。

没有人会主动给你送来机遇，机遇也不会主动来到你的身边，只有你自己去主动争取。犹太人的观念是：有机会，抓机会；没有机会，创造机会。

生活中并不缺少机遇，而是缺少发现机遇、抓住机遇的能力。如果有了这些能力，即使生活中没有机遇，也能创造机遇。

同样是两个人，面对同样的状况，一个看到的是“失望”，一个看到的是“机遇”。可见，有的人就是机遇摆在他面前也不知道，而有的人就连别人看不到的机遇也能发现。前者总是埋怨没有机遇，最终一事无成。

善于把握机遇的人总有一双敏锐的眼睛，时时刻刻洞察着机遇。大家都看过关于泰森打擂咬耳丑闻的报道。许多人看过去就算了，最多把它作为茶余饭后的谈资而已，谁能意识到这就是个发财的良机呢？美国的一个犹太商人在咬耳丑闻发生之后，赶紧推出了一种形状像耳朵的巧克力，上面缺了一个小角，象征着被泰森狠咬的霍利菲尔德的那只著名的耳朵，巧克力包装上还有霍利菲尔德的大照片。此举立

刻使这个牌子的巧克力备受世人关注，在许多品牌的巧克力中脱颖而出。那位犹太商人就这样发了大财。泰森咬耳丑闻，全世界十几亿甚至几十亿人都知道，但是发现这个发财良机的只有这个美国犹太商人。

在商场上，要想拿到红利，必须先拿钱投资。同样，想获得机会，则必须先有所牺牲——牺牲自己的时间、收入、安定的生活和享受等等，随时全神贯注地做好准备，一有机会出现，就牢牢地把握住它。但是有的人创业致富常常是靠运气。而运气不是机会，不要把两者混淆，否则就会做出错误的判断，招致损失。

现实生活中，人类的每一项活动，人际间的每一次交往，报刊上的每一篇文章，工作上的每一次得失等等，都可能给你带来新的感受、新的信息、新的朋友，可能是一次选择，一次机遇，是一次引导你走向成功的契机，问题在于你是否能发现每一次机遇。不要以为机遇难寻，其实机遇就在我们身边，甚至就在我们手上。

要善于抓住每一个商业信息

犹太商人重视商业信息，为之花费巨大亦在所不惜。尼桑·罗斯柴尔德个人的情报网，曾经比当时英国政府的还要厉害。它让尼桑比英国政府更早地了解到了滑铁卢战役的结果，这一信息帮助尼桑在交易所内大发横财。经营大陆谷物公司的福里布尔几乎把自己的公司变成了专业的信息公司，他购置一流的信息设备，聘请一流的信息专家，包括各国情报局的退休人员，准确的信息使他的每笔交易都获得成功。这些都是犹太人发信息财的典型例证。

商业舞台越大，商情就越重要，一向以世界为舞台的犹太商人如今对信息的理解和重视更甚于常人。

可以肯定，成功的商业活动无不源于某一种奇妙的设想。也可以这样说，所有的商业活动，都是我们某一刻的某种设想的演绎。而这些想法无论奇妙与否，都是由某一种信息触动的。

犹太民族自古以来就异乎寻常地关注信息。但可以肯定的是，他们当初重视信息的收集、整理和运用只为部落间的战事及生存，而与金钱无关。

古时的犹太人称信息为“兆头”，专指与胜败、生存有关的消息。到后来，西

姆思拉比在《塔木德》中说出了“信息是有价的”。

长期以来，犹太人在信息的搜索、整理和运用中，逐步形成了如下理念：

（1）商品离开了信息，便不能产生价值。只有通过信息（语言）描述商品，表达商业活动的构想，说明商品的价值，商品才有流通的可能。

（2）信息、产品、经营三位一体，构成完整的经济活动。

（3）能够说明商品功能和表达服务内涵的信息（语言）是最大的商品，是创造商品价值的资源。

（4）经济活动能不能开展，与商业活动信息和产品信息皆息息相关。

这些有关信息的理念，至今还在很大程度上影响着现代的信息产业。

美国佛罗里达州有个犹太小商人，注意到家务繁重的母亲们常常临时急急忙忙上街为婴儿购买纸尿片的情况，由此激发了灵感，想到要开一个“打电话送尿片”公司。

送货上门本不是什么新鲜事，但送尿片这样微利的小商品生意则没有商店愿意做，怎么办？

这个小商人左思右想，他雇佣全美国最廉价的劳动力——在校大学生，让他们使用的是最廉价的交通工具——自行车。后来，很快地得到了大学生们的响应，生意很快火起来。他又把送尿片服务扩展为兼送婴儿药物、玩具和各种婴儿用品、食品，随叫随送，只收15%的服务费。

随着服务项目的增多，他的生意越做越兴旺。

经营者获取市场信息，对信息进行加工整理，再制定经营策略，那些一时一地出现的某些信息综合在一起就是机会，它带有一定的偶然性，往往稍纵即逝。精明的人一旦顺手“牵”着机会，就会以最快的速度开发它、利用它。有时真正是快一步天高地阔，慢一招满盘皆输。

靠信息发财，是办实业做买卖必不可少的法宝。没有信息，经营者就像双目失明的盲人，面对四通八达的交叉路口不知东南西北，脚下也不知如何起步。

俗话说，信息灵，百业兴。瞬息万变的市场要求经营者必须具备极强的应变能力，随时做出正确的决策，而决策的基础在于是否获取大量及时、准确的信息。商

品市场上常常出现这样一些情况：一方面消费者持币观望，抱怨买不到满意的商品，另一方面是个体摊位、商店、生产厂的产品卖不出去而大量积压，其根本原因就是产品供求信息不准确，造成产品生产与市场需求脱节。

很多经营者缺乏信息意识，不做市场调查，凭着主观愿望盲目生产，或者子承父业，生产传统商品，或者仿制仿造他人的商品，结果在激烈的竞争中一败涂地。有些经营者虽然重视信息，但往往由于对得来的信息反应迟缓而坐失良机，或者由于信息错误而导致错误的决策。

信息满天下，专寻有心人。一条有价值的信息，一个准确的情报，很有可能让你一夜暴富。

靠信息发财应该不再是犹太人的专利，任何民族、任何人都可以去效法，只要你多留心身边的信息，赚钱也就不是难事了。

运气与机会相随相伴

犹太拉比告诫人们："抓住好东西，无论它多么微不足道；紧紧把它抓住不放，不要让它溜掉。"

著名的美国犹太实业家、政治家和哲人伯纳德·巴鲁克，20多岁就已经成为人人皆知的百万富翁。同时，在政坛上也鹏程万里，扶摇直上，从而赢得事业、权力的双丰收。后来，他被总统威尔逊任命为国防委员会顾问和原材料、矿物和金属管理委员会主席，时隔不久又被政府任命为军火工业委员会主席。1946年，巴鲁克的政绩又跃上一个新台阶，他有幸成为美国驻联合国原子能委员会的代表，在70多岁高龄时依然雄风不减。当年，他曾提出过建立一个以控制原子能的使用和检查所有原子能设施的国际权威的著名计划——"巴鲁克计划"，这就是国际原子能机构的雏形。

跟很多的犹太商人一样，在创业伊始，巴鲁克也历尽千辛万苦，正是因为他拥有一双善于发现事物之间联系的眼睛，在常人看来是风马牛不相及的事情，巴鲁克却发现它们之间存在的联系，从这种联系中找到属于自己的发财机遇，并一夜暴富。

巴鲁克28岁那年，即1899年的7月3日晚上，他从家中的广播里忽然听到一个消息：联邦政府的海军在圣地亚哥消灭了西班牙舰队。这意味着持续了很久的美西战争即将告一段落。

这天正好是星期天，第二天即7月4日，也就是星期一，以往，证券交易所在星期一不营业，但私人的交易所则依旧工作。巴鲁克马上意识到这是一个千载难逢的发财机会，如果他能在黎明前赶到自己的办公室并大把吃进股票，那么就能大赚一笔。

然而在19世纪末唯一能跑长途的只有火车，但火车晚上停止运行。为了把握这稍纵即逝的机遇，巴鲁克用天价在火车站个人承包了一列专车，火速赶到自己的办公室，黎明前做了几笔让人羡慕的生意，上午，他的股票价值就翻了几十番。

机遇是上帝对勇士的最高嘉奖，不敢冒险的人就没有福气接受上帝恩赐给人的财富。

有不少成功的犹太商人，在别人问到他有什么成功的秘诀时，他会说这么一句话：我运气好。其实，他们所说的运气就是把握住了机会。

我们先来看这样一个例子。

迈耶本来是一个生活艰辛的巴黎印刷推销员的儿子，为了养家糊口，他16岁时不得不离开学校，在巴黎证券交易所当一名送信员。这年夏天，迈耶撞上了他的第一次好运。他的姐夫受雇于巴黎的一家小银行——鲍尔父子银行。此时第一次世界大战爆发了，他的姐夫应征入伍，迈耶趁机申请并获得了这个空缺职位。这次机遇的把握，不仅使他从此闯入了银行界，而且由于战争造成的银行工作人员大量流失，使他在16岁时就得以自由地学习这个行业所有的东西。很快，鲍尔银行有个精明的年轻人的消息就很快地在银行界传播开来了。

1925年，法国金融界声誉很好的拉扎尔兄弟银行的老板大卫·韦尔看上了迈耶，他认为迈耶是个可造之才。大卫·韦尔问他是否愿意加入拉扎尔，迈耶很感兴趣，但他提出了一个问题："我多久才能成为合伙人？"大卫·韦尔未置可否，迈耶也就婉拒了这个邀请。

一年过去了，大卫·韦尔重提此事，条件是：有一年的试用期，如果迈耶的表

现有大卫·韦尔想象得那么出色，那么一年后迈耶就可以成为拉扎尔的合伙人，反之，迈耶就得离开拉扎尔。这次迈耶立即接受了。

迈耶没有辜负大卫·韦尔的期望，1927 年，迈耶如愿以偿地成为拉扎尔的合伙人。但是，迈耶并没有满足于这个成就，他还在寻找新的机遇，他的追求是想成为一个名副其实的银行家：为公司的发展出谋划策、安排交易、筹措款项，同时为银行寻找有利可图的投资机会。迈耶认为这才是拉扎尔的主要活动所在。

第二年，迈耶的运气来了——拉扎尔银行在这年成为实力雄厚的雪铁龙汽车公司的主要股份持有者。这时，雪铁龙公司首次引进了赊销汽车的办法，这种办法是通过雪铁龙的一家子公司——“赊销汽车公司”，法文简称为“索瓦克”来实施的。

然而，雪铁龙的老板只把“索瓦克”当作他的汽车促销工具，而迈耶马上想到了“索瓦克”更多的用途，比如赊销家用器具、工程建筑材料甚至房产等等，他建议大卫·韦尔联合另外两家银行买下“索瓦克”，把它变成一个业务范围广泛的消费品赊销公司。

雪铁龙的老板认为迈耶的建议对雪铁龙没有坏处只有好处，“索瓦克”将继续销售雪铁龙汽车，不销售其他品牌汽车，还将从事其他领域的业务。“索瓦克”的转手，使雪铁龙不必再拿出资金用于销售了，这对于资金来源相当吃紧的雪铁龙来说，是极受欢迎之举。

这一建议也得到大卫·韦尔的同意。

于是，迈耶四处活动，最后找到了两家合伙公司，一家是“商业投资托拉斯”，当时全美最大的消费品赊销公司。另一家是摩根公司，世界上最负盛名的私人银行，他们两家都答应购买股份。

有了合作伙伴，接下来就是寻求作为销售机构的商业客户，他很快就与著名的电器制造公司凯尔文·耐特签订了合同。随后商家纷纷找上门来，这样“索瓦克”开始运转，它给投资者带来了持续不断的利润，时至今日，它仍财源不断，势力强大。

“索瓦克”成功的经营模式，让金融界知道，迈耶是一个成熟的银行家，他不

仅能设计出一个宏大的构想，而且还表现出了使这个构想得以实现的决心和能力。

在追求财富的过程中，机会像流星一样极易逝去。它燃烧的时间虽然很短，却往往能带来巨大的能量。也许只有那么一次小小的机会，却能让我们大发其财，成为巨富。犹太人总是这样相互鼓励说："试着去做一件自己早就想做但却始终没有勇气去做的事，你会拥有焕然一新的人生。"

机会之桥需要一步一步去搭建

在犹太商人的眼中，只有适应市场的变化、适时捕捉商机的高手，才能取得事业的成功，也只有这种人才算得上是聪明的生意人。

美国房地产巨富特朗普出生于一个犹太建筑承包商的家庭。

在他 13 岁时，父亲送他到军事学校去学习军事。毕业后，他又在福德姆大学学习了两年，由于受大学同学的影响，他立志经商。要经商的话，霍顿金融学校是个非去不可的地方，于是他转而攻读商学。在他决定经商的时候，他就确立毕业后的目的地是曼哈顿，因为曼哈顿是纽约的首富之地，许多跨国大公司和大银行都位于此地的华尔街。

从特朗普大学毕业的第 3 年，即 1971 年他在曼哈顿租了一套公寓房间。这是一套小型的公寓间，室内阴暗窄小。尽管如此，他还是对此倍加欢喜，毕竟他迈出了成功的第一步。

特朗普搬到曼哈顿以后认识了许多人，开阔了视野，了解了许多房地产知识，但仍没有发现他能买得起的、价格适中的不动产。所以他迟迟按兵不动。到了 1973 年，曼哈顿的情况突然变糟。由于通货膨胀，建筑费用猛涨。更大的问题是纽约市的债务上升到了令人忧心忡忡的地步，人们惶惶不可终日。特朗普开始担心纽约市的未来，但还不至于彻夜不眠，他是个乐天派。也就是这种乐观使他意识到目前曼哈顿的困境，正是他大显身手的良机。他认为，曼哈顿是最佳住处，是世界的经济中心。纽约在短期内不管有什么困难，事情一定会得到改观，不可能有哪座城市能取代纽约，对这一点他毫不怀疑。

在来到曼哈顿的几年里，特朗普一直寻找着一片既便宜、将来又很有发展前途

的地皮，经过他的观察，哈得逊河边的一个荒废了的庞大铁路广场是个非常理想的选择。所以每次他沿西岸河滨的高速公路开车过来时，就设想能在那儿建什么。但现在曼哈顿正处于财政危机，根本不会考虑开发这大约100英亩的庞大地产。这个时候，人们普遍认为西岸河滨是个危险的去处。尽管如此，特朗普认为，要全面改观并非太难，人们发现它的价值只是时间问题。

1973年，特朗普在报纸上的破产广告一栏中，偶然看到一则启事，铁路广场要出售。于是他开始联系出让方。

广场的事最终虽未落实，但出让方提供了另一个信息：名叫康莫多尔的大饭店由于经营不善，已经破败不堪，多年亏损，饭店拥有者想出让这些资产，可是没有多少人对此感兴趣。特朗普去做了实地考察，他看到，成千上万的人每天上下班从这里的地铁站上上下下，绝对是一流的好位置。特朗普把买饭店的事告诉了父亲。父亲听说儿子要在城中买下那家破饭店吃惊不小，因为许多精明的房地产商都认为那是笔赔本的买卖。特朗普当然也知道这一点，不过他已经有了一个非常完美的计划。他一方面让卖主相信他一定会买，却又迟迟不付订金。他尽量拖延时间，他要说服一个有经验的饭店经营人一道去寻求贷款，他还要趁着现在经济不景气争取市政官员破例给他减免全部税务。

一切都按照他的计划进行，特朗普终于买下了康莫多尔饭店，投资进行装修，并重新命名为海特大饭店，特朗普拥有饭店50%的股权。新装修后的饭店富丽堂皇，它的楼面是用华丽的褐色大理石铺的，用漂亮的黄铜做柱子和栏杆，楼顶建了一个玻璃宫餐厅。它的门廊很有特色，成了人人想参观的地方。海特大饭店开张后，顾客盈门，大获其利，一年总利润超过3000万美元。

特朗普并没有就此满足，他的目光又落在曼哈顿繁华路段的一座11层大楼上。从1971年他搬进曼哈顿，并在那儿逛大街起，他就看中了它，那是房地产中最好的位置。如果在这个黄金地段建一座摩天大楼，它将成为纽约城独一无二的最大不动产，很可能成为纽约市的标志性建筑。特朗普通过调查，了解到那座11层大楼属于邦威特商店，但楼下的地皮属于另一个房地产商。特朗普先去找那个房地产商，房地产商是个很精明的人，但他不是纽约人，不知道这块地皮的真正价值，更

闹不明白在经济不景气的情况下，居然还有人打它的主意。特朗普通过几个回合的艰苦谈判，最终以2500万美元买下了11层大楼和下面的地皮。特朗普决定把旧楼拆除，建一座高68层的大厦，命名为特朗普大厦。他几经周折终于得到了市规划委员会的批准，曼哈顿银行同意为特朗普建造大厦提供贷款。特朗普把整个工程承包给了HRH施工公司，并委派自己得力的女助手、33岁的巴巴拉负责监督施工。巴巴拉在翻修康莫多尔饭店时，就曾显示出她杰出的才能。

旧大楼的爆破工程刚开始的时候，《纽约时报》刊登了炸毁门口雕塑的大幅照片，并就此事发表了多篇文章，指责特朗普只顾赚钱，不惜毁坏艺术品和文物。尽管艺术和文物管理部门并没有出面干涉，事后特朗普也后悔不该毁了那些雕塑。令人意想不到的是，这场轩然大波使特朗普大厦受到广泛的关注，为大楼的出售帮了大忙。

特朗普大厦建造得既富丽堂皇又新颖独特，光是造价达到200万美元的门廊中沿东墙飞泻下来的瀑布，就有80英尺高。从第30层到68层是公寓房间，站在屋里就可以看到北面的中央公园、东面的九特河、南面的自由女神像、西面的哈得逊河，可以说曼哈顿的美妙风光尽收眼底。

由于特朗普大厦以富人的居住地自居，因此每单元售价不菲，在100万美元到500万美元之间。特朗普大张旗鼓地做广告，许多电影明星和著名人士因而争相购房。因此，尚未完工房子就卖出了一大半。特朗普大厦共有住宅单元263套，他留下最顶层10多套自家住。他们夫妇花了近两年时间改建，特朗普自豪地说，他的公寓是世界上少有的凤毛麟角。

在接连成功之后，他并没有坐享其成，又投资度假村、游乐场，成立海湾柑西部娱乐集团等。同时他的妻子伊瓦娜也干得有声有色。她亲自掌管特朗普城堡，该城堡是大西洋城游乐场中收入最多的一家，也是城中最盈利的一家饭店，仅3个月就收入7680万美元。特朗普还生产自己命名的凯迪拉克轿车。就这样，特朗普在曼哈顿闯荡，大约前后十几年里，从一个毛头小伙子一跃成为一个声名远扬的房地产大富豪。

新机会要在自我超越中去挖掘

在犹太人看来，如果勤于自勉，经常在肯定自己的同时向自己说“不”，那么总有一天，他就会自然而然地超越别人。我们每个人其实都有两个生命，一个是父母给我们的血肉之躯；另一个则是我们赋予自己生命的实质。这个生命的实质，就是恒久绵延的创造力。我们要真正地把握住生命，就要把握住其内在的动力，这个动力就是不断超越自我的创造力。

犹太科学家爱因斯坦说过：“人必须经常思考新事物，否则就会变成和机器一样。”人若不及时地关注新东西，反思旧事物，就会一成不变地凭着已有的习性和惯性来生活。看报纸、看电视最容易养成习惯，每天总有大量的新闻和无聊的电视剧充斥着人们的生活。人一旦被这些琐碎的事包围，就等于是在无端地浪费生命，而不是在利用生命或享受生命。我们还来不及工作，成就事业，时间就已悄然流逝了。毫无疑问，这样的人生是平庸的人生，“自我超越”更无从谈起了。

人是很容易产生惰性的，人们总是在不经意间接受了已有的生活。人们习惯于朝九晚五一成不变地上班，做着一些默默无闻甚至无关痛痒的琐事；或者是被动地接受学校老师的安排，阅读着一些可有可无的书。如果这样的生活还算不上无聊或空虚的话，至少也是缺乏激情的。人们很少问自己：就这样活下去吗？难道这就是人生吗？相信世上自甘平庸的人是极少数，但是沉醉于现有的生活、屈从于自己旧习性的却大有人在。如果去观察那些令人羡慕的成功人士，去了解他们传奇的人生，不难发现：他们个个都是向自己挑战、向自我说“不”的人。

保罗·纽曼是著名的影星，他有杰出的表演才能和先天的强健体魄，他是银幕上的男性偶像。他主演了许多影片，如《上帝喜欢我》《漫长的夏日》《在阳台上》《骗》等，均获观众的好评。他曾 5 次被提名为奥斯卡金像奖最佳男主角，到他 60 岁时，荣膺奥斯卡最佳男主角，圆了自己 40 年的梦。此外，他还是出色的导演。他在电影上的成就得到了人们的认同，为他赢得了极高的声誉和财富，他成了一位富有的艺术家。

保罗·纽曼是出生在美国的犹太人，他的父亲是一位小商人，母亲喜欢音乐、

艺术。纽曼大学毕业后，他留在父亲的商店工作。本来他可以做一个成功的犹太商人，可他不满足于日复一日平淡的生意，更不甘于这种平淡的生活。于是，在不解和怀疑的目光中，他毅然卖掉了父亲留下的杂货店，把资金全都投到了演艺界。他因在《金钱本色》中的成功表演而获得奥斯卡奖。从商人到艺人的跨越，使保罗·纽曼在新的领域内赢得了更大的成功，也发掘了自己在表演上的天赋，并让天赋得到了更大程度的发挥。

但是，保罗·纽曼的超越还没有完结，一个偶然的机会使他接触到了一种新的食品。这种新食品是拌面条用的酱汁，味道非常好，肯定能迎合很多人的口味，曾经作为商人的纽曼看到了其中蕴藏的商机。于是他与朋友合作，投资几十万美元开发这种食品，并成立了保罗·纽曼食品公司，就这样，他又开始了从艺人到企业家的超越。靠着自己独到的眼光，这种食品非常畅销。在成功之后，他又开始开发别的食品，最后，他成了世人皆知的“食品大王”。

保罗·纽曼从一个小商人到毫不起眼的演员，直到在演艺界呼风唤雨的天王巨星，再从天王巨星到企业家，到“食品大王”，他的人生之路告诉我们，想要保持旺盛的创造力，最大限度地发掘自己的潜力，就要不断超越自我，不断让自己在新的生活和环境中去迎接挑战，这样才能获得一个又一个的成功！

六、借力而为，顺势而起

成功者都有一套借力的本领

“好风凭借力，送我上青云”。意思是说一个人如果想成功是离不开借助别人的力量的。这个道理犹太人早已熟稔于心，他们认为，“一切只靠自己的想法”只是无能之辈的异想天开，凡是成功者都有一套善于借助他人之力的本领。

坐拥亿万资产的犹太人保罗就是一个很善于借助比自己强大的力量来壮大自己的人。

十年前，保罗刚开始创业的时候，还是个名不见经传的小伙子。当时有一家在世界范围内都有不错声誉的电器公司，很多小公司都希望能得到它的青睐。而最终，这个大公司却相中了保罗这个刚刚起步的小公司。

当时，保罗接到一个电话，对方告诉他说，公司里有两人希望与他见面，请他安排一下时间。

当时，保罗因为诸事在身，便随口说道："实在是抱歉，见面是可以的，但是只能安排在下周，因为这周我已经安排满了。"只听电话另一端的人说："这两位是公司的特使，他们两个小时后要飞往洛杉矶。"

当保罗听到"特使"两个字时，已经意识到事情的重大，于是毫不犹豫推掉了所有别的事情，去会面了那家大公司的两位特使。

在保罗的公司中，员工所表现出来的工作激情及他们平时的穿着，都让这两位特使感到耳目一新。因为在他们公司，所有的员工都着统一的工作服装，所有员工都机械似的在工作。保罗这家小公司里的一切都深深打动了他们，于是他们认为，可以与之合作。

而保罗对于该公司的主动要求合作也深感惊喜，因为对方无论在管理还是资金方面都是一流的。如果这次能与这个大公司合作，最大的收获就是打开自己知名度。于是，保罗做了一个让当时很多人难以想象的决定：把公司新近研发出来的一套重要产品以象征性的价格出售给了那家电器公司。而结果不出保罗的意料，这一产品通过借助该电器公司的力量，很快在市场有了非常高的占有率，一时间成为非常走俏的产品。从那之后，保罗的事业逐步壮大，一发而不可收。

保罗的经历告诉我们，想办法借助巨人的肩膀，才是自己走向成功的第一步。著名的励志作家马登在他的《一生的资本》中就有一篇"借助别人的力量"的文章，文章说道："任何青年人，在跨入社会时都应该学会待人接物、结交朋友的方法，以便互相借重、互相帮助，如果只靠单枪匹马是很难有什么发展的。"

在一次董事会上，美国奥格尔维·马瑟公司总裁、广告业的创始人奥格尔维先生，在会前特意给每位董事的桌子上放了一个玩具娃娃。

奥格尔维告诉大家说："这就代表你们自己，请打开看看。"董事们好奇地打开

了玩具娃娃，他们惊奇地发现，里面还有一个小一号的玩具娃娃；再打开，竟然还有更小的一个放在里面……直到打开最里面的一个玩具娃娃，他们看到了奥格尔维写的字条："如果你永远都只起用比你水平低的人，我们的公司将沦为侏儒公司。如果我们每个人都任用比我们自己更强的人，我们就能成为巨人公司。"

一个人不管有多大的能力，要想单靠一个人的力量来实现成功，那是绝对不可能的。而对弱小的群体来说，更应该学会如何借他人之力来成就自己的事业。

成功不是靠墨守成规，不是靠一个人的力量，而是需要借助别人的力量来完成的。抱有"一切只靠自己"这种愚蠢想法的人赶紧放弃此想法吧，不然你将离成功越来越远。

犹太人米歇尔·福里布尔从经营一间小食品店开始，逐步发展成为一家世界级的谷物交易跨国企业。之所以能得到如此巨大的发展，主要因其善于借助先进的通信科技和大批懂技术懂经营的高级人才。福里布尔不惜成本不断采用世界最先进的通信设备，宁肯付出极高的报酬，也要请有真才实学的经营管理人才到公司工作。如此一来，公司信息灵通，操作技巧精通，竞争能力往往胜人一筹。在取得这些优势之前，虽然福里布尔付出了很多代价，但是很值得。最终算下来，福里布尔借用这些力量和智慧赚回的钱远比他支出的大得多，可谓"吃小亏占大便宜"。

在借助别人的力量方面，犹太人会着重把握以下两点，希望你也能借鉴一下：首先，找到具有影响力的人，并设法与他成为朋友。犹太人认为，要做到这一点，需要我们首先确定自己的奋斗目标，然后在日常的工作和生活中留心观察，看看自己的周围哪些人符合要求，并想方设法与其成为朋友。但是，更重要的一点是，要想得到别人的帮助，自己首先要懂得付出，只有你真诚帮助了别人，别人才会在恰当的时机帮助你。其次，要善于在恰当的时机向贵人开口求助。犹太人看来，认为"求人不如求己"的人往往不是为了证明自己有多大的实力，而是为了自己的面子在硬撑。他们总怕在向别人求助时被拒绝、被嘲笑，他们只因那点可怜的自尊，也就是那点虚荣而不去向外人求助，自己躲在门后，而让成功的机会从门前走过。

当你找到了可以帮助自己的人时，就要懂得适时地向他们发出求助的信号。你之所以与他们交往，不就是为了扩大自己的人脉，让他们能为自己的成功贡献一分

力量吗？所以，要懂得在不失原则的情况下，放下自己的那点自尊与面子，向你的人脉发出求助信号。

综观古今中外的成功人士，他们没有哪一个生下来就是大名鼎鼎、一呼百应的，大多都是利用他们当时的伟人的力量来成就自己的，比如汉朝的开国皇帝刘邦，比如“红顶商人”胡雪岩等等。伟人尚且有求助别人的时候，更何况那些平常的人了。

总而言之，做事业首要的就是踏踏实实，不要想着一步登天，要依靠一点点地积累。不过，在犹太人看来，能让自己“登天”的办法并不是唯一的，而是多种多样的，只要办法得当，就可毫不费劲。善“借”他人之力，就是一种快捷的成功诀窍。

借势借力，事半功倍

在经营生意方面，犹太人有这样一个特点：一旦发现赚钱机会，在自己没能力独自做成的情况下，就会召集七大姑八大姨一起来做，并很快能够在当地形成一个“智慧圈”，然后开辟出一块经济“繁荣区”。

犹太人还具有一种很了不起的本领，那就是快速而准确地判断出和自己打交道的人的能力、资历、信誉等等。在充分了解这些后，他们就会考虑是否和对方展开合作，像前面故事中提到的本捷克就采取了这样的方式。和本捷克有类似情况的，还有一位名叫劳伦斯的犹太人。

年轻的时候，劳伦斯是个处于贫困线上的人。他曾经当过一段时间的推销员，还从事过很多其他职业。后来，劳伦斯应聘到一家灯饰公司做销售员。在这家公司工作的3年时间里，劳伦斯凭着业绩与毅力，升到了该公司副经理的职位。在副经理的职位上做了两年多，劳伦斯已经在灯饰经营方面积累了不少经验。为了能更充分地发挥自己的能力，他决定离开公司自立门户。

我们都知道，创业并不是件容易的事，作为犹太人的劳伦斯也不例外。他当时遇到的最大困难是资金不足，为此可是动了不少脑筋。劳伦斯先是承包了一个大型超市的巨型灯饰店。在他接手的时候，这家店已经陷入亏损境地了，眼看就要破产

了。但是，劳伦斯相信自己能够让这家店起死回生。

他心里清楚，自己不但有经营灯饰的经验，而且也有较广泛的客户资源。只要能有用武之地，自己就可以大展拳脚。

接下来，劳伦斯开始全身心地投入经营灯饰店中。从组织、策划、进货到经营销售，每一件事他都亲力亲为，经常忙得连饭都顾不上吃，觉都顾不上睡。

在劳伦斯这种废寝忘食的努力下，灯饰店在一年之后竟然真的扭亏为盈。随后，劳伦斯又想到，这种承包经营的赚钱方式，对自己来说更合适。因为这样自己就不用再去寻找铺位，购置设备、产品，只需出一些活动资金。相对于自己开店来讲，需要的本钱要少得多。

显然，这就是非常形象而具体的借势借力的案例。劳伦斯可以，相信你也一样可以。

其实，在借势借力这一点上，我们在生活中也不难发现一些类似情景，比如，利用跷跷板，我们可以把比自己重的人弹起到空中；利用救生圈，我们可以漂浮在水面上而不会沉没在水里……凡此种种，无不在向我们展示着借势借力的智慧和神奇。

这一智慧被聪明的犹太人运用得炉火纯青。不论在商界、政界还是在科技界，犹太人中的成功者都是善借别人之“势”，巧借别人之“智”的高手。

美国钢铁大王卡内基曾预先写下这样的墓志铭：“睡在这里的是善于访求比他更聪明者的人。”的确，卡内基能够从一个铁道工人变成一个钢铁大王，是他能够发掘许多优秀人才为他工作，使他的工作效率增值了成千上万倍的结果。

无独有偶，美国前国务卿基辛格也是一个善于借助别人力量和智慧的高手。

据说，基辛格有一个工作习惯，每当下属向他呈报工作方案的时候，他都会将它们放在案头压几天。几天之后，他会把提出该方案的下属叫来询问：“你认为这是你最成熟的方案吗?”这时候，下属一般都会认为，基辛格对自己的方案并不满意，于是就会回答：“可能还有一些不足之处，我再修改一下。”

随后，基辛格就会让下属将方案拿回去修改、完善。过几天，基辛格会再上演这样“一出戏”，下属自然会再修改。如此往复，几次后，下属会因为进行了反复

深入研究而拿出最佳的方案。

基辛格这样的做法，不仅提高了工作效率，更让下属找到了自己的问题所在，工作水平也会不断提高。

这是身为犹太人的基辛格的一手高招，它反映出犹太人的一种成功的诀窍。

同样能够反映借势借力的高级智慧的，还有犹太大亨洛维格，他就是利用别人的钱发家致富而最终成就自己伟业的人。

当年，洛维格做的第一单生意是关于一艘旧船的。洛维格把当年父亲借款给自己买的一艘旧船，从岸边的泥沙里打捞了上来，然后将它修好，并将船承包给别人，自己从中获利50美元。

（看到这里，你是否想到在第一章第一节内容中提到的那个修理旧玩具的孩子？他们俩确实有相似之处。）

赚到了钱后，洛维格很高兴。同时，他也很庆幸父亲当初能借钱给他买船，而且他还因此明白了借贷对一贫如洗的创业者来说是多么重要。

30岁那年，洛维格想到了贷款买船的路子，他买的是便宜一些的货船，然后进行改装，改装成油轮之后租赁出去，从中赚取租金。但贷款并没有他想象的那么顺利，因为没有合适的担保被银行拒绝了。洛维格并没有气馁，他把自己之前的一艘勉强能够航行的老油轮，以低价包租给了一家石油公司，然后他又去找银行的负责人，这次对方答应贷款给他。

为什么这次银行敢贷款给洛维格呢？显然是因为他有了石油公司这个后台，由此哪家银行还会担心他还不起贷款呢？这就是洛维格的绝妙之处！

不仅如此，洛维格还经过一番十分周密的计算，让石油公司给付自己的租金正好可以抵偿在银行贷款的本息。正是这别出心裁的办法，为洛维格开启了财富之门。

接下来的一切就水到渠成了。洛维格拿着贷款购买了他之前想买的货轮，然后经过改装，使货轮成为一艘有较强航运能力的油轮。他并没有亲自使用油轮，而是以同样的方式将新油轮包租出去，又以包租金做抵押，再贷款，再去买货船。如此周而复始，简直像神话一般，让洛维格成了一个“油轮控”。渐渐地，欠银行的贷

款都还清了，而那些包租出去的油轮已经全部归洛维格所有了。当然，接下来再获得的油轮租金也都实打实地进入了洛维格的钱袋子。

创业之初的洛维格，既没钱，又没势，但因为有聪明的头脑，懂得借势借力，他的事业一路走高，不断发展壮大。归根结底，洛维格成功的关键，正是他善于不断地巧借别人的“势”来壮大自己，使他的钱像滚雪球一般越滚越多。

洛维格也好，基辛格也罢，他们的聪明之处都在于懂得借力使力，用头脑和智慧做到事半功倍，最终实现自己的目的。

借重人脉的力量

曾经的世界首富比尔·盖茨经常被问道，怎样才能成为世界首富？他每一次的回答都是：因为我请了一批比我更聪明的人来为我工作。

请比自己更聪明的人为自己工作，这也是犹太人的做事逻辑。他们认为，一个人的成功并不是取决于他自己的力量有多大，而是取决于他能够借用别人的力量有多强。

看看你身边，甚至包括你自己，是不是经常抱怨，没本钱，没资金，所以没法创业。在犹太人那里，是听不到这种抱怨的，他们才不认为创业一定要自己有足够的资金，因为只要有足够聪明的头脑就行了。他们会用自己的智慧想法借助他人的力量为自己创造财富。拉斐尔就是其中一例。

为了过上更好的生活，拉斐尔带着妻子和3个未成年的孩子一起移民到了温哥华。刚到这座城市的时候，他们总共的资产只有4万加元。尽管钱不多，但身为犹太人的拉斐尔却试图用这点钱在温哥华做出一番事业。

情况并没有拉斐尔想象的那么好，别说要开创事业了，在这个陌生的地方想找一份养家糊口的工作都不容易。一家人衣食住行，很快就把4万加元花去了一大半。而这时候，拉斐尔还没有找到合适的工作。不过，拉斐尔并没有因此气馁。他见长时间找不到理想的工作，就想到了为自己充电，于是就开始去一所大学的夜校里参加培训班。每天白天他努力找工作，晚上他就去夜校上课。

其实，这时候的拉斐尔早已不是血气方刚的青年，而是个已过不惑之年的中年

男子了。正因为这样，我们才更能从他身上感受到犹太人所特有的那种决心和毅力。俗话说得好："上帝不喜欢跟努力的人开玩笑。"在夜校的学习过程中，拉斐尔掌握了一定的房地产方面的业务知识，课程结束后，他很快就在温哥华找到一份房地产经纪的工作。

有了比较理想的工作之后，拉斐尔丝毫不敢懈怠。因为这个工作工资不高，勉强能够维持家庭生活。拉斐尔相信，只要自己不断地积累，在积累过程中寻找新的机会，说不定哪一天财神爷就垂青自己了呢！

真是皇天不负苦心人，拉斐尔的想法居然成了现实。做房地产经纪工作一段时间之后，拉斐尔遇到了自己的一位老朋友。当时这位老朋友需要请一个人在加拿大帮他买卖地产。由于之前打过交道，这个老朋友对拉斐尔非常信任，于是委托他来办这件事。

拉斐尔觉得这是一个自己开创一番事业的大好机会，于是他和朋友商量，每人出资一半，一起合伙经营地产买卖。不过，他的资金得先由那位朋友借给自己，也就是相当于对方出资金，自己出经营策略，二者的比例是1：1。

仗着自己优良的房地产买卖经营经验，拉斐尔把老朋友和自己共同创办起来的这份事业打理得非常好。与此同时，拉斐尔也在这个舞台上充分发挥了自己的才华。

到了1973年，拉斐尔独自创立了地产公司，接着，他利用自己在夜校里所学到的知识和做房地产经纪的经验，充分发挥合作者的资金作用。在他的经营管理下，该地产公司不断地把握时机收购地皮，然后与人合作建成物业。仅仅10年时间，拉斐尔拥有了超过5亿加元的雄厚资产。

自己没钱不能创业吗？拉斐尔的事例告诉你：当然不是。

拉斐尔不仅在自己没有什么资金的情况下创办了事业，而且将这份事业在不长时间里做大做强，为自己带来了可观的收益。

这些是靠什么得来的呢？显然是拉斐尔所具备的善于借助别人的力量帮自己获取财富的本领。好莱坞流行一句话："一个人能否成功，不在于你知道什么，而在于你认识谁。"正如这句话所言，这是一个讲求人脉的年代，谁都不可能光靠自己

的力量就能获得一份巨大的成功，你要想有一番作为的话，就必须要善于借用别人的力量。

犹太人在经商过程中，还特别重视政要们的作用。如果有利于他们事业的发展，他们会想办法在经商的过程中，借助政要的影响力，让自己获取可观的财富。

在以色列，要想取得生意场上的成功，其中最为关键的一步就是想办法打听到掌握实权的官员的姓氏，想办法接近、结识他。接近、结识对方的方式可以是邀请对方一起喝杯咖啡，与他畅快地交流。犹太人很清楚，不要担心这些人没时间，事实上，这些拿月薪的官员，在时间方面一向是很宽裕的。

这样的想法被很多犹太人应用到了生活中，其中近代的典型人物要数美国石油巨头约翰·洛克菲勒了。

1890 年，俄州最高检察厅厅长华特森指控洛克菲勒的标准石油公司违反了《垄断禁止法》。一时间，双方互不退让，都请到了全美最好的律师。华特森做好了充分的准备，摆开了生死决战的架势。

看着剑拔弩张的华特森，洛克菲勒却渐渐放松下来。原来，洛克菲勒的少年好友马克·哈那早已冒着生命危险，悄悄走进了诉讼之中。此时马克·哈那已成为美国医学界最具权威的人物，是连总统见了都要礼让三分的参议员，他以鲜明的立场站到了洛克菲勒一边。

当时，执掌美国总统大印的是同为共和党人的哈里逊，马克·哈那给华特森写了一封信，信中的内容是："我以党的立场给你写了这封信。受到您指控的并不是社会舆论所指责的组织资本，而是给国民带来许多好处的标准石油公司。洛克菲勒是共和党党员，也是该公司的首脑人物，他一直领导着公司参与自由竞争。您的指控是否存在问题呢?"

就这样，在哈那的帮助下，华特森的经济问题变成了政治问题，于是，华特森很快撤诉了。

毋庸置疑，借势操作是借由他人之势来经商的一大窍门。实际上，多借助别人的力量，才能使自己的能力发挥到最佳效果，也才能走上发财致富这条成功的捷径之路。

借别人的鸡，生自己的蛋

“如果你能给我指出一位百万富翁，我就可以给你指出一位大贷款者。”威廉·立格逊在他的《我如何利用业余时间·把1000美元变成300万美元》一书中这么说。“一切都是可以靠借的，借资金，借技术，借人才。这些为自己所用的东西都可以拿来。这个世界是已经准备好了一切你所需要的资源，你所要做的仅仅是把他们搜集起来，并让智慧把他们有机地组合起来。”

这就是犹太人的思维方式，他的意思其实是说，生意人应该尽力的贷款，借助银行的资金为自己办事，如果你不能借用别人的资金，做生意是极为困难的。

看看犹太富翁们起家的历史就会发现，他们可以在短短的二三十年就成为远近闻名的富豪。他们的发财速度之快是让人咋舌的。

著名的希尔顿从被迫离开家庭到成为身价5.7亿美元的富翁只用了17年的时间，发财的秘诀就是借用资源经营。他借到资源后不断地让资源变成了新的资源，最后成了全部资源的主人——一名亿万富翁。

希尔顿年轻的时候特别想发财，可是一直没有机会。一天，他正在街上转悠。突然发现整个繁华的优林斯商业区居然只有一个饭店。他就想：我如果在这里建设一座高档次的旅店，生意准会兴隆。

于是，他认真研究了一番，觉得位于达拉斯商业区大街拐角地段的一块土地最适合做旅店用地。他调查清楚了这块土地的所有者是一个叫老德米克的房地产商人之后，就去找他。老德米克也开了个价，如果想买这块地皮就要希尔顿掏30万美元。

希尔顿不置可否，却请来了建筑设计师和房地产评估师给“他”的旅馆进行测算。其实，这不过是希尔顿假想的一个旅馆，他问按他设想的那个旅店需要多少钱，建筑师告诉他起码需要100万美元。

希尔顿只有5000美元，但是他成功地用这些钱买下了一个旅馆，并不停地升值，不久他就有了50000美元，然后找到了一个朋友，请他一起出资，两人凑了10万美元，开始建设这个旅馆。当然这点钱还不够购买地皮的，离他设想的那个旅馆

还相差很远。许多人觉得希尔顿这个想法是痴人说梦。

希尔顿再次找到老德米克签订了买卖土地的协议，土地出让费为30万美元。

然而就在老德米克等着希尔顿如期付款的时候，希尔顿却对土地所有者老德米克说："我想买你的土地，是想建造一座大型旅店，而我的钱只够建造一般的旅馆，所以我现在不想买你的地，只想租借你的地。"老德米克有点发火，不愿意和希尔顿合作了。希尔顿非常认真地说："如果我可以只租借你的土地的话，我的租期为90年，分期付款，每年的租金为3万美元，你可以保留土地所有权，如果我不能按期付款，那么就请你收回你的土地和在这块土地上我建造的饭店。"老德米克一听，转怒为喜，"世界上还有这样的好事，30万美元的土地出让费没有了，却换来270万美元的未来收益和自己土地的所有权，还有可能包括土地上的饭店。"于是，这笔交易就谈成了。

希尔顿第一年只需支付给老德米克3万美元就可以，而不用一次性支付昂贵的30万美元。就是说，希尔顿只用了3万美元就拿到了应该用30万美元才能拿到的土地使用权。这样希尔顿省下了27万美元，但是这与建造旅店需要的100万美元相比，差距还是很大。

于是，希尔顿又找到老德米克，"我想以土地作为抵押去贷款，希望你能同意。"老德米克非常生气，可是又没有办法。

就这样，希尔顿拥有了土地使用权，于是从银行顺利地获得了30万美元，加上他已经支付给老德米克的3万美元后剩下的7万美元，他就有了37万关元。可是这笔资金离100万美元还是相差的很远。于是他又找到一个土地开发商，请求他一起开发这个旅馆，这个开发商给他了20万美元，这样他的资金就达到了57万美元。

1924年5月，希尔顿旅店在资金缺口已不太大的情况下开工了。但是当旅店建设了一半的时候，他的57万美元已经全部用光了，希尔顿又陷入了困境。这时，他还是来找老德米克，如实介绍了资金上的困难，希望老德米克能出资，把建了一半的建筑物继续完成。他说："如果旅店一完工，你就可以拥有这个旅店，不过您应该租赁给我经营，我每年付给您的租金最低不少于10万美元。"这个时候，老德

米克已经被套牢了，如果他不答应，不但希尔顿的钱收不回来，自己的钱也一分回不来了，他只好同意。而且最重要的是自己并不吃亏——建希尔顿饭店，不但饭店是自己的，连土地也是自己的。

每年还可以拿到丰厚的租金收入，于是他同意出资继续完成剩下的工程。

1925 年 8 月 4 日，以希尔顿名字命名的“希尔顿旅店”建成开业，他的人生开始步入辉煌时期。

希尔顿就是用借的办法，用 5000 美元在两年时间内完成了他的庞大计划。这不能不说是善于利用别人的高手。其实这样的办法说穿了也十分的简单：找一个有实力的利益追求者，想尽一切办法把他与自己的利益捆绑在一起，使之成为一个不可分割的共同体，让他帮助自己实现自己的目标。

借势操作的诀窍

在犹太人的成功因素中，借势操作是很重要的一环。尽管任何事业都不可能一步登天，但“登天”的途径却有千万条，借势借力就是一条快捷而又省劲的途径。

犹太人不论在商界、政界还是在科技界的成功者，都是善借别人之“势”，巧借别人之“智”的高手。

基辛格

美国前国务卿基辛格，且不说其在外交工作的政治手腕，就说他处理白宫内的事务工作就是一位典型巧于借用别人力量和智慧的能手。他有一个惯例，凡是下级呈报来的工作方案或议案，他先不看，压它三几天后，把提出方案或议案的人叫来，问他：“这是你最成熟的方案（议案）吗?”对方思考一下，一般不敢肯定是最成熟的，只好答说：“也许还有不足之外。”基辛格即会叫他拿回去再思考和修改得完善些。

过了一些时间后，提案者再次送来修改过的

方案（议案）。此时基辛格把它看完了，然后问对方："这是你最好的方案吗？还有没有别的比这方案更好的办法？"这又使提案者陷入更深层次思考，把方案拿回去再研究。就是这样反复让别人深入思考研究，用尽最佳的智慧，达到自己所需要的目的，这不愧为犹太人基辛格的一手高招，这也反映出犹太人的一种成功的诀窍。

犹太人密歇尔·福里布尔经营的大陆谷物总公司，能够从一间小食品店发展成为一家世界最大的谷物交易跨国企业，主要因其善于借助先进的通讯科技和善于借助大批懂技术懂经营的高级人才。他不惜成本不断采用世界最先进的通讯设备，宁肯付出极高的报酬聘请有真才实学的经营管理人才到公司工作。这样，使其公司信息灵通，操作技巧精通，竞争能力总胜人一筹。他虽然付出了很大代价取得这些优势，但他借助这些力量和智慧赚回的钱远比他支出的大得多，可谓"吃小亏占大便宜"。

人类自从走上文明之路，便一直在寻求借势借力的办法。杠杆原理便是人类"借"力的一种发明，其后又发现了滑轮的原理。随着时代的前进，人们知道把大小不同的滑轮加以组合就可以用更小的力量举起更重的物体。今天，只要一个人坐在起重机的座垫上。就可以操动几十万斤的钢架、货柜。人类依靠头脑的作用。使人的力量发挥出最大的限度。

在人类一切活动中，任何一项成功的事业。都是运用了滑轮的原理，借助别的力量使自己的能力发挥到最大效果的。所有大企业都有一个共同特长，就是有一种识人的眼光，能够抓住别人的优点，把每一个员工的位置都分配得十分恰当，使每个员工的力量和智慧能淋漓尽致地发挥出来。美国钢铁大王卡内基曾预先写下这样的墓志铭："睡在这里的是善于访求比他更聪明者的人。"的确，卡内基能够从一个铁道工人变成一个钢铁大王，是他能够发掘许多优秀人才为他工作，使他的工作效力增值了成千上万倍的结果。

犹太人懂得任何事业，都不能一步登天，但"登天"的办法却是多种多样的，办法得当，则可快捷省劲。巧于"借力"，精于"借势"。是成功的一大诀窍。

犹太人身处异地他乡，遭人歧视，受人排挤，他们无地无权无势，想出人头地

在常人看来简直是妄想。然而事实上，犹太人却以其不凡的智慧和机智，加上其勤勉、忍耐的性格，完成了“资本的原始积累”阶段，并且最终成了富翁。犹太大亨洛维格就是利用这种超乎寻常的方式巧妙利用别人的钱发家致富而最终成就伟业的。

洛维格拥有当时世界上吨位最大最多的油轮；另外，他还兼营旅游、房地产和自然资源开发等行业。洛维格第一次做的生意只是一艘船的生意。他把一艘别人搁置很久沉入海底的长约 26 英尺的柴油机动船很费劲地让别人打捞出来，然后用了 4 个月的时间将它维修好，并将船承包给别人，自己从中获利 50 美元。这使他很高兴，也很高兴父亲能借钱给他，他明白了借贷对于一贫如洗的人创业是多么重要。

可是，刚开始创业时期的他总是债务缠身，屡屡有破产的危机。就在洛维格行将进入而立之年时，灵感爆发了。他找了几家纽约银行，希望他们能贷款给他买条一般规格水准的旧货轮，他准备动手把它安装成赚钱较多的油轮，但是却遭到了拒绝，理由是他没有可资担保的东西。面对着一次次的失望，洛维格并不气馁，而是有了一个不符合常规的想法。洛维格有一艘仅仅能航行的老油轮，他将这条油轮以低廉的价格包租给一家石油公司。然后他去找银行经理，告诉他们自己有一条被石油公司包租的油轮，租金可每月由石油公司直接拨入银行来抵付贷款的本息。经过几番周折，纽约大通银行终于答应借贷给他。

尽管洛维格并无担保物，但是石油公司却有着很好的效益，其潜力很大，除非天灾人祸，否则石油公司的租金一定会按时入账。此外，洛维格的计算非常周密，石油公司的租金刚好可以抵偿他银行贷款的本息。这种奇异而超常的思维尽管有些荒诞，但却使洛维格敲开财富的大门。

洛维格拿到了贷款就去买下他想买的货轮，然后动手将货轮加以改装，使之成为一条航运能力较强的油轮。他利用了新油轮，采取了同样的方式，把油轮包租出去，然后以包租金抵押，再贷到一笔款，然后又去买船。周而复始，像神话一样，他的船越来越多，而他每还清一笔贷款，一艘油轮便归在他的名下。随着贷款的还清，那些包租船全部归他所有。

洛维格的成功，最关键的地方在于他找到了一种巧借别人的“势”来壮大自己

的妙策。一方面，他将船租给石油公司，这样他就有了与这家石油公司开展业务往来的背景。有这样一家石油公司来衬托他。况且每日租金可直接抵付利息，银行当然乐意将钱贷给他了。

另一方面。他用从银行借来的钱再去买更好的货轮，然后再租给石油公司，然后又贷款。从这一点上讲，他又成功巧妙地利用借来的钱壮大了自己的“势”，如此往复，借的钱越多，租出去的船也就越多，而租出去的船越多，其“势”就越壮大，而“势”越壮大，就可以获得更多的钱。

总而言之，犹太人借势操作却是经商的一大诀窍。借助别人的力量使自己的能力发挥最大效果是成功的捷径，善于拜访比自己有智慧的人可以使自己立于不败之地。

借用国籍身份巧赚钱

在当今世上，任何东西都可以成为商品，包括时间、知识。信息甚至新鲜的空气、干净的天然水。在犹太人看来，商品就是可以通过交易为他们带来利润的任何东西；国籍，这个对大多数人而言多少带有历史和民族认同的东西，在犹太人看来，也不过是一个特殊的商品罢了。通过购买对他们赚钱有利的国籍，他们就可以合法的。堂而皇之地多赚钱。

犹太商人罗恩斯坦就是一个典型的靠国籍致富的人。

罗恩斯坦的国籍是列支敦士登，但他并非生来就是列支敦士登的国民，他的列支敦士登国籍是用钱买来的。他为什么要买此国籍呢？

列支敦士登是处于奥地利和瑞士交界处的一个极小的国家，人口只有1．9万，面积157平方公里，这个小国与众不同的特点。就是税金特别低。这一特征对外国商人有极大的吸引力，引起各国商人们的注意。为了赚钱，该国出售国籍，定价7000万元，获取该国国籍后，无论有多少收入，只要每年缴纳10万元税款就行了（不分贫富）。

因而，列支敦士登便成为世界各国有钱人向往的理想国家，他们极想购买该国的国籍，然而，一个小国容纳不下太多的人。所以想买到该国国籍也并不容易。

但是，这难不倒机灵的犹太商人。罗恩斯坦就是购买到列支敦士登国籍的犹太商人之一。他把总公司设在列支敦士登，办公室却设在纽约。在美国赚钱，却不用交纳美国的各种名目繁杂的税款，只要一年向列支敦士登交纳10万元就足够了。他是个合法逃税者，减少税金，获取更大利润。

罗恩斯坦经营的是“收据公司”，靠收据的买卖，可赚取10%的利润，在他们办公室里，只有他和他的女打字员两人，打字员每天的工作，是打好发给世界各地服饰用具厂商的申请书和收据，他的公司实质上是斯瓦罗斯基公司的代销公司，他本人也可以说是一个代销商。提及斯瓦罗斯基公司，便想起罗恩斯坦致富的本钱——美国国籍。下面是罗恩斯坦的一段故事：

达尼尔·斯瓦罗斯基家是奥国的名门，他们的公司世世代代都生产玻璃制假钻石的服饰用品。精明的罗恩斯坦最初便看准了这家公司。只是时机未到，他只好静静地耐心等候。

第二次世界大战后，斯瓦罗斯基的公司，因在大战期间迫于德军的威力而不得不为其制造望远镜，故法军决定将其接收，当时是美国人的罗恩斯坦，悉知情况后，立即与达尼尔·斯瓦罗斯基家进行交涉：“我可以和法军交涉，不接收你的公司，交涉成功后，请将贵公司的代销权让给我，直到我死为止，阁下意思如何?”

斯瓦罗斯基家，对于犹太人如此精明的条件十分反感，大发雷霆。但经冷静考虑后，为了自身的利益，只好委曲求全。以保住公司的巨大利益而全部接受了他的条件。

对法国军方，他充分利用美国是个强国的威力，震住了法军。在斯瓦罗斯基斯接受他的条件后，他马上前往法军司令部，郑重提出申请：“我是美国人罗恩斯坦，从今天起斯瓦罗斯基的公司，已变成我的财产，请法军不要予以接收。”

法军哑然，因为罗恩斯坦已经是斯瓦罗斯基的公司主人，即此公司的财产属于美国人。法军无可奈何，不得不接受罗恩斯坦的申请，放弃了接收的念头。美国人的公司法国是不敢接受的。因为他们惹不起美国。

以后，罗恩斯坦未花1分钱，便设立了斯瓦罗斯基公司的“代销公司”，大把地赚取钞票。罗恩斯坦的致富，是国籍帮了他的大忙，以美国国籍作为发家的本

钱，再靠列支敦士登国的国籍逃避大量税收，赚取大钱！

犹太人巧妙用国籍的本领与他们2000多年饱受歧视，屡遭迫害的流浪漂泊生活不无关系，他们没有自己的家园，没有属于自己的真正情感和文化意义上的国家。所谓的居住国国籍，也不过是他们借以获取一国公民正常拥有的权利的手段之一种罢了。因此，国家不过是一个外在化的手段和工具，那么，利用这个工具来为自己谋取更好的生活，来为自己赚取更多的钞票就自然而然了。在千差万别的各个地方，有的地方犹太人可以被接受，他们便可以在那里生存发展下去，并可扎下根来施展才华；而在另一些地方，当地的政府对犹太人充满了敌视与仇恨，在那里，犹太人备受歧视和迫害，甚至财产也遭掠夺，在这种地方，犹太人只能逃走，另觅他乡；还有一些地方是经商的天堂，还有一些地方苛捐杂税多如牛毛。在所有的这些地方，都留着犹太人或深或浅的印迹。在这些环境和条件各异的地方，选定何处作为立足点，又选定何处作为自己施展才华的空间，犹太人早已有了自己的经验和本能。而作为商人，天生的商业基因使得他们嗅到了任何可以生财赚钱的途径。利用国籍来赚钱，自然成了犹太人的生意经。

灵活运用银行的钱

为什么那么多犹太富翁能够白手起家？因为他们深谙取长补短：借力使力的诀窍。一个人的能量毕竟太小，但若能借助外界的力量，其能量则不可估量了。

做生意或投资都免不了资金的流入流出，手上银根紧时，高财商的人选择借或贷都是再正常不过的事了。现在许多中国人心目中，欠债依然是一件很不光彩的事情。当一个犹太人正在为借到了一大笔钱而兴高采烈时，在地球的另一边，一个中国家庭可能正在为借不借钱而发愁。

其实，这个陈旧的观念应该彻底改变了。在市场经济的大潮中，“负债”经营已经成了一种再自然不过的事了。从生产、消费直到国家的经济行为，无不用负债方式，或者说靠负债支持。在发达的国家，几乎再也见不到个人掏腰包投资企业的事情了。企业的资金筹集，几乎都是靠负债的方式。企业在市场发行债券，筹集资金用于生产，是企业对债券持有人的负债。利用债券筹资，是负债经营最明显的形

式。企业还可以从银行获得贷款，这是企业对银行的负债，而银行的钱又来自客户的存款，这又是银行对客户的负债。可见，用负债的办法来进行生产并不令人奇怪，恰恰是不负债才令人奇怪。

你想一想，靠你的工资收入一分钱一分钱积攒生意本钱，不仅时间漫长，而且也很容易错过机会。所以，在进行艰苦的原始资本积累的同时，还应当善于借用别人的钱来为自己赚钱，在今天，最聪明的做法是借银行的钱。因为，银行到处都有，并且它们都有十分充足的资金供你借用。

遗憾的是，我国能赚钱的人不少，但善用银行的贷款赚钱的人却不多。银行的钱，存与贷都要计息。存与贷之间的利息差额就是银行的利润和生存钱，所以不少商人就为归还银行贷款利息，整天自嘲地说："在帮银行打工。"其实这是一种极大的误解。为什么？因为靠自己的原始积累做生意，只能一步一顿地往前爬行，成不了大气候；善用债务作杠杆，生意才能有大的发展。

借用银行的钱赚钱，不仅仅是用来买卖周转，最重要的是借银行的钱去投资。而能借到银行的大笔资金去投资的人绝对要有信用。没有信誉度的人是不可能借到银行一分钱的。

白手起家的犹太富豪阿克森，原是一位律师，他的财商高过常人。有一天，他突发奇想，要借用银行的钱来赚大钱。于是，他走进邻近街面的一家银行大门。他很快找到银行的借贷部经理，说要借一笔钱修缮律师事务所。由于他在银行里人头熟，关系广，因此，当他走出银行大门的时候，手里已经有了1万美元的支票。

阿克森一走出这家银行，紧接着进了另一家银行。在那里，他存进了刚才借到手的1万美元。这一切总共才花了1个小时。看看天色还早，阿克森又走进了第三家银行，重复了刚才发生的那一幕。这两笔共2万美元的借款利息，用他的存款利息充顶，大体上也差不了多少。过了几个月之后，阿克森就把存款取出来还债。此后，阿克森在更多的银行玩弄这种短期借贷和提前还债的把戏，而且数额越来越大。不到一年光景，阿克森的银行信用已经"十足可靠"，凭他的一纸签条，就能借出10万美元以上。他用贷来的钱买下了费城一家濒临倒闭的公司，几年之后，阿克森成了费城一家出版公司的大老板，拥有1.5亿美元的资产。

可见，用智慧可以增加信誉，信誉高了就可以借钱，可以做银行的“雇主”，可以让银行为自己打工。

善于利用别人的钱

商业经营中有合作、有竞争才有发展。但是合作的方式却各有不同，有的人是借助企业与人合作，有的人是朋友间相互合伙，而犹太人则更聪明一些，是借助别人的经验和金钱迅速地发展自己。

有这样一个犹太人，当他移居到加拿大时。只有4万加元的资产，带着妻子和3个女儿来到陌生之地温哥华，准备创一番事业。岂知天涯处处都有不尽人意的事情，他到达温哥华后很久都找不到工作，一家5口人很快就把带来的钱花去了一大半。这个犹太人并不因身处逆境而气馁，他在找工作的同时，进入了不列颠哥伦比亚大学夜校攻读房地产估值课程。作为一位年近半百的人，在生活重压之下还坚持读夜校，可见他的决心和毅力确实过人。

功夫不负有心人。当他掌握了一定的房地产业务知识后，果然在温哥华找到了一份经纪工作。他就任后，尽管极为努力工作，但工资微薄，家庭生活仍较为艰难。然而，机会总会降临到有毅力的人的头上。刚巧有位老朋友找到他请他帮助在加拿大买地产。这位老朋友出自对他的信任和了解，愿借钱给他合作经营房地产买卖。他们的合作方式是各出资一半，他的资金由那位朋友先借给他。这样，这位商人获得了施展自己才华的机会，于1973年创立房地产公司。

他运用自己在美国读书及在加拿大夜校时学习到的知识。以及做房产经纪的经验，充分发挥合作者的资金作用，不断地把握时机收购地皮，然后与人合作建成物业。在短短10年时间，他春风得意，如鱼得水，在房地产经营中名利双收。他拥有的20多处物业价值高达5亿多美元。

犹太商人巴菲特是世界上最出色的资本配置专家。1965年，巴菲特买下了一个纺织厂贝克夏公司，当时是因为便宜和看起来还算不错，但是20年以后，巴菲特不得不承认这是他投资事业的一个失败，克服了感情因素，贝克夏公司于1985年决定停止纺织业务。庆幸的是这20年中他没有拘泥于纺织业，一直在致力于收购，

巴菲特有时把一家公司整个买下（并购），有时他也会购买一部分股权（参股）。

在过去的30多年中，巴菲特把贝克夏公司从一家纺织公司发展成涵盖保险、金融服务、航空服务、制鞋、家具等多种行业的综合性公司。从这个意义上来说，他实际上是一个企业家，所不同的是他买了之后就完全放手，交由能干的人去经营管理。作为一个投资者，他把巨额的资金大部分集中在三四只股票上，因此他又得以进入董事局，而他认真的监控使该企业发生任何不良的趋势都难以逃脱他的法眼。

除此之外，巴菲特还对这些标准不厌其烦地解释。比如，他在第二条中就强调自己对“预测”未来不感兴趣，对“扭转”局面也不感兴趣。我们尤其要注意后者。巴菲特似乎对“扭亏为盈”有种类似美国老兵陷入越战泥沼后的焦虑。

巴菲特的确有过自己的“越战”。巴菲特合伙公司在1965年买下贝克夏·哈斯维的控制权时，它的账面资产净值只有2200万美元，而且全都投在了纺织厂上。1967年，巴菲特又用纺织业务产生的观金收购了国家赔偿公司而进入保险业。随后，贝克夏·哈斯维的经营越来越多样化，纺织厂在整个公司中的比重逐步缩小。

1978年，巴菲特仍不惜把纺织厂这枚“小币”放入自己的口袋中，不过，1979年纺织厂还略有赢利，但是从那以后它就一直在消耗大量现金。到了1985年7月，巴菲特终于决定关闭工厂——自1980年以来，美国已经有250家纺织厂关门歇业。

巴菲特为此下了两个结论：

第一，他忽略了法国哲学家康姆的“才智是情感的仆人。而不是情感的奴隶”的忠告，而是相信了他宁愿相信的东西。

第二，“一匹能数到10的马是杰出的马——但不是杰出的数学家”。类似地，一家能在本行业内富有效率的纺织品公司是杰出的纺织品公司——但不是杰出的公司。

但这时巴菲特对重仓持有的可口可乐与吉列等大公司具有无与伦比的自信。他依据的是这些公司过去的辉煌业绩。在1996年的贝克夏·哈斯维公司年报中，巴菲特说自己正在研究可口可乐公司100年前的年报（1896年），而那时可口可乐刚

问世约10年。当时的总裁坎德勒说道："大约从今年3月1日开始……我们雇佣了10名与办公室有系统联系的旅行销售员，这样我们就几乎覆盖了整个合众国的领土。"虽然那一年可口可乐的销售额才14．8万美元，而1996年已高达大约32亿美元，但巴菲特对当时领导人的雄心与努力仍是赞叹不已。

而且，巴菲特仍认为，这两家公司在过去10年的巨大的市场份额仍会增强，"所有的征兆表明，在下一个10年中他们会再创佳绩。"

犹太商人创业的成功，验证了犹太经商法则的一句名言。这就是：一切经济活动，都必须注意吸取别人的经验教训和善于利用别人的金钱。在借助外来力量的同时，使自己的力量发挥得更充分，更有成效。

只有傻瓜才拿自己的钱去发财

在犹太商人中广为流传着一句名言："只有傻瓜才拿自己的钱去发财。"美国亿万富翁马克·哈罗德森说："别人的钱是我成功的钥匙。把别人的钱和别人的努力结合起来，再加上你自己的梦想和一套奇特而行之有效的方法，然后你再走上舞台，尽情地指挥你那奇妙的经济管弦乐队。其结果是，在你自己的眼里，成为富人不过是雕虫小技，或者说不过是借鸡生蛋，然而，世人却认为你出奇制胜，大获成功。因为，人们根本没有想到竟能用别人的钱为自己做买卖赚钱。"

很多成功的犹太商人在创业的初始阶段财力有限，因此无本经营成为他们的首选，他们想出来的办法通常是"借钱赚钱，借钱发财"。犹太商人的变钱之道值得借鉴，在必要的情况下，要敢于借贷、善于用贷，走一条借钱生钱的发财路。

借钱赚钱是无本经营者最普遍使用的一种方法，毕竟两手空空，身无分文，不论办什么事都举步维艰，所以只有靠借才能有出路。

世界著名的犹太商人丹尼尔·洛维洛，其创业之初也是一无所有，但是靠着自己的聪明才智，他终于筹集了一笔可观的资金，为自己成为"世界船王"奠定了基础。

1897年6月，丹尼尔·洛维洛出生在密歇根州的兰海芬。小时候的丹尼尔性格孤僻，沉默寡言，唯一的兴趣就是船，经常划船让他不再那么寂寞。他常常梦想着

自己家里拥有好多好多的船，而这些船能够到达任何他想到达的地方。

9岁那年，他成了一个名副其实的小“船主”。一天，他发现一艘沉下的小汽艇，便毫不犹豫地向父亲借了25美元将它买了下来。打捞汽艇并将船修好，花了整整一冬天的时间。不过，令他高兴的是第二年夏天，就顺利地将船租了出去，丹尼尔就这样赚取了他人生当中的第一个50美元。除去父亲的25美元，他净赚25美元。从那时起，他就立志当一个拥有数百条船的船主。但是，直到40岁时，这一美梦才实现。

1937年，丹尼尔·洛维洛来到纽约，他总是匆匆地在几家银行之间穿梭，做着与儿时相同的事——借钱买船。他想向银行贷款把一艘船买下来，改装成油轮，因为当时载油比载货赚的钱多得多。

当银行的人问起他有什么可做相应抵押的时候，他说，他有一艘老油轮在水上，正在跑运输。接着，丹尼尔将自己的打算告诉对方，他把油轮租给了一家石油公司。他每个月收到的租金，正好可每月分期偿还他要借的这笔款子。所以，他决定把租契交给银行，由银行定期向那家石油公司收租金，这样也就可以分期还款了。

这种做法让人无法理解，许多银行都对他的这种做法不以为然，叫他不要痴心妄想。但实际上，这种做法对银行是相对保险的。丹尼尔·洛维洛本身的信用或许并非万无一失，但那家石油公司却是可靠的。银行可以假定石油公司按月支付贷款，除非有预料不到的重大经济灾祸发生。换一个角度去考虑，如果丹尼尔把货轮改装成油轮的做法失败了，但只要那艘老油轮和石油公司存在，银行还是能够收回贷款的。最后，银行终于同意借钱给丹尼尔。

丹尼尔·洛维洛用这笔钱买了他要的旧货轮，改成油轮租了出去，然后再利用它去借另一笔款子去买一艘船。如此反复，每当一笔债付清了，丹尼尔就成了某条船的主人。租金不再被银行拿去，而是由他放进自己的口袋里。

就这样丹尼尔·洛维洛没掏一分钱，便轻松拥有了一支庞大的船队，并赢得了一笔可观的财富。

不久，丹尼尔脑海里又形成了一个利用借钱来赚钱的方法。他自己设计一艘油

轮，或造其他用途的船，在还没有开工建造时，他就设法去找客户，在船造完后把它租赁出去，于是拿着租赁契约，他又可以到一家银行去借钱造船。这种借款的还款方式是延期分摊，银行要在船下水之后，才开始收回贷款。只要船下水，租费就可转让给银行。于是这项贷款就这样分期付清了，当最后一期贷款付清的时候，丹尼尔·洛维洛就顺理成章地成了又一艘船的船主，在这个过程中他一分钱都没有花。

银行听说了他的这个计划后都大为震惊。当他们仔细研究之后，觉得他的计划简直就是天衣无缝。此时丹尼尔的信用已没有问题，何况，还与从前一样，有租船人信用加强还款的保证。

就这样，丹尼尔·洛维洛的造船公司迅速发展壮大起来，这时他已经成为一位超级富豪了。丹尼尔·洛维洛拥有的私人船只吨位是全世界第一，连奥纳西斯和尼亚斯两位大名鼎鼎的希腊船王也甘拜下风。

初涉商场的经营者创业时，要有一定的资金才能使自己的事业有效地运转起来。不论是多么好的目标、设想和计划，如没有一定的经济实力作为支撑，只能是纸上谈兵。这就不难理解为什么许多的经营者都认为资金是维系事业生命的血液了。

现实生活中，筹措资金的方法有多种，但是向银行贷款还是主要的筹措方法。可总是有许多经营者前怕狼、后怕虎，不敢借贷，不愿举债，从而耽误了许多发家致富赚钱发财的机会。

其实，在某些时候，机会使得你强迫自己贷款，这样能够帮助自己达到获取利润的目的。把从银行贷来的钱用于投资看准了的项目，一年或两年之后，当你还清本息，你的银行账户上还可以留有一大笔钱。当然，你必须首先还清本息，并且贷款利息要高得很。然而，你还是赚了钱，这笔钱是如何赚来的呢？因为贷款的利息是一笔惊人的财富，它是督促你加紧干活的最有力的动力。如果你不使资金周转起来并创造利息，你可能连贷款的利息都还不上。

爱默生说过：“我最需要的就是让别人来强迫我做那些我自己能做，并且该做的事情。换句话说，就是需要一种压力。”当你向银行贷了一笔款时，你会有一种

自然而然的压力。正是因为这种压力的存在，才使你不得不放弃消费的打算，同时，也会改掉懒散的坏习气，你会让手里的资金很快周转起来，自觉或不自觉地投入到生意之中。

当然，有利必有弊，借债也是如此，成功的犹太经营者们常常这样说："借债就是一把双刃剑，你若小心运用会使你致富，你若不小心，会适得其反。"犹太人在借贷之前，一般要看借的是什么债。若是消费性借贷，那应极力避免，如果是"投资性借贷"，可视为另一种情况。事实上，很少有白手起家的富翁是不借债的。富人之所以能够成功，是因为他们深谙借钱、贷款的力量。

美国可口可乐公司的前任董事长伍德拉是位极保守的金融家。他一生最厌恶负债，经济萧条前夕，他刚好偿清公司的全部贷款。一次，当公司里一位财务负责人要以9. 75%的利息去借一亿美元的资金来兴建新建筑时，他马上回答说："可口可乐永远不借钱！"虽然他的谨慎战略使可口可乐公司在经济大萧条中免遭灭顶之灾，但也因此产生副作用，使这个公司发展极其缓慢，不能进入美国大公司之林。

后来，戈苏塔担任了公司董事长的职务，一改前任的作风，看准方向，大举借款。他接手时，可口可乐公司资本中不到2%是长期债务，而戈苏塔上任后把长期债务猛增到资本的18%，这种举动使同行们大惊失色。戈苏塔用这些资金来改建可口可乐公司的瓶装设备，并大胆投资于哥伦比亚影片公司。他说："要是看准了兼并对象，我并不怕增加公司的债务负担。"这种不怕负债的勇气将可口可乐公司从困境中解救出来，公司的利润一下子增长20%，股票也开始上涨。可口可乐也慢慢向世界大公司的行列靠拢。

戈苏塔不怕负债的勇气来自看准方向基础之上的正确决断。他不是滥借贷款，加重公司负担，而是将债款用到生产的关键环节上。这样，暂时的负债会赢得长时间的盈利，最终债务也会彻底清偿。如果畏首畏尾，不敢冒借债的风险，那么企业就会永远失去发展的机会，最终会在市场竞争中失败。对一个公司来说如此，对经营者来说又何尝不是如此？

事实证明，天才的赚钱者了解并能充分利用借贷。世界上许多巨大的财富起始之初都是建立在借贷上的，靠借贷发家是白手起家的经营者的明智之举。记得法国

著名作家小仲马在他的剧本《金钱问题》中说过这样一句话：“商业，这是十分简单的事。它就是借用别人的资金！”

大多数初出茅庐的创业者并没有多少钱，如果要拿几万、几十万去开创一点事业，并不是一件简单的事情。一个白手创业者如果真是身无分文，要想起家那就机会渺茫了。做任何生意、办任何实业都应以最基本的本钱为起点，所以，对于现在大多数仍处于白手起家的朋友来说，头一件要紧事就是通过各种途径去筹集创业所需的基本资金。

市场经济中，敢于借贷、善于用贷、巧于用贷、会通过别人的钱来发财的创业者，才是高明的经营者。不要让“既无内债，又无外债”的小本经营思想理念左右了自己，从而失去扩大经营、壮大企业的机会。

“如果你能给我指出一位百万富翁，我就可以给你指出一位大贷款者。”犹太人威廉·立格逊在他的《我如何利用我的业余时间，把一千美元变成三百万美元》一书中这么说。

一切都是可以靠借的，借资金、借技术、借人才，这些为自己所用的东西都可以拿来。这个世界已经准备好了一切你所需要的资源，你所要做的仅仅是把它们搜集起来，并用智慧把它们加以有机地组合。这就是犹太人的思维方式，意思是说，生意人应该尽力贷款，借助银行的资金为自己办事，如果你不能借用别人的资金，做生意是极为困难的。

看看犹太富翁们发家的历史就会发现，他们在短短的二三十年就成为远近闻名的富豪。他们发财的速度之快是让人咋舌的。

著名的希尔顿从被迫离开家庭到成为身价 5. 7 亿美元的富翁只用了 17 年的时间，他发财的秘诀就是借用资源经营。他借到资源后不断地让资源变成新的资源，最后他自己成了全部资源的主人——一名亿万富翁。

希尔顿年轻的时候特别想发财，可是一直没有机会。

一天，他正在街上转悠，突然发现整个繁华的优林斯商业区居然只有一个饭店。他就想：我如果在这里建一座高档次的旅店，生意准会兴隆。于是，他认真研究了一番，觉得位于达拉斯商业区大街拐角地段的一块土地最适合做旅店用地。他

调查清楚这块土地的所有者是一个叫老德米克的房地产商之后，就去找他。老德米克给他开了个价，如果想买这块地皮就要希尔顿掏30万美元。

希尔顿不置可否，却请来了建筑设计师和房地产评估师对“他”的旅馆进行测算，其实，这不过是希尔顿假想的一个旅馆。他问按他设想的那个旅店需要多少钱，建筑师告诉他起码需要100万美元。

希尔顿只有5000美元，但是他成功地用这些钱买下了另外一个小旅馆，并不停地升值，不久他就有了5万美元，然后找到了一个朋友，请他一起出资，两人凑了10万美元开始建设这个新旅馆。当然这点钱还不够买地皮的，离他设想的那个旅馆还相差很远。许多人觉得希尔顿这个想法是痴人说梦。

希尔顿再次找到老德米克签订了买卖土地的协议，土地出让费为30万美元。然而就在老德米克等着希尔顿如期付款的时候，希尔顿却对土地所有者老德米克说：“我买你的土地，是想建造一座大型旅店，而我的钱只够建造一般的旅馆，所以我现在不想买你的地，只想租借你的地。”

老德米克有点恼火，不愿意和希尔顿合作了。希尔顿非常认真地说：“如果我可以只租借你的土地的话，我的租期为100年，分期付款，每年的租金为3万美元，你可以保留土地所有权，如果我不能按期付款，那么就请你收回你的土地和我在这块土地上建造的饭店。”老德米克一听，转怒为喜：“世界上还有这样的好事？30万美元的土地出让费没有了，却换来270万美元的未来收益和自己土地的所有权，还有可能包括土地上的饭店。”于是，这笔交易就谈成了，希尔顿第一年只需支付给老德米克3万美元就可以了，而不用一次性支付昂贵的30万美元。就是说，希尔顿只用了3万美元就拿到了应该用30万美元才能拿到的土地使用权。这样希尔顿省下了27万美元，但是这与建造旅店需要的100万美元相比，差距还是很大的。

于是，希尔顿又找到老德米克：“我想以土地作为抵押去贷款，希望你能同意。”老德米克非常生气，可是又没有办法。

就这样，希尔顿拥有了土地使用权，于是从银行顺利地获得了30万美元，加上他支付给老德米克3万美元后剩下的7万美元，他就有了37万美元。可是这笔

资金离100万美元还是相差很远，于是他又找到一个土地开发商，请求他一起开发这个旅馆。这个开发商给了他20万美元，这样他的资金就达到了57万美元。

1924年5月，希尔顿旅店在资金缺口已经不太大的情况下开工了。但是当旅店建设了一半的时候，他的57万美元已经全部用光了，希尔顿又陷入了困境。这时，他还是来找老德米克，如实述说了资金上的困难，希望老德米克能出资，把建了一半的建筑物继续完成。他说："旅店一完工，你就可以拥有这个旅店，不过你应该租赁给我经营，我每年付给你的租金最低不少于10万美元。"

这个时候，老德米克已经被套牢了，如果他不答应，不但希尔顿的钱收不回来，自己的钱一分也回不来了，他只好同意。而且最重要的是自己并不吃亏——建希尔顿饭店，不但饭店是自己的，连土地也是自己的，每年还可以拿到10万美元的租金收入，于是他同意出资继续完成剩下的工程。

1925年8月4日，以希尔顿名字命名的"希尔顿旅店"建成开业，希尔顿的人生开始步入辉煌时期。

希尔顿就是用借的办法，用5000美元在两年时间内完成了他的宏大计划，不能不说他是善于利用别人的高手。其实这样的办法说穿了也十分简单：找一个有实力的利益追求者，想尽一切办法把他与自己的利益捆绑在一起，使之成为一个不可分割的共同体，让他帮助自己实现自己的目标。

做生意总得要本钱的，但本钱总是有限的，连世界首富也只不过拥有几百亿美元左右。但一个企业，哪怕是一般企业，一年也可做几十亿美元的生意，如果是大企业，一年要做几百亿美元的生意，而企业本身的资本只不过几亿或几十亿美元。他们靠的就是资金的不断滚动周转，把营业额做大。一个企业会不会做生意，很重要的一条就是看它能否以较少的资金做较多的牛意。

借来东风好赚钱

做生意首先要看清形势，这点是任何人都不会怀疑的。大至世界格局的重组，小至市场需求的改变，都要看得明明白白才能够赚钱。比如国家鼓励发展什么，限制发展什么，对经商赚钱更是有直接的关系。选对了方向，赚钱就会事半功倍、轻

而易举。

哈默成功的奥秘就是善于“借东风”。他20岁时接管了父亲的一家小医药公司。当时美国禁酒，但有一种药——姜汁酊具有刺激性，是酒很好的替代品。于是，哈默瞅准了这个机会，将原来只有20人的工厂迅速扩充到1500人，全力生产这种产品，仍供不应求。后来他干脆派人到世界各产姜地，将姜全部收购，垄断了姜的来源，使别人无法与之竞争，从而创造了他的第一笔财富。

在1925年，哈默发现苏联居然不能自制铅笔，完全依赖进口，而一支铅笔在苏联的售价是美国的10倍。哈默又看准了这个机会，经过与苏联政府的谈判，以5万美元的保证金获得了10年生产权。哈默的铅笔厂在以后的10年里是全苏联唯一的铅笔厂，而且他的名字“哈默”印在每一支铅笔上，成为苏联家喻户晓的人物。

如果认准了大势，但自身的力量太单薄，或者不具备必要的条件，就好像“万事俱备，只欠东风”，怎么办呢？这个时候就需要学学诸葛亮“借东风”，借助外在的力量，比如政府的政策、银行的资金、他人的智慧等来帮助自己赚钱。在这方面，犹太人又是高手！

一个犹太书商出了本书，很久都销不出去，他急中生智，送了一本给美国总统看，总统顺口说了句：“这本书很好。”于是书商就对外宣传：这是一本让总统都说好的书。结果该书被抢购一空。

第二次，犹太书商又出了本书，再次给总统送了一本，总统心想，上次让你赚了钱，这次我就说不好，看你怎么办？于是就说：“不好！”结果书商就宣传：这是一本让总统说不好的书。结果还是被抢购一空。

第三次，书商又送一本书给总统，总统这次精了，不做任何表态。这也难不倒犹太人，这次书商这样宣传：这是一本让总统都不置可否、无法下结论的书。结果，这本书卖得更好。

犹太人就是这样善借东风，凡是可以借用的资源，名人、市场、资金、技术，都会想法去借，而且往往还能够借得来。犹太人认为，一切都是可以借的，不管是资金、技术还是人才。而且，世界已经有着一切自己所需要的资源，所要做的仅仅是把资源借用过来，为自己所用，替自己赚钱。这就是犹太人的思维方式。

世界船王洛维洛起家时只有一艘老油轮，他将油轮以很低的价格租给一家实力雄厚的石油公司，然后借助这层关系从银行贷款购买新油轮，所以很快有了颇具规模的航运公司。"二战"后罗恩斯坦借自己美国公民的身份，为即将被法军接收的斯瓦罗斯基公司说话，从而获得该公司的独家代销权。类似的事例很多很多。

阿迪达斯公司最初不过是一个家庭作坊，就是因为他们借了体育这个东风，结果变成了国际著名的体育用品公司。

70年前，阿迪达斯兄弟俩在母亲的洗衣房里开始了制鞋业。弟兄俩很重视品质，不断地在款式上创新，他们不厌其烦地量顾客脚的尺寸、形状，然后制鞋，于是每一双鞋都能满足消费者的要求。由于受到顾客的普遍欢迎，家庭制鞋坊没几年就扩展成一家中型制鞋厂。

1936年的奥运会来临前，兄弟俩发明了短跑运动员用的钉子鞋。当他们得知短跑名将欧文斯很有希望夺冠的消息后，就免费将钉子鞋送给欧文斯试穿，后来欧文斯不负众望，果然在比赛中一人独揽4枚金牌。随着欧文斯的一举成名，阿迪达斯鞋厂的产品也成了畅销货，并开始走向世界，鞋厂也就变成了阿迪达斯公司。

用体育以及体育明星这股东风来帮助自己太有效了。此后，兄弟俩经常使用这种手法，而且屡试不爽。后来，他们又发明了可以更换鞋底的足球鞋，并把新产品免费送给德国足球队。

在1954年世界杯足球决赛上，因为比赛前下了一场雨，所以比赛是在泥泞中进行的。匈牙利队员在场上踉踉跄跄，而穿着阿迪达斯足球鞋的联邦德国队员却健步如飞，击败了对手，第一次获得了世界杯冠军。从此，阿迪达斯品牌名扬天下。

为了借好东风，兄弟俩对运动员的服务十分真诚。比如，在一次世界杯足球赛上，有一位德国主力队员的脚受了伤，阿迪达斯公司连夜为他赶制了一双特殊球鞋，让他在最短时间内可以重上球场；还有一次，有一位苏联足球队员穿的鞋子不合脚，公司的人马上描下他的脚样，立即坐飞机回公司，连夜为这位苏联足球队员赶制了一双合脚的鞋子。

为了扩大市场，阿迪达斯公司将商品2%~6%的利润拿出来作为回报，他们千方百计地让更多的优秀运动员穿上他们公司的鞋子。因为阿迪达斯公司的慷慨赞

助，在蒙特利尔奥运会上，147 枚金牌中有 124 枚的金牌得主是穿阿迪达斯产品的运动员。在西班牙世界杯大赛中，所有运动场上活动的人员中有 3/4 全身披挂阿迪达斯的产品。运动员在大赛中穿着阿迪达斯的鞋子跑步、踢球，这活广告比花钱做任何电视广告都有效果。

一个人的能力总是有限的，想要获得巨大成功，必须善于借东风。犹太人善于借东风还表现在，他们能够借最大的东风，而最大的东风，无疑就是当地的政府以及政府官员。有时候，他们只要简单地点一下头、签一个字，就能够赚到大把大把的钞票。

犹太人不管在哪里做生意，总是想方设法打听是哪些官员手握实权，并找机会接近和结识他，从而为自己的经营创造良好的外部环境。

犹太人都善于结交政界要人，罗斯柴尔德 25 岁就成了“宫廷御用商人”，在旧上海做生意的哈同竟然与清朝王室攀上了亲戚，但最厉害的要算美国的石油巨头洛克菲勒，他始终奉行着“善走上层路线者必成强者”的观点，利用政府部门的优势和权威来为自己说话。每次在关键时刻，洛克菲勒那些政界的朋友总为他说话，因此他能打败很多竞争对手，独霸世界石油业。

1890 年，俄亥俄州最高检察厅厅长华特森指控洛克菲勒的标准石油公司违反了《垄断禁止法》。一时间，双方各不相让，都请到了全美最好的律师。华特森更是做了充分准备，好像非要将洛克菲勒拉下马，一副生死决战的架势。

这时候，洛克菲勒的少年好友马克，一位美国医学界的权威、总统都要礼让三分的参议员，以鲜明的立场站到了洛克菲勒一边。而且，马克还给华特森写了一封信，信中说：“受到你指控的并不是社会舆论所指责的组织资本，而是带给国民很多好处的标准石油公司。洛克菲勒一直领导着公司参与自由竞争。您的指控是否存在严重谬误呢？”

经过马克这么一折腾，一个经济问题变成了政治问题。华特森很快就知趣地撤诉了。

不仅在国内纵横不倒，在国际市场上，洛克菲勒也是左右逢源。那是因为美国历任驻外使节都保持着支持标准石油公司的“传统友谊”，相当于兼任着标准石油

公司的大使。

比如，当俄国皇帝希望罗斯查尔银行投资巴统铁路建设时，巴库的美国领事立即给洛克菲勒发去密电：“俄国准备把美国石油驱逐出国际市场。”在巴统铁路竣工通车之际，驻土耳其的美国大使马上给洛克菲勒送去介绍巴库原油形势的详细资料。

在对付最大的对手——荷兰人达提尔汀古时，洛克菲勒也运用了他惯用的政治手腕。他通过标准石油在伦敦的批发代理商，与英国的“上层路线”达成默契，鼓动英国财政要人向议会及新闻界施压，将荷兰人挤出了英国的巨大石油市场。

其实，从洛克菲勒财团就走出了不少政要，比如达瑞斯、拉斯克、季辛吉这三任美国国务卿，所以洛克菲勒与政府的关系才能这么铁。有人甚至戏称他的财团就是“美国政治要人的培训学校”，而洛克菲勒本人，当然就是校长。

“以经济影响政治，以政治左右经济”，犹太人洛克菲勒就是用这个信条借来了最大、最长久的“东风”。

“好风凭借力，送我上青天”。善于借助别人的力量为自己所用，做事情就能够事半功倍，更容易达到目的。不论是在商界还是在科技界，犹太人的成功者众多，善借东风就是他们成功的原因之一。

成功者都有一套借力的本领

一个人能竭尽全力去完成一项事业，这是难能可贵的，也是必须做到的。如果一个人没有自己的奋斗目标，又不肯付出自己的努力去实施自己的计划，这个人很难事业有成。但是，仅靠一个人或一个团体的力量是不足的，特别是在当今社会科学技术高度发达的情况下，门类众多，社会分工精细，一个人或一个团体所掌握的科学技术知识是极其有限的，在某些科学技术乃至具体工作环节上，哪怕是最杰出的人物或团体，也不可能独自完成，必须借助别人的力量才能完成。

一个人或一个团体，凡是善于借助别人力量的，均可事半功倍，更容易、更快捷地达到成功的目的。在商界或科技界成功的众多犹太人，普遍都具有善于借助别人之智的本领。

犹太人密歇尔·福里布尔经营的大陆谷物总公司，能够从一家小食品店发展成为一家世界上最大的谷物交易跨国企业，主要应归功于其善于借助先进的通讯科技和善于借助大批懂技术、懂经营的高级人才。他不惜成本，不断采用世界最先进的通讯设备，宁肯付出极高的报酬聘请有真才实学的经营管理人才到公司工作。这样，使其公司信息灵通，操作技巧精通，竞争能力总胜人一筹。他虽然付出了很大代价取得这些优势，但他借用这些力量和智慧赚回的钱远比他支出的大得多，可谓“吃小亏占大便宜”。

在人类的一切活动中，任何一项成功的事业，都是借用前人智慧的结晶，在前人的基础之上使自己的能力得到最大限度的发挥。当今企业的竞争说到底就是人才的竞争，或者说是以人为本的竞争，现在所有的现代化大企业都有这样一个共同特征，就是有一种慧眼识人的能力，企业在用人的时候，往往能够抓住别人的优点，把每一个员工的职责都分配得十分恰当，使每个员工的力量和智慧能淋漓尽致地发挥出来。正是这种资源配置的优化，才使得整个公司的效率最大化。美国钢铁大王卡耐基曾预先写下这样的墓志铭：“睡在这里的是善于访求比他更聪明者的人。”的确，卡耐基能够从一个默默无闻的铁道工人变成一个世界知名的钢铁大王，是他能够发掘许多优秀人才为他工作，使他的工作效率增值了成千上万倍的结果。

美国前国务卿基辛格，就是一位典型的巧于借用别人力量和智慧的能手。他有一个习惯，对下级呈报上来的工作方案或议案，他先不看，压在手上3天后，把提出方案或议案的人叫来，问他：“这是你最成熟的方案（议案）吗？”对方思考一下，一般不敢肯定是最成熟的，只好回答说：“也许还有不足之处。”基辛格即会叫他拿回去再思考和修改得完善些。

过了一些时间后，提案者再次送来修改过的方案（议案），此时基辛格审阅后问对方：“这是你最好的方案吗？还有没有别的比这方案更好的办法？”这又让递交提案者进入更深层次的思考，把方案拿回去再研究。犹太人基辛格就是这样反复让别人深入思考研究，用尽最佳的智慧达到自己所需要的目的。

我国三国时代的诸葛亮是位善借势、借力的能手，如他一手策划的孙刘联兵，火攻曹军的“万事俱备，只欠东风”一例就是典型，还有“草船借箭”也是巧在

"借"字上。事实上，自从人类走上文明之路时起，一直在寻求借势的方法，正因为不断地创造了各种"借"的方法，所以使人类不断走向文明。

阿基米德的杠杆原理便是人类对"借"力最完美的体现。随着时代的进步，人们知道把大小不同的滑轮加以组合，就可以用更小的力量举起更重的物体。今天，只要一个人坐在起重机的座椅上，就可以搬动几十万斤的钢架、货柜。人类依靠头脑的智慧，使人的力量史无前例地得到了发挥。

在科学技术和文化艺术领域也一样，凡是获得成功者都有一套善于"借"的本领，牛顿曾说："我成功靠的是站在巨人的肩上。"犹太民族有那么多的学者能获得诺贝尔奖，有那么多科学家创造出世界级的发明，都是在前人创造的基础上升华出的。如物理学家布洛赫，他能够在原子核磁场方面取得前人未有的成就，与他得到著名物理学家、量子学奠基人海森堡的指导和影响是分不开的。

总而言之，犹太人懂得任何事业都不能一步登天，而只能靠一点一滴地积累，不过"登天"的办法并不是唯一的，而是多种多样的，办法得当，则可快捷毫不费劲。善"借"力量，则是一种快捷并省力的诀窍。

创业阶段更要善于借力

犹太人追捧的一条格言是：一切为我所用，方能事半功倍。

20 世纪 50 年代，乔治·约翰逊创建了约翰逊黑人化妆品公司，当时只有 500 元资金、3 名职工。约翰逊想独占美国黑人化妆品市场，可是在他面前有一个巨大的障碍，那就是佛雷公司，当时黑人基本上都用它的化妆品。约翰逊集中全力研制的"粉质化妆膏"无法打开局面，虽然做过广告，但效果并不明显。

于是，约翰逊想了一个办法，他亲自设计了一段广告词："当你用完佛雷公司的化妆品后，再擦上一次约翰逊公司的粉质化妆膏，将会产生预想不到的效果。"公司同事对他的广告词极为不解，埋怨他在给佛雷公司做广告。约翰逊则不以为然地说："我们这样做，就是因为它们的名气大。比如说，现在很少有人知道我叫约翰逊，但我如能想办法和美国总统站在一起的话，我马上就会成为家喻户晓的名人了。同理，佛雷公司的化妆品在黑人社会中享有盛誉，如果我们的产品和这个名牌

同时出现，表面上我们是在帮佛雷公司，实际上却提高了我们产品的声望和知名度啊。”

正如约翰逊所言，这种方法果然使公司的产品迅速为顾客所接受，市场占有率大幅度上升。积累了足够的资本之后，约翰逊又通过一系列手段，终于把佛雷公司挤出了黑人化妆品市场，实现了自己独占美国黑人化妆品市场的愿望。

这个例子证明了一个道理：创业之时力量一般比较弱小，想办法借别人之力，可以让自己迅速壮大起来。

要善于集合他人的力量

做工作，没有众人的支持和拥护，肯定不会有成绩；有困难得不到别人的帮助，肯定会出问题。集合他人的长处，何愁大业不成？站在别人的肩膀上，还有谁会比你高呢？

犹太人有这样的一个寓言：

从前有个国王得了一种怪病，经医生诊断，此病只有喝了新鲜的狮子奶才能痊愈。然而谁敢去接触正在哺乳期间的母狮子呢？这不是叫人去白送死吗？所有的大臣都一筹莫展。

有一个聪明的男孩得知此事后，跑到王宫，允诺了这件事。

他每天跑到大山深处的狮子洞穴的出口，给母狮子送上新鲜的食物。母狮子正愁小狮子没多少吃的，就接纳了小男孩的“馈赠”，到了第十天，他和母狮子很亲密了，他可以自由地抚摸母狮子，终于顺利地取到了一点儿狮子奶，可以回去向国王交差了。

就在男孩提着狮子奶回王宫的路上，男孩身体的各部分互相吵起架来，闹得不可开交。吵什么呢？原来它们争论谁在取奶的过程中最重要。

眼睛说：“如果没有我，你们就看不见路，更看不见狮子，怎么取奶？”

手说：“如果没有我，你们怎样取奶？又怎样把奶提回来？”

脚说：“如果没有我，就到不了狮子洞，自然就取不来奶。”

舌头也突然加入辩论之中：“如果不能说话，你们一点用处也没有。”

身体其他部位一听，更不服气，群起而攻之："你舌头软而无骨，完全没有价值，也敢跟我们相提并论?"

一看人多势众，形势不妙，舌头只说了一句："你们到时看吧!"就缄口不语了。

男孩进了王宫，舌头又开口说："到底准最重要，你们马上就知道了。"

到了国王面前，男孩子献上狮子奶，国王闻了闻，分辨不出这是什么奶，便问那男孩子。

舌头开始说话了："这是狗奶。"

这时身体各部位才知道舌头的重要性，连忙向它道歉。很快，舌头改口说："不，说错了，尊敬的国王，这是货真价实的狮子奶。"

在犹太人眼中，任何事物的存在都是有用的，一时无用，另一时也许就有用。这个故事就说明了这个道理。

对于人来说也是如此，每个人都有长处，也有短处，选择合适的位置，长处就显示其优点，没有合适的位置则只见其短处了。在与人相处中，犹太人就是这样看待他人的，并与人和睦相处，努力使自己扬长避短。

善于借助时势成就一番事业

翻开英雄的历史，我们不难看出，他们之所以出类拔萃，卓尔不群，无不是因为他们把握了时代的脉搏，在大势来临之时占尽先机，成为时势的主宰，甚至扭转时势，变革社会。犹太人可以说是英雄辈出，尤其在商场中更是群星璀璨，多不胜数。

犹太人尤伯罗斯的案例就是明证。

1978 年 11 月，美国洛杉矶市获得奥运会主办权，一个月后市议会立即通过一项不准挪用公共基金办奥运会的市宪章修正案，这无疑是给市政府出了一道难题。

洛杉矶市政府只好向美国政府求援，但美国政府对求援置若罔闻，明确表示分文无望。

在这种情况下，洛杉矶市身处绝境，只好向国际奥委会提出，请求允许以私人

的名义主办奥运会，这个请求比较突然，因为历史上还从来没有过由私人主办的奥运会。万一这个人临阵脱逃怎么办？偌大的奥运会交由私人主办，国际奥委会的面子置于何处？更何况，国际奥委会有关《宪章》已明确规定只能由城市主办奥运会，如果还有另一个城市申请，国际奥委会就有了回旋的余地。然而，当时除洛杉矶之外没有别的国家或城市申请举办，国际奥委会一点儿退路都没有，《宪章》的这条规定第一次失败了，在万般无奈之下，国际奥委会同意了洛杉矶市的申请。

于是，洛杉矶奥运会筹备组开始“物色”一个能在市政府不贴一分钱的情况下办好奥运会的人选。他们拟定的理想标准是，这个人年龄在 40 岁 ~55 岁之间，在洛杉矶地区生活过，熟悉洛杉矶及周边地区环境，喜欢体育运动，具有从经济管理到国际事务等多方面的经验。

电子计算机的屏幕在不停地闪动着，经过一次又一次的筛选，计算机里出现频率最高的名字就是——犹太人彼得·尤伯罗斯。

于是筹备组向尤伯罗斯发出了邀请。当筹备组的人谈起所谓“理想人选”的标准后，尤伯罗斯情不自禁地说：“哦，这有点像我。”

他的妻子吉妮后来说：“不是像他，就是他。这标准就好像是根据他的情况而定的。”

私人主办奥运会是奥运史上的第一次，虽然存在着发财的机会，但同时也意味着要冒很大的风险，一般人是不敢问津的，更何况前几届奥运会主办城市在财政上都是亏损的。

1972 年，在原联邦德国慕尼黑市举行的第 20 届奥运会所欠下的债务，市政府多年都未还清。

1976 年，加拿大蒙特利尔第 21 届奥运会，亏损达到 10 亿美元，使蒙特利尔的市民怨声载道。

1982 年，在苏联的莫斯科举行的第 22 届奥运会耗资高达 90 亿美元，亏损更是空前。

1980 年，在美国普莱西德湖举行的冬季奥运会，从财政和组织上来说，也是很不成功的。

纵观历届奥运会，举办奥运会是城市在财政上的一场“灾难”，谁主办谁就得不惜“血本”，更何况尤伯罗斯是私人主办奥运会。

现实即使如此，但尤伯罗斯却没有退却，他觉得承办奥运会是自己接受一次重大挑战的机会，他欣然接受筹委会的邀请。

奥运会是举世瞩目的，对一个国家、一个民族和一个城市来说，能够承办奥运会是一个巨大的荣誉。但是，奥运会的巨额费用常常使承办者苦不堪言，庞大的开支是承办奥运会的关键，筹集资金这个问题始终困扰着人们。

但尤伯罗斯毕竟是一个非同一般的人物，如果没有很大把握，他也不会接受这个任务。

犹太人说：“只要你是用心的，任何东西都会变成商品。”

他们还说：“能驾驭时势便能成大气候。”

这些话对尤伯罗斯来说恰如其分，毫不夸张。很快，尤伯罗斯便展开了他的工作。

尤伯罗斯决定利用各竞争对手的竞争心理，提高赞助收入。

尤伯罗斯规定，本届奥运会正式赞助单位中只接受30家，而且每一个行业只选择一家，每家至少赞助400万美元，赞助者可取得在本届奥运会上某项商品的专卖权，这样一来，各大公司就只好拼命抬高赞助额的报价。

百事可乐和可口可乐两个饮料供应商历来是对头，每一届奥运会都是两家正面交锋的战场。1980年莫斯科奥运会上，百事可乐占了上风，虽然赌注大了点，但毕竟打响了牌子，提高了销售量。可口可乐尽管自恃老大，但一不留神就会在竞争中落后，这次洛杉矶奥运会上，可口可乐决心一定要挽回自己“龙头老大”的面子。

尤伯罗斯向两家“面子”公司抛出了400万美元的底价。

百事可乐还在庆幸莫斯科的胜利之中，对竞标这次赞助准备不足，可口可乐则胸有成竹，一下子把赞助费提高到1300万，高出了尤伯罗斯底价的3倍多。

可口可乐的一位董事咄咄逼人地说，我们一下子多出900万，就是不给百事可乐还手的余地，一举将它击退。果然百事可乐没有还手，于是可口可乐成了此次奥运会饮料行业独家赞助商。

笑纳1300万美元后，尤伯罗斯又把目光对准了感光胶片的两位大亨：柯达公司和富士公司，报出的底价同样是400万美元。

柯达公司开始也想加入赞助者的队伍，但他们不肯接受尤伯罗斯的不得低于400万美元的条件，他们只同意赞助100万美元和一大批胶卷。尤伯罗斯没有答应，他还亲自飞到柯达公司的总部劝说他们接受组委会的条件，但心胸狭窄和傲慢的英国胶片巨头柯达公司自恃自己的资历和财力，没有向尤伯罗斯妥协半步，他们满以为有把握不改变条件便可获得独家赞助权，等待着尤伯罗斯的让步。

一向嗅觉灵敏的日本人似乎在这其中感觉到了什么，决心借此机会打入美国市场。富士公司暗中同尤伯罗斯讨价还价，最后富士公司以700万美元的价格买下了洛杉矶奥运会胶卷独家赞助权。

日本人来抢自己的市场，这是柯达公司没想到的，等到柯达公司意识到事态的严重时，富士胶卷已经充斥了美国市场，为此柯达公司广告部的经理被撤了职。

在汽车方面，美国通用汽车公司与丰田等几家日本汽车公司的竞争，更是热火朝天，彼此都竭尽全力以拼抢这“唯一”的赞助权……

据后来统计，此届奥运会企业赞助共计3．85亿美元，高出莫斯科奥运会40多倍。1980年的莫斯科奥运会的381家赞助厂商，总共赞助费仅为900万美元。

收入最高的莫过于把运动会实况电视转播权作为专利拍卖。

当初，尤伯罗斯的工作人员提出的最高拍卖价是1．52亿美元，遭到他的否定。为此他亲自出马先研究了前两届奥运会电视转播的价格，又弄清楚了美国电视台各种广告的报价，提出2．5亿美元的拍卖底价。

他还以7000万美元的价格把奥运会的广播转播权分别卖给了美国、澳大利亚等国。从此以后，广播电台免费转播体育比赛的惯例被打破了。

结果，在广播电视“专利权”方面，尤伯罗斯就筹集到了2．8亿美元。

奥运会开幕前，要从希腊的奥林匹克把火炬点燃空运到纽约，再绕行美国的32个州和哥伦比亚特区，全程1．5万公里，途经41个城市和近1000个镇，通过接力的形式最后传到洛杉矶，在开幕式上点燃火炬。

尤伯罗斯发现参加奥运会火炬接力跑是很多人梦寐以求、引以为荣的事情，于

是他提出了一个大胆的设想：公开出卖参加火炬接力跑权利，规定凡是参加美国境内奥运火炬接力跑的人，每跑1英里，须交纳3000美元才能有资格参与。

此语一出，世界舆论哗然。尽管尤伯罗斯的这个做法引起了很多的非议，但他依然我行我素，最后大笔的款项还是如期收上来了，这一活动筹集到了3000万美元。

尤伯罗斯

设立“赞助人计划票”，凡愿赞助2.5万美元者，可提供奥运会期间每天获得最佳看台座位两个；每家厂商必须赞助50万美元，才能到奥运会的运动场做生意，结果有50家厂商，从杂货店到废物处理公司，都争相赞助。

组委会还发行各种纪念品、吉祥物，发行不多但都是高价出售。

虽然奥运会的大多数项目的开支不能减少，但尤伯罗斯采取变通办法就节省了一大笔开支。

其一，洛杉矶1932年曾举办过奥运会，虽然现在奥运会的规模与当初不可同日而语，但以前奥运会的一些体育设施毕竟犹存，仍然可以用。于是他对这些场地简单地进行了修缮，这就为他节省了一大笔开支，而且也大大减少了工作量。

其二，尤伯罗斯正式聘请的工作人员只有200名，这与上届莫斯科奥运会有2000个职员比，刚好是1/10，节省了大量的工资支出。

随着奥运会的日益临近，整个洛杉矶已呈现出浓郁的喜庆气氛。由各公司赞助整修和重建的各种体育设施已焕然一新，洛杉矶市也装点得十分美丽。“功夫不负有心人”，尤伯罗斯用自己的“杰作”等待奥运会的开幕。

国际奥委会原主席萨马兰奇和主任贝利乌夫人视察了这些设施之后，拉住尤伯罗斯的手，非常满意地说：“洛杉矶奥运会的组织工作是最好的、无懈可击的。”

全世界140多个国家和地区的7960名运动员使这届运动会的规模超过以往任

何一届。整个奥运会期间，由于各方面的筹备工作到位，观众十分踊跃，场面热烈，门票销路顺畅。田径比赛时，9 万人的体育场天天爆满，以前在美国属于冷门的足球比赛，在此次奥运会上，观众总人数竟然超过了田径，就连曲棍球比赛也是场场爆满、座无虚席。多杰尔体育场的棒球表演赛，观众几乎挤满了过道。

同时，几乎全世界在第一时间里都收看了奥运会的电视转播，令人眼花缭乱的闭幕式现场直播至今还留在人们的记忆中。

在奥运会结束的记者招待会上，尤伯罗斯宣称，本届奥运会第一次实现了盈利，大约有 1500 万美元左右。一个月后组委会统计的详细数字表明本届奥运会盈利 2. 5 亿美元。

洛杉矶奥运会以其财政上前所未有的成功为后来的奥运会树立了榜样，这一结果证明尤伯罗斯确实算得上一个经营天才，当然这个天才也只有在奥运会这样规模空前声势浩大的场合才能显露出本色。他成功地把一届政府都不敢染指的大事办成，而且也攫取了丰厚的回报。

“借时势而成气候”，尤伯罗斯不是第一人，他只是犹太人中的一个代表，当然也是犹太人推崇的榜样，这也如一面镜子，世人都可以对照仿效，以期成就大气候。

七、“怂”与“闯”的思维平衡

有胆魄方能成大事

在我国民间，有这样一句俗语：富贵险中求。在记载犹太人生活习惯的经典书籍《塔木德》中也有类似的话，它是这样说的：只有在别人不敢去的地方，才能找到最美的钻石。

两句话说法不一，但意思相同，都是告诫人们，要想得到巨额的财富，就要有富有冒险的精神，要有敢于闯荡的魄力。

看看你的身边，当然也可审视下你自己，之所以到如今还没有摸到成功的大门，是不是和自己缺乏冒险的气魄有关系呢？当下是个竞争异常激烈的社会，很多时候容不得你多想，机会转瞬便落入了他人手里。那些先于你抓住机会的，往往正是具有较强冒险精神的。事实上，做什么事都不会四平八稳、万无一失的，你要是怕这怕那，那么机会就不会出现。

犹太人的与众不同之处就在于，他们敢于冒险，并努力在风险中找到生存和发展的机会。在他们的词典里，没有畏首畏尾、缩手缩脚、优柔寡断这样的词。相反，他们总是勇于去做别人不敢冒险尝试的事。因为他们觉得，只要我这次赢了，就会大赚一笔；即便是输了，也没啥大不了，从头再来就是了。

带着这样的想法，犹太人不会轻易放过任何一个赚钱的机会。在犹太人看来，风险的背后蕴藏着巨大的商机，风险越大，获得的利润就越大。他们相信，只有那些敢于冒险的人，才能赚取更大的财富。而那些凡事小心翼翼、不敢承担风险的人，注定和发财无缘，他们一辈子只能默默无闻，毫无建树。

你想成为毫无建树的那一位吗？如果不想，那么就学习一下犹太人敢于冒险的勇气吧！

在当下的金融领域，摩根集团是个人所共知的响当当的名字。他的创始人摩根本人就是一个敢于冒险、善于把握机会的人。

有一次，一位名叫克查姆的人前去拜访摩根，问他有一桩黄金的买卖想不想干。摩根当然很有兴趣，于是就问对方是怎么计划的。克查姆说出了自己的计划：两个公司共同付款，秘密买下大量黄金；买完之后，再将买下的一半以正常的交易卖出，剩下的一半则留下来；然后，再通过舆论的力量炒作黄金涨价的消息，这时候再抛售剩下的黄金，就可大赚一笔。

摩根听了克查姆的计划后，考虑了一下，觉得虽然存在一定的风险，但是不失为一个赚钱的好点子。于是，他爽快地答应下来。

没多久，果然不出他们所料，“黄金即将上涨”的消息到处传开了。趁此机会，摩根和克查姆将手里的黄金全部出售，因此大赚了一笔。

发现商机需要运气，追逐商机需要勇气。如果摩根犹豫不决，优柔寡断，就不

会把握住这次赚钱的时机；即使后来他在犹豫不定之后终于下定决心了，那么也可能早就被别人抢先一步，自己只能喝别人吃肉剩下的汤了。

敢于冒险的人，乐于接受挑战，敢为天下先；胆子小的人亦步亦趋，墨守成规。敢于冒险的人总是兴冲冲地为自己争取发财机会，胆子小的人永远只能看别人发财。这不正是“夙”与“闯”的区别吗？

犹太人认为，只要值得去做，就不要害怕风险。因此，他们一旦看到商机，绝不轻易放手。犹太人很清楚，那些所谓安全、稳定的赚钱项目是根本不可能存在的，只有冒险才是他们必须要经历的事，才会让他们抓住触手可及的机会和财富。

“一个人成功的奥秘在于，要有特别敏锐的商业嗅觉，能把握商业良机，能在不熟悉的领域内抓住关键问题并善于处理。”这是著名的美国石油大王亚蒙·哈默所说的一句话，这句话应该也是他凭借着自己的经商经验不断冒险而建立了一个巨大的石油王国的经验之谈。哈默正是因为拥有这份敢于冒险的精神，才成就了其石油王国的辉煌。

曾经有年轻人询问哈默成功的奥秘，哈默给出的答案是：“其实也没有什么秘诀，只要等到俄国革命的时候，你到俄国政府的交易部门转一圈，看到有什么生意做，然后你就可以去做……”没想到，还没等哈默说完，那位年轻人就愤然离去，因为他觉得哈默说的话不可信，纯粹是敷衍自己，他因此感觉受到了屈辱。

实际上，这位年轻人并不清楚，哈默所说的正是他获得成功的关键所在，也是他先后 13 次到俄国做生意的经验。我们在前面曾提到过哈默冒险到苏俄求财的经历。

时间追溯到 1921 年，经历了长时间战争和内乱的苏俄，急需各种救援物资，尤其是粮食。因此，苏俄政府十分鼓励国外的资本参加苏俄重建。此时，刚刚从大学毕业的哈默已经有了一份稳定的工作，并且靠管理一家药厂而获得了百万美元的财富。为了赚取更多的金钱，哈默瞅准了这个时机，决定冒一次险。于是，他带着 10 万美元和大量的物资器材来到了莫斯科，并且买下了一座战争留下的野战医院。当时苏俄的领导人列宁知道后，对哈默的行为表示欢迎和支持，这样的经历不但让哈默获得了巨大的财富，更为他以后的事业打下了坚实的基础。

在那些不敢冒险获取财富的人们看来，哈默的行为简直不可思议，因为当时人们对苏俄还有怀疑和偏见，和他们做生意，实在是不敢想的事。也只有哈默敢于冒险，并在苏俄赚取了大量的财富。

有人估算，在一个人的一生中，遇到特殊机会的可能性是微乎其微的，大概不到百万分之一。这么小的机会，是不是如同大海捞针一般渺茫？然而，那些敢于冒险的人绝不会让这仅有的机会溜走，在机会面前，他们想到的不是害怕，不是担忧，他们想到的只有一件事：行动起来！

的确，致富是需要胆量的，你只有跨出那一步，才能看到财富的影子。曾有人对数百名富豪的经历做过研究，发现他们都有一个共同的特质，那就是敢于冒险，做事果断。看看本节中提到的摩根和哈默，无不是有着超乎常人的冒险精神的人。

事实上，世界上并不缺少白手起家的神话，没有谁生下来就是含着金汤匙的富人，但是，人们可以凭借冒险的精神来改变自己的人生。

所以，还等什么，当机会来临，你唯一应该做的就是：伸出手，抓住它！要知道，风险和商机是相辅相成的，要想赚钱，你不能只看到投资的风险，更要有敏锐的商业眼光，抓住风险中潜在的机遇。这样，你才能获得别人望尘莫及的财富，获得别人难以取得的成功。

没有勇气就没有机遇

20世纪三四十年代，伴随着第二次世界大战的爆发，世界上大部分国家都卷入了这场战争。在那个动荡的时代，所有商人为了自保，都不敢轻易地做出投资的决策。但是，也有人做出了大胆的尝试，并因此获得了巨额的财富。

在“二战”中期，由于整个欧洲都陷入了战乱之中，人们纷纷准备逃离欧洲战区，寻找安全的地方。因此，这些人纷纷想方设法变卖自己的家产和房产，这时，有两个青年认为这是一个大好的机会。在他们看来，战争总有结束的一天，人们还会回到自己的家乡。如果自己低价买进现在人们急于出售的财产．那么等到战争结束的时候，一定会获得巨额的利润。想到这里，这两个年轻人就开始准备购买逃难者的家产了。不过，就在这时，其中的一位产生了退缩的心理，他想：自己买进了

这么多财产，如果军队占领了这里，抢占自己的财产，那么自己损失就会十分惨重。于是，他放弃了这个让自己发大财的想法，带着自己的财产逃到别处去了。

另一个青年是犹太小伙子，他没有因为伙伴的离去而丧失信心，他对于当时的形势进行了详细的分析，最后想到了保管这些财产的方法。他大量地收购别人的财产，然后将这些财产都转移到乡下，这样就避免了军队侵占。最后，他通过低价囤积了大量的物资。战争结束后，这位年轻人将这些物资高价卖给那些返回家园的人们，并因此赚取了巨额的财富，成为当地有名的富翁。

后来，两个青年又遇到了，当年离开的伙伴看到犹太小伙子已经成了大富翁，不禁感叹道：“如果我当初能够拿出勇气，也许我也会成为你这样的富翁了。”

同样的机会，甚至同样的初衷，却因为有无勇气而使结果有了天壤之别。那个离开的年轻人，选择了逃避风险，因此他最后只能一无所获；而那个犹太青年却拥有挑战风险的勇气，并找到了规避风险的办法，因此获得了巨额的财富。

如此看来，还能抱怨机会不垂青于你吗？还能唠叨自己天生没有成为富翁的命吗？若是再有这样的想法，那还是先问问自己，是否有足够的勇气吧！一个人如果没有勇气和大胆尝试的精神，即使有亿万财产摆在你的面前，你也没有机会获得。

当然，敢于冒险，并不等于鲁莽行事，更绝非瞎干蛮干。犹太人具有强烈的冒险精神，他们在做事的时候能谨慎思考，三思而后行。这就是他们能够获得巨大财富的关键。无论是前面说过的哈默，还是那位发“战争财”的犹太小伙子，他们的冒险并不是出于冲动的想法，而是经过谨慎的考虑才去做的。也可以说，这种冷静考虑问题，在做出决定前慎重思考，然后再付诸行动的人，才是真正的勇者。否则，就是莽夫了。因为那些人看似有勇气，但实际上只是凭意气做事，缺乏理智的判断和谨慎的思考。这不是犹太人崇尚的经商之道。

所以，你要想创造更多的财富，不但要有冒险的精神，更要有缜密的心思和理智的判断。只有这样，你才能避开更多的问题，在风险中获得更多的致富机会。关于这一点，我们在下一节内容中还将进一步阐释。

“胆大”与“心细”不可偏废

在前面的内容中，我们多次提到赚钱离不开胆识，成功需要冒险，但仅有这些是远远不够的。上一节的结尾，我们就提到了这一点。在商场上，真正想赚钱，并且能够赚到钱的生意人，不仅需要过人的胆识，更需要聪明的头脑。如果只有胆识和敢于冒险的精神，那么你充其量只能算在成功的道路上走了一半，只有加上聪明的头脑和给力的智慧，才能将剩下的那一半走完，最终到达成功的彼岸。

犹太人约瑟芬斯是一位颇有名气的股票经纪人，他从年轻时就立下了要成为显赫大富豪的宏愿。最后，凭着他一直以来的雄心和抱负加之过人的胆识，在不到10年的时间里，就已经拥有了上百亿美元的资产。

在这之前的约瑟芬斯是什么样子的呢？多年前的约瑟芬斯有着一份稳定的工作，但是这份工作让他成为富豪的可能性微乎其微。于是，为了追逐内心的梦想，他辞去了工作，开始投入股票交易市场。那时候的约瑟芬斯，所有的资产只有500美元。钱虽少，但仍阻挡不了他开创自己事业的步伐。

在之后一段时间里，约瑟芬斯利用自己掌握的股票知识和经验，通过炒股很快就赚取了35万美元。不过，追求富翁梦的约瑟芬斯被这突如其来的成功冲昏了头脑，他做出了错误的决定。这个决定就是，他花费大量的资金买下一家暴跌的实业股份公司的股票。眨眼之间，约瑟芬斯损失惨重，最后只剩下200美元。真是宅子连地都给赔进去了。

面对这种情况，周围的人们都以为约瑟芬斯会退出股市了。但出人意料的是，他又重整旗鼓，继续投身到股票交易中来。这一次，约瑟芬斯更加注重股票知识的学习和积累，他除了研习书本上的知识外，更是遍访各种炒股高手，学习各种炒股经验和技巧。经过一段时间的学习，约瑟芬斯开始变得沉稳，做事之前会慎重地考虑。每进行一笔交易之前，他都细心观察股票行情，认真分析股票的走势。正是在这个过程中，约瑟芬斯发现一些未列入证券交易所买卖的股票也有利可图。只是这些股票的利润比较小，所以常被那些金融大亨们忽视。于是，他把自己的精力放在这些股票上，结果不到一年的时间，他就净赚了45万美元。

约瑟芬斯重新赚取了足够的资金后，他创立了自己的股票公司。在经商的过程中，他仍不忘充实自己的头脑——利用闲暇的时间到图书馆学习股票的知识。几年之后，约瑟芬斯成为一名知名的股票经纪人，每月的收入高达28万美元。

然而，天有不测风云，没多久，国内经济出现动荡，股市必然也会受到波及。好在约瑟芬斯在之前的炒股过程中，养成了深思熟虑细致耐心的好习惯。经过一番周密的思考，他预测可能会出现经济危机。于是，他毫不犹豫地把自己手中的股票抛光。果然，经济危机导致了股票大跌，但是他却赚取了500万美元。随后，由于经济危机的到来，人们开始纷纷抛售股票，而这时候约瑟芬斯又开始逐渐买入。经济危机结束后，他又将股票卖出，这样，约瑟芬斯凭借自己的智慧和胆识，赚取了大量的财富。

你还崇尚“买涨不买跌”的训诫吗？看完约瑟芬斯的故事，想必你能感受到，真正赚钱的，并不是随大流的人，而是凭借着自己的头脑和智慧，能比别人超前想到一步的人。犹太人的胆量和智慧，值得所有想成功的商人学习。勇敢向前的胆识是成功的动力，而经商的智慧则是成功的重要保证。

在前面，我们曾提到过美国金融巨头摩根敢于冒险的成功故事，但摩根绝不是一个赌徒。不是有人这样开玩笑吗，只要摩根开始了自己的工作，就相当于印钞机在飞速运转，因为他头脑中的投资概念已经完全成熟了。

下面看一则案例分析：

摩根“胆大”的背后是“心细”。也就是说，他不仅有胆有识，而且也有超强的智慧和头脑。19世纪末，铁路运输是支撑美国产业界运输体系的支柱。但当时一盘散沙似的各段铁路无法担此重任。要想把分散的铁路联成一体，组成一个铁路网络，那么就需要在铁路方面投入大量资金。这样一来，铁路就不得不更加依赖投资银行。当时由于企业社会化程度越来越高，各公司的拆分、合并也越加频繁，所以借贷的资金额也就越来越大。这对于投资银行也就提出了更高的要求：不但要财力雄厚，更要信誉良好。面对美国的经济危机，很多破产公司将求生的希望寄托于摩根身上，希望他们能收购自己的公司，拯救自己。

在这种危急局面下，摩根果断操起了“手术刀”，给铁路业来了一次“开膛破

肚”的大手术。摩根采取的是“高价买下”战略。不管是新修建的铁路，还是曾经修建的但已经和时代发展不相符的铁路，他都买下来，为的是能够迅速整顿美国的铁路。

这一次，摩根以价格战打赢了竞争对手，因为他并没有想通过这次投资获利。另外，摩根也考虑到，如果铁路产业这一支柱被他人占领，那么自己在金融界刚刚夺得的霸主地位将会受到威胁，为此是值得一搏的。

铁路行业的大整顿，预示着美国经济从初始的开发阶段，迈向了现代的重视经营管理阶段。摩根的经营思想与管理方式逐渐成为华尔街乃至整个美国效仿的对象，直到今天还有深远的影响。

通过这个故事，你能感受到什么呢？想必你会发现，成功者在充满风险与机会的投资上，他们宁愿尝试在风险中赚钱，也绝不轻易地因为风险而逃避；同时，他们更懂得，成功需要在胆大的基础上有细密的心思，然后果断出手，只有这样赢家才非自己莫属。这种“胆大心细，迅速出手”的投资气魄，正是犹太人一直崇尚的经商准则，也是一个优秀商人的基本素质。

说到这里，我们再来谈一下前面提到过的多次敢于“到月球去探险”的美国石油大亨哈默。

在苏俄革命初期，他毅然到那里经商、投资办企业，在很多人看来这是疯狂之举，因此人们称之为“到月球去探险”。

难道哈默真的是脑门一热，想一出是一出吗？难道哈默不知道有可能存在的压力和风险吗？答案都是否定的。他想到的甚至比你想到的还要多，还要细致。或许也正是因为经过了深思熟虑，他才做出了这样的看似冒险的决定。因为哈默知道，风险大，利润必然也大，是值得自己去冒险的。

在前往苏俄的途中，哈默饱尝了大西洋中航行晕船之苦和英国秘密警察纠缠的烦恼。经过好一番折腾之后，哈默终于乘火车进入苏俄。在沿途，哈默看到的是惨不忍睹的景象：霍乱、伤寒等传染病流行，城市和乡村到处有无人收殓的尸体，专吃腐尸烂肉的飞禽在人的头顶上盘旋。

每当见到这些，哈默都会痛苦地闭上眼睛。但与此同时，作为生意人的精明头

脑会告诉他：被灾荒困扰着的苏俄目前最急需的是粮食。他又想到，当时美国的粮食获得了大丰收，价格早已跌到很低，农民们甚至宁可把粮食烧掉，也懒得运送到市场上出售，因为那还不够花费的工夫钱呢！苏俄有什么呢？这里有的东西可是美国人们所需要的，比如毛皮、白金、绿宝石等，可以用粮食来和这些东西做交换呀，岂不是两全其美吗？

想到此，哈默认为机不可失，于是立刻向苏俄官员建议：用从美国运来的粮食换取苏俄的货物。这一提议得到了苏俄官员的支持，于是双方很快达成协议。至此，哈默初战告捷。

哈默之后的成功故事，在此就不多提了。仅仅凭着这一点，我们不难发现，他的决定绝不单单是一次大胆的冒险行为，而是伴随着智慧和头脑而滋生的勇气挑战。

执行是“闯”的基础

如果有人问你，成功是靠说出来的吗？

你的回答肯定是“No”。

因为谁都知道，任何的成功都离不开脚踏实地地去实干，光靠红口白牙两张嘴皮子，即使再加上一个善于“做梦”的脑袋，就算你说得天花乱坠，也终究难圆想象中的美梦。正如美国GE公司前总裁杰克·韦尔奇先生说过的一句话：“一旦你产生了一个简单而坚定的想法，只要你不停地重复它，终会使之变成现实。”由此不难理解，所谓成功，是离不开行动的。也就是，没有执行力，再好的想法也只是空谈，也就注定和成功无缘了。

扪心自问，你是善于耍“嘴把式”的人吗？想一想，是不是自己经常豪情壮志，似乎有很大的抱负和理想，也有很好的创意和想法，却未能通过实际行动表现出来。这种状态，显然就是因为缺乏执行力而让自己的抱负和理想没有下文，结果很可惜，也很遗憾。

这种只过嘴瘾的做法，是很被犹太人鄙视的。他们认为这样的人是“言语的巨人，行动的矮子”，无论如何，也是难成气候的。所以，在犹太人的意识里，不管

是多么正确的决策、多么严谨的计划、多么伟大的梦想、多么宏伟的蓝图，如果没有严格高效的执行力做支撑的话，最终的结果都会和我们的预期相差甚远，甚至南辕北辙。因此，要想实现理想，达成目标，就一定要有不折不扣的执行力。关于这一点，我们可以在西洛尔的身上略见端倪。

20世纪80年代，出身于商人世家的西洛尔是一位有点名气的犹太商人。或许是家族气氛的熏陶，或许是与生俱来的天性，西洛尔还在少年时代就对经商产生了浓厚的兴趣。他一心想成为一名出色的商人，赚取更多的财富。

就在西洛尔还没大学毕业的时候，他就按捺不住做生意的欲望，开始向商场进发了。没有本钱，西洛尔就向父亲借了1000美元，随后创办了自己的公司。

说是公司，其实规模非常小，小到相当于一个文具店。虽然只是一个经营文具店的小公司，但西洛尔将自己的全部精力都投注在这上面。事无巨细，他都十分谨慎，精打细算，一步一个脚印地经营着自己的公司。

尽管如此，西洛尔的公司经营状况并不怎么好，也就是勉强维持生计。西洛尔想过一些办法，但最终又被他自己推翻了，因为这些办法对于改善公司的经营状况并不理想。于是，他希望有更理想的方法出现。

这一天，一个偶然的机会，西洛尔发现，在自己生活的这座城市中，最知名的大商场正在通过电视反复播放广告，可以获得大量消费者的关注，其生意自然也就可以越来越好。

对于这种广告，你应该也不陌生吧？尤其是电视购物中，很多厂商都借鉴了这种推广方式。事实上，这种广告的效果也确实不错。西洛尔认识到这一点后，认为这是一个很好的机会，于是他决定去尝试一下。下定决心后，他没有停留片刻，就立刻赶到当地的电视台，为自己的公司打起了广告。

果然，通过这种做广告的方式，西洛尔的文具公司开始被更多的人所熟知，渐渐地，来购买文具的顾客也多起来，甚至有一些顾客是专门来批发文具的。如此一来，西洛尔的文具公司开始销量骤增，效益可观。

正是这次的成功经验，让西洛尔认识到了广告的好处，于是，他想：如果自己在专业的杂志上、产品博览会上做广告，是不是会收到更好的效果呢？后来，西洛

尔在自己的每一件商品上，都标上自己公司的名称和公司的电话号码，同时，他还在商场、超市、文具店等地方标上了自己公司的名字和号码。总之，西洛尔想尽一切办法，将自己公司的名字和电话号码标在他能想到的地方。

就这样，过了不到一年的时间，几乎全国所有的地方都能够看到西洛尔文具公司的名字和电话了。结果，如西洛尔本人所预料的一样，他的文具公司的生意更加兴隆，产品也风行全国各地，他自己呢，已经是拥有百万美元的大富翁了。

西洛尔的做法有什么高明之处吗？客观来讲，或许谈不上。但不得不承认，从他追求财富的过程中，我们看到了他的勤恳、踏实、认真执行的毅力和耐力。他想到了好的办法就马上行动，积极努力，最后，终于成就了自己辉煌的事业。若不是这些积极的行动，任凭他有再好的点子、再伟大的梦想，恐怕也难成大事。

执行力，就是犹太人的行事准则！在犹太人的心中，想要成就一番事业不仅要做到敏于事，更要做到敏于行。事实上，执行力是成功必需的，是任何追求财富的人都离不开的。强大的执行力可以使你保持饱满的热情和斗志，促进你提高做事的效率，而这份热情就是你奋斗的动力。

犹太男孩埃里克森性格温和，心态积极。一直以来，他都有一个很明确的目标，就是成为一家著名酒店的经理。可实际上，他只是一个普通的服务员。尽管如此，他用自己的热情和友善让自己看上去很是与众不同。他热情地对待每一位前来的顾客，他会帮助每一个有需要的同事。

埃里克森一直向自己的理想前进着。他很清楚，为了达到目标，他得去英国接受国际酒店方面的重要培训；他也清楚，经济不宽裕的他根本支付不起培训所需的费用。虽然这样，他并没有消极过，他仍然用最饱满的热情对待他的工作、他的顾客和他的同事们。

经过几年的努力，埃里克森来到了有着很多著名酒店的伦敦，成了一家颇有名气的餐厅的领班。在这里，他仍然延续他饱满的热情和积极友善的态度来对待周围的人们。

又过去了很多年，埃里克森终于成了一家著名酒店的经理。此时的他，已经不再年轻，但是他成功了。

这就是行动的力量！如果埃里克森当初只有理想而没有年复一年的努力，那么他势必不会得偿所愿。

通过西洛尔和埃里克森的事例，我们不难看出，要想把成功变成现实，脚踏实地地努力、一步一步去认真执行是不可或缺的。要想让自己有所成就，就应该在让自己充满豪情壮志的同时，具备超强的执行力，将计划付诸行动，做行动的巨人。

敢为天下先

如果没有人知道螃蟹可以吃，你会是第一个吃螃蟹的人吗？换言之，别人不敢做的事，你敢尝试吗？如果答案是否定的，那么下面的问题你可以自动忽略；如果答案是肯定的，那么请继续看下面的问题。接下来要问的问题就是：你认为自己在什么时候，哪些事情上做到了大胆尝试，而不是随大流呢？

先不管你的答案如何，你需要知道的是，犹太人在这方面有着怎样的勇气和信心。他们绝不会为了寻求所谓的安全而让自己随大流，而是看准时机，只要有合法赚钱的可能，管别人做过没有，自己一定要立马尝试，做第一个“吃螃蟹”的人。来分享一个案例：

在犹太人韦尔坚持不懈的努力下，历经20年的拼搏，他亲手创办的西尔森公司，终于成了美国知名的企业，韦尔也因此成了当地一位十分有名的富翁。

接下来，西尔森公司会继续稳步发展、蒸蒸日上吗？

先卖个关子，结果怎样，到后面再揭晓。此时，有一件事情足以引起你的惊讶，这件事情就是：韦尔将自己辛苦经营了20年的公司卖给了美国捷运公司。

你一定好奇：捷运公司是做什么的呢？

这家公司是一家经营赊账卡、旅游支票等业务的公司，每年拥有80亿美元的销售额。西尔森和人家比起来，可以说规模要小很多。不过，西尔森的发展前景十分可观。为此，几乎所有知道这一消息的人们，都认为韦尔的做法不可思议，难以理解。更何况，韦尔刚开始进入捷运公司的时候，根本不受公司重视，反而遭人排挤。因此，人们都觉得，韦尔这个决定简直是失算之举。

不过，经过了一段时间后，情况开始起了变化，人们也变得渐渐佩服韦尔的眼

光和智慧。因为他当初那令人诧异的决定，居然让他获得了成功。在韦尔的不断努力下，他的才能逐渐被捷运公司的老板看在眼里。于是，韦尔承担的责任越来越多，职位也越来越高，收入自然也水涨船高。后来，韦尔在美国捷运公司的职位仅低于董事长和总裁，拥有公司金额不菲的股份，每年个人收入达到近 200 万美元。这样的成就与当初他所经营的整个西尔森公司相比，早已不可同日而语。当初他的整个公司也不值这么多钱。更何况，他除了换回这么丰厚的物质利益外，还得到了公司第二号人物的宝座。这样的交换，难道不值得吗？换作是你，你会觉得吃亏吗？

可见，别人都认为不该做的，不一定不能做，更不一定不会带来益处；同样地，别人认为正确的，未必就是真的正确。韦尔的成功经验告诉我们，人们应该知道在什么时候做什么事情；不管别人怎么想，要敢做自己认为对的事情，这样才能抓住机会。

美国的石油大王洛克菲勒认为，只有那些敢于创新、敢于做别人不敢做的事情的人，才能获得成功，他说：“如果你要成功，你应该朝新的道路前进，不要跟随被踩烂了的成功之路。”与之相反，一个人只是重复别人所走的路，是不会获得成功的，即使取得了成功也不会有辉煌的成就。如果你是这样的人，那么还是尽量改变一下吧！

有一位叫达尼克的小伙子，他一直生活在美国中部地区，不怎么外出的他，从来没有见到过大海是什么模样。所以，他非常期待有一天自己能够看见蔚蓝的大海，感受大海的浩瀚。

这一天终于到来了。达尼克来到了大海边，可是让他失望的是，大海被浓浓的雾气笼罩着，远没有想象中波浪汹涌的壮阔感。当时的海边，在雾气笼罩下的大海，又潮湿又寒冷，让达尼克不得不蜷缩起身子。

就在这时候，一位水手来到岸边，达尼克对水手说：“我喜欢蔚蓝的大海，可是今天看到的却是雾气弥漫的大海，幸好我不是水手，否则我真不能适应这样的生活。”

听了达尼克的话，那位水手笑了笑说：“很多人有你这样的想法，就连我的那

些同事，有些也不想当水手了。”达尼克一听，有点好奇，也有点不解，于是问道：“他们为什么不想当水手，是不是因为水手是十分危险的工作？难道你就没有害怕过吗？”

只听那位水手说：“没错，水手确实是一份十分危险的工作，但是我很热爱大海，也很热爱我的工作，所以我不会惧怕危险。我家庭的每一个人都十分热爱大海，我的祖父、父亲、兄长都是出色的水手，但是，他们都发生了不幸，葬身于大海了。”

水手的这一番话让达尼克惊讶得睁大眼睛，他连忙问道：“那么你为什么还要做这么冒险的工作，如果我是你，我就永远也不会和大海打交道了。”

水手看着达尼克说：“那么，你愿意告诉我，你的父亲死在什么地方吗？”

达尼克沉痛地对水手说：“我的父亲死在床上，我的祖父也是一样，他们都是在床上去世的。”

这时，水手笑着说：“看来，床也是一个十分危险的地方，如果我是你，就再也不到床上去了。”

此时，达尼克终于明白了水手话语中的意思，虽然在他的眼中，当水手是件很危险的事，但是勇敢的水手把风险看作平常的事，他相信，只要自己付诸热情，充满向往，就应该勇敢地去做，哪怕周围的人都不看好，甚至都不敢尝试，自己也不应该受此影响。

做水手需要这样的胸怀和魄力，同样，经商也需要这样的勇气和胆识。看看你的周围吧，希望自己腰缠万贯、富甲一方的人不知道有多少，但是总是害怕失去目前稳定的生活，因此便不敢勇敢去做自己想做的事情，最终这些人也只能失去获取财富的机会。

成功的途中，原本就没有什么好走的路。如果你一直沿着别人的脚印前进，虽然省时省力，可到头来你又能得到什么呢？恐怕只能是理想离自己远去的无奈和墨守成规的遗憾吧！

犹太人就像上面故事中的那位水手一样，他们并不是不知道危险，但是，他们不会因此而惧怕，因为他们知道，想要证明自己的价值，就必须拥有敢于冒险和尝

试的勇气。事实上，机会总是青睐于那些敢于做别人不敢做的事的人，这些人不喜欢按部就班地模仿别人的成功经验，他们勇敢地尝试那些新事物，所以他们总是能获得更多的机会。在生意场上，很多人都可以遇到一些机会，但最终获得成功的只有少数人，根本原因就是那些人敢于冒险，做别人不敢做的事情。如果你连尝试的勇气都没有，成功凭什么光顾你呢？

这里还有一个犹太人的故事，一起来看一下。

当年，在肯德基这种快餐风靡美国的时候，一位在大阪生活的犹太人也想开一家这样的快餐店。他认真研究了当地人的饮食结构，决定做一种符合当地人口味的面包。

这时候，他的一位朋友劝他不要开，理由是大阪人吃面食早已习惯了，这种西方口味的面包他们是不会接受的。

这位犹太人却不这么认为，他仍旧对自己的做法信心十足，于是，他开了一家专门卖这种面包的小店。结果出乎他那位朋友的意料，这种面包非常好卖，一天就让他盈利多多。

上面故事中的韦尔和快餐店老板，之所以会获得巨大的成功，是因为他们敢于尝试，不怕遭遇失败，更不怕别人的“不看好”。而那位叫达尼克的青年，在水手的引导下，也慢慢认识到了勇敢尝试的重要。

面对同样的情境，大部分人像达尼克那样，少部分人如韦尔和快餐店老板那样。犹太人显然是后者居多。他们不会墨守成规，而是想出一些不寻常的方法，然后大胆地尝试。也正是这些不寻常的方法，帮助他们取得了不寻常的财富和成就。如果你也想有所成就，何不放下以前的思维和行为模式，多汲取一些犹太人的思想精髓呢？

至关重要的决断力

面对一件事，你是前思后想、举棋不定呢，还是干脆利落、立马拍板呢？

两种做法，体现的是不同的处事风格。对每个人来说，深思熟虑、权衡利弊是必需的，但是当机立断的行动力也是不可缺少的。你不要认为，二者是相互矛盾

的。其实，关键是把握好其中的度，不要仅限于考虑，更不要考虑起来没完没了，而应该在认真思考之后，立马做出决断。这样才不会让机会白白溜走，也才能获得事业上的成功。

在世界保险行业中历史最悠久、赚钱最多的公司，要数英国的劳埃德保险公司了。这家保险公司有着雄厚的资金和良好的商业信誉。一直以来，很受人们的信任。该公司的创建者是犹太人爱德华·劳埃德，在创建保险公司前，他在伦敦泰晤士河附近经营着一家小咖啡馆，后来才慢慢转行，投身到保险行业中来。

随着时代的发展，到了19世纪60年代时，汽车已经逐渐走进了英国民众的生活，成为一种较为普遍的交通工具。出于安全考虑，一些人开始为自己的爱车购买保险。但由于之前没有这样的先例，所以伦敦的保险公司没有此项业务。

劳埃德发现了这个机会，他认为这是一个赚钱的良机，于是第一个承接了汽车保险。正是这种敢于快速决断的做法，让劳埃德保险公司成了最早也是最先进的承办汽车保险的公司，也让他的公司走在了世界保险业的前列。

从事保险事业以来，劳埃德总是喜欢独辟蹊径，走在同行业的前头。每当看到新奇的事物后，劳埃德都从不犹豫、拖延，因此他也创新了很多的保险项目，如太空卫星、超级油轮的保险，就连主演惊险片的男影星的人身安全险也是他首创的。

为了加强公司的竞争实力，劳埃德非常注重办事效率。而快速赔付、注重效率也是保险市场颇为讲究的原则。为此，劳埃德将工作流程及工作效率都控制得特别好。从他们的保险经纪人写明申保项目，到解答顾客的问题，从协定协议到保险商签字，一系列程序只需要几分钟便可完成。

事实证明，正是由于这种做事快速、毫不拖延的办事风格，劳埃德公司很快成为伦敦保险业的佼佼者。

看到这里，你不妨想象一下，如果劳埃德的公司办事拖拉、缺乏效率，那么客户怎么能买它的账呢？如此一来，强一些的竞争对手很快就会把它给“吃”掉的。换句话说，信誉也好、财富也罢，很多时候是因为注重效率而获得的。关于这一点，日本经营大师土光敏夫说过这样的话：“决断就是保住时机；该决定时不决定是最大的失策。”

你想失策吗？你想距离成功越来越远吗？如果不想，那么就不要再优柔寡断，学会当机立断吧！这样的做事风格在美国百货业巨子约翰·甘布士的经商过程中，也体现得非常明显，下面，我们一起来看一下他的故事。

曾经有一个时期，约翰·甘布士所居住的伯维尔地区遭遇经济萧条，很多工厂和商店都因此纷纷倒闭。为了减少损失，这些工厂和商店不得不以极低的价格疯狂抛售自己堆积如山的存货。

当时的价格低到什么程度？说出来恐怕会吓你一跳。据说，当时1美元可以买100双袜子。

那时候，甘布士在一家织造厂里做技师，而且是很不起眼的那种技师。但他是一个善于发现商机并且做事果敢的人。看到这种情形后，甘布士毫不犹豫地拿出自己的积蓄来收购这些低价货物，人们见他这么做，都认为他脑子进水了，甚至还当众嘲笑他是个傻子。但是甘布士并没有因为外界的舆论而动摇自己的立场，他依旧坚持自己的决定，收购了各工厂和商店抛售的货物，并且租下了一个很大的仓库来储存这些收购的货物。

对此，甘布士的妻子感到忧心忡忡，劝他不要购买这些别人廉价抛售的货物。因为他们的积蓄并不多，而且有一部分是子女的教养费。一旦这次投资失败，血本无归，那么后果是不堪设想的。

甘布士听了妻子的劝告和担忧后，笑着安慰妻子道："别担心，相信三个月以后，咱们就可以靠这些廉价货物发大财了。"

然而，过了十多天后，连那些工厂和商店贱价抛售的货物也已经没人要了，为了稳定市场上的物价，所有未售出的存货都被货车运走烧掉了。甘布士的妻子见状后心急如焚，不由得开始抱怨起来。对于妻子的抱怨，甘布士一言不发。

终于，美国政府采取了紧急行动稳定伯维尔地区的物价，并且大力支持当地的厂商复业。可是因为焚烧的货物过多导致存货欠缺，当地的物价随之飞涨。这个时候，甘布士果断地将自己库存的大量货物出售出去，这样不仅赚取了一大笔钱，而且也为稳定市场物价做出了贡献。

就在甘布士决定将库存货物出售出去时，他妻子又劝他暂时不要急于出手，因

为物价还在一天一天往上涨。但甘布士并没为此心动，他坚定地说："是抛售的时候了，如果再拖延时间，就会后悔莫及。"

果然如甘布士所言，存货刚刚售完物价便跌了下来。他的妻子对此非常庆幸，也十分钦佩他的远见与果断。

此后，甘布士用赚来的这笔钱开设了5家百货商店，生意非常红火。如今，甘布士也已是全美举足轻重的商业巨子了。

这个例子和前面提到的罗斯柴尔德的儿子尼桑是不是有某些近似？他们都是通过果断买进、卖出而获取了丰厚的利润。

试想，如果约翰·甘布士在机遇来临时总是犹犹豫豫、思前想后，如果他因为众人的议论和嘲笑而怀疑自己的决定甚至放弃收购，如果他听妻子的话延后抛售货物，那么他还能在这场经济危机中打一场漂亮的战役，成就自己此后的事业吗？

答案必然是否定的。

换言之，如果你也想赚钱，想成功，那么就不要做一个优柔寡断的人，而应该在考虑成熟后当机立断，果断执行。正所谓"该出手时就出手"。

犹太人卡斯帕在青年时代经常外出旅行。有一次，在他从孟买返回伦敦的途中，遇到这样一件事，一个陌生人敲开他入住的宾馆的房门，对他说："听说，您也是商人。"

卡斯帕从对方的话语和神情感觉出，这个人似乎很急于找到自己，于是问道："您有何贵干？"

这位陌生人回答道："啊！先生，我有件事有求于您，有一船上等的香料需要处理掉。这些香料来自巴厘岛，那里的香料可是世界上最好的。本来这些香料是一个香料商的，但是他突然之间破产了，无法偿付我的运费，便把这船香料做抵押，可我不懂这方面业务，您是否可以买下这船香料。如果你买的话，我只收你一半的价格。"

听完对方的话，卡斯帕问："这事很着急吗？"

对方回答："是很急，否则这样的香料怎么这么便宜。"一边说着，来者还一边拿出香料的样品。

卡斯帕瞥了一眼样品说道："如果所有香料的质量都跟你手上的一样，那我就买了。"

卡斯帕马上请了几个朋友和一位专家检查了这批香料，发现对方并没有骗人。卡斯帕马上打电话给伦敦的朋友，让他们筹了一大笔钱买下了这批香料。就在卡斯帕买下香料不久，由于马来西亚的香料遭受到台风灾害，大幅度减产，香料价格上涨两三倍。而卡斯帕囤积的香料，出售价格翻出收购价格几倍，卡斯帕赚了个盆满钵满。

当机立断的决定，为卡斯帕换来了高额利润。假设你是他，你会这么干脆利落做决定吗？不管你会不会，生活中还真存在不少优柔寡断的人。对这些人，美国作家马丁·科尔认为是"世界上最可怜的人"，因为"那些做事举棋不定、犹豫不决、不知所措的人，是自己没有主意、不能抉择的人。这种主意不定、意志不坚的人难以得到别人的信任，也就无法使自己的事业获得成功"。

没错，优柔寡断、举棋不定是人的性格中的弱点，它能让一个人的判断力和自信心逐渐消亡。具有这种弱点的人，自卑消极，没有毅力，自然也很难取得成功。

因此，假如你不想被这些个性中的弱点所侵蚀，那么就要在处理日常事务的过程中，有意识地培养自己遇事坚决果断的能力和迅速决策的能力。时刻记住：只要看准了方向，只要抓住了机遇，就不要犹疑不定、前思后想，而要做到该出手时就出手！

看准了就大把撒钱

甘愿尝试在风险中赚钱，也绝不轻易地摆脱自己的风险。这种"胆大心细，迅速出手"的投资策略，应当是一个优秀商人的基本素质。

犹太民族最推崇什么样的商人？

调查表明，他们对敢于做出惊人投资决策的商人最为崇拜，因为这些人最能体现犹太民族"胆大心细，迅速出手"的投资水平，即看准了就大把撒钱。

美国金融巨头摩根就是一个典型的敢于做出惊人投资策略的犹太商人，有人开玩笑称："只要摩根开始了自己的工作，就相当于印钞机在飞速运转，因为他头脑

中的投资概念已经完全成熟了。”

19 世纪末，铁路运输是支撑美国产业界运输体系的支柱，但就像一盘散沙似的各段铁路并不能完成这项重任。要想把分散的铁路联成一体，组成一个铁路网络，仍要在铁路方面投入高额资金。这样，铁路依赖投资银行的程度就表现得相当突出。随着生产力的发展，企业社会化程度越来越高，各公司的拆分、合并也越加频繁，借贷的资金额也就越来越大。这就要求投资银行不仅有雄厚的财产做后盾，更要有很高的信誉。在这种形势下，摩根创立的银行辛迪加成为新时期银行投资业的榜样。众多破产的公司企业面对美国的经济危机，把希望寄托在摩根身上，希望他能够收购他们的公司，成为他们的救世主，给他们的公司以新生。

在此等危难之时，摩根力挽狂澜，扶大厦于将倾。他操起手术刀，向铁路业大动手术了。他这次采取的是“高价买下”战略。无论是西部铁路，还是那些早已不符合当时发展要求的铁路，他都要统统买下，以便能迅速整顿美国铁路。

摩根高价购买铁路的策略被人称为“托拉斯计划”，这正是反映摩根策略威力之处。摩根此次的大量投资，不是投机，而是为了促进铁路发展。这次之所以开出了打败所有竞争对手的价格。也是因为他并不想靠这次投资获利。另外，如果铁路产业经济的支柱被别人占领，那么他在金融界刚刚夺得的霸主地位将会受到威胁。只为此，就值得他一搏。摩根对铁路的这次大整顿，标志着美国经济从开发的初始阶段，转入现代的重视经营管理阶段，从根本上改变了美国传统的经营战略与思想。他的成功给美国经济的发展方向带来了重大影响。在华尔街则更是如此，他的经营思想与管理方式成为华尔街纷纷仿效的对象，至今还影响深远。

从“海盗式”经营到形成辛迪加，进而到托拉斯，华尔街已从过去投机商的天地转变成为美国的经济中心。华尔街后来成为美国经济的发展标志，并问鼎世界金融霸主的地位，摩根的贡献当然首屈一指。

从摩根身上，我们发现，犹太人在投资方面充满着风险与机会，他们甘愿尝试在风险中赚钱，也绝不轻易地摆脱自己的风险。这种“胆大心细，迅速出手”的投资策略，应当是一个优秀商人的基本素质。

财气比运气更重要

拥有了高智商，不仅可以让你懂得如何创造财富，同时也能够让你知道，在财富的机遇面前应该如何去抓住它，把运气变成财气。

富翁家的狗在散步时跑丢了，于是在电视台发了一则启事：“有狗丢失，归还者，付酬金 10000 元”。同时有小狗的一张彩照充满大半个屏幕。启事发出后，送狗者络绎不绝，但都不是富翁家的。富翁太太说，肯定是真正捡狗的人嫌给的钱少，那可是一只纯正的爱尔兰名犬啊！于是富翁把酬金改为 20000 元。

原来，一位乞丐在公园的躺椅上打盹时捡到了那只狗。乞丐没有及时地看到第一则启事，当他知道送回这只小狗可以拿到 20000 元时，真是兴奋极了，他这辈子也没交过这种好运。

乞丐第二天一大早就抱着狗准备去领那 20000 酬金。当他经过一家大百货公司的墙体屏幕时，又看到了那则启事，不过赏金已变成了 30000 元。乞丐驻足想：这赏金增长的速度倒挺快，这狗到底能值多少钱呢？他改变了主意，又折回他的破窑洞，把狗重新拴在那儿。第四天，悬赏额果然又涨了。

在接下来的几天时间里，乞丐没有离开过大屏幕，当酬金涨到使全城的市民都感到惊讶时，乞丐返回他的窑洞。可是那只狗已经死了，因为这只狗在富翁家吃的是鲜牛奶和烧牛肉，对这位乞丐从垃圾筒里捡来的食物根本受不了。

弗莱明

乞丐不渴望财富吗？当然渴望，但是他没有抓住得到财富的机遇，所以只有看着它溜走了。

运气带有偶然、意外的性质。有个人去买彩票，结果中了 10000 美金，这是运气。提炼青霉素的弗莱明原意是要培养葡萄球菌，霉菌的出现出乎他意料之外。对他来说，霉菌是个不速之

客。中彩与发现青霉素有显著的区别，中彩纯属意外，那是运气，没有夹杂机会在里面；而发现青霉素的事，则在运气之外蕴藏着机会。

弗莱明发现霉菌之后，他可能有两个反应：一是觉得霉菌的出现阻挠了他对葡萄球菌的研究，把它当作麻烦事，不予重视；二是觉得好奇，进行研究。如果弗莱明采取前一种态度，发明青霉素的就不会是他，而是别人了。弗莱明能够及时掌握机会，结果获得了成就。

在致富的过程中，也要分清机会和运气，我们不排除运气，但是更重要的还是要用自己的财商，挖掘蕴藏在生活中的机会，也只有这样，你才能得到财富。

犹太商人的经验是：拥有了高智商，不仅可以让你懂得如何创造财富，同时也能够让你知道，在财富的机遇面前应该如何去抓住它，把运气变成财气。

风险和收获成正比

机会如白驹过隙，如果不能克服犹豫不决的弱点，可能永远也抓不住机会，只有在别人成功时慨叹："我本来也可以这样的。"

《塔木德》说：请主降下磨难，考验我对主的信仰；请主降下苦痛，把我和普通人区分：请主给我以逆境，让我成功。

摩根家族的祖先是公元 1600 年前后从英国迁移到美洲来的，传到约瑟夫·摩根的时候，他卖掉了在马萨诸塞州的农场，到哈特福定居下来。

摩根最初以经营一家小咖啡店为生，同时还卖些旅行用的篮子。这样苦心经营了一些时日，逐渐赚了些钱，就盖了一座很气派的大旅馆，还买了运河的股票，成为汽船业和地方铁路的股东。

1835 年，摩根投资参加了一家叫作"伊特纳火灾"的小型保险公司。所谓投资，也不要现金，出资者的信用就是一种资本，只要你在股东名册上签上姓名即可。投资者在期票上署名后，就能收取投保者交纳的手续费。只要不发生火灾，这无本生意就稳赚不赔。

然而不久，纽约发生了一场大火灾。投资者聚集在摩根的旅馆里，一个个面色苍白，急得像热锅上的蚂蚁。很显然，不少投资者没有经历过这样的事件。他们惊

慌失措，愿意自动放弃自己的股份。

摩根便把他们的股份统统买下，他说：“为了付清保险费用，我愿意把这旅馆卖了，不过得有个条件，以后必须大幅度提高手续费。”摩根把宝押在了今后。这真是一场赌博，成败与否，全在此一举。

另有一位朋友也想和摩根一起冒这个险，于是，俩人凑了10万美元，派代理人去纽约处理赔偿事项。结果，从纽约回来的代理人带回了大笔的现款，这些现款是新投保的客户出的比原先高一倍的手续费。与此同时，“信用可靠的伊特纳火灾保险”已经在纽约名声大振。这次火灾后，摩根净赚了15万美元。

能够把握住关键时刻，通常可以把危机转化为赚大钱的机会。这当然要善于观察分析市场行情，把握良机。机会如白驹过隙，如果不能克服犹豫不决的弱点，可能永远也抓不住机会，只有在别人成功时慨叹：“我本来也可以这样的。”

这正如《塔木德》所说：风险往往和收获是成正比的。

遇到阻碍就后退

以退为进，由低到高，不失为犹太人做生意时自我表现的一种艺术。

运用逆向思维，以退为进，很轻松就能赢得滚滚财源。在犹太人经商生涯中，不乏类似的故事。

有一家犹太人开的洗涤公司，它的A品牌产品深受家庭主妇的欢迎。然而该公司很快就得知另一家公司生产的B品牌同类产品也即将打入市场，而且B品牌可能更具有竞争力。经过筹划，该公司做出这样一个决定：在B品牌上市前，迅速将A品牌产品从各商家的货架上撤走。在B品牌上市后，再迅速将A品牌产品全部摆上货架。

习惯于使用A品牌产品的家庭主妇们忽然发现缺了一个好助手。她们这才意识到，A品牌的产品对她们是何等重要。在B品牌上市时，家庭主妇们又惊喜地发现，自己想念已久的A品牌又回来了，于是，B品牌上市所做的那么多努力也被她们给忘记了。

以下是一个在求职时利用以退为进策略取得成功的案例。一位留美的计算机博

士，毕业后在美国找工作，结果好多家公司都不录用他。思前想后，他决定收起所有证件，以一种“最低身份”再去求职。

不久，他被一家公司录用为程序输入员，这对他来说简直是“高射炮打蚊子”，但他仍干得一丝不苟。不久，老板发现他能看出程序中的错误，非一般的程序输入员可比，这时他亮出学士证，老板给他换了个与大学毕业生对口的专业。过了一段时间，老板发现他时常能提出许多独到的有价值的建议，远比一般的大学生要高明。这时，他又亮出了硕士证，于是老板又提升了他。再过一段时间，老板觉得他还是与别人不一样，就对他“质询”，此时他才拿出博士证，老板对他的水平有了全面认识，毫不犹豫地重用了他。

以退为进，由低到高，不失为犹太人做生意时自我表现的一种艺术。

时时刻刻都要防范交易风险

犹太人在经商时，视商场为战场，视他人为假想敌，心理高度警惕，永不放弃戒备心。

在犹太人之间无论有无契约，只要他口头答应，就可以信任。

这里有个关于美国石油大王约翰·洛克菲勒的故事。

在19世纪初，德国人梅里特兄弟移居美国，定居密沙比，他们无意中发现密沙比是一片含铁丰富的矿区。于是，他们用积攒起来的钱，秘密地大量购进土地，并成立了铁矿公司。洛克菲勒后来也知道了，但由于晚到了一步，只好在一旁垂涎三尺，等待时机。

1837年，机会终于来了。由于美国发生了经济危机，市面银根告紧，梅特里兄弟陷入了窘境。一天，矿上来了一位令人尊敬的本地牧师，梅特里兄弟赶紧把他迎进家中，待作上宾。聊天中，梅特里兄弟的话题不免从国家的经济危机谈到了自己的困境，牧师听到这里，连忙接过话题，热情地说：“你们怎么不早告诉我呢？我可以助你们一臂之力啊！”

走投无路的梅特里兄弟大喜过望，忙问：“你有什么办法？”

牧师说：“我的一位朋友是个大财主，看在我的情面上，他肯定会答应借给你

们一笔款子。你们需要多少？”

“有42万就行。可是，你真的有把握吗？”

“放心吧。一切由我来办。”

梅特里兄弟问：“利息多少？”

梅特里兄弟原本认为肯定是高息，但他们也准备接受了。

谁知牧师道：“我怎么能要你们的利息呢？”

“不，利息还是要的，你能帮我们借到钱，我们已经非常感谢了，哪能不付利息呢？”

“那好吧，就算低息，比银行的利率低2厘，怎么样？”

两兄弟以为是在梦中，一时呆住了。

于是，牧师让他们拿出笔墨，立了一个借据：“今有梅特里兄弟借到考尔贷款42万元整，利息3厘，空口无凭，特立此据为证。”

梅特里兄弟又把字据念了一遍，觉得一切无误，就高高兴兴地在字据上签了名。

事过半年，牧师再次来到了梅特里兄弟的家里，他对梅特义兄弟说：“我的那个朋友是洛克菲勒，今天早上他来了一封电报，要求马上索回那笔借款。”

梅特里兄弟早已把钱用在了矿上，一时间毫无还债的能力，于是被洛克菲勒无可奈何地送上了法庭。

在法庭上，洛克菲勒的律师说：“借据上写得非常清楚，被告借的是考尔贷款。在这里我有必要说明一下考尔贷款的性质，考尔贷款是一种贷款人随时可以索回的贷款，所以它的利息低于一般贷款利息。按照美国的法律，对这种贷款，一旦贷款人要求还款，借款人要么立即还款，要么宣布破产，二者必居其一。”

于是。梅特里兄弟只好选择宣布破产，将矿产卖给洛克菲勒，作价52万元。

几年之后，美国经济复苏，钢铁业内部竞争也激烈起来，洛克菲勒以1941万元的价格把密沙比矿卖给了摩根。而摩根还觉得做了一笔便宜生意。

也许有人会说洛克菲勒不守商业道德。但是洛克菲勒并不这样认为。他认为自己的行为完全是合法的、正当的。况且商业经营的最高目的是赚钱，其游戏规则是

不受道德限制的。

犹太人在经商时，视商场为战场，视他人为假想敌，心理高度警惕，永不放弃戒备心。纵然是自己的妻子或者丈夫，也把他当外人看待，从不轻易信任，这也是犹太人防范交易风险的智慧之举。

没前途的行业哪怕赚钱也要放弃

放弃已实施了两套计划的事业是明智的选择，即使亏掉了不少投入也无所谓。生意未尽人意，为后来留下后患，一堆烂摊子时刻困扰未来的工作，这样就长痛不如短痛。

犹太人一旦决定在某项事业上投资，一定会制定短期、中期和长期三套投资计划。

短期计划实施后，即使发现实际情况与事前预测有出入，他们也会毫不吃惊或动摇，仍积极地按原计划实施。

经过短期计划的实施后，即使效果不及预料的好，犹太人仍会推出第二套计划，继续追加投入，设法完成各项策略的实施。当第二套计划深入进行后，仍未达到预测的效果，又没有确切的事实和依据证明未来有所好转，犹太人会毫不犹豫地放弃这项投资。

犹太人认为，放弃已实施了两套计划的事业是明智的选择，即使亏掉了不少投入也无所谓。生意未尽人意，为后来留下后患，一堆烂摊子时刻困扰未来的工作，这样就长痛不如短痛。

在经营活动中，犹太人忍耐的个性是闻名于天下的。但是，他们的忍耐是基于合算和有发展前途的投资基础之上的。当发现不合算或没有发展前途时，不用说几个月，哪怕几天他们也不会等待下去。

犹太人詹姆士原来沾染了恶习，像个花花公子一样，把父亲给他的一笔财产败光之后，生活难以为继时才觉醒要努力奋斗，决心从头做起。他从哥哥那里借钱自己开办一间小药厂。他亲自在厂里组织生产和销售工作，从早到晚每天工作 18 个小时。然后把工厂赚到的一点钱积蓄下来扩大再生产。几年后，他的药厂初具规模

了，每年有几十万美元的赢利。

经过市场调查和分析研究后，詹姆士觉得当时药物市场发展前景不大，又了解到食品市场前途光明。经过深思熟虑后，他毅然出让了自己的药厂，又向银行贷了一些钱，买下“加云食品公司”控股权。这家公司是专门制造糖果、饼干及各种零食的，同时经营烟草，它的规模不大，但经营品种丰富。

詹姆士对该公司掌控后，在经营管理和行销策略上进行了一番改革。他首先将生产产品规格和式样进行扩展延伸，如把糖果延伸到巧克力、香口胶等多个品种；饼干除了增加品种，细分儿童、成人、老人饼干外，还向蛋糕、蛋卷等发展。接着，詹姆士在市场领域上大做文章，他除了在法国巴黎经营外，还在其他城市设分店，后来还在欧洲众多国家开设分店，形成广阔的连锁销售网。随着业务的增多，资金变得雄厚，詹姆士又随机应变，把英国、荷兰的一些食品公司收购，使其形成大集团。

詹姆士的成功，正是得益于他当初对小药厂经营前途不佳的理智分析，及时调整经营思路，转向食品行业。显而易见，在犹太人的商业经营中，适时放弃也是一种大智慧。

没有考察就没有投机

犹太人很少以主观的情绪投资风险管理。即使在投机生意中，犹太人也十分讲究稳妥可靠。

从经商角度而言，犹太人不是在做生意而是在“管理风险”。有时候，犹太人靠准确地投资这种“风险”而得以发迹。

哈默最大的一次成功是利比亚在意大利占领期间，墨索里尼为了寻找石油，在利比亚大概花了 1000 万美元，结果一无所获。埃索石油公司在花费了几百万收效不大的费用之后，正准备撤退，却在最后一口井里打出油来。壳牌石油公司大约花了 5000 万美元，但打出来的井都没有商业价值。

西方石油公司到达利比亚的时候，正值利比亚政府准备进行第二轮出让租借地的谈判，出租地区大部分都是原先一些大公司放弃了的利比亚租借地。根据利比亚

法律，石油公司应尽快开发他们的租借地，如开采不到石油，就必须把一部分租借地还给利比亚政府。第二轮谈判中就包括若干孔“干井”的土地，但也有许多块与产油区相邻的沙漠地……来自9个国家的40多家公司参加了这次投标。

哈默虽充满信心，但前途未卜。尽管他和利比亚国王私人关系良好，但他在这方面经验不足，同那些石油巨头们竞争实力悬殊太大。

哈默的董事们坐飞机都赶来了，他们在4块租借地投了标。他的投标方式不同一般，投标书用羊皮证件的形式，卷成一卷后，用代表利比亚国旗颜色的红、绿、黑三色缎带扎束。在投标书的正文中，哈默加了一条：他愿意从尚未扣税的毛利中拿出5%供利比亚发展农业用。此外，还允诺在国王和王后的诞生地库夫拉附近的沙漠绿洲中寻找水源。另外，他们还将进行一项可行性研究。一旦在利比亚开采出水源，他们将同利比亚政府联合兴建一座制氨厂。

最后，哈默终于得到了两块租借地。这使那些强大的对手大吃一惊。这两块租借地都是其他公司耗巨资后一无所获放弃的。这两块租借地不久就成了哈默烦恼的源泉。他们钻出头三口井都是滴油不见的干孔，仅打井费一项就花了近300万元。另外，还有200万元用于地震探测和向利比亚政府的官员交纳的贿赂金。于是，董事会里许多人开始把这雄心勃勃的计划叫作“哈默的蠢事”，甚至连哈默的知己、公司的第二大股东里德也对此失去了信心。

但是哈默的直觉促使他固执己见。在创业者和财东之间发生意见分歧的几周，第一口油井出油了，此后的另外八口油井也出油了，而且是异乎寻常的高级原油。更重要的是，油田位于苏伊士运河以西，运输非常方便。与此同时，哈默在另一块租借地上，还钻出一口日产703万桶自动喷油的珊瑚油藏井。这是利比亚最大的一口井。接着，哈默又投资1. 5亿元修建了一条日输油量100万桶的输油管道。当时西方石油公司的净资产只有4800万元，足见哈默的胆识与魄力。之后，哈默又大胆地吞并了好几家大公司。这样，西方石油公司一跃而成为世界石油行业的第八个姊妹。

像哈默一样，犹太人很少以主观的情绪投资风险管理。即使在投机生意中，犹太人也十分讲究稳妥可靠。

在英文中，“投机”和“考察”是同义词，犹太人的投机买卖可说是对该词的最好诠释。犹太人的考察，并不只看商品的流通情形，还要视该买卖的商品在转卖或交换之后的状况，以及当事人对于该项交易的最后满意程度。犹太人最后决定的投机买卖，一定是根据周详和缜密的思索之后所做出的商业行为。

只要值得就要去冒险

只要值得，就要去冒险。这种在风险中淘金的做法，是犹太商人非常令人折服的一种投资方法。

1898年5月21日阿曼德·哈默生于美国，他上大学时，就开始经营父亲留给他的药厂事业，成效显著，他因之而成为当时美国唯一的大学生百万富翁。1921年赶赴苏联，成为贸易代理人，聚集了巨额财富。1956年58岁的哈默收购即将倒闭的西方石油公司，并成为世界最大的石油公司的创业者。1974年哈默的西方石油公司年收入达到60亿美元的惊人数字。

哈默一生与东西方政界领导人关系密切，声誉传遍全球。经常有人向哈默请教致富的“魔法”。他们坚持认为：哈默发大财靠的不仅是勤奋、精明、机智、谨慎之类应有的才能，一定还有“秘密武器”。

在一次晚会上，有个人凑到哈默跟前请教“发家的秘诀”，哈默皱皱眉说：“实际上，这没什么。你只要等待俄国爆发革命就行了。到时候打点好你的棉衣尽管去，一到了那儿，你就到政府各贸易部门转一圈，又买又卖，这些部门大概不少于二三百呢……”听到这里，请教者气愤地嘟哝了几句，转身走了。

其实，这正是20世纪20年代时哈默在俄国13次做生意的精辟概括，其中包含着他生意的兴隆与衰落，成功与失败的种种经历。

1921年的苏联，经历了内战与灾荒，急需救援物资，特别是粮食。哈默本来可以拿着听诊器，坐在清洁的医院里，不愁吃穿地安稳度过一生。但他厌恶这种生活。在他眼里，似乎那些未被人们认识的地方，正是值得自己去冒险，去大干一番事业的战场。他做出一般人认为是发了疯的抉择，踏上了被西方描绘成地狱似的可怕的苏联。当时，苏联被内战、外国军事干涉和封锁弄得经济萧条，人民生活十分

困难；霍乱、斑疹、伤寒等传染病和饥荒严重地威胁着人们的生命。列宁领导的苏维埃政权采取了重大的决策——新经济政策，鼓励吸引外资，重建苏联经济。但很多西方人士对苏联充满偏见和仇视，把苏维埃政权看作是可怕的怪物。到苏联经商、投资办企业，被称作是“到月球去探险”。

哈默心里当然也知道这一点，但风险大，利润必然也大，值得去冒险。于是哈默在饱尝大西洋中航行晕船之苦和英国秘密警察纠缠的烦恼之后，终于乘火车进入苏联。

沿途景象惨不忍睹：霍乱、伤寒等传染病流行。城市和乡村到处有无人收殓的尸体，专吃腐尸烂肉的飞禽，在人的头顶上盘旋。哈默痛苦地闭上眼睛，但商人精明的头脑告诉他：被灾荒困扰着的苏联目前最急需的是粮食。他又想到这时美国粮食大丰收，价格早已惨跌到每蒲式耳一美元。农民宁肯把粮食烧掉。也不愿以低价送到市场出售。而苏联这里有的是美国需要的、可以交换粮食的毛皮、白金、绿宝石。如果能够让双方交换，岂不两全其美？从一次苏维埃紧急会议上哈默获悉苏联需要大约100万蒲式耳的小麦才能使乌拉尔山区的饥民度过灾荒。机不可失，哈默立刻向苏联官员建议，从美国运来粮食换取苏联的货物。双方很快达成协议。初战告捷。

没隔多久，哈默成了第一个在苏联经营租让企业的美国人。此后，列宁给了他更大的特权，让他负责苏联对美贸易的代理商。哈默成为美国福特汽车公司、美国橡胶公司、艾利斯——查尔斯机械设备公司等三十几家公司在苏联的总代表。生意越做越大，他的收益也越来越多。他存在莫斯科银行里的卢布数额惊人。

第一次冒险使哈默尝到了巨大的甜头。于是，“只要值得，不惜血本也要冒险”，成了哈默做生意的最大特色。

心切必然价高

当你感到务必要得到某个东西时，你就永远得付出高价，因为你把自己置于一个对方容易驾驭的地步。

在犹太商人的眼里，生意谈判时，必须敢于冒险。冒险就是勇敢与常识相结

合。如果胆子放不开、机会看不准，就会被别人乘机给予致命的一击。聪明的冒险，必须是了解可能性和情愿去承受自己能够承受得起的损失。在这里，敢于冒险要跟十蠢事划清界限。

科克作为犹太商人，他对谈生意中的冒险原则了解得相当透彻，认识得相当清楚。他讲了这样一个故事：

在一次研讨会上，史密斯先生无意中说起他最近准备买一套漂亮的房子。

史密斯说："是这样的，卖主要 15 万美元，我准备付 13 万，你看我怎样才能少付那 2 万块钱呢？请给我介绍点生意谈判的诀窍吧。"

科克问他："如果你不买这所梦寐以求的房子又有何妨呢？"

他答道："那可不行，我想那样一来我的妻子就会自杀，我的孩子也会离家出走！"

科克嘟哝道："嗯……告诉我，你对你的妻子儿女好不好？"

他答道："啊，科克，我很爱他们。为了他们我什么事都干。我现在必须使房子的要价降低。"

最后，史密斯为梦寐以求的房子还是花了 15 万。

那所房子对他那么重要，他是不会冒险失去的。由于他太心切了，所以他不敢说任何冒险的话以便使卖主降低要价。

一位犹太富豪说：当你感到务必要得到某个东西时，你就永远得付出高价。因为你把自己置于一个对方容易驾驭的地步。

在生意谈判中，如何去冒险呢？以下几条冒险原则是要注意的：

（1）冒险是要冒那种可以承受的险，它与赌博不同；

（2）冒险前要考虑其可能性，确定可能的好处以及是否有必要去冒险；

（3）要理智，不要独断，永远不要骄傲逞能、盲目急躁或异想天开；

（4）当冒险的赌注实在太高时，应平分或联合承担风险；

（5）让别人参加冒险活动，自己的活动范围就扩大了，"持久力"就增强了。

多走几步才有风景

一个东西总是两面的，有利的方面也不总是有利的，不利的方面也不总是坏的，如果你利用得当，它就是有用的。

如果多走几步会看到更多的风景。

作为商人，如果有敏锐的眼光，就可以预测未来发生的事情。只看眼前的几步，那样的人永远只能跟在人们后边，赔钱是肯定的。

犹太人会赚钱。赚钱，对于他们来说，简直就是轻而易举。其实，如果你抛开这些神奇的传说，认真看看犹太人的发财秘诀，你就知道原因是什么了。

我们来看看北美宣传奇才哈利小时候是怎样在冬天把饮料卖掉的吧。哈利十五六岁时，在一家马戏团做童工，负责在场内叫卖小食品。但天气寒冷，观看的人不多，买东西吃的人更少，尤其是饮料，几乎没有人问津。小哈利就想：为什么饮料没有人要呢？是人们不需要呀，但是怎么让人们在冷天也需要饮料呢？他脑瓜一转，有了！于是，他大声喊："来看马戏，谁买一张票就免费送您一包好吃的花生喽！"还有这样的好事？人们纷纷从四面八方聚拢过来，人越来越多。人们津津有味地品尝着这些花生，这些花生比平常的花生好吃，不过越吃越有点口渴，原来这些花生被撒上了一些盐，不过，既然花生是免费的，而且又这么好吃。那就继续吃吧，但要有点饮料解渴才可以呀。小哈利乘机推销他的饮料，口干舌燥的人们顾不得那么多了，纷纷慷慨解囊，购买小哈利的饮料，这下，小哈利一天卖出去的饮料居然相当于过去一个月的销售量。

其实，看起来神奇的妙计，如果你分析一下，小哈利不过是善于谋划，比别人多看到几步而已。我们来看看小哈利的这几步是怎么走的：

第一步：要想卖出去饮料，在冬天似乎不太可能，那就必须借助什么东西，借助其他东西作为中转，来间接地实现自己的意图，于是，看看手里的东西，就是花生了。第二步，把花生全部撒上一点盐，这样花生就变咸了，咸花生的味道不仅香了，更重要的是，借助咸花生，他可以卖掉自己的饮料了。第三步，把咸花生和票捆绑在一起，免费地赠送给来看马戏的人，这样做的目的就是吸引那些贪图便宜的

人前来，为更多地推销自己的饮料打好顾客数量上的基础。

其实，多看几步，不过是要多想几个可能性而已。一个东西总是两面的，有利的方面也不总是有利的，不利的方面也不总是坏的，如果你利用得当，它就是有用的。

不为没把握的事情而等待

欲望无穷无尽，而机会却稍纵即逝。很多时候，为了得到更多而一味等待，不采取果断的行动，不但不能满足我们的欲望，反而会让我们把原先拥有的东西也失去。

《塔木德》说："仅仅知道等待和忍耐，不是真正的聪明。"

尽管犹太民族最善于等待和忍耐，但他们的等待和忍耐是有原则的。他们最善于计算，如果认为某桩生意确实有利可图，他们就会耐着性子静候时机；但是，犹太商人从来不做没把握的事情。一旦他们发现某生意不合算时，即使是投资再大，也要想方设法收拾败局。不用说三年，哪怕是半年也不会继续等待，他们会断然放弃"赚大钱的机会"。

聪明的犹太人还懂得：不能总是等待更大的利益。下面的这个故事就是对这一智慧的生动诠释。

一天，靠炒卖股票发家的犹太巨富列宛，看着他8岁的儿子在院子里捕雀。

捕雀的工具很简单，是一只不大的网子，边沿是用铁丝圈成的，整个网子呈圆形，用木棍支起一端。木棍上系着一根长长的绳子，孩子在立起的圆网下撒完米粒后，就牵着绳子躲在屋内。

不一会儿，就飞来几只雀儿，孩子数了数，竟有10只！它们大概是饿久了，很快就有8只雀儿走进了网子底下。列宛示意孩子可以拉绳子了，但孩子没有，他悄悄告诉列宛，他要等网外那两只进去再拉，再等等吧。

等了一会儿，那两只非但没进去，反而走出来4只。列宛再次示意孩子快拉，但孩子却说，别忙，再有一只走进去就拉绳子。

可是接着，又有3只雀儿走了出来。列宛对他说，如果现在拉绳子还能套住1

只玩儿。但孩子好像对失去的好运不甘心，他说，总该有些要回去吧，再等等吧。

终于，连最后1只雀儿也吃饱走出去了。孩子很伤心。

列宛抚摸着孩子的头，慈爱地教训道："欲望无穷无尽，而机会却稍纵即逝。很多时候，为了得到更多而一味等待，不采取果断的行动，不但不能满足我们的欲望，反而会让我们把原先拥有的东西也失去。"

列宛对孩子们的教训，恰恰说明了犹太商人对待商机的平常心态度。

只有虫子不会摔倒

伟人经常犯错误，经常要摔倒，但虫子不会。因为，它们做的事情就是挖洞和爬行。

《塔木德》上说："伟人经常犯错误，经常要摔倒，但虫子不会。因为，它们做的事情就是挖洞和爬行。"

冒经济风险的胆量，是成功的犹太商人所具有的特征之一。战胜生活中的困难并以此获得高收入，显然需要有某种程度的勇气，以及克服恐惧的能力。许多犹太商人承认，他们的胆量是在他们的生活中培养并有意识地发展起来的。

创业的风险是很高的，但只要你能坚持学习、不断努力，事业的回报也将是无限的。

如果你留意观察，就会发现过于谨小慎微的投资者是不可能获得巨额财富的。唯有具备极强创业精神的投资者，才能使世界发生翻天覆地、日新月异的变化。

有人专门问过1000位高收入者一个简单的问题："合理的经济风险对于你们在经济上的成功有多大的重要性呢？"净资产在1000万美元以上的百万富翁中有41%人回答："非常重要。"而净资产在100万到200万美元的高收入者给出同样回答的。仅有21%。

愿意冒具有合理回报的经济风险与净资产之间明显存在着重要的联系。那些把自己经济上的成功归功于冒经济风险的人，在投资方面并不是瞎撞。他们大多数人认为。把赌博当作自己的经济来源是一种愚蠢的选择，而大多数富翁或那些想成为富翁的人决不会去玩彩票。大多数人决不去赌博——冒风险者根本就不是赌博者。

善于经营投资的犹太人往往都熟悉概率论，他们知道可能性和期望值。玩彩票的中彩机会非常非常小，以至于，他们认为，“每周用火烧掉几张美元也比把钱丢到彩票中去更强！”他们知道，在大多数的赌博中，尤其是玩彩票。玩者根本无法知道总的数目，所以也无法知道中彩的可能性或期望值，期望值肯定要小于总彩票的价格。玩者除非买更多的彩票，否则就无法增加赢的机会。

一位犹太富翁指出：你一定要把玩彩票所花的时间和金钱用于更有效益的活动。太多的人把太多的时间花在几乎没有可能赢的赌博上，这种长期的执着绝不可能使你成为一个成功的玩家。

大风险意味着大机遇

不冒大风险就想赚大钱的想法，就像等着天上掉馅饼一样可笑。

摩根家族的祖先是公元 1600 年前后从英国迁移到美洲来的，传到约瑟夫·摩根的时候，他卖掉了在马萨诸塞州的农场，到哈特福定居下来。

约瑟夫最初以经营一家小咖啡店为生，同时还卖些旅行用的篮子。这样苦心经营了一些时日，逐渐赚了些钱，就盖了一座很气派的大旅馆，还买了运河的股票，成为汽船业和地方铁路的股东。

1835 年，约瑟夫投资参加了一家叫作“伊特纳火灾”的小型保险公司。所谓投资，也不要现金，出资者的信用就是一种资本，只要你在股东名册上签上姓名即可。投资者在期票上署名后，就能收取投保者缴纳的手续费。只要不发生火灾，这一无本生意就稳赚不赔。

然而不久，纽约发生了一场大火灾。投资者聚集在约瑟夫的旅馆里，一个个面色苍白，急得像热锅上的蚂蚁。很显然，不少投资者没有经历过这样的事件。他们惊慌失措，愿意自动放弃自己的股份。

约瑟夫便把他们的股份统统买下，他说：“为了付清保险费用，我愿意把这个旅馆卖了，不过得有个条件，以后必须大幅度提高手续费。”

约瑟夫把宝押在了今后。这真是一场赌博，成败与否，全在此一举。

另有一位朋友也想和约瑟夫一起冒这个险，于是，俩人凑了 10 万美元，派代

理人去纽约处理赔偿事项。结果，从纽约回来的代理人带回了大笔的现款，这些现款是新投保的客户出的比原先高一倍的手续费。与此同时，“信用可靠的伊特纳火灾保险”已经在纽约名声大振。这次火灾后，约瑟夫净赚了15万美元。

这个事例告诉我们，能够把握住关键时刻，通常可以把危机转化为赚大钱的机会。这当然要善于观察分析市场行情，把握良机。机会如白驹过隙，如果不能克服犹豫不决的弱点，我们可能永远也抓不住机会，只有在别人成功时慨叹：“我本来也可以这样的”了。

威尔逊在创业之初，全部家当只有一台分期付款赊来的爆米花机，价值50美元。第二次世界大战结束后，威尔逊做生意赚了点钱，便决定从事地皮生意。如果说这是威尔逊的成功目标，那么，这一目标的确定，就是基于他对自己的市场需求预测充满信心。

当时，在美国从事地皮生意的人并不多，因为战后人们一般都比较穷，买地皮修房子、建商店、盖厂房的人很少，地皮的价格也很低。当亲朋好友听说威尔逊要做地皮生意时，异口同声地反对。

而威尔逊却坚持己见，他认为反对他的人目光短浅。他认为虽然连年的战争使美国的经济很不景气，但美国是战胜国，它的经济会很快进入快速发展时期。到那时买地皮的人一定会增多，地皮的价格会暴涨。

于是，威尔逊用手头的全部资金再加一部分贷款在市郊买下很大的一片荒地。这片土地由于地势低洼，不适宜耕种，所以很少有人问津。可是威尔逊亲自观察了以后，还是决定买下这片荒地。他的预测是，美国经济会很快繁荣，城市人口会日益增多，市区将会不断扩大，必然向郊区延伸。在不远的将来，这片土地一定会变成黄金地段。

后来的事实正如威尔逊所料。不出3年，城市人口剧增，市区迅速发展，大马路一直修到威尔逊买的土地的边上。这时，人们才发现，这片土地周围风景宜人，是人们夏日避暑的好地方。

于是，这片土地价格倍增，许多商人竞相出高价购买，但威尔逊不为眼前的利益所惑，他还有更长远的打算。后来，威尔逊在自己的这片土地上盖起了一座汽车

旅馆，命名为“假日旅馆”。由于它的地理位置好，舒适方便，开业后，顾客盈门，生意非常兴隆。从此以后，威尔逊的生意越做越大，他的假日旅馆逐步遍及世界各地。

冒险并不等于蛮干。精明的人能谋算出冒险的系数有多大，此外做好应对风险的准备，则可以胜算。唯有带着沉重的风险意识，敢于怀疑和打破以往的秩序，通过冒险而取得胜利，才能享受到人生的最高喜悦。

拓荒者往往能成为控制者

最先看到某一领域、某一行业的商机并大胆介入的人，往往因先人一步而成为这一领域的控制者，犹太人在电影行业的成功正说明了这一点。

在整个文化领域的所有艺术形式中，电影是一门从诞生之日起就彻底资本化的艺术。电影不仅是人类有史以来制作费用最高的艺术品之一，更是一种直接以营利，至少是以收回投资为目的的艺术形式。而这样一种最资本化的艺术形式恰恰是由犹太商人一手培育扶持方得以成长成熟的。

世界电影史在其发端之后相当长的一个“历史时期”内，是与美国电影史重合的，而美国电影史在很大程度上也就是一部美国犹太人电影史。

主宰美国电影业的5家最大制片公司：米高梅影片公司（包括其前身米特罗影片公司、高德温影片公司和梅耶影片公司）、派拉蒙影片公司、华纳兄弟影片公司、雷电华影片公司和20世纪福克斯影片公司，都为犹太人所拥有和控制；另外3家较有规模的影片公司，即环球影片公司、哥伦比亚影片公司和联美影片公司，也都为犹太人所创建或拥有。

美国电影史上许多重要制片人或发行人，如阿道夫·朱克尔（派拉蒙）、塞谬尔、高德温（米高梅和联美）、卡尔·利姆勒（环球）、马库斯·洛伊（米高梅）、威廉·福克斯（20世纪福克斯）、哈里·科恩（哥伦比亚），还有华纳4兄弟，即哈里、阿尔伯特、山姆和杰克，所有这些主宰好莱坞黄金时代的巨头都是犹太人。

在电影事业的发展方面，从电影业的初创到探索连锁电影院的分布，从提高影片的质量到引进第一部有声片，从创立明星制到起用第一个场外导演，一直到20

世纪30年代全面改组电影制片公司和60年代巩固制片公司，犹太人在电影制作和为电影提供资金方面都起着主导作用。

犹太人在电影世界中几乎无处不在，甚至引起了一些非犹太人美国人的不安。在第一次世界大战结束以后，随着电影对大众的影响越来越大，“必须将电影从魔鬼和500个非基督徒的犹太人手中解放出来”，成了某一压力集团的口号。

这种要求撕开其道貌岸然的外套，内里同几千年中一再发生的情形极其相像：当电影业完成了资本化，已经成为一个既安全又有利可图的金矿之时，犹太人就应该被“请”出去了，因为现在这里似乎已经没有什么地方特别需要犹太人了。

不管现在需要不需要犹太人，电影业在其初起之时，确实是需要犹太人，尤其是犹太商人的。

用美国经济学家本·塞利格曼的话来说，电影业是在“手套商、药剂师、皮货商、布商和珠宝商”（皆为犹太人密集的商业行业）这些开“5分剧场”的人手中兴起的。也就是说，早期的电影如同看“西洋镜”，付5分钱，凑在小孔上看个几分钟。谁能保证从那动作笨拙、无声无色且只有几分钟长度的早期电影作品开始，会诞生出今日令人眩目的整个电影世界？谁能从当年“5分钱”票价开发出今日上亿美元的票房收入？电影业是潜在的、有利可图的行业，但谁能预知，为了让这种潜力成为现实，或者更为理想，成为“现钞”，又需要投入多少“现钞”？即使在电影业总体上已经成为安全之地的今日，耗资巨大的影片，因号召力不强而致亏损的也不在少数，100部影片中，最终赚钱的还不到4成。由此不难想见，当年犹太小商小贩们投身电影业的时候，是有着怎样的魄力和远见的！

阿道夫·朱克尔是一个匈牙利移民，抵达美国时，他所有的财产就是缝在外衣衬里内的40美元。最初，他以推销皮货为生。生意做大之后，他抽出20万美元的资金，投入到当时已开始实际拍摄电影的廉价游乐场，即所谓的“5分剧场”。就在这期间，他遇到了马库斯·洛伊。洛伊出身贫民，小时候做过童工，也是靠做皮货生意起家的。

朱克尔和洛伊两人合伙，在第一次世界大战结束时，买了西洋镜和廉价游乐场。由于意见不合，不久两人各奔东西。有意思的是，由于对电影业资本化的相同

认识，两人从相反方向开始，最终仍然走到了同一点上，虽然两人没有重新合伙。

散伙之后，朱克尔守着自己的廉价游乐场，继续搞制片，后来组建了“著名演员公司”，并最终接管了派拉蒙影片公司。朱克尔很早就认识到控制电影院的重要，因为有了电影院才能保证拍出的影片有销路。于是他发行了 1000 万美元的股票，建立了自己的连锁电影院。1926 年，他在纽约建造了极为豪华的派拉蒙电影院，将它奉献给美国。

洛伊的道路刚好同朱克尔方向相反。洛伊先是控制了一批连锁电影院，以后为了保证自己电影院有足够的影片可以吸引观众，他又转向了制片。在他的撮合下，3 家犹太人的电影制片公司，米特罗影片公司、高德温影片公司和梅耶影片公司合并，建立了以 3 家公司第一个字母合在一起作为名称的米高梅影片公司。

朱克尔和洛伊这种将电影制片与放映电影的剧院联系在一起的做法，实质上也就是实现了电影的产供销一体化，使电影的制作直接以市场效益或票房价值为取向，电影业资本化所必须具备的构架已经形成。至于电影作为一种艺术形式的商品化，尤其是其美学趣味上的商业化，也许应该更多地归之于华纳四兄弟。

哈里、阿尔伯特、山姆和杰克四兄弟，是一个原籍波兰的犹太补鞋匠的儿子。他们（主要是两个大的）原先做过各种小生意，并积累资金开了一家自行车行。1904 年，四兄弟搞到一架电影放映机，就此开始了电影生涯。

开始时，他们只有一架放映机，没有自己的剧院，连拷贝也只有一部，叫《火车大劫案》。他们四处巡回放映，因为当时还是无声片（默片）时代，放映时，就由他们的妹妹弹奏钢琴，由四兄弟中最小的杰克伴唱，那时，他才几岁。以后积累了一点资金，他们开始同别人交换影片，并进而成为影片发行商。

1912 年，他们迁居加利福尼亚，创建了华纳兄弟影片公司。华纳公司锐意创新，虽遭受一系列失败，并多次损失惨重，但仍然不改初衷。1927 年，他们终于拍摄成功电影史上第一部有声电影《爵士歌王》，在该影片中，他们巧妙地借剧中人物之口说了一句脍炙人口的俏皮话：“你们还不曾听见过什么声音。”

华纳兄弟常被人称为“电影界的蒙古人”，四兄弟性格各异，并不十分合得来，但他们有一个共同之处，即始终追求票房价值，致力于向大多数人提供容易接受的

东西。因此，他们有着明确的制片标准，这种市场定位，借用华纳公司所生产的一部较为著名的影片《封面女郎》剧中人的话来说，就是："如果你开始取悦上流社会的话，那你就完了。"

面向大众乃至迎合大众，是华纳兄弟影片公司甚至整个好莱坞拍摄影片时遵循的一条总体性标准。不管电影评论家们或电影史研究者持何种批评态度，斥之为"平庸"或者其他，但就电影自身的属性和电影业资本化的内在要求而言，耗资巨大的电影只有从人数最多的观众群体那里，才能收回投资并获得赢利。不管是把以华纳兄弟为代表的好莱坞犹太巨头的这种强调"大众口味"的做法，看作犹太人根深蒂固的平等观念的作用，还是犹太电影商的精明使然，真正说明问题的是电影业这个艺术领域在相当一段时间里是自我照顾得最好的领域，电影能找到慷慨的观众，观众能有豪华的电影看，这是电影业资本化进展状况良好的实例。

所以，好莱坞的巨头们不仅在电影中提供让观众沉醉于其中的梦境，还建造起豪华程度同银幕上毫无二致的欣赏电影的场所。在"格劳曼中国剧院"和各大电影公司的电影院里，一片金碧辉煌，地上铺着厚厚的地毯，四处都是琳琅满目的装饰，观众被奉为皇帝，而领座员和检票员则像贵族府第中的仆役一样衣冠楚楚、彬彬有礼。

所以，在所有面向大众的电影门类中，最面向大众的喜剧片部门，成了真正的犹太人天下：除了少数几个喜剧演员为非犹太人之外，其余的都是犹太人，如法尼·布赖斯、马科斯兄弟、杰克·本尼，以及莱尼·布鲁斯，而喜剧大师查理·卓别林则因为演技太好而一再被人误认为是犹太人。

随着电视的兴起，好莱坞以及整个电影世界多少有些衰落了，不过，同时也可以看到，在电视这个商业性更强的领域中，有着与电影业中同样多的犹太人。美国三大电视网曾经都是由犹太人掌门的：哥伦比亚广播网（CBS）的威廉·佩利、美国广播公司（ABC）的伦纳德·戈登森和全国广播公司（NBC）的大卫·萨诺夫；英国的3家商业性电视网络：联合电视台、格拉纳达电视台和联合转播台，也分别为3个英国犹太人埃米尔·李特、刘·格雷德和悉尼·伯恩斯坦所掌握。而且即使在素以保守、老派著称的英国，伯恩斯坦的格拉纳达电视台也在制作出足以同ABC

最好节目相媲美的电视节目的同时，获得了较高的利润，并成为“商业性电视台甚至能够从文化中赚钱的一个最好的例子”。

“冒险家”绝不是个贬义词

善于冒险，这是一个褒义词，很多犹太人都是这样的，在他们看来，每一次风险都含着等量的成功的种子。风险越大，回报越高。

犹太商人历来背着一个投机家的名声，在相当长的一段时间里，“投机”这个词是贬义词。现在不同了，经济学家们给“投机”换上了一个恰如其分的雅称，名之为“风险管理”。这个名称一改，犹太商人也由原来的“投机家”变成了“风险管理者”。

做任何一件事都有成功和失败两种可能。当失败的可能性大时，却偏要去做，那自然就成了冒险。问题是，许多事很难分清成败可能性的大小，那么这时候也是冒险。而商战的法则是冒险越大，赚钱可能越多。当机会来临时不敢冒险的人，永远是平庸的人。而犹太商人则不然，他们大多具有乐观的风险意识，并常能发大财，犹太大亨哈默在利比亚的一次冒险的成功，就很能说明这个问题。

在意大利占领利比亚期间，墨索里尼为了寻找石油，在利比亚大概花了1000万美元，结果一无所获。壳牌石油公司大约花了5000万美元，但打出来的井都没有商业价值。埃索石油公司在花费了几百万收效不大的费用之后，正准备撤退，却在最后一口井里打出了油。

欧美石油公司到达利比亚的时候，正值利比亚政府准备进行第二轮出让租借地的谈判，出租的地区大部分都是原先一些大公司放弃了的利比亚租借地。根据利比亚法律，石油公司应尽快开发他们的租借地，如果开采不到石油，就必须把一部分租借地还给利比亚政府。第二轮谈判中就包括已经打出若干块“干井”的土地，但也有许多块与产油区相邻的沙漠地。

来自9个国家的40多家公司参加了这次投标。最后，哈默的欧美石油公司终于得到了两块租借地，使那些强大的对手大吃一惊。这两块租借地都是其他公司耗费巨资后一无所获而放弃的。

这两块租借地不久就成了哈默烦恼的源泉。他钻出的头3口井都是滴油不见的干井，仅打井费就花了近300万美元，另外还有200万美元用于地震探测和向利比亚政府官员缴纳的不可告人的贿赂金。于是，董事会里有许多人开始把这项雄心勃勃的计划叫作“哈默的蠢事”，甚至连哈默的知己、公司的第二股东里德也失去了信心。

但是哈默的直觉促使他固执己见。在和股东之间发生意见分歧的几周里，第一口油井出油了，此后另外8口井也出油了。这下公司的人可乐坏了，这块油田的日产量是10万桶，而且是异乎寻常的高级原油。更重要的是，油田位于苏伊士运河以西，运输非常方便。与此同时，哈默在另一块租借地上，采用了最先进的探测法，钻出了一口日产7. 3万桶自动喷油的油井，这是利比亚最大的一口井。接着，哈默又投资1. 5亿美元修建了一条日输油量100万桶的输油管道。而当时西方石油公司的总资产净值只有4800万美元，足见哈默的胆识与魄力。之后，哈默又大胆吞并了好几家大公司，等到利比亚实行“国有化”的时候，他已经羽翼丰满了。这样，欧美石油公司一跃而成为世界石油行业的第八个姊妹了。

哈默的一系列事业成功，完全归功于他的胆识和魄力，他不愧为一个犹太大冒险家。确实，犹太商人长期以来不仅是在做生意，而且也是在“管理风险”，就是他们的生存本身也需要有很强的“风险管理”意识。犹太商人不能坐等“驱逐令”之类的厄运到来，也不能毫无准备地使自己措手不及。所以在每次机遇来临时，他们都能准确把握机遇的来势和大小。这种事关生存的大技巧一旦形成，用到生意场上就游刃有余了。有不少时候，犹太商人正是靠准确地把握这种“风险”之机而得以发迹的。当然，另一个大冒险家洛克菲勒也同样让世人惊叹。

洛克菲勒踏入社会后的第一个工作就是在一家名为休威·泰德的公司做书记员，这是他精于计算的良好开端。

在休威公司的第三年，他已经对中间商的生意掌握了十之八九，并且对这个行当跃跃欲试。在这一年，他未经老板同意，就自作主张地做起了小麦粉和火腿生意。不久，新闻媒体报道的饥荒在英国发生了，使他的计划得以付诸实施。休威公司把囤积在仓库里的食品发往欧洲饥荒蔓延的地区，赚得了巨额利润。为此，洛克

菲勒要求公司为他加薪到 800 美元，但老板支支吾吾。于是，洛克菲勒决定辞掉这份工作，创办自己的公司。

由于洛克菲勒的勤奋工作和精明头脑，南北战争的爆发再一次成为洛克菲勒发财的契机。为了逃避兵役，洛克菲勒曾找过不止 20 个替身，同时向北军捐赠了大笔钱款。

尽管洛克菲勒逃过了兵役，避免了在这场残酷的战争中和 60 万年轻人一样灰飞烟灭，但他也并不是两耳不闻天下事，相反，他密切关注着战争形势的发展。在经纪公司的办公室里，他在墙上挂满了战况图和各种从华盛顿传来的政治新闻以及前线的最新动态。公司的职员们常常看到洛克菲勒在他的“陆军参谋部”里走来走去，不时用笔在内容丰富的墙上点点画画，或埋头记录着什么。洛克菲勒通过对战争形势的分析，使投机生意做得非常红火。

没有人喜欢失败，人人都渴望成功，成为一个富有的人，但是，当财富敲响大门时，并不是所有的人都能抓住机会，把走到自己家门口的财富留下来。人们常犯的错误是，在已经撞到自己眼前的机会面前患得患失，犹豫不决，或是没有做好准备，对突如其来的机会麻木不仁，没有反应，让机会悄悄地溜走。

因此，不要只盯着可能有的一点点风险，裹足不前。不能冒风险的人，必将一事无成。

命运的改变往往就在于某一个机会上，抓住这个机会可能成功，也可能失败，成功与失败均是不可预见的，去做就意味着冒险。那么，面临此等机会，我们该怎么办？由于是身处逆境当中，我们可以凭借或依赖的东西非常有限，往往就是“抵上身家性命，成与不成在此一搏”。赢了，我们的人生就此改变；输了，就是一败涂地。一般人往往会望而却步，甘愿放弃机会；而勇敢者却会知难而上，激流勇进。只要我们充分估计了自己的能力和各方面的状况，不是盲目冒进，而是应该大胆地去尝试、去冒险。

19 世纪 80 年代，在关于是否购买利马油田的问题上，洛克菲勒和同事们产生了严重的分歧。利马油田是当时新发现的油田，地处俄亥俄州西北与印第安纳东部交界的地带。那里的原油有很高的含硫量，反应生成的硫化氢发出一种鸡蛋坏掉后

的难闻气味，所以人们都称之“酸油”。没有炼油公司愿意买这种低质量原油，除了洛克菲勒。

洛克菲勒在提出买下油田的建议时，几乎遭到了公司执行委员会所有委员的反对，包括他最信任的几个得力助手。因为这种原油的质量太差了，价格也最低，虽然油量很大，但谁也不知道该用什么方法进行提炼。但洛克菲勒坚信一定能找到除去高硫的办法。在大家互不相让的时候，洛克菲勒最后开始进行“威胁”，宣称将个人冒险去“关心这一产品”，并不惜一切代价。

委员会在洛克菲勒的强硬态度下被迫让步，最后标准石油公司以800万美元的低价买下了利马油田，这是公司第一次购买产油的油田。随后，洛克菲勒花20万美元聘请了一名犹太化学家，让他前往油田研究除硫的方法，实验进行了两年，仍然没有成功。此间，许多委员对此事仍耿耿于怀，但在洛克菲勒的坚持下，这项希望渺茫的工程仍未被放弃。这真是一件天大的幸事，因为又过了几年，犹太科学家终于成功了！

这一丰功伟绩，充分说明洛克菲勒具有能够穿透迷雾的远见，也具有比一般大亨更强的冒险精神。

“高风险，意味着高回报”，只有敢于冒险的人，才会赢得人生的辉煌。而且，那种面临风险、审慎前进的人生体验练就了人们过人的胆识，这更是宝贵的精神财富。犹太人无疑是这种财富的拥有者：他们凭着过人的胆识，抱着乐观从容的风险意识知难而进，逆流而上，往往赢得出人意料的成功。这种身临逆境、勇于冒险的进取精神是成就“世界第一商人”的又一重要因素。

犹太人历来以冒险家闻名于世。在很长一段时间内，“冒险家”都是一个贬义的称呼，不过，现在人们的观念终于转变过来了。人们认识到，风险是客观存在的，做任何事情都有成功与失败的可能。因为在严格意义上来讲，促使一件事情成功的因素是不可穷尽的，人的力量只能对其中的一部分加以掌控。所以，做任何事情都有风险，只是大小不同罢了。如果一件事成功与失败的概率相等或者后者概率更大，那么做这件事无疑要冒很大风险。现代社会中充斥着种种冒险游戏，特别是在经济领域，投资意味着风险，特别是炒股票，风险就更大。不过，经济学原理告

诉我们：风险越大，收益的绝对值越大。商家的法则就是冒险越大，赚钱越多，特别是对于一个前人尚未涉足的市场领域，作为开拓者就更要冒风险。

非常的冒险才有非常的收获

冒险是上帝对勇士的最高嘉奖，不敢冒险的人就没有福气接受上帝恩赐给人的财富。

犹太人是天生的冒险家，他们在危险中自由地驰骋，获得了巨大的成功。

在犹太商人看来，做生意必须有甘冒风险的精神，冒险就是勇敢与常识相结合。如果胆子放不开、机会瞅不准，你的小辫子就会被你的对手抓住，给你致命一击。聪明的冒险，必须是了解生意成败的可能性和生意失败时一笑了之地去承受自己能够承受得起的损失。显然，失败的命运是你为了前进而必须付出的代价。在这里，敢于冒险不是鲁莽与蛮干，而且这也不是异想天开碰运气。

作为犹太商人，科克对谈生意中的冒险原则了解得相当透彻，认识得相当清楚。一次，科克的好友史密斯先生无意中说起他新近准备买一套漂亮的房子，心中已经有了目标。史密斯说："卖主要 15 万美元，我准备付 13 万，我怎样才能少付那两万块钱呢？请你给我介绍点谈生意的诀窍吧。"科克问他："如果你不买这所梦寐以求的房子又有何妨呢？"史密斯答道："那可不行，我想那样一来我的妻子就会自杀，我的孩子也会离家出走！"

科克停了一下，嘟哝道："嗯……告诉我，你对你的妻子儿女好不好？"

史密斯不理解了，说："啊，科克，我很爱他们。为了他们我什么事都干。你问这个干吗？我现在关心的是必须使房子的要价降低。"

"你去了多少次？"

"我找那房主不下 10 次了。"

"明天我们一起去吧，但你不可以说话。"科克说。第二天科克与史密斯一起找到了房主，科克说："尊敬的先生，我们最后一次问你，12 万卖不卖，因为我们要去另一家看看了。"

房主傻了，最后以 12 万元成交了。最后，史密斯为梦寐以求的房子只花了 12

万，如果就他那种迫不及待的态度而论，他没付16万已经够幸运的了。由于他太心切了，所以他不敢说任何冒险的话，如："也许还有我喜欢的其他房子吧。"而这类话就会使卖主降低要价，科克代他说了一句，价钱就低了3万。

应记住：当你感到务必要得到某个东西时，你就永远得付出高价，因为你把自己置于一个对方容易驾驭的地步，你不敢越雷池半步，不敢冒失去之险。

只要准备充分冒险就能成功

冒险是讲条件的，只要准备充分、条件成熟，没有什么险是不可以冒的。

黛比出生在一个有很多兄弟姐妹的大家庭。从小她就非常渴望得到父母亲的赞扬和鼓励，但是由于孩子多，她的父母根本就顾不上她。这种经历使得她长大成人后依然缺乏自信心。她后来嫁给一个非常成功的高级管理人员，但美满的婚姻并没有能改变她缺乏自信的心态。当她与朋友出去参加社交活动时总是显得很笨拙，唯一使她感到自信的地方和时间是在厨房里烤制面包的时候。她非常渴望成功，但是鼓起勇气从家务中走出去，做出决定去承担具有失败风险的羞辱，对她来说是想也不敢想的事情。随着时间的推移，她终于认识到自己要么停止成功的梦想，要么就鼓起勇气去冒一次险。

她决定进入烹饪行业。她对她的妈妈爸爸以及她的丈夫说："我准备去开一家食品店，因为你们总是告诉我说我的烹饪手艺有多么了不起。"

"噢，黛比，"他们一起反对道，"这是一个多么荒唐的主意。你肯定要失败的。这事太难了，快别胡思乱想了。"

"你知道，他们一直这样劝阻我，说实话，我几乎相信他们说的。但是更重要的是我不愿意再倒退回去，再像以往那样犹犹豫豫地说如果真的出现……"黛比说。

她下决心要开一家食品店。她丈夫始终反对，但最后还是给了她开食品店的资金。食品店开张的那一天，竟然没有一个顾客光临。黛比几乎被冷酷的现实击垮了。她冒了一次险，并且使自己身陷其中，看起来她是必败无疑了。她甚至相信她的丈夫是对的，冒这么大的险是一个错误。但是人就是这样，在你已经冒了第一个

很大的险以后，再去面对风险就容易得多了。黛比决定继续走下去。

一反平时胆怯羞涩的窘态，黛比端着一盘刚烘制的热烘烘的食品站在她居住的街区，请每一个过往的人品尝。这件事使她越来越自信：所有尝过她食品的人都认为味道非常好。人们开始接受她的食品。

今天，“黛比·菲尔茨”的名字在美国数以百计的食品商店的货架上出现。她的公司“菲尔茨太太原味食品公司”是食品行业最成功的连锁企业。今天的黛比·菲尔茨已经成了一个浑身都散发着自信的人。

充分考虑自身条件，有了热情和理想，只要做好了必要的准备，坚持不懈的努力，没有什么能阻碍你实现自己的价值。

冒险是投资理财的必备素质

犹太人认为面对多变的投资环境，不冒险反倒成为最大的冒险，人们更需要勇敢、勇气来面对这个未来的投资领域，没有健康、良好的心态是不会成为一个真正的勇士的。

缺乏勇气、害怕风险，使人们迟迟不敢投资，和理财与致富失之交臂。将钱存到银行似乎是很安全的，不需要冒什么风险，但通货膨胀将严重地侵蚀金钱的实际价值。风险其实没有那么可怕，有风险才有报酬，冒一定风险获得报酬是绝对值得的。

在此举一个例子，说明什么是勇气和勇敢精神。

曾有人问某位炒股大师：“股票会不会跌？”

回答是：“不知道。”

再问：“什么时候会上涨？”

回答仍是：“不知道。”

接着问：“能买哪一只股票？”

回答还是：“不知道。”

问者说：“你什么都不知道，敢于投资，是不是太冒险了？”

炒股大师回答：“当你什么都知道，都弄清楚了的时候，投资成功的机会早已

不属于你了，因此，你必须在以上所有问题都不知道的情况下投资，才可能成功。”

事情说白了确实是这样。我们不能做浮躁鲁莽者，但我们更不能做保守者而裹足不前。

犹太人并非鼓励盲目的投资、无目的的冒险，提倡的只是建立在一种稳定心态基础上的（而不是赌徒们输红了眼的心态上的）勇敢精神。未来虽然充满风险，不过有一点须坚持的是，只要经济持续增长，企业获利的能力不断上升，你的冒险就更有可能获得相应回报，长期而言，整体上股市的投资回报率必然会高于银行存款，而且会高出许多。一再小心谨慎回避值得一冒的风险，你将与致富彻底无缘。

培养冒险精神、克服恐惧感是培养健康心态的重要内容。冒险精神并非与生俱来，多半是由训练而来的，经由冒险、失败、再冒险、再失败，一步步锻炼出来的。

毫无疑问，人们的冒险精神似乎是随着年龄的增长而逐渐消退了，一方面是由于人们在经历失败与挫折后，会本能地产生挫折感而泄气，如果没有适度的激励因素，很难恢复本能的冒险精神；另一方面是由于传统的教育观念造成的，长者基于保护幼小者的心理，当小孩一旦做出任何危险行为时，马上会受到大人们的指责，因而养成安全至上、少惹麻烦的习惯。小孩和大人都以平安顺利为原则，逃避风险便成为一种习惯，而正是这一习惯成了投资的严重障碍。

一个人如果能够控制恐惧感，便能较容易地控制自己的思想和行为，他的自控能力能让他在纷乱的环境下处变不惊，并能无畏于后果的不确定性，而做该做的决定。当结果并不如其所愿时，他有充分的心理准备来承受失败的结果，而这种临危不乱的勇气与冒险的精神，正是投资人所应具备的良好心理素质。

勇于冒险的人，并非不惧风险，只是因为他们能认清风险，进而克服对风险的恐惧。勇气源于控制恐惧，而培养冒险精神则始于对风险的了解，特别是对风险所造成的后果的了解。

的确，积习已久的避险习惯，想在短时间内改变过来谈何容易。但是，既然冒险是成功理财不可或缺的要素，学习投资理财的首要任务就是克服恐惧，培养健康的冒险精神和稳定的心态，勇于投资在高期望报酬的投资标的之上，并承担其伴随

的高风险。

聪明的投资者应具备理智的投资心态，并且他应该在自我控制方面做到“铁石心肠”，亏损不懊丧，认定失败是成功之母；赚钱不轻狂，以防“满则招损”。在个人得失方面，得之泰然，失之亦泰然，心静如水，经常以理智控制感情的草率判断，不凭意气办事。特别是在投资领域，处处布满陷阱，如果像赌徒一样盲目地孤注一掷，成为牺牲品将是必然的下场。

要避免这样的情况，必须不断积蓄获取财富的能力、知识和社会经验。广博的知识尤为重要，聪明的投资者应懂得经济学、市场学、营销学、会计学、统计学、心理学等方面的基本知识，了解一些相关的专业知识。

例如，你想在房地产上一显身手，你就要了解装潢业、建材业、五金业、广告业、土木业、玻璃业、建筑业、电器业的相关知识等。你想要投资股票，就要了解股票的分类、式样、内在价值的确定、股市行情等一系列专业知识。同样的道理，你要想投资期货市场，就必须了解相应的专业知识。这些知识对减少你的投资风险、增大你的投资效益、保证你的投资回报率是极为重要的。

深知何时放弃“赚大钱的机会”的犹太巨富列宛

尽管犹太民族的忍耐力是无与伦比的，但这并不意味着他们胆小怕事、生性怯懦，只是一切事情的底线还没触碰到他们的最终底线。犹太人最精于计算，如果看中一桩生意的确能大赚一笔，他们就会立刻静下心来，耐心等着机会的来临。但是，犹太商做什么事情若是没有十分的把握，是绝对不会去做的，一旦他们发现某桩生意不合算的时候，即便前期的投资再多，也要想尽一切办法收拾残局，这时候，他们绝对一刻也不会等，他们的果断和决绝与之前相比简直就是判若两人。

犹太人决定投资某个项目的时候，一般会分别制订出三个月中的每个月的计划。

一个月后，即使发现实际情况和他们估算的有很大的出入，他们不会因此感到惊慌失措，仍然会冷静地追加资本；两个月后，若是实际情况仍然不尽如人意，他们便会更进一步追加资本；三个月后，若是情况仍然没有好转，而且又没有什么确

切的事实来证明还有希望，那犹太人会毫不犹豫地放弃这桩生意。所谓的放弃这桩生意，就是放弃迄今为止所投入的一切人力和物力，坦然面对这次失败。他们不会为此唉声叹气，尽管生意没做成功，但也比守在一个进退两难之地要强得多，而且是及时收手，否则结果也许更加不堪设想。犹太人深知物极必反的道理，所以他们懂得适可而止，懂得进退有度，而且拿捏得恰到好处、不折不扣。

犹太民族背井离乡，在世界各地像浮萍一样悲惨、凄凉地飘荡了两千多年，于是，上帝给了他们特有的忍耐力。他们之所以连三个月也不愿忍耐，这正是犹太商人在做生意中的精明体现。这就给了我们启示：在商战中，必须学会变通，不能一味地固守常规，否则只能以失败而告终。

另一方面，精明的犹太人还懂得，这个世界上不可能到处都是赚大钱的机会。下面这个故事就是对这一真理生动的诠释。

一天，靠炒股成为亿万富翁的犹太人列宛，一脸慈爱看着十岁的儿子忙乎着摆弄工具，准备捕捉山雀。

列宛儿子的捕鸟方法很简单，用木棍支起一个有很多方方正正网眼的圆箩筐的一端，在木棍上系一根很长的绳子，然后在立起的箩筐下撒了一层稻谷后，就拉着绳子跑进屋子里。

不大一会儿，就飞来一群山雀，孩子仔细数了数，竟然有15只之多！它们大概是很久没吃到食物了，很快就有8只迫不及待地跳到箩筐下，低头啄食。列宛不断地示意孩子赶紧拉绳子，但孩子不为所动，他低声地告诉列宛，他要等剩下的那7只进去，然后再拉。

等了好长时间，外面的那7只不仅没有进去，反而从箩筐下走出来4只。列宛再次挥手示意让孩子赶紧拉绳子，但孩子却说：“不着急，只要再走进去1只，我就拉绳子。”

可是，没多久又有3只山雀走了出来飞走了。列宛对孩子说：“如果现在不拉绳子，你将会失去最后这只山雀。”孩子好像不甘心，肯定地说：“总该有一些要回去的，再等等看。”

终于，最后那只山雀也吃饱了，便走了出来飞走了。孩子感到十分失落。

列宛拍拍孩子的肩膀，温和地教训道："人的欲望是无穷无尽的，而机会则是转瞬即逝，很多时候，人为了能得到更多，只知道盲目地等待，这不仅不能达成我们的欲望，反而会让我们失去现在所拥有的。"

《塔木德》中说："仅仅知道等待和忍耐，不是真正的聪明。"当感到自己没有十足把握去获得成功的时候，必须要学会果断地抉择了。

敢冒风险，却能为公司带来新生机的富商弗尔森

走在创业的艰辛之路上，要有气势恢宏的气魄，用这股宏大的气魄支持自己走下去，用自己的智慧不断挑战困难。也只有用好智慧这块帆板，创业者才能轻松踏在波涛汹涌的海浪上，永不腐朽，积蓄冲击海岸的力量，铸造无畏前进的动力，才能有一个美好的未来。

犹太人认为，做生意之前，做好营销策略固然很重要，但做好冲击的计划也同样必不可少，千万不能轻视它。不论用哪种方式去冲击，都要有一个周密的安排，并有一个战略性的巧妙安排，以巧和妙取胜是值得借鉴和学习的，因为这个阶段往往决定生意的成败与否。所以，在引导上要到位，出手还需稳健。在现今的市场上，各式各样的商品和服务让人眼花缭乱，想要自己的商品脱颖而出，一举俘获顾客的心，没有慧眼和细心是很难办到的。为了能让众多的顾客看中自己的商品，并产生购买行为，商人们无不大伤脑筋，千方百计地谋划。让消费者跟着自己的感觉走，早就成了商人多年的经验结晶，这就是要创造一个新事物，以引起消费者的注意力，在他们的脑子中留下一个印迹，然后，消费者会跟着这个印迹产生购买行为。这是一个极为巧妙的促销方法，被广为流传。

弗尔森是移居美国的犹太人，他是个极有商业头脑的人，个人资产达到了上亿美元。小时候，弗尔森的父母便是金融界叱咤风云的大人物了，在父母影响下，弗尔森很快对金融产生了巨大的兴趣，并以优异的成绩考上了犹他州赫赫有名的金融大学。大学毕业后，他就开始进军金融界，最拿手的便是炒股，他在最短的时间内获利 15 万美元，一时间被外界称为炒股奇才。当时他年仅 25 岁，他用他人生的第一桶金买下了一个废弃的旧工厂，建起了一家股份有限公司，专门经营玩具，从此

弗尔森便进入商业。他凭着埋头苦干、敬业的精神，拼出了一条财富之道。他的工厂赢利额每年高达千万美元，在同行业中处于领先地位。之后，凭着他已有的实力，开始收购兼并一些工厂，开拓自己的产业。弗尔森曾投资300万美元，收购了一家濒临倒闭的工厂，他用自己的方式让工厂起死回生，创造了一个又一个佳绩，使这家工厂开始赢利，每年能达到上百亿美元。

弗尔森的高明之处就是巧妙地运用了“催眠打昏”的计策，故意制造出一些假象，以此策动人心，让大众对企业产生了很高的期望值。企业由他接管三四年后，他就公开声明，给员工增加福利，红利要超过企业收购时的福利。这就是相当于在张贴公司的老底，营造一个独特的创业氛围，使得企业能得到更大的发展。

果不其然，这家企业在人们眼中看来是实力非常雄厚，因此公司股票的价格不断飙升，趁此机会，弗尔森将手中的股票一张不剩全部抛售，竟然获利500多万美元。

弗尔森开始积极收购在当地业绩非凡、实力雄厚的一家玩具有限公司，这使得他成了美国年薪最高的经理人之一。

从心理学角度来讲，每个人都会有一道很难攻克的心理防线，就连一些职业的心理专家也很难攻破。“催眠打昏”之计就会让人大吃一惊，先是对他们进行一系列的心理催眠，让他们失去理智、丧失意识，甚至感觉到好像要死过去一样，然后，再使他们产生对生命的渴望和追求，这样就能使他们重新振作起来，再创辉煌。

胆大心细，对众多破产公司迅速出手的金融大鳄摩根

在犹太人长期的流浪中，他们把金钱当作世俗意义上的上帝，因而他们对财富的追求可以说是狂热的，他们最推崇那些敢于付出巨大代价，做出一些惊人投资决策的人。这些人能够看准时机，迅速投资，体现出了犹太民族胆大心细，果断干脆的处事作风。

风险与利润成正比。犹太人在追求高利益时候，具有非凡的魄力，他们从来不避讳风险，甚至投资于风险很大的领域，从中赚一般人不敢赚取的巨额财富。

美国金融巨头摩根是一个犹太人，他善于通过一些惊人的投资策略来获得大量收益。只要他的脑子开始工作，一个投资观念形成，就意味着金钱将会滚滚而来。

在当时，铁路运输还是美国运输体系的一个支柱，但是当时的铁路运输体系还没有现在的完善，整个美国遍布密密麻麻的铁路，却各自为政，互不搭边。随着经济的发展和人们对科技的渴望，铁路使用效率低下的问题日益凸显，这时候就需要把分散的铁路连成一个相互联系的铁路网络，而这些就需要在铁路方面投资大量资金。而当时的美国处在经济危机时期，越来越多的铁路公司破产、合并，对于借贷的金额也越来越大，于是，铁路的大调整愈加依赖投资银行。摩根创立的辛迪加投资银行不仅有雄厚的财产做后盾，而且还有较高的信誉。在这种机遇与挑战并存的形势下，摩根果断收购了这些公司，成为它们的控制者，给它们带来了新生，他开始对铁路运输业做大调整。他这次采取的是统统高价买下的策略，就是不管是东部发达地区还是西部落后地区的铁路，即使是破旧的铁路，他都买下，从而能够从整个美国的视角，整顿铁路的运行秩序。

有人把摩根的这次高价购买铁路策略称之为“托拉斯计划”，体现了资本主义的垄断，这也是摩根策略的强大作用。最终，摩根的投资不仅促进了美国铁路运输体系的发展，而且控制住了铁路产业经济的支柱，打败了其他竞争对手，稳住了刚刚夺得的金融界霸主地位。他的这次举措，从根本上改变了美国传统的经营思想，他的经营思想和管理方式也对后世产生了深远的影响，标志着美国经济发展阶段迈上了一个新台阶，从原始的开发积累阶段到现代管理阶段。

华尔街大部分投资公司的发展都是从“海盗式”经营，到形成辛迪加，进而到托拉斯，成了投机家的天堂，美国经济发展的标志，世界金融业的中心地带，摩根可谓就是这艘财富巨轮上的领航者。

在商业发展中，犹太人用他们独有的智慧眼光诠释了“只要值得，就要去冒险”的风险观。他们时而谨慎、冷静，时而智慧、果断。他们在投资商海里奋力拼搏，成为强健有力的弄潮儿，推动了时代的发展。

在残酷的商业竞争中，要想做个商战中的人才和商场中的强者，就必须敢于面对，善于挑战，在努力中发展壮大自己，不断发现机会，创造更多的效益。

适时放弃小药厂而取得更大成功的犹太人詹姆士

生意中没有波澜，那么你就不会在广阔商海中奋斗，就只能做小河沟里的过客。历史总是会记住在大事业上有所成就的人。我们在经商时，也要像犹太人一样，敢于拼搏。

人往高处走，水往低处流，这个朴实的道理告诉我们人是向上的，需要不断提升自己。生命不止，奋斗不息，要想做到这点，就不能让自己安于现状，不思进取。

犹太人深知这个道理，他们在做生意时，敢于放弃没前途的事业，而去追求未知而又有吸引力的事业。

在商业经营中，犹太商人的忍耐性格为世人瞩目。但是，犹太商人的坚持是因为他们看到了发展前途和赚大钱的希望，如果他们经过反复研究发现这种情况没有发展前途，不能更快更好地获得财富时，犹太商人会很快放弃这一途径，另寻他路。

英国有一位犹太人叫詹姆士，本来是个游手好闲的富家公子，花钱没有节制，当他把父亲给他的财产花光之后，生活无以为继，这时候，他幡然悔悟，决心努力经商，从头开始奋斗。

他整天奔波，从亲戚那里东拼西凑，借来一笔钱，自己开始筹划开办了一家小药厂。他既是药厂的管理者又是药厂的组织者和销售者，每天要辛苦工作16个小时以上，其艰辛可想而知，正是这夜以继日地工作换来了药厂的发展。几年后，通过扩大再生产，药厂已经小有规模，每年都有几十万元的赢利进账。

可是詹姆士并没有安于现状，他通过详细而又准确的市场调研，发现制药市场在当时的发展前景不大。这时，他发现了另一个具有发展前景的市场——食品行业。毕竟，全世界有几十亿人口，每天都需要消费大量食物。他深知人不可能天天吃药，但必须天天吃东西，食品市场前景光明。

在经过慎重的考虑和反复权衡下，他转让了正在赢利的药厂，又向银行贷了一笔款，获得了当时一家食品公司的控股权。

当时这家公司经营类别很多，主要制造糖果、饼干和一些零食，同时还经营着烟草，但是规模不大，是家小公司。詹姆士在控制这家公司后，对这家公司进行了大刀阔斧的改革，他转换了经营管理模式和销售策略。他把公司产品的规格和样式进行了细分优化，比如把糖果的口味和种类都进行了延伸；饼干的适用人群作了细分，推出了很有特色的老人饼干、成人饼干和儿童饼干。通过这些改革，他的公司产品赢得了市场，获得了大量消费者的好评。很快，他又开始在市场领域扩展，在欧洲很多国家开设分店，销售额迅速增长，后来通过收购其他国家的一些食品公司，最终形成了大集团，他本人也是名利双收。现在有谁还计较，他以前只是个游手好闲的花花公子呢？

他的成功，来自他对小药厂经营前景的理性分析和准确预判，忍痛“割肉”舍弃了当时还在赢利的小药厂，在食品行业从头开始。

可以说，在商业经营中，既要学会忍耐，又要学会适时放弃，这是犹太人具有的一种高级智慧。

当我们安于现状，我们离不思进取就不远了，生无所息的处事智慧告诉我们，风险与机遇并存，要想在人生轨迹中留下浓重的一笔，就必须敢于奋斗，敢于放弃。

犹太人的放弃并不是盲目的，他们是在经过冷静分析后，评估出价值，然后做出决策的，他们的风险观里有忍耐也有放弃，他们是睿智的决策者。

将赚钱发挥到极致的大富豪洛克菲勒

眼光往往决定着一个公司的前途和发展，短浅的眼光只注重眼前的利益，最终会被时间的车轮甩在身后，而长远的眼光会盯着未来，让我们更加有战略意义。

犹太商人们在几千年来的发展壮大中，培养出一些优秀的品质，他们变得精明而敢于冒险，是很有实力的商人群体。对于他们的竞争者来说，他们则是可怕的对手。在《塔木德》中，犹太人相信，最昂贵的钻石总是埋藏在不易被发现的地方。眼光盯着未来的犹太人才能够长久地赚钱。

犹太人约翰·洛克菲勒是个世界闻名的大商人，从小就从父亲那儿学到了经商

的方法和对金钱的敏锐嗅觉，从信仰基督教的母亲那里学到了守信用、细心和勤快。约翰·洛克菲勒在创业中有着良好的预见能力和富于冒险精神，在19世纪80年代，他就靠这些优秀的品质和商业能力控制了美国的石油资源，成为当时美国数一数二的经济界人物。

1859年，由于工业的发展，对石油的需求也越来越大，当时年轻的洛克菲勒就看到了石油热潮背后的风险与利益关系，那就是风险是有的，但利益是巨大的。于是，在宾夕法尼亚州泰特斯维尔出现了第一口油井时起，他就开始了行动。有一次，他和合伙人争购安德鲁斯一克拉克公司的股权，在拍卖股权的会议上，他表现出非凡的冒险精神，不达目的绝不罢休，对竞拍成功可谓是志在必得。当时的拍卖底价为500美元，洛克菲勒和对手一次又一次的抬高价格，之后标价达到5万美元时，这个数目实际上已经达到了该石油公司的实际最大价值，但是还是互不相让，当最后对方出价7.2万美元时，洛克菲勒依旧是满怀信心，毫不迟疑地开出了7.25万美元的高价，战胜对手，赢得了竞拍，获得了这家公司的经营权。当时他年仅26岁，就熟络地经营着风险很大的石油生意，并且让他所经营的标准石油公司有了很大的发展，在激烈的市场竞争下脱颖而出，控制了美国出售的全部炼制石油的九成，成为毫无疑问的垄断企业。

然而，洛克菲勒并没有安于现状，爱冒险的他把眼光投向了国外——利马。当时，利马发现了一个大油田，但是原油的质量不好，含碳量高，是“酸油”，由于当时科技水平的限制，还没有一种高效的方法来提炼这种“酸油”，所以开采出来后，卖得很便宜，每桶只卖15美分，洛克菲勒经过自己的分析，预见到随着科技的发展，这种类型的石油总有一天会找到一种高效经济的方法来提炼它，是个很有潜力价值的产品，于是决定买下这个油田。他的这一举措却遭到了董事会大多数人的反对，倔强的洛克菲勒并没有放弃这未来才能得到的“肥肉”，决定自己冒风险，自己拿出钱来投资这个产品。最终，洛克菲勒的决心迫使董事会同意这个决策，结果都是大家喜闻乐见的，不到两年时间，就找到了提炼这种石油的方法，每桶石油也由原来的15美分涨到了1美元，他的公司在那里建设了当时世界上最大的炼油厂，公司的赢利猛增几亿美元，董事会的成员们也不得不相信，他比其他人都具有

冒险意识，看得更远。

成功有时候并不在眼前，而在于长远的未来。毕竟，深埋在地下的金子，只有经过时间的洗礼，风沙的侵蚀，才会露出耀眼的光芒。犹太民族是一个有预见能力的民族，在他们国家沦陷时，他们并没有被其他民族同化，他们预见到了复国的希望，即使它是多么的漫长和艰辛。

可以说，大多数成功的犹太商人都是伟大的战略家，他们的眼光盯着未来，有着极强的预见能力，只要看到了成功的希望，他们就会锲而不舍地干下去，直到他们真正成功。

“只要值得，不惜血本也要冒险”的哈默

生活中风险无处不在。在平常的生活中，风险是一把双刃剑，我们在生活中要时刻注意风险带来的好处和隐患。在它能够带来利益时，要紧紧抓住；当它会带来坏处时，要适时放弃。

犹太人的生意经中有这么一条：只要值得，就去尝试。他们在奔波于世界各地经商时，从来都是有一种风险中获取财富的做法，这也是一种很有吸引力的投资方法。

下面这个例子说的就是犹太人敢于冒险的事迹。

犹太人阿曼德·哈默出生在美国，在他上大学时就开始经营父亲留下的药厂生意，而且经营成效显著，药厂生意蒸蒸日上，获得很大的收益，也为自己赚取了大量金钱，成了当时美国第一位大学生百万富翁。1921 年，哈默开始把目光盯准了国际市场，并转战苏联，成为联系两国的一名贸易代理人，赚取了大量的财富。最终在哈默 58 岁的时候，做出了一个伟大决策，收购了当时即将倒闭的西方石油公司，后来成了世界上最大的石油公司之一。

1974 年，哈默所经营的西方石油公司创造了年收入达到 60 亿美元的惊人数字。这些都与他平时的冒险精神分不开。因为商业上的成功使哈默也同一些国家的政界领导人交往密切，从而赢得了良好的国际声誉。因此，许多人登门拜访，认为哈默不光有优秀的才能，肯定有致富的秘诀。

哈默在1920年开始同苏联做生意，其间有兴隆与衰弱、成功与失败，这些经历是哈默对苏联生意中的概括总结。哈默本来可以不管别国的情况，坐在自己的住所中，舒舒服服地过一辈子，可是犹太商人的本性让他适应不了这种无味的生活，讨厌这种生活。他认为，那些大多数人没有涉足的地方，才值得自己去挖掘和探险。于是他决定去冒险，做出一个在别人看来像是疯子的选择，决定去被西方媒体描绘成人间地狱的苏联。当时苏联的情况很不乐观，由于内战、外国军事干涉和封锁搞得经济萧条，人民生活困难；伤寒、霍乱等传染病威胁着人们的生命。苏维埃政权面对着这种内忧外患的局面，做出了一个重大决策，实行新经济政策，即对外资的引入持鼓励态度，希望以此快速振兴苏联经济。当时，许多西方人对新兴的苏维埃政权持歧视态度，充满着偏见和仇视，把苏维埃政权当作是可怕的政权，去苏联经商无异于去月球探险。

在这种情况下，哈默觉得风险大，利润也大，没人去做，才值得去冒险。于是哈默决定踏上这未知的旅程，在途中经历各种艰难困苦，终于乘火车到了苏联，沿途的一些惨象令人触目惊心，到处是无人认领的尸体，城市和乡村都是萧条的景象。精明的犹太人哈默并没有知难而退，他心里明白，现在的苏联所缺乏的生活必需品就是粮食，而当时的美国粮食大丰收，粮价一跌再跌，农民甚至把粮食倒入大海也不愿意以这样低的价格卖掉，而苏联当时也有美国需要的毛皮、白金、绿宝石等。为了抓住这个机会，哈默果断地向苏联官员建议，从美国运来粮食解决饥荒问题，用苏联的这些货物换取，于是双方各取所需，很快达成协议。

于是情况有了很大的进展，哈默成为第一个在苏联经营租让企业的美国人，这使他同苏联的政治领导人走得更近，列宁给了他很大的特权，他开始掌握苏联对美国的贸易代理商，成为美国福特汽车公司、美国橡胶公司、艾利斯—查尔斯机械设备公司等30多家公司在苏联的总代表。生意也在这些发展中越来越大，收益也越来越多，他存在莫斯科银行里的钱数额十分惊人。在这次，他可谓是冒着风险发了大财。

哈默做生意时，始终认为只要值得他去做的，他就会不惜血本也要冒险，这以后哈默始终践行这一点。

人的一生经历中，充满着艰难险阻，面对未知的未来，我们是犹豫不决，还是果断选择一个方向？这些都需要我们能够穿过山重水复的奋斗，走过柳暗花明的又一次希望。

犹太人对未来的规划从来都是经过自己的深思熟虑的，他们的每一次冒险，都是一次次冷静分析的结晶，他们这种坚持冒险的韧性，让他们成为世界上最优秀的商人。

耐心等候“危机”的犹太人罗恩斯坦

商品经济的发展，让我们在平时的经济生活中更加便捷，商品本身也发生着日新月异的变化。犹太人认为，一切东西都是可以用来赚钱的，都是真真切切的商品，即使是一些合同、国籍等都可以变成商品，用来发财致富。

《羊皮卷》中说：“一切都是商品，一切都可用来赚钱。”因此，在他们眼里，什么东西都是有价值的，都可以用来赚钱。

罗恩斯坦是个生活在美国的犹太人，国籍是列支敦士登，他并不是土生土长的犹太人，这个国籍是他后来用钱买来的，他买这个国籍是为了获得更大的利益。

列支敦士登是一个弹丸小国，地处奥地利和瑞士的交界处，当时的人口只有不到两万人，面积160平方公里。这个国家与其他国家相比，有着很大的优惠政策，就是税金特别低，于是这里的国籍对许多外国人产生了很大的吸引力，各国商人们都想购买该国的国籍。面对这种情况，该国出售国籍，定价7000万元，在获得该国国籍后，每年只需要交10万元的税款。这种低税收环境是不分贫富的，因此列支敦士登成为世界上有钱人理想的国家，他们想方设法获得该国的国籍，面对这种僧多粥少的情况，想买到这个小国家的国籍也不是很容易的。这个时候，机灵的犹太人罗恩斯坦并没有放弃这次机会，他想出了一个办法，他把总公司设在列支敦士登而把办公场所设在纽约，所以他在美国赚钱，却可以避开美国各种名目繁多的税款，只需要每年向列支敦士登交纳10万元就行了。他成了一个合法避税者，通过减少上交的税款，获得自身利益的最大化。

他经营的是所谓的“收据公司”，顾名思义就是做订单收据的生意，从中抽取

10%作为利润，其实在他的办公室，只有他和打字员两个人，打字员每天负责打发给世界各地的服饰厂商的申请书和收据，实质上，这个“收据公司”就是奥地利斯瓦罗斯基公司旗下的一个代销公司。在这个公司，罗恩斯坦还把美国国籍也当成了致富的本钱。当时，达尼尔·斯瓦罗斯基家是奥国的名门望族，他们的公司一直以来都是生产玻璃制假钻石的服饰用品，善于发现商机的犹太人罗恩斯坦看准了这家公司，只是一直没有机会下手，他只有静下心来，等待机会来临。

斯瓦罗斯基的公司在第二次世界大战的时候，迫于德军的武力威胁，帮助德军生产了许多望远镜。战后，法国决定将其接收，这个时候，他认为出手的时机到了。当时还是美国人的罗恩斯坦，知道了这个情况后，立即抓住机会，赶时间与达尼尔·斯瓦罗斯基家见面谈判，让他去和法国军队交涉，让他们不接收公司，事成之后，他将获得该公司的代销权，一直到他死为止。当时，斯瓦罗斯基家族对于这个犹太人如此苛刻的条件感到十分不满，但是经过冷静分析，为了顾及自身的利益，只好答应了这个求全之策，为了公司的长远利益接受罗恩斯坦的条件。

于是，他开始运用他的美国国籍，充分利用美国是个强国的世界影响力，向法国军方提出了申请，他在申请中指出：他是美国人罗恩斯坦，已经接收了斯瓦罗斯基公司，请法军不要接收他的公司，尊重他的个人财产不受侵犯的权利。

法军在这个时候也无可奈何，因为罗恩斯坦已经是斯瓦罗斯基公司的拥有者，公司的财产属于美国人，而且也不敢惹美国，于是接受了罗恩斯坦的申请，放弃了接收的想法，也使斯瓦罗斯基公司逃过了一劫。于是，事成之后，罗恩斯坦没有花一分钱，就拥有了代销斯瓦罗斯基公司产品的权利，建立了代销公司，获得大把大把的钞票。他成为不花一分钱就能赚取巨大利润的商业奇才。

这两次致富，都离不开罗恩斯坦巧妙运用国籍的功劳。国籍帮了他的大忙，他开始用美国国籍发家，到后来再靠列支敦士登的国籍避开大量税收，从而成功致富，成为一个富人。

犹太人信奉“有心遍地生财，处处是生意”，只要巧做经营，精明细心，生意总会有，钱财也总会被犹太人赚到。

冬天把饮料成功卖掉的营销奇才哈利

世界上有许多路，每个人都在各自不同的路上奔波着，有些人走到了终点，消失在人们的视野；有些人还在路口徘徊，不知道该走向哪里；有些人走进了死胡同还浑然不觉。

犹太人擅长用他们聪明的头脑赚钱，从不把问题定死，他们相信，没有过不去的坎，只有不努力的人，于是他们时刻警醒自己，要多动脑子，巧赚钱。

犹太人的伟大先知曾经说过：“当我们邻居的屋子起火时，你就必须留心自己的屋子。”

这说的就是犹太人能够看透事物的联系，了解可能发生的情况，采取相应的措施来解决问题，完成任务。

北美宣传奇才哈利是美国犹太人，他的经典事例是他小时候，在寒冷的冬天成功地把饮料卖掉。当时哈利才十五六岁，为了贴补家用，他决定去一家马戏团做童工，负责在马戏团开演的时候，卖给观众瓜子、花生和矿泉水等一些零食。由于当时正值北美的冬季，天气严寒，看的人不多，买东西的就更少了，至于饮料就更无人问津了。于是小哈利开始考虑怎样才能推销更多的零食和饮料，如何让观众们在大冬天里购买饮料，他开始琢磨这个问题。经过一段时间的考虑，他终于想到了一个绝好的办法，他在马戏团门口开始叫卖：“来看马戏，买一张票，就免费送您一包好吃的花生！先买先送，数量有限，送完为止！”

很快，他这个别出心裁的叫卖吸引了许多看客，人也越来越多，马戏团里这次座无虚席，人们喜滋滋地品尝着这些花生，殊不知这批花生被多撒上了一些盐，不过看客们都觉得花生是免费的，而且很美味，就拼命吃，最终吃得口干舌燥，人们纷纷需要饮料来解渴，这个时候小哈利出来了，推销起他的饮料，人们纷纷掏出钱包，购买他的饮料，结果，小哈利这一天卖出去的饮料，相当于原来马戏团一个月的饮料销售量。

仔细分析，在这推销过程中，他用了个小聪明，比别人看得更远，多走了几步。小哈利的推销过程可以分为以下三个部分：

第一，从一般人的理解来看，要想在冬天里卖出饮料，简直是天方夜谭，因此必须脱离普通人的想法，借助其他手段，间接地实现自己的推销，这个东西就是和饮料一起销售的花生。

第二，免费送一包花生，把花生全部多撒上一点儿盐，让花生变咸，使咸花生的味道变得更好吃，人们一吃多就会口渴，自己的饮料也就有了销路。

第三，为了吸引更多的人，把马戏团的票同咸花生联系在一起，让自己的潜在顾客的数量增加，从而为自己饮料推销提供好路子。

其实犹太人赚钱并没有什么神奇的方法，但他们仍然可以轻而易举地赚钱，是他们拥有独特的赚钱能力，成了他们的发财秘诀。

我们在一件事遇到阻碍的时候，要静下心来，凡事都不一定没有出路，多看几步，不让自己走入死胡同，让自己在思考的过程中发现更多的出路和赚钱的途径。

八、无思考，不营销

感动客户，而非打动客户

做生意，就离不开卖产品；要卖产品，就需要有客户。可是，怎样才能让客户屡屡“就范”呢？是用价格战打动他，还是用其他策略感动他？也许你会说，只要产品质量过关了，客户自然就会来光顾。或许你还会认为，把产品说得天花乱坠，让客户云里雾里的，就能获得对方信赖了。

如果仅仅是这样的认识，那么完全可以肯定：你一定不是犹太人！因为犹太人绝不是仅仅用价格、产品质量及口才等来赢得客户信赖的，相反，他们认为说得太多反而会引起客户反感。他们的秘诀何在呢？只有简简单单四个字：感动客户。

如果能把客户感动得流泪，那么你离成为生意场上“金牌老板”的那一天就不远了。

犹太小伙子凯斯卫在一家公司做销售员，有一天他去拜访一位公司老总。老总

的办公室在15层，凯斯卫刚走出电梯，便遇到一个拿着一大摞文件的公司职员。从对方匆匆的脚步与焦急的神态可以判断，一定有什么急事需要处理。可是由于他太着急了，手中的文件没拿好，掉下来散落了一地。凯斯卫并没有若无其事地绕过去，而是马上弯腰帮对方把文件捡起来。

也许这是一件再平常不过的小事，但正是这样一件小事，给凯斯卫的业务帮了大忙。原来，凯斯卫所帮助的那位小职员，正是该公司董事长的秘书。

凯斯卫的一点举手之劳为别人带来了一份感动，从而也收获了一个客户。试想，如果凯斯卫采用的是“打动”策略，仅靠利益和花言巧语，或许能赢得经销商一时的热乎劲，而长此以往是不是就只有赤裸裸的利益衡量了？

犹太人虽然不排斥打动客户，但他们更注重感动客户。在犹太商人看来，如果说“打动”多靠利益，凭借的是嘴上功夫，那么“感动”敲的则是“心门”，追逐心灵的震撼。也可以说，“打动”仅仅是单一的利益驱动，当钱尽之时，便是情散之际，而“感动”的力量则更容易成就“连环销售”，使你的顾客回头、再回头。二者相比，哪一个更有力量不言而喻！

如果你有“客户，我拿什么感动你”的困惑，那么不妨学学犹太人，不要试图用极具竞争力的价格或者优质的服务来感动客户。因为这些顶多算作让客户满意的条件，而感动则要超乎客户的想象之外。简单说来，感动客户就是关心客户的过程，也是帮助客户的过程。一位经验丰富的犹太商人曾表示，客户的心是一扇虚掩的门，当你用真诚把它打开以后，要想成功捕获客户的心，最好的方式就是情感投资，满足客户内心的需要，让客户得到应有的尊重、关心、赞美和重视。

索菲亚是一位热情的犹太女孩，她在一家商店做糖果部的销售员。几年以来，索菲亚对每一位来到柜台前的顾客都报以微笑，始终是温和、热情地向客户介绍产品。很多顾客反映，来索菲亚负责的柜台买糖果，能够让人感受到春天般的温暖。

有一天中午，商店里的顾客不多，一位女顾客满脸怒色地来到索菲亚的糖果柜台前。索菲亚满面笑容地迎了上去，说道：“女士，您好！我可以为你做些什么呢？”“不，我什么都不买，只是看看……看一眼不可以吗？”说完，这位顾客看都不看索菲亚一眼，就冷着脸从中间柜台向东面柜台走。

索菲亚跟在她身后，边走边想："她一定是遇到了什么不顺心的事，看上去她有些烦躁和伤心，也许我能帮助她点什么，让她摆脱这种情绪。"想到这里，索菲亚微笑地说道："最近，我们从比利时进了几种新口味的糖果，味道还不错，请让我给您介绍一下……"

在自己的怒气面前，索菲亚依旧和颜悦色，这位顾客被她的热情感动了。她面带歉意地说："刚才真是抱歉，我儿子不吃饭就去游泳，让我生气得很。我进商店的时候，还在气头上，正巧你跟我说话，我把一股火都发在你身上了，真是对不起。"

索菲亚和颜悦色地说："您教育孩子是应该的，只是要注意方法，跟孩子平静交流，尽量不要发火。"只见那位顾客激动地说："谢谢你优质的服务，我无缘无故向你发脾气，你还这么耐心地和我交流……"从那以后，这位女顾客每次到这家商店买东西，都要到糖果柜台前和索菲亚聊几句，还介绍了很多人前去买糖。

毫无疑问，热情的话语就如同一团火焰，可以温暖别人的心田。从这个角度也可以看出，感动客户并不一定要有多少额外的付出，而很多时候不过是举手之劳。很多卖不出产品或者总也没有回头客的生意人，很可能只是考虑到了"打动"的策略，而没有利用好"感动"这个武器。

如果你也如此，那么不妨学一下故事中的凯斯卫和索菲亚吧！

给客户以信赖感

信任、诚信是营销过程中很重要的东西。要没有这些，客户是很难买你的账的。

现在，你不妨回想一下，你在对待你的"上帝"的时候，是这样做的吗？或者回想一下，你有没有对客户言而无信的时候呢？如果答案是肯定的，那么可以肯定的是，你的客户100%走掉了。

在犹太人的思维观念里，做生意要善于动脑子，这里面既包括"要聪明"，也包括"玩真诚"，而且前者是建立在后者基础之上的。因为只有对客户真诚，你才能赢得客户的信赖，客户对你信赖了，才会掏钱买你的东西，而不是离你而去。

对于怎样具体地赢得客户的信赖，犹太商人们总结出了这样几点，不妨参考一下：

1. 给客户最专业的指导和服务

作为优秀的生意人，犹太人心里很清楚，客户最想要的是什么，除了质量过硬的产品以外，还有销售员专业性的指导和100%的服务。

卓布尔在一家百货公司里做道具销售员。他的服务就深得顾客的喜欢和信赖。他会告诉顾客，刀子的刀把是用什么木头做的，刀柄是用什么钢打造的，刀刃又是经过多少度高温打造出来的。哪怕顾客只是买一把很小的水果刀。卓布尔也会给他讲解至少20分钟。从刀子如何使用才能更锋利，到刀子如何保存光泽才会不发暗，甚至刀面脏了应该用什么样的纸巾去擦洗等等。

这样的服务，客户怎么能不喜欢呢？想必下次再需要刀具的时候，第一个想到的就是卓布尔吧！

2. 让客户感觉你的产品是最超值的

为什么有的人能牢牢地“缠”住一些客户，使他们成为他的忠实消费者？

同样的产品，为什么甲老板比乙老板卖得好呢？

显然，这里面是有门道的。犹太人从中发掘到，客户们经常喊的一句口头禅是：“一定要购买到物有所值的产品。”但事实上，几乎所有的生意人都在强调自己的产品物有所值。客户已经听腻了，在他们看来物有所值的产品乃是天经地义的。于是，“物超所值”便成了令客户心动的一粒强力弹。

面对这种情况，犹太商人想到的是改进营销方法，让顾客买账，并频频冲自己“回头”。犹太人通常会用“比较法”来赢得客户的信赖。首先，他们会确定自己和对手所卖的产品在各个方面都不相上下。对于自己所销售的产品，客户可能并不了解和其他企业产品有哪些差异。这时候，让客户了解自己的产品优点何在，进而对照比较其他同类产品的缺点，才会让顾客的心渐渐地向自己这边靠拢。一旦第一次把客户“拿下”了，那么当他下次需要的时候，第一个想到的就是自己和自己的产品。因为犹太人深知，产品好坏贵贱，关键在于“比较”。如果你拿一个更“贵”的东西来比较，那么就会衬托出你的东西很“便宜”。比如，你告诉顾客，

这件商品的售价一直是800元，现在薄利多销，降到了500元。这样一来，顾客就会有占便宜的感觉。

3. 不要拿话当儿戏，说到就要做到

出尔反尔是十分令人讨厌的，你不喜欢，你的客户同样不喜欢。犹太人的精明人所共知，但他们很注重承诺，一旦向客户许下承诺，就会确保实际提供与承诺的一致性。犹太商人知道，如果没能兑现，客户肯定觉得这是恶意的欺骗，从心里无法原谅自己。当客户受到这样的伤害，估计也只能对自己说声“拜拜”了。

4. 把自信亮给客户

犹太商人在多年的经商过程中总结出来一条销售秘诀，那就是：销售工作能否成功，很大程度上取决于销售员的自信心。要是不自信，即便你拿着个稀世珍宝，说不定人家看到你的样子，还以为是祈求布施呢！

据说作为吉尼斯世界销售纪录创造者的乔·吉拉德，在当初应聘汽车销售员时，人家问他是否销售过汽车，他回答道：“我没有销售过汽车，但我销售过日用品、家用电器。我能成功地销售它们，说明我能成功地销售自己。我能将自己销售出去，自然也能将汽车销售出去。”正如推销大师乔·吉拉德所说，当你拥有了充分的自信，就等于成功了一半。

说到底，对任何一个生意人来说，说话算话既是一种品质，也是一种销售技巧。在聪明的客户面前弄虚作假，必然会被客户看穿，这是聪明反被聪明误。要知道，客户花钱购买我们的产品，除了花钱来满足自己所需外，还希望得到另外一种额外的产品，也就是我们的“诚意”。这种诚意是我们对客户发自内心的一种尊重和重视。我们只有以真诚的服务，让客户心满意足，才能赢得客户的再次光顾。总而言之，在生意场上，留住客户的心就留住了客户的人，要想长期赢得客户的青睐，就要以真诚来留住客户的心，否则随时都会让顾客离你而去。

让“上帝”享受购买的过程

从心理学角度来说，客户之所以购买某一样商品，甚至持续性地购买同一地方的同一产品，是因为通过购买他体会到了愉快的感觉，获得了一种心理上的满足。

正如IBM前任行销部副总裁勃克·罗杰斯成功之后所做的结论："生意成交的秘密就在于了解客户的困难，然后帮助他们找到解决的办法，使他们受惠并对这笔交易感到满足。"

这一点，也正是犹太人在营销过程中十分重视和充分运用的。在犹太人的思想意识里，要想让客户产生一种"我的眼里只有你"的感受，自己要做的不是想方设法把产品销售给客户，而是为他创造一种"美好的购买感觉"，满足客户心理的需求。他们深知，客户就是上帝！对自己来说，只有把客户当作上帝一样来对待，客户才会买自己的账，自己也才能获得利润。

国际著名4A广告公司奥美，始终秉承着这样一个经营理念："服务顾客至上，追求利润次之。"在奥美看来，客户就是上帝，抓住客户的心，照顾好客户，客户才会关照你的生意，你才会获得更大的市场。

无独有偶。世界最大的百货零售商沃尔玛，1955年时只是一家默默无名的小商店，能有今天的成就，也得益于长期遵从"客户就是上帝"的营销战略。在山姆·沃尔顿带领沃尔玛发展的过程当中，他非常注重沃尔玛员工对客户的服务质量。他要求员工们要向客户提供"可能的最佳服务"，让顾客享受到宾至如归的超一流服务，为了很好地执行这一理念，沃尔顿制定了一套又一套的管理规则，甚至要求职员保证：当顾客与你的距离在十英尺之内时，请温和地看着顾客的双眼，并微笑着向他打招呼询问是否需要帮助。

沃尔玛因为遵循"客户就是上帝"的营销宗旨，获得了巨大的成功，那么你也同样可以因坚持这个理念而获得销售的成功。

犹太人认为，对任何一个生意人来说，是客户创造了市场，因为任何产品只有迎合了客户的需求，才能满足市场的需求。所以，不管是在售前、售中还是售后，要想客户把钱花在自己的产品或服务上，自己就要先想办法博得客户一笑，把客户当成上帝一样来伺候。

沃特和希尔是两家公司的销售员，推销的产品类似，所以两人成了竞争对手，经常会一起去争夺同一个客户。

这天，他们又去争夺同一个客户。沃特抢先了一步，先来到了这家公司，拜访

山姆·沃尔顿

了采购部经理。一见面，沃特就急不可耐地向对方介绍产品的种种好处，并夸下海口说如果不买，简直就是对方的失策等等。

该公司采购部经理一听说自己不买就是失策，要吃亏，脸色就变得很难看，心里很是反感这个藐视他能力又喋喋不休的家伙，于是没等沃特说完，便随口找了个理由就将沃特打发走了。

沃特走后没多久，希尔来了。这位经理见又是同样的产品，加上刚才的气还没消，本不愿再见希尔，但转念又想听听这个销售员是什么说辞，再者公司目前也确实需要此种产品，便让希尔进了办公室。

希尔进去之后，并没有直接就开始介绍自己的产品，而是很有礼貌地先向对方说了声："抱歉，打扰您了，非常感谢您从百忙中抽时间面见我。"随后，希尔又对这位经理的办公室和那一缸热带鱼赞叹了一番（因为事先他已调查过对方是个鱼痴），至于产品，他只是做了简单的介绍。

尽管希尔如此恭敬，可是那位经理始终都是一副很冷淡的样子。希尔估计没戏了，便打算离开。虽然心里有些失落，但他还是很真挚地说道："谢谢您的面见，虽然我知道贵公司需要这种产品，只可惜也许是我某些方面做得不足，没能让你转变心意。我想我应该告辞了，但在走之前，能否再麻烦您告诉我不足的地方在哪里，以便我下次改进。谢谢您！"

此时，对方突然呵呵笑出声来，起身拍拍希尔的肩膀道："请稍留步，我还没跟你详细了解产品呢，麻烦你再跟我仔细说说。"希尔欣喜若狂，立即认真地讲解起来。最后，这位采购部经理和希尔签下了一笔不小的订单。

为什么同样的产品、同样的客户、同样的环境，一个被客户拒绝，一个成功签单？原因就在于销售员对客户的态度不同。沃特只知道滔滔不绝地向客户介绍产

品，而忽略了对客户的尊重和感谢，所以招致了客户的反感。而希尔始终以“客户就是上帝”的恭敬姿态来对待客户，让客户感觉受到了重视，从而对他产生了好感，最终才促成了这笔交易。

看到这里，你是不是觉得，自己也该向案例中的希尔学习，给客户高度的重视，为其提供最贴心的服务？如果这样，客户的心怎么能不被你牢牢抓住呢？

我们要始终铭记，“客户就是上帝”不仅是一句漂亮的口号，而且是丁是丁卯是卯地让客户觉得自己有做“上帝”的感觉。要知道，不光你认为客户就是自己的上帝，客户本人也会这么认为。

方法比热情更重要

很多做生意的人会有这样的感叹，为什么自己总是会发生热脸遇到冷眼的事情，每次满脸笑容、热情地跟客户交流的时候，总是会被一张冷冰冰的脸抽到心寒。是老天爷对你太不公平了，总让你遇到这样的客户，还是跟老天爷没有关系，只是自己的问题？

其实，就是你自己的问题！

多次提到，犹太人是注重智慧的民族，他们做任何事都不会单纯地凭借一腔热情莽撞行事，而是深思熟虑之后果断行动。深思熟虑的过程，显然也是想出最合理的解决问题的办法的过程。

可是看看我们身边，却总有一些生意人，甚至一些销售员以为只要有热情，就能将客户“拿下”。可结果如何呢？

不妨设想一下，当你在一个大的购物商场，一位销售员看到你这位新客户走过来的时候，立刻跑到你身边，觍着脸跟你拉关系，套近乎，左一句“亲”，右一句“宝贝”不停地说“你看看这个吧，我觉得这个特别适合你”之类的。而另外一位销售员在看到你过来的时候，首先只是以真诚的微笑和鞠躬的方式跟客户打招呼，再加简单的一句“您好！欢迎光临，请问有什么可以帮到您的吗？”然后耐心等待你提出需求，仔细观察你的举动。那么，你会倾向于在哪个销售员那里停留？

相比较两位销售员，从态度上来看，第一位销售态度是绝对的热情满满，第二

位销售的态度却是不温不火。然而从专业的角度来看，第二位则显得更加专业。所以，你很可能会选择第二位销售员的服务，购买他销售的产品。

对于这种现象，我们可以细分一下客户在接触到两个销售员时候的心理和动作表现。对于第一位，80%的人首先出现在心里的对白就是：谁是你的亲！谁是你的宝贝！甚至有可能头也不回扬长而去，也可能有一些比较礼貌的人会说："不用，谢谢!"然后随便看看，走了！但对于第二位销售员，正常人基本不会反感，而在心里的表现会是一种如回家一般的自在，并且会有一种安静的环境中感受专业服务的愉悦。

精明的犹太人早就熟谙"上赶的不是买卖"的精髓，其实这也是正常人的消费心理，在消费群体看来，越是主动讨好，越是主动接近，就越容易出问题。这是出于大众自我保护心理，为了保护自己的人身安全、财产安全，所有人都会有这种防范意识。因此，无端的热情往往会事与愿违，这是所有销售员需要谨记的。

从另外一个角度来看，作为一个普通客户，如果遇到这两位销售员，往往会觉得第一位销售员的是廉价产品，而第二位销售员的则是比较高端的产品，这是多数人的思维模式。

犹太人懂得，真正优质的产品是不需要太多的服务和包装的，酒香不怕巷子深是正常人对于产品的一种固执态度。人们相信自己的眼睛多过相信自己的耳朵，尤其在一个能够亲眼看到产品本身的环境中，当然喜欢用自己的眼睛去看，用手去感受。你的热情在此时就显得不是那么合乎时宜。

虽然人们在评判一个服务人员专业或者不专业的时候，第一感官就是通过销售员表现出来的态度判定的。但"热情"并不代表"专业"，所以，销售人员在销售产品的时候，还是需要一种略显"矜持"的专业态度，这样往往能给客户一颗定心丸。

犹太人知道，客户都是有内在购物需求才会选择消费的，有不懂的问题，自然会面带疑虑或者主动提出问题，这个时候，作为专业的营销方法就是详细和专业的解答，这种方式相比无端的热情会获得更多的"加分"，这便是"态度"与"方法"的区别所在。因此，在任何一个销售过程中，热情是要有的，但并不是随时随地的热情，专业的方法和态度才是获得客户的最佳筹码。

庞大的隐藏客户群

算术题大家都会做，可是要出这样一个题目，你未必觉得它正确。这道题就是“1＝250”！

什么？有没有搞错，“250”和“1”中间能画等号？没错，这道题在数学里肯定不对，但若用在销售里，则是成立的。

有着“世界上最伟大的销售员”之称的犹太人乔·吉拉德对此也有着深切的体会，他曾经说过：“当客户信任你并购买你为他推荐的产品，享受到你提供给他的好的服务之后，他便会喜欢上你，会把你的产品和服务到处宣传，于是你的口碑便建立了起来。所以，你不应该仅仅把一个顾客看成一个单一的购买对象，而是应该把他看成250个人，你让一个人满意了，就会带来250个人的光顾；反之，如果你惹恼了一个人，那你就失去了那潜在的250个客户。”

所以在乔·吉拉德的工作生涯中，他始终铭记着这“250定律”，时刻注意控制自己的情绪，不因自己的喜好、情绪或是客户的刁难等原因而怠慢客户。这一定律的由来还得益于乔·吉拉德做销售员之初。

当年，吉拉德35岁时在走投无路的情况下去做了一名汽车销售员。一开始，他用打电话的方式来寻找顾客，可是用这种漫无目标的方式效率非常之低。他试图寻找更好的方法来招徕顾客。不久以后，吉拉德遇到一位开办殡仪馆的顾客，很顺利地向他推销了一部汽车。完成交易后，吉拉德问这位顾客，举办一场葬礼平均有多少位参加者。顾客告诉他：“大约250名。”

此时，吉拉德的脑海里迅速闪现了一个念头：这儿存在一条有效的规律，自己何不运用这条规律为自己的事业服务呢？他发现的规律便是：大多数人的一生中都有250名重要的、有资格被邀请参加其葬礼的相关人员。

这条看上去非常简单的规律，却真的很有效。果然，这一让顾客帮助自己寻找顾客的方法，让吉拉德的销售业绩有了明显的提升。正是这样的做法，仅一年的时间他就拿到了150个订单，占到订单总数的1/3。吉拉德付出了1000多美元的费用，换来的却是7．5万美元的佣金。

这样的结果有没有让你瞪大双眼，惊讶无比？事实上，你也可以如此。每一个来到我们身边的客户，他的周围也都有250个可以成为我们客户的人。一个有头脑的销售员，会在努力创造新顾客的同时，想方设法将顾客的满意度转化为持久的忠诚度。换句话说，一个顾客对你死心塌地了，就意味着有250个潜在顾客将要和你做生意。以此类推，250个潜在顾客里，那些真正成交的顾客，每人又会为你带来250个潜在顾客……这样下去，是不是更令你惊异万分！这就告诉我们，千万别小瞧了任何一单生意，也不要得罪任何一个顾客。

不仅是乔·吉拉德坚守这一原则，很多顶级的推销员也和他一样有着共同的认知，比如日本“推销之神”原一平。

原一平在最初外出推销保险时，无论客户大小，他都一视同仁，对他的每一个客户，每年他都要至少拜访一次。

一个与他同乡的地质系学生曾经在他那里买了1万日元的生命保险，自此之后，原一平就与他签订了终身服务的合同，不管他到哪里，即便他不再从原一平这里买保险，原一平每年都会至少联系问候他一次。原一平这样的举动，给这位学生留下了深刻的感动，并让他记住了自己。

这位学生毕业后进入了地质行业工作，再次从原一平那里买了保险。后来的一次，这位原一平的同乡去参加一个鸡尾酒会。会上，一个客人突然倒地痉挛抽搐起来，恰好他学过一点急救护理常识，便主动出手相救，救了这位客人的性命。让他没有想到的是，这位客人是一个非常富有的千万富翁，为了感激他的救命之恩，便聘请他到其公司工作。

几年之后，这位富翁计划贷款进行房地产投资，需要买保险，便让他介绍一家比较可靠的大保险公司，他立即就想起了一直贴心忠诚服务于自己的原一平，便把原一平介绍给了他的老板。最终，这位老板从原一平那里购买了2000万日元的保险，这也是原一平当时做过的最大一笔生意。

不难想象，如果原一平在那位学生购买他的保险之后，因为保金太低而觉得不值得继续维护，从此不再联系问候，那么就不会有后来的那笔2000万日元的大保单了。

所以说，不管客户目前的地位、财富、职位等如何，我们都要向上述事例中的犹太人乔·吉拉德和日本“推销之神”原一平学习，不要忽视任何一个人的价值，更不要去得罪哪怕是一个很小的客户。因为每个客户背后将会有多达250个人的一群人，这群人当中很多人就有可能成为你的下一批客户。

留住客户的七种武器

“没有客户就没有未来”，这是一句深深刻在犹太商人脑海的话。在犹太人看来，做生意离不开客户，只有留住客户，产品才有销量，企业才有未来可期。

你可能会说，这是谁都清楚的呀，可问题难就难在“留住”两字上，怎么留呢？

对此，美国维持化学品公司总裁威廉姆·泰勒认为：“我们的兴趣不仅在于让顾客获得满意感，我们还要挖掘那些被顾客认为能增进我们之间关系的有价值的东西。”

如果你还仅仅停留在让客户满意阶段，那么就有必要看看下面的内容。下面这七种武器应该会对你更多、更好地留住顾客有所助益。

1. 把自己放在客户的位置上

作为经营生意的商人，自己也有做别人客户的时候。问一下自己，你希望被如何对待呢？上次你自己遇到的问题是如何得到满意解决的呢？犹太人认为，当你把自己放在客户的位置上时，就能够找到让客户满意的最佳方法了。

2. 注意和客户沟通中的用词

在与客户沟通的过程中，犹太商人绝不直接甩给客户一句“我做不到”，而是使用一些肯定的话，比如“请放心，我将尽力”或者“我需要问一下我的领导”。一位经营布匹生意的犹太商人就表达过这样的意思，如果你直接把“我做不到”或者“这是个问题”丢给客户，那么客户就会立马对你“失去兴趣”。

对于这种情况，你可能会说：“有些事情我的确做不到呀，是客户提的要求太无理了。”不管是不是客户要求无理，你都不要动肝火，而应该站在客户的角度来思考问题。你可以试着这样说：“这不符合我们一直以来的经营规则，但让我们尽

力去找其他的解决办法。”这种不把话说死的方法，会让客户舒服很多，有可能他还会主动放弃要求。

3. 少说“我”多说“我们”

前面我们说到，犹太人很注重用细节取胜，在语言的驾驭方面他们也同样如此。他们总结出，在和客户沟通时，“我”和“我们”虽然只是一字之差，但给客户的感觉却是大相径庭。因为你在说“我们”的时候，会给客户一种心理的暗示：你和他是在一起的，是站在自己的角度想问题，虽然它只比“我”多了一个字，但多了几分亲近。只是多一个“们”字，够简单的吧！

4. 永远比客户晚放下电话

经营生意，卖产品，难免会有压力，时间紧张也是人所共知的，尤其是和客户通过电话交谈的时候，很容易犯这个毛病。有的人往往急不可耐地把自己要告诉客户的话叽里呱啦地说完，然后“啪”把电话挂掉。这时候，客户心里是什么滋味儿，肯定不愉快。犹太商人在这一点上就做得非常好，不管洽谈是否顺利、是否愉快，他们都会自始至终注重客户的感受，为了避免给对方造成不快，同时也为了不赶走自己的“财神爷”，他们通常不会先于客户挂电话。

5. 不放弃任何一个不满意的顾客

你可能会发觉，有些客户的想法用六月的天来形容都不为过，他们一会一个想法，总是变来变去。刚刚和他取得了一致意见，他立马又变了主意。如果你问犹太人，对于这样的客户该放弃吗？那么，他们一定会告诉你：No！因为精明的犹太人很清楚，“嫌货才是买货人”，也就是说只有那些总是嫌弃货物不好、挑三拣四的人，才是真正识货想买货的内行，如果你对自己的货品有自信，就不要怕客户挑剔和嫌弃，淡定应对即可。

6. 好记性不如烂笔头

你没有三头六臂，可每天又要接待或者拜访大量客户，所以很难把每个人的信息给记得牢固。对于这种情况，犹太人又有什么好办法呢？他们会遵循“好记性不如烂笔头”的原则，随时备好一个笔记本，及时记下客户的姓名头衔、客户需求、答应客户要办的事情、下次拜访的时间，也包括自己的工作总结和体会等等。

这种做法对任何一个生意人或者销售员来讲，都是一个好的工作习惯。你这样做，还会让客户产生一种自己被尊重的感觉。当他对你的好感油然而生的时候，那么你接下来的工作是不是也就顺利许多了呢？

7. 对客户提出的问题及时跟进直至解决

犹太人是很有负责精神的，因为他们坚信，只有对客户负责，才能得到对方的信任，人家才会买自己的产品或者服务。所以，犹太商人主张，不管是什么问题，只要是经你之手的顾客，你都要负责到底。

老客户是最好的客户

“进来，推销；出去，走向下一位客户……”这是一些生意人的销售准则，而这也是一个外行的认识。

为什么这么说呢？因为犹太人经过多年的经验总结出，老客户才是最好的客户，一个老客户比一个新客户可为企业多带来 20%～85%的利润，而且，让一个老客户满意并且留住他只需要花 10 元成本，而获得一个新客户所需的支出费用则需要 60 元。不用拨算盘，一下子就能明白哪个亏，哪个赚。

犹太人认为，相对老客户而言，你与他们之间的联系早已建立，相对陌生人而言，老客户更喜欢亲近你。对他们来说，你是值得信任的。通过之前愉快的推荐和购买过程，老客户也更容易接受你介绍的产品，也喜欢购买经你介绍的产品。

那么，怎样来留住老客户，不让老客户半路“出走”呢？对于这一点，犹太人大致围绕下面三点下功夫：

1. 保持联系，不要相忘于江湖

犹太商人中流行着这么一句话：你忘记顾客，顾客也会忘记你。成交之后，一定要继续不断地关心顾客，了解他们对产品的满意程度，虚心听取他们的意见。只有这样，才能防止失去顾客。

事实上，做生意是实打实的人与人的交往，可不像文艺青年那样来个什么相见不如怀念，要是那样的话，恐怕金钱也会与你相忘于江湖了。也就是说，作为生意人，必须得时常和老客户保持联系。美国著名推销大王乔·吉拉德每月要给他的

13000名客户每人寄去一封不同大小、格式、颜色的信件，以加强客户的联系。看上去这件事任务量较大，但是为了销售业绩，为了出人头地，下些功夫也值了。不是吗？当然，犹太人认为还可以采取别的办法和客户保持联系。以下几条建议可供参考：

1）第一次和某客户交易，那么第二天就给他寄一封短的信函，表示一下感谢。

2）现代电话、网络通信无比发达，可不要放过客户的“特殊日子”哦！比如说，客户生日的时候，你可以为他寄上一张生日贺卡，这种方式最好一直持续下去，它可是有效的一年一次的接触方法呢！

2. 服务至上，真诚到永远

你为客户提供了优质的服务，就会和客户形成非常友好的气氛，而这种气氛是任何推销工作顺利开展所必需的。因此，犹太人认为，要时刻记住“服务至上，真诚为王”的训诫，让老客户安心、舒心、放心地“Follow Me”。

莱斯托是信托公司的销售代表，他也是一位犹太小伙子。平日里，为了完成销售目标，同事们都热火朝天地忙着打电话，找新的客户，莱斯托却不慌不忙地坐在那儿整理资料，更新信息。其他的同事都被业绩压得喘不过气来，只有他镇定自若。

在整个销售团队中，达蒙尔跟莱斯托平时走得还算比较近，有些事情也会相互调侃一下。达蒙尔正为了自己的业绩发愁，便找莱斯托聊聊，缓解一下压力。达蒙尔知道莱斯托根本不用发愁业绩，因为莱斯托每天坐在那儿，根本不打电话都有客户自己找上门。

达蒙尔跟莱斯托开玩笑说：“你还真是傻人有傻福！别人都忙的时候，就你闲。你这些客户还真的是对得住你！”

莱斯托反驳说：“你以为这只是人品大爆发？其实你们闲的时候，正是我忙的时候！”达蒙尔不知道，莱斯托私下也下了不少功夫。周末的欢乐时光，莱斯托要陪着客户处理一些问题，比如去古董市场淘淘古董、去眼镜城看看眼镜等，这些也正是莱斯托下苦功的时候，只是大家都没有看见而已。

有一些人认为自己只是卖出商品就行了，工作时间就好好照顾客户，而休闲时

间就是要做工作之外的事，任何人都不要打扰。犹太人却不这么认为，他们觉得，销售本身是一个与客户建立情感的过程，情感的连线更多的时候并不能在日常的工作中建立，只有在私下的沟通和交流中才能慢慢建立起来。为什么莱斯托能够坐收渔翁之利呢，这当然与他平时注重与客户的日常联系密不可分。

莱斯托的所谓“人品大爆发”，主要就是经常与客户保持联系，将客户的服务做到更加精准。一些客户可能在某些方面不是很精通，需要别人的帮助，而这些帮助往往是工作之外的，那么，这个时候，想做一名销售业绩好的生意人，就要时刻把握机会，运用自己所能，帮助客户排忧解难。通过这样的方式，客户就从内心感到温暖，因为你做的事情正是恰到好处地解决了他的问题，那么，他就欠你一个人情，自然也会让你拿下更多的订单。

3. 用智慧化解对方的抱怨，不让一个客户阴着脸离开

客户里爱挑剔者并不鲜见，可人家毕竟是客户，即便再吹毛求疵，你也不能甩手走人，或者跟人家死磕到底。

犹太人深知，竞争无处不在，如果你不好好地看住你家的大院，那么，你的老客户说不定哪一天就被你的竞争对手挖走了，这个时候再去挽回，只能是徒劳。所以，和每一个客户打交道之初，你都不要想着“一锤子买卖”，而应该奔着对方是你长期的、永久的客户来进行接待。

没有错误的客户，只有错误的沟通

扪心自问，你有没有过这样的抱怨：“这个客户是不是有问题，总是问一些弱智问题！”“这个客户为什么总是揪着一个产品简介不放，我都说了不下五次，可他还是不懂！”“有的客户一看就不是诚心购买产品的，还得应付他们，真是无聊！”

不可否认，在营销过程中，很多人，甚至很多老板都会有一些心理障碍：认为一些常识性的问题不需要对客户进行详细的解释；一些琐碎的话题，不需要浪费时间；一些不能马上达成购买意向的客户，不需要跟他们周旋。

如果你刚经营生意没多久，存在这些认识，无可非议，但是，如果你已经打定主意，要做一个合格的商人，那么，请尽快纠正这些观念。任何一个完美的销售过

程，永远都没有错误的客户，只有错误的沟通！

安德烈是一家经营吸尘器的公司的销售代表，有一次在做完产品介绍后，一位客户过来询问："这个能够吸沙发上的尘土吗？"安德烈告诉客户："能，除了吸沙发上的尘土，还能够吸地毯、瓷砖上的各种尘土。"

客户接着又问："如果是皮沙发，能够吸吗？"安德烈回答道："能，只要是沙发都能吸。"客户又接着说："那会不会把皮沙发弄坏呢？"

在经过几次提问后，安德烈有点不耐烦了，说道："不会的，我们的吸尘器是有保护装置的，不会破坏任何物品。"

这位客户还是有点疑惑，接着问道："如果吸坏了，怎么办？看着吸力好像很大，不会把沙发弄坏吗？"

此时安德烈有点火了，便说道："我都说了好多次了，肯定没有问题的，你放心吧。"客户还是不依不饶地问，最后安德烈终于发火了，对客户说："拜托您！不要再问这些弱智的问题了，我已经跟您说得很清楚了，你买就买，不买就不要捣乱了。"

说完之后，安德烈的心里轻松了一些，可是不巧，这一幕被老板看见了，老板就跟安德烈说："你很厉害啊，明天不用来上班了。"

安德烈像"牙膏"一样，挤一挤，动一动。像他这样的人，怎么能赢得客户的好感呢？

在这一点上，犹太人就把握得很好，他们认为，与客户之间协议的达成，从开始到结束都是一个"心理沟通"的过程，无论是在向潜在新客户推销新产品，还是满怀激情地向老客户介绍衍生产品，这个买卖达成的起点都取决于你是否先进行了"有效沟通"，是否能够将你自己以及你的产品推销出去。一旦你有先入为主的心理态度，那么很多潜在的客户就无法与你形成"有效心理共识"，在你锁定既定目标的时候，你已经无形中丢失了一些客户群。这也就需要你在和客户的每一次沟通前，都要设立"既定目标"，那便是与客户达成"共同的协议"，让客户产生兴趣，并且立即购买或者继续关注。在这样一个过程中，你与客户之间的沟通内容就不仅是信息本身，还需要包括非常重要的情感和思想，这就是从客户的情感和思想

出发。

一位犹太销售精英曾说，要想做好营销，需要把客户当成自己热恋期的恋人，时刻关注并且照顾到他们的情感。如果你在这个过程中，经常对客户提出一些质疑性的问题，那么很大程度上会造成客户的反感。尤其是在质疑客户的理解能力和沟通能力的时候，客户就会觉得自己的自尊心受到了伤害，没有得到起码的尊重，自然而然就会产生逆反心理，销售意向自然无法达成。

这一点也在心理学上得到了印证。从心理学的角度来看，一个人如果失去少量金钱，心理上只是或多或少有一些波动，但如果自尊心受到一丁点儿伤害，那么，心理上的创伤就不是一时半会儿能够恢复的。你本来一句无心的话，就会让客户觉得你是有意的伤害，那么，在这个沟通过程中，你的“既定目标”显然是无法达到的。

对于这种问题的处理，犹太人有什么好招术呢？他们会提示你，首先要树立良好的心态，在遇到一些客户提出质疑，甚至是有一些不友好的表现时，需要你站在“既定目标”的角度，更加耐心地为客户详细解答问题。其次，在与客户沟通的过程中，使用一些沟通技巧，将质疑性的口吻改为试探性的口吻，用更加亲和的方式来增进与客户之间的心理交流，如“您看我有没有什么能够帮上您的？”当你能让客户感觉到温暖的时候，那你这次的“沟通目的”就达成了。

所以，如果你想把自己的产品更多、更快地卖出去的话，就学一学犹太人的沟通技巧和良好心态吧！好好把握你每一次和客户沟通的机会，并做到尊重每一个客户，尊重自己，那么，你就不会再埋怨客户的不是，而是改变自己，突破自己。这样，你才能距离成功的商人越来越近，你的财富才会越积越多。

公益策划与善意营销两不误

热心捐钱办公益事业是一种营销策略，这种营销策略为企业提高知名度，扩大影响，博取消费者的好感起到重大作用，对企业巩固已占有的市场及今后扩大市场占有率会产生巨大作用。

众多犹太巨商在发财致富中，都无一例外地有一个共同举措——注重慈善事业

和公益事业。19 世纪中期至 20 世纪初俄国银行家金兹堡家族，从 1840 年创立第一家银行起，经过几十年的经营，在俄国开设了多家分行，并与西欧金融界建立了广泛的业务关系，发展成为俄国最大的金融集团，其家族成了世界知名的大富豪。

金兹堡家族像其他犹太富豪一样，在其发迹过程中做了大量的慈善工作。他在获得俄国沙皇的同意下，在彼得堡建立了第二家犹太会堂；1863 年，他又出资建立俄国犹太人教育普及协会；用他在俄国南部庄园的收入建立了犹太农村定居点。金兹堡家族第二代继续把慈善工作做下去，曾把其拥有的欧洲最大的图书馆捐赠给耶路撒冷犹太公共图书馆。

美国犹太商人施特劳斯从商店记账员开始，步步升迁，最后成为美国最大的百货公司之一的总经理，在 20 世纪 30 年代成为世界上首屈一指的巨富。他也做了大量的慈善活动。除了关心公司职工的福利外，他曾多次到纽约贫民窟察访，捐资兴建牛奶消毒站；并先后在美国 36 个城市给婴幼儿分发消毒牛奶；到 1920 年止，他捐资在美国和国外设立了 297 个施奶站；他还资助建设公共卫生事业，1909 年在美国新泽西州建立了第一个儿童结核病防治所；1911 年，他到巴勒斯坦访问，决定将他 1/3 的资产用于该地兴建牛奶站、医院、学校、工厂，为犹太移民提供各项服务。

事实上，犹太商人做善事的同时，也遵循“以善为本”的生意经。他们大量的捐资为所在地兴办公益事业，会赢得当地政府的好感，对他们开展各种经营十分有利。有些犹太富商由于对所在国的公益事业有重大义举，获得了国王的封爵，如罗思柴尔德家族有人被英王授予勋爵爵位；有些犹太人还获得当地政府的优惠条件，开发房地产、矿山、修建铁路等，从而拓宽了赚钱的路子。

归根结底，犹太人热心捐钱办公益事业是一种营销策略，这种营销策略为企业提高知名度，扩大影响，博取消费者的好感起到重大作用，对企业巩固已占有的市场及今后扩大市场占有率会产生巨大作用。

犹太商人从来都把“以善为本”作为一项重要的经营策略，除了与其民族的历史背景有关外，也是一种促销好办法。他们认为，人类的内心都有希望被人注目、受人重视、被人容纳的愿望。所以，犹太商人为了充分利用人类内心深处的欲望，

他们用善意的、亲切的、温和的态度与人交往。

暗示术是一切广告的核心

现代生活节奏紧张，消费者没有过多的时间去思考为什么甩卖。因此，这种暗示会条件反射地引起消费者的兴趣，“跳楼大甩卖”会使消费者想到降价甩卖，于是消费者就产生了一种购买欲望。

每个人都有一道心理防线。在他神智清晰的时候，职业刺探者也束手无策。

“怎么办?”

“将他击昏。”心理学家的回答肯定让你吃惊不小。

凭借“心理暗示术”，来实现自己推销产品的目的，可以说是犹太人的一个特长。事实上，他们并非真正去把顾客打昏，而是对顾客进行心理催眠，让其“神志不清”，甚至“休克”过去。

催眠的方法很多，暗示是其中较为有效的一种。暗示过程实际上是使人不发动自己的判断力，陷入某种精神状态或采取某种行动的过程。

催眠可以强化回忆的能力，使人想起很久以前的往事。例如，一位男士经过催眠之后，竟能将20年前的汽车广告词一字不漏地讲出来。

例如，一家电影院在放映过程中，突然插入了一段冰淇淋广告，时间很短，一晃而过，观众还没有意识到是怎么回事时，广告已经消失。但在潜意识之中却留下深刻印象。看完电影之后，大家都到剧院门外的售货亭买冰淇淋，效果极佳。这则广告对于人们的购买行动起到了暗示作用。

可口可乐公司也用过这种方法，结果发现，影院旁的可口可乐销量提高了18%。

哪些人更容易受暗示影响？女性容易受到暗示的影响，男性一般比较理性，不易受影响。所以，以女性为对象的商品，利用这种暗示效果一定不凡，如“乌溜溜的秀发谁不爱（洗发精）”“让你提前下斑（化妆品）”。一句“味道好极了（雀巢咖啡）”，更是让消费者趋之若鹜。

按年龄来讲，年轻人较易受到暗示的影响，特别是儿童。

某家食品公司，印制了一些儿童玩具画册，与一般画册一样，只是在每页的左下角若无其事地印有自己的商标图案。这些图案，在幼儿的脑海中留下深刻的商标印象。儿时的记忆对于将来的购买行为会产生一定的影响。一些开发儿童智力的产品，对孩子及其父母都有一定的暗示。它的目的就是让儿童下次见到商品时，会有购买的冲动。

暗示需要讲究策略。暗示过程一般分两个阶段：首先使消费者产生一种想法，然后在想法的基础上采取行动。暗示者要针对不同的商品、不同的人采取不同的策略。

例如我们常见的一种名叫命令性策略的暗示。这种策略将内容和目的直接告诉对方，使他们有危机感存在，迫使自己果敢行动。如“数量有限，欲购从速”“清仓大甩卖”“紧急行动，除夕大赠送”，以及“跳楼”“放血”之类的广告语。

命令性策略要求暗示语言精练。现代生活节奏紧张，消费者没有过多的时间去思考为什么甩卖。因此，这种暗示会条件反射地引起消费者的兴趣，“跳楼大甩卖”会使消费者想到降价甩卖，于是消费者就会产生一种购买欲望。

赞助社会就是销售产品

没有社会的发展，就不可能有商业的繁荣。对于一个公司来说，参与社会发展比单纯追求经济利益更为重要。

《塔木德》上说：“与众人为善，声名永存。”

纵观众多犹太巨商的成功历程，就会注意到，他们有一个共同的举措，即致富后都特别注重慷慨解囊做各种善事和公益事业。

犹太人笃信中的一个信条上说：犹太人生活在哪里，就应该在哪里生根。他们不但诚信经商，还用自己的财富和实业去帮助和庇护犹太同胞或非犹太人，他们相信，只有以诚相待，取信于人，犹太人才会拥有朋友，而不是到处树敌。

美国的菲利浦——莫里斯公司是一家有名的热衷于赞助社会公益事业的公司，这家公司是美国 500 家大公司之一，是生产“世界销量第一”的“万宝路”香烟和食品、饮料的跨国公司。总部设在纽约，生意遍及五大洲，每年的营业额超过百

亿美元，他们雇的员工多达 114000 人。

菲利浦——莫里斯公司把赞助作为长期的推销术，它每年都制订赞助计划，拨出大量财力和人力支持世界各国的一些文化事业活动。它所赞助的范围很广，包括美术、音乐、舞蹈、戏剧。

这个以生产香烟和食品为主的公司，在每年都要花上千万美元的巨款去赞助一些与本公司经营的产品毫不相干的事情。有些眼光短浅的人认为这是白费钱或愚蠢之举，而菲利浦——莫里斯公司董事会主席兼首席执行官哈米什·马克斯韦尔却认为："我们作为社会的一员，除了像其他公司一样生产产品，提供劳务和就业机会，向政府纳税，为股东增加利润外，我们还懂得社会的其他需要。为此，我们准备履行和我们公司地位相适应的义务，为社会福利做出贡献。"

他还进一步解释说："没有社会的发展，就不可能有商业的繁荣。对于一个公司来说，参与社会发展比单纯追求经济利益更为重要。作为菲利浦——莫里斯公司的人，我们一直在探索创造性思想。我们想通过我们作为法人团体的努力使这种探索方式生动、活泼一些。这样使我们的雇员们意识到他们都是在一个有促进力的环境里工作，还可以使他们以及我们与之打交道的其他人都以和菲利浦——莫里斯公司合作为荣。"

菲利浦——莫里斯公司就是通过把自己和整个社会的利益联系起来，通过赞助文化事业密切了公司与社会的关系，从而扩大了公司的影响和知名度，反过来又促进本公司的产品销售。事实证明这确实起到了有效作用。如"万宝路"香烟在泰国市场原来是没有销路的。自从它赞助了"大都会环球歌剧使者"在泰国和东南亚巡回演出以后，就逐渐就打开了这个国家的市场。

犹太商人明白这个道理。在一切经营活动中，与人为善，把人与人的关系处理好，这是他们成功致富的秘诀，不失为一种生存立足的策略，也是我们应该明白的一个道理。

关注有钱人的流行趋势

一种商品，当它在有钱人中流行时，就会在一般老百姓中形成一种示范效应。

犹太商人想方设法赚有钱人的钱，而且还通过有钱人来引领人们的消费。

我们知道，要使某种商品流行起来，最重要的是先让它在那些有钱人当中流行，特别是对那些比较昂贵的奢侈品更是这样。一种商品，当它在有钱人中流行时，就会在一般老百姓中形成一种示范效应。

人往高处走，水往低处流，一般人都羡慕上流社会，且愿意与上流社会接近，上流社会流行的衣饰、运动、口味、风格无疑对一般人有很大影响，尤其对女性、少男少女影响更大，他们总会去赶潮流，竞相模仿。

犹太人深谙此道，并以此来操纵流行趋势。比如犹太富豪罗斯柴尔德的发迹，就是利用古钱币让其先在上流社会中流行起来然后再普及大众的。此外，日本的汉堡大王藤田的发迹史也体现了这一点。银座犹太人藤田先生不仅靠汉堡包大发其财，而且还做女人和小孩的生意，如钻石、时装、高级手提包、玩具等。

在经营过程中，他首先把对象放在上流社会中有钱人的流行趋势上，无论是钻石的花样，服饰的色彩，还是手提包的样式，都是按照有钱人的喜好特制的。结果，他的生意不仅畅销，而且20年来经久不衰，从未发生过“流血大拍卖”的事。

当然，藤田先生之所以能战胜竞争对手，还在于他善于从实际出发，灵活多变。绝不是只知道选购在欧美最风行的服饰。因为欧美的服饰只适合那些金发碧眼、身材修长的欧美姑娘，而日本的妇女黄皮肤、黑头发、个子矮小，和那些服饰很难和谐。

有钱的人，即使钱再多，也不会拿钱去买不适合自己的东西。所以，那些只知其一不知其二的商人们，虽然片面地赶上了有钱人的时髦，但不具体问题具体分析，恐怕最终还免不了亏本。

藤田先生之所以被称之为“银座犹太人”，恐怕与他灵活地运用犹太生意经有很大关系。现代市场瞬息万变，能够把握住流行时尚，无疑就握住了赚钱的尚方宝剑，但把握一种流行趋势谈何容易，犹太人从有钱人下手的商业策略值得我们学习和借鉴。

关注有钱人的流行趋势，从而引领有钱人的流行时尚，再加上仔细分析研究市场，商家就可以赶上潮流，甚至超前于潮流。这样也就把握了主动，赚钱自然是水

到渠成的事了。

杂草也有用处

如果一个人沉湎于成功的甜美，而忘掉了失败的苦涩，那么终有一天他会尝到失败的苦果。因为成功会使人松懈，使人自满；而失败却使人紧张、使人警戒，是一个很好的老师，人们可以从它那里学到一些本事，没有把它舍弃的道理。

犹太经典《塔木德》中说：“世上没有废物，只是放错了地方。”

犹太人认为，在这个世界上没有一件无用的东西，任何无用的东西都是可以利用的，都能寻找到它存在的价值和用途。

犹太人善于从别人轻视的东西中，寻找到它存在的价值和用途。所以有句犹太名言说：“杂草亦有用处。”

据说。这句格言来自一则寓言故事——有一天，一位农夫弯着腰在院子里锄草。天气很热，他满头大汗，汗珠不停地顺着脸颊流下来。

“可恶的杂草！假如没有这些杂草，我的院子一定很漂亮，神为什么要造这些讨厌的杂草来破坏我的院子呢？”农夫这样嘀咕着。

有一棵被拔起的小草正躺在院子里，它回答农夫说：“你说我们可恶，也许你从来就没有想到过，我们也是很有用的。现在，请你听我说一句吧。我们把根伸进土中，等于是在耕耘泥土，当你把我们拔掉时，泥土就已经是耕过的了；此外，下雨时，我们防止泥土被雨水冲掉；在干涸的时候，我们能阻止强风吹起沙尘；我们是替你守卫院子的卫兵，如果没有我们，你根本就不可能享受种花、赏花的乐趣，因为雨水会冲走泥土，狂风会吹散泥土……所以希望你在看到花儿盛开之余，能够想起一些我们的好处。”

农夫听了这些话，不禁肃然起敬，站得直直地，从那天以后，他就再也没有瞧不起任何东西了。

犹太人的这种观念，强调每一件东西都有用处。他们认为，事物的好坏在互相转换、变化，好东西并不是绝对的好，它也必定会有一些缺陷；坏东西也并不是绝对的坏，它也有自身的特殊用途，凡事就在于人的发掘了。

犹太人还认为，遇到的苦难愈艰深，败北的次数愈多，就会愈坚强。

人生有成功，也有失败，这是必然的，犹太人普遍地对失败持一种容忍的、接受的态度。犹太人认为，如果一个人沉湎于成功的甜美，而忘掉了失败的苦涩，那么终有一天他会尝到失败的苦果。因为成功会使人松懈，使人自满，而失败却使人紧张，使人警戒，是一个很好的老师，人们可以从它那里学到一些本事，没有把它舍弃的道理。

犹太人甚至还认为，失败比成功还要珍贵。失败不可怕，如果能振作起来，能够从失败中学习成功的经验，就会像杂草一样有用处，有作为。

犹太人能够在接踵而来的磨难中前进，就是因为他们坚信杂草也有用处。为此，他们善于在困难和失败时发现自身存在的价值。这就是犹太人不寻常的经商智慧。

让脑子多走些路

思维进程通常会自然地按照头脑中已有的思维程序和思维模式运行。如果按照昨天的模式行动，只能得到和昨天一样的结果。

犹太商人认为：想要取得经商的成功，取得利润，必须要让脑子多走些路。

让脑子多走些路，首先要做的是突破思维定势。所谓思维定势，就是“过去的思维经验和习惯”。思维进程通常会自然地按照头脑中已有的思维程序和思维模式运行。如果按照昨天的模式行动，只能得到和昨天一样的结果。

要想获得利润，必须长于思索，善于发现。这样，才能够不断地抢占商机。

思维定势对人们思考问题显然有很多好处。它能使思考者省去许多摸索、试探的思维步骤，不走或少走弯路，大大缩短思考的时间，提高思维的效率，还能使思考者在思考过程中感到驾轻就熟、轻松愉快。思维定势在日常工作和生活中的作用更是不可低估。有人曾估计说，思维定势可以帮助人们解决每天所碰到的90%以上的问题。

思维定势却不利于创新思考。而经商必须要创新思考。只有创新思考才能解决在经商过程中所遇到的新问题，才能对旧有的问题做出新的解决方式。创新思考最

主要的是突破思维定势。突破定势作为一种创新思考方法是指在思考有待创新的问题时，能打破常规的思考路径，独辟蹊径地找出解决问题的方法。这就是所谓的“别出心裁”。

下面我们来看一个别出心裁的创富例子。

在日本川崎市有一家叫作“冈田屋”的百货商店。在其他商店只能勉强维持的时候，冈田屋却长期保持利润增长，业务不断扩展，销售额年年增加。这是为什么呢？原来这家商店的老板活动中善于观察，创造出许多与众不同的经营策略和行销战术。

在商业零售中，常常有因零钱不足而找不开钱的问题。冈田屋百货公司早在1961年就想出了一个解决问题的办法，既解决了零钱不足的问题。又招来了顾客。这个办法就是在百货公司门口营业厅的收款台设立一个个“抽奖处”，顾客每支付一日元就可获一次抽奖的机会。顾客购物时往往要求不用找零，而用零钱抽奖。这种别出心裁的手法，不但满足了顾客用小钱获大奖的投机心理，而且本身也为商店增加了又一笔收入。商店恰恰抓住了顾客的心理，每个顾客都乐于到这个商店来“购物”和“碰运气”。

这是一种别出心裁的创富路径，是一种智力创富。经商就得让脑子多走些路。

盯紧肥客

有钱的人往往情愿买舶来品，似乎越买得起贵的东西，才越显得出自己的身份地位比别人高。

日本商人藤田在经营之初，曾接受一位犹太人的教诲。

这位犹太人告诉他，一种商品在社会上流行的情形可分为两类，一类是先流行于高收入的阶层，即富翁，然后再渐次普及于大众；另一类是突如其来爆炸性地流行于大众，但是很快就会销声匿迹。自富翁阶层流行的商品，其寿命就长得多了，根据统计，至少可维持两年以上。这类商品又以高级的舶来品为数最多。事实上，某种舶来品，其品质和本国的产品一样，但价格远超过本国的数倍以上，可是有钱的人往往情愿买舶来品，似乎越买得起贵的东西，才越显得出自己的身份地位比别

人高。因此商人们便抓住顾客的此种心理，竞相把舶来品上的标签售价定高，顾客反而乐于抢购，商人便厚利多销了。

藤田便抓住一般人的心理，输入服饰品时，以国内上流阶层最有钱的人为对象，输入一流的昂贵服饰品，让一流阶层的人选购。不久，次一层收入的人为了向第一流的人“看齐”，也争相抢购。如此一来，顾客便增至原先预想数目的两倍。如此类推，陆续增至4倍、8倍、16倍……终至扩大到社会大众。

因此他所贩卖的商品，都是以高收入阶层的人为对象，极为畅销，绝对不会有货物无法脱手的顾虑。他做了20年的生意，从来没有采取过削价大拍卖的方法来推销商品，仍然在商业上获得了巨大的成功。

现在，薄利多销为很多经商者所采用，但这种做法一再压缩自己的微利空间，久而久之就无利可图。结果只是饮鸩止渴，得不偿失。它还容易导致恶性竞争的价格战，最终双方两败俱伤。

对于厚利适销，有人形象地将其比做“挤油”，即从最肥的地方下手，从市场“肥客”身上获得好处。这不失为一种明智之举，盯紧这批“肥客”，不仅可以有固定的市场，不至于在商业大战中迷失，而且利润颇丰，一本万利。

用赠送的资料教育顾客

犹太人从不盲目信任商品。他们知道，只自己对商品有把握还远远不够，他们要千方百计地为自己的商品提高透明度、知名度。

很多人特别相信高价货物，认为价钱越高，货物自然越好。要是商品价钱很低，即使商品外观再美，推销者把商品吹得再响，问津者也寥寥无几。这是世界各国大多数顾客的心理，犹太商人也抓住了这种心理，他们认为高价出售商品，绝对赚钱。

一位日本游客到欧洲某旅游胜地观光，想坐缆车上山，便来到缆车售票处。看到缆车比其他旅游区豪华、舒适，但价钱几乎比其他地方高出一倍。于是这位游客跑到售票处去建议：“为什么不把价钱定低一点呢？这样我保证你们能招揽到更多的顾客。”

售票员笑盈盈地说：“我们实行的是‘高价服务’原则，我们这儿的缆车有其他地方缆车所无法比拟的好处，服务价值越高，需要得到的报酬当然也越高。因此，我们怎么能和服务质量比我们差的缆车经营点去相提并论？虽然现在我们的顾客似乎比其他地方少，但以近两倍价格来除这个差额，我们还是赚了。而且顾客坐过我们的缆车后，反应都很好，也不怨我们票价贵了。先生，你不妨试试。”

这位游客一盘算，果然如售票员所说，他们现在顾客为14人，而其他地方顾客比这儿多，有20人，而前者的票价将近是后者的两倍，这样一换算，前者所赚的钱还是比后者的多。

犹太人对商品有把握，所以才不减价。他们认为只有对自己的商品没有信心才减价，这是一种搬石头砸自己脚的愚笨做法。在这一点上，犹太人对“薄利多销”的做法嗤之以鼻：“为什么要为了获取‘薄利’而多销？难道商人追求的不是高额的利润？这种做法简直是自欺欺人！”

犹太人从不盲目信任商品。他们知道，只自己对商品有把握还远远不够，他们要千方百计地为自己的商品提高透明度、知名度。

在这一方面，犹太人的技巧很多，他们会利用社会的各种渠道来向世人说明高价推销的道理和自己商品的好处。他们或运用统计资料、宣传小册子，或配合用户赠送资料卡片，其名目之多，真让人招架不住。有个商人曾深有感触地说：“在我的办公桌上，最多的大概就是犹太人赠送的资料了，它们在那里堆积如山。几乎每个消费者手中都拥有一份犹太人免费赠送的资料，犹太人的商品似乎无孔不入。”

犹太人用这些资料来为他们加强舆论宣传。他们说，用赠送的资料来教育消费者。

聪明商人卖自己不喜欢的东西

一个比较明智的商人，在选择其要销售的商品时，一定不会选择自己所偏好的东西，而是卖自己不喜欢的东西。只有这样，才可能获得更大的盈利。

一个商人，如果只按照自己的喜好去做生意，那么他一般无法成功。

人对自己喜欢的东西，有强烈的占有欲望。这是人的本性，很难控制。即使控

制得住，也是要付出感情代价的。

喜欢刀箭就卖刀箭，喜欢古董就卖古董，喜欢珠宝就卖珠宝。这样的话，生意绝对做不好。因为自己喜欢这类东西，那么购入这些东西时，一定是按照自己的喜好精心挑选的，在要售出时，当然是万分不舍，要下很大的决心才能把它卖出去。这是其一。其二，这类东西是他们按照自己喜欢的挑选，于是大多比较片面，种类也不齐全，这也将影响经营的效果。

犹太人认为，真正的生意人是卖自己不喜欢的东西。譬如说，不喜欢古董的人要卖古董，不喜欢珠宝的人要卖珠宝。为什么呢？原因很简单，因为他们要卖的是自己不喜欢的东西，才会想办法尽快把它卖出去。否则，只压在那儿对自己毫无益处，反而是一种浪费。如果是他们喜欢的东西，他们就总想把它多留一段时间。

所以，在生意场上，那些卖珠宝的商人。大多数是对珠宝没有偏好的人士。珠宝一般对女人最有吸引力，通常是女人们钟爱的东西，所以那些珠宝商，很少是女的，大多数是对珠宝无偏好的男士们。同样，那些做服饰商品的商人大多数也是男士。

一位犹太商人分析，正是因为卖的不是自己喜欢的东西，所以在购进商品时，总是能做出比较客观、全面的分析，而不会因为自己的偏见而忽略了其他人的需求。因此，一个比较明智的商人，在选择其要销售的商品时，一定不会选择自己偏好的东西，而是卖自己不喜欢的东西。只有这样，才可能获得更大的盈利。

不占便宜也不能吃亏

商场犹如没有硝烟的战场，最终的赢家，往往都是那些善于运用智慧，将商业技巧运用得恰当而得体的人。

一个皮鞋专卖店里出售许多质地很好的皮鞋。在这个城市里大家穿的皮鞋几乎全是从这家专卖店里买的。专卖店的老板很希望这个城市的首富犹太人皮尔斯——一家玩具生产商的老板，也能成为他们的顾客。

于是，专卖店给首富皮尔斯寄去了一双皮鞋并附上一封信，说：“人们非常喜欢穿我们的皮鞋。我们真诚希望您也能成为我们的顾客，盼望您能为这双做工精细

的皮鞋寄给我们50块钱。”

第二天一大早，专卖店收到了一个邮包，里面有个玩具娃娃，娃娃的手里有一封信：“人们非常喜欢我的玩具。我很希望你们也会成为我的顾客，并购下我厂最近出品的漂亮玩具娃娃，现通过邮包寄上。玩具价格是51块，扣除皮鞋的钱后，你们再给我寄来1块钱就可以了。”

商场犹如没有硝烟的战场，最终的赢家，往往都是那些善于运用智慧，将商业技巧运用得恰当而得体的人。犹太人皮尔斯的做法，不占便宜不吃亏，幽默与智慧尽显其中。

名字是最好的广告

名字就是质量可靠的象征。这种特征就是高明的保护神，就是最好的广告。人们谈到这些名字总是带着敬意。

犹太人萨克雷说：“大自然已经在某些人的脸上刻了一个代表信用的符号，无论他在哪里出现，都将受到尊重。你会情不自禁地相信这样一个人，他们的外表就给人以信任感。在他们的脸上写着‘恪守承诺’这几个字，与另外一个人的书面保证相比，你甚至更倾向于相信前者。”

看看下边的例子吧。

一群印第安人围住一家新开的店铺，只看不买。当地的印第安酋长来了，他对店主说：“把你的货物拿来看看。我要给自己买一条毯子，给我的妻子买一块印花布……我的毯子需要付三块貂皮，印花布需要付一块貂皮。这样吧，我明天给你。”

第二天，酋长背着一个大包来了，包里全是貂皮。“嗨，我给你付账来了。”他从包里抽出四块貂皮，放在柜台上，稍稍犹豫了一会儿，他又抽出第五块，这是一块特别珍贵、特别稀有的貂皮，他把它也放在柜台上。“已经够了，”约翰把它推回去，“你只欠我四块貂皮，我只收下我应得的。”他们为四块、五块的事推让了半天，然后酋长的脸上露出了满意的神色。

酋长把第五块貂皮放回包袱里，看了看店主，然后跨出门去。朝他的族人喊道：“来吧！来吧！跟他做买卖吧，他不会欺骗我们印第安人的！他不是个贪心的

人！”酋长又转身对店主说：“如果你刚才收下最后一块貂皮，我就会叫他们不要跟你打交道，我们还会赶走其他顾客。但是现在，你已经是印第安人的朋友了。”

天黑之前，这家店铺就堆满了毛皮，店主的抽屉里也塞满了现金。

为什么很多公司的字号沿用数十年甚至数百年前的人名呢？因为它暗示着正直的品格，表明可靠的信用。

无论何时何地，这些名字就像商标和专利一样，成了诚实可靠的同义语。没有人会去怀疑他们的产品是怎样制造出来的，也没有人会去检查带有这些标志的产品的质量和可靠性。这些名字就是质量可靠的象征。这种特征就是高明的保护神，就是最好的广告。人们谈到这些名字总是带着敬意。

有的商人整整一生都在编造花言巧语蒙骗顾客，贩卖拙劣的产品。珠宝、服装、家具、股票和债券，无所不做。这些所作所为足以破坏一个人正直的品格，侵蚀优秀的才能。

一位卓越的犹太说：商人只要从事这种不诚实的、卑鄙的工作，哪怕是只有一点点，你也会觉得心虚气短。世界上有那么多高尚而美好的事情可以去做，没必要去和卑鄙的人同流合污。去和那些制造和销售货真价实的商品、从事高尚事业的人一起工作吧！

口碑第一广告第二

不要为自己的信用立碑，不要大肆鼓吹自己的产品优秀，要说，就让人们说去吧，你会发现，口碑才是销售的灵魂。

“不要为自己的信用立碑，不要大肆鼓吹自己的产品优秀，要说就让人们说去吧，你会发现，口碑才是销售的灵魂。”这句话充分反映了犹太人在商品营销中所注重的口碑宣传。

在经营领域中，犹太零售商有它与众不同的经营环境。其经营的规律与那些生产性的企业是相反的。如果也实行分权制，那么各个分店必然会不择手段地获得高额的利润，不可避免地会出现出售便宜货、推销伪劣商品、随意涨价、以次充好等现象，结果往往是为了眼前小利益而败坏了公司的长久声誉。

犹太商人经营连锁店的诀窍是：不论顾客在哪个国家，走进哪家分店，看到的商品都是他们所熟悉的，都是同样的价格、同样的质量。在他们看来，只有这样。他们才会毫不犹豫地掏出钱包，购买他们的商品。

马克斯·斯宾塞公司在初创时，因英语不通而默不作声，只靠着那块招牌来招揽生意，他的脑筋都动在了建立口碑的推销上。马克斯·斯宾塞公司对外宣称不靠广告宣传，但他们的声誉和名望却不告而知，在英国无人不晓。

一次，一个电视记者在公开场合采访前首相撒切尔夫人，问她的内衣是从哪儿买的，首相说："怎么啦，当然是'马克斯·斯宾塞'，人人都上那儿买东西，不是吗？"

有了优质的商品，有了响亮的牌子，董事长当然不需要花冤枉钱去做广告了。就像负责公司宣传及经济事务的经理祈里夫所说的那样：倘若有数以百万计的人在你的商店川流不息，最有效的宣传方式就是口碑。只有当口碑不能快速地传达商店的动态时，才真正需要使用广告手段。

不说出商品的优点是奸商

如果你们的商品是市场上最好的，也要大声宣布："它是最好的"。如果不宣布出来，顾客就会去选购不好的商品，把市场上最差的商品带回家。你不宣布出来，就是帮助奸诈的商人欺骗顾客啊！

纵横五大洲，经商数千年，绝少有犹太商人坑蒙拐骗的事例，他们一般不经营假冒伪劣产品，不做短斤少两的事，他们以诚信经商立世。

犹太商人的诚信来自其传统和宗教文化。《塔木德》中有许多关于贸易活动中诚信原则的规定，这在某种程度上表现了犹太人的远见卓识。作为一种弱势存在，如果不守诚信，犹太共同体必定早已消失。

有趣的是，犹太人对诚心有更深入的认识。

有一个贫穷的妇人到集市上去卖苹果。她的苹果在这个集市上是最上乘的，但她就是没有向顾客宣布这一点。从上午到傍晚，她的苹果一个也没卖出去。

这时，一个拉比来到她的摊位前。"充满智慧的拉比啊，我没有钱买安息日所

需要的东西了。”妇人向拉比抱怨。

拉比没有回答她，而是弯下身子把苹果观察了一番，然后跨到附近的一个大石头上高声叫喊：“谁想买这最好的苹果?”“谁想买这最好的苹果?”“谁想买这最好的苹果?”

三声过后，穷妇人的苹果摊位就被人们包围了。他们连看也不看就纷纷掏钱抢购，以致价格被自动抬高到了市场价的三倍。苹果被卖得一个不剩了，还有顾客向这边赶来。

拉比这时在高处向众人说：“善人们，你们如果从商，必得坚守诚信。如果你们的商品有缺陷，你们要高声宣布出来：如果你们的商品是市场上最好的，也要大声宣布；‘它是最好的’。”

“它是最好的就是最好的，为什么还要宣布呢?”一个年轻人问。

“善人啊，你如果不宣布出来，顾客就会去选购不好的商品，把市场上最差的商品带回家。你不宣布出来，就是帮助奸诈的商人欺骗顾客啊!”

把产品的瑕疵告诉顾客

如果商品有破损，犹太商人就一定会降价出售，决不重新弄个包装又把它当好商品卖。让人们在明知商品有瑕疵的情况下进行购买，这也是犹太人商法中的明确规定。

如果说不搞假冒伪劣，是犹太人经商的一个原则的话，那么，在销售产品时，充分尊重顾客的知情权，不隐瞒，不伪饰，也是他们的一大优点。

如果商品有破损，犹太商人就一定会降价进行出售，决不重新弄个包装又把它当好商品卖。让人们在明知商品有瑕疵的情况下进行购买，这也是犹太人商法中的明确规定。

犹太人讲究公正，并不是迂腐到不善变通的程度。正是在公正的前提下寻找机会，使得犹太人经商有了与众不同的特点。

打个比方吧。有个犹太人的书店，有一次进了一批新书，但销售情形并不看好。要是其他民族商人就可能会采取给回扣的方式将它们推销给替公家采购图书的

人，或者用别的什么不正当的方式将书销出去，而犹太人则不这样。

《塔木德》规定，不允许搞竞价倾销，在合理的价格确定之后，任意降价是有违道德的行为。

犹太人会想这样一个办法，即在每本打算降价卖的书中都盖上一枚印章，这就使得新书“变成”了旧书。那样，在他们看来，哪怕是半价销售也都是合法的了。

有些犹太人开的音像店里，也常常会见到老板将新到的唱片之类降价销售。你这里的新唱片降价了，别人的音像店里同样的唱片就卖不起价钱。为了避免可能产生的法律纠纷，犹太人采取在新唱片上打一个小孔的办法，将这些唱片当作次品来卖，这下就既没有违背经商道德，又达到了低价竞争的目的。

从这些可以看出，犹太人经商既严谨遵守商业道德和法则，又懂得利用一切机会给自己创造成功的条件。他们的成功是让人心服口服的。

牵着顾客的鼻子走

每个人都有一道心理防线，在他神志清醒的时候，职业刺探者也束手无策。

凭借“心理暗示术”来实现自己推销产品的目的，可以说是犹太人的一个特长，因为他们明白暗示的最大好处在于，暗示者不需要允诺任何承诺，而受暗示者就可能做出种种“投己所好”的允诺。

沃尔夫森是一个移居美国的犹太日货商的儿子，在20世纪五六十年代时，他被誉为金融奇才。沃尔夫森从负债经营开始创立了自己的实业道路。他向人借了10000美元，买了一家废铁加工厂，将之变成了一个盈利很高的企业。刚过28岁的沃尔夫森，财产就已经突破了百万美元的大关。

1949年，沃尔夫森以110万美元的价格买下了首都运输公司，这是设在美国首都华盛顿特区的一套地面运输系统。沃尔夫森有能力把亏损的企业办成高盈利的企业，这是大家都知道的。但这一次，还没来得及做到这一点，沃尔夫森就公开宣布，公司将要增发红利。诸如此类的手法本身并没有特别出奇的地方，只是沃尔夫森发放的红利超过公司这一段时间里的盈利。这等于说，他以贴出公司老底的办法，来人为制造企业高盈利的假象，借此策动人心，让公众产生对该企业的过高

期望。

果然，首都运输公司的股票在证券市场被大家看好，价格一路上涨，趁此机会，沃尔夫森将其手中的股份全部抛出，仅此一举盈利竟达6倍。

沃尔夫森的实业王国当然不是完全靠策动人心建立起来的，但也不可否认，策动人心确实加快了其形成的过程。

每一个人都很容易受到暗示的影响。例如，消费者看到维他命的广告词“疲倦是疾病的开始”，就会受到“我是不是病了”的暗示，于是就感到愈来愈疲倦，只好遵从广告宣传，服用那种维他命。也许消费者根本就没有疲倦，只是由于暗示的影响而产生了这种幻觉。但每个人都有一道心理防线，在他神智清晰的时候，职业刺探者也束手无策。

不满意就退款

顾客就是上帝，只有把顾客的利益保障了，你的生意才能做大，做好。

罗森沃尔德出生在德国的一个犹太人家庭，少年时代随家人移居美国，定居在伊利诺伊州斯普林菲尔德市。1925年，罗森沃尔德成为美国西尔斯——娄巴克公司的董事长，在他的领导下，西尔斯公司推出了新的经营管理法宝——“顾客不满意保证退款”。这一方式出台时，公司内部有很多人极力反对。他们认为这种经营方式简直是自找麻烦，那些存心不良的顾客会千方百计找借口要求退款的。这样必然导致公司经营亏蚀。商界同行则讽刺罗森尔沃德发了疯或欺骗顾客，绝不可能兑现其所谓的“不满意退款”。

罗森沃尔德却力排众议，给公司的中上层管理人员反复解释和分析自己的想法，并大张旗鼓地开展广告宣传。结果，这一经营方式比预料的还要成功，公司的营业额成倍增长，退款的现象却比以前还少。

为什么会有这种结果呢？这正如罗森沃尔德所预料的：西尔斯公司率先推出“不满意退款”，必然引起广大顾客的关注和各界的评论。这样，本公司的知名度就会迅速提高。同时，老客户会更忠于本公司，新客户定会跃跃欲试，探测一下西尔斯公司是否守信用。这样一来，公司的生意量肯定会增加。另外，公司既然讲出了

保证“不满意退款”的话，就令公司破釜沉舟，保证产品质量，以免造成顾客的不满。

正因如此，这一经营方式的出台反而使公司退款比以前更少了。西尔斯公司推出的“顾客不满意保证退款”的经营措施，后来还被美国众多公司广泛采用。

顾客就是上帝，只有把顾客的利益保障了，你的生意才能做大，做好。

这是犹太商人经常挂在嘴边的话。

让顾客多赚就是自己多赚

给顾客一点小恩惠的推销方式，确能起到很大的促销作用。但时间一久，使用者多了，消费者也慢慢不感兴趣了。

在美国涅狄格州，有一家叫奥兹莫比尔的汽车厂。它的生意曾长期萧条，工厂有倒闭的迹象。该厂总裁决定从推销着手，摆脱面临的危机。

商战变幻莫测，采用什么样的推销方法更有效呢？总裁犹太商人卡特对该厂的情况进行了反复认真的思考，针对存在的问题，对竞争对手以及其他商品的推销术认真进行比较分析，最后博取众人之长，大胆设计了“买一送一”的推销手法。因为该厂积压了一批轿车，不能及时出手，资金也没法收回，仓租利息却处于上扬趋势。所以，该厂在广告中就声明——谁买一辆“托罗纳多”牌轿车，谁就可以同时得到一辆“南方”牌轿车。

买一送一的推销方法由来已久。但通常都免费赠送一些小额商品。如买电视机送一个小玩具；买录像机送一盒录像带，等等。这种给顾客一点小恩惠的推销方式，确能起到很大的促销作用。但时间一久，使用者多了，消费者也慢慢不感兴趣了。给顾客送礼给回扣的做法，也是个推销的老办法，但同样，所送礼品的价值或回扣数目一般都较小，不可能起到引起消费者振动的效果。

奥兹莫比尔汽车厂对各种推销方法的长处兼容并蓄，尽可能克服因方法陈旧使消费者麻木迟钝的缺点，大胆推出买一辆轿车便送一辆轿车的出众办法，果然一鸣惊人，使很多对广告习以为常的人为之刮目。许多人闻讯后不辞远途也要来看个究竟。该厂的经销部一下子门庭若市。过去无人问津的积压轿车果真被人们竞相

采购。

奥兹莫比尔汽车厂这种销售方法，等于每辆轿车少赚了5000美元，他们亏了血本吗？

没有，他们不但没有亏本，还因此获得了多种好处。因为这些车如果积压一年卖不掉，每辆车至少要损失利息和仓租以及保养费，这些恰恰等于这个数目。

这样一来，车兜售一空，资金迅速回笼，扩大了再生产的能力。“托罗纳多”牌轿车的消费者增多，名声大振，市场占有比率加大。一个新的牌子“南方”牌被引了出来，这一低档轿车以“赠品”问世，最后开始独立行销……奥兹莫比尔汽车厂从此起死回生，蒸蒸日上。

犹太商人聪明绝顶，经常善于使用明亏暗赚的手法，以此来实现自己的经商目的。

让顾客自己说答案

聪明商人不去卖东西。

“每次都是初交”是犹太人在漫长的历史时期中由活生生的商业活动而得出的高级生意经。其适用范围竟然已经达到潜意识层次。这是一条保持内心平衡，不被他人策动的生意经。

但有意思的是，对自己，犹太人要求做到“每次都是初交”，不为别人策动；但对别人，犹太人则毫不迟疑地利用对方对“第二次”的先入之见，来策动别人。

一则犹太笑话中的某个卖伞柜台的售货员，他不用开口，利用顾客的问话，就构筑好了“第二次陷阱”。

“先生，您买这把漂亮的伞吧！我保证这是真绸面的。”

“可是，太贵啦。”

“那么，您就买这把吧。这把伞也很漂亮，可是并不贵，只卖5马克。”

“这把伞也有保证吗？”

“那当然。”

顾客犹豫了很长时间，又问道：

"保证它是真绸的?"

"不是……"

"那你又保证什么呢?"

"这个嘛……我保证它是一把伞。"

此则笑话中的顾客差一点把"第二个保证"当作"第一个保证",从而买了一把仅仅保证是"伞"的伞。

像这则笑话中的售货员一样,犹太人在推销时,通常会使用不同方式刺激顾客的潜意识,让顾客自己说出答案。

一位犹太老板说的好:聪明商人不去卖东西。

九、推销重细节

推销的实质就是推销自己

1. 言谈举止要流露出充分的自信

一位犹太商人说:"你的内心充满着自信,你的事业就会成功。有方向感的信心,可让人们每一个意念都充满力量,当你有强大的自信去推动你的成功车轮时,你就能平步青云,无止境地攀上成功之巅。"

自信仿佛是个永恒的话题。古今中外,多少成功者曾对这两个字做过精辟的解释,抒发过独到的见解。拿破仑说:"'不可能',这个词只能在愚人的字典里找得到。"他还说:"胜利不站在智慧的一方,而站在自信的一方。"萧伯纳说:"有自信心的人,可以比浩渺更伟大,能够化平庸为神奇。"戴尔·卡耐基说:"如果你真相信自己,并且坚信自己一定能达到梦想,你就真正能够步入坦途,而别人也会需要你。"奥格斯特·冯·史勒格说:"在真实生命里,每个事业都从信心开始,并由信心迈出第一步。"麦修·阿诺德也说:"一个人除非自己有信心,否则不能带给别人信心;只有让自己信服的人,才能使别人信服。"自信是积极向上的产物,也是

一种积极向上的动力。自信，对于一个推销员的成功与否是非常重要的。自信是推销员所必须具备的、最不可缺少的一种气质。

犹太商人深知人性的特点：人们通常喜欢与才能出众的人交往。顾客也一样，他们不希望与毫无自信的推销员打交道，因为他们也希望在别人面前自我表现一番。只有信得过自己的人，别人才会把责任放心地托付到他的身上。当你和客户商谈时，言谈举止若能流露出充分的自信，肯定会赢得客户的信任，客户信任了你才会相信你的商品说明，从而放心购买。通过自信，才能产生信任，而信任，则是客户购买你的商品的关键因素。

客户对于商品，经常都怀有类似一样的不满和疑问，因此，在面对客户时，不可以自己觉得无法销售，或表现出面有难色的神情。你如能自我训练，精心计划，相信你一定能卖出商品。

犹太人威特利，曾经是一名保险推销员，之后创立了“威特利寿险公司”并担任总经理。他经常对新的推销员说：“满怀自信地向所有潜在主顾推销，他们也能从中感受到你的那份自信。”

威特利年轻的时候，经常往来于各大城市之间，当时他选择行驶的道路一般是旧高速公路——为的是可能碰到有兴趣买保险的主顾。一天中午，威特利驾车经过一个村庄，看到一位农夫正在一片广阔的麦田中间开着牵引车，他觉到这位农夫可能就是他的潜在客户。于是，就停车朝他远远打招呼，示意他过来一下。农夫以为有什么重要的事情，于是走了过来。

当得知威特利是一位保险推销员后，农夫怒气冲冲地说：“我发誓，我一定要把下一个向我推销保险的捣蛋鬼，狠狠地掷出我的土地以外。”

威特利看着他微笑着说：“让我告诉你一件事，在你对我采取行动前，你最好已经保了所有的险，因为你会很需要。”

两个人之间保持了一阵短暂的沉默，双方连眼睛都不敢眨一下，过了一会儿，农夫便爆发出了爽朗的笑声：“算了吧，这样一个大热天，我正好需要休息一下。到我的房子里来吧，让我听听你到底要说什么。”他将手搭到威特利的肩膀上，二人便一路朝他的房子走去。

进了他家的厨房，农夫便对着他的妻子说：“嘿，亲爱的，来见见这位威特利先生吧，这小子以为他可以说服我。”然后这对夫妇便相互大笑起来。看到他们笑得是如此高兴，威特利也放声大笑了起来。当笑声停止时，威特利就卖出了有生以来最容易的一个保险。

威特利后来回想说：“像这样的情况不止一次地发生。但从我的推销经验中我知道，当一名潜在主顾以恐吓姿态对我怒吼时，我是绝对不可以退缩逃走的。我已明白，不论潜在主顾是多么的气恼愤怒，他也不会真的对一名推销员进行身体攻击。因此，在我还是一个年轻的推销员时，我便意识到，无论怎么，挨打的可能性是十分微小的，你完全没必要担忧这一点。退一步讲，即使有人真的对我动粗，我的身体还是能承受得住的。因为有这样的想法，我才能勇往直前，从没害怕，我充满自信地向所有潜在主顾推销保险，他们从中感受到了我的那份自信。因此，在我每次发出这种让人始料不及的推销攻势时，很少会遭遇别人的排斥拒绝。”

犹太商人把良好的心态当作自信的一部分。在他们看来，良好的心态始于心灵，终于心灵。换句话说，你要想有持续完成任务的积极心态，首先就要有一种对成功的强烈的渴望或需要。对于成功的愿望和企图心永远是一个成功的推销员所必备的条件，他们对于销售他们的产品具有无比的动力和热诚，他们想要成为顶尖的人物，他们有强烈的成功欲望，他们绝对不会允许任何事情阻碍他们达成目标。但一般的推销员并非如此，他们只要能够赚到每个月的生活费就可以了，他们只需要每个月达成公司给他们设定的目标就成了，他们没有比这更强烈的愿望了。

良好的心态实际上就是信念——相信你自己，相信你成功的能力。事实证明，只有自己相信自己然后才能让别人信任。

2. 把外表风度的美留在顾客的心里

犹太商人认为：一个人的内在价值虽然很重要，但是交往对方需要很长时间才能对他进行评判，因此最直接且最迅速造成印象的，则是他的外表形态。个人的穿着打扮和身体动作则是决定他外表形象的首要因素，推销人员是否受到客户的重视、尊敬和好感，或者是反感、藐视，外表形态在其间起着非常重要的作用。

在商业活动中，比如谈判、推销，如果那个人的形象气质俱佳、风度翩翩，往

往能带给别人赏心悦目的感觉，直接激发他人的斗志，有时甚至会促进交易的成功；反之，如果那人形象不佳，会给对方留下不良的第一印象，使对方在心理上对那人的公司的产品和交易产生种种疑虑，这可以说是心理学中“光环效应”的结果。

一位经验丰富的客户说：“一个推销员来拜访我，他开始做一个好得非同寻常的销售介绍，但我老是走神。我看着他的鞋子、他的裤子，然后再把目光扫过他的衬衫和领带。大部分时间我都在想，如果这位专业推销员说的都是真的，那他为什么穿得如此落魄呢？他告诉我他手中有很多订单，他有许多顾客，他们也购买了大量的这种产品，但他的个人外表致命的显示他说的话不是真的。我最后没有购买，因为我对他的陈述没有信心。”

一个人良好的形象包括良好的仪表、谈吐和精神状态这几方面的内容。推销商品前首先要推销自己，这显然已成为真理。在推销时拥有良好的外表，有新鲜的感觉，对客户有着不可抗拒的魅力。服饰是一种无声的推销语言，犹太法典《塔木德》中说：“服饰的整洁得体不仅是自我形象的树立，也是对交往对象的尊重。”“一个人长得好不好是遗传问题，仪态好不好是修养问题。”

犹太商人有这样一句话：“初次见面给人印象的90%产生于服饰。”在商业交往过程中人都是先看外表的，尤其是初次见面。外表可以反映一个人的内在气质，是一个人性格的外观。良好的外表能够给对方留下深刻的美好印象，通常客户的心理是：外表体面的推销人员，卖的商品应该也不错；穿着随便不修边幅的人，自然不会有什么好产品。穿戴没分寸，也会适得其反。有一些身穿成套名牌服装的推销人员，打名家特别设计的领带，腕上戴着劳力士金表，配着流行艺术图案袖扣等等。这种打扮过了头的推销人员，让客户觉得和自己格格不入，难免心生排斥，在提醒自己谨防上当受骗的同时，已经在心里迅速地筑起了一道坚固而不可逾越的城墙。

适宜得体的打扮最能反映出你的气质，所以着装方，一定要精心谨慎，任何场合都要穿着得体，正如任何问题都晓得正确的答案一样，让人服气。同是一个人，穿着打扮有异，给人留下的印象也会出现异样，对交往对象也会产生一种错觉。美

国有位犹太商人特意做过一个实验，他本人以不同的打扮出现在同一地点，当他身穿西服以绅士模样出现时，无论是向他问路或时间的人，大多彬彬有礼，而且本身看起来基本上是绅士阶层的人；当他打扮成无业游民时，接近他的多半是流浪汉，或是来找火借烟的。如果推销员衣衫不整地去与客户洽谈，对方会觉得你缺乏诚意、不当回事，所以应穿得素雅庄重一些为佳，因为这有利于推销工作的顺利进行。

在犹太商人看来，良好的风度也不仅仅局限于穿着打扮，谈话水平与精神状态也起着非常重要的作用。比如在与客户商谈中，一个优秀的推销员说话时不温不火，不卑不亢。反之，若言语表现急于求成，或唯唯诺诺，则容易受制于人。首先，在与客户商谈中不恰当的表现是对对方的不尊重，甚至引起误会和摩擦。对客户说话，首先遇到的是称谓问题。如何称呼对方，必须分清对象，尊重对方的称谓习惯，注意亲疏关系，熟悉程度及年龄、性别、相互关系的差别。

在与客户商谈中，要注意谈话的距离、手势、音调、措辞等。谈话距离如果太远容易表现为“争利”心理大于“协同合作”心理，说明双方分歧较大，矛盾突出。距离太近，表现出双方谈话较亲密，容易谦让、迁就，甚至使自己损失惨重。一般谈话的距离至少要保持半米以上。

在与客户商谈中，推销员说话时可采用适当手势。手势应与商谈主题相适应，打手势也要注意空间的大小，切忌幅度过大，达于夸张。同时推销员的手势也应该简明易懂。比如：平掌摇动通常表示不同意；手指敲桌子可以表示谢谢；双手搓动可表示高兴或着急；举手平掌表示别说了。

在与客户商谈中，说话的音调抑扬顿挫，无不是在增加语言的内容和效果。如果语调冷漠平板，则给人以拒人千里的感觉。若谈话时音调自然饱含感情，就容易使双方消除紧张情绪，在谈笑风生中从容应答，给对方带来一个完满的结局。另外，音调的不同也能够反映出推销员对该推销的重视程度。

推销员还要注意推销的措辞。措辞要恰当、婉转，避免使用生硬的、有情绪的字眼。一个有良好素养的推销员，往往是泰然自若、一言九鼎的，而不是滔滔不绝或咄咄逼人，因为这一切往往是容易招人厌恶的。

良好的风度还包括在举止方面，比如在推销过程中，推销员要有挺拔的站姿。要求肩平、挺胸、两眼平视、嘴唇微闭、面带微笑，双肩自然下垂，双手在背后或体前自然交叉，两腿膝关节与髋关节展直。挺拔的站姿也反映了推销员良好的心理状态，说明推销员充满信心和力量。

推销员的坐姿要端庄。推销中，最适当的坐姿是两脚着地，膝盖成直角，与对方交谈时，身子要适当前倾，切忌一坐下来就靠在椅背上，显得体态松弛没有礼貌，坐沙发时双脚侧放或稍加叠放较为合适。女士就座时切忌跷起二郎腿，更不可将双腿叉开，这样很不雅观，也显得缺乏教养。

推销员还要有洒脱的走姿。走姿的基本要领是，行走时双肩平衡，目光平视，下颌微收，面带微笑。手臂伸直放松、手指自然弯曲、双臂自然摆动，在掌握走姿要领的同时还要区分宾主身份：当做为宾客时，缓步进门，环视一周，确定自己的走向和位置；当做为主人时，若客人等在房间应疾步入门，眼睛搜寻主宾并伸手向主宾致意，以表示歉意、诚意和合作态度。若自己先到房间，可以引客人入席，以示礼貌。

另外，推销员的态度直接影响交谈双方的情绪和推销效果。如果推销员态度过于强硬，往往会使推销陷入僵局。如是推销员态度中肯、亲和，则容易营造融洽的交谈气氛。

总之，形象是推销过程的第一印象，为了给人留下良好的第一印象，推销人应牢记以下几点：如果你不想成为同行的笑柄，你的服装必须合体；如果你不想让同行或客户鄙视，你的服装必须庄重；如果你不想让人看出你的性格或爱好，你的服装必须是保守的、得体的；如果你不想让客户坚持固有的不好想法，你的谈话技巧必须到位、精神面貌必须饱满而富有激情。

3. 用优良的态度换取客户更大的回报

犹太商人非常看重经商态度，认为好的态度能给顾客留下好的印象，相反，如果一个人态度冷漠或态度粗俗，就会令人产生反感，其结果必然导致经商的失败。但一个态度良好的人，即使容貌并不清秀，甚至肢体残缺，仍比那眉目清秀、身强力壮，但态度粗鲁的人更加受人欢迎。

世上不知有多少才能平庸的人，靠着他们良好的态度，而能够处事顺利无阻。

犹太商人格雷厄姆是拥有十几家超市分店的经理人，年轻时穷困异常，当时他勉强凑足了一笔小小的资本，在他家乡开了一家商店。开张后，他对任何顾客都和蔼可亲、彬彬有礼，并且十分关怀他们。有一次，一位老妇人来买东西，但是店里所有的货色她没有一样看得中意，格雷厄姆道歉之后，特地领她到别的店去，帮她把所需要的东西买来。凡是一切可以为顾客服务的事，他无不热心去做，后来他的声誉随之传开，连离这儿很远的人也上门光顾。因此他的经营也就迅速扩展，现在已在附近开设了许多分店。

格雷厄姆的成功之处就在于他对顾客的良好态度，他也利用这个办法去教育他的员工们这样对待顾客。

他的员工渥道夫在超市担任收款员。有一天，他与一位顾客发生了争执。

“小伙子，我已将50美金交给您了。”一位顾客说。

“尊敬的先生，”渥道夫说，“可是我并没收到您给我的50美金呀!”

顾客有点生气了。渥道夫又十分自信地说：“我们超市有自动监视设备，我们一起去看一看现场录像吧？这样，是谁的过失就很清楚了。”

顾客跟着他去了。录像表明：当这位顾客把50美金放到桌子上时，前面的一位顾客顺手牵羊给拿走了。而这一情况，他们两个还有超市保安人员都没注意到。

渥道夫说：“我们很同情你的遭遇。但是按照法律规定，钱交到收款员手上时，我们才承担责任。现在，请你付款吧。”

这位顾客气愤地说：“你们的管理有缺陷，让我受到了屈辱，我不会再到你这个让我倒霉的超市来购买商品了。”说完气冲冲地走了。

格雷厄姆当天就获悉了这一事件，他当即做出了辞退渥道夫的决定。一些部门经理，还有超市员工都找到格雷厄姆为渥道夫说情和鸣不平，但格雷厄姆的意志很坚决。

渥道夫很委屈。格雷厄姆找他谈话：“我知道你心里很不好受。因为我要辞退你，一些人还说我不近人情。”

格雷厄姆走过去，和渥道夫坐在一起。他说：“我想请你回答几个问题。那位

顾客做出此举是故意的吗？他是不是个无赖？”

渥道夫说：“不是。”

格雷厄姆说：“他被我们超市人员当做一个无赖请到保安监视室里看录像，是不是让他的自尊心受到了伤害？还有，他内心不快，会不会向他的家人、亲朋诉说。他的亲人、好友听到他的诉说后，会不会对我们超市也产生反感心理？”

面对一系列提问，渥道夫都一一说“是”。

格雷厄姆说：“那位顾客会不会再来我们超市购买商品，像我们这样的超市在我们这座城市有很多，凡是知道那位顾客遭遇的他的亲人会不会来我们超市购买商品？”

渥道夫说：“不会。”

“问题就在这里，”格雷厄姆递给渥道夫一个计算器，然后说，“咱们来做一个小测验，假如每位顾客的身后大约有 250 名亲朋好友，而这些人又有同样多的各种关系。商家得罪一名顾客，将会失去几十名、数百名甚至更多的潜在顾客，而善待每一位顾客，则会产生同样大的正效应。假设一个人每周到商店里购买 20 美元的商品，那么，气走一个顾客，这个商店在一年之中会有多少损失呢？”

几分钟后，渥道夫就计算出了答案，他说“这个商店会失去几万甚至上百万美元的生意。”

格雷厄姆说：“这可不是个小数字。虽然只是理论测算，与实际运作有点出入，但任何一个高明的商家都不能不考虑这一问题。那位顾客被我们气走了，至今我们还不知道他的姓名及家庭住址，因此无法向他赔礼道歉，挽回这一损失。为了教育超市营业人员善待每一位顾客，所以做出了辞退你的决定。请你不要以为我的这一决定是对你乱加罪名。”

渥道夫说：“我不会这么认为，您的这一决定是对的。通过与您谈心，使我明白了您为什么要辞退我，我会拥护您的决定，可是我还有一个疑问，就是遇到这样的事件，我应该怎么去处理？”

格雷厄姆说：“很简单，你只要改变一下说话的态度就可以了。你可以这样说：‘尊敬的先生，我忘了把您交给我们的钱放到哪里去了，我们一起去看一下录像好

吗?’你把‘过错’揽到你的身上，就不会伤害他的自尊心。在弄清楚事实真相后，你还应该安慰他、帮助他。要知道，我们是依赖顾客生存的商店，不是明辨是非的法庭呀！用良好的态度与顾客相处是我们的重要课题!”

渥道夫说：“我从您的谈话中学到了很多，谢谢您对我的教育。”

格雷厄姆说：“你是个工作勤恳、悟性很强的员工。若10年后，你会明白我的这一决定不只对超市有好处，而且对你有益处。按照我们超市的规定，辞退一名员工是要多付半年工资作为补偿的。如果半年后，你还没有找到合适的工作，那么你再来我们超市，我们是欢迎你来的。”

渥道夫，这个20多岁的青年，无限感慨地离开格雷厄姆和他领导的这家超市。以后，他没有再回这家超市，他筹集了一些资金，干起了旅馆事业。10年时间过去了，格雷厄姆、渥道夫都成了富商。

一次集会上，渥道夫和格雷厄姆不期而遇。他紧握着格雷厄姆的手说：“感谢您传授给我一个宝贵的经营诀窍，它使得我取得今天的成绩。”

格雷厄姆说：“你说这，让我感到迷惑了。我好像没有向你传授什么诀窍呀?”

渥道夫说：“10年前那次长谈，您已经间接说出了您的经营要诀，就是用良好的态度对待顾客，让每一个顾客满意地离开商家。”

格雷厄姆说：“你真是一位聪慧的人，要知道这可是我的经营秘诀——秘不可传呀!”

格雷厄姆经常用这样一句话教育他的员工：“任何人一走进我们的店门，就是一位新的客人，我们必须用好的态度热情地款待，至于他买不买东西，那是他的权利，我们绝对不应加以干涉。我们所应做的，只是代表商店，用好的态度、热情地招待客人。”

有许多商人或推销人员，往往因为没有受过良好的训练，结果都养成了一种骄傲、蛮横、粗鲁、生硬的态度，这种人若再不自知改善，他的事业将会一片坎坷，甚至失败。

4. 相信自己的商品是最好的商品

犹太商人说：“在商业经营中，首先自己要信任自己的产品。如果连自己都说

服不了，又怎能说服别人购买自己的商品呢？即使对自己所销售的商品不很了解，也要坚信：这是优秀的产品，绝对没有问题。抱着极大的希望，坚信它是最好的商品，并从客户的角度，努力把心目中的优良产品介绍给他人。”

客户本身看到你满怀激情的推销情形，肯定会认为：“嗯！这个推销员这么全心全意地推销产品，他一定对它深具信心！”这种态度能给客户以“这必定是优良的东西，没错”的安全感。

有些推销员在出门推销时心中嘀咕：这东西能卖出去吗？之所以有这样的想法，是因为对自己所推销的产品不够自信。

有位推销语言教材的推销员，在电话中向客户出售“在短期内必能说流利英语”的语言磁带。他对客户运用的讲话技巧不很高明，说了半天丝毫也引不起对方的兴趣，但他仍不愿放弃。

客户不耐烦了，冲他说了一句：“如果你能用英语把刚才的话重复一遍，我就买了！”

他发了一会儿愣以后，“咔嚓”把电话挂了。因为连他自己都不相信在短期内能够学会流利的英语，所以才勉强地反复陈述商品的特性，说破嘴皮子也表现不出一点激情。

犹太商人根据他们多年的经商经验总结出：“客户容易根据推销员对商品的表现来判断商品好坏。所以，在推销时，推销员表现出对自己商品的充分信任，会影响客户做出正确决定的信心。”

“西蒙”公司是以色列一家提供全套服务的服装公司。他们针对企业与专业人士的需要，亲自到办公室或家里为客户服务。他们亲自拜访客户，为他们提供全套高品质的服装。他们这种服务的一个最大优点是，可以为客户节省时间，让他们不需要外出逛街就可以购买服装。但也面对着一个大缺点，顾客对这种上门推销的产品往往不太信任。

公司创始人西蒙先生针对这个问题，总爱用这样的开场白：“贝尔先生，我之所以到这里来，是要成为您的私人服装商。我知道，如果您从我这里买衣服，那是因为您对我、我的公司或我的产品有信心。为此，让我先自我介绍一下：我在这一

行已干了很长时间。我研究过服装、式样与质地。因此，我十分自信我可以帮您挑选出合适的衣服，而这项专业服务是完全免费的。”

他继续说道：“我的公司在这一行已有 12 年时间。从开业以来，我们每年以超过 15%的比例成长，而且在每个月的销售中，有 60%左右的人来自老客户。

“我们公司保证向客户提供所有的服装需求。在这一行里，我们公司一直是最棒的。当然只有您和我们的其他客户才能判定，我们是否是最棒的，我可以很自信地说，只要您试一试，就会发现我们是最棒的。

“在我们的生产线上，有成套西装、运动外套、衬衫、轻便大衣，以及各种场合穿着的服装——可以这么说，您想要穿的衣服，我们都有。我们生产的西装是您所能买到的最好的，每一件衣服都由我们自己的工厂制造，您从别处无法获得相等的价格、品质，以及服务。

“您当然可以从其他厂家买到类似的西装，但是当您以相同的价格买下我们公司的产品时，便是获得了一套超高品质的服装。

“在与其他公司产品相去不远的售价下，不论是西装、运动外套、裤子、衬衫或其他任何产品，我们都有品质保证，因为这正是我们的优势所在。贝尔先生，截至目前，您的感觉如何?”

许多年以来，公司的职员便是使用这套话术作为开场白的，而且它总是能触发正面回应。他们坚定地认为，即使他们的客户早就对他们的公司与产品保持信心，他们也必须让他对他们本人产生信心，否则达成这项交易的几率就会很低。

好的推销技巧是要让你的潜在主顾对你、你的公司或你的产品充满信心。如果一名顾客对这三者都保持信心，那么达成交易便易如反掌。

那佛尔的故事可能也会给从事推销的人带来一些启迪。

犹太商人那佛尔在 1982 年买下了化妆品公司“丽人”，两年后又将其出售，接着创办了自己的“那佛尔公司”。

公司的主要业务是销售中价位的美容护肤产品。在成立这家公司之前，那佛尔的当务之急便是把公司的计划寄给那些潜在的投资人以备他所需要的资金。

在寄出计划两个星期以后，他便打电话给这些潜在投资人，然后设法和他们约

定一次私人会晤。其中有一名特别的潜在投资者名叫沃迪森。

那佛尔在电话中向沃迪森做自我介绍时说“之前我寄出过一份商业计划给您，今天给您打电话是想和您谈一谈那份计划。”

“是的，那佛尔先生，我收到了。”

“如果你有兴趣投资这项计划，我很乐意和您见面详谈。”那佛尔对他说。

“那很好。”沃迪森回答：“你感到什么时候见面比较方便呢？”

那佛尔从来没想过，竟然这么容易就和他约定好了时间。一周之后，那佛尔坐在沃迪森的办公室里，准备投出一个完美的推销球。他是做了充分准备的，手上备有各式各样的文件、图表、财务计划，当然还有一份财务报表，上面清楚写着自己与一群投资人如何买进“丽人”公司，两年之后将其卖出而获得了高额的利润的全过程。可是当那佛尔讲述到一半时，沃迪森打断了他的话。

“那佛尔，你现在可以停下来了。”

当时，那佛尔以为他的制止行为是他对这项计划丝毫不感兴趣。忽然间，他像是一只泄了气的皮球，但是他不甘心，不愿在还未大力推销之前就此歇手。

事实上情况并没有那佛尔想象的那样糟糕。沃迪森的脸上露出了一抹微笑，他说“好了，我准备投资你的公司了。”他暂停了一会儿，继续说道：“你不需要再找其他投资人了，我将提供给你全部所需的资金。”

那佛尔脸上写满惊异的神色。顿了一会儿，沃迪森又补充说：“那佛尔，让我告诉你为何要做这项投资。事实上，我不是在投资你的公司，我是在投资你这个人。”

“两年前，”他继续说：“有一次我走进一家百货公司，正好看到你在那里推销你的‘丽人’香水，你在你身边营造出的那种兴奋热烈的情绪让我印象深刻。你的身旁聚集了一大群人，整层楼都被‘丽人’香水的氛围笼罩着。你们不断卖出产品，你们也高兴地听到现金不断进入收银机的声音。嗯，那个情景让我毕生难忘。我一直忘不了一个公司老板竟然可以放下架子，以奇特的方式进行推销。你就在那里说着、感觉着、推销着你的产品。很显然，你全身心地信任你的产品，这就是我为什么投资的原因。”

沃迪森接着补充说：“我知道，你就是那种会让事情成功的人。你会走出去，做每一件你应该做的事，以确保你的事业成功。”

那佛尔便筹措到了数百万美元的资金，这正是那佛尔要组建新公司的全部所需资金。

5. 把信誉当作自己的一笔重要资产

著名犹太商人沙维尔说：“在外人眼里，商人是狡诈的。而明智的商人对于这一点就非常聪明，他们在经商中从不愚弄对方。从长远的观点看，信誉是一笔重要的资产。”

犹太商人认为，推销是一种激烈的竞争，而且竞争的方式方法多种多样，使人防不胜防。但是，不管怎样做生意都要以诚相待。推销这一过程绝不是胁迫的代名词。生意人的成功是靠良好的信誉来保证的。

单从实用主义角度来看，诚实守信对于生意人来说是绝对重要的。如果你的顾客从心底里不信任你，那么他不会从你那里购买任何东西。相反，当对方认为你可信时，也就等于相信了你的产品。

世界上任何商人的经商目的都是为了赚钱，然而他们的做法却大不一样。有些人做着一夜暴富的美梦，根本没有建立良好信誉的耐心和教养，只知快刀宰人，六亲不认。他们遍布大大小小的市场，漫天要价、信口雌黄，坑蒙拐骗，直到暴力威胁。也有些人深信：君子爱财，取之有道。这“道”中，他们认为良好的信誉是至关重要的。

一位女士去犹太商人库克瓦尔的“满意”乐器店里买钢琴，最终选中了一架她认为物美价廉的。她将营业员叫到身边，将自己的选择告诉了他。营业员一看钢琴上的售价标签，愣住了，他向这位女士道歉，请她稍等，他要去向经理库克瓦尔请示一下。一会儿，经理从店堂后快步走出来，老远便向这位女士伸出手，笑着说：“祝贺您！您花最少的钱，买了一架最好的钢琴！原来，也是营业员的疏忽，售价标签上少标了一个“0”，但店主与顾客的交易就这样轻松地完成了。

我也曾听过朋友博伊尔讲的他在以色列目睹的一个小小的场面，其中也可以看出犹太商人的气度。

博伊尔在以色列旅游，住在一个商业区的旅馆里，一天下午，他和一位朋友走进一家专门经营旅游纪念品的商店。商店营业面积不小，但商品的陈列非常粗放，店里没有一只玻璃货柜，铜雕银器、彩瓶挂盘、仿古的大理石雕像，都随意地摆在一张张木台子上。

那里的商店，经常都是冷冷清清的，不像我们的商店，总是摩肩接踵，拥挤不堪。可就是这么巧，有两位白人妇女在就要走出店门时，可能是因为其中的一个大概仍然留恋某件商品吧，转身要再看一眼，就在她转身之际，她腰间的挎包将门口木台子上的一个五彩瓷瓶挂到了地上，当然摔个粉碎。

若在一些别的商店里出现这个场面，毫无疑问，店主要坚持索赔，顾客要据理力争，指责店主商品摆得不是地方。

这次却不是这样。正当那位白人妇女有些不知所措的时候，店主已经走到她面前，说："对不起！没有吓着您吧？"

白人妇女也连声道歉，问他："要我赔吗？"

店主说："您在告诉我，应该把东西摆在恰当的地方。请吧，欢迎您再来！"

最后的结局是这样的：那位白人妇女买走了一个古希腊的铜像。她的朋友大概也觉得这位店主可以信赖，买走了两个彩色挂盘。

用良好的信誉经商、做推销，对一些人来说，需要一个体味的过程，在这个过程中，顾客是最好的教育者，可以令那些不懂此道的人渐渐上"道"。

6. 面对失败要有重整旗鼓的勇气

犹太商人认为：检验一个商人品格的优劣，最好是在他失败的时候。失败了以后，他是怎样一个境况？失败能唤起他更大的勇气吗？失败能使他付出更大的努力吗？失败能使他发现新的力量，焕发出潜在力吗？失败了以后，是决心更加坚强呢，还是就此心灰意懒？越是在这种境地，越可以测试一个推销员人格的大小。

一个人除了自己的生命以外一切都已丧失了，那他还剩余些什么？换一句话说，一个人在屡遭失败以后，他还有多少勇气的余威可以让他重整旗鼓？假使他在失败之后，从此偃卧不起，放手不干，而自甘于永久的屈服，那我们就可以断定，他不是个什么大不了的人物。假使他能雄心不减，迈步向前，不失望，不放弃，别

人就能感到他人格的伟大，十足的勇气，是可以超过他的损失、灾祸与失败的。

跌倒以后立刻站立起来，在面对失败时去争取胜利，这是自古以来伟大商人的成功秘诀。犹太商人罗森沃德说："我曾问一个小孩子，他是怎样学会溜冰的。小孩回答道：'就是在每次跌跤后，立刻爬起来！'我想，促使每个人成功的实质也正是由于这种精神。跌倒算不上失败，跌倒后却站立不起来，那才叫失败。"这也是他在经商中，对面对失败所应具有的品格的理解。

拥有坚韧的意志，是一个想事业有成的推销员所具有的特征。他们或许缺乏其他良好的品质，或许有各种弱点与缺陷，然而他们具备了坚韧的意志。这是所有事业有成的高手所绝不可缺少的涵养。劳苦的奔波不足以使他们灰心，事业中的困难不足以使他们丧志。不管处境如何，他们总能坚持与忍耐，因为坚韧是他们的天性。很多人成功的秘诀，就在于他们不怕失败。他心中想要做一件事时，总是用全部的热诚，全力以赴，从来想不到有任何失败的可能。即便他失败了，也会立刻站起来，保持更大的决心，向前奋斗，直至成功为止。

那些普通的推销员，他们在推销中一经失败，就会一败涂地，一蹶不振。而那些有坚韧力的推销员，则能够坚持不懈。那些不知怎样才算受挫的推销员，是不会一败涂地的。他们纵有失败，但他们从不以那个失败作为最终的命运。每次失败之后，他们会以更大的决心，更多的勇气，站起来向前进，直至取得最后的推销胜利！

在犹太教典《塔木德》中有这样一句话："我们不能以一个人竞赛起步时的速率来评判他得冠军的潜力，而应该在他将达到终点时的速率来评判他。"在推销中，有很多推销员做事不能有始有终，他们开始时还满腔热忱，但在遇到困难后，往往会半途而废。他们之所以会这样，就因为他们没有充分的坚韧力，来使他们达到最终的目的。当一个人满腔热忱、意气豪迈的时候，他做事是何等的容易啊！所以开始做一件事时，是毫不费力的，正因为如此，我们不能在一个人刚开始做事时就估量他的真价值。

一个人在做事时，是否有不达目的不罢休的意志，这是测验一个人品格的一种标准。坚持的力量是最难能可贵的一种品德。许多人都有随众向前的意识，他们在

情形顺利时，也肯努力奋斗；但是在大众都选择退出，都已向后转，让他自己觉得是在孤军奋战时，要是仍然能坚持着不放手，这就更难能可贵了。这是需要坚韧力，需要毅力的。

有一个人，他想向他的一位在纽约的商人朋友推荐一个推销员，在他向他的朋友举出了那个推销员的种种优点后，商人这样问道："他有耐性吗？这是最要紧的事。他能坚持吗？特别是在困难的时候。"是的！这是对一个好的推销员终生的问句："你有耐性吗？你有坚韧力吗？你能在失败之后仍然坚持吗？你能不管遇到任何阻碍仍然前进吗？"

罗森沃德是美国最大的百货公司西尔斯—娄巴克公司的最大股东，他也是美国20世纪商界风云人物。当然这个做服装生意起家的富翁却也经历了许多创业时的失败与艰辛。

罗森沃德出生在德国的一个犹太人家庭，少年时随家人移居美国，定居在伊利诺伊州斯普林菲尔德市。罗森沃德的家境不大好，为了维持生活，中学毕业后，他就到纽约的服装店当跑腿，做些杂工。罗森沃德从年幼时就受犹太人的教育影响，确立了艰苦奋斗的精神。他确信凡人皆有出头日，一个人只要选定了目标，然后坚持不懈地往目标迈进，百折不挠，胜利一定会酬报有心人。罗森沃德本着这种精神，十分卖力地赚了几百美元。

"我要当一个服装店老板。"这是罗森沃德的奋斗目标。为了实现这个目标，他除了在工作里留心学习和注意动态外，他把全部的业余时间用于学习商业知识，找有关的书刊阅读。几年后，他认为有些经验和小小本金，决定自己开设服装店。

可是，他的商店门可罗雀，生意极不佳，经营了一年多还把多年辛苦积蓄的一点点血汗钱全部亏光了，商店只好关门，罗森沃德垂头丧气地离开纽约回到了伊利诺伊州。

痛定思痛，罗森沃德反复思考自己失败的原因。最后，他找出了缘由：服装是人们的生活必需品，又是一种装饰品，它既要实用，又要新颖，这才能满足各种用户的需求。而自己经营的服装店，没有自己的特色，也没有任何新意，再加上自己的商店还未建立起商誉，那是注定要失败的。针对自己出师不利的原因，罗森沃德

决心改进，他毫不气馁继续学习和研究服装的经营办法。他一边到服装设计学校去学习，一边进行服装市场考察，特别是对世界各国时装进行专门研究。二年后，他对服装设计很有心得，对市场行情也看得较为清楚。于是，决定重整旗鼓，向朋友借来几百美元，先在芝加哥开设一间只有 10 多平方米的服装加工店，他的服装店除了展出他亲自设计的新款服饰图样外，还可以根据顾客的需求对已定型的服饰进行改进，甚至完全按顾客的口述要求重新设计。因为他的服装设计款式多，新颖精美，再加上灵活经营，很快博得了客户的欣赏，生意十分兴旺。又过了两年，他把自己的服装加工店扩大了数十倍，改为服装公司，大批量生产各种时装。从此以后，他的财源广进，声名鹊起。

回忆以前的经历，罗森沃德说："在人生的游戏中，失败时常发生，每个人都别悲观，因为失败并不意味着没有希望，相反活用失败与错误，是自我教育和提高的有效途径。商场如战场，成功人士的背后可能有更多的失败和辛酸。"

作为商人、推销员，面对失败，就应该像爱迪生那样坦然而决不气馁。爱迪生一生有 1000 多项科技发明，当有人问他经过许多试验而失败时是否会感到心灰意冷，他回答说："不，我抛弃了错误的试验，重新采取别的方法，决不沮丧！"的确，面对失败，一定要记住，决不气馁！用现代管理学的说法就是：失败就是我们的学习曲线和经验曲线的自变量，只有经历失败，才会吸取教训和积累经验，为下一次做准备。

罗森沃德还说："在面对失败时，对失败要持正确健康的心态，不要恐惧失败，要懂得失败乃是成功必经的过程；在面对失败时，焦点不要对着过错与失误！应该对准远大的目标，活用自己的过错或失误；面对失败时，千万不能气馁，要坚忍不拔，矢志不移；在面对失败，发现此路不通时，要设法另谋出路，使自己顺应环境，适应潮流；在失败以后，还要善于伺机，巧于乘势，等待机遇。"

每一步都清楚自己在做什么

1. 制订一个切实可行的推销目标

《塔木德》上说："明确的目标就好像弓箭需要靶子一样，向空中射出一箭，

需要一个靶子固定目标。”在工作中，有的人拥有一个战略性推销视野，有的人却带着“等着瞧，看到底会发生什么”的态度。你认为哪种方式可以使他们成功呢？

在犹太商人看来，优秀的推销员在推销之前不能没有明确的目标，如果没有的话，就好像没有舵的轮船，无论如何奋力航行，乘风破浪，终究无法到达彼岸。

事实上，目标不明、横冲直撞的推销员比比皆是。你若随便问一个人：“你做这份工作是为什么？”大概有人会这么回答：“为了生计”或“为了挣钱”。然后你若是问：“你打算5年后有什么成就？”或“你打算5年挣多少钱？”可能大部分人都答不出来，即使回答，许多人也是异想天开，并未实际考究过，他们的这种情况就是没有明确目标的心态。

犹太人有这样一句话：“要想成为一个成功的人，首先必须要有明确的人生目标；要想成为一个成功的商人，要有明确的商业目标。”同样，要想成为一个成功的推销员，必须要有一个明确的销售目标。知道了目标的重要性，那么怎样制订一个切实可行的目标计划呢？

首先让我们了解一下目标的4种类型。

期限为1至30天的即期目标。一般来说，这是最好的目标。它们是我们每天、每周都要确定的目标，在我们为争取成功而做出努力时，它们能不断地给我们带来幸福感和成就感。

期限为1至12个月的短期目标。这些目标好比是马拉松运动员的公里显示标志，它能鼓舞你前进。这些目标提示你，成功和回报就在前方，鼓足干劲，努力争取。

期限为1至5年的中期目标。这些目标是你眼下最想得到的，如挣钱买小汽车、晋升销售主管等等。要注意经常检查和更新这些目标。

期限为5年、10年或15年的长期目标。专业推销员总是知道他的前进方向。长期目标很重要，但不要过于拘泥细节。东西离你越远，就越不重要。这里总的思想是，要有特定的目标追求。

制定目标计划，首先要把目标写出来。这样可以增加明确度，可以经常检查。你以前设定的目标没有实现的原因，是因为当你有一些梦想和目标的时候，只是在

头脑里面去想它，然后没多久就忘记了。如果你把它写下来，你就会体会到“白纸黑字”的力量。试试这个方法，你会发现，非常大的转变将会在你身上发生。把你的目标写下来，要具体，而且加上期限，然后把它贴在门上、镜子上、书桌上、梳妆台上、床头柜上。当你白纸黑字写下来的那一刻，你就会发现，这时你的内心感觉，跟只有一个想法是不一样的。

设定目标要注意合理性。一步就能成功的目标没有太大的价值，因为太容易达到，所以激励作用不大，不会激发你的潜力，即使完成了，也没有什么成功的快乐。同样，好高骛远，脱离现实的目标也不好。制订一个“一周内赚100万元”的目标，对一个普通的推销员是根本不可能实现的。正因为它的不可能，如果你以实现这个目标为理想，到后来只会使你有失败感，这很容易挫伤你的自信心。

一般来说，制订远期目标可以大一些，但近期目标应该在“跳一跳，够得到”的程度比较合适。这样达成每一个目标，你都会跳高一点。一步一步地循序渐进，就会达到你最终的目标。比如：你可以将目标首先定为在某个期限内成为小组内前几名高手，进而在营业所内，再进一步到公司内、地区内，以至于全国。如果达到全国第一时，你就已经有了向更高目标挑战的功力了。

还要尽量减少定目标的事项，不要过于贪多，目标太多会分散你的精力，使你不能集中于一项目标。以房屋推销员为例，如果把年度目标设定为：在公司争取第一名的业绩；取得一级建筑师的资格；考取建筑物交易者资格；获得公司内部设计竞赛的奖次；提升高尔夫球的技术，这样多的目标绝对不可能达到。

制定目标要具体。注意，一定要给你的目标定一个期限！“有一天成为销售经理。”“若干年后，个人收入达到100万。”这样的目标你会有什么感觉？事实上这只是一种积极的愿望，而不是可行的目标。

可行的目标一定要具体化。比如可以是这样的形式：“用3个月的时间提高30%的业绩。”“半年内将地区内占有率提高为20%”“本周要拜访50位客户。”“今年个人收入要完成10万元。”这里不但要有完成的目标，而且还要有明确的期限。制定目标还要能够验证。把你的目标想清楚，别自己蒙自己。如果是抽象的目标，一开始要以自己的方式加以定义，然后再实施。比如“成为顶尖的推销员”，

因为“顶尖推销员”这个名词无法界定，实施起来就会茫然。

再如为了提升业绩而设定“确保100名固定顾客”的目标时，重点就在于自己要先确定所谓“固定顾客”的定义究竟是什么。

2. 为目标制订有效的行动计划

在犹太商人看来，目标虽然是让人产生动机的原动力，但成果是无法自动产生的。如果不安排周密的行动计划，目标很难实现。

犹太商人说：“推销中的行动计划犹如罗盘，具有引导每日推销活动的作用，推销员可以根据行动计划来核对自己的工作状况，查看每天的销售方向是否有误。”对于那些长远目标，有时看起来好像稍高一点，但只要有健全的行动计划，长远目标也能变成现实。

首先，面对长远目标，要把它细分，细分到每周、每天都做哪些事。比如，你决定今年的销售目标是120万美元，那么，就做你的计划：一年12个月，平均每个月的销售应该达到10万美元。根据你以往的业绩，平均一家的销售额是5000美元，如果要达到目标的话，每月就必须销售20家。再统计一下，你拜访5家才有1家成功的几率，这样一来，你每个月必须拜访100家顾客，平均每周25家，平均每天4家，这4家未必都会接受你的推销，但是肯定会接受你的拜访，还有的由于各种原因，无法拜访，把这个几率也计算进去，因此，你每天的拜访名单上，应该有8家以上的顾客。这样你就知道今天该做什么了。

把一年、一个月、一周、一天的事情安排好，这也是对目标进行有效的计划。这样你可以每时每刻集中精力，处理要做的事情。这可以给自己一个整体的方向感，使自己看到自己的宏图，有助于达到目标。

但要知道，对于推销员来说，一日之计在于昨夜，不是在于今晨，每天晚上就应该写好明天早上要做的事情；一月之计在于上个月底，每个月底你就应该写好下个月你要做的一切事情；一年之计在于去年底，而不是在于今年年初。年底你就应该写好一切明年要做的事情，在明年的时候全部把它完成。这样一来，你在每天清晨，每月的第一天，以及每年的开始，都看到当时所有的任务，然后，把这个任务装在心里，指导当日、当月、当年的工作。

犹太青年巴布大学毕业后，满怀信心地投入了寿险推销工作。为了给自己鼓励，他规定自己每天至少要拜访5个客户。他想如果能坚持下去自己一定会成功的。由于新生活带来的巨大的积极性，巴布决心每天都记日记，把每一天所做的访问详细地记录下来，然后把第二天要做的事情也列出来，以保证每天至少访问5个以上客户。通过每天记录，他发现自己每天实际上可以尝试更多的拜访；并且还发现，每天要拜访5位客户，保持不间断，还真是一件不简单的事。在采取了新的工作方法之后的当月中，巴布卖出了3万美元的保单，这是他3个月的转正任务量。

为了尽量少地浪费时间，拜访更多的客户，巴布决定不再花时间去写日记了。但命运似乎捉弄了他，自从他停止记日记之后，他的业绩开始往下掉，几个月之后，他甚至到了难以想象的地步。巴布只好向公司的资深推销员求教，他向这位资深推销员讲述了自己的苦恼，对方并没有多说，只是向他讲述自己每天的工作计划及步骤。终于他明白了一个道理，业绩回落，这并不是因为他偷懒，而是因为自己没有规律地走出去拜访的结果。此后他又重新记工作日记了。

通过坚持写工作日记，巴布发现他每次出门的价值在不断地提升。在短短的几个月之中，他从每出门29次才能做成一笔生意上升到每出门25次就成交一笔，又以每20次一笔，直至每出门10次，甚至3次就有一笔生意成交。对工作进行了调整、分析之后，巴布感到要使工作效率得到更大的提高，就必须把生活和工作安排得井然有序。他说："安排好下次工作的计划是推销工作开始的必须。我必须花时间做好工作计划，我每次在下一次行动出发之前，找出旧的工作记录，仔细地研究一下以前拜访客户时说过哪些话，做过哪些事，再写下下次要做的拜访中准备说些什么内容，提出什么样的建议，整理出下次的行动计划。"

他发现要使一周的工作计划做到很充分，至少需要四到五个小时的时间去制订一个星期的工作计划。于是巴布将每个星期的星期六上午划出来专门做下周的工作计划，用他的话来说是做"自我规划"。这种做法使他的心态和工作效率有了很大的改观。对此，巴布说："任何事情都可能由别人代劳，唯有两件事情非要自己去做不可。这两件事一是自我思考，二是自我规划。"在接下来的一个星期，巴布严格地按工作计划去工作，每次出门的时候，再也不会因为毫无准备、没有目标而团

团转了。他说："我从此可以从容地带着热诚和自信去拜访每一位客户了。因为有了星期六上午的计划，我每天都渴望能见到这些客户，渴望和我们一道研究他们的情况，告诉他们我精心想出来的那些对他们有帮助的建议。在一个星期结束之后，我再也不会觉得精疲力竭，或者沮丧而没有成就感。相反地，我感到前所未有的兴奋，并且迫不及待地希望下一个星期早些到来，我有信心在下一个星期得到更大的收获。"

3. 推销前详尽地调查客户资料

犹太商人认为，推销员在与客户见面之前，必须要做一些准备工作。虽然这种准备或基础工作很浪费时间，但必须得做。他们有句这样的话："推销成功与否与事前准备工作的程度成正比。"在他们看来，第一次见到客户，一定要熟悉对方的底细，就好像与他有了10年的老交情一样。

在犹太商人看来，在推销前详尽地了解客户的资料，可使推销员在推销中占据主动的地位。推销员对对方情况了解得越透彻，他的工作就越容易开展，甚至可以收到事半功倍的效果，这样成功的几率就很大了。

有一些推销高手，厉害到能把见到的陌生客户从头到脚地描述出二三十条细节出来，再通过细节归纳出他的个性、兴趣、收入、生活方式、家庭状况等一些特征，再来推销。这种观察本领，真令人叹服。当然，这种本事是需要经过不断训练，积累经验才能拥有的。

在推销工作中，优秀的推销员会把每一位客户看成未来开花结果的种子，要想种子结果，就要对其多加照看。所以他们就要善于收集顾客的资料。他们也把这些资料当作"治疗"客户"病情"的"药方"，以便做到对症下药，当进入推销阶段之后，专业推销员就能点出客户的问题所在，说出他的渴望、他的要求、他的担忧，然后向客户提供解决方案。当他们做了认真的准备后，客户就很容易接受他们提出的解决方案，不需要对客户做很多工作，客户会毫不迟疑地买他们的东西。

"威特利寿险公司"优秀的保险推销员犹太人凯蒂从她多年的推销经验中说出了事先调查客户资料对推销成功的重要性。她说"一个优秀的推销员，他首先必须是一个优秀的调查员，同时还要像一台高度灵敏的雷达，随时随地注意身边发生的

事、身旁走过的人，眼观六路，耳听八方，绝不放过一条有价值的信息，以不断扩大自己的资料库，增加客户资源。”

凯蒂认为，不管是推销员找客户谈生意还是客户主动找推销员谈生意，一开始，最好要事先探知一些有关客户的资料。比如：客户长得是什么样子？他的整体外表、衣着打扮如何？开什么车？对待同事的方式如何？甚至要注意极细微的小地方，如手指甲、头发、鞋、手上戴的戒指和手表等等。

凯蒂是个细心的女人，有一天，她搭乘出租车去办事，车在十字路口遇红灯停了下来。有一部黑色高级轿车和她的出租车并列停在了路口。透过车窗玻璃，凯蒂看到那部豪华轿车的后座上坐着一位很有气派的男士，正在闭目养神。乘坐如此豪华的轿车，一定是一位大富豪，有很大可能会购买保险，凯蒂心想。于是，她乘机记下了那辆豪华轿车的车牌号码。当她办完事后，立即着手调查那辆豪华轿车车主的情况。当她得知该车是“卡拉”公司的之后，立刻打电话给那家公司。

“您好！是卡拉公司吗？请问贵公司××号码的轿车是哪一位先生搭乘的？”

“请问您是谁？您问这个干什么呢？”

“没什么，只不过今天在街上碰见了这部车，车内的那位先生很面熟，所以冒昧打听。”

“哦！请您等一下……是我们罗杰斯常务董事的车。”

“非常感谢您，请再问一下，他平常大约什么时候下班？”

“不一定，大约在5点至5点半左右。”

“谢谢！打扰您了。”

接着，凯蒂从办公室里找出各种各样的名人录、公司名录、电话号码簿及地图，开始对那位名叫罗杰斯的常务董事做全面调查了。经过调查她得知，那位常务董事毕业于纽约一所著名大学，在这家公司从基层干起，逐渐晋升到了今天的地位。

从资料上，凯蒂得知那位常务董事是一个名叫“美国旅馆招待者”组织的会员，于是她又开始了第三个程序的调查。这次调查是打电话到那个组织。

“请问是‘美国旅馆招待者’组织吗？我也是本组织的会员，请问一下，您是

否知道下一次集会的举行日期?”

“是在5月8日。”

“谢谢，我一定准时参加。对了，卡拉公司的罗杰斯常务董事也是我们的会员，您认识吗?”

“我和他很熟呢!”

“很久没有看到他了，他最近可好?”

“他看来身体很健康，你知道的，他为人幽默、风趣又热情，每次集会他都参加。”

这个电话又增加了凯蒂对那位常务董事的认识——幽默、风趣、热情。

凯蒂仍不放松，继续对那位常务董事进行更深一步的调查。

第四个程序的调查开始了，凯蒂来到那位常务董事的住处。那位常务董事的住所是一幢二层楼洋房，看起来还很新，突出的阳台，可俯瞰屋外的院子，院子里铺满了青翠的嫩草，并种了一些树木。那真是一幢令人心旷神怡的好房子啊！凯蒂看清了住宅的情况之后，就来到附近的杂货店，再打探情况。

“请问住那幢洋房的罗杰斯先生家，通常是谁来买东西?”

“有时是太太，有时是小姐。”

“哦！他家的小姐年龄有多大了?”

“唔！好像已在上中学。”

……

诸如此类的问题，只要有助于凯蒂深入了解那位常务董事本人及他的家庭的，她都尽量在住宅附近打听、询问，以便获得更详细的资料。调查工作完成之后，凯蒂就开始追踪那位常务董事本人了，这是第五个程序的调查。

因为早已知道对方的下班时间，所以凯蒂便在某天的下午在他公司的大门前等候那位常务董事。下午5点，那个公司下班了，该公司的员工陆续走出大门，每个人都服装整齐，精神抖擞，并愉快地在门口挥手互道再见。凯蒂认为这个公司员工不多，看来规模不大，但纪律严明，而且公司的上上下下都充满了朝气和活力。

五点半整，有一辆黑色的轿车出来了，仔细一看，正是那位常务董事的车。一

会儿，常务董事出现了。虽然只见过一面，但凯蒂已经对他非常熟悉了，所以一眼就认出对方来了。看到那位常务董事上了车，凯蒂马上叫了一辆出租车追踪他。在车上，凯蒂想：他是直接回家吗？是不是去应酬喝酒呢？是去跟客户见面吗？为了弄清楚这些问题，凯蒂又锲而不舍地追踪下去了。

你也许会笑，没有那么严重吧，搞得像做间谍一样，但是，凯蒂认为这是很必要的，她说："如果推销员想把东西卖给一个人，他就应该尽自己的力量去收集那个人那儿与自己生意有关的情报，不论他推销的是什么东西，如果推销员每天肯花一点时间来了解自己的客户，做好充足准备，为推销铺平道路，那么，他就不愁没有自己的客户了，当然也不愁推不出产品了。"

4. 必须预先设计好对付竞争对手的方案

在一般情况下，市面上同一类商品往往不止一种品牌，常常是一类商品几十种品牌，甚至上百种、上千种品牌，客户为什么非买你的商品呢？你怎么说服他们买你的而不买别人的商品呢？

在犹太商人看来，不贬低诽谤同行业的产品是推销员的一条铁的纪律。商谈的目的是要达成某种商务目标，而不是评价同行业绩。犹太商人说："不要讲同行业其他企业或公司的坏话。这不仅显示了一个人的修养问题，也反映了一个公司的精神风貌，客户对此十分注意。所以在推销中，必须记住，把别人的产品说得一无是处，绝不会对你自己的产品增加一点好处。"

"各卖各的货，井水不犯河水。"似乎可以说成是今天的销售原则。然而，不幸的是，按这种观点办事往往不是最佳战略。一个竞争厂家的牌子可能早已在准客户的脑子里占据了很大位置，用回避的办法是难以将它驱除的。但是，有些客户并不愿意主动谈论他们内心偏爱的另一种产品，因为他们害怕推销员会指出他们的偏爱有问题。所以，他们常常采用保持沉默的方式以求相安无事。这样一来，如果推销员决定要对付竞争对手，他首先就必须设法让客户把心中向往的另一种商品讲出来，并谈谈看法，以争取客户。

毫无疑问，避免与竞争对手以硬碰硬是明智的。但是，要想绝对回避他们看来也不可能。但如果推销员主动攻击竞争对手，客户开始也许会这样想：他一定是发

现竞争对手非常厉害，觉得难以对付。或者：他对另一个公司的敌对情绪之所以这么大，那肯定是因为他在该公司手里吃了大亏。最后客户下的结论就会是：如果这个厂家的生意在竞争对手面前损失惨重，他的竞争对手的货肯定比他的好，我应当先看看别家的货，再决定买不买他的产品。

有时，即使客户先讲其他公司的坏话，也不要随声附和，讨好客户。客户讲其他公司的坏话，无外乎有两个目的：一是通过讲其他公司的坏话来达到吹捧你公司的目的。你如果随声附和，很可能会上当，到最后发现自己落入了对方的圈套之内。二是如果你随声附和，客户可能会因此瞧不起你的公司，认为信誉不佳，因而使商谈半途而废。所以即使客户先讲对手的坏话，推销员也要慎重考虑自己的言行。当客户讲同行坏话时，不妨轻轻为其掩饰，用话一带而过，顾客反而会认为你很有自信，相信你的公司一定会比其他同行更有优势，从而更愿意与你合作。

如果客户称赞同行公司，不要加以否定，这样很容易引起对方反感，倒不如也随之称赞别的同行公司。有时候，客户已经买过了竞争对手的产品，这时推销员在评论其产品时就必须特别小心了，因为批评那种产品就等于是对购买那种产品的人的鉴赏力提出怀疑，这样，客户就会对你产生一种厌恶感。

那么，在推销中，面对竞争对手的产品应怎样对待呢？一个推销办公室档案设备的女推销员做的就很恰当，她设法说服一家客户全部更换了原有的档案系统，重新装起一套价值近 2000 美元的设备。她没有让客户觉得他安装第一套设备时不够明智，相反，她还为此恭维了他，只是巧妙地证明了由于生意的扩大、条件的变化和新的办公器具的出现，不赶快更新就要落伍了。

另外，当竞争变得异常激烈的时候，也可以采用直接对比试验的方法来确定竞争产品的优劣，比如在销售配件农具、油漆和计算机时就可以这样做。如果你的产品在运行起来之后客户马上可以看到它的优点，采用这种对比试验进行推销就再有效不过了。

以色列有家螺丝厂，生产技术和设备都属一流，产品的质量也远远超过市场上的其他同类产品。但由于生产成本高，产品售价要高出同类产品三成左右，这就给产品的推销带来了一定的难度。这个厂的推销员走了不少弯路，吃了不少苦头，最

后还是见效不大。

后来，终于有个名叫尼奥的推销员想出一个办法，尼奥每到用户那里，就客气而又坚决地要求对方将该厂的产品和用户常用的其他厂家生产的螺丝同放在一盆盐水中，浸泡一会儿，然后再一同取出晾在一旁，并向客户说明下周再来看结果。过了一周，尼奥再度登门，经过盐水浸泡的螺丝只有他推销的那种没有生锈，其余的都已锈迹斑斑。这时，尼奥不失时机地将本厂的生产技术和设备的先进之处、产品的优越性，以及产品价格为何高于其他同类产品的原因，向客户做详细的介绍。他又与客户算了笔账：该厂螺丝价格虽然高于同类，但由于质量过硬，折旧率低，还是合算的。特别是该厂的螺丝质量无可挑剔，使用安全可靠，这一优点是其他同类产品无法比拟的。经过实际试验和尼奥的详细说明，几乎所有的用户都心服口服，自愿改用了该厂的螺丝。

总之，在推销过程，推销员应当全面了解并掌握竞争对手的一些情况，推销员外出执行任务时，会不断地听到关于他人产品优点和自己产品弱点的议论，可以把收集到的信息汇集研究，从头至尾重新制订自己产品的推销计划。这样才不至于在推销工作中落入被动竞争的困境。

5. 敢于用较长的时间准备大生意

在犹太商人的眼中，绝大部分的推销员总有这样一个特点：第一次在见到客户时就急于销售他们手中的产品；或是面对一宗大买卖，想在最短的时间里就把它拿到手。而结果却往往是令他们遗憾。而另外一小部分有远见的推销员，特别是那些善于做大事的推销员总能不动声色地运行他们的计划，等到万事俱备，又来东风的时候，他们就会抓住时机，一举成功。而此时，那些目光短浅的人还只会叹惜他走运呢！

这也好像我们经常说的“放长线，钓大鱼”一样，要想“钓”到大客户，必须要事先提前做好一切铺垫工作，等到时机成熟，就可以伺机而动。

下面就是一个为长远利益做打算的例子，我们不妨感受一下那种着远于长远目标的广阔胸怀。

美国人泰瑞·威廉姆斯，早年供职于《箴言》杂志，从事推销和公关工作。由

于杂志社的支持，他在组建了自己的公司后仍在《箴言》杂志社任职6个月之久。1988年，他组建了自己的公司——泰瑞·威廉姆斯公共关系代理公司。埃迪·墨菲是他的首位客户，此外还有珍妮特·杰克逊、辛伯德等好莱坞大牌明星。

早在1980年，泰瑞就认识了有一定名望的演员迈尔斯·戴维斯。可是当时，他并没有想到这对他的生活会有多么重大的影响。那时，泰瑞在纽约医院进行社会公益活动，而迈尔斯则刚刚在纽约医院做完手术。他引起了泰瑞的好奇，后来泰瑞提出要去拜访他。而他答应后，泰瑞便自我介绍了一番。此后，泰瑞每天都去看他，等到迈尔斯出院时，他们已成为关系非常好的朋友。

迈尔斯·戴维斯

他们经常保持联系，一天，泰瑞收到了迈尔斯的妻子西塞莉·泰森的请柬，邀请他去参加迈尔斯的60岁寿宴。这次宴会只邀请了他最好的朋友，这对泰瑞而言真是荣幸之至，宴会将在一艘游艇上举行。

宴会上，泰瑞结识了埃迪·墨菲，他们简短地互相介绍了一下，并没有过多地交谈——仅仅是互相问候一声“你好”。同样也遇到了肯尼迪·福瑞斯和埃迪的堂兄——雷·墨菲，他们都与埃迪一起工作，泰瑞非常高兴地同他们聊天。当游艇开到码头，宴会结束时，他们说：“泰瑞，今晚埃迪在卡门迪俱乐部有表演，你愿去吗?”

“好啊，我当然愿意!”泰瑞答应道。

埃迪表演得相当不错。节目过后，泰瑞与肯尼迪和雷一起参加晚会。只是埃迪也许还有别的计划，因为那晚泰瑞就再也没有看见她。对于这次令人难忘的晚会，泰瑞说：

“如果换了别人，他可能只认为那是个很好的晚会、他同两位志趣相投的伙伴在卡门迪俱乐部度过了非常有趣的一晚。但我并没有这么做，我仍然继续与朋友保持联系。回去之后，我立刻给他们去信，对他们在我到西海岸出差时的热情招待表

示衷心的感谢。”

泰瑞过去常常订阅近百种杂志，近一打报纸，但他一般只看那些他喜欢看的事。当某位明星或者名人提到他或她对某一特殊领域有独特兴趣时，泰瑞便将它记录下来，然后输入电脑。于是，只要读到认为可能引起那些人的兴趣的东西，泰瑞就将文章寄给他们。泰瑞一直这样做，尽管他没有一个确切的概念，这样做究竟有什么目的，但他感觉到早晚它会派上用场。

泰瑞有埃迪·墨菲的地址，也知道联系电话号码，自然读到认为可能引起埃迪和另两个朋友兴趣的文章时，他也都给他们寄过去。这些文章包括泰瑞看到的各种内容，例如音乐、电影、电视，这正是他与他们保持联系，让他们记得他的一种方式。

两年以后，泰瑞逐渐同埃迪·墨菲和他的同事们建立了一种比较密切的关系，肯尼迪邀请他去参加了一些聚会，他也逐渐为埃迪·墨菲的圈内人士所接受。

有一次泰瑞受邀参加了埃迪的第一次音乐剧的拍摄。影片取得了很大的成功，同时埃迪也随即成为世界最具票房价值的人物。不久，泰瑞又参加了一部影片的首映式。有一位妇女自我介绍了一番话，泰瑞的第一个反应是对方这么做是想知道他为什么会参加影片首映式，事实上，以前他们曾在电话里交谈过一次。在这次见面时她说：“我听说埃迪正在寻找一个公关代理人。”谈话进行到这里，泰瑞感觉到机会正向他走来。他说：

“她这话一出口，我就明白我将成为埃迪的代理人。但麻烦的是，我不知道该如何去让它变为现实。事后，有人认为这是一个野心勃勃的目标，但我仍然希望成立一家公关代理公司，而且有世界最具票房价值的埃迪成为我的第一位客户，这就是对我最大的支持。”

泰瑞所做的第一件事就是将尽可能多的背景信息综合起来，主要是那些能够担保他的工作标准和传播能力的人士。在给埃迪的信中，泰瑞写道：“我们交往了几年，但你可能还没机会了解到我的工作是做什么的或者是如何工作的。”他简单地介绍了一下自己的工作，然后列出了自己在《箴言》杂志社所遇到的工商界、政界和娱乐圈的朋友，也就是那些他认为会推荐他的人。泰瑞非常清楚地表示，希望自

已能成为埃迪的公关代理人。一旦把自己“包装”好了，泰瑞知道，他还必须让埃迪意识到他是最佳的人选。

一个月过去了，埃迪并没有回信。于是泰瑞决定给她家打电话。是雷·墨菲接的电话，一如既往，他非常热情地跟泰瑞打招呼：“嗨，泰瑞，是你!”

闲聊了一会儿，然后雷说：“埃迪就在旁边，她想和你谈谈。”

埃迪的声音传来，令泰瑞高兴万分：“泰瑞，我收到了你的信，我非常高兴由你代理我的公关宣传。”

真是令人难以想象，就这样简单，泰瑞成功了，这简直有点让他不可思议。但是，泰瑞感觉到一定会有自己的公司了。现在终于有机会代理埃迪·墨菲，她成为泰瑞的第一位客户。

高效地安排和利用你的时间

一位犹太商人在与他的业务员交谈时谈起时间，他说：“记住，时间就是金钱。假如说，一个每天能挣 10 美元的人，玩了半天，或躺在沙发上消磨了半天，他以为在娱乐上仅仅花了 5 美元而已。这是不对的，他还失掉了他本可以挣得到的 50 美元……”这段话通俗而又直接地阐释了这样一个道理：如果想推销获得成功，必须重视时间的价值。

《时间的有效管理者》一书的作者里奇·波特说：“认识你的时间，是每个人只要肯做就能做到的。这是一个人走向成功的有效的自由之路。”的确，时间就是金钱。我们不能向别人多借些时间，也不能将时间储藏起来，更不能加倍努力去赚钱买一些时间来用。唯一可做的事情，就是把时间花掉。虽然，我们只可以花掉自己的时间，但是，如果我们能够将时间运用得当，就会在事业上创造出很大的成功。

《塔木德》上说：“时间对于任何人、任何事都一视同仁，既宽厚大方，又吝啬专制。”意思是说：当你有效地利用时间，它显得宽厚大方；当你无所顾忌地浪费它，它就显得吝啬专制。因此，你必须先学会如何有效地利用时间、节约时间，从而倍增你的时间。

美国麻省理工学院对 1000 名优秀的推销员做了调查研究，发现他们有一个共

同的特点，就是都精于安排时间，使时间的浪费减少到最低限度。

推销员所从事的工作，自由度比较大，于是许多推销员把该工作的时间，用在了吃、喝、玩、乐等方面，结果一无所获。他们的时间，不是赚钱反而是“花钱”。当你要想成为一名成功的推销员，就应该有效地利用时间，相信自己能够将时间变出金钱来。

分析那些被人们誉为“顶尖推销员”的人时，你会发现，他们在客户面谈之前，都会做好调查工作。他们总希望能够事先拟定好最佳的会谈方案，以便随时提供给客户。所以正式面谈一开始，他们大都会说：“您的时间很宝贵，我也很忙碌，我们就开门见山谈事情吧！”可见他们是如何珍视时间！他们这样做不仅为自己，也为客户带来了时间的节省和效率的提高。

很多推销员都有一个共同的通病，那就是喜欢在办公室里和同事、朋友聊天，一天的时间很快就过去了。我们白天必须要认真工作至少8个小时，其间包括整理客户名单和收集客户资料，研究客户心理，物色明天的客户对象，安排好见面的时间等，或者是否在午餐时间里会见客户，与人倾谈。充分地利用工作时间，将给推销员自己带来更多的成功机会。

英国犹太人琳达·迈尔斯开了一家顾问公司，一年要接下100多个案子，她每年旅行各地，有很多时间是在飞机上度过的。迈尔斯相信和客户维持良好关系非常重要，所以常利用在飞机上的时间写短信给他们。曾经，一位同机的旅客和她攀谈，他说：“我在飞机上注意到你，在2小时48分钟里，你一直在写短信，我敢说你的老板一定以你为荣。”迈尔斯回答：“我就是老板。”

接着迈尔斯说：“要善用等候的时间，比如去看医生时带一本书，如此一来，你就不必看他们的没用杂志。我的一位公共关系主管，他在电话旁边放了一叠阅读资料，每次在等对方接电话时便可以翻阅。由于我必须在机场花很多时间，每次在下飞机去领行李的路上，我就停下来打公共电话，等我打完电话，行李也已经出来了。只要我能利用任何时间，就不会浪费时间。”

犹太人迪安·拉斯克在其著作《推销员如何把一分一秒变成钱》中提出了以下合理利用时间的建议：

1. 集中使用时间

迪安·拉斯克认为，作为一名推销人员，一定要学会集中时间，切忌平均分配时间。

在每日制订的拜访计划表中，要选择拜访的准客户集中在同一地区，而非一个在南，一个在北；对重点拜访客户，要投有一定比例的时间，并必须不间断地重复拜访。

2. 养成节约时间的习惯

随身携带一本记事本，准备将一切突然走进脑海的念头记下来。如果没有记录，恐怕日后再花双倍的时间和精力，也抓不住那一瞬间的灵感。

准备一个储藏资料的抽屉，将自己的一切文件、资料、思想和笔记等东西，有系统地整理出来，好好地保存。约束自己每天必须把它们放回原处；合理安排准客户档案、资料卡，用完后一定要做到物归原处。一旦要使用，便不会浪费时间。作为一名推销员，日常准备的准客户资料与达成保单等，一定要分门别类，归属得当。

3. 善于应付“自由时间”与“应付时间”

任何人都面临着两种时间：属于自己控制运用的“自由时间”和属于对他人他事的反应时间，即不由自己支配的“应付时间”。迪安·拉斯克强调，对这两类时间要合理调配，不能顾此失彼。没有“自由时间”，完全处于被动、应付状态，不能自己支配时间，不是一名有能力的推销员。

4. 善于利用零散时间

一个人的时间不可能非常集中，往往会出现很多零散时间。如早晚餐前后的空余时间、散步时间等。迪安·拉斯克建议，在这些时间间隙，可以整理拜访准客户的有关资料，分析他的性格及购买可能；也可制订下一步工作计划，该做哪些准备等等。

5. 拒绝懒惰

偷懒可以在不知不觉中浪费掉许多时间。如果你是一个爱偷懒的人，那么从现在起杜绝你的偷懒思想。偷懒的思想并不难除，因为偷懒无非有两种：一是对自己

要求不严，得过且过；另一种则是积习而已。找出你的懒惰根源，对症下药，从偷懒之人转变为积极上进之人。

迪安·拉斯克说："对于一个善于利用时间的人来说，每天早上5点是一天的开始。"要赶在太阳升起前爬起来的确需要相当的毅力，但好处颇多。早上没有干扰，安详清静，让你有一种幸福的感觉，你会觉得必须为了达成目标努力工作，而且任何发生在你身上的好事都是你该得的。迪安·拉斯克建议推销员利用这段安静、无干扰的时间检查库存量、下订单、写感谢函，然后计划整天的工作。

6. 养成守时的习惯

"守时的习惯"对任何一个人来说，都有很大的好处和利益。一个成功的推销员必须准时拜访约定好的客户。一个不守时的人，是很难赢得准客户信任的。

可以在短期内做些有意的训练，迪安·拉斯克建议如下：写下你今天所要赴的约会及要处理的事情。用彩色颜色标明时间（注意，是两个时间，一为约会时间，一为准时间）以示提醒，时间一到立即放下手头其他工作，不管其重要与否，每天都坚持如此。

从长远考虑，迪安·拉斯克建议可依照下述方法去做：在日历表上注明哪一月哪一日你应该实现对客户的承诺或提供必要的售后服务，或有某个特殊约会，提前为将要到来的"守时事情"做准备，做到有备无患，新约会或计划的安排考虑不要与已订的时间相冲突。

7. 淘汰无价值的准客户

迪安·拉斯克认为：推销员如果一味纠缠在那些毫无成交希望的准客户身上，无异于自杀，淘汰无价值的准客户是避免浪费时间的有效途径。准客户是否有价值，该不该淘汰，要经过你的调查分析、衡量后再做出决定。迪安·拉斯克建议从以下几个方面做出是否淘汰准客户的决定：

考虑如果你坚持说服他所花的时间与所得的回报，是否等值？

考虑是否有无法克服的障碍？

考虑准客户自身方面的问题，如观念、收入等。

8. 做事要分轻重缓急

凡事经合理安排才有序，有序才能出成果。同样，凡事经合理安排，你才能有效地利用时间。迪安·拉斯克告诉我们说：“你可能非常努力工作，甚至因此一天结束后感到沾沾自喜，但是除非你知道事情的先后顺序，否则你可能从开始工作时距离你的目标更远。”

因此，你必须为你所进行的推销工作制订或安排出一个行之有效的时间计划表。但你必须了解，你的时间计划表上的事情并非同等重要，不应对它们一视同仁，你应当按“先重后轻，先急后缓”的原则来处理。

你可以制作一个短期优先顺序表，具体方法如下：

写下你明天要拜访的五至十位准客户。

在这五至十位准客户中，你认为哪一个最重要，哪一个次之，哪一个相对来说最不重要，用“1、2、3”或“A、B、C”标出。

然后按先后次序拜访。当然，他们最好在同一地区，先后不能分离太远。

制作长期先后顺序表，方法如下：

在记事本上写下你这一周将要拜访哪些区域，哪些准客户，按先后顺序排列，并标明拜访日期。最好先按重点区域排列，然后再按每一区域里重点客户的先后次序排列。

把东西卖给尽可能多的人

1. 拓展客户群是推销的第一工作

客户是推销员的利益所在，现代化企业经营最终的通路都会在客户的身上显示出成效。如果你不能有效地开发客户，那就不可能在销售中取得成功。倘若缺乏有效的客户开发术，你面对的将是一个半途而废的结局。

犹太商人把客户分为三种：一是老客户，即已经推销成功的客户；准客户，即有待成交的客户；潜在客户，即有待发展成为准客户的人。一个推销员要想事业有所发展，必须处理好这三个方面的关系。推销路上，不忘老朋友。犹太商人说：“优秀的商人永远不要做猴子掰玉米的蠢事。”

当你检查今天的访问时间表时，你也许会说：“我今天不必再浪费时间去看格

林先生了——他在以后五年中不会再买我们的货品。”如果你还想成为一个顶尖的推销员的话，不要这么想。全世界的推销经验都证明，新生意的来源几乎全来自老顾客，几乎每一种类型的生意都是如此。

犹太商人认为老顾客是一个可以带来新顾客的最佳途径。如果你觉得过于在老顾客身上用时间很累，那好，你的竞争者是不会怕累的。也许不久以后，彼特先生成了他的客户。也许他不会在短期内买你的产品，但是他对你仍然是有影响的。你应该让他成为你人脉链上的一环。他身边可能还有一些潜在顾客，潜在顾客身边还有另外的潜在顾客……鸡生蛋，蛋生鸡……重视老顾客还可以让他成为你的活广告。犹太商人说：“几乎没有任何一种广告宣传能够比产品使用者的口头宣传更有效。”

顾客并不是只向推销员买一种产品。如计算机的推销员五月份向顾客销售了计算机，十月份可能说服顾客买了一套人事档案管理软件系统，十二月份顾客可能打电话给他，问能否提供一套库存管理软件。企业在发展过程中，会不断推出新产品或换代新产品。这些新产品的推销对象可能没有多大的改变。

日用化妆品的推销员沃尔夫，由于是新手，又摸不清客户的心理，因此推销结果很不理想，一连几天都没有把东西推销出去，他心里焦急万分。一天，他又在一家商店推销，正好碰上了三个月以前推销过的老客户雅黛尔。

他们打过招呼以后，雅黛尔说：“沃尔夫，上次你给我推销的那种化妆品快用完了，怎么好长时间不见你了，我正准备再买一些呢？”这个消息令沃尔夫很吃惊。

接下来他们继续谈话，雅黛尔说：“最近销售的怎么样？”

沃尔夫说出了他的困境。

“这样吧，我正好认识一个人，他是家百货化妆品部经理，我给你写份推荐信，他一定会要你的产品的。像这样物美价廉的商品，现在市场上已不多见了。”

沃尔夫高兴极了，拿着信去拜访了那位经理。

“现在化妆品比较走俏，市场也很大。”经理看到信后说。

“是呀，但是正是由于这一点，许多厂家纷纷推出一些化妆品，致使市场鱼龙混杂，顾客很难找到好的产品，同时，好的产品由于一些因素，也不为顾客所

了解。”

“你说的对，我听雅黛尔说她用了你的化妆品后，感觉很好，我想，她的感觉也是顾客的意见，所以我决定订购一些。”

于是，沃尔夫得到一笔大订单。

以后，沃尔夫又走访了一些老客户，结果又得到了一笔订单。经过这些事后，他激动地说：“与朋友和客户保持联络，甚至是只见过一面的人都可以使你获得更多的客户资源。”

那么怎样维护好老顾客呢？在工作中要把一部分精力放在老顾客身上。有很多考虑欠周到的推销员常常失去不该失去的生意，因为他们太忙于兜揽新的生意，而没有采取适当行动处理成交之后的细节问题。当然，这样的推销员最终也会以同样的原因去忽视那些新的交易。

切记，再度拜访老顾客，是很重要的工作，即使不做售后服务，打一个表示友谊的问候电话也可以，养成再度回去探望顾客的习惯，你会拥有无尽的“人脉链”！

也可以打电话或回访客户对商品的感受，看看他们是否有疑难杂症需要帮忙。保持这种习惯，至少每年一次。

顾客生日也可以去庆祝一下，经过客户家门，也可以顺便问候一声。这些都是与老顾客联系的好方法。

有些时候还需要告诉他们各种相关的好、坏消息。如推出新的型号、价格调整等等。

在维护老客户关系的同时，也不要放弃准客户。准客户的数量，肯定远远大于老顾客的数量。你不能忽视他们，与准客户建立良好的关系十分必要。在未成交的顾客中，有一部分确实没有希望，但还有相当一部分，仍然有希望，今后随时可能成为你的客户。没有成交是由多种原因造成的，有的是暂时缺乏足够的购买能力，有的是已有稳定的供货渠道，有的则纯粹是由于观望而犹豫不定，这种情况很多。

情况有时会变化，成交障碍消失，潜在顾客就会采取购买行动。如果你在初次访问失败之后，没有着手建立关系，那么就无法察觉情况的变化。当他有了购买行动时，他就成了别人的顾客。这是你的过失。

推销不是一次访问就能成功的。如果每次访问之后，你不主动与顾客联系，就难以获得更有价值的信息，就不能为下一次访问制订恰当的策略。在顾客拒绝你之后，如果你从此不再与顾客接触，不与之发展关系，也就失去了改变顾客态度的机会。而如果利用第一次访问的契机，发展与顾客的关系，逐步培养个人之间的友谊，就可能改变顾客原来的认识，更有机会说服顾客采取购买行动。

那怎样与未成交顾客建立关系呢？

首先，要有重点。你不可能在每一个未成交顾客身上都花费大量精力和时间，所以你必须选择那些符合条件的未成交顾客，作为发展关系的主要对象。在推销中要剔除那些根本没有需求的顾客，然后根据购买量、购买能力、近期购买的可能性等标准，找出重点建立关系的对象，把主要精力放在他们身上。

其次，必须从最初的成交努力失败那一刻开始建立关系。面对初次努力的失败，你一定要表现正确的态度，感谢顾客给予我们的宝贵的机会，为建立良好关系打个好底子。

再次，不能急功近利。在发展关系的初期，除非顾客主动提出，你不应在时机不成熟时试图让顾客采取购买行动。而应把工作重点放在保持联系、建立友谊和搜集信息等方面。

最后，在适当时机向顾客请教，了解上次成交努力失败的原因。顾客从买者的角度所做的分析，对改进成交策略与技巧将有很大帮助。

2. 善于在陌生人当中寻找你的贵人

从陌生人那里开发客户是犹太商人的拿手好戏。陌生拜访实际上是一种普遍的方法，推销员要时时刻刻想着去结交陌生人，并取得他们的信任，然后把其中的一部分变成了自己的客户。

进行陌生拜访前，你应打破不必要的心理障碍。人是最高级的情感动物，你为他人献出一个真诚的笑脸，几句和美的关爱话，即使他对你所推销的产品给予拒绝，但他已知道你的产品了，并且认识了你——这比什么都重要。当再有第二个、第三个这方面的推销人员上门时，他首先想到的是你！

挨户推销，虽然辛苦，但是对推销员而言，是个磨炼的好办法，也是最有效率

的方法。

开始时先固定一定的范围，以街道或行政区域为原则，不分对象采取密集式挨家挨户地访问，搜寻可能接受或者有购买商品能力的客户群。

基勃乐在最初加入保险推销的那一年夏天，参加公司组织的旅游会。他在车站上车时，正好看到一个空位，就坐了下来。当时，那排座位上已经坐着一位三十四五岁的妇女，带着两个小孩，大的约有6岁，小的约有3岁。他知道这是一位家庭主妇，于是便动了向她推销寿险的念头。

在列车临时停站之际，基勃乐买了一点小礼物，很有礼貌地赠送给她，并同她闲谈起来，一直谈到小孩的学费，还打听到她丈夫的工作内容、范围、收入等。

那位妇人说，她计划在车站住一宿，第二天乘快车回家。基勃乐答应可以帮她在车站找到旅馆。由于此地是避暑胜地，又时逢盛夏，出来旅行的人要想找旅馆是相当困难的。那妇人听后非常高兴，并愉快地接受了。当然，基勃乐也把自己的名片巧妙地给了她——在背面写着介绍住店的内容。

两周之后，为了见到她的丈夫，基勃乐前往她的住所拜访。而就在那天，他的推销获得了成功。

如果你是刚踏入推销行业的推销员，手头上没有几个准顾客，在这个时候，你就采用挨户推销法。下面是一个推销员的做法，可以领会一下其中的精神。

第一天：采取地毯式挨家挨户推销。15户访问完毕后回家休息。

第二天：接着第一天的时间，从第16户开始挨家挨户推销，访问到第30户完毕后休息。

第三天：继续第二天的访问，从第31户开始挨家挨户推销，访问到第45户完毕后休息。

第四天：对第一天所访问过的15户，在这一天进行第二次访问，前往催促。

第五天：对第二天所访问过的15户，在这一天进行第二次访问，前往催促。

第六天：对第三天所访问过的15户，在这一天进行第二次访问，前往催促。

至于第七至十二天，所做的工作与第一天到第六天完全相同，只要重复做一次就行了，不过访问的对象要更新。

记住，买或是不买的决定权是操在客户的手中，你事先无法判断，所以你不能任意选择自己喜欢的大门去敲，你要挨家挨户地拜访，不要想：这家不可能会买我的货。

这种逐门逐户的推销方法是大面积作战的无重点推销。如果人为地定下重点，有选择地进行，你就会养成避难就易的毛病，这是陌生推销中的大忌。所以在陌生拜访时，从一开始就养成这个习惯，一家也不要漏！

在陌生拜访中，有些办公楼、住宅楼的大门挂着“谢绝推销”的牌子，好多推销员见此就放弃了。

可是，聪明的推销员则会认为这类情况推销成功率更高，因为很多推销员一看到这样的牌子就自动打退堂鼓，所以，这类人家一定很少遇见推销员，当然不习惯和推销员打交道，说得更明白些，这类客户比一般人更不懂得如何向推销员说“不”。这类型的客户通常拙于应付推销员，以至于常购买一些不是真正需要的物品。这类型的客户通常都是有钱人家，要不就是出手大方的人家。要是没有钱，死咬着“没有钱”这个理由就可以拒绝推销员了，根本不会特意去定做这个牌子。此外，若是小气的客户也不可能花钱去定做，一定会觉得那是种浪费。

所以基于上述理由，大门挂着“谢绝推销”牌子的客户，反而更值得推销员一试。

年轻的推销员雷兹走进一家商务楼，来到一间办公室门前，虽然门前挂着“谢绝推销”的牌子，但他还是按了这间办公室的门铃。

“请进。”

顾客抬头打量了他一下，问：“你找谁？”

“就找您行吗？”雷兹面带真诚的微笑。

“找我有什么事？”

他没有直接回答顾客的提问，而是说：“当我进门的时候，看到您一脸和气，但我心里非常紧张，不知道您会不会听我的讲话？”

“没关系，你讲。”

“请问先生，为什么你的门外挂着一块‘谢绝推销’的牌子？”

"因为，每天来我们这里的推销员很多，影响我们正常的工作。"

"原来是这么一回事！那挂上此牌后是否推销的人就少了呢？"

"是的，少多了。"

"那请问先生，你们一般在什么时间比较空闲？"

对方像是恍然大悟似的笑了。"我们一般在下午3：30有时间。"

"这样吧，我明天下午3：30再来行吗？"雷兹微笑着等顾客回答。

顾客看着雷兹，被他的微笑感染了，也微笑着回答，"明天我外出，后天吧。"

虽然做陌生拜访很辛苦，但是最重要的是贵在坚持。所以，推销员要在当天有一个明确的目标，要充满信心，一旦走出公司，就不要考虑到"先休息一下，再……"

即使只想休息10分钟，那么由于你的目标不明确，信心不足，10分钟就可能会被延长到20分钟或者半个小时。而这时那些消磨你信心和意志的念头就会不知不觉地出现在你的脑海里。

所以，早晨只要开始工作，就要义无反顾地向目的地前进，拜访客户，聚精会神。

3. 充分利用你的亲友团来帮助你推销

犹太商人中流传着这样一个寓言：有个傻子骑在驴背上数他的驴群，结果总是少了一头，即是他自己骑的那一头。寓言的主旨告诉人们：做生意，搞推销，眼睛往外瞅的同时，千万别忘了你的朋友和家人。如果你是食品推销员，别忘了他们也同样需要吃饭；如果你是日用品推销员，别忘了他们一样也需要洗澡……然而，这却是我们最常犯的错误。到处寻找客户，到处拜访，却忘了自己的邻居、家人和朋友。

许多人不向亲人朋友推销的原因，不是因为他们没有意识到亲人朋友的需要，而是一些有害的观念在作祟。有的人认为，业务员的高超推销技巧、良好的推销素质，应体现在与陌生人、大的团体交往上面。也有的人认为，推销不是一种体面的工作，向亲朋推销，是一件丢面子的事。还有一些人认为，兔子不吃窝边草，不能赚自己人的钱。由于各种原因的作祟，所以他们迟迟不肯对亲人朋友"下手"。

巴甫罗德有一个很要好的朋友，叫艾迪，是一家汽车公司的业务经理。巴甫罗德起初并没有告诉他的朋友他改行做寿险推销了，他觉着如果让艾迪买保险单很不好意思。可是后来一个偶然的机会，他认为那样想是大错而特错的。因为一次和艾迪在一块儿吃饭时，无意间说起人寿保险时，艾迪说他一直想买一份保险，可没有时间和时机。

巴甫罗德听到这儿，心中一惊一喜。惊的是“有心栽花花不成，无心插柳柳成荫”，喜的是“踏破铁鞋无觅处，得来全不费工夫”。于是，他告诉艾迪，说自己改行干寿险推销已有一阵子，只是觉得不好意思，没有向他拉保。

艾迪哈哈大笑说：“这有什么不好意思，寿险如同生活必需品，从哪儿都是买，从朋友处买，还可以更放心。”巴甫罗德就这样顺利地做成了他的生意。

后来，巴甫罗德说：“做推销不要拘泥于面子的栅栏内，你的亲朋好友也是潜在客户的一个缩影，要知道他们也需要你的产品，而你也需要他们这样的知心客户。”所以，不要忘记了你的亲朋好友也可以成为你的客户。

在寻找潜在客户时，你可以先画出你日常的朋友圈，面要尽可能的广。列出每一栏中所认识的人的名字，有多少写多少。尽力想，假设每想起一个名字可得 100 元，看能写出多少。名单列出后，要慎选突破口。找出最容易成交的“朋友客户”。因为你对他们的收入状况，身体状况，工作风险状况，接受新观念的程度大小等各种情况都有一定的了解，所以不难做出决定。然后订好拜访日期，按先易后难的序号逐个拜访。

在犹太商人看来，请你的亲朋好友或买过你商品的人或虽然没有买但是对你或你的商品表示好感的人，不断地介绍他们的熟人给你，这是寻找新客户的又一好的办法。毕竟个人的人际关系和直冲市场的精力都是有限的，要迅速有效地开拓自己的业务，必须要借助别人的力量。这种力量的来源，就是转介绍。让每一个你所认识的人，把你带到你所不相识的人群中去，这就是转介绍法。

转介绍还可以无限地向下发展。通过新结识的朋友再为你介绍，“关系”就可延绵不绝。故此这种方法也可以称之为“连锁反应”法。这种好像化学上的“连锁反应”，一个介绍两个，两个带动四个，从而使客户源源不断，推销日趋扩展。

但是，和他们建立友谊不是件轻而易举的事情。它需要你富有耐心、爱心、信心、真心、执着的热情及诚恳的态度对待他们，感染他们，唯有如此，你才能借助“转介绍”之舟，横穿茫茫人海，寻找最佳准客户。

请求客户或熟人介绍其他人，最大的优点是使被介绍人有信任感，商品推销中客户的信任感正是促使客户购买的第一要素。

一个意气消沉的年轻推销员向他的售销主管请教。他说他搞电脑推销已经一年半了，刚开始做得还不错，但后来就不行了，感觉到没有市场了。销售主管向他提了几个问题，发现年轻人对许多准客户都浅尝辄止，浪费了许多“资源”。

销售主管告诉他说：“你只做到事情的一半，回去找你卖过电脑的客户，由每个客户那里至少得到两个介绍的名单。记住，在你卖给一个人商品之后，再没有比你请求他介绍几个人的名字更重要的事了。此外，不管你和准客户推销结果如何，你都可以请他们替你介绍几个朋友或亲戚。”年轻人高兴地告辞了。

6个月后，他又来到销售主管的办公室，热切地告诉他说：“这些日子来，我紧紧把握一个原则：不管面谈结果如何，我一定从每个拜访对象那里至少得到两个介绍名单。现在，我已得到500个人以上的名单，这比我自己四处去闯所得的要多出许多。”

“你的业绩怎么样?”

“我已经卖出了几百台电脑，这是以前任何时候我所没有的成绩。转介绍无限倍增的魔力，改变了我的营销模式。”

不过要注意的是，请求别人介绍，要注意适当的方式，要根据不同的对象，采取不同的说辞。

征询他人转介绍时，不要觉得难为情。其实，请求别人帮助，和向别人推销一样大胆、无畏和保持热情是首要的。为了增进被介绍对象对推销员的信任，推销员让介绍人写一张介绍卡或介绍信也是一个很好的办法。如果可以的话，让介绍人领着你去拜访那位被介绍者，这是再好不过的事了。但如果遭到介绍人拒绝时，你可以说：“没关系，我想我了解你的感受，你把你朋友的名字告诉我，我不在他面前提及你就是了。”

当被介绍人问你“你从哪儿知道我的名字”时，你可灵活应对。如果在此之前，介绍人叮嘱你不要告诉是他介绍的话，你可以这样说：“先生，我的工作就是与人打交道，我要处理很多保密材料，必须遵守别人的保密要求，只要我的确知道您就行了。反过来，我也可以为您保密，如果您能告诉我您的许多朋友的话。”最后，拜访成功后别忘了向你的介绍人表示感谢。你可以这样说：“请您介绍××先生、他的部下或他的朋友给我认识好吗?”

或者：“您认识最近要搞装修的家庭吗?”

“您认识像这样的顾客吗?”

“您认为在你的朋友当中，谁还比较需要这种产品?”

“您休闲时做什么呢？提供几位朋友给我认识好吗？或是约个时间一起活动活动。”

“您对我的服务还满意吗？我想请您帮个忙。公司安排我做一个今年医疗花费的调查，您把您认识的人中今年生过病的名单提供给我一些好吗?”

如果客户愿意多讲，就可以继续问下去，比如，他的年龄、收入、家庭状况、爱好、脾气等等，只要对方愿意，问得越详细越好。

4. 尽一切可能通过社交打开局面

广义地讲，人与人之间打交道便是社交。社会是由人组成的，人与人之间的交往关系，则构成社会关系。可见，社交于人于己乃至社会都是重要的。

缘于社交，社会才充满活力与激情；缘于社交，世界才多了一份爱心与关怀；缘于社交，你我才感觉到生活中的真善美远远强大于假恶丑；缘于社交，你我才懂得帮助别人、爱护他人，才能帮助自己、爱护自己。

社交同时是一种社会的行为艺术，它需要的不是虚假、诈骗、险恶、利用等伎俩，而是坦诚、热情、爱心、优美与帮助。真诚、高尚的社交，有助于你走向成功；阴险、功利的社交则会使你走向毁灭——即便你有所成功也只能是昙花一现。

许多功成名就的大富豪、商业巨子无一不是成功的社交家。美国有名的犹太商人巴罗说：“最好的推销方法，就是多认识一些人。当然，你要用热情与坦诚去跟他们问好。”犹太商人认为，要想得到更多的客户，就要多去结识人，要尽一切可

能打开社交局面，并让别人知道自己所从事的职业。

当你走进一个典型的商会活动时，你基本上每次都会见到同一个画面：大多数参加者都坐在吧台旁或在冷盘前逡巡，他们喝一点酒，吃上点东西，彼此说着话，而且他们绝对不是在做生意，可能某些方面更像个不错的舞会，但是许多人都把这种活动美其名曰建立准客户网络，他们相信他们正在做生意，因为他们处身于这个活动，做得最有成果的事就是每隔一会儿结识一些不认识的人并且交换名片。

在这里，不管何时，你必须做一名“真诚的政客”。以既真诚又有信心的风采出现；保持开朗，不过别显得异常活跃及伶牙俐齿；做个好人，都对你周围的人报以真诚的笑脸。“一张带笑的脸能让人如沐春风。”别吝啬说“您早”“晚安”“再见”“您好”。

向一些新人做自我介绍。非常重要的一点就是把自己介绍给那些有影响力的中心类型的人。这些人有非常庞大而且颇具威望的影响范围。一般情况下，这种影响力中心类型的人在这个社区呆了很长一段时间。人们认识他们，熟悉他们，喜欢他们，而且相信他们。这些影响力中心人物自己不一定在生意上很成功，不过关键在于，他们认识其他许多你想认识的人。

所以设法一对一地结识这个人。如果这个人总是被那些追随他的人团团包围着，那么，你又怎么做到这一点呢？基本办法是当你在房间其他地方时，把你目光始终放在那几个有影响力的中心人物身上。最终他们中的一位会准备离开，也许是去洗手间，去拿一杯鸡尾酒，去冷盘桌，或者，甚至去认识一个新人。等待你的机会，然后走上前向那个人介绍你自己。

在介绍完毕后，建议把你谈话时间的大部分用在询问这个有影响力的中心人物的生意上。

所以不要主动谈你自己或你的生意。你所需要的就是在与有影响力中心人物第一次交谈时，给他或她留下一种印象，这种印象可以激发出他或她去认识你、喜欢你和相信你的感觉，而这种感觉在培育一种互惠、双赢的关系中不可或缺。你可通过谈话做到这点，谈正确的话。也可以把你才结识的人介绍给其他人，最好是他们彼此能互惠互利的人。

你在这种活动中应该能认识几个有价值的人，所以不妨让他们彼此认识。这个叫作“有创意地做媒”。把你自己定位成一个有影响力的中心人物，一个认识各行业中领军人物的人。人们会对这个有所触动，你也因而会很快成就你的愿望。给予每个人一个很好的介绍并且解释他们的生意。建议并介绍他们彼此为对方寻找线索的方法。他或她是如此被震动！这个中心人物会觉得你对他或她确实很关心，你确实在倾听他或她的谈话而且记住了它们。这会显示出你身上的真诚关心，因而他们也更愿意帮助你。

一个好的小手段就是找出一个理由礼貌地半途从交谈中离开，留下他们两个人交谈。猜猜他们一开始会谈什么和哪一个人？一定是你，因为他们对你是如此印象深刻。另一个保证你结识的人确实和你能互惠互利的办法就是把自己介绍给那些与你目标市场有关的人。比如，你正在不动产市场里创造一个利基市场，显然你希望结识不动产经纪人，特别是有强大影响力范围的经纪人，并且和他们建立准客户网络。你如何在你自我介绍之前知道这个人是一名不动产经纪人呢？拿出你的创意。如果可能的话，你可以查看一下来客名单，查出谁做什么。向其他可能知道谁是不动产经纪领域有影响力的中心人物的人询问。

另一个办法是看姓名标签。当你经过某人时，你可能会在他们姓名标签上瞥见一个不动产公司的名字。或者你可能无意中听到他或她和别人的谈话，从而知道这个人是名不动产经纪人。你会找出一个办法去获得这方面信息的。

当活动结束时，你会发现你已经认识了 5 个或更多的知名人物。即使是一个或两个也不坏。这是你所需要的全部。得到一个或两个好的关系要比递出一大把名片给那些从头到尾也不会与你做生意的人要好得多。

独木难成林。要想在推销界有所作为，那请你走到你周围的民众中，参加各种活动。

比如：参加亲朋的婚丧喜庆宴会。

亲戚、朋友、结婚、生子、节假日聚会、长辈去世等，在这种场合下可以结识新人，获得有价值的信息。

还可以参加单位的年会、座谈会、联谊会，参加外出考察旅游团和各种社会群

众组织。对推销员来说，接近、参加各种社会和民间组织，可以获得更多的与准客户接近的机会。

参加各种产品博览会、展评会、订货会、物资交流会、技术交流会也可以获得有价值的信息。

总之，参加各类活动时要把握一个原则，那就是引起他人注意自己，给别人留下一个好印象。

5. 敢于利用有影响力的客户

在说服这些有影响力的客户时，你一般需要花费较长的时间与精力，可能需要相当的耐心与多样的公关手法才能达到目的，但这是很划算的。而犹太商人却善于走捷径，通过“名人提携”来帮助自己拓展新客户。他们常常会对一个客户说，“某某大公司对我们的产品十分满意”“某某教授两年来一直在用我的产品”。此时，客户不可能什么想法都没有。

日本推销之神原一平曾很成功地运用了“名人提携”拓展新客户的法则。在原一平33岁那年，他的业绩已是全国第一。有的人也许会就此满足了，但原一平是一个“永不服输”的人，他梦想更大的成功。

有一天，他突然闪出一个念头：让三菱银行的总裁串田万藏给他写封介绍信。他所介绍的客户，一定都是企业巨子！

他为这个激动不已，并立即展开行动。首先，他去找公司的业务最高主管。业务主管听了他的伟大计划说：“你的计划很好，如果能够成功的话，我也很高兴。我们公司虽然隶属于三菱集团，不过，有些情况是你所不了解的。当初三菱投资我们公司（明治保险公司）时，讲明了绝不介绍保险。所以，如果我代你向串田董事长请求开介绍信的话，可能我明天就被革职了。”

可原一平的犟劲上来了，不达目的，誓不罢休。他决定亲自去找串田。

一天早晨，原一平等了两个小时后，见到了串田先生。

“你找我有什么事？”串田劈头就问。

“我是……我是明治保险公司的原一平。”

“你找我到底有什么事？”

“我要去访问日清纺织公司的总经理宫岛清次郎先生，请董事长帮助我，给我写一张介绍信。”

“什么!？保险那玩意儿也是可以介绍的吗？”

原一平一听董事长攻击保险，一下火了，向前大跨一步，大声说道：“你这个混账东西!”

串田愣住了，往后退了一步。

原一平继续大声说：“你刚才说‘保险那玩意儿’，公司不是一再告诉我们推销员是神圣的工作吗？你这个老东西还是我们的董事长呢！我要立即回公司，向所有员工宣布……”

原一平

原一平冲出大门，可一会儿，他就为自己的粗野懊悔不已。他觉得没脸再在明治待下去了，他决定辞职。可就在这时，串田董事长打来了电话向他道歉说，自己以前对保险有偏见，既然身为明治保险公司的高级主管，对保险不但应该有正确的看法，而且应当积极地推动保险业务的扩展才对，他称赞原一平是一个敬业的、优秀的寿险推销员。

从此以后，三菱银行介绍了许多有身份有地位的企业家给原一平，原一平的名字也在三菱银行迅速传开了。

任何事情只要你坚信是正确的，事前切勿顾虑过多，最重要的是，拿出勇气全力冲过去。过分的谨慎反而成不了大事。

“一个让人放心的人，才会博得他人的同情与支持。”所以，要想获得有影响力的名流的提携，必须加强你的信誉与热情的力度赞美他人。

在人与人的交往中，适当地赞美对方，会增强和谐、温暖和美好的感情。赞美具有一种不可思议的推动力量。对有影响力的名流赞美更是如此，真诚而不是虚伪

的赞美，会使对方的行为更增加一种规范。同时，为了不辜负你的赞美，他会在受到赞扬的这些方面全力以赴。

要经常性的拜访。人是情感动物，经常性的拜访，必然增进相互了解。了解他所从事的事业，同时也引导他了解你的工作进展情况。

时常传达一些美好的信息。传播好信息比传播坏消息有价值得多。好的消息于人于己都有益。所以在传播好消息时，要尽量做到只讨论有趣的事，抛开不愉快的事。传播好消息时，首先你自己要精神饱满，喜悦溢于言表。将公司先进的保障制度、成功兑现的事例及时传达给你的朋友或客户。

要有适当的礼品赠送。一个小小的精美的工艺品，或一份地道的土特产，都能打动对方的心。礼轻情义重就是这个道理。你送了他礼物，他必心存感激，要么对你有深刻的印象，要么热情地帮助你。

不妨搞些适当的宴饮、娱乐。不可铺排、夸张。浪费不是什么美德。极度的铺排也许会适得其反。俭朴、有情调即可。

也许有人会说："我身边根本没有什么有影响力的名流，我也不认识他们。"其实，"名流"就在你身边，只不过你把他们的位置定得太高了。你的亲戚、朋友中有实力的人你就可以把他们看作是"名流"。

你目前已掌握的准客户的名单中，他们或为银行家、企业经理、律师、学校行政人员，或为小工头、财务人员，或是有成就的人士的家人，也可以把他们定为有影响力的人。

6. 顾客不分贵贱，切莫以貌取人

在犹太商人看来，在推销中，不要对任何人轻下判断，优秀的推销员应该懂得，顾客没有高低贵贱之分，不要以貌取人，在推销领域中这点很重要。

犹太商人认为，推销成功与否虽然看似取决于客户，其实在于推销员自己。因为每一个潜在客户都有被重视、被关怀、被肯定的渴望，如果推销员满足了客户的渴望，客户自然会心存感激，并回报以成功的交易。所以，推销员如果能广结善缘，不以貌取人，就好像播下了成功的种子，不久便会生根发芽，结出意外的果实。

在这方面，我们要多多向爱迪蔼里学习。爱迪蔼里是著名的犹太房产经纪人，

他早年从事房地产推销工作。之后创办了自己的房地产经纪人公司——爱迪蔼里公司。取得了很好的成绩。

“客户就在你身边。推销人员应当重视每一名潜在顾客，因在这个纷繁复杂的社会里，任何一个企业、一家公司、一个人，都有可能成为某种商品的购买者或某项服务的享受者。”

以上是爱迪蔼里的肺腑之言。在他从事房地产推销的这些年，他懂得了一名推销员绝对不能事先对潜在客户以外貌做出判断的道理。

爱迪蔼里曾经帮助一位建筑商推销房子。当时这位建筑商正在开发“假日花园”房地产工程，他所做的是前人从未做过的事——冒险投资建造价值 20 万美元一套的房子。但关键的问题在于他还没有一位确定的买家。在那时，没有人敢这么冒险来投资建造这么高级的房子，除非事先有人买。

一天，爱迪蔼里正在等一位顾客，那位建筑商停车跟他打招呼。又过了一会儿，一辆汽车开了过来。从车上下来一对年纪较大、有点不修边幅的夫妇。他们径直朝门口走来。当爱迪蔼里热情地与他们打招呼时，正瞥见那位建筑商摇着头对他打手势，那意思是在说：“不要把时间浪费在他们身上。”后来推销成功了，爱迪蔼里曾说：

“我天生对任何人都很讲礼貌，因而我当时热情地接待他们，就像对待其他潜在买家一样彬彬有礼。因为我知道，一名优秀的推销员应该随时随地优化自身的形象，注意自己的言行举止，牢记自己的工作职责，不要对任何人先下判断。老练的推销员应该懂得这一点，不要以貌取人，在推销领域中这点尤为重要。”

那位推销商认为爱迪蔼里在浪费时间，便生气地离开了，既然房子空荡荡的，而且建筑商又走了，爱迪蔼里就领他们参观了一下房子。

房子里豪华的设施，令这对夫妇感到有点不可思议。12 英尺的屋顶使他们彻底地叹服。很显然，他们从未见到过这样高级的房子。爱迪蔼里也为自己有机会领这样赏识房子的人参观而表示高兴。

在看完第四浴室后，丈夫对妻子感叹道：“想一想，一幢房子有四个浴室！”然后他转过身对爱迪蔼里说：“这么多年来。我们一直梦想拥有一栋有一个以上浴室

世界传世藏书

【图文珍藏版】

犹太人智慧全书

马博⊙主编

第一册

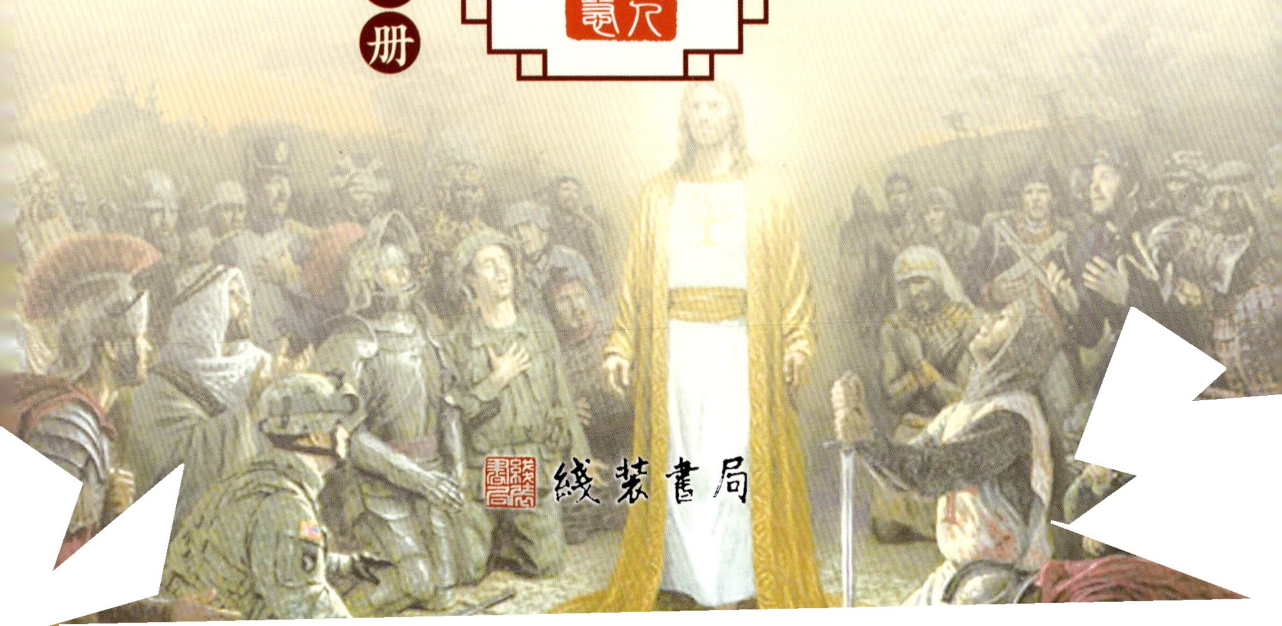

线装书局

图书在版编目（C I P）数据

犹太人智慧全书：全6册 / 马博主编. -- 北京：线装书局, 2016.1
ISBN 978-7-5120-1989-8

Ⅰ. ①犹… Ⅱ. ①马… Ⅲ. ①犹太人－人生哲学－通俗读物 Ⅳ. ①B821-49

中国版本图书馆CIP数据核字(2015)第249955号

犹太人智慧全书

主　　编： 马　博
责任编辑： 高晓彬
装帧设计： 博雅圣轩藏书馆 Boyashengxuan Cangshuguan
出版发行： 线装书局
地　址：北京市西城区鼓楼西大街41号（100009）
电　话：010-64045283（发行部）　64045583（总编室）
网　址：www.xzhbc.com
经　　销： 新华书店
印　　制： 北京彩虹伟业印刷有限公司
开　　本： 787mm × 1092mm　1/16
印　　张： 168
字　　数： 2040千字
版　　次： 2016年1月第1版第1次印刷
印　　数： 0001 – 3000套

定　　价： 1580.00元（全六册）

犹太名人谱

犹太人又称为犹太民族，属闪米特人，人种为欧罗巴人种闪米特·含米特亚种，是族群体既包括自古代沿传下来的以色列种族，也包括了后来在各时期和世界各地皈依犹太宗教的人群。从广泛的角度讲，犹太人可以是也可以不是严格的宗教奉行者。正统派犹太教和保守派犹太教界定一个人是否属犹太人的标准是要看其母亲是否是犹太人，如果其母亲是犹太人，无论她的子女是否信仰犹太教还是信仰基督教或者是无神论者，她的子女也被承认为犹太人。犹太民族是世界上最优秀的民族，广泛分布于世界各国，是全世界平均智商最高的种族，在许多领域犹太人都取得了令人瞩目的成就，为人类当今世界做出了不可磨灭的贡献。如马克思、爱因斯坦、弗洛伊德、海涅、卓别林、毕加索、洛克菲勒、斯皮尔伯格、索罗斯、冯·诺依曼、基辛格、格林斯潘等。

犹太民族的智慧总集——《塔木德》

《塔木德》是流传三千三百多年的羊皮卷，一本犹太人至死研读的书籍。犹太教口传律法的汇编，仅次于《圣经》的典籍。主体部分成书于2世纪末至6世纪初，为公元前2世纪到公元5世纪间犹太教有关律法条例、传统习俗、祭祀礼仪的论著和注疏的汇集。《塔木德》是犹太学者们的智慧结晶，是全世界犹太人的商业秘籍。犹太人以聪明闻名于世，犹太人用《塔木德》启迪思维，开掘智慧。从马克思到爱因斯坦，从弗洛伊德到斯宾诺莎，都深受《塔木德》的影响；而犹太民族又是世界上很富有的民族，不乏犹太商人赢得巨额财富的代表，如索罗斯、巴菲特、洛克菲勒等。

犹太民族的语言文字——希伯来语

希伯来语是犹太人的民族语言，是世界上最古老的语言之一。“希伯来”意为“土生土长的以色列人”，它属于中东闪含语系闪米特语族的一个分支，没有元音字母，只有22个辅音字母，其文字从右往左书写。许多文学作品和文献是用希伯来语创造出来的，今日则主要保留在基督教《圣经》、死海古卷和大量犹太教法典及文献之中。希伯来语使用人口共计300万以上，几乎全部《旧约全书》都用这种语言书写。虽然希伯来语在以色列国建立前后还经受了多次挑战，移民数往往超过了原有居民数，然而希伯来语作为存活语言的地位从未动摇。

犹太教主条目——割礼的“盟约”

割礼(割去男婴的包皮)为犹太人盛行的传统宗教仪式,希伯来文称此仪式为“盟约”(brit)或“割礼的盟约”(brit milah),穆汉(mohel)为割礼执行人。男婴如没有生病或有其他健康问题等延期理由,穆汉就会为出生后第八天的男婴举行割礼。割礼进行期间,穆汉会致祝词并宣告男婴已实践律法,接着男婴的父母会致祝词以表明自己的儿子已被纳入上帝与犹太人之间的约,正式给男婴起名。按中世纪犹太教口传律法哈拉卡,没有跟从割礼者会被视为有意犯(karet),会招致在上帝剪除的惩罚。总之,对犹太人来说,为出生后第八天的男婴举行割礼有着神圣的特殊意义。

犹太人的传统节日——犹太新年

犹太新年是 Tishrei 教历七月、民历首月的首日,是人、动物和具法律效力文件的新年,同时纪念上帝创造天地和亚伯拉罕把以撒向上帝祭献。定于逾越节后的第163日,节日后的第十日为赎罪节。由于希伯来历是阴阳合历而公历是太阳历,所以节日的日子每年不同。目前情形的不会早于9月5日(曾在1899年及将于2013年出现),2089年后就不会早于9月6日,亦不会晚于10月5日(曾在1967年及将于2043年出现)。在《旧约圣经》和《利未记》中,称为吹号角的日子或吹角节,在拉比文学和礼仪当中称为审判日或纪念日。

犹太人的特有宗教——犹太教

犹太教旧称挑筋教、蓝帽回回，是在公元前2000年西亚地区的游牧民族希伯来人中产生的，是世界三大一神信仰（天启宗教）中，最早而且最古老的宗教，也是犹太民族的生活方式及信仰。犹太教实行割礼，安息日是星期六，神职人员称为拉比，犹太教也不传教。犹太教的主要诫命与教义，来自《托拉》（妥拉），即圣经的前五卷书。犹太教信奉的是耶和华神，希伯来语称“יהוה”。犹太教最重要的教义，在于只有一位神，即无形并且永恒的上帝，他愿所有的人，行公义，好怜悯，因为上帝按照他的形象造人，所以人都应该有尊严且受到尊敬地对待。

犹太教圣地——耶路撒冷

耶路撒冷是犹太教、基督教和伊斯兰教三大亚伯拉罕宗教（或称“三大天启宗教”）的圣地。自从公元前10世纪，所罗门圣殿在耶路撒冷建成，耶路撒冷一直是犹太教信仰的中心和最神圣的城市，昔日圣殿的遗迹西墙，仍是犹太教最神圣的所在。基督徒也相当重视耶路撒冷，因为根据《圣经》记载，这里是耶稣受难、埋葬、复活、升天的地点。伊斯兰教也将耶路撒冷列为麦加、麦地那之后的第三圣地，以纪念穆罕默德的夜行登霄，并在圣殿山上建造了两座清真寺——阿克萨清真寺和圆顶清真寺来纪念这一事件。

犹太教的遗迹——以色列哭墙

以色列哭墙是犹太教的遗迹，又称西墙，是犹太教最神圣的祈祷地方。在耶路撒冷东区老城的东部，位于耶路撒冷老城圣殿山西侧的山脚，是耶路撒冷旧城第二圣殿护墙的一段，也是第二圣殿护墙的仅存遗址，古代犹太国第二神庙的唯一残余部分，亦有“叹息之壁”之称。长160英尺，由大石砌成。犹太教把该墙看作是第一圣地，教徒至该墙必须哀哭，以表示对古神庙的哀悼并期待其恢复，许多世纪以来，犹太教徒都到这里来面壁祈祷，每当追忆历史上圣殿被毁情景，便不禁嚎啕大哭一场，哭墙因此而得名。

艰难的历程——犹太复国运动

犹太复国是犹太人发起的一种民族主义政治运动和犹太文化模式，旨在支持或认同于以色列地带重建“犹太家园”的行为，也是建立基于犹太人在宗教思想与传统上对以色列土地之联系的一种意识形态，是散居世界各地的犹太人要求回到古代故乡巴勒斯坦，重建犹太国的政治主张与运动。1948年5月14日，犹太复国主义者通过了宣布建立以色列国的决议，决议对巴勒斯坦人明显不公，因此巴勒斯坦人拒绝建国。犹太人向巴勒斯坦地区大量移民和建立以色列国，大大激化了同整个阿拉伯民族的矛盾，成为以后中东局势长期动荡不安的重要根源。

悲惨的记忆——犹太人大屠杀

犹太人大屠杀是纳粹德国在第二次世界大战中的民族清洗，也是二战中最多人熟悉的暴行之一，由 1941 年 6 月 22 日，德国偷袭苏联开始以后，德国盖世太保跟随德军，对住在苏联乡区的犹太人作出大规模的大屠杀。盖世太保最初的杀人方法是用手枪射杀，然后把他们的尸体埋葬在万人坑里面。但是柏林想出了更有“人道”的杀人方法来减低秘密警察的压力。这个方法是用毒气杀人。初时秘密警察只用汽车的废气来杀犹太人。但是在 1942 年起德国采用了氰化氢来有效地杀死最多犹太人。在这次大屠杀总共有超过 400 万（一说是 600 万）犹太人被屠杀。

纪念与记忆——亚德瓦谢姆大屠杀纪念馆

以色列的亚德瓦谢姆（YadVashem）大屠杀纪念馆，是世界上关于纳粹大屠杀最主要的教育和研究中心之一，是以色列纪念和研究第二次世界大战期间大屠杀历史的重要场所，它讲述着那段黑暗的历史，也启迪着人们对未来的思考。纪念馆的内部呈独特的三角形，狭窄而细长的玻璃顶是整个纪念馆惟一的采光来源。所有的墙面和地面都是水泥原色，营造出类似集中营的阴暗而冰冷的感觉。亚德瓦谢姆在希伯莱语里意为“纪念与记忆”，自建馆以来，这里一共积累了超过 6000 万份相关文件、20 多万张图片和其他书籍、音频以及视频的资料。

前　言

说起犹太人,你会想起什么？智慧？富有？决绝？一个国土狭窄贫瘠,四面强敌环伺的以色列国,凛然成为国际政治、军事、经济领域中一支不可忽视的力量,犹太民族无论如何都会使人怀有敬意。

犹太人又称犹太民族,是广泛分布于世界各国的一个族群。根据犹太教律法《哈拉卡》的定义,一切皈依犹太教的人(宗教意义)以及由犹太母亲所生的人(民族意义)都属于犹太人。犹太人发源于西亚的以色列地或希伯来地,犹太人的民族、文化和宗教信仰之间具有很强的关联性,犹太教是维系全体犹太人之间认同感的传统宗教,千百年来,世界各地的许多不同肤色的人群通过皈依犹太宗教而成为犹太族群的一部分,而犹太人也由此从阿拉伯半岛的一个游牧民族,发展成为遍布全球的世界性族群之一。根据有关犹太人组织的统计,2007 年全球犹太人总数约在 1320 万人左右,其中 540 万人定居在以色列,530 万人居住在美国,其余则散居在世界各地;犹太人口总数仅占全球总人口的 0.2%,根据其他组织的统计,美国国内的犹太人人数则达到 650 万人或美国人口的 2%。

一个民族在特殊背景下,通过一代代优胜劣汰、文化积累,形成了高于其他民族的整体素质,这是确凿的事实。由于宗教历史原因,犹太人长期被隔绝在特定行业之外,不得已而从事商业,这也就决定了这个民族在商业智慧上的积累,有超出其他民族的强度和深度。由于长期离散,犹太人对未来充满风险意识,因此对于知识和教育格外重视,他们认为这是唯一无法被剥夺的财富。财富多是有形的,而犹太人这种集民族之力、集历史之力而结晶的民族智慧,则是人类共同的无形财富。

世界上获得诺贝尔奖的科学家中,有 17% 是犹太人;美国富翁中,有三分之一是犹太人;世界十大哲学家中,有 8 位是犹太人;犹太人艺术家更是数不胜数。他们超凡的智慧和才能,令世人感叹折服。群星璀璨的犹太政坛巨子、艺术精英、科学臣擘、

思想大师不胜枚举:伟大的革命导师马克思、科学巨擘爱因斯坦、精神分析学大师弗洛伊德、音乐巨匠门德尔松、艺术大师毕加索、“原子弹之父”奥本海默、传奇政商哈默、美国“奇缘博士”基辛格、“好莱坞叛逆之星”霍夫曼、以色列政坛强人拉宾、沙米尔……

罗列的数字难免令人疑惑,为什么杰出的犹太人生生不息?犹太民族聪慧而富有,难道存在某种特殊基因吗?

犹太民族并非上帝的宠儿,他们的成功是由苦难的历史铸就的。犹太民族长期饱受蹂躏、放逐、杀戮,面对一次次灭绝之灾,他们在挣扎中流放,在苦难中生存,他们为了不被灭亡,在长期的流离逃难过程中,融合和吸收了其他民族的智慧精髓,并运用来开创自己的生存空间,在把所有民族优秀智慧融合和实践的基础上,犹太人在成功、信仰、教育、财富、经商、谈判、生存、生活、婚姻、处世等方面,创造并发展了一套属于自己独特而非凡的犹太智慧,这就是犹太民族发展历史和生存内核中最伟大、最神奇的力量。犹太民族运用自己杰出的智慧力量,生生不息地延续着民族的圣火,创造着民族的伟大和辉煌,创造着世界的知识和财富。

本套《犹太人智慧全书》,对犹太人的智慧进行了归纳和总结,将其分为五个类别:成功智慧、教育智慧、经商智慧、生活与爱情智慧、生存与处世智慧,堪称一部有关犹太人智慧的百科全书,全面揭示了犹太人的思维方式、致富策略、处世哲学以及教育方法,书中没有泛泛的理论讲述,而是从头到尾都由引人入胜的有关犹太人的故事所组成,故事所要表达的思想直接、鲜明地体现了犹太人独特的智慧,经过时间的历练和成功的实践,这些智慧已经成为全世界各民族公认的宝贵精神财富,亿万人通过学习这些智慧而从中受益。

目　　录

第一章　犹太民族概述

一、上帝创世说——世界与犹太民族的起源

《塔木德》中关于犹太民族早期历史的介绍与《圣经旧约》中的记载基本一致，认为世界是由上帝创造的。

上帝创世

根据《圣经旧约》中的记载，最初的世界混沌未分一片死寂空洞，人类尚未出场，黑暗到处肆行。上帝的灵诞生自茫然无际的水面。他说："要有光。"于是黎明的曙光初现，这标志宇宙的帷幕拉开一角。在第一天，他区分了昼和夜，这是光明和黑暗交替的开始。新的一天来临时，耶和华又说："要有天。天是云和风的归处。"并制造出风，让空气流动在海面上。从此宇宙有了生机，不再静止。第二天，水被空气分为上下两层。又一天，耶和华说："地浮水中。"大片的旱地和山峰自水面升起，矗然挺立。草木覆盖的大地上，花果自生自灭。这是第三天，给未来的人类创造了粮食。在第四天，他又做了更明确的规定："太阳是白昼之主，月亮是夜晚之主。最好还要有四季。"一切都是如此自然地符合人类作息的需要。到第五天，耶和华呼唤新生命的来临，他说："水中应有自由的鱼儿，天上应有美丽的鸟儿。"飞禽和游鱼在人类之前，便抢先一睹新世纪的光彩。接着，第六天，耶和华又说：

"还要有更多的生物。它们长腿、长毛、会爬。"野兽和昆虫得以繁殖。它们当中也有人类，耶和华把人作为他最重要的创造对象，那些后世的男男女女和耶和华自身的形象没有分别。当第七天到来时，耶和华也疲惫了，他说今天没有什么比休息更重要的了，于是便有了犹太教中的休息日。

犹太民族的产生

这是犹太民族关于人类、也是本民族起源的认识，是《圣经》里解决的第一个问题，也是犹太教在神学的基础上建立起对人的认识：上帝按照自己的形象塑造出他理想中的人，解释了人类和其他动物的不同，即他具有上帝般的头脑和外形，是最为独特的生命。在人类最初产生时，上帝并没有赋予人以无所不能的智慧，人由泥土捏造而获得肉体，但作为人的本质的灵魂却尚未进行任何的升华，他需要后世无数次劫难的考验。人被上帝所创造，永远也无法达到最高的智慧，只是一个偶然被动产生的灵物，这决定了人从一出生就对自己的命运无法自决。

二、犹太民族——被上帝选中的民族

犹太民族的历史中有一个十分重要的人，他就是亚伯拉罕，正是因为他与上帝以割礼立约，使得整个犹太民族成为被上帝选中的民族。

被神选中的人：亚伯拉罕

世界被创造后，由于蛇的引诱，人类始祖亚当夏娃被逐出伊甸园，人类开始在世间繁衍，形成不同的民族，而犹太民族在千年前经由亚伯拉罕与上帝的立约，成为被上帝选中的民族。在《塔木德》和《圣经旧约》中被反复提及的亚伯拉罕是挪亚的儿子闪的一支的后代。亚伯拉罕生于两河流域下游的吾珥，在七十五岁那年，听到了耶和华的召唤。神说："你要离开本地、本族、父家，往我所指示的地

方去。”耶和华承诺必赐福给亚伯兰，使地上万族都因他而得福。亚伯兰就和妻子撒拉、侄儿罗得离开了原居住地哈兰，在新的土地上不断迁居，后来到了迦南人所住的示剑定居。那地方正遭遇饥荒，亚伯兰又南下埃及暂住。亚伯兰担忧埃及人因垂涎妻子撒拉的美色而起歹心，便对人谎称撒拉是他的妹子。不料法老看上撒拉，就格外优厚亚伯兰。这件事大大激怒了耶和华，他降灾给埃及王，法老害怕了，不敢再有非分之想。亚伯兰和妻子又迁往别的地方，神再次晓谕他：“从你所在之处举目观四方，凡能看见的一切地，我都要赐给你和你的后裔，永远不变。”那时亚伯兰无子，神预示他的孩子将多如尘沙和繁星。他又听从神旨，改名叫亚伯拉罕，就是多国之父的意思。按照约定，凡亚伯拉罕后裔家的男子都要行割礼，使肉体从出生就有标记。神必会惩罚背约的人。亚伯拉罕后来带领部落穿越阿拉伯沙漠，到达位于巴勒斯坦的应许之地，在那里繁衍生息。

亚伯拉罕

犹太民族的伟大先驱

上帝和人在创世中有两次重要的立约：一是神与挪亚以彩虹为记号，表明和平、善、友爱（包括人和动物）世纪的到来；另一是神与亚伯拉罕以割礼为凭借，表明他将作为上帝从地上众生中选出并给予祝福的人（“被选中的人”），成为神的使命的传承者，他的后裔将以此为记形成同一民族（以色列民族），不行割礼者必被视为异族异教人。亚伯拉罕由此成为犹太民族的伟大先驱，《旧约》以他为中心沟通了创世神话和人的历史，形成完整的犹太信仰的族谱，他作为先知的一些事迹和言行在中东以西的文明中有很重要的地位。

三、摩西与十诫——犹太民族的根本圣训

摩西出埃及的故事广为人知的，这位伟大的先知带领以色列人逃离埃及人的统治，进入迦南地区开始兴建自己的国家，此后逐渐形成了犹太民族。在进入迦南后，摩西在西奈山上与上帝定下了第一个人神契约，这就是摩西十诫。

出埃及记

公元前1871年左右，在迦南地区发生了大面积的旱灾，进而导致严重的饥荒。当时的犹太祖先雅各带领家人在尼罗河三角洲中部一个称为歌珊的地方定居下来。歌珊位于尼罗河以东地区，是东西方贸易的要冲，地理位置十分重要，加之地理环境优越、气候适宜，犹太人很快便在此发展起来。犹太人安定地在歌珊地区生活了400年，积累了大量的财富，影响力也逐渐扩大，但他们依然以流亡在外的“异乡人”自居，时刻怀念自己的故乡迦南地区。

公元前16世纪中期，埃及历史发生重大变化，底比斯王公集结各方力量恢复了埃及的独立，开始了埃及新王国时期，并且依靠强大的军事力量开始对外扩张，征服了今天巴勒斯坦和叙利亚一带，犹太人也属于其中之一。到古埃及第18、19王朝时期，犹太人在埃及受到的迫害达到了顶点，他们失去人身自由成为埃及的劳工奴隶，生活在水深火热之中。

根据《塔木德》中的记载，上帝选择了一个伟大英雄摩西来拯救犹太人。摩西婴儿时被法老的女儿收养为养子，直到成年才知道自己其实是犹太人，后来因为身份暴露而逃往西奈地区。在西奈放牧40余年后，摩西受上帝感召而返回埃及，在上帝的指引下带领犹太人与埃及法老进行斗争，最终带领苦难民族逃出埃及返回自己的家园迦南地区。

在《圣经旧约·出埃及记》中完整地记载了这段历史，其中上帝显灵、降十灾、分红海等故事充满了神秘的传奇色彩，表示摩西正是在上帝的步步指引下才完

成这项壮举。实际上，在这些充满宗教色彩的故事背后，反映出的是犹太人坚忍不拔的生存意志和对宗教信仰的忠诚。而摩西也成为整个犹太民族的伟大英雄，他不仅奠定了古代犹太民族的形成，也为犹太教的建立创立了基础。

西奈之约：摩西十诫

犹太人进入西奈山境内，摩西又听到神的召唤："要百姓今明两天自洁和洗净衣服，到第三天准备好了，我将在众人面前降临在西奈山上。但百姓不可上山去，即使摸这山也会死去，当听到角声大时才可到山根来。"摩西还警告民众不可亲近女人。到了第三天早晨，山上雷电震震、密云布集，角声甚大、震耳发颤。摩西率领众百姓出营，站在山下迎接神。西奈全山烟雾弥漫，地动山摇。角声也越来越高，耶和华降临在山顶上，召摩西上山去，说："百姓不能上西奈山，要在此山的四围定下界限，叫此山成圣。"他又让摩西传话给众百姓："我是耶和华，你们的神，曾将你们从做奴隶的埃及领出来。我要和你们定律法，你们必须守我的约，在万民中作属我的子民。"他为百姓立下十诫，并使安息日成为圣日，在这一天以色列的百姓要停止一切的工作。众人远远看到冒烟、听到雷震，早吓得发颤，就说："凡耶和华所吩咐的，我们都必遵行。"清晨，摩西就在山下筑坛，按以色列十二个支派，立了十二根柱子。他又将祭牲宰杀了，把血洒在百姓身上，说："这是立约的血，是耶和华和你们立约的凭据。"不久，耶和华晓谕摩西："我要将石版并我的戒律和诫命赐给你，使你能如约教训百姓。"

摩西十诫对于犹太民族的重要性

旧约常特指摩西之约，它有极深的人类学意义：挪亚之约代表早期人民走出混乱的原始社会，是以色列人寻找自己祖先世系来源的生命冲动；亚伯拉罕之约代表着宗族社会的兴起，初步结成以色列的社会组织形态。而摩西之约以安息日作为立约的记号，和上帝缔结了明确的法律条例，包括人神各自的权利和责任、祭祀礼仪

和多种行为规范，以及严格而又具体的赏罚措施，并首次提到上帝将在人类社会中建立神的国度，百姓要尊神而不是人为王，且要成为神的圣洁的国民，这对以色列民族的特定的社会性思维有很深的影响。

四、犹太内部的民族宗教——犹太教

犹太教是犹太民族唯一信奉的宗教，对上帝坚定的信仰使得犹太民族不论经历何种危难，都能时刻保持本民族的团结与独立，最终渡过难关。

犹太教的起源与建立

犹太人在摩西的带领下，于公元前1300年左右返回了迦南地区。而由于各种因素，返回迦南的犹太人并不是团结一心的，虽然返回了自己的家园，面对着一无所有的故乡，失望、怨恨的情绪不断蔓延，这个时候，摩西认识到要拯救犹太民族就必须对上帝信仰，让犹太人重新团结到已经被淡忘的上帝身边，通过上帝的存在来保持整个犹太民族的团结与独立。在西奈山，经过两次立约，最终确立了“十诫”。

十诫确立后，摩西带领十二支犹太人在西奈山下设立祭坛、宰杀羔羊，将羊血洒在信徒身上，表示与上帝立下誓约，此后犹太民族时时刻刻都要遵守与上帝立下的十诫。

誓约仪式完成后，摩西下令建造了一座会幕。所谓会幕是由木头合围四壁，以布幕遮顶的建筑，这便是犹太教、基督教中教堂的雏形。摩西选择利未人担任祭司，在会幕中主持礼拜仪式。在理论和仪式都被建立起来后，标志着犹太教正式地诞生了。

犹太教与犹太文明

回到迦南的犹太人在犹太教的团结下凝聚成一体，在约书亚、大卫王等先知的领导下，犹太人在经历无数艰苦的征战后，终于在公元前1028年左右建立起犹太历史上第一个统一、独立的王国。作为第一任国王的大卫王功勋卓著，不仅将以色列国的版图空前扩大，同时也大力扶植犹太教，建立起完善的宗教制度，使犹太教成为国教，而犹太教的信仰和价值体系，成为整个犹太民族的精神支柱和行为指南，影响到犹太文明的方方面面。可以说，犹太教和犹太民族是两个不可分割的整体。犹太人创立了犹太教，同时，犹太教又塑造的犹太人独特民族性。

五、犹太民族的精神家园——圣殿

著名的所罗门国王即位后，为了表示对上帝的尊崇，在耶路撒冷兴建了历史上著名的圣殿所罗门神庙，从此以后圣殿成为每一个犹太人的精神家园。

圣殿的建造

根据《塔木德》中的记载，摩西曾应允为上帝在迦南建一所圣殿，以表示犹太民族对上帝的感激与崇敬，这便是圣殿建造的源起。到所罗门王时期，犹太民族处于繁盛时期，所罗门王实现了摩西的诺言，用七年时间在首都耶路撒冷为上帝建造了一座雄伟壮丽的圣殿。

所罗门登基第四年开始动工，工程始于当年二月。在耶路撒冷给神建殿时，工匠使用的锤子、斧子和各种铁制器具发不出一丝响声，仿佛一切静悄悄地进行。整个圣殿长六十肘，宽二十肘，高三十肘，主要材料是山中凿成的石头，以及从和以色列相好的外国运来的香柏木板——为使石头不露在外面，就用香柏木里外遮蔽，

上面刻有瓜瓤及初开之花的纹。所罗门命人在墙面贴上精金，在内殿前门扇上挂金链子，全殿表层都以黄金为饰，甚至连神坛也用金子包裹，使整个殿看上去富丽堂皇。他又做了两个一模一样的双翼金基路伯安在内殿，各高十肘，翅膀张开，向外的方向正好触着两边的墙壁，向内的方向又彼此相接。在橄榄木做的两门扇上，也刻着基路伯、棕树和初开之花。

竣工后，所罗门王派人把大卫城也就是锡安的约柜运来，用杠抬进至圣所也就是内殿。此时约柜只剩下写有律法的两块石板，除此别无他物。约柜之上也放了两个长翅膀的基路伯，遮住约柜和抬它的杠。祭司从圣所出来时，里面云彩缭绕，神的荣光充满了殿。

犹太民族的精神家园

圣殿是自以色列成为王国之后在国内设立的一个象征神的国度的外在表征。有形的殿宇甚大，象征以色列神的至大、超乎诸神，建造七年代表完美完全；神赐给摩西的十诫即律法书在以色列全民必须遵守，它置于约柜中代表无形的圣殿；约柜代表神在万民之中和他们立约（即旧约），它放在只有大祭司才能进入的至圣所表示无比的高贵和受尊崇。因此圣殿便成为整个犹太民族的精神标志，犹太历史上几次的毁灭与复兴，都与圣殿的毁灭与重建有直接关系。

六、苦难的经历——犹太民族的三次大流散

犹太民族几千年的历史几乎都是在不停地流亡、迁徙中度过的，就是在这种特殊的历史经历中，形成了犹太民族坚韧、忠诚的民族精神。

第一次大流散

犹太民族在摩西的带领下，返回迦南地区，经过多年的征战，终于建立起第一

个希伯来王国。在经历扫罗、大卫王、所罗门王初期的辉煌后，希伯来王国进入了衰落时期。国王所罗门被荣华富贵冲昏了头脑，沉溺于骄奢淫逸的生活之中，终日花天酒地。为了满足自己的贪欲，所罗门对百姓赋税剥削日益加重，各地百姓不堪负担，怨声载道。犹太王国各地的反抗活动此起彼伏，整个王国于风雨中飘零。

公元前 930 年，所罗门去世，标志着古代希伯来王国“黄金时代”的终结。统一的希伯来王国随后进入混乱的内战时期。整个王国被一分为二，北方是以耶罗波安为王的 10 个部落，建都示剑，称以色列王国；南方则以所罗门的儿子罗波安为王，仍然以耶路撒冷为都，称犹太王国。一度强盛的希伯来王国在南北两方的互相争斗和外来异族的蹂躏中逐渐衰落。

到了公元前 8 世纪，北方的以色列王国被强大的亚述帝国的攻陷。到公元前 721 年，整个王国被毁灭，居民及国王皆被掳回亚述帝国，以色列王国也成为亚述帝国的一个行省。

而南部犹太王国在以色列王国被亚述帝国毁灭后以称臣纳贡为代价继续维持了近 100 来年。直到公元前 605 年，亚述帝国被美索不达米亚复兴的新巴比伦帝国灭亡。两年后，新巴比伦帝国攻入耶路撒冷，犹太王国也宣告灭亡。

公元前 586 年，犹太圣城耶路撒冷再次被攻陷，新巴比伦帝国皇帝尼布甲尼撒二世下令夷平耶路撒冷城墙，并摧毁了所罗门圣殿。整个王国上万名的犹太人戴着手铐脚镣，被掳往巴比伦，这就是历史上著名的“巴比伦之囚”。

巴比伦之囚标志着希伯来王国终于覆灭，从犹太王国被掳往巴比伦的犹太人仍能集中聚居，并保留本民族传统信仰和习俗，他们及其后裔被称作“犹太人”。而“巴比伦之囚”及先前亚述王掳走以色列王国的犹太人的历史事件，即是古代犹太民族的第一次大流散。

第二次大流散

公元前 538 年，曾经盛极一时的新巴比伦帝国又为新兴的波斯帝国所灭，犹太人转而成为波斯帝国的臣民。由于当时的波斯大帝居鲁士，希望在巴勒斯坦地区建

立一个稳固而友善的据点，于是选中犹太人作为其盟友。居鲁士于是准许流亡在外的犹太人重返家园并支持他们在耶路撒冷重建圣殿，复兴犹太教。

到了公元前516年，犹太人经过20年的努力，在耶路撒冷重新建立起一座圣殿，为了与所罗门圣殿区别，历史上统一将其称为第二圣殿，犹太民族历史上的第二圣殿时期由此开始。

第二圣殿时期持续近300年，公元前332年，著名的亚历山大大帝率领军队攻入耶路撒冷，犹太圣城耶路撒冷再次遭到毁灭，城市大部分建筑被烧成灰烬。到了公元前331年，亚历山大大帝灭掉了波斯帝国，建立了地跨欧亚非的亚历山大帝国，巴勒斯坦随之成为亚历山大帝国的一部分，犹太人进入了持续170年的希腊化时代。

在幅员辽阔的亚历山大帝国境内，巴勒斯坦的犹太人被迫进行了多次的迁徙，流散到南欧、地中海诸岛以及北非、中亚各地，这种与其他各国居民杂居交往的经历，造成犹太人历史上的第二次大流散。

公元前323年，亚历山大病死，地跨欧亚非的庞大帝国一分为三，帝国内部的战争不断，犹太民族也在这种动乱中不停地迁徙、避难，直到托勒密王朝统治期间，犹太人开始大规模地前往埃及定居。迁往埃及的犹太人成分复杂，既包括被迫迁来的犹太战俘、奴隶、雇佣兵及家属，也有出于各种原因而寓居的犹太工匠、商人、祭司和学者。到了公元1世纪时，全埃及境内的犹太人已近100万。犹太人在当地希腊文化的熏陶下，结合本民族的文化传统，创造了一种独特的、兼具犹太和希腊特征的文化。

第三次大流散

犹太民族的流亡并未终结。到了塞琉古王朝时期，犹太人在马卡比家族的领导下，经过多年努力，终于恢复犹太人独立和宗教信仰自由，在耶路撒冷建立了一个政教合一的犹太神权国家，史称马卡比王国。

公元前64年，强盛的罗马帝国趁着当时马卡比王国内部各派的内讧，大将庞

培于东征途中率领铁骑突袭耶路撒冷，马卡比王国几乎于瞬息间被击垮，巴勒斯坦被划入罗马帝国的叙利亚行省。30 年后，罗马人任命了新的犹太王，哈斯蒙尼王朝宣布结束，马卡比王国存在了百年后终于被毁灭，在享受到短暂的独立自由之后，犹太民族又重新开始了他们漫长的流亡历史。

公元前 6 年，迦南犹太人转归罗马直接统治。罗马帝国对犹太民族的野蛮专制和残酷统治，激起了犹太人的愤怒，对罗马帝国的武装反抗连绵不断。公元前后，犹太人多次掀起反抗罗马暴政的民族大起义，在历史上称之为“犹太战争”。

公元 66 年，罗马总督弗洛鲁斯公然抢劫耶路撒冷圣殿的财宝，愤慨万千的犹太人在爱力阿沙尔等领导下，举行暴动歼灭罗马驻军，随后又与前来镇压的罗马军队争战数年。抵抗一直持续到公元 70 年，罗马大将梯特率大军攻入耶路撒冷，焚毁了第二圣殿。自此以后，耶路撒冷圣殿再也没有被重建。

公元 132 年，犹太人在大卫家族后裔巴尔·科赫巴的领导下，发动了一次较大规模的起义，起义军一度占领耶路撒冷。但由于力量对比悬殊，起义军虽然坚持抵抗多年，最终还是失败，包括科赫巴在内的犹太起义军遭到罗马军队捕杀。出于对不驯的犹太人的憎恨与报复，罗马帝国将耶路撒冷彻底毁灭，犁耕为田，而另外建立了一座新城，并且宣布犹太人不准跨入城内一步。经过数次起义，犹太人也死亡 150 多万，幸存者寥寥无几，全部逃离耶路撒冷，从而开始了犹太人长达 2000 多年的第三次大流散。

七、流徙与屠杀——犹太民族遭遇的灭族大屠杀

犹太民族在两千年的流亡史中，遭受了数次的种族排挤或屠杀，而每一次犹太民族都凭借其顽强的民族精神度过灾难，屹立在世界民族之林。

反犹太浪潮

犹太民族在多数时候都是处于流浪之中，由于地域民族的历史观，每到一处，

犹太人总是会被敌视为入侵者或流浪者，饱受其他民族的排挤与压迫，尤其是在西方世界，历史都发生过规模庞大的反犹太浪潮。

公元622年，先知穆罕默德在阿拉伯半岛创立了伊斯兰教。到公元636年，阿拉伯人征服了巴勒斯坦和其他西亚地区，建立起强大的以伊斯兰教为国教的阿拉伯帝国。在这段时期，生活在阿拉伯帝国的犹太人必须要交纳特别的人头税和土地税才能使自己的生命、财产和宗教自由得到保障。

先知穆罕默德

这种状况持续到11世纪末，定居在巴勒斯坦等西亚地区的犹太人，为了摆脱阿拉伯帝国的统治，获得宗教信仰、社会活动自由和法律地位，而大面积地离开故土，移居到欧洲。然而却没想到，犹太人在欧洲所遇到的不仅仅是当初的种族歧视，而是更为残酷的迫害与屠杀。

犹太人大范围移居欧洲的时候，正值十字军发展的初期，基督教会为巩固自己的权势，先后颁布一系列法令限制犹太人自由与权利。例如当时规定犹太人必须穿特别的外衣，佩带特别的徽章。行走在街上的犹太人可以被过街的基督教徒任意杀害，而无任何安全保障。犹太人聚居区也经常被洗劫，居民被随意屠杀。

14世纪初，在西班牙掀起的反对犹太人运动几乎席卷了整个欧洲。犹太人被迫改变宗教信仰，否则会被无情地处死。即使被迫选择了基督教，西班牙基督教会还是建立了异端裁判所，目的就是为了清洗这些已经改变了信仰的犹太人。这种极端的种族迫害成为整个欧洲几个世纪的统一做法，无数的犹太人在一次次的迫害中被剥夺财产、生命。到了第二次世界大战时期，纳粹德国对犹太民族的种族屠杀将这种盛行整个欧洲的惨无人道的极端思想推上了顶峰。

“二战”大屠杀

除纳粹德国，在“二战”时期的欧洲各国依然奉行着对犹太人的排挤政策。1939 年，标榜着自由民主的英国政府发表了一份白皮书，提出其后 5 年，每年只允许 1. 5 万名犹太移民入境，而这个法令无疑给正在躲避纳粹种族屠杀的犹太人沉重一击。

1933 年，希特勒夺取了整个德国的军政权力，他大肆宣扬种族优劣论。以雅利安民族是优等民族，犹太人是劣等民族为借口，在整个德国国内开始了对犹太人惨无人道的迫害。从开始的纽伦堡法令，犹太人逐步失去人身自由与安全保证，成为纳粹獠牙下随时待宰的羔羊。而此时，包括美国在内的其他西方各国却对犹太移民紧闭大门。

随着纳粹德国在欧洲的军事战争，越来越多的犹太人落入他们的手中。1939 年，当希特勒开始向东欧挺进时，在波兰、匈牙利、捷克斯洛伐克的成百万犹太人成为恶狼爪下的食物。进而希特勒脱下了伪善的最后遮羞布，开始公开地清剿犹太人，意图彻底根除欧洲的犹太人。

纳粹德国建立的数个集中营，将全欧洲的犹太人转移到其中，从最开始的劳动营，最终发展到集体屠杀犹太人的地狱。在臭名昭著的奥斯维辛集中营，犹太人如同牲口般被成群的赶入毒气室。仅奥斯维辛集中营一处在“二战”时期就屠杀了 20 多万的犹太人，而整个欧洲在“二战”时期就有近 600 万犹太人被处死，导致欧洲犹太人几乎停止存在，全世界三分之一的犹太人被杀害。

复国梦想的实现

“二战”结束后，1948 年 5 月 14 日，联合国宣告在以色列建立一个犹太国家

——以色列国，无数犹太人复国的梦想在这一天被实现，虽然犹太民族依然被许多国家所敌视，但即使是以色列这么一个小小的弹丸之地，却给流浪了2000年的犹太人一个梦寐以求的故乡，对于整个犹太民族的意义极其深远，犹太民族在经历了“二战”的苦难之后，再次证明了自己的坚韧与强大。

第二章　犹太民族的宗教情怀

一、上帝论——上帝是唯一之神

《塔木德》中最基本的一个宗教思想就是确认上帝的存在，而且这种存在是不言自明的、是不可辩驳的。

对上帝的信仰是整个犹太文明的根本基石，是犹太民族精神、信仰的起点，概括来说，其对上帝的理解有下面三个基本点：

《塔木德》书影

神存在

在《塔木德》的教义中，上帝的存在是无可争议的，是一个不言自明的道理，而对于犹太人来说，上帝存在是不需要任何证据去证明的。

同时，为了表示对上帝的敬意，上帝的名字被认为是神圣的，是不能随便被使用的，因此通常使用“造物主”来表示上帝。《塔木德》中记载，上帝不仅仅是宇宙的创造者，同时也是整个宇宙秩序的掌控者。上帝的创造不是已经结束，而是还在连绵不断地进行着，世间万事万物的繁衍运行无一不依赖着

上帝的意志。

神唯一

即上帝是唯一的真神，除此之外不会存在任何其他真神。在《塔木德》教义中，神唯一性主要用来抗击两种错误的思想。

一是偶像崇拜。偶像崇拜被认为是对上帝的亵渎，是对摩西十诫的背弃。根据《旧约》中的记载，摩西第一次与上帝立约失败就是因为其他人对金牛的崇拜而导致的。二是用来反对基督教的三位一体说。三位一体说是基督教的基础信仰，把圣父、圣子、圣灵称为三位一体，即圣父的神性、圣子的神性和圣灵的神性，本质上是同一个神性。而犹太教只承认上帝的存在，而否认圣子和圣灵的存在，这是犹太教与基督教的根本区别。

神无形

所谓神无形是说上帝没有具体的形象，这是由于上帝是独一无二所决定的。虽然在《塔木德》的记载中，拉比们反复强调上帝的无形，但其中也多次记载了上帝以具体姿态出现在人的面前，比如参加亚当与夏娃的婚礼、探望病人、抚慰家属等。而后世学者对此的解释是人在赋予上帝于人的品质与性格，使得上帝更加容易为人们所接受。

二、无所不能的上帝——全能的含义

除了上帝的存在问题，《塔木德》中还对上帝存在的方式给出了解释，这就是无所不在、无所不能、无所不知。

在普通人的认识里面，神自然是全能的，而《塔木德》中从三个方面阐释了上帝的这种全能。

无所不在

所谓无所不在，也是从空间上确定神的存在，由于神的无形，进而才能够实现无所不在。《塔木德》中记载了这么一个故事，一群人在浩瀚的海上遇到了暴风，于是纷纷向自己的神祈求平安，而由于有的神在巴比伦、有的神在罗马，自然没有回应。只有一个犹太男孩的祈祷得到了上帝的回应，因为上帝无处不在，所以在任何地方的祈祷都是有效的。

无所不能

至于神的无所不能，通常使用“全能”来进行表示，不过全能的状态过于抽象，于是《塔木德》中利用了许多比喻来说明这个问题。一个被广泛引用的犹太教原则就是：“一切都在神力之内，除了对神的惧怕之外。”这句话的意思是说神能够控制世上的一切，至于那些违背神旨意的情况其实是神给予人的试炼。对于犹太历史上数次的毁灭和迁徙，《塔木德》中的解释并非是上帝在袖手旁观，而是在给信徒们一种试炼，那些最终能够坚定对上帝信仰的犹太人将获得巨大的能量。

无所不知

关于上帝的智慧，同上面讲上帝的无所不能一样，是不可以限量的。全知另一个重点是上帝对过去、现在、未来的全知，是从时间的层面来确定上帝的存在，因此在《塔木德》中记载了许多上帝预知未来的故事。《塔木德》中将上帝的无所不知发挥到了极限，通过许多的比喻试图来描绘这种抽象的全知状态，而其核心是对上帝的坚定信念，即使再小的怀疑、再小的忠诚都会为上帝所知晓。而那些悲惨的、痛苦的、罪恶的事情也是为上帝所知晓，一切事情上帝都会有最终的安排，因此不能因为暂时的挫折而产生对上帝的怀疑。

三、上帝的父性——人神关系的根本定位

上帝与信徒的关系被视为父子一般，这种对上帝父性的定位始终贯穿于《塔木德》全书。

父性的形象

犹太教义中，造物主与被造物之间的关系被视为父子一般，这种观点见于众多犹太先哲的观点之中。由于上帝是无形的存在，因此在《塔木德》中并没有关于上帝是男性的形象描述，而对于上帝父性的确认主要见于对上帝的称谓之中。例如，犹太教中对于上帝最常见的称谓就是“天父”。

早期希伯来礼拜仪式上的祷告词是这样开头的：“啊，主，我们的上帝，您给予我们以博大的爱，您施舍我们以无边的仁慈。我们的父，我们的主！我们的父亲仰赖于您，您教导他生活的道理。看在我们父亲的份上，您也施仁慈给我们吧，并赐给我们教诲吧。”这种父亲的称谓在《塔木德》中的祈祷词中随处可见。

关于上帝父性的观点在人的创造上达到了顶峰。《塔木德》中认为我们人的创造是由三个方面介入而成的，前两个是我们的父母，他们给予我们的是我们的骨骼和血肉，即肉体的部分，而我们的意识思维则是由上帝给予的，因此上帝父性的创生含义在这里体现得淋漓尽致。

上帝的恩惠

这种神所具有父性的特点，不仅是对上帝品质的拟人化，同时也与犹太教所理解的上帝的恩惠有关。在确定了上帝的存在和全能后，为何信仰上帝的另一个原因就是上帝对人的恩惠。由于将上帝确定为父亲的角色，那么上帝与人类的关系就被定义为父亲与子女的关系，因此上帝对人的恩惠就不是简单的条件交换，而是包含

有责任、情感的因素。

由此《塔木德》中推导出上帝的父性与对人类的爱是同义的，简单来说就是上帝对人类的慈爱与恩惠如同上帝的存在一样是不需要证明和无可辩驳的。至于原因，拉比阿基巴认为，人对于上帝而言之所以是可爱的，正是因为人是上帝按照他的形象创造出来的。

四、神创万物——《塔木德》中的宇宙论

上帝一个被人传诵的伟绩就是从虚无中创造整了个宇宙，显然这种伟绩是上帝全能之力的展现，《塔木德》中详细解释了上帝所创造宇宙的构成。

创世是《旧约》中开篇所讲的内容，上帝利用七天时间，创造了我们现在所处的宇宙与万物。而在创世的第一天，上帝从虚无中创造出十个元素，即：天与地、混沌与空虚、光明与黑暗、风与水、昼与夜。这其中包含了构建宇宙的基本要素。《塔木德》中对于如何理解他们进行了必要的讨论，这些内容可以视为是犹太教的宇宙论。

天

天在希伯来文中为“Shamayin”，意为火与水的结合，《塔木德》中认为天域是由七层所构成的。在犹太教的诠释中，天并不是一块平面，而是分成不同的七层，即“天有七重”，每一重天具有自己独立的功能。

第一重天是 Vlion，功能只是让早晨退去、夜晚出现，使得每天创世的工作得以延续。

第二重天是 Rakia，功能是固定日月星辰。

第三重天是 Shechakim，这一层放着为正直的人磨碎吗哪的磨石。

第四重天是 Zebul，是天上的耶路撒冷和天上的圣殿的所在地。

第五重天是 Maon，是天使们为以色列夜间高唱颂歌、白天静默守护的地方。

第六重天是Machon，是雪、冰雹、毒露、水滴的贮藏库。

第七重天是Araboth，是正直、公断、仁慈的驻地，也是生命、和平、福佑的居所。上帝、天使便居于这里。

地

地与天相对而创生，因此天有七重，地也有七层。至于构成地的材料，《塔木德》中认为与天的材料相同，即水与火。

关于地的创造，犹太人认为是“神圣的主将石头扔进原始海中，世界便由此而形成”。在犹太民族的传授中，在所罗门圣殿中曾经有一块奠基石，这个奠基石就是上帝创造大地时扔进大海里的石头，而现实的世界就是构建在此基石上的，并且是大地的中心点。因为犹太民族认为自己是被上帝选中的民族，因此必定是首先被创造的，又因为圣殿是最神圣的地方，那么传世必然是从此处开始的。

混沌与空虚

《塔木德》中对这两者的解释较为简单，认为混沌是绿色的疆界，包容了产生黑暗的整个宇宙，而空虚指的是沉于深渊之中为淤泥所覆盖的石头上滋生的水。简单来说即是宇宙创生时的两种本原物质：黑暗与水。

光

《塔木德》中关于光的解释主要围绕两个十分有趣的争议，一是光的创造是否先于世界的创造，有人认为只有先存在了光，才能够开始传世；而也有人认为光是为了世界生辉而被创造出来的。二是太阳与光的关系，因为根据《圣经》的记载，太阳是在第四天才被创造出来的，而光是第一天就出现的，那么光是从何而来？对于光的讨论，《塔木德》中最终归为一种认识，即所谓光是指上帝的灵光，只有借助了灵光，混沌才变为秩序。

黑暗

参考前面混沌的解释，《塔木德》中认为黑暗不是一种无光的状态，而是世界原生物质的一种。

风

在希伯来语中，“风”与“灵”的用词是一致的，《塔木德》中将其解释为前一种，认为风是最早被创造出来的必备事物之一，而风的特征影响到世间的许多事情。比如《塔木德》中就记载了如何通过“住棚节”最后一天圣坛的风向来判断气候与收成。

水

水在犹太教义中是一种十分重要的元素，前面讲过，《塔木德》中认为天与地都是由火与水构成的，因此水也被视为是构成世界的最初元素。

昼与夜

昼与夜所象征的是我们这个世界中的时间，从《旧约》中的描述可以得知，昼与夜的存在与太阳、月亮是分离的，是先于日月而被创造出来的。因此可以推知犹太教认为时间是上帝分阶段创造出来的，并且对于上帝来说是没有意义的，因为在上帝创造之前，时间是不存在的。

五、天使——上帝的仆从

《塔木德》中认为天使同人类一样是由上帝创造出来的一类生灵，是至高无上

的上帝的仆人，对于天使的研究在《塔木德》中是很多的。

不论是在犹太教还是基督教的绘画中，天使都是一个十分重要的题材，尤其是在近东方的绘画作品中，天庭中往往描绘着大量的天使而导致画面拥挤不堪。在《塔木德》中，天使也是一个十分重要的研究话题，关于天使的论述涉及众多的方面。

天使的特征

按照《塔木德》中的解释，天使同我们人类一样，是由上帝创造出来的一类生灵，天使居于宇宙的上部，而人类居于宇宙的下部。

天使通常被认为比人类要愈加完美，但他们说到底也是由上帝创造出来，有观点认为构成天使的元素与天本身是一样的，即天使一半是水、一半是火，而生有五个翅膀。

天使一般被认为是永生的，但自身却不能繁衍。天使虽然永生，但却不是永恒的，如果有天使违抗了上帝的旨意，便会被上帝所毁灭。

如果与天使相比，人类在三个方面与天使类似：一是像天使一样有智慧，二是像天使一样有竖直的躯体，三是与天使一样使用神圣的语言，即希伯来语。

在《塔木德》中，天使被认为是作为上帝的仆人而被创造出来，因此负责的事务也较复杂，例如司管祷告、担任信使、扬善罚恶等。

著名的四大天使

虽然天使的地位崇高，但《旧约》中直到《但以理书》时才有带名字的天使出现，即著名的加百列大天使。根据《旧约》中的记载和《塔木德》中的解释，人们相信天使之中也是分有不同的等级的。最广为人知的就是四大天使：米迦勒、加百列、乌列和拉斐尔。

《塔木德》中认为，由于天使在《旧约》中出现是在以色列摆脱巴比伦统治之

际，因此四大天使所对应的是《旧约》中所描述的以色列军队的四个军团。其中米迦勒对应流便的军团、乌列对应的但的军团、加百列对应摩西和亚伦的军团、拉斐尔对应以法莲的军团。

在四大天使中米迦勒和加百列是所有天使中最显要的两位，并在《旧约》中同时出现。例如在亚当的婚礼上，他们两位就是充任伴郎，他们两个还协助埋葬了摩西。在犹太民族看来，米迦勒的地位还要略高于加百列，同时他还是以色列的守护使者，多次保护犹太民族脱离困境。而加百列更多是以信使的身份出现。他是拜访过亚伯拉罕的三位天使之一，同时也奉命摧毁了堕落的索多玛城，因此在《塔木德》中将他形容为是具有巨大能量的天使。至于其他两位天使，《塔木德》中提供的信息就比较少了。

堕落天使

关于堕落天使，《塔木德》中基本看不到这一类的叙述。但是在《启示录》中十分显著地提出有邪恶天使的存在。而一些犹太先哲将这种邪恶的天使解释为不过是杜撰出来借以表达神的愤怒。不过由于《大申命记》中的记载“邪恶天使撒玛勒是众魔之魁首”，堕落天使撒旦的名字人人皆知。

在犹太先哲的解释中，撒旦主要从事三种邪恶的勾当：引诱人、在上帝面前说人类的坏话、执行死刑处罚。撒旦引诱人的本领出类拔萃，比如他对人类始祖亚当夏娃的引诱。在《大出埃及记》中有记载摩西在带领以色列人出埃及时，撒旦向上帝提出要拒绝分开红海。至于执行死刑处罚，这是撒旦作为杀人的工具，因此享有“死亡天使”的恶名。从古至今关于描绘撒旦与死亡的文学、绘画作品层出不穷。

在《塔木德》中，犹太先哲们将撒旦的堕落性解释为邪恶的冲动，撒旦引诱人犯罪，是通过引诱人邪恶的意念来实现的，如果缺乏人类，邪恶的冲动便不再存在。这也解释了为什么上帝面对撒旦的恣意妄为却经常无动于衷。

六、弥赛亚与来世——犹太精神的希望之源

弥赛亚是犹太民族一个十分重要的精神指引，对于弥赛亚与来世的信仰使得犹太民族永远不会坠入绝望的深渊，并支持着犹太民族渡过一次又一次的危机。

古代许多民族都将本民族的辉煌岁月建立在往昔的历史中，因而总是处于对历史的怀念与追溯中。犹太民族则认为这样的辉煌是在未来，不是在过去。而支持这种独特历史观的宗教之源就是对弥赛亚的信仰。

犹太民族的弥赛亚信仰

在《塔木德》中，犹太先哲们反复地强调一个尚未到来的“后面的日子”，将这个未来的某一天作为整个民族发展达到巅峰的时代。随着历史的发展，这种向前看的历史观并未因辉煌总是迟迟不到而受到怀疑，反而越来越深地根植于普通犹太大众的心中，并且其强度还在不断加强。每当犹太民族面临一次巨大的灾难时，大众就无比虔诚地呼唤弥赛亚的降世，而当度过这个灾难后，对弥赛亚的信仰便愈加深刻。

这种独特信仰的核心是一位叫作弥赛亚的人，在希伯来语中是“受膏者”的意思，他是上帝派来为犹太民族开启辉煌的伟大的人。由于后世基督教的发展，弥赛亚以耶稣的身份广为人知。由于犹太教不承认基督教的三位一体说，即不认为有耶稣的实际存在，因此《塔木德》中对于弥赛亚身份的争论一直没有定论。

谁是弥赛亚？

关于弥赛亚的存在，《塔木德》中认为派遣弥赛亚的计划早在上帝创世时就已经确定好了。许多文献都认为在创世之初弥赛亚就已经诞生了，甚至在创世之前弥赛亚就已经进入上帝的心中。因此弥赛亚的存在就如同上帝的存在一般毋庸置疑、

无可辩驳。

在这个基础上，对于犹太民族更为重要的就是确定谁是弥赛亚了。在《塔木德》中诸位犹太先哲对于弥赛亚的身份争执不休，有人试图从希伯来语弥赛亚（Messish）的构词中寻找线索，有人则潜心寻找隐藏在《旧约》中的线索。一个较多人接受的观点是，在犹太历史上出现过一位弥赛亚，他就是带领犹太人建立了第一个犹太王国的大卫王。

上帝许诺的永恒世界

《塔木德》中在关于末日的教义中宣讲了一个十分重要的概念：来世。与我们通常接触到的佛教来世概念不同，这里所说的来世并非指轮回之后又一世生命，而是由弥赛亚所开启的一个辉煌的时代。

关于来世的定义，在《塔木德》的解释中略有分歧，早期的犹太先哲们认为来世就是由弥赛亚所开启的一个新的时代。而后期的研究者则把弥赛亚时代仅仅视为今世和来世之间的过渡。但不论哪种观点，对于来世的存在确实毫无怀疑的。

根据《塔木德》总的记载，来世是由上帝亲许给人类的，在未来的某一个时间，将会有个救星结束目前混乱的世界秩序而开始一个永恒的世界。在这个世界里，正直的人将过上一种摆脱了肉体束缚的纯粹的精神生活。

重铸秩序

在犹太经典《旧约》中，记载了弥赛亚时代来临时上帝将要重新做的十件事，这十件事情就是上帝对于今世秩序的重铸。

第一件：上帝将以自身照亮世界。

第二件：上帝将让流水从耶路撒冷发出，所有的病人都将在那里得到医治。

第三件：上帝将使树木月月结果，任何使用果实的病人都将被治愈。

第四件：所有被毁弃的城镇都将被上帝重建。

第五件：上帝将用蓝宝石重建耶路撒冷。

第六件：和谐将会充盈于天地之间。

第七件：上帝将召集世间所有的动物与全体犹太人立约。

第八件：世间将充满快乐与幸福，哭泣和哀号将不复存在。

第九件：世间将不再有死亡。

第十件：世间将不再有叹息、呻吟和痛苦，人人都将获得永恒的幸福。

七、世界的终点——最后的审判

《塔木德》中记载，并非世间所有的人都有资格进入来世，而当弥赛亚时代开启时，决定每个人未来的最后审判也将同时到来。

从对弥赛亚及来世的描述中可以看出，《塔木德》中也是包含着一种基本的因果报应的学说。一个人最终得到何种结果，只能够等到最后的审判日时才能够知晓。

最后审判的降临

《塔木德》中认为，人除了要面对世间的法庭之外，还会在未来面对一个最终的法庭，这就是最后的审判。根据《旧约》的记载，最后审判日将发生在正义得以匡扶的弥赛亚时代之初。上帝将在未来的来世坐在高高的宝座上面，如同法院的首席法官那样审判人类，也包括犹太教以外的异教徒，而衡量人类最终罪恶的标准就是犹太教的第一经典《旧约》。

关于最终审判，在犹太教和基督教中都有出现，但两者却有很大的不同，最核心的部分就是审判者身份的变化。作为犹太教经典，《塔木德》中只有上帝是唯一的神，因此上帝将是最终的审判者。而基督教关于末日审判的内容主要记载在《新约·启示录》中，基督教对审判的解释是由上帝晓谕耶稣审判之日的开启，而真正完成审判的却变成了耶稣。

人类的最终归宿：天堂或是地狱

何人将受到最终审判是《塔木德》中主要讨论的一个问题，一个比较普遍的观点是从上帝创世以来的所有人类都将从墓中复活，接受上帝的审判。而大洪水时代之前的人需要经过 12 个月的等待才能接受审判。

对于犹太民族而言，最后的审判将牵涉本民族的三种人：至善的义人、彻底的恶人以及一般的普通人。第一类人将被立即登记并被判定永生，升至天堂；而第二类人则将立刻被判定进入地狱；至于第三类人，首先将会下到地狱接受相应的惩罚，直到洗净身上的罪行后升至天堂。因此，在犹太教所讲的最终审判中，人类的命运只有两个终点，要么是永世不得翻身的地狱，要么是能够获得永生的天堂。

八、地狱——恶人的最终归宿

地狱是犹太教和基督教共同拥有的一个概念，是作为最终审判后恶人接受惩罚的地方，也是人类最终的归宿之一。

作为人类的终极归宿之一，《塔木德》中对地狱进行了详细的描述。

地狱的起始

《塔木德》中认为，地狱本身包含着两层的概念，一是空间意义上的地狱，二是内容层面的概念。空间层面上，一般认为地狱的产生是先于宇宙创造出来的，而内容层面的地狱即地狱之火则是在第一个安息日前创造出来的。

地狱的位置与入口

由于人们在描述地狱时最常使用“下降”，因此在多数人思维里地狱必然是位

于地下。但实际上，《塔木德》中也有如下的记载；“地狱在天空之上，另外的人说它在暗山的背后。”这里提到的暗山被认为处于世界的最西端，而与地狱相对的伊甸园，则位于世界的最东端。

至于地狱的入口，《塔木德》中认为地狱有三个入口，一个在荒野，一个在大海，而最后一个就在耶路撒冷。

地狱的大小

关于地狱的空间范围，来源于《旧约》中一段对伊甸园与地狱的描述：“世界是伊甸园的六十分之一，伊甸园是地狱的六十分之一，因而，整个世界与地狱相比就好似一个锅盖一样。”因此地狱通常被人理解为是无限的，所以并不会出现人满为患的问题。

地狱的结构

在《塔木德》的描述中，地狱是被分为七层，这七层的名称分别是：阴间、坟墓、死阴、冥府、忘记之地、地狱以及寂静。如果一个人经过审判被认定越邪恶，所居住的地方就越低，遭受的惩罚也越残酷。地狱中主要通过两种东西来惩罚罪人，一是火焰，二是硫磺。罪人在地狱中将遭受地狱之火的无情炙烤，以及硫磺的刺激。

九、伊甸园——义人的最终归宿

这里所说的伊甸园又被称为乐园，是通常所说的好人的最终归宿。

提到伊甸园，许多人的第一反应就是亚当夏娃，然而实际上这里所讲却是另外一个地方，两者之间没有什么必然的联系。

伊甸园的结构

伊甸园一般被认为是位于天上或世界的最东端。与地狱的结构相近，伊甸园也被认为是由七个区域组成，进入乐园的人会被分为七个等级，而居住在相应的地方。根据《塔木德》中的分析，伊甸园中的七个区域是根据所居处所为依据划分的：

第一类的义人居于上帝面前。

第二类的义人居于上帝的庭院之中。

第三类的义人居于上帝的圣殿中。

第四类的义人居于上帝的帐幕中。

第五类的义人居于圣山上。

第六类的义人居于上帝的山上。

第七类的义人居于上帝的圣所中。

伊甸园中的生活

总体来讲，伊甸园中的生活是永生、幸福的，而不同区域的人也会有差异。进入伊甸园的人们将会根据自己的正直被分配给一处居所，因此正直是在审判中最重要的一项品质。

对于伊甸园中的环境与生活，后人穷尽想象试图加以描述，比如有吃不尽的美食、有华丽舒适的宫殿、有美丽仁慈的天使、有无尽的树木与动物。然而在《塔木德》中的先哲看来，生活在伊甸园中的最大幸福、最大快乐是切切实实地与上帝生活在一起，这种宗教的精神满足是任何物质满足都无法比拟的。

第三章　犹太人的智慧之源——《塔木德》

公元前70年，罗马帝国摧毁了当时的犹太王国，犹太民族开始了千年的流浪之旅，在这个漫长的过程中，为了保持犹太民族独立的宗教信仰与民族精神，犹太先贤不断地向子民们宣讲、阐释犹太第一经典《旧约》，这些布道、宣讲的内容在后世被编辑整理成书，这就是《塔木德》。

一、犹太民族的智慧总集——《塔木德》

《塔木德》对于犹太民族而言是继《圣经》之后最重要的一部典籍，全书内容庞杂，囊括了近600年间犹太先贤的智慧与思想，是了解犹太文明、认识犹太民族的一本必读之书。

认识《塔木德》

提起犹太文明的经典，很多人会很自然地想起《圣经旧约》。作为世界文明中最重要的一部经典之一，《旧约》的确有着无与伦比的价值，而在犹太民族内部，还有一部堪与《旧约》相提并论的经典，这就是《塔木德》。

“塔木德”在希伯来语中为“Talmud”，翻译成中文意思是“伟大的研究”，而这里所说的研究是指对《旧约》以及世俗生活的研究。《塔木德》实际上是上千位犹太先知、拉比、学者的研究辑录。

公元70年，罗马人毁灭了犹太圣城耶路撒冷，犹太民族开始了漫长的流亡之旅，在其后的600年中，一代又一代的犹太贤者，为了使流亡在他乡的犹太人能够在其他民族的影响下依然能够保持本民族的团结、独立及其特有的民族品性，持续不断地向其人民宣讲、解释《圣经旧约》，以期使他们不忘记“上帝的律法”。这些先哲们所讲述、阐释的内容汇集起来，便是我们现在所看到的《塔木德》。

犹太圣城耶路撒冷

《塔木德》全书共6卷63篇，文字合计约250万字，整部书内容包罗万象、卷帙浩繁，上到法律、宗教、伦理、民俗、医学、迷信，下至饮食、起居、洗浴、着衣、睡眠无所不包，被犹太民族奉为日常生活的规范典籍。

《塔木德》中的智慧

《塔木德》虽然是犹太历代先哲对《圣经旧约》的解释，但先哲们为了普通百姓也能够很好地理解，将深奥的宗教教诲与世俗生活结合了起来，通过每个人日常都可能遇到问题来阐释“上帝的律法”，并且不同的先哲融入了其各自的思想与智慧。因此，《塔木德》可以说是一本汇集了犹太民族历史与智慧的经典之作，对于我们认识、了解犹太文明是十分重要的。

二、流亡与凝聚——《塔木德》的成书背景

与世界上其他经典不同，《塔木德》不是在一个和平时代和稳定的环境中写成，而是在犹太民族近600年流亡的过程中汇集而成的。

犹太王国的覆灭与流亡

犹太民族最初被称为希伯来人，意思是“游牧的人”，是最早居住在阿拉伯半岛的游牧民族。根据《圣经·旧约》中的传说记载，犹太人的远祖是亚伯拉罕，为大洪水时代唯一幸存下来的挪亚的后人，原来居住在苏美尔人的乌尔帝国附近，后来迁移到迦南地区。后来迦南地区发生饥荒，在七个荒年的第二年迁移到埃及，受到当时埃及统治者西克索斯人的优待，此后便居住在尼罗河下游，转变为农业民族。400年后，西克索人被努比亚人暴动赶出埃及后，犹太人的地位急剧下降，沦为苦工奴隶，后来他们在摩西的带领下逃出埃及，逃回迦南定居。此后历经多年战争与建设，于大卫王时期建立起犹太历史上第一个王国。犹太王国在经历了大卫王、所罗门王的兴盛后，最终为亚述人和巴比伦帝国所消灭，其人民被俘虏到巴比伦，即著名的“巴比伦之囚”。

《塔木德》的起源

公元前586年，由于巴比伦聚集了大量的犹太俘虏，因此也发展成为犹太人最主要的文化和精神中心，集中了当时许多著名的犹太先哲，逐渐形成了一个为犹太人广泛认可的学者阶层。他们为了维护犹太教传统以及传承犹太精神价值，潜心研究，于公元2世纪至6世纪之间开始编纂犹太教口传律法集，这就是《巴比伦塔木德》和《巴勒斯坦塔木德》，后世统称《塔木德》。

在流亡的历史中，犹太先哲们一直在思考如何能够避免犹太民族灭绝的命运。

由于意识到犹太人的与众不同正是依赖于他们的宗教，因此保持整个民族的宗教精神便成为维系整个民族命运的关键点。于是犹太先哲们设立了犹太教的会幕，会幕成了失去家园的民族汇聚的中心，在这些聚会上人们诵读《旧约》并进行宣讲，随着时间的推移，这些宣讲的内容被记载下来，最终汇聚成现在看到的《塔木德》。

三、庞杂与实用——《塔木德》的结构与内容

《塔木德》其实由两部分构成，《巴比伦塔木德》和《巴勒斯坦塔木德》，现在我们通常所说的《塔木德》实际是指《巴比伦塔木德》。

《塔木德》的结构

由于《塔木德》是在600多年的历史中汇编而成的，因此全书结构十分庞杂。通常来讲，《塔木德》一书可以分为两部分：《密西拿》（Mishnah）和《革马拉》（Gemara）。

《密西拿》是由犹太拉比犹大·哈拿西于公元3世纪汇编成书，这部分共计6卷63篇，内容主要是拉比和犹太先哲们对希伯来经典《旧约》的律法所做的讲解和阐释。而《革马拉》成书晚于《密西拿》300年后左右，内容则是后世学者对《密西拿》一书的评论和论述。

从狭义的角度讲，《塔木德》这一称谓则主要是指《革马拉》。而《革马拉》又可以分为两大体系：《巴比伦塔木德》和《巴勒斯坦塔木德》。这两部分是不同的拉比和犹太学者分别在巴比伦和巴勒斯坦各自主持的学院里完成。虽然两书都是遵照同一版本的《密西拿》，但在体例和目录上都有所不同。其中编纂时间上《巴比伦塔木德》晚于《巴勒斯坦塔木德》，其内容主要是犹太人在实际生活中的实践，法律权威性也远远超过《巴勒斯坦塔木德》，因此后世通常讲的《塔木德》一般是指《巴比伦塔木德》。本书中内容所依据的底本同样也是《巴比伦塔木德》。

《塔木德》的内容

《塔木德》的内容主要是依据《密西拿》的内容结构，主要分为下面6卷：

第一卷：种子（Zeraim），主要讲述犹太教礼仪、礼法等日常生活的行为规范。

第二卷：节日（Moed），主要讲述了犹太教中重要的宗教节日。

第三卷：妇女（Nashim），主要讲述与女性相关的一些家庭、婚姻、伦理问题。

第四卷：民事侵权行为（Nezikin），主要讲述世俗生活中的法律、契约、犯罪等问题。

第五卷：神圣义务（Kodashim），内容主要关于犹太文明中的圣殿。

第六卷：洁净（Teharoth），内容主要关于犹太教中宗教礼仪与禁忌问题。

本书在介绍《塔木德》内容的时候，是在原书内容结构基础上进行了相应的提炼，选择出其中处世、家庭等内容，以方便读者更好地阅读。

四、有此固有彼——《旧约》与《塔木德》

《塔木德》作为犹太民族世代相传的经典，实际上是对希伯来第一经典《旧约》的解读，两者存在着前后继承的关系，因此要了解《塔木德》首先要了解一下《旧约》。

犹太第一经典《旧约》

现在通常所说的《圣经》实际包括两部分：《旧约圣经》和《新约圣经》。其中基督教的《旧约圣经》在西方学界通称《希伯来圣经》，是犹太教的第一经典。

《旧约》以上帝通过摩西与以色列人所订立的契约为中心，记载了耶稣降生之前的犹太民族形成的漫长历史和宗教生活状况。由于创作的年代跨度之长，《希伯来圣经》包括了不同时代的作品，书写风格也各有差异，且随着时间推演，后来的

先知会对前面记载的事件和说法做出补充，因而在当时很难有固定的版本。而后世流传的《塔木德》实际上是犹太先哲对《旧约》内容的注解总汇。

犹太教正典共24卷，又称二十四书，Tanakh（塔纳赫）作为典籍的总称是根据经卷分成的三部分《律法书》（称妥拉）、《先知书》（又分前、后先知书）、《圣录》的希伯来文名称的缩略语组合。尽管基督教和犹太教都认为《希伯来圣经》（或称《塔纳赫》）是上帝所默示的，也都认可律法书或妥拉的作者是摩西，但《塔纳赫》在犹太教中不被认为等同于基督教的《圣经旧约》。

多数犹太学者认为他们的宗教经典主要是和本民族的历史与信仰有关，他们的"弥赛亚"也不是指基督教信奉的耶稣，具体写成时间则主要是从犹太人沦为巴比伦之囚开始直到公元前1世纪，在此时期经过了约240年的写作，又由一批犹太圣哲和文士整理古代犹太教的历史典籍和律法文献，最后在公元100年前后，经犹太教拉比（当时指口传律法的汇编者）在加姆尼亚所举行的宗教会议中，正式确立为《塔纳赫》的定本。

伊斯兰教宗教经典如《古兰经》等也包括了《希伯来圣经》的部分内容，但伊斯兰教非常重视圣书的神圣性，认为它是不可翻译和重写的，因而只承认摩西和耶稣当时的版本，对现今修订后的版本中的部分内容存保留意见。

《旧约》与犹太民族

《旧约》是上帝与以色列民族立的，它记载了上帝交给摩西律法的全过程，而律法被以色列人认为是上帝给他们最重要的启示。立约与以色列人日常社会生活习俗有关，《旧约》广泛记载了夫妻之间、亲友之间、支派之间、民族之间和君民之间的立约，通过订立契约能导致权利和义务，立约的凭据也多种多样，如互赠礼物、接吻、献祭、施行割礼和各种仪式等。《旧约》中最重要的神人之"约"共有六个：挪亚之约、亚伯拉罕之约、摩西之约、约书亚之约、大卫之约和所罗门之约，除挪亚外另外五人均和以色列民族形成有直接关系，有人认为人类的起源也应归因于上帝和亚当立的约，可见"约"对《旧约》的形成和以色列民族信仰的重

要性。

实际上，一部《旧约》就是一部犹太民族的历史，它将犹太民族作为叙述中心，记载了与它有关的埃及、阿拉伯、巴比伦、波斯及近东多个民族的历史事迹。在犹太人看来，《旧约》无异于他们的历史书，即使对基督徒和无信仰的人，这也是整个人类历史的极其重要的一部分。据《旧约》描述，从创世纪开始，上帝就让犹太先驱亚伯拉罕从美索不达米亚流域迁往迦南，把这一地带作为以后建国的家园，此后无论以色列人流亡到埃及、巴比伦等国受多大苦难，都必定把迦南作为他们的故乡，从遭蔑视的异邦回到这里。“迦南”情结将以色列民族的兴起、发展、鼎盛和衰败的曲折命运完整联系起来。

《旧约》尽管一方面讲述以色列民族不断遭受周边民族的欺辱和屠杀，以及它自身的罪恶和堕落，但更重要的是展示这一民族在宗教、国家、社会和伦理等方面的各种观念的深刻智慧。如律法书后世概括出 613 条戒律，从宗教礼仪到婚姻家庭、犯罪与刑罚、诉讼与审判等知识无不具备。《旧约》所建立的神学体系传达了以色列人对于家园的设想、法律的设置、末日审判、复仇与复兴等的理解。

五、第二摩西的十三条教义——迈蒙尼德

犹太教原本没有公认的成文信条，到公元 12 世纪早期，中世纪犹太人中首屈一指的思想家迈蒙尼德提出了犹太教的十三条教义，这十三条被后世犹太教广泛接受，从而成为古老的犹太教信条，为人们所遵奉。

迈蒙尼德：第二摩西

迈蒙尼德（1135-1204 年）是中世纪犹太人中首屈一指的思想家、哲学家。当时，犹太教并没有公认的成文信条，对于犹太教的传播与继承是十分不利的，迈蒙尼德认为这种现象必须加以重视，于是他撰写了《困惑指南》一书，提出了犹太教的十三条教义：

第一条：创造主创造并管理自然界及一切受造之物。

第二条：创造主即独一无二的真神。

第三条：创造主无形无体无相。

第四条：创造主即最先的，也是最后的。

第五条：创造主是唯一值得敬拜之神，此外别无可敬拜之物。

第六条：先知的一切话语都确实无误。

第七条：摩西预言是真实的，是先知中最伟大的一位，在其前其后都无人能超过他。

第八条：犹太教传统律法是最初神向摩西所传，并无更改。

第九条：律法无法改变，也不会被取代。

第十条：创造主洞察世人一切思想行为。

第十一条：创造主向遵守律法的人赐予奖赏，向践踏律法之人降罚。

第十二条：救世主弥赛亚必将来临，应每日盼望，永不懈怠。

第十三条：最终，死人将复活。

十三条教义与《塔木德》文化

《塔木德》在其漫长的编辑过程中形成了一种独特的塔木德文化，即通过后世的不断学习、研究、宣讲，将《旧约》中的“上帝的律法”传播到世俗，让更多的犹太人认识、了解并坚守本民族的信仰。在这种文化的影响下，无数犹太学者为之努力奋斗，使得此类著作层出不穷，极大地促进了《塔木德》的传播。

六、《塔木德》的主要编辑者——拉比

拉比是犹太人中一个十分特殊的阶层，他们主要由有学问的学者、宗教人员等构成，是整个犹太社会的老师，也是犹太民族智者的象征。

拉比：犹太人的精神导师

拉比原意为教师，即口传律法的教师，是在犹太教社团中，受过正规宗教教育，熟习《圣经》和口传律法而担任犹太教会众精神领袖或宗教导师的人，在犹太民族社会中扮演着十分重要的角色。对于经典《塔木德》而言，他们不仅是这部经典的编辑者，同时他们的事迹也常常在书中被提起，作为后世学习的模范。

根据犹太历史，在耶路撒冷圣殿被摧毁后，拉比们遵循着法利赛派的精神，根据口传律法经典及评注文献等方法，逐步演绎出一整套具有犹太民族特点的世俗行为准则，并以《塔木德》传播给后人。

拉比在犹太教各派内的职责都主要是负责日常的宗教事务，包括主持礼拜，参加婚礼、受诫礼、丧礼、割礼等；讲解教义，劝导信徒，督察青少年宗教教育；出席律法裁判庭，审理私人身份法案件。在现代社会，拉比还经常会参与社会和慈善等工作。

犹大：《塔木德》的构建者

《密西拿》的编辑者犹大出生于一个富有并颇具影响力的犹太家庭，是著名犹太导师伽玛列二世的儿子。他从小便接受良好的教育，并且与当时的罗马贵族交往密切。他的学识和身份使得他成为当时巴勒斯坦犹太人无可争议的领袖，并且担当拿西族长长达50年，直到他去世为止。犹大一生最伟大的成就就是编纂了犹太律法典《密西拿》。这部法典为巴比伦和巴勒斯坦的学院共同采用，可以说他为后来的《塔木德》研究和讨论确定了统一教材，是无可争议的《塔木德》的构建者。

七、民族精神的凝聚与传承
——犹太民族与《塔木德》

《塔木德》所反映的是犹太民族一个最核心的民族精神，这就是继承，他们将自己的信仰、自己的历史、自己的记忆一代代继承下来，传承的不仅是光荣与苦难，更是面对问题时无穷的智慧。

记忆的民族

如果细心留意犹太民族的两大经典，《旧约》是对人神契约、先祖历史、先祖言行的记忆，而《塔木德》是对这些记忆的解释以及后人贤者补充的记忆。正如犹太人对本民族的自我定位那样，犹太民族是一个记忆的民族。

纵观历史上其他的古代文明，每一个文明中都会存在对本民族历史的记忆。这些记忆不仅是为了铭记本民族的光荣与痛苦，同时也是要将这些经验和教训世代相传，警示后人。这种对历史的重视虽然在每个民族是共同的，但对于犹太民族却有着更为重要的意义。由于历史的缘故，犹太民族在两千年的历史中总是处于流浪之中，为了维系犹太民族的民族性、独立性，犹太民族格外重视对本民族历史的记忆。因为这些记忆不仅仅是对先祖的一种缅怀，更是一种维系整个民族的纽带。通过这些共同的记忆，不论犹太民族遭受何种灾难，不论犹太人分散在哪里，都能够凭借《旧约》和《塔木德》中的民族记忆找到自己的归属感，使全世界各地的犹太人认识到犹太民族的一体性。

痛苦的教育

对于犹太民族而言，记忆的另一个作用就是教育。虽然在犹太民族的历史中也存在着诸多的光荣与辉煌，但犹太民族更愿意去回视那些痛苦、悲伤的记忆。因为

在犹太人看来，真正意义上的历史教育不仅是强调光荣的历史，还要正视历史中的失败、挫折、苦难和没落，从中进行反省，取得教训，而历史赋予每个犹太人的使命就是阻止这些悲惨历史的重演。

正是如此，在整本《塔木德》中犹太智者们所重视的不是本民族的光荣事迹，而是那些惨痛的经历。犹太先哲们在用这些记忆警醒着后人，让后人时刻都处于紧张之中，居安思危，对于自己、民族、世界都要保持有责任感。也正是如此，一本记录了一个民族思想的《塔木德》中便蕴含着其他文明无法比拟的现实智慧。这些智慧无一不是从血泪的经验中总结的，无一不具有实践价值，即使历经千年，依然能够让后人从中受益。

八、《塔木德》内容详解

（一）人的教义

人首先是以个体被创造出来的，这样做是要教导人们无论谁毁灭了一条生命，上帝便视其为毁掉了整个世界；无论谁拯救了一条生命，上帝便视其为拯救了整个世界。因此，对人类的冒犯就是对上帝的冒犯。

人是按上帝的形象创造的

人是被宠爱的，因为他是按上帝的形象创造的，然而，人是按上帝的形象创造的这一点是通过一种特殊的爱才让人知道的，如《圣经》所说：“因为神造人是照自己的形象造的。”

人首先是以个体被创造出来的，这样做是要教导人们无论谁毁灭了一条生命，上帝便视其为毁掉了整个世界；无论谁拯救了一条生命，上帝便视其为拯救了整个世界。因此，对人类的冒犯就是对上帝的冒犯。

上帝创造的人类具有四种天使的品质，又具有四种低等动物的特点。

跟动物一样，人要吃、喝、生育、死亡。

跟天使一样，人能直立行走，会说话，思考（理解）和见识（从物体的侧面和正面）。

一位拉比说："天使是按上帝的形象被创造出来的，他们不生育；尘世上的万物虽能繁衍，但不是依照上帝的形象被创造出来的。"上帝说："我将依照我的形象和特点创造人类，从形体上看，人类和天使没有什么区别，但人类跟动物一样能生育。"

拉比同时还说："上帝所陈述的理由是，'假如我创造出来的人像动物，那么他们终将死亡不会永久生存下去；假如我创造的人类跟天使没有区别，那么他们将永远生存下去。所以，我糅合了高级和低级两种要素才创造了人类，假如他们犯罪，他们将死亡；假如他们死了，他们依然活着（活在来世中）。'"

身体是上帝的杰作，它证明了上帝的无限美德和无穷的智慧。每一个人都是一个与众不同的个体，这一点正说明了这种美德和智慧所能创造的奇迹，这昭示了上帝的伟大。因为人用同一模具铸就的许多硬币都相似，而神圣上帝用第一个人的模具所造就的每一个人却彼此不同。为什么没有相同的脸呢？是为了不让人看到华美的宅宇或漂亮的女人时声称为自己所有。人在三个方面区别于他的同胞——声音、相貌和心灵。声音相貌上的不同是为了维护道德，心灵上的不同是因为强盗和暴徒之故。

人体有 248 块肢节。脚上有 30 块，即每个脚趾 3 块；脚踝有 10 块；小腿有 2 块；膝盖有 5 块；大腿有 1 块；胯骨有 3 块；肋骨有 11 块；手掌有 30 块，即每个手指 3 块；前臂有 2 块；肘部有 2 块；大臂有 1 块；肩部有 4 块；身体的每侧各有 101 块。另外，脊柱上有 18 块脊骨；头上有 9 块；颈上有 8 块；胸部有 6 块；生殖器有 5 块。

气囊只要用一根针刺一下气就跑光了，然而人身上有那么多孔，吸进的气却跑不掉。

上帝为人创造的脸其大小只相当于手指伸展开的尺寸，但却包含了互不相犯的

数种水源。眼里流出的水是咸的；耳里流出的水带油性；鼻子里流出的水有恶味；口里流出的水是甜的。为什么眼泪是咸的呢？因为人如果因丧亲而不停地哭泣就会哭瞎了眼睛，但由于眼泪是咸的（它能使眼睛难受），人便不哭了。为什么耳内的水有油性呢？因为人听到坏消息时，若耳朵留住了这消息，它便会萦绕于心，人就会死去。由于耳内的水是油性的，消息便从这耳进，从那耳出去了。为什么鼻涕有恶味呢？因为一个人嗅进了不好的气味，倘若不是有恶味的鼻涕保护他，他就会死去。为什么唾液是甜的呢？因为有时人吃了讨厌的东西会呕吐，倘若唾液不是甜的，人的灵魂就不会归来了。"

看，上帝赋予了人这么多奇迹，而人却一无所知。假如人吃了一块坚硬的面包，它会把肠道划伤；然而，神圣的上帝在人的咽喉中间造了一只泉眼，以便让面包（湿润后）安全地下去。

肾脏激发思想，心脏影响智力，舌头发音，气管发声，肺吸收各种液体，肝脏产生愤怒，胆汁滴于肝上平息怒气，脾脏让人发出笑声，大肠磨碎食物，胃诱人入睡，鼻子将人唤醒。

人有六种器官为其服务，其中三种在人的控制之下，另外三种则不受人控制。前三种器官是口、手、足，如果人愿意，既可以读书也可以满嘴脏话；至于手，它既可以行善，也可以偷盗或杀人；而脚呢，不言而喻。后三种器官是眼、耳、鼻，人能看到他不愿看的事物，听到他不愿听的声音，嗅到他不愿嗅的气味。

葡萄园的故事

一只狐狸路过一个四面有栅栏的葡萄园，此时正好饥肠辘辘，看到水灵灵的葡萄垂涎欲滴，可怎么也钻不进去。怎么办呢？于是它三天绝食，饿得精瘦，终于钻了进去，并且在园内尽情享受。等它想出来时，当然又长胖了。无奈只好再次饿肚三天，直到饿瘦了才得以出来。出来后，狐狸长叹了口气说道："葡萄园啊，你和你的果实对我何用？里面的一切虽然美丽可爱，但与我何益呢？我进去时什么样子，出来时还是什么样子。"

世界也是如此。人来到世上时，他的手紧紧握着，似乎是说："一切都是我的，我要得到一切。"当他离开人世时，他的手张开了，仿佛是说："从这个世界上我一无所获。"这就叫撒手人寰。

在人离去的时刻，能陪伴他的不是金钱和权力，而是《托拉》和善行；如《圣经》所言："你行走，他必引导你；你躺卧，他必保守你；你睡醒，他必与你谈论。"——"你行走，他必引导你"，这是指今世；"你躺卧，他必保守你"，这是指死后；"你睡醒，他必与你谈论"，这是指来世。

生活在10世纪，并皈依了犹太教的国王摩诺巴苏，在灾荒时把其全部财富都施于穷人。当亲戚们责备他糟蹋钱财时，他回答说："我的祖先聚财是为下，我聚财是为上；他们把财富聚在暴力肆虐的地方，我把财富聚在暴力无能为力的地方；他们聚的财富不生果实，我聚的财富生生不息；他们积聚的是钱财，我聚积的是灵魂；他们聚财是为了别人，我聚财是为自身的善；他们把财富聚在今世，我把财富聚在来世。"

每个人都应该永远在他衣服的两边口袋里装上两张纸牌，一张纸牌上写下这样的话："因为我，这个世界得以创造出来。"另一张纸牌上写着："主神用尘土作材料创造了人类。"两张纸牌不断地提醒我们：体现在人类身上的这种奇特的天国和尘世结合的特点，能使我们用均衡的观点看待自身。正如《圣经》所言：

当我仰视天国，我知道那是你的杰作，你亲手安置下的星月灿烂发光。

众生何其渺小，多蒙你的垂照，

承蒙你顾怜的他们，终归一死百了。

你给他们涂上神圣的灵光，

你使他们变得尊严而骄傲；

你创造人类是为了主宰世界，

这世界原本就是你一手创造。

众生脚下是大地，

牛羊百兽遍地跑，

鱼游大海鸟戏天空，

海底世界，万类生物灵秀精巧。

为什么迟于其他各种生灵，亚当在第六天才被创造出来？

因为假如上帝提前创造了人，人就会变得高傲起来。现在，人类知道了这样的事实：在上帝创造万物的次序中，虫蚁排在他们的前面。

男人一生的七种变化

一岁时被父母安放在小床上，全家人抱他、吻他，宛如国王；

二三岁时，满地乱爬，泥地上拱来拱去，像头小猪；

十岁时，蹦蹦跳跳，天真无忧，像只快乐的小羊羔；

十八岁时，长得魁梧奇伟，打扮求偶像烈马，希望人人都知道他力大无穷；

结婚后是驴子，背负家庭的重担，低头卖力地缓步前进；

中年时是狗，为了养家糊口，不得不摇尾巴，乞求他人的善行；

老迈之后是猴，弯腰驼背，形同猢狲，行为与孩童无异，但再也没有人想理会他。

六岁时学习《圣经》，十岁时学习《密西拿》，十三岁履行戒律，十五岁学习《塔木德》，十八岁恋爱，二十岁谋生，三十岁进入盛年，四十岁顿悟，五十岁深思，六十岁进入老年，七十岁两鬓斑白，八十岁是非凡的恩赐，九十岁因年衰而弓背，百岁虽生犹死。

有一次，巴阿尔·塞姆·托夫拉比和他的一个学生外出旅游，他们来到一片十分干旱贫瘠的土地上，这儿的水紧缺。这个学生口渴难忍，于是便抱怨起拉比来，但拉比缄默不语。后来，这个学生对自己的生命安危十分担忧。“老师，”他叫道，“我渴得要命，难道我就这样渴死吗？”

“你能相信，”拉比说，“当上帝创造世界的时候，他预料到你会有今天的困境而且为你准备了水吗？”

“我相信真理，”学生回答，“我坚持这样的信念：上帝一直在注视着整个世界。”

“那么，耐心等一会儿吧。”拉比说。

过了一会儿，他们看到一个男人担着两桶水走来，师生二人走近他，给了他一些钱，于是担水者送一些水给他们。拉比对担水人说：

“你为什么一个人担着水来到这荒凉的地方?”

那人回答说：“我的主人发疯了，他派我到一个陌生的小溪去担水，我担着水已走了很长的路，心里一直觉得挺纳闷的。”

拉比转而向他的学生说：“想一想，上帝的远虑何其极也。”

灵魂的归宿

人因被赋予了灵魂而与上帝类似，人因为拥有这一类似上帝的特性所以与上帝有亲缘，并且比其他的生物更加优越。人生的质量取决于每一个人为保持灵魂纯洁不遭玷污而付出了多少心血。

把灵魂归还上帝，正如上帝赐你以纯洁的灵魂，你也要还上帝一个纯洁的灵魂。就像一位国王将华丽的衣服分发给奴隶，聪明的奴隶把衣服叠好，存放在箱内，而愚蠢的奴隶穿上衣服干活。后来，国王索要衣服，聪明的奴隶干干净净地归还衣服，愚蠢的人还回的衣服则是污秽不堪。国王对聪明的奴隶非常满意，早早放他平安回家；对愚蠢的奴隶大发雷霆，让他们将衣服重新洗涤，并将他们监禁起来。聪明的奴隶是正直的人，得享平安；愚蠢的奴隶则是邪恶之徒，他们的灵魂找不到归宿。

罗马人安东尼问他的朋友拉比犹大说：“灵魂是何时注入人体之内的呢？是在受孕时，还是在胚胎形成时呢?”拉比回答说：“是在胚胎形成时。”安东尼反问：“那么一块肉怎么可能不用盐处理而保持不腐败呢？所以，肯定是在受孕的那一刻注入了灵魂。”拉比说：“安东尼的话让我受益匪浅，并且他的观点有《圣经》作证：‘你也眷顾保全我的心灵。’”（《约伯记》10：12）

虔信与祈祷

人在精神上所具备的资质导致了人与上帝之间的亲缘关系，这一关系使得人有责任去证明自己享有这一天赋是当之无愧的。假如把人按照神的形象来创造是赋予他的一种荣耀，那么，与这一荣耀相适应的则是人因此有责任在生活中去赢得其创造者的赞许。

上帝赋予人七种品质：虔信、正直、公平、善良、慈悲、真实，以及和睦。这些代表了人应有的至高美德，虔信之所以放在首位，表明它是人与上帝全部关系赖以存在的基本原则。篮子里尚存一片面包的人如果说："我明天吃什么呢?"这种人便是不够虔信的人。

上帝授予摩西的戒律共 613 条，其中 365 条是禁止某些行为的，对应着公历年的天数，说明人身上的恶大于善，而且容易犯错误；另 248 条是鼓励某些行为的，对应着人的肢节数，说明人的灵魂应该向善。

虔信最真实地表现在祷告活动中，因为只有笃信上帝并笃信上帝善待众生的人才会祈求上帝。这并不是说祷告只是有求于上帝，其最高尚的意义是加深人与造物主之间内心深处的亲密交流。神圣的上帝渴望听见正直人的祷告。为什么把正直人的祷告比作铁锹呢？因为，正如铁锹把东西从一地移到另一地一样，祷告能把愤怒变为仁慈。

自由意志

恶的冲动比善的冲动年长 13 岁。孩子从母体一出生它就存在了，它与人一起长大并陪伴人的一生。它开始亵渎安息日，杀人并且堕落，但是人（体内）却无力抵御它。过了 13 年后，善的冲动降生了。如果人再亵渎安息日，善的冲动便警示他，"《圣经》上说，凡敢冒犯这日的，必要把他治死"；如果他意欲杀人，善的冲动便警示他，"《圣经》上说，凡流人血的，他的血也必被人流……"

邪恶的冲动只不过是人类的一种秉性，它产生于自然的本能，尤其是性欲，它本质上并不是坏的，因为上帝所创造的都是好东西，它邪恶只是因为它易于被滥用。倘若没有这种冲动，人便不会建房舍，娶妻室，生儿女，干事业了。但是，邪恶冲动必须得到遏止，这样，我们才能把握住自己的生命。

邪恶冲动尽管终归要作恶，但却是人的本性之一，并且也赋予了人类一个弃恶从善的机会，因此，如果人没有作恶的可能，善也就没有意义了。动物没有邪恶冲动，因为它们没有道德观念。《圣经》上说："在你当中不可有别的神。"人身上的别的神，就是邪恶冲动。

邪恶冲动起初似路人，继而像房客，最终如主人。它的手段是：今天它让人做点微不足道的事，明天它让人做严重一点的事，最后它让人去奉敬偶像，人于是就听从了。

邪恶的人受心的控制，然而正直的人却控制自己的心。谁有力量？答案是：能征服自己冲动的人。

在来世，上帝将当着好人和恶人的面把邪恶冲动带来杀掉。在正直人看来，它壮如大山；在邪恶人看来，它形同毫发。这两种人都将哭泣。正直的人会哭着说："我们何以有能力征服了这样一座大山？"邪恶的人也会哭着说："我们何以连一根毫发都征服不了？"

人的生活品质是由他自己的欲望所塑就的。如果他愿意，他可以滥用生活所赋予他的机遇，但是在任何情况下都不能认为人一定会滥用这些机遇。邪恶冲动无时不在诱惑人，但是，如果人堕落了，责任在他自己，也只能在他自己。

罪恶

沙迈学派与希勒尔学派在下面这一点上各执己见已达两年半之久：后者认为人假如没有被创造出来，世界会更美好；而前者则认为世界因创造了人才更美好。表决的结果是，多数人认为倘若人没有被创造会更好，但是，人既然已被创造出来了，就让他检讨自己（过去）的行为。

《圣经·传道书》上说，“生有时，死有时”，这句话的意思是：死如生时的人才是幸福的，因为生时他无罪恶，死时他也无罪恶。用《传道书》中的另一句话说就是，“尘土仍旧归于地，灵仍旧归于天”，或者说“还一个纯洁的灵魂给上帝，如他赐予你时一般”。

有四种罪恶是穷凶极恶的滔天大罪：偶像崇拜、淫荡、杀人和诽谤。据说在2世纪初哈德良对犹太人迫害时期，罗马的暴政以死刑相威胁来限制宗教活动的自由。拉比们为此专门召开了一个会议来研究处于迫害之下的犹太人应如何履行自己的宗教责任。得出的结论是：“就《托拉》中所提到的禁律而言，如果一个人被告知说：‘你要去触犯，否则就杀死你。’他可以去触犯而保全性命，但偶像崇拜、淫荡和杀人不在此例。”意思是说，人宁死也不得犯这些罪。后来，在这三大罪状之后又加上了第四大罪状——诽谤罪。但最大的罪还属偶像崇拜，其严重程度相当于其余的罪状全部加在一起。何以这样呢？因为它必定导致对神的启示的否定，从而否定了整个律法。凡摒弃偶像崇拜者，等于承认了全部《托拉》。

有个人曾经来到拉比面前说：“我镇上的头领命我去杀掉某个人，如果我拒绝，他就要杀死我。”拉比对他说：“被处死也不要去杀人，你认为你的血比那人的血更红吗？”但遇到下列情况时杀人被认为是情有可原的：“倘若有人要杀你，你要先下手把他杀死”，“如果异教徒对一群犹太人说：‘交出一人来让我们杀死，否则把你们统统杀死’，他们必须全部赴难也不能交出其中的一个。从另一方面说，倘若异教徒指名要他们之中的某一个，他们必须将他交出来；因为，既然这个人和全体都会被杀死，他们必须交出他来，而不必一同去死。”

诽谤能杀死三个人：说者、听者和被谈论者。珍视自己邻居的名誉如同珍视自己的名誉一般，尤其是决不应该图谋诽谤自己的邻居。

让别人去犯罪比杀死他更为恶劣：因为杀人只不过是把人从今世除掉，但让人犯罪却把他从来世也除掉了。

不要怨恨，你就不会犯罪；不要发怒，你就不会犯罪；不要得意忘形，你就不会犯罪。

忏悔与赎罪

既然上帝创造的人具有邪恶冲动，人又因此很容易犯罪，那么正义便要求应该给人类一种解毒的药剂去拯救他们，这药剂就是忏悔。忏悔不仅能阻挡邪恶的洪水，它还能化解邪恶，从而让蒙受了罪恶玷污的生活柳暗花明。忏悔比一切都伟大。

与幸福相比，人在苦难时更应该欢欣，因为，如果一个人终生幸福，这说明他犯过的罪尚未被宽恕。但是通过受难，他犯过的罪就会被宽恕。

三种人不会看到地狱的脸：遭过贫穷的人，患过肠疾的人，受过暴政涂炭的人。他们遭受的困苦就是对他们恶行的惩罚，品尝了痛苦，他们也就净化了。

如果一个人犯了罪，他为此做了忏悔，却不思改正，那他的罪恶永远不能救赎。

忏悔是洗清人罪恶的最终途径，但忏悔必须是笃诚的。凡是说“我要犯罪，忏悔；再犯罪，再忏悔”的人，不配得到忏悔的权利。犯了罪而满怀羞愧的人，他所有的罪孽都会被宽恕。一次心灵的自责，胜过许多鞭笞。即使是一个恶贯满盈的人，临终忏悔了，上帝也会宽恕他。

拉比艾黎扎说：“要在你们死去的前一天忏悔。”他的门徒问他，“那么，人能知道在哪一天死吗?”他回答说：“所以人就更有理由在今天就忏悔，免得明天就死去；这样，他全部的日子就是在忏悔中度过的了。”

甘锁的那胡双目失明，四肢断去，浑身长满水疱，因此，他座椅的腿放在一盆水中，以免蚂蚁爬到他身上去。有一次，他的座椅放在一座破旧的房子里，他的门徒打算把他搬出去。他对门徒说：“先把家具清理出去，最后再搬座椅，因为，只要我的座椅在房子里，房子就不会倒塌。”门徒搬出了家具，然后又搬出了座椅，随即房子就倒塌了。他的门徒问他：“既然你是至善的人，为什么还要遭受这诸多的苦难呢?”他回答说：“这都怪我自己。有一次我去岳父家，带了三头驴驮着东西：一头驮着食物，一头驮着饮料，一头驮着各种山珍海味。碰巧遇到一个人，他

对我喊：‘拉比，给我点东西吃。’我说：‘等我从驴上下来。’我下来后，回头一看，他已经死了。我俯到他身上说：‘我这双眼睛没有可怜你，愿它们瞎了吧；我这双手没有可怜你，愿它们被截断吧；我这双腿没有可怜你，愿它们被切去吧。’我的心中还是不安，于是我又说：‘让我的身上长满水疱吧。’门徒们说：‘看到你这样我们很悲伤！’他回答说：‘如果你们看不到我这样，我才悲伤呢！’”

发生瘟疫有七种原因：诽谤、杀戮、发空誓、淫荡、傲慢、抢劫和妒忌。

犹太教是坚决反对禁欲主义的，拉比们认为：既然先知们的教诲是针对所有人的，这种教诲为绝大多数人设置了不可企及的标准，那么，这种教诲只能降低其本身的价值或者迫使人们侵越其法律戒律。

密西拿说：“一个愚蠢的虔诚者给世界带来毁灭。”

那么，什么叫愚蠢的虔诚者呢？

当一个人看到小孩沉入河中却说：“等我祈祷完毕，我会前去救他。”等他祈祷完毕，孩子已经被淹死了——这种人就是愚蠢的虔诚者。

……假如一个正直的人的行为被证明是正确而公正的，假如他没有委屈过任何人；假如他把债务人的典押品如数退还而不索取什么；假如他把面包施舍给饥饿者，把衣服施舍给缺衣者；假如他从来没有放过高利贷进行盘剥；假如他远离恶行，仗义执言；假如他遵循圣法圣规，诚实敦厚——那么，他就是一个正直的人。上帝宣称：这种人会长寿……

行恶的人自己会死去。儿子不会因父亲的罪错而受牵连，父亲也不会因儿子的罪错而受牵连。正直者一切正直的言行应该算作他本人的德性，邪恶者一切邪恶的言行应该算作他本人的罪恶。

世界是一间店铺，上帝是店铺里的老板，上帝把生命赊销给每个人，但也有一本总账记载着每个人的行迹。“网已撒开”，所以任何人也别想逃脱——也许这儿的逃脱是指“逃脱死亡”；“店门已打开”，每个人可以自由地表现他自己；最终，“宴会的一切都准备好了”，宴席是在来世为虔诚者、忏悔的人所进行的奖赏。

应其所求，每件东西都散发出去了，网已向芸芸众生撒开。

店门已打开，店主赊销物品，账本翻开着，留下各种手迹，不管是谁，他尽可

以到这儿借点什么。收款的人每天结账，强求每个人付款，不管他高兴与否。

每个人都有索取的充分理由。判决只是对真理的判决。

宴会的一切已准备就绪。

异教徒对犹太拉比说："身体和灵魂两者都不会受到审判。身体可以辩护说'是灵魂犯下的罪过'，灵魂也可以辩护说'是身体犯下的罪过'。"

拉比回答他说："我告诉你一个寓言，你可以把你的观点和它对照一下。从前有个国王拥有一个美丽的果园，果园里的果树上结着许多无花果，国王派两个人看守果园，两人中一人是瘸子，一个是瞎子。

一天，瘸腿的人对瞎眼的人说：'这个果园里果树上结满无花果，让我站在你的肩上，这样，我们可以把这些无花果摘下来美餐一顿。'

于是瘸子爬到瞎子的肩上，摘下无花果，两人大嚼起来，果园的主人来到果园询问被摘下的无花果的下落，瘸子说：'我的腿能爬树吗？'瞎子也说：'我的眼睛能看见东西吗？'

果园的主人——这位国王怎么办呢？他把瘸子扶到瞎子的身上，把他们放在一起审判。上帝也是这样，他先取来灵魂，把它放到肉体上，然后一起审判。"

不管是谁，在他爬上断头台接受惩处的时候，如果他能找到伟大的辩护者，他就可能被搭救下来。但是，如果他找不到这样的辩护者，那么他就只能死，人类伟大的辩护者是：忏悔和善行。

即使九百九十九个天使都认为一个人是有罪的，只有一个天使为他辩护，这个人就被搭救了……

拉比艾黎扎说："即使那唯一的为他辩护的天使身上有九百九十九个部分反对他，但有一部分支持他，他也就被搭救了。"

在忏悔者站立过的地方，连最正直的人也羞于立足于其上。

据说，世界上没有哪个妓女是艾黎扎拉比至今没有染指过。

有一次，当他们听说住在海边的一个妓女接客只收一袋第纳尔（货币名），他便带上一袋第纳尔穿越七条河流前去会她。

当他和这位妓女在一起的时候，这个女人吐出一口气，对他说："正像我吐出

的气息永不回归一样，艾黎扎的罪行永远得不到赦免。”

艾黎扎来到山丘和山岳之间，放声号啕：“啊！山岳和山丘，请为我祈求宽恕。”

“我们如何为你祈求？”它们回答，“我们自己也需要宽恕，因为《圣经》上写着：‘山岳也会移动，山丘也会动摇。’”（《以赛亚》54：10）

“啊！苍天和大地，请为我祈求宽恕。”

“我们如何为你祈求？”它们回答，“我们自己也需要宽恕，因为《圣经》上写着：‘苍天也会像烟一样消失，大地也会像长袍一样磨损殆尽。’”（《以赛亚》51：61）

“啊！太阳和月亮，请你们为我祈求。”

“我们如何为你祈求？”它们回答说，“我们自己也需要宽恕，因为《圣经》上写着：‘到那时月亮也会羞愧，太阳也将无光。’”（《以赛亚书》24：23）

“群星和星座，请你们为我祈求。”绝望的艾黎扎喊道。

“我们如何为你祈求？”它们也这样回答，“我们也需要宽恕，因为《圣经》上写着：‘天庭所有的主人都将腐朽。’”（《以赛亚书》34：4）

“那么，”艾黎扎说，“这件事只有靠我自己来解决了。”

他把他的头沉埋在两膝之间大声号啕，泪洒如雨，直至灵魂离开了自己的身体。

就在这时，从天庭传来的一个声音宣布：“拉比艾黎扎注定在来世获得新生。”

……拉比听了上帝的话，流着泪说：“有些人经过了漫长的岁月才获得了永恒的生命，有些人只在短暂的片刻即获得了永生！”他还说：“悔过不仅会被接受，它简直就是犹太教的‘精髓’。”

假如一个人看到痛苦的折磨已然降临自己，让他首先检讨自己过去的行为……假如在检讨自己过去的行为后，没有发现任何罪错，让他反思一下，他是否曾藐视过律法经典……

假如他仍然没有发现自己的罪错，那么他就可以确认：他所遭受的是爱之折磨，《圣经》上写着：“上帝爱谁，上帝便改正他。”（《箴言》3：12）

假如上帝——大慈大悲的神，爱一个人，他用痛苦的折磨将其压垮。

上帝对正直的人和邪恶的人都很严肃，他让正直的人为他们在今世所犯的少许错误承担责任，为的是在来世给他们以慷慨的赠予。

上帝给邪恶者带来今世的安宁平静，因其少许的善行而奖励他们，为的是在来世惩罚他们。

传说当摩西升入天堂后，上帝向他示意来日阿基巴拉比的功绩，阿基巴拉比后来终于殉难。

摩西说："宇宙之神，你已经让我看到了他们的经文，请你再让我看看他们所受的奖赏。"

"转过身去。"上帝说。

摩西转过身去，他看到阿基巴拉比死得很惨，商人们正在街市上称量他身上的肉出卖。

"宇宙之神，"摩西哭喊道，"他的经文在这里，难道这就是他所受到的奖赏？"

"不要说话！"上帝回答，"因为这是天命。"

上帝在呼啸的旋风中回答约伯提出的问题，上帝说：

是谁擅自用他的言辞把天意的安排涂上阴影？

准备行动的人们，我问你们几个问题，你们要回答：

当我给尘世创立根基的时候，你们在哪里？

你们知道是谁确定了大地的幅员？

如果你们对这个问题不陌生，

那么你们知道：

是谁在大地上划下第一条垂直线？

支撑大地的支柱位于何方？

是谁立下这支柱的基石？

从何时起，晨星一齐歌唱？

上帝的子民一齐为欢乐而高歌？

是你们的智慧使鹰隼高歌嘹亮？

是你们的智慧使鹰隼展翅翱翔？

是你们令鹰击长空？

搭起它们的巢高高在山上？

岩石上，城堡里，到处是鹰隼的故乡。

它们四出觅食，目及远方。

雏鹰吮血不止，

哪里有屠戮杀伐，

哪里就有它们的姿影雄壮。

（上帝接着又问：）

和上帝争论的竟能教训上帝？

责骂神明的人能回答这些问题毫厘不爽？

（约伯回答上帝的问题，说：）

听着：我无足轻重，岂能解释你的问话？

我把自己的手按在嘴上，

我已经说过一遍，不再重复，

我重申一遍，并就此缄默。

信仰的含义

摩西曾接受613条训诫，其中365条消极的训诫相对于每年的365天，248条积极的训诫相对于人体的所有器官。

大卫后来把它们减少到11条（《圣经》的《诗篇》上有记载）。

以赛亚接着又把它们减少到6条。根据《圣经》上记载，这6条是：

①正直地行事；

②说正直的话；

③摒弃不义之利；

④拒收贿赂；

⑤闭耳不听丑闻；

⑥闭目不见邪恶。

米卡又把它们减少到3条，《圣经》上记载：

上帝让你们做到：①做正直的事；②热爱善行；③谦恭地和上帝同行。

以赛亚接着又把它们减少到2条，《圣经》上记载：

上帝说：顺应正直的一切，做正直的事。

最后，由哈巴谷把它们减少到一条，《圣经》上记载："正直的人因其信仰而活着。"

祈祷与拯救

约书亚拉比指出一个矛盾现象，即：《圣经》上说："在适当的时候，弥赛亚就会降临人世"。同时，《圣经》上又说："我作为天国之神将促使他早日降临人世。"

上面的两句话可以理解为："假如众生的行为值得弥赛亚早日来临，上帝将敦促他；假如众生的行为不值得弥赛亚早日降临，弥赛亚只会在适当的时候降临人间。"

圣哲们和预言家们并不希望有朝一日弥赛亚降临人世，这样犹太人就能控制世界，统治异教徒或被其他族类高高抬起；他们并不认为弥赛亚的到来就意味着饮宴欢乐。他们的理想是：当弥赛亚到来的时候，犹太人可以自由地把自己奉献给基督教及其所有的文明，没有人压迫和干扰他们，并从而创造出一种高尚的生活，无愧于来世。

到那个时候，世界上将不再有饥馑和战争，没有嫉妒和冲突，福泽无边，人人享受安宁。到那时，领会整个世界的要义在于理解上帝。从此以后，犹太人将更加睿智，他们将发现并探索那些依然隐藏着的事物，尽人类智力的最大限度深入理解造物主——上帝。

（二）自己与他人

如果我们不为自己努力，我们靠谁？

如果我们只为自己努力，我们成了什么？

如果我们现在还不明白，我们什么时候才明白？

成为你自己

你的生命和你的邻居的生命一样有价值，你的需要和他人的需要一样应该满足。要达到自我的满足，必须把注意力及财富施及家人、朋友和社会，必须从只想着自己转变为强调自我以外的世界。自我实现并不是要隐退于我们这个堕落的世界之外，也不是要沉溺于自我陶醉之中，要实现自己的价值必须参与社会生活，并对这个世界能有所贡献。

要尊敬自己，但不要傲慢；尽情享受生活的赐予，但不要成为财富的奴隶；要为成功而努力进取，但不要过分夸耀自己的显赫；要适度；要培养自己的能力又不要过分沉溺于自我。

如果我们不为自己努力，我们靠谁？

如果我们只为自己努力，我们成了什么？

如果我们现在还不明白，我们什么时候才明白？

当一个人死后升入天堂，他会被问道：

你是否诚实地工作了？

你是否腾出时间用于学习？

你是否参与繁衍后代的生殖活动？

你是否努力地自救？

你是否探讨智慧的哲理？

你是否深入探求事物的本质？

一次，艾黎扎饥肠辘辘但无物可食，于是，他昏倒了，慢慢地进入了梦乡。他梦见上帝坐在他身旁。

“我还要在这世上受多少苦？”他问上帝。

“我的孩子，”上帝回答道，“你是否希望我把这个世界再回复到初始阶段？如果那样的话，你会成为幸福之人。”

“难道让世界充满灾难，只有我自己的生活会好些，”艾黎扎同答道，“不，我不同意。”于是他选择了过贫苦生活这条道路。

先哲对世界的看法中，没有灰心和自怜。

你对生活奉献多少，你就会从生活中得到多少。

你来自何方

注意以下三件事，你就不会陷于罪恶的魔爪。

知道自己来自何方，了解自己去往何处，明白自己向谁倾吐真情和叙述经历。

“你来自何方？”我是一粒堕落的尘埃。

“你去往何处？”我去往一个尘埃飞扬、蛆虫爬行、混乱一片的地方。

“你向谁倾诉心声和经历？”向上帝，向最神圣的上帝，上帝保佑。

凡事皆有定数，天下万物都有定时：

生有时，死有时。

栽种有时，收获有时。

杀戮有时，医治有时。

拆毁有时，建造有时。

哭有时，笑有时。

哀恸有时，欢乐有时。

投石有时，聚石有时。

怀抱有时，放手有时。

寻找有时，失落有时。

保存有时，舍弃有时。

撕裂有时，缝补有时。

静默有时，言语有时。

喜爱有时，憎恶有时。

争战有时，和平有时。

幸福生活的定义

美好、力量、财富、荣誉、智慧、满足、孩子，属于那些懂得怎样正确生活的人们，属于这个世界。

尽情地咀嚼美味，痛快地开怀畅饮，

这一切早已被上帝准许。

让你的衣服洁净无尘，让你的前额闪着亮光，与你心爱的姑娘一道去享受生活的欢畅。

大地上飞逝的时光都属于你们——所有正在飞逝的时光。

这是你可以从生活中得到的，这个世界可以赐予你的。

尽你之力追求幸福，

因为你正走向另一个世界，那里没有理性，没有知识，没有智慧……

对于年迈的老人，请允许他享受美好的晚年，记住黑暗的日子即将来临，唯一的将来就是虚无！

物质上的欢乐是从不存在的，因为罪孽总是随之而来。

例如……当一个人染上了大吃大喝的恶习以后，任何一次奢侈机会的丧失对他都将是一场灾难。为了维持他所习惯了的餐宴，他将不得不卷入险恶的金钱交易之中，伴随而来的便是谎言、虚伪、贪婪……然而只要他拒绝那种享受欲望的引诱，他将避免这一切罪孽。

更多的肉食，意味着更多的蛀虫。

更多的拥有，意味着更多的担忧。

更多的妻子，意味着更多的巫术。

更多的女仆，意味着更多的淫邪。

更多的男佣，意味着更多的抢劫……

有个人住进了华沙的一家客店。晚上，他听到邻居家传来音乐和跳舞的声音。

“他们准是在庆祝婚礼呢。”他想。

第二天晚上，他又听到了同样的声音。第三天，第四天，依然如此。

“一个家庭怎么会有这么多婚礼?”他问客店老板。

“那所房子是婚礼大厅。”老板答道，“今天是这家举行婚礼，明天则是另外一家。”

“啊，这正像我们居住的这个世界，”拉比说，“人们都在享受幸福和欢乐，只不过有时是这些人，有时是另外一些人。设有人能够永远幸福。”

控制你的情绪

犹太传统认为，有些愤怒是允许的，并且认为这些愤怒是重要的和不可或缺的，那就是对不公正表示愤怒。但是那种毫无节制地对别人表示愤怒，那种失去理智的愤怒，那种毫不顾忌他人的愤怒则是应该受到谴责的。

一个人的性格可以从他对三件事的态度上看出来。这三种方式是：饮酒方式、花钱方式和愤怒方式。

也有人认为可以从开玩笑的方式看出来一个人的性格。

人的性情有四种：

容易激怒也容易平息的人——他的所得被其所失抵消了。

很难激怒也很难平息的人——他的所失被其所得抵消了。

很难激怒却很易平息的人——圣人。

很易激怒而又难以平息的人——恶人。

在盛怒中撕破其衣衫，在盛怒中砸碎其家当的人，最后会拜倒在偶像之下。

因为，这是邪恶的冲动艺术：它今天对他说：“撕破你的衣衫。”明天它对他

说："崇拜偶像。"

于是，他就拜倒在那些偶像面前。

有一个虔诚但性情急躁的人，每当与别人争执起来，他不是以回答别人开始，而总是以喊叫和咒骂开始。可一旦平静下来后，又为自己的行为懊悔。

于是，他去求教一位先哲："我怎样才能避免在气愤时辱骂别人呢？"

先哲回答道："把骂人的话放在自己身上，或者，在骂人之前想一想：'我骂别人的话会不会落在自己的头上呢？'这样一来，你就不会骂人了。"

这个人不愿这样做，而是采用了另一种方法。每次骂人后，他总是给挨骂者一份颇厚的礼物。他把这些礼物看作自己骂人所付出的昂贵代价，这使他渐渐控制了自己的情绪，而且向人施舍礼物也是对自己坏脾气的一种补过行为。

一次，两个人决定打四百祖兹的赌。他们商定："谁把希勒尔激怒，谁将获得四百祖兹。"

其中一个去试探。当时正值安息日前一天，暮色将至，希勒尔正在洗头。那人走来敲门。

"希勒尔在哪儿？希勒尔在哪儿？"他大声叫道。

希勒尔穿上袍子出来见他："我的孩子，什么事？"

那人答道："我要打听件事。"

希勒尔说："讲吧。"

那人问："塔德莫利特人为什么视力不佳？"

希勒尔回答："因为他们的家建在沙漠里，刮风时，沙子吹进他们的眼睛，因此，他们的视力不佳。"

那个人走了，过了一会儿他又返回来敲门。

"希勒尔在哪儿？"他喊道，"希勒尔在哪儿？"

希勒尔穿上长袍走出来，说："我的孩子，什么事？"

那个人回答说："我想问一件事。"

希勒尔说："讲吧。"

那个人问道："为什么非洲人是平足？"

“因为他们聚居在多水的沼泽边上，”希勒尔说，“他们总在水里行走，因此他们是平足。”

那个人走了，过了一会儿又折回来敲门。

“希勒尔在哪儿?”他大叫，“希勒尔在哪儿?”

希勒尔穿好长袍，出来问他：“你想提什么问题?”

那个人说：“我要问一些事。”

希勒尔说：“问吧。”他穿着长袍坐在那个人面前说，“什么事?”

那个人说：“这是王子回答问题的方式吗?在以色列大概没有像你这样的人了!”

“但愿此事不曾发生!”希勒尔说，“锤炼你的精神吧!你要问什么?”

那个人问：“为什么巴比伦人的脸那么长?”

希勒尔回答说：“我的孩子，你提了一个重要的问题。因为在巴比伦没有技术娴熟的接生婆。小孩子一出生，奴隶和女仆就把他们竖抱在膝盖上照料，因此，巴比伦人的脸是长的。在这儿，接生婆技术高超，小孩子一出生就放在摇篮里照料，所以他们的头是平放的，因此巴勒斯坦人的脸是圆的。”

“你已经使我与那四百祖兹无缘了!”那个人惊叫起来。

希勒尔对他说：“希勒尔宁可叫你输四百祖兹，也不会发脾气。”

灵活一点儿

一个人总要像芦苇秆一般柔顺，而不要像雪松那样刚直。

当风吹来的时候，芦苇就顺势弯一下，而风停下来后，它又在原来的位置上挺得笔直。芦苇的尖儿又怎么样呢?它的好运气又使它能够用来做书写《圣经》的笔。

而雪松呢，连其生命都难保住，因为一旦有风吹来，它就会连根倒下，断裂。它的树枝又怎么样呢?伐木工来了，劈劈砍砍就用来盖在房顶上——剩下的，它们就抛进了火里。

说话谨慎

像其他方面一样，犹太教拉比强调讲话时要克制。他们说，一旦说了一句话，就像一支射出的箭，永远也不能收回。

拉比迦马列对他的仆人塔白伊说：

“去集市给我买些好的食物。”

仆人去了，带回一只舌头。

他又告诉仆人说：“去集市给我买些坏的食物。”

仆人去了，又带回一只舌头。

拉比问他：“我说‘好的食物’，你带回一只舌头，我说‘坏的食物’，你也带回一只舌头，这是为什么?”

他回答：“它是善和恶的根源。当它善的时候，没有比它更善的了；当它恶的时候，没有比它更恶的了。”

一个波斯国王病入膏肓。他的医生告诉他，活下来的唯一希望就是喝母狮子的奶。这位国王转向他的仆人们，问道：“谁愿意去为我弄母狮子奶?”

“我愿意。”一个人回答道，“如果您能给我十只羊。”

这个人带着羊，来到一个狮穴旁，一只母狮子正在给它的孩子们喂奶。第一天，这个人站在一定距离外，扔给这只母狮子一只羊，母狮子很快地把羊吞吃了。第二天，他靠近了一点，又扔过去一只羊。就这样，10 天后，他和这只母狮子交上了朋友，他可以抚摸它，和它的孩子们玩耍，最后，他弄到了母狮子的奶，就回来了。

半路上，这个人做了个梦，梦到他身体的器官互相吵架，他的脚说：“任何器官都不能和我们相比。如果不是我们走到母狮子身旁，这个人就不会把奶带给国王。”

手回答道：“但如果不是我们弄到奶，他就没有奶给国王。”

“但是，”眼睛说，“如果不是我们指路，他就做不了任何事情。”

“我比你们都强，”心叫喊道，“如果不是我想出这个计划，你们什么都做不成。”

“我是最好的，”舌头说道，“因为我不说话，你们能做什么呢?”

“你怎么敢和我们相比。”身体的所有器官都嘲笑它，“你只能呆在那黑暗的令人沮丧的地方，身上连块骨头都没有。”

“你们会明白的，”舌头说，“今天你们就会说我统治着你们所有的器官。”

这个人醒了，继续赶路。他来到国王的卧室，说道：“这是我给您弄的狗奶。”

“狗奶?!”国王大怒，“我要的是母狮子的奶。把这个人拉出去吊死!”

在拉出去的路上，这个人身体上的所有器官都开始发抖。

于是，舌头对它们说：“我告诉过你们，我比你们都强。如果我救了你们，你们承不承认我统治着你们?”它们都很快地同意了。

“把我带回去见国王。”舌头对执行者喊道。这个人被带回到国王面前。

“您为什么要吊死我?”这个问道，“这奶能治好您的病。您难道不知道母狮子也有被称为‘母狗’的时候吗?”

国王的御医接过奶，仔细检查了一番，证实这奶确是母狮子的奶，国王喝了母狮子的奶后，病很快就好了。

由于这个人弄到的母狮奶而使国王御体康复，于是，国王重奖了他。现在，身体的所有器官都转向舌头：“我们向您鞠躬致敬，您是我们的统治者。”它们恭顺地说。

这段寓言的意思是，“舌头能置人死地，也能救人生还”。

与智者同行

谁是智者？向所有人学习的人。

聪明的人不在比他更聪明的人面前乱讲话；

他不会打断他伙伴的讲话；

他不匆匆忙忙地回答问题；

他问有关的问题，回答切中要点；

他先说先知道的事，后说后知道的事；

未听到的事，他说："我未有所闻。"

他正视真理。

反对迂讷。

一个人的著作超过了他的智慧，他可以和什么相比呢？一棵树的树枝异常茂盛，但树根却很少，很短，大风一来，就会把它连根拔掉。

一个人的智慧超过了他的著作，他可以和什么相比呢？一棵树树枝很稀少，但树根却很长，很多。即使世界上所有的风一同向它吹来，猛力地吹，也不能把他吹倒。

所以说："他必像树栽于水旁，在河边扎根：炎热到来，并不惧怕，叶子仍必青翠，在干旱之年毫无顾虑，而且结果不止。"（《耶利米哀书》17：8）

《圣经》上说："和智者同行，必得智慧；和愚者为伍，必将毁灭。"（《箴言》13：20）

这和什么相比呢？和一个进了香料行的人相比。虽然，这个人不买什么，也未从商店取走什么，但香味却已附在他衣服上，一整天也不会散去。

但如果一个人走进皮革商店，即使他什么也不买，什么也不拿，他的衣服也会变脏，坏的气味整天都会附在他的衣服上，久久不散。

关于生活的三条忠告

一次，一个猎人捕获了一只能说70种语言的鸟。

"放了我，"这只鸟说，"我将告诉你三条忠告。"

"先告诉我，"猎人回答道，"我起誓我会放了你。"

"第一条忠告是，"鸟说道，"做事后不要懊悔。

第二条忠告是：如果有人告诉你一件事，你自己认为是不可能的就别相信。

第三条忠告是：当你爬不上去时，别费力去爬。"

然后鸟对猎人说：“该放我走了吧。”猎人依言将鸟放了。

这只鸟飞走后落在一棵高树上，向猎人大声喊道：“你真愚蠢，你放了我，但你并不知道在我的嘴中有一个价值连城的大珍珠，正是这颗珍珠使我这样聪明。”

这个猎人很想再捕获这只鸟，他跑到树跟前并开始爬树。但是当爬到一半的时候，他掉了下来摔断了双腿。

鸟嘲笑他并向他喊道：“笨蛋！我刚才告诉你的忠告你全忘记了。我告诉你一旦做了一件事情就别后悔，而你却后悔放了我。我告诉你如果有人对你讲你认为是不可能的事，就别相信。但你却相信像我这样一只小鸟的嘴中会有一个很大的宝贵珍珠。我告诉你如果你爬不上某东西时，就别强迫自己去爬。而你却追赶我并试图爬上这棵大树，还掉下去摔断了你的双腿。这本箴言上所说的就是你：‘对聪明人来说，一次教训比蠢人受一百次鞭挞还深刻。’”

说完鸟就飞走了。

不要为明天的问题担忧，因为你并不知道明天会给你带来什么。

明天将会来临，而你却不能永存，所以你在为一个不属于你的世界担忧。

不要向一个怀疑你或因妒忌而揭露你的意图的人求教；

不要向一个妇女请教有关她的对手的情况，也不要向懦夫请教有关战争的事情；

别向商人请教有关交易的事情，也别向进货商打听销售情况；

别向守财奴请教有关免费的事情，也别向硬心肠的人请教有关善良行动；

别向懒汉请教有关任何工作的事情，别向临时工请教怎样完成一项工作，也别向懒惰的雇员请教怎样完成一项需准确完成的任务——别指望从他们那儿得到任何忠告。

你要依靠的人，应该是一个良诚的人，你应了解他熟知圣训，他的利益与你自己的利益相同，如果你遇到了挫折，他会表示同情。

但是必须相信你自己的判断力，因为它是你最可靠的顾问。

有时，一个人的头脑所了解的东西，比七个站在高塔上的看守人了解的东西更多。

但是，首先要向上帝祈祷，以保佑你寻求真理顺利。

我的孩子，在所有的谦逊中，要保持你的自信并估价你自己的真实价值。

谁会为自己的敌人说话？

谁会尊敬贬低他的人？

一个自大的人甚至在他自己的家庭中也得不到承认……

起先，他的家庭成员会赞成他的每一句话，但过一段时间后，他们会发现他令人反感。

萨麦学派与希勒尔学派争论了三年。

前者说："法律与我们的观点一致。"

而后者说："法律与我们的观点一致。"

然而，一个来自天堂的声音宣告："你们各自的观点都来自上帝，但法律与希勒尔学派的解释一致。"

既然这两种学派的解释都是"上帝的意思"，为什么法律却固定由希勒尔学派的观点解释？

这是因为希勒尔学派的信徒们仁慈而且谦虚。他们不仅研究萨麦学派的规则，他们甚至提到，这些规则是在他们自己的规则之前……

这件事告诫你：任何谦逊的人，上帝将保佑他得到提高；任何自我提高的人，上帝将保佑他谦逊。

伟大的荣誉将离开那些追求荣誉的人。但是，伟大的荣誉将跟着那些躲避荣誉的人。

什么是成功

当人们离开这个世界时，连他们愿望的一半也实现不了。

一个有 100 元钱的人会希望得到 200 元；一个有 200 元钱的人会希望得到 400 元。

强求时机的人，将受到时机的排斥；服从时机的人，会发现时机就在他身边。

勃迪切夫的拉比看见一个人急匆匆地走着，目不斜视。

“你为什么走得这样匆忙?”他问这个人。

“我在追赶我的生计。”这个人回答道。

“那你怎么知道你的生计在你前面奔跑，以至于你这样去追赶它?”拉比说道，“也许它在你的后面，你只需要站在这儿等着它呢。”

一个人受的训导越多，他受到极端情况（好的机会和坏的机会）的影响就越少，因而当他遇到世界上最大的好运气时（像哲学家们称为“不可想象的精华”），他也既不会因此而兴奋，也不会从他自己的眼睛中流露出特别的炫耀和自豪。

而当巨大的不幸和苦难降临到他身上时，就像许多在世界上发生的苦难一样（哲学家们称之为“天大的不幸”），他既不会吃惊也不会受到恐吓，而是很好地忍受这一切。

当一个人期望着事物的真实本质和实在的自然知识时，他会得到一种才智。据此，他能理解一个人在其一生中并不能总遇着世界上最美好的事情，因为当一个人到达晚年时，其价值会降低，并变得很衰弱，随时可能死亡。他的死亡像其他生物一样，这时他又能得到什么益处呢?

因而，这是世界上最大的苦难。当他想到他无法逃脱死亡时，任何苦难与死亡的苦难相比都要小得多，这是毫无疑问的。因而，遇到一件较为不幸的事情要比遇到这件人人都不能摆脱的最不幸的事情要好得多。

从前，有一个狮子，又老又在患病。它的生殖器官患了病，因而它的精神很痛苦，它的命运很难确定，不知是会活下去还是会死亡。

在这只狮子的病痛中，远在天边的所有家畜和兽类都来看望这只狮子。其中一些是出于爱护来看望病情，一些是来观其痛苦，一些是来接替它的统治，一些是来了解在其之后谁会成为统治者。

狮子病得十分厉害了，它已不能表示它是活着还是死去了。牛走过来并以角抵伤它，试它的力气是否已用光耗尽；小母牛用它的蹄子踩它；狐狸用其牙齿咬它的耳朵；母羊用尾巴刷着狮子的鬃，并说道：“它什么时候死?它的名字也会消亡

吗?”而公鸡去啄它的眼睛，并啄碎了它的牙齿。

这时，狮子的灵魂又返回了它的躯体。当它看到它的敌人在幸灾乐祸地注视着它时，它喊道：“哎呀，当我信赖的管理者看不起我时，当我的权力和荣誉不再为我所有时，往日的奴仆就在我头上称王称霸了。以前爱戴我的人现在也变成了我的敌人。”

这个寓言说明，当一个人具有财富和荣誉时，他的朋友都尊崇他。但当灾难降临到它身上时，当他失去势力和丧失地位时，这些爱戴过他的人就会离开他。

爱所有的人

“爱你的邻里如同爱你自己。”拉比阿基巴说，“这是《塔木德》的至高无上的原则。”

一天，一个异教徒来到哲人沙迈那里，对他说：

“如果我用一只脚站着，你能把犹太教全部经文教给我，我就改信犹太教。”

沙迈用手中握着的刻有量度的竿把他赶走了。

这个人来到希勒尔面前，又说了同样的话。

希勒尔对他说：

“己所不欲，勿施于人。这就是犹太教全部经文的核心，其余都是对经文的解释——请回吧，好好学去。”

加伯纳的拉比们喜欢这么说：

“我是上帝的造物，我的邻里也是上帝的造物。

我在城市工作，他在农村干活儿。

为了工作，我早早起来，他也早早起来去干他的活儿。

他干我的工作不会出色，同样我也干不好他的活儿。

你能说我做的是大事情，他干的是小玩意儿吗?”

我们懂得了，一个人做得多或者干得少，没有什么关系，只要他对上帝一片忠心。

一个人不要在睡觉的人们中间醒着，或者在醒着的人们中间睡觉；

不要在欢笑的人们中间哭泣，或者在哭泣的人们中间欢笑；

不要在其他人站着的时候坐着，或者在其他人坐着的时候站着；

不要在其他人念《圣经》的时候读犹太教法典，或者在其他人读犹太教法典时念《圣经》。

总之，一个人决不要从周围人们的习惯中游离出来。

一个人始终要设法同他的朋友、亲人，同所有的人，甚至街上的异教徒，保持最良好的关系，使得他可能在天堂受到厚爱，在人世受到欢迎，为他的同胞们所亲近。

据说，约哈南拉比从来没有一个人先向他问候，总是他先打招呼，即使对街上的异教徒也是如此。

朋友们

一个富人有10个儿子。他郑重地向他们宣告，当他快要死去时，他会给他们每个人100第纳尔。

然而，随着时间的推移，他失去了一部分钱，只剩下950第纳尔了。于是，他给了上面的9个儿子每人100第纳尔。对最小的儿子，他说：

“我只剩下50第纳尔了。其中，我还得拿出30个来作为丧葬费。因此只能给你20个。但是我有10个朋友，我把他们告诉给你，他们要胜过1000第纳尔。”

这个人把最小的儿子托给了他的朋友们，不久以后，他就死了，也被埋葬了。

9个儿子各自走了，最小的儿子慢慢地花着留给他的那些第纳尔。当他只剩下最后一个时，他决定用它来招待他父亲的10个朋友。

他们和他一块儿吃了喝了，然后互相说道：“所有弟兄中他是唯一仍然关心我们的一个，他这么好心好意，我们也应该有所报答。”

于是，他们每人给了他一头怀着崽的母牛和一些钱。等到牛犊生下，他把它们卖掉，用那些钱做生意。上帝赐福，使他比他的父亲更富有。

于是他说："确实，我父亲说得对，朋友比世界上所有的钱都更有价值。"

有两个好朋友被战争分开，在不同的国家里生活。一次，其中一位来看他的朋友，因为是从国王敌人的城市来的，他被关了起来，并要被当作间谍处以死刑。

不论他怎么辩白，都没有能够拯救自己，因此他向国王请求恩典。

"陛下，"他说，"请给我一个月的时间，只要一个月，让我回去把事情处理一下。这样，我的家人在我死后就能得到照顾。在一个月的最后一天，我回来服刑。"

"我怎么能相信你能回来呢？"国王回答，"你用什么来担保？"

"我的朋友就是担保。"这个人说，"如果我不回来，他会替我去死。"

国王召来了这个人的朋友，使他惊奇的是，那朋友同意这个条件。

这个月的最后一天，太阳快落山了，那人还没有回来。国王命令他的朋友替他去死。当刀子就要砍下去时，那人回来了，一下子把刀拉到自己的脖子上。但是他的朋友止住了他。

"让我为你死吧。"他恳求道。

国王深受感动。他命令把刀拿开，赦免了他们两个。

"你们两人之间的友爱竟然如此伟大，"他说，"我请求你们，让我作为第三个成员和你们在一起。"从那天以后，他们就成了国王的朋友。

正是在这一精神中，我们的先哲们才说："给你自己找个伴儿。"

当你交一个朋友时，先考察考察他，不要急于信任他。

有些朋友，当事情对他们有利时，他们是忠诚的，但是有了困难就抛弃了你。

有些朋友倒向敌人一边，使争吵公开，来羞辱你。

还有的朋友吃着你的，但在困难时哪儿也找不到他；当你繁荣昌盛时，他会是你的心腹，跟你的仆人们打得火热；但如果你败落了，他就掉过头来反对你，再也不会来见你。

对敌人你要保持距离，对朋友也要留点神。

一个忠实的朋友是一个安全的庇护所，谁找到一个这样的朋友，谁就找到了财宝。

一个忠实的朋友是没有价钱的；他的价值不是金钱所能计量的……

不要抛弃老朋友，新的朋友没有那么多的价值。

新的朋友像新的酒，没有酿成你喝起来就不痛快。

应尽力避开的人

有四种人是不能容忍的：傲慢的穷人，阿谀奉承的富人，好色的老人，擅作威作福的首领。

好生气的人，不可与他结交。

有一种徒有其表的人，自以为了不起，高人一等，值得别人称颂，认为坐、站、行、走以及说话、做事都应有特殊的气派才行……他只和有身份的人说话，即使如此，也仅仅像神谕似的说短短几句。行动、姿态、吃、喝、穿着，都装腔作势，仿佛他的肉是铅做的，骨是石头做的。

有一种骄傲的人，觉得自己有些长处值得别人尊敬，因此理应引起普遍的畏惧，人人都应在他面前发抖。一个普通人怎么敢对他说话，问他问题！他的腔调使打算接近的人退了回去。他用傲慢的回答压制人们，他一天到晚绷着脸……

还有另外一种人，希望由于他的优秀品德而受到注意，由于他的行为而受到表扬。他不满足于人人对他自以为具有的卓越才能所给予的赞扬，他希望人们的赞扬中包括他是最谦虚的人这一点。于是他对自己的谦虚感到自豪，希望得到荣誉，因为他假装逃避荣誉……他拒绝所有光荣的称号，也不接受晋级的呼吁，但他的心里却在想，“世界上没有一个人有我这样聪明和谦虚了”。这种自负的人，虽然竭力装得谦虚，却逃脱不了某些灾难，这灾难就像一堆燃着的枯枝使他们骄傲的“火焰”迸发出来。这种人可以比作一间堆满稻草的屋子，这屋子到处是窟窿，稻草从窟窿里不断钻出来，过了一会儿，人人都知道屋子里有些什么东西了。人们很快就认出他不老实，他的谦虚不过是伪装罢了。

一个人除了他的儿子和他的弟子以外，嫉妒每一个人。

世界上有四种人：

第一种人说：“我的是我的，你的是你的。”——这种人最普通。

第二种人说："我的是你的，你的是我的。"——这是愚蠢的人。

第三种人说："我的是你的，你的也是你的。"——这是圣贤。

第四种人说："我的是我的，你的也是我的。"——这是坏人。

防止错误

任何能够防止家庭成员犯罪而没有这样去做的人，都要为他家庭成员所犯的罪恶受到惩罚。

如果他能够防止他的同胞犯罪而没有去防止，他要为他的同胞的罪恶受到惩罚。

如果他能够防止整个世界犯罪而没有防止，他要由于整个世界的罪恶而受到惩罚。

如果一个人说话很灵，他就得大声说话；同样，如果一个人说话不灵，他就不该把话说出来。

对于人们来说，在被告诫他们正在干的事情是错的之前，由于无知而犯罪，要比故意犯罪好一些。因此，如果一个人知道得很确切，他的告诫不会被接受，他就不必提出来。但是如果他拿不定这种告诫会不会被接受，那么为了拯救他人的灵魂，他应该提出来。

如果有人向你请教可能会带来害处的事，就不要回答。当你知道，他早晨起来有可能被土匪抓去，就不要劝他早早起来，也不要让他在中午可能会中暑的时候出去。

不要劝说别人卖掉土地买驴子，以便可以使你自己得到那块土地。

你给了人家方便，不要反复地向他提起这件事。这是一个可鄙的习惯。

把下面这句箴言牢记在心中："你说的可以做，而你做的却不要去说。"

待客之道

盗贼有好多种：

首先，是窃取了人们的心的；

嘴上老是邀请邻人去玩，心里并不这么想的；

明明知道邻居不会接受他的礼物，还是继续不断地送去的；

使客人相信那桶酒是特意为他打开的，事实上，那酒早已卖给铺子了。（因为酒容易坏，人们打开了一桶酒，通常总是设法让铺子来买他们的酒。）

有一位巴尔·犹哈尼决定宴请罗马的一些显贵。他跟拉比艾黎扎商量。

拉比艾黎扎说："如果你打算邀请20个人，你要备足25个人的食物；如果你打算请25个人，那就得备足30个人的食物。"

可是，他只备足了24个人的食物，就邀请了25个人。

结果，他缺少了一盘菜——有人说，那是洋蓟丁。

他端上来一条金子做的鱼，把它放到没有菜盘的那位客人面前。客人把它扔到他的脸上，说："我能吃金子吗？"

巴尔·犹哈尼去到拉比艾黎扎那儿，对他说："确实，我不该告诉你这件事，因为你告诉过我应该怎么做，可是我没有照办。但是我想知道：是上帝给了你们学者们启示，使你们知道了《圣经》的秘诀，他又让你们知道了招待客人的秘诀吗？"

拉比艾黎扎回答："他也启示了我们招待客人的秘诀。"

"你怎么知道的该如何办呢？"他问。

拉比艾黎扎回答："从大卫那儿知道的，因为那里写着：'押尼珥带着二十个人，来到希伯仑见大卫，大卫就为押尼珥和他带来的人摆设宴席'（《旧约·撒母耳记下》第三章）。那里并没有只说'设摆宴席'，而是说了：'和他带来的人'。"

一位善良的客人说什么呢？

"我的主人为我经受了多少麻烦，他给我摆上了那么多肉，他给了我那么多酒，他为我端来了那么多饼！他经受这些麻烦，完全是为了我的缘故！"

一个糟糕的客人说什么呢？

"这个主人为我做了些什么啊？我只吃了一片面包，我只吃了一块肉，我只喝了一杯酒！这个主人所以这么忙，完全是为了他的妻子和他的孩子们。"

一个客人在一户人家受到款待，应该在盘子里剩下些东西以表示多得吃不了。如果他把每样东西都吃掉，人们会说，那是因为给得不够。

但是，如果主人对他说："请不要客气。为什么把吃的东西扔掉喂狗呢？"那他就应该依从主人的意愿，不在盘子里剩下东西。再说，如果那家人把他剩下的东西扔掉，他就犯了浪费粮食的错误。

处世之道

在你的伙伴生气的时候，不要去使他心平气和；

当死者仍然躺在他面前的时候，不要去安慰他；

在他发誓的时候，不要向他提问题；

在他遭到不幸的时候，不要去看望他。

到别人家里去，没有打招呼就决不要进门。

在这方面，我们能够从上帝那儿学到礼貌，他待在伊甸园的外面，先不进去，而是招呼亚当。《圣经》上就是这样写的："耶和华上帝呼唤那人，对他说：'你在哪里？"'（《旧约·创世记》第3章）

不管你借给邻舍什么东西，不可进他家拿他的抵押品。你要站在外面，等那向你借贷的人把抵押品拿出来。

过来听着：如果一个人的屋顶高高地矗立在他邻居院子的旁边，他就应该在屋顶四周围上4腕尺高的板壁。

定下这条规则是有特殊理由的。院子的主人可能对屋顶的主人说："我使用我的院子有一定的时间，但是你使用你的屋顶就没有一定的时间。我无法知道你什么时候上顶层去，以便我可以避开你，保持我的隐私。"

有个人动手在他邻居的窗子对面垒一堵墙。

邻居对他说："你把我的光线给挡住了。"

他回答："我把你的窗子堵上，另开新的，让它们高出我的墙。"

"不，"邻居说，"这样，你就把我的墙弄坏了。"

“既然如此，”那个人说，“我把你的墙拆掉，一直拆到窗子，重新往上垒，让那上面的窗子高出我的墙。”

“上面新的，下面旧的，墙就不结实了。”邻居说。

“你要是愿意，”那个人说，“我把整堵墙都推倒，垒新墙，开新窗。”

“不，”邻居说，“一座旧房子，一堵新墙，这样不会结实。”

“既然如此，”他说，“让我把整座房子都推倒，造一座新的，开新的窗子。”

“房子拆了，我住哪儿去啊？”邻居说。

“我给你另租一所。”那个人说。

“我不想惹麻烦。”邻居说。

拉比哈玛说，这个邻居在法律上有十足的权力阻止垒这堵墙。

你若看见弟兄的牛或羊迷失了路，不可假装不见，而要把它牵回来，交给你的弟兄。

你的弟兄若离你远，或是你不认识他家，就要牵到你家去，留在你那里，等你弟兄来寻找时就还给他。

你的弟兄无论失落什么，或是驴，或是衣服，你若遇见，都要这样做，不可假装不见。

有些捡到的东西可以马上归捡到的人所有，其他的东西得贴出招领启事。

下面的东西可以归捡到者所有：零散的水果，零散的钱币，躺在大路上的小捆谷物，几块无花果馅儿饼，面包师烤的几个面包，几串鱼，几块肉，一些天然的羊毛……

捡到了下列东西，应该贴出招领启事：

装在箱子里的水果或者空箱子，装有钱的钱包或者空钱包，大堆的水果，大堆的钱币，三枚叠起来的钱币，私人田里的小捆东西，家里烤的面包，从厂子里搬出来的羊毛……

如果有人在商店里捡到了东西，那东西就归于他，如果东西是在柜台和店主的座位之间发现的，那是店主的……

一个把听到的教诲牢牢记住了的人在拉比纳曼面前背诵道：

"一个人公开羞辱他的邻居，就像抽了他邻居的血一样。"

对此，拉比纳曼回答，"你说得好。我看到过，有人受到羞辱，脸上就没有血色，变得惨白了。"

阿巴叶问拉比迪米："在巴勒斯坦，人们最小心避免的是什么？"

他回答说："羞辱别人。"

有三种人要永远下地狱：和已婚妇女通奸的；公开羞辱邻居的；以丑化人的绰号称呼他邻居的，即使那人对这绰号已经习惯。

……对于一个人来说，把自己扔进烈火的熔炉里也要比公开羞辱他的邻人为好。

（在第二座圣殿被毁以后的年月里，一些学者有好几次被召集拢来，以便确定一年的月份和节日。这就是众所周知的定历法。）

一天，拉本·迦马列二世说："派7位学者一大早到会堂去（确定历法）。"

早上他进来时，发现来了8位。

"没有得到允许的，必须出去。"他宣布说。

小萨缪尔站起来说："我就是那个没有得到允许的。但我并不是来参加定历法，我是因为想学习法律才来的。"

"坐下，我的孩子，坐下。"拉本·迦马列说。

"你当然有定历法的资格，但是拉比们规定，只有特别指派的人，才可以做这件事。"

其实，没有得到邀请的并不是小萨缪尔，而是另一位学者。萨缪尔自己出来承担，以免使另一位难堪。

如果一个人揪了另一个人的耳朵，抓了他的头发，唾了他的脸，脱掉他的衣服，或者，如果他在市场上揭开一个女人的面纱（已婚女子总是包住头，作为羞怯的标志），他必须付给那个人400祖兹……

有一次，一个男人在市场上揭开一位妇女的面纱，这件事情传到了拉比阿基巴那里，他做出的裁决是：冒犯者必须付给这位妇女400祖兹。

那人说："拉比，这钱我过几天给她吧。"拉比阿基巴同意了。

那人守着这个妇女。一天，他看到她站在院子门外，就在她面前打碎了一罐油。

这妇女揭开面纱，用双手把油捧起来，抹在脸上。那个男人找来了证人，然后同到拉比阿基巴那里。

“对这样的女人，我还得付400祖兹吗？”他问（意思是：她自己把面纱揭开，就没有羞怯可言了）。

拉比阿基巴说：“你的理由在法律上站不住脚。虽然一个人伤害自己，是不容许的，可是这样做了的人，并不必付罚款。但如果是其他人损害了他，他们就要负法律责任。

同样，一个人砍倒自己的树木，尽管不合法，但不用付罚款。如果别人砍倒他的树木，那就要负法律责任了。”

一个人犯了罪，忏悔了，人们就不应该对他说：“别忘了你以前干的事。”

如果他是皈依犹太教者的儿子，他不应该受到讥讽：“别忘了你祖先干的事。”

如果他本人皈依犹太教，去学习《圣经》，人们就不应该对他说：“吃过不洁的、被禁止的食物的嘴……难道也来学习全能的上帝的嘴所说的最高真理吗？”

不论谁把别人的事拿来说长道短，都是违反禁律的，因为《圣经》上说：“不可在民众往来中搬弄是非。”（《旧约·利未记》19章）

谁是搬弄是非的人呢？是这样一种人，他爱管闲事，走东家，串西家，说“某××这样说”；“我听到某××说了什么什么”。即使说的或传的事是真实的，搬嘴弄舌的人所起的作用仍然是极坏的。

在这个禁律的范围内还有一个更为严重的罪恶，那就是毒舌。这意味着说任何人的坏话，即使所说的事都是真的。但如果说了假的，那就是诽谤了。

所谓毒舌，说的是这样一种人，他在同伴中间说：“那个人做了这样一件事”；“某××的祖先是干什么什么的”；“我听说，他有这么一件事”；接着就胡说八道起来了……

有些说话的句式可以称作“毒舌喷出的毒液”，如：“谁想得到某××竟会是这样”；或者，“某××的事可不能说。我不想说，他出了什么事”……

同样要谴责的，是说坏话入了迷而且还要花招的人，就是说，装出一副清白无辜的模样，好像根本不知道他所说的是坏话似的……

要注意并且懂得，一个人听到诽谤的坏话而表示赞同，就像说的人一样坏，因为人人都会说："听到了的人都同意了，那还有错?"

即使对搬嘴弄舌的人仅仅是听着不作声，也会造成相信说的是真话这种印象，这样也就帮助扩散了恶，给邻人带来耻辱，鼓励诽谤者到处去放毒。

不要说朋友或敌人的长短；除非沉默会使你成为同谋犯，决不要泄露一个人的秘密。

假定他已经听到了，并且在考虑不信任你，一有机会，他就显示出他的仇恨来。

你听到谣言了吗？让它在你这儿熄灭。不用害怕，它不会把你给炸了的。

一个蠢人有了一个秘密，就像女人生孩子似的痛苦万分。

一个人伤害了别人，要在五个项目上负罪责，它们是：损害、伤痛、治疗、时间的损失和屈辱。

损害怎样估计呢？如果是抠出了眼珠，折断了手臂，或砍断了腿，受害者就被当作一个在市场上卖掉的奴隶那样来考虑，然后，估计他以前值多少钱，现在又值多少钱。

伤痛——如果是把他给烧伤了……我们要找出同样地位的一个人承受这样的伤痛要付多少价钱。

治疗——如果是把他给打了，打的人就得支付医药费……

时间的损失——为了估计这项损失，可以把受害者看作一个黄瓜地的看瓜人……

屈辱——根据受害者和伤害者的情形做出估计。

什么是结仇，什么是怀恨呢？

如果一个人向另外一人借镰刀，后者拒绝了。第二天，第二个人向第一个人去借斧子，第一个人回答说："我不借给你，因为你没有借给我镰刀。"——这就是结仇。

但是如果一个人向另一个人借斧子，而那个人没有借给他，第二天，这第二个人向第一个人借外套，第一个人回答：“给你。我可不像你，不把东西借给我。”——这就是怀恨。

由于刚愎自用，人们是很难避免恨和仇的。

一个人对于耻辱是很敏感的，遭到了耻辱，就难以忍受。报仇对他来说，比蜜还甜；报不了仇，他简直就坐立不安……

恶这个倾向总是要激起我们的愤怒，不断地竭力使我们至少要把邻人让我们受的委屈记住……

它是这样说的：“那个人在你有困难求过他时，他拒绝了，现在来求你了，你也不用高高兴兴给他啊，你尽可以不报复，但也不一定要做他的恩人，自己送上门去……”

那恶的倾向就是用这些以及类似的诡辩力图诱惑我们的心。因此，《圣经》才定下了一个总的规则，这规则把所有这些可能性全都考虑进去了：

“爱你的邻舍如同爱你自己。”——如同爱你自己，没有不同或者差别，没有托词或精神上的保留，确实像爱你自己一样。

如果你对同伴做了一件小错事，那么让它在你的眼里看得很严重；但是如果你给同伴做了许多好事，那么让它们在你的眼里算不得一回事。

如果你的同伴给你帮了一点忙，那么让它在你的眼里当成一件大事；如果你的同伴对你做了大坏事，就让它在你的眼里当成小玩意儿。

谁是强者？化敌为友的人。

（三）婚姻与家庭

男人只要娶了妻，他的罪恶也就埋葬了，因为据说：“得着贤妻的，是得着好处，也是蒙了耶和华的恩惠。”

妇女

据说有位虔诚的男人娶了一位虔诚的女人，因为没有孩子，他们离婚了。这男人又娶了一个邪恶的女人，这女人使他也成了恶人；而那位虔诚的女人又嫁给了一个邪恶的男人，结果却使他变成了一位正直的人。所以，一切取决于女人。

一位皇帝对拉比伽玛列说："你的上帝是贼，因为《圣经》上写着：'耶和华使他沉睡，他就睡了。于是取下他的一条肋骨，造出了女人。'"拉比的女儿对父亲说："你别管，让我来回答这个问题吧。"她于是对那位皇帝说："给我派个官员来，调查一桩案子。"皇帝问："出了什么事？"她回答说："夜里屋里闯进了贼，盗走了我一只银罐子，却留下了一只金罐子。"皇帝听后喊道："但愿这样的贼天天光顾我。"她于是反驳说："那么，一个男人失去了一根肋骨，却得到了一位侍奉他的女人，这不是一件极好的事吗？"

那么，上帝为什么偏偏要用肋骨造女人呢？犹太人的解释是这样的：上帝斟酌了一下该用男人哪一部分创造女人。他说，我不能用头来造女人，以免她傲慢；不能用眼睛来造她，以免她过于好奇；不能用耳朵来造她，以免她偷听；不能用嘴巴来造她，以免她滔滔不绝；不能用心脏来造她，以免她太嫉妒；不能用手来造她，以免她占有欲过强；也不能用脚来造她，以免她四处闲逛；而应该用身体上隐藏的一部分造她，以便让她谦恭。

女人身上有四种品质：贪吃、偷听、懒惰、妒忌。她们还爱发脾气，唠叨不休。女人最喜欢的东西是装饰品，唯一所想的就是美丽。如果男人要讨妻子欢心，就让他用亚麻做的衣服打扮她。女人还沉溺于巫术与迷信。

婚姻与离婚

人要离开父母，与妻子连合，二人成为一体。

男人娶妻之前，热爱的是他的父母。一旦结了婚，热爱的就是他的妻子了。男

人的家就是妻子。拉比约西说，我从不称妻子为妻子，而是称“我的家”。

男人没有妻子，活着就没有快乐，没有赐福，也没有仁慈。

在西方，他们这样说：“没有《圣经》也就没有道德保护。”

拉比本·乌拉说：“也没有和平。”

男人只要娶了妻，他的罪恶也就埋葬了，因为据说：“得着贤妻的，是得着好处，也是蒙了耶和华的恩惠。”

在没有男性和女性结合的地方，人就配不上看见 shekhinah（神的存在）。

有三种情形温暖我心，也是主和人眼见的美好之事：

兄弟之间的和谐，邻里之间的友谊以及男人和妻子之间的难分难舍。

世界都变得黑暗了，因为一个男人的妻子死了。……他的步伐变缓……他的智慧崩溃。

一个人为了结婚的目的，可以卖掉一卷《托拉》。凡为了女人的钱而娶她为妻是一种耻辱。

父亲有责任趁女儿年轻时给她定下婚事。千万不可辱没女儿，使她为娼妓。

有位罗马女士问一位拉比：“神圣的上帝用了几天创造了宇宙？”他回答说：“六天。”“那么，六天以后上帝一直在干什么？”“他一直在撮合婚姻。”“上帝也太无能了，这件事我也能做，用不了多久我就能让他们成双成对。”拉比对她说：“这件事看着容易，其实比分开红海还难。”拉比说完就走了。这位女士随后就召来了一千名男奴隶和女奴隶，仅仅用了一个晚上，就为这些人安排好了婚姻。第二天，许多男女奴隶来找她。有的打裂了额头，有的被打断了腿，有的被打出了眼珠，纷纷要求抛弃对方。

渴而饮酒，上帝必不饶恕他。千万不可把女儿嫁给上了年纪的人，或娶一个上了年纪的女人为妻。

娶一个比你自己小得多的人有何意义？娶一个比你自己大得多的人有何意义？去娶一个与你年纪相仿的人，不要把不和带到家中。

不先见见面就娶一个女人为妻是不允许的，以免日后发现这女人有令人不快的地方或者她变得令人讨厌。身材高的男人不得娶身材高的女人，以免他们的孩子长

成瘦高挑；身材矮的男人不得娶身材矮的女人，以免他们的孩子长成侏儒；漂亮的男人不得娶漂亮的女人，以免他们的孩子过分漂亮；皮肤黑的男人不得娶皮肤黑的女人，以免他们的孩子长得过黑。选择妻子时向下迈一步，因为娶一个社会地位比自己高的女人可能会导致自己被她或者她的亲属看不起。

为了能娶到学者的女儿，男人应该卖掉一切，这是因为将来万一他死了，或者被流放，他可以确信自己的孩子将会有学问；不要让他娶一个愚昧人的女儿，因为一旦他死去或者被流放，他的孩子将会无知。美满的婚姻是至高无上的。

敬你的妻子，因为这样才能丰富你自己。男人要时刻注意给予妻子应得的尊敬，因为家中的一切幸福都有赖于妻子；如果你的妻子矮小，你要弯下腰跟她说话；男人花在吃喝上的钱应该只占其财力的一部分，花在衣着上的钱不要超过其财力，宠爱妻子和养育孩子花的钱应超出他的财力，因为他们依赖于他，而他依赖于上帝。

年轻人，抬起头看看，你要选谁做妻子。不要重美貌，要重家庭。

不好的妻子对其丈夫来说犹如麻风病。怎么治疗呢？让丈夫与她离婚就治好了这麻风病。如果男人有坏妻子，他有宗教上的责任与她离婚。凡与第一位妻子离婚者，圣坛也为她落泪。

与下列女人解除婚约，而不必支付婚姻财产：①违反了犹太律法的女人；②当着丈夫的面责骂其儿女的女人；③嗓门大，在家里说话邻居能听见的女人。妻子精神失常或丈夫精神失常，都不能离婚。不允许与患精神病的妻子离婚的理由是，一旦失去了保护人，她可能成为心术不正之徒的猎物；精神失常的丈夫之所以不能与妻子离婚，是因为签署离婚字据必须是意识清醒的行为。

妻子与丈夫离婚的理由有三：拒绝完婚，阳痿，无力或不愿意抚养妻子。

当离过婚的男子和离过婚的女子结婚时，床上就有四颗心。

抚育孩子

父亲由于为女儿操心而夜不能寐；年少时，怕她被引诱；长大了，怕她走邪

路；当嫁时，怕她找不到丈夫；结婚后，怕她没有孩子。

父亲爱自己的孩子，孩子爱他们的孩子。

一个人决不应该许诺给孩子什么东西却不去兑现，因为这是教子撒谎。

孩子在街上说的话出自他爸爸妈妈的嘴。

如果你获得了知识，你还缺什么呢？如果你缺乏知识，你又获得了什么？

世界只是因为学童的呼吸而存在，没有学童的城市将毁灭。

父母只是把孩子带进今世的生活，而老师则把他带进来世的生活。

三位拉比被派去检查巴勒斯坦的教育状况。他们来到一个没有教师的地方，对居民说："把保卫这座城市的人带来。"他们便把军队卫兵带来。拉比们大声说："这些人不是城市的保卫者，而是城市的破坏者！""那么，谁是城市的保护者呢？"拉比们回答说："是教师。"因此，要"惧怕你的师长，就像惧怕上天一样"。

有一名犹太人在一个有妓女光顾的市场开了一家香料店，生意非常火爆。某一天，那名犹太人从外边回来，却发现儿子在和妓女鬼混，非常生气。此时，正好有一位拉比路过，对那位父亲说："你不做别的生意，偏要开女人喜欢的香料店；你不选择其他地方，偏要选择妓女出没的红灯区。正是你使自己的儿子迷了路，为什么还要大喊大叫呢？"

母羔羊时刻跟随着母羊：有其母必有其女。

鹰何以区别于其他鸟类？别的鸟都把幼鸟抓在手里，因为他们怕自己的幼鸟飞得比自己高。但是鹰唯一害怕的是猎人的枪弹。所以它把幼鹰驮在翅膀上，宁愿让枪弹打在自己身上。

当以色列人站在西奈山上准备接受《圣经》的时候，上帝对他们说："你们必须向我做出绝对的担保，即你们将永远地保存它，我才把《圣经》交给你们。"

以色列人答道："我们的祖先是我们的担保。"

上帝说："这个担保不太可靠……找一个更好的担保吧，我才会把经文交给你们。"

以色列人又说："我们的先知是我们的担保。"

上帝回答："噢，不行，我的孩子们，这个担保仍不可靠……找一个更好的担

保吧，我才会把全部经文交给你们。”

他们最后说：“宇宙的君主啊，我们用孩子做我们的担保。”

上帝答道：“太好了，这是最好的担保。为了他们，我把经文授予你们。”

于是人们这样说：“从天真无邪的孩子们那里，上帝看到了希望。”

如果你不是赫尼，我就会把你逐出教堂……

但是现在我拿你又有什么办法呢？你在上帝面前任性撒娇，上帝信任你，而且又准许了你的愿望，就像一个小孩在父亲面前耍孩子脾气，而使自己的愿望得到满足一样。于是，孩子对父亲说：“我要在热水里洗澡。”父亲便给他在热水里洗澡；“我要用凉水擦身。”父亲便给他用凉水擦身。“我要吃胡桃、桃子、杏仁、石榴。”父亲又给他拿胡桃……

拉达姆斯科的一位犹太拉比告诉我们一则寓言：

船上的一位乘客焦急地等着到达终点港的那一天。经过几天的航行，船终于靠近港口了，可一场风暴又把船冲回大海，这位乘客更加恐慌了。

同样的道理，一个人总是对自己的儿子和女儿们充满忧虑，直到他们长大成人。这时，他想自己可以过上几天清闲日子，不必再为他们担忧了。但是大儿子遇到了很多麻烦，来求父亲帮助。父亲的退休推迟了。大儿子的事刚了结，女儿又带着满腹牢骚来找父亲，于是他的清闲再次搁浅。

在这个世界上很少有人能够完全摆脱忧虑和无休止的劳作。

一个人在吃喝上应该少于自己的食量；穿着上应该适合自己的身体；抚养妻子和孩子则应该尽百分之一百二十的努力。因为妻子儿女依靠自己，他则依靠创造了万物的上帝。

一次，哈德利安国王在加利来的蒂伯亚斯附近的一条路上散步，看到一个老人在挖土种无花果树。

“老人啊，”国王说，“如果你年轻的时候就这样勤劳，就不用现在这样的年龄还如此辛苦了。”

“我年轻和年老的时候都很勤劳，”老人答道，“这样才能无愧于上帝对我的赐福。”

“您多大年纪了？”国王问。

“100岁了。”老人答道。

“100岁了！你还在这儿挖土种树！”哈德利安惊叹道，“您还想吃到这树上的果子吧？”

“如果我能活到那时，我就吃。”老人说，“如果不能，就像父亲为我一样，我为了我的孩子们。”

一个父亲有义务为儿子施割礼、免罪、传授《圣经》，并有义务教他一门手艺和给他娶妻成家。

甚至有人说，父亲还有教儿子游泳的义务……因为，可能有一天，这会救他的命。

如果父亲没有教给儿子谋生的手段，那等于教他成为一个贼。

一个父亲必须供给他的女儿美丽的衣着和丰厚的嫁妆，这样才能有男人追求她并娶她。那么应该给女儿提供多少财产呢？……回答曰：自己财产的十分之一。

一个拒绝抚养孩子的人被带到了希斯塔拉比面前。

拉比说：

“发布公告，就说：乌鸦尚且喂养自己的幼鸟，而这个人却不管自己的孩子。”

如果一个有儿有女的人死去，而财产数目又很大，那么儿子继承遗产；女儿享受生活所需费用；如果财产数目很小，那么女儿享受生活费用，儿子另谋生计或者沿街乞讨。如果一个没有儿子的父亲死去，女儿继承全部财产。

该隐从自己土地所结果实中挑选了送给主的一件礼物，亚伯则从自己牧群中精心挑选了一样礼物送给上帝。对亚伯和他的礼物，主很重视；而对该隐和他的礼物，主则未加评论。该隐大为不满……

……当他们一起在田野里干活儿的时候，该隐害死了亚伯。主询问该隐：“你兄弟亚伯到哪里去了？”该隐答道：“不知道。难道我是他的看护人吗？”

上帝说：“你对亚伯做什么了？听，你兄弟的血正在地下向我哭喊！”

有一座山上住着两个农民兄弟。大哥已娶妻生子，住在山的一边；小弟独身一人，住在山的另一边的一间小茅屋里。

有一年，兄弟二人都获得了好收成，大哥看着丰收的庄稼，心里琢磨："主对我太好了。我有了妻子、儿女，又有了全家都吃不了的粮食。我比我兄弟好多了，他独身一人，生活一定很苦。今晚趁他熟睡的时候，我要送些粮食到他的田里，他不会猜到是我送的。"

在山的另一侧，小弟也在看着他的庄稼想："上帝对我太好了。但我希望他对我兄长也这么好。他要养家糊口，用的粮食一定比我多得多。今晚趁大哥和他全家睡熟的时候，我要送些粮食到他田里。明天他发现了粮食，不会想到是我送的。"

于是兄弟二人耐心等到半夜，各自扛起粮食爬向山顶。刚好在午夜的时候，两人在山顶相遇。当他们明白了彼此用意后，禁不住喜极而泣。

父母离婚后的孩子，孩子若不到6岁，应该由母亲抚养；6岁以上，男孩由父亲、女孩由母亲抚养。但如果这样做对孩子不利也可以改变。

父亲是把自己抚养长大的人，而不是生育自己的人。

主说："你不该虐待寡妇和孤儿。一旦你虐待了他们，我就会听到他们的哭声。这时，我的怒火会燃烧起来，我会把你带到地狱，你的妻子和儿子也就成了寡妇和孤儿。"

我的儿子，不要在城镇里繁忙的地方坐下读书（在那儿你不能集中精力）；

不要住在学者当市长的城镇里（他一心只想着他的学问，书呆子是不会把城市治理好的）；

不要突然闯进自己家里，更不要贸然进入邻人家里；

不要赤脚出门；

早晨早起床并吃早餐，夏天防暑，冬天防寒；

宁愿像每个周日一样度过你的安息日，也不要依靠别人（不要借钱买特别食品来庆祝安息日）；

努力处好和别人的关系，你将来的命运也许要靠他们。

一次，吉托摩拉比和儿子走在大街上的时候，看到一个醉汉在臭水沟里蹒跚看，旁边醉汉的儿子也酩酊大醉。

"我真嫉妒那个醉汉，"拉比对自己的儿子说，"他有一个和他一样的儿子。不

知道你是不是也这么像我，我只希望他在培养儿子掌握手艺这方面不如我。”

纳曼拉比在和艾萨克拉比告别的时候请艾萨克为他祝福。艾萨克回答道：

“让我给你讲个寓言吧。一个男子在沙漠里旅行，他又累、又饿、又渴。突然他发现了一棵大树，上面结满了甘果，茂密的枝叶下面是凉爽的树荫，一条小溪从树旁缓缓流过。

“那个男子在树荫下休息，吃了树上的果子，喝了小溪里的水。当他要走的时候，他对着树说：

“‘啊，树啊，美丽的树，我拿什么来祝福你呢？祝愿你有怡人的树荫，你已经有了；祝愿你有甘美的果实，它们已经很甜美了；祝愿你有一条小溪环绕着你，你也有了。让我这样祝福你吧：上帝保佑，你所有的种子都跟你长成一样。’”

“对你也一样，”艾萨克对那人说：“我还能祝福你些什么呢？祝你学识渊博，你已经很渊博了。祝你发财，你已经很富裕了。祝你多子多孙，你也已经子孙满堂。

“所以我只能说：上帝保佑，愿你所有的后代都像你一样。”

培养你的孩子，让他走一条适合自己的路，这样他才会终身无悔。

制定家规应该按照家庭最基本的生活需要为标准。因此，《圣经》教导我们不要让你的儿子习惯于吃肉、饮酒

对于孩子……应该放开他的左手，拉紧他的右手。

一个溺爱孩子的父亲会让他的孩子不哭不闹。

然而，这会使一匹千里马变成倔驴，使一个听话的孩子变成不孝之子。

对孩子娇愠无度，终究会让你叫苦不迭。

孩子年幼的时候，不要给他太多的自由，更不要忽略他的缺点……

对孩子要严加管教！该打则打，否则有一天他会做出给你丢脸的事。

因为我弱视，爸爸、妈妈从小就让我做在自己眼里认为正确的事情。他们从不责骂我。也许是因为这个原因，我也从来不责骂别人，因为他们教会了我什么是不应该做的事。甚至对我自己的孩子，我都从未责骂过他们。

我实在不忍心对他们发火，我不忍心看到他们由于挨骂而脸红。我觉得对他们

恶语相向也辱骂了自己。没有什么比我看到孩子们行为规矩更让我高兴，也没有比我看到他们做坏事更让人感到痛心的了。

如果你要打孩子，就用鞋带当鞭子吧！

一个犹太拉比的女仆看到拉比在打他已长大成人的儿子，便上前说道：“这孩子应该受到惩罚，因为他违反了《圣经》里的话——‘不要在盲人前面放绊脚石。’”

性和邪恶冲动

只要我们控制了性冲动而不是为它所控制，性关系就是积极和美好的。当性驱力变得无控制和无节制时，它们则可能搞垮个人甚至社会。

最初，邪恶冲动就像蛛丝一样脆弱；可是到最后，它变得像车绳一样坚牢。

把你的目光从你邻居那位迷人的妻子身上移开，否则你会坠入她的网中。不要去造访她的丈夫，更不要和他一起喝烈性饮料。

先贤阿巴各听见了一个男人对一个女人说：“来吧，我们一起走。”

“我要跟着他们，”他想，“以防他们之间发生罪恶之事。”

他跟着他们穿过了许多牧场。当他们快要分手时，他听见他们中的一位说：“与你同行是愉快的，路还长。”

“如果是我，”阿巴各想，“我是无法克制自己的。”

在深深的绝望中，他走开了并且靠在了一个门边。一位老人走过来教导他说：“一个人越伟大，他的邪恶刺激也越大。”

要知道，男人和他妻子之间的性交是神圣的和纯洁的……不应该认为性交是丑恶的和可厌的……

我们，神圣的《圣经》的拥有者，相信上帝，愿他被赞美。造物之主，以他的智慧所确定的，是不会创造任何丑恶的和可耻的东西。因为如果性交是可憎的，那么他创造的器官也是可憎的……如果他创造的器官是可憎的，造物主怎么要创造有疵点的东西呢？如果确乎如此，我们就会发现他的行为不是完美的……但是这一问

题正如已表述过的，上帝是全知全能的……可见最终没有什么东西是有缺点的和可厌的，他创造了男人和女人，他创造并且塑造了他们所有的器官，将之归于他们的形体，他没有创造任何可憎的东西……

……男人的秘密是包含于属于他这一种类的所有智慧、理解和知识等秘密中的，要知道男性是智慧的秘密，女性是理解的秘密……纯洁的性行为是知识的秘密……如果确乎如此，自然而然，适当的性行为只要进行得恰如其分，就能达到某种精神上的高度。比这些更为伟大的秘密就是以男人和女人方式结合的天堂般身体的秘密。

当爱情炽烈时，一对男女能够以剑刃作床；当爱情淡薄时，60 平方米的床也嫌小。

坏妻子与好丈夫

你怎么给“坏妻子”这个词下定义？

阿巴叶说：是一个为丈夫准备了饭菜就油嘴滑舌的女人。

拉瓦说：是一个为丈夫准备好饭菜然后就转过身去的女人……

拉瓦进一步声言：一个坏妻子就像讨厌的阴雨天，正所谓“大雨之日连连滴漏，和争吵的妇人一样”。（箴言 27：15）

没有什么比一个坏妻子更糟糕的了，愿厄运压垮她！

一个安静的丈夫和一个唠叨的妻子在一起生活就像一位老人要爬上沙丘那样不容易……

好妻子可以造就快乐的丈夫；她能使丈夫延年益寿。

忠诚的妻子是丈夫的快乐；他可以在宁静中安度过日。

好妻子就是好日子；她是神赐给那些对他敬畏的人的礼物……

妻子的妩媚是丈夫的喜悦，她女性的技巧使他发福……

在永恒的青春年华，一张美丽的面孔犹如神圣灯塔上的一盏明灯。

壮实的双脚和匀称的大腿犹如银座上金色的柱石。

女人必须为丈夫履行的职事有：磨玉米、烘面包、洗衣服、做佳肴、带孩子、为丈夫铺床叠被、织毛衣。

如果她带来一个仆人（随嫁或雇佣），她可以不必磨玉米或烘面包或洗衣服。

如果她带来两个仆人，她可免除做饭或带孩子。

如果她带来三个仆人，她可免除铺床叠被或织毛衣。

如果她带来四个仆人，她可坐在舒适的椅子上（什么事也不干）。

拉比艾黎扎说："即使她带来一百个仆人，她丈夫也应坚持让她做毛线活儿，因为懒散会导致鄙俗。"

拉巴·西米昂·本·格马略说："如果一个男人禁止他妻子做任何事情，他就必须和她离婚，因为无所事事会使人发疯。"

拉比西米昂是一位早期哲人，有一次他将男性生殖器描写为"家庭中的和平象征"，并为因年老和丧失性功能感到惋惜。先哲们认为，作为一个丈夫给妻子性的欢乐是他的责任，凡是拒绝性交的丈夫或妻子，都是"恶"丈夫或"恶"妻子，他们甚至为不同职业的男人们拟定了一份最低性生活的日程表。这并不是说他们把性当作一种僵硬的公式，相反，他们是在探讨如何使它更快乐，鼓励男人和女人成为好的情侣。日程表如下：

没有职业的男人每天一次；

劳动者每周两次；

赶驴子的（他们每周行踪不定）一周一次；

商贩（他们可能一走数日）半年一次。

星期五之夜，主日黄昏，被认为是有强烈精神活动的时间，与之相伴而来的是肉体的——尤其是性方面的——享乐。

假设一个男人想把赶驴子的职业改为赶骆驼（虽然可以多赚点钱，但离家的日子更长），他的妻子怎么想？

回答是：一个女人宁愿金钱少一点，也不愿意以禁欲为代价换取更多的金钱。

……学者应该多长时间履行一次做丈夫的职责？拉比朱达以撒母耳的名义说，每周星期五的夜晚一次。

拉比阿夫迪米指出：丈夫可以用语言请求，而妻子只能用心灵请求，这是女人的美德。换言之，她应诱惑他（而不能把她的愿望明说出来）。

既然男人的妻子是属于他的，他就可以与她发生任何关系。在他情欲旺盛时他可以与她性交，他可以吻她身体的任何部位，他可以和她自然性交和非自然性交，但他须预防无目的地浪费精液。然而，这是一种虔敬的象征：男人不能轻浮地干这件事，他应该使自己在性交时变得神圣。

男人在旅行时须慎行，这样神女就不会抛弃他并给他留下污点，因为他没有接近女色。如果和妻子在一起时性是必需的，那么在他回家之前由一位神女导其先路是很有必要的。当他归家时，他有责任使他的妻子快乐，因为有了她的要求，他才能得到这样的神女。

他有责任这样做是基于以下两点理由：一是他的快乐是宗教的快乐，一个人给了沙克汗娜快乐，他也就通过这种方式扩大了世界和平。……另一个是如果他妻子怀孕了，神女能给这个孩子一个神圣的灵魂……

……丈夫应该对妻子说合适的话，一是关于性爱方面的，一是关于对主的敬畏方面的……

男人绝不能强迫自己迁就妻子，也不能强制她做什么，因为圣灵绝不支持缺乏自愿、爱情和自由的婚姻关系……

一个人不能跟他的妻子争吵，当然也绝不能对她进行性虐待。犹太经典……告诉我们一个愚蠢的男人鞭打他的妻子一顿之后又恬不知耻地同她睡觉，就好比是一头狮子刚刚为它的猎物哭泣，转身就毫无愧色地将它吃掉一样。

在妻子睡熟时男人不能与她性交，因为那时不可能双方都同意这样的行为。应该把她叫醒，抚慰她，以唤起她内心的激情。

总之，当你准备好进行性交时，看你妻子的意愿是否与你相同。不要急于唤醒她，应等待她自己接受。在你进入那爱恋和热情的小径时，千万悠着点儿！

丈夫不能拒绝妻子婚姻上的要求。如果他无理拒绝而使她遭受痛苦，那他就亵渎了犹太经典的训诫……

如果他生了病，或衰弱得不能进行性生活，应该等半年时间……他或许会康

复。在这之后，他必须征得她同意或与她离婚，并给她属于科图巴的财产。

如果一个妻子中止跟她丈夫正在进行的性交，这样的妻子就是所谓“叛逆的妻子”，她应就叛逆的理由接受质询。如果她说：“我开始厌恶他了，我不能心甘情愿地忍受他的性交。”那么她丈夫只得立即同她离婚，因为她不是被俘虏来的女人，必须屈从于她所憎恨的男人。但是，她走时必须放弃她的财产，只能带走她的日常衣物和手头常用的东西……

如果她反抗丈夫只是为了使他受到折磨，并且说“我要让他受这样的苦楚，因为他对我如何如何”……法院应该送给她这样的判词：“你必须明白如果你坚持对抗你的丈夫，那么你的财产……将会被自动放弃。”

假如你的父母经常和你的妻子争吵，你要想让你的妻子保持缄默，就会使你的妻子变得爱和你发生口角，并拒绝和你过性生活。所以这时候你最好保持沉默……别把自己置身于暴怒的双方之间……

假如你的父母是对你的妻子鸡蛋里挑骨头，而你又知道你妻子是无辜的，那你就不该责难你的妻子以取悦于父母。

如果有人对妻子说“我不希望你的父母兄弟姐妹到我家来。”他的意愿应该得到尊重，她最好去看望他们。……而他们不能来看她，除非她有什么事如生病或分娩，否则任何人不得强行进入他的家。

同样，如果妻子说：“我不希望你母亲或你的姐妹访问我，我也不希望和他们住在一个院子里，因为他们使我受到伤害和感到烦恼。”她的意愿应该得到尊重，因为任何人不得强行要求进入别人的家庭，并和他们住在一起。

从法律上讲，如果结婚 10 年之后女方仍不生育，他可以与她离婚，双方均有再婚的自由，因为经典上说：“他若不能从她那里得到孩子，离婚是可以的。”

一对夫妇住在西顿，结婚 10 年仍没有孩子。丈夫提出离婚，他们去见了西米昂·班·约亥拉比。这位拉比极力反对离婚，他力图把二人强捏在一起，可那位丈夫毫不动摇。

“既然你们要离，”拉比告诉他们，“那么请你们举行一个晚会庆祝你们的离异，就像当初庆祝新婚那样。”

这对夫妇同意了。在晚会上，那位丈夫喝得酩酊大醉，他对妻子说：“亲爱的，在我们分手之前，挑一件你认为最珍贵的东西，等你回你父亲家去住时好带上。”

在她丈夫醉倒呼呼大睡的时候，女人命令仆人把他带到她父亲家并安顿在床上。半夜，丈夫醒了。

“我这是在哪儿啊？”他叫道。

“在我父亲家。”他妻子回答说，“你说让我带上我认为最珍贵的，在这个世界上有什么东西比你更珍贵呢？”

丈夫被妻子的爱所感动，决定维持婚姻，从此以后他们幸福地生活在一起。

拉比梅厄曾经在每个星期五做公开布道，有一位妇女非常喜欢他的演讲，每次都参加布道。有一天晚上，他的布道特别长，当这位妇女回家后，发现家里一片漆黑，她丈夫恼怒地站在门口。

“你到哪儿去了？”他向她吼道。

“去听拉比的布道。”这位妇女回答。

这位丈夫说：“既然拉比的布道这样讨你好，那我就发誓不让你进这间房子，除非你唾他的眼睛。”他又讥讽地补充说，“这是他为给你快乐应得的报偿。”

这位丈夫挡住门口，不让他妻子进去。那位受惊的妇女只能和邻居住在一起。

当这件事传到拉比梅厄耳中后，他请来了这位妇女。拉比假装眼睛有病，问她是否知道怎样治疗。

这位单纯的妇女紧张地说：“不会。”

“向我眼睛唾几次，”拉比说，“可能这样就可以治好。”

这位妇女犹豫着，终于还是照拉比要求的那样做了。

“现在回家去，”拉比对她说，“告诉你丈夫：‘你让我唾一次，而我唾了好几次。’”

当拉比的门徒们抱怨他使自己受辱时，拉比斥骂他们：“促使丈夫和妻子之间和睦幸福的任何行为都绝不是可耻的。”

孝敬父母

“孝敬你的父亲和你的母亲。”你也许理解为父亲在子女的敬意中占有优先于母亲的权利，因为句子中“父亲”二字写在“母亲”前面。《圣经》的一段这样解释：“你必须对父亲和母亲献上相同分量的孝心。”《圣经》宣称：“父亲和母亲等量地分享子女的孝敬。”

一头骡子正在悠然自得地散步，一只狐狸看到以后，不禁想：“我怎么从没见过它？”于是，狐狸上下打量了一番骡子：严肃的脸膛，明亮的眼睛，还有大大的耳朵。

“它到底是什么？到底有什么禀性？在我的印象中根本没有它的影子。我想，我这是第一次看到它……”

狐狸于是打听骡子的身世，骡子回答说：“我叔叔是一匹战马，威风凛凛，是国王的坐骑。在毁灭与死亡之神主宰的战场上，它跳跃猛扑，带着暴风雨般的热情，后蹄掀起阵阵尘土，它的脖子上飘着长长的鬃毛。它的嘶叫动人心魄，它渴望战争，渴望毁灭……它的眼睛里闪烁的是火焰，是闪电，它是力量之塔，载着骑手在战场上驰骋。以上这些就是我骡子的家谱。”

这则寓言，显然是为那些从头到脚巧妙地、天衣无缝地为自己贴金的人准备的……这种人总喜欢炫耀自己的伟岸。一旦人们询问他们的出身和姓氏，则变得吞吞吐吐。因为他们的父母不能给他们带来应有的荣誉，于是他们便转而谈到他们那权倾一时，炙手可热的权贵亲属们，根本不提是谁把他们带到这个世界上。

在那些闭口不谈自己父母的子女之中，我曾经想搜寻一个正直的人，但却从来没有发现过。

尽管某人用精美的食物——小鸡，来侍奉自己的父母，但却要在地狱里受到煎熬。而另一个人让自己父亲上山牧羊，但死后却升入了伊甸乐园。

用精美的食物供奉父亲却被打入地狱，这怎么可能呢？

过去，有个人的确常常用小鸡来供奉自己的父亲。有一次，父亲问他：“儿啊，

你从哪里弄到这些东西?”儿子回答:“老东西,闭上嘴只管一个劲地吃就行了,就像狗吃东西而不说话一样。”就这样,这个用精美食物喂养自己父亲的人被打入地狱备受折磨。

让老父亲去山坡放牧,却升入天堂,这也同样让人不可思议。

从前有个人从事畜牧业,可突然国王下令所有的牧民集中起来服役,于是,牧民对父亲说:“爸爸,你留下来接替我的工作吧。如果侮辱一定要降临的话,我宁可自己承担也不让你受罪。如果打骂跟随而来,让我来领受吧!”就这样,这个让父亲去山坡放羊的人,最后升入天堂。

一个人不能在言谈举止中侮辱自己的父亲。举个例子,如果年迈的父亲跟所有的老年人一样早晨想吃点东西,当他向儿子提出这样的要求时,儿子回答说:“太阳还没有上山呢,可这老家伙吵着要吃的……”

或者当父亲问:“儿啊,你给我买的这件外套和食物到底花了多少钱?”儿子回答说:“……我买的,用的是我自己的钱,不管你的事,别插嘴!”

或者儿子有时自言自语:“什么时候老东西才能升天,而我好从中解脱出来。”

如果父亲不自觉地篡改了《圣经》中的话,子女不应当申斥他:“父亲,你篡改了《圣经》。”而应当说:“父亲,《圣经》里是这样讲的吗?”

但是,难道这两种表达方式不是同样地伤害了父亲吗?

是的,所以我们应当这样说:“父亲,《圣经》上是这么说的……”把情况介绍一下,让父亲自己对自己的行为做结论。

有人问拉比埃利泽尔:“敬重长辈,敬重父母,什么限度最为适宜?”

他回答说:“让我们一块去问问达玛,也许能找到答案。”

有一次,代表整个部落的一块碧玉不幸丢失了,于是圣贤询问:“谁有与之相似的碧玉?”

别人回答:“达玛有。”

于是,他们一起来找达玛商量,并达成协议,这块玉石的售价是 100 个第纳尔。达玛上楼想把玉石取下来,但却发现父亲和母亲睡着了。据说当时他父亲的脚放在宝石盒子上,又有人说当时开盒子的钥匙在他父亲手里。

达玛当即下楼，对圣贤说："我不能给你。"于是人们纷纷交头接耳："也许他想要更多的钱。"最后，他们把价格提高到1000第纳尔。正在这时，他父母醒来。达玛上楼，取出玉石，交给圣贤。

正当大伙准备付给达玛高价时，他说："什么？难道尊重父母的美德也能卖钱？我可不想从这种美德中渔利。"

有一次，拉比塔福恩的母亲在乡间小路上步行时，她的凉鞋突然裂开，于是，塔福恩让母亲踩着自己的两只手走过去。一直护送着母亲走上床。

有一次，塔福恩病了，长老们来看望他。他母亲对来访者说："为我的孩子祝福吧！他尽了最大努力来孝顺父母。"长老们于是问道，他到底干了什么？母亲就把这事情原原本本地说出来。

长老们听完叙说以后，对母亲说："哪怕他再干一次这样的事，离圣贤所要求的尊重父母的限度还相差很远。"

每当拉比约瑟夫听见母亲的脚步声临近时，他就对自己说："我不能再睡觉了，因为我好像听见了圣灵临近的脚步声了。"

只要你生存着，就永远不要依赖任何人，不管是儿子还是妻子，兄弟还是朋友。

不要把自己的财产交给别人，否则将会追悔莫及。

依靠自己的财产比依靠自己子女要好得多。

赡养父母，作为对父母养育之恩的回报，是永无止境的。只要你对万能的造物主的敬重还没有消失，赡养双亲的律例将与你同在。

《圣经》上说："尊敬你的父亲和母亲。"后来又说："用你物质与精神上第一串成熟的果实来供奉万能的上帝。"

怎样供奉万能的上帝呢？一般来说，散尽千金是一种方式——给饥饿之人以温饱，给干渴之人以甘泉，但是，这必须是自觉的、自愿的。如果你想以此举来赎你以前所犯的罪恶，这则是非常必要的。

但是"孝敬父母"却与之不同，不管你是十恶不赦的罪犯，还是遵纪守法的臣民，都得把孝敬父母看成是自己的天职，哪怕你落魄天涯，衣食无着。

在老人面前，你必须站立以示尊敬，你不能举止轻率。你还应当敬畏上帝，这是主的声音。

在鸟群之中，老鸟通常呆在窝里，因为他们无力飞行。而此时此刻，强健的小鸟们在飞翔、盘旋在大地和海洋的上空，为他们的父母搜集食物而不放过每一个猎物。

对于那些从来不替父母着想的子女来说，和这些动物比起来，不感到羞愧吗？

根据我们通常的生活准则和标准，年老注定是不可避免的。人类不得不去充当赚钱与花钱的机器，而人类的其他社会关系也依赖这台机器的效率如何。那么，一旦这台机器出了故障，并且永远地报废的话，人们便会惊慌失措，感到自己是一个多余的人。甚至有时怀疑自己是否有必要生存。

不管我们承认与否，变化与生长的自然法则是不可逆转的。但老年不应当被看成是人生的萧条期，而应该看成是人的阅历和内在精神的一个时期。

老年人，自然已经定型，绝缘于人生之污水，洞察于世人的自欺欺人之外；积累了深刻的理解力和同情心；开拓了诚实正直的疆域；深深理解着正义和公道。所有这一切品德，每一个老年人都可能有。

《犹太法律和准则》这样告诉我们：哪怕父母很坏，甚至于十恶不赦，子女也不能打骂他们。因为儿女欠他们的养育之恩。但是，我们不能把献给高尚父母的敬重献给他们。还有，我们不能盲目地追随他们，以背离自己的信仰和良心。以下几则故事，讲的便是子女在什么情况下严词拒绝父母。

圣贤告诉人们：“你必须尊重自己的父母，并且在我的安息日中保持圣洁。”

对这句话，也许有人理解成哪怕让他干违背良心的事，他也不能拒绝。

对此，圣贤这样解释：在我的安息日保持圣洁，这是高于一切之上的，是我的圣谕。无论是父亲还是儿子，任何人都得无条件地遵从。

父母不得因为要儿子继续为自己服务而妨碍儿子的婚姻，应当让他结婚并继续和家人生活在一起。

如果他有能力赡养和照顾双亲，那他就有权利去寻找一个妻子并且在男方安家，条件是，他的妻子必须合乎父母的要求。

如果儿子选择了一个出身高尚、品性高雅的姑娘，而他父母却因为私下接受了亲戚的彩礼，劝说或强迫儿子接纳一个不相配的姑娘为妻，毫无疑问，在此情况之下，儿子有权拒绝父母的要求，因为父母所做的这些，应当受到指责。

一只鸟带着自己的三只幼鸟，想飞渡狂风下的海洋。由于风大浪急，父亲不得不一只只按顺序抓住幼鸟，然后飞渡海洋。

刚飞到半路，风力渐渐增大，转眼之间已是狂风。于是，父亲对爪中的第一只幼鸟说："孩子你瞧，为了你，我在这里挣扎着，冒着生命的危险。当你长大以后，你肯为你的老父亲干同样的事，冒同样的危险吗？"

幼鸟回答："只要我能安全着陆，等你年老体弱时，我会为你做任何事情。"

刚听完这句话，父亲便把儿子丢进大海，听任它淹死在大海之中，并说："我干吗要冒生命危险来救一个说谎的儿子。"

然后，父亲掉头返回岸边，又带着第二只幼鸟飞渡海洋，并在中途问了同样的问题，在得到同样的回答后，它又淹死了这只幼鸟。父亲哭着说："你也是一个不诚实的孩子。"

最后，它带着第三只幼鸟启程了。在半途中，当他问同样的问题时，仅存的幼鸟回答说：

"我亲爱的父亲，你现在的确在为我冒着生命危险和风浪搏斗，可我不能说谎骗你。我只能这样保证：当我长大以后，有了自己的孩子，我将会像你一样，为自己子女的生命而奋不顾身。"

父亲说："回答得很好，孩子，你真聪明。我将尽最大的努力安全地带你飞到彼岸。"

（四）肉体生活

只要你把一切允许做的事情，吃饭、饮酒、性交——做过了头，对自己的欲望失却了控制，尽管你不犯哪一条戒律，却成为一个"可鄙的人"。

身体的保养

肉体的干净导致精神的纯洁。

圣哲的门徒不可居住在没有厕所的城市。

圣哲的门徒禁止住在没有医生的城市。

凡愿意完全接受上帝约束的人，应首先上厕所，然后洗手，再去祈祷。

犹太拉比希勒尔给学生授完课后，同学生们一同走了一段路后，便要分手。

学生们问他："老师，您要去哪儿？"

"去履行一项宗教责任。"希勒尔答道。

"什么宗教责任？"

"到浴室洗澡。"

"这是宗教责任吗？"学生们迷惑地追问道。

希勒尔认真地回答说："如果有人被指派去清洗马戏场和剧院的国王的雕像，他不仅能得到工钱，并且还能结识一些贵族。那么，按上帝形象创造出来的我们，不更应该保养好我们的身体吗？"

异教徒安东尼对他的朋友拉比犹大说："肉体和灵魂均能够在来世逃脱裁决。"

"何以如此呢？"拉比问。

安东尼说："肉体可能会说，有罪的是灵魂，因为自从它脱离了我的那一天起，我一直像块石头一样默默地躺在坟墓中；而灵魂则可能会说，有罪的是肉体，因为自从我离开它的那一天起，我一直像只鸟一样在空中飞翔。"

拉比回答说："我打个比方来说明这个问题。比方什么呢？比方一个国王有座美丽的果园，园中长着鲜美的水果，他派两个人去看护果园，一个是瞎子，一个是瘸子。瘸子对瞎子说：'我能否踩到你的背上，摘些果子吃？'瞎子同意了，两人皆大欢喜。不多久，园子的主人来了，便问他们：'水果怎么少了？'瞎子说：'我没有眼睛，怎么能看到水果？'瘸子说：'我没有腿，怎么能够摘到水果？'国王怎么办呢？他责令瘸子站到瞎子背上，把他们当作一个人来审判。同理，神圣的上帝将

把灵魂投入到肉体中，一起进行审判。”

“是啊，灵魂和肉体对于人的一生负有同等的责任。两者互为影响，邪恶的灵魂会败坏肉体，而病态的肉体也会污染纯洁的灵魂。”安东尼感悟道。

犹太拉比阿基巴被罗马人监禁了起来，卖粗面粉的拉比约书亚，每天都去看望阿基巴，并给他带些水去。一天，约书亚正好撞上了狱卒，狱卒说：“你带来的水太多了，是不是企图在牢房里用水打洞（让囚犯逃跑）？”于是，狱卒把水倒掉了一半。当约书亚见到阿基巴时，阿基巴说：“你难道不知道我老了，生活离不开你所带来的东西吗？”约书亚只好将狱卒把水倒掉的事情告诉了阿基巴。

“给我水，先洗洗手。”阿基巴说。

“那就不够喝了，你会渴死的。”约书亚说。

阿基巴高声说道：“上帝认为，人每天都应该洗脸、洗手和洗脚。既然我们不能违背上帝的旨意，我们宁愿渴死也要先洗手啊。”

据说，在洗净手以前，阿基巴连一口水也没喝。

爱护自己的身体，保持身体的卫生与健康，是一种宗教义务，是对上帝的崇敬；而不顾惜自己的身体，或者故意糟践自己的身体，则是一种罪孽，是对上帝的亵渎。

只要你把一切允许做的事情，吃饭、饮酒、性交——做过了头，对自己的欲望失却了控制，尽管你不犯哪一条戒律，却成为一个“可鄙的人”。

有一次，拉比休纳让儿子拉巴去跟学者希思达学习。

“我为什么要跟他学呢？”拉巴说，“他讲的只是些世俗问题。”

休纳追问儿子，希思达讲的什么问题。儿子说，老师把他的整个演讲用来讨论身体的功能。

父亲大吼道：“他是在讨论健康问题，而你却称之为世俗问题。就凭这一点，你更应该跟他学习了。”

神圣的上帝创造了天和地，创造了天上和地下的万物，上帝以他在宇宙中创造的一切创造了人：

上帝在世上创造了森林，也在人身上创造了森林，即人的头发。

上帝在世上创造了沟峡，也在人身上创造了沟峡，即人的耳朵。

上帝在世上创造了风，也在人身上创造了风，即人的呼吸。

世上有太阳，人也有太阳，即人的前额。

世上有咸水，人也有咸水，即人的眼泪。

世上有溪流，人也有溪流，即人的小便。

世上有屏障，人也有屏障，即人的嘴唇。

世上有高塔，人也有高塔，即人的脖子。

世上有桅杆，人也有桅杆，即人的手臂。

世上有桩钉，人也有桩钉，即人的手指。

世上有坑洼，人也有坑洼，即人的肚脐。

世上有流水，人也有流水，即人的血液。

世上有树木，人也有树木，即人的骨头。

世上有山丘，人也有山丘，即人的臀部。

世上有杵臼，人也有杵臼，即人的关节。

世上有快马，人也有快马，即人的双腿。

……

世上有高山与谷地，人也有高山与谷地。站立起来，人就像一座高山，躺卧下去，人就像一片谷地。

这样，你们就该知道，上帝是用他在世间创造的一切来创造人的。

健康的准则

保养好身体最重要的因素是清洁，它不是仅次于虔诚，而是虔诚最重要的组成部分。

饭前饭后一定要洗手。凡吃面包之前不洗手的人犹如嫖娼而犯罪。凡对洗手一事漫不经心的人，将被从世界上铲除。吃面包不洗手如同吃不洁的面包。

人不应该把喝过水的杯子递给别人，这对生命有危险。

触及身体任何部位的手（如果早上起床没有预先洗过的话）应该砍掉。这种未洗的手会使眼睛瞎，耳朵聋，还能招致息肉病。洗手至少应洗三遍。

有三种出汗对健康有益：生病出汗、洗澡出汗和劳动出汗。假如用热水洗澡后不马上跟着用冷水洗，这就好像铁在炉内煅烧之后没有投入到凉水中冷却一样。

拉比伽玛列说，我因三件事而羡慕波斯人：他们饮食有度，如厕有度，房事有度。他们吃的基本原则是：吃（胃的容量）三分之一，喝三分之一，留下三分之一的空隙。他们一般都是吃最简朴的饭，无论是出于节俭，还是出于健康。

不要坐得太久，这对痔疮不利；不要站得太久，这对心脏不好；不要走路太多，这对眼睛不好；而应该三分之一的时间坐着，三分之一的时间站着，三分之一的时间行走。

在八个方面过度则有害，适度则有益：旅行、性交、聚财、工作、饮酒、睡眠、热水（饮用和洗浴），以及娱乐。有三件事削弱人的气力：恐惧、赌博和犯罪。

如果一个人说，“我将三天不睡觉”，他将受到严惩，并且必须立刻去睡觉。

虽然锻炼是保持健康、驱除大多数疾病的主要方式，人们还是不看重锻炼……

锻炼身体是不会过分的。因为身体的运动会激发自然的热能，并在体内形成超常的力量，否则，它们就会被排出体外。当身体休息时，自然的热能被压抑下来，超常的力量保持了下来……

锻炼可以消除许多坏习惯造成的伤害，而很多人都有这些坏习惯。据医者说，任何运动都不及身体的运动好处多。

锻炼有强有弱，如果一项运动很费力气，多做这项运动就会影响呼吸。剧烈的运动会使人疲乏，并非人人都能经受疲乏，都需要疲乏，因此，为了保持健康，锻炼时间不宜过长。

不要让自己沉湎于悲痛，也不要庸人自扰。

愉快的心境会让人保持活力，欢乐会使人益寿延年。

妒忌和愤怒使人夭亡，紧张渴求使人早衰。

心境愉快、欲念正常的人吃什么都有味道。

有三样东西可以使人恢复良好的精神状态：美妙的声音、景色和气味。

情绪上的经历会在身体上留下人人可见的变化的印记。

你会看到，一个身体强壮的人，神采飞扬，嗓音愉快而有力。而当他突然完全受厌恶的情绪左右时，他表情阴沉，失却了原有的神采。他脸色改变，情绪低落，声音嘶哑而虚弱……他浑身乏力，有时会因虚弱而颤抖，他的脉搏也变得细微无力……

你可以在同一个人身上看到截然相反的情况：一个人身体虚弱，神情古怪，声音低沉，一旦碰到什么使他乐不可支的事情，你就会看到他身体也壮了，嗓门也高了，脸上也有了光彩。他动作敏捷，脉搏有力，体表温暖，脸颊与眼睛却显露出他的欢欣……

……当一个人前所未有地浮想联翩，长时间地沉思，拒绝社会交往，或者当一个人回避以往他所有的愉快的体验时，在他消除极端情绪，精神状态有所好转以前，医生也拿他毫无办法。

饮食

没有酒世界可以存在，没有水却不行。盐便宜，胡椒昂贵，世界上没有胡椒可以存在，但没有盐却不行。有些东西多用则有害，少用些则有益，这其中就有酵母和盐。

每次吃饭后吃点盐，每次饮酒后喝些水，这样你就不会因疾病受到伤害。吃饭不吃盐，喝酒不喝水的人，白天有口臭，夜晚喉咙疼。

让食物漂在水上的人不会患消化不良。人应该喝多少水呢？吃一块面包，喝一杯水。

如果一个人只吃不喝，他吃的饭就是血，并且是导致消化不良的开端；如果一个人吃过饭后不活动和行走，他吃的东西就会烂在胃中，这是口臭的开端；如果一个人吃着饭时需要上厕所，就好像是炉子的残灰未清除就要生火，这是身体产生异味的开端。

所有的生蔬菜都会使肤色苍白。甜菜汤对心脏和眼睛有好处，对肠道的好处更

大。然而，甜菜汤只有经常放在炉火上并发出咕嘟咕嘟的声响时，才有此功效。

大蒜有几种好处：它舒身暖体，使面部有光泽，增加精液，杀死绦虫。小萝卜和鱼也极有利于健康。鸡蛋是最有营养的食品，尤其是煮鸡蛋。水果中最有营养的是枣，它既可以增加身体热量，又可以理顺大便，增强体质，并且不伤心脏，早午晚食用好处无与伦比，下午则有害。

吃早餐的好处：

吃早餐可以去热御寒，防风驱魔。

吃早餐可以使愚者聪明，可以使人在诉讼中获胜，有助于学习和传授经文，使言论受人重视，使人保持学问。

吃早餐的人出气不臭；他跟妻子一起生活，而不贪求别的女人。

早饭还可以灭杀肠虫。

有人说，吃早餐可以去除妒忌，鼓励爱心……

有一则谚语说："60名运动员赛跑，谁吃了早饭谁领先。"

当你坐在丰盛的餐桌前时，不要舔嘴唇，也不要惊叹："多么丰盛的宴会啊！"

不要见了什么菜就够着去取，也不要把跟你一道做客的人让到菜碟跟前去；要根据自己的感觉对他的感觉做出判断，待人举止要周到得体……

在跟很多人一起吃饭的时候，不要把手伸到别人跟前去。

一个有良好教养的人少食而足，因此当他上床睡觉时不会感到气短。

食有节制的人睡得安稳，他能黎明而起，精力充沛。

而失眠、消化不良、腹痛的人大都是贪食者。

一个人要是像照顾他的坐骑那样照顾自己的身体，便可免除许多严重的疾病。因为你会发现，谁也不会给牲口喂过多的草，他对牲口是量力为食的。可是，他自己却不加思量，吃得过多。人对自己牲口的劳动和疲劳的情况很关心，努力使它们持续保持健康的状态，不致生病，但对自己的身体却不在意……

人应当在感到饥饿的时候，在腹中空空、口内生津的时候才进食。因为这时人才真正饿了。人除了在真正感到渴了的时候不应喝水。这就是说，如果感到饿了或渴了，应该稍等一等，因为有时人感到的饥渴，其实是假饥渴。

素食主义是《圣经》的理想，让人宰杀动物是上帝对人类弱点和欲望的一种退让。总有一天，狮子会吃草，就跟牛一样。

适量饮酒有很多好处，它可以使身体保持健康，还能医治多种疾病。

但是很多人不知道何为适量，他们只图一醉……

少量饮酒有益，然而，必得食消后才饮。儿童不宜近酒，因为酒会使他们既伤身，又伤神……

人年纪越大，酒对他越有益，老人最需要酒。

诺亚去种葡萄时，撒旦出现在他面前。

“你要种什么？”撒旦问。

“葡萄。”诺亚答道。

“葡萄像什么样子？”撒旦问。

“它的果子无论干鲜总是甘甜的，用它酿的酒可以使人开心。”诺亚回答。

撒旦提议：“我们一起来种葡萄吧。”

“很好！”诺亚说。

撒旦干了些什么呢？

他牵来了一头大绵羊和一只羊羔，在葡萄藤下面把它们宰杀了。

他又先后牵来了一头狮子、一头猪和一只猴子，也把它们一个个杀了，让它们的血滴到葡萄园里，浸入了土壤。

撒旦以此暗示，一个人在喝酒之前，就像绵羊一样朴实，像羊羔一样温顺。

当他饮酒适量，就会像狮子一样强壮，他会认为世上谁也不如他强。

当他饮酒过量，就会变得像一头猪，在污泥中打滚。

当他完全喝醉时，就变成了一只猴子，手舞足蹈，口吐污言秽语，却不知道自己在干些什么。

与疾病有关的

上帝教导人们：“探视病人是没有限度的。”

"没有限度"是什么意思？

拉比约瑟夫解释道：这样做得到的报偿是无限的。

阿巴耶则说："执行上帝的训诫就一定要有什么报偿吗？""没有限度"的真正含义是：即便是伟大的人物，也应该看望地位低下的病人。

拉瓦说：一个人甚至应该每天探望病人一百次。

有一次，拉比阿基巴的一个门徒病了，贤哲们谁也没有去看他。

后来阿基巴亲自到门徒家去，由于他注意扫地喷水，门徒康复了。

门徒说："先生，您使我死而复生。"

阿基巴走到门外说："不看望病人的人一如杀人者。"

拉比迪米说："探望病人的人使病人康复，不探望病人的人使病人致死。"

不应看望生病的敌人，也不应安慰居丧的敌人，因为病人会认为他的敌人在庆幸他的不幸。

不过，敌人的葬礼是可以参加的，而不必担心人们认为这是幸灾乐祸，因为那是每个凡人的归宿。

有一个人去探望病人，他问病人哪里不好，病人对他讲了。他说：

"哟！我老爹就是得这种病死的。"

病人极为痛苦。于是探望者说："不要发愁，我会祈祷上帝保佑你康复的。"

听了这话，病人说道："你祈祷的时候，请加上一句，愿那些傻瓜再也不要来看我。"

一次，拉比伊斯梅尔和拉比阿基巴与另一个人一起在耶路撒冷的街道上散步。他们碰到一个病人，病人说道："先生们，请告诉我怎样才能治好我的病？"他们建议他服用一种药，直到他觉得好些了为止。

跟他们一起散步的那个人问："是谁使那个人生了病？"

"是神圣的上帝。"两位拉比答道。

"那么，你们竟敢干涉不归你们管的事情吗？"那人大声叫道："他在受上帝磨难，而你们却来医治。"

"你是做什么的？"他们问那人。

“我是种地的，”他答道，“从我拿着镰刀你们就可以看出来。”

“是谁创造了土地和葡萄园？”

“是神圣的上帝。”

“那么，你竟敢闯入不属于你的地方！上帝创造了这些东西，你却吃它们的果实！”

“你们没有看见我手里拿的镰刀吗？”那人说，“如果我不去耕地、掩土、施肥、除草，什么也长不起来。”

“傻瓜，”两位拉比说，“如果不施肥、不耕作、不除草，树就长不大，即使长大了，如果不浇水，它也会死去——人的身体就跟树一样，医药就是肥料，医生就是农民。”

不正直的医生是死亡天使的同僚。

当你需要医生时，你尊他若神明；

当他救你脱离危险，你视他如救星；

当你已病消难除，你拿他当作凡人；

当他给你送来账单，你把他看作瘟神。

如果一个医生能够治疗而不给予治疗，即便有别的人可以给病人施治，他也无异于犯了谋杀罪，因为此刻也许他有特别高明之处，能够治好病人。

医生错误的大小与后果的严重程度并不相等，有时候他们犯了很严重的错误，病人却得救了，而有的时候，他们在治疗中犯的错误不大，病人也认为那不会有什么后果，可是这一错误却成了病人的死因。让一切明智的人们都警惕这样的教训吧。

我发誓，我一直在为一个目标而努力奋斗，那个目标就是能够惠及众生……

此外，对于人们所付的医疗报酬，我通常并不十分在意，但我给病人治病却仍旧非常热心，有时甚至不收分文；我还坚决而无私地拒收过许多人给我的报酬；我所追求的不是因病人的慷慨而使我更加富有，而是通过我的关心与勤勉，病人可以重新获得他们失去的健康。我对一切人均平等看待，不论他们的宗教信仰是什么，是希伯来人，是基督徒还是穆斯林。

……我从来没有使人致病；在诊断时我总是讲真话。我对药贩子通常没有好感，除了那些我认识的，在技术上和良心上都比别的药贩子强的人。开药时，我一向根据病人的耐药力适量给药。我从来不向人透露他人托付给我的秘密……

……我出版了许多讨论医学问题的书，我无意以此获利，我对此注重的只有一件事，那就是我可以以某种方式为人类的健康贡献点什么……

不要向付不起钱的人索要医疗费，也不要拒绝给穷人治病。给穷人看病要格外小心，因为你再也找不到比这更好的使你声名远扬的捷径了。

为了增强生命的力量，人们应该运用乐器，并给病人讲令人心情愉快、兴致高涨的故事，谈论可以吸引他注意力的事情，使病人和他们的朋友快乐。

人们应该挑选那些让人愉快的人来陪伴和看护病人，这对任何一种疾病都是必要的。……

医学在不断进步，可是医生和病人的关系却在日益恶化。对医生来说，讲得好听一点，这种关系的变化是由于医学发生了变化。在古代，除了理解、同情和个人的慈爱以外，医生可以给病人的东西不多。

医学的巨大进步，使人们必得成为专门人才，如果他们想与某一医学领域的进步同步前进的话，而这种专业化又迫使医生的形象发生变化。不过，在专业化和同情心之间，在仪器的使用与个人的感觉之间，并非一定要发生冲突……

医生并不是给药机，或者会说话的计算机。在治疗病人时，他还有伦理上的责任。医生和病人之间存在的不只是商业交易，不只是一个人类标本和一个医生之间的职业性关系，而是一种深刻的、人与人之间的联系，涉及关心、信赖、责任……

医生和病人之间有着一种契约，他能识透病人生命的隐秘，影响病人的生活态度，他往往决定着病人的命运。医生的角色通常有着极大的权威，而病人的心情则往往无比焦灼而又无可奈何。实际遭受痛苦的是病人，而医生则是病人希望的化身。

有一个动人的传说。当摩西不得已告诉他的长兄亚伦，说他的死期将至的时候，摩西和亚伦坐在一起，阅读《创世记》中讲述的上帝创造世界的过程。每读完上帝创造一周中的某一天，摩西都大声赞道：“创造这一天真是太美好了。”可是当

他们读到创造亚当的情况时，摩西说："我不知道该对创造人作何评论，人的归宿是死亡，我怎么能说这是美好的呢？"亚伦马上答道："我们必须顺从上帝的意志。"这个回答给了摩西一个机会，以便可以启齿告诉亚伦，他的死期即将来临。

可以告诉重病人，他应该注意自己的事务。如他借钱给别人或存钱在别人那里，或者别人借钱给他或存钱在他那里，他应该把这些事情交代清楚。但也应该告诉他，用不着因为问他这些问题而害怕死期迫近……

当病人死期将至时，建议他忏悔。并向他说明："有许多人忏悔以后没有死去，也有许多人没有忏悔却死去了。也许由于你忏悔得好，你还会得到生命。"

（五）道德生活

任何有知识的人都不会贫穷。

有知识的人拥有一切，而没有知识的人拥有什么呢？人一旦掌握了知识，他还缺少什么呢？如果一个人没有掌握知识，那他拥有什么呢？

关于《托拉》

上帝赐予以色列三件厚礼，并且全部是凭借苦难这一媒介赐予的。它们是《托拉》、土地，以及来世。以色列人的主要职责是捍卫《托拉》——这一神的启示。

为什么上帝选中了以色列，因为所有的民族都不承认《托拉》，并拒绝接受它，只有以色列选择了神圣的上帝和他的《托拉》。

一个国王拥有一处果园，里面栽种着一行行的无花果、葡萄、石榴和苹果树。他把果园托付给园丁后便离开了。不多久，国王前来检查果园，以确定园丁做了些什么。结果他发现园内荆棘丛生，只有一株美丽的玫瑰花一枝独秀。国王采下一朵，玫瑰的芳香使他惬意。于是他说："因为这株玫瑰的缘故，我要保留下整个果园。"后来，上帝看到世界上邪恶丛生，意欲用大洪水涤荡整个世界时，看到了一朵玫瑰——即以色列在把"十诫"传给他们时，他说："因为这朵玫瑰，我要留下

整个果园；因为《托拉》和以色列的缘故，我要拯救整个世界。”

世界的基础有三：《托拉》、神的崇拜、人的善行。凡沉溺于跟女人闲聊者，必降灾于自己；凡荒疏对《托拉》的研习，终将进入地狱。

头脑空空的人不可能惧怕犯罪；对《托拉》无知的人不可能虔诚；厚颜无耻的人不会学习；性情暴躁的人难为人师；沉溺于俗务的人不可能聪明。

学习《托拉》要谨慎，要知道如何回答不信上帝的人；还要知道你在为谁劳动，谁是你的老板，谁付给你劳动的报酬。

把工作全部做完，虽不是你的责任，但你也不能随便弃而不做。如果你从《托拉》中学到了很多，你便能得到很多报偿；你的老板便会言而有信，付给你丰厚的报酬。

假如两人坐在一起不谈《托拉》，他们就是亵慢的人，圣洁之士不与他们同坐；假如三人同席而不谈《托拉》，这三人犹如吃了供奉死物的祭品，宴席上堆满了呕吐的污秽；当十个人坐在一起研习《托拉》时，上帝便与他们同在。

接受《托拉》约束的人，加在其身上的帝王束缚以及尘世的牵累便会被摆脱；挣脱《托拉》约束的人，帝王的束缚和尘俗的牵累便加于其身。

先对罪恶产生惧怕而后有智慧，其智慧能长久；先有智慧而后才惧怕罪恶者，其智慧不会长久；劳动超过其智慧者，其智慧能长久；智慧超过其劳动者，其智慧不能长久。

没有《托拉》便不会有得体的言行；没有得体的言行便不会有《托拉》。没有智慧，便不会敬畏上帝；不敬畏上帝，便不会有智慧。没有知识，便不能理解；不能理解，便没有知识。没有膳食，便不会有《托拉》；没有《托拉》便不会有膳食。

敬《托拉》者，众人敬；轻《托拉》者，众人轻。

穷困时遵行《托拉》者，终将得富庶；富有时漠视《托拉》者，终将遭穷困。

《托拉》应反复研读，因为它包罗一切；要对它反思，直到老去也要孜孜不倦；学《托拉》不得心神不安，这是最好的准则。

致力于《托拉》而无他图的人功德无量；不仅如此，整个世界都对其感恩戴

德。他被称作朋友，他受人爱戴，他爱上帝，也爱人类。这赋予他敦厚尊崇，使他成为公正、虔诚、正直和守信的人，使他远罪恶，近善端。世界因他而享有了谋略、知识、悟性和力量。《托拉》还赋予他明察秋毫的判断力；《托拉》的奥秘向他打开；他像一股永不枯竭的泉水，又像一条奔腾不息的河流；他变得谦恭，能忍受苦难；并容忍别人的侮辱；这使他伟大并高于一切。

人类轻蔑《托拉》当受难。因为凡不潜心于《托拉》的人，都会被神指责。《圣经》还说，《托拉》是“神的工作，字是神写的，刻在板上”，不仅要读，而且要刻，因为只有致力于《托拉》的人才是自由的。

《托拉》较之祭司的头衔或王权都更胜一筹，这是考虑到拥有王权需要具备 30 种资格，充任祭司需要具备 24 种资格，而获得《托拉》需要具备 48 种资格。这些资格是：朗读，吐字清晰，理解和心领神会，敬畏，尊崇，愉悦，谦卑，奉敬圣人，与同事合群并与门徒讨论，沉静，通晓《圣经》和《密西拿》，经商有度，与社会交往，睡眠，交谈，有笑声，能忍耐，心地善良，信赖智者，摒弃淫荡，有自知之明，满足于自己所应得到的，言语谨慎并不贪功，被人爱戴，爱上帝，爱人类，热爱正义的事业，崇高刚直并且直言不讳，不贪名誉，不卖弄学识，也不喜好自作主张，与同胞分担压力，从正面评价别人，将别人引向真理和平安，安心学习，善问善答，倾听别人的话并（通过自我反省）对所听到的有所增益，抱着传授的目的去学习，抱着实践的目的去学习，令师长更聪明，专心听老师讲学，以说话者的名义对事物提出报告。

《托拉》不仅是犹太人生活的支柱，而且是宇宙间秩序唯一可靠的基础。若没有《托拉》，道德便会沦丧。《托拉》先于创世两千年，正如《圣经》所言：“在耶和华造化的起头，在太初创造万物之先，就有了我。”从上帝的方式你们可以看到，上帝把他珍爱的放在优先的位置，他珍爱《托拉》甚于他所造的其他一切。

罗马政府曾命令犹太人不得继续埋头于《托拉》之中。一天，有人看到拉比阿基巴仍聚众研读《托拉》，便对他说：“你难道不惧怕暴政吗？”阿基巴回答说：“我给你讲个寓言吧，这件事可比做什么呢？比作一只狐狸在河边看到一群鱼结伴迁移。便对鱼说：‘你们在逃避什么呢？’鱼儿们回答说：‘逃避人类撒下的网。’

狐狸接着说：‘那么，你们到陆地上来吧，我们住到一起吧，我和我的父亲可以保护你们。’鱼回答说：‘你不就是人们说的最狡猾的狐狸吗？你并不聪明，我们倘若在自己生命元素的水中还无法生存的话，那么在死亡元素的陆地上又将如何呢？’所以这件事也是一样，我们研读上帝的馈赠——《托拉》尚且有如此多的苦难，若我们离弃了它，苦难岂不更多？

圣经上说："看守无花果树的，必吃树上的果子。"这句话是什么意思呢？为什么将《托拉》比作无花果呢？因为，其他所有的水果都有无用的部分，枣有核，葡萄有子，石榴有皮，但无花果全部都可以吃。同样，《托拉》中的话没有一句是无用的。

《托拉》的话如水，如油，如蜜，如奶，如水——它是世界的生活之源。像水滋润灵魂一样，《托拉》也能滋润灵魂；像水能洗去污秽一样，《托拉》也能使道德不洁者净化；像水能净身一样，《托拉》也能在肉体上净身。水滴石穿——一个人今日学得一条律法，明日学得两条律法，直至成为智慧的源泉，长流不息。

对《托拉》的话无所知的人，就好比一个在黑暗中摸索的人，因为他手中没有灯，不时会被石头绊倒，甚至掉到水沟里摔死。相反，潜心研习《托拉》的人，到处都有光明。正如《圣经》所言，"你的话是我脚前的灯，是我路上的光"。

经常有人批评《托拉》将犹太人套进了律法的锁链之中，束缚了犹太人的手脚，使其失去了自由的意志和灵性。这不过是外行的眼光，并且从《托拉》本身也找不到任何的证明。相反，它为快乐和爱的精神提供了结论性的证明，正是这种精神启示人们在凡尘中不应堕落。

阿基拉斯是皈依犹太教的罗马皇室成员。国王听说后就派兵去逮捕他，但这些兵士听了他的话后也为之所动，并皈依了犹太教。国王无奈，严格命令士兵不得与他交谈，才又逮捕了他。当他们离开房子时，他看了看门框上的经卷，把手放在上面对士兵说："我告诉你们这是什么。世界上的通例是尘世上的国王坐在房子里，由他的仆人在外面保护他。而对于神圣的上帝来说，则是他的仆人在房子里，由他在外面保护他们，如《圣经》所言，‘你出你入，耶和华要保护你，从今时直到永远’。"

上帝说："我看你潜心研习一天《托拉》，胜过献给我的一千件祭品。"

知识是甜蜜的

犹太小孩第一次上课，要穿上最好的衣服，由拉比或有学问的人带到教室。在那里，他会得到一块干净的石板，石板上有用蜂蜜写就的希伯来字母和简单的《圣经》文句。孩子一边诵读字母的名称，一边舔掉石板上的蜂蜜，随后，还要请他吃蜜糕、苹果和核桃。此举的目的是告诉孩子，知识是甜蜜的。

一个教师所教的学生不得超过 25 名，如果一个班的学生多于这个数，就得雇请助教。好学生要和差学生坐在一起，借以带动差学生。要奖励学生的成就，而不去惩罚他们的失误。

任何有知识的人都不会贫穷。

有知识的人拥有一切，而没有知识的人拥有什么呢？人一旦掌握了知识，他还缺少什么呢？如果一个人没有掌握知识，那他拥有什么呢？

无知者不可靠；怯懦者不可教；急躁者不可传道。

学习以致精密，精密以致热忱，热忱以致清洁，清洁以致节制，节制以致纯净，纯净以致脱俗，脱俗以致谦谨，谦谨以致避罪，避罪以致神圣，神圣以致神思，神思以致永生。

拉比们教导说：如果有一个人来到天堂前说："以前我太穷，忙于生计，所以不能学习。"那神就会问他："你以前比希勒尔还穷吗？"

老希勒尔是个穷人，他每天干活儿，却只挣得半个第纳尔，他把这点钱的一半交给学堂的看门人，另一半用来养家糊口。

在一个安息日的前夜，他没有挣到钱，看门人就不让他进学堂去。他爬到房顶，把头靠在天窗上，从那里他可以听到贤哲谢马亚和阿夫塔伦说的话。他趴在房顶上，大雪纷纷落在他身上，但他在那里趴了一整夜。

第二天早上，谢马亚对阿夫塔伦说："兄弟，这间房子天天都很亮，今天却这么暗，怕是外边天阴了吧。"

他们抬头望去，看见天窗上有一个人的身影。他们爬到屋顶，发现了希勒尔，白雪覆盖着他，他快要冻死了。他们把他抬下来，给他洗了澡，在他身上涂了油，把他放在火边。

两位贤哲说："这个人配得上过一个因他而被亵渎了的安息日。"

有一次，拉比萨格拉对他的教徒说："我们可以从所有事物获得知识，不但可以从上帝所创造的一切中获得知识，人所创造的东西也可以给我们以教益。"

"我们可以从火车学到什么呢？"一个教徒问道。

"一个人可能因为误了一秒钟，便失去了一切。"

"可以从电报学到什么呢？"

"每个字都要计价收费。"

"电话呢？"

"那边听得见我们这边说的话。"

就像一个藏于深闺的女子一样，当她的朋友和她所爱的人走过的时候，她会将一扇秘密的小窗打开，让他看上她一眼，然后又久久地退隐，教义也只把她自己显露于所钟情之人，而且并不是总用同样的方式。起初，她戴着厚厚的面纱，只是在你路过时招呼一声……

后来，她渐渐地走近你，轻声跟你说上几句，但她的容颜仍旧藏在密实的面纱后面，你的目光很难透进去。随后，她会跟你交谈起来，遮住她容颜的面纱越来越薄了。

在你习惯了跟她交往以后，她终将面对面地向你显露她的容貌，向你吐露她内心深处的隐秘。

从前，有一个以色列人，他的儿子对学习不感兴趣。老师终于放弃了努力，除了《创世记》以外，不再教他别的书。最后，城里来了军队，把这个孩子抓了去，将他囚禁在一个遥远的城市。

碰巧恺撒大帝来到了这个孩子所在的城市，还要来参观关他的那所监狱。恺撒要求看一看监狱里的书籍，他看见一本他不会念的书。

"这只能是犹太人的书。"他说道，"这里有会念这本书的人吗？"

“有，”看守答道，“我去把他带来见您。”

看守把孩子叫来，对他说：“如果你不知道这本书怎么念，皇帝就会要你的脑袋。你死在这所牢房里，比皇帝把你的脑袋割下来，大概要好受一点儿。”

“我爹只教会我读一本书。”孩子说。

看守把他从牢里领出来，给他穿了一身漂亮的衣服，然后带他去见恺撒，皇帝把书放在孩子面前，这孩子从“起初”一直读到“天地万物都造齐了”（第一章和第二章的一部分）。

恺撒听着他读，一面说道：“上帝保佑，显然是上帝鼓励他的臣民，要把这孩子送还他的父亲。”于是他赐给这孩子金银，并指派两个卫兵把孩子送到他父亲那里去。

贤哲们听了这个故事后说：“尽管孩子的父亲仅仅教了他一本书，上帝还是给了这位父亲报偿。那么请想一想，要是把《圣经》《释经》和《传说》都教给孩子，会得到多么大的报偿啊。”

给教师的忠告

只因有了活泼可爱的学生，世界才得以万世长存。一定不能使学生误了学业，即便是为了修筑庙宇。没有学生的城镇终将毁灭。

善学者年龄越大，智慧日益丰富；

无知者活得越久，愚蠢与日俱增。

如果你年轻时没有积累智慧，老了又怎会变得聪明？合理的判断凝于白首，明智的忠告出自老人；聪明智慧存于老人，真知灼见来自学者。

教师是学生生活中地位最高的人，配得上比父母更高的荣誉。

门徒能使老师增长才智，开阔思路。先贤说：“我从老师那里学到很多知识，从同事那里学到的更多，而我的知识最多的是从学生那里学来的。”哪怕是一小片木材，也可以引燃一根大木头，学生思想的点点火花，能使老师的思想更加敏锐，学生提出的问题，会诱发出老师光辉的智慧。

拉比阿基巴因违抗罗马人的命令，传授犹太教，被关进牢里。他的学生西蒙恳求他在牢房里继续给他传授教义。阿基巴拒绝了，因为这样做会危及他的学生的生命，但是，他用下面这则比喻向西蒙表明了他教书的强烈愿望。这则比喻表明了老师是多么地需要学生：

母牛哺乳的欲望比小牛吃奶的愿望更强烈。

有四种学生：

第一种：学得快也忘得快——他得失相抵；

第二种：学得吃力忘得慢——他失得相抵；

第三种：学得快却忘得慢——聪明的学生；

第四种：学得慢忘得快——这是命中不幸。

对学生的荣誉要像对自己的荣誉那样珍爱，对同事的荣誉要像对老师的尊严那样敬佩，对老师的尊严要像对上帝那样敬畏。

如果一个人要去为父亲寻找丢失的财物，同时又要为老师寻找丢失的财物，那么，老师应该优先，因为父亲只是把他带到这个世界上来，而老师教给他智慧，把他领入未来世界。

如果父亲和老师都挑着沉重的担子，那么，应该先帮老师后帮父亲。

如果父亲和老师都被人绑架，那么，应该先赎老师后赎父亲。

“应当远离虚假的事”是出自《出埃及记》的箴言。此处引用来是为了强调这一教训：说真话比赞扬老师更要紧。为了帮助老师，门徒绝不该对实情加以掩饰，更不用说公然撒谎了。

我们怎么会知道，当一个门徒坐在老师面前，见到穷人对而富人错时，他不应该保持沉默，尽管可能老师的看法正好相反，因为《圣经》说：“应当远离虚假的事。”

假定有一位老师对门徒说：你知道，即使有人给我 100 迈纳，我也不会撒谎。现在，某某人欠我一迈纳，我确实有一个证人证明这一点（根据犹太人的法律，要迫使某个人还债，要求至少有两个证人）。你去站在法庭上，充当一个证人。你什么也不用说，因此你就不会撒谎（而你的出庭足以使他认为你就是一个证人，这样

也许会迫使他还钱）。即便是师生，这样做也是不允许的，因为《圣经》有言：“应当远离虚假的事。”

有一次，拉夫来到一个城镇，命人们斋戒祈祷，以求天上降雨，但天未下雨。

一位教会的讲师来到方舟跟前，吟诵祈祷书中的话：“上帝使风吹起来。”风即开始吹起来。他接着诵道：“上帝使雨降下来。”雨便下了起来。

拉夫问他：“你做了什么特别的事，竟得到如此报偿？”

讲师答道：“我教育小孩子，既教富人的孩子，也教穷人的孩子。对那些付不起钱的人，我不向他们索费。我还有个鱼塘，如果哪个孩子不想学习了，我就给他几条鱼，让他去养，把他争取过来，这样，他很快又很想学习了。”

拉比谢拉特被人们称为优秀的、有献身精神的教师。

有一次，拉夫在花园里见到谢拉特，拉夫问他：“你已经离开教学岗位了吗？”

谢拉特回答道：“我已有 13 年没有见过这座花园了，但即使在此刻，我的思想还是跟孩子们在一起。”

拉瓦说，如果有两位教师，一个很称职，另一个比前一个更强，不要让后一位取代前一位，因为在那样的情况下，由于缺少竞争，后一位就会变懒。但是拉夫却说，根据“同行相嫉增智慧”的说法，如果指派后一个做教师，他会干得更加努力（他努力工作以显示出别人的无能）。

拉瓦又说：如果有两位教师，一个教课教得快，但常有些错误，另一个教得慢，但却没有错误，我们要聘请教得快的，因为时间长了，错误会自然清除。但尼哈德亚不同意这样的观点。他说，我们应该指定教得慢而没有错误的人做教师，因为一旦错误在学生的头脑中固定下来，就永远无法消除。

只要教师和孩子住在同一个镇上，没有河流阻隔，就可以把孩子转到更擅长于阅读和文法的教师门下学习。但是，我们不应将孩子送到别的镇上去学习，也不应该把孩子送到本镇的河对岸去学习，除非河上架着牢固的、近期不会坍塌的桥。

教师午夜即起，日间上课，教学期间斋戒，食无节制，都是不允许的，因为这样做会损害教师的健康，在教学中给孩子带来不良的影响。

谚语教导我们说：“用适合孩子的方法培养孩子。”这就是说，如果你看到一个

孩子学习《圣经》有进步，但却学不懂《塔木德》，那就不要勉强教他《塔木德》；如果他能懂《塔木德》，就不要勉强他学《圣经》。教孩子要教他能懂的东西。

如果老师讲了，学生不懂，老师不应该生学生的气，或者大发雷霆，而应当反复地讲解，直到学生充分理解为止。

作为学生，如果同学听了一两遍就懂了，而自己要听好多遍才懂，不应该因此而觉得丢脸。不过，这些看法只适用于学生因为课程太难或智力不高而不懂的情况。如果老师清楚地看到学生不懂经文是因为他们疏忽懒惰，他就有责任批评他们，让他们感到不光彩，从而激发起他们的上进心。

无论提问与讲解，老师都应在学生面前设置“陷阱”，以使他们的头脑更加敏锐，同时弄清他们是否记住了老师所讲的内容。老师应该随时就正在讲授的内容提问，以激发学生勤奋学习。

教师不要过分地约束他们（孩子），因为只有在轻松愉快的气氛中才能有效地进行教育。不时给孩子们一点钱或礼品，让他们高兴——这对他们的学习有帮助。

当一个人在教孩子（他们当中有些比别人聪明）时，发现让他们在一起不利于他们的学习，那些聪明的孩子单独需要一个教师时，他不应该保持沉默。即使他会因为把学生分开而经济上有所损失，他也应该对孩子的父母说：“这些孩子需要单独一个教师了。”

让学生保持活跃的一种方法，就是用使人吃惊的话使他们振作起来，就像王子犹大所做的那样。

拉比正在讲课，突然发现听众在打瞌睡了，他要设法使他们兴奋起来。突然，他大声说道：“埃及有一个女人，一次生了6000个孩子。”

学生依什梅尔正觉索然无味，听了这话大吃一惊，问道：“那会是谁呀？”

拉比大声答道：“就是约西贝，她生了摩西，而摩西一人可抵6000人。”

下面这个传说中的争论是因为“aksania”这个字有两个意思而引起的，“aksania”既可指小旅店，又可指旅店老板娘。

拉比们教导说：一定要用左手表示拒绝，用右手表示接受。不要像约书亚那样，他用两只手把他的门徒耶稣基督推走了。

约书亚做了件什么错事儿呢?

一次，他从亚历山大到耶路撒冷去，途中住进了一家小旅店，主人们对他非常尊敬。

“这 aksania 真漂亮!”约书亚说，他指的是旅店。

门徒耶稣却说:“先生，她的眼睛像条缝。”他说的是旅店老板娘。

“坏蛋!”约书亚吼道，“你脑子里想的就是那些吗?”

约书亚吹了四百声号角，把耶稣开除了（开除教籍的仪式上要吹号角）。耶稣多次来找他，恳求道:“请收下我吧!”但约书亚不理睬他。

一天，约书亚正在做祷告，耶稣又来找他，这一次，他打算把他收下。他向耶稣打手势，让他等自己做完祈祷。

可是他的学生以为自己又被拒绝了，便离开了老师。

不要说“我有空的时候会学习的”，也许你不会有空。

复习的益处是无穷的。

复习 100 遍的人没法跟复习 101 遍的人相比。

人类的智慧凝于笔尖，

诗文篇篇闪耀着思想的光芒。

你手中的笔不过五寸，

威力可比国王的权杖。

并不是想到什么就应该说什么，也不是说什么就应该写什么，更不是写了什么就应该出版什么。

据说拉比阿基巴到 40 岁时还什么书也没有读过。他和富人萨夫亚的女儿结了婚，妻子劝他到耶路撒冷去学习经文。

“我都 40 岁了，”他对妻子说，“我还能成就什么?别人会笑话我，因为我什么也不懂。”

“我来做件事情给你看看，”妻子说，“给我牵一头背上受伤的驴来。”

阿基巴牵来了驴，妻子用尘土和草药把驴背上的伤处敷起来，那驴看上去非常可笑。

头一天，他们把驴牵到集市上去，人们见了就哈哈大笑。第二天，人们见了还是觉得可笑。但是到了第三天，人们再也不觉得可笑了。

“去学习经文吧，”阿基巴的妻子说，“人们今天会笑话你，明天他们就不会笑了，到后天，他们会说：‘他有他的道理。’”

美德培养

通常，人间国王制定的法令，如果他本人愿意遵守，他就遵守；如果他不愿意遵守，就由别人来遵守。但是，神圣的上帝不一样，他制定了律令后，自己率先遵守。

据说有一个赶驴的来到拉比阿基巴面前对他说：“拉比，请把全部的《托拉》一次教会我。”阿基巴回答说：“孩子，我们的导师摩西在西奈山上住了四十天四十夜，才学会了它，而你让我只用一次就教会你！不过，孩子，《托拉》的基本原则是：己所不欲，勿施于人。如果你希望别人在涉及你的财产方面不伤害你的利益，那你也决不能伤害别人的利益。”

宁被诅咒，也不要去诅咒。

降低自己的人，上帝抬高他；抬高自己的人，上帝降低他。凡谦卑的人，终将会使神灵与其同在；凡傲慢之人，必为耶和华所憎。

胸中傲气十足的人，恰如崇拜偶像，拒绝宗教的基本准则，以及道德沦丧的人一般；对这种人应该像对待偶像一样将其砍倒，他不会分享复活，并且神灵为他而伤心。人的品性与神圣上帝的品性不同。对人来说，地位高的人只看见地位高的人，却看不起普通人；上帝则不同，虽然他高高在上，却看得见每一个卑微的人。对于傲气十足的人，上帝说，我和他不能同住这个世界。

在三件事上自我反省，你就不会被罪孽所驾驭，要知道：你从何处来，到何处去，将要站在何人面前算总账。从何处来——来自一滴脓水；到何处去——去一处满是尘埃和蛆虫的地方；将来要站在何人面前算总账——站在至高无上的上帝面前，因为人的最终归宿不过是一只虫子而已。

有一种傲慢被单独挑出来，予以特别的警示，即卖弄学问。因为学问被赋予了极高的价值，并且有学问的人得到了最崇高的荣誉，所以他们特别易于染上自高自大的恶习。

我的谦卑就是我的高贵，我的高贵就是我的谦卑。

人行慈善比献上所有的祭品更伟大；门不向慈善敞开，便向医生敞开；当一个乞丐站在你的门前时，上帝就站在他的右手边。

借钱济贫比施舍救难的人更伟大；而最伟大的人则是与穷人合伙投资的人。

在公开场合给乞丐施舍，还不如什么也不给。救济的最好形式是"捐赠者不知谁受，接受者不知谁赠"。

为了将尸体抬出去和帮助新娘出嫁，可以中断《托拉》的学习。

安慰死者的家属，也是人应仿效上帝的行为之一。但对此的忠告是，不要在死者尚未出殡时前往，因为这时人们通常没有心思来听宽慰的话，葬礼之后有七天的哀悼期，这时应去探访遗属并给予宽心和安慰。

对囤积物产的人，放高利贷的人，卖货缺斤短两的人，搅乱市场的人，上帝永不原谅。

对其同胞犯下罪孽的人，必须亲自上门道歉；如果对方不接受道歉，应找不少于十个人，再次当众道歉；如果对方已死亡，必须前往他的墓地去安慰。

如果一个人错误地怀疑了别人，他必须要去安抚他；仅仅这样还不够。他还要为对方祝福。一般来说，安抚的次数不超过三次，并且道歉不过夜。

如果你稍微地委屈了朋友，你要把它看得很重；如果你为他做了许多善事，你要把它看得很轻；如果他为你做了少许善事，你要把它看得很重；如果他深深委屈了你，你要把它看得很轻。

谁富有？为自己的一切而感到快乐的人。穷困本身并不是美德，清心寡欲和享乐主义都是有害的。故意逃避快乐和物质上的幸福，同样是有罪的。在神圣的上帝面前，没有悲伤。

美酒来了，理智走了；美酒来了，秘密走了。对于一个女人来说，一杯酒正好，两杯使之堕落，三杯使之举止伤风败俗，四杯使之自尊丧尽，廉耻无存。

人必须在吃饭前先喂牲口。

假如上帝没有把《托拉》赐予我们作为引导，我们就会向猫学习谦恭，向蚂蚁学习诚实，向鸽子学习贞洁，向雄鸡学习优雅的举止。

有三种人不得宰杀动物：聋哑人、低能的人，还有未成年人。第一种人不行，是因为他们不能诵说必要的祝福，后两种人不行，是因为他们没有充分的能力从事如此复杂的工作。其次，宰杀所使用的刀必须锋利光洁，刀刃上不得有一丝一毫的残缺。

有五种情形系不合格宰杀：一、迟延——刀的前后运动不能中断；二、用力——切割必须要轻；三、深刺——刀不得深插在肉里，而应划过喉咙；四、移刀——必须在脖子上规定的地方下刀，不得移位；五、撕扯——下刀时不得在气管或咽喉上移位。因为这些行为有可能给动物造成更大的痛苦。

（六）社会生活

一种人易怒也易息怒，这种人失得相抵；一种人发怒难平息也难，这种人得失相抵；一种人发怒难平息易，这种人是圣人；一种人发怒易平息难，这种人是恶人。

生命的价值

从前有一个人，他的妻子去世了，给他留了一个需要护理的孩子。他请不起奶妈来照顾孩子，因而在他身上出现了奇迹：他的乳房长大起来了，很像一名妇女，而且他可以自己来哺育他的孩子。约瑟夫教士说："这是一个多么伟大的人，奇迹在他身上出现了。"

但是阿巴叶说："相比之下这个人多么可爱，由于他的缘故，天地万物的序列都发生了变化。"

一些公然反抗国王命令的人已到野外隐藏起来了，这个消息很快传到国王在耶

路撒冷（大卫城）的官员和军队那儿去。许多人迅速去追他们，追上他们后占据了他们对面的位置。他们准备在安息日对反叛者发起进攻。

耶路撒冷（大卫城）

“现在还有机会，”他们喊道，“出来吧，只要遵守国王的命令，就能保住你们的生命。”

“我们不出去，”犹太教徒们答道，“我们不听从国王的命令，也不会亵渎安息日。”

他们于是开始进攻，但是犹太人不做任何反应，他们既不投掷石块，也不阻塞他们藏身的洞口。“让我们问心无愧地面对死亡吧。”他们说道……

这样，他们在安息日遭到了攻击和大屠杀，成千的男人、女人和儿童及他们的牛群遭到杀害。

当马提亚和他的朋友们听到这个消息时，他们感到无比悲痛。他们互相说道：“如果我们像我们的兄弟们那样去做，如果我们拒绝为我们的生存、为我们的法律和习俗与异教徒作战，那么他们很快就会把我们从地球上消灭掉。”

他们在那一天决定，如果有人在安息日与他们开战，他们应该反击，而不能像他们的兄弟们在窑洞里那样，全部去等死。

犹大拉比以撒母耳的名义说："如果我在那儿，我会更确切地告诉他们：'你们应该遵守我的法律和准则，它们是人类赖以生存的东西。"'

"人类只会依靠它们而生存，不会由于它们而灭亡。"

如果要将一个孕妇处以死刑，不必等她生产就可以执行死刑；但是，如果她已经坐在了分娩凳上，那么必须等她生产后……

如果孕妇难产，可以将孕妇子宫中的胎儿切碎，并一块块地取出来，因为孕妇的生命要比胎儿的生命重要。

但是，如果胎儿的大部分已经生出来了，就不能这样做了，因为我们不能为了一个人的生命而置另一个人的生命于不顾。

有两个人在进行穿越沙漠的旅行，他们两人中的一个人有一瓶水。如果他们俩同时喝这些水，他们会一起死去。如果只有一个人喝水，他将能够到达文明世界。

本·佩特拉认为这两个人应该同时喝水并同时死去，以免一个人目击他的同伴死去。

后来，阿基巴教士出来说道："《圣经》中写道：'你的伙伴和你生活在一起。'这句话的意思是你的生命在你同伴的生命之前来到世界上。"

我们不知道本·佩特拉是谁，但我们知道阿基巴，而且我们可以肯定他是犹太教的权威发言人。本·佩特拉是利他主义者，他没有站在人类自身的角度来评价人类生命的价值。对他来说，只要利他主义思想流行起来，在只会死一个人的地方最好两个人都死。犹太教的道德观对这个问题的看法相反。导致丧失生命的任何行动都是罪恶，即使这个行动产生于爱和同情这样最纯洁的感情，即使受害者是他自己，这也是罪恶。在我们面前的情况是有可能挽救这两个人中的一个，克服同情的感情，并挽救有可能获救的人是一种道德义务。但是挽救谁呢？公正地说，让有能力挽救自己的人获救。每个人的生命都是托付给他自己保护的，保护你自己的生命与保护你周围人的生命相比，前者是第一位的责任。

即使阿基巴的观点是可接受的，如果一个人喝了这些水就可获救，但这只意味着没有必要两个人一起死。按通常方式，在这种情况下拥有水的人会喝水，但这不符合阿哈德·哈姆所说的情况：因为这是"保护你自己的生命与保护你周围人的生

命相比，前者是第一位的责任”，而不是简单地由于一个人不会把水递给另一个人，因为他不愿看着他们把水递来递去。但是，阿基巴认为，如果拿着水的人想把水递给他的同伴，那么他的行为是十分虔诚的行为……本·佩特拉当然也不会反对这两个人中的一个人让他的朋友喝水并获救。在阿基巴和本·佩特拉之间的争论仅涉及这两个人都想喝水的情况；对此，阿基巴认为如果一个人能生存，那么让两个人一起去死就是错误的……

但是，对于某个人处于十分严峻的存亡关头，就可能会升华出高尚的精神为其朋友献出生命……这样他就是一个高尚的人，犹太教也会这样认为。犹太教的历史上并不缺乏这样的“愚神”。

如果一个人能够拯救另一个人而没有去救，那他就违背了这条圣训：“当你周围的人处于危险之中时，你不能袖手旁观。”（《旧约全书》第三卷19：16）。

类似的，如果一个人看见另一个人落入海中，或受到了强盗的袭击，或受到了野兽的袭击，他虽然有能力自己去救这个人或雇用他人去救这个人，但他没有去救；或者，如果一个人听到了异教徒或告密者在策划针对另一个人的罪恶阴谋，或在对另一个人设圈套，他没有去提醒这个人注意并让他知道这件事；或者，如果一个人知道一个异教徒或一个极端分子打算袭击另一个人，虽然他能够为这个人平息这件事，使有这种打算的人改变主意，但他没有这样做；或者，一个人有任何类似的行为——在上述各种情况下他都违反了禁令：“在你周围的人处于危险之中时，你不能袖手旁观。”

虽然没人对这些禁令提出严厉批评，因为破坏这些禁令属于非法行为。但是冒犯行为是十分严重的，因为如果一个人杀害了一个以色列人，这会被人们看作好像是他毁灭了整个世界，如果一个人保护了一个以色列人的生命，这会被人们看作好像是他保护了整个世界。

如果一个小偷在掘地道（为进入某地）时被抓住了，并被鞭挞致死，在这种情况下没有犯杀人罪的问题。

必须不惜以其生命为代价将下列人从罪恶中拯救出来：追赶他的同伴并要将其杀死的人；为同性恋目的追求他人的人；追求并想奸污已订婚女子的人。

当雅各布在等伊索时，伊索正带着四百个人向着他的营地赶来，《圣经》说他“十分害怕和忧伤”。

犹大·伊拉易拉比说：“害怕和忧伤不是同一事情吗？”

然而，这个意思是指他害怕他会被杀掉，而且他忧伤他会被杀掉。

因为他想：“如果他战胜了我，他不会杀了我吗？如果我赢了他，我不会杀了他吗？”

一个人去找拉瓦并且对他说：“我的镇上的当权者命令我去杀一个人。他说，如果我不按他的命令去做，他就要杀死我。我该怎么办呢？”

拉瓦回答他说：“他就是杀了你，你也别去犯杀人罪。”

“你怎么知道你的生命比他的生命更重要呢？也许他的生命比你的生命重要。”

研究《旧约全书》的罗马人找到了约·哈南拉比，将一个《旧约全书》卷轴放在他心脏的边上。

他们把他包在《旧约全书》卷轴中，在他周围放置一捆捆的枝条，并把这些枝条点燃。然后，他们拿来了数捆在水中浸泡过的木头，并将这些木头放在他心脏附近，这样他就不会很快死去。

他们向他叫道：“拉比，你看见了什么？”

他回答说：“文稿已经在燃烧，但其精神实质却在高空飞翔。”

“张开嘴，这样火会将你烧透。”他们说道。

他回答说：“让赋予我灵魂的上帝将我的灵魂带走吧，但是，谁也不能伤害我本身。”

对于自杀者，不举行任何形式的仪式。依什梅尔拉比说：“他们可能是由于十分悲痛。哎，误入歧途的蠢人！哎，误入歧途的蠢人啊！”

阿基巴拉比在谈到不论是谁自杀时说：“让人们忘却他吧，既别赞美他，也别咒骂他！”

没人悲痛欲绝，没人伤心哭泣，也没有人颂扬他。但人们应该排队向他朗诵送葬者的祝福，这是出自对活着的人的尊敬。一般规则是：公众应参加出自对生者尊敬的一切活动，而不参加出自对死者尊敬的一切活动。

什么样的人可以认为是自杀呢？

并不是那些爬到树顶上或房顶上并掉下来摔死的人算是自杀。而是那些说“请看，我要爬到一棵树顶上”或“我要爬到房顶上，然后自己跳下来摔死”，并且有人看见他爬上了树顶或房顶并跳下来摔死了，这样的人被认为是自杀。对这样的人，不应举行任何仪式。

如果人们发现一个人吊在一棵树上勒死了，或者是被剑刺死，这将认为他是无意识地使自己死亡，对这样的人不应拒绝举行任何形式的仪式。

戈高斯的儿子逃学，戈高斯威胁说要打他的耳光。由于惧怕他父亲，儿子逃了出来并跳入了水池中。这件事提交到塔福恩拉比面前，他规定说：“不要拒绝举行任何形式的仪式。”

毁灭自己的生命被认为是所有罪恶中最为凶残的罪恶，但是，为了信仰而牺牲自己的生命却属于所有最高尚的行为之一。然而，那些高度重视生命价值的圣人们警告人们不要寻求不必要的殉难。他们所强调的一点是，如果私下强迫一个犹太人这样做以挽救其生命是违反宗教法律的，如果公开进行这样的冒犯就“亵渎了上帝的名誉”。

“那些热爱我并遵守我的圣训的人”（《出埃及记》20：6）是指那些生活在以色列的土地上，并以生命捍卫这些圣训的人。

“为什么要将你斩首？”

“因为我为我的儿子割了包皮，并使他成为一个以色列人。”

“为什么要将你烧死？”

“因为我读了《旧约全书》。”

“为什么要把你钉在十字架上？”

“因为我吃了未经发酵的面包（在逾越节）。”

“你为什么挨了一百鞭子？”

“因为我进行了犹太感恩节（Lulav）的庆祝。”

这些苦难使我感受到了天堂中圣父的爱。

如果出现了一个偶像崇拜者，他强迫一个犹太人去违反在《旧约全书》中提到

的任何法规之一，并威胁说不如此便会将他处死，这个犹太人应该去违反法规而不要去死……

这项法则可以用于除了禁止偶像崇拜、淫荡和凶杀的法规之外的所有法规。对于这三条法规，如果一个以色列人被告知，“去违反这些法规的一种，否则要将你处死”，他应该迎接死亡而不去违反这些法规。上述区别仅仅当偶像崇拜者的动机是取得个人优越感时是成立的。例如，他强迫一个以色列人在安息日为他造房子或为他烹调，或者强迫一个犹太女人与他同居等。但是，如果他的目的是强迫以色列人违反其宗教法律，如果这只是在私下发生，并且没有十个以上以色列人在场，他可以接受违反法规的命令而不去送死。但如果是企图强迫以色列人在有十个以上以色列人在场的情况下去违反法规，他应该选择死而不去违反……

所有上述规则可用于宗教迫害之外的时期。但是，在宗教迫害时期内，例如，当出现了一个邪恶的国王时……其法令反对以色列人，目的是取消犹太宗教或其宗教规则之一，这时以色列人的义务是承受死亡也不违反任何一条法规，即使是剩余法规也不违反，无论是在有十个以色列人在场或盲目崇拜者在场的情况下都不屈服于强迫。

当其是以强迫违反法规取乐而不是要进行杀害时，如果选择死亡而不违反法规，这种死要受到责备。

当其是以死取乐而不是要强迫违反教规时，应选择死而不去违反教规，这是为上帝的名誉而牺牲……

如果其目的是以死取乐而不是强迫违反法规，这时屈从于违反法规并逃脱死亡，这就是亵渎了上帝的名誉……然而，在强迫下他屈从于违反法规，他不会受到鞭打的惩罚，也不用说，即使是在强迫下他犯了凶杀罪，他也不会由法庭判处死刑。因为处死和鞭打的刑罚仅用于处罚那些有目击者在场和在为警告其他人的情况下，为了自己的自由而违反法规的人。

……七个兄弟和他们的母亲被捕了，国王用鞭子和皮带拷打他们，强迫他们吃猪肉。七兄弟之中的一个说：“你们审问我们是想知道什么？我们宁愿死也不会违背祖先的法律。”

国王被激怒了，他命令把巨大的平底锅和大锅加热，手下的人马上照办了。他又命令将说话人的舌头割掉，并在他的母亲和六个兄弟的面前剥掉他的头皮并断肢。这个被残害的人仍在呼吸着。

国王命令将其放入火中并在一个平底锅中烤着，随着烟雾向四外散开，这位母亲和她的儿子们在互相鼓励着："要高尚地死去。上帝在看着呢，"他们说，"毫无疑问，主将怜悯我们。"

在第一个兄弟这样死去后，第二个兄弟也受到了同样的酷刑……在他之后第三个受到了酷刑……当他死后，他们以同样残忍的方法残害了第四位……第五个兄弟也受到了酷刑……而后又将第六个带进来了……

在他们当中母亲是最突出的，值得以特殊的敬意去悼念。在一天内她看着她的七个儿子全部死去了，但她勇敢地承受了这一切，因为她寄希望于上帝。她用本民族的语言鼓励了她的每一个儿子……

只剩下最年幼的兄弟了，国王对他的审问没有得到满意的答复，就向他起誓保证说，如果他放弃祖先的风俗，他就会变成一个非常富有的人……

由于这个年轻人不理会国王的劝说，国王将其母亲传唤来，让她劝儿子保住性命……

她靠近儿子，内心轻蔑着残忍的暴君，她用他们的民族语言说道："我的儿子，我很心痛你。我在子宫内怀了你 9 个月，并哺乳了你 3 年，抚养你到现在的年龄。我请求你，孩子，看看天空和大地吧；看看天地间的万物，这样你就会意识到上帝创造的万物都是微不足道的，人也是以同样的方式来到这个世界上。别害怕这个屠夫，你要接受死亡，并证明你和你的兄弟们一样死得有价值，这样上帝就会怜悯我们，使我们再次相聚。"

她刚刚说完，这个青年人就喊道："你们还在等什么？我是不会服从国王的命令的；我要遵守摩西交给我们祖先的法令……"

国王被这些轻蔑的词语激怒了，他火冒三丈，将这个年轻人处以更为残酷的刑罚，这个年轻人就这样死了……

最后，这位母亲在她的儿子们之后也死去了。

当阿基巴拉比被提出来处以死刑时，这正是到了要读施摩（宣布上帝统一性的祈祷）的时候了。

当他们用铁梳耙刺他的皮肉时，他朗诵起了祷文。他的门徒们对他说：“我们的先生，甚至在这个时候还要诵祷文吗？”

他对他们说：“在我的一生中我都在思考着这个韵文，‘你要用你整个灵魂来爱上帝’（我对这句的解释是），即使是上帝带走了你的灵魂也要这样做。当我有机会完成这一点时，我要求自己这样做。现在我有这样的机会了，我能不去完成这件事吗？”

个人与社会

一群人同在一条船上，其中一人拿一把钻在身下开始钻洞。别的旅客对他说：“你这是干什么？”他回答说：“我在自己的座位下面打洞，与你们何干？”旅客们驳斥说：“一旦船底打通，水会进来把大家淹死！”

人只有自食其力才心安理得，即使靠父母或儿女养活，心也不安。那么靠外人养活就更不必说了。

拥有一份自己的，比拥有九份别人的更让人高兴。

一个人该走什么样的正道？应该自己觉得体面，又能赢得别人的敬重。

什么人能受到敬重？敬重别人的人。

上帝认为，“不先征求社会的意见，我们不能为大众任命统治者”。

要提防当权者，因为这种人不是为了私利便不会亲近于人；为了自己的好处时，他们貌似朋友；当别人有危难时，他们离你而去。

弄权者必为权所埋葬，权力其实乃是奴役。

当上帝创造了第一个人时，他带领他绕着伊甸园中所有的树而行。

上帝对他说：“看看我的工作吧，它们多么美丽、多么壮观。我在这儿创造的一切都为你们所有的人在地球上创造了。想想这一切，别败坏和毁坏我的世界；如果你败坏了它，就没人能在你们之后再把它安置好。”

世界仅仅是由于选中了和选择了它而创造的。

人是选择的主人，他会说，整个世界仅仅是为我而创造的。因而，人应该在任何时候和任何地方来保证拯救这个世界并满足它的需要。

无论是谁砍倒一棵结果实的果树都会受到鞭打。这种处罚不仅仅只用在围城时砍倒果树，无论何时，毁灭性砍伐结果实的树木都会受到鞭打。然而，如果这棵树对其他树木造成了损害或对属于他人的场地造成了损坏，如果这棵树用于其他目的的价值更大，那么就可以将其砍伐。法律仅仅禁止不负责任的毁坏。

砍伐结果实树木的人和那些破坏性地打碎家用物品、撕破衣服、破坏建筑、阻塞泉水或浪费粮食的人都违反了这条命令："你不能毁坏。"

禁止在没有绿色庭园的城镇生活。

兽尸、墓地和制革厂必须距城镇很远（因为其气味很坏）。制革厂只能建在城镇的东边（因为东风很柔和，不至于将臭气带到城镇里去）。

在耶路撒冷实行了十条特殊的法规。这些法规是：城中不许设置粪堆；城中不许设置窑炉；除了早期的先知者们遗留下来的蔷薇花园外，不许在城内开垦花园和果园；不许在城内养鸡；死去的人不许在城内过夜……

城内不许设置粪堆是为了防蛇（蛇会在粪堆中繁殖）。

城内不许设置窑炉是因为窑炉会产生烟。

城内不许开垦花园和果园是因为肥料和花草、果实的腐烂会发出恶劣的气味。

城市的空气质量与沙漠和森林的空气质量相比，就像混浊湍急的水与纯净清澈的水相比一样。这是因为在城市中楼高路窄，城市中的居民、废弃物品、动物尸体、宰杀家畜后的内脏和变质食品的臭气会造成城市污染，会使整个城市的空气变得恶臭、带有烟气并且混浊，风也带有这些气味，而且人们没有意识到这一点。

由于我们是在城市中长大的，已习惯了这个地方，不可能再搬出城去。但是，我们至少可以选择一个地域开阔的城市……如果你们没有任何其他选择，而且不能搬到城外去居住，那么至少应该选择住在城市的东北郊。将房子建得高一些，庭院要足够宽，使得北风能吹进来，太阳光能照进来。太阳光能减少空气的污染，使空气清澈纯洁。

一个在进行粗野游戏的男孩，他以受伤甲虫的痉挛或患病动物的痛苦取乐，那么他很快就会变得对人类的痛苦无动于衷。

即使是那些你认为世界上没必要存在的动物，像蚤类昆虫、蚊子和苍蝇，但它们也是世间万物的一部分。

上帝要通过创造世间万物来达到他的目的，甚至包括创造蛇、蚊子和蛙类。

一个人在没有喂他的牲畜之前禁止吃饭，因为《圣经》中说道：‘‘我为你的牲畜在田间提供了青草，”而后才说道，“你可以吃饭了。”

如果你在路上偶然发现了一个鸟巢（这个鸟巢在一棵树上或是在地上），巢中有小鸟或是有鸟蛋，母鸟正在照料小鸟或是在孵蛋，别将母鸟和其幼子一起抓走。应放走母鸟，仅仅抓走幼子，这样你会走好运并且长寿。

“别将小动物与其母亲一起抓走”——《圣经》禁止造成物种灭绝的毁灭性行为，即使这种行为是得到了对这种物种屠宰的宗教许可也属违禁。在同一天内杀害动物幼子及其母亲，或当它们自由飞翔时将其抓获，都将被认为是在毁灭这种物种。

禁止在同一天同时宰杀动物及其幼子，这样就可以限制和防止人们同时杀死动物及其幼子，避免使幼子死在其母亲眼前，因为在这样的情况下，会给动物造成极大的痛苦。母亲对其子女的爱护和体贴并不是由某种原因产生的，而是天生的，不仅人类有这种本能，而且大多数动物也有这种本能，所以，在这种情况下人类的痛苦和动物的痛苦是没有区别的。

当我们要抓幼子时应让其母亲逃走，这条法规也可以用下面的原因来解释：如果法律规定不应对家畜和鸟造成这样的痛苦，那么我们也就会非常小心地去注意不给我们的同伴造成痛苦。

拉比（犹大君主）遭受到胆结石和其他疾病的痛苦，对此学者们做了如下解释：

拉比由于一件小事遭受到了痛苦，他又以同样的方式摆脱了痛苦。

导致他遭受痛苦的小事是什么？

一头小牛要被宰杀了，它逃出了牧群，将它的头藏在教士的衣服下，并惊骇地

吼叫着。

拉比将它推开，并说道："走开，你生来就是要被宰杀的。"

这时，天使们这样说这个拉比："由于他没有一点同情心，我们让他受些痛苦吧。"

那么，拉比是怎样摆脱痛苦的呢？

一天，拉比的仆人在打扫房子，她在地板上发现了几只小鼬鼠，并要把它们清除掉。

"把它们留下，"他对她说，"《圣经》中写道：'主怜悯所有他创造的生物。'"

这时天使们这样说这个拉比："由于他已表示出了同情心，让我们也同情他吧。"

上帝用羊来考验摩西。

当摩西照料他岳父杰思罗的羊群时，一只小羊跑掉了。摩西跟在小羊后面追，最后小羊来到了一个阴凉处，它在这儿找到了一个水塘，小羊于是停下来喝水。

摩西走近小羊并说道："我不知道你跑是因为你渴了。现在你一定疲倦了吧。"于是他将小羊放在他的肩上，把它带回去了。

上帝说："由于你在照看羊群时表现出了极大的同情心，那么在管理我的教徒们——以色列人时，你一定也会表现出同情心。"

人们问一位拉比，是否可以允许犹太教徒进行狩猎运动。他对这个问题的回答常常在犹太教义中被引用为关于狩猎的主要观点：

一个犹太教徒怎么能不为任何人的利益去杀害动物，而这仅仅是为了满足"他消磨时间的享受"？……

在犹太教法典中，只允许当野生动物侵入人类居住区时将它们杀死，但是，野生动物很少去人类居住区。在森林中——野生动物自己的领地追赶这些动物，是任何戒律都不允许的。这种追赶只不过说明了这个人心里想干什么。

当一个人需要这样做，为生计所迫他不得不这样做时，我们不应说他进行狩猎是残忍的，这就像我们为了人类的需要要宰杀牛、鸟和鱼一样……但是，如果生活

并不需要他这样做，他的狩猎与其生计无关，那么这种狩猎就是残忍的行为。

劳动者的价值问题

工作是人的责任，不仅仅是为了谋生，同时也是为保障社会秩序而贡献自己的一分力量。

最好是把研习《托拉》和世俗的职业结合起来，因为从事这两者所需要付出的劳动能使人忘掉罪恶。只研习《托拉》而不工作终将一事无成，并将成为罪恶的起因。

如果一个人早上学习两段律法，晚上学习两段律法，而在白天投入到工作中去，这就相当于他遵行了全部《托拉》。

上帝对亚当说："地必须给你长出荆棘和蒺藜来"时，亚当的眼中充满了泪水。他对上帝说："宇宙的主啊！难道我要同我的驴同槽进食吗？"上帝补充说"你必须汗流满面才得糊口"时，他才放下心来。

父母有义务教会儿子一门手艺，不教儿子手艺就等于教他去做贼。有手艺的人就像有围墙的葡萄园，牲畜、野兽进不来，行人也吃不到，看不见；没有手艺的人就像围墙坏了的葡萄园，牲畜、野兽都能钻进来，行人既能摘得到，也能看得着。

白天干活的人到了晚上领取工资，晚上干活的人次日白天领取工资；按小时干活的人，一天一结；按周，或月，或年为周期干活的人，也要到期领取工资。凡延付仆人工钱的人，无异于夺其性命。

有人去找泥瓦工约瑟夫就某个问题向他咨询，而当时他站在脚手架上。找他的人对他说："我想问你点事。"但他回答说："我不能下去，因为白天我已经被雇佣了。"约瑟夫觉得他没有权力使用属于他雇主的时间来办私事。

一个人在晚上工作了之后，不得在白天再把自己租出去。他不得让自己太疲劳，因为这样他会为其雇主少干活。凡在工作中不听雇主指示的人应称之为盗贼。

拉比朱达去学校的时候，总要肩扛水罐，他说："劳动最伟大，因它给人带来荣誉。"

一个人应该热爱工作而不应厌恶工作。正如《圣经》旧约前五章所述，工作是一种契约，“一周中的6天你要做完所有的工作，第七天是主的安息日”。（《出埃及记》20：9）

富人也要热爱工作，就是说，一定要干一些有价值的事，不要闲着——因为空闲是一切麻烦的导因。

如果一个人对你说：“我工作了，但毫无结果。”你不要相信他。

如果一个人对你说：“我还没干，就获得了成就。”你也不要相信。

如果一个人对你说：“我工作过了，也有所收获。”你可以相信。

你这个懒汉，去看看那些辛勤的蚂蚁，

想想它们做事的样子，你就会聪明起来。

没有谁监督它们。

它们在夏季时尽情饮食，

它们收获时就把食物都储存起来。

哦，懒汉，你还要睡多久？

你什么时候从睡梦中醒来？

少些睡梦，少些打盹，

不要弯曲你的手臂——

于是贫穷就一闪而过，

你的愿望会像一位全副武装的武士。

这个传说以哈德里恩皇帝开始。一次，他看到一位老人在非常起劲地栽种无花果树，便问他是否觉得能够享用到这棵树的果实。老人回答说，如果他自己不能活到无花果结果的时候，他的孩子们可以吃到树的果实，皇帝说：“如果您有幸吃到无花果，请告诉我。”

随着时间的推移，树上结出了无花果。老人提着一篮子无花果去见皇帝说：“我就是那位曾被你看见栽种无花果树的老人，这些无花果是我劳动的果实。”

皇帝为老人年老而勤劳所感动，让他坐在金椅子上，把他的篮子装满了金子。

他的仆人反对说：“你想给一个犹太老头儿这么多荣誉吗？”

皇帝回答："这是造物主给他的荣誉，我难道不应该这样做吗？"

那个老人一位邻居的妻子听说这件事后，对她丈夫说："皇帝喜欢无花果。你给他无花果，他就给你金子。"

那个人按照他妻子讲的，提了满满一篮子无花果到宫里，向皇帝请求交换金子。

皇帝得知此人来意之后，勃然大怒，命令说："让这个人站在宫殿的大门前，每个进出宫殿的人都要向他脸上扔一个无花果。"

当晚，那个人被遣送回家时，已是伤痕累累。"我要回敬你我在宫中得到的荣誉。"他向他的妻子嚷道。

他妻子反驳说："去把这个好消息告诉别人，说你带去的是无花果而不是柠檬，而且那些无花果都熟了，一点也不硬。"

几个挑夫不小心把圣哲拉巴的一桶酒给丢了。作为对他们的惩罚，他把他们的大衣给拿走了。

那些挑夫到拉弗那里去抱怨，于是拉弗下令归还他们的衣服。

"这合法吗？"拉巴问道（他自己知道这是合法的）。

"合法，"拉弗回答，"因为《圣经》说：'你可以成为一个好人。"'（《格言》2：20）

挑夫得到归还的衣服后说："我们是穷人，我们整天都在工作，我们饥肠辘辘。我们难道没有权力要求得到薪水吗？"

"付钱给他们！"拉弗命令道。

"这合法吗？"拉巴问（他对命令他向这些破坏了他的财产的人付钱感到很吃惊）。

"合法，"回答说，"因为有明文写道：'要走正直的路。"'

市场道德

对于一个商人来说保持清白是多么困难，对于一个店主来说要想做到绝对诚实

又是多么困难！

就像一个铁桩被紧紧夹在石头中间一样，不忠诚也被夹在买卖之中。

除非一个人坚定地保持着对上帝的敬畏，不然他的房子不久就会变成废墟一片。

我们的先哲们这样写过：一个人不必提防一个公开散布邪恶的人，也不必提防一个真正虔诚的人，当然你知道他非常忠实，但是一个人必须提防装作很正直的人，这种人经常吻他的祷告书，吟诵赞美诗而且日夜做祷告，但是他在钱的事情上是个骗子。

有的人认为上面这种人是真正虔诚，因为他对主的尊崇是如此的诚挚……但是在更多的情况下，人们还是不愿意信任这种人。

真正的虔诚是由对钱的态度决定的，因为只有当他在钱的事情上是清白的，他才可能被认为是真正虔诚的。

一次，拉比撒夫拉正在做早祷告，这时候一个顾客来买他的驴子，因为撒夫拉不想打断自己的祷告，就没有立即回答。买主把撒夫拉的沉默误以为是不同意自己开的价，于是买主就提高了价钱。看到拉比仍然没有回答，买主又提高了价钱。

拉比做完祷告之后，他对买主说："我已经决定以你第一次开的价把驴子卖给你，只不过刚才那会儿我不想打断祷告和你说话。因此你可以就以这个价买走驴子，我不会接受你出的那些高价。"

一次，拉比西蒙买了一头以实玛利人的驴子，他的门徒来了后发现驴子的脖子上挂着一块宝石。

门徒们就对西蒙拉比说："长老，上帝的保佑使得一个人富有。"

西蒙拉比回答说："我买了一头驴子，但我并没花钱买一块宝石。"

拉比于是把这块宝石还给了那个以实玛利人。这个感激万分的商人赞叹道："愿西蒙永远得到上帝的祝福！"

你不许在口袋里藏有大小不一的砝码，也不许在你的房间里藏有大小不一的尺子。

如果你想在上帝——神赐给你的土地上久居的话，那你必须拥有完全准确的砝

码和尺子。

因为任何人做的那些不诚实的事情，不诚实的交易，都是与上帝——你的神不一致的。

一个批发商每 30 天必须清理一次他的量具，而一个小生产者可以 12 个月清理一次。

拉巴·迦马列所说的相反的意见也是正确的：“一个小生产者应该经常清理他的砝码，因为经常不用，它们会粘上很多东西而变得不准确了。”

一个店主每星期必须清理一次他的量具，一个星期擦一次砝码，再有，称完每样东西之后都要清理秤。

学者塞缪尔在食物价低的时候，囤积了很多食物。等到涨价的时候，他以很便宜的价格把他的食物卖给穷人。

其他圣贤说他应该停止这种做法。

原因是什么呢？

因为他囤积粮食会使价格上涨，而且一旦价格涨上去，就很难再降下来。

人们说到拉比胡那，说他在安息日的每个星期五的晚上都会派一个仆人去市场把所有未卖掉的产品全买下来，并且把它们全扔进河里。

为什么他不把它们分给穷人呢？

他害怕穷人们会从此依靠他而不再想办法自己购买食物。

他为什么不把那些蔬菜喂动物呢？

因为他信奉食物是为人而生长的，不能喂了动物（而且这样一来人就被侮辱了）。

那么他又为什么把所有的产品都买下来呢？

因为他害怕要是食物卖不掉，那么那些农场主就会在不远的将来减少供给以抬高价格（这样就造成了使穷人更加困难的局面）。

朱达拉比说：“一个店主是不允许给孩子们炸果仁吃的（这些孩子是他们的妈妈让他们到商店去买东西的），因为这样做就会鼓励这些孩子只去这个店主的商店（造成不公平的竞争）。”

但是圣贤们却允许这样做。

朱达又说，一个店主不能低于市场价出售商品。

但是圣贤们又说，如果这个人这样做了，他将得到人们的怀念！

“一个店主不能送给顾客炸果仁……”

圣贤们允许上面这种做法的原因是什么呢？因为这个店主可以对他的竞争者说：“我给他们果仁，你可以给他们李子。”

“一个店主不能低于市场价出售商品。”

圣贤们允许这样做的原因又是什么呢？因为他帮助降低了商品的价格。

商人们被鼓励要使他们的产品对顾客有吸引力——但是，必须始终在严格的诚实范围内。

一个穷女人，她的苹果摊摆在赞姿的哈依姆拉比家附近的地方。一次她对哈依姆抱怨说：

“长老，我没钱去买安息日的东西。”

“那你的苹果摊怎么样？”哈依姆问她。

“人们说我的苹果不好，他们也就不愿意买。”

哈依姆拉比立刻跑到大街上高喊：“谁要买好苹果？”

没一会儿，一大群人聚在他的身边。这些人掏出钱连看也不看，数也不数就买，这样所有的苹果以实际价的两三倍马上卖掉了。

“现在你明白了吧，”拉比在转身走开时对那个女人说，“你的苹果是好苹果，所有的差错都因为人们却根本不知道这一点。”

一个人为了使他的劳动得到最高的报酬，采取劝说的方式来夸耀他的货物，这当然是很正常的。我们说这样的人是有雄心的，而且会成功的。但是，如果他不慎重衡量自己的行动，结果注定是罪恶的，而不是美好的。

但是，你会问：“在讨价还价过程中，我们怎样才能使对方相信，我们卖给他的商品与我们索要的价格相符？”

在欺诈的和诚实的劝说之间，有一种显而易见的区别：给买主指出要卖的货物的优点，这完全是合理的，而欺诈则包含着隐藏商品的缺点。

不管买什么东西，买主总是希望对卖主和其他买主表现出礼貌和深思熟虑。

欺诈适用于买和卖，它还适用于说话。

如果某人不想买东西，他就不应该问："这东西多少钱?"

一个人没钱时，他不应该装作喜欢买东西。

这件事只有自己心里知道，只应该在心里知道所有的事，"害怕你的上帝"（虽然其他人不知道你的内心，但上帝知道）。

如果一个人试图买或租土地或家具，而另一个人又来买，那么我们说第二个人是怀有恶意的。

吉德尔拉比正在为买一块土地谈判，阿巴拉比走在了他的前面，买了那块土地。于是，吉德尔拉比向蔡恩拉拉比诉苦，蔡恩拉拉比就把这件事告诉了艾萨克拉比。

"等到阿巴拉比下一个节日来耶路撒冷时再说。"艾萨克拉比说。

等阿巴拉比来了后，艾萨克拉比就对他说："如果一个穷人正在挑选一块糕点，而另一个人来了，从他身旁把它拿走了，那是什么行为?"

"那是恶劣的行为。"阿巴拉比回答道。

"先生，那你为什么这样做呢?"艾萨克拉比问道（指那块土地）。

"我不知道他正在谈判。"阿巴拉比答道。

"那么你就还给他吧。"

"我不会把土地卖给他的。"阿巴拉比说道，"因为这是我买的第一块地，卖了它不会有好兆头。但是如果他想作为礼物收下的话，那可以。"

吉德尔拉比太傲慢了，不愿意作为礼物接受这块土地。引用《圣经》上的话："憎恨礼物的人将会生存。"

阿巴拉比现在也不想占有这块土地，因为他知道了吉德尔拉比曾经为这块土地谈判过。

所以两人都没要这块土地，它成了一块"拉比土地"，被当作学生聚会的地方。

穷人与富人

一个视钱如命的人从不会满足他所得到的金钱，同样，一个守财奴也不会满足他所得的钱。那实在是可悲了。随着他财富的增多，他同时也需要消费，否则，财富拥有者的成功不就等于是满足自己眼睛的需要吗？

一个工人，不管他是否有足够的食物，他的睡眠总是安稳的，但是一个富人，尽管他物质财富充足，但他却无法安稳地入睡。

一个最大的不幸在于：一个人不可能长期在世界上生存，从他赤条条地来到这个世界上的那天起，就注定他终要从地球上消失，他不可能把他的财富永远带在身边。

所以，一个人辛辛苦苦地操劳一辈子，除了烦恼、不幸、愤怒陪伴他生活在黑暗中以外，还能有什么好处呢？

当一个人以他最大的能量、最细心的计划一心致力于捞取庸俗的好处，而且又企图以最有限的能力去促使这好处发展时，他应该考虑一下自己的灵魂。

以后他会发现他对于那些世俗杂事的想法是他思想的最高点，而且在那方面的希望是他最崇高的期望，以至于没有任何一种财富能满足他的要求。他就像一团火，要想烧得更旺些，就得多加些柴禾。所以，他的整个身心都被那些世俗的爱好日日夜夜缠绕着。

他总是等待着商品积累出售的季节，他研究市场的状况，调查商品的价格，记录世界各地商品价格的升降。不管是严寒还是酷暑，也不管是海上的风暴还是沙漠上的长途旅行都无法阻止他的行动。

他做这一切是希望能得到一个结果，事实上那里没有什么结果，只会使他的努力成为徒劳，除了延长他的痛苦、烦恼和辛劳之外，别无他得。如果他得到了一点点他所需要的以后，可能将得到的一切就是照看、管理好它，使它免受灾难，直到它成为它注定要归属的人的财产。

一个有钱人辛辛苦苦地积累着财富，但当稍有一点放松，他就会受到奢侈品的

诱惑。

一个穷人辛苦地工作以维持他微薄的生活，当他放松一下，就会发现自己无法生存。

这个世界每天都在变化。今天富有的人明天就不一定富有，今天贫穷的人明天也不一定贫穷。

世界上没有什么事比贫穷更糟糕的了——它是所有痛苦中最可怕的。一个受贫穷压迫的人好像世界上所有的麻烦都会落到他身上，《圣经》提到的所有咒骂都会落在他身上。

我们的拉比说，如果把世界上所有的痛苦都放在天平的一边，那么天平那边就是贫困，贫困将在重量上超过它们之和。

一位虔奉宗教的人继承了一笔财富。一般情况下，在安息日前天，太阳落山前，他就开始为安息日做准备。

一次，为了件急事，他不得不在安息日将近之时离开家。在回来的路上，一个穷人乞求他赏点钱，好买些食物过安息日。

这个虔奉宗教的人非常生气地指责这个穷人："你怎么能直到现在才想买过安息日的食品呢？没有人会等到这个时候，你一定是在骗我，想让我给你些钱！"

他到家后，把他遇到的这件事告诉了妻子。

"我要告诉你是你错了。"他妻子说，"在你的生活中，你从没有尝过贫困的滋味，也不知道穷是什么样子。我是在穷人家长大的。我记得，很多次，差不多天黑了，到了安息日的时间，我父亲还在为寻求一块能带回家的干面包而奔忙。对那个穷人，你是有罪的。"

这个虔奉宗教的人听了以后，他就跑出来寻找这个乞丐，这个乞丐还在寻求过安息日的食物。这个富人给了他面包、鱼、肉和酒去过安息日，然后，他请求穷人原谅他。

有钱的农场主卡尔布的女儿自己决定跟拉比阿基巴订婚了。阿基巴当时是一个穷羊倌。当她的父亲听到这个婚约时，他发誓再也不会给他女儿一分钱，一份遗产。

这对年轻人在冬天结婚了，他们很穷，睡在稻草上。

“要是我能够买些装饰品多好，”阿基巴摘下他妻子头上的稻草说，“我将给你买一个带着耶路撒冷图片的金的装饰品。”

一天，先知艾利加来看他们，他乔装成一个凡人，“给我一些稻草吧，”他在他们门口喊道，“我妻子要生产了，可我没有什么东西可以让她躺下。”

“你瞧，”阿基巴对他妻子说，“我们以为自己很穷，可还有一个连稻草都没有的人呢。”

有个犹太拉比在一段教义中写道：人们通常为他们的穷亲戚而害臊，和他们保持着距离，否认他们是自己的亲戚。这种做法恰恰是与上帝意志相违背的。“穷人也是他的臣民，当他看见穷人时，总是赐予他们衣食。”《圣经》中的许多重要教义和后来的犹太法学书及伦理学家们都仿效上帝的这一种品德——尽一切可能地伸手帮助穷人。在希伯来话中，慈善一词是“Zedakah”，即正义、正直的意思。教义始终强调，穷人有权利得到慈善，给予者和接受者双方都有各自的权利。

倘若在你们中间有一个穷人，别昧着你的良心，撒手不管。相反，你应该张开双手（借）给他所需要的一切。

毫不犹豫地给他东西，在没有任何怨言中做完这一切。作为回报，上帝会保佑你，使你的一切努力都有所偿，你的一切事业都能成功。在你力所能及的范围内永远别忘了需要你帮助的穷人，这就是我要你去向穷人张开双手，去帮助你领地里的穷亲友的原因。

我们期望的难道就是这么一种斋戒？使人们在这一天里挨饿？把头叩得像纸莎草一样摇摇摆摆？沉浸在悲切的气氛中？这就是你所谓的斋戒日，使上帝欢颜的一天？

绝不是！这才是我所期望的斋戒：

去摆脱邪恶的压力，去解除绳索的束缚，让被压迫者获得自由，打破一切枷锁。

和饥饿者一起分享你的面包，让那些可怜的穷人去你家里；给裸者衣穿，不要怠慢了你的穷亲友……

倘若你能排除来自你心中的压力；放下指责别人的指头，丢弃邪恶的话语，给予饥饿者你的怜悯之心，让这些饥饿的生灵感到满足。

你的光辉就会在黑暗中显现，你心中的幽影就会像在正午天里一样消失无踪。

与对物质的关心相比，人应该更关心精神方面的东西，但是，他人的物质利益则属于自己精神方面的东西，要像关心精神方面的东西一样予以关心。

即使一个生活在没有慈善环境里的穷人也应该履行慈善的行为。

罗马统治者提内姆斯·卢浮斯问阿基巴拉比：

"倘若你的上帝热爱穷人，那他为什么不给予他们东西呢？"

阿基巴回答道："通过贫困的磨难，可以使我们摆脱地狱之苦。"

"而与上帝意志相反，你的每一次慈善行为都该受到指责，因为你的行为跟上帝的意志不相容。"提内姆斯·卢浮斯说道。

"我用一个比喻来解释吧，假如一个凡间国王对他的侍从生气，把他打入监狱，并发令不给他吃喝。有个人却去给他吃的喝的，这事让国王听到了，难道他不会很生那个人的气吗？你被称为上帝的仆人，正像书里所写的一样，而对我来说以色列人都是仆人。"阿基巴拉比回答道："我用另一个比喻来解释吧。倘若有个凡间的国王生他王子的气，把他打入监狱并命令不给他饭吃，不给他水喝。有人却去给他饭吃，给他水喝，这事让国王知道了以后，难道国王不会报答那人？我们被称为上帝的孩子，正像书里所写的一样，'你们是上帝的孩子'。"

有个人一辈子都很自私。在他临终前，他的家里人要他吃点东西。"假如你给我一个煮鸡蛋，我会吃的。"他答道。

正当他准备吃鸡蛋时，有个穷人出现在他家门槛边行乞："可怜可怜我吧！"那个临死的人转身叫他家人把鸡蛋给那个穷人吃。

三天后，他死了。

过了一段时间，那个死者出现在他儿子身边，儿子问他："爸爸，你去的那个世界怎么样？"

那死鬼父亲答道："把你的实践付诸慈善，你就可以去你想去的地方。纵观我的一生，我做过的唯一慈善行为就是把那只鸡蛋给了那个穷人。于是，我死时，那

个鸡蛋的价值就超过了我曾犯下的所有罪过，我已被允许去乐园了。”

这件事告诫人们：“永远别停止积点善德。”

在一次旱灾中，阿巴胡拉比在梦中听到一种声音：“让彭陀卡卡（一个一天中犯了五次罪的人）去祈求老天普降甘霖免除旱灾吧。”

彭陀卡卡照着干，于是雨便降临了。阿巴胡拉比传唤了他。

“你做了什么样的工作呢?”拉比问他。

“我一天中犯下五次罪。我雇佣妓女；我是剧院的侍从；我把那些妓女的衣服拿到洗澡房；我当着她们的面跳舞；我敲打鼓和乐器。”

“那你做过什么样的好事呢?”

“有次我正清扫着剧院，有一女人走了进来，站在剧院后台哭泣。‘你怎么啦?’我问她。她答道：‘我丈夫被关在监狱里，我来这里出卖肉体就是为了挣到足够的钱让他获得自由。’

“听完她的哭诉，我卖掉了我所有的一切，包括我的床铺和床上用品。我把所得的钱交给她，并告诉她去赎回她的丈夫和赦免自己的罪过。”彭陀卡卡回答说。

阿巴胡拉比说道：“所以你祈求老天降雨是应该得到回报的。”

《圣经》里面讲了一个很感人的故事。故事是说在摩押的地方有个叫路得的年轻妇女，在她丈夫死后拒绝离开她的婆婆拿俄米的事。婆媳两人来到犹大那里。为了生活，路得到田里拾稻穗。田产拥有者是拿俄米的亲戚波阿斯，稻谷收完后不久，波阿斯就娶路得为妻。

对于像路得和拿俄米这样的穷人来说，拾稻穗为生是非常艰辛的。而对土地拥有者们而言，《圣经》教诲他们在收割稻谷时把其中一部分留给穷人去拾取。比如，在收割期间，麦粒或稻穗遗落在田地里，这些遗落的稻谷自然就该属于穷人了。问题是农场主并不肯把那些穗粒送给穷人，那些需要穗粒的人也简单地认为遗落在田埂上的穗粒属于他们。接受帮助和回避救济以便自己保持尊严渗透在整个犹太教义之中。迈蒙尼德的八点慈善建议就是对这种理论的最有名的解释。

当你在田地里收割庄稼并把一捆稻穗遗落在田地里时，不要再回去捡，那些东西该属于陌生人、失去父亲的人和寡妇……

当你摇动橄榄树捡取果子时，不要再搜找一遍，那些东西该属于陌生人、失去父亲的人和寡妇……

当你在葡萄园里收取葡萄时，不要再挑选一遍，那些东西该属于陌生人、失去父亲的人和寡妇……

慈善的报答完全依附于仁慈的程度。

有许多例子可以说明借比给予（别人东西）更好些：

卢宾是个诚实的人，他请求西米昂借给他一点钱，西米昂毫不犹豫就把钱借给了卢宾，并对他说："我真的想把这点钱作为礼物送给你。"

西米昂的话使得卢宾难堪极了，并感到受了侮辱。于是，他再也不向西米昂借钱了。很清楚，在这件事上，如果西米昂不把钱作为礼物送给卢宾会更好些。

如果你想拯救一个人于污泥之中，不要以为站在顶端，伸出援助之手就够

你应该善始善终，亲身到污泥里去，然后用一双有力的手抓住他，这样，你和他都将重新从污泥中获得新生。

有八种慈善行为，一种比一种境界高。最高的一种慈善行为是：一个人打算帮助穷苦的犹太人，他给这个犹太人赠送礼品、贷款，接纳他为贸易伙伴，并帮助他找到工作——一句话，就是使他无须再得到别人的帮助。

其次一种慈善行为是：有个人把救济物品送给穷人，并以以下这种方式进行：即给予者不知道把财物送给了谁，接受者也不知道谁给他的财物。举个例子说，在古寺庙里有一个秘密的地方，贤德之人秘密把礼物放到那里，而贫困的人们会到那里秘密地接受他们的救助。

差一点的慈善行为是：一个人把钱放到慈善箱里。只有放钱人确信主管慈善箱的人值得信赖，并有能力管好这笔钱，才会把钱放到箱里。

再差一点的慈善行为是：穷人知道自己是从谁那里得到的救济，但是施予的人却不知他把救济物品施予了谁。那些施予者把钱用围巾系好放到自己背后，以便穷人能在一种不致窘困的情况下接受帮助，这种做法确实很聪明。

再差一点的慈善行为是：亲手把礼物送到接受者的面前。

再差一点的慈善行为是：只在穷人请求帮助时，才伸出援助之手。

再差一点的慈善行为是：给予穷人的财物与自己拥有的财产大为不符，但却表现出一副慷慨解囊的样子。

最差的慈善行为是：给予穷人礼物时露出十分不悦的神色。

一个已经完成抚养儿女义务的父亲为了使自己的儿子研究《圣经》、使女儿受到教育走上正直的道路，而依然向已经成年的儿女提供资助，是一种慈善行为。这些原则和限制也同样适应于儿女向父母施予救济的情况。事实上，在一般情况下，一个人在施予救济时，自己的父母子女比别人要有优先权。

一个人应先向自己亲戚施予，然后再向他人施予。自己家中的穷人在接受施予方面要优先于本城的穷人。自己城中的穷人在接受施予方面要优先于其他城市的穷人，以色列领土上的穷人在接受施予方面优先于以色列领土以外的穷人。

希莱其阿拉比是“楼厅画家”胡尼的孙子。每当干旱时，拉比就会给他一个信号，只要他一祈求，雨水就会降临。

有一次，人们特别渴望天降甘霖，便委托两名学者去向希莱其阿拉比求救。

希莱其阿对他妻子说：“我知道这两个人是来向我求降雨水的。我们先在他们到来以前去屋顶上去求雨吧！以便我们不至于因这场雨而得到赞誉。”

于是他们来到了屋顶，希莱其阿拉比站在一个角落里，他的妻子站在另一个角落里，云和雨首先从他妻子站的那个角落出现。

当那两个学者到来时，希莱其阿问他们为什么而来，他们便把此行目的告诉了希莱其阿拉比。“我们知道快要下雨了……但是为什么云彩首先出现于贵夫人站的角落，然后才出现在你那角落呢?”他们不解地问。

“这是因为我妻子呆在家里给穷人们面包吃，他们可以立即享受到面包的滋味；而我给他们钱，钱却不能使他们立刻享受到快乐。”

政府、法律与正义

世界因三件事得以保存：诚实、公断以及和睦，如经文所说：“在城门口按至理判断。”

全世界的人都有这样的经验，把一捆芦苇捆在一起，任何人都折不断，如果一根根分开，连孩子都能折断。

有三种人的生活质量不高：敏感的人、易怒的人和忧郁的人。

两人争吵时，先行沉默的人值得赞扬。

听见侮辱并对其置之不理的人才是幸福的，万恶绕其身而过。

脾气有四种：

一种人易怒也易息怒，这种人失得相抵；

一种人发怒难平息也难，这种人得失相抵；

一种人发怒难平息易，这种人是圣人；

一种人发怒易平息难，这种人是恶人。

不要轻贱正义，因为它是支撑世界的三足之一，一旦颠倒，便动摇了世界的根基。

法官应时刻想着利剑对着心窝，地狱就在脚下，做法官的人应该聪慧、谦恭，惧怕犯罪，有好的名声，受人欢迎。

在某位拉比过桥时，一个人伸手扶了他一把。拉比问：“你为什么要这样做呢?”那人回答说：“我的一桩诉讼尚未结案。”拉比说：“那么，我没有资格对此做出裁决。因为法官不得接受金钱贿赂自不必说，就是其他非物质的贿赂也禁止。”《塔木德》认为，世界降临的一切灾难，都是由于法律的不公造成的。

为政权的稳定祈祷。因为如果没有对它的敬畏，任何人都可吞食其邻人。

《圣经》上说：“你们已使人类变得像海中之鱼，像遍地蔓延而无统治者的东西。”

为何将人类比作海中之鱼类呢?就是因为在海中，大鱼吃小鱼，而人类也是这样。若没有对政府的敬畏，将会弱肉强食。

《箴言》一篇中说：“看看那些蚂蚁，你们这些懒人……没有头领，没有管理或统治者……”

西米昂先生（著名的“实验家”）决定观察蚂蚁是否有蚁王。

盛夏，他来到一个蚁冢跟前，将外套展开盖上去。一只蚂蚁出来了，发现了阴

凉处，它回去告诉其他蚂蚁外面很阴凉（恐怕蚂蚁不喜欢烈日吧）。立刻所有蚂蚁都出来了，然后西米昂拿走他的外套，炽热的阳光直射到蚂蚁身上。

所有的蚂蚁都扑向第一只蚂蚁将它杀死。西米昂说："很明显，它们没有蚁王，因为如果它们有，它们就不会不经蚁王允许而杀死那只蚂蚁（法律可以约束它们相互之间的行为）。"

上帝对大卫的所作所为很不高兴，于是派纳坦到大卫那儿。纳坦到了他那儿说：

"在同一城市里有两个人，一个富一个穷。这个富人有很大的羊群和牛群，可这个穷人只有一只买来的小母羊。他细心喂养它，小母羊同他和他的孩子一起成长。一天，一个过路人到富人那儿，但富人不愿用自己的牛羊招待客人，他拿那穷人的小羊羔为客人准备用餐。"

大卫对此人勃然大怒，他对纳坦说："只要上帝存在，做这种事的人就该死！……"

纳坦对大卫说："那人就是你！"

一个人不能做他所爱或所恨之人的法官。因为没有人能看到他所爱之人的罪行或所恨之人的长处。

当那些在审判时不公正的人增多时……人们将摆脱上天的束缚而将人类自己的束缚重加于自己身上。

听百姓把话讲完，然后公正地裁决任何人与以色列同胞或与过路人之间的争端。

你们不能判决不公：无论其高低贵贱，都要听其把话讲完。不要畏惧任何人，因为公正是上帝的……

"听百姓把话讲完，然后再公正裁决"——这是海妮娜拉比在警告法官在另一方未到之前莫轻信一方诉讼当事人和警告诉讼当事人在对方未到之前莫急于向法官解释该案时说的。

"你们不能审判不公。"犹大拉比说这话的意思是你们不能偏向一方，而艾黎扎拉比说这话的意思是不能对任何人抱有偏见……

“无论其高低贵贱，都要听其把话讲完”——拉基什拉比解释说，这就说明了无论案件涉及金钱多少，都要一视同仁。

你们不能做出一个不公的判决：不要偏向穷人或对富人特殊照顾；要公正地对待你们的同胞。

“不要偏向穷人”——不要说：“这是个穷人，无论如何富人都必须服从他。我将从他的利益出发，这样他将以体面的方式得到帮助。”

“或者对富人特殊照顾”——不要说：“这是个富人，是贵族之后，我怎能让他丢脸或亲眼目睹他丢脸呢?”

怎样盘问证人呢？证人们被带到一个房间里，向他展示法庭威严气氛，然后除主要证人外均被放出。

法官对主要证人说：“告诉我们，你是怎么知道某人欠某人钱的?”

如果他回答是“他告诉我，‘我欠他这么些钱’”，或“某人告诉我他欠他钱”，那他的证词是毫无价值的。他应能宣布：“我们在场，他对另一人承认他欠他200祖兹。”

之后，第二个证人接受盘问。如果他们的证词相符，法官才讨论此案。

一个人只与他自己有关，所以没有人能宣布自己有罪。

《圣经》说法庭不能依据一个人的自首而处死他或鞭打他。只能依据两个证人的证词行事。

因为很可能当一个人自首时他思绪混乱。也许他长期处于悲惨境遇，精神痛苦，想了却一生，利剑穿腹或跳楼自尽。也许这就是促使他承认自己犯有罪行的动机，以便能被处死。

总而言之，任何人不能依据他自己的招认而被认为有罪，这个原则是神的旨意。

民事案件由3个法官审判，而人命案由23个法官审判……不管宣告无罪还是宣判有罪，民事案件均依三分之一裁决；人命案则依三分之一来宣告无罪，而依三分之二来宣判有罪。

民事案件中，裁决可以从宣告无罪变为有罪或有罪变为无罪。但在人命案中，

陪审团的裁决只能从宣判有罪变为无罪。

民事案件中，每个人（包括旁听审判的学生们）都可以为原告或被告辩护；人命案中，每个人只可以为被告进行无罪辩护而不能进行有罪辩护……

民事案件中，法官可以从有罪辩护转为无罪辩护，反过来也行。人命案中，法官可从有罪辩护转为无罪辩护，反过来不行。

民事案件中，可在同一天内宣告无罪或宣判有罪。但人命案中，在同一天内裁决可以是宣告无罪，次日方可宣判有罪的裁决。

人命案中怎样使证人敬畏法律呢？把他们带到法庭上，这样警告他们：

“也许你所讲的是按照情况推测的证词，或者是传闻，或者是小道消息，即使有可靠的消息来源。也许你不知道我们将仔细审查你的证词。

注意，人命案不像涉及金钱的案子。在民事案件中，可通过赔偿（给受害者）求得宽恕。人命案中，凶犯要对受害者及其后代负责到底。因此我们在该隐一案中（该隐杀了他的弟弟），发现《圣经》说：‘你弟弟的鲜血向我鸣冤。不是少量鲜血而是大量鲜血。’意即该隐及其后代的鲜血……”

证人的证词只有在他亲眼目睹凶犯行凶时才能成立，不管有多大危害，法庭都不能接受按情况推测的证词。下面有个极端的案例，说明由于未直接目击凶犯的行凶过程而使证词无效。

“按情况推测的证词”是什么意思？

法官对证人说：“也许你见了一个人追另一个人进入一片废墟。你跟着他并发现他手持利剑，剑上滴血，而被害者在地上痛苦地抽搐。如果你仅看到这些，你其实什么也没看到。”

犯人被处决，事先应给他一杯酒，酒中有一粒乳香，喝了它会变得麻木迟钝。

一个法院如果 7 年判决了一次死刑，将被认为是残忍的法院。艾黎扎说：甚至 17 年一次也是残忍的。

塔福恩拉比和阿基巴拉比说：“如果我们是最高法院的成员，不会判任何人死刑。”

迦马列拉比说：“如果这样，他们（塔福恩拉比和阿基巴拉比）将使以色列杀

人犯倍增。”

某人有个朋友叫坎扎，一个仇人叫巴·坎扎。他有一次举办晚会，叫他的仆人去请坎扎，但这个仆人却把巴·坎扎请了来。

“你来这干吗？”这个人问道。

巴·坎扎回道：“既然把我请来了，就请让我呆在这儿吧，我会负责我自己的吃喝花销的。”

“不。”这人道。

“那么让我分担这次晚会的一半花费吧！”

“不。”

“那让我承担这次晚会的所有全部花销吧！”

“再说一遍，不。”

这人抓住巴·坎扎的手臂，把他推出门外。

巴·坎扎说：“既然所有的拉比都出席了晚会，但却没有一个出来阻拦他，这说明拉比们已经跟他同流合污了。我要到政府去告他们谋反。”

“我怎么才能确认呢？”皇帝问道。

“送些祭品到他们的圣殿去，”巴·坎扎献计道，“看看他们会不会把它当作祭品放到祭坛上去。”

皇帝就赐给他一只没有任何瑕疵的小牛，叫他牵到犹太人那儿去。在半途中，他故意在小牛的嘴上弄了个污点（也有人说是在眼睛上）——总之是在犹太人忌讳的地方。

拉比们倾向于将它放到祭坛上去，以免得罪政府。

但是阿夫基鲁斯对在场的人说：“人民会说我们用有瑕疵的牛做祭品。”

随后又有人建议将巴·坎扎杀了，免得走漏风声。

阿夫基鲁斯又一次加以干涉。

“难道我们要杀死一个弄脏祭品的人吗？”他争辩道。

有关这次事件的结果，约哈南评论道：“由于阿夫基鲁斯的优柔寡断，我们的家园被毁，圣殿被烧，人民被赶出了家园。”

以色列人此刻都聚集在贝特里蒙平原上。当皇帝的陪使到来之时（他带来了不再重新修建圣殿的消息），人们都放声大哭，要反抗罗马人。圣人们因此决定派约哈南拉比去平息人民的怒火。

约哈南拉比对人们说：

“有一次一只狮子吃掉了一只野兽，但喉咙被一根骨头卡住了。他通告说：‘谁要是替我把骨头拔出来，我就重重赏谁。’

一只长嘴埃及苍鹭帮狮子把骨头拔了出来，然后它去讨赏。

‘滚！’狮子回答道，‘你可以回去吹嘘说你平安地把头伸进狮子的嘴里，然后又平安地出来了。’

“既然这样，”约哈南说，“我们应该为这一点感到高兴：我们曾经和和气气地跟他们打交道并且平安回来了。”

大卫召了他儿子所罗门来，嘱咐他给耶和华以色列的神建造殿宇。对所罗门说：“我儿啊，我心里本想为耶和华我神的名建造殿宇；只是耶和华的话临到我说：‘你流了多人的血，打了多次大仗，你不可为我的名建造殿宇，因为你在我眼前使多人的血流在地上。’”

在沙巴斯，任何人都不许佩剑、执弓和带长矛以及盾和长钉……艾黎扎拉比说：“但这些东西只不过是些装饰而已（他们只是带着，而不是佩着、执着）。”

圣人们说：“它们是可耻的，因为据说：

他们应该铸剑为犁；

锻矛为修枝剪；

一个国家或民族，

不应以另一个国家或民族为敌；

他们应该永不再知道战争。”（《以赛亚》2：4）

当包围一个城市的目的是为了攻占它时，不应该四面八方都围得铁桶一般，而应只围三面，以便给那些想逃生的人一个机会。

据传这是给墨斯的命令。

在参加战斗之前……军官应对他的部队宣告说：

"谁建了房屋尚未举行落成仪式的，他可以回家去，以免他阵亡，别人替他去举行仪式。

谁种葡萄园，尚未吃过所结的葡萄，他可以回家去，以免他阵亡，别人去吃。

谁定了亲，尚未迎娶，他可以回家去，以免他阵亡，别人把她娶走。"

军官还应该继续对他的士兵说："你们中有谁惧怕、胆怯，他可以回家去，以免影响兄弟们的士气。"

那天，将会出现一条从埃及直通亚述的大道。亚述人将进入埃及，埃及人也将进入亚述，然后所有的亚述人、埃及人都会来敬拜耶和华。

那天，以色列必与埃及、亚述三国一律，使地上的人得福；因为耶和华会赐福他们，说："埃及是我的百姓，亚述是我亲手所建，以色列是我的产业，它们都有福了。"

当某位外乡人定居在你的土地上时，你不能错待他；他会同你一样成为本国的公民；你应像爱你自己一样爱他，因为你也曾是埃及这块土地上的外乡人，我是你的上帝。

犹太法学权威们提醒我们应牢记挪亚给予其子民的七条戒律：

建立法制；禁止亵渎神明的言行；禁止偶像崇拜；禁止不道德性行为；禁止流血杀戮；禁止偷窃；禁止食用动物。

上天和大地可以作证，神圣的精神存在于每个人身上：犹太人或非犹太人，妇女或男子、女仆或男仆。一切取决于他（她）所做的事情。

我们怎么知道在上帝眼里潜心研究《圣经》非犹太人的地位与高级拉比等同呢?

《圣经》是这么说的："你应该遵守法律和准则，这样，人类才可以生存。"

《圣经》中没说"拉比、利未人和犹太人"，而是说"人类"。所以，我们知道在上帝眼里，研究《圣经》的人之地位与高级拉比是相同的。

我们的主所要求的是我们的一片真心，而真心乃凡事之根本。因此，哲人们说即使不信犹太教的人只要有虔诚的心，在未来的世界里，同样占有自己的地位。

不可否认，用高尚的道德思想和忠于上帝的智慧充实自己心灵的每个人，肯定

亚当和夏娃被逐出伊甸园

属于未来世界。

阿巴·或西是一个洗羊毛的。有一次，一位罗马公主来到他的洗染间，并把一些钻石丢失在那里。

阿巴·或西捡到后就把它们送还给公主。可公主却说：“你留着吧，这些钻石对我不算什么，我有许多比这更珍贵的钻石呢。”

阿巴回答道：“《圣经》说应该拾金不昧。”

公主听后感叹道：“犹太教的上帝真值得颂扬。”

附：《塔木德》的名言

【人类】

人的一生有三个名字。

第一个是出生后父母给起的名字；第二个是儿时伙伴给起的外号；第三个是死后留在世上的名声。

人们能把二十年以来积累下来的经验教训在短短两年内就忘掉。

人们能够一眼就看到别人身上不起眼儿的皮肤病，却感觉不到令自己死亡的疾病。

反省的人站着的土地要比伟大的拉比所站着的土地更为重要。

世界屹立在真实、法律和和平三者之上。

百姓的呼声就是上帝的呼声。

爱说谎的人即使是说了真话也不会有人相信，这就是他所受到的最大惩罚。

【人生】

人并非因环境而名声大振，而是人提高了环境的质量。

人只有一个祖先。因此，没有哪一个人比其他人更为出色。如果你杀了一个人，就等于你杀了全人类；反之，如果你救了一个人，那就等于你救了全人类。因为世界始于同一人，如果杀了最原始的人类，那么今天的人类将不复存在。

聪明的人和贤明的人有所不同。所谓聪明的人就是在贤明的人绝对无法摆脱的困境中，能够掌握要领摆脱困境的人。

有的人尽管很年轻，但却显得很老；还有的人尽管老了，但却显得很年轻。

只在意自己缺点的人看不到别人身上的缺点。

一日不学习，挽回要二日；二日不学习，挽回要四日；一年不学习，挽回要两年。

傻人只在意别人的收入，却不在意自己的浪费行为。

心灵上的黑暗比失明更可怕。

向所有遇见过的人学习才是最聪明的人。

所谓强者就是可以自控的人。

所谓强者就是可以化敌为友的人。

所谓富人就是满足于自己所拥有的人。

懂得称赞别人的人才是最值得称赞的人。

真实是最有分量的，只有年轻人才能搬得动它。

【评价】

犹太人评价人类的三个标准是：钱包、酒杯、愤怒。

它的意思是：如何理财，如何看待喝酒，有没有耐心。

人可以分为四种类型：

（1）一般型：我的就是我的，你的就是你的。

（2）特殊型：我的就是你的，你的就是我的。

（3）正义感型：我的就是你的，你的还是你的。

（4）恶人型：我的就是我的，你的也是我的。

智者的七个优点：

第一，更愿意倾听善良人的谆谆教诲。

第二，不妨碍别人讲话。

第三，经过思考之后回答问题。

第四，提出与讨论话题相关的问题，回答在情理之中。

第五，做事之前弄清事情的来龙去脉。

第六，勇于说“不知道”。

第七，尊重事实。

对待智者的三种不同态度：

（1）海绵型：接受一切事物。

（2）地道型：左耳进，右耳出。

（3）筛子型：分清主次，选择性倾听。

人的一生有三个朋友：小孩、财富和善行。

【朋友和友情】

选择妻子时，要卑躬屈膝；

选择朋友时，要抬高身价。

朋友生气时，不要劝他；

朋友伤心时，不要安慰他。

如果朋友有青菜，你要给他肉。

即使朋友对你甜言蜜语，也不要全部当真。

【女人】

任何一个男人都无法抗拒女人的性感与美丽。

女人产生嫉妒心的原因只有一个。

女人认为自己的外表最珍贵。

女人要比男人更会看眼色。

女人比男人更重感情。

女人容易陷入不合理的信仰当中。

沉浸在爱河中的女人听不进任何人的劝告。

一杯酒会使女人更加美丽；

两杯酒会使女人丧失品位；

三杯酒会使女人淫荡；

四杯酒会使女人毁灭。

女人因激情而结婚，但激情不会将婚姻维持得更为长久。

女性吸引男性是因为上帝造人时，用男人的肋骨创造了女人，男人只是想找回身体的一部分。

上帝最初没有用男人的头创造女人是不想让女人支配男人；

没有用男人的腿创造女人是因为不想让男人做女人的奴隶；

之所以用肋骨创造女人是想让女人永远贴近男人的心。

【酒】

过量饮酒，就会食言。

有充满热情的人为你服务，酒会更加美味。

酒是近似于魔鬼的东西。

酒越陈，味越美。智慧也是如此，越久越深厚。

金银器皿，酿不出好葡萄酒；

智慧器皿，才可酿出美酒。

【家庭】

夫妻恩爱时，宰相肚里能撑船；

夫妻不和时，话不投机半句多。

世上最幸福的男人是能娶到一位好妻子。

不要无缘无故地让妻子感到痛苦，上帝在数她的眼泪呢。

不识女人相，结婚要慎重。

万病不如心病痛，万恶不如恶妻恶。

对于男人来说，在这个世界上拿什么都无法取代与其白头偕老的妻子。

男人选择女人时，要做懦夫。

抚养孩子，不要偏心。

孩子从小就要严加管教，不要长大后再责备。

小孩子要严格地教导，但不要造成畏惧心理。

批评孩子要严厉，但不要反复地批评。

子女会模仿父母的语气说话。因此，从孩子的口气中就能看出其父母的品行。

务必遵守和孩子的约定。一旦失约，就如同教会孩子说谎。

在家中的不雅行为，就犹如虫蛀水果，会在毫不知情的情况下逐渐蔓延。

父亲要让孩子对自己既敬又畏。

孩子不能替代父亲的位置。

孩子不可顶撞父亲。

父亲与别人争吵时，要站在父亲这边。

孩子应尊重和顺从父亲，这是因为孩子的吃穿都是父亲给的。

【钱】

害人的三种原因：忧虑、争吵、囊中羞涩。其中囊中羞涩最伤自尊。

心是肉体的依靠，钱包是心的依靠。

钱可以用来买东西，但不能买酒喝。

钱不是万恶的，也无须被诅咒，钱是为了祝福人们而赐予的礼物。

送给别人钱或物，倒不如把钱借给他。接受钱或物会降低人的身价，但是借与被借会使双方的地位等同。

【法官】

只有谦虚、善良，而且勇于裁决、没有前科的人才能成为法官。

法官在宣判被告死刑之前，要想一想刀架在自己脖子上的情形。

法官应追求真实与和平。如果一味地追求真实，那么和平就会摇摇欲坠，所以要找到一条既不失真实，又能保卫和平的路。这就是妥协。

【性】

性，一生中只能针对一个人。

性是自然的一部分。因此，完全没必要不自然地对待性行为。

无法自我调节时，不要有性行为。

妻子不情愿时，不要发生性行为；妻子不想做时，丈夫不要提出性要求。

【教育】

人类不能生活在没有学校的地方。

进入香水店，即便不买，出来时也带有一缕芳香；进入皮革店，即使不买，出来时也会带有皮革的味道。

增进记忆的良药是得到别人的赞美。

使刀的人，不会读书；读书的人，不会使刀。

认清自我就是最高的境界。

听从义士的劝告，就不必给义士付钱。

如果丢了贵重的珍珠，就要用不起眼儿的蜡烛去寻找。

教孩子就如同在白纸上写字，教老人就如同在写满字的纸上寻找空白处。

向猫学习谦虚的态度，向蚂蚁学习正直的品格，向鸽子学习忠诚的精神，向公鸡学习理财的方法。

肤浅的知识容易忘记。

让我们歌颂穷苦人家的孩子吧，他们会给人类带来智慧。

【恶】

人们如果没有恶的冲动，也许就不用造房子，不会娶妻生子，也不会做爱了。

世上没有人只做善事，有时也会做坏事。

恶的冲动，最初感觉很美。但当恶行结束时，将苦不堪言。

人类从 13 岁开始，内心恶的冲动就会超过善良。

罪行从儿时起就开始萌芽，并且随着年龄的增长逐渐增多。

可以憎恶罪行，但不要憎恶人类。

罪恶，起初就如同蜘蛛网一样脆弱，但终究会像船绳一样结实。

恶的冲动如同火中的铜线，形状可以任意改变。

为了避免恶行缠身，我们应该抓紧学习。

优秀的人，对恶的冲动也要强于他人。

罪恶，起初是过客。但是任由放纵就会找到主人，并且成为主人。

【动物】

宁做狮尾，不做狐头。

猫与鼠一同进食时并不会打架。

只要有一条狗叫，所有的狗就会都跟着叫。

动物只与自己的同类和谐地生活。狼绝对不适合羊，鬣狗也不适合狗，富人与穷人也同样如此。

【中伤】

中伤比杀人更危险。杀人只是杀死一个人，而中伤能够杀死三个人：言者、听者和中伤的对象。

中伤的罪行比用武器伤人更严重。武器只有近距离才能够伤人，但是中伤却没有远近之分。

用水熄火，木炭也会降温。但是因中伤而引起的怒火，就是道歉也无法平息。

再善良的人，如果嘴不饶人，就如同美丽的宫殿附近散发着皮革店的臭味。

手指的自由运动，是为了掩饰中伤。如果听到中伤，应迅速用手堵住耳朵。

鱼总是用嘴咬住鱼饵而被人钓走，人也是因嘴生出是非。

【为人处世】

如果将行善之门关闭，那么义士之门就会为你敞开。

如有好罐，就要使用。谁也不知道明天会不会被打碎。

品行端正的人懂得调整自己的欲望，品行不端正的人则被欲望所支配。

与其受人施舍过日子，倒不如过穷日子。

在别人面前感到羞耻和在自己面前感到羞耻是截然不同的。

世间有八种过犹不及的事物：旅行、女朋友、钱、工作、酒、睡眠、药以及香料。

世间有三种不能过多使用的东西：做面包用的发酵粉、盐、犹豫。

装有一个硬币的罐子能发出嘈杂的声音，但是装满硬币的罐子却没有声音。

当铺不能接收寡妇和儿童的物品。

为了获取名誉而一味地追求名声的人是不能成功的；反之，躲避名声的人也许会名声大振。

盗窃未遂之前，强盗总认为自己是正直的人。

婚姻的目的是高兴，吊唁者的目的是保持沉默。

上课的目的是听讲，访问者的目的是快点到达。

教导的目的是集中，禁食者的目的是用钱行善。

人身上有六个部位是常用的：眼睛、耳朵、鼻子、嘴、手、脚。前三个是人类的力量无法支配的，后三个却可以自己随意支配。

要耐心细致地教会舌头说“我不知道”。

玫瑰在刺缝中生长。

不要听信免费提供处方的医生的忠告。

罐子并不重要，重要的是罐子里的内容。

行动的威力胜过语言。

不要对刚刚发芽的黄瓜草率地评价它长成后是什么味道。

树以果实为美，人以业绩论英雄。

受到他人的表扬固然很好，但是不要自我吹捧。

上级聆听下级的话，老人倾听年轻人的话，会使社会安定团结。

使人快速衰老的四个因素：恐怖、愤怒、子女、刁妻。

能够使人心境平和的三个因素：名曲、迷人的景色、宜人的香气。

令人自信的三个条件：和睦的家庭、温柔的妻子、漂亮的衣服。

再富有的人，如果不行善，就如同餐桌上没有加盐的美食。

用一支蜡烛点亮所有的蜡烛，它仍不会失去原有的光芒。

上帝称赞的三种人：

（1）不食嗟来之食的穷人。

（2）用自己收入的10%救济穷人，而且还不留名的人。

（3）生活在城市，却从不犯罪的独身人士。

有的男人虽然活着，却无法向人诉说他的存在。他没有地方吃饭，总是受到妻子严厉的指责，还常常饱受病痛的折磨。

宁愿一生中只要吃上一顿羊肉和鸡肉而不管以后是否挨饿的人，倒不如每天以洋葱为食。

商人不能做的三件事：

（1）夸大宣传；

（2）投机买卖；

（3）缺斤少两。

越是甜的水果，蛀虫越多；

越是富有的人，越是忧虑。

女人多，闲话也多；

女仆多，风气不正；

仆人多，盗贼也多。

超越老师，人生就会更加充实；

沉思越久，越有智慧。

听到有益的事情越多，前途就会越发光明；

行善越多，生活就会越发和谐。

别人穿着衣服时，你不要脱个精光；

别人都脱光时，你不要穿着衣服；

别人都坐着时，你不要站着；

别人都哭时，你不要笑；

别人都笑时，你不要哭。

第四章　犹太人的智慧笑话

一、神来登场

犹太人的世界是和神分不开的。神也不是难以接近的，而是就在我们的身旁，生活在我们当中。因此，在笑话的世界里，神也常常登场。虽说如此，也并不是嘲笑神，而是为了通过让他们在笑话中登场，来使我们更加正确地认识神的本质。在这种意义上，有很多最符合笑话本质的笑话。

聪明的拉比

一位留下一小笔钱的犹太老人，将近死亡。

临终的床上，他一副痛苦的表情对儿子说：

“叫拉比来，叫拉比来！”

当听说拉比正往自己这边来的时候，他又问儿子：

“如果请拉比祈祷，我确实能够去天堂吗？”

“那当然了，父亲，请拉比祈祷的话应该毫无疑问会去天堂。”

“嗯，但是，必须要付很多香钱吧？”

老人一副更痛苦的表情说道。

“父亲，要去天堂，大概必须要付 1 万美元吧。”

儿子说。

“但是，真的能去天堂吗?”

老人又在痛苦的呼吸中问道。

“我想当然能去。”

老人说：

“把天主教的神父也叫来。也请天主教的神父为我祈祷吧。如果也给天主教的神父 1 万美元，假设犹太教没有天堂，我还能去天主教的天堂吧?”

因为最爱的父亲就要死去，儿子也请天主教的神父来祈祷。

“父亲，天主教的神父马上就来。”

“是吗? 但是，如果犹太教和天主教都不行怎么办呢?”

天主教教堂

“仍然给他们每人 1 万美元，这样就是 2 万美元了吧，但也许把新教的牧师也叫来比较好些。”

“对，把新教的牧师也叫来吧。我也给他布施 1 万美元。请他们三人为我祈祷，希望我能去天堂。”

于是，犹太教的拉比和天主教的神父还有新教的牧师进入病室，做了长长的祈祷。

老人浮现出安详的笑容，正要去三个天堂中的某一个。

但是，最后他又睁开了眼。

为什么呢？因为他想起把全部财产都给了儿子。

“拉比，神父先生，牧师先生，”

他用尽最后的力量说道：

“除去我给你们每人的 1 万美元，我把全部都给了儿子。但是，我仔细想想，去了天堂可能还需要钱。所以，如果我死了，请你们每人从我给你们的 1 万美元当中，拿出 2000 美元放到我的棺材里。”

当然，拉比、神父和牧师由于收到了为数达 1 万美元的钱，对于在老人死后从其中拿出 2000 美元放到老人棺材中这一建议都没有任何异议。

在他们都说着“你一定会上天堂”的时候，老人停止了呼吸。

葬礼那天，先是天主教的神父站起来，走到棺材的近旁，把 2000 美元放进了棺材里。

接着是新教的牧师走到棺材边，又从 1 万美元中拿出 2000 美元放了进去。

然后是拉比。

拉比慢慢地从怀中拿出个人支票，填上 6000 美元之后放进棺材里，又从棺材里拿出了那 4000 美元的零钱。

如果牛飞翔

两个男人边说话，边走在春天的大道上。

在明媚的春光下，原野山林都被染成一片绿色，鸟鸣婉转，牛在牧场里吃着草。

“啊，我们的造物主真是伟大。即使看到这么一条小虫子，也能感觉到神的伟大。比如，你想一想吧。那儿能够看见的大牛，开始只是一只小小的牛。在天空中飞翔的鸟儿，原本只是一只蛋啊。”

“我当然也认为神很伟大。但是，只有一件事我不太明白。”摩西说，“首先，

小鸟因为小，吃不多。牛因为大，吃得特别多。咱们来比较一下牛和鸟的身体的大小吧。至于为什么牛食量惊人，而小鸟却只吃很少，这谁都明白。但是，因为食量大必须寻找很多食物的牛没有翅膀，而稍微吃点、捡点周围的东西就够了的小鸟却长着翅膀，这非常不可思议。我真不明白神的意志。”

他这么说的一刹那，有只小鸟从两人的头顶飞掠过去了。并且，在摩西的额头上拉下了鸟粪。

“啊，我终于明白了。”摩西喊道，“还是神伟大!”

所有的罪

一个男人来到拉比这里，开始了对其罪恶的告白。告白持续了很长时间。他犯了《圣经》上记载的所有罪恶。

偷盗、通奸、鸡奸、强奸、杀人、欺诈……懒惰。

“我犯了所有的罪。在世界上，还没有人犯过《圣经》上所记载的所有罪过吧?”

男人告白完，虽然脸上一副后悔的表情，但是声音中却透着些许的得意。

“不，还少一样。”

拉比说。

“少一样?”

男子发出不服气的声音。

“还没有自杀吧?”

不眠的原因

早晨，拉比可恩在街上走着的时候，亚伯拉罕走过来了。

拉比打招呼说：“早安!”

但是，亚伯拉罕却是一副默然的表情。于是，他又大声地问了一次：

“早安，亚伯拉罕！今天早上还好吧?”

这时，亚伯拉罕才回过头来，礼貌地回礼说：

“实际上，昨天听了拉比的说教，夜里睡不着，很苦恼。到早上一直没睡。”

拉比被深深地感动了。自己的话原来那么鼓舞人啊。于是，满面笑容地对亚伯拉罕说道：

“没想到我的话能那么打动你的心。但是，没睡着好可怜。人不管什么事，最好还是不要思虑过度。”

拉比这么一说，亚伯拉罕的表情显得有些难为情。

“拉比，我总是在拉比讲话的时候睡觉，所以，一到晚上就睡不着了。”

罪恶的重量

亚伯拉罕和所罗门共同经营着一家纤维公司。

然而，亚伯拉罕得了急病，躺在床上行将就木。

他艰难地喘息着，对所罗门说：

“我有件事必须向你坦白。我和你做了30年的共同经营者，在你刚设计出那款迷你裙时，竞争对手却早我们一周开始出售同样的迷你裙，实际上那是因为我把这个秘密卖给了竞争对手。”

“啊，那回事就算了。我已经原谅你了，把它忘了吧。”

“还有一件事我必须向你道歉。还记得你和秘书苏夏在宾馆被你妻子捉奸这件事吧？实际上那是我在电话里告诉你妻子的。

“另外还有……有次保险箱的钱没了吧？那时你觉得经理部长知道开保险箱的方法，所以你怀疑他并把他开除了……但是，那也是我做的。”

“啊，我都原谅你，都原谅你。我对你已经一点儿也不生气了。”

“你曾去东京买来过珍珠项链吧？然后在公司里给大家看，此后，珍珠项链就不见了。拿那个珍珠项链的也是我。我把它送给了酒店的丽贝佳。”

“啊，这事我也原谅你。总之，你的事情我已经全都原谅了。”

“还有……”

亚伯拉罕艰难地喘息着说道：

“我还有两三百件事情必须得向你坦白呢。能听我说吗?”

“不用说了，我已经全都原谅你了，放心吧。不过，相反我只有一件事也想请你原谅。”

“当然，不管什么事我都原谅你……究竟是什么事啊?”

“是我给你下的毒。”

三者三样

创立相对论的阿尔伯特·爱因斯坦博士，20 世纪 30 年代被纳粹赶出故乡德国，越洋去了美国。

爱因斯坦那时已经是著名的物理学家。到美国之后，被美国的政治家、学者问了许多关于在纳粹德国的生活状况问题。

阿尔伯特·爱因斯坦

一天晚上，爱因斯坦被邀请到哈佛大学，并受到校长的接待。

校长问道：

“爱因斯坦博士，有一个问题我们怎么也不能理解。就是，德国产生了那么伟大的科学、艺术，同时却也产生了像纳粹那样极其野蛮残忍的集团。究竟为什么会发生这样的事呢?”

爱因斯坦回答说：

“德国人有三种特质：一种是丰富的智慧，另一种是正直，还有一种就是纳粹。这是三种特质。但是，作为造物主的神只给予人们至多其中两种特质，不会给予两种以上。所以，德国人可以分为这么三种人。首先是正直的纳粹人，然后是聪明的纳粹人，再就是正直的有智慧的人。”

消灭狼

一个犹太人，从犹太人大屠杀中逃了出来进入波兰。

正值冬天，路上结了冰并且天上还下着细雪。

他背负着带出来的仅有财产——现在是全部的财产——漫无目的地沿着荒野向北走去。

这时，从黑暗中传来令人毛骨悚然的野兽的嗥叫声，一只大狼出来了，并且龇着牙向他袭击过来。他为了防身，想把插在附近地面上的桩子拿到手里。但是，桩子冻在了地上拔不出来。

很大很大的狼逼近了。

他仍尽力拔桩子，同时说道：

“这是多么愚蠢的国家啊，不拴狗，却先把桩子拴住。”

捐款的分配

天主教的神父，基督教的牧师，还有犹太教的拉比，三个人在商量如何分配在教会和犹太教教堂募集到的捐款。

捐款是要一部分用于慈善事业，一部分留做神父、牧师和拉比的生活费的。

“我先在地上画个圆圈，然后把募集来的钱全部扔向天空。落到圆圈外面的钱用于慈善事业，圆圈中的钱我自己留着。”神父首先说了。

“啊，是吗？我也采取相同的方法。”基督教的牧师有些惊讶地说，“只是，我先在地上画条线，然后把钱扔到空中，落在左边的钱用于慈善事业，落在右边的钱我自己留下。这可都是神的意思啊。”

牧师这么说了之后，天主教的神父狠狠地点了点头。

“那您怎么办啊？”两个人问拉比。

“我还是采取和你们相同的方法，把募集来的钱全部扔向天空。那样，神自己

会把慈善事业所需要的钱拿走，给我的钱就会全部落到地上。”

基督的威力

摩西是个无法管教的男孩子。

他首先进了犹太人的小学。但是，大约过了一周，他的父母就被叫到学校。校长对他们这么说：

“您家的摩西真不知该拿他怎么办。来到这儿之后，已经打烂了几十块窗玻璃，还往教师办公室里放老鼠，在讲台的椅子上倒放图钉。往旁边女孩子的背上放青蛙。我也是刚遭到了他的恶作剧。我今天早上要进校长室的时候，他竟在地上涂了蜡，把我滑倒了。”校长摁着缠着绷带的头说道。

“每次都给他很多惩罚。站立，绕校园跑一周，写一百次‘对不起’等等，即便这样令郎还是不改。所以，对别的孩子也有影响，本校无法再收留他。我想只有请您把他送到别的学校去。”

因此，摩西就被送到了附近的一所私立小学。但也是过了大约一个月的时间，父母又被校长请去，并且又听到了相同的台词：“我们实在无法收留这个孩子。”

这次，摩西被送到了邻镇的亲戚家，又进了犹太人的学校。在那儿过了一个月后，仍然还是被迫退学了。

然后，进了那个镇的镇立小学。在那儿也同样被赶出了校门。

接着，摩西转到了别的私立学校。在那儿仍然由于恶作剧过度被退学了。

摩西的成绩非常差。父母自然非常担心。

“亚伯拉罕，亚伯拉罕！”摩西的母亲对摩西的父亲——丈夫——说道：“要说这附近所剩的学校，也就只有那个天主教的小学校了。”

“天主教的小学校？作为犹太人我们没有道理把儿子送到天主教的小学校去吧？”

然后，妻子回答道：

“但是，已经没有别的小学了，我想我们只有把他送到那里去了。”

这样，无奈之下，摩西被送进了天主教的小学校。

然而，一个月之后，校长又打来电话让父母去一趟。

两个人一起去了校长室，穿着神父长袍的校长满脸笑容地说道：

“啊，啊，难得两位一起光临。我们非常钦佩摩西少年。没有像他那么有礼貌而又认真学习的孩子了。实际上，他在全校学生中成绩最好，行为也最端正。真难想象会有这么好的孩子。他是我们学校的骄傲。我们对犹太人的看法完全改变了。”

夫妻二人带着摩西回家了。

但是，这真让人难以相信。

究竟是怎么一回事呢？

作为犹太人被称赞确实很令人高兴，但是摩西那么认真学习的确难以置信。

于是，两个人回到家问摩西。摩西答道：

“我进了那个学校以后，觉得这样一切都完了。因为我一看墙壁，发现有个男人浑身是血，被钉在十字架上挂着呢。”

谦虚

从黑尔姆镇到别的镇去的旅行者，对人夸耀自己镇上的拉比，说道：

“我们镇的拉比对神灵的崇敬之心非常强，在‘逾越节’前竟绝食两周。一般的拉比，不过也仅能绝食几天吧。但是，绝食两周确实是非常困难的。所以，还是我们那儿的拉比对神的崇敬之心最强。”

于是，那个镇的男子反驳他说：

“但是，我三天前刚去了一次黑尔姆。然后，在镇上的食堂里，我看到你们那个地方的拉比正在吃饭哩。”

“当然了”，从黑尔姆来的游人很气愤，“我们的拉比比任何一个镇的拉比都谦虚。不以绝食两周自夸，也不会向别人炫耀。为了隐藏自己的行为，才故意在大家都能看到的地方进食。”

揭穿秘密

《新约圣经》里，描述了地上的乐园诞生后，狮子、山羊以及所有的动物在一起幸福而和平地生活的情景。

但是，由于犹太人不承认基督是神，所以，认为《新约圣经》是伪造物。

一次，一对基督教夫妇来到动物园。往栏里一看，发现狮子和山羊睡卧在一起，一副和平的样子。

“多么美妙的光景啊！”

“确实是很美妙的光景。这正是在神之国才能看到的光景。”

夫妻两个眼里闪闪发光。

因此，在犹太人的饲养员经过的时候，他们就问道：

“这好像是出自《新约圣经》的光景，这个动物园是怎么做到的呢？”

年老的饲养员答道：

“很简单。每天早上往栏里放一头山羊就行了。”

半夜火灾

一天夜里，黑尔姆镇发生了大火灾。

镇上的人们按照拉比的指挥，拼命地灭火。

大火在烧了三十多户人家之后，终于渐渐被镇上的人们扑灭了。

人们松了一口气，围坐在一起休息的时候，拉比说了：

“这个火灾必定是上天的赏赐。我们很幸运。”

镇上的人们都很惊讶：

“到底为什么说是上天的赏赐呢？”

“如果没发生火灾，在这个伸手不见五指的夜晚，怎么能把火扑灭呢？”

惩罚

星期五早上，黑尔姆镇的拉比为了准备安息日的晚餐，在市场上买了一条大鲤鱼。鲤鱼是犹太人喜欢的东西之一。拉比把鲤鱼放在长外套的下面，朝家里走去。

走到镇中央的时候，鲤鱼跳起用尾巴狠狠地打了一下拉比的脸颊。

“对拉比做这种无礼的事情，从几百年前此镇建成以来还没有过一次先例。然而，鱼却做了这无礼的举动，真是！”

拉比生气地回到教堂，和聚集来的教区的长老们商量了一下，并对做出这种无礼举动的鲤鱼做出宣判。判决是：

“到流经镇子一端的小河去，将鲤鱼放到水里，把它淹死。”

捐献生命

在某个镇上，德高望重的拉比索罗门即将迎来人生的终点。

教区的人们都聚集到犹太教的教堂里，热心地祈祷着：

“请延长拉比的寿命吧，请延长拉比的寿命吧。”

这时，从天花板的方向，传来了神庄严的声音：

“我就听从你们热心的祈祷吧。相反，你们每个人从自己的寿命中，拿出几天、几个月、几年的寿命，然后我就把你们所有人拿出的寿命的总和相应地延长到拉比的寿命上吧。”

说完这些之后，神的声音就消失了。教堂里恢复了几分钟的平静。

“我捐出 1 个月！”

鞋店的雅克布长老站起来喊道。

“我再加上两个星期！”

雅克布的妻子也站起来，用响亮的声音说道。

“我捐出 1 个月零 3 天！”

西装店的约修亚站起来说。

“我出10天。”

食品店的达比得竭尽全力大声喊道。

达比得已年过八十。

“两周。”

“两个月。”

“25天。”

“我捐4天。”

“我献出1个月零1周。”

“我献给拉比索罗门12天的生命。”

这是钟表店老板的妻子德贝佳的声音。

“30天。”

“我奉献3周。”

“20年!”

人们都很惊讶，一齐把目光投向说出这句话的角落。这时，以吝啬闻名的烟草店的摩西站了起来。人们都屏住呼吸。

但是，摩西并没有马上坐下。

“不过，是我岳母的。”

摩西大声地补充道。

落空的预想

黑尔姆镇上，下着大雨。

西蒙打着一把全是洞的伞走在路上，所以头发、肩膀、衬衫全都湿透了。

这时，本杰明走了过来。

“喂，西蒙，你为什么打那么一把破了洞的伞走路啊?”

“所以才成了落汤鸡啊。”

“不是因为你打了带洞的伞才会落到这步田地的吗?”

“不，我之所以带这把伞出来，是因为我认为今天不会下雨。”

赎罪

约修亚去了拉比那里。

“拉比啊，我犯了很重的罪。我忍受不住生活的苦难，偷了6支蜡烛。”

“偷了6支蜡烛？这可是违反《摩西十诫》的大罪啊。为了痛改前非，请向本犹太教堂捐献6瓶最好的葡萄酒。这样一来，你的罪过就会被将由我喝的6瓶上好的葡萄酒洗去，应该会被完全洗去的。”

“拉比啊，那可是很难办的事情啊。我因为生活的贫苦偷了6支蜡烛。连6支蜡烛都买不起的人，怎么能把比蜡烛昂贵许多的葡萄酒弄到手呢?”

“不，那很简单。约修亚，用和得到蜡烛相同的方法把葡萄酒弄到手就可以了。”

基督是犹太人

天主教的神父和犹太教的拉比在谈话。

“做拉比也很没意思吧？拉比，不管什么时候都还是拉比，地位一点也不会上升。”

神父说。

“那是什么意思？那是怎么回事呢?”拉比问道。

“你不是很明白吗？拉比一辈子都是相同的拉比，地位不会上升。但是，在天主教会，地位是会越升越高的。首先升为教区长。然后升为红衣主教。然后再升为上级红衣主教……”

“那又怎么样呢?”

“上级红衣主教的上面有高级红衣主教，高级红衣主教的上面有大红衣主教，

地位会一步一步往上升的。”

“地位升高以后又会怎么样呢?”

“啊，主啊!”神父叹息道，“再往上当然是教皇啊。天主教的神父都拼命工作，如果命运好的话有可能会升为教皇。”

“那么教皇上面是什么呢?”

“真傻，教皇上面当然就没了。教皇上面是基督啊。”

“但是犹太人也能成为基督的啊!”

戒律的差异

天主教的神父和犹太教的拉比在路上偶然相遇。

首先，天主教的神父说道：

“你们犹太人到底什么时候才能取消那愚蠢的饮食戒律啊。你们不吃虾，那么美味的虾。现在正是牡蛎的盛季，你们却也不吃牡蛎。”说着神父咽了口唾沫，“肉肥味美的猪肉也不吃，这么愚蠢的习惯还是放弃比较好吧。什么时候，你们才开始吃贝、虾、猪肉啊?”

“那很简单。在你结婚那天，会大吃一顿的。”

是女儿还是金钱

在某地，有个以逻辑优异而闻名的拉比。

拉比，正在跟平常一样教导弟子们。

有个弟子问道：

“拉比啊，5 个女儿和 5000 卢布，可以选择拥有其中一样。你会选哪一样啊?”

“那是很简单的问题。我当然想有 5 个女儿了。”

“但是，您不是以冷静透彻的逻辑来思考的吧?”

弟子反驳他说。

“不不”，拉比摇了摇头，“这是只能从逻辑上来考虑的问题。如果我有5000卢布的话，从钱这东西的性质上，我会想要更多的钱吧。我作为对神忠实的拉比，不希望变成贪心的人。但是，如果有了5个女儿，绝对不会再想要更多的女儿吧。因此就可以得救，不会成为贪心不足的人。再说，即使事实上我想要5000卢布，现在也不可能得到吧。这也就是说，希望得到得不到的东西，纯粹是浪费时间。”

“完全明白了。”弟子说。

“而且我也有我的理由。因为我现在已有8个女儿。”拉比补充说。

无神论者

本杰明和达比得是兄弟。

本杰明是虔诚的犹太教徒，达比得是无神论者。

有一天，兄弟俩就神是否存在的问题争论起来。

“你为什么不相信神呢?”

“我只能相信我自己知道的东西。”

“啊，那我明白你为什么是一个无神论者了。因为这个世上，你什么也不知道呀。”

电话和无线

天主教的神父和犹太教的拉比正在争论。争论的内容是天主教和犹太教哪一个对人类的贡献大。

首先神父说：

“天主教给人类带来了今天科学的进步。这么说是因为，去年在罗马的地下墓穴中发现了长长的绳子。”

“长长的绳子?”

“对，长长的长长的绳子。罗马地下墓穴有长绳子这件事，证明早在2000年以

前，天主教徒已经有了电话。就是说，远在贝尔出生以前，天主教徒已经发明了电话。”

听他这么说，拉比有些胆怯了。

“但是，知道前不久在死海附近发现了《死海古卷》吧。为了发现这《死海古卷》，必须要挖掘到地下 10 米。即便假设 2000 年前天主教徒发明电话是真的，那么犹太人从《死海古卷》被书写的 5000 年前甚至 6000 年前的《圣经》时代开始，就被证明科学更为进步。”

“但是，掘了 10 米的洞，有绳子什么的出现了吗?”

“没有，除了《死海古卷》以外，没有绳子，什么也没有。”

“那么……”神父洋洋得意地说，“我也读了《死海古卷》。但是《死海古卷》里，关于犹太人发明了什么之类的事情一点也没有记载。”

于是，拉比说道：

“但是，什么也没出现这件事，正好说明犹太人已经发明了无线电话啊。”

内容是问题

亚伯拉罕经营着一家养鸡场，非常成功。

鸡是犹太人最喜爱的食物，甚至到了一提到母亲就会想起鸡汤的程度，由此可知鸡对犹太人来说是不可缺少的东西之一。

亚伯拉罕作为实业家非常成功，但是品行却不太好。尽管如此，每个星期五他都去犹太教堂做礼拜，表面上装得跟一个虔敬的犹太教徒似的。

有一次，他被拉比叫住了。

“亚伯拉罕先生，最近，在镇上听到许多关于你的坏话，所以我非常担心啊。”

“不，没有那回事。正如您所知，像这样每个礼拜五我必然来教堂，而且每天早上，我都没有间断过读《圣经》。”

“亚伯拉罕先生，您每天早上都要去自己的养鸡场吧？但是，不能说因为去了鸡舍，你就会变成鸡吧。”

他人的葬礼

在犹太教的葬礼上，人们日夜悲伤，心情很沉重。

相反，天主教的葬礼却是，挂着旗帜，拿着圣像走，司祭穿着华丽的祭服，唱歌，喝酒，非常热闹。

有一次，犹太教的拉比和天主教的神父在街上相遇。神父问道：

“为什么你们那儿的葬礼那么凄惨啊。我们则不然，因为说是被主召走了，所以悲伤中也有种喜悦。”

“所以比起我们犹太教的葬礼，我才更喜欢看天主教的葬礼啊。”拉比答道。

疯狗

有个男子去拉比那儿的时候，总是想要显示自己比拉比聪明，不断地提出许多无法回答的问题。

今天那男人也来了。并且盛气凌人地问拉比：

“据说人如果遇到疯狗最好蹲下别动。不过，根据习惯，在街上遇见拉比的话，就应该站起来。但如果同时遇到疯狗和拉比的话，怎么做才好呢?”

“那很简单。话虽如此，但因为很少有人会同时遇见疯狗和拉比，所以那时候该怎么做的规定还没有确立下来吧。遇到疯狗蹲下来，那是从那样才更安全的经验得来的，遇到拉比站起来，这也是从表达对拉比的敬意这一多年的经验而产生的。

“因此，接下来，你我二人在街上走，看看人们将会有怎样的反应，这不是最好的办法吗?”

二、男女之间

在创造天地的第六天，神按照自己的样子创造了人。女人是神从睡着的男人身

上取下一根肋骨创造的。据说，那时男人说："这是我骨中的骨，肉中的肉。"从那以来，男人和女人经历了各种风风雨雨，一直走到今天。不分古今中外，全世界都相通的笑话就是有关男女的故事吧。犹太世界也不例外。

第二十五年的悲剧

在耶路撒冷的一家夜总会，有一位喜剧演员在唱歌休息的间隙，边说笑话边走。

这个喜剧演员在客席中转着，问客人是从哪儿来的，在以色列干什么，对以色列的印象如何等。

有一次，这个喜剧演员跟平时一样从这张桌子转到那张桌子，并在一张桌子前停下来与往常一样问客人道：

"对不起，请问您是从哪儿来的？"

那儿坐着两个颇像犹太裔美国人的半老夫妇。"美国的芝加哥。"丈夫答道。但是，说罢他潸然泪下。

旁边坐着戴着钻石项链、钻石手链的夫人。夫人一副凶横不悦的神情。

丈夫对面前摆着的香槟酒杯碰也不碰，只是一个劲儿地抽噎着。

"先生，为什么哭得这么伤心啊？"

旁边的夫人开口说道：

"今天是我们结婚25周年纪念日。但是，我这个傻摩塞兹却一直在哭。"

"摩塞兹先生，"喜剧演员对丈夫说："如果诚如夫人所言，是你们结婚25周年，再打开香槟多喝几杯，快乐地庆祝一下怎么样？"

这时，丈夫更加放声地哭起来。哭了一会儿停下这么说：

"喂，请听听。实际上现在我还能想起结婚第五年的早晨，我曾想杀死这个妻子丽贝佳。但是，虽然说杀，我毕竟也是大学毕业，不能平白无故就杀人。于是我首先去找熟识的律师商量。

'如果我杀了丽贝佳，会判多少年刑？'

律师翻开厚厚的六法全书，一页一页地翻找着。‘唔，有期徒刑 20 年。’

请想想看，今天是第二十五年，我却还没有获得自由呢!”

神的教诲

两个拉比正在争论。

问题是关于虽说神是万能的，但却在亚当睡着的时候取了一根肋骨，由此造出了夏娃这一点。

“既然是神，即便只轻轻吹一口气，也一定能造出夏娃来。但是，为什么他却在亚当睡着的时候偷人家一根肋骨来造夏娃呢?”

“那是再简单不过了。总之，神是想给人类教训，是为了告诉人们偷来的东西没有好的。”

即使分居

在波兰的一个镇上，住着一对儿犹太人夫妇。

丈夫是学校的教员。他被邻镇的犹太人学校雇用，所以决定自己只身一人住在邻镇。

然而，他一年却只回一次自己的家。

犹太人与其他民族相比，非常重视家庭。因此，那个男人一回到镇上，拉比便很担心地到他家去了。

“为什么不多回几趟家呢? 就住在邻镇，并不是很远，因此每个周末回家来是能做到的吧?”

“什么话。我一年回来一次，是因为妻子生产。请想想，我到邻镇去已经 8 年了，孩子就有了 8 个哟!

如果不只在每次生产，而是每个周末都回家的话，你想我到底会有多少个孩子?”

理想的生活

在以色列，一说起理想的生活，据说就是领美国的工资，娶日本的女性，吃中国的饭菜，住英国的房子。

当然，美国的工资、日本的妻子、中国的厨师、英国的房子这个组合，在全世界都是被公认的。

在一次晚会上，什么样的生活是最坏的生活成了大家议论的话题。

“首先应该要算领中国的工资，住日本的房屋，雇英国的厨师吧。”

一个人说。

“那么，娶哪国的妻子是最坏的呢?”

人们马上就一致同意“当然是娶美国的妻子了!”

权利

犹太人街总是很拥挤。

时钟正好指在5点，人们都从工作场所走出来。道路上满是买东西回来的主妇们，非常拥挤。在这个时间，公共汽车的站牌前面，总是排着很长的队伍。

撒拉刚从百货商店出来。帽子、鞋子、西服、手提包……她共买了17件东西，所以两手都占满了，并且两个胳膊上还挎着好几个纸袋。

她站在队伍的前面等着公共汽车的到来。她穿着紧身西服。公车来了。车虽然来了，但她抱着那么多东西，公车的踏板又很高，况且她又穿着很紧的西装，所以没坐上。

于是她想，松一下裙子的拉链应该就能上去。她一边把挎在两个胳膊上的东西用一只手拎着，一边想用空出的另一只手去拉拉链。

这时，有个年轻的男人突然把撒拉抱到车里。幸亏如此，撒拉才能乘上车，坐下。

但是，那年轻的男子坐在旁边，握着撒拉的手不放。如果那男的是个好男人也就罢了，但他的手汗津津的，让人感觉很不舒服。

“请放开我的手！”

撒拉说道。

“再怎么说，也不能因为我拿着太多的东西而无法上车，就被素不相识的你抱着坐上车，这本来就是很失礼的，你胆子太大了。而且还这样握着我的手……真是，请放手！”

这么一来，男子的手更加用力地握着。

“但是啊，你把我的拉链都拉开了3次，所以不管是谁都会认为握一握手是没关系的。”

女人的虚荣

本杰明下班回到家，对妻子黛贝嘉说：

“喂，今天我在街上的酒吧里听邮递员自夸说，除了一个人外他亲了这个公寓里所有的太太。”

“哎呀，这样的话，她一定就是楼下的苏夏，因为没有比她再令人讨厌的女人了。”

如愿以偿

成功的毛皮商埃森斯坦因对新秘书一见钟情。于是，他每天都向秘书求爱。

说带她去高级餐厅吃饭，说给她买昂贵的戒指，说她可以拿走店里最贵的毛皮。

但是，秘书根本没把他放在眼里。

每次被拒绝，埃森斯坦因的相思之情反而愈加强烈。

随着时间的流逝，他对秘书越来越执拗地纠缠不休。

秘书也已经忍无可忍了。

今天，埃森斯坦因又把秘书叫到房里，说着同样的求爱语。

“你，快给我让我能飞上天的回答!”

“那么，你上吊好了!”

欢呼

有一次，亚伯拉罕有急事，必须要到明斯克去。

但是，俄罗斯的冬天非常寒冷。道路结冰，另外还有可怕的暴风雪。

亚伯拉罕迎着刺骨的寒风，连滚带爬似的跑到马车行，说想去明斯克。

“先生，您是开玩笑的吧？暴风雪把从平斯克到明斯克的路全都冻上了，也看不清前方。您最好还是等到这次暴风雪过去再说吧。恐怕暴风雪会持续 3 天左右。太危险了。”马车行的老板鼻孔里冒出伏特加酒的味道说。

“不，即便如此，我也必须去。有特别重要的生意。你平时从平斯克到明斯克去收 10 卢布对吧？我也付给你 10 卢布怎么样？”

“不不，先生，那怎么行。这种天气去非常危险，不太可能到明斯克吧。关键的问题是，在这样的雪天会有狼出没，所以先生也可能途中因害怕而坚持不到明斯克吧？”

“不不，我无论如何都要去。所以，我决定不给你 10 卢布，而给你 50 卢布。可是 50 卢布啊，是金币。但是，只有一个条件。”

一听是 50 卢布，马车行老板红红的眼睛闪闪发光，就像是暴风雪已经停止，太阳开始照耀大地一样。

“那么，那个条件是？”

“条件是如果在到达明斯克之前，我只要喊叫一声，就付给你 50 卢布。但是相反，如果我一声也没喊的话，那你跑这趟就算免费了。”

马车行老板考虑了一会儿，说：

“好，那咱们走吧。”

马车顶着暴风雪出发了。

马车行的老板，在结了冰的弯弯曲曲的道路上，全速地赶着马车。

马车碰着冻在路上的石头，碾过冰块，摇晃得马上就要倒了似的。

即使如此，亚伯拉罕仍然一声也没叫。虽然脸都青了，但是却使劲忍着。

马车又加快了速度，飞驰着。在狭窄的路面上就像要落进河里，在拐弯时则像要翻车似的。

即使这样，亚伯拉罕很长时间连一小声也没吭。

马上就要到明斯克了。

最后走上了山路，马车行老板开始着急了。马车穿过悬崖旁边极狭窄的小路，马车行老板恐怖得扭曲了脸，继续全速行驶在狭窄的悬崖绝壁中冰冻的小路上。急转弯，但在这里也没有减速。

亚伯拉罕知道马车的一个车轮在悬崖上面空转着，但他仍使劲忍着。

急转弯过后，就看到了暴风雪中明斯克城的灯光。

明斯克到了。

马车行老板从口袋里拿出伏特加酒，一口气全喝光了。

“先生，我输了。算你免费。”

亚伯拉罕说：

“谢谢。实际上，我必须得向您坦白一件事。我差一点就喊出声了。”

“啊，是在刚才的拐角处吧，我也从没感到过那么害怕。”

“不，恐惧，我是尽力忍住了。但是，在拐角处车门开了，内人跌到谷底去的时候，要忍住欢呼实在太难受了。”

歌的品质

妻子对丈夫说：

“为什么我每次唱歌时你都要到阳台上去呢？我唱歌那么令人不愉快吗？”

“不不，我非常喜欢你的歌哩。但是，我讨厌被别人误以为我在打你啊。”

丈夫答道。

最低限度的杀人

可恩下班回来，抓到妻子苏夏把年轻男人带到家里乱搞关系的现场。愤怒的可恩拿出枪把苏夏杀了。

可恩被带到法庭，接受审判长的审问。

“你到底为什么杀死你的妻子？”

“唔，杀人只犯一次法就够了。如果我不杀掉自己的妻子，以后就必须杀死很多人。”

实物验证

住在离布拉格五十多公里远的一个犹太人村的拉比，以制造奇迹而闻名。因此，每天都有病人或对人生抱有各种各样困惑的人来拜访拉比，并因奇迹而得救。

一天，一个女人跑进来。拉比的秘书出去接待，女人哭着从手提包里拿出一封信来。秘书粗略地看了一下，是丈夫要求离婚的信。

“你相信奇迹吗？”

秘书问那女人。

“这位拉比创造奇迹是全欧洲出了名的。因此我才从巴黎坐夜班汽车赶来的。”

“那么，请稍等一会。我去让拉比看看信，听听拉比怎么说吧。”

女人在接待室等了一会儿，秘书回来了。

“拉比是这么说的。‘128个小时54分钟12秒之后，你丈夫可能会回到你身边，而且应该不会再提离婚的事。’所以，你赶紧回巴黎吧。”

女人哭肿的脸上浮现出满脸笑容走出了接待室。

秘书回到拉比那里问道：

“拉比啊，我相信你能让奇迹出现。我一直都看到你创造着奇迹。但是，只有

这次，说 128 个小时 54 分钟 12 秒之后，那个女人的丈夫会回来，我怎么也无法相信。”

“到现在，我预言的事情有没发生过的吗？”

拉比吃惊地问秘书。

“不，到现在为止一次也没有。”

“既然如此，为什么只有这次你不相信呢？”

“因为你只看了信，而我看到了那个女人的脸。”

老处女

某地有位老处女。她一次婚也没结过，就过了 50 岁。

一次，拉比来到她这里问：

“为什么你一直没有结婚呢？”

这个女人反问道：

“我养着一只饶舌的鹦鹉，还有只把家里弄得乱七八糟的狗，还喂了只半夜号叫的猫，并且，还有费事的金鱼和乌龟。这还不够吗？为什么还需要有个丈夫呢？”

嫉妒的报酬

艾扎克是个嫉妒心很强的男人。

从小时候起，他就怀疑父母是不是瞒着自己给兄弟买玩具、点心了，或者多给他们糖了等，并为此嫉妒不已。

上学后，则是同学的成绩稍微好点儿他就嫉妒。

当然，进公司后也还是那样。

但是，最激起他的嫉妒心的是在同撒夏结婚后。

艾扎克不允许送牛奶、报纸的人进入他们公寓二楼的走廊，而是让他们放在一楼走廊外面的大门处，然后自己去取。

当然，买东西也不让撒夏去。家里电器的修理、下水道的修理全都自己做。

虽说如此，嫉妒心再怎么强的艾扎克也不得不为了生活去工作。所以，一去上班，艾扎克就会往家打好几次电话，看看新婚的妻子是否好好地待在家里。

然而，有一天早上11点左右，艾扎克有一种预感，觉得妻子肯定把男人带回家了。

于是，他急急忙忙离开公司，乘上出租车，让司机开足全速赶回家。

他心急如焚地爬着台阶，撞一般地打开门大叫道：

“撒夏，撒夏，别藏了，把那男人交出来！”

妻子撒夏穿着睡衣从二楼的卧室揉着眼睛下来。

“哎呀，你在说什么呀？”

“别装糊涂，快把男人交出来，男人！”

“怎么可能有什么男人！你真奇怪，哈哈哈！”

撒夏看上去好像装作艾扎克走后又睡了一觉，现在刚醒似的。

因为艾扎克确信一定有男人在，所以他开始在公寓里找起来。他一个房间一个房间地找着，不过，这是个小公寓。

他先在卧室里看看床底下，打开衣橱，又找了洗澡间。然后进入客厅，看看桌子下面，又找了窗帘后面，直到地毯下面，所有的地方都找了。

他忽然想起男人会不会攀着窗户框吊着呢？对，肯定是那样。

艾扎克把身体伸到窗户外面，发现一个男人正在下面提着腰带跑。

艾扎克一下子举起冰箱朝那个男人扔过去。冰箱正好砸中那个男人，那个男人死了。

看到男人死了，艾扎克清醒了。

想想，所谓的妻子带男人来完全都只是由于自己的老毛病吃醋而引起的妄想罢了。一想起由于嫉妒心杀了一个无辜的人，艾扎克就进入洗手间在天花板上吊根绳子自杀了。

恢复意识后，艾扎克正站在天堂长长的队伍中。

艾扎克前面，是他杀死的那个男人。他们在慢慢靠近神，首先是艾扎克杀的那

人站在了神的面前。

“我的孩子，你为什么来这里?”

那男子答道：

“那天，闹钟没响，我睡过了头，一睁眼已经接近11点。于是，急忙穿着西服就跑出去了，但不知为什么，突然从上面掉下来一个冰箱，被冰箱砸中才来了这里。”

神重重地点了点头。

“也会有这种事情。那么，到天堂去。”

接下来就轮到艾扎克了。

“我的孩子，你为什么来这里?”

“自己从小时候就嫉妒心很强，今天早上也是错以为妻子在乱搞男女关系就匆匆赶回家去，从窗户一看，下面有个男人提着腰带跑着，好像慌里慌张要逃走似的，我就从上面把冰箱扔了下去。因为后悔自己犯的罪，就自杀了。”

艾扎克回答。

于是，神说：

“也会有这样的事啊。但是，你已经得到原谅，去天堂吧。”

然后，两人就朝神指的乐园方向走去。

这时，艾扎克听见下一位男子回答道：

“为什么会来这里我不清楚。我只是在冰箱里面而已。”

解决方法

9年生了9个孩子的穷人向拉比倾诉，同他商量。

“无论多么努力工作，孩子一个接一个地出生，一日三餐都不能很好地解决。我真不知该怎么养活9个孩子和老婆。我该怎么办呢?”

“那就请什么也不要做。”拉比回答。

冷漠的妻子

艾扎克和苏夏在同一个房间里读书。

“外面挺冷，能不能请你关上窗户?”

苏夏对丈夫说。丈夫因为觉得麻烦就保持了沉默。于是，苏夏说：

“你听见了吗？外面很冷，能不能请你关上窗户！”

丈夫还是没有想站起来的意思，继续看书。

“你聋了吗？关上窗户！”

艾扎克无奈之下勉勉强强地站起来，关上窗户，对妻子说：

“这样，外面就变暖和了哦。”

年龄

在泰鲁亚博的社交界，40 岁的鲁宾和刚满 20 岁的姑娘结婚了。由于年纪相差有 20 岁，所以在社交界被众人议论。

有一次，鲁宾在街角遇到社交界爱说人闲话的老太太。这个以搬弄是非闻名的老妇人赶紧向他搭起话来。

“嗨，据说你娶了一位年轻的太太啊?”

“哪里，不是那么回事。我和内人是同岁。你听谁说的?”

他赶紧否认了。

老妇人正以消息灵通而沾沾自喜，所以好像被伤害了，但表面上却没表现出来。

“但是，听说你太太像个小姑娘一样，非常年轻啊，哈哈哈……”

“哪里，没那回事。是同岁。”鲁宾坚持说，“她 20 岁，我 40 岁对吧？那么和她一起我就觉得自己年轻 10 岁，她则长大 10 岁。所以，从我的年龄里减去 10 岁，在她的年龄里加上 10 岁，我们就都成了 30 岁了。”

如果听女人的希望

两个拉比正在议论。

“为什么神最初创造亚当，然后才创造女人夏娃呢?”

一个拉比说。

“那很简单。”另一个拉比说，“如果先造女人再造男人，神就必须听女人的希望吧。如果听了女人的希望，那就什么事情都做不成了吧!”

信用

结婚一年后，丽贝佳回到母亲那里。对母亲抱怨说丈夫雅克夫总是撒谎。

“雅克夫一说谎，我马上就能知道。”

女人的确有一种动物性的直觉，具有对许多事物都能用直觉看穿的能力。

“但是，你为什么能知道得那么清楚?”

“嗯，雅克夫说谎的时候，我一定会知道。”

“但是，我和你父亲一起生活了很多年，却不能知道你父亲一定在撒谎。”

“嗯，但是母亲，我知道。”

“你为什么知道那么清楚呢?”

“因为雅克夫说谎的时候，会活动嘴唇。”

悔恨

一个男人在墓园的坟墓前放开声音号啕大哭。因为那男人一直在墓前动也不动地哭了好久，守墓人很担心，就跟他搭话。

“这是令尊的墓吗?或者是您弟兄的?”

那男人狠狠地摇头。

“那么，是您夫人的?或者是您孩子的?”

那男人一边抽抽搭搭地哭，一边又狠狠地摇了摇头。

“那么，是您妹妹的？您姐姐的？”

那男人只是摇头，继续哭泣。

守墓人已经按捺不住好奇心。

“到底是谁的？”

男子说：

“这是我现在妻子前夫的墓。”

不合脚的鞋子

摩塞兹同既美丽又贤淑、端庄、能干的新婚妻子一起生活。

摩塞兹来到拉比这里，请求允许他离婚。

“摩塞兹，你到底有什么不满意的呢？那么美丽贤淑能干的妻子，在全镇也是少有的吧？”

这时，摩塞兹一副悲伤的表情，脱掉右脚的鞋子，伸给拉比看。

“这是最高级的鞋子，用的是最好的皮子。但是，再怎么好，不合脚的话怎么办呢？”

老母亲的约会

雅克夫80岁的母亲，从早上起就心神不定沉不住气。因为，住在附近的85岁老人邀她约会。

到了傍晚，她精神十足，打扮得漂漂亮亮的就出去了。

雅克夫自己做了饭。吃过晚饭，边读书边等母亲回来。但母亲却迟迟不归。10点、11点、12点……直到将近12点半的时候，母亲终于回来了。

“母亲，约会怎么样？”

母亲与出去的时候判若两人，一副很生气的表情。

“到底怎么样啊?”

雅克夫又问道。

“别提了，有三次都不得不揍他呢！多么可恶!”

“不会吧，是他做了什么不好的事情吗?”

雅克夫脑子里回想着住在附近的85岁老人的相貌，无法相信似的问道。

“不，是因为我以为他已经死了呢。”

世事常不尽如人意

有位夫人同拉比商量说因为丈夫太差劲，所以想离婚。她说她只有一个不能离婚的理由。她叹息说他们有九个孩子，两人想平均抚养，但由于是奇数不能进行平分。

拉比非常聪明，说：

“那样的话，就一起再住一年，等再生出一个孩子的时候再分手不就行了吗?”

一年半过去了。拉比在街上偶然遇见那位太太。

“怎么样，进行得顺利吗?”

“不。”

“但是，我听说孩子生出来了哦。”

“嗯，孩子确实生出来了，但是是双胞胎啊。”

变身

“结婚后和内人的关系果然发生了很大变化。”

“怎么变的?”

独身的摩塞兹问朋友雅克夫。

“结婚前，我说话，丽贝佳认真听。结婚后却变成丽贝佳一人说，我充当听众。但是，三年后却是，我们两人互相对对方大声怒吼，邻近的人们成了听众。”

尽一切力量保持家庭和睦

《塔木德》上记载了这样一个故事：

过去有一个叫梅厄的拉比，很擅长演讲。

他在每周的星期五晚上，即安息日前夕，前往会堂演讲，每次都有好几百人来听他的演说。其中有一个妇女，非常喜欢听梅厄拉比的说教。尽管星期五晚上犹太主妇通常都待在家里准备安息日会餐时用的菜肴，可她却每次都去听拉比的演讲。

有一次，梅厄拉比的说教长了一些，等她回到家已经很晚了。还没进门，她就被丈夫拦住了。他生气地问她："安息日的菜肴还没准备好，你到底上哪里去了？"

她回答说："我到会堂去听梅厄拉比说教了。"

丈夫听了，对她说："除非你往拉比脸上吐口水，否则就不要进这个屋子来。"

说完，他就把门锁上了。她没有办法，只好和朋友住在一起。

梅厄拉比听说这件事后，知道自己的话说得太长，破坏了一个家庭的和睦。

于是，梅厄拉比特地请那个女子来，告诉她自己的眼睛常会疼痛，请她用口水帮他洗洗眼睛（这是沙漠地带的人清理眼睛里的灰沙时常用的办法）。这位女子就往梅厄拉比眼睛里吐了一口口水。拉比的眼睛好了，她和丈夫的家庭矛盾也消除了。

弟子们问梅厄拉比："你是很有名望的拉比，为什么会允许她往你脸上吐口水？"

梅厄拉比真挚地说："为了挽回家庭的和睦，就要尽一切力量。"

显然，越是处于险恶的社会环境中，和睦家庭中的温馨亲情越能使散居的犹太人感受到"共同体"的温暖，从而产生强烈的向心力。这种朝着直接共同体——家庭的向心力，汇聚在一起，便是整个犹太民族的凝聚力。

孝敬父母，兄友弟恭

犹太人对家庭关系极为重视，对协调家庭关系不遗余力，维系家庭就是维系民

族。在《塔木德》中，我们可以找到许多推崇人伦亲情的动人事例与故事。

有个犹太人住在古代以色列一个叫戴马的镇上，他拥有一块价值6000个金币的钻石。有个拉比想用这颗钻石来装饰圣殿的正殿，便带了6000个金币来到他家，向他买这块钻石。

可是，放钻石的金库的钥匙凑巧放在他父亲的枕头下方，而他父亲又刚好睡得正香。这个人便对拉比说："因为我不能吵醒父亲，所以不能把钻石卖给你。"

拉比认为，这个人为了不吵醒父亲而宁肯放弃赚钱的机会，是个孝顺儿子，值得褒奖。

而一位拉比自己所行的孝道，更令人惊叹。他和母亲一起外出，走到一片高低不平的地方时，母亲每走出一步，拉比便把自己的手伸出来，垫在母亲的脚下。

《塔木德》非常推崇孝敬父母，故而每个犹太人从小就很懂尊老爱幼。同时，《塔木德》还特别强调"兄友弟恭"。

《塔木德》上还讲述了这样一个故事：

很久以前，有两个犹太兄弟，哥哥已经结婚，有妻子儿女，弟弟还是独身。两兄弟都是非常勤劳的农夫。父亲死时，把财产分给了两兄弟。

兄弟俩将收获的苹果和玉米，公平地分成两份，各自放在自己的仓库里。

到了晚上，弟弟想，哥哥有妻子儿女，开销大，于是把自己所得的份额中，拿出了一部分移到哥哥的仓库里。

而哥哥却认为自己有妻子儿女，没有后顾之忧，而弟弟还是独身，应该为以后的生活多准备一些，于是也把自己的一部分玉米和苹果搬到弟弟的仓库里。

第二天早上，兄弟俩醒来后到仓库里一看，东西一点不少地放在那里。

第二天、第三天晚上都这样，他俩不约而同地连续搬运了三个晚上。

第四个晚上，兄弟俩在将各自的东西搬到对方仓库去的路上竟相遇了。两人终于知道对方的心意，不约而同地扔下手里的农作物，紧紧地抱在一起哭了。

两兄弟抱在一起哭泣的地方，成为耶路撒冷最受敬仰的场所，直到今天仍被追思传颂着。

对恶要严加防范

《塔木德》中有这样一个故事：

从前，有个青年深深爱上了一个女子。后来，青年病倒了，医生诊断后，对他说："你是因为思念太深不能实现，才患了这种病。只要和你思念的人同房，病一定会好。"

这个青年便来找拉比，把医生的话告诉拉比，请他表达一下意见。拉比坚决表示，绝对不能与这个女人发生肉体关系。

于是，青年又表示，如果让这个女人一丝不挂地站在他面前，也能使他内心郁结消除而病愈的话，可不可以这么做？拉比还是认为不行。

既然如此，那么是否可以让他和她隔着墙做面对面的谈话呢？拉比仍然不同意。

在《塔木德》中，没有明确交代这个女性是否已经结婚。当别人问拉比何以如此强硬地反对这件事时，他回答说："人类应该有贞节，假若一个人以思念很深为理由就可以立刻获得同房的话，社会的规范就得不到遵守了。"

对这则故事，也不要理解为犹太人热衷于把人的恶念防范得严严实实，让人因为不得发泄而死去活来。拉比知道这个青年一时死不了，说不定纯属装病。因为他只要履行合法手续结婚就可以了，何必急着同房呢？当然，要是对方不爱他或者已经是有夫之妇，这个青年即使真的病得要死，也是没有办法的事。

所罗门王断案

所罗门时期的某个安息日，有 3 个犹太人来到耶路撒冷，由于身边带钱过多不方便，大家便商议将各自带的钱埋在一块，然后就出发了。结果，其中有个人又偷偷溜回来，将钱挖走了。

第二天，大家发现被盗了，知道一定是自己人所为，但又没有证据证明是哪个

人所为，于是，3人便一起去找素以断案英明著称的所罗门王，请求仲裁。

所罗门王了解事情的经过后，什么话也没问，只是说："这里恰好有道题解不开，请你们3位聪明人帮忙解决一下，然后我再为你们裁决。"

问题是这样的：有个姑娘曾答应嫁给某男子，并订了婚约。但不久以后，她又爱上了另一个男子，于是便向未婚夫提出解除婚约。为此，她还表示，愿意付给未婚夫一笔赔偿金。但这个男青年无意于赔偿金，痛快地答应了她的要求。由于姑娘很富裕，不久又被一个老头拐骗了。后来，姑娘对老头说："我以前的未婚夫不要我的赔偿金就和我解除了婚约，所以，你也应该如此待我。"于是，老人也同样答应了她的要求。

所罗门讲完故事后，询问那3个人：姑娘、青年和老头，谁的行为最值得赞扬？

第一个人认为，男青年能够不强人所难，不拿一点赔偿金，其行为可嘉。

第二个人认为，姑娘有勇气和未婚夫解除婚约，并要与真正喜爱的人结婚，其行为可嘉。

第三个人说："这个故事简直莫名其妙，那个老头既然为了钱才诱拐姑娘，为什么又不拿钱放她走了呢？"

这时，所罗门王大喝一声："你就是偷钱的人！"

然后，他才解释道："他们两人关心的是故事中人物的爱情和个性，而你却只想到钱，肯定你是小偷。"

如果按现在的审判程序来看，所罗门王的断案方法难免有些主观武断，但他用旁敲侧击、转移视线的方法来突击窥测罪犯的心理，也有一定的道理。第三个人回答得确实合乎逻辑，但所罗门王正是借所谓悖谬来洞察人的心理，前两个人都被故事转移了视线，说明他们心里很坦然，唯独第三个人只注意钱，岂不是和偷钱有关系？

三、学会施舍

施舍的世界，是指施予者与受施者进行正面冲突的交接点。一方想要设法得到，一方却要设法拒绝，并且其间没有他人介入。因此，就变得极为认真。人类越认真就越没有余裕，这个时候才更需要笑话。从这种意义上来说，本章将会遇到许多令人吃惊的心灵上的互相接触。

有钱人不死的地方

罗斯乔尔德男爵患了重病，全英国的医生都放弃了对他的治疗。罗斯乔尔德自己也知道已临近死亡。

犹太人街

正在此时，听人说犹太人街——所谓犹太人街是整条街上最穷的地方——有个男子坚持说他能治好罗斯乔尔德的病。

因此男爵派他的管家去请那个男子，并且到位于河对岸垃圾场旁边的贫民街去迎接。

摩西乘坐着劳斯莱斯，被管家带来了。

他穿的衬衫、西装是由2000片左右的细布条缝在一起，也可以称之为高级的、非常费工夫的破烂衣服。

摩西脚踏着深到脚踝的厚地毯，来到罗斯乔尔德男爵的病房。

“就是你吗，说能治好我的病?”

“嗯，能治好可能有点难说。但是，如果听我的，至少绝对不会死。”

“但是，从给英国王室看病的里宾斯顿博士，到格拉斯顿首相的侍医斯坦雷教授，还有只给鲁亚尔·阿斯科特赛马马主们看病的里治博士，总之，英国前100名以上的医生看了我，都说没有希望了。对了，你是医生吗?”

“不，我不是医生，是乞丐。”

“乞丐!”

罗斯乔尔德很惊讶。

“嗯，乞丐。如果你搬到我住的那里去，至少您的生命我是绝对能保证的。”

“你住哪里?”

“河对面垃圾场旁边的贫民街的阁楼里。那个贫民街任何地方都可以，你只要搬来住就行。”

“为什么?”

“因为到现在为止几百年的时间里，没听说过一个有钱的人死在那条街上。”

乞丐和富豪

罗斯乔尔德男爵是个有名的富豪，是振兴罗斯乔尔德家族的人物。

他有很多孩子，他把孩子们一个一个都放在欧洲国家的首都，形成了罗斯乔尔德家的国际关系网。

一次，这个第一代老富豪在柏林街头散步的时候，一个乞丐拿着个空罐子出现了。

“罗斯乔尔德男爵阁下！罗斯乔尔德男爵阁下！可怜可怜！可怜可怜吧!”

罗斯乔尔德是个很有慈悲心肠的人，他从钱包里拿出几张小额纸币施舍给

乞丐。

这时，乞丐说道：

“罗斯乔尔德男爵阁下！最近令郎阁下给我的有两倍哪。”

“我儿子有个有钱的父亲，但是不巧，我没有这样有钱的父亲。”

天不怕地不怕

某镇，来了一位乞丐，到银行家的家里行乞。

“欢迎您来到我们镇！”

银行家说。

“不过，您怎么知道我是第一次来这个镇的呢？”

乞丐很惊奇地反问道。

“因为这个镇上没有家伙向我行乞！”

银行家斩钉截铁地说。

乞丐之道

乞丐在街头向行人死乞白赖地要钱。

这时，行人说：

“我讨厌在外面给人家钱！”

拒绝了他。

“您说什么，先生？先生您不会说要我开家正儿八经的公司吧？”

乞丐说。

智慧大比拼

乞丐来到镇上以吝啬狡猾闻名的亚伯拉罕家。

“实际上，有个亲戚要从远方的镇子过来，所以不得不让他在家里吃饭，为了

向这位远方来的亲戚表示我在这个镇上过得不错，想向您借一个纯银的盘子，不知可以吗?”

乞丐这么说，成功地借走了一个银盘子。

次日早上，乞丐来还大银盘。而且还附带了一个小银盘。

“这个小盘是什么?”

亚伯拉罕好奇地问道。

“啊，请听我说。实际上，在把您这个大银盘放到我家的时候，半夜里它生出了这个小银盘。这个银盘是您那个银盘的孩子，所以，我认为还给你是理所当然的。”

亚伯拉罕非常高兴，心里想这是多么愚蠢的家伙，但他嘴上却说：

“以后若还有什么需要的，尽管来借。”

“嗯，实际上，亲戚刚回去，今天又有朋友从远方来。我也想让这个朋友看看我过得不错，所以您能不能把您的银烛台借我用用?”

亚伯拉罕高兴地把银烛台借给他。

次日早上，乞丐拿着从亚伯拉罕那儿借的大银烛台和一个只能插一支蜡烛的小银烛台过来。

“亚伯拉罕先生，昨天半夜里，您的烛台又有分娩的迹象，早上一看，又生了这个小烛台。这也是您的东西，所以还给您。”

亚伯拉罕很高兴，说了和前一天相同的话。

“今后如果还有什么需要的，请尽管说。”

乞丐在心里窃笑，当然表面上没有表现出来。

“亚伯拉罕先生，实际上，今天接下来，我必须得去看望一个邻镇的朋友。我仍然也想让他看看我过得不错，所以能不能借一下您的金手表?”

亚伯拉罕高兴地从胳膊上摘下金手表交给乞丐。

次日早上，乞丐来访时，亚伯拉罕脑子里浮现着小金手表，笑眯眯地打开门。

“亚伯拉罕先生，有个很不幸的消息。”乞丐一副阴郁的表情说，“实际上昨天夜里，向您借的手表突然痛苦起来，最后竟死掉了。”

“表死了？没听过这么荒唐的话！”

“但是，亚伯拉罕先生，既然银食器能生孩子，银烛台能生孩子，手表也能死的吧？”

乞丐得意地说。

但是，亚伯拉罕没有退让。

“明白了，明白了。我明白手表死了。”

乞丐这次再也掩饰不住笑了。

“真令人悲伤啊。”

“但是，尸体总可以还给我吧？”

遗留的可能性

镇上聚集了很多人，一看原来是一个乞丐拼命地在口袋、帽子、鞋当中寻找着什么东西。

“这到底是怎么了？”

一个看热闹地问。

“我有一戈比的铜板，但是找不到了！”

乞丐说。

于是，有个看热闹地说：

“我从刚才就在看，裤子右边的那个口袋你还一直没找呢。”

“但是，如果这儿也找完了，发现没有，我就真的不知道该怎么办了呀！”

岂有此理

街上，乞丐正在可怜兮兮地请求行人施舍些钱。一个行人说：

“你有好好的两只手，为什么不去工作，到底在做什么？”

乞丐一本正经地说：

"你是说为了你给的小钱，让我把这两只胳膊砍掉吗?"

乞丐对富翁

一次，乞丐出现在有钱的银行家达比得家里。说起来，这位乞丐已经来过达比得家好几次了，但每次都遭到拒绝。

"这次务必请您高抬贵手，"乞丐对达比得说，"求求您了，'逾越节'也临近了，却没有任何东西给孩子们吃。"乞丐不停地诉说着自己的窘况。

"你来这儿也有十几次了吧。但是，到现在为止我可曾给过你一分钱?"

达比得问。

"不，到现在为止一次也没给过。但是，我之所以不得不到你这里来，是因为我生活太困苦了。"

乞丐诉说道。

达比得毫不留情地要关门。

"请等一下！只让我说说《塔木德》中的一个比喻吧。"

"即使听了那个比喻，也不会给你一分钱的。赶快说吧！"

达比得瞬间停下关门的手。

"《塔木德》上写着，狗抓猪的时候，一定会先咬着猪耳朵再把猪逮住。

狗是穷人的象征，而猪比喻的是有钱人。

并且，关于狗为什么先咬着猪耳朵再抓猪，是这么解释的：

狗在猪耳边低声私语：'为什么一有钱，就要变成猪呢?'"

四、欲望的问题

欲望是人类的本能。所以，如果认真提出来讨论，欲望问题就上升到人类的本质论。在这种情况下，如果稍微改变一下视角，就会变成虽不那么深刻，但仍能切中要害的笑话。犹太民族有很多这种笑话。这也许是因为他们热心于探求人类本

质，因而随时随地都在借笑话的形式来思考关于欲望的问题吧。

银行的价值

纽约某银行，进来一位一看就知道是犹太人的人物。

他问借贷部经理是谁，然后就走到借贷部经理那里坐下。

“请问您有什么事？”

借贷部经理看着犹太人奢侈的西装、皮鞋、腰带、手表、袖扣、领带夹等说。

“我想贷钱……”

“啊？所以您才来到敝处，对吧？”

“因为写着借贷部经理嘛。”

“那么，您大约要用多少才够呢？”

“1美元。”

“1美元吗？”

“对，1美元。”

“当然本行规定1美元以上，无论多少，只要有担保就能借贷……”

“这是担保，可以吗？”

犹太人从奢侈的包里拿出股票、国债等摆在借贷部经理的桌子上。

“噢，全部大约有50万美元吧。这些行吗？”

“哈，当然可以。但是，就1美元吗？”

“是的。”

借贷部经理递给犹太人1美元，他收下了。

“那么，利息是每年6%，所以您付了6%，一年后还上1美元，我们就把这些证券类担保物还给您。”

“谢谢！”

犹太人操着意第绪口音说着，仔细地把1美元纸币放到钱包里，就要走出银行。

在附近听了他们对话的分店长感到很不可思议，觉得有50万美元的人为什么来借1美元呢，于是急忙追上去。

“啊，打扰一下……”

“什么事？”

“先生，为什么您有50万美元，却还要跑来借1美元呢？银行可以很高兴地借给您三四十万美元的。”

“不不，不用担心。只是，来这儿之前去保险柜店看了一下，保险柜都太贵了，想要最便宜的保险柜，才注意到这有可以使用一年只要6美分却这么安全、气派的保险柜。”

遗产继承

罗斯乔尔德男爵家现在的主人死了，从全欧洲聚集来很多人，为他举行了盛大的葬礼。在葬礼的整个过程中，有个男人在葬礼场的一个角落，发出最大的声音，悲声痛哭。

葬礼结束后，罗斯乔尔德家的一个人问那男人：

“您是罗斯乔尔德男爵的老友吗？”

男人摇了摇头，更加大声地哭起来。

但是，犹太人散居在世界各地，所以也有可能是罗斯乔尔德家的某个人从南美或者其他地方赶来的。

“那么您是我们家的一员吗？”

那男人只是更加失声痛哭。哭累了，那男人抬起头来说：

“正因为不是那样，所以我才哭的啊。”

不用担心

雅克夫向艾扎克借了500美元，明天早上就是归还期限。但是，雅克夫连50

美分也没有。一想起 3 天前艾扎克就唠叨说到期了，他就不知道明天早上该怎么办。因为雅克夫一直坚持说“一定还”。

艾扎克应该是早上就会来拿钱的。雅克夫无法入睡，像栏杆中的熊或者狐狸一样在屋子里走来走去，一个小时、两个小时也想不出什么办法来。

妻子丽贝佳从隔壁卧室里问他：

“你究竟为什么不睡觉啊?”

“因为借了艾扎克的钱，明天早上，无论如何也得还钱。”

“那么，你有钱吗?”

“没有，一分也没有啊!”

“那么就赶紧睡吧。整个晚上睡不着来回走的该是艾扎克吧。”

剩下的可能性

两个拉比在谈话。

“有钱人只愿意给残疾人或穷人捐款吗?”

“那不是很清楚的事嘛。有钱人本来是利己主义的吧？因为那些有钱人即使能想象自己成残废，或者变穷，但却根本想象不到自己能成为学者呀。”

10 万美元的拥有者

艾扎克在纽约的电话亭捡了 10 万美元，他没有呈报就把拾到的钱据为己有了，最终被警察发现将他逮捕了。

“你就连一次也没想过交出来吗?”

巡查问道。

“当然想过还回去。我想如果我当初认为这笔钱的所有者是穷人，就把它还回去了。”

艾扎克回答道。

有钱人的临终

约修亚是有名的吝啬鬼，正因为他一辈子吝啬，所以积攒了巨额的财产。

但是，约修亚已经躺在了临终的床上。

他的病很重。医生说只要出汗就能治好，但是用尽现代医学的所有方法，无论进行怎样的处理，都不能使他出汗。现在，死亡已经越来越近。

最后被他请来的是拉比。

约修亚在对拉比告白了自己所有的罪过之后，开始立遗嘱。

“犹太教堂旧了，需要重新建造……”

拉比开口说。

“那大约要花多少钱呢?”

约修亚艰难地喘着气问道。

“嗯，大概要 20 万美元。”

“好。那么，在遗书上写上捐出 20 万用于犹太教堂的重建。”

“约修亚，犹太教堂需要一个图书室。其他镇上的犹太教堂都有图书室，只有我们的教堂还没有图书室。”

“那大约需要多少钱?”

“大概 3 万美元。”

“好。为了给犹太教堂建造图书室我捐赠 3 万美元。”

“父母都工作的孩子们也需要一个托儿所。”

“需要多少钱?”

“我认为大约需要 25000 美元。如果您能同意，夫妇都工作的人们就能安心地出去工作了。”

“那么，请写上捐款 25000 元建造托儿所。”

约修亚脸上痛苦的神情褪去，渐渐变成很快乐的样子。

“约修亚，为他人慷慨解囊是多么美好的事情你明白了吧？连脸色都不一样了呢。那种脸色，能够安详地去天堂了……且说，我想在犹太教堂为青少年建造一个游泳池……”

约修亚变成一副心旷神怡的样子。拉比趁机兴奋地问：

“那么，游泳池也可以吗？”

“等一下，别说话！我已经开始出汗了。”

卫生纸

摩塞兹在纽约进了公厕。

当他蹲下一会儿之后，发现没有放卫生纸。他隔着墙壁对旁边的男人说：

“喂，喂，非常抱歉，那边有卫生纸吗？”

一个没有底气的声音传过来。

“没有，这儿也没放，所以现在正为难呢。”

“哦，那杂志或者报纸什么的带了吗？”

“没有，杂志报纸都没有。”

“那么，能不能请你给我换10美元的零钱？”

奇迹之泉

所罗门在纽约街头过马路的时候，被车撞倒。

开车的司机以为只是轻轻碰了一下，但是所罗门却蹲在那儿不能动弹。他被送进医院，一个月后为此进行了审理。在法庭上，所罗门申诉说，他从脖子以下都麻痹了。但是，给他看病的医生们都作证说他很健康，不可能有什么麻痹。

然而，是否麻痹从外表是看不出来的，所以所罗门的要求得到认可，法庭决定由加害者支付50万美元。这也因为信号灯已经是黄灯，加害者却仍开进十字路口的缘故。

纽约大街

所罗门在夫人的搀扶下躺到担架上坐上救护车回家了。

一到家，索罗门就在家里蹦蹦跳跳喊着：

“哈，哈！我有钱了！”

“所罗门，虽然50万美元到手了，但是你也听见审判长的话了吧。如果万一知道你的身体还能动，不仅要收回50万美元，而且你还会因为伪证罪被送进监狱的呀。保险公司的人也说了吧？因为你很可疑，会一直监视你，一定要抓起你来的。所以即使有了50万美元，不能用的话，你真是做了很没意思的事情。”

妻子雷切尔说。所罗门却答道：

“不，我们两个人能够好好地使用这50万美元。一收到50万美元，就马上坐救护车去肯尼迪机场，从肯尼迪机场一下飞到法国去。在那儿也准备一辆救护车。然后去路德城（这里有一眼显现天主教圣母马利亚能量的圣泉，以发生奇迹治好病痛疾患而有名），在那个路德城发生奇迹，我马上就能复原。”

道理

被纳粹赶出德国的摩塞兹，终于到达美国。

他去了纽约熟人介绍的地方。

“求求您了，请借给我50美元。”

他在对方读完介绍信后说道。

“但是，我还不太了解您。既然这样，您认为我能借给您50美元的大钱吗？”

这使摩塞兹非常愤慨。

“我在德国的时候，因为大家都太了解我，所以谁也不借钱给我。但是，这次来到这里，你却说因为对我什么都不了解不能借钱给我。有这么不合道理的事吗？”

想法错误

总而言之，最近美国的通货膨胀特别厉害。

上星期，一个汉堡包还是25美分，这星期就已经变成35美分。从香烟，到香肠、鞋子、铅笔、公交车费，全都在上涨。

本杰明得了重病，自己也意识到将不久于人世。

但是，他接受一位朋友的推荐，请一位医生看了看，医生说再有3年随着医学的进步，就应该能发明出治愈这个病的药。

于是，本杰明接受医生的建议，决定冬眠3年。

那天，一位漂亮的金发护士给他清洗身体打针，然后他被加上冰块送进医院的冬眠室。

1970年、1971年、1972年。在第三年的时候，治愈本杰明病的药被发明出来，本杰明从冬眠室里出来，恢复了意识。用药后精神百倍的本杰明，在病房里首先做的事就是给股票行打电话。

“喂，摩塞兹，我是本杰明。我的股票怎么样了？”

“本杰明！你好了吗？那太好了！”

“比起这，你还是先告诉我我的股票怎么样了吧。首先，什么来着……通用电气，多少了？”

“1股50美元。”

“什么！真的吗？三年前，我是10美元买的呢。那么波音怎么样了？”

“波音涨到200美元啦！”

“我那个是30美元买的啊！我有100股，这可赚大了。ITT怎样?”

“280美元。”

“真的吗？那确实应该是45美元买的呢。那个也有100股，这也赚大了！那么，那个收音机的制造商飞利浦怎样?”

“那个是180美元。”

“太棒了！那个应该是30美元买的。这样一来，我一共赚了多少钱哪！”

本杰明说着，把电话挂了，正要计算自己的收入。

但是，在计算之前他拿起电话叫来接线员。因为，这电话费也要成为经费的一部分。

“接线员，电话费多少钱?”

“4万美元。”

神志清醒

精神病院里来了一位妇人患者，滔滔不绝地诉说自己的症状。

“医生，最近，我完全睡不着。而且，白天，还看到各种各样的幻象。比如死去的丈夫出来，赤身裸体地吃着香蕉，虽说是炎热的夏天，他在前面的路上滑着冰还唱着葬礼上的歌曲。这在生前的丈夫，简直是无法想象的事情。”

此外，自己养的狗突然变成紫色啦，自己养的金鱼突然飞向天空啦等等，说的都是这样的话，没完没了。

“啊，这可是相当重的症状啊。”医生点点头，“对了，夫人，按规定在听您说话之前要收初诊费，50美元。”

“不会吧，我还没那么疯。”

女人离开医院。

傻瓜和聪明

公元73年，耶路撒冷的神殿被罗马军队破坏，犹太人都被作为奴隶带去罗马。

在这些奴隶中，有一位非常聪明的男子，所以，罗马主人非常器重这位奴隶。

一次，身为元老院议员的罗马主人把摩赛斯——那个奴隶的名字——叫来，命令他：

“摩赛斯，希望你把跟我有关系的人按傻瓜和聪明分类做成一个名单。”

几天后，摩赛斯把名单交给主人。

主人把傻瓜的名单拿在手里，用心地看着。

“基开尔、普鲁踏克、赛内加……嗯，这些都是傻瓜。”

他接着往下看名单，最后发现了自己的名字。他一副不高兴的表情。

“这里所列的人确实都是傻子。但是，为什么我的名字也必须出现在这里？”

摩赛斯回答道：

“主人，您确实很聪明。直到今天早上我都是这么认为的。但是，今天早上从希腊来了一位商人，主人您和他谈好购买他的谷物，并且当时就付给他黄金30两。”

“但是，定好了那个商人一回到希腊就把谷物送过来的呀。你当时也在场会同商量，应该很清楚吧。”

“但是，我认为那个希腊人回国之后也不会把谷物送过来。那么，你看这样好吧，如果他送过来，就把主人您的名字从这儿抹去，而把那个希腊商人的名字加在里面。”

好心

亚伯拉罕进入一家商店，开始讲价。

15美元变成10美元，然后又变成9美元9角7分，但是他仍坚持说：“不，请按9美元9角6分吧。”

卖主则说：“已经不能再低了。”

但他仍固执己见，反复说“9美元9角6分”。

卖主也很坚决，坚持说“已经一分也不能再低了”。尽管如此，他仍想再减掉

一分。

卖主终于说道：

“先生，再为这么一分钱争来争去也没办法。但是，已经不能再比这个价钱低了。而且，先生您是要赊购的吧。那样的话，这么一分钱也没什么意思吧。”

于是，亚伯拉罕回答道：

“我非常喜欢这个商店。因此才想哪怕一分钱也要争，以便在我不付钱的时候，能让贵店尽量减少损失。”

1万卢布的价值

结婚经纪人对年轻人说：

“即便在我多年的经历中，有1万卢布陪嫁的姑娘也是极少的。并且，还是个很好的姑娘……”

“1万卢布真不少啊！那么，能不能先让我看看照片？”

年轻人两眼放光。

“照片？怎么可能！都有1万卢布了，你还认为能让你看照片吗？”

理所当然

在纽约经营西服店的杜宾很富裕，但却是出了名的吝啬鬼。

今天关店之后，杜宾到附近宾馆的酒吧要了一杯威士忌，一点儿一点儿地慢慢喝着，以便尽量喝得时间长些。

这时，朋友所罗门来了。

“总之，一说起我老婆就让人受不了，只会死乞白赖地要钱。”杜宾埋怨道，“前天说要150美元，昨天早上说要80美元，今天早上出家门的时候又说要120美元。”

“喔，你夫人到底做什么用呢？”

所罗门知道杜宾很吝啬，所以吃惊地问。

“嗨，我也完全不知道她做什么用啊。因为，我还一分钱都没给她呢。”

能干的保险员

某地有家人寿保险公司。

摩西在这家人寿保险公司上班，因为摩西非常优秀，董监事们在会议上决定把摩西纳提升为董事。

但是，只有一个问题。因为，这个公司的董监事都是天主教徒。在会上，董事长说：

“嗯哼，诸位。摩西的确具备成为我们公司董事的资格，这是大家都认同的。但是，摩西是犹太教徒，把他升为长期以天主教的传统自夸的本公司董事，我认为还是不太妥当。”

这时，一位天主教徒——大家都是——常务董事站起来说：

“我认识一位非常贤明、伟大的神父先生，就是住在邻镇的麦加兰神父。麦加兰神父的话，应该能够马上让摩西改信天主教吧。”

董事会会议室里坐着的董监事们全都点头表示赞同。

然后神父被叫来了。神父把摩西带到董事接待室，两个人 3 个小时还没出来。

3 个小时后，神父出来了。

神父一来到会议室，董监事们都异口同声地说：“谢谢！”

但是，神父却一脸困惑。

董事长很担心，问道：

“神父先生，肯定成功了吧？”

“不，还需要一个小时。而且，我还被他劝说，买了贵公司 10 万美元的保险呢。”

智慧的效用

两个拉比在谈话。

“智慧和金钱，哪个更重要呢?”

“当然是智慧啊!”

“但是，如果智慧更重要，为什么贤人为有钱人服务，而有钱人不为贤人服务呢？不都是学者或者哲学家们在讨好有钱人，而有钱人对贤人则傲慢无礼吗?”

“那太简单了。因为贤人懂得金钱的难得，而有钱人不懂得智慧的重要性。”

巧妙的购物

摩西牵着在镇上新买的马回家来。一回到家就对妻子米丽亚说：

“我刚从被镇上的人认为最狡猾的吉普赛人那儿买来了这匹马。如果是好马，一般得要 50 卢布，但是这匹只花了 20 卢布。”

“哎呀，只花 20 卢布就能买匹好马，那太好了。”

“不，并不好。因为是匹小马。”

“哎呀，那是不好啊。”

“不，那很好。因为很健壮。”

“是啊，即使小，如果健壮也很好嘛。只要能发挥和 50 卢布的马相同的作用，无论大小，不都挺好的吗?”

“不，那不好。因为是只跛脚的马。”

“哎呀，那可不好。跛脚的马，肯定拉不动重东西的吧。”

“不，不是那样的。我发现马后脚上扎了个小钉，我偷偷地把它拔下来。所以，马就能正常走路了。”

“只花 20 卢布就能买到那么好的马，真是运气好啊!”

“不，不好。我弄错了，还是给了他 50 卢布。”

“哎呀，那可不好。那么，就不是买了 20 卢布的马。”

“不，不是那样。因为我给吉普赛人的 50 卢布是假钞。”

随机应变

某地，有个大富翁。

由于他太无聊，在路上遇到镇上有名的贤者拉比的时候，说道：

“拉比啊，如果你说了什么善意的谎话，我就给犹太教堂捐赠 1 卢布。”

“1 卢布吗？刚才你不是说两卢布吗？”

以牙还牙

蓝克比茨是镇上最有钱的人，但以吝啬闻名。

他患了感冒，日久不愈，又发高烧，于是去了医院。在医院的大门前挂着一块牌子，上面写着初诊费 10 美元，从第二次开始诊疗费为 5 美元。

于是，蓝克比茨一见到医生就说：

“啊，我又来了。”

医生拿出听诊器，慎重地慢慢地花了很长时间给蓝克比茨看病。医生仔细地看了蓝克比茨的喉咙、眼睛、耳朵，同时还问了许多与病情无关的问题。

医生看完后，说道：

“请照上次那样去做吧。”

父亲的殷鉴

小学老师达比得教数学，他指名摩西回答一个问题：

“如果我从你父亲那里借 100 卢布，再还给他 50 卢布，那么我还借他多少钱？”

“说老师借了我爸爸 100 卢布？”

摩西无法相信似的反问道。

“不，这是问题，就是说假设借了。借100卢布，如果还50卢布，那么还借多少?”

“那样的话，是100卢布。”

摩西挺胸答道。

“是借了100卢布又还了50卢布，听好了。你认为到底还借了多少钱?”

达比得有些失去耐性，提高声音说道。

“所以，是100卢布。”

“你减法也不会吗？学了这么多，你还不懂算术吗?”

“不，我算术很好，是老师不了解我爸爸。”

贪婪的人

聪明的犹太人知道，“知己知彼，百战百胜”。不论在战争还是生活中，充分了解对手，找到并利用对方的弱点，就能够达到自己的目的。

古时候，有个犹太商人来到一个市镇跑买卖。他打听到几天后有特别便宜的商品出售，就留在那里等大减价的日子到来。可是，他身上带了不少金币，当时又没有银行，走到哪带到哪又重又不方便，还很不安全。

于是，他一个人悄悄来到一个僻静之处，瞧瞧四周无人，就在地里挖了一个洞，把钱埋了起来。第二天他回到原地一看，大吃一惊：钱不见了。他呆呆地站在那里，再三回忆，昨天确实没有人看到自己埋藏金币，为什么会不见了呢？他百思不得其解。

就在这时，他无意中一抬头，发现远处有一间房子，房子的墙上有个洞正对着他埋钱的地方。他突然想到，会不会是住在这房子里的人，正好从墙洞里看见自己埋钱，然后才挖走的呢？如果事情确实如此，怎样才能把钱要回来呢?

这个商人打定主意，来到屋前，见到住在里面的一个男人，客气地问道：“你住在城市里，头脑一定很灵活，现在我有一件事要请教，不知行不行?”

那人一口答应道：“请尽管说。”

商人接着问道："我是外乡人，特地到这里来办货，身上带了两个钱包，一个放了500个金币，另一个放了800个金币。我已把小钱包悄悄埋在没人知道的地方。现在的问题是，这个大钱包是埋起来比较安全呢，还是交给能够信任的人保管比较安全?"

房子的主人回答说："要是我处在你的位置，什么人我都不信任。也许我会把大钱包和小钱包埋在同一个地方。"

等商人一走，这个贪心不足的人马上拿出挖来的钱包，埋在原来的地方。他抬脚刚走，守候在不远处的商人马上过去挖起钱包，于是，500个金币一个不少地回到了他手里。

这个商人确实手段高明。他知道，小偷之所以偷窃别人的东西，就是因为有贪得之心，而贪得之心自然是希望可得之物价值越来越大的，所以，尽可以利用其贪得之心，让他自己吐出已得之物，也算给他个教训。妙就妙在还请他自己出主意，自己交出来。这种摸透对手的心思，迷惑对手以达到自己的目的手段，可谓出奇制胜。

所以，一定要记住，为人处世不要贪婪，因为贪婪会给别人造成可乘之机；面对贪婪的人也不要害怕，只要你肯动脑筋，善于寻找对方的"软肋"，便能够战胜对方。

以攻为守的讨债法

《塔木德》说："不能空口白舌说谎——当你面对一个无赖的时候，可以破例。"

犹太商人在商业场上见识多了，少不了也碰上类似的麻烦，解决的方法，还是智取为上。有则故事是这么说的。

梅西克是个服装商，向布商克罗扬批发了1200马克的布料，却一直没付钱。克罗扬叫伙计去收了几次账，梅西克每次都溜掉，避而不见；寄催款单去，梅西克也不理不睬。克罗扬对此束手无策，连声叹气。

这时，一个新来的店员对他说：

“我有一个讨债的秘方。您不妨先写一封催款信给梅西克，叫他尽快归还 1800 马克的债，瞧瞧他有什么反应，再做打算。”

克罗扬采纳了这位店员的办法，给梅西克写了一封信。果然，才两天时间，梅西克回信了，信中说：

“克罗扬，你怎么讹我 1800 马克？随信附上 1200 马克，以后再也不来你这儿批货了，要打官司吗？你准输。”

克罗扬还有必要同他打官司吗？

店员的讨债秘方实际上是一个相当巧妙地以攻为守的攻心战术。本来克罗扬确实处于纯粹的守势，主动权一点也不在他手上，梅西克只要避而不见，克罗扬就拿他毫无办法，总不能为 1200 马克去打官司。

但反过来，从梅西克避而不见可以看出，他对这笔债务倒还是承认的，只是想拖着不还，而不是彻底赖账。这就使店员以讹诈之计讨债有了心理基础：拖欠 1200 马克不还的梅西克，可以高枕无忧，尽让克罗扬一个人着急，要打官司也可以先让他忙乎，大不了到时还给他，并没有额外的损失。而现在 1200 马克突然变成了 1800 马克，这就由不得梅西克不出来辩解了，因为如果仍然像对待催款单那样置之不理，就意味着默认了克罗扬开出的催款单，次数多了，日后真打起官司来，再要证明只拖欠 1200 马克就麻烦了，何况就是拖欠 1200 马克也好做不好说。

犹太商人一般很少有空口白舌说谎的习惯，但犹太人也主张对不讲信用的人，方式可以灵活些。

唯有善行永远相伴

某一天，国王召唤一名男子去皇宫。

这名男子有 3 位朋友。第一位朋友是他的莫逆之交，对其最为器重。他虽然喜欢第二位朋友，但却比不上对第一位朋友的重视。至于第三位朋友，关系比前两位疏远多了。

国王的召见使这名男子忐忑不安，他猜测自己是否做了什么违法之事，不由心生恐惧，不敢独自前往皇宫，于是邀请3位朋友同行。

首先他到那个自认为最密切的朋友家，结果遭到这位朋友的断然拒绝。接着，他又去了第二位朋友家，回答是："我可以把你送到皇宫门口，但不陪你进去。"最后，他失望地去了第三位朋友家，没想到第三位朋友竟然答应一同前往。

为什么3位朋友的态度各不相同呢？而且平时最要好的朋友在关键时刻却不理不睬呢？

《塔木德》认为，第一位朋友是"金钱"，凡人尽管贪财，但却生不带来死不带去。第二位朋友是亲朋，只能将他送到火葬场，然后便弃之不顾。第三位朋友是"善行"，虽然平常不太密切，唯其死后伴他永眠九泉之下。

世间万物各有其用

大卫王从来对蜘蛛不屑一顾，认为它是随处结网、龌龊无比、毫无用处的怪物。

然而，在一次战争中，他被敌人包围，逃跑时遁入一个洞窟之中。洞窟入口处正好有一只蜘蛛结起网来。不一会儿，追兵到达洞口，在此逗留良久，见洞口有蜘蛛网便告撤退，大卫王因而得救。

又有一次，大卫王潜到敌人将军的卧室，打算夺其佩刀，并于次日向其示威："我既然能夺你佩刀，杀你自然易如反掌。"但佩刀压在将军脚下，总是找不到下手的机会。正在他百般无奈之时，一只蚊子叮在将军脚上，将军不由得挪动双腿，大卫王于是夺得佩刀。

还有一次，大卫王被敌人包围，情急之中，他心生一计，故意装作一个披头散发的疯子。敌军没有料到这个疯子会是国王，便自行退去。

世间万物各有其用，千万不可忽视任何人，同时，对任何事物都不可掉以轻心。在生活中，要有愿意把小事做细的精神，不要犯因小失大的错误。

乐观能够让你过得更好

有一个善良的小男孩，名叫亨利。他的父亲早已过世，陪伴着他的只有穷困的母亲和一个两岁大的妹妹。

他很想帮母亲的忙，因为母亲挣的钱总是难以养家糊口。

一天，亨利帮一位先生找到了他丢失的笔记本，这位先生给了他 1 美元。

他把这 1 美元用来买了一个盒子、3 把鞋刷和一盒鞋油。接着，他来到街角，对每位鞋不太干净的人说："先生，能让我给您的鞋擦擦油吗？"

他是那样的彬彬有礼，因此，人们很快便注意到了他，并且也十分乐意让他给自己擦鞋油。第一天他就挣了 50 美分。

当亨利把钱交给母亲的时候，母亲情不自禁地流下了激动的热泪："你真是一个懂事的好孩子，亨利。我以前不知道怎样才能赚更多的钱来买面包，但是，现在我相信我们能够过得很好。"

从此以后，亨利白天到学校上课，晚上擦鞋。他挣的钱已足以负担母亲和妹妹的生活了。

一个人是否乐观，与其所处的环境是没有关系的。只要你乐观起来，就可以过得更好。

放进笼子里的一只小鸟

12 岁的小索尔住在南卡罗来纳州，他常常把一些野生的活物捉来放进笼子里。他家在林子边上，每当日落黄昏，便有一群美洲画眉鸟来到林间歇息和歌唱。那歌声美妙绝伦，没有一件人间的乐器能奏出那么优美的曲调来。

索尔当机立断，决心捕获一只小画眉，放到自己的笼子里，让它为自己一人歌唱。

果然，他成功了。小画眉先是拍打着翅膀，在笼子里飞来扑去，十分恐惧。但

后来它安静下来，承认了这个新家。索尔站在笼子前，聆听着小鸟美妙的歌唱，感到万分高兴，真是喜从天降。

他把鸟笼放到自家后院里。第二天，小画眉的妈妈口含食物飞到笼子跟前让小画眉把食物一口一口地吞咽下去。当然，画眉妈妈知道这样比他来喂它的孩子要好得多。看来，这是件皆大欢喜的好事情。

接下来的一天早晨，索尔去看他的小俘虏在干什么，发现它无声无息地躺在笼子底层，已经死了。他对此迷惑不解，不知发生了什么事，自己的小鸟不是已得到了精心的照料吗？索尔把小鸟那可怕的厄运告诉了爸爸。对鸟类颇有研究的爸爸作了精辟的解释：“当一只母美洲画眉发现自己的孩子被关进笼子后，就一定要喂小画眉足以致死的毒莓，它似乎坚信孩子死了总比活着做囚徒好些。”

从此以后，索尔再也不捕捉任何活物来关进笼子里。因为任何生物都有对自由生活的追求，而这种追求无疑是值得肯定的。

生活中，每个人都有自己喜欢和感到舒适的生活方式，为了人际关系的和谐，充分尊重别人的自由是非常必要的。

曾经身陷黑暗的老人

有一个犹太富翁，在一笔大生意中亏光了所有的钱，并且欠下了债。他卖掉房子、汽车，才还清了债务。

此刻，他孤独一人，无儿无女，穷困潦倒，只有一只心爱的猎狗和一本书与他相依为命。一个大雪纷飞的夜晚，他来到一个荒僻的村庄，找到一个避风的茅棚。他看到里面有一盏油灯，于是用身上仅存的一根火柴点燃了油灯，拿出书来准备读书。不料一阵风突然把灯吹熄了，四周立刻漆黑一片。这位孤独的老人陷入了黑暗之中，对人生感到彻底的绝望，他甚至想到了结束自己的生命。但是，陪在身边的猎狗给了他一丝慰藉，他无奈地叹了一口气，沉沉睡去。

第二天醒来，他发现心爱的猎狗也被人杀死在门外。他抚摸着这条相依为命的猎狗，决定结束自己的生命，世间再没有什么值得留恋的了。他最后扫视了一眼周

围的一切发现整个村庄都沉寂在一片可怕的寂静之中。他不由得急步向前，啊，太可怕了，尸体，到处是尸体，一片狼藉。显然，这个村庄昨夜遭到了匪徒的洗劫，整个村庄一个活口也没留下来。

看到这可怕的场面，老人不由心念急转：“啊！我是这里唯一幸存的人，我一定要坚强地活下去。”此时，一轮红日冉冉升起，照得四周一片光亮，老人欣慰地想：“我是这里唯一的幸存者，我没有理由不珍惜自己。虽然我失去了心爱的猎狗，但是我得到了生命，这才是人生最宝贵的。”

老人怀着坚定的信念，迎着灿烂的太阳又出发了。

人生在世，谁都会遇到挫折，适度的挫折具有一定的积极意义，它可以帮助人们驱走惰性，催人奋进。挫折又是一种挑战和考验。英国哲学家培根说过：“超越自然的奇迹多是在对逆境的征服中出现的。”要得到欢乐就必须能够承受痛苦和挫折。这是对人的磨炼，也是一个人成长的必经过程。

追寻发财梦的两个年轻人

美国西部是一个非常诱人的地方，许多人都跑到那里打工，梦想在那里挣更多的钱。其中有两个年轻人，一个叫约翰，一个叫斯蒂芬，他们在路上偶然相遇了，说起去打工的事情，两个人都充满了希望。他们来到美国西部后，就开始不断地寻找机会。

有一天，两人同行时，有一枚硬币躺在地上，约翰看也不看就抬着头过去了，而斯蒂芬却毫不犹豫地把那枚硬币捡了起来。约翰看着斯蒂芬的举动不由得露出了鄙夷的神情，他想：真没出息，一枚硬币也要捡，哪像干大事业的人！而斯蒂芬却想：看着钱白白地从身边溜走，怎么能成就事业呢？

两人同时走进一家小公司应聘。工作很累，工资也低，约翰不屑一顾地走了，而斯蒂芬却高兴地留了下来，努力地工作着。约翰去了一家又一家的公司，不断地寻找着机会。两年后的一天，两人在街上相遇了，斯蒂芬由于努力工作，已经干出了一番事业，自己成了老板，而约翰仍然没有一个固定的工作。

约翰感到非常不解，斯蒂芬是一个连硬币都捡的人，这么没出息，怎么可能做出一番事业呢？

“罗马不是一天建成的”，不要轻视任何微小的收获或进步，不肯从小事做起的人注定不能成功。

不要为洒在地上的牛奶而哭泣

有一位父亲存了很久的钱，终于买了一辆雪亮的新车，他非常喜爱这部车，每天都洗车打蜡。他 5 岁的儿子见父亲这么爱车，也非常兴奋地帮爸爸一起洗。父亲有这样一个儿子，感到非常满足，很为儿子体谅自己而欣慰。

有一天，父亲很累，虽然车子因为淋了雨显得很脏，但他实在太累了，心想，改天再洗车吧！儿子见父亲这么累，就兴冲冲地要帮父亲洗车。父亲见他人小志气大，心里更加得意，便放手让儿子洗。

儿子要洗车，却找不到抹布，他走进厨房，想到母亲平常炒完菜洗锅时，都要用钢刷使劲刷才能刷干净，既然没有抹布，就用钢刷吧！

他拿起钢刷用力地洗起车来，一遍又一遍，像刷锅一样刷车。等他洗完之后一看，车子怎么都花了？这下惨了，他急忙跑去找父亲，边哭边说：“爸爸，对不起！爸爸，你来看！”父亲疑惑地跟着儿子走到车旁，不禁“哇”的大叫一声：“我的车！我的车！”

父亲气得走进房间，十分生气地跪在地上祷告：“上帝呀，请你告诉我，我该怎么做？那是我新买的车，一个月不到就变成这样，我该怎么处罚我的孩子？”

他才祷告完，心里忽然出现一个声音：“不要为洒在地上的牛奶而哭泣。”

突然，他像是被点醒了。

他走出房门，儿子正害怕地流着泪，一动也不敢动。父亲急忙把孩子拥在怀里，说：“谢谢你帮爸爸洗车，爸爸爱你胜过那部车子。”

一个人应该具有宽容之心，气量应该大一些，对待孩子尤其要如此。犹太人有句格言说：“切勿威吓孩子：要么罚他，要么饶他……非打不可，就使用一棵

小草。”

把你承受的容积放大些

有个师傅对徒弟不停地抱怨这、抱怨那感到非常厌烦。于是，有一天早晨，他派徒弟去取一些盐回来。

当徒弟很不情愿地把盐取回来后，师傅让徒弟把盐倒进水杯里，然后喝下去，并问他味道如何。

徒弟刚喝下便吐了出来，说：“很苦。”

师傅笑着让徒弟带上一些盐，跟着他一起去湖边。

他们一路上没有说话。

来到湖边后，师傅让徒弟把盐撒进湖水里，然后对徒弟说：“现在你喝点湖水。”

徒弟喝了口湖水。师傅问：“有什么味道?”

徒弟回答说：“很清凉。”

师傅问：“尝到咸味了吗?”

徒弟说：“没有。”

这时，师傅坐在这个总爱怨天尤人的徒弟身边，握着他的手说：“人生的痛苦如同这些盐，有一定的数量，既不会多也不会少。我们承受痛苦的容积的大小，决定了痛苦的程度。所以，当你感到痛苦的时候，就把你承受的容积放大些，不是一杯水，而是一个湖。”

是的，痛苦尽管难于忍受，但它毕竟是有限的，而我们承受一切的心胸可以无限扩大，以至包容一切。对于心胸开阔的人，痛苦自然会变得极为轻微。

马路新闻与风中羽毛

《塔木德》说：“遇见鬼的时候，你一定会拔腿就跑；同样的，遇到小道消息

时，你也要快速地逃开。”

有个犹太女人很喜欢东家长西家短地道人是非。多嘴本来是女人的天性，但她却太过火了，以至于连平常饶舌的三姑六婆也无法忍受，终于有一天，大家一起到拉比那里去控诉她的行为。

拉比仔细倾听了每个女人的控诉后，便要这些女人先回去。然后拉比差人去找那个多嘴的女人来。

“你为什么无中生有，对邻居太太们品头论足？”

多嘴的女人笑着回答说：“我并没有杜撰什么故事啊！也许我有一点夸张事实的习惯，不过我说的不是很接近事实吗？我只是把事实稍微修饰一下，使它更有声有色而已。但是，或许我真的太多嘴了，连我丈夫都这么说。”并表示自己想改正这个毛病。

“好吧！让我们来想一想，有没有什么好的治疗方法呢？”拉比想了一会儿，走出房间，拿回一个大袋子，对女人说，“你把这个袋子拿去，到了广场后，你就打开袋子，在回家的路上将里面的东西放在路边；到家后，你便要再掉过头来，把东西收齐，再回到广场上去。”

女人接过这个袋子，觉得很轻，心里很纳闷，非常想知道里面装的是什么东西，于是加快脚步走到广场去，到了广场后，她迫不及待地打开一看，里面装的竟然是一大堆羽毛。

那是一个万里无云的日子，微风轻吹，令人觉得非常舒服。女人照着拉比的吩咐，一面走，一面把羽毛摆在路边，当她走进家门时，袋子刚好空了。然后她又提着袋子，一边捡，一边回广场。

可是，凉爽的秋风吹散了羽毛，所剩寥寥无几。女人只好回到拉比那里，对拉比说，一切都照拉比的吩咐去做了，但是，却只能收回几根羽毛。

“我想也是的。”拉比说，“所有的马路新闻，都像大袋子里的羽毛一样，一旦从嘴里溜出去，就永无收回的希望。”

就这样，在拉比的教育下，这个女人改掉了多嘴的坏习惯。

人与人之间的距离，最远不超过6个人，即使一个在你看来绝无可能与你建立

起关系的陌生人，你们之间的距离也绝不超过6个人（想象一下，通过6个人，你能与美国总统奥巴马建立起关系来）。所以，你说过的任何话，都有可能传到当事人的耳朵里。套用俗语就是“天下没有不透风的墙”，你背后说人坏话，难免会传到对方耳朵里，所以，为保险起见，最好不要说。

对违约者的报复

《塔木德》中有这样一则寓言：

很久很久以前，有个漂亮的姑娘和家里人一起外出旅行。途中，姑娘离开家人信步溜达，不知不觉中迷了路，来到一口井边。

当时，她正觉得口渴，就攀着吊桶下到井里去喝水。结果，喝完了水却攀不上井来，急得大声哭喊着求救。

这时，刚好有个青年男子从这儿路过，听见井下有人在哭喊，便设法把她救了上来。两个人一见钟情，都表示要永远相爱。

有一天，这个青年不得不出外旅行，临行前特地到她家来见她，和她道别，并且约好要继续信守旧约。双方都表示，不管等待多久，也一定要和对方结婚。

两人订下婚约后，正想请谁来担任证人，这时，姑娘刚好看见有只黄鼠狼走过，跑进了树林。于是，她说：“现在那只黄鼠狼和我们旁边的那口井，就是我们的证人了。”

两个人就此分别。

过了很多年，姑娘一直守着贞洁，等待未婚夫的归来。可是，他却在遥远的他乡结了婚，生了孩子，过着快乐的生活，完全把原先的婚约给忘了。

一天，孩子玩累了，躺在草地上便睡着了。这时，跑出来一只黄鼠狼，咬断了孩子的脖子，孩子死了。他的父母都非常伤心。

后来他们又生了一个孩子，生活又幸福起来。这个男孩渐渐长大了，会自己到外面去玩了。有一天，他来到一口井边，为了观看井下水面上映出的影子，一不小心掉落井里，溺死了。

到这个时候，男青年终于记起了从前和那位姑娘的婚约，当时的婚约证人正是黄鼠狼和水井。

于是，他将事情全都告诉了妻子，和她离了婚。

青年回到姑娘住的村子，而她还在等着他。两个人终于结了婚，过着幸福的日子。

很明显，这是一个在神佑之下合约（婚约）得到履行的故事。

值得注意的是，在这个故事中，对违约行为的惩罚不是直接落在违约者本人的头上，比如让他喝醉了酒掉井里淹死，或让黄鼠狼咬了得狂犬病不治而死，而是让两个无辜的孩子当替罪羊，读来难免令人于心不忍。

其实，这本是一个劝人为善、劝人守约的哲理故事，其寓意在于无论如何要使合约得以履行。要是让违约人一死了之，既不符合犹太人“憎恨罪，但不憎恨人”的信条，而且合约也彻底没了希望，守约的姑娘只得忍受损失，空守闺房一辈子。

所以，故事毫不怜惜地让惩罚落在违约行为所带来的“赢利”上，即两个孩子身上。在这里，孩子只是一种象征，象征着违约行为的首要成果。

这就从根本上抽去了违约行为的内在意义，使它成为一个纯粹的无谓之举，甚至自讨苦吃之举。这对“违约”夫妻不是两次获得“赢利”而又两次从“幸福”坠入痛苦之中吗？从这个节骨眼人手，可以说是对“违约病”的最有效的针砭。

在现实生活中，犹太人对内部违约者采取的是逐出教门的办法。在生意场上，一个受到犹太共同体排斥的“犹太人”，可以说绝难再生存下去（作为生意人生存下去）。而对于非犹太人，一方面毫不容情地上诉法院，要求强制执行合约，或者赔偿损失；另一方面，犹太共同体必会相互通报，以后不再和这个人做生意。

国王的英明决定

从前有个国王，他只有一个女儿，生得聪明美丽，深受国王喜爱。

有一次，公主得了重病，危在旦夕。束手无策的御医告诉国王，除非得到神药，否则公主就没救了。

国王焦急万分，赶紧贴出布告：任何人只要能治愈公主的病，不仅公主可以嫁给他，而且还立他为王位继承人。

在遥远的地方有弟兄三人，其中，老大有一个千里眼望远镜，正巧看到了国王的布告。他便和两位兄弟商议，要去治好公主的病。两个弟弟也各有宝物：老二有一块会飞的魔毯，可做交通工具；老三有一只魔力苹果，不管什么病，吃了这个苹果马上就会痊愈。

三兄弟商量好后，就一起飞往王室。公主吃了苹果后，果然痊愈了。

国王欣喜若狂，立即命人准备宴会，向全国宣布新驸马。

可是，国王只有一个女儿，而治病的却是3个人，不管是生活实际还是犹太律法，都不允许“一女事三夫”，那么，究竟让公主嫁给谁呢?

老大说：“如果不是我用千里眼看到布告，我们也不会来到这儿为公主治病。”

老二说：“如果没有魔毯，这么远的地方，怎么能来得了呢?”

老三说：“如果没有魔力苹果，即使来了，也治不好病。”

这个问题让国王很为难，公主既不能嫁给3个人，也不能单独嫁给其中一个人，否则就是对其他两人的失信。违约同样是犹太律法所不允许的。那么，只能说布告上的内容有漏洞，若想圆满解决这个问题，只能避开漏洞。

国王经过深思熟虑，最后选定拿苹果的老三为驸马。

国王认为，有千里眼的老大，仍然拥有千里眼；有魔毯的老二，仍然拥有魔毯；只有老三将苹果给公主吃了，最后什么也没有了。

根据《塔木德》律法：“当一个人为一人服务时，最可贵的还是把一切都奉献出来的人。”这就是国王为了避免违约，而又避开合同的漏洞所寻求的一条标准，即不看谁对治病的贡献大，而只看谁奉献得多。

一份机心暗藏的遗嘱

古时候有一个贤明的犹太人，把儿子送到很远的耶路撒冷去学习。有一天，他突然染上了重病，知道来不及和儿子见上最后一面，就留下了一份遗嘱，上面写得

很清楚，家中的全部财产都留给一个奴隶，但要是财产中有一件是儿子所想要的，可以让给儿子。不过，只能一件。

父亲死了之后，奴隶很高兴自己得了好运，连夜赶到耶路撒冷，向死者的儿子报丧，并把遗嘱拿给他看。儿子看了非常惊讶，也非常伤心。

办完丧事后，儿子一直在盘算自己应该怎么办，但总理不出个头绪来。于是，他跑去见拉比，说明情况后，就发起了牢骚。拉比却对他说："从遗书可以看出，你的父亲十分贤明，而且真心爱你。"

儿子厌恶地说："把财产全部留给奴隶，不留一点什么给儿子，连一点关怀的意思也没有，只能让人觉得愚蠢。"

拉比要他好好动动脑子，只要想通了父亲的希望是什么，就可以知道父亲是给他留下了可观的遗产的。拉比告诉他，他父亲知道，如果自己死了，儿子又不在，奴隶可能会带着财产逃走，连丧事也不报告他。因此，父亲才把全部财产都送给奴隶，这样，奴隶就会急着去见儿子，还会把财产保管得好好的。

这个当儿子的仍听不明白，这样做对他有什么益处。

拉比见他还是反应不过来，只好向他挑明："你不知道奴隶的财产全部属于主人吗？你父亲不是说给你留下了一样财产吗？你只要选那个奴隶就行了。这不就是他充满爱心的聪明想法吗？"

年轻人终于恍然大悟。

故事中的犹太人实实在在地使了一个小计谋，遗嘱所给予奴隶的全部权利，都建立在满足儿子一个要求的基础上，前提一变，一切权利皆成泡影。这样一个机心暗藏的活扣，是其计谋的关键所在，充分显示了犹太民族在订约守约方面的独特智慧。

由此可见，合适的契约能够有效地保护你的合法权益，但在订约的时候要考虑周全，多动些脑筋。

六个人可以披一块头巾祈祷

《塔木德》说："6个人可以披一块头巾祈祷。"犹太人看到这句话的时候，不

仅领会了敬奉上帝的要求，还能挖掘出更多的意义。

希特勒

二战期间，波兰已落入希特勒的魔爪，邻近的小国立陶宛也在虎口边上。于是，立陶宛的犹太人纷纷逃离，经日本迁往他国。

一天，日本政府机关的函电审查官，前往日本犹太人委员会调查一个犹太拉比卡利什发往立陶宛的一个函电的内容。电文上写着：“6 个人可以披一块头巾祈祷。”委员会主席阿南也不知该电文是什么意思，只好解释说：“这次的电文是一个宗教礼仪上的问题。”

审查官听了这番话，觉得有理，就让他把电报发出去了。

后来，阿南终于找到那位可敬的拉比，向他询问“6 个人可以披一块头巾祈祷”的意思。

拉比用深沉而悲哀的目光久久地凝视着他，然后说：“你难道没听说这句有名的《塔木德》里的格言吗？6 个人可以用一份证件上路。”

阿南这才恍然大悟。卡利什拉比刚刚离开欧洲来到日本，他关心着立陶宛的犹太同胞。他知道，日本边境上办签证是以家庭为单位的。于是，他就给立陶宛的同胞建议，6 个本来不属于一家的人可以作为一个家庭申请签证，以便更多的犹太人可以借此离开。

日本人没研究过《塔木德》，就连犹太人委员会的主席阿南也搞不懂拉比的建议。所以，当一个又一个犹太人的“6 口之家”通过各种途径踏上日本列岛时，日本人只会惊叹犹太人在家庭中的高度同一性，根本想不到犹太人的家庭人数竟是由日本的入境管理条例所决定。这确确实实是钻了日本法律的一个大空子！

巧妙的暗示

罗马的皇帝和以色列最伟大的拉比关系密切，因为他们是同一天出生的。

有一天，罗马皇帝派一位使者给拉比带来口信说："我有两件事要做：第一件事是我死之后想让儿子继位：第二件事是准备让以色列的大巴列市成为自由关税城市。可是，我只能先做一件事，但不知该先做哪一件？"

由于当时两国之间关系紧张，如果以色列人知道拉比回答了罗马皇帝的问题，一定会产生恶劣的影响，因此，拉比无法回答使者带来的问题。

使者回来向罗马皇帝汇报了事情的经过，皇帝便问他："当你把我的口信说给拉比听的时候，他正在干什么？"

使者回答说："拉比让儿子骑在自己的肩上，然后把鸽子交给儿子，儿子却把鸽子放飞了。除此之外，拉比什么事也没做。"

罗马皇帝马上明白了拉比的意思，意思是让他先把王位传给儿子，然后由儿子让大巴列市成为自由关税城市。

过了一段时间，使者又送来了皇帝的请教事项："我手下的官员欺骗我，我该怎么办？"

拉比同样以哑剧的方式表达了自己的意见。他走到菜园里，拔起一棵菜；几分钟后，又拔起一棵……

罗马皇帝同样明白了拉比的暗示，那就是："不要一下子除掉你的敌手，要分成几次，逐步消灭。"

这则故事说明，拉比和罗马皇帝的私交既没有损害民族和国家的利益，也没有违法，是无可厚非的。但当罗马皇帝向他提出咨询时，他又不便当面回答，而他本人也不愿意断绝这份友谊，所以只好采用暗示的方法。拉比的智慧在于，他既没有在"说"上违法，也没有因机械地守法而压制自己的表达，从而巧妙地解决了这个交织着矛盾的问题。也就是：所谓不可以说，却可脚踏实地地去做。

疑心是魔鬼

《塔木德》说："疑心是魔鬼。"为了阐释这一观点，引用了这样一个故事：

有一对小夫妻，新婚宴尔，如胶似漆，小日子过得十分甜蜜。

有一天，丈夫心中高兴，便对妻子说：“你到厨房里打开酒瓮取些葡萄酒来，我俩共饮几杯。”妻子来到厨房，打开酒瓮，正要取酒时，却在瓮中看到一个俏丽女人的身影。顿时，她怒火中烧，气冲冲地跑回屋里，责问丈夫：“你原来已经有了一个女人，还把她藏在瓮中。你为什么要欺骗我？”

丈夫被问得丈二和尚摸不着头脑，忙跑到厨房朝瓮中看个究竟。他一看，顿时也火了，冲着妻子大叫道：“你说我藏了女人在里面，可我分明看到的是一个男人。你老实说，为什么欺骗我？”

于是，夫妇俩怒目而视，争吵不休，最后大打出手。

这时，来了一位拉比，听完夫妇的述说，也到瓮中看了看。他知道这是瓮中的葡萄酒映现人影造成的误会，便搬来一块大石头，朝着酒瓮砸了过去，葡萄酒顺着窟窿流了一地。夫妇俩再往瓮中观看时，已是一无所有了。夫妇俩这才明白是影子的缘故，羞愧地低下了头。

疑心太重的人，一碰到稍微复杂点的事情，就会疑神疑鬼，无端猜测，由此上演一幕幕闹剧、悲剧，等最终真相大白时，才发现已耗费许多宝贵的精力和时间，甚至造成不可挽回的后果。

五、要有学问

把父母望子成龙的心情，说成是人类普遍的本能也不为过。特别是犹太人，在这个本能的基础上又加上对教育的热情也很高。虽然没有国土，并分散到世界各地，但却优秀人才辈出，这要归功于他们对于教育的这种热情，其中笑话所起的作用极大。把这种笑话作为“学问的世界”进行总结的理由也在于此。

聪明的家伙

随住在美国的儿子一家移民到美国的老人达比得问儿子：

“摩哉斯，这位同是我们犹太人的爱因斯坦虽然非常有名，但是这相对论究竟

是什么东西?”

“爸爸，据说相对论是20世纪最重要的理论，爱因斯坦因此而获得诺贝尔奖，并被称为20世纪世界上最伟大的学者。

简单地说来就是，你把孙子苏沙抱在膝上的时候，30分钟也感觉仅有1分钟，但是，万一错坐在燃烧着的炉子上的话，即便只有1分钟也会觉得有30分钟左右吧。这就是那么一回事。”

“真的吗？真是聪明的家伙，那个爱因斯坦。说那么笨的话，就变得那么有名，还借此过上体面的生活。”

当事人

小学生本杰明从学校回来对父亲说：

“爸爸，今天全班同学中，有个问题只有我能回答呢！”

父亲满脸笑容，自豪地问本杰明：

“本，只有你一个人能回答吗？妈妈，妈妈！”

父亲叫母亲。

“据说今天全班谁都回答不上来的问题，本答上来了呢。”

“本，那太棒了。那么，那个问题究竟是什么啊?”

母亲两眼放光，问道：

“老师问打坏窗户玻璃的是谁。”

用录音机录音

美国大学的教授多为犹太人，这是广为人知的。

纽约的哥伦比亚大学里也有很多犹太人教授。其中有个人，在他有课的那天，人却还在华盛顿。

他打算在上课之前赶回纽约，但是在华盛顿还有点事要办。于是，他从当地给

大学研究室的秘书打了电话。

“玛丽，我可能上课会迟到，但我会尽量到课，哪怕只有 5 分钟。不过，为了让学生们听当天的课，我用录音机录制了磁带，现在先把磁带用飞机（纽约和华盛顿间飞的空中巴士）送过去。”

到了那天，他先把磁带用早上的航班寄过去，然后自己坐了下午的航班回纽约。

并且，在拉瓜地亚机场叫了辆出租车直接赶回了学校。

到达大学的时候，那节课还剩 10 分钟。

于是，他急忙赶到教室打算在学生听完先寄过来的磁带后，留出 10 分钟的时间回答问题。

由于太着急，在哥伦比亚的女神像前面的台阶上跌倒了好几次。然后，浑身是伤终于到达了教室。

从教室里，传来了自己美妙的声音。

他进去之前，先做了个深呼吸，然后打开了门。在进行深呼吸的时间里，对于学生们好像在静静地听自己课的情形感到很满足。

进入教室，首先看到的就是讲台上的录音机。

但是，教室里却没有一个学生。

环视了一下，发现学生们的桌子上，也都放着台录音机。

报复

修华兹律师过了很久终于有了工作。这工作就是他打算和自己的妻子离婚。

离婚申请被提交到了法庭。修华兹打算尽量让陪审员看到是自己妻子不好。他非常有自信。

“修华兹夫人，您在结婚之前从事什么工作？”

“在巴勒斯克做脱衣舞女。”

“巴勒斯克的脱衣舞女啊！说到可华雷夫斯基街，可是很偏僻啊。你认为那是

个好工作吗？”

修华兹得意地追问。

“是的，与我父亲从事的工作相比，我认为是一个很正经的工作。”修华兹夫人答道。

“夫人，那么请向法庭说明您父亲是干什么工作的。”

“我父亲是个律师！”

懒汉

摩西是个懒汉。懒惰的他到老板亚伯拉罕那儿这么说：

“啊，如果一天有25个小时该多好啊。”

亚伯拉罕比谁都清楚摩西平时总是旷工，所以感到很惊讶。

“你这家伙也终于改头换面想拼命工作了吗？”

“不是，那样一来，一天就只能工作一个小时了啊！”

倒霉

犹太人有句谚语说：“倒霉的人，面包掉到地上的时候，总是有奶油的一面朝下。”

艾扎克是个倒霉的男人，无论做什么都不顺利。

有一天，艾扎克和雅克布在餐厅吃饭的时候，把面包掉在了地上。

他捡起面包一看，就像一直只见过黑夜的人很久之后见到太阳似的脸上发着光，叫道：

“雅克布，我的坏运气也终于改变了！”

“什么事让你这样高兴啊？”

“是奶油朝上掉到地上的哦！这样一来，我的运气也该变了吧？”

雅克布一副完全无法相信的表情。

“怎么可能有这种事！肯定是你把正反面弄错，把奶油涂反了吧？”

交换条件

著名的钢琴家鲁宾斯坦住在巴黎的时候，同一条街上还住着一位有名的银行家鲁宾斯坦。

因此，邮局常常送错邮件。

有一天，住在巴黎已经几个月的银行家鲁宾斯坦来拜访音乐家鲁宾斯坦，并拿出了几封信。

“鲁宾斯坦先生，实际上有件事很苦恼，能请您帮帮忙吗？”

“我也正想到您那儿去呢。”

“啊，那正好。实际上，鲁宾斯坦先生，如果能请您上我们家坐一会儿，是否可以请您跟内人说一声这布拉格的路易斯、布加勒斯特的易路赛、华沙的玛格丽特、罗马的索菲亚都是你的朋友啊？”

“哦，当然可以。”钢琴家鲁宾斯坦先生说着，打开信封开始读起信来。果然是寄给自己的信。然后，鲁宾斯坦说：

“失陪一下，”他从书房拿来了几封信，放在银行家鲁宾斯坦的前面。

“鲁宾斯坦先生，我可以马上向鲁宾斯坦夫人说明，这路易斯、易路赛、玛格丽特、索菲亚的信都是给我的。但是，在离开这儿之前，能不能请您向内人说明这些信都是给你的呢？上面说罗马的银行里有50万英镑的存款，布拉格的银行里有150万美元的存款，华沙的银行里有四十万美元的存款，希望您能对她说这些存款全都是您的。”

证据

有一天，在黑尔姆镇，发现了被凶杀的尸体。整个镇子非常骚乱。

拉比马上赶到发现尸体的地方。

从周围聚集的人群中，有一个妇人哭着走向前来。

“啊，神啊，神啊！拉比啊！我是多么命苦啊。这是我的丈夫！”

“的确是你的丈夫吗？有什么可靠的证据吗？”

拉比问道。

“是的，没错。有可靠的证据。我的丈夫是个结巴。”

有这种蠢事吗？拉比想。于是，拉比冷冷地说道：

“那完全算不上证据。因为这个镇上有很多男人都结巴。”

威严

新上任的连长亚伯拉罕，认为必须在部下的面前显示威严。

一天下午，他正在连长室看漫画时，传来了敲门声。他赶紧把漫画书收进抽屉里，又发现桌子上还堆着漫画书，于是赶紧把这些漫画书也放进了抽屉里。然后拿起电话，放到耳朵上之后，大声喊道：“好，进来！”

进来的是新兵达比得，提着工具箱。

“我正在电话上和司令官谈着重要的事情。你有什么事？”

亚伯拉罕竭尽全力显示着威严，问达比得。

“连长，我听副官说电话坏了，所以来修理电话。”

谁幸福

从前，在东欧的犹太人街上，关于穷人和有钱人以及俄国的皇帝有什么不同，有如下说明：

穷人只在礼拜五的安息日之前，换上新衬衫。

有钱人每天都穿新衬衫。

罗斯查尔德男爵每天换三次衬衫。

皇帝有侍从跟着，无休无止地换穿新衬衫。

穷人早上要早起吃早饭。

有钱人睡到早上 10 点再吃早饭。

罗斯查尔德男爵睡到下午 2 点或 3 点再吃早饭。

皇帝睡一整天，第二天早上吃早饭。

穷人睡午觉的时候，要由妻子叫醒。

有钱人在卧室外面，有一个仆人站着看守，以防午觉被打扰。

罗斯查尔德男爵则有 12 个仆人在整个家中看守，不让任何人弄出声响。

皇帝的卧室前面则有一个连队的兵站着，扯开嗓子大声喊着：“安静，安静!”

误解

在黑尔姆镇，雅克布和撒明尔正在争论。

他们争论的是，人是从头开始生长还是从脚开始生长。

撒明尔说：

“回想我小时候，都是父亲买给我的裤子首先变小，所以我一直认为人是从脚开始生长的。但是，昨天，士兵经过我们镇了吧?”

“嗯，有 100 个左右的士兵排队通过了。”

“就是。看看他们的脚都很整齐。但是，头的高度却参差不齐。所以，我想我过去犯了一个多么大的错误啊。人还是从头开始生长的。”

倍增

在耶路撒冷宾馆的酒吧里，两位诗人偶然相遇。

两人同为意第绪语的诗人，竞争意识很强。

两人表面上很亲密地坐在屋角的桌子边，但一坐下来就互相夸耀着从上次见面到现在自己的诗卖得多么好。

“一年了啊，从上次相遇。从那时起，我的读者已增加一倍。”

“恭喜，恭喜！我一点也不知道你已经结婚了。”

患部的移动

一天，医院里来了一个年轻貌美的女人。

女人对修华兹博士说：

“医生，我总觉得肚子好像有毛病。经常放屁，但是屁却一点也不臭。”

“那么，是什么情况，请你放一个给我看看好吗？”

“哟，医生，怎么可能，那也不是想放的时候就能放出来的吧。”

被她这么一说，医生觉得也确实是有道理。

“那么，下次想放屁的时候，请飞跑到医院来。”

听完修华兹的话，女人就点着头回去了。

过了四五天，修华兹已经把那个女人的事完全忘了。正在给患者看病的时候，护士飞跑过来，报了前几天那个女人的名字，说是位急症患者必须马上诊断治疗。

“医生，赶紧，请马上过去！”

他没有想起来那个女人的名字，但听护士说是经常放屁，却完全没有臭味的那个人之后，就马上跑过去了。

“放，要放了！”

女人喊道。

在修华兹和那个女人一副严肃的表情等着时，听见响了一小声。

修华兹抽动着鼻子对女人说：

“正如您所说的一样。这必须马上进行手术。”

“哎，做手术？”

女人摁着肚子铁青着脸说。

“对，手术。你的鼻子必须马上进行手术。”

便宜的罩衫

亚伯拉罕由于半夜潜入百货商店，偷走了38件罩衫而被起诉。

于是对他进行审判，审判长问亚伯拉罕：

“你承认4月3日晚上潜入百货商店偷走38件每件价值两美元的罩衫的事实吗?”

“我承认。”

“那么判你有罪。但念你是初犯，偷的东西又便宜，再加上你已经赔偿过了，所以判你有期徒刑1个月，缓刑两年。”

“裁判长先生，谢谢!”

“那么，今后请注意别再发生第二次这样的事情，好好生活吧。”

“谢谢，一定注意。”

亚伯拉罕说完，正要出去的时候。

“请稍等。在那个百货商店旁边的货架里有许多貂皮以及阿斯特拉罕羔羊皮等。然而，你却为什么去偷那么多才值两美元的便宜的罩衫呢?”

裁判长出于好奇地问道。

“裁判长先生，请别问了。到我被抓为止两个月的时间里，这个问题已经被我老婆问过无数次了。”

与我无关

暴风雨来了，船像一片树叶似的上下左右摇来荡去。

船上，人们对神祈祷，没有祈祷心情的人们则发出悲鸣，或者不知所措地颤抖着。

但是，在这骚乱当中，只有从黑尔姆镇来的一群人好像什么事都没发生一样，显得很沉着。

“你们难道不害怕吗？”

船客问黑尔姆镇的人们。

“不，一点也不害怕。”

在这期间，甲板仍被波浪拍打着，船像跷跷板一样剧烈地晃动，好像马上就要解体了似的，嘎吱嘎吱地响着。

“船也许会失事哩！”

即便如此，黑尔姆镇的人们仍然很镇静。

“我们为什么非得担心呢？难道说这艘船是我们的吗？”

正确的表

可恩是个贫穷的犹太人。

他虽然有只手表，但是那表坏了一直不走。

不过，他每次见到人时总要自夸：

“我的手表比谁的手表都好。”

“为什么？”

“首先，没有一个手表能像它这么安静。”

“原来如此。”

可恩把它拿到对方的耳边，大家都很佩服，但是它总是指向错误的时间。

“不仅是安静。表这个东西，只要在走就绝对不会准确。肯定是快一分钟，或者慢两分钟，我的表虽然指向七点半，但一天里有两次是绝对正确的。比起一次都指不对时间的表，一天能指对两次的表不知要好多少呢！”

信赖度

医院里，两个男人进了同一间病房。

一人胳膊受了伤，另一人腿受了伤。

医生巡视过来，首先解开躺在右边床上男人胳膊上的绷带，进行了处理。那个人由于痛，大声地呻吟着。

给那个男人处理完之后，医生又走到躺在左边床上的男人处。

但是，在整个治疗的过程中，左边的男人一声也没吭。

医生出去之后，右边的男人问道：

"我发出了那么大的呻吟声，你却一声也没出。而且，你的伤更重。为什么你那么能忍耐痛苦呢？"

左边的男人答道：

"你不会真认为我会把我的断腿伸出来给那种庸医看吧？"

小弟弟

在以色列独立纪念日这天，每年在耶路撒冷的竞技场上，都会举行盛大的露天庆祝活动。军队列队行进，集合自全国各地的学生们独出心裁地进行盛装游行。因为大家都想去观看这独立纪念日的盛装游行，所以很难买到票。

在这盛装游行的中途，管理员来观众席查票。

发现有个儿童一个人坐了一个好位子。

"票呢？小弟弟，一个人来的吗？"

管理员问道。

"嗯，一个人来的喔。"

儿童拿出票来给他看。

但是，这个仅有五六岁的小孩一个人出来确实让人觉得很奇怪。

"小弟弟，你的父亲在哪儿呢？"

管理员问道。

"爸爸在家呢。现在，家里乱七八糟的，很糟糕，所以我才一个人出来的。"

儿童答道。

"是吗？一个人来挺困难的吧？但是，你家到底发生了什么事情啊？"

管理员好奇地问道。

“现在，爸爸正在家里满屋子找这张票呢!”

头痛的原因

镇上最有名的歇斯底里的人可恩夫人来拜访拉比。

夫人像以往一样对拉比说着自己的烦恼和别人的坏话。也许说她大声吵嚷比说她滔滔不绝更合适吧，过了两个小时后，夫人忽然若无其事地说：

“啊，我的头痛已经全好了。”

这时拉比说：

“不，夫人。你的头痛不是没了，而是转移到我这儿来了。”

青蛙之子

可恩是一个既冒失又糊涂的人。

这种男人在犹太人中被叫作薛乐蜜。薛乐蜜虽然人很善良，且一直努力，但是运气很坏，无论做什么事，总不顺利。结果，从表面看来就成了冒失糊涂鬼。

比如，薛乐蜜开车的时候，就会有铁块从上面掉下来砸坏车子的发动机罩，慌慌张张从车里跑出来，却又被香蕉皮滑倒。就这样，好像人生哪里出了什么差错。

那么，咱们言归正传重新回到薛乐蜜之一的可恩身上来吧。

他曾试着考虑过为什么自己会是薛乐蜜。而他得出的结论是没有受到正规的学校教育。

于是，他把和妻子贝基合力从微薄的收入中存起来的钱，全都投资在了儿子摩西的教育上。

儿子升入大学后的第一个暑假来临了。

“爸爸，我放暑假回来了!”

摩西喜形于色地说。可恩也很高兴，面带喜色地抱住了儿子。站在旁边的母亲

贝基看得出神。

三人刚进入简陋却很干净整齐的客厅，可恩首先说道：

“在大学学到很多东西吧？怎么样？摩西。”

儿子使劲地点了点头。

“那么，希望你告诉我，”可恩激动地说，他想试试儿子，“大海究竟有多深？”

“海的深度是从海水表面到海底的深度，爸爸。”

摩西回答道。

“嗯，很好。你 怎么知道的呢？”

“爸爸，学了海洋学的课程马上就知道了。”

“那么，据说蜈蚣有100只脚，左右各有多少只啊？”

“左右各50只，50只，爸爸。这在学了昆虫学和生物学的课程后马上就会知道的。因为，如果右边有51只而左边有49只的话，右边多出来的两只脚一用力，蜈蚣就不能直着前进，而只能一直绕着圈来回转了。”

“嗯，真是很了不起！”可恩没话说了。因为儿子出色地掌握了学问，所以他太激动了，都说不出话来了。母亲贝基也在旁边，喜悦之情丝毫不亚于父子二人，倾听着他们的谈话。

可恩在裤子口袋里握紧了一枚10分的铜币，然后把握着硬币的手伸到儿子面前。

“摩西，知道我握着的是什么吗？好好想想看。”

摩西满脸认真的神情，从各个角度仔细地、慎重地观察父亲握着的拳头，然后说道：

“爸爸，这从解剖学、物理学、形质人类学、生态学等各种专业来说，里面握的都是圆形的东西。”

“嗯！”可恩激动地说，“圆的东西对吧？摩西。”他一边说，一边流出了喜悦的泪水。

“对，即使从微积分和几何学上来说，也仍然是圆形的东西。圆形的东西……爸爸，肯定是汽车轮胎！”

他人的事

赫罗比茨去医生那里看病。医生做了很多检查后说：

“赫罗比茨先生，你很健康。可能有点糖尿病的倾向，但是你非常健康。如果是我就不会担心。”

“如果你有糖尿病，你认为我会担心吗?”

赫罗比茨回答说。

尼姑和企鹅

摩西应邀参加晚会，迟到的摩西气喘吁吁，还没来得及向主人亚伯拉罕打招呼就急忙问道：

“我说，企鹅究竟有多高?”

“喔，企鹅?”

“对，企鹅。”

“哦，我想想，南极的企鹅有 1 米左右。北极的企鹅大约有 80 厘米吧。”

南极企鹅

"噢，真的吗？"

"那么，好好查查百科辞典看看。"

亚伯拉罕朝书架走去。

"企，企鹅，企鹅。找到了，是属于人鸟目企鹅科的海鸟，大约有17种。翅膀呈鳍状……"

"别看这些了，还是先看看它的高度吧。"

"上面写着直立高度，最小的矮人企鹅，为澳大利亚和新西兰产，高30厘米，最高的皇帝企鹅，高达90厘米以上。"

"噢，真的吗？"

"嗯，没错。"

"啊，"摩西看着天空，"那么，我途中撞到的果然是尼姑了。"

不会泄漏的秘密

某镇上，有个大富翁，以吝啬闻名。并且，也有传言说他暗地里做了许多坏事。

有一天，拉比来到这个富翁的家里，劝他给犹太教堂捐献些钱。因为拉比刚来到这个镇上，所以尽管人们劝他说不行，但他还是来了。

"您听说过出自《塔木德》的传说吗？为什么以色列的死海被叫作死海，而另一个位于以色列的湖被叫作加利利湖呢？"

"当然知道了。"以吝啬闻名的富翁说道，"加利利湖有个流向外边的河流，所以才有这样的名字，但死海只往里进水，没有向外流的河，所以被叫作死海。是这则传说吧？"

"对！所以，如果您不向慈善事业捐些钱，您的人生也就会变得像死海一样，我今天就是为了告诉您这些才来的。"

"不，我可是给慈善事业捐了很多钱的。只不过，我不想向别人夸耀我捐钱给慈善事业，所以都是秘密进行的。"

“不过，那就真的不可思议了，”拉比深感不解，“你偷偷地做的坏事全镇的人都知道，但为什么你秘密地做的好事，就没人知道呢？”

弄错人

卖水的艾扎克把水缸装满水，在回来的途中遇到一个壮汉。

“玛雅，吃我一拳！”那壮汉说着，把艾扎克狠狠地揍了一顿。艾扎克站起来，哈哈大笑。

“玛雅，有什么好笑的。你疯了？”

“疯的人是你吧，我根本就不是玛雅。”

忍耐力

在以色列，官僚制度也很严重，无论哪个部门，要领个简单的文件，也必须排队。

领居民证、交税、更换汽车驾驶执照、申请护照……总之，都到了一说机关脑子里马上就会浮现出排队的情形这种地步了。

刚从美国移民来以色列的亚伯拉罕，对这种现象已经无法忍受。

亚伯拉罕从机关回来的路上碰到了朋友摩西。

“我已经忍受不了这么没效率的国家了。必须得想想办法。若说是谁的错，肯定是葛达·梅依首相的错。只要把葛达·梅依首相暗杀了，一切都应该变好。我一定要把那家伙给杀了。”亚伯拉罕愤愤地说。

“咦，你能做出那种事情？做不到，你没有那个胆量。”

摩西嘲笑道。

“不，我一定要做！”

一个月后，亚伯拉罕在机关排队的时候，又碰巧遇到摩西。

“嗨，亚伯拉罕，首相他老人家好像很精神呢！”

摩西挖苦道。

“哎呀，前段时间，我去首相府想暗杀梅依来着。结果，好像有很多人也都是这么想的，排了很长的队，我排队排烦了所以就放弃了。”

复仇

黑尔姆镇的一位居民，到邻镇去看戏。看完戏回到镇上后，遇见朋友。

“喂，戏怎样啊？”

“唉，太让人失望了！”

“是什么戏啊？”

“不，我没看到戏。售票员问‘你是肮脏的犹太佬吗？’”

“真是说得太过分了！”

“所以，我也就巧妙地进行了复仇。我买了票，故意没进去。”

女儿和儿媳

可恩夫人在镇上走着的时候，遇到熟人。

“你好，可恩夫人。对了，令爱还好吧？”

“唔，谢谢。她好着呢！非常幸福。

多亏嫁了个那么好的丈夫，我女儿每天睡到正午，在床上吃早餐，然后去美容院，去高级商店购物，然后再去参加鸡尾酒晚会。简直就像过着好莱坞女明星一样的生活。”

“那可太好了，不错！令郎还好吧？”

“只有儿子命运不好，一说起那儿媳妇，真是畜生！每天睡到过午，在床上乱七八糟地吃早饭，家务活儿一点儿也不做就跑到美容院去，把头发弄得奇奇怪怪，然后就到商店挥霍。然后回到家，刚想她会不会准备晚饭，谁知道一点儿也不做就跑去参加鸡尾酒会，过地简直就像放荡的好莱坞女明星的生活似的。

唉，儿子真是可怜啊！”

理应相同

丹尼被叫到教员室，被老师质问。

“丹尼，为什么你这篇关于猫的作文，和西蒙的作文一样呢？”

丹尼不慌不忙地答道：

“因为我写的和西蒙写的是同一只猫嘛！”

兴趣

以盗窃现行犯被抓的亚伯拉罕，要接受审判。审判开始之前，检察官问：

“你有什么要求吗？”

“我想请求让镇上最好的律师为我辩护。”

检察官对此很吃惊。

“但是，你现在可是现行犯啊，怎么辩护都没用的。你到底要怎样进行辩护啊？就算请最好的律师，会怎么进行辩护，实在是很有意思的事。”

亚伯拉罕浮现出了嘲讽的笑容。

“嗯，我也同样有兴趣。”

六、面对世界

历史是一条河流。就像水流不会放过任何一个缝隙一样，犹太人虽然被耸立的厚墙峭壁挡住去路，但他们也努力找出生路生存了下来。对犹太人来说，笑话就是为了克服接连不断的苦难而生存下来的智慧和救助。经常围绕在犹太人周围的残酷的国际形势可以说是产生辛辣笑话的极好土壤吧。

不外露的善行

希特勒喜欢在巴巴里亚·阿尔卑斯散步。因为，他在奥柏萨尔斯堡有座山庄别墅。

希特勒像平时一样走出别墅，在山中漫步时掉进河里。

但希特勒不会游泳，他直直地向上举着右手，叫道：

“救命啊！救命啊！”

这时，森林中出现一个男人，救了希特勒。

希特勒虽然全身湿透了，但仍试图显示自己的威严，说：

“我是德意志民族的元首。你救了我，很好，我会感谢你的。那么，你叫什么名字？”

一副贫寒相的男人答道：

“以色列·可恩。”

“什么，犹太人吗？不过，尽管你是犹太人，也是个很有勇气的家伙。如果你有什么愿望，我会满足你一个愿望。”

希特勒用湿手绢擦着湿胡子说。

“啊，那么，我有一个很大的愿望。我真的可以说出来吗？”

“可以。”

希特勒说。

“就是我救你的事情，请对谁也不要说。”

尊重人命

俄罗斯犹太人街上神学校的拉比和学生都被军队抓去充军。

因为战争开始了。

拉比和学生在训练中，射击成绩都很好。

俄国军官非常高兴。

训练一结束，拉比和学生就在军官的带领下被送到前线。

一到前线，俄国军官就拔出军刀发出命令说："射击!"

但是，枪声完全没有响起。

俄国军官又一次高高地举起军刀，大声命令："射击!"

但是仍然没有任何枪声或什么声音。

"你们在训练中射击取得那么好的成绩，为什么不射击!"

俄国军官大声怒吼。

这时，穿着二等兵制服的拉比回答说：

"为什么？难道你看不见前面有人吗?"

理解力

在 1967 年的"六日战争"中，以色列取得了胜利，占领了以西奈半岛为主的两倍于自己国家领土的广大地区。

丢失领土最多的是西奈半岛的所有者埃及。

但是，埃及军队拥有从苏联运送来的几倍于以色列军队的武器，从最新式的喷气式战斗机到导弹、战车。所以，无论是谁都感到不可思议，为何强大的埃及军队每次战斗都轻易失败，6 天里一直节节败退呢?

但是，现在事实已经大白于天下。在战争的最后一天，二等兵摩塞兹从埃及军队撤退后留下的沙漠司令部里，发现了用俄语书写的机密命令文件。这个命令文件马上被送到特拉维夫国防部。

这份命令文件是苏联的军事顾问团写给埃及司令官的。

翻译后，发现埃及军队犯了一个致命的错误。

"最有效的战术是持续撤退，将敌军引诱到我方领土内部。早在拿破仑侵略我国的时候，曾让他占领莫斯科。然后，再切断法国军队的退路，而致法军溃败。1941 年德军入侵的时候也采用了相同的作战方法，德军深入我国领土，终致溃败。

因为法军、德军深入的时候，都不适应俄国寒冷的冬天。”

瞬间的判断

一天晚上，被美国征兵的可恩二等兵，在黑夜中向PX跑的时候，撞到一个男子，把那男子碰倒了。

黑暗中，跌倒的男子站起来，拍打着裤子，看了看他。那男子领口挂着五个星。可恩脸色苍白，保持立正的姿势，一动也不敢动。

“你知道我是谁吗?”

这个五星将军面红耳赤，愤然怒吼。

“啊，是艾森豪威尔元帅阁下。”

“你该受军法处置的!”

可恩狼狈地问：

“你知道我是谁吗?”

艾森豪威尔愤然说：

“我怎么会知道你是谁!”

于是，可恩一溜烟地逃进黑暗中。

三行广告

“六日战争”后，读特拉维夫报纸的时候，发现刊登有如下三句广告。

“廉价出售。从阿拉伯军缴获的新型步枪10万支，全新，未发射过一次。仅掉下过一次。”

拿破仑的实感

这是发生在俄国严冬里一天的事情。说起来是19世纪的事情。

进行俄国大远征的拿破仑在莫斯科败退，被哥萨克骑兵追赶，一路向南逃去。

法国皇帝眼看着就被哥萨克骑兵追上，于是他弃马逃进一个村子，敲了村前大路旁一户人家的门。那是开西服店的西蒙的家。

“现在，我正被俄国人追赶，请让我躲藏一下好吗?”

西蒙不知道这个穿灰色外套个子不太高的男人是谁。但是，因为他是虔诚信教的犹太人，所以他把这个脸色苍白的小个子男人当作同类人，出于同情，把他引进自己小小的家中。

而且，把他带到卧室让他藏进柜子里，并在上面堆了几床羽绒被。

刚放好被子松口气时，外面又传来声音更大更粗暴的当当的敲门声。

西蒙跌跌撞撞地跑出去，打开门。

发现有五六个大个子的俄国哥萨克骑兵手持长矛站在那里。一看到他，就弄响军刀，大吼道：

“喂，有谁逃到这里来没有？无论是谁，都不许隐瞒!”

“不，我还没有藏匿与俄国皇帝阁下为敌者的勇气，且我们家又这么狭小，请仔细搜查吧。”

西蒙说。

于是，哥萨克骑兵用俄语发出像熊一样的声音把家中搜了一遍。在卧室里用长矛刺了刺柜子里的羽绒被。看看矛尖什么也没有，于是扬长而去。

马蹄声一消失，拿破仑铁青着脸，弯腰从卧室里步履蹒跚地走出来，并被劝着喝了一杯葡萄酒。

终于恢复了皇帝威严的拿破仑，高傲地说：

“总之，你救了我的命，是我的救命恩人。你有什么愿望请尽管说吧。”

西蒙考虑片刻，说道：

“啊，那样的话，现在这个屋顶漏雨，您能帮我把屋顶上的这个洞修好吗?”

拿破仑又傲然说：

“你真是个大傻瓜！对我只希望替你修补屋顶的小洞。那么，再说一个愿望听听吧，这世上没有我办不到的事!”

西蒙转动他小小的脑袋想想，说道：

“啊，那样的话，最近就在我家前面，摩塞兹开了一家西服店，因此我的顾客很多都被拉到他那里去了。所以，能不能请您在附近的村子里给摩塞兹一块地，并请他在那里开西服店呢?”

拿破仑渐渐地不高兴了。

“你知道我是法国的皇帝吗?”

“哈，皇帝?”

“我的名字是拿破仑。我确实会达成你刚才的愿望。但是，你必须有个更加符合皇帝做的请求!”

西蒙一听是皇帝，就吓得惊慌失措了，但仍竭尽全力拿出所有的勇气说:

“陛下，实际上在您藏到羽绒被底下的时候哥萨克骑兵来过。并用长矛用力刺了一下。但是，由于神的庇护，陛下得救了。

之后看来陛下好像非常害怕，能不能请陛下告诉我您当时真正的心情?”

拿破仑非常生气，脸瞬间就变红了。

“我一次也没害怕过！问那种愚蠢问题的家伙，明天黎明时候就枪毙!”

不久，法国的龙骑兵到达这个村庄，发现了皇帝的马，就开始一家一家地查找，在西蒙家找到了皇帝。

“把这个男人给我逮起来！天一亮就枪毙。”

拿破仑叫道。

西蒙被戴上手铐，带走了。

次日早上，鸡一开始打鸣，西蒙就被带到俄国寒冷的旷野，绑在树上。

西蒙流着眼泪，从昨天夜里开始一刻也没睡过，一直祈求神的救助，这时更提高了祈求的声音。

鸡又高声鸣叫。

东边的天空开始发白，军官就用法语开始对行刑队下达命令。

“一、二、三……”

军官举起刀。

这时，传令兵骑马跑过来。

"等一下，等一下!"

传令兵在军官旁边下马叫道：

"皇帝命令取消此次行刑!"并解开绑着西蒙的绳子。

"这是皇帝陛下给您的信。"

说着，把一张纸交给西蒙。

那张纸上，这样写着：

"我当时是什么心情，这下你知道了吧?"

头脑好坏

沙俄时代，俄国将军来到边远的国境守备队。他检阅完部队之后，愁眉苦脸地对守备队长说：

"还是有一股恶臭味儿。这里就不换内衣、制服吗?"

将军责难地说。

"当然，如果能换的话，我们也一定想换，但是不知为何，中央完全不送新的制服、内衣来。"

队长赶紧抓住这机会诉苦。

"你，为什么脑子那么笨呢!"将军捋着胡子，威严地呵斥道，"把士兵们排成两排，让他们互相交换内衣和制服不就行了吗?"

判断错误

在纳粹德国，犹太人必须经常随身携带身份证。

两个犹太人正在柏林的大街上走着的时候，看见警察从对面走过来。一个人带着身份证，但另一个人没带。带身份证的人说：

"如果我突然逃走，警察肯定会追过来。趁那个时候，你藏起来就行。"

警察走近了。带身份证的人开始逃跑。果然，警察追过来了。跑了有两公里的

时候男子被抓住了。

警察拿出手枪。

“举起手来!”边说边让他拿出身份证，结果发现他确实带着身份证。

“我说了那么多声站住、站住，为什么不停下?”

“哦，我一点也没听见。因为我在拼命地跑。”

“为什么你要拼命地跑呢?”

“突然想起到看医生的时间了。”

“但是，我在追你，你总知道吧?”

“嗯，当然知道。但是，我以为你是去跟我看同一个医生呢。”

恐怖心

摩塞兹被征去当海军。

他有生以来第一次乘船，出海。大海波涛起伏，船像树叶一样荡来荡去。

这样持续了好几天。摩塞兹晕船，已经吐得没东西了，但还在吐，他非常担心船是不是要沉没，因此也没太感觉到痛苦。

摩塞兹问老水兵:

“我们到底离陆地多远?”

老水兵回答说:

“嗯，有四五千米吧。”

“哎，那么近吗?那么，陆地是哪个方向呢?”老水兵手指着船板道:

“正下方。”

智慧

沙俄帝国时期，一列满载着穿红色裤子士兵的长长的列车从波兰的华沙，一直向北行驶，要前往彼得堡。

与这趟列车同时，一列满载穿灰色裤子士兵的长长的列车正南下到华沙去。

在波兰和俄国之间一个村子的小站上，这两列车相遇停车了。

穿红色裤子的兵士对这个村子的人说，他们的部队正从华沙往彼得堡行进。

穿灰色裤子的兵士则说，他们正从彼得堡向华沙行军。

于是，摩塞兹把雅克夫带到车站后面说：

“皇帝多么蠢啊。根本不用那么大动干戈转移部队，只要把红色裤子送到彼得堡，把灰色裤子送到华沙，让两方的兵士换穿裤子，华沙不就有了穿灰色裤子的军队，彼得堡也有了穿红色裤子的部队吗？”

雅克夫回答说：

“不，你才是傻瓜呢。那在那期间，兵士们穿什么呀？”

名答

从前，在阿拉伯的某个镇上，有个犹太人丑角侍奉哈里发很多年。

但是，这个犹太人丑角有一天在宫廷上，不知为什么，激怒了哈里发。

哈里发宣告丑角死刑。但是，因为这个犹太人从哈里发还是孩子的时候起就为宫廷服务，所以哈里发也对他表示最后的慈悲。

“阿拉和我都是很慈悲的。从我孩提时代起，你确实很拼命，努力让我笑。最后，我满足你一个愿望吧，你可以自己选择你的死法。”

哈里发把王座旁边的小沙漏计倒过来放，吩咐说：

“在这个沙漏完以前考虑好告诉我。”

犹太人丑角到沙漏计中的沙子漏完为止，一直保持沉默。

当最后的一粒沙子漏进下面的玻璃盒子里的时候，哈里发问：

“你想好了吗？”

“是的，想好了。我希望衰老而死。”

犹太人若无其事地回答。

爱国心的表露

犹太人也常被俄国军队征去当兵。

战争一开始，雅克夫便马上被送到前线。他一遇到敌人，总是第一个逃跑。

雅克夫被宪兵逮捕，带到司令官那里。

“你是多么没有爱国心的家伙啊！总是最先逃跑，应该枪毙！”

于是，雅克夫答道：

“不，我憎恨敌人，热爱祖国。因为我的爱国心过于强烈，比谁都憎恨敌人，所以只是靠近敌人旁边也觉得污秽，无法忍受，所以才想尽量远离敌人的！”

占领

“六日战争”的时候，开罗广播声明占领了以色列的许多城市、乡镇、村庄。但是，实际上，这些都市、乡镇、村庄里连个埃及兵的影子也没有。

埃及的一支部队，受到严厉的督促，要占领位于司令部前面以色列的城镇。在接到第五次督促令时，部队队长给司令部发回无线电报说：

“已经宣布被占领的城镇，为什么还要占领第二次呢？”

必要性

在1986年捷克斯洛伐克的危机开始解除，杜布切克提出自由化政策的时候，苏联对此甚表不满，遂派华沙条约组织的军队进驻捷克斯洛伐克，推翻了杜布切克政权。但是，真正激怒莫斯科当局是在杜布切克和勃列日涅夫最后会谈的时候。

杜布切克说：

“我想重设海军部，请您批准。”

“海军部？”勃列日涅夫很吃惊，“捷克斯洛伐克不是没有海吗？那为什么还需要海军部呢？”

"那么，为什么苏联有文化部呢?"

侮辱罪

在俄国，万物几乎都冻僵的一个严寒的冬日，年轻的犹太人在冰上滑倒，失足跌进莫斯科河。

"救命啊！救命啊!"

河水即将结冰，如果是夏天，这冰水加到酒里正好，但冬天掉进去确实很冷。

"救命啊！救命啊!"

岸边聚集了五六个警官，但他们只是冷眼看着犹太人。

"救命啊！救命啊!"

犹太青年叫着。

但是，这时的俄国警官如果说发生了什么变化，那就只是笑而已。

"皇帝的智慧连驴都不如!"

青年大声叫嚷。

这时，岸边的警官们，跳进河里救起这个犹太青年。

"以侮辱皇帝罪送进监狱!"

这时，青年浮现出了微微的笑容。

头脑的差别

从前，阿拉伯某个国家的哈里发非常憎恨犹太人。他企图将犹太人全部杀死。

于是，他命令如果有犹太人来到本镇，问问他的身世以及来此镇的目的，如果犹太人说谎就枪毙，如果说真话就施绞刑。

这个命令发出的当天下午，第一位犹太人来了。犹太人对于哈里发发出的命令已有所耳闻。

犹太人在城门处被一队顶天立地、身强力壮的高个子阿拉伯兵抓住，并被赶着

带到卫兵所。队长对小小的犹太人怒目而视，说道：

“喂，犹太人，说说你自己吧。这是哈里发先生的新命令。如果你撒谎就枪毙，说实话就执行绞刑。哈哈！”

周围的阿拉伯兵，有的在擦枪，有的在制作绞首用的绳子。

“怎样，犹太人。快点说吧！”

队长浮现着残忍的笑容催促道。

“我接下来会被枪毙吧？”

犹太人一点也没有失去冷静。

队长抱头仔细想了想。兵士们像在催促队长，问道：

“这个男人是枪毙，还是执行绞刑？”

头脑的价值

医学已经发展到了它的极限。因为已经能够进行脑髓移植的手术。

并且都有出售脑髓的专卖店。

一个男人来到这个店里，问都有什么样的脑髓。

“这是美国有名的大学教授，在物理学界差点获得诺贝尔奖的人的脑髓……”

“多少钱？”

“900 美元，可以吗？”

“差点获得诺贝尔奖？”

客人稍微有些不满的神色。

“那么，这个有名的商人的脑髓可以吗？他是华尔街的成功者。您看过他去世时候的剪报吗？700 美元……”

但是，客人好像仍不满意，于是他们急忙又拿出一个脑髓。

“这是某将军的脑髓，9000 美元。”

“9000 美元？”顾客很吃惊，“跟别的比，也贵得太离谱了吧？”

“但是，这个还一次没被使用过。”

一个普通的烟斗

《塔木德》上有这样一则非常有趣的故事：

一位令人尊敬的拉比去世了。他所有的信徒都渴望得到他的一件遗物，以留作纪念。其中有个学生心系一柄烟斗，上面刻有精美的花纹。

“这要花你100个卢比。”拉比的妻子告诉他。

“对我来说，这是一大笔钱。”信徒有些犹豫地说，“但是，请先给我看看，然后再决定。”

于是，拉比的妻子把烟斗递给他，他点燃了它。你能想象发生了什么吗？

他刚吸完第一口不久，就仿佛看到天堂的七重门全为他打开，里边有迷人的风景。

学生大喜过望，赶快用激动的双手数了100个卢比，然后兴冲冲地带着烟斗回家了。

到家之后，他再一次点燃烟斗，并狠狠地吸了一大口。

你能想象发生了什么吗？

什么都没有！

什么都没有！

气昏了头的学生赶忙去找新来的拉比，上气不接下气地告诉他整个故事。

“我的孩子，”新拉比微笑着说，“事情很简单，当烟斗仍属于拉比时，你吸烟时就能看到他所看到的。而一旦它变成你的烟斗，就成了一只普通的烟斗，你只能看到你平常所见的了。”

世界没有改变，改变的只是我们的心情；财富的本质也没有改变，改变的只是我们对财富的不同理解。不要把你的不顺归结于外在因素，其实你才是自己失败的罪魁祸首。

从别人的角度考虑问题

有一家犹太人养了一条狗，全家人都很喜欢这条狗，尤其是其中的一个小男孩，更是对狗疼爱备至，整日同吃同住，难舍难分。

有一天，狗突然死了，这使儿子伤心至极、痛不欲生。父亲尽管也有点痛心，但他认为狗迟早会死，这是一件没办法的事，只能把它弄出去了事，但儿子却一定要把狗埋在自己家的后院里。

结果，父子两人为此而闹僵了。父亲无奈，只好找拉比咨询。拉比尽管常常为别人提供各种咨询，但从来没有涉及过狗的葬礼。不过，他很了解此时那个男孩无比悲伤的心情。

于是，拉比就查找有关资料，结果正好在《塔木德》中找到一个有关的故事，说的是古时候，有户人家发生了这样一件事。

一次，有条毒蛇爬进牛奶桶中，它的毒液溶进了牛奶，这件事只有家里的狗看到了。

晚上，全家人正要喝桶中的牛奶，狗就叫了起来，并扑上来打翻了盛奶的杯子，自己喝了起来，正当大家生气时，狗已经死了。

这下子全家人才恍然大悟，原来牛奶里有毒，所以大家对狗感激不尽。

听完这则故事后，父亲同意了儿子的做法。

这个故事表面上是讲有关狗的事情，实际上却是教诲人们凡事应多从他人的角度考虑和着想。

当然，这件事能够圆满解决，和拉比的处世艺术也是分不开的。他没有把任何东西强加给父亲，只是讲了一个关于狗的故事，在尊重了儿子意愿的同时，也尊重了父亲的权威，那么，父亲何不顺水推舟呢？

为了人际关系的和谐，我们在日常生活中也要经常从别人的角度考虑问题。犹太人是非常精于此道的，即使是在“胡搅蛮缠”的时候，也会从别人的角度考虑。

首先了解事情的真相

《塔木德》说："罪证不足莫先定罪。"下面一个发生在美国阿拉斯加的故事，对这句话进行了生动的诠释。

有一对年轻的夫妇，妻子因为难产死去了，孩子倒是活了下来。男人一个人既工作又照顾孩子，实在忙不过来，但一时又找不到合适的保姆来照看孩子，于是他训练了一条狗，这条狗既听话又聪明，可以帮他照看孩子。

有一天，男人要外出，像往日一样让狗照看孩子。他去了离家很远的地方，所以当晚没有赶回家。第二天一大早，他急忙往家里赶，狗听到主人的声音，摇着尾巴出来迎接，他发现狗满口是血，打开房门一看，屋里也到处是血，孩子居然不在床上……他全身的血一下子涌到头上，心想一定是狗兽性大发，把孩子吃掉了。他盛怒之下，拿起刀来把狗杀死了。

就在他悲愤交加的时候，突然听到孩子的声音，只见孩子从床下爬了出来，男人感到很奇怪，他再仔细看了看狗的尸体，这才发现狗后腿上有一大块肉没有了，而屋门的后面还有一只狼的尸体。原来，是狗救了小主人，却被主人误杀了。

我们也常常如此对待我们的同类，遇事先不分青红皂白地大发雷霆，可是，当我们了解了事情的真相后，才发现自己的行为并不适当。

人和人的基本权益都是平等的。犹太史上有一部著名的神学和法学著作，名为《密西拿》，是成文体法《托拉》之外的《口传法规》的标准部分。《口传法规》紧密结合《圣经》戒律，借助于个别案例，来考察人们的行为。这些案例都围绕着一个问题：一个想在各方面都符合《托拉》精神和规定的人，必须做什么和不准做什么。以后，《密西拿》和《革马拉》（律法释义汇编）一起组成《塔木德》。

在这本蕴藏着犹太民族丰富的道德智慧的巨著中，有这样两则典型案例。

第一则案例是：

有一个人来找拉瓦拉比，请教他一个问题："市长要我去谋杀一个人，我要是不去，市长就会派人来杀了我。在这种情况下，我该怎么办？"

拉瓦拉比回答说：“宁可让他杀掉你，也不要犯谋杀罪。你为什么认为你的血就比他的红呢?”

第二则案例是：

有两个人外出旅行，走进了荒无人烟的大沙漠。此时，两个人只有一个人有一点水，这点水如果两个人喝，则两个人都终将渴死在沙漠里；如果一个人喝，则此人就可以活着走出沙漠。在这种情况下，应该怎么办?

本·派图拉比教导说：“拥有水的人应喝以活命。”

按照犹太人的观点，拉比对这两个案例之所以得出这样两个结论，是因为分别基于如下两条原则：人不应视自己的生命价值高于他人；一个人自己的生命价值绝不低于他人。

因此，一个人没有权利把自己不愿意要的东西（死亡）强加于他人（谋杀他)，但一个人也不应该把一般人都不要的东西（死亡）强加给自己（渴死)。而当双方都面临着人类所不要的东西而又必须由其中一方承受下来（哪怕纯属被动地）的时候，就让每个人自己拥有的客观条件来决定，而不作人为干预。

无风不起浪

在塔诺普尔城住着一个叫费威尔的人，有一天，他正坐在屋子里认真的看书，忽然听到外边一阵嘈杂声。他走到窗前，看到一大群孩子在玩，他想把他们赶走，于是打开窗子对他们说：

“孩子们，快到教堂那里去吧。你们在那儿会看见一只海怪，它有 5 只脚，3 只眼睛，还有像山羊一般的胡子，不过是绿色的!”

孩子们一听这话就都跑了，费威尔先生回到书房，一想到自己刚才对那些孩子编的瞎话，就不禁偷偷地发笑。

可是，不久他书房的宁静又被打破了，这回是一阵奔跑的脚步声。他走到窗前，看见许多人在跑。

“你们往哪里跑?”他大声地问。

"去教堂!"犹太人回答说，"你没听说吗？那儿有只海怪，有5只脚，3只眼睛，还有像山羊一般的胡子，不过是绿色的!"

费威尔先生得意地笑了笑，又回去读自己的书了。

他才刚刚坐稳，又听到外面一阵喧闹声。他往窗外一望，不得了啦，一大群人，男男女女，老老少少，全往教堂的方向跑。

"出什么事了?"他大声问道。

"天哪！怎么，你还不知道吗?"他们回答说，"就在教堂前面有一只海怪。它有5只脚，3只眼睛，还有像山羊一般的胡子，不过是绿色的!"

人们匆匆跑过。费威尔先生忽然注意到拉比本人也在人群中。

"天哪!"他喊道，"要是拉比本人也和他们一起跑的话，一定是出什么事了，无风不起浪。"

费威尔先生慌忙抓起帽子离开了家门，也跟着跑了起来。

老鼠与大象

一头吃饱喝足的大象正在睡觉，突然，它感到身上痒痒的，好像有什么东西在自己的躯体上行走。大象的美梦被打扰了，它睁开惺忪的眼睛，瞅见一只老鼠惊慌地从自己身上窜过，不禁勃然大怒，大吼一声，伸出长长的鼻子就要打死小老鼠。

老鼠哆哆嗦嗦地哀求道："尊敬的大象先生，求您饶了我吧！我实在是无心之过啊，或许有一天我会报答您的大恩大德呢!"

大象听了老鼠的话，情不自禁地哈哈大笑起来，对老鼠吼道："那我就暂且饶你一命。记住这次教训，尽管你是永远不可能帮助我的!"

老鼠谢过大象后，一溜烟地逃走了。

过了好长时间，大象早就把老鼠的事忘得一干二净了，确切地说，它压根没把这事放在心上。

一天，大象不小心被猎人们抓住了。猎人们用粗绳子把大象的4只脚紧紧地绑住，但是大象实在太重了，光靠几个人根本抬不动。于是，他们返回村里去叫人

帮忙。

这一幕恰巧被四处觅食的老鼠看到了，于是，它决定救大象。

“你从前曾放过我一次，我说过会报答你的。”老鼠对大象说，“我现在就履行我的诺言，让你重获自由。”

“你能使我恢复自由？”大象诧异地说，“这怎么可能呢？”

“你就等着瞧吧！”老鼠回答道。

说罢，老鼠开始用它的利齿啃咬捆着大象的粗绳。最终，绳子一根一根被老鼠咬断了。

大象获救了。

“真是谢谢您啊！”大象激动地对老鼠说。

“我会报答你的，我曾对你保证过，我现在履行了自己的诺言。”老鼠平静地说，“想当初，你压根不相信，你嘲笑我，在你眼中，我——一个弱小的老鼠不可能会帮助你。但事实证明，我做到了。”

大象的一次无心善举，竟使自己逃脱了一次灭顶之灾，这是它万万没有想到的。

你对我有情，我就会对你有意，聪明的人都会多做善事。因为在这个世界上，谁都有需要帮助的时候，无论他看起来是多么的强大。

一农夫与狮子

一个农夫住在森林的边缘，他有一所宏伟的住宅，院子很大，四周还有一道高高的围墙。

有一天，农夫家的院子里突然窜进来一头狮子，农夫见了十分高兴，赶快关上院子的大门，想活捉狮子。

狮子在围墙里跑来跑去，怎么也找不到出口，气得暴跳如雷，向羊圈吼叫着冲过去。结果，一群羊全被咬死了。接着，狮子仿佛还不解气似的，又跑到牛栏，扑向一头奶牛……

农夫慌忙躲进屋子里，他目睹院子里所发生的一切，吓得魂飞魄散，慌忙叫人去拉开院子的大门，放狮子出去。

狮子终于走了，但院子里却惨不忍睹。

农夫抱着头，独自蹲在院子里，长吁短叹，感慨不已。他轻轻地自言自语道："唉，我也真是的，怎么会心血来潮，妄想将一只平时远远看到就会吓得转身逃命的野兽关起来呢！"

在院子里抓住一头狮子的确是一个很诱人的想法，因为这样的机会并不多，问题是，狮子毕竟不是一只小狗小猫，它在带来莫大诱惑的同时，也带来了很大的危险性。所以，不论做什么事情，如果没有胜算，就千万不要贪婪，灭顶之灾通常都是源于草率的决定。

嫉妒的代价

有一次，一个穷妇人正在集市上卖干酪，一只猫跑过来，叼走了一片干酪。一只狗看见了这个小偷，就想把干酪从它那儿抢过来。猫拼命反抗，与狗展开了一场激战。狗又叫又咬，猫又抓又叫，但是谁也没有打赢谁。

"让我们到狐狸那儿去，让它来给我们做裁判。"最后，猫这样建议道。

于是，它们就去找狐狸。

狐狸听完它们的争吵，摆出一副很明智的样子。

"愚蠢的动物，"它斥责道，"为什么要这样打架呢？如果你们两个都想要这块干酪的话，我就把它切成两半，这样，你们就都满意了。"

"同意！"猫和狗异口同声地说道。

狐狸就拿出小刀，把干酪切成两半。但是，它没有纵向切，而是横向地切了一刀。

"我的这块变小了。"狗抗议道。

狐狸从它的眼镜镜片后面仔细公正地看了看狗的那一份。

"你说得很对，一点也没错。"狐狸裁判道。

于是，它从猫的那一份上切了一块下来吃掉了。

“这样就一样了。”它说。

看见狐狸这样做，猫又开始叫：

“快看看吧！现在我的这块小了。”

狐狸再次戴上眼镜，公正地看了看猫的这份。

“你太对了！”狐狸说，“稍等一会儿，我会马上纠正的。”

它又跑到狗那儿，在狗的那一份上又切了一块下来吃掉了。

事情就这样不断地重复，因为猫和狗总是在吹毛求疵。结果，狐狸当着它们的面把整块干酪全吃完了。

吹毛求疵的人，通常把许多无足轻重的事情看得太过重要。而在人的一生中，真正值得重视和谨慎处理的是那些足以改变命运的事件、机遇和挫折，我们没有必要处处留神，那样只会增加自己的负担。

懒惰的下场

从前，有一个异教徒农夫，养了一只猪、一只母驴和一只小驴。每天，他都给猪喂一大堆东西，而给母驴和它的孩子喂很少的一点吃的。

“我们的主人多蠢啊！”小驴对它的妈妈说，“你不觉得太不公平了吗，妈妈？我们整天为他干活，拉这么重的车，他凭什么只给我们这么可怜的一点点东西吃？猪整天懒洋洋的，什么都不做，为什么还能想吃多少就有多少？”

“耐心等一会儿，我的孩子，”驴妈妈安慰它，“你肯定会看见猪的不幸下场。要知道，农夫给它这么多好吃的，并不是爱它，而是加速它的灾难。”

下一个节日到来的时候，异教徒宰了猪。从此以后，每次吃东西时，小驴总是小心翼翼的，因为它总记着猪的悲惨命运。

看到这些，它的妈妈纠正了它的想法：“猪的死并不是因为吃得太多才造成的，我的孩子。要是像猪那样，什么也不做，一定活不长的。”

懒惰是人的本性，稍不留神就会流露出来，所以我们要时刻提醒自己：“成事

在勤，谋事忌惰。”要知道人生短暂，懒惰就如同自杀。

看家之狗

一位牵着一条小狗的男子，怒气冲冲地闯进一家犹太商人开的宠物店，对老板说：“我买你的这条狗看门，但昨天晚上，有个小偷溜进我家，偷走我 200 美元，这条狗眼睁睁地看着发生的一切，愣是一声没吭。”

这个犹太老板是这样解释的：“这条狗以前的主人是千万富翁，因此对于你那区区的 200 美元，根本就没放在眼里。”

并不是所有的狗都会看家。做事只有恒久的规律存在，没有固定的答案可寻，所以凡事不能生搬硬套。比如，很多管理方法和经验，运用在甲企业中是十分正确的，但移植到乙企业里，就会出现“水土不服”的现象，严重阻碍企业的发展。

自知之明

一只狮子 3 天没有进食了，在一个山坡上，它看到一头肥壮的公牛在吃草。

“要是公牛没有角就好了，那我可以轻而易举地将它制服。可它长了角，身体又如此强壮，要是硬碰硬，它的双角肯定会刺穿我的胸膛。”身子瘦弱、疲乏无比的狮子想。

因此，狮子只得智取，不敢硬攻。它慢慢地走到公牛身边，非常友好地说：

“我真羡慕你啊，公牛先生。你的头是那么的漂亮，肩是那么的宽阔，腿和蹄又都充满了力量！可是，美中不足就是有两只角，我真搞不明白你怎么受得了这两只角，它让你英俊的外貌受到了极大的损害。难道你不知道吗？”

公牛说：“我还真没好好想过这个问题呢。不过，经你这么一提，我倒真觉得这两只角有点碍事了。对了，我真的很英俊吗？”

狮子说：“我说的都是真话，你其实很英俊的，假如没有那两只角的话。否则就很难说了，虽然我认为你是英俊的，但其他动物就不一定这么想了。”

狮子说完就走了，躲在树后面看着。公牛等到狮子走远了，就把自己的脑袋往石头上猛撞。一只角先撞碎了，接着另一只角也碎了，公牛的头很快就变得平整光秃了。

狮子见公牛已自毁双角，就大吼一声，跳出来大声道："现在我可不怕你了！多谢你把两只角都搞掉了，我先前没有攻击你，正是这两只角妨碍了我啊！"

狮子在这个故事中无疑扮演了一个狡猾的角色，公牛则是愚蠢的受害者。其实，我们大可不必责怪狮子，在竞争激烈的现实社会，为了生存，手段可以自由选择，因为结果才是最重要的。

走出来的脚印

一头年老体弱的狮子，因无力自行觅食，只好躺在洞穴中，它呼吸困难，说话有气无力，一副病入膏肓的样子。

这个消息很快在兽群中传开了，大家都为病狮哀伤不已，一个接一个地来探望狮子。狮子就待在自己的洞穴中，轻而易举地把探望者一个个捉住吃掉。

狐狸对这件事有些怀疑，最后也打算去看个究竟。它站在远离洞口的地方，向万兽之王问好。

狮子说："亲爱的朋友啊！你为什么站得那么远呀？来，靠近我，陪我这可怜的老狮子说几句话吧，我快不行了。"

"愿上帝保佑你！"狐狸说，"我不能再走近你了，因为我看到洞口都是走进去的动物的脚印，而没有看到走出来的脚印！"

怀疑和警惕是最好的自我保护武器。在尔虞我诈的商海里，到处充满着诱惑，永远没有绝对的安全，要想不被欺骗，就要随时运用自己的智慧，在做决定之前先看一看有没有"走出来的脚印"，然后再行动。否则，莽撞行事，只会落入"狮子"的圈套。

好汉不吃眼前亏

在一个树林里，狮子建议 9 只野狗与自己合作猎食。它们打了一整天的猎，一共逮了 10 只羚羊。狮子说："我们得去找个英明的人来给我们分配这顿美餐。"

"一对一最公平。"一只野狗说出了它的看法。

狮子很生气，立即把它打昏在地。其他野狗都吓坏了，其中一只野狗鼓足勇气对狮子说："不！不！我的兄弟说错了。如果我们给您 9 只羚羊，那您和羚羊加起来就是 10 只，而我们加上一只羚羊也是 10 只，这样我们就都是 10 只了。"

狮子满意了，说："你是怎么想出这个分配妙法的？"

野狗答道："当您冲向我的兄弟，把它打昏时，我就立刻增长了一点智慧。"

俗话说："退一步海阔天空。"这个故事告诉我们，"吃得眼前亏，可保百年身"。假如那只野狗不愿意让步，它得到的只会是狮子的凶残，而当它做出了牺牲，得到的却是一顿饱食，而且还能保住自己的性命。古人云："吃亏是福。"这是对吃亏或忍让的最好的评价。因此，我们不要害怕吃亏，吃亏不但不是坏事，而且是好事，是在为我们自己培植福德。

奉承是一种索取

一只狐狸正在找吃的，在河边碰上了一只仙鹤。

狐狸想了想，对仙鹤说："早安，聪明的仙鹤！近来您的身体好吗？"

"我很好，谢谢您！狐狸先生，您有什么事吗？"仙鹤回答说。

狐狸说："我有些问题想请教请教您——如果风从北边吹来，您的头朝什么方向转？"

"当然是朝南面转啦。"

"如果风从西面吹来，您的头朝什么方向转？"

"朝东啊！"

“您真聪明!”狐狸靠前一步，又问，“假如风从四面八方刮来，您又该怎么办呢?”

“那我就把头伸进翅膀里去——”仙鹤说着，得意地做给狐狸看，“就像这样!”

还没等仙鹤把头露出来，狐狸就猛地向前一扑，狠狠地咬住了仙鹤的脖子。

奉承者十有八九是有求于被奉承者，至少也是一种“有偿投资”。过多的甜言蜜语犹如高利贷，听得愈多，信得愈切，持续得愈久，愈会为此付出昂贵的代价。

三只青蛙

有 3 只青蛙掉进了鲜奶桶中，第一只青蛙说：“这是神的意志。”于是，它盘起后腿，一动不动，静静地等待着。

第二只青蛙说：“这桶太深，没有希望出去了。”于是，它在绝望中慢慢死去。

第三只青蛙说：“尽管掉到鲜奶桶里，可我的后腿还能动。”于是，它奋力地往上跳起来。它一边在奶里划，一边跳，慢慢地，它觉得自己的后腿碰上了硬硬的东西，原来，鲜奶在青蛙后腿的搅拌下，渐渐地变成了奶油。

凭着奶油的支撑，第三只青蛙跳出了奶桶。

第一只青蛙相信宿命；第二只青蛙毫无信念可言；第三只青蛙坚守信念，顽强努力，充满希望，它便是犹太人的写照。

聪明的鸟与愚蠢的人

有一次，一个猎鸟的人抓住了一只鸟。这是一只非常特别的鸟，它能听懂人类的所有 70 种语言。于是，它就用抓鸟人的母语恳求他：“放了我吧，我会传授给你 3 条很有用的教诲。”

“你先告诉我，我就放了你。”捕鸟人说。

“你先发个庄严的誓约，你一定会遵守你的诺言。”鸟儿说。

“我发誓，我一定会放了你。”捕鸟人说。

于是，鸟儿说：“那就好好听着！第一个教诲是‘不要为已经发生的事后悔’，第二个教诲是‘不要相信难以置信的事’，第三句教诲是‘不要去干做不到的事’”。

鸟儿把自己的心得教给捕鸟人后，再次央求他：“现在遵守你的诺言，把我放了吧。”

捕鸟人同意了，给了它自由。

“你真是太傻了，让我脱离了你的手掌心。你不知道，我身上有颗珍珠，有着神奇的魔力，是无价之宝，就是靠着它，我才会这么聪明。”

听完这些，捕鸟人立刻为刚才放走鸟儿的蠢行后悔了。他开始攀登鸟儿栖息的那棵大树，想要挽回损失。不料，当他艰难地爬到半路的时候，一失手摔了下来。他跌断了骨头，躺在地上，痛苦地呻吟着。

鸟儿居高临下地看着他。“你这个蠢蛋！”它骂他，“几分钟前，我刚把自己的心得传授给你，你眨眼就忘记了。我让你不要为过去的事后悔，几乎是同时你就后悔给了我自由。我让你不要相信难以置信的事，你仍然把我的话当作真理，居然相信我有一颗神奇的魔珠。要知道，我不过是一只再普通不过的鸟儿，每天都不得不辛辛苦苦地为食物奔波。最后，我提醒你不要去做你做不到的事情，你还试图空手去抓一只会飞鸟儿。因为你不听我的，你现在不得不躺在那儿，摔断了骨头，流着血。你这样的人就像谚语中说的那样：‘对聪明人只要说一句就够了，对傻瓜，说一百句也不管用。’可悲的是，人类中有太多像你这样的呆瓜了！”

人生幸与不幸，仅仅在于智慧与愚蠢的区别而已！

是你自己放弃了求生的机会

有个老牧师生活在一个山谷里，40 年来，他照管着教区里所有的人，施行洗礼，举办葬礼、婚礼，抚慰病人和孤寡老人，是一个典范的圣人。

有一天，下起雨来。倾盆大雨连续不停地下了几天，水位高涨，迫使老牧师爬

上了教堂的屋顶。正当他在那里浑身颤抖时，突然有个人划船过来，对他说："神父，快上来，我把你带到高地。"

牧师看了看他，回答道："40 年来，我一直按照上帝的旨意做事，我施行洗礼，举办葬礼、婚礼，抚慰病人和孤寡老人。我一年只休一个星期的假期，而在这一个星期的假期中，你知道我干什么去了？我去一家孤儿院帮助做饭。我真诚地相信上帝，因为我是上帝的仆人，因此你可以驾船离开，我将停留在这里，上帝会救我的。"

于是，那人划着船离去了。两天之后，水位涨得更高了，老牧师紧紧地抱着教堂的塔顶，水在他的周围打着旋涡。这时，一架直升机来了，飞行员对他喊道："神父，快点，我放下吊架，你把吊带在身上安好，我们将把你带到安全地带。"对此，老牧师回答道："不，不！"他又一次讲述了他一生的工作和他对上帝的信仰。于是，直升机也离去了。几个小时后，老牧师被水冲走，淹死了。

他升入天堂后，突然遇到了上帝，他向上帝埋怨道："40 年来，我遵照你的旨意做事，有过之而无不及，而当我遇到危险的时候，你却不来救我，让我被水淹死了！"

上帝望着他，遗憾地说："为了搭救你，我专门派去了一条船和一架直升机，可是你自己却放弃了求生的机会。"

事实上，在我们的生命中，类似于船与直升机的机会一直存在着，我们需要的只是正确地认识它们。

一个愚钝的人往往对唾手可得或存在手头的机会视而不见，不知珍惜，直到失去了的时候才去后悔！

会省钱的上帝

有一个从事神学的拉比在发表博学多识的演讲，他给人们讲了一个来源于《圣经》注释里的故事：

"曾经有一个婴儿，因为他的妈妈太穷养不起他，就把他丢在森林里。婴儿躺

在树下，一直哭啊哭。一个樵夫听见了，就跑过来看是怎么回事。他把孩子捡起来，哄他不哭。他是个好心肠的人，但也很穷。他一天也挣不到一个卢布，怎么买牛奶喂孩子呢？"

"那么，你们知道上帝是怎么做的吗？他让一个奇迹发生了，这种善良的奇迹自从创世纪以来就没有过：他让樵夫身上长了对乳房！这个奇迹让那个好心人明白了上帝的启示。于是，他回到家，没有花一分钱，开始自己喂孩子！"

拉比讲完这个故事，环顾了一下四周。敬畏写在每个人的脸上，只有一个人看起来很困惑。

"你不喜欢这个故事吗？"拉比问他。

"不，很喜欢。"他说，"我只是有点不理解！在我看来，只要不违背自然的法则，上帝完全可以用其他的方式来表示仁慈。为什么上帝给那个人一对乳房？比如，他可以很轻易地从天上降下一大袋钱，那么那个人就可以雇个奶妈来抚养婴儿了。"

拉比沉思着说："不是这么回事，我的朋友！你是个有理智的人——你自己说吧：既然上帝有能力给樵夫一对乳房，他为什么要花费一大袋金钱呢？"

古人云："欲望如海水，越喝越渴。"谁也不能得到全世界。再有钱也只能一日三餐，住一间房，睡一张床。简单一些会省些事，太贪心往往会让自己得不偿失。因此，做人要有底线，要学会感恩。

倾斜的天平

从前，有一个贫穷的农夫，逾越节前夕，他赶着马车去城里找工作，希望能挣点钱给家里人买无酵饼和新衣服来过节。

夜幕渐渐降临了，天上黑漆漆的不见一点星光。农夫一不小心把马车赶进了一条沟里，马车翻了，他被压在下面，车被泥浆覆盖着。这时正好有一个富人路过这儿，听到农夫的呼救声，就赶过来救他。富人让自己的车夫先放开农夫的马，然后把农夫从马车底下拉了出来。接着，他又让车夫用一根绳子把两辆马车的车轴紧紧

系在一起，然后鞭打着他的马，把农夫的马车从泥里拉了出来。最后，他还把农夫送回了家。当他看见农夫家一贫如洗的样子，又给了农夫一泰勒。

富人见上帝的日子终于来了。当他来到天庭，接受审判时，天使检察官起诉了他的若干罪名。形势对他很不利，因为正义的天平正危险地朝地狱的方向倾斜着。就在这时，仁慈天使进来了，他建议上帝法官把富人的善举和罪孽放在一起称一称。

上帝同意了。于是，被富人救助过的可怜的农夫一家就被放在了天平的另一端。

“不够!”责难天使喊道。

“把可怜农夫的马和马车都放上去吧!”仁慈天使说。

“不够!”责难天使又喊道。

“把被告将农夫从沟中拉出来时，盖在那个可怜人身上的泥也放上去吧!”仁慈天使说。

最高天庭的法官同意了。泥刚一放上去，正义的天平立刻朝天堂那边倾斜了。

任何地方都没有秘密

从前，有一对夫妇，丈夫很善良，妻子却爱唠叨又泼辣。有一年，当地发生了饥荒。新年前夕，丈夫给了一个穷人一些金币。妻子发现了这件事情后，整天对丈夫唠叨不休，以致男人离开了家。男人在外面找不到睡觉的地方，只好在墓地过夜。

半夜里，他被两个女幽灵的对话吵醒了，再也难以入睡。

第一个女幽灵说：“来吧，我的朋友，让我们飞到天上，偷听天上的秘密。毕竟今天是犹太教的新年，让我们看看人间将有什么不幸。”

第二个女幽灵回答：“对不起，我不能跟你一起走。我现在用稻草裹着身体，我不能以这种打扮去天堂，太丢脸了。你自己去吧，回来把你听到的所有有趣的事都告诉我。”

于是，第一个女幽灵自己飞走了，等她回来后，她的朋友问："你听到了什么？"

"我听到了一个秘密说，将有一场大冰雹，毁坏播种较早的人们的庄稼。"

听完后，男人回家了。播种季节到了，他一直等到别人播种结束后才开始播种。不久，女幽灵的话果真应验了。别人的庄稼都被大冰雹毁掉了，唯独他的庄稼生长得很旺盛。

第二年，他又去墓地睡觉，又听见了两个女幽灵的对话。

第一个女幽灵说："来吧，我们飞到天上，偷听天上的秘密，看看什么样的不幸等待着人们。"

"我已经告诉过你，我只有这种稻草衣。"另一个女幽灵说，"还是你自己去吧，回来后再告诉我。"

于是，第一个女幽灵独自飞走了，等她回来后，她的朋友问："你听到了什么？"

"我听见了一个秘密，如果夏天播种，庄稼会被太阳晒枯而死。"

听完后，男人回家了。到了春天，他比别人早早地播完种。当天气变得酷热时，他的庄稼已经长得很好，深深地长在土地里，而别人的庄稼却被毒热的太阳晒枯了。

看到自己的丈夫不断地有好运，妻子感到十分惊奇，缠着他刨根问底。于是，他把事情的来龙去脉告诉了妻子。

又一年，当男人第三次去墓地睡觉时，又听见了两个女幽灵的对话。和前两次的对话一样，第一个女幽灵说："来吧，我们飞到天上，偷听天上的秘密，看看什么样的不幸等待着人们。"

"上帝怀疑我们了。"她的朋友很不安地说，"我们还是守口如瓶吧。在这里也不能说，以前我们说的话很快传到了人们那里。说不定此刻正有人在偷听我们说话呢。"

七、做生意

犹太人做生意的时候，不交换契约。因为他们认为语言是真实的表露，人一旦说出口的内容都将被记录在神的心里。正因如此犹太人做买卖均很苛刻。《威尼斯商人》中夏洛克的态度是莎士比亚的莫大误解，但苛刻这一点却是真实的。这种苛刻反过来倒产生了与买卖有关的许多出色的笑话。

醋渍的效果

犹太料理的餐厅被叫作可夏餐厅。

有一天，纽约的可夏餐厅里来了一位身材高大的胖胖的爱尔兰人警察。

老板西蒙一出来，警察就问道：

“究竟为什么犹太人那么聪明呢？有什么秘密吧？如果有，请告诉我吧。”

警察的态度很傲慢，西蒙也想没必要把犹太人的秘密告诉基督教徒。

“犹太人之所以聪明，是因为每天晚上吃很多醋渍的鲱鱼。”

从那以后，警察每天晚上，必定在 6 点出现，吃醋渍的鲱鱼。

但是，到了第六个月，警察进来后，没有像平常一样点醋渍的鲱鱼，而是走到西蒙那里。一看，他生气地绷紧了嘴。

他颤抖着声音说：

“你一直都把醋渍的鲱鱼按一盘 4 角卖给我，但是你外面菜单上写的不是 2 角 5 分吗？好啊，你一直都在骗我！”

但是，西蒙不慌不忙。

“所以说嘛，那就是醋渍的鲱鱼发生效果的证据啊。”

幸与不幸

一位顾客来到开香烟店的亚伯拉罕这里，说道：

“给我一支最好的雪茄。”

亚伯拉罕拿给顾客一支雪茄，收了他 5 角银币。

顾客点着雪茄，深深地吸了一口，接着就剧烈地咳嗽起来。

“老板，哪里有这么差的雪茄呀！我还没抽过这么差的雪茄。真是太差了！”

“哪里，先生您还是非常幸运的呢。”

“为什么？”

“因为，不管怎么说，您只有一支而已，而我却有 20 打这样的雪茄啊！”

推销技巧

西服店的老板艾扎克因为扩大店面，要雇一个店员。为此，他在报纸上登了广告。

第二天早上，广告一登出来，很快就有一个年轻男子来应聘。

年轻男子说，过去他曾做过汽车、百科辞典、人寿保险、牙刷、化妆品、房地产、宝石等各种商品的销售人员，有自信什么都能马上卖出去。他开始滔滔不绝地自夸，说自己曾如何在数秒钟内把所有的商品都卖给了客人。

这时，店里来了一位客人。

“欢迎光临！您想买什么？”

艾扎克说着站起来。

这时，应聘的青年扯扯艾扎克的衣角，冲他使使眼色，意思是希望让自己来做。

艾扎克一副严厉的表情，斥退了那个青年。

“想要套西装。有没有价钱不太高而又稍微正式点的呢？”

客人问道。

“当然有。正好有合适您的呢。”

艾扎克问了尺寸之后，从店里面拿出来一套让顾客穿上。

“哟，先生，这套西装太适合您了！相亲的时候、结婚典礼、上班、出差、周末出去玩的时候，什么时候都能穿。这套西装简直就像等着您的到来似的，太合适了！”

顾客看着照在镜子中的自己，非常怀疑地问道：“真的吗？”

艾扎克把手放在客人的肩膀上，让客人稍转过来一些，喋喋不休地说：

“哟，这个角度看更合适呢！这个角度看，也很合适喔。不，这个角度的话，更好了！太好了！特别从这个斜后方来看，我觉得简直太帅了！呀，从这个斜右方来看跟先生您很配……这个角度也很配呢！”

艾扎克一边喋喋不休地说，一边在镜子面前不停地让客人转来转去，自己也不亦乐乎地在客人旁边转来转去。

旁边来应聘的年轻人，很焦急似的，坐卧不安地等着。年轻人进入店里面，拿来了一套不同的西装。

艾扎克还在对客人做着同样的事情，说着同样的台词：

“先生，这个角度尤其漂亮！我认为。您不觉得吗？不，这个角度也很好……”

这时，年轻人从两人中间挤进去，转瞬间就让客人买下了他拿来的西装。

客人一出去，年轻人便对艾扎克说：

“看，明白了吧？我是个多么天才的推销员！”

但是，艾扎克却丝毫不为所动。

“你认为是谁让客人眼花缭乱的？”

旅馆

西服店的雅克夫，为了采购布料踏上了旅途。

几天后，他住宿在一个犹太人村子里的小旅馆。

一到早上，雅克夫就一副睡眠不足有些浮肿的面孔，下楼到账房去了。

“多么差劲的旅馆啊！”

雅克夫绷着脸对旅馆老板说。

“到底怎么了？您在说什么呀？”

旅馆老板也一副不高兴的神情回答道。

“昨天，床上有一只死了的虱子！”

一听这话，旅馆老板粗声粗气地反问道：

“先生，您到底怎么了？说有只死虱子？您说死虱子会咬人，会拧人，还是会挠人呢？请不要因为那么无聊的事情发牢骚！”

旅馆老板揉着眼睛正要回到里面去。

“请听我说完啊！”

雅克夫怒吼道：

“当然，死虱子不会咬人，不会来回跑，也不会蜇人。但是，那个死虱子看上去非常有名，它的亲戚朋友都聚集来，整晚为它办了一个盛大的葬礼！”

恶臭之源

有个阿拉伯人，在巴黎把地毯铺到路上出售。

“先生，这是从我们国家带来的毯子，不买一条吗？从我们国家带来的毯子不买一条吗？”

一个法国人停下脚步。确实，每个地毯都很漂亮。他问地毯多少钱。

“这可是地毯中的极品，要500法郎。如果是这边的地毯，稍微便宜点，350法郎。光织这个地毯就花了三个月呢。而这个……”

“不，不买了，”法国人皱着眉头说，“因为有一股臭气。”

阿拉伯人拼命地说：

“不，地毯是不会发出臭气的，发臭的是我。”

加法

有个旅客来到黑尔姆镇，买了 10 个苹果，10 支香蕉。苹果和香蕉价格相同，都是 7 戈比买 10 个。

旅客拿出 14 戈比递给店里的女服务员。

但是，女店员却说：

“先生，您的计算是不是有些奇怪，多了 3 戈比。”

“不，7 戈比加 7 戈比，不是 14 戈比吗?”

“不，先生，7 加 7 是 11。先生恐怕您不是本镇的人吧?”

“对，我是旅行正好路过这儿。你怎么知道的呢?”

“啊，原来如此啊。在这个镇上，7 加 7 是 11。”

“怪不得!”

“例如，我和丈夫都是再婚的人。我带来了 4 个孩子，而丈夫也有 4 个孩子。两个人结婚后生了 3 个孩子，所以我们每人都有 7 个孩子。对吧？我和丈夫每人都有 7 个孩子，加起来就是 11 个孩子。”

战略

摩塞兹在美国一个小镇上开了一家西服店，在他店前聚集了一群小孩子，骂着“犹太佬！犹太佬!”很是喧闹。

到了傍晚，摩塞兹给所有的孩子每人 2 角 5 分钱，还说着“谢谢！谢谢!”

第二天，孩子们又聚集来，“犹太佬、犹太佬”地吵嚷起来。到了傍晚，摩塞兹又说着“谢谢、谢谢”，给了孩子们每人 1 角 5 分钱。

第三天，孩子们又来了，叫着“犹太佬、犹太佬”。到了傍晚，摩塞兹每人给了 1 角钱。孩子们好像很不满意，但是接过钱后也就回去了。

第四天，孩子们又来了。像平时一样吵嚷着“犹太佬、犹太佬”，等待着傍晚

摩塞兹出来。摩塞兹出来后，伸开两手给他们看，表示什么也没有。

“叔叔，今天为什么不给我们零花钱了?”

孩子们问。

摩塞兹答道：

“你们给我做了宣传我非常感谢，但是我已经完全没有钱了。”

孩子们次日起都没再出现。

交易

可恩是西服店的老板。

一天，从住在邻镇的戈尔德巴克那儿又来了大订单。

于是，可恩写信给他：

“敬复，总是承蒙您照顾，非常感谢。这次又接到了大量订单，不胜感激。

不过，只是有一件事令我无法马上接受订单。在未收到上次所付货款之前，实难接受此次订单，非常抱歉，敬请见谅!”

于是，戈尔德巴克又来了一封信：

“非常遗憾，因此次订货颇为急切，实不能久待。兹决定委托别家西服店。”

马粪香烟

在某镇，亚伯拉罕经营着一家香烟工厂。

因为亚伯拉罕的香烟实在太差劲了，镇上的人们都说香烟的一半是马粪。当然，人们都认为没有那样的事，所以都是作为笑话才那么说的。岁月流逝，亚伯拉罕年龄大了。现在已经躺在了临终的床上。

虽然是玩笑，但是，镇上的人们都很后悔说他的香烟一半是马粪。于是决定派个代表去赔礼道歉。

“亚伯拉罕爷爷，我们真的太过分了。说老先生的香烟一半是马粪，甚至还起

了‘马粪香烟’的绰号。实在很抱歉。”

听了这话，亚伯拉罕气喘吁吁地说道：

“大家的确中伤了我的香烟。怎么可能一半都是马粪！实际上百分之百都是马粪。”

敬业精神

艾扎克是魔术师。他有一只非常聪明的鹦鹉朋比。

利用朋比进行的演出都非常成功。艾扎克也被称作具有天才本领的魔术师，这大部分要归功于朋比的帮助。

三年过去了，四年过去了，朋比随着年龄的增长，变得越发聪明起来。而且，最近，相同的魔术表演三次或四次之后，秘密就会被朋比知晓，朋比就会在魔术结束之前向观众席大声说出魔术的秘密。每次朋比叫出秘密的时候，艾扎克就不得不挠头。

这样下去，肯定会失业吧。艾扎克一筹莫展。

无论叮嘱朋比多少次，虽然每次朋比都大声说“知道了，知道了”，但是表演一开始，它就会把艾扎克花了两三天、晚上也不睡觉好不容易想出来的魔术的秘密给揭穿。

正当艾扎克非常绝望，无可奈何又深感困惑的时候，朋友雅克夫说：

“我听说在以色列的耶路撒冷大街有一位非常聪明的拉比。如果同这位拉比商量一下，他肯定能为你想出好办法来。”雅克夫热心地劝他到以色列去。

第二天，艾扎克给耶路撒冷的拉比写了封信，说明了原委，说如果去以色列，一定要见见他。

两周后，拉比回信说请他一定要去。

艾扎克带着朋比，乘船向以色列进发了。

然而，途中风雨大作，天空电闪雷鸣，船像树叶一样荡来荡去。

有船五倍、六倍大的波浪一浪接一浪地拍打过来。不久，从船底传来嘎吱嘎吱

的响声，船裂成了两半。而且，眼看着就要沉下去了。

船员和乘客都一边失声痛哭一边寻找着什么可以抓扶的漂儿或者木材，在甲板上像跳舞似的到处奔跑。当然，艾扎克也一起悲声痛哭。但是，朋比却很冷静。

船沉没了。

暴风雨过后，大海又恢复了平静。

艾扎克很幸运能够带着朋比转移到救生艇上，但是，艇上只有艾扎克和朋比两个，环视广阔的海面，别说岛的影子，就连沉船上人们的影子也完全看不见。

“朋比，太好了，我们得救了！”

艾扎克说，但从暴风雨发生后到现在，朋比一句话也没说过。

太阳马上就要落山了，这时艾扎克忍不住叫起来：

“朋比，朋比！说句什么吧！这么广阔的海面中央，只有我们俩啊！你不说句什么，我太寂寞了，无法忍受。难道你被那暴风雨吓得不会说话了吗？”

即便如此，朋比还是一言不发，只用大大的圆眼睛盯着艾扎克。

夜晚的天空很漂亮。星星在闪烁，大而圆的月亮挂在空中。

“朋比，求求你说点什么吧！是不是吓病了？”

这时，朋比终于开口了：

“你到底把船弄到哪里去了呢？我怎么想也不明白！”

最低的希望

菜一送来，餐厅的客人就大声叫老板。

“这个汤中放的黑色的东西到底是什么？”

“不是落了一粒燕麦在里面吗？那又怎么样？”

但是，客人仍然不接受。

“但是，两侧各长着 3 只脚的是什么东西呢？”

“说长着脚，又怎么了？”

“这肯定不是燕麦而是苍蝇！”

“就算是苍蝇，你又想怎样?”

“那样的话，至少也跟它说声不要在汤里兴风作浪!”

技高一筹

西蒙是个蠢笨的私人侦探，总在工作中打瞌睡。当然，他的生意不兴旺。

西蒙在邻镇有个叫亚伯拉罕的朋友。亚伯拉罕经营着一家宝石店，非常成功，他决定在西蒙的镇上开家分店。

亚伯拉罕既是西蒙的朋友，而且更为重要的是他不知道西蒙的坏名声，所以他把新开分店的保安工作交给了西蒙。

这是西蒙很久才得到的工作，每天能领到 30 美元，所以他就住进了店里。

最初的一周，没有进来小偷，平安地过去了。因为西蒙尽量在白天睡，夜里醒着。当然，在那期间，他的老毛病也犯了，瞌睡了几次。即使如此，最初的一周总算相安无事。

然而，第八天夜里，西蒙躺在店里的长椅子上呼呼地睡着了。在这期间，小偷进来偷走了价值好几万美元的宝石。

虽然幸好买了保险，但是保险金发下来需要很长时间，在那期间，商品的数量会有所减少等等，会出现各种各样的问题。

亚伯拉罕虽说看在朋友的份儿上原谅他这一次，但警告西蒙说，如果再发生一次失窃案件，就开除他。

西蒙在心里发誓，绝不再打瞌睡，更不会呼呼大睡。他想，只要自己还在负责保安工作，尝到甜头儿的小偷必然会再度光顾。所以，他从仅有的一点储蓄中拿出 400 美元，买了一台日本造的高级照相机。

他在陈列橱窗里摆上了伪造的饰品，并且在店的一角偷偷安装了照相机，以防万一，对，以防万一自己睡着了，小偷进来的话也能自动拍照。

他想，如果抓住偷宝石的小偷，自己的评价也会上升，也应该不会再被叫作蠢笨的私人侦探。当然，他一点儿也没想过自己再打瞌睡等。

第一天和第二天，他整夜未睡迎来了早上。但是，到第三天，老毛病复发，他开始迷迷糊糊，最后终于又呼呼大睡。

黎明的时候，西蒙一觉醒来，发觉店里吹进了外面寒冷的空气。

一看，玻璃门被打坏，有外人进来的迹象。

“糟了，是小偷!”

他大叫着打开店里的电灯，去拿相机想要取下胶卷。

但是，假饰品完好无损，用仅有的钱买的价值400美元的相机却被偷走了。

烦恼

犹太人热心教育。总之，没有取得博士学位的犹太人甚至被认为是落伍者。所以，自己没有受到良好教育的父亲，想尽办法也要把儿子送进大学。约修亚移民到美国后，和朋友一起在一个乡下小镇上开了一个杂货店。他因为移民，没有受到什么教育，所以他把全部的储蓄都投资在了儿子身上。

儿子进了纽约的哥伦比亚大学。

暑假到了，儿子雅克夫回来了。

“你在大学里都学什么了?”

约修亚问道。

“我学了社会学、计量经济学、形质人类学、近代拉丁美洲史、美国史、国防经济学，还有道德。”

约修亚所知道的只有最后的道德这一个词。约修亚说：

“哦，道德嘛。说起道德问题，我也很懂。实际上，我现在正面临一个道德问题，不知该怎么解决，现在正为此烦恼呢。”

“爸爸，说来听听。”

“好，雅克夫。实际上过去15年间的每个早上，有个老顾客必然会来店里，买走一份《纽约时报》和一盒骆驼牌香烟。每天早上快到9点的时候，他总会拿出1美元的票子。我也习惯了，每天早上一开门，就把一份《纽约时报》和骆驼牌香烟

成套准备好，并准备好 5 角零钱等他来。今天早上那位客人也与往常一样来了。我也同样把《纽约时报》和骆驼牌香烟一起给了他，并且从他那里接过钱找给他 5 角零钱。

但是，客人回去后，我正要把那 1 美元放到现金出纳机的时候，却发现那是个 10 美元的票子。是客人错把 10 美元的钞票付给我了。我就是为此烦恼呢。应不应该把错收 10 美元的事情告诉合伙人呢？”

经济原理

某镇，教师和拉比在谈话。

“人世间，其实矛盾重重。此镇也是一样。

有钱人能赊购，为什么穷人却只能用现金买呢？”

教师对拉比说。

“那其实很简单。有钱人有钱，穷人没有钱。所以，商店也可以以现金支付的方式卖给有钱人，而如果以赊购的形式卖给穷人，商店不都要倒闭了吗？”

拉比回答道。

“但是，有钱人有钱，所以用现金支付好了，而穷人没钱所以能够赊购，这不才是真正的道理吗？需要赊购的不是有钱人，而是穷人啊！”

“你为什么就不明白呢？如果凭信用卖给没钱的穷人东西，那么商店的老板们，都会破产而变成穷人了！”

“不，不明白的是你。如果商店的老板们变成穷人，还可以用赊购的方式买东西啊！”

赚钱

修华兹是纽约成功的商人。

他在罗斯拜尔德酒店和朋友摩西·弗兰克尔共进午餐。用餐期间，他从口袋里

拿出绿宝石戒指给弗兰克尔看。

“很漂亮的绿宝石吧？前段时间去委内瑞拉的时候，给内人买的纪念品。正好后天是她生日，所以我想把这个送给她。”

“你花了多少钱买的？真漂亮！”

“12000 美元整。”

弗兰克尔把绿宝石戒指拿在手里，非常激动。

“怎样，14000 美元卖给我吧。”

修华兹考虑了一下，认为能赚 2000 美元就卖给弗兰克尔了。

弗兰克尔高兴地拿着绿宝石戒指回家了。

这边，修华兹回到办公室一考虑，认为只有那个戒指才能作为给妻子的生日礼物，于是给弗兰克尔打电话。

“喂喂，是弗兰克尔吗？我还是想把那个戒指送给内人。我给你 16000 美元，你卖给我吧。”

电话这边，弗兰克尔稍微考虑了一下。但是，动脑筋想想，三个小时就能赚 2000 美元，认为这倒不坏。

“啊，那么，我这就让秘书给你送过去吧。”

说着挂了电话。

这样，绿宝石戒指又再次回到修华兹那里。弗兰克尔的秘书把那个戒指拿来的时候，正好朋友高尔德巴克来访。高尔德巴克看到绿宝石戒指说：

“真漂亮。卖给我吧？”

“多少钱好呢？”

“多少钱你愿意卖呢？19000 美元怎么样？”

修华兹决定卖了。高尔德巴克拿着绿宝石戒指走了。

过了一会儿，弗兰克尔打电话来。

“修华兹，怎么想我还是想要那个戒指。我再让你赚 2000 美元，卖给我吧？”

“不，实际上，刚才高尔德巴克来了，他说无论如何想买那个戒指，所以我适当地赚点就卖给他了。”

“你真是个傻瓜，修华兹。两个人仅在一下午就互相赚了好几千，你却把那个货源卖掉。这样每天持续下去，我们很快就能变成百万富翁了呀！”

八、在人间

不幸的人

两个犹太人坐在咖啡屋里，讨论着他们这一族群的命运。

“我们的命运多不幸啊！”一个说，“迫害，瘟疫，配额制，希特勒……有时我想，如果我们没有出生的话，还不如就这样消失算了！”

“那是自然！”另一个说，“但是谁有那么幸运？5 万人里也没有一个啊……”

选择决定生活

有 3 个人要被关进监狱 3 年，监狱长打算满足他们一人一个要求。美国人爱抽雪茄，要了 3 箱雪茄。法国人最浪漫，要了一个美丽的女子相伴。而犹太人说，他要一部与外界沟通的电话。

3 年过后，第一个冲出来的是美国人，他嘴里、鼻孔里都塞满了雪茄，大喊道：“给我火，给我火！”原来他忘了要火了。

接着出来的是法国人，只见他手里抱着一个小孩子，美丽女子手里牵着一个孩子，肚子里还怀着第三个。

最后出来的是犹太人，他紧紧地握住监狱长的手说：“这 3 年来我每天与外界联系，我的生意不但没有停顿，反而增长了 200%，为了表示感谢，我送你一辆劳斯莱斯！”

什么样的选择，决定什么样的生活。今天的生活是由 3 年前我们的选择决定的，而我们今天的选择将决定我们 3 年以后的生活。

你可以说一声：上帝保佑

一天，一个农夫去贝勒城。一路上，狂风大作，大雨倾盆，几乎无法行走。但是，农夫有很要紧的事，因此他还是顶风冒雨，奋力向前走。

他在路上遇见了一个老人，老人对他说："你好！你这样匆匆忙忙要到哪里去?"

"去贝勒。"农夫脚步不停地答道。

"你至少可以说一声：'上帝保佑，"

农夫停了下来，直视着老人的眼睛，接着眨了一下双眼，说："上帝保佑，我要去贝勒。但是，即使上帝不保佑，我还是要到那里去。"

这个老人正巧就是上帝。"如果那样，你 7 年以后再去贝勒，"他说，"现在，你给我跳到这片沼泽地里去，在那里呆上 7 年。"

农夫立刻就变成了一只青蛙，跳到沼泽地里去了。

7 年过去了，农夫从沼泽地里跳出来，恢复了人形。他戴上帽子，继续往集市上走。

走了一小段路，他又遇见了那个老人。"你到哪里去，我的好人?"

"去贝勒。"

"你可以说一声：'上帝保佑！'"

"如果上帝保佑，那很好。如果上帝不保佑，我知道会有什么结果，我不需要别人帮助，自己现在就能跳到沼泽地里去。"

从此以后，他再也不能说话了。

任何人都需要别人的帮助。聪明的人在善于思考的同时，会积极听取别人的意见，努力借助别人的力量，实现自己的理想。

一个补充国库的建议

有一次，安东尼皇帝派使者到朱丹·哈·尼撒拉比那儿，问了这样一个问题：

“帝国的国库快要空了，你能给我一个补充国库的建议吗?”

朱丹拉比听后，没有对使者说一句话，而是直接把他带到自己的菜园，然后默默地干起活来。他把大的甘蓝拔掉，种上小甘蓝。对甜菜和萝卜也是如此。

使者见朱丹拉比无意回答他的问题，心中大为不悦，没好气地对他说：“你总得给我一句话吧，我回去也好有个交代。”

“我已经给你了。”朱丹拉比不紧不慢地说。

使者一脸愕然，无奈之下，只好返回安东尼那儿。

“朱丹拉比给我回信了吗?”

“没有。”

“他对你说什么了吗?”

“也没有。”

“那他做了什么?”

“他只是把我领到他的菜园里，然后把那些大蔬菜拔掉，种上小的。”

“噢，他已经给我建议了!”皇帝兴奋地说。

第二天，安东尼立刻遣散了他所有的官员，换成少量的有能力、诚实的人。不久，国库就得到了补充。

条条大路通罗马。在说服别人或给人提出建议的时候，可以多动些脑筋，采用更迂回的战术。

脚比路长

古老的阿拉比国坐落在大漠深处，多年的风沙肆虐，使城堡变得满目疮痍。有一天，国王对 4 个王子说，他打算将国都迁往据说美丽而富饶的卡伦。

卡伦距这里很远很远，要翻过崇山峻岭，要穿过草地、沼泽，还要涉过很多的江河，但究竟有多远，没有人知道。

于是，国王决定让四个儿子分头前往探路。

大王子乘车走了 7 天，翻过 3 座大山，来到一望无际的草地边。一问当地人，

得知过了草地，还要过沼泽，还要过大河、雪山……便调转马头往回走。

二王子策马穿过一片沼泽后，被那条宽阔的大河挡了回来。

三王子渡过了两条大河，却被又一片无边的大漠吓退返回。

一个月后，三个王子陆陆续续回到国王那里，各自将沿途所见报告给国王，并都再三强调，他们在路上问过很多人，都告诉他们去卡伦的路很远很远。

又过了 5 天，小王子风尘仆仆地回来了，兴奋地报告国王，到卡伦只需 17 天的路程。

国王满意地笑了：“孩子，你说得很对，其实我早就去过卡伦。”

几个王子不解地望着国王：“那为什么还要派我们去探路？”

国王一脸郑重地说：“那是因为我只想告诉你们四个字：脚比路长。”

在实现人生理想的过程中，不怕目标的高远、任务的艰巨，只怕缺乏追寻的勇气、热情和执着的精神。只要愿意努力，你就能够实现自己的理想。

我还有几个忠告没对你说

施怀特养了 100 只鹅，有一天死掉了 20 只。于是，他跑到犹太牧师那里，请教怎样牧鹅。

犹太牧师专注地听完施怀特的叙述，问道：

“你是什么时候放牧的？”

“上午。”

“哎呀，纯粹是个不吉利的时辰！要下午放牧！”

施怀特感谢牧师的劝告，高兴地回了家。3 天后，他又跑到犹太牧师那里。

“牧师，我的鹅又死了 20 只。”

“你是在哪里放牧的？”

“小河的右岸。”

“哎呀，错了！要在左岸放牧。”

“非常感谢您对我的帮助，牧师，上帝祝福您！”

过了 3 天，施怀特再次来到犹太牧师那里。

“牧师，昨天又死了 20 只鹅。”

“不会吧，我的孩子。你给它们吃了什么？”

“喂了苞谷，苞谷粒。”

犹太牧师坐着深思良久，开始发表见解：

“你做错了，应该把苞谷磨碎喂给鹅吃。”

“万分感谢您——牧师。由于您的劝告，上帝会酬谢您！”

第三天，施怀特有点不快但又充满希望地敲着犹太牧师的房门。

“唔，又碰到什么新问题啦？我的孩子。”犹太牧师得意地问道。

“昨晚又死了 20 只鹅。”

“没关系，只要充满信心，常到我这儿来。告诉我，你的鹅在哪里饮水？”

“当然是在那条小河里。”

“真是大错特错，错上加错！不能让它们饮河水，要给它们喝井水，这样才有效。”

“谢谢，牧师！您的智慧总是拯救您的信徒。”

……

当施怀特通过开着的门进来时，犹太牧师正埋头读着一部厚厚的古旧的书。

“向您问好，牧师。”施怀特带着极大的尊敬说道。

“上帝把你召到我这儿。看，甚至现在我都在替你的鹅操心。”

“又死了 20 只鹅，牧师。现在我已经没有鹅了。”

犹太牧师长时间地沉默不语，深思许久后，他才叹息道：

“我还有几个忠告没对你说，多可惜啊！”

许多人生活和事业的失败，就在于太愿意听从别人的“忠告”。记住，用自己的脑袋思考，才能获得真正的人生经验！

无论借多少都可以

一位犹太人走进银行贷款部，大模大样地坐了下来。

“请问先生，您有什么事情需要我们效劳吗?”经理一边小心翼翼询问，一边打量着来人的穿着：名贵的西服，高档的皮鞋，昂贵的手表，还有镶宝石的领带夹子……

“我想借点钱。”

“您想借多少?”

“1 美元。”

“只借 1 美元?”经理惊讶得张大了嘴巴，“难道他在试探我们的工作质量和服务效率?”于是，他装出高兴的样子说：“只要有担保，无论借多少都可以。”

“好吧，”犹太人从豪华皮包里取出一大堆股票、国债及其他债券，放在经理的办公桌上，“用这些做担保可以吗?”

经理清点了一下：“先生，总共 50 万美元，足够了。不过先生，您真的只借 1 美元吗?”

“是的。”犹太人面无表情。

“好吧，年息 6%，1 年后归还，我们就把这些股票和证券还给您……”

“谢谢!”犹太富豪办理完手续，起身离去。

一直冷眼旁观的银行行长从后面追了上去，问道：“我是这家银行的行长，我实在弄不懂，您拥有 50 万美元的证券，怎么只借 1 美元呢?”

“既然您如此热情，我不妨把实情告诉您，我是到这儿来办事的，可这些票证放在身上不太安全，而几家金库的保险箱租金又太昂贵了。所以嘛，就把它们以担保形式存放在贵行，而这最多也不过交 6 美分的利息……”

良好的思维能帮助你更好地发挥你的潜能，争取到更多的利益。

听从上天的安排

从前，在欠债不还便足以使人入狱的时代，伦敦有位商人欠了一位放高利贷的债主一笔巨款。这个又老又丑的债主，看上了商人青春美丽的女儿，要求商人用女儿来抵债。

商人和女儿听到这个提议，都十分恐慌。狡猾伪善的高利贷债主故作仁慈，建议这件事听从上天的安排。他说，他将在空钱袋里放入一颗黑石子、一颗白石子，然后让商人的女儿伸手摸出其一，如果她捡中的是黑石子，她就要成为他的妻子，商人的债务也不用还了；如果她捡中的是白石子，她不但可以回到父亲身边，债务也一笔勾销。但是，假如她拒绝探手一试，她的父亲就要入狱。

商人的女儿虽然不情愿，但还是答应试一试。当时，他们正在花园中铺满石子的小径上，协议之后，高利贷的债主随即弯腰拾起两颗小石子，放入袋中。敏锐的少女突然察觉到，两颗小石子全是黑的！

如果你是那个不幸的少女，你要怎么办？

故事中的女孩不发一语，冷静地伸手探入袋中，漫不经心似的，眼睛看着别处，摸出一颗石子。突然，她手一松，石子便顺势滚落到路上的石子堆里，分辨不出是哪一颗了。

“噢！看我笨手笨脚的，”女孩呼道，“不过没关系，现在只需看看袋子里剩下的这颗石子是什么颜色，就可以知道我刚才选的那一颗是黑是白了。”

当然，袋子剩下的石子一定是黑的，恶债主既然不能承认自己的诡诈，也就只好承认她选中的是白石子。

一场债务风波，就这样有惊无险地落幕了。

思路宽阔的人出路也多。不论形势对你是多么的不利，只要你肯动脑筋，总能够逢凶化吉，把最险恶的危机变成最有利的情况。

一个快乐的人

尤利乌斯是一个画家，而且是一个很不错的画家。他画快乐的世界，因为他自己就是一个快乐的人。不过没人买他的画，因此他想起来会有点伤感，但片刻之后他就能够调整好。

“玩玩足球彩票吧！”他的朋友们劝他，“只花 2 马克便可赢很多钱！”

于是，尤利乌斯花 2 马克买了一张彩票，并且真的中了彩！他赚了 50 万马克。

“你瞧！”他的朋友都对他说，“你多走运啊！现在你还经常画画吗？”

“我现在只画支票上的数字！”尤利乌斯笑道。

尤利乌斯买了一幢别墅并对它进行了一番装饰。他很有品位，买了许多好东西：阿富汗地毯、维也纳橱柜、佛罗伦萨小桌、迈森瓷器，还有古老的威尼斯吊灯。

尤利乌斯很满足地坐了下来，点燃一支香烟静静地享受他的幸福。突然他感到很孤单，便想去看看朋友。他把烟往地上一扔——在原来那个石头做的画室里，他经常这样做，然后他就出去了。

燃烧着的香烟躺在地上，躺在华丽的阿富汗地毯上……一个小时以后，别墅变成了一片火的海洋，它完全烧没了。

朋友们很快就知道了这个消息，都赶来安慰尤利乌斯。

“尤利乌斯，真是不幸呀！”他们说。

“怎么不幸了?”他问。

“损失呀！尤利乌斯，你现在什么都没有了。”

“什么呀？不过是损失了2个马克。”

不把财产看得过重，超越患得患失的贪婪心理，人生就会变得开阔许多，快乐许多。

学习与模仿

有一次，两个美国人和两个犹太人搭火车旅行。

美国人很单纯，每人买了一张票；而犹太人则精打细算，两个人只买了一张票。美国人见到这种情形，就问犹太人：“你们只有一张票，那等列车长来查票，你们怎么办?”

犹太人神秘地笑而不答，上了火车不久，便传来列车长查票的声音，这时，两个犹太人都挤进一间厕所内。

列车长查票，来到他们的车厢，敲了敲厕所的门，说：“车票看一下！”

门开了一条缝，一只手拿着一张票伸出来。列车长无论如何也想不到，一间厕所内竟会躲着两个人。

他看了票，说："好了，谢谢！"又把票从门缝中塞了回去。

到了目的地，他们4人玩得很尽兴。踏上归途买票时，两个美国人心想："早上来时，犹太人的方法真不错……"

于是，他们决定也只买一张票。轮到犹太人时，只见他们摇摇手，说这次就不买票了。

上了火车，两个美国人都非常期待，不知道犹太人又有什么好方法。就在这时，列车长又来查票了。

两个美国人顾不得观看犹太人的新招式，赶紧钻进厕所。

又是"叩、叩"两声，犹太人敲了敲厕所的门，门应声而开，一只手拿着一张票，从门缝中伸出来。

犹太人："嗯，谢谢！"

两个犹太人拿了票，立刻往前一节车厢的厕所奔去……

模仿固然是学习的捷径，但却不能一味地全盘照搬。我们应学的是其精髓、观念、方法，而不是表面功夫。我们最稳当的保证人，就是我们自己的智慧。

盲目的膨胀

有一家公司淘汰了一批落后的设备。

董事长说："这些设备不能扔，得找个地方放起来。"

于是专门为这批设备修建了一间仓库。

董事长说："防火防盗不是小事，找个看门人。"

于是找了个看门人看管仓库。

董事长说："看门人没有约束，玩忽职守怎么办？"

于是又派了两个人过去，成立了计划部，一个负责下达任务，一个负责制订计划。

董事长说："我们必须随时了解工作的绩效。"

于是又派了两个人过去，成立了监督部，一个负责绩效考核，一个负责写总结报告。

董事长说："不能搞平均主义，收入应拉开差距。"

于是又派了两个人过去，成立了财务部，一个负责计算工时，一个负责发放工资。

董事长说："管理没有层次，出了岔子谁负责?"

于是又派了4个人过去，成立了管理部，一个负责计划部工作，一个负责监督部工作，一个负责财务部工作，一个总经理——管理部总经理对董事长负责。

董事长说："去年仓库的管理成本为35万，这个数字太大了，你们一周内必须想出解决办法。"

一周之后，看门人被解雇了……

企业的组织机构越来越膨胀、制度越来越繁琐、文件越来越多、效率越来越差……很多管理者不仅没有意识到这些问题，反而还陶醉在复杂的事务中沾沾自喜，以为自己正在为"即将到来的成功"而"努力奋斗"；有些人虽然意识到了问题的严重性，但却不知该从何处下手。

因此，保持事物的简单化是对付复杂和烦琐的最有效方式，这几乎是所有犹太商人都认可并遵行的准则。

逆向思维

加里·沙克是一个具有犹太血统的老人，退休后，他在学校附近买了一间简陋的房子。住下的前几个星期还很安静，不久，有3个年轻人开始在附近踢垃圾桶闹着玩。

老人受不了这些噪音，便出去跟年轻人谈判，但没有收到任何效果。

第二次，老人改变了谈判的方式。

"你们玩得真开心。"他说，"其实，我喜欢看你们玩得这样高兴。如果你们每

天都来踢垃圾桶，我将每天给你们每人一块钱。”

3个年轻人很高兴，更加卖力地表演“足下功夫”。不料3天后，老人忧愁地说：“通货膨胀减少了我的收入，从明天起，只能给你们每人5毛钱了。”

年轻人显得不太开心，但还是接受了老人的条件。他们每天继续去踢垃圾桶。一周后，老人又对他们说：“最近没有收到养老金支票，对不起，每天只能给两毛钱了。”

“两毛钱？”其中一个年轻人脸色发青，“我们才不会为了区区两毛钱浪费宝贵的时间在这里表演呢，不干了！”

从此，老人又过上了安静的生活。

“逆向思维”是一种很重要的思维方式。所谓“逆向思维”，也叫求异思维，它是对司空见惯，似乎已成定论的事物或观点反过来思考的一种思维方式。

与常规思维不同，逆向思维是反过来思考问题，是用绝大多数人没有想到的思维方式来思考问题。运用逆向思维来思考和处理一些特殊事情，可以达到“出奇制胜”的效果。

土拨鼠哪儿去了

一个犹太大亨曾给几个期望在商业上有所成就的青年讲过这样一个故事：

有三只猎狗追一只土拨鼠，土拨鼠钻进了一个树洞。这个树洞只有一个出口，可不一会儿，居然从树洞里钻出来一只兔子。兔子飞快地向前跑，并爬上另一棵大树。兔子在树上，慌忙中没站稳，掉了下来，砸晕了正仰头看的三只猎狗，最后，兔子终于逃脱了。

故事讲完后，犹太大亨问：“这个故事有什么问题吗？”

“兔子不会爬树！”年轻人抗议道。

“一只小兔子怎么可能同时砸晕三只猎狗呢？”另一个年轻人提出这样的疑问。

直到再也没人能挑出毛病了，犹太大亨才说：“还有一个问题，你们没有提到，土拨鼠哪儿去了？”

目标是本，任何一项工作都必须以目标为中心。只有把注意力凝聚在目标上，才能在事业上取得成就。而很多人在企业向前发展时，常常把所有的注意力放在半道杀出的“兔子”身上，把原始目标“土拨鼠”抛到了九霄云外。

不改口的原因

一位商人去拜访教皇，声言只要教皇改口一句话，就给10万美元，教皇摇摇头，没答应。

“100万可以吗?”商人态度恳切，教皇依然摇头。

“1000万可以吗?”商人充满期待，教皇挥手制止。

随侍一旁的主教不解地问：“1000万美元可以干许多大事呀！他究竟要的是哪一句话，您态度那么坚决?”

教皇冷笑了：“他要教徒们以后祷告完毕后，不要讲‘阿门’，而讲‘可口可乐’。”

这则笑话一经出现，立即不胫而走，媒体大肆宣扬，民间口耳相授，可口可乐的“上口率”更高了。

请倒过来试试

有个年轻的画家，画出的画总是很难卖出去。一次偶然的机会，他经人介绍认识了一位犹太商人。

犹太商人见画家整日愁眉苦脸，就问他遇到了什么难事。苦闷的画家就向犹太商人倾倒了满腔的苦水：

“我画一幅画往往只用一天不到的时间，可为什么卖掉它却要等上整整一年?”

犹太商人沉思了一下，对他说：

“请倒过来试试。”

年轻人不解地问：

"倒过来?"

犹太商人说：

"对，倒过来！要是你花一年的工夫去画，那么，只要一天工夫就能卖掉它。"

"一年才画一幅，这有多慢啊！"年轻人惊讶地叫出声来。

犹太商人严肃地说："对！创作是艰巨的劳动，没有捷径可走的，试试吧，年轻人！"

青年画家接受了犹太商人的忠告，回去后苦练基本功，深入搜集素材，周密构思，用了近一年的工夫画了一幅画，果然，它不到一天就卖掉了。

当付出与收获不如计划的那么理想时，我们不妨听听这位犹太商人的忠告——请倒过来试试。

上帝的代理人

有一对非常穷困的犹太老夫妻，经常挨饿，最后实在无计可施，老头儿就对老太太说：

"老伴，咱们给上帝写封信，让他帮帮我们吧！"

老太太极力赞成。于是，他们坐下来给上帝写信，求上帝帮忙。写好信后，他们签了名，写上地址，然后仔细封好。

"我们怎样才能把这封信寄到上帝那里呢?"老太太犯难了。

"上帝无所不在。"老头说，"我们的信无论用什么方法寄，他都一定能够收到。"

他们走出门去，把信一扔，风就把信给邮走了。

碰巧有一个善良的富人出门散步，风把信吹到了他的面前。他好奇地把信捡起，打开读了，被这对老夫妇的虔诚和天真感动了。

富人非常同情他们的处境，决定帮助他们。他快速地取了钱后，就按照信上的地址，敲响了那对老夫妇的门。

"纳特先生住在这儿吗?"他问道。

“我就是纳特。”老头回答道。

富人朝他笑了笑。

“我有点事要告诉你，”他说，“几分钟之前上帝收到你的信，我是他在这个地区的代理人，他叫我给你送来 100 卢布。”

“你瞧，你瞧！老伴，”老头高兴地大声说，“上帝收到我们的信了！”

老夫妇收下了钱，对上帝的代理人千恩万谢。

可是，那位富人走后，老头满腹狐疑。

“你在想什么呢？”他的妻子问道。

“老伴儿，我很怀疑，”老头儿若有所思地说，“那个代理人看上去一点也不诚实。他可能和我们耍了滑头。你知道代理人是怎么回事吗？是从中收钱的人。很可能上帝给了他 200 卢布让他给我们，可是他留下一半给自己做佣金了。”

含蓄的表达方式虽然备受推崇，但并不一定是收效最好的一种。在特定情况下，对特定人而言，与其让人捉摸不透留下误解的根由，不如开诚布公而收获对方的感激涕零。

哥伦布立蛋

犹太人哥伦布发现新大陆后，返回英国，女王为他摆宴庆功。

酒席上，许多王公大臣、绅士名流都瞧不起这个没有爵位头衔的人，纷纷出言讥讽哥伦布。

“没什么了不起的，我出去航海，照样也会发现新大陆！”

“驾驶航船，只要朝一个方向前进，就会有重大发现！”

“太容易了！这种事谁碰上谁出名！”

“哥伦布这家伙运气真好！”

哥伦布微笑着听完大家的讽刺和挖苦，起身说：“各位尊敬的先生、女士，现在请大家做一个游戏——哪位能把鸡蛋在桌子上立起来？”

许多人跃跃欲试，但没有一个人能够把椭圆形的鸡蛋立在桌子上。

“我们立不起来，你也不能立起来!”有人说。

哥伦布拿起鸡蛋在桌子上轻轻一磕，鸡蛋的大头就凹了下去，他从容地把鸡蛋立在了桌子上。

“这太简单了，谁不会呀!”大家嚷嚷道。

“是的，这方法的确很简单，我说过，这仅仅只是一个小游戏而已。”哥伦布笑着说，“问题是，在这之前，你们为什么都没有想到过这个方法呢?”

生活中我们不时能够听到人们对有钱人的评议，语气和王公贵族们对哥伦布的评论十分雷同。问题是，在他们用那种方法赚大钱之前，别的人为什么想不到呢?

公平的判决

很久以前有一个穷人，他从来赚不到钱，也捡不到任何东西，为此他常常诅咒自己的运气。但是有一天，当他在路上走时，因为眼睛一直往下看，忽然发现路上有一个小袋子。出于好奇，他打开袋子，结果吃惊地发现里面有100个金币。

就在同一天，教堂里的司事宣布镇上最富有的人丢了一大笔钱，并答应给捡到者丰厚的酬金。

穷人听到这个消息后，开始和自己的良心争斗，应不应该归还这笔钱呢?毕竟没有人看到他捡钱，而且家里的孩子正哭着要东西吃。再说，丢钱的人不是很富有吗?他不在乎这些损失!

但是，他突然很为自己这种邪恶的想法感到不安，于是很快把钱归还了。

那个富有的人接过钱，甚至连句“谢谢”也没说，只是很悠闲地一个接一个地数钱。同时心里在想:“这个人是个傻瓜，我什么也不会给他的。”

“请问我的酬金呢?”穷人怯生生地问。

“酬金!”富人大叫，“为什么给你酬金?你看着呢，我才数了100个金币，然而我的袋子里有200个金币。既然你已经偷走了100个金币，就不要再说什么酬金。”

“那让我们到拉比那里去。”穷人说。

“很好。”富人说。

拉比认真地听完他们的话，然后转向富人问：“你丢的袋子里有多少钱?”

“200个金币。”

“那你捡的袋子里有多少钱?”拉比问那个穷人。

“100个金币。”

“既然这样，”拉比对富人说，“他捡的这个袋子不是你的。我命令你把那100个金币还给人家!”

舌头是善恶之源

《塔木德》说：“舌头是善恶之源，语言的价值是一个塞拉，沉默的价值是两个塞拉。沉默对聪明人有好处，对于蠢人更有好处。”

人之所以有两个耳朵、一张嘴巴，是为了让人多听少说，听的分量要有说的两倍。于是，那些懂得听话艺术的人总是让人尊敬，而那些只知喋喋不休地说个不停的人只会让人更厌恶。

有一个拉比对他的仆人说：

“到市场去给我买些好东西。”

仆人去了，带回来一个舌头。

拉比又对仆人说：“出去到市场上给我买些不好的东西。”

仆人去了，又带回来一个舌头。

拉比对他说：“为什么我说‘好东西’，你带回来一个舌头；我说‘不好的东西’，你还是带回来一个舌头?”

仆人回答说：“舌头是善恶之源。当它好的时候，没有比它再好的了；当它坏的时候，没有比它更坏的了。”

尽管舌头表现得没有骨头，但也应该特别小心，因为话一旦说出口，就像射出去的箭，再也不能收回了。

无论在什么地方，都不要让你的舌头抢先于你的思想，话一定要想好后再说，

除非你的话能给人带来愉悦，否则最好保持沉默。

还礼

一个拉比在旅途中碰到一个不喜欢他的人。连续好几天，那个人都用尽各种方法诬蔑他。

最后，拉比转身问那人："若有人送你一份礼物，但你拒绝接受，那么这份礼物属于谁?"

那人答道："属于原本送礼的那个人。"

拉比笑着说："没错，若我不接受你的谩骂，那你就是在骂你自己。"

那人摸摸脑袋，尴尬地走了。

只要保持健康的心态，任何人都影响不了你，更左右不了你。反之，如果你一味地在乎别人的想法或说法，就会失去自我，失去快乐，成为他人思想或言行的奴隶。

沉香

耶路撒冷有一个有钱的老人叫艾伦，非常担心他从小娇生惯养的儿子小艾伦没有生存能力。他害怕自己庞大的财产反而会给儿子带来不祥，认为与其把财产留给孩子成为祸害，还不如尽早教会孩子如何奋斗。

艾伦诚恳地与儿子谈话，对儿子讲述了自己的愿望。他的话感动了小艾伦。小艾伦决定出海去探险，寻找属于自己的天地。

小艾伦打造了一艘大船，出海探险。一路上，他度过险恶的风浪，经过无数的岛屿，最后在一个人迹罕至的小岛上发现了一种树木。这树木高达 10 余米，数量奇少无比，一片森林中可能只有一两株。砍下这种树的外皮，留下木心的部分，会散发出一种奇异的香气。最奇怪的是，当把它放在水中时，它不会像别的木头那样浮上水面，而是沉到底下。小艾伦心想，这真是个奇怪的宝贝呀!

他历尽艰险，把香气无比的树木带回市场上出售，希望卖个好价钱，但市场上竟然没人看得上这种颜色黑暗、毫不起眼的木材。

小艾伦旁边有个卖木炭的小贩，每天早早就卖完木炭收工。刚开始时，小艾伦还忍得住，后来就越来越动摇了："看来这木头就是个普通的玩意，似乎远没有木炭好卖，干脆我也把香树烧成木炭来卖好了。"

第二天，他把香木烧成木炭，挑到市上。结果不到一天时间就全部卖完了。小艾伦为自己及时采取了他人的赚钱办法感到得意，很高兴地回家，将事情原委兴高采烈地向老艾伦描绘了一番。

老艾伦听着听着就落下泪来。原来，小艾伦烧成木炭的香木，正是世界上最珍贵的树木"沉香"，只要切下一块磨成粉屑，价值就超过了一车的木炭。

沉香木

这个故事告诉我们两个智慧：一是许多人手里有沉香，却不知它的珍贵，反而羡慕别人手中的木炭，最后竟丢弃了自己的珍宝；二是许多人虽知道希圣希贤是伟大的心愿，一开始也有成圣成贤的气概，但看到做凡夫俗子更容易、最不费工夫，最后也出卖自己尊贵的志愿，沦落成为凡夫俗子。

人生最大的缺憾，就是和别人比较，和高人比较使我们自卑，和俗人比较使我们下流，和下人比较使我们骄满。外来的比较是我们心灵动荡不能自在的来源，也使得大部分人迷失了自我，障蔽自己心灵原有的氤氲馨香。所以说，一个人战胜

1000 个敌人 1000 次，远不及他战胜自己一次！

自卫

一个以色列人、一个英国人和一个法国人被一群强盗劫持。

为首的一个强盗发了善心，允许他们在被杀死前做最后一件事。

法国人说他临死前想做的最后一件事，就是和女朋友再亲热一番；英国人说最大的心愿就是写份遗嘱，强盗们给他找来了纸笔；以色列人却站着一动也没动。

好生奇怪的强盗头子走上前去，问以色列人："你怎么不说说你的心愿?"以色列人却说："我别的不想，只想让你踢我屁股一脚。"

"哈哈!"强盗头子被他这奇怪的心愿逗得大笑起来。笑完后，猛然间，他抬起大脚，狠狠地踢了以色列人的屁股一脚。

以色列人一个趔趄，就在这一瞬间，他转身取出藏在身上的枪，"啪啪"几声枪响后，强盗们便立马成了他的枪下之鬼。

见此情景，英国人和法国人便问那个以色列人："既然你身上带着枪，强盗们刚劫持我们时你为什么不开枪，要乖乖做人家的俘虏?"

以色列人满脸疑惑地说："当初，我的身体又没有受到他们的伤害，我没有理由开枪打死他们。我让强盗头子踢我屁股的原因，就是让他先伤害我，对我的人身安全构成威胁，那我就可以名正言顺地以自卫的名义开枪打死他。"

这个以色列人并不是办事呆板，而是因为他深谙法律条文，采用了一种既能报复对方又属于合理自卫，不违反法律的最好方式。在世界范围内，犹太商人都是守法的楷模，他们从不违法经营，但他们会花费很多精力研究当地的法律，以便找到漏洞，从而合理地钻法律的漏洞。

破戒

有一次，一位犹太商人去乡下一位波兰地主那儿谈生意。他见到地主的时候，

地主正在吃早饭，桌子上摆着热腾腾的猪排，还有一瓶酒。地主礼貌地邀请犹太商人在餐桌旁坐下，一定要他吃块猪排。犹太商人道了谢并拒绝了。

“你不喜欢猪排?”

“恰恰相反，我很喜欢，可是犹太人不能吃猪肉。”

地主笑了。“我知道了，我知道了，”他说，“你们管它叫‘不洁’。”然后他给犹太商人倒了一杯葡萄酒。犹太商人又道了谢，拒绝了。那也是不能喝的。

地主不耐烦起来，抱怨道：“你们的上帝一定是个硬心肠的家伙！他在你们肩上放的担子太重了。告诉我，要是你在森林里迷路了，好几天没吃东西，再不吃就饿死了，这时假如有人来了，给你的却是‘不洁’的食物——你吃还是不吃?”

“那是另一件事了，”犹太商人回答说，“我们的法则为人的生命和健康面临危险的时候也订了规矩。”

地主突然跳了起来，目露凶光地盯着犹太商人，抽出一把手枪，指着他叫道：“把这酒喝了，不然我就开枪了！”

一眨眼的工夫，犹太商人就把酒喝下去了。地主一边用手枪指着他，一边又给他倒了第二杯酒。又是一眨眼的工夫，犹太商人也喝完了它。

地主放下手枪，笑着对犹太商人说：“请别生气，我只不过是开开玩笑。告诉我你不会生气的。”

“我为什么不生气——我完全有理由生气，”犹太商人反驳道，

“你的玩笑本应该早点开，在你说到猪排的时候！”

犹太人不会在没有缘由的情况下“破戒”，但只要有机会，他们对于自己喜欢的美食也绝不放过。在经商过程中，他们在坚持原则的前提下，也会自我创造一些“不得已”的情况，让自己赚得盆满钵满。

文盲的成功之路

一个穷苦的人从科威诺来到纽约，他既没有生意可做，也没有工作。而当他站在美国的街头时，他发现这里根本不像他们那里的人说的——满地铺着黄金。他只

好靠贩卖针线维生。生活压力很大，付出得多，得到的却很少。于是，他到处留意好一点的工作。当他听说律师大街的教堂需要一个杂役时，便匆匆赶去。

“你有阅读和写作英语的能力吗?”考官问他。

“没有。”小贩答道。

“那么对不起，先生，”考官说，“在美国，一个教堂杂役需要对英语能说会写。你知道，纽约可不是一个小城镇。”

小贩叹了口气，失望地离开了。

但是，后来他凭着自己的能力渐渐变成了一个富人，之后转向了房地产投资。

一天，当他需要25万美金去投资一个房地产生意时，他来到银行，申请借贷。他的愿望立刻得到了满足。

“请填一下您的单子。”银行管事满脸堆笑地递上一支钢笔。

“我——我不会写字。”这位房地产商尴尬地说，“我只会签自己的名字。”

“呀啧啧，真是了不起啊!”银行家赞道，“您生意做得那么成功而不会读和写，想想看，假如您会读会写的话，现在不知道该怎样了呢!”

“当然了!”房地产商嘀咕了一句，“我就有可能还是律师大街上教堂里的一个杂役!”

荒淫无耻与节俭禁欲

在一个犹太小镇上，一个荒淫无耻的富人死了。全镇的人都为他哀悼，并送他的棺材到了墓地。当他的棺材被放进坟墓时，四周都是哭泣、哀叹声。据镇上最老的居民回忆，就连教士和圣人死去时，人们都没有如此悲哀。

正巧第二天镇上的另一个富人也死了，他的性格和生活方式与前一个富人恰恰相反。他节俭禁欲，只吃干面包和萝卜。他一生对宗教都很虔诚，成天在豪华的研究室内学习法典。可是他死后，除了他的家人外，没有一个人为他哀悼。他的葬礼冷冷清清，只有几个人在场。

镇上恰好来了个陌生人，他对此迷惑不解，就问道：“请向我解释一下这个城

镇的奇怪行为吧。他们尊敬一个无耻的人，而忽略一个圣人。”

一个镇上的居民回答说：

“昨天下葬的那个富人，虽然是个色鬼和酒鬼，但却是镇上最大的施益者。他性格随和、开朗，喜欢生活中的一切好东西。实际上，镇上的每个人都从他那儿获益。他向一个人买酒，向另一个人买鸡，向第三个人买鹅，向第四个人买奶酪。他出手还十分大方。这就是为什么我们每个人都想念他，哀悼他。”

“可今天死去的那个富人又有什么用呢？他成天吃面包和萝卜，没人能从他身上赚到一文钱。相信我吧，没有人会想念他的。”

当财富无法带给周围的人好处时，它就是失败的。许多犹太富豪，他们的身份不但是企业家，也是一个慈善家。

拉比与司机

在大部落有一个很著名的传教士，他曾经从一个城镇到另一个城镇传道。不论他到哪里，都会受到最热烈的欢迎和荣耀。他的司机在整个旅途中一直陪伴着他，对这种欢迎有很深刻的印象。

一天，当他们在路上时，司机说：“拉比，我想请您帮我个忙。我们无论到哪里，人们都会把荣誉给您。尽管我只是个目不识丁的司机，但我还是很想知道这种受尊重的感觉。您是否介意我们交换一天的衣服，这样他们就会认为我是一个伟大的传教士，而您是个司机，从而把荣誉给我！”

这位大部落的传教士是个很随和的人，但他还是看到了这种安排下司机的不足之处。

“即使我同意——然后怎样？你知道拉比不是由衣服决定的！学识方面怎么样？假如他们让你解释法典中困难的章节，你会表现得像一个傻瓜的，不是吗？”

“您不用担心，拉比——我很想利用这次机会。”

“如果这样，”传教士说，“这是我的衣服。”

于是，这两个人在又受到邀请时交换了衣服。

当他们到了城里，所有的犹太居民都出来欢迎这位伟大的传教士。他们把他引进犹太教堂，而那位伪装的传教士在后面保持一段距离，悄悄跟着。

每个人都挤到“拉比”的身边，想和他握手，并按照习俗喊着：“肖落墓，艾尘墓，全知的拉比!”

“拉比”很激动，他坐在尊贵的位子上，周围环绕着所有的学者和城里有地位的人。同时，真正的传教士坐在角落里用狡黠的眼睛看着到底会发生什么事。

“全知的拉比，”一个当地的学者突然发问，“您是否能充分地解释一下我们所不能理解的法典里的这一章呢?”

传教士在角落里吃吃地笑了，因为这一章的确很困难。

“现在他要出丑了!”他自言自语。

这位“拉比”皱紧了眉头，盯着眼前这本神圣的书，其实他一个词也不懂。然后，他不耐烦地推开那本书，讽刺地对那个学者说：“你可真是好学者！这就是你能问我的最难的问题？因为这章是如此简单，连我的司机都能解释给你听!”

然后，他叫那位坐在角落的传教士：“司机，到这儿来一下，把法典解释给这些‘学者’听!”

随机应变，是摆脱困境的良方，但随机应变的能力并不是每个人都具备的，它要求人们必须具备良好的心理素质，只有做到临危不乱，才能想出摆脱困境的方法。

愚蠢的问题

彻尔姆有一个年轻的学者，对世界上事物的认知都很天真。一天早晨，他被他妻子的生产吓得目瞪口呆，慌慌张张跑到拉比那里。

“拉比，”他叫道，“一件不寻常的事发生了！请给我解释一下！我妻子刚刚生了，而我们结婚才 3 个月！这是怎么回事？每个人都知道 9 个月才能生小孩!”

这位拉比在全世界都很有名，他戴着他的银边眼镜，皱着眉头想这件事。

“我的孩子，”他说，“我看你对这种事一无所知，甚至都不会简单的计算了。

让我问你，你和妻子住在一起3个月了吗?”

“是的。”

“她和你住在一起3个月了吗?”

“是的。”

“你们两个——在一起3个月了吗?”

“是的。”

“那一共是——3个月加3个月加3个月?”

“9个月，拉比!”

“那你为什么还跑来用这种愚蠢的问题烦我!”

理想的安排

从前有一个富翁，他拥有一家工厂和其他的生意，此外，他还是镇上唯一酒家的主人。他有两个儿子：一个行为端正，受人尊重；另一个却是浪荡子。

终于有一天，富翁觉得自己大限已到，因此他立下遗嘱，把工厂和所有的财产都留给浪荡子，而只把酒家给了那个正直、善良的儿子。

他的朋友听说后都纷纷责备他说：“你怎么做出这种傻事?为什么要把家产留给那个没用的儿子，他只会挥霍掉你一生辛苦累积的财富呀!”

“相信我!”富翁说，“我已经仔细考虑过了。要是我把酒家留给那个浪荡子，他会马上和那群狐朋狗友把酒家搞垮的。为了防止这个，我把酒家留给我那规矩的儿子，而其他的财产给他弟弟。道理非常简单嘛。因为我的酒店是镇上唯一的一家，我那浪荡儿子一定会伙同那帮朋友去喝酒的。毫无疑问，他会把工厂和其他东西都花在那上面。这样一来，从长远来看，我的好儿子便会既得到我的酒家，又得到我其他的财产了。”

正所谓“射人先射马，擒贼先擒王”，把握住事情的关键就能收到事半功倍的效果，处理危机的关键在于破解危机的源头。在做任何事情之前，先想一想事情的原委，便可以更加轻省。提了粽子的绳头就可以拎起一长串的粽子。

如愿以偿

一个富翁有一次请两个饥肠辘辘的学者喝茶。他们来了，在桌前坐下，开始讨论起经文来。除此之外，犹太人还有其他的消遣吗？正当他们争论不休的时候，女主人进来在他们的茶杯前放上柠檬，接着她又拿来一个盘子，上面放有两块饼干，其中一块比另一块大一些。学者们都知道礼仪很重要，因此都不愿意第一个去拿。

其中一个很有度量地说："扬克尔先生，您先请！"

"不不！依萨克先生，您先来！"扬克尔也彬彬也礼地说。

他们推托了好久，最后，扬克尔突然伸手拿了一块饼干——可他挑的是大的那一块。

依萨克惊呆了。

"这是怎么回事，扬克尔先生。"他委屈地责备道，"像你这样的学者，竟然完全没有用餐礼仪。怎么能如此粗鲁地先拿了大块饼干，而把小块的留给别人呢?"

"那要是换了你，你会怎么做呢?"扬克尔问道。

"你这话什么意思？作为一个懂规矩的人，我当然会挑小的那块。"

"哦，你正是得到了小的那块呀！"扬克尔高兴地说，"那你还这么生气干什么?"

只输了五块钱

一对新人到拉斯维加斯度蜜月。没过 3 天，1000 美元赌本就输光了。当天晚上，新郎躺在床上，看到梳妆台上有东西在闪闪发光。他凑上前去，发现那是他们留下来当纪念品的 5 块钱筹码。更奇怪的是，筹码上不断地闪着"17"这个数字。

他觉得这是个好兆头，于是就披上绿色浴袍，急匆匆冲到楼下去找轮盘赌台。他把 5 块钱筹码押在"17"这个数字上。果不其然，小球落在"17"，赔率是赌 1 赔 35，他拿到了 175 美元。他把彩金继续押在"17"上，小球果然又落在"17"，

庄家赔了 6125 美元。这种邪门的手气就这样持续着，财星高照的新郎赢了 750 万美元，但他还仍不肯罢手。这时，赌场经理出现了，他说，如果再开出“17”，他们可赔不起了。

这个新郎想乘胜追击，便叫了计程车直驱市区另一家财力更雄厚的赌场。轮盘台上的小球又落在“17”上，庄家赔了两亿多美元。他乐昏了头，决定把这笔巨资孤注一掷，来一场空前豪赌。结果小球停住时一偏，开出了“18”。一辈子都梦想不到的天大财富，就这样转瞬间输得精光。他垂头丧气地走了几里路，回到旅馆。

他一走进房间，太太就问了：“你到哪儿去了？”

“去赌轮盘了。”

“手气怎么样？”

“还好，只输了 5 块钱。”

犹太人认为，金钱也是有灵性的，你不珍惜它，它也就不会留恋你。人的贪念会让到手的财富瞬间蒸发得无影无踪。

正确的判断

索尔兹堡的主教下了道命令，要领地上的犹太人选出一位代表，在某一天和一位基督教的学者辩论。这位学者是圣经的大权威，有名的神学家。辩论要在全体居民面前的教堂广场举行，两位当中无论谁输了都得杀头。

犹太人听到这个消息都吓坏了，他们撕裂衣裳，并开始斋戒起来。犹太人会发布了一道消息，不管是谁愿意参加基督教学者的辩论，都得向大拉比汇报。

可是只有裁缝祖斯坎德来了。

社区的头头们觉得很奇怪，这就是要代表他们去和那个最博学的学者辩论的人吗？可是又能怎么样呢？没有一个人愿意出来，谁都知道那是去送死，然而这个城里的裁缝来了，愿意为大家的利益和敬奉上帝而准备献出自己的生命！

规定辩论的日子到了。所有人都按照主教的命令聚集在教堂广场上。主教让犹太人的代表走上前去开始辩论。

裁缝对基督教学者说：“如果你是犹太教义的权威，请告诉我：希伯来文Loldati（译为“我不知道”）是什么意思?”

“我不知道。”学者很快就回答说。

“啊哈!”裁缝高兴地叫道，“我再问一遍，希伯来文Loldati是什么意思?”

“我不知道!”学者回答，这回有点发怒了。

主教听到学者第二次明明白白地承认了不知道，宣布辩论就此停止。于是，他们很快就绞死了那个学者，犹太人呢，唱着感谢上帝的歌回家了。他们簇拥着胜利的裁缝去见拉比。

“告诉我，”拉比说，“你怎么就能想到这么一个聪明的问题去难倒那个学者的?”

“拉比，我来告诉你。”裁缝说，“我不认识希伯来文，只能看意第绪语（日耳曼语族）翻译的希伯来圣经，它对希伯来文Loldati的翻译就是‘我不知道’。所以我就想——要是神圣的意第绪语圣经都承认我不知道，那这个以色列的敌人怎么可能知道呢？所以，你们都看到了，我的判断是对的。”

忠诚的力量

1311年，法国的菲利浦国王发布了一条命令，所有生活在他的国家里的犹太人必须在两天之内离开，违者处死。然而，不幸的犹太人无法在这么短的时间里处理掉他们的房子、田地以及家产。因此，他们不得不两手空空地去流浪。

在这些可怜的被驱逐者中，有一个非常富有的巴黎珠宝商，他非常担心会失去自己的财产，于是就把它们托付给他的基督徒邻居。他想：过些日子，国王驱逐犹太人的命令也许就取消了，到那时我再回来取走我的财产。

邻居向富商保证，一定会好好看管他的钱和首饰。于是，商人放心地离开了。他和他的同胞们被迫四处流浪，在广阔的世界里寻找着安身之所。

很多年之后，菲利浦国王死了。他的儿子继承了王位，并撤销了他父亲的命令。他昭告天下，所有被驱逐的犹太人都可以安全地回家了。于是流亡者都回来

了，其中也有那位珠宝商人。

珠宝商回来后的第一件事就是去拜访他托付财产的旧邻居，但是，天哪！那个人不见了。

珠宝商向邻居们打听他的消息，得知他最近几年境遇很不好，失去了所有的财产，并被迫从他的好房子里搬走。现在他住在城外，过着困苦的生活。

听到这个消息，珠宝商很难过。他相信，如果他的邻居失去了一切，他托付给邻居的那些金银珠宝也一定没指望了。

他垂头丧气地来到巴黎城外，寻找他的邻居，最后终于在一个破旧的小屋里找到了他。屋子里空荡荡的，既没有床，也没有椅子。那个可怜人正坐在一个箱子上发着抖，憔悴消瘦，饥寒交迫。

当他看见珠宝商时，立刻站起来迎接，然后打开了自己坐着的箱子，从里面拿出一个口袋。

“这是你的财产，”他说，“我把它们看得好好的。”

“你怎么能做到这个呢？”珠宝商拿回它们，激动地说，“你又冷又饿，可你却没有碰这些东西。”

“这不是属于我的东西，我怎么能动呢？”基督徒回答说，“我受够了生活的苦，有好多次，我都厌倦了生命，不想再活了，可我却不敢死。我答应了你，要为你看守财产，我怎能不忠实地履行自己的诺言呢？我忍耐着，等待你的归来。现在能见到你，真是太好了！”

珠宝商听了这些话，深深地感动了。

“你没有放弃生命，一直等着我，真是太幸运了。”他说，“你的苦日子结束了。从此，你就是我的兄弟，我的一半财产都归你。”

于是，犹太人和他的基督徒邻居像从前一样，相亲相爱地生活在一起，他们的兄弟情谊永远长存。

“吹尽黄沙始见金。”忠诚是为人处世的第一原则。不论你身处何方，涉世未深还是历经世事变迁、沧海桑田，相信忠诚，保持忠诚，坚守忠诚，就能守住你心灵的契约，赢得做人的尊严。

一个人的今世和来世

安息日，一个贫穷的小店主在教堂里聚精会神地聆听教士布道，教士这么说道：“今世贫穷之人在来世必能变得富有，而今世富有者，依上帝之旨，来世将堕入困顿。因为每个人都是上帝平等的子民，每个人都得到平等之待遇。”

几天后，这个小店主跑去找教士。

“先生，”他焦虑地说，“你真的认为今世贫穷的人来世就会富有吗?”

“毫无疑问！”教士语气非常肯定地说。

“你知道我是个可怜的小店主——你的意思是说，我在来世一定会富有吗?”

“当然的啊！”

这个小店主简直欣喜若狂，他叫道：“如果那样的话，先生，借给我 100 块钱吧。等下辈子我变得富有了，一定把钱还给你。”

教士什么也没说，马上数了 100 个闪闪发光的银币。可怜的小店主简直不敢相信自己的眼睛。当他伸出手去抓那些钱时，教士阻止了他，问道：“你拿这些钱有什么打算呢，朋友?”

“买一个新的商店。”

“你要用它挣钱吗?”

“我要用这笔钱卖康纳克馅饼！”

“如果是这样，”教士一面说着，一面收起他的钱，“我不能借给你 100 块钱。因为你在今世富有了，来世就会变得贫穷。那样我怎么能指望你还我的钱呢?”

会拔火罐的学者

从前，有一位十分博学，样样知识皆通的人。而且，他声音优美，拉得一手好提琴。有一天，他病倒了，大夫劝他搬到气候温暖的地方。他照做了，搬到一个小镇上，生活在一群没有知识的普通人中间。

按照当地的习惯，人们问他："你以什么维生？"

"我会拔火罐。"

之后，当只有他们夫妻俩在一起时，他的妻子问他："我真不明白哪一位伟大的学者会像你这样。有那么多的学问，却和别人说什么自己是拔火罐的。你这样做能带来什么名誉和利益呢？"

"这个镇上的人，"这位学者丈夫解释说，"都是些可怜的人，他们的所需非常简单。如果我告诉他们我有多少多少学问、成就，他们并不能懂得这对他们有什么用处。他们会把我看做一个外星来客，而实际上对他们一点好处也没有的人。但是，想想看，拔火罐对人们来说是多么的难。这样的一个人对他们来说是非常重要而有用的！我保证他们将非常尊重我。"

古往今来，适者生存，不适者淘汰。世间万物只有与其所处的环境相适应，才能立足于世。一个聪明的人，首先是一个适应性很强的人，而不是企图改变环境和他人的人。

九、教育孩子

沙漠里的抽水机

浩瀚的沙漠一直被人们看作"死亡之地"，那里没有水、没有植物、没有人，是一片荒芜之地，不少人都因为缺少水资源而丧命其中。

一天，一个独行的人影出现在沙漠中。他已经在沙漠中行走了两天两夜了，整个人早已疲惫不堪，最糟糕的是，他口干舌燥，而随身带的水已经喝光了！残忍的沙漠并没有怜悯这个可怜人，紧接着刮起一阵狂沙，狂沙过后，他连正确的方向都找不到了。一个人如果在无边无际的沙漠之中失去了方向，又断了水源，可以说上帝已经宣告了他一半的死刑。

正当他就要失去希望，身体再也无法支撑的时候，他突然发现了一间废弃的小

浩瀚的沙漠

屋，这无疑给了他继续生存的勇气！也许屋里有剩下的食物？也许屋里有水？就算什么都没有，他也可以在屋子里躲避狂沙的侵袭，休息一下。他拖着疲惫不堪的身子走进了屋子，这是一间密不透风的狭小的屋子，屋子里面堆放着很多早已枯朽的木材，他完全看不到任何食物和水。希望破灭，他几近绝望地走到了屋子的角落，却惊喜地发现这里有一座抽水机！

他兴奋极了，不顾疲惫上前汲水。可是，无论他怎样努力地抽水，抽水机就是抽不出水来，连一滴水都没有。他丧失了最后一点力气，颓然地坐在了地上。但这个时候他竟然看到抽水机的旁边有一个不起眼的小瓶子。一个软木塞堵住了小瓶子的瓶口，瓶子上贴了一张已经泛黄的纸条，纸条上写着：只有把水灌进抽水机才能引水！千万记住，在你离开之前请务必把水瓶灌满！否则其他人将失去这一生命之源！他颤抖着双手打开瓶塞，惊喜地发现瓶子里真的装满了水！

此刻，他的内心开始了激烈的挣扎。他已经在沙漠里度过了整整两天糟糕的生活，没有水源让他饱尝了失去生存希望的苦楚，抛开这些不谈，现在的他已经干渴得几乎要死去了，别说是这一小瓶水了，就是给他一缸水他也能立刻喝得滴水不剩！他的身体强烈地渴望着水资源，这使得他几乎要不顾一切地把这瓶水喝下去了。可是，这样做是不是太自私了呢？万一纸条上说的是真的，那么他的行为无疑是剥夺了其他人生存的权利——下一个走进这间屋子的人就再也没有水喝了。万一

纸条上说的是假的呢？把这唯一的一瓶水倒进抽水机，一旦水一去不复返，那么他就只能活活渴死在这里了！他的心里仿佛有两个自己在交战，一个说："把水喝下去！这样你才能活着走出这间屋子！"另一个说："按照纸条上说的做，也许你会得到意想不到的收获！"——到底要不要冒这个险？

最后，他心一横，牙一咬，用颤抖的双手把水瓶里全部的水都倒进了那个破旧不堪的抽水机里。他全身颤动开始汲水，并在心里高喊道："求求你！出水吧！"这时候令他意想不到的事情发生了，大量甘甜的泉水涌了出来！他看着这倾泻而出的泉水兴奋不已，他痛痛快快地喝了个够！

他喝足了水，按照纸条说的把水瓶装满了水，用软木塞塞好，准备离开。但是走到门前的他又返了回来，他在原来那张纸条的后面郑重地写下了两句话："请您相信我，纸条上说的话是千真万确的！您只有先学会付出，才能得到意想不到的收获！"

看着这张纸条，他笑了，他希望以后来这个屋子的人也能做出和自己一样正确的选择。

天赐姻缘

在一个举国同庆的日子里，所罗门王的王后生了一个十分漂亮可爱的女儿。所罗门王很高兴，为公主举办了一个盛大的宴会，百姓们也在民间举办了各种庆祝活动来庆贺公主的诞生。

在宴会上，所罗门王专门请来了全国最著名的星相师来为公主占卜和预言，他很想知道自己的女儿会有一个怎样的未来。星相师经过占卜，对所罗门王说："尊敬的国王陛下，经过我的占卜，公主长大之后会成为我们国家最漂亮的姑娘，连最美丽的花朵都不及公主美貌的百分之一！"所罗门王听了很高兴，命令仆人赏赐给了星相师很多金银珠宝。

接着，所罗门王问道："我的女儿长得如此美丽，那么将来哪一个国家的王子会迎娶我最宝贵的公主呢？"

星相师占卜了一会儿，回答了所罗门王的问题："尊敬的国王陛下，没有任何一个国家的王子会迎娶公主。"

"为什么？"所罗门王很奇怪，"你不是说我的公主是最美丽的公主吗？怎么会没有人愿意娶她呢？"

星相师老实地答道："尊敬的国王陛下，这是因为公主嫁的不是一个王子。"

"那她嫁给了谁？"

"她嫁给了一个平民，而且这个年轻人很贫穷。"

所罗门王发怒了，自己的宝贝公主怎么可以嫁给一个贫穷的平民呢？这对他来说是一种莫大的羞辱！如果是这样，他宁愿自己的女儿永远不要嫁出去！

为了扭转自己女儿的命运，所罗门王在大海的中央建造了一座高塔，还在高塔的四周筑起了高墙，这样就没有任何人能进入高塔了。接着，所罗门王把还在襁褓中的女儿送进了高塔之内。在高塔内，所罗门王为女儿准备了一切能买到的东西，还派了七十个年长的仆人负责监视和照顾她，然后用一把大锁阻断了她和外界所有的联系。除了高塔里的仆人、所罗门王还有王后外，谁也不能见到公主。

做完这一切的所罗门王笑道："现在再看看星相师的预言吧，我倒要看看这下上帝要怎么做才好！"

日子一天天过去了，公主也逐渐长大了，她真的和预言中说的一样，成为全国最美丽的姑娘。只是，关于公主未来丈夫的预言到底会不会实现呢？

此刻，在遥远的阿克城住着一个年轻人，这个年轻人身世十分可怜，他的父母很早就去世了，而且什么都没有给他留下，他一直都过着贫穷的生活。

但是年轻人并不想就这样过一辈子，他对外面的世界充满了好奇，他想出去闯荡一番。一天夜里，年轻人终于下定了决心，独自一人离开家乡，开始探索广阔的世界。年轻人以大地为床、以天为盖、以石块为枕，就这样他走过了很多地方，结交了很多朋友，变得更加智慧，更加勤劳。

在一个雨夜，年轻人冻得浑身冰冷，他想要找一个躲雨的地方，最后他幸运地找到了一头死牛。年轻人哆哆嗦嗦地钻进了死牛已经空洞的肚子，终于暖和了，于是他沉沉地睡去了。没想到，就在年轻人睡着的时候，一只雄鹰俯冲而下，抓起死

牛飞向了高空。雄鹰抓着死牛飞到了一座高塔的塔顶上，准备享用自己的美食。就在雄鹰开始撕扯牛肉的时候，年轻人惊醒了！他赶走了雄鹰，定了定神，这才发现自己正在一座高塔的塔顶上。由于天太黑，他根本看不清有无出路，他决定先在塔顶上住一夜，等到天亮的时候再想办法。

第二天早上，公主信步来到了塔顶，发现了年轻人，此刻年轻人正在睡觉。

公主惊讶地喊道："你是谁？为什么会在这里？"于是，醒来的年轻人一五一十地把自己的经历告诉了公主。公主对他的经历很感兴趣，于是把他带到了自己的房间里，让他洗澡，还给他找来衣服替换。当年轻人再一次出现在公主面前的时候，公主惊讶地发现，年轻人长得十分英俊潇洒，对他更加充满了好感。公主命仆人准备了可口的饭菜，让年轻人吃个饱。作为回报，年轻人为公主讲了一路上的许多见闻，这让从没有接触过外界的公主听得津津有味。年轻人的聪明才智让公主非常喜欢。

公主担心年轻人被发现后会被赶走，就把他藏在自己的房间里。刚开始仆人们一点都没有察觉，可是后来他们渐渐觉得奇怪，为什么公主总是要他们准备男人的衣服，而且饭量还长了不少？于是他们赶紧把公主的变化告诉了所罗门王。

所罗门王感到奇怪，于是召见了公主，并询问公主这么做的原因。公主诚实地把事情的来龙去脉都说了，还告诉所罗门王说："亲爱的父王，我们每日朝夕相处，已经坠入爱河不能自拔了，我们想要结婚，希望您能成全我们！"

听了公主的话，所罗门王勃然大怒！他怒气冲冲地说："不可能，这件事情我是无论如何不会答应的，我的公主怎么能嫁给一个平民！"

公主坚定地说道："这是上帝赐给我的丈夫，我一定要与他结为夫妻！"

所罗门王很生气，但是出于对女儿的疼爱，他还是命人把年轻人带到眼前。通过与年轻人的对话，所罗门王了解到，年轻人虽然身无分文，但他的经历赋予他聪慧的大脑和过人的胆识。他终于醒悟到，这个年轻人就是当年星相师占卜预言的那个年轻人。

所罗门王的气终于全消了，他高兴地答应了公主和年轻人的婚事，成全了这段天赐的姻缘。

它总是变得更糟

有一个叫赫丁斯的犹太人，觉得自己的生活非常糟糕，简直要活不下去了，于是他决定去找拉比。

赫丁斯看到拉比就像看到了救世主，他诚恳地对拉比说："神圣的拉比，我现在的生活非常糟糕，我觉得我快要活不下去了，我希望您能给我一些建议，让我的生活不要再这么糟糕了！"

拉比对他说："可以，你先把你的生活情况跟我说一说吧。"

"是这样的，"赫丁斯说道，"我们一家人的生活很贫穷，我、我的妻子、六个孩子、儿媳还有女婿，我们都生活在一间木屋里，随时都会见面。但是我们之间的关系并不和睦，每天见面都会争吵，天天如此，我的神经都快要受不了了！我觉得我的家简直就是一个地狱啊，没有人会愿意生活在这种环境中的。而且，我认为以后的情况还会变得更加糟糕，要是再这么下去的话，我迟早会死的！"

听了这个人的话，拉比认真地思考了一下，然后说道："亲爱的孩子，你的情况我已经了解了。我会给你一些建议，只要你按照我说的去做，你的情况就一定会变好的！"

赫丁斯愁苦的脸上露出了欣喜的笑容，他高兴地说道："神圣的拉比，我答应您，只要是您说的，我一定都会做到的！"

"那好，你先告诉我，你们家里都有些什么家畜呢？"

赫丁斯老实地答道："我们家里有一头奶牛、一只山羊和一群鸡。"

"很好，你现在就回家去，然后把你们家所有的家畜都带到屋子里面去，从此跟它们生活在一起。"

赫丁斯对拉比的话感到很吃惊，他问道："神圣的拉比，您为什么要我这样做呢？"

拉比笑着说道："亲爱的孩子，你只要按照我说的去做就可以了，相信我，我这么做完全是为了让你的生活更加美好。"听了拉比的话，赫丁斯只好照着拉比的

意思把家里所有的家畜都带到了屋子里。

可第二天一大早，赫丁斯就跑来找到拉比，一边哭泣一边说道："拉比，我按照您说的去做了，可是我发现您错了！我把家畜都带到了屋子里，可是结果呢？我现在的生活比以前还要糟糕啊，我的家已经成了一个畜棚！现在才是名副其实的地狱啊！拉比，我求求您了，救救我吧！"

"不要担心，我亲爱的孩子。"拉比平静地说道，"你现在就回家，然后把那群鸡赶出你的屋子。相信我，你的生活会变好的，神一定会保佑你的！"

赫丁斯听了拉比的话，回到家之后立刻把一群鸡赶出了屋子，心里期望着生活能变得美好起来。可是，事与愿违，过了些日子，赫丁斯依然觉得自己的生活很糟糕，于是他又跑去找拉比。

"神圣的拉比！"赫丁斯惊叹道，"简直是太可怕了！您知道那只山羊做了些什么吗？它居然撕碎了我房间里所有的东西！天啊！这只山羊让我的生活简直跟噩梦一样啊！"

"现在就回家去吧。"拉比温和地对赫丁斯说道，"回家之后就把那只山羊牵出你的屋子，相信我，你的生活一定会好起来的，神会保佑你的！"

赫丁斯依然相信拉比的话，他回到家后就把羊牵出了屋子，拴在了原来的地方。"这下应该就没有问题了，只要没有了这只山羊，我的生活就要好起来了！"

不过，事情并没有这么顺利。这天早上，赫丁斯又风尘仆仆地来到拉比的家里。

"拉比，我真的受不了了！您真的确定您是在帮我而不是让我的生活更乱套吗？那头牛把我的屋子变成了一个牛棚啊！您可以想象人和牲畜生活在一个屋檐下是一件多么可怕的事情吗？我敢说，那是一种巨大的灾难！"

"我亲爱的孩子，你说的是对的！而且是一百二十分的对！"拉比说道，"现在就回家去吧，然后把牛牵回牛棚去。"

这一次，赫丁斯还是照做了。当他把奶牛牵出屋子的时候，他感到了从未有过的畅快！于是不到一天的时间，他就又跑去找拉比。

"神圣的拉比！"赫丁斯激动地说道，"我非常地感谢您！是您把幸福的生活给

了我，我已经把所有的家畜都赶出了自己的屋子，现在屋子里显得那么安静、那么宽敞、那么整洁！我的生活简直可以用‘甜蜜’两个字来形容！我真的是开心极了啊！”

听完赫丁斯的话，拉比欣慰地笑了。

两个樵夫

从前，在一座山的山脚下住着两户人家，这两家的男主人都是以打柴为生的樵夫，他们经常一起去山中打柴。

一天，两个樵夫又结伴去山中打柴，之后，他们一起背着满满的木柴回家，想着改天能去城里卖个好价钱。两个人有说有笑地往山下走，这时他们发现在山路上有两大包棉花。他们喜出望外，没想到在山上会有这样的收获！原来，棉花的价格在当时非常高，是木柴的好多倍呢！如果能把这两包棉花卖掉，换来的钱足够一大家子人一个月衣食无忧的。于是，他们立刻放下了肩上的木柴，一人一大包棉花高高兴兴地背着下山了。

他们正沿着山路向下走，其中一个眼尖的樵夫突然说了声：“你看那是什么?”另一个樵夫顺着伙伴指的方向看过去，他惊讶地发现，在草丛里竟然有一大捆布。他们走近细看，发现这捆布还是上等的细麻布呢，而且数量很多，足足有十多匹！第一个发现细麻布的樵夫非常高兴，他对另一个樵夫说：“这些细麻布比我们背上的棉花要值钱多了，咱们干脆丢了这两包棉花，背上几匹细麻布回家吧！”

他的同伴思考了一下，说道：“可是我们之前已经背着棉花走了这么远的路了，如果现在抛弃棉花，改背细麻布，那岂不是枉费了之前的辛苦吗?”

樵夫劝他的同伴说：“哎呀，之前的辛苦算什么呢？只要能带回去更值钱的东西不就好了吗?”

“不，我还是不想丢掉棉花，你还是自己背细麻布吧！”

看到自己的同伴这么坚持，樵夫叹了一口气，只好自己把背上的棉花丢掉，背了好些匹细麻布继续赶路。

背着细麻布的樵夫心里十分高兴，觉得家里人马上就要过上好日子了，想到这儿，他忍不住哼起歌来，惹得林中的小鸟也跟着他一起歌唱。走着走着，这个樵夫突然发现林中有什么东西在闪闪发光。

于是，这个樵夫对自己的同伴说："你看，森林里那闪闪发光的东西是什么啊？"

他的同伴急着赶回家，不耐烦地说道："别管什么东西了，还是赶快下山回家吧，要不一会儿变天了就坏了。"

可是背着细麻布的樵夫好奇心很大，他放下了背上的细麻布，说道："你等我一下，我去看看一会儿就回来。"他的同伴没办法，只好站在原地等他。

樵夫直奔发光点跑去，结果却让他大吃一惊，他大声地朝着同伴喊道："你快来看啊！"

见他如此吃惊的表情，他的同伴也跑了过去，惊得张大了嘴，原来这闪闪发光的东西竟然是好多坛金灿灿的黄金！发现黄金的樵夫几乎要手舞足蹈了，他高兴地对同伴说："这下我们真的发财了！我们把背上的东西都扔掉，然后用扁担挑着这些黄金回家！"

他的同伴却不以为然，说道："我可不愿意丢弃自己背了这么长时间的棉花，否则我之前的辛苦岂不是白费了？"

"哎呀，你怎么这么想不通呢？要是能把这些黄金挑回去的话，我们就发财了！"

"我可不这么想，你怎么就知道这些黄金是真的呢？万一是假的怎么办？那不就是空欢喜一场嘛！所以我劝你还是不要带这些黄金回家了，还是老老实实地背着细麻布回家吧！要不到时候哭都来不及呢。"

"不，我可不这么认为，我是不会放弃这些黄金的，如果它们是假的，我认倒霉就得了，可如果是真的，那我就发财了！"说完，他用扁担挑了两坛黄金，上路了。

山中的天气变幻莫测，两个樵夫一路往山下赶，生怕会变天，没想到还是被大雨拦在了半山腰上。他们来不及躲避到能遮风避雨的地方，于是在空旷处被淋了个

透。挑着黄金的樵夫还好，可是背着大包棉花的樵夫就惨了，因为大雨的缘故，他的棉花吸饱了雨水，重得根本就背不动了！那个樵夫怎么努力都不行，最后没有办法，只好忍痛丢下了背了一路的棉花，空着手和挑着黄金的樵夫一起下山回家了。

搬迁

有一个犹太人，在一座小城镇里住了很多年，但是他一直对这座城镇不满意，觉得这也不好，那也不好，一心想着搬到别的城镇去，却苦于没有机会。一次，他终于得到机会搬到一座自己心仪已久的城镇去了。他很高兴，于是在搬家前特意去找拉比。

“尊敬的拉比，”犹太人对拉比说道，“我马上就要搬家了，我很高兴，因为这是我多年的心愿。现在这座城镇实在是太糟糕了，我一天都住不下去了。我这次是来跟您告别的，还有就是希望您能在我走之前，给予我一些有用的忠告。”

拉比听完他说的话，说道：“我没有什么忠告要告诉你，但是我想给你讲一个故事，听完这个故事，也许你能明白些什么。”

这个犹太人虽然很奇怪拉比为什么要给自己讲故事，但他还是高兴地说，自己愿意听一听这个故事。于是，拉比给他讲了一个这样的故事：

在很久以前，有一个住在柏林城区的犹太人，他的名字叫雷赫。雷赫是一个杂货铺的老板。虽然，雷赫店里的生意一直很平淡，他的生活也很平凡，但他每天都是乐乐呵呵的。可是，有一段时间，大家都发现，他好像一副有心事的样子。

原来啊，雷赫一直在做一个梦，梦中的自己拿着一把铁锹在柏林郊区的一座碾房里挖啊挖，挖啊挖，最后竟然在碾房的地底下挖出了许多金银财宝，他一下子就成了当地最有钱的富翁。第一次做这个梦的时候，雷赫并没有在意，觉得也许是自己太想发财了，所以才会做这样一个荒诞的梦。可是没想到的是，之后一连好几天，他一直在做这个梦。于是雷赫烦恼起来了，不知道这个梦是不是在预示着什么。

终于，雷赫再也不能抑制自己的好奇心了，他决定第二天就出发去挖掘财宝。

第二天凌晨，鸡都还没有叫，雷赫就起床出发了。他几乎找遍了柏林郊区所有的碾房，最后竟真的找到了梦中的那个碾房。雷赫兴奋极了，他开始仔仔细细、认认真真地挖了起来，每一寸土地都没有放过。可是，整个碾房都挖遍了，他却连财宝的影子都没有看到，这让他很懊恼。

后来，碾房的主人听到了声音，于是赶了过来。看到雷赫在挖自己的碾房，他很吃惊地问道："请问，你在做什么？为什么把我的碾房都挖遍了？"

于是雷赫就把事情的来龙去脉都跟碾房主人说了，说完后，他十分抱歉地说道："真是对不起，把您的碾房挖成了这样。不过我实在是太好奇了，因为这个梦实在是太神秘了！"

"真的是一个神秘而又奇妙的梦啊！"碾房主听完他的讲述说道，"不过你也许不知道，其实我也做过这样的梦！我梦见有一个住在柏林城区的犹太人，我在他们家院子也挖到了很多的宝贝呢！"

"哦？是吗？"雷赫很惊讶，"原来你也做过这样的梦啊！"

"对啊，而且我还记得，那个犹太人的名字就叫作雷赫！"

听完碾房主的话，雷赫惊呆了，他喊道："什么？你是说柏林的雷赫家院子里有很多的金银财宝是吗？"

"对啊！"碾房主看到雷赫惊讶的表情感到很疑惑，问道："怎么，你认识这个叫雷赫的人吗？"

雷赫高兴地说道："我当然认识了！因为我就是雷赫啊！"

"原来你就是雷赫啊！"碾房主恍然大悟，然后有些羡慕地说道，"那你还是快回家去看看吧！说不定你家院子里真的有数不清的金银财宝呢！到时候你就是个富翁了！"

听了碾房主的话，雷赫立刻风风火火地赶回了家。他还没来得及把事情跟家里人说，就把院子翻了个底朝天！家人看到他这样在院子里乱挖一气，吓坏了，以为他脑子出了什么毛病呢，也不敢阻止他。正在家人为他担忧的时候，雷赫大喊大叫道："挖到了！挖到了！原来真的有！"

雷赫为什么这么激动呢？家人感到很奇怪，凑近一看，也吃了一惊，原来雷赫

真的在自己家的院子里挖出了数不清的金银珠宝啊！

故事讲完了，拉比意味深长地看着眼前的犹太人，说道："我的故事讲完了，不知道你是否有所领悟呢？"

这个犹太人低着头认真地思考着，然后他无比真诚地对拉比说："尊敬的拉比，听完您讲的故事，我明白了，其实有时我们自己家的院子里也有财宝，只是没有去挖掘而已。我明白了您的良苦用心，我已经决定了，我不搬家了，我要永远留在这座城镇里！"

听完他的话，拉比欣慰地点了点头。

救命的三个忠告

从前，在一个小城镇里，两个相爱的年轻人终于结婚了，大家都为他们感到高兴。他们婚后依旧十分恩爱，但是日子却过得很贫困，常常要靠亲戚朋友们的接济才能维持生活。

一天，丈夫经过了仔细地考虑，对妻子说："亲爱的，我们不能再这么下去了，老是靠别人接济怎么行呢？我想过了，我决定去远方打工，挣钱让你过上好日子。不过我这一去不知道什么时候才能回来，也许一两年，也许五年、十年，不管我去多长时间，我希望你能够等我回来。"

妻子虽然舍不得丈夫走，但还是点了点头，答应了他。第二天，丈夫就出发了。很多天以后，他在远处的一座庄园里找到了一份不错的工作。他对老板说："老板，请您将我的工资存在一个账户里面，等我离开的时候再给我，可以吗？"

老板很爽快地答应了他。从此之后，丈夫成了庄园里的一个工人，为了挣更多的钱回家，他每天勤勤恳恳地工作，很少休息，成了庄园里最勤快的工人，老板很赏识他。

时间不知不觉地过去了，转眼间就过去了二十年。一天，他找到了老板，对老板说："老板，我在这里已经工作了20年，我现在决定回去了，所以想找您拿回我的工钱。"

老板说道："放心吧，我一定会遵守承诺的，不过我倒是有一个建议想说给你听听。我现在有三个很重要的忠告，如果你想听这三个忠告，我就不给你这20年的工钱了。同样的，如果你想要回你20年的工钱的话，这三个忠告我就不告诉你了。二者选其一，我给你两天时间，你回去好好考虑考虑？"

如果不拿工钱，这20年的工作白干了不说，让妻子过上好日子的夙愿也成了泡影；可是，那三个忠告说不定会改变自己的人生，如果不听的话，岂不是很遗憾？丈夫在房间里翻来覆去地想了整整两天，最后终于做出了决定：要忠告不要工钱！

于是，他找到了老板，说道："老板，我已经想好了，我决定听那三个忠告，不要工钱了。"

老板问他："你真的想好了吗？如果这样，你可就一分钱都拿不到了。"

他点了点头说道："我已经想好了，请您告诉我那三个忠告吧！"

"那好吧，这三个忠告你可记好了。第一，永远不要走捷径，因为便捷的道路往往会要了你的命。第二，永远不要对一些坏的事情感到好奇，否则极有可能遇到不测，丢了小命。第三，永远不要在仇恨和痛苦的时候做出任何决定，否则你一定会后悔的！"

听完老板的话，他点了点头。

第二天，他收拾了一下东西准备离开，在临走时，老板给了他三个面包，说道："这三个面包，有两个是给你在路上吃的，至于这一个，"老板指了指其中一个最大的面包，说道，"等你回家之后和你的妻子一起吃吧！"

在远离家乡和妻子20年后，这个男人终于踏上了归乡的道路，他感到无比的激动和兴奋，一点也感觉不到行走的劳累。一天后，他在路上遇到了一个行人，那个行人问他："你要去哪里呢？"他老实答道："我要回家，沿着这条路走二十多天就可以到我家了。""那么远啊！"行人说道，"我知道有一条捷径，只需要几天你就可以到家了，我可以做你的向导！"男人高兴极了，刚想去走捷径，突然想到了老板的第一个忠告，于是他又回到了原来的路上。

后来，男人在路上碰到了一个落魄的乞丐。在与乞丐的交谈中，男人得知，这

个乞丐本来是赶路的行人，不过后来轻信了别人，走了捷径，结果被骗子骗到了强盗出没的地方，所有的钱财都被抢光了，不得已做了乞丐。男人听完后唏嘘不已，因为乞丐描述的那个人就是自己遇到的那个行人!

男人归心似箭，继续夜以继日地赶路，又走了几天，他感到十分疲惫，于是找了一个路边的旅馆，打算住一宿再继续赶路。晚上，他睡得正熟，突然一阵惨叫声传来，把他惊醒了。男人吓了一跳，想开门看看发生了什么事。就在他要打开门的时候，他突然想到了老板的第二条忠告，于是他又回到床上继续睡觉去了。

第二天早上，他在店里喝咖啡的时候，旅馆老板问他："你昨天晚上听到声音了吗?"他点了点头，旅馆老板继续问道："那你为什么没有出来呢? 难道你不感到好奇吗?"男人摇了摇头。旅馆老板忍不住说道："你知道吗? 你是我店里第一个活着走出去的客人! 我的独子有疯病，昨天晚上，他大叫着把客人们都引了出来，然后把他们杀死埋了!"

听了这话，男人出了一身冷汗，他很庆幸躲过了昨晚的灾难。休息过后，男人继续赶路。在经历了许多天的长途跋涉之后，男人终于在一天的黄昏时分远远地看到了自己的小屋。此刻，小屋的烟囱正在悠悠地冒着炊烟，他甚至隐隐约约地看到了妻子的身影。男人激动极了，他恨不得插上翅膀飞回家去。就在这时，他突然发觉，屋里不只有妻子一个人，还有一个男人。走近了一看，果然有个男人伏在妻子的膝头，而妻子正在抚摸着他的头发!

看到这一幕，男人的内心燃烧着熊熊的烈火。20 年来自己一直对妻子很忠诚，可是妻子却找了一个情人! 他的胸中充满了仇恨和痛苦，真想闯进门去杀了他们! 这时，他突然想到了老板的第三条忠告。于是他停下了自己的脚步，想了想，决定先在原地露宿一宿，再决定怎么办。

第二天早上，男人经过深思熟虑，自言自语道："我不能杀死自己的妻子，这样做后果很严重。照现在的形势来看，我最好的选择就是回到老板那里求他收留我，然后继续为他工作。不过，在走之前，我得去见妻子一面，告诉她，我一直都对她很忠诚。"

男人冷静了一下，走到家门口敲了敲门。妻子打开门，一眼就认出了他，忍不

住一下子扑到了他的怀里，紧紧地抱住了他。男人想要推开妻子，但是却没有做到，他眼含着泪水对妻子说："亲爱的，这么多年来我一直都对你很忠诚，可是你呢？你却找了一个情人，背叛了我！"

妻子很吃惊，问道："你在说些什么？我怎么会背叛你？我等了你整整二十年！""你不用再说了。"男人说道，"我昨天晚上都看见了。"妻子追问："你看见什么了？""我看见那个男人伏在你的膝头，而你在抚摸他的头发！"

"原来是这么回事！"妻子破涕为笑，"你误会了，那个男人是我们的儿子！你走的时候我刚刚怀孕，今年他已经二十岁了！"

听了妻子的话，男人惊讶极了，没想到自己还有一个这么大的儿子！他走进家门，激动地和儿子相拥在了一起。晚上，妻子在厨房里忙着做晚饭，男人给儿子讲述自己的经历。吃饭的时候，一家人乐呵呵地把那个最大的面包掰开，却惊呆了！面包里竟然有一笔钱，那是他 20 年辛苦劳动赚来的薪水！

微小的东西

大卫王对一些微小的动物很不屑一顾，比如蜘蛛和蚊子。对于蜘蛛，他认为它们简直是废物，整天就知道到处结网，那些蜘蛛网不但没有用处，而且让人恶心，真是讨厌的生物！而蚊子呢，就更加地讨厌了，除了夏天在人的耳边嗡嗡叫惹人烦之外，它们还能干什么？可是，偏偏造化弄人，就是这两种不起眼的小生物，居然帮了大卫王的大忙！

先说说蜘蛛的故事吧。在一场惨烈的战争中，大卫王的军队处于下风，被人家打得溃不成军，而他本人也被敌人追杀着。在逃跑的过程中，大卫王慌忙跑进了一个洞穴里面，碰巧这个洞穴入口的位置有一只蜘蛛正在认认真真地织着网。过了好一会儿，追兵才追到这里，此时，蜘蛛已经把一张大网织好了。追兵们追到洞穴口，犹豫着要不要进去，这时其中一人看到了蜘蛛网，说道："你们看，蜘蛛在这里织了这么大一张网，说明这里肯定没有人进去过！"其他追兵听了，都觉得他说的有道理，于是他们继续向远处追去。大卫王也因此而得救了。

还有蚊子，也帮了大卫王的大忙。那一次，大卫王趁夜深人静的时候潜入了敌人将军的卧室里，想要偷取人家随身携带的佩刀，然后在第二天向敌人示威："我能神不知鬼不觉地把你的佩刀偷过来，就能轻而易举地取了你的性命。"可是，他虽然成功地潜入了敌人将军的房间，却始终拿不到他的佩刀。这是为什么呢？原来啊，这把佩刀被将军压在了脚下，大卫王根本就找不到下手的机会！这可愁坏了大卫王，要是再这么耽搁下去，被人家发现了，到时候佩刀没偷成，反被人家抓住了，那就糟糕了。就在大卫王发愁的时候，一只蚊子一边嗡嗡地叫着，一边飞过大卫王的身边，最后叮在了将军的脚上。将军一痒，不由地挪动了双腿。趁着这个机会，大卫王顺利地拿到了佩刀。

通过这两件事，大卫王再也不会轻视任何微小的生物了。他终于知道，再微小的生物也会有它发挥自己作用的时候！

最浓缩的智慧

在很久很久以前，以色列有一位聪明的老国王。一天，他召见了自己所有的臣子，交给了他们一个任务：编纂一本《各时代智慧录》让子孙后代流传下去。

臣子们得到任务之后，工作了很长时间，终于著成了一本十二卷的巨作，他们赶紧拿给老国王过目。老国王仔细地看过之后，对臣子们说道："各位先生，我确信这是各时代的智慧结晶，美中不足的是，它实在是太厚了。我担心后人没有足够的耐心读完它，所以把它浓缩一下吧！"

臣子们连声称是。又经过了长时间的努力工作，几经删减之后，他们把十二卷书浓缩成了一卷，又呈给了老国王。可是老国王依然不满意，他命令臣子们继续浓缩。

臣子们得到老国王的命令后不敢懈怠，他们把一卷书浓缩成了一章，然后又浓缩成了一页，接着又浓缩成了一段，最后浓缩成了一句话。老国王看到这句话，非常满意。他高兴地说道："各位先生们，这真是各时代的智慧结晶啊！我相信，我们的子孙后代只要知道了这个道理，就可以解决大部分的问题了！"

这句经过了许多次浓缩才留下来的箴言就是：天下没有免费的午餐。

罕见的大鲈鱼

11 岁的小男孩儿比尔非常喜欢钓鱼，他们家在一座湖中小岛上有一间小木屋，比尔一有机会就会去那个小木屋旁去钓鱼。

一天，比尔和父亲在晚上的时候去垂钓，他在鱼钩上挂上鱼饵，用卷轴钓鱼竿放钓。在静静地等候了一个多小时后，水面上泛起了一圈圈涟漪，鱼竿也弯成了弧形。比尔意识到，有大家伙上钩了！他兴奋极了，可是那条鱼却并不好对付，它一直拼命挣扎，企图逃脱。比尔费了好大的劲，最后终于战胜了这条大鱼。一旁的父亲也向比尔投去了赞许的目光。

月光之下，比尔小心翼翼地把那条精疲力竭的大鱼拖出水面，那真是一条他见所未见的大鲈鱼啊！父子俩看着那条神气漂亮的大鱼，它的鳃正在不断地张合。父亲看了看手表，是晚上十点钟——距离钓鲈鱼季节的时间还有两小时。

“孩子，你必须把这条鱼放掉。”父亲命令道。

“为什么？”比尔很不情愿地大喊道。

“你还会钓到别的鱼的。”父亲继续说道。

“可是不会有这么大的鱼了！”比尔还是不肯。他朝四周看去，周围没有渔舟，也没有其他钓鱼的人，也就是说没有任何人知道他们在制度之外的时间钓到了这条大鲈鱼。于是，比尔再一次把充满期望的目光投向了父亲。

“现在立刻把这条鱼放掉。”父亲说得斩钉截铁，没有任何商量的余地。

比尔没有办法，只好按照父亲说的做。他慢吞吞地把鱼钩从大鲈鱼的嘴唇上取下来，把它放入水中，然后恋恋不舍地看着它欢快地沉入水底。他心想，我这辈子恐怕再也不会钓到这么大的鱼了。

父亲充满怜爱地摸着比尔的头说道：“孩子，你一定要记住，即使是在无人处，也要谨慎做人。现在的你也许不会理解，但是多年以后，你一定会明白我的良苦用心。”

这是一个发生在三十四年前的故事，如今的比尔早已成为当地的一名著名的建筑师。他的父亲依旧住在湖心岛的小木屋里，有时，比尔也会带着自己的孩子去那里垂钓。正像当年比尔想的那样，在以后几十年的垂钓生涯里，他再也没能钓到一条像那个晚上那条鲈鱼那么棒的大鱼了。可是他并不感到遗憾，因为父亲当年的做法教会了自己，即使是在无人处也要谨慎地做人。在以后的工作中，每当比尔面对欲望开始犹豫的时候，他就会想起那条大鲈鱼，想起父亲说的那些话。所以，他在工作上从未出过差错，大家也非常地信任他。

拉比的三次提问

在以色列有一位十分博学的拉比，他有许多弟子。

一天，拉比在给弟子们上课，他问了一个问题：如果有两个人同时从一个高大的烟囱里掉下去，一个满身脏，一个一尘不染，那么，谁会去洗身子呢？

一个弟子回答道：“当然是那个满身脏的人！”

拉比摇摇头说道：“你错了！满身脏的人看着一尘不染的人想，我身上一定也是一尘不染的；一尘不染的人看着满身脏的人想，我身上一定也是满身脏的。所以，是一尘不染的人去洗身子！”

弟子们恍然大悟。拉比接着问道：“两个人后来又掉进了一个高大的烟囱，还是一个满身脏，一个一尘不染，这一次，谁会去洗身子呢？”有弟子抢着答道：“是那个一尘不染的人！”

拉比又摇了摇头，说道：“又错了！一尘不染的人在洗澡时，发现自己并不脏；而那个满身脏的人则相反。他明白了那个一尘不染的人为什么要洗澡，所以这次他跑去洗身子了。”

弟子们再次大悟。

拉比又问道：“这两个人第三次从烟囱掉下去，还是一个满身脏，一个一尘不染。那么，谁又会去洗澡呢？”

这次弟子们的答案不一，有的人说是一尘不染的人，有的人说是满身脏的人，

大家争论得热火朝天，谁也不让谁。

有一个弟子问道："老师，到底是哪一个人呢？"

拉比严肃地说道："你们说的都不对！"看着弟子们疑惑的目光，拉比继续说道，"你们谁见过两个人从同一个烟囱掉下去，其中一个一尘不染，一个满身脏？"

众弟子愕然。拉比说道："你们要记住，没有任何人是权威的。只有善于怀疑权威，才能有自己的见解！"

美丽的岛屿

有一天，一艘航船正在海面上航行，突然遭遇了暴风雨。狂风骤雨中，航船拼命地挣扎，终于幸存了下来。

到了第二天早上，海面上早已风平浪静了，这时人们惊讶地发现，船所在的位置根本就不对！原来，航船在前一天晚上跟暴风雨抗争的时候，不小心偏离了方向。虽然如此，但是航船没有出现什么损伤，也没有人员的伤亡。这已经是不幸中的万幸了！

就在这时，不知是谁喊了一声："大家快看！那是什么？"大家朝着那人指的方向望去，竟然看到不远处有一座美丽的岛屿，于是船长下令航船到岛屿那里去停靠一段时间，做暂时的休息。

航船缓缓地驶进了海湾，岛屿的全貌也慢慢呈现在了众人眼前：小岛上鲜花盛开，绿树成荫，到处都是果实累累，小鸟动人的歌声也时不时地传来。大家都被这座美丽的岛屿深深地吸引了，他们急切地等着船靠岸。船一抛锚，人群却自然地分成了五个小组。

第一组的旅客有一些顾虑。他们虽然被岛屿美丽的风景深深地吸引着，也很想去小岛上游玩一番，但是他们担心：万一自己正在岛上游玩的时候，刚好出现顺风顺水怎么办？那么自己一定会错过起航的时机，被滞留在这座岛屿上。想到这些，无论岛上的景色是多么地吸引他们，他们都决定不登陆，而是静静地守候在船上。

第二组旅客行动是最快的。他们迫不及待地登上了小岛，走马观花地闻了闻醉

人的花香，在绿荫下静静地品尝着可口的果实，在恢复了体力之后就立刻回到了航船上，与第一组旅客一样，等候着航船起航。

第三组旅客和第二组旅客一样，迫不及待地登陆了小岛，但是他们却留恋岛上的迷人风景，迟迟不肯上船。后来刚好吹起顺向风，他们以为船就要开走了，一个一个慌慌张张地赶回船上。结果由于赶得太急，有的人丢了随身携带的东西，有的人失去了自己好不容易才占下的好位置，一个个弄得很狼狈。

第四组的旅客在小岛上玩得不亦乐乎，他们看到船员在起锚，也看到了船帆在扬起，但是仍然不紧不慢地在游玩。他们觉得，船长一定会等他们回去之后再开船，怎么也不会丢下他们吧？所以直到船将要起航，他们才意识到自己的处境——船长已经决定丢下他们了。他们一下子就慌了神，拼命赶路，最后只能跳下水去追赶，才算没有误了航船。追赶的过程中，有的人还受了外伤，直到航行结束了也没有痊愈。

第五组旅客是最“淡定”的一组旅客。他们沉迷于岛上的醉人景色中不能自拔，几乎忘却了全世界，甚至连启航的汽笛声都没有听到。结果可想而知——这些人被留在了这座美丽的孤岛上。小说人物鲁滨逊独自一人在孤岛上生活了几十年，但是这些人就没有鲁滨逊那样幸运了，他们接连遇到了不幸，有的人因为误食了有毒的食物而病死在小岛上，有的人则成了树林中猛兽们的腹中餐，有的人……最后，所有人都死在了这座小岛上。

这是一个广泛流传的故事，拉比对这个故事是这样解说的：故事中的那艘航船象征着人生旅途中的义务和责任；那个美丽的岛屿象征着人生的快乐；各组旅客象征着面对义务、责任和快乐持不同态度的世人。

第一组人，因为担忧航船会在自己不在的情况下提前行驶而没有去小岛上游玩，他们象征着那种对人生的快乐一点儿也不去体会的人。

第二组人，对自己的行为进行了一定的约束，从而既充分享受了岛屿上的美景和果实，又没有耽误自己坐上航船前往目的地的义务，他们象征着既享受了人生的快乐，又没有影响自己去履行义务的人。这一组旅客，无疑是整艘航船中最有智慧的人。

第三组人，享受到了岛屿上的美景和果实，在千钧一发之际也赶回了航船上，只是他们稍微吃了点苦头。他们对享受岛屿美景的一时贪欲使得自己吃了一些小亏，所幸没有酿成什么大错。他们象征着那些因为贪图一时快乐而犯了错误的人，幸好他们只是吃了点小苦头而将错误纠正。

第四组人，耽误了航船启航的时间，最后历尽千辛万苦终于上了航船，但是伤口直到到达了目的地还没有痊愈，他们吃到的苦头足以让他们难受一阵子。他们象征着那些为了短暂的快乐而付出很大代价的人，但是不管吃了多少苦，事情还是有挽回的余地的。

第五组人的遭遇是人生中最容易深陷其中的死局，我们大多数人往往一生都为了虚荣而活，全然不顾将来会如何，所以总是在不知不觉中就吃下了有毒的甜蜜果实，却还茫然不知。

解说的最后，拉比告诉大家："适度享乐而不忘追求善行的人才是最贤明的!"

最富有的拉比

有一次，一艘大船出海航行，船上的乘客除了一位睿智的拉比外，全都是商场的大亨，个个家财万贯。

航船在海面上漂荡航行，速度极为缓慢，大亨们在航船上非常无聊，不知道该做些什么打发时间才好。这时，不知是谁喊道："既然大家都很闲，那么我们来比比看谁更富有，好不好?"

这句话立刻得到了大家的响应，于是大亨们纷纷说出了自己的家底。有的说自己是成功的淘金者，有好几箱金子，现在就在船底的仓库里；有的说自己是有名的珠宝商，有无数的珠宝随身；有的说自己是成功的地皮商人，有大把的地契，换来的钱一辈子都花不完……大亨们都争着当最富有的人。结果，一个个争得面红耳赤，最后谁也没有说服谁。

正在大亨们争执的时候，拉比缓缓地开口了，他平静地说道："其实，我才是这船上最富有的人。"

大亨们纷纷追问拉比，到底有多少财富。

淘金者问道："您有多少金子呢?"

拉比摇摇头说："我没有一克金子。"

珠宝商问道："您有多少珠宝呢?"

拉比又摇摇头说："我没有一件珠宝。"

地皮商人问道："您有多少地契呢?"

拉比还是摇摇头说："没有一块土地属于我。"

听完拉比的话，大家哈哈大笑起来。有人嘲笑拉比道："原来你就是一个什么都没有的穷鬼啊！还吹牛说自己是最富有的人!"

拉比笑着，轻轻地摇了摇头，说道："不，我是这艘船上最富有的人，只不过，我的财富没有办法拿出来给你们看而已。"

大亨们不以为然，仍旧嘲笑拉比，但是拉比并不理会他们的嘲笑。

航船依旧在海面上平稳地航行着。突然，船上喧哗起来，人群乱成了一片。有人高声喊道："我们碰上海盗的袭击了!"

海盗们来势汹汹，谁不肯把钱财交出来，他们就杀了谁。于是，大亨们老老实实地把所有的财产都交了出来，最后，海盗们把大船的金银财宝洗劫一空，扬长而去。等海盗们离开后，船长才下令继续航行。不过，因为航船的粮食都被抢走了，航船根本开不了多远。历尽千辛万苦，航船终于抵达了一个港口，这时船上的供给已经耗尽，没有办法继续航行了，大家只好都上了岸，在当地谋生。

受到大亨嘲笑的拉比因为拥有渊博的知识，成为当地一所学校的教师，并且很快赢得了当地人无比的认可和尊重，成了当地的文化名人。后来，他在街上偶遇了当初一起乘坐大船的大亨们，他们现在成了最底层的劳动者！原来，当初海盗抢走了他们全部的财产，他们没有办法，只好在当地找份工作。可是，他们身上既没有金钱，又没有丰富的知识，只好靠着体力去做一些没有人愿意去做的粗活儿了。

这时，大亨们才真正地明白，拉比才是船上最富有的人。因为他们深刻地体会到，只有知识才是抢夺不走的财富，才是世上最宝贵的财富啊！

聪明的农夫

为了了解国民们的生活状况，沙皇常去民间探访民情。一次，沙皇探访回宫，他在路上看到了一个正在耕种的贫穷犹太农夫。

一个耕种的农夫为什么会引起沙皇的注意呢？原来，这个农夫身上有异于常人的地方——他的头发花白，但是胡子却是黑亮的。沙皇感到很奇怪，于是让他的随从把这个农夫叫到了自己的跟前。

沙皇对农夫说："我是沙皇，而你是我的子民，所以我问的问题你都要如实回答。"

农夫点点头说道："尊敬的沙皇陛下，无论是什么问题我都会老实地回答您。"

沙皇满意地点了点头，说道："为什么你的身上会有这么奇妙的现象呢？你的头发花白，胡子却是黑亮的，我想知道原因。"

农夫老实地答道："沙皇陛下，是这样的。我在很早以前就已经废除了戒律，不再遵循教徒的生活准则了。从那之后，我的胡子就再也没有生长，而头发却一直生长，所以我的头发要比胡子年长很多年，当我的头发变成花白的，我的胡子却是黑亮的。"

沙皇听完农夫的话，非常吃惊，他敬佩地对农夫说："你真是一个聪明的人！请你以神的名义答应我，在你见到我一百次之后，你才能把这个秘密泄露给第二个人！"

农夫答应了他，然后沙皇命令随从继续赶路。

回到皇宫之后，沙皇立刻召见了他所有的大臣、聪明人还有顾问。

沙皇对他们说道："你们都是我国有智慧的人，我现在有一个问题想要问你们，这个问题已经困惑我很久了，我百思不得其解。现在我要跟你们说一说这个问题，不知道你们谁能给我答案。"

一个大臣恭敬地说道："尊敬的陛下，什么问题，请您说吧！"

"为什么一个人的头发会比胡子早白很多年呢？"沙皇问道。

沙皇的问题一出口，所有人都沉默了，怎么会有这样的事情发生呢？他们都感到很吃惊，你看看我，我看看你，没有人知道答案是什么。

沙皇看到他们面面相觑的样子，命令道："这样吧，我给你们一个月的时间来思考这个问题，一个月后，你们带着答案来见我！"

大臣、聪明人和顾问都散开了，各自回去思考沙皇提出的问题。可是这个问题实在是太奇怪了，任凭他们绞尽脑汁，也理不出个头绪来，更不要说想到答案了。眼看一个月的时间就要到了，他们一个个急得像热锅上的蚂蚁。

有一个大臣，每天都在思考这个问题，但是一直没有答案，他很心急，生怕沙皇会为此而生气。这时，他的脑子里突然灵光一闪，找到了一条线索——他想到，沙皇是在出行回来之后提出这个问题的。于是他决定顺着这条线索追寻下去。

大臣沿着沙皇走过的那条路寻找，果然在路上碰到了那个贫穷的犹太农夫。因为他头发花白，但是胡子黑亮，所以大臣一眼就看到了他，大臣高兴极了。

大臣问农夫说："请问，你身上这种奇妙的现象怎么解释呢？为什么你头发花白，但是胡子黑亮呢？"

"哎呀！这个我不能告诉你答案！"犹太农夫高声答道。

"为什么呢？"大臣感到很奇怪，然后他拿出了很多银币，"这样吧，只要你告诉我答案，我会给你一些银币作为报酬的。"

农夫犹豫了，他是一个贫穷的人，很需要钱。于是他对大臣说道："这样吧，只要你给我一百个银币，我就告诉你答案！"

大臣高兴地给了农夫一百个银币，自己则如愿得到了问题的答案。回到圣彼得堡的大臣没有片刻停歇，直接到王宫里把答案告诉了沙皇。

沙皇很吃惊，问道："你真是太聪明了，你是怎么知道答案的呢？"

大臣不敢隐瞒事情的真相，把事情的来龙去脉都一五一十地告诉了沙皇。沙皇听了很生气，这个犹太农民怎么能这样不守信用呢？于是他命令士兵去把这个农民抓到王宫。

沙皇见到农夫之后，就生气地对他说："难道你不知道违背诺言会受到什么样的惩罚吗？你不是答应要严守秘密的吗？"

农夫丝毫不感到害怕，他冷静地说道："尊敬的陛下，我的确答应过您要严守秘密。但是，当时您也说过了，在我见到您一百次之后，我就可以把这个秘密说出来了啊！"

"你还真是会狡辩！"沙皇更加地生气了，"天晓得，我们只见过一次面而已！"

但是犹太人坚持自己的说法，他喊道："我说的是事实！"然后，他将那个装有一百个银币的袋子打开给沙皇看。

"您看见了吗？这里的每一个卢布上都刻着您的头像。每一次加起来，我已经见过您一百次了！难道我把答案告诉大臣，有错吗？"农夫不解地说道。

沙皇这才恍然大悟。他惊喜地说道："你真是一个难得一见的聪明人啊！你应该得到奖赏，而不是惩罚！从此以后，你就留在我的宫殿里吧，这样你就可以经常给我提宝贵的意见了！"

就这样，这位贫穷的农夫留在了沙皇身边，成了沙皇顾问中的一位。后来，没有他的建议，很多重大的事情沙皇都不会轻易做出决定。他还成了沙皇随身携带的"智囊"，无论沙皇去哪里，他都伴随左右。

所罗门的裁决

一个寒冷的冬天，有一位老人正急匆匆地往家赶。忽然他发现路边有一团东西，他好奇地凑过去看。原来，这是一条团成一团、快要冻僵的蛇。此刻，它已经奄奄一息了。老人很善良，他不忍心看到这条蛇被冻死，于是把它紧紧地抱在了怀里，用体温温暖蛇的身体。

老人的这个方法很奏效，蛇很快就醒过来了，老人很高兴。但是，令老人没有想到的是，蛇醒来之后，非但没有向自己道谢，还恩将仇报，狠狠地咬了自己一口。

老人既伤心又愤怒，他质问蛇："我好心救了你的性命，是你的救命恩人，你应该感激我、报答我才对啊！为什么你反而想要伤害我呢？你要知道，如果不是我，你就冻死了！"

蛇不以为然，它对老人说：“我这么做根本就没有错！因为《圣经》上写着，‘我将让蛇和人类互相憎恨’，所以我是完全按照《圣经》上的话做的！”

老人觉得蛇说得根本就不对，于是说道：“既然我们的想法这么不一致，那我们找一位公正的人做我们的法官，让他来判断咱们谁对谁错，怎么样？”

蛇点头表示同意：“你说吧，我们去找谁做我们的法官？”

老人想了想说：“我一时也不知道该去找谁，干脆我们就这样一直往前走，遇见谁就请谁做我们的法官吧！”

于是他们就这样往前走，走着走着，迎面走来一头大黄牛。老人喊住大黄牛，说道：“大黄牛，我和蛇有了不一样的意见，需要你帮我们裁决！”然后，老人就把自己如何救了蛇，接着蛇如何恩将仇报的事情说了一遍。蛇也不甘示弱，喊道：“我是按照《圣经》上说的来做，我没有错！”

大黄牛听完后，说道：“这件事情，我支持蛇。我觉得蛇伤害你是对的。虽然你救了它是出于一片好心，但是这个世界是有法则的，你对别人好，但往往得到以怨报德的结果。就像我和我的主人一样，我每天勤勤恳恳地为他干活儿，是最辛苦的。可是到了晚上，我的主人吃最美味的食物，却只喂给我稻草；我的主人睡在舒适的床上，我却要呆在牛棚，忍受蚊虫的叮咬。这就是世界的法则，所以我认为，蛇咬你是正确的！”

听了牛的裁决，老人很伤心，但他不服气。老人和蛇继续向前走，又遇见了一头毛驴。老人找毛驴为他们裁决是非对错，可是毛驴却说了和大黄牛一样的话。于是，老人决定还是去找国王，他要向国王控告这条忘恩负义的蛇。

这个时候的国王是大卫王，他有一个聪明的儿子，名叫所罗门。

大卫王听了老人和蛇的叙述之后，思考了一会儿，说道：“我没有办法帮你。因为蛇说得对，《圣经》上已经告诉我们了，我们人类和蛇是应该互相憎恨的，你怎么能救一条蛇呢？它是我们的敌人，你应该让它自生自灭！所以，我也帮不了你。”

这下老人真的没办法了，他流着泪离开了。老人一边走，一边伤心地想：“难道就没有人能够帮得了我吗？”正在这时，他听到不远处传来了声响。

老人顺着声音看过去，是一个十几岁的孩子在指挥一群仆人做事。原来他的手杖掉进了一口井里面，他现在正在命令仆人们把井挖掘得更深一些，好让水溢满井，这样手杖就会漂起来，他就可以拿回自己的手杖了。

老人看到这里，心想："这一定是个聪明的孩子，我把我的事情跟他说，也许他可以帮助我呢！"于是老人跑到那个孩子跟前，讲了自己和蛇的事情。

孩子问道："你去找过我的父王了吗？"

老人这才知道，这个孩子是所罗门王子。他老实地回答道："我去过了，但是国王说他也帮不了我。"

所罗门王子想了想，说："让我们就再去一次好了！"于是他们一起来到了大卫王的面前。

所罗门王子问："父王，您为什么不为这个老人和蛇做裁决呢？"

"我没有办法做出裁决。"大卫王无奈地答道，"谁让他不记住律法上的话呢？这是他自找的。"

"亲爱的父王，那就请给我这个机会，让我来为他们做裁决好了。"

大卫王高兴地说："我的好儿子，如果你认为你可以做到，那么你就来给他们裁决好了！"

所罗门王子转过身来，质问蛇："你为什么对好心救你的人做出这么恶毒的事情？"

"我没有错！我都是按照《圣经》上的话做的！我们的主保佑着我，他命令我咬掉人类的后脚跟！"

"好吧，既然你这么看重律法，那么你想不想知道律法上还写了什么？"

"当然，我非常愿意！"蛇答道。

"律法上说，如果两个人争吵，就必须都站在法官的面前，所以，你现在应该从这位老人身上下来！"

"我很愿意这么做！"然后，蛇舒展了一下身子，站在了老人的身边。

所罗门王子对老人说："现在，请您敲碎这条蛇的脑袋吧！律法上说，人类就应该这么对待蛇，而且之前蛇已经答应，愿意接受律法的裁决！"

因为老人的年纪已经很大了，所以一直拄着一根拐棍，听了所罗门王子的话，他一棍子就把蛇打死了。所罗门王子用自己的智慧帮助了老人。

新长的月亮

从前，在一个遥远的国家有一位任性的公主。有一天，公主生病了。

生病的公主告诉国王，只有为她弄到天上的月亮，她的病才能好。国王非常疼爱自己的女儿，于是召见了大臣们，让大臣们想办法帮公主拿到月亮。大臣们面面相觑，谁能拿到天上的月亮呢？可是也没有人能够说服这位任性的公主。

这时，有一位大臣向国王建议道："尊敬的国王陛下，既然我们都没有办法，那为什么不去问问公主殿下呢？"

国王觉得有道理，于是派这个大臣去问公主。

见到公主后，大臣说道："尊敬的公主殿下，我可以帮你弄到月亮，可是我不知道月亮什么样子。您能告诉我，月亮有多大，有多高，是用什么制成的吗？"

公主高兴地答道："月亮跟我的手指甲一样大，最高的时候和窗前的树梢一样高，是用金子制成的。"

于是，大臣命令金匠给公主做了一个这样的"月亮"，并且串在了项链上让公主戴在胸前。公主非常满意，病很快就好了。

但是，国王还是担心。因为每到晚上月亮就会出现，如果公主发现被骗了而又生病，该怎么办呢？国王越想越烦恼，于是召集大臣们商议。可大家都没有好办法。

"既然大家都没有办法，那么我们为什么不再去问问公主呢？"那位大臣又提议道。

于是，国王又派他去找公主。正好到了晚上，月亮挂在了枝头，此刻公主手里拿着国王送给她的小月亮正望着窗外出神。大臣装作不解的样子问道："尊敬的公主殿下，月亮不是在您的手中吗？为什么天上又出现了一个月亮呢？"

没想到，公主笑着说："你问的这个问题真是好笑。当我的一颗牙齿掉了之后，

在原来的地方不是还会长一颗新牙齿吗?”

大臣马上表现出一副恍然大悟的样子，说道：“原来是这么回事！您说得对，当一头鹿失去它的角之后，不是还会再长出新的角来吗?”

“没错，所以月亮的情况也是这样的！”公主很得意地告诉大臣。

父子扛驴

从前，有一位父亲带着自己年幼的儿子去市场上卖驴，驴子在前面走，他们在后面赶着它。

父子俩赶驴的样子被同村人看到了，大家都笑话起来：“这父子俩真傻啊，骑着驴赶路多好啊。驴蹄扬起那么多灰尘，他们就紧紧地跟在后面，弄得灰头土脸的，真是太好笑了！”

听到了这话，父亲觉得他们说得有道理，有驴子却不骑，真是太傻了。于是，父亲就把儿子抱起来，放到驴子的身上。他说：“孩子，你放心，我会在旁边护着你的。”就这样，儿子骑着驴，父亲跟在一旁，继续赶路。

走着走着，迎面走来了父亲的两位朋友，父亲连忙跟他们打招呼。两个朋友看到了骑着驴的孩子和跟在一旁的父亲，喊道：“喂！喂！你这是怎么回事啊？让孩子骑着驴，自己却步行，这不是宠坏孩子了吗？为什么不让孩子多走走路，锻炼锻炼呢?”

听了这话，父亲觉得确实应该让孩子走路，这样不但教育了孩子，还让孩子的身体得到了锻炼。他想：哎，自己之前真是太疏忽了！

想到这儿，父亲把孩子抱了下来，自己骑上了驴子，儿子连走带跑地跟在了后面。

父子两人继续赶路，在路上又碰见了一个挤牛奶的女孩。

女孩看到了他们，用责怪的口吻对父亲说：“世界上怎么会有你这样残酷的父亲！自己轻轻松松骑在驴子的身上，却让一个这么小的孩子跟着跑！你看看，他在后面东倒西歪地跟着，多让人心疼啊！”

父亲看着已经累得大口喘气的儿子，赶紧说道：“你说得对，我这么做实在是不应该!”父亲把孩子也抱上了驴背，两个人一起骑着驴子往市场上赶去。

但是驴子并不强壮，身上承载着这父子俩，简直要累垮了。它的步子迈得非常缓慢，走着走着就“嘶嘶”地喘大气，四条腿也跟着摇摇晃晃发起抖来。可是父亲却丝毫没有察觉到，他甚至在驴子的背上欢快地唱起了歌！驴子费尽了全身的力气，终于走到了城里。在走到一座教堂前的时候，驴子实在是走不动了，于是它停下来休息。巧的是，这时有一位牧师正在教堂前站着。

“天啊!”牧师看到已经筋疲力尽的驴子，大喊道：“你们怎么能让这么弱小的动物载着两个人，这头驴子真是太可怜了！你们这是要去哪里?”

父亲答道：“我们要去市场把这头驴子卖掉。”

“什么？你们还要卖掉它?”牧师看着父亲，惊奇地瞪大了眼睛，他继续说道：“照这样下去，还没等你们走进市场，这头驴子就累死了！到时候谁会买你这头死驴呢?”

“那怎么办呢?”父亲问道。

“我看你们还是扛着驴子去吧!”

父亲觉得牧师说得很有道理，于是和儿子一起动手，把驴子的腿捆绑起来，再用一根棍子抬着走。这样抬着驴子是非常重的，父子两个人的脸都涨红了，父亲忍不住说道：“怎么这头驴子这么重呢?”

路上的人看到父子俩抬着一头驴在走，纷纷驻足观看。有人说道：“真是两个奇怪的人啊!”父子两个就这样在路人奇怪的目光中继续赶路。很快他们走到一座桥面前，只要过了这座桥，就到市场了。父亲安慰儿子说：“孩子，市场就快要到了，再坚持一会儿吧!”

“嗯!”儿子答应了一声，但是其实他已经筋疲力尽了。这时候绑在棍上的驴子开始挣扎了，它从未被这样倒挂这么长时间，它口吐白沫、拼命地扭动着身子，想要挣脱绳子。

“乖一点！不要再动了!”父亲呵斥驴子。可是驴子非但没有老实下来，反而更加剧烈地扭动起来。这时只听“啪”的一声，棍子断了！父子俩还没反应过来，驴

子就倒栽葱似的掉进了河里。不凑巧的是，刚好赶上雨后河水暴涨，驴子只哀号了一声就被急流吞没了。

父亲心痛极了，他长叹了一声，说道："哎！事情怎么会变成这样呢！这就是一味地只知道听别人的意见的后果啊！"可是，无论他现在说什么，驴子都不会再回来了。他们父子俩只好垂头丧气地空着手回家去了。

最好的木匠

从前，在一个遥远的国家里，有两个闻名全国的木匠，他们的技艺都很高超，难以分出高下。

一天，国王在闲暇之时突发奇想：在我的国家里有两个杰出的木匠，但是没有人知道谁技高一筹。我为什么不办一次比赛，让他们分出个高下呢？

打定主意后，国王派随从去把两个木匠找来了。

随从把两个木匠带到了国王的面前。国王对他们说："你们是我们国家两个数一数二的木匠，但是却没有一较高下，所以我决定为你们举办一次比赛。赢的人我会赐予他'全国第一木匠'的称号，而且还有很多的奖励。"

"那就请国王陛下为我们出题吧！"一个木匠说道。

"我给你们三天的时间，你们每人雕刻一只老鼠，谁雕刻的老鼠最逼真，谁就获胜！"

拿到国王的题目后，两个木匠就回家去工作了，他们不眠不休地工作了两天，终于完成了小老鼠的雕刻。第三天早上，他们带着"老鼠"来到宫殿，请国王陛下为他们做出评判。

国王找来了所有的大臣一起来做评审，他们仔细地观察了两只"老鼠"。第一个木匠雕刻出来的老鼠栩栩如生，纤毫毕现，连胡须都会抽动。第二个木匠雕刻出来的老鼠却只有老鼠的形态，没有老鼠的样貌，远看勉勉强强是一只老鼠，但近瞧就只有三分像了。于是，国王和大臣们一致认为，第一个木匠应该获胜。

但是第二个木匠却不服气。他当庭向国王抗议道："国王陛下，草民认为您的

评审是不公平的！要评判一只老鼠是不是像老鼠，应该由猫儿来评判，而不是人，因为猫看老鼠的眼光要比人锐利得多呀！”

国王觉得他说得有道理，于是命令他的随从说：“去找几只猫来，本王要让猫来评判哪一只更像老鼠。”

很快，随从就带来了几只猫，他们把猫放在了地上。出乎所有人预料的是，猫儿们一被放下来就不约而同地扑向了那只看起来只有三分像的老鼠，拼命地啃咬、抢夺，而那只栩栩如生的老鼠却被冷落在一旁。

于是，国王下令，封第二个木匠为“全国第一木匠”，还赏赐给他很多的金银珠宝作为奖励。后来，国王总是在想这件事，他不明白，为什么猫会争夺一只三分像的老鼠，对更像的老鼠却无动于衷呢？国王怎么也想不到答案，就派人去把第二个木匠找来了。

“你是如何做到让猫以为你雕刻的是一只老鼠呢?”国王问道。

木匠笑着答道：“国王陛下，其实这很简单的，因为我是用鱼骨雕刻的老鼠！对猫来说，是不是像老鼠并不重要，它们在乎的只是‘老鼠’身上的腥味啊！”

听了木匠的话，国王恍然大悟。

荆棘鸟的歌声

南美平原生长着许多的荆棘灌木丛，它们一丛丛的，长满了刺。因此鸟类遇到荆棘丛不愿意飞过，兽类遇到荆棘丛不愿意走过。但却有一种异常珍稀的鸟类，它们不但愿意飞过荆棘丛，而且最擅长在荆棘丛中觅食！它们的名字叫作荆棘鸟。

荆棘鸟如此勇敢，很多人都认为它们一定长着高大的身躯和浑身坚硬如铠甲的羽毛。其实，荆棘鸟的外表与大多数人的想象恰恰相反。荆棘鸟的身材小巧可爱，羽毛柔软，颜色艳丽多彩，看起来就像是一团燃烧的火焰。因为它们玲珑的外表，人们还叫它们珍珠鸟、翡翠鸟或刺鸟。

一直以来，荆棘鸟在人们眼中都是一种奇特的鸟类，这不光是因为它们小巧可爱的外表和异常勇敢的性格，还因为一个关于荆棘鸟的美丽传说。

传说森林里有一只美丽的鸟儿，它拥有一副天籁般的嗓子，比黄鹂动听，比夜莺凄美，很多人都想听一听它的歌声。可是，这只美丽的鸟儿一生却只能唱一次歌。这只鸟儿从离开温暖的巢穴独立飞翔的那一刻起，就开始寻找属于自己的那一棵荆棘树。它飞过了好多森林，看到过无数荆棘丛，却一直没有停下自己执着的脚步。它要用尽自己毕生的精力去寻找一棵自己最满意的荆棘树。

皇天不负有心人，在经历了无数的磨难之后，鸟儿终于如愿以偿地找到了自己最中意的一棵荆棘树，它终于可以休息一下了。然而，这时却发生了让所有人都意想不到的事情——鸟儿把自己娇小的身体扎进了一株最长、最尖的荆棘上！就在这一刻，它放开了歌喉，和着血与泪歌唱着。它的歌声凄美动人、婉转动听，足以让世间所有的歌声在一刹那间黯然失色！它的歌声从荒蛮的枝条间飘荡到世界各处，所有鸟儿都自愧不如。它逐渐变得奄奄一息，但是它却没有去想什么死亡将至、什么生命将终，它只知道自己在歌唱，只知道自己的歌声正在回荡。它要唱歌！唱到生命枯竭！唱到嗓子里再也蹦不出一个音符！一曲终了，鸟儿气竭命殒，这梦幻般的歌声戛然而止。虽然鸟儿死去了，但是它用一种悲壮的方式为世间留下了最永恒的回忆。在它歌唱的时刻，整个世界都停止了喧嚣，静静地聆听着它的生命之歌，连上帝也在苍穹之中微笑着，为鸟儿赐福。

这就是荆棘鸟，它让我们明白，只有最深痛的创伤才能换取最美好的东西。

善良的回报

在以色列的一个小渔村里生活着一个贫穷的寡妇，这个寡妇靠给渔民们缝补渔网维持生计，勉强可以糊口。

可是，最近寡妇的生活遇到了点麻烦。原来，这一阵子的天气不好，渔民们不能出海捕鱼，所以寡妇没有了工作，最后穷得连面包都吃不上了。寡妇没有办法，她想了又想，决定去找村里最富有的人要点吃的。

“我已经好几天没有吃东西了，您能施舍我一块面包吗？”寡妇乞求道。

“不可以！白拿别人的东西是一种罪过，我不能让你犯错，神也不会允许我这

样做的，所以我不会施舍你任何东西。”富人说道。

“那么，您可以借给我一些面包填饱肚子吗？”

“这也不行。所罗门王说过，借债的人会成为债主的奴隶。我只会借债给外国人，让他们成为奴隶，绝不会让亚伯拉罕的后代成为奴隶。所以我不能借给你面包。”

寡妇依然没有放弃最后的希望，她对富人说：“那您就忍心看我活活饿死在您的面前吗？我想神恐怕也不会愿意看到这样的事情发生吧？”

富人接着说道：“这样的事情是不会发生的，我将代替神来给予你帮助，你可以去捡那些无主的东西。我刚刚给所罗门王献过面粉，现在仓库里面是空的，但是地上那些洒落的面粉是无主的。你可以把它们收集起来，它们就是你的了。”

寡妇来到了仓库，果然看到地上有很多洒落的面粉。她把那些面粉收集起来带回了家，用它们烤了三个面包。

寡妇饥肠辘辘，她拿起一个面包正准备吃，这时一阵急促的敲门声传来。寡妇打开门，看到门前站着一个人。

“可怜可怜我吧！”那个人说道，“我们村子被一场大火烧毁了，我侥幸逃了出来，已经好几天没有吃东西了，求求您施舍我一点吃的吧！”

寡妇听了，非常同情他，于是就把自己手里的面包送给了他。看着那个人消失在夜幕中，寡妇的心里很高兴，她心想：自己的面包也是从别人那里讨要来的，没想到还能帮助别人，这真的要感谢神的恩赐。

接着，寡妇拿起第二个面包准备吃掉，这时，敲门声再次传来。

来人向寡妇讲述了自己悲惨的遭遇。他说道：“我们一家人遭到了强盗的袭击，强盗抢走了我所有的财产，还杀死了我的妻子、孩子和仆人。我已经一无所有，是历尽了千辛万苦穿越了沙漠才来到这里的。好心的人，求您可怜可怜我，施舍我点吃的吧，我快要饿死了！”

寡妇听了觉得他很可怜，于是把第二个面包给了他。这个人拿着面包，千恩万谢地离开了。寡妇很高兴，自己用讨要来的面包又做了好事。接着，她静静地做了祷告，然后准备吃掉最后一个面包。

没想到不幸却发生了！一阵暴风雨突然袭来，掀开了寡妇小屋的屋顶，还把她手里仅剩的一块面包刮往了大海的方向。

大风整整刮了一夜，寡妇瑟缩在屋子的角落里。到了第二天，暴风雨总算停止了。寡妇已经没有任何吃的了。寡妇饥肠辘辘，她怎么也想不通，自己将前两个面包都施舍了需要帮助的可怜人，为什么第三个面包会被风卷走呢？神不是应该赐予寡妇和孤儿一定的帮助吗？难道是风故意违背了神的意愿，来刻意制造麻烦吗？

寡妇感到万分委屈，于是她决定向所罗门王状告风的恶行。她不畏艰难，长途跋涉来到了耶路撒冷，所罗门王的宫殿前。侍卫们把她带到了所罗门王的面前。

寡妇对所罗门王说道："尊敬的陛下，我是来告状的。"

所罗门王问道："你要状告什么人啊？"

"我要状告风。"然后，寡妇把事情的经过说了一遍。

听了寡妇的叙述，所罗门王说："原来是这样啊。那你先在这里住一段时间吧，一直等到再起风的时候。"然后他命令家臣给寡妇安排了衣食住行。

不久，王宫里又来了三个外国人。经过询问，所罗门王得知了他们此行来的目的。外国人说，他们是三个阿拉伯商人，装了一船的宝石、金银和香料等贵重物品来进行贸易，可是，他们在航海的途中遭遇了暴风雨。波涛汹涌的海面上，航船拼命地摇晃，船底还漏了一个大洞，水不断地涌进船里，再这样下去船就要沉没了。他们害怕极了，于是大声地祈祷，希望神能帮助他们，但是一直没有回音，于是他们想到了以色列的神，就立刻乞求得到他的帮助，并且高喊道："如果我们得救的话，我们就将这船上所有的金银财宝都献给以色列的神！"

话音刚落，空中突然飞来了一个东西，堵上了船底的漏洞。没过多久，暴风雨也停止了，他们终于得救了！

阿拉伯商人说道："为了实现我们的承诺，我们才来到耶路撒冷，但是我们不知道以色列的神在哪里，也不知道该把金银财宝献到哪儿才好。"

所罗门王听完，沉思了一会儿，问道："那个从天而降的东西是什么呢？"

"是一个烤面包！"说着，阿拉伯商人从包里取出了一个小面包，呈送到所罗门王的面前。所罗门王看了看那个面包，突然想到了刚才来告状的寡妇，于是派人把

寡妇找来了。

所罗门王问道："你看看，你认识这个面包吗？"

寡妇仔细地看了看这个面包，说道："这个面包正是我那个被风吹走的面包！"

于是，所罗门王做出了裁决："这些金银属于你了。这是神赐予你的，作为你善良的回报。而风是受了神的派遣才这么做的，并非是故意制造麻烦。"

发火的拉比希雷尔

犹太史上最伟大的拉比希雷尔，堪称忍耐的典范，他是一个永远不会发火的人。可是，偏偏有人不信这个邪。

一次，有两个年轻人打赌，赌什么呢？他们赌谁能让希雷尔发火，谁能做到，谁就能赢得四百块钱。

这天，正好是安息日前夜，希雷尔正在家里洗头，突然传来一阵敲门声。

"谁啊？"希雷尔问道。

"尊敬的拉比希雷尔，我是一个来向您请教问题的年轻人。"门外的人喊道。

听到他的话，希雷尔没有片刻迟疑，赶紧用毛巾包好头，打开了门。

"孩子，你有什么问题想要请教我呢？"

"是这样的，我想请教您，为什么巴比伦人的头都是圆的呢？"

"孩子，你提出的问题很好。"希雷尔笑着说道，"这是因为他们没有一个好的产婆，如果产婆的技术熟练一些的话，就不会这样了。"

年轻人听完，点了点头，说道："谢谢您。"于是希雷尔继续回去洗头。

过了一会儿，这个年轻人又来了。他在门外喊道："拉比希雷尔在吗？"

"来了！"希雷尔又用毛巾把头简单包了一下，打开了门，看到眼前的年轻人，他和蔼地问道："孩子，你还有什么事吗？"

"尊敬的拉比希雷尔。"年轻人恭敬地说，"我想再向您请教一个问题。"

"说吧，是什么问题呢？"

"我想问您，为什么帕尔米拉地方的居民都长烂眼睛呢？"

“孩子，你的这个问题很好。这是因为他们生活在沙尘飞扬的地方，眼睛经常受到沙尘的伤害。”

年轻人听完点了点头，又走了。

希雷尔本以为不会再有人打搅自己了，可是没想到过了没多长时间，又有人敲响了门。

“请问拉比希雷尔在吗？”门外的人喊道。

不得已，希雷尔又包着毛巾出来开门。原来这次还是刚才那个年轻人。没等希雷尔询问，年轻人就说道：“尊敬的拉比希雷尔，我还是来找您请教问题的。我想问您，为什么非洲人长的都是宽脚板呢？”

“孩子，你提出了一个重要的问题。”拉比希雷尔说道，“那是因为他们生活在沼泽地带，长久以来就变成了一副宽大的脚板。”

年轻人听完点点头，但是这一次他没有走，他对希雷尔说道：“尊敬的拉比希雷尔，我有好多问题都想请教您，但是我怕惹您生气。”

听到这话，希雷尔干脆把全身都裹好了，笑着说：“没关系，我不会生气的，你是一个求知欲很强的孩子，有什么问题你就尽管问吧。”

“请问，您就是那个被称为以色列亲王的希雷尔吗？”

希雷尔答道：“没错，我就是。”

“如果真是这样的话，但愿以色列不要有许多像你这样的人。”年轻人说道。

希雷尔感到很奇怪，问道：“你为什么这么说呢？”

“您知道吗？”年轻人说道，“为了您，我刚刚输掉了四百块钱。”

“为了我你输掉了四百块钱？”希雷尔更奇怪了，他问道，“这是怎么一回事呢？”

“是这样的，大家都说您是从来不会生气的，可是我们想试一试，于是我跟我的同伴就打了一个赌。我们赌谁能让您生气，赢的人就能赢得四百块钱的奖励。可是我刚才无论怎么做您就是不生气，所以我不能赢得那四百块钱了。”年轻人把事情一五一十地跟希雷尔说了。

“哈哈哈，原来是这么回事啊。”希雷尔笑着说，“孩子，记住了，希雷尔是值

得你为他输掉这四百块钱的！不要说是这四百块钱，就是再加上四百块钱，也是值得的。还有，你一定要记住，那就是希雷尔是绝对不会发火的。”

年轻人听了，点了点头。

富翁的继承人

从前有一个富翁，他有三个儿子，都非常的孝顺能干。他一直以三个儿子为傲。

时间一天天过去，富翁的年纪也越来越大了。一天，富翁心想：我已经这么大年纪了，说不定哪一天就会离开人世了，我的财产不能没有人继承啊！但是三个儿子的能力都差不多，我该把遗产留给哪一个儿子呢？富翁经过很长时间的考虑，终于有了办法。于是，他找来自己的三个儿子。

富翁对三个儿子说：“我年事已高，需要找一个继承人来继承我的财产。我决定让你们之中品德最高尚的一个来做我的继承人。你们每个人都出去游历世界一年，回来之后，把你们的经历说给我听，谁做的事情最高尚，我就让谁做我的继承人！”

三个儿子听后，都点头答应，第二天就踏上了旅途。

时间飞逝，一年的期限转眼就到了，富翁的三个儿子也陆续地回到了家中。等三个儿子都到齐了，富翁便让他们讲一讲自己都遇到了什么事情。

大儿子首先说道：“我在旅途中做了一件大好事。在我游历世界的时候，我遇到了一个素未谋面的人，我们一见如故，成了好朋友。通过和我长时间的交往，这个人对我非常的信任，于是把自己随身的一袋金子交给我保管。可是，世事难料，他竟然在路上意外地去世了！我不但帮忙处理了他的后事，而且通过多方打听，找到了他的家人，把金子原封不动地都交还了他的家人。”

富翁听了大儿子的讲述，满意地点了点头，说道：“诚实，对朋友仗义，而且不贪图金钱，果然是我的好儿子。”然后他又问二儿子：“你有什么经历呢？”

二儿子说道：“我在游历世界的时候同样做了好事。我虽然没有像大哥一样帮助了朋友，但是我却救助了一个穷苦的乞丐。有一次我在路过一个贫穷落后的小山

村的时候，看见一个可怜瘦弱的小乞丐掉进了湖水里，我不顾自己的安危，毫不犹豫地跳进湖水里救了这个小乞丐。救醒他之后，我还给他留下了一笔钱生活。"

富翁点了点头，说道："见义勇为，帮助需要帮助的人，老二果然是我的好儿子。"

接着轮到三儿子说了，他很不好意思地抓了抓头，说道："说来真是惭愧，我没有做什么诚实的事情，也没有见义勇为的机会。在我旅行的时候，我也像大哥一样遇到了一个陌生人同行，可是这个人却并不是我的朋友，相反，他一直想要害死我，然后得到我的钱袋。多亏了我幸运，他才没有得逞。后来我们就分道扬镳了。但是冤家路窄，有一天我路过了一个悬崖，正巧看见他在悬崖边上的一棵树下睡觉。当时，我只要轻轻一抬脚就能把他踢下去，但是我想了想，觉得我不能这么做，于是我准备离开。不过，我又担心他一翻身会掉下去，所以就过去把他叫醒了，然后才继续赶路。"三儿子说完，叹了口气："哎，这实在算不上是什么有意义的经历啊！"

听完三个儿子的叙述，富翁点了点头，说道："诚实和见义勇为都是一个人应该有的品质，称不上是高尚。而有机会向自己的仇人报仇，非但没报仇，还反过来帮助了自己的仇人脱离险境，这样的宽容之心才是一个人最高尚的品质啊！我决定了，我的继承人就是老三！"

老大和老二也认为父亲说得对。于是，老三就继承了富翁的全部财产。

只有美德永存

古代的以色列经常会有战争，人民过得苦不堪言。

在以色列的一座城市里，生活着一个富翁，乐善好施，经常救助穷苦的百姓。一天，富翁突然病重不起。在弥留之际，他把自己的一对孪生儿子叫到了跟前，说道："孩子们，我就要死了，我死之后，会为你们留下一大笔遗产，你们把财产平分了吧。从此之后，我希望你们能好好地生活，并且为我们的国家——以色列，留下能够永恒的东西。"说完，富翁就与世长辞了。

这对兄弟得到了父亲的遗产，也成了当地富有的人。哥哥叶胡扎是一个善良的人，他不忍心看到自己的同胞们生活得如此悲苦，于是像自己的父亲一样去救助那些穷人、灾民和无家可归的孤儿。由于叶胡扎倾尽所有去做慈善事业，所以他的钱财也渐渐散尽，最后他成了一个一贫如洗、无家可归的穷光蛋。而弟弟却和哥哥不同，他很吝啬，从不向任何人提供救助。因为父亲临死前曾交代自己，一定要为以色列留下能够永恒的东西，于是他决定用自己的财产去建造一座坚固而又华丽的花园楼房。

楼房建造好了，弟弟心想：我老了，可以把花园传给我的儿子，我的儿子老了可以传给我的孙子……子子孙孙是无穷无尽的，这样一来，我的花园不就成了以色列的‘永恒’了吗？想到这儿，弟弟愈发地喜欢自己的这座花园了。

一天，已经无家可归的哥哥从弟弟家的花园前走过，正巧弟弟从花园里出来，一眼就看见了哥哥。看到哥哥如此落魄，弟弟非但没有帮助哥哥，还讽刺哥哥说："哥哥，你的钱财呢？你的金银珠宝呢？你去救助别人，可是结果呢？你自己却变成了一个乞丐！现在的你一无所有，你怎么去为以色列创造‘永恒’呢？你这么做怎么对得起死去的父亲！而我虽然吝啬小气，却建造了这座花园，永远矗立在以色列！而且，我还有一辈子都享用不尽的财富！我过着和神仙一样快活的生活！"

听了弟弟的话，哥哥平静地说道："我把我的钱财都捐献给了受苦受难的同胞们，我愿意和他们同甘苦共患难。我们在一起，虽然日子苦一些，但是我们互相帮助，一起去战胜贫穷，建立了一座关爱的‘花园’，难道不比你的这座花园更华丽，更能够‘永恒’吗？你的花园建造得再好，也只不过是祖国河山的沧海一粟，早晚有一天会化为乌有！"

弟弟听了哥哥的话不以为然，气呼呼地关上了门。两个人不欢而散。

事情果然像哥哥说的那样，没过多久，一场突如其来的龙卷风席卷了他们的家乡，顷刻之间，弟弟的花园楼房就被摧毁了，连他的金银珠宝都被龙卷风刮得无影无踪了。弟弟也成了一个一无所有的流浪汉。

许多年过去了，哥哥和弟弟相继离世，弟弟的花园楼房的废墟也被隐没在了草原之中。慢慢地，人们忘记了以色列曾经有一座豪华的花园楼房，忘记了花园楼房里住着一位快活似神仙想要得到"永恒"的富翁，但是人们口中却代代流传着一个

神圣的名字——叶胡扎。

原来，一个人的美德，才是真正能够得到永恒的东西。

羽毛

从前，有一个犹太女人非常喜欢东家长西家短地说是非。女人天生喜欢倾诉，这是可以理解的，但是她做得却有些过分了，连平常也喜欢饶舌的那些三姑六婆都无法忍受她了！最后，大家忍无可忍，于是一起到拉比那里去控诉这个女人。

拉比仔细地聆听了每个女人的控诉，表示一定会处理这件事情，然后便让她们先回家去了。接着，拉比便派人去把这个多嘴的女人找来。

女人见了拉比，问道："尊敬的拉比，请问您找我来有什么事情吗?"

拉比问道："有许多人一起来控诉你，说你平时总是对邻居的太太们品头论足，到处散播谣言，是这样吗?"

多嘴女人听完，笑着说："原来是这件事啊！其实我并没有杜撰什么故事啊，我说的都是事实，只不过夸张一点罢了。您要是听说过那些事情的话，就会发现，我只是把这些事情粉饰了一下，让它听起来更加精彩罢了。我一点儿也没有无中生有。不过，也许我真的是太多嘴了，因为连我的丈夫也这么说我。您放心，我一定会改掉这个毛病的。"

"好吧，"听完了女人的话，拉比说道，"现在让我来想一想该怎样让你改掉这个毛病。"

拉比想了一会儿，然后走出房间，只过了一会儿的工夫，他就拿着一个大袋子回来了。拉比把袋子递给女人，说道："我在这个袋子里装了一些东西，你拿着这个袋子去广场上，然后你就打开袋子，一边回家一边把袋子里的东西放在路边。到家之后，你再按原路返回，把你放在路边的东西一样一样的收齐送过来，知道了吗?"

女人点了点头，说道："我知道了。"

女人拿着这个袋子，感觉非常轻，她很好奇这里面究竟装的是什么，于是加快了脚步走到广场上。到了广场上，她迫不及待地打开了袋子，这才发现，原来袋子

里面是一大堆的羽毛！

那是一个万里无云的日子，微风轻轻地吹着，让人感到非常舒服。女人按照拉比的吩咐，一边回家，一边把袋子里的羽毛放在路边，等到她回到家的时候，袋子刚好空了。然后，她又提着袋子，一边捡一边走，一直走到了广场上。可是，不幸的是，凉爽宜人的秋风已经把路边的羽毛都吹散了，所剩者寥寥无几。女人拿着那个只装了几根羽毛的袋子回到了拉比面前。她说："尊敬的拉比，我按照你说的去做了，可是羽毛都被风吹走了，我只收回了几根羽毛。"

拉比点点头说道："你说得没错，我想最终也是这样。其实，所有的马路新闻都和这些羽毛是一样的，一旦从嘴里说出来，就再也没有收回的希望了。你能明白吗?"

女人若有所思地点了点头。就这样，在拉比的教育下，女人改掉了这个多嘴的坏毛病。

金鹅蛋

从前，有一对穷苦的夫妻，他们除了一间破房子和一只鹅之外一无所有。这对夫妻非常希望自己的鹅能够下蛋，这样他们就能攒鹅蛋去卖钱，贴补家用了。可是，事与愿违，他们的鹅迄今为止一只蛋也没有下过。

这天，丈夫去给鹅喂食，结果意外地在鹅窝里发现了一只蛋，而且是一只金蛋！丈夫激动极了，恨不得立刻把消息告诉所有人。但是他马上又想到，万一这是一只假的金蛋怎么办？那么大家一定会笑话我是一个疯子的。他想来想去，最后为了保险，他带着这只金蛋去找金饰工鉴定。金饰工仔仔细细地对这只金蛋进行了鉴定，最后告诉他，这是一只金蛋，百分之百的纯金，如假包换！丈夫高兴极了，他把这只金蛋卖了一大笔钱，然后高高兴兴地回家了。

晚上，他和妻子大大地庆祝了一番，还把鹅喂得饱饱的。次日天刚亮，夫妻两个人起了个大早，想去看看他们的鹅是不是又下金蛋了。果真，鹅窝里又有一颗金蛋！从此以后，每天他们都能够在鹅窝里找到一颗金蛋！卖金蛋让他们成了当地富有的人，他们买了高大宽敞的新房子，过上了富足的生活。

但是，丈夫是一个贪得无厌的人，他非常想知道这只鹅是怎么生出金蛋的，他想让更多的鹅也这样生金蛋，这样他就可以每天收获大量的金蛋，变得更加富有。这个想法在他的心里越来越强烈，最后他终于忍不住了，在一个晚上，他瞒着妻子到鹅窝里用刀把鹅的肚子剖开了。可是，除了一只未成形的蛋外，他什么也没有看到。

丈夫非常后悔，都是自己的贪心害了自己，现在他连每天的那一颗金蛋都得不到了。

狮子的奖赏

秋天到了，一只白鹤要飞到南方去过冬。在飞往南方的路上，它看到了一个牌子，牌子上写着：谁能帮助我拔出我脚上的钉子，我一定会好好报答它！

白鹤心想，我的嘴又尖又长，说不定我能帮这个忙呢！于是它降落到了挂牌子的地方。这牌子是一群羚羊挂上去的。因为有一只羚羊在逃命的时候，脚上扎了一枚钉子，无论如何都拔不出来，于是它的同伴们就挂出了这牌子。守护牌子的羚羊听说白鹤愿意帮忙，非常高兴地带着白鹤去找那只羚羊。白鹤用它又长又尖的嘴夹住钉子，一使劲就把钉子拔了出来。羚羊们非常感谢它，把它领到了一片鱼虾最多的水塘边，白鹤饱饱地吃了一顿，然后带着羚羊们的祝福继续向南方飞去。

在快离开大草原的时候，白鹤决定休息一下。在寻找落脚的地方的时候，它看到一头狮子正躺在一块石头上，周围围着狐狸、豺狗，还有众多的小鸟。原来，这头狮子在吃一只羚羊的时候，被骨头卡住了喉咙，难受极了。狮子向草原上所有的鸟兽发布了告示——谁能把卡住自己喉咙的骨头弄出来，谁就可以得到重赏。白鹤心想：我的脖子这么长，一定可以帮上忙的。于是，它很快降落了下来，向狮子提出自己愿意帮这个忙。狮子很高兴，让白鹤赶紧动手。白鹤走近狮子，把自己的长脖子伸进了狮子的嘴里，把骨头衔了出来。狮子非常满意，它大吼一声，跳下了石头，把身边离得最近的一只狐狸吞了下去。白鹤问道：“狮子先生，请问说好给我的重赏呢？”听了白鹤的话，狮子非常生气，它说道：“你难道没有得到奖赏吗？把头伸进我的嘴里，能活着出来，就是奖赏！”

种瓜得瓜

所罗门王掌管着国家里所有的事情，非常受尊敬。

一天，一只水獭跑到所罗门王面前，哭诉自己的委屈，希望所罗门王为自己主持公道。

所罗门王对水獭说道："你有什么委屈呢？说给本王听听吧！"

水獭哭诉道："尊敬的国王陛下，您不是把和平和真理传播给了地球上所有的生物吗？而且，还颁布了动物间要和平共处的法令吗？"

"没有错，难道是有谁打破了动物间的和平吗？"所罗门王问道。

水獭回答道："尊敬的国王陛下，请您听我慢慢把事情的经过都告诉您！事情是这样的，今天，我潜到水底去寻找食物，于是就把我的孩子交给了岸上的黄鼠狼看管。可是，没有想到，黄鼠狼并没有尽到一个保姆应该尽到的责任，它不但没有好好照顾我的孩子，居然还伤了我的孩子！尊敬的国王陛下，我现在要控告黄鼠狼，请您一定要为我的孩子讨回公道啊！"

所罗门王听了水獭的控诉，于是派人把黄鼠狼带到了自己的面前。

所罗门王问道："黄鼠狼，你是不是违反了动物之间要和平共处的法令，残忍地伤害了水獭的孩子？"

水獭

"尊敬的国王陛下，不是这样的！"黄鼠狼辩解道，"我并不是故意伤害水獭的孩子，我其实把它们照顾得很好！这完全是一场误会啊。因为我听到了啄木鸟的长嘴发出了像敲鼓一样的声音，这样的声音宣告了战争即将到来，我一时慌张，急于逃走，所以才会不小心踩到了孩子们，但是我真的不是故意的！还请国王陛下明鉴！"

听了黄鼠狼的话，所罗门王又命令随从们把啄木鸟带来审讯。

“啄木鸟。”所罗门王问道，“是你发出了鼓声，向大家预报战争就要来了吗?”

“是的，尊敬的国王陛下。”

所罗门王很生气，说道：“现在国家这么和平，你为什么要制造恐慌？编造这样的谎言!”

“尊敬的国王陛下，请容我解释！我之所以这么做，是因为我看到蝎子在磨它的匕首啊！如果我真的犯了错，那我想，这也应该算在蝎子的头上!”

所罗门王觉得啄木鸟说得有道理，于是召见了蝎子。

“蝎子，你如实说，你为什么要磨你的匕首?”

蝎子立刻老实交代：“陛下，那是因为我看到乌龟在擦拭它的盔甲啊！我以为将有不测发生，于是就赶紧磨我的匕首，以防万一!”

所罗门王觉得，按照蝎子的说法，错误要归结到乌龟的身上，于是他命人把乌龟找来了。

“乌龟，好端端的，你为什么要擦你的盔甲呢?”

乌龟回答道：“因为我看见螃蟹在磨它的大刀!”

于是，螃蟹又被找来了。螃蟹解释道：“我看见龙虾在练标枪!”所罗门王没有办法，于是又把龙虾找来了。

“龙虾啊龙虾，你为什么要练标枪呢?”

龙虾悲痛地回答道：“因为我看见水獭在水底吃我的孩子，所以我要练好标枪为我的孩子报仇!”

听了龙虾的话，所罗门王恍然大悟，于是这个案子也有了决断。他命人把水獭找来，严肃地告诉它说：“经过本王公正的审判，我已经做出了决断。你的孩子受伤的事情不能算在黄鼠狼身上，它是没有罪的。”

水獭不解地问道：“那我孩子受伤的事情应该由谁来负责呢?”

“应该由你来负责！”所罗门王说道，“因为这一切的结果，最初都是由你种下的因，所以你应该承担责任。”

打碎玻璃的待遇

一天，拉比在和他的一个学生讨论《塔木德》。在交谈的时候，学生表达了自己的一些异端的看法，这让拉比很生气。他嚷道：“你应该感到羞愧难当，你怎么能对神说出这种话来！”

学生抱歉地说道：“老师，那只是我的个人观点，我只是引证了《若本木》！”

拉比挖苦地笑了，于是他为学生讲了这样的一个寓言：

一天，有一个商人在批发市场买东西。因为他把注意力都放在了挑选货物上，所以一不留神就把陈列橱里摆放的一块玻璃碰碎了，这让他很过意不去。

“老板，请您原谅，我愿意赔偿您的这块玻璃。”商人说道。

老板笑着说道：“一块玻璃而已，说什么赔偿呢，谢天谢地，玻璃没有伤到您，否则我一定会过意不去的。”

商人说道：“您这么说让我怎么好意思？这块玻璃多少钱，我会赔偿您的。”

“真的不需要。”老板说道，“我看您也受惊了，我们去喝一杯杜松子酒吧，压压惊！”

说完，老板和商人很亲热地去喝酒了，好像什么不愉快的事情都没有发生过。

这一切被一个傻瓜看在了眼里。他想：要是打碎一块玻璃，顾客就可以得到一杯杜松子酒的好处，那么我把这家商店的大前窗玻璃打碎会得到什么呢？说不定商店老板看我为此非常难过，会请我喝一大桶杜松子酒呢！

想到这儿，傻瓜在地上拾起了一块石头，当着所有店员的面，用尽力气把商店的大前窗玻璃打碎了。

“你在干什么?!”一个店员喊道。然后，所有的店员都跑了出来，他们狠狠地揍了傻瓜一顿。

“停下！快停下！”傻瓜喊道，“你们这群笨蛋为什么打我？你们老板请那个人喝杜松子酒来安慰他，可是你们却对我拳脚相加！”

听到傻瓜的话，商店老板说道：“傻瓜！刚刚那个人是我最好的一个客户。别说

是打碎一块玻璃，就算他不小心打碎大前窗玻璃我都不会计较，因为将来他会为我带来许多财富。可是你这个傻瓜呢？你把我的玻璃打碎了，我一点好处都得不到！”

听完了拉比的故事，学生陷入了思考，拉比对他说：“我的孩子，这个故事中的商人和傻瓜就好比你的《若本木》和你。莫斯·本·迈姆拉比是一个独一无二的人，他是以色列的王子，写出了很多寓意深刻的作品。对他来说，表达一点异端想法只会让他变得更加完美无缺，也就是打碎了一块玻璃。而你只是一个无知的人，你表达异端那不就把我们的信仰这块大前窗玻璃打碎了吗？”

学生恍然大悟。

愿望

从前，在一个遥远的国度生活着一群精灵，这些精灵靠为人类做一些仆役的事情为生，例如做家务、打扫房屋、管理花园等。

有一个精灵，为一个小康之家工作，他的工作是管理家庭的花园。这个精灵工作起来不声不响、十分熟练，而且他很喜欢自己的这份工作，并非常热爱主人夫妇和他工作的花园。同样，他的主人也对他非常满意。精灵天生轻盈飘忽，这个精灵也不例外，为了向主人夫妇表明自己是一个忠实的仆役，他始终住在主人家里，和他们一起生活。可是，凡事都有两面性，精灵的这一举动虽然赢得了主人的信任，但是却引来了其他精灵对他的不满。那些看不惯他的精灵跑到精灵头目的面前，添油加醋地对他进行诽谤，要求精灵头目惩罚他。精灵头目相信了他们的话，于是马上给这个精灵下达了命令：离开这个花园，去挪威的最北部照料一所终年被雪覆盖的房屋。

精灵很伤心，但是又不能不听精灵头目的话，只能离开。在动身前，精灵找到了主人夫妇。

“亲爱的主人，在你们家工作的那一段时光非常令我难忘，但是我不知道自己犯了什么错，现在其他精灵都逼着我离开你们。我在这里待不了太长的时间了，多则一个月，少则一个星期。所以请你们抓紧时间说出你们的三个愿望，我可以让这三个愿望实现。但是只能实现三个，不能再多了。”

主人夫妇听完，商量了一下，说道："我们的第一个愿望是拥有一笔巨大的财富。"

"好的，没问题。"精灵说完，一边念着咒语，一边挥动自己的双臂。果然，一瞬间他们所有的箱子和柜子都装满了金银珠宝，仓库里装满了全新的麦子，地窖里摆满了香醇的美酒……一切都装得满满的。

看到如此多的财富，主人夫妇非常高兴，但是马上他们就想到了很多问题。现在有了这么多财富，该如何来管理呢？他们该设立多少个账本，耗费多少心血和时间？还有，他们如今变得如此富有，一些不速之客一定会接踵而至，如果小偷来算计他们，他们该如何应对？如果王公贵族来找他们借贷，他们该怎样抉择？如果国王要来征税，他们又该怎么办呢？想来想去，这对可怜的夫妇感到万分痛苦，他们从来没有想到，原来富有也是一件这么痛苦的事情！

于是这对夫妇朝着精灵高喊道："我们不要这些财富了！快把这些财富都变走！这些钱财带来的麻烦实在是太多了，我们还是喜欢以前幸福平静的生活。"

"没问题。"精灵答道。然后他挥动双臂，念着咒语，一眨眼的时间，那些金银珠宝、麦子还有美酒一下子全没了。

所有的烦恼都没有了，他们的生活恢复了平静和安宁。这对夫妇高兴得不得了，他们和精灵一起大笑起来。

"现在说说你们的第三个愿望吧。"精灵说道。

"亲爱的精灵。"主人说道，"我们现在一时也不知道该说什么样的愿望，等我们想好了再告诉你吧！"

"当然可以。"精灵点点头说道，"不过你们可一定要在我走之前告诉我啊。"

主人点了点头，然后精灵就离开了。

随后的几天，主人夫妇一直在商量该许什么样的愿望，最后他们终于想到了一个愿望。于是，他们找到了精灵。

"亲爱的精灵，"主人高兴地说道，"我们想到了该许什么样的愿望！"

"太好了，快说说吧，你们有什么愿望？"精灵高兴地说道。

"我们希望你能赐予我们智慧！因为智慧是一种不会惹来麻烦的财富！"

精灵听了高兴地点了点头，因为这就是他想要在临走前留给他们的东西啊！

一壶水的价值

有一天，在荒芜的沙漠上出现了一个马队。

这个马队有五个人，四个商人和一个为他们做杂活儿的少年。他们每个人都骑着一匹高大威猛的马，马儿们身上还有足够的食物和水。可是，世事难料，他们在骑马穿越沙漠的时候竟然遇到了沙尘暴！沙尘暴无情地席卷着他们，他们连眼睛都睁不开了。等到沙尘暴终于过去了，他们惊讶地发现，他们的马匹全都不见了！马匹不见了，这就意味着他们失去了所有的食物和水，这对于想要穿越沙漠的他们来说，无疑是判了一半的死刑。想要不吃不喝走出残酷的沙漠谈何容易呢？

他们充满了绝望，五个人一起一步一步地向前走去。可是，厄运并没有放过他们，失去了食物和水的他们，竟然不幸地迷失了方向！天上的太阳犹如一个大火炉一样炙烤着他们，仿佛要把他们蒸干，他们嘴唇干裂，舌头就像一个干木板一样。精疲力竭的他们由于干渴而倒在沙丘之下，他们干渴的喉咙中只能发出一个声音——水！

但是，他们身上还有一点点水。在一个胖商人的身上，有一个小酒壶，酒壶里装着五百毫升的井水。这壶井水，完全是一个恶作剧的结果。原来啊，胖商人十分喜爱喝酒，随身带了一铁壶美酒上路。而他的一个商人同伴想要捉弄他，于是就偷偷地把他的一壶美酒倒掉了，换成了一壶井水。没想到，当初的一个恶作剧，如今却成了救命的东西！五百毫升水意味着什么呢？如果一个人能把这壶水全部喝下去，那么他就很有可能走出这可怕的沙漠，脱离险境；如果五个人把这一壶水分掉，那么他们只会再次倒下，最后谁也别想走出去。

其他的三个商人都把目光死死地盯在胖商人身上的小酒壶上，他们都想喝下这壶水，想要达到这个目的，最有效的办法就是用金钱换取。于是，一个瘦商人抢先拿出了十个金币，对胖商人说道："我愿意出十个金币买你身上的这壶水，请你把它卖给我好吗？"听到瘦商人的话，其他两个商人也赶紧掏出自己身上的金币。

“不！我愿意出二十个金币，请你把这壶水卖给我吧！”一个商人说道。

“我愿意出三十个金币！还是卖给我吧！”另一个商人说道。

“四十个金币！”

“五十个金币！”

……

三个商人争相竞价，买价很快上升到了一百个金币，最后他们甚至愿意倾其所有来换取这壶水。在他们争吵的时候，那个干杂活的少年始终一言不发，他绝望地闭着双眼，一动不动地躺在沙漠中。因为他的身上连一个金币都没有，别说是一壶水，连一滴水都不属于他。

可是，这三个商人谁也没能买成这壶水，因为胖商人也是十分冷静的。他不为大把的金币所动，平静地说道：“我把这壶水卖给你们又有什么用？你们难道看不出来，在沙漠里，金币的价值等于零吗？”三个商人听得目瞪口呆。

随即，一场争夺水的大战在这四个商人之间展开了。他们开始斯打叫骂、拳脚相加，没过多久，四个商人都倒了下去。搏斗也加快了他们体力的消耗，此刻的他们已经奄奄一息了。

这个世界就是这么奇妙，原本绝对不可能得到那壶水的少年竟然成了最后的赢家，成为那壶水的主人。不光如此，让少年更加心潮澎湃的是，地上散落着大把大把金灿灿的金币。这些金币从前一直与他无缘，此刻只要他肯弯下腰，这些金币就是他的了。面对如此大的诱惑，少年的大脑却十分清醒。他明白，只要自己弯腰捡起一个金币，那么就会捡两个、三个，甚至更多。这些金币对自己来说是不小的负重，如果带着它们，自己很有可能再次倒下。但他知道在生死时刻金钱是没有任何分量的，于是他带上那壶水，踏上了路途。

最后，少年成功地战胜了沙漠，走出了这个死亡之地，而那四个商人和他们的金币则永远留在了沙漠里。

拉比的遗憾

从前，在一座城市里有一个非常优秀的拉比，大家都非常尊敬和爱戴他。

为什么这个拉比这么受别人的爱戴呢？原来啊，这个拉比的行为非常高尚，不但待人接物态度十分亲切，而且富有慈爱之心，经常帮助大家。拉比对自己的要求非常高，他做事谨慎，对每个小细节都非常注意，同时，他还对神怀着十足的虔诚。在平时的生活中，他不会破坏神所建造的任何事物，就连走路的时候他都会注意，不踩死一只蚂蚁。像这样一位优秀的拉比，怎么会不受到大家衷心的爱戴呢？

在这位拉比八十岁的时候，他的身体突然变得非常虚弱，他明白，自己的生命马上就要走到尽头了。有一天，他把所有的弟子都叫到了自己的床前。弟子到齐之后，拉比什么都没有说，而是开始哭泣。

这下所有的弟子都感到不知所措。有一个弟子问道："老师，你为什么哭呢？发生了什么事？"

拉比回答道："我哭泣，是因为我发现我还有事情没有做，我的一生中有很大的遗憾！"

听了这话，弟子们更加地糊涂了。那个弟子接着问道："老师，您的一生中怎么会有没有做的事情呢？您没有一天会忘记读书，没有一天不在向我们传授您渊博的知识，没有一天不在向周围的人行善。您是我们国家里最受尊敬的人，大家都很爱戴您，而且，您是我们国家里最笃信神的人啊！像政治那样肮脏的世界，您从未插过手，按理说，您是没有理由哭才对啊！"

拉比说道："正是像你说的那样我才哭啊！我刚刚问了自己，你读书了吗？你向神祈祷了吗？你行善了吗？你的行为都正当吗？对于这些问题，我可以自信地做出肯定的回答。但是，当我问自己，你是否参加了一般人的生活呢？我却只能回答没有！所以我才会哭泣啊！"

弟子们这才明白，因为老师总是忙于读书、祈祷、行善这些事情，所以几乎不在犹太人的集体活动中露面。老师指的"一般人的生活"不是指一般意义上的衣食住行，而是指犹太民族的集体生活。

最后，拉比对弟子们说："你们一定要从老师身上吸取教训。如果你完全与一切世事脱离，只是为了用功学习 10 年的话，那么 10 年之后你就不能向神祈求宽恕了。因为不管你把学问做得多好，把自己与社会隔开，这本身便是罪恶！"

第五章　犹太名人的超凡智慧

犹太民族的人口从来没有超过 2000 万，这个数字在数十亿的世界人口中显得微不足道。然而，这个民族中却涌现出了与其人口比例极不相称的许许多多对世界产生巨大影响的伟人：爱因斯坦、马丁·布伯、洛克菲勒、摩根、茨威格……

从公元 1901 年到 2006 年，共有 110 多名犹太人获得诺贝尔奖，占总获奖人数的 17%。

一个像谜一样的民族，留给了我们挖掘不完的智慧宝藏。

一、科学社会主义的奠基人——卡尔·马克思

卡尔·马克思，出生于普鲁士莱茵地区特利尔城。当时的普鲁士尚处于封建专制的黑暗统治之下，但是，马克思得天独厚。他诞生在一个最先进的省份和一个充满市民阶级启蒙精神与人本主义思想的家庭。

1841 年 3 月，马克思毕业于柏林大学，并获得了柏林大学的哲学博士学位。现实的普鲁士封建政治打消了他要成为大学哲学教师的想法。他于 1842 年 4 月参加了《莱茵报》的编辑工作，并很快升任该报主编，开始了他那漫长、艰辛而又不屈不挠的作为一个革命者和思想家的生涯。在此期间，马克思开始抛弃他的唯心主义世界观和资产阶级民主主义思想，逐渐转向唯物主义和共产主义。由于马克思的激进民主主义观点、对贫苦农民的同情和对现实政治不妥协的批判态度，《莱茵报》被查封。后来他转向研究政治经济学，以解剖“市民社会”，写出了引起后世争议

的著名的《1844年经济学哲学手稿》，即《巴黎手稿》。这是马克思学说第一次比较系统的阐述。

1844年8月，马克思同其莱茵省同乡弗里德里希·恩格斯（1820～1895）在巴黎第二次见面。巴黎的第二次会面，他们都欣喜地发现彼此的志趣与思想是那样一致，并且几乎同时循着不同途径完成了世界观和思想的转变。他们合著《神圣家族》，批判当时还很有影响的青年黑格尔派的政治观点和自我意识哲学，开始了两颗伟大灵魂的毕生合作，结下了千古传颂的伟大友谊。1845年，法国当局在普鲁士政府的压力下向马克思下达了驱逐令，马克思迁往布鲁塞尔。在那里，马克思写出了包含着新世界观天才萌芽的《关于费尔巴哈的提纲》，表明了自己学说的革命实践性质。同恩格斯再度合作，完成了《德意志意识形态》一书，为他们的共产主义理想打下了唯物史观的坚实基础。他们还成功地改造了“正义者同盟”，并受“共产主义者同盟”第二次代表大会的委托，起草了同盟纲领，发表了《共产党宣言》——标志着以马克思名字命名的学说的诞生。

马克思

1848年3月，德国革命爆发，马克思返回科伦，创办了《新莱茵报》，总结1848年的欧洲革命。写了《1848年至1850年的法兰西阶级斗争》和《路易·波拿巴的雾月十八日》，这是用成熟的唯物史观分析历史事件的典范之作，其中开始比较系统地论述了无产阶级革命和无产阶级专政的思想。马克思移居伦敦并且定居在那里，在以后的年代，马克思主要从事《资本论》这部工人阶级“圣经”的写作工作，通过历史和逻辑高度统一的严密的科学论证，以便“在理论方面给资产阶级一个使它永远翻不了身的打击”。同时，马克思继续积极参与领导国际工人运动。为适应国际工人运动新的高涨的形势，1864年他领导建立了“国际工人协会”，即著名的第一国际。1871年发表了《法兰西内战》，1875年发表了《哥达纲领批

判》，总结了巴黎公社的革命经验，进一步完善了无产阶级革命和无产阶级专政的学说。此后一直到逝世的年代里，他竭尽全力从事《资本论》后几卷的写作。

对马克思学说较为通行的概括是它包括马克思主义哲学、马克思主义政治经济学和科学社会主义。它们分别源自德国的古典哲学、英国的古典政治经济学和法英两国的空想社会主义学说。这种概括有其道理，使马克思的学说变得简明易懂。但同时也存在缺点，即容易妨碍对马克思学说系统、全面、准确的理解和把握，容易忽视各个部分之间密不可分的联系，导致对他的学说的曲解和简单化。马克思学说是一个有关联的活的整体。严格来说，他的哲学思想、政治经济学思想及社会主义、共产主义学说是无法彼此分开的，正如他的大部分重要著作都没法做出明确的简单的学科、领域的划分一样。因为马克思不是一个书斋式的学者，而是一个理论与实践、理想主义与现实主义密切地统一在一起、结合于一身的思想家和革命实践家。从其理论、学说对现实的无情批判，从其对人类未来宏伟的共产主义理想看，马克思是一个理想主义者；但从贯穿其学说始终的实践观点看，其解释世界的目的是为了改造世界；从其把自己的学说、理想同对现实的经济关系的分析、同现实的社会运动、同自身的革命性实践相结合这一方面看，他又是一个现实主义者。他是一个立足现实的理想主义者，又是一个理想远大的现实主义者。

一方面，马克思对于当时代表人类思想发展前沿的德国古典哲学、英国古典政治经济学及各种空想社会主义、共产主义学说结合经济史、政治史、社会史著作进行了深入的研究，并加以批判地继承；另一方面，他又密切关注德国、英国、法国、美国等国的社会变化及发展，尤其是资产主义经济关系和经济运动过程的方方面面。这两个方面结合在一起，形成了马克思独特的学说体系。

马克思用更大的精力研究了资本主义的经济关系和经济运动。他穷其毕生精力所著的《资本论》就是一部分析资本主义经济关系和过程的巨著。这部二百余万字（尚不包括《剩余价值学说史》）的著作从资本的生产过程、资本的流通过程到资本主义生产的全过程的分析中，揭示资本主义经济运动的规律。实际上是在阐述无产阶级革命运动的条件、进程和必然结果，即资本主义为什么必然灭亡和如何走向灭亡，无产阶级革命的必然性及其过程。因而，它也是马克思科学社会主义的代表

作。同时，在这部巨著中，蕴含了丰富的辩证法和唯物主义思想，因而又可以称它是马克思主义哲学的代表作，是一部名副其实的马克思主义“百科全书”。这里最充分地体现了马克思学说各个部分不可分割的有机联系。离开了对于政治经济学和科学社会主义学说的方法指导，哲学对于马克思来说是没有意义的；政治经济学的研究在很大程度上是为科学社会主义学说服务的，是作为科学社会主义学说的依据和说明而存在的；而离开了辩证法和唯物史观及政治经济学的支持，科学社会主义也就没有了科学性，只能成为空洞的、脱离现实和没有现实根据的教条、理想。

马克思本来可以选择他父亲为他铺就的道路。如果那样，他至少可以为家人提供基本的物质生活条件，不至于使他的一对爱子、一个爱女在他最困难的时候先后夭折；不至于常常忍饥挨饿，甚至连衣服和鞋子也要抵押出去，为全家换些口的面包和土豆；不至于四处流浪、没有祖国，几乎所有的欧洲国家都不许他入境，半数以上的欧洲国家向他发出过驱逐令……所有这一切，都没有改变马克思在中学时代所立下的宏愿，为人类的幸福承受个人的生活困苦，牺牲个人的一切，取得了前无古人、令后世震撼的成就。他所做的一切，为无产阶级、为劳苦大众、为进步人类走向彻底解放指明了方向，留下了宝贵的精神财富。人们将永远记住这个名字：卡尔·马克思。

二、通讯事业的开创者——路透

保罗·朱利叶·路透，原名I·B·约瑟法特，1816年7月21日出生于德国卡塞尔的一个开明的犹太教拉比家庭。13岁时，路透的父亲去世，小路透到开银行的表哥那里寄居。路透从小数学就很出色，在银行里很容易地就被富于数字变化的汇兑行情给迷住了。他从事汇兑行情业务之后，经常苦思冥想一个问题：怎样才能最迅速地了解各国的外汇行情呢？

一次偶然的机会，路透结识了大数学家高斯。当时高斯正在埋头研制电报，路透从高斯那里获益匪浅。他敏锐地看出，这种新通讯工具可以极大地提高汇兑行情

的收发速度。他开始留意电报机的研制动向。这期间他来到柏林，改信了基督教，并且把自己原来的姓名伊斯拉埃尔·贝亚改成了保罗·朱利叶·路透。

保罗·朱利叶·路透

也是在柏林这段时间里，路透结婚了。当时，他29岁，妻子是柏林一位银行家的女儿。利用岳父提供的资金，路透购买了一家书籍出版发行公司的股票，与人合资经营出版业。3年后，路透不堪忍受普鲁士政府对舆论的压制，毅然奔赴巴黎。此时他胸中已经酝酿着做信息买卖的计划，因此不惜进入当时世界最庞大的通讯社当普通职员。无独有偶，和路透同时进通讯社的还有一个流亡者——一个柏林银行家的儿子贝恩哈德·沃尔夫，几十年后，沃尔夫、路透与哈瓦斯同时成为世界新闻业的三巨头。

路透的创业史是从1848年开始的。那一年年底的一天，他离开政治上日益反动的普鲁士，来到了世界文化之都—巴黎，会见了法国报业巨头查理·哈瓦斯。身材矮小的路透给哈瓦斯的第一印象，是他那口若悬河的毛遂自荐：他在柏林曾开过一家出版社，普鲁士政府的舆论封锁使他举步维艰；他仰慕哈瓦斯先生的大名而来，希望能被录用而谋得个赚钱维生的差事。

那时，哈瓦斯正苦于人手不足，恨不能一个人分成几个人用，正当此时，有人竟不招自来，这让哈瓦斯喜出望外。尤其当得知路透还精通英、法、德三种文字，更是如获至宝，当即答应了路透的求职请求。

路透就这样成了哈瓦斯社的一个成员，投入到繁忙的通讯业务之中。他每天从来自欧洲各地的报纸中挑选具有重要价值的文章并译成法文，作为该通讯社的新闻稿件，然后分送到巴黎的报纸和国外的订户。远至圣彼得堡的宫廷都有他们的联系对象。

犹太人先天的竞争意识使路透无法久居人下。既然翻译和提供新闻稿件的工作

能产生如此大的社会和经济效益，而对此自己又得心应手，为什么不可以个人单独经营呢?

路透从一个饲养信鸽的旅店老板盖勒那里租用了40只信鸽，让它们充当亚琛——布鲁塞尔邮路的“信使”。此招果然奏效。在当时两地之间没有电讯相通的情况下，起到了提供最快的新闻稿件的作用。

1851年夏天，路透移居英国，开始了他人生之旅最辉煌的时期。

靠着在法、德两国的经营中打下的基础，路透开始在这里营造他庞大的“通讯帝国”。首先，他还是运用他的提供“快讯”和“快讯中的快讯”的策略。

1853年，路透得知“磁力电报公司”和另一家电报公司在连接苏格兰和英格兰的海底铺设了一条电缆。两家公司用快艇在爱尔兰南部的昆士兰海迎接从北美开来的载有新闻稿件的船舶。这比南安普顿至美国的距离缩短了400余公里。他们没想到，一个工于心计的竞争对手已悄然出现在他们的身旁。路透秘密地在对手已占据的昆士兰西90公里处的克鲁克黑文修建了一个电报基地。在那里，路透社在海上值班的小舢板用信号示意基地的联络艇从北美来的船上取下稿件。其他报社要在拿到稿件后再航行100多公里返回科克市方能发报，而路透社的联络艇则只要开至不远处的克鲁克黑文即可。这样，当别人开始发报的时候，路透社编成的通讯稿件早已到订户手中了。

人们惊讶地发现，就是这位起初住在伦敦金融街一家股票交易所的两间出租房屋里的犹太人，通过自己一手经营起来的路透通讯社，掌握了“欧洲大陆有关金融方面的情报”的主要输入和输出渠道，在交易所、银行、股票商、投资公司和贸易公司的广泛领域，伸展自己的巨大翅膀。紧接着，路透又把目光瞄准《泰晤士报》，一心要把通讯运营的疆域扩展到报业市场。

《泰晤士报》是英国一家历史最悠久的报纸，它在新闻界的权威地位使得向它兜售新闻稿件的路透社曾吃了闭门羹——“《泰晤士报》无意采用贵社提供的消息。”但挫折没有使路透认输，打消在这个有利可图的领域一试身手的念头。他转念一想，何不采用迂回战术，在眼下欧洲各地政局处于混乱的状态下，利用路透社在欧洲各地建立了电报网的有利条件，先迅速提供各种政治方面的新闻。这样，

《泰晤士报》的铁门便被撬开了一条缝。随后，路透社又扩大战果，先征服伦敦的其他报社，再迫使《泰晤士报》就范。

路透先攻下了影响力较小的《广告晨报》，接下来的局势发展正如路透估计的那样，除了《泰晤士报》之外，伦敦所有的报纸都开始采用路透社的电讯稿。路透社的工作效率把各家报社派出的记者远远抛在后面。最后《泰晤士报》也不得不与路透社签订合同。攻下这个最顽固的堡垒之后，路透社已经在英国新闻界完全站稳了脚跟。

刚开始报道美国南北内战的消息时，英国的报社与通讯社都是采取下述方法取稿的：当北美大陆的远洋船到达英国南安普敦港口时，各报的蒸汽小艇就迎上去，大船上的人把装有新闻的木盒投到海里，由小船捞出来，再把木盒里的新闻通过电报发往伦敦。

林肯

为了抢在各报前头发出新闻，路透秘密地把接船地点往英国北部移动了 500 公里，然后悄悄征得地方当局批准，修了一条专用电报线，因此竞争对手的船只还没接到远洋船，路透的新闻已经发回了伦敦。等别人发电报时，路透的快讯稿已送到订户手中了。

路透在传递速度上和其他人拉开了距离，这使路透社得到了一条爆炸性的独家新闻。

美国林肯总统遭到暗杀后的第二天上午一点半，路透社驻华盛顿记者麦克林弄到林肯私人秘书的采访稿，但是，当天开往英国的轮船已经启航。麦克林不顾一切地赶到海港，雇了一条拖轮，好不容易才追上那条班轮，把那条独家新闻装在木盒子中扔到班轮的甲板上。几天后，轮船到达英国，路透的通讯网马上播发了这篇新闻。当时，这一新闻事件只有一家报纸发了一则短讯，而路透社却发了一篇有关暗杀现场的详尽报道。第二天，伦敦各报，包括《泰晤士报》都全文转载了路透社的

报道。

这次成功，给予路透的并非只是经济上的利益，主要还是精神上的激励和鞭策。他明白了，要在残酷的竞争中立于不败之地，不仅要勇于进取，而且要不断创新，永远保持竞争中的优势。他认为，不仅要先于别人得到和发出稿件，而且还要获得别人无法获得的高质量的稿件。他给自己的通讯社提出了新的、更高的要求：注意获得重大的独家新闻，这也成为路透社在 21 世纪的今天仍能占据世界顶级通讯社翘楚位置的秘诀。

三、世界上第一个 10 亿富翁——洛克菲勒

1855 年，15 岁的洛克菲勒花了 40 美元在福尔索姆商业学院克利夫兰分校就读 3 个月，这是他一生中接受的唯一一次正规商业培训。18 岁时，他从父亲手中以一分利贷款 1000 美元，与克拉克合作成立了克拉克一洛克菲勒公司，主要经营农产品。战争需要大量的农产品，所以，是美国的南北战争把 20 多岁嗅觉灵敏的洛克菲勒变成了一个富人。像其他富人一样，他每年花 300 美元雇人替他入伍打仗，而他却紧紧抓住战争给自己带来的重大机遇，积累了雄厚的资本，为今后的发展奠定了坚实的基础。

战争给洛克菲勒创造了发展的新天地，而战后的经济繁荣又给充满活力、机警敏锐的他带来了无数的机遇。仅以 4000 美元的投资与他人合作成立了石油公司，这位财神爷从此一头撞进了黑金之河，财富从油井里喷涌而出。源源不断。无与伦比的商业才智和贪婪的天性使他在短期内创建了美国最有实力、最令人生畏的垄断性企业——标准石油公司，并因此而发迹，成为世界首富。这个被众多专门揭人隐私的文人称为“章鱼”的托拉斯企业所提炼和销售的石油，几乎占当时美国同类产品总产量的 90%，创造了美国历史上一个有关财富的神话。

1859 年，一个名叫埃德温·德雷克的失业列车员，在宾夕法尼亚州的泰行斯维尔钻出了石油；洛克菲勒和一个名叫莫里斯·克拉克的伙伴则在俄亥俄州的克利夫

洛克菲勒

兰开了一个经纪人的商行。南北战争时期，商行的业务很兴旺，洛克菲勒又开始做铁路和地产生意，同时也密切注意着蒸蒸日上的石油业迅速发展的情况。

1863 年，洛克菲勒、克拉克和他的两个兄弟，还有化学师塞缪尔·安德鲁斯组建了一个“求精石油厂”，这是克利夫兰地区许多炼油厂之一。洛克菲勒大力经营，使求精石油厂成为该地区最大的炼油厂，每天炼油 500 桶，但是，他的合伙人却犹豫不决，于是两年以后，他就买下了全部产权。为了改善自己的地位，洛克菲勒借了很多债。1865 年和 1866 年，他在克利夫兰买下了 50 个炼油厂，在匹茨堡又买了 80 个炼油厂。后来，他的炼油厂更名为美孚石油公司。

19 世纪 70 年代，美孚石油公司发展得很快，它继续进行勘探，并巩固它对石油业的控制。在这期间，洛克菲勒厉行节约，清算账目成为一种癖好，价格算到小数点后面第三位。洛克菲勒坚持每天早上来工作时，要在他的办公桌上放一份关于净值的财务报表。为了节省运输费用，洛克菲勒开始建造输油管，到 1876 年，美孚石油公司拥有长达 400 英里的输油管。还有能储藏 150 万桶石油的集散点。当宾夕法尼亚铁路在 19 世纪 70 年代后期对炼油业进行又一次挑战时，洛克菲勒打垮了这个当时美国最大的公司，然后又买下了该公司的炼油设备。

到 19 世纪 80 年代，显然洛克菲勒不能再漠视钻井和销售的事了。宾夕法尼亚的油田在开始枯竭，而美孚石油公司当时所控制的公司资产已逾 7000 万美元。“美孚”得保证有源源不断的原油供应。洛克菲勒买下了几个地区性的销售公司。他的公司已经以“章鱼”著称，在石油业中到处都有它的势力。它的产品大约已占炼油厂产品的 90%，并且垄断着诸如煤油、润滑油、石蜡、石脑油、各种溶剂以及“美孚”的科学家和技师从石油中提炼出来的其他一些产品的价格。

但是，洛克菲勒并不想由他的帝国来控制全部市场。他明白，应该让比较小

的、效能较差的一些竞争者去承担其中微不足道的部分，在困难时期迫使他们为生存而斗争，而美孚石油公司则能继续以几乎全部能量投入生产，同时却可以免受独家控制的指责。

洛克菲勒在一帮得力助手的协助下，成为发展现代公司组织的先锋，他们中的大多数人在“美孚”的执行委员会中任职，除了直接从事管理工作以外，还要制定战略计划、收集并分析情报等。凡是5000美元以上的拨款以及需要花费2500美元以上的新建筑，均需要经该委员会批准，甚至年薪增加600美元以上时，也得经该委员会通过。显然，这种情况不能再继续下去，因为洛克菲勒的帝国非常庞大，以致该委员会最终不得不把一些权力授予中级行政管理部门。后来，有些人提出，“美孚”的结构有一部分是仿效罗马天主教会，其实更主要的是，洛克菲勒和其他工业界巨擘在经营方式方面，有很多是从铁路公司，特别是从宾夕法尼亚铁路公司那里学来的。

洛克菲勒节俭成性，贪得无厌，但竟然成了美国历史上最大的慈善家。截至20世纪20年代，洛克菲勒基金会成为世界上最大的慈善机构，他赞助的医疗教育和公共卫生是全球性的。他一生直接捐献了5．4亿美元（折合现在的美金有60亿），他的整个家族对慈善机构的赞助超过了10亿美元。中国受益尤多，接受的资金仅次于美国，1915年，洛克菲勒基金会成立中国医学委员会，由该委员会负责在1921年建立了北京协和医科大学，这所大学为中国培养了一代又一代掌握现代知识的医学人才。他的赞助不仅是给原始医学致命的一击，还给慈善业带来了一场革命。在他之前，富有的捐赠人往往只是资助自己喜爱的团体，或者馈赠几幢房子，上面刻着他们的名字以显示其品行高尚。洛克菲勒的慈善行为则更多地致力于促进知识创造和改善公共环境，这完全超越了个性，更加富有神话色彩，其影响更为广泛，意义也更加深远。

洛克菲勒的身后留下了一个自相矛盾的名声。他集虔诚和贪婪于一身；他是美国清教徒先祖们毁誉参半的传统之化身，鼓励节俭和勤劳，同时又激发贪婪的本性。由于担心有人会破坏墓地，他的棺木被放在一座炸药无法炸开的墓穴中，上面还铺着厚厚的石板。而各家报纸在登载讣告时纷纷把他说成是乐善好施的大慈善

家。无论是持什么立场的政治家，包括那些同他有过过节的人，无不对他大加赞扬，一位检察官是这样称赞这位他曾经问讯过的、搪塞敷衍的证人的："除了我们敬爱的总统，他堪称我国最伟大的公民。是他用财富创造了知识。世界因为有了他而变得更加美好。这位世界首席公民将永垂青史。"

四、世界公认的报业巨子——普利策

普利策1847年4月10日出生在匈牙利的马科。他出身于马扎尔的犹太家庭，父亲是个富有的粮食商人，而德国母亲则是个笃信罗马天主教的教徒。老普利策在布达佩斯退休。普利策在家中排行老二。父亲因心脏病去世后，母亲再嫁，他和继父布劳相处不好，使得他在家里吃了不少苦头，因此他一心想要外出独立。17岁的普利策就这样离开了布达佩斯来到了美国。

到美国之初的困难时期，普利策没忘记利用业余时间学习英文，博览群书。他一头扎进圣路易斯的商业图书馆，学习英语和法律。他事业的最大转机很独特地发生在图书馆的棋艺室里。在观看两位常客弈棋的时候，他对一步棋的精辟论断使弈棋者大为震惊，并和他聊了起来。这两位对弈者是一家德语大报《西方邮报》的编辑，他们给了他一一份工作。4年之后的1872年，被称誉为一个不知疲倦、有前途的记者，年轻的普利策获得濒于倒闭的报社控股权。25岁时，普利策成为一个出版商，此后一系列精明的商务决策，使他在1878年时成为《圣路易斯邮报》的老板，以一个前途辉煌的人物出现在新闻界。

普利策

同年早些时候，他和一位名叫凯特·戴维斯的华盛顿社会名流女士在新教圣公

会教堂结了婚。曾经是圣路易斯贫民区大街上的流浪汉，并被奚落为“犹太小子乔依”的匈牙利移民小伙子，完全脱胎换骨了。如今他成了美国公民，作为一个演说家、作家和编辑，出乎寻常的精通英语。他衣着考究，留着漂亮的红褐色胡子，带着夹鼻眼镜，很快就融入圣路易斯的上流社会，享受着华丽聚会上翩翩舞姿和园林骑马的乐趣。这种生活方式在他执掌《圣路易斯邮报》后便戛然而止了。詹姆斯·怀曼·巴雷特，《纽约世界报》的最后一任城市版编辑在他撰写的传记《约瑟夫·普利策和他的世界》一书中，这样描述了普利策在执掌《邮报》时的情景，“从清晨伏案直到午夜甚至更晚，对报社的一切均事必躬亲”。为了能让公众接受他的报纸，普利策大量刊发调查性文章和社论，攻击政府腐败行为、富人偷漏税行为和赌徒。这种平民主义的诉求颇为奏效，《邮报》发行量攀升，生意兴旺。如果普利策知道在他死后设立的普利策奖体系中，新闻奖里的奖项更多的是给予那些揭露腐败的文章，而不是其他主题，他会感到欣慰的。

在后来他在纽约《世界报》工作的10年里，《世界报》所有版本的发行量攀升至60多万份，成为全国发行量最大的一家报纸。但出乎意料，普利策本人却在发行大战中成了牺牲品。《太阳报》的出版人查尔斯·安德森·达纳由于《世界报》的获胜而大受挫折，便开始对他进行恶毒的人身攻击，说他是“一个不承认自己种族和信仰的犹太人”。这一持续的攻击就是要让纽约的犹太人疏远《世界报》。普利策的健康在这一灾难中每况愈下。1890年43岁时，他退出了《世界报》的编辑岗位，从此再未回到过编辑部。他几乎完全失明，在极度消沉中又患上了一种痛苦的对噪音极为敏感的病。他出国苦苦寻求良医，却一无所获。在此后的20年里，他基本上把自己关在他称之为隔音的“地窖”里，在他的“自由号”游艇上，在位于缅因州巴港他的度假胜地“静塔”中，以及他的纽约私邸里。

在那些年月里，普利策虽然出访频繁，但他却成功地密切控制着他的报纸编辑与业务的发展方向。

1912年，即普利策在他的游艇上去世一年后，哥伦比亚新闻学院成立了。1917年，在普利策授权委托管理的顾问委员会的监督下，颁发了第一批普利策奖。对委员会成员和评审团的挑选，主要看专业才能，及其他方面的多样性，诸如性别、民

族、地域分配，还有记者挑选和报纸规模。

普利策1904年的遗嘱规定了普利策奖的设立是对杰出成就的激励。他具体规定有4项专门新闻奖、4项文学戏剧奖和一项教育奖，还有4项旅行奖学金。在文学奖中，应有一本美国小说、在纽约上演的一部美国独创戏剧、一本有关美国历史的图书、一位美国人的传记和由媒体所著的公共服务历史的书籍。然而，普利策对社会的迅速进步极为敏感，这促使他做好了对奖励体制做大范围变动的准备。自1917年开始颁奖后，顾问委员会更名为普利策奖委员会。将奖项扩大到21个，增设了诗歌、音乐和摄影奖，同时仍一如既往地恪守设奖人遗嘱和意愿的精神。

作为全国最有威望的奖赏和新闻、文学和音乐领域众所追求的荣誉，普利策奖被认为是产生高质量新闻的一个主要动力，它将全球的注意力都聚焦到美国在文学和音乐方面所取得的成就。

五、以色列国父——戴维·本-古里安

戴维·本-古里安（1886—1973）是以色列第一任总理，也是任职时间最长的总理。他凭借敏锐的直觉和务实的精神，在长达30年的时间里一直是犹太民族的领袖。他领导并创建以色列国，是现代以色列当之无愧的国父。

1973年，87岁高龄的他辞别人世。根据他的遗嘱，他的葬礼没有颂词，只有无声的默哀。

1886年，戴维·本-古里安出生在波兰普朗斯克一个富裕的犹太人家庭。在浓厚的犹太复国主义的氛围中，他从小就开始学习《圣经》和希伯来语。14岁时，他组织周围的孩子讲希伯来语。3年后，他加入犹太复国主义政党锡安工人党，成为一名犹太复国主义者。

20岁时，年轻有为的他来到巴勒斯坦（当时奥斯曼土耳其帝国的属地）——他心目中的“以色列地”，决心用自己一生在此定居的方式来实现犹太复国主义的理想。他坚信，希伯来人在希伯来的土地上劳动，是犹太民族恢复权利的唯一途

径。环境的艰苦和劳动的艰辛，对身体羸弱的戴维是个巨大的挑战。他后来回忆说："我发烧和挨饿的时间超过工作的时间。工作、疟疾和饥饿对我而言都是全新的，也很有趣。毕竟，这就是我来以色列地的原因。这些也是对我人生的一次挑战。"

戴维·本-古里安

即便在这种生活条件下，戴维也没有停止读书。一次，他赶着耕牛边走边阅读，等读完抬起头，才发现牛早就到别处吃草去了。

年轻的戴维·本-古里安的梦想就是要建立自己的国家。1910 年，本-古里安被调到耶路撒冷，担任新创办的党刊《团结》杂志的编辑。杂志出版第二期的时候，他才鼓起勇气在自己的文章上署上新起的希伯来语名字——本-古里安，以前他从不敢署自己的名字。从此，24 岁的本-古里安开始了自己的政治生涯。

年轻的他这时已经明确，犹太人要建国只有一个方法：不能空谈，而是实干。这是唯一的办法。他坚信只有在巴勒斯坦的犹太人才能决定自己的道路，这个愿望只有靠犹太人自己去艰苦地奋斗。曾经他一度希望获得奥斯曼土耳其帝国国籍，为此他学习了土耳其语，并到帝国的首都学习法律。为了使自己更像一个奥斯曼帝国公民，他还戴上了土耳其式的圆筒帽，蓄起土耳其式的胡子，这一切是为了满足自己的一个愿望。但是，随着第一次世界大战的爆发，由于奥斯曼土耳其对犹太复国主义的担心，本一古里安于 1915 年被驱逐出境。不久，他被迫来到了美国纽约。

在纽约，帅气的本一古里安结识了年轻护士保拉，两人一见钟情。他向保拉求婚时提出，如果她同意嫁给他，就得准备离开美国，去一块"狭小而贫瘠的土地，那里没有电，没有煤气，也没有电车。"痴情的保拉没有任何怨言，1917 年 12 月 5 日，保拉匆匆离开手术室，来到纽约市政厅，和在那里等她的本-古里安一起步入婚姻登记处。

经过几年的努力和奋斗，1917年，英国发表《贝尔福宣言》，对犹太复国主义表示支持，赞成在巴勒斯坦建立一个犹太民族之家。英军随即开始组织犹太军团。1918年，本-古里安加入军团，跟随英军回到巴勒斯坦。但军团还未参战，奥斯曼军队就已经溃败。本-古里安从犹太军团退役后，从事巴勒斯坦犹太工人联合的工作。1921年夏，他当选为犹太工人总工会的书记，并在这个岗位上工作了14年，在这14年中，为了建国的事业他不知吃了多少的苦。

在紧张的政治活动之余，他和朋友、家庭都很少联系，而是抓紧一切时间读书。长年的奔波劳碌使他未老先衰，不到40岁就开始谢顶，头发花白，过度的兴奋和烦躁都会使他发高烧。

本-古里安在世界犹太复国主义运动中所倡导的劳工运动并不是主流，但他凭着自己的执着和坚定，开始用自己的主张改变世界犹太复国主义运动。1933年，在布拉格举行的犹太复国主义第18次代表大会上，本-古里安当选为执委会委员。这次大会被视为犹太复国主义运动史的转折点。

到了1935年，本-古里安当选为犹太复国主义执委会主席和犹太代办处执委会主席，与日后担任以色列第一任总统的哈伊姆·魏茨曼一起成为世界犹太复国主义运动的两位领导。

本-古里安摒弃了犹太复国主义者曾经一度认为犹太人回巴勒斯坦是“一个没有土地的民族回到一片没有民族的土地”这种乌托邦式的空想。从基层一步步走上来的本-古里安，态度务实，他一针见血地指出，巴勒斯坦“存在着真正的冲突，我们和阿拉伯人之间的政治冲突。我们都想成为多数”。因此，他把向巴勒斯坦进行犹太移民的工作视为重点，他要在巴勒斯坦的国度使犹太人成为多数。

到了1937年，英国政府为了解决巴勒斯坦的政治问题，第一次提出在巴勒斯坦建立一个阿拉伯国家和一个犹太国家，即分治的想法。本-古里安凭借自己的政治嗅觉，意识到这是一个千载难逢的机遇。他立刻对分治的想法表示支持。本-古里安指出：“犹太复国主义不是走在一根结实的绳子上，而是在一根头发丝上。我一定要抓住这个机会来实现自己的愿望。”

两年后，英国政府有所变化并发表白皮书，对犹太人移居巴勒斯坦实行限额，

禁止犹太人购买巴勒斯坦的土地。面对英国立场的转变，在没有办法的情况下，本-古里安想出的另一种办法就是发展犹太人的地下武装。二战爆发后，面对纳粹德国对犹太人的迫害及英国对犹太复国主义的压制，本-古里安权衡利弊，提出了贯穿二战的著名政策："我们将帮助战争中的英国，就像没有白皮书一样；我们将反对白皮书，就像没有战争一样。"

1940 年，英国人在纳粹德国的狂轰滥炸之下所表现出来的毅力和勇气，给了本-古里安以强烈的震撼。当时正是夏天，本-古里安在伦敦度过。1941 年 11 月 12 日，本-古里安来到纽约，得到美国犹太社团的广泛支持。1942 年 5 月，在纽约比尔特莫尔饭店召开的犹太人会议接受了他的主张，通过了八点纲领，宣告"巴勒斯坦将作为一个犹太国而进入民主的新世界"。本-古里安的努力没有白费，这离他的梦想不远了。

二战结束了，但英国并不打算在巴勒斯坦实行分治。这时的本-古里安已经预见到英国的撤离和犹太国的建立，并且预见到新生的犹太国家必定会与阿拉伯邻国发生冲突，于是，他一方面组织巴勒斯坦犹太人的秘密反英军事行动，一方面竭力筹措资金购买军火。这是作为领导人值得借鉴的一种方法。

联合国在 1947 年 11 月 29 日通过巴勒斯坦分治决议，英国的统治将于 1948 年 5 月 14 日结束。这一天，所有的犹太人都很高兴，他们庆祝，他们欢呼，他们歌唱。但本-古里安却异常冷静。他回忆说："那一晚，人们在街上跳舞，但我不能跳。我知道，我们面临着战争。在战争中，我们将失去最优秀的青年。我不喜欢人类为了和平而流血。"喜悦中的犹太人认为最大的威胁是巴勒斯坦阿拉伯人的暴动，但本-古里安却意识到，有可能到来的是阿拉伯邻国正规部队的进攻。他一边派哥尔达·梅厄去美国筹款，一边打着埃塞俄比亚的旗号，通过秘密渠道从捷克斯洛伐克购买军火。为此，他整夜未眠。

1948 年 5 月 14 日下午 4 点，这是一个值得庆祝的日子。在特拉维夫现代艺术博物馆，本-古里安宣读了独立宣言。他宣告：以色列国成立了！在场的人纵情欢呼，全国各地的犹太人通过广播收听了独立仪式，无数人失声痛哭。本-古里安担任临时政府总理，并在随后的议会选举中成为总理兼国防部长。他心中无比的高兴

和激动，但只有他自己知道。

建国次日，埃及、外约旦（今约旦）、伊拉克、叙利亚和黎巴嫩的军队相继进入巴勒斯坦。在东、南两翼节节败退的以色列处于崩溃的边缘。关键时刻，联合国主持下的第一次停火挽救了新生的以色列。本-古里安利用停火的4周时间全力购置军火、招募新兵。当7月8日战事重起时，以色列已经掌握了主动，在10天的战斗中夺取了1000平方公里的土地。本-古里安的军事战略是占领尽可能多的土地，造成既成事实。

1949年，本-古里安策划了“魔毯行动”，动用上百架次的飞机，把近5万名犹太人从也门接回以色列。1950年的“以斯拉-尼希米行动”则将12万犹太人从伊拉克运回以色列。他的这一行动使建国才4年时间的以色列人口增加了一倍。

本-古里安曾于1953-1955年去职，但以色列的大政方针仍由他掌控着，并于1955年连任当选总理。本-古里安一直奉行与西方结盟的政策，1955年埃及向东方阵营靠拢后，他更是不遗余力地追随西方。1956年，埃及实行苏伊士运河国有化，对英法的利益有所侵害。经过秘密磋商，本-古里安与英法结成同盟。10月29日，以色列进攻西奈，为英法出兵埃及制造借口。以色列虽然取得了胜利，但因美国和苏联的介入，本-古里安不得不将西奈归还埃及。表面上以色列遭到了失败，但这场战争还是以色列占了上风，因为为以色列赢得了10年宝贵的和平。

1963年，本-古里安因为一次间谍行动引发的风波而辞职，并于1970年最终退出政坛。1973年，在以色列刚经历了“十月战争”的急风暴雨后，87岁高龄的本-古里安辞别人世。他的去世被以色列看作是一个时代的终结。犹太人心目中的一位优秀领导人与世辞别了。犹太人将不会忘记他的功劳，会永远把他载入史册。

六、原子弹之父——奥本海默

1945年7月14日，世界上第一颗原子弹在美国新墨西哥州阿拉摩戈多沙漠上空爆炸成功。领导研制工作的美国著名科学家奥本海默（1904-1967），因此被人

们誉为“原子弹之父”。

1904年4月22日，奥本海默生于美国纽约市。他的父亲朱利叶斯·奥本海默年轻时从德国移居美国，是一位成功而富有的犹太商人。母亲埃拉·弗里德曼是一位画家。出生在这样一个优秀的家庭里，给他从小受到良好的教育打了基础。

奥本海默

奥本海默从小聪明好学。他5岁生日那天，父亲送给他的生日礼物是五颜六色、形状各异的化石。这使他入了迷，此后开始收集各种岩石标本，并做出了成绩，年仅12岁便受人才荟萃的纽约矿物俱乐部的邀请，给专家、学者作《曼哈顿岛上的基岩》的科学报告。1922年，他进入哈佛大学，在3年时间里读完了大学四年的课程，1925年以优异成绩从哈佛大学毕业。

奥本海默兴趣广泛，但他最喜欢的是物理学。当时正值理论物理学发展的黄金时代，人们对原子内部结构的探索已充分暴露了经典物理学理论的弱点。1925年前后，一大群二十几岁的小伙子，就像地里突然之间冒出来的春笋一样，成为物理学舞台上一道亮丽的风景。一大批崭新的理论和思想接连诞生，一个个令人费解的难题陆续得到解决，一个个革命性的突破相继实现。当一个新的理论刚刚公布，人们往往还没来得及领悟它的含义，又有一个伟大的发现出现了。似乎在短短的一瞬间，原子的大门向人们敞开了。

在这个展示自己的浪潮中，奥本海默如鱼得水，凭借敏捷的头脑迅速领悟到新理论的核心，并加入理论研究的前沿。由于美国的物理学尚不发达，1925年，奥本海默来到英国剑桥大学学习，经过两年的努力，1926年5月他发表了第一篇论文。当时距关于新量子力学（德国物理学家海森堡所写）的第一篇论文发表还不到一年，奥本海默便充分掌握了海森堡的新方法，用以解决分子带状光谱的频率和强度问题。同年7月，他发表了第二篇论文，讨论了氢原子，提出了连续光谱问题，并

且讨论了如何用公式表示连续光谱波函数归一化的问题。他这两篇论文对世界都产生了影响。

1926 年，奥本海默应玻恩之邀来到哥廷根。当时玻恩是哥廷根理论物理研究所的学术带头人，也是举世闻名的大物理学家。奥本海默开始在玻恩的指导下从事研究，两人合作研究出处理分子的电子自由度、振动自由度和转动自由度的方法，现已成为量子理论的重要内容，被称为“玻恩-奥本海默法”。

1927 年，23 岁的奥本海默取得了博士学位。“对物理学有全方位的了解，善于抓住问题的关键”，这是当时一个一流物理学家对他的评价。此后，他又在莱顿和苏黎世从事研究工作。

1929 年，奥本海默接受加利福尼亚大学和加州理工学院的学术职位，回到美国。他继续从事大量的尖端性高科技研究，几乎涉及当时物理学中各方面的重点科研课题，取得了很多成果。

正所谓人不可貌相，据查姆·伯曼特描述，“他头部狭窄，个子瘦瘦，耳朵尖尖，长得獐头鼠目”，但他崇高的声望、渊博的学识、精湛的造诣吸引了很多弟子；他敏捷的思维、谦虚坦率的作风、锋芒毕露的个性、平易近人的性格和对人无微不至的关怀，使弟子们紧密地团结在他的周围，而且很尊敬他。后来，他的许多弟子都成了世界第一流的物理学者。

1940 年，他与凯瑟琳·哈里森结婚。第二年，一个重大转折出现了。

早在 1914 年，英国作家威尔斯就预言了原子中的巨大能量将制成可怕的武器。当时还没有第二个人提出这个问题。1938 年核裂变现象被发现后，敏感的科学家们认识到威尔斯的预言是真的。1933 年至 1941 年期间，100 多名难民物理学家为逃避德国纳粹的迫害来到美国，充实了美国的科研力量。这也是在欧洲学术衰落之际，美国一跃成为世界学术中心，完全具备了制造原子弹的科研实力的重要原因。1939 年 10 月，美国总统罗斯福接受爱因斯坦的建议，着手发展原子弹的研制工作。1941 年 12 月，美国政府的安全受到了严重威胁。尤其令人不安的是，拥有强大的科研能力和战争资源的德国完全可能造出第一枚原子弹。美国政府终于痛下决心，不惜一切财力、人力进行原子武器的研制。

自1939年起，奥本海默一直在考虑原子能的释放问题。1941年底，美国总统罗斯福批准了研制原子弹的“曼哈顿工程”，奥本海默被任命为工程的组织者。1942年初，他受命负责快中子和原子弹问题的工作。

这项研究触及许多未知的问题，而这些问题又被分给许多小规模的实验室。开始时，工作效率极为低下。奥本海默认识到了这一问题，建议把研制武器的工作集中在一个实验室内。主管“曼哈顿工程”的莱斯利·格罗夫斯接受了他的建议。事实证明，这一决定是对的，为研制工作争取了宝贵的时间。

格罗夫斯接受奥本海默的意见，选择新墨西哥州的洛斯阿拉莫斯为试验室的地址，并任命奥本海默为实验室主任。当时这个角色没有别的人能胜任，在地道的美国科学家中，奥本海默是最适合的人选了。

“曼哈顿工程”的规模和难度是空前的，可以说当时世界上只有一个这样的工程。它前后共耗资20亿美元，有15万人参加工作，仅在洛斯阿拉莫斯就有4000名研究人员，分别设有理论物理、化学及冶金、军事研究、实验核物理、炸药、炸药物理、规划等7个研究所。面对如此浩大的工程，管理、协调和统筹方面的工作是极为重要和困难的，这对奥本海默是个很大的压力。从1943年到1945年，奥本海默出色地完成了洛斯阿拉莫斯实验室的组建和管理工作，充分展示了自己在科研和科研管理方面的杰出才能。他的主要工作是集中全部专家的智慧，协调各部门的关系，集思广益，协同攻关。在技术方面，他的突出贡献是解决核弹“临界质量”问题。在他的领导下，经过3年的努力，1945年7月16日，第一枚原子弹试爆成功。鉴于奥本海默的卓越贡献，“原子弹之父”的殊荣他当之无愧。

1945年8月，美国在日本投下两颗原子弹，几十万人丧生，这使奥本海默深感内疚。他大声疾呼：科学家不应只顾研究，还应当肩负起对社会的责任。第二次世界大战后，他因极力主张原子能和平利用，反对制造氢弹，而被有些人指责为“不忠实”。

从1946年到1952年，奥本海默任原子能顾问委员会主席，并曾是许多国际性原子能机构的成员，同时继续从事理论物理研究，并培养了许多理论物理学家。

1963年，已患癌症的奥本海默被美国总统授予“恩里科·费米奖”。

奥本海默是伟大的科学家和学术带头人，后人称其为“科学帅才”，以褒扬其组织科研的卓越才能。20 世纪 80 年代后，国际社会在核控制方面取得了突破性进展，此时，人们更容易感受到奥本海默思想的深刻影响。

七、精神分析学派的创始人——弗洛伊德

自从公元前 6 世纪以色列王国和犹太人的神殿被破坏以后，犹太人就陆陆续续地流落到中亚、西南亚、北非和欧洲。他们像种子一样散布在世界各地，以不同程度和不同形式定居在异民族中间。在世代相传的漫长生活中，他们除了保留着自己的宗教信仰、语言和特殊的生活习俗外，还对各民族文化事业的发展做出了不可低估的贡献。在近一百年的人类历史上，至少有 3 个犹太人，对人类的发展做出了划时代的贡献，这 3 个人就是马克思、爱因斯坦和弗洛伊德。

西格蒙德·弗洛伊德是奥地利著名精神病学家、精神分析学派的创始人。他早年从事神经学的研究，随后在 J·M·夏尔科、A·A·利博尔特和 J·布罗伊尔的影响下，应用催眠治疗精神疾病。他创立了一套治疗神经症的方法和理论，成为当代医学模式的先驱。他开辟了潜意识心理学研究的新领域，开创了动力心理学、人格心理学、变态心理学的研究，是弗洛伊德主义的缔造者。

弗洛伊德

1856 年 5 月 6 日，在奥地利摩拉维亚的一个小城镇——弗赖堡（现捷克的普赖博尔）的一个犹太籍商人家里，诞生了一名健壮的黑发男孩，他就是弗洛伊德。

弗洛伊德的父亲名叫雅格布·弗洛伊德，是个羊毛商，在距维也纳 150 英里的弗赖堡从事羊毛纺织品的商业活动。弗洛伊德的母亲玛丽亚·内森逊是雅格布的第

二个妻子，弗洛伊德出生时，父亲已经41岁，母亲才21岁。父亲与第一个妻子有过两个儿子，在弗洛伊德出生的那一年，父亲同时也做了祖父；而母亲则正好与父亲前妻的次子同岁，这样的家庭结构，加上弗洛伊德又是他母亲所生的6个孩子中的长子，因而深得她的宠爱，使弗洛伊德和他的母亲之间建立起一种相当深厚的强有力的依恋关系。

弗洛伊德与父亲的关系则与母亲的关系恰好相反，母亲赞许他、溺爱他，允许他充当兄弟姐妹之王，但父亲则没有任何偏袒，有时还对他显得冷漠和粗暴。比如，父亲会因为他的淘气而大发雷霆："这孩子绝不会有什么出息!"这与母亲对他的评价形成很大的反差。种种迹象表明，弗洛伊德早早地对父亲存有潜在的逆反心理。

弗洛伊德始终热爱和尊敬他的母亲，直至她95岁高龄去世。弗洛伊德说，母亲在与儿子的关系中总是给予无限的满足，这是最完全、最彻底地摆脱了人类既爱又恨的矛盾心理的一种关系。

对母亲的依恋、对父亲的逆反嫉恨体验，深刻地影响了他以后的生活和思想。弗洛伊德对母亲的依附关系，还明显地表现在他与妻子的关系上，明显地表现在他对男人、与长者、与同代人和弟子的关系上。弗洛伊德需要母亲无条件的爱抚、肯定、赞许和保护，他把这种需要转移到上述那些人身上。而弗洛伊德这种受其母亲的关系制约的以及与妻子、与其他人的关系，无疑又进一步影响着他的生活、思想和事业。

弗洛姆指出："就弗洛伊德的工作而言，他对父亲的反抗态度影响到他个性中最重要的一个方面。一般人都认为弗洛伊德是一个反叛者，但他只是个反叛者，而不是个革命者。……他反对现存的权威，但是他自己又想要成为权威（让别人服从他）。他本来就不想消除自己对权威本身的依赖和尊敬。他的反抗性主要针对那些不承认他的权威，对于自己选择的权威，他友好相处，特别是当他成为他们中的一员时。"

弗洛伊德的父母从小就注意培养他自强不息、反抗到底的犹太人性格和民族精神。他母亲在家里只讲犹太人所讲的"依他语"，而不是她家乡的高地德语，这给

弗洛伊德留下了很深的印象。入学前，他主要由父亲进行教育，父亲把研究犹太教法典《塔木德》获得的知识和自己的生活经验毫无保留地传授给他。

他在《自传》中自豪地写道："我的父母是犹太人，我自己至今仍然是个犹太人。"他说，"我经常感受到自己已经继承了我们的先辈为保卫他们的神殿所必有的那种藐视一切的全部激情，因此，我可以为历史上的那个时刻而甘心情愿地献出我的一生"。正是这种精神动力，才激励他在开拓人类精神分析荒野的创举中永远奋发进取、百折不挠。

1865 年，弗洛伊德 9 岁就以优异的成绩考入文科中学，并连续 7 年获得第一名。他在《自传》中写道："我享有特别的待遇，几乎从不用参加班里的考试。"1873 年秋，弗洛伊德以优异的成绩被保送到著名的维也纳大学医学院学习。这时他才 17 岁。在《自传》中他写道："我体验到一些明显的失望。首先，我发现别人指望我该自认为低人一等，是个外人，因为我是犹太人。""我在年轻时便不得不熟悉这种处于对立面和在'紧密团结的大多数人'的禁令之下的命运。"他觉得除了愤怒之外，只有不断奋斗，才能在社会上寻得一个立身之地。这就是这位天才在《自传》里的一些内心独白。

由于各方面表现都很优秀，在大学学习期间，弗洛伊德是第一批选送到雅斯动物实验站实习的优秀学生。他解剖了 400 多条鳝鱼，第一次发表了关于鳝性腺结构的论文，他的很多老师对他的论文都比较欣赏。

对弗洛伊德来说，恩斯特·布吕克是他一生中无法忘记的一位老师。恩斯特·布吕克是维也纳著名的生理学教授。从大学一年级开始，弗洛伊德有 6 年时间是在布吕克教授的直接指导下进行神经生理学研究的，并完成了具有独创性的科研课题，如《神经系统诸要素之构造》等。

1881 年，弗洛伊德以优异成绩获得了医学博士学位。1882 年 4 月，弗洛伊德与一位出身于门第显赫的犹太世家的姑娘玛莎·伯奈斯结识，并于当年 6 月订婚。当时她 21 岁，比弗洛伊德小 5 岁。从此以后，这位犹太世家的姑娘陪伴弗洛伊德度过了他的一生。

弗洛伊德是一个很负责任的人。在婚恋问题上，他和对待科学的态度一样，既

热情浪漫，又严肃认真。他们从恋爱到结婚长达 4 年零 3 个月。期间，弗洛伊德给玛莎写了 900 多封情书，表达对她忠贞不渝的感情，终于感动了这位犹太世家的姑娘。作为一位意志坚定、意识超前的女人，玛莎是弗洛伊德最重要的灵感来源，也是他成为精神分析学家的原因。

弗洛伊德从医学院毕业后，留在布吕克的生理研究所工作，专门从事神经生理学及神经解剖学的研究，并取得了显著成果，但工资太低，自己都顾不了，更别提养家和为结婚准备必要的资金了。在布吕克的劝导下，弗洛伊德从基础理论研究转向临床医疗工作。从 1882 年起，弗洛伊德在维也纳综合医院工作了 3 年。这是他人生的第一次转折。

除了医疗实践工作外，弗洛伊德还利用业余时间从事研究工作。特别是他转到梅纳特的精神病治疗所工作的 5 个月，对“梅纳特精神错乱症”患者的研究，是他研究潜意识与变态心理的开端。他发表了延脑中神经核及神经通路论文、神经系统器质性病变的观察报告等。

由于他在神经组织学和临床治疗方面的显著成绩，1885 年春，他被任命为维也纳大学医学院神经病理学讲师。后来，他到法国精神病大师沙可处学习，又去法国南锡向著名精神病学家李厄保和伯恩海姆求教。这几位教授对他的影响更大，从他们身上学习到的知识是他一生所积累的知识的一部分。

1886 年，弗洛伊德在维也纳开设了一家医治精神神经症的私人诊所。他主要采用电疗法、催眠法和宣泄法等。后来，他发现催眠的疗效不持久，遂改用他独创的自由联想法（或精神分析疗法）为患者治疗。同年 9 月，30 岁的弗洛伊德与玛莎结了婚，在 8 年中他们一共生了 6 个孩子。同时，弗洛伊德也成了丑闻的主角：跟妇女谈性是那个时代的禁忌，何况他还在书里说她们会享受性爱，而且还会有性幻想。由于性的观点，弗洛伊德长期生活在被人指责和反对的逆境中，但他仍顽强地在自己开创的精神分析领域中开拓、遨游，取得了辉煌的成就。

在 60 年的工作时间里，他除准备阶段外，还可以大体分为五个十年：

第一阶段（19 世纪 90 年代）始见成效。弗洛伊德写了两部代表作，一部是 1895 年和布洛伊尔合著发表的《癔症研究》，这是他精神分析理论的奠基作和正式

起点，书中对癔症的症状、病因作了初步、详细地分析和解说，提出了癔症的创伤理论。在病因中，除了经济因素外，特别强调情绪生活尤其是性欲的作用。另一部是同年发表的《科学心理学设计》，表现了他企图依据进化论、能量不灭定律，在脑生理学基础上构建心理学理论模式的早期设想。这是他思想的新转折点、精神分析学的雏形，是他的心理学体系的初始蓝图。

第二阶段（20 世纪头 10 年）大见成效。弗洛伊德写了 4 部重要著作。《释梦》（1900）的写作与他父亲的去世有关，由于受到巨大震动，他开始给自己做精神分析，主要是研究自己的梦。弗洛伊德是一个心理决定论者，他认为人类的心理活动有着严格的因果关系，没有一件事是偶然的，梦也不例外，绝不是偶然形成的联想，而是欲望的满足。在睡眠时，超我的检查松懈，潜意识中的欲望绕过抵抗，并以伪装的方式，乘机闯入意识而形成梦，可见梦是对清醒时被压抑到潜意识中的欲望的一种委婉表达。梦是通向潜意识的一条秘密通道。通过对梦的分析，可以窥见人的内部心理，探究其潜意识中的欲望和冲突。通过释梦可以治疗神经症。该书被认为是弗洛伊德精神分析学形成的标志。他还说，此书“包含了我既定要遇到的所有发现中最有价值的部分”。《释梦》是他最喜欢的两本书（另一本是《性学三论》）之一。目前，它被西方学者誉为“揭开人类心灵的奥秘”和“改变世界历史”的书籍。

1901 年，弗洛伊德发表了《日常生活的精神病理学》，该文用动力心理学观点解释日常生活事件。它发掘潜意识的存在，了解潜意识的功能，揭示深层活动的奥秘，初步完成了潜意识理论的体系化。此间，他还发表了题为《诙谐及其与潜意识的关系》的论文。

1905 年，弗洛伊德的“泛性论”最主要的代表作——《性学三论》公开发表，此书着重阐述精神分析的性理论观点：坚持性欲是一切人类成效的源泉；坚持性欲观念的扩展。第一次系统地探索了人类性欲发展的规律。有人称，这本书是弗洛伊德阐明人类性欲之本质与发展的主要文献。

1909 年，美国著名心理学家、克拉克大学校长斯坦利·霍尔邀请弗洛伊德参加该校校庆，授予弗洛伊德名誉博士学位。弗洛伊德作了《精神分析五讲》的讲演，

演讲稿以《精神分析的起源和发展》为题，于1910年在《美国心理学杂志》发表。此次美国之行，是他第一次获得国际上的承认。访问美国使他感到很有荣誉感。

第三阶段（20世纪10年代）初现分裂。在第二次国际精神分析大会上，弗洛伊德做了题为《精神分析疗法今后展望》的演讲，并正式建立国际精神分析学会。

第四阶段（20世纪20年代）成效卓著。随着战争的结束，开始了弗洛伊德事业上的最后成熟和声誉更高的时期。他的医疗工作又兴旺起来，写作也更为勤奋；在学术上对自己的学说做了进一步的补充、修正，使精神分析由治疗方法发展成阐述人类动机和人格的理论。他从1920年到1925年发表的主要著作有《超越快乐原则》《自我和本我》《压抑、症状和焦虑》《群众心理学和自我分析》等。这时，他的精神分析学说已影响了全世界。1920年以后，仅美国就出版了200多部论弗洛伊德精神分析的书。

在坎坷的生涯中，弗洛伊德养成了一天抽20支雪茄烟的怪癖。1923年查出导致他死亡的疾病——颚癌，先后做了33次手术。

最后阶段（20世纪30年代）成效辉煌。弗洛伊德没有因为得了不治之症而停止自己的工作，相反，他比以前更加努力了，开始了事业上的顶峰期。从1930年到1939年，他的主要代表作有《文明及其缺憾》《精神分析引论新编》，后者是理解他思想体系的关键性著作。他还发表了《为什么有战争?》《摩西与一神教》。《一个幻觉的未来》是他的宗教观的主要代表作。他去世的第二年，发表了《精神分析纲要》一书，这是他最后的一部作品。该书对精神分析理论做了全面而精辟的总结，具有独特的重要价值。书中阐述了本我、自我和超我相继发展而成的精神结构，具有根本性作用的生的本能和死的本能；阐述了精神疾病的早期根源及其精神分析治疗技术；揭示了精神世界与外部世界的关系。

弗洛伊德在文学方面也有很深的造诣，曾发表一系列对艺术家及作品中的人物进行精神分析的论文，如《戏剧中的精神变态人物》（1942）及其后发表的《达·芬奇对童年时代的一次回忆》《陀思妥耶夫斯基与弑父者》及分析莎士比亚等名人作品的论著多篇。1930年，法兰克福市授予他歌德文学奖，以表彰他在开创文学研

究新领域中的卓越贡献。后来，他又被选为英国皇家学会名誉会员。

弗洛伊德在七十寿辰之际，爱因斯坦等人都给他发来了贺电，作家茨威格则在报纸上发表了祝词。这时，弗洛伊德已誉满全球。到他八十大寿之日，收到了诺贝尔奖获得者——法国著名作家罗曼·罗兰等191名作家、艺术家集体署名的礼状；连续6个星期，来自世界各地的心理学家及各界人士的贺电贺信如雪片般飞来。

1934年，具有犹太血统的精神分析家都逃离了德国。纳粹入侵了奥地利，弗洛伊德全家马上遭到纳粹党徒的迫害，他的女儿被捕，4个妹妹被杀。1938年，奥地利被并入德国版图，弗洛伊德在多方救助下才离开奥地利，逃到伦敦。

在伦敦，他还收到了各国朋友发来的祝贺。名流显赫纷至沓来，英国皇家学会请他在有牛顿、达尔文签名的纪念册上签名……

尽管弗洛伊德学说还存在方法论上的局限、理论上的某些错误，但他的学说对西方现代哲学和科学产生了巨大影响，这是毫无疑问的。有人认为，历史上没有几个人能像弗洛伊德那样对人类的思想产生如此重大的影响，没有一个人类生存的领域不曾受到弗洛伊德思想的冲击。可以毫不夸大地说，精神分析学已发展成20世纪的主要社会思潮之一，构成了现代人文科学和社会科学赖以发展的重要思想支柱。

弗洛伊德终生从事著作和临床治疗。他的思想极为深刻，探讨问题时，往往引述历代文学、历史、医学、哲学、宗教等材料。他思维敏锐、分析精细、推断循回递进、构思步步趋入，揭示出人们心灵的底层，这也是他精神分析的内容极其丰富的根源。

1939年9月23日凌晨，83岁的弗洛伊德，这位犹太人的伟大儿子与世永别了。但这颗璀璨的巨星永远在人类文化的历史长河中放射光芒，世界人民不会忘记他！

八、一个非常伟大的诗人——海涅

亨利希·海涅（1797－1856），出生在德国杜塞尔多夫一个犹太商人的家庭。

他的父亲曾参过军，是一个不算成功的商人。母亲贝拉·冯·盖尔德聪慧热情，精通德、法、英3门语言，富有音乐天赋，热爱卢梭和歌德。父母对海涅的一生影响很大。

海涅

海涅，这位歌德以后德国诗坛最伟大的诗人，和拜伦、雨果一样，都是19世纪欧洲诗坛泰斗式的人物。他那朴素真挚、热爱生活，交织着芬芳和苦涩、愤怒和嘲讽的抒情诗，对社会上一切不合理现象进行抨击、讽刺的诗歌，直至今日仍在人类文化的宝库中闪烁着不灭的光辉。

父母按照犹太人的传统把他养大。他先是被送进犹太儿童学校，在那里学习了《圣经》。随后，他又被送进一所天主教学校读书，但是他对宗教并不感兴趣。这时他爱读《堂·吉诃德》，常常为主人公英雄主义的遭灾受难而哭泣。他也喜欢《格列佛游记》。成年后回首童年时，他说："苹果酱面包是我那时的嗜好，现在则是爱情、真理、自由和蟹羹。"

海涅小时候性格怪异，显示出一种神经质的特点，他不能忍受任何噪音，哪怕是响亮的钢琴声和人们的高声谈话。他厌恶烟草的气味。他不喜欢音乐和舞蹈。但是他热爱诗歌，从15岁起就开始写诗。在《两个近卫兵》一诗中，他以近卫兵的口吻表达了自己对拿破仑的崇敬和热爱："那时我的国王骑马从我的墓上走过，/而明亮的刀光闪烁并嘎嘎作响；/那时我将武装到牙齿从墓里起来，/为我的国王急赴战场！"

16岁时，海涅有了自己的初恋。他的初恋姑娘名叫约瑟芬，与他同龄，是一个行刑吏的长女，她苍白美丽，有一头红发。她唤起了海涅对民间诗歌的兴趣，使他第一次发现其中蕴含的丰富奇特的美，对他以后的文学创作产生了很大影响。

海涅的父母一直希望他能成为一个商人，因而先将他送到杜塞尔多夫的一所商业学校，接着又送他到法兰克福的一个银行家那里，然后再送他去汉堡的商行。

1818年，海涅在叔父萨洛蒙·海涅——一个大银行家的帮助下，成立了一家商行，名叫亨利·海涅公司，经营纺织品，但不到一年就停业了。很明显，他没有经商的才能。不过，就在这时，他遇见了叔叔的三女儿阿玛莉，她在他的心中激起了无比强烈的爱恋，使他用“紫罗兰的眼睛”“百合花的手”这样的词句来描绘她，并为她写下了大量的情诗。然而她没有爱上他，而且在3年后和一个庄园主结了婚。失恋的打击，使他这时的诗中充满了痛苦和嘲讽。这些甜美和苦涩的诗，后来都收在《青春的烦恼》里面。

1819年，靠叔父的帮助，海涅进入波恩大学学习法律。这时的他中等身材，有一头红褐色的头发，一个希腊式的鼻子和一双蓝眼睛，经常抿着的嘴唇，有时会露出嘲讽的微笑，一双白皙的手显得非常优雅和高贵。他经常穿着丝绒上装，仪表考究地听人讲《日尔曼志》和《尼伯龙根之歌》。也是在这时，他遇见了德国浪漫派的领袖奥古斯特·威廉·史雷格尔，这位气度高贵的学者使他对浪漫派有了真正意义上的了解。这一时期，他还与拜伦产生了强烈的共鸣。

1820年，海涅转到阿根廷大学，半年以后因与人打架而被迫退学。1821年，他来到柏林，在黑格尔的指导下进行哲学研究，这位哲学领域的巨人对海涅心灵的发展起了很大作用。此外，哲学家斯宾诺莎和沃尔夫、语言学家鲍普、法学家爱德华·冈斯也对他产生了一定的影响。这一时期，他还写了两部剧作《阿尔曼梭》和《威廉·拉特克列夫》以及一本诗集《抒情插曲》，但都没有成功。

1823年，海涅又回到阿根廷大学继续学习，两年后获得法学博士学位。为了获得经济保障，他接受了基督教的洗礼。这时，他从德国诗人威廉·缪勒那里汲取了很多营养，比如如何从古老的民歌形式中去形成新的形式，如何使用韵律等，并由此而形成了自己独特的简洁凝练的风格。1824年10月2日，他带着诗作去魏玛访问歌德。75岁的歌德对他很冷淡，使他很不愉快，但他终生都没有减少对歌德的崇敬和热爱。

此后的一个时期，海涅从旅行中汲取灵感，创作出了3部诗集和4部游记。诗集有《还乡集》（1824）、《哈尔茨山游记插曲》（1824）和《北海集》（1826）。第一本是他回汉堡，睹物伤情写出的作品，其中也有一些带民间传说性质的动人诗

歌。这时，他认识了阿玛莉的妹妹苔莱莎，这位美丽的少女重新燃起了他的激情，使他赞美迷恋并难以自拔。但是5年后她还是嫁给了一位法学博士，使他第二次受到心灵的创伤。在《哈尔茨山游记插曲》中，海涅描绘了山区农舍的优美画面和安静的氛围。《北海集》则是海涅在诺得奈岛第一次见到大海而发出的热情的赞美。他成为第一个在德国诗歌领域吟咏大海的诗人。他描绘了大海的宁静和狂暴、海滩和船帆、沙鸥和游人，展现出一幅辽阔的画面。1827年，他将这3本诗集和以前出过的两本诗集合在一起出版，称为《歌集》。这一次他获得了成功，使他作为诗人的地位真正确立了起来。

这一时期海涅写的4部《旅行札记》描述了德国、意大利和英国的风土人情及社会现状，还用回忆的笔调颂扬了拿破仑，因而受到普鲁士政府的查禁。

1830年，法国七月革命爆发，海涅欢欣鼓舞，然而第二年，他就被迫流亡巴黎。在那里，他和巴尔扎克、乔治·桑、肖邦以及圣西门主义者都有很多来往。他写了大量的文艺批评，致力于沟通德、法两国人民之间的精神交流和文化交流，其中最有名的是《论浪漫派》和《论德国宗教和哲学的历史》。前者批评了消极浪漫主义作家的落后一面，提出文学必须与生活相结合；后者对德国历史上宗教和哲学的著名人物逐一作了评价，在评价黑格尔时，既批判了其不足，又指出了其中的积极因素。恩格斯称赞他“观察透彻、思想深邃”。

1841年，海涅创作了风格绮丽的长诗《阿塔·特洛尔》。这是一部 蕴含着幻想的精灵和智慧的作品。这一时期，海涅与法国姑娘埃莉赛特结了婚。此后，他创作了一些优秀的政治诗歌，走出了个人抒情的圈子，表达了推翻旧制度的强烈决心。他的这些诗篇讽刺辛辣、节奏有力、文字朴素、人物生动。反映1844年纺织工厂起义的《西里西亚纺织工厂》，被恩格斯评价为“最有力的诗歌之一”，诗中歌颂了劳动者的革命精神。关于革命精神，海涅曾对朋友迈斯纳说：“新生的东西应该用不朽的讥笑来诅咒那一切卑劣的、衰败的、无聊的、虚伪的和可笑的东西。我是天生能够感觉崇高的，赞美伟大的，颂扬生气勃勃的一切的。”

值得大书一笔的是海涅与马克思的交往，他们彼此欣赏并相互影响。1843年12月下旬，46岁的海涅与25岁的马克思一见如故，此后便几乎天天在一起谈话，

推敲诗句。1844 年 2 月，在马克思担任主编之一的《德法年鉴》上，海涅发表了讽刺诗《国王路德维希赞歌》。同年 9 月 21 日，在给马克思的一封信中，海涅写道：“请您原谅我这胡乱的涂抹……但是我们彼此了解，本来用不着多少文字的表示！”第二年初，马克思被驱逐出法国，临行前他写信给海涅：“在我要离别的人们中间，同海涅离别对我来说是最难受的，我很想把你一起带走。”

1844 年，海涅写出他最出色的长诗《德国，一个冬天的童话》。全诗共 27 章，以冬天象征死气沉沉的德国，通过童话般的幻想，讽刺了德国旧制度和一切不合理现象，讽刺锋芒指向了普鲁士王国的反动政权，所谓反政府的自由主义派别和资产阶级庸俗的市侩。诗中也表达了对未来的希望和信心。这首长诗充满了夸张的讽刺、离奇的比喻、民间传说和个人幻想，体现了海涅独有的艺术风格。马克思对此给予了高度评价：“我们曾经那样喜爱的诗人如今又充满青春的活力……新思想的力量把海涅从他那忧郁的睡眠中唤醒了，他全身甲胄登上了舞台，高高地挥动新的旗帜，作为一个‘精干的鼓手’擂动战鼓，呐喊前进。”在此之后，马克思还多次引用海涅的诗句，作为斗争的武器。

1847 年，海涅患了严重的脊椎病，起先是双眼麻痹，接着是双腿麻痹，第二年就卧床不起，直到死去。病痛无时无刻不在折磨着他，但他还是创作了一部叙事诗集《罗曼采罗》(1851)，包括《史诗》《悲歌》《希伯来调》三部分；一部抒情诗集《最后的诗》(1854)。对此，丹麦著名文学批评家勃兰兑斯这样写道：“海涅是拜伦的伟大继承者。为自由而斗争的讽刺之剑从拜伦的手中脱落下来不过几年，就被海涅又擎起来了。他以同样娴熟的技巧和力量用了它整整一生，而且在最后 8 年，这把剑的使用者竟是一个身罹重病的人。……那些在病榻上写就的诗歌是最真实、最勇敢、最辛辣和最光彩夺目的。……也许从没有一个创作的精灵表现出过如此巨大的勇敢、如此巨大的毅力和如此巨大的忍受超人痛苦的耐力。……一个人全身瘫痪……同时却在创作，在讥讽，在嬉笑怒骂，让精神围着地球在优美而深沉的梦境里遨游，这确实是伟大的。”

关于海涅的性格，值得一提的是，在瘫痪并失明的 8 年间，他从来没让他的母亲知道他的病痛，在写信时他总是调子欢快，并使她相信他让人代笔只不过因为他

的眼睛有点小毛病，很快就会好起来。

在他生命的最后一年，一位名叫尤尔莱·赛尔顿的美丽姑娘给了他精神上的慰藉。与过去那些浸满单相思痛苦的诗相比，他第一次写出了深沉的情爱和相互的关怀："我们没有言语，但我的心/却感觉到你在缄默中所沉思的一切……"

1856年2月17日，不到60岁的海涅安详地离开了人世。同时代人评价他："海涅在他内心里忍受了从他的理想产生的伟大文学的一切艰难。"的确，他的一生并不安稳，也不能说有多幸福，但是他用自己全部的文学作品向世界奉献出了自身独特的精神价值，这是其他任何人都无法代替的。

海涅是一位伟大的诗人，也是一位自由的战士，终其一生，他都在为自己的理想奋斗不已。在1826年他就写道："我不知道，我是否值得人们用桂冠来装饰我的棺椁。我所非常喜爱的诗歌，一直只是我用于神圣目的的神圣玩具，或者说圣洁的工具……但是，你们应当在我的棺椁上放一把剑，因为我是人类解放战争中的一名勇敢的战士。"

海涅那铿锵作响、烈焰飞腾的战斗诗句，在一个半世纪后的今天，仍在我们耳边鸣响，鼓舞我们为实现人类美好的理想而不懈地奋斗！

九、"经济学家的经济学家"——萨缪尔森

在当代西方经济学界，美国犹太经济学家萨缪尔森的名字被广为传颂。迄今，就享有的地位和博得的赞誉而言，在这个领域，尚没有能够与他媲美的第二人。美国学者把第二次世界大战后的年代称为经济学的"萨缪尔森时代"。他的名字理所当然地排在美国诺贝尔经济学奖获奖者的首席位置。同时，他也是犹太人的一大骄傲。

1915年，保罗·安东尼·萨缪尔森出生于美国印第安纳州的加里市。他从小就比别的孩子智商高，16岁就被芝加哥大学破格招收入学。20岁他从该大学毕业同时入美国哈佛大学攻读研究生，1936年（21岁）获哈佛大学硕士学位。1941年，

他刚满26岁便以优异成绩获得了哲学博士学位。正是在哈佛大学这所著名的高等学府里，萨缪尔森接受了5年纯粹正统的经济学教育。1941年以后，他一直担任麻省理工学院的经济学教师，年仅32岁就被聘为教授，并一直在那里教授经济学。此外，他还历任美国全国物资计划局顾问（1941-1943）、战时生产局顾问（1945年）、美国总统经济顾问委员会委员以及肯尼迪总统顾问，并且是1961年呈交肯尼迪总统的那份特别工作小组报告《美国经济况》的作者。他不但在经济学上出类拔萃，而且文笔也很好。多年来，他还是《新闻周刊》的定期撰稿人。在学术界，他先后担任美国经济计量学会会长（1951-1953）、美国经济学会会长（1961）以及国际经济学会会长（1965-1968）等重要职务。

保罗·安东尼·萨缪尔森

萨缪尔森早在读研究生时就已初露锋芒。他23岁时发表的学术论文《评消费者行为纯理论》，就曾在世界上产生很大影响。在这篇文章中，他论证了西方经济学中著名的需求曲线能够从市场中可观察到的购买所“显示”的偏好推导出来，而不必再乞求于边际效用理论或无差异曲线。正由于他在大学期间将数学和物理学得很好，使他有可能对当代西方经济学独到地开创出新的研究方法，而且利用这种新方法掀起冲击经济学的一个新浪潮——数学革命，并在这场革命中起了决定作用。他揭示了可以为各个经济学领域提供共同基础的数学方法体系，并把经济分析提高到一个新的划时代水平。正因为如此，西方经济学界认为，他是一个以科学家身份出现的经济学家，并给当代西方经济学带来了非常广泛而深刻的觉醒。这是对他的一个评价。

早在1948年，33岁的他就出版了内容丰富且又深入浅出的《经济学》教科书。10年后，他与罗伯特·多夫曼、罗伯特·索洛合著的《线性规划与经济分析》，在传播数学最优化技术方面曾起过决定性作用。它成功地把价格理论、线性

规划和增长理论巧妙地结合起来。此后，他的300多篇有独到见解的学术论文陆续问世。他被认为是西方经济学界最高产的经济学家之一。在过去将近半个世纪的长时间里，他几乎平均每一个月就有一篇学术论文问世。这些高水平的论著，确立了他在西方经济学界的崇高地位，也给世界留下了一笔宝贵的财富。

萨缪尔森一生中享有很高的荣誉并获得了许多大奖。早在青年时代，他就曾获美国经济协会的约翰·贝茨·克拉克奖（1947），这是当时专为40岁以下的年轻经济学家最杰出著作设立的大奖。1970年，他又同时获阿·爱因斯坦奖、诺贝尔经济学奖两项大奖。特别是他作为美国第一个获得诺贝尔经济学奖的人，尤为引人注目。他的大量著作，业已涉及当代西方经济理论的一切主要领域，而且对经济学界有相当重要的影响。特别是他那运用多种数学工具分析静态均衡与动态过程的分析方法、关于静态条件下和动态条件下一般均衡的稳定条件的论述、关于乘数和加速数的相互作用的论述、关于经济增长的理论分析、关于“社会福利函数”的论述，以及他对比较成本理论的“赫克雪尔—俄林定理”的补充，是一般科学家所不能想到的，并且都是很有建树的。此外，人们普遍认为，他的《经济学》教科书，对于凯恩斯主义宏观经济学和传统的微观经济学在世界范围内的广泛传播起了很大作用。难能可贵的是，他在巨大成功和荣誉面前从未止步，几十年如一日，一直在从事自己的事业，为人类做着重要贡献。

他的代表性著作有《经济分析基础》《经济学》《线性规划与经济分析》（与人合著）、《萨缪尔森科学论文集》等，都是世界很有声望的代表作品。

最让萨缪尔森为之骄傲的是他的——被西方奉为“经典之作”。他本人对这篇论文也极为珍爱。该文问世不久，就获得了哈佛大学的戴维·A·韦尔斯奖的殊荣。此后，这篇著作中所论述的经济学的数学基础方面，一直被认为是经典性的论述和现代西方经济学发展史上的重要里程碑之一。《经济分析基础》的目的核心，就是要清除在经济分析中长期存在的那些由于阐述含糊和在应用上毫无意义的论述而产生的错谬。实际上，萨缪尔森的“数学革命”几乎冲击了过去的一切。此后，英、美两国的大学本科和研究生教育，也渐渐强调把微积分和线性代数知识作为理解宏观经济理论和微观经济理论的前提条件。这种不同学科知识相互渗透作用的影响是

很深远的。目前西方这一代教授和经济专家，都受过诸如萨缪尔森这样的数学革命发动者的教育，从而也导致他们自己在教学和科学研究中学会使用数学语言。这就是萨缪尔森对西方教育的影响。此后，每个进入经济学界的新人也都显示出越来越高明的数学（和统计学）技巧，在整个经济学界提高了运用数学方法的一般水平。这就是萨缪尔森的功劳。

由于萨缪尔森第一次把经济学的动态方法和静态方法统一起来，他被称为“经济学界的爱因斯坦”。他的学识和思想非常杰出。

首先，萨缪尔森对西方经济学中各流派系的知识了解得很透彻，并且创造性地发展了这些理论。他对当代西方经济学拥有百科全书式的丰富知识和深刻理解，因而被公认为是一位学术造诣精湛的学者。他毫无保留地把自己生命的每一分钟都献给了这门艰深的学问。更重要的是，他很善于创造性地运用这些知识，他还主张学以致用，不断发展这些理论。他藐视那些非科学的所谓“创见”，这也可以说明为什么他的某些著作表现出他更像一个卓越的阐释者，而不是创造性的思想家。他更多的是在阐释别人的理论时，表现出自己的研究成果的价值对原有理论的创造性改进与发展，讲明自己的这个理论的核心作用。此外，萨缪尔森的这种品质，还表现在他对待知识的坦率度上，这也是他颇受人们推崇的品质。萨缪尔森还是大家公认的坦率君子。在许多场合，他曾慷慨地承认自己研究方法上的错误。例如，在那场迄今为止鲜为人知的两个“剑桥”之间关于计量、资本理论的争论中，萨缪尔森就曾承认自己原来的观点是错误的。他的这种坦率态度，在学术界赢得了高度评价。

其次，萨缪尔森把经济学作为资产阶级科学，特别是在弄清“混合的”资本主义经济行为方面取得了巨大成就。在他看来，首先要弄清个人对于价格、市场与政府干预之间的关系。他的《经济学》教科书集中体现了这种方法，并取得了巨大成功。当然，这本书有一点不完善的地方就是它没有包括对社会主义经济的分析，因为萨缪尔森认为，原“苏联型”经济在其运行中并不涉及经济利益，因为它实际上没有西方的那种市场、价格这类资本主义特有的现象。此外，该书在理论上还实现了所谓“新古典综合”，解决了西方经济学家长期以来对旧的新古典微观经济学和新的凯恩斯主义宏观经济学之间裂痕的担心。这是他的又一大创新。这种理论的直

接感召，也促使《经济学》一书取得成功。萨缪尔森的《经济学》教科书的成功，使它成为当代经济学的最热门书籍，在全世界范围内用 12 种以上的文字出版，销售了 100 万册以上，各种文字的译本在不同经济制度的国家里广为流传，并引起了全世界经济学家的浓厚兴趣，甚至在苏联也可以找到俄译本。它的发行量在西方经济学的整个历史中创造了最高纪录。当然，他在《经济学》教科书中所表现出的学术立场和理论方法，也受到了两卷本的《反萨缪尔森论》的批评，认为它在理论方法上存在矛盾。

最后，百分比原理又是他的一大贡献。萨缪尔森的一个最富有雄心的事业，就是要试图运用登月火箭飞行中所运用的那种最佳控制技术来得出生产的时间轨迹，以满足通常微观经济的效率技术，以及用来得出消费的时间轨迹，以使每个人消费率在持续时间内达到最大这个意义说上是最佳的。在解决持续最佳增长的数学难题过程中，萨缪尔森在自己的学术论文中还经常提出一些有趣的假设：假如计划从洛杉矶开始做一次沿西海岸的旅行，将尽量利用高速公路并选择最佳路线跑完全程。他认为，类似的做法原则上也可运用于制定经济最佳增长政策。萨缪尔森说："为了最有效地使一个国家得到发展，在一定的条件下，它应当迅速地向最大的平衡增长结构推进，以便飞快地前进。要尽快朝高速公路驶去，然后在 20 年计划的终点时，再离开这条道路朝最终目标进发。"在经济政策上，他主张用财政金融政策调节总需求，目的是为了实践他的这个"最大化原理"。为了促进经济增长，萨缪尔森同时提出了他的"收入政策"和"人力政策"。这里值得重视的是，他在强调国家加强干预经济的同时，也十分重视市场调节和价格机制的作用，重新强调了亚当·斯密所说的"看不见的手"的作用。

看过他文章的人都知道，他对于那些容易引起争论的领域奉行"中庸之道"。他在市场与官僚政治、私人部门经济活动与公共部门活动，以及经济学领域凯恩斯主义与货币主义之间，极力避免采取极端的立场。因此，各派人物都喜欢接受他，并被认为是持温和主义政治观点的经济学家中最完美的典型代表。在他的一生中，他很少有敌对着，他仅有的少数几个"敌人"，最多只能说他是"智力体操家"或"经济学中的帕格尼尼"。在经济学信仰变化莫测的大动荡中，他始终站在自己认为

是科学、公正的立场上。在受到激进的右翼和左翼经济学家挑战时，他也毫不放弃自己的观点，仍固守自己的这一原则。对于那些已经引起争论的问题，他完全可以不带赞成或憎恶的感情色彩去阐述它。他总是回避对经济政策中的争论问题做“裁判”。他把经济学领域那些易于引起争论的、主观的、涉及规范的辩论的领域，和以科学的客观性为基础的那些领域严格区别开来。因为他除了“科学家”这一称号以外，不愿被人们再看作什么其他任何角色。正因为如此，那个从前被人们视为鲁莽的“年轻冒失鬼”的萨缪尔森，现在已被大多数人看作是经济学界的顶梁柱和现代主流派经济学的主要建筑师了。

十、音乐大师——梅纽因

当代著名小提琴大师梅纽因，在半个多世纪以来，把自己的全部生命都献给了音乐。他的名声在各大洲几代人之间传播。

1916 年 4 月 22 日，耶胡迪·梅纽因出生于美国纽约。他的父母都是犹太人，并以出身于犹太家庭而自豪，因而给孩子起名“耶胡迪”（“犹太人”的意思）。梅纽因从小就对音乐有强烈的兴趣。他曾在回忆录中写道：“那时，音乐是我的一切，我经常会为每个旋律夜复一夜地伤心流泪，甚至在睡着的时候。”

梅纽因

梅纽因 1 岁左右时，他的父母决定举家迁居旧金山。4 岁开始，父母就把他送到西格蒙德·安克尔那里学习小提琴。而梅纽因也表现出了强大的音乐天赋，1921 年 10 月 26 日，刚刚学习了 6 个月小提琴的梅纽因，就已在费尔基特大酒店举办的学生演奏会上登台演奏。接着，他又师从旧金山交响乐团首席小提琴家路易斯·珀辛格，进步神速。7 岁时，他已经能与旧金山交响乐团一起，在 9000 名听众面前演

奏门德尔松的小提琴协奏曲，而他的听众对他的音乐为之倾倒，梅纽因因此被称为“神童”。

1926年，梅纽因慕名去巴黎向当时公认的世界级小提琴大师乔治·艾涅斯库和阿道尔夫·布希求教，艾涅斯库听了梅纽因的演奏后，怀着兴奋和喜爱的心情提出免费给他上课。梅纽因后来每谈及此段学习，总是以非常激动的心情回顾艾涅斯库对自己的深刻影响。出于对恩师的感激，在梅纽因家中的壁炉上，一直放着两张这个时期的照片，其中一张是艾涅斯库，上面写着：“送给我年轻的老朋友”。一年之后，梅纽因返回纽约，这个11岁的小提琴家和纽约爱乐乐团一起在著名的卡耐基音乐厅成功地演奏了贝多芬的小提琴协奏曲，由于演出的成功，所有的乐队队员都兴奋地流下了眼泪，就连音乐评论家们也惊讶得呆若木鸡。同年，梅纽因在巴黎演奏了巴赫、贝多芬和勃拉姆斯的协奏曲，这是他初次在欧洲登台献艺，不久即名噪欧美。

1929年，梅纽因来到柏林，演奏了贝多芬和勃拉姆斯的小提琴协奏曲。这次演出的成功程度超出了人们的意料：听众向他热烈欢呼长达45分钟之久，警察几乎制止不了街头的人群；在奥古斯特大厅演出时，街头的听众想挤进大厅，砸碎了20多扇窗户。音乐评论家对他的演出只说出4个字：“异常惊人”。

1931年，梅纽因在巴黎音乐学院的小提琴竞赛会上荣获头奖；同年11月14日，为了庆祝莱比锡的格文特洪斯乐团创建150周年，他与该乐团一起演奏了门德尔松的小提琴协奏曲。一曲奏毕，听众欣喜若狂，强烈要求再奏一曲，于是又重新演奏了一遍。这是该乐团历史上从来没有过的。

1935年，梅纽因举行了一次环球一周的旅行演出，在十几个国家的60多个城市举行了公演，所到之处无不引起强烈的轰动。这次旅行演出后，梅纽因一度退出舞台生活，隐居乡间达18个月之久。按他本人的说法：“采取这一决定是为了自我检查和认清本行艺术的实质，认清小提琴和自己的一切……”在此期间，19岁的梅纽因对小提琴演奏规律以及对拉琴有影响的其他诸种因素，进行了悉心钻研，从此技艺更蒸蒸日上。风格的纯净和阐释的深邃，成为他的演奏特征。

1937年末，梅纽因重返舞台。他的演出曲目中又增加了新发现的舒曼的《D

小调小提琴协奏曲》和莫扎特的《C 大调小提琴协奏曲》。他在第二次世界大战期间，从阿留申群岛到加勒比海所有的兵营，然后又顺着大西洋另一面，做了 500 场左右的巡回演出，用他的音乐来向人们表明自己对反法西斯力量的支持。

1943 年，梅纽因与匈牙利作曲家贝拉·巴托克相识，并约请巴托克创作一首小提琴独奏奏鸣曲。后来，这首著名的小提琴曲成为梅纽因最拿手的曲目之一。

50 年代后期，梅纽因的职业病又开始发作，右手剧痛。但他经过艰苦的努力，终于克服了这一致命打击，重新出现在舞台上。由于经常的严格练习，他的琴技始终保持在很高的水准上。他曾说过："我每天都练琴，以使自己的技巧更加纯熟，这一工作永无止境。如果我有一个月没有练琴，那就要花费一个月，或更多的时间，来补偿失去的光阴。"

梅纽因演奏的主要是古典的大型作品，尤其在解释巴赫的奏鸣曲方面有独到之处，是任何人也比不了的。他的演奏有自己独特的风格：一种内心深明哲理的气质，力求理解和挖掘音乐深处蕴藏着的内在精神。

梅纽因从 1959 年起久居英国。此后，他除了在世界各地旅行演出外，每年都要在英国和瑞士安排梅纽因音乐季，由他担任指挥。他还在英国创办了梅纽因音乐学校，专门培养和训练来自世界各国的 6~11 岁的天才儿童。

梅纽因是一位享有多种荣誉的音乐家。从 1969 年起，他 3 次连任联合国教科文组织国际音乐理事会主席。英国的牛津大学、剑桥大学等授予他 11 个荣誉学位。他是 165 个组织和委员会的成员。在妻子狄安娜的陪同与帮助下，他广泛、忠实地执行着自己的"艺术女神"的旨意，在国际范围内进行演奏、指挥、教学、录制唱片、组织音乐节、参加比赛的评判、旅行、讲学、写作、广播、拍电影，以及从事救济工作与慈善事业。他十分慷慨地为这些事业花费了巨大精力。英国广播公司为了庆祝他的六十诞辰，专门摄制了一部为时一个小时的梅纽因生活影片。法国也拍摄了一部关于梅纽因的影片《光之路》，在欧美广为放映。

梅纽因身穿礼服出现在音乐会舞台上的样子，是成千上万的各国观众所熟悉的。而生活中的他则是一位非常从容、谦和的人，讲话时很少运用手势，具有一种坦率的幽默感。他的语调十分柔和，富有音乐的韵律和节奏。他很注意用词，但是

丝毫没有做作的感觉。他的每一种感情、每一缕思想、每一个身体动作，都是来自平静的内心。梅纽因的外表很健壮，但完全没有盛气凌人的架势。

梅纽因每年演出的收入达到10万美元以上，但是他大都捐助给慈善事业或转赠给与他合作过的乐队，作为队员的退休基金。在他看来，“金钱会使某些人产生错误的权力感，他们错误地认为，金钱能使鬼推磨。然而，不论你多么有钱，你也支配不了艺术和爱情”。他经常收到从世界各地寄来的信和馈赠礼品，表示对他的谢意。他收到的勋章足以装满一个箱子。

1979年，梅纽因应邀到中国演出讲学，并受聘为中央音乐学院名誉教授。在中国访问期间，他与中央乐团合作演奏了巴赫、莫扎特、贝多芬、勃拉姆斯等人的小提琴协奏曲，深受我国听众的欢迎。他在中央音乐学院参观和讲学时，听过一些中国学生的小提琴演奏后，深有感触地说：“从现在起再过20年，最伟大的小提琴家将是中国人。”

1980年，梅纽因精心挑选了上海音乐学院附小的学生金力进入梅纽因学校学习4年。1985年10月，他又邀请金力在庆祝联合国成立40周年的音乐会上，与他本人共同演奏了巴赫的双提琴协奏曲。梅纽因对中国学生的提携奖掖，关怀备至，表现了他对中国人民的深厚友谊。这种友谊也来自他对中国传统文化的热爱。梅纽因周游世界时，随身携带的物品除了两个破旧的手提箱外，就是一个装有两把价值15万美元的斯特拉第瓦里制作的小提琴的大型琴盒，琴盒里经常装有一本中国古代哲学家李聃的著作《老子》，显示出他对中国古代哲学的浓厚兴趣。

梅纽因远不止是一位音乐家，甚至远不止是一位音乐世界的大使，他是一位极为难得的、十分高尚的人。

十一、绘画“另类”大师——毕加索

在1973年4月8日下午，传来一个让全世界沉痛的消息：一代大师毕加索逝世了。继法国电视台报道后，全世界的电视台都对此做了报道。

毕加索被称为“20世纪最伟大的艺术家”，在画完最后一张画《带剑的男人》之后，他和他最热爱的艺术以及他喜欢的生活、人民永别了。各国的新闻记者如潮水一般涌到穆甘寓所紧闭的大门前。一队警察从大客车里跳下来赶到现场，拦住了目瞪口呆的吊唁者。老园丁站在围墙里面，泣不成声地对着来人，手执扩音器，诉说着前一天傍晚他在花园里与主人最后一面的情景。听者无不心情沉痛，不能自已。

毕加索

毕加索身后留下的那些作品，足以说明他在世界造型艺术史上的特殊地位。那些都是他的天才和勤奋所铸就的。他的生前密友、画家布甸曾经说过：“从现在开始，往前数几个世纪，都将只有毕加索一个人堪称伟大的画家。”

1881年10月25日，帕勃洛·路易斯·毕加索出生于西班牙的港口城市马拉加。他的父亲是该市艺术学校美术教师，后兼任市博物馆馆长；母亲是有犹太血统的意大利移民。毕加索那炯炯有神的眼睛、蓬勃旺盛的精力，可以找到母系遗传的基因；他全名中的“毕加索”就是取自母亲的姓。

不过，他的父亲并没有给毕加索带来什么很好的影响。他的父亲显得多愁善感，甚至有点神经质，毕加索认为父亲很神秘，对其有些许恐惧之感。

其实，真实的父亲并不是这样的人，毕加索看到的只是表面现象。等长大了一些之后，毕加索才发现，父亲远不是那种冷面无情的人，他很关心儿子的成长。父亲常带毕加索到自己的画室看自己作画和作品，细心地教导他。父亲严格的现实主义画风曾给走上艺术道路的毕加索以重要影响。但是，毕加索一点也不喜欢刻板的课堂学习方式，他喜欢他自己的方式。在学校里，他感兴趣的只是自己手里捧着的鸽子。在他的作业本里，父亲和老师见到的常常是各种各样的画。后来，他索性不去上学了，除非允许他在教室里把手捧的鸽子当标本画画。

后来的一件事情改变了毕加索，他的父亲当了省立美术学院教授，于是，他被

父亲送进工艺学校。虽然他还是不想读书，整日沉迷于绘画中，但是他的绘画水平却在迅速提高。

当时学校里的美术教育使毕加索无法忍受，完全是“学院派”那一套，思想上保守、复古，艺术上恪守死板的规则，追求所谓“细节真实”，扼杀个性和想象力。

他决定按照自己的爱好和风格画画，不去学习那些古板的美术教育。这一时期，在毕加索的一幅户外绘画习作中，就流露出某种强调光与色的效果的印象主义特征。在一些习作画（如《两位老人》等）中，还看得出后来为毕加索一生所坚持的艺术和生活的血肉联系以及他对下层劳动人民的深厚同情，他把他的画和他热爱的人民紧密地联系在了一起。

1895 年是毕加索的艺术生活中具有特殊意义的一年，父亲决定让儿子接过自己的笔。他把自己画油画的笔交给了儿子，从此，毕加索便开始继承父亲的事业。

而当时，他只有 14 岁。毕加索后来在回忆录中深情地写道：“爸爸把笔和刷交给我，从此他再也不画了。”话里包含着因自己的绘画才能得到父亲的肯定而感到的自豪，也包含着重任在肩对自己的鞭策。父亲对他的影响是深远的，同样也是伟大的。

毕加索的父亲也许没有想到，他并不想在艺术上重复父辈循规蹈矩的老路。父亲惊异地发现，儿子已经远远地甩开了他那一套传统画法，也远远地甩开了他同时代的所有名师的风格，大踏步地走进了自己开辟的崭新的艺术天地，一个新的艺术派别即将诞生。

这时，西班牙的政治、经济、文化中心巴塞罗那正风行着现代主义的浪潮，毕加索一家迁到了那里。现代主义在 19 世纪 70 年代起源于法国，在当时非常地受崇拜。这种艺术认为物体并无固定色彩，所谓色彩不过是光波在物体表面颤动程度不同的产物，因此，应根据太阳光所呈现的 7 种色相去表现对象的整体感和气氛。现代主义还鼓吹艺术通过感官刺激信号去联想和暗示“彼暗世界”的主张。这一切，都给毕加索以新奇感。他观察、学习并思索着，但并没有简单地模仿。这个时候的他已开始形成自己的风格。

“不论在任何事情上，都要与众不同。”这就是他的作画态度，他的绘画技巧更

成熟了。16 岁时，毕加索已在大型展览会上展出了自己的三种作品，都非常的有影响。其中的《科学与仁慈》，就用印象主义的光色技巧体现出深刻的人道主义精神，成为他的早期名作之一。

1897 年秋天，毕加索考入首都马德里的斐尔南美术学院，开始了他第一次离家独居的生活。就在这个时候，由于《科学与仁慈》的获奖，毕加索的名字已被一些知名画家所注意。当他 18 岁从马德里的学校返回巴塞罗那时，在家人的眼里，他已是一个成熟的青年画家了。当时，毕加索参加了巴塞罗那一些青年人组成的文艺沙龙“四只猪咖啡馆”的活动。就在此时，他萌生了离开西班牙的念头。

1900 年，刚刚 20 岁的毕加索来到巴黎。他先是被印象派五光十色的作品所吸引，接着感受到“新艺术派”反叛学院派传统、追求艺术创新的强烈气氛，但同时也与“新艺术派”的颓废意识保持距离。在他的内心，他已决意走出一条独立的创作道路，创造出自己的“学派”。

这时，年轻的毕加索已与画商搭上了线，他的那些将要传世的作品开始标价出售了，这也给他带来了经济收入。

1901 年，毕加索终于下定决心在伏拉德画廊举行个人的首次画展。结果，他那些反映下层人民生活的画（《穿蓝衣的女人》等）一幅也卖不出去。

这个时候，他遭受了冷遇，但他没有因此而退缩，相反，他坚持自己的思想和风格，把眼光更集中地注视下层社会的人们，继续作画去反映他们的生活和不幸命运。

这个时期的作品里，毕加索已经有了自己对艺术的态度。在作品中，毕加索多用蓝色和其他暗色，线条僵直，人物多缺乏表情，虚弱瘦小干枯，给人以病态的感觉。这并非画家的故意杜撰，而是时代与社会病态的艺术化。而毕加索艺术生涯中的这一时期，被称为“蓝色时期”，即从 1901 年到 1904 年。主要作品有《生活》《卖艺人一家及猴子》《熨衣服的女人》《穷人的进餐》《杂技演员与青年丑角》等。

这 3 年中，他往来奔波于巴黎与巴塞罗那之间，非常艰难地开辟着自己的艺术天地。他在西班牙举行的又一次画展，进一步扩大了他的影响。一些艺术家前来与

他探讨艺术方法和艺术的使命问题，这些都使他受益匪浅。

他开始与著名立体未来主义诗人阿彼利奈尔结识。此时他的生活却陷入困窘，穷得连取暖用的燃料都买不起，寒夜里冻得受不了，只得把一年所做的水彩画都烧了取暖。就在这艰苦的岁月里，毕加索结识了他的第一个女友奥利维尔。

这位犹太家庭出身的女郎，帮助了正处于非常困难时期的毕加索，给毕加索带来了温暖和欢乐。正是由于奥利维尔的同情、友情与爱情，使毕加索振作起精神，以明朗欢快的心情画出了《演员》。在这幅画里，他所用的蓝色与其他暗色已见减少，增加了给人以清新畅快感觉的玫瑰色和粉红色。这一特色在《坐着的裸女》这幅画中显示得更加充分，成为毕加索的创作从色调灰暗的“蓝色时期”转向色调明快清新的新时期“玫瑰色时期”的重要标志。

1906 年以后，毕加索得到了广泛的承认，他的作品的售价上升了，画商伏拉德愿出 2000 法郎购买他的一幅画。生活有了明显的好转后，他携带奥列维尔回西班牙度了 4 个月假期。

20 世纪最初几年，艺术画坛中野兽派的大色块绘画一时引起了人们的好奇心。但是，毕加索并没有受太多野兽派的影响，他更多的是受塞尚的影响；与重色彩的野兽派相比，他更注重事物的形态、结构和造型，强调画家对外界对象的主观态度。1906 年至 1907 年，毕加索画中的人物逐渐变得粗大、笨重，与几何图形颇为接近。经过思想和实践上的准备，一种体现新的观点的绘画终于产生了。这就是毕加索 1907 年创作的名画《亚威农的少女》。它标志着立体主义的诞生，也是毕加索的又一个阶段。

立体派画家更加彻底地摆脱了对外部世界的依赖和模仿，使绘画从受传统绘画讲究透视法和投影的束缚，即人的肉眼的视觉限制中解放出来。这样，绘画所反映的就不是外部世界的一个感性的侧面，而是概念性的整体、多面体。现在，一幅画看上去，就很像是人绕着物体走一圈所看到的那个样子，画面上有的不仅限于肉眼看得见的部分，还有肉眼看不见的部分——借助于想象和理解才能认识的部分，这就是现在我们看毕加索的作品时，他的艺术给我们的深刻印象。

毕加索在“洗衣舫”的画室里创作出了立体主义方法的处女作，从 1907 年春

开始构思，到最后完成，前后经历了4个多月的时间，共画了17张草图，最后定形的是一张纵横超过2米的油画。草图反映了这幅名画形成的过程，其中所显示的各个次要情节的逐渐消失颇能说明问题。在这幅反映妓院里发生的事情，原拟取名《罪恶的报酬》的画的第一稿中，共有7个人物，其中两个看来是嫖妓的水手，一个水手拿着一束花，坐在5个裸体女人中间；另一个水手从布幕后面走出来，手里拿着一个像是骷髅的东西，似乎是作为死亡的象征。在后来的几幅画稿中，水手和花束作为枝节被去掉了，画面上只剩下5个裸女。她们是妓女无疑，毕加索曾起名《亚威农的妓院》。

《亚威农的少女》体现了绘画的塑像化、装饰化和寓言性，尤其表现了非洲黑人雕塑的特点。这幅画能使人看起来具有立体感。

毕加索的这种画法从开初就遭到很多同行包括朋友的非议。他们的言论非常尖酸而苛刻："过几天，他会在那幅画的后面上吊。毕加索看起来要变疯!"

但是，慢慢地，他的方法被人理解了。列维·斯泰因说："现在，我知道你的用意是什么，你在努力绘画出第四度!"阿波利奈尔以其诗人的慧眼，似乎看出了更深刻的东西："正如音乐是最纯粹的艺术那样，立体主义乃是最纯粹的绘画。"

毕加索和勃拉克共同创立的立体主义绘画的形成和发展过程，一般可分为两个时期：分析立体主义（1907-1911）和综合立体主义（1912-1914）。第一时期，重点是"破坏"对象，将自然形体分解为几何切面，而后互相交叠构成画面。第二时期，采用粘贴手法，将纸片等杂物贴在画布上构成作品，继而发展为抽象的色彩强烈的装饰画，并从绘画波及雕塑、建筑、工艺美术学领域。

1913年，是毕加索一个具有重大意义的转折点，他在他的艺术中完成了结构探索的任务后，把注意力的重点从单纯的形的方面转向所有方面，前些年暂时忽略了的色彩变化，重新被提到研究日程上来。《坐着的女人》就是这方面的代表作。

1914年，所谓"杂物立体主义"进一步发展，画面上增加了更多的实物（如细纱、报纸、广告等），立体主义的综合性更加突出了。

第一次世界大战期间，西方艺术界特别是美术界失去了生命力，毕加索眼见立体主义无法使整个画坛摆脱困境，遂将创作方法暂时转向现实主义的轨道，与坚持

纯粹立体主义的勃拉克分道扬镳，进入立体主义与古典主义结合的新时期——“新古典主义”时期。代表作有《阳台》《坐在安乐椅上的女人》《蛋糕》《丑角》等。这些作品风格朴素、简洁、清晰，表明立体主义的琴弦同样可以弹出现实主义的音调。

一战结束后及整个20世纪20年代，毕加索一方面采用写实的方法使绘画面向生活，创作了《母与子》连画、《两个裸妇》《坐着的小丑》等笔触粗犷、结实、凝重，形象丰满厚实，渗透着人道主义精神的古典主义风格的杰作；另一方面，他也没有完全放弃立体主义的方法，捧出了《三个乐师》这帧令当时和以后的美术家大吃一惊的艺术精品。从1925年起，毕加索的绘画越采越多地表现出超现实主义的特征。剧烈动荡的社会生活，使毕加索对弗洛伊德的精神分析和潜意识理论发生了兴趣，开始在人物画中表现性冲动、爱欲、同性恋、恋兽症、梦幻、精神分裂，以及生与死等主题。《跳舞》就是毕加索进入这一创作阶段的代表作之一。这类作品还有《坐在安乐椅上穿内衣的女人》《接吻》《梦》等。

作为一个艺术家，毕加索始终关心着祖国和人民的命运。1937年4月26日，支持弗朗阿政权的德国法西斯空军出动多架飞机，狂轰滥炸巴斯克区一个毫无设防的小镇格尔尼卡。大屠杀持续了3个小时，共杀死1654人，近千人被炸伤。早已回国的毕加索闻知此事，义愤填膺，怒不可遏，当即提笔创作描绘该城被炸惨相的大型名画《格尔尼卡》。

这幅画用了毕加索半年的时间，于1937年下半年在巴黎国际博览会首展。这是一幅宽7. 625米、高3. 355米的巨幅油画，整个画面由黑、白、灰3种低沉的色调构成，被称为“惨绝人寰的战争综合图像”。

这幅表面上杂乱无章的画面，由两个主要层次的内容组成一个完整的统一体。画中4个妇女的形象十分醒目，其中3个表现了苦难和悲愤的主题：从着了火的房子里跳下的妇女，向上伸出双臂和脖子；下面一个妇女，半裸着身体，冲出屋子，仓皇逃难；画面左边是一个仰天哭号的母亲，怀里抱着被炸死的儿子。第四个女人从窗口伸出一只手臂，手里擎着一盏保险灯，它和邻近那只亮着的电灯，象征着真理之光，它是扑不灭的。人民的愤怒和不屈地反抗的主题，集中地体现在画面中的

两个形象上面：一是画面下端那个倒下的战士，他的手中还紧紧地握着一把断了的剑；另一个是居于画面中心位置的仰头嘶叫的马，许多评论家都对这一象征形象的意义给予高度评价。对左边那头公牛的解释则存在着分歧：有的认为象征对人民的苦难漠不关心的政府；有的认为象征人民，瞪着两只眼睛，准备袭击入侵者。

二战时期的毕加索避难到了法国南部一个叫安迪伯的小港。他创作了反映渔民生活的《安迪伯渔夜》，表达对祖国和故乡的思念之情。他还在沦陷中的巴黎，用自行车坐垫和手把组合成造型很美的《公牛头》，以表达自己忧郁但并不绝望的心情。

1944 年，毕加索的政治思想也更加坚定了。经艾吕雅和阿拉贡介绍，毕加索加入了法国共产党。战后，他积极参加保卫和平的斗争，1950 年，他为在伦敦召开的世界和平大会画《飞着的鸽子》。从此，毕加索的名字享誉世界，老幼皆知。

1965 年以后，毕加索不再在公开场合露面，闭门谢客，但热爱作画的他并未停止他的艺术，直到，他在自己的画室里轰然倒下……

今天，毕加索的名画以上千万乃至上亿美元的标价拍卖出售。然而，它们的真正价值却是任何数额的纸币和黄金所不能衡量的，他的艺术精神更是永恒的。

十二、“金融杀手”——乔治·索罗斯

1930 年，乔治·索罗斯出生在匈牙利的首都布达佩斯。

1944 年，欧洲各地的犹太社区大多已被纳粹扫平，乔治·索罗斯一家躲在布达佩斯的地窖之中，他们持有非犹太人的假身份证明。索罗斯称，1944 年是他生活中最快乐的一段时光，他在生死危难中学会了生存的技巧，其中的两条经验对他此后的投机生涯很有帮助：第一是不要害怕冒险，第二是冒险时不要押上全部家当。

当时，英国的哲学家卡尔·波普在写两卷本的著作《开放社会及其敌人》。面对世界大战，波普较为抽象地指出，人类社会只有两种可能的命运，其一是成为“封闭社会”，每个人都被迫相信同样的事；其二是成为“开放社会”，有更多的自

由与宽容，成员能免于民族之间的战争。尽管在开放社会中，相互冲突的信仰会给社会带来很大的压力，但必须承受，开放社会虽然不确定、不安定，但要优于封闭社会。

乔治·索罗斯

1947年秋天，17岁的索罗斯只身离开匈牙利，经由瑞士到达伦敦。1949年，索罗斯在伦敦经济学院学习经济学课程，虽然没有太多的收益，但他熟读《开放社会及其敌人》，还曾拿了几篇论文给在伦敦经济学院任教的波普看。波普本以为会有个西方世界的年轻人能够深刻理解他对开放社会及封闭社会的分析，但他知道索罗斯来自匈牙利后未免有些失望，因为在波普看来，那里正是个封闭社会。

1956年，26岁的索罗斯结束了他在伦敦一家银行的工作，揣着5000美元来到美国华尔街，先后做过套利交易员和金融分析师。1969年，索罗斯与杰姆·罗杰斯合伙以25万美元起家创立了“双鹰基金”，专门经营证券的投资与管理。1979年，他把“双鹰基金”更名为“量子基金”，以纪念德国物理学家海森伯。海森伯发现了量子物理中的“测不准原理”，而索罗斯对国际金融市场一个最基本的看法就是“测不准”。这位曾苦苦研读哲学，想当个大知识分子的商人，认为在金融市场中毫无理性可言。

70年代后期，索罗斯的基金操作得十分出色。他说：“我和基金融为一体，它因我而生，我和它生活在一起，睡在一起，它是我的情妇。”有了这样的情人，索罗斯的婚姻自然就出现了裂痕。1978年，他与妻子分居，与孩子的关系也日趋冷淡。

1980年，他最初的合伙人杰姆·罗杰斯离开了“量子基金”，骑着摩托车去周游世界。他带走了公司20%的股份，价值1400万美元。索罗斯80%的股份价值为5600万美元。

索罗斯由此创立了他的第一家慈善基金会。事实上，早在1962年，他没有

多少钱的时候，他就在他的《意识的负担》中说，人不一定更注重拥有物质，而不重视拥有精神、艺术和道德的价值，但所有的价值都可以简化为货币条件。他相信市场机能的原则可以延伸至极为广泛的领域，如艺术、政治、社会生活、性和宗教。

狙击英镑

1992年9月，索罗斯对英镑的狙击成为国际金融投机领域的传奇。9月15日下午5时许，索罗斯坐在曼哈顿中区一栋俯瞰中央公园的摩天大楼的33层办公室里，他在一周之内调动了100亿美元，赌英镑下跌。他的专用办公室外面是员工办公室，那里贴着一幅用计算机打出来的条幅："我生而贫穷，但不会穷死。"索罗斯来到办公室，只是为了感受一下这场金融史上最大的一次赌博的气氛。随后，他回到他在纽约第五大街的寓所，吃了一顿简单的晚饭之后，就上床休息。

早在1990年英国加入欧洲汇率机制（简称ERM）之时，索罗斯就在等待。在他看来，英国犯了一个错误，因为ERM要求成员国的货币必须盯住德国马克。索罗斯认为，当时英国的经济并不强劲，加入ERM，就等于把自己和西欧最强的经济体——统一后的德国联结在一起了，英国将为此付出代价。1992年，英国经济状况越来越糟，失业率上升，通货膨胀加剧。英国首相梅杰在格拉斯哥对苏格兰英国工业总会演讲时说："软弱的选择、贬值论者的选择、助长通货膨胀的选择，在我看，是在此刻背叛我们的未来。我可以十分明白地告诉你们，那不是政府的政策。"

应该说，正是梅杰政府的决策给索罗斯提供了好机会。他在1988年已经把基金会的大部分工作，交给年轻有为的斯坦利·杜肯米勒管理。杜肯米勒针对英国财政的漏洞，想建一个30亿到40亿美元的放空英镑的仓位，而索罗斯的建议是将整个仓位建在100亿美元左右。这是"量子基金"全部资本的一倍半，意味着索罗斯要借30亿美元来一场大赌博。

9月16日，英国金融界将之称为"黑色星期三"，财务大臣拉蒙特在一天内两

次宣布提高利率。但对索罗斯来说，那个星期三是阳光明媚的。美国东部时间早上7点，杜肯米勒打电话叫醒了睡梦中的索罗斯：“乔治，你刚赚了9.58亿美元。”后来的事实表明，索罗斯在那个“黑色星期三”开始发生的种种事情中赚了将近20亿美元，其中10亿来自英镑，另有10亿来自意大利里拉的动荡和东京股票市场。整个市场卖出英镑的投机行为击败了英格兰银行，索罗斯是其中一股较大的力量。

在1992年9月的传奇中，索罗斯赚到的钱等于从每个英国人手中拿走了12.5英镑，但对大部分英国人来说，他是个传奇英雄。英国民众以典型的英国式作风说：“他真行，如果他因为我们政府的愚蠢而赚了10亿美元，那他一定很聪明能干。”

金钱与政治

“财富有如蘑菇，长在阴暗之处”，但索罗斯并不理会这一点。自1992年狙击英镑后，他不可避免地成了公众人物。

1992年12月，一位电视记者采访索罗斯：“你投资于黄金，大家便都认为该投资黄金，你写文章质疑德国马克，马克的汇价就下跌；你投资伦敦的房地产，那里的房地产就被看好。一个人应该具有这么大的力量吗？”

事实上，索罗斯正是想通过金钱来推广他的社会理念。从1980年起，索罗斯开始给东欧异议分子以金钱资助。1984年，他以每年捐助300万美元的规模，在匈牙利成立了一个基金会，进行文化教育活动。索罗斯选择了米可洛思·瓦萨赫利担任匈牙利基金会的总裁。瓦萨赫利是1956年匈牙利动乱之时该国总理的新闻发言人，苏联入主匈牙利后，瓦萨赫利被逐出共产党，判刑5年。

20世纪80年代后期，索罗斯试图与英国首相撒切尔夫人会面，以讨论一项援助苏联的计划。他将这个设想中的计划命名为“撒切尔计划”。遗憾的是，撒切尔夫人直到下台之后才与索罗斯通过一次电话。1989年，索罗斯又想与美国总统布什谈一谈应付苏联的新策略，虽然他要见一见戈尔巴乔夫的想法未能如愿，但他还是

用1亿美元建立了国际科学基金会，向俄罗斯的科学家提供帮助，使3万多名科学家每人能拿到500美元的救助。

索罗斯资助欧洲的行为赢得了“马歇尔计划”的赞誉。以1996年为例，他向俄罗斯捐助了约5800万美元，而美国政府的经济援助为1亿美元。该年，包括俄罗斯在内，索罗斯共向10个东欧及中欧国家捐助了1．5亿美元以上，其中，他个人对匈牙利等3个国家的资助超过了美国政府给予那些国家的经济援助。

在东欧用金钱推动其“开放社会”理念的同时，索罗斯也希望能把美国变成一个更美好的地方。1996年，他花费100万美元，用以说服加利福尼亚的选民同意医生可以在给吸毒者的处方中开出大麻，以减轻他们的痛苦；他还打算在5年之内为一个毒品政策研究小组提供1500万美元的经费，来反对美国现行的“反毒品战”。他对美国有160万名囚犯的事实也颇为不满，因此用500万美元建立了一家研究犯罪文化的中心。他对美国每年死掉不少人的状况不满意，于是花2500万美元资助一个死亡研究中心，力求加大临终关怀的力量和减少新生儿夭亡的情况。他对美国的移民政策同样也不满意，因而捐出5000万美元的经费帮助移民获得美国国籍。后来，他索性在巴尔的摩成立了一间办公室，拿出2500万美元的经费来看一看他还能对美国的哪一种现状表示不满。

不过，身为犹太人，他未向以色列提供过捐助。

东南亚金融风暴

索罗斯令全世界老儒皆知的原因，恐怕源于世纪之末的那一场“金融风暴”。

泰国的首都曼谷在17世纪时还是一个不大的渔村，然而随着时代的发展，世纪之末它已经成为一个美丽多姿的现代化大都市，高楼林立，车水马龙，一派蒸蒸日上的景象。

起初，随着香港地区回归中国的日期不断临近，泰国政府的高级官员有点按捺不住内心的喜悦，言谈举止之间透露着大捞一把的得意之色。中国要收回香港，那么亚洲金融中心的地位恐怕就非曼谷莫属了。

一夜之间，泰国政府宣布给以往加以管制的金融松绑，泰国货币泰铢紧紧追随美元。

泰国货币汇率稳定！

外国投资大量进入泰国！

泰国的企业界陶醉了，金融界陶醉了，人们陶醉了！

然而，就在泰国人做着美梦，满怀喜悦之时，一只巨大而又无形的手伸了过来……

自 1997 年初，在泰国的金融炒作者就感到一种不祥之兆，但谁也说不清楚究竟是怎么一回事，只是感觉到心中有着莫名的恐慌。一些人悄悄地退缩了，但是，更多的人仍在为泰国经济祝福。

2 月初，一股浪潮涌了过来，引起了金融界少许的震动，在股市交易场所，一直被看好的泰国货币泰铢转眼成了抛售的对象。时光流逝，泰国竟破天荒地出现了几家金融机构相互挤提的事件。

善于安慰自己的泰国人很快渡过了难关，尽管被证明这只是心理上的。

5 月中旬，泰国金融市场上险象环生。官员们歇斯底里，惊恐万状，他们看到的是最可怕的幻影：国际外汇投机资金在一股无形力量的驱使下，再度对泰铢发起了冲击。他们就像一支军队，号令统一，大量抛空泰铢，企图迫使泰国货币贬值，以从中牟取巨额利润。

5 月 14 日和 15 日两天，泰铢兑美元汇率大幅下跌，泰国股票指数由年初的 1200 余点狂泄至 551 点。泰国全国上下顿时乱成一片，虽然泰国中央银行在新加坡等国家和地区金融机构的全力配合下，对外汇市场进行联合干预，使泰铢汇率暂时稳定了下来，但泰国经济已遭受重创，外汇储备大幅下降。

善良的人们终于松了一口气，想当然地认为暴风雨已经过去，重建家园的时候到了。

然而，货币金融危机给泰国带来的伤痛毕竟一时难以治愈。政府官员的心里又在盘算着新的大跃进，他们不愿白白错过在他们看来是千载难逢的良机。在国内经济形势难以迅速扭转的情况下，为减轻维持泰铢汇率的沉重负担，刺激泰国式的外

向型经济，泰国政府又连出新招。

7月2日，泰国宣布，改变维系了13年的主要与美元挂钩的一揽子货币联系汇率制，对泰铢实行有管理的浮动汇率制。

消息一经传出，国际金融界顿时又是一阵骚动，在大洋彼岸，弹冠相庆者众。当日泰铢对美元汇率即下跌18%。在实行浮动汇率制后的一个多月中，泰铢对美元汇率一直呈现跌势，大有一蹶不振之势。

泰国经济已危若累卵，急得直如热锅之蚁的泰国中央银行，手忙脚乱地分别在7月14日、23日和24日当泰铢汇率跌至1美元兑29.75、32.50和32.63铢的紧要关头时，对市场进行了最后孤注一掷的干预。

泰铢汇率跌至32铢的水平，就意味着泰铢贬值25%。

当泰国人一大早醒来才发现，他们在一天之内居然变穷了许多，货币泰铢眨眼间就失去了1/5的国际购买力。许多人失声痛哭，一些人甚至就此归西。

人们惊恐地瞪大了眼睛，隐约感觉到正有一只看不见摸不着的手在主宰着他们的命运：投机活动使泰国金融业在大约300亿美元坏账的重压下苦苦挣扎，泰国中央银行曾融资150亿美元的巨款，试图力挽狂澜，将泰国的这条根留住，不料却被那只黑手卷走了40亿美元。泰国人无不谈此色变，形容如同刮了一场热带风暴，剧烈波动牵动了所有人的心。

曼谷的夕隆大街号称泰国的"华尔街"，近1公里的大街两旁，银行大楼连成一片，曼谷、亚洲、大城、泰京等泰国银行大厦前的喷泉哗哗地射出水花，象征着昔日的荣华富贵、滚滚财源。尽管这些大厦外观无甚变化，但纽约标准普尔评级公司正发出类似于讣告的文告，将泰国8家大金融企业列入因呆账而需要特别观察的公司名单，这等于宣判了这些机构"死缓"。泰国政府不得已，宣布暂时关闭50多家金融机构。

泰国货币一泻千里，吓坏了全国所有的民众，仿佛世界末日就要来临。全国各地的银行门前都排起了长队，人们将能提走的财物全部提走。各大商店、网点的门厅被如潮水般涌来的购物者塞得水泄不通，人们在利用手中的货币抢购所能买到的一切东西，从大米到洗衣粉，从手纸到妇女的内裤。

泰市大幅贬值犹如巨石击水，在整个东南亚外汇市场掀起了滔天巨浪，而那只贪得无厌的巨手又相继把其他国家的货币套作投机的对象。这就像是一起有预谋的集体屠杀事件，当一个人被击倒后，很快就会轮上第二个、第三个……

于是，菲律宾比索、印尼卢比（即印尼盾）和马来西亚林吉特相继在7月11日以后实行浮动汇率制，心惊胆战地等待着可能落下的那一只黑色巨掌。甚至连一向坚挺的新加坡元和港币也未能幸免，各国货币一路下滑，兑美元比率纷纷创出近年来的最低点。

8月11日，泰国政府决定接受由国际货币基金组织发起的紧急救援计划，取消双重外汇市场，不料这一消息再度对东南亚各国货币形成了新的冲击。

由于印尼卢比汇率过去一直被高估，因而自7月中旬以来，总是受到某种神秘投机资金的冲击。尽管在7月11日，印尼政府宣布放宽卢比汇率，允许波动幅度至12%，但仍未能摆脱外界投机浪潮的冲击。8月14日，印尼中央银行不得已宣布取消卢比汇率的波动幅度限制，允许卢比自由浮动。这一来，卢比汇率如同开闸之水，从前一天的1美元兑2637. 5卢比狂泄至2787. 5卢比，15日再跌至1美元兑2960卢比的历史最低点。

受印尼卢比大幅下跌的影响，马来西亚林吉特在14日即从1美元兑2. 5林吉特下跌至2. 765林吉特，15日再跌至2. 825林吉特的低迷之点。

同时，印尼和马来西亚股市连续下跌，印尼中央银行采取了提高短期利率的措施来支持卢比汇价。15日，港元兑汇率再度扯高至1美元兑7. 75港元的心理关口，隔夜同业拆息升高到9厘，一个月拆息最高至9. 5厘。香港股市15日收市急跌400. 83点，跌至16006点。

截止到8月中下旬，菲律宾比索已贬值11%，印尼卢比贬值8%，马来西亚林吉特贬值5%，新加坡元贬值1. 5%，港市汇率一度跌至1美元兑7. 7520港元的低点。各国损失的财富累计达数百亿美元之巨。

那么，究竟谁是那只黑手呢?

东南亚人愤怒了，马哈蒂尔愤怒了。

1997年7月26日，马来西亚总理马哈蒂尔在研究有关东盟与美国就地区安全

问题举办讲座一事的会议之外，指名道姓地诅咒着一个人的名字——乔治·索罗斯。

马哈蒂尔厉声责骂这名美国人暗中操纵了东南亚的金融危机，从而使当地的货币贬值，其目的是要对东南亚国家进行惩罚。因为这些国家已将由军政府领导的缅甸接纳为东盟成员国。

乔治·索罗斯终于站出来说话了。

7月25日，索罗斯承认，他曾试图说服马来西亚和泰国不要让缅甸加入东盟，但是否认通过操纵货币投机对这些国家施压，并说“我们不可能把缅甸的自由的事业作为货币投机的借口”。

9月21日，在世界银行另一场题为“向全球性开放社会迈进”的研讨会上，索罗斯再次反唇相讥，说马哈蒂尔关于禁止货币买卖的言论不值得认真考虑。近两个月来，他并没有参与抛售林吉特，反而有所买进，所以他不像有些人想象的那样能左右市场。他列举了一系列经济数据来说明林吉特下跌有其必然的原因，马哈蒂尔及其政府要对此负责。

似乎是要印证索罗斯的观点，9月22日，马来西亚林吉特兑美元的汇率跌至有史以来的最低点。业内人士评价，这是由马哈蒂尔在世界银行会议上的演讲引起的。同样面临危机，泰国和菲律宾的沉默反而使投资者能恢复信心，口舌之争对马来西亚的经济并无好处。索罗斯的态度实际上已经比马哈蒂尔更能影响马来西亚的经济。

据估计，在夏天的“泰铢保卫战”中，泰国的外汇储备损失了150亿美元，而马哈蒂尔大动肝火的原因在于这场金融风暴“使马来西亚的经济状况倒退了10年”。

就像一场不见硝烟的战争，失利者检点损失，获益者指点江山。在经济领域的战争中，没有飞机、导弹和坦克，交战的是货币；没有领土的概念，但也有“侵略者”和“保卫者”的较量。如果没有意识形态掺杂其中，那么索罗斯玩的不过是一场数额较大的游戏。这场金融风暴的余波一直延续到世纪之末，也算是人们在跨入新世纪之前，接受的一次惊心动魄的洗礼。

索罗斯的哲学

美国记者罗伯特·斯莱特曾写过一本书，叫《索罗斯投资的 24 个秘诀》，但由索罗斯自己来说，24 个秘诀未免多了些。他说他的真正秘诀是“沉迷于混乱状态，了解金融市场的革命性过程”。

索罗斯曾把自己的投资理论写成一本书，这本书有一个诱人的名字叫《金融炼金术》。他在书中阐述了他关于国际金融市场的“反射理论”和“盛衰理论”。简而言之，他认为参与市场者的知觉已影响了他们参与的市场，市场的动向又影响他们的知觉，因此他们无法得到关于市场的完整的知识。但市场有自我强化的本领，繁盛之中有衰落的前奏。遗憾的是没多少人能说自己读懂了那本书，就连一些与索罗斯共事多年的金融专家也称该书不知所云。但这本书的命运比索罗斯尚未完成的哲学著作《意识的负担》要幸运许多，索罗斯说他在写《意识的负担》时看不懂自己前一天都写了些什么，好歹《金融炼金术》至少还有作者本人明白。

但哲学并不是不知所云毫无用途的废话，索罗斯的基本哲学概念是：

(1) 金融世界不稳定、乱成一团，这与许多人想的不一样。主宰金融市场的是大众投资者的心理，即群众本能，找出群众何时以及如何拥向某种股票、货币或商品背后，这样成功的投资人就能抢到先机。

(2) 以索罗斯看来，投机者的一窝蜂行为并不能用经济学中的价格供求论去解释。市场往往受到群体情绪的冲击，时上时下。在现实世界中，买卖的决定取决于人们抱有怎样的预期。

(3) 凡事总有盛极则衰或否极泰来的时候，狂涨之后就是狂跌，狂跌则孕育着大涨。要想从中获利，重要的不仅仅是认识到形势的转变不可避免，还在于找出这个转折点。

(4) 一旦你获悉市场正在想些什么，就往反方向跳跃，赌出乎意料的事件发生。

十三、20 世纪最伟大的科学家——爱因斯坦

阿尔伯特·爱因斯坦于 1879 年 3 月 14 日出生于德国的马尔姆，双亲都是犹太人。父亲赫尔曼·爱因斯坦是一个小业主，依靠亲戚的资助经营一家电器设备工厂。

幼年的爱因斯坦略显迟钝，四五岁时还不大会说话，在学校里表现也极为平常。4 岁那年，父亲给了他一个指南针，引起了他强烈的好奇心，他觉得似乎有一种神秘的力量支配着那枚指南针，这种惊奇感构成了他探索事物的原委的初始动力。

爱因斯坦

尽管双亲完全没有宗教信仰，但爱因斯坦在幼年时却深深地笃信宗教。到了 12 岁，他在阅读通俗科学书籍的过程中认识到，《圣经》里的许多故事都不是真实的。于是，他终止了宗教信仰而产生了一种真正狂热的自由思想，其结果是对一切权威的怀疑。

后来在求学过程中他接受了父亲的劝告，认识到想谋求职业必须先取得大学文凭，于是投考瑞士苏黎世联邦工业大学。他优异的数学成绩给人留下了深刻印象，却因其他成绩的拖累而没通过入学考试。大学校长建议他去中学补习一年，再来投考。他在瑞士阿劳市的阿尔高州立中学学习一年，17 岁的时候终于考入苏黎世联邦工业大学师范系，学习物理和数学。在此期间，爱因斯坦生活窘迫，每月靠亲戚资助的 100 瑞士法郎生活，还要省 20 瑞士法郎缴纳加入瑞士国籍的归化费。1901 年爱因斯坦取得瑞士国籍，同年毕业。

毕业后，他想留校担任助教，但遭到拒绝。随后他试图谋求中学或技校教师的

职位，也没有成功，于是，他只得担任家庭教师，偶尔也在中学替别人代课。1902年，他在朋友的帮助下得到一份固定的工作——瑞士伯尔尼市专利局专利审查员。1903年结婚，新娘是他在苏黎世的同学——塞尔维亚姑娘米列娃·玛丽琦。

专利局的工作使爱因斯坦有了可靠的经济保障，而且工作并不繁重，使他能有许多空闲时间从事研究。爱因斯坦对此非常满意，甚至认为这是最适合物理学的工作方式——从事与物理无关的职业，闲暇时从事研究。

爱因斯坦博采众长为我所用。他广泛接触了各种不同的文化：牛顿、安培、休谟、斯宾诺莎、莱布尼兹、康德、马赫等各流派哲学著作，许多文学名著、德国古典音乐……他从这些不同的文化中，孜孜不倦地汲取营养，但从不定于一尊。如马赫对牛顿力学的批判对他很有启发，但马赫不重视理论思维，不承认原子存在，这一直受到爱因斯坦的批判。多元的文化品种、活跃的文化因子，在爱因斯坦的头脑中通过随机碰撞，产生出新的组合，于是创新力喷薄而出。1901年起，他开始在德文科学杂志《物理年鉴》上发表研究成果，1905年他的研究达到高峰。

那一年，《物理年鉴》发表了他的5篇论文。第一篇——《分子大小的新测定法》使他获得了博士学位。第二篇——《关于光的产生和转让和一个启发性观点》成功地把两个相互矛盾的光学理论——波动说和粒子说结合在一起，大胆地提出了光的量子化理论。这一学说澄清了长期存在于光学中的理论混乱，令人信服地解释了诸多费解的实验现象。值得一提的是，他的研究奠定了量子论的基础，由此衍生的波粒二象性观点经过另一位物理学家——法国的德布罗意的发展，成为物理学家最基本的世界观，是现代物理学最重要和最基本的概念之一。这一成就使他赢得了1922年的诺贝尔奖。第三篇论文《在热分子运动论所要求的静液体中悬浮微粒的运动》讨论了涨落现象，阐明了几个非常重要但未能精确测得的物理常数的关系。尤为重要的是，爱因斯坦的工作打消了理论界对分子实在性的疑虑。

以上3篇论文已是辉煌的成就，但是与第四篇相比则显得黯然失色。这篇题为《论动体的电动力学》的论文开创了一场真正的革命。20世纪初的物理学蕴含着深刻的危机；在经典物理学的两大支柱——牛顿力学和经典电磁学之间存在着难以调

和的矛盾。为了解决这一致命矛盾，许多物理学家做出了艰苦的努力，有些人甚至已提出了非常接近正确思想的方案，但是，只有爱因斯坦才敏锐地认识到，矛盾的核心在于牛顿的绝对时空观念。爱因斯坦认为，时间和空间都是相对的。他向束缚人类几千年的思想和统摄科学界近300年的权威提出了挑战。

爱因斯坦的学说论述了匀速直线运动的坐标系中的物理现象，这一被称为“狭义相对论”的理论成为物理学革命的起点。在随后发表的5篇论文中，他进一步发展了相对论，阐明了质量与能量的关系，修正了经典物理学中的质量守恒和能量守恒定律，包括核弹在内的原子能利用都是以此为基础的。

长期以来，对于宇宙的传统观念，由一个人把它全部打翻了。难以设想，当人们接触爱因斯坦的光辉理论时该是何等惊讶！而这一切竟出自于一个年仅26岁的专利审查员之手。

爱因斯坦在科学界掀起狂飙，他的成就奠定了学者生涯的基础。1908年，他受聘为伯尔尼大学兼职讲师，次年又受聘为苏黎世联邦工业大学副教授，不久，升为教授。1911年他接受了奥匈帝国布拉格德国大学的教授职务。1913年，柏林请他担任威廉皇帝物理研究所所长、普鲁士科学院院士、柏林大学教授。1914年他赴德国就职，又重新获得德国国籍。

不久，第一次世界大战爆发、国家动员了一切力量支持这场罪恶的战争。爱因斯坦坚定地固守和平主义立场。他在各种场合宣扬反战思想，甚至加入了反战组织“新祖国同盟”。也许是他的学术盛名和“古怪”的名声救了他，否则这位科学巨匠早被当作破坏分子处决了。他遭到同事们的孤立，婚姻也濒临破裂。令人惊异的是，他最伟大的科学成果，却正诞生于孤独的处境之中。

爱因斯坦认为狭义相对论也没有穷尽真理，他勇于创新，不断前进，于1915年又完成了广义相对论。在逻辑上，这是狭义相对论思想的延伸和推广，把匀速直线运动下的时空变换推广到变速运动和引力场存在的情况中。这是爱因斯坦最辉煌的成就，科学史上最伟大的发现。它极为深刻而又普遍地描述了物理世界的状态，其核心在于时空在引力作用下的扭曲，变速运动即归结为扭曲时空中的自然运动。爱因斯坦彻底革新了时空、引力、质量、运动以及由此衍生的动量、能量等观念，

第六章　犹太人的成功智慧

锋利的牙齿，敏捷的身手，强壮的身体，这些优势使鲨鱼成为海洋领域当之无愧的霸主。然而，在很久以前，鲨鱼却是海洋中唯一没有鱼鳔的鱼，由于缺少鱼鳔，鲨鱼不能任意在水中沉浮，只有靠不停地游动才能保证自己的身体不沉到水底。也正是由于不停地游动，造就了鲨鱼强健的体魄，使它成为鱼类中的最强者。

鲨鱼

没有国家和土地的犹太人，如鲨鱼一般，经过几千年在世界各地“游动”，登上了“世界第一商人”的宝座。他们虽然没有给人留下什么特别值得骄傲的宫殿和建筑，但却给我们留下了永恒的成功智慧。

一、成功是一种态度

越是“不可能的”事做起来越顺当

《塔木德》说：“世间的事非常奇怪，越是人们认为不可能的，做起来越顺

当。”据说，犹太人哥伦布经常引用这句格言。

1485 年 5 月，哥伦布到西班牙去游说：“我从这儿向西也能到达东方，只要你们拿出钱来资助我。”当时没有一个人阻止他，也没有人刺杀他，因为当时的人认为，从西班牙向西航行，不出 500 海里，就会掉进无尽的深渊，想要到达富庶的东方，是绝对不可能的。

可是，在哥伦布第一次航行成功，第二次又要去的时候，他不仅遇到了空前的阻力，而且还有人在大西洋上拦截并企图暗杀他。至于原因，非常明确，因为沿这条航线绝对能够到达富庶的东方，如果他再去一回，那儿的黄金、玛瑙、翡翠、玉石、皮毛、香料，会使他富比王侯，不可一世。

越是人们认为不可能的事，做起来越顺当。这一道理，在哥伦布死后就被人遗忘了。直至 500 年后，才在华尔街上被一位名叫巴菲特的美国人发现。

1973 年，全世界没有一个人认为，曼图阿农场的股票能够复苏，有人甚至认为，曼图阿不出 3 个月就会宣告破产。然而，巴菲特却认为，越是在人们对某一股票失去信心的时候，这只股票越可能是一处大金矿。果然，在他以每股 5 美分的价格买入 2 万股后，不到 5 年，他就赚了 4700 万美元。

哥伦布所发现的那个道理，前不久又被一个人发现。

这个人是法国的一个小男孩。这个小男孩 7 岁时，就创办了一个专门提供玩具信息的网站。当时没有一个人把他放在眼里，没有一家同类的公司视之为敌，也没有哪家行业公司会来找他签订行业约束条款。他们认为，这个网站只是一个孩子的游戏，成不了什么气候。

谁知结果却出人意料，这位小男孩不仅把网站做大了，而且在他 10 岁时，就通过广告收入成了法国最年轻的百万富翁。

越是一般人认为不可能的事，越是有可能做到。这话确实很有道理。大家都认为不可能，必然谁也不去关注，谁也不去攻击，谁也不去设防；再者，不可能实现的事，一般也没有竞争对手，第一个去做的人正好可以独自乘虚而入。

另外，一般人认为不可能的事，肯定是件十分困难、甚至难以想象的事。因为

太难，所以畏难；因为畏难，所以根本不去问津，不但自己不去问津，甚至认为别人也不会问津。

犹太人相信，世界上真正的大业，都是在别人认为不可能的情况下完成的；在人类一步步从过去走向未来的过程中，没有不可能完成的事。

成功不靠出身

《塔木德》说："今天的穷人，明天未必还是穷人；今天的富人，明天未必还是富人；'无'中可以生'有'，'有'也可以重新化为'无'。"

拉比·约书亚是一个博学而朴实的学者。一天，罗马皇帝哈德良的女儿对约书亚说："在你这么丑陋的人的脑袋里，怎么可能有了不起的智慧呢？"约书亚听了没有恼怒，反而笑容满面地问道："在你父亲的宫殿里，葡萄酒装在什么样的容器里？"

公主说："装在陶罐里。"

"陶罐！普通老百姓才把葡萄酒装在陶罐里，"约书亚说，"你应该把葡萄酒放在金银器皿里。"

于是，公主便令宫中的佣人把葡萄酒从陶罐里倒出来，装到金罐和银罐中，不久，所有的葡萄酒都变得淡而无味了。公主没想到事情会这么糟糕，于是就去找约书亚算账："你为什么让我这样做？"

约书亚温和地说："我只是要让你明白，珍贵的东西有时必须装在简陋而普通的容器中，才能保存其价值。"

"难道没有既出身好又博学的人吗？"

"有，"约书亚回答道，"但如果出身艰苦一些的话，他们的学问会更大！"

犹太人中的穷人遇到富豪子弟时，不会自卑，更不会觉得有什么可怕，因为出身富贵之家的人并不一定有学问。但是，对于有知识的人，无论穷人还是富人，犹太人都会对他非常敬重。这是因为犹太人只重视个人才华，而不会去看其家庭和出身。看重个人才华重于名门出身，是犹太人处世的重要观念，也是对待智慧和成功

的态度，它激励了许多出身低下的人去积极进取，也体现了社会公平的原则，使许多出身卑微的犹太人成为杰出人物。这也是犹太人之所以能成功的奥秘。

银行家罗斯的一封信

《塔木德》说："如果你要成功，你应该朝新的道路前进，不要跟随被踩烂的成功之路。"

有一个年轻人，因为家贫没有读多少书，他去了城里，想找一份工作。可是，他发现城里没有一个人看得起他，因为他没有文凭。就在他决定离开这座城市时，忽然想给当时很有名的银行家罗斯写一封信。他在信中抱怨命运对他是如何的不公，"如果您能借一点钱给我，我会先去上学，然后再找一份好工作"。

信寄出去了，他一直在旅馆里等，几天过去了，他用完了身上的最后一分钱，也将行李打好了包。就在这时，房东说有他一封信，是银行家罗斯写来的。罗斯在信中并没有对他的遭遇表示同情，而是给他讲了一个故事。

罗斯说：在浩瀚的海洋里生活着很多鱼，那些鱼都有鱼鳔，但是唯独鲨鱼没有鱼鳔。照理来说，没有鱼鳔的鲨鱼是不可能活下去的，因为它行动极为不便，很容易沉入水底，在海洋里只要一停下来就有可能丧生。为了生存，鲨鱼只能不停地运动，很多年后，鲨鱼拥有了强健的体魄，成了同类中最凶猛的鱼。"最后，罗斯说："这个城市就是一个浩瀚的海洋，拥有文凭的人很多，但成功的人却很少。你现在就是一条没有鱼鳔的鱼……

当晚，这个年轻人躺在床上久久不能入睡，一直想着罗斯的信。最后，他改变了决定。第二天，他对旅馆的老板说，只要给一碗饭吃，他可以留下来当服务员，一分钱工资也不要。旅馆老板不相信世上有这么便宜的劳动力，便很高兴地留下了他。10年后，他拥有了令全美国人羡慕的财富，并且娶了银行家罗斯的女儿，他就是石油大王哈特。

依赖他人，追随他人去工作，自然要比自己动脑筋轻松得多。但是，若事事有人替我们想，替我们做，必定有害于我们事业的成功，也不利于我们的成长。自强

自立，充分发挥自己潜在的能力，才能成为生活中的强者。

受益一生的祖上遗训

《塔木德》说："施舍的回报，决定于施舍中的友善程度。"

20世纪60年代，当他的家人带着他在美国迈阿密登陆时，全家所有的家当，是他父亲口袋里一沓已被宣布废止流通的纸币。

为了能在异国他乡生存下来，从15岁起，他就跟随父亲出去打工。每次出门前，父亲都这样告诫他：只要有人答应教你英语，并给一顿饭吃，你就留在那儿给人家干活。

他的第一份工作是在海边小饭馆里做服务生。由于他勤快、好学，很快便得到老板的赏识。为了能让他学好英语，老板甚至把他带到家里，让他和自己的孩子们一起玩耍。

有一天，老板告诉他，给饭店供货的食品公司招收营销人员，假若乐意的话，他愿意帮助引荐。于是，他获得了第二份工作，在一家食品公司做推销员兼货车司机。

临去上班时，父亲告诉他："我们祖上有一条遗训，叫'日行一善'。在家乡时，父辈们之所以成就了那么大的家业，都得益于这四个字，现在你到外面去闯荡了，最好能记着。"

也许就是因为这四个字，当他开着车把燕麦片送到大街小巷的夫妻店时，他总是做一些力所能及的善事，比如帮店主把一封信带到另一个城市，让放学的孩子搭一下他的车，就这样，他乐呵呵地干了四年。

第五年，他接到总部的一个通知，要他去墨西哥统管拉丁美洲的营销业务，理由据说是这样的：该职员在过去的四年中，个人的推销量占佛罗里达州总销售量的40%，应予以重用。

他打开拉丁美洲的市场后，又被派到加拿大和亚太地区；1999年，他被调回美国总部，任首席执行官。随后，他又被提名出任下一届政府的商务部部长。

他就是卡罗斯·古铁雷斯。

现在，卡罗斯·古铁雷斯这个名字已成为“美国梦”的代名词，然而，世人很少知道古铁雷斯成功背后的故事。前不久，《华盛顿邮报》的一位记者去采访古铁雷斯，就个人命运让他谈点看法。古铁雷斯说了这么一句话：“一个人的命运，并不一定只取决于某一次大的行动；我认为，更多的时候，取决于他在日常生活中的一些小小的善举。”

是的，一个人的命运往往取决于他在日常生活中的一些小小的善举。自强不息者的前途是光明的。

对自己有充分的信心

《塔木德》说：“一个人的价值不低于所有任何人的价值。”“超越别人的人，不能算真正的超越；超越从前的自己，才是真正的超越。”

一个星期六的下午，斯帕克急匆匆地回到家，准备把院子里一些必须做的工作处理掉。当他正在打扫院子里的落叶时，他5岁的儿子尼克走过来，拉了拉斯帕克的裤腿，说：“爸爸，我需要你帮我写一个牌子。我打算把我的一些石头卖掉。”

尼克一直对石头很着迷，他自己从各处搜集了许多，此外，别人也送给了他一些，现在已有满满一篮子的石头，就放在他家的车库里。尼克定期为它们清洗、分类和重新堆放。它们是他的珍宝。

过了一会儿，尼克拿着他的牌子、一只小篮子和四块最好的石头朝车道尽头走去。在那里，他把石头一字儿排开，把篮子放在它们的后面，自己则在地上坐下来。斯帕克从远处注视着儿子，关注着事情的进展。

大约过了半个小时，没有一个人从那里经过。斯帕克走过车道来到儿子面前，想看看他在做什么。

“怎么样，尼克?”斯帕克问。

“很好。”他回答。

“这个篮子是做什么用的?”斯帕克问。

"放钱的。"他一本正经地回答。

"你给石头定价多少?"

"每块1美元。"尼克说。

"尼克，没有人会愿意出1美元买一块石头的。"

"不，有人愿意的!"

"尼克，我们这条街道一点也不繁华，没有什么人从这里经过，你为什么不把这些东西收起来，去玩一会儿呢?"

"不，有很多人从这里经过，爸爸。"他说，"人们在我们这条街道上散步，骑自行车锻炼，还有人开着他们的汽车到这里来看房子。这里有很多人。"尼克一直耐心地坚守着自己的岗位。

过了一小会儿，一辆小型货车沿着街道驶过来。当尼克精神抖擞地把他的牌子举起来使它正对着那辆小型货车的时候，斯帕克凝神注意观察着。当那辆小型货车从尼克面前慢慢经过的时候，他看见一对年轻夫妇正伸着脖子在看尼克的牌子上的字。他们继续沿着这条道路朝前方的死胡同开去，不一会儿，他们又原路折回来了。当他们再次从尼克身边经过的时候，车上的女士摇下了玻璃窗，斯帕克听不见他们的谈话，但他看到她转过头对那个开车的男人说了些什么，然后那个男人递给她1美元。她下了车，走到尼克面前，对那些石头做了一番仔细的观察比较之后，她选中了其中的一块，递给尼克1美元，然后开着车离开了。

斯帕克坐在院子里，看着尼克向自己跑过来，手里挥舞着那张1美元的钞票，嘴里大声嚷着:"我卖了1美元!"

相信自己是人生可靠的资本，它能使人努力克服困难，排除障碍，去争取成功。对于事业的成功，它比什么东西都更有效。如果你对自己有充分的信心，你就能做到任何事情!

如果你认为行，它就肯定不是梦

《塔木德》说:"我们无法左右命运，也不要被命运所左右。"

如果没有哥尔达·梅厄，就不可能实现以色列国家的独立，她是个执着而富有动力的女性。牺牲着自己的个人生活来实现一个梦想——一个自由、独立的犹太民族。她是这样一个梦想家，绝不让日常危机动摇自己对自由的犹太国家追求的自信、旺盛的热情和执着的愿望。哥尔达·梅厄的令人不可思议之处在于她只有两套衣服，但却被朋友和敌人们，乃至情人的妻子看作是最具魅力和吸引力的妇女。她几经饥饿的边缘，却依然为自己的政党斗志高昂；多年来过着死神随时降临的生活，却依然乐观向上，她随时愿意牺牲一切来追回童年时的梦想——犹太复国主义。她多年艰苦卓绝的生活，随时面对灭顶之灾的恐惧练就成无坚不摧的坚强意志，成为她走向顶峰的漫漫征途上的航向灯。

1948 年 5 月 14 日，联合国投票通过以色列脱离巴勒斯坦独立，哥尔达·梅厄的梦想终于实现了。政界权威们说：“如果本·居利安是以色列之父，那么哥尔达·梅厄则是以色列之母。”在庆典盛会上，目睹自己毕生奋斗的胜利果实，她不禁泣不成声。如果当时有人告诉她——哥尔达·梅厄将在 20 年后的 1968 年 3 月 17 日被一致选举为她所挚爱的国家的第 4 任首相，她会震惊万分的。

这位在密尔沃基贫民窟长大，只受过 1 年大学教育的俄国移民，成为以色列独立宣言中唯一的女签名人，第一任驻苏大使，第一任劳动及保险大臣，第一位女外交大臣，第一位也是仅有的一位女首相。哥尔达·梅厄的精神、坚韧和自信帮助她建立起以色列王国，并让她成为国家第一位女首相。哥尔达·梅厄成为以后的妇女领袖，如玛格丽特·撒切尔和英迪拉·甘地的先锋榜样，也是所有有志于成为世界要人的妇女的激励榜样。

在第二次世界大战前，阿拉伯人加入轴心国时，哥尔达·梅厄四处游说敦促年轻的国民加入英国军队，对 33000 名犹太复国主义者加入英国部队起了关键作用。战争期间，她是犹太复国政治部负责人，在英国战时经济顾问委员会工作。1943 年，哥尔达·梅厄负责与英国方面交涉有关巴勒斯坦国家管理问题，面对英国法官的威吓，她决不退缩，当他盛气凌人地对她说话时，她告诉他：“你用不着以这种态势跟我说话。”人们喜欢她的率直。

在战后争取成立永久的犹太人国家的战斗中，哥尔达站在本·居里安一派——他们在犹太复国国家历史上最关键的时刻被捕入狱，他们任命哥尔达·梅厄为政府的执行领导人。这时，“艾格索达斯号”载着4700名无家可归的犹太人，包括400名孕妇，试图从北欧赶到巴勒斯坦。阿拉伯人和英国人共同策划政治阴谋，由英国破坏者阻挡开往巴勒斯坦的航线，制造国际事件。哥尔达·梅厄只身前往客轮，在甲板上抵抗英国军队，说：“你们有胆的往前冲。”艾格索达斯事件后，英国战争委员会主任阿尔伯特·斯本塞说：“哥尔达是我遇到过的最能干的妇女，像丘吉尔先生一样，她以最简单的方法解决一切难题。”

1946年，联合国最后投票通过以色列脱离巴勒斯坦独立。秘书长詹姆斯·福莱斯托当时说：“4500万阿拉伯人企图将35万犹太人推入海中。”正是这时候，犹太人最后停止了为独立而进行的战斗，开始为生命而战斗，战斗异常激烈。在联合国决定后的最初两周里，有93名阿拉伯人、84名犹太人和7名英国人被杀。哥尔达·梅厄负责耶路撒冷地区，那是战斗最为激烈的地区，她刚毅地面对死亡的梦魇和血腥的屠杀，她一连数月每晚只睡4个小时。她告诉新闻界自己是如何看待当时的境况的：“我们力图保存生命，我们的邻国希望看到我们死亡，这已毫无回旋的余地了。”1946年戴维·金斯伯格在犹太人会议上说：“活力是对她最恰当的称呼……这不是一种风格和形态，也不是她刻意培养和学得的，这是她所具备的简单方法，是她生活中一直拥有的方法，也是她将永远保持的方法。”哥尔达·梅厄，这位能言善辩的演讲者，能一语中的地描绘复杂事情，她对他们的存活做了如下述评：“我们有个秘密武装，别无选择。”

哥尔达·梅厄是两次战争中的幸运者，在独立前夕，她奉命前去会见约旦国王阿布杜拉，以制止一触即发的战争。当被朋友警告她会被杀时，哥尔达·梅厄说：“只要我的行动能挽救一个犹太战士的生命，争取到一丝希望，我入地狱也在所不惜。”

哥尔达·梅厄假扮成一名阿拉伯人的妻子，穿过边界与阿布杜拉会面。实际上，后者比她更害怕，阿拉伯司机是“如此害怕，在我们到达目的地前，他让我们

呆得远点”，国王问她为什么急不可耐地要成立独立国家，哥尔达·梅厄毫不畏惧地说：“我不认为2000年的时间可以被称为‘仓促急躁’。”她告诉阿布杜拉战争可以打，以色列肯定会赢。哥尔达·梅厄在自传中说：“就我而言，纯粹凭借胆量，但我知道我们必须获胜。”

哥尔达·梅厄在创立新国家中第二项使命是筹集必需的资金。阿拉伯人做好了进攻的准备，以色列前线官员让哥尔达·梅厄争取放弃土地，因为他需要用于战争的坦克要花费1000万美元，她答应说：“好吧，你守在这儿，我去设法弄来1000万美元的坦克钱。”她后来说：“我是胆大妄为，我到哪里去弄这1000万美元？”她立即前往美国，四处活动争取援助，从她的政治榜样、女英雄爱莉诺·罗斯福那儿着手。

亨利·曼托是美国犹太复国运动的头目，他是强硬无情的大国沙文主义者，不认为值得为世界另一头只有几十万人的区区沙漠小国花费这么多钱，但曼托和许多男人一样，被哥尔达·梅厄的魅力所倾倒。他告诉报界：“哥尔达的热情犹如火炉，这位妇女真是妙不可言。”他后来又称她是“当今世界最强有力的犹太妇女”，她确实当之无愧。哥尔达在以色列争取独立的长期斗争中创造了伟大奇迹，她凭借自己的魅力、吸引力和无尽的能量，在3个月内筹到了5000万美元。这一举动的伟大性显而易见，你只要想一下5000万美元相当于沙特阿拉伯1947年全年石油赢利的3倍就可以了。

哥尔达·梅厄的座右铭是：“如果你认为行，它就肯定不是梦。”她刚强的意志使她的梦变为现实。

成功的人在起步时，一定有充分信任自己能力的坚强自信心。他们的心情、意志，坚定到任何困难险阻都不足以使他们怀疑、恐惧，由此，他们也就能所向无敌了。

二、坚守信念

别让任何人偷走你的梦

对孩子的梦想要支持，而不可用冷嘲热讽将之摧毁。鼓励孩子坚持自己的梦想，不因他人而轻易改变。

美国某个小学的作文课上，老师给小朋友的作文题目是“我的志愿”。一位犹太小朋友非常喜欢这个题目，在他的簿子上，飞快地写下他的梦想。他希望将来自己能拥有一座占地十余公顷的庄园，在壮阔的土地上植满如茵的绿草。庄园中有无数的小木屋、烤肉区及一座休闲旅馆。除了自己住在那儿外，还可以和前来参观的游客分享自己的庄园，有住处供他们歇息。

写好的作文经老师过目，这位小朋友的簿子上被划了一个大大的红“×”，发回到他手上，老师要求他重写。小朋友仔细看了看自己所写的内容，并无错误，便拿着作文簿去请教老师。

老师告诉他：“我要你们写下自己的志愿，而不是这些如梦呓般的空想，我要实际的志愿，而不是虚无的幻想，你知道吗？”

小朋友据理力争：“可是，老师，这真的是我的梦想啊！”

老师也坚持：“不，那不可能实现，那只是一堆空想，我要你重写。”

小朋友不肯妥协：“我很清楚，这才是我真正想要的，我不愿意改掉我梦想的内容。”

老师摇头：“如果你不重写，我就不让你及格了，你要想清楚。”

小朋友也跟着摇头，不愿重写，而那篇作文也就得到了大大的一个“E”。

事隔30年之后，这位老师带着一群小学生到一处风景优美的度假胜地旅行，

在尽情享受无边的绿草，舒适的住宿及香味四溢的烤肉之余，他望见一名中年人向他走来，并自称曾是他的学生。这位中年人告诉他的老师，他正是当年那个作文不及格的犹太学生，如今，他拥有这片广阔的度假庄园，真的实现了儿时的梦想。老师望着这位庄园的主人，想到自己30余年来，不敢梦想的教师生涯，不禁感叹："30年来为了我自己，不知道用成绩改掉了多少学生的梦想。而你，是唯一保留自己的梦想没有被我改掉的。"

《塔木德》中说：不要让任何人偷走你的梦想，因为只有你才对自己的梦想享有发言权。你认为它值得追随，值得实现，它便具有了那份意义。并且，不要让现实篡改了你的梦想，不要因为困难轻易放弃。经过努力而没有实现梦想的人并不失败。因为他心底的坚持使他更值得尊敬。

成功并不像你想象的那么难

并不是因为事情难我们不敢做，而是因为我们不敢做事情才难的。

1965年，一位犹太学生到剑桥大学主修心理学。在喝下午茶的时候，他常到学校的咖啡厅或茶座听一些成功人士聊天。这些成功人士包括诺贝尔奖获得者，某一些领域的学术权威和一些创造了经济神话的人，这些人幽默风趣，举重若轻，把自己的成功都看得非常自然和顺理成章。时间长了，他发现，在国内时，他被一些成功人士欺骗了。那些人为了让正在创业的人知难而退，普遍把自己的创业艰辛夸大了，也就是说，他们在用自己的成功经历吓唬那些还没有取得成功的人。

作为心理系的学生，他认为很有必要对犹太成功人士的心态加以研究。1970年，他把《成功并不像你想象的那么难》作为毕业论文，提交给现代经济心理学的创始人威尔·布雷登教授。布雷登教授读后，大为惊喜，他认为这是个新发现，这种现象虽然在东方甚至在世界各地普遍存在，但此前还没有一个人大胆地提出来并加以研究。惊喜之余，他在给以色列首脑的信中说，"我不敢说这部著作对你有多大的帮助，但我敢肯定它比你的任何一个政令都能产生震动。"

后来这本书果然伴随着以色列的经济起飞了。这本书鼓舞了许多人，因为他们从一个新的角度告诉人们，成功与“劳其筋骨，饿其体肤”“三更灯火五更鸡”“头悬梁，锥刺股”没有必然的联系。只要你对某一事业感兴趣，长久地坚持下去就会成功，因为上帝赋予你的时间和智慧够你圆满做完一件事情。

人世中的许多事，只要想做，都能做到，该克服的困难，也都能克服，用不着什么钢铁般的意志，更用不着什么技巧或谋略。告诉你的孩子：只要一个人还在朴实而饶有兴趣地生活着，他终究会发现，造物主对世事的安排，都是水到渠成的。

成功的捷径

成功其实没有所谓捷径可循，唯一的办法是脚踏实地的努力奋斗，聚沙成塔，集腋成裘。

大卫统治时期，犹太国有个叫奈哈松的人，一心想成为一个富翁。他觉得成为富翁的最短的捷径便是学会炼金之术。

此后他把全部的时间、金钱和精力，都用在了炼金术的实验中了。不久以后他花光了自己的全部积蓄，家中变得一贫如洗，连饭都没得吃了。妻子无奈，跑到父亲那里诉苦。她父亲决定帮女婿改掉恶习。

他让奈哈松前来相见并对他说：“我已经掌握了炼金之术，只是现在还缺少一样炼金的东西……”

“快告诉我还缺少什么？”奈哈松急切问道。

“那好吧，我可以让你知道这个秘密。我需要 3 公斤香蕉叶的白色绒毛。这些绒毛必须是你自己种的香蕉树上的。等到收齐绒毛后，我便告诉你炼金的方法。”

奈哈松回家后立刻将已荒废多年的田地种上了香蕉。为了尽快凑齐绒毛，他除了种以前就有的自家的田地外，还开垦了大量的荒地。当香蕉长熟后，他便小心地从每张香蕉叶下收刮白绒毛。而他的妻子和儿女则抬着一串串香蕉到市场上去卖。就这样，10 年过去了。奈哈松终于收集够了 3 公斤绒毛。这天，他一脸兴奋地拿着

绒毛来到岳父的家里，向岳父讨要炼金之术。

岳父指着院中的一间房子说："现在你把那边的房门打开看看。"

奈哈松打开了那扇门，立即看到满屋金光，竟全是黄金，她的妻子儿女都站在屋中。妻子告诉他这些金子都是他这10年里所种的香蕉换来的。面对着满屋实实在在的黄金，奈哈松恍然大悟。

如果把捷径理解为一蹴而就的话，成功是没有捷径可以走的；如果把捷径理解为到达成功最短的距离的话，成功的捷径就是我们脚踏实地的奋斗，扎扎实实的努力！

成功路上的相对论

把长远的目标分成一个个短期小目标，这样实行起来就不会感到过于艰难，可以轻松地从一个胜利走向另一个胜利。

美国专栏作家弗兰克·A. 格拉顿年轻时深受英国作家威廉·科贝特的影响，辞掉了报社的工作，一头扎进创作中去。由于没有收入，连房租都交不起。白天，为了躲避房东催交房租，只好漫无目的地在马路上走来走去，何时才能写出自己的鸿篇巨制呀，他感到有些绝望。

一天，在42号街遇到了他当记者时曾采访过的俄国著名犹太歌星夏里宾先生，没想到这位名噪一时的人物还记得他。格拉顿忍不住向夏里宾倾诉了自己的苦恼，夏里宾听过之后，对他说："我的旅馆在103号街，跟我一同过去，好不好？"

"什么，103号街？我怎么可能一下子走这么远的路？"格拉顿惊叹道。

"是呀，从这里到103号街要过60个街口，少说也要走上两个多小时！"夏里宾换了一种口气说，"我们不到我的旅馆了，咱们向前走，过6条街，到贝里射击游艺场玩玩怎么样？"

夏里宾的这番话打消了格拉顿的顾虑，他们到了游艺场门口，看了一会儿两名屡次射击不中目标的水兵。然后继续前进，不一会儿就到了长纳奇大戏院，"现在

离中央公园只有5条横马路了，我们去看看那只奇怪的猩猩吧！”夏里宾愉快的话语让格拉顿感到说不出的轻松……就这样走走停停，不知不觉间已到了103号街。原该精疲力竭的他，却并没感到一点累。格拉顿掏出怀表看了看，时间已过去了将近4个小时。

夏里宾先生满意地对他说，“并不太远吧。现在我们到我旅馆附近的餐馆去吃饭吧。”在餐桌上，格拉顿听到了让他终生难忘的一席话，“今天走的路你要记在心里，你无论与你的目标之间有多远，也要学会轻松地走路，只有那样，在走向目标的过程中，才不会感到烦闷，才不会被遥远的未来吓住。”

轻松地走路，轻松地享受生活。我们没有必要不断告诫自己马不停蹄夜以继日地朝目标赶路，有时候我们树立目标本身就只是为了确定一条我们到达它的线，怎样去走，才是我们真正要思考的。生活并不是为了追求赶路的疲惫，那样无异于南辕北辙，赶得再累，也难以达到生活的真谛。让我们的生活变得轻松而自在，生活并不是沉重的负担。

登山人的选择

人生就是一次登山的旅程，从哪条路上山，完全在于你自己的选择。每一条路上都有自己独特的风景，既然走过了，就不必后悔。

在迦南，有一座山，高耸入云，飞鸟难越，没有人知道它有多高。山前山后有两条路可供攀登，前山大路石级铺就，笔直坦荡；后山小路，荆棘丛生，蜿蜒曲折。

一天，希伯来人三父子来到山脚。父亲举手遮阳，眺望峰顶，声如洪钟：“你俩比赛爬上这山；上山有两条路，大路平而近，小路险而远——选择哪条路，你们自己裁夺。”哥俩思忖再三，各自凭着自己的选择，踏上征程。

时间过去了两个月，一个身着亮装的身影出现在峰顶，哥哥走来了。他面色潮红，略显发福，头发油光可鉴。他骄傲地掸了一下笔挺的襟袖，走向充满期待的父

亲，说：“我赢了，我赢了！这一路真是春风得意。在坦荡的大路上我只需向前，向前！舒缓的坡度让我走得从容，平整的石阶使我心旷神怡。这里没有岔道让我伤神，没有突出的山石给我绊脚。我的心灵没有欺骗我，是英明的选择助我胜利。实践证明：在平坦和崎岖间，只有傻瓜才会放弃平坦，选择崎岖。聪明的选择使我有了多么得意的旅程啊。我获得了胜利，我理当获得胜利！”

父亲慈祥地看着他：“你选择得的确聪明，一路走得也十分风光，我的好儿子……”

这之后不知过了多久，又一个身影出现了：他步伐稳健，全身充满着生命的活力；尽管瘦削，衣衫褴褛，但双目炯炯有神，透着聪慧与睿智。弟弟微笑着走向父亲和哥哥，从从容容地讲起路上的故事：“哦，这是多么有意义的一次旅程！感谢您，父亲，感谢您给我选择的机会。一路上陡峭的山崖阻挡着我攀爬的脚步，丛生荆棘刺破了我裸露的臂膊，疲惫的身心增添着孤独的酸楚。但我坚持住了，终于我学会了灵活与选择，学会了机敏与自护，学会了独立与坚忍。路边美丽景色，使我放慢脚步享受自然的馈赠。在山脚下，我看见山花烂漫，彩蝶翩翩，于是我与山花同歌伴彩蝶共舞。在山腰，我看见绿草如茵，华木如盖，清澈的小溪静静流淌在林间，朝圣的百鸟尽情放歌于林梢。我拥抱自然的和弦，追逐欢快的节奏。这些往往是我最快乐的时光。可更多的时候是阴冷浓雾的环抱，荆榛丛棘的阻隔。放眼望去，黄叶连天，衰草满路，但我在黄叶林中看到丰硕的果实，从衰草丛内悟出新生的希望。

“我感觉自己在成熟，一寸寸的成熟。再往上，是没有一点生机的寒风和石砾，我曾想放弃，但曾经的艰辛温暖着我，启迪着我，给我力量，给我信心，使我忘掉比艰险更艰险的死寂，抛掉比痛苦更痛苦的迷茫！我最终到达了这里！一路上，我阅尽山间春色，也饱尝征途冷暖，为此，我感谢您，父亲，感谢您给我选择的权利，我从自己心灵的选择中懂得了很多很多……”

哥哥眼中露出不解，但旋即消失，他不无轻蔑地说：“可是你输了！”“是的，”父亲遗憾地说，“孩子，你输掉了比赛……”

弟弟极目远方，脸上露出平和的微笑："但，我赢得了人生!"

凡走过，必留下痕迹。人生，没有任何过程是白费的，包括所有的辛苦、泪水、心酸，每一笔都会增加你未来成功的光彩。人生就是这样，正是因为崎岖才更多了几分韵味，才更显得其丰富。平坦纵然快捷，但却无法与崎岖之丰富相比。人生之崎岖往往于其崎岖之中包含智慧和成熟。顺境和逆境是书写人生的两张纸，相互承载了人生的酸甜苦辣。顺境和逆境共同承托起追求人生的更高境界。

你就是自己的上帝

每个人身内都埋藏着无限的潜能，只要充满自信，充分发挥潜能，你就没有做不到的事情。

有个贫穷的犹太工人在帮农场主人工作，搬运东西时，不小心打破了一个花瓶。农场主人看见后，要求他一定要赔偿，但是三餐都成问题的工人，哪里赔得起这么昂贵的花瓶?

苦恼的工人只好到教堂，向神父请教解决的办法。

神父听完工人的问题，他说："听说有一种能将碎花瓶粘好的技术，不如你去学习这种技术，只要能将这个花瓶修补、复原，事情不就解决了?"

工人听完后却摇了摇头，说："哪有这么神奇的技术?要把这个碎花瓶粘得完好如初，根本是不可能的事。"

神父指引他说："这样吧!教堂后面有一个石壁，上帝就待在那里，只要你对着石壁大声说话，上帝便会答应你的要求，去吧!"

于是，工人来到壁前，大声对着石壁说："上帝，请您帮帮我，只要您愿意帮助我，我相信，我一定能将花瓶粘好!"

工人的话一说完，上帝便立即回应他："一定能将花瓶粘好!"

工人真的听见了上帝的承诺，于是，他充满自信地向神父辞别，朝着"复原花瓶"的高超技术迈进。

一年以后，经过认真学习与不懈努力，他终于学会了粘贴碎花瓶的技术。结果他将农场主人的花瓶复原得天衣无缝，令人赞叹！

这天，他将花瓶送还给农场主人后，再次来到教堂，准备向上帝道谢，谢谢他给予的帮助与祝福。

神父将他再次带到教堂后面的石壁前，并笑着对诚恳的工人说："其实，你不必感谢上帝。你真正要感谢的人，是你自己啊！因为，这里根本就没有上帝，这块石壁具有回音的功能，当时你听到的'上帝的声音'，其实就是你自己的声音啊！而你，就是你自己的上帝。人要勇敢地做自己的上帝，因为真正能主宰自己命运的人，不是别人而是我们自己。当你相信自己能够改变命运时，步伐便会慢慢地移动，一步步地实现心中的愿望。你的潜能就在你的身上，你的未来也掌握在你的手中，一切都等待着你开始行动，实现每一项'不可能的任务'。"

犹太小说家菲茨杰拉德曾经写过一段值得我们深思的感叹："在我们18岁的时候，信念是我们站在上面眺望的山头，但是到了45岁，我们的信念就成了藏身的山洞。"你还在等待别人的帮助吗？或者期望上帝赋予的"神奇力量"？别再等待了，因为只有你，才能将身上的潜能发挥出来，也只有你，才能主宰自己的命运。

上帝不会辜负信念

苦心人，天不负，卧薪尝胆，三千越甲可吞吴；有志者，事竟成，破釜沉舟，百二秦关终属楚。

犹太人非常欣赏哥伦布，其原因就在于哥伦布突出体现了犹太人执着追求的坚定信念。

15世纪中叶的一个夏天，航海家哥伦布从海地岛海域向西班牙胜利返航。

经历了惊涛骇浪的船员都在甲板上默默祈祷：上帝呀，请让这和煦的阳光一直陪伴我们返回到西班牙吧。

但船队刚离开海地岛不久，天气就骤然变得十分恶劣了。天空布满乌云，远方

电闪雷鸣，巨大的风暴从远方的海上向船队扑来。这是哥伦布航海史上遭遇的最大一次风暴，有几艘船已经被排浪打翻了，只一闪，便沉入了大海的深渊。船长悲壮地告诉哥伦布说：“我们将永远不能踏上陆地了。”

哥伦布知道，或许就要船毁人亡了，他叹口气对船长说：“我们可以消失，但资料却一定要留给人类。”哥伦布钻进船舱，在疯狂颠簸的船舱里，迅速地把最为珍贵的资料缩写在几面纸上，卷好，塞进一个玻璃瓶里并加以密封后，将玻璃瓶抛进了波涛汹涌的茫茫大海。

“有一天，这些资料一定会漂到西班牙的海滩上！”哥伦布自信而肯定地说。

“绝不可能！”船长说，“它可能会葬身鱼腹，也可能被海浪击碎，或许会深埋海底。”

哥伦布自信地说：“或许一年两年，也许几个世纪，但它一定会漂到西班牙去，这是我的信念。上帝可以辜负生命，却绝不会辜负生命坚持的信念。”

幸运的是，哥伦布和他的大部分船只在这次空前的海上风暴里死里逃生。回到西班牙后，哥伦布和船长都不停地派人在海滩上寻找那个漂流瓶，但直到哥伦布离开这个世界时，漂流瓶也没有找到。

1856 年，大海终于把那个漂流瓶冲到了西班牙的比斯开湾，而此时，距哥伦布遭遇的那场海上风暴，已经整整过去了 3 个多世纪。

不要对我们的信念产生怀疑，虽然有时候信念确实遥不可及，但是它至少给了我们前行方向。正因为这样，在坚持自己的信念中，我们才会找到达到信念中目标的力量并终究一步一步接近它。对自己信念的深信不疑，是能创造奇迹的，正如哥伦布所说的：“上帝可以辜负生命，却绝不会辜负生命坚持的信念。”

头上的那条绿色缎带

其实我们每个人本身都有一份独特的美丽，然而这份美丽往往被自卑的偏见所扼杀。勇敢地亮出自己，你将发现欣赏自己的人很多。

在一家以色列跨国集团中，大部分同事都有了自己的恋人，但是，没有人会邀请害羞的姑娘玛莉。玛莉沿着走廊走着，耷拉着头，从她的样子来看，心情很沉重。一块标着“吸引异性物”的招牌挡住了她，牌后放着一些丝带，周围摆着各式各样的蝴蝶结，牌上写着：各种颜色应有尽有，挑选适合你个性的颜色。玛莉在那儿站了一会，尽管她有勇气戴，但还为她母亲是否允许她戴上那又大又显眼的蝴蝶结而犹豫不决。是的，这些缎带正是伙伴们经常戴的那种。

“亲爱的，这个对你再合适不过了。”女售货员说。

“噢，不，我不能戴那样的东西。”玛莉回答道，但同时她却渴望地靠近一条绿色缎带。

女售货员显得惊奇地说：“哟，你有这么一头可爱的金发，又有一双漂亮的眼睛，孩子，我看你戴什么都好！”

也许正是售货员这几句话，玛莉把那个蝴蝶结戴在了头上。

“不，向前一点。”女售货员提醒道，“亲爱的，你要记住一件事，如果你戴上任何特殊的东西，就应该像没有人比你更有权戴它一样。在这个世界上，你应抬起头来。”她用评价的眼光看了看那缎带的位置，赞同地点点头，“很好，哎呀，你看上去无比地令人兴奋。”

“这个我买了。”玛莉说。她为自己做出决定时的音调而感到惊奇。

“如果你想要其他在集会，舞会、正规场合穿着的……”售货员继续说着。玛莉摇摇头，付款后向店门口冲去。速度是那么快，以至与一位拿着许多包裹的妇女撞了个满怀，几乎把她撞倒。

过了一会儿，她吓得打了个寒战，因为她感到有人在后边追她，不会是为那缎带吧？真是吓死人了。她向四周看看，听到那个人在喊她，她吓得飞跑，一直跑到一条街区才停下来。

出人意料，玛莉眼前正是卡森咖啡馆，她意识到她开始就一直想到这儿来的。

这儿是镇上每个姑娘都知道的地方，因为伯特——大家都喜欢的一个好小伙每个星期六下午都在这儿。

他果然在这儿，坐在卖饮料的柜台旁，倒了一杯咖啡，并不喝掉。“莉妮把他甩了，”玛莉暗想，“她将与其他人去跳舞了。”

玛莉在另一端坐下来，要了一杯咖啡。很快她感觉到，伯特转过身来在望着她。玛莉笔挺地坐着，昂着头，意识得到，非常意识得到头上的那绿色缎带。

“嗨，玛莉！”

“哟，是伯特呀！”玛莉装出惊讶的样子说，“你在这儿多久了？”

“整个一生。”他说，“等待的正是你。”

“奉承！”玛莉说。她为头上的绿色缎带而感到自负。

不一会儿，伯特在她身边坐下，看起来似乎他刚刚注意到她的存在，问道：“你的发型改了还是怎么的？”

“你通常都是这样注意吗？”

“不，我想正是你昂着头的样子。似乎你认为我应该注意到什么似的。”

玛莉感到脸红起来：“这是有意挖苦吧？”

“也许。”他笑着说，“但是，也许我有点喜欢看到你那昂着头的样子。”

大约过了10分钟，真令人难以相信，伯特邀她去跳舞。当他们离开卡森咖啡馆时，伯特主动要陪她回家。

回到家里，玛莉想在镜子跟前欣赏一下自己戴着绿色缎带的样子，令她惊奇的是，头上什么都没有——后来她才知道，当时撞到那人时，绿色缎带被撞掉了……

亚伯拉罕说过：“偏见常常扼杀很有希望的幼苗。”为了避免自己被“扼杀”，只要看准了，就要充满自信，敢于坚持走自己的路。把亚伯拉罕这句话作为格言，这样对你和孩子都有好处。

向生活索取一个梦想

不要因为贫穷就抑制自己正常合理的欲望，大胆地向生活要求自己的所需，并为之努力地付出，你的境遇将不断得到改变。

故事传到中国，人们已经忘记了她那冗长拗口的美国犹太人名字，都亲切地叫她阿济。阿济退休前，是美国的财政部长。

当阿济还是一个小姑娘的时候，脑海里就一直有一个问题萦绕不去：为什么别的孩子都跟爸爸妈妈生活在一起，而自己只能跟妈妈一起生活呢？她一遍又一遍地想，但总是不明白。她问她的妈妈，一次又一次地，但妈妈总是不回答她。她妈妈是个聋子，压根听不见她的话。

阿济入学了。她用最先学到的几个单词拼写了一句稚嫩的话，并把她写在纸上给妈妈看：我的爸爸在哪里？

妈妈接过阿济手中的笔，写道：你没有爸爸。

阿济接着问：为什么？

妈妈略顿了一顿，写下这样一句话：因为你是个特别的孩子。

阿济很高兴。她要为自己的“特别”格外努力。她认为自己了不起。

但当她真正地懂事后，她才知道，她得为这个“特别”付出多大的代价！

首先是周边同学的压力，大家都说她来自一个不健全的家庭。这还不算什么，更难忍受的是贫困。别的孩子有的，她都没有。她于是盼着过圣诞节，因为她相信，那天会有圣诞老人送给她她想要的礼品。可是真正到了圣诞节，她还是失望，她收到的礼品总是比别的孩子的少。她虽然委屈，但还是忍住了，她在一张纸上写给自己一句话：不流泪。她觉得，作为一个“特别”的孩子，能跟其他孩子一起读书已经应该知足了。

不断抑制自己的欲望并没有给她带来好运，相反，她失学了。失学让她明白：她除了有一个聋子妈妈外，什么也没有。

她暗暗告诫自己：这已经是底线了。她必须开始学会向生活“索取”。

最容易索取的是什么呢？阿济开始想这个问题。这时候，她的“特别”帮助了她。因为她得到的答案不是金钱，不是圣诞礼物，甚至不是一次重新回到学校的机会，而是梦想。在阿济眼里，向生活索取一个梦想是她首先要干的。

搞定了这个，她想她还需要赚点钱。她得到的第一份工作是在一家农场的棉花

田做事。她坚持了下来。在最困顿的日子里，不幸甚至有些残酷的生活拿走了她几乎所有的东西，但她死死地拽住了梦想，直至当上财政部长也没有松手。

犹太人认为：“如果情况不尽如人意，我们总可以想办法加以改变。改变情况的办法有多种，但最可靠的一种就是：你首先回答‘我希望变成什么样’这个问题，然后努力，再努力。”“我希望变成什么样”，其实就是向生活索取一个梦想。

勇敢做自己，因为你就是你

每个人都是第一个“前无古人，后无来者”的自己，没有必要去做第二个别人。做别人的复制品，你只能永远生活在别人的阴影中。

多年前，有位受人尊敬的犹太拉比名叫苏西亚，他是个闻名世界的学者、老师和医生。弥留之际，他的学生聚集在他的床前，不久，拉比掉下眼泪。

拉比的学生不禁问他：“老师，您为什么哭泣？”

拉比回答他说：“如果上了天堂以后，天使问我：‘为什么你不能像摩西一样？’我一定会肯定地回答他说：‘因为我本来就不是摩西’。”

如果天使再问我：“可是你也没有像艾利西（希伯来的大预言家）一样的丰功伟绩。”

那我也可以肯定地回答：“因为我来到世上的任务和艾利西不同。”

可是，有一个问题，恐怕我会答不出来。我怕他问：“你为什么不能像拉比苏西亚？”

拉比苏西亚过世后的两百年，一个小女孩珍妮佛·卡碧雅提在她的人生过程中崭露头角。她以12岁的小小年纪，多次向世界网球冠军赛叩关。她在尚未踏入青少年期时，就已经跃升为第一级选手，并向许多实力强大的成人明星球员挑战，且获胜利。

当有人问她是不是希望当第二个克莉丝·艾芙特时，珍妮佛回答说：“不，我要当第一个珍妮佛·卡碧雅提。”这种当仁不让的自信心，和她在球场上的表现是

一致的，因为她知道，成功的唯一途径，就是展现自我，而不是模仿别人。

芸芸众生都在追寻自我。有时候在愉悦的自我发现过程中，珍贵的自我即可显现，有时候却是经过煎熬和挣扎，才能求得自我。然而不论我们走的是哪一条路，我们都要和处于云端的自我意识，一起分享这段艰辛的旅程。家长一定要让孩子从小明白：每个人都带着独特的目的来到世上，希望每个人都能拿出勇气，发掘美丽的自我。

用忍耐构建生命的支点

千里之行，始于足下。一口吃不成一个胖子，要想实现远大的目标，就必须依靠持久的耐心，一步一个脚印地去达成。

普利策是一位犹太人，21 岁时获得律师开业许可证，开始了他独自创业的生涯。作为一个有抱负的年轻人，普利策觉得当个律师创不了大业。经过深思熟虑，他确定进军报界。

古希腊物理学家阿基米德说过："只要给我一个支点，就能撬动地球。"这给普利策以很大启发，他决心先找个"支点"，有了"支点"才去实现移动"地球"的壮举。据此，他千方百计寻找进入报业工作的立足点，以此作为他千里之行的起点。他找到圣路易斯的一家报馆，老板见他颇具热情，机敏聪慧，便答应留下他当记者，但有个条件，以半薪试用一年后再商定去留。

普利策明知老板对自己不那么信任，但仍乐意屈就。他在报馆期间，充分利用犹太人"善于忍耐"的优势，顶住老板的百般刁难和同事不屑的白眼，虚心研究报馆的各个环节的工作，最后老板高兴地提前吸收他为正式员工，第二年还把他提升为编辑。随着他署名的文章增多，影响力扩大，1869 年他当选为密苏里州议会议员。1871 年至 1872 年，他牵头筹组密苏里州自由共和党，声望大增，地位和声望常常与经济相关，普利策的收入也开始增多。1878 年他用自己的积蓄买下一间濒临歇业的报馆，并将报纸更名为《路易斯邮报快讯报》，开始了独立办报的奋斗。该

报经过 5 年的经营，成为当时美国最成功的报纸，每年为他赚取 15 万美元以上的纯利润。

随着资本积累的增多，普利策又收购了《纽约世界报》，不久这家惨淡经营的报纸一举跃升为全美最有影响和利润最丰的大报。正是凭借“忍耐”和“不断进取”，普利策最终成为美国的报业巨头和大富豪，实现了他创业之初的目标。

忍耐是犹太民族的基本精神，逆境是成功的一种回响，根据一些心理学家分析，对于每一次失败的经验，他们都看成为一种“响应”，这种“响应”告诉他们应该怎样尝试不同的方法。在他们的信念系统中，他们坚信通过这样的回馈机制，他们总有一天会成功。

犹太人可以说是世界上忍耐力最强的民族，他们在恶劣的环境下和腹背受敌的攻击中，常常表现得从容自信，练就了一种特殊的心理素质：能忍一切不可忍之事。犹太人认为，逆境可以试验人有多大的忍耐力，境遇越恶劣，人就需要越强的忍耐力。

人生的竞赛场

生命是短暂的，人的精力也是有限的，要想做出一番成就，必须选一个目标，矢志不移，心无旁骛地为之奋斗。

在人生的竞赛场上，没有确立目标，不能在逆境中完善自己，是不容易得到成功的。许多人并不乏信心、能力、智力，只是没有确立目标或没有选准目标，所以没有走上成功的途径。

伟大的爱因斯坦的一生所取得的成功，是世界公认的，他被誉为 20 世纪最伟大的科学家。他的一生是典型的树立目标坚持奋斗的一生。他出生在德国一个贫穷的犹太家庭，家里经济条件不好，加上自己小学和中学的学习成绩并不是很好，虽然有志向科学领域进军，但他有自知之明，知道必须量力而行。他对自己的学业情况进行了深入的自我分析：虽然总成绩平平，但对数学和物理很感兴趣，成绩比较

突出。其他方面赶不上别人，只有在数学和物理方面确立目标才能有出路，因而他在读大学时选择了瑞士苏黎世联邦理工学院攻读理学专业。

由于选择了正确的奋斗目标，加上爱因斯坦勤奋好学，个人潜能得以充分发挥，短时间内积累了大量的专业知识，他在 26 岁时就发表了科研论文《分子尺度的新测定》。以后几年的时间里他又相继发表了 4 篇重要的科学论文，发展了普朗克的量子概念，提出了光量子除了有波的性状外，还具有粒子的特性，提出波粒二重性，圆满地解释了光电效应；建立了狭义相对论，成为人类对宇宙认识的重大变革，取得了前所未有的显著成就。

假如他当年把自己的目标确立在音乐上或是文学上，恐怕就不能取得在物理学上那么辉煌的成就。爱因斯坦在物理学上奋斗目标的实现，与他能准确地选择学习目标和道路是分不开的。

他在 16 岁时就明白一个道理：知识海洋浩瀚无边，任何学者都不能在这个海洋漫无方向地漂荡。应该选定一个对自己最有利、最擅长的目标扬帆前进，避免耗费人生有限而宝贵的时光。爱因斯坦的学习善于根据目标的需要进行，使有限的学习时间得到充分的利用。他创造了高效率的定向选学法，即在学习中找出能把自己的知识引导到更深处的东西，抛弃使自己头脑负担过重和会使自己远离要点的一切东西，从而使他集中全部智慧和力量攻克选定的目标。他曾经说过：“数学可以分成许多专门的领域，每一个领域都能花费去我们短暂的一生。物理学也一样，分成了许多领域，其中每个领域都能耗费一个人短暂的一生。在我研究的这个领域里，我不仅学会了识别出能导致深化知识的东西，而且把其他许多肤浅的东西撇开不管，把许多充塞脑袋，并使我精力偏离主要目标的东西撇开不管。”他就是这样指导自己学习的。为了更好地阐明相对论，他专门选学了非欧几何知识。就是这样的定向选学法，使他的立论工作得以顺利地进行和正确地完成。如果他没有意向研究物理学，是不会在那个时候学习非欧几何的；如果他那时候漫无目的地涉猎各门数学知识，相对论也一定不能这么快就产生。爱因斯坦正是凭借自己在 10 多年时间内专心致志地攻读与奋斗目标相关的书，终于在狭义相对论、光电效应理论和布朗

运动三个不同领域取得了重大突破。

特别值得一提的是，爱因斯坦不仅有可贵的自知之明精神，而且对已确立的奋斗目标矢志不移。1952 年当以色列国第一任总统魏兹曼逝世后，政府官员们鉴于爱因斯坦是犹太人，科学成就卓越，声望众高，诚挚邀请他担任总统职务，而爱因斯坦却婉言谢绝了，并坦然承认自己不适合担任这一职务。确实，爱因斯坦是一位伟大的科学家，这是通过他终生努力奋斗才实现的目标。但这不代表他也拥有卓越的领导才能，如果他当上总统，那未必会有多大建树，因为他没有显露出管理方面的才华，也未曾树立这个目标，更没有为这个目标做过努力和奋斗。不仅犹太巨人爱因斯坦能够树立符合自身实际的远大目标，并为之进行艰苦卓绝的奋斗。其他犹太人因其民族的特性和所处的环境，也普遍都能从小怀志，确立自己人生的奋斗目标。正因为这样，犹太人都教育孩子要集中人生有限的时间和力量去攻克一个目标，而且从头到尾，决不气馁，在逆境中做到自强自大，只有这样成功率才能比别人高。

只要你想就能做到

你对自己的生命拥有比你想象的更多的主宰权。

曾有一个有关著名犹太医生卡尔·赛蒙顿的有趣故事。赛蒙顿医生是一位专门治疗晚期癌症病人的专科医生，他提起有一次治疗一位 61 岁喉癌病人的经过。当时这名病人因为病情的影响，体重大幅下降，瘦到只有 98 磅（约合 44 千克），癌细胞的扩散使得他无法进食。

赛蒙顿医生告诉这位患者，自己将会全力为他诊治，帮助他对抗恶疾。同时，每天将治疗进度详细地告诉他，并清楚讲述医疗小组治疗的情形，及他体内对治疗的反应，使病人对病情得以充分了解并缓解不安的情绪，努力与医护人员合作。

结果治疗情形好得出奇。赛蒙顿医生认为这名患者实在是个理想的病人，因为他对医生的嘱咐完全配合，使得治疗过程进行得十分顺利。赛蒙顿医生教这名病人

运用想象力，想象他体内的白血球大军如何与顽固的癌细胞对抗，并最后战胜癌细胞的情景。结果两个星期之后，医疗小组果然抑制了癌细胞的破坏性，成功地战胜了癌症。对这个杰出的治疗成果，就连赛蒙顿医生也感到十分惊讶。

其实赛蒙顿医生是因为运用了心理疗法来治疗这名癌症病人，才获得了如此成功的疗效。他对患者说：“你对自己的生命拥有比你想象的更多的主宰权，即使是像癌症这么难缠的恶疾，也能在你的掌握中。”他继续说：“事实上，你可以运用这种心灵的力量，来决定你的生或死。甚至，如果你选择活下去，你还可以决定要什么样的生命品质。”

犹太先哲弥迦一向主张，当你设定一个目标时，必须先在心里想象自己实现目标时的情境，描绘出一幅成功的景象，并随时将那幅景象摆在脑海中。如此，总有一天你的愿望就会变成现实。

我曾经看过一幅反映二战时犹太人生活的电影海报，令我印象极深。海报上面分别画着一个蚕茧、一条毛毛虫和一只蝴蝶。底下则是一行文字，写着：“选择——同样是一生，你愿意当哪一种？一条虫？一个茧？还是飞上枝头的蝴蝶？只要你想做，你就能做到！”

做个永不退缩的人

人生是一次奋斗的旅程，在强者的眼中，那些高山、峡谷、险滩、阴霾只增添了沿途的风景，让人生之旅显得更加壮丽。

在6年前，以色列有个小天使诞生了。珍妮·布拉斯对她的犹太家庭来说是个奇迹。几年前，医生早就告诉她母亲萝莉，她不可能再有小孩。而她却怀了双胞胎，三个半月时其中一个胎死腹中。小小的珍妮第一次展现了她不放弃生存的勇气。两岁半时，珍妮被诊断患了癌症。她的医生说她活不了太久，但凭借着爱与决心，她活了更多年。

珍妮患的是生殖细胞癌。每年7500个患癌症的孩子中只有75个患的是生殖细

胞癌，医生们必须从她的骨盆中抽取骨髓。

珍妮在接受骨髓移植前经历了两年的化学疗法。那是一个威胁生命且不能预测结果的手术。骨髓移植和接近致命的化学疗法使她徘徊于生死之间。

医生说在化学疗法之后她会终生瘫痪不能走路。但她在重量仅 27 磅时竟能行走。萝莉说：“孩子们的生存意志真是不可思议。”她的勇气自始至终都很惊人，她以顽强的斗志宣示她永不放弃。珍妮还因此在圣塔克拉拉的美的盛会中得到一个奖杯，以鼓励她不屈不挠的勇气。

在珍妮最难熬的时期，她常在夜里惊醒，坐直了身子，紧抓着她的父母，她要求她的母亲别让她到天堂去。萝莉只能以沙哑的声音回答：“天哪！我多么希望我可以答应你。”

有时她甚至是个小讨厌。有天她跟她妈妈到杂货店去，有个友善的人对她们开玩笑：“你把这个小男孩的头发剪太短了！”珍妮则不带攻击意味地回答“先生，你知道吗？我是一个患了癌症、快要死的小女孩。”

有天早上，珍妮不断地咳嗽，她妈说：“我们必须再到斯坦福去。”

“不，我很好。”珍妮坚称。

“我认为我们必须去，珍妮。”

“不，我只是感冒而已。”

“珍妮，我们非去不可！”

“好吧，但只能去 3 天，否则我会搭便车回家！”

珍妮的不屈不挠和乐观精神让有幸在她周围的人觉得生命充满意义。

珍妮在意的并不是她自己和她的需要。当她病恹恹地躺在病床上，她还会跳起来帮助她的室友，倾听他们的需求。

还有一天，她看见有个满面愁容的陌生人走过她家，她就冲出门外，递给他一朵花，祝他有快乐的一天。

珍妮的母亲对珍妮和其他患了绝症的孩子有如下看法：

“他们用心度过短暂人生。他们本身自然重要，但周围世界更重要。”

4岁时，小天使珍妮在生死线上挣扎，她的家人知道到了她该离去的时候了。聚在她床边的家人，鼓励她走向通往光的隧道。珍妮回答："太亮了。"有人要她走向有天使的那条路，她回答："他们唱歌唱得太大声了。"

如果你路过基尔罗伊看到小珍妮的墓碑，你会读到她家人写的话："愿你和其他天使们手牵手。这世上没有任何东西可以改变我们的爱。"

以色列的一个总统说过："此路破败不堪又容易滑倒。我一只脚滑了一跤，另一只脚也因而站不稳，但我回过气来告诉自己，这不过是滑一跤，并没有死掉爬不起来了。"正如恶劣的品质可以在幸运中暴露一样，最美好的品质也正是在厄运中被显示的。犹太拉比希勒尔说过：若欠缺有待克服的障碍，在多样的人生经验中将失去一些回馈的喜悦。若欠缺需要跋涉的黑谷，山顶的时光，只有不到一半的美妙。

民族的精神领袖

教师是学生生活中地位最高的人，他比父母享有更高的荣誉。（《塔木德》）

早期的犹太社会中，社会上不存在专职教师这一职业。教育子女的责任主要是由父亲和拉比分别完成的。在家庭内，父亲不仅仅是子女的监护人，还承担着教育子女的重任。他把学识以及为人处世之道和做人准则传授给自己的子女。

其实在希伯来语中，"父亲"一词本身就具有"教师"的含义。如今在西方语言中以"father"（父亲）来称呼教师，正是希伯来习俗的延续。在社会上，教师的职责由象征着智慧与权威的拉比来完成。因为在希伯来语中，"拉比"一词的第一含义就是"教师"。

因此，现实中的拉比是各地犹太学校（早期的学校往往与教堂合二为一）的负责人与专职教师。他们被视为智慧的化身，人们有难题的时候，往往也求助于拉比，因此拉比的言语往往被视为金科玉律。

公元6世纪，学校逐渐独立。教师与父亲、教师与拉比的两位一体化也随之慢

慢分离，实际意义的专职教师也随之应运而生。

在犹太人看来，教师的职业是一种神圣的职业。因此，“每一个人要像尊重上帝那样尊重教师”。

犹太经典《密西拿》中把教师（犹太人习惯上把有名望的法学家也称为教师）叫作“塔尔米德哈卡姆”，意思为“圣贤的门徒”。犹太人对待获得“塔尔米德哈卡姆”身份的人非常尊重。犹太教义规定：凡是侮辱了“塔尔米德哈卡姆”的人都要罚以重金，情节如果很严重者就被逐出犹太区。能与“塔尔米德哈卡姆”的女儿结婚被犹太人视作一种高尚且值得夸耀的行为。

在犹太人中曾长期流传着这样一则故事：

有一个孩子，出生于贫困家庭，父亲含辛茹苦地把他拉扯大。一次，出海的时候，父亲和教师都同时落入水中，而这时的条件只允许他救一个人，这位孩子的选择是先救出教师，再救出父亲。

《塔木德》中也记载着这样一个故事：

两位检察员受拉比之命来到一个镇上，要求拜见镇上的守卫之人。镇上的警察局长闻讯后急忙出来迎接，检察员却说：“我们要见的是守卫这个市镇的人，不是你。”这时，守备局长又跑出来迎接，检察员仍然摇头。他们说道：“我们想见的既不是警察局长，也不是守备局长，而是学校的教师。警官和部队都会破坏市镇，教师才是市镇的真正守护者。”

可见，在犹太人的眼中，教师是民族利益的守护者，教师的事业关系到整个民族的未来。

在犹太人心中，拉比是至高无上的圣者，是上帝的代表和使者，是他们的精神领袖。

犹太教中把精通经典律法的学者称为拉比，负责执行教规、律法并主持宗教仪式。

其实，在犹太社会中，拉比身兼数职，传道、教学、咨询、评判等都是他们的职责，是享有崇高地位的精神领袖。

在罗马人统治犹太人时期，为了毁灭犹太民族，他们想尽了各种办法，例如封锁学校、禁止做礼拜、焚烧书籍、禁止犹太人的各项庆典、禁止培育拉比等。

罗马统治者发出布告，如果有人参加拉比的任命仪式，不管是任命的一方还是被任命的一方，都将被判处死刑。举行这种仪式的城市村庄，也将遭到毁灭。

这是罗马统治者采取的各种压迫手段中最极端最残忍的一种。这种手段在一段时间内确实起到了恐吓的作用。

犹太人并没有就此屈服。对犹太人而言，没有拉比，就等于社会宣告瓦解。拉比是犹太民族的领导者，代表犹太人社会中的一切权威。如果没有了精神领袖，犹太民族必会陷入诚惶诚恐的慌乱中。

有位德高望重的拉比看破了罗马统治者的险恶阴谋，于是率领他最可靠的5个弟子溜出城市，来到荒无人烟的两座大山之间。因为在这样的地方，可以避开罗马人的视线，万一被罗马人捉住也只有自己受到刑罚，不会导致整座城市被毁。

在这个距离城镇很远的地方，这位杰出的拉比任命了他的5个弟子为新拉比。

但是，他们的活动还是被罗马人知道了，于是派军队来抓他们。老拉比说："我活了这么大的年纪，死而无憾。你们必须尽快逃走，因为有好多事业等着你们去继承并发扬光大！"

5位新拉比听从老拉比的话，都安全地逃走了，最后只有年迈的老拉比被罗马人抓住了，恼怒的罗马人把老拉比凌迟处死。

老拉比死了，但是5个年轻的新拉比继承了他的事业。老拉比虽死，但是犹太人的精神生活却复活了。

在犹太人的观念里，拉比是整个社区最有智慧的人，所有人都应该听从这位智慧和学识都很高的教师的教导。一个犹太人在为自己的女儿选择夫婿的时候，他会选择一个受过良好教育的青年，而不会选择一个世俗的有钱青年。

犹太人就是这样的民族。尊重知识，追求真理。知识是最伟大的，在它的面前，世俗的一切统治都要让位。

犹太人的杰出就是因为拥有了智慧的拉比们。犹太精神不灭，与拉比们的功劳

分不开。犹太人的心灵不死，是拉比精神指引的结果。犹太教最后成为世界性的宗教，正是犹太拉比用上帝之言广为传播的结果。

尽管拉比们经历了犹太社会不同的动荡时期，但他们的精神却超越了各自的时代和历史事件，打造并完成了共同的宗教原则和伦理规范。这对犹太教有着积极、永恒的意义。

无论苦难与快乐，犹太人始终团结在拉比的周围，用真理去战胜谬误，用屈辱去谋求生存。因此犹太人被追杀后能重新聚集，生生不息，不断壮大。

犹太拉比们用自己的智慧启迪着伟大的犹太民族。在拯救宗教、发展宗教的同时，形成了犹太民族特有的生存智慧。

做自己命运的主人

上帝夺取了我们的一切，剩下的只有我们。（《塔木德》）

从前，一头驴子不小心掉到一口枯井里，它哀怜地叫喊呼救，期待主人把它救出去。驴子的主人召集了数位亲邻出谋划策，却想不出好办法。大家倒是认定反正驴子已经老了，“人道毁灭”也不为过，况且这口枯井迟早也会被填上。

于是，人们拿起铲子开始填井。当第一铲泥土落到枯井中时，驴子叫得更恐怖了，它显然明白了主人的意图。又一铲泥土落到枯井中，驴子出乎意料地安静了。人们发现，此后每一铲泥土打在它背上的时候，驴子都在做一件令人惊奇的事情：它努力抖落背上的泥土，踩在脚下，把自己垫高一点。

人们不断把泥土往枯井里铲，驴子也就不停地抖落那些打在背上的泥土，使自己再升高一点。就这样，驴子慢慢地升到了枯井口，在人们惊奇的目光中，从从容容地走出枯井。

这则故事给我们三个启示：其一，假若你现在就身处枯井中，求救的哀鸣也许换来的只是埋葬你的泥土。那么，驴子教会我们走出绝境的秘诀，便是拼命抖落背上的泥土，变本来用来埋葬你的泥土为拯救自己的泥土，即将不利因素转化为有利

因素。其二，无论绝望与死亡如何惊天动地，有时候走出“枯井”原来就这么简单。其三，驴子走出枯井时，表现得从从容容，这应该说是从生活或从困境中走出来的人，面向未来，充满活力的一种值得探讨和推崇的理念。

《塔木德》教导人们：“要救赎自己”，这种救赎不能靠别人，必须由自己来完成，看看犹太人是如何救赎自己的。

因为犹太人会精心设计自己的人生，所以在发现自己真正想要从事的职业之前，他们会不断地变换工作。美国犹太商人朗司·布拉文就属这一类人。

布拉文是37岁才开始经商的。他的父亲在洛杉矶经营一所拥有100名员工的会计师事务所，他在大学学的是会计学，毕业以后他马上进了父亲的事务所工作。周围人都认为他会顺其自然地成为事务所的第二代继承人继续经营会计师事务所，但是，他总是觉得事务所的工作不适合自己，最后辞职了，开始自己尝试着经商。

他进入商界也就十几年时间，但年交易额已达35亿日元。他主要向日本出口高尔夫用品等与体育有关的用品、服装及辅助设备等。经销地点除了公司本部的拉斯维加斯外，还有日本及瑞士。他设想有朝一日能够建立世界规模的公司。

幸亏布拉文转换了工作，才发现更适合自己发展的道路。但是，当初做出从父亲的事务所辞职的决定肯定是很难的。虽说犹太社会父子关系是各自独立的，但是就这么眼瞅着放弃非常成功的父亲的事业，自己出去独立发展是需要很大决心的。但是，遇到该选择父亲还是该选择自己的情况，犹太人会毫不犹豫地选择自己。

看看下面这则很有寓意的故事吧，之后你会有所感悟：

有三个人要被关进监狱三年，监狱长说可以让他们每人提一个要求。

美国人爱抽雪茄，要了三箱雪茄。

法国人最浪漫，要一个美丽的女子相伴。

而犹太人说，他要一部与外界沟通的电脑。

三年过后，第一个冲出来的是美国人，嘴里鼻孔里塞满了雪茄，大喊道：“给我火，给我火！”原来他忘了要火了。

接着出来的是法国人。只见他手里抱着一个小孩子，美丽女子手里牵着一个小

孩子，肚子里还怀着第三个。

最后出来的是犹太人。他紧紧握住监狱长的手说："这三年来我每天与外界联系，我的生意不但没有停顿，反而增长了200%。为了表示感谢，我送你一辆劳施莱斯!"

这个故事告诉我们：什么样的选择决定今后过什么样的生活。今天的生活是由三年前我们的选择决定的，而今天我们的抉择将决定我们若干年后的生活。

犹太人就是这样，什么事情都是靠自己来争取。不能因为环境改变了，就要放弃自己的计划。中国有句俗语：三句话不离本行。犹太人素来以经商为主，不管他在哪里，他都会牢牢记住自己的理想，不会放弃。因为一旦放弃了，那么就等于放弃了自己。在他们的意识里面，生活只能靠自己去选择，去创造。

追求成功，得靠实力，追求财富也离不开自身的拼搏。只要拥有了凡事求己的坚强和自信，人人都能成为自己的财神。其主旨就是要揭示这样一条真理：凡事不要依靠别人施舍，也不要希望财富与成功自天而降。只有将命运之舟紧紧地掌握在自己的手中，才能使它准确地驶向成功的彼岸，驶向财富的绿洲。只有自己才是操纵自己人生的真正主人。

休·赫胡是美国一家著名杂志的老板，他的杂志在国内极受读者欢迎，是美国最热门的杂志之一。

赫胡早年经历极为平凡，只不过是一位记者，这在美国是一个普通得不能再普通的职业。在他当记者的时候经常因为工作而耽误了吃饭休息，甚至连好几个女朋友都先后离他而去，但他仍然勤奋工作，毫不懈怠。

到后来，他才突然发现，自己这样做，并没有得到应该得到的报酬。

于是，他终于鼓起勇气，来到总编办公室，要求总编给他增加10美元的工资。

总编对这位年轻的记者丝毫不放在眼里。他轻蔑地对赫胡说："像你这样的年轻人，值得拿这么多的工资吗？况且，要那么多钱干什么？"

赫胡听到总编说出这样粗鲁的话，看到总编的态度如此蛮横无理，顿时有被耍弄的感觉，当场提出辞职要求，并且毫不犹豫地离开了报社。

他虽然离开了报社，但报社也曾给他带来很多好处，让他从这份薪俸微薄的记者工作中积累了丰富的生活素材，为他后来成就事业打下了坚实的基础。

赫胡凭着自身具备较为优越的条件，开始筹集资金，发行杂志。这个被迫辞职的记者，不久成了杂志社的编辑，又不久成了杂志社经理。

杂志成功后，赫胡又在芝加哥开设了俱乐部，其俱乐部形式生动活泼，项目新鲜，服务周到，分店很快就遍布了全世界。他也因此成了一个蜚声中外的成功人士，可谓名利双收。

休·赫胡决意掌握自己的命运，不甘于仰人鼻息，为他人卖命。他通过自己的努力，闯出一条成功之路。

三、挫折是生命的馈赠

成功始于错误

一个人成功的原因可能有千万条，但所犯的错误却只有那么几个，想要成功，与其去学习别人成功的经验，倒不如去学习别人为何犯错。

NBA 有这么一句话：You always miss 100% of the shots you don´t take，意思就是如果你不出手投篮的话，你的命中率永远是 0%。所以你得投篮，哪怕投失。

犯错与过失，是我们工作中再普通不过的现象了。人非圣贤，孰能无过，其实，人人都会犯错误，谁不是在跌倒中学会了走路？谁不是在呛水中学会了游泳？谁不是在摔跤中学会了溜冰？可以说，没有错误就不会有成长，错误本身也是激烈我们成功的关键。就像马云所说，一个人成功的原因可能有千万条，但所犯的错误却只有那么几个，想要成功，与其去学习别人成功的经验，倒不如去学习别人为何犯错。

1876年，一个20几岁的年轻人只身来到芝加哥，他一无文化二无特长，为了生存，只好帮商店卖起了肥皂。随后他发现发酵粉利润高，便立即投入所有的老本购进了一批发酵粉，结果他发现自己犯了一个错误，当地做发酵粉生意的远比卖肥皂的多，自己根本不是他们的对手。

眼见着发酵粉积压多日，损失巨大，年轻人一咬牙，决定将错就错，索性将身边仅有的两大箱口香糖贡献出来，凡来本店惠顾的客户，每买一包发酵粉可获赠两包口香糖。很快他手中的发酵粉便处理一空。

在随后的经营中，年轻人又发现口香糖在市面上已经越来越流行，虽然是个薄利行业，但因数目庞大，发展前景要比发酵粉好。他当即脑瓜一转，又集结起所有的家当，把宝押在了口香糖上了。在营销过程中，他积极听取了顾客的意见，配合厂家改良口香糖的包装和口味，后来他感觉这种配合局限性很大，索性倾其所有自己办起了口香糖厂。

1883年，他的“箭牌”口香糖正式面世。但在当时的市场上口香糖已有十多个品种，人们对这支生力军接受的速度非常慢，他一下子又陷入了困境。这时候他想到了一个更为冒险的招数：搜集全美各地的电话簿，然后按照上面的地址，给每人寄去4块口香糖和一份意见表。

这些铺天盖地的信和口香糖几乎耗光了年轻人的全部家当，同时，也几乎在一夜之间“箭牌”口香糖迅速风靡全国。到了1920年，“箭牌”已达到年销售量90亿块，他的公司成为当时世界上最大的营销单一产品的公司。这位惯于“错中求胜”的年轻人，就是“箭牌”口香糖的创始人威廉·瑞格理。

不仅如此，接下来的大半个世纪，“箭牌”口香糖还干了几件忙中出错的事情：20世纪60年代，公司投资1000多万美元成立了保健产品分部，并推出了抗酸口香糖。但由于糖里添加了有争议的药物成分，新产品没上市就被查禁，胎死腹中。为了抢占市场优势，他们更是投入巨资，大胆收购了一些竞争对手，以至于几度陷入严重的经营和生产危机。

昏招选出的“箭牌”最后的命运如何呢？事实上，到了今天，“箭牌融入生活每一天”的广告词已经家喻户晓，而“箭牌”口香糖也已成为年销售额逾50亿美元的跨国集团公司。

说起成功的奥秘，“箭牌”的第三代传人小瑞格理一语道破了天机，那就是“大胆犯错”。事实上，的确如此，机遇只有在犯错的过程中才能发现，也只有经历过错误的尝试，才能清晰地找准成功的方位。

在比尔·盖茨的微软公司流传一句名言：“如果解雇犯了错误的人，也就否定了这个教训的价值。”他们愿意聘用那些曾经犯过错误而又能吸取经验教训的人，在录用过程中，他们总是问应聘者：你遇到的最大失败是什么？你从中学到了什么？

格里格·曼蒂曾经于1982年创立了艾琳特计算机公司，10年后由于入不敷出而倒闭，而微软于1992年2月聘用了他为部门主管；副总裁鲁慈·席格门曼起初负责的是区域网络系统的行销工作，但是一败涂地，接着公司派他负责视窗系统中的行销工作，起初很不稳定，但逐渐有了起色，于是被派任比尔的助理，很难想象如果他开始就一帆风顺，今天又会是怎样的局面。

1998年，微软的Excel软件上市后被发现有重大瑕疵，当时的产品经理硬着头皮去见比尔·盖茨，建议将产品全部收回，比尔告诉他：“今天你让公司损失了2500万，我只希望明天你表现好一点。”时至今日，这位产品经理杰夫·雷克斯已经成为微软内部顶尖的主管之一了。由于有待开发的领域太多，所以容许失败已成为微软工作程序的一部分了。

与微软公司重视错误的价值相似，通用的杰克·韦尔奇也重视失败的积极作用。他说道：“我们必须让员工明白，只要你的理由、方法都是正确的，那么，即使结果失败，也值得鼓励。”容许失败的这种经验教训直接来自上层领导，在一种经韦尔奇批准研制、耗资1000万美元的新式洗衣机被人们讽刺为“除了不能洗衣，别的什么都能做”之后，韦尔奇公开承认：“是我批准这个项目的，这不是我唯一

的失败。”

所有的成功者，都不会介意自己曾经的失败，因为他们明白正是因为昨日的失败，才有了今日的成功。成功本就始于错误，而犹太人也正是借鉴了前人的所犯下的种种错误，才能在世界上取得如此瞩目的成绩。

成功与失败是双胞胎

我们先来看一则犹太寓言：

有一天，一位农夫弯着腰在院子里锄草，天气很热，他满头大汗，汗珠不停地顺着脸颊流下来。

“可恶的杂草！假如没有这些杂草，我的院子一定很漂亮，神为什么要造这些讨厌的杂草来破坏我的院子呢?”农夫这样唠叨着。

有一棵被拔起的小草正躺在院子里，它很平静地对农夫说：“你说我们可恶，也许你从来就没有想到过，我们也是很有用的。现在，请你听我说一句吧。我们把根伸进土中，等于是在耕耘泥土，当你把我们拔掉时，泥土就已经是耕过的了；此外，下雨时，我们防止泥土被雨水冲掉；干涸的时候，我们能阻止强风吹起沙尘。我们是替你守卫院子的卫兵，没有我们，你根本就不可能享受种花、赏花的乐趣，因为雨水会冲走泥土，狂风会吹散泥土……所以希望你在看到花儿盛开之余，能够想起一些我们的好处。”

农夫听了这些话，不禁肃然起敬。从那以后，他再也不会瞧不起任何东西了。

犹太人强调每一件东西都有用处，事物的好坏在于人对其的发掘、转换、变化。好东西并不绝对的好，必定会有一些缺陷；坏东西并不绝对的坏，它也有自身的特殊用途。

犹太人认为，人也是这样，每个人都有坚强的一面，同时也有脆弱的一面。不过，在人们视之为脆弱的一面中，也往往包含着许多有用的因素。逆境和顺境、失败和胜利也都如此。每一个人都能有作为，关键在于自身的努力与否。

犹太人不但纪念胜利的日子，同时也纪念败北屈辱的日子。

也许世人会嘲笑和讽刺这种做法，但是，几乎所有犹太人都相信一点：只要记住失败的那一天，就会产生强大的力量。

在犹太社会的纪念日中，最隆重的节日应该算是“逾越节”了。这一天是犹太人纪念他们重返以色列的日子。

现在依照习俗，犹太人在尼散月 15 日要全家聚在一起，吃一顿叫“西德尔”（意为“命令”）的逾越节家宴。这是逾越节最隆重的节日活动。正统犹太人家要使用一套专供逾越节使用的餐具。根据传统，桌上要留一个空盘子，并为先知以利亚单留出一个酒杯。这个酒杯通常用玻璃杯或金属杯，流行款式多为铜合金制成，其上刻有犹太传统图案。

家宴上每人喝四杯酒，开始和结束各一杯，席间两杯，纪念犹太祖先在埃及受的苦难以及在上帝的指引下，摆脱奴役，回到迦南的历史事件。家宴开始时，身着白袍的家长举杯为节日祝福。全家人喝第一杯酒，然后洗手。接着，家长把生苦菜和其他生菜蘸醋或盐水分给每个人，又将象征古代逾越了供品羔羊的羊胫骨和煮鸡蛋从特殊的逾越节家宴盘中取出。这些鸡蛋作为节日食品，象征着犹太民族被放在火上煮的时间越长，鸡蛋就越硬、越难破碎。接着人人唱歌、朗诵祷文。斟第二杯酒后，家中最小的孩子要提出下列问题：“为什么今晚与其他夜晚不同？为什么只吃‘马儿’？为什么吃生菜时要蘸盐水？为什么今晚倚着椅背吃？”然后，全家人依次诵读《哈加达》，复述《出埃及记》中有关犹太人摆脱奴役、获得自由的故事，作为对上述问题的回答，回答完毕后，喝第二杯酒。全家人再次洗手，分食“马扎”及蘸有酒和果酱的苦菜，然后开始上主菜。主菜用毕，家中年幼者要找出事先藏起来的半块“马扎”，作为甜食由全家人分食，这半块“马扎”象征古代在家宴时所食的逾越节羔羊肉。

这时，斟第三杯酒表示对上帝恩惠的感谢。全家人在齐诵《颂赞诗篇》声中，将这杯酒一饮而尽。接下来，斟第四杯酒，同时将桌上的以利亚杯斟满。打开家门，诵读一段欢迎先知以利亚光临的诗词。传说，以利亚很可能突然出现在逾越节家宴上，预报救世主弥赛亚降临的喜讯。饮完第四杯酒后，所有盘子里的食物都要

吃干净，家宴在“明年相聚在耶路撒冷”的祝词中结束。

犹太人认为，遇到的苦难愈艰深，败北的次数愈多，就会愈坚强。逾越节上吃苦菜和未发酵的面包是为了回味当时的苦难。

人生有成功，也有失败，这是必然的，犹太人普遍对失败持一种容忍、接受的态度。犹太人认为，如果一个人沉湎于成功的甜美，而忘掉了失败的苦涩，终有一天他会再次尝到失败的苦果。因为成功会使人松懈，使人自满，而失败却使人奋进。回味意味着不断攀登成功巅峰，舍弃失败即舍弃成功。

在犹太人看来，失败并不能证明自己的无能，只要能够自强不息，失败将是一次难得的契机。不敢面对和承认自己失败的失败才是真正的失败。

犹太人面对失败、挫折，确立忍耐制胜的法则是：对“失败”持正确健康的态度，不要恐惧失败，要懂得失败乃是成功必经的过程。焦点不要对着过错与失败，应对准远大的目标，活用自己的过错或失败。遇到失败时，千万不能气馁，要坚忍不拔，矢志不移。发现此路不通时，要设法另谋出路，使自己顺应环境，适应潮流。要善于伺机借势，等待机遇。

执着的人才能成功

《塔木德》说：“当压力出现，迫使我们改变自己的法规时，我们要不顾一切地战斗，即使面临强敌也要战斗，生命不息，战斗不止。”

在《圣经》的《出埃及记》里，摩西表现出了超凡的“执着”。

当年，摩西带领他的人民逃出埃及。尽管有法老的战车在他们身后追击，但他们还是安全地通过了红海。他们认为危险和痛苦从此将远离他们了。但是不久，他们发现摆在面前的是一条漫长而又艰难的道路。他们进入的国家是一片呈带状的土地，不很宽，在它的一侧是大海，另一侧是巍峨的群山。在大海和高峻的山脉之间是一片平坦的沙砾地。白天，灼热的太阳直晒头顶，找不到一片可以遮阴的树林。

他们走了很长很长的路，一直找不到水源。当他们终于在沙漠中找到一处水池时，里面的水却无法饮用。他们把这地方叫作“玛拉”，因为水苦。百姓们质问摩

西："我们拿什么解渴呢？"摩西呼求上帝帮助自己。他看到沙漠中生长着一些灌木丛，就把灌森木扔进水中，它们的叶子改变了水的味道，那水就能喝了。

摩西塑像

随后，摩西带领他的人民来到一个叫"以琳"的地方。他们在那里找到了 12 眼泉水，附近生长着 70 棵棕树。对于这些在沙漠中跋涉的人来说，以琳简直像是天堂，于是他们就在这片绿洲安下营寨。

但是他们不能在以琳待很长时间，因为从埃及带出来的食物很快就吃光了。为了寻找食物，他们不得不继续上路。一离开以琳，他们发现自己又置身于茫茫沙漠，情况看来比以前更糟。大多数犹太人并不如摩西那么勇敢，他们中的一些人开始大声抱怨。他们对摩西说："上帝还不如让我们留在埃及死掉好了，在那儿我们有肉吃，有足够的面包。你把我们带到这旷野，是要把我们全都饿死吗？"

摩西没有发火，仍然保持着他的勇气。他说上帝会帮助大家的。

晚上，当人们抬头望天的时候，他们看见天空中有一片像云一样的东西。当它飘近了，他们发现那不是云，而是成百上千只鹌鹑，被一阵强风从海上的岛屿吹向陆地。精疲力竭的鸟儿落到了地上，人们就把它们逮来吃了。

这夜露水很重。早上当人们醒来时，发现地上有许多像霜似的白色碎屑。摩西说："这是上帝赐给你们吃的面包。"以色列人把这种东西叫"吗哪"。它是沙漠中的灌木分泌出来的一种树脂，必须在日出前捡拾起来，因为太阳一升起，它就会融化并消失。从他们以鹌鹑和吗哪果腹的地方出发，犹太人又沿着海岸继续前行。随后，摩西让他们改变方向，向着山区迈进。这是一些高峻、光秃和可怕的大山。他们再一次受到缺水的煎熬，一个个唇裂舌燥。"给我们水喝！"他们对着摩西叫嚷，"你带我们走出埃及是要让我们全都渴死吗？"

摩西以前曾经在这群山中生活过，在这里上帝教会了他许多东西。他带领他的人民来到何烈山上的一处峭壁前，用他的手杖击打岩壁，一股水流喷射而出。这下犹太人感到满意了。当摩西把他们带到另一处绿洲时，他们更加心满意足了。在这个荒凉之区，这片绿洲是一个最葱茏、惬意的地方，到处是一排一排的棕树，泉水涌动向四处流淌，汇集成一条潺潺小河。许多个世纪之后，这片绿洲仍因其美丽而被称为“西奈的珍珠”。

犹太人都希望在此安营扎寨，长期居住下去，但是在此耽延时日对他们是一件危险的事情。沙漠中的野蛮部落之间为了争夺绿洲，经常发生战争。摩西挑选了一个叫约书亚的年轻人担任犹太人的军事指挥官，以防不测。

不久，一群亚玛力人出现在他们面前。他们骑在骆驼上，手执长矛，向以色列人发起了猛攻。摩西站在一座山顶上激励部众的士气，并向上帝求告。在他祈祷时，亚伦和户珥扶着他的手。由于摩西的祈祷，约书亚和他的战士赶走了亚玛力人。

尽管如此，他们不能在绿洲继续待下去了。摩西知道每一天都可能有比亚玛力人更强大的部落前来攻击他们。此外，摩西希望将他们带到能在那儿定居的国家，它还在山那边很远的地方。

于是，摩西带领他的人民继续前进，越过高山和深谷。那些高峻的山峰并不欢迎他们的到来。其中有些是火山活跃地区，时不时传来火山爆发的隆隆声，有时还会发生地震。但正是在与此类似的地方，当摩西第一次从埃及逃亡时，他看见了燃烧的荆棘，并听到上帝的声音，告诉他把他的人民带出埃及。就在同样的山中，摩西还将听到上帝的声音告诉他一些事情——甚至比以前听到的更加重要。

当以色列人在一个山谷中安下营寨后，摩西独自登上了最雄峻的西奈山。以色列人一直看着他，直到看不见为止。时间一小时一小时地过去了，摩西一直没有回来。

独立山顶，苍穹之下，群山环绕着摩西，他沉思着、祈祷着。上帝希望他怎样教导他的人民？他希望他们怎样做人？

摩西终于看到了他想知道的事情。摩西看见上帝的荣光走过身边，并听到上帝的声音告诉他应知的事情。上帝将从今以后所有人应遵守的诫约传授于他。

摩西在给百姓传授了十诫之后，又教导他们更多彼此相处的规矩。他教他们如何在途中搭设帐篷，怎样保持洁净、健康，当有病人之时应如何行事。他告诉他们以什么来纪念上帝并侍奉他。他们要做一个漂亮的小柜子，称作“约柜”，将记有十诫的石板放在里边。他们还要用动物的皮做一个帐幕。无论他们在何处安营，都要将它竖起，以此作为他们向上帝祈祷的场所。

不久，以色列人离开了西奈山脚的谷地，接着上路，约柜抬在他们前面。摩西仍做他们的领袖。他经常遇到困难，就像刚刚离开埃及时那样，因此他们中的某些人一直抱怨不已。他们说吗哪已经吃腻了，他们也厌倦了长途旅行中的干渴。在茫茫沙漠中，他们甚至很难找到一眼泉水。他们怀念在埃及的日子，彼此说他们真希望此刻仍在埃及。当他们在埃及的时候，他们最渴望的事情就是逃出埃及，但他们现在忘记了这些，只记得在那儿能吃到好东西。

“我们思念的味道，”他们说，“黄瓜，还有甜瓜。”在埃及，尼罗河中的鱼任人捕捉，有新鲜的蔬菜、水果。但这儿除了沙子、灼热的太阳和空虚以外，一无所有。有一两次他们差不多要造反了。

当摩西从百姓的帐篷前经过，听到他们的抱怨时，他甚感悲伤，但他不能让他们看出他失去了勇气。他独自走到一边，在向上帝的祷告中诉说每一件事。看来上帝要他做的事情超出了任何人的能力。“我不能独自领导人民，”他说，“这担子对我太重了。”但是，当他祈祷时，上帝给了他新的力量，使他坚持下去。

经过漫长的旅行，他们终于抵达了遥远的北方，将山脉远远地甩在了身后，靠近了摩西相信是上帝指定给他们的地方。这也是很久以前亚伯拉罕听到的地方，它被称为“应许之地”。虽然摩西本人最终因为太老了没有进入那应许之地，但是他的执着精神激励了一代又一代犹太人。

实现理想依赖的是执着的追求和埋头苦干的精神，而非动人的言辞。除了努力工作之外，没有任何捷径，更没有任何替代品。

遭受挫折而不沉沦

《塔木德》说："战胜自己的人，比战胜一座城池的人更有勇气。"

1958年，年轻的达斯汀·霍夫曼决定离家去纽约闯天下，他对家人说："丢丑也决不丢在家门口。"

到了纽约后，霍夫曼几经挫折，终于被一家有影响的戏剧学院录取。课余时间，他打过各种短工。一开始，他到一家精神病院当护理员，他还记得第一天在男病房时的情景：

"我简直吓呆了！一个中年人冲进大厅，对我说：'下个星期我就出院了……我的荷兰老婆是个清洁工……小家伙，你的牙齿真漂亮，是你的吗？'那人漫不经心地来回走动，突然，他张嘴模仿起恐怖的响声，把我吓得六神无主。"

大约一个月后，他觉得在疯人院里待够了，就去当打字员和售货员，后来又找到一家剧院当检票员。他还干过如舞厅看门人、编织夏威夷花环及跑堂等几种临时性工作。这以后，他又去过纽约一家儿童俱乐部教授表演艺术。

霍夫曼事业上的转折是在他加入波士顿戏剧公司，成为一名性格演员以后开始的。刚进公司时，他在9个月中演了10部戏。评论家们说，他最出色的表演是在《等待戈多》中扮演奴隶司机波佐。该剧公演结束后，霍夫曼接到了百老汇一些演出商的邀请。导演格罗斯巴德有意让他担任《桥上眺望》的助理导演。直到1965年12月11日，《桥上眺望》剧组才结束了它连续780场的成功演出。

然而，霍夫曼并没有因此沾沾自喜，而是赶去百老汇参加试演，争取在《哈里，中午与黑夜》中得到角色。入选以后，为了能使自己更好地把握所饰演的角色，他干脆闭门谢客，躲了起来。

一天，他又不知去向，连导演也不知他躲在哪里，可第二天当他回到舞台参加排练时，他又对自己的角色十分熟悉，而且演得有板有眼。之后，不断有制片商邀请他在百老汇担任重要角色。

然而，命运又捉弄了他，在参加完第一天的排练后，晚上霍夫曼来到他的女友

家。当他用牛肉乳酪准备晚餐时，装乳酪的锅突然爆裂，滚烫的油溅了他一身，并引起厨房着火。当时霍夫曼慌忙用双手把火扑灭，结果他的手被烧成三度灼伤。事后他既没有去医院，也没有去找医生包扎，唯恐因此而失去百老汇获奖剧中的角色。但他的双手烧伤程度远比他自己想象的严重得多，感染扩至血液里，他不得不留医一个月。

经过一个月的治疗，霍夫曼康复出院。他不顾手上还裹着几层绷带，就急切地返回剧组排练。但当他来到剧组时，才知道他的角色已被别人抢去，这使他非常伤心。

为了能重返剧坛，霍夫曼每个星期都参加挑选演员的小品表演。大约一个月后，他又交上了好运，被选入另一家剧组。不料到了排练的第 6 天，导演关照他回去休息一两天或更长时间，言下之意是不用再回来排练了。导演明显对他的表演和一些怪癖不满。这一类意想不到的挫折，对霍夫曼来说已屡见不鲜，他已习惯在争议中激流勇进。失去又一次的登台机会显然又是一次沉重的打击，但霍夫曼并没有就此罢休。

之后，由于在《第五匹马的旅程》一剧中演出成功，霍夫曼开始奠定了他在舞台剧中作为性格演员的地位。该剧演出结束后，他又在英国喜剧《哦》中成功地扮演了一个反叛角色——一个负责管理一间半自动化印染厂的锅炉房里的古板又可笑的管子工，这是他生平第一次担任主角。

霍夫曼成名后，《毕业生》《午夜牛仔》《伦尼》等影片为他赢得了巨大的声誉，《毕业生》甚至还获得了 5 项金球奖，不过在 3 次奥斯卡评奖中却失败了，这使霍夫曼受到了很大打击。当然，他最终并没有沉沦，他觉得自己的表演仍有巨大的潜力。

经过不懈的努力，1980 年 4 月 14 日，在充满节日气氛的盛大授奖仪式上，霍夫曼一举夺得美国最有级别的第 52 届奥斯卡金像奖，成为美国电影史上一颗璀璨的明星。此后，他还连续两届担任金像奖授奖仪式的颁奖人。

没有纷乱就没有平静，没有紧张就没有轻松，没有悲伤就没有欢乐，没有奋斗

就没有成功，这是我们生存和成功所要付出的代价。

生活总会苦尽甘来

《塔木德》说："笑对苦难，它最终也将会向你露出微笑。"

贝里·马卡斯的父母于20世纪20年代从俄罗斯来到美国，他们在纽威克的一个穷人聚居区安顿下来。他的父亲做木工活维持生计，母亲则料理家务。当时，马卡斯已有了两个哥哥和一个姐姐。他的母亲在40多岁的时候患上了严重的风湿性关节炎，卧床不起。她的手脚关节变得像树枝似的粗糙和弯曲。为她看病的医生建议她再生一个孩子，认为怀孕将有助于她的风湿病的康复。于是，马卡斯便在第二年5月母亲节那天来到了人世。除医生外，每个人都对他的母亲能重新下地行走惊奇不已。

马卡斯家以前都用犹太人使用的国际语——依地语。他的母亲常挂在嘴边的一句话是"巴谢特"。这句话的含义是："这是上天的安排，生活总会苦尽甘来。"这是他的母亲面对艰难困苦时的一贯态度。她认定一切苦难都会过去，事情总会有好结果的。马卡斯的出生对她来说，就是一个很好的佐证，那就是"巴谢特"。

马卡斯后来说："虽然母亲的风湿病没有完全康复，但她从不抱怨。她不时取下手上缠着的石膏绷带扔在一边，在冷水管下为我们洗衣服，或在大热天待在炎热的炉灶旁为我们做饭。春去秋来，严寒酷暑，尽管生活艰辛，她始终相信苦尽甘来这一道理。在我上学后不久，她便宣布，在家里谁也不准再讲依地语，必须讲英语。"她陪着马卡斯一字一句地学起了英语。

马卡斯的母亲就这样学习着成为美国公民。虽然离开了故土，放弃了自己的母语，但对她来说，这算不了什么，成为美国公民，为全家寻求更好的生活，这便是"巴谢特"。

马卡斯从小的理想是上医学院，毕业后成为一名大夫。作为一个穷学生，他就近进了路特格大学的纽威克校区，这样便可以住在家里而省下住校的费用。马卡斯开始学习医学预科课程，并取得了优秀的成绩。

一天，系主任通知他，已经为他争取到了上医学院的奖学金。但接下来的消息却令人失望：马卡斯仍需另外缴纳 1 万美元的费用。毫无疑问，他拿不出那么多钱。没办法，马卡斯只好退了学，搭顺风车到佛罗里达州去找工作。半路上，马卡斯和母亲通了电话。他告诉她，自己再也不可能成为一名大夫了。

“别着急，”她说，“说不定好事还在后头呢!”

马卡斯在餐馆当了一年服务生，然后到新泽西州，进了那里的药学院。毕业后，他开始营销药品，这让他接触到了商品零售业，并开始喜欢上了它。

后来，马卡斯跳槽到西部一个名为“便民”的公司，这是一家小型家装物品公司。在这里，他常看到不少自己动手装饰和修补住房的人来买各种家装必需品，但他们不可能在一处一次就买齐。为此，他突然有了一个主意：如果能有一家大商场，把所有的家装材料店，如厨卫设备店、涂料店、木材店全都包括进来，顾客岂不更方便？要是所有经销商都懂得修马桶或怎样安装吊扇，岂不更好？这便是马卡斯的梦想的起源。

如果不是马卡斯与老板的那次会面，他的梦想也许无法实现。1978 年的一天，老板召见马卡斯，他便向老板谈了自己的建议。虽然他们过去在一些问题上有过分歧，这次，马卡斯仍希望老板能采纳自己的建议，把企业做大做强，将“便民公司”变成一家可能赢利的大型连锁超市。但老板认为马卡斯在他面前过分炫耀，自以为了不起，无视他的权威，因而将马卡斯解雇了。

这无疑如一记闷棍，打得马卡斯晕头转向。“我该怎么办？我如何才能重新找到工作？谁需要已进入中年的我？我怎么才能付清家庭开支的账单？”马卡斯当时有两个孩子正在上大学，还有一个在读高中。他向银行借的大笔抵押贷款必须按期偿还。他根本承受不起失业带来的后果。“我在‘便民公司’埋头苦干多年，为什么这种事偏偏发生在我身上？”

这时，马卡斯想起了母亲的那句口头禅。面对这种局面，他知道她的态度。虽然母亲已经过世，但此时，他仿佛听见她在说：“巴谢特。”对，总会有苦尽甘来的那一天，甚至到了这一步也不会例外。

于是，马卡斯抓住这个被解雇的机会，从头开始，决心自己当老板，着手实现创建一个大型家装材料总汇超市的构想。这个超市将面向人口众多的工薪阶层，他们是自己动手搞家装的主力，他这样做正好为他们提供了及时而又恰到好处的帮助。

马卡斯找到几个志同道合的合伙人，于是，一个名为“家庭”的大型家装材料公司应运而生。他们的生意做得红红火火，后来业务遍及全美，甚至开始扩展至全球。

现在，马卡斯已年满72岁。他一直忙忙碌碌地在零售业营销市场上工作了50余年。那时，他还不知道将来会怎么样，实际上现在他也不清楚将来会怎样。但有一件事他是清楚的——那就是母亲的口头禅，充满哲理的人生经验“巴谢特”——苦尽甘来。

耐心与时间甚至比力量和激情更为重要。年复一年的挫折，终将迎来收获的季节。所有已经完成的，或者将要进行的，都少不了那孜孜不倦、锲而不舍、坚忍不拔的拼搏过程。但是，生活总会苦尽甘来。

驾驭和摆脱痛苦

《塔木德》说：“痛苦之中蕴含着一种力，而且痛苦是一笔财富。”

痛苦，不管愿不愿意，几乎每个人都会遇到。况且，痛苦是客观的，具有存在的必然性。痛苦有其特定的空间局限性和时间变动性的特点。这些特点决定了人们可以摆脱它、战胜它，以至将它转化为一种力量。也正是由于这些特点，决定了并非一切不幸都是痛苦，一切痛苦也并非都是不幸。问题是怎么控制和利用，也就是驾驭痛苦。正如犹太教牧师古许纳在其畅销书《好人遭受不幸时》中所说：“我们必须摆脱那些以过去的痛苦为中心的问题，例如‘为什么发生在我身上’之类的问题，改为提出展望将来的问题，例如‘既然这件事已经发生，我该怎样应付?’”

一个人如果能够把自己的痛苦发泄出来，痛苦就会自然地在自己的掌握中。但对于痛苦的过程，每个人必须以自己的方式去度过。因为要把心灵的创伤医好，最

重要的就是要积极采取某种行动，而这种行动也就是对痛苦的控制和利用。

对痛苦的控制无非两种方法：一是摆脱，二是引导。摆脱痛苦最成功的办法就是寻找慰藉和转移注意力。但摆脱痛苦需要时间，痛苦必须用时间去克服，至于时间的长短，要视痛苦的程度和情形而定。必须注意的是，不管是哪种情况，如果对身处痛苦之中的人抱有不切实际的期望，认为他们应能够驱逐一切失眠、焦虑、恐惧、愤怒和自疑等痛苦症状并“迅速恢复正常”，往往会使他们感到彷徨、内疚和失去自信，令痛苦的过程更加长久、更加难以结束。痛苦的极致便是解脱。对于痛苦来说，获得解放的门径，往往也是脱离痛苦的门径。所以，在痛苦阶段，恰恰是在似乎一切行动将完结的时辰，新的力量诞生，产生莫大的支助，而这正是合理引导痛苦的结果。

聪明的犹太人相信，痛苦是一种财富，合理地控制和利用它，它将给你的人生以鼓舞和动力。

当然，犹太人是反对因痛苦而烦恼，整天郁郁寡欢的。《塔木德》说：“人死了以后，会被虫子吃掉，而活着的时候，也会被烦恼啃得体无完肤。”犹太人认为，不良情绪对健康是十分有害的，因此，一定要努力疏导和排解。以下是犹太人总结出的几种方法：

（1）自然发泄

排解不良情绪最简单的方法就是使之“发泄”。很多人有这样的体会和感受：当受了委屈或者悲痛欲绝之时，只要痛痛快快地哭一场，就会感到解除了抑郁、忧愁和悲恸，颇有轻松之感。生活中常有这样的事例：突如其来的巨大悲痛，令人难以排解，这时有人劝说“哭出声来吧”，结果痛哭一场，往往能使人从悲痛中解脱出来。

“长歌当哭”当然也是一种排解的方法，此时的“哭”比“笑”往往更有奇效。一些研究者对眼泪进行分析后认为，哭或其他感情冲动时流出的眼泪，其化学性质与眼部受机械刺激时流出的眼泪是不同的，前者中含有更多的蛋白质。其中有些生物化学物质，正是能引起血压升高、心率加速或消化不良的“罪魁祸首”。当

人哭时，这些物质较多的随眼泪排泄出来，对健康自然是有利的。从这个角度说，哭是机体对有害物质的一种自我调控功能。并且，“哭”出了烦闷、抑郁和悲痛，使人心情变得略为舒畅，也是对精神（心理）的自我调节方式之一。

（2）逐渐宣泄

情绪压抑，有时不宜一下子发泄出来，可采取分散疏导，逐渐宣泄的形式。一个人遇到不顺心的事，比如在恋爱中遭到挫折、亲朋好友去世、生活中发生重大事故、工作学习上或家中有不愉快的事等，怒由心头起，或心中泛起阵阵愁云时，首先应冷静下来，控制一下自己的感情，然后找诚恳、乐观的知心朋友或亲人，向他们倾诉自己的苦衷，或给亲人朋友写书信诉说苦闷、烦恼，在他们的开导、劝告、同情和安慰中得到力量和支持，消极的苦闷、忧愁和烦恼之情便会随之消散。所以，广交知心朋友，扩大社会交往，建立良好的人际关系，是医治心理不良情绪的良药。

另外，写诗作赋，撰写文章，抒发自己的情感，也是宣泄不良情绪的有效方法。

（3）投身工作

任何理智和情感都可以化为行动的动力，无论是愉快满意的情感，还是悲痛不快的情感，都能激励人去工作和学习。人们常说的“化悲痛为力量”就是如此。意志坚强者可避免不良刺激，增强抗病能力；意志脆弱者，多神怯气虚，易遭受刺激而发病。事实证明，胸有大志，毅力坚强的人，能够有意识地控制和调节自己的情绪，保持良好的精神状态。

（4）转移化解

各种情绪的产生都离不开环境。避免接触强烈的环境刺激，有时是必要的，但最好能学会情绪的积极转移，即通过自我疏导，主观上改变刺激的意义，从而变不良情绪为积极情绪。比如，遇到烦恼、郁闷时，如果你爱好文艺，不妨听听音乐，跳跳舞；如果你喜欢体育运动，可以打打球、游游泳等，借以松弛一下绷紧的神经；如果你喜欢观景看戏，可以观赏一场幽默的相声、哑剧、滑稽电影；如果你天

生好静，可以读一读内容轻松愉快、饶有风趣的小说和杂志。总之，根据自己的兴趣和爱好，采取自己喜爱的活动，可以舒体宽怀，消忧排愁，怡养心神，有益于身心健康。

此外，当你心情不快、痛苦不解时，也可以漫步在绿树成荫的林荫大道上或视野开阔的海滨边。如果有条件，还可以作短期旅游，使自己置身于绚丽多彩的自然美景之中，陶醉在蓝天白云、碧波荡漾、鸟语花香的自然怀抱里，山清水秀的自然环境会使你拥有豁达的心境，一切忧愁和烦恼之情也将随之消散。大自然可使你舒畅气机，忘却忧烦，寄托情怀，美化心灵。

树立积极的自我形象

《塔木德》说："不要自贬身价，以免别人看轻。"

一位犹太作家指出，积极的自我形象是走出贫民窟、危机和不幸童年的门票。女性幻想家格洛丽亚·斯坦内姆、奥普拉·温弗雷、简·芳达、艾恩·兰达、莉莲·弗农、玛丽亚·卡拉斯、玛丽·凯·阿什、哥尔达·梅厄和艾斯蒂·劳达等，都克服了贫困的环境或巨大的悲痛而达到成功的顶峰。她们早年生活环境并非如媒介所描绘得如同田园诗般美好。哥尔达·梅厄和艾恩·兰达两人年幼时便不断地与死亡抗争；丽莎·克莱伯恩和莉莲·弗农都是逃脱纳粹恐怖魔掌，以落魄的移民身份分别来到新奥尔良和纽约的：玛丽亚·卡拉斯在希腊从受战争蹂躏的饥饿线上挣扎过来；玛格丽特·撒切尔少年时代在二战炮火袭击的英格兰幸免于难。这些女性都在年少时从所失去的和所遭受的危机中学到了东西，并以此作为鞭策动力，她们善于将不利因素转化为积极因素，以构建伸缩自如的自尊。她们早年的经历给她们留下了惊吓，但纯粹是生理上的，她们受伤的零件在伤口愈合后更为强健，通过将需求升华为积极的内在能量，她们都达到了各自领域的顶峰。

帮助她们克服早年不幸的一个因素，是内在对自己强烈的信任。犹太人经常教导他们的孩子要树立强大的自我形象，不断警告他们是伟大而强盛的，他们由此臭名远扬（这些妇女中有六人至少有一位犹太父母）。甚至那些不是犹太父母的，其

父母也沿用犹太人的传统，灌输自己的孩子树立无所不能的自我形象，她们被宠爱、受崇拜，并不断被灌输自己是伟大、不凡、聪明而又美丽的，可超过其他人，这种说教构造了有弹性的自尊，帮助她们克服早期的不幸与灾难。大多数女性以后承认，她们那时便相信自己长大后会不平凡。

她们中许多人儿时在学校被认为早熟或比别的孩子聪明。奥普拉·温弗雷、琳达·沃切纳、艾恩·兰达、麦当娜和简·芳达都承认自己有种与生俱来的优越感，她们认为自己比朋友们更聪明，更有才能，这一自我认识使得她们在学校和日后的生活中取得更大更高的成就，也强化了她们的自我形象，她们相信自己不同寻常。她们以精神优越感行事，从而激励自己攀行。

这些妇女往往对自己的卑弱和不安进行过度补偿。强大的个体由不安和超成就所驱动，以平息内心的恐惧。她们中许多人是与众不同的，这在她们很早的生活中就定势以“不同”观点作为积极的品格，而非不利因素。因而，当同伴告知自己与众不同，只会成为她们自尊强化的积极因素，她们往往将自己的与众不同作为一种财富，而绝非负担，以此来强固自我形象。

自信使我们确立超凡的形象，能够应付任何挑战；自尊使我们表现出色，而热情是自信和自尊的根源。

机会会乔装成苦难

犹太人之所以总能取得成功，就在于他们善于在苦难中汲取力量，将失败踩在脚下，所有的打击与灾难在他们那里似乎都是引领他们走向成功的机会。

当上天要赐予你某种极富价值的东西时，会怎样做呢？用异国情调的礼盒包好，放在银盘上交给你吗？当然不会。聪明的上帝自然会做得更为复杂、更为巧妙，把最有价值的东西埋藏在最大的苦难之中。然后，愉快地守望着你，看你是否能探寻到这珍贵无比的机会。

人生中，苦难与机会往往如影随形。而机会也经常会戴着苦难的假面具来到我

们身边，只有那些心胸豁达、乐观的人才能看穿它并牢牢地把握住。所以说，苦难就是机会，人不能总是想着老天故意刁难你，而是应该把它看成是生活对你的一种磨炼与鼓励，没有任何机会是白给你的。如果这点困难就能把你难住，那漫漫人生路，你又要怎么过呢。

一棵幼苗能够长成参天大树必定要承受住无数次暴风骤雨的洗礼；一艘船舶能够漂洋过海，必定要经受住无数次大风大浪的考验；而一个人要想登上成功的巅峰之处，也必定要挨得住无数次苦难的来袭和痛苦的折磨。可见，成功的路上苦难与风浪是必不可少的，没有它也就没有了成功的机会。

几千年前，犹太人一直在颠沛流离中过活，他们所经受的悲惨遭遇，全世界有目共睹。在那样漫长的日子里，他们一方面对逆境熟视无睹，任凭风吹浪打，自顾自地过着自己的日子；另一方面，他们也把逆境看做了人生的一种上天赐予的机遇，在任何打击与摧毁面前从不退缩，也从不气馁。或许也正是这种无所畏惧的心态，才成就了他们的财富之路。就像《羊皮卷》中所说的："请主降下磨难，考验我对主的信仰；请主降下苦痛，把我和普通人区分；请主给我以逆境，让我成功。"

犹太人约瑟夫·贺西哈是一个穷人家的孩子，在他八岁那年，一场大火烧毁了他的家。从此他的童年生活变得更加辛酸和孤苦。万般无奈之下，他跟随着母亲来到了纽约布鲁克林区的贫民窟开始了艰难的新生活。但是命运之神似乎并没有眷顾小小的约瑟夫·贺西哈，在一次意外中他的母亲又被烧伤，就这样他们的生活再次陷入了困顿和拮据的境地。

由于贫穷，约瑟夫·贺西哈的母亲不能住在卫生条件和医疗设施较好的病房，只能挤在脏乱不堪的大病房。眼前的生活状况深深地刺痛了小约瑟夫·贺西哈的内心，也就是在那个时候他就下定决心一定要赚足够多的钱，再不匍匐于金钱的脚下，一定不能让人生如此惨淡地度过。

为了实现自己的梦想，约瑟夫·贺西哈开始四处找工作赚钱，最终他选择了当时有"一夜暴富"之称的证券交易行业。经过了几年的打拼和学习，约瑟夫·贺西

哈终于成为一名股票经理人。但他不满足于一直在别人的公司帮别人赚大钱而自己只能获得一点点零头的现状，所以决定自己成立一家证券公司。

1917 年，年仅 17 岁的约瑟夫·贺西哈以全部家当 255 美元开始了他的事业之旅。在公司的经营中，他面临了许多诸如资金、技术、人员等问题，但他总能凭借着自己顽强的毅力渡过难关，最终使自己的事业步入正轨。然而，好景不长，战争爆发后，他购买的钢铁公司的股票暴跌，使他损失惨重，他所赚的第一桶金 168 万美元几乎被洗劫一空。但困境和失败并没有打败约瑟夫·贺西哈求胜的决心。他重新反思了自己的做法，意识到创造财富最重要的是有一颗不怕失败的经营智慧之心。

最终，靠着这种愈挫愈勇的求胜之心，他成了股票界的商业巨头，塑造了在逆境中崛起的犹太人的灵魂领袖。

犹太人之所以总能取得成功，就在于他们善于在苦难中汲取力量，将失败踩在脚下，所有的打击与灾难在他们那里似乎都是引领他们走向成功的机会。正像《塔木德》中所说“在逆境中发财”，犹太人把逆境中的失败和苦痛都看做了逼自己成功的关键因素，因此，他们的求胜之路才能越走越宽广，越走越顺畅。

其实，不仅是犹太人，所有有所成就的人莫不如此。“文王拘而演《周易》；仲尼厄而作《春秋》；屈原放逐，乃赋《离骚》；左丘失明，厥有《国语》；孙子膑脚，《兵法》修列……”那些伟人无一不受苦难的青睐，也无一不是历尽千辛万苦才取得辉煌的成就的。可见，苦难不仅给人们带来了痛苦与伤害，也磨炼了人的毅力和心智，为人们日后的成功提供了绝妙的契机。

人性的某些特质，往往会由挫折和苦难得到更大的考验和提高，抑或是更大的打压和限制。就像是强者因苦难而使生命光辉耀眼，弱者因苦难而使生命悲惨凄凉。其实，苦难是人生中的必然经历，只要你的内心足够强大，必然会在苦难中挖掘到成功的机会，最终使厄运减震，不幸淡化，成功尽显。

忍耐，能带来财富

忍耐不是忍气吞声，更不是卑躬屈膝，而是一种策略，一种性格磨炼，它所孕育出的是通往成功的轨道。

荆棘难测的生存之路教育犹太人要懂得忍耐与承受，这似乎成了犹太人的特性，他们的信念是：我可以忍耐一切，但你也要为我的忍耐付出代价。在他们看来，善于忍耐与等待的人总能得到想要的一切。正如索罗斯所说："如果你的表现不尽人意，首先要采取的行动是以退为进，而不要铤而走险。"

迈耶·罗斯柴尔德

迈耶·罗斯柴尔德是闻名全球的罗斯柴尔德家族金融帝国的创始人，他在很小的时候就生活在一种敌意与歧视的环境下。在一浪高过一浪的反犹排犹浪潮下，他的日子过得异常艰辛，然而他却毫不气馁。他起初做过古旧钱币生意，在那时并没有人对这种古旧玩意感兴趣，但他也没有灰心，他相信凭着自己的执着必定会赢得机会。就这样，他用心经营着自己惨淡的事业，而且还挤出时间苦心钻研古钱币学。最终，他得到了机会，和一位傲慢无礼、目中无人的贵族将军做交易。在通过一段时间的相处后，那位古怪的将军最终还是被迈耶的幽默和博学所感动，开始了他们的合作之路。

前半生，迈耶只能算是个小有名气的钱币商，显然，他并不满足于此。他平静地等待着，不急不躁，暗暗地凝聚着力量。就这样，志向远大，想出人头地的迈耶在比海姆公爵手下委曲求全，无偿地服务了20多年，完全违背了自己的性格，可

他依然忍耐着。终于机会来了，法国大革命的爆发促成了欧洲金融和军火市场的空前活跃，这也是迈耶与比海姆公爵大展身手的机会。苦苦修炼了20年的他，全心投入到了金融和军火的交易中，后来，他终于成了欧洲金融帝国的掌门人。

我们可以从迈耶·罗斯柴尔德的故事当中，领悟到这样一个道理：苦难并不可怕，只要心怀希望，坚忍不拔，忍耐得住一切挫折与打击，必然会取得最后的成功。

犹太民族从小就会这样教育孩子，“彩虹是希望的象征，每经历一场暴风雨后，天空便架起像桥一般美丽的彩虹”。因此，犹太人始终相信忍受过漫长的黑暗后，必然会看到光明，这也是他们存活并一直奋斗着的信念。

因为忍耐，犹太人成了“世界第一商人”。忍耐，总能为你带来意想不到的成功。世界上石油大王洛克菲勒在创业之初，由于缺乏资金，他的合伙人克拉克先生便邀请昔日的同事加德纳先生入伙。对此，洛克菲勒也十分赞同。然而，让洛克菲勒意想不到的是克拉克竟带来了一个钱包，同时还送给了他一份屈辱，他们竟然要把“克拉克·洛克菲勒”公司改名为“克拉克·加德纳”公司，而把洛克菲勒的姓氏从公司名称中抹去的理由竟然是加德纳出身名门，他的姓氏可能会招来更多的客户。

洛克菲勒被这个理由大大刺伤了自尊。他愤怒地想：为什么同样是合伙人，加德纳带来的也仅仅是他那一份资金而已，难道他出身贵族就可以剥夺我应得的名分吗？但洛克菲勒最终还是忍了下来，他什么也没做，若无其事地告诉克拉克：“这没什么。”

一个被伤害了尊严的人又怎么可能没事呢，洛克菲勒之所以选择忍受，用理性浇灭了心头燃烧着的怒火，就是因为他明白这样做可以为他自己及公司带来好处。

成功需要忍耐，如果无所顾忌，肆意发泄自己的情绪，只会让现实偏离自己的目标。试想一下，如果洛克菲勒对克拉克大发雷霆的话，不仅有失他的体面，更重要的是，也会给他们之间的合作制造裂痕，甚至还有可能将洛克菲勒分离出去，让

他自己一人从头再来。洛克菲勒深知其中道理，所以，他选择忍耐，选择与大家站在一起。团结合作可以形成一种合力，让他们的事业越来越大，这样，洛克菲勒的个人力量和利益也会随之壮大。

忍耐不是忍气吞声，更不是卑躬屈膝，而是一种策略，一种性格磨炼，它所孕育出的是通往成功的轨道。公司名字改过之后的洛克菲勒依旧不知疲倦投身于工作中，直到第三个年头，他成功地把那位极尽奢侈享受的加德纳先生请出了公司，把克拉克·洛克菲勒公司的牌子重新竖了起来。而洛克菲勒也就此成了闻名世界的亿万富翁。

能忍别人所不能忍的，才能为人所不能为的事。对于众多成功的犹太人来讲，挫折与打击都是让他们挥之不去的记忆，但也正是忍受住了这个过程，才成就了他们日后的辉煌。

我们在仰慕他们光彩照人，阔绰富有的一面的同时，也应该看到他们曾经饱尝的辛酸和窘迫，看到他们面对挫折时的隐忍和承受。他们选择了忍耐，所以才找到了人生的突破口，成了世界经济舞台上最成功的主角。

在挫折中寻找翻盘的机会

在犹太人看来，挫折虽给人带来痛苦，但它也可以磨炼人的意志，激发人的斗志，让人学会思考，调整行为，以更佳的方式去实现自己的目的，成就辉煌的事业。

在迦太基的一家著名博物馆内，有一幅画，名为《将军》，画面上是一个人正在和魔鬼下棋，且危在旦夕，魔鬼正在将军。这一盘棋便是人类命运的象征，挫折就是那个正在将军的魔鬼。那么，人类还有希望赢吗？当然有。

每一个犹太人在小时候都会接受“挫折教育”，在他们看来，不管人生这盘棋下得如何糟糕，都会有翻盘的机会。我们知道犹太历史就是一部苦难史，生活的磨难，身体的疾病，生存的险恶，到处被排挤流离失所，人格歧视……无不折磨着犹

太人。然而，无所畏惧的犹太人却没有被这样的挫折打到，相反他们以顽强的意志力扭转了整个局面。

在犹太人看来，挫折虽给人带来痛苦，但它也可以磨炼人的意志，激发人的斗志，让人学会思考，调整行为，以更佳的方式去实现自己的目的，成就辉煌的事业。科学家贝佛里奇说："人们最出色的工作往往是在处于逆境的情况下做出的。"可见，挫折也是造就人才的一种特殊环境。

当然，挫折并不会自发地造就人才，也不是所有经历挫折的人都能有所作为。法国作家巴尔扎克说："挫折就像一块石头，对于弱者来说是绊脚石，让你却步不前；而对于强者来说却是垫脚石，使你站得更高。"只有抱着崇高的生活目的，树立高尚的人生理想，并自觉地在挫折中历练，在挫折中奋起，在挫折中追求的人，才有希望成为生活的强者。

巴尔扎克

每个人都有自己的理想，可是在实现理想的征途上总会存在一定的阻碍。面对困境，面对挫折，许多人总是情不自禁地抱怨上帝的不公，埋怨现实的残酷，然而生活并不会因任何人抱怨而发生改变。

在人生中，困难和挫折都是生活中最平常的事，虽然我们不能改变自然规律，不能阻止其发生，但却可以改变对待它的态度。正如流传于美国社会的那句箴言："如果你不能改变环境，那就试着改变自己！"

在饮料行业，可口可乐和百事可乐一个是市场领导者，一个是市场追随者既挑战者。记得在1984年，可口可乐公司就遭到百事可乐公司一次强有力的挑战。百事可乐公司更换新包装，并进行大肆宣传，短短数月销售情况就远超可口可乐公司。为了扭转不利的竞争局面，可口可乐公司把重任交给了市场营销部的塞吉诺·

扎曼先生。

扎曼先生为了更大的增强产品的竞争性，并没有单纯的改变包装，增强宣传，而是更换了可口可乐的口味，并标之以“新可口可乐”出售。在新的营销策略中，扎曼先生犯了一个致命的错误，他原本以为新口味能大受欢迎，可根本没想到顾客口味的不可变性。他将可乐的由酸味饮料变成甜味饮料，违背了顾客们长久以来形成的习惯。当时有报纸讽刺说：“新可口可乐不久就成为继美国著名的艾德塞汽车失利以后最具灾难性的新产品。”最后，扎曼先生的新产品在出售79天后，公司决定改变销售重点，让老可口可乐重返柜台支撑局面。

扎曼先生的失败对他在公司的地位产生了很大的负面影响，不久，饱受同事攻击和排挤的他只好黯然离职。离开可口可乐公司的扎曼先生十分沮丧，自卑，他不与朋友联系，不敢上街，整日把自己关在房间里。对于那段不愉快的日子，扎曼先生在自己的书中就曾回忆说：“那是我人生最不堪的时候！”后来，他在妻子的开导下，决定要重新振作，和一个朋友合伙开办了一家咨询公司。由于资金限制，公司的规模不大，其实只有他们两个人，而且在亚特兰大旧楼区的一个地下室里。公司所有的资产不过是一台电脑，一部电话和一部传真机。

扎曼先生借助自己曾在可口可乐公司的经验和人脉，成功获得为微软、红佳酿酒和威士达机械等许多著名公司提供咨询的授权。不久，他就为微软公司、塞其耳公司为代表的一大批客户成功地策划了一个又一个发展战略。最后，连可口可乐也来向他咨询，并伸出橄榄枝希望他能重回公司。

故事中的扎曼先生，虽然他面对挫折时也同大多数年轻人一样痛苦、萎靡，不过后来他还是选择用积极的态度去面对。这一改变使得他在人生最低谷时重新找到了自己的定位与方向，进而达到事业的巅峰。

一个聪明、成熟的人面对困难和挫折时，不会自怨自艾，也不会陷入自怜之中，而会多往好的方面想并积极的想办法应对。因为他知道，只有这样他才能充分发掘出自己的潜能，才能在挫折中找到人生翻盘的机会，才能将不利因素转化为成

功的引子。在写扎曼先生故事的时候，我又想到了一个快乐的农夫，他也是通过积极地态度在挫折中找到了人生翻盘的机会而获得成功的。

这个农夫叫米勒·科尔史，他在佛罗里达州买下了一大块土地。可是在他买下土地不久后，他便后悔了。这块土地非常的贫瘠，不仅不适合种植农作物，甚至连养猪养牛都不适合。这里除了一些低矮的灌木以及响尾蛇之外，估计什么生命都无法生存。这一切让米勒先生非常失落，有很长一段时间他都生活在自怨自艾之中。后来有一天，他忽然想到一个主意，决定利用这里的响尾蛇做文章。不过，他的建议并没有得到家人的赞同，家人都让他快点把土地转手。但是米勒先生不顾家人的反对，坚持在这里开办了一个食品厂，开始生产响尾蛇罐头。出乎所有人意料之外的是这些响尾蛇罐头非常受欢迎，这让米勒先生挣得很多钱。后来，米勒先生又把响尾蛇的毒液卖到实验室制作血清，把蛇皮送到工厂制作成鞋子和皮包进行销售。就这样，他的生意越来越好，这利润也是当初种植农作物不能够相比的。

从米勒先生的故事中可以看出，米勒正是报以积极的态度，在挫折中寻找机会，从而才把不利的因素转化成了成功引子。所以不管我们遇到怎样的挫折和苦难，都应积极面对，因为挫折本身并不是责难，而是上帝给我们的一种考验，只要你足够坚韧，必然会寻找到翻盘的机会。

痛苦愈深，人愈坚强

虽然遭受了如此残忍的屠杀，但现如今这个世界仍然还有许多犹太人，原因在于他们永不绝望，永不放弃。

在莎士比亚的名剧《威尼斯商人》中，曾经有一幕给人们留下了极为深刻的印象：夏洛克在法庭上无比激动地控诉当时的社会对犹太人的不公正待遇：

“他曾经羞辱过我，夺去我几十万块钱的生意，讥笑我的亏蚀，挖苦我的盈余，

侮辱我的民族，破坏我的买卖，离间我的朋友，煽动我的仇敌。他的理由是什么？只因为我是一个犹太人。难道犹太人没有眼睛吗？难道犹太人没有五官四肢，没有知觉，没有感情，没有血气吗……要是一个犹太人欺侮了一个基督教徒，那基督徒应该怎样？报仇呀。要是一个基督徒欺侮了一个犹太人，那么照着基督徒的榜样，那犹太人应该怎样？报仇呀。你们已把残酷的手段教给我，我一定会照你们的教训实行。而且还要加倍奉还哩。"

或许正是因为环境的苛刻，才让他们形成了如此坚强的民族性格。按照犹太人的观念来说，痛苦愈深，人愈坚强。这么多年以来，他们历经磨难、离散和流浪，他们的不屈和顽强是任何一个民族都无法比拟的。因为世界上再没有一个民族在离开故土近两千年后，仍然执着地返回家园，也在没有一种语言死亡了近两千年，又被人们使用的。犹太民族是一个传奇，它之所以传奇就在于，它永远能在痛苦中愈挫愈强。

在一个小镇上，纳粹试图将犹太人赶尽杀绝，因此每天都对镇上实行严格的监管，决不允许有一个犹太人从自己的眼皮下溜走。

有一个犹太家庭不得已，只好全家都躲在仓库的小阁楼上。他们一家有五个人：父母、10 岁的女儿蕾契尔，八岁的儿子杰修，以及叔父雅各。由于不能出去工作，他们只能靠着邻居们的帮助获得粮食。每当有纳粹的巡逻队走进，或有不怀好意的市民走过来时，他们都要屏住气息，不发出任何声音，而且在阁楼上，还学会了比手画脚，完全以动作来表达意思。为了填饱他们的肚子，父母和叔叔常常轮流出去找食物和水。每一次听到仓库附近有脚步声时，父母就要赶紧用手掩住蕾契尔和杰修的嘴巴，避免他们叫出声来，有时往往会适得其反，这两个不懂事的孩子，通常因过度恐怖，而叫出声音。

躲进阁楼三个月之后，有一天，母亲外出找食物许久未归，关心他们的市民说："你们的母亲被德国兵抓走了。"又过了两个月，父亲也一去不返。此后，就只有叔叔雅各掩住他们的嘴巴了，但半年后，叔叔刚刚出门，就被打死了。自从叔叔

死后，出去寻找食物的重担就落在了姐姐蕾契尔身上。而且，当仓库附近有一点声音时，也只有姐姐掩住弟弟的嘴了。可是就连这种情形也并没有持续太久，姐弟俩在黑暗的仓库中待了一个月之后，姐姐也永远不回来了。此后，每次听到任何的声音，就只有杰修掩住自己的嘴巴了。这个故事就是当时幸存的杰修所传。

虽然遭受了如此残忍的屠杀，但现如今这个世界仍然还有许多犹太人，原因在于他们永不绝望，永不放弃，他们坚韧到了我们无法想象的程度。黑暗之后，必有光明，这是他们一直坚守的信念。也是他们总能从痛苦中挣扎出来的原因。

世上最精美的瓷器，也是经过最多次数烤制的瓷器。没有多番的烈火焚烧，永远无法达到巧夺天工和精美绝伦。一个民族也同样，只有禁得住漫长的磨难与艰辛，才会有大的作为。正如罗马教皇所言："有多少苦难，多少惊天动地的大事，才有多少不可思议的成就。"

这就是犹太人想要告诉我们的，痛苦越深，人就越坚强。面对挫折和磨难，我们不应该过分地沉迷于痛苦和悲伤之中，更不该长期迷失眼前的方向。要知道你所遭遇的一切不过是上天在帮你成就人生，如果面对打击和生命的低谷，你只会扼腕叹息，怨天尤人，甚至消沉堕落，那你的人生必定不会有翻身的一天了。

坚强是一种品质，也是一种态度，更是我们面对生活尤其是面对逆境时必须保持的一种姿态。既然我们无法选择生活会给予我们什么样的际遇，那我们只能要求自己坚强，只有这样才能不被痛苦打败。

任何时候都不放弃希望

你有过悲观沮丧吗？有过失意甚至绝望吗？

如果你的回答是肯定的，那么请再回想一下，这样的情绪给你带来了什么呢，是让你的痛苦有所缓解，还是让你奋发图强？

实际上你可能会说：都没有，它们所带来的，只有痛苦，越来越深切的痛苦。

对此，我们是不是可以这样理解：在失望、消极等情绪中沉浸，我们会被痛苦

包围，以至于看不到人生中美好的一面，也发现不了事情中积极的所在。

智慧、理性的犹太人和我们不同，他们不会让负面情绪占据自己的大脑，控制自己的情绪和状态。相反，犹太人会暗示自己或者激励他人：相信自己，你终会笑到最后。

在此，需要问一句读者朋友，怎么才能相信自己呢，或者说我们的自信心取决于什么呢？考虑一下，如果没有对未来的期待和憧憬，你还会产生信心吗？如果没有对美好的追求和向往，你还会有自信心吗？如此说来，自信心很大程度上来源于我们心中的希望。

没错，就是希望！

正是因为对未来有希望，人才会有无限的激情和持续的动力，才会有无穷的创造力和创造奇迹的可能。相反，如果一个人对未来感受到的是一片渺茫，那么他的潜能必将遭到扼杀，其人生也将会因无所成就而暗淡无光。因此说来，要想给自己的未来绘制出一张美好的蓝图，那么我们也要像犹太人那样，始终带着希望走在人生或坎坷或平坦的旅途中。

一位犹太老翁有四个儿子。他希望自己的孩子们都能够在未来过上好日子。为此，他还专门想了些故事，用来启发他们。其中有这样一个小故事，很值得我们深思：

这一天，老翁把四个儿子叫到身边，给他们布置了一个任务，即分别在春夏秋冬四个季节观察同一棵梨树，要求他们和自己分享观察的结果。

由于是不同的季节，四个儿子得到的结果自然不尽相同。

听完第四个儿子的汇报，老先生再次召集四个儿子，对他们说："你们每个人看到的只是这棵树一个季节的风景，每个季节的风景是完全不同的，正如生命总有沮丧、失败，也有快乐、幸福。树依旧是那棵树，不同的是四季；我们依旧是自己，不同的是我们的心情……"

四个儿子被父亲的话深深地触动，他们明白了这是父亲对自己及其他三个兄弟

的最后的教导。父亲希望自己的孩子们能够全面看待人生的喜怒哀乐，不要被一时的不如意吓倒，也不要为一时的顺心而忘乎所以。人生正如大自然的四季，有万物复苏的春天，也有枝繁叶茂的夏天，有硕果累累的秋天，也有枯叶掉落的冬天。

这是一个看起来简单却寓意深刻的故事。它告诉我们：如果在冬天的时候就放弃，那么我们就会错过生命中春天的期待、夏天的斑斓、秋天的收获。因此，我们不要让任何一个季节的痛苦毁掉其他季节的快乐，不要让一时的挫折扼杀了对未来的希望。只有心存希望，才能在寂寞中默默独行，才能在黑暗中深深探索，才能向心中的目标一步步迈进。正如莎士比亚所说："治疗不幸的药，只有希望。"希望是一帖心灵的药，它可以治愈不幸，甚至灾难。

第二次世界大战结束后，遭遇战争迫害的犹太民族，失去了自己赖以生存的家园。他们曾经生活的土地上到处都是废墟。一片片的废墟在表达着战争的残酷，也在刺痛着生活在这片土地上的人们的心。

为了了解战后的情况，一些社会学家到实地考察。此次考察让他们对犹太民族刮目相看。

他们看到了许多住在破烂不堪房子里的犹太居民。而后，带队的社会学家问他的随从："你们看，犹太民族还能振兴起来吗?"

"难说。"一名随从随口答道。

"他们肯定能!"那位社会学家非常坚定地给予纠正。

"为什么呢?"随从人员不解地问道。

社会学家看了看他们，又问："你们到了每一户人家，看到他们桌上都放了什么?"

随从异口同声地说："一瓶鲜花。"

"那就对了！任何一个民族，处在这样一个状况下，还能用鲜花装扮房间，那就一定能在废墟上重建家园!"

这位社会学家说得没错，能够在一片残败不堪的废墟上，用鲜花来装点生活的人们，他们的心是坚强乐观的，他们对生活仍然是充满期待的。这样的人们，这样的民族，谁又能说他们没有希望呢？

一个民族如此，一个人同样如此。生活在现实中的我们，都会有一些意想不到的坎坷和困惑。即使这样，我们仍然不能让希望走出我们的生命，我们始终要记住，人是生活在希望之中的。只有拥有希望，才能真正找到战胜困难、改变命运的突破口，成功也就不会舍我们而去了。

"人是生活在希望之中的"，简单的几个字却渗透着很深的哲理。聪明、顽强又积极乐观的犹太人已将这样的哲理根植于自己的内心，所以不管遭遇什么，他们都会满怀希望和激情，不断地奋斗。也正因为有了这些，犹太人的潜能才得以尽情地发挥，他们也因此创造了许多意想不到的奇迹，令世人刮目相看。

坚强地穿越人生的谷底

俄国著名诗人普希金说过这样一句话："假如生活欺骗了你，不要悲伤，不要心急，忧郁的日子里需要镇静，相信吧，快乐的日子将会来临。"

普希金

毫无疑问，在我们的生活中时常充满着艰难险阻，磨难随时都有可能来到我们的面前。就像大海有潮起潮落，浪花有高低起伏。那么试问，当你跋涉于坎坷的人生之路，特别是步入人生的谷底之时，是以怎样的状态来面对的呢，一蹶不振还是坚强面对？

在这一点上，犹太人应该最有发言权。我们曾提到过犹太人失去家园、流离失所等遭遇，而他们最终还是跨越了种种磨难，从人生的谷底一次次奋起。

大到一个民族，小到一个人，都需要在困苦中选择坚强，在绝望中挣扎着奋起。只有这样，人生才能少些遗憾，多些精彩。

纳丁·戈迪默这个名字，你应该听说过吧。她是一位犹太著名女作家，也是犹太人的骄傲。1991 年的时候，戈迪默获得了诺贝尔文学奖。

或许很多人不知道，戈迪默是用无数的汗水和心血才换来了这份荣耀。

1923 年，戈迪默出生在约翰内斯堡附近的一个小山村——斯普林斯村。她的父亲是犹太人的后裔，母亲是英国人。当时，戈迪默的家庭环境比较富裕，在衣食无忧中成长的她，对未来的生活充满了希望和憧憬。

可是，戈迪默的身体不太好，体弱多病，经常忍受病痛的折磨。在她 6 岁的时候，她梦想自己能够成为一位出色的芭蕾舞演员。她报名参加了小芭蕾剧团，开始学习芭蕾舞。但是，由于她体质太弱，不适合大量的运动，小戈迪默被迫放弃了这个美好的梦想。

不仅如此，她连正常的学业也不得不中断。那时，戈迪默只是个 8 岁的小女孩。离开了学校的戈迪默只能待在家里，为了缓解郁闷，她经常用读书来打发时间。慢慢地，她开始沉迷于书海之中，终日与书为伴。

终于有一天，她偶然间发现了斯普林斯图书馆，才真正找到了自己生活的乐趣。每天一早她就扎进图书馆，尽情地在书籍的海洋中汲取所需的知识。在图书馆中，戈迪默阅读各种书籍，文学、哲学、自然科学等各学科。尤其是对于文学，她产生了极大的兴趣。于是，年纪还很小的戈迪默开始自己写作，她将自己的感情全部寄托在写作上。

随后. 到了 15 岁的时候，她完成了第一篇小说，并且成功在当地的一家文学杂志上发表。这篇小说受到了读者的热烈欢迎，从此，戈迪默开始了自己的文学写作生涯。

戈迪默后来创作的《星期五的足迹》获英国史密斯奖，《对体面的追求》赢得了瑞典文学院的赞赏。她所创作的《没落的资产阶级世界》《陌生人的世界》和

《上宾》等作品都被人们称为文学上的佳作，并且获得了诺贝尔文学奖的提名。但是，她屡屡和诺贝尔文学奖失之交臂。这样的经历给了在文学创作上一帆风顺的戈迪默很大的打击。

当时的她，失望极了。她甚至想过放弃写作，她认为自己一辈子也不会获得诺贝尔文学奖了。不过，短暂的消极情绪过后，戈迪默还是选择了坚持下去。她将诺贝尔文学奖作为自己奋斗和追求的目标，并且在自己的著作扉页上写下：纳丁·戈迪默，诺贝尔文学奖（失败）。通过这种方式，戈迪默激励着自己。终于，在1991年的时候，戈迪默在获得6次提名之后，获得诺贝尔文学奖。

病痛、辍学、失败等痛苦的经历，都没能让戈迪默消沉，更没有将她打败。她用自己的坚韧和顽强，战胜了一次次的挫折，跨越了一次次看似无望的人生低谷。

从戈迪默的经历中，我们也可以看到，犹太人身上所体现出来的那种顽强的精神和不屈的意志。他们深深懂得，在人生旅途中，一时的挫折并不能影响自己对于事业和理想的追求，只要坚持到底，永不放弃，最终就会在荆棘中闯出一条成功的道路。

接下来的这个故事，或许会令你更为震撼。在主人公约翰·库缇斯的身上，你会看到比前面故事中的戈迪默有过之而无不及的坚强品格和顽强斗志。

约翰·库缇斯是一位著名的激励大师。据说，他刚出生的时候，接生的护士和医生都感到震惊，因为他的身体比一般的新生儿都要小，小到可以和一个易拉罐一比“长短”。更糟糕的是，他双腿畸形，而且没有肛门。

听起来是不是非常可怜？如果你身边出现一个这样的孩子，你肯定会非常同情他和他的父母吧。小约翰就切切实实遭遇了这样的不幸。当时的他，别说顺利地成长了，就连能否成活都是个问题。医生对此也不抱什么希望，不无遗憾地对孩子的父母说：“你们的孩子现在非常虚弱，看状况是活不过今天了，请你们做好心理准备。”

对于这样的事实，小约翰的父母只能带着巨大的悲痛来接受。他们听从医生的指挥，精心为儿子准备了小衣服、小棺材和墓地。待这一切准备就绪，小约翰却依然安然无恙地活着。尽管如此，医生还是劝小约翰的父母不要抱太大希望，且泼冷水道："即使现在还活着，未必能坚持一周的时间。"

一周很快过去了，小约翰不仅奇迹般地继续活着，而且还坚强地活过了第一周、第二周、第三周……让医生和小约翰的父母感到不可思议的是，小约翰竟奇迹般地活了下来。

出院后，小约翰的父母将儿子带回家，并给他取名约翰·库缇斯。他们觉得这是上帝赐予他们的最好礼物，所以他们打算今后一定精心地养育自己的儿子。

用文字叙述出来，或许只是简单的几句话，但具体到实际的生活，则是充满了难以想象的艰辛。这或许只有做了父母并亲手带大孩子的人们才更容易体会到吧！由于小约翰的身体实在是太小了，在他的眼里，身边的一切都是庞然大物，让他内心充满了恐惧。甚至连他家的狗都经常欺负这个"小玩意"。

小约翰的父母看在眼里，急在心上，他们一时也找不出什么好办法。为了让儿子战胜恐惧，父亲对他说："如果你觉得恐惧，那么你就学会去坚强地面对它吧！"随后，父亲特意让家里那只狗和小约翰独处了几个小时。这一次锻炼，是父亲给小约翰上的第一堂课。

到了上学的年纪，小约翰和其他小朋友一样进入了校园。个头小别人很多的小约翰开始迎接着一场又一场的噩梦。因为调皮的同学总是拿个头矮小的他当玩偶随意摆弄和欺负。

受尽委屈的小约翰把泪水吞到肚子里，咬着牙让自己坚强地面对周围的一切。

后来，小约翰又做了一次截肢手术，那是他17岁的时候。派不上用场而且让行动更不方便的两条腿没有了，约翰成了"半个人"。但是行动比从前自如了许多。

读完高中之后，约翰想自食其力，于是他挨家挨户地敲开沿街的店门，询问店主能否雇佣他。可是，因为他太过矮小，很多人看到几乎趴在地上的他，不禁摇摇头，然后迅速地把门关上。尽管饱受冷落和拒绝，约翰始终没有灰心。终于，在经

历了无数次的失败之后，约翰在一家杂货店找到了第一份工作。

由于行动不便，他不得不在早上4点多就起床，然后赶火车到镇上，再爬上自己的滑板，从车站赶到几公里以外的工厂。这样的生活和工作虽然非常辛苦，但约翰一想到自己可以自力更生了，便油然而生一种快乐和满足感。

虽然只有半个身子，约翰却是个体育爱好者。他12岁时，就开始学打室内板球、轮椅橄榄球，并且喜欢上了举重。由于没有双腿而长期锻炼上肢，约翰的手臂有着惊人的力量。1994年，约翰获得了澳大利亚残疾人网球赛的第一名；2000年，约翰拿到了澳大利亚体育机构的奖学金，并且在全国健康举重比赛中获得了亚军。此外，约翰还分别取得了板球、橄榄球的二级教练证书。他那坚强不屈的精神让很多人都为之折服。

如果说这些足以让人震撼的话，那么约翰后来的演讲则称得上超级震撼。也正是这次演讲，真正改变了他的命运。

一次，约翰应他人之邀对自己的经历做了一个简短的演讲，却没想到赢来了热烈的掌声和巨大的反响。在场的听众听了他的故事后都被他坚强的意志深深触动，甚至有一个女孩因此放弃了自杀的念头。

通过这次偶然的公开演讲，约翰重新看到了自己的价值所在，此时，他做出了一生中最大的决定：走上讲台，讲述自己所经历过的一切，讲出自己的挣扎和坚强拼搏，给他人人生的启示。从那之后，约翰开始到世界各地进行演讲。到现在为止，约翰在190多个国家，共做了800多场演讲，他用自己的人生经历激励了许多处于人生低谷的失意人，让他们变得坚强起来。

此时，你的心情恐怕只能用震撼来形容吧！每一个对约翰·库缇斯的经历有所了解的人，都会为之深深震撼。他这样一个在常人眼里注定不会有生命高潮的“半个人”，硬是用自己坚强的意志和有力的双手走出了生命的谷底。难道这不足以令人为之震撼和钦佩吗？

实际上，我们每个人都有不足，我们的人生都有缺憾。当看到自己所具有的这

些缺憾和不足的时候，不妨想想戈迪默和约翰，遭遇病痛又有什么呢？遭遇打击又有什么呢？我们应该像犹太人那样，相信自己，只要足够坚强，足够乐观，那么有一天终会走出人生的低谷，踏上生命的巅峰。

留得青山在，不怕没柴烧

或许再没有哪一个民族像犹太民族一样，经历过数不清的压迫和杀戮：他们从血腥的屠杀中挣脱出来，四处流浪。他们从险象环生的黑暗丛林中突围出来，踏上新的征途；他们在无尽的偏见和仇视中默默抗争，不断地奋斗。不能不说，犹太人身上所具备的这种不畏缩、不气馁的精神气概，实在令人敬佩。而这一切，都源于犹太人心中坚定的信念：他们坚信自己是上帝的“特选子民”，他们坚信只要自己不失去信念、不停止奋斗就终会取得胜利。正是这种“留得青山在，不怕没柴烧”的气魄和勇气，让他们成为受世人尊敬的聪慧、富有、顽强的代表。

反观我们的人生，虽然不会像犹太人经受那么深重的悲惨，但也不会总是一帆风顺，总会遇到各种各样的困难和挫折。有的人在事业上会怀才不遇、大起大落；有的人在生活中命运多舛、一波三折；有的人在感情道路上连受伤害、惧怕爱情。面对这些生活的磨难，我们一方面要学习犹太人身上的那股挑战困难的勇气和信心，想尽一切办法去克服它；另一方面也要学习犹太人那种懂得量力而行、适当妥协的智慧和气度。

俗话说：“留得青山在，不怕没柴烧。”这话看上去很朴实简单，但如果要去深深地品味其中的含义，也并不是一件很简单的事情。知难而退并不是一种懦弱的表现，恰恰相反，它是一种勇者的表现。一个懂得“留得青山在”的人，往往能够取得更大的成功，这是一种智者的表现。

有个烧木炭的犹太老汉，他有两个儿子。老汉对二儿子放心不下，因此在去世前，把树木茂密的西岗分给了二儿子，把树木稀少的东岗分给了大儿子。

西岗不仅树木茂密，而且树干还能烧成很好的木炭。老二很勤快，每天都去辛

辛苦苦地伐木，然后将木头烧成木炭，日子过得很富裕。但是几年之后，西岗上的树都被老二伐光了，于是他只好在岗上种了庄稼。天有不测风云，一场暴雨从天而降，冲走了老二辛辛苦苦种下的全部庄稼。于是他没有了收入，只好去东岗投奔哥哥。

比起老二，老大是个很会规划的人。由于东岗的树木稀少，他先把那些不成材的树木烧成了木炭，又在空出来的地里种上了新的树苗。接着，又把岗下的荒地开发出来，用来种田和喂马养牛。虽然老大前几年的生活很贫穷，但是几年之后，岗上先前种的树苗逐渐长大，岗下的庄稼也连成了片，牛羊成群。

下那场暴雨时，由于东岗上有着树木做防护，所以庄稼一点也没有受损害。老二见哥哥这边一片兴旺，感到非常奇怪，于是就问哥哥其中的缘故。老大语重心长地告诉他："先要把山养好，才会山清水秀，如果只吃山不养山，自然会山穷水尽。"

除了坚持和毅力，老大采取了理智而科学的种植方法，使得自己因山得财。相比较而言，老二则因为考虑不周全而落得"坐吃山空"，终无所获。

犹太人认为，不论在生活还是在工作中，总会遇到一些困难。这时，要学会认清形势，知难而上，努力将困难克服。如果在现有的条件下，想要克服这种困难还需要其他条件的配合的话，可以先退下来，把这件事情暂时放到一边，先去准备它所要求的条件。等到条件准备充分的时候再去做这件事也不迟。因为"留得青山在，不怕没柴烧"中的"留"并不是让你去静静地守候，而是让你利用时间来磨炼自己。

适时放弃是一种大智慧

如果一件事，明明知道没有结果，你还会坚持吗？这个问题如果让犹太人来回答，他们肯定会果断放弃。

前面的内容中，虽然我们提到犹太人顽强、坚忍，不容易被打倒等，但是那是

在他们仍旧能够看到未来、看到希望的时候，才会做出的选择。倘若已经预测到结果不理想，那么他们就不会再投入精力、金钱等，而是选择放弃。

通常来看，当犹太人决定在某项事业上投资之后，会制定出短期、中期和长期三套投资计划。短期计划实施之后，如果发现实际情况和之前预测的有出入，他们也不会动摇，甚至都不会感到惊讶，而是积极地按照原计划来进行实施。

短期计划过后，便是中期计划的实施了。这时候，犹太人会继续追加投入，设法完成各项策略的实施。

但是，当中期计划深入进行之后，仍然像短期计划那样没有达到预测中的效果，那么他们就不再投入，而是果断地放弃这项投资。

看到这里，你会觉得犹太人胆小吗？会认为他们没有顽强的毅力坚持到底吗？

实际上，并不是这样。在犹太人看来，这样做是明智的选择，即使亏掉了不少投资也无所谓。如果再勉强坚持，那么到头来只会投入得更多，亏损得更多。索性，长痛不如短痛，放弃这堆烂摊子，将时间、精力和金钱投入到新的计划中去。

只是遗憾的是，很多人不具备犹太人这样的果敢和智慧，也不懂得及时止损。在发现事实与预测相去甚远的时候，他们仍然怀着侥幸心理，希望能在山重水复处，发现柳暗花明。对这种情况，恐怕只能说“抱歉”了。

威斯曼是一位做地产生意的老板。两年前，他在城市偏僻的地方买了一块地皮。由于价格低廉，威斯曼感到非常满意。

买完地皮之后，威斯曼决定在这里建一座豆奶加工厂，他认为这是一个低投入高回报的行业，自己一定能成功。但是，结局远远没有他想象的那么好。公司从兴建伊始就开始亏损，远没有当初计划的那么好。可威斯曼不愿意放弃，继续投入了数百万美元的资金，他相信，过不了多久，公司就会峰回路转，实现预计的盈利目标，可没想到几十万又打了水漂。

威斯曼认为是公司设备不够先进，影响了生产效率和质量，便又投入了百万元引进了德国的高端生产设备，但是理想和现实有巨大的差距，公司仍然在亏损。

豆奶市场在当地已经很饱和了，而他的公司又是一家新兴公司，根本没有品牌竞争力。但是公司已经投入了很多钱，威斯曼想要放弃，却又不甘心自己的努力付之东流，于是又投入了几百万元，希望可以置之死地而后生，但是投资依然是泥牛入海，一点成效都没有……

最后，威斯曼为了豆奶公司倾家荡产，无奈之下，宣告了破产。

难道投入如此之多，最后只是为了落个破产的结局吗？从威斯曼本人的初衷来讲，肯定不是的。但是，他也并非没有察觉到问题的存在，或者说他应该已经清楚继续投入下去的危害。只能说，他的倔强和无谓的坚持害他破了产。如果他能及时放弃，那么也不至于落得这么惨的下场了。

这种事，在犹太人看来，是非常不可思议的。他们觉得，做生意的根本目的是赚钱，除此之外的，所谓面子、所谓名声等都不重要。只要自己做的生意合情合法，能赚到钱才是最关键的，一旦发现赚不到钱，或者赚的比预计的要少很多，那么他们才不会像威斯曼那样选择坚持。这样的坚持，实在是无意义，甚至是巨大的损失！

在一次商务活动中的媒体采访环节，一位犹太商人在被问到自己成功的秘诀时，是这样描述的：第一要归功于坚持，第二也是坚持，第三还是坚持。此时，有一位记者忽然问道：请问有第四吗？

记者的这句问话顿时引发了人群里阵阵笑声，大家都觉得这个记者很幽默，并为他在这种相对严肃的场合还能开玩笑而感到轻松。这时候，只听犹太商人说：“如果有第四，那就是果断放弃。”

这句话一经说出来，人群里立马安静了下来。在场的人们无不开始认真地听企业家下面要说的话。只听犹太商人说：“如果你坚持仍不成功，恐怕就是你努力的方向出了问题，或者是你的才能与成功难以匹配，这个时候，放弃比坚持更难得，也是你最明智的选择。你应当及时调整自己，寻找新方向。”

确实如故事中这位犹太商人所言，当我们发现坚持之后还没能成功，那么就要审视一下，是不是自己努力的方向不对，就好比“南辕北辙”的故事带给我们的启示一样。这个时候，我们还不放弃的话，岂不是和自己过不去嘛！

詹姆士是一位沾染了恶习的犹太年轻人，整天像个花花公子一样游手好闲，挥霍无度。在将父亲给他的一笔财产败光之后，詹姆士被逼无奈才决定要努力奋斗，从头做起。

他先是从哥哥那里借了一笔钱，开办了一个小型药厂。他亲自在厂里组织生产和销售工作，从早到晚每天工作 18 个小时。然后，把工厂赚到的一点钱积蓄下来扩大再生产。就这样，没几年的工夫，詹姆士的药厂初具规模了，每年有几十万美元的盈利。

按说这样经营下去也算是稳扎稳打，可詹姆士并没有满足于此。他通过市场调查和分析研究后，觉得当时药物市场发展前景不大。同时他还了解到食品市场前景可期。经过一番深思熟虑，詹姆士毅然决定出让药厂，开办食品公司。

想到就要做到，这也是詹姆士身上所具备的犹太人的做事风格。詹姆士买下了加云食品公司的控股权。这家公司是专门制造糖果、饼干及各种零食的，同时经营烟草，它的规模不大，但经营品种丰富。

詹姆士掌控该公司之后，将原来的经营管理和营销策略进行了彻底的改革。他首先将产品规格和式样进行扩展延伸，如把糖果延伸到巧克力、香口胶等多个品种；饼干除了增加品种，细分儿童、成人、老人饼干外，还向蛋糕、蛋卷等发展。接着，詹姆士在市场领域大做文章，他除了在法国巴黎经营外，还在其他城市设分店，后来又在欧洲众多国家开设分店，形成广阔的连锁销售网。随着业务的增加，资金变得雄厚，詹姆士随机应变，把英国、荷兰的一些食品公司收购，使其形成大集团。

如果詹姆士还满足于经营药厂所带来的收益，那么他就不会有后来的食品大集

团。可以说，他的成功正是得益于他当初对小药厂经营前途不佳的理智分析，及时选择放弃，转投食品行业。显而易见，在犹太人的商业经营中，适时放弃也是一种大智慧。

坦然地面对生活中的不幸

世界上之所以有的人痛苦，有的人幸福，其实并不完全与个人遭遇有关，更多时候它是取决于心态，取决于我们面对不幸时的态度。

在我们生存的这个世界上，迎接我们的不只是温暖的阳光、和煦的春风、娇艳的花朵，还要不可避免地接受暴风骤雨的洗礼。因此，我们必须要认清这样一个事实：在人生路途上，失败和挫折都是在所难免的，而如果你想褪去稚嫩的羽翼，成熟地面对生活，那么就要学会面对失败和挫折。

在犹太民族中，流传着这样一句话："人生真正意义上的美满，并不是获得平静的幸福，而是勇敢地面对生活中所有的不幸。"这是一句非常有哲理的话，虽然不幸会给我们心灵或肉体带来痛苦和伤害，但也因此让我们的人生更为圆满，同时它也能激励我们不断进取，取得更多成绩。

犹太人陌桑的妻子在三年前的一次车祸中丧生，也许是他的儿子一时承受不了母亲去世的消息，不久便丢下他，离家出走了。不要认为事已至此，还有更为不幸的事在后面等待他。一年后，他生命中唯一的亲人——父亲也离世了。从那以后，陌桑完全成了一个孤单的人，过上了孤苦伶仃的日子。

一连串的不幸遭遇，让陌桑觉得整个世界都是昏暗的。他开始把自己关在屋子里，哪也不去。但这样做并没有减轻他的伤痛，反而让自己觉得更加痛苦和寂寞。曾有一段时间，陌桑感觉自己马上就要疯掉了。

突然有一天，他在电视上看到一个小男孩由于车祸双腿截肢，却还能积极乐观的生活。他大为震惊和感动。他开始问自己："为什么我不能像小男孩那样接受事实呢？"于是，他终于勇敢地选择坦然面对生活中一切不幸的事情。慢慢地，他的

心情开始平静了，生活也变得有规律起来。后来，他走出了自己的屋子，在一家工厂找到一份工作。当然，他在那里结交到很多朋友，朋友的关爱和友谊使他觉得生活依然是美好的。现在，他已经彻底摆脱了那些不幸的过去，开始了自己新的生活。

要想摆脱生活中的种种不幸，只有一个办法，那就是坦然面对。只有当你坦然接受一切不幸的时候，痛苦才会慢慢减轻，并且时间将会将你的伤口愈合。相反，当你抗拒那些不幸时，你的内心会随着抗拒程度的增加而越加痛苦，并且你很难从这些痛苦中挣扎出来。所以，当你面对不幸事，不妨试着接受它，然后让时间为自己疗伤。

在犹太人居住的贫民窟里总是沙尘肆虐，无数农庄都会在它的手下，生活在这里的人们大多生活的十分艰苦。有一户非常的穷困四口之家就在这种恶劣的环境下艰难度日。他们每天吃不饱、穿不暖，并且还要从事非常繁重的劳作。一天，一次强大的尘暴来袭，他们的屋顶刮跑了，家中唯一值钱的两只羊也不见踪影。这一切不幸的遭遇对本来就十分贫困的一家人来说更是雪上加霜。于是一家人只能马不停蹄的工作以弥补损失，维持生计。所谓漏屋偏逢连夜雨，由于过度劳累，这家人的两个大人都相继死掉了，只剩下两个孩子。这时哥哥不过 20 岁，而妹妹才 5 岁。

父母的离去没有给兄妹二人留下任何东西：尘暴过后使得自家的土地根本没有多少收成，家中的米缸早已见底，就连仓库里的粮食也已经吃光了……这一切使得这个刚刚成为一家之主的小伙子不知所措，他愁闷地坐在破旧的椅子上，看着屋顶发呆。

然而，这一连串的打击并没有让哥哥不知所措，怨天尤人，在他看来，所有的一切已经发生了，这是无法改变的现实，除了接受别无他法。于是，当清晨第一缕阳光撒在哥哥脸上的时候，他拿定了主意，决定带着妹妹离开这里，进城寻找一份工作，并准备为自己的理想——做一名教师，好好奋斗一番。于是，他整理了行装，第二天一早便带着妹妹出发了。很快，他就在一家餐馆找到了一份工

作。白天，他努力工作，挣钱养活自己和妹妹；晚上，他还要读一些从图书馆借来的书，并且每天都会读到很晚才去睡觉。三年后，他的生活已经得到了很大的改善，更重要的是他终于达成了他的理想，成为一名中学教师，并受到了大家的羡慕和尊敬。

故事中的哥哥正是一位遭遇了生活中不幸的人，是“不幸”让他下定决心去追求自己的理想，而最终他也收获了人生的成功。其实想一想，如若不是情势所逼，他可能很难让自身的能量爆发，或许他的潜能永远埋没在身体之中。所以说有时候不幸也不完全是坏事，它能转变为一种动力，促使人们采取一些行动，甚至激发出人们的潜能，去完成一些看似不可能的事。

世界上之所以有的人痛苦，有的人幸福，其实并不完全与个人遭遇有关，更多时候它是取决于心态，取决于我们面对不幸时的态度。在漫长的人生旅途中，既有幸运也有不幸，这是谁也不可能避免的。如果遭遇到不幸就一蹶不振，垂头丧气，那么这个人未来的生活也便失去了意义和光明。所以，当我们遭受生活中不幸的时候，一定要学会坦然面对，并振作起来把不幸当作人生中的一部分，也只有这样才能让自己在失败和挫折面前更加成熟。

在这个世界上，有的人觉得生活美好，而有的人觉得活着即是吃苦，究其原因就是人们对待烦恼与挫折的态度不同。懂得接受，坦然面对的人，痛苦自然就会沉淀于心底，虽然占据了我们心灵的一处，但空间却并不大，大部分的空间仍被幸福所充斥着。而无法接受，自怨自艾的人，就等于在拼命地摇晃着自己的人生，使得生活没有片刻安宁，浑浊一片，如此一来，所有的幸福也都掺杂了痛苦的成分。

让苦难成为事业的动力

不管处境多么艰难，犹太人都会始终坚持着自己的原则：“承受已经发生的事情，忍耐贫穷带来的变故。”正是这份面对苦难，坚韧不屈的品性，让他们总有勇气走出困境。

拉梅奈曾说过："不懂得苦难的裨益的人，并未过着聪明而真实的生活。"苦难，对于弱者来说是无底深渊，但对于强者而言，则是一笔财富，甚至是通往成功的垫脚石。没有苦难的历练，就不会有崇高思想的生成，更不会有促使事业成功的动力。最好的证明便是犹太人，多灾多难的民族史让犹太人比其他民族承受了更多的苦难，但是，顽强的他们并没有被压倒，反而愈挫愈勇，似乎在别人眼中任何毁灭性的打击，对于他们而言都是促使他们成功的动力。

世人或许会看到犹太人遭受的苦难，却未必能明白犹太人在痛苦中领悟的境界。昂贵的痛苦和磨难，成就了他们的坚韧与顽强，这也是犹太民族中出现了众多伟大人物的原因。正如茨威格所说："命运总是喜欢让伟人的生活披上悲剧外衣。命运就是用它最强大的力量考验最强大的人物，用荒谬的事变对抗他的计划，使他们的生活充满神秘莫测的讽喻，在他们前进的道路上设置重重障碍，以便让他们在追求真理的征途中锻炼得更加坚强。命运戏弄着这些伟大人物。但这是大有补偿的戏弄。因为艰苦的考验总会带来好处。"

戴尔·卡耐基

开创了一番伟业的著名成人教育家戴尔·卡耐基出生于一个贫苦的农民家庭，从小就要帮助家里赶牛、挤牛奶，做杂务，还一度为别的人家割草、拣草莓，1 小时挣 5 美分。全家人日子过得相当贫困。

如果说，卡耐基童年与一般农家子弟有什么不同的话，那就是他受过母亲文化气息的影响。他的母亲信教，婚前曾做过教员。所以母亲鼓励他一定要上学读书，希望他将来做一名教员或传教士。家境的贫寒促使少年时代的卡耐基以艰苦奋斗的精神去读书求学。1904 年，他高中毕业考入了华伦斯堡的州立师范学院。每天放学回家，他还要

帮助父母挤奶、伐木、喂猪。到了夜晚已经很累了，他就在煤油灯下刻苦读书，颇有点中国古训所标榜的“头悬梁、锥刺股”的精神。为了赚取必不可少的学费书费，他还经常给人家干活。他不肯向现实屈服，总想寻求改变命运、出人头地的途径。他发现学校里的同学中有两种人最受重视：一种是口才出众的人，那些在论辩和演讲比赛中的获胜者；再一种就是体育出色的人，如棒球队的球员。他知道自己的身体不够强壮，缺乏体育运动的才能，就决心在口才演讲方面下功夫，争取在比赛中获胜。他花了几个月的时间苦练演讲，但在比赛中一次又一次失败了。失望和灰心使他痛苦不堪，甚至使他想到自杀。然而他终究不肯认输，又继续努力，他从第二年开始获胜了。这个突破为他以后的志向和事业埋下了思想的种子。一个教导人们如何演讲与交际的大师，想当初却在演讲比赛中屡遭失败，这个巨大的反差对于我们深刻领会卡耐基课程的思想内涵具有很重要的启示。

毕业后的卡耐基，当过推销员，学过表演。推销的工作使他赚到了钱，也锻炼了他的口才，但这种工作并不是他的理想。他在大学时就梦想当一名作家或演说家，成就一番伟业。他认为只能赚钱谋生而不能实现人生理想的生活毫无意义。于是，他决心在教公开演讲课，因为他认识到口才与演讲对一个人走向成功极为重要，而他在这方面下过功夫，有经验。正是口才与演讲的训练和经验，扫除了他以往的怯懦和自卑，使他有勇气和信心与各种人打交道，增长了做人处世的才能。他要把自己的亲身体会告诉给人们，他要从事口才、演讲与交际艺术的研究和教育。

于是，他说服了纽约的一个基督教青年会的会长，允许他借用一间房子在晚间为商业界人士开设一个实用演讲培训班。从此，他开始了为之呕心沥血、奋斗终生的成人教育事业。

原本是一个自卑、怯懦的人，但他后来终于觉醒了，依靠自己的奋斗摆脱了苦难，改变了自己的命运。其实苦难未必就是坏事，至少它逼着人们成长了起来。

犹太人出身的萨尔诺夫，9 岁时随父母移居美国。家境贫寒的他，读小学时就

不得不利用课余时间做工，挣点钱贴补家用。在他小学快毕业时，父亲由于积劳成疾，过早地去世了，他只好辍学到社会当童工。他并没有抱怨父母给自己带来这么一种人生局面，而是非常勤恳地工作，把挣得的点滴小钱供家里人糊口，并拿着所剩无几的钱买书自学。后来，几经周折，他终于在一家邮电局找到一份送电报工作。他从此誓言要掌握电报技术，以后当电报业的老板。在今天看来，电报业已落后了，但在20世纪初却是刚问世的先进科技。萨尔诺夫不但有远见眼光，而且有决心和毅力攀登这个高峰。他坚持了10多年的努力，把工资收入以最大限度地节省下来。他白天卖力工作，晚上读电工夜校，获得了老板赏识而逐步得到提升。1921年，他的老板为了发展业务、分设“美国无线电公司”，萨尔诺夫被委任为总经理。数年后，他终于成为美国无线电工业巨头，走上发迹轨道。

不管处境多么艰难，犹太人都会始终坚持着自己的原则：“承受已经发生的事情，忍耐贫穷带来的变故。”正是这份面对苦难，坚韧不屈的品性，让他们总有勇气走出困境。

遭遇苦难的滋味并不好受。那种由高山跌入峡谷的失落，屡战屡败而难见转机的彷徨，遭人暗算、受人误解的委屈……所有这些，都足以令人痛苦难耐。可是，它就真的这样毫无裨益吗？

有一位犹太富翁，在他晚年的时候，记者采访了他，问道：在别人看来，您有着近乎完美的一生。那您自己觉得一生中最值得珍惜的是什么呢？富翁沉思良久，然后意味深长地回答道：我的人生不光只有荣耀，也有遭遇过不少苦难。但这些苦难却都成了我人生的财富，成为日后摆脱困境时的经验，所以，最值得我珍惜的就是我每一次遭遇的苦难，因为正是它们成就了我的事业。

黑暗之中更容易看到光明

犹太人是世界上遭受苦难最多，却总能崛起的一个民族，对此，他们只给了世人一个答案，那就是在黑暗中更容易看到光明。

在犹太民族中流传着这样一段对话："人的眼睛是由黑、白两部分所组成的，可是神为什么要让人只能通过黑的部分去看东西?"书中的回答是："因为人生必须透过黑暗，才能看到光明。"

的确，如果一个人从来没有身处过黑暗，体验过逆境，那么在这个人的世界中也就无所谓"光明"，无所谓"希望"。如此说来，无论我们是哪个国家的人，都应该把犹太历史与犹太文化当成人生的一门课程。因为犹太人是世界上遭受苦难最多，却总能崛起的一个民族，对此，他们只给了世人一个答案，那就是在黑暗中更容易看到光明。

一个农民在上山采药时，被一个土匪撞见。农民吓得赶紧躲进了一个山洞里，随后，土匪也穷追不舍地跟进了山洞。农民没有土匪身手敏捷，最终还是被土匪抓住了。

农民不仅遭到了一顿毒打，还被抢走了所有的财物，包括一盏夜间照明用的灯。土匪为了安全起见，不许农民跟着自己出山洞，威胁农民第二天才能走，农民就这样老老实实地待在了原地。

这个山洞百转千回，极深极暗。洞中有洞，交错纵横，犹如一个地下迷宫。土匪暗自高兴着自己从农民那里抢来了灯，于是他借着光亮在洞中快速行走着。照明灯使他能看清脚下的石子，周围的石壁，使他不会碰壁，也不会被石头绊倒，但是，他走来走去，却始终走不出这个山洞，反而越走越深。

老实的农民真的等了很久，才开始走出山洞。由于没有照明，农民就摸黑前行，在黑暗中摸索着，行走得十分艰辛。不时碰壁，还不时被石头绊倒，弄得浑身是伤。但疼痛并没有让他失去希望，他仍一步步地前行着。

因为他置身于黑暗中，所以他的眼睛变得极为敏锐，能够感受到洞口透进来的微弱的光亮。于是，他就迎着这缕微光爬行着，最终找到了洞口，逃离了山洞。

许多人身处黑暗之中，虽然历经磨难、磕磕绊绊，但却最终走向了成功；而另一些人往往被眼前的光明遮住了前进的方向，所以一生与成功无缘。

可以说，每个人的人生都会经历黑暗期，这些黑暗就是挫折和磨难。它使我们陷入逆境，打击我们的尊严，让我们看不清前方的道路，但只要不放弃希望，不断摸索、不断前行，我们终会爬出“洞口”，看到光明。逆境会磨砺人的意志，练就人的谨小慎微，也成就了人对成功的无限渴望。

因此，逆境中的人比一帆风顺，一路畅通无阻走过来的人更容易听到成功的召唤，也更容易找到成功的方向。就像身处黑暗中的人更容易感受到光明的指引一样。当我们绝望时，当我们身处逆境时，只要希望不灭，就一定能摆脱现状。

人才免不了陷入逆境，然而只有逆境才会造就天才。同样，只有身处黑暗的逆境，面对恶劣的形式，我们才更容易找到自身的价值，发掘自身的潜能。所以，当逆境出现，我们更加不能丧失希望，而是要鼓励自己顽强地走下去。因为逆境是上天赋予我们寻找自我价值的最好机会。黑暗之中我们更能爆发潜力，抓住希望，冲破重围。只要坚信自己，专注于寻找出路，就必定可以跳出这个困局，把危机化为转机。相反，如果我们被黑暗所蒙蔽双眼，放弃了求生的信念，那我们注定要被黑暗所吞噬。

对此，犹太人的体会要比我们深刻的多，因为他们懂得对一个有抱负、能自省的人来讲，令人绝望的黑暗并不会持续的太久，只要有一缕光明，就能走出困境。

打败苦难，它就会化作财富

苦难是什么呢？

懦弱者说：“苦难是无边无际的黑暗，是一条永远无法蹚过的河。”

沮丧者说：“苦难是可怕的魔鬼，是上天不公平的折磨。”

智者说：“苦难是输送幸福的使者，是一笔宝贵的财富。”

想必谁都不愿意做一个懦弱或是沮丧的人。实际上，苦难虽然带给人痛苦，却并不是一条趟不过的河。在犹太人看来，苦难是一笔宝贵的财富，能够激励人们在

痛定思痛后迅速崛起。不过，犹太人又说，不是所有人的苦难都会变成财富。苦难转变为财富有一个前提条件，那就是，你必须用自己的双手战胜它，并且要在你感到无望之前用自己坚强的意志将其击碎。

约翰·艾顿是英国著名的汽车商。在一次名流聚会中，他向他的朋友，也就是后来的英国首相丘吉尔讲述起自己的过去。

他是一个穷人家的孩子，父母早逝，是姐姐用帮人洗衣服、做家务挣来的钱将他抚养长大。然而，在姐姐出嫁后，他的姐夫却将他撵到了舅舅家。舅妈更是自私，每天只给他吃一顿饭，还命令他收拾马厩、修剪草坪。后来，他去做学徒，租不起房子，就住在郊外一处废旧的仓库里，一住就是一年。

丘吉尔对此感到很惊讶，他没想到这样一个在商界中举足轻重的富贵人士，竟然经历过那么多苦难，便问他之前在遭受苦难的时候为什么不说出来，寻求帮助呢？

艾顿淡然一笑，回答他："正在受苦或正在摆脱苦难的人是没有权利诉苦的。我如今很富有，可以说是苦难给我带来了财富。但我的苦难变成财富是有条件的，这个条件就是，我战胜了苦难并且远离了它。"

在众人或认同或不解的目光中，他又说："只有战胜了苦难，苦难才称得上是一笔宝贵的人生财富。如果你在战胜苦难之前，停步不前，一直向别人诉苦，那别人就会当你是在乞求可怜；如果你在战胜苦难之后，再讲述你的经历，那么别人才会觉得你是有毅力、值得敬重的人。"

艾顿的一番话让丘吉尔感悟颇多，他重新修订了自己"热爱苦难"的信条，多年后在他的自传中写道：苦难是财富还是屈辱？当你战胜了苦难，它就是你的财富；当苦难战胜了你，它就是你的屈辱。

苦难绝不会自动转化成财富，要想让苦难变成财富，需要你去战胜它。诚如一位犹太商人所说："每一个正享受生活甘甜的人，其幸福都是从苦难嘴里抢过

来的。”

换言之，你给予苦难的每一次回击，都是你赚到的财富。我们不得不遗憾地说，并不是所有人都能用坚强的意志和勤奋的劳作帮自己摆脱命运的折磨。这些人在苦难面前，什么都不做，就举起双手向苦难投降，那么苦难给他们带来的，就只剩下屈辱和不堪。

著名文学家巴尔扎克说过：“苦难对于懦夫是万丈深渊。”

你想成为懦夫吗？肯定不想。可是，很遗憾，因为实力不济、意志力不坚定，从古至今懦夫总是层出不穷。懦弱使他们一次次掉进万丈深渊，轻则受伤，重则万劫不复。

如果你正在苦难中煎熬，如果你不希望自己被贴上“懦夫”的标签，那么你就要勇往直前，而不要在苦难面前败下阵来。实际上，在相同的苦难面前，任何一个人都有两条路可以走，一是咬紧牙关将其打败，一是被其吞噬，过着压抑的生活。选择哪一条，你想明白了吗？

善于和命运抗争的犹太人会告诉你，苦难并没有那么难以打败。你只要在苦难中审时度势，准确把握机遇，做到该出手时就出手，就有可能从苦难中走出来。当苦难过后，它的尽头是黎明，是曙光，是人生和事业无尽的希望，也是生命里宝贵的财富。

悲观不是犹太人的性格

没有人不想赚钱，但并不是所有人都能赚到钱。真正能够赚钱的，总是少数人。犹太人又是少数人中的少数人。

对于这种情况，人们大都会说：犹太人聪明呀！没错，他们的确聪明。可是，在其他民族中，智商高的聪明人也大有人在呀，为什么不能像犹太人那样获取巨额财富呢？

不可否认，获取财富需要很多条件，聪明是其中一方面，另外还包括机遇、运气等因素。其中还有一点是容易被人们忽略的，那就是犹太人的心理状态。

其实，犹太人虽然把赚钱看得很重要，但在他们看来，更重要的是享受赚钱的过程。因此，他们始终如一地努力获取金钱，即便是一时失利，也不会颓废、沮丧。也正是这种豁达、乐观的心态，让他们在商业大潮的惊涛骇浪中纵横驰骋。

古犹太王国时期，有一位名叫齐哈撒的商人。起初，齐哈撒做的是小本买卖，随着逐步的积累，他在50岁的时候终于成了百万富翁。

然而好景不长，很快，齐哈撒的一笔生意遭遇惨败，不仅把之前的积蓄都亏掉，而且还欠下了很多债务。

为了偿还债务，齐哈撒不得不变卖家中的房子、土地等所有值钱的东西。俗话说祸不单行，本来就遭受生意惨败的齐哈撒，偏偏又遭遇了妻子的离世。

屋漏偏逢连阴雨的齐哈撒，在悲贫交加之下，决定离开家乡。在一个雪花飞舞的夜里，齐哈撒拖着蹒跚的步履来到一个荒僻的小村庄。可是，村里的人都不愿意收留他。没有办法，齐哈撒只好漫无目的地继续前行。走了一段路之后，他终于在离村子不远的一个地方，看到一个废弃的茅草屋。于是他就进到茅草屋里昏睡起来。

第二天早上，齐哈撒从沉睡中醒来。这时候他忽然感觉整个村庄异常安静。于是，他决定去看看到底发生了什么事情。当他来到村中时，眼前的景象令他目瞪口呆。齐哈撒发现，整个村子一片狼藉，尸体遍地。凭借着多年来经商过程中到处走动积累的经验，齐哈撒大概判断出，昨晚发生了什么。

原来，昨天晚上，一帮匪徒洗劫了整个村子。

见此情景，齐哈撒顿时感慨万千。他心想：一夜之间，原本过着平静日子的村民，被一场无法预料的大灾难损毁了家园，夺走了生命，而自己这个不幸的人竟然毫发无伤，成了唯一幸存下来的人。虽然自己失去了辛辛苦苦积累下来的财富，但毕竟还活着。只要有生命，财富还可以再重新赚回来，倘若没了生命，那么连享受赚钱乐趣的机会都没有了。

想到这里，齐哈撒长舒了一口气。他重新振作起精神，迈开大步返回了家乡。

回到家后，齐哈撒向亲朋好友借了一笔钱，又开始了自己的经商生涯。没几年工夫，齐哈撒就东山再起，赚到了大笔的财富，过上了富裕的生活。

虽然齐哈撒失去了多年来积攒下的财富，一度落得贫困潦倒，但在一次震撼他的事件发生后，他顿悟了生命存在的意义。随后，他又重新振作，回到了生意场上努力赚取财富。

你也有过失败的经历吧？你在落魄、沮丧的时候，有没有像齐哈撒一样重新振作呢？通过齐哈撒的经历，我们可以感受到犹太人身上所具备的这种放下过去、告别悲观的积极心态。

话说回来，有哪个人能一直顺利无忧呢？我们每个人前行的路上都可能遭遇到各种各样的困难。但是只要扔掉悲观，让自己拥有一种乐观向上的精神，我们就可以享受到赚取财富的过程给自己带来的乐趣。有这样的心态，即使你一时失败了，也会因为积极的心态而重新振作，让自己有翻身的机会。如此想来，还有什么可怕的呢？

成功就是不断地超越自我

追求成功的路上，要不断地超越。可是，谁又是最难超越的呢，是对手吗，是敌人吗，是难题吗？

或许很多时候，我们把对手、敌人和遭遇到的难题看作需要我们去超越的东西。但在犹太人看来，任何东西都没有自我更难超越。他们认为，人生道路犹如一条条漫长的射线，尽管会遇到大大小小的挫折与困难，但是只要你能在奋斗的征程中，保持不断超越自己的勇气和信心，不为一时的挫折打倒，不为一时的获得而满足，那么，在理想的指引下，你一定可以到达成功的彼岸。

比克斯是一位美国青年，他毕业于麻省理工学院，毕业后从事的工作是勘探石油。据说，比克斯已经可以把旧式探矿杖、磁力计、电流计、示波器、电子管及其

他仪器结合成为新式的仪器。为此，比克斯对自己的未来充满了信心。

有一次，比克斯为一个石油公司勘探石油，当时，他已经在气温高达43摄氏度的西部沙漠里待了好几个月了。然而，在这时候，他得知了一个不好的消息。他所在的公司因无力偿还债务而宣告破产，这也就意味着比克斯失业了。

对比克斯来说，这个突如其来的消息如同晴天霹雳，一时间让他觉得自己前景黯淡。随后，比克斯便收拾自己的行李准备踏上归途。途中，他来到了俄克拉何马州首府俄克拉何马城的火车站。为了等车，他必须在火车站待几个小时。无聊之下，他决定架起自己的探矿仪器来消磨时间。

然而，就在这短短的“游戏”时间里，比克斯发现仪器上的读数表明车站地下蕴藏着石油。但，让人遗憾的是，正处于消极心态中的比克斯已经没有了当初的自信，他不相信这一切是真的。对于仪器上显示出来的读数，他居然产生了一股强烈的反感，同时告诉自己这不可能是真的。临上火车前，比克斯将自己的新式仪器给毁弃了。和这个仪器同时被毁掉的，还有他成功的机会。

原来，俄克拉何马城的地下不仅蕴藏石油，而且还储藏了全美最富饶的石油。可以说，整个俄克拉何马城就是浮在石油上的。可是，仅仅是因为比克斯不敢突破自我而被消极心态打败，使他将本该到手的财富丢弃了，成功的机会也跟着被丢弃了。

因为无法摆脱失业带来的坏情绪，比克斯对自己的前途失去了信心，这让他错过了扭转局面、获取成功的大好机会。通过这个故事，我们可以感受到，当我们已经踏上奋斗的征程，当我们已经开始感到疲惫甚至已经遭遇挫折时，一定不要忘记相信自己，不要忘记勇于向自己宣战，超越自己。

事实上，人最大的敌人就是自我，对自我的超越过程实际上也是自省的过程。对此，犹太人从两个方面来理解：一方面，人总是喜欢盯着别人，总以为看透了一切，但总是难以成功。这就说明他没有看透自己，不知道自己的能力、实力、优势，从而盲目造成了失败。另一方面，世界上的人都是一样，只是看你愿不愿意去

做，是不是能从口头上的愿意延续到行动。如果你能完全控制住自己，勇于超越自己，那就达到“无敌”的境界了。换言之，如果说人生是战场，那么你自己就是自己战场上的劲敌。

理查德是一位儒雅睿智的犹太老板。在做生意的多年时间里，他一直保持着敢于挑战、不断超越的激情。事实上，这种精神品质也是犹太人赚取财富、获得成功的关键所在。

理查德是个善于思考的人，从年轻时候开始，他就经常考虑这样一个问题：人生活在这个社会上，价值是什么？他得到的答案是：活着的意义。理查德继续思考：自己活着的意义在什么地方呢？

他想到，自己一直希望挑战不同的事情，想到自己勇于放弃一份收入不错且稳定的工作，然后开始创立事业。在以后的日子里，自己要不断地超越自己，把事业做大做强，这便是自己活着的意义吧！

正如理查德所思考的那样，在之后的若干年时间里，他一直没有松懈过对事业的追求，他从经营一个小小的玻璃门窗店铺开始，逐渐发展到经营钢筋、建材、家具等综合型家具建材商场。一路走来，理查德认为自己凭借的就是对自己的不断超越。他还准备以后开创房地产事业呢！那时候，新的挑战又要开始了！

如果你渴望某个东西，可你又不敢挑战的话，那么你最终也只能停留在“渴望”里了。相反，只有像理查德那样，对于自己渴望的东西，不但渴望，而且努力践行，才能让心中的目标距离自己越来越近。

有一位哲人曾这么说过，不是别人打倒你，而是你自己把自己打倒了，因为你缺乏超越自我的魄力和智慧。其实，人生中最大的敌人就是自己，一切困难的产生都源自你的心中，当你明白所有的困难和障碍全部是自己制造的时候，你才会真正地去克服它、战胜它。因为，你找到了根源！犹太人保罗·纽曼的故事就能说明这一点。

纽曼出生于美国中东部的一座小城。他的父亲是一家体育运动器材商店的老板。

长大后的纽曼，正好赶上第二次世界大战爆发。当时，他在海军服役，他一直梦想成为一名驾驶员。但是，由于纽曼有色弱症，所以成为驾驶员的梦想破灭了。

退役之后，纽曼回到了家乡。随后他进入了凯尼恩学院学习体育。后来，纽曼的膝关节受伤，不得不放弃运动。接着，纽曼又开始转向演戏。

起初，纽曼也只能在一些电影里充当一些跑龙套的角色。他知道，要想在这个圈子里做出成绩，就必须要有一定的真本事。于是，他成了耶鲁大学戏剧学院的研修生。假期时，他到处找戏拍。

终于，有一天，纽曼在百老汇演了一部话剧，引起了华纳公司高层的注意，不久就进入该公司，正式踏上影坛。紧接着，他在一部又一部电影里出现，他的演技也一次比一次高。在他的演艺生涯里，曾有5次被提名为奥斯卡金像奖最佳男主角。此外，他还是一名出色的导演。他在电影上的成就，为他赢得了声誉和财富，他成了一位富有的艺术家。

1980年的时候，他突然决定亲手调制一批沙拉调味品，作为礼物送给朋友们。在做调味品的时候，他突然想到为什么不把这些调味品用瓶子包装好，送到商店去卖呢？那个时候，食品市场的调味品大都含有防腐剂和人工味精，而他的调味品却没有这些。他的调味品因为卫生和味道好深受朋友们的欢迎。

1982年，保罗·纽曼注册了以自己名字命名的商标，销售他在厨房里自制的沙拉调料。就这样，他开始了从艺人到企业家的超越。后来，麦当劳也用他的沙拉酱来当标准配料，他成了美国的“食品大王”。

因为敢于突破，保罗·纽曼不断地超越自我，也因此取得了更多领域的成功。

每个人都在追求成功，但犹太人坚信，一个人真正的成功，来自不断地成长，不断地超越。因此，为了实现成功，我们就要像纽曼那样，不断地给自己订立一个又一个目标。这样，我们才会不断地超越自己。不管我们经历了多少次胜利和失

败，始终要明白，只有今天的自己超越了昨天的自己，才是最重要的。

输得起才能赢得起

“世界上没有废物，只是放错了地方，失败比成功更可贵。”这句话道出了犹太人在前进道路上无惧失败，始终怀有信心和勇气的精神和态度。

然而，现实中，甚至包括你我在内，我们常常害怕失败。不妨想一想，在做某些决定，或者做某些事情的时候，你是不是表现得谨小慎微、犹豫不决，你担心万一失败可就惨了。在犹太人看来，这是一种输不起的心态。他们认为，不管是生活，还是做生意，我们整个人生旅程中所包含的一切，都存在输赢之分。你越是患得患失、害怕失败，失败可能就越“倾心”于你。

这是为何呢？

对此，心理学家的分析是：因为输不起就会失去平常心，如果没有了平常心，怎么会赢得一个成功的人生呢？聪明的犹太人早就悟出了其中的道理，所以他们认为，“输得起”对自己获得人生和事业的成功，起着至关重要的作用。

来看看《塔木德》上记载的这样一个故事：

有三只青蛙掉进了鲜奶桶中，第一只青蛙说：“这是神的意志。”于是，它盘起后腿，一动不动，静静地等待着。

第二只青蛙说：“这桶太深，没有希望出去了。”于是，它绝望地慢慢死去。

第三只青蛙说：“糟糕，怎么掉到鲜奶桶里了，但我的后腿只要还能动，我就要奋力上跳。”

这只青蛙一边划一边跳，慢慢地，后腿碰到了硬硬的东西，于是它奋力一跃，跳出了奶桶。原来，鲜奶在它的搅拌下渐渐变成了奶块。

第一只青蛙相信宿命，第二只青蛙毫无信念可言，第三只青蛙坚守信念，顽强努力，充满希望，它便是犹太人的写照。

应该说，正是犹太人顽强而坚忍的精神意志和挑战风险、永不气馁的进取意识，构成了他们成功的重要精神支撑。也正因此，他们在充满竞争的世界舞台上纵横捭阖，卓尔不群。

在前面的很多章节中，我们多次提到过关于犹太人敢冒风险、敢于尝试的英勇行为。他们身上所体现出来的这种高贵的精神品质值得每个想要成功的人去学习。

当然，犹太人敢于冒险，更善于在风险中施展自己的智慧和生存技巧。在失败面前，犹太人决不气馁，而是吸取教训，从头再来。可以说，犹太人真不愧是“输得起也赢得起”的典范！

有人喜欢用狼来比喻犹太人的勇敢和坚忍。不可否认，他们身上的确有着自然界中狼这种动物的某些特征。狼的本性也正好可以对“输得起才能赢得起”做出一个很好的诠释。

自然界中，虽然狼群是最有效率的捕猎者，但是它们捕食的成功率也仅仅只有10%左右。也就是说，在狼群每十次的猎捕行动中，仅仅只有一次的成功机会。而这一次的成功，却关系了整个狼群的生存问题。

尽管成功的概率非常小，但是狼群并不会表现出倦怠和绝望。一次失败的狩猎行动，只能磨炼狼群的技能和增加对成功的渴望；对于所犯的错误，狼绝对不会视为失败；狼群自然地把人类视为失败的经历转化为生存的智慧。狼善于利用它们生命中不成功的事件，9次毫无结果的狩猎，并不会让它们沮丧、失去斗志，甚至放弃下一次的尝试。

在一次次失败之后，狼群会很快地整装待发，投入下一个新的任务中去。它们坚信，每次的失败，都可以从中获得不一样的经验和教训，随着时间的磨炼，最终会得到新的狩猎技巧，成功最终会降临在它们身上。

犹太人认为，失败并不是最可怕的，最可怕的是找不到或不去找失败的原因。因此，我们也要像狼群一样，在每次失败过后都找出问题、解决问题，然后充满信心地投入到下一次狩猎中去，这样才能一步步向成功的终点迈进。

事实上，成功是没有秘诀可言的，它只是有心人在总结失败经验和吸取教训之

后，自然而然结出的果实。而输赢赌的就是人们的心理，谁不怕输，谁能有一颗平常心，谁就可以赢得最终的胜利。据说，在常胜将军拿破仑指挥的所有战役中，有1/3的战役均以失败告终，但这并不妨碍他进行下一次战役，而他最终也成为最伟大的军事家。

要知道，人生永远不可能处于一种常态，它是由一种状态进入到另一种状态的过程。在成功的人生中，成功只是未来的一种发展趋势，而失败是其中必不可少的部分。犹太人之所以成为最终的赢家，是因为他们在失败面前毫不气馁，而是重新奋起，最终积累到了一定程度便到达成功的顶点。

有着“美国百货大王”之称的罗兰·哈斯·梅西，虽然顶着荣耀的光环，但他曾经是个历经无数失败和磨难的人。

年轻时的梅西一贫如洗，他不得不以出海打鱼为生。通过卖鱼攒了点小钱之后他便开了一间杂货铺。没想到，由于经营不善，最后竟赔了个精光。梅西并没有死心，他又通过打鱼赚了点钱，第二年又开了家同样的杂货铺，可结果依然不妙，和第一次一样赔了个精光。

之后，美国掀起了一股淘金热，梅西用东挪西借来的钱，一举进军加州的餐饮业。此时，他可是抱着稳赚不赔的想法的，可谁承想大部分淘金者空手而归，穷得连饭钱都掏不起。这种大背景下，梅西的小餐馆也只好关门。

离开加州，梅西回到了阔别已久的家乡。在这里，他又向银行贷款，做起了布匹生意。似乎上帝故意要和他开玩笑，这次他依然以失败而告终。

无奈之下，梅西又去了英格兰。终于在英格兰，梅西的事业发生了转机，做布匹生意的他这一次从开张的第一天起就在盈利。如今，位于纽约曼哈顿的梅西公司，早已成为世界上规模最大的百货公司之一。

梅西用无数次失败换来了最后的胜利。通过他的事例我们也可以看出，在失败和挫折面前，只有先忍耐下来，并把它作为缓冲，积极面对，坚守信念，终有一日

成功才会向我们款款走来。

在犹太人的意识里，一时的失败只不过让你回到当初奋斗的起点，输会告诉你“此路不通”，输会让你避免再犯同样的错误。聪明的犹太人懂得从输中得到赢的启示，然后化输为赢；智慧的犹太人相信输永远都是为赢做准备，要赢，首先要无惧失败，要“输得起”。

四、寻找做事的方法

确立明确的目标

《塔木德》说：“一位百发百中的神箭手，如果他漫无目标地乱射，也不能射中一只野兔。”成功的犹太人非常清楚明确的奋斗目标的重要性。

在人生的竞赛场上，没有确立目标，是不容易取得成功的。许多人并不缺乏信心、能力、智力，只是确立目标或没有选准目标，所以没有走上成功的道路。道理很简单，正如一位百发百中的神技射击手，如果他漫无目标地乱射，其结果可想而知。又如驴子一天到晚绕着石磨不停地转动，但是什么地方也到达不了，也是因为它没有目标的缘故。

犹太人大卫·布朗是英国的一位商人，他的发迹过程，就是他一生确立目标的实现过程。他出生于1904年，父亲经营一间小型齿轮制造厂，几十年来一直惨淡经营，仅能赚取一点生活费。尽管如此，布朗的父亲还算是一个头脑清醒的人，他总结自己没有选好奋斗目标的教训，把希望寄托在儿子身上。

为此，他严格要求布朗勤奋学习和读书，每逢假日就规定他到自己的齿轮厂去参加劳动，与工人们一起艰苦工作，绝无特殊照顾。

在家庭的教育下，布朗在工厂里工作和生活了较长时间，养成了艰苦奋斗的精神，熟悉了工业技术的知识，形成了自己的人生奋斗目标。这样，布朗父亲的目标

总算实现了。而布朗自己的奋斗目标，不在于齿轮厂方面，而是利用自己在齿轮业务积累的经验，往赛车生产这个目标去奋斗。通过观察，他发现当代人对汽车使用已普及，预感汽车大赛将会成为一种流行的娱乐活动。于是形成了他的奋斗目标——大力发展赛车。就这样，他克服了重重困难，成立了大卫布朗公司，不惜成本聘请专家和技术人员搞设计，采用先进技术设备进行生产。1948年，在比利时举办的国际汽车大赛中，布朗生产的“马丁”牌赛车夺魁，大卫布朗公司由此一举成名，订单如雪片般飞来，布朗从此走上发迹之路，他的父亲及他自己确立的目标都实现了，可谓一箭双雕。

爱因斯坦一生所取得的成功，是世界公认的，他被誉为20世纪最伟大的科学家。他的一生，亦是典型的为目标奋斗一生。

爱因斯坦出生在德国一个贫苦的犹太家庭，家庭经济条件不好，加上小学、中学的学习成绩平平，虽然有志于往科学领域进军，但他有自知之明，知道必须量力而行。他进行了一番自我分析：自己虽然总体成绩平平，但对物理和数学有兴趣，成绩较好，看来只有在物理和数学方面确立目标才能有出路，其他方面是不及别人的。因而他读大学时选读瑞士苏黎世联邦理工学院物理学专业。

由于奋斗目标选得准确，爱因斯坦的个人潜能就得以充分发挥，他26岁就发表了科研论文《分子尺度的新测定》，以后几年他又相继发表了4篇重要科学论文，发展了普朗京的量子概念，提出了光量子除了有波的性状外，还具有粒子的特性，圆满地解释了光电效应，宣告狭义相对论的建立及人类对宇宙认识的重大变革，取得了前人未有的显著成就。

由此可见爱因斯坦确立目标的重要性。假如他当年把自己的目标确立在文学上或音乐上（他曾是音乐爱好者），恐怕成就就不如在物理学上那么辉煌了。

爱因斯坦确立的奋斗目标的实现，与他能准确地选择学习目标和道路是分不开的。他在16岁时就意识到，知识的海洋浩瀚无边，学者不宜在这个海洋无方向地漂荡，而应选定一个距离自己最有利的目标扬帆前进，避免耗费人生有限的时光。爱因斯坦在学习中善于根据目标需要进行，使有限的储存空间得到充分的利用。他

创造了高效率的定向选学法，即在学习中找出能把自己的知识引导到深处的东西，抛弃使自己头脑负担过重和会把自己诱离要点的一切东西，从而使自己集中力量和智慧攻克选定的目标。他曾说过："我看到数学分成许多专门领域，每个领域都能费去我们短暂的一生。……诚然，物理学也分成了各个领域，其中每个领域都能吞噬一个人短暂的一生，我不久学会了识别出那种能导致深化知识的东西，而把其他许多东西撇开不管，把许多充塞脑袋，并使其偏离主要目标的东西撇开不管。"他就是这样指导自己的学习的。为了阐明相对论，他专门选学了非欧几何知识，这样的定向选学法，使他的立论工作得以顺利进行和正确完成。如果他没有意向创立相对论，是不会在那个时候学习非欧几何的。如果那时他毫无目的地涉猎各门数学知识，相对论也未必能这么快就产生。爱因斯坦正是在 10 多年时间里专心致志地攻读目标相关的书和研究相关的目标，终于在光电效应理论、布朗运动和狭义相对论 3 个不同领域取得了重大突破。

值得一提的是，爱因斯坦不但有可贵的自知之明，而且对已确立的目标矢志不移。1952 年，以色列国鉴于爱因斯坦科学成就卓越，声望众高，加上他又是犹太人，当该国第一任总统魏兹曼逝世后，邀请他接受总统职务，他婉言谢绝了，并坦然承认自己不适合担任这一职务。确实，爱因斯坦是一位伟大的科学家，这是他终生努力奋斗才实现的。如果他当上总统，未必会有多大建树，因为他未曾显示过这方面的才华，也未曾为此目标做过努力。

犹太人不论从商从政还是从事科学事业，都注重确立人生奋斗目标，然后全力以赴，终至成功。目标决定了一生，激励人们不畏千辛万苦，充分发挥其潜在能力。犹太人在确立目标时注意切合个人实际和环境，不会把自己的奋斗目标确立在可望而不可即的位置上。比如，爱因斯坦不会把自己的奋斗目标确立在总统位置上，即使别人推崇他往此目标去，他也不接受。生活中有的人心比天高，却力不从心，甚至不肯做出努力，最终必将以失败告终。

把心专注在一个地方

《塔木德》说：“得到太多，必有所失。”“把你的心（思想）专注在一个地方。”

《塔木德》中有这样一则故事：

一个人找到智者约瑟，看到约瑟正在树上摘苹果。

“尊敬的约瑟，我有一个问题要问你。”这个人喊道。

“我现在不能下树回答你的问题，因为我今天受雇于这里的庄园主，我的时间是属于他的。”

约瑟因为在树上说了拒绝回答问题这一句话，影响了摘苹果，收工后主动向庄园主提出扣下一点工钱。

由此可见，做事专注、集中精力也是犹太人的一个特征。

犹太人因其民族的特性和所处的环境，普遍都能从小怀志，确立自己的人生奋斗目标。正因如此，许许多多的犹太人能集中人生有限的时间和力量去攻克一个目标，所以成功率比别人高。

聪明人能够专注地干一件事，直到成功，勒韦就是这样一个聪明人。

勒韦是美国著名的医师及药理学家，1936 年荣获诺贝尔生理学及医学奖。

1873 年，勒韦出生于德国法兰克福的一个犹太人家庭。他从小喜欢艺术，对于绘画和音乐都有一定的造诣。但他的父母对犹太人深受各种歧视和迫害心有余悸，不断敦促儿子不要学习和从事那些涉及意识形态的行业，要他专攻一门科学技术。他们认为，学好数理化，可以走遍天下都不怕。

在父母的教育下，勒韦放弃了自己原来的爱好和专长，进入斯特拉斯堡大学医学院学习。

勒韦是一位勤奋志坚的学生，他不怕从头学起，他相信专注于一，必定会成功。带着这一心态，他很快进入了角色，专心致志于医学课程的学习。心态是行动的推进器，他在医学院攻读时，被导师的学识和专心钻研精神所吸引。这位导师叫

淄宁教授，是著名的内科医生。勒韦在他的指导下，学业进步很快，并深深体会到医学也大有施展才华的天地。

从医学院毕业后，勒韦先后在欧洲及美国一些大学从事医学专业研究，在药理学方面取得较大进展。由于他在学术上的成就，奥地利的格拉茨大学于 1921 年聘请他为药理教授，专门从事教学和研究。他在那里开始了神经学的研究，通过青蛙迷走神经的试验，第一次证明某些神经合成的化学物质可将刺激从一个神经细胞传至另一个细胞，又可将刺激从神经元传到应答器官。他把这种化学物质称为乙醚胆碱。1929 年，他又从动物组织中分离出该物质。勒韦对化学传递的研究成果，是一个前所未有的突破，对药理及医学上做出了重大贡献，因此，1936 年，他与戴尔获得了诺贝尔生理学及医学奖。

尽管勒韦是杰出的教授和医学家，但他和其他犹太人一样，在德国遭受到纳粹的迫害，当局把他逮捕，取消他的德国国籍并没收全部财产。后来，他逃脱纳粹的监视，辗转来到美国，并加入了美国国籍，受聘于纽约大学医学院，开始了对糖尿病、肾上腺素的专门研究。勒韦对每一个新的科研项目都能专注于一。不久，他这几个项目都获得了新的突破，特别是设计出检测胰脏疾病的勒韦氏检验法，对人类医学做出了重大贡献。

在生活中，一个人确定的目标要专一，不能经常变幻不定。

确立目标之前需要做深入细致的思考，权衡各种利弊，考虑各种内外因素，从众多可供选择的目标中确立一个。

同时，一个人在某一时期或一生中一般只能确立一个主要目标，目标过多会使人无所适从，应接不暇，忙于应付。

有一位房产商人，居然记不清自己手头到底有多少宗交易。他先是做一座建筑物的生意，接着增加到两座，后来范围更大了，终于扩展到别的业务。他回忆说：“刺激得很，我在试验自己的极限。”

有一天，银行来了通知，说他扩张过度，冒了太大风险，决定停止给他信贷。于是，这位奇才失败了。起初他怨天尤人，埋怨银行，埋怨经济环境，埋怨职员。

最后他说："我明白我没有量力而为，欲速则不达。"

答案是重定目标，找出他最拿手的生意——发展地产。他熬了好几年，终于又慢慢振作了起来。如今，他又成了一位成功的商人，做事也更有分寸了。

生活中有的人之所以没有什么成就，原因之一就是经常确立目标，经常变换目标，所谓"常立志"者就是这样一种人。

在太多的领域内都付出努力，难免会分散精力，阻碍进步，最终一无所成。那些对奋斗目标用心不专、左右摇摆的人，对琐碎的工作总是寻找遁词，懈怠逃避，因而注定要失败。如果我们把所从事的工作当作不可回避的事情来看待，就能带着轻松愉快的心情，迅速将它完成。

凡事都有解决的窍门

《塔木德》说："办法总比困难多，凡事都有解决的窍门。"

有一天，两个女人来见所罗门王，站在他面前。其中一个说："陛下啊，这女人跟我住同一个屋子，我在家生孩子的时候，她正住在那里。我生了一个男婴，两天后她也生了一个男婴。这屋子里只有我们两个，没有别人。一天晚上，她不小心压死了自己的孩子，就半夜起来，趁我熟睡时抱走我的孩子，放在她床上，然后把她那死了的孩子放在我的床上。第二天早晨，我醒来要给孩子喂奶，发现他已经死了，再仔细一看，才知道那并不是我的孩子。"

另一个女人说："不！活着的孩子是我的，死的才是你的！"

第一个女人回答："不！死孩子是你的，活着的是我的！"

她们在所罗门王面前就这样争辩起来。

所罗门王心想："既然她们都说活孩子是自己的，死孩子是对方的，那么……"他对侍从说："拿一把刀来！"侍从把刀拿了进来。

所罗门王下令说："把这活着的孩子劈成两半，一半给这个女人，一半给那个女人！"

孩子的母亲心疼自己的儿子，就对所罗门王说，"陛下，千万不要杀这孩子！

求你把他交给那女人好啦!”

另一个女人却说:“不必给我，也不要给她，把这孩子分成两半吧!”

所罗门王说:“不可杀死这孩子！把她交给第一个女人，因为她才是孩子真正的母亲。”

以色列人听说所罗门王这个英明的裁决，都非常敬佩他。他们知道上帝赐给他智慧，使他公平地审判案件。所罗门王不愧为睿智的君王，眉头一皱，就解决了一桩棘手的疑案。

那个“恶毒”的女人，不仅想夺人之爱，而且还想将孩子一分为二，以求心理平衡。但上帝是公正的，正义终将战胜邪恶。

由此可见，凡事都有解决的窍门，只要我们肯动脑筋，勤于学习，善于运用自己的智慧，也会像所罗门王那样充满睿智。

脚踏实地，循序渐进

《塔木德》中有一句流传甚广的格言:“罗马不是一天建成的。”

1872 年，犹太人哈同来到中国上海谋生，当时他 24 岁，年轻力壮，但身上除了穿着外，几乎一无所有。他立志来中国赚钱发财，但他一无资本，二无专业知识和技术。为此，他决心先立足，因其长得身材魁梧，他在一家洋行找到了一份看门的工作。换作别人也许是不愿干的，相貌堂堂，年轻高大，却屈于当站门雇员。但哈同却不那么想，他认为看门赚来的钱也是一种报酬，没有丢脸和失身份的感觉。而且，他有更深层次的考虑，“千里之行，始于足下”，在这份工作上找个立足支点，今后通过自己的努力奋斗，积蓄力量，最后能找到赚更多钱的路子。

在当看门工时，哈同非常认真，忠于职守。晚间，他利用一切可利用的时间阅读各种经济和财务方面的书籍，知识增进很快。不久，老板觉得他工作出色，脑子精灵，便把他调到业务部门当办事员。

哈同一如既往，工作业绩不错，逐步被提升为行务员、大班等。这时，他的收入大为增加了，早怀壮志的他并没有因此而知足。他认为自己创业的时机到了，

1901 年，他辞职了，开始独立经营商行。

哈同自办的商行取名为“哈同洋行”，为了赚取更多的钱，以经营洋货买卖为主。他卖的洋货在中国市场上的竞争品相对较少，消费者难以“货比三家”，因而赚取了高额利润。几年间，他赚了许多钱。

随着资本的增多，哈同没有放缓自己的追求，开始从事买卖土地和放高利贷的业务。他买入的土地大多从一些急于等钱用的人手中获得，所以他把价钱压得很低，卖主不得不就范。接着，他将低价买入的土地租给别人造屋，到一定年限后收回，这样连房产也归他所有了。此外，他自己也投资建造楼房用于出租，从中获取惊人的利润。就这样，他成了大富豪。

和哈同一样，犹太巨商大多是白手起家，刚刚从业时多从事最底层的工作。他们的一大共性是都能将平凡的工作干得十分出色。

洛克菲勒

洛克菲勒 16 岁开始为一个小商人做会计助理，因工作有条不紊，精细认真，深受老板赏识；钻石大王彼德森 16 岁到一家珠宝店当学徒，敲敲打打一丝不苟，仅 5 个月手艺就得到了师傅的认可；股票超人约瑟夫·贺希哈从 14 岁到 17 岁，伏案画股票行情图一画就是 3 年。类似的事例太多。

他们还有一个共性是工作之余爱看书学习。有个说法，人与人之间的差距主要在业余时间。他们就是利用业余时间使自己成为某一方面的专家。

美联储主席格林斯潘身居高位多年，仍对经济理论和经济运行的细节了如指掌，尤其对统计数据非常在行。他在这种境况下犹能如此踏实，当属罕见。《塔木德》上告诫后人：“别想一下就造出大海，必须先由小河川开始。”反观某些人，不屑于做小事，只想做大事，结果不仅缺乏根基，而且信心屡屡受挫。

流泪撒种，必欢呼收割

《塔木德》说：“流泪撒种的，必欢呼收割。”“那流着泪出去的，必要欢欢乐乐地带禾捆回来。”

犹太人认为，勤勉和成功是相辅相成的，常常有人因为勤勉而成功，但却很少有人因懒惰而成功。尽管勤劳并不一定能获得成功，但只要能够辛勤工作，也能够获得个人最大限度地成功。

在犹太人心中，成功的背后定有辛苦。远古犹太人升火，要花很长的时间去摩擦木头或石头；要吃果实，就爬到很高的树上去摘。

勤勉或懒惰不是天生的，很少有人一生下来就是辛勤的工作者，也很少有人是天生的懒虫，大多数人的勤勉或懒惰都是后天养成的，是习性所致。此外，孩童时期的家庭环境以及所受的教育，也有很大的影响。勤勉通常分为两种：一种是外力强迫的勤勉，一种是自己自愿的勤勉。

在贫穷的时代，犹太人必须在劳动条件非常恶劣的环境中，从事长时间的劳动，否则便无法维持生活。犹太人认为这是自愿的勤勉。

犹太人在埃及受奴役期间，曾经长时间从事田里的工作，劳动量大得使人们听了都会打寒战。但是，辛勤工作的结果并没有使他们的生活得到改善，这是因为这些辛勤是外力强迫所致。

外力强迫的勤勉对人自身不会有什么作用，因为一旦外力消失，这种勤勉就会荡然无存。自愿的辛勤较易产生属于自己的东西，从而逐步培养自己，久而久之，就能确立一个完完整整的自我。

有这样一个故事：

罗马皇帝哈德良看见一个老人在努力工作，种植无花果树。他问老人道：“你是否期望自己能够享受果实？”

老人回答说：“如果我不能活到吃无花果的时候，我的孩子们将会吃到，或许上帝会特赦我。”

“如果你能够得到上帝特赦而吃到这树的果实，”皇帝对他说，“请你告诉我。”

时光流逝，果树果然在老人的有生之年结出了果实，老人装了满满一篮子无花果去见皇帝。见到皇帝时，他解释说：“我就是你看见过的那个种无花果树的老人，这些无花果是我劳动的成果。”

皇帝让他坐在金椅子上，把他的篮子装满了黄金。

这时，皇帝的仆人反对道：“您想给一个老犹太人那么多的荣誉吗？”

皇帝回答说：“造物主给勤劳的人以荣誉，难道我就不能做同样的事吗？”

后来，老人家附近有一个懒惰的邻居，他的妻子听了老人的故事，对丈夫说：“皇帝爱吃无花果，给他点无花果，他就会给你金子。”

丈夫听从了妻子的话，也拿了满满一篮子无花果到皇宫，要求换取金子。

仆人报告皇帝，皇帝大怒道：“让这个人站在皇宫门口，每个进出的人都可以向他脸上扔一个无花果。”

黄昏时，这个可怜的人被送回了家，浑身又青又肿。“我要把我得到的全给你！”他冲妻子喊道。

犹太人认为，懒惰使人一事无成，上帝和人们都是奖赏勤勉的人的。因此，犹太人的生存之法是培养勤勉的习惯，因为这才是成功的关键。

永不逃避责任

犹太人认为，好事可以分享，自己的责任一定要自己负。放弃自己的责任和义务是可耻和罪恶的。

不论是把事情推给别人，还是归咎于环境，自己的责任仍然存在，所以犹太人从来不把责任推给别人，而是自己动手去做。

人既然生存在这个世界上，自己就不能被完全抹掉，当然也不能抹消自己的全部责任，只要存在一天，人就会负担一天的责任，即使可以把其中的一半责任推给环境，但自己仍须负担另一半的责任。

不朽的上帝对他的使者盖傅瑞儿说：“去！在那些正直人的前额上用墨水做个

标记，这样破坏天使就不会伤害他们；在那些恶人的前额上用血做标记，破坏天使就会消灭他们。”

这时，正义站在上帝面前说：

“宇宙之王，第一种人和第二种人有什么不同?”

“第一种人是彻底的好人，”上帝回答说，“第二种人是彻底的坏人。”

“宇宙之王，”正义争辩道，“正直的人有力量反抗其他人的行为，可是他们没有这么做。”

“你知道，”上帝回答说，“即使他们反抗过了，邪恶的人也不会听他们的话。”

“宇宙之王，”正义说，“你知道那些坏人不会改变，可是那些正直的人知道这一点吗?”

由于正直的人没有反抗，上帝改变了主意，没有把他们和恶人分开。

这是上帝对一个放弃自己责任的人的处置。

在现实生活中，犹太人在任何时候都不逃避自己的责任，为了负起自己的责任，他们甚至可以倾家荡产，可以牺牲性命。所以，他们在别人心目中讲究诚信，注重契约。

有个犹太人接到了美国芝加哥一个公司 3 万套刀叉餐具的货单，双方商定的交货日期是 9 月 1 日。这个商人必须在 8 月 1 日从本港运出货物，才能在 9 月 1 日如期交货。

但是，由于一些意外事故，商人没能在 8 月 1 日赶制出 3 万套刀叉餐具。他陷入了困境，但他丝毫没有想过要给对方写封情真意切的信，要求延期交货并表示歉意，因为这已是违背契约，不符合犹太商法，并且也是逃避责任的做法。

结果，这位犹太商人花巨资租用飞机送货，将 3 万套刀叉如期交货，而他为此损失了 1 万美元。

不逃避责任正是犹太人取得非凡成就的基石。

学会控制和改变自己

《塔木德》说：“谁是英雄？战胜自己情欲的人是英雄。”

在生活中，犹太人主张“有所为，有所不为”，他们非常善于控制和改变自己的不良习惯，对待吸烟的问题即是如此。现在，吸烟的犹太人所占的比例较其他民族要小得多。

一位犹太人指出，世界上有千千万万的成年人吸烟，其中大多数据说已经上瘾。“上瘾”这个名词的含义是他们不能自制，亦即身不由己。但我们也知道，有很多吸烟的人不必经过治疗便戒掉了烟。他们只是决定把它戒掉——然后就这样把它戒了。

假如他们是上了瘾的话，又怎么能够把它戒掉呢？上瘾的定义不是说上瘾者处于一种身不由己的状态吗？

所以说，吸烟基本上是个习惯，并非上瘾。你和吸烟的人谈论时，把习惯和上瘾区分清楚是非常重要的。我们承认戒烟或戒除其他陋习时，会带来诸多不舒服的“症状”，使抗拒引诱更加困难，但这并不是办不到的。

球王贝利戒烟的经历或许对我们有所启迪。

世界球王，被人们称为“黑珍珠”的巴西足球运动员贝利，自幼酷爱足球运动，并很早就显示出超人的才华。

有一次，贝利参加了一场激烈的足球赛，累得喘不过气来。休息时，贝利向小伙伴要了一支烟。他得意地吸起烟来，嘴里吐出一缕缕淡淡的烟雾。贝利有点陶醉了，似乎刚才极度的疲劳也烟消云散。

这一切全被他的父亲看在眼里，父亲的眉头皱起了一个大疙瘩。

晚上，父亲坐在椅子上问贝利：“你今天抽烟了？”

“抽了。”贝利意识到自己做错了事，他红着脸低下了头，准备接受父亲的训斥。

然而，父亲并没有发火，他从椅子上站起来，在屋里来来回回走了许久，才平

静地对贝利说："孩子，你踢球有几分天资，也许将来会有出息。可惜你现在就开始抽烟了，抽烟会损坏你的身体，使你在比赛时发挥不出应有的水平。"

贝利的头低得更下了。父亲又语重心长地接着说："作为父亲，我有责任教育你朝好的方面努力，也有责任制止你的不良行为。但是，是往好的方向努力，还是往坏的方向滑去，做决定的是你自己。我只想问问你，你是愿意抽烟呢，还是愿意做个有出息的运动员？孩子，你该懂事了，自己选择吧！"说着，父亲从口袋里掏出一些钱，递给贝利，并说："如果你不愿意做个有出息的运动员，执意要抽烟的话，这点钱就作为你抽烟的经费吧！"说完父亲便走了出去。

贝利望着父亲远去的背影，仔细回味着父亲那深沉而又恳切的话语，不由地哭了。他哭了好一阵子才止住哭声。之后，他拿起桌上的钞票去买了一双运动鞋，并坚定地说："爸爸，我再也不抽烟了，我一定要当个有出息的运动员。"

从此以后，贝利不但与烟无缘，还刻苦训练，球艺飞速提高。他 15 岁参加桑托斯职业足球队，16 岁进入巴西国家队，并为巴西队永久占有"女神杯"立下奇功。如今，贝利已成为拥有众多企业的富翁，但他仍然不抽烟。

"有所为，有所不为"是成就大事业的基本前提。一个人想要征服世界，首先要战胜自己。

形象是最好的名片

《塔木德》说："人在自己的故乡所受的待遇由评价而决定，在外乡则由服饰而决定。"

一位犹太企业家认为，人与人初次交往，90%的印象来自服装。英国前首相丘吉尔也认为，服装是最好的名片。在社会交往日益频繁的今天，人们越来越重视自己的着装，力求在某些特殊的场合因得体的服装而获得某种交际优惠。

中国也有句俗话说："人靠衣裳马靠鞍。"因此，衣着是十分重要的，绝不可马虎了事。一位牛津大学的教授指出："衣着可以代表个性，但个性不一定需要衣着。"

在追求个性的现代社会中，衣着的个性化是必然趋势，个性将是衣着时尚成功与否的标准。走在前面的人，当然要领先一步。

当然，个性不一定需要衣着体现，但有衣着的装点总比没有衣着的装点好。普通人惯于以貌取人，追求个性应该用衣着来树立自己的外表，而不是回避它。

在商界，衣着有时代表着优良的经商品质和经济实力。

10 多年前，刚从本科毕业的贝克，面临着两个选择：一是踏入商界，二是留在学院。后来发生的一件事使他决定留在学院。有一次，贝克遇上一个好机会，有人愿意给他投资 10 万英镑，他未顾及衣着，匆忙赶去洽谈，结果对方单刀直入地对他说：“小伙子，你的衣着表明你在商业上缺乏才能，你没能在经济方面给我一个可靠的承诺。”

当时的贝克如遭当头棒喝。他以为凭自己的智力和满腹学问可以说服别人。实际上，那次会面，他根本没有机会说出心中的蓝图。因为他的衣着，别人已经下定决心不和他合作了。

过了很多年，贝克仍能回想当时的寒酸表现。想想看，别人投资是为了赚钱，经济上缺乏承诺的人能相信吗？钱再多也不能朝水里扔。即使要朝水里扔，他自己也会扔，为什么要借别人的手扔呢？

所以，贝克自那以后就开始讲究衣着了，他知道了衣着的重要性。

成功并不完全，甚至也不首先取决于一个人的穿着打扮，但着装打扮却是多数人迈向成功的一个重要因素。吻合个性的衣着可以强化你的自信。

这里所说的讲究衣着，绝不是教你从此陷入表面满足虚荣的泥坑。在用衣着表现自信的同时，的确应该表明你的身价和地位。需要提醒的是，我们不是为了追求奢华而打扮，而是为追求成功而打扮。

创造成功的机会

《塔木德》说：“我见日光之下，跑快的未必能赢，力战的未必得胜，智慧的未必得粮食，明哲的未必得资财，灵巧的未必得喜悦，所临到众人的，是在乎当时

的机会。”

20 世纪 50 年代初期，有个叫丹尼尔的年轻人，从美国西部一个偏僻的山村来到纽约。他走在繁华的都市街头，啃着干硬冰冷的面包，发誓一定要闯出一片属于自己的天空。

然而，对于没有进过大学校门的丹尼尔来说，要想在这座城市里找到一份称心如意的工作，简直比登天还难，几乎所有公司都拒绝了他的求职申请。

就在他心灰意冷之时，有一天，他接到一家日用品公司让他前去面试的通知。他兴冲冲地前往面试，但是，面对主考官有关各种商品的性能和如何使用的提问，他吞吞吐吐，一句话也答不出来。说实话，摆在他眼前的许多东西他从未接触过，有的连名字都叫不出来。

眼看唯一的机会就要消失，在转身退出主考官办公室的一刹那，丹尼尔有些不甘心地问道：“请问阁下，你们到底需要什么样的人才？”

主考官微笑着告诉他：“这很简单，我们需要能把仓库里的商品销售出去的人。”

回到住处，丹尼尔回味着主考官的话，突然有了一个奇妙的想法：不管哪个地方招聘，其实都是在寻找能够帮自己解决实际问题的人。既然如此，何不主动出去，去寻找那些需要帮助的人？他想，总有一种帮助是他能够提供的。

不久，当地一家报纸上登出了一则颇为奇特的启事，文中有这样一段话：“……谨以我本人人生信用作担保，如果你或者贵公司遇到难处，如果你需要得到帮助，而且我也正好有这样的能力给予帮助，我一定竭力提供最优质的服务……”

让丹尼尔没有料到的是，这则并不起眼的启事登出后，他很快就接到了许多来自不同地区的求助电话和信件。

原本只想找一份适合自己工作的丹尼尔，这时又有了更有趣的发现：老约翰为自己的猫咪生下小猫照顾不过来而发愁，而凯茜却为自己的宝贝女儿吵着要猫咪却找不到卖主而着急；北边的一所小学急需大量鲜奶，而东边的一处牧场却奶源过剩……诸如此类的事情，一一呈现在他面前。

丹尼尔将这些信息整理分类，一一记录下来，然后毫不保留地告诉那些需要帮助的人。而他，也在一家需要市场推广员的公司找到了适合自己的工作。不久，一些得到他帮助的人给他寄来了汇款，以表谢意。

据此，丹尼尔灵机一动，辞职注册了自己的信息公司，业务越做越大，他很快成为纽约最年轻的百万富翁之一。

成功没有固定的模式。幸运从来不会主动光顾你，要靠自己去寻找、去争取。有时候，给别人帮助的同时，其实也为自己创造了最好的成功机会。

不要盲从权威

《塔木德》说："两个犹太人就会出现三种意见。"由于受到迫害而产生的反权威主义，赋予了犹太人独立性的因素。犹太人充满了反叛精神。正是由于他们不重视权威的性格，才产生了卡尔·马克思这样的社会改革家。也由于不重视权威，成功后自己也不会成为权威，这就是犹太人的特征。

犹太人常常脱离常轨考虑问题，伽利略、喀布拉等人都曾向他们所处时代的天文学挑战；爱因斯坦也是因为敢于脱离常轨，才推动着人类历史一步一步地前进。

有一个故事，就是讲犹太人不盲从权威的。

一次，拉比以利扎·本·西蒙从老师家里出来，悠闲地骑着毛驴，感到很快活，因为他刚刚学习了不少《律法书》上的知识，心中充满了骄傲。突然，一个非常丑的人向他打招呼："祝你平安，先生。"拉比以利扎不向人家打招呼而是说："你可真丑陋啊！你周围的人都和你一样难看吗?"

那人回答说："我不知道，但是你可以去跟我的造物主说：'你造出来的东西多么丑陋啊！'"

拉比以利扎意识到自己犯了错，于是向这个人鞠躬，说："我在您面前低头，请原谅！"

但是，那个愤怒的人说："我不会原谅你，除非你到我的造物主那里说：'你造出来的东西多么丑陋啊！'"

拉比以利扎跟在那人身后，来到自己的镇子上。当镇上的人看到他们的拉比，都来致意，说："祝你平安，老师!"

"你们这是在跟谁致意?"那个人问道。

"跟在你身后的那个人。"人们回答说。

"如果那人是一个拉比，"他大声说，"以色列再没有和他一样的人。"

人们很奇怪，便问他为什么这样说，他就讲了刚刚发生的事情。

"可是你应该原谅他啊，"他们催促着说，"因为他是一个很好学的律法师。"

"为了你们，我会原谅他。"那人最后说，"但是他以后再也不许做这样的事情了。"

这个非常丑的人之所以愿意原谅拉比以利扎，是因为他并不需要随时向权威挑战，只需适当模仿别人的做法，就能很快乐。但如果一味地追随，乃至故步自封，就会陷入盲从的境地。

犹太人相信，接受权威人士所给你的负面评价是最大的不幸。对于许多白手起家的犹太富翁来说，他们选择了另一条道路，那就是不相信那些贬低他们，而且是反复贬低他们的权威人士。他们有远见、有勇气、有胆量地向老师、教授、业余批评家和教育测试中心所给出的评价进行挑战。

虽然犹太人懂得应当谨慎地对待他人的意见，但大多数犹太人不会把他们的批评者当作一回事；而且坚决不接受那些会削弱自己决心的负面评论或预言。不理会恶意的批评，与经济成功或事业有成之间，存在着密切的关联性。

一位犹太学者指出：成功者，不论其智力如何，都会比不成功者受到更多的批评。事实上，批评对于锻炼一个人是很有必要的，就像百炼成钢，就像是对新兵的训练。问问当今有代表性的百万富翁，他们大都经历过许多这样的"新兵训练"。

五、有了信仰，才有追求的动力

把摩西十诫当作行动指南

公元前1250年，摩西带领以色列人出埃及，摩西率领衣衫褴褛的犹太人在西奈沙漠中艰难行进，面临饥饿、干渴、疾病、劳累以及强敌追袭拦阻的威胁，不少人怀念起在埃及虽被奴役但终究能维持生存的生活。加之他们多年来在埃及受多神信仰，潜移默化的尊奉信仰产生动摇，以致在征途中摩西隐居修道时，不少人乘机进行偶像崇拜。

为此，摩西不得不在西奈沙漠中停止行进，假托耶和华之命，对离经叛道的人发动了一场“清教运动”，以统一精神信仰。他声称耶和华在西奈山向他传授了十条戒律，作为耶和华与犹太人订立的约法。这十条戒律被刻在石板上，即著名的“摩西十诫”：

一、除了耶和华之外，不可信仰别的神。

二、不可为自己制作和崇拜任何偶像。

三、不可妄称耶和华的尊名。

四、当守安息日为圣日。前6天做工，第7天歇息，任何工作都不能做。

五、孝敬父母者，福寿长久。

六、不可杀人。

七、不可奸淫。

八、不可偷盗。

九、不可作伪证陷害人。

十、不可贪恋他人的一切。

摩西让犹太人12个部落在西奈山下设立祭坛，宰杀牛羊，将牲畜的血一半倒在盆中，一半洒在坛上，进行立约仪式。由此摩西初步创立了人类最早的神教——犹太教。“摩西十诫”不仅成为犹太教的基本教义，也是人类最早的法律之一，并在相当大程度上影响着后来的基督教和伊斯兰教。

另外，在西奈的流浪行进中，摩西还采纳了岳父叶忒罗的建议，把犹太人分别组成1000、100、50、10人各级规模不等的社会行政单位，选择能人贤者出任千夫长，作为各级的行政首脑，协助摩西进行管理，结束了希伯来各部落混乱无序的状态。

摩西为争取犹太民族的独立、自由，在确立犹太人统一的宗教信仰的基础上开创了犹太民族形成的历史进程，成为千百年来犹太民族所尊敬、仰慕的第一人。

暴行下的民族信仰

千百年来，迦南地区之所以受强邻掠夺，最主要的因素是其地处亚欧非三洲的交通要冲。从古埃及到公元2世纪，除希伯来王国时期的短暂兴盛外，犹太人一直处于周围列强和异族的攻掠、奴役和蹂躏之下。

之所以说犹太民族伟大，是因其在浪迹天涯的过程中，能吸收异族的精华，发展了超民族的精神观念，逐步将对民族幸福的追求升华为对大同世界的向往。

最初灭亡犹太王国的新巴比伦王国是一个文明程度极高的国家，新巴比伦独特的思想体系和生活方式对犹太民族的文明发展有着极为重大而深远的影响，同时也造成犹太人第一次大流散。在犹太民族饱受异族欺凌的过程中，他们也从异族文化中吸取着有益的营养。

犹太人虽沦为囚虏，但无时无刻不在思念耶路撒冷，盼望着有朝一日能重返故国。

波斯大帝居鲁士为防止埃及和希腊东侵，很快下令释放犹太人重返家园。

由于犹太教有利于波斯帝国的统治，因而得到波斯大帝居鲁士的大力扶植。波

斯拜火教的一神崇拜及末日审判、善恶交战、天堂地狱等观念，使犹太教获得新的发展与完善。

犹太人返回家园后，重建了被巴比伦人所毁灭的圣城耶路撒冷和圣殿，还仿效波斯教祭司的教制，建成了以学士为主体的祭司阶层，形成犹太宗教史上最典型的政教合一的实体。这种祭司阶层拥有很高的政治、经济特权，是犹太人民的直接统治者。

著名的大祭司、犹太地区省长尼希米按祭司观点对犹太教教义、教规进行了重新修改和整理，并进行多种纯洁犹太民族的改革，如禁止犹太人与外族通婚等。

公元前331年，希腊——马其顿王亚历山大率领东征军占领波斯首都苏撒，灭亡波斯帝国，迦南地区也随之成为亚历山大帝国的一部分。亚历山大王幼时曾师从希腊著名哲学家亚里士多德，因而犹太民族又被卷入“希腊化”狂潮，造成犹太历史上的第二次大流散。亚历山大死后不久，帝国就四分五裂，犹太民族生活的迦南地区，不到20年就七次易主，最后划入自称埃及王的托勒密的版图。

在这个希腊化时代，无论是已经流散于南欧、北非和西亚各地的犹太人，还是依然留居于巴勒斯坦的犹太人，在其物质和精神生活的方方面面都自觉或不自觉地受到希腊文明的浸染。公元前3世纪时，希伯来语逐渐退化为一种主要用于祈祷和诵经的宗教语言，希腊语则为越来越多的犹太人接受、使用，并出现了一批希伯来思想与希腊精神相结合的作品。

在托勒密王朝统治期间，犹太人开始大规模定居埃及，其中既包括被迫迁来的犹太战俘、奴隶、雇佣兵及家属，也有出于各种原因而寓居于此的犹太工匠、商人、祭司和文士。到公元1世纪时，全埃及已有近100万犹太人。总体来说，托勒密王朝在积极推广希腊文明的同时，对犹太人还是采取一种比较宽容的政策，也尊重犹太人的传统文化和信仰。在托勒密二世在位时，大部分犹太奴隶成为自由人，托勒密三世也在视察耶路撒冷时，到第二圣殿向耶和华献祭。犹太人不仅在宗教事务中享有充分的自由，而且在整个社会文化生活中拥有广泛的自治权。

一方面，犹太人独特的宗教信仰对众多非犹太人显示出相当大的魅力，从而出

现了一个声势浩大的皈依犹太教的浪潮。由于犹太人漂泊异乡，与异族、异教者混居杂处，以往的宗教隔绝状态已有所缓和。往昔曾是犹太人部落神，继而成为民族神的耶和华也逐渐超越民族壁垒，为非犹太人信徒即所谓的改宗者所敬奉，他们同样领受割礼。

另一方面，许多散居异乡，其中主要是埃及的犹太人在坚持其传统宗教信仰的同时，非常热心地学习、掌握希腊语，熟读、研究各种希腊著作，吸收希腊人的思想观念和思维方法，建立希腊式的露天体育馆、健身馆和戏院，模仿希腊人的生活方式。尤其是在地中海商业交通中心的亚历山大城，东西方文化的汇合达到充分的体现。这座港口城市既是托勒密王朝的首都和希腊文明的传播中心，有着收藏丰富的博物馆和图书馆，也是当时世界上犹太人口最为集中的社区。

当地犹太人在此种背景熏陶下，结合本民族的文化传统，创造了一种独特的、兼具犹太和希腊特征的文化。这种文化不仅影响了古代犹太哲学，而且对早期的基督教也起过相当大的作用。犹太教希伯来圣经最早的希腊文译著——《七十子希腊文译本》，即是这种犹太—希腊文化的光辉结晶。

据传说，公元前 3 世纪托勒密二世为能在著名的亚历山大图书馆收藏希伯来圣经译本，特地邀请巴勒斯坦犹太各部落 72 名博学之士来亚历山大译经。他们各居一室，互不联系，但在神灵启示下成功完成这部首尾一致的庞大译著。不过这只是引人入胜的传说故事，事实上这部圣经的翻译工作十分艰巨，是由许多通晓希伯来文和希腊文的犹太文人在持续近百年的时间里集体完成的工程，绝非所传由 72 个学者在短期内完成的。

从译文语言上来看，《摩西五经》完成于公元前 3 世纪上半叶，而先知书部分的翻译则要到公元前 2 世纪甚至更晚的时候才告终。

公元前 198 年，犹太人再次易主，为塞琉古王朝统治。

公元前 167 年，安条克四世决意制服那些顽强抵制希腊文化的巴勒斯坦犹太人。他派遣阿波罗尼率领一支雇佣军，再次进犯耶路撒冷，烧杀掠夺，拆毁城垣。而后在圣殿北面筑起高墙和坚固的塔楼，建成一座城堡，派驻重兵。这座名叫阿克

拉的城堡构成了对耶路撒冷犹太人的严重威胁，在广大犹太人心中，它是异族统治的耻辱和象征。安条克四世认为，犹太人拒绝接受希腊文化的根源就在于他们所严守谨从的犹太教，于是他决心连根铲除这个“低微而怪异的小宗教”。他发布敕令：禁止行割礼，不可守安息日，处死收藏《托拉》者，圣殿用来改拜奥林匹斯之神宙斯。

犹太人被迫参加每年1月的庆祝国王诞辰的献祭仪式——有两位犹太妇女因给其婴儿行割礼而被游街示众，胸前吊着婴儿，随后被人从城墙上推下。

还有一批犹太人聚集在耶路撒冷附近的一个山洞里秘密守安息日，被获悉的军队活活烧死。

虽然犹太民族在此之前曾多次遭受异族攻击，但他们的宗教活动尚未被禁止过。现在安条克四世剥夺他们的信仰，亵渎他们的宗教，用希腊文化取代古老的犹太文明，这在广大犹太人看来不啻是最大的侮辱和罪恶，再加上塞琉古王朝的苛捐杂税，犹太人已到了火山的爆发口。

有史以来，犹太人第一次仅仅由于信奉本民族的宗教而面临绝境。但残酷的暴行并没有使犹太人灭绝，反而加强了犹太民族的信仰。

先知是精神上的领袖

所罗门去世后，希伯来王国分裂为北朝以色列和南朝犹大国。内部倾轧、外敌蹂躏，信仰危机日趋一日地加剧了两个王国的衰败。

在民族危机与日俱增之际，自公元前8世纪中叶起，一批“先知”登上犹太政治舞台，展开了一场影响深远的先知运动，由此开始了犹太教历史上伟大的“先知时代”。

什么是先知?

先知是上帝耶和华在犹太人中选择的传达他的意志的人，先知的一切话语皆真实无误。摩西是最大的先知，其预言是真实的。

他们之中有许多人是伟大的诗人，但又远远超出诗人。

他们之中有些人能言善辩，但又不仅仅是雄辩的演说家。

他们都有一个共同点：敢于坚持他们所认为的真理。

虽然他们之中很多人心胸狭隘，完全不能容忍任何不同意见，但是他们坚持自己的信仰，遇到原则问题敢于牺牲一切，包括自己的生命。

先知们具有超凡的精力与智力，能预见将要发生的一切，他们警告那些面临灾祸的人，如果他们一再坚持违背上帝的教导，将会有何等灾难降临到他们身上。先知们富有追求正义与真理的激情，经常毫无畏惧地向国王或君王传达上帝的旨意，要求他们服从上帝启示给摩西的律法。

在犹太社会中，任何时候任何人背离了至圣的中心理念，先知就会传达上帝的意旨，教诲式地警告犯罪者，即使国王也不例外。

在犹太人两千多年的流散中，他们之所以能保持高度的民族同一性，关键是先知的思想著作中闪现着民族的良知，这不仅促进了犹太教的巩固和发展，而且使犹太人的生活有了规范，甚至对全人类的人性也有着很重要的贡献。

先知中最伟大和最为杰出的代表有：阿摩司、以赛亚、何西阿和弥迦。

先知的代表人物都从同一个基本观念出发，即一个上帝。一个唯一的创世主和士师，一个非神话的、非魔术的神——一个不屈从于命运和不受任何约束的最高意志。他们坚信必须维护和传播自己的信仰，要求人们遵守道德戒律。他们向犹太人传达上帝的预言和旨意：犹太民族要遭受亡国和流放之苦，但上帝不会忘记他的特选子民，历经苦难的犹太民族最终会回到上帝对他们应许之地，建立自己的国家。犹太人必须固守这一信念，否则就不可能获得拯救。

尽管先知们经历了动荡的犹太社会的不同时期，各人看到了不同的历史事件，但他们却超越了各自的时代和历史事件，构筑了共同的宗教原则和伦理规范。这对犹太民族的信仰具有永恒的意义。

先知们用自己的智慧鞭挞人们，同时又启迪人们，使犹太民族散而不亡，生生不息，同时也形成了犹太民族的信仰之源。

灵魂的指引者拉比

拉比是犹太教教职的一种。在古代犹太教中，原指精通经典律法的学者，故其原意为“老师”，负责执行教规、律法并主持宗教仪式。其实，在犹太社会中，拉比们身兼传道者、学者、教师、咨商者、评判者等角色，是享有崇高地位的精神领袖。

在犹太人心目中，拉比就是圣言的倾听者，是代表上帝向世人宣传圣言的使者，是守护犹太教的功臣，是犹太人的精神领袖，是犹太人心灵的指引者。

在罗马帝国统治犹太人的时期，为了毁灭犹太民族，罗马统治者想尽了各种方法，无所不用其极。他们或封锁学校，或禁止做礼拜，或焚烧书籍，或禁止犹太人的各项庆典，但最终目的就是禁止培养拉比。

罗马帝国的统治者曾发出布告：任何参加拉比的任命仪式者，无论是任命的一方或被任命的一方，都将被处以死刑。举行这种仪式的都市城镇，也将遭受毁灭。

相对于各种压迫手段来说，这无疑是罗马人采取的最残忍的一项措施。即使拉比不惜牺牲生命，他们也不愿背负伤害同胞生命的责任，所以这项措施一时颇收恐吓之效。

对于犹太人而言，没有拉比，社会即宣告瓦解，社会停止运转。因为拉比是犹太人精神上的领航者，代表犹太社会中的一切权威。没有了精神的牵引者，没有了社会事务的解决人，即意味着犹太民族从世界上消失了。

万幸的是，有位出色的拉比看破了罗马人这项恶毒的措施，于是他率领他最赏识的 5 名弟子，溜出城镇，走进大山里的无人地带。因为在这样的地方，可以避免被罗马人捉住，即使被罗马人捉住，也只有自己受刑罚，不会牵连到整座城镇的同胞。

这位杰出的拉比与弟子们在距离城镇 2 公里左右的地方停下来，老拉比为他的 5 名弟子举行了拉比任命仪式。

很不幸的是，罗马人听到了风声，并派军队来抓捕他们。老拉比说：“我已经

完成了我的使命，死而无憾。但你们必须尽快逃走，因为我们需要有人继续承担起拉比的任务!”

5名弟子非常清楚肩上的责任，于是迅速奔走，并安全逃离了抓捕。最后，年迈的老拉比落到了罗马人的手中，恼怒的罗马人砍了老拉比几百刀。老拉比死了，但是5名年轻的新拉比开始了新的斗争。老拉比虽死，但是犹太民族的精神支柱却岿然不倒。

在犹太人心目中，最受人尊敬的拉比便是雅基巴，他是一位为国家、为道义而捐躯的民族英雄。

雅基巴出生于巴勒斯坦，出身寒微，替一位家财万贯的大富翁干活。后来，他爱卜了主人的女儿拉结，两人不顾家庭的阻挠与反对，结为伴侣。富翁暴怒之下，与女儿断绝了关系。

在雅基巴40岁之前，他还仅是个目不识丁的牧羊人。但在40岁时，他在井边看见水滴石穿，从中悟出了日日不废则至柔之水可破至坚之石的道理，遂决心日日学习。在妻子拉结的支持下，他在雅乌内犹太经学院苦学。

经过12个寒暑的潜心苦读，雅基巴终于成为学者，赢得当时人们的推崇与爱戴，并且承担了《塔木德》最初的编辑工作。他曾研究过医学及天文学，并通晓数国语言，学问广博而精深，而且曾以犹太人精神领袖的身份多次陪伴“纳西”或“长老”前往罗马与哈德良皇帝进行交涉。

公元132年，为反抗罗马暴政，脱离罗马帝国的统治，犹太人揭竿而起，举行起义。雅基巴的很多弟子都参加了起义，但公元135年起义被镇压，很多犹太人被杀害。

罗马统治者为了彻底消除犹太民族的精神信仰，禁止进行犹太教活动。但雅基巴不顾当局的禁令，继续讲学，并对他的犹太同胞讲了这样一则寓意深远的故事：

有一只狐狸在小河边漫步，发现河中有一条鱼惊慌不安地游来游去，狐狸感到很奇怪，便问道：“鱼儿，你为什么如此不安呢?”

鱼儿回答说："我担心随时会遭受渔网的捞捕呀！"

狐狸说："既然你害怕渔网，那么你到岸上来吧。来陆地上，我会保护你，你就不用再担惊受怕了！"

鱼儿听了，冷笑道："狐狸呀，人人都夸你聪明绝顶，在我看来，你实在愚笨。在我们习惯已久的水里都必须承担被捕的风险，若是到了陆上，我们将会遭受何种危机，难道你不明白吗？"

对犹太人来说，信仰便如同水，如果离开水而上岸，唯有死路一条。无论遭受何等压迫，犹太人都不能离弃民族信仰，这便是雅基巴至死仍奉守不渝的主张。

不久，雅基巴便被捕入狱，并很快被押往罗马。为了泄恨，罗马帝国统治者决定对雅基巴处以严酷的烤刑，让他在极度的痛苦中慢慢死去。

由于雅基巴是犹太人的领袖，所以行刑当天，罗马司令官也亲临刑场。当时旭日东升，正是做晨祷的时刻，这位伟大的拉比在被烧红的铁块炙烤全身之时，仍不忘虔诚而平静地进行祈祷。

罗马司令官看到此情此景，惊讶地问道："你现在身受如此痛楚的极刑，难道还不忘祈祷吗？"

雅基巴回答说："我爱神，所以我绝不亏欠任何一次与神交流的机会，尤其是现在，当我即将被杀之际，我十分喜悦地发现我是如此忠诚地敬爱着神，至死仍能与神祈祷交流，我的生命将无所遗憾。"

雅基巴英勇就义，犹太教视之为殉教者。人们赞颂他："要是没有雅基巴，《塔木德》早就被以色列遗忘了。"

正是由于大批拉比对犹太人的心灵指引，犹太民族的精神和传统才得以生生不息。

信仰要做到与时俱进

犹太人在艰难困苦中，不仅没有被打垮击溃，反而以巨大的向心力，一步一步

向前迈进，这样使他们不仅没有落后于时代，而且走在了世人的前头。这也许就是犹太人能够征服世界的缘故。

犹太人离开巴勒斯坦后，开始了为期两千多年的世界性大离散。先后星星点点地散居在小亚细亚、阿拉伯半岛、埃及、意大利、西班牙、法国、英国和德国等国家和地区，过着寄人篱下的生活。

特别是在中世纪的西欧，犹太教徒的处境极为悲惨。在当时的欧洲，基督教会占据着绝对统治地位，为此他们竭力逼迫“异教徒”改变宗派。在“改宗或死亡”的威胁下，许多犹太人被迫改信基督教，但不少改宗者仍暗中信奉犹太教，不过一旦被查出，就会被异端裁判所隔离、驱逐或屠杀。在十字军东征时期，基督教徒甚至可以在街上任意杀死犹太教徒，而不受任何惩治。

从 13 世纪起，犹太人被迫大量迁徙到中欧和东欧各国。到 18 世纪法国大革命后，犹太人在欧洲的处境才有了些许改变。日益加剧的迫害使犹太人越来越渴求脱离现实的欲望，从而使犹太教徒生存与维系的观念发生了变化。

从 19 世纪以后，近代犹太教逐渐从观念上分为正统派、改革派和保守派三大派别：

正统派的主要代表是犹太教拉比参孙·拉菲尔·赫尔许及以色列·希尔德夏默，他们看到了现代科学文化的巨大能量与远大前途，于是大力主张把它们综合容纳进来。但同时，他们又坚持犹太教的信仰与传统，毫不犹豫地认为传统犹太教教义、条例不能更改，否则即为异端，教徒应对拉比法庭依据犹太律法所做的裁决唯命是从。

在正统派系内部，教徒按照犹太教规，规定自己开办学校来教育自己的孩子，使他们从小接受犹太教的各种礼仪、戒律及经典，以免受异族文化和宗教信仰的侵蚀。无论安息日还是一切圣日，他们都严守教规不乘坐车辆，在会堂里也严守男女分坐的规定。

哈西迪派是正统派中一个神秘主义教派，他们坚持认为救世主弥赛亚自天而降是犹太人的唯一希望，反对搞各种形式的犹太复国主义。他们独善其身，很少与其

他派别的犹太人交往，男子们蓄着大胡须、穿黑色外套、戴黑色宽檐帽，无论穿着举止都不允许有一丝马虎。

改革派正好与正统派形成鲜明对比。他们继承了犹太启蒙运动思想，主张消除任何使犹太人与众不同的地方，使犹太人从孤立的阴影中走出来，融入世界民族之林。他们认为犹太人并非一个独立的民族，犹太人之间的关系仅仅限于共同信仰犹太教而已，所以犹太人不应当去追寻独特的犹太民族国家或独特的犹太文化。犹太教也仅仅是一种宗教而已，不应当成为人们一切行为的准则，使人们的举手投足都受到教规的各种限制。

改革派的观念在东欧、德国的犹太人中毫无市场，但是在美国等一些较为宽容的移民国家则比较盛行。但是在二战中，纳粹残酷屠杀犹太人的血的教训，使温和的改革派们也转变态度，强硬地支持成立以色列国，使犹太人拥有一个真正属于自己的家同。

保守派教徒主张将犹太宗教与犹太文化、犹太民族主义融为一体，并积极支持犹太复国主义。他们严守犹太教规与饮食禁忌，但对于其他的律法与传统礼仪，则在原则上接受，在实际运用中颇为灵活。

保守教派的理论观点是：犹太教是一种不断演进的宗教文化。它并不简简单单是犹太人生活中的一个孤立的部分，而是既为宗教，又是文化，是犹太民族的主要标志。

犹太宗教与犹太民族主义是不可分割的统一体，犹太人可通过民族主义之途，回归到犹太教信仰的怀抱之中，一个犹太民族家园将成为犹太教的精神中心，以及文化、宗教创造力和生命力的源泉。希伯来语是犹太人生活所不可缺少的，一个没有历史语言和自身文化的民族只能算是一座吉普赛人大本营。

犹太民族之所以能屹立于世界优秀民族之林，与这种迎合时代多元化不断进取的思想密切相关。

圣殿凝聚民族魂

所罗门继承王位时，犹太民族正处于繁荣时期，百姓安居乐业，一派太平盛世景象。四邻诸国如腓尼基、叙利亚争相与之建交，埃及国王还送来公主，以联姻方式建立睦邻友好关系。所罗门生活极为奢华，但是他并未忘记耶和华，他用7年时间在首都耶路撒冷为耶和华建造了一座极为雄伟壮丽的圣殿。

圣殿坐落在耶路撒冷的锡安山上，圣殿的中心是“至圣所”。这是一个正方形的小房间，长宽各是30英尺，房里立着两个木雕天使，在其伸展的羽翼下，安放着神圣的约柜。

圣殿竣工之日，所罗门举行了隆重的庆祝仪式。他邀请犹太各界领袖会聚耶路撒冷，并亲自带领他们步行前往锡安山的基列耶琳迎接约柜。这个外形普通的木匣伴随犹太人漂泊了近600年，里面珍藏有传说当年耶和华在西奈山顶与摩西订约的“十诫”石板。

安放仪式十分庄严肃穆。所罗门身着紫罗袍，头戴金王冠，端坐殿中，身后站着500名手持金盾的王宫侍卫。身穿白袍的祭司、长老、贵族、奴仆、歌队、琴师和号手围聚在祭坛周围，殿中香烟缭绕，鼓号齐鸣。当祭司们肩抬约柜进入圣殿时，大殿内外顿时鸦雀无声，人们静心聆听国王的祈祷。

在至诚至圣的祈祷声中，约柜被安放在神秘而幽静的“至圣所”内。此后，每年只有大祭司有权在赎罪日那天走近圣灵一次，将牛血洒在地上，以示赎罪后，即行退出。饰以香花及其他图案的包金大门终年紧闭，只有肃穆的雕像伸展着翅膀守卫着约柜。

约柜安置完毕后，圣殿内烟雾弥漫，突然一团火焰从天而降，烧着了坛上的祭品，这似乎预示了犹太教的繁盛，也预示了犹太人以后的多灾多难，同时也点燃了犹太民族对于心中圣殿坚定而又诚挚的信仰之火。

这场盛大的欢庆活动一直持续了两个星期，举国上下一片欢腾，杀牛宰羊，大肆庆贺。

圣殿的建成轰动了四邻各国，来圣殿觐观者络绎不绝。耶路撒冷成了人人向往的圣地，犹太之王声名远扬。犹太教得以广泛传播，主神耶和华的形象和威力大大增强，逐渐上升为各地犹太民族的保护神。

圣殿的建造成功，在以后的岁月中，筑起了犹太人宗教信仰的圣所，使他们身有所往，心有所归。无论征途如何坎坷，人生如何多舛，心中的圣殿永远不倒。

所罗门建造圣殿的举措，正是犹太人智慧迸发的举动，它的意义远不是锡安山上的一座建筑。而是透过时空，透过灵魂，集聚犹太民族心与灵一致的归宿。

敬神者能爱人

犹太人认为若想测知一个人是否真正敬爱神，只要看他是否爱他的朋友就知道了。

这是因为，在犹太人眼中，神创造人时，本来就是希望人能与盘踞在自己心中的邪恶作战。有些人和邪恶搏斗的结果是敬爱神、远离邪恶，但也有些人在这种苛刻而激烈的作战中，一败涂地，成为邪恶的奴隶。

而敬爱神，远离邪恶，就会善待朋友，爱护朋友。一个人如果成了邪恶的奴隶，他就会对朋友都没有好心。

犹太人有一个这样的故事：

古时候，有一个国家连年战争，因为要征兵、运粮，所以老百姓的生活非常痛苦。这时前线却又传来失利的消息，国王听了非常生气，他不但解除了将军的职务，而且还把他驱逐出境，另派一位将军接掌军队。

国王怀疑第一个将军有卖国的行为，他很想知道这个将军到底是热爱国家还是憎恨祖国，想了很久以后，他终于找到一把可以用来测知将军忠诚与否的尺子。

国王的主意是："假如我所怀疑的人忠心庆贺继任者的胜利，他一定是一个值得信任的人；反之，如果他对继任者有扯后腿的言语或行动的话，那毫无疑问他一定是个卖国贼，到时我非定他的罪不可。"

这则小故事，并不单指一个人对另一个人的态度，而是告诉人们什么是普遍的人性——爱。

犹太人认为，计量人的价值时，可以看此人是否衷心庆贺邻人的幸福为标准。当自己充满幸福感时，假如有个邻人来共享他的喜悦，这是一件令人兴奋的事。同时，作为一位敬爱神的人，应该是爱别人的。

正因为这样，犹太人在艰难困苦中，总有许多朋友，在潦倒和绝望时，友情的力量常使他们燃起希望之火。

把别人的喜悦，当作自己的喜悦，而且也绝不把自己的快乐建立在别人的痛苦上，这是犹太人敬神爱人的体现，也是他们杰出的处世智慧之一。

六、决不做影响信用的事情

犹太人是天生的商人，商人的最大本钱不是资金而是信用。订立契约是犹太人千百年来形成的做事习惯，而遵守契约更是犹太人矢志不渝地做事底线。不讲信用的事情犹太人不做，因为他们相信，一个人丢了信用便丢了一切。

即使吃大亏也要遵守契约

犹太人是契约之民，他们认为契约是人和神的约定。在他们的观念中，契约是神圣不可侵犯的。

契约就是双方在交易过程中，达成协议后，为了维护各自的利益而签订的在一定时期内必须履行的一种责任书。一般来说，契约得到法律承认，并在一定程度上受法律保护。人们在经营过程中，就是根据它来扩大自己的经营范围。在各个国家，有不同形式的契约存在。但是，人们对契约的信任程度并不一样。在有些国家中，毁约之事时常发生。而对犹太人来说，毁约行为是绝对不允许发生的。契约一

经签订，无论发生什么问题，都是不可毁弃的。《威尼斯商人》中的夏洛克——一位爱财如命的犹太人，在法庭上，面对破产的安东尼奥的朋友提出的各种绝对有好处的条件，一直坚持着原来的契约，这不仅仅是为了报复基督教徒，而且也是为了遵守契约，维护契约的圣洁不可更改。

现实生活中的犹太人，也同样是严格遵守契约的：在他们看来，契约一旦签订，就是生效了，不但自己应该遵守，也严格要求对方遵守，对契约决不允许发生含糊不清、模棱两可的情形。

犹太人是信守契约的。他们之间只要签订了契约，就不会有任何后顾之忧。他们信任契约，相信签约的双方都是会严格遵守的。因为他们深信："我们的存在，是履行和神所签订的存在契约。"他们之所以不毁约，是因为他们认为契约是和神签的约，人的存在本身也是在履行契约。

所以说，犹太人是契约之民，他们所信奉的犹太教，是契约的宗教，在犹太人心中，契约是如此神圣不可侵犯。因而在犹太商人当中，根本不会有"不履行债务"这句话，对于不履行债务者，他们会严格地追究责任，毫不客气地要求赔偿损失；对于不遵守契约的犹太人，则会把他驱除出犹太人商界。

由于各个国家、各个民族对契约的重视程度不同，所以犹太人在与外人做生意时总是小心翼翼。他们第一次与他人接触时，一般会显得对其不太信任，因为对方是否守约还未可知。特别是再次与不守约的人打交道时，他们根本不会相信所签订的契约。所以，与犹太人交往，要博得犹太人的信任，第一件事便是遵守契约。无论如何都要做到这一点，否则你便是白费心机，因为犹太人决不会信任一个对他们的"神"不敬的人。

日本的"肉馅面包大王"，是深受犹太人信赖的。他是如何获得这种来之不易的信赖的呢？他的一句话就是"即使吃大亏也要守约"，在他的经商过程中更是处处体现了这句话。

犹太人的经商史，可以说是一部有关契约的签订和履行的历史。犹太人经商的奥秘在于"契约"。世界上万物都在不断地发生变化，但契约的内容是永远不变的。

遵守契约、维护契约是保证利益不受侵犯的前提，是赚钱做生意的保障，犹太人就是在“契约”的保障下，赚钱致富的。

总之，契约是神圣的，不可毁弃，因为神的旨意不可更改。这便是犹太人的契约观。所以，商人想赚钱，特别是想赚犹太人的钱，首先就应该改变自己以前的契约观。

把契约的形式和订约的目的性有机结合

由于有着良好的法律素质，所以犹太商人不但乐于而且非常善于守约，这个“善于”指的是他们有能力、有办法在严格遵守法律或契约规定的形式这一前提下，最大限度地实现自己的目的，哪怕这一目的在实质上是不符合法律或契约的规定的。这种强调形式上守法守约的精神集中体现在下面一则充满智慧的古代犹太寓言中。

古时候，有个贤明的犹太商人，他把儿子送到很远的耶路撒冷去学习。一天，他突然染上了重病，知道来不及同儿子见上最后一面了，便在弥留之际立了一份遗嘱，上面写得十分清楚，家中所有财产都转让给一个奴隶；不过要是财产中有哪一件是儿子所想要的话，可以让给儿子。但是，只能是一件。

这位父亲死了之后，奴隶很高兴自己交了好运，连夜赶往耶路撒冷，找到死者的儿子，向他报丧，并把老人立下的遗嘱给儿子看。儿子看了非常惊讶，也非常伤心。

办完丧事后，犹太商人的儿子一直在合计自己应该怎么办。但左思右想理不出个头绪来。于是，他跑去找社团中的拉比，向他说明情况后，就发起了牢骚，认为父亲一点都不爱他。

拉比听了后却说：“从遗书来看，你父亲非常贤明，而且真心爱你。”儿子却厌恶地说：“把财产全部送给奴隶，不留一点给儿子，连一点关怀的意思也没有，还贤明呢，只让人觉得愚蠢。”

拉比叫他不要发火，好好动动脑子，只要想通了父亲的希望是什么，就可以知

道，父亲给他留下了一笔可观的遗产。拉比告诉他，父亲知道如果自己死了，儿子又不在，奴隶可能会带着财产逃走，连丧事也不报告他。因此父亲才把全部财产都送给奴隶，这样，奴隶就会急着去见儿子，还会把财产保管得好好的。

可是，这个当儿子的还是不明白，既然财产全都送给奴隶了，保管得再好，不也是那个奴隶的吗？对自己又有什么益处？

拉比见他还是反应不过来，只好给他挑明：“你不知道奴隶的财产全部属于主人吗？你父亲不是给你留下了一样财产吗？你只要选那个奴隶就行了。这不是充满爱心的聪明想法吗？”

听到这里，年轻人才恍然大悟，照着拉比的话做了，后来他还解放了那个奴隶。

很明显，这个犹太商人实实在在地使了一个小计策，遗嘱所给予奴隶的一切都建立在一个“但是”的基础上，前提一变，一切所有权皆成泡影。这就是这个犹太商人所立遗嘱的关键。

然而，如果进一步把这张契约提高到犹太商人对守法守约的根本心态的高度来看的话，便会发现其中还有大量的文章。

坦白来说，由于这是一份无奈之下所立的遗嘱，犹太商人在立遗嘱时就打定主意要使其无效，换句话说，也就是在立约时就准备毁约。诚如拉比分析的，他当时面临的是“要么让步，要么彻底失去”这样一种无可选择的选择，所以他只能选择让步，通过把全部财产让给奴隶，使奴隶不至于直接带着财产逃走。

然而，这种让步又使他心有不甘，真的把财产都给了奴隶，让奴隶带了财产逃走，这两者对他的儿子来说，基本上是一回事。但按照犹太人的规矩，无论他还是他的儿子，都不能随便毁约。

为了解决这个难题，聪明的犹太商人想出了这么一个好办法：他在遗嘱中装进了一个“自毁装置”，犹太商人的儿子只要找到这个装置，就可以在履约的形式下取得毁约的效果。果然，在拉比的开导下，犹太商人的儿子真地启动了这个自毁装置，严肃的遗嘱在形式上得到了履行，而在实际上，至少相对那个奴隶来说，遗嘱

等于完全废弃了。

所以，这个寓言真正要传达的意思是：如何借履行契约的形式来取得毁约的效果。转换成一般命题的话，就是：如何在守法守约的形式下，取得违反法律或毁弃契约才能取得的效果。

这个命题看上去极不像话，一个素以守法守约著称的民族，怎么可以动此等脑筋，这岂不是很不光明正大吗？然而，恰恰是这一命题所代表的观念和做法，最符合现代法制的本质与精神。现代社会经济秩序的合理化本身就是一种形式的合理化，而不是内容的合理化。这种形式化的内在倾向，从根本上说是由货币经济自身的特征造成的。货币在代表一切商品时，从来就只能代表它们抽象的量的属性，而无法代表它们各异的质的规定性。资本家以相同的工资支付不同工人的相同劳动时间，谁说这“相同的劳动时间”对不同的工人就具有“相同的意义”？同样，市场上不同的权利主体因为手中拥有的货币数量相等而获得的形式上的平等地位，并不能从根本上实质性地消除他们相互之间由于智力、体力、经验等个性差异所造成的内容上的不平等。甚至对资本积累来说，非常合理的“人世禁欲主义”，对个体自身来说，也是无以复加地不合理。

正因为如此，货币经济范围内的合理、合法或正当等观念以及保证这些观念得以实现的法律、规章、程序等等，根本上、内在地都是某种形式化的东西。相应地，对于经济领域中人们守法守约的要求，也只能是形式上守法守约的要求。

所以，以守法的形式取得违法的效果，以履约的形式取得毁约的效果，恰恰是最符合形式合理化精神的守法守约行为。这等于说，犹太商人在差不多2000年前立下的一张遗嘱，其中已经包含着资本主义的本质要求。这不能不使人又一次惊叹犹太商人活动样式同资本主义经济运行方式的跨时代的同构。

不过，具体地看，犹太商人这种形式化的守法守约，同他们近乎无条件地守法守约有着内在联系，并且互为因果。没有近乎无条件地守法守约的传统要求，也就没有必要在违法或毁约的同时顾及形式上的守法守约；反过来，没有高超的形式化守法守约技巧，严格的无条件的守法守约只能束缚犹太商人自己，削弱他们的生存

能力。犹太商人正是因为本身受到种种形式上的限制，才不得不向着形式的方向，发挥、发展着他们的立约技巧。靠着这种技巧，那些理应对他们约束得最为厉害的形式，却成了他们用来约束对手的最便利的手段。

口头的允诺也有足够的约束力

中国古代名将季布有“一诺千金”的美誉，而犹太商人以诚信为本，在全世界商界中，也是非常值得称道的，各国商人在同犹太人做交易时，都对对方的履约有着很大的信心，而对自己的履约也往往有着最严的要求，哪怕自己在其他场合有背信弃约的习惯。犹太商人以诚信为本的素质对整个商业世界的意义和影响，可谓“无论怎么评价也不会过分”。

现代经济社会之所以被称为契约社会，主要是因为人与人之间的关系摆脱了传统社会那种人身依附的性质，而成为一种权利主体之间自愿结成的权利义务对等（理想状态下）的关系。这种说法当然不错，但不够深刻，过于具体了些。事实上，作为现代经济社会的根本特征的货币与资本就是最为纯粹和抽象的“契约关系”。

作为一种“价值符号”，货币本身就是一种约定的东西，一种只有在各方约定的情况下才能流通使用的东西。如果说以贵金属为形式的货币，意味着自然凭借着贵金属的稀有性防范着人的“约定”（信用）的泛滥的话，那么不可兑现的纸币能否确立，则完全标志着人在以“诚信为本”上的严格程度。正因为有那么多政府无法像犹太商人那样严格履约，一次又一次的通货膨胀才会在世界范围内出现。

犹太民族以诚信为本已经是一个很古老的传统了。

犹太教同其他宗教的最根本区别，并不在于是一神还是多神、是否严格一神、这一神是否具有形象，重要的在于人与神之间的关系怎么样。与其他宗教不同，犹太教中上帝与以色列人的关系，就是一种“约定”的关系，而不是一种无条件的、绝对的、天然的支配与被支配、主宰与被主宰的关系。

犹太人是因为其族祖亚伯拉罕同上帝签了约，所以才信奉耶和华并世世代代遵守上帝的律法。古代犹太人长久珍藏的两块法版，相传是上帝亲手写下律法后交由

摩西保存的，这两块法版其实也就是上帝与犹太人的契约。

这份契约从现代民法学的角度来看，是合乎合同法要求的，已具有合同应该具有的一些最重要的特征。

首先，立约双方都是完整的权利主体：亚伯拉罕99岁的时候，耶和华向他显现，对他说："我是全能的神，你应当在我面前做完全人，我就与你立约，使你的后裔极其繁多。"（《创世记》）显然，上帝自己是把亚伯拉罕看做完全人的，没有因为创造了人类始祖亚当和夏娃，就把亚伯拉罕看作一个依附者。

其次，合同书上权利义务对等的规定也十分明确："你若留意听从耶和华上帝的话，谨守遵行他的一切诫命。就是我今日所吩咐你的，他必使你超乎天下万民之上。你若听从耶和华上帝的话，这以下的福必追随你，临到你……"（《申命记》）

还有，如果不履行合同必须承担相应的后果："你若不听从耶和华上帝的话，不谨守遵行他的一切诫命律例，就是我今日所吩咐你的，这以下的诅咒都必追随你，临到你……"（《申命记》）

最后签名盖章留下信物：上帝把授予摩西的法版当作信物，以色列人的信物则是男子接受割礼。

从此，几千年以来，犹太人就世世代代守着这张合约，履行着合约上规定的一切，即使在因为履行这张合约而成为宗教异端并受到迫害时，他们也没有毁约，犹太人对契约的这种态度，从两方面影响了商业世界中契约观念、契约形式和履约方式的产生和发展。一是通过《圣经》（旧约全书）将契约的神圣性、履约的强制性和义务性灌输给所有以《圣经》为"圣经"的人，包括商人。二是通过犹太人，包括犹太商人的实际活动方式，尤其通过犹太商人巨大的成功，使许多人接受了契约的观念和形式。这一点在商业世界中尤为明显。

日本有个商人写过一本书叫作《犹太人生意经》，其实旨在推销自己。在书中，作者一边宣传自己如何因守信而得以取得犹太商人的信任，并被犹太商人称为"银座的犹太人"，一边向没有守约习惯和观念的同胞多次告诫，不要对犹太人失信或毁约。

犹太商人由于普遍以诚信为本，相互间做生意时经常连合同也不需要，口头的允诺已有足够的约束力，因为“神听得见”。犹太商人首先意识到的是守约本身就是一个义务，而不是守某项合约的义务。

我们也可以从侧面看出犹太商人以诚信为本及其取得的积极效果。

现代商业世界对信誉极为讲究，信誉就是市场，是企业生存的基础。所以，以信誉招徕顾客也成为许多企业共同使用的招数。但在商业世界中第一个奉行最高商业信誉“不满意可以退货”的大型企业，是美国犹太商人朱利叶斯·罗森沃尔德的“希尔斯·罗巴克百货公司。”这项规定是该公司在 20 世纪初推出的，在当时被一些人评价为“闻所未闻”。确实，这已经大大超出一般合约所能规定的义务范围，甚至把允许对方“毁约”都列为己方无条件的义务！

极高的商业信誉给犹太商人事业发达所带来的好处，也是显而易见的，毕竟这种信誉是最有远见的“理性算计”。

履行合同要做到不折不扣

合同就是交易双方在交易过程中，为了维护各自的利益而签订的在一定时期内必须履行的一种责任书，只要不违法，就能得到法律的保护。

犹太人之所以成功，一个主要原因就是他们一旦签订了契约就一定执行，即使有再大的困难和风险也要自己承担，而且无怨无悔。他们信任契约，因为他们深信：“我们的存在是履行和神的签约，决不可毁。”

由于合同的神圣不可侵犯，因此犹太人在谈判中非常讲究谈判艺术，并能综合考虑各种可能出现的问题，千方百计地讨价还价。因为合同不签订是你的权利，但一旦签订就要承担自己的责任。在他们看来：合同是神圣的，神的旨意决不可更改。

特别是高级商务更要讲究信誉，信誉就是市场。钻石、珠宝等高级奢侈品的世界市场主要由犹太人垄断，并不仅仅是由于钻石、珠宝等便于携带，更主要的是犹太人有着极高的商业信誉。正如一位珠宝商所言：“经营钻石珠宝，其实是经营你

的信誉，如果你拿一个一文不值的东西去卖了 1000 美元，那就是你用 1000 美元把自己卖出了珠宝行业，永远也不会在珠宝上赚到钱了。”

这一点对我们当今的生意人来说是颇有教益的。守信遵约的商人越多，社会经济向文明方向发展的速度就越快，犹太人之所以会成为世界上维护经济秩序的一大力量，很大程度上就取决于这点。

有一位西班牙出口商与犹太商人签订了 1 万箱蘑菇罐头合同，但货物到达目的地后，犹太商人拒绝收货。原来，合同规定为：“每箱 10 罐，每罐 500 克。”但出口商在出货时却装运了 1 万箱 750 克的蘑菇罐头，货物的重量比合同多了 250 克，超出了合同规定份额的 50%。货物滞留在港口，每天出口商要付出一大笔库房租金，西班牙出口商几次与犹太商人协商此事，甚至同意超出合同重量不加收一分钱，而犹太商人仍不同意，并起诉出口商，向西班牙出口商索赔。出口商无可奈何，只好赔偿了犹太商人 10 多万美元，并把货物另做处理。

这件事情乍一看，似乎是犹太商人太不通情理，多给他货物也不要。事实并不是那么简单，因为犹太人极为注重合同，可以说是“契约之民”。他们一旦签订合同，不管发生任何困难，也决不毁约。只要是跟犹太商人打过交道的人都知道：犹太人“生意经的精髓在于合同”。当然，他们也要求签约对方严格履行合同，如果对方不按合同办事，他们会毫不留情地采取措施予以拒绝。

在上例中，合同规定的商品规格是每罐 500 克，而那位出口商交付的却是每罐 750 克，虽然重量多了 250 克，但卖方未按合同规定的规格条件交货，是违反合同的。根据美国法律是重大违反合同；根据英国法律是违反要件。犹太人精于经商，深谙国际贸易法规和国际惯例。他们懂得，合同中交易物品品质条件是一项重要条件，或者可称为实质性的条件。因此，犹太商人此举不管到哪里都是站得住脚的。按国际惯例，犹太商人完全有权拒绝收货并提出索赔。

另外，本事情的发生还有可能会给买方犹太商人带来意想不到的麻烦。假设犹太进口商所在国家是实行进口贸易管制比较严格的国家，如果进口商申请的进口许可证是每罐 500 克，而实际到货是每罐 750 克，其进口重量比进口许可重量多了

50%，很可能遭到进口国有关部门的质疑，甚至会被怀疑有意逃避进口管理和关税，以多报少不仅要被追究责任和罚款，而且这个犹太商人的信誉度将会大大降低，这也足犹太人最害怕的事情。尤其是对1万箱罐头的销售，他也一定是跟经销商签了合同的，由原来的500克变成现在的750克，即使不加价，也得跟人家去一一解释，这本身就是一种违约行为，犹太人往往会担心这样做有损自己的商业信誉，后果是十分严重的。

还有一点，犹太商人购买不同规格的商品是有一定的商业目的的，犹太人做生意前都要认真考察市场，包括适应消费者的爱好和习惯、市场供需的情况、对付竞争对手的策略等，对潜在的市场有一定的把握后才经营他们的产品。如果出口方装运的750克蘑菇罐头不适应市场消费习惯，即使每罐多给250克并不加价，进口方的犹太商人也不会接受，因为这打乱了他的经营计划，有可能使销售渠道和商业目标受到损失。

由此可见，合同是买卖双方极为重视的构成要件，违反合同规定，对买卖双方都会产生严重后果。犹太人深知其利害，故强调要坚守合同。

随着商品经济的发展，合同不仅受到犹太人重视，而且逐渐受到世界各国商人的普遍重视。双方签字后的合同，就成为约束双方的法律性文件，有关合同规定的各项条款，双方都必须遵守和执行。任何一方违反合同的规定，都必须承担法律责任。因此，签订合同的任何一方必须严肃认真地执行合同。犹太商人大多能在商业领域卓有成效与其重视合同有密切关系。

依法纳税而决不干偷税漏税的傻事

要说起世界上的富人，犹太民族的财富占有率大大超过其他民族，无疑属于首富。犹太人在世界各地都有庞大的财产，按这些财产来收税必然是一笔可观的数目。偷税漏税在不少国家是很稀松平常的事，人们不禁要问："犹太人是不是也偷税漏税？"这句话要是被犹太人听见了，他们一定会认为这是对他们莫大的侮辱。犹太人有一句经商格言："决不偷税漏税"。

为什么犹太人拥有世界上最多的财富，却比世界上任何一个国家的商人都重视缴税呢？对此，犹太人有自己的观点，在他们的心目中，税收是商人和国家之间签订的“契约”，缴纳税款是商人必须履行的义务，不论发生什么情况，都要履行契约。谁偷税漏税，谁就是违背了和国家所签的契约。而违背“神圣”的契约，对犹太人来说是不可容忍的。

犹太民族是个流浪民族，没有国家这个根，就会失去依靠，走到哪儿都要受人欺侮。长期受迫害的犹太人，必须处处小心保护自己。他们积极地向国家纳税，无疑是为自己取得居住国国籍，并享受相应的权利和受人尊重而交的学费。千百年来，他们能在异国他乡长期居住下去，并且赚得比当地国民更多的金钱，这其中的一部分功劳要归于“决不偷税漏税”带来的效应。因为缴了税等于为国家创造了财富，为国家的建设出了力，这当然会取得当地国家对他们的认同。

但是，犹太人“决不偷税漏税”并不意味着他们会轻易缴纳不必要的税款。也就是说，他们绝对不会被人任意征税，只纳合理的税。这是由他们精明的经商头脑决定的。犹太商人在做每一笔生意之前，总是要先经过仔细的考虑、精密的估算，看是否划得来，算出除去税钱以外他们能获得多少纯利润。一般商人在算利润时，总是把税金算在里面。例如，当一个人说他获利 30 万时，那其中一定包括税金在内。而犹太商人的利润则是除掉税钱的净利。如果犹太人说：“我想在这场交易中，赚 10 万美元的利润。”那么他所讲的 10 万美元利润中，绝对不包括税金。那么，如果税金为利润的 50%时，犹太人就必须赚取一般人所说的 20 万美元的利润了。如果说在“决不偷税漏税”上，犹太人有股“傻”劲儿的话，那么在计算除去税金的利润上犹太人又算得上绝对聪明了，这实在是太合乎犹太人精打细算的风格了。

生活中有这样一个例子。

法国人到海外旅行，由外地回来时暗带钻石，企图不纳税入境，结果被海关查出扣留，罚了很重的税金，几乎遭受到全部没收的损失。同行中的一个犹太人，听到这种情况时，大为惊奇，就跟法国人说：“何不依法纳税，堂堂正正入境？钻石

的输出费，一般最多不会超过 7%，如果照章纳税，堂堂正正地进入国境，在国内再把钻石出卖时，只要设法提价 7%就可以了。”“是啊。这样简单的数学计算谁不会？可是我当初怎么没想到呢？”法国人说完，由衷地赞赏犹太人依法纳税实在是一个明智之举。

遵守契约又要善于利用契约

犹太人注重信誉，很少毁约，但是聪明的犹太人总是在遵守契约的大前提下，充分利用契约的自由和空间为自己谋取利益。只要有这个可能他们就不会错过机会。所以，在现代商务活动中，他们经常在不改变契约的前提下，灵活巧妙地签订契约，使其中的众多条款为自己所用，从而赚得更多的钱。

莫里茨·赫希男爵是历史悠久的巴伐利亚犹太金融集团的主要成员之一。1826 年，他把自己从父亲那里继承的遗产和太太的巨额陪嫁共计二三百万元资金作为启动资金，和他的内弟裴迪南德·比朔夫夏姆合作，在比利时布鲁塞尔开设了自己的第一家银行。从此，开始了他的银行家生涯。

当时，一些普普通通的陈旧的商业银行业务不仅利润很低，而且竞争很激烈，赫希对此不感兴趣，他把热情主要投注在建设铁路和为建设欧洲铁路支线的投资上，然后在有利可图的情况下，向干线的所有者出卖这些支线的产权，以此获取厚利。他的这种打算在别人还没在意的行业里有所突破，获得了丰厚的利润。

1868 年，奥斯曼土耳其政府计划建设一条全长共计 2500 多公里的铁路，从维也纳一直延伸到君士坦丁堡。这项工程需要花费一笔数额十分庞大的投资，按当时的价格，在较平坦的地区每公里的造价为 4 万美元，而在山区，每公里的造价高达 5 万美元。更何况铁路所经过的地方大多崎岖不平，山峦重叠。另外，还需要铺设一条从君士坦丁堡经阿德里安堡、索菲亚、萨拉耶夫到萨拉热窝等地的干线，所经过的一些大城市还需要建设许多支线。由于投资太大，因而一般人是不敢轻举妄动承揽这项工程的。

一开始，一家资金雄厚的比利时公司与土耳其政府达成协议，取得了建造这条

铁路的特许权，但该公司因为资金短缺而无法维持下去，不到一年就破产了。到第二次招标时，赫希借助他曾帮助土耳其人建立几家重要银行这层关系，拟定了一个周密的计划，最终得到了土耳其政府的认同，一举中标。

获得建造铁路的特许权并不等于将来能赚得很多的钱，这只是完成了第一步计划，随后他把主要的精力投放到如何灵活签约之中，因为只有在契约里才能找到真正的利润空间。

首先，赫希同土耳其政府签下了第一个协议，土耳其政府同意在 99 年的租借期内，由国家出面借贷，每年支付每公里铁路 2800 美元租金，加上铁路经营者每年为每公里铁路支付 1600 美元，合计每年可以收回投资 11%。同时，为了方便工程的施工，赫希还获得了在铁路沿线开采矿藏森林资源的权利。一经投入营运，铁路超出每公里 4400 美元租金的收益将由经营者、政府和赫希 3 家分成，3 家所得的收益比例依次为 50%、30%和 20%。

赫希在签约中就为自己留了余地，在铁路建成之前赫希就开始“收回投资”了，赫希说服土耳其政府为建造铁路发行债券，支付期为 99 年，每年偿还本金的 3%。由赫希拥有债券发行权，共发行了 200 万张面值为 80 美元的债券。赫希动用大量的资金，以 20 美元和 30 美元的价格买下，转手以 10 美元的差价抛售给土耳其的民众，大大地发了一笔财。

铁路建设工程如期展开，两年中建成了 500 公里干线，另外还有 600 公里已动工兴建。

就在此时，由于铁路伸入俄国的势力范围之内，俄国政府从自身利益出发，提出强烈反对意见。结果经过双方协议，最后，土耳其政府不得不将铁路长度缩短至 1200 公里。

这一变更对赫希来说正是求之不得的。当初赫希签协议时就想到了这一点，正是这一协议，为赫希卸下了整条铁路线中耗资最大、风险最大的部分，而原来土耳其政府在同赫希的协议中之所以给予他如此优厚的条件，是因为这段铁路存在最为棘手的问题。现在耗资最大、风险最大的部分去掉了，而优厚的条件依然照旧，赫

希发财就是稳操胜券了。

这前后的变化，包括俄国政府“从自身利益出发”的反对，土耳其政府主管铁路的大臣最终同意缩短铁路等都是赫希两头游说的结果，因为他的目的就是让自己在契约中巧设的漏洞对自己有利，正如赫希所想，这一系列的漏洞瞬间使赫希成为暴富。

1888 年，从维也纳到君士坦丁堡的铁路全线贯通。同年年底，经过双方无数次的讨价还价，土耳其政府从赫希手中买下了这条铁路。据估计，在整个铁路的建设中，赫希共获利 3000 多万美元。

虽然，赫希参加这条铁路的建设是一个“狡诈、胁迫、掠夺、欺骗”的故事，但同时，人们不得不承认，如果没有赫希，这条铁路可能根本无法建成。事实上，赫希作为一个冒险家，事先就敏感地意识到，一条铁路伸入另一大国的势力范围，在当时世界政治格局下会引起什么样的反应。他把这种一时无法克服的麻烦，藏进了与政府签订的铁路建设的协议书里。他以犹太人动态思考的习惯，以犹太商人熟谙政治因素的敏感，将政府间的政治抗衡引入合同书中，巧妙地设置了一个助自己发财的“漏洞”，对于善于灵活签约的犹太人来说，这是一件很自然的事。所以，无论从智力上，还是从策略上，赫希同其祖先雅各是一脉相承的，只是赫希的故事少了一点神话色彩，而多了一些现实性。赫希可谓精明的犹太人的代表，这个故事也提醒与犹太人做生意的人，自己（不管是政府还是个人）也要变得精明起来，用智慧与犹太人平等过招，保卫自己的利益。

也许正因为犹太商人熟练使用这种赚钱的技巧，反过来，他们对别人使用这种手段则保持着高度的警惕。

在同其他民族的商人签约做生意时，犹太商人常不惜重金请对方所在国的成员做合同签订的公证人和合同执行的监督人。因为在犹太人看来，不同文化背景上的人最容易行骗或受骗，每种文化都有自己的“雅各的树枝”。只有同种文化背景中生活的人才能找出暗藏在契约里的机关，才不至于因为合同出了漏洞而付出过高的“代价”。

对竞争对手要以诚相待

在犹太商人看来，生意就是市场上一种激烈的竞争，竞争的方式方法有很多，而在这么多的方式方法中就有很大一部分使人防不胜防。但是，不管怎样，谈生意还是要以诚相待。谈生意这一过程绝不是胁迫对方的过程，而是充分展现自己智慧的过程。谈生意的协议是靠生意双方的信用来保证的，谈生意者要同时兼顾自己与对方的利益。

美国前国务卿基辛格就说过："在外行人眼里，外交家是狡诈的。而明智的外交家相当清楚，决不能愚弄对方。从长远的观点看，可靠和公平是一笔重要的资产。"

其实做生意又何尝不是这样呢？单从实用主义角度出发，坦诚对于生意人来说是绝对重要的。如果你的生意对手从心底里不信任你，那么你不会从他那里得到任何有用的信息。相反，当对方认为你可信时，不仅在生意桌上，甚至在一些私下的时间里，他也会告诉你一些无从得到的东西，这些东西对你来说往往是很重要的。

基辛格

有段看似平常的对话可能会成为你走向成功的台阶。

甲：瞧，我知道我们的出价是低了点，不过，我们确实对贵公司的产品很感兴趣。

乙：可是，你们在价格上的态度让人感到一点余地也没有。

甲：我知道这个。可是，如果贵公司稍做让步，我们的价码还会变化。

为什么会出现以上情况？这并不是因为你用阴谋诡计控制了对方，而是因为你得到了对方的信赖。只有当对方觉得你的人品正直、无可置疑时，才会将秘密的关

键材料透露给你。一旦你被对方认为是值得信赖的合作伙伴，你就要尽力维护这一形象，这至少对你与对方下次谈生意有用处。要知道，在谈生意过程中经过接触和了解，相互尊敬和体谅，会形成一种良好的工作关系，从而使每次谈生意变得顺利而有效。在每次生意中，你要把对手看成是解决问题的伙伴，想方设法用坦诚的态度和诚恳的语言感化对方，把对手拉向共同解决问题的轨道。千万不要为了一点蝇头小利而和对手争得面红耳赤，以免影响以后的合作。

犹太商人在与别人谈生意的时候，总是彬彬有礼、殷勤谦恭，但他们内心却隐藏着一定要赢的战略。犹太商人经常说说笑笑地讨价还价，为了与对方建立信任关系，犹太商人首先会向对方表示好感，然后进行一些人情味的闲谈，以便建立起相互之间的亲密关系。他们或是聊各自的家庭关系，或是谈双方共同感兴趣的话题，以及“坦诚”地表示对将来合作的渴望，这使对方的戒备逐渐放松，为其讨价还价奠定基础。

谈到生意，要注意，并不是所有的谈生意者都跟你看法一致，你不能根据你的道德标准衡量对方。如果你碰到特别精明的对手，他很可能会利用你的坦诚击倒你。以为要想谈成生意就不能蓄意隐瞒重要信息，这可不是个好办法。

为此，你在谈生意中的坦诚需要能伸能缩，要做到具有良好的伸缩性。首先，要制定一个谈生意的详细计划，在谈生意的过程中一步一步向合乎你要求的方向迈进。其次，对你的生意对手做好充分的心理准备，不要为了表现你的坦诚而天真地毫不遮掩。最后，你必须确定对方不是光会利己而从不利他主义者。

其实，在谈生意的过程中表现坦诚应该不是一件很难的事。只要你在谈生意的时候真诚地微笑，同时说些类似“我很高兴与您合作”之类的话，并附之以一些身体语言就能收到意想不到的效果。如身体前倾，在几乎所有的文化中，它都表示兴趣和专注；利用每一次机会点头，通过这个简单的动作可以让对方知道你是在倾听；使用开放的手势，将两臂交叉于胸前可能被认为缺乏兴趣或表示抵制，开放的姿势将表示出你对对方的看法持接纳态度。

以诚为本、以诚动人，才能在生意桌上无往不胜。也只有在谈生意中以诚为

本、以诚待人，才能得到宝贵的信誉。犹太人普遍认为谈生意中成交值不单指价钱，它还包括了交易中的其他利益。比如卖方的信用就隐含在买主所付的价钱里。从买方的角度来看，侦查、确认所见所闻，和购买商品、争取服务品质一样，都是交易的重要部分。为了更有效地与谈生意对手交涉，犹太商人认为有必要向他们提供一些有关自己的信息给他们参考，这样做对买卖双方并无坏处。但问题是，该提供多少以及提供什么内容，这些都和信用有关。如果犹太商人认定对方没有信用，不值得信任，那这笔生意就无法谈下去了。

那么，如何才能在对手心中建立起良好的信誉呢？

首先，要缩小你与对手的距离。

其次，用坦诚争取对方的好感。坦诚不仅有益身心，而且对谈生意者亦有好处。坦诚的人无遮挡地吐露自己所知道的一切，甚至包括自己的动机和假设。虽然这个策略风险很高，但是收获也可能很大。坦诚是争取对方同情心的好方法。一般的人对心胸坦荡的人，都会有好感从而产生怜悯之情；相反地，如果你凡事隐瞒、躲躲闪闪，就会给人以不诚实的印象，别人也就不会做出任何让步。

再者，帮助对方变得更可信。要让自己可信，犹太商人可以做很多，而且也容易使自己可信。然而孤掌难鸣，信任本来就是相互作用，因此就不能忽视对方的可信度。

最后，对于能否在生意桌上与对手建立信任关系，犹太商人对信任度的测评是：你是否做到了对事不对人？你是否对对方吹毛求疵？你是否在交流时心不在焉？你是否攻击对方的可信度？你是否因对方对你不信任而更加防着对方？你是否确实信任太少？你是否对对方的行为有误解？你的意思是否表达清楚了？你是否对因为对方过去不可信而耿耿于怀？你是否把不可预知与不可信区分开来呢？失去信誉，就等于失去了谈生意的筹码。

只赚属于自己的钱

犹太人虽然爱钱，但他们却只赚属于自己的钱，而不去觊觎不属于自己的钱。

他们在金钱诱惑的面前，总能保持足够的定力。一句话，他们绝不让金钱腐蚀自己的灵魂。

犹太人追求财富，靠的是自己的头脑和双手，光明正大地赚，在犹太人的眼中，拿不义之财就会受到神的惩罚。

有个犹太妇女购买东西，当她从百货公司回到家里，从袋中取出东西时，忽然发现里面多出一枚戒指。她并没有买这东西。她把此事告诉了小儿子，并带着孩子一并去找拉比，请教怎样处理此事。

拉比给他们讲了《塔木德》中的一则故事：

有位拉比平日靠砍柴为生，每天要把砍的柴从山里背到城里去卖。拉比为了节省走路的时间，以便研究《塔木德》，决定买一头驴来代替。

拉比向阿拉伯人买了一头驴牵回家来。徒弟们看到拉比买了头驴回来，非常高兴，就把驴牵到河边去洗澡，结果驴脖子上掉下来一颗光彩夺目的钻石。徒弟们高兴得欢呼雀跃，认为从此可以脱离贫穷的樵夫生活，专心致志地研读《塔木德》了。

可是出乎徒弟们意料之外的是，拉比却领他们赶快去街上把钻石还给阿拉伯人，拉比说："我买的只是驴子，而没有买钻石，我只能拥有我所买的东西，这才是正当的行为。"

阿拉伯人非常惊奇："你买了这头驴，钻石在驴身上，你实在没有必要拿来还我，我不理解，你为什么要这样做呢?"

拉比回答："这是犹太人的传统，我们只能拿支付过金钱的东西，所以钻石必须归还给你。"

阿拉伯人听后肃然起敬，说："你们的神必定是宇宙最伟大的神。"

听罢这则故事，妇人立即决定回去把戒指还给百货公司，但不知如何解释。拉比告诉他："不知道戒指属不属于百货公司，如果对方问到你退还戒指的原因时，

你只需说一句话就行：‘因为我们是犹太人。’请带着孩子一块去，让他亲眼看见这件事，他一定会对自己母亲的正直与伟大永记不忘。”

从这个故事可以得到启示：金钱对灵魂很具有诱惑力，而要抵御这种诱惑需要非常有原则的灵魂。

如果民族的灵魂变肮脏了，民族就会彻底完蛋。犹太人的生存经历是一面明镜，值得人类学习和借鉴，灵魂的纯洁是最大的美德。经商者应当牢记，抓住属于自己的钱，而不抓不属于自己的钱！

买卖合同，充当“第三者”

犹太民族极为重视立约与守约，并使之高度神圣化，因次，犹太民族被称为是契约民族。商业活动中，犹太人一贯重信守约。犹太人把合同书都供奉在神龛里，但是，只要买主卖主存在，合同本身也能成为商品，同样可以进行买卖。当然，这种合同必须是合法、可靠的，而且有利可图。

那么，出售合同有什么好处呢？合同是用来说明双方签订的约定，是规定彼此应当履行的责任和享受的权力，这是两码事。销售合同是用来说明将权力让给他人，连同必须履行的责任一块儿，条件是“第三者”得付出一定的价钱。卖合同的人相当于一个坐享其成的人，他不需要经营业务，也不需要履行合同中所指定的责任，不费吹灰之力就赚取了其中的利润。

这对于会赚钱的犹太人来说，何乐而不为呢？

因此，只要他们觉得买卖双方的条件都能接受时，他们就十分乐意把合同卖了！

有人要卖，当然有人想买，方能达成交易。在自然界中，事物都有对立的双方存在，所以世界才是一个平衡体。打破了平衡，世界将是一片混乱。所以说，买、卖是同时存在的，它们构成一个平衡体。

当然，他们所收买的合同，仅限于他们确认为有信用而且信得过的商人。

我们常说的“代理商”就是指这种靠买卖合同而稳赚利润的人。

犹太人称“代理商”是“贩克特”，他们把别的公司企业已订立的合同买下来，代替卖方履行合同，从中获利。

犹太人的“贩克特”是走遍世界的，他们一般瞄准一些信得过的大公司或大厂商。银座藤田先生的公司就与“贩克特”常来往。

“您好，藤田先生，现在您做什么生意?”犹太“贩克特”常常会问。

“嗯！刚好和纽约的高级女用皮鞋商，签了个10万美元的合同。”

“哇！正好，可否将此权利让给我？给您两成的现金利润。”

双方有意，于是一桩合同的买卖很快便成交了。藤田先生不费吹灰之力，取得两成现金利润，犹太“贩克特”也因此获得女用皮鞋的输入权利，再从皮鞋销售中获取更大利润。交易的结果，彼此都十分满意。这就是“贩克特”的快速生意，真可谓雷厉风行。

当他们双方成交后，“贩克特”手持合同立刻飞往纽约那家皮鞋公司，称10万美元的权利是属于他的了。他们这么做所带来的好处是没必要参加合同签订，而直接买来满足自己需求的合同。

当然，合同买卖需要的是步步小心，它要求“贩克特”们洞察力敏锐，以减少不必要的受骗损失。犹太人惊人的心算速度、渊博的知识，以及深刻的理解力，决定了他们是作“贩克特”的天才。

一笔生意，两头赢利

一笔生意，两头赢利，能不能策划得如此完美，就看你的经商智慧了。其实，这是犹太人的一种双赢策略思想。大多数犹太商人进行商务往来，能够通过巧妙调整而实现双赢。

莱曼兄弟的故事对双赢这一技巧有很好的说明。

莱曼兄弟公司，是一家历经150年的美国犹太老字号银行，20世纪70年代末期，一年利润额十分可观，高达3500万美元，而它的创业更具有传奇色彩。

1844年，德国维尔茨堡的一个名叫亨利·莱曼的人移居美国，和自己的两个弟

弟——伊曼纽尔和麦耶一起定居在亚拉巴马，并开始做起杂货生意。

亚拉巴马是美国一个产棉区，农民手里只有棉花，所以，莱曼兄弟积极鼓励农民以棉花代货币来交换日用杂货。这样做是不是与犹太商人一贯的“现金第一”的经营原则不符合呢？但莱曼兄弟的账却算得很清楚，他们认为：以商品和棉花相交换的买卖方式，不但能吸引那些一时没有现钱的顾客，而且能扩大销售量；同时在以物换物并处于主动地位的情况下，能操纵棉花的交易价格；经营日用杂货本来需要进货运输，现在乘空车进货之际，顺路把棉花捎去，还能节省一笔较大的运输费。这种经营方式可称作“一笔生意，两头赢利”，买卖双方都有得赚，何乐而不为？

在商业经营活动中，犹太人对理性算计特别感兴趣，即合理追求效率或者叫作投入产出比。通俗一点地说，即同样的投入能有多大的回报。犹太人在其经营活动中不仅追求一个高产出，而且追求一次或一项投入可以有多次或多项产出。

例如美术商贾尼斯在对待顾客方面，特别注意招徕潜在的买主，尤其是那些公关学校或大学中的女孩子。因为这些女孩子即将步入社会，一旦培养出她们对现代美术的兴趣，那么不仅她们会经常光顾，将来她们还会偕同自己的丈夫来购买美术品。

在买卖中把握双赢的技巧，这不仅是莱曼兄弟的经商手段，也是大多数犹太商人采用的手段，从而使得他们的生意越做越大。犹太人这种“一笔生意，两头赢利”的赢钱之道是符合现代经商原则的。根据这一原则犹太人认为：

第一，过去，公司为了赚钱，总想独霸市场，一心想着挤垮同行。他们在处理与同行的关系上，多是互相诋毁、互相攻击、互相欺骗。不仅信奉“同行是冤家”，而且坚持“三十六行，行行相妒”。如今，现代社会的企业，提倡竞争、鼓励竞争，但竞争的目的是为了相互推动、相互促进、共同提高并最终一起发展。

第二，两军相争，你死我活，非胜即败。在市场竞争中，谁都想胜不想败。说市场竞争的各公司是“敌手”，因为他们在彼此竞争中带有以下性质：一是保密性，竞争者在一定阶段下，都有一定的保密性；二是侦探性，竞争者几乎都在彼此刺探

情报，以制定战胜对方的策略；三是获胜性，竞争诸方无一不想胜利，都想获取一定利润，让自己的产品占领市场；四是克“敌”性，假若市场不能容纳下全部竞争者时，任何企业都想保存自己而“灭掉”对方。即使市场能容纳下全部竞争者，他们也还是都想以强“敌”弱。

第三，虽然竞争公司之间有点像战场上的“敌手”，但就其本质来说是不一样的。这是因为：公司经营的根本目标是为社会做贡献，公司的产品是满足社会需要的，公司赚的钱也被国家、公司和员工三者所用。公司间的竞争手段必须是正当合法的，在这种意义上讲，公司之间完全可以相互帮助、支持和谅解，应该是朋友。

第四，市场竞争是激烈的，同行业的公司之间的竞争更为激烈。竞争对手在市场上是相通的，不应有冤家路窄之感，而应友善相处、豁然大度。这好比两位武德很高的拳师比武，一方面要分出高低胜负，另一方面又要互相学习和关心，胜者不傲、败者不馁，相互间切磋技艺，共同提高。

第五，在市场竞争中，对手之间为了自己的生存和发展，竭尽全力与对手竞争是正常的现象。但是，在竞争中一定要运用正当手段，也就是说，只能通过质量、价格、促销等方式进行正大光明的“擂台比武”，一决雌雄，切不可用鱼目混珠、造谣中伤、暗箭伤人等不正当手段损伤对手。

第六，天高任鸟飞，海阔凭鱼跃。市场的广阔与多元性，使得一个有灵敏头脑的老板，不必为自己受排挤而怒火中烧，而应果断地避开众人，踏上冷僻的羊肠小道，相信自己一样能够到达光辉的顶点。

现代社会，市场形势瞬息万变，此时可能对甲企业有利，眨眼间就可能变得对乙企业有利。所以，老板应“风物长宜放眼量”，不应当以一时胜负来论英雄，更不可以因一时失利而迁怒于竞争对手。

同吃一块蛋糕的赢钱术是犹太人睿智的表现，操作性非常强。

坦诚是长久合作之道

在犹太商人看来，生意是一种激烈的竞争，而且竞争中的方式、方法很多，使

人防不胜防。但是，不管怎样谈生意都要以诚相待。谈生意这一过程绝不是胁迫的代词，谈生意的协议是靠生意者的双方信守来保证的，谈生意者要同时兼顾自己与对方的利益。

美国前国务卿、著名谈判家基辛格就说过："在外行人眼里，外交家是狡诈的。而明智的外交家相当清楚，绝不能愚弄对方。从长远的观点看，可靠和公平是一笔重要的资产。"

的确，单从实用主义角度来看，坦诚对于经商人来说绝对重要。如果你的生意对手从心底不信任你，那么你不会从他那里得到任何重要的信息。相反，当对方认为你可信时，不仅在谈判桌上，甚至在一些私下的时间里，他也会告诉你一些平时你无从得知的东西。例如：

甲：瞧，我知道我们的出价是低了点，不过，我们确实对贵公司的产品很感兴趣。

乙：可是，你们在价格上的态度让人感到一点儿余地也没有。

甲：我知道这个。可是，如果贵公司稍微让步，我们的价码还会变化。

这段看似平常的对话可能会成为你走向成功的台阶。这并不是因为你用阴谋诡计控制了对方，而是因为你得到了信赖。只是当人品正直无可置疑时，对方才会将秘密的关键材料透露给你。如果你被对方认为值得信赖的话，你要尽力维护这一形象，这至少对你与对方下次谈生意有用处。要知道，在谈生意过程中经过接触和了解，相互尊敬和体谅，会形成一种良好的工作关系，从而使每次谈生意都变得顺利而有效。要把对手看成解决问题的伙伴，想方设法用坦诚的态度和诚恳的语言感化对方，把对手拉向共同解决问题的轨道。

犹太商人在与外国人的谈生意中，总是彬彬有礼、殷勤谦恭，但他们内心却隐藏着一定要赢的战略。犹太商人经常说说笑笑地讨价还价，为了与对方建立信赖关系，犹太商人首先会向对方表示好感，然后进行一些人情味的闲谈，以便建立起相互之间的亲密关系。他们或是聊各自的家庭关系，或是谈双方的共同感兴趣的话题，以及"坦诚"地表示对将来合作的渴望，让对方的戒备逐渐放松，为其讨价还

价奠定了基础。这样在不知不觉中，你可能已进入圈套，失去了利益，当然坦诚也不是天真地对对方毫无保留。

对于谈生意，首先要澄清几个观念上的误区：一，并不是所有的谈生意者都跟你看法一致，你不能根据你的道德标准衡量对方；二，你的对手很可能会利用你无条件的坦诚来击倒你；三，隐瞒信息，吞吞吐吐，也不是办法。

为此，你在谈生意中的坦诚需要能伸能缩：一，订个谈生意计划，一步一步向合乎你的要求迈进；二，对你的谈生意对手做好充分的心理准备；三，表现坦诚并不意味着天真地毫不遮掩；四，谈生意的对方不一定是你想象中的利他主义者。

在谈生意中表现坦诚应该说是一件不很难的事，下面一些事情是不劳开口就可做到的：一，微笑，真诚地微笑如同高声宣布“我很高兴与您合作”；二，身体前倾，在几乎所有的文化中，它都表示兴趣和专注；三，利用每一次机会点头，通过这个简单的动作可以让对方知道你是在倾听；四，使用开放的手势，将两臂交叉于胸前可能被认为缺乏兴趣或表示抵制，开放的姿势将表示出你对对方的看法持接纳态度。

只有在谈生意中以诚为本、以诚待人，才能得到宝贵的信誉的筹码。成交值不单指价钱，它还包括了交易中的其他利益，比如卖方的信用就隐含在买主所付的价钱里。从买方的角度来看，侦查、确认所见所闻和购买商品、争取服务品质一样，都是交易的重要部分。为了更有效地与谈生意对手交涉，犹太商人认为有必要向他们提供一些有关自己的信息，以给他们参考，这样做对买卖双方并无坏处。但问题是，要提供多少以及提供什么内容，这些都和信用有关。如果犹太商人认定对方没有信用，不值得信任，那这笔生意就无法谈下去。

那么，如何才能在对手心中建立起信誉的大厦呢？

首先，要缩小你与对手的距离。

其次，用坦白争取好感。坦白不仅有益身心，而且对谈生意者亦有好处。坦白的人无遮挡地吐露自己所知道的一切，甚至包括自己的动机和假设。这个策略风险很高，但收获也可能很大，坦白是争取同情的好方法。

一般的人对心胸坦荡的人，都会有好感、产生怜悯。相反的，如果你凡事隐瞒、躲躲闪闪，就会给人带去恶劣的印象。

再者，帮助对方变得更可信。要让自己可信，犹太商人可以做很多，而且也容易使自己可信。然而孤掌难鸣，信任本来就是一种互相的作用，因此切不可忽视对方的可信度。

犹太人力争在经商时把该防范问题都列在纸上，坚决防止漏洞发生。

一天，有位美国律师向“日本的犹太人”藤田先生请求预约。当时，藤田手头正忙，就没有答应对方。

“无论如何请您抽出一点时间。”对方恳求道。

“抱歉，我实在没空。”藤田婉言谢绝。

“那好吧，每谈一小时，给您奉上酬金200美元。”对方开了价，如此诚恳的态度使藤田很难为情，这说明确有要事。

“好吧，那就给你30分钟。”

B君是美国一家犹太人公司的法律顾问，该公司与日本一家商社达成了合作意向，现在需要一名监视日本公司是否守约的监督人，一月付1000美元，请藤田给推荐一个合适人选。B君拿出公司老板给藤田先生的信：“因为您是犹太人的朋友，所以您介绍的监督员一定可靠。”之后，B君又拿出了该公司同日本商社的合作协议。

藤田看完后，不觉笑了起来。从美国人眼里看来，这也许是一份完满的协议，而在日本人看来，则是一份漏洞百出、机关算尽的合同。于是，藤田不仅给B律师指出了该合同的漏洞，而且还介绍了一位可靠的监督员。这个人几乎不干什么工作就可以轻而易举地获得每月1000美元的收入。尽管如此，B君也是非常满意的，因为他不仅及早发现了合同的漏洞，而且找到了一名合适的监督员。否则，一旦日本商社钻其漏洞，岂不悔之晚矣！

这则故事告诉人们这样一个事实：犹太人在订立合同时谨小慎微、绞尽脑汁，绝不允许出现任何漏洞。商场就是战场，商业操作中，我们和别人即使签一个很小的合同，也不能大意，否则很容易被对方钻空子。

现在因经济纠纷引起的案件太多了，很大一部分源于合同纠纷，要么是合同模糊，当事人双方的意思都表述不清楚，要么就是合同的一方故意钻空子，因为合同不可能将一切情况全部概括。为此，我们需要积累广博的社会经验和掌握一定的法律知识，而且在签合同时一定不能粗心大意，一切条款都要反复考虑，对双方的权利和义务以及有可能发生的情况分析透彻。否则，打官司可是一件费力费时又费钱的事。当然，我们也不赞成自己投机取巧，免得自食其果。

违约，就是违神。犹太人笃信："我们的存在，是履行和神签订的契约。"他们不毁约的原因，是认为契约是和神的签约，毁约是没有可能的。

所以，他们在谈判时讲究谈判艺术，想尽办法讨价还价。因为不签订合同是你的权利，但只要签订就要承担自己的责任，契约是神圣的，神的旨意绝不可更改。犹太人的经商史，充满了有关契约的签订和履行的历史，"契约"是犹太人经商的秘诀。世界上的任何事物每时每刻都在不断变化，但遵守契约、维护契约可以保证双方的利益不受侵犯，是做生意能够赚钱的保障。犹太人就是在这"契约"的保障下，赚钱致富的。

犹太人一旦签订了契约，就一定会执行，即使有再大的困难和风险也要自己承担，这是他们成功的一个重要原因。他们笃信契约，相信对方也是严格执行契约的商人。所以在犹太商人中，根本就不会有"不履行债务"这句话。

对于违约者，犹太人自然深恶痛绝，一定要严格追究责任，毫不客气地要求赔偿损失，对于不履行契约的犹太人，大家都会对他唾骂，并把他逐出犹太商界。那么犹太商人在实际经营中是如何信守合约的呢？

有个小故事可见一斑：有一个犹太老板和雇工订立了契约，规定雇工为老板工作，每一周发一次工资，但工资不是现金，而是工人从附近的一家商店里购买与工资等价的物品，然后由商店老板结清账目领取现款。过了一周，工人气呼呼地跑到

老板跟前说："商店老板说，不给现款就不能拿东西。所以，还是请你付给我们现款吧。"过一会儿，商店老板又跑来结账了，说："贵处的工人已经取走了这些东西，请付钱吧。"老板一听，给弄糊涂了，反复进行调查，但双方各执一词，又谁也不能证明对方说谎，且毫无凭证。结果，只好由老板发了两份开销。因为唯有他同时向双方作了许诺，而商店老板和该雇员并没有雇佣关系。

犹太商人由于普遍重信守约，相互间做生意时经常连合同也不需要，口头的允诺已有足够的约束力，因为"神听得见"。犹太商人首先意识到的是守约本身这一义务，而不是守某项合约的义务。

犹太人都十分守约。只要和他们签订了契约，你就不会有任何的后顾之忧了。他们信任契约，相信签订的双方都是会严格遵守的。因为他们深信："我们的存在，是履行和神所签订的契约。"

由于各个国家对契约的重视程度不一样，所以犹太人在与人做生意、打交道时，总是小心谨慎，因为他们对对方不了解，不清楚对方是否会守约，所以他们开始时不太信任对方。尤其是第二次与不守约的人交往时，犹太人根本不会相信所签订的契约。

因此，在与犹太人的交往中，要想博得犹太人的信任，最重要的事情便是遵守契约，无论发生了什么情况，无论在什么特殊的环境之下，都要竭尽全力去做到这一点，否则你便是枉费心机，因为犹太人绝不会信任一个对他们的"神"不敬的人。

犹太人对合同的如此重视，与犹太人信奉犹太教有关。犹太教有"契约之宗教"的称誉，旧约全书就被当作"神与以色列人的签约"。犹太教认为："人之所以存在，是因为与神签订了存在的契约之缘。"犹太人相信此说，所以犹太人不毁约，一切买卖只笃信合同。相反，谁不履行合同，就会被认为违反了神意，犹太人是绝不会允许的，一定会严格追究责任，不留情地提出索赔要求。

七、把学习作为终生的使命

犹太人把学习作为民族立身的根本，同样，每一个犹太人也把学习作为个人生存的有力武器。犹太人追求知识、勤于学习和善于学习的精神令人震撼，由此，犹太人也为自己打开了一条通往财富与成功的高速通道。

把学习当作一生的事业

“活到老学到老”出自古希腊著名政治家梭伦之口。这句话简单明了，却又充满真理，它是一种生命姿态，总能让人保持谦逊，但并不卑微；它是一种成熟，总能散发出耀眼的光芒，但不刺眼；它为人们打开一扇智慧的大门，总能保持着真实不虚伪的本来面目。

多年前的一天，阳光明媚，一个额头微微有些汗珠的基督教徒走遍大街小巷想租一辆马车。最后，他在一处草地上发现了很多马车。他走近一看，马儿悠闲地吃草，但不见车夫的踪迹。他就问在一旁玩耍的小孩：“车夫去哪了？”小孩抬起头眨眨眼睛告诉他说：“在车夫俱乐部学习呢。”于是，基督教徒就在深深的小巷中七拐八拐，终于找了一家门牌上写着“车夫俱乐部”的小屋子，他看到狭窄的屋子中，车夫们都在低头诵读《塔木德》。

虽然他们是车夫，生活也并不富裕，但他们一有时间就会学习，这就是犹太人传统信仰的真实写照。犹太人认为，人活着，有时候除了赚钱之外，还有一个更重要的事情需要去做，那便是不断地学习。不论何时何地，不论地位高贵还是卑贱，不论贫穷还是富有，永远都不能忘记学习。

有这样一个犹太人叫纽特·阿克塞波，他将学习奉为了终身的必修课。

纽特·阿克塞波青年时代非常渴望读书，想通过读书让自己更加敏锐和聪慧。当刚参加工作的时候，他白天在一家磨坊工作，晚上就挑灯读书。但没过多久，他就爱上了一个名叫娜·威斯里的姑娘，不久就举行了婚礼，那一年他 18 岁。此后，他再也没有时间去学习了，必须把全部精力都放在经营农场上，以维持一家人的生活。

多年过去了，他欠别人的债已经还清，此时的农场水草鲜美，牛羊膘肥体壮。但这时他已经 65 岁了，让人感觉他已经走到了坟墓的边缘，没有人再需要他了，使他感觉失去了生命的意义。

儿子请求他在一起生活，但纽特·阿克塞波坚决地说："不，你们应该过独立的生活。以后你们就搬到我的农场住吧。我把农场让你们来打理，你们每天付给我一些租金就行了。但是，我不会和你们一起住，我要搬到山上住，这样也能看到你们。"

他在山上用木头修建了一座小屋，便住了进去。他一个人做饭给自己吃，自己照顾自己，有时候会去图书馆借一些书回来阅读。白天他都用来读书，晚上就一个人出来散步，长久仰望星空，直到脖子酸了腰也痛了。有一天，他发现了黑夜的美丽，看到了在月光的映照下，草原变得影影绰绰、虚无缥缈，听到了风儿轻抚草面地沙沙声，他望着这片沉睡的土地，张开双臂极力地呼吸。但是，他忽然觉得一种空虚的感觉袭上心头，不明白这是一种什么感觉，为何会有这种感觉。后来，他突然明白了，这是一种生命的空虚感，需要用学习来填补这无尽的空虚，于是他决定上大学，要把所有的时间用在学习上。

为了能通过大学严格的考试，他积极、努力地准备着。就这样用了一年的时间，他感觉自己积累差不多了，于是买了火车票，直奔耶鲁大学参加入学考试。

他的努力没有白费，通过了这次考试，被耶鲁大学正式录取了。他和一些足以当他孙子的学生住到了一起，但纽特·阿克塞波很难做到和这些学生融入一起，不仅因为在上课时他那一头白发显得很抢眼，还因为他来上学的目的很特别。那些学

生努力学好每门功课的目的就是为了以后能挣更多的钱，而他却不是，对一些有助于挣钱的科目并不感兴趣，他的目的仅仅是为了学习而学习。他只想弄明白别人是用什么方式生活，生命的存在意义是什么，使自己的余生过得更加充实一些并不再空虚，但这还不是最重要的，重要的是，他能够在学习中找到乐趣和快乐。

人就应该用这样的态度去生活，把生活看成是一条漫长的、永无尽头的、充满岔口的道路，你只有坚持不懈地学习，坚持走下去，才不会迷失前进的方向。

学习是一切美德的本源

联合国教科文组织的一项调查表明，在人均拥有图书和出版社的比例中，以色列超过了世界上任何一个国家，为世界之最。

除教科书和再版书外，以色列年出版图书达 2000 种以上。14 岁以上的以色列人平均每月读一本书。

以色列全国共有公共图书馆和大学图书馆 1000 多所，平均不到 4000 人就有一所公共图书馆。

以色列办出的借书证有 100 余万个，相当于以色列全国 500 多万人的 1/5。

犹太人真是一个“书的民族”。在耶路撒冷、特拉维夫或其他以色列的城市中，最多的公共建筑是咖啡馆和大大小小的书店。以色列人的一天往往从一张报纸、一杯咖啡开始。而年轻的大学生则常常愿意在幽静的书店待上整整一天。

以色列每年都要在耶路撒冷举办国际图书博览会。博览会期间，成千上万的世界各地客人前来洽谈、采购，国内的参观、选购者也是人山人海，数不胜数。而每年春季举办的“希伯来图书周”则是以色列人自己的图书节。不少犹太人早早备好钱，像盼望一次盛会一样等待图书节的到来。

在“图书周”期间，以色列许多乡镇的街头、公园都变成了书的市场，人们也可以到大大小小的书店去购买各种廉价书籍。

犹太人可以随时在街头报刊亭里买到当天的《纽约时报》《世界报》和《泰晤

士报》等，也可以在同一个书摊同时买到严肃的政治刊物和适应不同层次人对各种书刊的需求。

不少犹太人是典型的“书虫”和“书痴”，马路边、公园里、候车室中、汽车上，只要是有人群的地方，总能看见专心致志的阅读者。

犹太民族是个嗜书如命的民族，以色列是个书的国家，小小的以色列能在几十年中传奇般地崛起，这不能不说与他们爱读书学习、重视知识有关。

在犹太教中，勤奋好学不只是仅次于敬神的一种美德，而且也是敬神本身的一个组成部分。在世界上所有的宗教中，对神的虔信可以有程度的差异，但把学习和研究提到这样高度的，除了犹太教，几乎绝无仅有。

《塔木德》中写道：“无论谁为钻研《托拉》而钻研《托拉》，均值得受到种种褒奖；不仅如此，而且整个世界都受惠于他；他被称为一个朋友、一个可爱的人、一个爱神的人；他将变得温顺谦恭，他将变得公正、虔诚正直、富有信仰；他将能远离罪恶、接近美德；通过他，世界享有了聪慧、忠告、智性和力量。”

学习之为善，在于其本身，它是一切美德的本源。

12 世纪的犹太哲学家、犹太人的“亚里士多德”，精通医学、数学的迈蒙尼德则明确把学习规定为一种义务：

“每个以色列人，不管年轻年迈，强健羸弱，都必须钻研《托拉》，甚至一个靠施舍度日和不得不沿街乞讨的乞丐，一个要养家糊口的人，也必须挤出一段时间日夜钻研。”

由这一原则所带来的结果是形成了一种几乎全民学习、全民都有文化的传统。尽管并非人人都有“研习”的能力，但确实人人都把不同程度的“研习”视作分内之事。

不过，犹太人早期的学习主要以神学研究为取向，涉及面十分狭窄，像迈蒙尼德这样的博学家，可说是一个例外。因为拉比们唯恐犹太神学之外的知识，会使犹太青年迷失方向。因此，在现代以前相当长的一段时期内，在随着犹太移民的足迹先后建立的学术中心里，除了犹太教经典，尤其是《塔木德》之外，对世界上的其

他知识是关注不够的。

到18世纪末，犹太教中还出现过一个反对经院哲学和学者主宰犹太事务的哈西德运动。其倡导者一度主张，一个人只要依靠虔诚和祈祷，也能升入天国，善的功业比伟大的知识更为重要。

可喜的是，为学习而学习的传统并未中断，哈西德派的大师们自己也很快“迷途知返”了。他们不再坚持虔诚比钻研更能达到较高境界，而是传布一种虔信与知识互为依赖的信仰。这意味着，即使本性并不虔诚，学者也能依靠自己的知识而变得虔诚；而本来虔诚的人则会更为其虔诚所驱使而致力于学术研究。

这样一种为学习而学习的传统，对长期流散的犹太人，尤其是其中的青年人来说，即使暂且不提在调节其心理、保持其民族认同方面所起的巨大作用，而从现代的立场上看，作为一种卓有成效的培养、激发人们学习积极性的价值观念来说，也深深浸透着犹太人的独特智慧。

犹太人在世界总人口中仅占0. 3%，但在诺贝尔奖获得者中却占了15%，这一不成比例的比例，正是对这种价值、这种精神的证明。

当然，这样一种以自身为目的的活动，倘若是一项总体上无助于人类发展、纯粹虚耗生命的活动的话（这种现象在其他民族中不是没有），那么，显而易见，其目的价值越多，一个民族的实际生存能力就会越弱。如此一味追求奢侈而不讲究实效的民族很快便会被历史所淘汰。

不过，这不是犹太人的命运。在学习的效果方面，犹太民族同样显示出了自己的聪明与智慧。

犹太教素以“伦理——神教”著称，《塔木德》学者在研习《托拉》的过程中，不断地将协调人际关系的规范加以合理化、精细化、操作化，在扎紧民族樊篱的同时，为人类与人类社会的自我完善留下了影响深远的丰富内容。

令人惊奇的是，使得《塔木德》学者视野狭窄的那种宗教定向，却以“为学习而学习”的传统，在科学文化蓬勃兴起、世俗教育迅速普及的当代，为犹太人提供了一种现成的价值取向和心理基础。神圣的宗教职责极为快捷地具有了世俗的形

式，犹太人大批走进了世俗学校：医学院、法学院、商学院、理工学院。犹太民族在为人类奉献出比其他民族众多的一流思想家、理论家、科学家、艺术家的同时，也为自己的繁荣昌盛而培育出同其他民族相比更大比例的教授、医生、律师、经理和其他专业人员。

什么时候开始学习都不算晚

犹太人鄙视不愿学习的人，他们认为只要想学、愿学，什么时候开始都不算晚。

拉比阿基瓦是一个贫苦的牧羊人，直到40岁才开始学习，后来却成了最伟大的犹太学者之一。

传说拉比阿基瓦在40岁之前什么都没有学过。在他与富有的卡尔巴·撒弗阿的女儿结婚之后，新婚妻子催他到耶路撒冷学习《律法书》。

“我都40了，”他对妻子说，“我还能有什么成就？他们都会嘲笑我的，因为我一无所知。”

“我来让你看点东西。”妻子说，“给我牵来一头背部受伤的驴子。”

阿基瓦把驴子牵来后，妻子用灰土和草药敷在驴子的伤背上，于是，驴子看起来非常滑稽。

他们把驴子牵到市场上的第一天，人们都指着驴子大笑。第二天又是如此。但到了第三天就没有人再指着驴子笑了。

“去学习《律法书》吧。”阿基瓦的妻子说，“今天人们会笑话你，明天他们就不会再笑话你了，而后天他们就会说：‘他就是那样。’”

在故事中，阿基瓦妻子的意思就是他40岁去学习，即使开始时别人会嘲笑他，但是第三天就不会有人再嘲笑他了，因为什么时候学习都不迟。

因此，犹太人常把西勒尔说过的一句名言挂在嘴边：“此时不学，更待何时？”以此激励自己或鼓励别人去学习知识。

犹太人如此重视学习，是因为他们认为学习可以使人不断地接近完美。

天使和人有着巨大的区别，一方的优点是另一方的缺点，一方的缺点又成为另一方的优点。互相对应，对立统一。

天使的优点是清洁无垢，决不腐败，缺点是永不进步，永不向上。因为他们已经完美无缺了；人的缺点是容易腐败，但人的优点是可以不断向上，不断进步。

完人，即做和天使一样完美无缺的人，只能是一种理想。因为人不可能完美无缺，一旦完美无缺就变成了天使。但是，理想的力量是无与伦比的。它如万顷波涛的海洋上的星标，指引人生的航船不断前进，沿着星标肯定能到达目的地，但无论如何也不能到达星标。

人的理想也是一样，虽然人是不完美的，但却热切地希望接近完美，这是人类的正道。人走上正道是需要足够多的勇气的，否则就会半途而废。我们只能依靠自己的力量走上正道，我们无法强迫别人，更不可依靠别人。

完美是无法辨别的，要求别人完美的人是傲慢的。而明知无法达到完美，却设法逐步接近它的人是谦虚的。谦虚的人不会用尽自己的力量，总是留有余力，而自大的人却常常去做超越自己能力范围之外的事，所以谦虚的人具有较强韧的生命力。这也是自信和自大之间的差别。有信心的人都明白自己能力的界限，但自大的人却不知道。

在犹太人眼中，学问不只是学习，而是以本身所学为基础，再创造出新东西的一种过程；学习的目的，不在于培养另一种教育，也不是人的拷贝，而是在于创造一个新的人，世界之所以进步即在于此。

在犹太人看来，学生有四种：海绵、漏斗、过滤器、筛子。

海绵把一切都吸收了；漏斗是这边耳朵进，那边耳朵出；过滤器把美酒滤过，而留下渣滓；筛子把糠秕留在外面，而留下优质的面粉。

因此，犹太人倡导，学习知识应该去做筛子一样的人，只有学习才能使人更接近完美。

认准“一定要读书”这个死理

有一本名叫《虔诚者的书》上记载着古时候犹太人的墓园里常常都放有书本。因为他们认为当夜深人静的时候，死者就会从墓穴中爬起来看书。

虽然这种事情是不会发生的，但是表明了犹太人对求知的态度是：生命是有终结的，但学习却不会终止。

犹太民族的好学作风成了他们历史和民族的一个显著标志。

在公元前5世纪时，波斯王国驻犹太地区的总督聂赫米瓦曾说过：“这个地方不仅有很多图书馆，在图书馆中更是经常挤满了看书的人。”他的话印证了犹太民族的好学传统。

犹太人把书本当作宝贝。在古代，书往往被犹太人翻看得破破烂烂，但是他们仍然舍不得扔掉，一直要等到整本书都七零八散，字迹模糊不清，再也不能翻阅的时候，四邻才会聚到一块，像埋葬一位圣人一样，恭恭敬敬地挖一个坑，把书埋掉。

生命可以终结，学习不能终止，犹太人认为学习可以让人获得生命和更多的奖赏。

有一则这样的故事。

在以色列，有一个人的儿子对学习毫无兴趣，他的父亲最后不得不放弃努力，而只是教他读《创世纪》一书。后来，敌军攻打他们居住的城市，俘虏了这个男孩，把他囚禁在一个遥远的城市。

恺撒来到了这个城市，视察男孩被囚的监狱。在视察时，恺撒要求看一看监狱中的藏书。结果，他发现了一本他不知道怎么读的书。

“这可能是一本犹太人的书。”他说，“这里有人会读这本书吗？”

“有。”监狱官答道，“我这就带他来见您。”

监狱官把男孩找来，说：“如果你不能读这本书，国王就会要你的脑袋。”

“父亲只教过我读一本书。”男孩答道。

监狱官把男孩从监狱里提出来，把他打扮得光鲜可爱，将其带到恺撒面前。恺撒把书摆到男孩面前，男孩就开始读，从“起初，上帝创造天地”一直读到“这就是天国的历史”。

这是《创世纪》第一章和第二章的一部分。

恺撒听着男孩读书，说道：“这显然是上帝，赐福的上帝向我打开他的世界，要我把这孩子送回到他父亲身边。”

于是，恺撒送给男孩金银财宝，并派两名士兵把男孩护送回到他父亲身边。

拉比们又用这个故事教育人们说：“尽管这孩子的父亲只教他读了唯一一本书，赐福的上帝就奖赏他了。那么，想一想，如果一个人不辞辛苦地教他的孩子读《圣经》《密西拿》和《圣徒传记》，那他得到的奖赏该有多大呀!”

去获得上帝的奖赏，这就是犹太人死后也要读书的动力。

学习造就了“世界第一商人”

一位犹太巨富说得好：“没有犹太文化，就没有犹太商人；没有渊博的知识，就没有惊人的财富。”他们对培根“知识就是力量”这一观点赞不绝口。

犹太民族是唯一一个纵贯 5000 年、散居五大洲的世界性民族。虽历经 2000 多年的欺凌，但民族特质并没有因此而淡化和泯灭。相反，在世界经济、文化、政治、哲学、艺术、自然科学等许多领域，犹太人都成就斐然，这不能不说是令世人百思不得其解的奇迹。而这一切正是犹太文化熏陶的结果。

几千年来，犹太文化维系着犹太民族的情感归属和认同意识，是深沉的历史感、强烈的宗教色彩和浓郁的悲剧意识的总和。也正是这块文化沃土，培育了让世人啧啧称道的犹太商魂。

犹太商人认为：没有知识就不是真正的商人，既然不是真正的商人，就没有和你做生意的必要。他们对于没文化的商人最瞧不上眼，犹太商人大多学识渊博、头脑灵敏。一般来说，犹太人希望自己胸中有墨存，从而引来万两金。

犹太民族在浓郁的文化氛围熏陶下，对教育和学习的重视蔚然成风，形成了一

种几乎全民学习、全民都有文化的传统。虽然早期犹太民族的学习主要以神学研究为取向，涉及的知识面十分狭窄，但后来随着犹太民族受迫害流散于世界各地，犹太人的学习很快扩展到吸纳世界各国的文明成果这方面来了。更值得一提的是，他们勤学苦研的传统一直没有中断过，这使犹太人特别是犹太青年人在调节其心理、增强民族凝聚力和激发求生存、谋发展的创造力上，具备了更大的动力。

在犹太人眼里，知识和财富是成正比的、只有具备丰富的阅历和广博的知识，在生意场上才能少走弯路、少犯错误，这是能赚钱的根本保证，也是商人的基本素质。一个不能从多角度去观察、分析事物的人，不但不配做商人，而且也不能算是一个完整的人。基于此，犹太人做生意，乐意与学识渊博的人达成交易。

有一个做钻石生意的犹太商人，曾问他的日籍合作伙伴："你知道大西洋底部有哪些鱼类吗?"

日本商人一听这个问题，感到莫名其妙，因为做钻石生意和大西洋底部的鱼类毫无关系，怎么问这样一个风马牛不相及的问题呢?

然而犹太人有自己的想法：一个钻石商人需要的是一个精明的头脑和渊博的知识，如果对方连大西洋底部有哪些鱼类都了如指掌，那么其对钻石的业务知识也会相当熟悉，其对巨细俱全的钻石种类的分析肯定也是全面、周到的，与这样的商人合作肯定能赚钱。

犹太人就是这样看待知识与文化的，也正是这种传统的继承，使犹太人不管流散到哪里，其民族的文化整体素质都比别的民族要高。

以美国为例，20 世纪 70 年代，在金融、商业、教育、医学、法律等高文化行业中，美籍犹太男子占 70%、女子占 40%，而同期全美国平均只有 28. 3%的男子和 19. 7%的女子加入此行列。在公认的最为灵敏、收入最高的两大职业医生和律师中（美国对医生和律师的文化素质要求特别高），犹太人所占的比例最高。如 20 世纪 70 年代，美国共有 3 万多名犹太医生，占美国私人开业医生总数的 14%；另外有大约 10 万名犹太律师，占美国律师总数的 20%左右。

我们暂且不说犹太人在经商中巧用谋略所获得的巨大收入，就凭借他们高素质

的文化，在择业和创收方面就胜人一筹。在20世纪70年代的美国，200多万名犹太人中，高中毕业者占64%，大学毕业者占32%。而在当时美国总人口中，高中毕业者只占35%，大学毕业者占17%。这个文化水平的群体差异，使美国犹太人的平均收入比美国全国平均收入高很多。据不完全统计，1974年美国犹太人的家庭平均收入为13340美元，而美国的平均家庭收入只有9953美元，犹太人家庭高出了34%。

在犹太人眼里，知识是可以不被抢夺且可以随身带走的财富，所以他们十分重视学习。如今犹太人对教育问题已跳出了宗教和神学范畴，现代社会经济处于越来越迅速地发展变化之中，科学知识日新月异，如果跟不上时代发展的步伐，在激烈的竞争中必然会被淘汰。无论是经商做买卖，还是从事科学技术事业都是如此。特别是最近十多年来，时代已经迈入高速发展的阶段，科学技术日新月异，经济和科技的发展趋向全球化，知识型经济成为争夺相对经济优势的主要手段。在这样多变的世界里，任何故步自封、因循守旧、缺乏远见和不求上进的商人，在市场竞争中注定要失败。的确，犹太商人的观念是正确的，按这种模式发展下去，犹太人求知的渴望将进一步弘扬其民族精神，使“世界第一商人”的美誉代代相传。

在自教自学中丰富知识和积累财富

众多的犹太人能够在科学技术、文化艺术和经商等各行各业成为佼佼者，秘诀在于勤于读书、善于学习。可以说各类杰出的犹太人，他们的事业成功无不与勤于读书和善于学习有关。

在一般情况下，读书主要有两种途径：正规的学校教育和自学。犹太民族十分注重正规的学校教育，在他们的生活圈里，最好的建筑就是学校。犹太家庭不论条件好坏，都会想方设法让自己的孩子进学校读书；不管家庭经济条件有多么困难，也要让孩子上大学读书。很多犹太子弟也极其珍惜读书的时光，在上大学时，半工半读，用勤工俭学的方式来解决生活问题，况且犹太民族有很多公益机构资助学生读书。因此，犹太人的文化水平普遍较高。以今天的以色列为例，其自建国开始就

确立以教育为本的方针，一直把教育事业作为民族的首要任务来抓，其教育经费的开支仅次于国防开支，这是世界上绝大部分国家都不能做到的。据统计，1984 年至 1985 年间，以色列大学生总数达 9.9 万人，即每 1000 个人当中就有 77 名大学生，仅次于美国，高于日本、英国、法国等发达国家。

虽然以色列的教育投入很大，但犹太人认为学校的教育只能是获取基础知识的场所，很多专业知识及实际操作技术要通过实践或专业学习才能得到。因此，他们很重视个人的自学，再加上每个人的生活条件不同，受到正规教育的情况也不相同。所以相对于学校的正规教育而言，犹太人更注重自教自学。事业有成的犹太人都有一套高效的自学方法：

（1）养成良好的自学习惯，有固定的时间和固定的地点进行自学。

（2）按自己需要，划定泛读范围，涉猎大量的相关书籍，拓宽自己的视野，以达到广采博收之效。

（3）根据自身目标要求收集各种形式的学习资料，包括书籍、文献、杂志、报纸、录音带、电子网络中的资料、电脑软件等，以便在工作中应用。

（4）精选对自己最有价值的资料，下功夫读懂读透，使之真正成为自己拥有的知识。

（5）借用别人的头脑“读书”。要学习的内容很多很多，然而，每个人的学习时间又极有限，要解决这个矛盾，除了自身努力之外，还可借助别人的力量。比如把一些相关的书和资料交给下属中有一定素养的人阅读，让他圈点出重点内容，或者通读后把核心内容和要领告诉自己。如发现有待进一步了解的知识，则可以重点阅读，或者参考别人的读书心得，再加以巩固深化。

（6）通过多种形式获取知识。不仅从书本、资料获取相关知识，还可以通过与人交往来达到学习的目的。据了解，现代人们接受的信息，来自文字的不到 1/5，而来自语音的超过 4/5。如报告、电视、广播、交谈、讨论、会议等都是很好的“书”，在这些“书”中同样可获取大量的知识和信息。

这几点只是对犹太人的读书方法做了简单的概括，另外还有一点更值得人们学

习的，就是犹太人从来不读没用的书。在他们看来，既不能给自己带来艺术的享受，又不能给自己带来创造价值机会的书，是没必要读的。也就是说他们不会在一些低质量、低品位的书中耗费时间，他们讲究学以致用，在他们的理念中，读书是为了更好地生存发展，为了更多地创造财富。

与犹太人在一起，你很快就会发现，犹太民族是知识丰富的民族。犹太人很健谈，而且涉及各个方面，大到世界政治格局及地方冲突，小到节假日消遣；远到生命起源，短到近期的体育新闻；不论是经济、政治、法律、历史还是生活小细节，他们都能讲得滔滔不绝，谈得头头是道。犹太人有如此丰富的知识，不能不令人叹服。

犹太人正因为有丰富的知识武装经商头脑，才总是处于不败之地。只有书读得多，特别是特定领域的业务书籍读得多，在经商中才不会走弯路，才会比别人先行一步，才能更快地获得更多的财富。

机智是人生的百宝箱

如果有人问犹太人这样一个问题："人最重要的是什么？"犹太人一定会回答说："是智慧。"智慧来自犹太人的宗教传统，所以在犹太人的心中，占有举足轻重的地位。犹太人的机智，堪称世界民族之最，关于他们机智的故事，也不胜枚举。

售货员费尔南多是一个犹太人，一个礼拜五他去了一个小镇，但由于身无分文而无法食宿，他便去找犹太教堂的执事。执事对他说："礼拜五到这里的穷人特别多，每家都住满了，唯有金银店老板西梅尔家例外，可是他从不接纳客人。"

费尔南多肯定地说："他肯定会接纳我的。"

之后，他就去了西梅尔家，等敲开门后，他神秘兮兮地把西梅尔拉到一旁，从大衣兜里取了一个砖头大小的沉甸甸的小包，小声说："请问您一下，砖头大小的黄金值多少钱？"

金银店老板眼睛一亮，可是这时已到了安息日，不能继续谈生意了，为了能做

成这笔生意，他便连忙挽留费尔南多在自家住宿，到第二天日落后再谈。

于是，在整个安息日，费方南多都受到热情款待。当周六晚上可以做生意时，西梅尔满面笑容地催促费尔南多把“货”拿出来看看。

费尔南多故作惊讶地说：“我哪有什么金子，只不过是想问一下砖头大小的黄金值多少钱而已。”

费尔南多的机智在于巧妙地利用了西梅尔求财心切的心理，而且以错误的暗示让他上当。

还有，在商业活动中，总有被偷、被骗或别人赖账的时候，那么让我们来看犹太人如何机智地应对这种情况。

有个犹太商人来到一个市场里做生意，当他得知几天后这里所有商品将大甩卖时，就决定留下来等待，可是，他身上带了不少金币，当时又没有银行，放在旅店也不安全。经过反复思量，他独自来到一个无人的地方，就在地里挖了一个洞，把钱埋藏起来，可是当他次日回到藏钱的地方时，却发现钱已经丢了。他呆呆地愣在那里，反复回想藏钱时的情景，当时附近一个人都没有啊，他怎么也想不出钱是怎样丢的。

正当他纳闷之际，无意中一抬头，发现远处有间屋子，可能是这家屋子的主人正好看到他埋钱了，然后，将钱挖走。那么，怎样才能把钱要回来呢？

经过认真考虑，他去找那屋子的主人，客气地说道：“您住在城市，头脑一定很聪明，现在我有一件事想请教您，不知是否可以？”

那人热情地回答说：“当然可！”

犹太商人接着说道：“我是来这里做生意的外地人，身上带了两个钱袋，一个装了800金币，一个装了500金币，我已把小钱袋悄悄埋在没人的地方。但不知道这个大钱袋是交给能够信任的人保管呢，还是继续埋起来比较安全呢？”

屋子的主人答道：“因为你是初来乍到，什么人都不该相信，还是将大钱包一

块埋在藏小钱包的地方吧。”

等犹太商人一走，这个贪心不足的人马上取出偷来的钱袋，立刻放在原来的地方。这个可把躲藏在附近的犹太商人高兴坏了，等那人一走，他马上将钱袋挖了出来，一溜烟跑了。

这个犹太商人能够将落入别人口袋的东西又拿回来，手段确实高明。因为他知道，每个人都有贪心，且贪欲无限膨胀，要让小偷把钱交出来，只能激起其更大的贪心，这个犹太人的机智就在于巧妙地利用了人的这种心理。

人的一生中很少有一帆风顺的，如何面对困境，从容应付；如何面对危险，机智化解，这都是成功犹太人所拥有的素质。

尊重知识，渴望学习

犹太人在世界上之所以能够引领风骚，最主要的是他们具有卓然不群的文化素养和精神底蕴。而其根基是尊重知识，渴望学习，重视教育，崇尚求知。

在犹太传统中，孩子们头一次进教室上课，要穿上新衣，由教士或有学问的人带到教室。在那里，每位孩子都可以得到一块干净的石板，石板上有用蜂蜜写成的希伯来字母和简单的《圣经》文句，孩子们一边诵读字母，一边舔掉石板上的蜂蜜。随后，拉比们会分给他们蜜糕、苹果和核桃。所有这一切都旨在使他们明白，学习知识是有甜头的。虽然这种仪式早已成历史，但透过远古的仪式，人们可以窥见犹太人对学习的态度。

在犹太教中，勤奋好学是敬神的一个组成部分。没有一种宗教像犹太教那样对学习和研究如此强调。《犹太法典》中写道：“无论谁钻研《托拉》，均值得受到种种褒奖；不仅如此，而且整个世界都受惠于他；他被称为一个朋友、一个可爱的人、一个爱神的人；他将变得温顺谦恭，他将变得公正、虔诚正直、富有信仰；他将能远离罪恶，接近美德；通过他，世界享有了聪慧、忠告、智性和力量。”

12 世纪的犹太哲学家迈蒙尼德曾宣布：“每个犹太人，不管年轻还是年老，强

健还是羸弱，都必须钻研《托拉》。甚至一个靠施舍度日和不得不沿街乞讨的叫花子，一个要养家糊口的人，也必须挤出一段时间日夜钻研。”

为此，犹太人认为没有人是贫穷的，除非他没有知识。拥有知识的人拥有一切。对于犹太人，拉比可能会问：“一个人要是没有知识，那他还能有什么呢？一个人一旦拥有知识，那他还能缺什么呢？”

传说在以色列，曾经有这么一个男孩，他对学习毫无兴趣，他的父亲最后不得不放弃努力，而只教他《创世纪》一书。后来，敌军攻打他们居住的城市，俘虏了这个男孩，把他囚禁在一个遥远的城市。

恰好恺撒来到了囚禁这个男孩的城市，并视察了男孩被囚的监狱。恺撒要求看一看监狱中的藏书，发现了一本他不知道怎么读的书。

“这可能是一本犹太人的书，”他说，“这里有人会读这本书吗？”

“有，”典狱官答，“我这就带他来见您。”

典狱官把男孩找来，说：“如果你不会读这本书，国王就会要你的脑袋。你要是死在这儿的监狱里，总比被国王砍掉脑袋的好。”

“我父亲只教过我读一本书。”男孩答道。

典狱官把男孩从监狱里提出来，把他打扮得光鲜亮丽，带到了恺撒面前。皇帝把书摆到男孩面前，年轻人就开始读，从“起初，上帝创造天地”一直读到“这就是天国的历史”。

恺撒听着男孩读，说道：“这显然是上帝，赐福的上帝向我打开他的世界，只是要把这孩子送回到他父亲身边。”于是，恺撒送给男孩金银，并派两名士兵把男孩护送回到他父亲身边。

圣人们听到这个故事后，说：“尽管这孩子的父亲只教他读了唯一一本书，赐福的上帝就奖赏他了。那么，想一想，如果一个人不辞辛苦地教他的孩子《圣经》《密西拿》和《圣徒传记》，那他得到的奖赏该有多大呀！”

对于犹太人来说，书本就是知识，所以他们视书如命。公元 1736 年，拉特维亚的犹太区制定了一项法律，规定当有人来借书时，不把书本借给他的人，都要课以罚金。此外，犹太家庭还有一个代代相传的传统，那就是书橱要放在床头，因为如果放在床尾，将是对书本的大不敬，这是绝对被禁止的。

犹太人对于自己不了解的知识大有一种“打破砂锅问到底”的气派。他们对其他人种、其他国民的生活和心理、历史，则表现出超过专家的好奇心，甚至希望了解到这个民族未公开的东西。犹太人旅游每到一处之前必定下很大功夫去了解该国的历史、地理、风土人情、宗教习惯，乃至旅游中出现的各国人种都要分辨得清清楚楚。犹太民族由于 2000 多年的流散和惨遭迫害，迫使他们出于自卫的本能而不得不详细地研究各国的民族性，然后才能“对症下药”求得生存。正是这一历史的原因，使他们无形中养成了一种对任何事都感兴趣并“打破砂锅问到底”的精神。

一个犹太人打电话给一位日本朋友，要借车旅行。这位日本人因担心这位首次来日本的犹太朋友对日本很陌生，便友好地表示：“你要到京都一带的名胜古迹游览，我可免费导游。”“谢了，我的准备很充分。”犹太人借到车后，便带上地图和导游手册独立启程。几天以后，那个犹太人满意而归，把车还给了日本人，并请日本人一块吃饭。饭桌上，犹太人抓紧机会向日本人提问：“日本男人在外面一般不穿和服，为什么回到家中反而穿和服呢？…”“为什么和服是白色的领子，白色不是最容易脏吗?”“为什么日本人吃饭要用筷子？勺子不是更方便吗？筷子是不是日本贫穷祖先的遗物?”“……”那个日本人被问得晕头转向，都无心吃饭了，但是犹太人不问清楚自己想知道的东西，决不罢休。

犹太商人勤奋好学，不耻下问，不将不熟悉的问题弄清楚绝不轻易罢休的。也正是这种认真的精神，才使犹太商人掌握了丰富的知识，在商战谈判中永立不败之地。

孜孜不倦的好学求知精神

犹太人之所以以超凡的智慧纵横于世界舞台，一个重要的原因就在于犹太民族渴求知识的良好传统使他们具备了卓越超群的文化素养。犹太民族将知识视为他们真正能自己掌握的财富，他们有着宗教般虔诚的求知精神。这种精神让犹太民族耀眼于世界各个领域，不管是科技界、思想界、文化界、政界还是商界，犹太人均是独领风骚。

在思想界，基督教的创始人耶稣，科学社会主义的创造者马克思，精神分析学的开创者弗洛伊德，泛神论大师斯宾诺莎，现象学大师胡塞尔，社会学和政治学的魔法大师马克斯·韦伯，符号学大师卡西尔，哲学大师维特根斯坦、马尔库塞、弗洛姆、卢卡契、波普尔都是犹太人。

在文学和艺术领域，西方现代派文学的奠基人卡夫卡，诗人海涅，诺贝尔文学奖得主贝娄，音乐家门德尔松，作曲家马勒，世界超现实主义画家毕加索等等都是犹太人。另外，在电影界，好莱坞的大导演斯皮尔伯格，奥斯卡金像奖的获得者达斯汀·霍夫曼，保罗·纽曼等等都是犹太人。在政界，亨利·基辛格，第一夫人贝隆，和平使者拉宾，以色列之父本·古里安都是犹太人。而在自然科学界，犹太科学家更是不计其数，光一个爱因斯坦就让所有的科学家黯然失色。

在世界经济舞台上，随处可见犹太人卓越不凡的身影。在经济理论研究方面，有大卫·李嘉图，诺贝尔经济学奖得主 K. J. 阿罗，P. A. 萨缪尔森，西蒙等这样世界级的经济学大师；在经济管理方面，有美联储主席格林斯潘这样的杰出代表；在金融领域，华尔街的金融家近一半是犹太人，J. P. 摩根、莱曼、所罗门兄弟、乔治·索罗斯都是顶尖级的人物；在实业界，亨利·福特、洛克菲勒、缪塞尔、哈默的威名至今让人振聋发聩；在传媒业中，路透、普利策等，还有 CBS 的威廉·佩利，NBC 的萨尔诺夫，《纽约时报》的奥克斯等都是犹太人；在影视娱乐界，好莱坞简直就是犹太人的天下，最早的好莱坞开拓者，米高梅公司的创始人高德温、华纳四兄弟、派拉蒙、福克斯公司的创始人均是犹太人……

犹太人在世界民族中的非凡成就，是与他们孜孜不倦，不断探索的求索精神分不开的。犹太人求知精神的基点在于他们对知识有着深刻的也相当实际的认识，知识就是财富，由此便产生了对知识这种财富近似贪婪的欲望。犹太人四处流浪，没有家园，居无定所，没有生存和发展的权利保障。他们所到之处，唯一的支撑就是自己头脑中的知识，靠知识创造财富，从而由财富、金钱来为自己争得一条生路，一方生存发展的空间。物质财富随时都可能被偷走，但知识永远在身边，智慧永远相伴，而有智慧、有知识，就不怕没有财富。这正是犹太人流浪数千年依然生生不息的原因所在。

套用现在的一个观点，犹太人非常重视人力资本的投资，其中又以教育上的投资为第一。犹太人深刻地体会到教育投资不仅仅是经济上的投资，因为知识是特殊形式的资本，它往往起到放大其他资本。（土地、货币）的作用。知识，包括脑的知识——学习，和手的知识——技能，同时也就是他们投资的浓缩和凝固形式。犹太人在流散四方的过程中或移居新

的居住地后能迅速地找到那些他们具有竞争优势的位置，从而站稳脚跟，恢复元气进而兴旺发达起来，这种智力资本起了至关重要的作用。

以色列是一个小国，资源贫乏，既缺水，又缺能源，且沙漠比重大。但是，它却有丰富的人才。数十年来，世界各地的犹太人纷纷移民到这个国家，他们带来资金，更带来了知识、技术、特长，他们将这些知识用于国家建设，以色列便迅速崛起。这个国家有世界上最高的教育水平，拥有最好的人才培养基地。同样，这个国家独创了举世闻名的农业技术，靠贫瘠的土地养活了自己，还大量出口农产品；这个国家拥有世界上一流的工业技术，特别是通信电子方面，居于世界前列。所有这些奇迹，靠的就是知识。

在世界任何地方，犹太人凭借着自己拥有的“可以随身带走”的知识，跻身于知识要求高、流动性强的各种行业，特别是金融、商业、教育、科技、律师、娱乐、传媒行业。在美国，华尔街的精英中近一半有犹太血统，律师中30%是犹太人；科技人员中一半以上是犹太人，特别是在IT行业，犹太人也非常出色；犹太

人执掌着《纽约时报》《华盛顿时报》《新闻周刊》《华尔街日报》，全国三大电视网ABC、CBS、NBC的帅印。而如前所述，时代华纳公司，米高梅公司，福克斯公司，派拉蒙公司都是犹太人开拓的。在美国，全国前400名巨富中犹太人占了近三成。这些数字让我们不得不感叹犹太民族神秘的知识力量。知识在这个古老民族中竟然能焕发出如此巨大的力量，是知识拯救且复兴了这个古老而年轻的民族。

犹太民族何以让知识保持长久的魅力，并能存故纳新，不断繁荣呢？答案就是，求知精神！在犹太教中，宗教般虔诚的求知精神在商业文化中的渗透，内化为犹太商人孜孜不倦、探索求实的商业精神和锐意进取的创新意识。他们孜孜以求地在知识海洋中积累的丰富知识，又对形成犹太商人所特有的计划谋略与智慧发挥了文化滋养的作用。可以试想，一个目不识丁的人或知识缺乏者在商业舞台上会有运筹帷幄，从容应对的商业智慧吗？

犹太人固有的学习传统，作为一种卓有成效的培养、激发人们的学习积极性的价值观念，深深浸透着犹太人的独特智慧，也促成了犹太智慧地发扬光大。

在人类的价值体系中，粗略地可以区分出两大类价值：一类是工具价值，另一类是目的价值。

所谓工具价值就是本身作为取得其他价值之手段的价值。这种价值是否“有价值”不取决于其本身，而取决于它能否成功地导向或实现另一价值。所以，任何一种社会事物包括人的活动样式，要能够以其自身即可维持下去，必须首先成为目的本身。成为不以其他事物为评判尺度的自足之物，为学习而学习，学习过程就是目的本身，知识的获得就是目的的实现，有了这样的观念和心态，才可能孜孜不倦、无悔无怨地勤学不辍。

“取法乎上，得其中；取法乎中，得其下。”以学习为职责的犹太人，在履行职责的同时，得到的是其他许多民族梦寐以求的兴旺发达。

在世界民族之林中，犹太人总表现出一种打破砂锅问到底的彻底求知精神。他们对于任何问题，都务求彻底的了解，一知半解是他们最憎恶的。他们事无大小，绝不会不懂装懂或不求甚解，而是不懂必问，且敢于不耻下问，从不以问为耻，而

是以问为荣。这种打破砂锅问到底的彻底的求知精神，使他们积累的知识越来越丰富，最终成就为纵横世界各地，学识渊博的第一人。

只有知识才是真正的财富

当今世界的财富装进了犹太人的口袋里，而他们自己的财富依旧在自己的脑袋里。

很长一段时期以来，犹太人随时都得准备踏上新的征途，所以他们视知识为特殊的财富，一种不被抢夺而且可以随身带走的财富。在当今的以色列，受教育的程度同收入是成正比的，这已成为犹太人普遍接受的一条规律。在那漫长的苦难岁月里，暴徒或者国王们带走了犹太人的钱币，而犹太人自己所能带走的则是永恒的信仰、知识和智慧。

如果说美国人的财富在犹太人的口袋里，那是因为犹太籍的商业大亨们将知识转化为了黄金。犹太人一生的财富是智慧，它被看得远比金钱来得重要。因为智慧将永伴他们度过一生，使他们获得成功，并带来财富，保护他们平安一生。愈是卓越的犹太商人，就愈具有智慧，他们犹如熟透了的红葡萄，长得愈丰硕，就愈会低下头来。因为在他们拥有了打开幸运和财富之门的金钥匙时，他们已经变得很有学识和谦逊了。

犹太人对于财富的重视是众所皆知的，他们有着追求财富、崇尚金钱的永恒动力，但他们常以平和、恬然的心态看待财富。其实，他们积聚财富，是以享受生活为目的的。这需要较高的精神境界，也需要知识。犹太人的智慧就是以知识为基础的，他们不断求新求知，磨炼心智，才有了对生活的共同认知与体悟，并不断地提高心性与赚钱的能力。比如在杰出的犹太商人眼里，钻石贸易是一桩很赚钱的买卖，可是让其他商人来经营钻石生意就没有犹太人所说的那么容易。在美国、英国、日本等国的商场里摆放着各式精美的钻石制品，却是生意冷清，甚至很长的时间都无人问津。如果将经营者换成了犹太商人，情况就会产生大逆转。即使他们运用的都是犹太商法，然而成败却不尽相同。关键在于犹太商人具有十分聪颖与丰富

的脑袋，这一点对于其他任何一个国家的商人来说，是无论如何也学不来的。犹太人成功主要表现的两个方面：

1. 要拥有渊博的知识

犹太商人自古以来就尊重知识，重视教育，尊敬智者。《塔木德》中说："宁可变卖所有的东西，也要把女儿嫁给学者；为了娶得学者的女儿，就是丧失一切也无所谓；假如父亲和老师同时坐牢，做孩子的应先救老师。"这正好体现了犹太民族所倡导的，要尽力使自己成为很有学识的人这一观点。

拥有了知识和学问，不仅可以提升犹太商人的判断力，同时也提升了他们自身的修养。例如同样是经营钻石买卖，如果是犹太商人，他们不仅要了解产品的性能，更要在针对客户下功夫，尽力去满足顾客的心理需求，同时还应选择合理的销售场地。在关键时刻，犹太商人会与顾客进行不失风度的"谈判"，以理性取得顾客的重视和信任。只要交易的商品能引起顾客的兴趣，这桩买卖也就成功了一半。那么经营者如果换作粗俗的商人，既不懂得如何去布置场面，也不懂得如何营造良好的气氛，在进行买卖前，不去思考商品的信誉，在交易中往往会因为一些粗俗的谈话，一点小小的过失而吓跑了顾客。所以即使同样是做卖钻石的生意，别国的商人会因为卖不出去而发愁，精明的犹太商人却凭着自己丰富的知识、阅历和经验，在钻石市场里寻找到丰厚的利润与财富。

几千年来，犹太商人正是凭着自己渊博的学识，从祖先那儿继承来的聪明头脑，才找到了他们所需要的金子。那么犹太人的智慧又是如何获得的呢？这一切皆源于他们所经历的生活。犹太人基于对世界的体悟和对生活的认知，开始崇尚知识。在流浪的年代，如果发现一本未曾见过的书，他们一定会买下来，带回家与乡亲分享。在生活困苦的岁月里，他们迫于生计，不得不卖掉金子、钻石、房子和土地，但直到最后也不肯出售一本书，他们从精美的书页中采其果实，摘其花朵。因此，犹太人所拥有的财富有两种：一是智慧和知识的，一是物质的。物质财富只是生存和生活所必需的，只有智慧和知识才最为宝贵，这种财富以精神的形式永远存在犹太人的大脑中。无论是过流浪的生活，还是遭受灾难，陷于困境或财富被掠

夺，都不能抢走他们的知识，这就是至今犹太人仍把教育摆在第一位的因素。

2. 不断学习、活化和思考

根据犹太商人的经验，智慧源于学习、观察和思考，学习可以磨炼人的心性与思维。犹太人视学习为义务，视教育为“敬神”，而书是知识的主要载体，不仅承载新知识、新技术和新资讯，更启迪智慧，拓展思维，指导实践。读书是使人积累智慧的一条快捷方式，不更新知识、不学习、不读书，就意味着因循守旧，缺乏远见，更是一种无知和愚昧。

许多犹太人认为，在学习知识时一要善于获取资料，二要有重点性地选择。尤其对精要的部分必须细读精思，知其意义。三是借脑读书，通过别人的阅读，从他人的总结要点中获得精要的东西。四是善于进行人际的交流、沟通，从媒介中获取知识。然而知识是死的东西，关键更是在于运用，这就需要反复地观察、分析，去领略事物的内涵，让知识通过自己的大脑“活”起来。

美国连锁店先驱卢宾就是一位活用知识的典范。他发迹之初，在美国早期的淘金浪潮中做一些小生意。他花费若干年的时间去观察分析市场的情况发现做生意时，不在商品上标明价码，容易导致顾客对商店的误解与猜忌，反而不利于业务的开展，如果能选择一个参照标准，也就是研制一种对每一商品标价的销售经营方式，这样顾客会更放心消费，还能建立彼此的信任关系，扫除商业交易中的欺骗行为。后来他采用了“明码标价”的经营方式，营业额明显增加，并带动了更多顾客的光顾。因而卢宾的生意愈做愈兴隆，来商店光顾的顾客也愈来愈多，出现了拥挤人潮的现象，从而影响到交易的正常进行，让顾客在购物时感到不便。从这一点出发，卢宾想到了一个商店无论如何经营，它的辐射范围还是要受到限制，如果采取连锁经营方式，不但可以解决购物的空间问题，同时也可以扩大业务，倘若实行多店同货、同价、同服务的方式经营，并将店面的装潢、摆设统一，这等于是将一家店开设在多个地方，即能满足许多客户的需求，生意自然也就愈做愈大了。

从中我们可以看到，卢宾商业业务的拓展，是建立在销售方式、营销策略的创新上的，是一种对过去经营管理模式的突破。一名杰出的商人，不仅要拥有丰富的知识，深谙销售的艺术和顾客的消费心理，还要透过观察将知识转化为智慧和能力，并根据商店的具体情况，设计出完整的问题解决方案来。

在商业经营中，思考也是一个重要的环节。这种思考不是单一的考虑，而是建立在对现实环境条件变化能否准确掌握以及适时做出相应的反应上。世界各国的商人都知道商机在不停地变化，可是他们却难以洞悉到变化着的商业规律，并运用这一规律预测到未来的发展趋势。犹太商人最成功之处，在于他们能将自己对知识的理解、资讯的掌握，以开阔的视野和远大的心怀，发现事物运用变化的内在规律，这正是智慧思考的结果。

总之，犹太人的智慧在于他们首先将知识和金钱联系起来，认为商人必须拥有渊博的学识，无论是政治、经济、法律、历史还是生活细节，他们都能谈笑风生，其丰富的知识实在令其他商人称奇。犹太商人因为有了学识渊博的脑袋，在商战中才能立于不败之地。

把学习规定成为一种义务

在犹太教中，勤奋好学不只是仅次于敬神的一种美德，而且也是敬神本身的一个组成部分。在世界上所有的宗教中，对神的虔信可以有程度的差异，但把学习和研究提到这样高度的，几乎绝无仅有。

12 世纪的犹太哲学家，犹太人的“亚里士多德”——精通医学、数学的迈蒙尼德则明确把学习规定为一种义务：“每个以色列人，不管年轻年迈，强健羸弱，都必须钻研《托拉》，甚至一个靠施舍度日和不得不沿街乞讨的乞丐，一个要养家糊口的人，也必须挤出一段时间日夜钻研。”

由这一原则所带来的结果是形成了一种几乎全民学习、全民都有文化的传统。尽管并非人人都有“研习”的能力，但确实人人都把各种程度的“研习”视作当然之事。

不过，早期的学习主要以神学研究为取向，涉及面十分狭窄，像迈蒙尼德这样的博学，可说是一个例外。因为拉比们唯恐犹太神学之外的知识会使犹太青年迷失方向。因此，在现代以前的相当长的时期内，在随着犹太移民的足迹先后建立的学术中心里，除了犹太教经典，尤其是《塔木德》之外，他们对世界上的其他知识是不予注意的。

而且到18世纪末，犹太教中还出现过一个反对经院哲学和学者主宰犹太事务的哈西德运动。其倡导者一度主张，一个人只要依靠虔诚和祈祷，也能升入天国，善的功业比伟大的知识更为重要。

可喜的是，为学习而学习的传统并未中断，哈西德派的大师们自己也很快“迷途知返”了。他们不再坚持虔诚比钻研更能达到较高境界，而是传布一种虔信与知识互为依赖的信仰。这意味着，即使本性并不虔诚，学者也能依靠自己的知识而变得虔诚；而本来虔诚的人则更会为其虔诚所驱使而致力于学术研究。

这样一种为学习而学习的传统，对长期流散的犹太人尤其是其中的青年们来说，在调节其心理、保持其民族认同方面所起的巨大作用暂且不提。即使从现代的立场上看，作为一种卓有成效的培养、激发人们的学习积极性的价值观念来说，也深深浸透着犹太人的独特智慧。

在学习的效果方面，犹太民族同样显示出了自己的聪明与智慧。人类文明的发达无非靠着两样东西的积累，一是物质形态的成果积累，二是观念形态的成果积累。在这两种积累及其结合的基础上，人类社会不断地以加速度发展着。

在第一种积累上，犹太人历来是大有贡献的，只是历史处境常常使他们的积累连同他们本人一起化为乌有。

在第二种积累上，犹太人甚至可以说更有贡献。仅仅一本《圣经》对人类历史的影响，已经足以证明即使在宗教神学的外衣下，犹太学问在人类认识自身、开拓自身、约束自身方面的累累成果。

何况犹太教素以“伦理一神教”著称，塔木德学者在研习《托拉》的过程中，不断地将协调人际关系的规范加以合理化、精细化、操作化，灌扎紧民族樊篱的同

时，为人类与人类社会的自我完善，留下了影响深远的丰富内容。

更何况，使得塔木德学者视野狭窄的那种宗教定向，却以“为学习而学习”的传统，在科学文化蓬勃兴起、世俗教育迅速普及的当代，为犹太人提供了一种现成的价值取向和心理基础。神圣的宗教职责极为快捷地就具有了世俗的形式，犹太人大批走进了世俗学校：医学院、法学院、商学院、理工学院。犹太民族在为人类奉献出一流思想家、理论家、科学家、艺术家的同时，也为自己的繁荣昌盛而培育出同其他民族相比，更不成比例的教授、医生、律师、经理和其他专业人员。

以色列5%的文盲率，450万以色列人中有1/3是学生，14岁以上的公民平均受教育程度为11. 4年，差不多每4500人中就有一名教授或副教授，还有前面已提及的犹太人在诺贝尔奖获得者中比例奇高。所有这一切成就，只能出现在一个勤奋好学、视“学习是一种义务”的民族之中。

积极进取，学而不知足

不管是一个国家、一个民族、一个企业，抑或是一个人，都应该具有积极进取，永不停留的精神，这样才能在时代发展的潮流中不被大浪淘沙，衰退落伍。犹太人是颇具积极进取精神的。他们在任何场合、任何环境、任何时间均保持着寻求积极面的意识，这是犹太人成功的秘诀。当然，他们在正视积极面中，并不是忽视否定面，恰恰相反，他们敢于面对现实，绝无畏缩或自我陶醉。正因为犹太人具有积极进取的精神，遇到困难总能设法把它转变为积极面，帮助其克服困难。

犹太民族在2000多年前失去了家园，流散在世界各地，但他们没有因此丧失了志气，丧失了民族的凝聚力，却一代代地传下来，要为犹太复国而世代奋斗，不屈不挠，终于在20世纪50年代末期建立起了以色列国。

犹太人对于个人的事业同样充满着积极进取精神，他们具有碰触困难的勇气，敢于向厄运挑战。正是这种精神，促使许许多多的犹太人在各个领域中出人头地，业绩卓著。

大财团罗思柴尔德是犹太商人的典型。罗思柴尔德的始祖名为梅耶·亚莫夏，少年时当学徒，由于积极进取，刻苦好学，自己开始经营古董商店，逐步积累资本。他利用欧洲工业革命的机遇，把资金、情报及自己的智慧融合，纵横于英国、法国等欧洲各地进行紧俏货物的买卖，不惜斥下巨资开设银行，开展股票业务，投资铁路、矿业，甚至把自己5个儿子分散在伦敦、维也纳、法兰克福、巴黎等5大城市开设公司，很快把罗思柴尔德家族办成一个跨国大财团。

类似罗思柴尔德的发财致富成功的犹太商人不胜枚举，在世界许多地方都有，如连锁先驱卢宾、报业奇才奥克斯、好莱坞老板高德温、地产大王里治曼等等，均是凭着一双空手，靠积极进取精神，创立他们的企业王国的。

在科学技术方面，犹太人的伟大发明也是举世闻名的。据历史记载，飞船的发明人是都柏林，但有人证实是犹太人大卫·舒华兹发明的。大卫·舒华兹自己建造飞船，经过数次试飞，在接近成功时，不幸猝死，因此，都柏林伯爵向舒华兹的未亡人买到了这一飞船的技术，完成具体的飞行而一举成名。

发明飞机的莱特兄弟能够名扬世界，也是有一位犹太人奥多·利安达替他们开飞机促成的。发明直升飞机的，是犹太人亨利·斐纳。据记载，发明有线电话者为葛拉汉·贝尔。但在贝尔发明成功的1876年之前16年，已经有犹太人试制成电话机，该电话机被收存在史密苏尼安博物馆展示。

此外，有近百名获得诺贝尔科学奖的犹太人，如前面讲的20世纪最伟大的科学家爱因斯坦、“氢弹之父”特勒、原子结构理论权威波尔、免疫学奠基人埃尔利希、化学名家赖希施泰因、著名化学家赫维西等等，举不胜举。

又如杰出文艺专家有：世界著名画师毕加索、音乐大师马勒、文学巨匠比亚利克、杰出女作家米林、魔术大师霍迪尼……还有众多的政坛上的大将名人等等。

犹太人中有那么多的出类拔萃的人物，很关键的一个原因，是他们形成一种积极进取的民族精神，自幼接受了“我一定要有所作为”的积极观念。由于他们培养了成功的信心，所以能够努力学习，不用扬鞭自奋蹄，应用本身所具有的潜力，把

自己升高壮大。这种精神成为他们前进路上的“马达”，加快了他们的速度，增强了他们面对现实和排除困难的信心和力量。

马勒

据联合国教科文组织的一次调查表明，在人均拥有图书和出版社的比例上，以色列超过了世界上任何一个国家，为世界之最。除教科书和再版书外，以色列年出版图书达 2000 种以上。14 岁以上的以色列人平均每月读一本书。

以色列全国公共图书馆和大学图书馆共有 1000 多所，平均不到 4000 人就有一所公共图书馆。以色列办出的借书证有 100 余万，相当于以色列全国 500 多万人的五分之一。

犹太人真是一个“书的民族”。在耶路撒冷、特拉维夫或其他以色列的城市中，最多的公共建筑是咖啡馆和大大小小的书店。以色列人的一天往往从一张报纸、一杯咖啡开始。而年轻的大学生则常愿在幽静的书店待上整整一天。

以色列每年都要在耶路撒冷举办国际图书博览会。博览会期间，成千上万的世界各地客人前来洽谈、采购，国内的参观、选购者也是人山人海，不可胜数。而在每年春季举办的“希伯来图书周”则是以色列人自己的图书节。不少犹太人早早备好钱，像盼望一次宏大的盛会一样等待图书节的到来。

在“图书周”期间，以色列许多乡镇的街头、公园都变成了书的市场。人们也可以到大大小小的书店去购买各种廉价书籍。犹太人可以随便在街头报刊亭里买到当天的《纽约时报》《世界报》《泰晤士报》等，也可以在同一个书摊同时买到严肃的政治刊物和最下流的色情杂志。

不少犹太人是典型的“书虫”和“书痴”，马路边、公园里、候车室中、汽车上，只要是有人群的地方，总能看见专心致志的阅读考。犹太民族是个嗜书如命的民族，以色列是个书的国度，小小的以色列何以在几十年中传奇般地崛起，这不能不说与他们重视知识有关。

学习要确立好自己的目标

人的生命虽然各有长短，有人长命百岁，有人青壮之时夭折。但不管怎样，每个人都有其宝贵的一生。这一生，每个人只有一次。因此，人必须珍惜自己难得的一生，在这有限的人生中实现自己的愿望。

当然，人各有志，在不同社会、不同背景、不同时期，人的志向会发生变化的。犹太人因其民族的特性，所处的环境，普遍都能从小怀志，确立自己人生的奋斗目标。正因为这样，许许多多的犹太人能集中人生有限的时间和力量去攻克一个目标，而且从头到尾，决不气馁，在逆境中做到自强自大。

在人生的竞赛场上，没有确立目标，不能在逆境中完善自己，是不容易得到成功的。许多人并不乏信心、能力、智力，只是没有确立目标或没有选准目标，所以没有走上成功的途径。这道理很简单，正如一位百发百中的神射手，如果他漫无目标地乱射，其结果可想而知。正如驴子一天到晚绕着石磨不停地转动，但是什么地方也到达不了，是因为它没有目标的缘故。

犹太人大卫·布朗是英国的一位商人。他的发迹过程，就是他一生确立目标的实现过程。他出生于1904年，父亲经营一间小型齿轮制造厂，几十年一直惨淡经营，仅可以赚取一点生活费。尽管如此，布朗的父亲还是一个头脑清醒的人，总结自己没有选好奋斗目标的教训，把希望寄托在儿子身上。为此，他严格要求布朗勤于学习和读书，每逢假日就规定他到自己的齿轮厂去参加劳动工作，与工人们一样艰苦工作，绝无特殊照顾。

布朗在家庭的教育下，在工厂里工作和生活了较长时间，养成了艰苦奋斗精神，熟悉了工业技术的知识，形成了自己的人生奋斗目标，而且知道在逆境中才能成才的道理。这样，布朗父亲的目标总算实现了。而布朗自己的奋斗目标，不在于齿轮厂方面，而是利用自己在齿轮业务积累的经验，往赛车生产这个目标去奋斗。他通过观察，发现当代人对汽车使用已普及，预感汽车大赛将会成为人们的一种流

行娱乐。这就形成了他的奋斗目标——大力发展赛车。就这样，他克服了重重困难，成立了大卫·布朗公司，不惜投巨资聘请专家和技术人员搞设计，采用先进技术设备进行生产。1948年在比利时举办的国际汽车大赛中，布朗生产的“马丁”牌赛车一举夺魁，大卫·布朗公司因此名声大振，订单如雪片般飞来，布朗从此走上发迹之路。布朗父亲及布朗自己确立的目标都实现了，可谓一箭双雕。

爱因斯坦的一生所取得的成功，是世界公认的，他被誉为20世纪最伟大的科学家。他的一生，亦是典型的为目标奋斗的一生。他出生在德国一个贫苦的犹太家庭，家庭经济条件不好，加上自己小学、中学的学习成绩平平，虽然有志往科学领域进军，但他有自知之明，知道必须量力而行。他进行自我分析：自己虽然总的成绩平平，但对物理和数学有兴趣，成绩较好；自己只有在物理和数学方面确立目标才能有出路，其他方面是不及别人的。因而他读大学时选读瑞士苏黎世联邦理工学院物理学专业。

由于奋斗目标选得准确，加上爱因斯坦勤奋好学，个人潜能也得以充分发挥，他在26岁时就发表了科研论文《分子尺度的新测定》。以后几年他又相继发表了四篇重要科学论文，发展了普朗克的量子概念，提出了光量子除了有波的性状外，还具有粒子的特性，圆满地解释了光电效应，宣告狭义相对论的建立和人类对宇宙认识的重大变革，取得了前人未有的显著成就。可见，爱因斯坦确立目标勤奋努力的重要性。假如他当年把自己的目标确立在文学上或音乐上（他曾是音乐爱好者），恐怕成就就不如在物理学上那么辉煌了。

爱因斯坦在物理学上这个奋斗目标的实现，是与他能准确地选择学习目标和路子分不开的。他在16岁时就明白，知识海洋浩瀚无边，学者不宜在这个海洋里无方向地漂荡，应该选定一个距离自己最有利的目标扬帆前进，避免耗费人生有限的时光。爱因斯坦的学习善于根据目标需要进行，使有限的储存空间得到充分的利用。他创造了高效率的定向选学法，即在学习中找出能把自己的知识引导到深处的东西。抛弃使自己头脑负担过重和会把自己诱离要点的一切东西，从而使他集中力量和智慧攻克选定的目标。

他曾说过：“我看到数学分成许多专门领域，每个领域都能费去我们短暂的一生……诚然，物理学也分成了各个领域，其中每个领域都能吞噬一个人短暂的一生。在这个领域里，我不久学会了识别出那种能导致深化知识的东西，而把其他许多东西撇开不管，把许多充塞脑袋、并使其偏离主要目标的东西撇开不管。”他就是这样指导自己的学习的。为了阐明相对论，他专门选学了非欧几何知识，这种定向选学法，使他的立论工作得以顺利进行和正确完成。如果他没有意向创立相对论，是不会在那个时候学习非欧几何的。如果那时候他无目的地涉猎各门数学知识，相对论也未必能这么快就产生。爱因斯坦正是在 10 多年时间内专心致志地攻读与目标相关的书和研究相关的目标，终于在光电效应理论、布朗运动和狭义相对论三个不同领域取得了重大突破。

特别值得一提的是，爱因斯坦不但有可贵的自知之明精神，而且对已确立的目标矢志不移。1952 年以色列国鉴于爱因斯坦科学成就卓越，声望众高，加上他又是犹太人，当该国第一任总统魏兹曼逝世后，邀请他接受总统职务，他却婉言谢绝了，并坦然承认自己不适合担任这一职务。确实，爱因斯坦是一位伟大的科学家，是他终生努力奋斗才实现了这个目标的。如果他当上总统，那未必会有多大建树，因为他未显示过这方面才华，又未曾为此目标做过努力学习和奋斗。

犹太人不管是从商从政或是从事科学事业，都注重确立人生奋斗目标，先是确立目标，然后全力以赴而终至成功。目标决定了一生，激励人不畏千辛万苦，充分发挥其潜在能力。犹太人在确立目标中注意切合个人实际和环境，不会把自己的奋斗目标确立在可望而不可即的位置上。如爱因斯坦不会把自己的奋斗目标确立在总统位置上，即使别人推崇他往此目标去，他亦不接受。但有的人心比天高，却力不从心，甚至不肯努力，最终以失败而告终。

善于挖掘自身潜能

拜耳是德国著名的科学家，曾获得诺贝尔化学奖。他从小勤奋好学，进入大学后主要学习物理和数学。毕业后，他觉得自己才 21 岁，还有潜力多学习一些科学

知识，于是又开始攻读化学。由于已有了坚实的物理知识，拜耳学习化学进步很快，第二年他就发表了甲基氯的研究论文，初步显示出他对化学研究的潜能。

拜耳在斯特拉斯大学任教授时，在从事教学工作的同时，充分发挥自己的潜在智慧，开展对酞染料种类的研究，很快成为染料史上确定靛青性质和结构成分的第一位化学家。3年后，他进一步运用自己的学识和研究成果，研究出靛蓝的全部成分，并建立了著名的拜耳碳环种族理论。拜耳临花甲之年，还继续自我挖潜，编写了反映他的研究成果的著作《拜耳科学成就》。可以说，拜耳一生是研究挖潜的一生，成果累累。

如同拜耳一样的犹太人颇多，如多面手贝拉斯科、科学家总统卡齐尔、商学兼优的瓦尔堡家族等等。他们的共同点，就是善于自我挖潜，从而获得一个又一个的胜利，取得事业的成功。

事实上，每个人都存在着“潜能”和“经验”，每个人都有其可发挥作用之处。拿破仑有句名言：“世上没有废物，只是放错了地方。”有许多人往往认为自己没有“经验”和“潜能”，没有成功的本领。这明显失之于消极。他们不懂得“经验”有直接经验和间接经验两种。直接经验是自己的实践总结，间接经验是别人的经验。有了经验可以少走弯路，事半功倍。为此，善于自我挖潜的人，懂得不断总结自己的经验，学习别人的经验，其失误就较少，工作效率也较高。有了经验的人，他也懂得怎么去挖掘自己的潜在力量，不至于漫无方向，束手无策。

“经验”实际上亦是“知识”，吸收知识不一定要从正规教育和教科书得来，从艰难困苦中磨炼出来的经验、知识，比从课堂或书本上得到的会更有用。如美国总统林肯没有受过正规教育，但他的知识经验却是超群出众的；犹太人伯林纳没有读过大学，但他创造发明的技术比博士和一般科学家还多，他发明的电话受话器比爱迪生还早，他一生发明了许许多多的新技术新产品，被称为“美国最有价值的一位公民”。这都是他们勤奋好学，善于总结自己和别人的经验，挖掘自己的潜能的结果。

犹太人明白，人的经验和知识不是天生的，而是后天学习的。一个人因生活或工作经验不足、知识不够而招致事业的失败，千万不要失望和气馁，而应该采取补救的办法，随时随地记你所当记的，学习你所当学的。

如爱因斯坦，他虽然是一位杰出的科学家，但他同样感到自己的知识和经验的不足，他明白，知识的海洋浩瀚无边，仅数学这门学科，就分成许多专门领域，每个领域都能费去一个人短暂一生的时光。他在创立相对论时，深感自己的非欧几何知识不足，他没有因此放弃自己的奋斗目标，而立志专攻非欧几何，补足这方面知识，最后终于创立了闻名世界的相对论。

经商也如此。许多商界巨子，都是由于不断地努力充实自己的工作经验和知识，一步步地攀登到最高的位置，走上发迹致富之路。犹太人比奇特尔，从德国移民到美国时，既没有资本，又没有专业知识。为了生活，他从事一些家庭维修业，如厕所、窗户的维修等。由于没有经验，他悄悄到一些工地观察别人怎么安装和建设这些工程。他自己也找了有关的书籍学习这方面的知识，把自己的精力和潜能全部挖出来。经过几十年的奋斗，比奇特尔公司发展成为世界级的建筑工程集团，年收入超百亿美元。

犹太人形成一种好学风气，他们宁可克制自己的娱乐和忍耐艰辛，而对充实本身的经验和知识却肯大量投资，绝对不会吝啬。他们明白，工作经验和知识的充实，可把自己的潜能充分地带动出来，这成为事业成功的财富。总之，工作上的经验和知识，加上自身的潜能，是一个人的最宝贵财富。它是引导你走上成功的康庄大道，是打开财富之库的钥匙。

怀疑使人学习进步

犹太人蔑视一般的学习，他们认为一般的学习只是一味模仿，而不是任何的创新。实际上，学习应该是怀疑、思考、提高知识能力的过程。

一个人的知识越多，懂得越多，就越会发生怀疑，就越觉得自己无知。而怀疑正是学习的钥匙，能开启智慧的大门。求知的欲望正是不懈学习、探求的动力，而

怀疑让自己不断进步。

《塔木德》说："好的问题常会引出好的答案。"可见，好的发问和好的答案同样重要。问题提得出人意料，答案也常常是深刻的。没有好奇心的人，不会发生怀疑，思考就是由怀疑和答案共同组成的。所以智者其实就是知道如何怀疑的人。

人没有理由对什么事都确信无疑。怀疑一旦开始，疑点便愈来愈多，循着怀疑的线索去追寻答案，就可以解答很多迷惑和怀疑。但过分的思考易使行动迟缓。的确，犹豫是非常危险的，人们必须在最适当的时候，遂下决断，否则便会坐失良机。只有适时而大胆地行动，才能掌握胜利；临阵踌躇不决，将丧失战机。

人不能为了学习而学习。学习是让自己丰富，更让自己变得灵活、机智、善于洞见。在这个世界上，相同的事情绝对不会重复出现。因此，当面临一种新的状况时，谁也不能把以前所学的东西，原本不动地运用上去。学习到的东西只能给人以知性的感觉。而学习正是为了锤炼知性，使知性更加敏锐。敏锐的知性可以抓住瞬间的机会，预见未来的趋势，洞悉细微处的微妙变化；把握宏观而抽象无形的东西。学习的目的便是培养这种洞若观火的洞察力。

好多事情并不需要亲身体验，而可以由别人的体验中得知。如果要万事亲历，人就该累死了，而世界就无法前进了。人把自己的感觉写成书告诉别人，别人通过学习也就获得了许多未曾经历过的感觉。瞬间所遇，只能凭感觉下决断。这种感觉，是长久学习达到融会贯通才能够突然反映出来的。这种感觉其实是对事物的洞若观火。学习的目的便是培养这种洞若观火的洞察力。

学习一定要学到学识渊博，始能融会贯通。犹太人说："深井的水是提不完的，浅井的水一提就干。"金银财宝总有一天要用光，而知识却永远与人同在。学习，是终生不懈的任务。

知识永远不能被夺走

犹太人将知识与求知活动抬高到这样一种自身即为目的的境界，虽然有助于知识和学者的地位的提高，有助于教育的发达，但要是仅仅停留在这一近似于"形而

上”的层面上，犹太民族很可能只会成为一个学究的民族。好在犹太人对于知识问题，还有一个相当实际的认识：知识就是人生最大的财富。

有一次，在一条船上，船客多是腰缠万贯的大富翁，还有一名拉比。富翁们聚在一起彼此炫耀财富多寡。拉比见后说道：“我认为我才是最富有的人，不过现在暂时不向各位展示我的财富。”

航行途中客船遭到海盗抢劫，富翁们的金银珠宝和所有财产都被搜刮一空。海盗离去之后，客船好不容易才抵达某个港口。拉比的高深学问立即受到港口镇民的赏识，他开始在学校里开班授徒。不久，这位拉比遇到先前同船而来的富翁们，他们一个个处境凄惨落魄。这时他们看到拉比受人尊敬的样子，一个个明白了当初他所说的“财富”，感慨地说：“您的确说得对，受过教育的人拥有无尽财富。”

从这则故事中，犹太人得出的结论是：由于知识可以不被掠夺且可以随身带走，所以教育是最重要的，是人类最主要的资产。

犹太人的这个结论十分直观、十分实际。在当今世界上，知识就是财富，受教育程度同收入成正比，几乎已经成为一条严格的定理（除了在少数地方）。

以美国为例，一个高中毕业生一生大约比一个初中毕业生多挣10万美元（20世纪80年代初水平）；一个大学毕业生又要比一个高中毕业生一生至少多挣20万美元。而在占世界犹太人总数达38%的600万美国犹太人中，高中毕业生当时已达84%，大学生已达32%。相比之下，全美总人口中只有35%的高中毕业生和17%的大学生。

仅仅这一个差别已经构成了美国犹太人与美国其他少数族类群体的巨大差异的基础：1974年美国犹太人家庭平均收入为1. 334万美元。而白种人中（有色人种就更不用说了），非犹太族类群体的家庭平均收入只有9953美元，前者比后者高了34%。

对个人来说是这样，对国家来说也同样如此。用一位当了总统后又去当教育部

长的伊扎克·纳冯的话来说，就是“教育上的投资就是经济上的投资”。而且，“教育上的投资”岂止仅仅是“经济上的投资”！知识还是一种特殊形态的财富。“不被抢夺且可以随身带走”，这是一个多么大的优点！只有犹太人才可能这么早就领悟、发现、赞美这样的优点。

既然犹太人的信仰往往是增加他们开支的一个大因素，那么，真正可以转化为物质形态的财富的就只有知识了，而知识包括大脑的知识——学问和手的知识——技能，同时也就是他们所有投资的浓缩和凝固形式。犹太人在流散四方的途中或新居住点能迅速地找到那些缺乏教育者无法与之竞争的较好的位置，从而站住脚、恢复元气甚至兴盛起来，这笔“资本”所起的作用至关重要。而犹太人自己的国家以色列之所以能在短短几十年内迅速崛起，某种意义上，同样是这笔“资本”的作用。

对于个体犹太人来说，知识的那种“可以随身带走”的灵巧性，也为他们选择同样“可以随身带走”的灵巧职业带来了极大的便利。在任何一个地方，犹太人都相对集中于金融、商业、教育、医学和法律行业。20 世纪 70 年代初，美国犹太人的职业构成中，这类专业性、技术性、经营性工作所占的比重，男子为 70%，女子为 40%，而同期全美平均却分别只占 28. 3%和 19. 7%。在最为灵巧而收入最高的两大行业——医生和律师中，犹太人的比例更是历来奇高：1925 年普鲁士约有 33%的医生和 25%的律师是犹太人；在犹太人仅占 4. 5%的罗马尼亚，有 1/3 以上的医生，包括兽医是犹太人；而 70 年代末的美国，约有 3 万名犹太医生，占私人开业医生总数的 14%，约有 10 万名犹太律师，占律师总数的 20%。

看着这些令人不无枯燥的数据，不能不又一次感叹犹太民族、犹太文化和犹太智慧的神秘力量：一个古老民族保存了几千年的价值观念和技术手段，却能同现代社会如此和谐地相吻合，人们不能不又一次猜想，这其中是否真有上帝的安排？

知识胜过财富。这是犹太人较其他民族更重视教育的原因之一，也是他们成为世界上最优秀民族的原因之一，更是他们杰出智慧的表现。

商人也追求学识渊博

在一般中国人的眼里，“学识渊博”只配用在目光深邃、风度翩翩、气宇轩昂的大智者、大学者身上，而商人永远与之无缘，他们顶多是个只知算盘的人，并且满身铜臭的势利眼，简直不足为道。

随着时代的变化，中国人的观念也在不断发生变化。中国在改革开放以后，形成了一股经商潮。大教授、小店员纷纷下海，非常热闹。“商人”这个名词渐渐变得吃香起来，但是人们认为商人只要有钱，有知识无知识都无所谓。中国人就把商人和知识隔离开来了，也就是说，中国人经过千百年历史，终于开始重视商人，但中国人对商人的崇拜，只是对金钱盲目崇拜的一种形式。至于商人应具备哪些素质，什么样的商人才能赚取更多的钱，这些他们几乎都一无所知。

从这一点上来看，犹太人可比中国人聪明多了，他们首先把金钱和知识联系起来，认为商人同样要学识渊博。与犹太人待在一块，你很快就会发现，犹太民族是知识丰富的民族。犹太人很健谈，话题很多，而且涉及各个方面，大到世界政治，人类生存，小到节假日消遣；长到世界历史、民族历史，短到近期的体育新闻，不管是经济、政治、法律、历史还是生活小细节，他们都能滔滔不绝，谈得头头是道。犹太人有如此丰富的知识，实在是令人大为称奇。

正因为用这么丰富的知识武装了经商头脑，犹太人的经商才总是处于不败之地。在他们的眼里，知识和金钱是成正比的。只有知识掌握了，特别是业务知识掌握多了，在经商中才不会走弯路，才会先到达目的地，也才能更快地赚更多的钱。

学识渊博是犹太人对商人的要求，他们不但要求自己要不断地学习、学习、再学习，而且也要求别人要多学习。他们绝不和那些见闻狭窄、学识浅陋、品行粗俗的人来往。与这些人来往，可能会给自己带来一些眼前的利益，但将使自己在犹太商人群体中的信誉大受影响，所谓“物以类聚，人以群分”，这样会有损于别人对自己的评价。相反，多结交学识渊博的朋友，不但可以相互得益，而且可以提高自己的信誉，有利于自己事业的发展。

下面我们就以经营钻石为例，谈一谈商人学识渊博的重要性。

钻石是一种昂贵的商品，也是属于“女人”的商品，按犹太人的经商法来说，钻石是一种很赚钱的商品。可是在日本，许多商场都摆设了金光闪闪的美丽的钻石制品，但生意始终冷冷清清。是不是犹太人的经商法失灵了呢？

犹太人的经商法从不会失灵，生意失败的原因却仅仅是因为经商者由犹太人变成日本人或其他国人。为什么？难道日本人不就是模仿犹太商人成功的经历，才做起钻石生意来的吗？问题的关键在于光靠模仿是远远不够的，模仿的背后必须还有丰富的知识背景，否则，简单的模仿只能是“邯郸学步”。

“商人要学识渊博”，这是犹太人提出的口号，同时也是他们的经商法则。学识渊博不仅提高人的判断力，还可以增加他的修养和风度。一个文质彬彬和一个粗俗不堪的人，分别去应酬同一宗生意，成功当然是属于前者。

钻石是贵族商品，顾客一般都是有钱的社会上层，他们穿戴考究，举止高贵，他们出入的场合必须是奢华的。假如是一个学识渊博的商人，他除了了解自己的商品以外，还了解商品所针对的顾客的心理，尽力满足他们的需要，选取合理的场所，必要时还要客气而又不失风度地与顾客周旋，取得顾客的信任与重视。这样生意就成功了一半。但是，假如是一个见闻狭窄、学识粗浅的商人，他既不懂得怎样设置铺面、创造气氛，也不知道怎么招揽顾客，更不知道怎样树立自己的信誉，衣饰粗俗，满口粗话，他能赚钱才怪！

但是，有的人仍不明白，钻石和学识渊博到底能搭上多少关系？成功的钻石商到底应具备哪些条件？

有个日本商人，他对犹太商人的经商办法掌握得很好，并取得了贩卖女人手提包的成功，在经营服饰品贸易中立住了脚跟。他想进一步扩大营业范围，就看中了犹太人发财的钻石生意，为了避免遭受同前人一样的失败命运，这个日本商人拜访了当时有名的世界钻石大王玛索巴氏，向他求教。

“钻石生意要取得成功究竟必须具备哪些条件？”

玛索巴氏毫不客气地回答他："要想成为钻石商人，必须先要拟好一个100年的计划。也就是说，单靠你一生的时间是不够的，最少要加上你孩子那一代，要两代人的时间才行。同时，经营钻石买卖，最要紧的一点是获得别人的尊敬和信任，被人尊敬和信任是贩卖钻石的必备基础。因此，钻石商人学识要非常渊博，无论什么事都能知道才好。"

玛索巴氏想考一考日本商人的学识，冷不丁地问："你知道澳大利亚近海一带有些什么种类的热带鱼吗？"

日本商人被问得哑口无言。

认为钻石生意要靠两代以上来经营其实是客气地讲，事实上要使学识渊博，一代或两代就能解决是不可能的。犹太人本身也是在继承几千年祖先留给他们的经验的基础上才拥有了这样丰富的学识。但为了能获得别人，尤其是顾客的尊敬和信任，却只能努力做到学识渊博。

犹太商人认为一个商人拥有各方面的丰富知识，是商人的基本素质，是在生意场上能赚钱的根本保证。因为拥有丰富的学识，视野就变得十分广阔，而有一个广阔的视野对商人们形成正确判断，作用实在太大了。在犹太人看来，一个仅能从一个角度观察事物的人，不但不配做商人，也不能算个完整的人。

只要活着就要不停地学习

《塔木德》中有这样一些话：

"对于像孩子那样学习的人，我们把他比做什么呢？就像用墨水在新鲜洁净的纸上书写。

"但对于像老人那样学习的人，我们把他比做什么呢？就像用墨水在破旧不堪的纸上书写。

"世界只为了学童们的呼吸而持久存在。

"学童们决不能忽视他们的学业，即便是为了建筑神庙也不行。

“没有学童的城市终将衰败。”

在犹太人看来，不管一个人到了多大岁数，也不论他有多么贫穷，只要他是人，就应该学习。因此，犹太人认为人们可以通过学习保持“青春”，保持年轻人的心态，还可以通过学习而获得“财富”，取得精神上的富足。

有一个拉比曾说：如果一个人来到天国裁判所，并说“我太穷了，终日为果腹奔波，没有时间学习”；那么，他就会被问及这样一个问题：“你比希莱尔还穷吗？”

希莱尔长老是一个穷人。他每天都辛苦地干活，却只挣到半个第纳尔。他用收入的一半支付给学院的门卫，而用剩下的一半来使自己和家人过活。

一天，在安息日前夜，他没有挣到钱，于是，学院的门卫就不让他进去。在学习知识的驱使下，他爬到教室的房顶上，把头紧紧贴在冰冷的屋顶上，透过玻璃屏息倾听智者施玛和阿弗塔扬讲课。在他趴在房顶上的时候，大雪飞扬，不一会儿，就将他覆盖起来，但他听得非常入迷，终夜没有挪动一下位置。

第二天清晨，施玛对阿弗塔扬说：“兄弟，这间屋子每天都很亮，但今天却有些暗，外面是不是阴天了？”

他们抬头向上看，发现屋顶有一个人型的物体，于是，他们爬到房顶，发现被大雪覆盖几乎冻死的希莱尔。他们把他背下来，给他洗澡并涂了油，然后把他放到了火炉旁边。

两位圣人说：“这个人亵渎安息日的行为是值得的，上帝保佑他。”

只要是活着，犹太人总是不停地学习，因为对犹太人来说，学习是一种神圣的使命。犹太人认为到达天国以前，人必须要不断地学习，即使是一位最伟大的拉比，也不例外。学问的追求是永无止境的。所有的犹太人一向秉持着这样一种观念：肯学习的人比知识丰富的人更伟大。

有一本名叫《虔诚者的书》上记载着古时候犹太人的墓园里常常都放有书本。

因为他们认为当夜深人静的时候，死者就会从坟墓中爬起来看书。虽然这种事情是不会发生的，但是犹太人对求知的态度是：生命有终结，但学习却不会终止。犹太民族的好学作风成了他们的历史和民族的一个显著标志。

公元前5世纪，波斯王国驻犹太地区的总督聂赫米瓦曾说过："这个地方不仅有很多图书馆，在图书馆中更是经常挤满了看书的人。"他的话不知不觉中印证了犹太民族的好学。犹太人把书本当作宝贝。在古代，书往往被犹太人翻看得破破烂烂，但是他们仍然舍不得扔掉，一直要等到整本书都七零八落，字迹模糊不清，再也不能翻阅的时候，四邻才会聚到一块，像埋葬一位圣人一样，恭恭敬敬地挖一个坑，把这本书埋掉。

生命有终结，学习不能终止，犹太人认为学习可以让人获得生命和更多的奖赏。

拉比阿基瓦是一个贫苦的牧羊人，直到40岁才开始学习，但后来却成了最伟大的犹太学者之一。传说拉比阿基瓦在40岁之前什么都没有学过。在他与富有的卡尔巴·撒弗阿的女儿结婚之后，新婚妻子催他到耶路撒冷学习《律法书》。

"我都40岁了，"他对妻子说，"我还能有什么成就？他们都会嘲笑我的，因为我一无所知。"

"我来让你看点东西，"妻子说，"给我牵来一头背部受伤的驴子。"

阿基瓦把驴子牵来后，她用灰土和草药敷在驴子的伤背上，于是，驴子看起来非常滑稽。

他们把驴子牵到市场上的第1天，人们都指着驴子大笑。第2天又是如此。但第3天就没有人再指着驴子笑了。

"去学习《律法书》吧，"阿基瓦的妻子说，"今天人们会笑话你，明天他们就不会再笑话你了，而后天他们就会说："他就是那样'。"

在故事中，阿基瓦妻子的意思就是他40岁去学习，即使别人会嘲笑他，但是

第3天就不会嘲笑了，因为什么时候学习都不迟。

因此，犹太人常把西勒尔说过的一句名言挂在嘴边："此时不学，更待何时?"以此激励自己或鼓励别人去学习知识。

精通语言而致富的犹太商人

语言是商人纵横商海的利器，掌握一种或多种语言是能赚更多钱的资本，是成为世界性商人的必备素质。尤其是在现代社会中，全世界商务相互往来越来越密切，与外国人谈生意的时候，不能只用本国语言文化的表达方式思考一个问题，同时还要能用外国语言文化的表达方式推敲同样的问题，这就意味着要能从不同的角度分析出结果，因此判断就会更为深刻和准确。

犹太人属于一个世界性的民族，很早就懂得语言对他们的重要性。他们认为，一个人越是能多掌握一种语言，做生意的胜算就会多一分。犹太商人大部分能熟练掌握两门以上的语言，在与外商谈生意的时候，根本就不需要翻译，这已是犹太商人成功的一个公开秘密了。《塔木德》是犹太民族五千多年的智慧结晶，它就强调和提醒人们要重视对多种语言的运用。《塔木德》由本文和注释两部分组成。注释部分除了希伯来文之外还包括了世界各国的文字，所以这部书成了人类文化史上的瑰宝，被世界各国的人们广泛阅读。

有很多商人认为，外语只是从事涉外工作者所必须具备的能力之一，这种观念很主观。在现代，世界各国的文化和科技的发展早已经不受国界的拘泥，各个国家和民族的互相交流开始日渐密切，这种交往最能让一个人进行准确、迅速的判断，语言更是行走世界不能缺少的利器。

跟犹太人做生意的时候，首先让你大吃一惊的是犹太人有着异常准确而迅速地判断力。那么，他们是如何做到的呢？原因就是他们每个人至少通晓两国语言。比如说，在犹太人举办的一些商务活动中，经常谈论英语的"nibbler"这个词，它是从动词延伸而来，变成一个名词的，指的是在钓鱼的时候，鱼儿咬饵上钩的动作。聪明的鱼儿会非常巧妙地吃到鱼钩上的饵食，而且不被钓到，而笨的鱼则会被钩

住。犹太商人用能巧妙吃到饵食的鱼儿来告诫自己经商的时候要做一条聪明的鱼。犹太人就是能将各国语言的精华运用到自己生意当中，使自己既能赚到钱，又不赔本。

从事科学研究和艺术创造的犹太人，更是努力学习一门或多门语言，这样，他们就能克服不同语言的障碍，在全人类的智慧精华中自由汲取、吸收，进而提升了自己的智慧。爱因斯坦是一个地道的犹太人，这是众所周知的，他除了精通自己民族的母语之外，还精通英语，这样他才能做到博采众长，成了 20 世纪最伟大的科学家之一。

弗兰克尔是一位德国犹太人，著名的音乐家和法官。在大部分人的眼中看来，法律和音乐是两个完全不同领域的事物，但弗兰克尔却在这两方面同时取得了惊人的成就。他在柏林做了 10 多年的法官，成为德国颇有影响力的人物。后来，弗兰克尔决定到美国定居，由于他能说一口地道的英语，很快在好莱坞找到了一份为电影谱词作曲的工作。外语不但成了他谋生的工具，还让他在音乐事业上获得了巨大的成功。

犹太商人大多精通多种语言，这注定了他们必然会成为世界商人。

八、独到的时间观念

时间对一个人意味着什么？在犹太人看来，不仅意味着金钱，更意味着生命，恐怕世界上没有哪个民族像犹太人这样珍视时间。犹太人会尽力压缩做事情时时间中的“水分”，所以，他们利用时间的效率奇高，而且会以时间衡量事情是不是该做和怎样去做。

切实感受到时间的珍贵

几乎所有的犹太人都以“时间就是金钱”作为自己的座右铭，他们为了赚取更

多的财富，不得不适应都市快节奏、高效率的生活方式，尤其是大都市的繁忙生活，久而久之就形成了犹太人对待事情的作风：雷厉风行。

既然时间如此宝贵，那么怎样才能充分利用有限的时间，创造出最大的价值呢？对于不同思维和作风的人，相同时间内的产出价值是不一样的。一个喜欢读书的人，花在读书上的时间永远要比别的时间长，而作为一个以赚钱为天职的商人则会花更多的时间多赚些钱。总之，面临着一个如何合理分配时间的问题。能不能合理分配时间也就成了成功人士和失败人士的最大区别。对犹太人来说，浪费了时间，就等于浪费了金钱，他们对自己的时间可谓精打细算，不管什么事情都会做到将时间具体化，他们决不允许也不能容忍迟到或拖延时间的情况发生在自己身上或自己的员工身上。当他们在处理重要事情时一律谢绝会客。当别的老年人还在盘算着怎么安排自己的晚年时，犹太人往往会细细估算自己还能活多久，他们不是在给自己安排一个详细的旅游计划，而是以此告诫自己还能赚多长时间的钱，还有多长的时间能够享受生活。

犹太人总是觉得自己的时间太少、不够用，因此他们才会将时间安排得紧紧当当。他们比谁都清楚时间对人是平等的，他们甚至在很年轻的时候就懂得：要想赚更多的钱并不困难，关键就看你如何去把握时间、利用时间。人们每天都面临着许多琐碎的事情，这些事情或多或少都要占用一些时间。但总的来说，人们的时间可分为可支配时间和不可支配时间。对于前者，我们可以根据具体情况来安排和调整，但对于后者，我们却无能为力，比如一些你不得不应付的事情，由不得你来决定和安排，这种时间是不可管理的，你能做的只能是应付。对于可支配时间，就可以根据情况来调整分配、充分利用，对于商人或管理者而言，善于识别和安排可支配时间是非常重要的。明白了这一点你才能真正懂得如何根据情况来调整分配时间，充分利用可贵的时间。对于商人或企业管理者而言，善于识别和安排可支配时间显得更为重要。善于识别和安排可支配时间也是为什么会有决策策划管理层和执行决策的基层员工的主要原因。毕竟基层员工很难认识到时间对于一个企业的重要性。

犹太商人总是能打破思维定势，做出些与众不同的事情。他们用金钱买时间，用智慧换效率。因而他们成了真正懂得时间价值的人，“时间也是商品”“不要浪费时间”也就顺理成章地成为犹太人做生意的格言。

现代人把“时间就是金钱”这一格言演绎得淋漓尽致。这些人每天工作 8 小时，他们从不以一天几小时来计时，往往以秒来计算。

一个犹太富商曾经做过这样的统计：他每天的工资为 10000 美元，那么每分钟约合 20. 8 美元，如果他每天因被别人打扰而浪费 10 分钟，他每天就会损失 208 美元。在别人看来，对于像他这样的富翁来说，208 美元根本不值得一提。可是，他自己并不这么认为。他算了一笔账：一天浪费 208 美元，一年下来就达到了 76000 美元。这可是一笔可观的收入了。所以他决不允许自己每天有浪费时间的情况出现，哪怕是一分钟。

在一切可生和不可再生资源中，唯有时间是最少、最易消失、最不好捉摸的。不少现代人有充裕的时间却没有钱；而生意很多、赚钱很多的人，时间却有限。犹太人总是告诫自己如果没有时间，计划哪怕做得再好，目标定得再高，个人能力再强也只是空谈。

但是，犹太商人对时间的认识，并没有停留在商品和金钱的角度。他们更为透彻地认识到时间是生活、是生命。所以，犹太商人很乐意把钱花在能提高效率的任何事情上，只要买到了效率，就等于买到了时间，效率提高了，节约下来的时间能赚比原来更多的钱。再说钱可以再赚，商品可以再造，可是时间是一去不复返的。因此，时间远比商品和金钱宝贵。

有一位拉比教师戴了一块手表，背面刻着“爱惜光阴”4 个字。另一位教师把手表拿给学生们看，学生们不以为然，说是俗套子而已，根本没有什么新奇的。

拉比见学生们无动于衷，就戴好手表说：

“有一句俗话，叫‘时间就是金钱’。我认为这种说法是不对的。因为这句话很容易使人误会。假如说时间就是金钱，那我们就只能想到两种情况：一种是不知如何运用时间的人，另一种则是不知如何运用金钱的人。其实，就价值而言，时间

远比金钱贵重。金钱可以储蓄并生息，而时间却丝毫不停脚步，而且一去不复返。”

“‘时间就是金钱’这句话，应该改为‘时间就是生命’，或者‘时间就是人生’。”

拉比这么一解释，学生们都觉得有道理。

犹太人为什么把时间看得那么重？时间是任何一宗交易必不可少的条件，是达到经营目的的前提。他们在与对方签订商业合同时，都已充分估计过自己的交货能力，考虑过是否能按客户要求的质量、数量和交货日期去履行合约。如果他们觉得自己可以办到，就与其签约，如果办不到，他们不会轻易签约。

时间的价值还体现在竞争激烈的市场中。在市场经济机制下，哪家企业能在市场上一马当先，把质优新异、符合市场需求的产品率先推出，这家企业就一定能够获得较好的经济效益。

自知“天命”才能抓紧时间

既然时间如此宝贵，而且也是一笔赚钱的资源，那么如何来配置这份资源而使其效用最大化呢？对于不同的人，时间的效用是不一样的，一个喜欢读书的人，当然希望把时间花在读书上，而一个商人更多地是想如何利用好时间多赚些钱。但无论如何，时间就像一块蛋糕，总要被分成好几块，一块用来工作，一块用来休息，一块用来学习等等。总之，我们面临着一个如何分配时间的问题。中国有句俗话叫“好钢要用在刀刃上”，而对犹太人而言，浪费了时间，就等于浪费了金钱，他们对自己的时间，可谓精打细算！晤谈要预约日期和具体时间，甚至从某时某刻到某时某刻都规定得清清楚楚，晤谈时从不允许迟到或超延时间；处理函件时一律谢绝会客；甚至到了年老时，他们都会细细估算还能活多久，以便知道自己还能赚多长时间的钱，还可享受多久的生活。

对时间的极端重视，令犹太人在处理时间问题时非常较真，号称“东京银座犹太人”的藤田先生就讲过这样一个故事：

日本的藤田被称为汉堡包大王，他的第一家店一开张就生意兴隆，藤田接连开

了 4 个分店，紧接着筹备第五个分店。

一天，有个犹太人来拜访他。

“藤田先生，眼下你有空吧？”犹太人满不在乎地问。

“开什么玩笑，我正忙得要死！”藤田先生生气地回答。

“不，藤田先生，我看你的的确确有空。”

“没有，根本没有！”

“怎么没有空，没有空能开 4 家分店？而且还准备开第五家？这就说明你有空。”

这句话说得藤田先生哑口无言。犹太人的话的确很有道理，在犹太人看来，没有空闲、不会合理安排时间的人，是不会赚钱的人。要赚钱，首先得有赚钱的时间，而且在赚钱中要合理使用时间，否则就等于白白浪费时间。人的一生是短暂而又漫长的，许多人成天忙忙碌碌却无所作为；许多人整日沉湎于酒桌牌桌之间，日子被无端地浪费，这些人都不会合理安排时间，注定成不了大器。

一个会赚钱的商人，既是“大忙人”又是“大闲人”。之所以是“大忙人”，是因为他一直在辛苦地工作，为赚钱而忙碌。“忙”与“闲”是相对的，按照犹太生意经，我们该忙的时候就要忙，工作时懒散成性、没有效率，是最大的“蠢人”，而且我们要学会“忙里偷闲”，生活是丰富多彩的，会生活的人才是真正的人。

也正是因为犹太人视时间如金钱，所以他们在做生意时会客观而若无其事地谈论自己和别人的寿命。

“先生今年 70 岁了吧，大概还可能再活 5 年到 10 年左右！”

在中国，若初次见面就谈这种“不吉利”的话，一定会遭到对方的白眼。而犹太人却很坦然，他们认为人生下来以后注定要死，不必对死畏之如虎。知道自己还能活多久，就意味着知道自己还能赚多少钱。中国人活到老学到老，犹太人活到老赚到老。中国人认为，人是赤条条地来，赤条条地去，金钱生不带来，死不带去，因而在垂暮之年往往希望清闲安静，享受天伦之乐。犹太人知道钱生不带来，但他要死时带走，他们对死的态度是客观和冷静的，一旦知道还能活几年，就会抓紧这

几年享受和赚钱。

正是因为犹太人自知天命，他们便拼命抓紧时间赚钱。由于犹太小孩子从小就接受“自主”教育，所以犹太老人也不可能依靠子女赡养，只有自己赚到了钱，安逸生活才会有保障。

注重时间价值的商业体现

犹太人重视时间的另一层意义是，抓紧一分一秒可以抢占商机、争取竞争的主动权。

时间的价值还体现在，赶季节和抢在竞争对手前获取好价格与占领市场。在竞争激烈的市场中，谁能在市场上一马当先，以质优款新的产品问世，谁就能获得较好的经济效益。

比如电子手表，刚上市时每块售价几十美元乃至几百美元。而后来的竞争者推出同类产品时，价格一落千丈，每块售价只有几美元。再比如人们日常食用的水果、蔬菜，在反季节时售价数倍于盛产季节。为什么会出现如此大的反差呢？这就是“时间”价值的体现。

我国唐朝学者李肇在《国史补》一书中，讲了这样一个故事。在崎岖不平的山间小道上，一辆载着瓦瓮的驮车打滑不前，使得后面几十辆货车受阻。这些货车必须在半小时内赶到前方一座小镇，否则车上货物的价格就要大打折扣，因此大家都十分着急。后来，货主忍不住了，就问前面的人：“车上的瓦瓮共值多少钱？”对方回答：“8000 钱。”货主便叫随从给那人 8000 钱，然后叫人将瓦瓮全部推下了山崖，使自己的货车得以抢先到达目的地。

这个故事给人的启示是：做生意必须有很强的时间观念，必须懂得时间就是金钱的道理。

罗斯柴尔德的三儿子尼桑年轻时在意大利从事棉、毛、烟草、砂糖等商品的买卖，很快便成了大亨。这位传奇式人物的表现很让人称道，但最让人称奇的是，仅仅在几小时之内，他就在股票交易中赚了几百万英镑。

故事发生在1815年6月20日，伦敦证券交易所一早便充满了紧张的气氛。因为就在前一天，即6月19日，英国和法国之间爆发了关系到两国命运的滑铁卢战役。如果英国获胜，英国政府的公债将会暴涨；反之拿破仑获胜的话，公债必将一落千丈。因此，交易所里的每一位投资者都在焦急地等候着战场的消息，只要能比别人早知道一步，哪怕半小时、10分钟，也可趁机大捞一把。

战事发生在比利时首都布鲁塞尔南方，与伦敦相距非常遥远。因为当时既没有无线电，也没有铁路，除了某些地方使用蒸汽船外，主要靠快马传递信息。而在滑铁卢战役之前的几场战斗中，英国均吃了败仗，所以大家对英国获胜抱的希望不大。

这时，尼桑开始卖出英国公债了，于是，有的人便跟进，瞬间英国公债暴跌，正当公债的价格跌得不能再跌时，尼桑却突然开始大量买进。交易所里的人给弄糊涂了，这是怎么回事？正在此时，官方宣布了英军大胜的捷报。就这样，尼桑发了一笔大财。

原来，罗斯柴尔德的5个儿子遍布西欧各国，他们视信息和情报为家族繁荣的命脉，所以很早就建立了横跨全欧洲的专用情报网，并不惜花大钱购置当时最快最新的设备，情报的准确性和传递速度都超过英国政府的驿站和情报网。正是因为有了这一高效率的情报通讯网，才使尼桑比英国政府抢先一步获得滑铁卢的战况。

休息时间一样重要和有价值

现代社会是一个讲究效率的社会，效率就是生命，效率就是一切。在朝九晚五的日子里，人们不停地奔波劳累，就像一台永不停息的机器。而那些事业有成的人们，更是打破了朝九晚五的规律，工作时间远远超出一天8小时。他们很少有休息的时间，像永不松懈的发条，为了自己的梦想或利益不停地奔跑；他们的生命在奔忙中耗散，他们的精神也在残酷的竞争中和快节奏的生活中趋于紧张，以致麻木或崩溃。这就是现代社会的芸芸众生。是什么束缚了我们？是什么让我们如此压抑？唯一的解释或许是自身利益，或许是那种出人头地的强烈欲望。总的来说，这些自

身利益和强烈欲望的源头正是我们自己。在当今这个年代，是我们向犹太人学习如何在追逐事业的同时又放松自己，让紧张的工作不再束缚我们而成为充实我们生活的一种手段、一种方式的时候了，从而使自己从为了“生活”而去“生活”，变为为了享受生活而去享受工作的乐趣。

犹太人自我解放的要诀就是要让自己得到充分的休息，并要自己懂得如何才能让休息和保健与工作协调。犹太人的精明之处在于，他们懂得如何来计算少休息几年与多休息几年的利弊。同时，懂得以享受生活和彻底放松自己来维护自己的健康。

首先，犹太人非常注重吃的享受，他们认为“药补不如食补”，只要吃得好、睡得好，身体自然也就会健康，但是也不能过度地吃、过度地睡，要符合保健原则。因此，一个正确良好的健康观念很重要。犹太商人认为“健康是一切的本钱”，这是因为，犹太人自从几千年前被罗马人赶出家园后，就浪迹天涯，几乎没有藏身之处，到处都受到歧视。在这样恶劣的环境里，他们始终没有倒下，没有被断绝种族，即使是在第二次世界大战期间的空前灾难中，犹太人一下子被屠杀了600万，剩下的犹太人仍然顽强地生存了下来。这与他们懂得怎样保护自己、怎样去保持自己的身体健康有密切关系。

犹太人注重饮食，更注重充分的休息，注重享受。

犹太人大多是商人，商人同普通人相比，有一个特点就是忙，他们的工作几乎没有定时，只要他愿意，随时都有事，事情一辈子也干不完。但是，对犹太人来说身体健康是根本，而身体健康需要休息。但休息时间多了必然会相应减少工作时间，怎么办？这时犹太人会毫不犹豫地放弃工作，选择休息。

有个人对犹太人的行为很是不解，于是他向犹太人提了这么一个问题：

“你工作一小时可赚80美元以上，如果每天休息一小时，一个月就少赚2400美元，一年就将少赚2. 88万美元，你认为这样做值得吗？”

这个犹太人的回答令人十分意外：

“假如一天工作8小时不休息，一天可赚640美元，那我的寿命将减少5年，

按每年收入20万元计算，5年我将减少100万美元收入；假如我每天休息一小时，那我除损失每天1小时80美元外，将得到5年每天7小时工作所赚的钱，现在我60岁，假设我按时休息可活10年，那么我将损失28. 8万美元，28. 8万和100万哪个多呢?”

这样的想法在犹太人当中很广泛，看来是很简单、很明了的道理，可是为什么别人不这么算，只有犹太人才这么算？从这里可以看出犹太人精明的一方面。

安息日是指星期五的日落到星期六日落之间的24个小时。在这期间，人们不得做任何事情，这是一个完全休假的日子。信奉犹太教的犹太人严格遵守这一规定，对他们而言，遵守上帝耶和华的命令是一个犹太教徒应尽的义务。在这一天，所有的人都必须休息，无论是以色列人还是外邦人，无论是主人还是仆人，乃至牲畜，都不得在这一天工作。就连在安息日这天拜访朋友，也一定要步行，按照规定，这一天是不能乘坐任何交通工具的，不过如果你是外国人的司机，则会被宽恕，神可以破例允许你驾车养家糊口。如果你不幸是本国人的司机，则只能老老实实坐在家里了。由于《圣经》中多处强调要遵守安息日的规定，所以虔诚的教徒们把它视为一个神圣的日子。他们说，安息日是身体休息和放松的一天，也应该是精神生活充实、愉悦的一天。

《圣经》是这样记载的，世界本是一片黑暗，上帝耶和华就开始创世。

第一天，上帝说：“要有光!”于是，光就出现了，光把一天分为了白天和黑夜。

第二天，上帝造出了太空，用空气区分了天上之水和天下之水。

第三天，上帝让天下之水汇聚成海，并且露出陆地。

第四天，上帝创造了太阳、月亮和星辰，确定了年、月、日。

第五天，上帝造出了各种鱼类和鸟类，世界于是充满了生机。

第六天，上帝造出了牲畜、昆虫和野兽，还根据自己的形象造出了人。

第七天，万物都已经造齐，便休息了，于是这一天就是安息日。

在这一天绝对不能从事工作，因为神停止了他的一切工作，就安息了。所以这

一天是放假的日子。这一天不可谈论有关工作的事，不可思考有关工作的问题，不可阅读有关工作的书，当然，也不可从事有关工作的计算，甚至连煮饭做菜都在禁止之列，所以人们只好把在星期五日落之前做好的饭菜放在点好火的炉子上，以免挨饿。点火的行为也被禁止，这对喜欢抽烟的犹太人来说，安息日实在是一个痛苦的日子。但是，异教徒点着的烟是可以抽的。一切杂念都要抛到九霄云外，只能一心一意地休息和向神祈祷。据说，纽约每逢安息日，街上来往的汽车就会比平常减少一半。犹太人的商业活动也似乎处于停止状态，事实上他们正是在运用这段时间来积聚力量，准备投入到下一场生意的搏斗中去。星期六的晚上，犹太人则开始尽情享受，过一个开心的周末。不会休息的人是愚蠢的人。连视钱如命的犹太人也愿意放弃钱来休息，而那些不为钱所束缚的人们为什么不保护一下自己的生命，在工作之余找点时间休息？

为了迎接这一天的到来，那些家庭主妇早已把家中打扫得干干净净，到处一尘不染，并且准备了大量丰富的食物。在每个信仰犹太教的犹太家庭，每一周都有一个这样快乐安详的日子。安息日降临时，所有的犹太人仿佛都受到主的恩惠，脸上焕发出圣洁的光。

在安息日这天，大家都必须保持自己身体的洁净。所以每个人都要洗澡，换上最干净的衣服，然后全家人到礼拜堂去做礼拜。回家之后在餐桌上点燃蜡烛，放上一瓶酒，因为主妇的刻意安排，所以周五的晚餐是一周中最为丰盛的。这时，丈夫便从《圣经》上挑出一些赞美词，来赞美他的妻子多么漂亮、多么能干，接着全家一起祈祷：希望第二天开始的一周是最好的一周，最后，高唱赞美安息日的歌来结束这个日子。

这是犹太人真正的假日，一切工作都抛诸脑后，与家人和睦相处，或拜访朋友，不谈工作，而谈人生观、人性、艺术……这是多么美好的假日呀！身心的轻松愉快才是最好的休息。

俗话说：“不会休息，就不会工作。”那些不重视休闲生活的人，总是以工作太忙、抽不出时间为借口，来自欺欺人。实际上不走出办公室，是无法享受到大自然

的风情的，也就无法消除身体的疲劳。这些人总是不能合理利用自己的休息时间，使自己一天到晚在紧张忙碌中度过，而这一切对身体健康、提高工作效率、享受个人生活都是毫无益处的，甚至是有害的。

其实越是工作忙的时候，就越应该合理地休息，俗话说："休息是为了更好地工作。"在工作忙时，必须学会强迫自己休息，以此提高工作效率。在一个公司中处于高层的总经理们应该是最忙的，可是实际上他们并不像人们想象中那么忙，甚至很多时候比自己的员工还要轻松。因为他们非常注意休息，常常把自己的休息时间安排得适当合理，哪怕有时只能放松几个小时也要坚持。他们把休息列进作息时间表，与工作一样重要，坚持执行，丝毫不动摇，理所当然不会让其他事情来打扰自己的休息。

犹太人认为，永远没有理由乐观地认为会有足够的时间来做完所有的事情，因为事情总是做不完的，所以提前制定计划对他们有效利用时间就显得极其重要。有部分人误认为制定计划只是在浪费时间，却不知道没有好的计划将永远不会有足够的时间来做最想做和最应该做的事。事实上，在制定计划时也就规定了自己必须完成什么，并且要在什么时候完成。

时间是生命，逝去不再来

"时间就是金钱"早已成为人所共知的经典，但它却被犹太人领悟得最早。不仅如此，犹太人更把时间看成是生命。时间究竟是什么，它又有多宝贵，绝大多数人是无从知晓的。许多时候，当人们省悟到时间的宝贵时，时间已匆匆而去。生命不可重复，时间对每个人只有一次，对时间的损失我们永远无法追偿，谁能抓住时间，谁就是成功者。

犹太人把时间看得很重要，在工作中往往以秒计算，分秒必争，强烈的时间观念提高了他们的工作效率。他们把时间和商品对等，提出"切勿盗窃时间"的口号，认为占有别人的时间就像偷窃别人金柜中的钱财一样可耻。但犹太人绝不做时间的奴隶，他们更懂得生活，更懂得休息。如果为了工作而占用了享受生活的时

间，那便是罪恶。

犹太人对时间的认识比其他民族要深刻得多。每个民族都有对时间重要性和不可重复性的描述。汉语用“白驹过隙”来形容时间过很很快，同样用“南柯一梦”来形容人生的短暂、时间的弥足珍贵；当然，那句“一寸光阴一寸金，寸金难买寸光阴”的千古警句永远提醒人们要珍惜时间，爱惜光阴。在当代社会，金钱大有主宰一切的架势，于是人们喊出了“时间就是金钱”的口号，这句话的本意是指要注意办事的效率，不可拖沓延误时间，但实际上，金钱固然重要，但失去了可以再挣回来，而时间一去不复返；金钱可以存留，可以储蓄，但时间不可停留，也不能储蓄。因此，时间远贵过金钱。

有一位犹太拉比带来一块手表，背面镌刻着“爱惜光阴”四个字，他把这块表拿给学生们看，学生们不以为然，认为这根本就是俗套，毫无新奇之处。拉比惊异于学生们的无动于衷，他慢慢地说：“有一句俗话叫‘时间就是金钱’，这句话并不对，因为它让人产生误会。假如说时间就是金钱的话，我们就只能为金钱所累，为时间所驱低因为金钱的欲望是无限膨胀的，但时间却总有限，用有限的时间去追逐无限的金钱，我们就永远不能成功，只会受到时间和金钱的双重压迫。金钱可以增值，而时间却永远不会停留，不抓住就意味着永远失去。”

“时间就是金钱”这句话应改为“时间就是生命”，或者“时间就是人生”，我们不能做时间的奴隶，而要做时间的主人，从而做生命的主人。

可实际上，我们又有多少人知道时间的宝贵呢？小孩基本没有时间观念，因为他们的生命才刚刚开始，时间还远没有尽头。可时间已像飞轮一样飞转了，到他长大后，才真正知道时间的重要，于是，便开始了与时间的赛跑。可是，与时间赛跑，就像马在风中跑一样，永远都在风里跑，我们永远跑不过时间。人生不可重复，“生命既已逝，盛年不再来”，对时间的损失我们永远无法追偿。说到底，时间观就是我们人生观之要义。我们永远思索着怎样去安排时间，去驾驭时间，如何在有限的生命中去创造最高最丰富的价值。我们能亲身体验时间的机会只此一次，我们必须好好把握这一次的机会。因而，珍惜时间，体验时间的同时，我们更应善待

人生，我们必须在有限的时间中和有限的生命中去寻求人生价值的平衡。既不能做工作狂，抓紧了时间，却忽视了人生的乐趣，也不能只图享受人生，却放纵了时间，一事无成。

把每一天都当作最后一天

“弥赛亚莅临时，病人都将获得治愈，但是愚蠢的人仍将持续他们的愚蠢。”这是《犹太法典》中的告诫。

《犹太法典》中的这句话意味着，当弥赛亚——救世主——出现时，除了愚昧的人以外，其他所有的人都能获得拯救，获得治愈，因为，在他们心中救世主是万能的。

“弥赛亚”这个字源自希伯来语，意为“淋过圣油的人”，其希伯来语的发音是“哈玛西亚”，传到希腊之后，发音变成“美西亚斯”，意为“克里斯多斯”，这就是基督之名的由来。因此，淋过圣油的人，就有救世主的意味。在圣经中，许多国王和神父都拥有“弥赛亚”的头衔，这些代表者经过淋圣油的仪式之后，就必定能胜任他自己的职务了。久而久之，只要是神赋予特别任务的人，就可称为“弥赛亚”；因此，在犹太人中，许多预言家也能享用这个头衔。

在大多数犹太人的心目中，所谓“弥赛亚”是指解救犹太人脱离一切痛苦的人。犹太人经历过痛苦的生活，所以长久以来，他们一直在盼望着解放者的到来，他们衷心地希望这个解放者能重建犹太王国，所以“弥赛亚”这三个字的含义演变到了后来，完全代表救世主的意思。这一位救世主，在神尚未建立它在地上的王国之前，先代替神来拯救人类。

圣经中，如扫罗、大卫王、所罗门王，乃至波斯的希拉斯王，都被称作“弥赛亚”，可见“弥赛亚”的意义是随着时代而变的。不过，在犹太人的社会中，信仰救世主的观念仍然很深。长久以来，凡是遇到流行病、饥饿、迫害或是洪水等可怕的灾难时，犹太人总是打开圣经来看，苦苦地发掘，希望发现其中是否隐藏着某种特殊的语句，在书中找到某些线索，以便了解何时有弥赛亚的降临，来解救这些

灾难。

在犹太人中，曾经有几位虔诚的神权主义者、天文学家，预言过弥赛亚出现的正确时日，他们说，到了那一天，弥赛亚一定会出现，并且把人类带到神的王国里去。尽管这一天一直没有出现，但是，弥赛亚的信仰却给犹太人带来极大的安慰和精神力量。

这一坚定不移的信仰一代代在犹太人的血液里骨子里沿袭，以致从犹太教中衍生的基督教也继承了犹太人的这种信仰，他们极相信有一天这块土地上将会出现一个绝对理想的世界。犹太人相信有一天将会有“地上天国”的出现，这是他们从不动摇的信念。另外，圣经《创世纪》中神又会对人下命令说：“造出更好的世界。”于是长久以来，这两件事情便在无形中成为犹太人的精神支柱。

尽管到今天仍然相信“地上天国”的犹太人很少了，但是，犹太人仍依着宗教传统而过日子，坚信救世主总会有一天会出现。救世主会在哪一天出现？是明天？还是后天？无论是哪一天，所有的犹太人都知道，应该时时刻刻充实自己，努力往上爬，以便救世主出现时，不致无颜以对。

拉比们告诉犹太人说：救世主是在世界末日来临时才会到来的。但是，谁也不知道哪一天才是世界的末日，所以，拉比们又告诫说：你就应该将每一天都当作是最后的一天，来过你的生活。

基于此，所有的犹太教徒认为人类的生活中最重要的是第一天和最后一天。同时他们又认为对人类而言，每天都应该是第一天，因为每个人都能在新的一天中有所创造、突破和发明。

为了等待弥赛亚的出现，《犹太法典》中告诫犹太人说：“今天便是第一天，同时也是最后一天，因此，必须为现在付出全部的生命。”

犹太人就是这样，把理想与现实巧妙地结合起来，追寻着理想的快乐世界，又不放弃现在的努力。这至今都成为犹太人杰出的生存技巧之一。

切勿盗窃别人的时间

我们总把“时间就是金钱，时间就是生命”挂在嘴边，好像已经把时间看得很重了，但实际上，在学习、工作和生活当中却总把时间当成用之不竭的资源，并不怎么在意它。在犹太人看来，时间就像商品一样，是赚钱的资本，因此盗窃了时间，也就是盗用了资本，偷盗了金钱。换一个角度说，盗窃时间不仅仅是关系到赚钱的问题，也关系到经商礼貌和商业礼仪方面的问题。所谓“切勿盗用时间”即是犹太人告诫人们不要去妨碍他人的一分一秒。

犹太人最讨厌的就是不速之客，不速之客就等于盗窃时间和金钱的“盗窃犯”。

有位月收入 20 万美元的犹太大亨曾算过一笔账：他每天工资近 8000 美元，那么每分钟为 17 美元。假如他被别人打扰，占用了 5 分钟的时间，就等于被窃现款 85 美元。在这一点上中国人正好相反，“今天没事，路过此地顺便来看看您”。主人不仅不觉得来访者唐突，而且把此种来访看作是有礼貌的表现，即使百忙之中也要抽时间热情会客。

日本某著名百货公司宣传部的一位年轻职员，到美国纽约搞市场调查。他想到自己应该有效利用时间，就直接跑到纽约某犹太人开的百货店，贸然叩开了该公司宣传部文秘办公室的大门。

秘书小姐问：“请问先生您事先约好了吗?”

这位日本人一愣，但马上滔滔不绝地说：“我是日本百货公司的职员，专门来纽约考察，特意抽空来拜访贵公司的宣传部主任……”

“对不起，先生!”小姐打断了他的话。这位热心的日本人被冷冰冰地拒之门外。

其实，我们或许认为，从某种意义上，受访者或许能够获得某些好处，但犹太人不假思索地就拒绝了他，这是为什么呢?

这仍然和前面说的“切勿盗用时间”的警句有关。对于视时间如金钱、如生命的犹太人来说，在工作时间，放弃几分钟而去跟一个根本没有安排的“不速之客”谈判，这是行不通的。犹太人从不做无把握的生意，因此，“不速之客”就是妨碍他们工作的绊脚石，只有拒绝他们，才不致影响自己的工作效率。在犹太人那里，预约不仅意味着时间，还意味着时间的确定：客人是在上午 10 点到 10 点 30 分前来洽谈某事，就意味着到 10 点 30 分时，不管业务是否谈完，客人都必须自动离开。所以，犹太人的寒暄只有几句，一般的客套话对他们来说毫无意义，除非他们觉得和你客套有利可图。

在工作当中，犹太人将“马上解决”奉为圭臬，他们认为拖沓推迟就是浪费时间，在卓越的犹太商人的办公桌上，你永远看不到“未决”文件，他们总是抓紧时间批阅文件，积压文件就意味着不能最快地了解到这些文件传达的信息。这些信息可能是有关商品交易的信息，也可能是合作伙伴的意向书，也可能是部下的请示，这当中蕴藏着赚钱的机会，也包含着关键的决策，更意味着工作的效率。如果错过时机，延迟决策，就必然丧失机会。犹太人深知这一点，他们对自己手中的文件极其重视，总是争取在最短的时间内批阅。为此，他们在上班时间里，专门辟出了上班后大约一小时的时间来处理文件，这段时间叫作 dicate 时间，也即专事文件处理的时间，用于处理昨日下班和今天上班这段时间内接收到的商业函件。

这段时间绝不容外人打扰，否则会分散精力，影响文件处理的质量和效率。在这段时间若有人来访，不管为何而来，均拒绝晤见，他们会礼貌地说：对不起，现在是专门处理文件的时间，请你待会儿再来！犹太人把时间看得这么重，是有其道理的。

管理好时间，就管好了你的生命

犹太人认为，一个商人要赚大钱，首先要考虑好如何合理地利用时间。有的人觉得时间太少不够用，有的人却将时间安排得有条不紊。其实时间对人是平等的，就看你如何去把握它，利用它。鲁迅先生说过，时间就像海绵里的水一样，只要去

挤它，就总会有。作为商人，就一定要挤出足够的时间集中精力来工作，会赚钱的商人是很能精打细算安排时间的。然而，面对每天繁忙的生活，纷繁的事务，我们究竟该如何安排时间呢？换句话说，我们该如何管理时间呢？

我们每天都面临着许多事情，它们或多或少都要占用我们一些时间。但总的来说，我们的时间可分为可支配时间和不可支配时间。对于前者，我们可以根据具体的情况来安排和调整，但对于后者，我们却无能为力，比如一些你不得不应付的事情，由不得你来决定和安排，这种时间是不可管理的，你能做的只能是应对。对于可支配时间，就可以根据情况来调整分配，充分利用。对于商人或管理者而言，善于识别和安排可支配时间是非常重要的。

我们该如何来判断自己利用时间的有效程度呢？

你可以选择一段时间（比如两个星期或一个月）用工作簿或记事本记录下每天的各种活动，过一段时间后，就可以得到一个详细的时间利用和活动记录，然后，对这些活动进行排序，按重要性和紧急性来排序，看你是否把时间较多地分配到相对重要的事情上以及是否优先处理了紧急的事情。这样，你就可以大致了解你对时间的管理能力和利用水平。同样，有效时间管理的步骤是：

1. 列出目标，以明确要做的每一件事。

2. 按照重要性来排序。

3. 列出实现每一目标要进行的活动。

4. 估算进行这些活动会花掉多少时间。

5. 对实现某个目标所需做的活动进行紧急性和先后性排序。

6. 按照列出的优先顺序和重要性顺序来设定目标。

7. 实施活动，完成目标。

做好以上几步，就可以比较有效地利用好时间。当然，还有几点需要注意：

第一，遵循 10/90 法则。大多数管理者 90%的决定是在他们 10%的时间内做出的。管理者很容易就陷进日常事务中，那些有效利用时间的人总是确保最关键的 10%的活动具有最高的优先权。

第二，记住帕金森法则。帕金森法则指出，工作会自动地膨胀而占满所有的工作时间。时间管理意味着你可以为一项任务安排过多的时间，如果时间显得充裕或过多，你就会放慢你的节奏从而耗掉你所有的时间。

第三，了解你自己的生产率周期。每个人都有生产率周期，有的人晚上工作效率高，有的人则是上午或下午。了解自己的生产率周期，就可以在生产率周期中效率最高的时间里处理最重要的事情，而把不重要或是例行的事情安排在效率低的时间里去做。

第四，把不太重要的事集中起来处理。每天留出一些固定的时间来处理未完成的事情，以及其他零碎的事情，这段时间最好安排在效率周期的低谷期，这样做可以避免重复、浪费和冗长，这可以使你在处理重要事情时免受琐事打扰。

第五，避免将整块时间拆散。只要可能，就应留一天中工作效率最高的时间作为整块的可支配时间，尽两将自己与外界隔离，在这段时间内应当限制别人，免受别人的打扰。一般而言，早上刚上班的时间效率比较高，故犹太人选择这段时间作为 dictate 时间是非常有道理的，而另外你可留出一段时间，撇开你的办公室接待那些没有事先预约的采访者或打电话、接电话等等。作为一个管理者，处在较高的位置上，就可以这样来支配自己的时间，而且也应该这样。

张开双手，做时间的主人

既然时间如此宝贵，而且也是一笔赚钱的资源，那么如何来配置这份资源而使其效用最大化呢？不同的人，时间的效用是不一样的，一个喜欢读书的人，当然希望把时间花在读书上，而一个商人则更多地想着如何利用好时间多赚些钱。但无论如何，时间就像一块蛋糕，总要被分成好几块，一块用来工作，一块用来休息，一块用来学习等等。总之，时间面临着一个如何分配的问题。中国有句俗话叫“好钢要用在刀刃上”，而对犹太人而言，浪费了时间，就等于浪费了金钱，他们对自己的时间，可谓精打细算！晤谈要预约日期和具体时间，甚至从某时某刻到某时某刻都规定得清清楚楚，晤谈时从不允许迟到或超延时间；处理函件时一律谢绝会客；

甚至到了年老时，他们会细细估算还能活多久，以便知道自己还能赚多长时间的钱，还可享受多久。

对时间的极端重视，令犹太人在处理时间的问题上非常较真，号称“东京银座犹太人”的藤田先生就讲过这样一个故事：

日本的汉堡包大王藤田，刚开张时就生意兴隆，接连开了四个分店，紧接着正筹备第五个分店。

一天，有个犹太人来拜访他。

“藤田先生，眼下你有空吧？”犹太人满不在乎地问。

“开什么玩笑，我正忙得要死！”藤田先生生气地回答。

“不，藤田先生，我看你的的确确有空。”

“没有，根本没有！”

“怎么没有空，没有空能开四家分店？且还准备开第五家？这就说明你有空。”

这句话说得藤田先生哑口无言。犹太人的话的确很有道理，在犹太人看来，没有空闲不会合理安排时间的人，是不会赚钱的人。要赚钱，首先得有赚钱的时间，而且在赚钱中要合理使用时间，否则就等于白白浪费时间。人的一生是短暂而又漫长的，许多人成天忙忙碌碌却无所作为。许多人整日沉湎于酒桌牌桌之间，日子被无端地浪费，这些人都不会合理安排时间，注定成不了大器！

一个会赚钱的商人，既是“大忙人”又是“大闲人”。之所以是“大忙人”，是因为他一直在辛苦的工作，为赚钱而忙碌。“忙”与“闲”是相对的，按照犹太生意经，我们该忙的时候就要忙，工作时懒散成性，没有效率，是最大的“蠢人”；而且我们要学会“忙里偷闲”，生活是丰富多彩的，会生活的人才是真正的人。也正是因为犹太人视时间如金钱，所以他们在做生意时会客观而若无其事地谈论自己和别人的寿命。

中国人活到老学到老，犹太人活到老赚到老。中国人认为，人是赤条条地来，

也赤条条地去，金钱生不带来，死不带去，因而在垂暮之年往往希望清闲安静，享受天伦之乐。犹太人知道钱生不带来，但他要死时带走，他们对死的态度是客观和冷静的，一旦知道还能活几年，就会抓紧这几年享受和赚钱。

正是因为犹太人自知天命，他们便拼命抓紧时间赚钱。由于犹太小孩子从小就接受“自主”教育，所以犹太老人也不可能依靠子女赡养，只有自己赚到了钱，安逸生活才会有保障。

时间价值表现在生意的全过程

对于犹太商人来说，时间是任何一宗交易必不可少的条件，是达到经营目的的前提。与对方签订合同时，要充分估计自己的交货能力，是否能按客方要求的质量、数量和交货期去履行合约，如可以办到，就与其签约，如办不到，切不可妄为。

时间的价值还显示在赶季节和抢在竞争对手前、获取好价格和占领市场方面。在竞争激烈的市场中，谁能在一个市场上一马当先，以质优款新的产品问世，谁就必能获得较好的经济效益。如电子手表，刚上市时每块售价几十美元乃至上百美元，曾几何时，当许多竞争者推出同类产品时，其价值一落千丈，每块售价只有几美元。又如人们日常的必需品蔬菜，在反季节时售价高于盛产季节数倍。为什么会出现如此大的反差呢？这显然是“时间”的价值。

时间的价值还表现在生意的全过程。一个企业的经营效益的高低，与其费用水平的高低息息相关。根据众多的企业核算，其经营费用中有70%左右是花费在占用资金的利息上。如一个企业一年的营业额为10亿元，资金周转率为两次，言下之意，该企业每年占用资金为5亿元。假设银行利息为12%（年息），一年共支付利息达6000万元。如果该企业能把握一切时间和进行有效管理，使资金周转达到一年4次，那么，其支付的利息就可节省3000万元，换句话说，该企业就可多赢利3000万元了。

如此珍惜时间，这只是犹太人对待时间的一般态度，好像并无特别之处。只是

相对于中国或东方的商人有过之而无不及。不过，犹太人对待时间不同寻常的地方在于当时间直接与金钱挂钩或者时间直接造就财富的时候。

犹太富商巴纳特的赢利呈周期性变化，每星期六是他获利最多的日子，因为这一天银行较早停止营业，巴纳特可以尽兴地用支票购买钻石，然后在星期一银行重新开门之前将钻石售出，以所得款项去付货款。

巴纳特借银行停止营业的一天多时间，“暂缓付款”且又不会让自己的空头支票给打回来，只要他有能力在每一个星期一早上给自己的账号上存入足够兑付他星期六所开出的所有支票的现金，那他就永远没有开“空头支票”。

所以，巴纳特的这种拖延付款，纯粹利用了市场运行的时间表，在没有侵犯任何人的合法权利的前提下，调动了远比他实际拥有多得多的资金。巴纳特对时间的精打细算如此别出心裁，甚至让其他犹太人也感惊奇。巴纳特就是一个对时间领悟独到，堪称利用时间差“空手套白狼”的高手。

九、重智慧胜于重金钱

犹太人看重金钱是出了名的，所以我们说犹太人重智慧胜于重金钱不免让人产生疑义，而这其实也正是犹太人的过人之处。在中国传统智慧中就有“授人以鱼”不如“授人以渔”之说，对于犹太人而言，金钱是“鱼”，智慧则是“渔”——能带来无穷无尽的鱼。

智慧比知识更重要

犹太人不断地受到迫害，房子、财产犹如昙花一现，所有的犹太人都并不以此为重。一般来说，在犹太儿童还没有长大成人之前，他们的父母就会深刻地教育他

们，智慧比财富和地位都更重要。

“假如有一天，你的房子被烧毁，你的财产被抢光，你将带着什么东西逃跑呢?”母亲问。

“钱。”一个孩子回答说。

“钻石。”另一个孩子这样说。

“有一种没有形状、没有颜色、没有气味的东西，你们知道是什么吗?”母亲继续问。孩子们左思右想，却还是找不到答案。

母亲笑了，接下去说：“孩子们，你们要带走的东西不是钱，也不是钻石，而是智慧。智慧是任何人都抢不走的，只要是你还活着，智慧就永远跟随着你，无论逃到什么地方你都不会失去它。”

许多犹太母亲都这样教育过自己的孩子。所以，关于智慧的观念是深深扎根在犹太人的心中的。在犹太人的社会中，几乎每个人都认为，学者远比国王伟大，也远比富翁伟大。

希伯来语称有智慧的人为“赫黑姆”。赫黑姆是指具有“赫夫玛（智慧）”，且能使用智慧的人。如同古代许多伟大的拉比出身低微一样，赫黑姆也不一定是来自知识阶级，曾经有很多知名的赫黑姆是肉摊子或果菜行的老板，他们出身都很卑微。

在众多有智慧的人当中，最有智慧的，被称作“塔尔米得·赫黑姆”，意为精通犹太法典者。他们对《犹太法典》和《犹太教则》都很有研究。犹太人认为，任何头衔都不能形容这种有智慧的人，同时，其他正规的教义也都培养不出这种人才来。

在犹太社会中，当一个年轻的学生，逐渐累积知识、发挥知性、培养洞察力，并且开始了解到一个人必须谦虚时，他就可以被称为“赫黑姆”。犹太人一方面重视学识，另一方面也很重视谦虚的态度，这两者是并重的。一个人终身都不忘学

习，一刻也不懈怠，到了大多数人都认为他很有智慧时，他便能被称为塔尔米得·赫黑姆。

在犹太民族中，塔尔米得·赫黑姆都不必缴税。因为犹太人认为他们已经付出很多心力，对于整个社会有着莫大的贡献，所以不但不让他们缴税，反而以整个社会的力量去帮助他们。

有一句犹太谚语这样说：“赫黑姆和富翁谁伟大？当然是赫黑姆了。因为赫黑姆知道金钱的可贵，但有钱人却不知道智慧的可贵。”

在犹太人心中，学者才是人们尊敬的中心。把学者置于一切人甚至国王之上，就可以看出犹太民族是多么得注重智慧。这一点是犹太民族可引以为自豪的传统，因为其他民族大都把王侯、贵族、军人或商人的地位放在学者之上。

犹太人认为，学习知识的目的是增长智慧。

犹太民族非常看重学问，但是与智慧相比，学问也略低一筹，他们把仅有知识而没有智慧的人，比喻为“背着很多书本的驴子”。在犹太人看来，这种人即使有许多知识，也派不上用场。而且，知识必须为善，用知识做坏事，知识反而有害了。为此，犹太人认为，知识是磨炼智慧而存在的。假如只是收集很多知识而不消化，就等于徒然堆积许多书本而不用，同样是一种浪费。

犹太人也蔑视一般的学习，他们认为一般的学习只是一味模仿，而不是任何的创新。实际上，学习应该是思考的基础。正因为如此，《犹太法典》上说：“学识及能力，都像是价值最昂贵的怀表。”

智慧重于出身门第

犹太人只重视个人的智慧力量，而不看重出身门第的高低。

有一则小故事，故事中出现两个犹太人，一个是以自己家世为荣的青年，另一个则是一贫如洗的牧羊人。当富翁的儿子夸耀自己的祖先之后，牧羊人说：“原来你是那样伟大祖先的后裔啊！不过，你要知道，如果你是你们家族中的最后一个

人，那我就是我们家族的祖先。”

在犹太社会中，“家”的存在具有很大的意义，它因学问、慈善行为及对于地域社会的贡献程度而有所差别，但是，其中最重要的是“学问”。金钱、事业上的成功，对于“家”的荣誉并不是很重要的因素。

拉比约书亚是一个博学而朴实的学者。一天，哈德良皇帝的女儿对拉比约书亚说道：“一个多么伟大的智者却出生在如此丑陋的人家里！”

约书亚回答道：“在你父亲的宫殿里好好学学吧。葡萄酒装在什么样的容器里？”

公主答道：“装在陶罐里。”

“陶罐！但那是普通老百姓用的，”学者说，“你应该把葡萄酒放在金银器皿里。”

于是，公主把葡萄酒从陶罐里倒出来，装到了金罐和银罐中，不久，所有的葡萄酒都酸了。

约书亚对公主说：“你看，律法经也是如此，人的智慧也一样。”

“难道没有既出身好又博学的人吗？”

“有，”约书亚反驳道，“但如果出身艰苦一些的话，他们的学问会更大！”

出身富家，或出身富贵的人，并不一定都有学问，因此犹太人中，穷人遇到富豪子弟时，不会自卑，更不会觉得有什么可怕，但是遇到有知识的人时，无论是穷人还是富人都对他非常的敬重，这是因为犹太人只重个人的才华和智慧，而不会去看他的家庭和出身。

事实上，有很多著名的犹太人，出身都很卑微，如木匠、石工或牧羊人等，其中最具代表性的希勒尔是木匠，亚基巴是牧羊人。他们之所以能够成为犹太人中的杰出人物，就是因为他们自身的能力所致。而犹太民族中智慧重于门第出身的观念

则为他们的脱颖而出提供了一个大环境。

正是因为犹太人重个人智慧而不重门第出身，才使犹太民族产生了许多杰出的人物。而这一观念体现在人际交往中，犹太民族则在日常生活中很少有门第观念，在人与人交往中，犹太人少有趋炎附势之举，出身好的人也难以依靠出身攫取社会地位，或者取得什么其他优势，人们都是依靠勤劳和智慧获得个人地位。

个人智慧重于门第出身是犹太人处世的重要观念，它激励了许多出身不好的人去积极进取，也体现了社会公平的原则。

精明本身就是智慧的代名词

犹太人的精明是世人皆知的，当然，促使犹太人精明有诸多原因，其中有一个极为重要且独具特性的因素，是犹太人对精明本身的心态。

世界各国各民族中都不乏精明之人，这是毫无疑义的，虽然相互比较起来还有个程度的不同，但对精明本身的态度却大不一样。中国人不可谓不精明，能精明到悟出“大智若愚”的程度，可以说精明已臻于极境，然而，正是从“大智”需要“若愚”可以反窥出在中国人的心态中，精明是一种适宜于在阴暗角落中生存的物种，中国人的典故中多的是“聪明反被聪明误”的训诫，同时反映出：“精明”在中国文化心态中多多少少有点像个丑角。而犹太人则不同。

犹太人不但极为欣赏和推崇精明，而且是堂堂正正地欣赏、推崇，就像他们对钱的心态一样。在犹太人的心目中，精明似乎也是一种自在之物，精明可以以“为精明而精明”的形式存在。这当然不是说，精明可以精明得没有实效，而是指除了实效之外，其他的价值尺度一般难以用来衡量精明，精明不需要低头垂首地在宗教或道德法庭上受审或听训斥。下面这则笑话可以说最为生动而集中地显现了犹太人的这种心态。

美国和苏联两国成功地进行了载人火箭飞行之后，德国、法国和以色列也联合拟订了月球旅行计划。火箭与太空舱都制造就绪，接下来就是挑选太空飞行员了。

工作人员先问德国应征人员，在什么待遇下才肯参加太空飞行。

“给我3000美元，我就干。”德国男子说，“1000美元我留着自己用，1000美元给我妻子，还有1000美元用作购房基金。”

工作人员接下来又问法国应征者，他答道：“给我4000美元。1000美元归我自己，1000美元给我妻子，1000美元归还购房的贷款，还有1000美元给我的情人。”

以色列的应征者则答道：

“5000美元我才干。1000美元给你，1000美元归我，其余的3000美元雇德国人开太空船！”

由这则笑话透露出来的犹太人的精明，用不着我们多说了，犹太人不须从事实务（开太空船）而只需摆弄数字，而且是金融数字就可以享有与高风险工作从事者同样的待遇，这正是犹太人风格中最显著的特色之一。

令人意外的是，这不是其他民族对犹太人出格的精明的一种刻薄讽刺，而是犹太人自己编的笑话。

平心而论，犹太人并没有盘剥德国人，德国人仍然可以得到他开价的3000美元，至于是从有关委员会那里拿到的还是从犹太人那里拿到的，这在钱上面并没有反映出来。至于犹太人自己的开价，既然允许他们自报，他报得高一些也无可非议，怎么安排纯属他个人的自由，就像法国人公然对妻子和情人在经济上一视同仁一样。所以，在这则笑话中，犹太飞行员的精明并没有越出“合法”的界限。而且说实话，仅就结果而言，任何一国的飞行员要处于这种“白拿1000美元”的位置上，都会感到满意的。但无论在笑话中还是现实生活中，他们都不会提出这样的要求，甚至连想也不会想到，因为这种“过于直露的精明”在潜意识层次就被否定了：他们会为自己的精明而感到羞愧！

但从这则笑话本身来看，我们丝毫感觉不到犹太人为自己精明得“过分”而羞愧的意思，只有一种得意，一种因为自己动出了如此精明甚至精明得无法实现的念头而“洋洋自得”的心情。至于是否“过于直露”这种考虑，丝毫不能影响他们

的精明盘算，更不能影响他们对精明本身的欣赏。他们把精明完全看作一件堂堂正正、甚至值得大肆炫耀的东西！可以说，对精明自身的发展、发达来说，没有什么东西比这种坦荡的态度更为关键、更为紧要了。犹太人可以说就是在为自己卓有成效的精明开怀大笑声中，变得越来越精明的！

智慧的高低决定着赚钱的多少

犹太人是一个酷爱智慧的民族，犹太商人也是极其擅长于以智取胜的商人。不过智慧这个词也属于模糊概念，范围极大，定义又不清，到底什么是智慧，可能各有各的说法，那么在犹太商人看来，什么是智慧呢？

犹太人有则笑话，谈的是智慧与财富的关系。

两位拉比在交谈：

“智慧与金钱，哪一样更重要？”

“当然是智慧更重要。”

“既然如此，有智慧的人为何要为富人做事呢？而富人却不为有智慧的人做事？大家都看到，学者、哲学家老是在讨好富人，而富人却对有智慧的人露出狂态呢？”

“这很简单。有智慧的人知道金钱的价值，而富人却不懂得智慧的重要呀。”

拉比即为犹太教教士，也是犹太人一切生活方面的“教师”，经常被看作为智者的同义词。所以，这则笑话实际上也就是“智者说智”。

拉比的说法不能说没有道理，知道金钱的价值，才会去为富人做事，而不知道智慧的价值，才会在智者面前露出狂态。但笑话明显的调侃意味又体现在哪里呢？就体现在这个内在的悖谬之上：有智慧的人既然知道金钱的价值，为何不能运用自己的智慧去获得金钱呢？知道金钱的价值，但却只会靠为富人效力而获得一点带“嗟来之食”味道的酬劳，这样的智慧又有什么用，又称得上什么智慧呢？

智慧与金钱的同在与同一，使犹太商人成了最有智慧的商人，使犹太生意经成了智慧的生意经。犹太生意经是让人在做生意的过程中越做越聪明而不是迷失的生意经！

犹太商人赚钱强调以智取胜。

犹太人认为，金钱和智慧两者中，智慧较金钱重要，因为智慧是能赚到钱的。

基于这样的观念，在犹太人看来，即使一个十分渊博的学者或哲学家，如果他赚不到钱，一贫如洗，那么学者的智慧只是死智慧、假智慧。真正有智慧的人是既有学识又有钱的人，所以犹太人很少赞美一个家徒四壁的饱学之士。

有一个这样的故事：

贫穷的犹太教区加利曾写信给伦贝格市一位有钱的煤商，请他以慈善为目的赠送几车皮煤给教区。

商人回信说：“我们不会给你们白送东西。不过，我们可以半价卖给你们50车皮煤。”

该教区表示同意先要25车皮煤。交货3个月后，他们既没付钱也不再买了。

不久，煤商寄出一封措辞强硬的催款书，没几天，他收到了加利曾教区的回信：

“……您的催款书我们无法理解，您答应卖给我们50车皮煤减价一半，25车皮煤正好等于您减去的价钱。这25车皮煤我们要了，那25车皮煤我们不要了。”

煤商愤怒不已，但又无可奈何。他在高呼上当的同时，不得不佩服加利曾教区犹太人的聪明才智。

在这个故事中，加利曾教区的犹太人既没耍无赖，又没搞骗术，他们仅仅利用这个口头协议的不确定性，就气定神闲地坐在家里等人“送”来了25车皮煤。

这就是犹太人的赚钱高招。

犹太人爱钱，也从来不隐瞒自己爱钱的天性。所以世人在指责其嗜钱如命、贪婪成性的同时，又深深折服于犹太人在金钱面前的智慧。只要认为是可行的赚法，犹太人就一定要赚，赚钱天然合理，这就是犹太人经商智慧的高明之处。

拥有智慧可以创造利益

古时候，耶路撒冷的一个犹太人外出旅行，途中病倒在旅馆里。当他知道自己

的病已经没有希望时，便将后事托付给了旅馆主人，请求他说：“我快要死了，如果有知道我死并从耶路撒冷赶来的人，就请把我的这些东西转交给他。但是，此人必须做出3件聪明的事，否则，就绝对不要交给他。因为我在旅行前对儿子说过，如果我在旅途中死了，要继承遗产的话，必须做出3件聪明的事才行。”

说完，这个人就死了。旅馆主人按照犹太人的礼仪埋葬了他，同时向镇上的人发布了这个旅行者的死讯，还派人送信到耶路撒冷。

旅行者的儿子在耶路撒冷经商，听到父亲的死讯后，立刻赶到父亲死亡的那个城镇。他不知道父亲死在哪一家旅馆里，因为父亲临死前，曾叮嘱不要把那所旅馆的名字告诉儿子，所以儿子只好发挥自己的聪明头脑来处理这个棘手的问题了。

这时，刚好有个卖柴人挑着一担木柴经过，旅行者的儿子便叫住卖柴人。买下木柴后，吩咐他直接送到那家有个耶路撒冷来的旅行者死在那里的旅馆去。然后，他便尾随着卖柴人，来到了那家旅馆。

旅馆主人见卖柴人挑着木柴进来，便对他说：“我没有向你买过木柴。”

卖柴人回答说：“不，我身后的那个人买下了这担木柴，他要我送到这里来。”

这是那个儿子做的第一件聪明的事。

旅馆主人很高兴地迎接他，为他准备晚餐。餐桌上有5只鸽子和一只鸡。除了他以外，还有主人夫妇和他们的两个儿子和两个女儿，一共7个人围坐在餐桌旁一起吃饭。

主人要旅行者的儿子把鸽子和鸡分给大家吃，青年推辞说：“不，你是主人，还是你来分比较好。”

主人却说：“你是客人，还是你来分。”

青年便不再客气，开始分配食物。首先，他把一只鸽子分给两个儿子，另一只鸽子分给两个女儿，第三只鸽子分给主人夫妇，剩下的两只，就自己拿来放在盘子里。

这是他做的第二件聪明的事。

接着他开始分鸡肉，他先把鸡头分给主人夫妇，然后是主人的两个儿子各得一

个鸡腿，两个女儿各得一个鸡翅膀，最后剩下的整个鸡身子全归了他自己。

这便是他做的第三件聪明的事。

看到这种情形，主人终于忍不住大声叱责他说：

“在你们国家里就兴这么做吗？你分配鸽子的时候，我还可以忍耐，但看到你这么分配鸡肉，我再也忍受不了了，你这么做到底是什么意思？”

年轻人不慌不忙地说：“我本来就无意接受这项分配工作，可是你硬要我接受，所以我按照我认为最完善的作法做就是了。你和你太太以及一只鸽子合起来是3个，你两个儿子和一只鸽子合起来是3个，两个女儿和一只鸽子合起来是3个，而我和两只鸽子合起来也是3个，这很公平嘛。还有，因为你和你太太是家长，所以分给鸡头，你们的儿子是家里的柱子，所以给他们两只鸡腿，把翅膀分给你女儿，是因为她们迟早要长翅膀飞到别人家里去的，而我本人是坐船到此，还要回去，所以取了鸡身。请赶快把父亲的遗产交给我吧。”

这位年轻人处理这3件事的举动都可称为“聪明行为”，初看起来，确实有点费解。

第一个行为可以算聪明行为。因为这个年轻人面临的是一个问不出答案，或者不准问的问题。通过一笔木柴交易，他把回答这个问题作为成交的条件，让卖柴人为了自己的利益而帮助他解决了难题。

从这层意义上说，他通过利益再分配，使卖柴人与他在利益上有了一些共同之处，从而借他人之力达到了自己的目的。这一行为很聪明。

可是，这分鸽子、分鸡肉，就不那么容易理解了。这种近于恶作剧的行为也是聪明的行为吗？要是的话，那大孩子诈骗小孩子的玩具、吃食等行为，似乎也可以算作大有出息的聪明行为了？当然，会诈骗总比一味只知抢夺、要多几分聪明或者狡诈。

其实，这里有个小小的机关。故事中特意提到旅馆主人发火之事。为什么发火，从表面上看，是那位年轻人“贪”宾夺主，把主人桌上的鸽子、鸡肉大量占为己有，所以惹得主人发火。

但是，要再看下去呢？显然，年轻人要主人发火才是他的本意。正是在主人发火之后，他才理直气壮地要求主人归还遗产。这里就有奥妙了。

奥妙说穿了实在简单得很。

年轻人来此是为了取得父亲的遗产，但条件却十分苛刻：表现出 3 个聪明行为。这说起来简单，做起来并不简单。因为这聪明二字没有一个明确的、可操作的标准。他尽可以竭其所能地表现他的聪明，但认可不认可他的行为为聪明行为，主动权不在年轻人的手里，而在旅馆主人手里。

所以，为了让旅馆主人早一点承认他的聪明，年轻人又一次借人与人的利益关系来做文章了。

如果说，他借卖柴人之力时，用了利益同增的策略的话，那么，在“迫使”旅馆主人合作时，则用了利益同减的策略：你如果不承认我的聪明行为从而不给我遗产的话，我将没完没了地以牺牲你利益的方式，迫使你承认我的聪明。既然你有权力决定我的行为是否聪明，那么，你也有义务不断接受我各种不够格的聪明行为所带来的一切不聪明的后果。所以，如果你的聪明能使你认识到自己的损失，那么，你的聪明也一定会以承认我的聪明来摆脱你的困境，还有我的困境。

因此，旅馆主人咆哮如雷之时，也就是他已经感觉到利益受损之时。年轻人的一番话，只是证明其行为之聪明的“意识形态”，即看似有理（因为有种种数据）的解说而已。真正有分量的，是他的行为所带来的结果。

从上述看似繁琐的阐述中，我们似乎可以感觉到犹太人看待和处理人际关系的灼见和谋略。

这个年轻人同卖柴人及旅馆主人这样非亲非故之人的关系中，其他考虑包括道德考虑也是需要的，但真能击中要害、调动对方的唯有利益。只有他人的利益同你的利益紧紧地绑在一起的时候，他人才可能像为自己谋利或避害一样为你着想，因为这一着想，以及由其产生的努力可以同时带来其自身利害的相应变动。

所以，与人相处或调动对方时，最好的办法就是“让他人为自己的利害着想”。中国的那些义兄义弟们所标榜的“有福同享、有难同当”，其实就是利益的共享。

今日美国犹太人院外集团的活动之卓有成效，就是这一谋略成功的证明。当美国犹太人拥有巨额资金和至关重要的选票，并能团结得像一个人一样，极其精明地将他们按照“利害与共”的原则加以运用时，无论是国会议员，还是觊觎白宫宝座的竞选人、希望连任的白宫主人，都不能不最大限度地满足他们的要求。要知道，到 1974 年，美国犹太人为民主党和共和党提供的竞选资金，已分别达到他们所收到的竞选资金总额的 60%和 40%！

不过，以智慧创造利益，这也需要一个人有仗“智”疏财的气度与胆略。

做个堂堂正正的精明人

世界各国各民族中都不乏精明之人，这是毫无疑义的，然而相比较而言自然还有个程度的不同，对精明本身的态度也大不一样。比如说，中国人讲究的是智慧，更追求“大智若愚”的境界，从“大智”需要“若愚”可以反窥出在中国人的心态中，精明是一种适宜于在阴暗角落中生存的物种，中国人的典故中多的是“聪明反被聪明误”的训诫，同时反映出：“精明”在中国文化心态中多多少少有点像个丑角。而犹太人则不同。

犹太人不但极为欣赏器重、和推崇精明，而且是堂堂正正地欣赏、器重、推崇，就像他们对钱的心态一样。在犹太人的心目中，精明似乎也是一种自在之物，精明可以以“为精明而精明”的形式存在。这当然不是说，精明可以精明得没有实效，而是指除了实效之外，其他的价值尺度一般难以用来衡量精明，精明不需要低头垂首地在宗教或道德法庭上受审或听训斥。下面这则笑话可以说最为生动而集中地显现了犹太人的这种心态。

美国和苏联两国成功地进行了载人火箭飞行之后，德国、法国和以色列也联合拟定了月球旅行计划。火箭与太空舱都制造就绪，接下来就是挑选太空飞行员了。

工作人员先问德国应征人员，在什么待遇下才肯参加太空飞行。

“给我 3000 美元，我就干。”德国男子说，“1000 美元留着自己用，1000 美元给我妻子，还有 1000 美元用作购房基金。”

工作人员接下来又问法国应征者，他说：“给我 4000 美元。1000 美元归我自己，1000 美元给我妻子，1000 美元归还购房的贷款，还有 1000 美元给我的情人。”

以色列的应征者则说：“5000 美元我才干。1000 美元给你，1000 美元归我，其余的 3000 美元雇德国人开太空船！”

由这则笑话传达出来的犹太人的精明，用不着我们多说了，犹太人不需从事实务（开太空船）而只需摆弄数字，而且是金融数字就可以享有与高风险工作从事者同样的待遇，这正是犹太人风格中最显著的特色之一。

令人意外的是，这不是其他民族对犹太人出格的精明的一种刻薄讽刺，而是犹太人自己发明的笑话。

平心而论，犹太人并没有盘剥德国人，德国人仍然可以得到他开价的 3000 美元，至于是从有关委员会那里拿到的还是从犹太人那里拿到的，这在钱上面并不能反映出来。至于犹太人自己的开价，既然允许他们自定，他报得高一些也无可非议，怎么安排纯属个人的自由，就像法国人公然把妻子与情人在经济上一视同仁一样。所以，在这则笑话中，犹太飞行员的精明没有越出“合法”的界限。

而且说实话，仅就结果而言，任何一国的飞行员要处于这种“白拿 1000 美元”的位置上，都会感到满意的。但无论在笑话中还是现实生活中，他们都不会提出这样的要求，甚至连想也不会想到，因为这种“过于直露的精明”在潜意识层次就被否定了：他们会为自己的精明而感到羞愧！

但从这则笑话本身来看，我们丝毫感觉不到犹太人为自己精明得“过分”而羞愧的意思，只有一种得意，一种因为自己想出了如此精明甚至精明得无法实现的念头而“洋洋自得”的心情。至于是否“过于直露”这种考虑，丝毫不能影响他们的精明盘算，更不能影响他们对精明本身的欣赏。他们把精明完全看作一件堂堂正正，甚至值得炫耀的东西！可以说，对精明自身的发展、发挥来说，没有什么东西比这种坦荡的态度更为关键了。犹太人可以说就是在为自己卓有成效的精明的开怀大笑声中，变得越来越精明的！

犹太民族的笑话大多都是精明的笑话，而现实生活中的犹太人更多的是精明之

人，而且还是同样对精明持这种坦荡态度的精明之人。

用智慧念好生意经

世人无不惊叹，犹太商人聚敛财富的灵巧和诡谲如同魔术师一样。其实犹太商人之所以能成为世界上最成功的商人，犹太生意经之所以成为智慧的生意经，就是因为智慧与金钱同在。犹太生意经是让人在做生意的过程中越做越聪明的生意经，也是1加1大于2的智慧。

在国际社会的各个领域，都有犹太人卓尔不群的身影，尤其是在商业世界里，大凡执金融牛耳的皆是犹太人，他们之所以能出类拔萃，是与其民族独特的大智慧息息相关的。

钱只有融入了智慧之后，才带有灵性。犹太商人就是活的钱和活的智慧二者的圆满结合。

犹太人麦考尔曾经这样教导他的儿子："我们唯一的财富就是智慧，当别人说1加1等于2的时候，你应该想到大于2。"

早年，父子俩来到美国的休斯敦做铜器生意。20年后，老麦考尔死了，小麦考尔独自经营铜器店。儿子始终牢记着父亲的话，他做过铜鼓，做过瑞士钟表上的弹簧片，做过奥运会的奖牌，他甚至把一磅铜卖到3500美元，这时他已经是麦考尔公司的董事长了。虽然是董事长了，但美国还是没有几个人知道他，真正让他扬名的，是纽约州的一堆垃圾。1974年，美国政府决定清理给自由女神像翻新扔下的大堆废料，很长时间没有人愿意承揽这个活儿，于是政府发布公告，向社会广泛招标。遗憾的是又过了很长时间，仍然没人投标，因为在纽约州，垃圾处理有严格规定，弄不好会受到环保组织的起诉。小麦考尔当时正带着妻儿在法国旅行。一天下午，当他在朋友那里听到这个消息后，立即决定终止休假，第二天一早就乘机飞往纽约。看到自由女冲像下堆积如山的铜块、螺丝和木料后，他一言不发，当即与政府部门签下了协议。消息传开后，纽约许多运输公司都在暗自发笑，他的许多同行也认为废料回收费力不讨好，能回收的资源价值实在有限，这一举动实乃愚蠢之

极，但聪明的小麦考尔并不因为人们的不理解而动摇。

正当所有的人都在等着看笑话的时候，他已经开始组织工人对废料进行分类。他让人把废铜熔化，铸成小自由女神像，旧木料则加工成底座，废铜、废铝的边角料则做成纽约广场的钥匙。他甚至把从自由女神像身上扫下的灰尘都包装起来当盆景土出售。他在自由女神像下面开了一个临时的小店，专门销售这些纪念品，凡是来瞻仰自由女神像的人，都争相购买，结果可想而知，这些废铜、边角料、灰尘都以高出它们原来价格的数倍乃至数十倍卖出，且供不应求。不到 3 个月的时间，他让这堆体积庞大的废料变成了 350 万美金，每磅铜的价格整整翻了 1 万倍。

智慧与金钱同在，在麦考尔身上得到了很好的体现，印证了“犹太商人是最有智慧的商人，犹太生意经是智慧的生意经”。也难怪欧美人都说：“犹太生意经是让人在做生意的过程中越做越聪明而不是迷失的生意经。”

这些看来细小且无处不在的小智慧就是犹太商人开启成功之门的钥匙。犹太商人就是这样在竞争中把自己的钱袋装满的。

财富属于高财商的犹太人

智商即智力商数，它是智力年龄与实际年龄的比值，人们用它来判断一个人的智力水平的标准。这种判定方式如今渗入到各个领域，如情感方面的“情商”、生意范畴中的“财商”等等，智商高的人学习优秀，情商高的人生活美满，财商高的人则赚钱容易。

美国人乔·史派勒写了一本犹太商人很爱看的书，叫《动手来种钱》，书中讲了这样一个故事：

有一个人只剩下最后 1 美分，当这个人正准备用掉这 1 美分时，一个想法突然冒了出来，他把钱换成铜币。他提示自己每次花钱时，就要让钱再以 10 倍或更多倍的数量返回自己的口袋。这是一种很奏效的方法，后来这个人终于财富广进，成为一个腰缠万贯的富翁。

动手“种”钱之前，先要有“种”钱的想法。这种想法就是“财商”！犹太民

族是非常重视财商的民族，他们对孩子财商的培养是世界一流的，他们在孩子很小的时候就对孩子灌输各种理财观念。在传统上，一般说来，他们要求孩子达到这样的目标：

（1）孩子3岁时，能够辨认硬币和美元纸币。

（2）孩子4岁时，知道每枚硬币是多少美分，认识到我们无法把商品全部买到手，因此必须做出选择。

（3）孩子5岁时，知道基本硬币的等价物，知道钱是怎么来的。

（4）孩子7岁时，知道找数目不大的钱，能够数大量的硬币。

（5）孩子8岁时，能够通过做额外工作赚钱，知道把钱存进储蓄账户中。

（6）孩子9岁时，能够制定简单的一周开销计划，购物时知道比较价格。

（7）孩子10岁时，懂得每周节省一点钱，以备大笔开销时使用。

（8）孩子12岁时，能够制定详细的开支计划，懂得正确使用银行业务中的术语。

以上目标，犹太人的孩子往往能在相应的年龄段轻而易举地达到，犹太人能在生意往来中赚大钱，这与他们自小培养的高财商是分不开的。下面仅举几例说明：

（1）卖水胜过淘金

19世纪中期，在加州发现金矿的消息在美国不胫而走。许多人认为这是个千载难逢的发财机会，于是千里迢迢奔赴加州。一夜暴富的淘金梦的确很美，17岁的小农夫亚默尔也成为这支庞大的淘金队伍中的一员，他同大家一样，历尽千辛万苦，一个月后终于赶到加州。

做这种淘金梦的人比比皆是，而且还有越来越多的人从四面八方赶来，一时间，加州遍地都是淘金者，而金子自然不能如淘金者的意愿，越来越难淘。

不但淘不到金子，而且生活也越来越艰苦。加州气候干燥，植被稀少，水源奇缺，许多不幸的淘金者不但没有圆自己的致富梦，反而丧命此处。小亚默尔苦苦地淘了一段时间，和大多数人一样，不但没有发现黄金，反而被饥渴折磨得半死。一天，望着自己水袋中那一点舍不得喝的水，听着周围人对缺水的抱怨，亚默尔的财

商让他突然有了一个念头：淘金的希望太渺茫了，还不如卖水呢！水的价格虽然远不及金子，但需求量很大。于是亚默尔毅然放弃对金矿的努力，用手中挖金矿的工具去开挖水渠，从远方将河水引入水渠，用细纱过滤，成为清凉可口的饮用水。然后将水装进桶里，挑到山谷一壶一壶地卖给淘金的人。当时有不少人嘲笑亚默尔：千辛万苦地到加州来，不去挖金子发大财，却干起这种蝇头小利的小买卖，而且这种卖水的生意哪儿不能干，何必跑到这里来？然而，亚默尔却以“不管风吹浪打，胜似闲庭信步”的心态，继续卖水。他心里暗自高兴：天下哪里有这样的好买卖？把几乎无成本的水大量卖出去。哪里有这样好的市场？成百上千的顾客，而且天天需要。还有一点非常特别的就是来这里的人都是想赚大钱的，他们会不惜一些买水的小钱。最后，所有淘金者都空手而归，而亚默尔却在很短的时间靠卖水赚到几千美元，这在经济萧条时期是一笔非常可观的财富。

无论在什么情况下，高财商者都能发现致富的机遇，而那些低财商者，让财富从自己的身边溜走，却毫无察觉。

（2）把握得到财富的机会

有人曾说过这样一句话：“机会是上帝的别名。”在特定的时间里，各种因素配合恰当，就会产生有利的条件。谁最先利用这些有利的条件，运用手上的人力、物力从事投资，谁就能更快、更容易地获得成功，赚取更多的财富。这些有利条件的总和便是机会，高财商的人往往善于把握这些得到财富的机会。

要想秋天有收成，必须在春天播种。同样，想获得机会，高财商的人也总是要努力付出，包括自己的时间、收入、安逸生活和享受等等，随时全神贯注地做好准备，一旦机会出现，便顺手将它抓住。但是有些人却总想靠一些运气而求得自身的发展。然而，运气并不等于机会，运气带有偶然性、出乎人意料之外的性质，运气的有无与财商的高下没有任何关系。譬如，有个人走在街上，结果拾到了 1000 美金，这是运气。提炼青霉素的弗莱明本来要培养葡萄球菌，却意外地培养出了噬菌霉菌，这应该算他的运气。当然拾钱包与发现青霉素还是有显著区别的，拾钱包纯属意外，那是运气，没有夹杂机会在里面；对弗莱明来说，霉菌是个不速之客，而

发现青霉素的事，则在运气之中夹杂着机会。后来，弗莱明专心致志地提取青霉素，无形中给霉菌创造了巨大的医学价值，不仅为弗莱明带来了声誉和成就，也为弗莱明带来了巨额的财富。

发现霉菌之后，弗莱明可能有两个反应：一是觉得霉菌的出现，阻挠了他对葡萄球菌的研究，给他添了乱子，把它当作麻烦事搁在一边，不予重视；二是觉得好奇，对霉菌进行研究。如果弗莱明采取前一种态度，发明青霉素的就不会是他，而是别人了。弗莱明能够及时抓住机会，结果获得了成功。

高财商的人在创造财富的过程中，能分清机会和运气，他们不排斥运气，但绝不是消极地等待运气，更重要的还是要用他们自己的财商，挖掘藏在实际生活中的机会。因此，他们能很顺利地得到财富，成为一个真正的成功者。

犹太人认为：一个人能竭尽全力去完成一项事业，这是难能可贵的，也必须要那样去奋斗。如果一个人没有自己的奋斗目标，又不肯付出自己的力量去实施自己的计划，这个人很难事业有成。

一个有高财商的人就会在事业上有所突破，他也会成为被世人尊敬的人。

十、最坚强的人是能够驾驭心灵的人

一般人注意犹太人，是因为他们手里的财富、辉煌的成就以及在金钱方面的聪明才智，但是，在背后主导这一切的奥秘却是他们能够驾驭自己，驾驭自己的心灵。所谓“人者心之器”，正因为他们能够操纵自己的心灵，才可以顶天立地地操纵世间的一切。

与其指望别人，不如亲自动手

人最爱犯的错误是认识和观念错误，一旦观念不正确，必然导致行为跟着错。

任何人都希望别人给予自己帮助。在困难和危险面前，我们总在想：要是有人

帮我一把该有多好！于是，我们总寄希望于别人，特别是自己的朋友。但实际上，朋友再好也仅仅只是朋友，他心里想什么你只能去揣测，而绝对不会受你左右，至于那些不曾相交的一般人，就更别指望了。一般而言，人是有善心的，但是绝不是每个人都是菩萨。所以，自己不做事而寄希望于别人，便是天生的寄生虫；与其将希望寄托在别人身上，不如从自己开始，牢牢把握自己。

人人都希望有个好的家庭，在生活中获得成功与幸福；也希望自己有良好的工作条件和拥有一个富裕的祖国。这样的话，我们便可以不怎么努力即可衣食无忧。可是，我们知道如何来创造一个良好的家庭环境、好的工作条件和富裕的国家吗？我们羡慕那些显赫的家族，可我们必须知道，当他们的先辈创业时多半也是白手起家，靠自己的双手和智慧才赢得了一片天地，而后继者也是勤耕不辍、兢兢业业，在先辈开创的基础上继续前进，而绝不是坐享其成、坐吃山空。我们梦想着有个优雅舒适的工作空间，做着令人艳羡的白领或金领贵族，可是我们必须知道，这样的工作空间是靠自己不断地学习和积累经验才换来的。同样，我们希望自己降生在一个美丽、富饶、繁荣的国家，可是，正如肯尼迪所说的那样：“不要问你的国家能给予你什么，而要问你能为自己的祖国做些什么。”如果没有个体的奋斗与努力，一个国家又何来繁荣与富强呢？

总之，一个道理，一切都要从自己开始，善断好坏远远不够，与其指望别人，不如自己亲自动手。

可是，人的天性就是对别人的过失总是很敏感，而对自己的过错却异常宽容，有时甚至还为自己强词夺理，巧言辩护。人可以做到严格地要求自己的妻子、儿女、同事、朋友、上司、下属，却唯独不能做到严格要求自己。因此，人最大的缺点就是不能以身作则，从我做起。中国有句俗话叫“正人先正己”，更告诫人们“其身正，不令而行；其身不正，虽令不从”。我们要时时反省自己，“吾日三省吾身”，先自我批评，管好自己，然后才能推己及人。

《犹太法典》中这样告诫犹太人：

“最值得依赖的朋友在镜子里，那就是你自己”。

“人们介意他人身上细微的皮肤病，却睁眼不见自己身上的重病”。

“人有两片耳一张嘴，就是要人凡事应多听少说”。

同时，《犹太法典》也这样来比喻领导者：

“身体从头开始”。

“没有船长的船，就如同没有舵，全然不知方向”。

“能以微笑回答别人非难的人，是领袖之才”。

人首先要要求自己，然后才可以要求别人。路要真正自己去踩，才真正算走自己的路。自己不走，叫别人走，是毫无道理的；而踩着别人的脚后跟走，其实是替别人走路。

犹太人有着凡事从自己做起、善于自我反省、慎独自律的传统。他们以信守合约、遵守法律而著称于世。在商业活动中，犹太商人严格遵守契约合同，哪怕这种约定只是口头上的。在他们看来，既然双方达成了某种一致，就应该一丝不苟地去执行。也就是说，无论如何，都要求自己遵照契约的约定来履行自己的义务和享用自己的权利。他们相信，只有从自己做起、从自己这方面去执行合约，才能真正体现合约的精神——按照合约约定来履行自己的义务。两方都按合约约定来要求自己，这样合约的价值才能真正体现；否则，一方不从自己做起，却要求对方，那合约的执行就会遇到困难；如果双方都想着用合约去牵制别人，那么这个合同就可能无法签订。在与犹太人的商业往来中，很少存在犹太人不履行合约的情况，除非是合约本身有问题。正是这种先从自己做起，严格要求自己遵守约定的商业精神，使犹太人获得了“世界第一商人”的桂冠。

同样，在犹太人的经营管理活动中，他们从来都是以身作则，自己先做好表率，然后才以自己的行动去感化影响别人，很少有自己都没有遵守却让别人遵守的情况。或许，遵守规章、履行契约、从我做起，这些只是犹太人从我做起比较浅层次的表现。在内心的灵魂深处，犹太人有着可贵的“慎独”精神，也就是可贵的自我反省、自我批评的精神，他们总是去问自己做了什么，做对了什么，应该做什么，却很少去要求别人该怎样做。

在公众面前受到社会的压力，遵守规范是比较容易的。而单居独处之时，外界压力完全消失，只剩下内心的良知抵御着蠢蠢欲动的恶念。唯有此时能把持得住自己，方算得上有道德根底的人，所以《塔木德》上有一句话：“在他人面前害羞的人，和在自己面前害羞的人之间，有很大的差别”。

很明显，在“罪感”支配下的个体行为要比在“耻感”支配下的个体行为，在遵守规范时有着更大的自愿性、自觉性和自律性，这在犹太人的行为中表现得十分明显。

在拉比的教诲中，“独居闹市而不犯罪”，之所以能同“穷人拾遗不昧”和“富人暗中施舍 1/10 的收入给穷人”同立为“神会夸奖的三件事”，其共同之处，尽在一个“独”字。犹太人的上帝所赞赏的“慎独”，其实正是犹太民族延存的基本要求。

犹太民族弘扬“慎独精神”，但绝不意味着一切以自我为中心，他们决不提倡“独善其身”式的“隐士”，而是教导人们在没外人的监督下能严格要求自己，不做违法、违背道德，不做损害别人和集体利益的人；同时与大众生活在一起，发挥自己的作用，与大众打成一片。

据称，有个拉比，行为高洁，为人亲切而仁慈；对神虔敬，做事谨慎，因此他理所当然成为受人景仰爱戴的人。

过了 80 岁后的某一天，他的身体突然一下子变得虚弱了，并很快地衰老下去，他知道，自己的死期已经临近，便把所有的弟子叫到床边。

弟子到齐之后，拉比却哭了，弟子十分奇怪，便问道：“老师为什么要哭呢？难道您有忘记读书的一天吗？有过因为疏忽而漏教学生的一天吗？有过没有行善的一天吗？您是这个国家中最受尊敬的人，最笃敬神的人也是您；并且您对那像政治一样肮脏的世界从没有插过一次手，照理说老师您没有任何哭的理由才是。”

拉比却说：“正是因为像你们说的这样，我才哭啊。我刚刚问了自己：你读书了？你向神祈祷了？你是否行善？你是否做了正当行为？对于这些问题，我都可以做肯定的回答；但当我问自己，你是否参加了一般人的生活时，我却只能回答：没

有。所以我才哭了。”

以后的拉比们常用这则故事来劝说一些不在犹太人共同体活动中露面的人，以促使他们一起“参加一般人的生活”。从这里不难看出，这个“一般人的生活”不是指一般意义上的衣食住行，也不是指常人的其他感性生活，而是特指犹太民族的集体生活。

可见，犹太人“从我做起”的这种以自我为基点的人生观念，并不是与集体与别的个体相离异的，犹太人“从我做起”的意义在于提升了自己，却又影响感化了别人，这比单纯地要求别人要强得多。

首先要接受自己的优点

犹太人经常用这样一句话勉励自己，人类最大的弱点就是自贬，亦即廉价出卖自己。这种毛病以数不尽的方式显示。例如，约翰在报上看到一份他喜欢的工作，但是他没有采取行动，因为他想：“我的能力恐怕不足，何必自找麻烦！”

几千年来，很多哲学家都忠告我们：要认识自己。但是，大部分的人都把它解释为“仅认识你消极的一面”，大部分的自我评估都包括太多的缺点、错误与无能。认识自己的缺点固然是很好的，可借此谋求改进。但如果只看到自己的消极面，就会陷入混乱，使自己变得没有什么价值。因此，要正确、全面地认识自己，决不要看轻自己。遣词造句就像一部投影机，把你心里的意念活动投射出来，它所显示的图像决定你自己的价值和别人对你的反应。比如，你对一群人说：“很遗憾，我们失败了。”他们会看到什么画面呢？他们真会看到“失败”这个字眼所传达的打击、失望和忧伤。但如果你说：“我相信这个新计划会成功。”他们就会振奋，准备再次尝试。如果你说：“这会花一大笔钱。”人们看到的是钱流出去回不来。反过来说：“我们做了很大的投资。”人们就会看到利润滚滚而来，很令人开心的画面。成功的犹太人总结出他们常用的四种自我调节的方法：

（1）用伟大、积极、愉快的语句来描述你的感受。当有人问你：“你今天觉得怎么样？”你若回答说：“我很疲倦”（或“我头痛”“但愿今天是周末”“我感到

不怎么好”），别人就会觉得很糟糕。你要练习做到下面这一点，它很简单，却有无比的威力。当有人问：“你好吗?”或“你今天觉得怎么样?”你要回答：“好极了。谢谢你，你呢?”在每一种时机说你很快活，就会真的感到快活，而且，这会使你更有分量，为你赢得更多的朋友。

（2）用明朗、快活、有利的字眼来描述别人。当你跟别人谈论第三者时，你要用建设性的词句来称赞他，比如，“他真是一个很好的人。”或“他们告诉我他做得很出色。”绝对要小心避免说破坏性的话。因为第三者终究会知道你的批评，结果又反过来打击你。

（3）要用积极的话去鼓励别人，只要有机会，就去称赞人。每个人都渴望被称赞，所以每天都要特意对你的妻子或丈夫说出一些赞美的话。要注意称赞和你一起工作的伙伴。真诚的赞美是成功的工具，要不断使用它。

（4）要用积极的话对别人陈述你的计划。当人们听到类似“这是个好消息，我们遇到了绝佳的机会”的话时，心中自然就会升起希望。但是当他们听到“不管我们喜不喜欢，我们都得做这工作”时，他们的内心就会产生沉闷、厌烦的感觉，他们的行动反应也跟着受影响。所以，要让人看到成功的希望，才能赢得别人的支持。要建立城堡，不要挖掘坟墓；要看到未来的发展，不要只看现状。

犹太人这种自我暗示的方法，会产生巨大的作用。因为你比想象中的还要好，你知道你自己的优点吗？所谓的优点是任何你能运用的才干、能力、技艺与人格特质，这些优点也就是使你能有贡献、能继续成长的要素。但是，大家总觉得说自己的优点是不对的，会显得不太谦虚。其实，自己在某方面确实有优点却去否定它，这种做法既不合人性，也表明你不诚实。肯定自己的优点绝不是吹牛，相反，这才是诚实的表现。你有哪些优点？自己清楚吗？你是不是知道自己所有的优点？你能不能说出这些优点？在别人问起他们有什么优点时，他们也许会说：“我不知道，不过我想我是有些优点的”；可是在别人问起他们有什么缺点的时候，他们倒会很快地罗列出一大堆。大多数人都被教会了一个观念：讲自己有哪些优点是不对的，讲自己有哪些缺点是绝对应该的。希望你能真正清楚自己有哪些优点，因为要成功

就一定得好好地利用你的优点。

举个例子来讲，要是有人说你菜烧得好，也许你会说："哪里，哪里，其实烧得不好。"或者说："这也算不上什么特殊的才能。"可是菜烧得好，绝对是特殊的才能。菜要烧得好需要相当多的条件：要有创造力，时间要掌握得准，还要具备组织能力。菜烧得好对于生活过得愉快与幸福也有很密切的关系。假如有人告诉你："你在电话里很会说话。"你也许会讲："用电话谈话很容易，这没什么了不起。"然而你要知道，有很多人觉得用电话谈话非常困难，因此打电话打得好实在是值得骄傲的优点。当然，发现自己的优点并不容易。

犹太人在商场中奉为圣经的一句名言是，"你千万不要吝于赞美别人，也不要忘记称赞自己。"有些时候，我们难免会害怕表达自己的感受。要是你的家人没有彼此赞赏的习惯，不要灰心，你依然可以去改变这样的情况，一时要改变也许不可能，但只要你耐心地去练习和实践，成功一定会属于你的。

有句话说得好："在别人提起你的优点时，千万别说（也别想）'你还没真正了解我'，请你一定要接受自己的优点。"因此你一定要花些工夫把自己的优点弄清楚，并且持续不断地去发现更多的优点，培养新的优点。不要只用潜能的 1/10，常听到别人说："他真是糟蹋自己的才能！"你自己又如何呢？为了使你自己变得更为成熟，你应该持之以恒地去发展自己的优点。因此，你应该抓住机会，从事相当程度的冒险。比如说，你不确定自己能不能打网球，却根本不让自己有机会到球场去，拿起拍子，实地打球，那你怎么知道自己有没有打网球的潜能呢？当然，到球场去有相当的冒险性——能不能打球，到了球场，能就是能，不能就是不能。可是不这样，你怎能发现自己确实有打网球的天分呢？如果说你果真发现自己有打网球的潜能，并且也喜欢打网球，那么你便能开始练习，不久，潜能也就变成你的优点了。你可能变成网球选手，那么你的优点又多了一项。总之，你一定得尽力抓住一切机会开发自己的潜能，这样就能增加你的优点，发挥你的长处。

沿着目标走就能驾驭方向

许许多多的犹太人能集中自己有限的时间和力量去攻克一个目标，成功也就来得比别人大。人生活在这个世界上，当确定了自己的生存目标之后，也就有了行动的力量源泉。在不断求索和不断发展的人生历程中，促使人前进的动力就是来自对既定目标的追求和向往。

爱因斯坦是犹太民族的骄傲。他一生所取得的成就是世界公认的，他的一生更是典型的为目标奋斗的一生。由于奋斗目标选得准确，爱因斯坦的个人潜能得到了充分的发挥。他在年轻的时候就明白，知识的海洋浩瀚无边，学者不宜在这个海洋里无方向地飘荡，避免耗费自己人生有限的时光，应该选定一个对自己最有利的目标扬帆前进。爱因斯坦善于根据目标需要进行学习，使有限的精力得以充分的利用。他创造了高效率的定向学习法，即找出将自己的知识引导到深处的东西，抛弃使自己头脑负担过重和会把自己诱导偏离要点的一切东西，从而使他集中精力和智慧攻克选定的目标。

犹太人经商，都注重确立人生奋斗目标，先确立目标，然后全力以赴终至成功。犹太人在确立目标时注意切合个人实际和环境，不会把自己的奋斗目标确立在高不可及的位置上。因为人做事时必须要现实地看待问题，目标是我们终生的追求所在。

犹太人认为目标是一种发现，人们往往要经过一番危机才能找到自己的目标。他们通常通过自我反思来得到自己想要的问题答案。

犹太人以经商著称于世，但是世人还应该知道，犹太人为了自己的目标付出的努力，其中的坚韧为常人所不能。从有圣经的时候开始，犹太人就遭受着无尽的苦难，但这也练就了他们坚韧不拔的性格。在犹太人看来，苦难同样是一笔财富，只要一息尚存，只要前进的目标没有迷失，只要指航的灯塔没有熄灭，就永不绝望，因为只有度过黑夜才会有白天，只有经过风雨才会有彩虹。

犹太人经商时，也很明白要为自己的企业确定一个目标。这是一个长期的发展

规划。犹太人懂得，只有有了目标后才会成功，目标是对于所期望成就事业的真正决心。目标比幻想好得多，因为它可以实现。

没有目标不可能发生任何事，也不可能采取任何步骤。如果企业没有目标，就只能在事业的旅途上徘徊，永远到不了任何地方。犹太人把经商比成精心算计自己的人生，这个过程其实就是一场旅行，如果没有地图，也没有目标、计划和时间表，就会迷路。另一方面，如果有一个经过慎重考虑、现实而且明确的目标，就会更容易到达彼岸。目标的作用不仅是界定追求的最终结果，它在整个领导生涯中都起到积极作用，目标是成功路上的里程碑。精明的犹太人认为它具有极大的作用。

目标使经商的企业领导者产生积极性。犹太人认为，人一旦给自己定下目标之后，目标就开始起作用，它是努力的依据，也是对你的鞭策。对一个商人来说，有一点很重要，你的目标必须是具体的、可以实现的。如果计划不具体，无法衡量是否实现了，那么就会降低你的积极性。因为向目标迈进是动力的源泉。

目标使商人看清楚自己的使命，目标给你一个看得见的射击靶。随着这些目标的实现，你就会有成就感，对许多领导者来说，制定和实现目标就像一场比赛，随着时间的推移，你实现一个又一个目标，这时你的思维模式和工作方式又会渐渐改变。

目标有利于避免成为琐事的奴隶。犹太人是个精明的民族，他们认为人的一生中有太多琐事纠缠，人应该过得轻松一些，只管看准目标向前迈进。而确定了目标，就可以让人们知道事情的轻重缓急。没有这些目标的话，就会很轻易地陷入日常事务中。

目标让犹太商人发挥更大的潜能。没有目标的商人是可悲的。他们虽然有巨大的力量与潜能，但他们往往把精力放在小事上而忘记了自己本来应该做什么。具体地说，要发挥潜能，你必须全神贯注于自己有优势并且会有高回报的方面。目标能帮助你集中精力，另外，当你不停地在自己有优势的方面努力时，这些优势会进一步发展。最终，在达到目标时，你自己成为什么样的人比你得到什么东西更重要。目标也可以使商人更好地把握住现在，他们在现实中通过努力实现自己的目标。虽

然目标是朝着将来前进的，是有待将来实现的，但目标能把握住现在。为什么呢？因为这样能把较大的任务看成是一连串小任务和小步骤组成的。所以，如果你集中精力去做当前手上的工作，心中明白自己现在的种种努力都是为将来的目标铺路，那就容易成功了。

在现实生活中，常可以看到一些商人甚至企业领导埋头苦干，却不知所为何来，到头来发现追求成功的阶梯搭错了地方，但为时已晚。犹太人在这点上比常人做得要好得多。因为他们认为，作为企业领导者的商人，只要掌握好真正的方向就可以了。而一个没有目标的领导者就像一艘没有舵的船，永远漂流不定，只会到达失望和丧气的海滩。

目标是伟大的，是值得人的一生都为之奋斗不息的。但是，针对单纯的目标，犹太人还有自己的真经，这就是要求设定目标时要做到以下几点：

（1）目标要是长期的。一个商人如果没有长期的目标，就可能会被短期的各种挫折击倒。理由很简单，没有人能像你一样关心你的成功。你可能偶尔觉得有人阻碍你的道路，故意阻止你进步，但支际上阻碍你进步最大的人就是你自己。其他人可以使你停止，而你自己是唯一能让你永远做下去的人。如果一个人没有长期的目标，暂时的阻碍可能构成无法避免的挫折。但如果有了长期的目标，你则可以做大。一次挫折可以是进步的踏脚石，而不会是绊脚石。一般来说，伟大与接近伟大的差异就是领悟到如果你期望伟大，你就必须每天朝着目标去工作。

（2）目标必须是特定的。一个商人不管具有多少能力或才华，如果不知如何管理它，将它聚焦在特定的目标上，并且一直保持在那里，那么他将永远无法取得成就。那个猎到几只鸟的猎人并不是向鸟群射击，而是每次选定一只作为特定的目标。

犹太人正是因为能够以目标引导自己、规范自己，他们也就能够驾驭自己。

能宽容别人也就拥有了自由的心灵

犹太人告诫我们应该理智地掌握环境，不要太感情用事。注意到商场和生活中

的极度相似，才能在商战中屹立不倒。达到这种精神境界没有明确的方式可循，只有随时去做。这么做之后，你会慢慢发现有很多方法可以增加你了解别人的能力。下面是犹太人提出的方法，指导你开始走向这个方向。

包容的心。简单地说，就是忍受别人不合理的行为和各种不顺心的情况。世界公认犹太人是最值得相处的商业伙伴，因为犹太人不会将自己偶尔的情绪波动迁怒到相互的合作上，而是在相互合作中学习欣赏对方并接受不同的生活方式、态度、文化、种族、年龄和长相。很明显这是了解别人应持的态度。

人类之所以彼此需要，就是因为他们的差异。人类必须随时了解这一点。不要再让不同的国籍、不同的宗教信仰、家庭之间的差异和朋友间的分歧，成为困扰我们互相争执的原因。

不要等别人去做，你现在就面对现实，每个人都有其特异之处，世界上绝对没有两个人是完全一样的。

多注意别人好的一面，不要老挑剔别人不好的一面。包容的心，简单地说，就是接受别人原来的样子。富有包容心的人，能多看到别人的优点，很少看到别人的缺点。对别人的评估，正面价值多于负面价值，鼓励多于责难。然而奇怪的是，愈来愈多的人总是期望别人从不犯罪，他们在心里将自己的雇员或朋友，塑造成理想的完美形象。因此只要雇员或朋友犯错或行为不理想，那么他们心中那个“完美的形象”就粉碎了，他们就一定会生气和失望。开始彼此互相猜忌，自我意识强烈，不为对方着想，互相挑毛病，渐渐摧毁了他们的未来。

出色的犹太商人总是试着去接受别人原来的样子，不勉强他们扮演自己心目中的完美角色。

有的人特别喜欢强调和注意别人性格上的缺陷。他们似乎以找出别人的错误为乐趣，并以此达到自我满足的心理，这种心态常常表现在商业伙伴相互拆台上。然而这种寻找乐趣的方式代价太高，因为这会渐渐抹杀一个人的包容心。犹太人注重学习注意别人的优点，几个犹太商人聚在一起总是相互欣赏对方，他们总是结合成一个强大的、对外一致的联盟。你要随时记住这一点：如果你能够看到别人的好

处，你就不需要处处拘泥于容忍别人，自然便能达到那个境界！努力培养容忍的心，你就是有福的人。你会快乐，更接近真实的自我，而且也能够享受更加丰富而美好的人际关系，从而让你更好地发挥你的潜能。相反地，缺乏容忍度的人会感到痛苦，甚至会闷出病来。这些道理你都懂，但是也许你并不能完全了解，没有包容心在你心理上所造成的影响有多大。当你怒火中烧、对别人发脾气时，你已经对这个人失去包容的心。这时你的血液循环和心跳都会加速，比正常情况下快 3 至 4 倍！当你日子过得“很顺利”时，也就是你的态度乐观积极、有朝气时，你会觉得每天都很舒畅、有活力。相反，当你失望沮丧、怨天尤人时，也就是你和别人发生摩擦时，你便觉得自己在心理上和生理上都大不如前，每天都很疲惫。

试着学习对别人让步，并收敛自己不安的情绪，那么你就能节省很多精神。

犹太人的包容还表现在他们处世时能够做到对事不对人。一个温暖的春天夜晚，在美国东海岸的一个城市里，有位年轻的犹太学生走出公寓去寄一封信。当他从邮筒走回去时，被 11 个不良少年围起来，拳打脚踢狠狠揍了一顿，不幸的是救护车来到之前，他就断气了。两天之内，警察将这 11 个不良少年一一逮捕。社会大众都要求严惩他们，报纸上也呼吁采取最严厉的惩罚措施。后来这位死者的家长寄来一封信，要求尽可能减轻这些少年的罪行，并设立一笔基金，作为这群孩子出狱重新生活以及社会辅导的费用。他不愿仇恨这些少年。无疑地，他内心经过相当激烈的挣扎，而且需要有相当坚强的意志，才能够不恨这些不懂事的孩子。他只恨控制这些孩子内心的病态性格。他希望让这些孩子从残暴、粗鲁、仇恨、病态的虐待性格中重生，甚至还提供金钱来帮助这一群孩子。他恨的是这件事，而不是个别人。这就是犹太人心目中的宽容，于人于己同一种标准，宽己同样能够宽人。了解别人，并不是指容忍所有错误的行为及不正常的性格。如果你能够学习“针对事情而不要做人身攻击”，那么你会发现培养了解的态度容易多了，对你身心的收益也是无穷的。

忍耐是应对困境的有效手段

中国人认为："忍一时风平浪静，退一步海阔天空。"犹太人这样讲："人的细胞每时每刻都在变化，每天都会更新。昨天生气的细胞，已为今天新的细胞所代替。酒足饭饱后所思考的内容，与饥肠辘辘时所考虑的也不一样。我仅仅在等你的细胞的更替。"

犹太人考夫曼之所以能成为股市"神人"，是因为他顽强忍耐奋斗的结果。他1937年出生于德国，因遭受纳粹的迫害，1946年随父母逃到美国定居。他刚到美国时不懂英语，进入学校读书十分困难。但他很有耐性，不怕别人嘲笑，大胆地与美国小朋友交谈，从中学习英语。他还利用课余时间补习英语，吃饭和走路时也背诵英语词句。半年时间后，他能熟练地讲英语了。他家境不佳，却以半工半读的形式读完了大学，并获得了学士、硕士和博士学位。在工作中，他不辞劳苦，刻苦钻研，从银行的最低层任职做起，直至成为世界闻名的所罗门兄弟证券公司的主要合伙人，以至首席经济专家和股票、债券研究部负责人。他对股市料事如神，成为美国证券市场的权威之一。

巴拉尼是出生于奥地利维也纳的犹太人，他年幼时患了骨结核病，由于家境贫寒得不到医治，他的膝关节永久性僵硬，不能正常行走。但他没有灰心丧志，而是忍受着各种痛苦，艰苦奋斗，刻苦攻读，终于在医学上取得了惊人的成就，除了荣获奥地利皇家授予的爵位外，1914年还获得了诺贝尔生理学及医学奖金，他一生发表了184篇很有价值的科研论文。

"世上无难事，只怕有心人。"忍耐是成功信心的表现。成功之路是崎岖曲折的，它不可能是畅通无阻的康庄大道。成功者的特长之一，是善于清除前进中的障碍，有坚忍不拔的忍耐性。"成功者是踏着失败而前进的""失败是成功之母"的哲理是意味深长的。

在人生的游戏中，不尽如人意的事情会时常发生，每个人都没有悲观的必要，失败乃成功的必经过程，关键是要有决心和忍耐力。昨天或今日的失败，并不意味

着最后的结局。把失败与错误当作教训、铺路石、学费，是自我教育和提高的有效途径。最怕的是那些遇到了错误或失败的人一蹶不振，因为如果没有了忍耐性，人就成了真正的失败者。某位成功犹太人曾说过，“人生是试行错误的过程，不犯任何错误的人，是一无所成的人。”

犹太人面对失败、挫折，确立忍耐制胜的法则是：

（1）对“失败”持正确健康的态度，不要恐惧失败，要懂得失败乃成功的必经过程。

（2）焦点不要对着过错与失败！应对准远大的目标，把过错和失败当作今后攀登的阶梯。

（3）遇到失败时，千万不能气馁，要坚韧不拔、矢志不移。

（4）发现此路不通时，要设法另谋出路，使自己顺应环境、适应潮流。

（5）要善于伺机，巧于乘势，等待机遇。

在历史上，犹太民族遭遇过许多不公平的待遇，他们也是用这样的信念度过了种种难关，取得了现在的辉煌。

他们常常这样告诫自己：

第一，不必事事苛求公平。人的心理常常受到伤害的原因之一，就是希望每件事都应当公平。其实，世界上根本就没有绝对的公平，不必事事都拿着一把公平的尺子去衡量，否则就是自己和自己过不去。

第二，设法通过自己的奋发努力来求得公平。有些看似不公平的事正是自己不成熟的观念与言行造成的。

第三，改变衡量公平的标准。不公平是一种进行比较之后的主观感觉，因而只要我们改变一下比较的标准，就能够在心理上消除不公平感。

永远带着热情去工作

人的热情是成就一切的前提，事情成功与否，往往是由做这件事情的决心和热情的强弱决定的。碰到问题，如果拥有非成功不可的决心和热情，困难就会迎刃

而解。

犹太人认为，只有自动自发地努力工作，一名员工才有可能成为一名老板。

犹太人企业家认为，最好的执行者都是自动自发的人，他们确信自己有能力完成任务。这种人的个人价值和自尊是发自内心的，而不是来自他人。也就是说，他们不是凭一时冲动做事，也不是只求博得管理人员的称赞，而是自动自发地、不断地追求完美。

一位心理学家在研究过程中，为了实地了解人们对于同一件事情在心理上所反映出来的个体差异，来到一所正在建筑中的大教堂，对现场忙碌的敲石工人进行访问。

心理学家问他遇到的第一位工人："请问你在做什么？"

工人没好气地回答："在做什么？你没看到吗？我正在用这个重得要命的铁锤，来敲碎这些该死的石头。而这些石头又特别硬，害得我的手酸麻不已，这真不是人干的工作。"

心理学家又找到第二位工人："请问你在做什么？"

第二位工人无奈地答道："为了每周 500 美元的工资，我才会做这件工作，若不是为了一家人的温饱，谁愿意干这份敲石头的粗活？"

心理学家问第三位工人："请问你在做什么？"

第三位工人眼光中闪烁着喜悦的神采："我正参与兴建这座雄伟华丽的大教堂。落成之后，这里可以容纳许多人来做礼拜。虽然敲石头的工作并不轻松，但每当我想到将来会有无数的人来到这儿，再次接受上帝的爱，心中便常为这份工作献上感恩。"

同样的工作，同样的环境，却有如此截然不同的感受。第一种工人，是完全无可救药的人。可以设想，在不久的将来，他将不会得到任何工作的眷顾，甚至可能是生活的弃儿。第二种工人，是没有责任和荣誉感的人。对他们抱有任何指望肯定都是徒劳的，他们抱着为薪水而工作的态度，为了工作而工作，他们肯定不是企业可依靠和老板可依赖的员工。该用什么语言赞美第三种工人呢？在他们身上，看不

到丝毫抱怨和不耐烦的痕迹，相反，他们是具有高度责任感和创造力的人，他们充分享受着工作的乐趣和荣誉，同时，因为他们的努力工作，工作也带给了他们足够的荣誉。他们就是企业想要的那种员工，他们是最优秀的员工。

犹太人善于自我精神奖励，他们努力工作，并从成功中获得内心的满足与成就感。

第三种工人，完美地体现了犹太人的工作哲学：自动自发、自我奖励、视工作为乐趣。这样的工作哲学，是每一个企业都乐于接受和推广的。持有这种工作哲学的员工，是每一个企业所追求和寻找的员工。他所在的企业、他的工作，也会给他最大的回报。

或许在过去的岁月里，有的人时常怀有类似第一种或第二种工人的消极看法，每天常常谩骂、批评、抱怨、四处发牢骚，对自己的工作没有丝毫激情，在生活的无奈和无尽的抱怨中平凡地生活着。不论你过去对工作的态度究竟如何，都并不重要，毕竟那是已经过去的事了，重要的是，从现在起，你未来的态度将如何？

让我们学学犹太人那样的工作哲学，做最优秀的员工吧，努力自发自主地工作。

犹太人向来都是积极乐观地工作，把工作当作自己生活中的乐趣。

犹太人对工作的热情，就是时常保持高度的自觉，就是把全身的每一个细胞都调动起来，完成他内心渴望完成的工作。

其实，所有的人都具备工作的热情，只不过有的人习惯将热情深深地埋藏起来。带着热情去工作吧！

很难想象，一个没有热情的员工能始终如一地、高质量地完成自己的工作，更别说做出创造性的业绩了。热情是一种强劲的激动情绪，一种对人、事、物和信仰的强烈情感。热情的发泄可以产生善、恶两种截然不同的力量。历史上有许多依靠个人热情改变现实的事迹。每一个爱情故事、历史巨变——不论是社会、经济、哲学或是艺术，都因有热情的个人参与才得以进行。

拿破仑发动一场战役只需要两周的准备时间，换成别人可能会需要一年。这中

间之所以会有如此大的差别，正是因为他那无与伦比的热情。战败的奥地利人目瞪口呆之余，也不得不称赞这些跨越了阿尔卑斯山的对手："他们不是人，是会飞行的动物。"

拿破仑在第一次远征意大利的行动中，只用了 15 天时间就打了 6 场胜仗，缴获了 21 面军旗，55 门大炮，俘虏 15000 人，并占领了皮德蒙德。在拿破仑这次辉煌的胜利之后，一位奥地利将领愤愤地说："这个年轻的指挥官对战争艺术简直一窍不通，用兵完全不合兵法，他什么都做得出来。"但拿破仑的士兵也正是以这样一种根本不知道失败为何物的热情跟随着他们的长官，从一个胜利走向另一个胜利。

我们佩服拿破仑，但我们更应该赞美拿破仑手下那些具有无比热情的士兵，他们才是最伟大的人。一旦缺乏热情，军队就无法克敌制胜；一旦缺乏热情，人类就不会创造出震撼人心的音乐，不会建造出富丽堂皇的宫殿，不能征服自然界各种强悍的力量，不能用诗歌去打动心灵，不能用无私崇高的奉献去感动这个世界；如果缺乏热情，你即使有多么美好的愿望，也无法变为现实。也正是因为拥有热情，伽利略才举起了他的望远镜，最终让整个世界都为之信服；哥伦布才克服了艰难险阻，领略了巴哈马群岛的清新晨曦。凭借着热情，自由才获得了胜利；凭借着热情，弥尔顿、莎士比亚才写下了他们不朽的诗篇。

犹太人也正是靠着像拿破仑一样的热情，征服了世界商业战场上的无数对手，到达了顶峰。

有人或许会问，是不是所有的人都具备工作的热情？回答是：是的。每一个人都有，也许隐藏在恐惧之后，可是总在那儿。热情是实现愿望最有效的工作方式。如果你能够让人们相信，你的愿望确实是你自己想要实现的目标，那么即使你有很多缺点别人也会原谅你。只有那些对自己的愿望有真正热情的人，才有可能把自己的愿望变成美好的现实。

人是很奇妙的，人性能创造奇迹。多年来笔者看过许多人都能有意识地创造人生，而不是漫无目的地度过一生。又有多少次，那些最初觉得自己不可能把握自

己、施展力量的人，最后却都能扭转乾坤。

拿破仑

每个人内心都有热情，能感受到强烈的情绪，可是没有几个人能依此情感行动，他们习惯于将热情深深地埋藏起来。

曾经有一次，有 3 个人做了一个小游戏：同时在纸片上把他们曾经见过的性格最好的朋友的名字写下来，还要解释为什么选这个人。结果公布后，第一个人解释了他为什么会选择他所写下的那个人：“每次他走进房间，给人的感觉都是容光焕发，好像生活又焕然一新。他热情活泼，乐观开朗，总是非常振奋人心。”第二个人也解释了他的理由：“他不管在什么场合，做什么事情，都是尽其所能、全力以赴。”第三个人说：“他对一切事情都尽心尽力。”这 3 个人是美国几家大刊物的记者，他们见多识广，几乎走遍了世界的每一个角落，结交过各种各样的朋友。他们互相看了对方纸片上的名字之后，发现他们竟然不约而同地写上了一位著名犹太人企业家的名字，这正是因为这位企业家拥有无与伦比的热情的缘故。

犹太人认为，对待工作不应该有任何借口，必须具有足够的热情。

重视自我又重视别人的人才能拥有荣誉

一个陌生人来到小镇，他拦住集市上的每一个犹太人问道：“先生您能否告诉我，教堂的主持瑞伯·扬科住在哪里？”

“哦，”一人回答道，“你说的大概是那个结巴瑞伯·扬科吧，他的父亲是瑞伯·艾瑞莫，……他住在离教堂不太远的地方。”

陌生人到了教堂，他问一个过路人，“您能告诉我瑞伯·扬科住在哪里吗？”

“哦，你说的是瑞伯·扬科啊，那个疝气患者、爱打老婆的家伙？”过路人说

道，“他已经埋掉3个老婆了。你到那边能找到他。”

陌生人继续往前走，他相信自己没走错，但为了确保无误，他还是停下来问了一个店铺老板，“您能告诉我瑞伯·扬科住在哪里吗？”

“哦，瑞伯·扬科！”店主答道，“你是说瑞伯·扬科·高尼夫，每过一年就要破产一次的那位！他就在那里！”

陌生人向瑞伯·扬科走去，向他问道，“请告诉我，瑞伯·扬科，您究竟为什么不愿做这个镇的主持呢？”

“因不幸太多！”

“那么为什么你又要做呢？”

“问得好！我这样做是出于荣誉！”

犹太人非常重视个人的荣誉，因为在犹太人的心目中，真正能保持高度荣耀、重视荣誉的人，才能在社会上有地位，在人际交往中受到别人的信赖。

但是，对于荣誉，犹太民族又有自己独到的看法。

在犹太人心中，只有靠自己才能决定什么是美。荣誉和荣耀都要发自个人的内心，绝对不是可以通过别人眼光来衡量的东西。因为一个人必须要有某种不可动摇的立场，才能证明人格的尊严。

因此，对于犹太人来说，一个人的精神支柱即在于信念，不具有信念的人，同时也欠缺说服力。自信是犹太人荣誉的源泉。

犹太人认为，一个人愿意信赖你时，他所想依靠的就是你的信誉。在犹太人眼中，一个人为了自己的信誉，即使必须付出生命，也应该紧紧地把守住它。虽然，“荣誉”是虚的，但是，每一个人都必须要有荣誉之心。

“神是神，只有神才是神”，这是犹太人在漫长的历史中，屹立不倒的一句话。这是为什么呢？因为神有它的荣誉。

在社会里，“荣誉”代表着社会上的好评。“荣誉”也代表自己的信誉。所以，犹太人认为一个人是否能保存自己的荣誉，完全在于自己，和别人一点关系也没有。因此，荣誉也好，信誉也好，首先是个人内心的问题，其次它又是社会的。因

此，既重视自我又重视别人的人，才是重视荣誉的人。

对于荣誉的独到理解，使犹太人能够辩证地处理好个人行为与别人看法的关系，这是一种成功的处世智慧。

接受自己的一切，不论好坏

犹太人之所以成功，一条重要的原因就是他们总能对那些自己无法改变的缺陷安然接受，不排斥，不逃避。

谁都希望自己美若西施，貌若潘安；谁都希望自己天资聪颖，出类拔萃；谁都希望自己口含金汤匙出世，一世富贵……可惜这些不符合事物发展规律，只是一厢情愿的白日梦。

生命本就不完美，这一点犹太人早就清楚，如果一味地苛求自己，只会成为人生的失败者。在犹太人眼中，完美并非人们力所能及，无论是上帝创造世界，还是亚当夏娃偷吃禁果，生命常常是从不完美中开始的。

人自出生起便有了美丑贫富之分，但不能因此而抱怨上帝的不公，因为它不会愚蠢地把所有好东西都分给一个人。比如现实生活中那些脸蛋漂亮的人，他们则容易懒惰且缺乏进取心，往往一事无成；而那些头脑聪明的人，他们则容易骄傲自满，因此常常也功败垂成；还有那些生活富裕的人，他们则容易纵情声色而落得一个家财散尽的下场……这样看来，上帝是公平的，它让一个人得到一些东西的同时，又会让他失去另一些东西。所以说我们每个人所拥有的东西都是一样多。既然如此，你还有什么理由去羡慕别人的光环呢？其实，你真的已经很好了，不妨尝试着去喜欢你自己。

“金无足赤，人无完人。”每个人都不是完美的，都有弱点，都有不尽人意的地方。对于此，很多人都无法接受。于是，他们不惜任何代价、竭力伪装成人人都喜欢的完美的人，活得不真实且累。然而，事实上我们的每个人的缺点背后其实都隐藏着优点，每个阴暗面都对应着一个生命赋予的礼物。你完全没有必要自卑，没有

必要为自己的缺点、短处痛苦不已，正如一位牧师所说：“弱点并不是上帝对人的惩罚。恰恰相反，世上每个人都是被上帝咬过的苹果，都是有弱点的人，有的人弱点比较大、比较明显，那是因为上帝特别喜爱他的芬芳。”

生活中，不管多么伟大的人，都会有一块缺憾。不完美又如何，有缺陷又怎么样，这都不可怕。可怕的是看不到自己的价值，把自己说得一无是处，从而自暴自弃。其实，只要我们用心去珍惜，扬长避短，人生一样可以开出美丽的花朵。天生我材必有用。这个世界上根本没有十全十美的人或事。因此，不要只看到自己的缺点而看不到自己的优点。也许，正是因为我们的某些错误和缺陷，反而成就了一种美丽的风景。

十全十美只是一个美丽的童话，它之所以美丽，也只是因为它并不真实。而生命却是真实的，它的美丽正在于它不完美，所以才有很多东西值得我们一直努力着去追求。因此，让我们学会接纳人生的不完美吧，就像我们欣赏满月也接受月缺一样，其实，月圆月缺也只是受我们有限的视觉的欺骗，它本就是它，从未变化过。对于完美人生认识道理也是同样的，只是我们看问题的角度不同而已。

在一个心理辅导班里，有一个叫丽莎的女人。上帝赐予了她许多美好的礼物，优雅的气质，光鲜的外表，爱她的丈夫，以及一份令人羡慕的工作。人们对于她来参加心理辅导，都感到十分惊讶。

当教员问她原因时，她苦恼地说：“也许我在其他人眼里真的是一个幸运的女士，可事实上，我的确有自己的痛苦。别人觉得有着迷人的外表，可在我看来为什么我的鼻子不能再高一点呢？长长的卷发为什么不是金色的而是黑色的呢，如果我的个子能再高一英寸那不是会更光芒四射吗？至于说到工作，天啊，那更让我烦躁。我已经努力两年了可却在关键时刻发生了些变故。不然我早已经坐在经理的位子上了。为什么我的人生中要有这么多遗憾呢。我被这些遗憾所困扰，从不觉得自己幸福。上帝啊，为什么不能让我更加完美一些呢？”

听完丽莎的回答，教员明白了她的症结所在，烦扰她始终的就是她过于追求完

美。这样的完美主义者衡量自己的标准往往无可企及，因此注定收获无情的挫折，沉浸在失败和自我价值无法实现的痛苦悲观情绪之中。于是，教员对丽莎说：“丽莎，你为什么让自己如此痛苦呢，我们的生活注定了并不完美，可正因如此，我们才有动力去积极地追求完美，积极地去生活，如果如你所有，我们每个人都达到了理想化，完美的极致，那么人生又有什么乐趣可言呢。相信我，丽莎，不要沉浸在失败和缺憾的痛苦之中，好好地去生活。你会找到人生的动力和生活的乐趣的。”

第二天，丽莎没有来上课。后来，她打来电话告诉教员：“是您让我重新找回了幸福，快乐。没有您的开解，我想我现在仍然沉浸在缺憾的痛苦中无法自拔。现在我终于明白了，人必须要学会接纳自己，哪怕这样的自己并不完美。”

犹太人之所以成功，一条重要的原因就是他们总能对那些自己无法改变的缺陷安然接受，不排斥，不逃避。当然，这不是消极的接受宿命，而是用积极的智慧和豁达面对人生。无论我们周遭的现实多么残酷，只要抱有真实的自我，就会让我们拥有脚踏大地的资格；虚幻的自我，无论多么美好、奇幻，都是无法站稳脚跟的。

也许你没有聪颖睿智的头脑，没有富可敌国的家产，没人羡煞旁人的外表……你的身上可能没有任何值得你炫耀的地方。但是，你要记住你就是你，你是独一无二的，你一样是上天创造的杰作。因此，请学会接纳一个并不完美的自己。

不为自己找任何借口

成功永远属于那些善于找方法的人，而不是善于找借口的人。

上世纪第一个亿万富翁洛克菲勒曾说：“借口把绝大多数的人挡在了成功的大门之外，99%的失败都是因为人们惯于找寻借口。”美国的前总统西奥多·罗斯福也说：“克服困难的办法就是找办法，而且，只要你找，就一定有办法。”事实上的确如此，方法总比困难多，一切企图推卸责任的说辞，都会拦截你的成功之路。可惜世人偏偏不知，非要把宝贵的时间用在如何寻找一个合适的借口上，却忘记了自

己应该承担起的职责和责任。殊不知，借口也是一张敷衍别人、原谅自己的“挡箭牌”，它扼杀人的创新精神，让人消极、懒惰，遇到困难就退缩，直至最终丧失执行能力。

因此，杰出的犹太民族始终认为，借口是弱者的可怜宣言。在失败面前不要为自己找借口，否则欺骗的只是自己。

洛克菲勒闲暇时，常与朋友斯科菲尔德船长一起打高尔夫球。一次，斯科菲尔德船长又输给了洛克菲勒，他气急败坏，一怒之下把自己那根漂亮的高尔夫球杆扔上了天……

然而，洛克菲勒并没有因此而生气，而且还准备买个新球杆送给他。“但愿这不会让他认为是对他发脾气的奖赏，否则他一发不可收，我可就惨了。”洛克菲勒说。

在洛克菲勒看来，斯科菲尔德船长虽然暴躁了些，但他具有一个令人称道的优点，那就是尽管输球会令他觉得丢脸，他也不会找借口为自己找回颜面。对此，洛克菲勒说：“事实上，他可以以年龄太大、体力欠佳来解释他输球的理由，为自己讨回颜面，但他从来不这样做。”

洛克菲勒非常欣赏斯科菲尔德船长的性格，因为他从不为自己的失败找借口。不找借口是一个成功者的必备素质。如果一遭失败，就找借口，对自己和他人解释：为什么无法做下去，为什么无法成功，那么这些借口早晚会成为阻碍你成功的千沟万壑。起初，失败的人还能自知他的借口多少是在撒谎，但是在不断重复使用后，他就会越来越相信那完全是真的，相信这个借口就是他无法成功的真正原因，结果他的大脑就开始怠惰、僵化，让努力想方设法要赢的动力化为零。

其实，错了就错了，失败了就失败了，提醒自己下次不要重蹈覆辙就可以了，实在没有必要苦思冥想地为自己开脱。要知道成功永远属于那些善于找方法的人，而不是善于找借口的人。

美国西点军校在其200多年的发展历程中，培养了众多的军事人才。在这里，有一个广为传诵的悠久传统，学员遇到军官问话时，只能有四种回答："报告长官，是"，"报告长官，不是"，"报告长官，不知道"，"报告长官，没有任何借口"。除此以外，不能多说一个字。是的，任何借口都是对自己、对别人不负责任的表现，在借口和责任之间，选择责任还是选择借口，体现了一个人的生活态度。

"路上堵车""今天家里事太多""制度有问题""政策不好"……日常生活中，诸如此类的借口我们总是信手拈来，它们看似"合情合理"，实则让人无比生厌。因为这些总是为自己寻找借口的人，往往具有拖延、懒惰、缺乏自信、没有责任心等性格或习惯上的缺点，而性格或习惯上的缺点是一个人最大的敌人，它会时时处处影响和羁绊人们发展的脚步。为此，洛克菲勒曾如此劝诫自己的子女"在我看来，找借口是一种思想病，而染有这种严重病症的人，无一例外的都是失败者，当然一般人也有一些轻微的症状。但是，一个人越是成功，越不会找借口，处处亨通的人，与那些没有什么作为的人之间最大的差异，就在于借口。"

有一本畅销书叫作《致加西亚》。在这本书中，作者描写了一位名为罗文的中尉和发生在他身上的一段故事。1898年，为了从西班牙殖民者手中获得自由，古巴人民进行着浴血奋战。在此之前，美国将一支舰队停靠在哈瓦那海湾，密切关注着局势的变化。古巴虽小，但是牵涉着美国人民的诸多利益。狂妄的西班牙人把美国舰队击沉了，美国人民愤怒了，他们要向西班牙宣战。为了取得和古巴人民的合作，美国总统写了一封信，需要派人把它交到古巴起义军首领加西亚将军手中。谁能完成这个任务？美国军事局局长瓦格纳向麦金莱总统建议，罗文中尉可以胜任。于是总统召见了罗文："你必须把信交给加西亚，他在古巴某个地方，你必须自主计划行动，独自完成任务。"罗文接到任务后，什么话也没有说，什么问题也没有问，而是把信仔细地装在上衣口袋里，转身走了出去。一段时间后，麦金莱总统再次见到罗文，并从他手中接过加西亚将军的信。罗文出色地完成了任务，并带回了重要的军事情报。

罗文遇事沉稳、果敢、坚毅，不为自己寻找任何借口，这就是他能成功的原因。

我们知道，犹太民族是不会轻易许诺的民族，在他们的身上我们能看到诚实坦白的品质，他们对待自己的工作生活都会尽到自己应尽的责任。他们信守自己的诺言，即使有什么问题没有解决，他们也不会费尽心思地去找各种借口为自己辩白，而是将所有的情绪都放下，先解决问题，而这也正是他们优秀的关键。

只信自己

这种只信自己的思想，使犹太人从小就养成了独立自主的意识。在他们看来如果对一件事情完全相信，毫不怀疑，那便会丧失对事物的分辨能力，让自己变得无能愚钝。

世事险恶，波谲云诡，远不是我们能看得通透的。如果你不想被算计，就不要去相信任何人，要知道所有的出卖与背叛都是从信任开始的。

在这样的时代里，有些人刀刃相见，有些人暗中使劲，单纯与轻信只会为你铺就惨败之路。对于这一点，犹太人颇有体会，在他们的国度里，从小就教育自己的孩子：社会是复杂的，决不能相信任何人，正如这则故事：

一天，3岁的雅格和姐姐在客厅里玩的正高兴。这时，爸爸恰好从外面回来，就把雅格放到壁炉台上，然后松手说："雅格，快跳到爸爸怀里来。"雅格以为爸爸和自己玩，便十分高兴地往爸爸怀里跳。可是，当雅格快要跳到爸爸怀里时，爸爸却突然收回了手，雅格就这样摔在地上，哇哇地哭开了。

之后，小雅格哭着跑到坐在沙发上的妈妈怀里，妈妈却只是笑着说："爸爸真坏！"而站在一旁的父亲，则正若有所思地看着雅格。

这样的教育方式，或许对于我们来说很难理解，但他们却认为十分必要："像这样的重复几次，孩子就自然认为，连爸爸也不可相信，如此一来他们以后就不会

轻信任何人。”这种只信自己的思想，使犹太人从小就养成了独立自主的意识。在他们看来如果对一件事情完全相信，毫不怀疑，那便会丧失对事物的分辨能力，让自己变得无能愚钝。

的确如此，世人都贪慕虚荣，也都喜欢顺耳之词，于是乎一些别有用心之人便会用自己的谄媚之言换取他人的好感和信任，而一旦他们赢得了对方的信任，与对方做成了“朋友”，那也就是他们机关算尽，为自己谋取利益的时候了。

常言道：“害人之心不可有，防人之心不可无。”这句话或许看起来有些狭隘，让人觉得毫无磊落之气度，但是在这个竞争激励甚至说有些残酷的社会中，总有些人为了在竞争中取胜，不择手段，无所不用其极。就像平日里你看上去并无恶意之人，背地就极有可能运筹帷幄，布下天罗地网，时刻等待着你落入他的圈套。

移民到密沙比在梅里特兄弟，在辛勤的工作了许久之后攒下了一笔钱。后来，他们意外地发现，密沙比有着丰富的铁矿。于是兄弟俩决定秘密行动，成立铁矿公司，就这样他们不动声色地收购地产，顺利成立了铁矿公司。

洛克菲勒早就对这里的铁矿垂涎三尺，可当他准备动手时，却发现梅里特兄弟的铁矿公司已经开始经营运转。对此，狡猾的洛克菲勒并没有心浮气躁，而是静待时机。

1837 年，经济危机笼罩美国商业，市面银根告紧，与许多公司一样，梅里特兄弟的铁矿公司也不幸陷入了危机的漩涡之中。就在兄弟俩愁眉不展的时候，本地的一个牧师来到他们家。兄弟俩将牧师视为上宾，在闲聊中，梅里特兄弟不自觉地谈到了现在的经济危机，并对牧师说铁矿公司也陷入了危机之中，资金周转不灵。

这位“热心”的牧师说：“你们怎么不早些告诉我呢，我完全可以帮助你们呀！”

兄弟俩听了这话不禁喜出望外，对牧师说：“真的吗？您有何高见？”

牧师说：“我有一个朋友，看在我的情面上，他是可以支援你们需要的周转资金。”

兄弟俩说："您真是个好人，真不知拿什么感谢您！"

牧师问："你们要多少资金？"

梅里特说："42 万元。"

牧师很快就写了封借 42 万元的介绍信。

兄弟俩问："那么利息怎样计算呢？"

牧师慷慨地说："我怎么能收你们的利息呢？这样吧，比银行利率低 2 厘。"

兄弟俩简直不能相信这样的好事会降临在他们头上。

牧师拿出笔墨立了一张借款字据："今有梅里特兄弟借到考尔贷款 42 万元整，利息 3 厘，空口无凭，特立此为证。"

梅里特兄弟看了字据，觉得并没有什么遗漏后，便在字据中高兴地签了字。

半年过后，这位牧师又来到梅里特兄弟家里。进门后，他十分严肃地对兄弟俩说："我的朋友是洛克菲勒，他早上给我来了电报，要求马上收回那 42 万元贷款。"

梅里特兄弟此刻哪来 42 万元偿还呢，只好被逼上法庭。

原告律师说："借据写的是考尔贷款。考尔贷款是贷款人随时可收回的贷款，所以它的利息要比一般贷款低，根据法律规定，借款人或者立即还清所借款，或者宣布破产！"

在万般无奈的情况下，兄弟俩只好宣布破产，将产业出卖，而买主当然是洛克菲勒。作价 52 万元。

梅里特兄弟在创办铁矿公司之前知道要严守秘密，恐有人捷足先登，这一步走得自然是稳妥，可是当身处危机之时，他们却放松了警惕，轻易相信了别人的"善意"。殊不知在商场之中，人人都是为利而来，每一种帮助与施舍，都自然会有它的用意。

犹太人之所以总能取得成功，在生意场上如沐春风，有很大一点就是因为他们懂得：轻信，就是被算计的开始。的确如此，人心叵测，总是让人防不胜防。这就要求身处社会之中的我们，要时刻保持戒心，无论对方与你关系如何，无论你们是

否存在利益关系，都不用轻易相信。要知道你若是信任了他，也就等于给了他伤害你的机会。

善于自我反省

在犹太人看来，由于人性的弱点，人们在经商的过程中很容易犯错，所以必须要时时刻刻地反省我们所走过的每一个阶段，在不断的反省中取得进步。

在生活中，我们难免会犯下一些错误，很多情况下，人们都不会觉得错误是在自己身上，然后千方百计地找借口为自己开脱。然而，随着岁月的流逝，我们的阅历不断增加，思想不断成熟，终于某一天，我们发现了原来要怪的人应该是我们自己。

正如拿破仑被放逐到圣海伦岛时，对身边的警卫所说的那句话："我的失败要完全归咎于自己，不能责怪任何人。我最大的敌人其实就是我自己，这也是造成我悲惨命运的主要原因。"为什么非要等到最终的失败时，才能客观地看待自身的错误呢，若是在人生的每一个阶段都能停下来，反省一下自己，发掘一下自己的不足和错误，那失败原本可以避免，我们也可以在不断的自我反省中完善自己。

每个人都应学会反省，反省是一种能力，也是对我们的行为思想做深刻检查和思考，把我们不当的行为想清楚，从而做出纠正。可以说，反省是我们修正人生道路的唯一方法。

在犹太人看来，由于人性的弱点，人们在经商的过程中很容易犯错，所以必须要时时刻刻地反省我们所走过的每一个阶段，在不断的反省中取得进步。事实上也的确如此，在每一个人的内心深处，多少都隐藏了一些不易察觉的弱点，这种内在的弱点常常会驱使一个人做出一些不利于己的事情来。如果我们对自己的缺点毫无察觉或满不在乎，结果只能是让自己跌得更惨。

所以说，一个人要想提高自己的认知能力和办事能力，就必须自我反省。而盲目者的最显著的特征就是缺乏自我反省，不能从根本上清理自己的错误。一个错误太多的人，离成功的距离也就越来越远。

1884年斯维德伯格出生在斯德哥尔摩附近的一座叫耶夫勒的港口城市。斯维德伯格的家境不错，他的父亲是这个港口城市造纸厂的经理。少年时期的斯维德伯格在当地的一所公办学校读书。凑巧这所学校的校长跟他的父亲很要好，所以这位校长对他特别关心，管教得很严。那时斯维德伯格的学习成绩并不好，各门功课只能勉强达到及格。校长恨铁不成钢，有一天当着好多同学的面，指着斯维德伯格的父亲开的造纸厂，毫不顾情面地痛斥他说："瞧，二十年后这个造纸厂就要在你的手里倒闭了！"这时，斯维德伯格低垂着头，涨红了脸，心里愤恨极了。第二天，他再也不愿意见这个校长的面，悄悄地转到了斯德哥尔摩去读书了。

直到有一天，斯维德伯格突然想起了校长对自己说的那句话，他开始反思自己是不是自己的没有能力接受父亲的造纸厂。他还不断地质问自己：为什么自己的学习成绩那么差？为什么自己表现得不能更好些？为什么自己要让别人笑不起？就这样，生来就有一股子犟脾气的斯维德伯格从此以后下定决心要发奋学习，改变自己的人生，同时也不忘时刻自我反省，了解哪些错误本不该犯。最终，他成了举世仰慕的科学家，并在1926年获得诺贝尔化学奖。

漫漫人生路，行差踏错，一时迷失方向，是不足为奇的。圣贤都会犯错，更何况是我们这些凡夫俗子。所以说，犯错并不可怕，可怕的是不善于自我反省，在错误的方向越走越远。

一个人，只有对以前的种种过错进行反思忏悔，痛定思痛，找出错误的根源，对症下药，才能阻止下次错误的发生，才能提升自己决策的正确性，才能在失败中让自己逐渐强大起来。

犹太商人洛德尔的档案柜中有一个私人档案夹，封面上写着"我所做过的蠢事"，夹中插着一些他做过的傻事的文字记录。他有时通过口述的方式让秘书帮他记录下来，但有时这些事属于隐私，而且做得非常愚蠢，他不好意思让秘书帮他记录，便自己写下来。

每次洛德尔拿出那个“愚事录”，都要做出深刻的自我反省。在他看来，这样做十分有必要，因为只有时刻提醒自己从前所犯的错误，才能避免重蹈覆辙。

反省有很多好处，其中最重要的一点是能让我们将自己看得更清楚。在安静的心灵状态下，看清事实，看清真相，看清那个并不完美的自己。

这一日，犹太人乔恩又去应聘了一家公司，但还是没有回音。这已经是他失业后，第八次面试了，为此他心里十分苦闷。

回到自己居住的简陋小屋后，乔恩坐在床铺上，静下心来想：原来的几个邻居都已经搬到高级公寓了，还有两个成了他失业前所在的那家公司的部门负责人。而自己为什么会是这样？是聪明才智比不过他们吗？还是办事能力不如他们高明？

就这样认真地想了很长时间，突然间，乔恩似乎明白了症结所在，性格孤僻，不善交际，是他唯一比不过哪些邻居的地方，难道这就是他们超越了自己的关键所在？

这一晚，是他第一次如此清醒而客观地自我反省，果然，他的确存在着不如人的地方。整整一夜，乔恩都没有躺下，他一直在自我检讨似的看清自己。近于清晨时，他痛下决心，准备从现在开始做一个乐观、热情的人。

如此决定以后，乔恩的生活发生之巨大改变，在一点一滴的细小之处，他都注意改正自己过去的习惯，按照新的目标去做。没多久，他满怀信心地再次去面试，结果顺利地被录用了。也许正是那一晚彻底的自我反省，给他带来了不一样的命运。

在新单位一年的时间里，乔恩凭借着自己各方面的努力，和同事们打成一片，逐渐建立起了良好的口碑。曾经有一段时间，公司经济状况很不景气，人心浮动。而已经成为中流砥柱的乔恩没有丝毫动摇，总是热情洋溢地鼓励大家，坚定大家的信心，最终帮助公司渡过了难关。

也正是因为他在那段特殊时期的出色表现，公司不仅给他加了薪水，而且还分给了乔恩一部分可观的股份，以资鼓励。

由此可见，只有客观地自我反省，不断完善自己，才能随时把控格局，向自己的梦想迈进。

一个人有缺点或过失并不可怕，关键是要能够正视它，要知道正视缺失就等于改正了一半的错误。正如希腊哲学家德莫克利特所说的：“追悔可耻的行为是对生命的拯救。”

不善于自我反省的人，通常都不愿意正视自己的错误，也不希望别人揭发他的缺点。他们对于别人的批评，采取文过饰非、无所谓的态度，就好比已经发现堤坝出现裂缝，却不去修补，只是涂上一点水泥将缝隙掩盖，从表面上看，好像完美无缺，但始终还是经不起洪水的猛烈冲击。

自我反省，能不断斧正、明确我们的行进方向。从某一方面来说，它把当局者与旁观者互换了一下位置，将自己变成了一个被审视的对象。也就是说，它让自己站在另一个人的立场，以第三者的角度来审视自己，评判自己。

当然，反省并不等同于检讨，更不能单纯地和忏悔直接联系起来。反省，是对整个人生乃至人类走过的全部历程以高格局的视角进行分析与对照，是人类的自我审查、批判。这种深刻的思考与分析不仅出现在失败受挫时，更需要在成功的欢乐中保持冷静，自省自检。

总之，自我反省是提高一个人认知能力和办事能力的手段，也是通往成功的一条捷径。

别看不起穷人

穷人的衬衫里面埋藏着智慧的珍珠，不要轻视穷人。

在犹太人居住的地方，每一个镇上或村子里，都会有一个或几个乞丐。这些乞丐并不会受到人们的歧视，因为在犹太社会里，乞丐也是一种正当职业，是获得了神的允许的，他们应该得到人们的施舍。可见，犹太人对待穷人的态度是十分宽容的，从不会歧视或是看不起他们。

犹太民族中流传着这样两句话："有很多穷人是非常有学问的，因此不要看不起穷人。""穷人的衬衫里面埋藏着智慧的珍珠，不要轻视穷人。"的确如此，在犹太民族中，有不少学识渊博的穷人，并且他们从不吝啬将自己的智慧与别人共享，他们的地位并不比任何一个有钱人低。尊学、重学是犹太人的传统，他们对于贫穷人的智慧，也同样表示出尊重。

在安息日的前夜，一个虔诚的富人开始为安息日日落前的食物做准备。

这时，他突然想起了有一件急事需要马上出去处理，于是便匆忙离开了家。办完事后，他又急着往家赶，在路上，一个穷人向他乞讨买安息日所需食物的钱。

这位虔诚的人生气地斥责穷人："你怎么能一直等到最后一刻才买你的安息日食物呢？没有人会像你这样的。你肯定是个骗子，我才不会上你的当！"

他回到家后，给妻子讲了遇到穷人的事。

"我想对你说的是，这件事你做错了，"他的妻子说，"在你的一生中，你从未体味到贫穷的滋味，也就不知道什么叫贫穷。我在穷苦人家长大。我经常回忆过去，那时天几乎全黑了，安息日快来了，而我的父亲这时需要四处奔走，为家人寻找食物，哪怕是一点点的面包。你对那个穷人有罪！"

这人听完妻子的话后，赶紧赶路到街上寻找那个乞丐，乞丐仍然在寻找安息日食物。于是，这位富人给了穷人安息日所需的面包、鱼、肉，并请他宽恕自己。

在犹太人的世界里，人与人的身份都是平等的，不会因个人财富或者地位不同而有高低贵贱之分。所以他们从不会看不起穷人，即便是乞丐和生活在社会最底层的人群，这些人只是迫于生计才去做有钱人不会去做的事情而已。所以实在没有必要看不起任何人，况且富人未必就是快乐的，穷人也未必就是悲哀的。

不嫌贫爱富，把尊重穷人，对穷人进行施舍作为自己的义务，这是犹太人团结友爱的处世智慧之一。

舌头是善恶之源

使自己的舌头保持沉默，人生将会得到很大的好处。而管不住自己的舌头的人，不仅容易伤人，更容易惹祸。

精明的犹太人认为，尽管舌头没有骨头，但也应该特别小心。因为话一旦说出口，就像射出的箭，再也收不回来了。

对此，他们常常用这样一个故事教育自己的孩子：

一天，拉比西蒙·本噶玛利尔对他的仆人塔拜说：

"到市场去给我买些好东西。"

塔拜去了，带回来一个舌头。

西蒙又对塔拜说："到市场上给我买些不好的东西。"

塔拜去了，又带回来一个舌头。

拉比不解地对他说："为什么我说'好东西'你带回来一个舌头；我说'不好的东西'，你还是带回来一个舌头呢？"

塔拜回答："舌头是善恶之源。当它好的时候，没有比它再好的了；当它坏的时候，没有比它更坏的了。"

在这则犹太故事中，可见舌头有多么重要。西方有句谚语"上帝之所以给人一个嘴巴，两只耳朵，就是要人多听少说。"在现实生活中，正人君子有之，奸佞小人有之。既有坦途，也有暗礁。在如此复杂的环境下，如果说话没有分寸，必会招惹是非。所以，我们要做的就是谨言慎行，将自己放置于一个进可攻、退可守的位置，牢牢地把握住人生的主动权。很多时候，有些城府并不是坏事，要知道一个喋喋不休、缺乏涵养的人是不会受到欢迎的。

在犹太人看来，愚者常常露出自己的愚昧，贤者却总是隐藏自己的智慧。基于

这样，犹太人坚信："假如你想活得更幸福、更快乐的话，就应该从鼻子里充分吸进新鲜空气，而始终关闭你的嘴巴。"

一个波斯国王病得快要死了，他的医生告诉他，喝母狮子的奶是存活的唯一希望。国王马上转向仆人们，问道："谁去把母狮子的奶给我拿来？"

"我愿意去！"有个人回答说，"条件是让我带上10只山羊。"

随后，那人便带着羊群上路了。他找到一个狮子洞，那儿有一头母狮子正在给幼崽喂奶。第一天，这人远远站着，把一只山羊扔给母狮子，它很快就把山羊吃掉了。第二天，他走近了一些儿，又扔过去一只山羊。这样他一点点往前走着。到第10天，他和母狮子成了朋友。最后他取了一些它的奶。这人就返回来了。

走到半路，这人睡了一觉，梦见自己身体的各个部分吵了起来。他的腿说："要不是我们走近母狮，这个人根本就没办法取到奶。"

手回答说："要不是我们挤奶，他也没有办法取到奶给国王。"

"但是，"眼睛说，"要不是我们指路，他什么都干不了。""我比你们都好！"心喊叫嚷着，"要不是我想到这个办法，你们都没有用。"

"而我呢，"舌头回答说，"是最好的！要不是我，你们还能干什么？"

"你怎么敢和我们比？"身体的各部分一起叫了起来，"你整天在那个黑暗的地方待着，你甚至连一根骨头都没有。"

"你们早晚会知道的，"舌头说，"到那时你们就会承认我才是统治者。"

这个人醒过来，继续赶路。当他走进国王的宫殿，他宣布"这是我给你带回来的狗奶！"

"狗奶！"国王咆哮道，"我要的是狮子奶。快把这人带走吊死。"

就在去刑场的路上，这个人身体的各个部分都颤抖起来。这时舌头对它们说："如果我救了你们，你们会不会承认我统治你们？"它们都忙不迭地同意了。

"把我送到国王那里去，我有救国王性命的方法！"舌头冲着刽子手大喊。这人又被带到国王面前。

“为什么你下令把我绞死？”这人问道，“你不知道有时候母狮子也叫作母狗吗？”

国王的医生从这人手里接过奶，检查后发现真的是母狮子奶。国王喝了以后，病很快就好了。

之后，这个人获得了丰厚的奖赏。现在身体的各部分都转向舌头；

“我们向你致敬，你是我们的统治者。”它们谦恭地说。

柔若无骨的舌头让我们享受美味佳肴的同时，也帮助我们表达了抑扬顿挫的语言。从这则犹太故事可知，警惕自己的舌头，就应如同慎重地对待珍宝一样。使自己的舌头保持沉默，人生将会得到很大的好处。而管不住自己的舌头的人，不仅容易伤人，更容易惹祸。当然，慎言也不是不说话，而是说该说的话，不该说的永远不要说。所谓“病从口入，祸从口出”，少说话是保证没有过失的最好方法，要知道低调内敛的人永远比夸夸其谈的人更具说服力。整日口若悬河，难保那句话没有纰漏，若是被人抓住把柄，岂不是招来祸患。

犹太人有一句俗话说“当傻瓜高声大笑时，聪明人只会微微一笑。”因为善于听话的人，易表露内涵；而喜欢表现自我、喋喋不休的人，通常都是些傻瓜。

做个耐心的“淘金者”

有一种成功叫忍耐，有一种成功叫等待……

犹太人有着近2000年漂泊流离的历史。在漫长的逆境生存状况下，他们学会了耐心等待，学会了低调处事做人，学会了如何在逆境中坚持，用自己和民族的智慧创造了一个个奇迹。

换言之，犹太人的成功，很大程度上取决于有耐心。而耐心，也是任何人成功所必需的要素。如果你感觉自己尚不具备较强的忍耐力，那么就多学一学犹太人吧！我们先来看看贝里·罗塔尔的故事。

幼年时期的贝里·罗塔尔跟随父母一起来到美国的纽约。他们在一个穷人聚居区里安顿下来。罗塔尔的父亲靠做木工活赚些生活费，母亲则主要负责料理家务和照看孩子。

可是很不幸的是，罗塔尔的父亲身体不好，有严重的风湿性关节炎，经常卧床不起。尽管这样，罗塔尔的母亲却从不抱怨，她经常说的一句话是：巴谢特。

这个词是什么含义呢？在犹太人的语言中，这个词的含义是，“这是上天的安排，生活总会苦尽甘来”。一直以来，罗塔尔的母亲都是带着这样的人生态度面对生活中的艰难困苦的。

罗塔尔渐渐长大了，他想当一名医生。于是，他就进了一家医学院学习。为了节省住宿费用，罗塔尔选择了离家最近的路特格大学的纽维克校区。

由于学习很用功，罗塔尔的预科课程成绩非常理想。有一天，系主任通知罗塔尔，他已经为自己争取到了上医学院的奖学金。但接下来的消息令人失望：罗塔尔仍需另外缴纳 1 万美元的费用。毫无疑问，罗塔尔是拿不出那么多钱的。无奈之下，罗塔尔只好退学。回到家，罗塔尔告诉母亲：自己做不成一名医生了。

试想一下，如果你遭遇了罗塔尔这样的情况，你的母亲及你的家人会怎么跟你说呢？是安慰、鼓励，还是抱怨、牢骚？

罗塔尔的母亲是这样说的：“孩子，别泄气，说不定好事还在后头呢！”

后来，罗塔尔在一家餐馆找到一份服务生的工作。一年之后，他稍微有点钱交学费了，便申请到新泽西州的一个医学院求学，开始半工半读的生活。毕业后，罗塔尔开始营销药品，这让他第一次接触到了商品零售业，并开始喜欢上了它。后来，罗塔尔跳槽到西部一个名为“便民”的小型家装物品公司。

在这里工作一段时间后，罗塔尔发现了一个现象，有不少人喜欢自己动手来装饰房子。当然，要做这件事是需要采购家装用品的。罗塔尔所在的公司规模很小，产品也不太齐全。所以，人们经常会跑很多次才能将自己所需物品购买齐全。发现了这一问题后，罗塔尔反复琢磨，想出来一个主意：如果自己把所有家装所用的材料都集中在一个大商场中，那么顾客不是要方便很多吗？

想清楚之后，罗塔尔向老板谈了自己的建议，希望老板能采纳。但是老板认为罗塔尔在他面前过分炫耀，无视他的权威，于是把罗塔尔解雇了。

“建言”未成，还丢了工作，罗塔尔遭受了沉重的打击。当时，罗塔尔的两个孩子正在读大学，需要不少费用；另外，他向银行借的一笔抵押贷款也需要按期归还，所以说，他是承受不起失业的。无限焦虑之下，罗塔尔想起了母亲常说的那句话：巴谢特。他的心开始平静下来。

也是从那个时候开始，罗塔尔决心自己创建一个大型家装材料总汇超市，自己做老板，实现自己当初的梦想。他的想法是，自己的超市要面向人口众多的工薪阶层。因为这些阶层是自己动手搞家装的主力军。

考虑成熟后，罗塔尔找到了几个志同道合的朋友作为合伙人。于是，一个名为“家庭”的大型家装材料公司应运而生。在几个人的悉心经营下，他们的家装超市生意兴隆，红红火火。这时候的罗塔尔，已经是富甲一方的商人了。

受母亲的教导和影响，罗塔尔懂得了在困境面前要忍耐，并相信美好终会到来。他正是将这种平静和耐心充分加以运用，才最终实现了自己的心愿。

“巴谢特”——这个象征着苦尽甘来的词，是不是也应该用在你的人生和事业中呢？

事实上，成功的路上没有一帆风顺，每个人都要经历一些艰难险阻，甚至绝境。但犹太人始终秉承着“巴谢特”的精神，让自己保持耐力，平静地面对困难，然后用自己的勤劳和智慧，跨越困境，步入成功。

有一个年轻人，因为家境贫困，从小就没读过多少书。

后来，他想进城找一份工作糊口，也好贴补家用。但他到了城市之后才发现，这几乎比登天还难：城里没有一个人看得起他，大家都向他投去鄙夷的目光，因为他没有在城市立足的基本通行证——文凭。就这样辗转了几天，他最后仍然没有被一家单位雇佣。

就在灰心丧气之时，他给当时很有名的银行家罗斯写了一封信。他在信里抱怨了命运对他是如何不公，他甚至提出，“如果您能借一点儿钱给我，我会先去上学，然后再找一份好工作。”

信寄出去后，等待回信便成了他每天生活的唯一内容。他隐约觉得，这封信不会石沉大海。或者说，他只能将自己渺茫的希望寄托在这封几乎不可能收到的回信上。几天过去了，他已经用尽了身上的最后一分钱，但还是没有盼到罗斯的回信。无奈，他只得收拾好行李，准备离开这个不能接纳他的城市。

就在这时，房东跑进来说有他一封信，是银行家罗斯写来的。青年欣喜万分，像抓住了救命稻草一样赶快拆开。可是，罗斯并没有对他的遭遇表示同情，而是在信里给他讲了一个故事。

罗斯说：“在浩瀚的海洋里生活着很多鱼，除了鲨鱼之外，所有的鱼都有鱼鳔。没有鱼鳔的鲨鱼照理来说是无法生存下去的，因为它行动极为不便，在海洋里只要一停下来就很容易沉入水底而丧生。所以，为了生存，鲨鱼只能凭借超强的耐力不停地运动。没有人能想象鲨鱼为了生存忍耐了多少痛苦，付出了多大的努力！从它们出生开始，面对的就是永不停歇的运动，直至死亡。其他的鱼类都为自己拥有鱼鳔而感到无比庆幸。然而，很多年以后，鲨鱼却因此拥有了强健的体魄，成了同类中最凶猛的鱼。正是这样苦难的生活成就了鲨鱼在海洋里的霸主地位。”

最后，罗斯说：“这个城市就是一个浩瀚的海洋，拥有文化的人很多，但成功的人很少。你现在就是一条没有鱼鳔的鱼……”

那晚，青年躺在床上久久不能入睡，耳边一直回响着罗斯的话。突然，他改变了决定。

第二天，他跟旅馆的老板说，他可以留下来当服务生，只要给他一碗饭吃，不要一分钱工资。旅馆老板当然为能获得如此廉价的劳动力而高兴，很痛快地答应了。

10年后，这个青年拥有了令人羡慕的巨大财富，并娶了银行家罗斯的女儿。他就是石油大王——哈特。

没有耐心，就没有忍受困境的意志；没有耐心，就没有忍耐吃苦的韧性；没有耐心，做事就不会扎实；没有耐心，什么都做不好。所以，要想成为一个理想中的“淘金者”，成为一名成功人士，那么就请你学一学犹太人身上的超强耐心吧！你需要做的，就是在生命中无数绝望的时刻保持平和的心态，坚守生命的张力，忍耐、坚持，再忍耐、再坚持。当你忍受住挫折，并满怀信心，勇于迎接苦难的时候，不管多么强大的阻碍都会被你踩在脚下。

成功来自谦虚

你见过比尔·盖茨不可一世的神情吗？或者说，你听说过他有过唯我独尊、舍我其谁的张狂吗？

对于这些问题，想必大家都会说“没有”。

同时，你也可以问一下自己：假如我是个成功者，我会在众人面前显摆自己的非同一般吗？假如我获得了一定的财富，我会在内心认为自己很了不起，而别人都是笨蛋吗？

事实上，真正成功的人都是谦虚的。人们在实践中得出了一个简单而深刻的结论，那就是：成功来自谦虚。

著名思想家庄子道：“吾生也有涯，而知也无涯。”他很明确地指出了学无止境的道理。也就是说，假如你拥有的是一桶金子，那么世界上的财富就是无数个金矿。你只有学会谦虚，才有机会找到更多的“金子”。这样的思维和心态在犹太人身上体现得非常明显。

庄子

一位伟大的拉比，名叫以色列·班·爱里瑟尔，亦称巴尔·谢姆·特夫，曾经写了

下面一则故事：

一天，巴尔的一位弟子问他说："老师，你曾经说过，到处都有真理，那么，真理这种东西是否就像马路上的小石子那么平常，那么多呢？"

"是这样的。所以，每个人都可以捡到真理。"巴尔·谢姆·特夫回答道。

弟子继续问道："大家为什么不去捡呢？"

只听巴尔·谢姆·特夫回答："只是人要捡到像小石子那么多、那么小的东西时，必定都要弯腰，但是人是很难做到弯腰的。"

弯腰才能捡到"真理"，显然，这是巴尔用一种特殊的方式来告诉弟子，只有懂得谦卑，人才能找到真理。

"巴尔·谢姆"是对神授予特殊力量的人的一种称呼，而上面这位巴尔·谢姆·特夫曾经拥有1万个愿意为他献身的弟子，所以，在18世纪的东欧，他是一个非常活跃的犹太拉比。

通过这个小故事我们可以感受到，犹太人对于谦虚看得多么重，他们把谦虚和智慧看成是有着紧密联系的东西。一位犹太商人曾说过："一个人如果认为自己是幸福的人，那他必定是幸福的。可是，如果他自以为是聪明人，那他一定是个愚蠢的人。因为葡萄长得愈丰硕，就愈会低下头来；同样的道理，愈有智慧的人，便愈会谦虚，只有那些智慧不多的人才会表现得自负和冲动。"

美国有一位名叫凯马特的企业家，他曾经用3年的时间设立了1550多家折扣商店，并翻新了原有的800家商店，总共花费达到30亿美元。凯马特此举是为了与前景看好的沃尔玛进行较量。

当时，虽然沃尔玛还没达到现在全球零售行业排名第一的位置，但其实力也已经非常雄厚了，甚至已经开始将势力范围向凯马特所在的地方进行扩张。为了对抗沃尔玛，凯马特向其发起了直接进攻，把数千种商品的价格都下调一定幅度，以此

来提高自己的竞争力。

凯马特的举动引来周围很多人的不解，大家还劝告他不要太冲动。但是凯马特没把这些话听进去。为了弥补降价商品造成的损失，他开始增加能够带来较高利润的服装销售。

5 年的时间过去了，事实给出了并不理想的答案，凯马特这个付出巨大代价的战略没能获得成功。在执行这一战略的头三年时间里，每平方英尺的销售额由 167 美元下降到 141 美元。买进来的服装不是积压着，就是甩卖着，境况十分不好。凯马特降价，沃尔玛也不甘示弱，也跟着降价到同样水平。这样，凯马特并没有用低价策略把顾客吸引过来。

沃尔玛的一位经理这样说："道理非常简单，在廉价方面没有人能够超过我们。"就这样，凯马特彻底被沃尔玛击败了，董事会也将他辞退了。不仅如此，凯马特的错误战略直接给公司造成了巨大损失，使市场份额从 35%下降到 23%，利润成了负数，股票业绩平平。而再看沃尔玛，在这场较量中不但毫发无伤，而且利润猛涨，股票翻番。

凯马特激情式的"表演"，给企业带来了损失，也让自己失去了 CEO 的位子。而这些，都是他太过冲动，不懂得隐藏锐气所致。

事实上，做生意不是演电影，不能为了赢得满堂喝彩之声就进行疯狂的表演，而应该随时分析商业形势，一步一个脚印地踏实前进。这样下去，才会获得最后的胜利。凯马特的失败正是因为没有参透这一道理所致。可能在他自己看来，他就是一只猛虎，是一个大英雄，充满了强大的自信和无所畏惧。

但实际上，这种盲目主义只会让他站得高，摔得重。所以说，当机会不是很成熟、自己的实力还不是足够强大的时候，不要显露自己的锋芒，而应该低调一些、谦虚一些。

古人云：三人行，必有我师。在我们周围，每个人都有自己的优点，都可以成为我们的老师。既然如此，我们何不"择其善者而从之"呢？只有学会谦卑，我们

才能保持一颗平常心，看花开花落，品人间百态。只有学会谦卑，我们才能纳万物于胸，高而不危，满而不溢。学会谦卑，会让我们得到更多。

因此，在与人打交道的时候，我们必须学习犹太人崇尚谦卑的精神，避免“骄傲式的说话”，同时对于炫耀的话要少说，免得成为别人厌恶的对象。千万不能做“满身是刺的骄傲孔雀”。

等待机会不如创造机会

有人说，愚蠢的人放弃机会，平凡的人等待机会，聪明的人创造机会。

扪心自问，你属于哪一类呢?

倘若你不假思索、信心百倍地回答说是第三类，自然是再好不过的事情。犹太人就是善于创造机会的能手，并且他们绝不轻易放弃机会，更不会守株待兔地等待机会。

然而我们的周围，更多的人却做不到这一点，也就是说，有“创造机会”这种觉悟的朋友并不多，而前两类人倒是占了不少。尤其是第二类人，他们终其一生都在等待机会的“大驾光临”，抱着“不得，我命；得之，我幸”的心态翘首以待，等过了第一个秋，等过了第二个秋，等到花开花落、青丝变白发，也没有等到机会降临。

这些人常常哀叹命运多舛、造化弄人，却不知道这样一个简单深刻的道理：机会是等不来的，它从来都不会主动投怀送抱，也永远不会主动敲你的门，它必须通过我们每个人平时的勤奋经营和努力创造才能获得。

对此，一位犹太哲人曾说过这样一句话：“要想成功，你必须自己制造机会，决不能愚蠢地坐在路边，等待有人经过，邀请你同走财富与权势之路。”

没错，看看古今中外，没有一个成功者不是主动为自己创造机会的。美国实业界巨子华诺密克就是一个很好的例子。

那时，华诺密克参加在芝加哥举行的美国商品展览会，因为运气不够好，他抽

到了一个位置极为偏僻的展位。得知这个消息后，所有的员工都非常失望，他们心里都很清楚，这样一个偏僻的小角落几乎没有人会来光顾，更别说看他们的样品了。就连负责给华诺密克设计展位的装饰工程师萨蒙逊都劝他放弃这个展位，等明年再来参展。然而华诺密克却不以为然地反问道："你认为是等待机会来找你，还是由你自己来创造机会?"

只听萨蒙逊回答道："当然是自己主动去创造机会啊，任何机会都不会从天而降。"

随后，华诺密克笑着说："所以现在该是咱们创造机会的时候了，我希望您能用心为我设计出一个美观而富有东方色彩的展位。"

萨蒙逊也不负重托，设计出了一个古阿拉伯宫殿式的展位，非常形象逼真，使人有身临其境的感觉。

对此，华诺密克非常满意。与此同时，他还做了一系列秘密工作：吩咐后勤主管让新雇来的男女职员一律穿上阿拉伯国家的服饰，特别要求女职员用黑纱遮住自己的脸，只露出两只眼睛；派人从阿拉伯进口了 6 只骆驼来做运输货物之用；定做了一大批气球，预备在展览会上使用。

这个富有阿拉伯风情的展位引起了很多人的兴趣，大家都在猜测华诺密克葫芦里卖的是什么药。加之有些记者对此进行了特别报道，这个展位更是吊足了大家的胃口。

开展的那天，整个展览会的上空飞起了许多五颜六色的气球，这些气球都是经过特殊处理的，升到半空后自动爆破，变成一片片碎胶撒落在地上。很多人都好奇地捡起来看，只见上面写着："亲爱的先生或女士，恭喜您捡到这片碎胶！请您凭此胶片到华诺密克的展位换取纪念品。谢谢您！"

人们都争先恐后地跑去领取纪念品，一下子，华诺密克的展位前就挤了个水泄不通，而其他处于黄金地段的展位却门可罗雀。

连续放了几天气球后，华诺密克的展位受到了越来越多人的关注。就这样，截止到展览会结束，华诺密克公司共做成了 2000 多单生意，其中有 500 多单超过了

100 万美元，这完全出乎华诺密克的意料。而且，据组委会统计，华诺密克的展位是展览会中游客光顾最多的展位。

你遇到这样的情况，会如何应对处理呢？可能有很多人会像萨蒙逊先生那样气馁、陷入绝境，甚至会举起白旗宣布放弃。当然也不乏像华诺密克先生这样不屈服于命运的安排，主动为自己创造机会，于“绝境”处逢“生”的人。

这两种相反的态度必然会带来两种截然不同的结果。试想，如果华诺密克听从了萨蒙逊先生的劝告，自动放弃这个处于偏僻角落的展位，寄希望于明年抽个黄金位置，那么接下来还会发生这一连串的惊喜吗？

答案显然是否定的。如果华诺密克在“坏运气”面前自动败下阵来，提前缴枪投降，之后的成功与喜悦也就根本无从谈起了。

有人放弃或者等待机会，有人创造机会，而这恰恰是常人与成功者的根本区别所在，也是普通人和犹太人的区别所在。

犹太人一直崇尚机会只青睐有准备的人，所以他们不会幻想机会是天上掉下的馅饼，更不会奢望这个“馅饼”总是能不偏不倚地砸在自己头上。乍看起来，这种原地的等待没有任何影响，但长此以往，必然是一种消极的后退。因此，如果你想要让自己如犹太人般获取更多的突破，迎来事业更大的成功，那么就学着自己动手创造机会吧！

从别人的错误中寻找良机

上一节中，我们说到犹太人善于创造机会，而不是等待机会，更不会错过机会。实际上，犹太人同样坚信，一个真正的强者不仅可以看见问题背后的机会，更能从别人的身上吸取经验教训，并且为自己创造更多的机会。

不可否认，任何人都不可避免犯这样或者那样的错误。但是，我们不能让错误白犯。这就相当于一个小学生做错了题目，如果没能从这道错题中找到问题，那么下次还会犯，自己依旧不会提高。作为成年人，在生意场上出现错误、失误等也是

同样的道理。犯错之后，我们不仅要总结之前的经验教训，更要保持清醒的头脑，找到可以解决问题的最好办法。也许，你在解决之前问题的同时，就可以发现更多的机会。

这一点，犹太人早已深信不疑。他们始终相信，生活中的错误也许蕴含着巨大的机遇，如果我们善于发现错误也可能产生巨大的转机。

在第一章中，我们曾提到丹尼尔给做坏了的呢子布起了一个好听的名字——雪花呢，而赚取钱财并开创了事业的故事。

其实，那是个典型的从别人的错误中寻找良机的故事。这一点，是很值得我们每个人学习的。事实上，人们因为错误创造机会的事例有很多，机会往往隐藏在问题的背后，只要你拥有敏锐的眼光，就可以找到创造财富的良机。

康德尔和几个朋友到商店买东西。当时天气很热，很多人都在商店买冰激凌。这时，一位雍容华贵的妇人走过，她的丈夫说："我们买两个冰激凌吧！"可是，这时她看见两个穷孩子正在津津有味地吃着冰激凌，立刻露出了鄙夷的表情，离开了商店。

很多人对这个妇人的行为感到气愤，康德尔的朋友说："怎么会有这种人，穷人在吃她就不屑吃吗？难道还想有人专门为富人生产一种冰激凌？"

说者无心，听者有意，康德尔的脑海中，立刻闪出一个灵感，市场上正是缺少一种象征高贵与时尚的冰激凌。于是，哈根达斯诞生了，并且成为全球的"尊贵品牌"。

康德尔曾经说："那个富人不肯和穷人们吃一样的冰激凌，确实让人感到气愤，但是，你们只看到了鄙夷，而我看到了创造财富的机会。"

别人一句无意中说出来的话，竟让一个有心者发现了巨大的商机。以后，当你吃哈根达斯的时候，会不会想起这个故事来呢？

当然，我们最需要记住的，还是故事中所阐释的道理：机会对每个人都是平等

的，只有那些善于发现的人，才能看到失误背后隐藏的巨大机遇。一个人想要获得成功，不能等着机会降临到你的头上，要善于在别人的错误中寻找良机，这样你才能越来越接近成功。

想成为富人，先拥有富人的思维

“要致富，先修路”是被人们熟知的一句关于经济发展的俗语。

如果你问一个犹太人如何致富，他会直接告诉你，必须要先有富人的智慧。说白了，就是脑袋决定你的口袋，你只有拥有了富人的思想和智慧，才能进入富人的行列。

布达里斯是一个涉世不深的犹太穷小子，和众多犹太人一样，他一直有一个致富的梦想。可是，他没有资金，没有其他更好的机会，所以他必须为自己开辟另一条途径。

布达里斯来到了一个富翁的家里，对富翁说：“先生，我愿意在您家里给您工作3年，这3年时间里，我不会要一分钱工资，您只要让我吃饱饭，有地方住就可以了。”

这对富翁来说，可是稳赚不赔的好事儿，于是他爽快地答应了布达里斯。

3年后，布达里斯离开了这位富翁。

10年后，那位富翁在一次酒会上遇到了当年为自己免费打工的布达里斯，他已经今非昔比了，可那位富翁却显得有些寒酸。见到布达里斯如此大的变化，富翁不禁好奇，当初他走的时候，自己只是给了他一小笔钱，但是那点钱仅够维持几个月的简单生活罢了，要拿它做发财致富的本钱，根本就不可能。终于，有一天，他按捺不住自己的好奇心，去拜访了这个富裕起来的犹太人布达里斯，请求他告诉自己发财的秘诀。

布达里斯听说了他的来意后，笑着说：“先生，我的秘诀可是不能随便讲的。”

“那您有什么条件吗？我现在虽然大不如前，但是要拿点钱出来，还是可

以的。”

“我并不需要你的钱。”

“那你需要什么？”

“我曾经在你那工作过3年，从你的身上学习到了很多东西。为了表示对你的感激，你只要为我免费工作3个月，我就把发财的秘诀告诉你。”

“那好吧！”

3个月后，他又找到了布达里斯：“先生，你可以告诉我怎么才能赚钱了吧！”

布达里斯笑着说：“我不是已经告诉你了吗？”

布达里斯看着那位当年的富翁很是疑惑，于是点拨道：“实际上，我的赚钱秘诀很简单，只不过是学习富翁的思维方法罢了，当然，我还需要将这种思维变成我的习惯。我让你在我这儿工作3个月，就是让你看看我是如何做的。否则，即使你有万贯家产，也有陷入贫困的一天。”

当年的那位富翁听完，不由得感叹一声：“原来如此啊！”接着，这位曾经的富翁深深地反省了自己：成为百万富翁后，他的思维就变得保守起来，认为自己就是一个非常有钱的人了。可是社会在不断地进步，你不进步的话，就要被淘汰。以前或许由于竞争不激烈，人们很容易在成功之后享受安逸，而忘记自己也可能有坐吃山空的那一天。

布达里斯认识到了发财得先从头脑开始，而事实也证明他的成功以及当年那位富翁的落魄，都是和思维有关的。

犹太人正是靠着这样的智慧，不断地发现别人发现不了的机遇，抓住别人没有抓住的机会，让自己赚到一笔又一笔钱财的。

相反，很多人因为思维受到局限，一直和致富无缘。下面这个例子或许就能说明这一点。

一位记者跑到贫困山区，看到一个男孩在山坡上放羊，便过去问他：“你为什

么要放羊啊？”

“攒钱娶媳妇。”男孩回答。

“娶媳妇做啥呀？”

“生娃。”男孩又答。

“生娃干什么呢？”

“放羊！”

看完这个故事，可能很多人会一笑了之，有的人可能会觉得这个娃可怜。当然，从人生态度方面来讲，这个娃倒算是豁达。可是，如果这种思维用在发家致富上，则实不可取。因为他如果不能改变对钱的认识，那么他就永远走不出穷人的循环圈。

扪心自问，你一定不想像这个放羊娃一样过着清贫的日子一直到老吧？如果答案是肯定的，那么就学一学犹太人的思维模式，从“头脑”做起，让自己的思维比别人更敏捷，更“富人化”。这样，你才能不断地突破自己，成就自己。

贪婪只会让财富远离

在生活中，是什么让你的心里整日被忧郁、烦恼、焦躁、痛苦等情绪占据？

其实，造成这些恶劣情绪的，往往只有两个字：贪欲。贪欲不仅会为我们带来许多痛苦和失望，而且它们本身带有极大的危险性。

也许你会说，犹太人赚钱永远没有够，难道他们没有贪欲吗？

事实上，犹太人对于金钱的追求并不像很多人想象的那样，是单纯地为了获取财富。前面的章节中我们曾提到过，犹太人会赚钱、能赚钱，实际上最让他们享受的是整个赚钱的过程。也就是说，在犹太人看来，赚钱的过程比赚钱的结果还要过瘾。如此看来，他们对于金钱不停地追求，又怎么能说是贪欲呢？

我们更应该懂得，贪欲并不能让我们获取更多的财富，收获更多的幸福；相反，贪欲往往会给我们带来极大的痛苦，即使能带来一定的财富也往往是短暂的，

长期下去必然还是失去大于收获。

尼古拉总是无精打采的，觉得生活没劲透了。可他又不甘心一直这样下去，于是就找到一个智者，希望他能帮自己寻找到解脱的办法。

当他如愿以偿地来到智者面前，向智者说明自己前来的原委后，智者微笑着对他点头，然后给他一个篮子，并把他带到一个富丽堂皇的世界当中去。智者对他说，可以往篮子里放任何自己喜欢的东西。

尼古拉开心极了，他想这下自己该有享不尽的荣华富贵了，以后再也不会苦恼了。不一会儿，他就把篮子装得满满的。此时他只是遗憾地认为，篮子太小了，还有那么多自己喜欢的东西没有装下呢！

眼看着那么多诱人的宝贝还没装下，尼古拉只得把之前装进来的东西丢掉一部分，然后再装他认为更值得的东西。他就这样一直装上，丢下，再装，再丢下……

后来，智者问尼古拉是什么感受，他苦着脸说："我现在觉得越来越重了，连走都走不动了！"

智者笑着对他说："知道这是为什么吗？就是因为你的贪欲太强了，心里总是不能满足，才会不停地给自己加负担。如果你懂得适当地克制，不要抓着你认为的宝贝不撒手，那么你就会变得轻松了。"

智者说完，便消失了。而尼古拉似乎也悟出了什么道理，此时的他抬起头再看这些华贵的东西时，忽然觉得它们和自己曾经生活里的东西毫无二致了。

正如智者所言，我们往往被内心的贪欲所牵绊，以至为了满足内心所需而不断地给自己加重追求的砝码，到头来却落得不堪重负的地步。

犹太人加利是一个乐于助人、乐善好施的人。在他看来，一个人给予别人的帮助越多，他最后得到的也会越多。因为加利的这一优良品质，当地的人们都喜欢和他交朋友。

当然，像加利这样的人毕竟不是多数，比如一个叫罗伯特的当地煤商就是个贪欲无边、非常吝啬的人。罗伯特不仅不愿意帮助那些穷苦人家，还经常挖苦别人没有赚钱的本事。他的行为招来很多人的恶评，人们都不怎么喜欢跟他做生意。

这一年的冬天非常寒冷，初冬时节便已下起纷纷扬扬的大雪。由于天气冷得实在太快，犹太教堂根本还没有来得及准备煤来应付这个寒冷的冬天。于是，有人提议让煤商罗伯特捐些煤。可是他们先后几次给罗伯特写信都没有收到回复，于是，他们想到了加利，希望加利帮他们弄点煤来。

对于罗伯特这个人，加利早就清楚，要想让他捐煤根本是不可能的事。不过，加利觉得自己有一个方法可以一试，于是就给罗伯特写了一封信，信中说，希望罗伯特能给教堂捐10车皮煤。

罗伯特收到了加利的来信，看完信的内容后，果然如加利所料，很不高兴。不过，由于加利跟他有生意方面的往来，所以他也不想太不把对方当一回事，于是回信说："由于我们这里没有募捐的先例，所以这次我们也不能破了先例。不过，既然教堂需要，那我们可以半价卖给你们10车皮煤。"

教堂同意，表示先要5车皮煤，其余的以后再说。

罗伯特马上叫人把5车皮煤运到了教堂。可是教堂收到煤以后，就没有了下文。

3个月后，罗伯特写信催促教堂付款。没几天，他收到了教堂的回信："……您的催款书我们无法理解，您答应卖给我们10车皮煤的价钱减掉一半，5车皮煤正好等于您减去的价钱。这5车皮煤我们要了，那5车皮煤我们不要了。"

看完教堂这封信，罗伯特非常愤怒，知道自己上当了，但又无可奈何。他不得不佩服犹太人的聪明。

喜欢金钱没有错，但是如果把对钱财的获得和占有变成一种贪婪，那么就是一种病态了。从本书前面的很多内容中，我们都能感受到，犹太人虽然喜欢赚取不尽的财富，但是他们是带着一种积极、良好的心态来面对的。而且犹太人会把自己所

赚取的财富用于帮助他人，也正因为此，犹太人才能牢牢地抓住财富，并且不断地获取更多的财富。

事实上，对财富的贪婪不但会在精神上给人带来无休无止的压力，更会使自己失去原有的快乐，甚至失去本该属于你的财富，尼古拉如此，罗伯特亦如此。你若不希望自己像他们那样，那么就学习犹太人的思维吧，它会让你对金钱、对财富有新的认识。

积极做事是财富的终极王道

你有超过130的智商，就可以凭借想象得到财富吗？你希望有坐等天上掉馅饼的运气，那么馅饼就真的会出现，并且正好砸到你头上吗？

抛出这两个问题，目的在于表明，做任何事要想成功，光靠空想是不行的。只有积极行动，立即去做才是王道。

关于这一点，犹太人很是看重，而且也身体力行。如果你还沉浸在空想的世界里，那么就赶紧敲醒自己吧，立马行动起来，做你应该做的事。

乔治现在是一家公司的老板，生意做得很大。然而，十几年前，他还是个名不见经传的超市食品区的理货员。

在做理货员期间，乔治是一个勤勤恳恳、认认真真的小伙子。他自己也觉得自己算得上是个好雇员。然而，从某一天开始，他似乎改变了一直以来对自己的认识。

这一天，就在他做完自己分内的工作和一个同事闲聊的时候，经理走了进来。只见经理看了看周遭的情况，然后对乔治使了个眼色，意思是让乔治跟他走。只见经理没有说一句话，便埋头整理起日用品区一些放乱了的货物。那些被顾客随手放置的物品，经理都一件一件地放回原来的位置。

看到这里，乔治很是惊讶，但很快他就明白过来了，原来经理是希望自己能在工作之余多做一些事情，而不是只做自己所负责的食品区的理货工作。

这件事让乔治受益匪浅。他知道，要想让自己的工作更上一层楼，就必须要摒弃按钮式员工的心态，主动做事。从那之后，乔治在完成本职工作之余，会积极主动地做一些其他的事。如此一来，乔治居然觉得原本枯燥的工作开始变得有意思起来，与此同时他还得到了同事们更多的感谢和喜爱。不仅如此，通过在更多的工作中的历练，乔治学到了很多东西，也具备了克服更多困难的勇气和能力。

这种经验对他的人生和事业起着深远的影响。它让乔治从一个旁观者变成了一个认真、负责、积极主动的人，也让他从一个小小的理货员变为一名成功的管理者，并且在后来拥有了自己的公司。直到事业取得成功之后，乔治仍然坚持以前的习惯，拒绝一切空想，积极主动地去做事。

乔治用积极主动的态度为自己赢得了更多的回馈。试想，如果不是经理的“暗示”，乔治或许还在那个食品区理货员的位置上待着，永远不会取得今天的成就。

由此可见，主动做事对于一个人来讲意义何其重大。其实，这种态度不只是对事业有益，对我们的人生同样有不可估量的作用。当自律与责任成为习惯时，成功才会向我们走来。

犹太人一直认为，主动的人不会坐等命运的安排或贵人的相助，自己的幸福和成功都掌握在自己的手中，这些东西都是要靠自己争取的，别人是给不了的，所以如果想占有主动，就得积极主动地做事。

一家犹太人开的公司招聘员工，共有10名应聘者。主考官对这10名面试者给出了同样的问题，那就是让他们想尽办法把房间里的一个柜子给搬出去，并且只给3天的考虑时间。

这10名应聘者几乎都认为这是不可能的事，因为柜子是铁制的，而且体积还挺大，看起来很重，仅靠人力怎么可能将它搬出去呢?

转眼3天过去了，有9个人交了答卷，他们的想法也是五花八门，有的说用杠杆原理，有的说将柜子拆开……都提出了自己的方案，只有第10位应聘者没交

答卷。

第10位应聘者是一个柔弱纤细的犹太男孩。只见他走进办公室，什么话也没说，直接走向柜子，一下就将柜子轻易搬了出去。所有的应聘者都惊呆了，原来“铁”柜子并不是用铁做成的，而是用泡沫做的，只是在其表面上了一层铁色。面试主考官就是想用这种方式来考验应聘者的实际动手能力。

原来看似沉重的柜子不过是个“纸老虎”！看完这个故事，想必你也大吃一惊吧！这就是犹太人考验员工的独特方式。这个故事告诉我们，只有积极主动做事，才能将事情办妥，一味想象解决不了任何问题。很多时候人们在困难面前之所以会失败，并不是因为问题很难解决，而是因为人们被它的表象吓倒了。

犹太人的成功绝不是偶然的，也绝不是他们真的有超人的智慧，很多时候，其实是他们的思维和行动力决定的。在困境面前，他们会保持一颗永远积极上进的心，他们不会因为前景不可预知以及险象环生，就让自己放弃了。犹太人深知，空想是解决不了问题的，一味地空想，根本就不切合实际，只有积极主动地调查实际情况，根据实际情况做出行动计划，才能在最短的时间内解决问题。

如果你还在想象自己成为富翁是什么样子，那么就赶紧停下来，走出去，让行动证明一切吧！

只要值得就去冒险

“只有在别人不敢去的地方，才能找到最美的钻石。”的确如此，只有敢于冒险的人，才能收获巨额财富。

在《羊皮卷》中有这样一句话“风险往往是和收获成正比的。”的确如此，回顾历史上的成功人士多是富有冒险精神的人，这种精神让他们把握住了生命中每一次一闪而过的机会，这是一笔远比金钱重要得多的精神财富。而犹太人显然是这种财富的拥有者，他们凭着过人的胆识，怀抱着乐观从容的风险意识知难而进，逆流

而上，最终赢得了出人意料的成功。这种敢于冒险，且善于冒险的勇气与智慧，无疑是成就“世界第一商人”的又一重要因素。

一次国，两个法国人和两个犹太人乘火车旅行。

法国人很单纯，一人买了一张票；而犹太人精打细算，两个人只买了一张票。法国人见到这种情形，就问犹太人：“你们只有一张票，等列车长来查票，你们怎么办?”

犹太人神秘地笑而不答，火车开动后不久，便传来列车长查票的声音，只见两个犹太人挤进一间厕所。

列车长查票，来到他们的车厢，敲了敲厕所的门，说：“车票看一下!”

门开了一条缝，一只手拿着一张票伸了出来。列车长怎么也想不到，一间厕所内，竟会躲着两个人。

他看过了票，说道：“嗯，好了，谢谢!”随后又把票从门缝中塞了回去。

到了目的地，他们四个人玩得很尽兴。踏上归途买票时，两个法国人心想：“早上来时，犹太人的方法还真不错……”

于是他们几经讨论后，决定也买一张票，轮到犹太人时，只见他们摇摇手，说这次就不买票了。

上了火车，两个法国人期待着：不知道又有什么好方法。说时迟，那时快，列车长又来查票了。

法国人顾不得观看犹太人的新招式，两个人赶紧钻进了厕所。

又是“叩、叩”两声，犹太人敲了敲厕所的门，门应声而开，一只手拿着一张票，从门缝中伸出来。

犹太人：“嗯。谢谢!”

两个犹太人拿了票，立刻往前一节车厢的厕所奔去。

犹太商人历来背着一个投机家的名声。在相当长的一段时间里，“投机”这个词一直被人们认为是贬义词。而现在不同了，经济学家们给“投机”换上了一个恰

如其分的雅称——风险管理。这个名称一改，犹太商人也由原来的“投机家”变成了“风险管理者”。

确实，犹太商人长期以来不仅是在做生意，也是在做“风险管理”。我们知道要想做成任何一件事都有成功和失败两种可能。当失败的可能性大时，却偏要去做，那自然就成了冒险。问题是，很多事情很难分清成败可能性的大小，那么这时候也是冒险。而犹太商人的信条是冒险越大，赚钱越多。在他们看来，当机会来临时，不敢冒险的人，永远是平庸之人。

《塔木德》中说：“只有在别人不敢去的地方，才能找到最美的钻石。”只有敢于冒险的人，才能收获巨额财富。当然，冒险不是不经大脑地蛮干，只有像犹太人那样谨小慎微地照章办事，善于思考，将各种相关因素考虑在内，再在关键时刻果断出击，才是最明智的选择。

利比亚的财政收入不高，在意大利占领期间，墨索里尼为了寻找石油，在这里花费了近1000万美元，结果一无所获。就在埃索石油公司在花了几百万收效不大的费用之后，正准备撤退之际，却在最后一口井里打出油来。壳牌石油公司大约花了5000万美元，但打出来的井都没有商业价值。西方石油公司到达利比亚的时候，正值利比亚政府准备进行第二轮出让租借地的谈判，出租的地区大部分都是原先一些大公司放弃了的利比亚租借地。根据利比亚法律，石油公司应尽快开发他们的租借地，如果开采不出石油，就必须把一部分租借地还给利比亚政府。第二轮谈判中就包括已经打出若干眼“干井”的土地，但也有许多块与产油区相邻的沙漠地。

来自9个国家的40多家公司参加了这次投标。而这40多家公司里，有很多都是“空架子”，他们希望拿到租借地后再转租。另一些公司，其中包括西方石油公司，虽财力不够雄厚，但至少具有经营石油工业的经验。利比亚政府允许一些规模较小的公司参加投标，因为它首先要避免的是遭受大石油公司和大财团的控制，其次再去考虑资金有限等问题。

哈默虽然充满信心，但前程未卜，尽管他和利比亚国王私人关系良好。但是，

他不仅这方面经验不足，而且同那些一举手就可以推倒山的石油巨头们相比，竞争实力悬殊太大，真可谓小巫见大巫。但决定成败的关键不仅仅取决于这些。

哈默的董事们都坐飞机赶来了，他们在4块租借地投了标。他们的投标方式非同一般，投标书用羊皮证件的形式，卷成一卷后用代表利比亚国旗颜色的红、绿、黑三色缎带扎束。在投标书的正文中，哈默加了一条：他愿意从尚未扣税的毛利中拿出一部分钱供利比亚发展农业。此外，他还允诺在国王和王后的诞生地库夫拉附近的沙漠绿洲中寻找水源。并且，他还将进行一项可行性研究，一旦在利比亚找出水源，他们将同利比亚政府联合兴建一座制氨厂。

最后，哈默终于得到了两块租借地，那些强大的对手简直不敢相信自己的眼睛。这两块租借地都是其他公司耗巨资后一无所获而放弃的。

然而，这两块租借地不久就成了哈默烦恼的源泉。他钻出的头三口井都是滴油不见的干孔，仅打井费就花了近300万美元，另外还有200万美元用于地震探测和向利比亚政府的官员交纳的不可告人的贿赂金。于是，董事会里有许多人开始把这项雄心勃勃的计划称之为“哈默的蠢事”，甚至连哈默的朋友、公司的第二股东里德也失去了信心。

但是哈默依旧固执己见。在和股东之间发生意见分歧的几周里，第一口油井出油了，此后另外8口井也出油了。这下公司的人可乐坏了，这块油田的日产量是10万桶，而且是异乎寻常的高级原油。更重要的是，油田位于苏伊士运河以西，运输非常方便。同时，哈默在另一块租借地上，采用了最先进的探测法，钻出了一口日产7. 3万桶自动喷油的油井，这是利比亚最大的一口井。接着，哈默又投资了1. 5亿美元修建了一条日输油量100万桶的输油管道。而当时西方石油公司的资产净值只有4800万美元，可见，哈默的胆识与魄力不容小觑。之后，哈默又大胆吞并了好几家大公司，等到利比亚实行“国有化”的时候，他已羽翼丰满了。就这样，西方石油公司一跃成为世界石油行业的第八个姊妹了。

哈默能够取得一系列成功，完全要归功于他们的胆识和魄力，他不愧为一个犹

太大冒险家。善于冒险，在同他一样的犹太商人眼里永远是一个褒义词，在他们看来每一次风险也都含着等量的成功的种子。

贫穷的滋味并不好受，每个人都不想受到贫困的打扰，摆脱它最好的方法就是敢于冒险。很多时候，那些富有的人之所以富有，并不少他比你能做，而是他比你敢做。

现代社会，充满竞争，要想在竞争中脱颖而出，风险是必须具备的一种意识。然而，在现实生活中，大部分人却都不敢踏上冒险之路，只敢拥挤在平安大道上，安逸而又平庸，永远领略不到人生奇异的风光，赢得不了本能收获的财富。

没有冒险就没有财富，成功者的每一次成功，都与他们在危险的浪尖上拼搏密不可分。可见，在现代社会里，只要看准机会，认为值得，就一定要去冒险，因为冒险与财富同行，在这个不进则退的时代，不冒风险也就是最大的冒险。当然，冒险不等于蛮干，它是建立在正确的思考与对事物的理性分析之上的。只有能过理智的思考认识到冒险的必要而决心去冒险，才有可能产生正面的影响。否则，所谓的冒险也就成了莽撞。

不入虎穴，焉得虎子。财富也是这样，它是和风险同时存在的，风险多大，财富就有多大。其实所有的成功都是敢想、敢做、敢于冒险的结果。所以要相信自己，克服惧怕心理，勇敢面对挑战，就必然能够抓住眼前的机会，而这也正是成功者与平庸者的差别所在。

敢于创新

早创新早发展，晚创新便落于人后，不创新就意味着死亡。

哲学家说世界上没有两片相同的树叶，同样生活中也没有两件完全一样的事情。然而身处高度发达的工业社会，现代人的衣食住行早已离不开工业化生产，而流水线上生产出来的产品日趋相同，逐渐失去了差别性。所以在现代中，标新立异已经成为时代的浪潮，大到一个企业，小到一个人，想要取得成功，就必须要匠心独具，敢于创新。

“早创新早发展，晚创新便落于人后，不创新就意味着死亡。”这就是我们所处于的时代，在这样的时代里，我们只可能贫穷或是富有，不可能安逸自在，舒舒服服地过日子。因此，我们只有善于创新思维，不墨守成规，才能有发展和进步可言。

亨利·彼得森出生在纽约一个贫穷的家庭里，16 岁时他就到一家珠宝店当学徒。经过多年的奋斗，他终于攒下来一点钱，准备开自己的珠宝公司。

由于自己资金有限，无法在规模上与其他公司抗衡，而且订婚戒指的生产由来已久，要想在经营上生意兴隆，就必须有自己企业的经营特色。那么，怎样才能闯出自己的特色呢？经过多方面的考察，彼得森在订婚戒指图案的表现手法上动脑筋。

象征着爱情的首饰大多以心形构图，这已为广大消费者所公认和接受，彼得森也不例外。可在构图的表现手法上，彼得森就表现出了自己的独特领会：把宝石雕成两颗心互抱状，表示一对恋人心心相连；用白金铸成两朵花将宝石托住，表示爱情的美好与纯洁；两个白金花蕊中各有一个天使般的婴孩，一个是男婴，一个是女婴，手中牵着拴在宝石上的银丝线，以此祝福新郎新娘未来的美满幸福小家庭。

其实，仅这一设计就能看出彼得森独具匠心了。然而，彼得森的匠心独运之处还不止这些。他做的戒指表面看是一样的，其实没有相同的，奥秘就在男女婴所牵的银丝线上。那银丝线上有许多类似多股绳搓在一起的皱纹，实际上是手工镂刻出来的，“皱纹”的数目可以随意增减，这样就为购买者留出做记号的余地，例如男女双方的生日、订婚日期、结婚年龄或其他私人秘密，都可以通过银丝的“丝纹”多少表示出来。这一成功的艺术设计为彼得森的事业打下了良好的基础，生意渐渐兴隆起来，他从加工工业过渡到自产自销。

1948 年，彼得森又发明了镶戒指的“内锁法”，那是因一次加工引起的。一个有钱人慕名来找他，那人拿出一颗蓝宝石，求他镶一枚与众不同的戒指，准备送给一个女影星做生日礼物。彼得森知道，再在图案上下功夫是不会有什么惊人之举

的，只有在那颗宝石上打主意。这只有改变传统镶嵌一条路可走。经过一个星期的研究试验，他发明了新的连接方法——内锁法。用这种方法制造出的首饰，宝石的90%暴露在外，只有底部一点面积像果实与花蒂那样与金属相连接。

功夫不负有心人，这项发明很快获得了专利，珠宝商们争相购买，彼得森没花本钱就赚了大笔的技术转让费。在成功面前，彼得森并没有放弃进取的脚步，他不断地观察和研究戒指的构造，终于在1955年，又发明了一种“联钻镶嵌法”。采用这种方法把两块宝石合在一起做成的首饰，可使1克拉的钻石看起来像2克拉那样大，这对大多数消费者来说是极具有吸引力的。

这就是亨利·彼得森的成功之路，也是创新之路。

正是因为这些独出心裁的设计所起到的新奇效果，才使得彼得森的事业能够长足的发展，并赢得人们的尊重和敬仰。可以说“特色戒指公司”能在激烈的竞争中扶摇直上，不能不归功于彼得森的发明创造，和不断更新。如今，做什么行当都能赚钱，只要不断创新，在新奇与创新上面下足功夫。因为大部分人们都有一种求新的欲望，如果你把握了这一点并努力为此做事，那么你的事业就会不断发展。

总之，做生意不能只沿着一条路走下去。要知道不创新、不前进，最终会被时代发展的大潮所淘汰。商人要想保持事业长盛不衰，就必须随时进行自我更新。当然，自我更新不仅仅是产品的创新，还要有管理上的创新，以适应不断变化的市场需求，因为唯有变者与创新者才能生存。

解决问题要打破常规

规则尽管重要，但是如果我们想获得创意，取得突破性的进展，那么遵守规则就反而成了一种枷锁。所以我们必须要尝试着打破常规，经常地反思、检查，使我们的思维流动起来，而不因规则而僵化。

犹太民族有一句名言：“开锁不能总是用钥匙，解决问题也不能总靠常规方

法。”的确如此，人生的大门往往没有钥匙，在命运关键时刻的到来之际，人们最需要的并不是墨守成规的钥匙，而是一块可以砸碎障碍的石头。

犹太人总是能够想尽各种办法去对付难题，他们认为想出的办法愈新颖、愈独出心裁，越能解决问题，获得成功，他们最不希望看到的是千人一面，可以说这也是他们取得成功的一个不可忽略的地方。在人生中，很多问题并不是常规的方法和套路就能够解决的，这时候就要求我们要突破常规，试着从另一个角度去思考，寻找新的契机。要知道方法都是人想出来的，必须大胆去尝试，不能禁锢在惯有的思维模式之下，只有这样才能让头脑更活跃，将问题处理得更为巧妙。

一个犹太老富翁，有两个儿子。他一直苦苦思索，到底让哪个儿子继承遗产？可却总也拿不定主意。有一次，当他回忆自己白手起家的青年时代时，忽然灵机一动，找到了考验儿子的好办法。

这一天，他锁上宅门，把两个儿子带到一百里外的一座城市里，然后给他们出了个难题，谁答得好，就让谁继承家产。他分别交给儿子一人一串钥匙、一匹快马，看他们谁先回到家，并把门打开。马跑得飞快，兄弟俩几乎是同时回到家的。但是面对紧锁的大门，两个人都犯愁了。哥哥左试右试，但始终没能从那一大串钥匙中找到最合适的那把；弟弟呢，则苦于没有钥匙，因为他刚才光顾了赶路，钥匙不知什么时候掉在了路上。两个人急得满头大汗。突然，弟弟一拍脑门，有办法了。他找来一块石头，几下子就把锁砸了，他顺利地进去了。自然，继承权落在了弟弟手里。

自古到今，犹太人一直懂得，人生的大门往往没有钥匙，有的只是挣脱桎梏的石头。很多人在遇到难题时总会用一成不变的方法或工具去解决，但是，一旦外在的条件不存在或者发生变化了，他们就会手足无措，甚至认为陷入绝境。其实解决问题的方式和方法大多都是前人留下来的，未必都适合今时今日的状况。所以。这便需要我们开拓大脑逆向思维，随机应变、临危不乱，以聪明的头脑和开阔的思维

解决各种问题。

在《塔木德》中有这样一个故事：

犹太的大卫王对蜘蛛向来从来不屑一顾，认为它们是随处结网、毫无用处、龌龊无比的怪物，十分厌恶。然而，在一次战争中，他被敌人包围，器械全部被缴获。在逃跑时，大卫王遁入一个洞窟之中。他悲观地想，就算自己有再强的体魄，手无寸铁也难挡敌兵，自己必要葬身于此地了。正当大卫王绝望时发现了蜘蛛，于是他突发奇想，将蜘蛛放置洞口，不久蜘蛛在洞窟入口处结起密密的网来。一会儿，追兵到达洞口，在此逗留良久，见洞口有蜘蛛网便告撤退，大卫王因而得救。

在常规思维下，人们总认为要突围战胜敌人一定要靠强大的武力支持。但是，谁能想到在关键的时刻，一只不起眼的蜘蛛居然挽救了大卫王的性命。所以说，面对困难时要进行多方面考虑，打破常规，善于借用多种工具。

在很多年前，一位犹太贫民欠高利贷者一大笔钱，他无力偿还。放债者就想趁机占有他年轻漂亮的女儿，因此提出，只要他将女儿嫁给自己，债款就一笔勾销。

贫民和他的女儿都不愿意，可又无力偿还债款。于是债主又提出，让老天来决定这件事，他会准备两个分别装有白色鹅卵石和黑色鹅卵石的钱袋，让贫民的女儿从中选择，如果选中的是黑色鹅卵石的话，姑娘就必须嫁给放债者，债务也能得以免除；如果选中的是白色鹅卵石的话，姑娘就不用嫁给放债者，债款也一笔勾销。如果她拒绝选择的话，她的父亲就会被关进监狱。

他们就在田野旁的鹅卵石铺成的道路上进行选择。在他们说话的时候，细心的姑娘发现放债者非常狡猾，装进钱袋子里的鹅卵石全是黑色的。

就在这时，聪明的姑娘伸手从袋子里随便掏出一块鹅卵石，装作不小心掉在道路上。由于路都是由各种颜色的鹅卵石铺成的，所以就不能确定姑娘掉的那块鹅卵石是什么颜色的。

姑娘说道："没有关系，只要看看袋子里另一块鹅卵石是什么颜色的，就能知

道我选的是哪一块了！”

因为剩下的那块鹅卵石一定是黑色的，所以人们自然就认定，那位姑娘选择的是块白色鹅卵石。犹太姑娘就这样利用自己的聪明才智，逆向思考问题，将貌似不可能的局面，转变为对自己极为有利的结果。

在一般情况下，人们总是惯用常规的思考方式，因为它可以使我们在思考同类或相似问题的时候，省去许多摸索和试探的步骤，能不走或是少走弯路，从而缩短思考的时间，减少精力的耗资，又可以提高思考的质量和成功率。殊不知，这样的思维定势往往会起一种妨碍和束缚的作用，使人们陷入旧的思维模式的无形框框中，难以进行新的探索和尝试，因此，我们应当敢于打破常规的想法，摆脱束缚思维的固有模式。

正如一位心理学家说过：“只会使用锤子的人，总是把一切问题都看成是钉子。”规则尽管重要，但是如果我们想获得创意，取得突破性的进展，那么遵守规则就反而成了一种枷锁。所以我们必须要尝试着打破常规，经常地反思、检查，使我们的思维流动起来，而不因规则而僵化。

犹太人的成功早已向世人证明了，只有变通、不走老路才能让思维活跃起来，从而触类旁通，不局限于某一方向，不受消极思维定势的桎梏，越过思维定势的障碍。

以不变应万变

或许行业不同，但是犹太人的这种“变”的精神却是同样的。在他们眼中只有改变，才能保证自己永远在市场竞争中处于领先位置。

法国心理学家约翰·法伯曾经做过一个著名的实验：

把许多毛毛虫放在一个花盆的边缘上，使其首尾相接，围成一圈，在花贫周围不远的地方，撒了一些毛毛虫喜欢吃的松叶。毛毛虫开始一个跟着一个，绕着花盆

的边缘一圈一圈地走，一小时过去了，一天过去了，又一天过去了，这些毛毛虫还是夜以继日地绕着花盆的边缘在转圈，一连走了七天七夜，它们最终因为饥饿和精疲力竭而相继死去。

试想一下，如果毛毛虫中有一个肯改变，那它们马上就可以改变命运，告别死亡。其实，不仅是毛毛虫，人也如此，有多少人因为害怕改变而放弃了眼前大好的机会。

当今社会，瞬息万变，信息爆炸是这个时代的主要特征。可以说每个行业都在变，“变”似乎已经成为这个时代的主潮流。一个人，尤其是商人，如果想成功，就必须随时准备迎接“改变”，不被社会淘汰。

在这一点上来说，犹太人做得十分出色。他们总是善于“以变应万变”，在他们看来，只有这样，才能避免处于被动地位。“变”是一个社会前进的动力，是一个民族自强不息的证明。犹太民族一直处于世界的风口浪尖，他们一直将“变”作为生意场上不变的真理。

“变”是创新，也是进步的前提，只有不断地创新、更近，企业才能在当今的竞争大潮中不断前进。现在社会的更新速度远超乎人们的想象，就像比尔·盖茨说的：“微软离破产只有 18 个月。”其实这并不夸张，今天还在流行的东西，明天就有可能因为一个新款的出现，就被迫降价。小到一个公司，大到一个国家，都是以“变”为主旋律，只有变才能在社会中占有一席之地，也只有变才能一直活跃在舞台上。

犹太人杜伐夫是一位知名的商人。大学毕业后，他在一家电机公司做管理员，因为他头脑灵活，善于改进，不出几年的时间就坐到了经理的位子，并积累了巨额的财富。

在他做管理员的时候，骑自行车是热潮，杜伐夫也有一辆，他经常骑着自行车上下班。如果骑车，下雨天就会成为难题，不仅费力费时，而且弄不好还会溅一身泥。一天，他想到如果自行车上面有一个小马达该多好。于是，他试着把公司里面

一个废弃的小马达装到了自行车上，没想到效果还挺好。他将这个发明告诉了总经理，总经理也是个有眼光的人，立刻觉得这是一个很好的商机，于是便安排专人设计可以装在自行车上的小马达。不到两个月的时间，马达已经设计出来了，不久，这种装在自行车上的小马达上市了，并且很畅销，为公司赚得了上百万元，杜伐夫也因此被提升为部门经理。五年之后，全国制造小马达的公司有23家之多，小马达市场出现了危机。总经理认为是时候进行转变了，于是要求杜伐夫转换项目，另外开辟一个市场。但是杜伐夫的想法与总经理不同，他认为小马达自行车的市场并没有消失，只是需要转变一下，将生产小马达自行车转变为生产小马达摩托车，于是他又不断进行研究，将自行车改为了摩托车，不久后这种小型摩托车研制成功。他扩大了生产厂房，增加了每年的生产份额，所有的人对他的这一举动都表示怀疑，但是杜伐夫有自己的看法。果然，这种产品一上市，就受到人们的普遍欢迎，才几年的光景，就为公司创收了上千万美元，公司一步登天地跻身于以色列大企业之林，杜伐夫因此被提拔为总经理。后来，小型摩托车的型号逐渐多了起来，但它们今日依然在某些国家很畅销。

要想发展，就必须要敢于改变，改变为成功提供了可能。没有改变就不会有创新，改变是企业的生命力，市场的竞争如此激烈，你不变，别人也会变。只有不断开创自己前进之路的人才能始终走在时代的前列，始终居后拾人牙慧的人是不会有大发展的，同时也经不起风雨，一场金融危机后，消失了多少企业，就能清楚地认识这一点。

其实，“一分耕耘，一分收获”并不是每个领域都会存在的，很多时候人们关注的并不是我们到底做了多少工作，而是这些工作带来了多少成功，多少业绩。试想一下，如果我们前行的方向是错的，那只会付出无谓的努力，只有善于改变、善于总结，才能抓住机遇，收获更多的财富。

要想在社会上不断地做大做强，就必须要有居安思危的意识，时刻提醒着自己要改变，要进取。其实只要我们细心翻看出名的犹太人的发家史，就会发现，他们

都不是墨守成规的老古董，他们永远都在改进着自己的产品。或许行业不同，但是犹太人的这种“变”的精神却是同样的。在他们眼中只有改变，才能保证自己永远在市场竞争中处于领先位置。

有很多人在做事情的时候，坚信自己的想法是正确的，并坚定不移地走了下去，这种执着的坚持不懈的精神本是值得赞许的。但是，如果现实的情况一直毫无好转迹象，还要坚持的话那便是迂腐了。山无常势水无常形，应运生变方可制胜，很多时候转个弯，效果或许会更好。

在发展的道路上，我们每遇到的一个问题都是新的。这就要求我们需要时时创新，转变思维，不害怕改变，舍得付出努力。事实上，成功者遭受的失败或犯下的错误并不见得比一般人少，只不过他们勇于尝试，善于改变，直至成功。

决不拖延

对于这一点，犹太人深有体会。他们明白商场就是战场，工作就如同战斗。要想在商场上立于不败之地，就必须养成高效、绝不拖延的习惯。

人们都有这样的经历，清晨闹钟将你从睡梦中惊醒，想着这一天要做的事情，同时却感受着被窝里的温暖，一边不断地对自己说“该起床了”，一边又不断地给自己寻找借口——再等一会儿。于是，在忐忑不安之中，又躺了五分钟，十分钟……

其实这也是人的本性，即放纵、散漫，其深刻表现就在于对目标的坚持、时间的控制等做得不到位，事情不能按时完成。如果这种情况一直延续下去，那必然会阻隔你的成功之路，最终蜕变成一种自我怠误的形式。

当你肆意拖延某个项目，花大把的时间来削铅笔、喝下午茶时，或是有意忙些杂事来逃避某项任务时，你是否会意识到自己已经掉入了拖延的陷阱。时间是世界上最公平、最充分的资源，每个人的一天都拥有 24 小时。然而时间又是世界上最吝啬、最稀缺的资源，每个人的一天只能拥有 24 小时。若是你把这 24 个小时都用

来做一些无谓的事，而把关键的事情无限拖延，那又如何取得成就呢。要知道今日不清，必然积累，积累就拖延，拖延必堕落、颓废。

对于这一点，犹太人深有体会。他们明白商场就是战场，工作就如同战斗。要想在商场上立于不败之地，就必须养成高效、绝不拖延的习惯。杰出犹太人认为那些做事拖延的人，是不可能有太大成就的。拖延是一种很坏的工作习惯，有些人可以在健身房、酒吧或购物中心待上好几个小时而没有一点倦意。但是，看看他们上班的模样：无精打采，抱怨连天。以这样的精神状态去上班，只会感觉工作压力越来越大。

拖延是因为人的惰性在作怪，每当自己要付出劳动或是要做出抉择时，我们总会找出一些借口来安慰自己，总想让自己轻松些、舒服些。有些人能在瞬间果断地战胜惰性，积极主动地面对挑战；而有些人却深陷于“激战”泥潭，被主动和惰性拉来拉去，不知所措，无法定夺……最后，时间就这样被一分一秒地浪费掉了。

拖延是对惰性的纵容，一旦形成习惯，必然会消磨人的意志，使人们越来越失去信心，怀疑自己的毅力，怀疑自己的目标，甚至会使自己的性格变得犹豫不决。

当然，拖延也未必就是懒惰造成的，有时候也是由于考虑过多、犹豫不决造成的。适当的谨慎是必要的，但过于谨慎则是优柔寡断，何况诸如早上起床这样的事是没必要做任何考虑的。我们需要想尽一切办法不去拖延，在知道自己要做一件事的同时，立即动手，绝不给自己留一秒钟的思考余地。千万不能让自己拉开和惰性开仗的架势，对付惰性，最好的办法就是根本不让惰性出现。人们在事情刚开始的时候，总是先有积极的想法，然后当头脑中又冒出“好像也不用……”这样的问题时，于是惰性就出现了，“战争”也就开始了。一旦开战，结果就难说了。所以，要在积极的想法一出现时，就马上行动，让惰性没有乘虚而入的可能。

一位成功的犹太商人讲述了对他人生影响非常大的一件事，这件事发生在他年幼时。

一天，他到外面去玩耍，路过一棵大树的时候，突然有个东西落在了他的头

上。他伸手一摸，原来是个鸟巢。他也没仔细看，就把它扔在了地上。

鸟巢掉在了地上，从里面滚出了一只嗷嗷待哺的小麻雀。他很喜欢它，于是捡起了鸟巢，把它放了进去，一起带回了家。

他回到家，走到门口，忽然想起了妈妈的话：不能把小动物养在家里。所以，他轻轻地把小麻雀放在门后，快速走向里屋，请求妈妈的允许。

在他的一再央求下，妈妈终于破例答应了儿子。可就在他高兴地跑到门后，没想到，小麻雀已经不见了。不远处，一只黑猫舔着嘴巴，嘴角边有鸟的羽毛。他为此难过了好长一段时间。从这件事中，他得到了一个很大的教训：只要是自己认为对的事情，必须马上付诸行动，绝不可优柔寡断。不能做决定的人，固然没有做错事的机会，但也失去了成功的机运。

很多人做事总是要等到所有的条件都具备了再行动，殊不知，良好的条件是等不来的，唯有依靠行动才能创造有利条件。只要做起来，哪怕很小的事，哪怕只有五分钟，也是一个好的开端，也会带动我们更容易地做好更多的事情。

总之，克服拖延的习惯，将其从自己的个性中根除，是成功的必备条件。这种把你应该在上周、去年或甚至十几年前该做的事情拖到明天去做的习惯，正在啃噬你的意志，除非你革除了这种坏习惯，否则你将难以取得任何成就。

不停地奔跑

在他们看来消沉和坐以待毙不但是对生命的不尊重，更会白白浪费掉了有限的宝贵时间，将可能的财富和机会拱手让时间冲走，这不但可悲，而且可恨。

羊皮卷中，记载了这样一句话“生命有限，时光荏苒，只有奋斗不已，方能生生不息。”这就是犹太人所一直信奉的，优胜劣汰，适者生存，只有永不停息地奔跑才能不被社会所淘汰。

在这个充满竞争的世界里，我们不仅要和别人赛跑，也要和自己赛跑。我们能

掌控的只有自己，而时间却永远不停地向前，因此，在时间的海洋里，我们只能不停地奔跑。这个世界永远属于那些不停地奔跑的人，他们为了理想奋斗着，为了心中的目标努力着，他们明白如果停止奔跑，就会被别人甩在身后，进而失去前行的勇气和斗志。

挪威人特别喜欢吃沙丁鱼，尤其是活鱼。所以，市场上活的沙丁鱼的价钱，要比死了的沙丁鱼价格高出许多。于是渔民总是想尽各种办法让沙丁鱼活着返回港口，可是虽然经过种种努力，沙丁鱼还是大批大批地在中途因窒息而死亡。奇怪的是有一条渔船总能让绝大多数的沙丁鱼活着回到港口。对于这点，船长一直严格保守着秘密。直到船长去世之后，谜底才揭开。原来是船长在装满沙丁鱼的木桶里放进了一条以鱼为主要食物的鲶鱼。鲶鱼进入木桶后，由于环境陌生，便四处游动。沙丁鱼见了鲶鱼十分害怕，乱冲乱撞，四处逃窜，不停地在游动，这样渔船里便进入了大量的氧气。这就是著名的“鲶鱼效应”。

沙丁鱼

可见，一味地躲懒偷闲只会让生命在“缺氧”中停息，只有不停地游动，生命才会顽强地保持下去。只有不停地奋斗，我们在竞争中才能处于不败之地。

犹太人流浪漂泊的历史际遇更让他们深深地懂得了这一点，尽管他们受尽歧视和迫害，但他们从来不消极悲观，不怨天尤人，只要有路他们必会前行，会奔跑。他们有着极强的时间观念，在他们看来消沉和坐以待毙不但是对生命的不尊重，更会白白浪费掉了有限的宝贵时间，将可能的财富和机会拱手让时间冲走，这不但可悲，而且可恨。

施特劳斯是著名的梅西百货公司的创始人，也是二十世纪二三十年代全美首屈一指的富豪。谁也想象不到，他最初不过是一个贫困家庭的苦孩子。

他生于德国，后移居北美，由于贫困，他不得不在读完初一后就辍学，去做杂货店里的童工。他虽然读书不多，但深受犹太人传统教育的影响，幼小的心灵已播下了人生奋斗的种子。他想通过自己的努力与奋斗去开拓自己的事业，为此，他一刻也没有停息过。

他 14 岁时，便白天在杂货店干活，晚上自学。他勤奋聪明，干事也十分利落，老板很赏识他，他从勤杂工转为记账员，又升为售货员，再到售货经理，直至最后当上了公司的经理。虽然有了自己可观的收入，但他毫不满足、松懈。接着，他利用自己的积蓄开设了自己的小百货店，取名为梅西百货公司。由于自己的努力和经验，加上广泛的供销渠道，梅西公司快速发展，几年时光，便成为一个中等的百货公司，且很有名气。

但他仍不满足于已有的成绩，他决心将梅西办成全美乃至世界一流的百货公司。于是，他主动研究市场，马不停蹄地大搞市场调研，得出在北美这样的买方市场上应该执行以顾客为中心的市场营销手段的论断。一方面，他要求公司的销售人员要对公司的商品有足够的了解，真诚为顾客着想，争取让顾客最满意；另一方面推出了“给消费者赠品”“新产品用户试用”“产品当场演示”“时装表演”等多种促销手段。

施特劳斯的不断探索为公司赢得了巨大的成功，同时也为他自己赢得了令人瞩目的荣誉。而这些不禁要归功于，他这三十年来从未停息过得努力和进取。可以说，他的人生从未停止过奔跑。

施特劳斯的成功无疑验证了这样一个道理：只有不停地奔跑、探索、前进的人才会为自己赢得主动，才会在人生和事业当中寻找到新的突破。否则，沉醉于一时的成功或安于一时的快活而停止不前，最终只会落后于别人，从而走向平庸和失败。

我们都会有这样的经历：当我们跑步时，如果中途停了下来，休息一下再起跑的话，就会感到四肢乏力，如果我们一直跑下来，面对越来越近的目标，我们便会充满力量。人就是这样，只有在不断地奔跑中才不会失去力量，只有在不断的奋斗中，才不会削弱自己的斗志。

懒惰者凌乱不堪、徘徊倒退的足迹，是写在人生路上的悔过书，狼狈不堪；奋斗者坚实有力、勇往直前的脚印，是刻在高峰险处的感怀诗，何等豪放。勤人登山易，懒人伸指难，一个不愿奋斗，不愿奔跑的人，无论多么聪明，他的人生都会如生满锈迹的宝剑，长满杂草的良田，遭到白蚁侵蚀的豪宅，永远不会有圆满的一天。正如爱因斯坦所说："在天才和勤奋之间，我毫不迟疑地选择勤奋，他几乎是世界上一切成就的催生婆。"可见，只要我们永不放弃前进的步伐，始终坚持不懈，早晚有一天会攀上成功的顶峰。

不开始就不会有进展

千里之行，始于足下，世界上的每一件事情，都是有始才有终，如果只是沉浸在不切实际的幻想之中，或是仅仅停留在羡慕别人的层次上，自己不去行动，那将永远也不会得到你想要的东西。

成功的犹太人不一定是语言的巨人，但一定是行动的巨人。因为他们明白再完美的计划，再宏伟的蓝图，如果只停留在口头上、脑海中，那它永远是海市蜃楼，美好却不真实。所以，他们总会在第一时间，就把自己的想法与计划落实到行动中去，并且毫不犹豫甚至义无反顾地去奋斗，以赢得他们辉煌的人生。

说一尺不如行一寸，不开始就永远不会有进展，任何希望，任何计划最终必然要落实到行动上。只有行动才能缩短自己与目标间的距离，才能把理想变为现实。总之，要想做好一件事，就必须要先开始，必须要付诸行动。对于那些只会一味地羡慕别人，不愿意付诸行动的人来说，成功永远是一句空话。

千里之行，始于足下，世界上的每一件事情，都是有始才有终，如果只是沉浸

在不切实际的幻想之中，或是仅仅停留在羡慕别人的层次上，自己不去行动，那将永远也不会得到你想要的东西。

从前，有一个英国人，还有一个犹太人一同去找工作。他们都怀着成功的愿望，寻找适合自己发展的机会。一天，当他们走在街上时，同时看到有一枚硬币躺在地上，英国青年看也不看地就走了过去，而犹太青年却激动地将它捡了起来。

英国青年鄙夷地看着犹太青年：连一枚硬币也捡，真是没出息！

犹太青年望着远去的英国青年心中十分感慨：看不起一枚硬币的人，是无法积累财富的，真没出息！

后来，两个人同时进了一家公司。公司很小，工作很累，工资也低，英国青年不屑一顾地走了，而犹太青年却高兴地留了下来。

两年后，两人又在街上相遇，犹太青年已成了老板，而英国青年还在寻找工作。

英国青年对此无法理解："这么小家子气的人怎么能如此快地发了财呢？"犹太青年说："因为我不会像你那样绅士般地从一枚硬币上走过去，因为每一笔财富的积累都是从一枚硬币开始的。"

英国人并非不在乎钱，而是眼睛总盯着大钱而对小钱弃之不理，所以他的钱永远在明天。当今世界上犹太人之所以富有，就是因为他们明白，金钱的积累是从"每一个硬币"开始的，一个成功致富的人决不会因为钱小而弃之，他们知道任何一种成功都是从一点一滴积累起来的，没有这种心态就不可能获得更大的财富。

站在犹太人的脚下，仰望他们的成功，不如跟在他们身后努力地学习，吸取他们成功的经验教训，然后再通过自己的努力将梦想完成。

只有实实在在的汗水和辛勤的劳动才能得到自己想要的东西。当我们顾着羡慕别人的时候，也许机会也就在此时一闪即逝。因此，只要我们心中有梦想，有目标，就应该努力去奋斗，将心中的这份期待化作实际的努力。只有这样我们才不必

空自羡慕别人。

机会往往只会垂青于有准备的人，只有你的准备足够充分，你才有可能捕捉到稍纵即逝的机会。一个明智的人绝不会坐以待毙，因为他们明白，心动不如行动，行动是一切成功的前提，在这个竞争日益激烈的社会中，空等与羡慕都是徒劳的。只有伸出双手，付出汗水，让所有的努力开始，你才有可能获得自己想要的东西。

其实在人生一开始的时候，我们并不知道自己想要什么，只是后来我们看到别人所拥有的东西时，才会在脑海里形成“我要”的想法。但如果我们只停留在了“我要”的这个想法上，永远都不开始，那我们永远也不可能把“我要”变成“我有”，因为“我要”与“我有”之间的距离是需要我们用行动的力量来填补的。

勤奋是一切成就的催生婆

世界上能登上金字塔的生物有两种：一种是鹰，一种是蜗牛。不管是天资奇佳的鹰，还是资质平庸的蜗牛，能登上塔尖，极目四望，俯视万里，都离不开两个字——勤奋。

犹太民族，一直被认为是世界上最聪明的民族。全球仅有1500万的犹太人，占全世界总人口的0.3%，可是，他们获得诺贝尔奖的比例却是其他民族的100倍。然而，说他们生来就比其他民族聪明，却是没有科学依据的。那原因究竟在何处呢？只有两个字——勤奋。

回顾整个犹太历史，无数事实都已证明了，一个在事业上有所成就的人，不一定是天资聪颖的人，但一定是肯下苦功夫的人。成功与勤奋本就密不可分，只有勤奋的人才能赢得巨大的成功，而成功也是勤奋的人所必然会得到的果实。

赫伯特·查尔斯·布朗1912年出生在一个手工制造金饰品的犹太家庭，他的父亲为了躲避排犹，把家迁到了美国的芝加哥，并在那里经营一家小五金店，日子过得并不富裕。布朗的父亲几乎是倾其所有供他读书，并教导他要想摆脱贫困的现

实唯有勤奋。

小布朗十分用功，放学后还坚持学习，家里没有电灯，于是他就到路灯下学习。就连下雨的时候，他也打着伞在路灯下学习。他的学习成绩进步得很快。在布朗14岁的那一年，父亲去世了，于是他不得不退学来经营五金店，可是他还是一直在坚持自学。母亲知道他想学习，于是就在他17岁的时候，让他去读了高中，虽然他已经三年没有上学了，可是他依然凭借自己的勤奋以优异的成绩考上了赖特初级学院。在大学期间，他对化学产生了浓厚的学习兴趣，教授十分看好他，并一直指导他学习，还建议他去芝加哥大学学习。对于一个穷孩子来说，这是一件十分困难的事，他不得不一边学习一边打工，而且还必须要争取到奖学金才能勉强完成学业。可是，他真的做到了。

在他进入芝加哥大学后也依然保持着勤奋的习惯，仅用了9个月的时间就完成了大学4年的全部课程。大学毕业后，由于他的勤奋刻苦，他成了著名化学家斯蒂格利茨的助手。他一边工作，一边读研究生，仅用一年时间就获得了硕士学位，又在第二年得到了博士学位。后来，凭借自己的勤奋，他在有机硼方面做出了独特贡献，1979年，他终于获得了诺贝尔化学奖。

人必须经过勤奋努力才能在某方面获得成功，布朗就是最好的例子。一个人无论天生再怎么聪明，如果自己不注重后天的学习，天分终究会在某天消失。而一个人无论天生再怎么普通，只要有勤奋的精神和毅力，将来也会获得骄人的成就。就像众所周知的著名物理学家爱因斯坦，小时候曾被老师认为是笨学生，可是他后来取得了物理学上的重大成就。他的至理名言是："在天才和勤奋之间，我毫不犹豫地选择勤奋，它几乎是世界上一切成就的催生婆。"

此外，一位哲人也曾说过："世界上能登上金字塔的生物有两种：一种是鹰，一种是蜗牛。不管是天资奇佳的鹰，还是资质平庸的蜗牛，能登上塔尖，极目四望，俯视万里，都离不开两个字——勤奋。"

其实每一个人的才能都不是天生的，而是靠自己的不懈奋斗换来的。成功来自

于勤奋，也唯有勤奋才能铸就未来。

在通往成功的道路中，坚持不懈的奋斗是最短但也最有效的途径。在这个效率至上的时代，人们盲目地寻找着通往成功的捷径和技巧，却不肯花时间和精力，脚踏实地地去做好眼前的事情。殊不知只有恒久的努力和进取才能领会出上帝赐予你的灵感，才能向成功慢慢靠拢。

勤奋是通往荣耀的必经之路，那些试图绕过“勤奋”的人，必然会与荣耀渐行渐远。所谓天道酬勤，一个缺乏勤奋和奋斗精神的人，哪怕像天资聪颖的雄鹰，也只能空振翅膀望天兴叹。

十一、不可忽视的思考术

时常停下来思考

乍见之下，“忙碌”似乎是一种勤勉，其实不然，忙碌并非就值得称赞。在犹太人心中，工作对人生是有益的，但是如果一个人只知道工作，而不知道思考的话，那必然不会有效率。

《羊皮卷》中有这样一句话：“想匆匆忙忙地去完成一件事以期达到加快速度的目的，结果总是要失败。”的确如此，片面地追求速度，而忘记了思考，忽略了事情的复杂性，注定要以失败告终。

我们都知道，几个世纪以来，犹太人的命运始终处于风雨飘摇之中，四处漂泊的他们之所以能在生活的恶风险浪中幸存，并且愈发顽强、辉煌，与他们的智慧是不可分割的。而他们的智慧又是哪来的呢？这便是源于他们的思考。思考几乎贯穿了犹太人的一生。

在犹太人看来，之所以有人技高一筹，就是因为他们会冷静地思考，思考如同

夏日里的风暴，让混乱、眩晕的头脑迅速冷却下来。不思考，就没有思想，没有思想，就没有智慧。即使是骗子的伎俩，也是仔细思考琢磨出来的东西，要不怎么骗人呢？可见，不管做任何事情都离不开思考。思考是一切的根本，也是一个人成功的根本。

一天，拉比看见一个人行色匆匆、急急忙忙地赶路，便把他叫住，问道："你在追赶什么呢？"

"我要赶上生活。"这个人头也不回、气喘吁吁地回答。

"你怎么知道生活就在前面呢？"拉比继续说，"你拼命地往前跑，一心想赶上生活，可是你怎么不看看四周呢，问问自己生活究竟在哪儿？也许生活正在你后面追赶你呢。只要你静下心来，它就会与你会合；可是你却越跑越快，拼命逃离了自己的生活啊。"

人生有时候必须要静下心来思考，自己在做什么？做这些的目的又是什么？我们经常是开始的时候知道自己在做什么，可做着做着，就把自己当初的美好愿望忘光了。只是本能地要拼命地工作，我们背负着巨大的工作压力，却不知道为何而工作，于是人生原本美好的事情也变得很可恶了，原本应该成功的事情，也都以失败收尾了。

尤其是作为一个商人，需要处理的事情很多，必须要让自己的心静下来，去想想一些事情的本质。从而做出一个合理的安排，不至于没有头脑盲目地乱做一气。要知道越是一个劲地拼命工作，就越有可能摸不到头绪地瞎忙，全然没有效率可言。

那是在沙皇尼古拉斯二世统治时期。两个犹太人走在莫斯科的林荫路上。一个有居留证，另一个没有。突然，他们看见了一个警察。

"快跑！"没有居留证的那个说，"当警察看到你跑就会以为你没有居留证，他

会去追你，这样我就有机会溜掉了。反正你有证，他不能把你怎么样。”

于是有证的那个就开始跑。警察看见他跑，马上飞快地追了上去。几分钟之后他抓住了跑的那个。

“哈哈！”警察自信地说，“你肯定没有证件。”

“为什么？你凭什么判断我没有证件？”那个犹太人边说边掏出证件递给警察。警察一下子很尴尬。

“那你为什么一看见我就跑！？”

“我的医生建议我要多作一点锻炼。”

“那难道你没有看见我在追你吗？”

“看到了，我以为医生也给了你同样的建议呢！”

当一个人不去思考事物本质时，就摸不准事实的真相。有可能越想接近事情的本源，就越偏离。因此，犹太人认为，人应该时常松弛一下自己紧张的心情，放下手里的工作，去思索一些问题，虽然有些问题永远都不会有答案，但是你已经深刻地认识了这些问题，让你找到自己的人生出路。

乍见之下，“忙碌”似乎是一种勤勉，其实不然，忙碌并非就值得称赞。在犹太人心中，工作对人生是有益的，但是如果一个人只知道工作，而不知道思考的话，那必然不会有效率。因此，不妨让自己安静下来，思考一下人生，只有这样才能游刃有余地处理好各种事情，充分地享有一个丰硕的人生。

思考勿用感情

犹太人认为，在这个世界上，充斥着无数的盲目、躁动、偏激，所以人应该用理性去恢复这个世界的本来面目。

在《羊皮卷》中有这样一句话“思考时请感情离开，因为你需要的是理智。”的确如此，如果抉择掺杂了感情就很难理智起来。所以犹太人说，在思考的时候一

定要“站在对岸”，与情感和环境保持距离，只有这样才能在思维上独立起来，进而做出客观的抉择。

就像犹太人在孩子哭闹时不去安慰他，而是批评他“笑是风力，哭是水力”。那这句话是什么意思呢？其实意思很简单，就是说笑像风刮过去一样消失了，而哭就像水流过去一样没有了痕迹。在犹太人看来，小孩的哭泣是他自己一种不愉快的感情的宣泄，而这种情感的宣泄也是他们自己不肯动脑筋思考、没有能力的一种表现。那么笑呢，也是一样的。没有根据的笑，和不解决问题的哭都是一种短暂的情感排泄，都没有太大意义。犹太人非常不喜欢这样单纯的感情的需求的，他们需要的是事情的圆满地解决，而事情要想解决只能依靠理性地思考。不管在什么时候，运用理性的思考，想办法去解决摆在面前的问题，才是真正有用的。

犹太人认为，在这个世界上，充斥着无数的盲目、躁动、偏激，所以人应该用理性去恢复这个世界的本来面目。生活中有许多事情，都是我们自己的盲目和冲动造成的。我们任意使用自己的感情才造成了对世界的惶恐、惧怕、仇恨。

“没有根据的憎恨，是最大的罪恶。”犹太人经常这样理智地告诉人们不要轻易地喜欢或憎恨一个人。他们认为感情用事是犯愚蠢错误的开始，而理性思考的人才是真正明智的人。那么，这是不是意味着不需要感情，不需要热情，只是一味地理性呢？当然不是。犹太人把人的热情分为两种：一种是由感情所煽起的热情，另一种则是理智所支撑的热情，犹太人认为，感情所煽起的热情是很危险的，因为感情时而高昂，时而低落，绝不可能持久，而理智则可贯彻终生。

爱因斯坦研究“相对论”时，一直都充满着热情，但以理智为基础，理智促进了热情，使热情向困难挑战，终于建造了伟大的金字塔。若没有理智的感情，过一段时间就会失去价值，这样的感情是最不能经受时间考验的。

在犹太人看来，作为商人，应该是一个纯粹的理性主义者，要用自己理性的态度对待商务上发生的一切事情，而不应该感情用事。众所周知，犹太人是最注重遵守契约的人，如果有谁违反了这个契约，那他就会被认为是犯了一件绝不可以饶恕的错误，这个错误是所有错误里面最严重的。但是一旦发生这样的事情，犹太人就

会狠狠地谴责他们吗？

一次，有个印度人和犹太人洽谈好了一笔生意，结果在最后关头，印度人却不能履行合同了。这个印度人曾和犹太人打过交道，知道犹太人最讲究的就是契约。他忐忑不安地去见犹太人，支支吾吾，措辞十分小心，还找出了种种的理由试图说明不能履行合同的原因，同时他心里还在想对方是不是已经发怒了。可是犹太人简单地听了几句之后，就立即打断他，平静地说："哦，你违反了我们的合同，按照协议，那应该赔偿我的损失，这个损失是这样计算的……"印度人听了，觉得简直不可思议，这个犹太人居然没有动怒。

犹太人虽然在乎契约，但他们也是十分聪明的，即便是再计较契约的严肃性，再愤怒地对对方叫嚷，也是没有意义的。因为事情已经发生了，现在只有尽快地弥补自己的损失才是最重要的。

生意人就应该是一个彻底的理性主义者。因为金钱和利润是可见的、现实的。而感情是无形的、很快消逝的。犹太人在经营自己的企业和公司时也是一样，如果自己的公司连续三个月都没有赢利，而且可以判断出三个月后仍然没有获利的可能，那他们便会毫不犹豫地舍弃这个公司。而就在很多人在为曾经付出的努力和血汗而难过时，犹太人却会轻松地一笑："伙计，公司又不是自己的老婆和情人，有什么好留恋的。"

在犹太人看来，公司不过是谋利的工具而已，而商人对公司的感情不过是投入精力，公司为你产生了效益而已。作为商人，他的任务是牟利，既然公司已经不能产生效益了，那么公司存在的理由是什么呢？因此在犹太人的生意经中，就有这样的观念，公司不仅仅是可以产生效益的场所，而且它本身也应该是一种商品，可以带来高额利润的商品，它可以在无数的人手中自由地流通。

可见，在犹太人眼中，不管任何问题都需要理智地用脑袋去分析，而非用心去臆测。

1809 年 1 月，拿破仑从西班牙战事中抽身匆忙赶回巴黎。他的间谍证实外交大臣塔里兰正密谋反对他。于是，一抵达巴黎，拿破仑就立即召集所有大臣开会。他坐立不安，含沙射影地点名塔里兰的密谋，可塔里兰却没有丝毫反应。

这个时候，拿破仑已经无法控制自己的情绪。他忽然逼近塔里兰说道："有些大臣希望我死掉！"但是塔里兰依然不动神色，只是满脸疑惑地看着他。拿破仑终于忍无可忍了。他对塔里兰喊道："我赐予你无数的财富，你竟然如此对我。你这个忘恩负义的东西，你什么都不是，只不过是穿着丝袜的一团狗屎。"说完就转身离去。

其他大臣面面相觑，他们从来没有见过拿破仑如此失态。塔里兰一副泰然自若的样子，他慢慢地站起来，转身对其他大臣说："真遗憾，各位绅士，如此伟大的人物竟然这样没有礼貌。"

就这样，皇帝的失态和塔里兰的镇定自若像瘟疫一样在人们中间传播开来，拿破仑的威望降低了。伟大的皇帝在压力下失去了冷静，人们感觉到他开始走下坡路了。如同塔里兰事后预言的那样："这是结束的开端"。

这也是对峙中的一种着数：激怒对方，让对方在愤怒中失去理智，进而落入自己的圈套。可见，理智是一件多么重要的事。所以说，在思考的时候绝对不用带进感情，不然只会使自己白白失去利益。

告别优柔寡断

机智果断是做事的根本，遇到困难，懂得迅速出击，扭转时局，才能开拓出一片天地来。事实已然证明，机智果断者必胜，无智愚钝者必败。

在犹太人看来，聪明的生意人总能在第一时间内对市场的变化果断地做出反应，而优柔寡断，当断不断则是商场上的大忌。其实不仅是在生意场上，在事业和人生中的任何一次选择都不能优柔寡断。犹豫不决和优柔寡断，对于一个人来说，

实在是一个致命的缺陷。

歌德曾说过“长久地迟疑不决的人，常常找不到最好的答案。”可见，果断出击、当机立断才是成功人士的一贯作风，而凡事消极被动、犹豫不决则是平庸之辈的共性。

生命实在有限，不可能走完所有路线，所以必须做出取舍，每次碰到岔路口，就必须要选择一个方向前进，一边走，一边选择，每选择一次，就要放弃一次，当然也遗憾一次。但是这样会在有限的时间内，至少可以看到尽可能多的风景。如果不当机立断，你可能失去的更多。人生也是如此，左右为难的情形会时常出现，如果过多地权衡，患得患失，到头来只会两手空空，一无所得。

在非洲草原上，金合欢树尽情地舒展开树冠，犹如一把硕大的遮阳伞。树下鲜美的青草吸引来一群黑斑羚羊。在它们看来，这里无疑是十分理想的休憩场所——既可以享受到荫凉，又能品尝到美味的嫩草。当然，对于食植动物而言，危险是无处不在的。瞧！不远处的草丛中，就埋伏着一头虎视眈眈的猎豹。

猎豹从逆风处，蹑手蹑脚地靠近羚羊——这是大型猫科动物在捕猎时所采取的惯用伎俩，并且每次都需要事先盯上某一只猎物，然后对准它猛冲过去。

这一回，猎豹心想：“这么多的羚羊，我到底应该盯住哪一只呢？那只，只顾着低头吃草，暂时丧失了警惕，就去抓它吧……哦，不行，在它身旁，还有一只雄性，不过头上仅剩下一只犄角，另一只角估计是在交配打斗中，被对手弄断的，想必这只羚羊的反抗能力会大大下降，大概不难捕捉……哇！这里还有更好的呢，那只倚在树干上的羊，膘肥体壮，看哪！它身上的肉多么厚实。捕猎的目的不就是为了吃到更多的肉嘛，就是它了，能饱饱地吃上一顿，两天内都不用再为进食发愁了……再等等，还有没有更合适的……”

这时，树顶的狒狒们居高临下，它们发现了猎豹的身影，便立即发出警报。黑斑羚顿时集合在一起，朝一个方向撒腿猛跑。猎豹见此情景，只得遗憾地接受眼前的事实，它知道：追捕已经来不及了，而出其不意的伏击及短距离冲刺才是他的杀

手锏。

在这个充满了诱惑的世界里，如果不懂得舍弃，就会经常被忧郁烦恼所困扰，如果不懂得抉择，就会错过眼前的机会，最终得不偿失。所谓“当断不断，反受其乱”就是这个意思。想要有所作为，就必须要当机立断，不能犹豫不决。如果做什么事情都瞻前顾后、畏首畏尾，结果必然是一事无成。

威尔公司是由英国人詹尼一手打造的一家建筑公司，但自从走上多元化经营道路，建成并营运杰尼商场后，就一直处于亏损状态。有人曾劝总裁詹尼改变经营结构，停止百货经营，改建保龄球馆，增设餐饮服务，拓宽停车场，做出营销策划，走出一条生路。但詹尼心里一直打鼓：这条路能走通吗？三年前威尔公司修建杰尼商场时，他也认为占尽天时地利，哪知一眨眼的功夫商场四起，杰尼商场自然难逃厄运。现在是觉得做保龄球馆稳赚钱，可万一等修成了保龄球馆又遍地开花怎么办？

几番犹豫之后，詹尼还是认为杰尼商场没有亏损到难以维持的地步，应先看清局势再说。而且，杰尼商场已经给威尔公司很大的压力了，哪还敢投资几百万去建一无所知的保龄球馆。

此时，另一家犹太公司的总裁出现了，他愿意租赁杰尼商场，并投资改建成保龄球馆。詹尼求之不得，心想这种不用自己冒险又能收取高额租金的事何乐不为呢？

这位总裁刚接手杰尼商场后，就开始有条不紊地进行着，赶在圣诞节之前，杰尼保龄球馆建成了。由于先期的宣传策划非常到位，方圆几百里的客人都蜂拥而至。电视台、报纸的记者也被这种新的时尚所吸引，不遗余力地在媒体上予以宣传报道。保龄球馆几乎天天客满，一个月下来，营业额竟高达几百万英镑，这位犹太总裁喜出望外，而詹尼则捶胸顿足，后悔不已。

可见，机智果断是做事的根本，遇到困难，懂得迅速出击，扭转时局，才能开拓出一片天地来。事实已然证明，机智果断者必胜，无智愚钝者必败。

机不可失，失不再来。做事情杂念太多反而会使自己分心，导致犹豫不决，影响自己的判断力，错过稍纵即逝的时机。犹豫固然可以确保事情做得更稳妥一些，但却也让我们失去了成功的契机。著名的“兵学之父”克劳塞维茨曾说过：“要想不断地战胜意外事件，必须具有两种特性：一种是在茫茫的黑暗中，仍能发出内在的微光，以照亮真理的智力；二是敢于随这种微光前进的勇气。前者在法语中被形象地称为眼力，后者就是果断。”可见，一个想做大事的人，必须要具有果断的勇气，习惯于一味地考虑的人，即使再优秀，也很难有所作为。

怀疑一切

一个善于创新、有所成就的人必定是一个敢于怀疑的人，因为只有怀疑，才能为创新提供可能，为人生探索机会。而聪明的犹太人正是熟知这一点，才总是用一种看似挑剔的眼光看待，他们怀疑一切，质疑一切。

《羊皮卷》中记载着这样一句话“不去自己思考和判断，就是把自己的脑袋交给别人让别人帮你看管。”这的确是犹太人惯有的思维方法，犹太民族天生就是一个善于思考的民族，他们总是以一种冷峻的眼光来看待这个社会和这个纷繁的世界，他们拒绝崇拜任何偶像，任何真理与原则都要经受他们怀疑的目光。

正如心理学大师弗洛伊德所说：“因为我拥有犹太人的两个天性——怀疑和思考，所以我发现自己没有受到偏见的影响，而其他的人在运用他们的智力的时候却受到了限制。作为一个犹太人，我随时都准备反对和拒绝附和‘大多数的人’的意见。”他的话颇为详尽地解释了为什么犹太人在许多领域都可以获得不同寻常的成就，因为他们总能突破常规，在人们习以为常的道路上另辟蹊径，也是捷径。

课堂上，哲学家苏格拉底拿出一个苹果，站在讲台前说“请大家闻闻这个苹果

的香甜气息”。一位学生叫嚷着：“我闻到了！”苏格拉底走下讲台，举着苹果慢慢地从每个学生面前走过，并叮嘱道：“大家再仔细地闻一闻，这个苹果有多么清甜？”

这时已有半数学生都附和了起来。苏格拉底回到了讲台上，又重复了刚才的问题。这一次，除了一名学生没有举手外，其他的全都举起了手。苏格拉底走到了这名学生面前问：“难道你真的什么气味也没有闻到吗？”那个学生肯定地说：“我真的什么也没有闻到！”这时，苏格拉底向学生宣布：“他是对的，因为这是一只假苹果。”这个学生就是后来大名鼎鼎的哲学家柏拉图。

由于轻信和盲从，人们总是用既成的眼光看待问题，渐渐地就丧失了对事物对与错的辨识能力，因而想要有所成就也就更为困难了。而怀疑则不同，因为很多事实都隐藏在一些看似根本不需要怀疑的事件当中，你若是不怀疑那就永远都无法挖掘出提升客观事物的关键所在。

学贵有疑，早在很久之前就已经有人提出了怀疑精神的重要性。就像培根所说：如果你从肯定开始，必将以问题告终，如果从问题开始，则将以肯定结束。意识到问题的存在即是思维的起点，没有问题的思维是肤浅的。有了问题才会思考，有了思考才能找出解决问题的方法。只有对待一切都抱着不确定的态度，才能真正地深入思考，把人类的精神世界带到更高的一个层次里。此外，怀疑也是创新思维的源泉。对于一切总是不经思考地继承，让大脑成为装知识的篓子，这样的人是不会有什么太大的作为的。

所以说，一个善于创新、有所成就的人必定是一个敢于怀疑的人，因为只有怀疑，才能为创新提供可能，为人生探索机会。而聪明的犹太人正是熟知这一点，才总是用一种看似挑剔的眼光看待，他们怀疑一切，质疑一切。在《圣经》中，就记载了在犹太历史上，诺亚的第十代孙亚伯拉罕对上帝进行过的一次怀疑。

一天，上帝怀疑有两个城镇的人民违反他的谕旨，便准备毁灭了这两个城镇的

人，作为对他们的惩罚。

亚伯拉罕听到这个消息，不禁对这位无所不能的神产生了怀疑，于是便自告奋勇地代表人民和上帝谈判。

他质问上帝说：“如果城内有50名正直的人，难道也要跟随恶人一起遭受毁灭吗?”上帝没有回答，亚伯拉罕又进一步问：“难道上帝不愿看在正直之人的分上宽恕其他人吗?”

上帝自知理亏，只好说：“如果城内有50名正直的人，那么就看在他们的份上饶恕这个城镇吧。”

亚伯拉罕更怀疑了，难道一定要有50个人才可以原谅该城的人吗，于是他接着问道：“如果仅仅缺少5个人便凑足50人，那是不是还要毁灭这个城镇呢?”

上帝不得不再做出让步，他应允如果有45个正直的人，便饶恕这个城镇。

亚伯拉罕更加怀疑这位仁慈宽厚的上帝了，于是他步步紧逼道：“如果是40名正直的人呢?”

就这样，上帝在亚伯拉罕的不断质疑下愈加的理屈词穷，但是作为神圣不可侵犯的万物主宰，他不能说出去的话不算数。于是他还是为自己的行为辩解。

亚伯拉罕义正词严地问上帝：“把拥有正直的人的城镇全部毁灭，这合乎正义吗?”

上帝终于被他质问的无话可说，最后只得答应：“如果有10位正直的人，就不毁灭这个城镇。”

这就是犹太人的性格，怀疑一切，即便是那些看起来神圣不可侵犯的东西。任何看似强大的事物都无法把他们吓倒，在他们的眼里偶像与崇拜都是错误的，都是不为他们所看重的。

事实也的确如此，规规矩矩并非就是一件好事，至少它让人们丧失了对真相探知的勇气，这并不符合历史的发展进程。只有怀疑才能推动这个世界的发展，如果只是一味地笃信所谓的“理论与真相”，没有人敢于怀疑前人的足迹，那么许多路

早就走到了尽头。

打开一切科学的钥匙，都毫无异议是问号，我们大部分伟大发现也都应归功于“这是真的吗”，而生活的智慧大抵也都在于逢事都问个“真的吗”。因此，从现在开始，做任何事都应有怀疑精神，多思考、多提问，像犹太人一样不断创造辉煌的人生。

不迷信权威

犹太，是一个执着的民族，他们总是在追求真理的道路上不断探索着，没有任何一种“权威”能让他们停下前行的脚步。

在法典中，权威指的是“使人信从的力量和威望”，或“在某种范围里最有地位的人或事物”。的确，对于这些权威我们理应尊重，但尊重却并不意味着盲从，因为盲从必然会导致错误的结果出现。对于这点，犹太人的认识似乎比我们要深刻得多。

《犹太法典》中记载着很多鼓励人们不要循规蹈矩的话语，其基本观念在于：人必须脱离常轨，才能取得进步。换句话说，人不可以迷信权威。举个例子来说，就像是在犹太人的历史上，摩西是一位十分伟大的领导者，但是犹太人并不会特别推崇摩西，盲目崇拜摩西。因为犹太人认为绝对的权威一旦造成，便会带来一发不可收拾的恶果。

事实如此，多少个国家的教训已经摆在眼前。迷信权威只会让人丧失思考的能力，行动也会受到束缚抑或是向错误的方向不断发展。所以说，不论做任何事，我们都要有自己的想法和原则，也只有这样才能在人生的道路上不断纠正自己，不断提升自己。

一次，拉比伊利扎·本·西蒙从老师家里出来，悠闲地骑着毛驴，十分高兴，因为他刚刚学到了不少关于律法方面的知识，所以不免骄傲起来。突然，一个十分

丑陋的人向他打招呼道：“祝你平安，先生。”

拉比伊利扎并没有向对方回礼反而蔑视地说：“你可真丑陋啊！你周围的人都和你一样丑陋吗？”

那人见对方如此无礼，便恼怒地说道：“我不知道。但是你可以去跟我的造物主说：‘你造出来的东西多么丑陋啊。’”

拉比伊利扎意识到自己犯了错，连忙向对方鞠躬道歉：“我在您面前低头，请原谅。”但是，那个愤怒的人并没有原谅他的意思：“我不会原谅你，除非你去我的造物主那里说‘你造出来的东西多么丑陋啊。’”

拉比伊利扎跟在那人身后来到自己的镇子上。当镇上的人看到他们的拉比，都来致意，说：“祝你平安，师尊。”

“你们这是在跟谁致意？”那个人问道。

“跟在你身后的那个人啊。”人们回答说。

“如果那人是一个老师，”他大声说，“以色列再没有和他一样的人！”

人们都感到十分奇怪，就问他为什么这样说，他便将事情原委讲了一遍。

“可是你应该原谅他啊，”他们催促着说，“因为他是一个非常博学的律法师。”

“为了你们，我会原谅他。”那人最后说，“但是以后再也不许他做这样的事了。”

这个人虽然外表丑陋，但却有着自己的思想与原则。他并没有因为拉比伊利扎的身份地位和旁人对拉比伊利扎的崇敬，就轻易地原谅了他。这正是犹太人留给后代的智慧：每个人都应是独立、有思想的，不能盲从权威。

有这样的一个故事：

教士问：“有两个犹太人从高大的烟囱里掉了下去，一个满身是灰，而另一个却非常干净，谁会去洗身子呢？”

年轻人说：“当然是满身是灰的人！”

教士说："你错了，满身是灰的人看着非常干净的人会心想：我身上一定也非常干净；而身体非常干净的人看着满身是灰的人会心想：我身上一定也是满身灰。所以，是非常干净的人去洗身子！"

教士接着问："两个人后来又掉进了高大的烟囱里，这次谁会去洗身子呢？"

年轻人说："那个非常干净的人！"

教士说："你又错了，非常干净的人在洗澡时，发现自己并不脏；而那个满身是灰的人则相反。他明白了那位非常干净的人为什么要洗澡，所以这次他跑去洗澡了。"

教士再问："第三次从烟囱掉下去，谁又会去洗澡呢？"

年轻人说："当然还是那个满身是灰的人。"

教士说："你还是错了！你见过两个人从同一个烟囱掉下去，其中一个干净，一个满身是灰的吗？"

这便是《塔木德》的精髓，也是犹太文化的睿智所在。令世人惊叹的犹太文化，总能鼓励人们独立思考，发表自己的见解，不给人们权威性解释。

犹太，是一个执着的民族，他们总是在追求真理的道路上不断探索着，没有任何一种"权威"能让他们停下前行的脚步。在他们看来，人云亦云，盲目跟随的人没有任何出息，因此他们总能敢于挑战权威，习惯独立思考，坚持己见，让犹太民族一直伟大下去。

爱因斯坦说过这样一段有趣的话："我竭力告诫自己要蔑视权威，命运却使我成了权威。"的确，科学正是在不断的自我否定当中才能去伪存真，不断前行，如果没有蔑视权威、敢于质疑的勇气，恐怕永远都当不了"权威"。

在生活中，很多时候我们都会迷信权威，其实权威并不等于真理。在学习过程中我们可能会迷信一位老师、一位学者的言论；在奋斗中我们可能会迷信一位成功者的经验之谈。可是事实上他们未必正确，我们应该相信自己的眼睛，相信自己的判断。如果在权威面前一味地随声附和，那我们永远只能活在他们的影子里，不但

不会发展，而且会更落后。

总之，一味地迷信权威，我们就会丧失自我思考能力，行动就会不自觉地被专家们的论断所束缚，迷信权威是阻碍一个人发展的敌人。不论任何事情，我们首先都要相信自己，坚持自己的想法，只有这样才能跳出框框，发现新道路。如果一个人能做到不迷信权威，那你人生发展过程中的突破阶段就即将到来。

示人以弱

人生是一场艰难的修行，绝不会一帆风顺，风平浪静，所以要想走得更远，就必须把头放得更低。

精明的犹太人做起事情来，总会让人觉得不可思议，就像他们总是敢于公开承认自己的短处，故意将自己的某些弱点暴露出来，采用这种以退为进的方法来获取某些方面的成功。或许，这正是他们独到的精明之处。

与其他民族相比，犹太人在各个方面都表现出了超强的能力，无论是在金融，还是在科学技术领域，犹太人都使其他民族的人甘拜下风。其实他们并无逞强的意思，然而“木秀于林，风必摧之”，为了躲过无谓的风波，不引起别人的主意，他们学会了适当地示弱。只有这样才会让别人心理平衡些，也只有这个时候，人们才不会把他们当成攻击的对象。

以弱示人是一种人生的智慧。示弱可以减少乃至消除别人对自己的不满或嫉妒。事业上的成功者，生活中的幸运儿，被人妒恨是难免的，这时示人以弱就显得尤为重要，因为它可以将身边人对你的消极作用减少到最低限度。

不要简单地理解示弱仅是强者在感情上体谅那些暂时在某些方面处于劣势的弱者的方式，因为它不仅能使你身边的“弱者”有所慰藉，心理上得到平衡，减少或抵消你前进路上的障碍，还很有可能为你创造出更多的机会。

每个人都不是完美的，太优秀的人总会给人一种不真实的感觉。在人际交往中，学会聆听和关注他人，适当地示弱，并不是无能的表现，而是一种人际交往的

润滑剂。它能让人觉得你更加坦诚，更易接近。可见，示弱不仅不会压垮你的脊梁，相反，它会让你将脊梁挺得更直。

海滩上有两种不同性格的蓝甲蟹：一种较为凶猛，从不屑于躲避危险，与谁都敢开战；一种较为温和，不善抵抗，遇到敌人，便翻过身子，四脚朝天，任你怎么踩它，敲它，它都不跑不动，只知道装死。千百年后，人们发现，强悍凶猛的蓝甲蟹成了濒危动物，而性情温和的蓝甲蟹反而繁衍昌盛，遍布世界上的许多海滩。

强悍的蓝甲蟹因为好斗，在相互残杀中死绝了一半，另一方面，也因为其强悍且不知躲避，被天敌吃掉了一半。而会装死、低头的蓝甲蟹，因为善于保护自己，赋予了自己更多的生机。

我们常用毫不示弱来形容勇敢，顽强，但时时处处不示弱的蓝甲蟹却因为这样被自然界淘汰出局了。可见，只有适当地示弱才能让自己的人生越走越远，越走越顺。正如柔弱的芦苇，在暴风中弯腰低头，此后又挺直身躯；而坚硬的树干却不然，总是无比刚劲的样子，可狂风一过，就只剩下断枝残叶了。

有位记者去采访一位犹太富翁，想通过此行获得一些关于这位富翁的丑闻资料。然而，刚一见面，还未来得及寒暄，这位犹太富翁就对这位记者说："我们可以慢慢谈，时间还很长。"富翁从容不迫的态度让记者大感意外。

很快，仆人就端来了咖啡，富翁端起咖啡喝了一口，就立即大叫道："太烫了！"咖啡杯随之滚落在地。等仆人清理干净后，富翁又拿出一支香烟。记者看到，他把烟叼反了，要从过滤嘴处点火，赶忙提醒富翁："先生，你将香烟叼反了。"富翁听到这话之后尴尬地将香烟拿正，没想到在慌乱中却打翻了烟灰缸。

就这样平时挥金如土、趾高气扬的富翁出了一连串洋相，使记者感到十分意外，顿时，原来的那种挑战性的采访想法淡下去了。

其实所有的一切都是富翁一手安排的，当人们发现一位名人也会有许多缺点

时，就会消除抵触情绪，对他产生亲近感。

在犹太人看来，交际中，要使别人对你产生好感，只要把某些无关痛痒的缺点巧妙地、不露痕迹地暴露在对方面前，出点小洋相，让对方知道自己并不是一个十全十美、高高在上的大人物，这样就会使对方松一口气，不再视你为敌，而你的交际活动也能因此从容不迫、应付自如。

示弱并非妥协，而是一种智慧的体现，一种理性的忍让。示弱不会让你倒下，相反会让你更好、更坚定地站立。人生是一场艰难的修行，绝不会一帆风顺，风平浪静，所以要想走得更远，就必须把头放得更低。

换一种思路，死路成活路

事实上，也只有具有这种缜密的心理，在第一时间发现有死路的隐患，及时转换思路，将死路走成活路，才不至于落得一个满盘皆输的结果。

在犹太人中流传着这样一个小笑话：

纳粹主义横行的时候，一天，一队盖世太保突然闯入村落，他们抓走了一个犹太家庭的丈夫，只剩下非犹太血统的妻子。妻子通过各种关系，终于和丈夫取得了联系，并写信告诉狱中的丈夫，由于家里缺人手，今年可能要错过耕种马铃薯的时节。聪明的丈夫在狱中想到一个绝妙的办法，于是回信给妻子："不要再耕地了，我已经在地里埋了大量的炸弹和炸药。"没过几天，大批的盖世太保就开着车来到了他家的地里，可是他们整整翻了一个星期也没有找到信中说的炸药和炸弹。最后，妻子将这件事写信告诉了丈夫，丈夫回信说："那就种马铃薯吧！"

犹太人的聪明是众所周知的，但是却鲜有人知道他们聪明在何处。其实对于这

点，在这则笑话中我们就可以看出，那就是他们总有办法将一条死路，走成活路。

有时候，人们在做一件事情的时候经常会因为方法不当而走入死路，这时候，转换一下思路，就能让死路变成活路，然而可惜的事，偏偏大部分人都不知道如何让转变，只是一味地按照原来的思路走，这样就容易让自己的路越走越窄，甚至出现无路可走的情况。所以，我们必须要尝试着换一种思路，将看似不可能的事情，想象成可能，然后寻找突围的办法。

在人生的旅途上，不仅需要信心、激情和坚韧，还需要清醒的头脑，需要可以驾驭情感的理智。在你行进的过程中，不要只凭着一种惯性向前走，偶尔也要停下来认真总结得失，不要以为前方是死路，就把它当成死路来走。要知道你如果把它想象成康庄大道，那它就未必会没有光辉。

有一个国王发布了一条奇特的命令，要求每个即将被处死的犯人，说一句话，而且必须能马上验明真假。如果是真话，犯人就被绞死；如果是假话，犯人就被砍头。国王为自己能想出这样的办法自豪不已。一天，正好有4名犯人要被处死，于是当着众位大臣的面，国王让每位犯人说一句话。第一个犯人说道："我爱你，国王。"国王随即说道："爱我，就不应该犯罪，假话！拉出去砍头！"第二个人见到国王后，说道："我有罪啊，我该死！"国王说道："你确实有罪，也确实该死，说的是真话，拉出去绞死！"第三个人看见前两个人都死了，于是说道："太阳距离我们有70万公里零9米。"国王说道："这个问题没法证明，视为假话，拉出去砍头！"轮到第四个人了。第四个人是个犹太人，他说道："我将被砍头！"国王想如果他说的是实话，那他就该被绞死；如果是假话，就该被砍头，可是这样他就说对了，应该被绞死，国王的脑子被绕晕了，他不知道到底该判犹太人绞刑还是砍头，于是国王下令，犹太人被无罪赦免。不久，国王的这项自认为很聪明的法令就终止了。

犹太人就是这样将死路走成活路的，他们在困难与危险面前总能做到机智勇

敢、沉着冷静，这也是他们几千年来始终屹立不倒的原因所在。转换思路不是一件简单的事，需要广博的知识、持久的毅力以及专心致志的精神。并不是所有的人都像犹太人一样机智，犹太人在商场上身经百战，他们经受了无数磨难，练就了一身功夫，所以才能在关键的时候，不让自己走入山穷水尽的将死之路，而是慢慢地将死路走成活路。

很多人在做事情的时候，坚信自己的主意是正确的，执着地坚持一路走下去，这种执着的坚持不懈的精神本是值得赞许的。但是，如果在事情毫无好转迹象的情况下，一味地执着，那便是固执了，这样坚持下去，路只会越来越难走。所以，这个时候就必须换一种思路，看看有没有其他路可以达到目标。及时转换思路，人就不会错失很多到手的机会，就不会一味地悔恨。犹太民族就是这样一个民族，他们对事情拿得起，放得下。有很多人对自己付出的东西耿耿于怀，总是期望自己的付出能带来期待的结果，殊不知这样只会失去更多的东西。

聪明的犹太人总能在每个微小的细节中发现不利于自己的因素，然后及时地调整思路，这样一来，每做一次选择，都会离成功更进一步。事实上，也只有具有这种缜密的心理，在第一时间发现有死路的隐患，及时转换思路，将死路走成活路，才不至于落得一个满盘皆输的结果。

十二、家庭是成功的基石

善待父母

在犹太人父母的眼里，孩子在家里能养成孝敬父母的好习惯，到社会中，才有可能做到关爱身边的人或事，才有可能对自己的祖国忠诚。

犹太民族，是非常注重孝道的民族。尊重长者，也是犹太人崇尚的美德。这一

点，《塔木德》中有颇多记载，所以每个犹太人从小就懂得尊老爱幼的美德。

孝敬父母，不仅仅是子女对父母的关系，其实质是一个能否关心他人的大问题。在犹太人父母的眼里，孩子在家里能养成孝敬父母的好习惯，到社会中，才有可能做到关爱身边的人或事，才有可能对自己的祖国忠诚。

有个犹太人住在以色列的一个小镇上。他拥有一块价值 5000 个金币的钻石。有个拉比想用这颗钻石来装饰圣殿的正殿，便带了 5000 个金币来到他家，向他买这块钻石。可是凑巧放钻石的金库的钥匙放在父亲的枕头下方，而父亲又刚好睡得正香。这个人便对拉比说："因为我不能吵醒父亲，所以，不能把钻石卖给你。"拉比认为，这个人为了不吵醒父亲而宁肯放弃赚钱的机会，是个孝顺儿子，值得褒奖。而一位拉比自己所行的孝道，更令人惊叹。他同母亲一起外出，走到一片高低不平的地方时，母亲每走出一步，拉比便把自己的手伸出来，垫在母亲的脚下。

这就是《塔木德》推崇的孝道精神。人生在世，似乎总有忙不完的事，在一推再推之后，能够奉养父母的时间，也随之流走了。子欲养而亲不待的悲伤，终有一天是我们也会感受到的，少年离家老大回，真正想到要孝敬父母的时候，父母却已经不在了，这可谓是人生最大的遗憾了。

生活中我们常常会做一些舍近求远的事情。我们迷信神灵会来庇佑我们，殊不知他们既然不食人间烟火，又怎会过问世事。真正能够庇佑我们的，无私帮助我们的只有我们的父母。这份情感永远不会随着岁月的流逝而变淡，相反只会越来越浓。

现在我们所能做的就是向犹太人学习，感恩父母，感谢他们的教诲之情。在我们成长的道路上，他们用平凡质朴的准则教导着我们，没有深奥的道理，没有华丽的词语，只是用一言一行教导着我们怎样做一个顶天立地的人。

雄鹰心存对蓝天白云的感恩，在清寒玉宇中展翅高飞；小草心存对阳光雨露的感恩，在一岁一枯荣之后又萌发新绿；花朵心存对广袤大地的感恩，在一望无际的田野中散发出沁人心扉的芬芳……我们本就生活在一个感恩的世界里，理应感谢父母赐予我们的生命，感谢生命的博大，感谢我们受到的种种恩惠和照顾。

世间有无常，百善孝为先。不要等到你认为有能力或是有时间的时候再去孝敬他们，要知道老人们的时间已经不是按照年轻人的标准计算，他们是在按天、按小时地度日，仅一年的时间你就会发现他们会苍老了许多，因此作为晚辈一定要及时尽孝及时感恩，切莫等到“子欲养而亲不待”时抱憾一生。

顾念手足

兄弟间的和睦将胜过奶和蜜。

犹太民族有句谚语是“兄弟间的和睦将胜过奶和蜜。”事实上，也是如此，犹太人十分重视兄弟间的和睦相处。他们认为，绝不能有憎恨兄弟的心，要像爱自己一样去爱自己的同胞。

在漫长的历史长河中，犹太人曾经备受迫害、追杀，但他们的生命之火却永不熄灭，原因就是他们的坚定和团结，不管在怎样困难的境况下都不会舍弃家庭，舍弃兄弟之情。

在一座大山下住着一对兄弟，兄弟俩十分勤劳、朴实，都以种地来维持生计，他们的日子过得有些辛苦。哥哥已经结婚，并且有两个活泼可爱的孩子，他们一家人住在山的一边；弟弟还未成家，独身一人住在山的另一边。

一年，哥哥辛苦种植的庄稼获得了前所未有的好收成。哥哥看着自己丰收的庄稼，感到非常高兴，他觉得上帝对他很仁慈。他有一位善良温顺的妻子，还有两个乖巧的孩子，现在又有足够多的粮食，他感到很满足。

但是，当他想到山的那一边独自生活的弟弟时，心里很不是滋味，他觉得弟弟一个人生活一定很辛苦，而他作为哥哥没能照顾好弟弟，心里感到很内疚。于是，他决定当晚趁弟弟熟睡的时候，偷偷地给他送些粮食，让弟弟也过上好日子。

在山的那边，弟弟的庄稼也获得了好收成。看着丰收的庄稼，他的内心很激动，他非常感谢上帝对他的恩赐。

高兴的同时，他也想起了住在山的另一边的哥哥。他觉得哥哥有妻子和儿女，用的粮食一定得比他多。于是，他决定晚上趁哥哥一家人熟睡时，悄悄地把一些粮食送到哥哥的田里。他想，如果第二天哥哥发现了粮食，也不会猜到是他送来的。

兄弟俩各自耐心地等到半夜，然后扛起自己的粮食向山顶走去。事情非常凑巧，兄弟两人在山顶相遇了，他们目瞪口呆地看着对方。当彼此说明来意后，两人都感动得流下了眼泪。

这就是犹太人之间的兄弟情，看似平淡，却满怀着浓浓的爱。即使是在食不果腹的情况下还想着对方，面对这样的真情，有什么力量可以将其摧毁呢？

曾经的苦难与艰辛、饥饿与折磨、杀戮与欺辱，都无法将他们打到，因为他们之间永远有真情维系着。不管身处怎样的险境，他们彼此之间依然有爱与互助，这种精神不禁让人肃然起敬。

虽然远在天涯海角，但兄弟情深可以跨越时空的障碍；不管是身处艰难险境，还是经受风霜雨雪，兄弟永远是你的跟随者，这即是犹太民族所坚守的手足之情。

管教孩子要有方法

切勿威吓孩子，要么罚他，要么饶他……非打不可，就用小草一根。

在犹太民族中，有这样一句谚语“切勿威吓孩子，要么罚他，要么饶他……非打不可，就用小草一根。”犹太人认为，孩子是民族的未来，所以，很注重对孩子的培养和管教。而管教孩子就必须要讲究方法，否则便会影响孩子的健康成长，犹太父母不会采取打骂或者其他暴力的方法去管教自己的孩子，他们认为一个人要有关爱别人的心，更要懂得宽容别人，对待孩子也应该这样。

“孩子的童年决定他的终生”，这句话或许有些绝对，但在犹太人眼中却是一句至理名言，在现实中也是一个不争的事实。伟大的科学家爱因斯坦就是一位犹太人，小的时候，他是一个性格独特的孩子，他的智商与天赋不算高，四岁才开始说

话，在小学时曾经因为学习成绩不好被老师劝令退学。但在家中，他受到了母亲的音乐熏陶和叔父的数学启蒙教育，此后，他杰出的形象思维能力才逐渐形成，最终通过努力，成为一名伟大的科学家。

可见，家庭管理与教育对孩子成长的影响至关重要，父母的言行将直接影响着孩子的人生观与世界观的形成与发展。所以，父母应以自己的一言一行为孩子做榜样。

有一个并不富裕的犹太家庭，父亲积攒了好长时间的钱，才买回来一辆他梦寐以求的新车。他非常喜欢这部车，每天早上起来要做的第一件事就是洗车打蜡，他把这部车当作宝贝，爱护备至。

一天，车子被大雨淋得很脏，父亲用了整整一上午的时间也没有把车洗干净。他实在太累了，想歇息一会儿，于是他决定下午再继续洗车。

小儿子看到父亲劳累的样子，便兴冲冲地跑过来，告诉父亲，他要帮父亲洗车，父亲见他一副积极、自信的样子，觉得儿子很懂事，感到很欣慰，便同意了小儿子的请求，让他洗车，自己回屋去了。儿子洗车时没有找到抹布，但是他想到了一个既快又好的办法。他走进厨房，拿起母亲平时炒完菜洗锅用的钢刷，然后飞快地冲出去，跑到车前。他的小手抓住钢刷使劲地擦啊擦，他那么用力，一遍又一遍，像刷锅一样刷车……

洗完之后，他感到很自豪，满脸兴奋，想向父亲汇报他的成绩，突然，他看到父亲那雪亮的车竟然变成条纹状了。这下可惨了，“哇！”他害怕得大声哭了起来，并且急忙跑去找父亲。他边哭边说：“爸爸，对不起，您快来看看车吧！”父亲疑惑地跟着儿子走到车前，他也吓了一大跳，他简直不敢相信自己的眼睛，一辆新车竟然变成了这个样子，他大叫一声“上帝啊，我的车！”

父亲非常生气，但看着痛哭的儿子，也不知该如何是好，他走进房间，跪在地上开始做祷告：“上帝啊，请告诉我，我该怎么做？我该怎样处罚我的孩子？我新买的车不到一个月就变成了这个样子。”他刚祷告完，心里就出现了另一个声音：

“不要为打翻的牛奶而哭泣，更不要因为一部车给孩子的童年留下任何阴影。”突然间，他清醒了许多，他知道自己该如何做了。

他走出房门，看到儿子正在车子旁边小声哭泣。儿子见到他走了过来，一动也不敢动。父亲轻轻地拍了拍儿子的头，儿子害怕得不敢抬头看父亲。父亲把儿子拥在怀里，宽容地说：“爸爸不会打你的，谢谢你帮爸爸洗车，爸爸对你的爱远胜过那部车子。”

这便是犹太父母教育孩子的方法，有时候一份宽容与原谅，远比一次责骂与毒打更容易让孩子记忆犹新。当然，这份宽容并非纵容，原谅也并非毫无原则。犹太父母清楚地知道自己要对孩子负责，他们对娇纵孩子深恶痛绝。犹太成年人不会容忍被宠坏了的年轻人，如果自己的孩子出现了坏毛病或者沾染上了一些不良习气，犹太父母会毫不留情地训斥孩子，决不予以纵容，他们会通过种种方式让孩子改掉恶习。这是因为对犹太人来说，社会上根深蒂同的种族歧视使他们有种强烈的危机感。如果孩子被娇生惯养，整天过着一种放纵而奢侈的生活，就会遭到周围人的嫉妒和中伤，这样非常危险。而且，如果过分地娇惯孩子，孩子便不思进取，犹太人长辈积累下来的财富会被自己的子孙挥霍一空，这是一个关系到犹太人持续发展的重大问题。所以，不管富裕到什么程度，犹太人都会按照一个真正的犹太人的标准来教育自己的子女。为此，他们对孩子的教育与管理问题给予了极大的关注与重视，他们对子女的教育方法也体现出一种独特的智慧。

总的来说，宽严并济才是最好的教育方法。兽有舐犊之心，鸟有反哺之恩。如何管教孩子将直接影响着孩子的健康成长，所以，父母在孩子的成长过程中一定要掌握好方法与模式。

好女人是所学校

你爱自己一样爱你的妻子，好好保护她，不要让她哭泣，因为她哭泣，神将一滴一滴地计算着她的眼泪。

一位皇帝对拉比伽玛列说："你的上帝是贼，因为《圣经》上写着：'耶和华使他沉睡，他就睡了。于是取下他的一条肋骨，造出了女人。'"这时，拉比的女儿对父亲说："您别管了，让我来回答这个问题吧。"于是她对那位皇帝说："给我派个官员来，帮我调查一桩案子。"皇帝问："出了什么事吗？"她回答说："昨天夜里屋里闯进了贼，盗走了我的一只银罐子，却留下了一只金罐子。"皇帝听后喊道："但愿这样的贼天天光顾我。"听罢，她不以为然地反驳道："那么，一个男人失去了一根肋骨，却得到了一位侍奉他的女人，这不是一件极好的事吗？"

的确，这是一件再好不过的事了。世界上有很多女人，她们有的漂亮，有的不漂亮；有的有文化，有的没文化，她们平平凡凡，普普通通。然而，对于她们身边的男人来说，她们却有着扭转一切的力量，甚至可以改变男人的整个世界。

《创世纪》里有个故事，恰到好处地说明了女人对于男人的重要性：有位虔诚的男人娶了一位虔诚的女人，因为没有孩子，他们离婚了。后来，这个男人又娶了一个邪恶的女人，这女人使他也成了恶人。而那位虔诚的女人又嫁给了一个邪恶的男人，结果却使他变成了一位正直的人。所以，一切取决于女人。

犹太社会生活的基础是家庭，所以，犹太人是十分注意保持家庭的稳定的。而在犹太家庭里，妇女所扮演的角色又是最为重要的，就像犹太法律规定："妇女免予执行以'你们要'行文的律法，如何遵行这一点要依具体的时间而定。譬如，在住棚节期间，应住在茅棚内或是应佩戴经卷护符匣的律令对妇女来说，并不是必须履行的。"基于妇女在家庭中的责任来考虑，她们被免除了这一宗教义务。

此外，在犹太家庭中，每一个安息日的晚上，当全家人一起用餐时，丈夫们都要唱一首赞美妻子的歌，唱完后，再由妻子点燃蜡烛。因为在婚姻和爱情的生活中，好女人是男人的一所学校，是值得守护和尊重的。

拉比阿吉瓦年轻时是耶路撒冷富人卡尔巴·沙乌的牧羊人。卡尔巴美丽聪明的女儿发现这个牧羊人气质不凡，于是对他说：

"如果我和你订婚，你愿意出去学习《法律书》吗？"

他回答说："是的，我愿意。"

于是，他们秘密的结了婚。婚后不久他就走了，去学习《法律书》。可是当她的父亲听说这件事，气得把她从家里赶了出去，并发誓永远不会认他这个女婿。

阿吉瓦在外面待了12年，他回家时带回来1.2万个学生。

快到家的时候，他听见一个老人对他的妻子说：

"这样的活寡你还要守多久？"

他的妻子回答说："如果他听我的话，就应该在外面再学12年。"

于是，阿吉瓦就回到学院又学习了12年。第2次回家的时候他带来2.4万个学生。

得知这一消息，他的妻子准备出门迎接。邻居对她说：

"我们借给你衣服穿吧，不要显得太寒酸。"可是她拒绝了。她来到他面前，埋下头去亲吻他的脚。他的学生们想把她推开，可是拉比阿吉瓦突然大叫起来："不要动她！我和你们所有的一切都是她给予的。"

当她的父亲卡尔巴·沙乌听说镇上来了一个学者，也自言自语地说："我要去找他，也许他能帮我解除誓言。"此时，他已经开始为自己发那样的誓言感到后悔了。

"如果你知道你的女婿是个学者，你还会那样发誓吗？"拉比阿吉瓦问他。

卡尔巴对答说："如果他知道一章甚至一条法律，我也不会那样发誓。"

然后拉比阿吉瓦说："我就是帮你放羊的那个人，我出去学习都是为了你的女儿。"

卡尔巴·沙乌听到这里，就匍匐在阿吉瓦的脚边，分了一半的财产给他。

在犹太人看来，与一个女人结合，这个男人要么站起来，要么倒下去。而理想的妻子正是能让男人站起来的女人。可现实中，却多是倒下去的例子，这其中就不乏一些大人物，古犹太的希仑皇帝便是其中的一个。

希仑皇帝的皇后玛丽是一位绝世的美人。希仑三世为她倾国倾城的容貌所迷惑，不顾周围人对此婚事的反对而迎娶了她。其实玛丽不过是一个落魄贵族的女儿罢了。可是，他完全被她的优雅、年轻、美丽所迷惑，不顾一切娶他为妻，并封她为皇后。

就这样，他们具备了健康、权力、财富、名声、爱情……完美的爱情结合，真是空前轰动。但是幸福的日子并不长久。这份炽热的爱情，逐渐失去了光芒。剩下的只是一堆余烬。虽然，希仑三世好不容易娶玛丽为妻，但是，谁也想不到，充满了嫉妒和猜疑心的皇后，完全不听希仑的规劝，经常闯入政治会议中来吵。她又深恐丈夫在外另有情妇，于是严密地监视着希仑，不但如此，她还经常去姐妹家述说丈夫的不是，或哭闹着跑到希仑的书房里，数落他一顿。

虽然希仑拥有好几个行宫，却永远无法获得片刻的宁静。

皇后如此的唠叨，只能加速爱情的窒息，招致不幸的后果罢了。当希仑皇帝实在无法忍受皇后的骄纵、多疑、越礼的时候，他终于宣布废除皇后。这时皇后才意识到自己的行为多么愚蠢，而更不幸的是，由于希仑皇帝择后的不当，使皇帝本人成了臣民和群众的笑柄，最终，这位皇帝在经历了最初几年的风光后，在不得志中被他的弟弟赶下台。

在犹太人眼中，婚姻的幸福和家庭的美满完全取决于女性，因为对婚姻和爱情而言，女性是最好老师。关于这点，在我国也是如此，著名作家梁晓声说：好女人是一所学校，一个好男人通过一个好女人走向世界，一个男人的一百个男朋友，也没有一个好女人好；好女人是一种教育，好女人身上散发着一种清丽的春风化雨般的妙不可言的气息，她是好男人寻找自己，走向自己，然后豪迈地走向人生的百折不挠的力量。

当然，好女人的产生是以尊重女性为前提的，而世界上最尊重女性的民族，首推的就是犹太民族。可以说，犹太人在各方面的巨大成功，都与尊重女性密切相关。在犹太社会中，男人必须娶妻，否则便是没有完全独立的人。《犹太法典》也

教导人们："你爱自己一样爱你的妻子，好好保护她，不要让她哭泣，因为她哭泣，神将一滴一滴的计算着她的眼泪。"可见，女人的地位绝非一般。

此外，《犹太法典》也说：神没有用男人的头造女人，因为女人是不可以支配男人的。同时，神也没有用男人的脚来造女人。这是因为不可以让女人成为男人的奴隶之故。独用男人的肋骨来造女人，就是希望女人能在男人的心中。这种共同建造的、和谐的、相敬如宾的夫妻关系才是温暖而甜美的。也只有这样的家庭作为创业的基础，才能让男人取得更辉煌的成功。

对婚姻永葆忠诚

犹太人会想尽一切办法来保持婚姻的完整，一旦离婚，尤其是和结发妻子离婚，也就等于违背了当初两个人定下的契约。

在犹太人看来，离婚并不是一件私人的事情，也不是一件轻易就可为之的事情。"除了年轻时的妻子，一切都能换。"一对结发夫妻如果要离婚，那么连树上的鸟儿都会跟着叹息。

拉比祖斯雅的妻子对他们的婚姻感到不幸福，坚持要求离婚。有天晚上拉比对她说："汉黛尔，看这里。"他给她看自己泪湿的枕头。妻子转头来看。

"如果一个人和结发妻子离婚，也就等于违背了对婚姻的承诺。我的枕头已经被那些泪水打湿了。现在，你还坚持要离婚吗?"祖斯雅说。

从那时起，拉比祖斯雅的妻子变得幸福而满足。

犹太人还有一则这样的故事，说明对于即将破裂的婚姻，一个聪明的女人应该如何用自己的办法赢回丈夫的心。

有一对住在西顿的夫妇已经结婚 10 年了，却没有孩子。丈夫要求离婚，两人去见拉比。坚决反对离婚的拉比试图说服他们继续一起生活，但是丈夫非常坚定。

"既然你们决定离婚，"拉比对他们说，"你们应该举行一场聚会纪念分手，就像你们举行婚礼那样。"

夫妻俩同意了。在聚会中，喝了很多酒的丈夫对妻子说："亲爱的，在我们分开以前看看我们家里有什么你认为最宝贵的，你回到你父亲那里住的时候可以带走。"

丈夫喝醉睡着了，妻子就让仆人把丈夫抬到她父亲的家里，把他放在床上。半夜里丈夫醒过来了。

"我在哪里？"他叫起来。

"在我父亲家里。"他的妻子回答说。"你说我可以带走任何我认为最宝贵的东西。在这个世界上没有什么比你对我更宝贵。"

丈夫被妻子的爱深深地打动了，从那以后他们就幸福地生活在一起了。

犹太人会想尽一切办法来保持婚姻的完整，一旦离婚，尤其是和结发妻子离婚，也就等于违背了两个人当初定下的契约。一个聪明的女人应该用温柔的方法挽回丈夫的心，大吵大闹和不择手段是最为愚蠢的，任何一个有血性的男人都不会丧失自尊。最关键的办法，还是要用爱来赢得一切。要知道维持夫妻关系的只有爱与感情，以情动人是最佳办法，除此以外，一切枉然。当然，不包括那些拿婚姻做交易的人。

如果夫妻关系真的不好，特别是在妻子失节的情况下，犹太人才认为可以离婚。但必须要经过双方冷静的思考后和地方犹太人社团的调解。当为家庭恢复和睦所做的一切努力都失败后，经男女双方同意，犹太宗教法庭将会发布一份离婚书"盖特"，在拉比主持下，由两个见证人签字，再由丈夫交到妻子手中，夫妇关系才算宣告结束。

如果未经过这个仪式，即便双方在政府当局办了离婚手续，家族也是不会承认的。在大多数情况下，离婚双方需要先进行一次民事离婚，再由犹太民间法庭发布一份离婚书，作为家族对这一离婚的确认。

这一做法，也体现了犹太教对于人们之间婚姻关系的重视。不到万不得已，绝不会让家庭破裂。

这就是犹太民族要告诉世人的：坚定的爱，可以使美好的愿望实现，继而获得幸福。

的确如此，坚定的爱是维护婚姻和家庭的基础。在物欲横流的社会里，犹太人对于爱情往往会表现出比其他人更为坚定，这也是犹太人的杰出之处。

守护一份爱，需要一颗坚定的心，一颗无论经过多少风吹雨打，多少岁月沧桑，都至死不变的心，而这也正是人性中最为难能可贵的地方。若是能做到，那必然会收获幸福和美好，所以，别再对于婚姻以外的东西有太多幻想了，你要知道你既得的一切才是最好的，那些乱你心智的人不过是人生路上的一个过客。千万不要为了一个过客而放弃了跟你风雨同舟的人，因为这样只会让属于你的那份幸福渐行渐远。

家中的不道德，犹如菜上的虫子

忠贞、坚定的爱情可以使美好的愿望实现，也是婚姻和家庭稳固的基础。在物欲横流的社会里，犹太人对于爱情往往比其他人表现出更多的坚定性，这是犹太人对待爱情，对待家庭的杰出之处。

犹太人有句格言："家中的不道德，犹如菜上的虫子。"这句话的意思是说，如果夫妻一方或双方对婚姻不忠诚，婚姻中就会出现不道德的现象，夫妻双方的情感就会出现裂痕，婚姻就会受到威胁。

对于夫妻之间的相互忠诚，犹太人有一个有趣的说法："当丈夫和妻子高尚时，舍金纳与他们同在；当他们不高尚时，大火吞没他们。"由此可见夫妻忠贞在犹太人眼中的重要程度。

丈夫忠诚于妻子、尊敬妻子，妻子才会忠诚于丈夫、体贴丈夫，夫妻间相互忠诚，这样的婚姻生活才会和睦美满，因为，忠贞、坚定的爱情是婚姻的关键，犹太人在爱情智慧中很重视这一点，这也是犹太人爱情智慧的宝贵之处。

在犹太民族中有这样一个故事：有一对双胞胎姐妹，她们长得十分相似，而且都很漂亮。姐妹两个都已经结婚，妹妹恪守妇道、相夫教子；姐姐却风流成性、情人成群。

一天，姐姐打算出去与情人约会，她向丈夫撒谎说要去小镇办事。当她回家后，丈夫对她的行为十分怀疑，坚决要带她去找牧师。因为，如果她喝了牧师的苦水后没什么事，就表明她是清白的；如果她喝了苦水后就死了，就表明她对丈夫不忠贞。

无奈之下，这个女人只能跟着丈夫去找牧师。当他们经过妹妹家门口时，姐姐对丈夫说："我想进去看望一下我的妹妹，你在这儿等我，我马上就出来。"丈夫答应了，便站在门口安静地等着妻子出来。

见到妹妹后，她惊恐地说："好妹妹，快帮帮我吧！我丈夫要把我带到牧师那儿喝苦水，他正在外面等着我，情况十分紧急，现在只有你能帮我。我们长得很像，现在我们换一下衣服，谁都认不出来，包括我的丈夫。我知道我喝了苦水一定会死，但你并没有罪，你喝了苦水一定会没事的，求你救救我吧！"妹妹答应了姐姐的哀求，她穿上姐姐的衣服，然后出去见那个等在外面的姐夫。他没有看出丝毫的破绽，把她领到了牧师跟前。她心平气和地喝下了苦水，没有死去。

丈夫十分高兴，他终于相信妻子的忠贞了。在返回的途中，他们又经过妹妹的家门口。女人用恳求的眼光再次看着他说："我想再去见见我妹妹，我要告诉她我平安地通过测试了。"丈夫欣然地同意了。

妹妹走进房间后，姐姐跑过来迎接她，姐姐的眼中充满了感激的泪水。"好妹妹，是你救了我啊！"她高兴地把妹妹抱了起来，热情地亲吻。但是，无意中她却吸进了妹妹嘴边的药汁，她感到一阵剧痛，然后便倒在地上死了。

犹太社会有这样一则谚语："男的如长大的南瓜，女的如小南瓜。"其意思是说，丈夫的不忠会助长妻子的不忠。所以，犹太拉比这样告诫人们：男人要忠实于自己的妻子，因为家中的一切幸福都有赖于妻子；同时，妻子也应该忠实于丈夫。丈夫和妻子要彼此视对方为生活的伴侣，要互相体谅，忠诚，双方都要尽力完成自己的使命，不做出任何不道德的行为。

对于牵手走进婚姻殿堂的男女，忠贞不渝的爱，是维系长久婚姻的红丝带。如

果一方有不道德的行为，违背了婚姻的誓言，那必将会受到惩罚。爱情可以带来幸福，也可以带来不幸，忠贞的爱情会使有情人天长地久，反之，爱情的巢穴将会摇摇欲坠，甚至土崩瓦解。

忠贞不渝的爱，是许多夫妻孜孜不倦追求的一种完美的婚姻。相互厮守，相互深爱，不会移情别恋，不会喜新厌旧，不会吃在碗里看到锅里，才能将婚姻经营得有声有色。

总之，坚定的爱情可以使美好的愿望实现，也是婚姻和家庭稳固的基础。在欲望丛生的社会里，犹太人总能表现出比其他人更多的坚定性，这是犹太人对于家庭和婚姻的责任感。

温暖的家庭是最大的财富

生活中有两种时间花费，一种是工作时间，它以结果和成就来衡量；另一种是个人时间，它以爱和幸福来衡量。我们需要工作，但更需要生活，更需要家庭，因此，千万不要为了工作而忽视了你的家庭。

有一句这样的犹太谚语："温暖的家庭是最大的财富"事实的确如此，可惜在生活中，很多人都是在走了许多弯路之后，才意识到这句谚语是多么的明智。家庭，可以说是一个人成功的基石，若家庭和睦，幸福就永远常驻，若家庭不睦，烦恼必将无限滋生。

因此，踏入社会的人，不要因为忙于工作，而疏远了家人，要对自己爱的人和爱自己的人，永远报以无限的慈爱之心。

尼克总是忙，抽不出时间陪家人。眼看女儿丽莎就要迎来了她7岁的生日，她好几个星期前就念叨着她的首次"成长"派对了。尼克的妻子塔米告诉他，这个派对他必须参加。但是那天他恰好要去纽约签一单生意。他查到当天下午还有一班可以让自己及时赶回派对的飞机。

到了那天，会面顺利地结束了。做成了一笔大生意，他兴奋不已。可是当他赶到机场时却发现飞机晚点了，今天已经不可能赶回去了。他坐在候机室，用手机拨通了办公室电话，对他的助手艾里德说：“会面很成功，但是我被困在飞机场，错过了丽莎的生日。”一阵失落感袭击了他，他非常难过。

他回到家时，餐桌上的一束气球向他摇摆，他十分沮丧。气球上贴着一张卡片，上面写着：“对不起，我迟到了——爱你的爸爸。”他想，这肯定是艾里德的主意。这时妻子塔米从后院走进来，疲惫却面带微笑的丽莎紧跟在后面，尖叫道：“爸爸！”

“生日快乐！”他说着走到女儿面前，给了她一个热烈地拥抱和一个吻。

妻子说：“尼克，你知道，这张生日卡片很有趣——真的一点也不像你的作风。”

“嗯，实际上……不是我送来的。我猜肯定是艾里德的主意，他知道我会迟到的。”说罢，他便拿起卡片，却发现者根本不是艾里德的字迹，事实上，这完全是由一个素不相识的人留下的，这时他感到更加惭愧了。

第二天早晨，他把公司的每个人都叫到了会议室，宣布道：“从今天开始，公司将有一些改变。新的工作时间将从星期一到星期五，每天不超过七个小时。休息日时我不接任何有关工作的电话。过去我们花了太多的时间在工作上，现在我要求你们把时间分出一些来给你们的家庭。”他看得出来，大家费了很大的劲，才忍住要欢呼的冲动。

生活中有两种时间花费，一种是工作时间，它以结果和成就来衡量；另一种是个人时间，它以爱和幸福来衡量。我们需要工作，但更需要生活，更需要家庭，因此，千万不要为了工作而忽视了你的家庭。

家庭关系，可以说是一个人所有关系中的首要关系，同时家庭生活也应该在一个人的生活中占据至为重要的地位，当你的工作和家庭遭遇冲突的时候，要确保家庭，并为此做出调整和牺牲，因为一个人只有品尝到家庭的快乐，才能够心无旁骛地投入工作，从而促使工作效率的提高。

第七章 犹太人的教育智慧

被驱逐和被歧视的经历，以及不断迁徙的挑战和痛苦，使得这个民族千百遍地思考自己的未来，面对惨痛的人生经历，他们积极思考，积极行动，找到了民族生存之道——“智慧是任何人都抢不走的，你只要活着，智慧就永远跟着你”，这是犹太人的圣训。所以，犹太人重视全民读书，重视孩子从小读书，犹太人中产生的诺贝尔奖获得者、学科领域中的代表人物，以及各种专业人才，其数量之多远远超过他们的人口比例。

可以说，教育成就了犹太人。

一、犹太人的教育理念

把教育放在第一位

以色列开国元勋本·古里安有句名言：“没有教育，就没有未来。”这也是所有犹太人的共识，他们对教育的重视不是只停留在口头上，更不是沽名钓誉，而是作实实在在的投入，千方百计地为教育创造条件。犹太人认为，如果学习是最高的善，那么创造有利于学习的机会与条件便是仅次于学习的善。因此，许多犹太社团都把教育投资视作一种责无旁贷的责任与义务。

一直以来，犹太人捐款的第一方向就是学校建设。在以色列的一些大学里，奖

学金、研究基金都由外国犹太商人提供。在希伯来大学、特拉维夫大学、以色列理工学院这三所最有名的大学中，至少有一半董事是外国人，尤其是美国犹太人。

本・古里安

20 世纪 70 年代中期以来，以色列教育经费在国民经济中的比重一直很高，甚至超过了许多发达国家。能做到这一点，对于资源贫乏、军费高昂的以色列来说，确实极为不易。

而早在以色列建国前，犹太复国主义就把教育作为复国的重要手段。当时的一个提法就是“文化犹太复国主义”，因此建国前以色列就出现了两所大学和若干中小学校。之后，以色列历届政府更是将教育立国和科技立国作为国家兴亡根本。梅厄夫人说：“对教育的投资是有远见的投资。”夏扎尔也曾说过：“教育是创造以色列新民族的希望所在。”曾担任总统、退休后去当教育部长的纳冯更直截了当地说：“教育上的投资就是经济上的投资。”

1948 年，以色列刚刚建国，还处在隆隆炮火声中，以色列的首任教育部长盖尔叫来了他的秘书艾德勒。

“艾德勒，我们一起来草拟教育法，必须强迫 3 岁到 15 岁的孩子，让他们接受免费教育。”

“免费！”艾德勒惊愕不已，要知道，立国之初的以色列尚处在战火之中，战争的经费都是美国人提供的，而当时整个教育部只有盖尔和艾德勒两个人，唯一的财产是一架破打字机。

“是的！免费！”盖尔坚定地回答：“我们处在敌人的包围之中，背靠地中海，四面是埃及、叙利亚、约旦、黎巴嫩，这些阿拉伯人无时无刻不在想把我们赶到地中海去。我们必须培训高素质的人，只有这样才能对付几十倍于我们的敌人。”

盖尔激动地接着说："我们要建立一个历史博物馆。让孩子们知道3000年前圣殿被罗马人毁掉的悲剧，让他们知道在第二次世界大战中犹太人被屠杀的事实，知道那些毒气室、骷髅、鲜血和希特勒。还要让他们明白这里是全世界唯一我们可以自卫的地方，这块土地是我们的，我们没有别的地方可以去！"

当第一次中东战争结束后，盖尔和艾德勒已用那架破打字机打出了以色列的义务教育法。第二年，这部法律在以色列议会全票通过。

以色列历届领导人一直把培养高质量的人才看作一个关系到民族生存的根本问题。教育立国、科技立国是以色列从成立之日就追求的目标。他们认为，如果不培养高质量的人才，建立一个模范的社会，以色列在国际上就得不到尊重，也无法吸引众多的犹太人来定居。这样，以色列就无法生存下去。

所以，以色列刚一建国就将教育放在了优先地位：1953年颁布了《国家教育法》，1969年颁布了《学校审查法》，等等。这一系列法律的制定，确立了教育在以色列的地位，形成了以色列特色的教育制度。

以色列是个移民国家，来自四面八方的移民把世界各地的文化带到以色列。其中既有东方文化又有西方文化，既有传统农业文化也有现代工业文化。以色列教育的目的之一就是填平这些不同文化之间的鸿沟与差距，为此《国家教育法》明确规定："以色列的教育目的，一方面是让学生学习知识和技能，以适应国家发展的要求；另一方面是促进来自世界各地的犹太人之间的融合，清除他们之间的文化差别，以形成一种新的犹太国民文化。"

犹太人重视教育这一优良传统在以色列的发扬光大，造就了大批高质量的杰出人才。除了依靠发展自己的民族教育，浓厚的学术氛围也给以色列送来了大量优秀的人才。几十年来，来到这个国家的移民中，有不少是欧、美、亚地区第一流的科技文化人才。他们的到来，使以色列的科学和教育从一开始就建立在很高的起点之上。正是因为有了较高的教育投资，以色列的教育才有了迅速发展的坚实基础。

"一分耕耘，一分收获。"高昂的投资，换来了以色列教育累累的果实。

以色列的人口只有700多万，但是在校人数却达到了138万之多，还有很多成

年人参加各种形式的学习。在以色列人中有 1/3 是学生，也就是说，每三个人中就有一个学生。

以色列的大学是公认的世界一流的大学。凡是到过以色列的人都必去“游览”以色列的大学。凡是到过这些大学的人无不为校园之优美、建筑之宏伟、设备之先进和藏书之丰富而赞叹不已。以色列的大学的许多研究成果被国际学术界承认为权威性项目。

以色列人会自豪地说：“我国资源缺乏，有的只是阳光、沙漠和大脑。”

发达的教育和优良的人才素质终于使“弹丸之国”以色列成为一股不可忽视的政治力量和国际力量。

对于任何一个时代来说，教育都是通向成功的途径。在今天的社会中，受教育程度和收入水平之间更是存在着直接关联。据统计，一个高中毕业生一生大约要比一个初中毕业生多赚 10 万美元。一个大学毕业生一生要比一个高中毕业生多赚 25 万美元。一位分析家这样说道：“犹太人家庭是学问受到高度评价的地方，在这方面，非犹太人的家庭则相形见绌。就是这个因素构成了其他一切差异的基础。”

教育和宗教一样神圣

《塔木德》指出：“教育和宗教一样神圣。”

据一项统计数据表明，美国犹太人中受过高等教育的人所占的比例，是整个美国社会平均水平的 5 倍。在现代社会，这种重视教育、善于学习的回报就是知识和金钱。从总体上看，各地的犹太社团总能保持高于其他社团的生活水平。犹太人的团结互助精神可谓无处不在。历史原因导致犹太人被迫散居于世界各地，反过来，这又成了他们在商场上的一大优势。犹太人无禁书、犹太人不禁书，即使是一本攻击犹太人的书。犹太人爱书的传统由来已久，深入人心。

联合国教科文组织最近的调查表明，在以犹太人为主要人口的以色列，14 岁以上的犹太人平均每月读一本书。在人均拥有图书馆、出版社和每年人均读书的比例上，以色列超过世界上任何一个其他国家，为世界之最。

大多数犹太商人看起来更像学者，他们学识渊博，风度儒雅，身上普遍透着一股书卷气。这并非因为犹太商人都有高学历，都在学校学习过许多年（事实上，老一辈的犹太商人因各种原因多半没受过什么正规学校教育），而是因为犹太民族的学习传统和钻研习惯。由于多年没有家园、四处漂泊的特殊经历，犹太人对学习、对智慧的重要性的认识要比一般民族早熟得多，他们已将之上升到“资本”“资产”的高度，他们将之比做“抢不掉而又可以随身带走的资产”。犹太人从小就把学习知识、钻研学问当作毕生的义务。久而久之，这便成了个人的习惯、民族的传统。

分析众多犹太商人的成功之路，可以发现他们大多是先通过钻研成为某一行当的行家而后以之起家的。与犹太商人打交道你会发现，犹太商人的知识面很广，眼界很开阔，比如一个犹太钻石商人，很可能连“太平洋底部有哪些特殊鱼类”这样的生僻问题都一清二楚。作为拥有几千年辉煌的商业智慧和丰富的商业实践经验的民族，纯商业上的知识对他们就更不必说了。

犹太商人追求学识渊博，他们当中精通两门以上外语的不在少数，他们视外语为世界商人的通行证。

学识渊博不仅提高了犹太商人的判断力，还提高了他们的修养和风度，从而增强了他们的信心和客户对他们的信赖。同样是进行投机、冒险、垄断、创新，犹太商人的成功率较高，最根本的原因也就在此。据一些从美国回来的学者说，今天的美国，最注重学习、把学校办得最好的还是犹太人。其传统之深厚，由此可见一斑。

犹太人不仅自己重视学习，更重视对后代的培养和教育。

当一个犹太人的小孩上学的时候，他就经常被父母和老师鼓励提问题。

他放学回家后，他的妈妈就会问他：“鲍比，你今天在学校向老师提问题了吗？提了什么问题呢？”

孩子说：“我问老师，为什么鱼是用鳃呼吸，不是用鼻子呼吸呢？它的鼻子在哪里呢？

“我过马路的时候，为什么红灯总是亮的？为何玛丽老师今天穿了一件咖啡色的裤子呢？”

开始的时候，他们的问题让人觉得幼稚可笑，但是时间一久，他们的问题就让人很难回答了，甚至一些专业的教授也无法回答！

犹太人就是这样鼓励孩子提问，因为在他们看来，思考是求得知识的开始。

一个聪明和有希望的民族一定是重视学习的，而善于学习的回报就是知识和金钱。

学习是一生的课题

《塔木德》说：“对于犹太人，学习是一生的课题。”

70 多年前，有一个基督教徒想在街上雇一辆马车，他环顾了一下四周，发现不远处有一排犹太人的马车。他走近一看，马正在吃草，却找不到车夫，于是就问在路上玩耍的小孩：“车夫哪去了？”小孩回答说：“在车夫俱乐部吧。”这个基督教徒来到街道深处的车夫俱乐部，看到在狭窄的屋子里面，车夫们都在学习《塔木德》。

虽然是车夫，但他们一有时间就学习圣书。这就是传统犹太人的写照。

纽特·阿克塞波正是把学习当作一生的课题的榜样。

纽特·阿克塞波青年时代就渴望学习语言、学习历史，渴望阅读各种名家作品，以使自己更加聪慧。当他刚从欧洲来到美国北达科他州定居时，他白天在一家磨坊干活，晚上就读书。没过多久，他结识了一个名叫列娜·威斯里的姑娘，18 岁就和她结了婚。此后他得把精力用在经营农场上，还必须养儿育女，多年以来，他几乎没有时间学习。

终于有那么一天，他不再欠任何人的债务了，他的农场土地肥美、六畜兴旺。但这时他已经 63 岁了，让人觉得仿佛不久就要跨进坟墓，没有人再需要他，他很孤独。

女儿女婿请求他搬去和他们同住，但纽特·阿克塞波拒绝了。“不，”他回答

说，“你们应该学会过独立生活。你们搬到我的农场来住吧，农场归你们管理，你们每年付给我400美元租金。但我不和你们住在一起，我上山去住，我在山上能望见你们。”

他给自己在山上修造了一间小屋，自己做饭，自己料理生活，闲暇时去公立图书馆借许多书回来看。他感到自己从来没有生活得这么自在过。

开始，纽特·阿克塞波仍改不掉多年养成的习惯：清晨5点起床，打扫房间，中午12点准时吃饭，太阳落山时一准就寝。但他很快发现这些事情完全可以随自己高兴，什么时间做都可以。实际上，这些事即使不干也没有什么关系。于是他一反过去的老习惯。早上他常常在床上躺到七八点钟。吃罢饭，他往往会“忘记”打扫房间或清洗碗碟。但是，他后来开始在夜间外出作长距离散步，这才是他真正告别过去，向着新的、更加自由的生活迈出的最为彻底的一步。

在他一生之中，白天总是有很多工作要做，累了一天之后，天一黑就没法不睡觉。现在可不同了，白天过完，夜晚他可以出去散步，他发现了黑夜的奥秘。他看到了月光下广阔的原野，他听到了野草和树在风中摇曳发出的声音，有时他会在一座小山头上停下，张开双臂，站在那儿欣赏脚下那一片沉睡的土地。

他这种行径当然瞒不过镇上的人，人们认定这个老头的神经出了毛病，有人说他已经成了疯子。他也知道别人是怎样看待他的，从人们向他提出问题时所说的那些话，以及人们看他做事时的那种眼神就不难了解到。他对别人看待自己的态度感到十分气恼，因而也就更少和人们交往，他用来读书的时间也越来越多了。

纽特·阿克塞波从图书馆借回来的书中，有一本现代小说，小说的主人公是一名耶鲁大学的青年学生。小说叙述他怎样在学业和体育方面取得成就，还有一些章节描述了这个学生丰富多彩的社交生活。

纽特·阿克塞波现在64岁。有一天凌晨3点钟，他读完了这本小说的最后一页。这时他做出了一个决定：去上大学。他一辈子热爱学习，现在他有的是时间，为什么不上大学？

为了参加大学的入学考试，他每天读书许多个小时。他读了许多书，对几门学

科已有相当把握，但拉丁文和数学还有点困难。他继续发奋学习，后来终于相信自己做好入学考试的准备。于是，他购置了几件衣物，买了一张东去康涅狄格州纽海芬的火车票，直奔耶鲁大学参加入学考试。

他的考试成绩虽然不算很高，但及格了，耶鲁大学录取了他。他住进学生宿舍，同屋的人名叫雷·格里布，曾当过教师。雷的学习目的是得到一个学位，以便再回去教书时可以挣更高一点的工资。雷在学生饭堂打工、挣钱交学费，雷不喜欢和别人讨论问题，不喜欢听音乐。

纽特·阿克塞波感到很惊讶，他原以为所有的大学生都和他一样喜欢谈论学问。

进大学还不到两星期，纽特·阿克塞波发现自己很难融入其他同学中。他们笑话他，不仅仅因为他年龄大（虽然白发苍苍的他坐在台下，听一个年龄比他儿子还小的教师在台上讲课，那情景也实在些古怪），还因为他来上学的目的与众不同。那些学生选修的科目都是为了更有利于以后找工作挣钱，而他和大家都不一样，他对有助于挣钱的科目不感兴趣。他是为了学习而学习。他的目的是要了解人们怎样生活，了解人们心里想些什么，弄清楚生活的目的，使自己的余生过得更有价值。但这并不重要，重要的是，他能够有自由的感觉，能够在学习中找到乐趣。

你也应该用这种态度看待生活：将生活看成是在你前面无限延伸的、漫长的、永无止境的道路，只有坚持学习，不断地努力向前走，才不会在中途迷失。

拉比——犹太人灵魂的指引者

拉比是犹太教教职的一种。在古代犹太教中，原指精通经典律法的学者，故其原意为“老师”，负责执行教规、律法并主持宗教仪式。其实，在犹太社会中，拉比们身兼传道者、学者、教师、咨商者、评判者等角色，是享有崇高地位的精神领袖，也承担着广泛民众教育的责任。

在犹太人心目中，拉比就是圣言的倾听者，是代表上帝向世人宣传圣言的使者，是守护犹太教的功臣，是犹太人的精神领袖，是犹太人心灵不死的指引者。

在罗马帝国统治犹太人的时期，为了毁灭犹太民族，罗马统治者想尽了各种方法，无所不用其极。他们或封锁学校，或禁止做礼拜，或焚烧书籍，或禁止犹太人的各项庆典，但最终目的是禁止培养拉比。

罗马帝国的统治者曾发出布告：任何参加拉比的任命仪式者，无论是任命的一方还是被任命的一方，都将被处以死刑。举行这种仪式的都市城镇，也将遭到毁灭。

在种种压迫手段中，这无疑是罗马人采取的最残忍的一项。即使拉比不惜牺牲生命，他们也不愿背负伤害同胞生命的责任，所以这项措施一时颇收恐吓之效。

但对于犹太人来说，没有拉比，社会即告瓦解，社会停止运转。因为拉比是犹太人精神上的领航者，代表犹太社会中的一切权威，没有了精神的牵引者，没有了社会事务的解决人，即意味着犹太民族从世界上消失了。

万幸的是，有位出色的拉比看破了罗马人这项恶毒的措施，于是率领自己最赏识的5名弟子，溜出城镇，走进大山的无人地带。因为在这样的地方，可以避免被罗马人捉住；即使被罗马人捉住，也只有自己受刑罚，不会牵连到整座城镇的同胞。

这位杰出的拉比与弟子们在距离城镇2公里左右的地方停下来，为他的5名弟子举行了拉比任命仪式。

不幸的是，罗马人听到了风声，并派军队来抓捕他们。老拉比说："我已经完成了我的使命，死而无憾。但你们必须尽快逃走，因为我们需要有人继续承担起拉比的任务!"

5名弟子非常清楚肩上的责任，于是迅速奔走，并安全逃离了抓捕。而年迈的老拉比却落到了罗马人的手中，恼怒的罗马人砍了老拉比几百刀。老拉比死了，但是5名年轻的新拉比开始了新的斗争。老拉比虽然死了，但是犹太民族的精神支柱却岿然不倒。

在犹太人心目中，最受人尊敬的拉比便是雅基巴。他是一位为国家、为道义而捐躯的民族英雄。

雅基巴出生于巴勒斯坦，出身寒微，替一位家财万贯的大富翁干活。后来，他爱上了主人的女儿拉结，两人不顾家庭的阻挠与反对，结为伴侣。富翁暴怒之下，与女儿断绝了关系。

雅基巴在40岁之前，还只是个目不识丁的牧羊人。但在40岁时，他在井边看见水滴石穿，从中悟出了“日日不废则至柔之水可破至坚之石”的道理，遂决心日日学习。在妻子的支持下，他在雅乌内犹太经学院苦学。

经过12个寒暑的潜心苦读，雅基巴终于成为学者，赢得了当时人们的推崇与爱戴，并且承担了《塔木德》最初的编辑工作。他曾研究过医学和天文学，并通晓数国语言，学问广博而精深，而且曾以犹太人精神领袖的身份多次陪伴“纳西”或“长老”前往罗马与哈德良皇帝进行交涉。

公元132年，为反抗罗马暴政，脱离罗马帝国的统治，犹太人揭竿而起，举行起义。雅基巴的很多弟子都参加了起义。公元135年，起义被镇压，很多犹太人被杀害。

罗马统治者为了彻底消除犹太民族的精神，禁止进行犹太教活动。但雅基巴不顾当局的禁令，继续讲学，并对他的犹太同胞讲了这样一则寓意深远的故事：

有一只狐狸在小河边漫步，发现河中有一条鱼惊慌不安地游来游去，狐狸感到很奇怪，便问道：“鱼儿，你为什么如此不安呢？”

鱼儿回答说：“我担心随时会遭受渔网的捞捕呀！”

狐狸说：“既然你害怕渔网，那么你到岸上来吧。来陆地上，我会保护你，你就不用再担惊受怕了！”

鱼儿听了，冷笑道：“狐狸呀，人人都夸你聪明绝顶，在我看来，你实在愚笨。我们在习惯已久的水里都必须承担被捕的风险，若是到了陆上，我们将会遭受何种危机，难道你不明白吗？”

对犹太人来说，信仰便如同水，如果离开水而上岸，只有死路一条。无论遭受何等压迫，犹太人都不能离弃民族信仰，这便是雅基巴至死仍奉守不渝的主张。

不久，雅基巴被捕入狱，并很快被押往罗马。为了泄恨，罗马帝国统治者决定

对雅基巴处以严酷的烤刑，让他在极度的痛苦中慢慢死去。

由于雅基巴是犹太人的领袖，行刑当天，罗马司令官也亲临刑场。当时旭日东升，正是做晨祈祷的时刻，这位伟大的拉比在被烧红的铁块炙烤全身时，仍不忘虔诚而平静地进行祈祷。

罗马司令官看到此情此景，惊讶地问道：“你现在身受如此痛楚的极刑，难道还不忘祈祷吗?”

雅基巴回答说：“我爱神，所以我绝不亏欠任何一次与神交流的机会，尤其是现在，当我即将被杀之际，我十分喜悦地发现我是如此忠诚地敬爱着神，至死仍能与神祈祷交流，我的生命将无所遗憾。”

雅基巴英勇就义，犹太教视之殉教者。人们赞颂他：“要是没有雅基巴，《塔木德》早就被以色列遗忘了。”

正是由于大批拉比对犹太人的心灵指引，犹太民族的精神和传统才得以生生不息。

把书本当作朋友

犹太民族是“书的民族”，这个民族对书的崇拜，对知识的渴望和学习，已经不是一般的求知好学可以概括得了，他们已经达到了宗教一般的狂热和崇拜。对他们来说，书就是他们一切智慧的根源，也是一切财富的来源。

《塔木德》说：“把书本当作你的朋友，把书架当作你的庭院，你应该为书本的美丽而骄傲，采其果实，摘其花朵。”犹太人把这样的箴言一代代地传递给后世子孙，告诉他们一定要勤奋读书。为了让所有人都知道学习的重要性，都热爱学习，犹太教制订了许多的教义。

在传统的犹太家庭里，有一个世代相传的规定：书橱只可放在床头，不可放在床尾。这样的规定就是告诫自己民族的人，书是神圣的，不能对书本有所不敬。在犹太人的聚居区，常常会有这样的事情，如果一个人在旅途中，发现了故乡人未曾见过的书，他一定会买下这本书，带回去与故乡的人分享。外来的书籍和知识是别

人智慧的结晶，应该拿来学习和利用。

犹太人还规定："生活困苦之余，不得不变卖物品以度日。你应该先卖金子、宝石、房子和土地，到了最后一刻，在你不得已的时候，才可以出售图书。"犹太人是这样解释的：世间的一切金银珠宝、房屋、土地都是可以变化消逝的东西，而知识则是可以长久流传的财富，因此，无论什么时候，都不可以抛弃书本。

犹太人认为，人们可以有各种仇恨和恩怨，然而知识是没有边界的，它是属于全人类的，不能因为我们存在各种偏见而影响智慧和真理的存在。为了维护书籍的传承性，并且把它真正地给所有热爱它的人们，在 1736 年，拉脱维亚的犹太社区通过了一项法律，该法规定，当有人借书的时候，如果书本的拥有者不把书本借给他人，应罚以重金。这次立法是有史以来人类第一次为书籍立法，在其他民族的法律史上是没有过的。

他们同时还规定，如果有人去世了，要在棺材里放几本书，让书伴随他们死去的躯体。这样做的用意很明显，知识是浩瀚无边的，永远也学习不完的，即使人死去了，他的灵魂也应该继续学习。

对于有知识、有智慧的人，犹太人更是充满了敬佩之情。在犹太人的社会里，他们认为有知识的学者是智慧和真理的化身。他是上帝派来引导大家过上愉快幸福生活的人。在犹太人的观念里，犹太教的拉比要比父亲更值得尊敬，因为拉比是整个社区最有智慧的人，所有人都应该听从这位智慧和学识都很高的教师的教导。当一个犹太人为自己的女儿选择夫婿的时候，他也无疑会选择一个有良好教育的青年，而不会选择一个世俗的有钱青年。

犹太人就是这样的民族，尊重知识，追求真理。知识是最伟大的，在它面前，世俗的一切统治者都要让位。这个观念在犹太人的国家——以色列得到了很好的印证。

以色列建国后，著名的犹太科学家爱因斯坦由于在科学上的卓越贡献，得到世界和以色列人民的爱戴。以色列人民向他发出邀请，请求他来做以色列国家的总统。但是他们的好意被已经决心献身科学的爱因斯坦拒绝了，爱因斯坦拒绝了自己

民族的人们赋予他的这个世俗的荣耀。许多民族的人都觉得不能理解，总统是那样的尊贵，科学家怎么可以享受这样的待遇呢？但是，这对犹太人来说却丝毫也不觉得奇怪，在他们眼中，有知识的人是最聪明的人，他们掌握着宇宙的真理，让他们来统治国家，是这个国家的幸运和人民的幸福。这在人类历史上，是第一次让一个科学家来做一个国家的最高元首，可以看出犹太人对知识的热爱和崇拜达到了怎样无以复加的程度。

学者比国王大

在其他民族将王侯、贵族、军人或商人的地位放在学者之上的时期，犹太人却认为学者比国王大。

犹太人历来尊崇学者，教师和有智慧的人享有很高的声望。在古代犹太社会里，凡是被称为“他尔米特·赫里姆”，即精通犹太法典者，都不必纳税，因为大家认为他们已经付出了很多的心力，对这个社会有着莫大的贡献，所以不但不必纳税，而且还要以整个社会的力量去帮助他们。

有一条犹太格言是这么说的：“即使变卖一切家当，使女儿能嫁给学者也是值得的；为娶学者的女儿为妻，纵然付出所有的财产也在所不惜。”

当学者的声望从宗教学问转移到世俗学问上时，大学里的学位特别是高学位，就成了犹太学生追求的目标。对一个犹太家庭来说，没有比家庭中有一位或几位博士更为荣耀的了。其结果是，在犹太人中产生的诺贝尔奖获得者、学科领域中的代表人物以及各种专业人才，其数量之多远远超过他们的人口比例。

在犹太的历史上，“教师”这个词的确切内涵并不是一成不变的。在早期的犹太社会中，教育尚处在以神学教育为主要内容、以家庭教育为主要形式的初级阶段。当时社会上并不存在专职的教师职业，教育子女的任务主要由父亲和拉比分别完成。在家庭中，父亲承担着教育子女的重任，他把“智慧之言”及为人处世之道传授给自己的子女，因此，父亲就是教师，教师就是父亲。在希伯来语中，“父亲”一词本身就具有“教师”的含义。如今在西方语言中以“father”（父亲）来称呼

教父，正是希伯来习俗的延续。在社会上，教师的职责由象征着智慧与权威的拉比来完成。在遍布各地的犹太社团中，拉比不仅是神职人员、律师、法官、牧师、医生，而且是教师。因为在希伯来语中，“拉比”一词的第一含义就是“教师”。在现实生活中，拉比们就是各地犹太学校（早期的学校往往与教堂合二为一）的负责人与职业教师。作为智慧的化身，他不仅要为学生解答学业上的难题，还要指点生活中的迷津。人们一遇到难处，往往会求助于拉比，而拉比的言语往往被视为至理名言。在公元6世纪，随着学校与教堂的分开，教师与父亲、教师与拉比的两位一体化才开始慢慢地逐渐分离，教师的职业才应运而生。

在犹太人的传统中，教师的地位是极高的。在犹太人看来，教师是一种神圣的职业，因此，“每个人要像尊重上帝那样尊重教师”。犹太经典《密西拿》中把有学问的教师（犹太人习惯上把有名望的法学家也称为教师）叫作“塔尔米德哈卡姆”，意为“圣贤的门徒”。犹太人对获得“塔尔米德哈卡姆”身份的人极为尊重，并明文规定：凡是侮辱了“塔尔米德哈卡姆”的人，都必须罚以重金，情节严重者还有可能被逐出犹太区。如果能与“塔尔米德哈卡姆”的女儿结婚，会被视作是一种高尚而且很值得去炫耀的行为。

《塔木德》一书中曾记载着这样一个故事：两位视察员受拉比之命来到一个镇上，要求拜见镇上的守卫之人。镇上的警察局局长闻讯后匆匆出来迎接，视察员却说：“我们要见的人不是你，而是守护镇民的人。”这时，守备局长又跑出来迎接，视察员仍然摇头说道：“我们想见的既不是警察局长，也不是守备局长，而是学校的教师。警官和部队都会破坏市镇，真正守护市镇的是教师。”

由此可见，在拉比们和视察员们的眼中，教师才是民族利益的真正守护者，教师这一事业关系到了整个民族的未来。

很长一段时间以来，各地的犹太人都形成了一种尊师重教的优良传统，他们使“拉比——教师，以及有智慧的人得到极高甚至可以说是过高的声望”。此外，犹太人在婚姻问题上的态度，也从侧面反映出他们对包括教师在内的学者的敬重。自中世纪以来，在欧洲尤其是中欧的犹太人中形成了这样一种观念：最理想的婚姻是有

学问的教师、拉比或法学家与富翁的女儿结合。

《塔木德》中也说："宁可失去所有的财产，也要把女儿嫁给学者。"关于这种价值取向，对犹太民族颇有研究的中国学者顾骏先生称之为"学"与"商"的联姻，一种独特意义的"门当户对"。顾先生对此发表了一番幽默风趣且耐人寻味的感叹，这样一种婚姻安排对犹太民族的生存价值自不待言，生意上精明的人（成功的商人）和学问精明的人（拉比或智者），肯定是最能应付犹太人生存环境恶劣的挑战的人……其实，犹太人的这种"门当户对"，不仅是从生物学意义上保证了优秀基因的传递，而且也从社会学、经济学、文化学的意义上都保证了这种传递。

就"学"与"商"两者的联姻，从价值观念上保证了那些"卑俗"的生意人对知识和学问的认同，从而实际上除掉了其身上的卑俗气。而在经济上，非生产的学者则可以通过联姻得到资助，因为犹太人亲属之间某种财产再分配的倾向历来很强。而在民族凝聚上，钻研《托拉》的学者无疑是传统最忠诚的维护者，学者走进商人的圈子可以把最易"迷路"的羔羊留在上帝的栅栏内。智慧的犹太民族做出的这些智慧的安排，比让学者"下海"搞第二职业不知要聪明多少倍。商人们有一些学者气是文明的进化，而如果学者只剩下了一点商人气，则绝对是文明的退化。

学校在，犹太民族就在

从犹太人对教育的重视及对教师的敬重，任何人都不难想象出教育的场所——学校会在犹太人生活中具有何等重要的地位。

1919 年，犹太人正与阿拉伯人处于日趋激烈的冲突之中，耶路撒冷的希伯来大学便在隆隆的炮火声中奠基开工。此后连绵不绝、愈演愈烈的冲突，并未能阻止这所大学在 1925 年建成并投入使用。

犹太人之所以特别重视学校的建设，除了他们具有"以知识为财富"的价值取向外，更高层次上，还因为在他们看来，学校无异于一口保持犹太民族生命之水的活井。

伟大的拉比约哈南曾说过这样的话："学校在，犹太民族就在。"

公元70年前后，占领犹太国的罗马人肆意破坏犹太会堂，图谋灭绝犹太人。面对犹太民族的空前浩劫，约哈南殚精竭虑，想出一个方案，但他必须亲自去见包围着耶路撒冷的罗马军队的统帅韦斯巴罗。

约哈南假装生病要死，才得以出城见到罗马的司令官。

他看着韦斯巴罗，沉着地说："我对阁下和皇帝怀有同样的敬意。"

韦斯巴罗一听此话，认为侮辱了皇帝，做出要惩罚拉比的样子。约哈南拉比却以肯定的语气说："阁下必定会成为下一位罗马皇帝。"

将军终于明白了拉比的话，很高兴地问拉比此来有何请求。

拉比回答道："我只有一个愿望，给我一个能容纳大约10个拉比的学校，永远不要破坏它。"

韦斯巴罗说："好吧，我考虑考虑！"

不久，罗马的皇帝死了。韦斯巴罗当上了罗马皇帝。日后当耶路撒冷城破之日，他果然向士兵发布一条命令："给犹太人留下一所学校！"

学校留下了，并留下了学校里的几十个老年智者，维护了犹太的知识、犹太的传统。战争结束后，犹太人的生活模式也由于这所学校而得以继续保存下来。

约哈南以保留学校这个犹太民族成员的塑造机构和犹太文化的复制机制为根本着眼点，无疑是一个极富历史感的远见卓识。

一方面，犹太民族在异族统治者眼中，大多不是作为地理政治上的因素考虑，而是文化上的吞并对象。小小的犹太民族之所以反抗世界帝国罗马而起义，其直接起因首先不是民族的政治统治，而是异族的文化统治，亦即异族的文化支配和主宰——罗马人亵渎圣殿的残暴之举。

另一方面，犹太人区别于其他民族，首先又不是在先天的种族特征上，而是在后天的文化内涵上。在一个犹太人的名称下，有白人、黑人和黄种人；至今作为犹太教大国的以色列，向一切皈依犹太教的人开放大门，只要接受犹太教就是一个正统的犹太人。

为了达到这一文化目的，犹太人长期追求的，不仅是保留一所学校，而是力图

把整个犹太生活的传统和犹太文化的精髓保留下来。从犹太民族2000多年来持之以恒、极少变易的民族节日，到甘愿被幽闭于“隔都”之内以保持最大的文化自由度，到复活希伯来语，所有这一切，都典型地反映出了犹太民族的这种独特追求，以及这种独特追求中生成的独特智慧。

这种智慧就是对民族文化的高度自信、执着和维护！

按《塔木德》的教导开展教育

多年流离转徙的犹太人，自从公元70年祖国被毁灭以来，一直到1948年以色列建国，在漫长的时间里，一直没有自己的国土。他们流散到世界各地，与当地人混居在一起，但是，尽管经过了无数代，他们仍严格地向子孙传授犹太教的教义。

居住在亚洲的犹太法律专家，为犹太人团体从事社会义务活动的迈克尔·沙皮罗指出：“在犹太教中，有一部汇总了对《圣经》（指《旧约》）进行解释和研究的伟大著作《塔木德》。这是一部我们犹太人作为生活规范的重要书籍。对于没有自己的祖国并流离失所的犹太人来说，《圣经》和《塔木德》就是祖国。孩子们从父母那里接受关于戒律和生活习俗的教育，并在犹太教会中接受拉比（犹太教教士）的教导。这样，在成长的过程中，他们就会强烈地意识到自己是犹太人。”

随着时代和环境的变化，《塔木德》常被加上新的内容。犹太人成功的秘密之一就隐藏在《塔木德》中。犹太男孩一到13岁，就要参加被称为“巴·米茨瓦赫”的成人礼仪式，自己选择《圣经》中的一节，在众人面前宣读。不仅是读，还必须阐述自己对这节经文的解释。虽然刚刚13岁，但已经被要求发表独立见解了。

被誉为“以色列之父”的本·古里安曾说过：“如果要让我用最简单的语言描述犹太史的基本内容，我就用这么几个字：质量胜过数量。”确实如此，以色列的富强与犹太人的高素质、犹太移民带来的先进文化、犹太人重视教育的传统以及全世界犹太人的慷慨解囊是分不开的。科学教育的目的就是提高人口素质，人口素质提高了，国家自然也就强大了。

早在以色列建国前，犹太复国主义就把教育作为复国的重要手段，当时的一个提法就是“文化犹太复国主义”，因此，以色列建国前就出现了两所大学和若干中小学校。之后，以色列历届政府将教育立国和科技立国作为国家兴亡的根本。本·古里安说：“没有教育，就没有未来。”梅厄夫人说：“对教育的投资是有远见的投资。”夏扎尔也曾说过：“教育是创造以色列新民族的希望所在。”

曾担任总统，退下来后担任教育部长的纳冯更是直截了当地说：“教育上的投资就是经济上的投资。”

以色列第一任总统是著名的物理学家魏兹曼。刚建国，还在炮火隆隆声中，以色列的首任教育部长盖尔，叫来了他的秘书艾德勒，对他说：

“艾德勒，我们一起来草拟教育法，必须强迫3岁到15岁的孩子，让他们接受免费教育。”

“免费?!”艾德勒惊愕不已，要知道，立国之初的以色列尚处在战火之中，战争的经费都是美国人提供的，而当时整个教育部只有盖尔和艾德勒两个人，唯一的财产是一架破打字机。“是的，免费!”盖尔坚定地回答，“我们处在敌人的包围之中，背靠地中海……我们必须培训高素质的人，只有这样才能对付强大几十倍于我们的敌人。”

盖尔激动地说：“我们要建立一个历史博物馆，让孩子们知道3000年前圣殿被罗马人毁掉的悲剧，让他们知道二战中犹太人被屠杀的事实，知道那些毒气室、骷髅、鲜血和希特勒。”

第一次中东战争结束后，盖尔和艾德勒拟出了以色列的义务教育法。

第二年，这部法律在以色列议会全票通过。

正是对教育的重视，使以色列在许多方面都处于世界前列。

重视孩子的早期教育

门德尔松生于汉堡，其祖父摩西·门德尔松是著名的哲学家，其父亲是一位富有的德国籍犹太银行家，他将人们私下认定的银行家庭所有的一切保守与拘谨都传

给了儿子，当然，他仍不失为一个在艺术上很有品位的人。

门德尔松享受着太多的母爱，他的母亲能阅读希腊文原版的《荷马史诗》，她深深了解她所生的每个孩子的天赋，她教门德尔松学习钢琴，没过多久，门德尔松异乎寻常的才能立即就显示出需要更高水准的专业教师，于是，母亲立即为他聘请了更有名的音乐教师。他们的家庭从不会感到缺钱，理所当然能请到最好的名师，不仅在音乐上是，他们还为门德尔松请来了绘画、语言和各种运动的老师，最多时，门德尔松的私人家庭教师多达6位。

门德尔松不是当神童，让人惊叹一下就完了，他的家庭培养是一个十分完善的系统计划，所以，他从小就获取了一个天才所需的扎实基础。9岁时他就在柏林举办了首场钢琴音乐会，实际上，他的管风琴技艺也足可令人吃惊。

根据常理，把极有天赋的神童带出去四处走走是有好处的，门德尔松的父母也正是这么做的，他们原打算在孩子9岁左右就旅行完整个欧洲，只不过因为门德尔松突然感到作曲的灵感铺天盖地地涌出，他们只好迁就他而时常单独坐下来一阵子。

作一段时间的曲子，起身又走，然后回到家中，经历更为严酷的专业训练。家庭教育为门德尔松日后的发展奠定了坚实的基础。

对孩子的早期教育和家庭教育是每一个犹太人的职责。

犹太人教育孩子的内容相当广泛，包括生命教育、美德教育、金钱价值观教育、健康教育……可以说是包罗万象。

犹太人之所以成为犹太人，与他们的家庭早期教育有极大关系。他们有自己独特的教育孩子的方式，这是我们应该借鉴的。

世界上多数民族都将早晨作为一天的开始，公历的一天开始于午夜，而犹太人的一天则是从太阳落山时开始的。当孩子问为什么时，他们就说：“将黑暗作为开始的人，他的最后才是光明；而将光明作为开头，最后则是黑暗。”这样教育孩子先吃苦，后享受。

当孩子问现在是几点钟时，他们总是说：“现在是10点21分35秒。”从不说：

快10点半了、10点多钟。正因为如此，犹太人的时间观念极强，他们对数字也非常敏感与精确的。

古代犹太人将书看得破旧得不能再看了，就挖个坑庄重地将书埋葬。这时他们的孩子总是要参与其中。他们对孩子说："书是人生命的东西。"犹太人是最爱书的民族。

犹太人有个成语："你比希勒尔还穷吗？你比希勒尔还缺少时间吗？"犹太人从小就知道希勒尔的故事。

少年的希勒尔很穷，他拼命地工作，将得到的钱一半送给守门人，以求进入学校的院子听课。可是，后来他连一块面包也吃不上了，守门人再也不让他进入学校的院子，他就悄悄爬上屋顶，躲在天窗上听课。一个冬天，学生们发现，天空是晴朗的，可教室却是黑的。原来是希勒尔躺在天窗那儿，他已经冻僵了。

犹太人称山为"哈里姆"，称双亲为"赫里姆"，称教师为"奥里姆"，这3个词是同源的，在犹太人眼里，教师与大山和父母是一样的。

多数民族将胜利、喜庆作为节日，而犹太人最盛大的节日"逾越节"，却是纪念在埃及当奴隶时的苦日子。这天他们给孩子吃一种很难吃的没发酵的面包和很苦的叶子，然后讲祖先在埃及受屈辱的故事。

不论穷富，犹太孩子全有一个存钱的小盒子，但这钱是不能自己用的，而是专门给乞丐留的。犹太人说："许多乞丐的衬衫里就藏着智慧。"因为包括乞丐在内所有的犹太人，都必须抽出一定的时间学习经典。犹太法典上说："5岁的孩子是你的主人；10岁的孩子是你的奴隶；到了15岁，父子平等，就没有孩子了。"在五旬节内，年满13岁的人都要参加隆重的成人仪式，表示自己是真正的犹太人了，开始承担宗教义务。

关于犹太人，还有许多优点，比如团结，比如勤劳，比如勇敢，比如富有进取精神，但犹太人之所以成为犹太人，与他们的家庭早期教育有着密不可分的关系。

只有智慧是可以带走的

在每一个犹太人的家里，当小孩稍微懂事时，他们的母亲就会翻开《圣经》，滴一点蜂蜜在《圣经》上面，然后叫孩子去舔书上的蜂蜜。这种仪式的用意不言而喻：书本是甜的，他们要从书本上得到教育，得到知识。

传说在古时候，犹太人的墓园里常常放有书本，他们相信那些死者在夜深人静时会走出来看书。尽管这种传说具有某些迷信色彩，但其象征意义对现实的人却很有教育意义，即生命有结束的时刻，虽到了尽头，但求知却是永无止境的。

犹太家庭中的每一个孩子，几乎都要猜出一个谜团，那就是："假如有一天，你的房子被烧毁，你的财产被抢光，你将带着什么东西逃命呢?"如果孩子回答说是钱或者钻石，母亲将进一步问："一种没有形状、没有颜色、没有气味的宝贝，你知道是什么吗?"当孩子无法回答时，母亲就会说："孩子，你要带走的不是钱，也不是钻石，而是智慧。因为智慧是任何人都抢不走的，你只要活着，智慧就会伴随着你的一生，它是任何人都抢不走的。"

人不能像走兽那样没有追求地活着，而应该追求知识和美德（但丁语）。犹太人教育孩子重视对知识的追求，实际上是教导孩子如何做一个真正的人，他们的人生应该是怎样的。

身为父母，我们也应该向犹太人学习，懂得用书本来武装自己孩子的头脑，给他们以丰富的智慧。通过人性与科学的结合，使孩子体会到智慧的魅力所在，像犹太人那样，以独特的教育方式结合教育理念，来教育孩子，使孩子透过现象更深一层地认识到教育的本质。

知识来源于书本，知识更活用于书本，教育子女要把知识演变成智慧，体现出智慧本身的重要性。

因此，我们要从小培养孩子读好书的习惯，使他们知道书中赋予他们的智慧的力量是无穷无尽的。

孩子是神圣的

《塔木德》中有一句极为睿智的格言：“人类有三个朋友：小孩、财富、善行。”

这里的人类当然应当理解为犹太民族。这句格言告诉我们的是犹太民族的三个根本关注点：小孩是民族的肉体存在，善行是民族的精神存在，财富是民族的现实存在。

对于以“文化”立“族”的犹太人来说，善行及其背后的价值与信仰，是民族最高意义的存在，无此，即无犹太民族。但是，这种精神存在要成为每一历史时刻的现实存在而不沦为历史遗迹，必须与民族的肉体存在同在。而财富不仅代表着维系犹太民族精神存在和肉体存在的必要条件，还是犹太民族的肉体存在借以证明其精神存在之不朽的根本证据。所以，最终说来，犹太民族的这三种存在是在孩子身上实现“三位一体”的。从这层意义上，我们不难明白，犹太人何以会对孩子具有一种带有崇高感、神圣感的情感。

犹太人的一则典故是这样说的：

当初，上帝要把“十诫”授予犹太民族时，曾要求犹太人做出保证，他们必能守护律法。于是，犹太人首先以最早的伟大祖先，如亚伯拉罕、以撒、雅各等名字起誓，一定守护十诫。

然而，上帝认为不够。

犹太人又以他们日后所能获得的一切财富起誓。

上帝还是认为不够。

犹太人又以所有犹太人所生的哲人的名字起誓。

上帝仍嫌不够。

最后，犹太人说，一定会把“十诫”传给孩子，并以孩子起誓。

这时，上帝终于说道：“好！”

这样的寓言只有一个长期在血与火的急流中跋涉，而随时会遇到灭顶之灾的民

族才构思得出来。只有当一个民族清晰地意识到，自己的未来和一切希望都寄托在孩子身上时，才会给孩子带上这样一轮光环，使孩子几近于神圣。

从这样一种“孩子神圣”观念出发，犹太人的家庭就成了名副其实的“孩子的王国”。

当孩子还在母亲的子宫里时，就已受到全家的特殊照顾。犹太人有一条规矩，孕妇应当享受特殊待遇，必须让她吃得好。在贫穷人家，甚至宁可大家挨饿，也不能让孕妇饿着。

孩子一出生，就成了家庭的中心，用《塔木德》的话说：“一岁是国王：大家集合起来，像服侍国王一样哄他，取悦他。”

没有不好的学生

《塔木德》说：“只因为有了活泼可爱的学生，世界才得以万世长存。一定不能使学生误了学业，即便是为了修筑庙宇。没有学生的城镇终将毁灭。”

犹太人很讲究教育的艺术。他们有句至理名言：

“要按孩子该走的路来充分地训练他。”

犹太人认为，一个孩子在学习《圣经》上有进步，而在《塔木德》上没有进步，就不能试图通过教他《塔木德》来推动他进步。如果他看得懂《塔木德》，就不要逼他学《圣经》。要在他知道的事情上训练他。

在教育孩子时，拉比们认为，如果老师教的课学生不理解，那么，老师不应该大发脾气或对学生发火，而应该重复课程，直到学生完全理解并掌握为止。

在学习过程中，犹太人认为一个学生在听了好几遍课后才能掌握所学的知识，他不应该在那些只听一两遍就能掌握的同学面前感到羞愧。但是，这个学生的不理解只能是因为课程本身就难或者是由于他的智力不足。如果学生在学习时粗心大意和懒惰，老师应该斥责他们，用责备的话羞辱他们，并由此而激励他们。这就是老师的责任。

拉比犹大在一次演讲中发现学生都睡着了，为了唤醒他们，他突然高声叫道：

“一位埃及妇女一次生了 6000 个孩子！”一个学生，拉比伊施采尔·本·犹瑟一下子就从困倦中惊醒了，问：“谁能做出这种事啊？”

拉比大声说：“她就是约克白德，她生的是摩西的时候，因为摩西就等于 6000 人。”

但是，老师不应强行给孩子上重轭，因为指令只有在轻松愉悦地传达时才有效率。要给孩子们小小的奖励来让他们高兴。一个专心的学生会自己阅读，如果哪个学生不专心，可以把他安排在一个勤奋的学生旁边。一个老师应该在他的学生面前露出“破绽”，通过提问，激发学生的才智，并探知学生是否记住了他所教的东西。

为了在教学中让孩子认真听讲，教师可以用令人吃惊的声明来使他们振奋，保持警惕。

但犹太拉比认为，教育学生要常常把左手放开，而将右手更紧地抓住，不能像约书亚那样，把学生的双手都放开了。

有一次，约书亚从亚历山大到耶路撒冷，路上经过一个小酒店，酒店的主人对他异常尊重。

“这个 aksania 可真漂亮啊！”他说。

aksania 的意思可以指小酒店，也可以指酒店老板。但是，约书亚的意思是夸酒店。

“我的主人，她的眼睛太小了。”他的学生说道，他指的是酒店的老板娘。

“缺德的家伙！”约书亚叫道，“这就是你满脑袋所想的吗？”于是，约书亚吹起牛角，将学生逐出门墙。牛角是在将学生逐出门墙的仪式上吹的。

可怜的学生找了多次老师，请求道：“收留我吧！”但约书亚拒绝见他。

一天，约书亚在祈祷时，这个学生又来了，他这次动了恻隐之心，想将这个学生再纳入门墙，于是便向这个学生打了个手势，让他等他祈祷完毕。

不料这个可怜的学生以为又被老师拒绝了，只好黯然地离开了，转而崇拜起月神来。

犹太人认为，这是老师的失败，老师是不合格的老师。

发问和答案同样重要

犹太人不仅非常重视知识，而且更加重视才能。他们把仅有知识而没有才能的人喻为“背着很多书本的驴子”。他们认为，一般的学习只是一种模仿，而没有任何的创新。

他们还认为，学习应该以思考为基础。思考是由怀疑和答案组成的。学习便是经常怀疑，随时发问；怀疑是智慧的大门，知道得越多，就越会产生怀疑，而问题也就随之增加，所以，发问使人进步。发问和答案同样重要。

《塔木德》说：“好的问题常会引出好的答案。”

问题提得出人意料，答案也常常是深刻的。没有好奇心的人，不会发生怀疑，思考就是由怀疑和答案共同组成的。所以，智者其实就是知道如何怀疑的人。

人没有理由对什么事都确信无疑。怀疑一旦开始，疑点便愈来愈多，循着怀疑的线索去追寻答案，就可以解答很多迷惑和怀疑。

不过，过分的思考易使行动迟缓。的确，犹豫是非常危险的，人们必须在最适当的时候，做出决断，否则便会坐失良机。只有适时而大胆地行动，才能掌握胜利；临阵踌躇不决，将丧失战机。

人不能为了学习而学习。学习是让自己丰富，让自己变得灵活、机智、善于洞见。在这个世界上，相同的事情绝对不会重复出现。因此，当面临一种新的状况时，谁也不能把以前所学的东西原封不动地运用上去。学习到的东西只能给人以知性的感觉。而学习正是为了锤炼知性，使知性更加敏锐。

敏锐的知性可以抓住瞬间的机会，预见未来的趋势，洞悉细微处的微妙变化，把握宏观而抽象无形的东西。学习的目的便是培养这种洞若观火的洞察力。

学习一定要学到学识渊博，始能融会贯通。犹太人说：“深井的水是提不完的，浅井的水一提就干。”

同时，他们崇尚创新，保持与其他人不同的立场。一个人的知识越多，懂得越多，就越会发生怀疑，越觉得自己无知。而怀疑正是学习的钥匙，能开启智慧的

大门。

尊敬师长是美德

《塔木德》说：“教师是学生生活中地位最高的人，配得上比父母更高的荣誉。”

犹太民族非常尊敬师长。在希伯来语中，山被称作“哈里姆”，双亲为“赫里姆”，教师为“奥里姆”，和山的发音非常相似。犹太人一向认为双亲和教师都像是巍峨的高山，比普通人高出许多。

拉夫曾到过一个城镇，命令那里的人斋戒、祈祷来求雨，但雨却没有下。

于是，集会的诵经师走到藏经龛前，大声念诵祈祷书上的话：“上帝让风吹。”话音未落，风立即吹了起来。

诵经师接着念道：“上帝让雨降下来。”顷刻间，雨便下了起来。

拉夫问诵经师：“你做了什么特殊的事迹而得到如此丰厚的奖励?”

诵经师答道：“我教育孩子们，对穷人的孩子和富人的孩子一视同仁。对于交不起学费的人，我从不收费。而且，我有一个鱼塘，如果有孩子不想学习了，我就给他几条鱼，然后再把鱼从他那里赢过来。这样，他不久就变得好学了。”

因为师德崇高，垂范后世，也因为上帝奖赏有知识的人，所以犹太民族无比崇敬师长。

不要给孩子太大的压力

根据澳洲钢琴家大卫赫夫考的故事拍成的《钢琴师》，是一部精致、优雅又流畅的电影。

一位天才儿童，在父亲的教导下，开始在音乐海中泅泳，但“成也萧何，败也萧何”，父亲的专制使孩子苦学有成，却也使性格乖巧的孩子受了相当的心理压力，最后进了疯人院。除了钢琴，他一切失常。最后在一个女人的扶持下，钢琴师才又

进入演奏厅，在如雷掌声中啜泣。

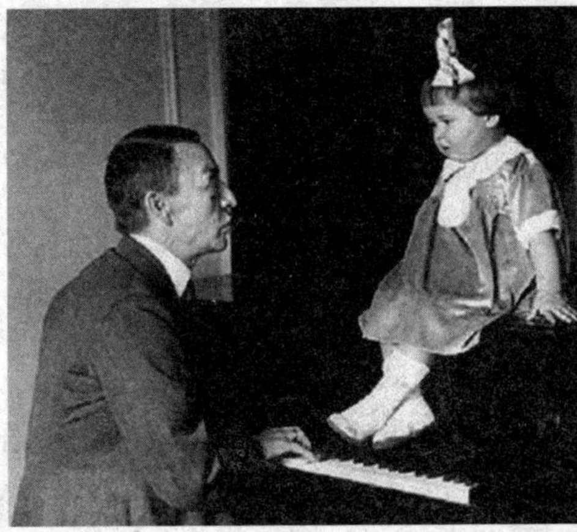

大卫赫夫考

从集中营逃出来的父亲，常不自觉地把家庭组成另外一个集中营。钢琴师的父亲是幸免于纳粹魔爪的犹太人，逃出来之后，对现实社会依然缺乏安全感。

他不知不觉地把家弄成了另一个集中营。他强迫心智未成熟的孩子，演练艰难地拉赫曼厄诺夫第三号钢琴协奏曲，不许孩子离开家庭赴异地深造，学成后也不准他回家，造成孩子精神崩溃。直到他死后，钢琴师才看到一线生机。

“我辛辛苦苦才创造这个家，你为什么要辜负我的期望呢？”这是一位严父的推理。对一个家庭而言，这样的“强将”手下只会有精神衰弱的“弱兵”。

一个品格没瑕疵的好人，可能是坏父母，只因教育方式不对。艰苦奋斗的父亲，也常制造痛苦的集中营，无视孩子的意愿，反而使孩子走了许多冤枉路。

“孩子，我要你比我更强！”这是每一对父母对下一代的期许。钢琴师的父亲年少时期对音乐有兴趣，辛苦挣钱买来的小提琴被严父砸烂，于是他认为，自己能让孩子学琴，孩子是很幸福的。“说，你是个幸福的孩子！”孩子嗫嗫嚅嚅地照说了。

“你说，现在你要说什么？”

“我要赢！”孩子也想赢，可是，每一次没法赢的时候，他所承担的压力比任何竞赛者都要大。

把孩子教育成一个优秀的人才是父母的职责，但是，绝不可以因此而损害了孩子身心的健康。

良好的教育环境有利于孩子成长

爱尔维修曾经说过：“人刚生下来时都一样，仅仅由于环境，特别是幼小时期所处环境的不同，有的人可能成为天才或英才，有的人则变成凡夫俗子甚至蠢材。

即使是普通的孩子，只要教育得法，也会成为不平凡的人。”

由于家庭教育环境的好坏对孩子的成长和学习会产生深远的影响，所以犹太家长大都特别注意孩子的家庭教育环境。在犹太人的每个家庭里，父母都会为孩子创建一个好的教育环境。

在英国，有一个出生在犹太家庭中的小男孩，他的父亲是个穷鞋匠，母亲是个洗衣妇，就连祖母有时候也要出去讨饭来贴补家用。许多人都很讨厌他们这一家穷人，也不允许自己的孩子同这个犹太小男孩一块儿玩，所以他从小就没有伙伴跟他一起玩。

但是，他的父亲一点也没有在孩子的面前流露出对孩子孤独的焦急的情绪，反倒是十分轻松地对他说：“孩子，别人不跟你玩，爸爸来陪你玩吧！”他的家很简陋，只有一间小屋子，破凳烂床把这个小小的空间塞得满满的，没有给孩子留下多大的活动空间，然而，就是这么一间破得不能再破的小屋，父亲却把它布置得像一个小博物馆似的。墙上挂满了图画和作装饰用的瓷器，书架上放满了书籍和歌谱，橱柜上摆了一些玩具，就是在门玻璃上，也画了一幅风景画。

此外，父亲还经常给他讲故事，找时间给他念一段英国莎士比亚或者其他国家喜剧作家的剧本。他在父亲创造的环境下不断地成长着。

给孩子营造一个良好的教育环境，有利于孩子身心健康地成长。但是，如果家庭环境不好，就会给孩子的成长产生消极的影响。这个道理我们可以从一个寓言故事中看出来。

在一所动物学校里，有只小袋鼠是学校里最坏的一个学生：他把吐有唾沫的小纸团在教室里扔来扔去，把图钉放在老师的椅子上，把胶水倒在门把手上，在厕所里放鞭炮……

“你的行为简直太不像话了！”校长气愤地说，“我要到你父母那里去告你的状。你是一个多么调皮的孩子！”

校长来到了袋鼠家，袋鼠先生客气地给他让座。校长刚坐下去就哎哟一声跳了起来，喊道：“椅子上有颗图钉！”

“对，我知道那儿有颗图钉，我差点忘了，我就喜欢把图钉放在椅子上。”袋鼠先生说。

“嗖——”一个沾有唾沫的小纸团正好打在校长的头上。

“请您原谅，校长先生，”袋鼠太太说着走了过来，“没办法，我就是喜欢扔东西玩”

随后，一声巨响从卫生间里传了出来，校长又被突然的袭击吓了一跳。

“别怕，先生，那响声是我们放在洗漱台上的鞭炮声。我们就是喜欢听这噼里啪啦的声音。”袋鼠太太对校长说。

校长听了后就赶紧站起来，可是当开门准备离去时，他的手被粘在门把手上了。

“用力拉呀。我们家里每个门把手上都有胶水。”袋鼠太太边示意边说。

校长好不容易把手拉了下来，急匆匆地跑出房间，头也不回地走了。

“这人真奇怪，我不知道他到这儿来干什么，他怎么一句话没说就走了。”袋鼠先生说。

“别在意，可能是他另有约会。晚饭好了，开始吃饭吧。”袋鼠太太说。

于是，袋鼠一家人便高高兴兴地吃晚饭，一点儿也没感受到校长对他们的教育环境的不满意。

这虽然是一个寓言故事，并不是一件真实的事情，但可从中看出，一个孩子的行为是多么受其父母和家庭环境影响啊！所以，我们要精心地给孩子营造一个良好的家庭教育环境，以助其成长。

早期教育决定孩子的一生

犹太父母非常注重孩子的早期教育，因为孩子的早期家庭教育在其一生中有着至关重要的作用，是其未来成长、成功的基础。

犹太人有一句智语这样说：“牙牙学语的孩子首先应该学会这样的诗句：‘摩西将律法传给我们作为雅各会众的产业’、‘婴儿断奶时就应该接受教育。’”由此可

以看出犹太人自古以来对孩子早期教育的重视。他们是这样说的，也是这么做的。爱因斯坦、玻尔、洛克菲勒、哈默……这些人的成就，无一不是得益于他们父母进行的早期教育。

爱因斯坦再伟大，也该感谢他的双亲。爱因斯坦取得的一切成就，都与他在童年时代受到了良好的家庭教育有关。他既得益于他母亲的音乐熏陶，又得益于叔父的数学启蒙，还得益于父亲在他做出了蹩脚的小板凳后仍加以鼓励的情感教育。数学教育培养了他非凡的思维能力，而音乐熏陶则成就了他丰富的想象能力。

因为父亲是哥本哈根大学的生理学教授，玻尔从小受到良好的家庭教育是他日后成功的根本原因。

早期的财富教育造就了世界上第一个亿万富翁洛克菲勒，他对商业的敏感帮助他的事业一帆风顺，甚至他一生中重要的几次行动和日后的经营风格，在他早年就能看到端倪。

总之，犹太民族之所以会出现那么多伟人都来自他们特有的早期家庭教育。也就是说，早期教育决定了孩子的一生。所以，他们才会对孩子的早期教育投入大量的资本。

以色列的早期教育从幼儿开始，目的是使儿童的教育有“先起步”的优势，尤其是在儿童适应社会生活和语言发展方面。通常情况下，幼儿从两岁开始接受教育，接受语言表达能力、身体运动能力及对周围环境的认知能力等方面的培养；三岁至四岁的儿童要进入系统的知识训练。

许多两岁幼儿以及大部分三四岁幼儿都要参加某种学前班的学习。学前班多数由地方当局主办，有些学前班在日托中心开设，由妇女组织管理，其余则是私立的。

对于五岁的儿童，还提供免费和义务教育性质的幼儿园。课程目的是教给儿童基本技能，包括语言和计算能力，培养认识和创造能力并提高社会适应能力等。

以上所有这些学前教育课程均由教育部指导并监督，以保证为未来学习打下坚实而全面的基础。

在贫困地区，孩子的学前教育自然会受到各种外在条件的影响。面对这种情况，教育文化部都会专门拨款进行资助。

在1986年时，由英国出版的《中东经济手册》统计显示，以色列六岁儿童中接受学前教育的达97%，这一比例在世界上名列前茅。1993年至1994年，在以色列学前教育系统学习的儿童达32万名，年龄在两岁至六岁之间，占适龄儿童的90%以上。

以色列在学前教育方面的成就很早就引起了联合国及一些国际教育机构的关注。国际教育计划学院在20世纪70年代末到80年代初所做的比较研究中指出，以色列的幼儿教育系统最为完善，其数量与质量都非常令人满意。

发达的学前教育，不仅使孩子们从小开始便接受到了基本的知识教育，而且培养了他们的创造能力、判断能力、分析能力、学习能力、社交能力及审美能力，从而使儿童从小养成热爱知识、热爱集体、热爱劳动、遵纪守法、讲究公德的良好习惯。

早期教育决定了孩子以后的发展，因此，每个父母应注重对孩子的早期教育，让孩子在未来走上一条成功之路。

如何为孩子创造良好的环境

给孩子创造一个良好的教育环境非常重要，但是作为家长应该怎么做，才能实现呢？犹太人的一些做法很值得我们去借鉴。

第一，给孩子营造一个良好的家庭氛围。

一般来说，家庭气氛是两种环境关系的产物。一种是家庭物质环境，另一种就是家庭心理环境。

每一个犹太人都认为家庭气氛是家庭教育中发挥重要作用的一个因素。尽管犹太民族在五千多年的发展历史中，大多过着颠沛流离的流浪生活，但是他们一直都竭尽全力给孩子营造出和谐、温馨的家庭氛围。所以不仅犹太人如此，大多有所成就的名人在其童年时代就有着良好的家庭氛围。

虽然家庭的物质环境因每个家庭的富有程度不同而不同，但每个做父母的都要尽最大努力满足孩子在学习上的物质需要。犹太父母在创建良好的家庭教育环境时，更注重的是家庭心理环境的营造。

1. 良好的家庭气氛首先要有良好的爱的气氛。

这不仅要求父母相亲相爱，还要求家长与子女关系融洽。当着孩子的面夫妻不要吵架，家庭成员之间关系不能紧张，要相互信任和体贴，以防给孩子精神上带来苦闷。

2. 还要重视和创造家庭中良好的智力气氛。

父母本身对知识就要具有巨大的兴趣和追求，以便给孩子的健康成长产生无形的巨大力量。有的家庭智力气氛差一点，但可以利用邻居、亲戚、朋友及请家教等外部环境的智力气氛来改变家庭智力气氛。

由于不同的生长环境和条件会造成很大的不同，所以家庭的心理氛围、家长的心理特征对孩子的心理发育有着重要影响。

要创造并保持良好的家庭心理氛围，每个犹太父母都会给自己的孩子营造一个良好的家庭氛围，他们通常会注意以下几点：

1. 平等是创造良好的家庭心理氛围的前提。父母、子女任何一方的优越感都会对其他家庭成员造成心理压力，从而使家庭成员之间产生心理隔阂。

2. 开放是指家庭成员能够坦率、平等地以其他成员可以接受的方式，表达自己的想法，而不是毫无顾忌地发泄。

3. 家长的教育能力和家长之间关系的和睦程度也直接影响着良好的家庭心理氛围的形成。

4. 要理智。只有理智才能够克制自己的心理冲动，冷静地对待和处理问题。这样有利于保持良好的家庭心理氛围，更重要的是有利于帮助孩子形成稳定的心理特征。

除了良好的家庭氛围外，犹太人还很重视学校环境。犹太人之所以如此重视学校建设，正是基于他们的文化传统，基于他们对学校教育的不同寻常、高于一切的

认识。

犹太拉比认为，学校不仅是培养人才的基地，更是维护民族共同体的有效途径。只有通过正规的学校教育，才能保证其子孙后代维护其民族身份，发扬犹太民族的精神。这一观念如果用公元 1 世纪的拉比约哈南 · 本时凯的话来表述就是："只要学校在，民族就不会灭亡。"

第二，犹太家长在创造优良的家庭心理环境时，还非常注意道德环境方面的创建。

这主要从三个方面来完成。

1. 犹太父母比较注重提高自身的思想道德素养。

犹太父母都非常严格规范自己的言行，甚至是哪些话可以传给孩子，哪些话不可以传，哪些行为要约束，那些行为要加强，都有明确的认识。他们通过自身的言传身教，把社会的道德准则，做人的道理及良好的品德和人格传给孩子。在日常生活中，他们还鼓励孩子关心他人，有计划、有目的地给孩子创造劳动锻炼、接受磨难的环境。

2. 犹太父母还特别注意更新教育子女的观念，讲究科学的家教方法。

伟大思想家培根曾经说过一句话："你知道用什么方法一定可以使你的孩子成为不幸的吗？这个方法就是你对他百依百顺。"所以每一个家长都要做到：严中有爱、爱中有严。作为一个家长，单纯爱孩子往往是不够的，还需要在关心、体贴孩子的同时，客观分析孩子的思想、心理，与学校、社区协作配合，讲究策略、方式。

3. 犹太父母会给孩子创建一个良好的家庭心理教育环境。

家长经常与孩子沟通，了解他们的思想和心理状况，及时疏导子女的心理障碍，也是搞好家庭德育不可缺少的重要途径。

用正确的方法教育孩子

《塔木德》上说："一个人能力的大小固然有一定的先天因素，但后天的培养

也是不容忽视的。”所以，犹太人非常注重对孩子的后天教育，他们总是有一套独特的育人艺术。

犹太老师在教育自己的学生时，总是对所有的学生一视同仁。他们经常把好学生和差学生安排在一起，借以带动差学生向好学生学习，这种方法很有效果。犹太老师奖罚分明，他们会适当地奖励成绩优秀的学生，以此来调动学生学习的积极性。同时，他们不会去惩罚学生的失误，因为他们认为，惩罚失误可能会使学生退缩或者叛逆。但是如果学生犯了特别大的错误，他们还是会给予适当的惩罚，因为他们认为适当的惩罚会使学生走上正确的道路。

拉比们认为，在给孩子上课时，如果老师讲课学生不理解，那么，老师不能大发脾气或对孩子们发火，而应该不厌其烦地重复课程，直到孩子们完全理解并掌握为止。

在教学过程中，如果学生在学习时粗心大意或懒惰，那么老师就应该训斥他们，并严厉地责备他们，这是老师的责任。

老师不能强行给孩子们加重负担，因为指令只有在轻松愉悦地传达时才有效率。必要时，要给孩子们小小的奖励来让他们高兴。一个专心的学生会自己阅读，一个老师应该故意在孩子们面前摆出“漏洞”然后再通过提问，去激发学生们的才智并考察孩子们是否记住了他所教的东西。

如果某个学生在上课时走神或捣乱，老师可以把他安排到一个学习勤奋的学生旁边，或者可以像犹太拉比们那样讲一些不可思议的事情来激发学生的学习兴趣或使他保持注意力。

有一位犹太拉比在一次演讲中发现听众都睡着了，为了让听众都振奋起来，他突然高声叫道：“一个埃及妇女一次生了6000个孩子！”

一位听众一下子就从困倦中惊醒了，他大声问拉比：“这怎么可能啊？”

拉比却大声说：“确有其人，她就是约克基别，她生了摩西，因为摩西就等于6000人。”

这位拉比的做法确实很高明，他用巧妙的语言集中了学生的注意力，这很值得

我们的教师和家长学习。

犹太人认为，教育孩子要一手抓紧，一手放开，不能像约书亚那样，把学生的两只手都放开了。

约书亚是怎么做的呢?

一次，约书亚带着他的学生从亚历山大到耶路撒冷。途中经过一个小酒店，酒店的主人知道约书亚是个有知识的人，所以对他异常尊重。

“这个 Aksania 可真漂亮啊!”约书亚说。

Aksania 有两层意思，可以指酒店也可以指酒店老板。显然，约书亚是在夸酒店。

“噢，只是她的眼睛太小了。”他旁边的学生说道，显然这指的是酒店的老板娘。

“没有道德的家伙!”约书亚叫道，“这就是你整天想的事吗?”于是，约书亚将这个学生逐出了师门。

这个可怜的学生知道自己错了，他多次找到约书亚，请求让他继续留下来，但是约书亚拒绝了他。

一天，约书亚在祈祷的时候这个学生又来了。约书亚这次被感动了，他决定继续收留这个学生，于是他向这个学生先做了个手势，意思是等他祈祷完毕再说。

这次这个可怜的学生理解错了，他以为又被老师拒绝了，于是，他黯然地离开了老师。

犹太人认为，这样的老师是不合格的老师。

同时，从这件事上，犹太人也对学生提出了忠告：不要光说，更不能说没用的话和越礼的话，言辞要谨慎，如果有空的话，要拼命地学习。对于学生的学习方法，犹太人总结出了许多条，供学生采纳借鉴：

第一，反复学习。

一个把知识复习了1000遍的人，是一个把知识复习了100遍的人永远也比不上的。

第二，认真阅读。

写完东西以后，不要认为完事大吉，要再读一遍，因为任何人都不能避免疏漏。哪怕是一封短信，也决不能因为匆忙而不去再读一遍。

第三，在写文章时要正确使用语法和准确用词。

因为一个人在写作上出现的错误会给他带来不良的声誉，并且人们会一直记着他的这些错误。

鼓励能将“白痴”变“天才”

最伟大的物理学家爱因斯坦，他被人们称为20世纪的哥白尼，20世纪的牛顿。他在物理学的许多领域中都有重大的贡献，其中最重要的是建立了狭义相对论，并在此基础上推广为广义相对论，于1921年获诺贝尔物理学奖，这些都是众所周知的。但是并非每个人都知道他小时候的故事，以及他为什么会这么成功。很多人认为，这与他的勤奋是分不开的，没有人知道，其实他的成功与他小时候父母对他的鼓励有着很大的关系。

爱因斯坦出生在一个犹太人的家庭里，他小时候并不是一个天资聪颖的孩子，相反，到三四岁时还学不会说话，所以人们都怀疑他是个“低能儿”。但是，担任电机工程师的父亲却没有对儿子失去信心，他想方设法地让爱因斯坦发展智力。他为儿子买来积木，教他搭房子。小爱因斯坦每搭一层，父亲便表扬和鼓励他一次。在这种激励下，爱因斯坦一直搭建了十四层。

爱因斯坦上学后，仍然显得十分平庸，学校的老师曾经还向他父亲断言：“你的儿子会一事无成。”因此，大家都讽刺和讥笑他，这让爱因斯坦十分灰心失望，他甚至不愿去学校，害怕见到老师和同学。但父亲却鼓励他说：“我并不觉得你很笨，别人会做的，虽然你做得很一般，但这并不代表你比他们差多少，而且你会做的事情，他们却未必会做。你之所以没有他们表现得好，是因为你的思维和他们不一样，我相信你一定会在某一方面比任何人都做得好。”爱因斯坦在父亲的鼓励下又振作了起来。

爱因斯坦的母亲也非常善于鼓励他。他的母亲是一个贤惠能干，文化修养极高的人，她对自己的儿子百般呵护和鼓励。爱因斯坦小时候常常爱提出一些怪问题。如：什么是时间？什么是空间？别人都以为他是个傻孩子。可他的母亲却不认为，她总是鼓励着爱因斯坦并耐心地解答，她相信爱因斯坦长大后一定会是一个科学家。

还有一次，爱因斯坦生病了，他本来就是一个沉静的孩子，现在，更像一只温顺的小猫，静静地蜷伏在家里，一动也不动。他的父亲看到后，就拿来一个小罗盘给儿子解闷。他鼓励爱因斯坦多去发现问题，爱因斯坦在父亲的鼓励下就捧着罗盘仔细观察，只见罗盘中间那根针在轻轻地抖动，指着北边。他把罗盘转过去，那根针并不听他的话，照旧指向北边。爱因斯坦又把罗盘捧在胸前，扭转身子，再猛扭过去，可那根针又回来了，还是指向北边。不管他怎样转动身子，那根细细的红色磁针就是顽强地指着北边。爱因斯坦看到这奇怪的现象后就忘掉了身上的病痛，只剩下一脸的惊讶和困惑：是什么东西使它总是指向北呢？这根针的四周什么也没有，是什么力量推着它指向北边呢？在爱因斯坦对罗盘进行探索时，就已经孕育了一颗做出伟大发现的种子。

正是父母的这些鼓励和爱护，使爱因斯坦在他人的嘲笑下没有沉沦下去，而是顺利地成长发展起来，最后终于取得了举世瞩目的成就。

但是，在现实生活中，有一些家长往往因为自己的孩子不够聪明而对孩子感到失望，甚至把这种情绪“传染”给孩子。殊不知，这种做法只会让孩子的情绪更加消极，久而久之，就会思维僵化、反应迟钝。事实上，人类实在无所谓天才，一个天才儿童的智力数与平常儿童的智力数在多数情况下相差无几。爱迪生就曾说天才是努力加上尝试。

家长常常有一种先入为主的概念，认为孩子到了某种年龄，才能做某类事情。但是，往往孩子在更小的时候就可以做得很好，我们却人为地推迟了他学会本领的时间。而且最关键的是我们的这种做法，会使孩子失去自信，怀疑自己的能力，减弱他们的进取心。这种消极影响将会对孩子的一生都有作用。

孩子在试着做事情时，难免要犯错误，这时做家长的要有意识地避免用任何言语或行为向孩子表明他是个失败者，不能在孩子脑中留下他是“笨蛋”的印象。在我们的脑子里，我们必须清楚，做一件事情失败了只是说明这个孩子缺乏技巧。这种技巧有时是因为父母没有很认真地传授，而丝毫不该影响孩子本身的价值。所以我们应该培养孩子敢于犯错误，敢于失败，同时并不降低他的自尊心和自信心。

孩子要和成人一样有勇气去犯错误、去纠正和改正错误。敢于犯错误和改正错误是同样珍贵的。对于家长来讲，我们自己就不能泄气或失去信心。要想鼓励孩子最重要的两条是：一不要讽刺他们，使他们受到不同程度的打击；二不要过分地赞扬他们，以免产生骄傲情绪。我们所做的一切事情都要顾及一点：不要使孩子失去对自己的信心。

做父母的都应当设法找出一个孩子的闪光点，善于发现孩子的长处，对于孩子喜欢某件事应当设法帮助他。他喜欢听音乐，说不定长大后，会像莫扎特那样成为一个音乐家；他喜欢画画，说不定长大后，会像凡·高那样成为一个画家；他喜欢小动物，说不定长大后，会像达尔文那样成为一个伟大的博物学家；他爱搞些小发明，说不定长大后，会像爱迪生那样成为一个伟大的发明家。每一个家长都要培养自己的孩子努力发展他自己的长处。最重要的一点是，为人父母者，无论是在什么时候，都不要放弃对孩子的希望和信心，尤其是在他们最需要帮助的时候。

孩子的成长过程中不应该缺乏父爱

在很多家庭里面，父亲都有这么一种意识，认为孩子只是生命的一部分，比起教育孩子还有更重要的事情要做。那些重要的事情就是自己的事业，个人精神和物质上的追求，等等。于是，在很多家庭里，父亲都是远离教育的，他们没有想过作为一个父亲应该尽到做父亲的责任。

因为责任意识的淡薄，“父亲”这一角色在家庭教育中经常缺席，而使现在的孩子患上了“缺乏父爱综合征”：很多男孩动辄兰花指、娘娘腔、胆小怯懦，女孩多愁善感，简直就是个翻版的“林妹妹”。当孩子们呼唤“父亲，你在哪里”的时

候，父亲则会不耐烦地这么回答：“我太忙了，顾不上什么教育”，“我这么忙事业，就是为了让他将来过得好”……

这些父亲的回答看上去冠冕堂皇，其实是一种从骨子里散发出来的太过自我和缺乏责任感的表现。他们说自己很忙，这其实是一种借口，是为自己的不负责任作的掩护。作为孩子的父亲，教育好孩子是自己应尽的责任。个人价值再重要，也不应该建立在牺牲孩子正常的受教育权利的基础上。即使自己的事业真的是为了孩子将来过得更好，但是孩子没有教育好，过得不幸福，将来再多的金钱和物质条件也换不回来孩子在童年失去的那些珍贵的东西。

有人不解，父亲对一个孩子的成长就那么重要吗？

专家表示，获得父爱，可以使男孩较好地肯定自己的性别并进行角色认同。这种认同的结果使男孩更乐意模仿同性别的父亲，对其将来的性别心理和个性的健康发育有着巨大的影响。如果缺乏父爱，会使男孩的性格容易变得女性化，缺乏应有的男子汉气概，甚至会造成心理异常。

父爱对女孩子影响也非常大。教育心理学家们证实，父亲是力量的象征，他们勇敢、果断、眼界开阔、事业心强，如果女孩子受了父亲的良好的影响，成人后会更严肃认真地对待生活与事业。

另外，实践证明，那些能获得父爱，并得到父亲经常陪伴的孩子，通常在智能上发育得比较好。

犹太儿童教育家拉什指出：除了智力因素，父亲在教育中所起的作用还直接影响到孩子的非智力因素发展，比如自信心、进取心等。对这些品德方面的培养，父亲所起的作用比母亲更为重要。

所有这些都在告诉众位父亲，家庭教育需要你们的参与，孩子也需要你们。

在犹太人的家庭教育中，父亲就从不缺席。

在犹太人看来，父亲的责任极其重大，他被认为是一个家庭的中心，即“一家之长”。他们认为父亲是家里最有智慧以及最具决策权的人，因此理所当然地被视为上帝委派给家人的第一位老师。犹太民族重视教育，且非常注重父亲对孩子的教

育。犹太教规定，父亲有义务教儿子学习犹太经典，父亲有义务向子女传授一技之长，父亲还必须培养孩子的学习兴趣，包括教育孩子重视知识，帮助孩子建立与书本（或是知识）的“友谊”。

母亲没有理由逃避教育

很多母亲在生完孩子之后，就会把孩子扔给老人或者保姆，她们觉得自己忙，有的则把时间花费在化妆和舞会上。她们都没有心思教育孩子，没有做到一个母亲应该做到的事情——那就是教育。

如果母亲逃避教育，会让孩子觉得母亲是陌生的。不少妈妈都有这样一个感觉，觉得孩子跟自己不亲，孩子的情感世界不丰富，冷漠得像缺了一块。其实归根结底，都是因为在家庭教育中母亲教育缺失所造成的结果。母亲逃避教育，还会让孩子错过原本应该接受的品质、性格和能力方面的教育，而这些无疑对孩子一生都有着极为重要的影响。

犹太教育家曼德在家庭交流会上与一些孩子的母亲进行交谈时，他对这些母亲说：“世界上没有比教育孩子更为重要的工作了。如果你没有时间教育孩子，那你为什么要生下他呢？”

这位教育家认为，母亲的教育决定犹太民族的命运，母亲是帮助孩子成就伟大事业的最高责任者。

在犹太家庭，母亲对孩子教育一直颇为重视。

西方社会中，犹太妇女的文化教育素质很高，但有一个奇怪的现象，那就是她们的就业率低于其他民族。原因是她们要留在家里照看孩子，以确保孩子的学习质量。在犹太人的家庭中，母亲有一项很重要的工作就是送儿子到犹太会堂去学习《托拉》，把丈夫送到拉比学院去研究。

一位犹太母亲刚在纽约的贫民窟落脚，就去公共图书馆不厌其烦地为孩子索取图书卡。为了孩子的入学和教育，这位母亲不停地奔走操劳。由此也可以看出在犹太民族里，母亲对孩子的教育有多么重视。

看起来，犹太母亲为了教育而牺牲了自己的事业，但事实上，这体现了一个民族的远见卓识，体现了这个民族家庭内的一种分工。母亲的牺牲实际上支持了整个民族向科学知识的高峰攀登，不但让男人没有顾虑，还让孩子享受足够的母爱和精心的教育。

有一位名人曾经说过："国民的命运掌握在母亲的手中。"这其实也就证明了一个问题，那就是母亲在家庭中对孩子教育的重要性。所以，希望诸位母亲能够真正地担负起自己的责任。

教育需要母亲的积极参与，孩子需要母亲的爱和教育。所以，让孩子沐浴在母爱和教育中吧！像居里夫人一样，即使身处困境，还能培养出又一位诺贝尔奖得主——她的大女儿伊雷娜。让孩子感受到母爱和教育吧，唯有母亲的爱能让他的精神世界健康明亮。每一位母亲都要注意，不要把孩子当作包袱，以此逃避教育。

严格要求自己的孩子

美国第三十二任总统富兰克林·德拉诺·罗斯福是美国历史上唯一一位连任四届的总统。他的业绩在全美国民众中是有口皆碑的，人们在谈论他所受到的家教时也同样津津乐道。

他出身于富豪家庭，父亲学法律出身，是美国有名的商人，家里很有钱。罗斯福的父亲和母亲年龄相差 26 岁，当罗斯福出生时，父亲的年纪已经很大了。罗斯福有一个同父异母的哥哥很早就离家在外，罗斯福的降生给这个本来就十分幸福和睦的家庭带来了无比的欢乐。幼小的罗斯福自然成为父母关注的中心。然而，罗斯福的父母并不娇惯他，而是严格地管束他。特别是罗斯福的母亲，她为小罗斯福安排了严格的作息时间表：7 点起床，8 点吃饭，然后跟家庭教师学习两三个小时才可以休息；下午 1 点吃饭，午饭后又要学习到 4 点才能够自由活动。

小罗斯福玩游戏时总习惯于自己是赢家，为了教育好他，有一次母子二人玩一种棋类游戏的时候，母亲故意不让着他，接连几次赢了儿子。小罗斯福生气了，母亲故意不理他，并坚持让儿子向自己道歉。结果，小罗斯福认输了。

正是父母从小对罗斯福的严格要求，才使他比同龄人自立、自律，促使自己不断奋进，取得骄人的成就。

犹太人像世界上所有的父母一样很疼爱孩子，但在对孩子的教育问题上，他们对下一代的要求却极为严格。拉比认为，对孩子来说，严格要求是很重要的。因为孩子们往往缺乏经验，是非有时会弄不清楚，而且对自己行为和情感往往也不善于独立控制。如果家长们不严格要求，那么他们就往往不能自觉、主动地学习和按行为道德标准来行动。因此，这就更需要父母对他们的思想和行为有严格的要求，使他们养成良好的思想和行为习惯。

但是家长在对孩子进行严格教育时，若不能了解孩子的特点，具备基本的教育知识，盲目地严格要求会造成教育失败。所以，家长的见解高低在把握分寸时起着关键的作用。不能对孩子教育因“严”失误，但也决不能溺爱孩子、放任孩子。有的家长或宽或严都缺乏依据，凡事随心所欲，使教育效果就更难保证，自己一高兴，对孩子百依百顺，该约束的也放任不管；自己心里有气，一点小事就对孩子大加管束，严厉得可怕。有的父母平日一贯溺爱孩子，从来不提要求，学习、品德、锻炼放得很松，等时间一长，孩子的坏毛病就出来了，这时父母才感到问题的严重性，于是立即急刹车，进行严格管教，不择时间、场合，用粗暴的方法强迫孩子保证以后再也不犯错误。然而，积累起来的毛病是不可能因家长突然严格要求就立即消失的，所以这种严格也是无济于事的。

正确的教育方法中有一种叫作“爱之深，责之切”的说法。

所谓“爱之深，责之切”，就是说，严格要求是出于深切的爱。做父母的不应该受盲目的爱所支配，要“严”中有“爱”，“爱”中有“严”。当然严格要求并不意味着对孩子的态度严厉，动辄打骂训斥，而是要做到以合情合理为前提的“严”。同时，态度应该是有耐心的，循循善诱的。父母对子女一定要怀着带有严格要求的爱，千万不要溺爱姑息孩子，过分地宠爱孩子与迁就孩子，而一定要有分寸，有理智，只有这样，才能把孩子培养成为具有良好个性品行的优秀人才。

并且，严格教育对生活在优裕环境中的儿童尤为重要。人生要经过许多磨难，

要成就大事业的人更是应该如此。如果一个人从小只会享福，不能受苦，这样的人将不能立足于社会，更不能为社会献身，为他人造福了。

惩罚孩子的错误要注意方法

对孩子进行严格教育是很有必要的，但是当孩子犯了错误时，惩罚孩子的错误也应该注意方法。父母应该尽量不打骂、吓唬和体罚孩子。至于如何正确地教育孩子，帮其改正错误，犹太人在这方面比较有经验，我们可以从他们那里学习到一些方法。

剥夺游戏的机会。

如果孩子把玩具随便乱扔，经过劝说后依然不听，父母就应该把玩具藏起来，暂时剥夺他玩玩具的机会。又如在游戏时同伴遭到了他的欺负，父母可以禁止他与同伴游戏，直到他觉得寂寞并请求父母允许他和小朋友一起玩。如果孩子说脏话，屡教不改，父母可以通过不让他看电视，不和他游戏，不讲故事给他听，不买已经答应好买给他的玩具和图书，假日不带他出去玩等作为对他的惩罚。

态度语言暗示。

当孩子犯了错误时，他会从父母的语气、音调、表情、态度中觉察出对他行为的不满、伤心和失望。一个懂事的孩子会为了再次赢得父母的关爱，而改正自己的错误。

轻打孩子的屁股。

如果孩子实在不听话，在万般无奈之下，父母可以轻打孩子的屁股，作为对他的惩罚。但一定要注意，不要用棍子狠打孩子或用手打孩子的脸，这会使孩子感到屈辱而对父母怀恨在心。

当孩子犯了错时，父母在教育的过程中也应该注意一些问题。

第一，不要光听孩子的口头认错，而要他用行动改正。

第二，不要很快饶恕孩子。只要有一两次轻易地饶恕了他，他的胆子就会变大，又会接着去做错事。因为他脑子里有一种意识，只要他向父母求饶，就会得到

宽恕。

父母必须认识到，惩罚是一种否定性的后果，极有可能会让人情绪不快，甚至消耗人的精力。所以父母一定要使用得当，这样才能减少或消除孩子的不良行为。

惩罚虽然能够发挥作用，但是想要把它用好，并不是一件容易的事。大部分父母相信惩罚孩子某种不良行为举止是切实可行的，但有时却不是这样的。

每个家庭中的父母都要碰到一件事情，那就是几乎每个孩子上学之前都需要整理床铺。如果他没有整理床铺的话，父母就会提前 30 分钟把孩子叫醒。不少父母认为，让孩子早起床是对孩子不整理自己的床铺的一种很好的惩罚。这个想法与做法看起来不错，也取得了一些效果。因为有的孩子说："这种惩罚非常有效果，确实不错，因为记得整理自己的床铺，就避免了父母对自己的其他形式的惩罚。"

但也有的孩子对父母这种惩罚是这样认为的："我不逃避早起，因为早起不是惩罚，早起对我们的行为举止并没有什么效果。也许我喜欢早点儿起来，但我还是不会去整理我的床铺。"

由此可以看出，用早起的方式惩罚孩子不整理自己床铺这种方法，并不是对每个孩子都管用。针对这种情况，父母教育孩子的方式就必须改变。

在有的家庭中，父母对孩子的惩罚可以说是无计可施，他们不知道最为有效的惩罚方式是怎样的。专家认为，少用惩罚是达到惩罚目的的关键，这是惩罚的要诀，也可以说是惩罚的金科玉律。

减少孩子不良行为举止是惩罚的目的，如果这种不良行为举止不改变，那么这种惩罚就没有发挥作用。

许多父母聚焦于惩罚，而不是孩子的不良行为举止。如果你为孩子的不良行为举止一天对他进行多次惩罚，这种惩罚并没有太大的意义。

大约百分之十的父母会打孩子的屁股，而且认为这样做并没有错。大约百分之二十的父母从不打孩子的屁股。剩下大约百分之七十的父母也会打孩子的屁股，只是打的时候心里会感到不安，他们并不愿意这样做。很多的父母承认说："我知道打他们的屁股是不对的，但我总是生气，然后又生自己的气。除此之外，我再也没

有别的办法了。”

但是教育专家们认为，任何一种惩罚，如果使用得过于频繁，是不会起到好的作用的，孩子的不良行为举止不会得到改善。孩子们对打屁股习以为常了，他们对父母的吼叫也会充耳不闻，父母还有什么别的办法呢？

父母首先要认识到，对于孩子重要的不是惩罚，重要的是某种惩罚可以改变孩子这种不良行为举止。如果孩子的不良行为举止依然没有得到改变，父母就要仔细想一下，用哪种方式才可以有效而科学地教育好孩子。

不要将自己的意愿强加在孩子身上

望子成龙是每一个家长的正常心态，这也是天经地义的事情。但是更重要的问题在于，有很多的家长都是把自己没有实现的理想强加给自己的孩子。他们既不针对孩子的特点，也不征求孩子的意愿，就给孩子报各种各样的特长教育兴趣班、提高班，并且认为这是为了孩子能多学一些东西，以便他们将来能够顺利地适应这个社会的竞争。

但是，犹太人却认为家长不必如此，因为这样一来不但剥夺了孩子们玩耍的时间，而且还泯灭了孩子发展的个性。从孩子自身的发展来说，学龄前的孩子不适宜上各种各样的特长教育兴趣班。上特长教育兴趣班就是上课，这不符合学龄前儿童身心发展的需要。对于学龄前儿童来说，培养其技能是教育工作的一个方面，但这不是最重要的，最重要的应该是对孩子非智力性方面的发展进行培养、教育，即现在所说的情商。一些幼儿园办收费的兴趣班，无形中就给孩子的内心造成了很大的压力，也给家长带来了一定的经济负担，有能力上课的孩子有种骄傲感，没能上课的孩子就有可能产生自卑心理，而这种心理对于孩子将来的发展显然是不利的。

所以，做家长的要弄清楚到底什么是“特长”。一般来说，我们所讲的特长指的就是特别需要培养的长处，比如音乐、美术、体育，等等。可是，我们所认定的“特长”，在许多发达国家已被认为是适应社会发展所必备的素质。比如哈佛大学要求自己的学生必须具有健康的体质，也必须会在钢琴上演奏一首世界名曲。从这些

方面来看，我们所谓的“特长”不应是为了适应社会和一种生存技能，而是孩子提高其他能力的一种基本素质，所以必须要能够根据孩子的兴趣来加以指导。这样的话家长才能够不盲目地根据自己的愿望发展孩子的所谓“特长”。

与此同时，孩子还是很需要大自然的，大自然对于孩子来说是一个最好的课堂，因为它可以启发孩子的好奇心，还可以促进孩子的探索精神，这样一来对孩子的身心发展都有极大好处。大自然对孩子来说是不可缺少的，那些在城市里面成长的孩子更是需要接近大自然。

孩子成才是多方面的，家长还要根据孩子的特点，尊重孩子的意愿，这样一来重点就在于培养孩子的性格以及创新的精神。与此同时要善于发现和引导孩子的特长，做到因势利导，这样才可以扬长避短地对孩子进行教育和培养。

所以，那些年轻的家长不要和孩子的特长去较劲，不要煞费苦心地让他学这学那，那样的做法还不如激发孩子内心的需要，给他们一个独立学习和获得经验的机会。盲目发展孩子的特长，会让他们在长大以后回忆起自己童年的时候，感觉就像是一节课连着一 节课的“赶场”一样的奔波。

二、犹太人的品德教育

创造良好的家庭环境

不同的生长环境和条件，会造成很大的不同。家庭的心理氛围、家长的心理特征，对孩子的心理发育有着重要影响。

犹太人认为家庭气氛是家庭教育中发挥重要作用的一个因素。它是两种环境关系的产物，一是家庭物质环境，一是家庭心理环境。

尽管犹太民族在发展历史中，曾经过着颠沛流离的生活，但是他们竭尽全力给孩子营造出和谐、温馨的家庭氛围。

家庭的物质环境依每个家庭的富有程度而不同，但每个家长都要尽最大努力满足孩子在学习上的物质需要。犹太父母更注重的是家庭心理环境的营造。

在他们看来，家长一定要创造良好的家庭气氛。一是要创造良好的爱的气氛。这不仅要求父母相亲相爱，还要求家长与子女关系融洽。当着孩子的面夫妻不要吵架，家庭成员之间关系不能紧张，要相互信任和体贴，以免给孩子精神上带来苦闷。二是要重视和创造家庭中良好的智力气氛。父母本身对知识要具有巨大的兴趣和追求，给孩子的健康成长产生无形的力量。

营造良好家庭气氛的同时，要防止孩子从小受较窄家庭智力气氛的影响。家长教育孩子在良好家庭智力气氛的影响下正常地学习，愉快地成长，又要不受家庭智力气氛的束缚，广泛地吸收来自外界一切有益的“养料”。

在加利福尼亚有一片高大的红杉树林，其中有一种树叫“大谢尔曼”，高达200多英尺，树围有79英尺，它被砍倒后，木料足够建35幢带5个房间的房屋。日本人种植一种叫“盆景艺术”的树，它虽然只有几英尺高，却有着完美漂亮的树形。“大谢尔曼”与“盆景艺术”种子的质量都不足1/300盎司，但长成后差别却是巨大的，差别背后的故事就是一个环境带给我们的启示。

“谢尔曼”扎根于加利福尼亚的沃土，吸收丰富的水分、矿物质和阳光，最后长成一棵高大的植物；而当“盆景”冒出芽时，日本人将它拔出泥土，除去直根和部分须根，故意抑制其生长，最后它就长成了一棵虽然漂亮但是很小的植物。

由此可见，不同的生长环境和条件，会造成多么大的不同。家庭的心理氛围、家长的心理特征，对孩子的心理发育有着重要影响。犹太父母在营造良好的家庭氛围时通常会注意以下几点。

首先是平等。这是创造良好的家庭心理氛围的前提。父母、子女任何一方的优越感，都会对其他家庭成员造成心理压力、产生心理隔阂。

其次是开放。家庭成员要坦率地、平等地以其他成员可以接受的方式，表达自己的想法，而不是毫无顾忌地发泄。家长的教育能力和家长之间关系的和睦程度，直接影响良好的家庭心理氛围的形成。

最后是理智。只有理智才能够克制自己的心理冲动，冷静地对待和处理问题，只有这样才有利于保持良好的家庭心理氛围，有利于帮助孩子形成稳定的心理特征。

给孩子一个勇敢的理由

胆量、勇气和魄力无疑是这个时代重要的品质，许多成功人士都是依靠勇气在事业上胜人一筹、取得成功的。

做父母的都希望自己的孩子具备勇敢的品质，但有些孩子胆子却很小。比如有些孩子，父母不在身边时就会感到害怕，有的孩子怕黑，有的孩子怕“鬼怪”等等。长期下来，这些都会影响到孩子的个性发展，使他们缺乏独立性，甚至会导致某些心理疾病的发生。有些父母往往会在这种情况下训斥孩子，说孩子是“胆小鬼”，甚至给予处罚，这些做法都是极不明智的，都会对孩子的自尊心造成极大伤害。既改变不了孩子的胆小状况，还可能使孩子的惧怕心理更加严重。

一位儿童心理学家说过：“儿童产生惧怕心理的原因与成年人一样，关键的问题是成年人懂得如何去应付恐惧，而孩子们却还不知道如何应付。”因此，父母应细心观察，找出孩子产生恐惧的原因，并帮助他们消除恐惧，从而培养孩子的自信心和勇敢的品质。在这一点上，犹太父母是怎样做的呢?

一、注重父母的榜样力量。孩子特别爱模仿自己父母的言行，因而，父母的榜样作用对孩子影响极大，父母应该以自己无所畏惧的形象来影响孩子。此外，父母还应该坦率地承认自己也曾害怕过某些东西，但现在已经不再害怕它们了。这样，孩子就会明白，他并不是世界唯一害怕这些事物的人。让孩子从父母的身上知道，这些事物并不那么可怕，是可以被征服的，恐惧的心理便会得到克服。

二、按照孩子的方式消除他们的惧怕心理。孩子们从小就从童话故事和小人书里知道了鬼怪的故事，因而他们惧怕鬼怪。但是这时给他们讲唯物论是没用的，最有效的办法是对孩子说他是勇敢的孩子，当他在屋里时鬼怪是不敢跑进来的，或者说鬼怪怕好孩子等。这样，孩子便很容易接受你的话，并消除惧怕心理。

三、了解孩子真正害怕的事。有些时候，孩子们往往言行不一地掩盖他们真正所害怕的事情。比如一些孩子每当父母要外出时总是哭闹不止，不让父母出去，实际上他们是怕一个人待在屋子里。因此，要细心观察孩子的日常言行，了解他真正害怕的事情，然后对症下药加以解决。

四、从小就培养孩子的独立性，树立他们的自信心。父母不要对孩子过分呵护，相信他们自己能够做到。要经常鼓励孩子自己去面对困难，克服其依赖性，使他们感到自己有能力、有办法应付遇到的问题和困难。

五、不要强迫孩子否认令他们感到害怕的事物。做父母的，要正确对待孩子所害怕的事物。心理学家认为，只有当孩子感到你承认他们害怕的东西是客观存在时。他才会相信你对解除他的害怕所做的解释。

一种非常有效的方法是教给孩子关于某些事物的知识。如有的孩子害怕猫、狗等小动物，父母就可以给孩子讲一些有关这些动物的小故事，并告诉他们这些动物一般不会伤害人，但要学会与它们相处的方法。这样，就可以帮孩子增强安全感。

从以上犹太家长教育孩子的方法上看，要培养出勇敢的孩子，父母们就要从自身做起，并经常与孩子进行沟通，了解他们的真实想法，有意识地锻炼他们的独立性。坚持下去，父母就会发现自己的孩子正渐渐成为一个勇士！

培养孩子善始善终

天下无难事，只怕有心人。只要下定决心，有恒心，有毅力，那么天底下再难的事也会变得容易了。穷和尚虽然没有钱，坐不起车船，但是因为他有坚强的毅力，能够长途跋涉，最终依然能够达成愿望。

做家长的经常会因为孩子的下述表现而苦恼：

孩子一会儿学这、一会儿学那，一天到晚忙忙碌碌，却不见成效；孩子在做事时，前怕狼、后怕虎，怯懦胆小，犹豫不决；孩子自制力差，上课经常开小差，学习时精力无法集中，或者是制订计划但不执行，一遇到困难就退缩。以上行为都是意志薄弱的体现，如果孩子长期存在这种问题，那么他们将来很难有所成。

犹太家长在培养孩子毅力方面是这样做的：

一、从点滴小事上培养。有些孩子意志不够坚强，但又不肯从小事做起，以为一节课，一次作业，无多大关系，这些与意志无关。岂不知，就是这小小的一堂课，一次作业，滋长了薄弱意志的蔓延，最后才导致学习上的“全线崩溃”。反之，学习上意志坚强的人，必定认真对待每一堂课、每一次作业，积小胜为大胜，获得学习上的成功。

二、凡是孩子自己能做的事情，家长决不要插手，更不能包办。若一时搞不清孩子能不能做到，应该让他先试一试，家长再决定帮不帮、帮到什么程度。要想使孩子意志坚强，家长自己先要做一个理智的人、能保证自己的“爱心”不泛滥的人。

三、学会拒绝。对孩子的不合理要求，家长必须学会拒绝，否则就是在鼓励孩子放纵感情。这方面特别要注意的是夫妻间要互相通气，保持一致，以免孩子钻空子。绝不可以认为谁满足孩子的一切要求谁就是爱孩子，那样会使孩子任性，任性是学习成绩不好最重要原因之一。

四、学会“撤退”。当孩子遇到确实解决不了的学习问题时，家长不要硬逼他完成什么指标，要“撤退”。“撤退”不等于“败退”，“撤退”之后要想办法找内行的人看看孩子问题到底出在哪里，加以解决。明明打不胜的仗硬要打，很容易摧毁孩子的意志。

五、延迟满足。对孩子的合理要求，只要情况允许，最好也不要立刻满足，要让他等一些时间，让他学会忍耐，让他知道这个世界不是为他一个人准备的，他所要的东西不是立刻就可以到手的。要磨孩子的性子，磨他的脾气，使他变得更有弹性，更有耐心，这对学习是非常重要的，因为学习是慢功，不能一蹴而就。

六、帮助孩子制定学习目的和计划。对每章、每节的学习，要制定出学习的目的和计划，且要经常检查和监督。对日常生活中的许多小事，也要有计划和目的。比如，为了培养自理能力，坚持让孩子自己洗衣服，自己打扫房间等，日积月累，就会养成做事有目的性的习惯。

七、对孩子进行适当的挫折教育。学习中的“失败”，是哪个孩子也不能避免的，关键是教他如何面对失败。遇到困难和挫折时，帮孩子冷静分析其原因，看看用什么办法才能克服困难，切忌动辄就给予帮助和呵护。这样容易使孩子的意志品质不断地被“软化”，无法经受住暴风雨的袭击。

八、要求孩子学习时要一心一意。有的孩子学习时，经常是削削铅笔，捅捅这个，摸摸那个，总不能集中精力去学习。有时慑于家长的威严，在那里磨时间，其实是他对学习不感兴趣。为了养成一心一意学习的习惯，可适当缩短其学习时间，要求在一定时间内完成一些作业，做完后，就可以痛痛快快地玩。不通过学习时间的长短来判断学习质量。如果常常在那里磨时间，容易在学习中形成一种惰性，一遇到困难就止步不前。

九、形成良好的学习习惯。孩子意志水平的高低往往取决于是否有良好的学习习惯，独立思考、持之以恒、锲而不舍、循序渐进等都是些良好的学习习惯。而一曝十寒、半途而废、虎头蛇尾、知难而退等，都是些不良的学习习惯。

十、给孩子找点需要长期坚持的事情做。例如天天扫地，坚持晨练，写日记，照顾邻居老人，为教室开门等等，至少要能坚持一个学期。这种事对培养孩子意志作用很大。不过不要硬派，要和孩子商量，让孩子自己下决心。中间如果孩子半途而废，家长不要发火，要再给孩子机会。培养坚持性本身就需要家长有坚持性，不能急于求成，也不要讲什么大道理。培养意志靠的是行动，而不是说教。

这样看来，能否培养孩子毅力，这是对家长教育艺术的考验，更是对家长毅力的考验。意志坚强的家长才能培养出有毅力的孩子。

言传身教　助人为乐

如果你希望孩子表现得体贴、大度、肯帮忙，你就必须身体力行，示范给孩子看。要是你自己都言行不一，孩子只会模仿你的行为，即使你把原则和指令讲得头头是道，也一点用处也没有。

人的本质是爱的相互存在，人的生活是与他人的相互交往构成的。培养孩子从

小乐于帮助他人的美德，对孩子今后具有高尚的情操、健全的人格有不可估量的影响。

乐于助人是犹太人格外崇尚的美德。犹太儿童从小就被灌输乐于助人的思想。犹太拉比经常给孩子讲一个故事：

从前一个农场里有个叫罗思的年轻人。有一天接近黎明时，窗户外一片混乱，被惊醒的罗思睁开惺忪的双眼，他猜出是恶狼闯进了邻居家的畜圈，咬得牲口在院子里直叫。“罗思，我还以为您不在家呢！”早晨见了面，邻居责备他说，“我家的一头小牛犊被狼拖走了，您怎么不带上猎枪出来搭救一下呢？”“我实在困倦，累得要命，睡得太死！”罗思打个哈欠说，“我什么都没听见啊……”

没过多久，罗思晚上入睡时忘了关门，狼闯进他家把他的孩子咬死了。

不要装聋作哑，无视邻居的祸患。

现实生活当中，常常会有些事情给人带来喜悦或烦恼，带来幸福或悲伤，带来顺利或困难，带来成功或失败。无论处于何种境地，人都需要别人给予相应的理解和帮助。因此，培养孩子乐于助人的精神，就成了儿童教育中的一个重要课题。犹太人是这样做的：

首先，布置有用的任务。让孩子在邻居之间或是校园里做点有益的事情，比如照料宠物，做饭，教弟弟妹妹们做游戏，或者给不幸的孩子制作玩具，这些都可以培养孩子乐于助人的品质。当然，并非所有的孩子都能自发地做这些事情，必须有人鼓励他们，教他们，甚至有时需要强迫他们。

其次，父母以身作则。要培养乐于助人的孩子，最重要的就是，如果你希望孩子表现得体贴、大度、肯帮忙，你就必须身体力行，示范给孩子看。要是你自己都言行不一，孩子只会模仿你的行为，即使你把原则和指令讲得头头是道，也一点用处没有。

再次，要创造温馨的家庭环境。有些父母爱孩子，教育孩子时经常鼓励孩子，他们的孩子就总是乐于助人、为别人着想、更富有同情心，这反映出孩子效仿了你的行为。要是孩子情绪好的话，他是极有可能帮助别人的，所以努力让他保持那种

状态是非常值得的。

最后，定规矩，并且解释。有些父母会对孩子说：“要是你打他，会弄痛他的。”然后他们会向孩子解释这类行为的后果，然后指出“你不可以打人”这条原则。用这种方法培养的孩子更具有同情心。

有许多研究表明，对孩子阐明慷慨助人的理由，尤其是强调说明他人的感受时，最能帮助孩子养成体贴、友善的行为方式。

父母和孩子一起参加有组织的社区服务活动，定期帮助他人，不仅能培养孩子关心他人的品质，增加孩子的亲和力，也能教会他们许多社会技能，使他们懂得合作的重要性，以及锲而不舍、持之以恒的价值。

在美国和欧洲各国，犹太社区会搞一些社区服务活动，大多数孩子会定期参加这些帮助弱者的活动。这些活动使孩子们对帮助他人有了亲身体验，也就懂得了活动的真正含义，因而养成了助人、博爱的好习惯。

父母和孩子一起参加有组织的社区服务活动，定期帮助他人，不仅能培养孩子关心他人的品质，增加孩子的亲和力，也能教会他们许多社会技能，使他们懂得合作的重要性，以及锲而不舍、持之以恒的价值。

如果父母不是某些宗教和社区服务团体的成员，不能让孩子参加社区服务，那么下列活动可以帮助孩子培养博爱之心：

做饭时让孩子在厨房帮忙。

参加拯救濒危动物组织。

帮助邻居打扫卫生。

给老年人读报。

给小孩当家庭教师。

和生病的小朋友一起玩耍。

当然，这些活动最好是父母与孩子共同参加，优先选择那些能引起孩子兴趣的，对家人和孩子有意义的活动。

愈是果实累累的葡萄，愈会垂下头来

《塔木德》告诫人们说：“尽量隐藏自己的优点和功绩，就像是隐藏你自己所做的坏事一样。”同时又说：“爬上知识之路，即达谦虚之顶。”

在犹太人的历史中，那些贤人拉比不管遇到什么人，都认为对方有优于自己的地方。

假如所遇到的人比自己年长，他们就认为他比自己更优越，因为他积善行的机会比自己多；

假如遇到的人比自己年轻，他就认为他所犯的罪比自己少，而同样尊敬；

假如别人所过的生活比自己富裕，拉比就认为他比自己做过更多的努力；

假如所遇到的人比自己贫穷，就会认为他尝过自己没有经历过的痛苦，所以比自己有修养；

假如他遇到比自己聪明的人，就对他的智慧表示敬意；

假如所遇到的人没有自己聪明，拉比就认为他所犯的错误比自己少。

对于犹太人来说，一个人如果是为了求得别人的赞赏而夸耀自己的谦虚，这是非常卑鄙的行为。在他们的眼中，真正的谦虚绝非有意的做作，而是自然地流露。

正因如此，犹太人有这样两句谚语：愈是果实累累的葡萄，愈会垂下头来；愈是伟大的人，愈平易近人。

在没人看见的地方

在任何场合都要保持良好的道德，这是一个人获得社会接纳的重要条件。

犹太人不仅注意自己的品行，在教育孩子方面也毫不含糊。下面的故事就生动地说明了他们的做法。

比尔当时 11 岁，一有机会就到湖中小岛上他家那小木屋旁钓鱼。

一天，他跟父亲在薄暮时去垂钓，他在鱼钩上挂上鱼饵，用卷轴钓鱼竿放钓。

鱼饵划破水面，在夕阳照射下，水面泛起一圈圈涟漪，随着月亮在湖面升起，涟漪化作银光粼粼。

鱼竿弯折成弧形时，他知道一定是有大家伙上钩了。他父亲投以赞赏的目光，看着儿子戏弄那条鱼。

终于，他小心翼翼地把那条精疲力竭的鱼拖出水面。那是条他从未见过的大鲈鱼！

趁着月色，父子俩望着那条煞是神气漂亮的大鱼，它的腮不断张合。父亲看看手表，是晚上 10 点——离钓鲈鱼季节的时间还有两小时。

“孩子，你必须把这条鱼放掉。”他说。

“为什么？”儿子很不情愿地大嚷起来。

“还会有别的鱼的。”父亲说。

“但不会有这么大。”儿子又嚷道。

他朝湖的四周看看。月光下没有渔舟，也没有钓客。他再望望父亲。

虽然没有人见到他们，也不可能有人知道这条鱼是什么时候钓到的。但儿子从父亲斩钉截铁的口气中知道，这个决定丝毫没有商量的余地。他只好慢吞吞地从大鲈鱼的唇上取出鱼钩，把鱼放进水中。

那鱼摆动着强劲有力的身子没入水里。小男孩心想：我这辈子休想再见到这么大的鱼了。

那是 34 年前的事。今天，比尔先生已成为一名卓有成就的建筑师。他父亲依然在湖心小岛的小木屋生活，而他仍带着自己的儿女在那个地方垂钓。

果然不出所料，那次以后，他再也没钓到过像他几十年前那个晚上钓到的那么棒的大鱼了。可是，这条大鱼一再在他的眼前闪现，每当他遇到道德课题的时候，就看见这条鱼了。

犹太人教育自己的孩子：在任何场合都要保持良好的道德，这是一个人获得社会接纳的重要条件。

让孩子具有同情心与爱心

一个人能否成为受别人欢迎的人，很大程度上取决于他是否具有同情心，是否关心别人。

在很多国家里，父母从小就让孩子参与抚养小动物，以培养他的同情心和责任感。许多家长都喜欢带孩子去动物领养机构，让孩子领养无家可归的动物。

在一岁之前，孩子是分不清自我和他人、自己和世界的。这个时期的孩子对于自己的痛苦和世界之间的关系，他人的痛苦和自己的关系，是根本无法认知的。所以，这个时期的孩子不仅自己会哭，当他看到别的孩子哭泣时，也会跟着哭。

孩子在一到三岁之间，已经能分辨出自己和他人，同时也能分辨出自己的痛苦与他人的痛苦。

孩子到了三岁左右时，就会对他人的痛苦表示出本能的同情了，如流露出同情、关心的表情，甚至用充满同情的肢体去接触、抚摸、轻拍痛苦的人，以示安慰。然而，这个年龄阶段的孩子仍然不具备语言的安慰和更为高级的同情、关心行为。

孩子到了五到七岁时，他们就已经具有了对他人的同情认知的反馈能力。也就是说，他们能够根据别人痛苦的情况，决定安慰的时间和关心的形式：是陪别人哭，还是语言安慰，或者说是去叫大人来处理，等等。此时他们已经超越了他人哭而我哭，或者说是他人哭我立即跑过去表示安慰的阶段。

孩子到十岁左右时，对那些弱势或者是劣势的人和事，大多能够用理智的态度来对待，表现出恰当的同情心和关心。在这个阶段的孩子对于同情心已经有了很大的突破，他们关心与同情的对象不仅仅是孩子，也包括自己的家人和亲戚朋友。这个时期的孩子的同情心已不再局限于家庭或者是认识的人身上了，这个时期的孩子已经把同情心扩散到任何一个弱势或者是劣势的陌生人和事件上了。

从上面这些分析看来，在孩子很小的时候就培养孩子的同情心是非常重要的。因为，在这个时候孩子已经具备了形成同情心的心理基础，再加上孩子的模仿能力

强，如果父母能够言传身教，就更能使孩子的同情心不断增强。

孩子具有天生的同情心，父母不要轻易扼杀孩子发育中的同情心，而应该保护、培育孩子的同情心。父母要鼓励孩子多关心他人，多做好事。当孩子做了好事时，父母要对其进行鼓励、表扬，因为父母的信任感、外界的反馈会促使孩子有进一步的行动，孩子与父母的互动会形成良性的循环。

《塔木德》中说，如果一个人知道悔过，别人就不应该对他说：“记住你从前的所为。”

如果他是赎罪者，刚刚开始学习《圣经》律法，别人不应该对他说：“吃了不洁食物的嘴可以学习全能的上帝嘴里说出来的律法吗？”

如果他是赎罪者的儿子，他不应该受到奚落：“记住你的父亲做过的事。”

有这样一则故事，读来让人感到痛心。

一个小孩在与伙伴们玩沙子时，不小心跌进了沙坑之中，伙伴们不但没有拉他上来，而且还往他身上撒沙子，只让他露出两只眼睛。干完这些事后，他们乐呵呵地走了，大家谁也没有顾及这位小伙伴的安危。后来当小孩的父母找到他时，发现他已经窒息而死。

在上面的这个故事中，那些小伙伴只顾自己玩得高兴，不顾他人的痛苦，用自己的冷漠造成了这个小孩的死亡。由此可见，没有同情心和爱心，只有冷漠是多么可怕啊！所以，父母一定要注意或是警惕孩子冷漠心态的滋生与发展。作为父母，我们应该带孩子到生活中去感受他人的苦难，真正理解爱的含义，让孩子多参加各种社会公益活动……

这些可以让孩子感受爱心与奉献的力量和快乐，从而强化孩子的热心行为。当孩子有热心行为的时候，父母要及时给予表扬、奖励、鼓励。孩子在你的鼓励下，会变得更加有爱心。

教育孩子拥有一颗善良的心

一个智商仅有 70 的人，虽然常常因为智商不高而受到不友好的对待，但是他

总是能够以不变的态度对待各种人和事，甚至对于那些待他很不好的人也是如此。后来，他事业有成之后，他又开始将所有的钱一点一点地送给需要帮助的人，并且不求回报。后来，因为他的善心和善举，他又有了许多的奇遇，并且还做到了别人做不到的功绩。

这是流传在犹太民族的一个故事，它在告诉人们善待他人就是善待自己，好心终会得到好报。所以在生活中，犹太人在教育孩子的时候，总是教育他们要有一颗善良的心，用一颗善良的心去善待他人。每个犹太父母都会告诉孩子：善良是生命的黄金，善良是一种世界通用的语言，善良可以使盲人看到光明，可以使穷人看到希望，可以使人在生活中受到别人的尊敬和爱戴。

在犹太民族，父母大都知道一个有关善良母亲的故事，并且常常用这个故事教育自己的孩子。

有一个农人挑了一担菜进城去卖，在街上，农人拾到一沓钱，他点了一下，共有15张。

回家后，农人把15张钱交给他母亲，他母亲说：“孩子，人家丢了钱。一定很着急，我们怎么能要人家的钱呢？赶快送还失主，说不定人家正找得着急呢！”

这位农人按照母亲的吩咐，赶回拾钱的地方，等待失主来领。在前面不远处，农人发现有一个人好像低着头在地上寻找什么东西，便连忙上前问他：“老弟，你丢了钱吧？这钱我拾到了，现在还给你吧。”

不等那人回答，农人便将15张钱全都给了那人。这时，有一些人围了上来，见此情景，有人提出，失主应拿些赏钱给农人。

但这个丢钱的人却说：“我丢失是30张钱，但现在才找回来一半，我为什么还要再分一些赏钱给他呢？”

这个农人觉得这个丢钱的人太不讲理了，自己如数将拾到的钱归还给他，他不但不谢，反而又诬蔑自己贪了他一半的钱。这个农人实在气愤不过，便跟那人争吵起来，两人互相扭着来到县衙门。

他们各自向县令叙说事情的缘由，县令听后，心里已有几分底了，他对那领钱

人的行为颇为生气。县令让农人和那个领钱人各自写出事情的情况。于是他们分别写道："拾钱人的确是拾到15张钱钞"，"丢钱人确实是丢失了30张钱钞"。接着，县令派人将农人的母亲叫来，当面对质核实，证明农人说的情况属实。

县令将两张状纸捏在手上，对失主说："你丢的是30张钱钞，而他拾到的是15张钱钞，可见这钱不是你的钱，而是上天赐给这位贤良母亲的养老钱。假若他拾到的是30张，那就是你的了，你可以到别的地方去找你的钱！"

那人知道自己撒谎，自觉理亏，便也不敢再作狡辩，灰溜溜地离开了县衙。于是，县令把15张钱钞交给农人的母亲，并对这位母亲说："你是位贤德的母亲，这钱就归你了！"人们听后，都拍手叫好，都认为这15张钱就是上天赐给善良老母亲的养老钱。

故事中，这位贤良的老母亲教导自己的孩子将拾来的钱交还给失主，反又遭到讹诈；但那位贤明的县令又机智地将钱判送贤母，使那讹诈欺骗的人不得好下场。因此，人都应该拥有一颗善良的心才好。虽说，善良不可以给你带来荣华富贵，不可以给你带来功名成就，不可以给你带来家财万贯，但它至少不会让你走上邪路，不会让你生出什么歹念。因此，心存善良的人，至少不会是个讨人嫌的人。

现实中，孩子们生活在一个绚丽多彩、生动美好的世界中，但同时也存在着一些缺陷。这些缺陷往往不利于善良人的生存，因而善良人要活下去，经常需要依靠他人的关爱。在犹太家庭中，犹太父母就会告诉他们的孩子不要总想着自己，要多想想别人；要以一种开朗豁达的心情，一种热情友好的态度去尊重他人，理解他人，关爱他人，帮助他人。

在人生道路上，人人都需要有感情的理解、安全的庇护、精神的安慰、生活的照顾、行为的支持。在自己苦恼的时候，我们总希望别人能接受自己的倾诉；在自己成功的时候，总希望别人赞赏自己的成绩；在自己危难的时候，总希望别人能伸出援助之手；在自己困惑的时候，总希望别人能给予指点……总之，在人生的道路上，总会希望得到别人对自己精神、心情上的帮助。那么，先想一下，你是否帮助了别人，要明白你善待他人，同时也就是善待自己。对于一个孩子来说，每个父母

都有责任教育自己的孩子学会善待他人。

百善孝为先

中国自古以来提倡“百善孝为先”，认为孝敬父母在各种美德之中占第一位。不仅是中国如此，在犹太民族中也是如此，并且特别突出。他们在教育孩子的时候，也不可避免地涉及这一点。

在三代同堂的家庭里，中间一代孝敬长辈，孩子就会懂得孝敬父母和祖辈。在这样的家庭中不仅长幼有序，而且互相关心，互相宽容，呈现一种其乐融融的气氛，这对每个人的身心发展都是有利的。

做家长的都深知这个道理，知道孝敬父母长辈是美德，因此每个为人父母者都希望自己的孩子长大成人后能够有孝心，然而在父母教育孩子的时候，又往往忽略这方面的内容。

从前，在一个家庭里，爷爷已经很老了，双腿已迈不动，眼睛也看不清了，耳朵也听不清了，牙齿也都掉光了。因此，在他吃饭的时候，饭菜常常会从他的嘴里掉出来。儿子和儿媳妇因此便不再让他上桌子，只让他在火炉边吃饭。

有一次，他们端了一碗饭给老人吃，老人想把碗挪近一点，可是碗掉在了地上，摔碎了。于是儿媳妇就开始责骂老人，说他把家里的东西都弄坏了，打了好多碗。她还说，以后她要用大木盆给老人盛饭。老人只是叹了口气，什么话也没说。

一天，儿子和儿媳妇在家里坐着，看见他们的儿子在地上摆弄一堆小木片玩。父亲就问道：“儿子，你这是在做什么?”儿子回答说：“爸，我正在做木盆呢。等以后你和妈老了的时候，我好用这只木盆给你们盛饭。”

夫妻俩你看看我，我看看你，都哭了起来，可又那么无奈，他们为自己那样对待老人而感到羞愧。从那以后，他们又重新把老人请上桌吃饭，并且细心地照顾老人家。小孩也因此转变了对他们的态度，从此一家三代和睦地生活起来。

孝敬是每个人都应该具备的一种美德，任何品德都是在小时候形成的，每一个家长都应该从孩子小时候起就教育自己的孩子要孝敬父母。同时，父母自己也要以

身作则，因为孩子父母是孩子的第一任老师，其言行必然影响到孩子以后的成长和发展。

通常，他们用讲故事的方法向自己的孩子阐述孝敬父母这一深刻的道理。

有一位老祖父和自己的小孙子在家里边的后花园里玩耍，小孙子过分好动顽皮，爬上爬下不听祖父的劝导，老祖父顾及小孙子的安全，禁不住用力打了他几下。小孙子受到突然而来的责打，痛得哇哇大声哭了起来。

这时候站在旁边工作的父亲见此情景，竟然一言不发地猛打自己的耳光。老祖父更是纳闷，百思不得其解，走上前去询问自己的儿子，干吗自己打自己呢？儿子赌气地答道："你打我的儿子，我就打你的儿子。"

这一段故事充分表现出现代的伦常关系，所谓天下父母心啊！佛教里有一首诗："记得当初我养儿，我儿今又养孙儿；我儿饿我由他饿，莫教孙儿饿我儿。"这句话的意思在于说明为人父母的慨叹：记得当初我养儿女的心情，就像我的儿女现在养孙儿一样；我的儿女对我不孝顺，让我挨饿，一切由他去；只希望我的孙儿不要不孝顺父母，让我的儿女也挨饿啊！

父母对于自己孩子的爱是无法估计的，而作为父母的孩子就应该孝敬自己的父母。

培养孩子有孝心的原则

孝道是人类固有的美德，我们应该趁父母还健在的时候，及时把握住机会，好好孝顺父母，让父母老有所养，给予心理上的慰藉、精神上的和乐。而培养孩子的孝心，则必须从小抓起，讲求正确的方法。犹太人在培养孩子孝心的时候，是通过以下几条原则来教育孩子的。

一、教育要明理。

应该让孩子从小知道，孝心是一种传统美德，没有孝心的孩子不是好孩子。还要让孩子知道怎样做才算是有孝心，让他知道妈妈十月怀胎的艰辛，知道父母的养育之恩。一个真正有孝心的孩子应该是懂礼貌、责己严、为父母分忧解难的孩子。

为了明理，可以多给孩子讲一些古今故事，通过形象的故事去理解，让孝心在孩子心中有一个定义。

二、要建立合理的长幼有序的家庭关系。

“合理的长幼有序”与封建家长制是不相同的。所说的“合理”就是指全体家庭成员（包括子女）之间首先是民主平等的，父母要尊重孩子的独立人格，尤其是在处理孩子自己的事情时，一定要充分听取他们的意见，尽可能按他们合理的意愿办事。同时，家庭又是一个整体，不能各自为政，总要有人当家“长”，来“领导”家庭，管理指导家庭全体成员的生活。父母是家庭生活的供养者，而且他们有丰富的经验，自然应当成为家庭的核心和主事人。对于一个孩子来说，都应当在父母的指导、帮助下生活、学习。

在如今的很多家庭里，孩子是“小太阳”，家长变成了围着孩子转的地球、侍从，让孩子形成“以自我为中心”的小霸王性格，这样很难培养孩子孝敬父母的好习惯。因此，每个父母应该让孩子明白自己与父母的关系，知道父母是长者，是家庭生活的主事人，而不能颠倒主次，任孩子在家庭里逞强胡闹。

三、要让孩子了解父母为他和家庭所付出的辛苦。

现在，有不少孩子不知道父母工作情况，他们并不知道父母的钱是怎样得来的，只知道向父母要钱买这买那，甚至认为父母给孩子吃好、穿好、用好是天经地义的。这样的孩子怎么会从心底里孝敬父母呢？为此，父母应当有意识地经常把自己在外工作和收入的情况告诉孩子，说得越具体越好，从而让孩子明白父母的钱得来不易。自然而然地，孩子就会慢慢珍惜自己的生活，也会从心底里产生对父母的感激和敬重。从而，就会开始孝敬父母了。

四、创造机会，从小事入手培养孩子孝敬父母的行为习惯。

真正的孝心还需要通过实践去培养。在日常的生活中就应该让孩子分担起家里的一些事隋，使孩子负起责任来。遇到为难的事情，把事情的前因后果讲给孩子听，让他们一起出主意、想办法。如果有长辈身体不舒服或生了病，告诉孩子应该做哪些事情，并且还要付出行动。时间长了，孝心便会在孩子的身上扎根。教育子

女孝敬父母的一般要求有：听从父母教导，关心父母健康，参与家务劳动，分担父母忧虑，不给父母添乱等。

每个父母要把这些要求变为孩子的实际行动，就应当从日常生活中的一些小事抓起。在关心家长健康方面：要求孩子每天要问候下班回家的父母；当父母劳累时，孩子应主动帮助或请父母休息一下；当父母外出时，孩子应提醒父母是否遗忘了东西或注意天气变化；当父母有病时，孩子应主动照顾，多说宽慰话，替他们接待客人等。孩子更应该承担必须完成的家务劳动，就算是吃饭时摆筷子的劳动也不例外。父母应根据孩子的年龄、能力、学习情况，对其进行合理分配，具体指导，耐心训练，热情鼓励。这样既有利于孩子养成做家务劳动的习惯，也有利于孩子不断增强孝敬父母的观念：“父母养育了我，我就应该为他们多做一些事情。”

五、家长要以身作则。

教育自己孩子的同时父母本人也应做孝敬长辈的楷模。孩子对待父母的态度，直接受父母对待长辈态度的影响。我们不仅要管好自己的小家庭，还要时刻不忘照顾年迈的父母，决不能“添了儿子就忘了老子”。假如平时因居住地较远，工作较忙不能和老人朝夕相处，那么在休息日就应该尽量抽时间带上孩子去看望老人，帮父母做些家务，同父母共聚同乐，尽一份子女应尽的责任和义务。如此一来，孩子耳濡目染，潜移默化，也会逐步养成尊敬长辈，孝敬父母的好习惯。另外，孝心可以说是一个充满爱心的伦理行为，应该重视并以情育隋。但是家长的关心、爱心要适度、适时才好，不要过度宠爱自己的孩子。

犹太人之所以会那么孝敬父母，这与他们父母对他们从小的教育是分不开的。每一个家长都应借鉴犹太父母的方法来教育自己的孩子。

教育孩子做人要诚实

拉斐尔 11 岁那年一有机会便去湖心岛钓鱼。在鲈鱼钓猎开禁前一天的傍晚，他又和妈妈早早来钓鱼。安好诱饵后，他将鱼线一次次甩向湖心，湖水在落日余晖下泛起一圈圈的涟漪。

忽然，钓竿的另一头沉重起来了。他知道，一定有大家伙上钩，于是急忙收起线。等把一条竭力挣扎的鱼小心翼翼地拉出水面之后，拉斐尔竟发现这是一条非常肥大的鲈鱼。

在月光下，鲈鱼翕动着，看起来非常具有诱惑力。这时，妈妈打亮小电筒看看表，已是晚上 10 点——但距允许钓猎鲈鱼的时间还差两个小时。

“你得把它放回去，儿子。”母亲说。

“妈妈!”，孩子哭了。

“还会有别的鱼的。”母亲安慰他。

“再没有这么大的鱼了。”孩子伤感不已。

拉斐尔环视了一下四周，已看不到一艘渔船和一个钓鱼的人，但他从母亲坚决的脸上知道无可更改，他只好放掉了那条鲈鱼。暗夜中那条鲈鱼抖动着笨大的身躯慢慢游向湖水深处，渐渐消失了。

这是很多年前的事了。后来拉斐尔成为纽约市著名的建筑师。后来，虽然他确实没再钓到那么大的鱼，但他却为此终生感谢母亲，因为有她的教育，他才得以通过自己的诚实、勤奋、守法，猎取到生活中的大鱼——事业上成绩斐然。

这就是我们的道德底线，做人要诚实，千万不能说谎，或是投机取巧。犹太人认为，如果一个人不够诚实，爱说谎，不但不会取得他人的信任，而且甚至会带来滔天大祸。所以，犹太人在教育孩子的时候，常常要求孩子诚实地说出每一句话。

1946 年 7 月 4 日，德国法西斯已经灭亡了一年零两个月。这一天，离华沙 170 千米的凯尔采市几百名激愤的市民冲上街头，见犹太人就打、就捉，有的犹太人甚至被捉到帕兰蒂大街 7 号的一幢房子里被活活打死。这场屠杀从早上 10 时持续到下午 4 时，有 42 人被杀害，其中两人是被误认为是犹太人而被打死的。

说来令人难以置信，这次屠杀竟是由于小孩说谎引起的。赫里安，波兰一个鞋匠的孩子，和父母从 20 千米外的乡村刚刚搬到凯尔采市。由于对城里的生活很不习惯，于是他就在 7 月 1 日那天偷偷搭车回到乡村小朋友之中，三天后又溜回城里。

见儿子回来，父亲拿起鞭子就揍他："你这顽皮鬼，这几天跑到哪儿去了？是不是给犹太人拐去了？"孩子见爸爸凶神恶煞，害怕了，于是顺水推舟地"承认"了这几天是被犹太人拐去了，还谎称犹太人把他拐到帕兰蒂大街7号的一个地窖里虐待他。第二天上午，愤怒的父亲到警察局去报案。在回家的路上，很多路人好奇地问父子俩发生了什么事，父子俩绘声绘色地说赫里安被犹太人拐去折磨了几天。

当时，虽然第二次世界大战已结束了，但德国法西斯的排犹思潮阴云未散，几个群众听信了谎言，异常愤怒，声言要对犹太人报复，而捏造的"事实"在几小时内一传十，十传百，越传越走样（甚至传说赫里安被犹太人杀害了）。结果人们对犹太人的"残忍"越来越感到愤怒，终于酿成了这一天对犹太人的屠杀惨剧。

如今赫里安已经是个老人了，但每当他回想起这段历史，就有一种负罪感。

正确对待孩子的撒谎行为

犹太儿童心理学家耶斯认为，孩子在二至三岁时，认知和语言能力的发育不成熟，还不能看出自己言行之间的直接关系。对他们来说，行为远远比语言重要得多，而语言都是模糊的，有多重的意义。

三岁左右的孩子并不明白，撒谎是不好的行为。专家们认为，事实上这时候或稍大一点的孩子对说谎几乎达到了狂热的程度。

但是，孩子为什么会撒谎呢？是因为这个年龄的孩子不知道什么是错误的，但他们知道父母可能会因自己的行为而生气，为了逃避有可能的惩罚，他们才撒谎。

有些父母在发现孩子说谎后非常恐慌，认为这是孩子变坏的前兆，于是就用简单粗暴的方法对待孩子。但是这样不但不能让孩子改掉撒谎的习惯，反而会使孩子为逃避惩罚或处于恐惧而继续编造谎言。所以，父母应该正确对待孩子的撒谎行为，用正确的方法教育。下面这些犹太父母的做法，可以拿来为父母教育我们的孩子做一下参考。

一、父母对孩子应以理服人并及时对孩子进行教育。

孩子做错了事，在进行教育时，必须"晓之以理"，使孩子明白所做的事情为

什么不对，并且孩子做错了事应及时进行教育。今天的事今天办完，事过境迁再进行教育，会使孩子失去真实感。

二、父母对孩子的教育应前后、内外一致。

教育必须保持一贯性，切忌在心情好的时候，见孩子做了错事也不进行教育，心情不好时则进行责备、训斥。教育又必须保持一致性，如果对一种行为表现，母亲说对，父亲说错；今天说错，明天又说对，这会使孩子无所适从，只有看父母的脸色行事。

三、父母应查清孩子不诚实的原因并注意为孩子保密。

先了解孩子说谎的原因到底是什么，是为自我保护、赢得大人注意，还是孩子分不清故事与现实生活有段距离。通常要到五岁左右，孩子对现实与幻想之间才有一定的认知区别。另外，对孩子进行教育时能在家里进行教育的，不必拿到外面去。有的父母常吓唬孩子说："明天我到学校去告诉你的教师。"这样会使孩子生恐惧或不信任感，其结果并不理想。

四、父母对孩子的批评不应重复。

孩子做错了事，应避免重复教育。如父亲说过了，母亲又接着说；今天说过了，明天又接着说，这样容易伤害孩子的自尊心。对感受性比较敏感的孩子应当特别注意。

五、父母以身作则，适时给予鼓励。

"言教不如身教"，父母是孩子接触最多的人，他们的一言一行常是孩子学习、模仿的依据。因此，父母须以身作则，为孩子做一个榜样。可以告诉孩子，即使他这一次犯错，只要他能有勇气承认，父母相信他下一次不会再犯同样的错误；也可以将自己小时候类似的经验与他分享，让孩子知道这不是最糟糕的情况。此外，当孩子愿意承认错误时，要给予适时的鼓励，让他能继续朝着正向行为发展。

六、就事论事，不要盲目责备孩子。

家长必须持针对问题来解决的态度，而不能一味批评孩子做错事情，让孩子失去自尊心。使用开放式的问题，如你可以这样与孩子讨论："你刚才说的话，似乎

不是真正发生的事，你愿意再想一想，想得更清楚一点吗?”可以预留一些空间给孩子，这样将能够给他更多的帮助，同时稳住自己的情绪。如果大声责备或是贸然发火，孩子会受到惊吓，这样就无法清楚地知道孩子说谎的目的和动机。营造一个客观平静的气氛，亲子之间的互动关系才有正面的发展。

犹太拉比告诫世人，不要将大人的生气与自责，投射到孩子身上，打骂他们，这样会造成恶性循环，从而失去教育他们的机会。每个人都会说谎，所以不必太责备孩子的行为，而应该给他们留一些空间，且适宜地给予关心和协助，相信孩子会成为你所期望的那种人。

教育孩子做人要一诺千金

犹太人一直很重视诚信，并且常用“一诺千金”来形容一个人很讲信用，说话算数。在他们的学习和日常生活当中，也确实做到了无时无刻不信守诺言。而且他们还将这种优良品质灌输给孩子，告诉他们“君子一言，驷马难追”的道理。他们常给孩子讲下面这个故事：

从前，有一对好朋友陀力卡拉和劳伦司基。两个人都很有学识，德行也受到大家的称赞，分不出谁好一些，谁差一点。

有一年，洪水泛滥，淹没了许多村庄和大片的良田，百姓叫苦连天。陀力卡拉和劳伦司基的家乡也遭了灾，房子都被大水冲走了，盗贼也趁火打劫，四下作案，很不太平。无奈之下陀力卡拉和劳伦司基只得和几个邻居一起坐了船去逃难。

船上的人都到齐了，物品也装妥了，马上就要解缆离岸出发。这时候，远处忽然奔过来一个人，他背着包袱跑得气喘吁吁，大汗淋漓。这个人也顾不得擦汗，一边朝这边挥手一边扯开嗓子大叫道：“先别开船，等等我，等等我呀!”

这人好不容易跑到船跟前，上气不接下气地说：“所有的船都满了，没有人肯收留我，我远远看到这边还有一条……船，就跑过来……求求你们……带上我……一起走吧……”

陀力卡拉听了，皱起眉头想了想，对这个人说：“很对不起，我们的船也已经

满了，你还是去另想办法吧。”

劳伦司基却很大方，责备陀力卡拉说：“陀力卡拉兄，你怎么这样小气，船上还很宽裕嘛，见死不救可不是君子所为，带上人家吧。”陀力卡拉见劳伦司基这样说，就不再坚持自己的意见，略微沉思片刻，答应了那人的请求。

陀力卡拉和劳伦司基的船平安地走了没几天，就碰上了盗贼。盗贼们划船追过来，眼看盗贼越追越近了，船上的人们都惊慌不已，不知该怎么办好，拼命地催促船家快些，再快些。劳伦司基也害怕得不行，他找陀力卡拉商量说：“现在我们遇上盗贼，情况紧急，船上人多了没有办法跑得更快。不如我们让后上船的那个人下去吧，也好减轻船的重量。”陀力卡拉听了，严肃地回答道：“开始的时候，我考虑良久，犹豫再三，就是怕人多了行船不便，弄不好会误事，所以才拒绝人家。可是现在既然已经答应了人家，怎么能够又出尔反尔，因为情况紧急就把人家甩掉呢？”

劳伦司基听了这番话，面红耳赤，羞愧得说不出话来。在陀力卡拉的坚持下，他们还是像当初一样，带着那个后上船的人，始终没有抛弃他。而他们的船也终于在大家的共同努力下，摆脱了盗贼，安全地到达了目的地。

劳伦司基表面上大方，实际上是在不涉及自己利益的情况下送人情，一旦与自己的利益发生矛盾，他就露出了极端自私、背信弃义的真面孔。而陀力卡拉则一诺千金，虽不轻易承诺，一旦承诺就一定要遵守。我们应该向陀力卡拉学习，守信用，讲道义，而像劳伦司基那样的德行，是应该被人们所鄙弃的。

处在大千世界，有着太多随意许诺，却从不兑现的人。这种人和一诺千金的人相比，看起来活得似乎很轻松，但是这种情景是不会长久的。一个人失信多了，他的诺言也就被当成戏言，难以让他人相信，乃至让他人看轻。就是他自己，那种无聊、倦怠都会逐渐袭上心头。人一沾上那种潦倒的气味，做人的光彩就会大为逊色。

作为家长要像犹太家长那样，教育孩子要注意自己的言行，说过的话一定要兑现，这样的人才有市场。

给予是一件快乐的事情

这一年的圣诞节，保罗的哥哥送给他一辆新车作为圣诞节礼物。圣诞节的前一天，保罗从他的办公室出来时，看到街上一个男孩在他闪亮的新车旁走来走去，触摸它，满脸羡慕的神情。保罗饶有兴趣地看着这个小男孩，从他的衣着来看，他的家庭显然不属于自己这个阶层。就在这时，小男孩抬起头，问道："先生，这是你的车吗？"

"是啊，"保罗说，"我哥哥给我的圣诞节礼物。"

小男孩睁大了眼睛："你是说，这是你哥哥给你的，而你不用花一角钱？"

保罗点点头。小男孩说："哇！我希望……"

保罗以为小男孩希望他也有像自己的哥哥一样的哥哥，可小男孩说出的却是："我希望自己也能当这样的哥哥。"

保罗深受感动地看着这个男孩，然后他问："要不要坐我的新车去兜风？"

圣诞树

小男孩惊喜万分地答应了。逛了一会儿之后，小男孩转身向保罗说："先生，能不能麻烦你把车开到我家前面？"保罗微微一笑，他理解小男孩的想法，坐一辆大而漂亮的车子回家，在小朋友的面前是很神气的事。但他又想错了。

"麻烦你停在台阶那里，等我一下好吗？"小男孩跳下车，三步两步跑上台阶，进入屋内，不一会儿他出来了，并带着一个显然是他弟弟的小男孩。

他的弟弟因患小儿麻痹症而跛着一只脚。他把弟弟安置在下边的台阶上，紧靠着坐下，然后指着保罗的车子说："看见了吗，就像我在楼上跟你说的一样，很漂亮对不对？这是他哥哥送给他的圣诞礼物，他不

用花一角钱！将来有一天我也要送给你一部一模一样的车子，这样你就可以看到我一直跟你讲的橱窗里那些好看的圣诞礼物了。”

保罗的眼睛湿润了，他走下车子，将那小弟弟抱到车子前排的座位上，他的哥哥眼睛里闪着喜悦的光芒，也爬了上来。于是三人开始了一次令人难忘的假日之旅。

在这个圣诞节，保罗明白了一个道理：给予比接受真的更令人快乐。这正如犹太作家茨威格所说：“如果你帮助其他人获得他们需要的东西，你也会因此而得到想要的东西，而且你帮助的人越多，你得到的也就越多。”

不过，犹太人认为给予要用自己的真心去为他人付出，而不是把它当作一个任务来完成。所以，犹太父母在教育孩子的时候，常常会让孩子明白：真正的关心与施与，需要真情与真心，只有心里装着别人的人，才能从别人那里使自己得到充实和提升。

下面有这么一个故事，正是说明这个道理的。

“今天，我一定要断然拒绝他们的要求。”出门之前，犹太老妇人这么想。

这一天，下着很大的雨，她在这样的天气却不顾一切地跑出来，目的是想赶快为眼下这件事画个休止符。

犹太老妇人平时以慈善闻名，到目前为止，她不时捐东西给遭到天灾人祸的本市的贫民。可是这一次她却无法像平时那样爽快地答应了。虽然目的是为了贫苦无依的孤儿们着想，但要她捐出祖传的土地来建造孤儿院，她实在无法同意。她对世世代代传下来的那一片土地，有无限的感情，何况，她年纪已老，此后的生活和主要的收入来源，就靠那块土地，这是跟她此后的生活有直接关系的事。说得严重一点，她若失去这一块土地，她的生活马上就要受到影响。

“不管对方如何恳求，也不能起一丁点儿同情心，否则……”想着，想着，犹太老妇人的脚步就越来越快了。

雨越来越大，风也吹得更起劲了。不多久，她到了目的地——一家慈善机构的古色苍然的房子。她推开大门，走进去。由于是个大雨天，走廊上到处湿湿的。她

在门口寻找拖鞋来穿。

“请进!”这时候，随着明朗的声音，一位女办事员出现在她眼前。那位女办事员看到没有拖鞋了，立刻毫不犹豫地脱下她自己的拖鞋给犹太老妇人穿。

“真抱歉，所有的拖鞋都给别人穿了。”那位小姐还向她恳切地赔不是呢。

犹太老妇人看到那位小姐的袜子踏在地板上，一刹那之间就给弄湿了。

犹太老妇人为她这个行为感动莫名。就在那一瞬间，她才感悟了“施与”的真正的意义。她想：“平时，我被大家称为慈善家，可是，我做的慈善行为，到底是些什么？我捐出来的，全是自己不再使用的旧东西，再不就是挪用多余的零用钱罢了。那与其说是‘施与’，不如说是‘施惠’更妥当。所谓的‘施与’，应该是拿出对自己来说是最重要的东西，那才有莫大的价值呀。”

犹太老妇人的内心突然起了 180 度的大改变——她决心捐出那块祖传的土地给这个慈善机构，为可怜的孩子们建立设备完善的孤儿院。

犹太老妇人对那位女办事员说：“好温暖的拖鞋啊。”

女办事员红了脸，不好意思地说：“对不起，我一直穿着，所以……”

犹太老妇人连忙打断她的话：“不，不，我没有怪你的意思，我是说，你的心，令人感到温暖，也让我明白了许多!”

犹太老妇人向她投以亲切的微笑，然后，朝着经理办公室疾步走去……

让孩子从小就养成助人为乐的美德

现在的孩子大多是独生子女。独生子女虽然在智能、体能方面发展比较占优势，但在个性品德方面却有劣势。这是由于他们处在“四二一”的特殊地位：没有兄弟姐妹一起生活，就失去了许多和别人分享食物、玩具，和别人争论、吵架以及吃亏、让步或合作互助的实践机会。加之双亲、家族不鼓励、不要求其与别的伙伴交往，不要求孩子关心别人，帮助别人，这致使他们“以自我为中心”的意识严重，只知自己接受抚爱和关心的需要，不知别人也有被抚爱和关心的需要。所以当他们一旦进入集体生活，在建立良好的人际关系方面就会遇到较大的困难，缺少

“帮助他人”的责任心和义务感。

在这一方面，我们就要向犹太父母学习了。乐于助人是犹太人格外崇尚的美德，犹太儿童从小就被灌输乐于助人的思想。犹太父母会给孩子讲这个故事来教育他们。

从前一个农场里有个叫罗思的年轻人。有一天接近黎明时，窗户外一片混乱，惊醒了罗思。罗思猜出是恶狼闯进了邻居家的牲口圈，咬得牲口在院子里直叫唤。

“罗思，我还以为您不在家呢！”早晨见了面，邻居责备他说，“我家的一头小牛犊被狼拖走了，您怎么就不带上猎枪出来搭救一下呢？”

“我实在困倦，累得要命，睡得太死！”罗思故意打了个哈欠，接着说道，“我什么都没听见啊……”

在上面的这个故事里面，罗思显然是应该被批判的，因为他面对恶狼咬邻居家的小牛犊，持一种“事不关己，高高挂起”的态度。

现实生活当中，常常会有一些事情给人带来喜悦或烦恼，带来幸福或悲伤，带来顺利或困难，带来成功或失败，所以无论处于何种境地，人都需要别人给予相应的理解和帮助。对于儿童，也需要去关心和帮助别人及接受别人的关心和帮助。因此，培养孩子乐于助人的精神就成为儿童教育中的一个重要课题。犹太人在这方面是这样做的：

首先，布置有用的任务。

让孩子在邻居之间或是校园里做点有益的事情，比如照料宠物，做饭，教更小的弟弟妹妹们做游戏，或者给不幸的孩子制作玩具，这些都可以培养孩子乐于助人的品质。当然，并非所有的孩子都能自发地做这些事情，必须要有人鼓励他们，教他们，甚至有时需要强迫他们。但强迫只能是温和的强制，否则会适得其反。

其次，父母以身作则。

要培养乐于助人的孩子，正确的做法就是如果你希望孩子表现得体贴、大度一些，你就必须身体力行，示范给孩子们看。要是你自己都言行不一，他们就会模仿你的行为，即使你把原则和指令讲得头头是道，也一点用处也没有。

再次，要创造温馨的家庭环境。

有些父母爱孩子，教育孩子时经常鼓励孩子，他们的孩子就总是乐于助人，更为别人着想，更富有同情心。这反映出孩子效仿了你的行为。要是孩子情绪好的话，他是极有可能帮助别人的，所以努力让他保持那种状态是非常值得的。

最后，定规矩，并且解释。

有些父母会对孩子说：“要是你打他，会弄疼他的。”然后他们会向孩子解释这类行为的后果，最后指出“你不可以打人”这条原则。用这种方法培养的孩子更具有同情心。有许多研究表明，对孩子阐明慷慨助人的理由，尤其是强调说明他人的感受时，最能帮助孩子养成体贴、友善的行为方式。

许多父母都会花大量时间告诫孩子别去做什么，其实更重要的是应该告诉孩子们为什么有些事不应该做——特别是当行为的结果可能会影响到别人的时候。完全没有纪律约束的培养对孩子的成长是有伤害的，而如果在教育过程中略带一些专制的家长式作风，则会让孩子成长、发展得更好。

教育孩子要有一颗感恩的心

有个樵夫折断了斧子上的木柄，于是就低声下气地去请求森林，让他轻轻地折下那么一根树枝，好再安一把斧柄。淳朴的森林想：“他会到别的地方去用这把斧子谋生的，他会让许多枞树和橡树继续挺立的，大家对多年老树优美的姿态都心怀敬意，他也一定会非常爱护这片森林的。”于是，森林就满足了他的这个要求。但是，樵夫给他的斧子安上新柄以后，却用它来砍恩人的树干。樵夫的做法使整个森林时刻都在呻吟，它的恩赐使自己饱受苦难。

显然，上面这个故事中的樵夫不懂得感恩，用伤害森林的方式去回报森林对他的恩情，一点儿也不顾及森林对他的给予。如今在独生子女家庭里，孩子是家中的“小太阳”，想要什么，父母就给什么，这很容易使孩子认为他们得到东西是理所当然的，而没有一颗感恩的心。

有一只鹦鹉，离开家去看外面更广阔的世界。飞了几天，它又累又饿地来到了

一座山林，打算暂时在这里安身。

一只小松鼠看到了这只来自异乡的鹦鹉，马上蹦蹦跳跳地跑遍了整个山林，把这个消息告诉给所有的动物：“快去看啊，来客人了，来客人了！”

动物们为鹦鹉举行了盛大的欢迎仪式，鸟儿们唱起动听的歌，小鹿们翩翩起舞，小猴们为鹦鹉采来了好多好多美味的浆果，让它吃了个饱。鹦鹉面对这一切，十分感动。

在接下来的几个月中，所有的飞禽走兽都待鹦鹉特别好，鹦鹉也尽自己的能力为大家做事，大家都很喜欢它。虽然生活得很快乐，但是时间一长，鹦鹉不禁思念起自己的家乡来。于是它向大家告别说：“这么多天来，大家对我的照顾，使我非常感激，但我必须回家去了，希望你们多多保重。”动物们依依不舍地把鹦鹉送了一程又一程，还是不得不分手了。过了些日子，不幸的事情发生了，这座山林忽然起了大火。这场火烧得可厉害了，烈焰滚滚，映红了半边天，百里之外都看得见。山林中的动物们无处逃窜，死伤无数，情况让人惨不忍睹。

鹦鹉远远地望见了这边的大火，心中暗叫“不好”，于是便不辞劳苦地日夜赶路，赶到了着火的山林边。它一次次地飞到附近的河边，将羽毛在水中蘸湿，然后把水洒向山林。也不知这样来来回回飞了多少趟，鹦鹉累得头昏眼花，几次险些被热浪吞没，身上的羽毛也被烧焦了。但是火势一点也没有减弱，反而越烧越旺。鹦鹉毫不气馁，还是不断地洒着水。

天上的天神看见了，就对鹦鹉说：“你也太自不量力了，凭你用羽毛洒的那一点水，是根本扑灭不了山火的，你这是何必呢，搞不好还会把自己的性命都搭进去！”

鹦鹉回答说：“我知道也许帮不了什么忙，可是我曾经寄住在那里，那里所有的动物都非常善良，待我非常好。无论如何，我一定要为它们竭尽全力，决不能眼睁睁地看着它们活活被烧死！”天神听了这番话，很受感动，立即扑灭了山林大火，鹦鹉的朋友们终于得救了。

鹦鹉的这一行为确实很值得我们学习。重感情、讲信义、知恩图报是一种美

鹦鹉

德，在朋友、亲人遇到危险或困难的时候，我们应该不遗余力地伸出援助之手。可见，培养孩子的感恩之心是非常必要的。所以，犹太人从小就注意培养孩子感恩这一美德。那么，犹太人平时是如何培养孩子的感恩之心的呢？

首先，生活处处实现“分享”。

分享在这里并不是口号，而应体现在家庭生活的每一个细节之中。不随地乱抛纸屑，因为整洁的环境是属于大家的；夜深人静的时候不要把电视声音开得太响，因为安静的夜晚也是属于大家的；地球是大家的，我们大家有责任来保护它不受污染……

其次，与人交往不忘感恩。

乐于助人，关爱他人，不管是家人团聚还是伙伴交往，不称王称霸，不以“我”为中心。说出自己最感谢的人和事，学会赞美人、微笑，缩短人与人之间的距离。与大家分享，彼此互动，来培养感恩之心。

再次，父母以身作则。

父亲与母亲既各自承担一定的家庭责任和义务，又共同分享家庭的利益。心中有他人，“在乎”家中每一个人，尊重他人的权益，关爱他人的需求。如常说：“行”“对不起”“谢谢”等。

最后，培养家庭责任感。

根据孩子年龄段，指导孩子承担一定数量的家务劳动，参与社区活动，如访问敬老院，让孩子感受为他人服务的快乐，体验父母的辛劳，使他们更加珍惜家庭生活的幸福。

不要嘲笑他人

一棵无花果树枝头挂满了青青的果子。无花果树发现，一棵大树挡住了它的阳光，这棵遮挡阳光的树上一个果子也没有。

无花果树很生气，于是就对那棵树生气地说道：“你是谁，敢把我的阳光夺走！”

那树回答：“我是一棵老榆树。”

无花果树说：“你一个果子都不会结，你还站在我的面前，难道不感到害羞吗？等着瞧吧，我的青果子成熟以后，我的孩子们每一个都会变成一棵大树，组成一片茂密的树林，把你团团地围住！”

无花果一天一天地成熟了，不久，一队士兵从这儿路过，发现了这棵果实累累的无花果树，于是立刻爬上去摘果子。结果可想而知，树枝被踩断了，树叶被弄掉了，所有的无花果一个也不剩地全被采光了，可怜的无花果树只剩下光秃秃的树干和断枝残叶。

老榆树感慨万千，十分同情地对无花果树说：“无花果树呀，如果你不曾结果实，如果你不想入非非，那么你也不会变成今天这副可怜的模样啊！”

上面这个故事中的无花果树，因为瞧不起老榆树而对其肆意嘲讽，结果只落了个果实被采光，只剩下残枝败叶的下场。这就是对嘲笑他人做法的批判。

其实，在现实生活中，有不少儿童也是喜欢嘲笑他人的。这对孩子的发展极为不利。

儿童喜欢嘲笑他人是有原因的。他们不再因为喜欢同一种颜色或同一首歌而交友，相反，他们喜欢与外表相似、行为也相似的孩子在一起，嘲笑他人能使这些孩子团结起来，孩子们也用嘲讽来表达他们的竞争意识。在学校里，在运动与功课方面，孩子们经常要参加考试，以分出个上下，而嘲讽是显示自己占了上风的最简单方式。孩子语言能力的增强也对嘲讽起了加速剂的作用，稍微大些的孩子不仅能够表达较为复杂的思想，而且还会把个人的价值观念附加到自己的观察上去。一个幼

童会天真地评论说另一个孩子超重了，而大些的孩子会附加一个观念上去——“傻胖蛋”。在这个例子中，这种附加是负面的，因为他们会说这个孩子笨手笨脚。

犹太家长在孩子小时候就教育他们，不要嘲笑别人，同时他们还经常给孩子讲下面这个故事。

美国第九任总统威廉·亨利·哈里逊出生在一个小镇上。他幼时怕羞而文静，被认为是一个小傻瓜。小镇上的人经常捉弄他，把一枚一角和一枚五分的硬币同时扔到他面前，让他任意选一个，威廉总是拿那枚五分的硬币而引来大家的一阵嘲笑。

一天，一位老妇人看到小威廉的样子很可怜，就把小威廉拽到一旁，问他：“你难道不知道一角比五分值钱吗？”威廉慢条斯理地说：“我当然知道，不过，如果我捡了那个一角硬币的话，他们恐怕就再没兴趣扔钱给我了。”

在这个故事中，嘲笑者让被嘲笑者嘲笑了，这大概不是嘲笑者的初衷；而嘲笑者并不知道自己才是被嘲笑者，这是深层次的悲哀。威廉后来成为总统，当初的嘲笑者会不会有人去献媚，说自己曾经“救济”过他呢？

嘲讽会给孩子一种控制他人或控制局面的快感，嘲讽者很快地发现嘲笑会产生两个结果，其他孩子的哄笑与被嘲笑者的反应，大多数孩子都承认他们嘲笑同伴主要是为了寻找乐趣。这是一种非常不道德的行为，不但会对被嘲笑者造成身心上的伤害，而且还会对嘲笑者培养良好的品德产生不利作用。所以，作为家长，要像犹太家长那样，教育孩子从小养成不嘲笑别人的好品质。

不要贪恋他人的财物

犹太人认为，所谓的贪恋就是指想得到别人的财物。它不仅仅是羡慕别人的财物，或者心里想“巴不得我也拥有”，同时也包括对别人有而自己无生出嫉妒仇恨之心。你若开始生出贪心，就要设法找出在你心中是否有些本来只是基本需要的东西，却发展成嫉妒的。比如，你会从羡慕别人的成就，进而发展到嫉妒别人，从而就想夺取别人的成就。这就是犹太人所谓的贪恋。

犹太人的心大都是纯洁的，他们从不贪恋别人的财物，这与他们从小受到的教育有着很大的关系。

犹太父母经常讲一个这样的故事，来教育自己的孩子决不要贪恋别人的财物。

曾经有一个叫西蒙·本·舍塔的拉比，他靠砍柴为生，每天都要把柴火从山里背到城里去卖。拉比西蒙·本·舍塔为了能有足够的时间来研究犹太法典《塔木德》，就决定买一头驴子来代步。

一天，拉比西蒙在集市上，从一位窦玛利人那里买了一头驴子回来，当拉比西蒙的学生们见驴子又脏又累的样子，就把它牵到河里去洗澡。

半路上，从驴的脖子上掉下来一颗足足有 10 克拉重的钻石。这时，拉比西蒙的学生们欢呼雀跃，他们认为他们的老师从此可以摆脱贫穷，可以专心致志地来研读《塔木德》了，同时，他们也可以更好地来聆听老师讲这部圣典了。

但出乎学生们意料的是，当学生们把钻石交到拉比西蒙手上，并向他说明来历之后，拉比西蒙竟立刻捧着钻石向集市跑去。拉比西蒙找到那位卖驴子的人，把那颗钻石交还到了卖驴人的手上。

看着卖驴人大惑不解的样子，拉比说："我买的只是你的驴子，而并没有买钻石。我只拥有那头驴子的所有权，但这颗驴脖子上的钻石必须还给你。"

这时，卖驴人才恍然大悟，继而又露出惊奇的神色，恭恭敬敬地向拉比西蒙问道："你买了那头驴子，钻石是在驴子身上的，你不拿来还我，我也不知道，你为什么还要这样做呢?"

拉比西蒙平静地回答说："这是我们犹太人的传统。我们的神训示过我们，我们的手是洁净的，我们只能拿付过足够金钱的东西，所以，这颗钻石必须还给你。"

在犹太圣典《塔木德》中有这样的话："真正的清白和真正的诚实，是可以从一个人对待金钱的态度上看出来的。只有在金钱问题上可靠的人，才可以被看作是清白、诚实的。"

在《塔木德》之前，耶和华和犹太先祖就有这样的契约："你们不可偷盗，不可欺骗，也不可彼此说谎。不可欺压你的邻居，不可抢夺他人的财物。不可向着我

起假誓，亵渎我的名。”

不可贪恋别人的财物，必须要坚守这个防线。那怎样处理这个心态呢？我们来看这么一个故事，也许你就可以从中找出答案。

弟弟的生日比哥哥的生日早一个礼拜。在弟弟生日当天，弟弟打开生日礼物的时候，哥哥很不开心，收礼物的是弟弟并不是他。这时，他的父母见到哥哥这个样子，就提醒他：虽然弟弟有礼物，令你不好受，不过你的态度是小器而且不礼貌的，是错的。”

一个礼拜过去，到了哥哥拆生日礼物的时候，又轮到弟弟不开心，他还发脾气。这时他的父母问哥哥：“你认为应当怎样拆礼物好呢？”

哥哥对弟弟说：“我知道你看着我拆礼物很不开心，这样吧，你过来跟我一起拆礼物。很快兄弟二人就快快乐乐地拆开了礼物。”

也许在学习不贪恋别人的东西时，除了祷告外，还可以从哥哥这个行为开始。每个家长在教育自己的孩子时，可以借鉴一下。

教育孩子不要盗窃

在每个犹太人家庭里，每个犹太家长从孩子小时候起，就经常给孩子讲一个广为流传的关于耶稣的故事，来教育自己的孩子不要盗窃。

有一次，耶稣对一个求问永生之道的少年财主说：“你若要进入永生，就当遵守诫命。”

少年财主问道：“什么诫命？”

耶稣说：“就是不可杀人，不可奸淫，不可偷盗，不可作假见证，当孝敬父母，又当爱人如己。”

按照字面上来说，偷盗二字中的“偷”是指暗中窃取别人的财物，“盗”就是公开抢劫别人的财物。实际上“不可偷盗”的含义，要比从字面上解释的更广泛、深切得多。比如说一个做生意的人采取欺骗的手段，或是以次充好，或是短斤缺两，或是以不诚实的宣传来赚取利润，实际上也都是犯了偷盗的罪。又比如一个人

在工作中不努力，或是偷懒、不忠心等等，同样也等于是犯了偷盗的罪。又比如一个人不遵守约会的时间，使大家为他久等，以至于浪费了别人的许多时间，这也可以说是盗窃了别人的时间。总体来说，如果一个人以任何不正当的手段和方法去取得别人的财物，或者是以任何形式来做一些损人利己的言行，都是犯了偷盗的罪。至于在路上拾取别人丢失的物品，不归还原主而留给自己用者，也同样是犯了偷盗的罪。

以上的几种解释都是从消极方面来体会的，而从积极方面来体会，如一个人见死不救，见难不帮，见急不济，以及知善不行，从深层的含义上来说，同样也是犯了偷盗的罪。

犹太人在教育子女的同时，就告诉他们不要盗窃别人的任何一件东西，特别是别人的时间。犹太人把盗窃时间同样看成是一种对别人的盗窃。他们还给孩子们讲一个这样的故事：

有一个人找到智者约瑟，看见约瑟正在树上摘苹果。

“尊敬的约瑟，我有一个问题要问你。”这个人喊。

“我现在不能下树回答你的问题，因为我今天受雇于这里的庄园主，我的时间是属于他的。”约瑟因为在树上说了拒绝回答问题的一句话，影响了摘苹果，收工之后主动向庄园主提出扣下一点工钱。

这个故事告诉我们：雇员在受雇期间完全是属于雇主的。他的工作时间是属于雇主的，但作为一个人，他只属于他自己。因此在犹太人当中，当受雇于人时，他们都恪守着这条简单的犹太法则，以“不偷雇主时间”换取了包括钱在内的各种报酬。

所以，犹太父母经常教育他们的孩子，不偷窃别人的时间，偷窃别人的时间就是盗窃金钱。作为父母就应该学习犹太父母的方法来教育自己的子女：不要盗窃。

不要轻视别人

有个人一辈子都很自私，他临死前，家人要他吃点东西。他说：“假如你们给

我煮个鸡蛋，我会吃的。”

当他正准备吃热腾腾的鸡蛋时，恰巧有个相貌丑陋的穷人到他家行乞。那个临死的人就把鸡蛋给了穷人，然后很安心地咽了气。

这是犹太父母一定要讲给孩子的故事，他们试图以此来告诉孩子：不要以貌取人，不要鄙视任何人，更不要瞧不起比自己境况差的人。

犹太父母的这种教育方式是值得借鉴的。我们在教育孩子的过程中，有时会忽略这一点，从而导致孩子出现一些问题。比如，在孩子中，普遍存在着一些不好的现象。富人的孩子有着天生的优越感，他们凭借着父母的财富，目空一切，瞧不起那些家境不好的孩子。他们有些甚至还会仗着父母有钱而为所欲为，用暴力解决问题，等触犯了法律，也是妄图通过父母的关系来解决问题。不仅仅是这些有钱孩子这样，不少普通的孩子也是非常势利的。面对这种情况，有不少父母不但不对孩子的这种行为加以教育，还为孩子的世故沾沾自喜。

人人都有自尊，只有做到了尊重别人，才能得到别人的尊重。所以千万不要以貌取人，看不起、不尊重在某些方面不如自己的人，否则就会后悔莫及。

一天，一位40多岁的中年女人领着一个小男孩，走进美国著名企业“巨象集团”总部大厦楼下的花园，并在一张长椅上坐下来。她不停地跟男孩说着什么，似乎很生气的样子。不远处有一位头发花白的老人正在修剪灌木。

忽然，中年女人从随身挎包里揪出一团白花花的卫生纸，一甩手将它抛到老人刚剪过的灌木上。老人诧异地转过头朝中年女人看一眼。中年女人也满不在乎地看着他。老人什么话也没有说，走过去拿起那团纸扔进一旁装垃圾的筐子里。

过了一会儿，中年女人又揪出一团卫生纸扔了过来。老人再次走过去把那团纸拾起来扔到筐子里，然后回原处继续工作。可是，老人刚拿起剪刀，第三团卫生纸又落在了他眼前的灌木上……就这样，老人一连捡了那中年女人扔的六七个纸团，但他始终没有因此露出不满和厌烦的神色。

“你看见了吧！”中年女人指了指修剪灌木的老人对男孩说，“我希望你明白，你如果现在不好好上学，将来就跟他一样没出息，只能做这些卑微低贱的工作！”

老人放下剪刀走过来，对中年女人说：“夫人，这里是集团的私家花园，按规定只有集团员工才能进来。”

“那当然，我是‘巨象集团’所属一家公司的部门经理，就在这座大厦里工作！”中年女人高傲地说着，同时掏出一张证件朝老人晃了晃。

“我能借你的手机用一下吗？”老人沉吟了一下说。

中年女人极不情愿地把手机递给老人，同时又不失时机地开导儿子：“你看这些穷人，这么大年纪了连手机也买不起。你今后一定要努力啊！”

老人打完电话把手机递给了中年女人。很快一名男子匆匆走过来，恭恭敬敬地站在老人面前。老人对那个男子说：“我现在提议免去这位女士在‘巨象集团’的职务！”

“是，我立刻按您的指示去办！”那个男子连声应道。

老人吩咐完后径直朝小男孩走去，他用手抚了抚男孩的头，意味深长地说：“我希望你明白，在这世界上最重要的是，要学会尊重每一个人……”说完，老人撇下三人缓缓而去。

中年女人被眼前骤然发生的事情惊呆了。她认识那个男子，他是巨象集团主管任免各级员工的一个高级职员。

“你……你怎么会对这个老园丁那么尊敬呢？”她大惑不解地问。

“你说什么？老园丁？他是集团总裁詹姆斯先生！”

“啊，他是总裁？”

中年女人一下子瘫坐在长椅上。

在犹太人中，穷富差距是相当大的。但是，犹太富人非常尊重穷人，他们认为即使一个靠别人施舍为生的穷人也应该有尊严。尊重别人，不嫌贫爱富，不以貌取人，不去鄙视任何人，并帮助那些不如自己的人，这是犹太人团结友爱的处世智慧之一，也是他们一直灌输给孩子的理念。

当你的孩子很“势利”，瞧不起他的同学时，请告诉他：真正成熟的人，他们从来不会轻视任何人，哪怕是一个乞丐。

我会原谅你——教会孩子宽容

犹太民族是一个非常讲究宽容的民族，他们通常能够宽容周围人所犯下的错误。在他们看来，善于宽容是一种优秀的美德，是一种贤良的品质，是一种纯洁的风范，绝不是软弱的代名词，也不是窝囊的代名词。

《圣经》中有很多故事也都是在告诫世人，宽容是一种美德，这种美德能让人们和平共处。犹太人深知这个道理，他们不但自己身体力行地执行这个契约，并且还经常教育孩子也要如此，使宽容之心从小就进入他们的心田，成为他们自身道德修养的一部分。

一个犹太孩子放学回家，说道："妈妈，我的好朋友把我的书弄丢了，太讨厌了!"

这位犹太妈妈听了自己孩子的话，不但没有和孩子一起责怪那个好朋友，而且还这样对孩子说："不值得为这件事难过。忘记它吧，朋友没有错。"

很明显，这位犹太妈妈是一位非常宽容的人，并且还教育孩子"忘记这件事"，对朋友的错误持宽容的态度。这就是犹太人地做人处世风度，这种态度似乎更容易使人走出坏情绪。

这位犹太母亲强调的宽容是"忘记这件事"，犹太人的宽容是"对事不对人"的。这种不同的思维似乎更容易使人走出坏情绪。

在犹太人心里，恶是与生俱来，无处不在的。拉比是犹太人的道德典范，但偶尔也有身为拉比的人作奸犯科。犹太人对于这种现象，往往是憎恶他的罪行，却并不痛恨这个人。所以，犹太人认为，人完全可以通过后天的学习和努力而远离罪恶，改邪归正。

从前，有几位拉比碰上一群坏人，这些人属于那种咬住人不吸出骨髓不肯罢休的坏蛋，世上再也没有比他们更狡猾、更残忍的人了。其中有一个拉比无法忍受他们的行为，说道："像这种人，还是让他们掉进水里去，全部溺死算了，这样人们就可以安心地生活了。"

可是，他们中最伟大的拉比却说："不，身为犹太人不应该这么想。虽然你认为这些人还是死了比较好，或许很多人也这么想，但不能祈祷这样的事发生。与其祈求坏人灭亡，不如祈求坏人悔改才对。"

犹太拉比认为：处罚坏人其实是没有意义的，这种行为对我们没有什么益处，不能使他们悔改，不能使他们跟随我们走正途，其实这是一种损失。因此，犹太人认为，如果能够改正，那么他们就不再是罪犯。犹太人把罪犯的恶行看作被罪恶玷污了的人的行为。这种污痕是可以擦拭掉的，他们从不会希望恶人遭报应，而是希望罪恶最终得以清除。

犹太父母也是这样教育孩子的，他们告诉孩子："憎恶罪，而不要憎恨人。如果有谁做了对不起你的事，请就事论事，忘记这些不愉快，而不要对这个人耿耿于怀。"

培养爱心，教育孩子像神一样博大

真诚地对待每一个人，发自内心地去关怀他们，需要一种爱心；今天你帮我，明天我就帮你，这也是一种爱心。在生活中，时时处处都需要爱心。而对于一个孩子来说，并未懂得爱心究竟是什么，因此，每个父母应该培养孩子要有爱心。每个犹太父母就非常善于这方面的教育。

每个犹太人的孩子都知道，爱本质上是一种给予，而爱的幸福就在这给予之中。给予比得到更幸福。爱的给予既不是谦虚的奉献，也不是傲慢的施舍，它是出于内在的丰盈的自然而然的流溢，因而是超越于道德和功利的考虑的。爱心如同光源，爱者的幸福就在于光照万物。爱心又如同甘泉，爱者的幸福就在于泽被大地。丰盈的爱心使人像神一样博大。

犹太父母告诉孩子：当别人有求于自己时，只要是正当的要求，就要尽己所能满足对方的要求；当看到别人有困难时，要主动地去帮助别人，这样能使别人懂得你的存在对他的价值，其结果必然是别人同样施爱于你。

在生活当中，希望得到别人的关注和注意是人们的一种心理需求，每个人都应

该了解这一点。当一个人感到周围的人对自己十分关心时，他心中便会有一种安全、温暖的感觉，就会充满自信和快乐。既然受了别人的关心，同样自己也会去关心别人，这样一来，人们互相之间就会很容易产生一种亲密友好的关系。

在犹太的教育当中，犹太父母还告诫小孩子说：人不自利，会变成寄生虫；但只自利，则会成为吸血鬼。完美的人生，是自利与利人的统一！于是，每个犹太儿童都会听父母讲一个这样的故事：

在苏格兰，有一个穷苦的农夫叫弗莱明。有一天，当他在田地里工作时，听到附近泥沼里有人发出哭喊声，于是急忙跑过去，发现一个小孩子掉到了粪池里，于是弗莱明就把这个小孩救了出来。

翌日，一辆崭新的马车停在了弗莱明的家门前，一位绅士优雅地走出来，自我介绍是那个被救小孩的父亲。绅士诚恳地说："你救了我小孩的生命，我要报答你。"弗莱明说："我救你的小孩是为了自己的良心和对于生命的呵护，我不能因救你的小孩而接受报酬。"就在这时，弗莱明的儿子从茅屋里走出来，绅士说："让我们订个协议，让我带走他，并让他接受良好的教育。假如这小孩像他父亲一样，他将来一定会成为一位有用的人。"弗莱明答应了这个协议。后来弗莱明的儿子就读于圣玛利亚医学院，并以优异成绩毕业。他就是盘尼西林的发明者弗莱明·亚历山大爵士，并因此而荣获得诺贝尔奖。

多年之后，这位绅士的儿子不幸染上了肺炎。在此之前，这是一种不治之症，无药可救，但是，有了盘尼西林，他就得救了。绅士是谁呢？是上议院议员丘吉尔。他的儿子是谁呢？就是英国政治家丘吉尔爵士。

故事中农夫弗莱明对别人的一点点的帮助，对社会就产生了如此大的影响。因此，我们真诚地去关心他人，要做到无私。

生活中这类情况屡见不鲜：有些人，一开始接触给人印象不错，但时间长了，人们却逐渐对他敬而远之，疏远他；有的人刚刚相处，似乎很难交往，但时间一长，人们却越来越喜欢他了。是什么原因造成这种局面呢？原因就在于他们的"人品"不同。前一种人尽管表面上待人很热情，实际上却是奔着回报去的。他帮助别

人，目的是希望放长线钓大鱼，想从别人那里捞取更多的好处。后一种人正好相反，他帮助别人不露声色，施人勿念，并不要求什么回报；但别人对他的帮助，他却受施勿忘，时刻铭记在心，一定找机会报答才能安心。真诚地关心别人还要尽可能避免给对方出难题。有些人只顾自己的需要，丝毫不考虑别人的难处，常向别人提出一些使人难以达到的要求，例如同学之间，考试时要求同学将考卷给他抄袭等。而这样做只会让同学之间产生一种隔阂，那么同学之间的这种关系也变得紧张起来。

因此，犹太父母们会经常告诫他们的孩子们说：“为人处事之道就是要真诚地对待每一个人，发自内心地去关怀他们。”

互利改善了世界的品质。汉语的“人”字，十分具有哲学意味，那就是两个人之间的互相支撑，今天你帮我，明天我帮你，这是最浅显的表述。犹太民族之所以具有强大的生命力，就是因为人们之间的互相帮助，不仅可以为自己带来好处，同时也给世界带来了进步与温馨。要知道爱是人类最美的语言，爱是让人们无私地去奉献。

每个犹太父母在教育自己的孩子要有爱心时，会讲一个这样的故事：

狐狸跟鹤成了好朋友。有一天，狐狸突然想要鹤到自己家里做客，邀请鹤来它家吃晚饭。于是，狐狸就对鹤说：“鹤，亲爱的，来吧，一定要来！真的，我要请你吃顿饭！”

这只鹤拗不过狐狸的邀请，也只好同意去赴宴。此时的狐狸已经将碎麦米饭煮好，把饭平抹在盘子上。她端上盘子，对鹤说：“吃吧，亲爱的鹤！”

鹤用嘴“笃笃”地敲着盘子，但由于它尖尖的嘴，什么也没有吃着。而狐狸灵巧地舔着盘子上的饭粒，就这样它把饭全都吃掉了。在饭吃过之后，就对鹤说：“鹤，亲爱的。请别见怪！没有别的东西可以招待你啦。”

“狐狸，我怎么会怪你呢？我应该谢谢你才对啦！明天请到我家里做客吧。”鹤有礼貌地回答道。

过了一天，狐狸来到鹤的家里。当狐狸到鹤家时，鹤已经把冷杂拌汤做好，并

且把汤倒入颈部细长的罐里，然后把罐放到桌上说："狐狸，请吃吧！说实话，没有别的东西可以招待你。"狐狸围着罐打转转。它一会儿绕着罐走，一会儿又闻闻罐，一会儿舔舔罐，总之，任凭它怎样做，也没法使它的嘴钻到罐里去。而鹤用它那尖尖的嘴啄汤喝，直到把汤全部喝光为止。这时鹤对狐狸说："狐狸，请别见怪！没有别的东西可以招待你啦。"狐狸懊恼极了。它原本想要在鹤家吃上一个星期，然后再跑回家去的，现在，也只得灰溜溜地回家了。

故事中的狐狸如果是真心地对待鹤的话，能考虑到鹤嘴尖而细长的特点准备饭食，让鹤饱餐一顿，那么在鹤回请它时，也一定不会如法炮制，使自己饿着肚子回家。其实，这就在告诉人们，人怎样对待别人，反过来别人就怎样来对待你。因此，每个父母都要教育自己的孩子学会对别人要拥有一颗爱心。

在犹太的社会中，父母对孩子的爱的教育还体现在另一方面，那就是培育孩子有个美好的心灵。

众所周知，第二次世界大战中600万犹太人惨遭屠戮，这大大动摇了犹太人的信仰，但这并没有毁灭犹太人对美好心灵的追求。犹太人长期遭到迫害，必须要面对现代生活中瞬息万变、纷繁复杂的生活，适应快节奏高压力的生活，调适、转换心态的能力必须要加强。正是这种情况促使他们十分注重自身心灵的修养，与此同时，他们也是这样教育他们的子女的。

安妮·弗兰克是一名荷兰籍的犹太小姑娘，她在著名的《安妮日记》中写道："不管怎么说我仍然相信人类的内心是善良的。我没有办法在混乱、悲惨和死亡的基础上建立自己的信心。我看到世界正逐步走向野蛮，我听到那正在接近我们的隐隐雷声，这响雷将毁灭我们。我能感觉到无数的常人正在遭难，但是，我仰望苍天，我想那响雷来得正是时候，这种残酷的局面即将结束，安宁和平静即将重新回到大地上。同时，我必须坚持自己的理想，因为我借以实现自己理想的时机将要来到。"

安妮在看到自己的同胞在遭到杀戮时，仍然坚信人是美好的，这与犹太人的爱的教育是分不开的。因为他们相信人生的幸福美满其实只是人的一种感觉，一种心

情。这是一种坚强，坚强就是在面对一切困难时，仍有内在的勇气来承担那些外来的考验，这就是美丽的心灵。

要想让孩子体贴他人、有思想、富有责任心，有一件事是必须做到的，那就是让孩子把爱心落实到对别人帮助的行动中。《圣经》中说：“如果一个人有能力救另一个人而没去救，那么，他就违反了这条戒律：‘邻居流血你不可袖手旁观。’”尽管没有人有义务为别人牺牲自己的生命，但每一个人都有义务尽一切努力搭救生命处于危险之中的人。

在犹太人的国度中，家长和孩子经常参加社区服务，定期帮助那些需要帮助的人。这不仅培养了孩子关心他人的品质，也教会了孩子许多技能。在孩子年幼时，犹太父母经常让他们去做这样一些事情：参加拯救濒危物种组织；帮助邻居打扫卫生；给老年人阅读报纸；给比他更小的孩子当家庭教师；给生病的小孩子做玩具；给报纸写有建议性的文章；为社区或公共场所提出有见地的观察文章；去动物收容所，领养无家可归的小动物；爱心捐助，参加公益活动。

犹太父母认为，父母在让孩子参加这些活动时，要尽量与孩子一起参加，并注意选择对自己和孩子都有意义的事。当然，父母如果常常表现出自己的同情心，对孩子也是最好的潜移默化的教育。

在家庭中，犹太父母还让孩子观看一些情感方面的影片。在看这些影片时，如果发现孩子对弱势群体表现出麻木不仁，甚至是幸灾乐祸，及时对孩子的这种表现进行教育。

在生活中，如果孩子对朋友、同学或其他人表现出漠不关心，让孩子设身处地地想一想：要是别人这样对待自己，自己该怎么想呢？没有同情心的孩子就不会明白事理，就不会同情并理解父母的难处，轻则对父母冷漠，重则遗弃父母。没有同情心的人，不可能真正爱他们的父母。

一个有爱的孩子是最可爱的孩子，一个有爱心的人生是丰富多彩的人生，爱心让人感受到生活的幸福与美好。所以，每个父母都应该像犹太父母那样教育自己的孩子要有一颗爱心，让自己的孩子就像神一样博大。

善良的美德，孩子良知的根本性教育

在犹太人的家庭中，父母会告诉孩子：不能只想着自己，还要多替别人着想；在我们的人生旅途中，每个人都需要情感的理解、精神的安慰、生活的照顾、行动的支持，失败时有人理解和支持，成功时有人能分享和鼓励，危难时别人能伸出援助之手，迷茫时别人能给予指点……总之，在人生的道路上，每个人总希望能得到别人对自己精神上的帮助；善待他人，同时也是在善待自己。

培养孩子善良的美德，集中体现了犹太家教中真善美的真谛，是对孩子道德良知的根本性教育。

关于教育孩子要善待他人，这里有一个小故事：

在一个小镇上有一家很大的农户，农户的主人被大家公认为是最慈善的农夫。每年拉比到他家访问的时候，他都会毫不吝啬地捐献出很多财物。

这个善良的农户有一块很大的农田，每年他都有不错的收成。可是有一年，由于风暴和瘟疫的袭击，所有的农田和果园都遭破坏，全部牲畜都死了。债主蜂拥而至，把他所有的财产扣押了起来，最后只剩下一小块土地。可是，他却说：“既然是神赋予的东西，神又夺回去了，还有什么说的呢？”他泰然处之，丝毫没有怨天尤人之意。

就在那一年，拉比还像往常一样，又来到了农夫的家里，看到他家中的情况，拉比表示了他的同情，并且说今年就不用他捐献了。

这时农夫的太太说：“我们时常为教师建造学校、维持会堂、为穷人和老人捐款，今年不拿钱出来，心中也非常遗憾。”农夫和他妻子都觉得让拉比白跑一趟，于心不安。于是，他们决定把最后的那块地卖掉一半，捐献给拉比。

拉比知道了他们的决定后非常惊讶，并且表达了无限的感激。

有一天，农夫在剩下的半块土地上犁地，耕牛突然滑倒了。他手忙脚乱地扶起耕牛时，却在牛蹄下发现了宝物。他把宝物卖掉后，又过上先前的富裕生活了。

次年，拉比们又来访问农夫，以为农夫还和原来一样贫穷。可附近的人告诉他

们：“农夫已搬入新居了，前面那所高大房子才是他的家。”

拉比们走进大房子，农夫高兴地向他们说明了近一年发生的事，并总结道：“只要乐于行善，总会获得上帝的祝福。”

在日常生活中，犹太人教育自己的孩子要善良、有爱心，告诉他们只有拥有一颗善良的心，才能获得真正的幸福。而且善良是生命的黄金，是世界通用的语言，善良可以使盲人看到光明，可以使穷人看到希望，可以使人受到别人的尊敬和爱戴。

犹太父母总是告诫孩子要有一颗美好的心。犹太人曾在第二次世界大战中遭到残酷的屠杀，这曾严重动摇犹太人的信仰，但所幸的是这并没有毁灭犹太人对美好心灵的追求。犹太人长期遭到迫害，必须要面对现代世界中的瞬息万变，适应快节奏、高压力的生活。正是这种情况促使他们十分注重自身心灵的修养。同时，他们也是这样教育子女的。

其实，我们每个人都清楚，当我们来到这个世上的时候并不是单单为自己而活的，人与人之间是需要相互帮助、相互关爱的。当你的友好与善良慢慢释放能量时，你的生活才会越来越幸福、美好。一个充满爱的人生是丰富多彩的。善良是人道精神的核心，必须在青少年时期养成。每个父母都应该像犹太父母那样，教育自己的孩子要有一颗爱心。

犹太人认为，一个善良的人在生活中更容易受到别人的尊敬与爱戴，想让孩子成为受人尊敬与爱戴的人，就要培养他善良的品质。那么，怎样培养孩子善良的品质呢？

第一，培养孩子的同情心

经科学研究发现，小时候饲养过小动物的孩子感情都比较细腻，富有同情心。相反，从小没有接触过小动物的孩子倾向于感情冷漠，特别是在与同学发生矛盾冲突时，表现为冲动易怒、出口伤人、行为残忍，并且欺负弱小的同学。为了培养孩子的同情心，年轻的父母可以在条件允许的情况下，支持孩子饲养小动物。

第二，成为孩子的榜样

当父母对周围人的痛苦遭遇表示同情并给予他们帮助的时候，孩子自然会受感染。父母应以自己的善良影响孩子，在孩子心中撒播善良的种子。要热忱支持孩子的献爱心活动。父母应鼓励孩子参加学校、社会举行的为希望工程、身边不幸的人献爱心活动。

第三，给孩子爱的教育

卢梭

卢梭《爱弥儿》的核心就是一个“爱”字，爱父母、爱他人、爱自然。爱是善良的基础。因此，培育孩子善良的品质，必须从爱开始。教育孩子爱母亲、爱父亲、爱兄弟姐妹，并在此基础上扩大——爱同学、爱朋友、爱社会上的一切人。也可以将孩子带到大自然中，让自然的清新、美丽、和谐陶冶孩子的性情，让孩子养成善良的品性。

第四，让孩子学会给予

犹太父母一贯注重教会孩子们慷慨大方，让这个世界充满阳光，因为给予也是一种善良的表现。一个人想要快乐，除了接受外，还要懂得给予。给予是一种高尚的行为，人们可以从给予中得到快乐和内心的温暖。

谦虚做人，犹太人给孩子上的重要一课

在这个世界上，总有很多人把自己当作一切的中心，可他周围的人往往都不这么认为。在犹太人看来：“如果自己的内心已由自己占满，就再也不会有留给神住的地方了。”所以在犹太人当中，在夸奖别人之前，他们是绝不会夸奖自己的，这就说明了犹太人的谦虚。

很多犹太父母都会用这则《谦虚的拉比》的故事来教育、讽刺那些毫不谦虚又狂妄自大的人：

从前，有一个从事神圣工作的拉比假装在熟睡。在他的身边坐着几个信徒，他们正在讨论这位神圣的人无与伦比的美德。

“他是最虔诚的！”一个信徒陶醉地叫了出来，“在整个波兰找不到第二个像他的人了！”

“谁还能比他更仁慈呢？”一个狂热的信徒也呐喊着，“他给人以宽广无私的施舍。”

“还有他的脾气也总是那么温和，几乎没有人看到过他激动。”另外一个信徒眼睛发光低声说。

“啊，他是多么博学！”一个信徒用圣歌般的调子说，“他是第二个伟大的拉比！”

当信徒们陷入沉默后，这位拉比慢慢地睁开了一只眼睛，用一种受伤害的表情看着他们，然后，责备地说：“怎么没有人说说我的谦虚呢？”

在犹太人看来，当一个人盲目自大时，就很容易失去应有的谦虚以及虚心向上的观念，自满自大为人们犯错误埋下隐患。所以，《犹太法典》虽不认为自大是一种罪过，但却认为它是一种愚昧。

谦虚是犹太人给孩子上的非常重要的一课，他们认为谦虚是一种美德。所以，《犹太法典》对谦虚有着很严格的规定：“即便是一个贤人，如果他炫耀自己的知识，那么他就不如一个以无知为耻的愚者。”

所罗门是古代以色列的国王，也是世界上最聪明的人。他可以听懂所有动物的语言，不管是天上飞的鸟，还是树林里奔跑的野兽。有一天，他坐在自己宫殿的门前，欣赏着明媚的天空和灿烂的阳光。这时，在他的面前有两只小鸟正在愉快地喳喳叫着。

国王抬起头，听见一只小鸟对它的伙伴说：“你知道坐在那儿的人是谁吗？”它的伙伴说：“这是全世界闻名的国王。”

这只鸟说：“你说他有力量吗？他有多少力量来应付这么多的宫殿和堡垒？要是我愿意的话，我动一下翅膀就把它们全都推掉了。”

它的伙伴就鼓励说："那就试一下吧，让我见识一下你的力量，看你能不能说话算数。"

所罗门听到这一切，非常吃惊，就打手势把这只鸟叫来问它为什么会如此骄傲。

这只鸟吓得浑身发抖，回答说："请国王发发慈悲，饶了我吧。我是一只可怜的小鸟，一点本事也没有，只是有些淘气罢了。我刚说的话只是想让我的伙伴高兴一下，让它更看得起我。"

所罗门心中暗笑，把鸟儿放了回去。

它的伙伴站在屋顶上，迫不及待地；隹备问它国王找它干什么。当它回来时，伙伴兴奋地问道："国王想要什么?"

这只鸟骄傲地挺起胸脯，回答说："国王听见了我的话，求我不要毁坏他的王宫。"

所罗门听到这话，对这只夸口的鸟生气了，他把它们都变成了石头，以告诫后人不要吹牛空谈。

一般情况下，犹太人都认为，智慧的人不会无缘无故地炫耀自己的学识、能力，他们只有在必要的时候才把智慧示之于众。而那些轻易就示于人的智者，并不一定是真正的智者。

犹太人认为，谦逊可以让人不受往日失败的拖累，也不因今日的成功而嚣张。在他们看来，谦逊是情绪的调节器，是性格特征中一种美好的待人接物态度。所以，犹太人在教育孩子时会告诉孩子谦虚是"一切美德之首"。

从小培养孩子谦逊的态度，会使孩子不断进步。帮助孩子养成谦虚的品性，将让他受益一生。

第一，谦逊增进孩子之间的友谊

谦逊的孩子愿意接受别人的意见，乐于帮助别人，能积极参加集体活动，不争名利，与同学交往密切。这样，使自己有了较多的学习锻炼机会，在和谐气氛中学习、生活的孩子进步更快。

第二，谦逊增强孩子的求知欲

谦逊帮助孩子获得较敏锐的观察力以及活跃的思维。他不会轻易满足于现状，常用高标准来要求自己，总希望多学一点，使自己更充实，这样孩子的进步当然会更大。

第三，谦逊激发孩子的进取精神

毛泽东同志经常告诫我们："虚心使人进步，骄傲使人落后。"有谦逊态度的孩子懂得骄傲的害处。他们往往有自己的奋斗目标，如"这次得了第三名，下次争取第二名、第一名。"

"取得这点成绩算不了什么，跟××比还差得远。"这样，孩子在进取精神的影响下能够不断进步。

第四，谦逊帮孩子获得真正的智慧

真正的哲人必然像大海一样宽厚。一个人只有了解得越多，他才会认识到自己知道得越少。这是一条人类认识的规律。某学院的一个学生认为自己学有所成，于是向老师辞行，这位老师深知这位学生的底细，看着这位学生，慨然道："事实上，我自己才刚刚入门。"

谦虚具有平衡作用，不让我们超过自己，也不让我们劣于自己。为此，每个父母都应该像犹太父母那样，教育孩子学会谦虚。

热爱劳动，犹太早教重要的组成部分

犹太人，每一个父母都认为只有精明和勤奋都具备的人才能有所建树。因此，他们把培养孩子爱劳动作为孩子全面发展的一种重要手段，并且当作早期幼儿教育的一个重要组成部分。他们要利用幼儿期这个人类身心发展的重要阶段，对孩子进行早期劳动教育，让孩子在轻松愉快、多种多样的劳动中获得全面发展。

有一个犹太家长曾这样说道："我有七个孩子，虽然家里条件非常优越，但为了给孩子更多机会学习各种劳动技能，我每年都会在夏季把孩子带到山里去住一段时间，让他们过山里人的生活：喂牛、砍柴、挖水渠、给牛建围栏、给马洗澡。每

天要给他们布置劳动任务，为了在劳动中培养他们的责任心，每个人分配不同的工作，让大一点的孩子挖水渠、建牛栏，让小一点的孩子照顾比他更小的孩子，让他们在自己工作的范围内去发现问题，去解决问题，让他们学会并懂得如何战胜困难。孩子们从山里回来后学到了很多生活经验，认识了各种植物，他们比其他孩子知道得多，还会把山里劳动学会的技巧和解决问题的方法用到学习中去。最重要的一点是，这样让孩子培养出不怕吃苦的精神了。现在，我的七个孩子都已读完大学工作了，从他们的成长中看，我带他们在山里生活的经历对他们有着直接的影响。”

具体说来，犹太人教育孩子爱劳动有哪些方法呢？

第一，父母充分认识对孩子进行劳动教育的必要性

孩子在一岁半到三四岁左右的时候，正是发展自理能力的一个重要阶段，如果孩子发展的好的话，那么孩子的自主性就能够得到提高，而且有助于建立自信的人格，所以这个阶段要尽量让孩子学习自己动手做事情。如果这个时候孩子不能够建立良好生活自理的能力，那以将来他就会对自己的能力产生怀疑，而且在他的人格的发展上也会出现一些问题的。

犹太父母会随着孩子年龄的增长培养他们为大家做事的良好意识，因为他们知道这样可以促使孩子神经系统、骨骼、肌肉及各部分器官都得到锻炼，同时培养良好的社会公德。所以，要利用幼儿期这个身心发展的重要阶段，对他们进行早期劳动教育，让他们在轻松愉快、多种多样的劳动中获得全面发展。

第二，让年幼的孩子感受到劳动的乐趣

对年幼的孩子来说，让他们爱劳动，首先要让他们感受到劳动中的乐趣，比如让孩子学习做家务要让孩子感觉到这既是在学习，也是在游戏。虽然说说很容易，但是在引导孩子学习家务前，父母不仅需要认识以下一些问题，还得了解如何处理的方法，同时父母也要知道，培养孩子爱劳动的习惯也是需要时间和耐心的，只有愉快、自主自发，才能达到教育的效果。

第三，根据孩子的能力范围提出要求

各年龄段的孩子在动作技巧、认知程度、体力、耐心均不相同，因此父母对孩

子劳动的要求，不宜超过孩子能力的范围，以免孩子因挫折而产生抗拒和畏惧。犹太父母会给孩子确定一个长期固定的劳动岗位，比如说洗碗、铺自己的床等，而且还规定了具体的标准。如果完成得好会给孩子一定的奖励。有意逃避劳动的，应与孩子交谈，了解其心理状况，并根据具体情况加以解决。

家长在选择劳动岗位时应有的放矢。犹太人有两个原则值得每一个父母借鉴：一是“推进”，孩子有哪方面长处，可以为他选择相关联的劳动活动。如孩子喜欢看母亲做菜，家长可以让孩子试试手。二是“弥补”，孩子有哪方面的弱点，则可以选择一些对他弱点进行锻炼的劳动活动。如孩子胆小羞涩，可以让孩子上街购物等，从而让他克服胆小羞涩的性格。

第四，交给孩子正确的方法

要和孩子一起劳动，面对孩子越帮越忙，把现场搞得一塌糊涂、乱七八糟的时候，要耐住性子，教孩子改正及正确示范方法。由于孩子比较小，在做事时或许会越帮越忙，比如洗碗反而打破了碗等，这时不要责备孩子，更不要由此不让孩子做事，而是教给他一些做事的技巧。

第五，父母要端正态度，对孩子多容忍、少责备

在指导孩子的时候，口气要温和，不宜破口大骂，有耐心、有步骤地、以游戏的方式和心态教导孩子学习。父母本身对劳动的态度要端正。不要让孩子从父母的言行、举止察觉出劳动是件令人讨厌的事情。此外，夫妻俩在对劳动的分工时妥善安排，不要让孩子产生一种做家务是女孩的事情的错误观念，要让孩子有正确认识，家是属于每个人的，所以屋里的每一件事，大家都要有义务去做。

第六，注意安全

在满足宝宝好奇与学习的动机时，安全问题也是不容忽视的。不让孩子自行拿取危险物品，父母要替孩子拿。较大孩子可教其正确使用方法和动作，以确保安全。

第七，及时鼓励

无论孩子做得如何，别忘了给予他赞许和鼓励，让孩子知道：他所做的事对全

家都有很大的帮助，他是家里不可少的一分子呢！或者是让他感到他所做的每件小事你都注意到了，只因为他年纪小、能力、耐心都有限，自然不如大人做得纯熟。但是没有关系，熟能生巧，妈妈知道你很努力了。

第八，创造劳动环境

要尽力为孩子创造一些劳动机会和环境，让孩子进行一些创造性劳动。如让孩子学会使用剪刀、锤子、钳子、扳手、螺丝刀等常用劳动工具，也可以布置承包一两盆花木栽培工作。农村孩子可让他们在房前屋后种点瓜果，搞点小饲养等。

独居闹市而不犯罪

“独居闹市而不犯罪”，之所以能同“穷人拾遗不昧”和“富人暗中施舍1/10的收入给穷人”同立为“神会夸奖的三件事”，其共同之处，尽在一个“独”字。

犹太人的灵魂深处，有种可贵的“慎独”精神，也就是可贵的自我反省、自我批评的精神。他们总是去问自己做了什么，应该做什么，做对了什么，却很少去要求别人该怎样。

同样，犹太人有着凡事从自己做起，善于自我反省，慎独自律的传统。作为上帝的“特选子民”，他们以信守合约、遵守法律著称于世。不管如何，都要求自己遵照契约的约定来履行自己的义务和享用自己的权利。

他们相信，只有从自己做起，从自己这方面去执行合约，才符合上帝对“特选子民”的要求，也只有这样，才能真正体现合约的精神——按照合约规定来履行自己的义务。两方都按合约来要求自己，这样合约的价值才能真正体现；否则，一方不从自己做起，却要求对方那样做，那合约的执行就会遇到困难：如果双方都想着用合约去牵制别人，那么这个合同就可能要破产。

在与犹太人的商业往来中，根本不存在犹太人不履行合约的情况，除非是合约本身有问题。正是这种先从自己做起，自己严格要求自己遵守约定的商业精神。使犹太人获得了“世界第一商人”的桂冠。

《塔木德》上有一句话，叫“在他人面前害羞的人，和在自己面前害羞的人之

间，有很大的差别”。这个差别，其实就是所谓“罪感”和“耻感”的区别。

所谓“罪感”，就是把罪之恶看作是由罪本身的属性决定的。无论何时何地，人知我知，犯罪就是为恶，就是一件应该激起愧疚之心的事情。

而所谓“耻感”，则把罪之恶看作某种取决于外界状态的属性，为人知者方为恶，不为人知则无所谓恶不恶。所以，犯罪者的愧疚或者忏悔，不是为了作恶本身，而是为了作恶竟然被人发现。这种“悔”是为了搞错时机而悔，要是正逢无人发现的机会，何悔之有？

很明显，在“罪感”支配下的个体行为要比在“耻感”支配下的行为，在遵守规范时有着更大的自愿性、自觉性和自律性，这在犹太人的行为中表现得是十分明显的。

犹太民族的大门始终敞开着，不能遵守上帝律法的人尽可以自己走出教门。何况连犹太共同体都长期处于某种“独居”状态，更不要说犹太人个体了。这样一个民族不能不要求其成员多多“慎独”，多多“知罪”。

在拉比的教诲中，“独居闹市而不犯罪”，之所以能同“穷人拾遗不昧”和“富人暗中施舍 1/10 的收入给穷人”同立为“神会夸奖的三件事”，其共同之处，尽在一个“独”字。犹太人的上帝所赞赏的“慎独”，其实正是犹太民族延存的基本要求。

犹太民族弘扬“慎独精神”，但绝不意味着一切以自我为中心，他们绝不提倡“独善其身”式的“隐士”，而是教导人们要和普通大众生活在一起。

孩子毅力取决于家长意志

天下无难事，只怕有心人。只要下定决心，有恒心、有毅力，那么天底下再难的事也会变得容易了。穷和尚虽然没有钱，坐不起车船，但是因为他有坚强的毅力，能够长途跋涉，最终依然能够达成愿望。

孩子有毅力，才能学习好。要学好本领，必须苦练基本功，必须持之以恒。只有坚持不懈地练习，才能精通。

犹太家长尤其注重孩子非智力因素的培养。非智力因素包括许多方面，对于孩子来说，意志应该是一个重点。意志太重要了。意志薄弱对任何人来讲都是致命的弱点，意志薄弱不只影响孩子的学习成绩，它还会影响孩子一生的发展。杰出人物几乎都是意志非常坚强的人；而几乎所有违法犯罪者都是意志薄弱者，他们控制不了感情，抵挡不了诱惑。

犹太家长经常给孩子讲下面的故事。

意大利著名小提琴家帕格尼尼，最擅长演奏旋律复杂多变的乐曲，他高深的琴技很受喜欢古典音乐者的欣赏。有一天晚上，帕格尼尼举行音乐演奏会，有位听众听了他出神入化的演奏之后，以为他的小提琴是具魔琴，便要求一看，帕格尼尼立即答应了。那人看看小提琴，跟一般的琴没什么两样，心里觉得很奇怪。帕格尼尼看出他的心事，便笑着说：“你觉得奇怪是不？老实告诉你，随便什么东西，只要上面有弦，我都能拉出美妙的声音。”那人便问：“皮鞋也可以吗？”帕格尼尼回答：“当然可以。”于是那人立刻脱下皮鞋，递给帕格尼尼。帕格尼尼接过皮鞋，在上面钉了几根钉子，又装上几根弦，准备就绪，便拉了起来。说也奇怪，皮鞋在他手上，演奏起来竟跟小提琴差不多，不知情的人，在听了这个美妙的旋律之后，还以为是用小提琴拉的呢！

钻研任何一种技艺，只有长期坚持苦练，才能达到出神入化、随心所欲的境界。

天下无难事，只怕有心人。只要下定决心，有恒心、有毅力，那么天底下再难的事也会变得容易了。穷和尚虽然没有钱，坐不起车船，但是因为他有坚强的毅力，能够长途跋涉，最终依然能够达成愿望。

做家长的经常会因为孩子的下述表现而苦恼：

孩子一会儿学这，一会儿学那，一天到晚忙忙碌碌，却不见成效；孩子在做事时，前怕狼，后怕虎，怯懦胆小，犹豫不决；孩子自制力差，上课经常开小差，学习时精力无法集中，或者是制订计划但不执行，一遇到困难就退缩。以上行为都是意志薄弱的体现，如果孩子长期存在这种问题，那么他们将来很难有所成。

犹太家长在培养孩子毅力方面是这样做的：

一、从点滴小事上培养。有些孩子意志不够坚强，但又不肯从小事做起，以为一节课，一次作业，无多大关系，这些与意志无关。岂不知，就是这小小的一堂课，一次作业，滋长了意志薄弱的蔓延，最后才导致学习上的“全线崩溃”。反之，学习上意志坚强的人，必定认真对待每一堂课，每一次作业，积小胜为大胜，获得学习上的成功。

二、凡是孩子自己能做的事情，家长决不要插手，更不能包办。若一时搞不清孩子能不能做到，应该让他先试一试，家长再决定帮不帮、帮到什么程度。要想使孩子意志坚强，家长自己先要做一个理智的人、能保证自己的“爱心”不泛滥的人。

三、学会拒绝。对孩子的不合理要求，家长必须学会拒绝，否则就是在鼓励孩子放纵感情。这方面特别要注意的是夫妻间要互相通气，保持一致，以免孩子钻空子。绝不可以认为谁满足孩子的一切要求谁就是爱孩子，那样会使孩子任性的，任性是学习成绩不好最重要原因之一。

四、学会“撤退”。当孩子遇到确实解决不了的学习问题时，家长不要硬逼他完成什么指标，要“撤退”。“撤退”不等于“败退”。“撤退”之后要想办法找内行的人看看孩子问题到底出在哪里，加以解决。明明打不胜的仗硬要打，很容易摧毁孩子的意志。

五、延迟满足。对孩子的合理要求，只要情况允许，最好也不要立刻满足，要让他等一些时间，让他学会忍耐，让他知道这个世界不是为他一个人准备的，他所要的东西不是立刻就可以到手的。要磨孩子的性子，磨他的脾气，使他变得更有弹性，更有耐心，这对学习是非常重要的，因为学习是慢功，不能一蹴而就。

六、帮助孩子制定学习目的和计划。对每章、每节的学习，要制定出学习的目的和计划，且要经常检查和监督。对日常生活中的许多小事，也要有计划和目的。比如，为了培养自理能力，坚持让孩子自己洗衣服，自己打扫房间等，日积月累，就会养成做事有目的性的习惯。

七、对孩子进行适当的挫折教育。学习中的“失败”，是哪个孩子也不能避免

的，关键是教他如何面对失败。遇到困难和挫折时，帮孩子冷静分析其原因，看看用什么办法才能克服困难，切忌动辄就给予帮助和呵护。这样容易使孩子的意志品质不断地被“软化”，无法经受住暴风雨的袭击。

八、要求孩子学习时要一心一意。有的孩子学习时，经常是削削铅笔，捅捅这个，摸摸那个，总不能集中精力去学习。有时慑于家长的威严，在那里磨时间，其实是他对学习不感兴趣。为了养成一心一意学习的习惯，可适当缩短其学习时间，要求在一定时间内完成一些作业，做完后，就可以痛痛快快地玩。不通过学习时间的长短来判断学习质量。如果常常在那里磨时间，容易在学习中形成一种惰性，一遇到困难就止步不前。

九、形成良好的学习习惯。孩子意志水平的高低往往取决于是否有良好的学习习惯，独立思考、持之以恒、锲而不舍、循序渐进等都是些良好的学习习惯。而一曝十寒、半途而废、虎头蛇尾、知难而退等，都是些不良的学习习惯。

十、给孩子找点需要长期坚持的事情做。例如天天扫地。坚持晨练，写日记，照顾邻居老人，为教室开门等等，至少要能坚持一个学期。这种事对培养孩子意志作用很大。不过不要硬派，要和孩子商量，让孩子自己下决心。中间如果孩子半途而废，家长不要发火，要再给孩子机会。培养坚持性本身就需要家长有坚持性，不能急于求成，也不要讲什么大道理。培养意志靠的是行动，而不是说教。

这样看来，能否培养孩子毅力，这是对家长教育艺术的考验，更是对家长毅力的考验。意志坚强的家长才能培养出有毅力的孩子。

邻人的祸患就是你的祸患

如果你希望孩子表现得体贴、大度、肯帮忙，你就必须身体力行，示范给孩子看。要是你自己都言行不一，孩子只会模仿你的行为，即使你把原则和指令讲得头头是道，也一点用处也没有。

人的本质是爱的相互存在，人的生活是与他人的相互交往构成的。培养孩子从小乐于帮助他人的美德，对孩子今后具有高尚的情操、健全的人格有不可估量的影响。

乐于助人是犹太人格外崇尚的美德。犹太儿童从小就被灌输乐于助人的思想。犹太拉比经常给孩子讲一个故事：

从前一个农场里有个叫罗思的年轻人。有一天接近黎明时，窗户外一片混乱，被惊醒的罗思睁开惺忪的双眼，他猜出是恶狼闯进了邻居家的畜圈，咬得牲口在院子里直叫。“罗思，我还以为您不在家呢！”早晨见了面，邻居责备他说，“我家的一头小牛犊被狼拖走了，您怎么不带上猎枪出来搭救一下呢？”“我实在困倦，累得要命，睡得太死！”罗思打个哈欠说，“我什么都没听见啊……”

没过多久，罗思晚上入睡时忘了关门，狼闯进他家把他的孩子咬死了。

不要装聋作哑，无视邻居的祸患。

现实生活当中，常常会有些事情给人带来喜悦或烦恼，带来幸福或悲伤，带来顺利或困难，带来成功或失败。无论处于何种境地，人都需要别人给予相应的理解和帮助。因此，培养孩子乐于助人的精神，就成了儿童教育中的一个重要课题。犹太人是这样做的：

首先，布置有用的任务。让孩子在邻居之间或是校园里做点有益的事情，比如照料宠物，做饭，教弟弟妹妹们做游戏，或者给不幸的孩子制作玩具，这些都可以培养大多数孩子乐于助人的品质。当然，并非所有的孩子都能自发地做这些事情，必须有人鼓励他们，教他们，甚至有时需要强迫他们。

其次，父母以身作则。要培养乐于助人的核子，最重要的就是：如果你希望孩子表现得体贴、大度、肯帮忙，你就必须身体力行，示范给孩子看。要是你自己都言行不一，孩子只会模仿你的行为，即使你把原则和指令讲得头头是道，也一点用处也没有。

再次，要创造温馨的家庭环境。有些父母爱孩子，教育孩子时经常鼓励孩子，他们的孩子就总是乐于助人、更为别人着想、更富有同情心。这反映出孩子效仿了你的行为。要是孩子情绪好的话，他是极有可能帮助别人的，所以努力让他保持那种状态是非常值得的。

最后，定规矩，并且解释。有些父母会对孩子说：“要是你打他，会弄痛他

的。”然后他们会向孩子解释这类行为的后果，然后指出“你不可以打人”这条原则。他们用这种方法培养的孩子更具有同情心。

有许多研究表明，对孩子阐明慷慨助人的理由，尤其是强调说明他人的感受时，最能帮助孩子养成体贴、友善的行为方式。

品德决定成就高低

贫困固然不方便，但过富也不一定是好事。必须依靠自己的力量谋求生活。

犹太父母除了教育孩子热爱学习，掌握知识，拥有智慧外，还总是给他们讲品德的重要性，鼓励孩子从小就要做一个品德高尚的人。

事实上，所有取得巨大成就的人，无一不具有高尚的道德情怀。

列宁的父母乌里扬诺夫夫妇就特别重视对子女进行道德教育。他们采取各种方法，如解释、亲身示范、引导孩子经常实践、及时提醒、耐心培养习惯等，从小教育孩子尊敬长者，待人和气，举止大方。

当孩子们还很小的时候，乌里扬诺夫夫妇就常常嘱咐孩子们注意自己讲话的语调，不要高声喧哗；倘若别人偶尔心情不好，对你不友好，你就应予谅解；如果有同学发音不对，应该用委婉客气的语气帮助他纠正，而不应该讥笑；如果佣人情绪不佳，愁眉不展，你应该安慰她，使她高兴起来；睡觉前不要忘记向大家问晚安，包括最小的弟妹在内。在乌里扬诺夫夫妇良好的教导下，列宁和他的兄弟姊妹们，不管是谁，从来没有过粗野无礼的行为，从不欺负别人，除了那些不足挂齿的小人之外，对别人从不采取轻视的态度。

列宁小时候无论同谁谈话都持同样尊重的态度，不管是自己的教师，还是伏尔加河纤夫、搬运工人、洗衣妇。有时他在喀山省柯库什基诺村外公家过夜，和农村儿童玩过家家游戏，他总像对待自己的表兄弟那样，以礼相待。他还很有礼貌地帮助别人。有一次，一个贫苦农民赶的大车陷入沟里，他帮这位农民拉出来，还捡起农民掉在地上的手套，很恭敬地跟他交谈，分别时还客气地和他握手道别。列宁的哥哥亚历山大·伊里奇·乌里扬诺夫对待父亲的信差—— 一位文化不高的老人十

分亲热。每次见面都要热情问好，分开时总拥抱告别。

凡是熟悉列宁的人，都十分称赞他的举止：走路时一定让同伴先走；给老人和妇女让座：别人哪怕是在很小的事情上帮助了自己，也一定要表示道谢；自己有了过失，总是请求别人原谅；亲吻母亲的手。更难能可贵的是，无论是在穿着树皮鞋和破衣烂衫的农民或工人中间，还是在刚刚从前线回来的士兵中间，列宁总是从不失这样的高尚本色。正是他那热情又不失礼貌，大方得体的态度，从未使他脱离人民大众。因此，人民也对列宁无比亲近，乐意跟他谈心里话。

列宁

在对孩子进行品德教育时，我们可以借鉴乌里扬诺夫夫妇的教育方法，教育孩子："品德决定成就的高低"。

那么，如何培养孩子的品德呢？以下是为犹太人所推崇的居里夫人的品德教育方法，总结起来包括以下四个方面：

首先，教育孩子必须热爱祖国。除了教孩子波兰语外，居里夫人还以自己致力于祖国科学发展和帮助波兰留学生的行动感染伊伦娜和艾芙。最为突出的是，她以祖国波兰来命名首次发现的新元素"钋"，表现了她浓浓的赤子之情。

其次，培养孩子勇敢、乐观、坚强、克服困难的品格。她常告诫两个女儿："我们必须有恒心，尤其要有自信心。"

再次。培养孩子重实际、不空想的作风。她与子女共勉道："我们不应该虚度此生。"

最后，培养孩子节俭朴实的品德。居里夫人对女儿的爱，表现为一种有理智的爱，一种有节制的爱。她对女儿生活上严加管束，要求她们"俭以养志"。她教育女儿说："贫困固然不方便，但过富也不一定是好事。必须依靠自己的力量谋求

生活。”

每位父母都应该向犹太人那样，重视对孩子的品德教育。从孩子懂事的时候起，就给他们讲述从古到今的各种劝人行善的故事，讴歌仁爱、友情、度量、勇气、牺牲的篇章，把孩子培养成为品德高尚的人。

培养孩子博爱之心

父母和孩子一起参加有组织的社区服务活动，定期帮助他人，不仅能培养孩子关心他人的品质，增加孩子的亲和力，也能教会他们许多社会技能，使他们懂得合作的重要性，以及锲而不舍、持之以恒的价值。

在美国和欧洲各国，犹太社区会搞一些社区服务活动，大多数孩子会定期参加这些类似帮助弱者的活动。这些活动使孩子们对帮助他人有了亲身体验，也就懂得了活动的真正含义，因而养成了助人、博爱的好习惯。

父母和孩子一起参加有组织的社区服务活动，定期帮助他人，不仅能培养孩子关心他人的品质，增加孩子的亲和力，也能教会他们许多社会技能，使他们懂得合作的重要性。以及锲而不舍、持之以恒的价值。

如果父母不是某些宗教和社区服务团体的成员，不能让孩子参加社区服务，那么下列活动可以帮助孩子培养博爱之心：

做饭时让孩子在厨房帮忙。

参加拯救濒危动物组织。

帮助邻居打扫卫生。

给老年人读报。

给小孩当家庭教师。

和生病的小朋友一起玩耍。

当然，这些活动最好是父母与孩子共同参加，优先选择那些能引起孩子兴趣的，对家人和孩子有意义的活动。

品格高尚者永远生活在白天

凡品格高尚者，会永远生活在白天，事业上很少有绊脚石。反之，品质恶劣而又不懂自我提高修养者，永远行走在黑暗中。

有一次，一位极有名望的高官前去看望犹太大哲学家斯宾诺莎。这位高官见他穿着一身皱皱巴巴的睡袍，不禁大惊小怪，并提出要送他一身新睡袍。斯宾诺莎平静地说，一个人并不会因为有了一件好睡袍而变得更有价值，同样，“给一钱不值的东西加个昂贵的包装是极不合理的”。

斯宾诺莎的话虽然不符合目前商业社会的潮流，却道出品格的意义。《旧约圣经》是犹太人永恒的圣书，《塔木德》则是犹太人实际生活的指南，而《塔木德》最提倡的就是伦理道德，这一切构成了一个人主要品格的底线。

谦虚给人们带来力量。

《塔木德》告诫人们说：“尽量隐藏自己的优点和功绩，就像是隐藏你自己所做的坏事一样。”同时又说：“爬上知识之路，即达谦虚之顶。”

在犹太人的历史中，那些贤人拉比不管遇到什么人，都认为对方有优于自己的地方。

假如所遇到的人比自己年长，他们就认为他比自己更优越，因为他积善行的机会比自己多；

假如遇到的人比自己年轻，他就认为他所犯的罪比自己少，而同样尊敬；

假如别人所过的生活比自己富裕，拉比就认为他比自己做过更多的努力；

假如所遇到的人比自己贫穷，就会认为他尝过自己没有经历过的痛苦，所以比自己有修养；

假如他遇到比自己聪明的人，就对他的智慧表示敬意；

假如所遇到的人没有自己聪明，拉比就认为他所犯的错误比自己少。

对于犹太人来说，一个人如果是为了求得别人的赞赏而夸耀自己的谦虚，这是非常卑鄙的行为。在他们的眼中，真正的谦虚绝非有意的做作，而是自然地流露。

正因如此，犹太人有这样两句谚语：愈是果实累累的葡萄，愈会垂下头来；愈是伟大的人，愈平易近人。

水是由高处流向低处的，不流动的水是死水，容易堆积脏的东西；由高处向低处流的水，则是非常清澈透明的。

一位犹太父亲对儿子说：凡品格高尚者，会永远生活在白天，事业上很少绊脚石。反之，品质恶劣而又不懂自我提高修养者，永远行走在黑暗中。

只有行动才能体现美德

你要尽心、尽力。既爱你的上帝，又要爱邻舍如自己。

公元前，古代以色列的律法师担负着宣讲教义，训诫百姓的职责。久而久之，一些律法师借着至高无上的教义，使这些律法师本身仿佛也成了公理与道义的化身。但他们自己往往就不照教义上所说的去做。

一位拉比非常厌恶这些人的行径，常常当众揭露他们的虚伪，这使那些律法师们很不痛快。一天，一个地位很高的律法师存心跟这位拉比过不去，上门来找麻烦：“我该怎么做，才能获得你所说的永生呢?”

“你是律法师，”拉比说，“律法上写的你还记得吗?”

“我当然记得。”律法师不假思索地说，“《塔木德》上记载着，‘你要尽心、尽力，既爱你的上帝，又要爱邻舍如自己’，这些，我早就背得滚瓜烂熟了。”

拉比淡淡一笑，说：“你只要照你说的去做，你就能获得永生了。”

律法师知道自己做不到这些，所以故意跟拉比纠缠：“可是，我的邻居又是谁呢?”

拉比并没有直接回答他，而是讲了下面这样一个故事：

“从前有一个人，从耶路撒冷到耶利哥去，半路上遇到了强盗。强盗抢走了他的钱财，并把他打得遍体鳞伤，扔在路边。一个祭司从旁边走过，四下看看没有人，就匆匆绕过倒在血泊中的遇难者，自顾自走了。

过了一会儿，一个商人又从遇难者身边走过，他只是更当心自己的钱袋，逃离

了这块危险的地方。只有一个撒玛利亚人经过这里时，救下了遇难者，把他送到附近的客栈里养伤，并为他交付所有的费用。”

拉比讲完故事，问律法师：“这三个人中，哪一个是那遇难者的邻居呢？”

律法师脸红了，只得回答说：“当然是那个撒玛利亚人。”

拉比接着说：“一点儿也不错，你就照着他的样子去做吧！”

一位犹太教育家说——只有行动才能体现美德。

犹太父母经常给孩子讲这个故事，教育孩子不要像那个律法师一样，自以为具备高尚的品德，什么道理都懂，却从来不用行动去体现它们。

私下能约束自己才算神圣

在众人面前受到社会的压力，遵守规范是比较容易的。而单居独处之时，外界压力完全消失，只剩下内心的良知抵御着蠢蠢欲动的恶念，唯有此时能把持得住自己的人，方算得上有道德根底的人。

犹太人有这样一个观念——人类居于动物与天使之间，越靠近天使，就越接近神圣。

“那么，神圣到底是什么呢？”一位拉比问学生。

学生纷纷答道，为神牺牲生命是神圣；经常祷告是神圣；守安息日是神圣等等。各种回答不一而足。

可是拉比却说：“正确的答案是：神圣就是选择吃的东西。和你怎样去做爱。”

学生一听此言，顿时哗然：“什么？难道不吃猪肉啦，什么时候不可以做爱啦，就是神圣之事吗？”

拉比给出的理由很简单，也很实在：守安息日的状态，大家都会知道；为了神而牺牲生命的事，别人一看也可以知道。然而，你在自己家里吃什么，别人并不知道。在大庭广众之下，吃的都是犹太律法规定可以吃的东西；但回到家里却吃了完全不同的东西，这样的情形完全可能发生。性行为也一样。没人看得见你做爱时的情况，是否遵守律法的规定，只有你自己知道。这就是说，在家里饮食时和发生性

行为时，人类可以任意站在动物与天使之间的任何一个位置上。唯有这个时候，能够提高自己的人才是真正的神圣。

通常，在众人面前受到社会的压力，遵守规范是比较容易的。而单居独处之时，外界压力完全消失，只剩下内心的良知抵御着蠢蠢欲动的恶念，唯有此时能把持得住自己，方算得上有道德根底的人。

在任何场合都保持良好道德

在任何场合都要保持良好的道德，这是一个人获得社会接纳的重要条件。

犹太人不仅注意自己的品行，在教育孩子方面也毫不含糊。下面的故事就生动地说明了他们的做法。

比尔当时 11 岁，一有机会就到湖中小岛上他家那小木屋旁钓鱼。

一天，他跟父亲在薄暮时去垂钓，他在鱼钩上挂上鱼饵，用卷轴钓鱼竿放钓。

鱼饵划破水面，在夕阳照射下，水面泛起一圈圈涟漪；随着月亮在湖面升起，涟漪化作银光粼粼。

鱼竿弯折成弧形时，他知道一定是有大家伙上钩了。他父亲投以赞赏的目光，看着儿子戏弄那条鱼。

终于，他小心翼翼地把那条精疲力竭的鱼拖出水面。那是条他从未见过的大鲈鱼！

趁着月色，父子俩望着那条煞是神气漂亮的大鱼，它的腮不断张合。父亲看看手表，是晚上 10 点——离钓鲈鱼季节的时间还有两小时。

“孩子，你必须把这条鱼放掉。”他说。

“为什么？”儿子很不情愿地大嚷起来。

“还会有别的鱼的。”父亲说。

“但不会有这么大。”儿子又嚷道。

他朝湖的四周看看。月光下没有渔舟，也没有钓客。他再望望父亲。

虽然没有人见到他们，也不可能有人知道这条鱼是什么时候钓到的。但儿子从父亲斩钉截铁的口气中知道，这个决定丝毫没有商量的余地。他只好慢吞吞地从大鲈鱼的唇上取出鱼钩，把鱼放进水中。

那鱼摆动着强劲有力的身子没入水里。小男孩心想：我这辈子休想再见到这么大的鱼了。

那是34年前的事。今天，比尔先生已成为一名卓有成就的建筑师。他父亲依然在湖心小岛的小木屋生活，而他仍带着自己的儿女在那个地方垂钓。

果然不出所料，那次以后，他再也没钓到过像他几十年前那个晚上钓到的那么棒的大鱼了。可是，这条大鱼一再在他的眼前闪现，每当他遇到道德课题的时候，就看见这条鱼了。

犹太人教育自己的孩子：在任何场合都要保持良好的道德，这是一个人获得社会接纳的重要条件。

孝敬父母，兄友弟恭

维系家庭，就是维系民族。

犹太人对家庭关系极为重视，对协调家庭关系不遗余力。在他们看来，维系家庭，就是维系民族。

从《塔木德》中，我们可以找到许多推崇人伦亲情的动人事例与故事。

有个犹太人住在古代以色列的一个叫戴马的镇上。他拥有一块价值6000个金币的钻石。有个拉比想用这颗钻石来装饰圣殿的正殿，便带了6000个金币来到他家，向他买这块钻石。

可是凑巧放钻石的金库的钥匙放在父亲的枕头下方，而父亲又刚好睡得正香。这个人便对拉比说：“因为我不能吵醒父亲，所以，不能把钻石卖给你。”

拉比认为，这个人为了不吵醒父亲而宁肯放弃赚钱的机会，是个孝顺儿子，值得褒奖。

而一位拉比自己所行的孝道，更令人惊叹。他同母亲一起外出，走到一片高

低不平的地方时，母亲每走出一步，拉比便把自己的手伸出来，垫在母亲的脚下。

《塔木德》非常推崇孝敬父母，故而每一个犹太人从小就很懂尊老爱幼。此外，《塔木德》还特别强调“兄友弟恭”。